商务餐厅设计

Romantic Western Restaurants

（意）安东尼奥·伯纳特　编
凤凰空间　译

江苏凤凰科学技术出版社

目录contents

Crush 29 Restaurant

project description

Crush 29 is a 836 m^2 full-service, white tablecloth restaurant which looks to wine country for design inspiration. The exterior reflects the restaurant's unique connection to the Napa Valley with its simple and timeless stone facade made of Napa Valley native Tufa Stone. An intimate wine tasting bar and retail shop serves as entry from an entrance courtyard, and frames the central circular bar, the architectural centerpiece of the restaurant. A spectacular sculptural drum-like light fixture element sits above the bar, and is fabricated from thousands of small mica disks, each unique in its color and translucence.

The interior of the restaurant continues the wine country theme with rustic stone walls and floors, and multiple fireplaces. Walnut planking supplies an organic, rustic feel and is installed in varying board thicknesses and widths. This pattern play is most dramatically expressed in the full height corner booths that call upon the form of wooden wine tanks. Special grooved acoustical ceiling planks surfaced with walnut veneer provides a warm skin to the main dining ceiling. The creamy golden hues and rough texture of Texas Limestone adds to the organic material palette. Two private event rooms for up to 50 are fashioned as wine caves. A wine library serves as a smaller private dining room.

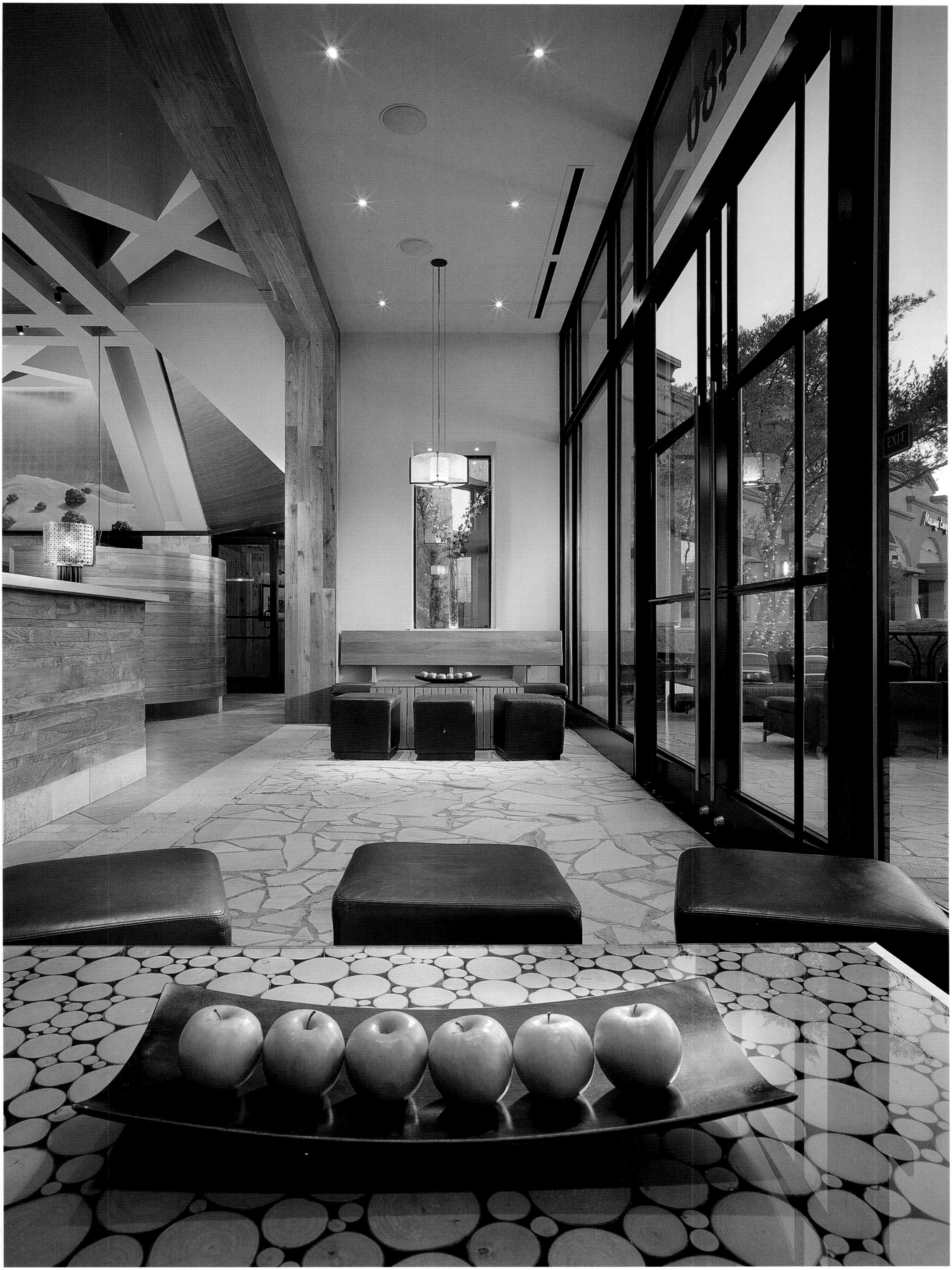
EXIT

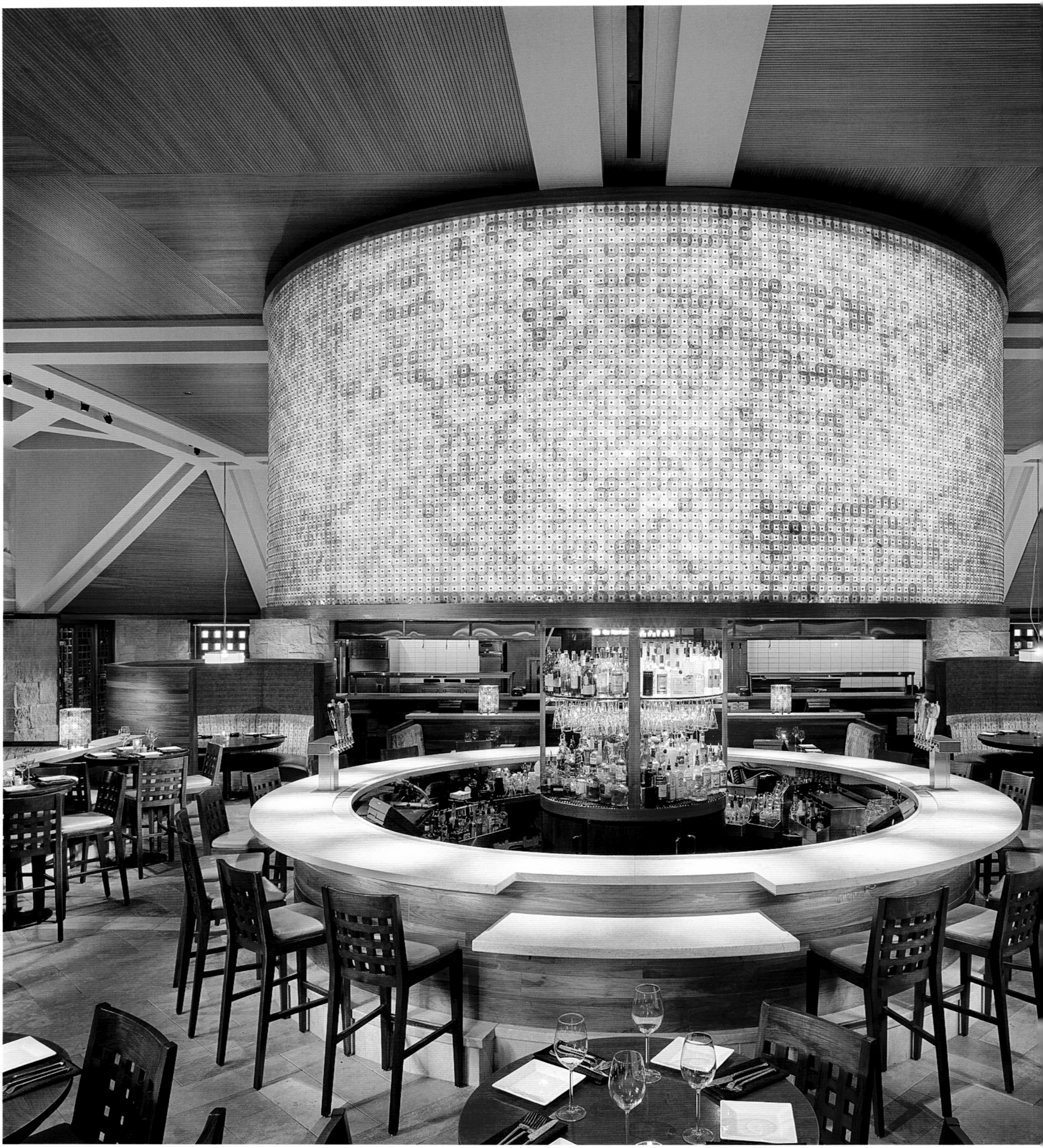

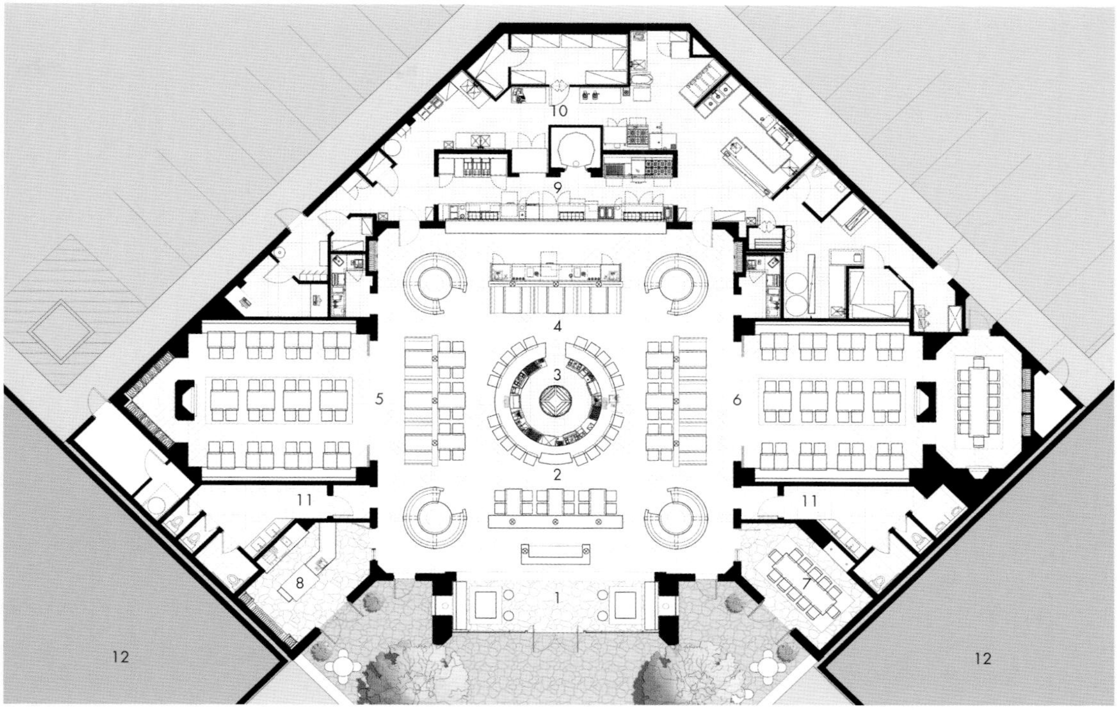

10
9
4
3
5
6
2
11
11
8
7
1
12
12

"破碎29"餐厅占地面积达 836 平方米，致力于为顾客提供全面、优质的服务。餐厅设计以"酒乡"为主题，其内部的白色桌布也是一大特色。餐厅外壁使用了"拿帕"山谷的"图发石"，于简约中蕴涵大气，于自然中蕴涵和谐；穿过庭院式的入口，首先映入眼帘的是一个零售小吧台，此处也提供酒水；小吧台引导顾客进入餐厅的中央核心区，即环形大吧台；其中的鼓形灯饰由成千上万的云母石片构成，精致且华美。变化万千的色彩和晶莹剔透的质地所呈现出的缤纷亮丽的景象，令人印象深刻。

餐厅内部的设计延续了"酒乡"主题，除了质朴的乡村石墙、石砖地板，还有温暖的壁炉。胡桃木的大量使用令整体空间尽显自然和原生态。而最引人注目的，是角落处的酒桶形展柜。主用餐区的天花板是特质的条纹隔音板，上面覆盖着一层胡桃薄木，令人倍感温暖。光滑、细腻的金色以及德克萨斯州石灰岩的粗糙表面重现了建筑材料的原貌。餐厅有两间可容纳50位顾客的活动室，装饰得如同酒窖一般。另设一间酒库，也可以用做小型的私人包厢。

Barbacco

- 项目名称："巴尔巴克尔"餐厅
- 设计公司：CCS Architecture
- 设计师：Barbara Turpin-Vickroy
- 项目地点：美国加利福尼亚州
- 项目面积：246 平方米
- 摄影师：Eric Rorer 和 Lawrence Lauterborn

project description

Barbacco, opened in San Francisco's Financial District, is the acclaimed 2006 Italian restaurant on California Street. Inspired by traditional wine bars in Milan and Rome, the space is sleek, urbane and welcoming. A dramatic shaped ceiling, evoking the lines of a sports car, links the higher ceiling at the front of the restaurant with the lower ceiling toward the rear. Forms, detailing, colors and art celebrate Italian culture, cinema, and design.

The wine bar and eating counter sumptuously curve. An extended row of counter-height tables provides flexibility, accommodating the change from daytime to evening. Community tables cultivate a bustling atmosphere toward the front of the space. "Ferrari Yellow" elements--a beverage case on one wall, with framed mirror --horizontally line the room. A frameless glass storefront provides views of the warm interior and opens the restaurant to the urban landscape beyond.

Vibrant yellow combines with more subdued colors to complement the wall of exposed brick. Negro Marquina stone and stainless steel create an urbane, almost industrial feel that is moderated by the warm, textural, dark wood bar face. Walnut and chrome details on the tables and chairs recall the dashboard of a luxury car. Bias-patterned gray and yellow floor tiles reinforce the feeling of movement.

barbacco
ENO TRATTORIA

barbacco
ENO TRATTOR
LUNCH
DINNER
TAKE-OUT
CATERING
barbacco

“巴尔巴克尔”餐厅地处旧金山金融区，于2006年被评为“加利福尼亚最佳意式餐厅”。参考米兰及罗马的传统酒吧设计风格，餐厅的布局整洁而又舒适。造型独特的天花板让人联想起流线型的跑车，自然地衔接了不同高度的前厅及后厅。无论是建筑形式、细节还是色彩，充满艺术感的餐厅都洋溢着意大利的文化气息。

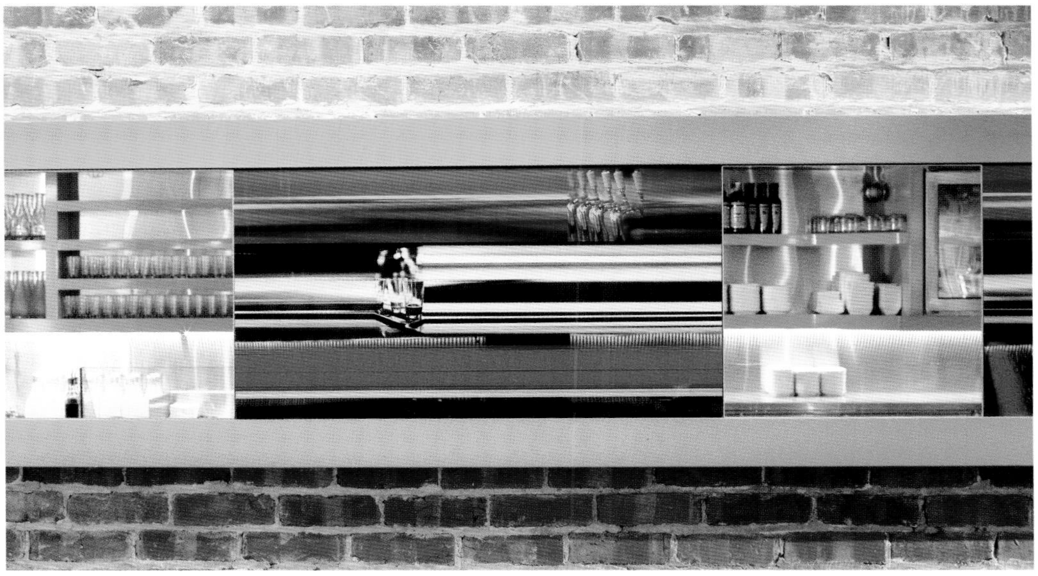

吧台和餐桌的曲面造型富有流线型的美感。与吧台等高的新增加的餐桌方便了宾客就餐。正对入口的公共桌台处人来人往，生气勃勃。四周墙壁上的狭长酒柜位于同一高度，连成一个圈，其上有镶框的镜面装饰。设计师特别运用了法拉利车的招牌色——黄色，整个空间仿佛被一道黄色水平线划分。透过餐厅的无框玻璃，可以将温暖、舒适的室内装潢尽收眼底。室内空间与户外的城市景观连接得天衣无缝。

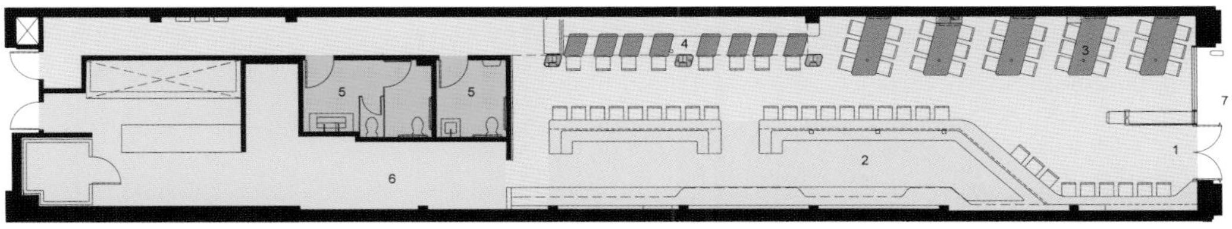

设计师以充满动感的黄色和其他极具感染力的色彩涂刷砖墙。独具特色的黑人“马奎那之石”以及由不锈钢材料制成的吧台洋溢着浓郁的工业气息，而带有纹理的深色木质台面则令人倍感舒适和温暖。桌椅间胡桃木及金属铬的细节设计让人联想起豪车内的仪表板。地面瓷砖的图案分为灰色和黄色，并且斜向交错，动感十足。

Herbivore Restaurant

● 项目名称："草食动物"餐厅
● 设计公司：Arcsine Architecture
● 项目地点：美国加利佛尼亚州
● 摄影师：Sharon Risedorph

project description

Supporting the client's pre-existing theme of "the earthly grill," Arcsine incorporated elements from the first two Herbivore locations and introduced new design themes for this vegan restaurant and bar. Challenged with the existing location of two concrete shear walls, Arcsine created a plan that included a casual dining and bar area beside an open kitchen. Arcsine incorporated circular windows within the space to echo the circular windows found on the exterior of the art-deco inspired Berkeley Fine Arts Building. As a primary focal point for the dining customer, Arcsine designed a willow branch installation to emphasize the earthly theme of this restaurant. As a further enhancement, Arcsine selected organically-inspired light fixtures, recycled concrete-glass countertop, and sustainable cork paneling for the bottle display at the bar.

The soft light of wall lamps is diffused around the room, maintaining consistency with the other illuminant. Spotlights on the dark ceiling are just as sparkling stars in the endless universe. Red pedestals of tables and the bar match well with the yellow decorations of walls and the bar, creating a petty bourgeois sentiment. Curves and the shape of square have been used incisively and vividly in the interior design. Quadrate tables and windows, curved bar and rounded wall decorations are all expressing architectural aesthetics.

HERBIVORE
HERBIVORE
THE EARTHLY GRILL

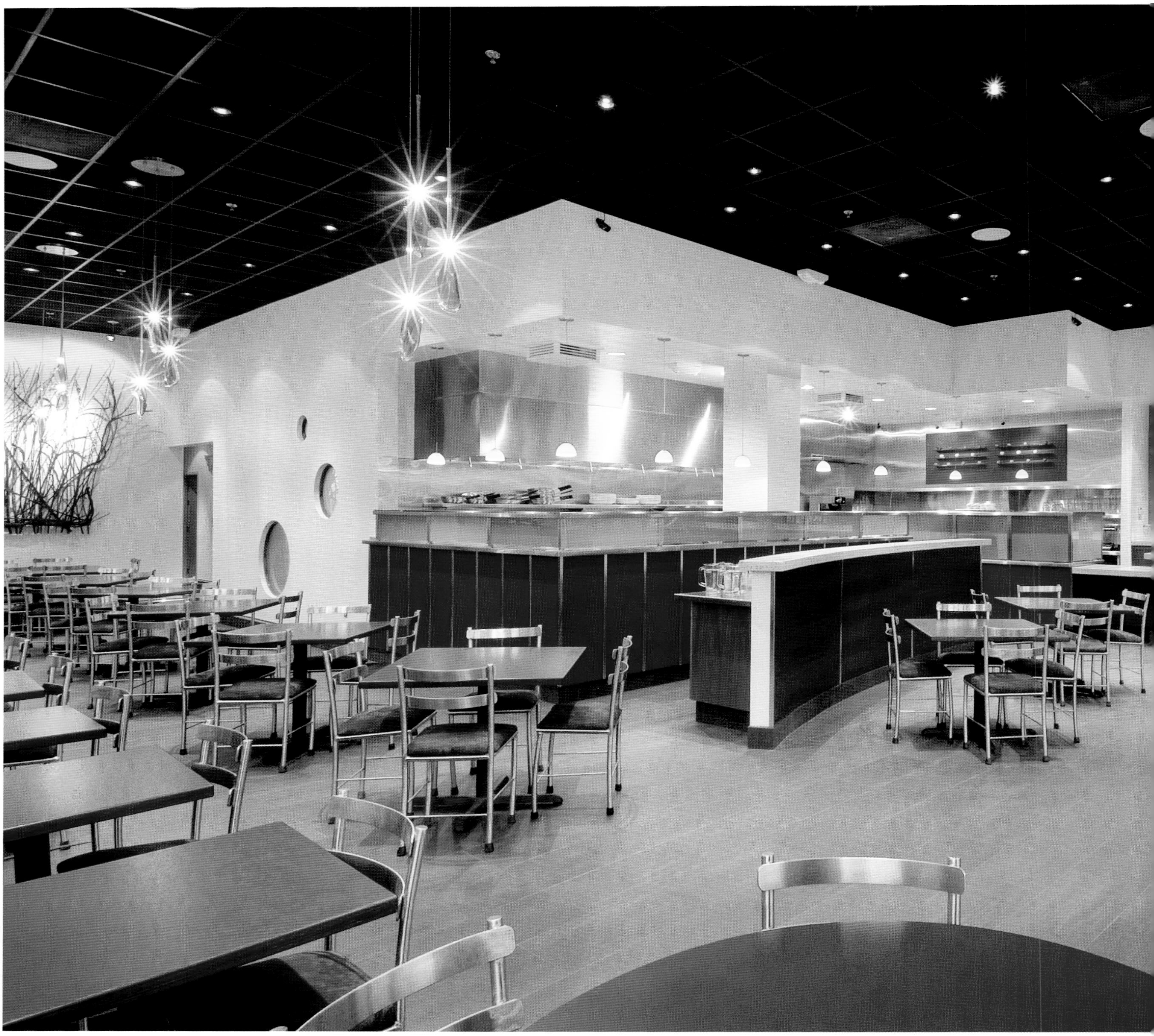

除了保留“环保烧烤”的特色，“草食动物”餐厅在装潢设计上添加了新元素，原先的两面混凝土抗震墙为改造带来了困难，为此设计师构建了一个开放式厨房，旁边则是休闲餐饮区，圆形的窗户与餐厅外墙上的圆形窗饰相呼应，让人联想起美国伯克利港市精美的艺术建筑。环保的素食理念是这家餐厅的主题，餐厅内一个代表柳枝的装饰物则强调了这一主题。此外，还有由各种有机材料制成的轻型家具、由再利用的混凝土及玻璃制成的工作台，以及由环保软板构成的酒吧柜。

墙面上的树枝将柔和的壁灯灯光折射到空间的每个角落，与室内的其他散射灯保持一致。深色的天花板上，零星点缀的散射灯犹如浩瀚宇宙中的小星星，闪闪发光；餐桌和吧台的基座均选用红色，而墙面上的圆形装饰物以及吧台的边缘则选用黄色，红黄搭配令整个空间尽显温馨与浪漫。设计师同样将方形与曲线运用得淋漓尽致：方形的桌子、弧形的吧台、临街的方形窗、墙面上的圆形装饰，一切尽在建筑美学中自由呈现。

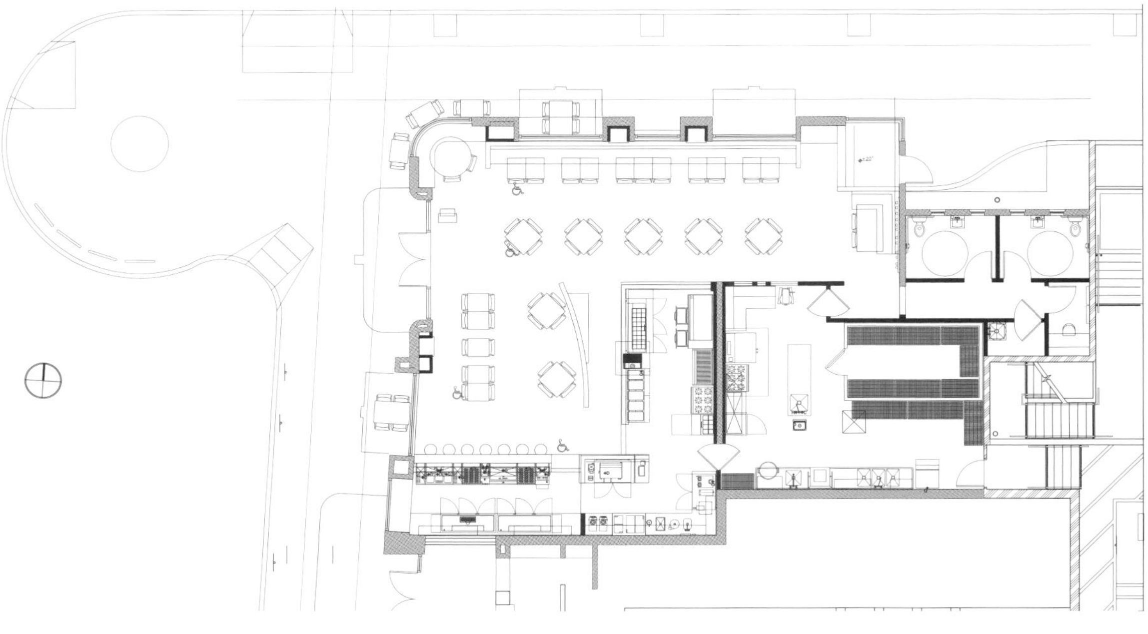

Karakoy Lokantasi

- 项目名称："卡拉可依•洛刊塔斯" 餐厅
- 设计公司：Autoban
- 设计师：Seyhan Ozdemir 和 Sefer Caglar
- 项目地点：土耳其伊斯坦布尔
- 摄影师：Ali Bekman

project description

Whether for a quick slap-up lunch or an evening of fine Turkish cuisine, Karakoy Lokantasi is a great spot for some really good food. Autoban rose to the challenge of giving the restaurant a strong new identity, cladding the interior walls with traditional bright turqoise tiles as the backdrop for angular mirrors and custom made stylish lighting. The marble surfaces and traditionally tiled floors give the space more traditional Turkish fish restaurant feel. Sets of western tableware are tidily displayed on the white tablecloth, presenting to be smooth and clean against the black chairs and the dark blue pillar. Round tables together with large rectangular desk form a reasonable layout and compact structure. The soft coffee colored couch serves as a visual cue to vertically bring in outdoor scenery. A steel spiral staircase joins the two floors of the restaurant and acts as a centerpiece of Turkish style to the space. Next to the uniquely shaped bar , there is a wine case holding various kinds of drinks, functioning as a communication space. Private boxes then protect guests' privacy from being disturbed. Humanistic designs of the box including self-service wine have offered guests with convenience in the broadest sense.

无论是精致的正餐还是夜市的土耳其料理，“卡拉可依•洛刊塔斯”餐厅都能做到一流。为树立餐厅的新形象，设计师在墙面上铺满了闪闪发亮的土耳其石片，安装了造型独特的镜面以及特别设计的时尚灯饰。

传统大理石地砖则突显了土耳其风格的餐厅特色：洁白的桌布上整齐地摆放着一套套西式餐具，在黑色椅子和深蓝色立柱的陪衬下显得尤为干净、利落；圆形的餐桌搭配巨型的长条桌，令整个空间的布局更为紧凑；咖啡色的长排沙发柔软且舒适，同时在纵向上将户外景色引入室内；钢质旋梯十分引人注目，连接餐厅的上下层空间是一套土耳其风格的画作；吧台造型独特，酒柜里酒品种类丰富，口感齐全，为顾客提供了一个开放的交流空间；包厢具有良好的私密性，同时提供美味的正餐或者土耳其料理，酒品可以随意自取，非常人性化。总之，餐厅给予顾客最大程度的便利，力求令顾客满意。

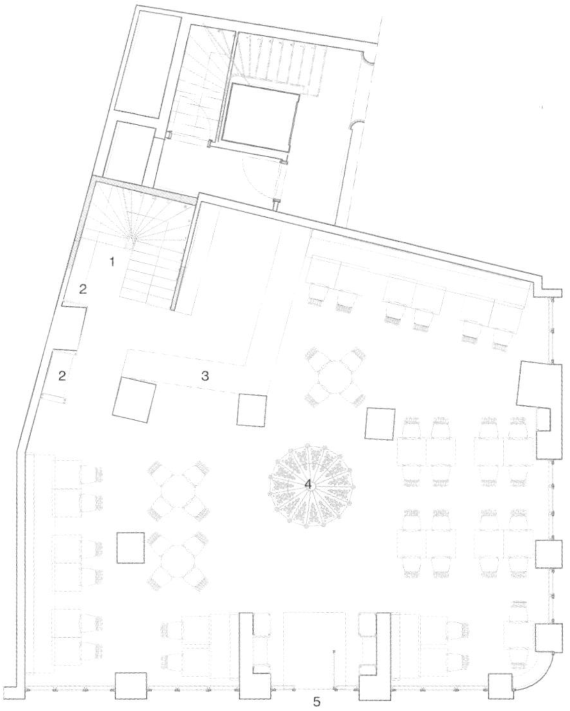

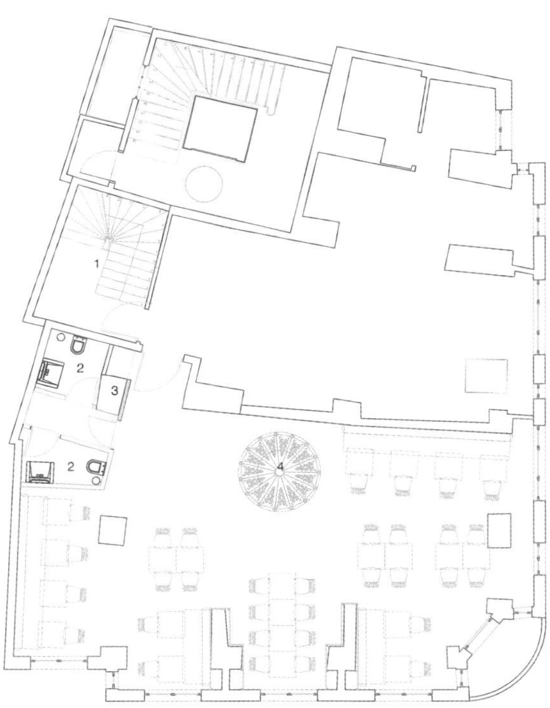

A Voce

- 项目名称：“沃斯”餐厅
- 设计公司：Rockwell Group
- 项目地点：美国纽约

project description

To introduce guests to the modern elegance of the restaurant beyond, we created a two-faceted entrance. The left side features a red backlit laser cut "A Voce" against a Calcutta marble wall. The right is a series of lit Kenon panels with a wood-grain texture to reference finely crafted Italian design.

The bar is adorned with a bamboo wood counter top, a Venetian patterned leather bar die, over marble flooring. A focal point of the space is a dramatically lit, temperature controlled glass wine case that stretches the length of the wall, separating the main dining room from the private and wine dining rooms. The mullions of this wine case wall are covered in stitched cognac-colored leather.

The dining tables have a modern chrome trumpet base with a chocolate-colored leather top and a walnut edge. They sit on walnut wood flooring, below a ceiling upholstered with a sleek Italian high-glossy white fabric, laid out in a herringbone pattern. These ceiling panels are interrupted by recessed chandeliers inspired by the mid-19th century Italian design, with interlaced antique bronze and blackened steel tubes and panels.

Cutting-edge art work from a private collection adorns the walls. More works of art from this collection are also be scattered throughout the rest of the restaurant. The private dining room is surrounded by glass walls exhibiting over 9,000 of A Voce's wines. At the center of the space is a large table with a tooled walnut finish and a custom glass chandelier.

“沃斯”餐厅入口处的设计时尚且雅致，酒店名称“A VOCE” 位于大理石背景墙上，采用激光雕刻而成，映射在红色的背投光中。右侧的一组木质“柯农板”让人联想起意大利餐厅精致的设计风格。

由大理石铺设而成的地面令其上面的吧台更显别致。吧台的台面由竹木制成，侧面则由印有威尼斯风格图案的皮革包裹。高大的玻璃酒柜将主餐区与包间隔开。酒柜外形光彩夺目，并且装有温控器；酒柜的竖框包裹着与法国白兰地同色的皮革。

餐桌中央由巧克力色的皮革加以装饰，边缘也极为讲究，由胡桃木制成，其支架仿佛一支时尚的铬制小号。天花板上意大利风格的白色编织装饰在灯光中熠熠生辉，上面的图案呈“人”字形，搭配胡桃木的地板，十分和谐。嵌入式大吊灯让人联想起19世纪中叶风行意大利的设计风格。青铜金属管、青铜金属板、钢质金属管、钢质金属板纵横交错，华美而庄重。

墙面由私人收藏的前沿艺术品加以装饰。餐厅的其他角落中也可见各种类似的艺术品。私人包厢内的玻璃墙面上陈列着9 000多瓶美酒。中央处有一盏别致的玻璃吊灯，悬挂在考究的胡桃木桌面之上。

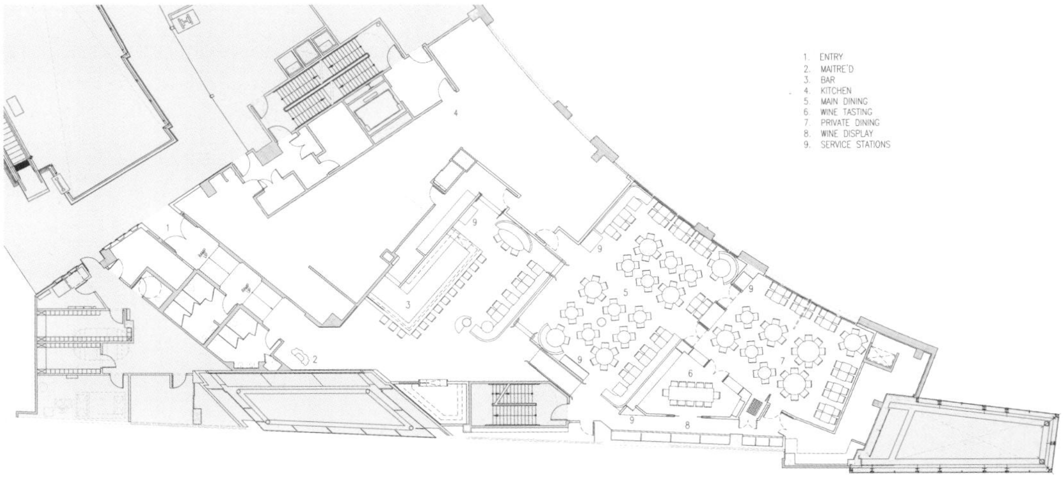

Anna Restaurant

- 项目名称："安娜"餐厅
- 设计公司：&Prast&Hooft
- 项目地点：荷兰阿姆斯特丹
- 摄影师：Egbert De Warle 和 Anne Steenmaker

project description

Restaurant ANNA is in the center of Amsterdam in St Anne Quarter in the "red light district". Restaurant ANNA opened on April 9th 2011. It has the same owners as Brasserie Harkema, which is just a few blocks away. ANNA is aiming for dinner at a very high level. Herman Prast and Ronald Hooft where asked to design a relaxed, informal atmosphere. The restaurant has a ground floor with open kitchen and dining area and a basement where toilets, smoking area, cloakroom, kitchen, installation room and storage are situated. The building is between a street and a square opposite Amsterdam's oldest church, and is 45 meters long and 5 meters narrow. It was made even more narrow visually by concealing air ducts in walls and ceiling, together with kitchen, bar and service cabinet creating a composition of "floating" elongated volumes.

The difference in street level inspired a cascade of platforms each with just enough room for a table for 4. The existing wooden flooring was reused (taken out first in order to place acoustically isolating material), but in two different patterns. On one wall is an acoustic dry-wall product that is supposed to have stucco over it. We left it bare. On another wall the stucco was "decorated" by pulling nails on a stick through the not yet dry cement.

The lowered ceiling is made of plywood with a glossy coating. The corridor wall in the basement is covered with rubber panels normally used under wooden floors for acoustic isolation. Several metals were used e.g. bare steel, stainless steel in several finishes, bronze, zinc and copper. The existing roof light had to be acoustically isolated. A pixelated picture gives the impression of a church window in colored glass.

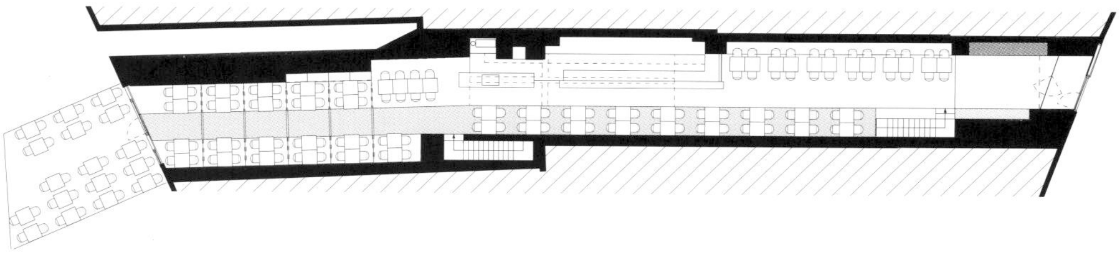

地处阿姆斯特丹市中心的“安娜”餐厅位于“红灯区”的“圣安妮”建筑内，不远处是兄弟餐厅“哈马克啤酒”。“安娜”餐厅于2011年4月9日开张，以提供高品质的餐饮服务为目标，因此，设计师赫曼•普拉斯特和罗纳德•胡夫特希望打造一个休闲、愉悦的用餐环境。餐厅底层有开放式的厨房及用餐区，盥洗室、吸烟区、衣帽间、封闭式厨房、动力调控室及储存室都集中于地下室。餐厅所在的建筑长45米，宽5米，两旁分别是一条街道和一个广场，对面则是阿姆斯特丹最古老的教堂。通气管道嵌入墙壁和天花板，厨房、吧台以及冷藏柜充分利用每个角落，使建筑上半部分的空间更显宽阔，给人一种悬于半空的美感。

一层空间呈阶梯形，每个阶梯可容纳一张4人用的餐桌。设计师对地板进行了重新选择（之前被拆除是因为要添加隔音材料），最后采用了两种不同花纹的木质地板。设计师保留了餐厅内原有的一面隔音泥灰墙，而另一面泥灰墙则由木条装饰而成。

天花板由表面光亮的胶合板制成。地下室过道的墙面上覆盖着橡胶板，具有很好的隔音效果。多处家具和装饰的表面采用不锈钢、青铜、锌以及铜等金属材料。此外，原先的天窗需要做隔音处理，上面的马赛克的装饰画让人联想起彩色玻璃中的教堂。

Na Mata Coffee

- 项目名称："拿玛塔"咖啡厅
- 设计公司：FGMF Architects
- 项目地点：巴西圣保罗
- 摄影师：Fran Parente

project description

The Na Mata Coffe is a traditional restaurant. When we get involved with the project we discovered that the house comes loaded with more history than we originally thought: Before the bar was Na mata, it was People´s Bar, and before that, was known Clyde's bar. All these years of activity cost the site a series of small reforms on each other, leading to an unclear identity and partitioning. Our proposal had to be based on maintaining certain aspects of pre-existing issues of lead time. In the remainder opted for a more radical change, with materials, finishes and lighting to create a clear identity for the site and its different spaces.

The front portion of the restaurant was completely redone - access all glass, allows one to see the entire internal drive. The facade, with polished concrete, is more discreet, and the visitor is invited to input so much clearer. The long bar was maintained, but in the foreground there is a long panel made of menus, bands of the week, trivia and other activities of the Forest. New furniture was designed by our office to the restaurant area.

The walls and ceilings were standard-adhesive with an orange circles, graphics developed for the new identity of the Forest. They are orange circles with varying diameters in order to take a random pattern in the adhesive vinyl and giving the face of any building internally. Lighting is integrated into this pattern, with the lights always occupying the space of a few rounds.

A reorganization of the "Na Moita", the area of the nightclub shows, was very fruitful: the stage grew by 50% and reorganized track, remained the same size but won in perspective, in addition to cabins on its side, the most currently played track. A discreet support bar prevents the flow to the front of the Forest, is located at the main bar area. Besides, the proposed intervention for the Forest managed to intensify their former vocations – a new restaurant, contemporary chefs ready to receive guests (proposed by the Forest), and a venue much more organized, prepared to receive all types of musicians and bands.

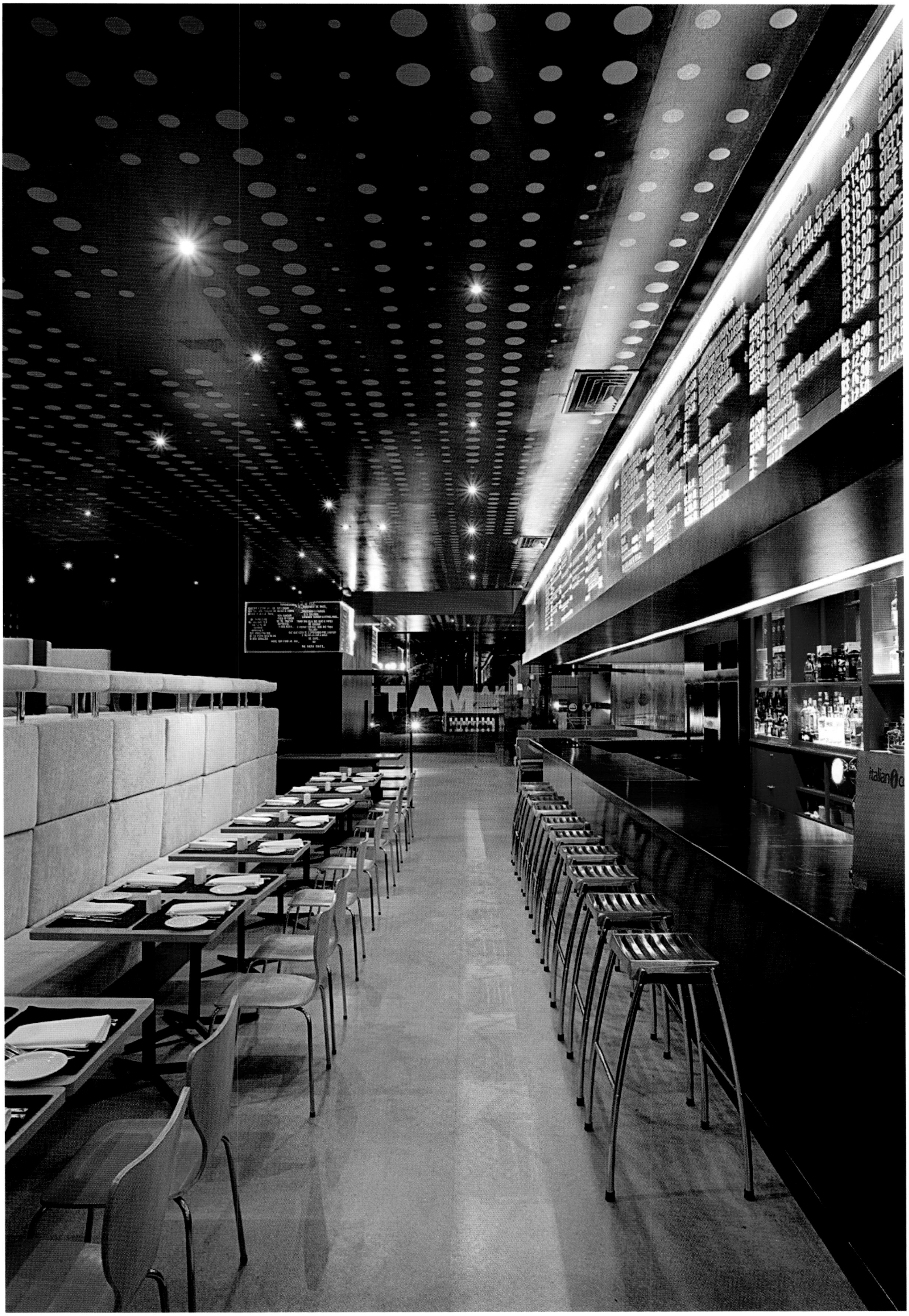
TAM
italian

WWW.PANELINHA.COM.BR
RECEITAS QUE FUNCIONAM
NA MATA CAFE
ESTABLISHED SINCE 2000

JACK DANIEL'S - TURNING NIGHTS INTO STORIES SINCE
elinha

“拿玛塔”咖啡厅是一间传统咖啡厅，其前身为“人民”酒吧以及更古老的“克莱德”酒吧。该建筑空间所经历的多次翻新令室内结构不再清晰，因此，设计师决定保留部分装潢，剩余空间则有待彻底革新。精心的选材和布局令原有空间线条清晰、简洁且大气。

咖啡厅前部的重大改造包括安装大型玻璃壁、加固抛光的混凝土立面。这些改造提升了餐厅的空间品味。设计师保留了狭长的吧台，用来提供菜谱、本周的乐队名称以及其他一些琐事信息，并且在办公区通向餐厅的区域内配备了几项新设施。墙面及天花板上都贴有橙色的圆形塑胶图案，大小不一，但代表餐厅统一的新形象。灯光照亮的区域也呈圆形，与该图案相呼应。

“娜•莫伊塔”夜总会表演区的改造同样效果显著：舞台面积增加了50%，过道则以新面貌示人，一旁新增的小屋十分新潮。结实、稳固的吧台位于酒吧主厅，防止观众涌向表演区。革新后的咖啡厅部署更加紧凑，各功能区域彼此协调搭配。现代大厨、乐队和歌手则令“拿玛塔”咖啡厅新颖且时尚。

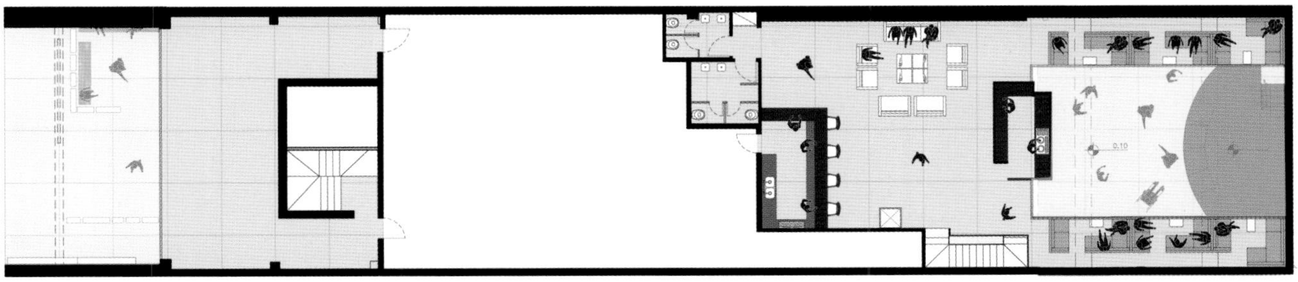

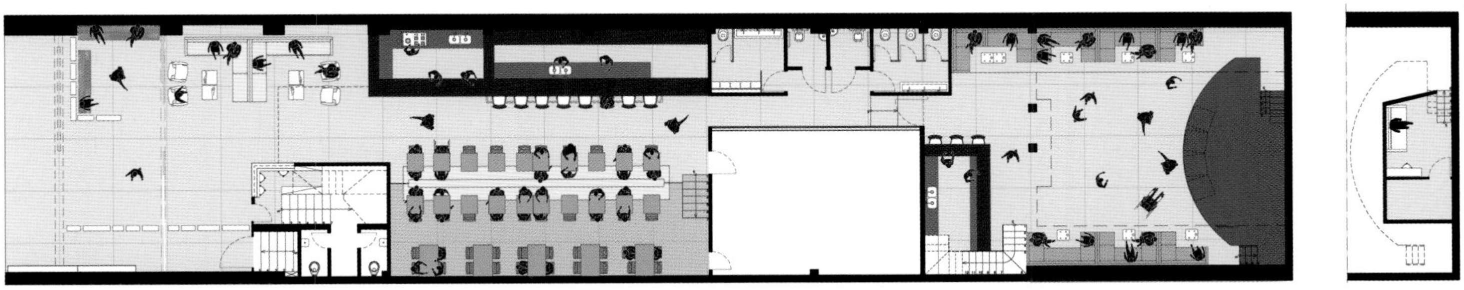

Oru Restaurant

- 项目名称："欧罗尔"餐厅
- 设计公司：Mbg Architecture + Design Inc.
- 项目地点：加拿大温哥华
- 项目面积：613 平方米
- 摄影师：Mgb Architecture + Design Inc.: Photos 1, 2, 3, 4, 6
  Arnaldo Rodriguez: Photos 5, 7, 8, 9, 10, 11, 12, 13, 14, 15

project description

Oru is the new restaurant in the recently completed Fairmont Pacific Rim Hotel. The Pan Asian restaurant and two level bars will serve hotel guests and the public with a full day and evening menu. The ambition was for a destination restaurant with a character that could adapt to a culturally diverse menu. The designers developed a cohesive solution for Oru from interiors through to branding and bespoke furniture. The designers were responsible for every detail of the restaurant from the overall concept to minute details ranging from custom chairs and planters to chop sticks, place settings and menu design.

The name Oru is derived from the Japanese meaning "to fold". Intended to emphasize folding as one of the key visual elements of the restaurant, a spectacular 55-meter- long by 1.5-meter- wide origami paper sculpture was designed on the ceiling to run the length of the restaurant. The stunning piece provided the solution to several challenges the designers faced. Firstly, it provided a strong element that was visible from the street level below as well as the hotel lobby, helping to draw patrons up to the restaurant's second floor location. Again, the origami piece created the solution by providing a very textural element during the day and a unique illuminated sculpture at night.

Designers introduced a large amount of wood to provide a warm westcoast sensibility. Along with an oiled oak floor and custom designed wood chairs and bar stools, a full-height paneled wood wall was introduced to lead people from the restaurant's entrance through to the main dining area. The wood panels were cut and laid in a geometric pattern that mimics the folded sections of the origami piece above. On the dining side, it holds the banquette seating and intersecting group dining table, while open sections provide glances through to the wine tasting room and private dining room.

oru
CUISINE

“欧罗尔”餐厅位于新建成的“费尔蒙特环太平洋”大酒店内，以亚洲地域风格为特色。餐厅连同酒吧共分为两层，以全天侯供应世界各地区的风味美食为特色。设计师对商标和家居装潢进行了统一设计，餐椅、花盆、餐具和菜单等细枝末节均体现了餐厅的品牌化管理。

“欧罗尔”在日语中本意为“折叠”。为与餐厅名称相匹配，天花板上装有折纸雕塑的条形装饰，该条形结构长55米、宽1.5米，横跨餐厅。折纸雕塑夺目的外形吸引了众多顾客进入餐厅。在白天，质感丰富的折纸雕塑装点着餐厅；然而，当夜幕降临后，其散发出的光芒令餐厅尽显温馨与浪漫。

此外，设计师运用大量的原生态木材来打造餐桌、餐椅和地板，清新且质朴；镶有木板的墙面连通了餐厅入口和主餐区，墙面上的装饰图案皆为象征折纸的图形，与天花板上的折纸雕塑相呼应；用餐区中的木板墙面，隔开了各个餐桌。透过墙面上的镂空可以看到品酒间和私人包厢。

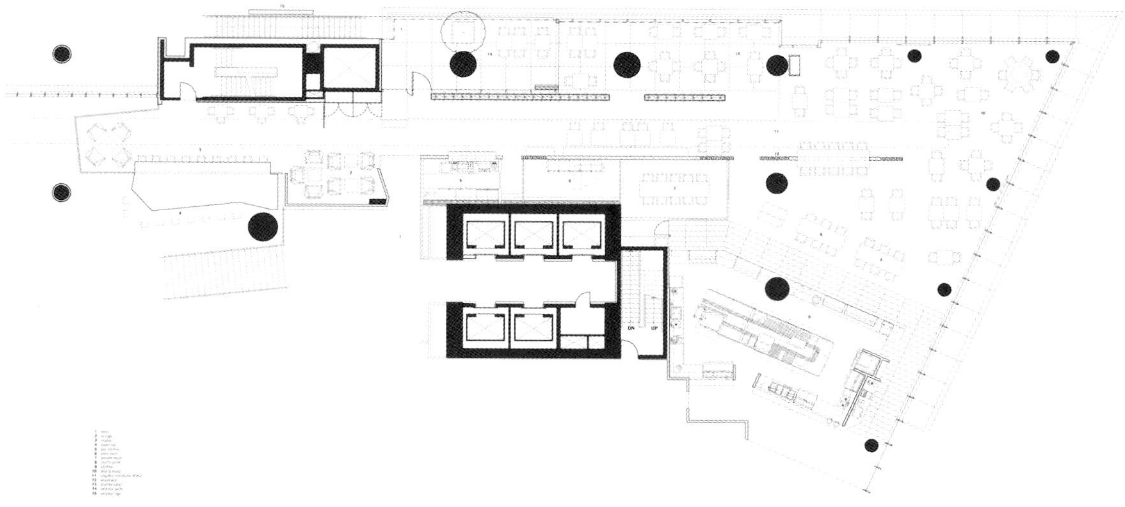

12 Chairs

- 项目名称："12个椅子"餐厅
- 设计公司：Lime 388
- 项目地点：中国上海

project description

This is a concept restaurant offering service of holding high-class dinner party. To meet diverse needs of different banquets in terms of time, a special room is created to welcome sundry private parties. At the center, a table is covered by black leather which is sewn with the saddle stiches, matching well with 12 comfortable chairs. Walls are decorated with polished silver metal plates and bevel bronze mirrors are embedded to the wall to adorn the space. The suspended ceiling above is angular and exquisite. Black lighting fixtures, white energy saving lamps,transparent goblets and white table cloth together have made the room fashionable and elegant. The fancy menu has listed the dish names from special cuisine to good wines from all around the world. In this room , guests can be arbitrary about their choice and enjoy the scarce quietness and idleness.

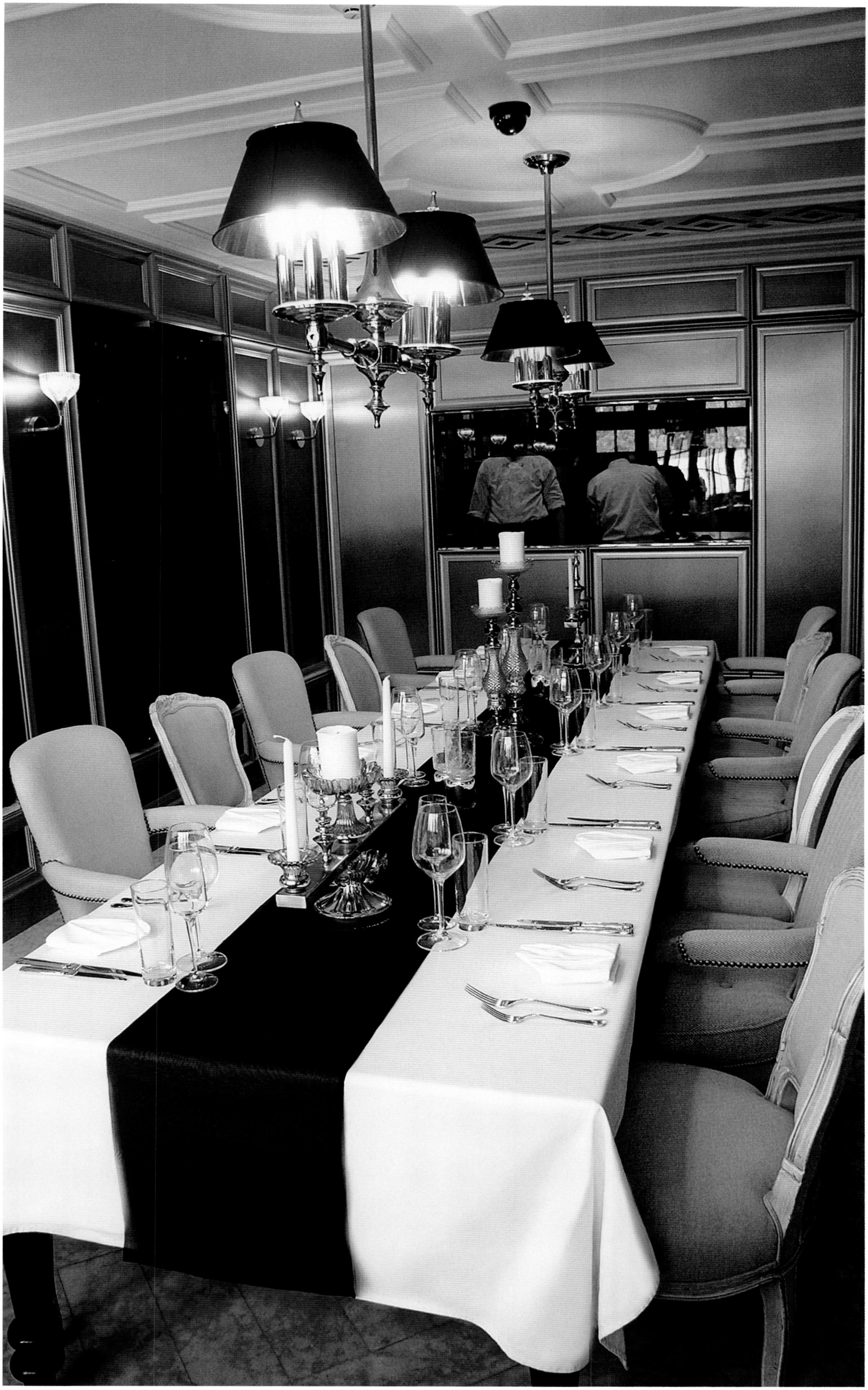

“12个椅子”餐厅是一家可供顾客举办高级晚宴的概念餐厅。设计师因时制宜，设计了一间适应不同宴会风格的房间，以此来举办各种私密派对。该房间中央是一张马鞍针法手工技术缝制的黑色皮质餐桌，12个椅子柔软且舒适，墙面由磨光银色金属板加以装饰，同时以嵌入的斜角铜镜来装点整个空间。餐厅上方的吊顶棱角分明，极为精致。黑色的灯饰、白色的节能灯、透明的高脚杯、白色的餐桌布，使空间尽显温馨与高雅。一份精致的菜单涵盖从地方特色的菜系到跨越全球的酒品，让顾客置身于自己选择的世界里，享受难得的恬静与闲适。

The Fat Olive

- 项目名称："油橄榄"餐厅
- 设计公司：Lime 388
- 项目地点：中国上海

project description

The Hellenistic Fat Olive restaurant has integrated design elements related to family. Inspired by European country fairs, the restaurant is made into a place for leisure. "We want to create the family's feeling, so we choose the highly textured materials with dignified sense of history", says the designer. Wooden floor emphasizes the family living, the wall as a wine case is inspired by the European country fairs and the petty bourgeois sentiment is found in the long plush sofa in light purple. Indoor, the purple sofa goes with the color-changing wall. The fresh outdoor landscape including a large terrace on the beach and white sofas then manifest the nobleness of Greek style and not losing intimacy or casualty. In the winter the rustic wooden furniture brings sense of warmth and in the spring and summer one can appreciate the beautiful scenery of the cozy Mediterranean garden.

Inspired by the designer's happy childhood in Greece, the Fat Olive provides guests with not only Greek food but also the casual Mediterranean life style. World-class wines make a perfect match with the authentic Greek cuisine, being the best choice for lunch or for lounging around. Simple but warm wooden chairs and tables together with the authentic Greek mezze is the reason for guests to fall in love with the Fat Olive.

希腊风格的“油橄榄”餐厅融合了家庭元素，其设计灵感来源于欧洲的乡村集市。“我们想打造家的感觉，因此，我们选择了富有质感和历史感的材料。”设计师通过选择设计元素达成了这种效果：木质地板和酒柜墙充满欧洲风情，淡紫色的长毛绒沙发温馨且舒适；室内的紫色沙发搭配变换颜色的墙面，室外则是面对新天地和外滩的超大露台；全白色的沙发，既有希腊式的高贵，又令人倍感亲切与惬意。冬日可以享受室内由粗犷的木质家具所带来的温暖，春夏则可以在户外的花园中享受地中海风格的菜肴和美酒。

设计师曾在希腊度过快乐的童年时光，他不仅想要和大家分享至爱的希腊美食，而且想要简单、随意的地中海生活方式。正宗的希腊菜肴和美酒的完美搭配，无疑是午餐、晚餐或夜宵的最佳选择。简单而温馨的木质桌椅、呓语呢喃的背景音乐、地道的希腊开胃小食，这些都可以成为爱上“油橄榄”餐厅的理由。

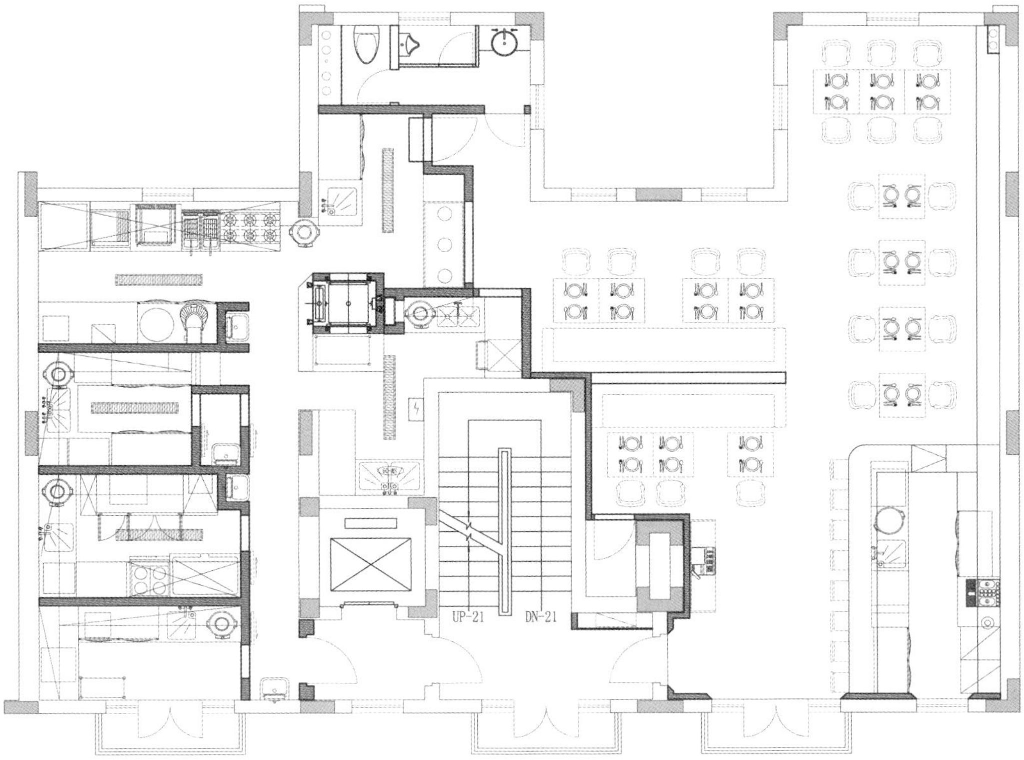

Yucca Restaurant

- 项目名称："丝兰"餐厅
- 设计公司：Lime 388
- 项目地点：中国上海

project description

Generally Mexican restaurant would like to integrate sundry local traditional elements into its interior design: cactus, sombrero, gun holster, cartridge belt, cracked bricks and a portrait of Frida Kahlo of Mexican style. However, the interior design of Yucca would never want to stick to conventions. In order to introduce in the rich visual culture of Iberian Peninsula and Latin America, designers relinquish the ethnic style. The saying "Deseo Fuerza Amor Lujuria" gravened in the smooth bar made of glass wool and marble is the interpretation of the spirit and culture of this restaurant. Meanwhile the color combination, patterns on the floor and the distribution of natural light all together have prompted guests to enjoy the space and the atmosphere. Without question, Yucca is an ideal venue for entertainment, social contact and inspiration stimulation.

Yucca Restaurant, full of passionate and modern atmosphere, is a place where inspiration can be sought, imagination can be liberated and friendship can be enhanced. Rich and passionate spirit of Latin has been reflected in religious culture, Spanish mosaic, dendritic candlestick, Catholic cross, exquisite floor, Paisley armchair and the iron gates, creating a sense of warmth and comfort, unity and harmony.

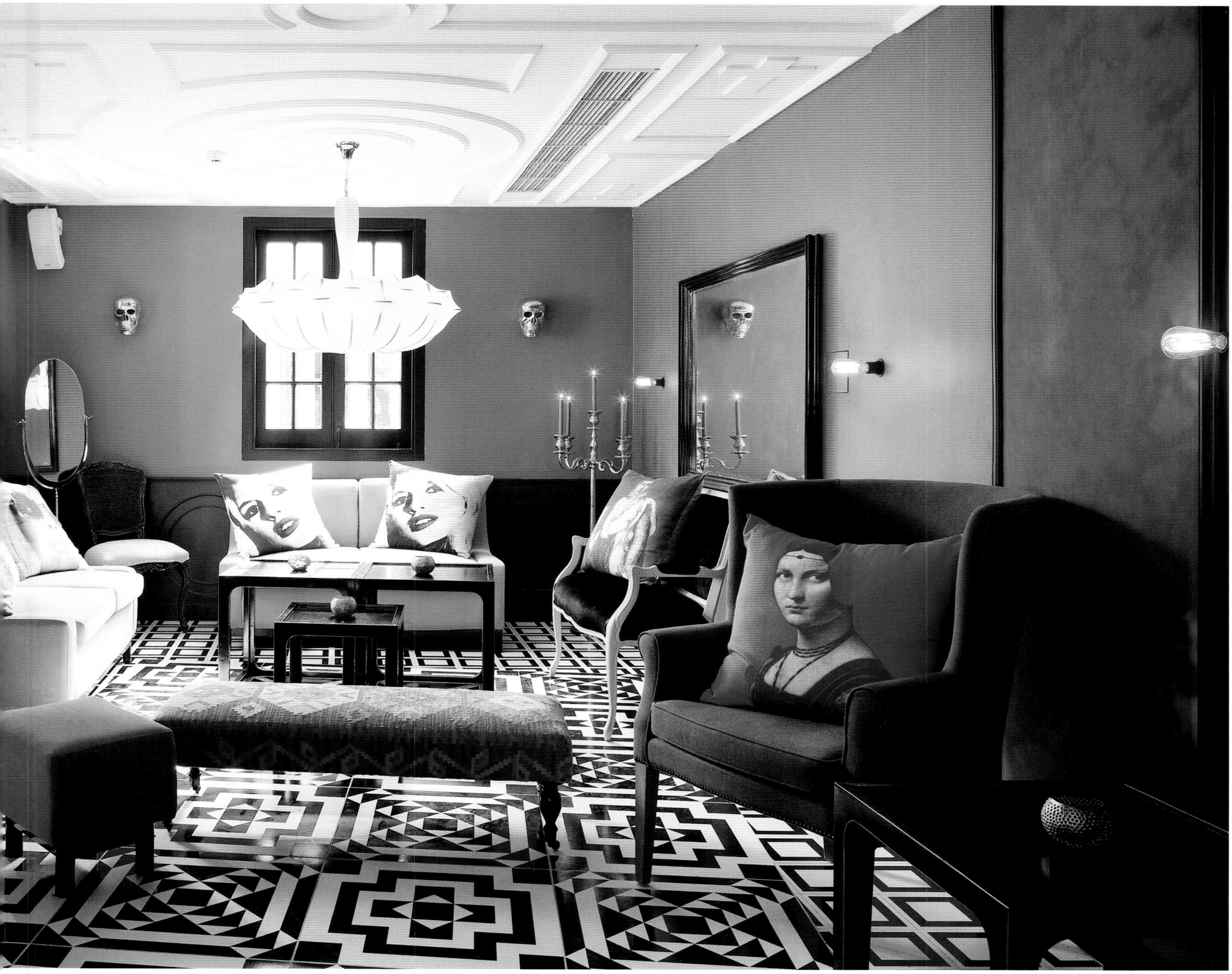

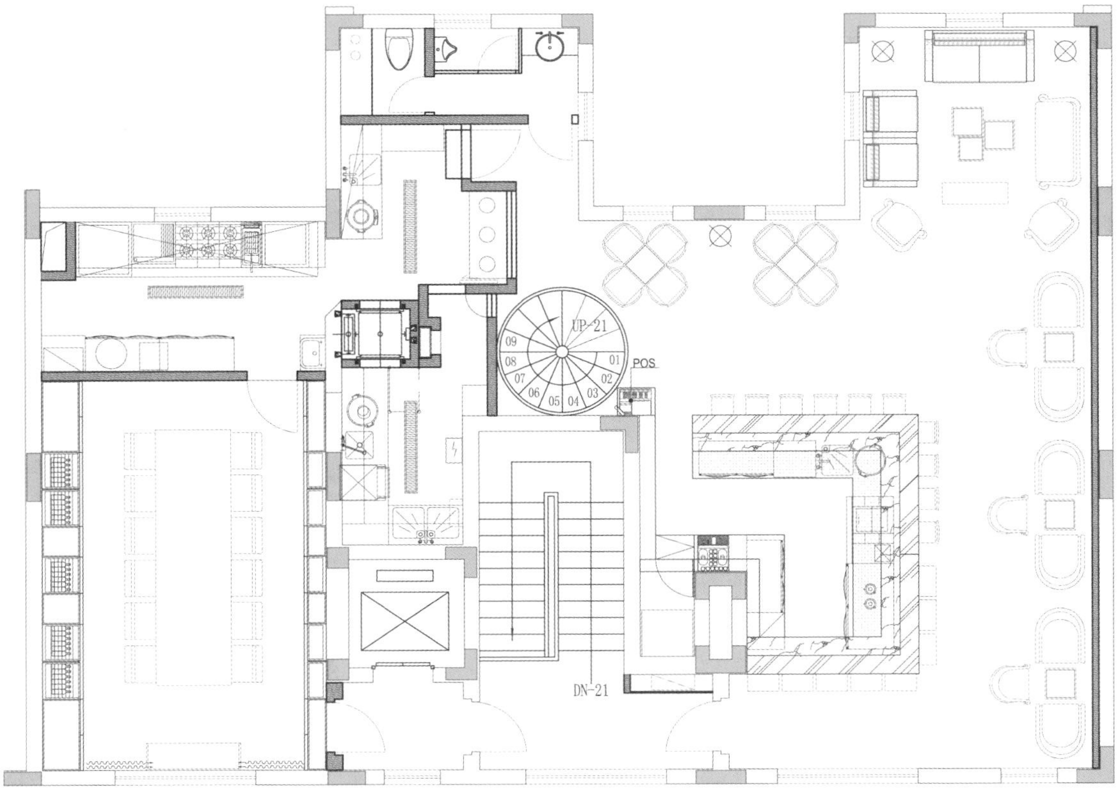

一般所谓“墨西哥式”的餐厅和酒吧总是试图将所有传统的墨西哥元素都融入其中：仙人掌、墨西哥阔边帽、手枪皮套、子弹带、破碎的砖块，而Frida Kahlo的肖像则更有助于将其归类至墨西哥风格中。“丝兰”餐厅的设计师不因循守旧，而是避开了民俗风，将设计焦点集中于伊比利亚半岛和拉美丰富的视觉文化。清晰、透明的大理石吧台上雕刻的名言诠释了其设计理念。色彩的组合、地面的图案以及自然光的照射使人们能够在这里更好地享受欢乐的时光。毫无疑问，“丝兰”餐厅是一个适合社交而且能够互相激发灵感的好去处。

这是一个可以寻找灵感的地方，一个可以无限遐想的地方，一个可以和朋友共度美好时光的地方。传统西班牙风格的马赛克、枝状大烛台、天主教的十字架、精致地面、佩斯利扶手椅、铁门等这些元素完美地阐释了丰富的拉丁精神，也令人倍感温馨与舒适。

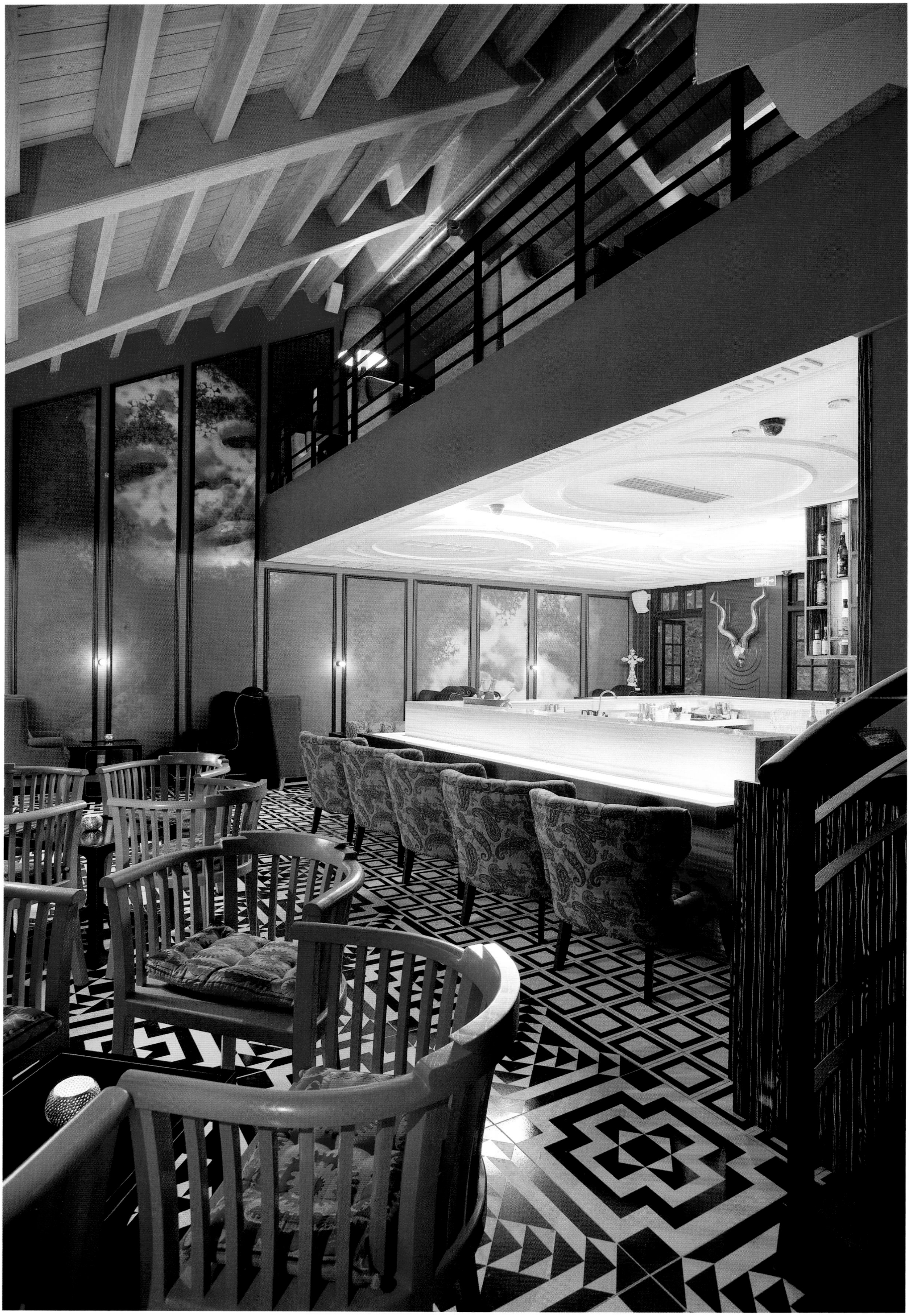

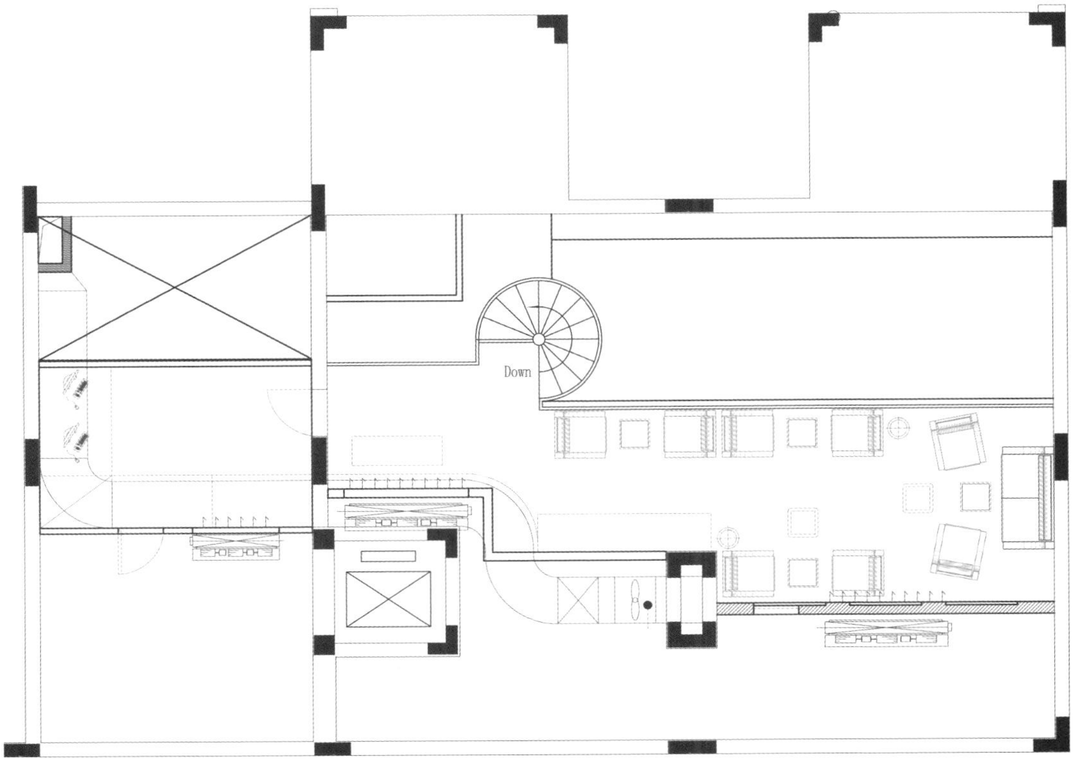
Down

Strega

● 项目名称："斯特雷加"餐厅
● 设计公司：David Ling Retail Restaurants
● 项目地点：西班牙巴伦西亚

project description

Large floor-to-ceiling windows have been set around the restaurant to create a spacious space. Distances between seats then facilitate movements. Cirrus decoration of Spanish style on the ceiling makes the space above distinguished. The composite solid wood floor is easy to clean and resistant to compression. Black leather sofa and white crystal-clear table surface form a classical black-and-white color combination. The wall with numerous holes actually serves as a wine case. The view of wine case being filled with bottles of wine under the light is unique and luscious. On the bar top sundry wines including port wine, sherry, whiskeys, brandy, rum and vodka are displayed.

In the open dining area, guests can either appreciate the scenery around, or enjoy the aroma of the Italian pasta, or order a pizza together with a bottle of red wine, having a great time.

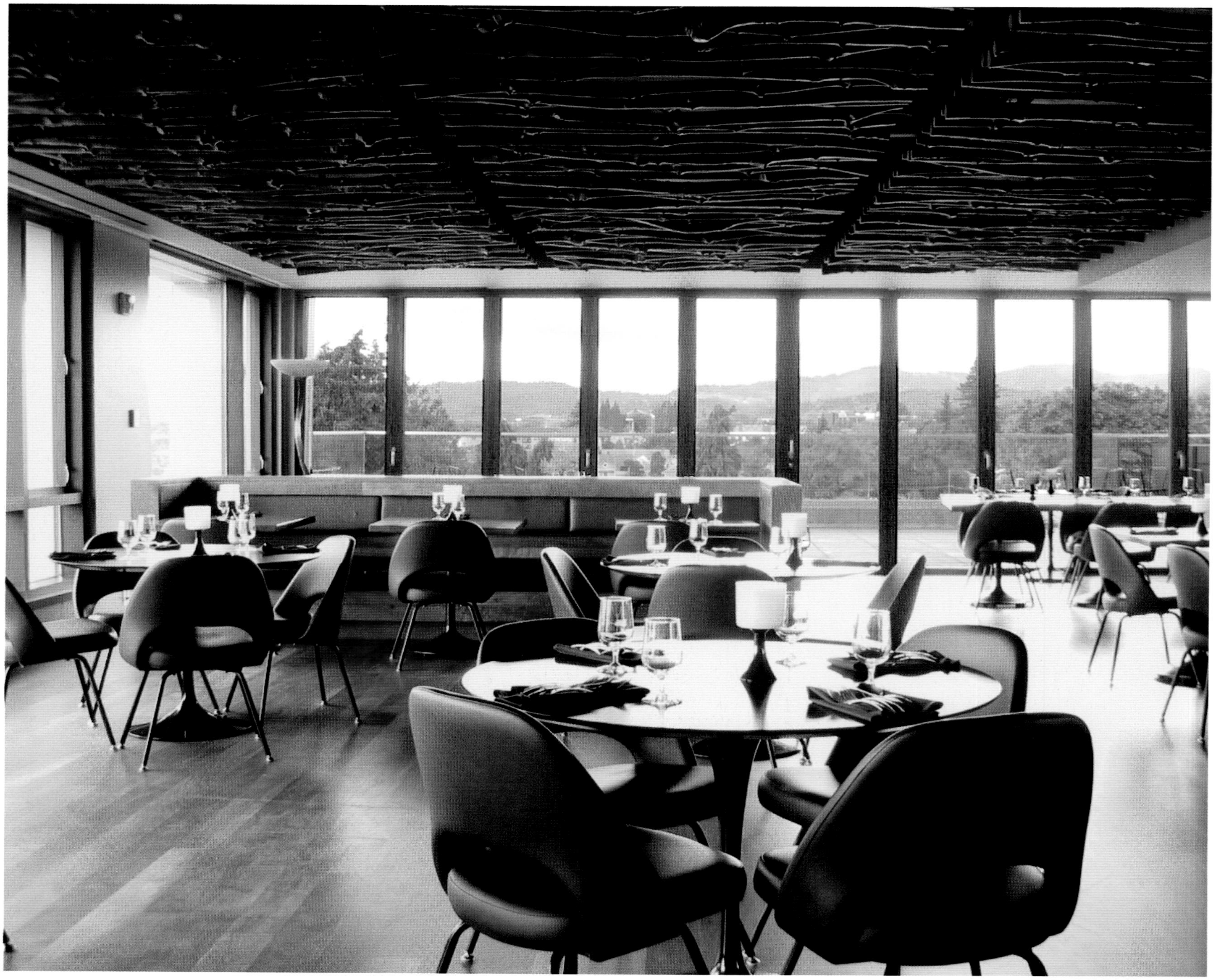

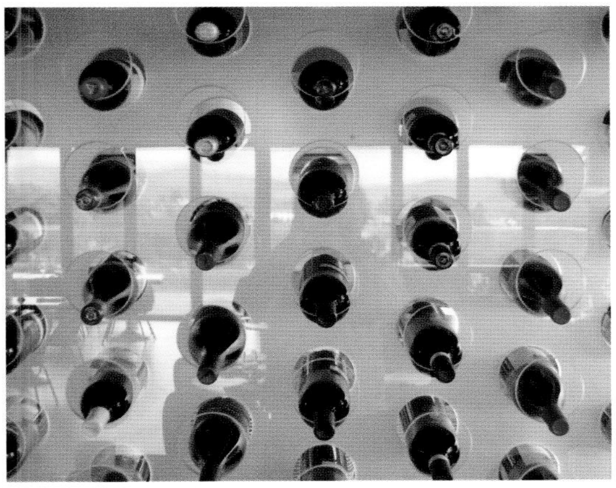

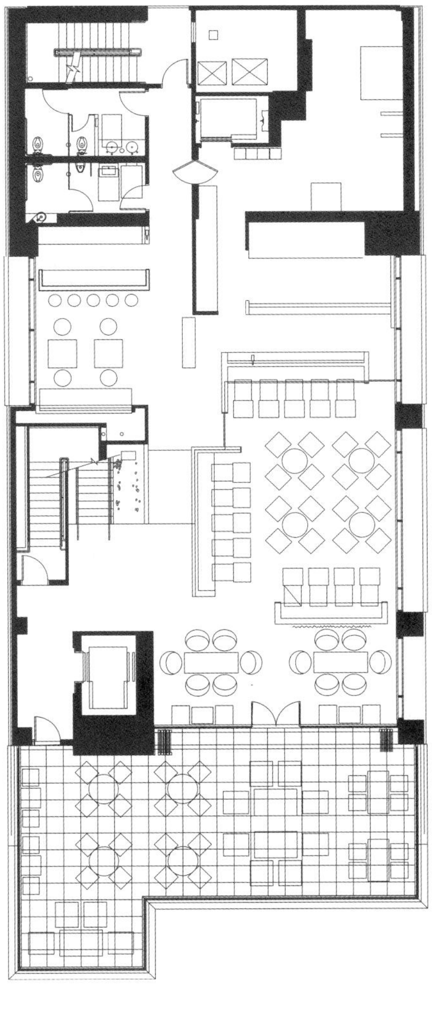

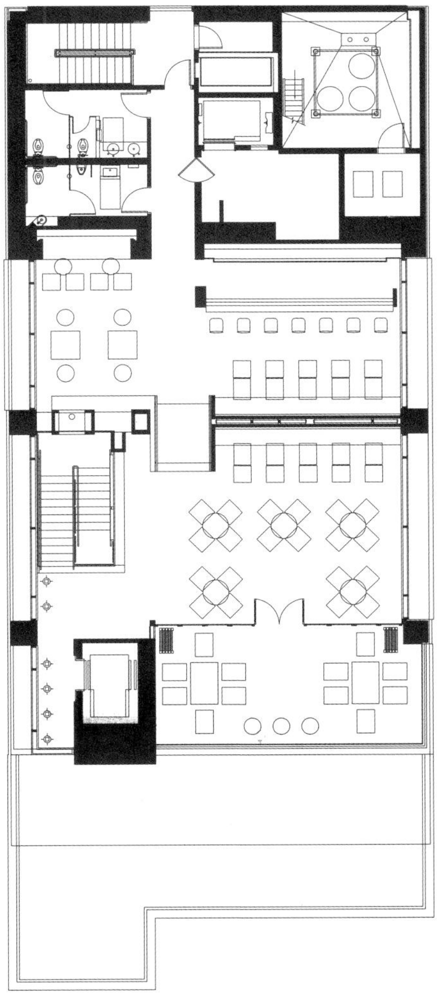

“斯特雷加”餐厅四周采用大型的落地玻璃窗，宽敞且通透。各个餐桌的间距比较远，这样用餐者之间彼此互不干扰。天花板选用西班牙风格的藤蔓装饰，使上方空间尤为独特；地板是实木复合地板，易于清理并且抗压能力强；黑色的皮革沙发搭配晶莹剔透的餐桌表面，形成了经典的黑白搭配。设计师在餐厅内设置了一面如同无数弹孔穿透的墙，实则是可以放置很多酒瓶的酒柜，若将酒柜填满酒瓶，在灯光的照射下，别有一番情调。吧台处陈列着异国他乡的各类美酒，如葡萄酒、波特酒、雪利酒、威士忌、白兰地、朗姆酒、伏特加等。

餐厅的顶层还设有一个露天餐厅，顾客站在那里将周边景色一览无余的同时，点上一份比萨，再来一杯红酒，享受清闲的欢乐时光。

KNOB CREEK
Maker's Mark

Tete Pressee

- 项目名称："太特•派瑞斯"餐厅
- 设计公司：Lieven Musschoot
- 项目地点：比利时布鲁日
- 项目面积：300 平方米
- 摄影师：Koen Van Damme

project description

In the picturesque city of Bruges, the designer has transformed an old butchery into a restaurant- catering service with a capacity of 25 guests. Tete Pressée embraces two atmospheres; that of the rather businesslike environment of the catering and the intimate ambience that permeates the restaurant. At the heart of the traditional scheme is a preference for purity and honesty. The restaurant has a clear structure and sharp lines. A row of tables and chairs shows the sense of unity and beauty, and meanwhile several lamps shaping like round boxes hung on the ceiling form a straight line. After part of the building was demolished, a modern and stable steel-framed extension with a 4-meter-high glass façade was added. The glazed façade welcomes an abundance of natural light into the restaurant.

Simple, authentic materials illustrate the designer's taste of interior design. Walls are made partially of ceramics tiles and sandblasted oak, and floors feature concrete black clinkers. The restaurant has a black ceiling boasting an illuminated calf's head, the establishment logo as well as the logo from the old butchery. Small details, such as a sunlight-generated logo on the counter, are what make this project extra special.
Diners seated at the large sandblasted oak table have a view of the open kitchen, where meals are prepared - it's all part of an interior design that adds vitality to the restaurant and makes guests feel secure with their food. This design can claim perhaps to be a live advertisement.

前身为肉铺的“太特•派瑞斯”餐厅位于风景如画的布鲁日，经由设计师一番改造，现已转型成为时尚的现代餐厅，设有25个座位。餐厅分为两个风格截然不同的区域：陈列各式料理的食品柜就像商场的柜台，充满了商业气息；舒适的就餐区则令人倍感亲切。“纯净、统一”的传统设计理念贯穿整个室内空间。餐厅的结构清晰，线条硬朗，一排整齐的桌椅展现了统一的美感；悬挂于天花板的多个圆盒形灯饰在水平方向上连成直线；已经拆除的墙面被4米高的玻璃壁所代替，将自然光线引入室内；外形时尚、结构稳固的框架则由钢铁材料制成。

设计师运用朴实、天然的建材，展示其不俗的艺术品位：墙面铺以磨砂橡木或陶质瓷砖，与地面的黑色混凝土石板相搭配；黑色天花板上的发光牛头图案实际上是餐厅的商标，从原肉铺一直沿用到现在。此外，阳光透过玻璃壁在柜台上所形成的影子成为餐厅的标志，并会随光线角度的改变而移动。

透过矩形的大玻璃窗，前来就餐的顾客可以观赏厨房的布局以及制作料理的全过程，该设计不仅为餐厅增添了活力，还能够令顾客安心，可以说是现场直播的活广告。

Beaudevin

- 项目名称："鲍德威"餐厅
- 设计公司：Creneau International
- 设计师：Lieve Van Deweert 和 Frederic Van Hoecke
- 项目地点：比利时鲁塞尔
- 摄影师：Philippe Van Gelooven

project description

The biggest provider of food and beverage services for the travelers, Autogrill, launches with Beaudevin an innovative Lounge and Wine bar concept. Beaudevin will be implemented at airports, railway stations and shopping malls worldwide. People on the move will now be able to taste a selection of recognized wines, fresh prepared tapas and other small plate foods. Autogrill engaged Creneau International to develop and build the first of this innovative concept at Brussels airport. Designers came up with a contemporary wine cellar and the right name.

Wine is about joy, health, craftsmanship, passion and dedication. Beaudevin simply is what its name stands for. The good of Wine and all the beauty of Wine Far too long wine tasting has been the exclusivity of Wine Connoisseurs in Fine Dining Restaurants. Beaudevin wants to appeal to every Wine Lover. This results in the informal atmosphere of our contemporary Château Cellar where the wine farmer himself would proudly present his wines, while still having his boots on.

The designers combined traditional materials with contemporary and direct lines. People are welcomed by the hosts at the bar, preparing the food and ready to suggest the wines. The monumental bar itself is a simple solid block of wood with carved leaves and the logo. The chandeliers are made of wine glasses. Two gigantic lit wine bottle walls express the straight forwardness of Beaudevin and give the space its warm glow. The wooden arched ceilings convey the sense of the intimacy.

To appeal to a wide range of public, Beaudevin is divided in three gently overlapping zones. The central Bar Zone is inviting and lively, the Social Zone works as a meeting point and has a wine tasting table, and the Private Zone gives more intimacy to those who want some refuge or need to work.

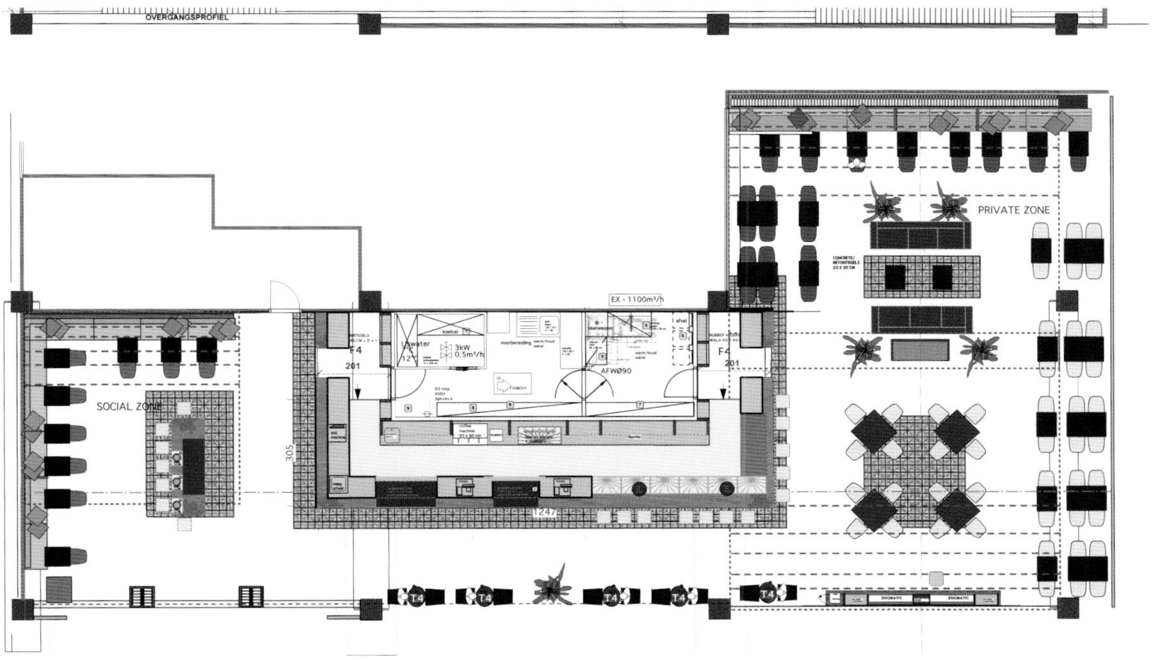
OVERGANGSPROFIEL
SOCIAL ZONE
PRIVATE ZONE
EX - 1100m³/h
AFWØ90
F4
201
F4
201
305

由世界最大旅游餐饮供应商“奥德餐饮”创办的“鲍德威”休闲连锁餐厅，正式入驻全球机场、火车站以及大型购物中心。如此一来，旅途中的顾客将品尝到精致的美酒和新鲜的美食，这是“奥德餐饮”在布鲁塞尔机场打造的第一家新式餐厅。设计师试图在此构建一所现代、时尚的酒窖，并为之取一个好名。

美酒让人联想起欢乐、健康、激情以及奉献。“鲍德威”这个名字代表了美酒以及“酒的美”。长久以来，品酒似乎只是高级餐厅里品酒师的专利，而“鲍德威”餐厅的目标是让每一位爱酒人士都能分享这一乐趣，这就如同在“芳提娜古堡”酒店中，酿酒的农民也可以身穿考究的服装，认真地品尝自己所酿造的酒。

虽然室内仍旧使用了传统建材，但设计技巧上却特别运用了时尚、简约的线条。顾客在吧台能够感受到热情的招待，享受佳肴的同时还能够品尝各式精选的美酒。吧台的外形非常别致，远看就像一块雕有树叶图案和标牌的实木桩。天花板上悬挂着一盏玻璃大吊灯。外墙上的两个巨型酒瓶装饰在温暖而明亮的灯光下显得异常夺目，彰显着“鲍德威”餐厅的温馨与浪漫。拱形的木质天花板更具亲切感。

为了吸引更多的顾客，“鲍德威”餐厅被分成3个不同却彼此有交叠的区域：中央吧台炫目而生气勃勃、而同样设有品酒台的社交区为休闲或聚会提供了最佳去处、私人包厢则具有良好的私密性。

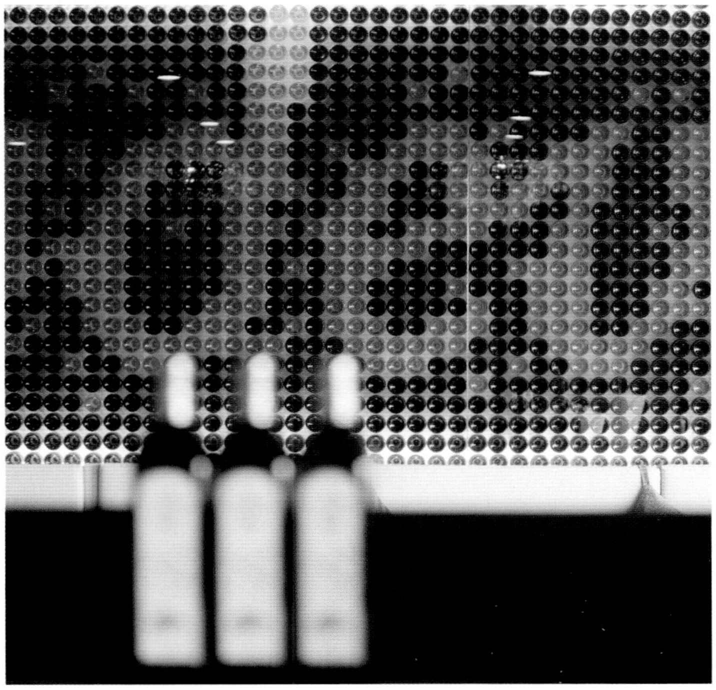

Conduit Restaurant

- 项目名称：“管道”餐厅
- 设计公司：Dstanley Saitowitz
- 项目地点：美国旧金山
- 摄影师：Rien Van Rijthoven

project description

Conduit Restaurant emerged from the found circumstances. The ground floor commercial space in a new residential building had a low ceiling and a tangled maze of plumbing, sprinkler and electrical conduits serving the residences above. To cover the space, these pipes would have further reduced the space. Instead, even more conduits were layered over the existing to counteract and remediate the situation. The design inspired the name. At the entry is a long fireplace. Behind, table seating fills the room. A series of conduit screens in galvanized or copper color divide the tables. On the right is an open bar made of stacked bars of conduit. Glass shelves support the bottles. The other end is banquet seating on a bench, hovering in light, divided into a series of conduit alcoves.

At the end of the room, another bar frames the open kitchen, a well-lit stage for the cooks. Seating at this bar allows patrons to watch the performance close up. The floor has black granite paths with a large mat that locates the black wood laminate tables. Behind the kitchen is a glass and conduit-enclosed cellar and private dining room. Wine is stored in a perforated black wood wall. Beyond are the bathroom enclosures of entirely etched glass, with a continuous trough sink and long mirror above.

The atmosphere is sleek and hip, as well as rich and warm. Conduit disproves the old adage by making a silk purse from a sow's ear.

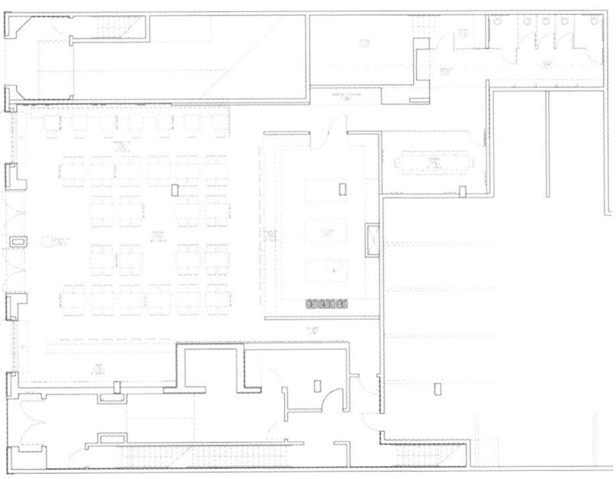

“管道”餐厅位于一幢新建的住宅底层的商业区，其内部基础设施齐全：有可供楼层内其他住户使用的错综复杂的水管、喷水装置以及电缆。由于天花板的位置较低，若要覆盖这些管道，则会浪费很多空间，因此，设计师反其道而行，添加了各种管道装饰，与该环境相匹配。设计元素多与“管道”有关：狭长的火炉位于入口处，其背后的主餐区内摆放了各式各样的餐桌和餐椅，细铜管或镀锌金属管制成的屏风将餐厅划分为不同部分，右侧开放式的酒吧台由金属管堆叠而成，其上方的玻璃柜内陈设着各种瓶装酒。

靠近舞台表演的另一座吧台直接通向厨房，其内部的厨台在阳光的照射下光亮十足。大型地毯覆盖于黑色花岗岩的地砖上，与餐桌的黑色薄木板表面相呼应。由玻璃及金属管构建的酒窖内壁为穿孔的黑色木墙，上面陈列着各式美酒，旁边则是位于厨房后方的私人包间。更靠内的区域则是由雕花玻璃围成的盥洗室，里面安装了狭长的洗手槽及镜面。

餐厅的室内装潢时尚且奢华，井然有序的同时不失亲切感。独特的“管道”餐厅充分体现了“变废为宝”的环保型设计理念。

El Charro

- 项目名称："奥尔查若"餐厅
- 设计公司：Cheremserrano
- 项目地点：墨西哥
- 项目面积：215 平方米

project description

"El Charro" is a Mexican restaurant located in one of the most popular neighborhoods in Mexico City. The site is 215 m^2. The Mexican design firmhas always been proud of the richness that our country possesses. Being a Mexican restaurant, the designers were pushed to look for a solution that would emphasize the richness of our country. Charro is the Mexican expression for rancher-a classis character in the history of our country. The "haciendas", have always been an inspiration for Mexican architecture-from the open spaces or patios, to the use of natural materials interacting with nature. Starting with the vision, the place was designed to create order and make the visitors feel welcomed. The materials were meticulously picked: the structural columns were covered with wood, using them to divide the space; wood and stone tile flooring predominates.

The design drive was to provide the costumer with an experience of sensory episodes which would result in an intimate connection with the place and highlight the richness of Mexico. The resulting spaces enrich the visitors in their sensory system.The hearing is emphasized by the noises of the cooking and music specially selected by the owners. The touch is accentuated by the softness of the tables, the leather in the chairs. The olfaction smell is stirred not only by the smell of food, but especially by the crafted ceiling made of a lilac flower.

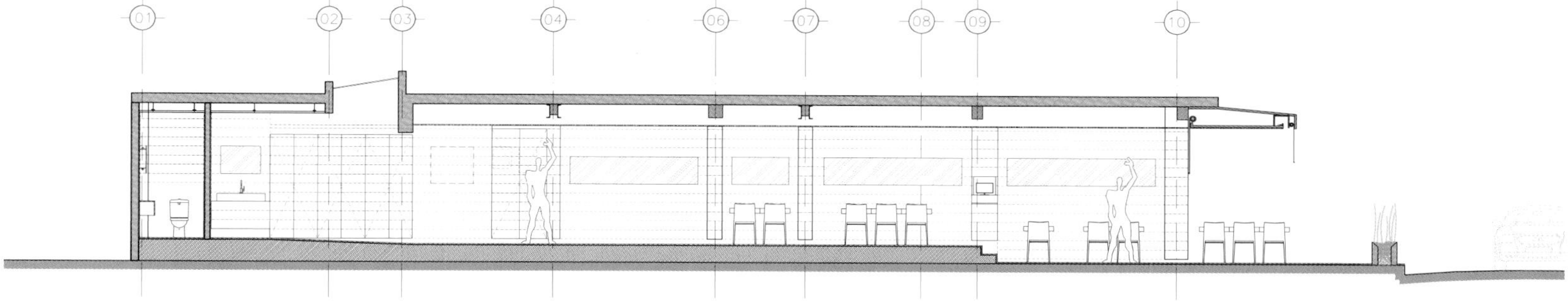
01
02
03
04
06
07
08
09
10

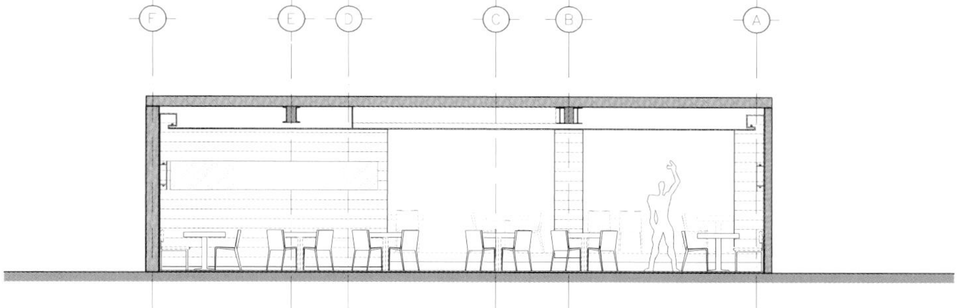
F
E
D
C
B
A

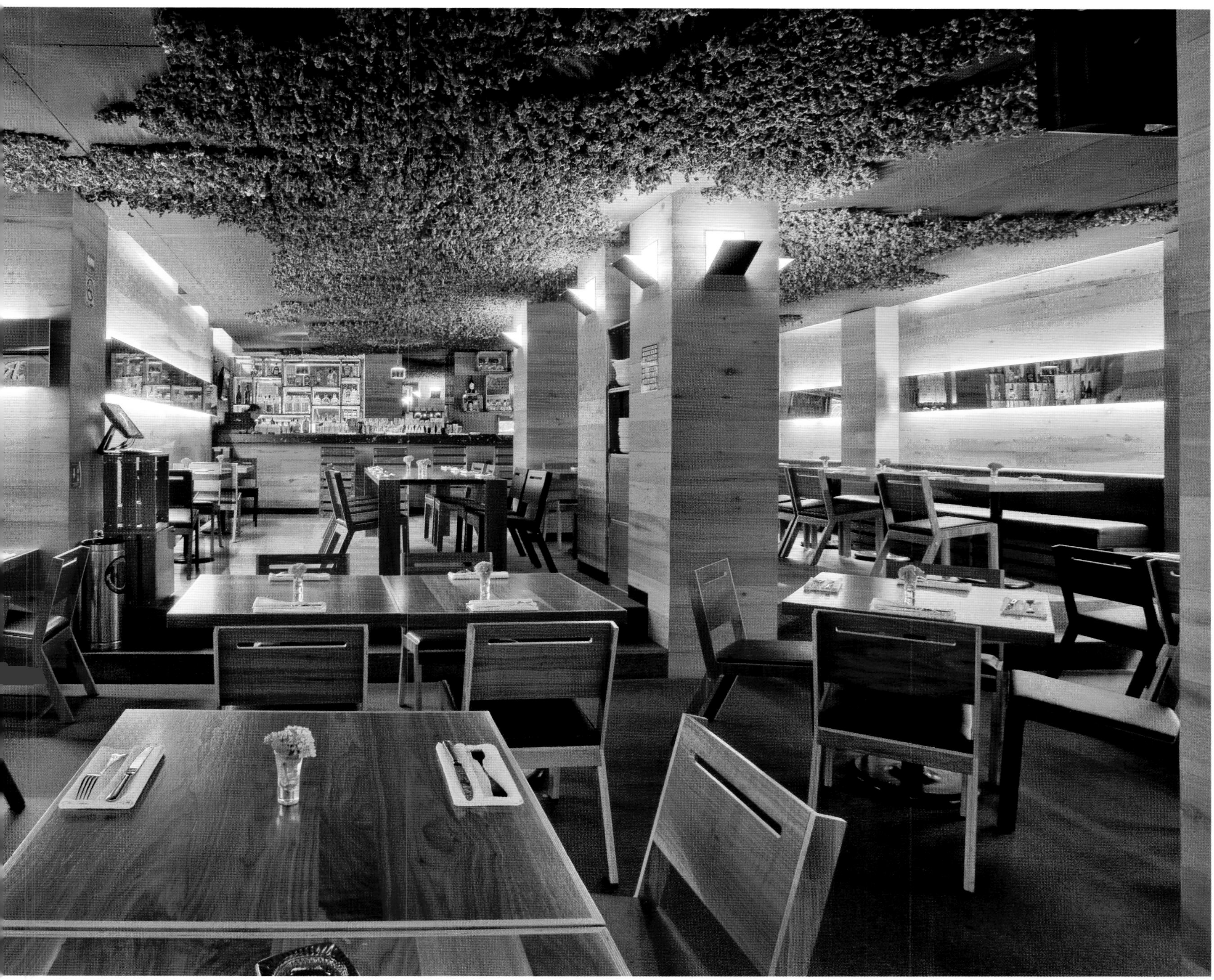

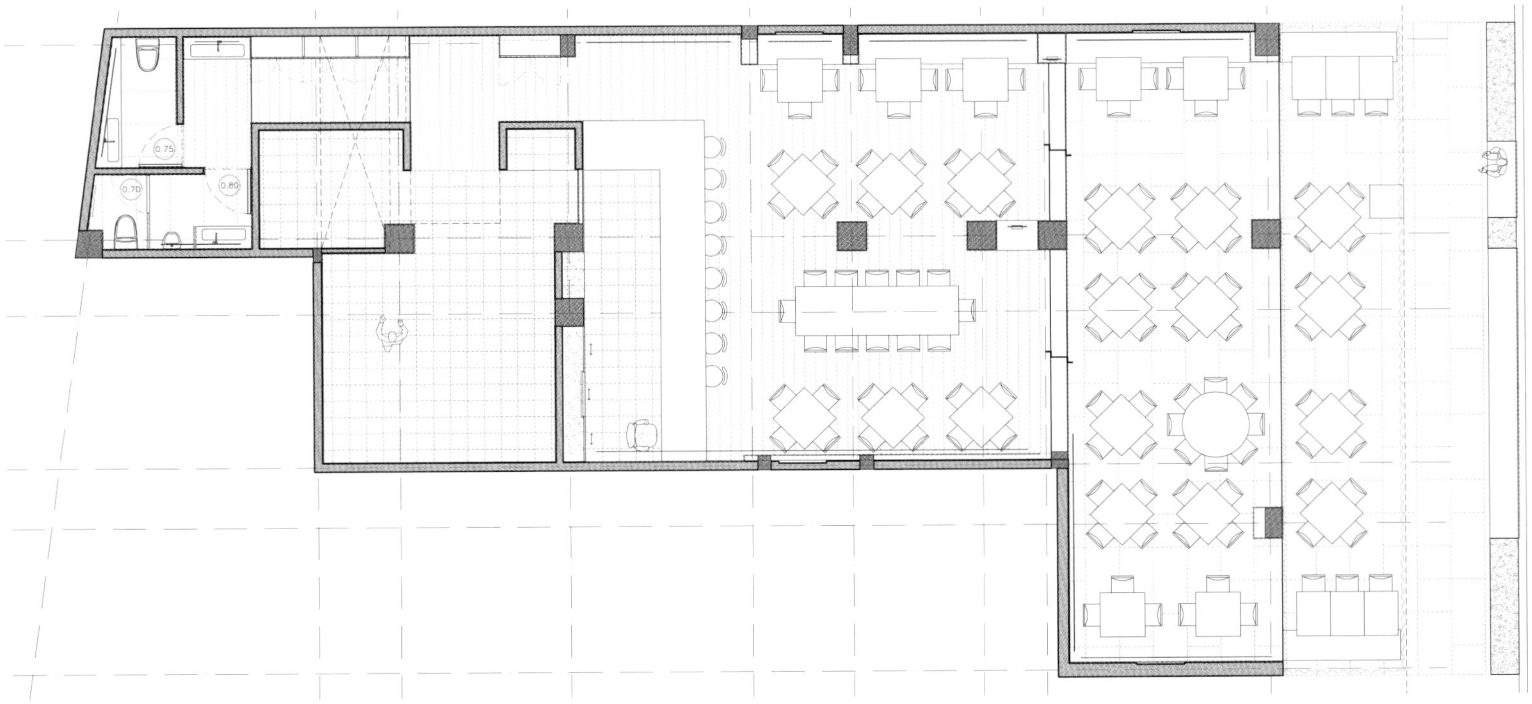
0.75
0.70
0.80

“奥尔查若”餐厅位于墨西哥城内最热闹的街区之一，占地面积达215平方米。餐厅在装潢上大量运用了当地丰富的自然资源，营造了庄园般的就餐环境。实际上，餐厅设计正是以墨西哥的“特色大庄园”为蓝本：天然建材使餐厅与大自然仿佛融为一体，宽敞的天台令人心旷神怡。井然有序的室内装潢虽然庄重，但却令人倍感亲切。覆盖木料的棱柱划分出不同区域，地面则铺有木材或石砖。

餐厅设计与原生态文化密不可分：模拟自然环境的就餐区令顾客心情舒畅，墨西哥丰富的天然建材被大量运用，凸显了当地特色。独特的室内设计为顾客打造了一道感官盛宴：烹饪时翻炒的沙沙声和精选的背景音乐带来听觉享受；质地光滑的木桌、覆有皮革的餐椅具有舒适的触感；除了食物的香味，布满天花板的“丁香花”带来阵阵清香。

Drago Centro

- 项目名称："德拉格中心" 餐厅
- 设计公司：Felderman Keatinge Associates
- 项目地点：美国洛杉矶
- 项目面积：882 平方米

project description

Drago Centro, an Italian restaurant, is located in the downtown Los Angeles. The food, atmosphere and architecture create a dynamic and memorable experience with a play of the dramatic intertwining the urban, memories and warmth of Italy. The vaulted ceiling with recessed light coves provides a theatrical sense. The linen slipcover leather chairs reflect Italian tradition and offer a sense of informality. The mural by the restaurant designer, with its sketches and photographs deals with memory, the photographs being reminiscent of an older time. The restaurant is designed to offer a broad variety of dining experiences, from intimate tables and booths to large, custom designed family style tables. There are exquisite sightlines throughout the restaurant and from wherever customers sit. The private dining room called the Flower Room with its stone walls can seat up to sixteen people. In the room , flocked ornate wallpaper is a play of texture.

A large outdoor lounge and dining area under a dramatic canopy add to the charm of the space. The use of full height windows brings the surrounding architecture into the space. Strong architectural features, such as the vaulted ceiling, stone walls and fifteen foot high glass enclosed wine tower, are iconic elements. Light boxes along perimeter bring a dramatic sense to the space and define the restaurant's boundaries. The combination of these elements and the warm rich hues bridges the cool modernity of the city with the warmth of the client's native Italy.

PAOLO SCAVINO
PIEVE SANTA RESTITUTA

位于洛杉矶中心区的“德拉格中心”是一间意式餐厅，为顾客提供高品质的特色餐饮服务。意式装潢设计使餐厅洋溢着浓郁的艺术气息：灯饰嵌入拱形天花板的凹洞，别致且引人注目；皮革餐椅由亚麻布椅套遮罩，凸显意大利传统风格的同时令餐厅尽显庄重；出自著名餐厅设计师之手的壁画、手稿及摄影作品整齐地悬挂在墙面上，它们记录着餐厅的成长史；餐厅内部设有小型卡座，以保护顾客的隐私，大型餐桌则为家庭聚餐提供了场地；名为“花房”的私人包厢可容纳6位顾客，石墙上的墙纸印有华丽的图案。

户外的大型休闲餐饮区由造型新颖的天棚覆盖，吸引往来的路人。明亮的落地窗将周围街景统统收纳入室。拱形天花板、石墙以及高达4.6米的酒柜是该餐厅的标志设计。环绕四周的盒式照明灯别具一格，令“德拉格中心”餐厅在周围众多的餐厅中脱颖而出，并成为这一地区明显的地标性建筑。“德拉格中心”餐厅丰富的色彩搭配各种新颖的设计，一股时尚设计的暖流正在向现代都市曼延。

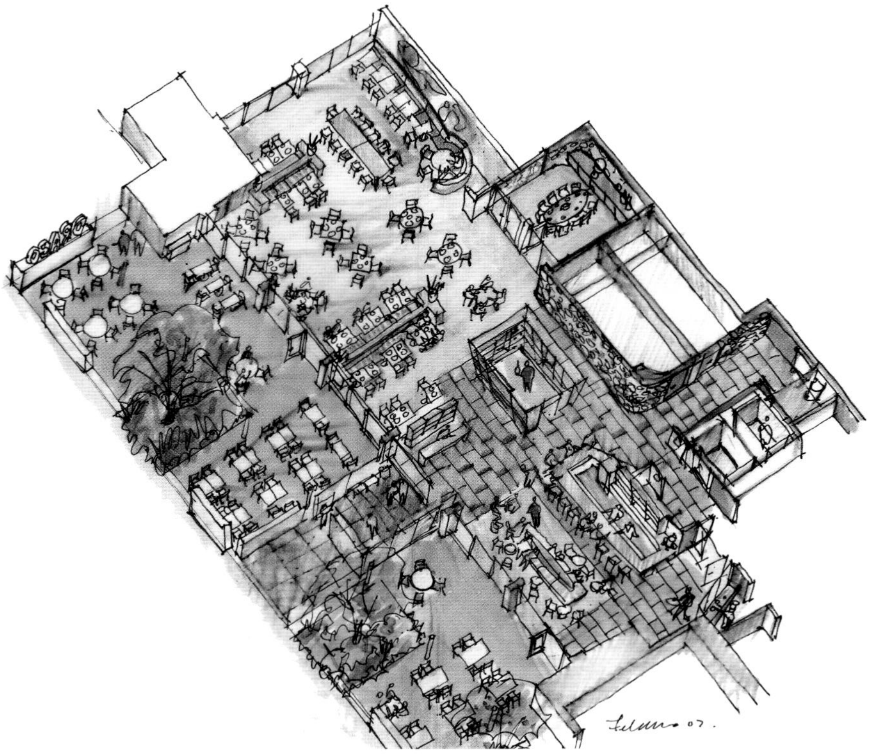

Iceworks Restaurant

- 项目名称："冰雪"餐厅
- 设计公司：Base Architecture / Shawn Godwin
- 项目地点：澳大利亚布里斯班

project description

Iceworks Restaurant was designed to complement the existing Iceworks facilities of Bar and Fine Dining Restaurant with a casual dining experience filling the gap between bar food and fine dining. Whilst maintaining accents of the style of the original bar and restaurant the desire of the client was to make the space feel more raw and utilitarian, whilst maintaining a degree of comfort for patrons. The space opens up to both the street and the internal foyer of the building, becoming the most visible of the Iceworks spaces. In the same way, it has also become the most accessible for patrons with the restaurant now opening up for breakfast through to dinner. The bar extends over the main area of the restaurant with beers tidily displayed on it. Guests can enjoy multiple bottles of wine in the wine case next to the bar and appreciate the beautiful view of the outdoor landscape.

Designers focus on details, for example, the decorations like piano keys on the ceiling and the bar pedestal has created a unique visual effect. Large French windows then perfectly connect the scenery inside and outside.

There are also meticulously designed decorations in the spacious dining area. Along the windows, coffee-colored upholstered seats are intermingled with light green ones, and such a color combination can induce one's appetite. Wallpapers with adorable patterns liven up the interior space and make guests feel at home.

KOALA PICTURE FRAMING PHONE

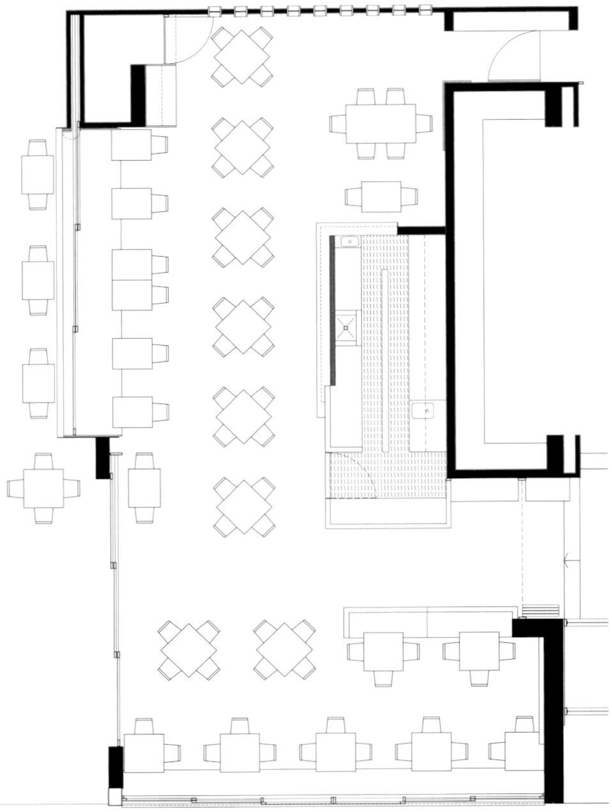

对“冰雪”餐厅的此次改造连通了原酒吧区和餐饮区，使用餐环境更加舒适、宽敞。为了保留餐厅的风格特色，客户特别要求实用的设计，还要尽量凸显建材的原貌，同时保证舒适度：“冰雪”餐厅的装潢布局精致且合理，灵活的设计让顾客方便出入；吧台延绵于餐厅的主要区域，上面整齐地摆放着各式啤酒；旁边是一个可以随意取用酒品的酒柜，顾客可在这里尽情享受各式酒品，并且欣赏户外的青山美景。

此次改造，设计师集中于对细节的构建，而其设计焦点则在天花板以及吧台的基座上，以钢琴按键的形式打造出独特的视觉效果。同时，超大的落地玻璃窗成为良好的借景平台，是室内空间与户外景色的天然衔接。

宽阔、通透的就餐区同样少不了精心的设计。咖啡色软座和淡绿色软座交错摆放，新颖的色彩搭配刺激了顾客的食欲。壁纸上可爱的图案令室内氛围活跃了许多，让身处其中的顾客有种宾至如归的感觉。

VOGUE

Esko-Lounge & Restaurant

- 项目名称："伊斯科"休闲餐厅
- 设计公司：Kamat Architecture 和 Rozario Architecture
- 项目地点：印度班加罗尔
- 项目面积：241 平方米
- 摄影师：Vikram Ponappa

project description

The program was to create a restaurant-lounge on the top floor of a 5 storey building. The open spaces flank the north of the building taking full advantage of the street frontage. The palette of materials combined reused materials from the earlier location of this restaurant with newly introduced materials. The spatial planning was a progression from closed to open. The roof form also takes its cue from the planning. The concept and design of this space revolves around the roof. The roof form diverges upwards from the inside to the outer extents of the skin of the structure thus creating a forced perspective and a feeling of openness bringing "the outside-inside". Two long slivers are carved out of the roof form, running from the enclosed restaurant to the open lounge area. These slivers house a series of clay pots suspended horizontally. The pots drew inspiration from the original name of the restaurant - Clay Pot, which later got rechristened to Esko. The two long slivers created a spatial continuity which is between the inside and outside connecting the restaurant and the lounge.

The floor and the furniture are muted and seem to merge into one another's shadows, so that the roof forms the essence of the space. The diverging roof created a large external skin. This outer most facade of the space was a tall 4.3-meter-foot high surface to work with. The designers broke it up into an upper and lower section. The upper section is in clear glass which allowed the north light coming from the street side to stream in. The lower section was kept totally open but with a large canopy thereby keeping the rain out, but letting in the breeze that flows at roof top level.

“伊斯科”休闲餐厅处在一幢五层建筑内，位于顶层东侧，正面临街的地理优势令其深受众人关注。设计师沿用了该店面原有的部分建材，同时引进了全新的装潢材料，欲将其改造为一个更加宽敞、开放的舒适空间。餐厅顶部的结构设计是整体设计的核心。由内向外凸起的房顶将户外美景引入室内，开放、通透的视觉感受令人难以忘怀。两条带状雕刻由室内餐厅一直延伸至户外休闲区，同时设计师在水平面悬挂黏土壶作为装饰，以体现“伊斯科”休闲餐厅的原名“黏土壶”。此番景象十分新奇、夺目，形成了室内餐区至户外休闲区的完美过渡。

地面与家具搭配和谐并形成优美的曲线，然而最引人注目的部分仍要属餐厅顶部的新颖设计。该凸起结构的外立面高达4.3米，设计师将该凸起结构拆分为上、下两个部分：上层部分由透明的玻璃制成，以方便街道北面的光线照射进来；下层部分敞开并安装了天棚，以防止雨水流入其中，由此确保了室内良好的空气流通。

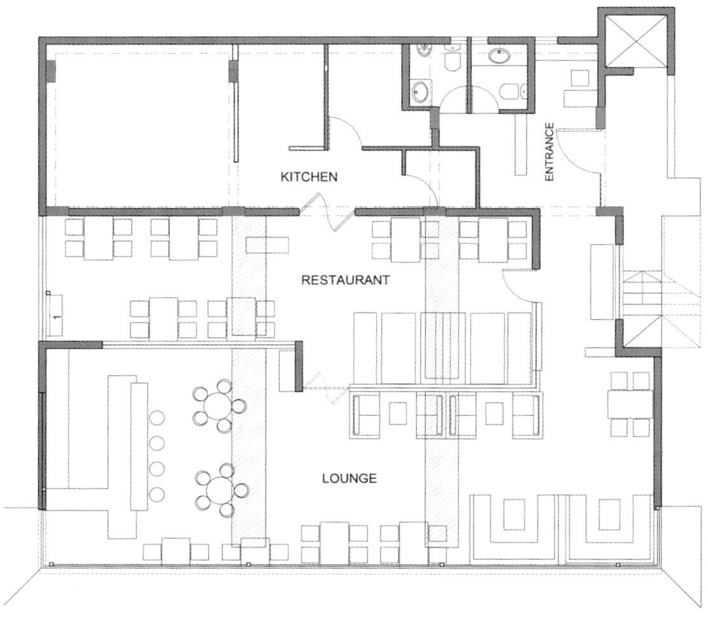

Scandia

- 项目名称："斯坎迪亚"餐厅
- 设计公司：Corvin Cristian
- 项目地点：美国明尼苏达州
- 摄影师：Corvin Cristian

project description

The restaurant can be divided into two parts including a kitchen and a dining area, developing an easily adaptable and recognizable design. The kitchen is just like a wooden box-type hut. There is a counter instead of a wall on the side facing the dining area. As a result, guests can see the food being prepared. The flexible layout makes the space simple and spacious. The kitchen is distinguished by the blackboards on its upper part and one of its walls. Ingredients, dishes, prices and promotion messages are listed with hand writing in chalk and can be changed easily. Small as the kitchen is, it possesses all its internal devices: the oven, the refrigerator, the sink, the pantry and kitchen utensils are available. Furthermore, the visual design of the kitchen offers guests opportunities to know more about the restaurant, which is a brilliant marketing method.

Dark colored wooden tables and chairs match with the wood decoration covering the kitchen, creating a simple and natural look. The floor is paved with white marble tiles whose smooth surface and light brown texture appear to be elegant and fashionable. Vertical freezer next to the wall offers guests with self-service drinks, improving service efficiency.

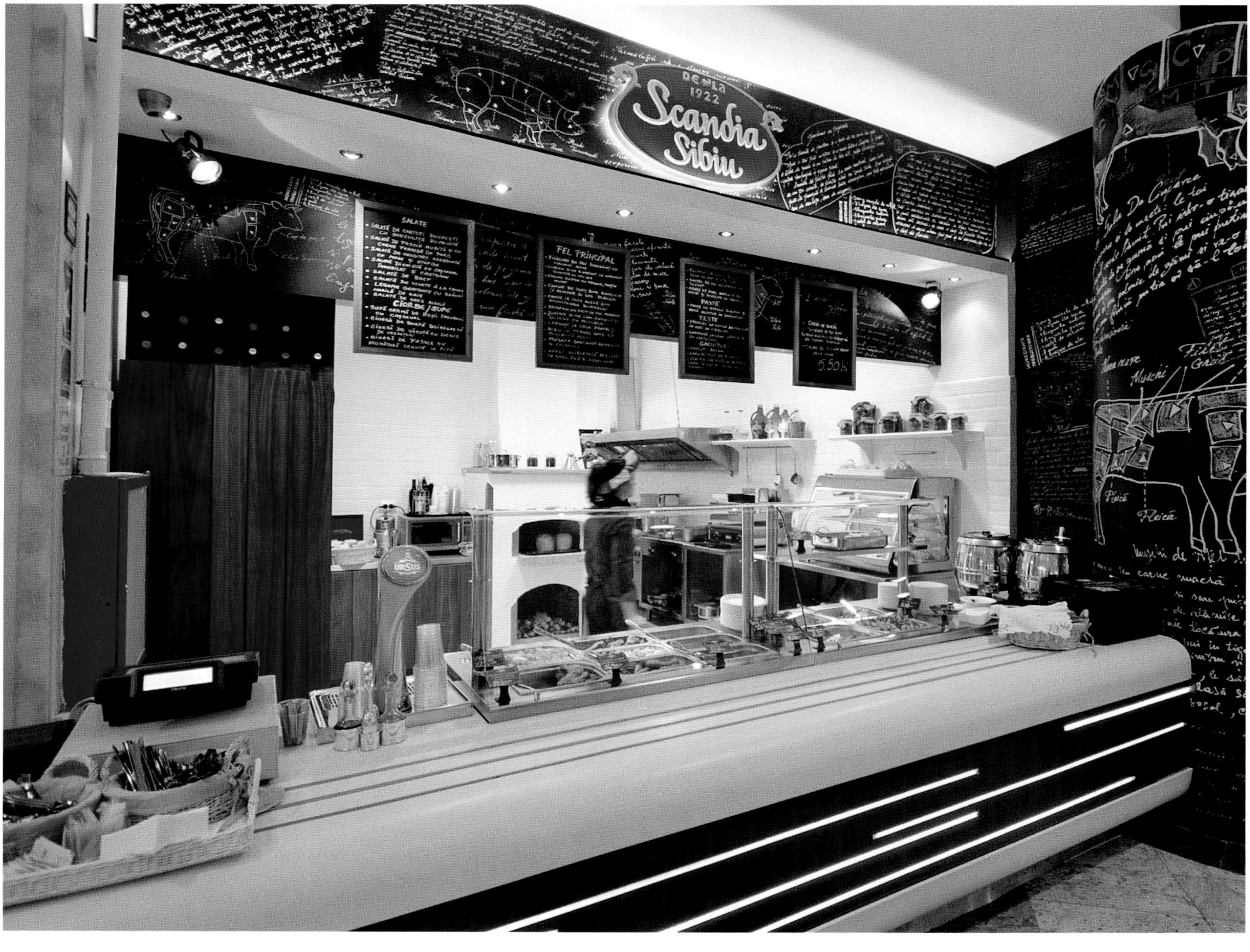

FEL PRINCIPAL
PASTE
PESTE
GARNITURI
15.50 lei
Coca-Cola
URSUS

Scandia
Sibiu

Mușchi
Pleică
Pulpă

“斯坎迪亚”餐厅分为厨房和用餐区两个部分，简明的结构让人一目了然。厨房仿佛方盒形的木屋，面向餐区的一侧以吧台代替墙壁，顾客因此可以观看食物制作的全过程，开放式餐区内的摆设十分灵活，简约而宽敞；厨房设计的最大特色在于其上部及一侧墙面上的黑板，食材、菜式、价格、餐厅宣传等各种信息均列于此，极具个性的手写粉笔字则方便更改；厨房虽小，但却“五脏俱全”：烤炉、冰箱、洗涤槽、食品柜以及各种常用厨具，一应俱全。暖色调的装饰具有刺激食欲的作用，搭配淡黄色的灯光，整个餐厅令人倍感温馨与亲切。同时，厨房的可视化设计增加了顾客对餐厅的了解，可以说是高明的营销手段。

餐区内摆放着深色的木质餐桌和桌椅，与厨房外壁的木材相呼应，自然、朴实。地面由白色大理石砖铺设而成，光滑的表面和浅褐色的纹理时尚且高雅。靠墙的立式冰柜方便顾客自由取用酒品，提高了服务效率。

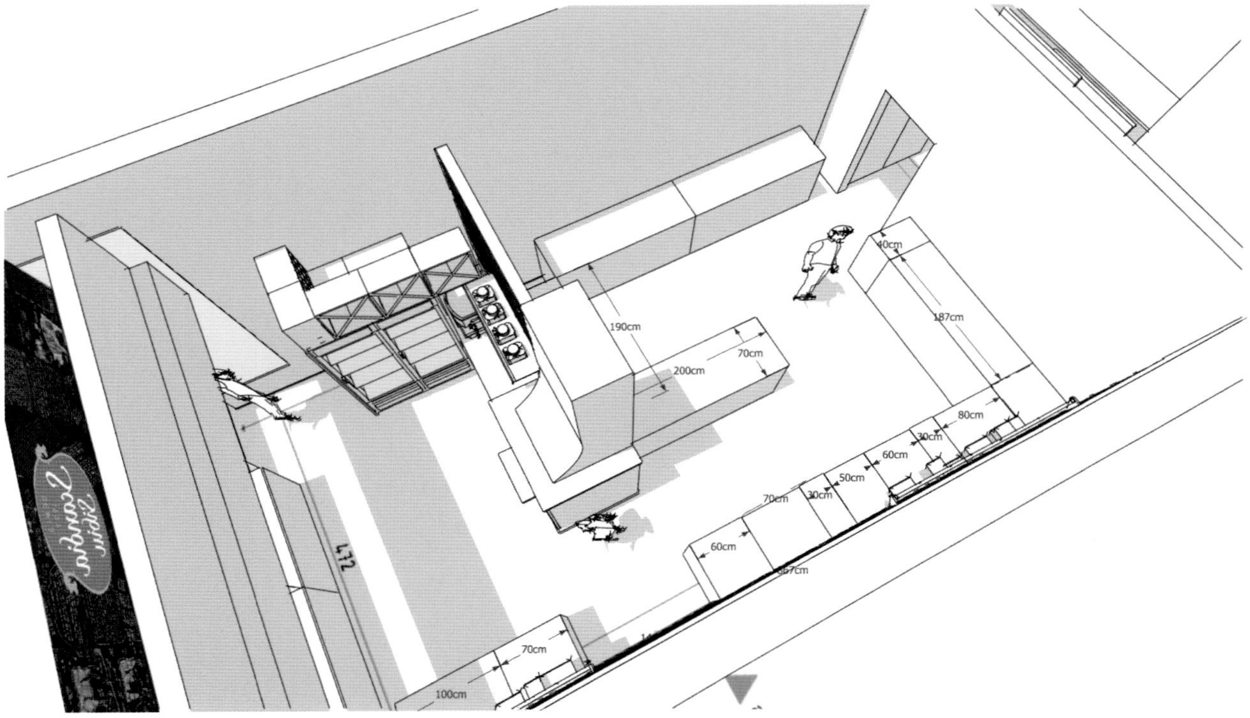

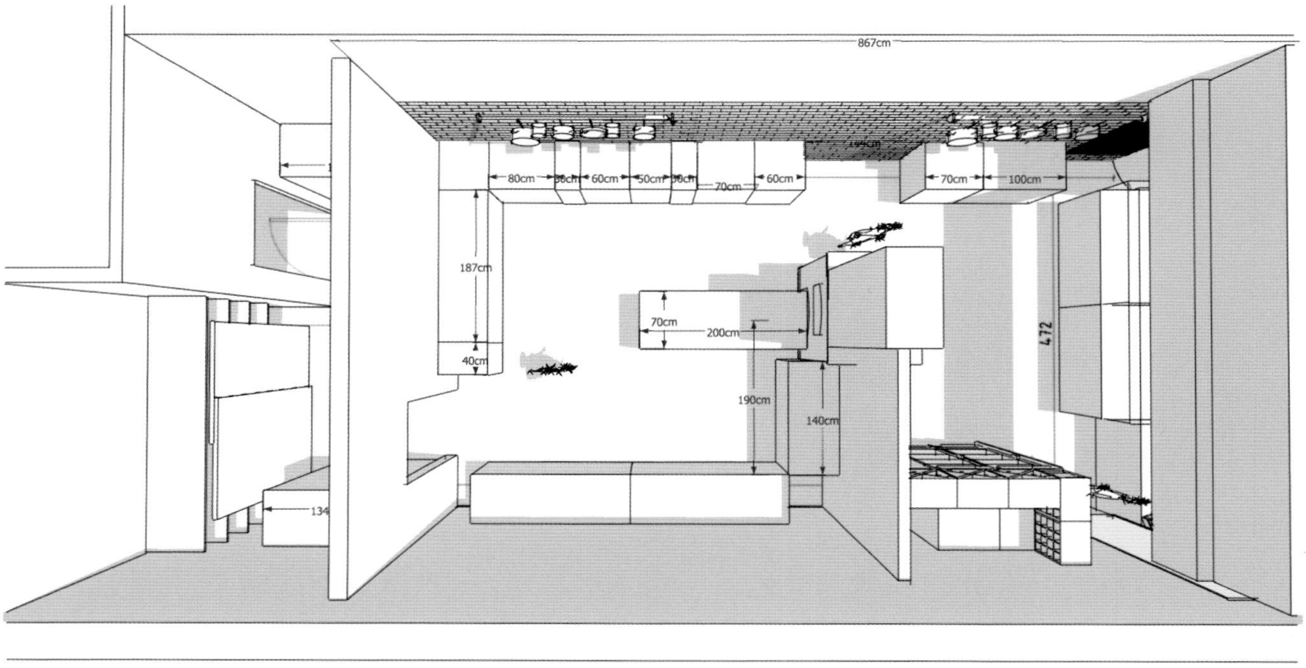

Suba Restaurant

- 项目名称："Suba"餐厅
- 设计公司：Arcsine Architecture
- 项目地点：美国纽约
- 项目面积：372 平方米

project description

Suba is an innovative and elegant dining environment that captures the imagination with its illuminated and sensual dining grotto. The 372m² restaurant is organized around three rooms, each on its own level. The ground-level tapas lounge features a contemporary bar of exotic walnut wood and industrial metal. Guests may enter either through the magical dining grotto or pass through an elegant stair hall to a dining gallery. The dinning grotto features a polished concrete dining island set in a pool. Essentially, a swimming pool turned inside out, water surrounds the dining island. Fifty underwater lights are concealed from view by a cantilever shelf. Hidden jets create a soft current in the pool, throwing shimmering ripples of light across the room's exposed brick walls, vaulted ceiling to create a truly unique dining environment. The subtle effect of rippling, shimmering light cannot be captured on time-lapse photography. The skylight lounge is an unexpectedly expansive, color-filled room. The room is bathed in rich colors inspired by the paintings of Diego Rivera.

The restaurant's sophisticated atmosphere is the result of architectural ingenuity and invention. There are no flashy or extravagant materials, just a simple palette of brick, mortar, and concrete embellished with contemporary flourishes such as tinted concrete floors polished with wax and elegant plaster work in the luxurious bathroom stalls. In this room, slate-colored synthetic concrete surfaces and beautiful walnut doors infuse the raw beauty of the original palette with contemporary sensuality.

FAMILIA DE
ARTISTAS

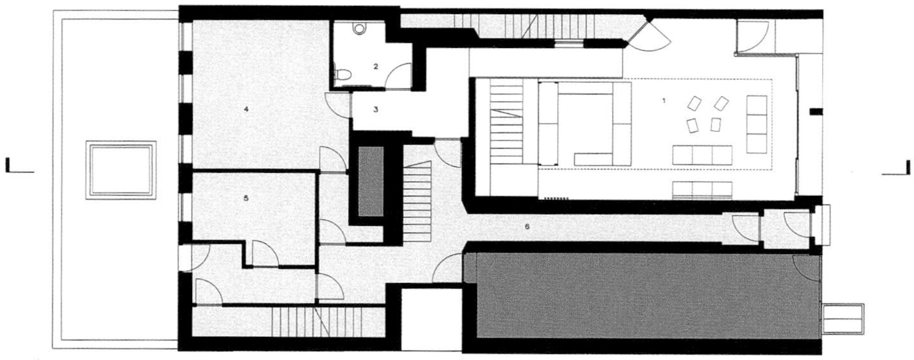

GROUND FLOOR PLAN

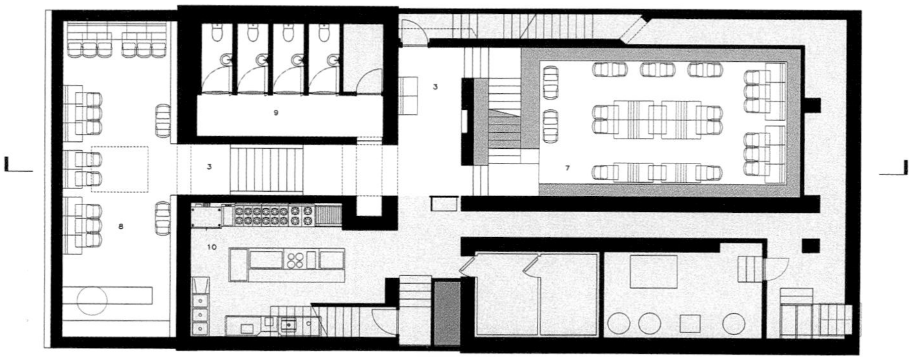

新颖、别致的“Suba”餐厅仿佛一间被点亮的地窖，令人心驰神往。餐厅分为共三层，总面积达372 平方米。餐点休闲区位于底层，内部的酒吧台现代、新潮，由进口胡桃木和工业金属材料构建而成；穿过位于二层的雅致楼梯间，顾客可以来到游廊式餐区，抛光的混凝土地面被水池环绕。50盏水下灯饰隐藏在悬架以下，从一旁的喷水系统中不断倾泻出柔软的水流，反射出的光线照射在砖墙和拱形天花板上，涟漪般的光晕充满梦幻色彩，瑰丽的光线变幻莫测；天窗休闲区格外宽敞，丰富的色彩搭配让人联想起墨西哥画家Diego Rivera的画作。

独特、新颖的室内设计将餐厅打造得十分华丽。然而，设计师并没有运用闪亮、奢华的建材，取而代之的仅仅是砖石、灰泥以及混凝土的组合搭配。当然，现代先进的表层装潢令这些普通的建材异常出彩，例如，抛光的有色混凝土地面以及洗手间内典雅的石膏装饰；此外，岩板青色的混凝土地面搭配美丽的胡桃木门，将建材的天然质感与现代、新潮的设计风格完美融合。

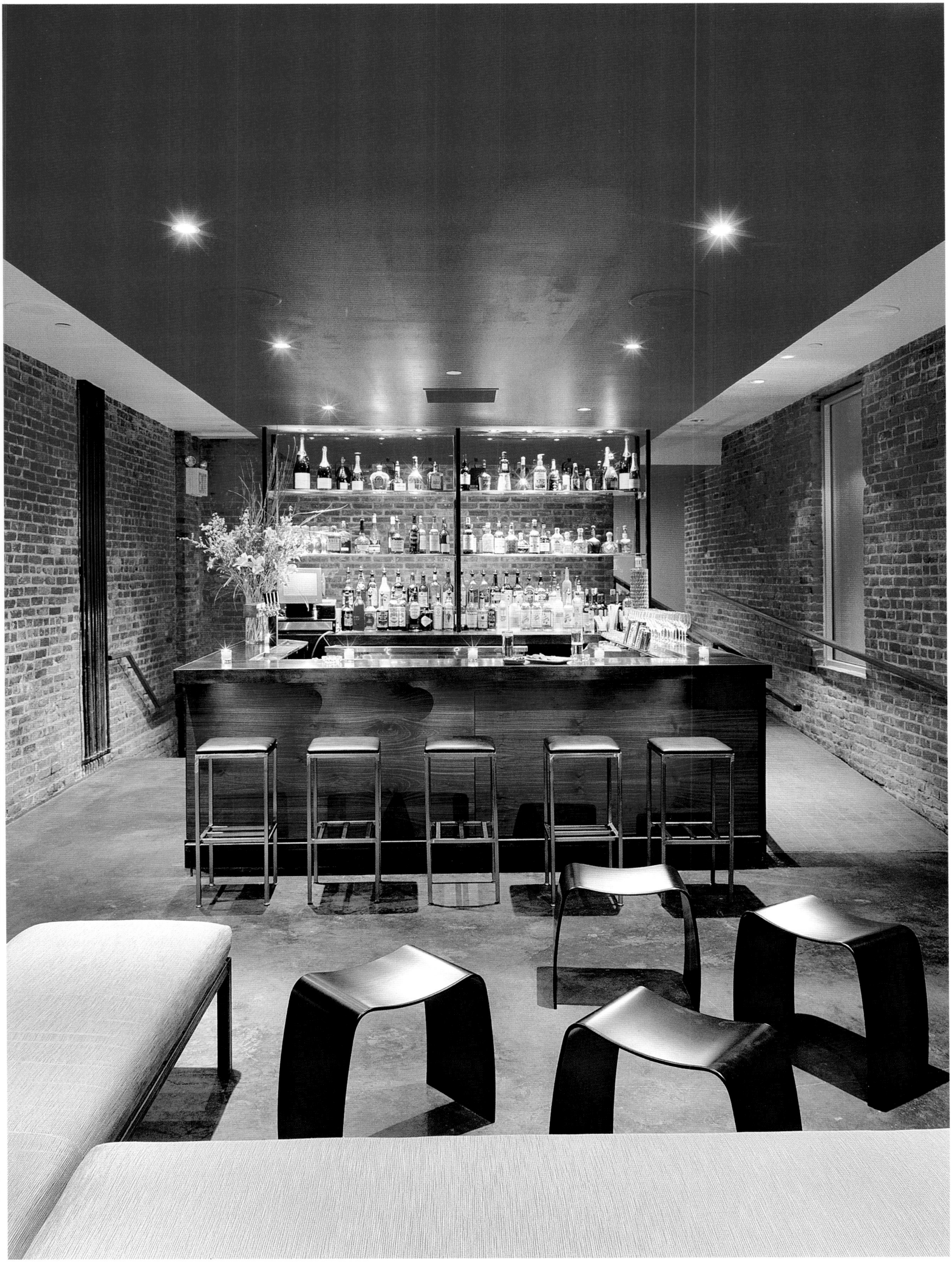

Gustavino Restaurant

- 项目名称：“卡斯塔维诺”餐厅
- 设计公司：&Prast&Hooft
- 项目地点：荷兰阿姆斯特丹
- 项目面积：450 平方米
- 摄影师：Egbert De Warle

project description

Gustavino, built in 2007, is a 21st century version of a classic Italian pizzeria, on the ground level of a high rise in the rapidly expanding new business district of Amsterdam. Gustavino covers an area of 450 square meters. The original space has an extremely high ceiling in which huge polished concrete supporting columns have a prominent presence. In order to maintain the urban atmosphere, the designer decided to leave the raw space as untouched as possible. Rather than creating a complicated floor plan they decided to add two large spatial elements: center space they projected a copper finished bar around one of the concrete columns; and, adjoining the main entrance, a huge open kitchen area executed in white corian marble, with a highly visible wood fire place as its focal point. In order to overcome the obvious acoustic problems, the designer conceived a ceiling covered with flexible aluminum pipes stretched out at random lenghts, thus absorbing much of the surrounding sounds. The back space has a lower ceiling and has a slightly different look and feel. The reclaimed oak wood floor, the velvet curtains and white linnen covered tables add a certain element of raw luxury reminiscent of a chic Tuscan trattoria, which is enhanced by the presence of a huge climatized glass box which contains the restaurants wine cellar.

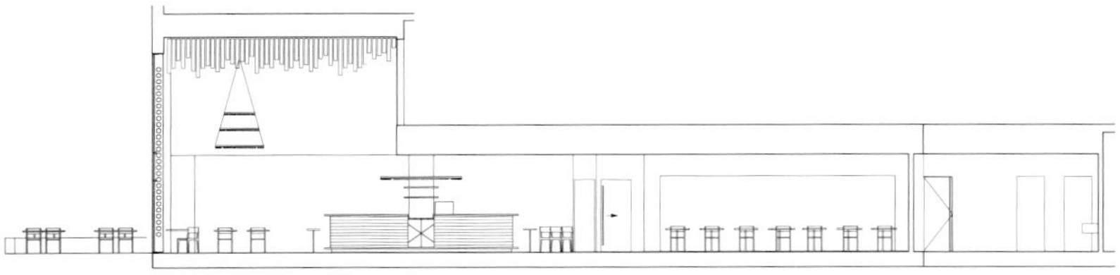

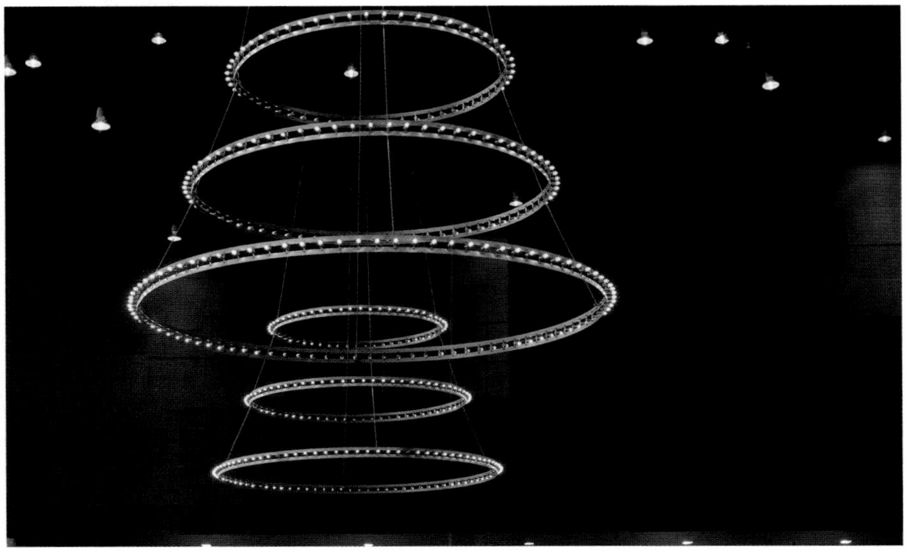

“卡斯塔维诺”餐厅始建于2007年，是意大利传统比萨店的现代革新版，位于阿姆斯特丹高速发展的新兴商业区内一幢高层建筑的底层，占地面积达450平方米。在高大的天花板的笼罩下，巨型的混凝土圆柱也显得宏伟、壮观，其光泽的表面富有质感。为了保留餐厅的时尚感，设计师决定尽量不破坏空间原貌，摒弃所有繁复的设计蓝图，只增加两项设施：围绕混凝土圆柱的中央环形吧台，台面由铜金属制成；大型的开放式厨房毗邻主入口，铺设白色的可丽耐大理石，里面的木质壁炉引人注目，成为整个餐厅的焦点。

为了解决室内声音嘈杂的问题，设计师在天花板上安装了长短不一、可灵活拆卸的铝管，用来吸收周围的大部分杂音。内厅与主餐区的风格稍显不同：天花板的高度较低；窗帘选用天鹅绒材质；地面由再生橡木地板铺设而成，餐台以白色亚麻桌布覆盖；内厅的华丽设计以“托斯卡纳”为蓝本，例如，带有温控系统的大型玻璃箱以及内置餐厅的酒柜均仿照主餐区的设计风格。

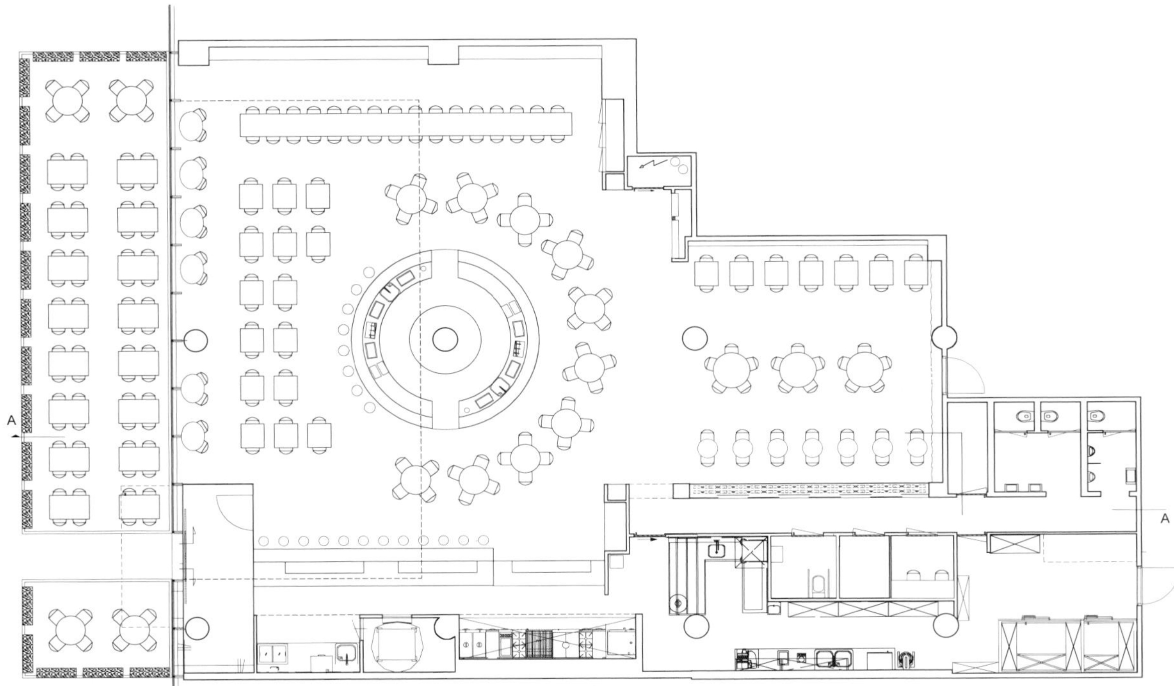

PLAN

El Japonez

- 项目名称："El 杰珀纳兹"餐厅
- 设计公司：Cheremserrano
- 项目地点：墨西哥

project description

A large open space, full of light, with virtually no columns, covered in wood and plants: design concepts that become reality in this restaurant. Vegetation is incorporated in an original way, and not by using weak elements such as flowerpots. The floor of the restaurant is covered by a plastic carpet that evokes the tatami of Japanese architecture. The scarcity of columns is evident: only one column is clearly present in terms of space, which creates the impression that this long stretch is supported by only one structural element. The rest of the columns have been hidden so as to avoid interrupting the flow of light and space. There are other seven elements that playfully pretend to be columns but never touch the ground: they emerge from the soffit and have a specific role: the creation of two different atmospheres within the same environment.

The presence of wood as a material is not limited to the foreseeable use of floor boards, but contributes to the game of shapes and textures through the use of10x10cm stud sections, which cover the solid sections and the soffit. Over the bar, the stud wall shows some cavities, which are illuminated, making it appear less heavy and revealing that something happens behind them. A stair case hidden behind the bar leads to the rest rooms, which feature an opaque glass box contained in another wooden box. There, the environment is milder, and it playfully pretends to minimize the separation between the men's and women's rest rooms.

独特的设计理念在此成为了现实：空间巨大的“El 杰珀纳兹”餐厅光线充足，其内几乎没有柱形结构。四围环绕着自然生长的花草树木，而非诸如园艺盆栽等人工植被。餐厅地面则铺有塑胶地毯，其样式让人联想到日本的榻榻米。由于柱形结构稀少，餐厅内的一座大型柱子仿佛将整个狭长的空间支撑了起来，然而事实上，其他柱形结构被设计得十分隐蔽，用以打造出一个宽敞明亮的空间。另外7个设计成柱形的装饰物容易让人产生错觉，其实际上固定于天花板，并未与地面连通，它们在同一空间内营造了两种不同的氛围。

地板使用木材并无出人意料，设计师选用边长10厘米的木质正方体可以构建不同的装饰造型，装点了天花板及大型家具；吧台上方的墙面开有槽口，在灯光的照射下显得质地轻盈，墙面背后的景观则若隐若现；吧台背面的楼梯通往洗手间：木盒般的外部结构包裹着形似玻璃盒的室内设计；温暖亲切的休息室内，男女洗手间的界限被故意淡化，幽默的设计令餐厅别具一格。

The House Cafe Kanyon

- 项目名称：“豪斯”咖啡厅
- 设计公司：Autoban
- 设计师：Seyhan Ozdemir 和 Sefer Caglar
- 项目地点：土耳其伊斯坦布尔
- 摄影师：Ali Bekman

project description

Latest branch of The House Cafe chain at the shopping mall Kanyon, is an integration of the mall's original architecture, The House Cafebrand identity and the Atutoban design approach. A site-built structure made of steel and glass, which functions as a transparent box to house the café, is carefully planned and designed to fit the valley-like architecture of the mall and sat on a walnut platform to add warmth to the café's interior. Although an extension, the structure bears its own strong design identity while blending in with its surroundings. Steel has been widely used: above the dining area there is a large triangular steelwork adorned with various kinds of floral decorations below. Chandeliers throw out adequate light to the space and a large green plant brings in plenty of fresh air.

The triangular dining area is directly facing the wine case which holds all sorts of wine. The bar covers a broad area to facilitate the movement of guests. One of the corners of the triangular area is facing the outdoor scenery where guests can enjoy delicious cuisine as well as appreciating the view outside. Natural light has been led into the interior through glass windows, brightening up the restaurant.

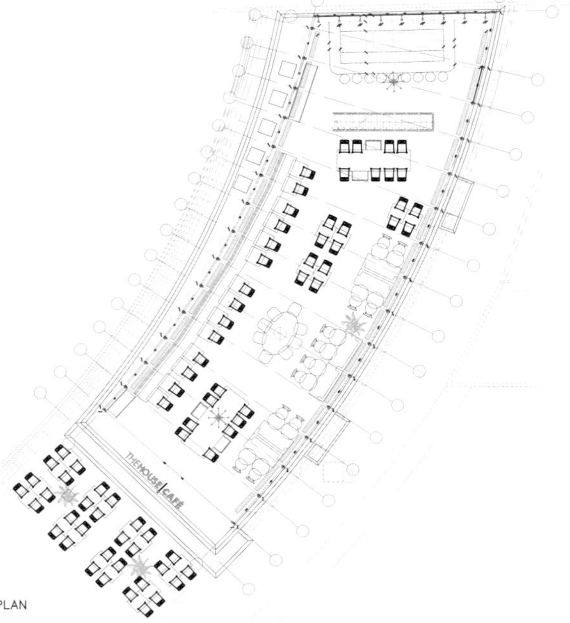

– PLAN

“豪斯”咖啡厅的最新分店位于“刊延”购物中心。鉴于商场该处的凹形地势,钢材以及玻璃构成的四围墙壁就地而建。胡桃木地面使咖啡厅内部舒适且温暖。扩建工程不仅没有使咖啡厅失去原有的特色，新的装潢与周边环境反而更加协调。设计师选用钢材作为咖啡厅的主要建材，整个用餐空间呈三角形，同时钢架下方悬挂着各种装饰花艺。餐厅选用枝形吊灯来为室内空间提供充足的照明，而一个超大的绿色植物盆栽则确保顾客用餐时的新鲜空气。

三角形的用餐区正对着酒柜，酒柜里陈列着各式美酒，吧台面积宽广，便于顾客自由活动，另一侧则是正对着户外的美景，如此一来，顾客可以一边享受美味佳肴，一边欣赏户外的良辰美景；玻璃材质的选用使整个咖啡厅更加通透、光亮。

Jaso

- 项目名称："杰索"餐厅
- 设计公司：Serrano Monjaraz Architects
- 项目地点：墨西哥
- 摄影师：Pedro Hiriart

project description

Step by step, the concept was designed based on the sensorial elements: fire, air, water and sound. The materials are the key element of the whole design and play a very important role in this project, wood, marble and iron are mixed in different combinations in search for a very natural and elegant atmosphere. The clients are greeted at the reception with a big tree trunk that was rescued and incorporated into the layout.

Being a former house from the late 1940s, the project had to be adapted to fit this two level construction. In the ground floor there is a lounge and bar area used both for reception and for the clients that only stop for drinks. After that, a big double height salon is founded and ends in a fantastic interior garden. This ample dinning room has a very warm atmosphere created by the combination of zebra wood covering walls and mahogany wood on the ceiling. For the floors, a very interesting combination of stone and wood was achieved. At the back of the main floor, the kitchen is located. This creative area has state-of-the-art kitchen equipment for the Chefs to work and perform according to their very high standards. The kitchen is a complete experience with all the modern appliances and the artisan touch.

A metal plated and glass staircase leads our way to the second level. There is a private salon inside of the cellar and an area designed for private events. These areas end in an spectacular terrace surrounded by flowerpots with an sculpture fountain made of 4,289 pieces of silica sand. The pieces form columns that are submerged in water and are followed by a rosemary wall. The resulting combination of elements in the terrace is a first class ticket to serenity and an invitation for the clientele to enjoy the sun, moon and stars.

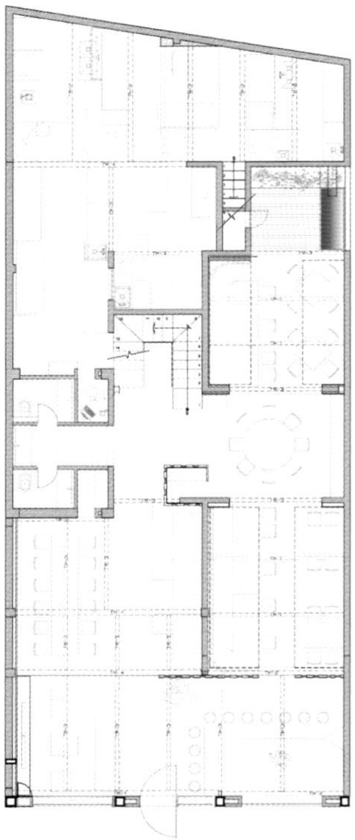

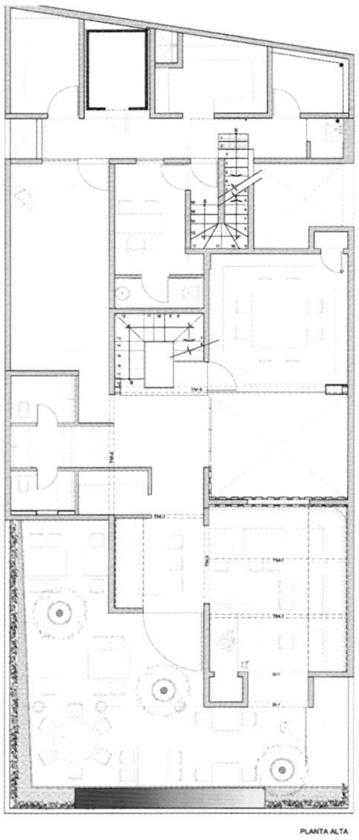

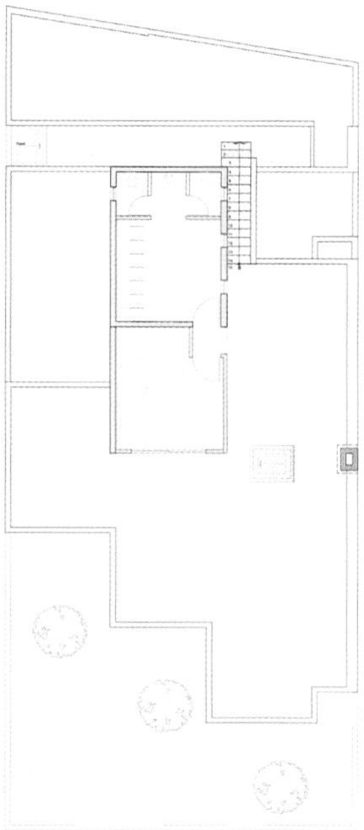

“杰索”餐厅的设计与五官感受相通，利用了火、空气、水以及声音等元素打造出与众不同的用餐环境。此外，建材的选用直接影响到整体设计的效果，木材、大理石以及钢铁等天然建材的合理运用打造了一个雅致而自然、舒适的就餐环境，前台处的树干装饰物十分别致，吸引了众多顾客。

餐厅位于一幢建于20世纪40年代末的两层的旧建筑内。底层的休闲区可以被用做接待区，而酒吧台则专为前来品酒的客人而设；高达两层的沙龙位于餐厅后方的花园内；用餐区宽敞、明亮，墙面采用斑马纹木材进行装潢，天花板则由红木建成；由石材和木材建成的地面新奇、有趣；厨房位于主厅的后方，装有最先进的烹饪设施，以供大厨们施展手艺，齐全的现代化厨具和设备富有艺术美感。

私人沙龙及活动室位于地下室，而镀有金属的玻璃楼梯则连通了二楼。天台四周布满盆栽植物，景色令人惊艳，而另一旁是由4 289片硅石构成的雕塑景观喷泉。柱形雕塑的一部分浸没在水里，喷泉壁上则刻有迷迭香的图案。这个天台仿佛是通向宁静的大道，顾客在此可观赏阳光、月亮以及星辰等自然美景。

Kazumi Restaurant

- 项目名称："卡租米"餐厅
- 设计公司：Jean De Lessard
- 设计师：Creatif
- 项目地点：加拿大蒙特利尔
- 摄影师：Jean Malek

project description

Origami is the ancient and celebrated Japanese art of paper folding: by folding one or several sheets of paper, one creates a shape, a decoration. This art originated in ceremonies in which folded pieces of paper were used to ornament jugs of sake. It is in this spirit of art and celebration that the design firm approached the interior design of the Kazumi Japanese restaurant. The designer's intuition is perfect: a giant origami covering the main part of the kitchen, which gives onto the dining room; the angular shape, pierced with sushi-pink translucent glass, on its own creates the ambience and tone of the restaurant. The colourful opening also gives a glimpse of the intense work being done in the kitchen. As soon as they enter, customers are enveloped in a corridor of clear glass set into brightly striped walls. The vinyl covering, in a motif created by the designer and factory-printed, invariably draws the eye toward the sushi counter, the restaurant's main room.

Dealing with a rectangular space without a large opening to the exterior, the design company had to use imagination to work with angles of view and create dynamic visual points of impact, while maintaining an overall impression of simplicity and balance. By using dark curtains to dampen the sound level and playing with the transparency of certain walls, the designer has given some materials a double function, thus optimizing his design.

With a contemporary approach and through use of colour, the design company has transposed the essence of Restaurant Kazumi into its interior design: a colourful cuisine in a stimulating, friendly setting.

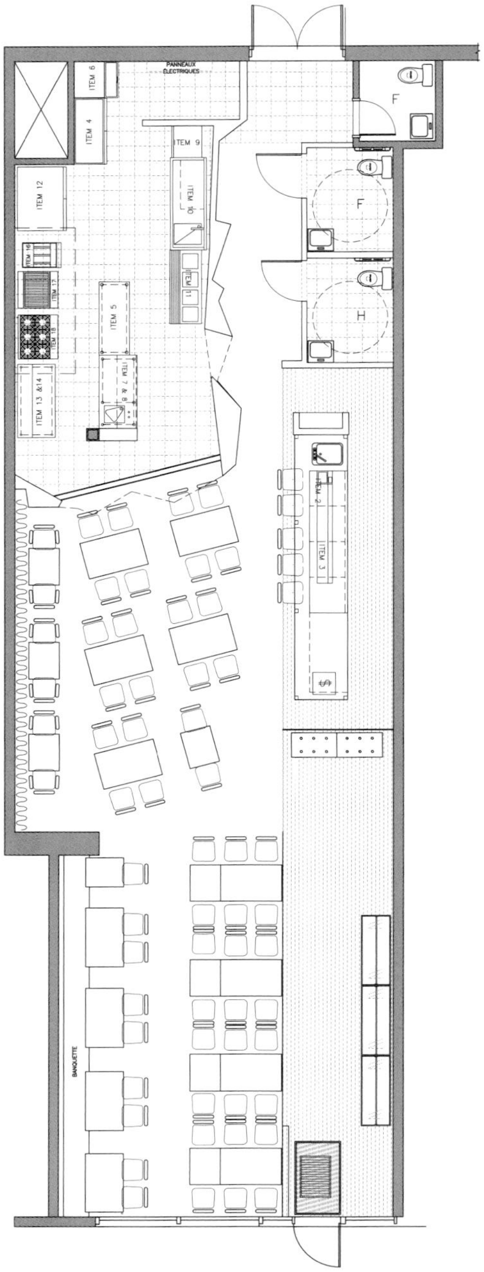

世界闻名的日本折纸工艺历史悠久：将纸片折叠几下即可创造出多种造型，负责“卡租米”餐厅装潢的建筑公司以此为灵感，为这个日式餐厅打造出别具一格的用餐环境。设计师以其精湛的技艺，在厨房和餐厅区打造叠纸形的建筑结构。“叠纸”边角处的透明玻璃呈粉色，类似于生鱼片的颜色，与餐厅的日式风格相一致。透过五颜六色的开口，可以看见厨房内其他巧妙的装潢布局。狭长的过道通向餐厅主区的寿司台，透明的玻璃嵌入墙面，墙面以鲜艳的条纹作为装饰，并且喷绘着造型新颖的图形。

设计师欲将一矩形区域打造成夺人眼目的动感地带，而规则的矩形空间以及狭小的出口增加了设计难度。凭借丰富的想象力和多年的实战经验，设计师运用深色的窗帘来阻隔外部的杂音。部分建材有双重功能，使空间装潢得到了最大优化。

通过现代的装潢和丰富的色彩，设计公司将“卡组米”餐厅的文化理念融入室内装饰，顾客可以在恬静、友好的环境中享受色彩缤纷的美味佳肴。

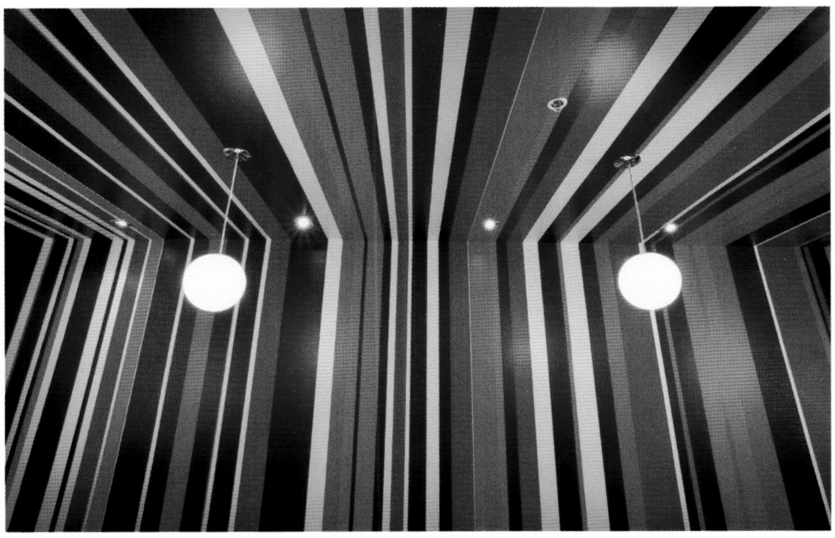

Giovane Cafe

- 项目名称："基奥云尼"餐厅
- 设计公司：Mgb Architecture + Design Inc.
- 项目地点：加拿大温哥华
- 项目面积：315 平方米
- 摄影师：Michael Boland: Photos 1, 2, 4, 5, 6, 9, 10
  Mgb Architecture + Design Inc.: Photo 3
  Arnaldo Rodriguez: Photos 7, 8, 11, 12

project description

Designed as a split-level cafe, deli and bakery, the name Giovane developed from a humorous advertisement by Italian designer Enzo Mari and translates as "young" in English.Giovane is located on the street level of the recently opened Fairmont Pacific Rim Hotel. The space opens both to a main city street and directly into the hotel lobby. Aside from a wide range of food items, Giovane also sells a collection of interesting and unique merchandise, both from local artisans and international designers. Merchandises include books, linens, radios, children's toys and clothes, dog toys, magazines and homewears. To house and display the eclectic collection of merchandise the designers created a 21-meter-long, full-height millwork wall that runs the length of the cafe along a ramp connecting the two levels. The wall is made from walnut veneered panels that wrap onto the ceiling to conceal mechanical and lighting services while also creating a strong focus for the space.

A 15-meter-long communal counter was added along the cafe's edge with large operable windows. The simple, quiet design of the cafe provides a haven in the visual chaos of the city. Giovane provides an elegant comfortable space to lose oneself in a good book or in conversation with friends.

The designers were responsible not only for the interior design of the space but also the logo and all of the branding for the café, from signage, coffee bags, cups and saucers and cake boxes to signature Giovane-branded t-shirts and a custom Vespa.

Yayoi Kusama
Bird
PASTA
PASTA
THE WHISTLER BOOK
THE WHISTLER BOOK

RUNNERS
FASHION TREND REPORT
FASHION TREND REPORT
1000
1000

“基奥云尼”餐厅分为咖啡厅、熟食厅以及面包厅三个不同高度的区域。“基奥云尼”本意为“年轻”，来自于由意大利设计师恩佐•马瑞构思的一条广告。餐厅毗邻“费尔蒙特环太平洋”酒店，其中一个入口通往酒店大厅，另一个入口则面向街道。除了各式菜肴，“基奥云尼”餐厅还出售多种新奇、独特的工艺品，皆出自当地工匠和国际设计师之手，餐厅出售的商品包括书籍、亚麻织品、收音机、儿童玩具及服装、宠物玩具、杂志以及家居用品，为了收藏并展示这些种类繁多的商品，设计师打造了一面长21米的木质柜式墙壁，几乎与餐厅等长。天花板使用相同的胡桃木，将机械和照明线路隐藏其中。简洁、大方的设计使之成为整个餐厅的焦点。

沿咖啡厅墙面而建的柜台长达15米，其上方的大型窗户可拆卸。咖啡厅的装潢简单、大气，在令人目眩的城市里仿佛一座安静的避风港，顾客在此雅致、舒适的餐厅里不仅可以阅读书籍，还能够与朋友闲聊。

除了室内装潢，设计师还负责品牌和商标的设计：从引导牌、咖啡袋、茶杯、杯垫以及蛋糕盒到印有“基奥云尼”商标的T恤和小型摩托上皆可看见餐厅的标志。

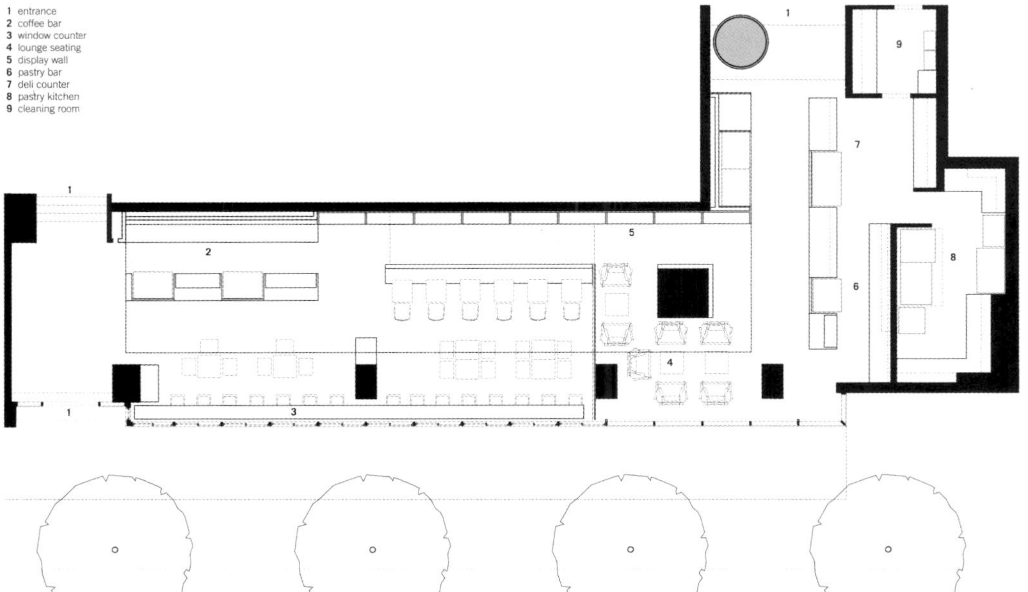

Lalu Restaurant

- 项目名称："拉鲁"餐厅
- 设计公司：Ismini karali
- 项目地点：希腊雅典

project description

Lalu Restaurant is located in Kolonaki, one of the most expensive and chic districts of Athens. The place feels like home, from the moment one enters, and immediately became a celebrity hot spot, for people who love quality entertainment. The Greek conceptual designer and architect Ismini Karali knows how to catch the guest's eye. A large bar covered with "emperador" marble, wooden surfaces, leather couches and an amazing puzzle of mirrors on the wall, are the main elements of the decoration. "Lalu", apart from offering a delicious variety of gourmet food, is also a great place for a drink, while listening to jazz and soul music. The soothing atmosphere rises from the earthy colors and luxurious materials chosen carefully by the designer. The elegant and luxurious space features the droplights. four LED lights of radiation type, chandeliers in the main dining area, wall lamps fixed on the wine case and spotlights with sporadic decorations in the boxes together have provided adequate light to the interior, brightening up the luxurious space.

The meticulously selected shiny curtain under light is charismatic, combining fiction and reality. The restaurant is mainly in beige and leather sofa together with goblets on the table and fancy decorations on niches have met the design requirements of the client.

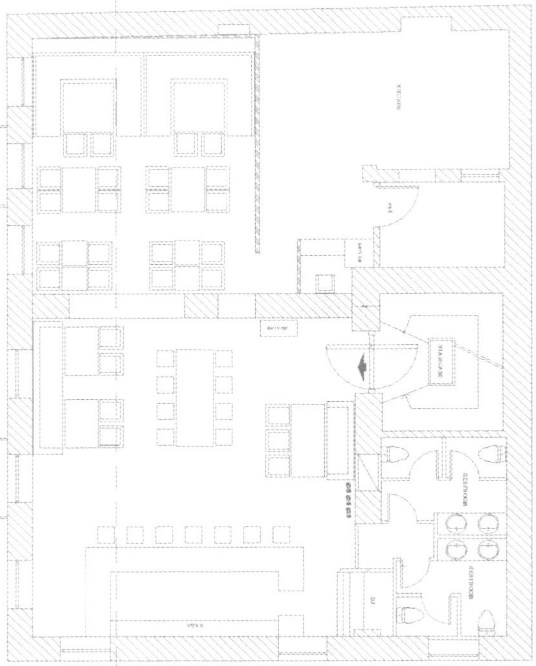

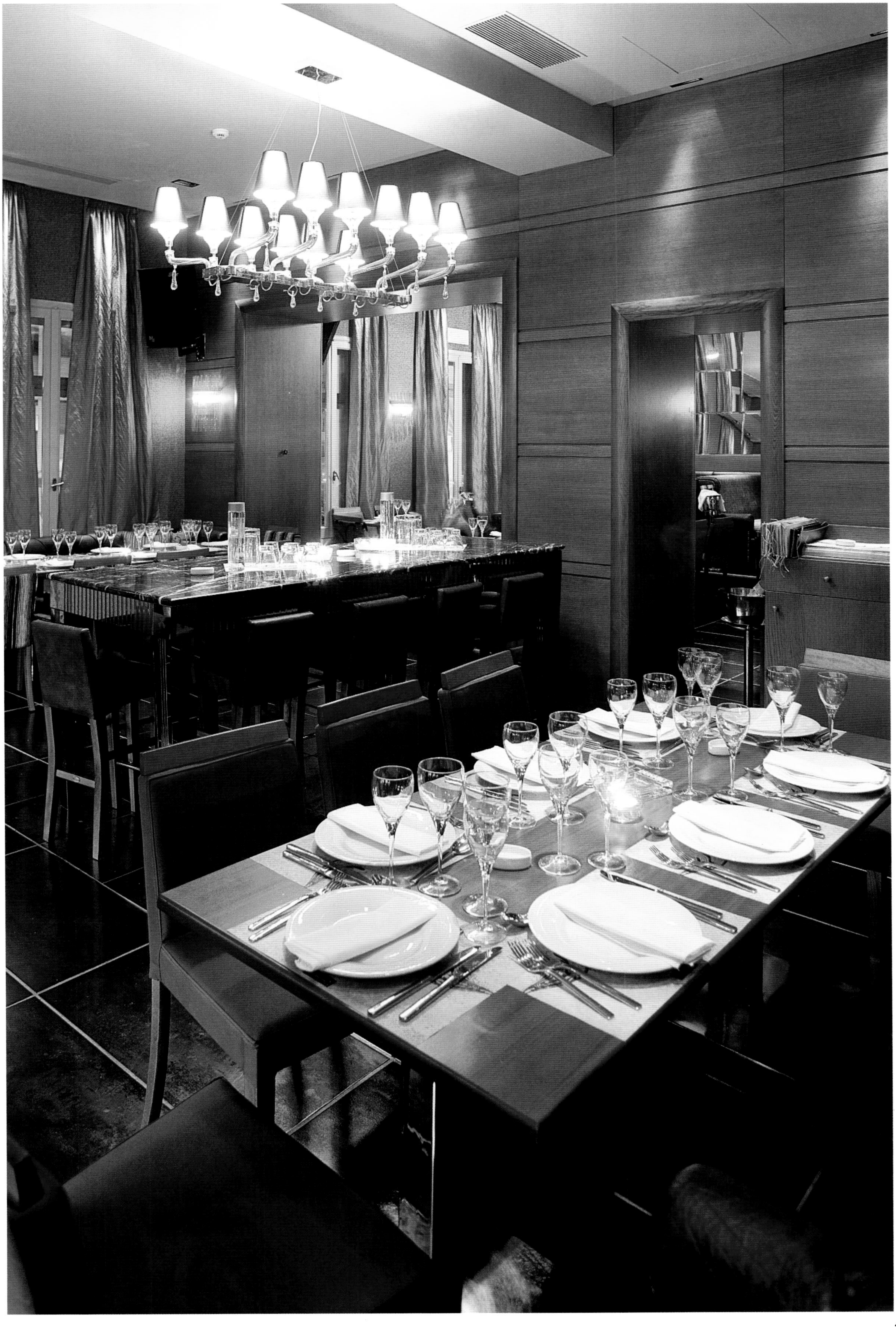

“拉鲁”餐厅是各界名流理想的社交场所，位于雅典最繁华的街区科隆纳基。德国概念设计师伊斯弥尼•卡拉里为吸引顾客，特别设计了一个金峰石吧台、皮质沙发以及铺满镜片拼贴的墙面。这里不仅提供美食，还是品酒及聆听爵士乐的极佳去处。“拉鲁”餐厅高贵且奢华，首先表现在吊灯的使用上。主就餐区选用四盏发散型的LED灯，公共用餐区选用枝型吊灯，酒柜选用壁灯，包厢则选用零星装饰的射灯。不同人造光的使用充分满足了室内的采光，凸显了装修之奢华。

窗帘的设计也别出心裁，整个餐厅在窗帘的衬托及灯光的照射下更显魅力，给人一种虚实结合的感觉。餐厅采用米黄色的主色调。包厢中的皮质沙发、桌上的高脚杯以及壁龛中的装饰品，这些均符合雇主的要求。

Mid Atlantic

- 项目名称："大西洋中部"餐厅
- 设计公司：CCS Architecture
- 设计师：Erick Gregory
- 项目地点：美国费城
- 项目面积：510 平方米
- 摄影师：Kris Tamburello

project description

Urban and rustic, past and present, tradition and renewal, this is the essence of Mid Atlantic. Covering an area of 5500 square feet, the Mid Atlantic is a new restaurant and bar. Chef Daniel Stern's casual culinary surprises the neighborhood in West Philadelphia's University City. CCS Architecture designed a warm, approachable, urban restaurant to support Stern's vibrant Pennsylvania Dutch food concept.

The space is creatively crafted from simple and reclaimed materials, taking on an informal, roadhouse feel. An angled wall of reclaimed Western Pennsylvania barn wood runs the length of the room, anchoring the bar, open kitchen and counter seating. Custom lighting fixtures made from recycled fluorescent tubes hang from a long, wooden drop ceiling. A central farm table offers social opportunities between the bar and dining area. Behind the galvanized metal bar, a window invites views to the keg room stocked with local microbrews. Locally fabricated, sliding doors clad in tin enclose a flexible private dining area. Outdoors, a linear fire pit provides warmth and a visual focus for the large dining terrace. Mid Atlantic is a place to enjoy the bold flavors of the region within the comfort of a local tap room. The design encourages frequent visits; it's easy to drop in for dinner or beers and a ball game.

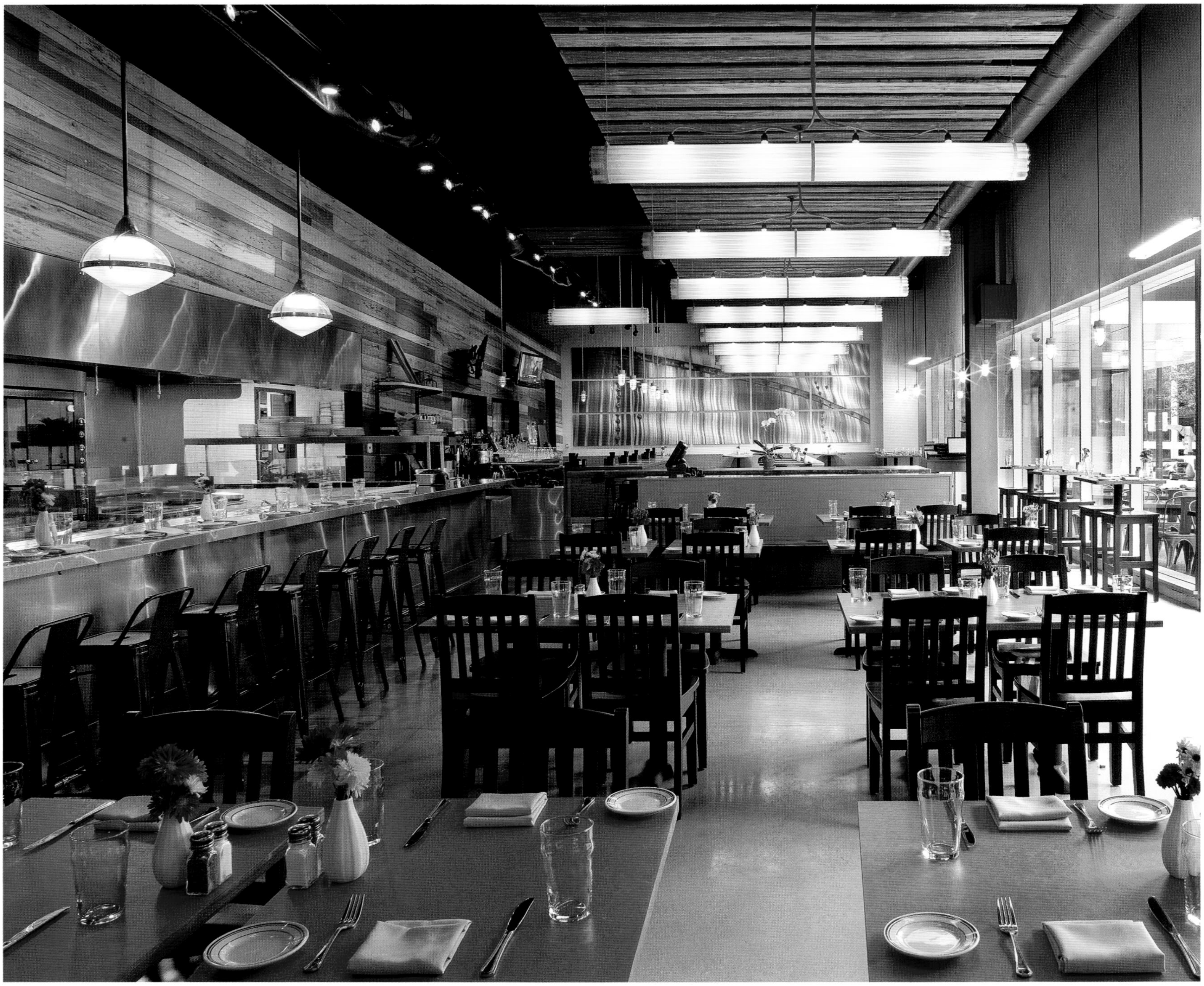

MIDATLANTIC

MIDATLANTIC
MIDATLANTIC

“大西洋中部”餐厅占地面积达510平方米，将经典与时尚、传统与革新、都市的繁华与乡村的质朴糅合在一起。餐厅位于费城西部的大学城内，大厨丹尼尔•斯特恩将在此一展手艺，为周边居民提供新鲜、优质的美食。为了凸显斯特恩的招牌料理——“德裔滨州式”特色美食，设计公司为餐厅打造了温馨、亲切而又现代、时尚的就餐环境。

餐厅的建材多为质朴的再生材料，营造了小客栈般闲适的氛围：带转角的墙面铺有宾夕法尼亚西部的再生谷仓木板，贯穿整间餐厅的同时划分了吧台、开放式厨房以及台式座位的区域；由可回收的荧光灯管制成的灯饰悬挂于狭长的木质天花板上；长桌将吧台与主餐区隔开，顾客可在此自由交流；吧台则以镀锌金属为台面，透过其后方的窗户可以看到酒窖中新鲜的桶装酒；由银箔包裹的滑动门为本地制造，划分了私人用餐的区域；户外长条形的篝火炉格外引人注目，为顾客带来了温暖。“大西洋中部”餐厅提供极具特色的风味美食以及舒适的酒吧设施，餐厅随时欢迎顾客前来享用美食，或者参与小型游戏。

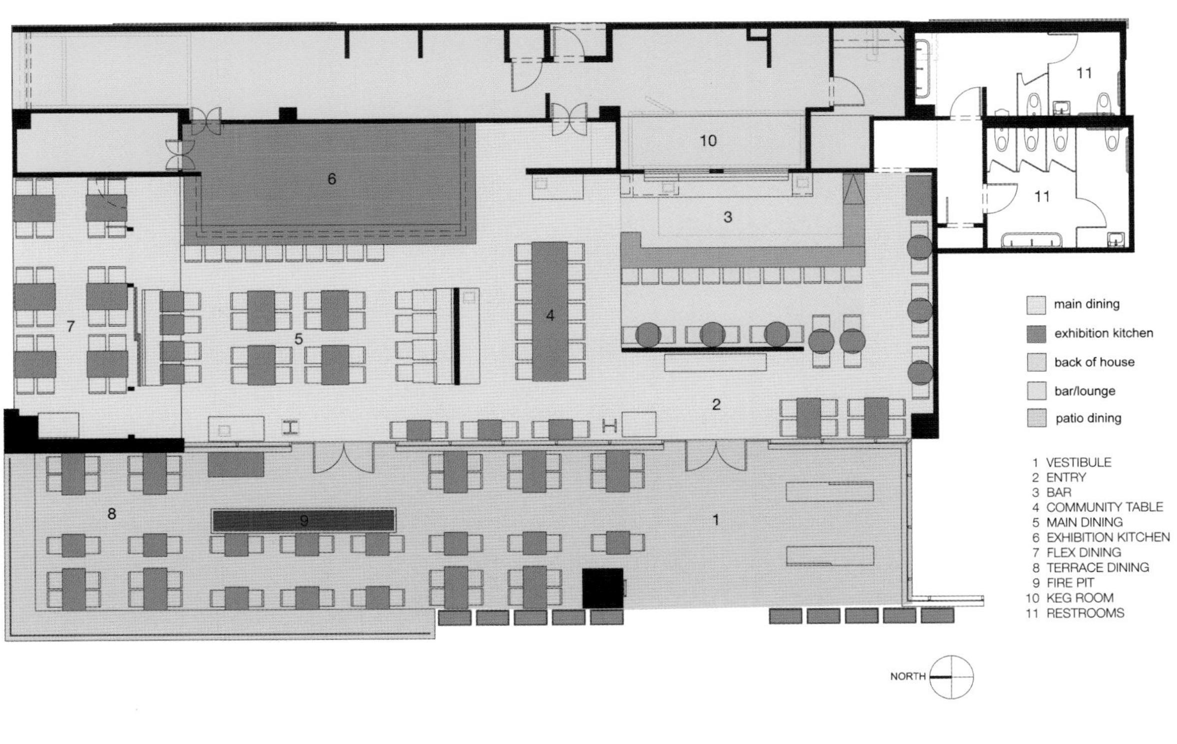

Water Moon

- 项目名称："水月"餐厅
- 设计公司：Olivia Shih 和 Kashiwagi Yoshihito
- 项目地点：澳大利亚悉尼
- 项目面积：120 平方米
- 摄影师：Katherine Lu

project description

Water Moon restaurant is located at a backstreet of Kings Cross where numerous restaurants and bars are situated. The challenge for designers is to transform the old bar with 15 years of history into a restaurant offering authentic Japanese cuisine. The owner of the restaurant wants to convey a message to the guests on the street: Water Moon is a traditional Japanese restaurant and the cuisine here is unique and delicious. The ecological design concept matches well with the essence of the Japanese cuisine culture. Take sashimi as an example, the key to this cuisine is to keep the original taste. Except for enjoying the authentic Japanese food, guests can appreciate the natural and chaste design.

From the ceiling, the bar, tables and chairs to the floor, the extensive use of wood is the focus of the interior design. The bar is at the center of the restaurant and above it there is a rectangular wooden light box with graphics of bottles of sake. Brighten up by the soft yellow light from inside the colorful graphics of sake appears to be hazy and elegant. Rectangular wooden furniture and wall finishes gives the space a clear structure and well defined lines but not a rigid style. Except for the natural and original quality of wood, there is the soft yellow light creating a warm and comfortable atmosphere for the space.

“水月”餐厅坐落在英皇十字区内一条遍布餐厅和酒吧的后街里。设计师的任务是将这个拥有15年历史的古旧酒吧改造为供应正宗日式料理的餐厅。餐厅主人希望借由外观设计向来往的顾客传达一个信息：“水月”餐厅是传统的日式餐厅，其美食文化独具特色。餐厅采用原生态的设计理念，与日本饮食文化的精髓相呼应：以生鱼片的制作过程为例，其烹饪精髓在于保留食材的原味。顾客除了能够尽情品尝原汁原味的日式料理之外，还可以欣赏餐厅内质朴、无华的装饰设计。

从天花板、吧台到桌椅和地板，大面积使用的木材是该室内设计的最大亮点：吧台位于餐厅中央，矩形的木质光箱表面印有酒瓶图案，酒瓶的彩色图案在淡黄色灯光的映衬下显得朦胧而典雅；矩形的木质家具及墙面装潢令餐厅的结构分明，线条清晰，却并不生硬。天然质朴的原生态木材以及柔和的淡黄色灯光，令人倍感舒适和温暖。

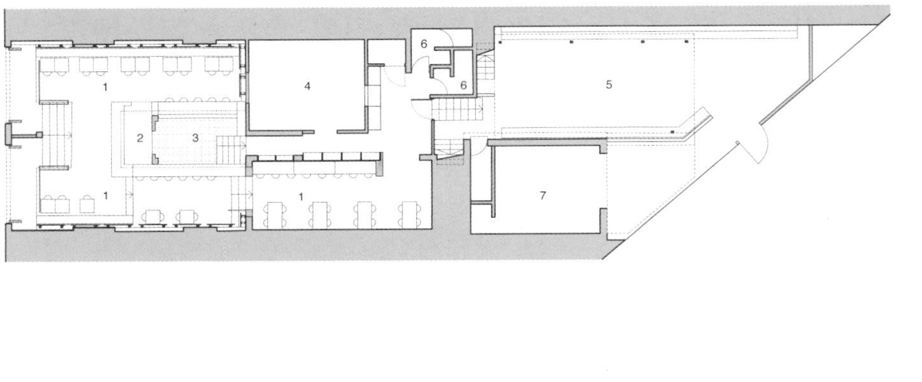

P*ONG Dessert Bar

- 项目名称："P*ONG" 甜点吧
- 设计公司：Andre Kikoski, AIA 和 LEED AP
- 项目地点：美国纽约
- 项目面积：63 平方米
- 摄影师：Eric Laignel

project description

*P*ONG is a clear portrait of its commissioning chef's creativity. Like the unique cuisine of its dessertba menu, P*ONG is diminutive and luscious; its convivial geometries and sensual materials cocoon 34 patrons in an environment that conceals a remarkably modest construction budget. The design identifies images from the chef's new book. These "inspirations" illustrate a very clear aesthetic sense favoring horizontal layering, circular dots, sculptural volumes, and a whimsical sense of color and composition. They make apparent the chef's prior training in painting and architecture. The designer's intent to create a design that is infused by these "inspirations" identities "equivalents" that relate to the food's painterly architectural vocabulary. From these, the designers imagine a language of mass, material texture, color and light, and layer them within a dynamic three-dimensional space.*

The fluid forms in this room contain rigorously detailed multiple layers -- as the attached drawings attest. They are cultivated in ash and sycamore wood, illuminated niches of raspberry and green tea suede, sparkling bronze mesh, glowing resin, and a symphony of colored opaque mirrors. These materials compliment a dynamic spatiality that is ultimately both vivacious and intimate.

“P*ONG”甜点吧可以说是主厨对于理想餐厅的完美表达。这里提供的美食小巧、精美，可供34位顾客同时用餐。设计师运用质感丰富的建材搭配灵动的几何图形，以非常合理的预算打造了这个甜品吧。许多设计元素来源于主厨的新书，例如，极富美感的水平条纹和圆点、形如雕塑的圆柱以及新颖独特的颜色组合。很明显，主厨的绘画和建筑设计功底非常扎实。设计师结合建筑结构、材料纹理、颜色以及灯光等元素，创造出于美食以及建筑领域都能够通用的新词汇，将食物烹饪融入三维立体的装潢设计。

室内装潢都非常考究，并有设计图纸为证。这些精致的设计包括无花果木料的装饰、发光的覆盆子壁龛、绿茶色的绒面、闪亮的青铜丝网、晶莹的树脂以及不透光的彩色玻璃镜，为甜品吧注入了新鲜的活力。

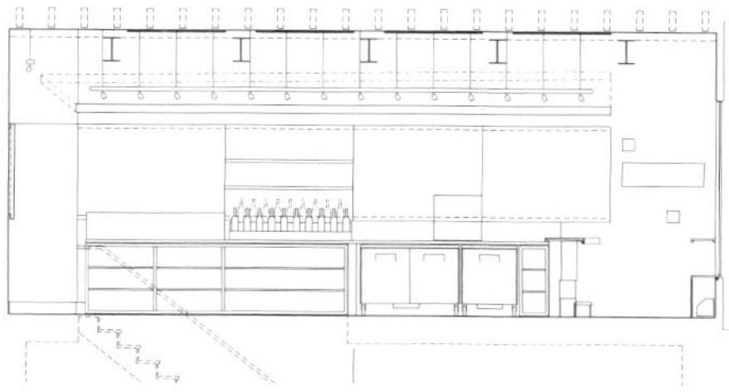

Continental Bistro

- 项目名称："大陆比斯拓"餐厅
- 设计公司：Zebulon Perron Associates
- 项目地点：加拿大蒙特利尔

project description

In June 2007, Continental Bistro was destroyed in a fire. Soon after the unfortunate event, designer was commissioned to reinvent the restaurant within a new and very different space in the trendy Plateau neighborhood. The challenge was to recapture the essence of the old restaurant all the while avoiding a nostalgic caricature of it. The original venue was animated by the very particular spirit of the 1930's American style: Streamline. Thus, it was important to express movement, speed and a worldly ethos. This was partly achieved with custom designed lighting fixtures that are reminiscent of an airplane. Another important design criterion was the perennity of the new décor. Therefore special attention was paid to the selection of materials. Only quality materials that wear well and stand the test of time were incorporated into the project.

Clay-colored sculptural maps on the green walls are extremely peculiar. Yellowish hexagon tiling floor is nostalgic and unique. Traditional materials such as wood, marble and ceramic tiles are used to create clean, modern and legible lines.

该餐厅曾在2007年6月遭遇火灾，设计师此次的任务是将其进行重建，在重塑该餐厅精神的同时尽量避免让人联想起其所遭受的破坏。原餐厅以美国20世纪30年代流行的流线型结构为特色，因此新餐厅的设计要体现动感、速度以及全球化的设计理念。新餐厅对装潢的质量有很高的要求，纯天然建材的选择因此显得尤为重要。

绿色墙壁上的地图浮雕十分别致。由六边形的淡黄色瓷砖铺设而成的地板洋溢着浓郁的怀旧气息，大型玻璃镜面在视觉上扩展了空间的广度和深度，传统建材如木材、大理石以及陶瓷砖令整个空间干净且简洁，搭配简约、清晰的线条，极富现代气息。

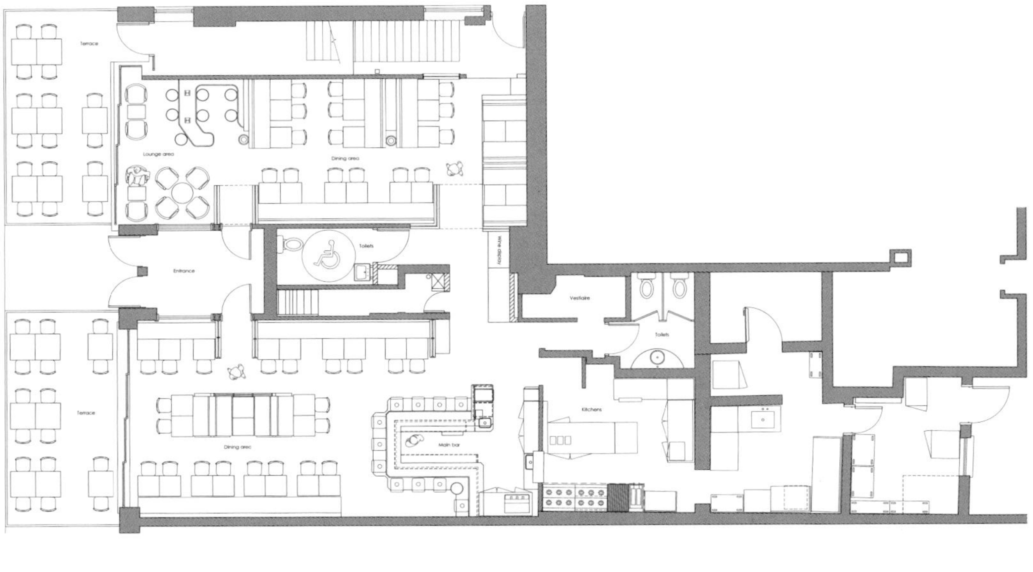

IL Buco Restaurant

- 项目名称："Il 布扣"餐厅
- 设计公司：Workshop Dionisis + Kirki and Sotovikis + B
- 项目地点：希腊雅典
- 项目面积：123 平方米
- 摄影师：Vassilis Makris

project description

The designers joined their forces in order to create IL Buco Restaurant, located in Psirri, Athens's up-and-coming district of Athens, Greece. The intention of the architects' team was to capture the intense character of the area with a fresh and contemporary view. The restaurant is just a 123 m² corner shop and the concept was to treat it as a small box that opens up and closes on one of the main streets of the area. The benches open outwards inviting you to see and taste what's inside. The restaurant was painted black so when closed it vanishes and becomes one with the rest of the street's buildings. The restaurant was so small, that instead of a shop window or show case, the designers enhanced the notion of the "hole".

The restaurant has three rooms around the central space that is the cocktail bar. In order to emphasize the different mood of this space to the rest of the restaurant rooms, the cocktail bar was also painted black with plywood shelves. The rest of the rooms are much brighter with all the walls and floor painted white. The plain white tables with black iron centered legs are complimented with old wooden chairs that were bought from one of the many antiques' shops of the area of Psirri. Some of them were given a fresher look with new seats made from woven leather strips. On the walls hang various selected art works. This play between the old and the new leaves visitors with a warm nostalgic feel, which is very characteristic of the local atmosphere.

该餐厅位于希腊雅典发展最为迅速的Psirri区。该区域中的建筑结构紧凑，外观新颖。该餐厅的占地面积仅为123平方米，只相当于一间角落商铺，其外形好像一只能开合的小盒子。向外敞开的接待台仿佛在邀请顾客观看并品尝这里的美食，而黑色的外立面使该餐厅在关闭时可以与临近的建筑物乃至整条街道融为一体。由于该餐厅的规模非常小，设计师摒弃了橱窗等装置，而以“洞”取而代之，并形成该餐厅的设计特色。

三间私人包厢环绕中央区域的鸡尾酒吧台，黑色的胶合板散发着清新的自然气息。其他空间的白色墙面及地板令就餐环境明亮而整洁。黑色的铁艺餐桌桌脚支撑着白色台面，与从Psirri区的古董店买来的旧式木质座椅形成对比，古典与现代互为补充。座椅则以皮革编织为特色，造型新颖。墙面上挂有各种各样的艺术品。该餐厅温馨的怀旧风格，令人倍感亲切。

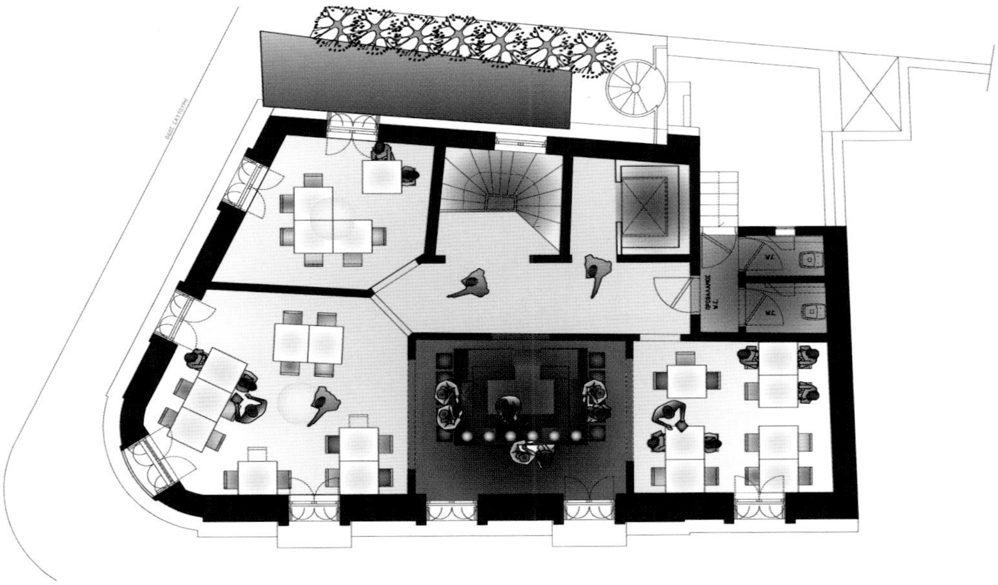

Oud Sluis

- 项目名称："欧德斯露斯"餐厅
- 设计公司：Lieven Musschoot Studio
- 项目地点：荷兰
- 项目面积：235 平方米
- 摄影师：Koen Van Damme

project description

In Janaury 2007, Chef Sergio Herman asked to designed the new restaurant. The capacity must be 45 seats. "The evolution of the kitchen is an ongoing process, marked by renewal and innovation. Here, every day is an improvement."says Chef Sergio Herman. Glazed partitions in black and white separate the various areas of the restaurant. A Harmonious combination of black and white furniture complements surfaces of glass and leather, and walls with a warm golden tone.

Guests have the opportunity to treat their taste buds while feasting their eyes on surroundings replete with aesthetically considered details. The column and parts of the wall are constructed of black marbles whose smooth surface is like mirror and is reflecting the scenery around. The rectangular fireplace embedded in the wall has a clear structure and the burning fire of blue and yellow appear to be dreamy and fashionable. Floor of light wood color and white walls are fresh and elegant. Small green plants displayed on the tables then have added natural flavor and freshness to the dining area.

大厨Sergio Herman在2007年6月委托设计公司打造了这个能够容纳45人的新式餐厅。他认为："厨房设计是一个持续演变的过程，伴随着重建与创新，每天都在进步。"此次设计旨在将该餐厅打造成与现代大都市相称的三星级高档餐厅。黑色和白色的玻璃隔板划分了餐厅的不同区域，而同为黑白组合的家具由玻璃和皮革打造而成，墙面则以温暖的金色为主色调。

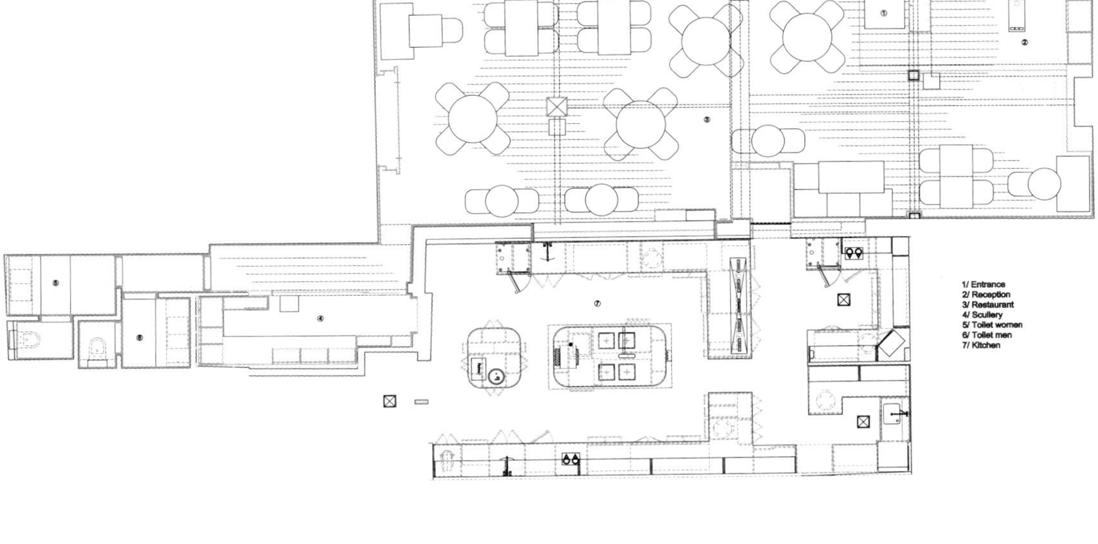

该餐厅不仅向顾客提供一系列美味佳肴，同时其精致的装饰设计还为顾客打造了一场豪华的视觉盛宴。立柱及部分墙面以黑色大理石构成，光滑的表层如同镜面一般照映着周围的景象；嵌于墙内的矩形壁炉样式简约，其中的蓝色火焰和黄色火焰充满了梦幻色彩；浅木色地板、白色的墙面及天花板清新、雅致；餐桌上摆放着淡绿色的小型盆栽，现代、新潮的餐厅空间中洋溢着自然、清新的气息。

Restaurant 1515

- 项目名称："1515"餐厅
- 设计公司：Arcsine Architecture
- 项目地点：美国
- 摄影师：Sharon Risedorph

project description

The client sought to open a destination bar and restaurant in downtown Walnut Creek. The challenge was to combine two adjacent facilities while maintaining spatial separation between the lounge and dining areas. Arcsine, in collaboration with interiors firm Bellusci Designs, developed a central bar with a decorative wall for wine storage and display to create a strong focal point and divide the distinct spaces. To reinforce the street presence, the design team added an exterior fireplace, a custom metal trellis, and accordion-style doors that allow the restaurant to open up to the sidewalk seating terrace for a true Californian outdoor experience.

The entrance of arched structure is featured of a black wooden door of ancient and elegant style. The façade made of white stone is fresh but classical. In the dining area the wooden tables and chairs are in deep brown which echo with the beams and the columns of the same material. Exquisite wood then improve the overall design, which shows that natural materials also can create an elegant atmosphere. Decorations in red color scheme have added a touch of warmth to the space, including the frescos on the upper part of the walls and trellis cushion on the lower part, cushions on the chairs and the interior decorations as the background of the wine cabinet. Black metal droplights of barrel-type are simple but fashionable, serving as complements of the nostalgic ambience.

BAILEYS
true

业主希望在此打造一间地标性餐吧，而设计师面临的最大挑战在于如何在保持休息区与餐区相对独立的同时将它们有机地联系起来。该餐厅的用餐环境别致且新颖：中央吧台处的装饰墙用于陈列各式美酒，构成了整间餐厅最为夺目的设计亮点，同时又划分了空间区域；为了使该餐厅的造型更为突出，设计师特意安装了一座户外壁炉，特别定制的金属棚架下设有一扇手风琴式折叠门；折叠门面向街道旁的露天餐区，为顾客提供了加州最具特色的户外用餐体验。

拱形入口处的黑色木质大门古朴而典雅，由白色石材构成的外立面清新且经典。木质桌椅多为深棕色，与相同材质的横梁及立柱相呼应，考究的木材提升了空间的艺术品位；红色系的装潢包括了墙面上方的壁画及下方的格形软垫、座椅软垫以及酒柜的内饰，温暖的色调令人倍感亲切。黑色筒形金属吊灯简约且时尚，与怀旧的空间情调相得益彰。

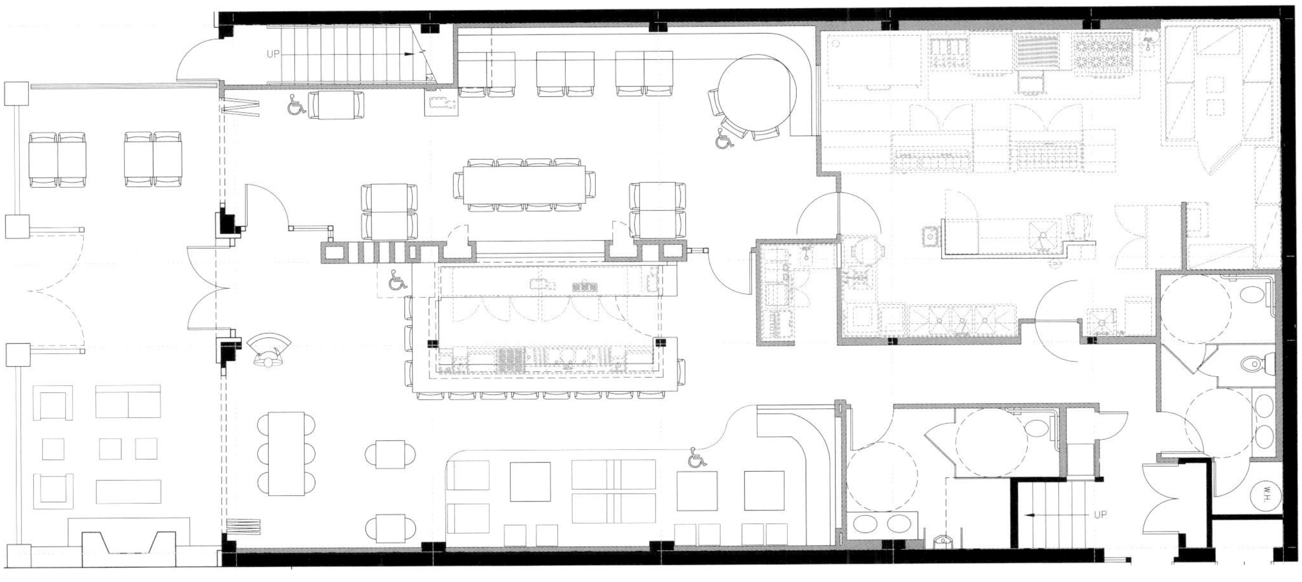

Miil Restaurant

- 项目名称："米伊尔"餐厅
- 设计公司：Monovolume Architecture + Design
- 项目地点：意大利Tscherms
- 项目面积：165 平方米
- 摄影师：Urlich Egger

project description

The Kränzel mansion and winery brings together cuisine, art and culture in a unique way. The set of buildings of different ages includes the medieval farm, the Baroque mill and the labyrinth garden that hosts works of contemporary artists. The restaurant is in the old mill, which is under protection by the fine arts. Here, gastronomy, wine and culture come together in a high quality unique work. The restaurant impresses with its modern lines in an elegant atmosphere without loosing its more authentic roots. Renovation works have given particular attention to these balances and the expansion of the restaurant has been obtained by removing all the parts that were added to the original system over the years and expanding other areas with specific actions; in this way the architectural intervention remains in a second place to the conservative restoration.

The new kitchen is placed in the enlarged area designed with clean and simple lines, where the large windows mark the architectural character of the space. The new bar occupies the space previously used by the old kitchen, creating a connection between the interior space and the idyllic garden. The large counter in porphyry takes the customer from the entrance to the bar. The interior spaces extend over several levels provided with a translucent LED backlit black glass balustrade to create zones of privacy without losing the perception of the entire space.

Kranzel大型酿酒坊是美食、艺术以及文化的综合体。区域中的不同建筑包括中世纪农场、磨坊以及极具现代气息的迷宫花园。该餐厅正是位于此处的一座古老的磨坊内，无论在美食、美酒还是文化氛围的设计上都异常独特；餐厅的线条结构现代、前卫，就餐环境典雅却不失本地特色。此次翻修，特别注重现代与传统之间的平衡，设计师拆除了大部分历时已久的原有装潢，扩大了空间的同时开创了特色功能区。

新厨房设在扩建区域，其结构线条十分简洁，大型窗户颇具特色。原先厨房所在地则被改造为吧台，成为室内空间和室外花园的天然衔接。大型斑岩接待台位于入口及吧台之间，以开放的姿态迎接顾客。半透明的黑色玻璃栏杆被柔和的LED灯光照亮，令人倍感温馨与亲切。

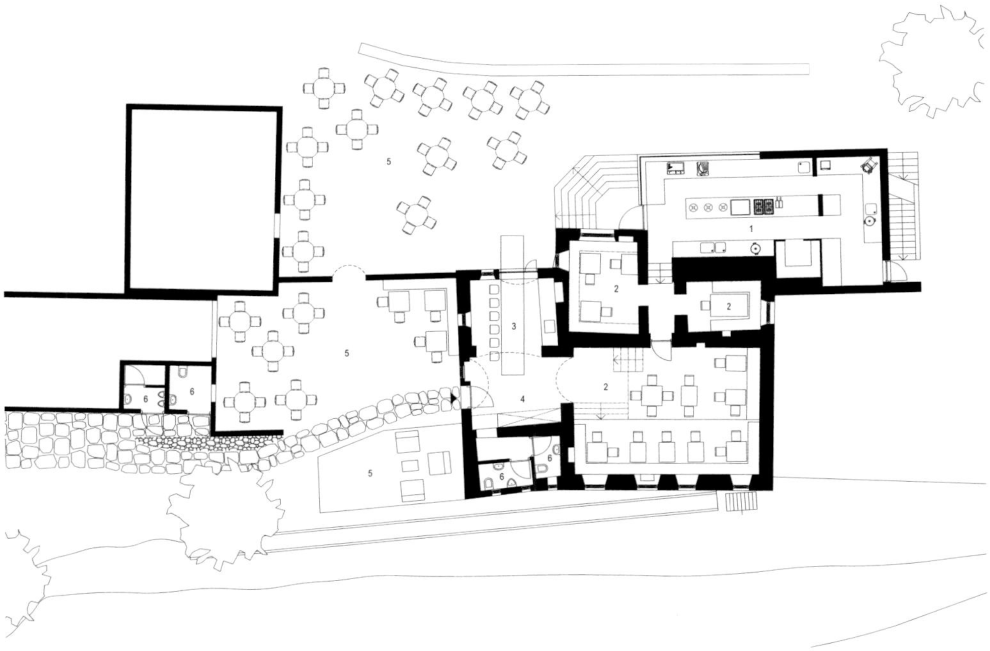

Rosalie Restaurant

- 项目名称："若萨烈"餐厅
- 设计公司：Zebulon Perron Associates
- 项目地点：加拿大蒙特利尔

project description

Located in downtown Montreal, this popular Italian restaurant was renovated in 2009. Some elements of the old décor where salvaged as others where modified or added for maximum impact. A large custom designed yellow suspension lamp was created to fill the double story space at the front of the restaurant. To fashion a dialogue another custom designed "T" shaped lamp of the same color was installed on a large communal table at the opposite end of the long space. A new open kitchen and pizza oven bar was installed near the front window so the passersby may observe the chefs in action and to easily serve the large and very popular front terrace in the summer.

The designer's intention was to craft a modern bistro with a classic sensibility. The restaurant has a clear structure and the bar is set along one side of the rectangular dinging area. Walls around are covered with exquisite textured wooden panels, which to some extent makes the space isolated. Therefore, a large mirror is set to expand the space visually, meanwhile bringing in dynamics. White lamps of barrel-type are embedded in the ceiling and the regimented arrange of these lamps adds to the sense of unity. The floor is covered with small grey square tiles whose qualities of anti-friction and waterproof ensure the customers' safety.

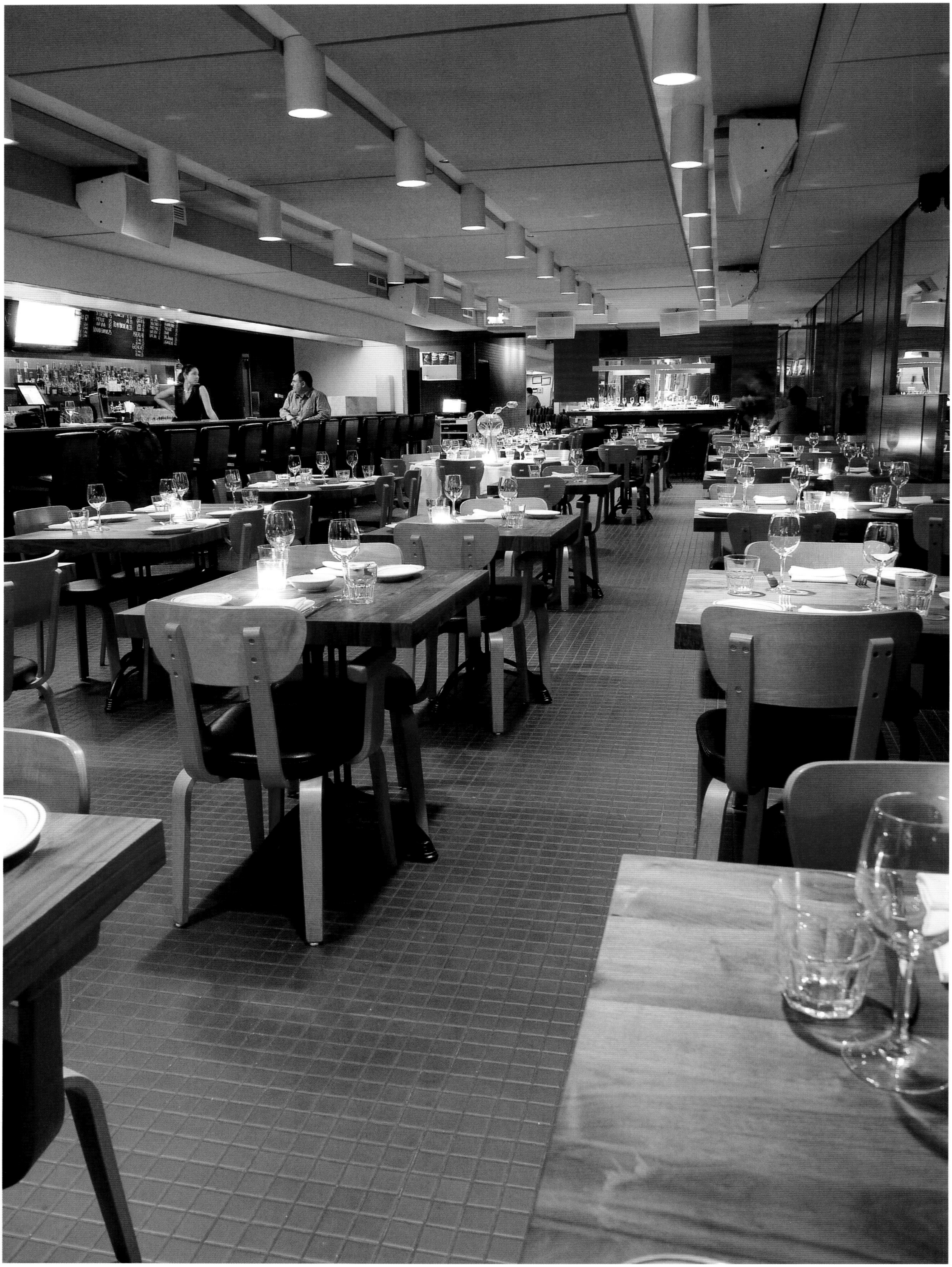

该餐厅位于蒙特利尔市中心，于2009年被重新翻修。设计师在原有的旧式装潢及家具中加入了新的设计元素，新颖且时尚。设计师特别定制了一盏大型黄色吊灯置于该餐厅的前方，装点了高达两层的空间，为了与此造型时尚的吊灯相呼应，一盏同为黄色的“T”形吊灯被安装在空间末端的一张大型公用桌台上。往来的顾客可以在窗户旁边的开放式厨房和比萨烤吧中观摩大厨的现场厨艺展示。

该餐厅的空间结构简单、明了，长方形餐区的一侧设有吧台；四围的墙面皆覆以带有花纹的木板，稍显封闭，为此，设计师设置了大型玻璃镜以在视觉上扩张空间，动感十足的同时延伸了视野；地板由方格形灰色瓷砖铺设而成，其耐磨、防水的质地确保了顾客行动的安全。

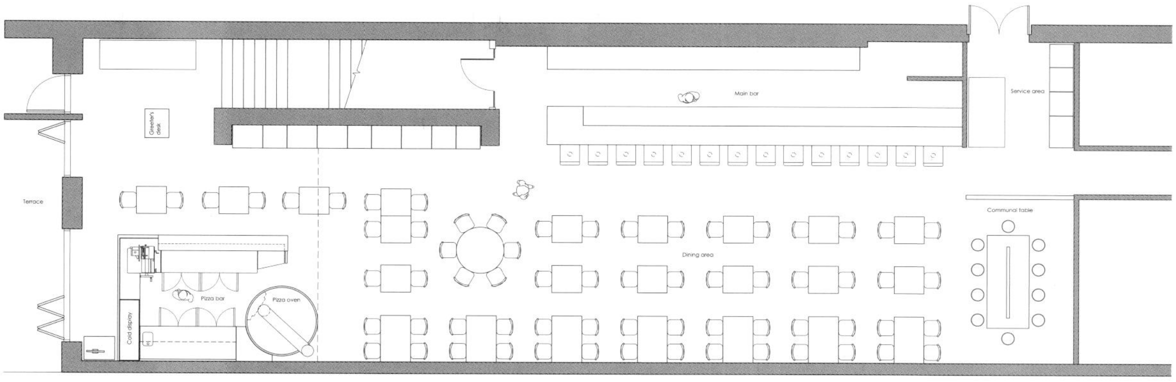

R2L

- 项目名称：R2L 餐厅
- 设计公司：CCS Architecture
- 设计师：Yvonne Choy
- 项目地点：美国费城
- 项目面积：929 平方米
- 摄影师：Kris Tamburello

project description

Chef believes that everything modern needs firm roots in the past. That idea is embodied in the design of R2L, an elegant, upscale new restaurant and lounge that reinterprets the glamour and exoticism of the 1930s. Perched high above downtown Philadelphia on the 37th floor of the Residences at Two Liberty Place, the intimate, convivial space recalls the extravagant Art Deco era while celebrating the clean simplicity and spatial balance of modern architecture.

A mix of texture, color and pattern brings the long room together. Plush lounge furnishings and cozy booth seats contrast with moments of glimmering light and exposed steel structure. The distinctive palette of materials, including hand-polished zinc, stacked strips of glass, ebonized mahogany, woven leather, zebra-print upholstery and rich, striped carpets, makes for elegant and personal spaces.

Upon entering the restaurant, a glass slot invites an up-close look at Stern's custom kitchen. A metallic ceiling grill undulates across the bar, dining room and lounge, reinforcing the feeling of a limitless sky. A floating, handcrafted sculpture of polished silverware made by a local artist encloses a corner dining area that provides guests with enormous views across the city. The wall of wine runs the length of the space, reminding us to raise a glass to an unforgettable experience.

EXIT

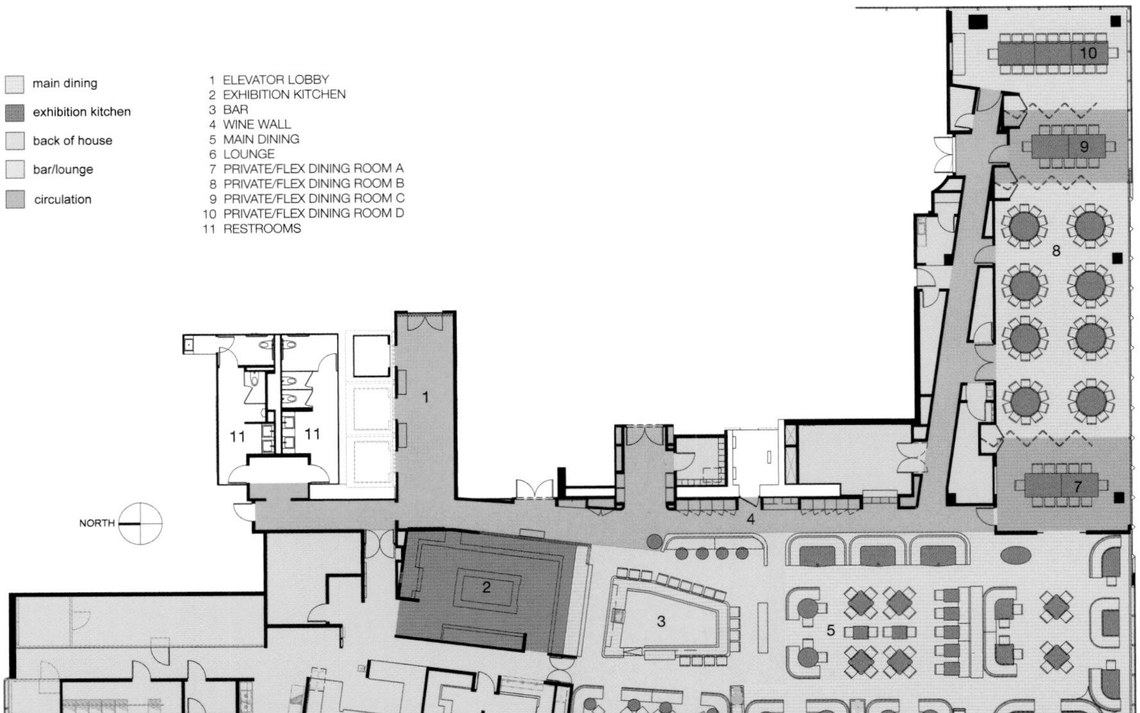
main dining
exhibition kitchen
back of house
bar/lounge
circulation
1 ELEVATOR LOBBY
2 EXHIBITION KITCHEN
3 BAR
4 WINE WALL
5 MAIN DINING
6 LOUNGE
7 PRIVATE/FLEX DINING ROOM A
8 PRIVATE/FLEX DINING ROOM B
9 PRIVATE/FLEX DINING ROOM C
10 PRIVATE/FLEX DINING ROOM D
11 RESTROOMS
NORTH

餐厅主厨认为所有时尚都根植于坚实的历史背景。设计师将此设计理念运用在R2L餐厅的室内装潢中，打造了雅致、高档的就餐环境，同时重现了20世纪30年代的餐厅风貌。地处美国费城中心区的自由广场二区，R2L餐厅位于其中一间住宅的第37层。亲切愉悦的设计风格让人联想到奢华的"装饰艺术"的表现形式，同时不失现代建筑对简约大气与统一协调的追求。

不同部分的装潢在纹理、颜色及图案上形成联系，使整体设计更统一。覆有绒制品的休闲躺椅及舒适的包厢座位为餐厅增添了几分惬意，与发光灯具及钢铁建材产生对比；多种材料的混合搭配产生了独特的视觉效果：手工抛光的金属锌、堆叠的条状玻璃、涂成乌木色的红木、皮革编织物、斑马纹衬垫以及华丽的条纹地毯共同打造出了一个别致的空间。

透过餐厅墙面上的玻璃槽口，访客可以近距离观赏厨房独特的设计。天花板处波浪形的金属架横跨整间餐厅，覆盖吧台区域、主餐区以及休闲区，仿佛宽广的天空。出自本地设计师之手的抛光银质雕塑形状狭长，划分出角落处可以俯瞰全城景色的餐区。餐厅内墙上皆陈设着各式美酒，为顾客创造难忘的品酒体验。

Rozmarin Restaurant

- 项目名称："柔兹玛琳"餐厅
- 设计公司：AKSL Architects
- 项目地点：美国奥斯丁
- 项目面积：621 平方米
- 摄影师：Paul Bardagjy

project description

The entrance of this restaurant has a clear structure and well defined lines. Its sapphire metal frames and crystal clear glass form a fashionable and exquisite design. Behind the window glass there is a uniquely shaped wine case made of five separate niches. Bottles of wine from all around the world are displayed here to create an elegant and luxurious space and to attract guests on the street. Cold and stiff materials like glass and steel give a contemporary look to the entrance. The main dining area is at the second floor with a gentle design style: one of the walls and the ceiling blend into an arc surface. Different color combinations can create different styles: the pink and white color-based design in dining area brings in a sense of freshness and elegancy; black tables appear dignified; ivory light brightens up the brown wooden floor, creating a nostalgic atmosphere; bunches of red flower are scattered throughout the interior space, adding vitality to the restaurant. White translucent bead curtains fixed on the ceiling flop over the ground, sparkling under the light. Box-type lamps made of frosted glass emanate a soft light and shine down upon the metal pedestal of the tables. Antique vases are displayed on the front desk and tables to add an artistic touch to the restaurant. The unique and elegant sculpture of a female makes the finishing point of the stylish space.

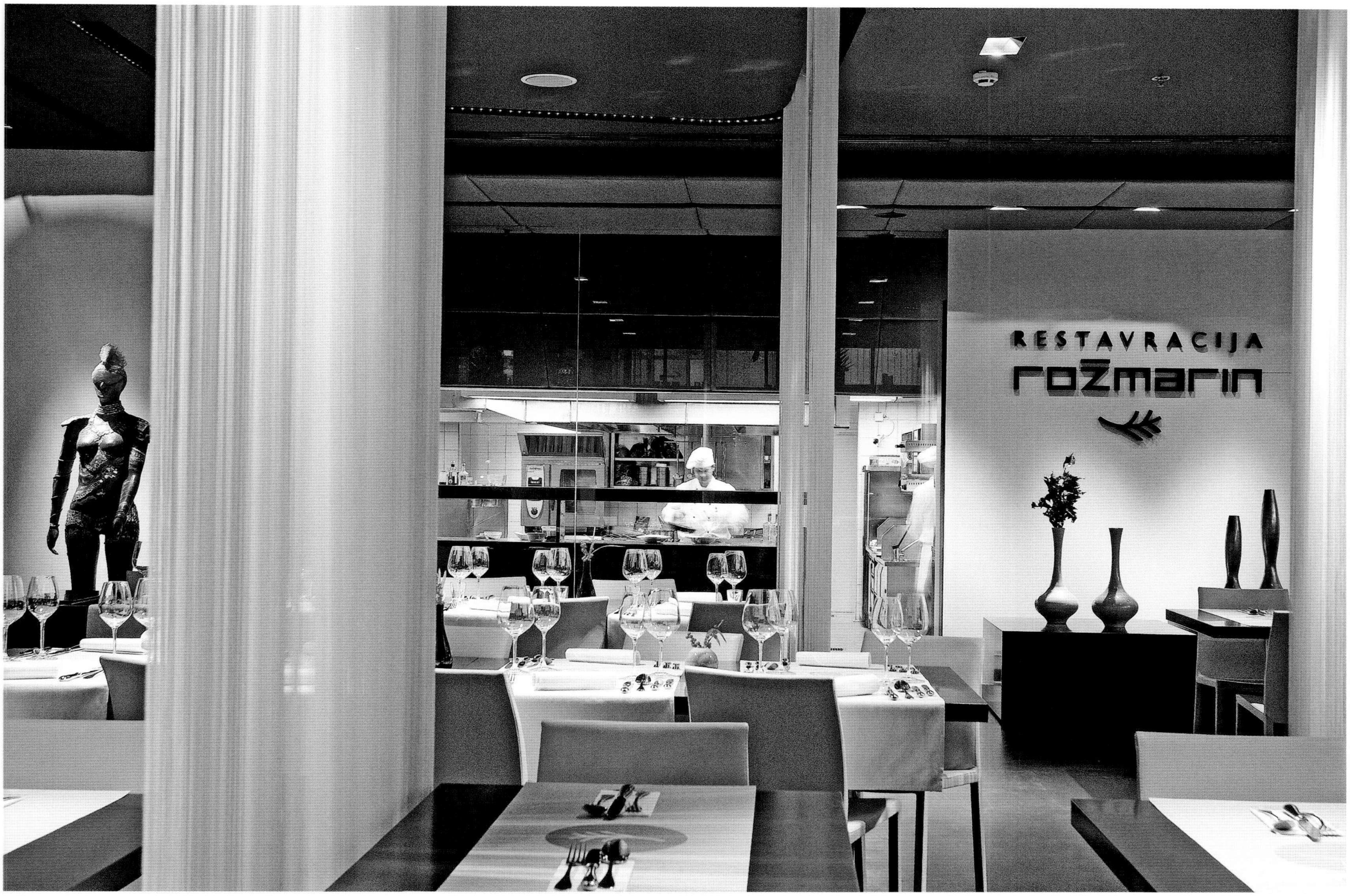
RESTAVRACIJA
rožmarin

rožmarin
KAVARNA
RESTAVRACIJA
VINOTEKA
TRGOVINA

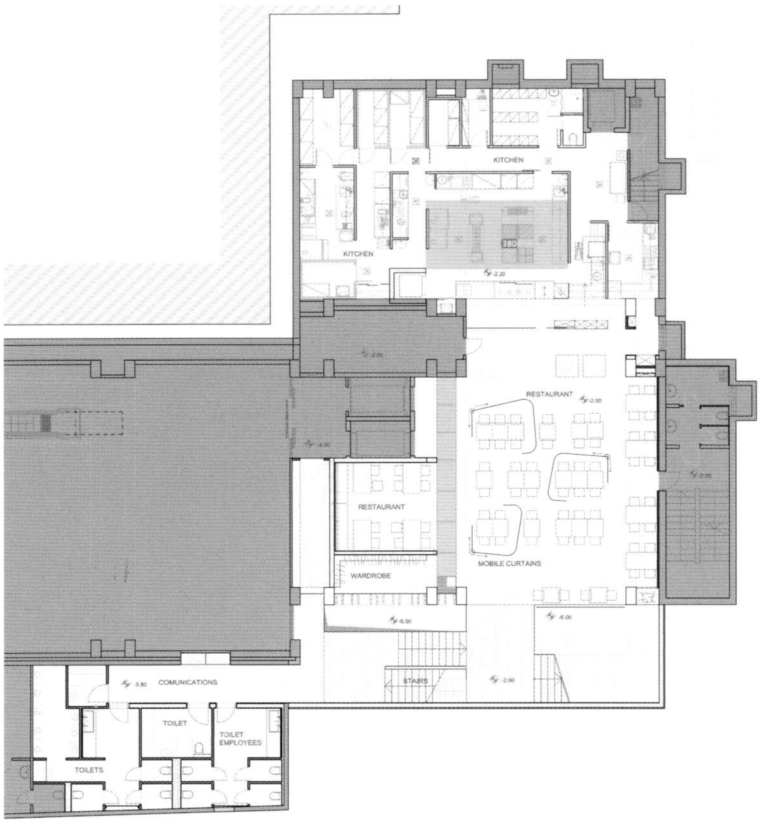
KITCHEN
KITCHEN
RESTAURANT
RESTAURANT
WARDROBE
MOBILE CURTAINS
COMUNICATIONS
TOILET
TOILET EMPLOYEES
TOILETS
STAIRS

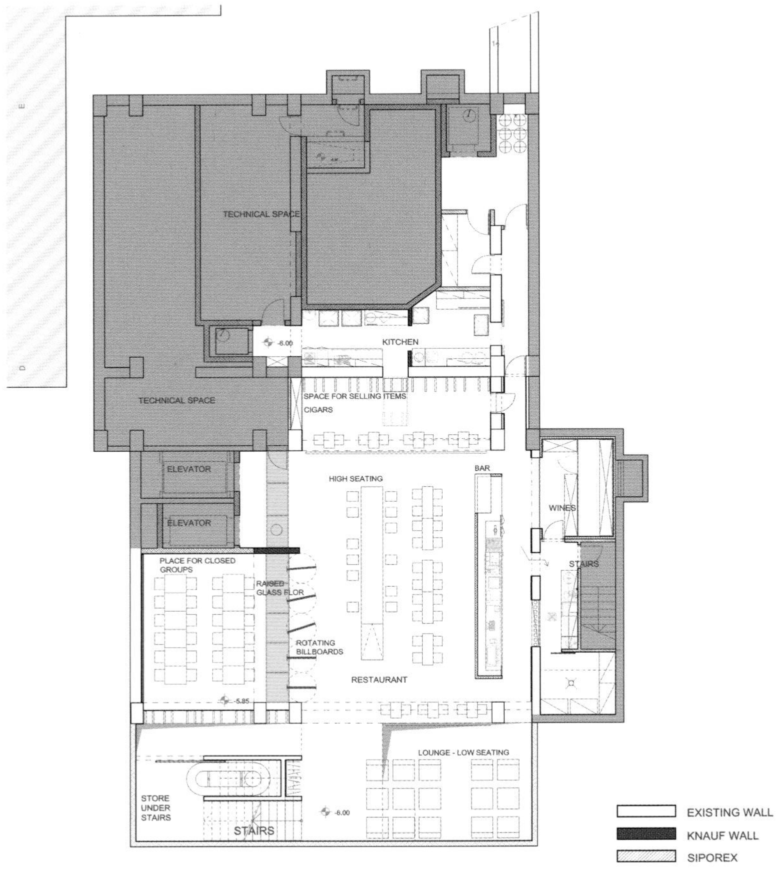
TECHNICAL SPACE
TECHNICAL SPACE
KITCHEN
SPACE FOR SELLING ITEMS
CIGARS
ELEVATOR
ELEVATOR
HIGH SEATING
BAR
WINES
STAIRS
PLACE FOR CLOSED GROUPS
RAISED GLASS FLOR
ROTATING BILLBOARDS
RESTAURANT
LOUNGE - LOW SEATING
STORE UNDER STAIRS
STAIRS
EXISTING WALL
KNAUF WALL
SIPOREX

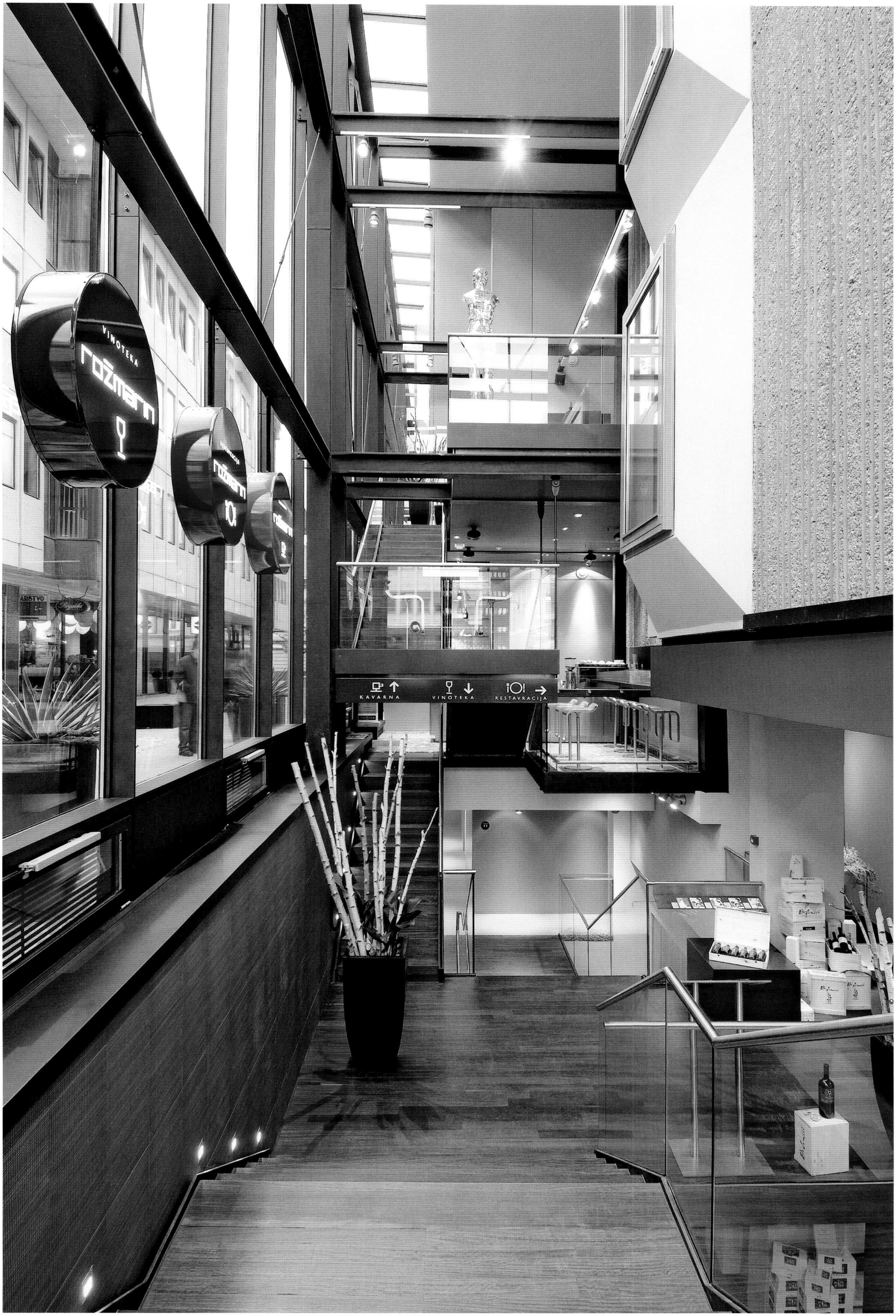
VINOTEKA
rožmarin
KAVARNA
VINOTEKA
RESTAVRACIJA

“柔兹玛琳”餐厅入口处的结构明朗，线条清晰。宝蓝色的金属框架搭配晶莹剔透的玻璃壁，显得时尚、考究。玻璃橱窗内的酒柜由5个相隔的壁龛组成，造型十分独特；来自于世界各地的美酒令餐厅尽显奢华、高贵，从而吸引了众多往来的顾客。玻璃和钢材等富有冰冷质感的材料使餐厅洋溢着浓郁的现代气息。主餐区位于第二层，装潢设计相对柔和：墙面与天花板连接成弧面，以柔软的粉色装饰加以点缀。不同的颜色组合可打造出不同的风格：就餐区以粉色与白色为主色调，清新、雅致；黑色的桌面为餐厅增添了几分凝重；乳白色灯光点亮了褐色的木质地板，营造了经典、怀旧的氛围；红色的花簇散落在各个角落，为餐厅平添了些许生机。天花板下方的白色半透明珠帘从上而下垂落，在灯光的照射下尤为闪亮。磨砂玻璃材质的盒型灯饰发出柔和的光，照射在餐桌的金属底座上，熠熠生辉。前台和餐桌上皆摆设着精致的复古花瓶，使餐厅洋溢着浓郁的艺术气息。雅致的女性雕塑在整个餐厅设计中起到了画龙点睛的作用，并且提升了餐厅的艺术品位。

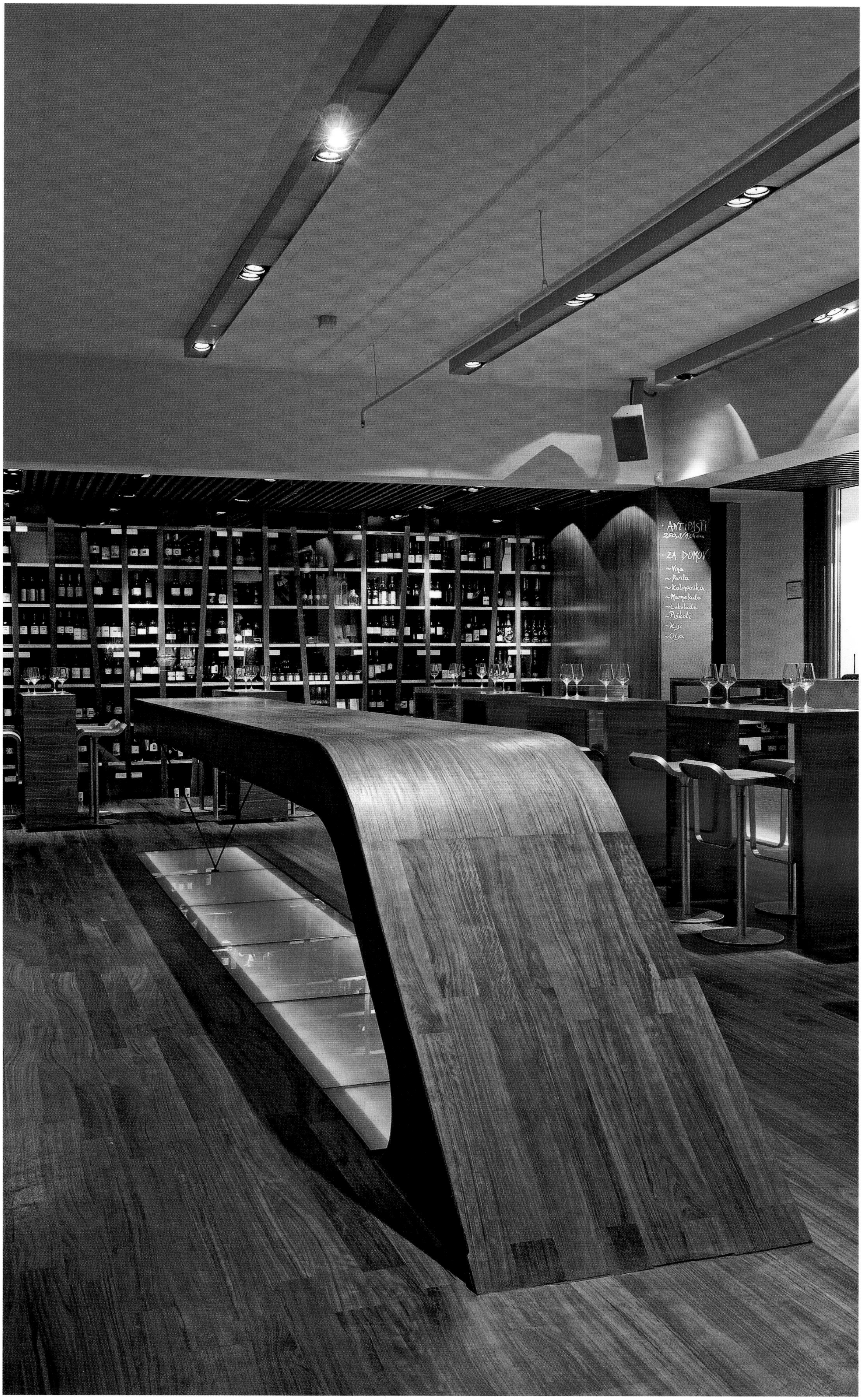

Rich Restaurant

- 项目名称：“富豪”餐厅
- 设计公司：Ismini Karali
- 项目地点：希腊雅典
- 项目面积：680 平方米

project description

Rich Restaurant is a very fashionable café-bar-restaurant, located at one the most elegant districts of Athens. In its 680 m², the café can host more than 350 guests on its three levels. The large windows at the facade offer a full view over the busy road. A huge mirror with a curved frame reflects the people's motion and the central bar made of "emperador" marble, is the heart of the entertainment. A colorful puzzle of mirrors covers the inner wall and the wooden library above the velvet sofas, respires an air of elegance and uniqueness. Handmade lighting covered with gold leaves and large sofas with their metallic and velvet tapestries identify an image of luxury and comfort designed by the Greek conceptual designer and architect.

In the splendid main dining area, there are two floor lamps with spiral tubes and two rows of tables and chairs tidily arranged. Outdoor scenery is vaguely visible through a gauzy silk curtain which at the same time protects guests' privacy. Sporadic flowers perfectly adorn the space. Colors of red and gold have been strategically used and create a sense of dreamy. The restaurant logo has been set around the space. The large restroom facilitates guests with complete toiletries and large-scale dressing mirror.

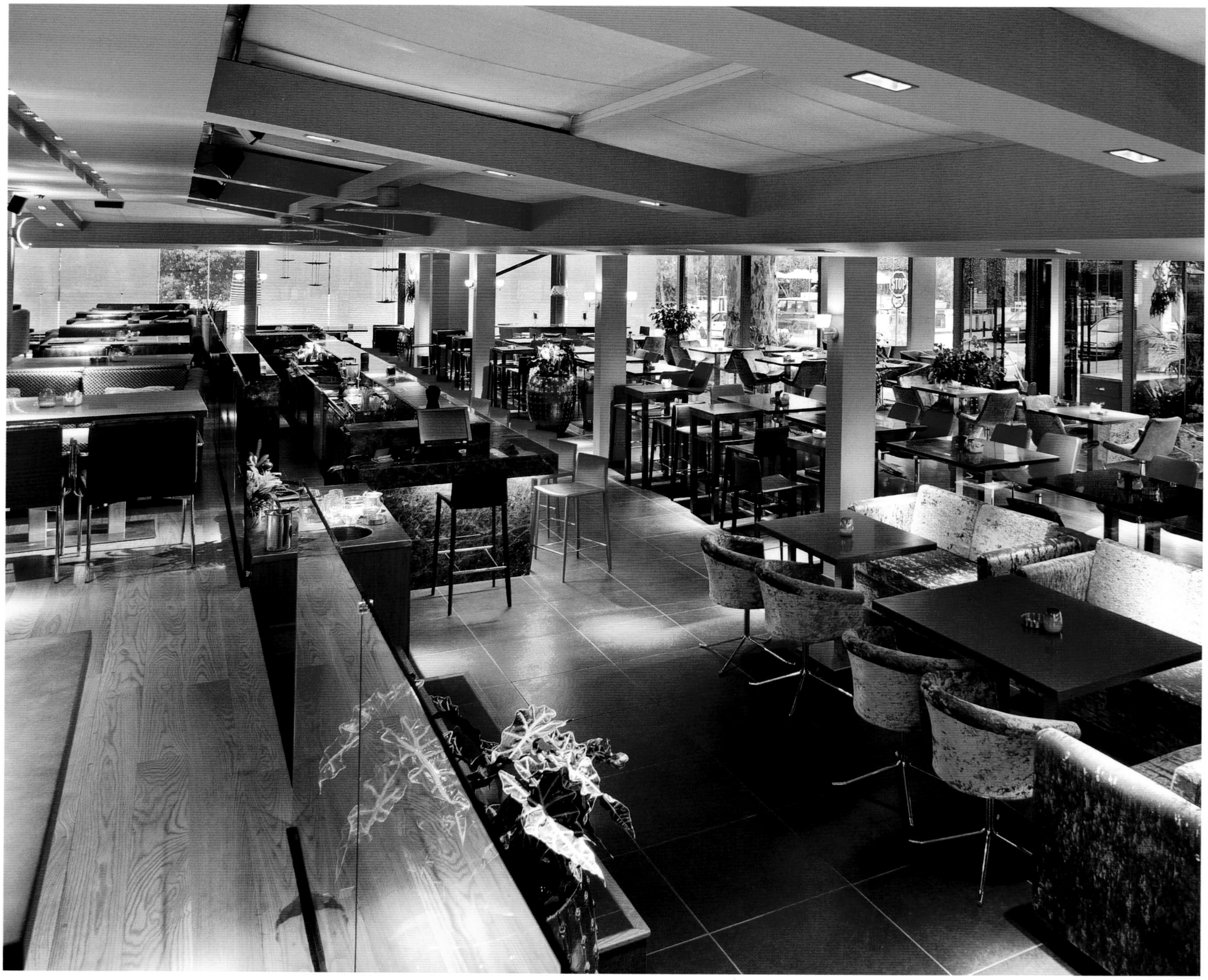

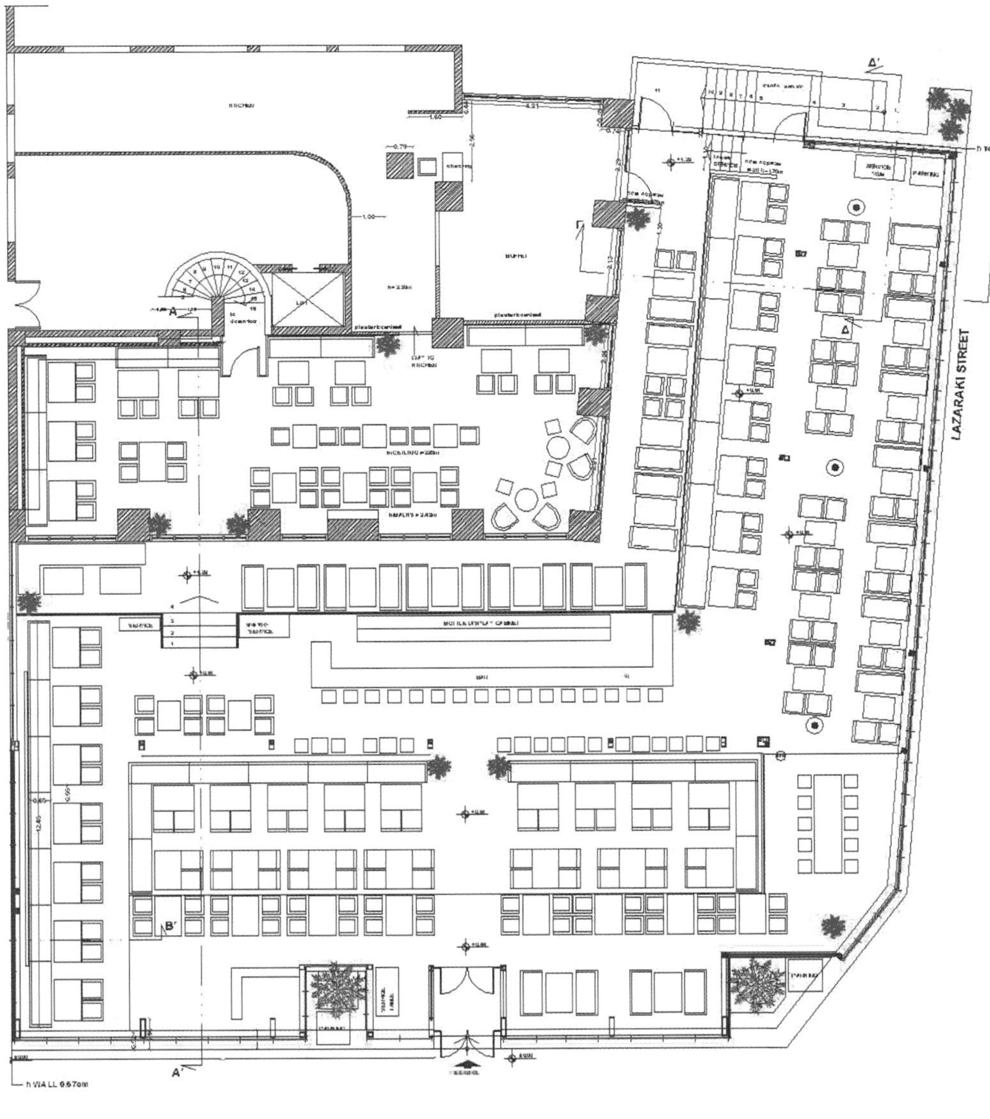

“富豪”餐厅位于雅典最繁华的地段，占地面积达680平方米，可同时容纳350位顾客，透过正面的大窗户可以看到繁华的街道。配有流线型镜框的镜面照映过往的行人，位于中央的金峰石吧台则是餐厅的焦点。天鹅绒沙发及墙面上铺满了五颜六色的镜面拼图，使餐厅雅致又特别。设计师用金色叶片装饰的手工艺灯饰、天鹅绒材料制成的挂毯打造了一个既奢华又舒适的餐厅空间。

主就餐区金碧辉煌，两排餐桌椅整齐地排列着，其内的两盏螺旋形灯管的落地灯格外引人注目；透过一层薄薄的丝帘，户外的景色依稀可见，同时又确保了室内就餐空间的私密性；餐厅内的花艺量虽少，但是装饰价值却非同一般。整个空间用色很重，选用大红色和金黄色，颜色差距甚远却营造了一种颇具梦幻色彩的空间氛围。餐厅内到处张贴着统一的标志，洗手间明亮且宽敞，用品齐全，方便自如，大型梳妆镜的设计便于顾客调整妆容。

Sandton Sun

- 项目名称："桑顿阳光"大酒店
- 设计公司：CCS Architecture
- 项目地点：南非约翰内斯堡

project description

CCS Architecture has created a new "gastronomic emporium" at the world-renowned Sandton Sun Hotel in Johannesburg, South Africa. Completed in May 2010, the project reinvents the existing dining venues on the sixth level, where the 334-room hotel meets the local business district. The design of the new setting, which encompasses 15,000 square feet, brings South Africa's colors, materials, and natural daylight into the center of the hotel. Distinctive, locally sourced zebra wood, oak, quartzite and sandstone root the project to Johannesburg. Fire and water express the natural elements. The interior design meshes with the Sandton Sun's new sustainable, farm-to-table food concept and brings the hotel up-to-date relative to properties in other cosmopolitan cities.

Each of the venues is coordinated and yet different to create distinction between them. The Business Lounge provides an informal meeting and work space with access to current news and media. There is a bar which has two informal community tables offering opportunities to interact with fellow patrons. The San Restaurant is a casual, modern setting for dining at all times of the day and night. An entire exterior wall of glazing opens the space to an outdoor deck with new seating and fire pits, bringing in natural light, and providing dramatic nighttime views of the city. The mix of venues considers every sort of traveler. Together, the different outlets create an energized and timeless destination that feels public, casual and exciting.

全球著名的"桑顿阳光"大酒店位于南非的约翰内斯堡，CCS设计公司将其打造成为一个全新的美食中心。酒店内有334间房，而第6层原先是商业区，现被改造为餐饮区，于2010年5月完工。室内面积约为1 400平方米，酒店中心部分的设计运用南非风格的色彩、材料以及采光形式。富有当地特色的材料如斑马纹木材、橡木、硅岩以及沙石是整个建筑工程的基础。火与水的运用更显原生态。室内的装潢设计与餐厅关于饮食的环保理念相契合，并且紧跟世界其他豪华餐厅设计的步伐。

酒店的各个区域功能不尽相同：休闲商业区提供了联网的工作空间；这里有一间酒吧，同时，吧内的两张大桌为非正式的贸易洽谈提供了场地；餐厅提供全天候服务，透过镂空的墙面可以看到户外烧烤的情况以及城市美丽的夜景。不同入口处的设计营造了惬意的休闲氛围，仿佛永远动感十足。顾客能够在这里享受商品区的餐饮服务。

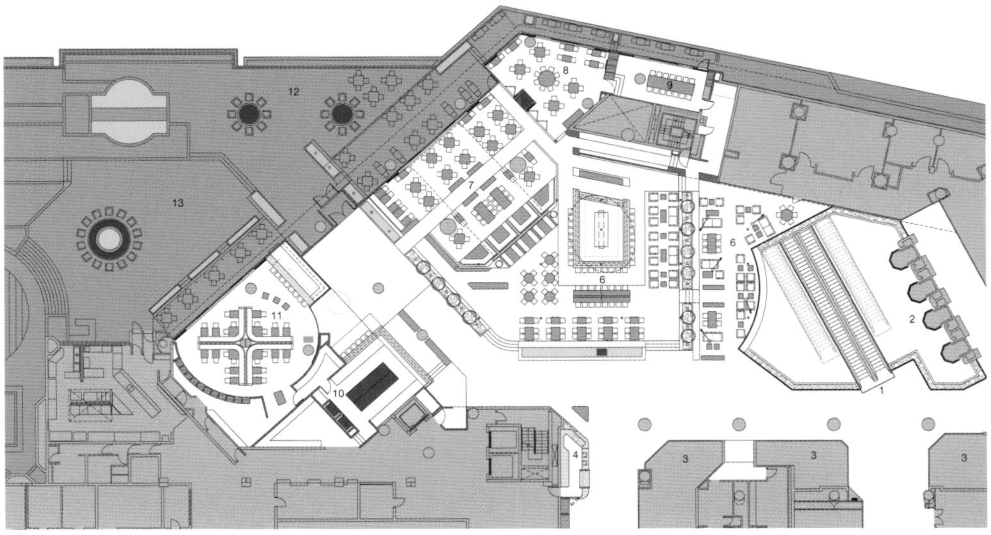

VINI
MMX
robust
vibrant
bold rich
natural
elegant
strong
ripe
velvety

The Purple Onion Restaurant

- 项目名称："紫色洋葱"餐厅
- 设计公司：Lime 388
- 设计师：Thomas Dariel和Benoit Arfeuillere
- 项目地点：中国上海

project description

There are series of oil painting portraits of the ancestors in the Purple Onion restaurant where guests would like to hold a glass of port wine or cocktail, or to share a pleasant time with friends. A large black deer head above the fireplace is remarkable and its black ceramic material is redolent of the animal head decorations in the European ordinary family. Colors of black, purple and white have been used in the interior. Black as the dominant color applied in the fireplace conveys a sense of privacy, comfort and intimacy. Purple as a noble color then creates a warm, hospitable and comfortable environment. White then balances the two predominant colors of black and the purple.

Except for the bar and the dining area, there is a splendid garden with a mall protecting guests from being disturbed by the noise from streets. Located at the center of the lane and far away from the bustle of the city center, this old-fashioned building seems to be a quite island with warmth and vogue. Through culture, symbols and personality the restaurant is made recognizable and individualized. The delicious food is prepared by Lex Hauser the genius cook.

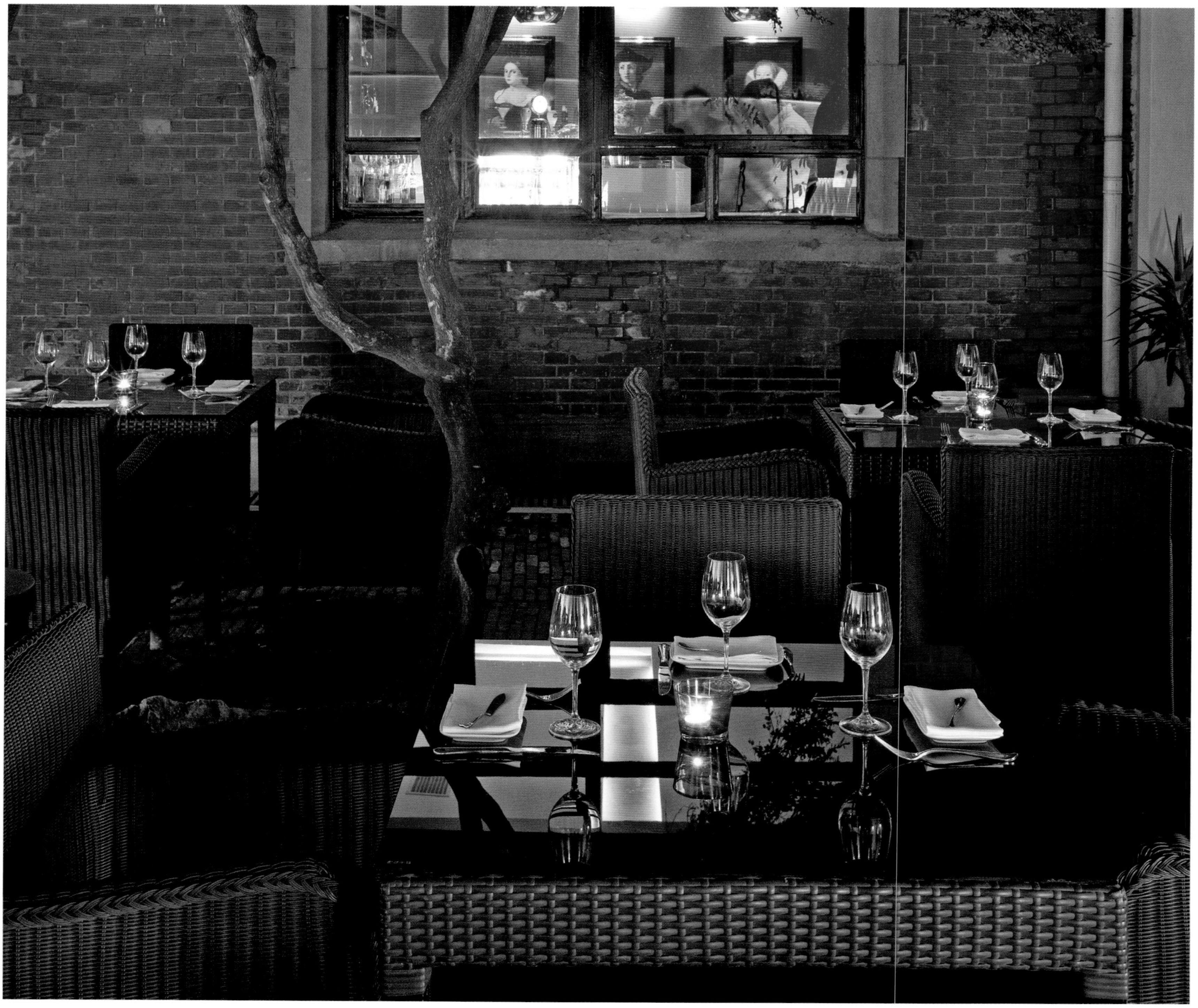

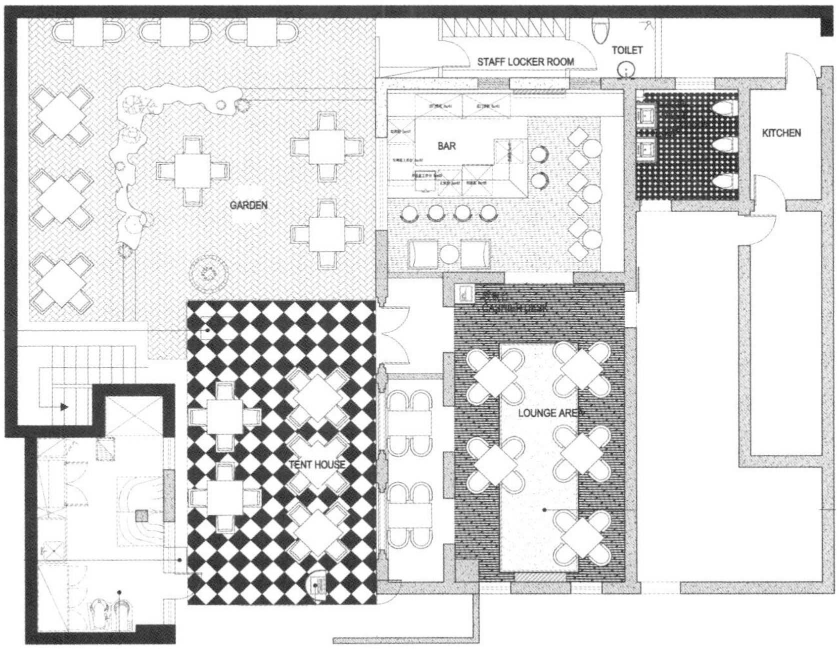

“紫色洋葱”餐厅陈列了一系列祖先的油画肖像，人物均拿着一杯葡萄酒或者鸡尾酒，微笑地看着来此的顾客并与大家共享欢乐的休闲时光。壁炉上方的巨大黑色鹿头夺人眼目，其黑色的陶瓷质地再次让人联想起在欧洲家庭中普遍存在的动物头像；室内空间运用了黑色、紫色和白色三色，黑色是餐厅的主色调，温馨的壁炉营造了私密、舒适的家庭空间氛围；酒吧区的紫色装潢华丽且精致，白色中和并凸显了黑色与紫色这两种主要色彩。

除了酒吧和餐区，“紫色洋葱”餐厅还拥有一个庭院，顾客能够在鸟语花香中尽享美味佳肴。餐厅“镶嵌”在弄堂的中心，远离了城市的喧嚣，像一座宁静的岛屿，给人以家的温暖。“紫色洋葱”餐厅的设计极具个性，其提供的菜肴不仅美味、可口，同时具有很高的营养价值。

The House Cafe Istinye

- 项目名称："伊斯蒂尼"咖啡厅
- 设计公司：Autoban
- 设计师：Seyhan Ozdemir 和 Sefer Caglar
- 项目地点：土耳其伊斯坦布尔
- 摄影师：Ali Bekman

project description

This is the widest House Cafe located at Istinve Park Shopping Mall, with a seating capacity of 200. The whole atmosphere is fascinating with the latest special designs accompanying the furniture classics of The House Cafes. The space was just like a city square with no walls or columns surrounding. Autoban created metal towers, just like a clock tower and train station. With the marble tables inside each, these cages become a spectacular space in which to sit. Gmests can feel the relaxing ambiance during day time, with the natural day light coming through the roof.

The meticulously designed dining environment shows the designer's outcome of painstaking. A steelwork overhead supporting the whole restaurant widens the space and emphasizes the vertical tension, creating a sense of spaciousness. In the center, two exquisite decorations are uniquely shaped like a birdcage. The color of yellow used in this "birdcage" can induce gnest's appetite.

Chairs of Japanese style on one side of the table make a sharp contrast with opposite common chairs sharing the same color, adding an artistic touch to the restaurant. Upholstered chairs and leather sofa of high quality have provided guests with comforts. Green palms have been used to make the air fresh and adorn the spacious dining area.

THEHOUSE | CAFÉ

THEHOUSE | CAFÉ
THEHOUSE | CAFÉ
THEHOUSE

位于伊斯蒂尼花园购物中心的“伊斯蒂尼”咖啡厅十分宽敞，可同时容纳200位顾客。潮流的装潢设计搭配古典的家具，四围没有墙或柱遮挡，就餐环境十分舒适。其中，酷似钟楼的金属建筑旁是火车站候车区样式的用餐区，内部配备了大理石餐桌。白天，自然光透过房顶射入室内，创造了闲适的就餐环境。

从整个用餐环境可以看出设计师扎实的功底和精湛的技艺。餐厅上方由富有曲线美的钢管支撑，延伸空间的同时凸显了纵向张力，从而使餐厅显得高大而宽敞；餐厅正中央的两个鸟笼形的装饰更是别致、精巧，其黄色外观也刺激了顾客的用餐食欲。

餐桌一侧的椅子以日式风格为特色，与对面同色调的常规椅子形成鲜明的对比，同时也增添了室内的艺术气息；装有软垫的餐椅以及优质皮革沙发都令顾客倍感舒适与惬意。与空旷的用餐区相匹配的是，设计师选用绿色棕榈树，为室内提供了源源不断的新鲜空气。

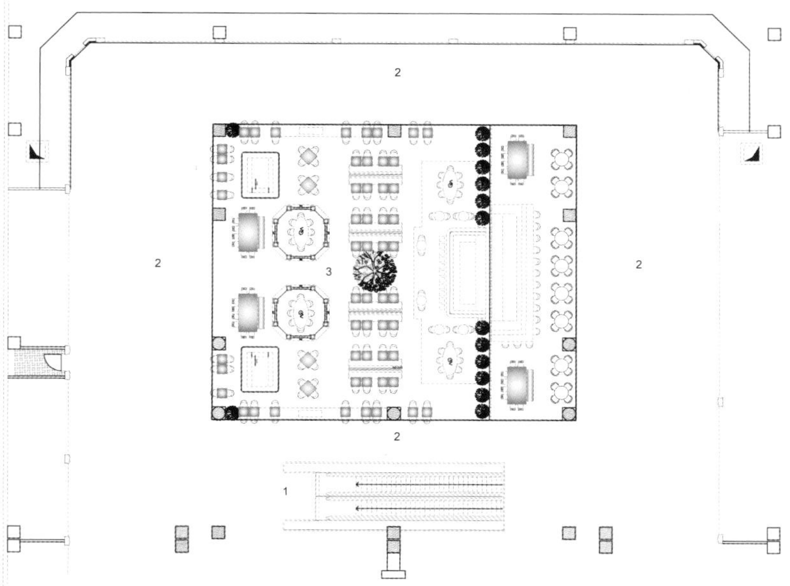

Ysbreeker Restaurant-Cafe

- 项目名称："伊斯布里克"餐厅
- 设计公司：&Prast&Hooft
- 项目地点：荷兰阿姆斯特丹
- 项目面积：800 平方米

project description

The original Ysbreeker restaurant was established in 1702. The present building dates from 1885.In the last 40 years, it has been a cafe and small stage for music and performance. The stage moved to a large new building in 2005, leaving just the small cafe and a large, popular terrace adjoining the shore of the Amstel river that gave Amsterdam its name and wealth. In 2010, the Ysbreeker reopened, a large cafe-restaurant (800 m^2, 200 seats).The Ysbreeker is divided into 6 zones parallel to the facade, each with their own function, atmosphere and materialisation. The zones follow the constructional outline of the building. In front the "old" cafe, then the reading area followed by the bar, which has tables in elevated wings left and right. Deeper into the building, we find the wine tables, billiard and finally the winter garden.

The wooden floor from the existing building was reused, along with several reclaimed materials. Functions like kitchen, toilets, delivery and stock are all situated literally next door, accessible by several existing breakthroughs. Marvelous decorations including a steel center pillar, black spotlights, the splendid golden ceiling and white round droplights have made the space elegant and luxurious. Meanwhile the wine case can be regarded as a focus of the overall design: the wine case is actually made of a wall with plenty of holes, which saves space and serves as a marvelous wall decoration.

DE YSBREEKER
SINDS 1702

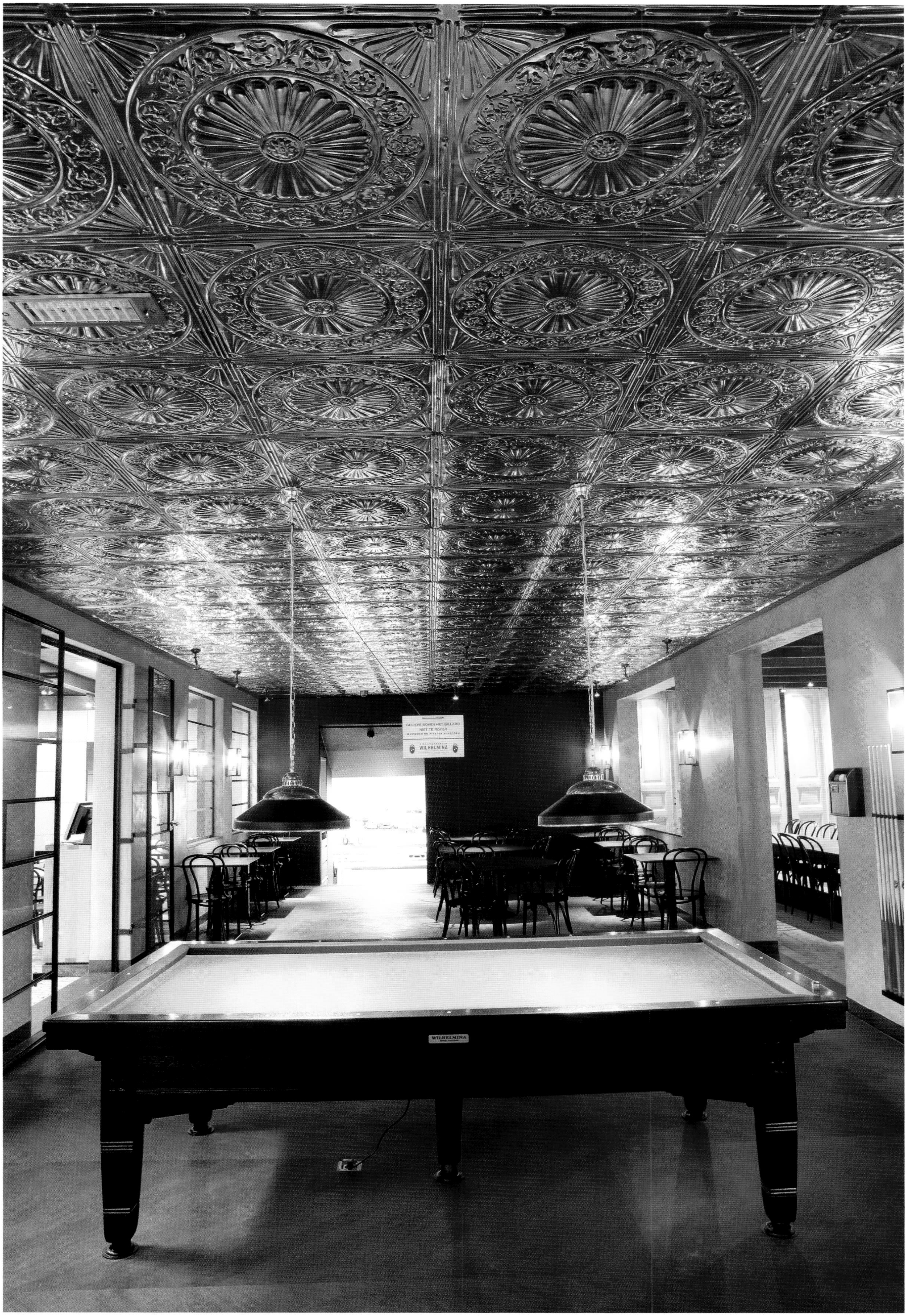
GELIEVE BOVEN HET BILLARD
NIET TE ROKEN
WILHELMINA
WILHELMINA

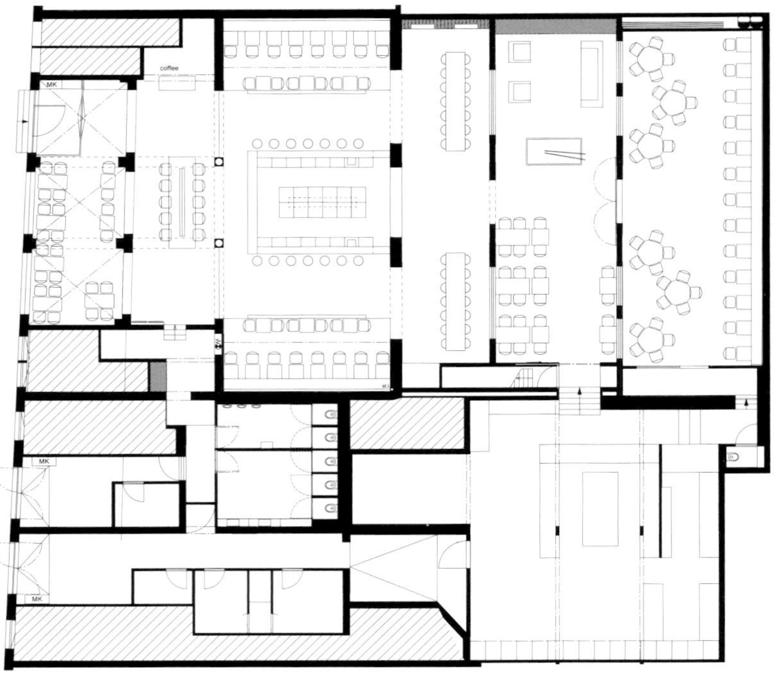

“伊斯布里克”餐厅始建于1702年，而目前的这栋建筑可追溯到1885年，在过去的40年内，这里是一家提供舞台表演的小餐厅。舞台表演于2005年起在一幢更大的新建筑中进行，只留下小餐厅和一个空的露台，与阿姆斯特丹著名的阿姆斯托河的河岸相邻。占地面积达800平方米，拥有200个座位的伊斯布里克餐厅于2010年重新开张。餐厅内分为6个平行的区域，搭配餐厅的建筑轮廓，每个区域的功能、设计风格以及建材都各具特色。最靠前的区域仍是小餐厅，后面是阅读区、酒吧区，餐桌两旁有悬浮的装饰翅膀，更深处则有酒桌、桌球台，最后则是冬季主题花园。

设计师沿用了原木地板的同时，还添加了其他再生材料。厨房、盥洗室、输送设备及储藏间依次排列，位于主餐区的隔壁，并且设有多个入口。餐厅装饰的选用可谓美妙绝伦，铁质的中央立柱、黑色的天井灯、金碧辉煌的天花板以及圆形的白色吊灯，令整个空间尽显奢华。酒柜的设计可谓是设计师的另一点睛之作，墙面上设有很多凹孔，调酒师可将酒品放入凹孔，一方面节省了空间，另一方面在灯光的照射下，这些凹孔构成了一面精致的壁纸。

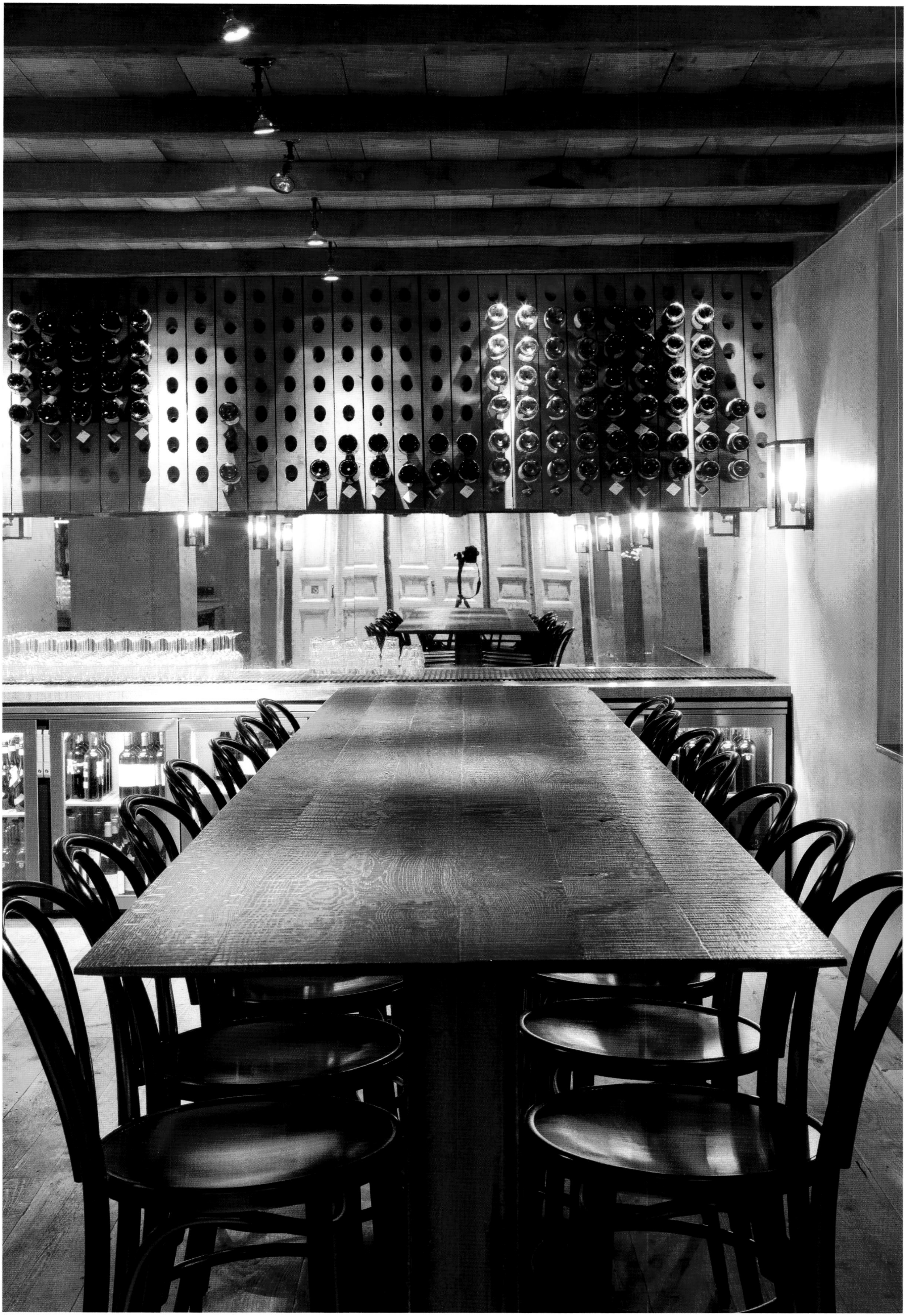

Yukon

- 项目名称："育空"餐厅
- 设计公司：Dan Pearlman
- 项目地点：意大利

project description

This Italian restaurant is spacious and bright. The headlight in the center of the dining area provides lighting. Distinguished logos around the space guarantee the unity of the overall design. The whole space as an ideal venue for relaxation and enjoying food is simple yet elegant. Famous for fine food, Italian cuisine lay emphasis on the quality of the ingredients to maintain the original taste of food. Particular attention should be paid on fire temperature to bring out unique and diverse flavors. Pasta and pizza are naturally regarded as the signature dishes. The back wall of the kitchen is meticulously designed with a fresco of Italian style and two logos to keep harmonious with the overall design.

Red tables and chairs welcome guests with passion and the wall covered by antique tiles are decorated with artworks, creating a space filled with artistic sense. Table and chairs of different heights aim at meeting the sundry needs of different guests. Menu on the wall is convenient for food ordering. The open kitchen provides the view of food being prepared and reinforces an image of the restaurant to guests.

COFFEE TO GO

“育空”餐厅为意式餐厅，宽敞明亮的餐厅中央悬挂着一盏照明灯，餐厅的各个角落都有其独特的标志。整个餐厅简约却不失典雅，是顾客享受美食与清闲的好去处。餐厅以提供精美的意大利菜肴而著称，主厨非常注重原料的本质、本色、成品，在力求保持原汁原味的同时对火候也极为讲究，烧制菜肴的口味异常出色，形成层次分明的多重口感。作为意式餐厅，意大利面、比萨自然成为顾客津津乐道的食物。厨房的背景墙经过精心的设计，一幅意大利风格的壁画令餐厅尽显高雅与浪漫。

设计师选用大红色来作为餐桌和餐椅的装饰色，以此来营造喜迎贵客的氛围；仿古砖的墙面上到处悬挂着艺术装饰品，使餐厅洋溢着浓郁的艺术气息。餐桌和餐椅具有不同的高度，旨在满足不同顾客的需求。顾客可以根据墙面上的菜谱自由点菜，开放式的厨房使顾客可以参观厨师烹饪的全过程，并且加深对餐厅的印象。

BISON
Burger
KLONDIKE
GRILL
BURGER AND MORE
Spare, Ribs, Wings & Co.
SPARE RIBS & CO

Graved Lachs
Rauchlachs
Butterfisch
Rauchmatjes
Makrelenfilet,
hausgeräuchert
Rauchmatjes
im Rustino
Bismarckhering
im Brötchen
1,90 €
3,50 €

Atelier Mecanic

- 项目名称："机械艺术坊"酒吧
- 设计公司：Corvin Cristian
- 项目地点：罗马尼亚布加勒斯特
- 项目面积：70 平方米
- 摄影师：Cosmin Dragomir 和 Corvin Cristian

project description

Atelier Mecanic (Mechanical Workshop) is a bar made of 1950 to 1970 industrial relics, salvaged leftovers, graphics and original furniture. It is a take on the industrialization of Romania. Covering an area of 70 m^2, the building is located in the Old Town, a place bustling with bars and clubs. The normality of its presence in the area was obvious after several people knocked either to apply for a job as a mechanic either for fixing some old machinery.

Although tables and chairs are shaped differently, the cozy space is not cluttered. Decorative objects covered with rust are from factory workshops, showing the passing of years. Frescos on the walls convey the consistent message of industrialization, embodying striking characteristics of that time. Mainly in white color, the brilliant and engrossing space is not degraded by the industrial antiques. The plain ceiling, walls and the bar with a smooth marble top have enhanced the restaurant's style.

DECRETUL
400

EXIT

NU REGLATI SI NU UNGETI
MASINA IN FUNCTIUNE

SCHAUBLIN

SCOS DE SUB
TENSIUNE
OVERBECK
JONES-SHIPMAN

OVERBECK
PROTEJATI-VA
IMPOTRIVA TENSIUNILOR
PERICULOASE PRIN
LEGARE LA PAMINT
NU UNGETI MASINILE
IN TIMPUL MERSULUI

“机械艺术坊”酒吧陈列着1950年至1970年间的各种物品：工业纪念品、从水中打捞上岸的遗留物、绘画作品以及原创家具，可以说是罗马尼亚的成长记录。“机械艺术坊”酒吧占地面积达70平方米，位于罗马尼亚首都布加勒斯特老城区，毗邻其他酒吧和俱乐部。以工业为主题的装潢设计洋溢着浓郁的怀旧气息，格外夺人眼目。

样式各异的桌椅不仅没有带来凌乱的感觉，反而显得十分亲切。装饰物则多来自于工厂车间，锈迹斑斑的金属表面蚀刻了流逝的岁月。墙面上的壁画皆以工业化为主题，富有鲜明的时代特色。餐厅以白色为主色调，因此，古旧的工业品并没有破坏酒吧光鲜亮丽的用餐环境。吧台表面铺设的光滑大理石与清爽的墙面及天花板相匹配，提升了餐厅的空间品位。

Steak 954

● 项目名称："牛排954"餐厅
● 设计公司：Gilles ET Boissier
● 项目地点：美国

project description

The designer's affection for lamps is evident in the interior design of this restaurant: lamps in elongated shape set in the corridor can provide adequate light; pint-size lava lamp and large bamboo lighting fixtures are used to increase romantic atmosphere; the antique droplight in the private dining area is then introduced in the interior decoration. The wallpaper and some of the artworks are patterned with pastoral feeling, echoing with the design concept: a venue for relaxation. Grey wooden fence is selected to divide the main dining area and the private area, adding a touch of dignity to the space.
Blue, brown and grey are the predominant colors: blue leather sofa, brown table surface and the grey wall paper. Except for the sundry shapes of lighting fixtures, chairs in the private dining area are also adorable, appearing to be spoiled kids being crouched on the floor. Guests can either enjoy the delicious food, or appreciate the seascape, or listen to the artistic music.

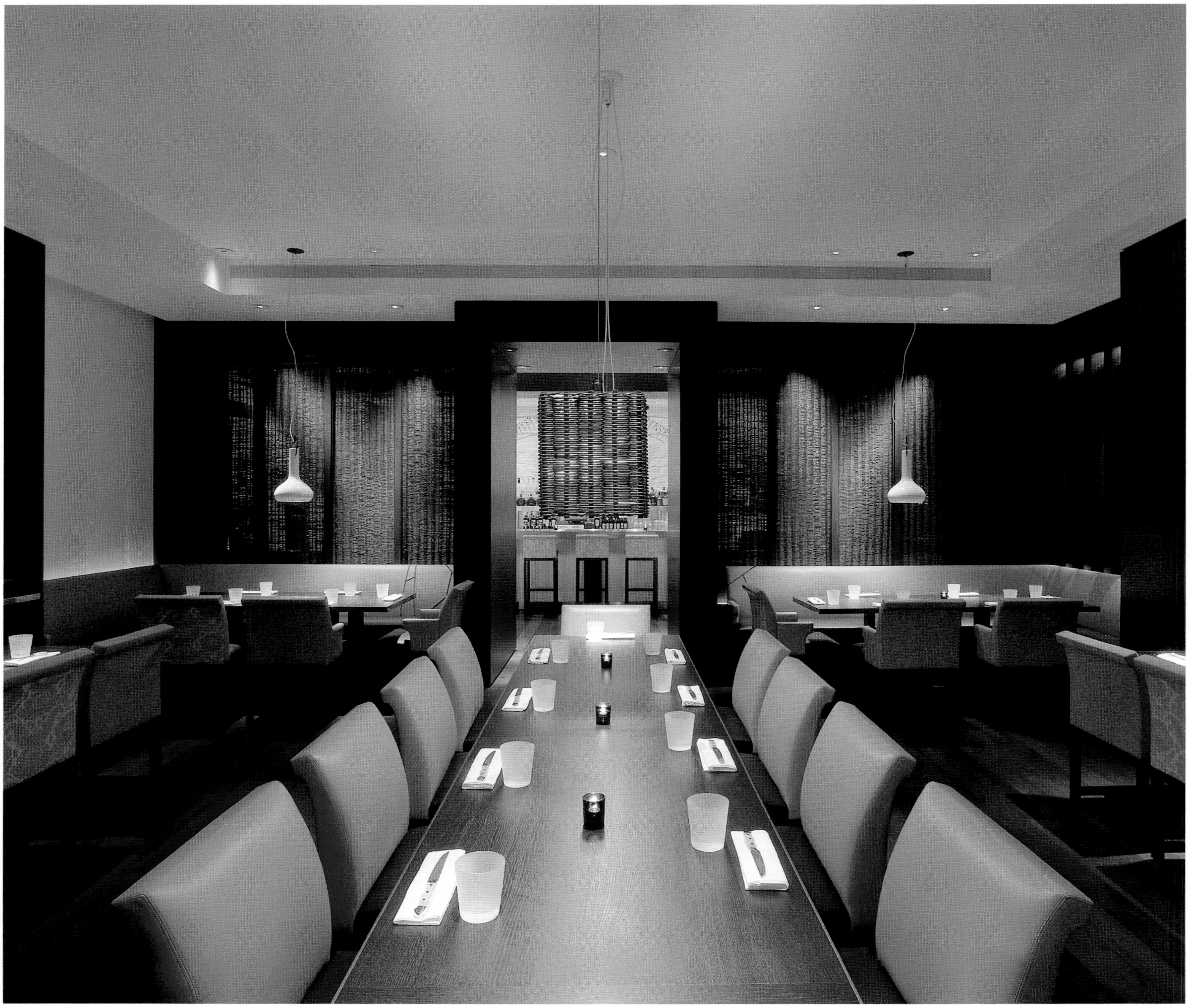

“牛排954”餐厅见证了设计师对于灯饰的钟爱，在餐厅的长廊里，长条灯令空间尽显明亮；在靠海的餐桌上，小型蜡灯以及大的竹编灯饰用来营造浪漫的用餐氛围；在私密就餐区中，高大的天花板下方悬挂着一盏极具古典风格的吊灯。餐厅的壁纸以及餐厅的一些艺术品均选用田园风格的图案，充分体现了设计师的设计理念：将餐厅打造为顾客在工作疲惫之余的休闲、逗留之所。设计师运用灰色木质栅栏将主用餐区与私密用餐区分隔开，同时为整个空间注入了几分凝重。

餐厅主要用色集中于蓝色、褐色以及灰色，蓝色的皮革沙发、褐色的餐桌台面以及灰色的墙纸。除了灯具造型别具一格外，私密就餐区的椅子造型也非常可爱，宛如一个个害羞的小孩儿蹲在地上撒娇。身处其中的顾客可以陶醉其中，或享受美食，或欣赏海景，或聆听艺术之声。

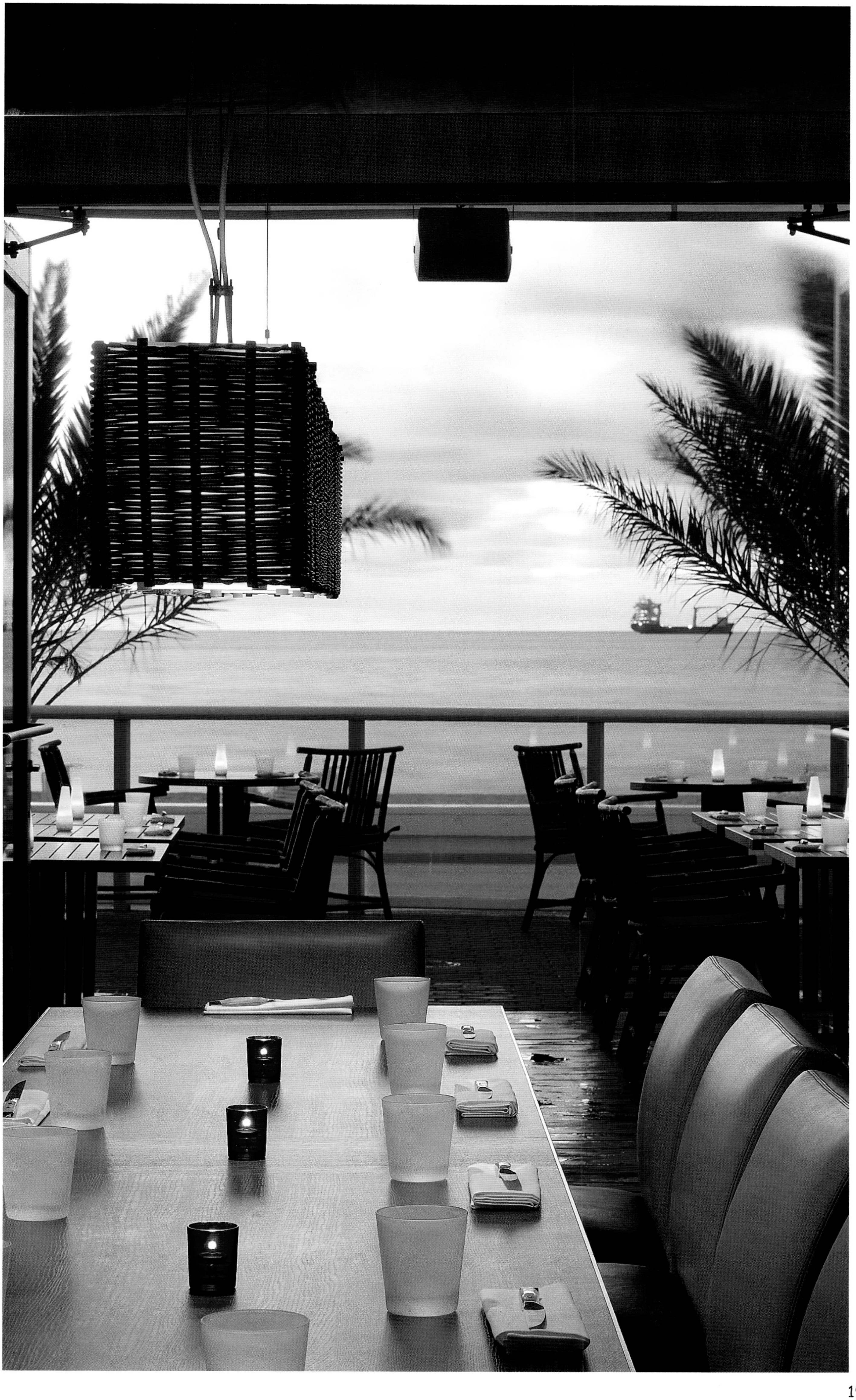

Estado Puro

- 项目名称："伊斯塔朵皮尔若"餐厅
- 设计公司：James&Mau – Jaime Gaztelu and Mauricio Galeano
- 项目地点：西班牙马德里
- 摄影师：Javier Penas 和 Accreditation

project description

Designers are in their search of a concept that would unit tradition with innovation while cleverly avoiding kitsch or fashion botox. One of the walls and the ceiling form an arch structure, creating a mellow curve. Grey color on floor and walls gives a neutrality to the base: an imposing piece of marble in its purest state. Stools and chairs in red include a subtle note of color reminding the roses Spanish women put in their hair. Golden metal shelves were inspired by the baskets used in the Spanish markets to expose fruits and vegetables. The vegetable gardens on the terrace and inside in a glass box, remind how the chef's cuisine is based on traditional Spanish ingredients and flavors.

The image of the Spanish beer brand Mahou (sponsor), had to be integrated in the space without breaking its coherence. The architects reinterpreted a 1961 picture of a Mahou advertising campaign, so that it perfectly integrates the space in a powerful and surprising way.

The architects saw the possibility to give a new life to a legendary Spanish folklore object: the barrette (Spanish comb), transforming it into a fun, yet elegant and sophisticated element. 1000 barrettes were used to create a retro illuminated skin covering ceiling and wall, also serving as an acoustic membrane and a light diffuser.

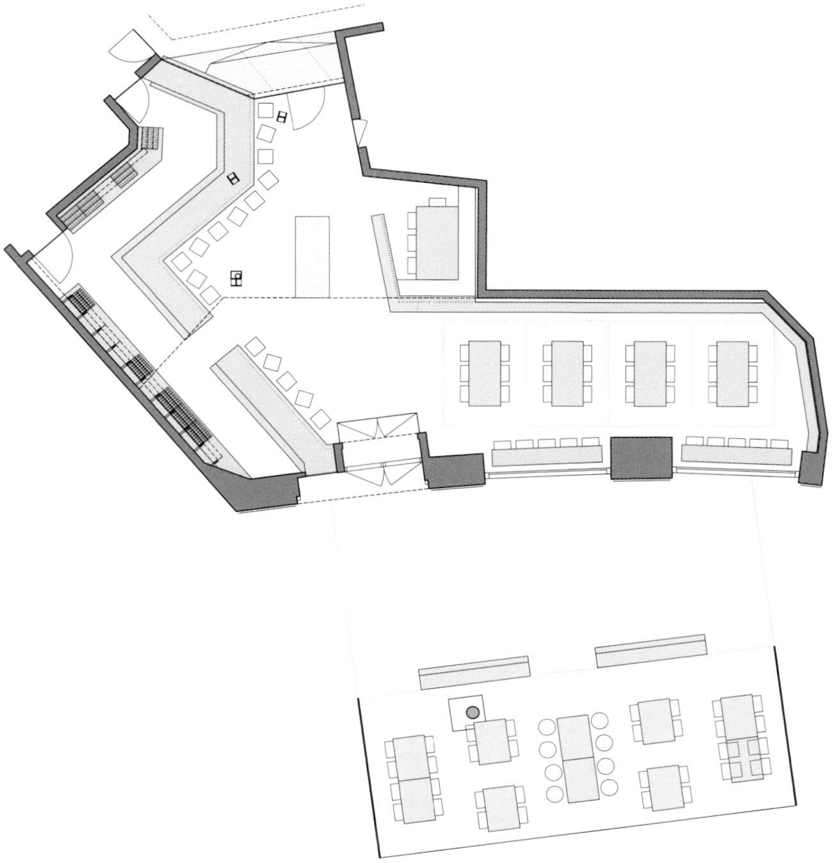

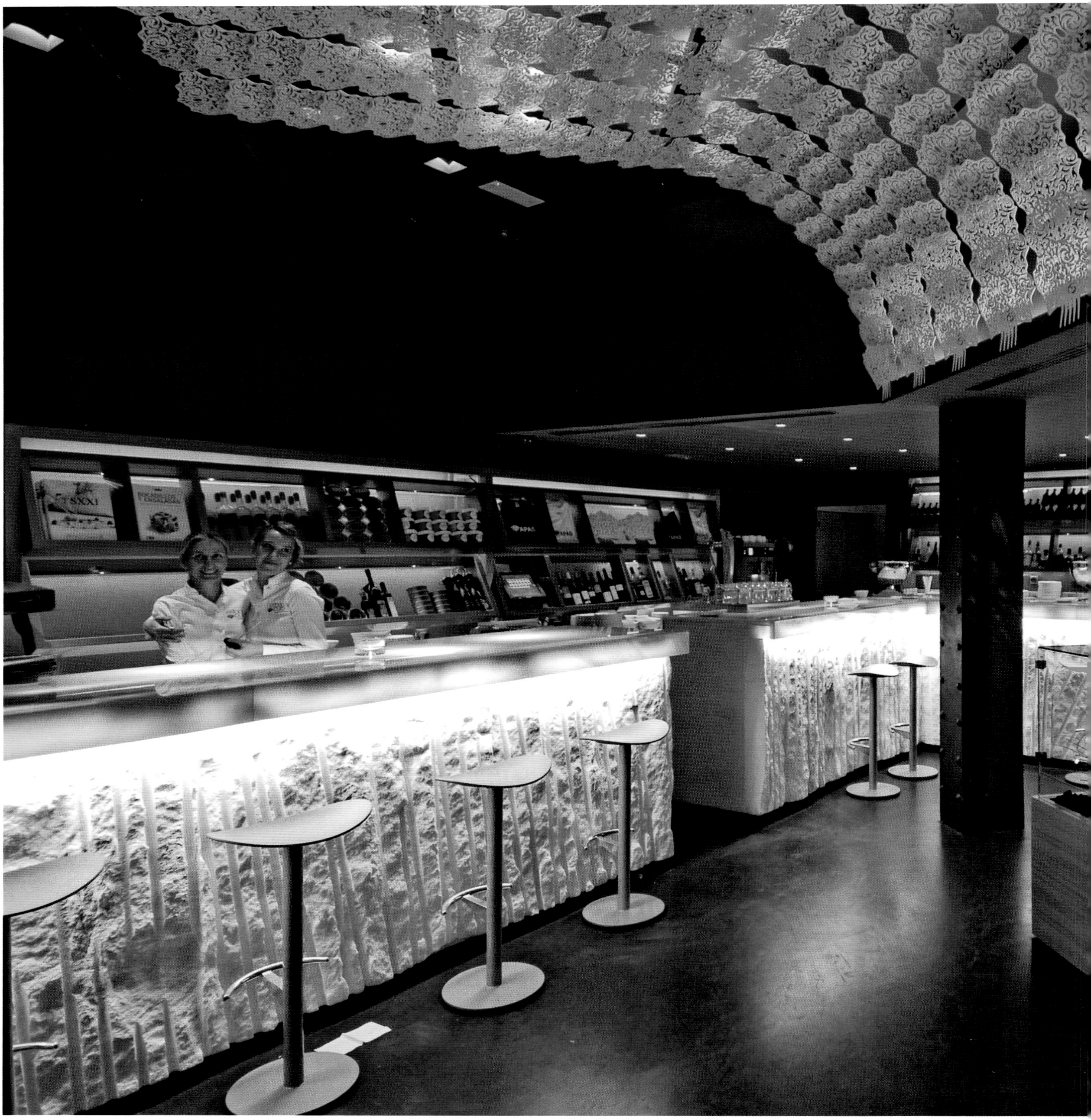

“伊斯塔朵•皮尔若”餐厅时尚、新颖，却不流于庸俗。天花板与墙面的转角处呈弧形，显得十分柔美；灰色的墙面和地板为空间奠定了中性的基调；光滑的大理石台面纯净、天然；红色的高脚凳和餐椅让人联想起被西班牙女郎用做发饰的红玫瑰；金色金属架的设计仿照当地市场的菜篮；带有玻璃罩的菜园位于天台，种植着传统西班牙料理所需的食材。

西班牙本地的“玛候”牌啤酒历史悠久，其1961年的宣传海报以大型壁画的形式重现于此。巧妙的色彩搭配令该设计与整体装潢和谐、统一，是餐厅的又一亮点。

“西班牙梳”是当地的民俗产品，有着悠久的历史，设计师将其用于打造精美、别致的室内装饰。1 000把发光的“西班牙梳”相互叠加，覆盖在天花板加墙面上，同时起到隔音以及反光的作用。

SXXI

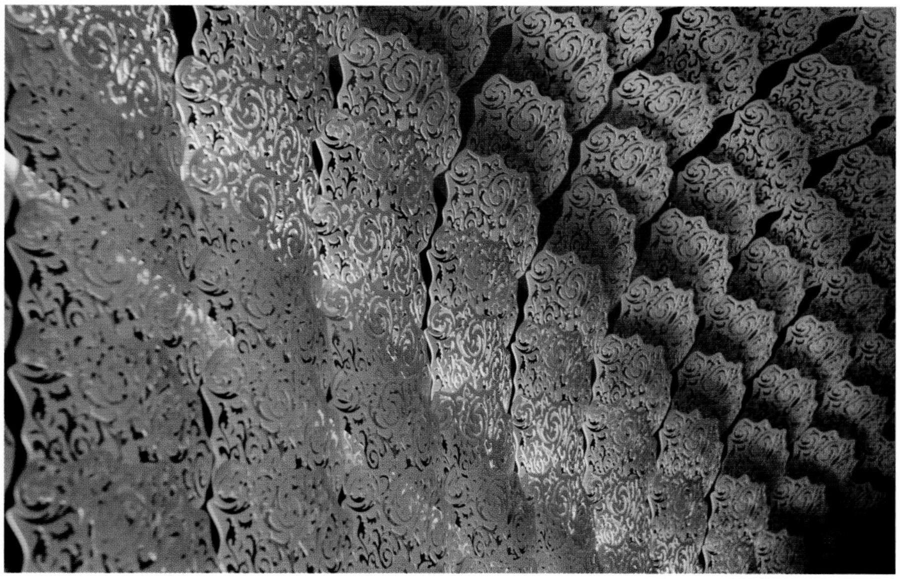

Element Restaurant

- 项目名称："元素"餐厅
- 设计公司：AKSL 设计公司
- 项目地点：斯洛文尼亚卢布尔雅那
- 摄影师：Miran Kambiou.d.i.a

project description

You can find the restaurant on the ground floor of new commercial building Domus Aurea in Crnuce (part of Ljubljana). Ambience of the restaurant is trying to put maximum functional use of floor plan, and the same time creates a pleasant atmosphere with a sense of intimacy. A diverse and varied interior offers guests a choice of their own favorite part of the restaurant. There is also a wooden floor-to-ceiling wine cabinet with excellent collection of wines. Visitors are able to drink a glass of great wine while standing at high tables. They can also settle into comfortable Vitra chairs called "soft shell". Another option is to sit down along the wall on yellow upholstery bench which is about several meters long with its playful pattern of buttons on it, creating a feeling of familiarity and nostalgia. Guests on the bench are rewarded with the best view of the entire restaurant. For those who prefer to eat lunch or dinner in the intimacy it is the best choice of cozily sitting on fully padded separated niches. Beautiful chandeliers descend from the twisted plywood hang above the tables.

Interior colors are associated with food, chocolate brown, yellow curry, tender green reminiscent of the Mediterranean herbs, etc. Cream's golden yellow is the dominant color in the restaurant. Noble and elegant chairs in purple together with smooth furnishings as light diffusers create an elegant space.

"元素"餐厅位于卢布尔雅那的一幢名为"多姆斯奥瑞亚"的商业大厦的底层。设计师最大限度地优化了空间布局，同时打造了轻松、愉悦的就餐环境。多姿多彩的室内装潢符合绝大部分顾客的审美标准，可以说是一场视觉盛宴：高大的木质酒柜简洁且大气，珍藏的各式佳酿展示于此；顾客可以站立于贵宾席将美酒一饮而尽，也可以靠在名为"软贝壳"的餐椅里休息；覆有黄色软垫的长凳靠墙而设，上面印着可爱的纽扣图案，餐厅里洋溢着亲切、怀旧的气息，其背靠墙壁、面向大厅的地理优势为顾客提供了观赏餐厅的最佳视角。壁龛区域的座位在一定程度上确保了顾客隐私不受干扰，其内壁覆有软垫，温暖且舒适。餐桌上方的美丽灯饰由弯曲的木板叠合而成，繁复而别致的造型令餐厅尽显尊贵与奢华。

色彩的选用多与食物有关：巧克力的深褐色、咖喱黄色以及地中海香草的嫩绿色等。餐厅的主色调则为奶油般的金黄色，高贵、典雅的紫色餐椅点缀其中，同时搭配反光材质的建材，整个餐厅尽显雍容华贵。

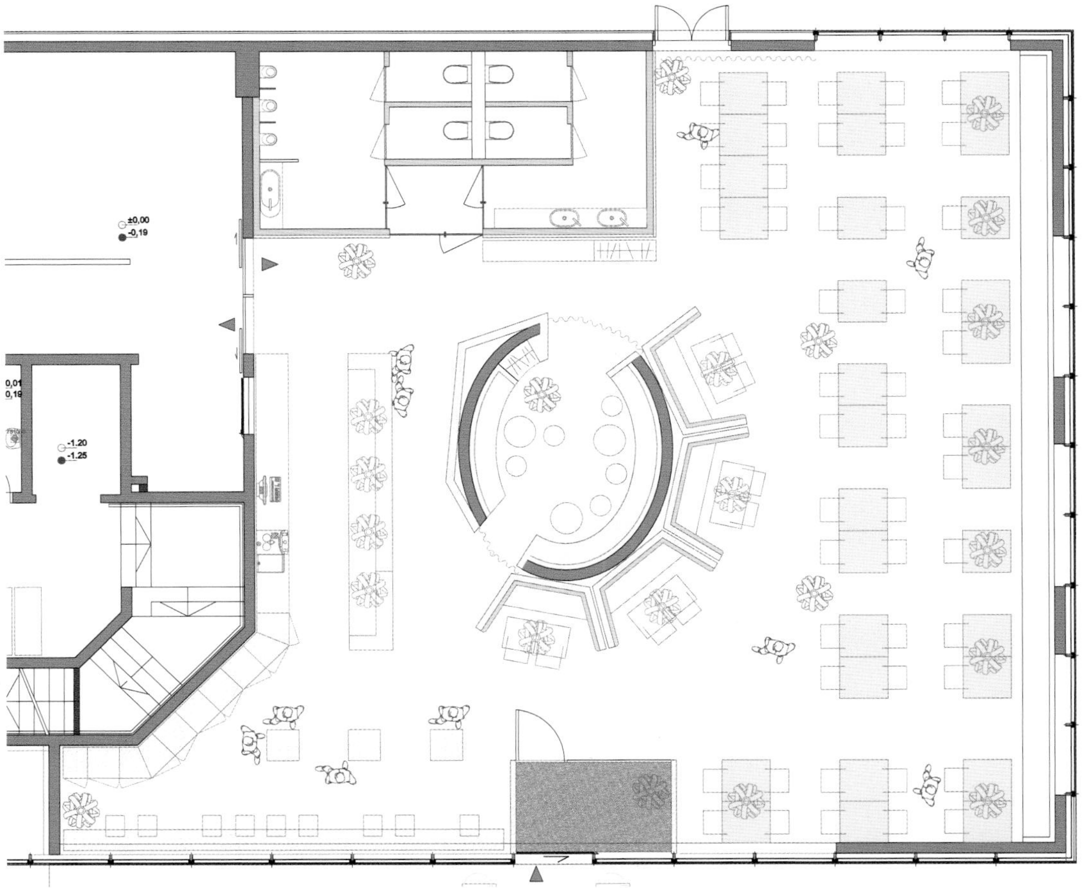

Galpao Nelore

- 项目名称："高尔帕•尼洛"餐厅
- 设计公司：Studio Guilherme Torres
- 项目地点：巴西隆德里纳
- 项目面积：720 平方米
- 摄影师：Beto Consorte

project description

The owners of this traditional steakhouse,in Londrina,just before completing 20 years of activity, decided to launch a new style to their restaurant. The old look, heavy and austere, gave place to a contemporary interpretation. The idea of the use of rustic and recycled materials is embodied in the restaurant, creating a warm and intimate environment. The stone wall outside the restaurant has a very natural and rustic surface, establishing the tone of the interior design. The project started from the purchase of a big amount of peroba-rosa wood, provenient from the demolition of old houses of the settler's coffee farms from the countryside of Paraná state. The furniture,walls and ceiling coverings of this restaurant were done with peroba-rosawood and composed with other materials, such as demolishing bricks cement boards,for the floor without an obsolete appearance. It is just like being in a wooden box for guests to stay here.

Lots of cylindrical lamps painted with plants pattern are in beige color. Green plants in warm light were used in order to create a very tropical environment. The layout of the restaurant is clear and organized. Rectangular mirrors are set around the wall to create an illusion of space expansion.

Alagoas
CHURRASCARIA

VISA 17

"高尔帕•尼洛"是一家传统牛排餐厅，位于隆德里纳。餐厅创办至今已有20年的历史，于近期转变了风格：沉闷、老旧的装潢被现代、新潮的设计所取代。餐厅的改建工程多使用再生的天然建材，打造了温暖且亲切的就餐环境。餐厅外的围墙由石砖堆砌而成，天然、淳朴的质感奠定了整体设计的基调。巴拉纳州的乡村地区以种植咖啡为特色，农庄内的房屋多由"玫瑰盾籽木"建成。餐厅大面积使用的木料正是从该地老旧的房屋拆卸而来，用于天花板、墙壁和各式家具的表面装潢，而同为再生材料的水泥板砖则用以铺设地面，丝毫不显陈旧。餐厅内外皆以原木色为主色调，深棕色的餐椅则为餐厅增添了几分庄重。顾客于此就餐，就如同置身于柔软的木盒之中。

天花板上悬挂着多盏圆柱形灯饰，米黄色的外观搭配植物图案，与整体设计风格保持一致，用于装饰的绿色植物搭配温暖、明亮的灯光，极具热带风情。餐厅结构一目了然，矩形餐区内的布局亦井然有序；同为矩形的玻璃镜环绕墙面而设，从视觉上延伸了整个空间。

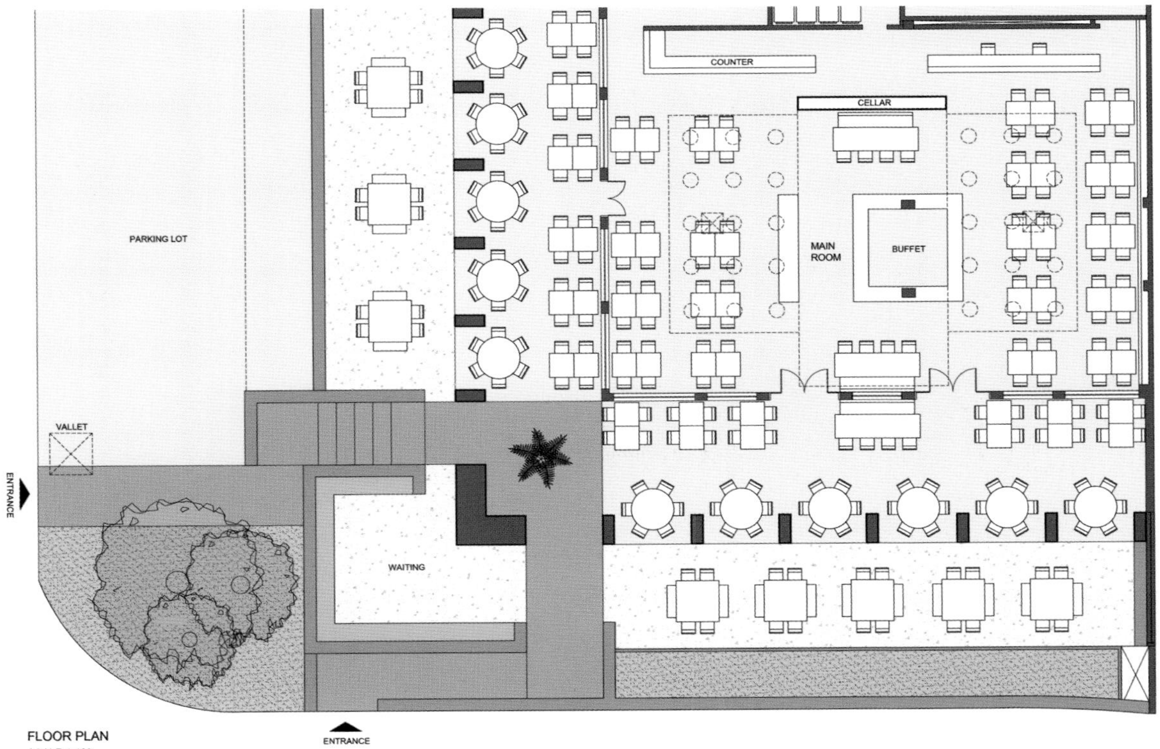

FLOOR PLAN
SCALE 1:100

Shogun

- 项目名称："幕府将军"餐厅
- 设计公司：Ismini Karali
- 项目地点：美国德克萨斯州
- 摄影师：Nikos Daniilidis

project description

The word "Shogun" means military dictators with considerable power of Japan in history. Just as the message its name conveys, Shogun restaurant's interior design is distinguished and magnificent. Wood slats on the ceiling form a crisscross structure and from inside there is yellow light coming out. The generated multiple levels of shadow enhance three-dimensional sense. Checkered wooden piercing screens are distinctive and innovative, properly dividing the space but not blocking connections between different areas. Solemn tables and chairs are in dark brown, echoing with the resplendent interior decorations. The wavy back of the chair has the function of massage. At the center stands a long table with 20 seats which is extremely suitable for big parties. The grand chandelier above is just like a crown, making it visually memorable. A remarkable golden figure of Buddha is placed on the center of the long table due to the full consideration on the faith of local residents. Carefully selected plants break through the cloud of gloom and bring in vitality.

Meanwhile, fashionable design elements make the restaurant keep pace with trends. The extravagant Brazilian Verde Bamboo marble bar match well with the transparent glass bottom and from inside the clear light is coming out. Being hollowed out, the uniquely shaped pillar is remarkable with big a vase displaying on it. Around the bar, there are black quadrate stools which are simple but fashionable. Glass walls connect the outdoor landscape with the interior design and bring in adequate natural light. White gauzy curtains used as adorning exhibit a sense of obscured beauty.

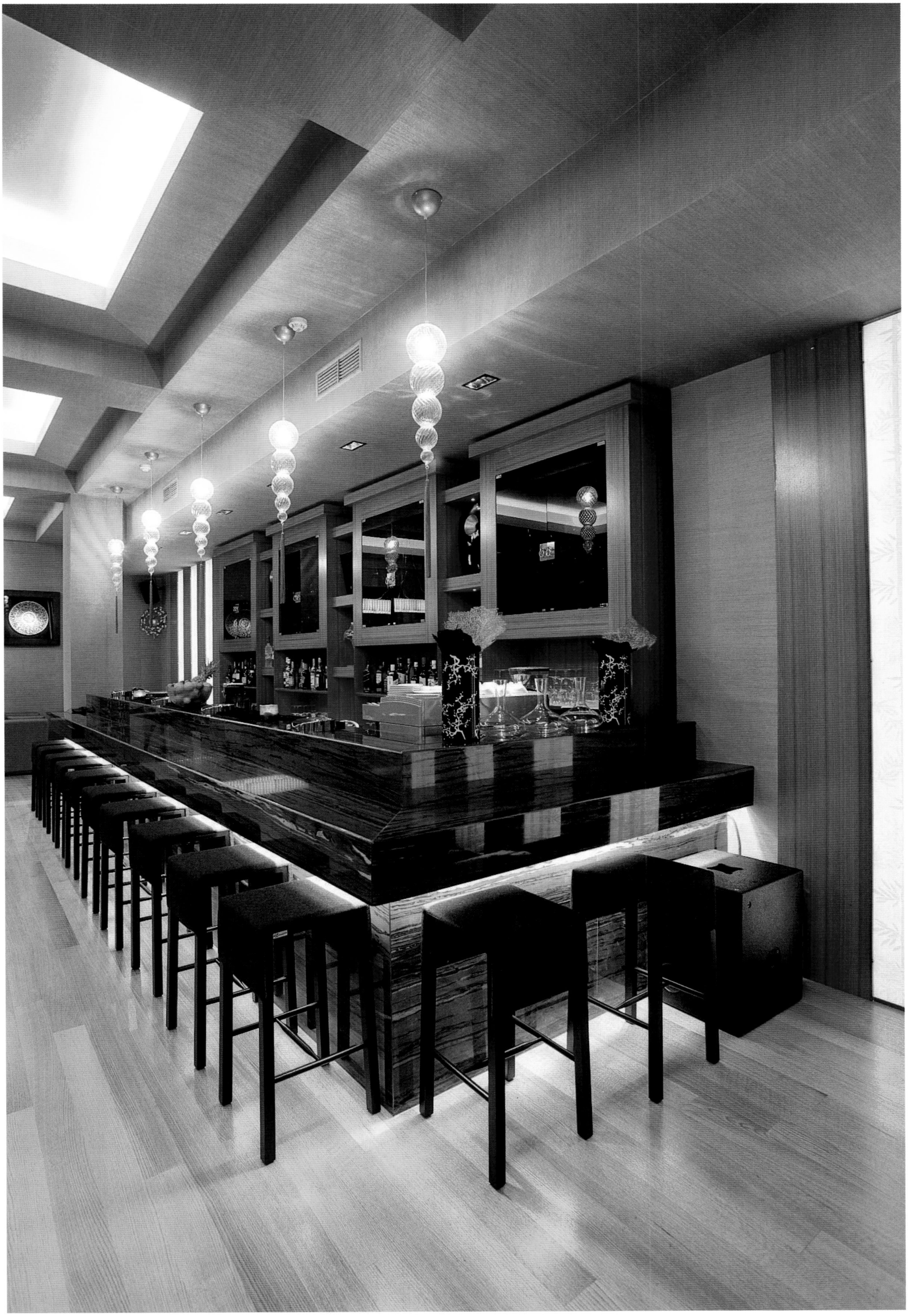

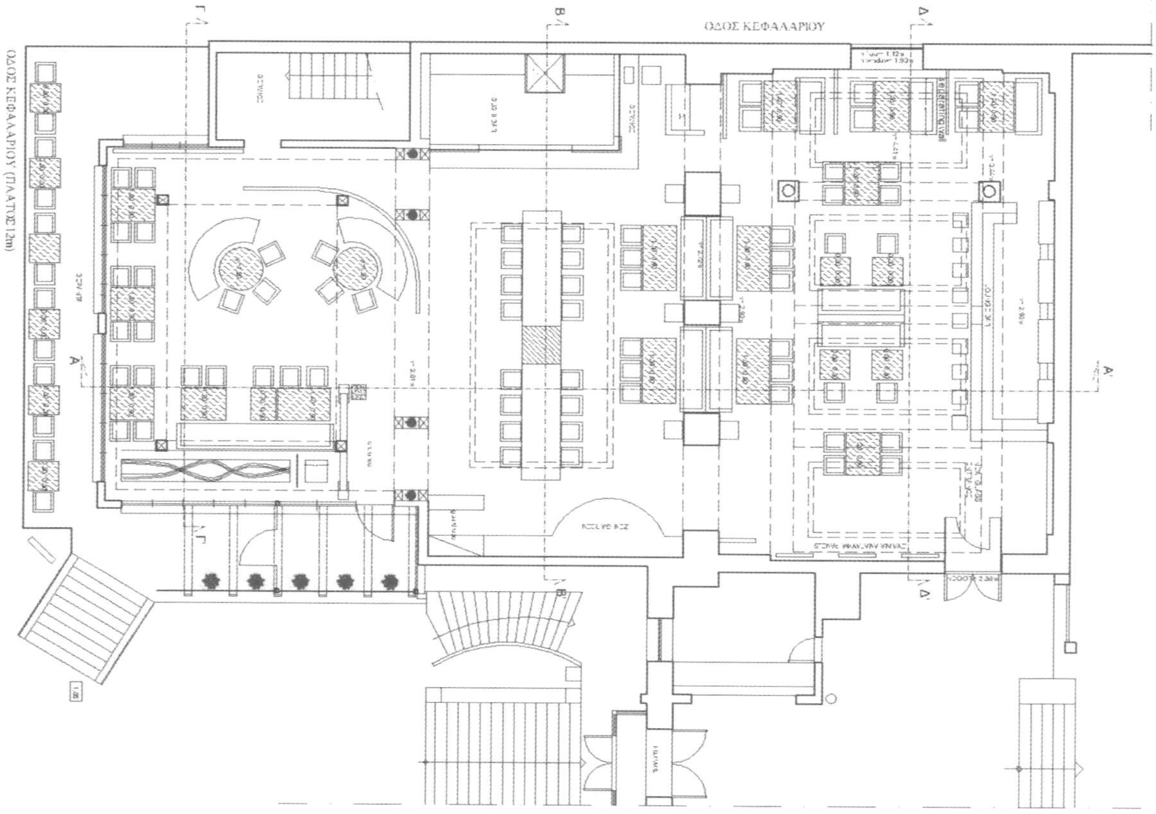

正如餐厅名称所传达的信息那样，“幕府将军”餐厅的装潢华丽且尊贵。天花板的条形木板斜向交错，淡黄色的光线从模板之间“倾泻”而下，多层次的阴影增添了立体感；棋盘格样式的木质镂空屏风别致新颖，合理划分空间的同时并没有阻断各个区域之间的联系；深棕色的餐桌和餐椅大气且庄重，与金碧辉煌的装饰设计相得益彰，餐椅的椅背呈褶皱形，具有按摩的功效。位于餐厅中央的长桌设有20个座位，非常适合举办大型派对，其上方的豪华大吊灯仿佛一顶皇冠，奢华的造型令人过目难忘。设计师充分考虑到当地居民对佛的敬仰之心，故在长桌中央摆放了一尊金佛像，尤为引人注目。餐厅里精选的各种盆栽让整个空间不再沉闷，而是充满了勃勃生机。

与此同时，时尚、现代的设计元素令餐厅紧跟潮流的步伐。吧台以“巴西翠竹”大理石为台面，透明的玻璃底座折射出清新、淡雅的光芒。立柱的设计更是别出心裁，中间部分被挖空，内部陈设着大花瓶。吧台周围的方形黑凳质地考究、简约、时尚。透明的玻璃壁将户外景观与室内装潢串联起来，并引入了大量的自然光，而用于装饰的白色薄纱窗帘则使餐厅颇具朦胧之美，神奇且美妙。

Plant, Cafe Organic

- 项目名称："植物•有机咖啡"餐厅
- 设计公司：CCS Architecture
- 设计师：Sarah Krivanka 和 Cornelia Sterl
- 项目地点：美国旧金山
- 项目面积：371 平方米
- 摄影师：Kris Tamburello，Kelly Barrie 和 Melissa

project description

Cafe Organic occupies two historic, waterfront buildings which CCS Architecture has modified to create a full-service, 112-seat restaurant and a separate, counter-service cafe. The Plant is one of the "greenest" restaurants in San Francisco and one of the few in the country with a rooftop solar PV system for onsite, electrical energy production.

CCS inserted delicate interiors within the existing pier warehouses to finish out the spaces. The Plant, like many new projects within converted pier buildings along San Francisco's Embarcadero, is helping revitalize this edge of the city where the land meets the Bay.

The dining space features exposed timber structure, and 5-meter-high windows that admit natural light and stunning views of the water. CCS added clusters of bulb lights to fill the lofty space; steel and brass pendant lights enliven the bar. Green wall tiles set off the pizza oven and zinc-topped bar. A wood-slat ceiling enhances the room's acoustics. San Francisco gardener Flora Grubb created a living wall, installed with air plants, on the cafe's north wall. Vibrant green flooring is made from coconut shells. Bayside seating hugs the water and has overhead canopies with heating and lighting to allow comfort all year.

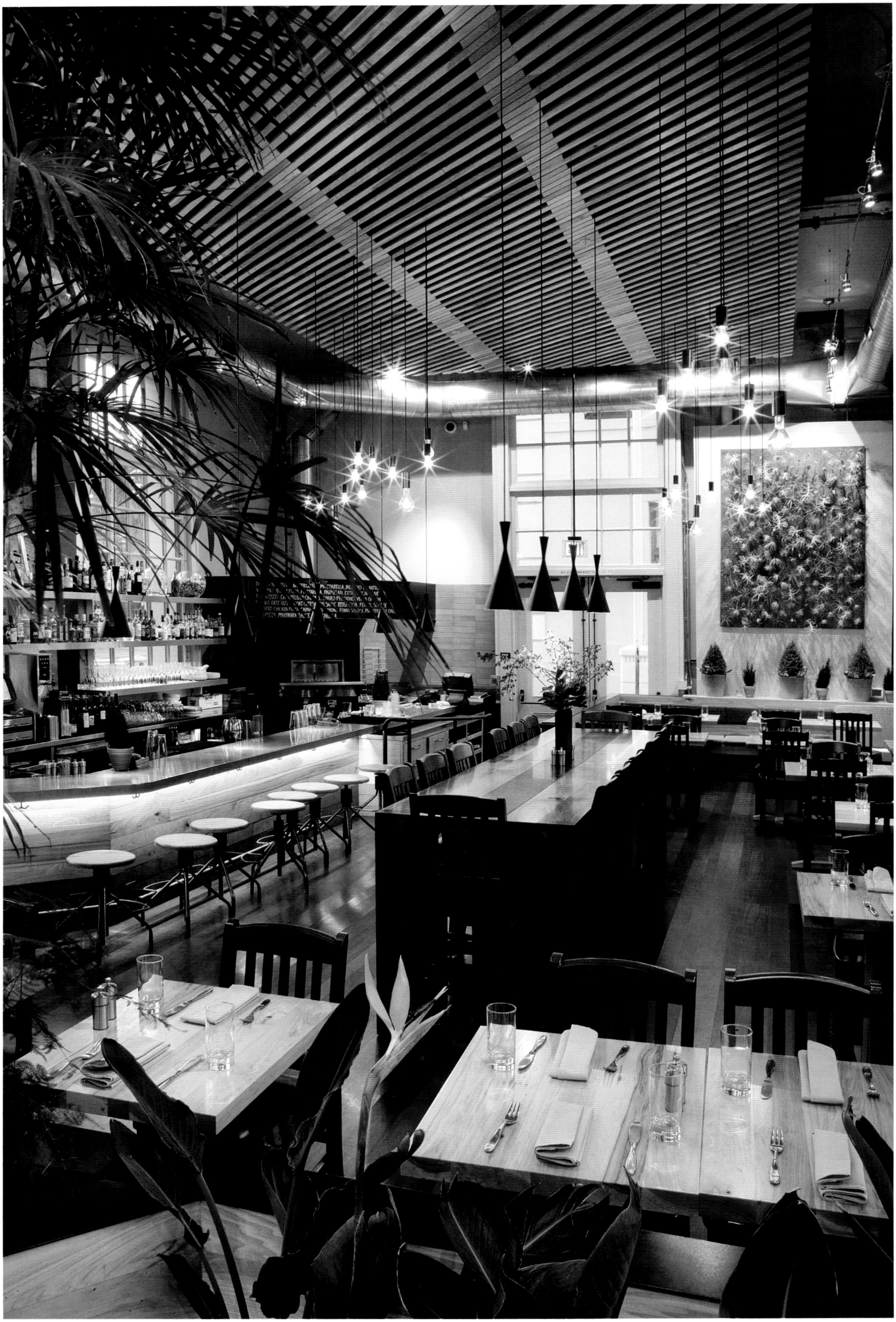

“植物•有机咖啡”餐厅占据了两幢历史悠久的滨海建筑的室内空间，其中设有112个座位的“植物”餐厅为顾客提供全方位服务，相对独立的有机咖啡餐厅则提供吧台服务。“植物”餐厅是旧金山最为绿色环保的餐厅之一，其房顶的太阳能发电系统亦不多见。

餐厅的前身是一座码头仓库，位于陆地与海湾的连接处，经过设计师的彻底改造，与其他位于旧金山内河码头的翻新建筑一样，成为该地区的新亮点。

原木装饰和家具为绿色环保餐厅设计风格奠定了基础：高达5米的玻璃窗将美丽的户外水景引入室内；多个旧式灯泡装点了天花板；吧台上方铁与黄铜材质的吊灯十分别致，为餐厅注入了新鲜的活力；墙面铺有绿色瓷砖，衬托了金属表面的比萨烤炉和吧台；布满天花板的条形木板加强了餐厅的隔音效果。

当地的园艺师为餐厅打造了一面“生命墙”，并在这里种植了多种附生植物。绿色的地面装饰以椰壳为原材料，清新且质朴。靠近海湾的餐区由天棚覆盖，其冷、暖气供应系统设施齐全，保障了餐厅全年的正常运营。

-PIZZAS-
sauced with a traditional
extra virgin olive oil
all of our white
WALNUT DATE: goat
WILD MUSHROOM:
ROASTED CHICKEN:
onion, Point reyes blue cheese*
9
11
12
12
13

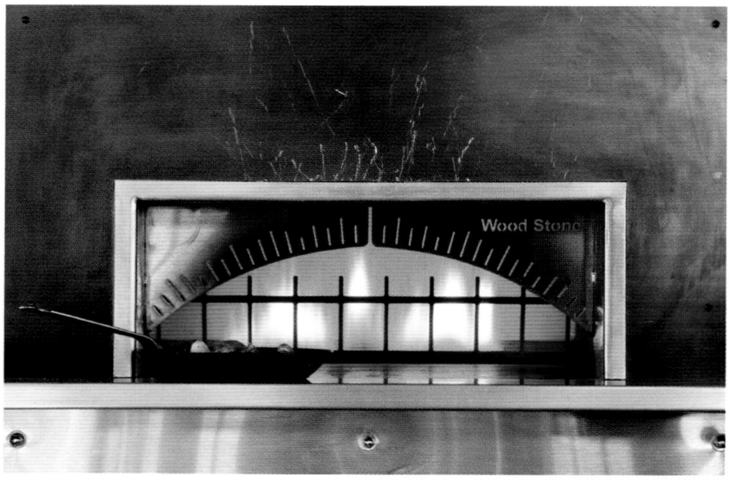
Wood Stone

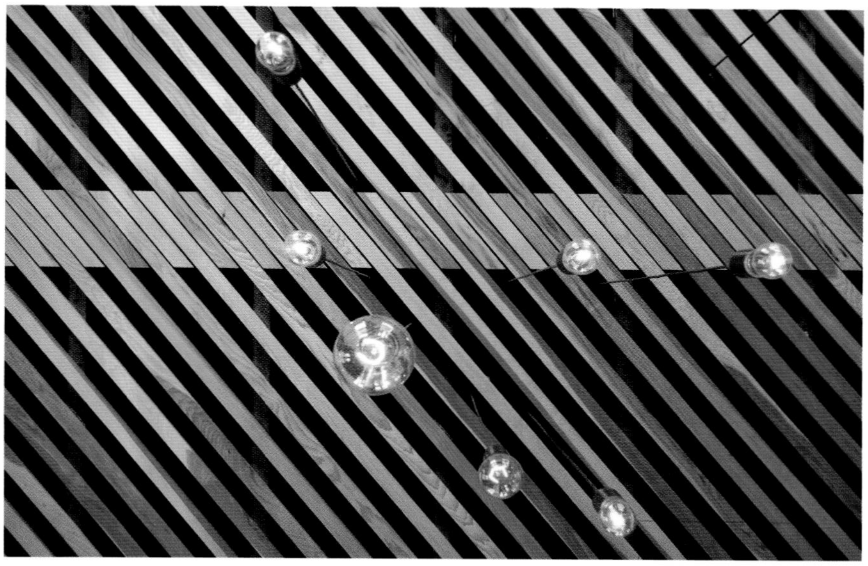

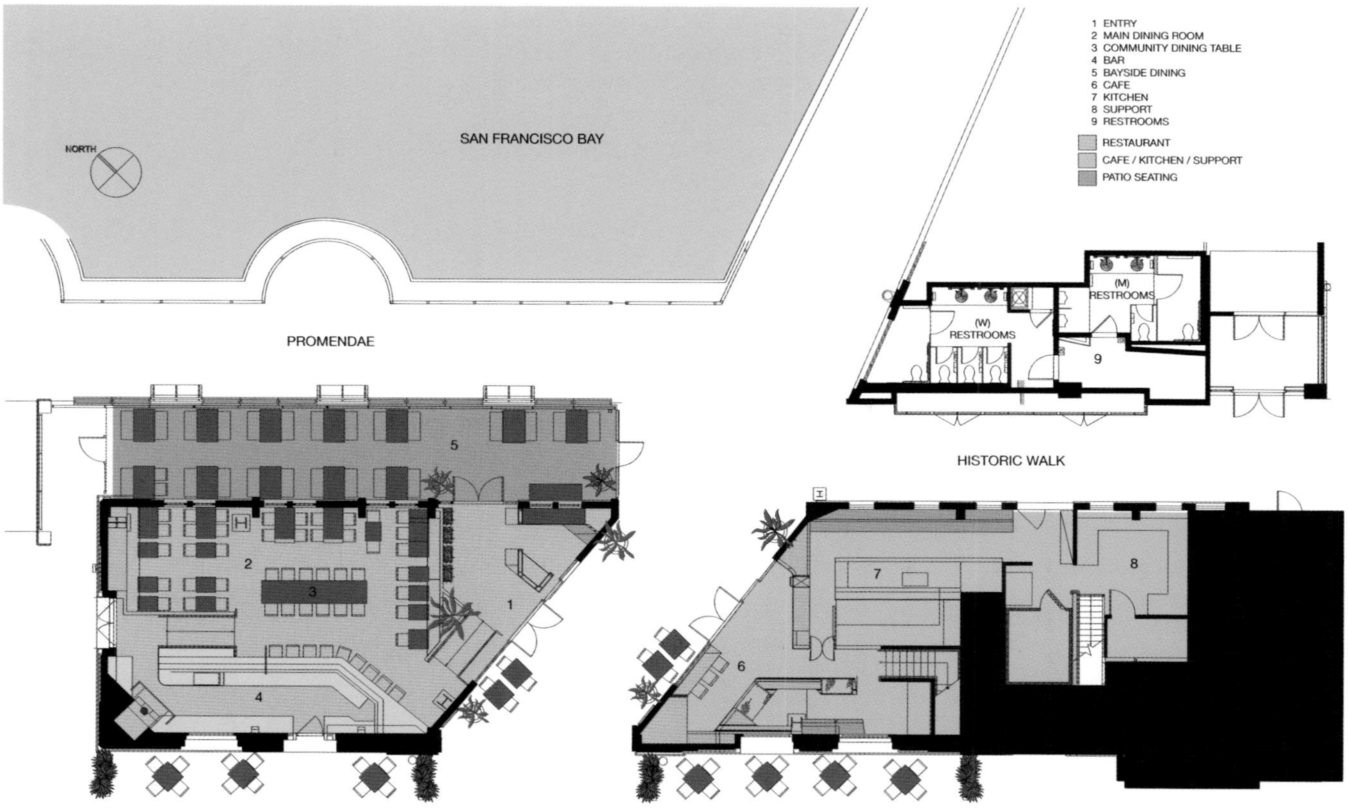
1 ENTRY
2 MAIN DINING ROOM
3 COMMUNITY DINING TABLE
4 BAR
5 BAYSIDE DINING
6 CAFE
7 KITCHEN
8 SUPPORT
9 RESTROOMS
RESTAURANT
CAFE / KITCHEN / SUPPORT
PATIO SEATING
SAN FRANCISCO BAY
NORTH
PROMENDAE
HISTORIC WALK
(W) RESTROOMS
(M) RESTROOMS

Venuecafe

- 项目名称："聚集地"咖啡厅
- 设计公司：Ismini Karali
- 项目地点：希腊雅典
- 项目面积：320 平方米
- 摄影师：Nikos Daniilidis

project description

Venue cafe is located on the upper floor of "The Mall Athens", one of the biggest malls in Athens, Greece. The cafe owes its fresh, juicy, clever looks to the famous Greek conceptual designer and architect. A luxurious and fashionable style is featured throughout the restaurant: The wooden elements combined successfully with yellow, black and white colors create a warm yet playful atmosphere. Plain and luxurious materials mixed with great taste, and a huge handmade piece of art on the stair wall, create an amazing look. Venue cafe is a lovely place to drink a cup of coffee and relax after shopping or have a quick lunch break. It consists of a 290 m^2 ground level space and another 30 m^2 mezzanine balcony floor, where a total of 180 guests can be seated comfortably.

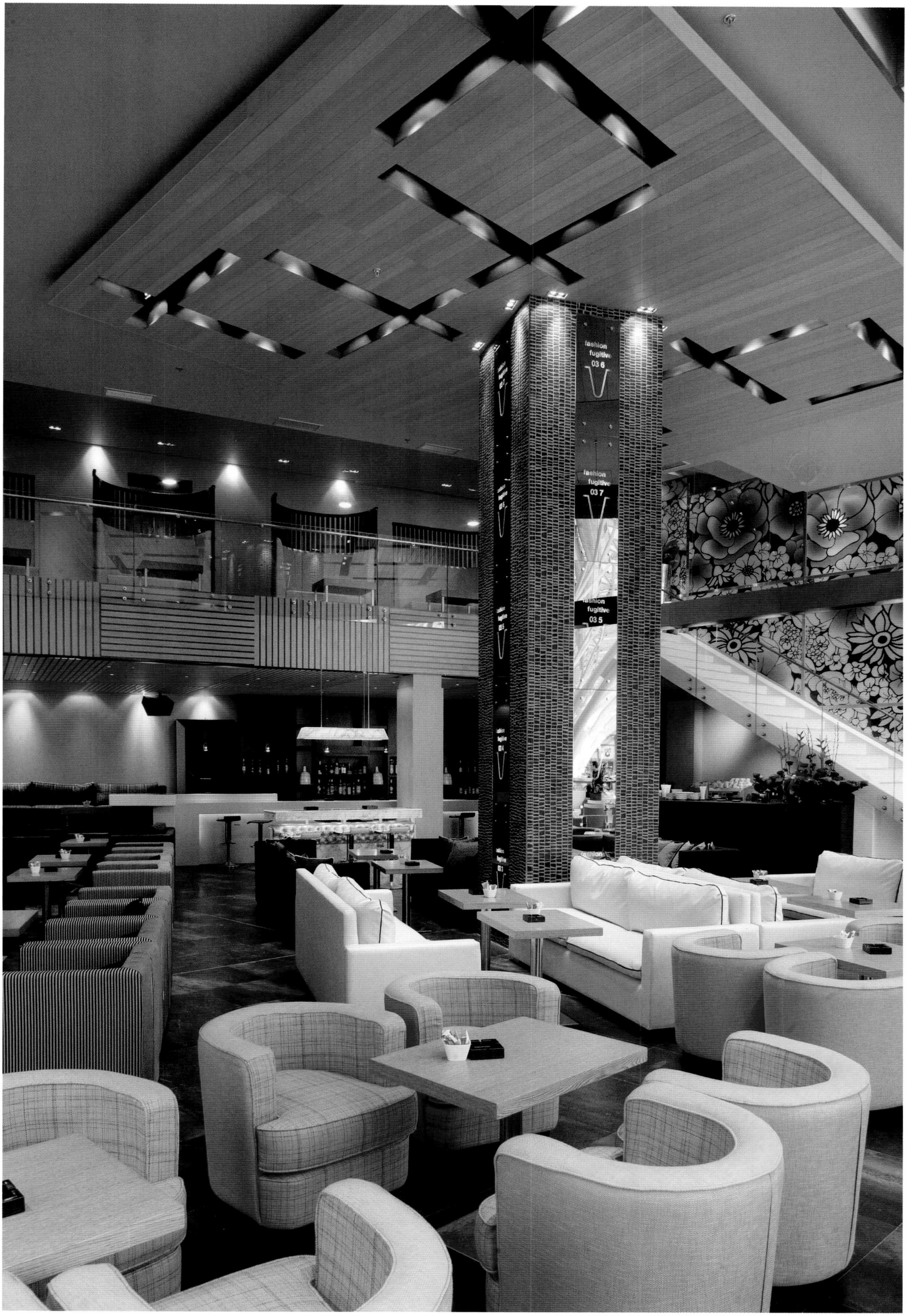
fashion
fugitive
03 6
fashion
fugitive
03 7
fashion
fugitive
03 5

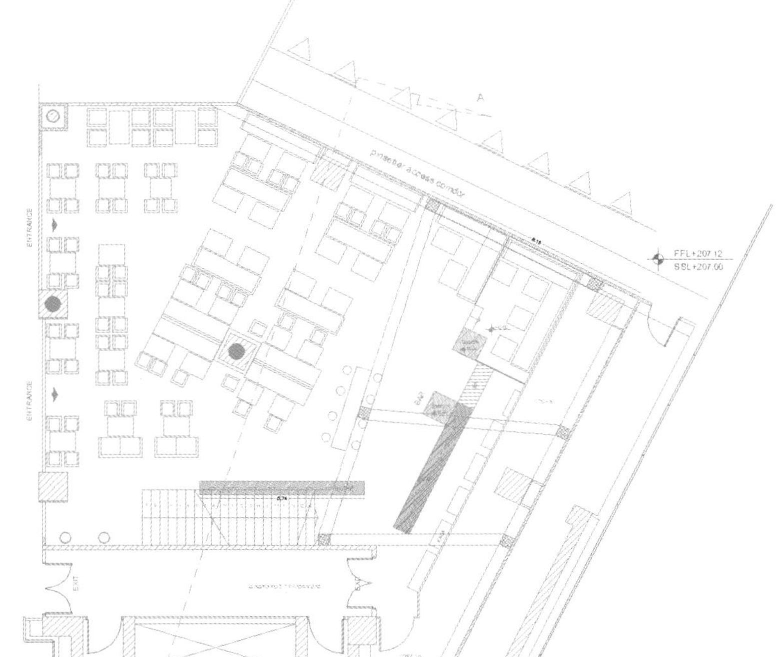
C13

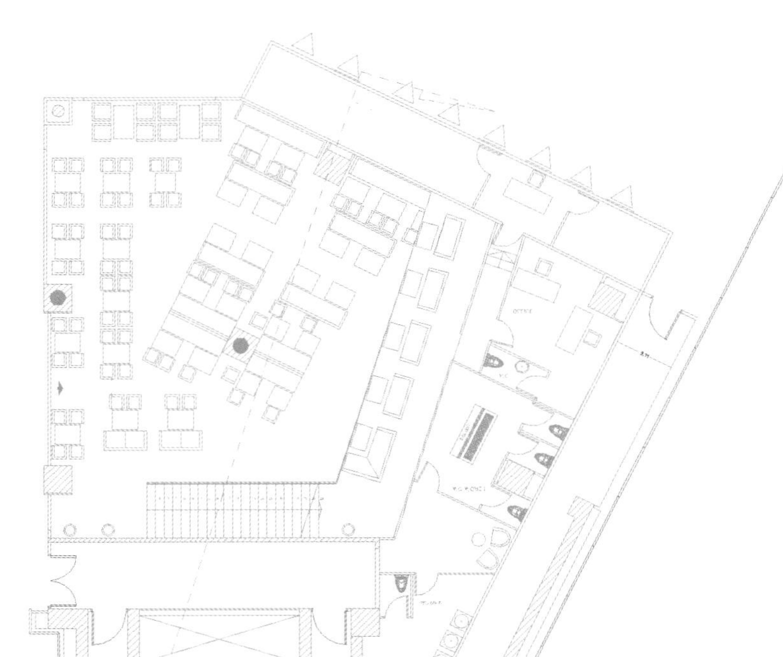

“聚集地”咖啡厅位于希腊雅典最大的商场之一“雅典购物中心”的顶层，由当地著名的概念建筑设计师精心设计，其新颖、华丽而人性化的装潢布置令人印象深刻。华丽且时尚的设计风格贯穿整间餐厅：黄色、黑色以及白色的木质装饰营造了温暖而不失灵动的就餐环境；朴实或奢华的建材搭配和谐，尤其是楼梯旁美不胜收的艺术装饰墙面，彰显着不凡的空间品位。

“聚集地”咖啡厅是商场内的休闲小栈，同时也是顾客就餐的最佳去处。290平方米的主餐区加上30平方米的阁楼式餐区，餐厅总共可以容纳180位顾客同时用餐。

Harkema–Annex

- 项目名称：“哈克玛配件”餐厅
- 设计公司：&Prast&Hooft
- 项目地点：荷兰阿姆斯特丹

project description

Every restaurant is attracting guests in different ways. Harkema–Annex is then focusing on the wall decoration and lamps design. Antique tiles covering the kitchen walls serve as division cues. Through square opens, guests can see the cuisine being prepared. On one side of the main dining area, there is a colorful curtain whose image is reflected on the floor, forming a chromatic carpet. On the other side, a private dining area is separated by the screen made of gauzy silk cloth. Large air conditioners are set between beam columns overhead to provide adequate fresh air to the interior space. Meanwhile, the ceiling is painted with rustic golden coating lit up by the embedded lights which are just like pairs of eyes gazing fixedly at the cuisine on tables.

Design in private dining area is also remarkable. Dark solid wood decorations are interspersed over the wall. Small lamps suspended in the air appear to be stars and add a touch of romantic feeling to the space. The computer set at the center of the restaurant is facilitating guests to complete their order, offering the best service at all times.

TOILET

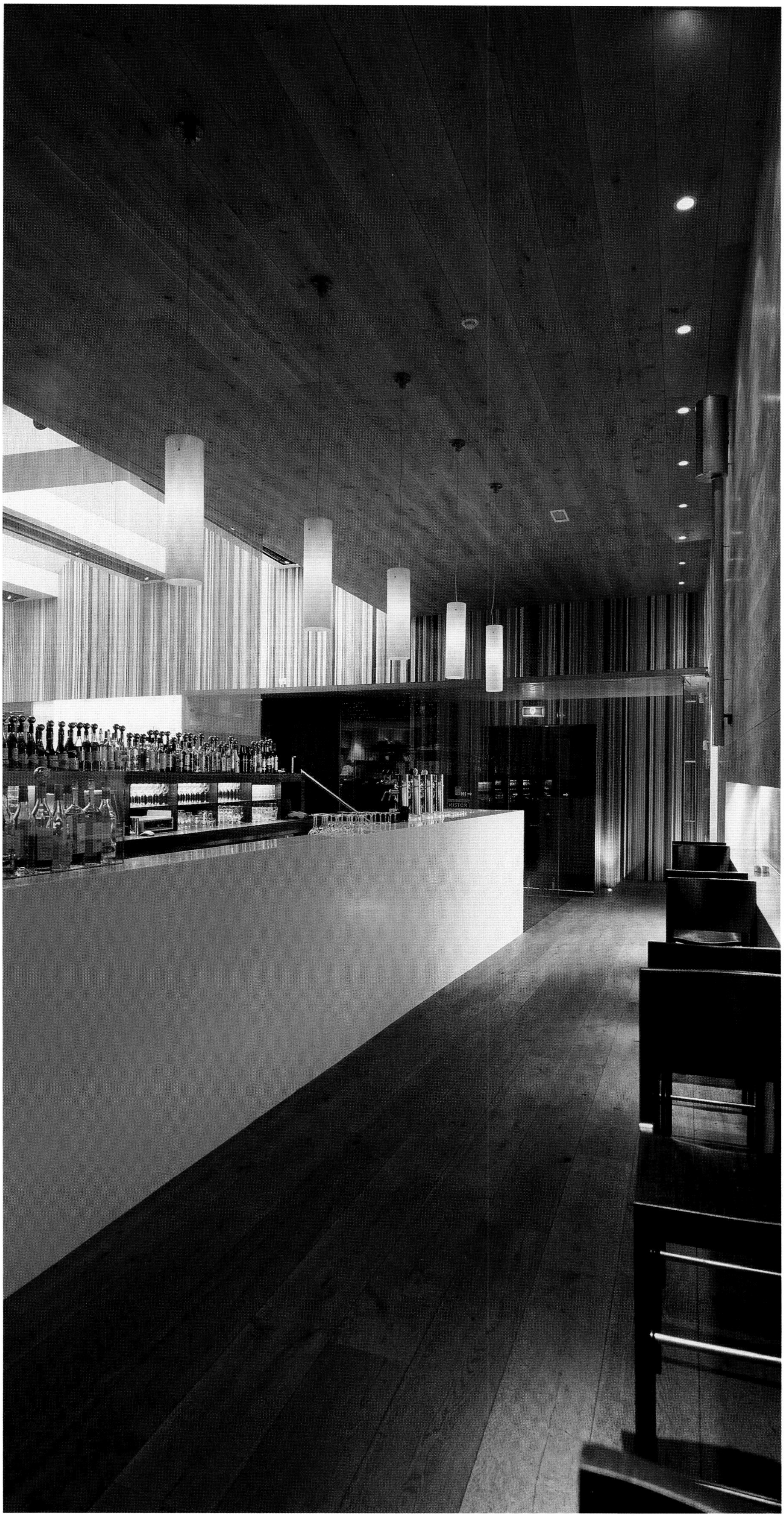

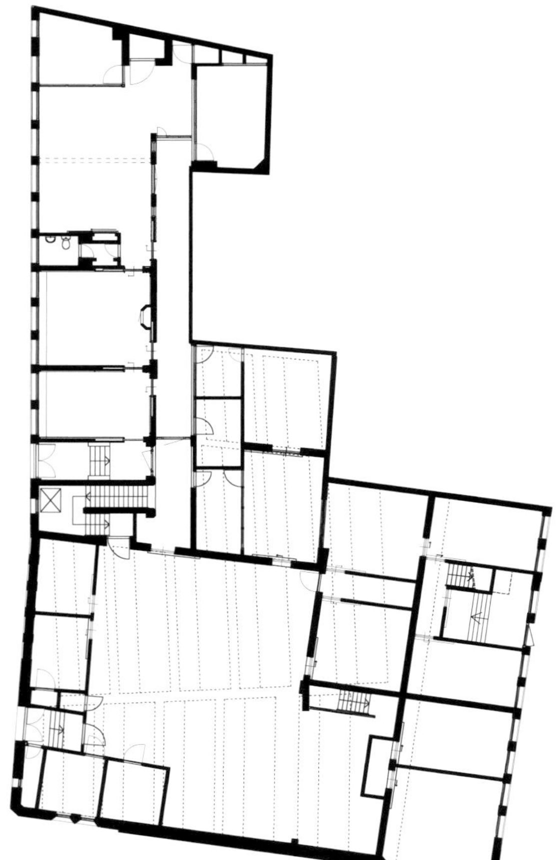

“哈克玛配件”餐厅以其独特的魅力而吸引着过往行人。厨房的墙面将仿古瓷砖装饰作为空间的划分标志。方形的缺口可供顾客观赏制作美味佳肴的全过程。主餐厅的一侧是色彩缤纷的布帘，在自然光线的照射下倒映在地板上，好像铺了一层彩色地毯；另一侧是薄丝帘的屏风，用来区隔私密用餐区。一部分天花板凹凸有致，与布帘形成纵向呼应。上方的梁柱装有众多大型的中央空调，确保了室内的新鲜空气；另一部分天花板则由金色的涂料加以粉饰，比较粗糙，但是在内嵌灯的照射下，宛如一双双明亮的大眼睛，对餐厅中的食物“虎视眈眈”。

私密用餐区的装饰非同一般，深色实木错落有致地布满整个墙面，悬挂于半空中的众多精致灯饰仿佛“星星点灯”，空间中洋溢着浪漫的气息。餐厅中央的电脑方便顾客在此补充所需的食物，让顾客享受最好的服务与美食。

West Valley Art Museum

- 项目名称："西谷美术馆"餐厅
- 设计公司：Colab Studio
- 设计师：Matthew Salenger 和 Maria Salenger
- 项目地点：美国亚利桑那州
- 项目面积：204 平方米

project description

The humble and fun West Valley Art Museum wanted to renovate the cafe and restrooms within their existing facility to attract new patrons and increase revenue. With a very limited budget and schedule, it was decided to work with many of the existing elements, concentrating mostly on new finishes. The design focused on the existing dominant metal grid of the store front glazing system between the dining area and patio. Vinyl graphics break down its scale and give personality to the conventional grid. Fabric strips suspended from the ceiling shapes evocative of typical suburban roof shapes, which are the dominant architectural form in the museum's suburban setting.

Warm-toned colors have been used in large areas of the restaurant: white walls under the yellow light create a mood of warmth; chairs are upholstered with pads in red or in reddish brown, adorning the dining area. Designers have also used some cool colors to make the space colorful and vibrant: fluorescent lights fixed on the ceiling emit blue light and shine down upon the white fabric strips; frescos are noticeable because of the harmonious color combination emphasizing blue and purple; the corridor leading to the restroom is mainly in grey and features some white geometric patterns on the bilateral walls. Meanwhile ,the fresco in warm-toned colors at the end of the corridor balances the dignified atmosphere of this area.

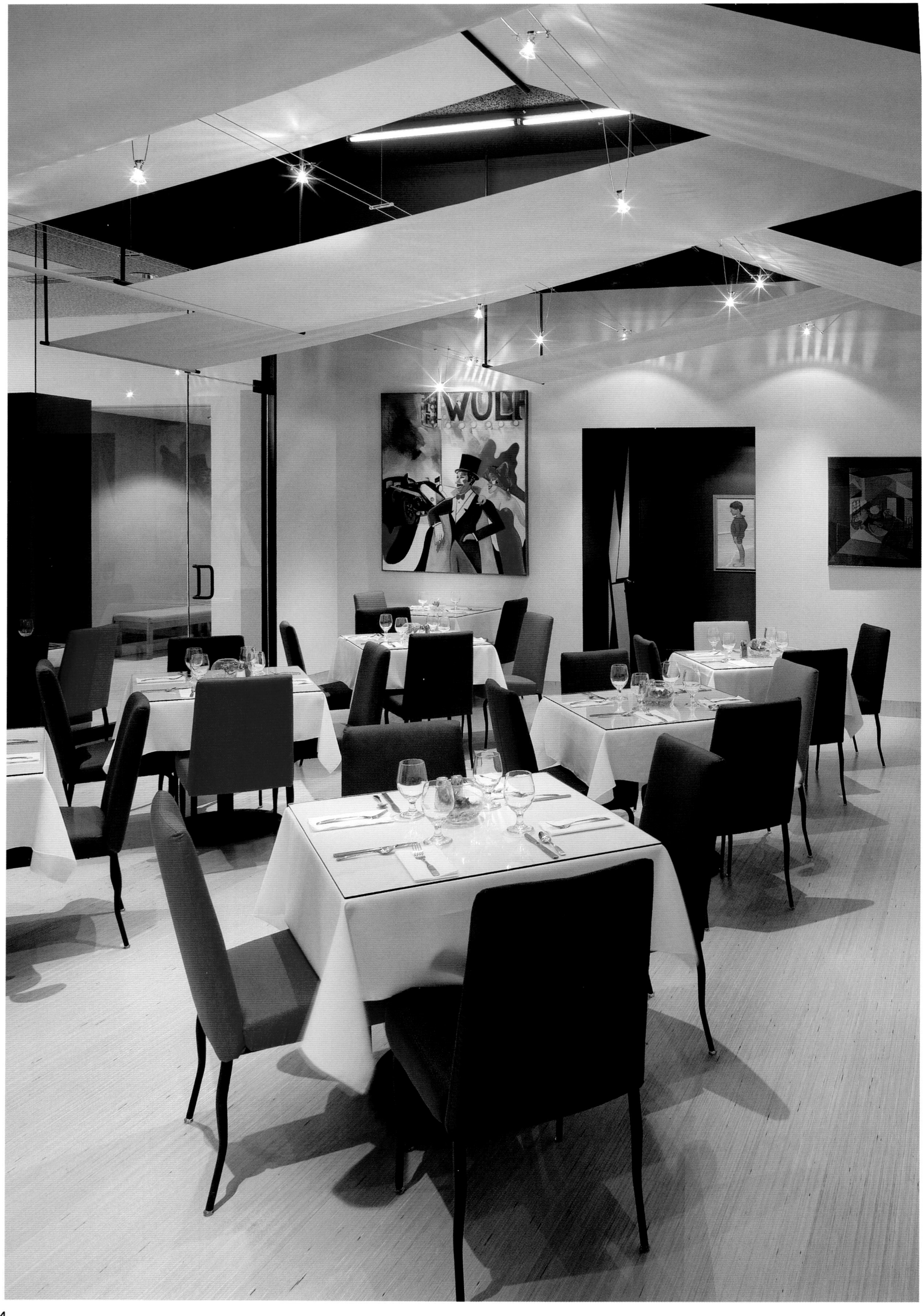
WULF

为吸引顾客并且提高营业额，低调却有趣的“西谷美术馆”餐厅对其咖啡厅和盥洗室进行了改造。在预算有限、时间紧迫的情况下，对餐厅的设计改造集中于空间的表层装潢。高大的格式金属框架内嵌有玻璃，用于划分用餐区和天台，上面别致的图案由乙烯材料绘制而成，是餐厅的核心设计；长条形的布艺装饰固定于天花板上，其外形让人联想起郊区房屋的房顶。事实上，“西谷美术馆”餐厅地处郊区，其周围建筑多覆有此形式的房顶。

大面积使用的暖色调为餐厅营造了温暖、亲切的氛围：白色墙面在柔和的黄色灯光下显得暖意融融；浅褐色的地板则清新、光洁；餐椅由红色或红棕色的软垫包裹，装点了整个餐区。设计师同时运用了少许冷色，以丰富空间的色彩：固定于天花板上的荧光灯发出幽暗的蓝光，照射在白色的布艺装饰上；壁画的色彩丰富，搭配和谐，尤以紫色和蓝色为焦点。通向盥洗室的走廊以深灰色为主色调，其两边墙面上的白色几何图形则作为装饰。此外，悬挂于走廊尽头的暖色壁画缓解了这里的庄严与凝重。

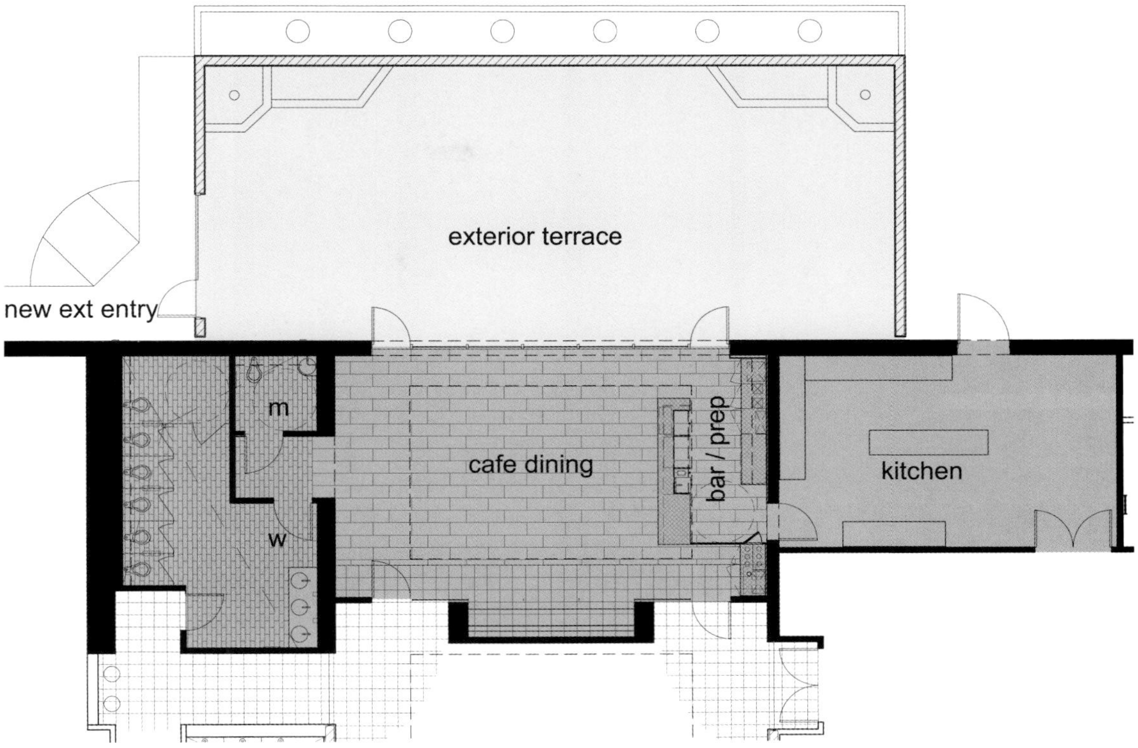

Kitchenette

- 项目名称："小厨房"餐厅
- 设计公司：Autoban
- 设计师：Seyhan Ozdemir 和 Sefer Caglar
- 项目地点：伊斯坦布尔别别克

project description

Spread over three floors, the new Kitchenette branch in Bebek introduces two fresh concepts on its upper floors. The lounge area on the second floor is a place to sip cocktails as a pre-club activity. The Library Room on the third floor is designed in the manner of a gentleman's club and accompanied by a tapas bar.

A retro style is featured throughout the restaurant: silver metal ceiling is embossed; wall lamps in imperial style are noble and elegant; large paned floor-to-ceiling windows lead adequate light into the interior and its traditional metal frame is very classical. All seats are upholstered with exquisite pads; carpets with complicated patterns make the space even more luxurious. The black wooden wine case is equipped with glass mirror and lamps inside. Bottles of wines from all around the world are displayed here and the yellow light shine from inside make this area richly gilt; the bar around the wine case has a smooth surface and its silver bar top glitters under the light.

Large green plants break the monotony and balance the retro style penetrating the space. A bookshelf and a billiard table in the club on the third floor are installed for relaxation.

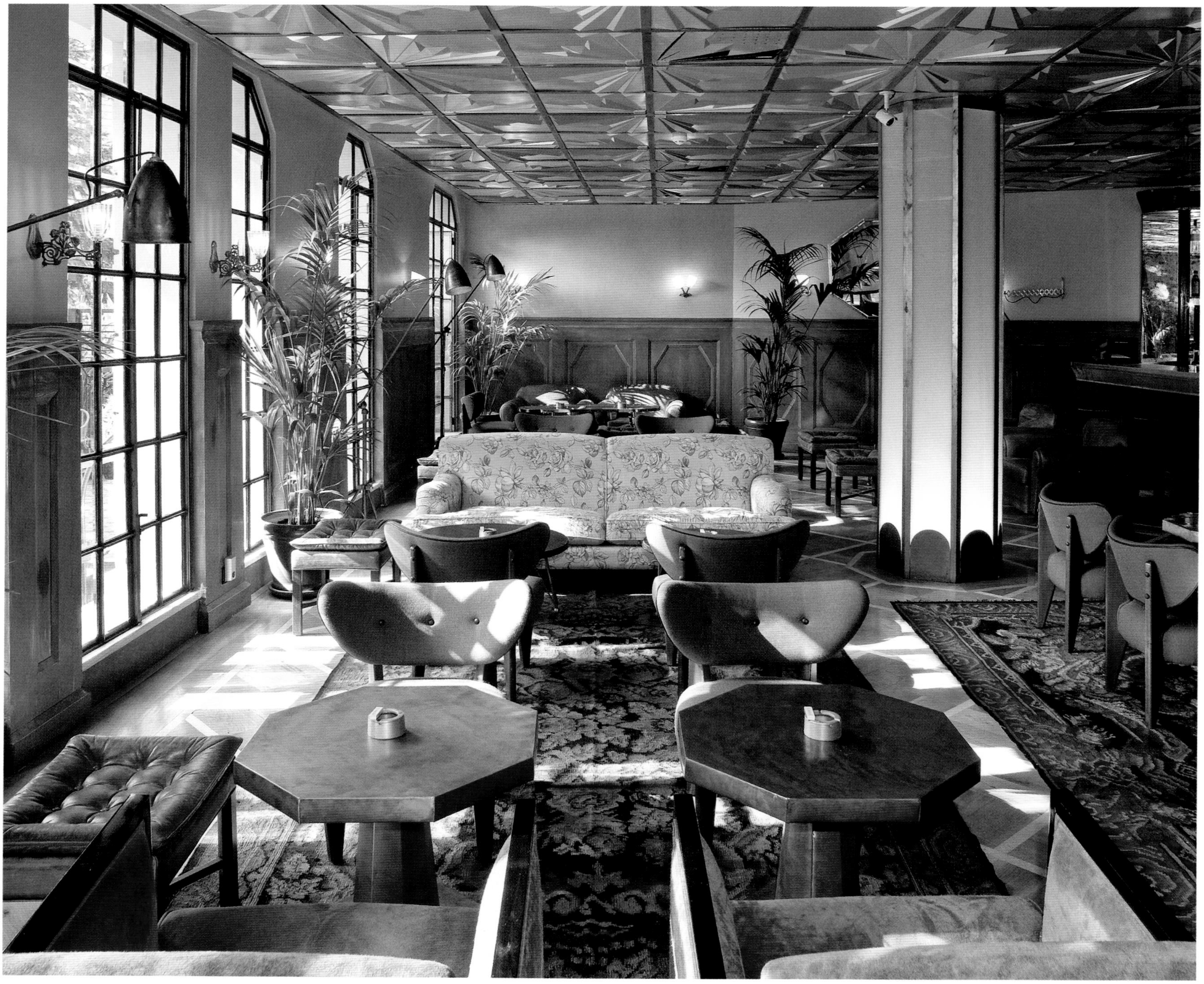

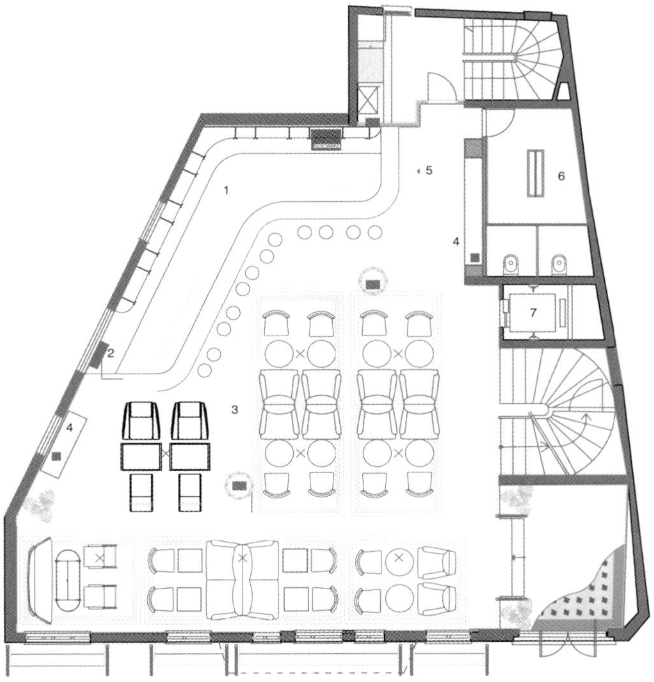
1
2
3
4
5
6
7
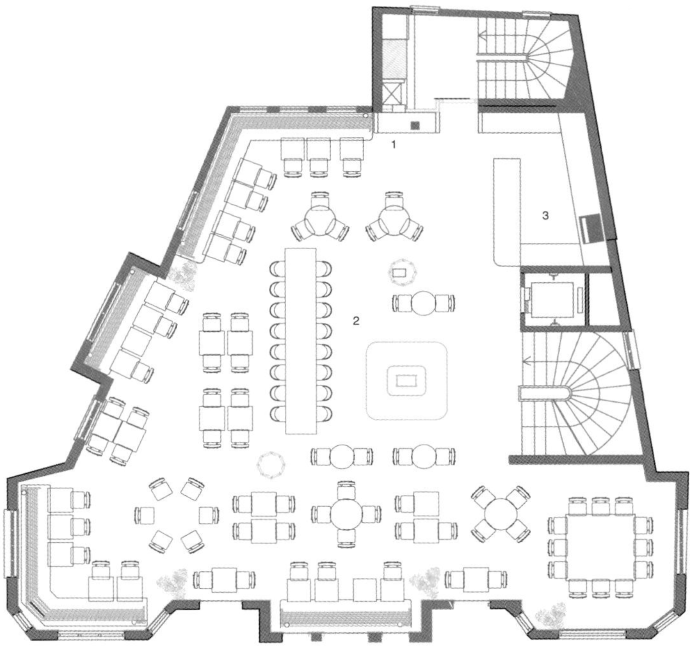
1
2
3

位于别别克的新分店——“小厨房”餐厅高达三层。顾客在二层休闲区可以啜饮几杯鸡尾酒，为晚间活动热身；名为“图书室”的房间位于第三层，仿照绅士俱乐部的装潢设计，旁边是一间点心吧。

复古风格贯穿整间餐厅的设计：银白色的金属天花板以浮雕作为装饰；宫廷式壁灯的造型高贵且典雅；大型落地窗为室内引入足够的自然光线，其传统的格形金属框架则十分经典；所有座椅上都装有精致的软垫；印有繁复花纹的地毯令餐厅更显奢华；高大的黑色木质酒柜内壁装有玻璃镜面，陈列着来自于世界各地的美酒。淡黄色的微光令餐厅显得尤为金碧辉煌；环绕酒柜的吧台表面光滑，其银色的台面在灯光下熠熠生辉。

绿色的植物盆栽打破了餐厅沉闷的气氛，为餐厅注入了新鲜的活力。高达三层的俱乐部内设有书柜和桌球台，以供顾客来此休闲、娱乐。

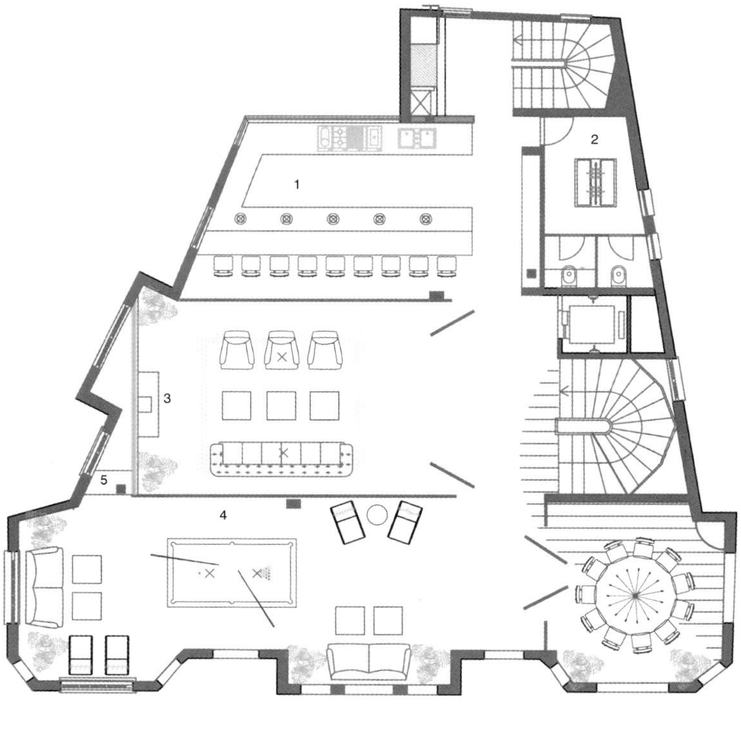

Radisson Blu, Sky High, Champagne Bar

- 项目名称："高空休闲"餐厅
- 设计公司：Creneau International
- 项目地点：比利时哈瑟尔特
- 摄影师：Philippe Van Geloovn

project description

The Radisson Blu, Sky High, Champagne Bar, opened at the very top of the Hotel Tower, is located in the city center of Hasselt. The designers created a hazel tree trunk into the centre of this tower building, containing all functional and technical rooms. Around this contemporary tree trunk, guests can walk around and enjoy the sight of the different angels of the city throughout a fully glass facade. This tree starting at floor 17, ending at floor 19 into a ceiling with illuminated branches, is the base in the general layout of each floor. All elements used in the design refer in a way to the natural surroundings of a hazel tree standing in the middle of an open space. The branches starting at the central trunk towards the window side, each in its own direction, incorporating technical elements such as speakers, led lighting, sprinkler installation, etc. The glow of sunlight in between a tree's crown top will be translated into a light system of led lighting elements hidden in the branches in the ceiling.

Floor 17 stands for three meeting zones and a sharing zone. Floor 18 is according the demands of the guest adjustable in layout, the big surrounding space can be divided into meeting zones, buffet, or party areas and terrace zone. Floor 19 at the very top is a relaxing lounge and party area and a big terrace zone.

The designers created an open, friendly and light, contemporary surrounding where guests can enjoy a good glass of champagne or see the sun set over the city.

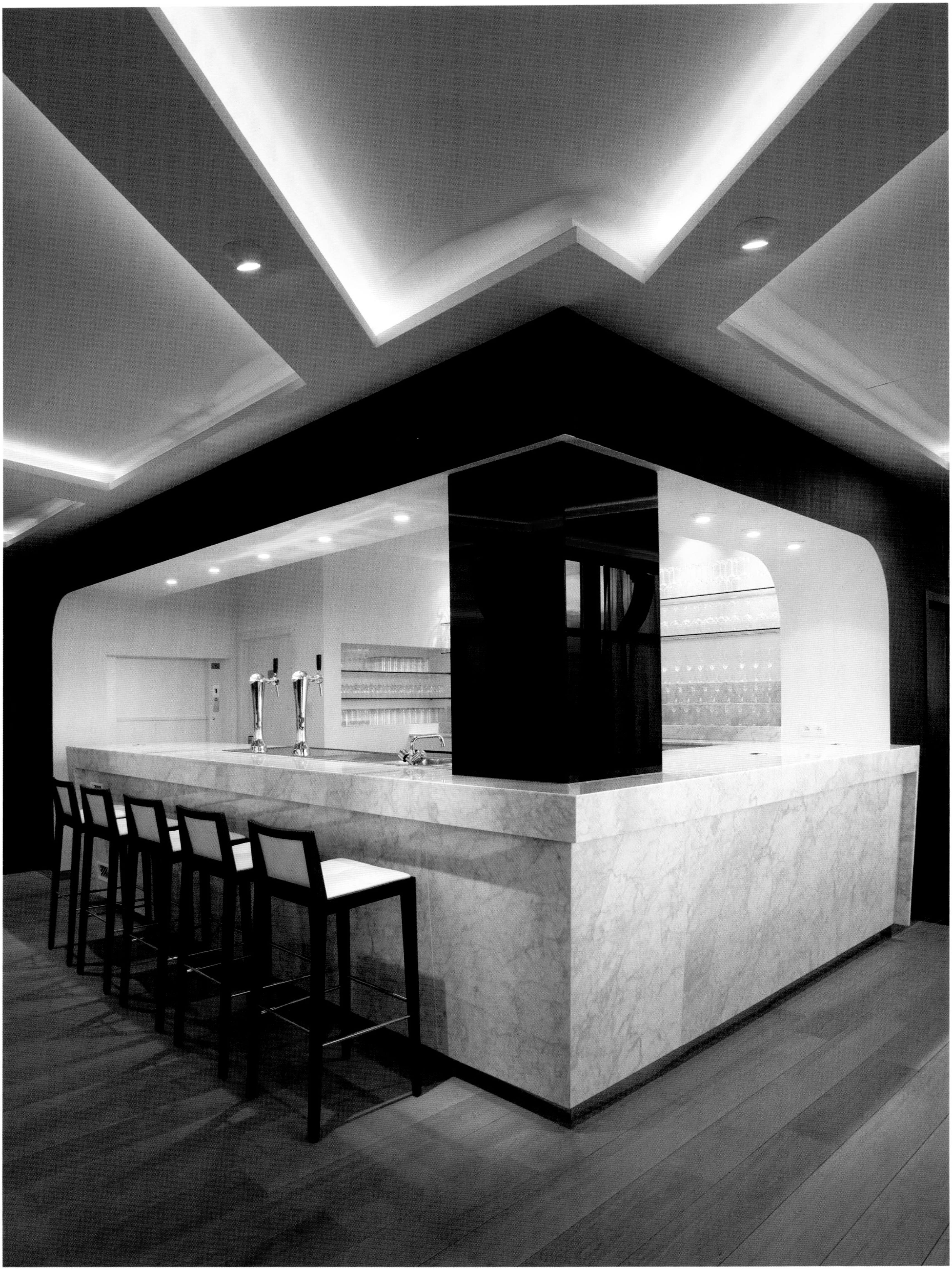

“高空休闲”餐厅位于哈瑟尔特市中心的酒店大厦顶层。设计师在该大厦中轴线部位创建了一个形似树干的建筑。踏步于环绕“树干”的过道上，顾客可以从各个角度透过玻璃壁俯瞰城市美景。作为空间核心部分的“树干”起始于17层，终止于19层，并与该层的天花板相连。事实上，“树干”周围的所有设计都仿照真实树木的天然生长环境：光线从天花板的长条之间“倾泻”而下，仿佛“树干”伸出了“树枝”，从不同方向往玻璃壁延伸；“树干”内部拥有多种现代科技设备，如扬声器、LED照明灯、喷水装置等。“树冠”顶部的特殊装置用以吸收太阳光，经过天花板内相关系统的转换即可为LED照明灯提供能源。

第17层空间包含了3个会议厅以及一个公用区域。根据客户的要求，设计师在第18层设计了一系列方便改动的空间布局方案。该层空间可划分为会议区、自助餐区、派对区域以及天台。顶层空间为聚会休闲区，附带大型天台。

“高空休闲”餐厅宽敞且明亮，其舒适的就餐环境搭配现代科技设备，吸引了众多顾客在此品尝美酒、观赏日落。

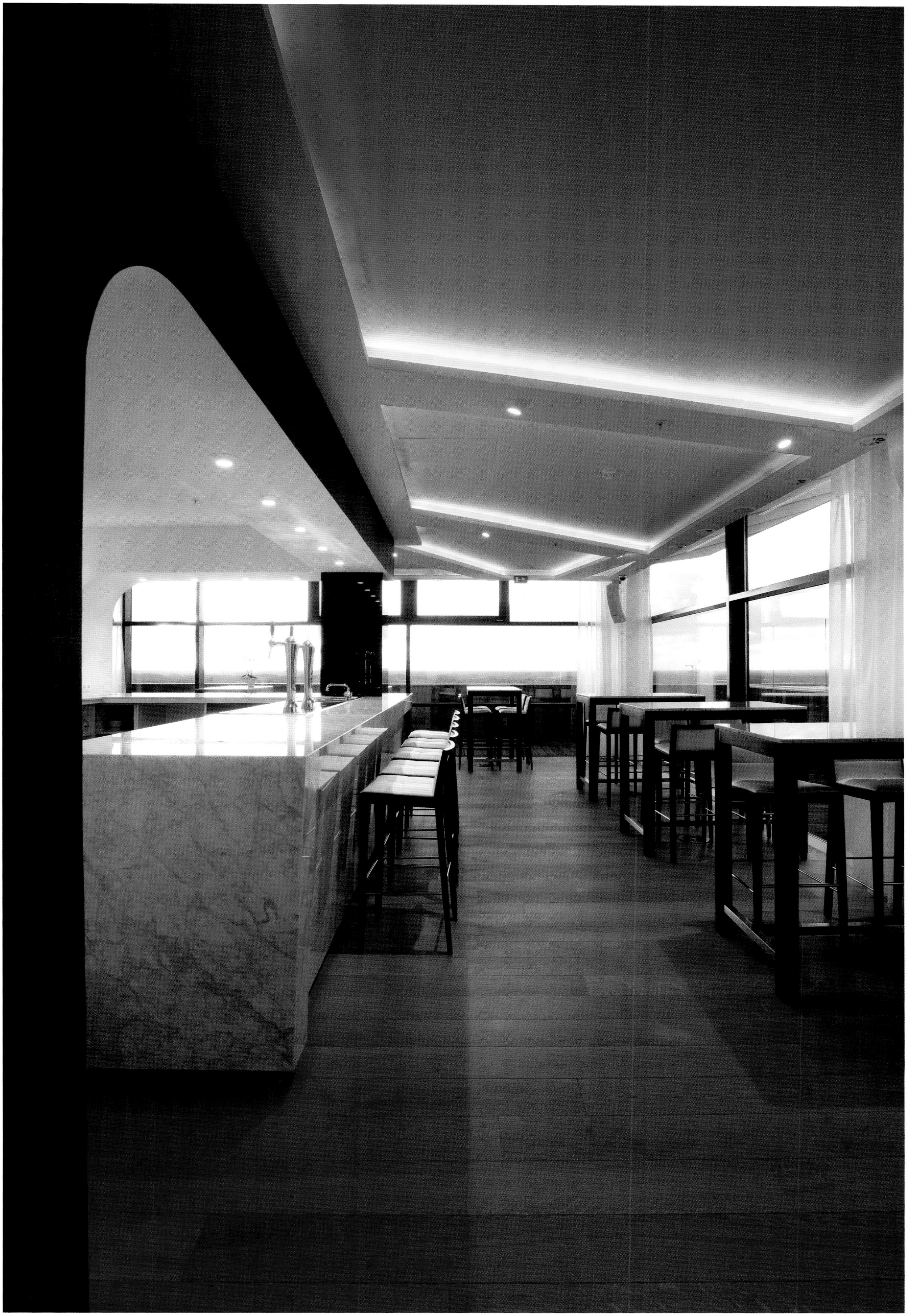

The High Table

- 项目名称："高桌"餐厅
- 设计公司：Blacksheep
- 项目地点：英国牛津

project description

Designers have now completed the transformation of the entire ground floor of the Mercure Eastgate Hotel in Oxford. Blacksheep's key decision was to switch the spaces around so that the restaurant was located at the front of the hotel. A major challenge was to cover the restaurants "moods" and create a relaxing ambience at night. Lighting design in particular was the answer to this with low pendant lighting and the use of candles at dinner.

The restaurant is dressed in a monochromatic colour scheme, with a dining hall feel. The centre of the restaurant has white glass-topped tables, white timber chairs and a lined oak timber floor, with a surround in white riven stone to divide a relatively independent dining area. Around the perimeter are padded leather banquettes and upholstered chairs with black tables for more intimate dining areas and a strong definition between the two types of space.

Bespoke black-lacquered storage has been installed above the banquettes, which is used to display vinegar and oils during the daytime (brought onto the tables at night). The tables are dressed with candles at night in white, black and amber tea light holders. The walls of the restaurant feature a patterned black and gold paper - also used as the inspiration for the vinyl design on the floor-to-ceiling glass wall within the private dining area.

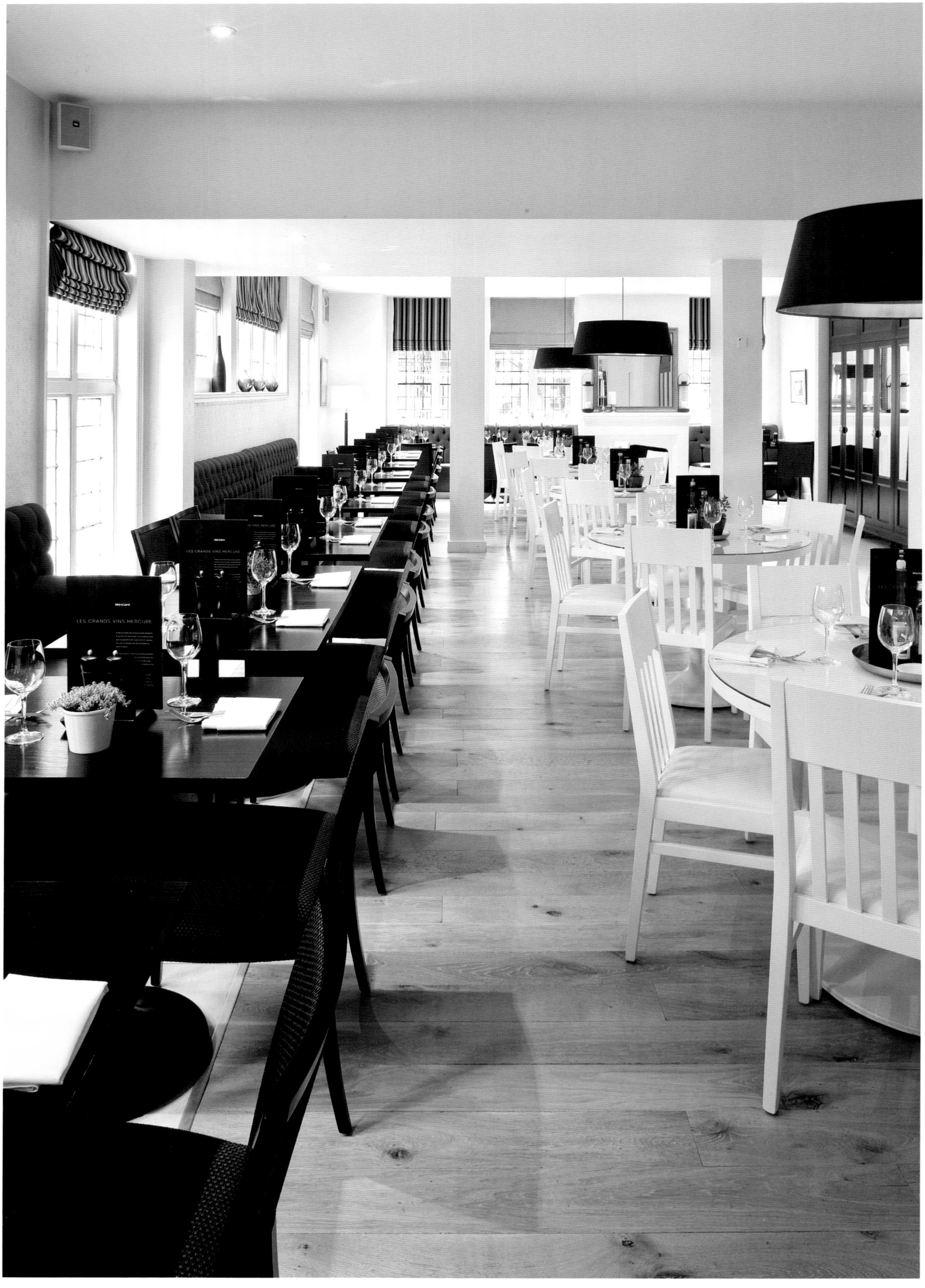
Mercure
LES GRANDS VINS MERCURE

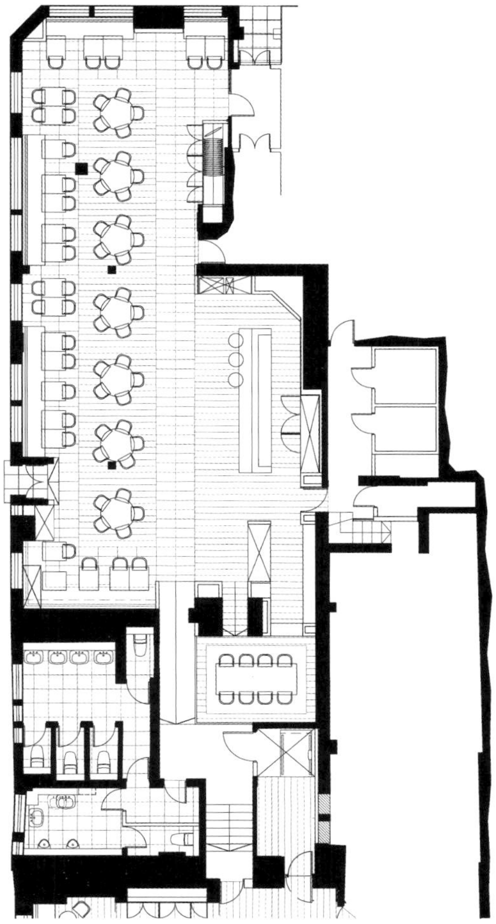

设计公司对牛津“东门”酒店的底层空间建筑进行了革新，旨在改变原有格局，将名为“高桌”的餐厅转移至酒店前部。设计师在改造过程中遇到的挑战是如何在夜晚营造轻松、闲适的空间氛围。事实证明，灯光设计是解决这一难题的最佳途径：悬于低处的吊灯以及餐桌上的蜡烛令空间尽显明亮与温馨。

餐厅的装潢设计几乎都以素色组合为搭配，稳重且大气。玻璃餐桌位于中央区域，并且配有白色的木质餐椅；浅色纹理的橡木地板周边铺设有白色石砖，划分出相对独立的用餐区域；靠墙的卡座则为顾客打造了相对私密的空间，其沿墙而设的座位以皮革包裹，靠外的餐椅也装有衬垫。卡座设计以黑色为主色调，与白色的餐区形成了两种截然不同的风格。

涂有黑漆的储物柜固定于卡座上方的墙面，上面存放着醋、油等调料（白天收纳于此，夜间则置于餐桌上，供客人使用）。蜡烛皆配有白色、黑色或琥珀色的烛台，用于装点餐桌。黑色与金色搭配的墙纸印有繁复、精致的花纹，并与私人包间内的玻璃装饰相呼应。

W Club Restaurant

- 项目名称："W俱乐部"餐厅
- 设计公司：Ismini Karali
- 项目地点：巴西里约热内卢
- 摄影师：Nikos Daniilidis

project description

Located in Rio, Brazil, "W" club has been a meeting point. The club can host more than 200 persons on its two levels - restaurant and cafe. It is a unique modern and fancy place. Exclusive constructions, luxurious textiles and furnishing and a colorful atmosphere compose a cheerful ambience. W Club Restaurant has an enviable position overlooking the beautiful bridge of Rio - Antirio witch gives an individual character to this place. The open restaurant is surrounded by luscious vegetation and big trees, creating a tropical sense. Relaxing bench seating, pillows covered with ethnic textiles and different color themes in each area, are some elements of this great decoration.

In the middle of the club, an impressive marble bar with interior lighting makes the initial impression very strong. The unique texture of marble has therefore been emphasized, around which fashionable bar stools are just like silver netting fixed on metal pedestals. When night falls, filmy light comes out from the bottom of the bar and shine upon the white gauze behind and the silver netting stools, making the area like a fairyland.

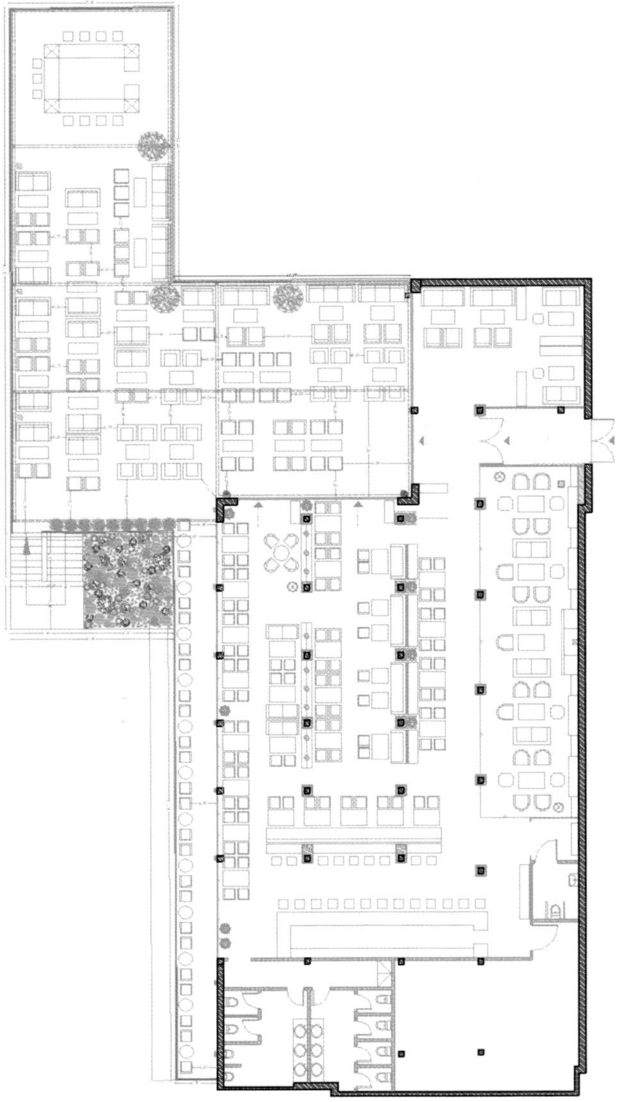

地处巴西里约热内卢的“W俱乐部”餐厅现代且时尚，是理想的聚会场所。其两层不同的空间分别用做餐厅和咖啡厅，可同时容纳200位顾客在此用餐。餐厅的空间结构独特，装潢奢华且色彩丰富，充满活力的设计风格令人心情愉悦。“W俱乐部”餐厅的独特之处还在于其优越的地理位置，顾客来此可俯瞰美丽的安提里翁大桥。造型优美的盆栽花草环绕着露天的开放式餐区，极具热带风情。餐厅的多个区域内皆设有休闲式长椅，并且搭配印有民族花纹图案的软垫。每个区域的主色调不同，而软垫的颜色正是所在区域的代表色。

位于餐厅中央的大理石吧台极其引人注目，其内部透出来的黄色灯光十分柔和，凸显了大理石特有的纹路。绕其一周的吧台椅造型时尚：闪闪发光的银丝网固定在金属底座上。夜幕降临时，吧台底部发出朦胧的光，照亮了银丝椅及吧台后方的白纱，宛如仙境。

图书在版编目（CIP）数据

商务餐厅设计 /（意）伯纳特编 ；凤凰空间译．--
南京 ：江苏科学技术出版社，2014.7
ISBN 978-7-5537-3301-2

Ⅰ．①商… Ⅱ．①伯… ②凤… Ⅲ．①餐馆－室内装
饰设计－图集 Ⅳ．① TU247.3-64

中国版本图书馆 CIP 数据核字（2014）第 117593 号

商务餐厅设计

编　　者	（意）安东尼奥·伯纳特
译　　者	凤凰空间
项目策划	凤凰空间
责任编辑	刘屹立
出版发行	凤凰出版传媒股份有限公司 江苏凤凰科学技术出版社
出版社地址	南京市湖南路1号A楼，邮编：210009
出版社网址	http://www.pspress.cn
总　经　销	天津凤凰空间文化传媒有限公司
总经销网址	http://www.ifengspace.cn
经　　销	全国新华书店
印　　刷	北京建宏印刷有限公司
开　　本	787 mm×1 092 mm　1 / 16
印　　张	16
字　　数	128 000
版　　次	2014年7月第1版
印　　次	2014年7月第1次印刷
标准书号	ISBN 978-7-5537-3301-2
定　　价	238.00元

IASLC
胸部肿瘤学（第二版）
IASLC Thoracic Oncology
Second Edition

[美] 哈维・I. 帕斯 (Harvey I. Pass)
[澳] 戴维・鲍尔 (David Ball)　　著
[意] 乔治・V. 斯卡廖蒂 (Giorgio V. Scagliotti)

陈　军　主译

清華大學出版社
北　京

北京市版权局著作权合同登记号　图字：01-2021-3331

ELSEVIER
Elsevier (Singapore) Pte Ltd.
3 Killiney Road,
#08-01 Winsland House I, Singapore 239519
Tel: (65) 6349-0200; Fax: (65) 6733-1817

IASLC Thoracic Oncology, 2nd edition

ISBN: 978-0-323-52357-8

This translation of IASLC Thoracic Oncology, 2nd edition by Harvey I. Pass, David Ball, Giorgio V. Scagliotti was undertaken by Tsinghua University Press and is published by arrangement with Elsevier (Singapore) Pte Ltd.
IASLC Thoracic Oncology, 2nd edition by Harvey I. Pass, David Ball, Giorgio V. Scagliotti由清华大学出版社进行翻译，并根据清华大学出版社与爱思唯尔（新加坡）私人有限公司的协议约定出版。

《IASLC胸部肿瘤学（第二版）》（陈军　主译）
ISBN: 9787302592327

图书在版编目（CIP）数据

IASLC胸部肿瘤学：第二版/（美）哈维·I.帕斯（Harvey I. Pass），（澳）戴维·鲍尔（David Ball），（意）乔治·V.斯卡廖蒂著；陈军主译. —北京：清华大学出版社，2021.10
书名原文：IASLC Thoracic Oncology, Second Edition
ISBN 978-7-302-59232-7

Ⅰ. ①I…　Ⅱ. ①哈…　②戴…　③乔…　④陈…　Ⅲ. ①胸腔疾病－肿瘤学　Ⅳ. ①R734

中国版本图书馆CIP数据核字（2021）第192373号

责任编辑：周婷婷
封面设计：刘艳芝
责任校对：李建庄
责任印制：丛怀宇

出版发行：清华大学出版社
　网　　址：http://www.tup.com.cn, http://www.wqbook.com
　地　　址：北京清华大学学研大厦A座　　**邮　　编**：100084
　社 总 机：010-62770175　　**邮　　购**：010-62786544
　投稿与读者服务：010-62776969, c-service@tup.tsinghua.edu.cn
　质量反馈：010-62772015, zhiliang@tup.tsinghua.edu.cn
印 刷 者：北京博海升彩色印刷有限公司
经　　销：全国新华书店
开　　本：210mm×285mm　　**印　　张**：52　　**字　　数**：1429千字
版　　次：2021年11月第1版　　**印　　次**：2021年11月第1次印刷
定　　价：498.00元

产品编号：086004-01

译者名单

主　译　陈　军

副主译　徐　嵩　董　明　赵洪林　李　昕　张文学　常　锐

译　者　（按姓氏拼音排序）

常　锐　天津医科大学总医院天津市肺癌研究所
陈　峰　天津医科大学总医院肺部肿瘤外科
陈　钢　天津医科大学总医院肺部肿瘤外科
陈　军　天津医科大学总医院肺部肿瘤外科
陈胜兰　石河子大学医学院第一附属医院肿瘤内科
董　明　天津医科大学总医院肺部肿瘤外科
范亚光　天津医科大学总医院天津市肺癌研究所
费　晶　石河子大学医学院第一附属医院肿瘤内科
耿　凯　天津医科大学总医院放射治疗科
巩　平　石河子大学医学院第一附属医院肿瘤内科
贾超翼　天津医科大学总医院肺部肿瘤外科
李　菁　天津医科大学总医院放射治疗科
李　彤　天津医科大学总医院肺部肿瘤外科
李　昕　天津医科大学总医院肺部肿瘤外科
李　洋　天津医科大学总医院天津市肺癌研究所
李　颖　天津医科大学总医院天津市肺癌研究所
李雪冰　天津医科大学总医院天津市肺癌研究所
李永文　天津医科大学总医院天津市肺癌研究所
刘　培　天津医科大学总医院放射治疗科
刘红雨　天津医科大学总医院天津市肺癌研究所
刘京豪　天津医科大学总医院肺部肿瘤外科
刘明辉　天津医科大学总医院肺部肿瘤外科
刘仁旺　天津医科大学总医院肺部肿瘤外科
刘兴雨　天津医科大学总医院肺部肿瘤外科
马　力　天津医科大学总医院肿瘤内科

马　晴　天津医科大学总医院肿瘤内科
任　典　天津医科大学总医院肺部肿瘤外科
任　凡　天津医科大学总医院肺部肿瘤外科
荣庆林　天津医科大学总医院放射治疗科
施睿峰　天津医科大学总医院肺部肿瘤外科
石子剑　天津医科大学总医院肺部肿瘤外科
宋作庆　天津医科大学总医院肺部肿瘤外科
孙　丹　天津医科大学总医院天津市肺癌研究所
孙琳琳　天津医科大学总医院天津市肺癌研究所
王　丹　天津医科大学总医院病理科
王　颖　天津医科大学总医院医学影像科
王克强　天津医科大学总医院放射治疗科
韦　森　天津医科大学总医院肺部肿瘤外科
吴　迪　天津医科大学总医院肺部肿瘤外科
徐　嵩　天津医科大学总医院肺部肿瘤外科
徐松林　天津医科大学总医院肺部肿瘤外科
杨　帆　天津医科大学总医院肺部肿瘤外科
于　涛　天津医科大学总医院肿瘤内科
于浩川　天津医科大学总医院肺部肿瘤外科
翟　静　天津医科大学总医院放射治疗科
张　波　天津医科大学总医院肺部肿瘤外科
张洪兵　天津医科大学总医院肺部肿瘤外科
张鹏程　天津医科大学总医院放射治疗科
张荣新　天津医科大学总医院放射治疗科
张文学　天津医科大学总医院放射治疗科
赵洪林　天津医科大学总医院肺部肿瘤外科
赵青春　天津医科大学总医院肺部肿瘤外科
赵荣志　天津医科大学总医院放射治疗科
周　琰　天津医科大学总医院放射治疗科
朱光胜　天津医科大学总医院肺部肿瘤外科

原著者名单

Alex A. Adjei, MD, PhD
Professor
Head
Early Cancer Therapeutics Program
Director
Global Oncology Program
Mayo Clinic
Rochester, Minnesota, USA

Mjung-Ju Ahn, MD, PhD
Professor
Division of Hematology/Oncology
Department of Medicine
Samsung Medical Center
Sungkyunkwan University School of Medicine
Seoul, South Korea

Chris I. Amos, PhD
Associate Director for Population Sciences
Department of Biomedical Data Science
Geisel School of Medicine
Dartmouth College
Hanover, New Hampshire, USA

Alberto Antonicelli, MD
Section of Thoracic Surgery
Department of Surgery
Yale University
New Haven, Connecticut, USA

Hisao Asamura, MD
Professor of Surgery
Chief
Division of Thoracic Surgery
Keio University School of Medicine
Tokyo, Japan

Todd Atwood, PhD
Department of Radiation Medicine and Applied Sciences
University of California, San Diego
La Jolla, California, USA

Paul Baas, MD, PhD
Professor
Department of Thoracic Oncology
The Netherlands Cancer Institute
Amsterdam, The Netherlands

Joan E. Bailey-Wilson, PhD
Co-Chief and Senior Investigator
Computational and Statistical Genomics Branch
National Human Genome Research Institute
National Institutes of Health
Baltimore, Maryland, USA

David Ball, MD, FRANZCR
Director
Lung Cancer Stream
Victorian Comprehensive Cancer Centre
Parkville Professional Fellow
The Sir Peter MacCallum Department of Oncology
The University of Melbourne
Melbourne, Australia

Fabrice Barlesi, MD, PhD
Professor
Oncologie Multidisciplinaire et Innovations Thérapeutiques
Aix Marseille University
Assistance Publique Hôpitaux de Marseille
Marseille, France

Jose G. Bazan, MD, MS
Assistant Professor
Department of Radiation Oncology
The Ohio State University
Columbus, Ohio, USA

José Belderbos, MD, PhD
Department of Radiation Oncology
The Netherlands Cancer Institute—Antoni van Leeuwenhoek
Amsterdam, The Netherlands

Andrea Bezjak, BMedSc, MDCM, MSc, FRCPC
Professor
Department of Radiation Oncology
University of Toronto
Princess Margaret Cancer Centre
Toronto, Ontario, Canada

Lucinda J. Billingham, BSc, MSc, PhD, CStat
Professor of Biostatistics
Cancer Research UK Clinical Trials Unit
Institute of Cancer and Genomic Sciences
University of Birmingham
Birmingham, United Kingdom

Paolo Boffetta, MD, MPH
Professor
Tisch Cancer Institute
Icahn School of Medicine at Mount Sinai
New York, New York, USA

Martina Bonifazi, MD
Department of Byomedic Sciences and Public Health
Polytechnic University of Marche Region
Pulmonary Diseases Unit
Azienda Ospedali Riuniti
Ancona, Italy

Julie R. Brahmer, MD
Associate Professor of Oncology
Director of Thoracic Oncology
Sidney Kimmel Comprehensive Cancer Center
The Johns Hopkins University
Baltimore, Maryland, USA

Elisabeth Brambilla, MD, PhD
Professor of Pathology
Grenoble University Hospital
Grenoble, France

Fraser Brims
Institute of Respiratory Health
Department of Respiratory Medicine, Sir Charles Gairdner Hospital
Curtin Medical School
Faculty of Health Sciences
Curtin University
Perth, Australia

Alessandro Brunelli, MD
Consultant Thoracic Surgeon
Honorary Senior Lecturer
St. James's University Hospital
Leeds, United Kingdom

Ayesha Bryant, MSPH, MD
Assistant Professor
Section of Thoracic Surgery
University of Alabama School of Medicine
Birmingham, Alabama, USA

Nicholas Campbell, MD
Clinical Assistant Professor
NorthShore University HealthSystem
Kellog Cancer Center
Evanston, Illinois, USA

Brett W. Carter, MD
Assistant Professor
Department of Diagnostic Radiology
Division of Diagnostic Imaging
The University of Texas MD Anderson Cancer Center
Houston, Texas, USA

Robert Cerfolio, MD, MBA, FCCP, FACS
Professor
Section of Thoracic Surgery
University of Alabama School of Medicine
Birmingham, Alabama, USA

Byoung Chul Cho, MD, PhD
Associate Professor
Yonsei Cancer Center
Yonsei University College of Medicine
Seoul, Republic of Korea

William C. S. Cho, PhD, Chartered Scientist, FIBMS
Department of Clinical Oncology
Queen Elizabeth Hospital
Hong Kong, China

Hak Choy, MD
Professor
Department of Radiation Oncology
University of Texas Southwestern
Dallas, Texas, USA

Chia-Yu Chu, MD, PhD
Associate Professor
Department of Dermatology
National Taiwan University Hospital and National Taiwan University College of Medicine
Taipei, Taiwan

Glenda Colburn, EMBA
National Director
Thoracic Cancers and Rare Lung Diseases
General Manager
Research
Lung Cancer National Program
Lung Foundation Australia
Queensland University of Technology
Milton, Australia

Henri Colt, MD
Professor Emeritus
School of Medicine
University of California, Irvine
Orange, California, USA

Rafael Rosell Costa, MD
Director
Cancer Biology and Precision Medicine Program
Catalan Institute of Oncology
Germans Trias i Pujol Health Sciences Institute and Hospital
Associate Professor of Medicine
Autonomous University of Barcelona (UAB) Campus Can Ruti
Barcelona, Spain

Gail E. Darling, MD, FRCSC, FACS
Professor
Division of Thoracic Surgery
Department of Surgery
University of Toronto
Toronto, Ontario, Canada

Mellar Davis, MD, FCCP, FAAHPM
Director of Palliative Care
Geisinger Medical System
Danville, Pennsylvania, USA
Professor of Medicine
Cleveland Clinic Lerner School of Medicine
Case Western Reserve University
Cleveland, Ohio, USA

Patricia M. de Groot, MD
Associate Professor
Department of Diagnostic Radiology
Division of Diagnostic Imaging
The University of Texas MD Anderson Cancer Center
Houston, Texas, USA

Harry J. de Koning, MD, PhD
Professor
Department of Public Health
Erasmus University Medical Center
Rotterdam, The Netherlands

Paul De Leyn, MD, PhD
Professor and Chief
Department of Thoracic Surgery
University Hospitals Leuven
Leuven, Belgium

Dirk De Ruysscher, MD, PhD
Maastricht University Medical Center
Department of Radiation Oncology (Maastro Clinic)
GROW School
Maastricht, The Netherlands
Katholieke Universiteit Leuven
Radiation Oncology
Leuven, Belgium

Ayşe Nur Demiral, MD
Professor
Department of Radiation Oncology
DokuzEylül University Medical School
Izmir, Turkey

Jules Derks, MD
Department of Pulmonology
Maastricht University Medical Center
Maastricht, The Netherlands

Frank C. Detterbeck, MD
Professor
Section of Thoracic Surgery
Department of Surgery
Yale University
New Haven, Connecticut, USA

Siddhartha Devarakonda
Fellow
Division of Medical Oncology/Hematology
Department of Medicine
Washington University School of Medicine
St. Louis, Missouri, USA

Anne-Marie C. Dingemans, MD, PhD
Pulmonologist
Department of Pulmonology
Maastricht University Medical Center
Maastricht, The Netherlands

Jessica S. Donington, MD, MSCr
Associate Professor
Department of Cardiothoracic Surgery
New York University School of Medicine
New York, New York, USA

Carolyn M. Dresler, MD, MPA
President
Human Rights and Tobacco Control Network
Rockville, Maryland, USA

Steven M. Dubinett, MD
Professor
Division of Pulmonary and Critical Care Medicine
David Geffen School of Medicine at UCLA
UCLA Clinical and Translational Science Institute
Los Angeles, California, USA

Grace K. Dy, MD
Associate Professor
Department of Medicine
Roswell Park Cancer Institute
Buffalo, New York, USA

Jeremy J. Erasmus, MD
Professor
Department of Diagnostic Radiology
Division of Diagnostic Imaging
The University of Texas MD Anderson Cancer Center
Houston, Texas, USA

Alysa Fairchild, BSc, MD, FRCPC
Associate Professor
Department of Radiation Oncology
University of Alberta
Cross Cancer Institute
Edmonton, Alberta, Canada

Dean A. Fennell, PhD, FRCP
Professor of Thoracic Medical Oncology
Cancer Research UK Centre
University of Leicester and University Hospitals of Leicester NHS Trust
Leicester, United Kingdom

Hiran C. Fernando, MBBS, FRCS, FRCSEd
Co-Director
Thoracic Oncology
ISCI Thoracic Section
Department of Surgery
Inova Fairfax Medical Campus
Falls Church, Virginia, USA

Pier Luigi Filosso, MD
Associate Professor of Thoracic Surgery
University of Turin
Turin, Italy

Raja Flores, MD
Professor
Department of Thoracic Surgery
Mount Sinai Medical Center
New York, New York, USA

Kwun Fong, MBBS (Lon), FRACP, PhD
Department of Thoracic Medicine
The Prince Charles Hospital
University of Queensland Thoracic Research Centre
Brisbane, Australia

Jesme Fox, MB, ChB, MBA
Medical Director
Roy Castle Lung Cancer Foundation
Liverpool, United Kingdom

David R. Gandara, MD
Professor
Thoracic Oncology Program
Division of Medical Oncology
University of California Davis Comprehensive Cancer Center
Sacramento, California, USA

Leena Gandhi, MD, PhD
Director of Thoracic Medical Oncology
Laura and Isaac Perlmutter Cancer Center
New York University Langone Medical Center
New York, New York, USA

Laurie Gaspar, MD, MBA, FACR, FASTRO
Professor
Department of Radiation Oncology
University of Colorado
Aurora, Colorado, USA

Stefano Gasparini, MD, FCCP
Head Respiratory Diseases Unit
Department of Byomedic Sciences and Public Health
Polytechnic University of Marche Region
Pulmonary Diseases Unit
Azienda Ospedali Riuniti
Ancona, Italy

Adi F. Gazdar, MD
Professor
Hamon Center for Therapeutic Oncology Research and Department of Pathology
The University of Texas Southwestern Medical Center
Houston, Texas, USA

Giuseppe Giaccone, MD, PhD
Professor of Medical Oncology and Pharmacology
Associate Director for Clinical Research
Georgetown University
Lombardi Comprehensive Cancer Center
Washington, DC, USA

Nicolas Girard, MD, PhD
Professor
Respiratory Medicine Service
Hospices Civils de Lyon
Claude Bernard Lyon 1 University
Lyon, France
Thorax Institute Curie Montsouris
Curie Institute
Paris, France

Peter Goldstraw, MD, FRCS
Emeritus Professor
Academic Department of Thoracic Surgery
Royal Brompton Hospital
Imperial College London
London, United Kingdom

Elizabeth M. Gore, MD
Professor of Radiation Oncology
Department of Radiation Oncology
Medical College of Wisconsin
The Zablocki VA Medical Center
Milwaukee, Wisconsin, USA

Glenwood Goss, MD, FCP(SA), FRCPC
Professor of Medicine, University of Ottawa
Director of Clinical Research
The Ottawa Hospital Cancer Centre
Chair
Thoracic Oncology Site Committee
Canadian Cancer Trials Group
Ottawa, Canada

Ramaswamy Govindan, MD
Professor
Department of Medicine
Division of Oncology
Washington University School of Medicine
St. Louis, Missouri, USA

Alissa K. Greenberg, MD
Pulmonary Group
Northeast Medical Group, Inc.
New York, New York, USA

Dominique Grunenwald, MD, PhD
Professor
University of Paris
Paris, France

Matthias Guckenberger, MD
Department of Radiation Oncology
University Hospital Zurich
Zurich, Switzerland

Swati Gulati, MD
Division of Pulmonary Allergy and Critical Care Medicine
University of Alabama at Birmingham
Birmingham, Alabama, USA

Raffit Hassan, MD
Senior Investigator
National Cancer Institute
National Institutes of Health
Bethesda, Maryland, USA

Christopher Hazzard, MD
Department of Thoracic Surgery
Icahn School of Medicine at Mount Sinai
New York, New York, USA

Fiona Hegi, MBBS, FRANZCR
Radiation Oncologist
Radiation Physics Laboratory
The University of Sydney
Sydney, Australia

Thomas Hensing, MD
Clinical Associate Professor
University of Chicago
NorthShore University HealthSystem
Kellogg Cancer Center
Evanston, Illinois, USA

Roy Herbst, MD, PhD
Ensign Professor of Medicine (Medical Oncology) and Professor of Pharmacology
Chief of Medical Oncology
Yale Cancer Center and Smilow Cancer Hospital
New Haven, Connecticut, USA

Fred R. Hirsch, MD, PhD
Professor
Professor of Medicine and Pathology
Department of Medicine
Department of Pathology
University of Colorado Cancer Center
Aurora, Colorado, USA

Nanda Horeweg, MD
Junior Researcher
Erasmus University Medical Center
Department of Public Health
Department of Pulmonary Diseases
Erasmus University Medical Center
Rotterdam, The Netherlands

David M. Jablons, MD
Professor and Chief Thoracic Surgery
UCSF Department of Surgery
Nan T. McEvoy Distinguished Professor of Thoracic Surgical Oncology
Ada Distinguished Professor of Thoracic Oncology
Program Leader Thoracic Oncology
UCSF Helen Diller Family Comprehensive Cancer Center
San Francisco, California, USA

James R. Jett, MD
Professor Emeritus
Department of Medicine
Division of Oncology
Cancer Center
National Jewish Medical Center
Denver, Colorado, USA

Andrew Kaufman, MD
Assistant Professor
Department of Thoracic Surgery
Mount Sinai Medical Center
New York, New York, USA

Paul Keall, PhD
Professor
Radiation Physics
The University of Sydney
Sydney, Australia

Karen Kelly, MD
Professor
Division of Hematology and Oncology
UC Davis Comprehensive Cancer Center
Sacramento, California, USA

Feng-Ming (Spring) Kong, MD, PhD
Professor of Radiation Oncology and Medical and Molecular Genetics
Director of Clinical Research/Clinical Trials
Radiation Oncology
Co-Leader of Thoracic Oncology Program
IU Simon Cancer Center
Indiana University School of Medicine
Indianapolis, Indiana, USA

Kaoru Kubota, MD
Department of Pulmonary Medicine and Oncology
Graduate School of Medicine
Nippon Medical School
Tokyo, Japan

Ite A. Laird-Offringa, PhD
Associate Professor
Department of Surgery
Department of Biochemistry and Molecular Biology
USC/Norris Cancer Center
Keck School of Medicine of USC
Los Angeles, California, USA

Primo N. Lara, Jr, MD
Professor of Medicine
University of California, Davis
School of Medicine
Acting Director
UC Davis Comprehensive Cancer Center
Sacramento, California, USA

Janessa Laskin, MD, FRCPC
Associate Professor
Department of Medicine
Division of Medical Oncology
British Columbia Cancer Agency
Vancouver, British Columbia, Canada

Quynh-Thu Le, MD, FACR, FASTRO
Professor and Chair
Department of Radiation Oncology
Stanford University
Stanford, California, USA

Cécile Le Péchoux, MD
Gustave Roussy, Hopital Universitaire
Radiation Oncology Department
Villejuif, France

Elvira L. Liclican, PhD
Scientific Officer
UCLA Clinical and Translational Science Institute
Los Angeles, California, USA

Yolande Lievens, MD, PhD
Associate Professor
Radiation Oncology Department
Ghent University Hospital
Ghent University
Ghent, Belgium

Chia-Chi (Josh) Lin, MD, PhD
Clinical Associate Professor
Department of Oncology
National Taiwan University Hospital
Taipei, Taiwan

Billy W. Loo, Jr., MD, PhD
Associate Professor
Radiation Oncology – Radiation Therapy
Stanford Cancer Institute
Stanford University
Stanford, California, USA

Michael Mac Manus, MB, BCh, BAO, MD, MRCP, FRANZCR
Professor
The Sir Peter MacCallum Department of Oncology
Peter MacCallum Cancer Centre
The University of Melbourne
Melbourne, Australia

Homer A. Macapinlac, MD
Professor
Department of Nuclear Medicine
Division of Diagnostic Imaging
The University of Texas MD Anderson Cancer Center
Houston, Texas, USA

Fergus Macbeth, MA, DM, FRCR, FRCP, MBA
Professor
Wales Cancer Trials Unit
School of Medicine
Cardiff University
Cardiff, United Kingdom

William J. Mackillop, MB, ChB, FRCR, FRCPC
Professor
Departments of Oncology and Public Health Sciences
Division of Cancer Care and Epidemiology
Queen's Cancer Research Institute
Queen's University
Kingston, Canada

Christopher Maher, PhD
Assistant Professor
Department of Medicine
Division of Oncology
Washington University School of Medicine
St. Louis, Missouri, USA

Isa Mambetsariev
Research Assistant
Department of Medical Oncology and Molecular Therapeutics
City of Hope Comprehensive Cancer Center and Beckman Research Institute
Duarte, California, USA

Sumithra J. Mandrekar, PhD
Professor of Biostatistics and Oncology
Division of Biomedical Statistics and Informatics
Mayo Clinic
Rochester, Minnesota, USA

Aaron S. Mansfield, MD
Assistant Professor
Medical Oncology
Mayo Clinic
Rochester, Minnesota, USA

Lawrence B. Marks, MD
Dr. Sidney K. Simon Distinguished Professor of Oncology Research
Chairman
Department of Radiation Oncology
University of North Carolina
Lineberger Comprehensive Cancer Center
Chapel Hill, North Carolina, USA

Céline Mascaux, MD, PhD
Associate Professor
Assistance Publique Hôpitaux de Marseille
Oncologie Multidisciplinaire et Innovations Thérapeutiques
Aix Marseille University
Marseille, France

Pierre P. Massion, MD
Professor
Thoracic Program at the Vanderbilt Ingram Cancer Center
Vanderbilt University School of Medicine
Nashville, Tennessee, USA

Julien Mazieres, MD, PhD
Professor
Toulouse University Hospital
Universite Paul Sabatier
Toulouse, France

Annette McWilliams, MBBS, FRACP, MD, FRCPC
Fiona Stanley Hospital
Department of Respiratory Medicine
University of Western Australia
Murdoch, Australia

Tetsuya Mitsudomi, MD, PhD
Professor
Division of Thoracic Surgery
Department of Surgery
Kinki University Faculty of Medicine
Osaka-Sayama, Japan

Tony Mok, MD
Professor
Department of Clinical Oncology
The Chinese University of Hong Kong
Hong Kong, China

Daniel Morgensztern, MD
Associate Professor
Department of Medicine
Division of Oncology
Washington University School of Medicine
St. Louis, Missouri, USA

Francoise Mornex, MD, PhD
Université Claude Bernard, Lyon1, EMR 3738, Department de Radiotherapie
CHU Lyon, France

James L. Mulshine, MD
Dean
Graduate College (Acting)
Vice President
Rush University
Chicago, Illinois, USA

Reginald F. Munden, MD, DMD, MBA
Professor and Chair
Department of Radiology
Wake Forest School of Medicine
Winston-Salem, North Carolina, USA

Kristiaan Nackaerts, MD, PhD
Associate Professor
Department of Pulmonology/Respiratory Oncology
University Hospital Gasthuisberg
Leuven, Belgium

Shinji Nakamichi, MD
Department of Pulmonary Medicine and Oncology
Graduate School of Medicine
Nippon Medical School
Tokyo, Japan

Masayuki Noguchi, MD, PhD
Professor
Department of Pathology
University of Tsukuba
Tsukuba, Japan

Krista Noonan, MD, FRCPC
Medical Oncologist
Division of Medical Oncology
British Columbia Cancer Agency
Surrey, British Columbia, Canada
Clinical Assistant Professor
University of British Columbia
Vancouver, British Columbia, Canada

Silvia Novello, MD, PhD
Full Professor of Medical Oncology
Thoracic Oncology Unit
San Luigi Hospital
University of Turin
Orbassano, Turin, Italy

Anna K. Nowak, MBBS, FRACP, PhD
Professor
School of Medicine
University of Western Australia
Crawley, Australia

Kenneth J. O'Byrne, MD
Professor, Medical Oncology
Princess Alexandra Hospital
Queensland University of Technology
Queensland, Australia

Nisha Ohri, MD
Department of Radiation Oncology
Mount Sinai Hospital
New York, New York, USA

Morihito Okada, MD, PhD
Department of Surgical Oncology
Research Institute for Radiation Biology and Medicine
Hiroshima University
Hiroshima, Japan

Jamie S. Ostroff, PhD
Professor and Chief, Behavioral Sciences Service
Department of Psychiatry and Behavioral Sciences
Memorial Sloan Kettering Cancer Center
New York, New York, USA

Mamta Parikh, MD
University of California, Davis
School of Medicine
Sacramento, California, USA

Elyse R. Park, PhD
Associate Professor
Psychiatry and Mongan Institute for Health Policy
Harvard Medical School
Massachusetts General Hospital
Boston, Massachusetts, USA

Keunchil Park, MD, PhD
Professor
Division of Hematology/Oncology
Department of Medicine
Samsung Medical Center
Sungkyunkwan University School of Medicine
Seoul, Korea

Harvey I. Pass, MD
Stephen E. Banner Professor of Thoracic Oncology
Vice-Chairman of Research
Department of Cardiothoracic Surgery
New York University Langone Medical Center
New York, New York, USA

Nicholas Pastis, MD, FCCP
Associate Professor of Medicine
Fellowship Program Director
Division of Pulmonary and Critical Care
Medical University of South Carolina
Charleston, South Carolina, USA

Luis Paz-Ares, MD, PhD
Head of Medical Oncology Department
University Hospital Doce de Octubre
Professor
Complutense University, Medicine Campus
Madrid, Spain

Nathan Pennell, MD, PhD
Associate Professor
Department of Hematology and Medical Oncology
Cleveland Clinic Taussig Cancer Institute
Cleveland, Ohio, USA

Maurice Perol
Centre Leon Berard
Department of Medical Oncology
Lyon, France

Rathi N. Pillai, MD
Assistant Professor
Department of Hematology and Oncology
Winship Cancer Institute
Emory University
Atlanta, Georgia, USA

Pieter E. Postmus, MD
Professor of Thoracic Oncology
Clatterbridge Cancer Centre
Liverpool Heart and Chest Hospital
University of Liverpool, United Kingdom

Suresh S. Ramalingham, MD
Professor of Hematology and Medical Oncology
Roberto C. Goizueta Chair for Cancer Research
Deputy Director
Winship Cancer Institute
Emory University School of Medicine
Atlanta, Georgia, USA

Sara Ramella, MD
Associate Professor
Radiation Oncology Department
Campus Bio-Medico University
Rome, Italy

Ramón Rami-Porta, MD, PhD, FETCS
Attending Thoracic Surgeon
Department of Thoracic Surgery
Hospital Universitari Mutua Terrassa
University of Barcelona and CIBERES Lung Cancer Group
Terrassa, Barcelona, Spain

Martin Reck, MD, PhD
Professor
Department of Thoracic Oncology and Department of Clinical Trials
Lungen Clinic Grosshansdorf
Grosshansdorf, Germany

Mary W. Redman, PhD
Associate Member
Clinical Biostatistics
Clinical Research Division
Lead Statistician
SWOG Lung Committee
Fred Hutchinson Cancer Research Center
Seattle, Washington, USA

Niels Reinmuth, MD, PhD
Professor
Department of Thoracic Oncology
Lungen Clinic Grosshansdorf
Member of German Center for Lung Research (DZL)
Grosshansdorf, Germany

Umberto Ricardi, MD
Full Professor Radiation Oncology
Department of Oncology
University of Turin
Turin, Italy

David Rice, MD
Professor
Department of Thoracic and Cardiovascular Surgery
The University of Texas MD Anderson Cancer Center
Houston, Texas, USA

Carole A. Ridge, FFRRCSI
Consultant Radiologist
Department of Radiology
Mater Misericordiae University Hospital
Dublin, Ireland

William N. Rom, MD, MPH
Professor
Division of Pulmonary, Critical Care, and Sleep Medicine
Department of Medicine
Department of Environmental Medicine
New York University School of Medicine
New York University College of Global Public Health
New York, New York, USA

Kenneth E. Rosenzweig, MD, FASTRO, FACR
Professor and Chairman
Department of Radiation Oncology
Icahn School of Medicine at Mount Sinai
New York, New York, USA

Enrico Ruffini, MD
Associate Professor
Section of Thoracic Surgery
Department of Surgery
University of Turin
Turin, Italy

Valerie W. Rusch, MD, FACS
Attending Surgeon
Thoracic Service
Vice Chair
Clinical Research
Department of Surgery
Miner Family Chair in Intrathoracic Cancers
Memorial Sloan Kettering Cancer Center
New York, New York, USA

Ravi Salgia, MD, PhD
Professor and Chair
Associate Director for Clinical Sciences
Department of Medical Oncology and Therapeutics Research
City of Hope Comprehensive Cancer Center
Duarte, California, USA

Montse Sanchez-Cespedes, PhD
Head of the Genes and Cancer Laboratory
Cancer Epigenetics and Biology Program
Bellvitge Biomedical Research Institute-IDIBELL
Hospital Duran i Reynals
Barcelona, Spain

Anjali Saqi, MD, MBA
Professor
Department of Pathology and Cell Biology
Columbia University Medical Center
New York, New York, USA

Giorgio V. Scagliotti, MD, PhD
Professor of Medical Oncology
Head of Department of Oncology at San Luigi Hospital
University of Turin
Orbassano, Turin, Italy

Selma Schimmel†
Founder
Vital Options International, Inc
Studio City, California, USA

Ann G. Schwartz, PhD, MPH
Deputy Center Director and Professor
Department of Oncology
Karmanos Cancer Institute
Wayne State University
Detroit, Michigan, USA

Suresh Senan, MRCP, FRCR, PhD
Professor of Clinical Experimental Radiotherapy
Department of Radiation Oncology
VU University Medical Center
Amsterdam, The Netherlands

Francis A. Shepherd, MD, FRCPC
Professor of Medicine
University of Toronto
Scott Taylor Chair in Lung Cancer Research
Department of Medical Oncology and Hematology
University Health Network
Princess Margaret Cancer Centre
Toronto, Ontario, Canada

Jill M. Siegfried, PhD
Professor and Head
Department of Pharmacology
Frederick and Alice Stark Endowed Chair
Associate Director for Translation
Masonic Cancer Center
University of Minnesota
Minneapolis, Minnesota, USA

Gerard A. Silvestri, MD, MS, FCCP
Professor
Vice Chair of Medicine for Faculty Development
Division of Pulmonary and Critical Care
Medical University of South Carolina
Charleston, South Carolina, USA

George R. Simon, MD
Professor
Department of Thoracic/Head and Neck Medical Oncology
The University of Texas MD Anderson Cancer Center
Houston, Texas, USA

Egbert F. Smit, MD, PhD
Professor
Department of Pulmonary Diseases
Vrije Universiteit VU Medical Centre and Department of Thoracic Oncology
Netherlands Cancer Institute
Amsterdam, The Netherlands

Stephen B. Solomon, MD
Chief
Interventional Radiology Service
Department of Radiology
Memorial Sloan Kettering Cancer Center
New York, New York, USA

Laura P. Stabile, PhD
Research Associate Professor
Department of Pharmacology and Chemical Biology
University of Pittsburgh
Pittsburgh, Pennsylvania, USA

Matthew A. Steliga, MD
Associate Professor of Surgery
Division of Cardiothoracic Surgery
University of Arkansas for Medical Sciences
Little Rock, Arkansas, USA

Thomas E. Stinchcombe, MD
Duke Cancer Institute
Durham, North Carolina, USA

Nicholas S. Stollenwerk, MD
Associate Clinical Professor
UC Davis Comprehensive Cancer Center
VA Northern California Health Care System
Sacramento, California, USA

Jong-Mu Sun, MD, PhD
Clinical Assistant Professor
Division of Hematology/Oncology
Samsung Medical Center
Sungkyunkwan University School of Medicine
Seoul, Korea

Anish Thomas, MD
Developmental Therapeutics Branch
National Cancer Institute
National Institutes of Health
Bethesda, Maryland, USA

Ming-Sound Tsao, MD, FRCPC
Professor
Department of Laboratory Medicine and Pathobiology
Department of Medical Biophysics
University of Toronto
Consultant Pathologist
University Health Network
Princess Margaret Cancer Centre
Toronto, Ontario, Canada

Jun-Chieh J. Tsay, MD, MSc
Assistant Professor
Division of Pulmonary, Critical Care, and Sleep Medicine
Department of Medicine
New York University School of Medicine
New York, New York, USA

Paul Van Houtte, MD, PhD
Professor Emeritus
Department of Radiation Oncology
Institut Jules Bordet
Université Libre Bruxelles
Brussels, Belgium

Paul E. Van Schil, MD, PhD
Chair
Department of Thoracic and Vascular Surgery
Antwerp University Hospital
Edegem, Belgium

Nico van Zandwijk, MD, PhD, FRACP
Professor University of Sydney
Director Asbestos Diseases Research Institute
Rhodes, Australia

J. F. Vansteenkiste, MD, PhD
Professor Internal Medicine
Respiratory Oncology Unit (Department of Respiratory Medicine)
University Hospital KU Leuven
Leuven, Belgium

Marileila Varella-Garcia, PhD
Professor
Department of Medicine
Division of Medical Oncology
University of Colorado Anschutz Medical Campus
Aurora, Colorado, USA

Giulia Veronesi, MD
Division of Thoracic Surgery
Director of Robotic Thoracic Surgery
Humanitas Research Hospital
Rozzano, Italy

Shalini K. Vinod, MBBS, MD, FRANZCR
Associate Professor
Cancer Therapy Centre
Liverpool Hospital
Sydney, Australia

Everett E. Vokes, MD
John E. Ultmann Professor
Chairman
Department of Medicine
Physician-in-Chief
University of Chicago Medicine and Biologic Sciences
Chicago, Illinois, USA

† Deceased.

Heather Wakelee, MD
Associate Professor of Medicine
Division of Oncology
Stanford Cancer Institute
Stanford, California, USA

Tonya C. Walser, PhD
Assistant Professor
Division of Pulmonary and Critical Care Medicine
David Geffen School of Medicine at UCLA
Los Angeles, California, USA

Shun-ichi Watanabe, MD
Department of Thoracic Surgery
National Cancer Center Hospital
Tokyo, Japan

Walter Weder, MD
Professor
Department of Thoracic Surgery
University Hospital
Zurich, Switzerland

Benjamin Wei, MD
Assistant Professor
Section of Thoracic Surgery
Division of Cardiothoracic Surgery
Department of Surgery
University of Alabama-Birmingham Medical Center
Birmingham, Alabama, USA

Ignacio I. Wistuba, MD
Professor
Chair
Department of Translational Molecular Pathology
Anderson Clinical Faculty Chair for Cancer Treatment and Research
The University of Texas MD Anderson Cancer Center
Houston, Texas, USA

James Chih-Hsin Yang, MD, PhD
Professor and Director
Graduate Institute of Oncology
College of Medicine
National Taiwan University
Director
Department of Oncology
National Taiwan University Hospital
Taipei, Taiwan

David F. Yankelevitz, MD
Professor
Department of Radiology
Mount Sinai Medical Center
Mount Sinai Hospital
New York, New York, USA

Kazuhiro Yasufuku, MD, PhD
Director of Endoscopy
University Health Network
Director
Interventional Thoracic Surgery Program
Division of Thoracic Surgery
Toronto General Hospital
University Health Network
Toronto, Ontario, Canada

Ken Y. Yoneda, MD
Professor
Clinical Internal Medicine
UC Davis Comprehensive Cancer Center
VA Northern California Health Care System
Sacramento, California, USA

Gérard Zalcman, MD, PhD
CHU Caen
Interne des Hopitaux de Paris
Ile-de-France, France

Caicun Zhou, MD, PhD
Professor
Shanghai Pulmonary Hospital
Tongji University
Shanghai, China

Yang Zhou, PhD, MPH
Program Manager
Yale Comprehensive Cancer Center
Yale School of Medicine
New Haven, Connecticut, USA

Daniel Zips, MD
Chair
Professor Radiation Oncology
Director
CCC Tübingen-Stuttgart
University Hospital Tübingen
University Department of Radiation Oncology
Tübingen, Germany

译 者 序

国际癌症研究机构（International Agency for Research on Cancer，IARC）公布的2021年癌症数据显示，肺癌是目前全球发病率第二、死亡率最高的恶性肿瘤。而在中国，肺癌的死亡率和发病率均为最高。胸部肿瘤的机制研究和药物治疗随着时间进展而日新月异，因此有必要学习和掌握最新的胸部肿瘤诊治理念和知识。国际肺癌研究协会（International Association for the Study of Lung Cancer, IASLC）是致力于肺癌和其他胸部恶性肿瘤研究和治疗的国际协会。学习IASLC编撰的*IASLC Thoracic Oncology*（《IASLC胸部肿瘤学》）不仅对肿瘤内科医师，而且对胸外科、放疗科医师及姑息治疗医师而言，都是十分必要的。

笔者团队依托于天津市肺癌研究所，将外科、内科、放疗科以及体检中心等整合在一起，以以外科为主的胸部肿瘤综合治理和全程管理为治疗理念，形成特色的多学科胸部肿瘤诊疗体系。以肺癌为主的多学科治疗也是当前国内外所倡导的先进治疗模式，本书的翻译出版，也正顺应了时代的需要。

本书涵盖了目前胸部肿瘤尤其是肺癌的诊断和治疗方面所有重要内容，包括肺癌的控制和流行病学、分子致癌机制，从免疫学与病理学角度了解肺癌的临床表现、诊断与分歧、治疗方法，及其症状管理和并发症等。内容十分丰富，既适合初级年轻医师入门学习，也方便高年资医师的知识更新和日常工作的资料查阅。本书参考文献按照原版书的编排，与国际同行接轨，利于读者查阅文献。

翻译的过程也是我们学习的过程。由于时间仓促，语言翻译难免有谬误的地方，欢迎读者批评指正。最后，感谢团队每一位成员利用休息时间对本书翻译付出的努力，感谢清华大学出版社老师们严谨的修改和审核。希望本书在国内出版后，能够对每一位从事胸部肿瘤临床诊疗的医师有所帮助。

陈　军

天津市肺癌研究所所长

天津医科大学总医院肺部肿瘤外科行政主任

天津医科大学总医院胸部肿瘤中心主任

2021年7月

前　言

癌症治疗的参考文献需要与它们所表达的信息一样优秀，而且这些信息必须兼备临床实践性和通用性。肺癌和其他胸部恶性肿瘤仍是全球性的问题，肺癌不仅是癌症死亡的最主要原因，亦是失能和病痛的一个主要因素。

过去40年来国际肺癌研究协会是致力于肺癌和其他胸部恶性肿瘤研究与治疗的唯一全球性组织。就像近期发现的突变负荷与组织异质性观点提出的那样，这些癌症具有众所周知的复杂性。新发现、新的临床试验及医疗标准的变革正以前所未有的速度出现，内科、手术，及放射肿瘤学家、呼吸科医师、护士、内科辅助医师，还有社区工作者，都需要本领域专家审核后的可靠和最新的信息来源。国际肺癌研究协会在各个层面都意味着全球性和多学科专业性：基础科学、流行病学、呼吸内科、肿瘤内科和放射肿瘤学、外科学和临终关怀，以及护理和患者利益宣传。但国际肺癌研究协会还认识到这些专业内容必须通过教育工作加以传授。基本水平的教育需要为面对恶性胸部肿瘤患者的从业人员提供全面、及时和具备可读性的参考文献。

这也是为什么本协会在2014年出版了《IASLC胸部肿瘤学多学科指南》，即希望在巩固权威来源的信息中迈出第一步。此指南一直不断更新、修订，以及在后续版本中加入新观点，致使基本内容虽然保留下来，但新发现也仅是由发现者自己讨论。这也是我们为什么出版新版参考书——《IASLC胸部肿瘤学》的原因。然而，我们从未想象到过去两年间的信息爆炸也需要提供给读者。肺癌基因组表型分析得到显著拓展，迫使第三代靶向药物的新试验出现并得以验证。疾病分期系统也得到修改并进行了外部验证。疾病组织学分型可在疾病早期辅助找出高危患者。放射技术得到进一步拓宽并更多实施于寡转移疾病和早期患者，最显著的是免疫治疗策略，其不仅限于检查点抑制，在许多转移性疾病新试验和新佐剂与佐剂治疗中已占据主导地位。

你能够掌握并且“熟知”一本书的所有方面吗？这是一项艰难的工作；但编辑和我们之前对本书做出贡献的各章节作者们，将新的专家和2016年第四季度会议的最新内容加入了本书。本书仍然是一项“进展中的任务”并具备在线功能，国际肺癌研究协会与其出版合作商爱思唯尔，均希望将来从这一“处理器”获取信息能实时进行。后续选出在线更新的章节将为读者提供最新消息以及来自多学科的进展。随着国际肺癌研究协会不断成长与成熟，我们希望这些章节也能不断丰富起来，以便基于事实的信息及时而更快地传播，提高读者实践能力。

现在的第二版中的更新信息超过50%，有利于整合大量全新的数据并以全面的多学科协作模式将内容加以呈现。新发现以“热点新闻”的方式展现，使得科研人员和非科研人员都能及时跟进胸部癌症诊疗进展，最终使患者受益。这方面的努力需要一个全球性的组织，以及像这个组织一样，能提供信息来源并不断更新的一本书。

就像本书第一版，如果没有我们的主编德博拉·维朋（Deborah Whippen），这一计划绝无可能在不到两年时间内基本成型。德博拉一直以来都是本书以及其他国际肺癌研究协会出版物的黏合剂，没有她的话书中每一页都将随风飘散。医师们众所周知地缺乏组织性，而医学编辑们投身于这一领域。因此完成这项任务的动力，从持续更新各章内容，到润稿再到编辑索引甚至统筹封面效果，都落在了德博拉和她的爱思唯尔书籍出版专家团队的肩上，包括泰勒·鲍尔（Taylor Ball）和莎伦·科雷尔（Sharon Corell）。能与这些致力于文字的爱好者共同工作并倾听他们的声音，我们成为世界上最幸运的作者。

编辑们同样要感谢国际肺癌研究协会的委员会，他们允许我们将国际肺癌研究协会教育作品的这一部分发扬光大。即使国际肺癌研究协会在大型会议、网络研讨会、共识会议和书籍出版（包括《IASLC胸部肿瘤学分期手册》和《IASLC肺癌ALK与ROS1检测图谱》）上取得了卓越成功，仍有许多因素促使这本62章节的参考书的更新提上日程。我们能感受到我们的作者将全部身心投入到这项工作中，这种热忱完全不同于书籍编写中经常产生的焦虑。作者们在撰写最有用信息的章节时的专心致志显而易见地贯穿这一工作的始终。

《IASLC胸部肿瘤学》希望为从业者及相关人员提供应对肺癌的具备实用性的最新资料来源。通过认识到结成联盟以对抗肺部和其他胸部癌症，我们才能赢得这一战，我们也寄望于未来能将全球的同人们联合起来，IASLC支持这样的联盟。这场战争不仅在科室与医院内打响，在教育前线中也一样，从而为医疗战士们提供治疗的成功策略。作者及编辑们最大的期望就是本书和所有相关的后续项目中的知识有助于使生存曲线上扬并朝着好的方向前进。

哈维·I.帕斯（Harvey I. Pass）
乔治·V.斯卡廖蒂（Giorgio V. Scagliotti）
戴维·鲍尔（David Ball）
（常 锐 译）

目　录

第1篇　肺癌的控制和流行病学

第1章　肺癌的经典流行病学

Paolo Boffetta

要点总结

- 随着吸烟率和吸烟水平的下降，许多国家的男性肺癌发病率和死亡率都有所下降。许多国家的女性肺癌发病率和死亡率仍在增高，并已成为癌症死亡的主要原因。
- 虽然肺癌筛查已取得了重要进展，但通过烟草控制进行初级预防仍然是对抗肺癌的主要途径，特别是在发展中国家。
- 职业因素、被动吸烟、包括氡在内的其他室内污染物和空气污染是肺癌重要的可改变的病因。此外，营养因素和感染因子也是潜在的危险因素。除烟草外，对其他致肺癌物的控制已对多个高危人群产生了重大影响。
- 肺癌在非吸烟者中并不罕见。尽管吸烟和其他致癌物之间存在交互作用，但研究表明多种物质也会导致非吸烟者罹患肺癌。
- 肺癌是20世纪最重要的流行疾病，在21世纪很可能仍然是一个主要的公共卫生问题。肺癌也是初级预防重要性的典范，它提醒人们科学知识本身并不足以确保人类健康。

肺癌流行病学的历史与现代慢性病流行病学的历史是平行的。在19世纪，肺癌在矿工和其他一些职业群体中的发病率过高，但除此之外，这种疾病非常罕见。肺癌的流行始于20世纪上半叶，当时人们对其可能的环境病因有很多猜测和争议。

无论是男性还是女性，肺癌发病率在40岁以下人群中较低，随后逐渐增高，在70岁或75岁时达到最高（图1.1），随后降低。老年人群中肺癌发病率的降低至少部分可由诊断不完全或时代（出生队列）效应来解释。

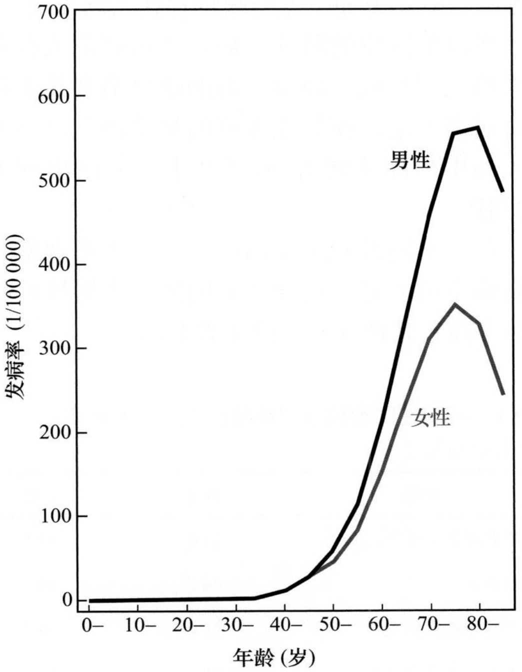

图1.1　美国不同性别的年龄别肺癌发病率（1/100 000）
数据来自2003—2007年美国监测、流行病学最终结局数据库[1]

由于肺癌发生部位很明确，症状的进展可促进诊断，并且主要危险因素相对容易确定，肺癌流行病学在方法学上一直以来比较明确和直接。基于分子技术对肺癌进行分类的新方法可能会为病因学带来新的认识，尤其是对于非吸烟者中发生的肺癌。

1　描述性流行病学

肺癌在20世纪初还是一种罕见疾病，但目前已成为多数国家中男性最常见的恶性肿瘤，也是男性和女性癌症死亡的主要原因。据估计，2012年男性肺癌新发病为124.2万例，女性新发病为58.3万例，分别占男性和女性除非黑色素瘤皮肤癌以外所有癌症的17%和9%。继非黑色素瘤皮肤癌之后，肺癌是人类最常见的恶性肿瘤，也是癌症死亡的主要原因。约58%的癌症发生在发展中国家[1]。

肺癌发病的地区和时间分布主要由烟草消费情况决定。烟草消费量的增加往往伴随着后期几十年肺癌发病率的增加，反之，烟草消费量减少之后其发病率也随之下降。其他因素，如遗传易感性、不合理饮食和室内空气污染，在肺癌的描述性流行病学方面可能与吸烟存在共同作用。

当前男性中的肺癌发病模式由高危人群和低危人群共同形成。高危人群的烟草消费几十年来一直居高不下，而低危人群的烟草消费已不再增加（如中国和非洲），或者几十年来已出现下降（如瑞典）。

在由不同种族组成的国家，经常可观察到肺癌发病率的差异。例如，美国黑种人男性的肺癌发病率高于其他族裔人群（表1.1）。

表1.1 不同性别和种族的年龄标化肺癌发病率（1/100 000）[a]

种族	男性	女性
亚洲和太平洋岛民	31.6	17.5
黑种人	66.8	35.5
西班牙裔白种人	25.0	16.5
非西班牙裔白种人	51.2	38.1

注：[a]数据来自2003—2007年美国监测、流行病学最终结局数据库[1]

在过去的25年中，肺癌的组织学类型分布一直在发生改变。在美国，鳞癌以前为主要类型，但目前比例正在下降，而腺癌的比例无论在男性还是女性中均呈增加趋势[2]。在欧洲，同样的变化也发生在男性中，而女性鳞癌和腺癌的比例都在增高[3]。尽管少部分可归因于诊断技术水平的提高，但烟草消费构成和模式的改变（低尼古丁和焦油烟草的烟雾吸入更深）也可导致腺癌发病率增高[4]。

2 危险因素

2.1 吸烟

强有力的证据表明，吸烟可引起所有主要组织学类型的肺癌。自20世纪50年代初以来，烟草烟雾对肺的致癌效应已被流行病学研究证实，并且自60年代中期以来，公共卫生和监管当局也已认识到这一点。在多数人群中，吸烟是导致肺癌的主要原因，而这种疾病的地区和时间模式在很大程度上反映了过去几十年的烟草消费水平。由于烟草烟雾具有高度致癌性，大幅降低烟草消费可避免人类很大部分的癌症发生[5-6]。

持续吸烟者发生肺癌的危险比非吸烟者高10～20倍。总体相对危险反映了吸烟在不同方面的作用：平均消费量、吸烟持续时间、戒烟后时间、开始吸烟年龄、烟草产品类型和吸入方式，以及非吸烟者的绝对风险。

多项大型队列和病例对照研究提供了关于吸烟时间和吸烟量对肺癌风险增加相对贡献的详细信息。Doll和Peto[7]对一项大型英国医师队列研究的数据进行了分析，认为肺癌风险的增加与每日吸烟量平方成正比，也与吸烟时间四次方成正比。因此，吸烟时间长短应被视为吸烟者发生肺癌最大的决定因素。50年后对同一队列的随访分析证实了上述结果[8]。

烟草相关肺癌发生的一个重要反证是戒烟的效果。在戒烟大约5年后，戒烟者的肺癌风险急剧下降，甚至在晚年戒烟的效果也很明显。然而，即使是长期戒烟者，其肺癌的终生发病风险仍较高[6]。

低焦油卷烟的吸烟者发生肺癌的危险较吸高焦油卷烟者低，吸过滤嘴卷烟者的肺癌发生危险也低于吸非过滤嘴吸烟者。吸黑色（晾制）烟草者发生肺癌的危险是吸黄色（烤制）卷烟者的2～3倍[6]。然而，焦油含量、有无过滤嘴及烟草种类并不是独立的，高焦油卷烟往往不带过滤嘴，并且在同时使用黑色和黄色烟草的国家，卷烟更多的是由黑色烟草制成的。

虽然卷烟是西方国家的主要烟草产品，但雪茄、小雪茄和烟斗与肺癌风险也存在暴露-反应关系，表明这些产品也有致癌作用。相关研究[6]也表明，使用地方性烟草产品后，如印度的bidi和hookah、泰国的khii yoo、中国的水烟，肺癌的发生风险也增加。有限的数据表明，在使用其他烟草产品后，如西亚和北非的narghile和苏丹的toombak，肺癌的发生风险也增加。

2.1.1　不同组织学类型、性别及种族中吸烟效应的差别

尽管有大量证据表明，吸烟可导致所有主要组织学类型的肺癌，但其与鳞癌和小细胞癌的关联似乎更强，而与腺癌的关联强度较弱。在过去的几十年中，腺癌的发病率显著增高。这种增高部分可能归因于诊断技术的改进，但吸烟的某些方面也可能发挥了作用，然而目前还不清楚吸烟的哪些方面可以解释这些变化。

一些研究[9]表明，吸烟数量相当的男性和女性患肺癌的风险存在差异，但大多数现有的证据并不支持这种性别差异[6]。

与美国其他种族相比，黑种人肺癌的发病率更高，这可能是由于该人群烟草消费量较高所致[10]。与欧洲和北美相比，中国和日本吸烟者肺癌的发生风险较低，其原因可能为规律性重度吸烟在亚洲近年才开始出现，尽管传统吸烟产品成分的差别和遗传易感性也可能在其中发挥了作用[11]。

2.1.2　二手烟

流行病学证据与生物可信性支持非吸烟者中烟草烟雾的二手暴露与肺癌风险的因果关联[12]。基于主动吸烟、饮食或其他因素引起的可能的混杂因素或报告偏倚，已对原始研究中二手烟相对高风险的证据提出了挑战[13-14]。然而，即使将这些因素考虑在内，此关联仍被证实，并且二手烟可使肺癌风险增高20%～25%[12, 15]。

家庭暴露（主要来自配偶）和工作场所暴露都存在被动吸烟的情况[16-17]。相比之下，几乎没有证据证实儿童受被动吸烟的影响[18]。

2.1.3　吸烟的混杂作用

吸烟在肺癌发病中的重要性使得对其他病因的研究复杂化，这是因为吸烟可能是一个强混杂因素。例如，暴露于疑似致癌物产业工人的吸烟量可能会多于未暴露的对照人群。暴露组肺癌风险的增加，特别是在增加幅度较小的情况下，可能是由于两组吸烟的差别，而非职业因素的作用。一种解决方法是将研究限定于终生不吸烟的人群。然而，他们可能代表一个特定的群体，在此群体中许多感兴趣的暴露因素的比率比较低。另一种解决方法是详细收集吸烟习惯的信息，并比较不同吸烟者群体中疑似致癌物的作用。这种方法已经表明，吸烟作为一种混杂因素很少能完全解释发生风险增加大于50%的肺癌[19]。

2.1.4　吸烟与其他致肺癌物的交互作用

在研究吸烟对肺癌发病的影响时，其他致癌物可能与烟草烟雾产生交互作用。也就是说，与轻度吸烟者或非吸烟者相比，重度吸烟者中暴露于另一种因素所致肺癌的绝对或相对危险可能更大或更小。交互作用可发生于暴露阶段，即另一种物质必须被烟草颗粒吸收才能进入肺部，也可发生于致癌过程中的某个阶段。例如，诱导常见的代谢酶或激活常见的分子靶点。关于吸烟和其他因素之间交互作用的经验性证据很少，主要是因为缺少轻度吸烟者和非吸烟者的数据[20]。石棉暴露和吸烟的交互作用介于相加模型和相乘作用模型之间。氡暴露和吸烟的交互作用最符合亚相乘作用模型[21]。其他因素的数据太少，其与吸烟的交互作用无法得出结论。

2.1.5　无烟烟草制品的使用情况

很少有研究对无烟烟草产品使用者中的肺癌危险进行分析。在两项大的美国志愿者队列中，非吸烟者使用口嚼烟相关的肺癌相对危险度分别为1.08［95%可信区间（confidence interval，CI）为0.64～1.83］和2.00（95%CI为1.23～3.24）[22]。在瑞典一项队列研究中，使用鼻烟的肺癌相对危险度为0.80（95%CI为0.61～1.05）[23]。在一项来自印度的大型病例对照研究中，使用含烟草的咀嚼产品发生肺癌的相对风险为0.74（95%CI为0.57～0.96）[24]。总体而言，使用无烟烟草产品使肺癌风险增加的证据很弱，在包含吸烟者的研究中发现，出现明显的保护作用可能是由于未经控制的负混杂因素的存在。

2.2　饮食因素

2.2.1　蔬菜和水果

现有证据表明，富含蔬菜和水果的饮食可能具有对抗肺癌的保护作用[25]。虽然在大多数病例对照研究中发现了高蔬菜和水果摄入量的保护作

用，但在有详细饮食信息的前瞻性研究结果中，高蔬菜和水果摄入量对肺癌的保护作用结果并不一致。结果不一致的可能原因包括回顾性饮食评估的偏倚、队列研究中暴露的错误分类和有限的异质性、吸烟造成的残余混杂和食物成分的变异性。在特定种类的水果和蔬菜中，十字花科蔬菜的证据更为充分[26]，但即便如此，也不能认为这类食物是肺癌强有力的保护因素。

2.2.2 肉类及其他食物

尽管现有的证据不支持这一假设[25]，但有研究表明，大量摄入肉类，特别是油炸或过度烹饪的红肉，会增加肺癌的发生风险[27]。如果这种关联确实存在，其可能是由在肉类烹饪过程中形成的亚硝胺和肉类中饱和脂肪酸成分（讨论见后）而引起的[28]。尽管在一些研究中对摄入其他食物，如谷物、豆类、蛋类、牛奶和乳制品引起的肺癌风险也进行了估计，但这些结果并不能作为判断效应的依据[25]。

2.2.3 咖啡和茶

有几项研究表明，大量饮用咖啡与肺癌风险的增加相关[29]。然而，很明显这也可能是由吸烟的残余混杂因素所致，目前尚不能得出结论[25]。有一些证据表明茶，尤其是绿茶，对吸烟者有化学预防作用[30]，但总体证据并不一致。

2.2.4 脂类

几项生态学研究发现总脂质摄入量与肺癌风险呈正相关，并且此关联似乎与烟草消费所致的风险无关[31]。然而，针对此关联的分析性研究结果却与此不同。尽管没有研究证实总脂质摄入具有保护作用，总脂质摄入相关肺癌风险的增加仅见于病例对照研究，而一项纳入了8项队列研究的汇总分析并没有提供关于总脂肪或饱和脂肪高水平摄入增加肺癌风险的证据[32]。

2.2.5 类胡萝卜素

许多研究表明，肺癌的风险与β-胡萝卜素或总胡萝卜素（大多数情况下相当于α-胡萝卜素和β-胡萝卜素的总和）的摄入量有关[33]。截至1994年，5项队列研究和18项病例对照研究发表的研究结果提供了28个不同人群的风险估计，只有1个结果显著不同[34-35]。在这28个结果中有25个表明高β-胡萝卜素摄入具有保护作用。与摄入量最低的人群相比，在摄入量最高的人群中这种保护作用可使肺癌的风险降低30%～80%[31]。在许多国家，不论男女，不论吸烟者或不吸烟者，所有主要组织学类型的肺癌风险都降低了。有前瞻性研究对收集的血清中β-胡萝卜的水平进行了检测，也得到了类似的结果[36]。基于补充β-胡萝卜素的随机干预试验结果否定了大多数观察性研究结果所表明的保护作用的证据（表1.2）。在这些试验中，有两项纳入了吸烟者和有石棉暴露的工人，在这两项研究的治疗组中发现了肺癌发病率的显著增加，其余研究未明确β-胡萝卜素的作用。观察性研究和预防性试验结果之间的差异可归因为除β-胡萝卜素外的其他水果和蔬菜中癌症保护因素的混杂作用，或者大的非生理剂量β-胡萝卜素可能导致的氧化损伤，特别是在吸烟者中[37]。

表1.2 补充β-胡萝卜素与肺癌风险的预防试验

作者	国家或地区，人群，年龄（岁）	随访时间	每日剂量（mg）	RR	95%CI
Kamangar等（2006）[30a]	林州市（中国），29 584，40～69	1986—2001	15[a]	0.98	0.71～1.35
ATBCCP Study Group（1994）[30b]	芬兰，29 133男性吸烟者，50～69	1985—1993[b]	20	1.18	1.03～1.36
Hennekens等（1996）[30c]	美国，22 071男性医生，40～84	1982—1995	25[c]	0.93	NA
Omenn等（1994）[30d]	美国，18 314吸烟者或石棉工人，45～74	1985—1995	30	1.28	1.04～1.57

注：[a]与硒（50 μg）和α-生育酚（30 mg）联用；[b]癌症发病率随访；[c]隔日服用50 mg；CI，可信区间；NA，不适用；RR，相对危险度

2.2.6 其他微量元素

对于所有的抗氧化性维生素或其他微量元素，目前尚无确切证据表明它们具有对抗肺癌的保护作用，特别是硒、维生素A、叶黄素和番茄红素的数据尚无定论[25, 38]。这些微量元素的血清学研究结果尚不足以对其进行评价。观察性

研究结果表明，低水平的维生素D与肺癌风险相关[39]。然而，随机试验的结果并未提供支持性证据，提示在得出结论时应谨慎。

2.2.7　异硫氢酸盐

在实验室中异硫氰酸盐是一类具有防癌活性的化学物质，其可能是摄入大量十字花科蔬菜可降低肺癌风险的原因。谷胱甘肽S-转移酶M1和T1参与了它们的代谢。如前所述，这些酶具有多态性，其中5%～10%的欧洲人和30%～40%的亚洲人都携带这两种酶的缺失型。4项研究[40-43]表明，在两种酶缺失型的携带者中摄入大量异硫氰酸盐的保护作用比在其他非携带者中更强（图1.2）。尽管尚不能得出最终结论，但这种作用是肺癌发病过程中可能的基因-环境交互作用的一个范例。

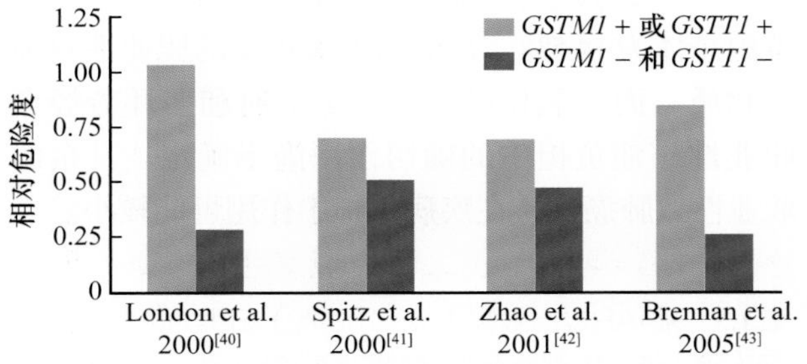

图1.2　4项肺癌病例对照研究中异硫氰酸盐高摄入与谷胱甘肽S-转移酶μ1（*GSTM1*）和谷胱甘肽S-转移酶θ1（*GSTT1*）多态性的交互作用

2.3　酒精

在许多人群中，饮酒与吸烟之间存在着很强的相关性，因此很难在合理控制烟草潜在混杂效应的同时阐明酒精对肺癌发生的作用。Meta分析表明，在酗酒者中观察到的肺癌风险增加主要是由于这种残余混杂因素的影响，但一些证据也表明，调整吸烟后大量饮酒与肺癌间存在关联[44-45]。一项纳入7项队列研究的汇总分析也证实了这一结果[46]。总体而言，根据现有证据，现在下结论认为喝酒和肺癌之间的关联已经得到证实尚为时过早。如果这种关联是因果关系，那么酒精可能会作为致癌物的溶剂，诸如烟草烟雾中的致癌物。此外，酒精可以诱导代谢酶或通过乙醛活性代谢物引起直接的DNA损伤而产生作用[47]。

2.4　激素

雌激素和孕酮受体在正常肺组织和肺癌细胞系中均有表达，雌二醇对肺癌细胞有增殖作用。尽管雌激素对肺癌发生的作用尚未被证实，但雌激素可能通过DNA加合物的生成和生长因子的激活而发挥作用[48]。5项病例对照研究、两项队列研究和一项随机试验报告了激素替代治疗后肺癌风险的数据[49-56]。早期研究中发现肺癌的风险略有增加，而在最近的研究中发现肺癌的风险有所降低。在唯一的一项随机试验中未观察到任何效应[53]。尽管不同的结果可用替代疗法中所用剂型的变化来解释，但在唯一的一项随机试验中缺乏效应，这与这种类型的暴露对肺癌的作用相矛盾。一项Meta分析纳入了3项队列研究和一项病例对照研究，对血清胰岛素样生长因子1水平与肺癌的关联进行了分析。结果表明，总体相对危险度为1.01（95%CI为0.49～2.11）[57]。胰岛素样生长因子结合蛋白3水平与肺癌关联研究结果也呈阴性，总体相对危险度为0.83（95%CI为0.38～1.84）。将一项异常的研究排除后，发现高水平的胰岛素样生长因子结合蛋白3可降低肺癌的风险，相对危险度为0.53（95%CI为0.34～0.83）。

2.5　人体测量值

有证据表明，体重指数下降与肺癌风险增加之间存在关联。然而，这种反向关联可以通过吸烟的负混杂作用来解释[58]，至少部分可用此解释，并且在非吸烟者中未发现两者之间明确的关联。后续的研究也支持这一结论，认为这种明显的关联是由混杂作用引起的[59]。有证据表明，身高和肺癌的风险有直接关联[60]。后期的研究支持这一结果[61-62]，尽管证据并不完全一致[63-64]。

2.6　感染

研究发现肺结核患者患肺癌的风险增加[65]。在吸烟者和非吸烟者中进行的社区研究中报告了类似的关联[49, 66-68]。中国上海一项信息量最大的研究[69]纳入了大量的肺结核患者，整个队列中肺癌的相对危险度为1.5，诊断为肺结核20年后肺癌的相对危险度为2.0，肺结核病灶的位置也与肺癌的风险相关。目前尚不清楚肺癌风险的升高是由肺实质的慢性炎症状态引起，还是由分枝杆菌的特异性作用引起。一项大型研究排除了异烟肼的作用。异烟肼是一种抗结核药物，在实验动物中被广泛使用，可使实验动物发生肺肿瘤[70]。

肺炎衣原体可引起急性呼吸道感染。目前已发表了6项关于在携带肺炎衣原体感染标志物个体中肺癌发病风险的研究。所有6项研究均显示了两者的正向关联[71]。然而，与诊断后收集样本的研究相比，在基于诊断前样本的研究中肺癌风险的估计较低。人乳头状瘤病毒感染与肺癌，特别是与腺癌的关联，已被一系列病例分析的结果所证实，并且越来越多的证据表明，在可能存在此病毒暴露的工人中肺癌的风险增加[72]。目前的研究结果不足以得出上述病原体与肺癌是否存在因果关联的结论。其他被认为在肺癌发生中起作用的生物学因素还包括猴病毒40和犬小孢子菌（一种真菌）[73-74]。

2.7 电离辐射

确凿证据表明，高剂量的电离辐射会增加肺癌的发生风险[75]。因强直性脊柱炎或乳腺癌接受放疗的幸存者中肺癌的发生危险呈中度增加（当累积暴露超过100 rad时，相对危险度为1.5～2.0）[76]。与其他组织学类型的肺癌相比，小细胞癌与高剂量电离辐射的关联强度更大。然而，在电离辐射暴露水平相对较低的核工业工人中，并未发现肺癌风险的增高[75]。

一直以来，人们发现暴露于放射性氡及其衰变产物的地下矿工患肺癌的风险更高。放射性氡及其衰变产物会释放出α粒子[77]。此风险随累积暴露估算值的增大而增大，末次随访年龄越小，停止暴露时间越长，危险越小[78]。在对11个队列的汇总分析中，随着工作水平年增加1个单位，肺癌风险增加约6%，且呈明显线性相关[78]。也有证据表明，在累积暴露近似的情况下，暴露时间较长同时暴露率较低时肺癌风险更大，并且吸烟对氡的致癌作用具有效应修饰作用[78-79]。目前，人们对氡及其衰变产物致肺癌风险的关注主要来自居住环境，而非职业暴露。一项Meta分析纳入了13项欧洲病例对照研究，发现室内氡每增加100 Bq/m^3，肺癌发生的相对危险度为1.084（95%CI为1.030～1.158）[80]。校正测量误差引起的稀释效应后，相对危险度为1.16（95%CI为1.05～1.31）。氡致肺癌表现为线性无阈性，对北美研究的类似分析也得出了同样的结论[81]。这些结果表明，室内氡暴露可能是肺癌的一个重要原因，特别是在未暴露于职业致癌物质的非吸烟者中。

2.8 职业暴露

早在20世纪50年代就有报道明确指出，特定职业暴露在肺癌病因学中具有重要作用。许多行业和职业的工人患肺癌的风险增加（表1.3）[82-83]。目前已确定高危工作场所中多种致癌物质可使肺癌风险增高，但并非全部致癌物质都被发现。目前已对许多职业性致癌物质的致癌作用进行了评估[19]。2010年和2012年的两项研究分别对法国和英国肺癌病例中归因于职业因素的比例进行了估算[84-85]，其中法国男性为12.5%，女性为6.5%，英国总体为14.5%。石棉仍为最重要的职业性致肺癌物质，而二氧化硅、氡、重金属和多环芳烃在职业性癌症负担中的确切作用尚不确定。其余的职业性致肺癌物质在疾病负担中作用可能较小。

表1.3 被IARC出版物（1～100卷）归类为人类致癌物（第1类）中靶器官为肺部的职业性因素、致癌物、混合物及职业（Cogliano等[82]）a

致癌物，混合物，职业	主要行业，用途
致癌物及致癌物类别	
砷及无机砷化合物	玻璃，金属，农药
石棉	绝缘体，过滤器，纺织品
铍及铍化合物	航空航天
二氯甲基醚及氯甲基甲醚	化学中间体
镉及镉化合物	染料/颜料
铬-b化合物	金属电镀，染料/颜料
被动吸烟	款待应酬
镍化合物	冶金、合金、催化剂
钚	国防
X射线和γ辐射	医疗
氡-222及其衰变产物	采矿
二氧化硅，结晶型	石材切割，采矿，玻璃，纸张
混合物	
煤焦油沥青	建筑，电极
烟尘	颜料

续表

致癌物，混合物，职业	主要行业，用途
职业	
铝生产	NA
煤气化	NA
焦炭生产	NA
赤铁矿开采（地下）	NA
钢铁铸造	NA
涂装	NA
橡胶制品业	NA

注：[a]自此来源出版以来，柴油机废气（主要用于采矿和运输）已被列入名单（Benbrahfim Tallaa 等[83]）；IARC，国际癌症研究机构；NA，不适用

2.8.1 石棉

吸入石棉纤维增加肺癌风险的首个证据可以追溯到20世纪50年代[86]。尽管温石棉的致癌性可能低于其他类型的石棉，但所有类型的石棉——温石棉和角闪石，包括青石棉、铁石棉和透闪石，都可导致肺癌的发生[87]。虽然石棉在许多国家已被禁止，但仍有相当数量的工人存在石棉暴露，其中主要是在建筑业。在许多资源匮乏和资源中等丰富的国家，职业暴露广泛存在。在许多国家很多职业相关的肺癌是由石棉所致。

2.8.2 金属

无机砷自20世纪60年代末以来已被认为是肺癌致癌物，其暴露主要见于热冶炼工人，其他因无机砷暴露而肺癌风险增高的群体包括毛皮加工者、羊毛浸液化合物和杀虫剂生产工人以及葡萄园工人[88]。在铬酸盐、铬酸盐颜料生产工人、镀铬及铬铁生产工人中，六价铬化合物可增加其肺癌的风险。在仅暴露于三价铬化合物的工人中未发现这种风险的增加。关于是否所有镍化合物都对人类致癌，尚缺乏一致意见。现有的证据不能明确区分工人接触不同镍盐的影响。以镉为基础的电池制造企业、铜镉合金行业和镉冶炼厂的工人患肺癌的风险有所增加。这种风险的增加似乎与镍或砷的共同暴露无关。美国的研究发现，工业化早期技术阶段接触铍的工人患肺癌的风险过高[89]，尽管这些结果对当前暴露环境的意义仍存在争议[90]。

2.8.3 硅

研究报道矽肺患者队列中肺癌的风险增高[91]。许多研究者对铸造、制陶、陶瓷、硅藻土开采、制砖和石材切割等行业中暴露于结晶型二氧化硅的工人进行了调查，其中一些患者可能已患硅肺病。有些研究发现肺癌的风险增加，但并非所有研究都得出相同结果，而且在得出阳性结果的研究中，肺癌风险的增加较小，且存在暴露-反应关系[92]。

2.8.4 多环芳烃

多环芳烃（polycyclic aromatic hydrocarbons，PAH）是有机物燃烧过程中形成的一类复杂而重要的化学物质。它们在人类环境中广泛存在。对大多数人来说，饮食和吸烟是多环芳烃暴露的主要来源。许多职业环境都存在高水平PAH暴露。然而，这些化学物质总是以含有各种成分的复杂混合物的形式出现。因此，很难评估来自单个PAH的风险。在多个存在PAH暴露的行业和职业中，如制铝、煤气化、焦炭生产、钢铁制造、焦油蒸馏、屋顶和烟囱清扫，已经发现肺癌风险的增高[93]。在页岩油开采、木材浸渍、道路铺装、炭黑生产和碳电极制造等其他几个行业中，也发现肺癌风险的增高，并且在有详细暴露史的研究中也发现PAH与肺癌风险存在暴露-反应关系。机动车和其他发动机废气是多环芳烃混合物的重要组成部分，空气污染有很大部分来自它们。现有的流行病学证据表明，在具有柴油发电机尾气职业暴露的工人中肺癌的风险较高[94]。

2.9 疾病及治疗

肺纤维化主要源自高水平纤维和粉尘的慢性暴露。除结核和肺纤维化（此两种暴露均在前面部分进行了讨论），已发现慢性呼吸道疾病与肺癌的风险相关。慢性支气管炎和肺气肿患者发生肺癌的风险呈中度增高，调整吸烟后鳞癌的风险比其他类型的肺癌更高[66, 94-95]。然而，共同暴露的作用，即吸烟和慢性炎症，仍未完全阐明。一项Meta分析[96]在非吸烟者中对肺癌和哮喘的关联进行了研究，发现哮喘的总体相对危险度为1.8（95%CI为1.3～2.3），限定于那些对吸烟进行了调整的研究再进行分析后的结果类似。然而，由

于证据主要基于病例对照研究，不能完全消除选择和回忆偏倚[97]。

在其他烟草和生活方式相关的癌症幸存者中发生肺癌的风险增加[98]。共同的危险因素、放疗的长期作用以及易感性的增加在第二原发癌的发病过程中可产生交互作用。化疗和放疗对第二原发性肺癌风险的影响已在乳腺癌长期幸存者中进行了广泛的研究，在此群体中有2%～9%发生了肺癌[99]。肺癌风险的增加仅限于那些接受放疗的患者，此群体中存在明显的暴露-反应关系，并且与吸烟存在交互作用。

多项研究评估了经常服用阿司匹林和其他非甾体抗炎药的人发生肺癌的风险。纳入15项研究的一项Meta分析得出的合并相对危险度为0.86（95%CI为0.76～0.98）[100]。然而，不同的研究之间存在异质性，可能是由于暴露的定义不同。此保护作用在病例对照研究（相对风险为0.74，95%CI为0.57～0.99）中较队列研究（相对风险为0.97，95%CI为0.87～1.08）更强，提示存在回忆偏倚。特别是在一项纳入100万美国志愿者的大型队列研究中，并未发现肺癌发生风险的降低[101]。然而，在纳入8项阿司匹林试验的一项Meta分析[102]中，在试验结束后的前10年内肺癌的风险降低（相对危险为0.68，95%CI为0.50～0.92）。

2.10 室内空气污染

室内空气污染被认为是中国和其他亚洲国家一些地区非吸烟女性肺癌风险增高的主要决定因素。在通风不良的房屋中燃煤情况下的证据更充分，但此证据也见于燃烧木材和其他固体燃料，以及使用菜籽油等未经精炼的植物油进行高温烹饪时所产生的烟雾[103]。据报道，与一些中国女性相比，未暴露在严重室内空气污染环境中的人群，如中欧、东欧和其他地区的人群，其室内空气污染的各种指标与肺癌风险之间也存在着正相关关联[104-105]。

2.11 室外空气污染

大量证据表明，城市的肺癌发病率高于农村地区[106]。但是，这种情况可能是由于其他因素造成的混杂影响，特别是吸烟和职业接触，而不是由于空气污染。队列和病例对照研究由于难以评估相关空气污染物的既往暴露情况而具有局限性。空气污染暴露程度的评估，要么是基于替代性指标（如主要污染源附近社区的居民数量），要么是基于污染物水平的实际数据。这些数据包括了总悬浮颗粒物、硫氧化物和氮氧化物，它们不太可能是造成空气污染致癌效应的因素（如果有的话）[107]。此外，数据来源可能覆盖相当广泛的地区，掩盖了暴露水平的微小差别。

综合证据表明，城市空气污染可能会使肺癌的风险略微增加50%左右，但不能排除残余混杂因素的影响。在4项队列研究中细颗粒物的暴露评估是基于环境测量（表1.4），这些研究的结果表明，在空气污染暴露程度最高的人群中，肺癌风险略有增加。在2013年，国际癌症研究机构将室外空气污染归入可导致人类肺癌的致癌物范围[108]。

表1.4 细颗粒物暴露与肺癌风险关联的部分队列研究结果

研究；人群；参考文献	样本量及性别	RR	95% CI	暴露单位对比	暴露评估基础	极差或均值（SD）或两者（μg/m³）
基督复临安息日会健康研究；美国，1977—1992（Mc-Donnell et al.，2000）[102a]	6338，M	2.23	0.56～8.94	24.3 μg/m³ $PM_{2.5}$	1966—1992年居住史和根据1966—1992年机场能见度估计的当地每月污染物暴露情况	$PM_{2.5}$均值（SD），59.2（16.8）
ASC/CPS-Ⅱ；美国，1982—1998（Pope et al.，2002）[102b]	500 000，M+F	1.08	1.01～1.16	10 μg/m³ $PM_{2.5}$	1982年居住的城市 1979—1983年污染物平均水平	$PM_{2.5}$均值（SD），21.1（4.6）；极差，5～30 μg/m³
6个城市；美国，1975–1998（Laden et al.，2006）[102c]	8111，M+F	1.27	0.96～1.69	10 μg/m³ $PM_{2.5}$	1975年居住的城市 1979—1985年污染物平均水平	$PM_{2.5}$极差，34.1～89.9 μg/m³
ESCAPE；欧洲；1990s—2000s[a]（Raaschou-Nielsen，2013）[102d]	273 838，M+F	1.18	0.96～1.46	5 μg/m³ $PM_{2.5}$	纳入研究时的居住地 2008—2011年污染物平均水平	队列特异$PM_{2.5}$均值的极差，6.6～31.0 μg/m³

注：[a]对14个队列的汇总分析，主要在20世纪90年代纳入研究对象，随访截至2000年末；CI，可信区间；F，女性；M，男性；NA，不适用；PM，颗粒物；RR，相对危险度；SD，标准差

2.12　饮水污染

研究报道饮用含砷水的人群中肺癌的风险增高，相关研究来自包括阿根廷、智利和中国台湾地区的生态学研究，以及中国台湾地区的病例对照和队列研究，特别是来自由于慢性砷中毒所致黑脚病的流行地区的研究，如日本、智利和美国的病例对照和队列研究[109]。在大多数这些研究中都观察到了两者的暴露-反应关系，特别是在一项来自中国台湾水污染地区的队列研究中，与未受污染的水相比，每升污染水中砷含量为20 mg及以上时，估算的累积暴露所致肺癌的相对危险度为4.0[110]。

3　结论

鉴于肺癌预后不良且缺少有效的筛查程序，一级预防仍然是对抗肺癌的主要武器，而控烟是迄今为止最重要的预防措施。虽然烟草控制对肺癌发病率的影响可以在多个人群中得到证明，但仍有许多工作要做，特别是在妇女群体和低收入国家中。目前采取的另一项措施是控制一般环境和职业环境中其他肺癌致癌物质的暴露，在某些情况下这一措施至少已产生重大作用。肺癌预防的重点除控烟外，还包括了解饮食和其他生活方式因素的致癌或防癌作用、控制职业暴露、避免室外和室内污染的高水平暴露、明确可增加肺癌遗传易感性的疾病。在非吸烟者中肺癌并不罕见。这些肺癌的发生部分可归因于职业因素、被动吸烟和室内氡暴露，但其他危险因素，如营养、感染和遗传因素也日益受到关注。肺癌是20世纪最重要的流行疾病，在21世纪很可能仍然是一个主要的公共卫生问题。具有讽刺意味的是，尽管流行病学研究已确定了导致这种疾病的十几种病因，其中也包括在归因数量上占主导地位的吸烟，但全球范围内肺癌所致死亡人数仍超过了其他种类的恶性肿瘤。肺癌也是预防优先于治疗的一个范例，提醒人们科学知识本身不足以确保人类健康。

（范亚光　孙　丹 译）

主要参考文献

5. Peto R, Lopez AD, Boreham J, Thun M, Heath Jr C. Mortality from tobacco in developed countries: indirect estimation from national vital statistics. *Lancet*. 1992;339(8804):1268–1278.
7. Doll R, Peto R. Cigarette smoking and bronchial carcinoma: dose and time relationships among regular smokers and lifelong non-smokers. *J Epidemiol Community Health*. 1978;32(4):303–313.
8. Doll R, Peto R, Boreham J, Sutherland I. Mortality in relation to smoking: 50 years' observations on male British doctors. *BMJ*. 2004;328(7455):1519.
15. Hackshaw AK, Law MR, Wald NJ. The accumulated evidence on lung cancer and environmental tobacco smoke. *BMJ*. 1997; 315(7114):980–988.
37. Greenwald P. Beta-carotene and lung cancer: a lesson for future chemoprevention investigations? *J Natl Cancer Inst*. 2003; 95(1):E1.
80. Darby S, Hill D, Auvinen A, et al. Radon in homes and risk of lung cancer: collaborative analysis of individual data from 13 European case-control studies. *BMJ*. 2005;330(7485):223.
84. Rushton L, Hutchings SJ, Fortunato L, et al. Occupational cancer burden in Great Britain. *Br J Cancer*. 2012;107:S3–S7.
85. Boffetta P, Autier P, Boniol M, et al. An estimate of cancers attributable to occupational exposures in France. *J Occup Environ Med*. 2010;52(4):399–406.
102. Rothwell PM, Fowkes FG, Belch JF, Ogawa H, Warlow CP, Meade TW. Effect of daily aspirin on long-term risk of death due to cancer: analysis of individual patient data from randomised trials. *Lancet*. 2011;377(9759):31–41.
105. Hosgood 3rd HD, Boffetta P, Greenland S, et al. In-home coal and wood use and lung cancer risk: a pooled analysis of the International Lung Cancer Consortium. *Environ Health Perspect*. 2010;118(12):1743–1747.
107. Straif K, Cohen A, Samet J. *Air Pollution and Cancer. IARC Scientific Publication No. 161*. Lyon, France: International Agency for Research on Cancer; 2013:161.

获取完整的参考文献列表请扫描二维码。

第2章 烟草控制与一级预防

Matthew A. Steliga, Carolyn M. Dresler

要点总结

- 吸烟是肺癌的主要危险因素。随着烟草进入社会，肺癌的流行出现共同模式。通常，烟草首先为男性使用，其后为女性。吸烟率与肺癌流行率之间存在20～25年的滞后反映了这一点。
- 《世界卫生组织烟草控制框架公约》提供了全面的全球烟草控制战略。用首字母助记符“MPOWER”描述了六个关键概念。
- 监测（Monitor）烟草使用和预防政策：世界卫生组织已对调查和指标进行标准化，以便在不同社会和不同时期之间进行比较。
- 保护（Protect）人们远离烟草烟雾：二手烟是肺癌的一个危险因素。烟草烟雾所致疾病（哮喘发作、急性冠状动脉事件等）的减少与公共场所禁烟政策的实施相关。
- 提供（Offer）戒烟帮助：医生建议、药物治疗和戒烟热线可提高戒烟率，但未得到充分利用。
- 烟草危害警示（Warn）：公共服务信息是有效的。烟草包装上的书面和图形警示标识可使每位吸烟者看到，可有效减少吸烟。
- 实施（Enforce）烟草广告、营销和赞助禁令：烟草营销对象通常为青年和社会经济弱势群体。严格限制营销可避免不吸烟者吸烟和减少烟草使用。
- 提高（Raise）烟草税：烟草税在增加国家税收的同时可以减少烟草消费。遗憾的是，大多数烟草税收基金并未为其他控烟措施提供支持。

在过去50年中，控烟已挽救了许多人的生命。然而，由于烟草的持续使用，已有数百万本可以避免的死亡发生。在全球范围内，烟草使用稳步增长和扩散，以至于烟草所致的死亡和残疾已达到流行的程度。许多烟草引起的疾病，如脑血管疾病、心脏病、肺气肿及癌症，特别是肺癌，导致死亡和残疾。本章重点介绍全球烟草流行的增长、传播和现状，遏制烟草使用的全球措施，以及控烟措施对结局的潜在影响，特别是肺癌相关的死亡率。

由于通过各种机制鼓励、促进和长期使用烟草，有必要从多方面进行干预并提供烟草预防和戒烟。过去曾使用过各种控烟策略，这些策略在不同人群中取得了不同程度的成功。《世界卫生组织烟草控制框架公约》为21世纪的烟草控制提供了一种统一的多维方法，其基础框架是讨论全面实施烟草控制。尽管世界各地在语言、文化规范、经济资源和吸烟率方面存在很大差异，但几乎所有社会都深受烟草流行之害，应用基于证据的策略并持续努力有可能会挽救数百万人的生命。

1 烟草流行的历史背景

烟草原产于美洲，在1492年被欧洲人发现之前烟草在世界其他地方并不为人所知。在欧洲人开始接触烟草并对尼古丁上瘾之后，欧洲的烟草消费稳步增长。尽管烟草广受欢迎，英国国王詹姆斯一世仍颁布了《坚决抵制烟草》政策，这是首批有文献记载的控烟措施之一。在1604年，他不但指出吸烟的危害是“……难闻，损伤脑和肺……”，还讨论了在丈夫吸烟的情况下，女性二手烟暴露的影响，以及“避免永远臭气熏天折磨的解决方法”[1]。最早有文献记载的烟草控制政策之一是他同期颁布的*Commissio pro Tabacco*，对进口烟草征税[2]。在烟草传播的最初几年，其主要使用方式是咀嚼、吸烟斗、雪茄或鼻烟。烟草甚至被吹捧为药用。尽管有詹姆斯一世国王的控烟政策、政府税收和各种各样的宗教法令，烟草的使用在整个欧洲仍继续增长。

工业革命，其中也包括在19世纪末研制出的卷烟机，不仅使得卷烟可以批量生产，增加了烟草的使用，而且还将烟草的主要使用方式转换为了卷烟。与吸烟斗或雪茄相比，卷烟的吸入程度更深，从而会被肺实质吸收，而非被口腔和咽部薄壁组织吸收。由于深入肺部，尼古丁水平到达峰值的速度更快、强度更大，使得成瘾性大大增加。产品成瘾性增加，以及工业化、交通全球化和全球范围内对男性、女性、儿童的积极营销，使得烟草消费激增，烟草工业也成为一个高利润行业。

在全球范围内，研究人员已对人群中吸烟率与吸烟所致死亡率之间的流行病学关联进行了广泛的分析。可以预见，类似的模式往往会在不同社会之间反复出现。Lopez等[3]指出，经20～25年的滞后期后，吸烟率的上升就会反映为吸烟相关疾病所致死亡率的上升。总体而言，已经证明了基于此时间的滞后期，烟草所致疾病死亡率约为吸烟率的一半。例如，某人群吸烟率为60%，20年后吸烟所致死亡率为30%。烟草流行的首个阶段为起始阶段，此时吸烟率低，且吸烟所致死亡极低（图2.1）。在第二阶段，吸烟率在男性中快速增高，达到峰值，烟草所致死亡开始增高。在此期间，女性吸烟率开始增加，但死亡人数很少。在第三阶段，男性吸烟率下降，女性吸烟率

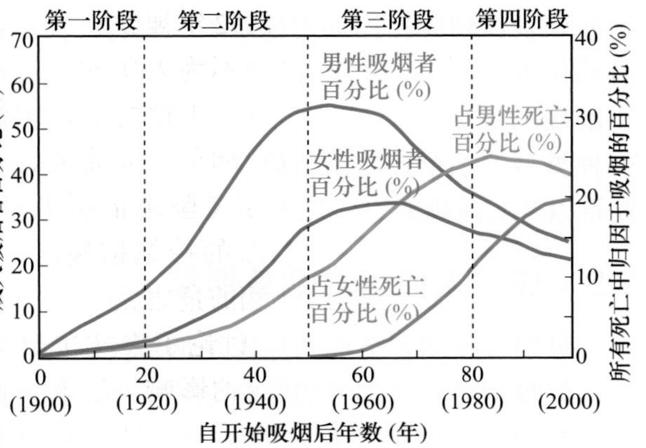

图2.1　1994年后的Lopez模型显示了发达经济体国家的烟草流行趋势，图中为男女吸烟率和归因于吸烟死亡的比例（基于肺癌数据）

经许可转载自：Thun M, Peto R, Boreham J, Lopez AD. Stages of the cigarette epidemic on entering its second century. Tob Control, 2012, 21 (2): 96-101.

持续上升。在此期间，男性死亡率在吸烟率达到峰值后的20～25年仍继续增高，女性死亡率也开始增高。在第四阶段，包括男性吸烟率下降，女性吸烟率趋于平稳或下降，最终死亡率下降。Lopez模型已应用于多个国家。一般来说，发展中国家往往以第一和第二阶段为代表，而在许多工业化国家，特别是男性，其吸烟率和死亡率已达到高峰，目前正处于第三或第四阶段。

吸烟相关死亡人数的上升和下降与美国肺癌发病率和死亡率的上升和下降几乎平行。在1900年之前吸烟相对少见，这与Lopez模型的第一阶段相对应。美国男性吸烟率从1900年后开始上升，在1965年左右达到峰值（第二阶段）。然而，在美国卫生总署发布吸烟与癌症关联的报告后[4]，男性吸烟率开始下降，但吸烟相关的男性死亡人数仍继续增加（第三阶段）。男性吸烟率的增高最终导致20年后肺癌相关死亡达到峰值，随后出现下降。在此期间，女性吸烟率上升并趋于稳定。在20世纪90年代末及以后，女性的死亡率才开始下降（第四阶段）。根据Lopez模型，随着吸烟率的下降，美国男性和女性的肺癌发病率和肺癌相关死亡率应该会继续下降。

此描述性模型也适用于许多其他国家。中国和日本男性吸烟率已经上升，并且吸烟所致死亡率在这些国家也已开始增高（第二阶段）。然而，澳大利亚、新西兰、英国和瑞典等国家已经历Lopez模型的所有阶段，目前正处于第四阶段，其男性和女性吸烟相关死亡率正在下降。尽管上述一些国家的烟草消费有所下降，但其他国家的烟草消费仍在增长，尤其是印度、日本和中国，这些国家的社会和文化的转变导致吸烟人数不断增加，尤其是女性。全球人口的增长、烟草消费向更多国家的扩散和妇女吸烟率的上升，都将导致全球烟草消费和烟草导致的死亡人数在预期内的迅速增加。烟草的危害是巨大的，据估计，20世纪全球有1亿人死于吸烟。目前，每年报告的吸烟所致死亡人数为500万。如果不改变这一趋势，预计在21世纪全球将有10亿人因吸烟而死亡[5]。

尽管一些国家的吸烟率已经下降，但由于烟草业的积极营销和烟草控制政策的松懈或缺失，其他国家的吸烟率已趋稳定或仍在上升。无可辩

驳的证据表明，这种被大肆营销的上瘾性产品可导致吸烟人群的早死和残疾（2个持续吸烟的人中就有1个死于与烟草有关的疾病），以及二手烟导致个体疾病的暴露。烟草控制不但可被视为公共卫生危机，也可从伦理和人权的角度来对待[6-7]。截至20世纪末，烟草流行已稳步发展成为一场大规模的全球危机，目前每年有500万人死于吸烟。烟草控制的目标在不同国家之间有所不同，且在同一个国家的州或省之间往往也不相同。卷烟的生产、销售和分销主要由以下几家国际公司控制：菲利普莫里斯集团、奥驰亚集团、英美烟草公司、日本烟草公司、雷诺烟草公司和中国烟草总公司。卷烟的生产、销售和分销已成为一个全球组织的网络，尽管在多个方面都正在与烟草进行斗争，但目前在烟草控制措施方面尚没有全球共识，并且也缺少应付此问题的统一对策。

2 21世纪的控烟措施

Roemer和Taylor[8]最初于1993年概念化了为应对这一全球流行的健康问题而制定全面、统一和可执行的全球战略的必要性。两位作者随后于1995年向世界卫生组织（World Health Organization，WHO）提出了《烟草控制框架公约》（*Framework Convention on Tobacco Control*，FCTC）的战略。经过不懈努力，2003年世界卫生大会通过了《世界卫生组织烟草控制框架公约》。FCTC作为WHO通过的第一项国际条约于2005年生效，并于2013年获得177个国家批准。值得注意的是，美国未加入此组织。这一协议在缔约国之间前所未有，成为第一个以统一方式对抗全球烟草流行的国际法律文书。此项条约在多层面划定了烟草危害的普遍标准，并通过有关教育、生产、广告、分销、销售和税收的规定，概述了在全世界限制烟草使用的战略。

整个WHO FCTC的细节不在本章的论述范围，但WHO编制发布了一份适用于国际关于烟草控制策略基本要素的概要，根据其6个组成部分（表2.1）的首字母缩写语称为“MPOWER”。本章以这些要素为基础，对一些成功的烟草控制策略进行了讨论。

表2.1 帮助有效烟草控制实施的措施

监测烟草使用和预防政策（Monitor tobacco use and prevention policies）
保护人们远离烟草烟雾（Protect people from tobacco smoke）
提供戒烟帮助（Offer help to quit tobacco use）
烟草危害警示（Warn about the dangers of tobacco）
实施烟草广告、营销和赞助禁令（Enforce bans on tobacco advertising, promotion, and sponsorship）
提高烟草税（Raise taxes on tobacco）

2.1 监测烟草使用和预防政策

如果要应对一种流行病，首先必须对其流行程度进行测量。提高全球成人和青少年烟草消费监测水平至关重要。直到目前，烟草流行的范围仍无充分的文献报道，特别是在发展中国家。已用于测量烟草流行情况的工具在不同国家间存在差别，这使得很难对不同国家之间进行比较。WHO全球烟草监测系统采用统一的形式来对烟草流行情况进行全面监测，并对措施实施后的效果进行评价。此系统包括3个基于学校的组成部分（全球青年烟草调查、全球学校人员调查和全球卫生专业学生调查）以及一个成人部分（全球成人烟草调查）。这些调查在所有问询中包含相同的基本数据字段，各个国家可根据意愿增加其他特定成分。一致性对于不同社会和（或）时间点间的比较很有必要。此系统包括3个连续的阶段：调查研讨会、数据分析和规划研讨会。规划研讨会的目的是确定当时适合该区域的需要和优先次序。这些调查计划应在控烟实施后不久进行，然后每隔几年重复一次。利用可靠的工具进行监测以获得准确的数据是真正确定何处最需要烟草控制、何种类型的烟草控制措施最合适、目标受众应该是谁以及实施政策的可能结局的唯一途径。

2.2 保护人们远离烟草烟雾

吸烟对吸烟者造成的危害是烟草控制的推动力，但吸烟对非吸烟者的影响导致了烟草控制的另一个分支：保护所有人不受烟草烟雾的危害。二手烟，也被称为环境烟草烟雾或被动吸烟，是哮喘、支气管炎和呼吸道感染的危险因素，而且研究已证实二手烟是肺癌和心血管疾病的危险因素。从不吸烟但丈夫吸烟的女性中肺癌发病率较高，相对危险度为1.3～3.5[9]。丈夫为“重度”

吸烟者（每天吸烟超过20支）的女性发生肺癌的相对危险度更高，这表明两者之间存在剂量-反应关系[9]。

Mackay等[10]和Pell等[11]报告了2006年在苏格兰所有密闭场所禁止吸烟的政策对二手烟相关疾病的影响。在分析医院数据时，作者发现政策实施前儿童哮喘住院率每年上升5.2%，政策实施后每年下降18.2%，且这种变化在学龄前儿童和学龄儿童中都有体现。此外，在此政策实施后，急性冠状动脉综合征的住院率在主动吸烟者中下降14%，在已戒烟者中下降19%，在从未吸烟的人群中下降21%。在政策实施前后的12个月内，急性冠状动脉综合征的住院率下降17%。相比之下，在没有实施无烟法的英格兰，这一比例只下降4%，而在苏格兰，这一比例在过去10年中平均每年下降3%。在此时期，对患者血清中的可替宁水平进行测定。在非吸烟者中，自我报告被动吸烟的比例降低，这些个体中可替宁水平也更低，验证了上述结果[11]。其他许多事例都显示了无烟法律对公众健康的影响，并且在非吸烟者中结局获得改善也不足为奇。令人鼓舞的是，尽管吸烟者仍在吸烟，但也可观察到他们结局的改善，这可能是由于减少烟草使用而引起的。

2.3 提供戒烟帮助

许多吸烟者可能不会主动寻求戒烟的帮助，原因可能是对戒烟没有兴趣、认为戒烟是徒劳之举、吸烟者的社会污名，或者不愿意投入时间和财力来支持他们戒烟的愿望。国际肺癌研究协会在其成员中进行了一项关于戒烟习惯的调查，应答率为40.5%[12]。根据这项调查，90%的受访者认为当前吸烟会影响临床结局，戒烟应成为医疗过程的标准组成部分；90%的受访者在第一次应诊时询问患者是否吸烟；81%的受访者建议患者戒烟（但只有40%会与患者讨论药物治疗）；39%的受访者会提供戒烟帮助。这些调查可能代表了肿瘤从业人员的最佳情况，因为受访者是国际肺癌多学科组织成员，对调查能够积极响应。此外，调查形式为自我报告也是一个原因。相比之下，初级医师询问有关吸烟和戒烟建议的比例低得令人失望，这可能是由于医生认为此类措施缺乏效力。

然而，尽管许多吸烟者可能不会根据医生的建议而戒烟，但每次就诊时医生简短的咨询可能会对其产生重大影响。在此方面的首个里程碑式研究中，有一项结果在1979年发表，伦敦的研究人员发现在医疗过程中询问患者是否吸烟、建议患者戒烟、提供戒烟相关信息的小册子，并告诉患者要对他们进行随访的话，1年后患者戒烟率为5.1%[13]。虽然戒烟率并不是太高，但显著高于对照组0.3%的戒烟率（$P<0.001$）。此结果表明，医疗专业人员提供的主动戒烟干预可对戒烟人数产生重大影响。遗憾的是，到目前为止，初级卫生专业人员往往没有遵从最基本的步骤，如询问患者吸烟情况、建议他们戒烟、为他们介绍戒烟服务（如提供戒烟热线电话或其他资源）。

在许多国家，戒烟热线可为戒烟提供帮助。在美国许多（但不是全部）州运营的热线会提供尼古丁替代治疗等药物治疗。然而，多数国家都负担不起这种类型的干预。对于许多吸烟者来说，尼古丁替代疗法的成本可能超过卷烟的成本。戒烟热线的便利性、提供尼古丁替代治疗以及免费的服务，使得戒烟热线很受欢迎。但戒烟热线的普及性并不高，即使是在发达国家也是如此。例如，澳大利亚具有非常积极和成功的控烟项目，所有零售网点、每盒卷烟外包装、大众媒体活动广告中均标注戒烟热线电话。但一项研究表明，在1年中，只有3.6%的吸烟者接受了这种服务，表明许多吸烟者可能无意寻求戒烟帮助，并对寻求帮助不感兴趣[14]。

与直接面对医生或向其他医疗机构进行咨询相比，戒烟热线更方便、更便宜，也更容易被不情愿的吸烟者所接受。对瑞典国家戒烟热线的一项成本分析表明，基于自我报告的1年戒烟率下降31%，每戒烟1例的成本估计在1052～1360美元，每挽救1个寿命年的成本为311～401美元，这说明戒烟热线较其他方法，如咨询全科医生、社区大众媒体活动、安非他酮治疗等，成本更低[15]。

2.4 烟草危害警示

可通过多种方式对吸烟的成瘾性和危害性开展教育活动，包括（但不限于）医患互动、学校教育、电视和广播上的公告、香烟上的警示标识，以及与烟草作用相关的印刷品和户外广告。对烟草进行宣传教育的最简单和最便宜的方法之一是在烟草包装上强制标明警示标识。2006年在4个国家（美国、英国、澳大利亚和加拿大）进行的一项研究表明，与非常不明显的美国警示标识相比，更大的警示和图形警示在传播吸烟风险方面更有效[16]。另一份关于这些国家警示标识的报告发表于2009年，此时澳大利亚已经开始使用图形警示。研究人员通过比较澳大利亚、加拿大的图形警示和英国、美国的纯文字警示，对健康危害标识的作用进行了评估[17]。结果表明，澳大利亚的新型图形警示可增加吸烟者注意力（阅读和关注）、认知反应（思考烟草的危害并戒烟）和行为反应（戒烟和避免警示中的危害）。

显然，在识字率较低的地区，图形警示标志是重要的沟通手段。但是，即使对识字率较高的人群来说，图形标志的影响更大，并与较低的吸烟率相关。虽然警告烟草危害的公共媒体活动和广告已被证实是有效的，但它们确实需要财政资源来制作和传播信息，并需要持续的资金来维持。关于扩大警示标志和包括图形警示政策的实施不需要政府的持续成本，并且现实中能将有效的警示信息放在每个烟草消费者的手中。

2.5 实施烟草广告、营销和赞助禁令

烟草业每年花费数百亿美元来推广其产品，而这又导致多达一半吸烟者死亡。烟草业依靠营销来维持现有的客户群，并补充“替代吸烟者”，也就是说，替代那些成功戒烟的少数吸烟者和死于与烟草相关疾病的大多数吸烟者。WHO FCTC的一项条款规定，所有缔约国必须在5年内对烟草广告、宣传和赞助实施全面限制[13]。在许多国家，特别是发展中国家，女性的烟草使用量传统上并不高，但由于其经济和社会独立性日益增强，女性被烟草工业视为一个增长的市场。预计2005—2025年女性吸烟率将增加一倍，因此很多烟草广告、促销和赞助活动将目标对准女性和未成年人就不足为奇了[18]。由于目标的选择性，控烟也需要基于年龄和性别来制定措施。接触烟草广告、营销和赞助与较高的吸烟率有关，全面禁止此类活动可减少这些不良信息的暴露，这在不同的社会经济群体中都是成立的[19]。研究表明，禁止烟草广告、营销和赞助可降低发达和发展中国家的吸烟率[20-21]。

2.6 提高烟草税

“在所有考虑的问题中，税收最能警醒我们。虽然市场的限制以及对公共场所和被动吸烟的限制确实会降低吸烟量，但以我们的经验来看，税收对吸烟量的抑制要更显著。”[22]

这些来自烟草业的话语写于25年前，今天仍然适用。在发达国家，如果卷烟零售价格上涨10%，主动吸烟者中戒烟比例会增高，而烟草消费会降低。在发达国家可使烟草销售下降4%，而在中低收入国家，这一数字预计将下降8%[23]。烟草对社会经济地位较低的群体影响更大，其弹性也更大，即价格增高就会使销量降低，这使得增加成本成为一种合理的烟草控制策略，特别是对于那些社会经济地位较低的群体。尽管一些烟草控制政策（如媒体宣传活动和戒烟支持服务）需要持续的财力资源，而其他政策（如清洁室内空气和禁止广告的政策）实施成本很低，但税收具有有效抑制烟草消费和产生收入的独特功能。不幸的是，在全球缴纳的1330亿美元烟草税中，重新投入用于预防或戒烟的比例不到1%[24]。2012年，哥斯达黎加的烟草税开始采用渐进式方法，每盒卷烟的烟草税增至0.80美元。这可使每包卷烟总的税收从其成本的56%增至71%，而所有的新增税收收入都被指定用于癌症治疗、烟草预防、戒烟服务和研究、支持国家健康促进行动以及其他健康相关的措施。尽管并非所有这些措施都与烟草控制直接相关，但增加的资金将部分直接用于预防、戒烟、治疗和患者的支持工作。此法案的一项条款规定，税收将根据通货膨胀情况自动增加[25]。除非按价格的百分比征收或根据通货膨胀进行调整，否则按每一烟草数量征收的统一税额将随着时间的推移受到通货膨胀的侵蚀。

2.7 多项措施联合

成功的烟草控制通常不是作为单一措施来实施，而是作为涉及上述若干概念更全面的多方面措施的一部分来实施。因此，当多项措施同时实施时，很难分析某一项措施对吸烟率的影响。例

如，加利福尼亚在对清洁室内空气立法的同时，还实施了增加税收和反烟草广告的措施。这种结合不仅降低了吸烟率，而且降低了人均卷烟消费量。减少吸烟是这些行动的目标，但更深层次的总体目标是改善公共健康。因此在加州实施综合烟草控制计划后，也发现了心脏病死亡率和膀胱癌发病率下降等疾病结局的改善[26-27]，这进一步说明了多维度烟草控制措施的必要性。

澳大利亚制定了一些最严厉的烟草控制措施，这些措施对上述几类产生了影响。例如，澳大利亚实施的普通包装法通过提供健康警示和戒烟热线电话等多方面产生作用，同时也消除了包装本身的品牌形象和广告宣传。此方法不仅发布了烟草警示，推广了戒烟热线，同时被证明可降低吸烟的吸引力和增加戒烟意愿[28]。

2.8 烟草控制对肺癌死亡率的影响

如前所述，有效的烟草控制工作已明确，并具有强有力的证据基础。WHO已制定了MPOWER战略，以帮助各国实施FCTC。烟草控制措施对肺癌发病率和死亡率的影响通过描述吸烟流行的阶段和随后肺癌流行的Lopez模型得到了证实（图2.1）[29]。不幸的是，从20世纪50年代开始，只有少数几个经济比较发达的国家注意到了吸烟导致肺癌的流行病学信息[30-31]。

Doll等[32]的研究表明，英国非吸烟男性医生的生存显著改善（图2.2），而曾经吸烟但后来戒烟的医生的生存率也显著提高。英国是首个男性肺癌发病率下降的国家，这主要是戒烟的效果（图2.3）[29]。澳大利亚和美国紧随其后，但有趣的是，这两个国家下降速度更慢。不幸的是，由

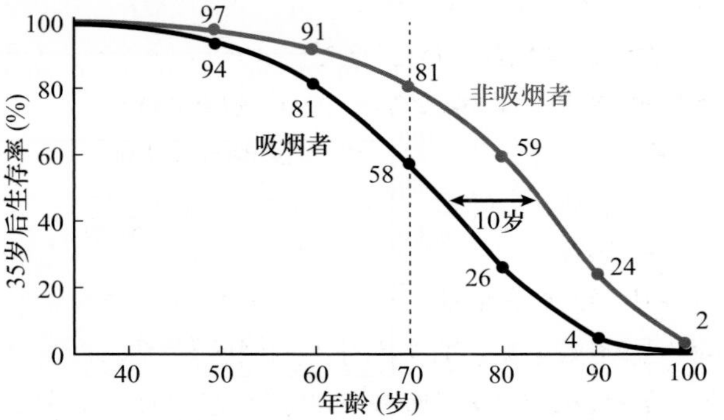

图2.2 英国男性医师中（出生于1900—1930年）持续吸烟和非吸烟者35岁后的生存率

图中这些值表示的是每组个体在每个10岁的时候仍然存活；经许可转载自：Doll R, Peto R, Boreham J, Sutherland I. Mortality in relation to smoking: 50 years' observations on male British doctors. BMJ, 2004, 328 (7455): 1519.

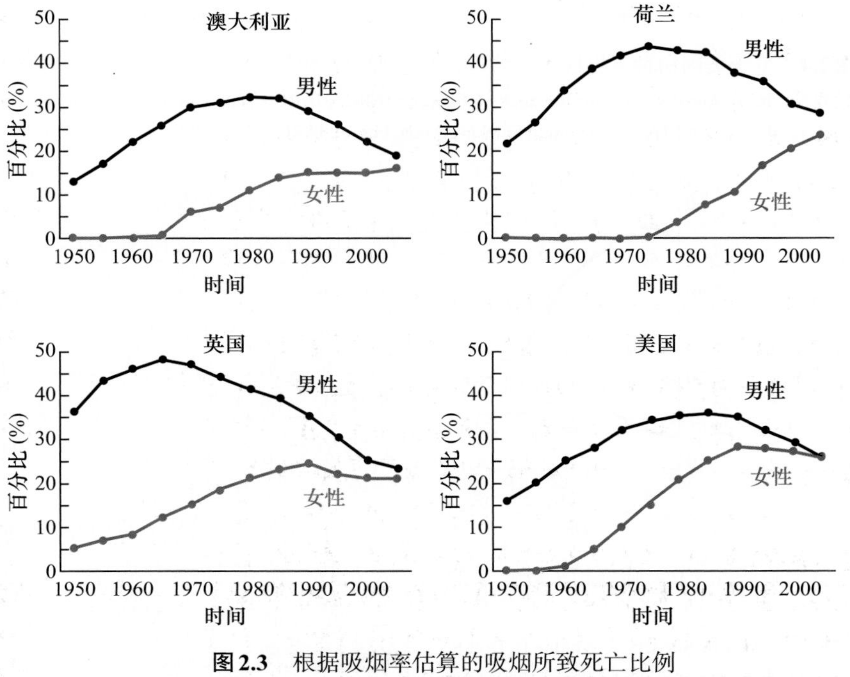

图2.3 根据吸烟率估算的吸烟所致死亡比例

图中这些值表示为占所有死亡的百分比；经许可转载自：Thun M, Peto R, Boreham J, Lopez AD. Stages of the cigarette epidemic on entering its second century. Tob Control, 2012, 21 (2): 96-101.

于不同国家的文化对吸烟率的影响不同，女性肺癌发病趋势与男性并不相同。美国和英国的这些变化主要是由戒烟引起，这是流行病学证据将疾病与吸烟相关联得出的结果。美国男性吸烟者的患病率峰值因戒烟而在1930年的出生队列中开始下降（图2.4）[33]。英国男性和女性的吸烟率及每年肺癌相关的死亡率都有所下降（图2.5）[34]。这些变化表明，戒烟之所以发生，是因为在这些早期肺癌流行病学研究之后的几十年里，对吸烟的风险进行公共教育的结果。

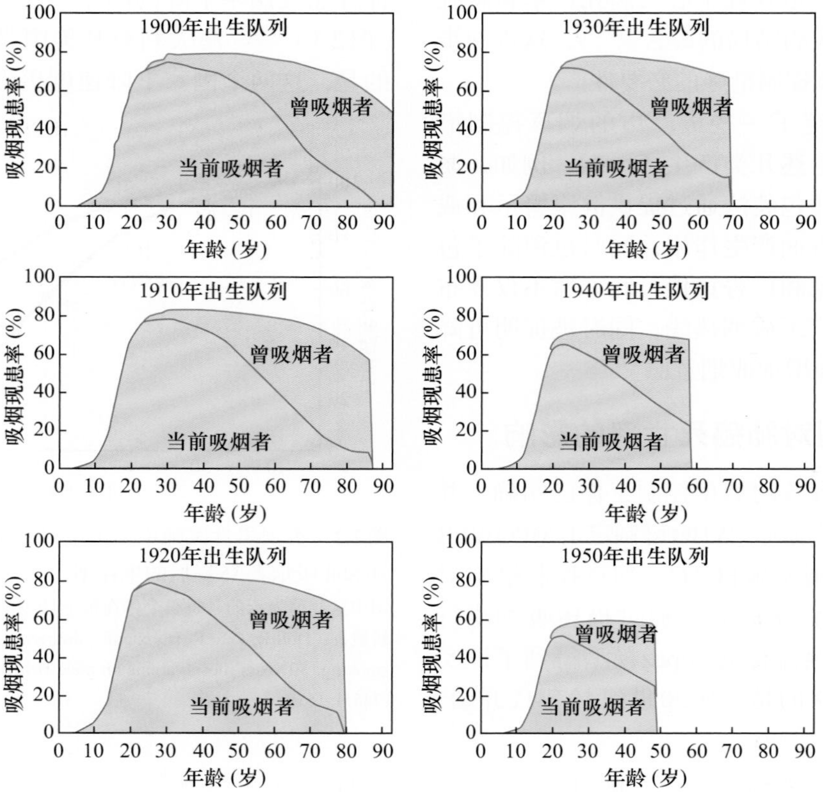

图2.4 基于美国白种人男性出生队列，当前吸烟者和曾吸烟者的年龄别吸烟现患率

经许可转载自：International Agency for Research on Cancer（IARC）. IARC Handbooks of Cancer Prevention, Tobacco Control, Vol. 11, Reversal of Risk After Quitting Smoking. Lyon, France: IARC Press, 2007.

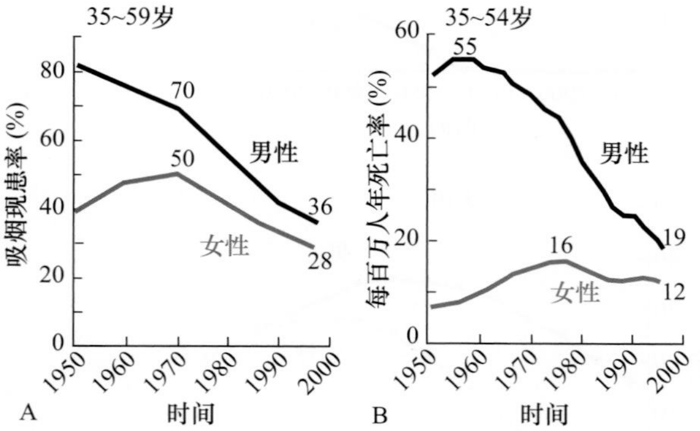

图2.5 （A）吸烟现患率趋势和（B）肺癌相关死亡率的年度变化[34]

经许可转载自：Peto R, Darby S, Deo H, Silcocks P, Whitley E, Doll R. Smoking, smoking cessation and lung cancer in the UK since 1950: combination of national statistics with two case-control studies. BMJ, 2000, 321 (7257): 323-329.

为量化持续吸烟相关肺癌的风险及戒烟后肺癌风险的降低，英国和美国开展了基于大规模队列的流行病学研究。英国的数据表明，肺癌死亡率的降低取决于戒烟时的年龄（图2.6）[34]。这些数据表明，在发生无法治愈的肺癌或其他致命性疾病之前就戒烟的中年个体，也能在很大程度上避免烟草相关的死亡风险。中年之前戒烟可使肺癌风险降得更低[33]。

如前所述，教育可以促进戒烟，从而减少吸烟人数，降低肺癌发病率。与公众分享教育信息是烟草控制措施影响肺癌等烟草相关疾病发病率的首次展现。随后，其他国家也实施了可影响肺癌发病率的政策。

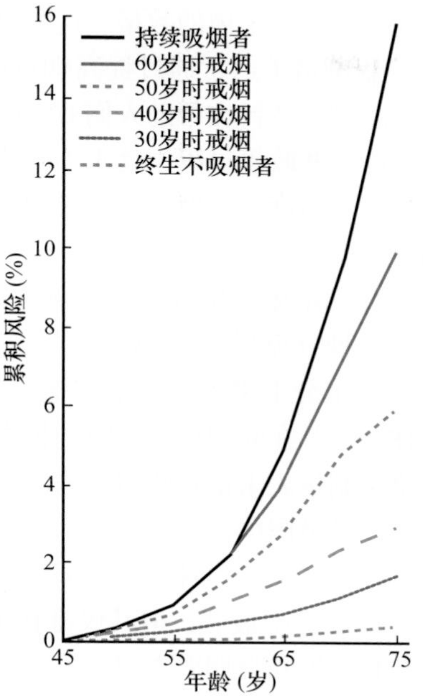

图2.6 英国不同年龄戒烟的累积风险

经许可转载自：Peto R, Darby S, Deo H, Silcocks P, Whitley E, Doll R. Smoking, smoking cessation and lung cancer in the UK since 1950: combination of national statistics with two case-control studies. BMJ, 2000, 321 (7257): 323-329.

瑞典引入了另一种降低吸烟水平的机制，该国在20世纪80年代和90年代制定了生产无烟烟草产品的GOTHIATEK标准（瑞典鼻烟snus）[35]。向GOTHIATEK标准的过渡是一个渐进的过程，受到1970年瑞典食品管理局监管的影响。无烟烟草产品最初是由瑞典政府控制的烟草制造厂生产，但自1990年以来，公司被私有化（名称为Swedish Match North Europe AB）。由于营销积极、价格和社会压力较低，或者最有可能的是这些因素的共同作用，与燃烧烟草制品（如香烟）相比，瑞典男性开始更多的使用瑞典鼻烟snus。

snus是一种无烟产品，自19世纪以来一直在瑞典生产，后来传播到其他国家，主要为斯堪的纳维亚国家。snus也传播到了美国，目前由几家不同的烟草公司生产。但瑞典Match公司指出，这些产品与瑞典的snus不同，因为它们没有遵守GOTHIATEK标准。GOTHIATEK标准的制订过程中遵循多个生产标准，是为了与瑞典食品标准保持一致而制定的，通过遵守几个制造标准，使产品微生物生长、重金属和亚硝胺保持较低的水平，从而达到与瑞典食品标准一致的目的。由于瑞典男性在20世纪70年代转向了snus，瑞典男性的吸烟率出现了下降（图2.7）[35]。1980—2010年，瑞典的男性吸烟率从36%下降到12%，女性吸烟率从29%下降到13%[36-37]。在同一时期，男性中使用snus的比例从16%上升到20%，女性从1%上升到4%[36-37]，这对后期肺癌的发病率和肺癌相关死亡率的趋势产生了影响（图2.8，图2.9）[38-39]。烟草产品的更替使得男性死亡减少，特别是肺癌的死亡，这是戒烟的一种方式，但这种更替是由于吸烟增加死亡风险的教育知晓程度提高和无烟烟草产品的上市。瑞典的无烟烟草产品是遵照GOTHIATEK标准生产的，这可以使得上瘾习惯从燃烧性尼古丁释放产品转变为非燃烧性产品而产生较大改变。瑞典女性选择snus或戒烟较男性要更慢一些。

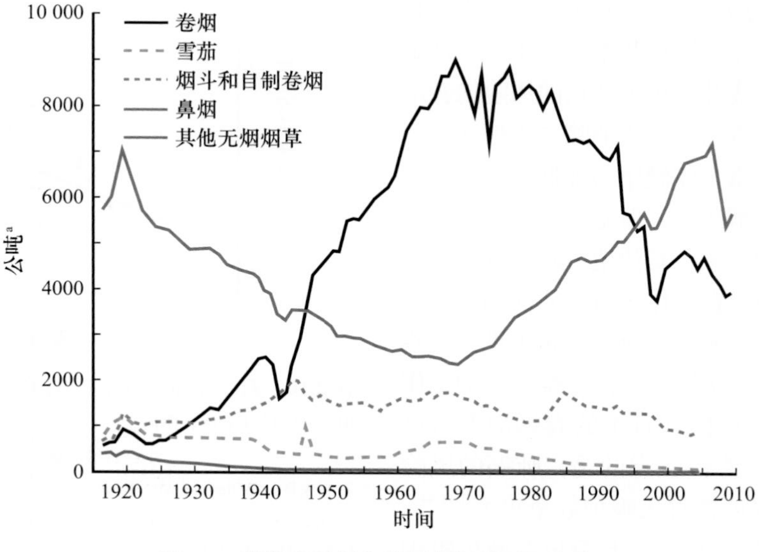

图2.7 瑞典人吸烟和使用鼻烟的时间变化

a：1公吨＝1000 kg——译者注

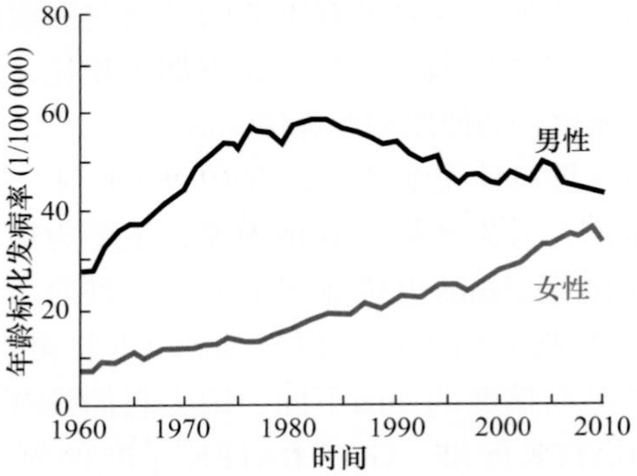

图2.8 瑞典年龄标化肺癌发病率

资料来源：Cancer Incidence in Sweden. http://www.socialstyrelsen.se/Lists/Artikelkatalog/Attachments/18530/2011-12-15.pdf.2010.

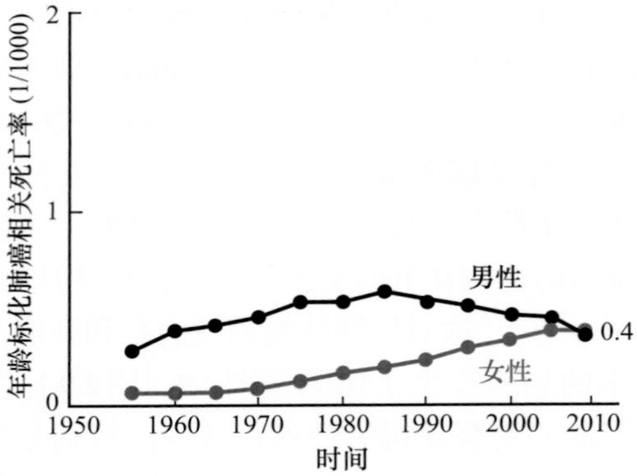

图2.9 瑞典35～69岁人群年龄标化肺癌相关死亡率

资料来源：Peto R, Lopez AD, Boreham J, et al. Mortality from smoking in developed countries 1950—2005. The additional appendix to this article (and www.ctsu.ox.ac.uk) updates these 1990—2000 estimates to the years 2005—2009). New York: Oxford University Press, 1994.

烟草控制的下一个行动是推行无烟环境。推行无烟环境的合理性依据在于，有数据显示二手烟暴露对健康有害，与无二手烟暴露个体相比，存在二手烟暴露个体的哮喘发作频率、二手燃烧性烟草相关疾病死亡风险或肺癌相关死亡的风险均会增高。这些法律制定的意图是基于消除二手烟暴露可有利于那些既往有暴露个体健康的证据上的。尽管许多地方制定了二手烟法律，但爱尔兰是首个全面禁止工作场所吸烟的国家。其他地区对允许吸烟的场所进行了限制，规定在工作场所、公共场所或户外场所（如体育场、公园或海滩）禁止吸烟。这些限令对个体吸烟量产生了影响，由于推行无烟工作场所的政策，美国、德国和日本的卷烟消费量已经下降[40-42]。然而，值得注意的是，肺癌的风险与吸烟时间的关联强度较每天吸烟数量更大[43-44]。MPOWER制定的其他烟草控制政策也会减少吸烟或使用其他烟草产品个体的数量。这些建议的主要措施包括控制价格（通常通过提高烟草税）、禁止广告和营销限制以及旨在帮助人们戒烟的措施。不同国家在实施这些政策过程中处于不同阶段，并且其实施和执行的力度和广度将影响吸烟率，进而影响肺癌的发生率。

为阐明控烟措施实施程度与肺癌之间的关联，人们制定了各种分级制度。Levy等[45]在2004年提出了烟草控制记分卡来评估政策实施的成功程度。Joossens和Raw[46]在欧洲癌症联盟的报告中，介绍了利用烟草控制量表来审查欧盟各国的政策。有趣的是，在欧盟成员国中，英国和爱尔兰被认为拥有最好的烟草控制政策，尽管在发达国家中瑞典男性吸烟率和肺癌发病率最低，但其仅排在第9位。因此，烟草控制政策和吸烟率之间的关联强度还不是很高。目前认为，烟草使用的去正常化是减少烟草使用（吸烟或使用无烟烟草）和增加对烟草控制政策支持的潜在强大动力。Willemsen和Kiselinova[47]将欧盟烟草控制量表与每个成员国的吸烟率进行了比较，其唯一的重要发现是更严格的烟草控制政策与对二手烟健康危害的关注存在关联（图2.10）。反过来，严格的烟草控制政策和较低的吸烟率之间存在关联，尽管这种关联并不显著。在英国和爱尔兰这两国的数据中，这种关联达到显著性。这两个国家都拥有严格的烟草控制政策，吸烟率也较低。如前所述，英国吸烟率的下降，尤其是男性

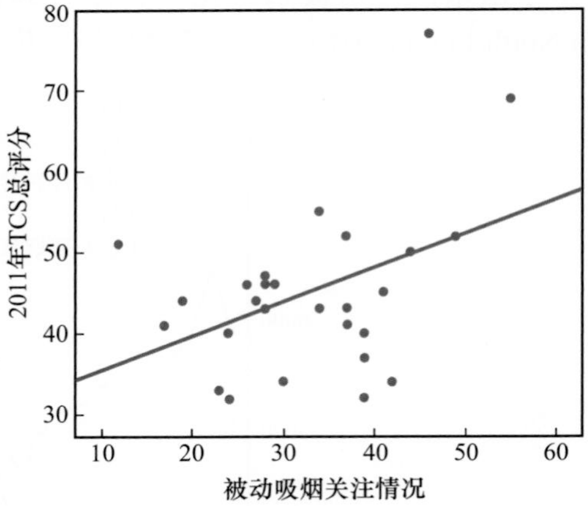

图2.10 对二手烟健康影响的关注及更严格烟草控制政策间的关联（$P=0.006$）

注：TCS，烟草控制量表

资料来源：Willemsen MD, Kiseli nova N. Concern about passive smoking and tobacco control policies in European countries: an ecological study. BMC Publfic Health, 2012, 12: 876.

吸烟率的下降，始于20世纪50年代的流行病学研究。爱尔兰是首个制订严格二手烟法的国家（2004年），该法律得到了强有力的社会支持。Willemsen和Kiselinova[47]认为，烟草使用的社会去正常化是二手烟危害教育和宣传的结果，去正常化也使得烟草控制政策更强有力，可能会降低吸烟率。

烟草控制政策确实可以减少烟草消费，为了解其能否降低肺癌发病率这个问题，Thun和Jemal[48]对此进行了估计。结果表明，1991—2003年美国吸烟率的下降导致男性肺癌相关死亡人数减少了14.6万。基于此项研究，6所大学通过建立模型来分析烟草控制政策对吸烟率和肺癌死亡率的影响[49]。在建立这些模型的过程中，作者假设如果吸烟率在20世纪50年代以后保持不变，且没有实施烟草控制政策。随后，他们也考虑了实施烟草控制所带来的影响以及美国吸烟率的实际下降水平。最后，他们分析了在所谓的完全烟草控制下，即从1965年美国卫生署发布报告开始，在所有的吸烟行为都停止的情况下，肺癌死亡率会是何种水平。研究的结果令人震惊（图2.11）。此模型的结果表明，1975—2000年烟草控制政策的实施可避免795 851例死亡（其中男性552 574例，女性243 277例）。尽管可避免的死亡人数相当可观，但如果基于最佳烟草控制情况下可避免死亡的总人数将是现有结果的3倍。如果完全控制烟草，1975—2000年本可以避免2 504 402人死于肺癌。

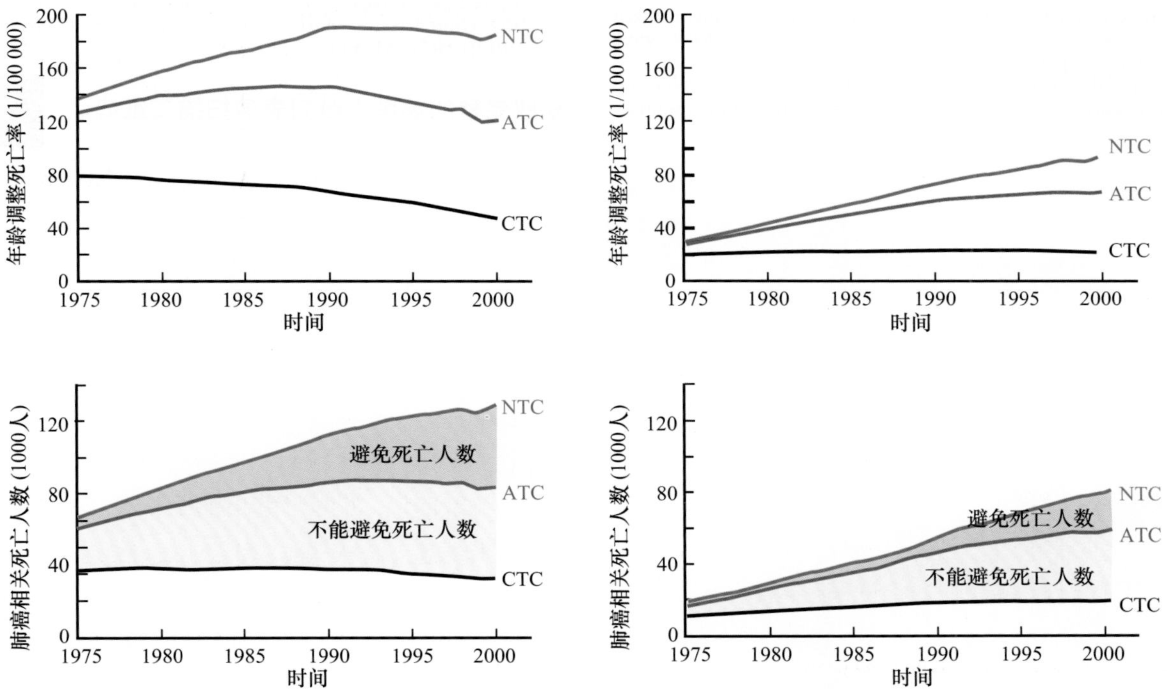

图2.11　美国30～84岁男性（左）和女性（右）肺癌相关死亡人数

注：ATC，实际控烟情况；CTC，1965年以后全面禁烟；NTC，无烟草控制

资料来源：Moolgavkar SH, Holford TR, Levy DT, et al. Impact of reduced tobacco smoking on lung cancer mortality the United States during 1975—2000. J Natl Cancer Inst, 2012, 104 (7): 541-548.

3　结论

不同的烟草控制策略在不同人群中得到了不同程度的成功应用。WHO FCTC概述了应对这一全球流行病的国际合作阵线。尽管世界各地在语言、文化规范、经济资源和吸烟率方面存在很大差异，但几乎所有的国家和地区都深受烟草流行之害。采取循证战略进行共同的努力可以改变这一流行病的未来进程，从而有可能挽救数百万人的生命。如果不考虑在与已做工作相比为什么没能做得更多，我们就不能真正地认识到良好的烟草控制（甚至完全的烟草控制）作用的重要性及其对全球肺癌发病率和死亡率的影响。

（范亚光　孙　丹 译）

主要参考文献

3. Lopez AD, Collishaw NE, Piha T. A descriptive model of the cigarette epidemic in developed countries. *Tob Control*. 1994;3(3): 242–247.
5. World Health Organization. Tobacco Free Initiative: tobacco facts. http://www.who.int/tobacco/mpower/tobacco_facts/en/index.html.
8. Roemer R, Taylor A, Lariviere J. Origins of the WHO Framework Convention on Tobacco Control. *Am J Public Health*. 2005;95(6): 936–938.
10. Mackay D, Haw S, Ayres JG, Fischbacher C, Pell JP. Smoke-free legislation and hospitalizations for childhood asthma. *N Engl J Med*. 2010;363(12):1139–1145.
12. Warren GW, Marshall JR, Cummings KM, et al. Practice patterns and perceptions of thoracic oncology providers on tobacco use and cessation in cancer patients. *J Thorac Oncol*. 2013;8(5):543–548.
16. Hammond D, Fong GT, McNeill A, Borland R, Cummings KM. Effectiveness of cigarette warning labels in informing smokers about the risks of smoking: findings from the International Tobacco Control (ITC) Four Country Survey. *Tob Control*. 2006;15(suppl 3):iii19–iii25.
17. Borland R, Wilson N, Fong GT, et al. Impact of graphic and text warnings on cigarette packs: findings from four countries over five years. *Tob Control*. 2009;18(5):358–364.
26. Barnoya J, Glantz S. Association of the California Tobacco Control Program with declines in lung cancer incidence. *Cancer Causes Control*. 2004;15(7):689–695.
28. Wakefield MA, Hayes L, Durkin S, Borland R. Introduction effects of the Australian plain packaging policy on adult smokers: a cross-sectional study. *BMJ Open*. 2013;(7):3.
29. Thun M, Peto R, Boreham J, Lopez AD. Stages of the cigarette epidemic on entering its second century. *Tob Control*. 2012;21(2): 96–101.
32. Doll R, Peto R, Boreham J, Sutherland I. Mortality in relation to smoking: 50 years' observations on male British doctors. *BMJ*. 2004;328(7455):1519.
34. Peto R, Darby S, Deo H, Silcocks P, Whitley E, Doll R. Smoking, smoking cessation and lung cancer in the UK since 1950: combination of national statistics with two case-control studies. *BMJ*. 2000;321(7257):323–329.
44. Peto R. Influence of dose and duration of smoking on lung cancer rates. *IARC Sci Publ*. 1986;74:23–33.
48. Thun MJ, Jemal A. How much of the decrease in cancer death rates in the United States is attributable to reductions in tobacco smoking? *Tob Control*. 2006;15(5):345–347.
49. Moolgavkar SH, Holford TR, Levy DT, et al. Impact of reduced tobacco smoking on lung cancer mortality in the United States during 1975–2000. *J Natl Cancer Inst*. 2012;104(7):541–548.

获取完整的参考文献列表请扫描二维码。

第 3 章 肺癌医疗护理过程中烟草使用的评估和治疗

Jamie S. Ostroff, Elyse R. Park

要点总结

- 解决癌症患者的烟草依赖问题可通过降低治疗过程中并发症的风险、改善疾病预后以及降低疾病复发和第二原发肿瘤的风险来提高医护质量。
- 研究表明，患者被诊断为肺癌后戒烟对身体状况有益。
- 许多吸烟的癌症患者希望戒烟，但不幸的是，他们没有获得支持和基于循证依据的烟草治疗。
- 为在癌症患者中实施治疗烟草依赖最佳实践的战略，有必要对提供者进行进一步培训并开展研究。
- 在缺乏戒烟干预的情况下，鼓励肺癌专科医生遵循治疗烟草使用和依赖临床实践指南。
- 肺癌筛查为促进戒烟提供了宝贵的机会。
- 关于电子香烟或其他电子尼古丁释放装置有助于戒烟还是阻碍戒烟，目前争论很多，也缺少相关数据。

1964年具有里程碑意义的美国卫生部报告《吸烟与健康》首次将吸烟与肺癌联系起来。关于烟草危害这一无可辩驳的认识促进了长达50年的烟草预防和控制研究及政策的制定，建立了综合性的国家和国际实践指南，这些指南具有高度概括性，并基于循证依据、人群和临床，目的是降低烟草相关的发病和死亡[1-3]。吸烟不仅与疾病和死亡有因果关系，而且对包括癌症在内的各种慢性疾病患者的预后也有不良影响[4]。现在戒烟比以往任何时候都更明确地被认为属于现代肿瘤学的范畴。本章通过强调持续烟草使用对癌症预后的具体不良影响，为肺癌专科医生提供为什么应该评估吸烟情况、治疗吸烟的原因以及如何帮助并指导患者戒烟。

1 为什么肺癌医生应该帮助患者戒烟

吸烟是肺癌的主要危险因素，87%的男性和70%的女性的肺癌死亡可归因于吸烟，因此烟草预防和戒烟是肺癌预防和控制的基本目标[5]。尽管50年来国家和国际性公共卫生实践在降低烟草所致疾病的发病率、死亡率和经济成本方面取得了很大成就，但目前仅在美国估计就有4210万当前吸烟者（占所有成年人的18.1%），在全世界则至少有10亿吸烟者[6-7]。烟草每年导致近600万人死亡，其中500多万是由直接吸烟造成，60多万是由被动吸烟引起。除非采取紧急措施，否则到2030年，每年的死亡人数可能上升到800多万[8]。

1.1 持续吸烟的风险和戒烟对肺癌预后的益处

治疗癌症患者的医生可能会认为，在疾病确诊后再对吸烟进行干预已经太迟。然而，一些新的证据表明，吸烟与癌症患者的多个不良结局相关，如手术并发症风险增高、治疗相关毒性增高、治疗效果和生活质量降低、癌症复发及第二原发肿瘤风险增加、非癌症相关的共病和死亡率增加、生存率降低[9-11]。虽然癌症患者戒烟效果相关的临床研究数量有限，但现有数据表明，吸烟的许多不良影响可以通过戒烟来降低[12]。

虽然这些不良结局可见于各种癌症患者，但研究的重点是确定吸烟对肺癌患者的不良影响[12-13]。肺癌诊断后继续吸烟与治疗延迟及手术、放疗和化疗并发症的增多相关[14]。手术时继续吸烟的不良反应包括全麻并发症、严重肺部并发症风险增加以及对伤口愈合的不利影响。接受放射治疗时吸烟的并发症包括疗效降低、毒性和不良反应增加。化疗时吸烟会改变许多化疗药物的代谢，降低治疗效果，增加药物毒性[15-20]。肺癌治疗前戒烟可降低复发和再次发生烟草相关癌症的风险[21-22]。虽然需要进一步的研究来明确戒烟对癌症患者的有益影响，但肺癌诊断后戒烟已被证明对生活质量和工作状态可产生有益的影响[23-24]。

1.2 肺癌患者的持续吸烟率

尽管存在以上这些风险，但至少有15.1%的成年癌症幸存者目前仍在吸烟[25]。与其他癌症患者相比，肺癌患者戒烟的积极性更高[26-27]。单就肺癌患者吸烟率而言，90.2%的肺癌患者曾吸过烟。诊断时38.7%的肺癌患者吸烟，而在诊断5个月后，至少有14.2%的肺癌患者吸烟[28]。尽管非常鼓励戒烟，并且患者戒烟意愿也比较强，但诊断后继续吸烟以及首次戒烟尝试后的复吸仍在肺癌患者中存在，据估计有10%～20%的肺癌患者仍会在诊断后的某个时刻吸烟[28-32]。

2 肺癌患者持续吸烟的相关因素

肿瘤科医生，尤其是肺部肿瘤科医生，可能不理解为什么有些患者仍继续吸烟。一些研究对持续吸烟以及尝试戒烟后又复吸的相关因素进行了研究[33-35]。术前一周内吸烟的肺癌或头颈癌患者，戒烟自我效能基线较低、抑郁倾向较高，并且对癌症复发高度恐惧均预示着未来一年内会复吸；然而对于术前已停止吸烟的患者，认为戒烟很困难、对癌症相关风险认知不足预示着会复吸[33]。另一项在早期肺癌患者中进行的纵向研究提示，家庭收入低、家庭环境烟草烟雾暴露以及抑郁症状与重新吸烟存在正关联[34]。有一项研究特别值得注意，在这项研究中Park等[28]也分析了纳入国家基于人群的癌症治疗结局研究和监测队列的肺癌患者与持续吸烟相关的因素，在确诊后4个月时，年龄较小、疾病分期较晚、心血管疾病史、社会支持程度低、健康感知状况差、宿命论程度高、疼痛感强、抑郁均被认为是与持续吸烟显著相关的因素（$P<0.05$）。

3 评估烟草使用和纳入基于循证依据的烟草治疗是高质量肿瘤治疗和护理的一个指标

通过降低癌症患者治疗并发症风险、改善疾病预后、降低疾病复发和第二原发肿瘤的风险，处理癌症患者对烟草的依赖可提高医护质量。临床医生有责任向患者提供尽可能高质量的医疗护理，这种医疗护理应包括对吸烟患者的戒烟治疗[36-37]。人们对癌症特异性健康风险的认识越来越多，一系列新的证据表明戒烟可改善癌症患者的预后和降低持续吸烟率，强烈表明将烟草依赖的循证治疗作为癌症高质量治疗护理标准的必要性[35, 38-39]。事实上，重要的肿瘤学机构有一个日益增长的共识，即烟草使用的评估和治疗应成为医疗护理的指标[40-43]。因此，应鼓励肿瘤科医生评估患者吸烟状况，并建议吸烟者戒烟[10, 44-45]。为了与这种观点保持一致，美国临床肿瘤学会在肿瘤学实践技能改善活动中建议在第二次随访时将当前吸烟状况的记录和给吸烟者的建议作为核心质量指标[42, 46-47]。由于评估烟草使用的临床试验不多，美国国立癌症研究所—美国癌症研究协会的烟草使用和评估工作组建议在癌症临床试验中对烟草使用进行评估[48]。

4 癌症患者中提供基于循证依据的烟草依赖治疗目前仍需改进

许多吸烟的癌症患者希望戒烟，但却得不到支持和基于循证依据的烟草治疗。在癌症治疗期间，许多吸烟者没有被建议戒烟，并且在癌症治疗结束后，患者吸烟的问题仍未解决[49-50]。最近在一项对美国临床肿瘤学会成员的调查中，烟草小组委员会发现肿瘤科医生仅为25%的患者提供戒烟建议[51]。此外，多数癌症相关的医护机构并未将戒烟治疗作为标准医护实践。2012年进行的一项调查发现，在美国国立癌症研究所指定的美国综合癌症中心中，97%的中心表示开展烟草治疗项目“非常重要”，但只有一半的中心开展了其中一种类型的烟草治疗项目[52]。

就目前肺癌患者中烟草依赖评估和治疗现状而言，最贴切的一项分析来自国际肺癌研究协会一项在线调查的结果，此调查讨论了胸部肿瘤患者中烟草评估和戒烟的实践、认知和阻碍[53]。在1507例医生受访者中（占国际肺癌研究协会成员的40.5%），90%以上受访者表示当前吸烟影响疾病结局，并且认为戒烟应成为临床实践标准的一部分；在对患者首次问诊时，90%受访者会询问患者的吸烟情况，79%受访者表示他们会询问患者是否愿意戒烟，81%受访者会建议患者戒烟，但只有40%受访者表示他们与患者讨论戒烟药物的选择，39%的医生表示会主动为患者提供戒烟帮助，更少的受访者表示会在随访过程中讨论吸烟问题。受访者认为，他们对帮助患者戒烟的能力持悲观态度（58%）和担心患者抗拒戒烟治疗（67%）是主要的阻碍因素。只有33%的受访者认为自己接受了充分的培训，能够提供戒烟干预措施。

这些调查结果强调了在癌症医疗护理中分析为患者提供烟草治疗所面临的阻碍因素的必要性。应对吸烟问题的阻碍包括患者相关的因素（羞耻、无助、上瘾）、医生相关的障碍（缺乏培训和转诊选择、认为患者对戒烟缺乏兴趣或能力）和系统层面的因素（不能充分识别吸烟者、成本问题），这些因素均阻碍了烟草项目的有效实施[54]。认识到这一问题后，美国国立癌症研究所召开了一次会议，对指定的综合癌症中心烟草治疗状况进行回顾和分析，并制定改进建议[55]。这些调查结果也进一步说明，对医护人员进行培训以及分析在癌症患者中烟草依赖治疗最佳实践策略研究的必要性。

5　肺癌治疗及护理中烟草依赖的治疗

正如最近的一篇综述所总结的那样，在烟草依赖性癌症患者中进行药物性和咨询性干预的随机对照试验通常未显示出明显的治疗效果，在分配至干预组的患者中6个月的时点戒烟率为14%～30%[56]。目前，很少有随机对照试验来分析戒烟药物在吸烟癌症患者中的治疗效果。为评估安非他酮的疗效，Schnoll等[57]开展了一项安慰剂对照试验，结果发现药物干预仅能使那些具有抑郁症状的癌症患者受益（减少戒断症状和提高戒烟率）。在一项初步研究中，Park等[58]发现接受戒烟药物7，8，9，10-四氢-6，10-亚甲基-6H-吡嗪并（2，3-h）苯并氮杂䓬（伐伦克林）和强化咨询的胸部肿瘤患者的戒烟率显著高于接受常规治疗（未具体说明）的患者（3个月时戒烟率分别为34.4%和14.3%，$P=0.18$）。Ostroff等[27]分析了在尼古丁替代治疗和电话戒烟咨询基础上补充术前减量治疗方案的效果，发现在两种干预措施开展6个月时的戒烟率为32%。在提供烟草治疗的最佳时间方面，给予戒烟治疗时间距疾病诊断时间越接近，持续戒烟的可能性越高[59-60]。这些结果说明需要不断地研发和评估可被癌症患者接受且有效的新的戒烟干预方法，在广泛的癌症治疗、护理环境下进行烟草治疗是可行的。在缺乏针对癌症患者量身定制和针对性的戒烟干预措施的情况下，应鼓励肺癌专科医生遵循治疗烟草使用和依赖临床实践指南[61]。

5.1　烟草使用治疗指南

美国公共卫生服务治疗烟草使用和依赖的临床实践指南在2008年进行最近一次更新，建议在医疗卫生实践中为所有吸烟者提供基于循证证据的烟草治疗[3]。这些指南特别建议药物治疗和咨询结合使用，咨询包括多个方面，临床医师应用的5个方面包括：询问、评估、建议、帮助和安排。鼓励临床医生，特别是胸外科医生，在患者每次就诊时了解他们的吸烟情况。一旦发现患者为当前吸烟者，临床医生应该评估其戒烟意愿，从而决定哪种类型的帮助是患者所需要的。吸烟者戒烟意愿通常可分为前意向期（不准备立即戒烟）、意向期（计划在6个月内戒烟）、准备期（计划在1个月内戒烟）、行动期（戒烟未超过6个月）或维持期（戒烟至少6个月）。临床医生应强烈建议患者不要吸烟，为患者提供个体化持续吸烟风险评估，并告知患者与疾病和治疗相关的戒烟益处。下一步即帮助，是指临床医生在患者戒烟过程中通过教育、解决戒烟阻碍（如对应的担忧）、提供可能有助于患者克服这些障碍的行为策略建议、制订戒烟计划以及必要情况下的药物治疗来发挥其主动作用。对于不愿戒烟的患者，临床医生需要提供激励性的咨询，以鼓励他们至少减少每天的吸烟量。鉴于戒烟的复发率很高，应重新评估新近戒烟（维持期）患者的复吸情况，并给予长期的支持和鼓励，让他们继续戒烟。最后，鼓励临床医生在随访过程中提供支持，如在复诊时重新评估患者吸烟状况，或为患者提供其他戒烟资源，如戒烟热线或当地的烟草治疗机构。

5.2　药物治疗

治疗烟草使用和依赖的临床实践指南强烈建

议药物治疗与咨询结合使用，以优化戒烟效果。多种戒烟药物是安全有效的：尼古丁替代疗法（贴片、口香糖、嚼锭、鼻喷剂或吸入剂）、安非他酮和伐伦克林（表3.1）。

表3.1 用于戒烟的药物治疗

药物治疗	剂量	服用时间（周）	获得方式	注意事项/禁忌证	不良反应	患者教育
尼古丁贴片	若每天吸烟≥11支 21 mg/24 h 14 mg/24 h 7 mg/24 h 若每天吸烟≤10支 14 mg/24 h 7 mg/24 h	6 2 2 6 2	非处方药	顽固性高血压	皮肤刺激（发红、肿胀、瘙痒） 睡眠中断（噩梦、生动梦境）	每天轮换贴片部位 如果睡眠受到干扰令人烦恼则睡前取下贴片
尼古丁polacrilex口香糖	若每天吸烟≤24支：2 mg 若每天吸烟≥25支：4 mg	最多12周	非处方药	牙列不齐 口腔干燥	打嗝 胃部不适 下颌疼痛	定时嚼口香糖 嚼每一片口香糖，随后含在颊内慢慢吸收30分钟（所谓慢嚼吸收）； 咀嚼前15分钟和咀嚼时除水外不可食用或饮用其他任何东西 24小时内不得超过24片
尼古丁嚼锭	清晨首支烟距起床超过30分钟：2 mg 若清晨起床30分钟内吸首支烟：4 mg	最多12周	非处方药	口腔干燥	口腔和咽喉刺激 胃部不适	使用前15分钟和使用时除水外不可食用或饮用其他任何东西； 嚼锭溶剂需20～30分钟； 24小时内不得超过20片
尼古丁吸入系统	6～16盒/天	最多26周	处方药		口腔和咽喉刺激 胃部不适	每个盒吸入80～100次，20分钟以上 像雪茄一样一口一口地抽
尼古丁鼻喷雾剂	每个鼻孔0.5 mg/吸，1～2次/小时（或按需）	最多12周	处方药	鼻窦感染	鼻、眼或上呼吸道刺激	持续使用后鼻腔刺激可能会减少
安非他酮	第1～3天：每天150 mg 此后：150 mg；每天两次	12	处方药	癫痫发作史 进食障碍史（暴食、厌食）	失眠 口干症 烦躁不安 头晕	与吸烟时间重叠1～2周 不需要逐渐减少药物
伐伦克林	第1～3天：每天0.5 mg 第4～7天：0.5 mg，每天两次 第8天治疗结束：1 mg，每天两次	12[a]	处方药	肾脏问题或透析治疗 怀孕或计划怀孕 哺乳	轻度恶心 睡眠问题 头痛	饭后用一满杯水送服 每次给药间隔8小时 睡前几小时服用药物以避免烦躁不安

注：[a]如患者已戒烟，可再治疗12周以防止复吸

由于尼古丁替代治疗耐受性良好，而且大多数患者都能接受，所以除那些有治疗禁忌的患者外，所有吸烟者都应接受此治疗。安非他酮是一种可减少戒断症状的抗抑郁药，并不局限于癌症患者，对那些患有抑郁症的吸烟患者可能更有用。伐伦克林是一种尼古丁部分激动剂，其通过与大脑中的尼古丁受体结合来减少吸烟的冲动。药物所致神经精神不良事件（如抑郁、躁动、自杀意念）很少发生，但对此和其他不良反应应进行密切监测。

研究结果表明，对于烟草依赖，药物联合治疗可能比单药治疗更有效。尼古丁替代治疗可与贴片等长效治疗药物联用来维持尼古丁的稳定水平，从而减少全天的烟瘾和戒断症状，而短效

治疗，如嚼锭、口香糖或吸入器，可根据需要使用。与单药治疗相比，联合使用尼古丁替代疗法可增加长期戒烟的可能性[3]。尼古丁替代治疗也可与缓释安非他酮联合使用。

患者在完成癌症治疗后复吸很常见，因此临床医生有必要在随访期间重新评估其吸烟状况，并提供激励性咨询，以帮助患者长期戒烟。对于拒绝药物治疗支持或对戒烟药物有禁忌的患者，仍应将咨询作为治疗的一部分工作。

6 治疗癌症患者烟草依赖的特殊考虑

考虑到吸烟对癌症患者的不良影响[62]，肿瘤医生应该把戒烟作为治疗计划的一部分，并清除戒烟的障碍。因为大多数患者在戒烟之前都有过尝试，临床医生必须为患者的戒烟努力抱以理解心态，并提供支持。患者可能存在一些独特障碍，包括矛盾的动机、自责和内化的耻辱感、虚无主义（“这有什么必要？”）、精神上的痛苦，以及与其他吸烟者生活在一起。鼓励患者寻求心理社会支持服务，同时也需要在制定应对癌症及其应激状态治疗的替代策略方面提供帮助。目前，在将这些指南纳入癌症治疗护理之中的进展甚微，同时也缺少如何最佳地促进癌症患者戒烟的数据。

7 未来的方向

与烟草治疗和肺癌相关的两个新兴热点话题值得肺癌医生密切关注：肺癌筛查和电子烟。

肺癌筛查为促进戒烟提供了宝贵的机会。美国国家肺癌筛查试验的结果和美国预防服务工作组发布的肺癌筛查指南为开展戒烟治疗提供了机会，并且很有说服力。在美国预防服务工作组发布的肺癌筛查指南中，建议55～80岁因年龄和吸烟而成为肺癌高危人群的成年人每年接受一次低剂量电子计算机断层扫描的肺癌筛查[63-64]。由于肺癌筛查是为长期大量使用烟草的人而开展的，这些项目为将戒烟纳入肺癌筛查方案提供了一个令人兴奋的载体。多项研究报道，高危个体加入肺癌筛查项目后的戒烟率为6.6%～42.0%[65-73]。2012年一项研究综述的作者认为，这些研究中肺癌筛查通过提供基于循证依据的戒烟治疗，对于研究吸烟者和促进戒烟可称为是一种具有教育性的机会，总体上具有很好前景[74]。尽管寻求肺癌筛查的吸烟者倾向于戒烟[71]，但在参加肺癌筛查的个体中，接受循证戒烟治疗的比例较低，参与者入组一年后的持续吸烟率仍高。应建议所有希望参加肺癌筛查的吸烟者戒烟，并为他们提供基于循证依据的治疗[75]。目前仍需要对寻求肺癌筛查的吸烟者有关烟草治疗干预方法的研发和评估开展进一步研究。

电子烟被认为是烟草控制领域中一种所谓的具有颠覆性意义的技术[76]，它是一种由电池驱动的设备，模拟了吸烟时手对嘴的感觉体验，通常会将尼古丁传递给使用者。根据吸烟者的报告，他们使用电子烟来控制对尼古丁的渴望和戒断症状，减少每天的吸烟量，戒烟或避免复发[77]。鉴于电子烟的日益流行和普及，并且在诊断时会被强烈建议戒烟，癌症患者可能会考虑使用电子烟。

目前，关于电子烟能否促进或阻碍戒烟以及能否减少传统香烟和其他可燃烟草产品的已知危害仍存在很多争议，且相关数据很少[66]。近期一项观察性研究发现，在被转诊至医院参与戒烟项目的癌症患者中，没有证据表明使用电子烟可促进戒烟[78]。另一方面，在普通人群吸烟者中进行的两项临床试验报告了较为乐观的结果。在这两项研究中，戒烟结局与在尼古丁替代治疗试验的结果类似[79-80]。在对癌症患者使用电子烟的风险和获益有更多了解之前，肿瘤医生可能会纠结于这些问题的复杂性，并且还面临着如何回应患者询问的挑战。2014年国际肺癌研究协会烟草控制和戒烟委员会发表了一篇评论，这篇评论为肿瘤医生如何为那些努力戒烟或对电子烟存在疑惑的癌症患者提供了建议[81]。根据此指南，肿瘤医生应建议吸烟者戒掉传统卷烟，鼓励他们使用美国食品药品管理局批准的戒烟药物，建议患者接受戒烟咨询，并将长期戒烟中使用电子烟的潜在风险和已知获益告知患者。这些建议与美国癌症研究协会-美国临床肿瘤学会电子烟和其他电子尼古丁传送系统特别工作组的建议非常相似[82]。

8 结论

目前有充分的理由评估癌症患者的烟草使用以及促进其戒烟。对于肺癌患者，持续吸烟的风险已经得到充分证实，不良后果包括治疗毒性、癌症复发、第二原发恶性肿瘤、生存率下降和生活质量下降。鉴于癌症特有的健康风险和治疗烟草依赖的临床实践指南，鼓励肿瘤医生评估患者的吸烟状况，并建议吸烟者戒烟。基于循证依据，需要进一步开展对促使吸烟者接受并坚持烟草治疗的患者-医护人员-系统相关策略的分析研究。

（范亚光　孙　丹 译）

主要参考文献

4. U.S. Department of Health and Human Services. *The Health Consequences of Smoking—50 Years of Progress: a Report of the Surgeon General*. Atlanta, GA: U.S. Department of Health and Human Services, Centers for Disease Control and Prevention, National Center for Chronic Disease Prevention and Health Promotion. Office on Smoking and Health; 2014.
5. Centers for Disease Control and Prevention (CDC). Smoking-attributable mortality, years of potential life lost, and productivity losses—United States, 2000–2004. *MMWR Morb Mortal Wkly Rep*. 2008;57(45):1226–1228.
10. Toll BA, Brandon TH, Gritz ER, Warren GW, Herbst RS. Assessing tobacco use by cancer patients and facilitating cessation: an American Association for Cancer Research policy statement. *Clin Cancer Res*. 2013;19(8):1941–1948.
11. Ferketich AK, Niland JC, Mamet R, et al. Smoking status and survival in the national comprehensive cancer network non-small cell lung cancer cohort. *Cancer*. 2013;119(4):847–853.
16. McBride CM, Ostroff JS. Teachable moments for promoting smoking cessation: the context of cancer care and survivorship. *Cancer Control*. 2003;10(4):325–333.
23. Baser S, Shannon VR, Eapen GA, et al. Smoking cessation after diagnosis of lung cancer is associated with a beneficial effect on performance status. *Chest*. 2006;130(6):1784–1790.
27. Ostroff JS, Burkhalter JE, Cinciripini PM, et al. Randomized trial of a presurgical scheduled reduced smoking intervention for patients newly diagnosed with cancer. *Health Psychol*. 2014;33(7):737–747.
38. National Comprehensive Cancer Network. NCCN practice guidelines in oncology–v.1.2007: genetic/familial high-risk assessment: breast and ovarian. http://www.nccn.org/professionals/physician_gls/default.asp; 2007.
44. Hanna N, Mulshine J, Wollins DS, Tyne C, Dresler C. Tobacco cessation and control a decade later: American Society of Clinical Oncology policy statement update. *J Clin Oncol*. 2013;31(25):3147–3157.
59. Schnoll RA, Zhang B, Rue M, et al. Brief physician-initiated quit-smoking strategies for clinical oncology settings: a trial coordinated by the Eastern Cooperative Oncology Group. *J Clin Oncol*. 2003;21(2):355–365.
63. Aberle DR, Adams AM, Berg CD, et al. Reduced lung-cancer mortality with low-dose computed tomographic screening. *N Engl J Med*. 2011;365(5):395–409.
79. Bullen C, Howe C, Laugesen M, et al. Electronic cigarettes for smoking cessation: a randomised controlled trial. *Lancet*. 2013;382(9905):1629–1637.

获取完整的参考文献列表请扫描二维码。

第4章 未吸烟患者中的肺癌：一种完全不同的疾病

Adi F. Gazdar, Caicun Zhou

要点总结

- 在未吸烟者肺癌中，已知或可疑的致癌病因是一些弱致癌物或罕见因素，这并不能解释未吸烟者中相对较高的患癌频率。环境中的烟草烟雾也是未吸烟者肺癌致癌病因。
- 遗传因素在未吸烟者肺癌病因中的作用越来越重要。这些因素包括关键基因中高外显子突变，如表皮生长因子受体（epithelial growth factor receptor，*EGFR*）基因中T790M突变。然而，易感基因的高频低外显子变异发挥着越来越重要的作用，包括易导致吸烟的基因座以及可能直接导致吸烟者和未吸烟者罹患癌症的基因座。
- 吸烟者和未吸烟者中引起肺癌的分子改变显著不同。烟雾相关的肿瘤与大量突变有关，尤其是C：G>A：T转化，而未吸烟者的肿瘤靶向C：G>T：A转化突变少有关。
- 在吸烟者和未吸烟者的肿瘤中，特定的突变靶标也不同。因此，在经常吸烟患者的肿瘤中，Kirsten鼠肉瘤病毒原癌基因（kirsten rat sarcoma viral oncogene homolog，*KRAS*）突变更为常见，而在未吸烟者中，*EGFR*突变和间变性淋巴瘤激酶（anaplastic lymphoma kinase，*ALK*）基因易位更为常见。相矛盾的是，在未吸烟患者的肿瘤中，可治疗的突变数量更多。
- 未吸烟者中发生的肺癌显示出基于种族、性别和组织学的主要差异。种族差异显示遗传易感基因座在肺癌发展中的重要性。
- 吸烟者和未吸烟者中肺癌之间的主要临床特征、种族、性别和组织学差异，加上其不同的病因和主要分子差异，表明他们代表了非常不同的肿瘤类型，这证实了未吸烟者肺癌代表癌症的另一种形式。

肺癌是导致全球癌症相关死亡的主要原因，每年约有140万患者死亡[1]。2008年，肺癌是全球男性中最常被诊断出的癌症，是男性中导致癌症相关死亡的主要原因；肺癌在女性最常被诊断出的癌症中居第4位，在女性与癌症相关的死亡原因中居第2位[1]。东亚男性的肺癌发生率排名世界第5位，仅次于东欧和南欧、北美、密克罗尼西亚及波利尼西亚。在世界范围内，按性别和地区划分的年龄标准化发病率是49/10万[1]。女性在东亚、澳大利亚和新西兰的肺癌发病率排在第3位，发病率为19.9/10万[1]。尽管中国成年人吸烟率显著降低（4% vs. 20%）[2]，中国的女性肺癌发病率（21.3/10万）仍高于德国（16.4/10万）和意大利（11.4/10万）。

据世界卫生组织估计，肺癌是造成全球每年137万人死亡的原因，占所有癌症死亡人数的18%[1]。约71%的肺癌由吸烟引起，表明每年约有40万人死于吸烟。据估计，全世界有15%的男性和53%的女性是未吸烟者[3]。因此，未吸烟者的肺癌是其7～8种最常见的癌症死亡原因之一。但是，未吸烟者的肺癌经常与吸烟者的肺癌归为一类。本文描述了这两种类型肺癌之间的临床病理和分子差异。尽管有几篇评论文章讨论了该主题[4-6]，但本文讨论的重点是东亚国家未吸烟者的肺癌，因为这些国家的发病率高于其他地区。此外，我们讨论了吸烟者和未吸烟者肺癌之间的分子差异。

本文使用以下标准定义：

曾经吸烟者：一生中吸烟100支或更多烟的个人。

未吸烟者：一生中吸烟少于100支的个人。

正在吸烟者：在过去12个月内正在吸烟或戒烟的个人。

以前吸烟者：戒烟超过12个月的个人。

1 未吸烟者相关肺癌的流行病学

尽管发表了许多有关亚洲未吸烟者肺癌的文章，但由于未吸烟者的定义不统一，并且某些数据的质量值得怀疑，因此一些数据结果不一致。另外，即使在同一个国家内，女性吸烟率也有所不同。例如，中国东北地区女性的吸烟发生率明显高于中国南部地区女性[7]。由于这些原因，我们广泛引用了综述或Meta分析，这些综述或Meta分析结合了多个已发表的报告和癌症登记处的数据。由此，我们可以避免一些小型个体研究产生的偏倚，并且可以将种族、性别和地理差异放在适当的背景下分析。在2010年的一篇文章中，Brenner等描述了病例对照研究中未吸烟者患肺癌的危险因素的研究结果[8]。

对已发表的关于肺癌流行病学研究的综述（18项研究，共计82 037例）表明，肺癌具有明显的性别偏倚，在未吸烟者中男性似乎比女性更容易患肺癌，与地理位置无关（$P<0.0001$）[5]。在东亚（61%）[9-14] 和南亚（83%）[15-16]，女性未吸烟者患肺癌比例尤其高，而在美国，只有15%的肺癌女性患者从不吸烟[17-21]。相反，东亚只有11%的男性肺癌患者从不吸烟[5]。

Thun等[7] 发表了一项针对13个队列和22个癌症登记研究的分析报告，这些数据来自数十个国家的近250万未吸烟者以及10个国家的癌症登记处的数据。这项针对未吸烟者肺癌的综合分析得出了一些关键发现，包括：

- 在所有年龄段和所有种族中，男性肺癌死亡率均高于女性；
- 男性和女性之间的发病率相似，但随着年龄的增长而有所不同；
- 东亚个人（但不包括居住在美国的人）和非洲裔美国人的死亡率高于美国白种人；
- 没有发现美国女性发病的时间趋势；
- 东亚女性肺癌的发病率更高，且变化更大。

2 未吸烟者已知或可疑的致癌因素

由于烟草是一种强大的致癌物，并且是引起肺癌的主要原因，因此人们最关注的是将环境烟草暴露作为终生未吸烟者肺癌的主要原因。尽管自1986年以来，环境烟草暴露已被确定为未吸烟者肺癌的诱因，但美国外科医生在2006年才报告证实环境烟草暴露适度增加了患肺癌的风险[22]。根据美国外科医师的报告，美国肺癌的发生率表明，与积极吸烟相比，环境烟草暴露是一种非常弱的致癌物[22-23]。根据该报告，未吸烟者未暴露在烟草环境的风险比值比（odds ratio，OR）是1.0，未吸烟者环境烟草暴露的OR为1.2，而相比之下，吸烟者的OR是40.4[23]。因此，如果环境烟草暴露是一种弱致癌物，并且不能成为未吸烟者肺癌的主要原因，则应考虑其他已知或可疑因素，如室内空气污染、环境和职业毒素（如砷、氡、石棉）和人乳头瘤病毒感染（可能还有其他感染）。此外，遗传因素也应予以考虑，这些将在后面讨论。

2.1 室内空气污染

在没有经常吸烟史的中国女性中，肺癌的风险相对较高，这归因于不通风的燃煤炉灶产生的煤烟从而导致的室内空气污染，以及在高温下烹饪时油类的挥发[7, 24-29]。对来自中国大陆和中国台湾的7项有关未吸烟者研究的Meta分析发现，烹饪油蒸气是女性罹患肺癌的危险因素，而室内燃煤和燃烧木材是男性和女性共同的危险因素[30]。一项关于中国农村家庭炉灶改善与肺癌风险之间关系的回顾性研究也表明，从未通风的火炉改为带烟囱的炉灶与随后的肺癌患者减少有关[31]。有研究认为，人乳头瘤病毒感染是导致中国未吸烟农村女性以及亚洲国家未吸烟女性发病率较高的其他因素[32]。

2.2 环境及职业因素

研究表明，接触某些环境和职业毒素会增加吸烟者和未吸烟者罹患肺癌的风险[11, 29, 33]。这些毒素包括砷、氡、石棉、铬、有机粉尘等[34-36]。

一项Meta分析[34] 总结了在高度限定的地理区域（中国台湾西南部、日本新潟县以及日本和智利北部）的主要饮用水中砷含量与肺部疾病发生率增加相关，这些地区的吸烟者和未吸烟者都患有癌症。该Meta分析得出以下结论，尽管存在方法上的局限性，但在不同地区来自不同研究设计强有力地证明，摄入高浓度砷的饮用水和肺癌之间有一定的因果关系[34]。

氡存在于土壤和地下水中，是铀-238和镭-226的气态腐烂产物，能够通过释放α粒子来破坏呼吸道上皮[40-41]。铀矿工人患肺癌风险增加已被明确证实。尽管大多数矿工是吸烟者[42]，但研究认为肺癌是由氡的辐射引起[40]。然而，氡在普通家庭中的作用很难评估。

在荷兰进行的职业性石棉暴露量分析发现，控制年龄、吸烟和其他因素后，肺癌的相对风险为3.5[37]。在法国对1493例病例的研究中发现，职业性暴露的比例分别为9.4%和48.6%[38]。在加拿大的一项病例对照研究中，未吸烟者职业暴露的肺癌OR为2.1（95% CI为1.3～3.3），但暴露于溶剂、油漆或稀释剂的情况则更高（OR为2.8，95%CI为1.6～5.0）[8]。一项关于画家患肺癌风险的Meta分析表明，所有画家的肺癌风险为1.35（95%CI为1.29～1.41），但未吸烟的画家肺癌风险为2.0（95%CI为10.9～3.67）[39]。

2.3 人乳头瘤病毒（human papilloma virus，HPV）

多项研究发现，HPV感染与肺癌有关，尤其是在中国大陆和中国台湾[40-43]。Cheng等[44]报告说，中国台湾未吸烟女性中HPV感染的发生率很高。中国台湾的一项病例对照研究（141例和60例对照）的结果表明，在60岁以上未吸烟的肺癌女性中，HPV16和HPV18感染的患病率较高。在中国台湾未吸烟的女性中，HPV16和HPV18感染被认为与肺癌的高发病率和死亡率相关[44]。在武汉进行的一项类似研究的结果表明，HPV与肺癌的临床病理无关联[45]。但是，未吸烟者中HPV感染在肺癌发病机理中的作用可能仅限于某些地理区域，因为与HPV感染相关的肺癌发生率根据地理位置而异，有报道称在澳大利亚、欧洲和北美处于低水平[46-48]。

3 未吸烟者肺癌的临床病理特征

腺癌是世界上大多数地区最常见的非小细胞肺癌（non-small cell lung cancer，NSCLC）类型，是在世界范围内未吸烟患者主要的肺癌类型[5]，其次是大细胞癌，而大细胞肺癌可能是未分化的腺癌。在未吸烟的肺癌患者中鳞状细胞癌很少见，而小细胞肺癌几乎从未发生。然而，另一种神经内分泌肿瘤——支气管类癌，在未吸烟者中可能更为常见，尽管未显示出与吸烟状况的关系[49]。

肺癌患者的年龄因地理位置和吸烟状况而异。来自东亚国家和地区（如新加坡、日本和中国香港）的研究表明，未吸烟者中诊断出肺癌的年龄比吸烟者要早[9, 12, 33]，而吸烟者则与之相同或更高。在美国和欧洲的研究中发现，未吸烟肺癌患者的年龄和东亚国家相似甚至更高[1, 18, 21, 50-52]。这种地理差异的可能原因包括了东亚国家中除了主动吸烟以外的其他危险因素的影响更大。与西方国家相比，东亚的吸烟者吸烟的起始年龄较晚，国家之间的检出程度不同[53]。

在新加坡进行的一项回顾性研究，比较了未吸烟者与以前和正在吸烟者之间的流行病学特征和生存结局的差异，研究表明未吸烟者的状况与更好的表现状况、诊断时更年轻（分别早10年和5年）、女性更高比例（68.5% vs. 12%和13%）和诊断时更晚期有关[9]。诊断时疾病阶段的变化可能是由于延迟出现症状和医生延迟诊断造成的。未吸烟者的生存结果明显好于吸烟者，5年总生存率分别为10.8%和7.7%（P=0.0003）[9]。未吸烟者和患有肺癌吸烟者之间治疗反应和存活结果的差异可能归因于发病机制和肿瘤生物学的差异。

4 肺癌的遗传学特征

遗传癌症综合征与罕见且高度外显性的单基因突变相关，但是遗传因素在散发性癌症中也起着作用，正如许多基于家庭研究所报道的那样。约有100个具有孟德尔遗传的基因导致较少的癌症综合征，但是这些综合征仅解释了常见癌症家族基因簇中的一小部分[54]。对高风险家庭的连锁分析可能会发现其他罕见的高外显性突变基因，并且这样的研究已经确定了染色体6q上的肺癌易感性位点[55]。吸烟似乎增加了肺癌易感性，进一步的研究表明，此位置的G蛋白信号17基因的调节子是肺癌易感性的主要候选物[56]。

在*EGFR*基因突变的肺癌中，获得性抗酪氨酸激酶抑制剂的主要机制是出现了第二个激活突变T790M（用甲硫氨酸取代苏氨酸790）[57]。但是，T790M可能是一种罕见的家族遗传突变[58]。我们发表了一个大家族具有遗传性T790M突变和肺癌的相关性研究，结合已发表病例的分析表明，遗传性T790M使未吸烟者（和女性）易患肺癌[59]。这些发现部分得到了独立的证实[60]。有趣的是，尽管东亚人中*EGFR*突变发生的频率更高，但东亚人中没有描述遗传性T790M突变的病例。然而，在亚洲和非亚洲家庭中都报道了*V843I*，这是一种更罕见的遗传性*EGFR*基因突变，易患肺癌[61-62]。近期另一项报告描述了一个日本家族具有与肺癌风险相关的生长因子受体2（human epidermal growth factor receptor 2，*HER2*）常染色体遗传种系突变。这种突变也可能针对女性、轻度或未吸烟者[63]。

目前认为，具有高频率（通常大于10%）和低外显率（通常小于两倍终身风险）的等位基因基本上促进对许多疾病的易感，包括肺癌。使用基于人群设计进行的全基因组关联研究（genome-wide association studies，GWAS）已确定许多与多种复杂疾病（包括肺癌）风险相关的基因位点[54]。然而，由于每个基因座的作用很小，需要通过基因组合才能对疾病风险产生重大影响。GWAS通常基于对单核苷酸多态性（single nucleotide polymorphisms，SNPs）的大型微芯片分析，并且可以在单个微芯片上分析超过一百万个SNPs。这些针对弱关联的研究通常由成千上万的病例和对照组成，可能需要通过Meta分析进行确认。在肺癌中已经发现超过150个GWAS。尽管某些发现已被广泛接受，但其他发现仍存在争议或需要确认。2008年的3项研究确定了3个潜在的肺癌易感基因位点[64-65]，其中两个位点位于染色体15q25和5p15.33上，这是端粒酶激活必不可少的端粒酶反转录酶（telomerase reverse transcriptase，*TERT*）基因的位点。但是基因座在6p21～6p22上与癌症相关的作用仍存在争议[64]。其他研究包括Meta分析，证实主要的易感基因座位于15q25，编码了多个基因，包括烟碱型乙酰胆碱受体基因——胆碱能受体、烟碱样、β4（神经元）、α5（神经元）和α3（神经元）[66]。由于15q25变异也与尼古丁依赖性相关，因此可能会影响罹患肺癌的风险，至少部分是通过对吸烟行为的影响而不是对肺癌发生产生直接影响。针对亚洲6个国家的女性未吸烟者进行的一项大规模的肺癌Meta分析显示，在该人群中未显示15q25变异与肺癌相关的证据，作者认为强有力的证据表明该基因位点与肺癌无关，且独立于其他研究[67]。其他研究包括Meta分析已经确定了与肺癌风险增加相关的其他变异，如吸烟、种族、性别和组织学[64, 66-71]。因此，尽管端粒酶反转录酶基因座的遗传变异似乎参与所有肺癌的易感性，15q25位点易导致吸烟、9p21的细胞周期蛋白依赖性激酶抑制剂2A（cyclin-dependent kinase inhibitor 2A，*CDKN2*）位点可能影响鳞状细胞癌的易感性，而肿瘤蛋白p63（tumor protein p63，TP63）位点可能会影响东亚人群对肺腺癌的易感性。

正如之前引用的GWAS所证实的那样，尼古丁及其衍生物通过与支气管上皮细胞上的nAChR结合，可以通过激活蛋白激酶B（protein kinase B，PKB/Akt）途径来调节细胞增殖和凋亡。Lam等发现吸烟者和非吸烟者的NSCLC之间存在不同的nAChR亚基因表达模式，并且65个基因的表达特征与不吸烟患者中的nAChR α-6 β-3表达有关[72]。

5 东亚非吸烟患者的肺癌分子特征

随着肺癌分子遗传治疗的发展，发现东亚患有肺癌个体的分子谱不同于白种人患有肺癌的个体。Kirsten大鼠肉瘤病毒癌基因同源物（Kirsten rat sarcoma viral oncogene homolog，*KRAS*）和*EGFR*基因中的突变是互斥的，并且显示出与种族相关的频率差异。*EGFR*突变是未吸烟者中出现的与肺癌相关的首个特定分子改变。在特定的亚群中发现了*EGFR*体细胞突变的相对高发生率，包括女性、未吸烟者、腺癌患者和亚洲人。在亚洲的第一线吉非替尼（易瑞沙）与卡铂/紫杉醇的研究中［易瑞沙（Iressa）泛亚研究（IPASS）］，1217例患者中东亚血统的有1214例（99.8%），未吸烟者有1140例（93.7%），在437位可评估*EGFR*突变的患者中，*EGFR*突变的发生率为59.7%[73]。最近的一项跨国研究表明，亚洲国家*EGFR*基因突变的发生率存在差异，其中印度的发生率最低[74-75]。

尽管如此，对9项已发表研究的综述显示，美国未吸烟者中非小细胞肺癌的*EGFR*突变发生率要低得多（20%）[76]。此外，即使在未选人群中，东亚人群中的*EGFR*突变发生率也很高，非小细胞肺癌也明显高于白种人。对包括2347例各种族在内患者的数据进行分析，东亚患者中*EGFR*突变的频率显著高于非亚洲患者（33% vs. 6%，P<0.001）[77]。与*EGFR*突变不同，*KRAS*突变在东亚人群的肺癌患者中较少见，而在吸烟者的肺癌患者中则更为常见[76]。

在汇总了3篇已发表研究的数据中，包括1536名NSCLC患者，*EGFR*和*KRAS*在同一肿瘤中是互斥的[76, 78-79]。在20%的NSCLC患者中检测到*KRAS*突变，特别是吸烟或患有腺癌的人群[77]。一项研究调查了519例未入选的NSCLC患者*EGFR*和*KRAS*状况，发现吸烟者中*KRAS*突变的发生频率高于未吸烟者（10% vs. 4%，P=0.01），非东亚人高于东亚人（12% vs. 5%，P=0.001），腺癌患者高于非腺癌患者（12% vs. 2%，P<0.001）[76]。多项研究发现，*KRAS*突变在东亚20%～30%的白种人肺腺癌患者中存在，但只有5%的东亚患者患有肺腺癌[80-82]。此外，在中国香港和中国台湾的研究中，发现13%～19%的肺腺癌男性病例有*KRAS*突变，但没有发现女性有*KRAS*突变[83-84]。性别差异的潜在原因可能是绝大多数中国女性患者从不吸烟。

一项日本病例对照研究评估了吸烟和性别对有或没有*EGFR*突变患者患NSCLC风险的影响，结果表明经常吸烟是没有*EGFR*突变的NSCLC的重要危险因素，而对于有*EGFR*突变的NSCLC则是重要的危险因素[85]。累积吸烟暴露与无*EGFR*突变的NSCLC风险线性增加有关。这个发现对于男人和女人都是一致的。既往吸烟者中吸烟开始时的年龄和戒烟者中止吸烟以来的年龄也显示了无*EGFR*突变的NSCLC与吸烟之间的显著相关性。吸烟不超过20包/年的患者中*EGFR*突变的发生频率更高。同样，在另一项日本研究中，在肺癌诊断日期前戒烟至少20年的患者中发现*EGFR*突变的频率更高[86]。这些发现表明*EGFR*突变与吸烟量之间呈负相关。

吸烟状态不仅是影响*EGFR*突变，而且也是影响其他体细胞突变的危险因素。一项韩国研究通过聚合酶链反应筛选了200例原发性肺腺癌的新鲜手术标本，将有*EGFR*突变、*KRAS*突变和与棘皮动物微管相关的蛋白样4-间变性淋巴瘤激酶融合蛋白的病例进行基因测试、Sanger测序和荧光原位杂交。然后，在87个肺腺癌标本中进行了高通量RNA测序，3个已知的驱动基因突变呈阴性（排除了3个质量不佳的样品）。结果表明，吸烟史至少为40包/年的人比那些吸烟史少于40包/年或未吸烟的人具有更多的位点诱变。此外，吸烟者和未吸烟者的肺癌病例之间存在着重要的突变模式差异[87]。

考虑到东亚和白种人人群中*EGFR*突变发生率的差异，几项研究调查了这三者之间*ALK*、c-ros癌基因1受体酪氨酸激酶（c-ros oncogene 1 receptor tyrosine kinase，*ROS1*）和ret原癌基因（ret proto-oncogene，*RET*）融合的种族差异。在NSCLC中发现了新的驱动程序融合。大多数研究表明，*ALK*融合发生在2.4%～5.6%的NSCLC病例中[88-91]。迄今为止，尚未发现亚洲人群与非亚洲人群之间的发病率差异。但是，一项中国研究通过快速扩增互补DNA末端（rapid amplification of complementary DNA ends，RACE）偶联PCR测序筛选*ALK*融合蛋白的研究发现，在103例NSCLC患者中，有12例患者（11.6%）存在*ALK*融合蛋白，在62例腺癌患者中有10例（16.13%）存在ALK融合蛋白，52例不吸烟者中有10例（19.23%）存在*ALK*融合蛋白[92]。在选定的东亚人群中，*ALK*融合症的高发病率可能是由于样本量相对较小以及使用了不同的筛查方法造成的。与种族不同，吸烟状态被认为是影响融合基因发生率的重要因素。与*ALK*融合相似，*ROS1*和*RET*融合似乎在未吸烟者中更频繁地发生[93-94]。由于*ROS1*和NSCLC中鉴定出的*RET*融合频率非常低，因此有必要进行大样本研究以证明其作用。

几项源于中国的研究也发现了之前阐述到的、未吸烟者和吸烟者之间的肺癌分子谱的差异之处。An等[95]使用几种方法，包括测序、高分辨率熔解分析、定量PCR或多重PCR和RACE，筛选了524名中国NSCLC患者的候选驱动基因，并分析了驱动基因改变的差异。根据组织学和吸烟状况在亚组中进行分类（表4.1）[95]，研究结果表明未吸烟者的驱动基因改变与吸烟者的驱动基因改变完全不同，而其与组织学类型无关。在腺癌中未吸烟者更容易出现*EGFR*、磷酸酶和张力蛋白同源物（phosphatase and tensin homolog，*PTEN*），以及磷脂酰肌醇-4，5-双磷激酶、催化亚基α（phosphatidylinositol-4，5-bisphosphate 3-kinase，catalytic subunit alpha，*PIK3CA*）突变和*ALK*融合。*KRAS*和丝氨酸/苏氨酸激酶11（serine/threonine kinase 11，*STK11*）突变在吸烟者中更常见。原癌基因甲基化CpG（mCpG）序列（*MET*）和v-raf鼠肉瘤病毒癌基因同源物B（v-raf murine sarcoma viral oncogene homolog B，*BRAF*）突变在吸烟状态下没有显著差异。正如预期，鳞状细胞癌的发生率更低，并且盘状蛋白结构域受体酪氨酸激酶2（discoidin domain receptor tyrosine kinase 2，*DDR2*）和成纤维细胞生长因子受体2（fibroblast growth factor receptor 2，*FGFR2*）突变虽然很少见，但仅存在于吸烟者的肿瘤中。

表4.1 经组织学类型和吸烟状况调整后中国未吸烟和以前吸烟肺癌患者的驱动基因突变类型[95]

腺癌（*n*=347）		
基因	从不吸烟（66%）	曾经吸烟（34%）
EGFR	49.8	22.0
PTEN	9.9	2.6
ALK	9.3	4.5
PIK3CA	5.2	2.1
STK11	2.7	11
KRAS	4.5	12
C-MET	4.8	4
BRAF	1.9	3.1
鳞癌（*n*=144）		
基因	从不吸烟（35%）	曾经吸烟（65%）
DDR2	0	4.4
FGFR2	0	2.2

注：*ALK*，间变性淋巴瘤受体酪氨酸激酶；*BRAF*，v-raf鼠肉瘤病毒癌基因同源物B；*C-MET*，生长因子受体c-MET；*DDR2*，盘状结构域受体酪氨酸激酶2；*EGFR*，表皮生长因子受体；*FGFR2*，成纤维细胞生长因子受体2；*KRAS*，Kirsten鼠肉瘤病毒癌基因同系物；*PIK3CA*，磷脂酰肌醇-4，5-二磷酸3-激酶，催化亚单位α；*PTEN*，磷酸酶和张力素同系物；*STK11*，丝氨酸/苏氨酸激酶1

在另一项针对未吸烟者肺癌的中国研究中，Li等[96]在89%的肿瘤中发现了驱动基因突变（表4.2）。有趣的是，这些突变是相互排斥的。尽管在西方国家从不吸烟的人群中，肺癌的诱变率可能较低，但这些肿瘤中大多数都含有潜在的驱动基因突变。总之，NSCLC中的驱动基因改变与吸烟状况有关，和性别无关。

表4.2 中国未吸烟肺腺癌患者的驱动基因突变[96]

驱动基因突变[a]	患者比例（%）（*n*=202）
EGFR	75
HER2	6
*ALK*融合	5
KRAS	2
*ROS1*融合	1
BRAF	0
无突变	11
任何突变	89

注：[a]突变类型是相互独立的；*ALK*，间变性淋巴瘤受体酪氨酸激酶；*BRAF*，v-raf鼠肉瘤病毒癌基因同源物B；*EGFR*，表皮生长因子受体；*HER2*，人表皮生长因子受体-2；*KRAS*，Kirsten鼠肉瘤病毒癌基因同系物；*ROS1*，c-ros癌基因1，受体酪氨酸激酶

6 基因组层面的分子变化

尽管我们已经讨论过未吸烟者或曾经吸烟者的肺癌中突变的特定基因，但某些全基因组变化也是这两种肺癌的特征。点突变可以代表涉及嘌呤到嘧啶或嘧啶到嘌呤的转变，或嘌呤到嘌呤或嘧啶到嘧啶的转变。从21世纪开始，人们注意到肺癌中存在的肿瘤蛋白p53（tumor protein p53，*TP53*）基因中的点突变与大多数其他类型的实体瘤中的点突变具有不同的模式。在肺癌和其他与烟草相关的癌症（头颈癌或膀胱癌）中，*TP53*基因最频繁的突变代表G到T的转化[97-99]。这些突变通常发生在mCpG热点。DNA中的5-甲基胞嘧啶在遗传上是不稳定的，并且mCpG序列经常发生突变，导致哺乳动物基因组中该二核苷酸序列普遍耗尽。在人类遗传疾病相关基因和癌症相关基因中，mCpG序列是突变热点[99]。尽管最初关注的是*TP53*基因，但全基因组测序研究已证实G到T转化是最常见的点突变类型。在未吸烟者中，与烟草相关的癌症发生突变和从G到A

的转变是肺癌中最常见的点突变类型[87, 100]。

Seo等[87]广泛分析了来自韩国患者的87例肺腺癌标本的转录组。作者发现，表达特征以及突变模式与主动吸烟高度相关。在另一项对非肿瘤性肺组织的研究中，Bosse等[101]比较了未吸烟者和现在吸烟者之间的基因表达水平，以及以前吸烟者基因表达随时间的变化。大量基因（3223个转录物）在各组间差异表达。此外，一些基因在表达上显示出非常缓慢或不可逆，包括丝氨酸蛋白酶抑制剂、clade D（肝素辅因子）、成员1（serpin peptidase inhibitor，clade D，member 1，*SERPIND1*），这些被发现是最常见的被吸烟永久改变的基因。因此，他们的发现表明，吸烟使许多基因失调，其中许多基因在戒烟后会恢复正常。然而，即使戒烟几十年后一些基因仍然会发生改变，这可能至少部分解释了以前吸烟者中患肺癌的残留风险。在另一项研究中，Lam等[102]评估了在中国香港吸烟者和未吸烟者中建立的少数细胞系的表达模式。这些作者鉴定了71个差异表达或具有分类预测意义的基因。

全基因组测序表明，在无烟人群中肺癌患者同义和非同义突变的数量非常高，并且肺癌是此类突变数量最多的癌症之一[103]。

但是，在未吸烟者和曾经吸烟者之间，肺癌的突变数量和分子变化的复杂性存在主要差异，在未吸烟者中差异是10倍或更少[87, 100]。这些发现表明，暴露于烟草致癌物会引起DNA不稳定，从而导致许多驱动突变和伴随突变。相比之下，尽管驱动程序突变的数量可能相似，但未吸烟人群中与肺癌相关病原体导致的总变化幅度较小。

7 癌前变化

十多年来，我们已经知道，在浸润性肺癌发生之前，肺部气道树中发生了许多且广泛的分子改变，始于组织学正常的上皮细胞[104-105]。然而，在*EGFR*突变型肺癌发展的类似研究中[106]，尽管这些观察结果部分原因可能是中央型鳞状细胞癌与周围型腺癌相比在场效应方面的差异，但这些结果还表明，中央型鳞状细胞癌与周围型腺癌之间的差异也可能是一部分原因。吸烟在肺癌的发病早期很早就诱导了大部分或全部呼吸道上皮发生分子变化，而未吸烟人群中肺癌的发生则受到更大限制。

8 DNA甲基化

尽管大多数分子研究都集中在遗传变化上，但未吸烟者和以前吸烟者之间肺癌的表观遗传学差异显示出几个基因的总体甲基化模式和甲基化（以及偶尔下调）方面的多重差异。然而，有些研究描述了矛盾的发现，而另一些则未被证实。一项针对59个匹配的肺腺癌与相应的正常肺组织的研究（在独立的一组组织上进行了基因组规模验证）使用了较旧的Infinium Human Methylation27平台（Illumina，美国加利福尼亚州圣迭戈）[107]。尽管发现了700多个基因在肿瘤和正常组织之间差异甲基化，对现在吸烟者和未吸烟者肺腺癌之间的DNA甲基化谱图进行比较显示出一定的差异，仅将凝集素、半乳糖苷-半乳糖苷结合、可溶性4（lectin，galactoside-galactoside binding，soluble，4，*LGALS4*）基因鉴定为高甲基化，同时其在吸烟者中下调。编码参与细胞-细胞和细胞-基质相互作用的半乳糖苷结合蛋白的*LGALS4*是已知的肿瘤抑制物。其他研究检查了单个或少量基因，包括Ras关联（Ras association，RalGDS/AF-6）域家族成员1（*RASSF1A*）、细胞周期蛋白依赖性激酶抑制剂2A（cyclin-dependent kinase inhibitor 2A，*CDKN2A*）等（表4.3）[108-115]。通过Meta分析证实了*CDKN2A*甲基化与主动吸烟之间的关联[116]。一项对基因启动子有趣的研究证明了*CDKN2A*的失活与任何机制失活之间的关联及其与吸烟的关系。在呼气中检测甲基化发现在吸烟者与肺癌患者之间存在差异[117]。

9 结论

我们将重点放在东亚未吸烟者中的肺癌病例上，因为这种类型的肺癌最常发生在该地理区域。东亚幅员辽阔，涵盖了世界1/5以上的人口。因此，异种东亚人群之间的肺癌差异也可能存在。我们相信，本章概述的观察结果最终证明，肺癌是多种因素之间复杂相互作用的结果，包括通过主动吸烟或接触二手烟、性别、种族和遗传易感性。对于未吸烟肺癌病例，很大程度上可能与其他未知的环境致癌物或生活方式因素有关。但是，迄今为止，没有一种因素或因素的组合能适用于大多数癌症。

综上所述，吸烟和未吸烟的肺癌患者之间主要的临床、病理、人口统计学、性别、种族、分子和遗传易感性因素有所不同。我们总结了这两组肺癌之间的许多重要区别（表4.3）。研究结论表明，未吸烟者和以前吸烟者中发生的肺癌非常不同，应将其视为具有不同病原体以及不同的临床特征、基因型和表型特征的肿瘤。

目前仍然存在许多问题，特别是关于未吸烟肺癌患者的主要病因。可能没有简单或普遍的答案，这种类型的癌症仍然是异质性癌症，其发病机理受遗传、种族、环境烟草暴露、其他环境或职业致癌物以及地理环境的影响。

表4.3　以前吸烟与未吸烟肺癌患者的主要差异总结

因素	曾经吸烟肺癌患者	从不吸烟肺癌患者
临床与病理因素		
主要病因	吸烟	不知道或多样
主要病理类型	非小细胞肺癌和小细胞肺癌	主要是腺癌
范围	分布广	更有限
诊断时分期	从不吸烟的患者诊断时分期较晚	
治疗反应和总生存率	从不吸烟的患者的预后较好	
诊断时年龄	从不吸烟的患者诊断时的年龄较低（特别是东亚）	
性别	从不吸烟的患者中女性比例更高（全球）	
遗传学		
*RGS17*位点（染色体6q）	吸烟患者的肺癌易感位点	
基因多态性	取决于吸烟状态以及种族特征。*CHRNA5*容易吸烟	
分子学变化		
突变总量	吸烟者更高	
常见突变	G到A转换	G到T颠换
特异性突变	*KRAS*，*STK11*，*SMARCA4*	*EGFR*，*ALK*，*PTEN*，*PIK3CA*
具有潜在治疗靶点的癌症百分比	约60%（东亚）	大于90%（东亚）
基因表达特征	吸烟患者更易出现癌及癌旁的基因表达失调	
DNA甲基化	多种基因出现异常的甲基化，更易出现在非吸烟患者中	
甲基化基因（一些未经证实）	*RASSF1A*，*CDKN2A*，*MTHFR*，*HtrA3*，*LGALS4*	*NFKBIA*，*TNFRSF10C*，*BHLHB5*，*BOLL*

注：*ALK*，间变性淋巴瘤受体酪氨酸激酶；*BHLHB5*，含基本螺旋-环-螺旋结构域，B5类；*BOLL*，boule样RNA结合蛋白；*CDKN2A*，细胞周期蛋白依赖性激酶抑制剂2A；*CHRNA5*，胆碱能受体，烟碱，α5（神经元）；*EGFR*，表皮生长因子受体；*HtrA3*，HtrA丝氨酸肽酶3；*KRAS*，Kirsten鼠肉瘤病毒癌基因同系物；*LGALS4*，凝集素，半乳糖苷结合，可溶性，4；*MTHFR*，亚甲基四氢叶酸还原酶（NAD（P）H）；*NFKBIA*，B细胞κ轻多肽基因增强子核因子抑制剂，α；*PIK3CA*，磷脂酰肌醇-4，5-二磷酸3-激酶，催化亚单位α；*PTEN*，磷酸酶和张力素同系物；*RASSF1A*，Ras关联（RalGDS/AF-6）域家族成员1；*RGS17*，G蛋白信号传导的调节因子17；*SMARCA4*，SWI/SNF（开关/蔗糖非发酵）相关，基质相关，染色质肌动蛋白依赖性调节因子，亚科a，成员4；*STK11*，丝氨酸/苏氨酸激酶11；*TNFRSF10C*，肿瘤坏死因子受体超家族成员10c，无胞内结构域

（董　明　陈　军译）

主要参考文献

5. Sun S, Schiller JH, Gazdar AF. Lung cancer in never smokers—a different disease. *Nature Rev Cancer*. 2007;7(10):778–790.
6. Subramanian J, Govindan R. Lung cancer in never smokers: a review. *J Clin Oncol*. 2007;25(5):561–570.
7. Thun MJ, Hannan LM, Adams-Campbell LL, et al. Lung cancer occurrence in never-smokers: an analysis of 13 cohorts and 22 cancer registry studies. *PLoS Med*. 2008;5(9):e185.
8. Brenner DR, Hung RJ, Tsao MS, et al. Lung cancer risk in never-smokers: a population-based case–control study of epidemiologic risk factors. *BMC Cancer*. 2010;10:285.
21. Wakelee HA, Chang ET, Gomez SL, et al. Lung cancer incidence in never smokers. *J Clin Oncol*. 2007;25(5):472–478.
22. US Department of Health and Human Services. Cancer among adults from exposure to secondhand smoke. In: *The Health*

Consequences of Involuntary Exposure to Secondhand Smoke: A Report of the Surgeon General. Atlanta, GA: US Dept of Health and Human Services, Centers for Disease Control and Prevention, National Center for Chronic Disease Prevention and Health Promotion, Office on Smoking and Health; 2006. chap 7. http://www.surgeongeneral.gov/library/reports/secondhandsmoke/chapter7.pdf.

40. Samet JM. Radiation and cancer risk: a continuing challenge for epidemiologists. *Environ Health*. 2011;10(suppl 1):S4.
42. Wakelee H. Lung cancer in never smokers. UpToDate. http://www.uptodate.com/contents/lung-cancer-in-never-smokers. Updated January 13, 2014.
50. Dibble RLW, Bair S, Ward J, Akerley W. Natual history of non-small cell lung cancer in non-smokers. *J Clin Oncol*. 2005;23(16s):7252. [abstract].
54. Gazdar AF, Boffetta P. A risky business—identifying susceptibility loci for lung cancer. *J Natl Cancer Inst*. 2010;102(13):920–923.
55. Bailey-Wilson JE, Amos CI, Pinney SM, et al. A major lung cancer susceptibility locus maps to chromosome 6q23-25. *Am J Hum Genet*. 2004;75(3):460–474.
59. Gazdar A, Robinson L, Oliver D, et al. Hereditary lung cancer syndrome targets never smokers with germline EGFR gene T790M mutations. *J Thor Oncol*. 2014;9:456–463.
69. Dong J, Hu Z, Wu C, et al. Association analyses identify multiple new lung cancer susceptibility loci and their interactions with smoking in the Chinese population. *Nat Genet*. 2012;44(8):895–899.
75. Gazdar AF. EGFR mutations in lung cancer: different frequencies for different folks. *J Thorac Oncol*. 2014;9:139–140.
76. Shigematsu H, Lin L, Takahashi T, et al. Clinical and biological features associated with epidermal growth factor receptor gene mutations in lung cancers. *J Natl Cancer Inst*. 2005;97(5):339–346.
96. Li C, Fang R, Sun Y, et al. Spectrum of oncogenic driver mutations in lung adenocarcinomas from East Asian never smokers. *PLoS One*. 2011;6(11):e28204.
99. Pfeifer GP. Mutagenesis at methylated CpG sequences. *Curr Top Microbiol Immunol*. 2006;301:259–281.
100. Govindan R, Ding L, Griffith M, et al. Genomic landscape of non-small cell lung cancer in smokers and never-smokers. *Cell*. 2012;150(6):1121–1134.
106. Tang X, Shigematsu H, Bekele BN, et al. EGFR tyrosine kinase domain mutations are detected in histologically normal respiratory epithelium in lung cancer patients. *Cancer Res*. 2005;65(17):7568–7572.

获取完整的参考文献列表请扫描二维码。

第 5 章 肺癌中性别相关差异

Silvia Novello, Laura P. Stabile, Jill M. Siegfried

要点总结

- 肺癌的流行病学特征仍在变化：在过去10年中，肺癌已成为许多国家男性及女性中死亡率最高的癌症，而以前在女性中罕见。
- 吸烟也是女性肺癌的首要因素：与男性吸烟者相比，女性吸烟者及其患肺癌的易感性在文献中没有确凿的数据。
- 一生中未吸烟女性罹患肺癌的风险是男性未吸烟者的2.5倍。在亚洲，未吸烟女性肺癌患者的比例为61%～83%。
- 几篇文章描述了女性肺癌的预后比男性更好，而这与预期寿命更长或其他因素的影响无关。
- 流行病学研究和临床前研究表明，类固醇激素途径以及孕激素受体与肺癌有关。因此，这些途径将成为肺癌治疗有希望的靶点。
- 从分子生物学的角度出发，应将女性肺癌视为一个特定的实体，在诊断和治疗方法中必须考虑到这一事实。

几十年来，肺癌一直被认为是一种主要影响男性的肿瘤。然而，在过去的40年中该疾病的发病率在女性中呈指数级增长。1990—1995年，由于在许多西方国家开展了禁烟运动，男性肺癌的发病率逐渐下降，这反过来又导致了男性和女性发病率的逐步下降，预计至2020年男性与女性的发病率相同[1]。

与大多数其他癌症相比，女性肺癌的死亡率呈明显的相反趋势。自1990年达到顶峰以来，由于胃癌、子宫癌和乳腺癌的死亡人数直线下降，而肺癌的死亡人数却呈上升趋势，这反映出吸烟对女性的影响。总体而言，肺癌造成的女性死亡人数要高于其他3种女性最常见肿瘤（乳腺癌、结肠直肠癌和卵巢癌）死亡人数的总和[2]。

关于女性是否比男性更容易受到吸烟致癌作用的影响是有争议的。与男性相比，女性较少有吸烟史，在诊断肺癌时更年轻，在任何阶段都有较好的生存率（图5.1）[3]。肺腺癌是女性中最常见的组织学亚型。

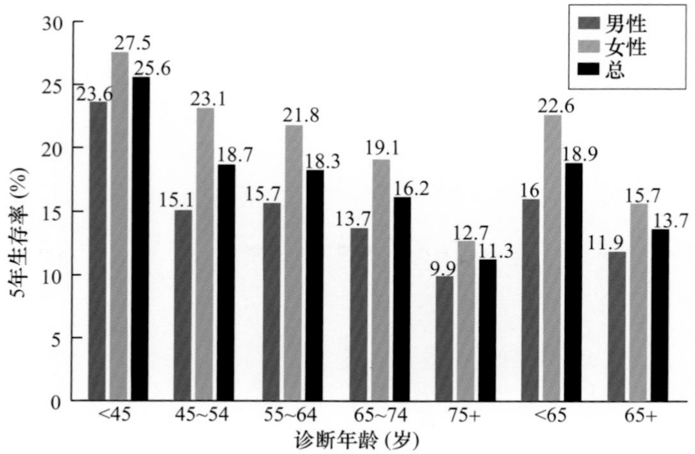

图5.1 肺癌患者诊断时年龄的分布及其5年生存率

数据来源于2001—2008年美国监测、流行病学和最终结果（surveillance，epidemiology and end results，SEER）数据库[1]

1 流行病学

肺癌是全球患者数量最多的癌症（160万例新发病例，占新癌例总数的12.4%），也是男女死亡率最高的癌症（1 378 000例死亡，占癌症总数的17.6%）[2]。自1985年以来，全球肺癌病例的估计数量增加了51%（男性增加了44%，女性增加了76%）[4]。

据世界卫生组织估计，全球肺癌死亡人数将继续增加，主要源于全球烟草使用量的增加，主要是在亚洲。尽管采取了各种措施来遏制吸烟，但全世界仍有约11亿烟民，如果按照目前的趋势发展下去，到2025年这一数字将增加到19亿[5-6]。

1.1 美国

据估计，美国2013年有118 080名男性和110 110名女性被诊断出患有肺癌，而87 260名男性和72 220名女性死于该疾病。2006—2010年每年男性和女性的肺癌死亡率分别为63.5/10万和39.2/10万[3]。

预计到2013年，男性最常见的癌症包括前列腺癌、肺/支气管癌和结直肠癌，约占所有新诊断癌症的50%（仅前列腺癌就占28%，有238 590例）[2]。女性中，2013年最常被诊断出的3种癌症是乳腺癌、肺/支气管癌和结直肠癌，约占癌症病例的52%（仅乳腺癌就占了29%，有232 340例）。这些癌症仍然是导致癌症死亡的最常见原因（图5.2）[2]。预计到2013年，肺癌将占女性所有癌症相关死亡的26%，男性占所有癌症相关死亡的28%[2]。在美国2009年记录的2 437 163例死亡中，有567 628例是由癌症引起。肺癌是40岁以上男性死亡的主要原因，也是60岁以上女性癌症相关死亡的主要原因[2]。

预防新发病例数*

男性			女性		
前列腺	238 590	28%	乳腺	232 340	29%
肺、支气管	118 080	14%	肺、支气管	110 110	14%
结、直肠	73 680	9%	结、直肠	69 140	9%
膀胱	54 610	6%	膀胱	49 560	6%
皮肤黑色素瘤	45 060	5%	甲状腺	45 310	6%
肾	40 430	5%	非霍奇金淋巴瘤	32 140	4%
非霍奇金淋巴瘤	37 600	4%	皮肤黑色素瘤	31 630	4%
口腔、咽喉	29 620	3%	肾	24 720	3%
白血病	27 880	3%	胰腺	22 480	3%
胰腺	22 740	3%	卵巢	22 240	3%
所有部位	854 790	100%	所有部位	805 500	100%

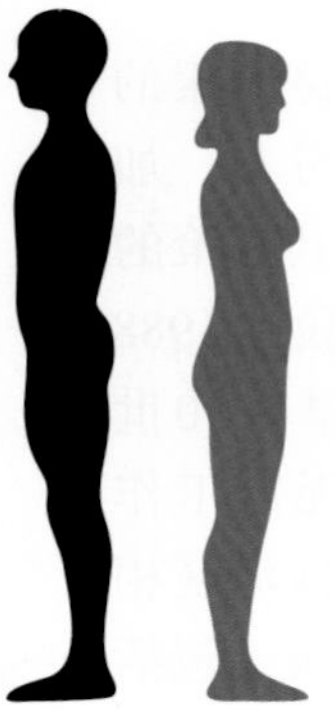

预计死亡病例数

男性			女性		
肺、支气管	87 260	28%	肺、支气管	72 220	26%
前列腺	29 720	10%	乳腺	39 620	14%
结、直肠	26 300	9%	结、直肠	24 530	9%
胰腺	19 480	6%	胰腺	18 980	7%
肝、肝内胆管	14 890	5%	卵巢	14 030	4%
白血病	13 680	4%	白血病	10 060	4%
食管	12 220	4%	非霍奇金淋巴瘤	8 430	3%
膀胱	10 820	4%	膀胱	8 190	3%
非霍奇金淋巴瘤	10 590	3%	肝、肝内胆管	6 780	2%
肾	8 780	3%	脑、其他神经系统	6 150	2%
所有部位	306 920	100%	所有部位	273 430	100%

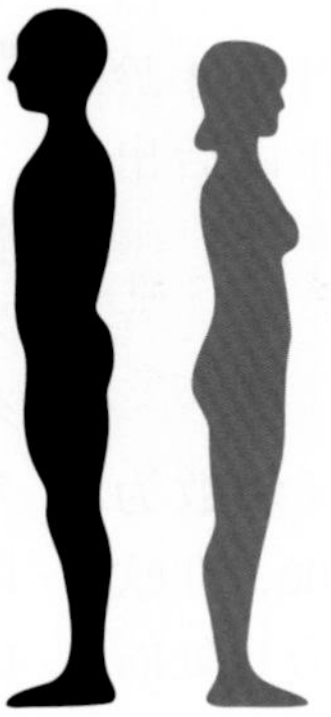

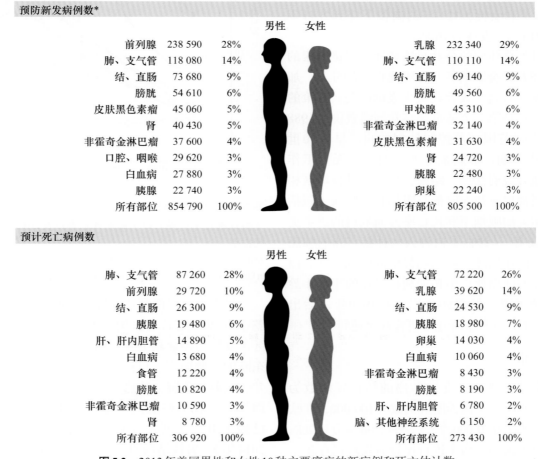

图5.2 2013年美国男性和女性10种主要癌症的新病例和死亡估计数

注：*估计值四舍五入到最接近的10，除外基底细胞癌和鳞状细胞皮肤癌以及原位癌，但不包括膀胱；经许可转载自：Siegel R, Naishadham D, Jemal A. Cancer statistics, 2013. CA: Cancer J Clin, 2013, 63: 11-30.

西班牙裔/拉丁美洲裔人口是美国最大、增长最快的主要人口群体，2010年占美国人口的16.3%（5050万/3.1亿）。2012年，估计有112 00例新发癌症病例被确诊，其中西班牙裔群体中有33 200例死于癌症[7]。西班牙裔人群的所有癌症并发症和4种最常见的癌症（乳腺癌、前列腺癌、肺/支气管癌和结直肠癌）的发生率和死亡率均低于西班牙裔人群。非西班牙裔白种人人群中胃癌、肝癌、子宫颈癌和胆囊癌的发病率和死亡率较高。这些比率上的差异反映出更多与癌症相关传染性病原体的暴露，较低的宫颈癌筛查率，生活和饮食方式上的差异以及可能的遗传因素有关[7]。

自1950年以来，美国在实施烟草控制策略方面做出了巨大的努力，以及随后在1975—2000年吸烟行为发生了有利的变化，避免了24万例与肺癌相关的女性死亡[8]。然而，据估计，在美国成年人中有20.6%的人继续吸烟，这一比例自1997年以来略有变化[9]。美国的吸烟率已从1964年男性（53%）和女性（32%）的高位下降到2011年男性为21.6%，女性为16.5%[10]。

反对烟草使用的公共政策和社会经济因素的巨大地理差异会影响各州肺癌死亡率的分布。加利福尼亚一直是引入旨在减少吸烟的公共政策的领导者，它是第一个通过提高卷烟消费税在1988年建立全州范围烟草控制计划的州。早在20世纪70年代中期，加利福尼亚就制定了无烟工作场所的地方政府法令。结果，与美国其他地区相比，加利福尼亚州在降低与吸烟相关疾病（包括肺癌）相关的吸烟率和死亡率方面取得的进步更大。Jemal等[1]评估了白种人女性特定州的肺癌死亡率，以评估肺癌发病趋势中的区域差异。白种人女性的肺癌死亡率在加利福尼亚的年轻年龄组中继续下降，但在50岁以下和1950年以后出生的女性中，这种下降速度更慢甚至逆转[11]。

1.2　欧洲

在全球范围内，女性肺癌的估计发病数为516 000，其中在美国诊断病例数为100 000，在欧洲诊断病例数为70 000[2, 12]。将欧洲癌症登记处的发病率与美国的发病率进行比较后发现仍存在差异，这表明从20世纪90年代开始，欧洲女性的肺癌流行率可能尚未达到美国水平（患肺癌的女性超过25/10万）。然而，在欧洲联盟（欧盟），从20世纪60年代中期至21世纪初女性的肺癌死亡率增长了50%，即使在一些南欧国家中，最年轻的年龄组也有了稳定的上升趋势，如法国和西班牙[13]。

在欧盟，过去10年中女性的肺癌死亡率从所有年龄段的11.3/10万增加到12.7/10万（每年2.3%）（预计到2015年将进一步上升到14/10万），中年女性为18.6/10万～21.5/10万（每年3.0%）（图5.3）[14]。

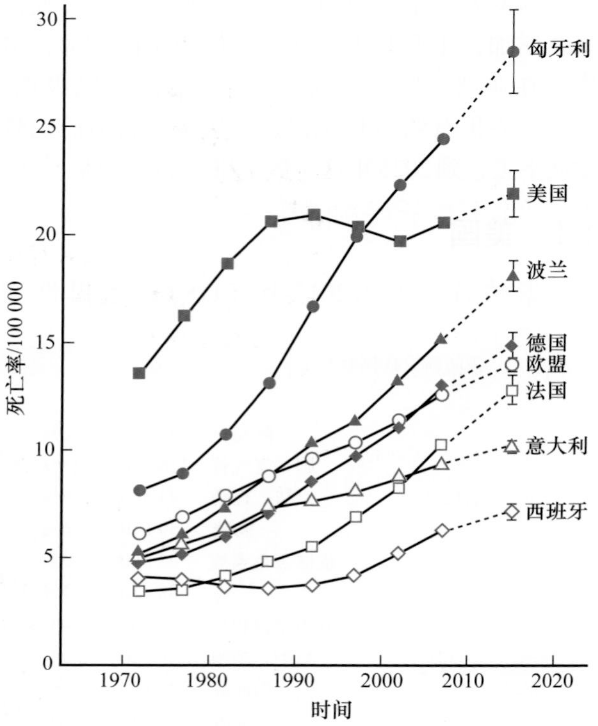

图5.3　1970—2009年欧洲主要国家和整个欧盟的女性的年龄标准化（世界人口）肺癌死亡率以及2015年的预计死亡率

经许可转载自：Bosetti C, Malvezzi M, Rosso T, et al. Lung cancer mortality in European women: trends and predictions. Lung Cancer, 2012, 78: 171-178.

尽管乳腺癌的死亡率降低，但该疾病仍然是整个欧盟（尤其是法国、德国、意大利和西班牙）女性与癌症相关死亡的主要原因。在北欧和东欧的一些国家，包括丹麦、匈牙利、荷兰、波兰、瑞典和英国，肺癌是癌症相关死亡的主要原因[14-17]。在一些欧洲国家，女性的癌症死亡率已经上升。在塞尔维亚，随时间推移（2010—2014年），男性结肠直肠癌和女性肺癌的增幅最大，分别为0.42/10万（$P=0.036$）和0.626/10万（$P<0.001$）[18]。1996—2001年英国国家健康服

务乳房筛查计划招募了130万妇女参加“百万妇女研究”[16]。这些人签署了同意书并完成了有关生活方式、病史和社会人口统计学因素的问卷调查，并在大约3年和8年后通过邮件进行了重新调查。在30种最常见的死亡原因中，有23种原因在吸烟者中的发生率更高。肺癌的比率为21.4%（19.7%～23.2%）。与未吸烟者相比，吸烟者死亡率上升主要来自吸烟有关的肺癌等疾病。在25～34岁或35～44岁永久戒烟的以前吸烟者中，全因死亡率相对风险分别为1.05（95%CI为1.00～1.11）和1.20（95%CI为1.14～1.26），而肺癌特异性死亡率相对风险为1.84（95%CI为1.45～2.34）和3.34（95%CI为2.76～4.03）[19]。

欧盟在2012年有近88 000名女性死于乳腺癌，约占女性所有癌症死亡人数的16%。预计2015年与肺癌相关的死亡人数男性为187 000，女性为85 204[14-20]。在对欧洲和加拿大的13 169例肺癌病例和16 010例对照进行汇总分析后，男性中最常见的组织学亚型是鳞状细胞癌（4747/8891，53.4%）和腺癌（1013/2017，50.2%）。在小细胞肺癌中未发现明显的性别偏好证据（男性为19.8%，女性为21.9%）。据报告，从未吸烟的220名（2.1%）男性和609名（24.2%）女性最常见的肺癌亚型是腺癌（男性57.6%，女性70.1%）[21]。

与美国的数据相似，在波兰进行的一项流行病学研究表明，与男性（12%）相比，女性（23%）被诊断出患有肺癌的年龄较小（<50岁）[22]。

1.3 亚洲

亚洲女性的肺癌死亡率低于美国和欧洲。但是，这些比率在包括中国、韩国和日本在内的几个亚洲国家中呈上升趋势[23-25]。腺癌是亚洲女性中最常见的肺癌组织学类型，并且这一比例随着时间的推移继续增加[26-31]。尽管烟草烟雾是全世界其他地区女性最常见的肺癌原因，亚洲女性的肺癌原因被认为更为复杂（图5.4）。未吸烟肺癌女性比例为61%～83%[32-33]。实际上，仅菲律宾和日本女性的吸烟率就高于10%[34]。环境烟草烟雾和室内污染物，包括食用油烟和燃煤与亚洲未吸烟女性患肺癌风险的增加有关[35-46]。

2009年中国的癌症发病率和死亡率数据（包括来自104个以人口为基础的癌症注册机构的人

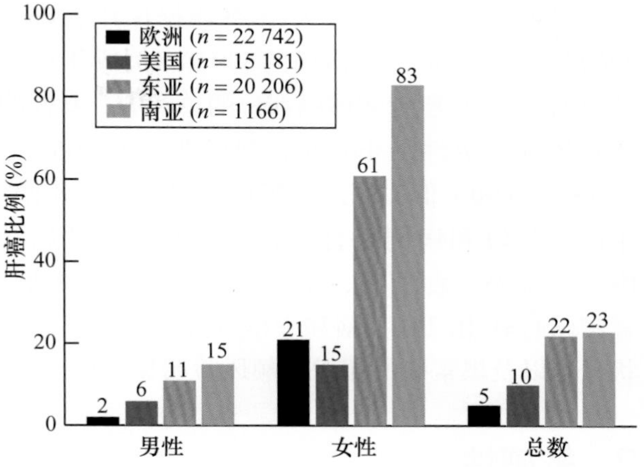

图5.4 过去25年已发表文章的总结分析显示，从不吸烟者的肺癌患者存在地理和性别差异

经许可转载自：Sun S, Schiller JH, Gazdar AF. Lung cancer in never smokers-a different disease. Nat Rev Cancer, 2007, 7 (10): 778-790.

口统计信息）已报告给国家癌症登记中心，这是政府进行癌症监测的组织[46]。经过评估程序后，72个注册表被认为令人满意，并进行汇编以利于分析。根据这些数据，肺癌是中国整体上和城市地区最常见的癌症，也是农村地区第2位最常见的癌症。有197 833例新发癌症病例和122 136例死亡。总体而言，肺癌死亡率为184.67/10万，男性为228.14/10万，女性为140.48/10万。这些发现表明，肺癌是所有地区（尤其是城市地区）男性中最常见的癌症，在女性（尤其是城市地区）中仅次于乳腺癌。在按性别和地区划分的所有人群中，肺癌是癌症相关死亡的主要原因。50岁以上的年龄段是高危年龄段，因为随着年龄的增长，发病率和死亡率均增加[46]。

印度耗时2年，从1991年的人口普查中随机抽取了6671个小区域中130名受过训练的医师，独立确定了122 429人的死亡原因，并监测了代表整个印度的110万户家庭所有出生和死亡情况[47]。30～69岁男性3种最常见的致命癌症是口腔部癌症［包括唇和咽部癌症，45 800（22.9%）］，胃癌［25 200（12.6%）］和肺部癌症［包括气管和喉部癌症，22 900（11.4%）］；女性三种最常见的致命癌症是宫颈癌［33 400（17.1%）］、胃癌［（27 500（14.1%）］和乳腺癌（19 900（10.2%）］。与烟草相关的癌症分别占男女癌症相关死亡的42.0%（84 000）和18.3%（35 700），口腔癌导致的死亡是肺癌的2倍[47]。

根据韩国国家癌症发病率数据库中2005—2009年期间诊断为实体癌的599 288例成年患者的数据[45]，在所有实体癌部位的总和中，女性的死亡风险比男性（相对超额风险为0.89，95%CI为0.88～0.90）低11%，其死亡率根据随访年限、年龄、阶段和病例组合进行了调整。女性患肺癌、头颈癌、食管癌、小肠癌、肝癌、鼻腔癌、骨和软骨软组织癌、脑和中枢神经系统癌症、甲状腺癌以及黑素瘤的相对超额风险明显降低[48]。

2 敏感性

2.1 未吸烟者

未吸烟者的肺癌是所有肺癌患者的独特种类。全球范围内，男性肺癌患者中约有15%的病例与女性中53%的病例不归因于吸烟[4]。女性终身不吸烟者患肺癌的风险是男性终身不吸烟者的2.5倍[4]。非吸烟女性最相关的风险因素之一是环境烟草烟雾暴露。对55项关于不吸烟配偶与吸烟配偶发生肺癌风险研究的Meta分析显示，合并的相对风险为1.27（95%CI为1.17～1.37），风险随着暴露量的增加而递增。这种联系已在亚洲、欧洲和北美的不同人群中得到证实[49]。

然而，未吸烟者中仍有很大一部分的肺癌不能与既定的环境危险因素明确相关，并且根据性别，未吸烟者中肺癌流行病学危险因素的数据有限[50]。在过去的几十年中，中国台湾的吸烟率有所下降，肺癌的发病率却稳步上升；女性肺癌患者中只有9%～10%的人吸烟，而79%～86%的男性肺癌患者均吸烟。2002—2009年进行的一项病例对照研究中，男女未吸烟者的几种流行病学因素在男性和女性之间有所不同[51]。暴露于环境烟草烟雾的人群患肺癌的风险高［比值比（odds ratio，OR）为1.39，95%CI为1.17～1.67），若同时伴有肺结核病史或有一级亲属肺癌家族史（OR为2.44）的肺癌发生风险更高，而有激素替代疗法医疗史且在烹饪时使用排烟器的人受到保护。对于男性，只有一级亲属的肺癌家族史与肺癌风险显著相关（OR为2.77）[51]。

中国的一项病例对照研究包括399例肺癌病例和466例对照，其中164例病例和218例对照是女性未吸烟者[50]。在未吸烟女性中，肺癌与室内空气污染的多种来源密切相关，包括工作环境中大量烟草烟雾的暴露（调整后的OR为3.65），频繁烹饪（调整后的OR为3.30）以及使用固体燃料烹饪（调整后的OR为4.08）和煤炉加热（调整后的OR为2.00）。此外，还与住房通风不良，包括单层房屋、窗户面积较小、没有独立的厨房、缺少通风机以及窗户打开时间有限等因素相关[52]。

2.2 吸烟者

对美国吸烟相关死亡率的50年趋势进行的前瞻性评估表明，女性吸烟者中吸烟致死的相对和绝对风险继续增加[53]。1980年以来，男性吸烟者肺癌死亡率似乎已经稳定，而女性吸烟者则继续增加。对于60～74岁的女性，目前吸烟者的全因死亡率至少是未吸烟者的3倍[53]。

目前，尚无关于女性吸烟者中肺癌易感性的结论性数据。一些研究表明，女性吸烟者比男性吸烟者患肺癌的风险更大。来源于美国卫生基金会数据库的数据表明，在每种吸烟水平情况下，女性主要肺癌类型的OR始终高于男性[54]。女性肺癌的剂量效应OR是男性的1.2～1.7倍。加拿大对1981—1985年肺癌性别差异的病例对照研究表明，吸烟史为40包/年（与终身不吸烟者相比），女性患肺癌的概率为27.9，男性为9.6[55]。在这两项研究中，所有主要组织学类型的肺癌风险均增加。在包括来自欧洲和加拿大的13 169例病例和16 010例对照的汇总分析中，评估了不同组织学类型肺癌的优势比。对于男性吸烟者（30支/天），鳞状癌的OR为103.5（95%CI为74.8～143.2），小细胞肺癌的OR为111.3（95%CI为69.8～177.5），以及腺癌的OR为21.9（95%CI为16.6～29.0）；对于正在吸烟的女性，相应的OR分别为62.7（95%CI为31.5～124.6）、108.6（95%CI为50.7～232.8）和16.8（95%CI为9.2～30.6）[21]。

其他研究表明，控制吸烟量可降低男性和女性患肺癌的风险[56-60]。在一项基于人群的病例对照研究（意大利，2002—2005年）中评估了性别、吸烟与肺癌风险的关系。在2100例肺癌病例和2120例对照中，男性患肺癌的概率比女性高[61]。在吸烟数量方面男性的肺癌比值比高于女性，对女性来说性别和吸烟的交互作用为负（P=0.0009）。对于中等量吸烟（20～29包/年）

和大量吸烟（40包/年或以上）组别，男性和女性患肺癌的风险相似[61]。

3　基因因素

编码烟草致癌物分解有关酶的基因多态性可能在女性吸烟者和未吸烟者的肺癌发展中发挥作用。芳胺*N*-乙酰转移酶（arylamine *N*-acetyltransferase，NAT2）是一种涉及异种生物（主要是芳香族和杂环胺和肼）的生物转化酶。NAT2的活性可能影响肺癌的风险以及细胞色素P（cytochrome P，CYP）450 CYP1A2的活性（参见第6章）。在不吸烟的中国女性中，低NAT2活性和高CYP1A2活性与肺癌发生的风险较高相关，与高NAT2活性和低CYP1A2活性相比，调整后的OR为6.9。

CYP1A1与女性不吸烟者患肺癌的风险增加相关（OR为3.97，95%CI为1.85～7.28）。CYP1A1在将烟草致癌物转化为DNA结合代谢产物中起重要作用，这些代谢产物对DNA加合物的形成很重要。谷胱甘肽硫转移酶（glutathione S-transferase M1，*GSTM1*）和谷胱甘肽S-转移酶θ1（glutathione S-transferase θ 1，*GSTT1*）与致癌物的解毒有关。在某些研究中*GSTM1*无效基因型与增加的肺癌风险相关[62-65]。在日本女性中进行的一项研究表明，*GSTM1*无效基因型与增加的肺癌风险之间存在关联，尤其是在无效基因型的女性吸烟者中[65]。在大量暴露于环境烟草烟雾的未吸烟女性中，发现*GSTM1*无效基因型与肺癌风险增加之间存在关联，而与没有明显暴露的无效基因型未吸烟女性对比的OR为2.27（95%CI为1.13～2.7）[66]。与*GSTM1*相似，*GSTT1*的无效基因型增加了从不吸烟者患肺癌的风险[67]。

为了深入了解未吸烟女性的肺癌病因，我们成立了亚洲女性肺癌协会（Female Lung Cancer Consortium in Asia，FLCCA），该协会包括中国大陆、韩国、日本、新加坡、中国台湾和中国香港。亚洲女性肺癌协会通过在*10q25.2*、*6q22.2*和*6p21.32*这3个新易感基因座的鉴定，确定了未吸烟亚洲女性与肺癌有因果关系的独特模式，以及未吸烟女性中肺癌的独特分子表型（图5.5）[68]。

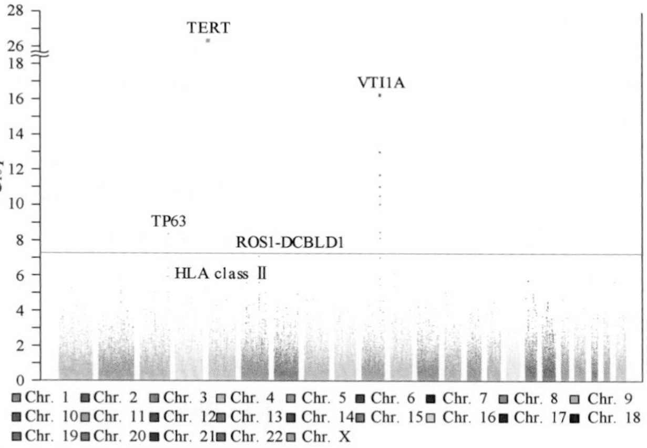

图5.5　应用无条件Logistic回归分析对基因型趋势效应的1自由度检验得出的*p*值绘制曼哈顿图

注：校正因素为从未吸烟的亚裔女性肺癌的全基因组关联研究中的研究、年龄和3个特征向量（肺癌：5510；对照：4544）；*x*轴表示染色体位置，*y*轴为负$\log_{10} p$；红色水平线代表全基因组显著性阈值（$p=5\times10^{-8}$）；图中标记的为之前鉴定的两个位点（5p15.33的TERT和3q28的TP63）以及新确定的3个位点（10号染色体上的VTI1A和6号染色体上ROS1-DCBLD1和HLA Ⅱ类区域；经许可转载自：Lan Q, Hsiung CA, Matsuo K, et al. Genome-wide association analysis identifies new lung cancer susceptibility loci in never-smoking women in Asia. Nat Genetics, 2012, 44: 1330-1335.

从6名韩国未吸烟女性中发现了新的遗传突变，其中包括47个体细胞突变和19个融合转录。大多数改变的基因导致G2/M过渡和有丝分裂进程紊乱，与这些患者的肿瘤发生有因果关系（图5.6）[69]。

在对3026例肺腺癌病例基因型的研究中，主要表皮生长因子受体（epidermal growth factor receptor，*EGFR*）突变（外显子19缺失和L858R）与V-Ki-ras2大鼠肉瘤病毒癌基因同源物（*KRAS*）突变相关。临床和吸烟史的数据表明，女性的

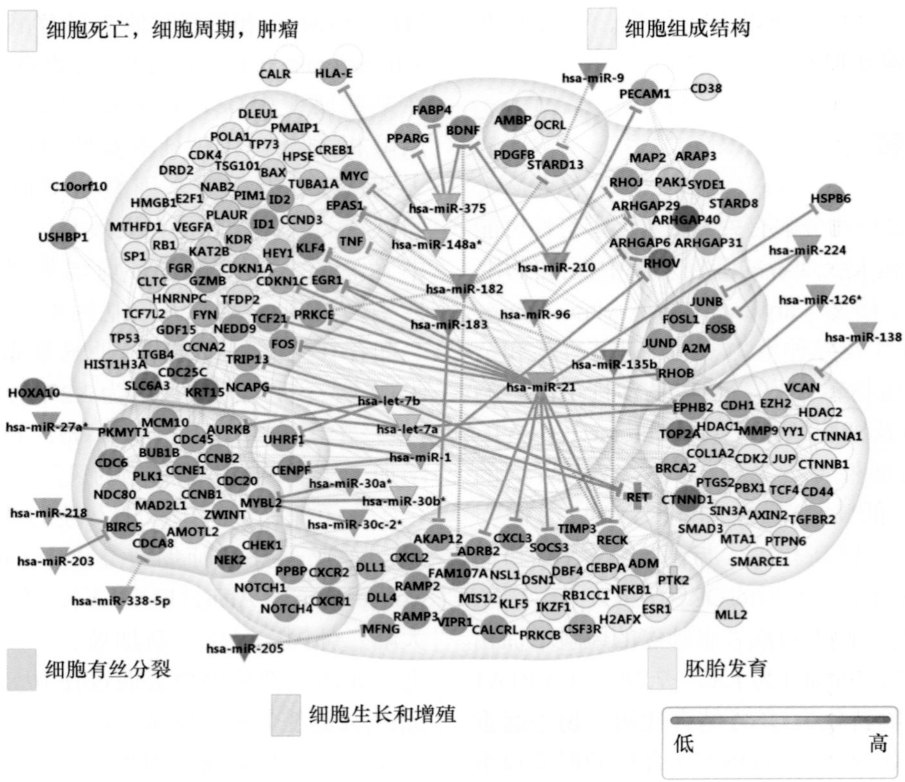

图5.6 女性从不吸烟的NSCLC患者的通路分析

注：使用66个网络通路相关基因作为输入列表，从智能通路分析（ingenuity pathway analysis，IPA）获得了通路信息；差异基因根据IPA的推荐分为5大类；经过验证以及预测的miRNA靶点分别应用实线及虚线在图中表示；图中节点的颜色表示了基因表达水平的变化（红色为上调，蓝色为下调）；对于c-RET和PTK2，"+"号表示其参与了基因融合事件；经许可转载自：Kim SC, Jung Y, Park J, et al. A high-dimensional, deep-sequencing study of lung adenocarcinoma in female never-smokers. PLoS One, 2013, 8 (2): e55596.

*KRAS*突变发生率更高，女性在诊断时也比具有相同突变的男性年轻（中位年龄为65岁 vs. 69岁，$P=0.0008$），并且女性较少主动吸烟。这些发现支持对烟草致癌物的敏感性增加[70]。在两种最常见的*EGFR*突变类型中发现了性别、年龄和阶段分布上的明显差异。

4 家族史

Nitadori等[71]评估了日本肺癌发生率与家族史之间的关联。作者得出结论，对于女性而言，如果一级亲属被诊断患有肺癌，该女性患肺癌的风险更高（OR为2.65，而男性为1.69）。一项中国台湾的研究显示，一级亲属肺癌家族史与男性和女性患肺癌的风险均明显相关[51]。在另一项研究中，在对有一级亲属患肺癌个体的年龄、性别、种族、教育程度、吸烟状况、吸烟年限和研究次数进行调整后，与无肺癌家族史的个体相比，其风险增加了1.51倍（95%CI为1.39～1.63）[72]。对于有一级亲属肺癌家族史的经常吸烟者，与没有吸烟史的未吸烟者相比，患肺癌的风险增加了3.19倍。如果按亲属类型进行分层，则与兄弟姐妹患肺癌的关联性最强（OR为1.82，95%CI为1.62～2.05），而其次为父亲（OR为1.25，95%CI为1.13～1.39）或母亲（OR为1.37，95%CI为1.17～1.61）。在男性和女性患者中（以及所检查的每种组织学类型）这种模式相似，并且在亚洲人和诊断时年龄较小的病例之间的关联更强（OR分别为1.83和1.45）[72]。

5 病毒因素

人乳头瘤病毒（human papilloma virus，HPV）可能在肺癌的发展中发挥作用，尤其是在亚洲。

一些研究表明，与对照组（无癌症患者）相比，年龄超过60岁的未吸烟女性肺癌患者中HPV-16和HPV-18感染患病率更高[73-74]。然而，其他研究也得出了结论[75]。在对223例肺癌病例的回顾性评估中，HPV感染在原发性肺癌的发病机制中没有作用，而HPV阳性则表明，原发于人体内其他地方的与HPV相关癌症的肺转移[76]。在亚洲人群中，HPV与肺癌有关，尤其是具有*EGFR*激活突变的患者。来自中国台湾的一项研究显示，肺癌患者中HPV感染的患病率为32%，并发现HPV感染和*EGFR*突变均可独立预测更好的生存率[77]。

6 环境暴露、饮食和既往肺部疾病

6.1 环境暴露

性别与由环境暴露（石棉、辐射、氡等其他化学物质）及饮食引起的肺癌风险之间的关系尚未得到广泛研究。接触石棉（OR为3.5，95%CI为1.2～10.0）和杀虫剂（OR为2.4，95%CI为1.1～5.6）的未吸烟患者发生肺癌风险较高[78]。在最近的综述中，在不同地理区域评估了因已知的危险因素而导致的未吸烟者中肺癌的负担。这些危险因素似乎在中国占肺癌的主要比例，但在欧洲和北美占较小的比例。在中国，已知的危险因素在女性肺癌病例中所占比例高于男性。例如，在中国未吸烟女性中，经常做饭的患者尿液中发现了多种致癌物[50]。据报道，乳腺癌的放疗会增加患肺癌的风险，特别是对于吸烟者。在乳腺切除术后接受辅助放疗的女性中，吸烟女性患肺癌的风险增加（OR为18.9，95%CI为7.9～45.4），而未吸烟者则无风险增加[79]。根据558 871名女性乳腺癌患者的监测数据，监测、流行病学和最终结果（surveillance，epidemiology，and end-result，SEER）数据库随访了20多年的乳腺癌患者，1973—1982年和1983—1992年接受放射治疗的女性死亡率增加，但是1993年之后接受放疗的女性死亡率没有增加[80]。

暴露于高危环境也会增加患肺癌的风险，特别是吸烟者或暴露于二手烟的人群[81]。Bonner等[82]报告了66例女性的数据，这些数据来自多个病例对照研究，评估了二手烟和辐射的暴露。暴露于氡辐射的女性具有*GSTM1*无效基因型的个体患肺癌的风险比*GSTM1*携带者高3倍（OR为3.41，95%CI为1.10～10.61）。

在西班牙的一项研究中，对69例未吸烟或轻度吸烟肺癌患者进行了氡暴露评估[83]。男性房屋中的氡浓度中位数为199 Bq/m^3，而女性房屋中为238 Bq/m^3。房屋中氡浓度中位数为237 Bq/m^3，高于世界卫生组织最近推荐的参考水平100 Bq/m^3[84]。较高的氡浓度主要与大细胞和小细胞肺癌组织学类型有关。但是，该研究存在一些局限性，包括人数少、参与者家中氡浓度几乎比该地区近2500个家庭中的氡浓度高3倍[83]。

6.2 饮食

在病例对照和队列研究中，水果和蔬菜的高摄入量降低了患肺癌的风险[85]。番茄和十字花科的食用也降低了患肺癌的风险[86-88]。超过71 000名没有吸烟或癌症病史的中国女性接受了前瞻性膳食摄入评估，随访时间超过11年[89]。维生素B_2的主要食物来源是大米、新鲜牛奶、鸡蛋和白菜。饮食中维生素B_2的摄入与患肺癌的风险呈负相关（OR为0.62，95%CI为0.43～0.89；最高四分位数与最低四分位数对比$P=0.03$）[89]。在同一队列中，大豆食品的摄入量与肺癌的总体生存率相关[90]。

6.3 肺部疾病既往史

既往的肺部疾病如哮喘和慢性阻塞性肺疾病，可能代表肺癌的潜在危险因素。几项病例对照研究表明，被诊断患有这些非肿瘤性肺疾病的男性和女性患肺癌的风险均增加[91]。即使控制了主动和被动吸烟，也有一些研究表明患肺癌的风险增加[92]。Wu等[93]发现，未吸烟女性且既往患有肺部疾病者患肺癌的风险增加（调整后OR为1.56，95%CI为1.2～2.0），这一发现主要是受这一人群中结核病流行的驱动。

7 肺癌中的类固醇激素

经典的类固醇激素通路已成功地用于治疗乳腺癌和前列腺癌，其中激素依赖性生长已得到公认。已知的类固醇激素受体在生殖道外的组织中表达，并在非生殖部位的肿瘤中具有生物学作用。类固醇受体介导的某些作用似乎与类固醇配体无关，并且是由类固醇受体通过磷酸化途径激活而产生的。因此，类固醇激素受体可能通过类固醇诱导的信号传导或类固醇非依赖性信号传导具有生物活性。人群研究和临床前研究的结果表明，类固醇激素途径与肺癌的生物学有关，而雌激素信号途径是肺癌治疗有希望的靶点。孕激素受体也可能在肺癌中起作用。

7.1 雌激素受体

对肺癌风险和疾病表现方面性别差异的研究结果表明，雌激素可能与该病的病因有关[94]。例如，女性比男性更容易患肺腺癌和成为未吸烟者[54]。同样，未吸烟女性中肺癌的诊断率高于未吸烟男性[95]。非甾体受体超家族成员雌激素受体介导细胞对雌激素的反应。这些蛋白起配体激活的转录因子作用，或者可以被独立于配体的磷酸化激活（图5.7）[96]。已鉴定出两种形式的雌激素受体（estrogen receptor，ER），即ERα和ERβ，它们由不同的基因编码并在不同的组织中分布。此外，还存在多种ERα和ERβ亚型，包括至少5种ERβ亚型[97-99]。

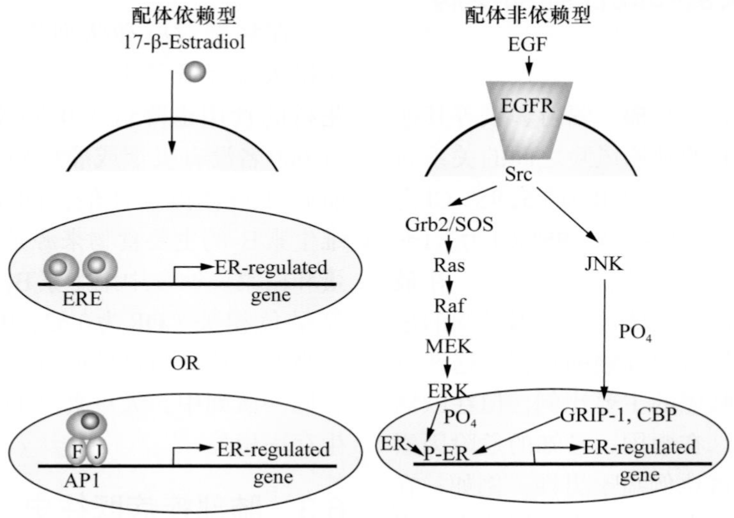

图5.7 肺部经典的核内雌激素效应

注：在配体依赖型模式中，17-β-雌二醇可结合在核内雌激素受体（nuclear estrogen receptors，ERs）的雌激素反应元件（estrogen responsive elements，EREs）以及激活蛋白1（activator protein 1，AP1）位点，利用转录因子fos（F）和jun（J）调控基因的表达。核内雌激素受体还可以通过非配体依赖的方式激活，如通过表皮生长因子（epidermal growth factor，EGF）介导的雌激素受体磷酸化；表皮生长因子受体（EGF receptor，EGFR）激活就是这种途径的一个例子；CBP，钙结合蛋白；ERK，细胞外调节MAP激酶；Grb2/SOS，生长因子受体结合蛋白2/*SOS*；GRIP-1，谷氨酸受体相互作用蛋白1；JNK，c-jun *N*末端激酶；MEK，MAP激酶-ERK激酶；P-ER，磷酸化雌激素受体；PO_4，磷酸盐；Raf，病毒raf基因的细胞同源物（v-RAF）；Ras，鼠肉瘤；Src，Rous肉瘤癌基因；经许可转载自：Novello S, Brahmer JR, Stabile L, Siegfried JM. Gender-related differences in lung cancer. In: Pass HI, Carbone DP, Johnson DH, et al. (eds). Principles & Practice of Lung Cancer. The Official Reference Text of the IASLC, 4th ed. Copyright: Wolters Kluwer, Lippincott Williams& Wilkins; 2010.

肺肿瘤中存在ER的相关报道不一致。这些差异产生的原因可能是对染色的解释、使用的抗体和稀释液、评分评估的变异性或患者队列特征的差异所致。通过鉴定可区分ERα和ERβ的抗体以及更标准的免疫组织化学方法，可见ERβ在大多数人NSCLC细胞系中表达并起作用，并且存在于来自男性和女性的人NSCLC的原始标本中[100-105]。然而，肺癌中不同的ERβ亚型的频率和功能仍未被完全理解。关于ERα在肺组织中表达的共识较少。在免疫组织化学研究中，ERα被发现主要存在于细胞质和细胞膜中，在免疫印迹和核糖核酸（ribonucleic acid，RNA）分析中主要由剪接变体组成[100]。该无核ERα可能由缺少氨基末端的变体同工型组成，因为它具有差异性，可以通过识别ERα氨基和羧基末端的抗体检测到[100]。而ERβ相反，可存在于细胞核和细胞质中，除某些变体外主要由全长蛋白质组成[100]。ER介导肺肿瘤细胞系中RNA转录和增殖支持了至少某些形式的ER起作用的假说[100-106]。

几份关于NSCLC中雌激素受体状态与生存率关系的报告显示，在45.8%～69.0%的肺癌病例中，ERβ位于细胞核内[101-105]，在一些研究中被认为是有利的预后指标。在一些报告中，仅在男性中发现了预后意义，或仅限于具有特定突变的一部分患者。然而，这些研究中的大多数都使用了针对总ERβ的抗体，该抗体无法区分不同的ERβ同工型。最近，细胞质ERβ-1被鉴定为肺癌的独立阴性预后因素[105]。另一项研究证实了这种同工型特异性，表明ERβ-1而非ERβ-2与更严重的预后有关[107]。转移性肺癌患者的核ERβ-1与生存不良相关，而早期肺癌患者的队列则无相关性[108]。ERβ-2和ERβ-5与肺癌患者更好的生存率有关[109]。

在NSCLC中，从未或很少检测到核ERα的表达[102-105]。ERα的预后意义对生存没有影响或与不良预后相关[101-102, 105]。Kawai等[101]报道细胞质中的ERα与NSCLC患者的预后较差有关。显然，核内质网和细胞质内质网都很重要，在对组织标本进行临床评估时，应分别或一起评估每个组成部分。此外，有必要进一步分析各种ERβ亚型，以完全了解ERβ在肺癌中的作用。应开发和验证用于筛查肺肿瘤ER的标准化方法，以验证这些激素标志物的预后意义。这些标志物还可用于识别可能对激素治疗有反应的肺癌患者。

数项研究表明，晚期NSCLC的女性比晚期NSCLC的男性寿命更长[110-111]。一项对绝经前和绝经后女性肺癌患者特征和生存情况的研究结果表明，绝经前女性在诊断时患有晚期疾病，包括组织学分型较差的低分化肿瘤[112]，但两组的生存率没有显著差异。在最近的一项研究中，60岁以上的女性比相同年龄段的男性和年轻女性具有显著的生存优势。与年轻女性相比，生存差异的原因可能是年轻人群中循环雌激素水平较高[113]。男性的存活率没有年龄差异。

通过激素替代疗法（hormone replace-ment therapy，HRT）接触外源性雌激素对肺癌的生存有负面影响。Ganti等[114]对近500名肺癌女性进行了评估，发现与确诊时使用HRT的女性相比，肺癌诊断时较低的中位年龄与较短的中位生存时间之间存在相关性。吸烟的女性比不吸烟的女性更明显，这表明雌激素和烟草致癌物之间存在相互作用。妇女健康倡议还报告说，HRT治疗对女性肺癌患者的存活率产生了强烈的不良影响[115]。在该项随机安慰剂对照试验中，超过16 000名绝经后女性接受安慰剂或每日HRT治疗长达5年。与安慰剂组相比，HRT组死于肺癌的可能性明显更高。针对维生素和生活方式的研究证明HRT导致肺癌发生率的增加，并且HRT对肺癌风险的影响与持续时间有关[116]。但是，其他研究发现，使用HRT可以有效保护女性，降低肺癌的发生，尤其是对于吸烟的女性[117]。在雌激素受体阳性但非雌激素受体阴性的绝经后女性肺癌患者中，HRT的使用与NSCLC的风险之间也发现了相反的关系[118]。与恶性上皮细胞相比，这一发现可能提示雌激素对正常肺上皮细胞诱导细胞分化和细胞增殖之间的平衡有不同的影响。外源性激素的使用可能通过抑制芳香酶的表达来减少局部雌激素的产生。在未来针对女性的肺癌患病风险与生存的研究中，明确HRT的使用、使用持续时间和使用时机是阐明HRT对肺癌风险确切的作用所需要的关键信息。

最近的回顾性群体研究表明，使用抗雌激素疗法可以影响肺癌的生存。一项针对超过6500名乳腺癌女性的观察性研究表明，接受抗雌激素治疗的女性肺癌患者死亡率显著降低[119]。同样，在曼尼托巴省癌症注册表中，评估了2320名接触或未接触抗雌激素治疗的女性[120]，肺癌诊断前后接受抗雌激素治疗与死亡率降低显著相关。这些有关HRT和抗雌激素使用的研究共同支持了雌激素作为肺癌侵袭性和形成促进剂的想法，也许不仅在生物学上而且在肺癌的结局中都起着关键作用。

临床前证据还表明，雌激素是肺癌的主要驱动力。雌激素在体外和体内均可诱导NSCLC细胞增殖，并可调节NSCLC细胞系中对诱导细胞增殖很重要的基因表达[100, 106]。基因组雌激素信号转导主要通过ERβ在NSCLC细胞中发生[121-122]。此外，氟维司群是一种无激动剂的ER拮抗剂，在重症联合免疫缺陷小鼠中，体外和肺肿瘤异种移植物生长抑制率约为40%[100]。因此，证据表明靶向雌激素信号通路可能具有治疗或预防肺癌的价值。

目前可用于靶向癌细胞中的雌激素信号传导途径有3种：①通过他莫昔芬和雷洛昔芬等药物产生的ER功能拮抗剂；②通过诸如氟维司群的药物下调内质网功能；③通过芳香酶抑制剂（如可逆的非甾体药物来曲唑和阿那曲唑以及不可逆的甾体灭活剂）降低雌激素水平[123-124]。他莫昔芬和雷洛昔芬在某些组织（如子宫内膜）中具有部分激动剂作用。他莫昔芬已被证明可增加肺癌转移灶的生长，因此不是NSCLC治疗的合适选择[121]。此外，美国国家外科辅助乳腺癌和肠癌项目乳腺癌预防试验未显示出任何类型的肺癌风险降低[125]。

7.2 芳香酶

肺癌细胞也可以产生自己的雌激素[126]。芳香化酶是CYP450家族的一员，催化雄激素、雄烯二酮和睾酮分别转化为雌酮和雌二醇，并在肺组织中表达[127-128]。临床前研究表明，芳香酶抑制剂也是肺癌治疗的潜在抑制剂。芳香酶蛋白在肺肿瘤细胞系和肿瘤组织中表达，并被证明具有功能[126]。此外，用阿那曲唑治疗时，肺肿瘤转移灶的生长显著下降。最近显示了阿那曲唑可以预防雌性小鼠中烟草诱导的肺癌，当阿那曲唑与氟维司群合用时，这种作用会进一步增强[129]。因此，雌激素合成的重要来源可能是作用于致癌物而浸润到肺部的炎症细胞，这种炎症细胞从早期就开始扩散并起到了致癌作用。雌激素的这种局部产生可能是肺肿瘤中慢性炎症反应的一部分。

Mah等[131]将芳香酶鉴定为肺癌生存的早期预测生物标志物。在65岁以上的女性中，与肿瘤组织中具有较高芳香化酶表达水平的女性相比，其较低水平的女性预后更好。此外，芳香化酶表达情况的预后价值对Ⅰ期或Ⅱ期肺癌患者最大。在这种循环雌激素水平较低（由于卵巢产量降低）的患者人群中，肿瘤细胞可以通过芳香酶产生雌激素来弥补损失。但是，除非将芳香化酶表达情况与其他标志物（如ERβ、EGFR和PR）结合使用，否则在单独的队列中未发现芳香化酶与肺癌生存之间存在关联[129]。这些结果强烈表明，作为已经被批准用于治疗乳腺癌的药物，芳香化酶抑制剂可用于治疗芳香酶表达水平高的女性肺癌病例。当有更多治疗选择时，芳香酶的表达情况也可能是预测疾病早期生存情况的新工具。目前正在进行一项Ⅰ期临床试验（NCT01664754），以评估芳香酶抑制剂依西美坦与培美曲塞和卡铂联合使用的不良反应和最佳剂量，以便治疗晚期肺癌病例。目前正在研究将参与肿瘤内雌激素产生和代谢的其他酶作为肺癌治疗的潜在靶点[132]。

8 非基因组雌激素信号及其与生长因子受体信号通路的相互作用

除了ER作用的核内机制如增加的细胞增殖和基因转录外，雌激素还可以在数秒至数分钟内迅速激活信号传导。这些快速的信号传导效应被称为非基因组效应，并通过位于膜或细胞质中的非核ER发生（图5.8）。在人类乳腺癌细胞中，膜内质网中发现一种称为G蛋白偶联受体30（G protein-coupled receptor 30，GPR30） 的G蛋白偶联受体[133-134]。最近已在肺癌细胞中证明了GPR30的表达，但肺中GPR30的功能和调控仍是未知的[135]。NSCLC细胞和其他核外ERs已在质膜和细胞质中鉴定出，并已显示出可以促进信号通路的快速刺激[122, 136]。这些效果可以通过添加氟维司群来抑制。

非基因组ER信号传导与生长因子信号传导途径如EGFR/HER-1和胰岛素样生长因子1受体（insulin-like growth factor 1 receptor，IGF-1R）起到协同作用。EGFR是酪氨酸激酶受体家族的成员，还包括人表皮生长因子受体2（HER2）、人表皮生长因子受体3（HER3）和人表皮生长因子受体4（HER4）[137]。这些受体与细胞增殖、细胞运动、血管生成、细胞存活和分化有关[138]。临床上，EGFR过表达的NSCLC患者的预后较差[101, 139]。此外，EGFR和ERα的联合过度表达被证明是肺癌预后较差的独立指标，与这两种途径之间的相互影响一致[101]。已经在肺癌细胞中证实了雌激素受体和EGFR之间的存在相互作用[121, 140]。在这方面，雌激素可以快速激活肺癌细胞系中的EGFR（配体依赖性信号传导），并且在NSCLC中，氟维司群和吉非替尼（一种EGFR TKI）的组合可以最

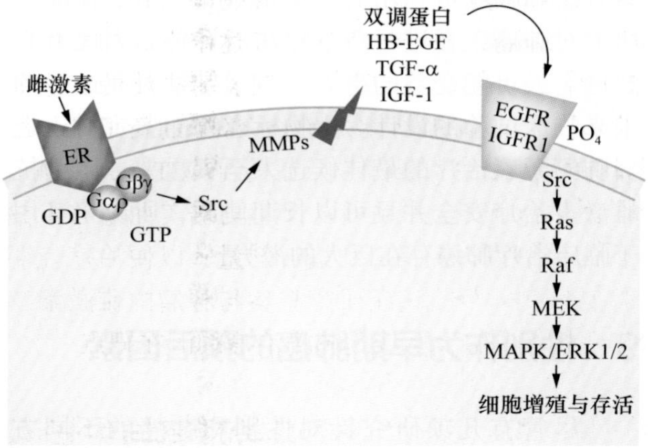

图5.8 肺中雌激素的非核内作用机制

注：雌激素可快速激活细胞膜表面的生长因子受体，如EGFR和胰岛素生长因子受体（insulin growth factor receptor，IGFR1）。雌激素可结合雌激素受体，激活G蛋白，从而活化Rous肉瘤原癌基因（Src）并产生金属蛋白酶（matrix metalloproteinases，MMPs）切割生长因子受体配体，如双调蛋白、肝素结合表皮生长因子（heparin-binding- epidermal growth factor，HB-EGF）、肿瘤生长因子α（tumor growth factor-α，TGF-α）和胰岛素样生长因子-1（insulin-like growth factor-1，IGF-1），使其与EGFR结合；最终激活ERK下游信号传导途径，调控细胞增殖和存活；GDP，鸟苷二磷酸；GTP，三磷酸鸟苷；MAPK/ERK1/2，丝裂原活化激酶样蛋白/elk相关酪氨酸激酶；MEK，MAP激酶-ERK激酶；PO4，磷酸盐；Ras，鼠肉瘤；Raf，病毒raf基因的细胞同源物（v-raf）；经许可转载自：Novello S, Brahmer JR, Stabile L, Siegfried JM. Gender-related differences in lung cancer. In: Pass HI, Carbone DP, Johnson DH, et al. (eds). Principles & Practice of Lung Cancer. The Official Reference Text of the IASLC，4th ed. Copyright: Wolters Kluwer, Lippincott Williams & Wilkins, 2010.

大限度地抑制细胞增殖，诱导凋亡，并且影响体外和体内的下游信号传导通路[121, 141]。与临床更相关的EGFR TKI厄洛替尼联合氟维司群使用时，与单药治疗和联合多靶点TKI万德替尼使用相比，在NSCLC肿瘤异种移植实验中也显示出优异的抗肿瘤活性[141-142]。在肺癌中发现了吉非替尼和芳香酶抑制剂阿那曲唑的协同作用，进一步支持这些途径之间的功能性相互作用[143]。此外，在肺肿瘤中发现膜雌激素受体与EGFR定位在一起[136]，还可发生配体非依赖性非基因组信号传导。EGFR可以直接在特定的丝氨酸残基上磷酸化ER[144]。这些残基在87.5%的ER阳性肺肿瘤中被磷酸化[140]。

此外还发现，在肺癌细胞中ER和EGFR之间存在相互控制机制。在体外EGFR蛋白表达对雌激素的反应是下调的，而对氟维司群的反应是上调的，这表明雌激素耗尽时EGFR通路被激活[121]。相反，雌激素受体β蛋白表达在表皮生长因子作用下下调，在吉非替尼作用下上调，这为同时这两种途径的靶向治疗提供了理论基础[121]。最近，在肺癌中，雌激素信号传导途径与IGF-1R途径之间也有类似的报道。IGF-1R信号转导通路与肺癌的发展有关。已经证明雌激素通过雌激素受体β在肺癌细胞和组织中上调IGF-1R的表达[145]。此外，芳香化酶和ERβ的表达均与IGF1和IGF-1R的表达呈正相关。这些途径可协同作用促进小鼠肺腺癌的进展[146]。此外，在致癌物诱发的肺癌鼠模型中，与单药治疗相比，氟维司群和IGF-1R抑制剂联合治疗显示出最大的抗肿瘤作用[146]。在没有*EGFR*突变的情况下，通过小分子TKI靶向EGFR的用途有限，这种突变发生在少数患者中。有趣的是，对EGFR TKI有反应的患者主要是未吸烟女性，这可能与肺癌中EGFR和ER之间的双向信号传导有关[147]。此外，一些研究表明，EGFR突变与ER表达之间存在相关性[148-149]。这些观察结果已转化为Ⅰ期临床试验，该实验使用靶向这两种信号通路的药物来评估吉非替尼和氟维司群联合治疗对22名绝经后女性的毒性作用[150]。这两种途径是安全的，在患有ⅢB/Ⅳ期NSCLC的女性中具有抗肿瘤活性。另外，核ERβ与患者生存率的提高相关。一项比较厄洛替尼和氟维司群与单独厄洛替尼联合治疗的Ⅱ期临床试验显示，两种治疗的联合治疗耐受性良好，无进展生存期相似[151]。在EGFR野生型肿瘤患者中，临床与单独使用厄洛替尼相比，接受联合用药治疗的患者（3名部分缓解的患者）的获益率显著更高，并且具有改善生存率的趋势。这些临床试验的发现表明，如通过乳腺癌细胞观察到的那样，通过核受体和核外受体结合EGFR信号通路靶向ER信号通路从而增强对NSCLC的抗肿瘤作用[152]。抗雌激素疗法与IGF-1R抑制剂的组合也值得临床研究。

8.1 孕激素受体

孕激素的作用是通过孕激素受体（progesterone peceptors，PR）介导的。PR有两种主要的同工型即PR-A和PR-B，它们在调节细胞对孕酮的反应中起不同的作用。据认为PR-A：PR-B的比例会影响乳腺癌的临床结局。几项研究证明了原发性NSCLC的总PR表达，尽管报道的表达频率差异很大[104-105, 153-158]。有几项研究发现，NSCLC中的PR很少或没有[104, 155, 158]，而肺肿瘤中的PR表达低于匹配的正常肺组织[105]。两项研究表明PR是肺癌强大的保护因子[105, 156]。在这些肺癌生存研究中使用的抗体不能区分PR-A和PR-B亚型，它们可能发挥不同的功能。在许多NSCLC中也检测到了能够合成孕酮的酶，并且发现肿瘤内孕酮水平与参与孕酮合成的3种酶之间存在正相关[156]。孕酮治疗导致肿瘤异种移植生长抑制和伴随的凋亡诱导，与临床数据一致，表明PR的存在与NSCLC的总生存期更长有关[156]。此外，黄体酮已被证明能抑制肺癌细胞系的迁移和侵袭[159]。在乳腺癌中已知PR会由于激酶的磷酸化而通过配体非依赖性机制发出信号[160]。在乳腺肿瘤中，肿瘤PR低表达的一种机制是通过增加生长因子信号传导，从而导致更具攻击性的肿瘤生物学特性和更快的进展[161]。在肺肿瘤中是否发生这种相同的机制尚不清楚，目前正在研究中。

孕酮衍生物可用于治疗子宫内膜癌和乳腺癌[162-163]。可口服的醋酸甲羟孕酮等药物具有治疗肺癌的潜力，可能抑制ER途径或作用于生长因子途径如EGFR或c-Met或与其他TKI药物联合使用。长期孕激素治疗甚至可能是化学预防肺癌的可行方法。

8.2 肺癌治疗的意义

肺癌中雌激素的研究可能有益于男性和女性的肺癌治疗。由于男性和女性的肺肿瘤均表达ER和芳香酶，而男性和女性衍生的细胞系对雌激素、抗雌激素和芳香酶抑制剂也有反应，因此这些类型的治疗可能不仅对女性有益，对男性也有益。临床前证据表明，这些激素疗法对雄性小鼠有效。进一步了解雌激素、雌激素合成和ERs在肺癌中的作用，将为此途径未来的靶点提供依据，以便在疾病过程中可以更早地进行治疗，并有可能预防肺癌。对非核内质网ERs和核内质网ERs以及PRs在肺癌中的作用以及哪种药物会影响哪些受体的进一步理解，对于设计有效的治疗新方法和临床可利用的策略很重要。由于目前临床上对肺癌正在进行激素疗法的评估，因此有必要确定最可能受益的患者，以指导针对此途径的未来临床试验的设计。生物标志物的鉴定对于选择肺癌激素治疗的最佳候选人至关重要。因为抗雌激素治疗安全并且可以长期使用，所以将其用于临床治疗肺癌存在巨大的潜力。

9 性别作为早期肺癌的预后因素

尽管有几项研究针对性别和肺癌的不同方面，但这些差异的原因仍未明确，因此就诊断和治疗而言，目前尚无性别差异的解释。一些研究人员认为，女性肺癌患者的预后比男性患者要好，而这与预期寿命更长或其他因素的影响无关（图5.9）。对于所有癌症部位的综合研究表明，女性的生存率高于男性。在奥地利蒂罗尔州进行的一项观察性分析中，在调整了分期分布后，研究人员发现，患有肺癌、胃癌或头颈癌的女性（与男性相比）以及合并所有癌症部位的死亡风险较低[164]。一项针对3742名肺癌患者（女性占26%）的研究表明，与男性相比，女性的相对超额风险（相对超额风险为0.82，95%CI为0.75～0.90）明显减少[164]。对患有早期疾病的患者进行基于人群的大型分析，有更多的女性进行外科手术（64% vs. 56%，P＝0.001），并且有更多的男性接受了放射治疗（23% vs. 18%，P＝0.001）。类似的趋势，尽管程度较轻，在某些地区范围内的疾病患者中也有报道[22]。在波兰的癌症登记处，收集了1995—1998年诊断出的20 561名患者的信息，单因素分析表明女性的相对死亡风险显著低于男性（P＝0.001）[22]。

在法国的208例肺癌患者队列中，各个疾病阶段的女性生存时间明显更长[165]。同样，在1974—1998年对7553例NSCLC患者的回顾性研究中，中位总生存期女性为12.4个月，男性为10.3个月（P＝0.001），并且再次在各个阶段均检测出生存优势（P＝0.001）[166]。在这些研究中，缺乏关于吸烟状况和特定原因致死率的信息，不能对性别的预后影响得出任何明确的结论。在4618名被诊断为NSCLC的患者的前瞻性队列研究中，在诊断时调整年龄、肿瘤组织学和等级、分

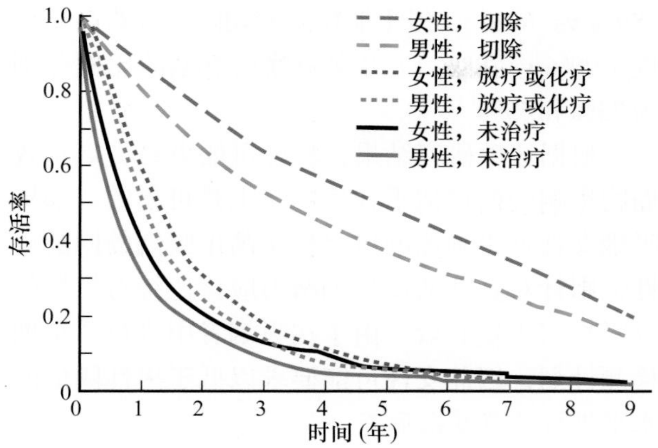

图5.9　肺癌患者不同性别及治疗方式的特异性生存曲线

注：无论何种治疗方式，女性的预后要显著优于男性；经许可转载自：Novello S, Brahmer JR, Stabile L, Siegfried JM. Gender-related differences in lung cancer. In: Pass HI, Carbone DP, Johnson DH, et al. (eds). Principles & Practice of Lung Cancer. The Official Reference Text of the IASLC, 4th ed. Copyright: Wolters Kluwer, Lippincott Williams & Wilkins, 2010.

期、吸烟史（以包/年为单位）和治疗（切除、放疗）后，性别被确定为独立的预后因素[167]。男性和女性在诊断和治疗时的疾病阶段没有差异。男性1年和5年生存率估计分别为51%（95%CI为49%～53%）和15%（95%CI为12%～17%），而女性分别为60%（95%CI为58%～62%）和19%（95%CI为16%～22%）。与女性相比，男性的死亡风险显著增加（调整相对风险为1.20，95%CI为1.11～1.30），尤其是患有Ⅲ/Ⅳ期疾病或腺癌的男性。

来自曼尼托巴癌症登记处的10 908例NSCLC病例队列（6665例男性和4243例女性）的数据显示，女性的生存率显著提高，而与治疗、年龄、诊断年份和组织学无关（$P<0.001$）[168]。男性与女性相比，调整后的死亡风险比为1.13（95%CI为1.04～1.23，$P=0.004$）。性别改变了接受治疗后手术治疗的效果（风险比为1.26，95%CI为1.13～1.40，$P<0.001$）和腺癌组织学（风险比为1.36，95%CI为1.24～1.50，$P<0.001$）。

对胸外科数据库中的数据进行的回顾性研究显示，所有疾病阶段的女性生存率均较高（$P=0.0003$）[169]。按组织学类型进行的亚组分析表明，在腺癌患者中女性生存率较高（$P<0.001$），鳞状细胞癌未发现性别差异（$P=0.2$）。

这种差异的一种可能解释是外周血中的端粒长度不同，这对于NSCLC根治性切除术后的复发风险具有重要的预测价值。一项前瞻性研究纳入了1995—2008年接受根治性切除术的473例的早期NSCLC患者。研究结果表明，相对端粒长度过长与复发相关，女性和腺癌患者似乎代表了其中的一个亚组。端粒生物学可能起重要作用[170]。

研究人员分析了SEER-Medicare数据库2000—2005年的数据，确定了Ⅰ期NSCLC肺叶切除术的患者，并评估了导致住院时间延长（>8天）的院内术后并发症（肺部、心脏、感染、非心血管）。这些并发症与男性、诊断时的年龄较大（75岁或以上）、并发症指数较高、肿瘤较大以及在非教学医院进行的治疗有显著相关性（$P<0.05$）[171]。

其中一些发现已在前瞻性研究中得到证实。Cerfolio等[169]分析了队列中的1085例患者，发现总体上经过年龄调整和阶段调整的5年生存率对女性有利（60% vs. 50%，$P=0.001$）。女性特定阶段的5年生存率也更高（表5.1）。接受新辅助化疗的女性比男性更有可能完全或部分缓解（$P=0.025$）。这些发现与对完全切除的NSCLC患者进行的一项单项研究相似，女性和鳞状细胞组织学是生存率的独立预测指标[173]。与男性相比，患有Ⅰ期疾病的女性（$P=0.01$）具有更好的生存优势，患有Ⅱ期和Ⅲ期疾病的女性的生存率要差得多（$P=0.3$）。在一项小型研究中也证明了这种生存优势（表5.1）[166]。在另外两项研究中也证实了不同阶段的相似生存趋势，其中Ⅰ期和Ⅱ期的生存差异更为明显。在一个由切除了NSCLC的12 703名日本病例组成的队列中，也报道了性别独立于吸烟状态对生存率的影响[174-176]。

表5.1　男性及女性肺癌患者在不同分期的5年生存率比较（3项研究）

	5年生存率（%）	
	女性	男性
Cerfolio等[172]（女性：414；男性：671）		
Ⅰ期	69	64
Ⅱ期	60	50
Ⅲ期	46	37
Alexiou等[173]（女性：252；男性：581）		

续表

	5年生存率（%）	
	女性	男性
Ⅰ期	56	42
Ⅱ期	41	32
Ⅲ期	21	16
Ouellette等[165]（女性：104；男性：104）		
Ⅰ期	47.2	32.7
Ⅱ期	63.1	51.5
Ⅲ期	14.5	6.1

在老年患者人群中，女性的生存优势也得以保持。SEER数据库中基于人群的数据分析集中于1991—1999年诊断为Ⅰ期或Ⅱ期NSCLC的18 967名65岁或65岁以上患者的病例[177]，根据治疗方法将患者分为3类：手术、放射疗法或化学疗法、不进行任何处理。控制生存数据以评估竞争风险，包括肺癌特异性生存、针对并发症调整的总体生存以及相对生存。在所有治疗组中，女性的肺癌特异性、总体生存率和相对生存率均好于男性（P=0.0001），并且这种益处在多变量分析中得以保留。敏感性分析表明，这些生存差异与不同的吸烟行为无关。在未经治疗的患者中也发现了性别差异，这可能表明女性肺癌的自然病史有所不同[177]。

基于人群的研究结果表明，更多的女性在诊断时患有早期疾病。在正在进行的早期检测研究中，女性获得医疗保健的比例较高，这提出了一个问题，即性别的生存优势是否可归因于更频繁的医学咨询和放射学评估，而不是遗传易感性和肿瘤疾病自然史的差异。

早期肺癌行动计划筛查项目深入分析了女性和肺癌的关系[178]。在国际早期肺癌行动计划中，对至少40岁的14 435名无症状志愿者进行了计算机断层扫描筛查。分析因素包括年龄、无癌症史、曾经吸烟或现在吸烟、适合进行胸外科手术。在6296名女性中有111名被诊断为肺癌，8139名男性中有93名被诊断出肺癌。就患病率而言，男女比值比为1.6（P≤0.001）。被诊断出患有肺癌的女性的年龄与男性相当（67岁vs. 68岁），但是吸烟量却显著降低（47包/年vs. 64包/年）。此外，女性更常被诊断为临床Ⅰ期疾病（89% vs. 80%），但Ⅰ期疾病的切除率仅略高于男性（90% vs. 88%）。男女中腺癌亚型的比例分别为73%和59%[179]。

根据这项研究结果，女性可能更易受烟草致癌物影响的假设似乎在生物学上是可信的。如果吸烟女性罹患肺癌的风险确实高于吸烟的同龄男性，则针对女性的反吸烟努力应该比针对男性的反吸烟努力更有效。由于在吸烟者中进行了早期检测计划，因此女性可能要求以低于男性阈值的水平进行烟草暴露筛查。

欧洲研究NELSON对15 822名参与者进行的计算机断层扫描筛查研究得出了一致的结论[180]。与男性相比，被诊断患有肺癌的女性明显年轻（58岁 vs. 62岁，P=0.03），吸烟量较低（36包/年 vs. 43包/年，P=0.03），并且体重指数较低（23.8 vs. 25.9，P=0.03）。但是，当前吸烟者的百分比相似（56.7% vs. 55.9%，P=0.93）。组织学亚型在男性和女性之间平均分布，在诊断时有更多的女性患有早期疾病（P=0.005），校正年龄、吸烟量和体重指数的性别差异后，这一发现仍然成立（P=0.028）[180]。

10 性别在晚期疾病中的预后/预测作用

10.1 治疗试验的启示：NSCLC

10.1.1 化疗

性别可能被认为是化疗疗效更高的预后或预测因素。一项针对1991—2001年接受治疗的15 185名日本人和13 332名白种人患者的回顾性研究，结果表明日本种族（P=0.003）和未吸烟状态（P=0.010）是除总体生存之外的独立有利因素[181]。

西南肿瘤小组（southwestern oncology group，SWOG）在1974—1987年招募了2531名女性参加临床试验[108]。女性具有生存优势，中位生存期为5.7个月，男性为4.8个月，一年生存率分别为19%和14%（P<0.01）。但是，在多变量分析中并未保留此优势。同样，在针对局部晚期疾病的多模式疗法（中位生存期：女性为21个月，男性为12个月）的多模式治疗中，报告

了按性别划分的生存率无显著差异[182]。在多变量分析中以及在东部肿瘤协作组（the eastern cooperative oncology group，ECOG）1594研究中，对378名晚期NSCLC化疗患者进行了单机构研究，其中女性是存活率提高的4个预测因素之一（表5.2）[110, 183-184]。

表5.2 进展期NSCLC男性及女性患者的生存分析

作者	治疗	生存			
		中位数（月）		1年（%）	
Albain等[111]（男性：1949；女性：582）	铂类和非铂类（Ⅱ/Ⅲ期）	5.7[a]	4.8	19	14
O'Connell等[110]（男性：265；女性：113）	顺铂和长春碱类	12.4[b]	8.8	NR	NR
Schiller等[183]（男性：760；女性：447）	顺铂和紫杉醇 顺铂和吉西他滨 顺铂和多西他赛 顺铂和紫杉醇	9.2[c]	7.3	38	31

注：[a]$P<0.01$；[b]$P=0.001$；[c]$P=0.004$；NR，未报道

由于在4个治疗组之间没有生存差异，因此在ECOG 1594中广泛评估了性别的预后作用[183-184]。登记的1207名患者的中位生存期为8个月，所有其他疗效结果在4个治疗组中均具有可比性。男性体重减轻的可能性更大（65% vs. 58%，$P=0.02$），年龄更大（平均年龄，61.9岁vs. 60.5岁，$P=0.02$）。女性患腺癌的可能性更高（63% vs. 53%，$P=0.003$）。总体缓解率没有性别差异，两个队列均为19%（$P=0.15$）。中位无进展生存期和中位生存期因性别而异，女性的中位无进展生存期为3.8个月，男性为3.5个月（$P=0.022$）；中位生存期女性为9.2个月，男性为7.3个月（$P=0.004$）。女性的1、2和3年生存率也更高，女性分别为38%、14%和7%，而男性分别为31%、11%和5%。在调整了工作状态、体重减轻超过10%、存在脑转移和分期后，这种生存差异仍然很明显（ⅢB vs. Ⅳ）。在毒性方面，恶心、呕吐、脱发、神经感觉缺陷和神经精神病缺陷在女性中很常见。

欧洲肺癌工作组回顾性分析了1980—1991年治疗局部晚期或转移性NSCLC的1052例病例[185]。统计分析包括23个治疗前变量，女性是与改善生存率显著相关的8个变量之一，在多变量分析中死亡风险为0.7（$P=0.03$）。

中北部癌症治疗小组的一项研究未发现与性别相关的生存差异[183]。该研究回顾性分析了1985—2001年进行的9项试验（6项Ⅱ期和3项Ⅲ期），有5项试验的化疗方案均以铂为基础。在多变量分析中，性别并不是改善总生存期和进展时间的独立预后因素。与ECOG 1594研究相似，该研究发现了毒性差异：女性的3级血液学和非血液学毒性发生率均高于男性，优势比分别为1.60（$P=0.0007$）和1.71（$P<0.001$）[186]。

TAX 326试验是一项将多西他赛加卡铂或多西他赛加顺铂与一种长春瑞滨加顺铂参考方案相比的多国Ⅲ期临床研究[184]。各治疗组的基线特征均衡。每个治疗组中约2/3的患者患有Ⅳ期疾病。在各个方面的研究结果都有利于女性的生存优势趋势[187-188]。在毒性方面存在性别差异，在3个治疗组中女性比男性更容易出现3级恶心、呕吐和神经毒性反应，而两组的血液学和其他非血液学毒性发生率相似。

一项大型随机临床试验对1725例初治ⅢB期或Ⅳ期NSCLC的化疗初治患者（515名女性）进行了顺铂加吉西他滨与顺铂加培美曲塞的比较[189]。研究表明，非鳞NSCLC中，对生存期（与治疗无关）有重大预后影响的因素包括性别、种族、表现状态、疾病阶段和组织学。

由于性别具有预后意义，一项新疗法的假想临床试验包括疾病处于较低阶段、表现状态为0或1、女性比例较高的患者，将单独基于这些选择因素产生有利的效果，而与治疗的疗效无关。

女性存活率较高的一个潜在解释是，DNA修复能力的性别差异使女性肿瘤对铂类化疗更敏感。研究已经表明，DNA修复机制在女性中的缺陷更大，使她们更容易受到呼吸道致癌物的影

响，但对干扰DNA的物质也更敏感。Wei等[190]显示了DNA修复较差和肺癌风险增加之间的联系。这些发现随后在其他研究中得到了证实，这些研究将吸烟包/年确定为肺癌风险的独立预测因子，并且发现有更长吸烟史患者的DNA修复率较高，而女性的DNA修复率低于男性[190-191]。

NSCLC被认为用化学疗法是相对难治的，化学疗法与肿瘤组织中核苷酸切除修复的增加有关。在一项病例对照研究中，有375名新诊断为NSCLC的病例入选，并通过宿主细胞活化测定法在患者外周血淋巴细胞中测得DNA修复能力（DNA repair capacity，DRC）来评估核苷酸切除修复活性[192]。对于DRC每增加一个单位，相对死亡风险就会逐渐增加。在接受化疗的86名患者中，处于DRC分布最高四分位数患者的相对死亡风险是处于最低四分位数患者的相对死亡风险的2倍（相对风险为2.72，95%CI为1.24～5.95，$P=0.01$），而有效的DRC并不是未接受化疗患者死亡的危险因素。在对DRC与临床和人口统计学变量之间关系的单变量分析中，男性的DRC显著高于女性[（8.37%±2.92%）vs.（7.13%±2.37%），$P<0.001$]，但与疾病阶段、组织学、肿瘤分化或患者体重减轻无关[192]。

10.1.2 靶向治疗

从分子生物学的角度来看，女性肺癌应被视为特定的实体。例如，*EGFR*突变在女性中的发生频率要比男性高，从而导致对EGFR TKI治疗的应答率更高[193]。通过分析和比较来自接受手术治疗患者的原发性肺肿瘤组织（50名男性，50名女性）中某些激素受体的表达以及*EGFR*和*KRAS*突变，女性中*EGFR*突变的发生率明显高于男性（$P=0.05$）[194]。此外，*EGFR*表达与ERα两者之间存在正相关（$P=0.028$），ERβ（$P=0.047$）均在男性和女性中表达，并且男性和女性的*KRAS*突变频率相似（13%）。

在针对肺癌的靶向治疗生物标志物综合治疗方法试验中，将255例先前接受过NSCLC治疗的患者随机分配到4组单独的Ⅱ期靶向治疗药物组（厄洛替尼、厄洛替尼和贝沙罗汀、凡德他尼和索拉非尼），通过分析在核心肿瘤活检中评估的11种预先指定的标志物进行指导[195]。肿瘤组织生物标志物在性别和年龄方面显示出明显的差异：女性更有可能发生*EGFR*突变（9.8% vs. 5.6%，$P=0.02$）和*EGFR*基因扩增（9.9% vs. 6.1%，$P=0.04$），而男性更容易出现*BRAF*或*KRAS*突变。Nelson等[196]显示，在吸烟者中女性和*KRAS*突变存在显著相关性，并且在调整了致癌物暴露量之后，这种相关性仍然存在（OR为3.3，95%CI为1.3～7.9）[196]。这些发现表明，雌激素暴露可能在腺癌的*KRAS*突变体克隆的起始或选择中发挥作用。

来自几项Ⅱ期和Ⅲ期临床试验的数据，评估了可逆性EGFR TKI，包括厄洛替尼和吉非替尼在NSCLC的二线和三线治疗中的作用，试验表明女性对这些药物的反应性更高。在晚期肺癌的易瑞沙剂量评估（iressa dose evaluation in advanced lung cancer，IDEAL）研究中，女性与吉非替尼治疗先前曾接受一线或二线化疗的晚期NSCLC的治疗结局改善相关（表5.3）[193, 197]。在IDEAL 2研究中，女性症状改善的比例为50%，而男性为31%，部分反应的比例为82%[193]。

表5.3 NSCLC患者应用表皮生长因子受体抑制剂治疗效果的性别差异

作者	治疗方式	总反应率（男性和女性）(%)	性别差异
Fukuoka等[197]	吉非替尼250 mg（男性：78；女性：26）	18.4	比值比（女性:男性）：2.6（$P=0.017$）
	吉非替尼500 mg（男性：70；女性：36）	19.0	
Kris等[193]	吉非替尼250 mg（男性：60；女性：42）	12	反应率（女性：10%；男性2%）
	吉非替尼500 mg（男性：63；女性：51）	10	
Shepherd等[198]	厄洛替尼（男性：315；女性：173）	8.9	反应率（女性：14.4%；男性6.0%）
	安慰剂（男性：160；女性：83）	＜1	

在一项针对晚期NSCLC二线和三线治疗的随机双盲、安慰剂对照的Ⅲ期临床试验中，接受厄洛替尼治疗患者的缓解率为8.9%，中位生存期为6.7个月。接受安慰剂患者的中位生存期为4.7

个月，从而使与厄洛替尼相关的中位生存期提高了42%[198]。厄洛替尼组的1年生存率为31%，安慰剂组为21%。女性的缓解率明显更高（表5.3），但是在多变量分析中性别并不能预测厄洛替尼的缓解率增加。

在一项大型的Ⅱ期研究中诊断为支气管肺泡癌的138例患者接受吉非替尼作为一线或二线治疗。据报道，女性具有较高的活动能力，与之前未经治疗的女性相比，未经治疗的女性的生存率明显更高（P=0.04）[199]。

Deng等[200]进行了一项前瞻性临床研究，招募了40名患有局部晚期或转移性NSCLC（主要是腺癌）的中国女性（97.5%未吸烟者），至少对一种铂类化疗方案无效[200]。吉非替尼单药治疗（每天250 mg），总缓解率为62.5%，中位总生存期为20个月（95%CI为11.9～28.0），其中70%的女性生存1年，而32.5%的女性生存2年。具有临床获益（完全缓解、部分缓解或稳定疾病）的女性的生存期显著长于进行性疾病女性的生存期（P=0.024），并且疾病稳定女性的生存率不低于患有疾病的女性。中位无进展生存期为13个月（95%CI为8.0～17.9）[200]。

迄今为止，与基于铂的化疗相比，没有任何关于EGFR TKI作为一线治疗的随机试验显示出性别方面的有利或毒性差异。

已发表的数据表明，来自非吸烟东亚女性的大多数肺腺癌的分子特征是可靶向的致癌突变激酶，主要是*EGFR*突变和间变性淋巴瘤激酶重排。Sun等[201]报道，来自41名未吸烟女性的肺腺癌样本中*EGFR*突变率高达82.9%。此外，Wu等[202]证实在中国台湾野生型*EGFR*患者中间变性淋巴瘤激酶重排率高达34%。在另一项研究中，分析了中国104位未吸烟的切除肺腺癌女性的*EGFR*突变、间变性淋巴瘤激酶重排、*ERCC1*、*RRM1*、*TS*和*BRCA1*基因的mRNA表达。在70.2%的女性中发现*EGFR*突变，而在9.6%的女性中发生了间变性淋巴瘤激酶重排[203]。这些发现支持以下假设：*EGFR*突变和间变性淋巴瘤激酶重排通过DNA修复和合成基因的途径影响化学疗法的功效（图5.10）[203]。

凡德他尼是一种口服酪氨酸激酶抑制剂，对血管内皮生长因子受体和EGFR通路均具有双重活性，但未能证明NSCLC的生存率提高。但是，在不同的试验中，发现接受凡德他尼的女性有更大的获益趋势[204-205]。

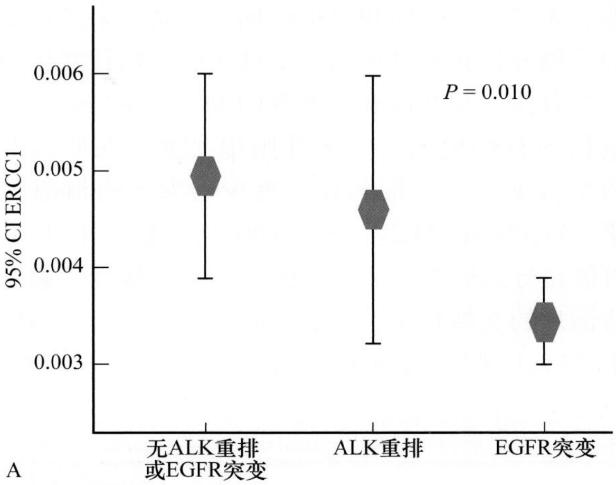

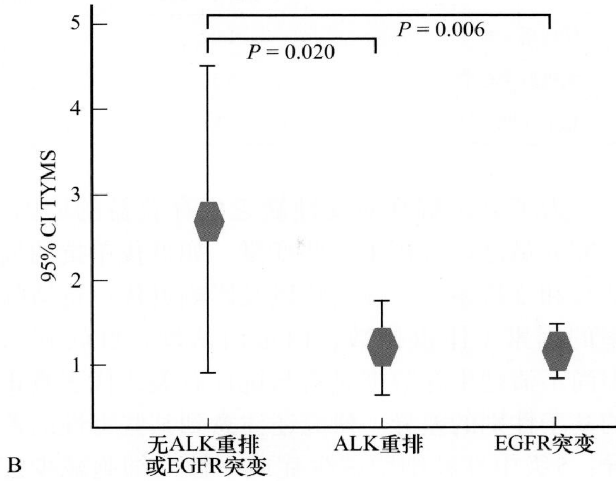

图5.10 （A）切除修复交叉互补1（excision repaircross-complementing 1，ERCC1）mRNA表达的分布；（B）切除修复交叉互补胸苷酸合成酶（excision repair cross-complementing thymidylate synthetase，TYMS）mRNA表达的分布

注：ERCC1 mRNA和TYMS mRNA的表达水平在间变性淋巴瘤激酶（anaplastic lymphoma kinase，ALK）重排、表皮生长因子受体（epidermal growth factor receptor，EGFR）突变以及无ALK重排和EGFR突变的患者中存在显著差异；（A）为三边U检验；（B）为双侧t检验；经许可转载自：Ren S, Chen X, Kuang P, et al. Association of EGFR mutation or ALK rearrangement with expression of DNA repair and synthesis genes in never- smoker women with pulmonary adenocarcinoma. Cancer.2012;118 (22): 5588-5594.

ECOG 4599试验在晚期NSCLC患者中比较了卡铂和紫杉醇联合或不联合贝伐单抗的疗效[206]。贝伐单抗提高了所有疗效，包括总缓解率、无进展生存期和总生存期。但是，未经计划的子集分析并未显示出接受贝伐单抗治疗女性的生存获益。女性占登记患者的46%（387例），基线特征有些失衡，而男性则很平衡。在研究的两个方面，与男性相比，更少的女性有肝脏受累（11.7% vs. 23.2%，P=0.003），这种不平衡可能是导致肝脏受累的原因之一。与接受三联疗法治疗的女性相比，接受三联疗法治疗女性的体重减轻比例为5%或更多（32.4% vs. 24.4%，P=0.09）。尽管添加贝伐单抗可以改善男性和女性的总缓解率和无进展生存期，但是添加贝伐单抗对总生存率的影响却不同。两组的总生存期均得到改善（三联组为12.3个月，双联组为10.3个月），但对生存的有益作用仅限于男性（11.7个月 vs. 8.7个月，风险比为0.70，95%CI为0.57～0.87，P≥0.001）。两组女性的结局相似（13.3个月 vs. 13.1个月，危险比为0.98，95%CI为0.77～1.25，P=0.87）（表5.4）[203]。

表5.4 进展期NSCLC患者应用贝伐珠单抗治疗效果的性别差异

	紫杉醇和卡铂		紫杉醇、卡铂和贝伐珠单抗	
	女性（n=162）	男性（n=230）	女性（n=190）	男性（n=191）
反应率（%）	14.2	15.7	41.1	28.8
无进展生存期（月）	5.3	4.3	4.3	6.3
总生存期（月）	13.1	8.7	13.3	11.7

为了尝试解释对女性缺乏生存获益的原因，研究人员已经分析了一些变量，如贝伐单抗的周期数和维持率、二线治疗以及影响贝伐单抗清除率的因素（体重指数、白蛋白浓度、肝转移），但尚不清楚生存数据是否与统计有关或代表真正的基于性别的差异。研究还注意到某些毒性的差异：5级中性粒细胞减少症或中性白细胞减少症感染比三联疗法治疗的男性更常见。此外，便秘发生率较高（4.7% vs. 1.4%，P=0.05），腹痛发生率也较高（5.2% vs. 0.9%，P=0.01）。但是，还应评估其他预后因素（如*EGFR*突变、吸烟状况或并发症）中的潜在失衡。对该患者人群的进一步分析显示，贝伐单抗在女性中有不同的生存获益，但在男性中则无差别；接受化学疗法治疗的60岁以上女性的寿命比男性和年轻女性长；相比之下，贝伐单抗的生存获益在任何年龄段的男性和年轻女性中更为明显[113]。

10.2 小细胞肺癌的治疗性试验

关于小细胞肺癌中与性别有关的生存差异的信息较少。对4项连续的前瞻性试验的分析结果显示，女性总体生存率更高[207]。分析了共2580例局限期疾病和广泛期疾病的患者（来自10个SWOG试验）的预后因素，女性仅是局限期疾病生存率的重要有利独立预测因子（P≤0.0001）[208]。

收集来自曼彻斯特龙集团和医学研究理事会1993—2005年进行的6项随机Ⅱ/Ⅲ期化疗试验的个人患者数据，分析了局限期阶段或广泛期阶段小细胞肺癌的化疗方案。该研究包括1707例患者，其中44%是女性[209]。男性和女性的有效率相似（77% vs. 76%，P=0.64），但在单因素和多因素分析中，女性预后更长。与以前的研究一样，3级或4级呕吐反应在女性中更为普遍（18% vs. 9%，P<0.0001），同样3级或4级黏膜炎（13% vs. 8%，P=0.005）在女性中更为普遍。在剂量强度、感染、输血或与治疗有关的死亡的血液毒性方面未发现性别差异[209]。

11 总结

尽管近年来，肺癌的死亡率已达到稳定水平，但死于肺癌的女性人数仍然高得惊人。更好地理解影响女性对致癌物和肺癌反应相关的遗传、代谢和激素因素是研究的重点。这些信息可能会影响吸烟患者的筛查和评估方式，以及戒烟和肺癌预防计划的方向。

（董 明 陈 军 译）

主要参考文献

11. Jemal A, Ma J, Rosenberg PS, et al. Increasing lung cancer death rates among young women in southern and midwestern states. *J Clin Oncol*. 2012;30(22):2739–2744.
14. Bosetti C, Malvezzi M, Rosso T, et al. Lung cancer mortality in European women: trends and predictions. *Lung Cancer*. 2012;78:171–178.
19. Pirie K, Peto R, Reeves GK, et al. The 21st century hazards of smoking and benefits of stopping: a prospective study of one million women in the UK. *Lancet*. 2013;381:133–141.
22. Radzikowska E, Glaz P, Roszkowski K. Lung cancer in women: age, smoking, histology, performance status, stage, initial treatment, and survival. Population-based study of 20,561 cases. *Ann Oncol*. 2002;13:1087–1093.
29. Lam KY, Fu KH, Wong MP, et al. Significant changes in the distribution of histologic types of lung cancer in Hong Kong. *Pathology*. 1993;25(2):103–105.
50. Sisti J, Boffetta P. What proportion of lung cancer in never smokers can be attributed to known risk factors? *Int J Cancer*. 2012;131(2):265–275.
64. Raimondi S, Boffetta P, Anttila S, et al. Metabolic gene polymorphisms and lung cancer risk in non-smokers. An update of the GSEC study. *Mutat Res*. 2005;592(1–2):45–57.
68. Lan QA, Hsiung CA, Matsuo K, et al. Genome-wide association analysis identifies new lung cancer susceptibility loci in never-smoking women in Asia. *Nature Genetics*. 2012;44(12):1330–1337.
94. Patel JD, Bach PB, Kris MG. Lung cancer in US women: a contemporary epidemic. *JAMA*. 2004;291(14):1763–1768.
100. Stabile LP, Davis AL, Gubish CT, et al. Human non-small cell lung tumors and cells derived from normal lung express both estrogen receptor alpha and beta and show biological responses to estrogen. *Cancer Res*. 2002;62(7):2141–2150.
105. Stabile LP, Dacic S, Land SR, et al. Combined analysis of estrogen receptor beta-1 and progesterone receptor expression identifies lung cancer patients with poor outcome. *Clin Cancer Res*. 2011;17(1):154–164.
149. Mazieres J, Rouquette I, Lepage B, et al. Specificities of lung adenocarcinoma in women who have never smoked. *J Thorac Oncol*. 2013;8(7):923–929.
150. Traynor AM, Schiller JH, Stabile LP, et al. Pilot study of gefitinib and fulvestrant in the treatment of post-menopausal women with advanced non-small cell lung cancer. *Lung Cancer*. 2009;64(1):51–59.
167. Visbal AL, Williams BA, Nichols Ⅲ FC, et al. Gender differences in non-small-cell lung cancer survival: an analysis of 4,618 patients diagnosed between 1997 and 2002. *Ann Thorac Surg*. 2004;78:209–215.
201. Sun Y, Ren Y, Fang Z, et al. Lung adenocarcinoma from East Asian never-smokers is a disease largely defined by targetable oncogenic mutant kinases. *J Clin Oncol*. 2010;28:4616–4620.

获取完整的参考文献列表请扫描二维码。

第 6 章　肺癌的遗传易感性

Ann G. Schwartz, Joan E. Bailey-Wilson, Chris I. Amos

要点总结

- 虽然85%～90%的肺癌归因于吸烟，但有大量证据支持这种疾病的遗传易感性。
- 调整了家庭中的吸烟集群后，肺癌家族史与患肺癌的风险增加了1.5～4.0倍。
- 一项基于家庭的连锁研究确定了高危肺癌家庭中与肺癌隔离的6q染色体区域。*PARK2*已被确认为该区域一种可能的肺癌易感基因。
- 全基因组关联研究确定了与肺癌风险相关的几个区域，包括含有*CHRNA3*和*CHRNA5*的染色体15q25、含有*BAT3*和*MSH5*的染色体6p21以及含有*TERT*和*CLPTM1L*的染色体5p15。
- 更好地定义肺癌易感性基因仍面临挑战，目前正在使用全基因组和全外显子组测序方法来进行研究，并考虑了其他人群，包括非裔美国人和未吸烟者。

肺癌是美国最常见的癌症死亡原因，2016年估计有158 080例肺癌病例死亡（占所有癌症死亡的27%），成为第二位高发的癌症，仅次于女性的乳腺癌和男性的前列腺癌，2016年估计有224 390例新诊断的肺癌病例[1]。随着吸烟量的减少，肺癌的发病率和死亡率均下降。然而，肺癌仍然是癌症患者中发病率和死亡率居高不下的原因。肺癌生存率仍然很差，其5年生存率约为17%。5年生存率随着时间的推移几乎没有变化，因为肺癌仍然最常在治疗效果较差的晚期被诊断出来[2]。直到最近，才有证据表明使用低剂量CT筛查肺癌是一种有效的诊断手段[3]。在2013年，美国预防服务工作队发布了对高危人群进行肺癌筛查的建议[4]。肺癌的治疗进展也很缓慢。自21世纪初以来，针对肺肿瘤分子信号的治疗如*EGFR*抑制剂已改善了患者特定亚组的生存率[5-6]。抗药性突变是影响肺癌患者总体生存的问题，持续的药物开发至关重要。为了更好地了解高危个体的概况并帮助化学预防剂和靶向治疗的发展，必须了解肺癌进展的遗传学。

肺癌是公认的恶性肿瘤，经常被引用举例。恶性肿瘤可由环境导致[7]，其危险性与吸烟及某些职业有关，如采矿、石棉暴露、造船和石油提炼[8-10]。有85%～90%的肺癌风险归因于吸烟[11-13]。然而，只有15%的吸烟者会患上肺癌，这表明他们对烟草致癌物的影响有不同的敏感性。遗传图谱的变化可能导致这种差异敏感性。此外，有10%～15%的未吸烟者患有肺癌。对于未吸烟者的风险知之甚少，尽管接触二手香烟烟雾无疑会增加患肺癌的风险。在未吸烟者中，环境烟草暴露与肺癌发生风险增加20%～30%有关[14]。在对22项研究的Meta分析中，作者认为在工作场所暴露于烟草烟雾会增加吸烟风险，患肺癌的风险增加了24%，而这种增加的风险与接触时间长短密切相关[15]。

绝大多数证据表明，吸烟和其他环境暴露具有致癌作用，并且在肺肿瘤中发生了多种体细胞突变。肺肿瘤发生和发展过程中，肺癌发生中涉及的癌基因和抑癌基因的已知突变和杂合子丢失在个体体细胞中积累[16-19]。2013年，几个已发布的报告对肺肿瘤变化的系统遗传学分析进行了描述。癌症基因组图集指出，对178例鳞状细胞癌进行测序的结果表明，肺肿瘤很复杂，平均每个肿瘤有360个外显子突变、165个基因组重排和323个拷贝数变化[19]。这些观察结果凸显了与大多数其他癌症相比肺癌的基因复杂性。在11个基因中鉴定出复发突变，总共64%的病例携带了体细胞的基因改变，可以基于当前现有的治疗方法提出针对性的治疗方法（尽管这些治疗方法中的许多种目前并未用于肺癌）。同样，对183例肺腺癌病例的肿瘤/正常组织脱氧核糖核酸对的测序显示，平均外显子体细胞突变率为每兆碱基12个事件[20]。吸烟者的突变率高于未吸烟者，而且突变特征随吸烟而变化。研究报告了几种先前鉴定的突变，包括肿瘤蛋白p53（tumor protein p53，*TP53*）、克尔斯滕大鼠肉瘤（Kirsten rat sarcoma，*KRAS*）、表皮生长因子受体、丝氨酸/苏氨酸激酶11（serine/threonine kinase 11，*STK11*）和v-raf鼠肉瘤病毒癌基因同源物B（v-raf murine sarcoma viral oncogene homolog B，*BRAF*）中的突变。此外，还确定了新的候选基因。总共有25个基因发生了显著突变，并经常与吸烟史、年龄、阶段和无进展生存相关。少数小细胞肺肿瘤已被测序。在对53对肿瘤样本及正常组织的另一项研究中，研究人员鉴定了22个显著突变的基因，包括性别决定区Y（SRY）-box（*SOX*）基因家族的成员[21]。对选定突变的易感性也因宿主特异性因素而异。例如，*EGFR*突变在女性、亚洲人、未吸烟者和患有腺癌的个体中更为常见[22]，而影响*KRAS*的突变在男性、欧洲血统的个体、吸烟者和组织学为鳞状上皮的患者中更为常见[23]。体细胞突变的易感性可能是由于吸入已知致癌物相关的个体风险差异所致，即个体对这些环境侵害的敏感性不同[24-26]。本章的主题是遗传种系遗传变异在影响肺癌易感性中的潜在作用。

有证据表明，基因位点的等位基因变异会影响遗传对肺癌的易感性。流行病学证据表明，在对吸烟和其他危险因素的家族聚集性进行调整后，肺癌的家族聚集性增加，并且在一些家族中肺癌的不同易感性是遗传的。本章介绍了肺癌遗传易感性的研究，包括主要的易感基因座和影响不太明显的基因座，还讨论了这些遗传风险如何与众所周知的环境因素相关，尤其是吸烟。

1 生物学危险因素

在确定对复杂疾病或特征（如肺癌）的易感性是否具有遗传成分时，基于家族的研究通常要解决3个问题：①肺癌是否在家族中聚集？如果肺癌有遗传风险，人们会发现更多的肺癌聚集超出了偶然的预期；②如果肺癌确实在家族中聚集，是否可以用共同的环境、文化风险因素来解释？对于肺癌，必须评估肺癌的家族聚集是否仅是由于吸烟行为聚集或家族中其他环境因素暴露所致；③如果无法通过测量的环境危险因素解释过多的家族聚集性，那么家族中肺癌的模式是否与主要基因的孟德尔传播相一致。例如，在某些家族中携带有一个中度高外显率等位基因，该基因是否可以在人类基因组中定位和鉴定？此外，遗传易感性可通过可能与环境暴露相互作用的更常见的低外显率等位基因获得。支持这种风险遗传的证据很可能来自病例对照研究，而不是基于家族的研究。

2 肺癌家族聚集的证据

2.1 双生子研究

对于常见疾病，研究人员通常将双生子研究作为评估遗传因素在疾病因果关系中影响的首选方法。在双生子研究中，研究人员通常报告和比较在单卵（monozygotic，MZ）双生子和异卵（dizygotic，DZ）双生子中观察到的肺癌一致率。确定足够多的双生子来对癌症风险进行有意义的分析一直是一项挑战。瑞典、芬兰和丹麦注册管理机构的数据与国家癌症注册管理机构的数据相结合，使研究人员能够分析有关44 708对双生子的数据[27]。分析结果表明，男性MZ和DZ的相对风险分别为7.7和6.7；对于女性MZ和DZ，风险分别为25.3和1.8。此外，对这些数据进行了生物学特征分析，研究人员估计，风险差异的26%归因于遗传因素，共有环境因素占12%，个体特异性风险占62%。估计的遗传比例与乳腺癌和卵巢癌的估计值相当，但低于结直肠癌或前列腺癌的估计值。Ronald Fisher爵士提出的反对所谓的“假设性假设”的有力证据是在对与吸烟不一致的MZ双生子的研究中发现的，并且相同的宿主因素使这些人容易吸烟和患上肺癌。因此，吸烟与肺癌风险没有任何直接的因果关系[28-29]。但是，一项大型美国研究表明，与不吸烟的MZ进行比较（5.5），吸烟的相对危险性要低得多，而DZ则相对较高（11.0），这表明遗传因素在吸烟和肺癌中都有部分作用[29]。

2.2 病例对照和病例家族队列研究

1963年Tokuhata和Lilienfeld[30-31]发现肺癌的家族性聚集现象。在考虑了个人吸烟之后，研究结果表明，基因、共同环境和共同的生活方式因素在肺癌的病因学中可能相互作用。在他们对270名肺癌患者以及270名年龄、性别、种族和位置匹配的对照组及其亲属的研究中，发现肺癌患者的吸烟亲属与对照组参与者的吸烟亲属相比，肺癌死亡率增加了2.0～2.5倍。肺癌患者的非吸烟亲属也比对照组参与者的非吸烟亲属风险更高。对于男性，吸烟是比肺癌家族史更为重要的危险因素，但对于女性，肺癌家族史更为重要。作者还指出，肺癌家族史与吸烟之间存在协同作用，与肺癌患者的非吸烟亲属或正常人的吸烟亲属相比，肺癌患者的吸烟亲属中患肺癌的风险要高得多。此外，作者发现与对照参与者的亲属相比，肺癌患者亲属中与其他呼吸道疾病相关的死亡率显著增加，这表明肺癌患者的亲属对呼吸道疾病具有共同的易感性。在肺癌死亡率、其他呼吸道疾病死亡率或吸烟习惯方面，肺癌患者的配偶与对照组参与者之间没有显著差异。这项研究的优势之一是收集了亲属的风险因素数据，包括年龄和吸烟状况。然而，该研究的主要缺点是仅使用吸烟状态，而不是吸烟强度或持续时间，因此，由于家庭中吸烟习惯的聚集，存在残留物混杂的可能性。

自从这项初步研究进行以来，其他几项研究的作者也报告了肺癌的家族聚集性[32-34]。最佳设计的研究考虑了家族中亲属的数量以及每个亲属的危险因素特征，因此应考虑吸烟习惯对家族聚集的效果，集中讨论这些类型的研究。在路易斯安那州南部，一项病例对照研究的作者报告说，在考虑了年龄、性别、职业和吸烟史的影响后，肺癌患者的亲属中患肺癌和其他与吸烟有关的癌症的家族风险增加[33-35]。在这些研究中，研究人员对337名肺癌患者、其配偶（对照）以及父母、兄弟姐妹、同父异母或同母异父姐妹，以及病例和对照的后代进行了家族聚集性分析，患者是1976—1979年在路易斯安那州南部一个10个区（县）地区死于肺癌的白种人男性和女性。在校正年龄、性别、吸烟状况、吸烟总时间、吸烟时间、吸烟量以及职业累积指数后，患者一级亲属与对照组亲属相比有很高的肺癌风险。患者父母患肺癌的风险是对照组父母的4倍。作为患者亲属的40岁以上的女性，患肺癌的风险是对照组中类似女性的9倍，即使在没有过度暴露于危险职业环境的非吸烟者中也是如此。与对照组的重度吸烟女性亲属相比，患者的重度吸烟女性亲属患肺癌的风险增加了4～6倍。总的来说，患者的男性亲属患肺癌的风险高于女性亲属。在控制了混杂因素后测量的环境风险因素的影响，作者发现与肺癌患者（即有肺癌家族史）的关系仍然是肺癌的决定因素，与肺癌风险增高2.4倍有关。

研究者对同一组家庭进行了评估，以确定肺癌以外的癌症是否与类似的家族聚集有关[35]。患者家庭中有一个家庭成员而不是癌症先证者的可能性是对照家庭的1.7倍，是未婚家庭的2.2倍。有两个家族成员患有癌症的可能性更大。比较病例亲属和对照亲属，发生3种癌症或4种及4种以上癌症的家庭的相对风险分别为3.7和5.0。病例组和对照组之间癌症患病率最显著的差异是鼻腔/鼻窦、中耳和喉癌（OR为4.6），气管、支气管和肺（OR为3.0），皮肤（OR为2.8），以及子宫、胎盘、卵巢和其他女性器官（OR为2.1）。在对年龄、性别、吸烟和职业/工业接触进行控制后，作者发现，与对照组亲属相比，病例亲属患肺癌以外的其他癌症的风险仍然显著增加（$P<0.05$）。

Etzel等[36]在得克萨斯州进行了一项大型病例对照研究，对亲属的吸烟史进行了调整，并发现了类似的结果。作者研究了休斯敦地区的806例肺癌病例和663例相匹配的对照组病例，发现在对病例组和对照组及其亲属的吸烟史进行调整后，证明了肺癌和吸烟相关癌症的家族性聚集。在这项研究中，家族性聚集在早期发病家庭（定义为55岁或更年轻）或未吸烟者家庭中并不明显。

Cote等[37]在底特律都市圈的一项大型研究中评估了早发性肺癌病例家族中的家族性肺癌聚集，该研究纳入了692名患有早发性肺癌的白种人和黑种人个体（定义为在50岁之前被诊断），以及773个频率匹配的基于人群的对照参与者。对患有早期肺癌的病例组和对照组的每位一级亲属收集有关危险因素的数据，包括烟龄、年龄、性别和其他肺部疾病史。在对这些危险因素进行调整之后，与对照组相比，早期发病的肺癌患者的亲属患肺癌的可能性要高2倍。在黑种人家庭中，与肺癌家族史相关的肺癌风险最高。在这项研究中，未吸烟者的亲属患肺癌的风险增加，但样本量很小。该研究的作者认为，与烟草有关的癌症风险增加了1.5倍，当分析只包括黑种人家庭时，这一风险更高[38]。

在冰岛最大的家族聚集研究涉及对肺癌患者和对照组参与者的评估[39]。该研究的作者采用了基于人群的方法，当父母为肺癌患者，其家族风险为2.69。与对照组参与者的父母相比，当年龄小于60岁的病例（早期肺癌）的父母与年龄匹配的对照组参与者进行比较时，这种风险增加到3.48。兄弟姐妹的患病风险总体上增加了2.02倍，但对于患有早期肺癌的兄弟姐妹而言，患病风险增加3.3倍。

未吸烟者肺癌的研究是有限的[36, 40-43]。Schwartz等[41]发现，校正每个家庭成员的吸烟、职业和病史后，年轻的、以人群为基础的非吸烟者的亲属患肺癌的风险比年轻的对照参与者的亲属高[41]。Mayne等[43]研究了未吸烟者和以前吸烟者（在接受采访之前至少戒烟10年），结果显示在调整年龄和吸烟状况后，肺癌的阳性家族史与肺癌风险增加相关。

除了对亲属中的危险因素数据进行分析的研究，对28项病例对照研究和17项队列研究的Meta分析得出一致的结论，与家族史相关的肺癌风险增加了大约2倍[32]。那些被诊断出患有肺癌并有多个家庭成员的病例的亲属风险通常较高。国际肺癌协会最近汇总的一项分析包括了大约24 000例肺癌病例和23 000例对照的数据，这是迄今为止最大的一项研究[33]。作者报告说，与家族史相关的肺癌风险增加了1.5倍，在对吸烟和其他潜在的混杂因素进行调整后，未吸烟者的患病风险增加了1.25倍。没有发现组织学上家族风险的变化。当仅限于对包括每位家庭成员的危险因素数据进行分析研究时，具有肺癌家族史的亲属中肺癌的相对风险总体为1.55，其中白种人为1.53，黑种人为2.09；早发性肺癌（50岁前诊断）患者的亲属为1.97。这些研究的结果有助于回答本章开始时提出的前两个问题，有充分的证据表明家族性肺癌是肺癌的聚集体，并且在调整了家庭成员中的吸烟聚类之后仍然存在。

3 导致肺癌风险增加的高风险综合征

进一步的证据表明，肺癌的遗传成分是在具有遗传的、明确定义的癌症综合征的家族中发生的肺癌。Leonard等[44]报道家族性视网膜母细胞瘤的幸存者患小细胞肺癌的风险可能增加。小细胞肺癌的标准死亡率估计增加了15倍[45-46]。Kleinerman等[46]报告了在具有生殖系视网膜母细胞瘤突变和有大量吸烟史的个体中发生的肺癌。总体而言，视网膜母细胞瘤幸存者比普通人群吸烟少，这表明在高风险人群中进行定向咨询以避免这种危险行为可能是有效的[47]。90%的小细胞肺癌中视网膜母细胞瘤基因失活，这表明该基因在小细胞肺癌病因中的生物学相关性[48]。

*p53*基因中的种系突变导致具有遗传性的李-弗劳曼综合征。患有这种综合征的病例罹患许多其他癌症的风险更大，包括乳腺癌和肺癌、肉瘤、白血病和淋巴瘤以及肾上腺皮质肿瘤。在前瞻性收集的一组*p53*突变携带者中，肺癌的标准发病率约为38%[49]。吸烟进一步使个人的患病风险增加了3倍。

在未吸烟的女性和亚洲人群中，在肺腺癌中经常发现*EGFR*基因的突变[50]。一个患有多发性肺腺癌的家族被发现具有*EGFR*突变的分离现象，这表明该基因的罕见遗传突变[51]。然而在另一项研究中，237例家族性肺癌病例分别来自有3位或更多亲属患肺癌的家庭，包括45个支气管肺泡癌，研究人员未能发现任何种系*EGFR*-T790突变，这表明该基因的可遗传突变在美国普通人群中并不常见[52]。

4 肺和其他与烟草有关的癌症的分离分析

有了肺和其他与烟草相关的癌症的家族性聚集的证据，在调整了吸烟习惯的家族聚类之后，下一步是确定家庭内部的传播方式是否与至少一个主要的高发病率遗传基因源一致，以回答本章开头提出的最后一个问题。Sellers等[53]在Ooi等的研究中对肺癌先证者家族进行了基因分离分析[34]。该性状表现为二分法，即受肺癌影响或未受影响。这些分析使用的是一般传播概率模型[54]，可考虑肺癌发病年龄的变化[55-57]。使用适合于单次确定的校正因子计算模型的可能性[58-59]，即先证者的每个家系受其检查或死亡年龄影响的可能性。

假定肺癌的发病年龄遵循一定的规律分布，该分布取决于香烟接触中烟的数量及其平方、年龄系数和基线参数。结果表明，该数据与孟德尔显性遗传的罕见基因相符，后者在发病年龄较早时会产生癌症。在该假定位点的隔离可能分别占50岁和60岁以下个体肺癌累积发病率的69%和47%。据预测，70岁以下人群中22%的肺癌与该基因有关，这反映出越来越多的非携带者受到长期接触烟草的影响[54-60]。

Gauderman等[61]使用Gibbs采样器方法通过环境相互作用对基因进行了重新分析，从Ooi的研究中重新分析了这些数据，并发现了主要的显性易感基因座与吸烟共同增加风险的证据[61]。这种分析与先前的研究结果非常相似，因为孟德尔遗传模型预测了非常少的纯合子敏感性等位基因携带者。

根据Schwartz等[41]的研究，Yang等[62]对大城市底特律未吸烟的肺癌先证者家族进行了复杂的分离分析。作者在未吸烟病例的家庭中发现了孟德尔共显性遗传的证据，该遗传具有对吸烟和慢性支气管炎的改善作用。估计的风险等位基因频率为0.004。尽管具有风险等位基因的纯合子个体在研究人群中很少见，但对于早发性肺癌的外显率很高（到60岁时男性为85%，女性为74%）。在没有吸烟和慢性支气管炎的情况下，罕见的等位基因杂合子个体在60岁时患肺癌的可能性较低（男性为7%，女性为4%），但是存在这些危险因素时男性增加到85%，女性增加到74%，与纯合子预测的水平相同。当吸烟和慢性支气管炎的作用变得越来越重要时，与高风险等位基因相关的可归因的风险随着年龄的增长而降低。研究人员在中国台湾进行了一项小型研究，该研究分析了125位未吸烟女性肺癌先证者的家族，发现了一个显性遗传位点的影响的证据[63]。

中国台湾、美国底特律和路易斯安那州的研究具有非常相似的结果，并为至少一个与吸烟和慢性支气管炎结合使用增加家庭肺癌风险的主要基因提供了大量的证据。隔离研究有一些局限性。该研究并未在每个亲属中调查所有潜在的肺癌危险因素，如被动吸烟或职业暴露，并且只有一项研究在模型中纳入了其他肺部疾病的病史。此外，隔离分析不足以证明主要基因座的存在，因为只能测试所有可能模型的一部分。然而，隔离分析是有用的，因为它们提供了可用于基于家庭的连锁研究中的模型，该模型旨在鉴定特定的肺癌基因。这些分析还提供了最佳研究设计的见解，以识别出具有疾病高风险的基因。

5　罕见的高外显率基因：肺癌的连锁分析

连锁分析是对谱系数据的统计分析，研究人员使用这些谱系数据寻找遗传“易感性”基因座和某些已知的遗传“标志”基因座（通常是DNA多态性）之间等位基因共分离的证据。这种类型的分析是用于检测高外显率遗传基因座的有效方法（在对环境危险因素进行调整之后）。检测稀有和高外显率等位基因的能力最大。随着易感性等位基因变得越来越普遍和外显率降低，检测功效下降。由于吸烟是肺癌的极强危险因素，因此，在肺癌的所有关联研究中都应包括该因素，这一点很重要。

Bailey-Wilson等[64]公开了肺癌易感基因座与6号染色体上某个区域相关联的第一个证据。数据是通过肺癌协会的遗传流行病学（genetic epidemiology of lung cancer consortium，GELCC）研究从多个地点收集的。最初作者报告说，在接受筛查的26 108例肺癌患者中，13.7%的病例至少有一名一级亲属患有肺癌。对于每个被招募的家族，收集有关所有家族成员的癌症状况、出生日期、诊断时的年龄以及受影响家族成员的生命状况以及档案组织和血液或唾液的数据。通过医疗记录、病理报告、癌症登记记录或死亡证明书对69%患有肺癌或喉癌的个体进行了癌症验证，另外，31%的个体通过多个家族成员的报告对癌症进行了验证。在52个家族中进行了392个微卫星（短串联重复序列多态性）标记基因座的初步基因分型。使用参数和非参数链接方法对数据进行了分析，分别评估了白种人和黑种人家族的标记等位基因频率和连锁分析，并将结果综合进行了连锁测试。

主要的分析方法假设模型的携带者外显率为10%，非携带者外显率为1%，仅对受影响的个体加权。之所以使用这种连锁模型，是因为在高风险家族中吸烟行为与肺癌风险之间的关系尚不确定，并且因为在任何多点连锁分析程序中都无法使用软件来模拟复杂的基因-环境相互作用。此外，由于大约90%的受影响家族成员吸烟，因此在简单的显性、低外显率模型中仅对受影响的个体加权具有共同允许吸烟状态的效果。在分析中允许遗传异质性（不同的家族具有不同的遗传因果关系）。二级分析使用了更复杂的模型，其中包括吸烟年龄和吸烟年数来校正外显率估计值，其中使用了基于Sellers等[53]的分离分析的遗传回归模型。非参数分析还作为二次分析，使用序列寡核苷酸顺序分析程序（sequential oligogenic linkage analysis routines，SOLAR）（双性状选项）和混合效应Cox回归模型进行了方差成分模型的二次分析，其中将发病时间建模为定量特征。

在简单显性和低外显率仅影响模型下的多点参数链接在155 cM处产生2.79的最大异质对数［（logarithm of the odds，LOD）以10为底］分数为2.79（标记52个家族的6q23-25号染色体上有D6S2436），估计有67%的家族有联系。多点分析38个有4个受影响亲属的家族的子集，在同一位置的异质LOD分数（heterogeneity LOD score，HLOD）为3.47，估计有78%的家族有联系。对于23个风险最高的家族，即2个或2个以上世代中有5个或5个以上受影响成员的家族，多层次HLOD为4.26，其中94%的家族估计与该地区有联系[51]。非参数分析和使用Sellers等[35, 53]模型进行的两点参数分析都提供了支持该地区联系的证据。

在对GELCC连锁研究的更新中，对总共93个高危肺癌家族进行了额外的基因分型[65]。再次对近400个标记进行了基因分型，主要分析使用了与先前指定的相同模型。从Sim-Walk2软件（统计遗传学计算机应用程序）的输出中计算HLOD，并从每个家族分别估计出连锁的初步证据，并在基因分型组和种族中分别进行分析，并在研究中汇总结果。在链接家族的6q链接区域中，研究人员使用Sim-Walk2和目测检查分配了单体型以分配携带者状态。他们根据携带者状态和吸烟行为进行了Kaplan-Meier和Cox回归分析，以评估携带者状态在吸烟与肺癌风险之间的关系。这项扩展的分析再次确定了染色体6q上的一个区域，在2个或2个以上世代中有5个或5个以上受影响个体的家族中，最大HLOD为4.67。此外，即使是未吸烟者，推测携带者的肺癌风险也高于非携带者。吸烟非携带者的肺癌风险表现出常规剂量反应曲线，且随着个人吸烟量的增加风险增加。在吸烟携带者中，尽管风险高于非携带者，但常规剂量反应曲线并不明显，表明任何水平的烟草暴露都会增加遗传性肺癌易感性个体的风险。在该区域*PARK2*的种系突变与一个有8位受影响家族成员的家族肺癌风险相关[66]。作者发现在染色体12q、5q、14q、16q和20p上存在区域连锁的其他证据[67]。这项研究正在进行中，另外的家族正在与超过6000个全基因组单核苷酸多态性（single nucleotide polymorphism，SNP）标记进行基因分型。

6 常见的低外显率基因：全基因组关联研究

GELCC连锁研究旨在识别罕见的高外显率基因，但对导致肺癌易感性基因的研究也包括旨在识别更常见的低外显率基因，这些基因具有更温和的效果。最初，研究人员进行了分析以评估生物学上可行途径中的特定遗传多态性，包括代谢基因、生长因子、生长因子受体、DNA损伤和修复基因、癌基因和抑癌基因。这些研究通常规模很小，只关注数量非常有限的多态性，并且尚未重复发现。两项研究的作者提供了这些研究的概述[68-69]。随着技术的改进，在全基因组关联研究（genome-wide association studies，GWAS）中已经进行了寻找更常见的、具有适度效果的低外显率基因的研究，在该项研究中研究者依赖于非常大的样本和超过300 000个横跨基因组的标记。这些研究的发现提供了非常重要且可重复的结果。

在《自然与自然遗传学》上同时发表的3篇文章中，研究人员通过GWAS确定了染色体

15q25.1的同一区域与肺癌显著相关[70-72]。作者确定的区域包括神经元烟碱型乙酰胆碱受体基因，包含胆碱能受体烟碱α3（cholinergic receptor nicotine alpha 3，*CHRNA3*）、*CHRNA5*和*CHRNA4*亚基的分子簇。烟碱受体由五聚体组成，该五聚体包括α和β单元，并在脑中普遍表达，但水平较高。Thorgeirsson等[71]对14 000名个体进行了全基因组关联研究，以识别与吸烟量相关的15q区域，并进一步探讨了该区域对吸烟依赖和肺癌风险的影响。其他两项研究是样本量较大的肺癌病例对照研究[70, 72]。在所有研究中，作者确定15q25区域为携带杂合突变的个体中的肺癌（标记rs8034191的对照组占44.2%），并且对于纯合突变的个体（对照组的10.7%）增加了1.80倍。由于所研究标记之间的强烈连锁不平衡以及吸烟与肺癌风险之间的强烈关联，因此作者报告了该区域相关性之间的一些研究分歧。即这一与吸烟有关的区域与肺癌是直接相关还是间接相关。Thorgeirsson等[71]得出结论，该区域影响了吸烟行为。此外，Amos等[72]发现该区域对吸烟风险的强烈影响在调整吸烟行为后仍具有很高的意义（$P<1\times10^{-17}$），而Hung等[70]没有发现该区域与吸烟相关[70, 72]。

自从这些初步研究以来，已经对15q进行了多次调查。研究人员进行了Meta分析，其中包括吸烟者、患有肺癌和无肺癌的对照人群以及患有慢性阻塞性肺疾病和对照（无慢性阻塞性肺疾病）的人群，作者指出该区域内有多个基因座与吸烟有关[73]。

GWAS的发现也提示了关于染色体6p21和5p15上与肺癌风险相关的多个报道[70-72, 74-75]。人类白细胞抗原（human leukocyte antigen，HLA）-3相关转录本3（*BAT3*）和MutS同源5（MutS homolog 5，*MSH5*）位于6p21区域，但端粒酶反转录酶（telomerase reverse transcriptase，*TERT*）和唇腭裂跨膜1样基因（cleft lip and palate transmembrane 1-like，*CLPTM1L*）位于5p15区域。已经显示出与肺癌风险的相关性因组织学类型而异。然而，即使是大样本量的个体GWAS，在肺癌亚型中也受到限制。在对来自14个GWAS的14 900名肺癌患者和29 485名对照参与者的大型Meta分析中，所有这些人都是欧洲血统，在5p15、6p21和15q25区域与肺癌风险增加相关的基因座提供了额外的支持[76]。在吸烟者中观察到两个最强SNPs的15q25区域关联，而未吸烟者中则没有。与5p15区域中SNPs的关联因组织学类型而异。除了5p15、6p21和15q25外，未发现SNP肺癌协会具有全基因组意义。但是，还有其他与鳞状细胞癌相关的区域：12p13（*RAD52*）、9p21［细胞周期蛋白依赖性激酶抑制剂1B/INK4基因座中的反义非编码RNA（cyclin-dependent kinase inhibitor 1B/antisense noncoding RNA in the INK4 locus，*CDKN1B/ANRIL*）］和2q32。

在中国汉族人群中进行的GWAS的研究发现了在5p15区与肺癌风险相关的证据，以及欧洲血统的个体中未发现的区域：［3q28肿瘤蛋白63（tumor protein 63，*TP63*）］，13q12［线粒体中间肽酶-肿瘤坏死因子受体超家族，成员19（mitochondrial intermediate peptidase-tumor necrosis factor receptor superfamily，member 19，MIPEP-TNFRSF19）］和22q12［含2-白血病抑制因子的肌管蛋白相关蛋白3-HORMA域（myotubularin related protein 3-HORMA domain containing 2-leukemia inhibitory factor，MTMR3-HORMAD2-LIF）］区域[77]。通过额外的样本，Dong等[78]能够在10p14、5q32和20q13区域中识别更多感兴趣的区域。Shiraishi等[79]在日本人群中复制了中国人群中报道的5p15和3q28发现，以及在欧洲血统的个体中的6p21发现。但该研究仅限于腺癌。

归因分析得出了几个影响欧洲人后裔肺癌风险的新位点[80]。值得注意的是，在不到1%的欧洲人中发生的*BRCA2*中罕见的终止突变*K3326X*与患肺癌的总体风险增加了2倍有关，并且鳞癌的风险增加了2.5倍。在其他吸烟相关癌症（包括头颈癌和食管癌）中也注意到了这种癌症发生风险的增加[81]。该变异与*BRCA1*或*BRCA2*突变携带者中卵巢癌的风险降低有关，并且仅使风险增加了1.3倍[82-83]。归因分析还确定了*TP63*变异影响欧洲人后裔的肺癌风险，以及先前确定的罕见的*CHEK2*变异破坏蛋白质二聚化，与肺癌风险降低相关[84]。

使用GWAS方法鉴定欧洲血统的未吸烟者易感基因的工作还很少完成，部分原因是这些个体在人群中并不常见，使得满足鉴定GWAS所需参与者的数量更加困难。在亚洲的未吸烟女性中，Lan等[85]重复了先前讨论的6p21、5p15和3q28的发现，并报道了10q25和6q22的关注区域。作者发现，未吸烟女性患肺癌的风险与15q25地区的SNP之间没有关联。除了这项研究外，正在进行一项涉及欧洲血统个体的大型研究，并且发表了一些较小研究的结果[86-87]。而对黑种人人口的研究甚至更少。已经在黑种人个体中复制了在欧洲血统的个体中已发现的15q25、5p15和6p21区域中肺癌风险与SNP之间的关联[88-89]。最近一项关于来自美国多个地点的非裔美国人的GWAS研究没有发现针对这一人群特定的新基因位点，但在*CHRNA5*区域识别了新的非裔美国人的特异性变异[90]。

7 结论

现有的证据清楚地支持了遗传因素与肺癌风险的关系，其中有多个遗传基因位点影响着正在研究的肺癌风险。在调整每个亲属的吸烟史后仍然存在的家族中肺癌聚集表明，一部分人群由于遗传突变而处于危险之中。第一个也是唯一的肺癌连锁研究提供了与6q染色体区域连锁的证据。如果可以在该区域识别出易感性基因座，那么它将具有重大的公共卫生意义，因为它可以识别出可用于预防或戒烟和筛查规划的高危人群。它还将提供对肺癌发生机理的新认识，并可能向临床医生建议更好的预防和靶向治疗方法。GWAS发现的与肺癌风险相关的更常见和较低外显率的SNPs也将以同样的方式做出贡献，但是此人群的风险可能低于高风险家族。

肺癌易感基因的鉴定仍然面临挑战。一旦识别出区域，就必须确定驱动该关联的实际遗传改变。异质性也是一个影响发现过程中多个关键点的问题：①在肺癌的组织学类型方面；②暴露于各种环境风险因素的水平；③在遗传易感性水平方面，即一个家族中导致肺癌的位点可能与另一家族中导致肺癌的位点不同。还必须考虑基因-环境相互作用和基因-基因相互作用的潜力。鉴于肺癌仍然是癌症死亡的主要原因，并且肺癌易感基因的鉴定具有有效筛查肺癌的新潜力，因此研究肺癌易感性的遗传贡献仍然很重要。

感谢

这项工作得到了美国国立卫生研究院（National Institutes of Health，NIH）国家人类基因组研究所内部研究计划的部分支持，并得到了NIH R01CA148127和P30CA022453的基金资助。

（董 明 常 锐 译）

主要参考文献

10. Doll R, Peto R, Wheatley K, Gray R, Sutherland I. Mortality in relation to smoking: 40 years' observations on male British doctors. *BMJ*. 1994;309(6959):901–911.
13. Peto R, Darby S, Deo H, Silcocks P, Whitley E, Doll R. Smoking, smoking cessation, and lung cancer in the UK since 1950: combination of national statistics with two case–control studies. *BMJ*. 2000;321(7257):323–329.
33. Cote ML, Liu M, Bonassi S, et al. Increased risk of lung cancer in individuals with a family history of the disease: a pooled analysis from the International Lung Cancer Consortium. *Eur J Cancer*. 2012;48(13):1957–1968.
53. Sellers TA, Bailey-Wilson JE, Elston RC, et al. Evidence for mendelian inheritance in the pathogenesis of lung cancer. *J Natl Cancer Inst*. 1990;82(15):1272–1279.
64. Bailey-Wilson JE, Amos CI, Pinney SM, et al. A major lung cancer susceptibility locus maps to chromosome 6q23–25. *Am J Hum Genet*. 2004;75(3):460–474.
65. Amos CI, Pinney SM, Li Y, et al. A susceptibility locus on chromosome 6q greatly increases lung cancer risk among light and never smokers. *Cancer Res*. 2010;70(6):2359–2367.
70. Hung RJ, McKay JD, Gaborieau V, et al. A susceptibility locus for lung cancer maps to nicotinic acetylcholine receptor subunit genes on 15q25. *Nature*. 2008;452(7187):633–637.
71. Thorgeirsson TE, Geller F, Sulem P, et al. A variant associated with nicotine dependence, lung cancer and peripheral arterial disease. *Nature*. 2008;452(7187):638–642.
72. Amos CI, Wu X, Broderick P, et al. Genome-wide association scan of tag SNPs identifies a susceptibility locus for lung cancer at 15q25.1. *Nat Genet*. 2008;40(5):616–622.
76. Timofeeva MN, Hung RJ, Rafnar T, et al. Influence of common genetic variation on lung cancer risk: meta-analysis of 14,900 cases and 29,485 controls. *Hum Mol Genet*. 2012;21(22):4980–4995.
89. Walsh KM, Gorlov IP, Hansen HM, et al. Fine-mapping of the 5p15.33, 6p22.1-p21.31, and 15q25.1 regions identifies functional and histology-specific lung cancer susceptibility loci in African-Americans. *Cancer Epidemiol Biomarkers Prev*. 2013;22(2):251–260.

获取完整的参考文献列表请扫描二维码。

第7章 肺癌筛查

Annette McWilliams, Fraser Brims, Nanda Horeweg, Harry J. de Koning, James R. Jett

要点总结

- 国家肺癌筛查试验已明确表明在研究环境中肺癌死亡率降低，但是需要在不同的医疗保健社区对肺癌筛查计划的有效实施进行评估。
- 通过使用多变量风险预测模型，可以更好地选择高风险参与者进行低剂量计算机断层扫描筛查。
- 根据现有的卫生基础设施和高风险人群的分布情况，将需要一系列招募策略。
- 结合风险预测模型和图像分析技术的简化肺结节管理算法，可能会减少对良性疾病的检查和手术。
- 过度诊断对任何肺癌筛查计划的参与者均构成重要的潜在危害。过度诊断率随被筛查癌症的组织学亚型和被筛查人群的表型而异。
- 戒烟对于肺癌筛查计划的整体效益和成本效益至关重要。优化干预并将其集成到程序中的最佳策略尚不清楚。
- 通过概率风险建模和方案驱动的肺结节管理，可能会提高肺癌筛查计划的准确性和成本效益。一项筛查计划的成本效益可能会成为决定采用肺癌筛查计划的联邦或国家决策的关键因素。
- 生物标志物有潜力通过识别高风险表型或鉴定不确定的结节，进一步完善基于风险的筛查方法。目前，尚无批准用于肺癌筛查临床实践的分子生物标志物。

肺癌是全世界最常见的癌症，也是造成癌症死亡的最常见原因[1-2]。根据GLOBOCAN数据，2012年估计有180万例肺癌被诊断，并且有159万例与肺癌相关的死亡[2]。吸烟与肺癌之间的关联最早是在50年前被描述[3]。在世界范围内，80%的男性肺癌病例和50%的女性肺癌病例与吸烟有关。全世界成年人口中约30%吸烟，并且大多数人将一生吸烟[1]。尽管在大多数高收入国家，吸烟率正在下降，但在低收入和中等收入国家，吸烟率正在增加或持续上升[1]。在一些目前吸烟率较低的高收入国家中，以前吸烟者患肺癌的比例更高[4-5]。以前吸烟者患肺癌的额外风险受戒烟年龄的影响，如果在40岁之前戒烟可避免90%的肺癌风险[1,3-4]。

肺癌的致死率（死亡率与发病率之比）很高，在GLOBOCAN报告中估计为0.87[2]。5年生存率通常较低，低于15%，并且不同人群之间相对缺乏差异性[1-2]。大多数患者在诊断时为晚期[1]。在美国，56%的患者发生远处转移，22%的患者发生区域性传播，15%的肺癌在初诊时就已定位[6]。早期疾病的比例如此低的原因是无症状。目前，大多数其他早期肺癌是通过其他原因进行的检查被发现[7]。

直到目前，肺癌筛查还没有起到作用。评估胸部X线摄影和痰细胞学检查的筛查试验并未显示与肺癌相关的死亡率降低[8-11]。在20世纪90年代对胸部进行低剂量（放射）计算机断层扫描［low-dose（radiation）computed tomography，LDCT］的单臂筛查试验证明与胸部X线摄影相比，检测肺癌的敏感性有所提高[12-14]。初步试验的作者报告说，检测到的肺癌中有60%～80%是Ⅰ期肺癌[15-21]。这些研究导致了许多随机筛选试验将LDCT与胸部X线检查或单独观察进行比较。

欧洲有许多随机对照试验，包括LDCT筛查组和对照组[22-31]。然而，这些试验可能不足以检测出与肺癌相关的死亡率方面的临床合理收益[32]。随后，进行了两项较大的随机研究，即美国的国家肺癌筛查试验（national lung screening trial，NLST）和荷兰-比利时肺癌随机筛查试验（Dutch-Belgian randomized lung cancer screening trial，NELSON）[33-35]。NLST研究已经发表并确定了LDCT与胸部X线检查相比，筛查可使肺癌死亡率降低20%[36]。

NLST已在研究环境中明确显示了全病因和特定疾病的死亡率降低，但需要在不同的医疗保健社区中明确有效实施肺癌筛查计划。国际肺癌研究战略筛查咨询委员会国际委员会在2012年和2014年发表了声明，发布了肺癌筛查的流程。他们建议成立一个由多学科组成的专家组，并明确了一些在社区实施中需要解决的更广泛的特定问题。这些措施包括识别高危人群、统一的放射学标准、标准化的报告和CT检查结果的管理以及戒烟计划的整合[37-38]。

美国预防服务工作队（US Preventive Services Task Force，USPSTF）于2014年在美国发布了针对LDCT筛查肺癌的建议[32, 39-40]。根据美国医疗保险和医疗补助服务中心于2015年2月5日做出的最终决定，对55～77岁的人群，涵盖了肺部CT，吸烟至少30包/年的美国人进行筛查[39]。其他许多国家正在评估LDCT筛查在临床实践和实施中的应用[40-43]。在本章中，我们总结了LDCT筛查肺癌的最新知识，并讨论了需要不断澄清的问题。

1 参与者的选择

提议的肺癌筛查计划不是像乳腺癌和大肠癌那样以人群为基础的策略，而是要筛查确定的高风险人群。我们社区的很大一部分是正在或以前的吸烟者，他们可能有资格进行筛查。据估计，全世界有11亿吸烟者[1, 44]。为了制定具有成本效益的肺癌筛查计划，需要对以筛查工作为目标的高风险个体进行更好的定义。

考虑参加筛查的潜在候选人中的并发症同样很重要。为了在个人和社区层面上实现筛查的益处，参与者必须能够接受治愈性治疗并具有合理的预期寿命。吸烟者面临其他并发症的风险增加，可能会限制治愈性治疗或寿命的延长[45]。USPSTF筛查指南建议，如果一个人出现严重限制预期寿命或健康能力或意愿的健康问题，则应停止筛查[46]。

用于研究试验的LDCT筛选的标准主要基于年龄和吸烟史，但将肺癌筛查应用于风险最高的人群最有效[47]。仅使用年龄和吸烟标准来识别高危人群，已在NLST和NELSON试验中使用，是美国现行资格标准（USPSTF标准，表7.1）的基础。

表7.1 肺癌筛查的标准

	年龄（岁）	吸烟史
NLST[33]	55～74	≥30包/年
		戒烟<15年
NELSON[35]	50～74	≥15支/天，25年
		≥10支/天，≥30年
		戒烟≤10年
USPSTF[46]	55～80	≥30包/年
		戒烟<15年

使用风险预测模型选择肺癌筛查个体优于仅使用年龄和吸烟标准进行选择[47-51]。目前存在多种风险预测模型，但研究最深入的模型之一是前列腺癌、肺癌、结直肠癌和卵巢癌（prostate，lung，colorectal，and ovarian，PLCO）模型，该模型基于从前列腺癌、肺癌、结肠直肠癌和卵巢癌筛查试验中前瞻性收集的数据[11]。使用该模型分析NLST数据显示，与NLST入选标准相比，其性能有所改善[48]。2014年Tammemagi和他的同事们提出了基于$PLCO_{m2012}$模型和NLST死亡率结果的风险阈值[49]。超过6年$PLCO_{m2012}$的风险为1.51%或更高时，那些接受LDCT和胸部检查的NLST参与者的肺癌死亡率一直较低，该风险阈值的表现优于USPSTF标准。使用风险模型发现了更多的肺癌，而漏诊的更少。进行筛查以预防肺癌死亡的个体数为255，而低风险类别为963。重要的是，USPSTF标准就可以筛查大量的低风险个体，并排除了一些高风险个体[49]。

外部验证和比较了4个已公布的风险预测模型的EPIC-德国队列的20 700名长期吸烟者（巴赫模型、斯皮茨模型、利物浦肺脏项目和$PLCO_{m2012}$）。结果表明，$PLCO_{m2012}$模型显示出最佳性能。除斯皮兹模型外，所有模型都比仅使用年龄/吸烟标准的筛查试验合格标准显示出更好的预测和性能[50]。使用多元风险预测模型来选择从筛查中受益最大的参与者，为最划算的策略。

IASLC高风险工作组建议在协调程序中使用这些预测模型[37, 51]。

2 招募

筛查计划的成功取决于目标人群的接受程度[52-53]。其他筛查计划（例如乳腺癌和大肠癌）的招募研究表明，接受筛查存在许多不同的障碍，特别是在一些少数群体和贫困人群中，而且没有通用的方法[52, 54]。

没有特定疾病的证据可以为肺癌筛查项目的最佳招募方法提供建议。大多数公开发表的肺癌筛查试验结合了各种媒体广告、邮寄邀请函以及通过全科医生或初级实践数据库招募参与者的方法。对在试验环境中拒绝进行LDCT筛查的合格参与者进行的分析表明，有多种因素导致了该决定，包括实际障碍（如旅行、护理人员责任、过于困难或过多的努力），情感障碍（如对诊断的恐惧、焦虑）、宿命论信仰、回避、低感知风险和（或）收益、知识障碍和不喜欢卫生保健系统[53, 55-56]。

与曾吸烟者或未吸烟者相比，社区中正在吸烟者通常具有较低的社会经济地位和较低的教育水平[45, 54, 57]。在美国，他们也不太可能有正规的全科医生，继而减少了获得医疗保健的机会[45]。肺癌筛查试验的应答者更可能是年轻、曾吸烟、受过更好教育的人，这些人更注重健康并且更容易获得医疗服务[34-61]。

肺癌筛查因不同人群而异。在美国，已发布的针对不同人群的调查突出了其中的一些差异[45, 61-63]。在一项针对2000名普通人群的横断面电话调查中，正在吸烟者的比例不到25%，以前吸烟者的比例为7.7%，吸烟者认为他们患肺癌的风险增加[45]。目前的吸烟者不太愿意接受手术，也没有意识到筛查的好处。其他人群对风险认识和接受筛查的意愿也有了更高的意识[61, 63]。在另一项对美国退伍军人的横断面书面调查中，80%的正在吸烟者和16%的以前吸烟者认为他们患肺癌的风险增加[61]。大多数参与者愿意参加筛查，进行手术并且对筛查的益处有更高的认知。该人群与一般人群不同，因为大多数人都可以使用医疗保健设施[61]。在美国初级保健中心招募的具有种族差异的人群中，筛查受到宿命论信仰、自我效能感、对肺癌了解程度、对辐射影响的关注以及对医护人员的不信任等多种因素的影响[62]。筛查成本在其未得到完全公共资助的医护系统中也起着一定的影响作用。该队列研究中指出，需要支付CT扫描费用可能会减少筛查人数[45, 62-63]。

英国的一项横断面调查专门针对社会经济匮乏的吸烟者，并揭示了参与者对筛查的复杂态度[54]。参与者对筛查原则上是积极的，对肺癌的恐惧程度很高，对筛查的益处认识不足，感觉受到侮辱，并保持回避和宿命论的信念，尤其是在正在吸烟者中。

这些发现表明，在普通人群中实施肺癌筛查项目可能难以招募到正在吸烟者，需要教育正在和以前的吸烟者使他们认识到肺癌的风险和筛查的益处，并且需要设计针对性的教育和招募策略，以减轻某些社区群体的恐惧和焦虑。可能需要完全覆盖CT费用，并且最好在社区中具有多个接入点（即非集中的LDCT接入）[45, 62]。

根据现有的卫生基础设施和每个国家高危人群的分布，需要采取一系列招募策略。国家支持和中央组织的协调计划更有可能导致更高的筛查率。根据目标群体的特点和初级保健团队的参与定制邀请的方法也可能有一些好处[52]。因此，针对社区中不同的高风险人群，最大限度地提高筛查项目的覆盖率，并最终降低肺癌死亡率，我们面临着国家内部和国家之间的各种挑战。

3 随机筛选试验摘要

自1999年以来已发布的单臂观察性筛查试验已经证实，用LDCT进行肺癌筛查是可行的[13-21]。通过LDCT检测到的大多数癌症都处于早期阶段，因此经治疗大多可治愈。NLST和NELSON的建立是为了评估肺癌筛查的死亡率优势，但在设计上有显著差异（表7.2）。此外，欧洲还有一些较小的随机研究，包括老年人停止降压治疗（discontinuation of antihypertensive treatment in elderly people，DANTE）[22, 24]、多中心意大利肺部检测（multicentric Italian lung detection，

MILD）[25]、丹麦肺癌筛查试验（Danish lung cancer screening trial，DLCST）[26-27]、意大利肺癌筛查试验（Italian lung cancer screening trial，ITALUNG）[28-29]、英国肺癌筛查试验（UK lung cancer screening，UKLS）[64]和德国肺癌筛查干预试验（German lung cancer screening intervention trial，LUSI）[30-31]，其随访和成熟程度不同（表7.2）[65-67]。一个值得注意的区别是，与NLST研究相比，NELSON和其他欧洲随机研究的参与者主要是男性（表7.2）。这可能会影响最终的死亡率获益，因为对NLST数据的子集分析表明，女性进行LDCT筛查的死亡率更高[68]。

表7.2 随机LDCT筛查研究的总结

临床试验	NLST[69-70]	NELSON[71-72]	ITALUNG[28-29]	MILD[25]	LUSI[30,31]	DANTE[22-24]	DLCST[26-27]	UKLS[64]
国家	美国	荷兰，比利时	意大利	意大利	德国	意大利	丹麦	英国
纳入								
年龄（岁）	55～74	50～75	55～69	49～75	50～69	60～74	50～70	50～75
戒烟史（年）	≤15	≤10	<10	<10	≤10	<10	<10	LLP风险
吸烟指数	≥30	>15	≥20	≥20	≥15	≥20	≥20	≥5%
筛查								
筛查间隔（年）	1	1，2，2.5	1	1或2	1	1	1	0
周期	3	4	4	5或10	5	5	5	1
方式	LDCT和胸部X线	LDCT和常规护理	LDCT和常规护理	LDCT和常规护理	LDCT和常规护理	LDCT和常规护理[a]	LDCT和常规护理	LDCT和常规护理
参与者								
总数	53 454	15 822	3206	4099	4052	2450	4104	4055
LDCT	26 309	7582	1406	2376	2028	1264	2502	1994
男性（%）	59	84	65	68	65	100	55	75
平均年龄（岁）	61	59	61	59	未报道	65	57	67
平均吸烟指数	56	38	42	39	未报道	47	未报道	未报道
现在吸烟者（%）	48	56	65	69	62	57	76	39
LDCT对肺癌的筛查								
肺癌筛查率（%）	2.6	2.6	2.7	2.1	2.9	5.2	2.7	2.1
Ⅰ期（%）	59	71	66	65	72	64	68	67
良性疾病手术（%）	24	29	10	9	未报道	19	未报道	10

注：[a]所有患者均有基线的胸部X线和痰细胞学检查

NLST能够显示至少20%的死亡率，并通过3次年度筛查招募了53 456名参与者（图7.1）。NELSON研究旨在达到至少25%的死亡率获益，但仅招募了约15 822名参与者，并以递增的间隔进行了重复筛查。欧洲CT筛查试验合作小组将使用NELSON研究数据汇总较小的欧洲随机研究以进行死亡率评估（表7.2）[66-67]。

由于NELSON研究中合格参与者的随机分配发生在2004—2006年，因此2016年将对所有参与者进行10年的随访。为了进行死亡率分析，必须与国家癌症和死亡登记机构进行数据链接，并在2019年初获得完整数据。然后将进行NELSON的最终死亡率分析，并将数据与欧洲联盟内的其他试验数据进行汇总[66]。

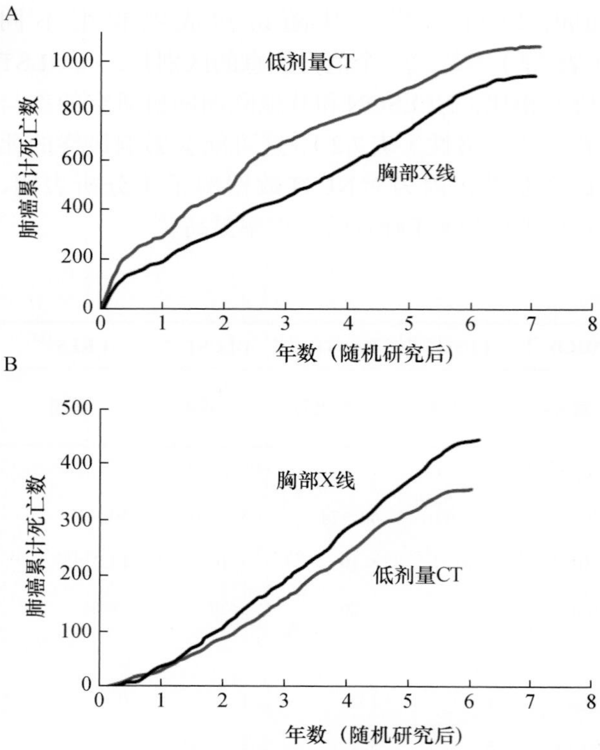

图7.1 国家肺癌筛查试验中的累计肺癌人数和肺癌死亡人数

（A）肺癌患者的人数纳入自随机分组之日至2009年12月31日之间诊断出的肺癌患者；（B）肺癌的死亡人数纳入从随机分组之日至2009年1月15日因肺癌死亡的患者

经许可转载自：National Lung Screening Trial Research Team, Aberle DR, Adams AM, et al. Reduced lung-cancer mortality with low-dose computed tomographic screening. N Engl J Med. 2011, 365 (5): 395-409.

4 肺部结节

在50岁以上的吸烟者中进行LDCT扫描筛查时，经常会发现未钙化的肺结节[65, 73-74]。已发布许多指南，以协助管理基线LDCT上发现的结节并最大限度地减少下游检查或不必要的活检或手术。指南使用了不同的结节测量技术、动作阈值和诊断算法，并且变得越来越复杂[75-78]。

在已发表的研究中，多达70%的筛查参与者在基线LDCT上可以看到肺结节[16, 73-74]。这些结节大多数在1 cm以下，最终只有一小部分被诊断为肺癌，其余的则被诊断为良性，需要进一步的监视或检查，因为通常没有事先成像来协助分析和决策。这可能会产生额外的工作，如进一步的辐射暴露、检查、参与者的焦虑甚至是不必要的手术。

术语“阳性筛查”和（或）“不确定筛查”已用于定义行动阈值，该阈值将在下一次年度筛查LDCT之前提示进行检查，即“间隔”评估。该检查可能仅是在短期间隔内进行的进一步影像学随访，或者可能包括CT、活检或手术。在发表的研究中“阳性或不确定筛查”的定义有所不同，但通常该定义使用结节大小或结节体积阈值和结节外观作为标准[65, 79]。这些变化的定义在解释不同的LDCT研究时引起了一些混淆，而“阴性筛查”并不一定意味着没有肺结节。在NLST和NELSON研究中，相似比例的参与者具有基线LDCT结果，需要短期间隔重复LDCT：分别约为19.6%和19.2%；有1.8%～2.1%的患者进行了活检，而有1.1%～1.2%的患者进行了手术[66, 71, 73, 80]。良性疾病的手术率在10%～29%之间，NLST和NELSON的结果处于随机研究的报告率的上限（表7.2）。

4.1 肺结节的基线概率性风险预测

尽管结节的大小和类型很重要，但在20%的筛查参与者中，最大的结节不是恶性病变[80]。使用Pan-Canadian结节预测模型描述了另一种评估LDCT筛查肺结节的方法[80]。该结节风险预测工具是基于前瞻性收集的经过筛选的50岁以上正在或以前吸烟者队列中的结节数据，并在单独的筛选队列中进行了验证。该工具利用了参与者特征和结节特征，曲线下的面积为0.97，即使将其应用于直径小于10 mm的结节，其性能仍可保持[80]。使用该模型，基线LDCT后需要间隔评估的“阳性筛查”参与者人数可减少至8%，而在NLST和NELSON试验中该比例为20%[79]。这种方法可能有助于改善低风险和高风险人群的定义，并简化在基线LDCT上检测到结节而无须进行治疗时的临床决策算法[79-80]。

此风险模型随后在两个独立的队列中得到了验证，并被认为比美国放射学院的肺成像报告和数据系统（lung imaging reporting and data system，Lung-RADS）分类具有更高的价值[81-83]。澳大利亚和加拿大的国际肺癌筛查研究正在对它进行前瞻性评估[78, 84]。

Lung-RADS（http://www.acr.org/Quality-Safety/Resources/LungRADS）旨在方便统一报告在肺部CT筛查中发现的异常情况。该系统已使

用NLST数据进行了验证，据报道将假阳性率从NLST的27%降低到Lung-RADS的13%，并且在基线后，Lung-RADS的假阳性率从NLST的21.8%降低到5.1%，同时对Lung-RADS的敏感性相应降低[85]。该系统的前瞻性验证研究（现在美国已批准肺癌筛查）将有助于确定Lung-RADS的性能，并可能与容量研究和结节风险模型整合。

4.2 纵向随访

对于无须立即处理的结节，行为的纵向评估是通常的管理方法，其是否应被干预取决于实性成分的增长。在基线LDCT处检测到的结节处理已通过不同的方式进行[65, 79, 86]。大多数人使用了最大的二维测量和病变外观。最近，NELSON研究和其他一些欧洲研究利用结节的三维重建、结节的体积分析以及计算肿瘤体积倍增时间（volume-doubling time，VDT）来评估结节的生长情况[25, 30-31, 64]。NELSON利用了基于体积、结节生长（定义为体积变化≥25%）和VDT来评估结节[87-88]。

LDCT结果定义如下：①阴性，在下一轮筛查（新结节＜50 mm^3或先前发现的结节，其生长＜25%或生长≥25%且VDT＞600天）；②阳性，转诊到肺科医师（新结节＞500 mm^3或先前发现的结节，其生长≥25%，VDT＜400天）；③不确定，需进行短期随访CT（新结节50～500 mm^3或先前发现的结节伴VDT400～600天）。与NLST相比，使用这种结节管理策略可产生更高的阳性预测值（40.6% vs. 3.6%）和更低的假阳性结果（59.4% vs. 96.4%）[86]。VDT的计算确实需要第二个LDCT进行比较，因此，使用该算法的基线LDCT之后，约有20%的NELSON参与者需要进一步的间隔LDCT。体积分析目前仅限于实性结节，需要特定的软件[89]。持续开发有助于结节检测，自动化风险计算或图像分析的软件系统，可能会大大改善LDCT筛查程序的工作流程[90-91]。这样的程序很可能包括在基线时自动进行结节风险评估，并在高危病变中进行经半指状容积分析（图7.1、图7.2）。

5 过度诊断

过度诊断是指如果不进行治疗就不会导致死亡的癌症检测[92]，包括因其他原因而死亡的患者，如并发症或意外事件，即使检测到的癌症具有临床意义。

过度诊断的临床医生面临的挑战是，很难将这种基于人群的概念与个人联系起来以协助临床决策。值得注意的是，过度诊断并不影响肺癌LDCT筛查的已知死亡率优势，但确实代表了筛查的一个重要潜在危害，因为它会导致与（可能不必要）治疗相关的额外费用、焦虑和发病率。

对于任何类型的癌症，所有筛查程序均存在过度诊断。在LDCT筛查试验中，过度诊断的癌症患病率是确定的，但确切的水平尚不清楚。LDCT筛查对肺癌的过度诊断有各种各样的估计，具体取决于统计方法、所研究的人群、前置时间和长度时间偏差、组织病理学细胞类型、阳性筛查的定义，甚至包括过度诊断本身。基于癌症干预和监视模型网络的建模研究估计，9.5%～11.9%的筛查出的肺癌被过度诊断[46]。对LDCT组报告的1089例肺癌和NLST胸部X线检查组报告的969例肺癌的分析表明，筛查出的肺癌过度诊断率为18.5%（95%CI为5.4%～30.6%）[93]。使用其他方法对长度和提前期偏差进行解释的其他建模估计表明，过度诊断病例的比例可能低于10%[94]。对于NLST中的支气管肺泡肺癌（现认为是原位腺癌），这一数字估计为78.9%（95%CI为62.2%～93.5%）。过度诊断也可能与筛查人群的表型有关：在有或没有肺活量测定定义的慢性阻塞性肺疾病（chronic obstructive pulmonary diseases，COPD）的情况下，来自NLST的18 475例病例分层后，在正常肺活量测定组中几乎全部发现了早期腺癌[95]。这表明，没有肺活量测定证据的COPD个体过度诊断的可能性更高。

从临床角度来看，要减轻过度诊断的可能危害，需要谨慎使用术语，甚至可能明智地使用术语进行阳性筛查。例如，不考虑VDT超过600天的病灶或纯磨玻璃样结节作为真正的阳性筛查[96]。根据NLST数据开发的模型表明，只有一些侵略性较低的肺癌（主要是原位腺癌或非典型腺瘤样增生）会出现症状，在5年时为14%，10年后为27%，具有临床意义[93, 97]。同样，对日本队列中混合磨玻璃样结节进行的长期随访表明，经过3年的随访，有16%的患者显示肿瘤生长[98]。对于在

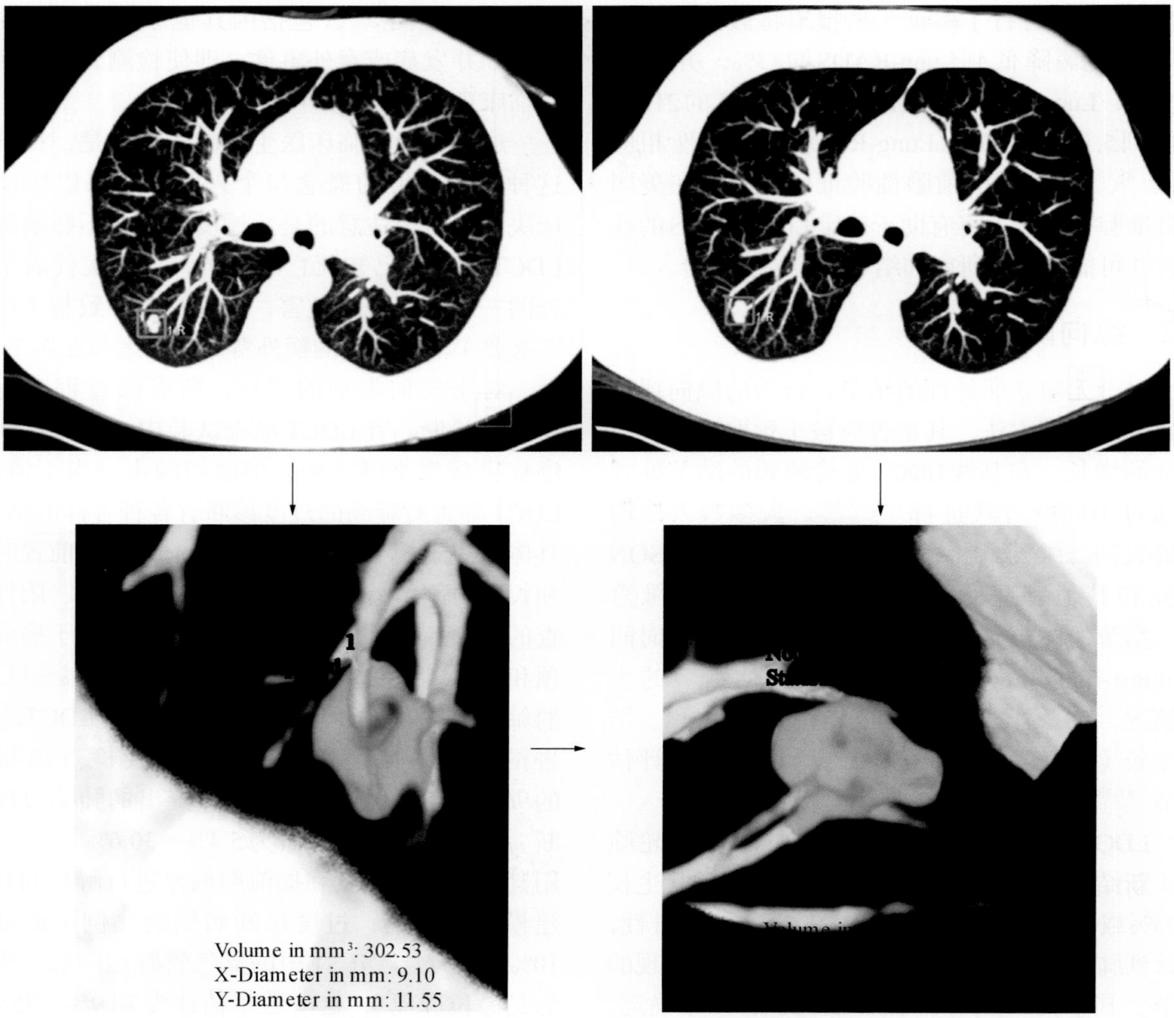

图7.2 在NELSON临床试验中应用体积软件评估结节大小

注：基线低剂量计算机断层扫描显示1例66岁老年男性右上叶有1个大小约302 mm³的结节；3个月后该结节增大到575 mm³；结节体积大小加倍的时间为98天；经进一步诊断该患者确诊为pT1 N0 Mx鳞状细胞癌

LDCT发现这种（可能）惰性癌症的个体，需要做出临床决策，考虑病变临床相关的可能性，同时关注年龄和并发症（及其相关风险）以及个人偏好。

6 戒烟

除了戒烟对全因死亡率的明显影响外，肺癌切除术也至关重要，大规模的系统评价指出，能够戒烟者和继续吸烟者的5年生存率分别为77%和33%[99-100]。该研究报告了早期非小细胞肺癌切除术后全因死亡率、再发和继发性吸烟的全因死亡率、统计学上增加的危险比。

在肺癌筛查研究中，吸烟者比例在基线时为47.3%～76.1%[22, 26-28, 30, 36, 101-102]。研究参与者的戒烟率为6.6%～29.0%[27, 103-111]，这有可能高于一般人群的自发戒烟率（5%～10%）[112-113]。在某些（但不是全部）研究中，参与者戒烟尝试次数的增加可能导致戒烟率更高[103, 105-110]。尚不清楚较高的戒烟率是选择偏差的结果，还是参与癌症筛查试验导致健康意识增强的结果，还是伴随的戒烟干预的结果，或者可能与CT扫描结果本身有关。

LDCT筛查结果异常的参与者的戒烟尝试次数高于正常结果的参与者戒烟的次数[103, 105-110]。对于任何异常的CT发现，CT扫描异常与戒烟之间存在正相关，但对可疑肺癌的异常表现更强，持续作用长达5年[114]。这一观察结果表明，在CT筛查中发现异常对当前吸烟者来说可能是一个受教育的时刻。

一些研究表明，最初的可选戒烟服务参与率较低，因此需要在入组时以及在多个时间点进行反复干预的同时结合戒烟[111, 115-116]。现在，大多数指南建议在肺癌筛查计划中纳入综合戒烟法，而综合戒烟法是美国医疗保险资助筛查的一项要求[37, 46, 117-119]。最近的数据支持这种方法的成本效益[120]、附加的死亡率效益[121]和这种方法的高持续戒烟率[114]，尽管在LDCT筛查的背景下优化戒烟和长期戒断的最佳策略尚不清楚[111]。

7 成本效益

筛查干预措施的成本效益是国家或联邦政策的主要考虑因素之一[122]。不同研究的成本效益差异很大，方法、结果、假设和数据也各不相同[123-126]。来自NLST报告中成本效益的随机对照试验数据显示，每增加一个质量调整生命年，可获得67 000美元（95%CI为52 000～186 000美元）和8466英镑（95%CI为5542～12 569英镑）（来自UKLS的研究）[64, 127]。作为随机对照试验数据，这些报告提供了宝贵的数据，并且这些报告对其他方法有不同的方法学假设和方法（以及与许多国家相比，美国的医疗保健方法有所不同），因此很难进行直接比较，并强调了对本地数据的持续需求。

泛加拿大（Pan-Canadian，PanCan）肺癌早期检测研究的成本-效果模型表明，通过手术切除治疗的LDCT检测到的早期癌症比晚期肺癌的治疗更便宜，并且任何项目的成本效益对全因死亡率和年度筛查成本最为敏感[128]。重要的是，PanCan研究中的方法采用了概率预测模型（与UKLS研究一样），并证明使用风险选择工具可能会带来显著的成本效益。该分析还进一步强调了戒烟影响成本效益的重要性。此外，在晚期肺癌中靶向疗法和个性化治疗方法比化疗花费更多，这进一步凸显了早期发现和治疗的潜在重要性[129]。

在NLST中，使用LDCT进行筛查的女性比男性以及罹患肺癌风险更高的人群更具成本效益，这表明识别高危人群和提高预测可能非常重要[127]。确定招募高风险个体的最合适方法[130]、潜在风险人群的规模[128]、精确风险预测模型的开发[48]、最小化假阳性结节重复扫描的结节管理算法[80]以及有效的戒烟干预措施[131]是决定肺癌筛查项目成本的关键因素。决策者面临的挑战是评估独特的联邦或国家条件，医疗保健系统以及判断肺癌筛查项目是否具有成本效益，从而适合当地人群。

8 生物标志物

自NLST数据发布以来，人们对生物标志物的开发重新产生了兴趣，这些标志物可能有助于提高筛查阳性结果的检测前可能性（即更好地识别高危人群，减少治疗所需的数量）以及提高对不确定结节诊断的特异性。

生物标志物可能有多种来源，包括基于组织的来源（取决于可及性）或基于生物流体的来源（包括外周血、尿液、痰液和呼吸液）。此类基于生物流体的标志物包括循环的肿瘤细胞、无细胞的脱氧核糖核酸和核糖核酸、蛋白质、肽、代谢产物、小分子核糖核酸、针对肿瘤相关抗原或肿瘤微环境的抗体以及呼出的呼吸道冷凝物[132]。尽管有数百种生物标志物已通过美国食品和药物管理局的第一阶段和第二阶段，但进入第三阶段（生物标志物纵向检测临床前疾病的能力）的很少，而目前处于第四阶段（预期评估：表7.3概述）。临床实践中目前没有使用生物标志物[133-134]。

表7.3 仍在评估中的生物标志物

自身抗体[135]	EarlyCDT-肺试验提供了一个可以检测7种自身抗体的检测方法。目前正在评估其是否可作为CT前筛查的手段。
血清miRNA[136]	一种用于早期和进展期非小细胞肺癌、良性病变和其他类型肿瘤的危险度分层的34种miRNA表达谱检测方法。目前作为COSMOS研究的一部分正在评估其价值。
血浆miRNA[137]	一种用于非小细胞肺癌低、中、高危险度分层的24种miRNA表达谱的检测方法。目前作为MILD研究的一部分正在评估其价值。
表面活性剂B[138]	将血浆前SFTPB水平纳入肺癌风险预测模型（使用表型信息）中，可显著提高肺癌高风险人群的预测价值。目前作为PanCan研究的一部分正在评估其价值。

注：SFTPB，表面活性蛋白B

可以说，此时最有用的生物标志物是肺活量测定法（第1秒用力呼气量和用力肺活量），进而可以识别出气流阻塞和COPD的患者。COPD的存在改善了肺癌筛查的风险选择，包括从NLST的CT臂上进行的亚分析，表明肺活量气流限制与肺癌风险加倍、无明显过度诊断以及更有利的分期转移有关[48, 95, 135-137, 139]。

人们普遍预期，个性化护理将日益影响未来的临床决策。因此，识别和开发有助于区分肺癌高风险或低风险、良性肿瘤或恶性肿瘤的生物标志物的努力将继续下去。未来的生物标志物将需要获得足够高的灵敏度（排除疾病）或高度特异性（控制疾病），或改变临床决策，以及被患者接受，并有助于提高任何肺癌早期检测项目的成本效益。

9 总结

在NLST研究中，针对肺癌的LDCT筛查已显著降低了肺癌特异性和全因死亡率。筛查计划现已在美国开始，许多其他国家正在评估其各自医疗体系的实施情况。NELSON试验和其他欧洲综合研究的死亡率数据结果将在不久的将来获得。

在此期间，我们预计将继续努力，通过使用风险预测模型来描述我们社区中最高风险群体的特征，从而帮助选择从筛查中受益最大的个人。此外，还需要通过使用预测模型、容积分析和CT图像分析以及结合生物标志物来进一步改善对筛查出的肺结节的管理，以减少良性疾病不必要的检查和手术，并最大限度地提高成本效益。

未来肺癌筛查的实施将需要多学科团队管理、综合戒烟、质量保证/认证和标准化算法的协调计划，以最大限度地提高筛查的效益和减少其危害。最重要的是，这些努力要与降低吸烟率的努力同时进行。

（董 明 陈 军 译）

主要参考文献

37. Field J, Smith R, Aberle D, et al. International Association for the study of lung cancer computed tomography screening workshop 2011 report. *J Thorac Oncol*. 2012;7:10–19.
46. Moyer VA. Screening for lung cancer: US Preventive Services Task Force recommendation statement. *Ann Intern Med*. 2014;160:330–338.

获取完整的参考文献列表请扫描二维码。

第 8 章 肺癌早期预测的生物标志物

Jun-Chieh J. Tsay, Alissa K. Greenberg, William N. Rom, Pierre P. Massion

要点总结

- 本章回顾了肺癌中最有前途的诊断性生物标志物研究。
- 我们讨论了生物标志物验证的挑战和重要性。当前的指南建议研究设计包括样本的预期收集和回顾性盲法评估。
- 用于生物标志物发现的新型多组学方法极大地推动了早期肺癌检测领域的发展。
- 血液、痰液、气道上皮或呼出气中的非侵入性生物标志物可与影像学结合使用，以检测早期肺癌并提高死亡率。

肺癌是美国和世界范围内癌症死亡的主要原因[1]。这一统计数据主要缘于被诊断肺癌患者的持续低存活率。截至2009年，在美国，NSCLC的总体5年生存率仅为16.6%[2]。但是，如果在早期发现癌症，则5年生存率将超过50%[3]。因此，在过去的10年中对早期诊断有效手段的需求日益增加。2011年发表的随机多中心国家肺癌筛查试验（national lung screening trial，NLST）的结果证实了肺癌的早期诊断可以提高生存率[4]。NLST研究的高风险人群中的肺癌筛查现在得到了以下方面的支持：美国预防服务工作队（B级推荐）[5]。但是，低剂量的胸部X线计算机断层扫描（computed tomography，CT）进行肺癌筛查具有明显的缺点，包括成本、放射线暴露、高的假阳性率以及罹患乳腺癌的风险。因此，NLST的研究结果激发了人们对使用早期疾病的无创生物标志物来开发更实用、更特异的肺癌早期检测方法的兴趣。

除早期检测疾病之外，肺癌的生物标志物还具有多种潜在的临床用途（图8.1），可被用于风险分层、最佳治疗选择、预测和监测复发。风险标志物可以帮助识别要筛选的人群。在这一临床前阶段，该标记可识别无疾病但具有可能使其易患肺癌因素的个体。鉴于CT筛查的假阳性率高，能够更清楚地定义高危人群的标

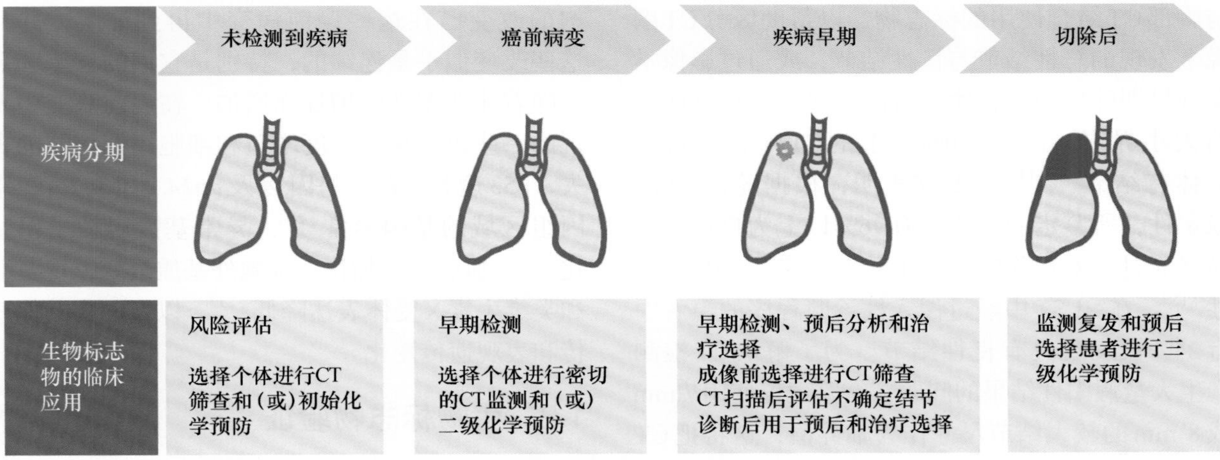

图 8.1 肺癌生物标志物根据标志物的不同和在不同的临床阶段具有的多种潜在临床用途

注：生物标志物的4个临床应用价值包括：①在肺癌可被检测到之前，可将标志物用于风险评估并确定可能受益于肺癌筛查或化学预防措施的人群。②当肺癌处于癌前病变时，通常在临床上无法检测到。监测癌前病变的生物标志物将使临床医生对可能的患者进行密切监测和化学预防。③胸部影像学检查可以发现早期疾病，但是这种技术是非特异性的，不确定的结节很常见。肺癌生物标志物可用于识别应进行CT筛查的个体，或用于区分良性和恶性结节。在这个阶段若生物标志物可以区分良性疾病和侵袭性疾病，也可以用于预后和治疗选择。④肺癌治疗后生物标志物可用于监测复发或预测预后并选择进行辅助化疗或三级化学预防的患者。

志物可以减少进行CT筛查的次数，还可以提高CT筛查的特异性，从而减少患者的焦虑，减少假阳性结节引起的重复CT和侵入性操作的需要。

目前标志物用于肺癌患者的治疗选择、预后和复发监测。反映肺癌从癌前病变进展到侵袭性肺癌的生物学的各种标志物，可能被证明对这些角色中的每一个都更有用。在本章中，我们将重点放在目前和潜在的肺癌早期检测的生物标记上。风险和预后的标志物没有被涉及。

1 早期发现

在可预见的将来，CT无疑仍然是任何早期检测肺癌项目的重要组成部分。CT可以检测到疑似早期肺癌的小的非钙化小结节。但是，作为独立的筛选工具，该技术存在问题。首先，由于非特异性良性肺结节的高患病率，其特异性较差[4-6]。其次，CT成本高，并且需要反复进行CT来确定一段时间内的生长速率，这可能会使患者暴露于潜在有害的辐射中[7]。最后，我们无法预测哪些早期肺癌会进展，哪些肺癌会长期保持惰性。

肺癌早期检测生物标志物研究的最终目标是开发一种标志物，以识别早期肺癌并促进改变临床治疗以挽救生命。较易获得的标志物可能是可与胸部CT结合使用的标志物，以帮助区分CT图像上发现的恶性结节与良性结节，或通过影像学发现早期肺癌的侵袭性或惰性表型[8]。根据所选的大小界限，15%～50%以上的CT筛查项目的个体有结节[4, 9-14]。NLST表明，根据随访CT的稳定性，所鉴定的结节中有96%以上为良性。在最终通过手术切除的结节中，发现多达30%为良性[15]。在NLST中经过侵入性诊断程序的患者中有24%被发现具有良性结节。为了解决CT检测产生大量假阳性结果的问题，专家建议使用7 mm或8 mm的较大结节尺寸作为临界值，这将把CT阳性结果的数量减少到5%～7%[16]，或缩小可以进行筛查的高风险个体的定义[17]。有效的生物标志物也将给这些不确定肺结节的管理提供帮助。根据其检测性能特征，生物标志物可以引导临床医生树立诊断信心、随诊观察或立即进行活检或切除，从而减少肺癌筛查的焦虑、成本和不确定性。

肺癌生物标志物还可减少肺癌筛查中过度诊断的问题。尽管NLST证实筛查可以降低肺癌死亡率，但确诊的癌症比例可能是惰性的恶性肿瘤，如果不加考虑则可能不会进展。在纽约大学筛查计划中，被诊断出的癌症中有1/3是惰性腺癌，在切除之前经过了较长时间的随访，并且在手术时仍处于Ⅰ期[14]。确定这些惰性癌症可以免除老年患者或患有其他医疗问题的患者进行不必要的手术。

1.1 肺癌的生物学致癌机制

在理解从癌前病变发展为侵袭性肺癌的潜在分子变化序列方面的持续进展后，激发了对发现和验证用于早期检测的肺癌生物标志物的研究。这也增加了使用生物标志物谱进行个性化肺癌治疗的可能性。世界卫生组织将支气管上皮的各种癌前病变定义为鳞状上皮不典型增生和原位癌，这些疾病可发展为鳞状细胞癌。非典型腺瘤样增生可能先于腺癌，弥漫性特发性肺神经内分泌细胞增生可能发展为类癌。小细胞肺癌（small cell lung cancer，SCLC）被认为是由于广泛分子受损的上皮细胞引起的，没有经过可识别的癌前阶段[18-20]。

已知与恶性转化相关的基因表达和染色体结构的改变已在这些癌前病变中得到证实，并且这些改变似乎是连续的，特别是它们的频率和数量随着非典型性的增加而增加。在癌前病变中发现的一些改变包括过度增殖和细胞周期控制的丧失，p53途径、*RAS*基因以及*3p14.2*和*3q26-29*基因组区域的基因异常[21]，异常基因启动子甲基化[22]，血管生长加快，细胞外基质改变，视黄酸和类维生素X受体表达降低[23]，以及许多其他遗传和表观遗传变化[18-19]。

1.2 生物标志物验证

对用于临床用途的生物标志物的验证具有挑战性。考虑在临床环境中使用的任何生物标志物都必须满足许多与易用性和性能有关的标准。生物标记必须是相对非侵入性的，只需要少量的材料，需要最少的准备，在多个人群和实验室中可量化和可重复，具有可接受的灵敏度和特异性，为目标人群所接受，具有成本效益，并由健康保险补偿[24]。尽管有许多标志物正在筹划中，但还没有标志物通过这些严格的要求[25]。适当的研究设计对于将这些标志物应用于临床是至关重要的。

生物标志物的研究设计和统计评估指南建议，应使用一种前瞻性样本收集和回顾性盲法评估的设计方法进行验证[26]。在这种方法中，样本是从代表目标人群的纵向队列中前瞻性收集而来。确定结果状态后，可以设计嵌套的病例对照研究。随机选择病例和对照进行生物标志物研究，研究者对病例对照状态不了解。在定义明确的队列中，对病例和对照进行随机抽样可为病例-对照设计提供有效性保证。该研究设计的一个重要因素是，验证种群必须代表将使用生物标志物的种群，以最大程度减少假阳性。在肺癌的情况下，这意味着具有吸烟史及其相关疾病（包括慢性阻塞性肺疾病、心血管疾病和其他恶性肿瘤）病史的个人必须纳入验证队列。理想情况下，可以在纵向样本中测试生物标志物，以确保其在检测早期临床前疾病中的准确性。有效性的度量包括敏感性、特异性、阴性预测值和阳性预测值，可用接收者操作特征（receiver operating characteristic，ROC）曲线总结[27]。疾病的流行会影响这些指标，因此将生物标志物验证过程应用于所有可能使用该标记的人群是很重要的。最后，当一个潜在标志物被证实对早期诊断有效时，应在以肺癌死亡率为终点的筛选试验中对其进行评估，以证明生物标志物的使用降低了死亡率，并且验证研究不受过度诊断、提前期偏倚或长度偏倚问题的影响。美国国家癌症研究所的早期检测研究网络已建立了癌症生物标志物开发和验证的指南[28]。

1.3 生物标志物发现技术的进展

当前，我们发现大量潜在的肺癌生物标志物。不同的组织学类型、不同的疾病阶段以及多种转化的分子途径使得肺癌的生物标志物发现过程复杂化。新的高通量技术使研究人员可以同时查找和验证多个生物标志物。微阵列用于同时评估数千种潜在标志物。

例如，循环DNA（circulating DNA，cDNA）微阵列可识别成千上万在肺癌、前脑膜剥脱病和正常肺组织中差异表达的基因，抗体阵列可一次评估多种抗原或抗体，甲基化阵列可同时识别许多不同基因启动子的甲基化。蛋白质组学是对组织和体液中蛋白质谱的研究。基质辅助激光解吸/电离飞行时间质谱（MALDI-TOF MS）和表面增强激光解吸/电离已用于描述蛋白质谱并鉴定肺癌中的单个蛋白质标记。能够以相对较少的测序读取次数、准确测量单个细胞中定量转录组的能力，使得单细胞核糖核酸（ribonucleic acid，RNA）测序成为生物标志物发现的流行技术。近年来，在这些和其他高通量技术的开发和验证方面的重要进展促进了生物标志物发现的巨大进步。

1.4 标本类型

成功的生物标志物最重要的标准之一是测试材料易于获取。当前的标志物使用多种生物来源。基于组织的测定法通常最具侵入性，但在某些情况下可以被接受。局部癌变的概念支持了研究组织的理论，如支气管、口腔和鼻腔。支气管内活检标本，甚至呼出气体的标志物检测也可用于判断肺癌风险。支气管上皮、鼻腔或口腔上皮的遗传和表观遗传学变化可能反映下呼吸道的变化，提示在CT图像上看到的病变代表恶性肿瘤。尽管获取组织可能需要进行支气管镜检查，但将从气道获得的分子标志物与高风险特征和CT图像上的病变配对可能会提高肺癌筛查的特异性。基于组织的生物标志物的潜在用途在很大程度上依赖于样本的可及性和所提供的检测的稳定性。获取基于气道上皮的生物标记可能需要花费额外的时间，因为库存样本不如肿瘤组织或血液的样本容易获得。基于血液的测定法由于易于获取而具有吸引力。这种材料获取的简单性有助于在发现过程、验证过程和临床实践中的接受。可以在循环血液中检测到改变或甲基化的脱氧核糖核酸、过表达的信使核糖核酸、微小核糖核酸、蛋白质、肽、代谢物，甚至循环肿瘤细胞。但是，这种检测方式也存在重大挑战。血液是一种动态介质，它反映了各种生理和病理状态，可能使早期临床前癌症的检测不堪重负。

其他生物流体（呼出气冷凝物、痰液和尿液）也很容易获得，可用于生物标志物分析。每种类型的样本都有其自身的优势和挑战。可以轻松无痛地获得呼出的气体，并且可以收集大量气体而不会损害患者。从理论上讲，呼气分析的使用可以进行更具体的肺癌诊断。但是，只能检测到挥发性化合物，遗传物质稀疏或不存在。痰液的优点是可能产生肺癌特有的结果，因为它含有支气管上皮细胞和其他反映肺部局部环境的分泌物[29-30]。然而，很难从下呼吸道获得足够的痰液标本，并且样本通常仅是唾液。尿液是一种易于获取的生物流体，但对肺癌的特异性可能较低。使用尿液作为生物样本的肺癌生物标志物研究仍处于起步阶段。

2　肺癌早期检测生物标志物

鉴于肺癌的恶性转化涉及许多不同的遗传和表观遗传学变化，因此存在无数潜在的生物标记就不足为奇了。随着对发生肺癌的生物学认识的进步、生物标志物发现高通量技术的发展以及对肺癌早期检测的日益关注，肺癌生物标志物研究领域以惊人的速度扩展。迄今为止，还没有生物标志物被证明具有足够的敏感性、特异性、可重复性和易用性，可被证实为肺癌早期检测的生物标志物。然而，许多用于肺癌早期诊断的生物标志物的研究已经显示出有希望的结果（表8.1）。

表8.1　用于肺癌筛查的生物标志物

作者（年份）	标志物类型	标本类型	标志物	标志物数目	检测方法	训练模型数量	评估模型数量	灵敏度[a]（%）	特异度[a]（%）	AUC[a]
细胞学										
Varella-Garcia等（2004）[37]	染色体异倍体和细胞学	痰液	多靶点DNA FISH检测和细胞学检测	2	FISH	33	NR	83	80	NR
Xin等（2005）[43]	痰细胞学	痰液	DNA含量和细胞学恶性分级	2	自动DNA细胞学检测	2461	NR	80	93	0.87
Kemp等（2007）[44]	痰细胞学	痰液	肺标记：细胞核特征（DNA含量，染色体分布）	13	自动DNA细胞学检测	1123	NR	40	91	0.69
Roy等（2010）[45]	纳米体变化	口腔上皮	细胞纳米结构长度紊乱	1	分波光谱显微镜	207	46	78	78	0.84
非编码RNA										
Xing等（2010）[42]	MicroRNA	痰液	miR-205、miR-210、miR-708（鳞状细胞）	3	qRT-PCR	96	122	73	96	0.87
Xie等（2010）[71]	MicroRNA	痰液	miR-21	1	qRT-PCR	50	NR	70	100	0.90
Yu等（2010）[72]	MicroRNA	痰液	腺癌的miRNA标记	7	qRT-PCR	72	122	81	92	0.90
Bianchi等（2011）[60]	MicroRNA	血清	miRNA标记	34	qRT-PCR	64	64	71	90	0.89
Boeri等（2011）[59]	MicroRNA	血浆	miRNA标记	15	miRNA芯片和qRT-PCR	20	15	80	90	0.85
Boeri等（2011）[59]	MicroRNA	血浆	miRNA标记	13	miRNA芯片和qRT-PCR	19	16	75	100	0.88
Shen等（2011）[62]	MicroRNA	血浆	miR-21、miR-126、miR-210、miR-486-5p	4	qRT-PCR	28	87	86	97	0.93
Shen等（2011）[63]	MicroRNA	血浆	miR-21、miR-210、miR-486-5p	3	qRT-PCR	94	156	75	85	0.86
Chen等（2012）[179]	MicroRNA	血清	miRNA标记	10	qRT-PCR	310	310	93	90	0.97

续表

作者（年份）	标志物类型	标本类型	标志物	标志物数目	检测方法	训练模型数量	评估模型数量	灵敏度[a]（%）	特异度[a]（%）	AUC[a]
Hennessey（2012）[61]	MicroRNA	血清	miR-15b 和 miR-27b	2	qRT-PCR	50	130	100	84	0.98
Patnaik等（2012）[69]	MicroRNA	全血	miRNA 标记	96	锁核酸基因芯片	45	NR	88	89	0.94
Liao等（2010）[72]	核仁小分子RNA	血浆	snoRD33、snoRD66和snoRD76	3	qRT-PCR	85	NR	81	96	0.88
基因和基因表达变化										
Miura等（2006）[123]	mRNA	血清	人端粒酶催化成分和表皮生长因子受体	2	qRT-PCR	192	NR	89	73	NR
Li等（2007）[36]	基因缺失	痰液	FHIT和HYAL2	2	FISH	74	NR	76	92	NR
Spira等（2007）[87]	mRNA	气道上皮	基因表达标记	80	Affymetrix 芯片（美国加利福尼亚州 Santa Clara）	77	52	80	84	NR
Blomquist等（2009）[89]	基因表达	支气管上皮	抗氧化、DNA修复和转录因子	14	标准化 RT-PCR	49	40	82	80	0.87
Showe等（2009）[90]	基因表达	PBMC	基因标记	29	Illumina人类全基因组芯片	228	NR	91	80	NR
Zander等（2011）[64]	基因表达	全血	基因表达谱	484	Illumina人类全基因组芯片	77	156	97	89	0.97
DNA甲基化										
Palmisano等（2000）[39]	DNA甲基化	痰液	P16、O^6-MGMT	2	PCR	144	NR	100	n/a	NR
Kim等（2004）[106]	DNA甲基化	支气管肺泡灌洗液	p16、RARβ、H-cadherin、RASSF1A	4	MS-PCR	212	NR	68	NR	NR
Grote等（2004）[108]	DNA甲基化	支气管抽吸物	APC	1	qMS-PCR	222	NR	39	99	NR
Grote等（2005）[109]	DNA甲基化	支气管抽吸物	p16（INK4a）、RARB2	2	qMS-PCR	139	NR	69	87	NR
Belinsky等（2006）[98]	DNA甲基化	痰液	p16、MGMT、DAPK、RASSF1A PAX5β、GATA5	6	巢状MS-PCR	190	NR	64	64	NR
Grote等（2006）[107]	DNA甲基化	支气管抽吸物	RASSF1A	1	qMS-PCR	203	NR	46	100	NR
Ostrow等（2010）[104]	DNA甲基化	血浆	DCC、Kif1a、NISCH、Rarb	4	qRT-PCR	37	183	73	71	0.64
Schmidt等（2010）[180]	DNA甲基化	支气管抽吸物	SHOX2	1	PCR	n/a	523	68	95	0.86
Begum等（2011）[97]	DNA甲基化	血清	APC、CDH1、MGMT、DCC、RASSF1A、AIM	6	qPCR	401	106	84	57	NR
Knei等（2011）[181]	DNA甲基化	血浆	SHOX2	1	qPCR	40	371	60	90	0.78
Richards等（2011）[182]	DNA甲基化	肺组织	TCF21	1	PCR	42	63	76	98	NR

续表

作者（年份）	标志物类型	标本类型	标志物	标志物数目	检测方法	训练模型数量	评估模型数量	灵敏度[a]（%）	特异度[a]（%）	AUC[a]
蛋白和蛋白组学标记										
Khan等（2004）[131]	蛋白	血清	血清淀粉样蛋白A	1	ELISA	50	NR	60	64	NR
Rahman等（2005）[183]	蛋白组学	支气管组织活检	TMLS4、ACBP、CSTA、cytoC、MIF、泛素化、ACBP、去泛素化	8	MALDI-MS	51	60	66	88	0.77
Patz等（2007）[132]	蛋白谱	血清	CEA、RBP、α1-antitrypsin、SCCA	4	EELISA	100	97	78	75	NR
Yildiz等（2007）[134]	蛋白组学	血清	蛋白组学标记	7	MALDI-MS	185	106	58	86	0.82
Farlow等（2010）[151]	蛋白谱	血清	TNF-α、CYFRA 21-1、IL-1ra、MMP-2、MCP-1和sE selectin	6	Luminex（Austin，美国得克萨斯州）和ELISA	133	88	99	95	0.98
Gessner等（2010）[177]	蛋白（细胞因子）	呼出气冷凝液	VEGF、bFGF、血管生成素	3	免疫检测	75	NR	100	95	0.99
Ostroff等（2010）[135]	核酸适配体	血清	核酸适配体标记	12	核酸适配体	985	341	89	83	0.90
Joseph等（2012）[120]	蛋白	血浆	骨桥蛋白	1	ELISA	43	NR	80	88	0.88
Lee等（2012）[184]	蛋白组学	血清	AIAT、CYFRA 21-1、IGF-1、RANTES、AFP	5	L Luminex	347	49	80.3	99.3	0.99
Higgins等（2012）[121]	蛋白	血浆	Ciz1变异体	1	Western blot	170	160	95	74	0.90
Ajona等（2013）[129]	补体片段	血浆	C4d	1	免疫细胞化学	190	NR	NR	NR	0.73
Patz等（2013）[133]	蛋白谱，临床特征	血清	CEA、α1-antitrypsin、SCCA、结节大小	4	ELISA	509	399	80	89	NR
Li等（2013）[136]	蛋白谱	血清	蛋白谱	13	多反应监测质谱	143	104	71	44	NR
自身抗体和肿瘤相关抗原										
Zhong等（2005）[147]	自身抗体	血浆	噬菌体多肽	5	荧光蛋白芯片	41	40	90	95	0.98
Zhong等（2006）[143]	自身抗体	血清	噬菌体多肽	5	ELISA	46	56	91	91	0.99
Qiu等（2008）[150]	自身抗体	血清	Annexin I、14-3-3 theta、LAMR1	3	蛋白芯片	NR	170	51	82	0.73
Rom等（2010）[152]	肿瘤相关抗体	血清	肿瘤相关抗体谱	10	ELISA	194	NR	81	97	0.90
Wu等（2010）[146]	自身抗体	血清	噬菌体多肽克隆	6	ELISA	20	180	92	92	0.96
Boyle等（2011）[155]	自身抗体	血清	p53、NY-ESO-1、CAGE、GBU4-5、annexin 1、SOX2	6	ELISA	241	255	32	91	0.64
Lam等（2011）[158]	自身抗体	血清	p53、NY-ESO-1、CAGE、GBU4-5、annexin 1、SOX2	6	ELISA	NR	1376	39	87	NR
Chapman等（2012）[159]	自身抗体	血清	p53、NY-ESO-1、CAGE、GBU4-5、SOX2、HuD和MAGE A4	7	ELISA	501	836	41	93	NR

续表

作者（年份）	标志物类型	标本类型	标志物	标志物数目	检测方法	训练模型数量	评估模型数量	灵敏度[a]（%）	特异度[a]（%）	AUC[a]
Pedchenko等（2013）[148]	自身抗体	血清	IgM自身抗体的单链片段可变抗体	6	荧光微量体积	30	43	80	87	0.88
挥发性有机化合物										
Phillips等（1999）[168]	VOC	呼出气	VOC谱	22	GC/MS	108		100	81	NR
Philips等（2003）[174]	VOC	呼出气	VOC谱	9	GC/MS	178	108	85	80	NR
Poli等（2005）[167]	VOC	呼出气	VOC谱	13	GC/MS	146		72	93	NR
Mazzone等（2007）[172]	VOC	呼出气	VOC谱	36	变色探针芯片	100	43	73	72	NR
Bajtarevic等（2009）[170]	VOC	呼出气	VOC谱	21	质子转移反应MS/固相微萃取，GC/MS	96	NR	71	100	NR
Ligor等（2009）[171]	VOC	呼出气	VOC谱	8	固相微萃取，GC/MS	96	NR	51	100	NR
Fuchs等（2010）[169]	VOC	呼出气	醛类：戊醛、己醛、辛醛和壬醛	4	GC/MS	36	NR	75	96	NR

注：[a]当评估模型可用时，灵敏度、特异性和AUC适用于该评估模型；AFP，甲胎蛋白；AUC，受试者工作特性曲线下的面积；bFGF，碱性成纤维细胞生长因子；CEA，癌胚抗原；ELISA，酶联免疫吸附试验；FISH，荧光原位杂交；GC/MS，气相色谱/质谱；IGF，胰岛素样生长因子；IgM，免疫球蛋白M；IL，白细胞介素；MALDI-MS，基质辅助激光解吸电离质谱；mRNA，信使RNA；MS-PCR，甲基化特异性聚合酶链反应；NR，未报道；PBMC，外周血单核细胞；qRT-PCR，定量反转录聚合酶链反应；RBP，视黄醇结合蛋白；SCCA，鳞状细胞癌抗原；TNF，肿瘤坏死因子；VEGF，血管内皮生长因子；VOC，挥发性有机化合物

2.1 细胞学

痰液中含有来自中央气道的支气管上皮细胞，理论上可以提供一种检测中央恶性肿瘤或反映局部癌变的方法，这提示肺部存在恶性肿瘤的高风险。然而，尝试通过痰细胞学检测早期肺癌并不是特别成功。支气管上皮细胞占痰液样本的比例不到5%，即使使用富集这些细胞的技术后，检测形态变化也是主观的，因此不可靠。研究表明，痰细胞学检查的敏感性和特异性非常低，是检测腺癌的特别差的方法[35]。但是，当痰细胞学检查与此处所述的其他一些标志物（包括遗传异常[36]、染色体异常[37-38]、DNA甲基化[39-40]或小分子核糖核酸[41-42]）结合使用时可使敏感性增加。自动化的细胞计数技术可进行更客观和定量的细胞病理学评估，也可能有助于解决主观性和低灵敏度的问题。在一些报告中，对DNA含量进行定量的自动化系统将重度吸烟者的痰细胞学敏感性提高到75%～80%[43-44]。

口腔黏膜上皮很容易获得，可用作支气管上皮的替代物，并反映了局部癌变效应。Backman等[45]报道了使用部分波光谱显微镜技术在显微镜下正常出现的口腔上皮细胞中检测异常纳米结构的能力。他们评估了63名患有肺癌的吸烟者，并将调查结果与72名非肺癌个体（包括50名吸烟者和22名非吸烟者）的结果进行了比较，并报告了ROC曲线下面积（AUC）为0.81～0.88，具体取决于所使用的对照组。通过在口腔黏膜上直接应用低相干性增强的反向散射光谱技术对方案进行修改，这也开发出一种出色的诊断工具，在区分肺癌患者和吸烟者对照中，具有94%的灵敏度、80%的特异性和95%的准确性[46]。

2.2 循环肿瘤细胞和循环肿瘤DNA

液体活检作为一种无创检测肿瘤的方法，在循环生物标志物领域引发了极大的兴趣。循环肿瘤细胞（circulating tumor cells，CTC）是起源于恶性肿瘤并在外周血中循环的细胞。研究表明，在已知恶性肿瘤的患者中，这些细胞可能会脱落到循环系统中，甚至在癌症早期也可以被检测到。可以使用芯片或微珠平台通过固定的抗上皮细胞黏附分子（EpCAM或肿瘤相关的钙信号转导子1）抗体捕获CTC[31-34]。在慢性阻塞性肺疾

病患者中，使用血管内治疗国际研讨会过滤富集技术结合CT扫描检测到的“前哨”CTCs的存在有可能早期发现肺癌[47]。这项研究尚处于早期阶段，但显然具有吸引力，因为该试验可以检测实际的肿瘤细胞，而不是特异性较低的标志物。

循环肿瘤DNA（circulating tumor DNA，ctDNA）由不含细胞的小片段核酸组成（与细胞或细胞碎片无关），可以从不同的身体来源收集。据报道，癌症患者血浆和血清中循环无细胞DNA的水平要高于健康对照[48-49]。肺癌患者中循环DNA表现出典型的肿瘤遗传和表观遗传变化（染色体丢失、癌基因激活和肿瘤抑制基因甲基化失活）[50-51]。一种通过使用深度测序的癌症个体化分析（cancer personalized profiling by deep sequencing，CAPP-Seq）来定量ctDNA新的超灵敏方法，是用于肺癌早期检测ctDNA生物标志物的有前途的技术[53]。在NSCLC中，CAPP-Seq能够识别超过95%的肿瘤的体细胞改变，ctDNA水平与肿瘤体积高度相关。ctDNA水平的测量具有监测治疗反应以及早期肺癌筛查的潜力。当与综合数字误差抑制相结合时，CAPP-Seq能够以90%的灵敏度和96%的特异性分析NSCLC中的表皮生长因子受体突变[54]。

2.3 线粒体DNA

与核基因组相比，线粒体基因组具有更高的突变率，而DNA修复的效率较低。由于线粒体DNA缺乏内含子，因此突变更可能在编码区积聚。线粒体基因组中的突变（包括点突变、缺失和混合）与癌症和其他疾病有关。使用高通量重测序微阵列可以快速检测线粒体DNA的序列变异[52]。Jakupciak等[55]使用这种方法分析了26名早期癌症患者（肺癌、膀胱癌、肾癌）的血液、肿瘤组织和体液，并与12名没有癌症的吸烟者的结果进行比较，发现癌症患者的线粒体DNA突变发生率显著更高。

2.4 非编码RNA

非编码核糖核酸（non-coding RNAs，ncRNA）是不编码蛋白质的功能性转录物，但在调节基因表达中起重要作用。其中，已经研究了几种小的ncRNA在癌变过程中的作用以及作为可能的癌症生物标志物[56]。迄今为止，研究最广泛的是小分子核糖核酸（microRNA，miRNA）。这些是小的ncRNA片段，被认为可以调节基因表达。miRNA在几种类型的癌症中异常表达[57]，但也具有组织特异性[55]，这使其成为生物标志物研究的理想选择。此外，miRNA通常情况下较稳定且在福尔马林固定的组织中保存良好，它们也存在于细胞内和细胞外的循环中，可以通过反转录-聚合酶链反应（reverse transcription-polymerase chain reaction，RT-PCR）进行检测，因此可以进行无创检测。人们认为，细胞外miRNA被体内所有细胞释放到循环系统中，因此可能反映出机体对癌症存在的系统反应，也许包括循环血细胞中miRNA表达的变化。

已在肺癌患者的血液中发现了miRNA谱的变化，这是一个活跃的研究领域，已有多项研究将miRNA表达谱作为可能的肺癌生物标志物对其进行了研究。例如，最近一项对来自两个独立队列的患者血浆中miRNA谱的研究表明，血液中15种miRNA的特征识别了肺癌进展的高风险患者，具有80%的敏感性和90%的特异性[59]。在另一项研究中，研究人员描述了一组34种血清miRNA，它们能够以80%的准确度鉴定出早期NSCLC的高风险、无症状患者[60]。其他研究者发现了两种将早期肺癌与正常对照区分开来的miRNA，具有100%的敏感性和84%的特异性[61]。在CT图像上有孤立性肺结节的患者中，一组miRNA有望作为区分良性和恶性结节的工具[62-63]。另一种方法研究了全血中的miRNA图谱以捕获细胞内的miRNA[69]。这种方法取得了可喜的结果[61-66]。基于血清的4个miRNA（miR-193b、miR-301、miR-141和miR-200b）信号能够在独立队列中区分肺癌患者和非癌症个体，AUC为0.993（95% CI为0.979～1.000，P<0.001）。在痰液样本中还可以检测到70种miRNA，并且多项研究已证明，使用痰液样本中的一组miRNA标志物成功识别了鳞状细胞和腺癌[42, 67-68, 71-72]。使用定量RT-PCR，在单发肺结节患者中进行了基于痰液的一组3个miRNA（miR-21、miR-31和miR-210）的研究，在两个独立的队列中检测肺癌的敏感性和特异性分别为81%～82%和86%～88%[74]。

小的ncRNA的另一种类型是小核仁RNA（small nucleolar RNA，snoRNA）。尽管snoRNA是ncRNA中最大的组别，但我们才刚开始了解这些分子的多种功能。最近的研究表明，snoRNA可能在恶性肿瘤的发生和发展中起作用。一项关于snoRNA表达特征的研究发现，与对照组相比，肺癌患者的肿瘤组织和血浆中某些snoRNA均显著上调[73]。与miRNA一样，通过定量RT-PCR分析显示，snoRNA在血浆中稳定且易于检测。

2.5 基因改变

微卫星不稳定性（microsatellite instability，MSI）和杂合性缺失（loss of heterozygosity，LOH）是两种等位基因改变的方式，已被研究成为肺癌的潜在生物标志物。微卫星是短基序重复多次的DNA片段[75]。这些区域在复制过程中容易发生突变，这是由于复制过程中两条螺旋链的转移分裂和在再退火时DNA聚合酶复合物的滑动，产生插入或缺失环所致。当这些突变导致体细胞的长度变化时随即发生MSI。MSI与DNA修复机制受损有关。微卫星重复序列的变化与基因表达的改变有关。LOH是指一个基因的一个等位基因已经失活，导致该基因功能丧失。LOH可以由许多遗传机制引起。

整个人类基因组中存在许多LOH和MSI实例。在不同的肿瘤类型中，特定染色体区域的LOH和MSI似乎更为常见。染色体3p和9p染色体上遗传物质的丢失是支气管癌变过程中最早发生的两种遗传变化，并且多个肺癌抑癌基因位于这些染色体上，包括染色体3p上的RBSP3、NPRL2、RASSF1A和FHIT以及染色体9p上的CDKN2A和CDKN2B。多个研究机构评估了在这些区域中是否可以在肺癌患者的循环DNA69或痰液中发现MSI和LOH[76-78]。然而，该技术可能会出现问题，因为源自癌细胞的循环DNA比例很低。通常，在27%～88%的肺癌患者循环DNA中发现了遗传性改变（LOH或MSI）[79]。如果将多种标志物组合使用，可以提高敏感性，但通常以特异性为代价。同样，将MSI或LOH与其他标记，如甲基化和痰细胞学检查结合使用，可以提高准确性[80-81]。

2.5.1 个体遗传突变

长期以来，我们一直认为肺癌的发生与遗传突变的积累有关，这是生物标志物发现的第一个重点领域之一。*KRAS*中的突变可导致组成型激活。*KRAS*突变发生在有限的几个热点，这使得该基因中的突变更易于通过筛选进行检测。20%～30%的肺癌患者存在循环DNA的*KRAS*突变[82-83]，超过50%的腺癌患者在支气管肺泡灌洗液中发现了*KRAS*突变[84-85]。循环DNA的p53突变已在27%的肺癌患者中发现[82]。*EGFR*是一种具有酪氨酸激酶活性的受体，参与丝裂原激活的蛋白激酶（mitogen-activated protein kinase，MAPK）、磷酸肌醇3激酶（phosphoinositide 3-kinase，PI3K）以及信号转导子和激活子的细胞信号传导转录（signal transducers and activators of transcription，STAT）途径。*EGFR*基因的突变可导致组成性激活和下游信号不受控制。*EGFR*突变在腺癌和不吸烟的肺癌患者中更为常见，因此在非吸烟者中这可能是更有用的生物标记。

2.5.2 基因组学

基因组技术可以同时进行多个突变体等位基因的高通量检测，并可以鉴定与恶性肿瘤相关的基因表达谱。痰液、支气管上皮和外周血中的基因表达谱正在研究中，可作为早期检测的一种方法。基因组技术已被开发用于筛查痰液的基因变化。在一项研究中，研究人员鉴定出6个基因组，可以区分早期肺癌患者和对照组，灵敏度为86.7%，特异性为93.9%[86]。

Spira等[87]报道，来自右主干支气管上皮细胞的80个基因的微阵列特征在区分有和没有肺癌的吸烟者中达到80%的灵敏度和84%的特异性。支气管气道基因表达分类已在两项多中心前瞻性研究（AEGIS-1和AEGIS-2）中得到验证，其AUC分别为0.78（95%CI为0.73～0.83）和0.74（95%CI为0.68～0.80）[88]。另一个小组为支气管上皮细胞开发了14-抗氧化剂基因组，其AUC为0.82，可将肺癌患者与对照区分开[89]。

Showe等[90]提出，外周血单核细胞中的基因表达谱分析可能对肺癌的早期检测有用。

他们推测，对恶性细胞存在的免疫反应会导致循环单核细胞的基因表达谱发生变化。他们首先分析了137例NSCLC患者外周血单个核细胞的基因表达，并与91例良性疾病（包括良性结节）对照，发现了一个29-基因的特征，该特征识别肺癌患者的敏感性为91%，特异性为80%[90]。在他们的验证中报告了78%的准确性。他们还证明了肿瘤切除后基因标记显著减少。在随后的一项研究中，他们报道早期肺部肿瘤的切除显著改变了3000多个基因的表达。他们还确定了5种在肿瘤切除后表达水平显著降低的miRNA[91]。

2.5.3 基因超甲基化

许多不同的肿瘤抑制基因中启动子的甲基化发生在肺癌发展早期。DNA甲基化包括在CpG二核苷酸的鸟苷中5′胞嘧啶的第5个位置添加一个甲基。CpG岛是一段包含高CpG含量的DNA。基因启动子区域中CpG岛的超甲基化导致染色质发生构象变化，阻止RNA聚合酶和其他调节蛋白进入该区域，从而使基因转录沉默。高甲基化沉默可影响涉及正常细胞功能所有方面的基因，是恶性转化和进展的关键触发因素。甲基化可以通过甲基化特异性PCR分析来检测。通过这种分析，亚硫酸氢盐被用于将所有未甲基化（但不是甲基化）的胞嘧啶转化为尿嘧啶。然后用甲基化和未甲基化的DNA具有的特异性引物进行扩增。在改良的甲基化特异性PCR中，两步嵌套式PCR可提高检测的灵敏度。

基因高甲基化已成为研究的一个非常活跃的领域。在先前的研究中，肺癌中已报道了*p16INK4a*、*APC*、*TMS1*、*CDH1*、*RARβ-2RASSF1*、*MGMT*、*DCC*、*AIM1*、*DAPK*等异常甲基化[92-97]。Belinsky等[98]发现血液和痰液中许多不同基因的启动子区域与肺癌有关，甚至可能在肺癌的临床诊断之前出现。其他肺癌研究已经证明了异常启动子甲基化与肺癌密切相关，例如，PRSS3（丝氨酸蛋白酶家族成员-胰蛋白酶原Ⅳ，一种假定的肿瘤抑制基因）[99]、人DAB2相互作用蛋白基因[99]和凋亡相关半胱天冬酶的激活和募集结构域（apoptosis-associated speck-like protein containing a caspase recruitment domain, ASC）[101]。p16和FHIT基因的高甲基化可能与治疗后肺癌复发的风险增加相关[102-103]。2010年，Ostrow等[104]使用定量甲基化特异性PCR评估CT表现异常的个体血浆中5个候选肿瘤抑制基因（*kif1a*、*NISCH*、*RARβ*、*DCC*和*B4GALT1*）的启动子甲基化频率。研究报告显示，有73%的恶性肿瘤患者至少具有一个基因的甲基化，而只有29%的对照组具有甲基化。在一项后续研究中，该小组研究了*NISCH*基因，该基因位于3p21号染色体上（常在肺癌中缺失），是一种抑制蛋白，编码Nischarin蛋白[105]。Nischarin抑制细胞迁移，并可能抑制转化。在68%无疾病的重度吸烟者和69%患有肺癌的轻度吸烟者中发现了*NISCH*的高甲基化，而在本试验中无疾病的轻度吸烟者中未发现。这些数据表明*NISCH*甲基化可能是肺癌风险的标志。

研究人员还评估了其他体液和组织中的甲基化。在支气管肺泡灌洗中，p16、RASSF1A、H-cadherin和RARβ的甲基化与肺癌的存在有关，而FHIT甲基化似乎与烟草暴露有关[106]。使用支气管抽吸物，在88%的SCLC患者和28%的NSCLC患者中发现RASSF1A启动子过度甲基化。在良性肺疾病患者中未发现高甲基化[107]。在其他研究中，研究者在肺癌患者的支气管肺泡灌洗液中发现异常的APC[108]、p16和RARβ2[109]启动子甲基化。他们报道了使用这种基因组合检测肺癌的灵敏度为69%，特异性为87%。

高通量的全球表达谱分析方法已用于鉴定新的癌症特异性甲基化标志物。使用该技术，将其应用于多种肺癌细胞系，鉴定出已被甲基化抑制的132个基因。研究者证实，这些基因在正常肺中表达[110]，但在原发性肺癌中通常不表达。他们还发现这些基因座中有7个在乳腺癌、结肠癌和前列腺癌中也普遍甲基化。Ehrich等[111]报告了使用定量DNA甲基化分析技术来完成大规模胞嘧啶甲基化分析研究，从而可能鉴定出新的甲基化标志物。他们分析了肺肿瘤组织及邻近组织中47个不同基因启动子区域的甲基化。通过使用结合了由亚硫酸氢盐处理引入的甲基化依赖性序列变化的MALDI-TOF-MS的技术，他们能够鉴定出与正常组织相比，在肺癌组织中甲基化具有显著差异的6个基因。这些研究表明，使用新技术，可以对多个不同启动子区域的甲基化状态进行高通量分析。

2.5.4 蛋白标志物

蛋白标志物具有反映表型而不是基因型的优势，因此理论上比基因标志物可以更准确地作为疾病的早期检测手段，而不是疾病的风险预测。目前有几个单独的蛋白标志物被用于肺癌的监测或预测，尽管没有一个蛋白标志物具有足够的临床应用准确性，但许多仍被研究作为早期检测的潜在生物标志物[79]。癌胚抗原（carcinoembryonic antigen，CEA）、CYFRA及鳞状细胞癌抗原（squamous cell carcinoma antigen，SCCA）已被用于鳞状细胞肺癌的评估诊断[112-114]。神经元特异性烯醇化酶、前胃泌素释放肽和神经细胞黏附分子可能在SCLC的检测中有一些用途[115-117]。

骨桥蛋白是一种普遍存在的细胞外磷蛋白，可与细胞表面受体相互作用以刺激各种下游过程。它是重要的骨基质蛋白，是免疫细胞募集、伤口愈合和组织重塑的介质，但也与肿瘤进展或细胞转化有关。在肺癌患者的组织和血清中均发现了骨桥蛋白的过度表达，但在切除肿瘤后会降低，并可能与更具侵略性的疾病有关[118-119]。在一项有趣的小型病例对照研究中，研究者评估了从肺癌筛查项目中获得的纵向样本中骨桥蛋白水平随时间的变化[120]，他们发现肺癌发病率高的患者骨桥蛋白水平的增加率明显高于肺癌发病率低的患者。这些数据表明，监测骨桥蛋白水平并且与CT结合可能有助于区分良性结节和恶性结节。

Ciz1是与核基质相关的DNA复制因子，可促进DNA复制的启动并有助于协调细胞周期蛋白E和A依赖性蛋白激酶的顺序功能。它会影响DNA复制和细胞增殖。通常Ciz1附着在核基质上。最近，Higgins等[121]报告了一种稳定的Ciz1变体鉴定，该变体缺乏参与核基质附着的部分C-末端结构域，并且似乎仅存在于肿瘤细胞中。使用对该变体具有特异性的多克隆抗体和Western印迹分析，研究人员能够鉴定出肺癌患者血浆中Ciz1变体的存在。在两个独立的组中，血清中Ciz1变体的存在将癌症患者与对照组患者区分开来，具有极高的准确性（AUC为0.905～0.958）。这些结果值得进行进一步的验证研究。

其他许多蛋白质已经被研究作为肺癌的生物标志物。hnRNP B1是一种参与mRNA转运和RNA突变的RNA结合蛋白，在肺鳞癌中很常见。hnRNP B1在痰液中的表达与某些人群患肺癌的风险相关，并且该蛋白在肺癌早期被过度表达[122]。人类端粒的功能是作为覆盖染色体末端的保护结构，其功能障碍在癌症的发生和发展中起着重要作用。已知人类端粒酶催化成分在癌症中升高，并且血清中人类端粒酶催化成分mRNA的拷贝数可能与肺癌分期和转移或复发的风险相关[123]。

其他一些已被研究的蛋白质结果各不相同，包括存活蛋白（survivin），一种抑制细胞凋亡并促进有丝分裂的蛋白质[124-125]；Fas相关死亡结构域，其使核因子-κB失活，并与细胞周期蛋白D1和B1的过表达相关，从而影响细胞周期[126]；和可溶性e-cadherin，在细胞间黏附中发挥作用[128]；基质金属蛋白酶9的功能多态性与肺癌和复发的风险有关[129]。

最近的一项研究表明，补体激活的降解产物C4d可以作为肺癌早期诊断和预后的生物标志物[129]。该候选生物标志物在患有和未患有肺癌的个体的肿瘤、支气管肺泡灌洗和血液中进行了研究，包括在筛查方案中诊断为临床前疾病的患者。该生物标志物具有显著的性能，值得进一步验证。

任何单一的蛋白质都不可能作为肺癌早期检测的生物标志物，但是通过传统的或蛋白质组学技术鉴定的一组蛋白质可能达到足够的灵敏度和特异性。

2.6 蛋白质组学

在最早的临床蛋白质组学研究中，为了确定肺癌的标志物，研究者使用了MALDI-TOF质谱，并确定了诸如血清淀粉样蛋白A和巨噬细胞移动抑制因子在肺癌中增加[130]。在后续研究中，酶联免疫吸附试验分析证实血清淀粉样蛋白A在肺癌患者中增加，但是巨噬细胞抑制因子水平并不能将肺癌患者与其他疾病患者区分开来[131]。随后，一些研究者将蛋白质组学技术和文献研究相结合，寻找已知的肿瘤相关蛋白，以建立一组血清蛋白标志物：癌胚抗原、视黄醇结合蛋白、α1-抗胰蛋白酶和鳞状细胞癌抗原[132]。通过在CT图像上测量结节大小，结合对这3种蛋白（癌胚抗原、α1-抗胰蛋白酶和鳞状细胞癌抗原）的分析，可以区分恶性结节和良性结节，其敏感性为80%，特异性为89%[133]。

血清蛋白质组学分析还确定了可用于区分肺癌与匹配对照的肽标记[134]。研究人员进一步评估了不确定的肺结节人群中相同的MALDI质谱特征。他们证明肽标记可能会增加胸部CT的诊断准确性[135]。最近，研究人员使用多反应监测质谱法来测量来自文献中、刚切除的肺癌组织、肺癌患者血浆以及3个不同对照部位中13种候选蛋白的浓度。他们报告了使用该分类的阴性预测值为94%。重要的是，获得的分类评分与恶性肿瘤的其他危险因素（如结节大小、吸烟史和年龄）无关，这表明该测试在评估肺结节时可提供补充信息[136]。在随后的一项研究中，研究人员对蛋白质分类进行了验证，该分类优先考虑敏感性和阴性预测值，以排除良性结节的患者，结果显示阴性预测值为90%，灵敏度为92%，特异性为20%[137]。

在迄今为止最大的临床蛋白质组学生物标志物研究的其中一项研究中，研究人员使用蛋白质组学技术分析了来自4个不同肺癌筛查试验的1326例烟草暴露个体的血清，包括291例肺癌病例[136]。在该研究中研究者使用了一种高度自动化的技术，该技术使用DNA适体作为特异的蛋白质结合试剂来测量813种不同的人类蛋白质水平，鉴定了44个候选生物标记，最具鉴别性的蛋白质被用于建立一个包含了12种蛋白质的组合（钙黏着蛋白-1、CD30配体、内皮抑素、HSP90α、LRIG3、MIP-4、多卵磷脂、PRKCI、RGM-C、SCF-sR、sL-选择素和YES）。在验证步骤中，该组合能够以89%的敏感性和83%的特异性将NSCLC与对照进行区分。已鉴定出的蛋白质（在肺癌中其中6个被上调，6个被下调）在细胞运动和生长、细胞间黏附、炎症和免疫监测中发挥着作用。这些研究人员进一步分析了采血量变化对提高人群重复性的影响。在通过样本作图载体校正了混杂蛋白之后，一个包含7种蛋白质标记的组合的AUC为0.85，这在两个独立的队列中得到了验证[138]。

另一种蛋白质组学技术是使用质谱鉴定肺癌组织中的蛋白质标志物，然后在患者血清中进行筛查，以区分良性和恶性结节[136]。质谱可以鉴定蛋白质生物标志物，然后可以使用ELISA在患者血清中进行筛查[137]。

2.7 自身抗体和肿瘤相关抗原

如前所述，恶性细胞的存在可以激活免疫系统，并且癌症已经被证明可以诱导自体细胞抗原的自体免疫[140]。许多靶抗原是细胞蛋白，它们的失调、异常表达错误折叠、截短或蛋白水解，可能导致肿瘤的形成。而这些变化可能导致免疫耐受性下降。对这些肿瘤特异性抗原的系统反应为早期发现癌症提供了机会。使用高通量分析已在人血清中鉴定出许多与免疫原性肿瘤相关的抗原，如重组cDNA表达文库、噬菌体展示和蛋白质微阵列[141-142]。在肺癌患者中发现了其中一些抗原的自身抗体[143-144]。数项研究已将自身抗体组鉴定为肺癌的标志物。在其中一些研究中，使用了蛋白质微阵列和噬菌体展示技术[145-148]。在其他研究中，使用了针对已知的肺癌相关蛋白质的自身抗体（如p53、c-Myc、HER2、Muc1、CAGE、GBU4-5、NY-ESO-1、膜联蛋白1、前列腺素9.5和14-3-3 θ、LAMAR1、IMPDH、PGAM1和ANXA2）进行研究[149-152]。尽管还需要进一步研究，但它们灵敏度和特异性已接近90%。在一项研究中，研究人员使用微阵列分析在肺癌临床诊断之前从患者的血清中鉴定了自身抗体，并且能够证明在临床诊断之前膜联蛋白1、LAMR1的自身抗体水平升高，与未患肺癌的人相比，对肺癌患者具有更高的诊断率[152]。同一组患者进一步开发了5种自身抗体分类［四肽重复序列域14（tetratricopeptide repeat domain 14，TTC14）、B-Raf原癌基因，丝氨酸/苏氨酸激酶（B-Raf proto-oncogene，serine/threonine kinase，BRAF）、肌动蛋白样6B（actin-like 6B，ACTL6B）、MORC家族CW型锌指2（MORC family CW-type zinc finger 2，MORC2）和癌症/睾丸抗原1B（cancer/testis antigen 1B，CTAG1B）］可将肺癌与吸烟者对照区分开来，特异性高达89%[153]。EarlyCDT-Lung测试（Oncimmune LLC，美国堪萨斯州德索托）是市场上第一种可用于肺癌早期检测的临床生物标志物测试。该测定法是一种ELISA，用于测量与一组6种肿瘤相关抗原（p53、NY-

ESO-1、CAGE、GBU4-5、膜联蛋白1和SOX2）的自身抗体反应性。在2010年和2011年，报告了该检测技术的可行性和临床实用性[154-156]，使用该检测方法可检测出约40%的肺癌，特异性为90%。该测试现已可用，随后的研究已在独立的样本中证实了这些结果[157]。添加额外的自身抗体可能会改进检测[159]。在1600名患者中评估了这种测试方法在临床实践中的表现，敏感性为41%，Early CDT-Lung测试结果阳性与肺癌增加5.4倍有关。超过50%的阳性结果是早期肺癌（Ⅰ期和Ⅱ期）[157]。

由于免疫系统以及肺癌的异质性，针对任何单个肿瘤相关抗原的反应性不可能识别所有肺癌。微阵列分析允许同时评估多种不同的肿瘤相关抗原。可以用肿瘤蛋白点样微阵列，然后将其与肺癌患者的血清杂交。Qiu等[160]使用这种技术发现了可以识别出肺癌患者的反应模式。或者，可以在微阵列上标记已知肿瘤抗原的抗体，然后与患者血清杂交，以鉴定与肿瘤循环相关的抗原。通过使用这项技术，Gao等[161]在肺癌患者中发现了独特的血清蛋白谱。

2.8 代谢组学

代谢组学是对细胞代谢最终产物的测量和量化，是肿瘤学中一个相对较新的研究领域。它有潜力成为一种具有吸引力的非侵入性生物标志物，因为血液中的代谢物是疾病和癌症状态下细胞过程的最终产物。有两种测量代谢物的常用方法：质谱和核磁共振波谱。在一项研究中，研究人员使用气相色谱飞行时间质谱（TOF MS）分析了血清和血浆中的代谢组，包括462种脂质、碳水化合物、氨基酸、有机酸和核苷酸代谢产物，试图建立分类标准来区分NSCLC和对照。癌症相关的生化变化被确定为葡萄糖水平降低、细胞氧化还原变化、核苷酸代谢物5，6-二氢尿嘧啶和黄嘌呤增加、新嘌呤合成增加以及蛋白质糖基化增加。使用多代谢物模型的分类标准经过验证得出的AUC为0.885，灵敏度为92.3%，特异性为84.6%[162-163]。另一组使用质子核磁共振波谱技术，能够区分肺腺癌与乳腺癌，AUC为0.96[164]。此外，质子核磁共振能够检测233名肺癌患者和226名对照的血浆代谢表型。经过验证的分类模型区分了两组，其AUC为0.88[165]。

一个有趣的想法是利用呼出气体中的标志物来诊断肺癌。研究报告表明，狗能够非常准确地将肺癌患者的呼吸样本与健康对照进行区分[166]。肿瘤细胞的生长伴随着蛋白质表达模式的改变，从而导致细胞膜的过氧化和挥发性有机化合物的释放。研究表明，肺癌患者通常会产生挥发性有机化合物，主要是烷烃和芳香族化合物。Poli等[167]报告称，对呼出气体中13种有机化合物的组合进行测量可以在80%的病例中正确分类肺癌。几项研究使用了气相色谱结合挥发性有机化合物进行质谱分析[168-172]。呼出气体中挥发性有机化合物的比色传感器阵列特征能够将肺癌患者与AUC在0.794～0.861的对照进行区分[173]。在一项研究中Phillips等[174]测量了肺癌患者与对照组相比的C4-C20烷烃和单甲基化烷烃在肺泡中的梯度。他们开发了一个模型，用9种挥发性有机化合物来预测肺癌，在他们的测试中，灵敏度达到85%，特异度达到81%。随后，他们使用包含30种挥发性有机化合物的加权数字分析模型报告了相似的灵敏度和特异性[175]。其他研究小组设计了纳米传感器，用于检测患者呼出气中已鉴定出的有机化合物的电阻变化[176]。这些分析对湿度和其他环境因素敏感。除了挥发性有机化合物，研究人员还试图识别呼出气冷凝液中的挥发性蛋白质和肽，它们可用于肺癌的早期检测[177-178]。呼出气体生物标志物研究缺乏机构间的可重复性，令人感到困扰。如果通过这些研究确定标志物有用，则需要对标准化的呼出气体收集装置进行验证。

3 总结

用于早期检测的非侵入性肺癌生物标志物的进展可能会对肺癌结果产生巨大影响。肺癌生物标志物的发展可能使我们能够识别出受益于CT筛查的人群，可以区分良性肺结节患者和早期恶性肿瘤患者，可以区分惰性肿瘤患者和侵袭性肿瘤患者，并为基于肿瘤特征的肺癌个体化治疗提供可能。我们对肺癌发生的分子和遗传变化的认识取得了重大进展，为许多可能的肺癌生物标志物的研究提供了基础。新的和改进的高通量技术的发展提高了发现生物标志物的巨大潜力。在过去的几年中，对肺癌生物标志物的研究激增，并且已经鉴定了大量潜在的诊断性生物标志物。验证流程进展缓慢可能归因于许多因素。首先，当前的发现方法效率低下且缺乏可重复性。另外，许多技术在生物样本的复杂背景下针对高浓度分子检测低浓度癌症标志物方面的能力有限。此外，由于技术的新颖性以及来自前瞻性研究和早期疾病的生物样本的不足，我们验证和确认候选标志物的能力有限。由于研究设计不一致、模型拟合过度、技术不断变化以及缺乏交叉验证和独立验证，生物标志物数据的可重复性也存在缺陷。许多研究报告了高度的敏感性和特异性。然而，这些研究经常受到规模小、缺乏可重复性或研究之间控制不一致的困扰。到目前为止所有已鉴定的生物标志物都必须在更大的独立临床队列中进行验证。

肺癌生物标志物的发现正在迅速发展。在过去的几年中，来自多种高通量技术的大量数据一直以指数速率积累，从而产生了大量生物标志物及数据。验证研究的标准化和开发高质量的纵向队列来测试有前途的标志物，应该会迎来一个生物标志物验证的新时代。基于生物流体的分子检测可以改善用于CT筛查的个体选择，区分恶性结节和良性结节，以及区分惰性肿瘤和更具侵袭性的肿瘤。肺癌的低剂量CT筛查可以检测出18%～33%的惰性肿瘤，但这被认为可能是过度诊断。

感谢

这项工作得到了NCI EDRN赞助的临床验证中心CA086137（W.N.R.）和NCI EDRN赞助的临床验证中心CA152662（P.P.M.）的部分支持。

（董 明 陈 军 译）

主要参考文献

4. National Lung Screening Trial Research Team Aberle DR, Adams AM, et al. Reduced lung-cancer mortality with low-dose computed tomographic screening. *N Engl J Med*. 2011;365:395–409.
26. Pepe MS, Feng Z, Janes H, et al. Pivotal evaluation of the accuracy of a biomarker used for classification or prediction: standards for study design. *J Natl Cancer Inst*. 2008;100(20):1432–1438.
33. Nagrath S, Sequist LV, Maheswaran S, et al. Isolation of rare circulating tumour cells in cancer patients by microchip technology. *Nature*. 2007;450:1235–1239.
53. Newman AM, Bratman SV, To J, et al. An ultrasensitive method for quantitating circulating tumor DNA with broad patient coverage. *Nat Med*. 2014;20:548–554.
59. Boeri M, Verri C, Conte D, et al. Micro RNA signatures in tissues and plasma predict development and prognosis of computed tomography detected lung cancer. *Proc Natl Acad Sci U. S. A*. 2011;108:3713–3718.
70. Nadal E, Truini A, Nakata A, et al. A novel serum 4-microRNA signature for lung cancer detection. *Sci Rep*. 2015;5:12464.
74. Xing L, Su J, Guarnera MA, et al. Sputum microRNA biomarkers for identifying lung cancer in indeterminate solitary pulmonary nodules. *Clin Cancer Res*. 2015;21:484–489.
87. Spira A, Bean JF, Shah V, et al. Airway epithelial gene expression in the diagnostic evaluation of smokers with suspect lung cancer. *Nat Med*. 2007;13:361–366.
88. Silvestri GA, Vachani A, Whitney D, et al. A bronchial genomic classifier for the diagnostic evaluation of lung cancer. *N Engl J Med*. 2015;373:243–251.
90. Showe MK, Vachani A, Kossenkov AV, et al. Gene expression profiles in peripheral blood mononuclear cells can distinguish patients with non-small cell lung cancer from patients with nonmalignant lung disease. *Cancer Res*. 2009;24:9202–9210.
133. Patz Jr EF, Campa MJ, Gottlin EB, et al. Biomarkers to help guide management of patients with pulmonary nodules. *Am J Respir Crit Care Med*. 2013;188(4):461–465.
135. Ostroff RM, Bigbee WL, Franklin W, et al. Unlocking biomarker discovery: large scale application of aptamer proteomic technology for early detection of lung cancer. *PLoS One*. 2010;5(12):e15003.
137. Vachani A, Pass HI, Rom WN, et al. Validation of a multiprotein plasma classifier to identify benign lung nodules. *J Thorac Oncol*. 2015;10(4):629–637.
158. Lam S, Boyle P, Healey GF, et al. EarlyCDT-Lung: an immunobiomarker test as an aid to early detection of lung cancer. *Cancer Prev Res (Phila)*. 2011;4(7):1126–1134.
163. Wikoff WR, Grapov D, Fahrmann JF, et al. Metabolomic markers of altered nucleotide metabolism in early stage adenocarcinoma. *Cancer Prev Res (Phila)*. 2015;8:410–418.
173. Mazzone PJ, Wang XF, Lim S, et al. Progress in the development of volatile exhaled breath signatures of lung cancer. *Ann Am Thorac Soc*. 2015;12:752–757.

获取完整的参考文献列表请扫描二维码。

第 9 章　肺癌的化学预防和早期肺癌的治疗

Swati Gulati, James L. Mulshine, Nico van Zandwijk

要点总结

- 大多数化学预防研究都集中在天然产物上，不适合传统药物开发。
- 在很大程度上缺乏制药行业对肺癌化学预防的强有力的研究和开发。
- 开发治疗晚期疾病的药物，然后将成功的晚期疾病治疗药物应用于早期疾病的传统模式行不通。
- 安全等同于开发成功的化学预防剂的功效。
- 正在实施的螺旋CT筛查，其结果将发现更多的Ⅰ期治愈病例。
- 成功治疗初始肺癌后随访的个体将经历高比例的异时性肺癌复发（累积1%～3%），这将是一个受益于成功化学预防治疗的不断增长的新患者群体。
- 通过“雾化方法”在局部应用潜在的化学预防药物可以降低成本并提高安全性。
- 利用Vogelstein的先例和绘制的结肠癌发生图谱，对切除的早期肺癌和周围受损的支气管组织进行的系统研究可能有助于洞悉（早期）肺癌的分子驱动因素。

在《柳叶刀》杂志上发表的最新论文中，对肺癌治疗效果的进展进行了回顾，得出了以下结论：简单的预防措施，如禁止广告、禁止卷烟包装和提高对吸烟危害的认识，可能会导致肺癌死亡率比所有有希望的新药物的总和降低更多[1]。对于包括曾经有吸烟史的吸烟者在内的数千万的烟草暴露者，他们一生罹患肺癌的风险增加，这是一个严峻的信息[2]。同时，在肺癌的早期检测和计算机断层扫描筛查方面也取得了明显的进展，这已在美国得到认可并正在开展实施，并在加拿大和中国也得到认可，在其他许多国家进行了试点筛查评估[3]。通过筛查将发现更多的早期癌症，在许多情况下可以通过手术治愈早期癌症，但正如本章中对现场致癌作用的讨论所概述的那样，许多以每年1%～3%的频率通过手术治愈的个体将出现肺癌复发[4]。这种肺癌筛查动态的净效果是，在不久的将来我们将有数万的人接受异时性原发性肺癌的随访。

在一个理想世界中，这意味着制药行业将专注于开发药物，这些药物将针对驱动致癌作用的机制并缩短这些异时性肺癌的发展。最近对化学预防的全面综述表明，对于肺癌尚无新的产品被批准，并且在这一领域进行的研究通常是小型的、由研究人员主导的对植物源性药物的研究，几乎没有发展为成熟的药物产品前景[5]。尽管许多研究仍在继续证明抗炎药的重要性，但在肺癌预防领域却明显没有大量的医药投资。在这个生物医学史上最具创新性的时代，对于世界上最致命的癌症，我们没有领先的药物，也没有明显认真地进行商业上可行的努力来找到一种。几十年来，已发表的研究指出，化学预防领域中主要药物参与的动机不足，医学研发机构对化学治疗药物的研发并不充分，没有形成充分的研发系统[6]。

在最近的化学预防综述中，已经提出了化学预防剂的开发过程与开发晚期肺癌药物的步骤相似。这种立场似乎反映了传统观念，但这真的是开发一种药物来阻止或延缓早期肺癌发生的最佳方法吗？晚期药物开发失败通常是药物耐药的结果[7]。在考虑化学预防药物在无症状人群中的应用时，药物毒性反应至关重要，并且比用于有症状晚期肺癌患者的药物毒性作用更重要。化学预防剂必须同时有效和安全。此外，必须从代表早期致癌作用的组织中获得用于阻止肺癌致癌作用的潜在药物的识别靶点。这方面的一个模型是Vogelstein团队[8]在绘制结肠癌发生的分子机制进程时进行的综合作图。肺癌主要是由于将烟草燃烧产物雾化输送到气道而引起的。气道上皮细胞的体积非常小，针对这些细胞可以使用既定的经济、安全的方法[9-10]。肺癌的化学预防为在抗癌战争中产生重大影响并产生新型的肺癌药物提供了特殊的战略机遇。现在应认真考虑将这样的工具变成现实。

迄今为止，肺癌是世界范围内死亡率最高的癌症。仅在美国，2016年预计有158 080例肺癌患者死亡，约占所有癌症死亡的27%[11]。在过去的几十年中，肺癌各个阶段的中位生存率都有所提高，但是即使采用最佳的现代治疗方法，也很难获得治愈。由于大多数病例是在呼吸道症状发作后发现的，因此这种疗法的治疗率很低，而这种情况都发生在疾病处于局部或远处转移阶段时。肺癌通常与暴露于致癌物有关，持续时间超过10～20年，在浸润性肺癌发生之前需要进行多种分子遗传学改变[12-13]。因此，在癌症的侵袭性转移发展之前检测肺癌发生有很强的理论基础。这种检测包括谨慎实施肺癌筛查，将其作为一种高质量的服务来识别早期可治愈的肺癌。

在对证据进行了详尽的审查之后，USPSTF认可了低剂量肺癌筛查作为一种早期发现方法，具有显著降低肺癌死亡人数的潜力[14]。在无症状的高风险人群中进行肺癌前瞻性检测要求采用一种临床管理方法，该方法与基于症状检测的肺癌常规管理方法有明显不同。与其他癌症筛查服务一样，该筛查服务必须以高质量、低成本和易于获取的方式提供。本章回顾了有助于常规达到这种水平的策略，该信息可为临床医生向正在考虑参与肺癌筛查的高危人群传达此项服务的优缺点，并提供有用的参考。随着早期检测变得更加成功，更多的患者将在肺癌中幸存。作为这一成功的副产品，更多治愈的肺癌患者，尤其是大量接触烟草制品的患者，将有发展成新的原发性肺癌的高风险。这一结果导致对管理这种早期肺癌新工具的强烈需求。化学预防就是用于实施药物以干扰致癌作用的过程。

据估计，吸烟至少占肺癌可归因风险的80%[15]。尤其在中年以前，戒烟与降低烟草可归因的癌症风险有关[15]。显然，我们必须继续努力控制烟草，许多国家已大大降低了吸烟率。但是，全世界仍有13亿人吸烟，跨国烟草公司继续推出致癌产品，旨在诱使青少年终生尼古丁成瘾。此外，尽管美国成年人吸烟率从1965年的42%下降到2011年的19%，但由于老年人口数量的增加，肺癌的发病率并未下降[11, 16]。尽管戒烟，但肺癌风险仍然很高，并且从未达到不吸烟者的风险水平[15]。新诊断出的肺癌很大一部分发生在以前吸烟者中[17]。因此，在某些个体中，尽管戒烟，但吸烟引发的致癌过程仍在继续发展。这些观察结果强调了为什么减缓、停止甚至逆转癌变的策略会继续引起人们的极大兴趣，以及为什么探索化学预防工作的演变和进展也会引起人们的兴趣。

在早期的化学预防研究中，研究人员评估了维生素或微量营养素，尝试以减少癌症的发生为主要终点。这种方法面临的挑战是成本，因为这种研究需要成千上万的参与者和多年的随访才能发现明显的化学保护作用。解释这些试验的结果也可能因为继续吸烟的研究参与者与戒烟者的混合而变得复杂[18]。最近，研究设计将癌症发病率作为肺癌高危人群的主要终点。一个例子是排除有20包/年吸烟史的个体，他们一生中患肺癌的风险不超过10%～15%。中间标记终点可用于快速确定风险等级，以选择更有可能发展为肺癌的试验人群，从而使较小的试验能提供更多信息。化学预防肺癌的发生仍然是一个极具吸引力的概念，特别是在针对涉及香烟烟雾中多种致癌物、肿瘤促进剂和炎性化合物下游效应的药物方面[19]。

肺癌与烟草产品的直接消费密切相关，87%的肺癌是在积极吸烟者或以前吸烟者身上发现的。另外，6%～7%的肺癌发生在吸烟者的伴侣或他们的后代身上。肺癌的第二位和第三位最常见的已知病因是氡和石棉，21世纪以来的流行病学证据表明肺癌和空气污染之间有明确的关联[20-21]。尽管已高度肯定烟草烟雾和肺癌之间存在联系，但确定烟草烟雾和肺癌之间的因果关系却花了几十年的时间。对烟草烟雾能够在肺癌患者和接触烟草烟雾的小鼠中产生相同p53突变的发现，为流行病学关联度较强提供了无可争议的证据[22]。

所谓癌变领域的最初描述可以追溯到Slaughter等[23]的开创性工作，他们发现上皮增生、角化过度、异型性、异型增生和原位癌的多个病灶发生在吸烟者口腔咽部癌旁的正常上皮中。该经验证据表明，致癌物暴露对遭受致癌物破坏的整个上皮区域具有广泛的影响。Auerbach等[24]报告说，在患有肺癌的吸烟者的整个支气管上皮细胞中，异质性、多灶性组织学改变的模式相同，这与癌变领域的概念一致。用当代生物学术语来解释，癌变区域意味着与肿瘤病变相邻的正常组织区域在组织学上显示出分子异常，其中一些与肿瘤中的分子异常相同[24]。一些研究显示了由香烟烟雾造成的损伤区域，分子研究支持肺癌癌变的逐步模型，并在细胞中发生遗传和表观遗传学改变[25]。癌变区域还形成了观察的基础，即在第一次患肺癌后存活的个体中，第二次恶性肿瘤可能发生在暴露于烟草的上皮组织区域[26-29]。

在慢性吸烟者的呼吸道中，最早的分子发现是3p、9p和17p染色体杂合性缺失，以及p53突变和非癌性上皮细胞的启动子甲基化和端粒酶活性的变化[13, 30-35]。杂合性丧失是至关重要的事件。例如，第3号染色体短臂的缺失通常是最早的缺失，即使在早期增生中也偶尔出现[30]，这导致一个富含肿瘤抑制基因区域的丢失。证据还表明9号和17号染色体短臂的缺失，导致p16和p53肿瘤抑制基因的缺失，这两者对于细胞修复烟草烟雾引起的脱氧核糖核酸（deoxyribonucleic acid，DNA）损伤的能力很重要。特别是基因p53在控制G_1停滞和凋亡或程序性细胞死亡中充当转录因子，从而使细胞能够修复任何现有的DNA损伤，或者在细胞损伤太大而无法修复时诱导细胞凋亡。在染色体9p上发现的p16基因通过过度表达细胞周期蛋白-D1来负调控细胞周期蛋白依赖性激酶-细胞周期蛋白的活性。抑制细胞周期蛋白-D1/细胞周期蛋白依赖性激酶可防止受损细胞进入有丝分裂并随受损DNA增殖。研究证明，烟草烟雾引起的口腔上皮中p16基因的甲基化是当前和以前吸烟者肺癌的独立危险因素[36]。

这些和其他肿瘤抑制基因在肺癌中的丢失似乎由于几种关键原癌基因的激活而增加。例如，*Ras*、*Myc*和*EGFR*都是在肺癌发生过程中被逐渐激活的肿瘤促进基因。*KRAS*突变在肺腺癌中尤为常见。一些研究表明，有30%的肺腺癌吸烟者含有*KRAS*突变[37]。

肺癌发生的其他机制也很重要，例如*EGFR*的扩增[38]。在EGFR酪氨酸激酶（tyrosine kinase，TK）结合域中检测到突变，赋予了对小分子EGFR-TK抑制剂（TKI）的敏感性[39-41]。在远离原发肿瘤的地区，吸烟者和非吸烟者的气道中发现了*KRAS*突变和*EGFR*突变，这表明两者均在致癌中发挥作用[37, 42]。

基因突变和重排已在肺癌亚型的特定组织学和临床特征中被描述，该发现导致了目标特异性化学治疗药物的开发，从而使肺癌的治疗发生了革命性的变化。

在一部分NSCLC患者中已确认了间变性淋巴瘤激酶（anaplastic lymphoma kinase，ALK）基因的重排是由染色体2短臂的倒置引起。该亚组引起明显的临床和病理学特征，通常会影响没有吸烟史或轻度吸烟史的年轻患者[43-44]。间变性淋巴瘤激酶酪氨酸激酶抑制剂（ALK tyrosine kinase-inhibitors，ALK-TKI），如克唑替尼和艾乐替尼，可提高无进展生存率。同样，在某些腺癌和晚期NSCLC中，已分离出c-ros癌基因1（c-ros onco-gene 1，*ROS1*）和*RET*基因的重排。这些患者大多数较年轻，几乎没有吸烟史[45-49]。

有些突变相互排斥，如*EGFR*和*KRAS*突变。鳞状细胞肺癌患者中可见成纤维细胞生长因子受体1的扩增。这种突变与吸烟呈剂量依赖性，是一个独立的负面预后因素[50]。

在所谓的健康吸烟者的支气管上皮细胞中已描述了全球信使RNA和miRNA的表达谱，并且在患有肺癌和不患肺癌的吸烟者中都有癌症特异性基因表达谱的报道[51-52]。

1 基因沉默

肺癌发生的另一个机制是肿瘤抑制基因功能的丧失。越来越多的证据表明，通过表观遗传学手段进行基因沉默对于肺癌的发生至关重要。例如，NSCLC中被称为*RASSF1A*的抑癌基因（也位于富含抑癌基因的3p染色体区域）编码一种蛋白质，该蛋白质与Nore-1异二聚化，后者是具有促凋亡作用的重要RAS效应子[53]。有证据提示，在NSCLC中*RASSF1A*可以通过甲基化而失活[54-55]。

可以通过表观遗传学方法失活的另一个重要基因是视黄酸受体-β（retinoic acid receptor-β，*RAR-β*），位于3p染色体。RAR-β是一种核视黄酸受体，具有维生素A依赖的转录活性[56]。*RAR-β*基因在肺癌致癌过程中逐渐丢失[57]，可能是由丢失或高甲基化引起的[58-59]。成熟肿瘤中*RAR-β*的维持是预后不良的危险因素[60]，并且*RAR-β*基因在当前与以前吸烟者相比受到不同的调节。例如，一项对完全切除的NSCLC患者的甲基化状态和第二原发肿瘤（second primary tumors，SPT）发生情况的回顾性研究表明，仅在曾吸烟者中*RAR-β2*甲基化与SPT的发展有关[61]。目前吸烟者的甲基化程度高与保护作用有关，而吸烟状况对了解视黄酸受体在肺癌中的生物学作用具有重要价值[61-62]。

miRNA的作用也可能至关重要。通过改变信使RNA中蛋白质的翻译，这些小的非编码RNA分子对于表观遗传控制很重要。miRNA能够作用于多种mRNA，并已成为涉及细胞增殖、凋亡和抗逆性基因表达的关键转录后调控因子。miRNA也位于癌症相关的基因组区域或易碎位点，这表明miRNA表达的差异可能是由于基因组改变引起的，并起着抑癌或致癌作用[63]。

香烟烟雾是此类分子损伤的潜在来源。最近的研究表明，香烟烟雾中的成分会影响呼吸道中的miRNA水平[64-65]。新的观念是，吸烟可能导致呼吸道中miRNA的下调。对这些miRNA变化与早期肺癌发生之间联系的机制性理解才刚刚开始出现。miRNA调节异常是肺癌发生中的早期事件这一事实可能为化学预防方法提供了机会（即逆转由吸烟引起的miRNA异常表达）[66]。例如，在高危患者中将伊洛前列素（一种前列环素类似物）与安慰剂进行比较的Ⅱ期临床试验中，活检标本中发现了miRNA的变化，这些变化与基线时的组织学发现有关[67]。对支气管癌前病变的蛋白质组学分析发现了与正常上皮明显不同的模式[68]，这支持了化学预防策略的原理。

2 肺癌易感性和拮抗途径的平衡

即使是重度吸烟者，罹患肺癌的风险差异也很大，这可能是由于遗传因素甚至饮食因素所致。实际上，有85%的重度吸烟者不会患肺癌，这表明个体之间对肺癌的敏感性存在重要差异。已经提出了几种肺癌的预测模型。Bach模型使用的变量与黑种人群体的年龄、吸烟和石棉接触有关，而Spitz模型和利物浦肺部项目除白种人群体的年龄和吸烟史外，还包括家族史和其他职业接触[69-71]。尽管这些模型由于易于管理和计算，但它们的辨别能力只是中等，这并不足为奇，因为该模型没有考虑许多并发症和其他表观遗传因素。在2012年，Hoggart等[72]提出了一个预测模型，该模型包含更多变量，包括生物标志物暴露、社会经济状况，以及并发症（包括肺炎、慢性阻塞性肺疾病和肺气肿），还包括当前吸烟者、以前吸烟者和不吸烟者的体重指数[72]。尽管研究人员尽了最大的努力，但预测模型无法纳入所有可能的表观遗传和遗传因素来做出一致的准确预测。

越来越多的证据表明，遗传和表观遗传因素在调节个体对肺癌的易感性中至关重要[73]。一个例子是在一项大型基因组关联研究中确定了15q25是肺癌的易感性位点[74-75]。15q25位点中含有烟碱乙酰胆碱受体亚基基因，似乎与致癌物代谢有关。香烟烟雾中的两种主要致癌物，苯并[a]芘和4-（甲基亚硝胺基）-1-（3-吡啶基）-1-丁酮，需要代谢活化才能发挥全部致癌作用。

各种激活途径与排毒途径竞争，两者之间的平衡对于调节癌症风险至关重要。细胞色素P450s用作致癌物代谢酶，而谷胱甘肽转移酶则用作解毒酶。已知这两组重要基因均具有明显的多态性，与肺癌风险的变化相关[76-78]。微粒体环氧水解酶中的基因多态性及其在呼吸道上皮细胞中的表达模式也影响抗氧化酶的活性和偏倚，以及两种氧化还原途径之间的平衡[79]。

此外，许多研究者认为，DNA修复能力在肺癌易感性中可能起重要作用[80]。CYP1A1是细胞色素P450家族的一种酶，在*EGFR*突变的发生中起作用，从而改变了吸烟者患肺癌的风险[81]。肺癌风险的其他调节因素包括饮食和性别。饮食因素起着肺癌易感性的表观遗传调节剂的作用。在一些病例对照研究中，解毒缺陷和遗传损伤修复缺陷与个体对肺癌的易感性增加有关[82-83]。食物因素，如水果和特定蔬菜中发现的成分，似乎对解毒能力有限的个体提供了显著的保护[84]。饮食和肺癌之间的这种关系已被广泛探索，并被用作开发肺癌预防方法的基础。

3 维生素和微量营养素

特定的微量营养素与肺癌的风险降低有关，包括维生素E、硒、异硫氰酸盐、多酚、甜菜碱和胆碱。许多大型随机试验试图确定人类饮食中哪些化合物可能起到保护作用[85-87]。在重度吸烟者中，食用红肉量高且对所谓地中海饮食依从性低的饮食习惯已被发现与肺癌风险增加有关[84]。相反，富含植物脂肪和纤维的饮食已被证明可降低重度吸烟者的肺癌发病率[88]。硒的作用已被研究用于预防硒缺乏患者的肺癌。一项在亚利桑那州一个硒缺乏人群中进行的旨在预防原发性皮肤癌后SPT的试验显示，肺癌发生率降低了34%[86]。鉴于此，其他研究者也探索了硒作为恶性肿瘤化学保护剂的作用。硒和维生素E癌症预防试验[89]被开展，旨在研究硒对前列腺癌发病率的影响。在该试验中，32 400名男性被随机分配接受口服硒、维生素E或硒加维生素E治疗，并与安慰剂进行双盲对照，并进行了中位数为5.46年的监测。该试验表明，硒或维生素E或其组合对前列腺癌没有任何保护作用。东部合作肿瘤小组于2013年发表了一项Ⅲ期预防研究，以2∶1的比例随机分配Ⅰ期NSCLC切除患者到接受200 μg/d的蛋氨酸硒小组或安慰剂小组。在这项试验中，硒未能证明与安慰剂相比，在防止肺部SPT发展方面有任何客观益处[90]。

但是，东方合作肿瘤小组的研究是在没有初步研究的情况下开始的，建议必须继续建立生物标志物驱动的靶向性Ⅱ期方法，以适当调节关键的生物标志物，然后进行确认之后再开展大规模研究。

最初，研究人员发现流行病学证据显示类胡萝卜素和类视黄醇可降低总体癌症风险，尤其是肺癌风险。实际上，化学预防的最初定义是“试图逆转、抑制和预防致癌性发展为明显的癌症”，实验结果表明维生素A类似物能够在动物实验中逆转或预防上皮癌变[91]。

早期的化学预防试验包括因接触烟草或石棉而处于危险因素中的广泛人群。其他一些试验则针对特定的高风险人群，如铀矿工。因此，随着数十年的流行病学和饮食研究被各种实验系统所增强，人们发现包括类视黄醇和类胡萝卜素在内的许多化合物能够逆转细胞损伤。为了在人群中测试这种方法，我们付出了巨大的努力。该试验针对广泛的患者群，包括高危人群。换句话说，研究包括已知呼吸道癌前病变的个体和已患有原发性烟草相关癌症的患者，因为已知这些队列人群具有发展为SPT的特殊风险，因此为候选化学预防剂的评估提供了更有效的方法。

4 肺癌筛查及其与化学预防的关系

在数十年令人失望的结果之后，终于出现了一种强大的方法来检测和治愈早期肺癌。NLST是美国国家癌症研究所进行的最昂贵的筛查试验，发现在高危人群中使用低剂量CT（low-dose CT，LDCT）可以显著降低肺癌死亡率[92]。基于这一发现和相关数据，USPSTF现在建议进行LDCT筛查。Humphrey等[12]概述了USPSTF关于在高风险肺癌患者中进行肺癌筛查声明草案的基础，并总结了这种新筛查方法的益处和潜在危害。随着我们开始在全国范围内进行LDCT筛查的研究，出现了许多基于证据的结论，这些结论澄清了有关这一新公共卫生服务的重要问题。

首先，没有对LDCT的严格定义。通常认为使用标准非对比CT辐射剂量的10%～30%。在大多数成年人中，LDCT已被证明与标准剂量CT一样，可以准确检测到实性肺结节。在NLST中，可接受的胸部CT筛查的总体平均有效剂量低于2 mSv，该剂量远低于标准剂量胸部CT的平均有效剂量7 mSv[93]。

使用低剂量辐射进行筛查反映了该成像应用的背景。在临床应用中，与无症状个体参与肺癌筛查工作相比，具有适当病史并伴有肺癌体征或症状的个体更有可能患肺癌。通过筛查，风险和收益的平衡比基于症状检测癌症的标准设置要窄得多，因此在将成本和危害降至最低的同时，以最大的效率和质量确定LDCT过程的最佳方法，是我们进行肺癌筛查国家实施的根本挑战。

国家综合癌症网络（National Comprehensive Cancer Network，NCCN）提供了有关如何实施LDCT筛查过程的有用信息[94]。图9.1显示了LDCT筛查后对一组发现的管理和随访的示例。

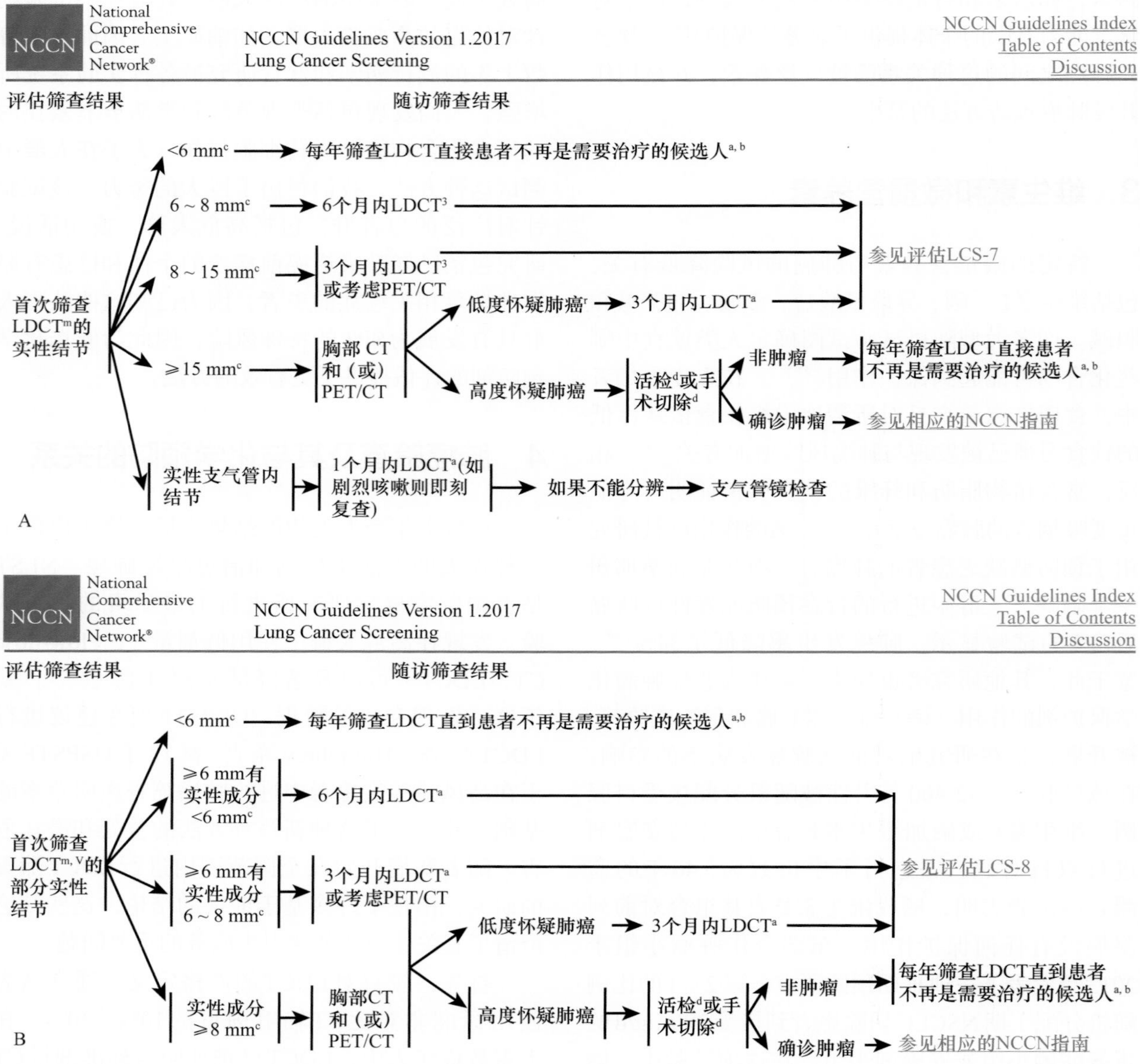

图9.1 NCCN推荐应用LDCT来筛查结节的法则

（A）实性结节筛查法则；（B）部分实性结节筛查法则

注：除非评估纵隔异常或淋巴结，否则所有筛查和随访CT扫描均应在低剂量（100～120 kVp和40～60 mAs或更小）下进行，静脉注射（intravenous，IV）造影剂的标准剂量CT可能是适合的（见表9.2）。应用一个系统化的程序来进行科学的随访；[a]尚不明确筛查所持续的时间以及可不再进行筛查的年龄；[b]对于小于15 mm的结节：与基线扫描相比，任何结节或部分实性结节的实性部分的平均直径均增加2 mm以上。对于5 mm以上的结节：与基线扫描相比，平均直径增加15%以上；[c]结节大小的迅速增加应怀疑非小细胞肺癌以外的炎症病因或恶性肿瘤；[d]组织样本需要足够用于组织学和分子检测；Travis WD，Brambilla E，Noguchi M，et al. Diagnosis of lung cancer in small biopsies and cytology: implications of the 2011 International Association for the Study of Lung Cancer/American Thoracic Society/European Respiratory Society Classification. Arch Pathol Lab Med. 2013;137:668-684. Arch Pathol Lab Med.2013;137:668-684.除非另有说明，否则所有建议均为2A类；临床试验：NCCN认为对任何癌症患者的最佳治疗都在临床试验中；推荐患者参加临床试验；改编自the NCCN Guidelines for Lung Cancer Screening V.1.2017. 2014 National Comprehensive Cancer Network, Inc. All rights reserved. The NCCN Guidelines and illustrations herein may not be reproduced in any form for any purpose without the express written permission of the NCCN. To view the most recent and complete version of the NCCN Guidelines, go online to NCCN.org. NATIONAL COMPREHENSIVE CANCER NETWORK, NCCN, NCCN GUIDELINES, and all other NCCN Content are trademarks owned by the National Comprehensive Cancer Network, Inc.

NCCN提议LDCT筛查需要复杂的多探测器CT扫描仪和分析软件、能够对设备进行认证并在可接受的放射线照射下按照一致的标准进行研究的专业物理学家和工作人员、能够使用标准化术语和标准解释的合格放射线医师、适当的指导原则、与初级保健医生的可靠交流、可以接收需要持续治疗患者的医疗环境，以及跟踪被筛查人员并记录结果的责任。

NCCN对可能符合LDCT筛查条件的风险群体进行了分层（表9.1）[94]。最高风险群体反映了NLST的资格标准，但较低风险群体仍包括可能患肺癌但成本效益比可能较低的人。NCCN还有一份肺癌筛查的患者总结，这是临床医生客观信息的极好来源，可指导临床医生与潜在的筛查候选人对诸如谁是LDCT筛查的适当候选人以及可能的风险与获益等话题进行讨论[95]。

表9.1　NCCN低剂量计算机断层扫描筛查指南[a]

危险度分层			危险因素
高风险[b]	55～74岁，30包/年的吸烟史，＜15年的戒烟史（1类）[c]	或	20包/年吸烟史和一项危险因素（包括氡暴露、癌症史、肺癌家族史、肺病史以及职业性接触石棉和柴油烟雾等肺致癌物病史；2B类）[c]
中风险[d]	50岁，20包/年的吸烟史	或	二手烟暴露（无其他危险因素）[e]
低风险[d]	＜50岁	和（或）	＜20包/年吸烟史

注：[a]不建议对中危和低危患者进行筛查；[b]NCCN肺癌筛查指南建议对高危人群进行筛查；[c]1类：基于较高级别的证据，NCCN一致认为干预是合适的；2B类：根据较低级别的证据，NCCN认为干预是合适的；[d]NCCN肺癌筛查指南中对于中危和低危人群不建议使用LDCT筛查；[e]危险因素包括氡暴露、癌症病史、肺癌家族史、肺病史以及职业性暴露于肺致癌物（如石棉、柴油烟雾）；LDCT，低剂量计算机断层扫描；NCCN，国家综合癌症网络；经许可改编自：the NCCN Clinical Practice Guidelines in Oncology（NCCN Guidelines）for Lung Cancer Screening V.2.2014. 2014 National Comprehensive Cancer Network，Inc. All rights reserved. The NCCN Guidelines and illustrations herein may not be reproduced in any form for any purpose without the express written permission of the NCCN. To view the most recent and complete version of the NCCN Guidelines，go online to NCCN.org. NATIONAL COMPREHENSIVE CANCER NETWORK，NCCN，NCCN GUIDELINES，and all other NCCN Content are trademarks owned by the National Comprehensive Cancer Network，Inc.

在考虑筛查的益处时，经常出现的一个重要话题就是过度诊断的概念。当在筛查期间检测到的癌症没有以致命的方式表现时，过度诊断会发生，从而个体可能死于筛查检测到的癌症，而不是死于筛查目的针对的癌症。USPSTF最近在前列腺、肺、结肠直肠和卵巢（prostate，lung，colorectal，and ovarian，PLCO）筛查试验中对胸部X线筛查过度诊断的程度发表了评论。胸部X线检查是肺癌筛查过度诊断的首要依据[96]。在PLCO试验中，在因大量烟草暴露而有患肺癌风险的参与者中，随访6年后肺癌的累积发病率在胸部X线组和常规护理组中相同（分别为每年606/10万和608/10万，相对危险度为1.00，95%CI为0.88～1.13）。这些结果表明，在这种情况下过度诊断的影响很小，PLCO的发现表明了过度诊断并不是评估肺癌筛查获益的主要混杂因素[97]。

但是，在我们考虑实施LDCT筛查时，由于对这项新服务存在许多误解，还有许多其他问题尚未解答。最重要的概念之一是理解为有肺癌风险的患者提供筛查护理与治疗有症状疑似肺癌患者的更典型情况之间的区别。在这两种情况下，风险与收益的考虑非常不同，并且这些差异要求采用不同的管理方法。

关于其他误解，NLST的核心设计假设得到了广泛的审查，该假设评估了53 000多名正在或以前吸烟者，而费用超过2.5亿美元。出现的共识是，与胸部X线检查结果相比，LDCT可使目标死亡率降低20%，将成为客观筛查获益的有力证据。对LDCT的全部获益进行分析的花费很高，并且需要相当多的时间才能完成。因此，毫不奇怪，使用PLCO病例结局重新构建的合格风险模型对NLST结局进行的最新分析，可以更有效地检测肺癌[98]。与NLST中报告的死亡率20%相比，在该报告中死亡率降低了30%[98]。该示例展示了如何改进LDCT筛查流程，对NLST数据集的重新分析强调了该数据资源在允许LDCT筛查流程改进方面的价值。随着筛选的实施，继续从尽可能多的筛选个体的数据中建立筛选登记册将是至关重要的，以便持续进行流程的改进[98]。

LDCT筛查确实会带来一些可能的危害。2012年，一项来自联合社会倡议的评论文章传达了对肺癌筛查的风险与收益之间的平衡的保留意见[99]。调查人员报告说，关于筛查的潜在危害和结果的普遍性存在不确定性[99]。相比之下，USPSTF于2013年发表了一份关于筛查管理问题的综合报告，提出了关于完善的管理方法如何改善肺癌筛查过程的乐观观点。USPSTF为指导讨论提供了一个极好的资源，以告知潜在的筛查人员这项服务的风险和益处[12, 97]。

4.1 NLST和其他临床试验的结果不一致

尽管对于支持LDCT证据的强度存在不同意见，但是来自USPSTF全面分析的综合数据以其对这种新方法优势的明确支持，有助于澄清这种争议。在发表之时，NLST是唯一完成的、有完全效能的、随机化的肺癌筛查试验报告[92]，目前尚无可比的、足够有力的试验。与NLST中报告的死亡率降低相比，两项小型的欧洲随机试验结果对评估LDCT死亡率降低没有帮助，因为后者的研究不足以对LDCT的死亡率降低进行可靠的评估[99]。尽管正在进行的试验将会产生有趣且重要的成本相关数据以及其他与NLST数据互补的数据，但现有的任何试验都没有足够的研究能力来取代NLST对于死亡率降低终点的积极结论。正在进行的最大试验是荷兰-比利时随机肺癌筛查试验（NELSON），该试验由荷兰和比利时的一个研究人员联合会进行[100]。NELSON的初步数据可与NLST91的随访数据进行比较（表9.2）。如表所示，癌症检出率是可比的，Ⅰ期检出率也相似，因此，LDCT在NELSON试验中的获益不会显著降低。

表 9.2 关于癌症筛查和Ⅰ期肺癌发生率的大型临床试验的总结

研究	癌症数量/总筛查率（%）		Ⅰ期肺癌/癌症总检出率（%）	
	1轮	2轮	1轮	2轮
NLST	168/24 715（0.67）	211/24 102（0.87）	104/165（63）	141/204（69）
NELSON	40/7289（0.5）	57/7289ª（0.8）	42/57（73.7）	—

注：ªNELSON2/3的数据被整合在一起，反映了研究的设计[100]；NLST，全国肺筛查试验；NELSON，荷兰—比利时随机肺癌筛查试验[101]

表 9.3 肺癌化学预防的主要随机试验

研究	干预	终点	患者数量	结局
ATBC20	β-胡萝卜素，α-生育酚	肺癌	29 133	阴性/有害的
CARET[129]	β-胡萝卜素，维生素A	肺癌	18 314	阴性/有害的
医师健康研究[130]	β-胡萝卜素	肺癌	22 071	阴性
女性健康研究[131]	β-胡萝卜素，阿司匹林，维生素E	肺癌	39 876	阴性

注：ATBC，α-生育酚，β-胡萝卜素癌症预防研究；CARET，β-胡萝卜素和视黄醇功效试验

从美国国家政策的角度来看，NLST数据代表了标准，表明LDCT筛查可以降低肺癌的死亡率。在获得额外的NLST随访结果之后，NELSON试验最相关的贡献可能是辅助研究的质量，如最终的经济分析。NELSON研究人员嵌入了更先进的临床筛查管理规定，因为该试验是在NLST开始数年后才开始。

4.2 达到或超过NLST中报告的有利结果

展望未来，一个关键问题是，当在全国范围内将LDCT作为常规临床服务实施时，是否可以实现或超过所报道的LDCT筛查的益处。这是一个复杂的问题，涉及许多变量，这些变量对于确定此方法的整体利益至关重要。例如，尽管戒烟，但重度吸烟后患肺癌的风险仍然存在，并且只要曾经有吸烟史患者存活，这种风险就会一直升高[2]。因此，在NLST进行的两轮以上的持续筛查可以进一步提高肺癌筛查的死亡率获益，使其超过20%的阈值[92]。有两份报告表明，在不同的筛查方案下，持续进行年度筛

查可以将肺癌的死亡率降低40%～60%[103-104]。LDCT具有几个强有力的特征，可以增强其作为癌症筛查工具的性能。实际上，CT图像分辨率的快速提高已导致对小体积原发性肺癌的常规检测。这种发展改善了患者的预后，原因有两个：首先，较小的肿瘤与更好的癌症特异性结局相关[105]；其次，较小的肿瘤可能适合微创胸外科手术治疗，这是一种新的手术方法，与较好的生活质量、较好的辅助治疗依从性和较少的术后并发症有关[106-107]。

在NLST中，没有通过任何优化方案来指导外科临床护理，并且通常不在被选为胸部外科护理优秀的中心进行。在进行NLST时，微创手术仅用于研究期间发现的少数癌症。由于这些原因，考虑周全的国家实施措施以及当前的最佳实践可能意味着LDCT筛查达到甚至超过NLST中报告的有利结果。在筛查环境中，尚无确定最佳手术管理方法的确切数据。但是，许多优秀的中心已报告使用微创方法取得了良好手术效果，通常采用的是电视胸腔镜外科手术[106-107]。在一项肺癌筛查计划中对347例胸部切除术进行了回顾性研究，结果表明亚肺叶切除术的长期（10年）结果与临床ⅠA期肺癌的肺叶切除术的结果相当[108]。除了这些出色的结果，亚肺叶切除术还保留了大量功能良好的肺组织。

倡导团体肺癌联盟提出了肺癌筛查框架机制，该机制鼓励提供筛查服务的机构采用包括微创外科手术技术在内的最佳筛查方法，以使筛查服务的质量保持在较高水平。为了验证机构在筛查管理服务方面是否成功，框架流程还要求参与机构定期报告相关的筛查结果和并发症发生率，以便潜在的筛查人员可以就他们选择在何处接受筛查护理做出明智的决定[109]。

5　筛选间隔和候选对象的选择

关于LDCT筛查频率最佳间隔的问题被引用为延迟实施的理由。一种用于定义LDCT候选者的更有效方法将解决在选择候选者时提到的许多不确定性，同时为最有可能从LDCT筛查中受益的患者提供及时访问。鉴于预测肺癌风险的复杂性，“一刀切”的筛查建议不太可能满足未来的需求。然而事实证明，新的风险分层工具可对肺癌风险提供更强有力的判别[110]。

肺癌筛查的背景是独特的，因为吸烟是危险的有力决定因素。2012年一项大型的英国Meta分析（包括来自25万多人的数据）导致了一种工具的开发，该工具仅使用患者的烟草暴露史即可非常有效地将风险分层[111]。这种方法与Tammemägi的报告相符。Tammemägi等[98]在使用更精细的工具进行队列识别时，对更好的筛选结果进行了建模。尽管正在开发更全面的分子或遗传模型，但基于烟草暴露史的风险工具将是在开展国家筛查过程并评估LDCT筛查的普遍效益时使用的合乎逻辑的候选方法[110]。专业协会建议，将LDCT筛查扩大到风险水平与NLST目标人群相似的其他目标人群是合乎逻辑的[112-113]。例如，可以根据年龄、烟草暴露史和该风险工具确定的其他因素提供个性化的推荐筛查，所有这些因素都可以定义一个与在NLST参与者中发现的有效风险等级相当的筛查队列。也许PLCO风险模型的进一步研究可以根据NLST研究的风险等级对肺癌风险进行前瞻性分类，作为未来用以比较新风险等级工具的标准工具[98]。

6　改善LDCT筛选的机会

自2002年NLST成立以来，已经在几个领域进行了重大改进，包括LDCT的成像分辨率、区分高危人群的工具、诊断检查算法的效率以及有效的胸外科手术流程的不完善方面[12, 97]。LDCT所需的医疗辐射剂量也减少了[92]。LDCT筛查设置（目前包括年度随访）提供了一个在每次年度会议上管理戒烟的机会。戒烟策略的强度可以针对持续吸烟者量身定制，因此这种新的筛查管理设置为个性化戒烟工作提供了新平台。筛查和戒烟的更有效结合可以增强这项新服务的公共健康利益。支持LDCT筛查的安全性和有效性不断增长的信息，以及越来越多专业人士的认可，促使保险公司（例如WellPoint和Anthem）为LDCT提供承保服务。在2015年，对美国医疗保险的第三方覆盖范围进行了调整。

7 筛选和LDCT成像方法的改进

自10年前NLST问世以来，纳入NLST方案中的肺癌筛查方法已得到实质性改进，但这些改进（可通过减少潜在的危害和成本来促进LDCT的实施）在评估CT筛查的有效性时并未得到考虑。例如，NLST中使用了多探测器扫描仪，因为它们比早期的扫描仪更快，并且可以在一次屏气中完全观察到肺野。这种扫描仪的使用导致更少的CT图像伪影，并且与胸部X射线相比，允许对肺进行更全面的分析。但是，最近开发的CT扫描仪可提供更快的图像采集，这可以转化为技术上质量更高、运动伪影更少的研究，并且图像质量持续改善。这些改进降低了成像的风险和成本。所有这些因素都与LDCT作为国家筛查资源的公共卫生实施有关。

8 结节评估和诊断检查的变化

关于结节评估方法的新发现的重要性，认识程度不尽相同[99]。自NLST开展以来，已发表的报告概述了筛查过程临床管理中的许多改进，这并未要求采用特定的结节评估方法。Yankelevitz等[114]率先报道，通过将诊断性检查限制于在限定时间内显示明显生长的可疑结节来识别临床上重要的肺结节。这种以间隔增长的方式进行诊断检查的方法被纳入NELSON试验的设计中，对于浸润性结节的诊断产生了12%的有效检查率，LDCT诊断的敏感性为95%，特异性为99%[100]。最近在玛格丽特公主医院接受筛查的4700名患者中，前瞻性地使用了这种可疑结节的间隔增长标准，仅3%的患者需要进行侵入性检查，假阳性诊断率为0.42%[115]。这些发现的有效性得到了近期国际早期肺癌行动计划中对基线肺癌病例的回顾性分析的支持。在该分析中，将肺癌诊断检查的结节大小阈值从4～5 mm更改为7～8 mm，与及时诊断早期肺癌有关，同时显著降低假阳性结果的频率[116]。实施这种方法可以通过降低基线筛查过程中侵入性诊断检查的成本和危害来提高LDCT筛查的效率。NCCN一直在将不断发展的研究信息整合到筛选管理建议中（图9.1）。这个信息将允许对LDCT进行更统一的管理，并期待更有利的结果。

9 与LDCT筛选相关的更多机会

优化筛查益处的关键机会是将戒烟纳入肺癌筛查[117-118]。尽管LDCT筛查纳入戒烟的报道有好有坏，但迄今为止，在反复筛查的背景下优化戒烟的研究很少。一些作者将筛查的过程描述为关于戒烟对话的说教时刻，并且这种整合的成本效益预计将非常有利[119-120]。此外，随后的每一次针对长期吸烟者的年度LDCT筛选都是一个探索更个性化或强化戒烟措施的机会。戒烟成功的增加不仅会提高LDCT筛查过程相对于肺癌结局的内在成本效率，还会带来其他与戒烟有关的经过充分验证的健康和经济利益。通过医疗保险和医疗补助服务中心要求的新机制，可以将LDCT筛查服务费用的报销与证明这些服务符合国家质量措施相联系，特别是在风险分层和戒烟方面[121]。

LDCT的一个相关考虑因素是评估其他烟草相关疾病状况的前所未有的潜力。例如，最近的报告表明，冠状动脉钙化分析可以从LDCT图像中获得，并且可能是诊断冠状动脉疾病风险的有用的分层工具[122-123]。此外，LDCT肺损伤评估可以作为慢性阻塞性肺病进展风险的度量[124-125]。事实上，已知参与肺癌筛查的烟草暴露患者会出现慢性阻塞性肺病和心血管疾病的严重并发症。通过进一步的研究，仅使用LDCT就有机会同时评估烟草暴露的三个主要宿主后果——冠状动脉疾病、慢性阻塞性肺病和心血管疾病。这些疾病代表了我们的社会中导致过早死亡的3个主要原因[126]。LDCT筛查的出现可以为3种主要慢性疾病的临床前阶段提供有用的窗口，因此探索这一重要机会的时机已经成熟。

10 化学预防试验

从肺癌致癌的范围来看，风险类别各不相同，从暴露于致癌物的个体到已知癌前病变的个体，再到因吸烟暴露而已患有癌症的个体。降低这3类高危个体（接触致癌物的个体）的癌症发病率是化学预防的重点。使用特定术语来描述各种癌症预防的方法。第一种被称为原发性癌症预防。一级预防包括干预风险较高的患者人群，如采取烟草控制措施，以减少接触烟草燃烧产物。初级预防的目的是降低肺癌的发病率和死亡率。

二级预防适用于有肺癌癌前病变证据的个体，包括试图阻止癌前病变的进展或将其逆转至癌变的早期阶段。化学预防就属于这一类。研究化学预防药物益处的有效方法是评估癌症风险最高的人群，即已经患有首次与烟草相关的恶性肿瘤且发生SPT风险非常高的患者。许多早期试验集中于使用类视黄醇和类胡萝卜素作为化学预防剂，因为这些化合物的活性具有强大的流行病学和实验证据。

10.1　初级化学预防

在一些由于暴露于烟草烟雾、石棉或职业为铀矿工人而被认为罹患肺癌风险增加的人群中进行了几项大型随机研究。饮食中β-胡萝卜素可以降低上皮癌发病率的假说最早是由Peto等提出[127]。后来，3项主要研究，即α-生育酚、β-胡萝卜素癌症预防（alpha-tocopherol，beta-carotene cancer prevention，ATBC）研究、β-胡萝卜素和视黄醇功效试验（beta-carotene and retinol efficacy trial，CARET）以及医生健康研究，都是使用越来越高剂量的类胡萝卜素β-胡萝卜素进行。

3项研究均未显示使用这些化合物可显著降低肺癌风险。实际上，ATBC和CARET这两项研究的次要终点显示了与补充β-胡萝卜素有关的肺癌发生率增加。这两项试验均为2×2析因研究，还涉及第2种药物作为干预措施。在这些病例中，无论是第2种药物还是维生素A本身，都没有被发现与罹患肺癌的风险增加有关，但也没有预防肺癌的作用。这两项研究均表明，仅在吸烟者中患肺癌的风险增加。

ATBC是一项随机、2×2析因、双盲、安慰剂对照的一级预防研究，其中29 143名芬兰男性吸烟者接受α-生育酚（50 mg/d）、β-胡萝卜素（20 mg/d）、α-生育酚和β-胡萝卜素或安慰剂[128]，参与者年龄在50～69岁，每天都要吸5支烟或更多。参与者接受了5～8年的随访观察。尽管肺癌的发病率（主要终点）没有通过单独补充α-生育酚而得到改善，但无论是单独接受β-胡萝卜素补充剂或是单独接受α-生育酚，这两组的肺癌发病率均增加了18%，肺癌死亡率增加8%。这项研究表明，β-胡萝卜素对每天吸烟超过20支的男性有更强的不良反应，并且首次提出了β-胡萝卜素的药理剂量对积极吸烟者有害的担忧。但是，一项后续分析表明，β-胡萝卜素接受者的过度风险在4～6年后不再明显，总死亡率持续略有增加是由于心血管疾病引起[132]。

CARET的结果与ATBC试验的结果一致。这也是一项随机、双盲、安慰剂对照的试验，在18 314名年龄在50～69岁被认为有更高的肺癌风险的男性和女性中测试了β-胡萝卜素（30 mg/d）和棕榈酸视黄酯（25 000 IU）的组合。大多数参与者的吸烟史为20包/年以上，并且是当前吸烟者或最近吸烟者。该试验中在4060名男性中发现了石棉显著或广泛的职业暴露[133]。该试验由于担心可能的危害而提前终止，这与ATBC研究的结果一致。主要终点肺癌发病率在积极干预组增加了28%，该组的总死亡率增加了17%[129]。

这一发现与内科医师健康研究[130]不同，该研究是一项随机、双盲、安慰剂对照试验，纳入了22 071名健康男性内科医师。一半的参与者隔天接受50 mg/d的β-胡萝卜素，另一半接受安慰剂。没有观察到补充β-胡萝卜素的不良反应。在这项研究中，包括大部分不吸烟者在内β-胡萝卜素的补充使用在12年的随访中未显示出对癌症发病率或总死亡率有不利或有利的影响[130]。同样，妇女健康研究评估了补充β-胡萝卜素的效果，没有发现有益或有害的证据。然而，在治疗组和安慰剂组中，只有13%的女性是吸烟者[131]。

随后对ATBC和CARET研究进行的亚组分析表明，仅在β-胡萝卜素研究组中发现过量的癌症，包括高风险的重度吸烟者或以前接触过石棉的个体[134]。

最近的代谢组学分析表明，ATBC研究中死亡率增加可能与β-胡萝卜素诱导的血糖控制失调和细胞色素P450酶的诱导相关，从而导致与心血管药物的相互作用[135]。鉴于人们逐渐认识到，吸烟者中有很高比例的人过早地死于心血管原因，在这些化学预防试验中这种混杂因素可能在总死亡率增加中起主要作用。已知烟草会上调细胞色素P450酶，这种作用不仅可以促进化学预防药物的代谢，还可以促进其他类别的治疗药物如心血管药物的代谢。

吸入类固醇作为可能的化学预防剂的作用已有报道。在一组慢性阻塞性肺病患者中，摄入布地奈德与肺癌风险的剂量依赖性降低有关[136]。2011年开始的一项Ⅱ期临床试验研究了口服布地奈德对正在吸烟者和以前吸烟者中CT检测到的肺结节大小的影响。一年的治疗并没有显著影响周围肺结节的大小，但是注意到了非实心结节和部分实心结节消退的趋势[137]。至少有一些磨玻璃结节被认为是癌前病变。上皮细胞导向的药物输送可能是有利的，因为它可以在气道中的烟草高度相关损伤区域产生高药物浓度，但在体循环中达到无毒的药物水平。口服这些药物可能不会在支气管上皮产生足够的药物浓度。使用13-顺式视黄酸和棕榈酸视黄酯雾化的动物模型实验研究表明，支气管上皮的组织学变化有明显改善[138]。这种药理学方法具有很强的理论吸引力，初步的阳性结果需要进一步研究。

10.2 二级化学预防

尽管目前对何种癌前病变标志物能最好预测癌症的进展持不同意见，但是关于癌前患者成功的研究是有限的。迄今为止，随机试验已经使用了不同的终点，包括痰异型性的逆转、DNA微核的减少以及不典型增生或增生的逆转（表9.4）。这些试验中的一些已经使用了类视黄醇，并且表明在没有戒烟的情况下，类视黄醇不能逆转前期病变。相比之下，一些使用泛视黄酸（如9-顺式视黄酸）或非典型类视黄醇（如芬维A胺）的生物标志物驱动的研究表明，这些药物可以调节生物标志物（如RAR-β或人类端粒酶反转录酶的表达）[139-140]。几乎没有证据表明表9.4中所列的任何化合物都能持续逆转癌前病变。迄今为止，最积极的研究之一是使用叶酸和维生素B_{12}的研究，该研究表明吸烟者的支气管上皮化生有所改善[141]。然而，鉴于难以验证终点，即使是这些阳性结果也必须谨慎看待。需要使用生物学终点进行更大规模的试验以确认疗效。

表9.4 肺癌化学预防的次级随机试验

研究	干预	终点	患者数量	结局
Lee等[142]	异视黄酸	化生	40	阴性
Kurie等[143]	芬尼替尼	化生	82	阴性
Arnold等[144]	依曲替酯	化生	150	阴性
McLarty等[145]	β-胡萝卜素，视黄醇	痰液异型性	755	阴性
Heimburge等[141]	维生素B_{12}，叶酸	痰液异型性	73	阳性
van Poppel等[146]	β-胡萝卜素	痰液微核分析	114	阳性
Kurie等[139]	9-顺式视黄酸	RAR-β表达，化生	226	阳性
Mao等[147]	塞来昔布	Ki-67表达	20	阳性
Van Schooten等[148]	*N*-乙酰半胱氨酸	DNA加合物	41	阳性
Lam等[149]	ADT	异型增生	101	阳性
Soria等[140]	芬尼替尼	hTERT表达	57	阳性
Lam等[150]	布地奈德	异型增生	112	阴性
van den Berg等[151]	氟替卡松	异型增生	108	阴性
Gray等[152]	Enzastaurin	异型增生，Ki-67 LI	40	阴性
Kelly等[153]	13-顺式视黄酸，α-生育酚	异型增生，Ki-67 LI	86	阴性
Mao等[154]	塞来昔布（之前吸烟者）	异型增生，Ki-67 LI	137	阳性
Keith等[155]	伊洛前列素	异型增生	152	阳性
Limburg等[156]	舒林酸	异型增生，Ki-67 LI	61	阴性

注：ADT，茴香脑二硫代噻酮；hTERT，人类端粒酶反转录酶；Ki-67 LI，Ki-67标记指数；RAR，视黄酸受体

Lee等[142]的发现很有趣，他们指出类视黄醇可以有效地与戒烟结合。在活跃（持续）吸烟者中没有发现有益的证据，但是由于代谢酶的诱导，这引起了当前吸烟者加速药物代谢的问题。然而，最近使用类视黄醇的新的研究显示了潜在的明显益处。Kurie等[139]报告了关于以前吸烟者接受9-顺式视黄酸或13-顺式视黄酸与α-生育酚治疗的随机对照试验结果。该试验的终点是*RAR-β*的上调，它可能抑制肺癌的进展过程。在177位可评估的参与者中，发现接受9-顺式视黄酸治疗的患者*RAR-β*表达恢复（$P<0.03$），这一发现还与支气管上皮化生的减少相关（$P<0.01$）[139]。在接受13-顺式视黄酸和α-生育酚治疗的患者中没有发现显著效果，因此这组研究人员计划针对以前吸烟者继续使用一种全视黄酸类激动剂（9-顺式视黄酸。）

Ki-67是一种细胞增殖的生物标志物，已在各种二级化学预防试验中用作支气管发育异常改变的终点。例如，进行了一项Ⅱ期试验来研究恩扎他林（一种丝氨酸/苏氨酸激酶抑制剂）降低以前吸烟者Ki-67标记指数的作用。患者被随机分配到接受每天口服恩扎他汀（500 mg/d）或安慰剂组，持续6个月。结果没有显示实验组和安慰剂组之间Ki-67标记指数的变化有任何显著差异。但是，在一项仅限于化生和发育异常的亚组分析中，实验组中几乎1/5参与者的Ki-67表达减少了50%，而安慰剂组中则没有[152]。

一项Ⅲ期试验评估了13-顺式视黄酸（50 mg/d）对高危患者的作用，评估方法是通过支气管上皮Ki-67标记指数的变化来衡量。该研究纳入吸烟史超过30包/年，有气流阻塞迹象或Ⅰ/Ⅱ期NSCLC手术后治愈的患者。随访12个月后的结果未能显示Ki-67标记指数的任何变化[153]，但由于药物不良反应，经常会减少13-顺式视黄酸的剂量。

在一项随机安慰剂对照的Ⅱ期试验中，舒林酸作为一种潜在的化学预防剂被研究。然而，该鳞状细胞肺癌化学预防试验的结果未能证明舒林酸具有充足的益处，如同Ki-67标记指数的变化所证明的那样[156]。

这个结果提出了一个问题，即Ki-67是否是合适的生物标志物。关于Ki-67表达是否与吸烟状态和发育异常程度有关，或者它是否预测了肺癌的最终进展，数据存在争议[157-159]。

各种其他天然药物，包括姜黄素、鱼藤素、牛乳铁蛋白、肌醇和表没食子儿茶素没食子酸酯，已在动物模型中作为阻断肿瘤致癌作用的潜在药物被研究，但这些药物尚处于评估的早期阶段[160-163]。

据报道，环氧合酶（cyclooxygenases，COXs）参与致癌作用。抑制这种酶，特别是COX-2，是一种潜在的化学预防方法。在基于人群的队列研究中，使用非甾体抗炎药超过1年可降低吸烟者患肺癌的相对风险并对吸烟者起到化学保护作用[164-166]。在一项Ⅱb期研究中，另一种COX-2抑制剂塞来昔布可显著降低既往吸烟者的Ki-67标记指数和其他次要终点[164]。然而，这些药物只能用于心血管风险较低的特定人群，这限制了它们在化学预防吸烟相关疾病方面的效用。

伊洛前列素是另一种调节COX级联的药物，其作用类似于COX-2抑制剂。在一项Ⅱ期试验中，口服伊洛前列素可显著改善既往吸烟者上皮细胞的支气管内异型增生。在建议更广泛地使用这些药物之前，需要将这些药物的给药与临床终点的改善联系起来的验证性试验[155]。

新辅助机会窗口试验要求在切除肺癌之前（通常是2周前）对新诊断的肺癌患者给予特定药物。以这种方式，可以与药物暴露后进行比较来评估表达分析，以确定受药物暴露影响的活跃的信号通路。与传统的针对肺癌的药物开发方法相比，这种方法可以更准确地反映实际药物的作用，并有可能确定有用的药物作用中间标记。此类试验还允许直接评估呼吸道上皮，以绘制致癌性损伤的程度以及这些部位的药物反应。已经对Ⅰ期NSCLC患者进行了3项此类试验。在术前窗口期进行化学疗法，然后根据肿瘤负荷减少和生物标志物分布评估疾病的反应。这些试验中的第一个试验旨在探讨吉非替尼在Ⅰ期NSCLC患者中的使用，以评估肿瘤负荷方面的反应并确定疗效预测因子[167]。在该项单臂研究中，在手术切除肺癌前36例患者接受吉非替尼（250 mg/d）治疗长达4周。在不吸烟者和女性中肿瘤缩小更为常见，而预测反应的最强因素是*EGFR*突变。这一发现支持吉非替尼作为部分早期NSCLC病例（具有*EGFR*突变）新辅助治疗方案的一部分。这些试验还可作为生物标志物试验，通过鉴定可预测反应的标志物及其潜在用途来选择化学预防和治疗方法的目标人群。另一项Ⅱ期试验探讨了培唑帕尼（一种抑制血管内皮生长因子的口服抗血管生成剂）在早期NSCLC中的应用。这些研究人员还对细胞因子和血管生成因子（cytokines and angiogenic factors，CAF）进行了广泛的生物标志物分析，以研究CAF与肿瘤缩小之间的关系。发现11种CAF的水平与肿瘤缩小有关，特别是白细胞介素12和白细胞介素4。作者提议使用CAF分析来选择进行培唑帕尼预处理的目标人群[168]。

另一个试验在早期NSCLC中使用了贝沙罗汀和厄洛替尼的组合。已发现这种组合在*KRAS*驱动的肺癌细胞中具有活性，并且对临床上难治性*KRAS*突变型癌症也有作用，这很有趣，因为*KRAS*突变的存在被假设为对吉非替尼治疗耐药的标志物[169]。

10.3 链接化学预防和未来研究

患有烟草相关癌症的患者其受烟草损坏的上皮继发肿瘤的风险仍然大大提高[27-28, 170-174]。尽管治疗首发的癌症通常可以成功，但这些患者发生SPT的风险很高[175]。在头部和颈部区域发生SPT的终生风险约为20%。尽管每年的估计值在3%～7%，但是仍然有充分的证据表明SPT是头颈癌根治性手术后死亡的主要原因[173-178]。

鉴于晚期口腔癌、口咽癌或喉鳞状细胞癌患者复发和SPT的可能性很高，Hong等[179]对103例Ⅰ～Ⅳ期头颈部鳞状细胞癌患者进行了一项随机、安慰剂对照研究（表9.5）。在明确的局部治疗后，患者被随机分配为接受大剂量的13-顺式视黄酸［100 mg/（m^2·d）］或安慰剂治疗1年。在前44名患者中有13名患者出现了无法忍受的不良反应后，将13-顺式视黄酸的剂量降低至50 mg/（m^2·d）。研究的主要终点是原发肿瘤的复发和SPT的发展。治疗组间在局部复发或远处转移方面没有发现差异。但是，接受13-顺式视黄酸治疗的患者SPT发生率大大降低。在103位中位随访时间为42个月的患者中，SPT在13-顺式视黄酸组中的发病率为6%（3/49），而在安慰剂组中的发病率为28%（14/51）。

表9.5 肺和消化道原发肿瘤转移的预防研究（三级化学预防）

研究	干预	终点	患者数量	结局
Pastorino等[180]	棕榈酸视黄酯	SPT	40	阳性
EUROSCAN等[181]	棕榈酸视黄酯，*N*-乙酰半胱氨酸	SPT	82	阴性
Lippman等[182]	13-顺式视黄酸	SPT	150	阴性
Khuri等[183]	13-顺式视黄酸	SPT	755	阴性
Hong等[179]	异视黄酸	SPT	73	阳性

注：SPT，原发肿瘤转移

该试验的大规模后续研究于2006年发表，该研究使用了更低剂量的13-顺式视黄酸。该项随机、双盲、安慰剂对照研究于1991年启动，超过1382名患者被登记，1192名患者被随机分配到低剂量的13-顺式视黄酸组（30 mg/d）或安慰剂组。这些患者接受了Ⅰ期或Ⅱ期头颈部鳞状细胞癌的明确治疗。中位随访时间为7年，发现低剂量的类视黄醇对减少肺部或呼吸道中SPT的发生率没有效果[183]。尽管与Hong等的试验类似，同样由于不良反应（皮肤干燥、唇炎、高甘油三酯血症、结膜炎等）导致剂量大量减少，本试验中没有进行药理学评估来证明类视黄醇输送到支气管上皮组织的充分性[179]。

为了预防肺癌患者的SPT，已经开展了一些Ⅲ期试验。第一项是由Pastorino等[180]进行的试验，该研究将300多名早期肺癌患者随机分配至棕榈酸视黄酯组或安慰剂组。研究结果表明，棕榈酸视黄酯组中肺SPT的进展显著减少。Bolla等[184]后续的研究使用了一种不同的合成类视黄醇（伊特罗汀），未能显示SPT减少。

过去10年中报道了两项大型的后续Ⅲ期试验，包括欧洲扫描研究（EUROSCAN）和美国的组间

91-0001试验（US Intergroup 91-0001 trial）[181-182]。EUROSCAN是一项由欧洲癌症研究与治疗组织进行的辅助化学预防的随机研究，研究了维生素A（棕榈酸视黄酯）和*N*-乙酰半胱氨酸在早期头颈癌和肺癌患者中的作用[181]。在该试验中，有2592名喉癌（TIS-T3和0-N1）、口腔癌（TIS-T2和0-N1）或NSCLC（T1-T2和0-N1）患者，他们在第1年接受棕榈酸视黄酯300 000 IU/d，在第2年接受棕榈酸视黄酯150 000 IU/d，*N*-乙酰半胱氨酸600 mg/d持续使用2年。与安慰剂组相比，3个积极治疗组在复发率、SPT发生或生存方面均无显著差异。值得注意的是，超过90%的患者是当前吸烟者，吸烟的中位数为43包/年。

美国的组间91-0001试验是一项随机、双盲、安慰剂对照的研究，该试验对Ⅰ期NSCLC完全切除术后给予低剂量（30 mg）的13-顺式视黄酸的病例进行了研究[182]。该试验在1997年完成了受试者招募，共有1486名参与者。研究目的是评估低剂量的13-顺式视黄酸（30 mg/d，持续3年）与安慰剂相比在预防SPT方面的功效。要求患者完全切除原发性Ⅰ期NSCLC（术后T1或T2和0），并在治疗完成后6周至3年内进行登记。中位随访3.5年后，安慰剂组和13-顺式视黄酸组在SPT发展时间、复发率或死亡率方面无显著差异。多变量分析表明，SPT的发生率不受任何分层因素的影响，复发率仅受治疗阶段的影响，有证据表明吸烟对治疗是有影响的（对当前吸烟者与从不吸烟者进行治疗的风险比为3.11，95%CI为1.00～9.71）。研究未显示低剂量的13-顺式视黄酸会影响Ⅰ期NSCLC患者的总生存率或SPT、复发率或死亡率。随后的亚组分析表明，13-顺式视黄酸与当前吸烟者较高的转移进展率相关，并提示从不吸烟者受益。

11 未来的策略

在对NSCLC患者进行了20多年的化学预防干预失败之后，累积的证据表明，仅依靠制定流行病学指南来选择化合物的方法不足以在广泛且不同的人群中确定有效的干预措施。尽管流行病学文献提示，饮食成分或特定药物（如绿茶多酚、姜黄素、他汀类药物和二甲双胍）可显著降低肺癌的风险[185-186]，但很少有专家会在缺乏经过精心设计的生物标志物驱动试验中未进一步测试这些概念的情况下建议推进预防方法。

迄今为止，大量证据表明*EGFR*的过度表达在整个肺癌发生过程中一直存在[38, 187-188]。此外，在非吸烟、原发肿瘤含有这种突变并已经切除肿瘤的腺癌患者中，*EGFR-TK*结合结构域的突变可见于正常的气道。尽管没有可识别的致癌物导致*EGFR*突变，但在外观似乎正常并未受到烟草暴露损害的气道中发现了*EGFR-TK*突变，这代表了一种新的但尚未被充分了解的局部效应类型[42]。如前所述，已经提出了在高危患者人群中使用EGFR-TKI的化学预防方法，并且如前所述，已经用培唑帕尼、吉非替尼和厄洛替尼进行了所谓的机会窗试验[158, 189-191]。

对EGFR抑制剂与贝沙罗汀的联用也进行了研究[169]。在亚洲非吸烟女性中，肺腺癌中*EGFR-TK*突变的发生率最高。然而，识别风险最大的个体是最大的挑战。

有重要数据表明，在肺癌发生过程中COX-2逐渐上调，用选择性COX-2抑制剂抑制COX-2的试验显示出有希望的初步结果[147, 192]。另一种方法是上调前列环素，从而下调前列腺素E2，前列腺素E2可能是COX-2的关键下游效应途径[193]。这些COX导向的化学预防策略值得被进一步评估。

另一种有针对性的方法是基于体外实验和流行病学数据。Govindarajan等[194]表明，刺激过氧化物酶体增殖物激活受体（peroxisome proliferator-activated receptor，PPAR）的噻唑烷二酮能够诱导细胞周期停滞。这些研究人员进行了一项大规模队列研究，研究对象是40岁及以上的87 678名男性退伍军人，研究结果显示11 289名噻唑烷二酮使用者的肺癌风险降低了33%。然而，一个警告是，该研究未能考虑到吸烟状况的差异。已经发现PPAR在鳞状细胞癌中的表达比在腺癌中更为普遍，在鳞状细胞癌中它与bcl及c-myc阳性有关，而在腺癌中它与肿瘤的大小有关。这些发现提示了PPAR表达作为预后标志物的潜力，并可能对化学疗法和治疗产生影响[195]。其他研究人员已经使用了吸入和口服皮质类固醇，或吸入类视黄醇，所有这些都显示出了希望。

两项针对高危患者的随机Ⅱ期试验研究未能显示出倾向于吸入性皮质激素的趋势，但这些试验存在方法学上的局限性，如侧重于大气道变化和样本量不足，以致不足以得出明确的结论[150-151]。较大型的研究使用更有效的传输装置靶向作用于深层的呼吸道上皮，从而反映出含烟草产品的沉积，似乎是有道理的。

尽管有数项大型比较试验的结果是负面的，但大量的流行病学、实验和临床观察继续提供证据，证明抗氧化剂、抗炎药、EGFR-TKI和植物化学物质可能会阻断多种癌变模式。但是，这些试剂在基因转录水平上的作用模式尚未被完全了解。得益于新的分子生物学技术，这种认识正在迅速增长，并且经过多年化学预防研究的微薄成果，我们可能已进入该研究领域更为积极的时代。

12 结论

对肺癌发生的病理学和遗传学基础的不断了解为化学预防研究提供了基础。肺癌筛查的出现以及对早期肺癌更频繁的检测也将为确定有效的化学预防剂提供动力。潜在治愈的早期肺癌数目增加将导致许多患者关注可能会发生第二原发肺癌的癌变领域。尽管齐心协力，但迄今为止还没有成功的化学预防策略得到验证。新的试验设计，如只有少量“高危人群”和生物标志物的小型试验，可能会促进更经济的化学预防药物的快速发展。候选中间生物标志物已被识别并已用于试验中，并获得初步积极结果。另外，新辅助化疗的机会窗口试验也可能为更好地确定化学预防药物作用模式提供一个有价值的工具，并且在这些窗口试验中，在接受药物前后获得的组织标本可以帮助确定候选的辅助诊断或治疗生物标志物，以评估在后续药物开发试验中药物的效应。考虑到全球肺癌负担的日益增加，必须继续努力寻找有效的化学预防剂来阻止早期肺癌的发生。随着对分子基础的深入了解以及更好的筛查策略，为在高风险人群中进行更成功的研究铺平道路。

（董 明 陈 军 译）

主要参考文献

2. Vineis P, Alavanja M, Buffler P, et al. Tobacco and cancer: recent epidemiological evidence. *J Natl Cancer Inst*. 2004;96(2):99–106.
5. Maresso KC, Tsai KY, Brown PH, Szabo E, Lippman S, Hawk ET. Molecular cancer prevention: current status and future directions. *CA Cancer J Clin*. 2015;65(5):345–383.
8. Vogelstein B, Kinzler KW. The path to cancer—three strikes and you're out. *N Engl J Med*. 2015;373:1895–1898.
9. Mulshine JL, DeLuca LM, Dedrick RL, Tockman MS, Webster R, Placke M. Considerations in developing successful population-based molecular screening and prevention of lung cancer. *Cancer Suppl*. 2000;11:2465–2467.
17. Tong L, Spitz MR, Fueger JJ, Amos CA. Lung carcinoma in former smokers. *Cancer*. 1996;78(5):1004–1010.
23. Slaughter DP, Southwick HW, Smejkal W. Field cancerization in oral stratified squamous epithelium: clinical implications of multicentric origin. *Cancer*. 1953;6(5):963–968.
24. Auerbach O, Hammond EC, Garfinkel L. Changes in bronchial epithelium in relation to cigarette smoking, 1955–1960 vs. 1970–1977. *N Engl J Med*. 1979;300(8):381–385.
32. Wistuba Ⅱ, Lam S, Behrens C, et al. Molecular damage in the bronchial epithelium of current and former smokers. *J Natl Cancer Inst*. 1997;89(18):1366–1373.
71. Cassidy A, Duffy SW, Myles JP, Liloglou T, Field JK. Lung cancer risk prediction: a tool for early detection. *Int J Cancer*. 2007;120(1):1–6.
91. Sporn MB, Dunlop NM, Newton DL, Smith JM. Prevention of chemical carcinogenesis by vitamin A and its synthetic analogs (retinoids). *Fed Proc*. 1976;35(6):1332–1338.
92. Aberle D, Adams A, Berg C, et al. Reduced lung-cancer mortality with low-dose computed tomographic screening. *N Engl J Med*. 2011;365(5):395–409.
97. Humphrey L, Deffebach M, Pappas M, et al. *Screening for Lung Cancer: Systematic Review to Update the US Preventive Services Task Force Recommendation*. Rockville, MD: Agency for Healthcare Research and Quality; 2013.
100. van Klaveren RJ, Oudkerk M, Prokop M, et al. Management of lung nodules detected by volume CT scanning. *N Engl J Med*. 2009;361(23):2221–2229.
104. Henschke CI, Boffetta P, Gorlova O, Yip R, Delancey JO, Foy M. Assessment of lung-cancer mortality reduction from CT screening. *Lung Cancer*. 2011;71(3):328–332.
106. Flores RM, Park BJ, Dycoco J, et al. Lobectomy by video-assisted thoracic surgery (VATS) versus thoracotomy for lung cancer. *J Thorac Cardiovasc Surg*. 2009;138(1):11–18.
107. Paul S, Altorki NK, Sheng S, et al. Thoracoscopic lobectomy is associated with lower morbidity than open lobectomy: a propensity-matched analysis from the STS database. *J Thorac Cardiovasc Surg*. 2010;139(2):366–378.
109. National Framework for Excellence in Lung Cancer Screening and Continuum of Care. *Lung Cancer Alliance* 2016. http://www.lungcanceralliance.org/get-information/am-i-at-risk/national-framework-for-lung-screening-excellence.html; 2016.
113. Jaklitsch MT, Jacobson FL, Austin JH, et al. The American Association for Thoracic Surgery guidelines for lung cancer screening using low-dose computed tomography scans for lung cancer survivors and other high-risk groups. *J Thorac Cardiovasc Surg*. 2012;144(1):33–38.
114. Yankelevitz DF, Reeves AP, Kostis WJ, Zhao B, Henschke CI. Small pulmonary nodules: volumetrically determined growth rates based on CT evaluation. *Radiology*. 2000;217(1):251–256.
117. Field JK, Smith RA, Aberle DR, et al. International Association for the Study of Lung Cancer Computed Tomography Screening Workshop 2011 report. *J Thorac Oncol*. 2012;7(1):10–19.
118. Mulshine JL, Sullivan DC. Clinical practice. Lung cancer

screening. *N Engl J Med*. 2005;352(26):2714–2720.

120. Pyenson BS, Sander MS, Jiang Y, Kahn H, Mulshine JL. An actuarial analysis shows that offering lung cancer screening as an insurance benefit would save lives at relatively low cost. *Health Aff (Millwood)*. 2012;31(4):770–779.

127. Peto R, Doll R, Buckley JD, Sporn MB. Can dietary beta-carotene materially reduce human cancer rates? *Nature*. 1981;290(5803): 201–208.

136. Parimon T, Chien JW, Bryson CL, McDonnell MB, Udris EM, Au DH. Inhaled corticosteroids and risk of lung cancer among patients with chronic obstructive pulmonary disease. *Am J Respir Crit Care Med*. 2007;175(7):712–719.

138. Kohlhäufl M, Häussinger K, Stanzel F, et al. Inhalation of aerosolized vitamin A: reversibility of metaplasia and dysplasia of human respiratory epithelia—a prospective pilot study. *Eur J Med Res*. 2002;7(2):72–78.

155. Keith RL, Blatchford PJ, Kittelson J, et al. Oral iloprost improves endobronchial dysplasia in former smokers. *Cancer Prev Res (Phila)*. 2011;4(6):793–802.

获取完整的参考文献列表请扫描二维码。

第10章　肺癌基因拷贝数异常与基因融合：现状与发展中的技术

Marileila Varella-Garcia, Byoung Chul Cho

要点总结

- 肺癌普遍具有结构性染色体异常和非整倍体，其中许多与癌发生有关。
- 基因扩增是NSCLC癌基因激活的常见机制，包括*MYC*、*EGFR*、*ERBB2*、*MET*、*PIK3CA*和*FGFR1*等基因。基因扩增还与耐药性有关，例如，当*EGFR*具有T790M等位基因突变或*MET*基因扩增时，对表皮生长因子受体酪氨酸激酶抑制剂产生耐药性。
- 最近，人们发现*ALK*、*ROS1*、*RET*和*NTRK1*等基因在NSCLC中通过与基因伴侣融合，从而组成型转录或携带诱导磷酸化的特定结构域而被激活。
- 已研发出针对这些特定驱动基因的靶向治疗新药物，显著提高了具有驱动基因突变的患者的生存时间并改善了其生活质量。
- 已实现通过多种技术对NSCLC肿瘤进行不同水平的分析，如DNA水平（如测序、荧光原位杂交）、RNA水平（如反转录-聚合酶链反应）和蛋白质水平（如免疫组织化学）。原位分析技术（荧光原位杂交、免疫组织化学）和提取平台分析（基于PCR的、测序等）都具有各自的优势和局限性。
- 已经开发了单基因检测和多基因检测组合的平台，后者更为有效，因为在整个NSCLC人群中基因重排的发生率较低，每个基因测试的成本较低，而且晚期疾病患者的肿瘤组织量较稀少。虽然与鳞状细胞癌（squamous cell carcinomas，SCC）相比，在肺腺癌中检测到更多的分子驱动基因，但已投入大量的努力以更好确定SCC中的潜在治疗靶点。而对于小细胞肺癌治疗的标志物依旧是知之甚少。

肺癌是一种基因组高度不稳定、分子变化复杂的疾病。本章综述由细胞遗传学技术检测的某些分子事件的影响，如肺癌患者中DNA和染色体水平的不稳定性。此外，本章还将探讨导致癌基因非病毒性激活的两个主要分子机制：基因扩增和基因融合。蛋白质的过表达通常是在某些正常条件下不存在的基因拷贝数增加或特定基因从配体结合控制中释放所驱动的，并在组成型激活基因的启动子或活性结构域的控制下具有了自身的活性结构域。在20世纪80年代中期发现了肺癌中v-myc禽骨髓细胞瘤病毒癌基因同源物（v-myc avian myelocytomatosis viral oncogene homolog，*MYC*）基因和*KRAS*基因的扩增[1-2]。相反的是，肺癌中的蛋白融合是一个新近才发现的现象。尽管在白血病和淋巴瘤中，基因融合是常见且众所周知的致病因素和治疗靶点，但在21世纪开始之前，肺癌研究中并没有关于基因融合的介绍。然而，随着基因组技术的进步，主要发现于非小细胞肺癌的活化基因融合的数量迅速增加，本章将对此详细介绍。

1　肺癌的基因不稳定性

已知多种基因异常的积累与肺癌的发生和进展有关。造成这些异常的基因不稳定性，一般代指染色体不稳定（chromosomal instability，CIN）和微卫星不稳定（microsatellite instability，MSI）的概念[3]。染色体区域的不稳定性可涉及染色体的部分或全部区域，导致的异常包括缺失、重复、插入和易位等。当发生缺失时，CIN可能诱导肿瘤抑制基因或DNA修复基因的杂合缺失（loss of heterozygosity，LOH），以及染色体焦点区域多重复制促进癌基因扩增。因此，诸多有力的证据证实了CIN在肺癌发病中的作用[4-7]。除了染色体水平的改变外，核苷酸水平的不稳定性，通常称为MSI，一般与错配修复（mismatch repair，MMR）缺陷有关[8-9]。MSI可能引起错义突变，诱发肿瘤抑制基因如p53的失活，这可能导致肺癌的发生与进展[10-11]。CIN和MSI这两种现象显然都有助于癌细胞的表型不稳定性和广泛性。因此，对导致基因不稳定的分子机制的研究为研发肺癌新治疗策略带来了希望。

1.1 微卫星不稳定性

微卫星，也被称为简单重复序列，指串联重复的短（小于10 bp）DNA序列，是绘制遗传图谱和确定染色体位点LOH的有用的标志物。人类最常见的微卫星是双核苷酸CA的重复，在基因组中出现数万次。虽然这些微卫星的长度因人而异，但每个个体都有固定长度的微卫星。作为基因不稳定性中重要的一步，MSI通常是由于MMR基因异常产生的，如*HMSH2*和*HMLH1*，这损害了DNA复制过程中自发的错误纠正[12]。MMR功能缺失使肿瘤细胞更易产生整个基因组的体细胞突变，并且微卫星在缺失MMR的情况下尤其容易发生突变。MSI最初是在结直肠癌中发现的，而且与临床有着直接和非常重要的意义，因为它与遗传性非息肉病性结肠癌（hereditary nonpolyposis colon cancer，HNPCC）相关[13]。在HNPCC中，由于干系改变而导致的MMR基因的MSI是其发生发展的重要分子基础。相比之下，肺癌的CIN在癌症发生中扮演更重要的角色，因为经常发生某些染色体位点的纯合和杂合缺失或癌基因的扩增，下面将详细描述[6, 14-15]。

关于MSI与肺癌的相关性，存在着相互矛盾的数据结果。据报道，MSI的发生率在NSCLC中为0～69%，在SCLC中为0～76%[8, 10, 14, 16-19]。有趣的是，几项对NSCLC的研究表明出现四核苷酸重复区域的MSI频率高于传统的单核苷酸重复或双核苷酸重复区域，并提出了“选定的四核苷酸微卫星改变增强”（elevated microsatellite alterations at selected tetranucleotide，EMAST）一词来指代这种现象[8, 10, 16, 20]。此外，据报道EMAST与伴有淋巴结转移的SCC有关[16]。导致EMAST的分子机制不同于传统的MSI，与MMR缺陷无关，但可能涉及p53的改变[10, 16, 20]。

1.2 非整倍体与CIN

大多数癌细胞具有染色体的数目异常，通常为三倍体或四倍体[3]。除了染色体数目改变之外，癌细胞通常还存在染色体结构异常，如倒置、缺失、重复和易位。非整倍体，定义为通常由CIN引起的、数量和结构异常的染色体[21]。非整倍体和CIN可以在选择压力下介导肿瘤细胞群的进化，并且与许多肿瘤的不良预后以及独特的组织病理学特征有关。CIN通过加快抑癌基因的纯合和杂合性缺失以及有效地扩增癌基因，在肺癌发生中起重要作用[6, 14, 22]。因此，更好地理解非整倍体和CIN的前因后果可能会为包括肺癌在内的实体恶性肿瘤提供新的治疗思路[23]。

早期研究发现，肺癌全基因组或某些特定区域，比如12p、14q和17q染色体经常出现染色体不稳定并导致明显的杂合缺失[4-5, 24]。此外，在3p位点含有与抗氧化防御相关的基因（如谷胱甘肽过氧化物酶I）的LOH，不仅与肺癌的进展有关，而且对DNA损伤剂（如辐射）的反应性更高[25]。

细胞周期进程中的多种机制与肺癌中CIN和非整倍体的出现有关。这些包括有丝分裂检查点的失效，着丝粒（在细胞分裂过程中纺锤体纤维附着的染色单体上的蛋白质结构）和中心体成分的突变和扩增，以及DNA修复基因的突变[23]。有丝分裂检查点，也称为纺锤体组装检查点，当着丝粒未连接到纺锤体，缺少微管，或张力差或不足时被激活，从而导致有丝分裂中期-后期进程的失调[26]。有丝分裂检查点基因［有丝分裂停滞缺陷样1（*MAD1*/*MAD2*）和有丝分裂检查点丝氨酸/苏氨酸激酶（*BUB1*，*BUBR1*）］的功能丧失性突变或基因表达降低，导致染色体错误分离并产生非整倍体[27, 28]。鉴于最近收集的综合性全基因组测序数据中，很少检测到肺癌的有丝分裂检查点基因的突变缺失（不到3%），所以肺癌和CIN的进展可能与它们磷酸化或细胞质定位功能失调的关系更为密切[29-32]。有趣的是，一项对*MAD2*$^{+/-}$*P53*$^{+/-}$和MAD1$^{+/-}$MAD2$^{+/-}$*P53*$^{+/-}$小鼠的研究表明，*MAD1*/*MAD2*和*P53*基因在产生更多的非整倍体和肿瘤发生中可能起协同作用[33]。此外，有丝分裂检查点也与DNA损伤反应有关，有缺陷的有丝分裂检查点赋予癌细胞对某些DNA损伤性抗癌药的抗性[23-34]。人们认为中心体通过在细胞分裂过程中建立双极纺锤体来维持基因组稳定性，确保复制的染色体平等分离到两个子细胞[35]。编码极光激酶A（aurora kinase A，AURKA）的*STK15*在多种类型的人类肿瘤中被扩增和过表达，导致中心体扩增、CIN和肿瘤发生[36]。极光激酶属丝氨酸/苏氨酸激酶，是有丝分裂过程中的关键调控因子。它们的功能失调干扰了细胞周期检查点，并允许基因异常的细胞也能进入有丝分裂和细胞分离过程。极光激酶的过表达可引发非整倍体的出现，致使无法保持染色体的完整性[37]。

在一项研究中，发现AURKA在50%的NSCLC中高度过表达，与配对的肺组织相比，其在肿瘤样本中的过表达显著上调（$P<0.01$），这表明AURKA可作为肿瘤标志物[38]。此外，与非侵袭性细支气管肺泡癌相比，AURKA主要在中、低分化肺鳞癌以及肺腺癌中上调[38]。NSCLC中AURKA的扩增频率从1%～6%，并且似乎在肺腺癌中比在SCC中更常见[29-30]。相比之下，极光激酶B（aurora kinase B，AURKB）在肿瘤发生中的作用不太明确[37]。然而，许多研究支持AURKB和肿瘤恶性转化之间存在联系，并涉及其他因素。虽然单纯AURKB的过表达并不能导致啮齿动物成纤维细胞恶性转化，但其激酶活性的增强还是可以促进Harvey大鼠肉瘤病毒癌基因同源基因（Harvey ratsarcoma viral oncogene homolog，*HRAS*）诱导的转化，从而导致产生非整倍体细胞[39]。对160例NSCLC样本进行免疫组织化学（immunohistochemistry，IHC）分析，发现78%的肿瘤过表达AURKB，并且与肺腺癌的恶性肿瘤特征和不良预后有关[40]。和AURKA过表达与基因扩增有关相反[41]，AURKB的过表达与原发性肺癌中的异常转录调控有关[42]。

因此，极光激酶的过表达和扩增与肿瘤转化有关，成为令人瞩目的癌症治疗靶点[43]。已经开发出越来越多的极光激酶抑制剂，在本书出版时，已经进入临床试验研究，以评价基于极光激酶的靶向治疗潜力。这些抑制剂包括AMG900（Amgen，美国加利福尼亚州千橡市）、AT9283（Astex治疗公司，美国加利福尼亚州都柏林）、AZD1152（Astra Zeneca，英国伦敦），以及PF03814735和BI811283（Boehringer-Ingelheim，美国康涅狄格州里奇菲尔德）[44]。这些药物中的某些对一种极光激酶亚型具有选择性活性，而其他药物则表现广谱抑制作用。

除了有丝分裂检查点蛋白和中心体成分外，CIN可能还由DNA双链断裂修复基因中的缺陷引起，比如共济失调毛细血管扩张症突变基因（ataxia telangiectasia mutated，*ATM*）、*BRCA1*、*BRCA2*、中国仓鼠细胞中的X射线修复互补基因5（双链断裂重连；*XRCC5*）的缺陷修复，或是DNA损伤反应导致[5, 45-47]。有趣的是，染色体的2q33-35和13q12.3区域，包括编码*XRCC5*和*BRCA2*基因位点，在NSCLC中显示出高频率的LOH[5]。最近报道称肺腺癌和SCC中*BRCA1*/*BRCA2*和*XRCC5*基因的mRNA和蛋白表达水平较低，并且启动子超甲基化是这些基因失调的主要机制[45]。鉴于BRCA1/BRCA2蛋白在*P53*介导的四倍体或非整倍体细胞清除中发挥中心作用（通常在四倍体状态之前），这些蛋白质在非小细胞肺癌中经常失活或下调并不奇怪，它们可与*P53*失活协同作用以建立对非二倍体状态的耐受[48]。尽管未修复或不正确修复的DNA损伤可能导致致癌突变，但有效解决癌症的一种方法是借助癌症与正常细胞之间的这种生物学差异，利用肿瘤相关DNA损伤反应的缺陷来开展明智的治疗策略[46]。

2 肿瘤发生机制中的扩增

基因扩增是指在染色体臂某个限定区域内基因拷贝数的增加。它在一些肿瘤中普遍存在并且常与扩增基因的过表达有关，导致癌细胞增殖或对抗癌药物产生抗性[49]。虽然不必，但通常将基因扩增视为核型异常，包括多余的染色体区域，称为双微体的无着丝粒结构和均匀染色区域（图10.1）[50]。对数千个癌症样本的高通量基因组分析表明，大多数（约75%）基因扩增主要发

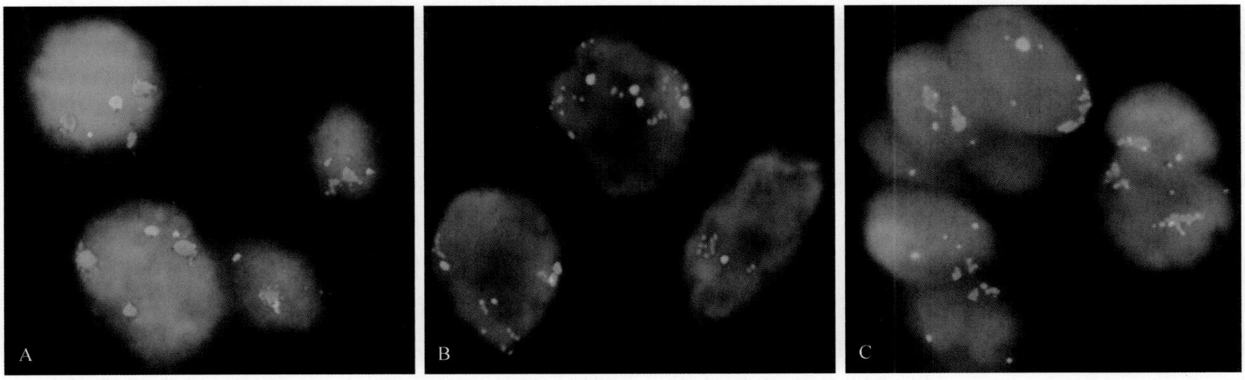

图10.1　肺腺癌的基因扩增

（A）EGFR（红色信号）和着丝粒7（绿色信号）。（B）ERBB2（HER2）和着丝粒17。（C）MET（红色信号）和着丝粒7（绿色信号）。EGFR和MET的扩增出现在大而紧致的基因信号簇中，ERBB2的扩增出现在较小而疏松的基因簇中。EGFR，表皮生长因子受体；ERBB2，Erb-B2受体酪氨酸激酶2。

生在天然序列（长度50～300 kb）和靶定的癌基因，其编码对细胞增殖和生存至关重要的信号蛋白[51]。这一发现有力地支持了基因扩增促进肿瘤形成、肿瘤维持和药物抗性的观点。靶向癌基因的局部集中扩增与大片基因组缺失形成鲜明对比，后者主要为乘客突变，且只有少数例外，如细胞周期蛋白依赖性激酶抑制剂2A/B（cyclin-dependent kinase inhibitor 2A/B，*CDKN2A/B*）、视网膜母细胞瘤1（retinoblastoma 1，*RB1*）和脂肪非典型钙黏蛋白1（FAT atypical cadherin 1，*FAT1*）肿瘤抑制基因[51]。CIN的促成因素，包括常见的染色体脆性位点、DNA错误复制和端粒功能障碍，与基因扩增和大片基因组缺失的原因有关[49]。

基因扩增是非小细胞肺癌中癌基因活化的一种常见机制，并且在整个基因组中对蛋白质表达水平有很大影响[15]。考虑到基因扩增在肺癌发生和进展中的潜在作用，这一现象常与独特的临床病理特征和肿瘤的侵袭行为有关。因此，已报道*EGFR*、v-erb-b2禽红白血病病毒癌基因同源基因2（v-erb-b2 avian erythroblastic leukemia viral oncogene homolog 2，*ERBB2*）、MET原癌基因（met proto-oncogene，*MET*）、*MYC*和成纤维细胞生长因子受体1（fibroblast growth factor receptor 1，*FGFR1*）基因的扩增与NSCLC的不良预后显著相关（后文讨论）。此外，扩增已被确定为对治疗产生抗性的机制之一[49, 52]。

由于肿瘤的生存和增殖可能依赖于癌基因的过表达，因此通常可用癌基因的扩增确定肺癌的独特亚群并将其用作治疗靶点。正如曲妥珠单抗在ERBB2扩增的乳腺癌中成功应用的例子，根据患者治疗反应和效果，特定癌基因的扩增可具备诊断实用性。但肺癌中的几项研究结果已经清楚地证明，检测EGFR突变和间变性淋巴瘤激酶（anaplastic lymphoma kinase，ALK）融合在指导患者治疗和改善疗效方面有临床效用，但选择基于基因扩增的治疗方案仍有待批准[53]。

本章重点介绍与基因扩增最为相关的研究例，它们因具备预后和预测价值而显示出诊断实用性。

2.1　*EGFR*扩增

在NSCLC中通过荧光原位杂交（fluorescence insitu hybridization，FISH）测定EGFR基因拷贝数具有预后和诊断价值（图10.1A）。根据一项接受吉非替尼治疗的晚期NSCLC患者的回顾性研究，如果肿瘤显示高拷贝数或*EGFR*基因扩增，则认为该肿瘤具有高*EGFR*基因拷贝数（EGFR FISH＋）[54]。总体而言，*EGFR*基因拷贝数高的肿瘤约占NSCLC的30%。不同于*EGFR*突变常见于亚洲的从未吸烟女性和腺癌患者，*EGFR*拷贝数分布大多与这些临床病理特征无关[55-56]。在疾病的早期和晚期阶段，*EGFR*基因拷贝数高的肺癌似乎与*EGFR*基因拷贝数低的癌症相比预后都要差。肺腺癌中*EGFR*扩增常与突变共存，提示可能先发生突变，然后在肿瘤进展和转移过程中再诱导基因扩增。这个假设在易瑞沙泛亚洲研究

（Iressa Pan-Asia Study，IPASS）的生物标志物分析中得到了证实，即几乎90%的患者中EGFR突变与高基因拷贝数之间存在一致性[57]。有趣的是，在易瑞沙开展的一项主要针对非亚洲人群的肺癌Ⅲ期生存评估研究中，这两种生物标志物之间的一致率似乎低得多，表明基因组获得EGFR的机制可能具有种族差异[58]。

虽然*EGFR*基因拷贝数已在多项研究中被认为是预测*EGFR*酪氨酸激酶抑制剂（tyrosine kinase inhibitors，TKI）敏感性的生物标志物，但其预测作用仍存在争议。早期研究表明，*EGFR* FISH＋肿瘤患者最有可能受益于*EGFR* TKI治疗。然而，在IPASS研究中*EGFR*基因拷贝数高的肿瘤患者必须在有*EGFR*突变的情况下，使用*EGFR*抑制剂吉非替尼才能具有更长的无进展生存期，而*EGFR*突变患者使用吉非替即可延长无进展生存期，无关*EGFR*基因拷贝数[57, 59]。这些发现表明*EGFR*扩增的预测价值只有与*EGFR*突变共存时才能体现出。*EGFR*突变的强效预测价值随后通过在*EGFR*活跃突变的NSCLC患者中比较一线*EGFR* TKI和化疗药的Ⅲ期研究中得到证实[60-63]。

然而，与*EGFR*突变的情况类似，*EGFR*基因的扩增可以完全激活EGFR酪氨酸激酶并触发下游信号通路。因此，似乎可合理地认为*EGFR*拷贝数异常和*EGFR* TKI敏感性之间存在相关性。有支持这一假设的报道称，高*EGFR*基因拷贝数可能作为晚期鳞状细胞肺癌患者的预测标志物，因为其中活跃的*EGFR*突变非常罕见[64]。除了影响预后和对*EGFR* TKI的应答外，率先产生含有T790M等位基因突变的*EGFR*集中扩增，会产生对*EGFR* TKI（如达克替尼）的不可逆抗性[65]。

2.2 *ERBB2*扩增

*ERBB2*也是EGFR酪氨酸激酶家族的成员，但没有已知同源配体可激活它，其更多是作为其他家族成员二聚化的伴侣。据报道，定位于17q11.2-q12的*ERBB2*基因扩增见于大约2%的未选择性NSCLC中，在低分化腺癌中占11%[29-30, 66-67]。也有报道称大约40%有*ERBB2*扩增的肿瘤同时存在*EGFR*的扩增和（或）突变[68]。因此不足为奇的是，*ERBB2*扩增（图10.1B）与女性和从未非吸烟联系更密切，即与*EGFR*突变和扩增有关的特征。*ERBB2*扩增与蛋白过表达关联性较好，并与更高的肿瘤分级、更晚的疾病分期和更短的生存期相关，这些都提供证据支持该受体作为治疗NSCLC的实用分子靶点[69-70]。不幸的是，在吉西他滨和顺铂的基础上联用曲妥珠单抗似乎没有使具有*ERBB2*过表达或扩增的晚期NSCLC患者受益[71]。然而，由于此试验中极少数患者具有*ERBB2* 3＋/扩增，所以在这一特定肺癌患者亚群中进一步评估曲妥珠单抗是值得的。鉴于*ERBB2*扩增在肿瘤内的高度异质性以及原发肿瘤与其转移瘤的差异，应考虑对NSCLC患者仔细检测以评估是否能作为*ERBB2*靶向治疗候选者[66]。

值得注意的是，存在EGFR突变和（或）扩增的情况下，较高的*ERBB2*基因拷贝数（*ERBB2*/FISH＋）可进一步提升*EGFR* TKI的疗效，表明检测*ERBB2*基因拷贝数可能具有互补作用以选出*EGFR* TKI治疗最佳受益患者[68]。相比之下，*ERBB2*扩增是产生*EGFR*抑制剂西妥昔单抗获得性耐药的机制之一。在HCC827 NSCLC细胞中，*ERBB2*的异常激活导致在西妥昔单抗存在下细胞外信号调节激酶1/2信号转导持续进行，从而阻止西妥昔单抗介导的生长抑制[72]。

2.3 *MET*扩增

*MET*是一种原癌基因，位于7q31染色体上，编码肝细胞生长因子（hepatocyte growth factor，HGF）的跨膜酪氨酸激酶受体[73]。HGF与MET的结合诱导受体二聚化和磷酸转移反应，触发构象变化并激活MET酪氨酸激酶活性。临床前研究结果还表明，具有*MET*基因扩增的肺癌细胞系生长和存活依赖于MET[74]。HGF刺激MET基因扩增导致多种信号途径活化，包括磷脂酰肌醇3激酶/v-akt小鼠胸腺瘤（phosphatidylinositol 3-kinase/v-akt murine thymoma，PI3K/AKT）、RAS/丝裂原活化蛋白激酶（mitogen-activated protein kinase，MAPK）和磷脂酶C-γ通路[73]。

*MET*扩增的频率较低，报道在未经*EGFR* TKI治疗的NSCLC患者中*MET*扩增的频率为1.4%～7.3%[29-30, 75-81]。基因扩增或*MET* FISH＋（图10.1C）与性别、组织学或吸烟与否无关，但

与更高的肿瘤分级和较晚分期显著相关[77-78, 82]。有趣的是，尽管与*EGFR*、*ERBB2*和*KRAS*基因的突变互不干扰，但*MET* FISH＋状态与*EGFR* FISH＋状态显著相关，可能由于这二者基因都位于7号染色体[77, 81-82]。这一发现可能支持*EGFR*和*MET*信号通路之间具有相互作用的早期临床前研究[83]。对于接受手术切除的患者，具有*MET* FISH＋肿瘤的患者（每个细胞5个或更多拷贝）比具有*MET* FISH-肿瘤的患者生存期更短[77]。

NSCLC中*MET*扩增的罕见性，尤其在*EGFR* TKI抗性细胞系模型中更少见（*MET*基因拷贝数大于12），表明*MET*扩增在*EGFR* TKI的原发抗药性中只起有限作用[78]。相反，HGF刺激导致的MET信号通路活化更有可能是对*EGFR* TKI产生原发抗药性的原因。HGF的自分泌或旁分泌导致MET活化、MAPK和PI3K/AKT信号通路重新活化，直接对EGFR抑制剂产生抗药性[84-85]。实际上，有报道称HGF和MET参与了其他几种恶性肿瘤的旁分泌致瘤途径[86]。

相反，MET扩增存在于大约20%对*EGFR* TKI具有获得性抗药性的肿瘤中[87]。Engelman等[52]报道，NSCLC通过扩增*MET*癌基因来激活EGFR家族成员ERBB3和PI3K/AKT细胞生存途径，从而突破*EGFR* TKI的抑制作用。在另一项研究中，Bean等[79]的研究结果显示，具有吉非替尼或厄洛替尼获得性耐药的患者中21%有*MET*扩增，而在未治疗的患者中只有3%存在*MET*扩增，证实*MET*可能是某些具有*EGFR* TKI获得性耐药的患者的相关治疗靶点[79]。

2.4 *PIK3CA*扩增

PI3K信号转导是一种在癌细胞的生长、生存、运动和代谢中发挥作用的主要致癌途径之一[88]。其定位于染色体3q26.3并编码磷脂酰肌醇-4，5-二磷酸3-激酶催化亚基α（phosphatidylinositol-4，5-bisphosphate 3-kinase，catalytic subunit alpha，PIK3CA）基因的p110催化亚基，它的扩增在男性、吸烟者和SCC患者中更常见[89-90]。总体而言，报道称*PIK3CA*基因扩增发生于33.1%～70%的肺鳞癌中，在肺腺癌中则为1.6%～19%，表明这种基因改变主要针对鳞状细胞肺癌[29, 30, 88, 90-92]。此外，高水平的*PIK3CA*复制增益仅存在于SCC中[92]。肺癌中*PIK3CA*扩增（图10.2A）的发生频率高于基因组突变，各自独立发生，意味着这两种分子事件具有同等的致癌潜力[90-92]。

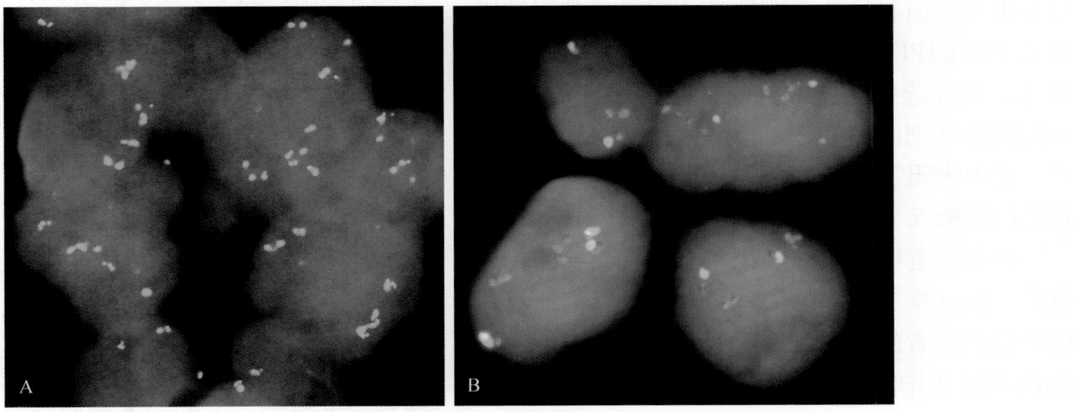

图10.2 鳞状细胞腺癌的基因扩增

（A）*PIK3CA*（绿色信号）和着丝粒3（红色信号）。（B）*FGFR1*（红色信号）和着丝粒8（绿色信号）。这些基因的扩增表现为大量弥漫性分布的小基因簇信号。*FGFR1*，成纤维细胞生长因子受体1；*PIK3CA*，磷脂酰肌醇-4，5-二磷酸3-激酶催化亚单位α。

*PIK3CA*基因扩增的功能重要性表现为PI3K活性的增加和AKT磷酸化[92]。具有*PIK3CA*扩增的NSCLC细胞敲除*PIK3CA*后可抑制其锚定依赖性和非锚定依赖性生长，但对含有野生型*PIK3CA*的细胞没有影响[92]。有趣的是，SCC中单个肿瘤的*PIK3CA*基因扩增和*EGFR*或*KRAS*突变共存的现象少于腺癌。这一发现表明，*PIK3CA*拷贝增加可能在肺鳞状细胞癌的发病机制中发挥

关键作用，进一步为该病中靶向PI3K途径供了理论基础。PI3K通路作为鳞状细胞肺癌治疗靶点的重要性在癌症基因组图谱研究网络的最新研究中得到了强调[29]。在该项研究中，发现47%的肿瘤有了PI3K/AKT通路的改变，更重要的是，大约38.2%的肿瘤（68/178）具有*PIK3CA*扩增。这一发现特别令人感兴趣，因为靶向药物只对肺腺癌患者的治疗有效。鳞状细胞肺癌对PI3K途径的功能性依赖应通过靶向PI3K的抑制剂的成功治疗进行验证，此类试验已在进行中[80]。

2.5 *FGFR1*扩增

FGFR酪氨酸激酶家族包含4种激酶（FGFR 1～4），在肿瘤细胞生长、生存和对化疗药的抗性中起着关键作用[80]。染色体8p12位点的*FGFR1*扩增见于多种类型的肿瘤，特别是肺鳞状细胞癌（图10.2B）和小细胞肺癌[93-100]。

肺鳞癌中*FGFR1*基因的扩增比在肺腺癌中更常见，发生率相对较高（高达24.8%），近期报道称*FGFR1*是这种特定的组织学亚型的新用药靶点[94-100]。有趣的是，Kim等[96]报道，*FGFR1*基因扩增的发生率也与吸烟状态呈剂量依赖关系（当前吸烟者为28.9%，既往吸烟者为2.5%，从未吸烟者为0；$P<0.0001$），提示*FGFR1*基因扩增是由吸烟引起的致癌性异常。*FGFR1*基因扩增导致下游的PI3K/AKT和RAS/MAPK信号通路的激活，并且选择性FGFR抑制剂可引起*FGFR1*扩增的肺鳞状细胞癌的下游信号通路抑制并诱导凋亡，有力表明了*FGFR1*基因扩增可作为该疾病的相关治疗靶点[100]。

也有报道称*FGFR1*基因扩增具有重要的预后价值。Kim等[96]发现*FGFR1*扩增是鳞状细胞肺癌切除的患者的负向预后因素，而Heist等[97]报道*FGFR1*扩增状态与总体生存时间无显著差异。这些不一致的结果可能与用于评估和定义*FGFR1*扩增的方法和临界值设定不同有关[99]。

在一项研究中发现，*FGFR1*扩增存在于5.6%的小细胞肺癌中，大多数为高水平扩增，并表现为均质性染色[101]。此外，FGFR抑制剂阻碍了肿瘤生长，表明FGF-FGFR信号通路对小细胞肺癌的生长具有重要作用，而且*FGFR1*扩增也可能成为小细胞肺癌的治疗靶点[102]。

已经制定了标准化的筛查标准，以可靠地鉴定具有*FGFR1*扩增的肺癌患者来开展FGFR抑制剂的临床试验。根据这些标准，高水平的*FGFR1*扩增定义为*FGFR1*/着丝粒8的比率≥2，每个肿瘤细胞核的平均*FGFR1*信号数≥6，或者≥10%的肿瘤细胞包含至少15个*FGFR1*信号或大片簇状信号；低水平扩增定义为至少50%的肿瘤细胞中有≥5个的*FGFR1*信号[99]。这个标准的效果应通过使用FGFR抑制剂的临床试验的临床反馈数据来验证。

鉴定*FGFR1*扩增为开发治疗鳞状细胞肺癌和小细胞肺癌的新型分子靶向治疗药物带来了希望，最近开发的FGF/FGFR靶向抗癌药物已经处于临床试验研究中[80]。

3 基因融合导致肿瘤发生中的染色体结构变化

3.1 *ALK*融合基因

2007年，Soda等[103]发现由棘皮动物微管相关蛋白样4（echinoderm microtubule-associated protein like 4，*EML4*）和*ALK*组成的致癌融合基因存在于一小部分NSCLC中。大多数成人组织中通常不表达内源性*ALK*基因，包括肺上皮细胞，但*EML4-ALK*融合引发*ALK*及其下游信号通路的异常表达和持续激活，从而导致失控的细胞增殖和存活（图10.3）[104]。据报道，在未选择性NSCLC人群中，*ALK*融合基因发生率约为4%（范围是1.5%～7.5%），意味着全球每年约有40 000个ALK融合基因阳性的非小细胞肺癌潜在病例[104-105]。非小细胞肺癌中*ALK*阳性患者的频率和检测ALK的方法已经在不同的人群中进行了研究（表10.1）[103, 106-113]。*ALK*阳性肺癌对ALK抑制剂高度敏感，了解ALK抑制剂的耐药机制对于*ALK*阳性非小细胞肺癌的最佳治疗至关重要[114]。

*ALK*融合可由多种类型的染色体重排引起，所有这些都导致*ALK*的异常活化[115]。*EML4-ALK*融合是NSCLC中最常见的*ALK*融合，是2号染色体短臂的着丝粒旁倒置（染色体内重排）的结果。多项研究发现了*ALK*的其他罕见的融合伴侣基因，如驱动蛋白家族成员5B（kinesin family

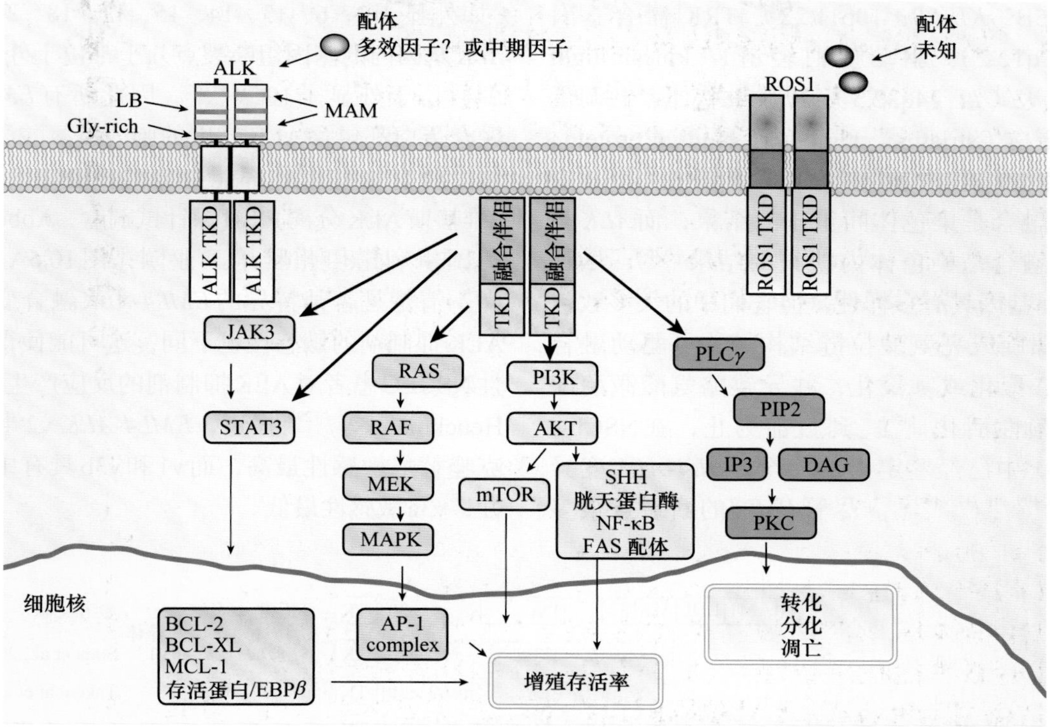

图 10.3　*ALK* 和 *ROS1* 信号通路

ALK，间变性淋巴瘤激酶；DAG，二酰甘油；IP3，肌醇三磷酸；JAK3，Janus激酶3；LB，配体显带；MAM，MEPRin/A5蛋白/PTPMU；MAPK，有丝分裂活化蛋白激酶；mTOR，西罗莫司的机械靶点；NF-κB，核因子-κB；PIP2，磷脂酰肌醇4，5-双磷酸盐；PKC，蛋白激酶c；PLC，磷脂酶c；ROS1，c-ros癌基因1，受体酪氨酸激酶；STAT3，信号转导和转录激活因子3；TKD，酪氨酸激酶结构域。

表 10.1　非小细胞肺癌*ALK*融合的频率、检测方法和融合变异体

研究	研究人群（研究人数）	*ALK* 融合频率/%	检测方法	融合变异类型
Soda 等[103]	日本人（75）	5（6.7）	RT-PCR	*EML4-ALK*（*E13*；*A20*、*E20*；*A20*）
Takeuchi 等[106]	日本人（364）	11（3.0）	10RT-PCR	*EML4-ALK*（*E13*；*A20*、*E20*；*A20*）
Wong 等[107]	中国人（266）	13（5.0）	RT-PCR 直接测序	*EML4-ALK*（*E6*；*A20*，*E13*；*A20*，*E20*；*A20*，*E18*；*A20*）
Inamura 等[108]	日本人（221）	5（2.0）	RT-PCR	*EML4-ALK*（*E20*；*A20*）
Shinmura 等[109]	日本人（77）	2（3.0）	RT-PCR	*EML4-ALK*（*E13*；*A20*、*E20*；*A20*）
Koivunen 等[110]	韩国人/美国人（305）	8（3.0）	RT-PCR	*EML4-ALK*（*E13*；*A20*、*E20*；*A20*、*E6a/b*；*A20*、*E15*；*A20*）
Shaw 等[111]	白种人为主（141）[a]	19（13.0）	FISH	NA
Kim 等[112]	韩国人（229）[a]	19（8.3）	FISH	NA
Gainor 等[113]	白种人/亚洲人（1 683）	75（4.4）	FISH	NA

[a] 采集自从未吸烟或者较少吸烟者人群。

ALK，间变性淋巴瘤受体酪氨酸激酶；*EML4*，棘皮动物微管相关蛋白样4；FISH，荧光原位杂交；NA，不适用；RT-PCR，反转录聚合酶链反应。

member 5B，*KIF5B*；10p11.22）、TRK-融合基因（*TFG*；3q12.2）、驱动蛋白轻链1（kinesin light chain 1，*KLC1*；14q32.3），以及纹状体、钙调蛋白结合蛋白（striatin，calmodulin binding protein，*STRN*；2p22.2）[115-120]。*ALK*与*KIF5B*、*TFG*或*KLC1*的融合是染色体间重排的结果，而*ALK*与*STRN*的融合是染色体内缺失的结果[120]。尽管融合伴侣基因具有多样性，但它们中的大多数包含卷曲螺旋或亮氨酸拉链结构域，可驱动融合激酶的二聚化或寡聚化，并导致酪氨酸激酶配体非依赖性活化[115]。到目前为止，在NSCLC（图10.4）中已经鉴定出20多个*EML4-ALK*变异体[103, 106, 109, 116-117, 119-127]。尽管*EML4*的断裂点很多（如外显子2、6、13、14、15、17、18、20和21），*ALK*基因内的基因组断裂点几乎都位于外显子20，少数位于外显子19[127-128]。因此所有*EML4-ALK*融合蛋白都包含ALK基因的胞内酪氨酸激酶结构域。所有这些重排都能由分离FISH探针检测到（维赖斯ALK分离FISH探针试剂盒，Abbott分子，美国伊利诺伊州雅培工业园；图10.5A）。目前尚不清楚是否某特异的*EML4-ALK*融合变异体对ALK抑制剂的敏感性也不同，这可能使得*ALK*阳性NSCLC患者对ALK抑制剂的反应产生异质性。Heuckmann等[129]报道，*EML4-ALK* v2半衰期对克唑替尼敏感性最高，而v1和v3b具有中等敏感性，v3a敏感性最低。

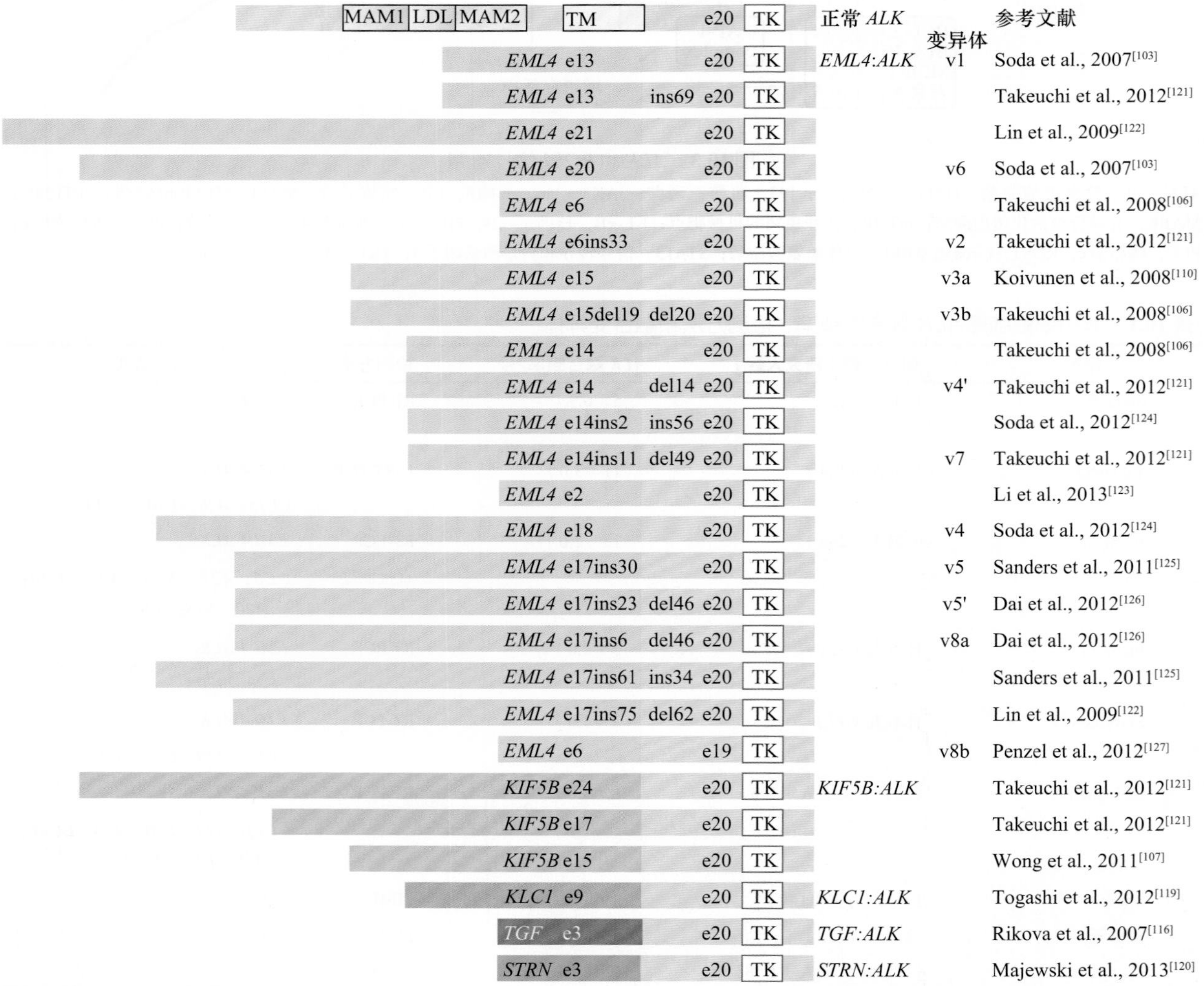

图10.4 *ALK*基因在肺癌中被众多的伴侣基因激活，并具有多个断裂点和剪接形式

ALK，间变性淋巴瘤激酶；*EML4*，棘皮动物微管相关蛋白样4；*KIF5B*，运动蛋白家族成员5B；*KLC1*，运动蛋白轻链1；*STRN*，纹状体；*TGF*，转化生长因子。

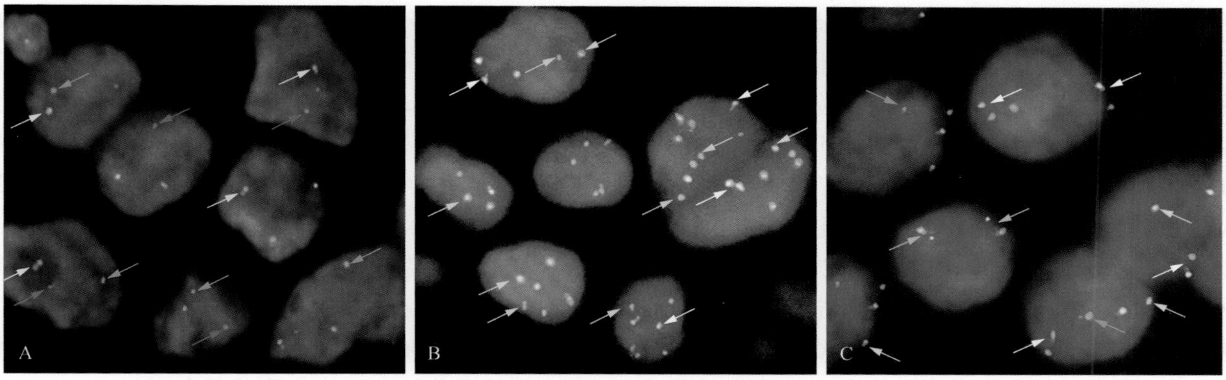

图10.5　通过break-apart FISH检测肺腺癌中的融合基因

（A）双靶标ALK FISH分析显示ALK重排阳性的样本，由3′-ALK和5′-ALK信号（分别为红色和绿色箭头）表示；*ALK*基因原始拷贝由黄色箭头指示的红/绿融合信号表示。（B）四靶标FISH分析显示*ROS1*融合阳性的样本。此实验综合了两套break-apart FISH探针组，3′-*ALK*（红色），5′-*ALK*（绿色），3′-*ROS1*（浅绿色）和5′-*ROS1*（黄色）。*ALK*重排阴性的样本由黄色箭头所指示的3′- *ALK* /5′- *ALK*融合信号表示，ROS1重排阳性的样本由青绿色箭头所指示的3′-*ROS1*（浅绿色）单拷贝和白色箭头所指示的原始*ROS1*拷贝（浅绿色和黄色信号融合）表示。（C）三靶标*RET-KIF5B* FISH（红色：3′-*RET*；绿色：5′-*RET*；黄色：5′-*KIF5B*）显示*KIF5B*：*RET*融合基因阳性样本。原始三联体（融合的3′-/ 3′-*RET*［红色/绿色信号］和单独的3′-KIF5B［黄色信号］）由粉红色箭头指示；异常三联体（融合3′-*RET*：5′-*KIF5B*［红色/黄色信号］）和单独的5′-*RET*（［绿色信号］）由白色箭头指示。样品也有单5′-*RET*（绿色箭头）和5′-*KIF5B*（黄色箭头）的额外拷贝。*ALK*，间变性淋巴瘤激酶；FISH，荧光原位杂交；*KIF5B*，驱动蛋白家族成员5B；*RET*，ret原癌基因；*ROS*，C-ros癌基因1，受体酪氨酸激酶。

*ALK*融合与几种显著的临床病理特征和治疗效果相关［107, 111-113, 130］。据报道，*ALK*融合基因与从未吸烟或轻度吸烟者（少于10包/年）关系密切，从未吸烟或轻度吸烟组中*ALK*融合基因发生频率（8.3%～39%）高于其他人群［107, 111-112, 130］。*ALK*融合基因阳性患者的其他重要特点是诊断年龄较轻和组织学呈腺癌，并且*ALK*融合基因很少与其他驱动癌基因重叠。此外，*ALK*阳性肿瘤更可能含有丰富的印戒细胞。与*EGFR*突变的NSCLC相反，*ALK*阳性NSCLC对*EGFR* TKI有抗性，并且*ALK*阳性NSCLC对基于铂类化疗的敏感性与*ALK*阴性NSCLC的敏感性没有区别［112-113］。基于培美曲塞的化疗在*ALK*阳性NSCLC中的效果存在争议，需要进一步验证［112, 131-133］。根据NCCN和美国病理学会（college of American pathologists，CAP）/IASLC/分子病理学协会（association for molecular pathology，AMP）的指导方针，建议所有晚期非鳞状NSCLC患者都要进行*ALK*融合基因和*EGFR*突变的检测［54, 134］。因此，鉴于这种基因改变是低频率的，在临床实践中高效筛查*ALK*融合基因是一个至关重要的问题。目前，反转录（RT）-PCR、FISH和IHC已被用于ALK融合检测［103, 106, 135-137］。RT-PCR是一种具有较高灵敏度的快速诊断方法。它提供了基因组融合的直接证据，但难以获得高质量的RNA限制了这种方法的临床应用［103, 106］。FISH是目前用于临床试验检测*ALK*融合的标准方法，并且它是美国食品药品监督管理局（Food and Drug Administration，FDA）批准的第一个在*ALK*阳性NSCLC患者中使用克唑替尼的方法（Vysis ALK Break-Apart FISH探针试剂盒）［138］。任何类型的*ALK*融合理论上都可以使用这种方法来检测，但主要的缺点是成本相对较高和必须进行专业技术培训。因为除神经组织外的正常成人组织均不表达ALK，所以多项研究均报道用免疫组化方法检测ALK融合非常有效［118, 123, 135-137, 139］。ALK IHC的灵敏度高度依赖于一抗的亲和力和信号放大系统。使用高亲和力抗体克隆和灵敏的检测系统，ALK IHC的总体灵敏度和特异性可分别达到90%～100%和95.2%～98.0%［123, 136, 139］。然而，ALK IHC检测方法的标准化及临床实用性证明仍在进行中。

在*ALK*阳性NSCLC患者中使用克唑替尼显示有明显临床受益。在克唑替尼的Ⅰ期（PROFILE 1001）和Ⅱ期（PROFILE 1005）研究期间，客观应答率约为60%［115, 138］。反应通常迅速而持久，反应的中位持续时间为49.1周；在最近更新的Ⅰ期研究中，中位无进展生存时间为9.7个月[140]。克唑替尼耐受性良好，只有轻微的不良反应，包括视力障碍、恶心/呕吐、腹泻、便秘和周围水肿。根据Ⅰ期和Ⅱ期试验中显示的临床活性和耐受性，克唑替尼在2011年8月加速获得美国FDA通过批准，可用于治疗晚期*ALK*阳性NSCLC。这是建立在比较克唑替尼与标准化疗的随机研究结果基础上（PROFILE 1007和1014）。PROFILE 1007 Ⅲ期临床试验的结果在2013年发表[141]。在这项研究中，晚期*ALK*阳性非小细胞肺癌患者随机接受克唑替尼治疗或标准二线化疗（培美曲塞或多西他赛）。克唑替尼组在总体疗效（65% vs. 19%，$P<0.001$）和无进展生存期（7.7个月vs. 3个月，$P<0.001$）方面明显优于标准化疗组。这些结果推动了美国FDA在2013年11月常规批准克唑替尼用于晚期*ALK*阳性的NSCLC治疗。

鉴于前期克唑替尼治疗*ALK*阳性NSCLC的成功，许多二代*ALK*抑制剂正在开发中（表10.2）。这些新一代的*ALK*抑制剂中的一些已经表现出对克唑替尼耐药的*ALK*突变形式具备活性。

表10.2 以ALK融合为靶点的药物临床试验

药物	赞助商[a]	试验阶段	主要终点	ClinicalTrials.gov识别码
AP26113	Ariad	Ⅰ/Ⅱ	总缓解率	01449461
CH5424802	Hoffmann-La Roche	Ⅰ	建议Ⅱ期剂量	01588028
		Ⅰ/Ⅱ（未接受克唑替尼治疗）	总缓解率	01871805
		Ⅰ/Ⅱ（克唑替尼治疗失败）		01801111
PF-06463922	Pfizer	Ⅰ/Ⅱ	剂量限制性毒性	01970865
			总缓解率	
Ganetespib	Synta	Ⅱ	总缓解率	01562015
AUY922	马萨诸塞州总医院	Ⅱ	总缓解率	01752400
			总缓解率	
			无进展生存期	
			无进展生存期	
LDK378	Novartis	Ⅱ（未接受克唑替尼治疗）	反转录聚合酶链反应	01685138
		Ⅱ（克唑替尼治疗失败）		01685060
		Ⅲ		01828099
		Ⅲ		01828112
X-396	Xcovery	Ⅰ	最大耐受剂量	01625234

[a]Ariad，剑桥，马萨诸塞州，美国；Hoffmann-La Roche，巴塞尔，瑞士；Pfizer，纽约市，纽约州，美国；Synta，莱克星顿，马萨诸塞州，美国；Novartis，巴塞尔，瑞士；Xcovery，西棕榈滩市，佛罗里达州，美国。

ALK，间变性淋巴瘤受体酪氨酸激酶；RT-PCR，反转录聚合酶链反应；ClinicalTrials.gov，一个在全球范围内进行的私人和公共资助的临床研究的数据库。

3.2 *ROS1*融合基因

C-ros癌基因1，受体酪氨酸激酶（C-ros oncogene 1，*ROS1*）重排是NSCLC中出现的一种新的分子亚型，现已构成了一种独特的NSCLC分子分类。*ROS1*重排导致形成的融合蛋白具有组成型酪氨酸激酶活性，随后刺激下游信号［PI3K/AKT/西罗莫司靶蛋白（mechanistic target of rapamycin，mTOR），RAS/MAPK，信号转导和转录激活因子3（急性相反应因子）和信号转导和转录激活因子3（signal transducer and activator of transcription 3，STAT3）］，导致细胞持续生长、增殖和细胞凋亡减少（图10.3）[142-143]。NSCLC患者中*ROS1*和*ALK*重排的临床病理特征有重叠，即年轻较轻（中位年龄约50岁）、无吸烟史和组织学呈腺癌，表明*ROS1*和*ALK*在进化上有关联[111, 144-145]。

有趣的是，*ROS1*重排的NSCLC的治疗效果与*ALK*重排的NSCLC的治疗效果相似，这也表明*ROS1*和*ALK*重排的NSCLC具有生物学相似性。具有*ROS1*重排的肿瘤患者使用*EGFR* TKI的疗效较差，并且似乎比*ROS1*阴性肿瘤患者的生存率更差[146-147]。值得关注的是，与没有*ROS1*重排的患者相比，在*ROS1*重排患者中使用培美曲塞治疗的总体反应率和中位无进展生存明显更佳[147]。与*ALK*重排肿瘤患者类似，具有*ROS1*重排的肺腺癌患者和HCC78细胞系似乎具有低水平的胸苷酸合成酶，支持了临床中的发现[147]。

*ROS1*重排可以通过FISH（图10.5B）和其他方法来检测，并且这些筛选方法以及重排频率及其融合突变体已经在多个人群的研究中进行了评估（表10.3）。到目前为止，在肺腺癌中已经鉴定出以下9个*ROS1*融合伴侣基因（图10.6），分别是卷曲螺旋结构域包含6（*CCDC6*）-*ROS1*；*CD74*分子，主要组织相容性复合体，Ⅱ类不变链（*CD74*）-*ROS1*；ezrin（*EZR*）-*ROS1*；高尔基相关PDZ和包含蛋白质的卷曲螺旋基序（golgi-associated PDZ and coiled-coil motif containing protein，*GOPC*）-*ROS1*；*KDEL*（Lys-Asp-Glu-Leu）内质网蛋白保留受体2（*KDELR2*）-*ROS1*；富含亮氨酸重复和免疫球蛋白样结构域蛋白3（leucine-rich repeats and immunoglobulin-like domains protein 3，*LRIG3*）-*ROS1*；溶质载体家族34（Ⅱ型钠/磷酸盐共转运体），成员2（*SLC34A2*）-*ROS1*；联合蛋白聚糖4（syndecan 4，*SDC4*）-*ROS1*和原肌球蛋白3（tropomyosin 3，*TPM3*）-*ROS1*——所有这些融合蛋白均编码ROS1酪氨酸激酶结构域的同一的胞质组分[116, 121, 143, 146, 148-153]。在这些融合伴侣基因中，*CD74*是NSCLC中最常见的*ROS1*融合伴侣基因。在与*EZR*和*CCDC6*融合时，*ROS1*的断裂点是外显子34；与TPM3融合时，断裂点是*GOPC*；与*LRIG3*融合时，断裂点是外显子35；与*CD74*、*SDC4*和*SLC34A2*融合时，断裂点位于外显子32和外显子34[154-155]。在未选择的NSCLC人群中，*ROS1*重排的频率为0.7%～2.0%[116, 121, 144, 146, 148-149, 156]。然而，将从未吸烟人群纳入统计后，会得到更高的*ROS1*融合频率（3.4%），表明这些融合以及*EGFR*突变和*ALK*重排是从未吸烟者中普遍存在的基因改变[112, 144, 147]。*ROS1*重排很少与*EGFR*或*KRAS*突变或*ALK*融合重叠发生，这三个是NSCLC中反复出现的主要致癌突变[144, 147]。根据目前所知可将*ROS1*重排患者划分为肺癌的一个独特亚群，其多为*EGFR*/*MET*/*ALK*阴性（泛阴性）的从未吸烟肺腺癌患者，且具有潜在靶向治疗可能的驱动癌基因[144, 147, 157]。

表10.3 非小细胞肺癌中*ROS1*融合的频率、检测方法和融合变异体

研究	研究人群（研究人数）	ALK 融合频率（%）	筛选确认方法	融合变异类型
Rikova等[116]	中国人（150）	1（0.7）	磷酸蛋白质组学	*CD74-ROS1*（C6；R34）
			RT-PCR	*SLC34A2-ROS1*（S4；R32，S4；R34）
Bergethon等[144]	共（1073）（亚裔，45；非亚裔，942；种族不可知，86）	18（1.7）	FISH（break-apart）	*CD74-ROS1*（C6；R34）
		5（11.1）	RT-PCR	*SLC34A2-ROS1*（S4；R32）
		13（1.4）		
		0（0）		
Li等[156]	中国人（202）[a]	2（1.0）	RT-PCR	*CD74-ROS1*（C6；R32，C6；R34）
			直接测序	
Takeuchi等[121]	日本人（1476）	13（0.9）	FISH（break-apart）	*CD74-ROS1*（C6；R32，C6-R34）
			RT-PCR	*SLC34A2-ROS1*（S4；R32，S4；R34）
				EZR-ROS1（E10；R34）
				LRIG3-ROS1（L16；R35）
				SDC4-ROS1（S2；R32，S2;R34）
				TPM3-ROS1（T8；R35）

续表

研究	研究人群（研究人数）	ALK 融合频率（%）	筛选确认方法	融合变异类型
Rimkunas等[148]	中国人（556）	9（1.6）	IHC screen RT-PCR	*FIG-ROS1*（F7；R35）
Cai等[146]	中国人（392）	8（2.0）	多重RT-PCR 直接测序	*FIG-ROS1*（F7；R35）
Kim等[147]	韩国人（208）[a]	7（3.4）	FISH（break-apart） RT-PCR	*CD74-ROS1*（C6；R34）

[a]所有患者均是从未吸烟者。

CD74，CD74分子，主要组织相容性复合体，Ⅱ类不变链；*EZR*，ezrin；FISH，荧光原位杂交；IHC，免疫组织化学；*LRIG3*，富含亮氨酸重复序列和免疫球蛋白样结构域蛋白3；*ROS1*，c-ros癌基因1，受体酪氨酸激酶；RT-PCR，反转录聚合酶链反应；*SDC4*，syndecan 4；*SLC34A2*，溶质载体家族34（Ⅱ型钠/磷酸逆向转运蛋白），成员2；*TPM3*，原肌球蛋白3。

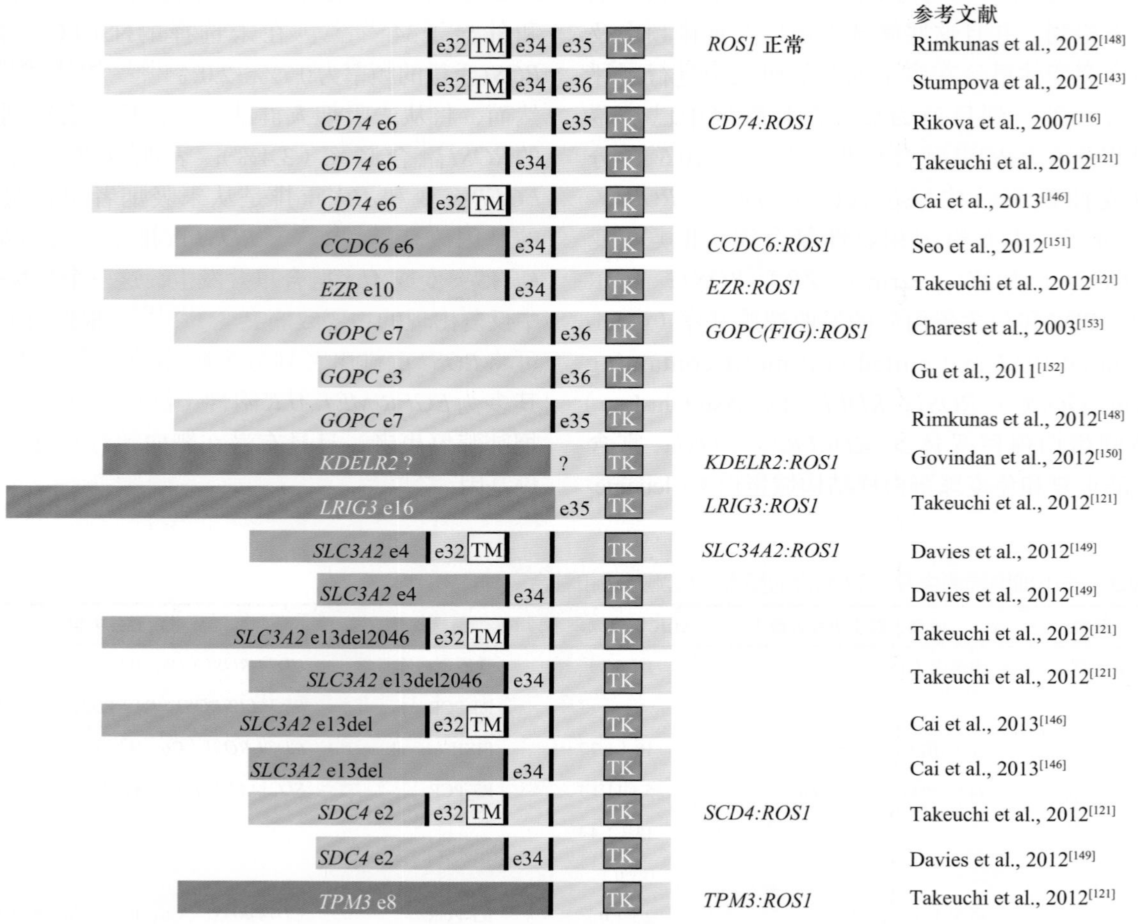

图10.6 肺癌中的*ROS1*基因融合伙伴基因及其断裂点图示

CCCD6，包含6的螺旋线圈结构域；*EZR*，ezrin；*GOPC*，高尔基相关PDZ和包含蛋白质的螺旋线圈基序；*KDELR2*，KDEL（Lys-Asp-Glu-Leu）内质网保留受体2；*LRIG3*，富含亮氨酸重复序列和免疫球蛋白样结构域蛋白3；*ROS1*，c-ros癌基因1，受体酪氨酸激酶；*SLCA2*，溶质载体家族3成员2；*SDC4*，多配体蛋白聚糖4；*TPM3*，原肌球蛋白3。

由于ALK和ROS1在激酶结构域中有约49%的氨基酸序列相同，多种ALK抑制剂也证明能抑制ROS1活性[154]。通过自动平台研究药物敏感性的分子机制，McDermott等[158]发现含有*SLC34A2-ROS1*的细胞系HCC78对TAE684表现出明显的敏感性，而TAE684是一种有效的选择性ALK抑制剂。随后，在体外实验中TAE684再次成功地抑制了在胆管癌中发现的*GOPC-ROS1*（FIG-ROS1）融合转录物的转化活性[152]。有报道称克唑替尼可抑制HCC78细胞系的生长和转染了*CD74-ROS1*互补DNA的HEK293细胞中*ROS1*的磷酸化[144]。此外，在一项*ROS1*阳性NSCLC患者扩充队列研究中，Ⅰ期试验的初步数据表明克唑替尼的总体应答率为61%[159]。在本书出版时，针对ROS1重排的二代ALK抑制剂的其他临床试验正在进行中（表10.4）。一种四靶四色ALK/ROS1分离的FISH探针已研发出来，用于同时检测两种基因重排（图10.5B），将可以提高对微量样本的分子检测效率。

表10.4 以*ROS1*融合为靶点的药物临床试验

药物	赞助商[a]	试验阶段	主要终点	ClinicalTrials.gov识别码
Crizotinib	Pfizer	Ⅱ	客观缓解率	01945021
LDK378	Yonsei癌症中心，Severance医院	Ⅱ	客观缓解率	01964157
AP26113	Ariad	Ⅰ/Ⅱ	建议Ⅱ期剂量，客观缓解率	01449461
ASP3026	Astellas	Ⅰ	安全性与耐受性	01284192
AZD1480	AstraZeneca	Ⅰ	安全性与耐受性	01219543
				01112397

[a]Pfizer，纽约市，纽约州，美国；Ariad，剑桥，马萨诸塞州，美国；Astellas，诺斯布鲁克市，伊利诺伊州，美国；AstraZeneca，伦敦，英国。

ROS1，c-ros癌基因1，受体酪氨酸激酶。

3.3 *RET*融合基因

*RET*原癌基因编码属于胶质源性神经营养因子家族的酪氨酸激酶受体生长因子。*RET*基因重排已被视为一类独特的NSCLC分子亚型[121, 151, 160-163]。到目前为止，在肺腺癌中已经发现了4个*RET*的融合伴侣基因，即*KIF5B*、*CCDC6*、*TRIM33*（tripartite motif containing 33）和核受体辅活化子4（nuclear receptor coactivator 4，*NCOA4*）。外源性*KIF5B-RET*的表达诱导NIH3T3成纤维细胞的形态转化和非锚定生长[161]。*KIF5B-RET*是最常见的融合类型，在迄今报道的融合中约占90%[164]。其断裂点位于*KIF5B*基因的外显子15和16或22～24，以及*RET*基因的外显子8、11或12[121, 151, 160-165]。所有的*KIF5B-RET*融合突变体都包含*RET*的全部激酶结构域，但只有*KIF5B*的外显子24和*RET*外显子8融合成的突变体（K24，R8）才能产生包含跨膜结构域的嵌合蛋白。所有突变体都保留了融合蛋白同源二聚化所需的卷曲螺旋结构域，以利于*RET*酪氨酸激酶的异常活化。在所有的融合突变体中，*KIF5B*外显子15与*RET*外显子12的融合（K15，R12）是最常见的突变异[121, 151, 160-161, 163, 166-168]。

*RET*阳性NSCLC的发生频率和用于检测融合的筛查方法已在不同人群的研究中有所报道（表10.5）。*RET*融合的患病率在NSCLC中为0.9%～1.9%，在肺腺癌中为1.2%～2.0%[121, 151, 160-162, 165]。Kohno等[161]报道在429例肺腺癌患者中鉴定到7例*KIF5B-RET*融合基因。在一个大规模日本患者队列中，1482例NSCLC患者中鉴定到13例（0.9%）的*KIF5B-RET*或*CCDC6-RET*融合基因，在1119例腺癌中鉴定到13例（1.2%）的这两种融合基因[121]。值得注意的是，与*EML4-ALK*融合的情况类似，在肿瘤缺少*EGFR*突变的从未吸烟者中，*RET*融合的频率显著增加，高达8.9%（10/112）[160]。在大多数研究中，*RET*融合仅在肺腺癌中发现。然而，在更新近的研究中，在SCC和低分化的神经内分泌肿瘤中发现了*RET*融合[165, 169]。

鉴于*RET*融合的发生率低，鉴定NSCLC中融合基因的高发群体有助于提高未来临床筛查的效率。在936例手术切除非小细胞肺癌的中国患者中，*RET*阳性的肺腺癌病例多见于年轻人和从未吸烟者，伴有低分化的肿瘤、呈实体亚型的肿瘤，或者伴有N2淋巴结转移的较小肿瘤[160]。*RET*阳性的肺腺癌经常表现为印戒细胞型和黏液性筛状构型，这些是*EML4-ALK*融合的独特组织

表10.5　非小细胞肺癌中*RET*融合的频率、检测方法及融合变异体

研究	研究人群（研究人数）	*RET*融合频率（%）	筛选确认方法	融合变异类型
Lipson等[162]	亚洲人/美国人（643）	12（1.9）	IHC/qPCR 直接测序	*KIF5B-RET*（K15；R12，K16；R12，K22；R12，K15；R11）
Seo等[151]	韩国人（200）	4（1.5）	转录组测序 直接测序	*KIF5B-RRET*（K23；R12）
Takeuchi等[121]	日本人（1482）	13（0.9）	FISH（split） 融合特异性RT-PCR	*KIF5B-RRET*（K15；R12，K16；R12，K22；R12，K23；R12，K24；R11） *CCDC6-RRET*（C1；R12）
Kohno等[161]	日本人/美国人/挪威人（429）	7（1.6）	转录组测序/ RT-PCR 直接测序	*KIF5B-RET*（K15；R12，K16；R12，K23；R12，K24；R8）
Wang et al.[160]	中国人（936）	13（1.4%）	RT-PCR	*KIF5B-RET*（K15；R12）
Cai et al.[165]	中国人（392）	6（1.5%）	FISH 多重qPCR/ 直接测序	*CCDC6-RET*（C1；R12） *NCOA4-RET*（N6；R12） *KIF5B-RET*（K15；R12，K22；R12）
Drilon et al.[164]	NA（31）[a]	5（16%）	FISH RT-PCR	*TRIM33-RET*（T14；R12） *KIF5B-RET*（NA）

[a]采集自从未吸烟者和具有泛阴性肿瘤的非鳞状细胞非小细胞肺癌患者人群。［泛阴性肿瘤没有表皮生长因子受体（*EGFR*）、Kirsten大鼠肉瘤病毒癌基因同源物（*KRAS*）、神经母细胞瘤RAS病毒癌基因同源物（*NRAS*）、v-raf小鼠肉瘤病毒癌基因同源物B突变（*BRAF*）、人表皮生长因子受体2（*HER2*）、磷脂酰肌醇-4,5-二磷酸3-激酶（*PIK3CA*）、丝裂原活化蛋白激酶1（*MAP2K1*）和v-akt小鼠胸腺瘤基因（*AKT*）的突变，具有间变性淋巴瘤受体酪氨酸激酶（*ALK*）和c-ros癌基因1（*ROS1*）的融合］。

CCDC6，包含6个螺旋线圈的结构域；FISH，荧光原位杂交；IHC，免疫组织化学；*KIF5B*，驱动蛋白家族成员5B；NA，不适用；*NCOA4*，核受体辅激活剂4；*qPCR*，实时聚合酶链反应；*RET*，RET原癌基因；RT-PCR，反转录-聚合酶链反应；*TRIM33*，三重基序蛋白33。

病理学特征[121, 170]。*RET*融合与其他驱动癌基因突变相互排斥，如*EGFR*、*ERBB2*、v-RAF小鼠肉瘤病毒癌基因同源基因B（v-raf murine sarcoma viral oncogene homolog B，*BRAF*）或*KRAS*突变或*EML4-ALK*融合，表明它们在驱动基因突变中的作用[162, 168]。在迄今为止鉴定出的70例具有*RET*融合基因的患者中，57例（81%）见于从未吸烟者或轻度吸烟者中，表明该基因改变与非吸烟史具有很强的相关性[121, 151, 160-168]。在一项中国开展的研究中，*KIF5B-RET*融合阴性肿瘤比融合阳性的肿瘤趋于更好的总体生存情况[165]。

多种*RET*融合筛选方法已得到应用，包括RT-PCR、IHC和FISH。RT-PCR方法灵敏度高，价格低廉，易于开展，但只能检测已知的融合基因突变体[165]。FISH方法允许病理学家对基因组改变进行更可靠的定量检测，但由于几个伴侣基因与*RET*间隔较近给诊断带来了挑战。已经开发出一套定制的三靶标、三色探针来协助诊断（图10.5C）。IHC染色用于NSCLC中筛选*RET*融合的价值有限，因为*RET*阳性和*RET*阴性肿瘤之间*RET*的IHC染色没有显著差异[160]。

*RET*融合基因是现有小分子TKI的潜在靶点，包括索拉非尼、苏尼替尼和凡德他尼。这些具有*RET*抑制活性的药物在体外可有效地抑制*RET*阳性的肺癌细胞[121, 161-162]。因此，*RET*激酶抑制剂应在前瞻性临床试验中进行测试，以使具有*RET*融合的NSCLC患者受益于治疗。卡博替尼是一种*MET*、*VEGFR*和*RET*的抑制剂，在*RET*阳性的晚期NSCLC患者中得到了有希望的初步结果（两个患者确定产生部分反应，一个患者处于长期稳定）[164]。在本书出版时，NSCLC中*RET*抑制剂的几个临床试验正在进行中（表10.6）。

表10.6　以*RET*融合为靶点的药物临床试验

药物	赞助商[a]	试验阶段	主要终点	ClinicalTrials.gov识别码
Lenvatinib	Eisai	Ⅱ	客观缓解率	01877083
Cabozantinib	纪念斯隆-凯特琳癌症中心	Ⅱ	客观缓解率	01639508
Vandetanib	首尔国立大学医院	Ⅱ	客观缓解率	01823068
Ponatinib	马萨诸塞州总医院	Ⅱ	客观缓解率	01813734
Ponatinib	科罗拉多大学	Ⅱ	客观缓解率	01935336
Sunitinib	达纳-法伯癌症研究所	Ⅱ	客观缓解率	01829217
AUY922	台湾大学医院	Ⅱ	客观缓解率	01922583

[a]Eisai，伍德克利夫湖施，新泽西州，美国。ClinicalTrials.gov，一个在全球范围内进行的私人和公共资助的临床研究的数据库。
RET，ret原癌基因。

3.4　其他融合基因

通过靶向二代DNA测序和FISH检测，编码高亲和力神经生长因子受体［原肌球蛋白受体激酶A（tropomyosin receptor kinase A，*TRKA*）蛋白］的神经营养酪氨酸激酶受体1型（neurotrophic tyrosine kinase，receptor，type 1，*NTRK1*）基因激酶结构域的新融合基因，已报道见于3.3%的肺腺癌病例（3/91）中报告，这些腺癌均没有已知的致癌变化[171]。肌球蛋白磷酸酶Rho相互作用蛋白（myosin phosphatase Rho interacting protein，*MPRIP*）-*NTRK1*和*CD74-NTRK1*的融合引发*NTRK1*组成型活化且致癌。用TRKA抑制剂处理表达*NTRK1*融合的细胞可抑制*TRKA*的自身磷酸化和细胞生长[171]。

虽然大多数致癌基因融合在肺腺癌中发现，但通过转录组测序，在晚期肺鳞状细胞癌中新发现了BCL2相关的致癌融合4（*BAG4*）-*FGFR1*、*FGFR2-KIAA1967*和含有蛋白3的转化酸性卷曲（acidic coiledcoil containing protein 3，*TACC3*）-*FGFR3*融合基因[120, 172]。所有这些*FGFR*基因融合都以5′或3′融合伴侣的形式表达含有完整激酶结构域的*FGFR1-3*。像*RET*的融合伴侣基因一样，所有*FGFR*融合伴侣基因都有二聚化基序，这表明寡聚化可能是激活FGFR融合蛋白的共同机制。FGFR融合蛋白的过表达诱导细胞增殖，而含有FGFR融合蛋白的细胞对FGFR抑制剂的敏感性增强[172]。

4　结论

21世纪的前15年为更好地理解与肺癌（主要是非小细胞肺癌）相关的基因组和染色体因素及机制带来了新的机遇。重要的是，肺癌发生的驱动基因及重要信号通路的鉴定，支持了发现和开发新的靶向治疗药物，并在许多患者中产生了快速、显著、稳定的肿瘤坍缩。这一新的蓝图不但给患者和他们的家人，也给大量医学工作者注入了一腔热情。考虑到这一点，细胞遗传学技术用于分子检测将会具有前所未有的临床实用性。

（朱光胜　刘红雨　译）

主要参考文献

15. Lockwood WW, Chari R, Coe BP, et al. DNA amplification is a ubiquitous mechanism of oncogene activation in lung and other cancers. *Oncogene*. 2008;27(33):4615–4624.
29. Cancer Genome Atlas Research Network. Comprehensive genomic characterization of squamous cell lung cancers. *Nature*. 2012;489(7417):519–525.
30. Imielinski M, Berger AH, Hammerman PS, et al. Mapping the hallmarks of lung adenocarcinoma with massively parallel sequencing. *Cell*. 2012;150(6):1107–1120.
44. Kollareddy M, Zheleva D, Dzubak P, Brahmkshatriya PS, Lepsik M, Hajduch M. Aurora kinase inhibitors: progress towards the clinic. *Invest New Drugs*. 2012;30(6):2411–2432.
46. Curtin NJ. DNA repair dysregulation from cancer driver to therapeutic target. *Nat Rev Cancer*. 2012;12(12):801–817.
53. Lindeman NI, Cagle PT, Beaseley MB, et al. Molecular testing guideline for selection of lung cancer patients for EGFR and ALK tyrosine kinase inhibitors: guideline from the College of American Pathologists, International Association

for the Study of Lung Cancer, and Association for Molecular Pathology. *Arch Pathol Lab Med*. 2013;137(6):828–860.
96. Kim HR, Kim DJ, Kang DR, et al. Fibroblast growth factor receptor 1 gene amplification is associated with poor survival and cigarette smoking dosage in patients with resected squamous cell lung cancer. *J Clin Oncol*. 2013;31(6):731–737.
103. Soda M, Choi YL, Enomoto M, et al. Identification of the transforming EML4-ALK fusion gene in non-small-cell lung cancer. *Nature*. 2007;448(7153):561–566.
104. Shaw AT, Engelman JA. ALK in lung cancer: past, present, and future. *J Clin Oncol*. 2013;31(8):1105–1111.
114. Doebele RC, Pilling AB, Aisner DL, et al. Mechanisms of resistance to crizotinibin patients with ALK gene rearranged non-small cell lung cancer. *Clin Cancer Res*. 2012;18(5):1472–1482.
115. Shaw AT, Hsu PP, Awad MM, Engelman JA. Tyrosine kinase gene rearrangements in epithelial malignancies. *Nat Rev Cancer*. 2013;13(11):772–787.
121. Takeuchi K, Soda M, Togashi Y, et al. RET, ROS1 and ALK fusions in lung cancer. *Nat Med*. 2012;18(3):378–381.
150. Govindan R, Ding L, Griffith M, et al. Genomic landscape of non-small cell lung cancer in smokers and never-smokers. *Cell*. 2012;150(6):1121–1134.
155. Davies KD, Doebele RC. Molecular pathways: ROS1 fusion proteins in cancer. *Clin Cancer Res*. 2013;19(15):4040–4045.
171. Vaishnavi A, Capelletti M, Le AT, et al. Oncogenic and drug-sensitive NTRK1 rearrangements in lung cancer. *Nat Med*. 2013;19(11):1469–1472.

获取完整的参考文献列表请扫描二维码。

第 11 章 肺癌中的突变：现状和发展中的技术

Daniel Morgensztern, Siddhartha Devarakonda, Tetsuya Mitsudomi, Christopher Maher, Ramaswamy Govindan

要点总结

- 癌症基因组的特点是存在各种改变，包括碱基替换、拷贝数改变（扩增或缺失）和结构重排（易位或染色体重排）。
- 早期DNA测序方法中（现称为第一代测序），最成功的是桑格法或链终止反应法。虽然自问世以来，DNA测序方法的有效性、准确性得到了实质性改进，第一代测序备受成本高、劳动强度大和通量低的限制（指单位时间产生的数据量）。
- 第二代测序（next-generation sequencing，NGS）是一个宽泛的术语，是一种与第一代方法相比不同的技术，具有更高通量、更低成本和更快的测序时间。NGS增强了在可接受的时间范围内全面识别癌症基因组中所有变异的能力，包括突变、拷贝数改变和基因表达的改变。
- 对肺癌患者的NGS研究已经能够对肺腺癌、鳞状细胞癌和小细胞癌的分子改变进行深入的分析。这些研究也促进了肺癌样本的克隆构型及其临床意义的研究。
- 如今利用新的技术可以从患者的外周血液或其他体液中分离循环肿瘤DNA进行基因检测。这样的检测侵入性较小，并且在临床上越来越受欢迎。

靶向治疗方法的出现带来了肺癌治疗模式的根本性转变。然而，这些药物中的大多数只能使一小部分患者受益，这些患者的肿瘤由特定的异常细胞信号通路所驱动。癌细胞表现出多种类型的基因组改变，包括碱基替换、拷贝数改变（扩增或缺失）和结构重排（易位或染色体重排）。点突变或单碱基替换，也被称为单核苷酸变异（single nucleotide variants，SNV）是最常见的DNA改变类型之一。编码蛋白质的基因内的SNV可能在所产蛋白中造成各种改变。同义突变改变蛋白质编码基因的DNA序列，使得突变位置的修饰序列仍然编码相同的氨基酸。因此，这些突变被认为是“沉默的”，即使最近的数据提示其中某些突变可能产生重要的功能影响[3]。与之不同的是，错义突变和无义突变分别导致某氨基酸替换为另一种氨基酸或蛋白合成提前终止。由一个或多个核苷酸的插入或缺失引起的突变被称为“Indels”（插入和缺失的简称）。这些突变可以导致框移突变，从而改变蛋白质编码基因的阅读框。编码序列的阅读框是指基因序列中的一组三碱基（或称密码子），每组编码一个特定的氨基酸。当编码序列中插入或缺失的核苷酸数量不是3的倍数时，突变点下游的编码序列的阅读框发生移位，导致错义或无义改变，产生异常或无功能的蛋白质。

mRNA前体加工为成熟体的过程包括去除内含子和连接外显子，该过程称为“剪接”[4]。这一过程由细胞中构成细胞剪接机制的蛋白质进行调节。这些蛋白质根据内含子、外显子和内含子-外显子连接处的特征碱基序列将内含子与外显子区分开来。剪接突变改变了这些特定位点并使剪接失调，导致最终的mRNA异常地插入或去除内含子或外显子。这可能产生异常和无功能的蛋白质。拷贝数改变是正常二倍体基因组中存在的两个拷贝的基因数量的变化。当来自一个位置的DNA断裂并重新连接到基因组中其他地方的DNA片段时，就会发生重排。发生在同一染色体内或涉及不同染色体上的区域的重排分别称为染色体内易位或染色体间易位。

癌细胞中的体细胞突变是通过将同一个体获得的癌细胞DNA序列与非癌“正常”细胞DNA序列进行比对来识别的。虽然这些体细胞突变在整个癌细胞基因组中都可随机发生，但一部分体细胞突变发生在一些关键的基因中，这些基因赋予携带它们的细胞生长优势。这些“驱动”突变在肿瘤进化过程中被阳性选择并影响肿瘤发生[5]。癌症基因组研究的一个重要目标，是以不带偏见的方式将这些驱动突变与不能赋予生存优势的旁观“乘客”突变区分开来。这个过程需要使用复杂的统计算法[2]。除了深入了解恶性转化的生物学基础外，这种分析也有助于鉴定出新的治疗靶点。

1 基因组技术概述

1.1 一代测序技术

早期的DNA测序方法（现在称之为第一代测序）中，最成功的是桑格法或链终止反应法[6]。双脱氧三磷酸核苷酸（dideoxynucleotide triphosphate，ddNTP）掺入正在延伸的寡核苷酸DNA分子中，取代了脱氧三磷酸核苷酸（deoxynucleotide triphosphate，dNTP），其所缺少的3′-OH基团是两个核苷酸之间形成磷酸二酯键必需的，从而导致DNA聚合酶Ⅰ被抑制和后续链的延伸[7]。这种链终止形成桑格法测序的基础。桑格法测序的第一步是制备相同的、由一个短寡核苷酸退火在一起的单链DNA分子。这种短的寡核苷酸有助于与单链DNA（模板）分子互补的初始DNA合成。DNA模板和引物与DNA聚合酶，以及4种dNTP的混合物和少量放射性32-P标记的4种ddNTP一起孵育。虽然DNA聚合酶不区分dNTP和ddNTP，但与ddNTP相比dNTP的量大得多，使得ddNTP随机掺入新生DNA之前就掺入了数百个核苷酸。因为每个反应都是用一种ddNTP进行的，所以得到的是一组不同长度的新生DNA分子，但每个都以ddNTP结尾。将含有一种ddNTP的混合物上样到聚丙烯酰胺平板凝胶的四个平行孔中的一个，DNA分子根据分子量大小得以分开，以便通过放射自显影的显示条带来推断DNA序列。由于与其他技术相比，放射自显影技术具有相对容易的操作和可靠的结果，因此成为DNA测序的首选方法。荧光技术的进步允许用特定荧光染料标记引物或终止的ddNTP，并由此出现自动化测序[8-10]。四色荧光染料最终取代放射性标记，使我们可通过毛细管电泳分离分子，进而取代平板凝胶法。毛细管电泳的优点之一是它允许所有4个反应在一个试管中进行。

尽管自面世以来，第一代测序技术具备有效性、高准确性以及实质性改进过，但由于低通量（定义为每单位时间生成的数据量），第一代测序受到成本高、劳动强度大和时间消耗长的限制。使用现代技术，自动化的链终止方法可以同时进行多达96个测序反应。在每次反应能够产生大约500个碱基序列信息的情况下，96个测序反应最多每2小时可以产生大约48 kb碱基的信息。虽然这种技术对于低等的生物体测序非常有用[11-13]，但它不是特别适合于人类基因组的测序，其大约有30亿个碱基对（base pairs，bp）的长度[14]。

1.2 二代测序技术

二代测序（next-generation sequencing，NGS）是一个广泛的术语，描述了与第一代方法相比具有高通量、更低成本和更快测序时间的一类技术。虽然桑格测序方法一次检测一种形式的癌症基因组改变，但NGS强化了在可接受的时间范围内全面识别所有基因组变化的能力，包括突变、拷贝数变异和基因表达的改变[15]。NGS也被称为大规模平行测序，因为它实质性增加了同时产生序列信息的阅读量，从而利于更高的通量且成本大幅降低。与桑格测序法相比，最初通过大量牺牲每次阅读的长度和准确度，来实现输出量的提高[16]。然而，为了克服较高的错误率，NGS平台使用高水平的冗余性或序列覆盖面来增加碱基读取的可信度。序列覆盖面或深度是指在测序过程中基因组某位置的核苷酸被读取的次数，为的是将测序中产生的读数信息进行重叠[17]。物理覆盖面是跨越基因组中某特定位置的片段的数量。描述测序读取质量的一种常见方法是组合使用PHRED和PHRAP质量分值，它们是分别用于评估原始序列和拼装后序列中碱基准确性的算法[18-20]。两个分值对应于$10^{-x/10}$的错误概率。因此，PHRED或PHRAP质量评分为20和30，分别对应于99%和99.9%的准确率。

用于NGS的最常见的平台是Roche 454（瑞士巴塞尔市）、Illumina（美国加利福尼亚州圣迭戈市）和SOLiD（美国加利福尼亚州桑尼维尔市）。Roche 454是第一个商品化的NGS平台，并使用焦磷酸测序，这是一种基于测量DNA合成过程中产生的无机焦磷酸（inorganic pyrophosphate，PPi）的DNA测序替代方法[21]。在这种方法中，感兴趣的DNA片段与测序引物杂交，并与DNA聚合酶、三磷酸腺苷（adenosine triphosphate，ATP）硫酰酶、萤火虫荧光素酶和核苷酸降解酶一起孵育[22-24]。在重复的循环中添加脱氧核苷酸，并在模板链的互补位点处将其掺入正在延伸的DNA链中。在此过程中，释放的PPi与掺入的脱氧核苷酸摩尔浓度相等。ATP硫酰酶催化PPi和腺苷磷酸硫酸盐转化为ATP和硫酸盐[25]。ATP为荧光素酶催化荧光素氧化成氧化荧光素提供能量，产生的光能可通过光电二极管或电荷耦合器件照相机来检测。未结合的脱氧核苷酸在各循环之间被核苷酸降解酶降解，最常用的是腺苷三磷酸双磷酸酶。室温下从聚合化到光能检测的全部反应大约需要3～4秒。Illumina平台使用序列合成（sequence-by-synthesis，SBS）方法，其中所有4个核苷酸（每个携带一个碱基唯一的荧光标记）与DNA聚合酶和反向终止子一起同时添加到检测通道中。每个碱基结合步骤之后进行荧光成像和化学去除终止子。SOLiD平台的独特特点是使用连接法来测序，使用DNA连接酶而不是DNA聚合酶[26-27]。Illumina平台是目前使用最广泛的NGS平台。

2　二代测序技术的应用

2.1　全基因组测序

全基因组测序（whole-genome sequencing，WGS）一次性分析细胞的全部基因组DNA序列，可提供最全面的基因组特征。WGS在“人类基因组计划”发表后变为可能，因为该计划为人类基因组序列提供了参考[14, 28]。通过使用匹配的非癌基因组（通常由恶性血液病患者的皮肤活检[26, 29]和实体瘤患者的外周血单核细胞，或对比发现的邻近正常组织中得到[30-31]），WGS可以检测癌细胞中所有范围内的基因组改变以及非编码体细胞突变。

第一个完整的癌症全基因组测序在2008年报道，该病例患有细胞遗传学检查正常的急性髓系白血病[32]。作者使用患者的皮肤作为匹配的正常对照，发现了10个具有获得性突变的基因，包括2个先前已知的和8个新的突变。随后不久，关于肺癌和其他实体肿瘤中WGS的初步研究也有报道[33-35]。从各种恶性肿瘤患者中获得的几个肿瘤样本已经由独立团队和大型项目，如癌症基因组图谱（the cancer genome atlas，TCGA）进行了测序[36-37]。

2.2　全外显子和靶向基因测序

外显子测序（whole-exome sequencing，WES）和靶向测序是WGS的替代方法，可以以较低的成本扩大感兴趣区域的覆盖范围。WES用于检测小部分编码蛋白质的基因组的序列。另一种方法是使用癌症特异性基因模组，通过它只对预先选择的基因进行测序（图11.1）。可以使用多重聚合酶链反应（polymerase chain reaction，PCR）或NGS进行靶向测序。多重PCR是在一个反应管中用独特的标记探针同时扩增两个或两个以上的DNA靶标[38]。与单独PCR相比，多重PCR具有减少样品需求、缩短时间、降低成本的优势。SNaPshot即为一种多重PCR平台，在多重PCR之后是单碱基延伸反应，产生的等位基因特异性荧光标记探针可检测14个关键癌基因中的50多个热点突变位点[39]。随着生物技术的进步和测序成本的降低，无论是在科研还是临床中，NGS方法都在靶向测序中迅速普及并常规使用[40]。

2.3　转录组

转录组是指细胞产生的整套mRNA和非编码RNA（noncoding RNA，ncRNA）转录本。检测转录组的一种方法是将mRNA转换为互补DNA（complementary DNA，cDNA），然后对所得cDNA文库进行测序。随后对比cDNA和基因组序列可找出活跃转录区域。虽然可行，但这种常规全长cDNA的方法成本高昂且覆盖率低，限制了其用于多细胞物种中完整转录本的检测。表达序列标签和基因表达系列分析（serial analysis of gene expression，SAGE）技术的发展使得转录组测序方法学取得了实质性进展[41]。表达序列标签是指从cDNA克隆的3′或5′末端进行单向测序读码，然后用于识别表达的基因。这些标签很短，与全长cDNA测序不同，无法覆盖全部cDNA的

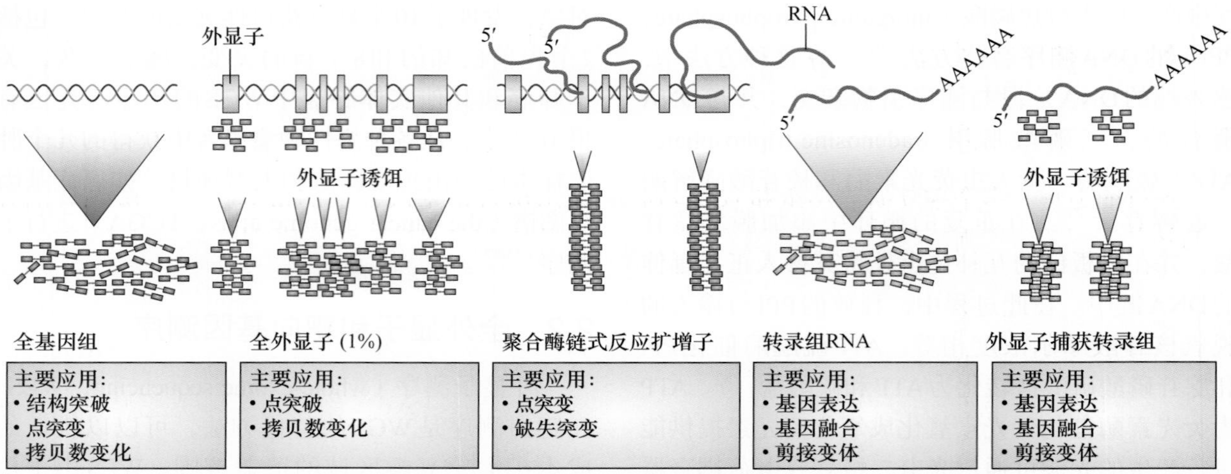

图11.1 二代测序的应用

全基因组测序和全外显子测序分别检测全部DNA序列和编码蛋白质的一小部分基因组序列。多重靶向测序可在单反应容器中检测两个或多个DNA靶标。转录组测序可检测完整的信使RNA和非编码RNA转录本。经许可转载自：Simon R, Roychowdhury S. Implementing personalized cancer genomics in clinical trials. Nat Rev Drug Discov, 2013, 12 (5): 358-369.

长度。SAGE是第一个基于测序的高通量基因表达谱分析方法。SAGE方法包括从mRNA转录本的3′末端产生短序列标签，以及随后对其测序和分析以提供转录本表达的情况。随着NGS平台的发展，其在检测通量、鉴定序列变异与选择性剪接变异体和ncRNA的RNA测序等方面的能力有了很大的提高。ncRNA是从基因组DNA转录而来但不翻译成蛋白质的分子，包括miRNA、小干扰RNA和长链非编码RNA。转录组测序也已被证明是检测实体肿瘤的基因内融合的敏感而高效的方法[42-43]。

2.4 表观基因组

表观基因组是对DNA和组蛋白的所有化学修饰的总称，这些修饰调节基因组中基因的表达。这些修饰并非原始DNA序列的固有改变，但对于关键的生物学过程是必不可少的，例如分化、某基因两个亲本等位基因之一的基因组印记（可确保单个等位基因表达），以及大染色体结构域（如X染色体）的沉默[44]。表观遗传修饰最常见的机制包括DNA甲基化、组蛋白修饰和小ncRNA的转录。在人类中，DNA甲基化发生在鸟嘌呤之前的胞嘧啶（二核苷酸CpG）。CpG富含区域，也称之为CpG岛，存在于50%～70%的5′基因启动子区域[45]。在CpG岛上的基因启动子DNA甲基化由DNA甲基转移酶介导，即通过直接抑制转录因子结合其对应位点和募集甲基结合结构域蛋白而导致沉默[46]。癌细胞经常表现出整体低甲基化，这种低甲基化存在于基因内和基因两侧的区域，以及CpG岛启动子特异性的超甲基化。整体低甲基化导致原癌基因的激活和印迹的丢失，而启动子甲基化与基因表达下调有关，是沉默关键肿瘤抑制基因的又一途径[47]。表观遗传修饰通过沉默剩余的先前突变的肿瘤抑制基因的活跃等位基因，来导致癌症起始的第二次打击。组蛋白翻译后修饰主要发生在组蛋白的N-末端，并由几种酶介导，包括分别引入和去除甲基的组蛋白甲基转移酶和去甲基酶，以及分别引入和去除乙酰基的乙酰基转移酶和去乙酰化酶。特定基因组区域的各种修饰组合导致染色质结构的改变，从而激活或抑制基因表达[48]。

检测DNA甲基化的三种最常见的技术是用甲基敏感的限制性内切酶消化基因组DNA、甲基化DNA片段的亲和富集，以及化学转化方法[49]。绘制DNA甲基化图谱的标准方法是亚硫酸氢盐测序，这是一种化学转化方法。用亚硫酸氢钠处理基因组DNA可以将未甲基化的胞嘧啶化学转化为尿嘧啶。通过亚硫酸氢盐实现的近完全转化后，所有未甲基化的胞嘧啶在PCR后变成胸腺嘧啶，而其余的胞嘧啶在第5位碳甲基化成为5′-甲基胞嘧啶。

3　NGS在肺癌中的广泛研究

3.1　非小细胞肺癌

到目前为止，多个独立研究小组和TCGA研究网络共同对千余个肺癌样本进行了测序[50-58]。这些研究的数据表明，在大多数肺腺癌基因组中观察到已知的受体酪氨酸激酶（receptor tyrosine kinase，*RTK*）-大鼠肉瘤（Ratsarcoma，*RAS*）-加速纤维肉瘤（rapidly accelerated fibrosarcoma，*RAF*）基因通路基因的改变，如*EGFR*、*KRAS*、*BRAF*、*MET*和*ALK*。最近，一个包含660个肿瘤样本的分析表明，近76%的肺腺癌存在这种信号通路的改变[50]。虽然吸烟者和非从未烟者获得的肿瘤均显示RTK信号通路基因的改变，但这些人群中癌症发生的差异在于其他方面，例如SNV的突变负荷与模式，而且这些获得的肿瘤也显示出特定基因改变的富集[51, 53]。吸烟者的外显子突变率明显高于非吸烟者［中位数，9.8 vs. 1.7/每百万碱基（Mb），$P=3\times10^{-9}$］，而主要的突变模式在非吸烟者和吸烟者肺癌基因组中分别是C→T转换和C→A颠换（图11.2）[51, 54]。除了RTK-RAS-RAF信号通路基因突变外，肺腺癌还显示出肿瘤抑制因子如肿瘤蛋白P53（tumor protein P53，*TP53*）、细胞周期蛋白依赖性激酶抑制剂2A（cyclin dependent kinase inhibitor

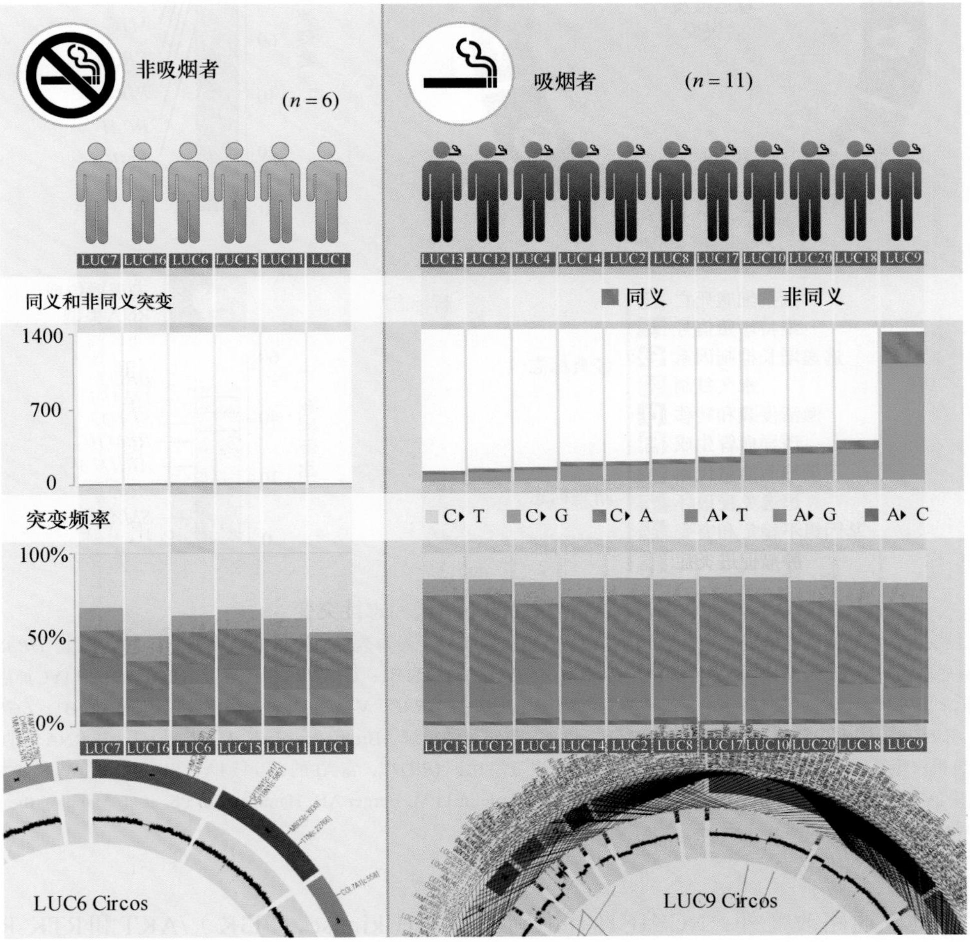

图11.2　吸烟者和从未吸烟者之间的突变差异

比较吸烟者和从未吸烟者的突变率和特征差异，显示吸烟者点突变的中位数显著提高。在这些点突变中，吸烟者中C→A转换是主要的类型，而从未吸烟者中C→T转换是最常见的类型。LUC，腺癌；Circos，一种基因组可视化的图；C，胞嘧啶；G，鸟嘌呤；A，腺嘌呤；T，胸腺嘧啶。经许可转载自：Govindan R, Ding L, Griffith M, et al. Genomic landscape of non-small cell lung can- cer in smokers and never-smokers. Cell, 2012, 150: 1121-1134.

2A，*CDKN2A*）、丝氨酸/苏氨酸激酶11（serine/threonine kinase 11，*STK11*）和神经纤维蛋白1（neurofibromin 1，*NF1*）的改变。此外，腺癌还显示与表观遗传或RNA失调控有关的基因（如*BRD3*、*SETD2*和*ARID1A*）以及调控剪接的基因［如U2小核RNA辅助因子1（U2 small nuclear RNA auxiliary factor 1，*U2AF1*）、RNA结合基序蛋白10（RNA binding motif protein 10，*RBM10*）和剪接因子3b亚基1（splicing factor 3b subunit 1，*SF3B1*）］的改变。这些基因的改变可能通过改变癌基因如连环蛋白β1（β-catenin，*CTNNB1*）的剪接来驱动恶性转化[51]。因为参与表观遗传或RNA失调的基因改变不能简单归为先前10个描述肿瘤标志性突变之一，这些数据提示此类改变可以构成第11个标志性突变（图11.3）[59, 60]。

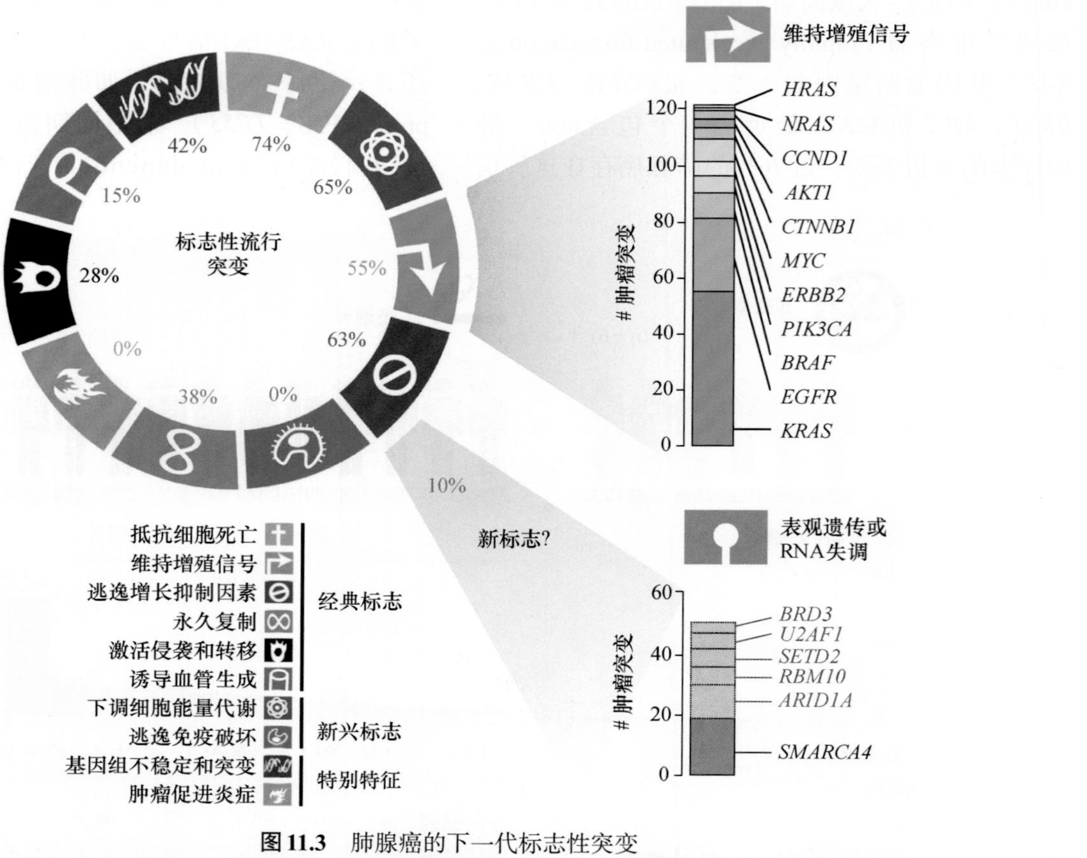

图11.3 肺腺癌的下一代标志性突变

图示腺癌中标志性突变的流行，维持增殖信号通路中的基因以及拟议的第11个参与表观遗传和RNA失调的标志性基因。*HRAS*，HRAS原癌基因；*NRAS*，N-ras癌基因；*CCND1*，G1/S-特异性周期蛋白-D1；*AKT1*，蛋白激酶B1；*CTNNB 1*，连环蛋白β1；*MYC*，MYC原癌基因；*ERBB 2*，酪氨酸激酶受体2；*PIK3CA*，磷脂酰肌醇-4，5-双磷酸3-激酶催化亚基α；*BRAF*，V-raf鼠类肉瘤病毒癌基因同源物B1；*EGFR*，表皮生长因子受体；*KRAS*，Kirsten鼠肉瘤病毒癌基因同源物；*BRD3*，含3的布罗莫结构域（Bromodomain）；*U2AF1*，U2小核RNA辅助因子1；*SETD2*，SET域包含2，组蛋白赖氨酸甲基转移酶；*RBM10*，RNA结合基序蛋白10；*ARID1A*，富AT的交互域1A；*SMARCA4*，WI/SNF相关，基质相关，肌动蛋白依赖性染色质调节剂，亚家族A，成员4。经许可转载自：Imielinski M, Berger AH, Hammerman PS, et al. Mapping the hallmarks of lung adenocarcinoma with massively parallel sequencing. Cell, 2012, 150: 1107-1120.

除了鉴定复发通路改变外，NGS还具有识别治疗的潜在靶点的能力[53]。例如，TCGA研究人员报道了已知的潜在可作为治疗靶点的细胞通路改变，如近75%的肺腺癌和69%的鳞状细胞癌中发现的磷脂酰肌醇-3-OH激酶（phosphatidylinositol-3-OH kinase，PI3K）/AKT和RTK-RAS-RAF通路[51, 61]改变。具有高读码覆盖面的靶向测序也有助于估计变异等位基因的频率，基于其分布，可以推测每个肿瘤样本中克隆群体的数量和规模。使用这些技术，几个小组已经描绘出肺腺癌的克隆构型[53, 62-64]。这些分析表明肺癌显示出相当程度的瘤内异质性[65]。

“创始者克隆突变”是指那些普遍存在于所有肿瘤细胞中的突变，这意味着它们是在疾病进化过程的早期获得的。在一项分析研究中，Zhang等[64]观察到，通过腺癌样本的多区域测序鉴定到的所有突变中，平均76%的突变存在于肿瘤的所有区域。已知癌基因如*TP53*、*EGFR*和*KRAS*的改变（突变）普遍存在，表明在早期就获得了突变。从理论上讲，理解肿瘤的克隆构型具有指导治疗的能力，因为靶向克隆性改变比靶向亚克隆性改变的治疗更可能成功。

TCGA研究人员最初分析了178例鳞状细胞肺癌患者的肿瘤标本，包括外周血（41例）或手术时切除的邻近组织学正常组织（137例）作为匹配的非癌种系DNA[61]。对全部178例患者的样本进行了WES、RNA测序、DNA甲基化和拷贝数分析，而18个配对样品用WGS进行了分析，158个配对样品用miRNA测序进行了分析。使用Illumina HiSeq平台进行了WES和WGS。正如在患肺腺癌吸烟者中观察到的那样，研究人员鉴定到这些肿瘤中每个肿瘤平均存在228个非沉默外显子突变（平均体细胞突变率为8.1/Mb）。在114例（64%）样本中发现了潜在的可靶向治疗的体细胞突变基因。最常见的改变途径是PI3K-RTK-RAS信号通路（69%）；鳞状细胞分化通路，包括*SOX2*、*TP53*、*NOTCH1*、*NOTCH2*、*ASCL4*和*FOXP1*（44%）；以及由*KEAP1*、*CUL3*和*NFE2L2*组成的氧化应激反应途径（34%，图11.4）。在72%的病例中，*CDKN2A*肿瘤抑制基因通过多种机制失活，包括纯合缺失（29%）、甲基化引起的表观遗传沉默（21%）、失活突变（18%）和外显子1-beta跳读（4%）。

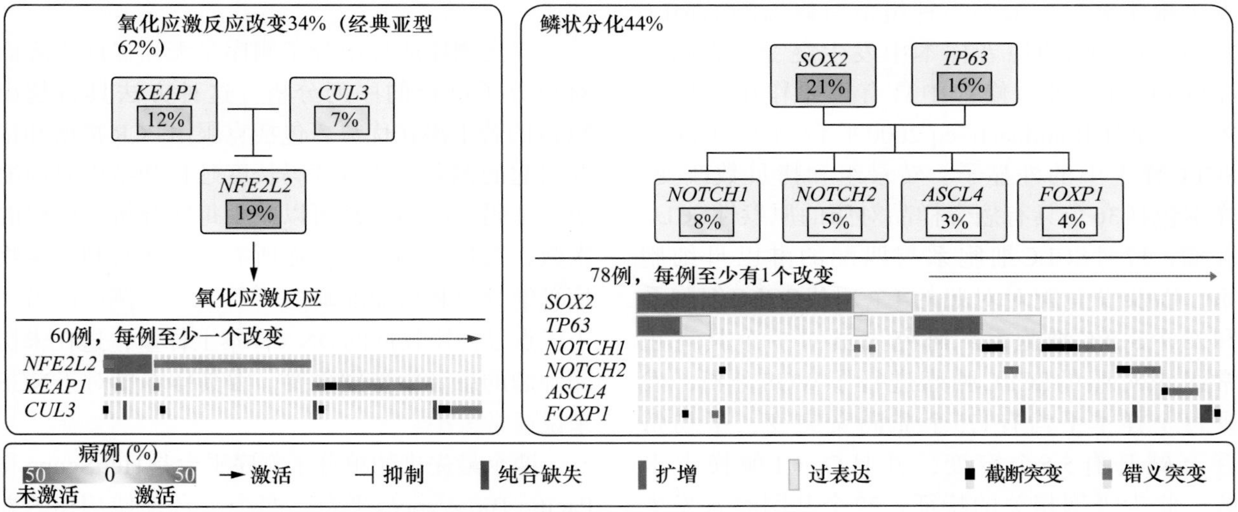

图11.4 鳞状细胞癌中最常见改变的途径

PI3K/RTK/RAS信号通路在69%的样本中发生了改变，其具有多个潜在的治疗靶点。受影响的其他2个常见途径是氧化应激反应和鳞状分化所涉及的基因。*KEAP1*，Kelch样环氧氯丙烷相关蛋白-1；*CUL3*，Cullin 3；*NFE2L2*，核因子类胡萝卜素衍生2样因子2；*SOX2*，SRY盒转录因子2；*TP63*，肿瘤蛋白63；*NOTCH*，NOTCH受体；*ASCL4*，Achaete-Scute家族BHLH转录因子4；*FOXP*，叉头状P；PI3K，磷脂酰肌醇-3 -OH激酶；RAS，鼠肉瘤；RTK，受体酪氨酸激酶。经许可转载自：Cancer Genome Atlas Research Network. Comprehensive genomic characterization of squamous cell lung cancers. Nature, 2012, 489: 519-525.

然而，与腺癌不同，RTK-RAS-RAF途径基因的突变，如*KRAS*、*EGFR*和*BRAF*在这些肿瘤中不常见。在一项最新的分析研究中，TCGA研究人员对660例腺癌和484例鳞状细胞癌的突变图谱进行了测序和比对[50]。发现这两种组织学类型的肺癌之间，有统计学差异的突变基因间只有12%的重叠。有趣的是，在鳞状细胞肺癌和其他与吸烟相关的癌症（如头颈部鳞状细胞癌和膀胱癌）中观察到了更多相似的显著突变基因，强调不同亚型肺癌在分子水平上具有不同特性，尽管它们源于同一解剖部位。

3.2 小细胞肺癌

与非小细胞肺癌不同，SCLC样本很少有RTK信号通路的突变。然而，几乎所有的SCLC都有肿瘤抑制基因*TP53*和*RB1*的改变[55]。Peifer等[56]使用IlluminaHiSeq平台对来自SCLC患者的29个外显子，两个基因组和15个转录本进行了测序。与其他和吸烟有关的肿瘤相似，可改变蛋白质的突变的比率为7.4/Mb。所有患者都有*TP53*和*RB1*的突变和缺失，并且临床前研究表明小鼠中这两个基因的条件性缺失与SCLC的进展相关[66-67]。环磷酸腺苷反应元件结合（cyclic adenosinemonophosphate response element binding，CREB）-结合蛋白（CREB bindingprotein，*CREBBP*）和EP300的失活也可能在SCLC的进展中扮演重要角色，在18%的患者样本和细胞系中这些基因的组蛋白乙酰转移酶编码结构域序列周围会发生聚集突变。编码一种组蛋白修饰酶的MLL基因，在10%的患者样本中发生突变，表明其在SCLC的组蛋白修饰中具有重要作用。Rudin等[57]使用IlluminaHiSeq 2000平台分析了80个SCLC样本中的外显子、转录组和拷贝数改变。样本包括36个具有癌旁样品对照的原发性SCLC肿瘤，17对SCLC细胞系与匹配的淋巴母细胞系，以及没有配对对照的4个原代SCLC细胞系和23个SCLC细胞系。研究人员对一个具有正常组织对照的SCLC肿瘤进行了WGS分析，发现每个样本平均有175个非同义突变，平均每百万碱基有5.5个突变，并且G→T颠换占多数，此为吸烟相关的特征。22个基因经常发生突变。初始队列和验证队列研究中最常见的突变基因是*TP53*（77.4%）、RB转录核心加压因子1（RB transcriptional corepressor 1，*RB1*）（30.6%）、XXII型胶原蛋白Alpha 1链（collagen type X XII alpha 1 chain，*COL22A1*）（25.8%）和BCL2相关转录因子1（BCL2 associated transcription factor 1，*BCLAF1*）（16.1%）。在这项分析研究中鉴定出41个发生融合的基因中有4个反复出现，包括在1个原发性SCLC肿瘤和4个SCLC细胞系中发现的RLF锌指（RLF zinc finger，*RLF*）和BHLH转录因子（MYCL proto-oncogene，BHLH transcription factor，*MYCL1*）之间的融合。使用针对*MYCL1*的小干扰RNA降低H1097和CORL47融合阳性细胞系的增殖，支持*MYCL1*在小细胞肺癌中作为癌基因的作用。这些发现中的一部分在George等对110个SCLC样本的后续分析中得到了证实[55]。除了反复出现的*TP53*和*RB1*突变，在这些样本中还观察到了肿瘤抑制因子肿瘤蛋白P73（tumor protein P73，*TP73*）、磷酸酶和张力蛋白同源物（phosphatase and tensin homolog，*PTEN*）、RB转录转录核心抑制剂1（RB transcriptional corepressor like 1，*RBL1*）和RB转录转录核心抑制剂2（RB transcriptional corepressor like 2，*RBL2*）的突变。在该研究中测序发现25%的样本有NOTCH家族基因的突变。NOTCH通路在调节神经内分泌分化中起着重要作用，这意味着这些改变在SCLC的发生和进展中起着至关重要的作用。

4 新兴技术：三代测序技术

三代测序或称单分子测序是无须提前克隆而对单分子进行的序列分析。这种方法具备超出NGS的若干潜在优势，包括克服由PCR扩增和错配引起的偏差，使得读码长度延长和结束时间缩短。读码长度的延长可以减少每次分析中读码的次数，系扩大测序覆盖面所需，从而有利于生物信息学分析和增加准确性[68-69]。三代测序的另一个优点是使用较低的DNA样本上样量，这在未切除肿瘤的患者中特别重要，因其样本量对于NGS来说通常太小。

两个最先进的单分子测序平台是HeliScope和Pacific Biosciences平台。两个平台都使用SBS方法，即通过激发激光让标记的核苷酸产生荧光信号。Helicos Biosciences（美国马萨诸塞州剑桥）推出了第一个单分子DNA测序仪HeliScope，它基于使用SBS方法标记的反义链终止核苷酸。该平台产生最大长度为55 bp的短片段读码，并且尚未被广泛采用。PacBio RS来自Pacific Biosciences（美国加利福尼亚州门洛帕克市），它是一个基于单分子实时技术的平台，具有被称为零模波导的纳米结构，每个都附着有单个DNA聚合酶。在掺入延伸的DNA链的过程中，实时检测每个核苷酸的荧光。PacBio RS允许同时并行测序75 000个

DNA分子，读码长度比HeliScope（平均1000 bp）长得多[70]。

另一种方法是使用纳米孔测序，这依赖于单个DNA分子通过纳米级孔的传输，通过电流或光信号检测碱基。与所有其他测序方法不同，纳米孔技术通常不需要外源标记，因为它们依赖不同核苷酸的电子或化学结构识别碱基[68, 71-72]。

5 对次优样品的测序

5.1 福尔马林固定样本

虽然来自活检或手术的新鲜组织是大多数分子检测的首选标本，但由于样本收集和存储等逻辑上的问题很少使用。大多数标本是福尔马林固定和石蜡包埋（formalin-fixed and paraffin-embedded, FFPE）组织块，储存在病理学实验室。来自FFPE的甲醛与DNA和蛋白质反应生成亚甲基，亚甲基将DNA交联到DNA、RNA或蛋白质上，导致测序时产生偏差。尽管存在这些挑战，比较配对的新鲜冰冻和FFPE样本的研究已经表明NGS检测FFPE样本的可行性[73-74]。在一项此类研究中，Spencer等[75]分析了来自16个配对的新鲜冰冻和FFPE肺腺癌样本的27个癌症相关基因，并观察到在读码总数、原始序列错误率或者预选基因靶区域的覆盖面上没有明显差异。碱基读码的一致性大于99.99%。然而，由于福尔马林促进胞嘧啶残基的脱氨化，与新鲜组织相比，FFPE中的C→T转换增加。

5.2 细胞学样品

细针穿刺（fine-needle aspiration，FNA）是一种建立微创性实体肿瘤诊断的简便方法，与大口径针头活检相比，并发症的风险较低。然而，尽管FNA是建立形态学诊断的标准模式，但较小的肿瘤标本往往不足以用于NGS检测。两项研究证明了FNA样本用于NGS的可行性。Young等[76]检测了来自16例连续就诊的肺部肿瘤患者和26例胰腺肿瘤患者的FNA样本。使用IlluminaHiSeq 2000平台进行NGS检测，并分析肿瘤样本的碱基替换、插入缺失、扩增、纯合缺失和基因重排。在这项研究中，100%的肺部或胰腺肿瘤患者成功地生成了基因组图谱。Kanagal-Shamanna等[77]分析了通过FNA获得的31个肿瘤细胞学标本，包括来自肺癌患者的16个样本。用Torrent平台（V2.01；美国加利福尼亚州卡尔斯巴德市生命科技公司）进行NGS检测，其结果经三个常规平台中的至少一个再验证，包括Sanger测序、焦磷酸测序或MassARRAY系统（美国加利福尼亚州圣迭戈市Sequenom）。所有测试样本都成功地对选定的46个基因进行了靶向测序，NGS和常规验证平台之间的一致性为100%。此外，NGS在31个样本中检测到19个变异（61%），而传统平台没有检测到。因此，这两项研究的结果表明，FNA可能是一种可以接受的获取NGS样本的方法。

5.3 液体活检

随着针对肺癌患者对酪氨酸激酶抑制剂耐药机制的研究突破，对患者肿瘤的连续活检以制定针对性治疗策略变得越来越重要[78-80]。因为连续活检具有侵入性以及较大的操作风险，所以从循环肿瘤细胞、外泌体或从诸如血液和尿液等体液中分离出的游离DNA（cell-free DNA，cfDNA）获得基因组DNA的替代方法（通常被称为“液体活检”）正越来越受欢迎（图11.5）[81-82]。最近的研究表明，用这些技术检测靶定的突变是可行的，不需要侵入性活检程序[83-84]。在Wakelee等[84]最近进行的一项分析中，对参加1/2期TIGER-X研究的患者，分别对血液和尿液中分离的cfDNA以及匹配活检肿瘤组织标本中的EGFR T790M突变进行了比较。血液和尿液中cfDNA与肿瘤活检组织的T790M突变状态的符合率分别为81.5%和83.8%。无论DNA来源如何，T790M突变阳性患者对罗西替尼的反应具有可比性。

循环肿瘤DNA检测能涵盖从多个肿瘤区域释放的DNA，并且由于肿瘤克隆构型的空间异质性，还有利于检测识别单区域肿瘤活检时遗漏的突变。在Wakelee等[84]进行的研究中，有7名患者在活检标本中的T790M突变呈阴性，但通过cfDNA分析可检测到突变，并显示出对罗西替尼的反应性。这些结果表明，循环DNA检测可以与传统的基于活检的诊断方法互补，不但能鉴定出肿瘤中的靶定突变，也有助于研究新的潜在耐药

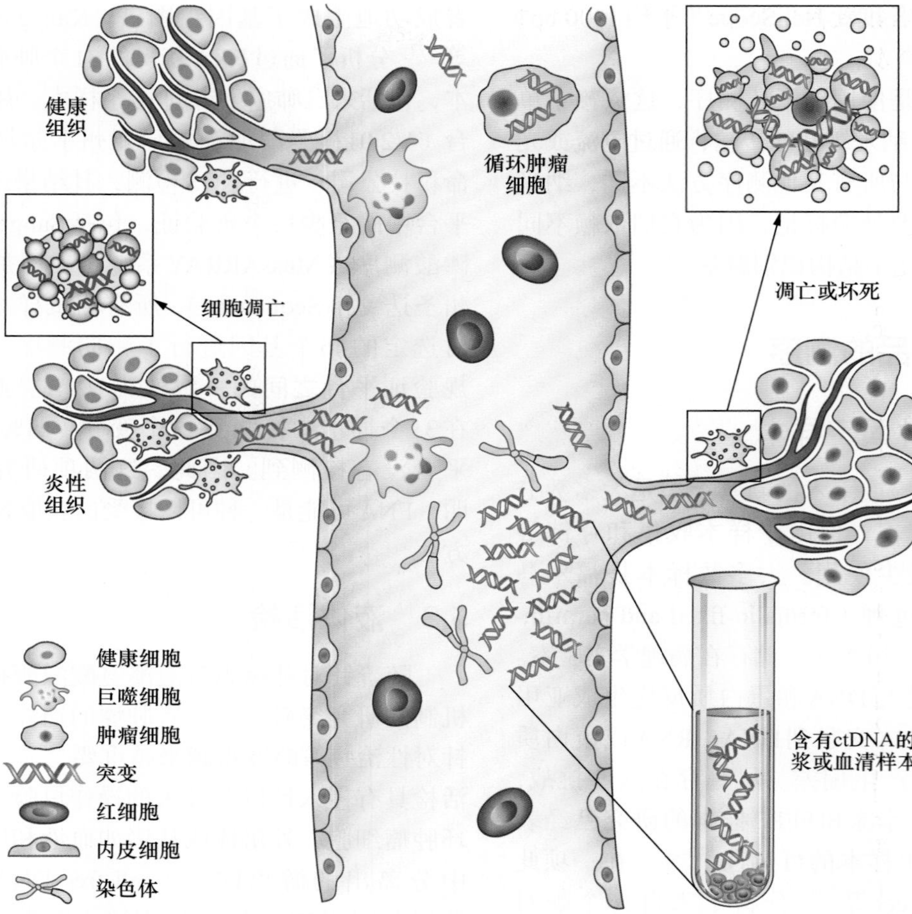

图11.5 用液体活检对肿瘤进行基因分型包括提取死亡癌细胞中释放的循环游离DNA（通过坏死或凋亡性细胞死亡），或从循环肿瘤细胞中提取DNA

ctDNA，循环肿瘤DNA。图片改编自：Crowley E, Di Nicolantonio F, Loupakis F, Bardelli A. Liquid biopsy: monitoring cancer-genetics in the blood. Nat Rev Clin Oncol, 2013, 10: 472–484.

机制。尽管有这些优点，这些检测还是受到一些可影响肿瘤释放DNA量的因素的限制，如肿瘤大小、疾病负担、病变部位和肿瘤分级等。

6 未来方向

将NGS与大量（几千个）肿瘤样本的基因组、转录组和表观基因组进行综合分析，可以对肿瘤的发生进行更全面的研究，还能检测到第一代单维研究不太可能发现的低频异常[101]。例如，TCGA对600多个非小细胞肺癌样本的联合分析强调了RTK-RAS-RAF途径基因中存在的一些低频突变，如Vav鸟嘌呤核苷酸交换因子1（Vav guanine nucleotide exchange factor 1，*VAV1*）、SOS Ras/Rac鸟嘌呤核苷酸交换因子1（SOS Ras/Rac guanine nucleotide exchange factor 1，*SOS1*）和RAS p21蛋白激活剂1（RAS p21 protein activator 1，*RASA1*），这些突变在以前的研究中未被认为是有显著统计学水平差异的突变，因为样本量不足以检测它们。

高的肿瘤突变负荷已被证明与免疫检查点抑制剂的反应相关[102-103]。McGranahan等[103]在最近的分析中发现，除了总突变负荷本身因素外，某些克隆性新表位在确定免疫治疗应答效果中也具有预测作用，大部分为克隆性突变的患者表现为持久应答，而低应答患者的肿瘤大部分为亚克隆性突变。因此，确定肿瘤样本的总突变负荷及其克隆构型对治疗具有重要意义。肿瘤的克隆构型也可以作为预后的生物标志物，并具备指导早期肺癌患者辅助治疗的潜在可能，因为具有复杂克隆构型的肿瘤切除患者与克隆结构不太复杂的患者相比更可能复发。

（徐松林 刘红雨 译）

主要参考文献

2. Stratton MR, Campbell PJ, Futreal PA. The cancer genome. *Nature*. 2009;458:719–724.
5. Vogelstein B, Papadopoulos N, Velculescu VE, Zhou S, Diaz LA, Kinzler KW. Cancer genome landscapes. *Science*. 2013;339:1546–1558.
12. Sanger F, Air GM, Barrell BG, et al. Nucleotide sequence of bacteriophage phi X174 DNA. *Nature*. 1977;265:687–695.
17. Meyerson M, Gabriel S, Getz G. Advances in understanding cancer genomes through second-generation sequencing. *Nat Rev Genet*. 2010;11:685–696.
50. Campbell JD, Alexandrov A, Kim J, et al. Distinct patterns of somatic genome alterations in lung adenocarcinomas and squamous cell carcinomas. *Nat Genet*. 2016;48(6):607–616.
51. Cancer Genome Atlas Research Network. Comprehensive molecular profiling of lung adenocarcinoma. *Nature*. 2014; 511:543–550.
52. Cancer Genome Atlas Research Network. Comprehensive genomic characterization of squamous cell lung cancers. *Nature*. 2012;489:519–525.
53. Govindan R, Ding L, Griffith M, et al. Genomic landscape of non-small cell lung cancer in smokers and never-smokers. *Cell*. 2012;150:1121–1134.
54. Imielinski M, Berger AH, Hammerman PS, et al. Mapping the hallmarks of lung adenocarcinoma with massively parallel sequencing. *Cell*. 2012;150:1107–1120.
55. George J, Lim JS, Jang SJ, et al. Comprehensive genomic profiles of small cell lung cancer. *Nature*. 2015;524:47–53.
56. Peifer M, Fernández-Cuesta L, Sos ML, et al. Integrative genome analyses identify key somatic driver mutations of small-cell lung cancer. *Nat Genet*. 2012;44:1104–1110.
57. Rudin CM, Durinck S, Stawiski EW, et al. Comprehensive genomic analysis identifies SOX2 as a frequently amplified gene in small-cell lung cancer. *Nat Genet*. 2012;44:1111–1116.
58. Seo JS, Ju YS, Lee WC, et al. The transcriptional landscape and mutational profile of lung adenocarcinoma. *Genome Res*. 2012;22:2109–2119.
59. Hanahan D, Weinberg RA. Hallmarks of cancer: the next generation. *Cell*. 2011;144:646–674.
60. Hanahan D, Weinberg RA. The hallmarks of cancer. *Cell*. 2000;100:57–70.
61. Deleted in review.
62. McGranahan N, Favero F, de Bruin EC, Birkbak NJ, Szallasi Z, Swanton C. Clonal status of actionable driver events and the timing of mutational processes in cancer evolution. *Sci Transl Med*. 2015;7: 283ra54.
63. de Bruin EC, McGranahan N, Mitter R, et al. Spatial and temporal diversity in genomic instability processes defines lung cancer evolution. *Science*. 2014;346:251–256.
64. Zhang J, Fujimoto J, Wedge DC, et al. Intratumor heterogeneity in localized lung adenocarcinomas delineated by multiregion sequencing. *Science*. 2014;346:256–259.
65. Jamal-Hanjani M, Quezada SA, Larkin J, Swanton C. Translational implications of tumor heterogeneity. *Clin Cancer Res*. 2015;21:1258–1266.
102. Rizvi NA, Hellmann MD, Snyder A, et al. Cancer immunology. Mutational landscape determines sensitivity to PD-1 blockade in non-small cell lung cancer. *Science*. 2015;348:124–128.
103. McGranahan N, Furness AJ, Rosenthal R, et al. Clonal neoantigens elicit T cell immunoreactivity and sensitivity to immune checkpoint blockade. *Science*. 2016;351:1463–146

获取完整的参考文献列表请扫描二维码。

第12章 肺癌中的表观遗传学事件：染色质重塑与DNA甲基化

Ite A. Laird-Offringa, Montse Sanchez-Cespedes

要点总结

- 不同的基因表达决定着各异的细胞表型，该过程可通过继承保持处于活跃和不活跃的染色体区域的表观遗传学修饰来实现。
- 表观遗传学机制包括DNA甲基化、组蛋白修饰、调节性DNA结合蛋白、调节性RNA、基因组架构蛋白和染色质重塑复合物，在肺癌中所有这些都可能发生改变。
- 遗传学和表观遗传学改变均可导致肺癌发生，且二者存在交叉作用：表观遗传修饰相关基因的改变可影响表观基因组，而基因组完整性相关基因的表观遗传沉默会导致基因组的改变。
- 肺癌中存在大量DNA甲基化改变，其中最常见的是启动子CpG致密区高甲基化和基因甲基化缺失，但只有一小部分DNA甲基化改变具有功能性后果。
- 多种体液中的DNA甲基化改变可作为肺癌诊断的生物标志物。
- 在肺癌中，参与染色质重构的蛋白通常发生改变，其中已发现ATP酶BRG1在非小细胞肺癌组织和细胞系中具有高频突变。
- 表观遗传学改变一般是可逆的，因此，通过消除癌症驱动的表观遗传学改变或通过激活治疗靶点如肿瘤/睾丸抗原等的表观遗传学疗法为治疗肺癌提供了机会。

构成人体的细胞呈现出令人难以置信的各种表型，尽管它们都携带着从同一个受精卵遗传而来的相同基因组。这种表型多样性起因于每个不同细胞类型中的不同基因表达谱，而实现这种基因表达特异性，是在细胞分化为特定类型时，通过创造和维持特定的基因组活跃区和失活区来完成的。这些不同的基因组区域是通过基因组之上的信息分层，或所谓的生物标记建立起来的。对这些区域和标记的研究称为表观遗传学。

表观遗传学信息可以有多种形式（图12.1）。其中一种形式是DNA的直接化学修饰，研究最多的化学修饰是DNA甲基化[1]，但近来也报道了DNA的羟甲基化、甲酰化和羧化修饰[2]。化学修饰也可发生于DNA相互作用蛋白上，组蛋白就是其中最著名的例子。组蛋白可以有各种修饰状态，这些修饰可影响DNA与调节因子的接触，从而调节基因表达能力[3-4]。除了组蛋白尾部的共价修饰外，染色质结构也可被ATP依赖的核小体运动所调节，其受染色质重塑复合物的活性调控[5-7]。这些染色质重塑复合物利用ATP破坏核小体与DNA的联系，使DNA在不同细胞过程中更易与组蛋白或DNA接触蛋白结合。除了组蛋白和核小体外，其他蛋白也可影响基因组的表观遗传学读码：许多蛋白或蛋白复合物可直接或间接地结合DNA，并由此通过调节增强子或启动子的活性来影响基因转录，或影响基因组结构从而调控基因活性。最后，调节性核糖核酸（ribonucleic acid，RNA），如微小RNA（miRNA）和长链非编码RNA（lncRNA），也可从表观遗传学上调控基因表达[6, 8-9]。综上所述，这些DNA上的生物标记被称为表观基因组，它们是在细胞分裂后被遗传下来的，使得细胞表型继续传递给子细胞。

表观遗传标记在保持特有的细胞表型上的重要性意味着，它们的破坏将导致疾病。事实上，表观遗传异常在包括癌症在内的许多疾病中的重要性已日渐清晰[8, 10-13]。肺癌发生发展过程涉及广泛的表观遗传学改变[14-19]。了解表观遗传学变化的结果有助于剖析肺癌发病的分子机理，为癌症发生发展机制提供新的见解，最终为靶向治疗提供新的聚焦点[20]。此外，肺癌的表观遗传学改变显示出作为分子标志物的潜力，可应用于肺癌

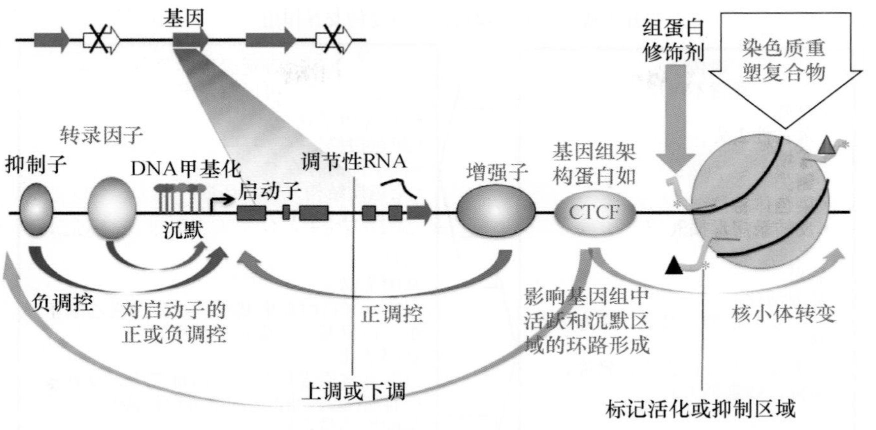

图12.1 表观遗传学机制概览

基因表达受到如图所示多种表观遗传学机制的影响，从左至右：抑制子（repressor）可以负调控基因转录；转录因子可以调节基因转录并协同应对环境变化；DNA甲基化，当存在于启动子CpG岛时（如在癌症中所见）通常与基因沉默有关；调节性RNA如miRNA和lncRNA，可通过多种机制上调或下调基因表达；增强子（enhancer）可以位于基因上游或下游，可以远距离激活基因表达；基因组架构蛋白如CCCTC结合因子（CCCTC-binding factor，CTCF）用于建立基因组区域之间的边界，有利于基因组形成高级结构；组蛋白修饰酶影响组蛋白尾部的修饰，而组蛋白尾部修饰可松散或收紧染色质，进而促进或抑制基因表达；染色质重塑复合物可架构染色质并移动核小体（由组蛋白八聚体组成，周围缠绕着大约150个DNA核苷酸分子），调节其他因子接近DNA。

早期检测、肿瘤分类、风险评估、预后判断和癌症复发监测[14, 21]。最后，由于表观遗传信息是在基因组上的分层信息而不改变DNA序列，因此原则上是可逆的，可视为癌症新疗法开发和应用的最佳靶点。表观遗传药物如组蛋白去乙酰酶抑制剂和DNA甲基化抑制剂，目前正处于针对肺癌在内的多种癌症的临床试验阶段[22-23]。得益于更强大工具的面世以对表观遗传标记进行全基因组评估，未来我们能更深入了解肺癌表观基因组及其在诊断和治疗应用中的潜力。

在本节中，我们回顾了表观遗传学的基本概念，并讨论了目前有关肺癌表观遗传学改变的知识，包括已确定的表观遗传学改变类型及其病理和临床意义。鉴于迄今为止所知的大量表观遗传学变化和所获数据的急剧增加，我们不可能在一个章节中全部地加以说明。所以此处我们仅讨论表观遗传学的基本原理，并重点介绍两个具体领域：染色质重塑和DNA甲基化。这两个例子可以很好地诠释癌症中遗传与表观遗传改变之间相互作用的重要性。由于篇幅限制，我们将始终引用综述作为详细信息的来源。

1 遗传学和表观遗传学的交互作用

起初的肺癌分子机制研究着重于基因的改变，例如基因突变、杂合性丧失、缺失和扩增[24-25]，肺癌中著名的例子包括*KRAS*、*EGFR*和*TP53*（tumor protein 53）基因突变[26]。然而，随着研究的深入，研究人员清楚地意识到，表观遗传学改变对于肺癌发生发展同样至关重要[14-19, 27-28]。肺癌中常见的表观遗传学改变包括组蛋白修饰改变、染色质结构和染色质相关蛋白改变、调节性RNA如miRNA的改变以及DNA甲基化改变（甲基化的丢失和获得）。

癌症中遗传学和表观遗传学的交互作用进一步放大了分子变化的后果（图12.2）[10, 29-30]。举例来说，正如本章后面将要讨论的，一些表观遗传学机制组分［如组蛋白（去）乙酰化酶、染色质重塑复合物和DNA甲基转移酶等］的遗传学改变可以影响这些酶的活性，进而调控许多基因的转录活性。在包括肺癌在内的许多癌症中均已发现部分表观遗传机器复合物的体细胞改变[10, 31]。表观遗传学酶类编码基因的遗传多态性与肺癌患病风险间存在的联系，进一步深化了由遗传变异影响表观遗传的潜能[31]。与此相反，表观遗传学改变可导致进一步的基因损伤。例如，DNA修复基因或编码解毒酶基因的高甲基化会影响细胞对突变的易感性，并可能导致其他基因的激活或失活[32]。6-*O*-甲基鸟嘌呤DNA甲基转移酶（6-*O*-methylguanine DNA methyltransferase，

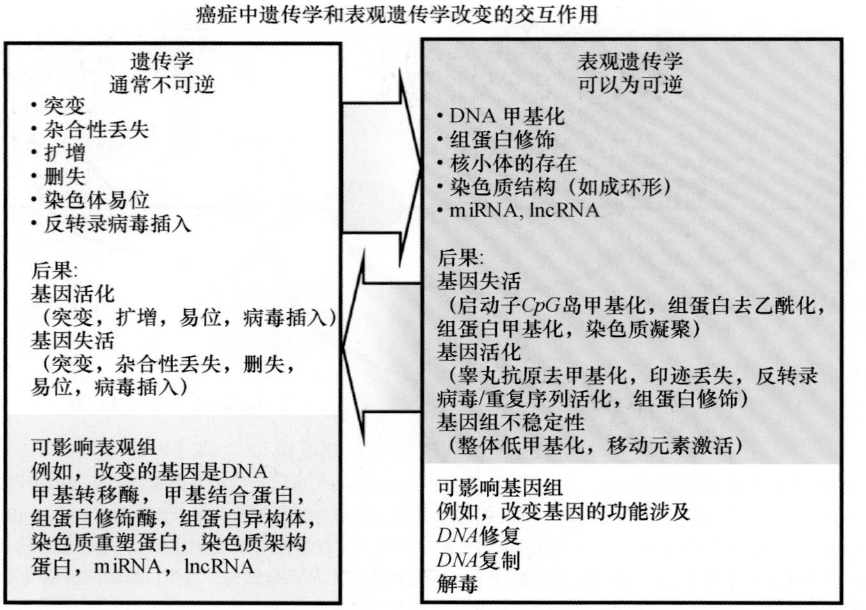

图12.2 癌症中遗传学和表观遗传学改变的交互作用

左侧：遗传学改变类型，通常是不可逆的，可导致改变基因的活化或失活。如果该基因编码的产物参与到表观遗传学调控，如组蛋白甲基转移酶、DNA甲基结合蛋白、组蛋白异构体、组蛋白修饰的添加蛋白或移除蛋白，或与该种修饰存在相互作用的蛋白（转录调节因子、共激活子、共抑制子），则该基因的遗传学改变可导致表观遗传学改变。右侧：表观遗传学改变可以是可逆的。当表观遗传学改变发生于可影响基因组完整性的基因上，如DNA修复基因、DNA复制或解毒基因，则它们的表观遗传学改变可增加获得额外遗传学变异的可能性。

MGMT）是一种参与烷基化鸟嘌呤修复的酶，其在肺癌中常发生DNA甲基化[33]。*MGMT*基因失活又常与*RAS*基因突变频率增加密切相关[34]。与之影响癌症发病的潜能相符，研究人员在不同人群中均已证明*MGMT*和其他DNA修复基因的遗传多态性与肺癌患病风险有关[35-37]。这些例子说明，遗传学和表观遗传学变化不应被视作为相互独立的事件，而应被视为一个复杂交叉网络的组成部分，这个网络关系到包括肺癌在内的许多癌症的发生和发展。这两种分子变化的综合分析将推动阐明肺癌发病的分子途径，并有助于阐述特定类型的肺癌特征（如吸烟者和从未吸烟者的肺癌组织学亚型）。表观遗传学改变的整体观也与临床高度相关，因为某些细胞毒性药物的使用可能增强或抑制表观遗传药物的疗效，反之亦然[38-41]。

2 组蛋白修饰及其在肺癌中的角色

环绕DNA的核小体核心颗粒由各2分子的组蛋白2A、2B、3和4组成。富含赖氨酸和精氨酸的*N*端区域从核心颗粒中延伸出来，可以被修饰为单甲基化、双甲基化、三甲基化、乙酰化、泛素化、磷酸化和其他修饰[3]。这些修饰并不孤立存在，功能学和物理学交叉作用确保了表观遗传学信号的复杂网络，在其中DNA甲基转移酶、甲基结合蛋白、组蛋白异构体、组蛋白修饰酶以及其他染色质和转录组分均发挥功能（图12.3）[42]。许多组蛋白修饰酶可以识别位于组蛋白尾部或DNA上相同或不同的其他修饰状态。例如，与甲基化DNA结合的蛋白通常包含有额外的结构域，这些结构域可直接或间接地与去乙酰化酶等组蛋白修饰蛋白相互作用[43]。赖氨酸位点的组蛋白乙酰化可激活基因转录，一方面，这种修饰减少了正电荷，并将组蛋白尾部对DNA磷酸基主链的静电吸引力降到最低，从而疏松了染色质结构；另一方面，乙酰化的组蛋白*N*端尾部是含溴区结构域包含蛋白的锚定平台，如转录共激活因子p300/CBP相关因子和转录起始复合物组分之一TAF1就是这样的含溴区结构域蛋白[4, 44]。关键的乙酰化标记是组蛋白3的第27位赖氨酸乙酰化（histone 3 lysine 27 acetylation，H3K27Ac），其主

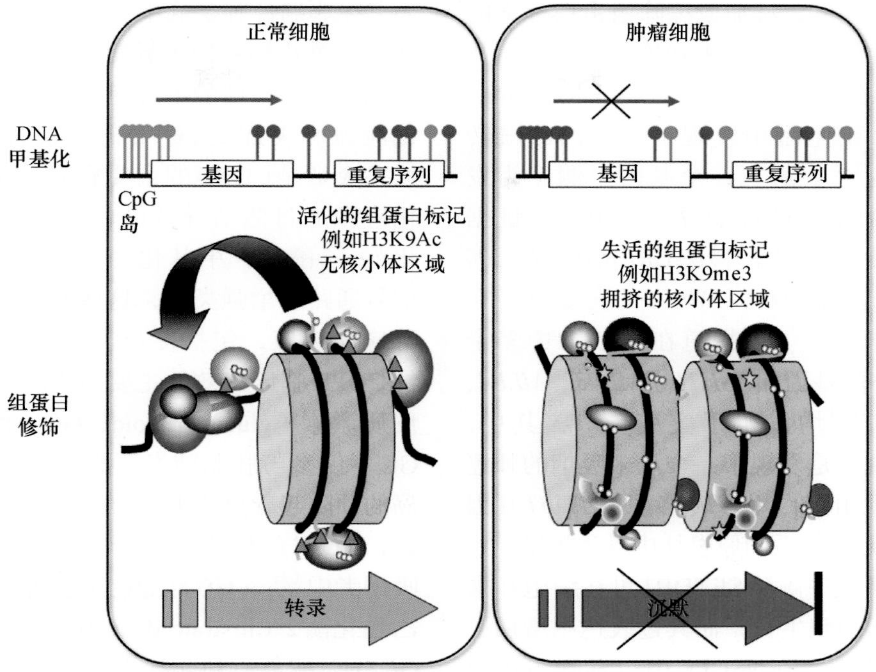

图12.3 癌症中异常的表观遗传学调控

左侧：在非肿瘤细胞中，CpG岛通常处于非甲基化状态（绿色棒棒糖标识），而其余位置存在散发性甲基化修饰（红色棒棒糖标识）；在活跃转录的基因中，其染色质结构是松散的，有利于转录机器复合物进入启动子区域。组蛋白3、4的*N*端赖氨酸发生乙酰化（三角形标识）降低了正电荷，放松了对带负电荷DNA的吸引；乙酰化、单甲基化、双甲基化、三甲基化（圆球标识）以及其他修饰，如组蛋白尾部的磷酸化和sumo化（星形标识），可以直接或间接地介导与转录机器复合物或酶的相互作用，这些修饰可以进一步增加翻译后修饰。右侧：在肿瘤细胞中发生了全基因组范围的DNA甲基化丢失，包括在散发性CpG岛和已被甲基化的重复序列均发现甲基化丢失，（在某些情况下这种DNA甲基化丢失可以导致基因活化，此处未显示。）同时，许多启动子CpG岛发生高甲基化，导致抑癌基因沉默；与甲基化胞嘧啶相互作用的甲基结合蛋白可以募集组蛋白去乙酰化酶，进而降低染色质的可接近性和导致转录沉默。这个模型是一个简化模型，甲基化、组蛋白修饰和转录状态并不总是如图呈现一致的变化，不是所有的甲基化基因都会沉默，也不是所有的沉默基因都被甲基化。

要发生于活性增强子上，而另一种标记H3K9Ac则主要发生于活性启动子上。细胞中存在着多种乙酰化和去乙酰化酶，而去乙酰化酶在癌症治疗中具有较好的应用前景[45]。除了乙酰化外，常见的组蛋白尾部修饰还包括甲基化、泛素化和磷酸化[46]。甲基化并不影响组蛋白尾部电荷，而是通过改变蛋白/蛋白相互结合发挥作用。精氨酸位点可以添加一至两个甲基，赖氨酸位点可以添加3个甲基，效果取决于修饰的位点和甲基基团的数量。例如，组蛋白3的第9位和第27位赖氨酸的三甲基化（histone 3 lysine 9 and lysine 27 trimethylation，H3K9me3，H3K27me3）是抑制性标记，H3K4me3存在于转录区域。

迄今为止，肺癌中有关组蛋白修饰如何受影响的研究仍相对较少，组蛋白*N*端区域的分子变化较DNA甲基化改变更难被检测。最常用的技术是染色质免疫沉淀（chromatin immunoprecipitation，ChIP），该技术是在细胞进行甲醛交联后，对目的蛋白进行特异性免疫沉淀（如特定的组蛋白修饰），并对特定区域进行局部聚合酶链反应（polymerase chain reaction，PCR）。得益于高通量测序技术的进步，ChIP现在可以在全基因组范围内进行检测，以窥测整个基因组范围内的标记或蛋白占比。在一项研究中，研究人员可根据不同的组蛋白修饰将NSCLC患者分为7个不同的组，并且观察到不同的组织学和组蛋白3修饰分组具有生存率差异[42]。这一早期的研究报道暗示了表观遗传学特征用于指导癌症治疗的潜力。推进这一研究方向的一个关键挑战在于基因组范围内的筛查需要大量样本，这使得目前的分析主要局限于肺癌细胞系。然而，随着从越来越少的样本中提取表观基因组信息能力的逐步提高，对先前存留的肿瘤标本的分析也将成为可能。

正如前面提到的，添加或擦除组蛋白标记的酶的改变可以导致进一步的表观遗传学变化。几年前，研究人员在一株小细胞肺癌（small cell lung cancer，SCLC）细胞系中发现了组蛋白乙酰转移酶EP300突变[47]。最近，全基因组测序为发现组蛋白修饰酶基因的改变提供了更多的证据（表12.1）。组蛋白乙酰转移酶*CREBBP*、*EP300*和组蛋白甲基转移酶*MLL*、*MLL2*的突变已经在SCLC中被检测到[48]。据报道在NSCLC中多个组蛋白甲基转移酶基因如*ASH1L*、*MLL3*、*MLL4*、*WHSC1L1*和*SETD2*均发生了突变[49-51]，其中，SETD2的一种突变是发现于一个从未吸烟的肺癌患者。最近发现组蛋白甲基转移酶*SETDB1*基因在NSCLC、SCLC细胞系和原发灶中发生扩增[52]。在发生扩增的细胞中敲除SETDB1可在细胞和裸鼠水平抑制肿瘤细胞生长，而其过表达则增加了肿瘤细胞的侵袭性。在NSCLC中也发现组蛋白去甲基化酶和去乙酰化酶的突变，进一步凸显了表观遗传学失调在肺癌中的重要作用。

表12.1 肺癌中发生改变的组蛋白修饰酶[a]

酶	肺癌类型	参考文献
组蛋白去甲基化酶		
KDM6A	NSCLC	[49]
组蛋白甲基转移酶		
ASH1L	NSCLC	[49，51]
MLL	NSCLC	[49]
MLL2	NSCLC	[49]
MLL3	NSCLC	[51]
MLL4	NSCLC	[51]
SETD2	NSCLC	[50-51]
SETDB1	NSCLC	[52]
WHSC1L1	NSCLC	[51]
MLL	SCLC	[237]
MLL2	SCLC	[48]
组蛋白乙酰转移酶		
CREBBP	SCLC	[237]
EP300	SCLC	[237]
组蛋白去乙酰化酶		
HDAC9	NSCLC	[49]

[a]这些数据来自高通量的方法，是初步的，未来需要在更大范围、典型的肺癌样本中验证。

在非癌性肺疾病中也发现了组蛋白乙酰化酶和去乙酰化酶基因的异常，例如COPD，一种以气流受限为特征的不可逆的缓慢进展性疾病。氧化应激和炎症是COPD的主要特征，与肺癌一样，吸烟是COPD的主要病因。在COPD中，氧化应激通过激活导致染色质修饰（组蛋白乙酰化/去乙酰化，甲基化/去甲基化）的各种激酶信号通路来增强炎症，这些通路的激活调控了多种应激反应，包括促炎反应和抗氧化反应。制约COPD临床疗效的主要障碍之一是其对抗炎糖皮质激素（glucocorticoid，GC）治疗的耐药性。GC不仅参与胚胎肺发育和正常肺功能，还对肺癌的预防起着至关重要的作用[53-54]。就这一点而言，GC耐药是肺癌发展的危险因素，特别是在吸烟者中[55]。GC介导的炎症抑制涉及组蛋白去乙酰化酶2（histone deacetylase 2，HDAC2）的GC受体被募集到介导炎症的基因上，导致其组蛋白去乙酰化和抑制转录[56]。COPD患者的GC耐药似乎是由香烟烟雾中的化学物质和氧化应激引起肺实质中HDAC2的水平和活性显著降低导致的。

考虑到支气管阻塞性病变的患者，如COPD患者，具有肺癌患病高风险[55]，且肺癌细胞对GC耐受[57]，我们可以推测GC耐药是导致肺癌高发的关键因素之一。然而，目前有关肺癌中HDAC2下调的证据还很少。少数在肺癌标本中研究HDACs表达水平的报道显示，Ⅱ类HDAC（HDAC 4～7，9，10）尤其是HDAC10的表达下调与不良预后相关[58]。相反地，另一项研究发现，肿瘤细胞中HDAC1表达增加是肺腺癌患者不良预后的独立预测因子[59]。尽管HDAC表达改变参与肺癌发病的作用尚不清楚，但它们应该是导致对GC和类似化合物产生耐药性的可能机制之一。如前所述，无论HDAC改变是否参与肺癌发生发展，染色质重构复合物的活性丧失也是导致肺癌GC耐药的最常见原因之一[57]。

3 染色质重塑复合物

染色质受多蛋白复合物调控，这些复合物利用ATP的能量来破坏组蛋白-DNA间的接触，从而为蛋白在不同细胞过程中提供必要的接近DNA

或组蛋白的途径[5, 7]。这些细胞过程包括：胚胎发育中的转录调控的建立、细胞分化、体细胞重编程，以及异染色质的形成、DNA修复和DNA复制[7, 60-61]。

染色质重塑复合物目前主要包括四大家族：SWI/SNF、INO80、ISWI和CHDs，它们之间的区别在于ATP酶亚基的不同[7]。一些染色质重塑复合物已被报道参与到癌症起始和进展，其中报道最多的是转换/蔗糖不发酵（switch/sucrose not fermenting, SWI/SNF）复合物。因此，以下我们将主要讨论这一复合物。当然，根据预期，最终也可能发现其他染色质重塑复合物与致癌性有关。SWI/SNF这个名称指一类在酵母筛选中首次被发现的可影响交配类型转换和蔗糖发酵的突变基因[62-63]，SWI/SNF复合物主要由高度同源、具有相似结构域的两种ATP酶的任意一种构成，即ATP依赖的解旋酶SMARCA2（BRM）或SMARCA4（BRG1）。在哺乳动物中，两类不同的SWI/SNF多蛋白复合物已被发现：BRG1相关因子（BRG1 associated factors，BAF），又称为SWI/SNF-α，和多溴-BRG1相关因子（polybromo-BRG1 associated factors，PBAF），又称为SWI/SNF-β。这些复合物包含一些共同的蛋白，如BAF170、BAF155、BAF60a/b/c、BAF57、BAF53a/b、BAF47、BAF45a/b/c/d和β-actin，但是区别于其他组分（图12.4）[7]。SWI/SNF-β复合物包含3个额外的蛋白成员：BAF180、BAF200和BRD7。然而，SWI/SNF两类复合物之间最大的差别在于涉及的ATP酶。在SWI/SNF-α复合物中的ATP酶可以是BRG1或BRM，但在SWI/SNF-β复合物中，ATP酶只是BRG1。大量的研究结果表明这些复合物的亚基参与了肺癌进展，以下我们将对此进行讨论。这些亚基的命名有时显得十分累赘（表12.2）。

3.1 肺癌中染色质重塑复合物SWI/SNF的遗传学改变

首次发现染色质重构与癌症发展相关的现象，是在罕见的儿童肿瘤病例特别是恶性横纹肌样肿瘤中观察到*SNF5*（又称为*SMARCB1*）失活突变[64]。*SNF5*突变可以在体细胞中出现，而当

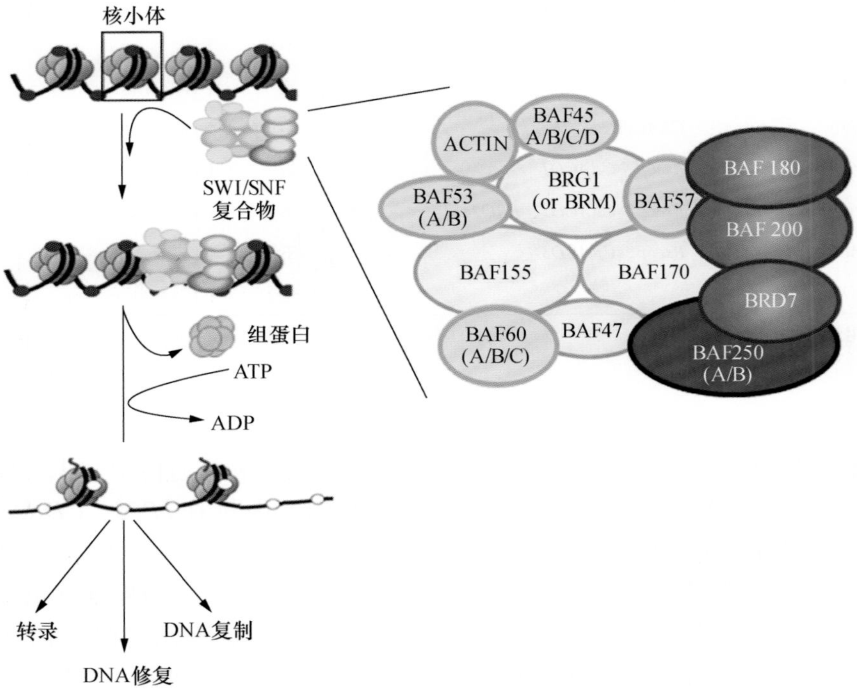

图12.4 染色质重塑复合物SWI/SNF

左侧：图示SWI/SNF复合物如何改变附近核小体的结构，从而允许更多的转录因子、DNA聚合酶和其他DNA结合蛋白更易接近DNA。右侧：图示人类细胞中SWI/SNF复合物的组分构成，其中浅灰色圈代表构成复合物的核心组分，黑线灰色椭圆显示的是BAF和PBAF复合物共同的非核心组分，紫色和蓝色椭圆分别显示了BAF和PBAF复合物各自特有的组分。

表12.2　癌症中SWI/SNF染色质重塑复合物的组分及其突变情况

名称			在癌症中突变	在肺癌中突变	在肺癌中突变的特征
HNGC官方名	其他常见名	其他少见名			
SMARCA4	*BRG1*	*SNF2-like4*，*SNF2B*，*SNF2*，*SWI2*，*SNF2LB*	是	是	超过70%的截短和无义突变[66] 突变更易发生于NSCLC[66] 突变更易发生于吸烟者[68] 突变发生于MYC扩增者中，或EGFR突变者中，二者互斥[66]
ARID1A	*SMARCF1*，*BAF250A*	*ELD*，*B120*，*OSA1*，*P270*，*hELD*，*BM029*，*MRD14*，*hOSA1*，	是	是	约50%的截短和无义突变[50] 突变更易发生于NSCLC[50]
ARID2	*BAF200*	*P200*	是	是	约50%的截短和无义突变[238] 突变更易发生于NSCLC[51] 突变发生于吸烟者和未吸烟者[238]
SMARCA2	*BRM*	*SNF2*，*SWI2*，*NCBRS*，*Sth1p*，*BAF190*，*SNF2L2*	是	不详	
SMARCB1	*INI1*，*SNF5*，*BAF47*	*Snr1*，*MRD15*，*RTPS1*，*Sfh1p*，*hSNFS*，*SNF5L1*	是	否	
SMARCC1	*BAF155*	*Rsc8*，*SRG3*，*SWI3*，*CRACC1*	是	不详	
ACTIN	*ACTB*		不详	不详	
ACTL6A	*BAF53A*	*ACTL6A*	不详	不详	
ACTL6B	*BAF53B*	*ACTL6B*	不详	不详	
ARID1B	*BAF250B*	*OSA2*，*6A3-5*，*DAN15*，*MRD12*，*P250R*，*BRIGHT*	是	不详	
BRD7		*BP75*，*NAG4*，*CELTIX1*	是	不详	
BRD9		*PRO9856*，*LAVS3040*	不详	不详	
PBRM1	*BAF180*	*PB1*	是	不详	
SMARCC2	*BAF170*	*CRACC2*，*Rsc8*	不详	不详	
SMARCD1	*BAF60A*	*Rsc6p*，*CRACD1*	是	不详	
SMARCD2	*BAF60B*	*Rsc6p*，*CRACD2*，*PRO2451*	不详	不详	
SMARCD3	*BAF60C*	*Rsc6p*，*CRACD3*	不详	不详	
SMARCE1	*BAF57*		是	不详	

HGNC，人类基因组组织基因命名委员会。

生殖细胞具有癌症易感性综合征时也可以在生殖细胞中出现[65]。在肺癌中*SNF5*的失活突变并不多见，*BRG1*（又名*SMARCA4*）的突变则更多见。研究人员在一小部分不同肿瘤来源的细胞系（包括肺癌细胞系）中利用纯合缺失的方法首次检测到*BRG1*发生失活突变[19]，而在肺癌细胞中恢复*BRG1*表达可导致生长停滞和抑制性表型[19]。若干年后，研究报道大约1/3的NSCLC细胞系中存在着*BRG1*突变[66]。*BRG1*缺失在肺癌中的作用已在后续研究中得到证实[49-50]。结合我们目前掌握的有关肺癌的遗传学知识，*BRG1*可以被认为是NSCLC中排在*TP53*、*CDKN2A*和*LKB1*之后的最常见的五个改变的抑癌基因之一[50, 67]。在绝大多数情况下，肺癌细胞系中检测到的*BRG1*突变是双等位突变，其失活的机制包括一个等位基因的丢失，和另一个等位基因的缺失或移码、插入缺失、无义/错义突变等，后果大多是产生截短的蛋白[17]。*BRG1*的双等位基因缺失和失活突变使得其毫无疑问被视作为一个真正的抑癌基因，在大部分肺癌的发生发展中发挥至关重要的作用。相比原发性肺肿瘤，在肺癌细胞系中更容易检测到*BRG1*基因的突变[68-69]，与其他抑癌基因如*TP53*、*CDKN2A*和*LKB1*十分相似[67]。这可能归因于原发性肺肿瘤中常存在正常细胞污染，会干扰遗传分析的这一技术困难。基于这方面的考虑，利用免疫组化评估原发性NSCLC中BRG1的水平可确认30%的肿瘤中缺乏该蛋白[70]。与*BRG1*相反，在肺癌中目前尚未报道*BRM*基因失活[57]。在一些肺癌细胞系中，利用蛋白质印迹法无法检出BRM蛋白表达，其蛋白显著缺失的潜在机制是个未解之谜。

到目前为止，有关肺癌中*BRG1*表达缺失的临床、病理和分子相关性研究还很少。大约1/3的NSCLC细胞系和5%的SCLC细胞系表现出*BRG1*失活[66]，此外，这一失活突变似乎与吸烟有关，并经常与肺癌中其他常见基因突变共存，如*TP53*、*KRAS*和*LKB1*[17]。然而，值得注意的是，*BRG1*突变与V-Myc禽骨髓细胞瘤病毒癌基因同源物（V-Myc avian myelocytomatosis viral oncogene homolog，*MYC*）致癌基因扩增呈互斥性[57, 71]。虽然这一发现尚处于初始阶段，但提示*MYC*和*BRG1*在肺癌发生过程中可能发挥相似的生物学功能，这与功能观察结果一致，即*CMYC*介导的基因转活化需要SWI/SNF复合物，而SWI/SNF在MYC调控的启动子募集依赖于MYC-INI1相互作用[72]。细胞分化剂处理后MYC蛋白下调需要野生型BRG1，这一发现进一步证实了MYC-BRG1在肺癌细胞中的功能关系[57]。

对41例原发性肺腺癌和19例原发性肺鳞状细胞癌中的BRG1进行免疫组化分析表明，BRG1和（或）BRM核表达的缺失与NSCLC患者生存期较短相关[70]。在另一项研究中，研究人员在150例肺腺癌和150例肺鳞状细胞癌标本中，利用免疫组化方法检测了几个染色质重塑机器复合物核心蛋白的表达水平[73]，结果发现，在肺腺癌和原发性肺鳞癌患者中，BRM核阳性与预后较好相关，其5年生存率为53.5%，而BRM阴性患者的5年生存率仅为32.3%（$P=0.015$）；此外，BRM和BRG1均呈阳性的患者5年生存率显著提高（72%），而两者任一呈阳性或均呈阴性的患者5年生存率仅为33.6%（$P=0.013$）。在另一项研究中，研究人员发现，BRG1和BRM的表达缺失多见于实体肺腺癌和肺转录因子NKX2-1（以前称为甲状腺转录因子-1或TTF-1）低表达、细胞角蛋白和E-cadherin低表达的肿瘤[74]。同样的研究表明，BRG1蛋白的表达缺失与EGFR突变相互排斥，这与吸烟者肺癌中BRG1突变频率较高是一致的（表12.2）。

除了上述*BRG1*和*BRM*突变外，利用新一代深度测序技术对肺癌样本进行测序，也鉴定到许多编码SWI/SNF复合物核心组分基因的失活突变，其中包括*ARID1A*和*ARID2*（表12.2）[75]。大部分数据来自针对整个基因组或外显子组的深度测序技术，而这可能会导致出现一定数量的假阴性结果。预计在未来几年内，不同类型肿瘤中SWI/SNF复合物的每个单独组分的失活率将会被揭晓。有趣的是，已发现SWI/SNF染色质重塑复合物组分基因（即*SMARCB1*、*BRG1/SMARCA4*、*SMARCE1*、*ARID1A*、*ARID1B*和*BRM/SMARCA2*）的种系突变，其突变与人类综合征有关。特别是，非常罕见的常染色体显性综合征Nicolaids-Baraitser和Coffin-Siris表现出几种常见的临床特征，包括多种先天性畸形、小头畸形和智力障碍[75]。到目前为止，有关这些综合征是否具有肺癌或其他类型癌症的易感性还未得知。

虽然现在认为染色质重塑功能异常参与了肺癌的发展，但我们对其他表观遗传学修饰在肺癌中的潜在作用的认识仍然十分有限。随着肿瘤基因组测序工作的继续开展，人们会发现肺癌中更多发生突变的编码染色质修饰因子的基因。因此，未来需要对更大范围的特征明确的肺癌进行功能分析和验证，以明确这些不同基因突变与肺癌发生的相关性，并评估基因突变的频率以及与组织病理学、病因学和临床参数的可能相关性。

3.2 染色质重塑和其他表观遗传学修饰异常在肺癌发展中的功能后果

如前所述，染色质重塑复合物可作为大量基因的转录调控因子参与多种发育途径，包括早期胚胎发育和组织分化[60-61, 76]。SWI/SNF复合物对其中一些过程的调控与它参与调节激素应答启动子有关。SWI/SNF复合物的特定组分可与雌激素、孕酮、皮质激素、视黄酸和维生素D_3的各种核受体结合，导致它们募集到基因特异性的启动子上[77-79]。另一方面，与特定核受体结合的配体，如类视黄醇和皮质激素，对肺胚胎发育以及正常肺分化和功能至关重要[53-54, 80]。考虑到SWI/SNF复合物在组织分化和发育中的作用，当肿瘤细胞中SWI/SNF处于失活状态时，细胞分化过程中维持基因表达的程序可能会被破坏。事实上，研究发现当肺癌细胞中BRG1活性得到恢复时可引起基因表达的改变，且越来越相似于正常肺基因的表达特征[57]。此外，野生型BRG1对于肺癌细胞响应视黄酸或GC治疗是必需的。总之，这些发现支持了这样的观点，即失活的BRG1可使肺癌细胞对视黄酸和GC产生耐药性，而这两种药物可以阻止癌细胞分化。由于BRG1是SWI/SNF复合物的一部分，该复合物中其他成员的改变或许可通过相同的机制起作用，尽管这一假设必须得到进一步验证。

已知一些癌症相关蛋白如P21、BRCA1、LKB1、SMADs、CFOS、CMYC和FANCA，均与BRG1或SWI/SNF复合物其他组分存在关联性，这一现象支持SWI/SNF复合物参与其他重要细胞过程调控，例如参与细胞周期控制、DNA修复和DNA损伤应答后的凋亡调控[17, 81]。然而，目前关于SWI/SNF复合物在肺癌发展过程中是如何影响这些过程的具体机制仍不清楚。在肺上皮细胞中条件性敲除*BRG1*双等位基因的小鼠模型中，实验发现*BRG1*双等位基因的敲除可诱导细胞凋亡，这一点通过非转化型肺上皮细胞中ApoBrdUrd和裂解的caspase-3显著增加来验证[82]。此外，当小鼠肺中BRG1纯合缺失时，可强烈促进暴露于致癌物质氨基甲酸乙酯（与DNA结合并产生DNA加合物）后的肺肿瘤进展。对DNA加合物的观察表明，在缺乏功能性SWI/SNF复合物时，由于不能保证DNA及时修复，使细胞无法得到充分保护以避免DNA损伤。

4 DNA甲基化

在共价表观遗传学标记中，DNA甲基化的研究最为广泛。甲基基团打在短重复序列CpG二核苷酸范围内的胞嘧啶的5号位上。甲基化的回文性质使得这种修饰在DNA复制后被保留下来。在正常的哺乳动物基因组中，有一些区域是被高度甲基化的，例如女性的X染色体片段、中心体周围区域和双亲印迹基因中。事实上，DNA甲基化对于维持正常发育和生存是必不可少的[83]。哺乳动物中甲基化至少由3种酶负责：维持性DNA甲基转移酶*DNMT1*（在DNA复制后将子链甲基化），和更始性DNA甲基转移酶*DNMT3A*和*3B*[84]。小鼠基因敲除实验证明，这三个基因都是必不可少的[84]。DNMT存在大量的剪接异构体，其中的一些似乎可靶向特定的基因或基因组的某些区域，而又有一些与癌症相关[85-86]。已知DNMTs及其相关因子UHRF1的过表达与肺癌发生有关[87-91]。在正常细胞中，CpG二核苷酸主要以两种形式分布：稀疏分布和聚集分布（图 12.3）[1]。另一方面，CpGs散布于整个基因组中，且通常处于甲基化状态。甲基化胞嘧啶自发脱氨生成胸腺嘧啶，比非甲基化胞嘧啶脱氨形成的尿嘧啶的修复效率更低，这导致随着时间的推移，CpGs在常规甲基化的区域被耗尽[92]。因此，剩下的密集CpG群，被称为CpG岛[93]，被认为在正常情况下处于非甲基化状态。据估计，约有一半的人类基因在启动子区域包含这样的CpG岛[94]。

在癌症中，可以看到DNA甲基化被严重破坏（图12.3）[1, 10, 95-98]。广泛地说，基因组呈现整体低甲基化、局部高甲基化特征。DNA甲基化缺失发挥致癌作用可能通过两种途径：已甲基化序列的转录激活和染色体稳定性的丧失。相反，启动子CpG岛的局部高甲基化被认为是通过基因失活，沉默多种参与生长控制和肿瘤抑制基因，如增殖、黏附、凋亡、细胞周期、分化、信号转导和转录等基因，来实现促瘤的作用。尽管这些发现总体上正确，但全基因组的DNA甲基化评估描绘了一幅更为复杂的图景，其中DNA甲基化的获得可以与基因表达增加相匹配，而DNA甲基化的丧失则与基因抑制相关联[99]。肺癌中DNA甲基化和基因表达的基因组整合支持了这一现象[28, 100-101]。问题的关键在于相对于邻近基因（启动子、内含子、编码区域）或基因远端调控元件（增强子、基因组架构蛋白）的位置改变，以及DNA甲基化改变是否会影响调控因子的结合[1]。

迄今为止，对DNA甲基化进行广泛研究的一个重要原因在于，已有相对直接的技术来评估这种修饰[102-103]。我们分析DNA甲基化模式的能力已经显著提高，从20世纪90年代只能单次分析一个基因到现在的全基因组学方法[99, 101, 103]。考虑到甲基化不影响碱基配对，并且DNA甲基化信息在PCR扩增后丢失，大多数DNA甲基化评估技术都使用一种方法将DNA甲基化信息合并到基因组序列中：亚硫酸氢盐转换。这个过程是一种化学处理，将未甲基化的胞嘧啶转化为尿嘧啶，同时甲基化的胞嘧啶受到保护不发生转化[104]；该方法允许甲基化信息被纳入DNA序列。可以使用多种方法对亚硫酸氢盐转化的DNA进行分析[103]。局部亚硫酸氢盐基因组测序、焦磷酸测序、普通和定量甲基化特异PCR、MethyLight或其变异定量甲基化特异PCR等仍被用于检测单个基因甲基化水平，但日益强大的高通量微阵列的发展为同时检测数十万CpGs甲基化提供了一种成本相对较低的方法[105-107]。亚硫酸氢盐基因组测序最初由扩增、克隆和测序组成，提供扩增区域内同一DNA链上所有胞嘧啶的甲基化状态信息[108]。随着高通量测序的飞速发展，全基因组内亚硫酸氢盐测序现在已经成为现实，尽管它仍然价格昂贵且计算困难，据我们所知尚未应用于整个肺癌基因组[99]。预计全基因组方法的应用将继续为肺癌的DNA甲基化改变提供更为详细的信息，这些信息有望改变肺癌的检测和治疗手段，而我们未来面临的最大挑战是对从基因组学方法中获取的丰富信息的进一步分析和解释。正如癌症中的突变一样，一些DNA甲基化的变化是癌症过程的驱动因素，而另一些则是伴随因素，与癌细胞分子变化的逐渐积累同时发生。因此，识别肺癌中常见的DNA甲基化变化只是一个开始；理清这些变化中哪些是癌症的驱动因素是一个更大的挑战，这一点我们才刚刚触及皮毛。

5　肺癌中的DNA低甲基化

由于在癌细胞中发现了整体低甲基化，研究人员最初设想甲基化改变的致癌效应是基于启动子CpG岛甲基化的缺失，从而导致原癌基因的激活[109]。的确，小鼠模型中的研究发现，甲基化的缺失可以促进肺癌的发展[110]。虽然基因可以被低甲基化激活[100]，但它们未必都是典型的原癌基因。双亲印迹基因就是这样的一类基因，父源或母源等位基因通常处于甲基化状态，低甲基化可导致印迹丢失，从而促进癌症的发展。已在肺癌中发现正常印迹的胰岛素样生长因子2、中胚层特异性转录本和H19基因的双等位基因表达，并认为与肺癌的致癌表型有关[111-112]。另一类可被低甲基化激活的基因是睾丸特异性抗原家族基因，除了睾丸外，这些基因通常在所有的体细胞中被甲基化并保持沉默[113]。睾丸特异性抗原基因在包括肺癌在内的多种肿瘤中均有表达，这些抗原被认为是潜在的免疫治疗靶点[113-116]。肺癌中也发现了转座子和重复序列的甲基化缺失[16, 117]，导致这些元件的流动性和进一步的遗传损伤[97]。此外，这种去甲基化元件的通读也可能导致邻近基因的异常激活。低甲基化也可能在激活miRNA中发挥作用，已报道这些miRNA在许多癌症中失调[8, 118-120]。例如，8例肺腺癌中有2例发现原本正常甲基化的let-7a-3 miRNA发生低甲基化，而该miRNA的过表达可增加肺癌细胞系A549的致癌性[121]。

除了通过基因激活促进致癌外，低甲基化的第二个后果被认为是导致了基因组的不稳定性。利用基因工程构建的DNA甲基转移酶低表达小鼠，显示出杂合性缺失频率增加和造血系统恶性肿瘤发生率的增加[122]。在KRAS依赖的肺癌小鼠模型中，DNMT3A的缺失可促进肿瘤进展[110]。然而，对5例人肺鳞癌和正常配对组织的甲基化分析显示，重复元件的低甲基化显著，但在单拷贝序列中甲基化损失很小[117]。这一发现支持了低甲基化在肺癌中作用可能有限的观点，这一点很重要，因为正广泛探索DNA甲基化阻断疗法，后面将对此进行讨论。这一疗法似乎在许多癌症中都呈现了前景，目前在肺癌中还处于研究阶段[22]。重要的是，易发白血病的DNMT低表达小鼠显示出较低的肠癌发生率，这表明低甲基化对某些类型肿瘤具有保护作用[123]。事实上，研究证明，用DNA甲基化和组蛋白去乙酰化抑制剂治疗人肺癌的小鼠移植瘤模型，可抑制肿瘤生长且没有明显的毒性[124]。一种类似的小鼠肺癌治疗模型将肺癌的进展阻断了一半，这一现象显示出表观遗传学药物治疗肺癌的潜力[125]。

5.1 肺癌中DNA高甲基化的功能启示

尽管低甲基化对肺癌的影响似乎相对适中，但启动子CpG岛的高甲基化已被广泛关注，至今在PubMed上已有1500多篇文章报道了肺癌和DNA甲基化的关系[14-15, 21, 27-28, 33, 100-101, 107, 126-130]。高甲基化可能与转录关闭有关[83]，这种关闭可能通过甲基化胞嘧啶对增强子结合蛋白、转录因子、辅因子或染色质架构蛋白的结合位点的空间干扰而直接发生，也可能通过甲基结合蛋白对DNA的吸引而间接发生，而DNA反过来又募集组蛋白去乙酰化酶和其他表观遗传修饰因子（图12.1，图12.3）[43]。

为确定DNA甲基化的变化是癌症发生发展过程中的驱动因素还是伴随因素，尚需进行深入研究。为了预后评估和个体化治疗，了解DNA甲基化事件是否具有功能性后果是非常重要的，基于表达谱微阵列的预后实用性评估支持了这一观点[131]。为确定基因启动子CpG岛甲基化改变是否具有功能显著性，第一步就是整合DNA甲基化和基因表达信息，以筛选出DNA甲基化和表达同时发生变化的基因（图12.5）[100, 129-130]。而结果往往是，只有少数基因的DNA甲基化改变呈现与基因表达改变一致，这一发现表明其余的DNA甲基化改变都是伴随事件。然而，还有其他一些尚未得到充分探索的可能性，例如，甲基化改变可能调节染色质架构蛋白CTCF的结合，从而影响选择性剪接事件[132]，而剪接的变化因检测基因表达的平台可能不会从基因表达分析中立即体现出来。另一种可能是，其中一些DNA甲基化改变是通过操控调控元件（如增强子）来影响远端基因的表达。对这些可能性的研究将需要更详细的全基因组知识，包括选择性剪接模式和在包括肺癌前体细胞在内的不同类型肺上皮细胞中研究表观遗传学调控元件情况。分析DNA甲基化对远端基因的反式效应目前在计算学和生物统计学上都具有挑战性，并且这一领域还处于萌芽阶段[133]。

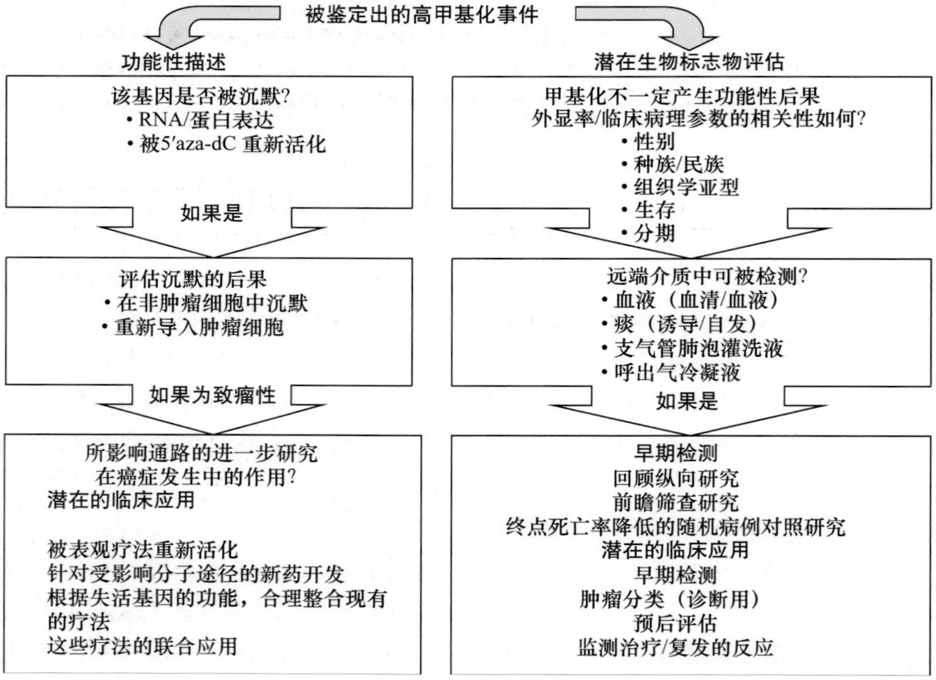

图12.5 基因高甲基化功能表征（左）和高甲基化位点发展为肺癌生物标志物（右）的研究概要示意图

为了进一步获得详细证据，证明受顺式DNA甲基化影响的表观遗传学改变的基因是癌症发生发展的真正靶标，整合癌症细胞其他类型的分子表达谱（如拷贝数变化和突变分析）将会很有帮助[28]；作为众多分子变化靶标的基因更有可能在癌症中发挥作用。如果一个高甲基化基因的表达缺失已被mRNA和（或）蛋白分析证实，那么DNMT抑制剂如5′-氮杂胞苷可用于确定该基因是否可在肺癌细胞系中重新被激活。这类实验的另一个潜在风险是，基因的重新激活可能是其他基因去甲基化的间接结果。接下来，在基因沉默的癌细胞系中重新表达该基因，并在基因仍然表达的细胞中沉默该基因（例如，通过转染靶向抑制的短发夹RNA），将有助于确定该基因在癌症发展中的作用。在沉默实验中，细胞系的选择很重要（原代的、永生化的、转化的），并且应当考虑目的基因发挥作用所处的癌症发展阶段。诸如此类的实验表明，肺癌中存在多种高甲基化基因[15, 21, 27, 33, 134-135]。应该注意的是，在肺组织中原本沉默的基因的甲基化本身可能不是一个功能性事件，但它仍然是有意义的，因为可为癌症的起源或干细胞的参与提供线索[136]。

那些可以被甲基化沉默、重新激活后可以抑制任一转化表型的基因，可以成为癌症治疗的理想靶标，并为预后判断提供新的工具。事实上，检测临床数据和患者群体DNA甲基化状态间的关系，可以为生存或治疗反应提供标志物。有关DNA甲基化与临床病理指标之间关系的研究，其中一个要点在于当检测多个新位点和临床指标时，应对多个假设检验进行校正[137]。

截至目前，肺癌中已研究了许多受DNA甲基化沉默的基因/位点，但只深入分析了少数。其中最引人注目的是*CDKN2A/p16*，该基因编码细胞周期素依赖型激酶4和6的抑制剂，可与cyclin D1结合，促进视网膜母细胞瘤基因产物RB的磷酸化和失活。RB是一个关键的细胞周期调节因子，通常在SCLC中失活[25]。相反，在NSCLC的大多数肿瘤中*CDKN2A*是失活的，且多数情况下，这种失活是由启动子高甲基化导致的[14, 33, 138-140]。*CDKN2A*启动子CpG岛的甲基化似乎是肺鳞癌和腺癌发展的一个非常早期的变化[16, 126, 141-142]。对一组长期吸烟的高危人群的痰液进行7个DNA甲基化标志物检测，发现*CDKN2A*的高甲基化与肺癌患病风险的关系最为密切[143]。事实上，2013年发表的一项研究结果证实，*CDKN2A*甲基化与吸烟之间存在一定的关联[140]。这些发现符合细胞周期调控的破坏是正常状态向癌症转变的重要早期事件的观点，而人类支气管上皮细胞可以通过CDK4活化及端粒酶过表达而永生化的事实，再次强调了这一发现的正确性[144]。有趣的是，在NSCLC中*CDKN2A*启动子CpG岛似乎是调控通路中的薄弱环节，我们很容易推测这可能与干细胞中的多梳复合物占用该区域有关[145]。该基因的甲基化在肺癌进展过程中变得更加明显[142]，并与肺腺癌的不良预后和Ⅰ期NSCLC患者的复发风险增加有关[146-147]。在后一项研究中，基于在肿瘤或部分区域或纵隔淋巴结中检测到的*CDKN2A*高甲基化，预测的复发风险将增加数倍。2013年发表的两项Meta分析中证实了*CDKN2A*高甲基化对预后的影响[148-149]。

在DNA甲基化分析中被广泛研究的第二个基因是*MGMT*[14, 33]。前文提到过，作为表观遗传调控的目标之一可促进进一步的遗传变化，这个DNA修复基因似乎是早期甲基化的另一个热点，当细胞经历局部损伤发展到增生、再到腺癌，*MGMT*的甲基化程度不断增加[126, 142]。有意思的是，也发现其甲基化与癌症进展和低生存率相关[150-151]。但有关吸烟者与从未吸烟者*MGMT*优先甲基化的报道相悖[150, 152]。

另一个有意思的高甲基化基因是视黄酸受体（retinoic acid receptor beta，*RARB*）。正如在染色质重塑复合物一节中提到的，视黄酸，包括维生素A及其类似物，在发育、分化、增殖和凋亡中发挥重要作用，并被认为是肺癌化学预防的有力候选因子[153]。这一观点似乎与*RARB*基因高甲基化相符[88-89, 154-160]。然而，视黄酸类药物的临床预防试验的结果是导致了肺癌风险增加，并非减少[161]。但体外实验结果表明，视黄酸可以阻止人支气管上皮细胞的永生转化[162]。*RARB*基因高甲基化与人支气管上皮细胞对视黄酸的耐药性有关，用DNA甲基化抑制剂氮杂胞苷处理细胞，可以使其恢复对视黄酸的应答能力[163]。与*MGMT*的甲基化一样，*RARB*高甲基化似乎是肺腺癌发展的早期事件，在相邻肺组织中呈现较低但可检测的水平，且在组织增生和腺癌中其甲基化程度是增加的[142, 164]。

*RASSF1*编码一种潜在的RAS效应蛋白，据报道在包括肺癌在内的人类恶性肿瘤中经常被甲基化[14, 16, 33, 142, 165]。该基因第一个外显子是可变的，α和γ，二者都有一个CpG岛。肺癌中该基因位于上游的CpG岛（*RASSF1A*）高甲基化，其甲基化与DNA甲基转移酶3B的δ亚家族

表达密切相关[166]。这一DNMT3B亚家族由至少7种剪接异构体组成。在肺癌细胞系中敲低*DNMT3B4*可导致*RASSF1A*启动子的重新活化，而*CDKN2A*启动子则不受影响，这意味着*DNMT3B*异构体可能参与起始启动子特异性的DNA甲基化。RASSF1A甲基化被认为与预后不良有关，尽管这一点仍应得到其他独立研究的证实[167]。

除了上述提到的*CDKN2A*、*MGMT*、*RARB*和*RASSF1*基因外，许多其他基因甲基化也可能具有功能或治疗意义。值得关注的基因还有*OPCML*、*CHD13*和*HOX*家族[16]。*OPCML*编码阿片类结合细胞黏附样分子，多年前Minna等[168]基于肺癌细胞系对阿片类物质的凋亡反应，发现其拮抗尼古丁的生长刺激作用，推测*OPCML*可能是抑癌基因[168]。在肺腺癌和鳞癌中*OPCML*经常发生高甲基化，这也表明它可能作为一种泛肺癌标志物[169-170]。Brock等[147]发现，编码细胞黏附分子心脏钙黏蛋白的*CDH13*高甲基化与Ⅰ期NSCLC复发风险增加有关，特别是在肿瘤中进行甲基化评估时，发现在原有的*CDKN2A*甲基化基础上叠加*CDH13*甲基化后，又进一步提高了复发的比例。然而，据我们所知，这些数据还没有转化至临床。有趣的是，另一项具有类似目标的全基因组研究确定了一组包含5个基因的预后标志物，其中不包括*CDKN2A*，且分析所得的复发比例不像Brock等的研究中那样高[171]。这一发现指出了使用不同平台所得的实验结果可能存在差异，并建议需要进一步的研究来验证这些标志物以获得一致的结果。上述5个基因预后标志物中包含*HOXA9*基因。HOX家族的基因编码含有同源框的转录因子，它们在胚胎体模式中发挥重要作用，据报道，HOX家族的成员在许多类型的肿瘤中都被甲基化，包括肺癌[16, 100, 172]。肺癌中许多其他高甲基化的基因正在研究中，还需要做更多的工作使我们对最常见的DNA甲基化事件如何驱动癌症发生有充分的了解。

除了基因的甲基化以外，miRNA的高甲基化也引起了人们的极大兴趣[8]。在肺癌中，由3个RNA组成的miR-29家族可通过自身高甲基化而沉默（这与前面提到的let-7a-3被激活形成对比）[173]。肺癌中miR-29的表达与DNMT3A和DNMT3B呈负相关，这一点似乎是由miR-29靶向甲基转移酶mRNA 3′非翻译区导致的。miR-29的再活化可能是降低肺癌细胞中甲基转移酶表达和抑制致瘤潜能的方法之一，由转染miR-29的A549肺癌细胞移植瘤生长被抑制可说明这一点[173]。与异常甲基化的基因一样，我们还需要做很多工作来充分描述表观遗传学上失活的miRNA在肺癌中的作用。

从上述数据可以明显看出，由DNA甲基化改变导致的功能后果研究正在取得进展。尽管DNA甲基化分析前景广阔，但它还没有作为一种肿瘤分子检测的方法应用于临床，这可能与DNA甲基化分析需要额外的化学步骤（亚硫酸氢盐转化）有关，或者可能是因为在临床应用之前须做更多的工作来独立验证这些发现。尽管如此，甲基化的普遍逆转已经是一个临床目标，许多用于DNA甲基化消除的药物正在开发中，并在临床实验中进行评估[22, 38]。

5.2 肺癌中DNA高甲基化应用于标志物开发

DNA甲基化研究背后的驱动力之一，是希望识别DNA甲基化标志物用于早期肺癌的检测[14, 21, 33]。DNA高甲基化分析可以产生有说服力的肺癌候选标志物，因为每个基因只有一小部分需要被检测，而DNA是PCR可扩增的，可以在体液中检测到[14, 21, 33, 174-175]。癌症标志物的成功开发是一个漫长的过程，最终应以一项随机病例对照研究结束，且应显示死亡率有所下降（图12.3）[176]。

绝大多数肺癌的DNA甲基化研究都集中在NSCLC上，NSCLC约占肺癌总数的85%[14-15, 21, 27-28, 33, 100-101, 107, 126, 129, 177]。通过比对SCLC和NSCLC细胞系和肿瘤的甲基化图谱，发现二者的高甲基化图谱存在显著差异[178-180]。目前对SCLC的研究较少[127-128]；SCLC是一种极具侵袭性肿瘤，患者往往生存率较低，手术并不多见，这就限制了样本的获得而无法对其进行分析。此外，由于SCLC进展迅速，许多人认为SCLC并不适合开发早期检测的分子标志物。相比之下，如果能在早期检测到NSCLC将使患者获益，因为NSCLC，包括肺腺癌（约占肺癌的40%）、鳞状细胞癌（约占30%）、大细胞癌（约占10%）和其他组织学亚型如良性肿瘤和神经内分泌肿瘤（约占5%），通常会导致死亡[181-182]。特别是，DNA甲基化标志物可用于辅助低剂量螺旋CT筛查的结果。低剂量CT被证明可在长期吸烟者中敏感地检测到早期肺癌，使死亡率降低20%，但特异性不足4%[183]。

毫无疑问，NSCLC不同组织学亚型的高甲基化谱也存在差异[16, 28, 33, 100, 107, 129, 169-170, 179, 184-186]，该差异与这些肿瘤亚型中发现的其他分子和临床病理差异相吻合[187-190]。这一发现表明，鉴定一组DNA甲基化标志物将是最优选择，该组中应包括全肺癌标志物以及针对不同组织学亚型的标志物[107, 169-170, 177]。

开发分子标志物的第一步首先是识别有潜力的候选标志物[176]。为开发肺癌的DNA甲基化标志物，首要的一点是要鉴别频繁发生甲基化的基因或位点（我们将CpG岛部分称为一个位点，因为一个给定基因可以在一个或多个CpG岛内探测到）。这些位点也应该比健康组织中相同的位点显示出更高的甲基化水平，因此，最初的重点应该是外显率和DNA甲基化水平。因为即使是长期吸烟者的非癌性肺也可能由于年龄和环境的暴露而积累了大量的甲基化[186, 191-194]，许多实验室（包括我们实验室）选择将肺癌组织与这种“高背景”对照组织（称为相邻的非癌性肺）进行比较。这一点可以确保已鉴别的高甲基化标志物确实是癌症特异性的，而非环境暴露引起的。尽管吸烟与DNA甲基化增加有关，但吸烟者和从未吸烟者之间的一些DNA甲基化改变似乎是相同的，这就使开发广泛适用的生物标志物成为可能[100, 177]。

早期研究的许多基因并未显示出高甲基化频率[33]，但最近许多实验室对大量基因的研究已经发现了一些基于组织检查的高灵敏度和高特异性的DNA甲基化标志物[100-101, 117, 169-170, 184, 195-204]。它们中包含了早期鉴定的基因（如*CDKN2A/p16*、*MGMT*和*RASSF1*）[170, 184, 197, 204]，但更多新的基因位点已添加到基因库中，包括参与发育的同源基因如HOX和PAX家族成员[100-101, 117, 169-170, 199, 201, 204]。只要潜在DNA甲基化标志物的外显率高，且其高甲基化与癌症的存在有关，它本身是否具有功能（如导致转录沉默）无关紧要。许多标志物仍然有必要在独立的肿瘤样本中进行验证，在肺癌中它们不依赖于性别、组织学亚型、种族/民族和（或）癌症分期的特点必须得到进一步仔细检查（图12.3，右侧）。一旦这些标志物符合条件，就可以进入标志物开发的下一阶段：临床实验验证[176]。为了便于这些标志物用于肺癌早检，它们必须能在患者的远端介质中检测到：比如携带原发灶来源的DNA甲基化分子的体液，并且可以相对非侵入性的方式来取样。

5.3 在体液中检测DNA甲基化标志物

肺癌检测的远端介质可以是血液（血浆或血清[205]）、痰液（从吸烟者中自发收集或从非吸烟者/过往吸烟者中引导收集）、支气管肺泡灌洗液（在支气管镜检查中收集的生理盐水冲洗液）、支气管刷片和呼出气冷凝液（使用冷却设备从呼吸中冷凝收集）[21]。DNA甲基化标志物已在血浆、血清、痰液和支气管肺泡灌洗液中检测到，且日益积累了许多数据。研究人员在许多报告中都提到的一个难题是缺乏对照，这使得结果难以解释。此外，一些研究人员参照的是基于在肿瘤阳性患者中发现的阳性甲基化远端样本的频率，这样做有助于确定该标志物的实验敏感性，但却不能很好地估计临床敏感性。

目前已有两篇关于在呼出气冷凝液中检测DNA甲基化标志物的报道[206-207]。虽然敏感性较低，但这些研究确实显示了可行性，并可能进一步开发利用。利用痰液作为DNA甲基化检测的来源已被深入研究和综述[174]。对目前结果的回顾表明，其敏感性和特异性仍需改进，研究方法之间的差异也使得结果的可比性较难，需要进一步的研究。值得注意的问题是，在阴性对照中频繁出现的信号，可能与多次扩增循环有关[143]。此外，痰液被认为有利于检测中心位置的肿瘤。

血液（血浆或血清）是用于筛查最易获得的体液，但迄今为止的分析表明，这种介质同样缺乏敏感性。此外，DNA甲基化特征可能来自身体的任意地方，而新的高通量DNA甲基化分析技术使识别肺癌特异性DNA甲基化特征成为可能。这需要分析其他所有常见类型癌症的DNA甲基化，而该项工作目前正由不同实验室和癌症基因组图谱项目开展[208]。来自Laird-Offringa实验室的初步研究报告表明，敏感性最高的DNA甲基化标志物并非肺癌特异性。至于信号是否应是肺癌特有的，或许将取决于结果检测的杠杆作用。如果是针对低剂量螺旋CT检测到的病变进行补充评估，可能没有比DNA甲基化检测更容易做到的了。肿瘤的大小仍是个问题，要达到多大的体积才能向血液中释放出足够的DNA用于远端检测。目前，寻找具有高敏感性和特异性的血液标志物的工作仍在进行中。

在所测试的远端介质中，支气管肺泡灌洗液（bron-chioalveolar lavage，BAL）显示出最好的前景，其对单个位点的敏感性接近50%或更高。将标志物组合起来应用有助于提高灵敏度，这一点已由Grote等的研究证实[157, 209-210]。利用*CDKN2A*和*RARB*基因的联合甲基化分析，检测肺癌的敏感性为69%，特异性为87%，这一发现令人鼓舞[157]。联合分析*APC*、*CDKN2A*和*RASSF1*也显示出良好的应用前景，可检测出63%的中心癌和44%的外周癌，102例良性肺部肿瘤中仅有1例显示出较低的背景[210]。基于对非癌患者BAL中甲基化检测的研究结果，使用定量测量和设置阳性甲基化的阈值是非常重要的[157, 209-212]。事实上，可以直接从肺的特定区域收集灌洗液用于甲基化检测，这使得它特别适合与成像相结合。这一点，再加上之前已取得的令人鼓舞的研究结果，表明在BAL中分析甲基化可能是发现早期肺癌的关键。

除了用于肺癌早期检测外，在体液中识别的DNA甲基化标志物还可用于风险评估和复发监测。关于定量标志物，阈值必须进行分层，以区分从未吸烟者正常组织中检测到的甲基化，在确诊前的组织学正常组织中的甲基化，肺癌的甲基化和复发性肺癌的甲基化。几项研究已表明，甲基化可以在癌症临床特征表现出来很久之前就被检测出来[141, 213-214]。然而，如前所述，侵入性最小的方法（痰、血）的敏感性并不高，而使用BAL又需要做支气管镜检查。

6 肺癌的表观遗传学治疗

DNA甲基化、组蛋白修饰、染色质重塑和其他表观遗传学事件在肺癌发展过程中所起的累积作用，促使研究人员针对这些事件的变化进行治疗方法的研发。目前，通过应用表观遗传学方法，人们已经尝试或正在进行各种策略来改进肺癌治疗。

抑制DNA甲基转移酶和组蛋白去乙酰化酶正被应用于一系列药物开发和临床前研究，包括使用肺癌细胞系的研究[38, 215]。第一个被鉴定的表观遗传学药物5′-氮杂胞苷，可以有效抑制DNA甲基化。DNA甲基转移酶在甲基化胞嘧啶时通常会形成共价中间体，但当5′-氮杂胞苷加入时，胞嘧啶5′位被封闭，甲基转移酶因此被封堵并失活。在模型研究中，5′-氮杂胞苷显示出新奇的抗肿瘤活性。例如，在使用H1299肺癌细胞系接种的裸鼠模型中，5′-氮杂胞苷治疗可以恢复一些高甲基化基因的表达和抑制肿瘤生长[124]。然而，尽管5′-氮杂胞苷的衍生物地西他滨（5′-氮-2′-脱氧胞苷）已被用于治疗骨髓增生异常综合征和急性髓系白血病[216]，但临床研究显示对肺癌患者单独使用低甲基化药物的治疗效果有些令人失望。

组蛋白去乙酰化酶抑制剂目前也被用于治疗血液系统恶性肿瘤[217]。然而，HDAC抑制剂在实体肿瘤患者中的临床疗效，总的来说仅仅是勉强成功。在NSCLC细胞系中，一些HDAC抑制剂可诱导细胞死亡[22]。NSCLC中至少有三个不同的临床实验正在测试这些抑制剂[22]。虽然没有任何患者出现严重反应，但主要的结果是部分患者的病情仅稳定了数月（表12.3）。就这一点来说，NSCLC中编码组蛋白去乙酰化酶（*HDAC1*、*HDAC2*、*HDAC6*和*HDAC9*）的基因改变可能引起人们关注[51]；HDAC的突变可能决定患者对HDAC抑制剂的耐药性或敏感性。另一个令人感兴趣的是对肺癌细胞的分析，以确定调节HDAC抑制剂敏感性的基因[218]。

以DNA甲基转移酶或HDAC抑制剂作为单一药物的临床实验已取得了一定程度上的成功，这促进它们的联合使用，或与其他药物一起使用。在对复发转移性NSCLC患者进行的联合阿扎西替丁和恩替诺司他（一种HDAC抑制剂）的Ⅰ/Ⅱ期临床试验中，整个队列的中位生存期显著高于现有治疗方案的中位生存期。在对这种联合治疗有反应的患者中，一名患者在1年内没有任

表12.3 肺癌中涉及表观遗传学药物的临床实验[a]

实验阶段	药剂（药物类型）	病例数量	疾病的特征	效果
单一用药				
Ⅰ[239]	地西他滨（DNA去甲基）	20	Ⅲ～Ⅳ期的NSCLC，标准疗法难治的	建立了最大容许剂量；无客观疗效
Ⅱ[240]	伏立诺他（HDAC抑制剂）	14	ⅢB～Ⅳ期的NSCLC，传统化疗后病情进展	无客观疗效；57%的患者病情稳定
Ⅱ[241]	罗米地辛（HDAC抑制剂）	16	铂类治疗后复发的SCLC	无客观疗效；19%的患者病情稳定
联合用药				
Ⅱ（两组随机检验）[227]	伏立诺他/卡铂/紫杉醇（HDAC抑制剂/化疗）	62比32	ⅢB～Ⅳ期的NSCLC	伏立诺他增强化疗疗效的趋势
Ⅱ（两组随机检验）[228]	恩替诺特/埃罗替尼（HDAC抑制剂/酪氨酸激酶抑制剂）	67比66	ⅢB～Ⅳ期的NSCLC	埃罗替尼和恩替诺特不能改善患者结局
Ⅰ/Ⅱ[219]	5′-氮杂胞苷/恩替诺特（DNA脱甲基/HDAC抑制剂）	45	进展中、发生转移的NSCLC	4%的患者有客观疗效；2名患者中的抗肿瘤活性令人印象深刻

[a]只有登记了超过14名肺癌患者的实验被包括在内。

HDAC，组蛋白去乙酰化酶；NSCLC，非小细胞肺癌；SCLC，小细胞肺癌。

何疾病的迹象，另一名患者在大约22个月以内病情稳定，肝转移完全消退，甚至在治疗结束后2年内仍检测不到。该项分析还表明可以在患者的一系列血液样本中检测到与肺癌有关的4个基因的去甲基化，其与无进展生存期和总生存期显著改善有关[219]。这些有希望的结果引发了其他的Ⅰ期和Ⅱ期临床实验，2013年发表的综述也反映了该领域激动人心的结果[22-23]。表观遗传学治疗联合其他抗肿瘤药物的治疗效果也正在研究中。已证明HDAC抑制剂与细胞毒性药物如紫杉醇和铂类具有协同作用[220-221]，尽管在某些情况下尚不清楚这是HDAC抑制剂对组蛋白尾部的作用，还是对乙酰化的其他蛋白如热休克蛋白90（heat shock protein 90，HSP90）的作用[222]。HDAC抑制剂LBH589增加了肺癌细胞中HSP90的乙酰化，从而降低HSP90分子伴侣活性，而其分子伴侣活性有助于维持EGFR突变蛋白功能[223]。这些发现为EGFR信号通路抑制剂与HDAC抑制剂联合使用提供了理论依据，且该联合使用的方法在利用癌细胞系的几项研究中显示出了较好的前景[224-226]。然而，在临床上这些药物的联合使用对患者的生存及治疗反应几乎没有改善。晚期NSCLC的一项Ⅱ期临床研究表明，在卡铂和紫杉醇方案中加入HDAC抑制剂伏立诺他后，反应有所改善[227]。然而在另一项研究中，在未经筛选的NSCLC人群中联用恩替诺特和厄洛替尼的效果并不优于单独使用厄洛替尼[228]。

另一个令人兴奋的组合是表观遗传疗法与免疫疗法的结合，这是由5′-氮杂胞苷增强肺癌细胞系中某些免疫调节因子的表达的发现所推进的[229]。其他标准疗法如放疗和HDAC抑制剂的联合疗法也在临床前模型中显示出了前景[230]，后续应在临床中进一步探索。

最后，研究人员针对溴区也开发了新一代药物，其中包括作为染色质接头蛋白的溴和额外末端家族（bromo and extra terminal，BET）的一组小分子抑制剂，它们靶向所谓的BET蛋白（如BRD2、BRD3、BRD4和BRDT）。JQ1是一种BET抑制剂，可通过染色体易位或基因扩增方式抑制MYC活化环境下的多种白血病和淋巴瘤细胞生长[231-232]。在肺癌中，仅在肺腺癌细胞系中测试了JQ1的作用，发现JQ1可导致约1/3的细胞生长受到抑制，这种抑制的确切机制目前还不清楚，虽然它似乎是MYC非依赖性的，并可能涉及FOSL1[233]。根据癌细胞的遗传背景，溴区结构域抑制剂在SWI/SNF复合物中也可能具有治疗适用性。使用RNA干扰的研究表明，在缺乏功能性BRG1的细胞中抑制BRM会导致细胞死亡[234-235]。

同样，肺癌细胞中抑制BRG1也是致命的，尤其在携带失活的MYC相关因子X基因*MAX*的SCLC细胞中[236]。这些发现提高了在携带失活的*BRG1*或*MAX*基因的肺癌中靶向BRM或BRG1进行治疗的可能性[237]。在未来几年里，将会出现各种溴区结构域抑制剂和其他表观遗传学相关药物的开发及相关临床实验检测。我们预计，其中一些新药将成为治疗肺癌患者的宝贵工具。

7 总结

强大的工具助力肺癌的表观基因组分析，这些工具将继续增强我们对肺癌发生发展分子基础的理解。此外，它们还将为肺癌检测、诊断、预后评估和复发监测提供分子标志物。有必要迅速推动生物信息学这一个关键领域的发展，以充分利用这些技术，因为我们必须分析和解释惊人的数据量。新表观遗传学知识与表观遗传学药物的结合，以及对这些药物和其他药物如何发挥作用的深入了解，为肺癌领域带来了新的希冀和兴奋点。将EGFR抑制剂或放疗与HDAC抑制剂和DNA甲基化抑制剂联合应用，有可能在现有疗法的基础上进一步发展，从而开辟出许多新的治疗途径。随着早期检测和治疗等方面的不断进展，可以说表观遗传学为人类对抗肺癌带来了全新的希望。

（李雪冰　常　锐 译）

致谢

支持Laird-Offringa实验室DNA甲基化研究的基金为：NIH/NCI基金编号 R21 102247，R01 CA120689，R01 CA119029；卡纳里基金；Thomas G. Labrecque基金；Whittier基金和烟草疾病相关研究项目。支持Sanchez-Cespedes实验室染色质重塑研究的基金为：西班牙经济和竞争力部的西班牙基金编号SAF2011-22897和RD12/0036/0045；基金协议n° HEALTH- F2-2010-258677–CURELUNG下的欧洲共同体第七框架方案（FP7/2007-13）。上述两个实验室均未接受来自烟草工业的捐助。本章内容完全由作者负责，并不一定代表资助机构的正式意见。

主要参考文献

7. Hargreaves DC, Crabtree GR. ATP-dependent chromatin remodeling: genetics, genomics and mechanisms. *Cell Res.* 2011;21(3):396–420.
10. Shen H, Laird PW. Interplay between the cancer genome and epigenome. 2013;153(1):38–55.
14. Belinsky SA. Gene-promoter hypermethylation as a biomarker in lung cancer. *Nat Rev Cancer.* 2004;4(9):707–717.
15. Risch A, Plass C. Lung cancer epigenetics and genetics. *Int J Cancer*. 2008;123(1):1–7.
17. Rodriguez-Nieto S, Sanchez-Cespedes M. BRG1 and LKB1: tales of two tumor suppressor genes on chromosome 19p and lung cancer. *Carcinogenesis.* 2009;30(4):547–554.
22. Liu SV, Fabbri M, Gitlitz BJ, Laird-Offringa IA. Epigenetic therapy in lung cancer. *Front Oncol.* 2013;3:135.
23. Jakopovic M, Thomas A, Balasubramaniam S, Schrump D, Giaccone G, Bates SE. Targeting the epigenome in lung cancer: expanding approaches to epigenetic therapy. *Front Oncol*. 2013;3:261.
42. Adcock IM, Ford P, Ito K, Barnes PJ. Epigenetics and airways disease. *Respir Res*. 2006;7:21.
45. Dokmanovic M, Clarke C, Marks PA. Histone deacetylase inhibitors: overview and perspectives. *Mol Cancer Res.* 2007;5(10):981–989.
49. Liu J, Lee W, Jiang Z, et al. Genome and transcriptome sequencing of lung cancers reveal diverse mutational and splicing events. *Genome Res*. 2012;22(12):2315–2327.
50. Imielinski M, Berger AH, Hammerman PS, et al. Mapping the hallmarks of lung adenocarcinoma with massively parallel sequencing. *Cell*. 2012;150(6):1107–1120.
51. Govindan R, Ding L, Griffith M, et al. Genomic landscape of non-small cell lung cancer in smokers and never-smokers. *Cell*. 2012;150(6):1121–1134.
75. Romero OA, Sanchez-Cespedes M. The SWI/SNF genetic blockade: effects in cell differentiation, cancer and developmental diseases. *Oncogene*. 2014;33(21):2681–2689.
100. Selamat SA, Chung BS, Girard L, et al. Genome-scale analysis of DNA methylation in lung adenocarcinoma and integration with mRNA expression. *Genome Res*. 2012;22(7):1197–1211.
229. Wrangle J, Wang W, Koch A, et al. Alterations of immune response of non-small cell lung cancer with azacytidine. *Oncotarget*. 2013;4(11):2067–2079.

获取完整的参考文献列表请扫描二维码。

第13章 干细胞和肺癌：体外和体内研究

Dean A. Fennell, David M. Jablons

要点总结

- 利用小鼠模型研究肺癌的发生和进展，对于发现肺内潜在的干细胞微环境，并推进这一领域的研究具有至关重要的作用。
- 支气管肺泡干细胞（bronchoalveolar stem cell，BASC）被认为是肺腺癌的源细胞。
- 抑癌基因磷酸酶和紧张素同源基因（phosphatase and tensin homolog，PTEN）抑制了BASC向腺癌的转化。
- 气管基底细胞被认为是鳞状肺癌的源细胞。
- 在SCLC中，一种常见的神经内分泌细胞来源的细胞可能经历RAS启动的转化，变为表达CD44的非神经内分泌克隆。
- Hedgehog（Hh）信号通路在SCLC中持续存在，是小鼠移植瘤生长所必需。

当癌症干细胞假说应用于肺癌时，细胞层次结构的概念构成了这一假说的基础，即大部分癌症产生自一群相对罕见、有自我更新、分化能力和先天耐药的体细胞干细胞群[1]。这一概念的证据已在血液恶性肿瘤和实体癌的研究中报道[2-5]。肺癌与其他癌症一样，在组织学上是异质性的，并且在空间上与细胞来源的起始有关[6]。随着大规模DNA测序的出现，在这些组织学亚类中，特别是在腺癌中，已经观察到基因水平上的异质性[7-11]。腺癌的这种异质性表明，肺癌的细胞起源和进展的机制是复杂的，是特定突变过程的结果[12]。本章侧重于讨论支持肺癌中存在空间限定的起始细胞群（起源细胞）的证据，包括维持这些细胞群所需的特定信号途径，以及缺乏有力证据支持的癌症干细胞。

1 正常的肺

时至今日，人们将肺视作一个模型，即肺可细分为不同区域，每个区域与其自身干细胞群相关。这些区域能够对肺损伤做出快速反应，从而实现细胞的再增殖[13]。因此，气管、支气管、细支气管和肺泡有各自来源的细胞进行补充，能够在肺损伤后重新增殖。

对于气管和支气管，这些再生细胞是基底黏液分泌细胞。有证据表明，在人类气道表面上皮中存在一种细胞组分，可以在严重联合免疫缺陷小鼠移植瘤模型中恢复衬里上皮细胞的全部成分[14]。相比之下，有数据显示一群表达细胞角蛋白5（cytokeratin 5，CK5）、CK14-和mindbomb E3泛素蛋白连接酶1的细胞群虽然只占肺细胞的0.87%，但是却占基底定位增殖细胞的48%，表明气管干细胞应是基底/副基底细胞来源[15]。表达CK14和CK18的气管导管细胞已被证明在成年小鼠吸入性损伤后可保留二氧化硫标记长达4周，并可在受伤后重新在气管表面增殖[16]。

在细支气管和肺泡中，有证据提示棒状细胞（正式名称是Clara细胞）和Ⅱ型肺细胞与再增殖有关。因此，在啮齿动物模型，如转基因小鼠中，无论通过腹腔注射萘还是激活自杀底物更昔洛韦[通过Clara细胞分泌蛋白（Clara cell secretory protein，CCSP）-启动子驱动的单纯疱疹病毒胸苷激酶]来特定清除棒状细胞，都足以引起不可逆的致命肺损伤[17]。在啮齿动物的胎儿肺中，Finkelstein等[18]的数据表明可能存在双极干细胞（M3E3 / C3），能够在不同介质中生长时分化成棒状或Ⅱ型肺细胞。博来霉素引起特定肺泡Ⅰ型（alveolar type Ⅰ，ATⅠ）细胞损伤，且AT2细胞可能再生和修复肺泡上皮[19]。在支气管肺泡连接处已经鉴定出一种独特的萘抗性干细胞群，可以在棒状细胞耗竭损伤后重新填充末端细支气管。这些细胞表达CCSP并且独立于神经上皮细胞微环境，提示一种独特的干细胞环境[20]。类似地，一群被称为侧群细胞（即富含干细胞活性的稀有细胞亚群）的细胞表现出典型的乳腺癌耐药蛋白介导的Hoechst染料外排现象，且发现于0.03%～0.07%的总肺细胞中[21-22]。

2 NSCLC

2.1 腺癌和细胞起源

NSCLC可细分为两种不同的亚型：80%为腺癌，20%为鳞状细胞癌，反映了肺内不同区域的组织学特征[23]。腺癌亚型和腺瘤前体表现出与外周或内源支气管相一致的棒状和AT2细胞标志物[24-25]，而鳞状细胞癌表现出与气管和近端气道起源一致的成熟上皮细胞特征。有数据显示AT2特异性标志物表面活性蛋白在肺腺癌和鳞状细胞癌中均有表达。因此，Ten Have-Opbroek等[26]推测AT2细胞可能是人NSCLC的多能细胞。

2.2 肺癌中CD133阳性干细胞样细胞群的分离

罕见的细胞群（＜1.5%）已被证明可在软琼脂中形成菌落，并在裸鼠中呈现原发肺癌的特征[27]。在一项旨在从表达标志物CD133原发性肺癌标本中分离罕见细胞群的研究中，发现了一种未分化的细胞群，能够在含有表皮生长因子和基础成纤维细胞生长因子的无血清培养基中无限生长为肿瘤球[28]。这种方法曾被用于分离人急性髓细胞白血病中假定的造血细胞起源的细胞群[29]。这些假定的肺癌干细胞能够在移植瘤模型中获得特定的谱系标志物（与原发肿瘤相同），并且分化受失去致瘤能力和CD133表达。CD133与干细胞表型的标志物醛脱氢酶1A1相关，已显示与肺癌患者的不良预后相关（即更短的未复发生存）[30-31]。

之前的研究中，CD133阳性细胞已经从细胞系分离出来。其中一项研究发现CD133阳性细胞共表达八聚体结合转录因子4（octamer-binding transcription factor 4，OCT-4）、NANOG、α-整联蛋白和C-X-C趋化因子受体4型蛋白，而且这些细胞对顺铂耐药[32]。另一项研究将化疗后CD133阳性的存活群体中的CD133阳性细胞分离并富集起来[33]。长期治疗后对顺铂特异耐药的细胞进行数月的筛选，可富集到表达NANOG/OCT-4/性别决定区域Y-box 2（SOX2）的CD133阳性/CD44阳性/醛脱氢酶活性的细胞克隆，这与分离的CD133阳性细胞对顺铂耐药的观察结果一致[34]。然而，从A549细胞系分离的CD133阳性细胞也被证明具有很高的肝转移潜力[35]。肿瘤生长因子-β已被证实可以增加这些CD133阳性的A549细胞迁移能力，这与上皮细胞间质化的诱导有关[36]。

2.3 条件性致癌基因驱动的腺癌中细胞的起源

在大约25%的腺癌中发现了*KRAS*基因的活化突变。有报道称一种携带致癌*KRAS*的Lox-Stop-Lox KRAS条件性小鼠品系（LSL *K-ras* G12D）可作为监测肿瘤形成不同进展阶段的起始模型，该模型通过腺病毒CRE感染、导入可移除的转录终止元件来调控[37-38]。可鉴定到三种不同类型的病变：非典型腺瘤性增生（atypical adenomatous hyperplasia，AAH）、细支气管上皮增生和腺瘤。AAH沿着肺泡间隔生长，是一种非典型的上皮细胞增殖，是非侵袭性的；Kerr提出AAH是一种腺瘤样腺癌前体[39]。免疫组织化学分析显示AAH呈Clara细胞特异性标记Clara细胞抗原（Clara cell antigen，CCA）阴性、AT2细胞特异性标志物前列腺素apoprotein-C阳性［肺表面活性物质载脂蛋白C（pulmonary surfactant apoprotein C，SP-C）］，与AT2细胞来源一致。相比之下，上皮增生病变表现出CCA阳性和SP-C阴性，与棒状细胞来源一致。重要的是，与AAH病变相邻的内皮增生病变在单细胞水平上表现出双重CCA/SP-C表达，呈现出一种独特的具有棒状细胞和AT2细胞特性的双阳性群体[37]。KRAS活化后经一段时间观察，结果显示腺病毒性CRE感染12周时形成腺瘤（超过AAH病变），在没有AAH病变的情况下16周时形成腺癌，提示这些可能是癌症起源的前体[37]。

SP-C/CCA双阳性细胞随后被证明是LSL *KRASras* G12D模型中腺癌来源的潜在细胞[40]。这种表达AT2和棒状细胞双阳性标志物的细胞已经在小鼠中被鉴定到[41]。在正常成人肺中，双重免疫荧光已被用于鉴定定位于支气管肺泡管连接处的CCA和SP-C阳性的细胞亚群。CCA分布在柱状支气管上皮，而SP-C分布于AT2细胞中。这些双阳性细胞通过增殖对萘和博来霉素诱导的肺损伤做出反应，而杆状细胞或AT1细胞的损失则是特定毒性作用的结果[40]。

这些双阳性细胞的分离证实了一种潜在的干细胞群，称为BASC，即位于支气管肺泡管连接处并且在损伤后重新填充细支气管或肺泡上皮细胞。BASC占肺细胞总数的0.4%，其免疫表型为血小板内皮细胞黏附分子（platelet endothelial cell adhesion molecule，Pecam）、CD45和CD34阴性，而干细胞抗原1（stem cell antigen 1，Sca1）阳性。正如单细胞培养所证明的那样，这些细胞是克隆性增殖的[40]。BASC具有多能谱系潜能，并且在培养过程中通过自我再生可产生AT2或棒状细胞样细胞。

在LSL *KRAS* G12D模型的肿瘤发生过程中，腺病毒CRE的感染导致BASC库的扩增，与AAH的形成一致。BASC扩增的数量与用于感染LSL KRAS G12D转基因小鼠的腺病毒CRE滴度相关。

2.4　PTEN的缺失扩大了BASC库

BASC需要*PTEN*来预防肺腺癌的形成[42]。*PTEN*是一种抑癌基因，通过促进细胞膜上磷脂酰肌醇-3，4，5-三磷酸酯的脱磷酸化，来抑制磷脂酰肌醇3激酶（phosphoinositide 3 kinase，PI3K）/AKT存活途径，是维持其他器官特异性干细胞所必需的[43]。在肺腺癌中经常发生*PTEN*缺失[44-46]。为了研究*PTEN*的功能，建立了支气管肺泡上皮特异性的、*PTEN*缺陷的小鼠模型。这些小鼠的肺形态发生受损，肺泡上皮细胞分化受损，分子标志物表达缺陷[sprouty基因2（sprouty gene 2，*SPRY2*）和sonic hedgehog（*SHH*）增加]，而且存在支气管肺泡上皮增生[42]。此外，*PTEN*的缺失导致BASC数量增加，足以诱导自发性腺癌，其中33%表现为继发性密码子61 *KRAS*突变。相比之下，PI3K在致癌*KRAS*诱导的肺癌中介导BASC的扩增，表明该途径在腺癌形成期间在调节干细胞库方面起关键作用[47]。与PI3K途径一样，Gata6-wingless-相关整合位点（WNT）信号途径和B淋巴瘤莫洛尼鼠白血病病毒插入区1同源物（B lymphoma Moloney murine leukemia virus insertion region 1 homolog，Bmi1）已被确定为BASC扩增的调节因子[48-49]。

2.5　干细胞群的维持：NOTCH和WNT信号通路

不对称的细胞分裂是干细胞的特征，该过程由高度保守的细胞间相互作用介导的NOTCH信号传导途径调节。NOTCH途径参与正常肺部发育，这是由敲除NOTCH下游靶蛋白毛发和分裂1增强子（hairy and enhancer of split 1，HES1）证明的，HES1在神经内分泌细胞中表达并且与这些细胞的增加相关[50]。在RAS转化的胞中，RAS通过增加细胞内NOTCH-1的水平、上调NOTCH配体δ-1和加工P38途径依赖性的早老蛋白-1（presenilin-1）来增加Notch通路的水平和活性。NOTCH的激活对于维持体外和体内的肿瘤表型至关重要[51]。最近，有研究表明，在*KRAS*驱动的腺癌中，NOTCH3信号传导依赖于致癌基因蛋白激酶Ciota（protein kinase C iota，PKCiota），在体内外用抑制剂同时抑制Notch和PKCiota均表现出对KRAS驱动的肺腺癌的协同拮抗效应[52]。尽管在NSCLC中WNT途径通常不发生突变，但是它是结构性活化的且对维持癌症干细胞表型是必不可少的。最近有结果表明，通过miRNA 582-3p介导的WNT抑制剂轴抑制蛋白2、Dickkopf WNT信号通路抑制因子3和分泌的卷曲相关蛋白1的抑制，可以增强WNT信号传导。抑制miR582-3p可以抑制WNT，并抑制肿瘤起始和体内移植瘤的进展，提示其可作为潜在的治疗靶点[53]。

2.6　鳞状细胞肺癌

气管基底细胞可能是鳞状细胞肺癌的起源细胞。在小鼠模型中，鳞状细胞肺癌表现出近似的P63、CK5和CK14表达模式，以及定位于边界和黏膜连接点的空间定位[16, 52]。CK5阳性基底细胞在SOX2的调控下具有自我更新特征[54]；在鳞状细胞肺癌中，位于染色体3q26.33的*SOX2*基因频繁出现扩增[55]。

3　SCLC

3.1　神经内分泌气道上皮细胞和SCLC的起源

SCLC起源于支气管上皮内的细胞，并表

现出神经内分泌表型[56]。大约90%的SCLC具有*P53*和视网膜母细胞瘤1（retinoblastoma 1，*RB1*）抑癌基因失活突变[57-59]。由Cre-Lox介导的*RB1*和*P53*上皮特异性缺失的转基因小鼠模型已经建立[60]。这些抑癌基因的丢失导致气管内插管后肿瘤病变的形成。突触素（synaptophysin，SYP）和神经细胞黏附分子（neural cell adhesion molecule，NCAM1，也称为CD56）的表达证明这些病变表现出神经内分泌分化，与小鼠中这些基因的突变一致[61]。尽管这些细胞在转基因模型中具有*P53/RB1*突变，但是尚未见棒状细胞或AT2细胞的增殖，表明神经内分泌细胞库中存在一种特定的基因型-表型相互作用。与人类相似，携带SCLC的转基因小鼠可以表达抗Hu抗体（比率14%，人类中为16%）[62]。

靶向*RB1/P53*缺失的特定肺上皮细胞亚群的实验已经证明，靶向神经内分泌或AT2细胞可导致SCLC的形成（后者具有较低的效率）。然而，相比之下，棒状细胞可以抵抗这种转化路径。这项技术使鉴定胰腺癌和前列腺癌的细胞类型起源成为可能[63-64]。棒状细胞对条件性*P53/RB1*缺失导致的神经内分泌细胞的转化具有抗性，表明神经内分泌细胞是与SCLC相关的主要细胞起源，尽管AT2细胞也具有转化能力[65]。

3.2 神经内分泌Hedgehog信号介导气道修复和SCLC

萘诱导的急性肺损伤模型在给药后约24小时导致棒状细胞损失，72小时内出现上皮再生和稀有神经内分泌细胞扩增[66-67]。在这个再生阶段期间，存在*HH*（Hedgehog）信号传导（*SHH*配体和GLI蛋白）的上调，证明Hh途径信号的激活广泛存在。然而，在新生降钙素基因相关肽阳性上皮细胞中萘诱导损伤后第4天，GLI在神经内分泌分化后丢失[68]。使用转基因模型，通过β-半乳糖苷酶替换*PTCH*的一个等位基因（GLI的转录靶点）来监测*HH*信号通路，表明在正常发育过程中，该通路在气道上皮细胞室中被激活[68]。

在50%的原发性SCLC标本中GLI和*SHH*都有表达（而在NSCLC中只占23%），证明*HH*信号在SCLC中持续存在[66]。对环巴胺的敏感性证明，SCLC细胞及其移植瘤依赖于*HH*信号传导生长；相反的，GLI1的异位表达可以回复该表型，类似于成神经管细胞瘤[69]。SCLC细胞没有表现出*PTCH*突变，而是表现出与发育和气道修复类似的近分泌*HH*信号通路。

3.3 肿瘤异质性和SCLC

SCLC的独特临床特征之一是对化疗的初始敏感性，随后复发，耐药性明显增强，偶尔伴有NSCLC表型的转化[70]。SCLC的这种表现可能反映了潜在的肿瘤异质性，且初始选择培养的细胞克隆对化疗具有抗性。来自原代SCLC样本的SCLC细胞培养物，以小细胞悬浮聚集物的形式生长，其中一些附着于塑料培养皿。从具有SCLC的*RB1/P53*转基因小鼠分离的解聚肿瘤细胞中也发现有该活性[71-72]。在后一种模型中，附着细胞表现出大细胞表型而不表达神经内分泌标志物achaete-scute同系物1（achaete-scute homolog 1，Ash1）或*SYP*，与来源于每种肿瘤的成对悬浮细胞不同。对这些成对的细胞系中获得的基因表达谱数据，经过主成分分析方法进行分析，可分为两组情况：小细胞克隆（神经内分泌）和大细胞克隆（非神经内分泌）[72]。当注射到BALB/c裸鼠中时，只有神经内分泌细胞类型能产生SCLC肿瘤，而通过皮下注射产生的大细胞肿瘤呈现出表达CD44的间充质表型。这两种细胞类型都不能再现原发肿瘤的异质性；然而，光谱核型分析和比较基因组杂交分析证明，他们表现出一种克隆性的联系[72]。

已显示H-RAS信号通路可促进SCLC转变为去分化表型，其特征在于神经内分泌标志物的下调[73-74]。将*RB1/P53*转基因小鼠SCLC细胞系的神经内分泌细胞用RAS^{V12}反转录病毒转导时，它们转变为贴壁表型，出现神经内分泌标志物Syp和Ash1的下调、CD44的表达以及基因表达的转变，以及非神经内分泌细胞的聚集（通过主成分分析统计法）。混合神经内分泌和非神经内分泌克隆导致细胞间相互作用，并赋予细胞转移潜力。总之，这些数据表明，普通神经内分泌细胞来源的细胞可能经RAS驱动转化为表达CD44的非神经内分泌克隆。

4 结论

利用小鼠模型来研究肺癌的发生和进化，对于通过识别肺内可能存在的干细胞群来推进这一领域的研究起到了至关重要的作用。此外，这些模型增进了我们对条件性致癌基因活化后肿瘤进化调控途径的认识。基于与多种可能的驱动突变相关的基因组复杂程度，调控癌症起始的过程仍相对不清楚。此外，研究肿瘤发生后促进基因组不稳定的进程（这些进程导致了肺癌基因组的时空复杂性），对于开发新的、更有效的治疗模式，尤其在晚期疾病中，将是至关重要的。

（孙琳琳　常　锐 译）

主要参考文献

6. Burrell RA, McGranahan N, Bartek J, Swanton C. The causes and consequences of genetic heterogeneity in cancer evolution. *Nature*. 2013;501(7467):338–345.
27. Carney DN, Gazdar AF, Bunn Jr PA, Guccion JG. Demonstration of the stem cell nature of clonogenic tumor cells from lung cancer patients. *Stem Cells*. 1982;1(3):149–164.
32. Bertolini G, Roz L, Perego P, et al. Highly tumorigenic lung cancer $CD133^+$ cells display stem-like features and are spared by cisplatin treatment. *Proc Natl Acad Sci USA*. 2009;106(38):16281–16286.
37. Jackson EL, Willis N, Mercer K, et al. Analysis of lung tumor initiation and progression using conditional expression of oncogenic K-ras. *Genes Dev*. 2001;15(24):3243–3248.
52. Ali SA, Justilien V, Jamieson, Murray NR, Fields AP. Protein kinase Cι drives a NOTCH3-dependent stem-like phenotype in mutant KRAS lung adenocarcinoma. *Cancer Cell*. 2016;29:367–378.
53. Fang L, Cai J, Chen B, et al. Aberrantly expressed miR-582-3p maintains lung cancer stem cell-like traits by activating Wnt/β-catenin signalling. *Nat Commun*. 2015;6:8640.
60. Meuwissen R, Linn SC, Linnoila RI, Zevenhoven J, Mooi WJ, Berns A. Induction of small cell lung cancer by somatic inactivation of both Trp53 and Rb1 in a conditional mouse model. *Cancer Cell*. 2003;4(3):181–189.
65. Sutherland KD, Proost N, Brouns I, Adriaensen D, Song JY, Berns A. Cell of origin of small cell lung cancer: inactivation of Trp53 and Rb1 in distinct cell types of adult mouse lung. *Cancer Cell*. 2011;19(6):754–764.
68. Watkins DN, Berman DM, Burkholder SG, Wang B, Beachy PA, Baylin SB. Hedgehog signalling within airway epithelial progenitors and in small-cell lung cancer. *Nature*. 2003;422(6929):313–317.
72. Calbo J, van Montfort E, Proost N, et al. A functional role for tumor cell heterogeneity in a mouse model of small cell lung cancer. *Cancer Cell*. 2011;19(2):244–256.

获取完整的参考文献列表请扫描二维码。

第 14 章 环境与肺癌

Tonya C. Walser, Elvira L. Liclican, Kenneth J. O'Byrne, William C.S. Cho, Steven M. Dubinett

要点总结

- 肺癌靶向预防和治疗方面还存在着未被开发的潜力，第一步需要对肺癌发生过程的生物学机制有更清晰的描述。
- 肺部微环境代表了一种独特的环境，在这里，肺癌的发生进展与肿瘤微环境（tumormicroenvironment，TME）的4个主要成分（环境成分、细胞成分、可溶性成分和结构成分）相辅相成。
- 目前的文献表明，看似组织学正常的邻近上皮细胞参与了肺肿瘤发生和癌变的动态过程。
- 越来越多的证据支持TME中的基质成分是癌变的积极参与者，其经常通过影响肿瘤细胞的分泌启动肿瘤的侵袭性。
- 分子标记主要由免疫和炎症相关的细胞因子组成，它们是TME的细胞和可溶性成分，并且与重要的临床指标相关。
- 不断进展中的肺部TME因具有免疫保护和免疫抑制潜能的多种类型细胞而壮大——通常是这些效应器及其分泌产物，以及它们的空间背景（即免疫结构）的平衡决定了临床的结果。
- 炎症性TME的后果之一是对抗肿瘤免疫的抑制，因此最近设计的策略是以免疫系统为特异靶点。
- 树突状细胞是TME的细胞成分之一，可以成功地用于重新分布TME的可溶性成分（如CCL21），最终将免疫细胞重新导入肿瘤中并增强免疫激活。
- 针对免疫系统的两类药物包括模式识别受体激动剂（pattern recognition receptor agonists，PRRago）和免疫刺激单克隆抗体（免疫检查点抑制剂）。

关于肺部TME对肿瘤发生和进展的影响，其许多核心问题的讨论目前仍在持续中：癌症起源细胞到底来自近端还是远端气道；是驱动突变还是乘客突变形成了组织学各异的肿瘤；量的累积还是分子和环境事件的组合，使平衡倒向有利于气道恶性转化；以及肿瘤发生和系统性进展中的事件顺序怎样。无论这些问题的答案如何，毫无疑问，在肺癌靶向预防和治疗方面还存在未被开发的潜力，第一步需要对肺癌发生过程的生物学机制有更清晰的描述。也许没有一种临床方法比针对癌前病变和进展的肺部肿瘤微环境之间相互作用的分子机制更有潜力。同时针对TME多种成分的联合方法的机会也很多，在临床上也非常有前景。本章将讨论针对过去和现在从分子水平阐述肺癌发生和靶向上皮-肿瘤微环境交互作用的探究。

1 肺癌的发生

对于一些器官系统来说，癌前病变和随后癌症发展之间的联系已经了解很多了，但肺并非如此[1]。例如，切除癌前病灶是治疗子宫颈非典型病变和结直肠息肉病变的标准，可以降低癌症的发病率和死亡率，然而，很难证明癌前的气道组织学异常与随后的肺癌发展之间的联系[2]。肺部癌前病变临床表现的不确定性会导致不适当的保守或者积极治疗，这两种情况都可能导致对患者的伤害。

Auerbach等[3]在20世纪60年代早期开展的一些重要尸检研究表明，有或没有肺癌的吸烟者的非恶性支气管上皮细胞均存在多种组织学异常。因为进行性痰液异常已经被证明早于肺癌进展[4]，有观点认为肺癌的进展是通过一种等级不断提升的组织学异常而有序进行，最终导致了转移癌，就像宫颈癌和结直肠癌那样。最近的分子研究结果支持这种阶梯式肺肿瘤发生的模型，在这种模型中，损伤或炎症会导致干细胞的修复出现失调[2]。吸烟是慢性损伤和炎症的主要来源；因此，大多数重度吸烟者携带有被分类为癌前病变的气道上皮异型增生区域[5]。后续的基因和表观遗传学变化阻碍了这些病变细胞的正常分化，并促进了该区域的增生和扩展，逐渐取代正常的上皮组织，导致了全面的恶性转化和转移。这个癌前区（即区域癌变）的出现和扩大似乎是肺癌发生的关键步骤，即使在戒烟后仍然持续存在[6-7]。

最初被提出并仍占主导地位的肺癌进展模型，称为线性进展模型，将重点放在完全恶性的原发肿瘤及其大小上，某些条件下转移性扩散因这两因素而发生[8-9]。与此相反的是，最近假定的平行进展模型提出，转移也可能在癌前上皮细胞早期扩散时就发生了，即在完全恶性转化或聚集生长为大原发肿瘤之前[8-9]。细胞侵袭和转移是上皮细胞间质化（epithelial-to-mesenchymal transition，EMT）介导的癌症的标志，通常与晚期疾病有关[9-11]。在线性进展模型中，EMT仅发生在晚期癌症侵袭性前端的极少数细胞中，从而促进了肿瘤进展的最后一步（即转移）。然而，现在许多团队已经证明EMT也会导致上皮恶性肿瘤的恶性转化和早期传播，包括与烟草相关的癌症[9, 12-13]。另外，与平行进展模型一致，最近有人提出EMT在肺上皮细胞恶性转化之前，或与之同步促进肺上皮细胞扩散。Sanchez-Garcia[9]在2009年强调了这些肿瘤发生和发展的替代模型，因为它们代表了我们对上皮细胞从正常转化为癌症漫长过程的理解的重大变化。重要的是，平行进展模型可能代表了肺癌进展的更准确的模型，鉴于临床观察到进行过手术的早期肺癌患者中30%发生了转移，这表明在手术时可能已经存在未检测到的微转移疾病[14]。

2 肺部肿瘤微环境的发展

在不久前，恶性上皮细胞被认为是肿瘤，而邻近的组织学正常的上皮细胞、免疫效应细胞、炎症介质和间质都被认为是与之无关的。虽然遗传变化对于上皮细胞的恶性转化至关重要，但我们现在了解到，发育中的肺TME的所有成分都是促成肺癌发展的积极参与者。事实上，大多数肿瘤发生在细胞微环境中，并且依赖于这种微环境，其特征是宿主免疫受到抑制、炎症失调、细胞生长和生存因子的产生增加，从而诱导血管生成和抑制凋亡。尤其是肺微环境是一种独特的环境，肺癌的发生与我们认为的肿瘤微环境的四个主要成分（环境成分、细胞成分、可溶性成分和结构成分）中的每一个都是相辅相成的。

2.1 TME环境成分：相邻的正常上皮细胞

Slaughter等[15]最初在1953年创造了“区域性癌变”一词，用来描述肿瘤病变附近组织学上正常的组织，其分子异常通常与肿瘤内的分子异常相同。40多年后，当研究人员再次努力阐明导致一系列上皮恶性肿瘤（包括肺癌）发展的分子机制时，这一概念似乎又被重新发现[2, 16-18]。与其他常见的上皮性恶性肿瘤相比，目前还没有一个合理的临床标准来评估肺癌危险人群潜在的癌前病变。因此，有必要精心设计临床调查来收集这些临床标本，否则这些人就会被遗漏。目前关于肺癌发生时气道内的分子变化的认知仍残缺不全，但人们普遍认为气道上皮的改变反映了原发肺肿瘤中观察到的诸多变化。

例如，在肺癌中，*KRAS*的突变可见于肺肿瘤邻近的非恶性组织学正常的肺组织中[16, 19]。此外，在接受诊断性支气管镜检查的患者的正常与异常肺支气管刮取的细胞中，经常发生杂合性缺失，并且在同侧和对侧的肺细胞中也可检测到[20]。同样，*EGFR*癌基因在*EGFR*突变的肺腺癌邻近的正常组织中也发生了突变，且离腺癌较近的部位突变发生的频率也高于较远的部位[21-22]。在健康吸烟者表型正常的支气管上皮中也建立了总mRNA和miRNA表达谱[23-24]，并且从主支气管中发现了癌症特异性基因表达标志物，用于区分吸烟者是否患有肺癌[25-26]。此外，健康吸烟者大气道和小气道的正常支气管上皮的整体基因表达调节相似，吸烟引起的改变则反映在主支气管、口腔颊部和鼻腔的上皮[17, 27-28]。

Kadara等[29-30]在2013年对早期NSCLC患者损伤的时空分子区域的探索推进了这一领域的发展，此研究是通过明确的手术后大气道的表达谱确定的。在手术切除肿瘤后12个月经内窥支气管镜刮取收集正常气道上皮，此后每12个月收集一次至36个月。尽管该研究有关键限制，但磷酸肌醇3-激酶（phosphoinositide 3-kinase，*PI3K*）和*ERK*基因调节的基因网络在切除肿瘤的邻近气道中上调，表明癌变区域的*PI3K*通路失调是肺癌发生的早期事件，即使原发肿瘤切除也可能会持续存在。在后续研究中，该团队对多个离肿瘤不同距离的正常气道组织，以及配对的NSCLC肿瘤和正常肺组织进行了表达谱分析，在收集气道上皮细胞时这些组织样本仍处于原位[31]。独立位点图谱，以及梯度和局部气道表达模式，描述了癌变邻近气道区域的特征，可能有助于区分非癌吸烟者与肺癌患者的大气道差异。对这些癌变区域的研究不仅丰富了我们对肺癌分子发病机制的认知，也具有临床转化潜力。此区域的生物标志物可用于风险评估、诊断、在主动监测期间监测疾病进展以及预测手术后辅助治疗的疗效。

2.2 TME细胞和可溶性成分：免疫效应细胞和细胞分泌的炎症介质

本世纪初以来，对若干肿瘤基因表达谱研究的作者已经探究了与肿瘤发生和进展相关的分子特征。最初的基因排列中出现的分子标记主要由参与免疫和炎症反应的细胞因子基因组成。在2001年Bhattacharjee等[32]的一项开创性研究中，基于微阵列的肿瘤切除标本表达谱使研究人员能够区分生物学上不同的腺癌亚类，以及原发肺腺癌和非肺来源的转移瘤。此后不久，Beer等[33]通过表达谱预测了早期肺腺癌患者的存活率。同样地，Potti等[34]开发的mRNA表达谱鉴定出早期NSCLC患者的一个亚群具有很高的复发风险。最近，为了探讨肿瘤周围非癌组织的基因表达变化是否可以作为预测癌症进展和预后的生物标志物，Seike等[35]对腺癌患者的配对非癌组织和肿瘤组织进行了分子谱研究。鉴定到的许多基因是之前其他癌症中报道的免疫与炎症反应标志的一部分，但其中一个独特的基因亚群可预测淋巴结状态和NSCLC患者疾病的预后[36]。总之，这些研究最早揭示了表达谱的潜力，并清晰地证实了分子标志主要由免疫和炎症相关的细胞因子组成的证据，它们是TME的细胞和可溶性成分并与重要的临床指标有关。

2.3 TME结构成分：基质

如前所述，基质长期以来被认为是肺中的惰性结构，其与癌变过程无关。在一项随机临床试验中，Farmer等[37]首次报道了基质基因对药物敏感性的主要促进作用，尽管不是在肺部。这些研究人员使用来自欧洲癌症研究和治疗组织10994/BIG 00-01实验个体的肿瘤活检标本，该实验用5-氟尿嘧啶、表柔比星和环磷酰胺治疗雌激素受体阴性的乳腺癌，并找到了一种预测术前化疗耐药性的基质基因标志物。该研究拓展了TME基质相关基因标志物的临床意义，推出了以开发抗基质药物作为克服化疗抗性的新方法。

Zhong等[38]的一项重要的转化医学研究也明确了肿瘤细胞和基质细胞之间的相互作用对NSCLC进展的影响。研究小组通过将*KRAS*突变的肺腺癌细胞系与三种肺基质细胞系（巨噬细胞、内皮细胞或成纤维细胞）中的一种进行共培养，然后对分泌的蛋白谱进行分析，建立了一个体外模型，用以评估基质细胞调节肺癌细胞生物学特性的机制。通过两种不同的蛋白质组学方法，研究人员得出了结论，TME中的基质细胞改变了肿瘤细胞的分泌组，其中包括肿瘤生长和扩散所需的蛋白质。此外，他们还证实，该体外模型较好地囊括了*KRAS*突变小鼠模型和人类NSCLC标本的许多特性，证明了其作为肺TME模型的有效性。

最近，Li等[39]证明了间充质干细胞（mesenchymal stem cell，MSC）可被募集到肿瘤基质并影响肿瘤细胞的表型。具体来说，肿瘤细胞来源的白细胞介素（interleukin，IL）-1诱导肿瘤相关基质中的MSC分泌前列腺素E2（prostaglandin E2，PGE_2），然后以自分泌的方式诱导MSC表达细胞因子。MSC驱动的细胞因子和PGE_2随后通过激活β-链蛋白信号，在肿瘤细胞中引发间充质或干细胞样表型。总之，这些研究的结果表明，TME的基质成分是癌变的激活因素，经常通过影响肿瘤细胞分泌驱动肿瘤的侵袭性。进一步说，抑制肿瘤细胞和肿瘤邻近基质之间的特定相互作用，在我们寻找新的肺癌预防和治疗方法方面具有重要的潜力。

3 含有进展中的肺肿瘤微环境细胞成分的典型细胞类型

进展中的肺部TME是一个独特而不断变化的环境，由多种细胞类型组成且兼具免疫保护和免疫抑制的潜能。由于细胞种类太多无法在下面的页面中详细描述。因此，我们试图讨论与诱导、靶向和潜在隐患有关的三种典型细胞类型，它们具有进展中的肺部TME细胞成分的特性：即细胞毒性和辅助性T细胞、调节性T细胞和树突状细胞。

3.1 细胞毒性和辅助性T细胞

肿瘤浸润淋巴细胞（tumor-infiltrating lymphocyte，TIL）的存在一直被认为是抗肿瘤免疫的表现。然而，只有在确定了TIL各个亚型的标志物之后，TIL的预后意义才能体现[40-41]。传统上认为细胞毒性$CD8^+$T细胞（cytotoxic $CD8^+$T cell，CTL）是细胞对细菌和病毒免疫应答的组成部分，现在人们认识到其在细胞介导的抗肿瘤免疫应答中也起着不可或缺的作用。CTL的浸润减少，增殖率降低，对自发凋亡的敏感性增加，对肿瘤细胞的溶细胞活性减弱，都有助于形成具有进展中肺部TME特性的免疫抑制环境[42-43]。因此，高表达颗粒酶B（CTL溶细胞活性的经典效应物）的CTL的高浸润性，以及肿瘤细胞巢中TIL的位置，都与多种癌症的良好临床结果相关，包括直肠癌、卵巢癌和肺癌[44-50]。已有报道表明，CTL与肺癌患者生存期延长有关，与肺癌患者的良好预后呈正相关[43, 46, 51-52]。然而，比CTL的数量更重要的是效应因子与调节性TIL的比率。最近对肝细胞癌和卵巢癌患者的研究表明，$CD8^+$TIL与调节性T细胞（T regulatory cell，T reg）的比值是一个独立的预后因素，而T reg和$CD8^+$TIL的数量分别具有较低或无预测价值[53-54]。

目前越来越清楚的是，$CD4^+$辅助T细胞也是有效抗肿瘤免疫反应的关键决定因素。在刺激条件下，初始$CD4^+$T细胞分化为效应细胞，称为辅助性T（T helper，Th）细胞，其中有4个亚群：Th1、Th2、Th17和T reg。当T reg减弱抗肿瘤免疫（稍后讨论）时，Th1细胞（能产生干扰素γ和肿瘤坏死因子α为其特点）经常导致CTL、树突状细胞和巨噬细胞的活化增强，并有利于下游的抗肿瘤效应。$CD4^+$辅助性T细胞除了辅助激活其他天然和适应性免疫细胞外，还可通过Fas细胞表面死亡受体，或肿瘤坏死因子相关的凋亡诱导配体依赖性通路，来诱导肿瘤细胞凋亡[55-56]。越来越多的证据也表明$CD4^+$辅助T细胞可以获得溶细胞活性[57-58]。与CTL一样，肿瘤驱动的异常$CD4^+$T细胞分化和凋亡，以及以免疫检查点分子程序性死亡-1蛋白（programmeddeath-1，PD-1）表达增加为特征的Th功能障碍，促进了进展中的肺部TME的耐药性[59]。在这方面，旨在增强CTL和$CD4^+$辅助T细胞浸润和（或）活性的免疫治疗策略在增强抗肿瘤免疫方面具有协同效应。

3.2 调节性T细胞

我们在预防和治疗肺癌方面的主要障碍之一是我们对肺癌细胞如何逃避免疫监控并抑制抗肿瘤免疫的认识不足。因此，癌症患者T reg的鉴定是一项具有重大临床意义的发现。June等[60-61]率先发现肺癌患者肿瘤部位$CD4^+CD25^+$T reg数量有所增加。随后对非小细胞肺癌患者的正常和肿瘤组织的检测也表明，肿瘤组织中*FOXP3* mRNA的表达明显高于正常组织，使$CD4^+CD25^+$ $FOXP3^+$成为当时功能性T reg的更特异的表型标志物[62]。接下来，研究人员开始注意到相对于健康志愿者甚至乳腺癌患者，肺癌患者外周血中T reg的数量有所增加[63]。Zhang 等[64]提出了另一个关键的发现，即NSCLC患者接受紫杉醇类化疗后，这一有丝分裂抑制剂可选择性地降低外周血中调节性T细胞群的数量，而不降低效应性T细胞亚群的数量。他们继而确定了该作用是由细胞死亡受体Fas（CD95）的上调和T reg凋亡的选择性诱导介导的。尽管T reg功能明显受损，但在紫杉醇治疗后，辅助和效应T细胞亚群中Th1细胞因子的产生和CD44活化标志物的表达是完整的，甚至升高。除了这些针对肺癌的研究外，在其他恶性疾病中也有大量关于外周血中T reg与肿瘤中TIL同时增加的报道[65-68]。这些重大发现与小鼠模型研究一致，表明T reg的缺乏可以显著增强癌症疫苗的效力[69]。总之，这些数据表明，T reg能被选择性地募集到进展中的肺肿瘤，并于此处促进微环境免疫抑制，进而利于肿瘤进展和转移。同样地，有数据表明调节性T细胞的状态可以作为对某些治疗方案敏感性的指标。

最早将T reg细胞募集与预后联系起来的研究之一，虽然不是肺癌，来自Curiel等[70]研究者，他们发现肿瘤T reg数量的增加是卵巢癌患者死亡风险增加和生存期减少的重要预测因素。他们还发现，肿瘤细胞和肿瘤邻近的巨噬细胞促进了CCL22趋化因子介导的T reg向肿瘤的转运。这是肺部TME中功能性CCL22的首次报道，并且最早表明在体内阻断CCL22可减少人T reg向肿瘤的运输。这份报道为那些基于消灭癌症患者体内的调节性T细胞群，寻求开发新的免疫强化策略的人铺平了道路。

最后，我们的小组报道了通过促进T reg活性，COX-2和PGE_2抑制肺癌免疫反应的现象。大量研究表明，PGE_2增强了T reg的体外抑制功能，并在辅助性T细胞中诱导出调节表型[71-73]。这些基础研究和其他转化研究让我们了解到$CD4^+CD25^+$ T reg在进展中的肺部TME中的功能，综合表明制定减少这些T reg在肺癌中的抑制作用的临床策略是有必要的。消除T reg抑制活性的尝试包括使用全淋巴结清扫术的临床试验[74-76]。还有其他尝试评估了免疫毒素对T调节细胞群的特异性杀伤作用[77]，也有进行中的临床研究评估了塞来昔布在控制人类非小细胞肺癌中T reg的数量、活性和分化中的作用。虽然淋巴结清扫术或T reg免疫毒素疗法可能是有益的，但COX-2/PGE_2抑制在非小细胞肺癌的治疗中具有其潜在的益处。除了临床上降低T reg功能的潜在能力外，还发现COX-2抑制作用可限制NSCLC中的血管生成，降低肿瘤浸润性，以及降低肿瘤对凋亡的抗性[78-80]。这些途径和恶性表型可能会受到几种不同的非甾体抗炎药的抑制[81]。因此，目前有试验正在评估与其他疗法联用的COX的抑制作用[80]。这些研究将有助于进一步明确此途径方法所需的干预措施，以及开发具备更特异靶点的药物来减少癌症中调节性T细胞的活性。而后，可以将这些药物与其他基于免疫的临床疗法以恰当的方式联合应用。

3.3 树突状细胞

在一个开创性的报道中，Dieu-Nosjean等[46, 82-83]发现了人非小细胞肺癌标本中异位淋巴结或其内三级淋巴样结构的细胞含量与临床结果相关。具体而言，这些结构中成熟树突状细胞的密度是肺癌患者长期生存的预测指标[46]。这些发现首次表明异位淋巴结参与宿主抗肿瘤免疫反应，并且与现阶段大量的临床前和临床中的数据一致[84-88]。例如小鼠肿瘤模型中，据报道经遗传修饰的树突状细胞能在肿瘤内分泌CCL21，产生淋巴样细胞聚集和淋巴结外初始T细胞，导致肿瘤特异性T细胞的产生和随后的肿瘤消退[85, 89]。因此，在瘤内可通过用肿瘤作为树突状细胞的体内抗原来源来实现肿瘤抗原呈递。与用纯化多肽抗原进行体外免疫相比，自体肿瘤有能力在肿瘤部位为激活的树突状细胞提供可获得的全部原位抗原。这可能会增加反应的可能性，并降低由于表型调控出现肿瘤抗性的潜在可能。

树突状细胞是能够诱导初级免疫反应的最有效的抗原呈递细胞[90]。树突状细胞表达高水平的主要组织相容性复合物和共刺激分子，例如CD40、CD80和CD86。树突状细胞还向TME中释放高水平的细胞因子和趋化因子，从而吸引体内抗原特异性T细胞。这些特性，再加上未成熟的树突状细胞对抗原的有效捕获，使它们能够高效地呈递抗原肽并协同刺激抗原特异性的初始T细胞[90]。树突状细胞对肿瘤相关抗原的表达和CTL的识别在肿瘤细胞的清除中起着重要的作用[91]。基于树突状细胞在肿瘤免疫中的重要性，有多种策略致力于开发这种细胞的癌症免疫治疗[92-94]。树突状细胞的分离和体外传代方面的进展，加上特异性肿瘤抗原的鉴定，促进了树突状细胞疫苗的临床试验评估[92-94]，树突状细胞移植因而被证明是一种安全的临床评估方法[95-100]。

树突状细胞的免疫治疗策略包括用肿瘤抗原肽、凋亡的肿瘤细胞或体外肿瘤裂解物刺激分离到的树突状细胞[101-103]。树突状细胞也通过编码肿瘤抗原或免疫调节蛋白的基因进行了基因修饰[104-106]。有证据表明，经腺病毒载体（adenoviral vectors，AdV）转导的树突状细胞具备更长的存活时间，并对自发性和*Fas*介导的细胞死亡有抗性，表明它们提供的免疫疗法具有更高效和可靠的实用性[107]。AdV转导本身也能增强树突状细胞诱导保护性抗肿瘤免疫的能力[108]。此外，已经证明在肿瘤内注射AdV转导的、能表达细胞因子基因的树突状细胞时，可增强局部和系统性抗肿瘤作用[109]。AdV通常用于转导树突状细胞，因为它们可在这些细胞中强烈有效地诱导异源基因表达[108-109]。

C-C基序趋化因子配体21（C-C motif chemokine ligand 21，CCL21）是一种半胱氨酸-半胱氨酸基序（cysteine-cysteinemotif，CC）趋化因子，属于参与白细胞趋化和活化的蛋白家族。CCL21表达于脾脏和淋巴结的高内皮小静脉和T细胞区，对初始T细胞和成熟树突状细胞具有强大的诱导力，促进它们在次级淋巴器官中的共定位并促进同源T细胞的活化[110]。在小鼠肿瘤模型中CCL21的强抗肿瘤特性已有报道[111-113]。CCL21在小鼠中还显示了抗血管生成活性，从而增强了其在癌症中的免疫治疗潜力[114-115]。基于Dieu-Nosjean等[46]提出的所谓异位淋巴结概念和当时可获得的树突状细胞（dendritic cell，DC）-CCL21的临床前数据，我们的团队在加利福尼亚州大学洛杉矶分校发起了一项针对晚期NSCLC患者的Ⅰ期临床试验。该试验包括瘤内施用复制缺陷型腺病毒载体转导、以表达CCL21的自体树突状细胞[116]。原位接种DC-CCL21具有良好的耐受性，可诱导系统性肿瘤抗原特异性免疫反应，增强原发肿瘤的$CD8^+$T细胞浸润。本研究是一种利用TME细胞成分和调控TME中可溶性成分来造福患者的临床相关方法。

4 含有进展中的肺肿瘤微环境可溶性成分的典型细胞分泌产物

肺部微环境中慢性炎症或炎症失调为特征的肺部疾病是肺癌发展的最大风险因素，如肺气肿、慢性阻塞性肺疾病和肺纤维化[117-119]。这里，我们将讨论诱导、靶向和隐患/陷阱，它们与肺部TME中发现的典型炎症调节因子介导的调控有关：包括IL-2、IL-6和转化生长因子-β（transforming growth factor-beta，TGF-β）[120]。

4.1 IL-2

IL-2是T细胞在免疫应答过程中产生的[121]，是生长、增殖和初始T细胞向效应T细胞分化所必需的。IL-2被美国食品药物监督管理局（Food and Drug Administration，FDA）批准用于癌症免疫治疗，目前正用于治疗慢性病毒感染的临床试验中[122]。使用IL-2和抗IL-2单克隆抗体联合治疗可防止肺内肿瘤转移[123]，虽然有肺水肿的副作用，但高剂量的IL-2可引起针对肺内肿瘤结节的抗肿瘤反应[124]。D20T突变的IL-2通过与高亲和力IL-2受体相互作用，可保留IL-2的抗转移活性，但毒性谱更低[125]。有趣的是，最近的一项研究表明，刺激穴位在肺癌患者中引起了明显的免疫调节功效，比如IL-2的产生增加[126]。总体来说，这些研究都支持IL-2产物有造福患者的潜力。

4.2 IL-6

IL-6是一种可以作为促炎和抗炎介质的多功能细胞因子。它由T细胞和巨噬细胞分泌，能刺激免疫反应，IL-6水平升高与创伤、感染和癌症风险升高相关。IL-6的功能主要通过Janus激酶-信号转导和转录-锌指蛋白1-2信号通路的激活介导；IL-6水平升高已被证明可促进胶原蛋白和α-肌动蛋白生成，二者共同诱发肺间质病变。高水平IL-6可促进新生血管生成、抑制癌细胞凋亡以及TME中其他控制机制的失调[127]。IL-6也与肺癌患者对EGFR抑制剂获得性耐药有关。此外，IL-6与不良预后和许多经常造成晚期肺癌患者衰弱的症状有关，如疲劳、血栓栓塞、恶病质和贫血。因此，最近开发了一种针对IL-6的单克隆抗体（ALD518）来治疗这些IL-6依赖性疾病。在晚期NSCLC的临床前期、Ⅰ期和Ⅱ期试验中，ALD518表现出良好的耐受性，并能有效改善贫血和恶病质[128]。

4.3 TGF-β

在大多数细胞中TGF-β是一个控制增殖、细胞分化等功能的细胞因子。它由包括巨噬细胞在内的多种类型细胞分泌，在免疫和肿瘤生成中起作用。当一个细胞变成癌细胞时，部分TGF-β信号通路突变，导致癌细胞和周围的基质细胞（成纤维细胞）增殖。此外，两种细胞可增加TGF-β的生成，随后作用于周围的基质、免疫细胞、内皮细胞和平滑肌细胞而诱导免疫抑制和血管生成，增加肿瘤侵袭性[129]。在肺癌中TME驱动的TGF-β可诱发恶性表型，如上皮细胞间质化（epithelial mesenchymal transition，EMT）和细胞活性异常。TGF-β诱导β-catenin从E-cadherin复合物转位进入细胞质，并参与EMT靶基因转录[130]。许多研究表明，高水平的TGF-β是大多数肿瘤组织具备的特征，主要由肿瘤细胞释放以维持其转移潜能和原致癌性TME[131]。

富含TGF-β的TME具有广泛的免疫抑制性，部分是由于其抑制自然杀伤细胞的功能。多项研究表明，在非小细胞肺癌中miR-183-依赖性地抑制DNA聚合酶Ⅲ亚基tau（DNApolymerase Ⅲ subunit tau，DNAX）激活蛋白12 kDa（DAP12）的转录和翻译，是由TGF-β介导的[132-133]。TGF-β也将效应T细胞转化为T reg。有趣的是，IL-6可以通过增强TGF-β的信号促进上皮细胞EMT并刺激肿瘤进展。因此，IL-6和TGF-β可促进维持肿瘤进展中成纤维细胞和非小细胞肺癌细胞之间的旁分泌循环，进而利于肿瘤进展[134]。与IL-6类似，TGF-β是一种多功能的炎性调控物，与癌前病变和进展期肿瘤相互作用，其作用方式具备可塑性和可操控潜力，利于患者获益。

5 近期在分子水平定义肺肿瘤微环境成分的探索

在我们对最近的转化研究的回顾中，几项研究强调，如果我们要实现有效的靶向肺癌预防，就迫切需要更好地确定导致肺癌发生的关键因素。在第一项此类研究中，Ooi等[135]使用一种新方法确定了肺鳞癌癌前病变和肿瘤生成的分子特征变化。作者在此首先报道了关于气道癌前病变、同患者配对的正常组织和鳞状细胞癌样本的基因表达谱研究，发现转录组有变化，并在个别患者中发现了随着鳞状细胞癌发生和进展而改变的基因组通路。此外，他们的分析还发现，在同一患者的早期和晚期癌变过程中，上游调节因子的活性和下游基因的表达发生了同步的变化，这增强了我们对鳞状细胞癌逐步癌变过程的了解。来自Perdomo等[136]的另一项研究中，人支气管气道上皮的小RNA二代测序证实了miR-4423是气道上皮分化的调节因子和肺癌形成的抑制因子。miR-4423在吸烟肺癌患者细胞学正常的支气管气道的上皮表达下调，提示miR-4423和（或）其他miRNA的表达可能受到区域性癌变的影响，并用于相对便利的近端气道肺癌的早期检测。炎症诱导的锌指转录因子*SNAIL*的上调也被证明在肺癌发生和进展的不同方面起作用，包括EMT和血管生成[137-138]。之前发现*SNAIL*在人NSCLC组织中上调，与患者的不良预后相关，并在体内促进了癌细胞的生长和进展[138]。最近我们发现一种*SNAIL*通过上调富含半胱氨酸的酸性分泌蛋白质（secreted protein，acidicand rich in cysteine，*SPARC*）行使功能的机制，即在人肺肿瘤癌前病变模型中驱动*SPARC*依赖性侵袭[139]。

目前的文献表明，邻近的组织学正常上皮细胞是肺肿瘤发生和癌变的动态过程的参与者。确定癌化区域及TME其他组成部分之间相互联系的工作，以及进展中或已形成的原发肿瘤，可能是为预防治疗而寻找起始、进展和靶点的生物标志物的丰富源泉。开发更精确的人类癌前病变和肺癌发生的体外和体内模型将进一步推进这些工作。

6 近期调控TME细胞（免疫）和可溶性（炎症）成分用于肺癌化学预防和治疗的探索

炎症性TME的后果之一是抑制抗肿瘤免疫，因此最近的策略设计即专门针对免疫系统。如前所述，增强免疫应答的一种方法是基于DC疫苗，DC作为一种载体在肿瘤内传递趋化因子，随后将免疫细胞重新转移到肿瘤内并增强其活性[82, 116]。我们用两个小鼠肺癌模型首次证明了肿瘤内给予重组CCL21可实现强有力的免疫依赖性抗肿瘤反应，从而降低肿瘤生长[140]。重要的是，CCL21介导的抗肿瘤反应依赖于淋巴细胞。治疗没有改变严重联合免疫缺陷小鼠的肿瘤生长，而瘤内注射CCL21可显著增加$CD4^+$和$CD8^+$T淋巴细胞，且DC可浸润具备免疫活性小鼠的肿瘤和引流淋巴结。对CD4和CD8基因敲除小鼠的进一步研究表明，$CD4^+$和$CD8^+$T细胞亚群均可导致CCL21介导的肿瘤退化[140]。肿瘤内给予CCL21基因修饰的DC也能产生全身性的抗肿瘤反应，并通过在可移植和肺癌的自发支气管肺泡细胞癌模型中募集和激活效应T细胞而获得肿瘤免疫[141-142]。这些研究还表明，肿瘤中DC对CCL21的表达促进了免疫应答的CXCR3/CXCR3配体传出臂，从而调节抗肿瘤活性，即CXCR3配体CXCL9或CXCL10的中和抑制了抗肿瘤反应[82, 141]。

因为肺癌患者中的循环活性DC数量减少[143]，在肺肿瘤部位注射DC可能是一种特别有效的方法。事实上，在人非小细胞肺癌中，肿瘤浸润性DC聚集与原位凋亡之间存在一定的关系[144]。为此，在一项针对晚期NSCLC的Ⅰ期临床试验中，对肿瘤内给予临床级CCL21转导的DC进行了评估[116]。选择患有ⅢB/Ⅳ期非小细胞肺癌，其肿瘤可通过计算机断层扫描引导或支气管镜介入进行治疗，且标准治疗方案无效的患者。本试验的目的是：①确定晚期NSCLC患者原发性肺癌应用CCL21基因修饰DC（Ad-CCL21-DC）的安全性和最大耐受剂量；②确定AD-CCL21 DC的局部和全身生物活性。Ad-CCL21-DC瘤内免疫耐受良好，并且实现了①诱导出全身肿瘤抗原特异性免疫应答和②肿瘤$CD8^+$T细胞浸润增强伴随*PD-L1*表达增加[82, 116]。因此，DC是TME中一种可被用来重新分配TME可溶性成分（如CCL21）的细胞组分，最终将免疫细胞重新转运到肿瘤中，增强特异性免疫激活。今后将结合检查点抑制剂疗法对DC-CCL21原位疫苗接种进行评估。

瘤内免疫是逆转癌症引起的免疫耐受的另一途径，使抗肿瘤反应得以发生[145-147]。最近这一策略得到了转移性黑色素瘤、肾细胞癌和非小细胞肺癌等临床试验阳性结果的支持，这些癌症对传统细胞毒性治疗的敏感性较低[146]。目前针对免疫系统和临床在研的两大类药物包括模式识别受体激动剂（pattern recognition receptor agonists，PRRago）和免疫刺激单克隆抗体（免疫检查点抑制剂）。与传统的抗癌药物相比，这些免疫刺激药物可以直接进入肿瘤，产生全身性抗肿瘤免疫反应。此外，瘤内给药可能引发更强的抗肿瘤免疫反应，同时降低自身免疫毒性。

PRR是一个不断增长的、识别病原体相关分子模式的受体家族，如病毒DNA或细菌细胞壁分子，以及细胞死亡、压力或组织损伤时释放的损伤相关分子模式（damage-associated molecular patterns，DAMP）。PRR通常被认为在激活免疫系统对感染性病原体的反应中起着重要作用，现在有证据表明PRR的激活，如免疫细胞表达的toll样受体（toll-like receptor，TLR），同样在对抗肿瘤细胞的免疫反应中扮演重要角色[146]。在这方面，已经证明了TLR刺激小鼠和人TME中的抗原呈递细胞并将其表型从耐受原性变为免疫原性，而且Ⅱ类主要组织相容性复合物CD80和CD86上调[148-149]。TLR也可由肿瘤细胞表达，直接激活这些TLR可导致目标肿瘤细胞死亡和（或）上调抗原提呈分子[150-151]。此外，通过化疗或肿瘤靶向治疗，肿瘤细胞可以释放DAMP，从而刺激肿瘤细胞周围的免疫细胞。以高迁移率群蛋白B1为例，这是肿瘤细胞死亡时在TME中释放的一种细胞内蛋白，可被肿瘤浸润免疫细胞中表达的TLR-4识别。尽管肿瘤内PRRago的治疗作用机制是多因素的，取决于肿瘤细胞类型、TME和所用的PRRago，但一个共同的特征是它可刺激肿瘤浸润性抗原呈递细胞，包括B细胞、DC、肿瘤相关巨噬细胞和其他髓源性抑制细胞。然而，值得注意的是，尽管肿瘤浸润性抗原提呈细胞的激活是对肿瘤相关抗原进行高效获得性抗肿瘤免疫应答的先决条件，但它并不能解决免疫抑制性肿瘤浸润性T reg并且耗尽肿瘤浸润性CTL。

免疫刺激单克隆抗体旨在逆转肿瘤的免疫耐受，并通过靶向T细胞激活的检查点来刺激抗肿瘤免疫反应。在临床开发的检查点抑制剂中，抗CTL的抗原-4（anti-CTL antigen-4，CTLA-4）单克隆抗体伊匹单抗已经被批准用于转移性黑色素瘤[146-147]。CTLA-4是一种由$FOXP3^+CD4^+$T reg组成性表达的细胞表面受体，是一种关键的负性免疫检查点，可限制过强诱导CTL反应。在两个随机的Ⅲ期临床试验中，在多达20%的顽固性/复发性黑色素瘤患者中，伊匹单抗系统性静脉治疗可产生持久的肿瘤反应[152-153]。然而，此疗法可产生大量自身免疫性毒性，需要60%接受治疗的患者使用高剂量的皮质类固醇。迄今为止，抗

CTLA-4的有效性被归为它能够阻断效应T细胞上表达的CTLA-4与耐受性肿瘤抗原提呈细胞表达的CD80/86之间的抑制性相互作用，以及归为新近发现的耗尽肿瘤内的T reg而不是与CD_4^+效应T细胞的相互作用有关[146-147, 152-153]。瘤内肿瘤特异性T reg高表达CTLA-4，这可以通过FcγR＋肿瘤浸润细胞的抗CTLA-4治疗而耗竭[146]。虽然没有生物标志物可以明确预测哪些患者将受益于抗CTLA-4治疗，但有一种模式方法，即预处理基因标记反映出的CD8 T细胞浸润和CD8吸引趋化因子，至少在一定程度上，与获益正相关[154]。目前在NSCLC中使用的抗CTLA -4药物仍局限于Ⅰ～Ⅲ期临床试验。

基于抗CTLA-4单克隆抗体的阳性结果，PD-1与其配体PD-L1和PD-L2的相互作用介导的第二个阴性免疫检查点已被研究作为癌症免疫治疗的靶点[145-147]。以PD-1/PD-L1轴为靶点的单克隆抗体在转移性黑色素瘤、肾细胞癌和非小细胞肺癌患者中表现出强烈的、令人鼓舞的临床活性[155-156]。这些抗PD-1药物在晚期肺癌患者中的晚期临床试验表明，与常规化疗相比，其临床效果有所改善[157-161]。因此，其中两种药物，纳武单抗和派姆单抗，现在被FDA批准用于NSCLC的二线治疗[157-158]。FDA批准它们作为非小细胞肺癌的一线治疗药物也值得期待。重要的是，临床前模型表明，免疫刺激单克隆抗体的疗效可能在联用时增强。的确，在小鼠黑素瘤模型中，联用抗PD-1和抗CTLA-4单克隆抗体可能比单独使用这两种药物中的一种更有效，因为这两种阴性免疫检查点的功能作用互补。瘤内注射免疫刺激剂也被认为有增强作用。局部而非全身给药，可使TME中药物浓度升高，从而限制单克隆抗体的毒性，提高PRRago的疗效。然而，这一策略依赖于肿瘤注射部位的方便性，如果需要重复注射，这可能是一个问题。

与抗CTLA-4治疗一样，针对PD-1/PD-L1轴的单克隆抗体没有明确的预测生物标志物。然而，通过对抗PD-1治疗的患者的黑色素瘤进行转录组分析及全外显子组测序，其中一部分人之前接受过丝裂原激活蛋白激酶抑制剂治疗，我们了解到因治疗而引起的转录组变化和肿瘤突变之间的相关性[162]。阐述无应答者中由一组共富集基因组成的先天抗PD-1抗性标记（innate anti-PD-1 resistance signature，IPRES），是鉴定出更好的应答生物标志物的重要的第一步。随着纳武单抗和派姆单抗被批准用于NSCLC，类似的进展也可能很快用于对抗肺癌。除了报道一种黑素瘤IPRES外，Hugo等[162]还研究了肿瘤突变量与患者生存改善的相关性，但未观察到高突变量与抗PD-1治疗反应之间有显著的统计学差异。相反，许多研究小组报道了总突变量与抗CTLA-4和抗PD-1治疗反应之间存在正相关[162-166]。还有其他的临床前报告表明，通常而言突变量不能预测反应，而是关键驱动基因突变特异性上调PD-L1以逃避免疫，从而将这些特异性突变与抗PD-1治疗反应联系起来[145, 167-168]。比如，Akbay等[145]认为EGFR驱动的肿瘤可能具有上调PD-1/PD-L1轴以耗竭宿主T细胞的特征。研究者用EGFR驱动的肺癌小鼠模型证实，抗PD -1单克隆抗体能通过增强T细胞效应功能和降低促肿瘤细胞因子水平来降低肿瘤生长和提高生存率。*KRAS*和*MYC*驱动突变的临床前研究还发现，这些致癌驱动因素可上调PD-L1，同时增强其他关键的致瘤表型[167-168]。可能与这些临床前观察结果一致，Rizvi等[158, 169]发现在部分或稳定应答＞6个月的NSCLC患者中，14个肿瘤样本中7个*KRAS*显著突变，而在另外17个肿瘤患者中只有1个*KRAS*突变且派姆单抗没有产生持久疗效。然而，这一发现可能源于非小细胞肺癌中*KRAS*突变与吸烟之间的联系，因为吸烟者往往具有更大的突变量，每个突变都是新抗原的潜在来源[169-170]。

7 结论

尽管上皮成分仍然是主角，但研究人员现在了解到肺癌的发生是其与TME 4种主要的成分（环境、细胞、可溶性成分和基质成分）共同作用的结果。上皮细胞和环境成分确实是相互关联的，但是需要对肺癌的分子发病机制有更全面的了解，以便开发源于环境的非侵袭性生物标志物，用于风险评估、诊断、疾病监测和高效预测手术后的辅助治疗效果。诸多类型的细胞和细胞分泌产物构成了进展中的肺部TME，试图调控两者中的哪一个来造福患者都各有利弊。我们回顾了最近的转化医学和临床文献，强调了该研究领域的不断进展已经接近实现对这两种特殊TME成分的调控，包括针对肿瘤-TME相互作用的免疫疗法的兴起。总的来说，将研究上皮组分和进展中的肺部TME之间的相互作用作为肺癌预防和治疗的一种策略具有清晰的临床潜力，最终会结出硕果。

（李 颖 陈 军 译）

主要参考文献

2. Gomperts BN, Spira A, Massion PP, et al. Evolving concepts in lung carcinogenesis. *Semin Respir Crit Care Med*. 2011;32(1):32–44.
6. Wistuba II. Genetics of preneoplasia: lessons from lung cancer. *Curr Mol Med*. 2007;7(1):3–14.
8. Klein CA. Parallel progression of primary tumours and metastases. *Nat Rev Cancer*. 2009;9(4):302–312.
9. Sanchez-Garcia I. The crossroads of oncogenesis and metastasis. *N Engl J Med*. 2009;360(3):297–299.
15. Slaughter DP, Southwick HW, Smejkal W. Field cancerization in oral stratified squamous epithelium; clinical implications of multicentric origin. *Cancer*. 1953;6(5):963–968.
17. Steiling K, Ryan J, Brody JS, Spira A. The field of tissue injury in the lung and airway. *Cancer Prev Res (Phila)*. 2008;1(6):396–403.
29. Kadara H, Shen L, Fujimoto J, et al. Characterizing the molecular spatial and temporal field of injury in early-stage smoker non-small cell lung cancer patients after definitive surgery by expression profiling. *Cancer Prev Res (Phila)*. 2013;6(1):8–17.
30. Gomperts BN, Walser TC, Spira A, Dubinett SM. Enriching the molecular definition of the airway "field of cancerization:" establishing new paradigms for the patient at risk for lung cancer. *Cancer Prev Res (Phila)*. 2013;6(1):4–7.
32. Bhattacharjee A, Richards WG, Staunton J, et al. Classification of human lung carcinomas by mRNA expression profiling reveals distinct adenocarcinoma subclasses. *Proc Natl Acad Sci USA*. 2001;98(24):13790–13795.
33. Beer DG, Kardia SL, Huang CC, et al. Gene-expression profiles predict survival of patients with lung adenocarcinoma. *Nat Med*. 2002;8(8):816–824.
38. Zhong L, Roybal J, Chaerkady R, et al. Identification of secreted proteins that mediate cell-cell interactions in an in vitro model of the lung cancer microenvironment. *Cancer Res*. 2008;68(17):7237–7245.
46. Dieu-Nosjean MC, Antoine M, Danel C, et al. Long-term survival for patients with non-small-cell lung cancer with intratumoral lymphoid structures. *J Clin Oncol*. 2008;26(27):4410–4417.
116. Lee JM, Lee MH, Garon EB, et al. *Society for Immunotherapy of Cancer (SITC) Annual Meeting*. Maryland: National Harbor; 2016.
118. Heinrich EL, Walser TC, Krysan K, et al. The inflammatory tumor microenvironment, epithelial mesenchymal transition and lung carcinogenesis. *Cancer Microenviron*. 2012;5(1):5–18.
135. Ooi AT, Gower AC, Zhang KX, et al. Molecular profiling of premalignant lesions in lung squamous cell carcinomas identifies mechanisms involved in stepwise carcinogenesis. *Cancer Prev Res (Phila)*. 2014;7(5):487–495.
136. Perdomo C, Campbell JD, Gerrein J, et al. MicroRNA 4423 is a primate-specific regulator of airway epithelial cell differentiation and lung carcinogenesis. *Proc Natl Acad Sci USA*. 2013;110(47):18946–18951.
139. Grant JL, Fishbein MC, Hong LS, et al. A novel molecular pathway for snail-dependent, SPARC-mediated invasion in non-small cell lung cancer pathogenesis. *Cancer Prev Res (Phila)*. 2014;7(1):150–160.
151. Brody JD, Ai WZ, Czerwinski DK, et al. In situ vaccination with a TLR9 agonist induces systemic lymphoma regression: a phase Ⅰ/Ⅱ study. *J Clin Oncol*. 2010;28(28):4324–4332.
152. Hodi FS, O'Day SJ, McDermott DF, et al. Improved survival with ipilimumab in patients with metastatic melanoma. *N Engl J Med*. 2010;363(8):711–723.
157. Brahmer J, Reckamp KL, Baas P, Crino L, Eberhardt WE, Poddubskaya E, et al. Nivolumab versus docetaxel in advanced squamous-cell non-small-cell lung cancer. *N Engl J Med*. 2015;373: 123–135.
158. Garon EB, Rizvi NA, Hui R, Leighl N, Balmanoukian AS, Eder JP, et al. Pembrolizumab for the treatment of non-small-cell lung cancer. *N Engl J Med*. 2015;372:2018–2028.
162. Hugo W, Zaretsky JM, Sun L, et al. Genomic and transcriptomic features of response to anti-PD-1 therapy in metastatic nelanoma. *Cell*. 2016;165:35–44.
169. Rizvi NA, Hellmann MD, Snyder A, et al. Mutational landscape determines sensitivity to PD-1 blockade in non-small cell lung cancer. *Science*. 2015;348:124–128.

获取完整的参考文献列表请扫描二维码。

第15章 miRNA作为肺癌的生物标志物

William C.S. Cho

要点总结

- miRNA在肺癌中的生物学功能表明，它们与疾病状态、预后和疗效有关。miRNA的发现为疾病的个体化诊断和治疗开辟了一条新途径。
- 在肺癌中经常发现miRNA功能异常。在人类基因组中，这些非编码RNA已被认为是编码基因的一些主要调控“守门员”。
- 由于在储存和处理期间的高稳定性，miRNA是血液、尿液和其他体液中的最佳生物标志物。
- 肺癌的早期诊断是提高肺癌患者生存率的关键。最近的研究表明，来自血液和痰中的循环miRNA有望成为风险评估和诊断肺癌的生物学标志物。
- 一些单核苷酸多态性（single nucleotide polymorphism，SNP）与增加NSCLC的患病风险及其预后显著相关。
- 特异性miRNA的鉴定可为NSCLC提供准确的亚分型。
- 最近的研究表明，对于全身化疗和（或）靶向治疗的肺癌患者，miRNA可作为化疗耐药性的预测生物学标志物。
- 需要进行大型的前瞻性队列研究和交叉验证，以进一步巩固miRNA图谱研究显示的重要发现。
- 结合遗传和蛋白质组学特征以及其他筛选方法，miRNA生物标志物可能是肺癌治疗学的一个新里程碑。

miRNA是一类进化上保守的、内源性小片段非编码RNA，长度为21～23个核苷酸。miRNA参与多种生物学过程，并在肿瘤发生过程中作为转录后基因调节因子发挥作用。这些小分子主要与靶mRNA的3′非翻译区（untranslated region，UTR）不完全结合。它们在基因组中编码并且通常由RNA聚合酶Ⅱ转录。miRNA通过RNA诱导的沉默复合物以序列特异性方式靶向mRNA，导致mRNA去腺苷酸化，随后核酸外切性降解，mRNA核酸内切性裂解或翻译受到抑制。miRNA失调与表观遗传和遗传改变有关，如异常DNA甲基化、基因扩增、缺失和点突变[1]。人类基因组中存在超过1000种的miRNA，而每种miRNA都可能调控数百种的mRNA。因此，miRNA在许多细胞进程中起重要作用，包括细胞凋亡、分化、增殖以及应激反应[2]。

肺癌是全球癌症死亡的主要原因。但是，很少有分子标志物可用于肺癌的风险筛查、亚分类、早期诊断、生存预后和预测治疗反应。研究人员认为，在包括肺癌在内的多种癌症中，异常miRNA表达谱可能充当癌基因或肿瘤抑制因子。miRNA在肺癌中的生物学作用表明其与疾病状态、预后和治疗结果有关。miRNA的发现为疾病的个体化诊断和治疗开辟了新的途径[3]。

1 miRNA在肺癌中的重要性

1.1 miRNA在肺癌诊断中的意义

明确能从有效治疗中最大获益的早期肺癌患者，可能会降低肺癌的死亡率。因此，早期诊断是改善肺癌患者生存的关键。研究结果表明，miRNA有望成为有前途的生物标志物，用于肺癌的风险评估和诊断（表15.1和表15.2）。

let-7家族是一类通用的遗传调节因子，在调控肺癌的癌基因表达中具有重要作用。Chin等[4]对来自74例非小细胞肺癌的*KRAS* 3′UTR中的let-7互补位点（let-7 complementary sites，LCS）进行了序列分析，发现LCS6的一个单核苷酸多态性位点与中度吸烟者中患非小细胞肺癌的风险

表15.1　单miRNA作为肺癌的诊断生物标志物

miRNA	在肿瘤中异常表达	样本	描述	文献
let-7	下调	组织/穿刺活检组织	在*KRAS* 3′非翻译区的let-7互补位点中的SNP位点，增加罹患NSCLC的风险 分析let-7家族是区分肺腺癌和鳞状细胞癌的有效方法，即使在小样本中，例如从TTNA获得的样本	[4，9]
let-7a	下调	血清	在肿瘤中的表达水平是对照组的0.74倍	[14]
miR-10b	上调	血清	血清miR-10b高表达与组织多肽抗原高表达相关	[18]
miR-17-5p	下调	血清	在肿瘤中的表达水平是对照组的0.82倍	[14]
miR-25	上调	血清	肺癌患者中miR-25的拷贝数高于健康人群	[16]
miR-27a	下调	血清	在肿瘤中的表达水平是对照组的0.87倍	[14]
miR-29c	上调	血清	miR-29c表达水平提高反映了miR-9c在癌症过程中的全身浓度增加	[14]
miR-106a	下调	血清	在肿瘤中的表达水平是对照组的0.87倍	[14]
miR-141	上调	血清	血清miR-141高表达与尿激酶纤维蛋白溶酶原激活剂高表达相关	[18]
miR-145*	下调	石蜡组织	miR-145*抑制肿瘤的侵袭和转移	[22]
miR-146b	下调	血清	miR-146b在肺癌中显著下调，不考虑分期或组织类型	[14]
miR-155	下调	血清	在肿瘤中的表达水平是对照组的0.77倍	[14]
miR-196a2	上调	全血	miR-196a2的SNP rs11614913与肺癌易感性有关 rs11614913 TT基因型与亚洲亚群肺癌风险显著降低相关	[5-6]
miR-198	下调	胸腔积液	游离的miR-198可能有助于鉴别恶性胸腔积液和良性胸腔积液	[19]
miR-205	下调	石蜡组织/穿刺活检组织	miR-205有助于对肺鳞癌进行亚分类 miR-205表达分析可用于区分肺腺癌和肺鳞癌，即使是在小样本中，如TTNA获得的样本	[8-9]
miR-221	下调	血清	miR-221在肺癌中显著下调，不考虑分期或组织类型	[14]
miR-223	上调	血清	肺癌患者中miR-223的拷贝数高于健康人群	[16]
miR-328	上调	石蜡组织	miR-328通过*PRKCA*促进非小细胞肺癌细胞的迁移	[21]

PRKCA，蛋白激酶C，α；SNP，单核苷酸多态性；TTNA，肺穿刺抽吸。

表15.2　联合miRNA作为肺癌的诊断生物标志物

miRNA	在肿瘤中异常表达	样本	描述	文献
miR-20a	上调	血清	这10个miRNA与非小细胞肺癌的分期相关，尤其是年轻患者和吸烟患者	[15]
miR-24	上调			
miR-145	上调			
miR-152	上调			
miR-199a-5p	上调			
miR-221	上调			
miR-222	上调			
miR-223	上调			
miR-320	上调			
miR-21	上调	唾液	这4种miRNA标志物联合应用可提高肺腺癌的早期发现率	[11]
miR-200b	上调			
miR-375	上调			
miR-486	上调			

续表

miRNA	在肿瘤中异常表达	样本	描述	文献
miR-28-3p	下调	血浆	血浆中的这些miRNA可能是肺癌发展和侵袭转移的分子预测因子	[20]
miR-30c	下调			
miR-92a	上调			
miR-140-5p	下调			
miR-451	上调			
miR-660	上调			
miR-30a	下调	组织	这5个miRNA可能是中国人群中肺鳞癌患者的新的诊断标志物	[7]
miR-140-3p	下调			
miR-182	上调			
miR-210	上调			
miR-486-5p	下调			
miR-30a-30p	上调	血浆	这6种miRNA可用于区分肺腺癌和肺部肉芽肿	[17]
miR-100	上调			
miR-151a-5p	上调			
miR-154-3p	上调			
miR-200b-5p	上调			
miR-629	上调			
miR-139-5p	上调	血浆	这4种miRNA可有助于区分肺部结节和非结节	[17]
miR-200b-5p	上调			
miR-378a	上调			
miR-379	上调			
miR-205	上调	唾液	这3种miRNA标志物联合应用可提高肺鳞癌的早期发现率	[10]
miR-210	上调			
miR-708	上调			
miR-574-5p	上调	血清	这2个miRNA标志物可作为早期非小细胞肺癌的微创筛查和分型工具	[13]
miR-1254	上调			

显著相关（OR为2.3，95%CI为1.1～4.6）。LCS6变异等位基因差异分析显示，吸烟量少于40包/年的患者，罹患非小细胞肺癌的风险增加了2.3倍。

一项调查报告指出，miR-196a2中的SNP位点 rs11614913可能影响成熟miR-196a表达以及与靶mRNA的结合活性，并且与非小细胞肺癌患者的生存显著相关。在一项针对中国人群中1058例偶发性肺癌患者和1035例无癌对照样本的病例对照研究中，Tian等[5]发现miR-196a2 rs11614913的变异纯合子CC基因型，相对于野生型纯合子TT基因型和杂合子TC基因型，罹患肺癌风险增加 约25%（OR为1.25，95%CI为1.01～1.54）。为了进一步确定4种常见SNP位点（miR-196a2 C>T，rs11614913；miR-146a G>C，rs2910164；miR-499 A> G，rs3746444；miR-149 C>T，rs2292832）之间是否存在关联和罹患肺癌的风险，He等[6]对40项已发表的病例对照研究进行了Meta分析。他们的结果表明亚洲人群中rs11614913 TT基因型与罹患肺癌风险的降低显著相关（TT vs. CC：OR为0.7，95%CI为0.57～0.85，$P=0.284$）。鳞状细胞癌是肺癌的一种主要亚型，迫切需要生物标志物来辅助治疗。从60例中国肺鳞癌患者（Ⅰ～Ⅲ期）采集配对的癌组织和非癌性组织进行miRNA表达检测，Tan等[7]鉴定出一组五种miRNA（miR-30a、miR-140-3p、miR-

182、miR-210和miR-486-5p），可将鳞状细胞癌与正常肺组织区分开，准确度高达94%。该研究的结果还表明，miR-31的高表达与肺鳞状细胞癌患者的低生存率有关。

肺癌的最新治疗进展要求有更为精确的非小细胞肺癌亚分类。利用高通量微阵列检测122个肺腺癌和肺鳞癌样本中miRNA的表达水平，Lebanony等[8]鉴定出miR-205为肺鳞癌的高度特异性标志物（96%敏感性和90%特异性）。这一标准化诊断方法可提供精确的非小细胞肺癌亚分类。Fassina等[9]通过胸部穿刺抽吸到的少量畸变样本，研究miRNA在区分肺鳞癌和肺腺癌中的准确性。通过定量反转录聚合酶链反应（reverse transcription-polymerase chain reaction，RT-PCR）检测18个腺癌和13个鳞状细胞癌标本中let-7家族和miR-205的表达水平，结果显示肺腺癌标本中let-7家族表达显著上调和miR-205显著下调（均为$P<0.05$）。Xing等[10]在15个肺鳞状细胞癌及其配对的正常肺样本中，通过miRNA阵列（基因芯片；Affymetrix，美国加利福尼亚州圣克拉拉市）分析了miRNA的表达谱。他们鉴定出3种miRNA（miR-205、miR-210和miR-708）可区分Ⅰ期肺鳞癌患者与健康个体的痰标本，其敏感性为73%，特异性为96%。早期检测也是提高肺腺癌患者生存率的关键。对20对腺癌和正常肺组织的配对样本进行miRNA分析，Yu等[11]鉴定出区分Ⅰ期肺腺癌患者与健康个体痰液标本的4种miRNA（miR-21、miR-200b、miR-375和miR-486），其敏感性和特异性分别为81%和92%。

其他研究旨在确定血清miRNA是否具有早诊非小细胞肺癌的能力。由于miRNA在储存和处理过程中的高度稳定性，因此miRNA是存在于血液、尿液和其他体液中最佳的生物标志物[12]。Foss等[13]对11名早期非小细胞肺癌患者和11名健康人的血清中提取的总RNA进行了miRNA谱分析。作者发现与对照组相比，miR-574-5p和miR-1254在早期非小细胞肺癌样本中的表达显著上调（$P=0.0277$）。绘制这两种miRNA的受体者工作特征曲线可以区分早期非小细胞肺癌与对照样本，其敏感性和特异性分别为82%和77%。Heegaard等[14]采用定量RT-PCR检测220例早期非小细胞肺癌患者和220例健康人的配对血清和血浆中miRNA的循环水平，证实了let-7a、miR-17-5p、miR-27a、miR-106a、miR-146b、miR-155和miR-221在非小细胞肺癌患者血清中的表达水平显著降低，而miR-29c显著升高（$P<0.05$）。通过风险评分分析，Chen等[15]评估了400例非小细胞肺癌患者和200例健康人血清miRNA谱的诊断价值，鉴定出含10种血清miRNA Panel（miR-20a、miR-24、miR-25、miR-145、miR-152、miR-199a-5p、miR-221、miR-222、miR-223和miR-320），可以准确区分非小细胞肺癌患者和健康人，甚至可以提前33个月诊断出肺癌。

在相同物种的个体中，血清miRNA的水平是稳定的、可重复且一致的。Chen等[16]通过对志愿者血清的miRNA进行Solexa测序，并获得了两个非小细胞肺癌特异性miRNA（miR-25和miR-223）。这项研究对21名健康人和11名非小细胞肺癌患者进行了血清miRNA的表达谱测序分析。他们的结果在152名肺癌患者和75名健康对照者组成的独立队列得到了验证。该研究结果表明miR-25和miR-223这两种血清miRNA的拷贝数可以作为检测非小细胞肺癌的生物标志物。Cazzoli等[17]使用基于外泌体的技术分析了30例（10个肺腺癌、10个肺肉芽肿和10个健康吸烟者）血浆样本的miRNA，随后在105个样本组成的独立队列中验证它们。结果显示，4种miRNA（miR-139-5p、miR-200b-5p、miR-378a和miR-379）可用于区分有结节组和无结节组［灵敏度为97.5%，特异性为72%，受体者工作特性曲线下区域（AUC）为90.8%］。作者还建立了6种miRNA（miR-30a-3p、miR-100、miR-151a-5p、miR-154-3p、miR-200b-5p和miR-629）的诊断方法，用于区分肺腺癌和肉芽肿（敏感性为96%，特异性为60%，AUC为76%）。

为了研究循环miRNA是否有可能成为合适的肺癌诊断和进展的血液生物标志物，Roth等[18]检测了35例肺癌患者和7例良性肺肿瘤患者血清中4种miRNA的浓度。结果发现肺癌患者血清中的miR-10b（$P=0.002$）和miR-141（$P=0.0001$）浓度显著高于良性疾病患者。还发现血清中高浓度miR-10b与肺癌患者的淋巴结转移相关。胸腔积液中的游离循环miRNA也是癌症的潜在生物标志物。Han等[19]利用基因芯片技术在10例肺腺癌相关的恶性胸腔积液和10例良性胸腔积液中筛选miRNA，结果表明，与良性胸腔积液相比，miR-198在肺腺癌相关的恶性胸腔积液中显著下调（$P=0.002$）。miRNA微阵列分析的结果通过定量RT-PCR，在包括45例肺腺癌相关的恶性胸腔积液和42例良性胸腔积液进行验证。miR-198的AUC为0.887。

尽管使用胸部X线和螺旋CT进行早期检测已经使肺癌的检出率明显提高，但是这些技术也可能导致过度治疗，而这可能表明了对侵袭性生物标志物的需求。Boeri等[20]进行了一个长达5年的研究计划，该研究检测了74份血浆样本的miRNA表达谱，从15例螺旋CT检查前收集的样本中发现12例肺癌患者，敏感性为80%，特异性为90%。这项为期5年的研究计划是一项纵向研究，从1998年开始在美国和意大利对3246名当前或有过往吸烟史的患者进行筛查，以评估CT筛查是否可能增加肺癌的检出率。从最初的CT评估到死亡终点的随访时间的中位数接近5年。常见的表达下调的miRNA是miR-28-3p、miR-30c、miR-92a、miR-140-5p、miR-451和miR-660。

约25%的非小细胞肺癌患者会发生脑转移。Arora等[21]对7例非小细胞肺癌脑转移患者和6例无脑转移患者的样本进行了miRNA微阵列分析，确定miR-328的表达能够准确区分患者有无脑转移。该miRNA可以运用于临床治疗决策中，以对脑转移风险较高的非小细胞肺癌患者进行甄别。Lu等[22]通过对527例Ⅰ期非小细胞肺癌患者进行miRNA表达谱分析，发现miR-145*通过抑制细胞侵袭和转移与脑转移相关。该miRNA有可能成为预防和治疗Ⅰ期非小细胞肺癌患者脑转移的靶点。

1.2 miRNA作为肺癌的预后生物标志物

尽管存在各种有效的治疗方法，即使是早期肺癌中复发也很常见。肺癌患者的术后监测和治疗决策需要预测肿瘤进展和生存的预后生物标志物。最近的证据表明，表达水平改善的特定性miRNA具有作为肺癌的预后生物标志物的巨大潜力（表15.3和表15.4）。

表15.3 单miRNA作为肺癌的预后生物标志物

miRNA	在肿瘤中异常表达	样本	描述	文献
let-7	下调	组织	过表达let-7抑制肺癌细胞的体外生长	[23]
let-7a-2	下调	组织	let-7a-2的低表达与肺腺癌患者的低生存率相关	[24]
let-7f	上调	血浆	let-7f的表达与非小细胞肺癌的总生存率有关	[42]
miR-16	下调	血清	miR-16 高表达与晚期非小细胞肺癌患者的高生存率相关	[44]
miR-21	上调	组织	miR-21的高表达是非小细胞肺癌预后独立的负作用因子 抑制miR-21能抑制肺腺癌细胞的体外和体内生长 miR-21高表达对肺腺癌患者无复发生存期和总生存期的负作用	[25-26, 28]
miR-30c-1	下调	组织	NSCLC患者NF-Y基因的表达与pre-miR-30c-1相关，而与rS925508多态性无关	[40]
miR-30e-3p	下调	血浆	miR-30e-3p的表达与NSCLC患者的无疾病生存期短有关	[42]
miR-31	上调	组织	miR-31在肺鳞状细胞癌中抑制DICER1，而非PPP2R2A或LATS2的活性；miR-31通过ERK1/2信号通路促进肺腺癌细胞的迁移、侵袭和增殖	[7, 32]
miR-34a	下调	组织	NSCLC中miR-34a的表达水平与*MIRN34A*甲基化有关系	[34]
miR-34b	下调	组织	过表达miR-34b抑制NSCLC细胞c-*Met*的表达	[36]
miR-34b/c	下调	组织	过表达miR-34b/c抑制肺腺癌细胞的增殖、侵袭和迁移	[35]
miR-145	下调	组织	miR-145 调控*SOX2*和*OCT4*的转录，而*P53*调控miR-145表达	[33]
miR-146b	上调	组织	miR-146b的高表达与肺腺癌患者的总生存率低相关	[29]
miR-149	下调	组织	miR-149可能参与非小细胞肺癌的发病机制	[41]
miR-155	上调	组织	miR-155的高表达与肺腺癌患者的生存率低相关 miR-155的高表达与肺鳞癌患者的总生存率低相关	[24, 29]

续表

miRNA	在肿瘤中异常表达	样本	描述	文献
miR-186	下调	细胞系	miR-186 抑制细胞周期蛋白*D1*、*CDK2*和*CDK6*的表达，过表达这些基因能逆转miR-186对细胞周期进程的抑制	[30]
miR-196a	上调	组织	miR-196a可能参与非小细胞肺癌的发病机制	[41]
miR-196a2	下调	组织	NSCLC中rs11614913 CC基因型与成熟体miR-196a高表达有关，但与前体表达水平的变化无关。	[39]
miR-367	上调	组织	SOX2和OCT4转录因子调控miR-367的表达	[33]
miR-651	下调	全血	FAS rs2234978 G等位基因与早期非小细胞肺癌的生存率显著相关，而FAS单核苷酸多态性形成miR-651功能结合位点	[45]
miR-708	上调	组织	过表达miR-708抑制*TMEM88*的转录，而促进肺癌细胞的增殖、侵袭和迁移	[31]

DICER1，Dicer1内切酶，Ⅲ型核糖核酸酶；FAS，Fas细胞表面死亡受体；LATS2，大肿瘤抑制激酶2；NSCLC，非小细胞肺癌；OCT4，八聚物结合转录因子4；PPP2R2A，蛋白磷酸酶2，调节亚基B，α；SOX2，SRY（性别确定区域Y）；TMEM88，跨膜蛋白88。

表15.4 联合miRNA作为肺癌的预后生物标志物

miRNA	在肿瘤中异常表达	样本	描述	文献
let-7a	下调	石蜡组织	这5个miRNA的低表达与男性吸烟的早期鳞状细胞癌高达4倍以上的死亡率相关	[38]
miR-25	下调			
miR-34a	下调			
miR-34c-5p	下调			
miR-191	下调			
let-7a	下调	组织	这5个miRNA评分高的非小细胞肺癌患者，肿瘤复发的风险提高，生存期缩短	[37]
miR-137	上调			
miR-182*	上调			
miR-221	下调			
miR-372	上调			
miR-1	下调	血清	携带两种或多种高危miRNA的非小细胞肺癌患者与携带零或一种高风险miRNA的患者相比，癌症死亡率显著增加，且呈剂量依赖性	[43]
miR-30d	上调			
miR-486	上调			
miR-499	下调			

Takamizawa等[23]报道let-7的表达水平可将143例非小细胞肺癌患者分为两大类。let-7的表达降低与术后生存期较短显著相关（$P=0.0003$），提示miRNA改变可能对预后产生影响。Yanaihara等[24]也发现，let-7a-2的低表达和miR-155的高表达与65例肺腺癌患者的低生存率相关。

Markou等[25]通过实时RT-PCR评估48对非小细胞肺癌患者组织标本中的miRNA表达水平，发现miR-21过表达与非小细胞肺癌患者整体生存率之间存在显著相关性（$P=0.027$）。这些结果提示miRNA表达谱可能是肺癌的预后标志物。Saito等[26]也通过定量RT-PCR检测了317例肺腺癌患者组织中特异性miRNA的表达。miR-21的高表达与Ⅰ期肺癌患者癌症特异性死亡率高和无复发生存期变短相关，与其他的临床因素无关；这些发现表明miR-21的表达可能参与了肺癌的发生，并可作为肺腺癌的早期预后生物标志物。Akagi等[27]对miR-21结合的4个基因，即乳腺癌1（breast cancer1，*BRCA1*）、缺氧诱导因子1α（hypoxia inducible factor 1，alpha，*HIF1A*）、肝癌缺失基因1（deletedin liver cancer 1，*DLC1*）和输出蛋白1（exportin 1，*XPO1*）在148例Ⅰ期肺腺癌患者的预后进行评价，发现该组合更有利于患者的预后评估。为了综合评价miR-21作为肺癌预后生物标志物的证据，Yang等[28]对miR-21进行了中位研究规模为88例患者的Meta分析，合并风险比表明miR-21高表达对肺腺癌的无复发存活率和患者的整体存活率具有负影响。他们的结果还表明miR-21可以预测非小细胞肺癌的复发和低生存期。

Raponi等[29]通过miRNA芯片对61例肺鳞状细胞癌样本进行分析，发现miR-146b和miR-155在鳞状细胞癌中具有预后价值。单独使用时，miR-146b对肺鳞状细胞癌的预后的预测准确度最高，约78%。Cai等[30]分析了140对非小细胞肺癌石蜡包埋标本及其相应的癌旁组织，发现miR-186表达一致下调且与低生存率相关，miR-186高表达或低表达的患者中位总生存时间分别为63.0个月或21.5个月。在非小细胞肺癌细胞中过表达miR-186可通过诱导细胞周期G1-S停滞而抑制细胞增殖。他们的发现确立了miR-186在非小细胞肺癌进程中的肿瘤抑制作用。

Jang等[31]分析了103例配对的非吸烟的肺腺癌患者样本中的miRNA表达谱，通过调整其他的主要病理因素包括年龄、性别和肿瘤分期，结果显示肿瘤中miR-708高表达水平与死亡风险增加密切相关。miR-708通过直接下调*TMEM88*（肺癌Wnt信号通路的负调节因子），在肿瘤发生和疾病进展过程中扮演致癌基因的角色。Meng等[32]对肺腺癌患者的原发癌组织进行了全基因组miRNA测序，发现与无淋巴结转移患者相比，miR-31在淋巴结转移患者中表达有所上调。该结果在癌症基因组图谱中（https://wiki.nci.nih.gov/display/TCGA/miRNASeq）的233例肺腺癌外部队列中得到验证。探索性计算机分析显示，miR-31的低表达与T2 N0期患者的良好生存相关。

发现可预测肿瘤复发的预后标志物是癌症研究的关键。Campayo等[33]检测了70例手术切除的非小细胞肺癌样本中miRNA表达（利用TaqMan探针法；Life Technologies公司，美国加利福尼亚州卡尔斯巴德市），发现miR-145表达水平低的肿瘤患者的平均复发时间为18.4个月，而表达水平高的肿瘤患者为28.2个月。miR-367低表达的肿瘤患者的平均复发时间为29.1个月，而miR-367高表达的肿瘤患者的平均复发时间为23.4个月。这些miRNA的表达水平可能是手术治疗的非小细胞肺癌复发的潜在标志。

miR-34家族是P53调控网络的一部分，在DNA损伤或癌基因刺激反应时由P53直接诱导表达。在一项利用RT-PCR分析70例手术切除的非小细胞肺癌患者肿瘤组织中miR-34家族表达水平的研究中，Gallardo等[34]发现miR-34a低表达可能与肿瘤的高复发率相关。同时具有*P53*突变和低miR-34a水平的肺癌患者复发的可能性最高。Nadal等[35]评估了15株肺腺癌细胞系和140例早期手术切除肺腺癌患者队列中的miR-34b/c的异常甲基化情况和表达水平。他们发现，在所有甲基化细胞系和原发肿瘤中，miR-34b/c的表达显著降低（$P=0.001$），特别是在携带*TP53*突变的患者中。与miR-34b/c未发生甲基化或甲基化水平低的肺癌患者相比，具有miR-34b/c甲基化水平高的肿瘤患者的无病生存期（$P=0.016$）和总生存期（$P=0.027$）显著缩短。他们的结果表明，miR-34b/c DNA甲基化引起的表观遗传失活在早期肺腺癌中具有独立的预后价值。Watanabe等[36]通过计算机绘制人常染色体miRNA图谱，挑选其中55种miRNA进行研究，发现miR-34b通过自身启动子的DNA甲基化而沉默。5-aza-2′-脱氧胞苷处理非小细胞肺癌细胞，导致miR-34b表达增加和c-Met蛋白减少。通过分析99例原发性非小细胞肺癌患者中miR-34b的DNA甲基化情况，多因素分析显示miR-34b甲基化（$P=0.007$）和c-Met表达（$P=0.005$）与淋巴结侵袭显著相关。这些结果表明，miR-34b的DNA甲基化可以作为非小细胞肺癌侵袭性表型的生物标志物。

Yu等[37]应用实时定量PCR在112例非小细胞肺癌患者中鉴定了5个与肿瘤复发和患者生存率相关的miRNA标志物（let-7a、miR-137、miR-182*、miR-221和miR-372）。含有这5种miRNA特征的肿瘤标本的高风险评分的患者癌症复发更快，生存期更短。这些结果表明miRNA可能在非小细胞肺癌临床进展和预后中起重要作用。源于肺癌病因学研究中环境和遗传学的因素，Landi等[38]通过定制的寡核苷酸阵列对125例鳞状细胞癌组织样本进行miRNA表达分析。该小组还发现5种miRNA（let-7e、miR-25、miR-34a、miR-34c-

5p和miR-191）的低表达可以高效预测Ⅰ～ⅢA期鳞状细胞癌的男性吸烟患者的不良存活率。这些miRNA可能对这一组织学亚型的肺癌患者的预后和治疗具有重要意义。

miRNA前体（pre-miRNA）的SNP可以改变miRNA的加工、表达及与靶基因mRNA的结合。Hu等[39]在893例非小细胞肺癌患者中对常见的pre-miRNA SNP进行系统研究，发现miR-196a2的SNP rs11614913位点与患者的存活率相关。SNP rs11614913位点为纯合CC基因型的患者的生存率显著降低，表明miR-196a2中的rs11614913位点可能是非小细胞肺癌的预后生物标志物（$P=0.033$）。Hu等[40]随后进行了一项双期研究，以检验SNP对923例中国非小细胞肺癌患者总体生存率的影响。他们发现miR-30c-1 rs928508始终是非小细胞肺癌患者生存的预测因子，而rs928508 AG / GG基因型具有保护作用，特别是在Ⅰ～Ⅱ期患者和接受外科手术治疗的患者中更为明显。他们的数据表明miRNA前体侧翼区的遗传多态性可能是非小细胞肺癌的预后生物标志物。利用PCR限制性片段长度多态性分析方法，Hong等[41]评估了4种miRNA前体的SNP位点对363例手术切除的早期非小细胞肺癌患者的影响。具有pre-miR-149 rs2292832 位点TC或CC基因型相比于TT基因型，预示着显著更好的总体存活率（校正风险比为0.66，95%CI为0.47～0.92）和无病生存率（校正风险比为0.64，95%CI为0.48～0.87）；pre-miR-196a rs11614913 CT或TT基因型相比于CC基因型，与显著更好的总体存活率（校正风险比为0.70，95%CI为0.49～0.99）和无病生存率（校正风险比为0.66，95%CI为0.48～0.90）相关。他们的结果表明，miR-149 rs2292832和miR-196a rs11614913可用作早期非小细胞肺癌患者的预后指标。

人体血液中含有稳定表达的miRNA，可能在预测患者生存率方面具有巨大潜力。为了使用无创伤性方法识别肿瘤生物标志物，Silva等[42]采用Taqman低密度阵列分析了28例非小细胞肺癌患者的血浆，并通过实时RT-PCR在78例非小细胞肺癌患者血浆中验证了选定的miRNA。结果表明血浆中let-7f表达水平与总体存活率相关，且血浆中miR-30e-3p的表达水平与短期无病生存期相关。这两种血浆囊泡相关的miRNA可能是具有预后价值的循环肿瘤生物标志物。Hu等[43]应用全基因组miRNA表达分析了243例非小细胞肺癌患者的血清miRNA表达水平，也发现了4种血清miRNA（miR-1、miR-30d、miR-486和miR-499）与患者的总体存活率显著相关（$P \leqslant 0.001$）。这4个miRNA标记可作为非小细胞肺癌预后的非侵袭性预测因子。Wang等[44]使用定量RT-PCR检测35个miRNA以确定它们与患者存活率的关系，这些miRNA与转化生长因子-β信号通路中11个基因的3′UTR具有结合位点；这些血清样本来自383例晚期非小细胞肺癌患者。作者鉴定出17种与2年生存率显著相关的miRNA。其中miR-16的高表达与高存活率关系最为显著（校正风险比为0.4，95%CI为0.3～0.5）。作者建立了这17个miRNA组合的风险评分方法，结果显示，与低风险评分患者相比高风险评分患者的死亡风险增加2.5倍。通过对535名Ⅰ期和Ⅱ期非小细胞肺癌患者血液中240个miRNA相关SNP进行基因分型，Pu等[45]鉴定到*FAS*（Fas细胞表面死亡受体：rs2234978）G等位基因与早期非小细胞肺癌的存活率显著相关（风险比为0.59，95%CI为0.44～0.77）。荧光素酶测定结果显示*FAS* SNP位点创建了一个miR-651功能性结合位点。他们的结果表明，miRNA相关多态性可能通过改变靶基因的miRNA调控与非小细胞肺癌患者的临床结局相关。

1.3 miRNA在治疗反应中的作用

虽然大多数肺癌患者对初始化疗有效，但仍会产生化学耐药，导致预后不良。因此，亟须预测性的生物标志物来帮助研究人员设计临床试验，以便更好地对不同的患者进行分类，并确定对特定亚群的新疗法。最近的研究表明，miRNA可作为肺癌患者全身化疗和（或）靶向治疗药物抗性的预测生物标志物（表15.5）。

基于铂类药物的化疗法是当前SCLC联合治疗策略的基础。然而，超过95%的小细胞肺癌患者最终死于癌症。Ranade等[46]对34例诊断性小细胞肺癌肿瘤样本进行了miRNA微阵列分析，并通过数据整合和发现工具XenoBase（Van Andel研究所，美国密歇根州大溪城）进行分

表15.5 单miRNA作为肺癌治疗反应的预测性生物标志物

miRNA	在肿瘤中异常表达	样本	描述	文献
miR-10a	下调	细胞系	miRNA介导的基因表达改变主要集中在染色质组装、抗凋亡、蛋白激酶和小GTPase介导的信号转导	[50]
miR-21	上调	组织/血浆	miR-21抑制剂处理NSCLC细胞，上调*PTEN*表达，下调*Bcl-2*表达	[48]
miR-22	上调	全血	疾病进展的NSCLC患者miR-22表达显著上升	[49]
miR-24-2	下调	血清	miRNA介导的基因表达改变主要集中在染色质组装、抗凋亡、蛋白激酶和小GTPase介导的信号转导	[50]
miR-25*	上调	细胞系	miRNA介导的基因表达改变主要集中在染色质组装、抗凋亡、蛋白激酶和小GTPase介导的信号转导	[50]
miR-30a	下调	细胞系	miRNA介导的基因表达改变主要集中在染色质组装、抗凋亡、蛋白激酶和小GTPase介导的信号转导	[50]
miR-30c-2*	下调	细胞系	miRNA介导的基因表达改变主要集中在染色质组装、抗凋亡、蛋白激酶和小GTPase介导的信号转导	[50]
miR-92a-2*	上调	石蜡组织	小细胞肺癌患者miR-92a-2*水平升高与化疗耐药和生存率降低有关	[46]
miR-125b	上调	血清	高水平miR-125b与晚期非小细胞肺癌患者接受顺铂为主的化疗后疗效差显著相关	[47]
miR-155	下调	细胞系	miRNA介导的基因表达改变主要集中在染色质组装、抗凋亡、蛋白激酶和小GTPase介导的信号转导	[50]
miR-195	下调	细胞系	miRNA介导的基因表达改变主要集中在染色质组装、抗凋亡、蛋白激酶和小GTPase介导的信号转导	[50]
miR-200c	下调	细胞系	miRNA介导的基因表达改变主要集中在染色质组装、抗凋亡、蛋白激酶和小GTPase介导的信号转导 TGFβ1改变miR-200c的表达，并改变上皮间质转化相关蛋白的表达水平，从而调控细胞的迁移运动	[50, 54]
miR-203	上调	细胞系	miRNA介导的基因表达改变主要集中在染色质组装、抗凋亡、蛋白激酶和小GTPase介导的信号转导	[50]
miR-221	上调	细胞系	miR-221高表达是维持NSCLC细胞TRAIL耐药表型所必须的	[51]
miR-222	上调	细胞系	miR-222高表达是维持NSCLC细胞TRAIL耐药表型所必须的	[51]
miR-885-5p	上调	细胞系	miRNA介导的基因表达改变主要集中在染色质组装、抗凋亡、蛋白激酶和小GTPase介导的信号转导	[50]

GTP，三磷酸鸟苷；NSCLC，非小细胞肺癌；*Bcl-2*，B细胞淋巴瘤/白血病-2；*PTEN*，磷酸酶和张力蛋白同源物；TGF，转化生长因子；TRAIL，肿瘤坏死因子相关的凋亡诱导配体。

析，结果显示肿瘤中较高水平的miR-92a-2*与抗药性相关。这种miRNA在筛选具有新抗药性风险的小细胞肺癌患者中有应用价值，从而为他们设计更有针对性的临床试验。

研究人员还探索了miRNA在非小细胞肺癌的铂类药物化疗耐药中的作用。通过对260例无法手术、用顺铂类化疗的晚期非小细胞肺癌患者的血清miRNA表达谱进行研究，Cui等[47]发现miR-125b与治疗反应显著相关，miR-125b在对治疗无反应患者的肿瘤中高表达（$P=0.003$）。这些结果表明miR-125b是非小细胞肺癌患者的潜在预测生物标志物，并且可能有助于开发靶向治疗方法以克服非小细胞肺癌的化疗抗性。通过微阵列比较miRNA的表达水平，Gao等[48]发现miR-21的表达上调也显著增加了非小细胞肺癌细胞对铂类的抗性，而miR-21的表达下调则降低了非小细胞肺癌细胞的抗性（$P=0.007$）。这一结果在58例非小细胞肺癌的肿瘤组织和匹配的血浆样本中得到进一步验证。这些数据表明miR-21在肿瘤组织和血浆中的表达水平可用作为预测非小细胞肺癌患者对铂类辅助化疗反应的生物标志物。

培美曲塞广泛用于治疗晚期非小细胞肺癌患者。Franchina等[49]评价了22名接受培美曲塞治疗的非小细胞肺癌患者中可能参与叶酸途径的循环miRNA的表达水平。他们发现全血中miR-22高表达与患者对治疗不应答相关。他们的结果表明miR-22可能在基于培美曲塞的治疗方案中作为预测性生物标志物。

吉西他滨也是治疗晚期非小细胞肺癌最广泛使用的药物之一。通过应用miRNA表达芯片鉴定对吉西他滨敏感的生物标志物，Zhang等[50]发现miR-10a、miR-24-2*、miR-30a、miR-30c-2*和miR-155在敏感细胞中表达上调，而miR-25*、miR-195、miR-200c、miR-203和miR-885-5p在抗药细胞中表达上调。他们的结果可能为预测吉西他滨的敏感性和克服非小细胞肺癌患者吉西他滨耐药的潜在靶点提供潜在的生物标志物。

不同的非小细胞肺癌细胞对肿瘤坏死因子相关凋亡诱导配体（tumornecrosis factor-related apoptosis-inducing ligand，TRAIL）的治疗表现出不同的敏感性。通过全基因组miRNA表达谱分析，Garofalo等[51]发现miR-221和miR-222的高表达是维持非小细胞肺癌TRAIL耐药表型所必需的。因此，这些miRNA可用作非小细胞肺癌中TRAIL耐药的诊断工具。此外，据报道，miRNA与*EGFR*和上皮细胞间质化有显著关联（$P<0.05$），可预测对*EGFR*小分子抑制剂耐药和转移行为[52-53]。利用非小细胞肺癌细胞系模型，Bryant等[54]发现miR-200c的异位表达改变了肺癌细胞中上皮细胞间质化蛋白的表达，还改变了厄洛替尼敏感性和肺癌细胞的迁移。他们的数据表明，肿瘤微环境可能刺激miR-200c的表达，进而诱发对抗*EGFR*治疗的耐药性，并促使肺肿瘤细胞发生上皮间质转化、侵袭和转移。

2 未来的前景

miRNA的功能异常在肺癌中经常发生[55]。这些非编码RNA已被认为是人类基因组中编码基因的一些主要调控“守门员”。在大多数情况下，miRNA通过结合靶mRNA的3′UTR中不完全匹配的序列来沉默基因表达[56]。通过靶向和调控mRNA的表达，miRNA可以调控高度复杂的信号转导途径和其他生物途径[57]。随着平台技术比如SNP分析、全基因组转录谱分析、miRNA芯片、二代测序和其他组学技术的快速发展，为肺癌miRNA研究的革命性发展提供了可能[58]。

自21世纪初以来的研究已经表明，miRNA具有癌基因和抑癌基因的特性，并启发研究人员致力于阐明miRNA在肺癌诊断和预后中作为潜在生物标志物的特殊作用[59]。许多研究已经证明，miRNA几乎参与肺癌致癌的每个过程，包括肿瘤生长和凋亡、进展和转移，以及对抗癌药物的耐药性[60-64]。这些小分子是以组织特异性方式产生的，但在人体血液中非常稳定。借助miRNA在实体瘤和循环样本中具有的组织特异性、稳定性、易检测和易操作性等独特特性，临床医生越来越接近实现个性化癌症治疗的目标[65-66]。此外，使用血液和（或）痰液中循环miRNA作为无创伤性诊断的生物标志物可能在肺癌的早期诊断方面取得突破[67]。

早期发现和快速治疗对肺癌患者的预后至关重要。然而，大规模筛查可能导致过度诊断并最终导致过度治疗。许多研究报道，特定的miRNA能够区分良性和恶性肺部病变。将这些分子生物标志物与大规模筛查相结合可以降低肺癌过度诊断的风险[68]。另一方面，一些编码蛋白的生物标志物已经应用于常规临床实践。miRNA的转化研究可以为这些现有的生物标志物提供互补或更优越的信息，以增强肺癌分子表征的诊断、预后和预测能力[69]。事实上，将几种miRNA结合成为一组生物标志物以提高敏感性和特异性是一种新兴趋势。类似地，miRNA生物标志物与其他分子标志物（如SNP和甲基化标记）的组合也可能有助于更好诊断或预测个体患者的疗效[70]。

近年来，尽管在肺癌中基于miRNA标记的鉴定已经显示出令人鼓舞的结果，但是还没有一种生物标志物能够真正应用于临床。进一步努力是必要的，以充分认识和确定共同的方法、标准和控制，以便将这些有价值的实验室结果转化为适用于肺癌患者的临床相关治疗方案[71]。需要大规模的前瞻性队列和交叉验证，以巩固由miRNA图谱研究证明的重要发现。随着时间的推移，结合遗传学、蛋白质组学分析以及其他筛选方法，miRNA生物标志物可能成为肺癌治疗学的一个新的里程碑[72]。

（李永文　陈　军　译）

主要参考文献

1. Cho WC. OncomiRs: the discovery and progress of microRNAs in cancers. *Mol Cancer*. 2007;6:60.
8. Lebanony D, Benjamin H, Gilad S, et al. Diagnostic assay based on hsa-miR-205 expression distinguishes squamous from non-squamous nonsmall-cell lung carcinoma. *J Clin Oncol*. 2009;27(12):2030–2037.
12. Schwarzenbach H, Nishida N, Calin GA, Pantel K. Clinical relevance of circulating cell-free microRNAs in cancer. *Nat Rev Clin Oncol*. 2014;11(3):145–156.
20. Boeri M, Verri C, Conte D, et al. MicroRNA signatures in tissues and plasma predict development and prognosis of computed tomography detected lung cancer. *Proc Natl Acad Sci U S A*. 2011;108(9): 3713–3718.
23. Takamizawa J, Konishi H, Yanagisawa K, et al. Reduced expression of the let-7 microRNAs in human lung cancers in association with shortened postoperative survival. *Cancer Res*. 2004;64(11):3753–3756.
35. Nadal E, Chen G, Gallegos M, et al. Epigenetic inactivation of microRNA-34b/c predicts poor disease-free survival in early stage lung adenocarcinoma. *Clin Cancer Res*. 2013;19(24):6842–6852.
37. Yu SL, Chen HY, Chang GC, et al. MicroRNA signature predicts survival and relapse in lung cancer. *Cancer Cell*. 2008;13(1):48–57.
39. Hu Z, Chen J, Tian T, et al. Genetic variants of miRNA sequences and non-small cell lung cancer survival. *J Clin Invest*. 2008;118(7):2600–2608.
43. Hu Z, Chen X, Zhao Y, et al. Serum microRNA signatures identified in a genome-wide serum microRNA expression profiling predict survival of nonsmall-cell lung cancer. *J Clin Oncol*. 2010;28(10):1721–1726.
45. Pu X, Roth JA, Hildebrandt MA, et al. MicroRNA-related genetic variants associated with clinical outcomes in early-stage non-small cell lung cancer patients. *Cancer Res*. 2013;73(6):1867–1875.
53. Cho WC, Chow AS, Au JS. MiR-145 inhibits cell proliferation of human lung adenocarcinoma by targeting EGFR and NUDT1. *RNA Biol*. 2011;8(1):125–131.
66. Yu HW, Cho WC. The emerging role of miRNAs in combined cancer therapy. *Expert Opin Biol Ther*. 2015;15(7):923–925.

获取完整的参考文献列表请扫描二维码。

第3篇 免 疫 学

第16章 体液免疫及细胞免疫失调与肺癌

Anish Thomas, Julie R. Brahmer, Giuseppe Giaccone

要点总结

- 肿瘤微环境中的体液和细胞免疫失调有助于免疫逃避，这是肺癌的一个重要特征。
- 在肺癌中观察到的免疫抑制机制包括抗原表达缺陷、免疫抑制肿瘤源性可溶性因子的分泌以及浸润在肿瘤组织中的免疫抑制细胞。
- 肺癌抗原呈递机制的抑制是多种机制共同作用的结果，包括抗原处理基因表达缺陷和人类白细胞抗原Ⅰ类抗原单倍型缺失。
- 肿瘤细胞分泌的免疫抑制性细胞因子会损害T细胞存活率，有助于避免T细胞介导的免疫反应。
- T淋巴细胞表面表达的免疫检查点通过对T细胞的抑制或刺激信号调节对抗原的免疫反应。
- 吸烟对肺癌免疫微环境有显著影响。

随着细胞免疫学和肿瘤-宿主免疫相互作用的研究进展，肺癌免疫疗法的发展前景越来越广阔[1]。本章回顾了目前对肺癌基本免疫异常的认识。第50章将讨论肺癌免疫治疗的临床试验。

虽然肺癌传统上被认为是一种与黑色素瘤或肾细胞癌不同的非免疫原性肿瘤[2]，但越来越多的证据表明即使在晚期肺癌患者中也存在细胞（T淋巴细胞介导）和体液（抗体介导）免疫抗肿瘤反应[3-4]。尽管机体存在免疫反应，但很少发生自发性肿瘤消退，表明肿瘤细胞具有逃避免疫反应的能力。事实上，肺癌是许多已知促进免疫耐受和逃避宿主免疫监视的肿瘤之一。人们认为，免疫系统会主动抑制转化细胞的形成和发展，并通过迫使能够逃避免疫反应的肿瘤细胞选择性进化，最终形成新生肿瘤，这种现象被称为肿瘤免疫编辑[5]。肿瘤还会利用许多其他抑制免疫反应的途径，包括局部免疫抑制、耐受性诱导和T细胞信号传导的系统功能障碍[6-9]。尽管这些免疫抑制机制是离散性分类的，但临床观察到的缺陷是相互关联的（图16.1）。

1 抗原递呈机制的抑制

适应性免疫反应需要抗原提呈细胞（antigen-presenting cells，APC）和效应器T细胞之间的两个信号。第一个信号由T细胞受体和特异性抗原肽介导，该抗原肽在APC表面表达的主要组织相容性复合物（major histocompatibility complex，MHC）Ⅰ类或Ⅱ类分子中呈现。第二个信号通过T细 胞（CD28） 和APC（B7-1/CD80或B7-2/CD86；图16.1）上组成性表达的共刺激分子介导。这两种信号的存在会触发细胞内事件，导致T细胞的活化和IL-2依赖性克隆增殖。

MHC Ⅰ类分子是适应性免疫系统的重要组成部分，是肿瘤细胞免疫识别的关键。MHC Ⅰ类分子报告了细胞转化为$CD8^+$细胞毒性T淋巴细胞（cytotoxic T lymphocyte CTL）的过程，这一过程包括获得抗原肽、标记它们并通过泛素化、蛋白水解、将细胞质中的肽通过与抗原处理相关的异二聚转运体（TAP）1与TAP2亚基结合转运至内质网、肽与MHC Ⅰ类分子的结合，以及肽-MHC Ⅰ类复合物在细胞表面的显示[10]。

在生理条件下，MHC Ⅰ类抗原加工递呈机制（antigen-processing machinery，APM）的组成成分在所有成核细胞（免疫特权组织除外）中都有表达。它们的表达受能够改变MHC Ⅰ类分子表面表达的细胞因子调节。MHC Ⅰ类的异常表达已被证实是癌症免疫逃逸的重要机制。MHC Ⅰ类异常在多种人类癌症中常见，与某些肿瘤类

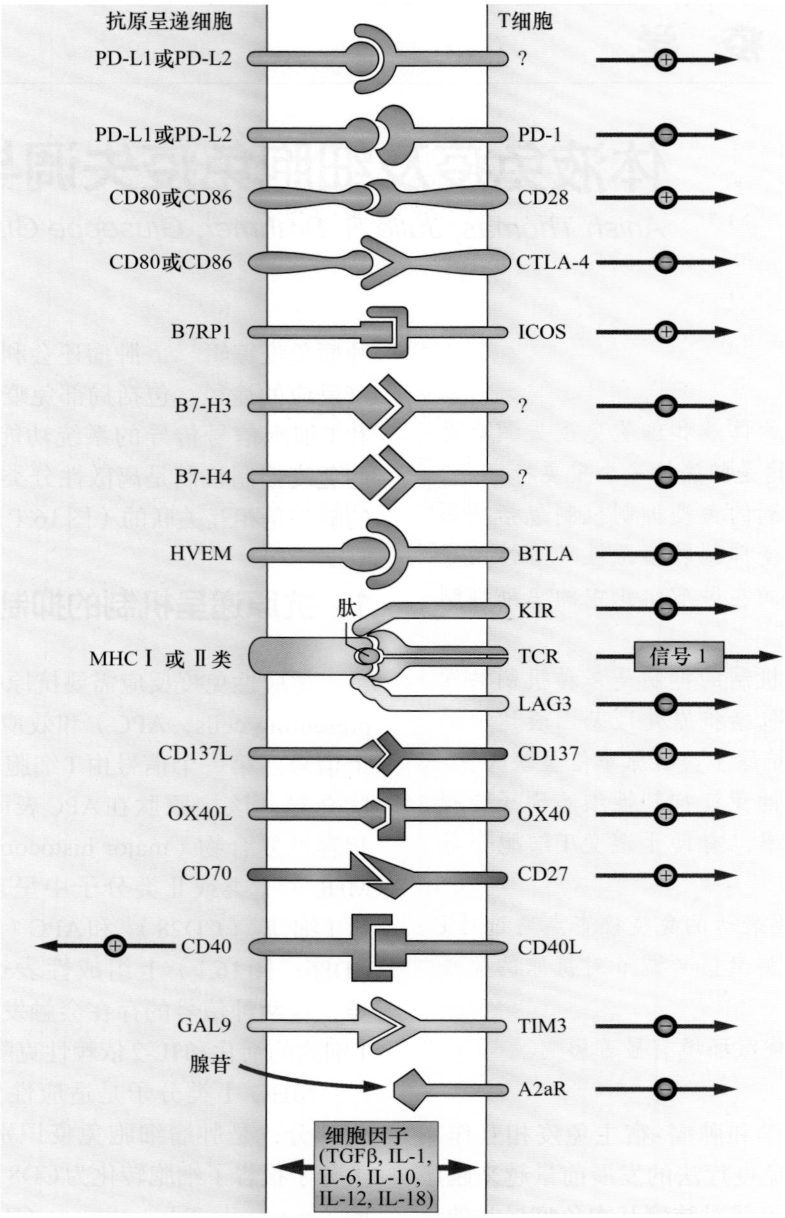

图16.1　多重共刺激和抑制相互作用调节T细胞反应

注：BTLA，B和T淋巴细胞衰减器；CTLA-4，细胞毒性T淋巴细胞相关抗原；HVEM，疱疹病毒进入介质；ICOS，诱导共刺激；IL，白细胞介素；KIR，杀伤细胞免疫球蛋白样受体；Lag3，淋巴细胞激活基因3；MHC，主要组织相容性复合体；PD-1，程序性细胞死亡1；PDL，程序性死亡配体；TCR，T细胞受体；TGF，转化生长因子；TIM3，T细胞免疫球蛋白和黏蛋白域；图片经许可转载自：Pardoll DM. The blockade of immune checkpoints in cancer immunotherapy. Nat Rev Cancer, 2012, 12 (4): 252-264.

型的不良预后有关，并对T细胞免疫治疗的结果产生负面影响[11-13]。MHC Ⅰ类分子的表达明显不足或缺乏已在肺癌中证实[14-15]。

MHC Ⅰ类表达缺失的分子机制是多样的，包括编码经典MHC Ⅰ类抗原和（或）MHC Ⅰ类APM组分基因的结构改变或失调。APM组分的失调可能发生在表观遗传、转录或转录后水平[11]。肺癌中MHC Ⅰ类抗原异常表达的机制包括抗原处理基因（如编码蛋白酶体亚单位和肽转运体的基因）表达不足，导致肽从内质网转运到细胞表面的缺陷[15-18]。人类白细胞抗原（human leukocyte antigen，HLA）Ⅰ类抗原的单倍体丢失是肺癌中HLA异常表达的另一种机制，约40%的肺癌细胞系中HLA表达异常[19-21]。由于信使RNA缺失和点突变导致的β_2-微球蛋白基因异常等结构改变是肺癌中MHC Ⅰ类表达改变的不常见机制[19, 22]。

使用具有单倍型缺失HLA Ⅰ类抗原的肺癌细胞系的研究表明，具有正常HLA Ⅰ类表达的肿瘤细胞可以在肿瘤发生的早期被CTL杀死，并且仅有缺乏HLA Ⅰ类表达的免疫选择的肿瘤细胞可以摆脱这种免疫攻击并发展成癌症[23]。此外，肺癌中MHC Ⅰ类表达的一些缺陷，如抗原加工基因表达缺陷而非β_2-微球蛋白基因异常，可能通过细胞因子逆转。干扰素-γ（interferon-γ，IFN-γ）基因转染到HLA缺陷型小细胞肺癌（small cell lung cancer，SCLC）中能够恢复其向CTL呈递内源性肿瘤抗原的能力，同时伴随Ⅰ类分子的细胞表面表达的增加[15, 18, 24]。

针对HLA Ⅰ类抗原共同框架决定因素的单克隆抗体手术切除样本的免疫组织化学研究结果表明，25%～33%的NSCLC中HLA Ⅰ类抗原的表达缺陷[25-28]。对于缺乏这些抗原表达的转染肿瘤细胞的研究，需要MHC Ⅰ类分子将肿瘤细胞上的抗原呈现给CTL。从缺乏这些抗原表达转染的肿瘤细胞研究中可以明显看出，MHC Ⅰ类分子是将肿瘤细胞上的抗原呈递给CTL所必需的。因此，失去MHC Ⅰ类抗原的肿瘤细胞具有能够通过CTL逃避溶解的优势[29]。在肺癌中，HLA Ⅰ类分子的表达缺乏与分化差和非整倍性相关，表明肺癌与异常的HLA表达可能在生物学上更具侵略性[25-27]。总之，这些发现可能表明具有异常HLA Ⅰ类分子表达的肿瘤与较差的预后相关。然而，HLA Ⅰ类抗原的下调在NSCLC中的预后意义尚不清楚[25-27, 30]。

尽管表达了宿主免疫系统可识别的抗原，但肿瘤在启动有效免疫反应方面却很差。然而，单独抗原表达不足以激活T细胞。除了与MHC分子结合的抗原肽T细胞受体结合外，T细胞活化还需要额外的共刺激信号。这些共刺激信号中最重要的是T细胞上的CD28与APC表面的主要配体B7-1（CD80）和B7-2（CD86）的相互作用[31]。

细胞毒性T淋巴细胞相关抗原4（cytotoxic T lymphocyte-associated antigen 4，CTLA-4）是免疫球蛋白超家族成员和CD28同系物，与B7家族成员结合的亲和力远高于CD28。实际上CTLA-4与CD28竞争结合B7家族。表面CTLA-4的上调伴随着T细胞的克隆扩增，并通过诱导效应T细胞中的抑制信号来调节免疫反应，从而导致效应T细胞反应的抑制[32]。因此，CTLA-4是内源性免疫检查点之一，通常在抗原激活后终止免疫反应。这些T细胞最终通过凋亡被清除。CTLA-4也可能参与T调节细胞的免疫抑制功能。上调T调节细胞表面的CTLA-4可抑制正常自身抗原和肿瘤抗原特异性效应细胞的激活和扩增[33-34]。CTLA-4在NSCLC细胞系中具有结构性表达，与可溶性B7-1和B7-2重组配体结合可诱导细胞凋亡死亡[35]。此外，CTLA-4在早期切除NSCLC中的表达在一项受少数患者限制的回顾性分析中显示为预后良好的指标[36]。

程序性细胞死亡1（programmed cell death 1，PD-1）是另一种关键的免疫检查点受体，其结构与CTLA-4相似，但具有独特的生物学功能和配体特异性，由活化的T细胞表达并介导免疫抑制。PD-1主要在外周组织中发挥作用，T细胞可能会遇到免疫抑制性PD-1配体PD-L1（B7-H1）和PD-12（B7-DC），这些配体由肿瘤细胞、基质细胞或两者共同表达（图16.2）[37]。CTLA-4和PD-1介导的免疫抑制信号存在差异，CTLA-4敲除小鼠的早期死亡率与PD-1敲除小鼠的中度迟发性特异性和器官特异性自身免疫有显著差异[38]。

大多数肺癌样本，但不包括正常肺泡细胞样本，表达高水平的PD-L1，PD-L1的表达局限于肿瘤的细胞膜或细胞质[39]。与血液树突细胞（dendritic cells，DC）相比，尽管来自肿瘤和非肿瘤肺组织分离的树突细胞数量较多，但其表达的B7-1和B7-2分子水平较低[40]。在手术切除的NSCLC中PD-L1或PD-L2的表达与组织学、分期、术后生存率等临床病理变量无相关性[41]。在少数患者中，PD-L1阳性肿瘤区域的肿瘤浸润淋巴细胞（tumor-infiltrating lymphocyte，TIL）少于PD-L1阴性肿瘤区域。与正常志愿者外周血单核细胞相比，非小细胞肺癌患者肿瘤浸润和循环

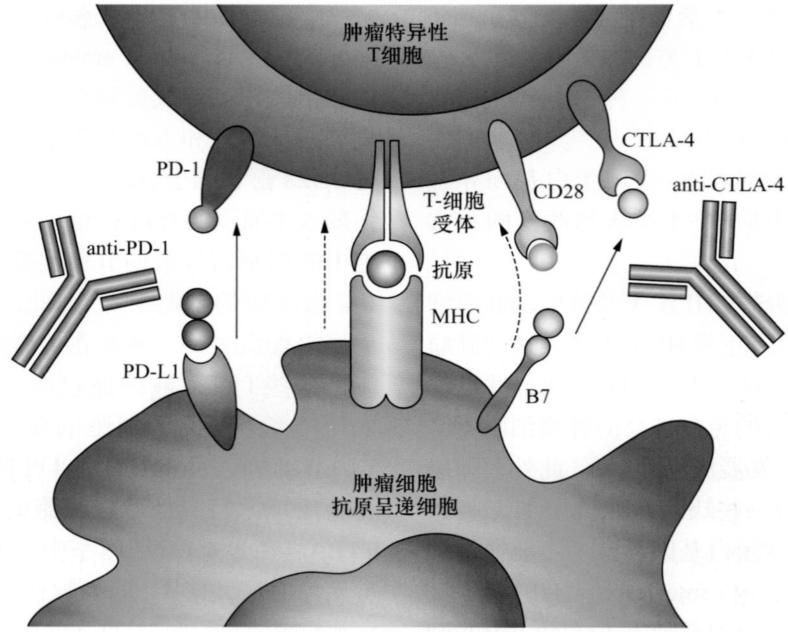

图16.2 免疫检查点封锁

注：CTLA-4，细胞毒性T淋巴细胞相关抗原；MHC，主要组织相容性复合体；PD-1，程序性细胞死亡1；图片经许可转载自：Drake CG, Lipson EJ, Brahmer JR. Breathing new life into immunotherapy: review of melanoma, lung and kidney cancer. Nat Rev Clin Oncol, 2014, 11 (1): 24-37.

$CD8^+$T细胞的PD-1表达增加，但免疫功能受损，包括细胞因子产生能力下降和增殖能力受损[42]。通过抗PD-L1抗体阻断PD-1和PD-L1通路可增加细胞因子的产生和$PD\text{-}1^+$肿瘤浸润$CD8^+$T细胞的增殖[42]。

2　肿瘤源性可溶性因子

肿瘤细胞通过在肿瘤环境中分泌免疫抑制因子来避免淋巴细胞介导的免疫反应。肿瘤细胞除了分泌免疫抑制介质外，还可能向周围炎症细胞发出信号，释放免疫抑制介质，增加抑制细胞向肿瘤部位的转运，促进效应淋巴细胞向T调节表型分化[43-44]。肿瘤源性可溶性因子也损害T细胞存活率。NSCLC细胞系上清液有助于增强肿瘤环境中活化诱导的T细胞凋亡。有丝分裂原刺激后T细胞凋亡增加是由于肿瘤环境中核因子-κB的激活受到了抑制[45]。

2.1　IL-10

人支气管上皮细胞可产生IL-10，IL-10可调节正常肺的局部免疫反应[46]。尽管IL-10在肺癌发生中的确切作用仍存在争议[47]，但多项研究结果表明IL-10是一种有效的免疫抑制分子，可能通过抑制T细胞和巨噬细胞功能，使肿瘤逃避免疫检测，从而促进肺癌的生长[48-50]。在体外，人类肺肿瘤比正常肺组织产生更多的IL-10[51-52]。肿瘤细胞还通过PGE_2介导的途径诱导T淋巴细胞来源的IL-10[50]。与对照组相比，IL-10转基因小鼠体内肺癌细胞生长速度更快[53]。IL-10转基因小鼠的抗原表达能力、CTL生成能力和1型细胞因子产生能力也有所下降，反映了T细胞和APC功能的缺陷[48]。非小细胞肺癌患者肿瘤相关巨噬细胞的IL-10表达增加，与晚期疾病和其他不良预后特征相关，提示其在非小细胞肺癌进展中的潜在作用[54-55]。此外，在接受铂类化疗的晚期NSCLC患者中，基线血清IL-10水平升高是生存较差的独立预测因子[56]。在早期非小细胞肺癌患者中，IL-10信使RNA水平升高与较差的生存相关[57]。

然而，临床前和临床模型表明，IL-10具有免疫刺激性，有利于肿瘤的免疫介导排斥反应[47]。在非小细胞肺癌患者中，癌组织中表达IL-10的$CD8^+$细胞比例高于无癌组织，且与早期肿瘤和更好的生存率相关[58]。在临床研究中，缺乏肿瘤IL-10表达与早期NSCLC患者的疾病特异性生存率较差相关[59-60]。

关于IL-10免疫调节功能相互矛盾的证据可能反映了其对先天性和适应性免疫功能产生正面或负面影响的多效性，导致免疫刺激或免疫抑制，这取决于其来源（肿瘤与肿瘤浸润性免疫细胞相比）和与肿瘤微环境中发现的因子的相互作用[47, 61]。

2.2 转化生长因子β

转化生长因子β（transforming growth factor-β，TGF-β）是一种多功能蛋白家族成员，通过复杂的细胞信号通路调节细胞增殖、分化、血管生成[62]。三种高度保守和组织特异的TGF-β亚型，即TGF-β1、TGF-β2和TGF-β3，通过三种细胞表面受体的异聚体复合物发出信号，即Ⅲ型TGF-β受体：TβRⅢ、TβRⅡ和TβRⅠ[63]。TGF-β配体通过结合并结合细胞表面的TβRⅠ和TβRⅡ受体丝氨酸和苏氨酸激酶来启动信号传导，这个过程允许TβRⅡ磷酸化TβRⅠ激酶域，该域通过SMAD蛋白的磷酸化来传播信号，然后该蛋白转移到细胞核中，以细胞特异性方式与转录因子相互作用，以调节信号的表达。晚期特异性转录多种*TGF-β*反应基因。尽管TGF-β通过其对增殖、复制潜能和凋亡的作用发挥肿瘤抑制作用，但它也通过其对迁移、侵袭、血管生成和免疫系统的作用发挥肿瘤启动子的作用[64]。TGF-β使肿瘤能够逃避免疫监视，并通过多种途径杀死肿瘤。其机制主要集中在免疫效应细胞对肿瘤细胞杀伤的损伤上[65]。

正常支气管上皮细胞对TGF-β具有高亲和力受体。TGF-β抑制正常支气管上皮细胞的增殖并诱导其分化[66]。肿瘤细胞分泌的TGF-β介导$CD4^+$ $CD25^-$T细胞向调节性T（T-reg）细胞的转化。中性化TGF-β可在体外和体内消除这种转化[67]。吸烟可通过减少SMAD3的表达，部分地通过消除TGF-β介导的生长抑制和凋亡来促进肿瘤的发生[68]。SCLC和NSCLC均过度表达TGF-β，与正常人相比，肺癌患者的血清中也检测到高水平的TGF-β[69-70]。血浆TGF-β水平升高对肺癌患者预后较差[71]。

其他多种肿瘤衍生的可溶性因子有助于免疫抑制环境，包括血管内皮生长因子、PGE_2、可溶性磷脂酰丝氨酸、可溶性Fas、可溶性Fas-L和可溶性MHC Ⅰ类相关链A蛋白[72]。尽管这些可溶性因子沉积在原发性肿瘤细胞中，但仍存在于免疫抑制环境中，这些因子可以将免疫抑制作用扩展到局部淋巴结和脾脏，从而促进侵袭和转移[73]。

3 肿瘤浸润性T淋巴细胞

浸润肿瘤的淋巴细胞群具有非常大的异质性，由许多不同的淋巴细胞克隆组成，这些克隆包含多种细胞表面标志物。肿瘤微环境中肿瘤与免疫细胞相互作用的抗癌作用不仅受免疫细胞类型［$CD8^+$、$CD4^+$、$CD20^+$和转录因子P3（forkhead box P3，$FoxP3^+$）］的影响，还受其在肿瘤内密度和位置的影响[74]。在非小细胞肺癌的肿瘤基质中炎性细胞主要是淋巴细胞（约2/3，其中20%的B细胞和80%的T细胞）和肿瘤相关巨噬细胞（约1/3），树突状细胞比例低，自然杀伤（natural killer，NK）细胞比例更低[75]。尽管各淋巴细胞亚型的细胞表面标志物和分布相似，来自局部淋巴结和外周血中淋巴细胞TILs的功能不同。根据对其增殖和细胞毒性活性的评估，TILs的功能受到明显抑制。此外，与外周血淋巴细胞相比，肿瘤浸润的NK细胞活性显著降低[76]。

Dupage等[77]利用引入外源性抗原的基因工程小鼠肺腺癌来模拟肿瘤新抗原，发现内源性T细胞在肿瘤发育早期对肿瘤做出反应并浸润肿瘤，大大延迟了恶性进展。然而，尽管抗原持续表达，T细胞浸润并未持续，肿瘤最终逃脱免疫攻击。此外，肺中很少有肿瘤反应性T细胞具有功能性，其产生干扰素-γ和肿瘤坏死因子α（tumor necrosis factor-alpha，TNF-α）的能力有限。NSCLC患者的免疫组化分析显示，与浸润边缘相比，肿瘤内的$CD8^+$T细胞计数明显更高[78]。然而，肿瘤周围的$CD8^+$T细胞数量与干扰素γ的产生相关，而在肿瘤内的$CD8^+$T细胞数量与IFN-γ的产生无关，提示$CD8^+$T细胞能够浸润肿瘤，但一旦进入肿瘤巢内就不能产生强大的抗肿瘤反应。

尽管TIL与许多恶性肿瘤的良好预后相关[79]，但肺癌中$CD8^+$T细胞浸润与预后之间的关系仍存在争议[80]。然而，癌细胞巢中$CD4^+$T细胞的高数量与良好预后呈正相关，提示TIL与肺癌预后呈正相关，$CD4^+$T细胞可能是启动和维持抗肿瘤免疫反应所必需的。因为没有$CD4^+$T细胞的帮助，由此缺少CD4帮助的$CD8^+$T细胞不能分化为可持续的记忆细胞[81]。

尽管TILs在肺癌组织中积累，但它们无法对肿瘤细胞产生免疫反应[82]，部分原因是高比例的非小细胞肺癌TIL是T-reg细胞[83]。TIL是$CD4^+CD25^+$，是T-reg细胞的活化表型，抑制T细胞增殖，防止宿主细胞凋亡，对肿瘤抗原进行免疫应答[84]。这些T-reg细胞的优势可能导致肿瘤免疫监测失败或肿瘤生长增强。在非小细胞肺癌患者中，来自肿瘤的T细胞显示出相当大比例的$CD4^+CD25^+$T细胞产生TGF-β[85]。这些细胞在其细胞表面均匀地表达高水平的CTLA-4。此外，从肿瘤中分离出的$CD4^+CD25^+$T细胞可有效抑制抗CD3或抗CD3和抗CD28刺激的自体外周血T细胞的增殖[83]。NSCLC患者外周血中$CD4^+CD25^+$T-reg细胞数量增加，具有较强的免疫抑制作用[86]。

尽管T-reg细胞的激活被认为是抗原特异性的，但其免疫抑制功能是非特异性的，是由于抗原呈现到效应器功能的免疫反应中多个阶段和事件的抑制所致[87]。免疫抑制细胞因子的分泌，如TGF-β可能在T-reg细胞免疫抑制功能中起作用[88]。然而，TGF-β可能不是抑制肺癌患者T-reg细胞增殖所必需的：TGF-β的中和并不能消除$CD4^+CD25^+$T细胞对自体T细胞的抑制作用[83]。

*FoxP3*是X染色体上编码的叉头转录因子家族成员，是天然$CD4^+CD25^+$T-reg细胞发育和功能的关键控制基因。在肺癌细胞中肿瘤源性环氧合酶2（cyclooxygenase-2，COX-2）/PGE_2诱导了*FoxP3*的表达并增加T-reg细胞的活性[89]。在体内，COX-2的抑制降低了T-reg活性，减弱了TIL中的*Foxp3*表达，降低了肿瘤负担。在Ⅰ～Ⅱ期NSCLC中，肿瘤浸润*FoxP3*$^+$T-reg和COX-2表达与肿瘤复发增加相关[90]。

4 髓源抑制细胞

骨髓源抑制细胞（myeloid-derived suppressor cells，MDSC）是骨髓源性细胞的一个表型异质群体，在癌症、炎症和感染期间扩展，以其不成熟状态和抑制T细胞反应的能力为特征[91-92]。不同于在骨髓中产生的未成熟骨髓细胞迅速向成熟粒细胞、巨噬细胞或树突状细胞分化的生理状态，在癌症中未成熟骨髓细胞向成熟骨髓细胞分化的部分被阻断从而导致MDSC的扩张。MDSC表达常见的髓系标志物CD33，但缺乏成熟髓系和淋巴样细胞标志物及MHC分类分子HLA-DR11的表达[91]。尽管作用机制不同，但已经确定了两种主要的MDSC亚群，即粒细胞亚群和单核细胞亚群，它们在同等程度上抑制抗原特异性T细胞的增殖[93]。MDSC人群受多种不同因素的影响。已知在肺癌中诱导MDSC扩增的因素包括粒细胞-巨噬细胞集落刺激因子[94]、粒细胞集落刺激因子[95]和前列腺素[96]。大多数这些因素触发的MDSC信号通路集中在Janus激酶蛋白家族成员以及信号转导子和转录激活子3（signal transducer and activator of transcription 3，STAT3）上，它们参与细胞存活、增殖、分化和凋亡[91]。

MDSC的免疫抑制活性被认为是多种机制的结果，包括上调免疫抑制因子（如精氨酸酶和诱导型一氧化氮合酶）的表达，以及增加一氧化氮和活性氧的产生增加[91]。精氨酸酶是一种能提高机体免疫力的活性物质，将L-精氨酸代谢为L-鸟氨酸，通过消耗精氨酸对抑制T细胞起到重要作用，精氨酸是T细胞增殖和细胞因子产生所必需的[97]。使用3LL小鼠肺癌模型，Rodriguez等[98]显示精氨酸在微环境中消耗产生精氨酸酶Ⅰ的MDSC抑制T细胞受体CD3的表达并阻断T细胞的功能。COX-2诱导MDSC中的精氨酸酶Ⅰ，抑制COX-2阻碍体外和体内的精氨酸酶Ⅰ诱导[96]。此外，用COX-2抑制剂阻断精氨酸酶Ⅰ的表达可引起淋巴细胞介导的抗肿瘤反应[96]。

证明MDSC免疫抑制作用的进一步证据来源于3LL荷瘤小鼠中抗体介导的MDSC缺失实验。

MDSC的缺失增加了APC活性，增加了NK和T细胞效应物的频率和活性，从而导致肿瘤生长减少、治疗性疫苗接种反应增强和免疫记忆增强[99]。NSCLC患者外周血中MDSC数量增加，与健康志愿者相比，这些细胞能够直接抑制抗原特异性T细胞反应[100-105]。与许多其他癌症一样，MDSC水平与NSCLC的临床癌症分期和治疗反应相关[102, 105]。晚期NSCLC的患者较高的外周血液中MDSC的数量与顺铂化疗的不良反应相关，并且预测无进展生存期较短[100, 105]。在早期NSCLC患者肿瘤切除后外周血中MDSC的数量下降[105]。循环MDSC的数量与$CD8^+$ T淋巴细胞的频率呈负相关[105]。在一项对接受厄洛替尼治疗的晚期非小细胞肺癌患者的小规模研究中，与有进展性疾病的患者相比，有部分反应的患者循环MDSC显著降低，并且在这些患者中无进展生存与MDSC数量负相关[106]。MDSC在肺癌患者样本肿瘤微环境中的预后意义尚不清楚。

MDSC基因表达因肿瘤类型而异，了解其临床意义需要对这些细胞进行全面的鉴定。尽管对MDSC的定义和表型缺乏共识，并且在临床上定义它们的方式存在相当大的异质性，但在NSCLC中它们的免疫抑制特性是明确的。MDSC功能在肿瘤微环境中的调节机制，以及它们与在周围环境运作的MDSC的不同之处，目前尚不清楚。

5 吸烟与免疫功能障碍

烟草烟雾已被证明具有促炎症作用。例如，吸烟增加了几种促炎细胞因子的产生，如TNF-α、IL-1、IL-6和IL-8，并减少了抗炎细胞因子，如IL-10。吸烟可抑制DC成熟，MHC Ⅱ类与共刺激分子CD80和CD86在细胞表面表达减少证明了这一点。因此，暴露于香烟烟雾中的动物的树突状细胞在体外刺激和激活抗原特异性T细胞的能力降低。吸烟小鼠体内也发现抗原特异性T细胞增殖减少[107]。在吸烟小鼠模型中$CD8^+$ T细胞的激活也受到损害[108-109]。$CD8^+$T细胞的优势是吸烟相关的慢性阻塞性肺病的特征，与肺气肿的进展有关[110-111]。

6 结论

虽然在传统上肺癌被认为是非免疫源性肿瘤，但细胞免疫和体液免疫抗肿瘤免疫反应都在肺癌中被发现。尽管自发的肿瘤退化很少发生，这表明肿瘤细胞有能力逃避免疫反应。在肺癌模型试验中发现了多水平的免疫失调。这些包括有缺陷的抗原表达、免疫抑制肿瘤衍生可溶性因子的分泌，以及浸润在肿瘤组织的免疫抑制细胞。由于烟草烟雾的促炎和免疫抑制作用，其他实体瘤的免疫逃避机制可能在肺癌中不起主要作用[112]，而烟草烟雾是肺癌的主要危险因素。在这种情况下，重要的是要考虑到特定癌症模型中的发现可能不适用于所有免疫-肿瘤相互作用，因为免疫反应和肿瘤反应可能会因疾病来源组织和遗传病理学的不同而发生很大的变化。了解癌症免疫监测、免疫编辑、宿主细胞网络在肺癌发生中的作用以及肿瘤介导的免疫抑制等复杂问题，将为肺癌提供更多的治疗机会。

（任　凡　刘红雨 译）

主要参考文献

5. Dunn GP, Bruce AT, Ikeda H, Old LJ, Schreiber RD. Cancer immunoediting: from immunosurveillance to tumor escape. *Nat Immunol*. 2002;3(11):991–998.
14. Doyle A, Martin WJ, Funa K, et al. Markedly decreased expression of class I histocompatibility antigens, protein, and mRNA in human small-cell lung cancer. *J Exp Med*. 1985;161(5):1135–1151.
16. Chen HL, Gabrilovich D, Tampe R, Girgis KR, Nadaf S, Carbone DP. A functionally defective allele of TAP1 results in loss of MHC class I antigen presentation in a human lung cancer. *Nat Genet*. 1996;13(2):210–213.
32. Brunet JF, Denizot F, Luciani MF, et al. A new member of the immunoglobulin superfamily-Ctla-4. *Nature*. 1987;328(6127):267–270.
39. Dong HD, Strome SE, Salomao DR, et al. Tumor-associated B7-H1 promotes T-cell apoptosis: a potential mechanism of immune evasion. *Nat Med*. 2002;8(8):793–800.
48. Sharma S, Stolina M, Lin Y, et al. T cell-derived IL-10 promotes lung cancer growth by suppressing both T cell and APC function. *J Immunol*. 1999;163(9):5020–5028.
73. Kim R, Emi M, Tanabe K, Arihiro K. Tumor-driven evolution of immunosuppressive networks during malignant progression. *Cancer Res*. 2006;66(11):5527–5536.
77. DuPage M, Cheung AF, Mazumdar C, et al. Endogenous T cell responses to antigens expressed in lung adenocarcinomas delay malignant tumor progression. *Cancer Cell*. 2011;19(1):72–85.
80. Suzuki K, Kachala SS, Kadota K, et al. Prognostic immune markers in non-small cell lung cancer. *Clin Cancer Res*. 2011;17(16):5247–5256.

83. Woo EY, Yeh H, Chu CS, et al. Cutting edge: regulatory T cells from lung cancer patients directly inhibit autologous T cell proliferation. *J Immunol.* 2002;168(9):4272–4276.
87. Von Boehmer H. Mechanisms of suppression by suppressor T cells. *Nat Immunol.* 2005;6(4):338–344.
92. Gabrilovich DI, Ostrand-Rosenberg S, Bronte V. Coordinated regulation of myeloid cells by tumours. *Nat Rev Immunol.* 2012;12(4):253–268.
101. Almand B, Clark JI, Nikitina E, et al. Increased production of immature myeloid cells in cancer patients: a mechanism of immunosuppression in cancer. *J Immunol.* 2001;166(1):678–689.
109. Kalra R, Singh SP, Savage SM, Finch GL, Sopori ML. Effects of cigarette smoke on immune response: chronic exposure to cigarette smoke impairs antigen-mediated signaling in T cells and depletes IP3-sensitive Ca^{2+} stores. *J Pharmacol Exp Ther.* 2000;293(1):166–171.

获取完整的参考文献列表请扫描二维码。

第4篇 病 理 学

第17章 经典解剖病理学与肺癌

Ignacio I. Wistuba, Elisabeth Brambilla, Masayuki Noguchi

要点总结

- 肺癌的临床病理分类对于患者的准确诊断和治疗方案的制定起着至关重要的作用。
- 虽然大多数肺癌的分类很简单，但仍存在争议和诊断的分歧。
- 目前的肺癌分类适用于手术切除的肿瘤和活检标本。
- 病理学家在肺癌组织和细胞学标本的分子检测方面发挥着关键作用。
- 最近肺癌分类和诊断方法的发展有利于临床诊断，并为临床研究开辟了新的途径。

肺癌是全球最常见和高致死率的恶性肿瘤[1]。改善这种疾病低生存率（5年生存率约为15%）的主要挑战是制定更好的策略，便于早期发现高危人群，并为不同的肺癌亚群选择适当的治疗方法。肺癌高死亡率的主要原因是大多数患者发现时已是晚期，这时主要的治疗方案是缓解症状。准确的肺癌病理分类和诊断对于患者接受适当的治疗至关重要[2]。尽管绝大多数肺癌的分类很简单，但争议和诊断的挑战仍然存在。

从病理学和分子生物学的角度来看，肺癌是一种高度复杂的肿瘤，具有多种组织学类型[3]。虽然大多数肺癌与吸烟有关，但其中很大一部分（约15%）发生在从不吸烟者，这些患者的肿瘤组织学分类主要是腺癌。肺癌是正常肺部细胞积累多种遗传和表观遗传学异常，进而演变成具有恶性生物学潜能细胞的过程[3]。理解NSCLC复杂生物学方面的最新进展，特别是突变、易位和扩增导致的癌基因激活，可为NSCLC治疗提供新的治疗靶点，同时区分出具有独特分子结构的NSCLC肿瘤亚群，用以预测对NSCLC治疗的反应[4]。应用肿瘤组织标本发现特定基因和分子异常，然后针对靶点给予特异性抑制剂，是肺癌个体化治疗的基础。在这种新的肺癌治疗模式下，精确的病理诊断及妥善处理肺癌组织和细胞样本进行分子检测变得越来越重要。肺癌诊断和治疗模式的变化，对病理医生提出了多种新的挑战，要求他们将常规组织的病理学分析和分子检测充分结合到肿瘤诊断的临床检查中，并随后选择最合适的治疗方法。

在本章中，我们介绍了主要类型肺癌的病理特征及诊断方法，特别强调了使用小的活检标本及细胞学标本进行肺癌分类所面对的挑战。在表17.1中，我们总结了目前肺癌手术切除肿瘤的组织学分类方法，如WHO新的肺癌分类所述[5]。

表17.1 肺癌新的分类

分类	描述
腺癌	· 浸润前病变
	–非典型腺瘤性增生
	–原位腺癌
	· 微浸润腺癌
	· 浸润性腺癌
	· 浸润性腺癌的变异
鳞状细胞癌	· 侵袭前病变
	–发育不良
	–原位癌
	· 角化
	· 非角化
	· 基底细胞癌
大细胞癌	
神经内分泌肿瘤	· 侵袭前病变
	– DIPNECH
	· 类癌肿瘤
	–典型类癌
	–非典型类癌
	· 大细胞神经内分泌癌
	· 小细胞癌

续表

分类	描述
腺鳞癌	
肉瘤样癌	·多形性
	·梭形细胞
	·巨细胞癌
	·癌肉瘤
	·肺母细胞瘤
其他和未分类癌	·淋巴上皮瘤样癌
	·NUT癌
唾液腺肿瘤	·黏液表皮样瘤
	·腺样囊性瘤
	·上皮-肌上皮瘤
	·多形性腺瘤
乳头状瘤	·鳞状细胞乳头状瘤
	·腺乳头状瘤
	·混合性鳞状细胞和腺乳头状瘤
腺瘤	·硬化性肺炎
	·肺泡腺瘤
	·乳头状腺瘤
	·黏液性囊腺瘤
	·肺细胞腺肌上皮瘤
	·黏液腺瘤
间充质肿瘤	
淋巴组织细胞肿瘤	
异位起源的肿瘤	
转移性肿瘤	

注：DIPNECH，弥漫性特发性肺神经内分泌细胞增生；NUT，睾丸核蛋白

1 NSCLC

NSCLC是最常见的肺癌类型（约85%）。尽管NSCLC包括多种组织学类型，但大多数肿瘤可分为3类：鳞状细胞癌（30%）、腺癌（40%）和大细胞癌（3%～9%）[6]。通常，NSCLC的名称用于具有不同于小细胞癌（small cell carcinoma，SCLC）组织学和细胞学特征的肿瘤。然而，近年来随着新的治疗方案和分子诊断的应用，提供更具体的肺癌诊断已成为必要，组织学亚型诊断必须是病理报告的一部分。如后所述，当组织学亚型不清楚时，病理医生会在活检标本和细胞学标本中进行免疫组织化学染色。

1.1 腺癌

腺癌是一种恶性上皮细胞肿瘤，具有腺体分化或黏蛋白产生，表现出多种生长方式，可表达黏蛋白或甲状腺转录因子-1（thyroid transcription factor-1，TTF-1）。2011年肺癌病理分类发生了重大变化，在IASLC、美国胸科学会（American thoracic society，ATS）和欧洲呼吸学会（European respiratory society，ERS）的赞助下发布了修订后的肺腺癌分类。这种新的腺癌分类概述了临床诊断和治疗的许多变化，开辟了新的研究途径[7]。这一分类的一个主要观点是，晚期肺癌患者的个性化治疗是由组织学和遗传学决定的，小活检标本的策略性组织管理对病理和分子诊断至关重要。该出版物是一项多学科的工作，不仅包括病理学家，还有临床医生、放射科医生、分子生物学家和外科医生参与其中。这种合作强调了病理学与临床、放射学以及分子学特征之间的相关性。此外，专家们认识到70%的肺癌患者发现时已是疾病晚期，通常通过小活检标本和细胞学标本进行诊断。由于WHO以前的分类（2004）侧重于切除标本中的肺癌诊断（仅占总病例的30%），因此在这一新的肺癌分类中做出了重大的新努力，新的分类基于小的活检组织和细胞学标本进行定义[8-9]。因此，根据肺癌的诊断方式，将这一分类分为两个部分（表17.2）。这些变化已反映在最近发布的2015年WHO肺癌分类中[5]。切除标本适用于适合手术切除的早期疾病患者，小的活检组织和细胞学标本适用于晚期肺癌患者。

表17.2 切除标本中肺腺癌的分类[a]

分类	描述
浸润前病变	·非典型腺瘤性增生
	·原位腺癌（≤3 cm，以前为孤立的BAC）
	–非黏液型
	–黏液型
	–混合型（黏液/非黏液）
微浸润腺癌（≤3 cm贴壁生长为主型，肿瘤浸润≤5 mm）	·非黏液型
	·黏液型
	·混合型（黏液/非黏液）

续表

分类	描述
浸润性腺癌	· 以贴壁为主型（以前为非黏液性BAC，浸润>5 mm）
	· 腺泡为主型
	· 乳头状为主型
	· 微乳头为主型
	· 实体为主型
浸润性腺癌的变异型	· 黏液腺癌（包括之前的黏液性BAC）
	· 胶体型
	· 胎儿型（低级和高级）
	· 肠型

注：[a]国际肺癌研究协会、美国胸科学会和欧洲呼吸学会（IASLC/ATS/ERS）的分类[6]；BAC，细支气管肺泡癌

在2011年IASLC/ATS/ERS和2015年WHO肺癌分类中对2004年WHO肺癌分类的相关内容进行了几项重要修改。最显著的变化是不再使用细支气管肺泡细胞癌（bronchiolo-alveolar cell carcinoma，BAC）这一术语。该术语已被用于至少5种具有不同临床和分子特性的不同肿瘤，导致常规临床治疗和研究的混乱[7-8]。为了解决其中两种肿瘤的定义，我们提出了原位腺癌（adenocarcinoma in situ，AIS）和微浸润腺癌（minimally invasive adenocarcinoma，MIA）的概念，适用于小的（不超过3 cm），无浸润（AIS）或不超过0.5 cm的微浸润灶（MIA）贴壁式生长的孤立性腺癌。如果肿瘤完全被切除，AIS和MIA患者的5年生存率为100%或接近100%。术语混合亚型不再使用，侵袭性腺癌根据其主要亚型进行分类。采用这种方法，每种组织学亚型的比例应以半定量的方式估算，并说明主要的组织学亚型。术语贴壁为主型腺癌被用于以前分类为混合亚型的非黏液性肿瘤，其中主要亚型为以前的非黏液性BAC。微乳头腺癌是一种主要的组织学亚型，因为多项研究表明此类肿瘤患者的预后较差[10-13]。以前被归类为黏液性BAC的肿瘤现在被重新分类为黏液性AIS或MIA或侵袭性黏液腺癌；这些肿瘤在CT上常表现为实变结节，伴有空气支气管造影及多结节和多叶分布。最后，透明细胞和印戒细胞腺癌作为主要亚型将不再应用，因为它们是多种组织病理学类型的腺癌可能发生的细胞学特征；但是，当这些特征以任何数量存在时可以被记录下来[7,14]。

在新的分类中，以前被视为BAC的肿瘤包括具有不同临床特征的多种肿瘤，如AIS、MIA、贴壁为主型腺癌、贴壁为主的浸润性腺癌和侵入性黏液腺癌。AIS不应等同于以前归类为BAC的肿瘤，尤其是在如监测、流行病学和最终结果计划（surveillance，epidemiology，and end results program，SEER）等注册数据库中[15]。这些数据可能会产生误导，因为AIS是最罕见的肺腺癌，仅占白种人病例的0.2%～3.0%，占日本人病例的5%[16-18]。以前被分类为BAC的大多数病例都是具有侵袭性的肿瘤。自2011年IASLC/ETS/ERS分类公布以来，一系列研究验证了切除标本新分类的临床意义。来自澳大利亚[17]、欧洲[19]、亚洲[18]和北美洲的研究表明，新提出的亚型分类具有预后价值[16,20]。

1.1.1 非典型腺瘤样增生

非典型腺瘤样增生（atypical adenomatous hyperplasia，AAH）被认为是腺癌的癌前病变[21-22]。AAH是肺泡中分散的实质病变，靠近终末细支气管和呼吸性细支气管。由于它们较小，AAH细胞通常是偶然的组织学发现，但它们也可被检测到，尤其是≥0.5 cm时。越来越多地使用高分辨率CT扫描进行筛查，使人们逐渐认识到AAH，充满空气的外周病变（所谓的磨玻璃样混浊）是AAH最重要的鉴别诊断之一。AAH是一个由圆形、立方形或低柱状细胞排列而成的肺泡样结构（图17.1 A）。AAH向腺癌演进过程，以贴壁生长为主，形态学、细胞荧光学和分子生物学研究发现细胞非典型性逐渐明显[22-23]。AAH的起源仍然未知，但免疫组织化学和超微结构特征的分化表型表明，AHH细胞来源于外周气道的原有细胞，如Clara细胞和Ⅱ型肺泡上皮细胞[24-25]。

1.1.2 原位腺癌

AIS与AAH一起被添加到侵袭性病变组中（表17.2）[7-8,14]。AIS被定义为局部的、小的（不超过3 cm）腺癌，由沿着原有肺泡结构生长的肿瘤性肺细胞组成（贴壁生长），缺乏基质、血管或胸膜浸润（图17.1B）。不存在乳头状或微乳头状形

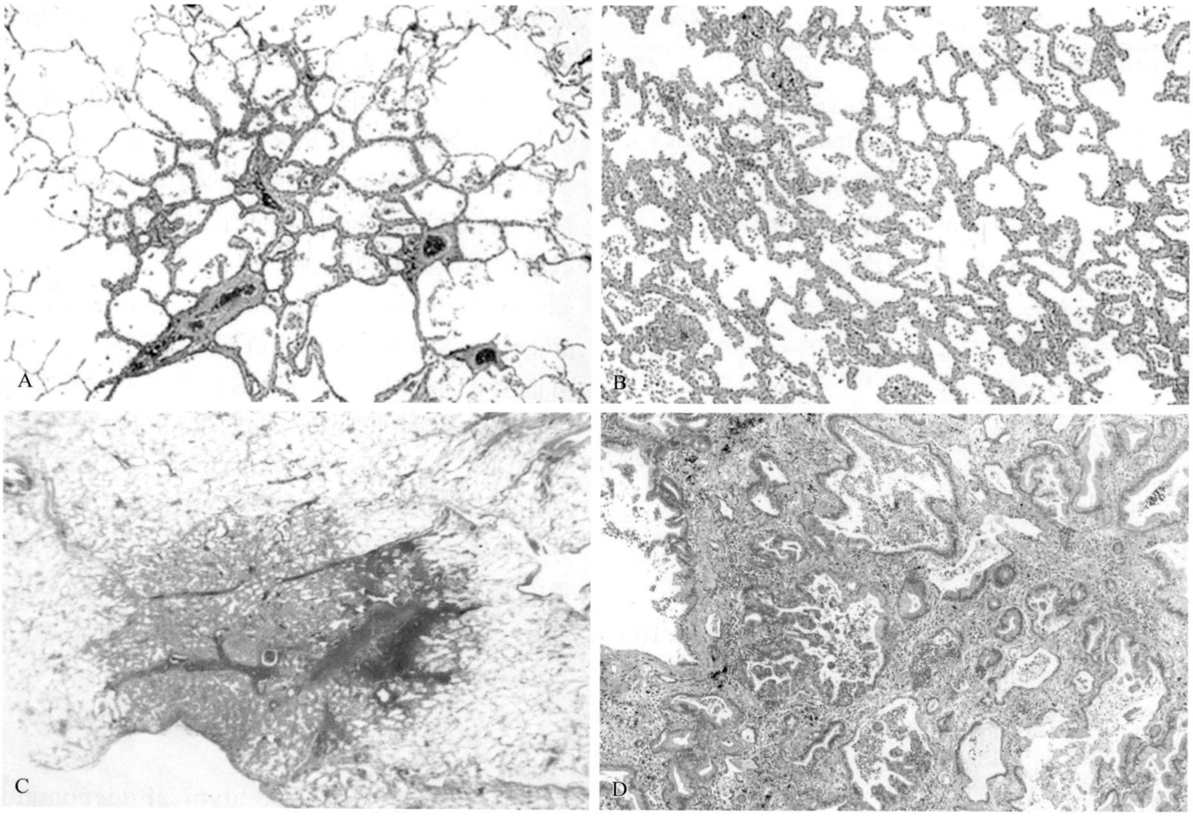

图17.1 肺腺癌早期病变

（A）非典型腺瘤性增生（AAH）；（B）原位腺癌（AIS）；（C）微浸润性腺癌（MIA）；（D）MIA中浸润性成分呈腺泡生长模式（HE染色）

态，并且没有肺泡内肿瘤细胞。AIS通常是非致病性的，由Ⅱ型肺细胞和（或）Clara细胞组成，但确实存在黏液性AIS的罕见病例。AIS概念被提出，其目的是定义如果完全切除，可100%无病生存。当肿瘤测量值≤2 cm或≤3 cm时，这一观点得到了回顾性观察研究的支持[7]。在多发性肿瘤的情况下，只有当其他肿瘤被认为是同步原发性而不是肺内转移时，才应用AIS和MIA的诊断标准。

1.1.3 微浸润癌

MIA被定义为一个小的（不超过3 cm）孤立的腺癌，主要是贴壁生长模式，微浸润不超过5 mm（图17.1 C、D）[26-27]。MIA通常是非黏液性的，但极少情况下可能有黏液[16]。MIA侵入性成分的评估应包括以下内容：①组织学亚型除了贴壁生长型，还有腺泡、乳头状、微乳头和（或）实体型；②肿瘤细胞浸润肌纤维母细胞基质。如果肿瘤侵入淋巴管、血管或胸膜，或含有肿瘤坏死，则不应诊断MIA。有关侵入深度的详细信息，请参阅其他章节[7-9]。MIA的概念用来定义病变完全切除具有100%或接近100%的5年无病生存率的患者群体。虽然与AIS相比，支持MIA概念的证据较少[26-27]，但所有使用这些标准的已发表病例均表明5年无病生存率为100%[16-18, 20]。

AIS或MIA的诊断要求对肿瘤进行组织学完整取样（即患者已接受手术切除）。两种病变都应该有清楚的边界，没有小的肿瘤病灶粟粒扩散到邻近的肺实质和（或）叶实变。CT扫描复查可能有助于评估病理学特征，因为磨玻璃（通常是鳞状）和实体（通常是侵入性）改变的范围可以指导病理学家评估病变是否经过适当的测量和（或）取样。对于疑似AIS或MIA＞3 cm的病变，最好诊断为贴壁生长为主的腺癌，同时不能排除浸润，因为这些数据不足以证明此类患者将有100%的5年无病生存率。

1.1.4 浸润性腺癌

AIS和MIA较罕见，明显浸润性腺癌占手术切除的肺腺癌的70%～90%。这些肿瘤通常由复杂异质的组织学成分混合组成，即之前腺癌分类中的混合亚型（图17.2）。在浸润性腺癌进行全面的组织学分型后，根据主要组织学成分进行亚型分类（图17.2 B～F和表17.2）。通过以5%的增量对每种组织成分进行半定量估算来进行综合的组织学分型。在诊断报告中依次记录每个腺癌亚型所占的百分比，可为肺腺癌的分级提供依据[16, 28-29]。自从2011年的分类首次发表以来，越来越多对切除的肺腺癌的研究证明，这种依据主要成分分型的方法在确定预后分组和相关分子方面具有实际应用价值[17-19, 28, 30-32]。

贴壁生长为主的浸润性腺癌　该亚型由沿着肺泡壁表面生长的Ⅱ型肺泡上皮细胞或Clara细胞

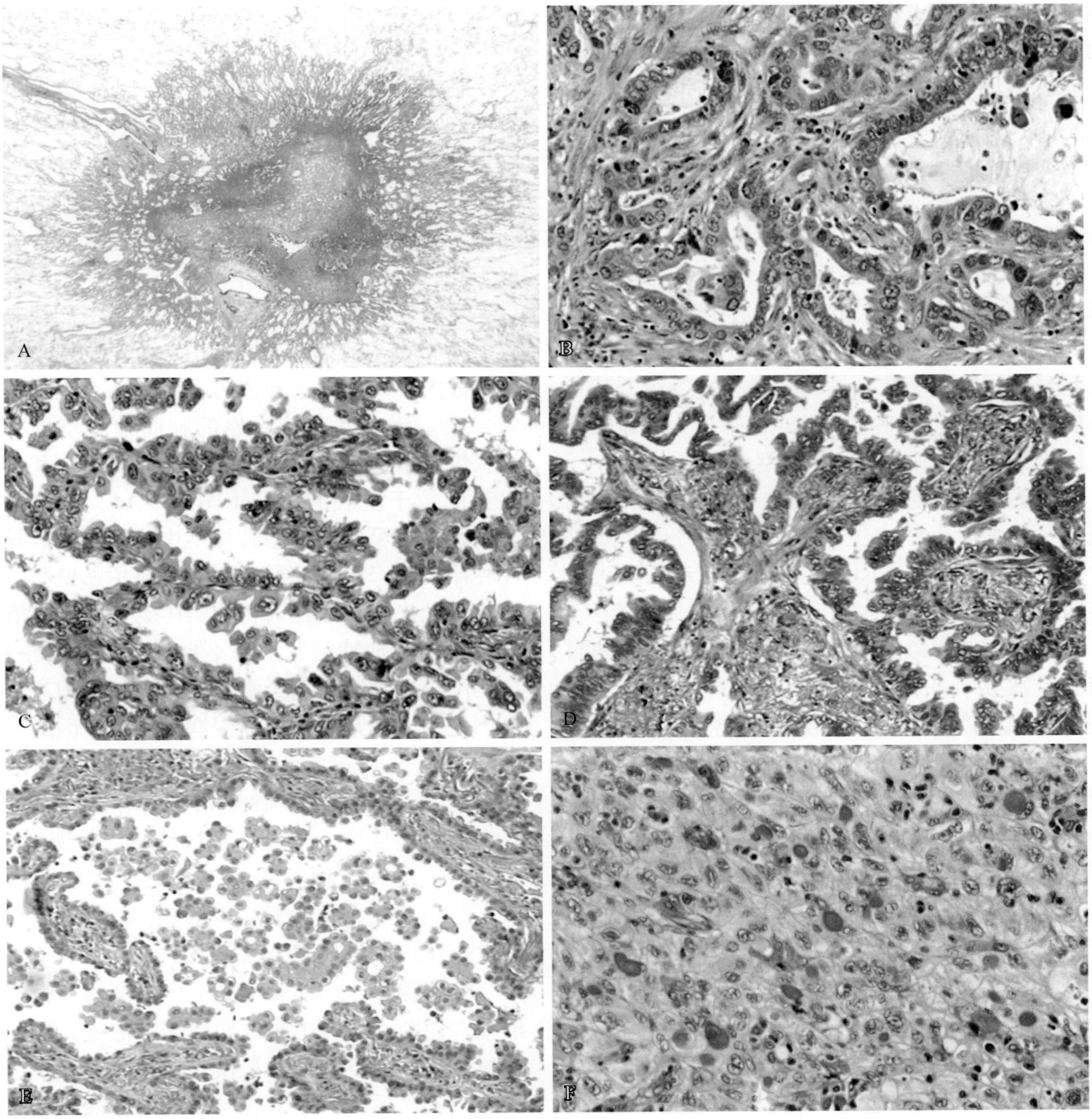

图17.2　浸润性腺癌

（A）混合形式的浸润性肺腺癌，包括中央腺泡和外周贴壁生长组分；（B）浸润性肺腺癌的典型形态，腺泡型；（C）浸润性肺腺癌的典型形态，贴壁生长型；（D）浸润性肺腺癌的典型形态，乳头型；（E）浸润性肺腺癌的典型形态，微乳头型；（F）浸润性肺腺癌的典型形态，黏液实体型。（A）～（C）和（E）为HE染色；（D）～（F）为黏蛋白染色增殖形成，类似于早期AIS和MIA部分中定义的形态（图17.2 C）。浸润性腺癌至少一个区域最大浸润尺寸超过5 mm。浸润定义为：①存在贴壁生长以外的组织学亚型［即腺泡、乳头状、微毛细管和（或）实体］；②与浸润性肿瘤细胞相关的间质肌纤维母细胞；③血管或胸膜侵犯；④通过肺泡间隙扩散（spread through alveolar spaces，STAS）[33, 35]。如果肿瘤侵犯淋巴管、血管或胸膜或含有肿瘤坏死，则诊断为贴壁生长为主的腺癌而非MIA。最近几项自2011年以来发表的早期腺癌研究表明，贴壁型为主的肿瘤预后良好，5年无病生存率为86%～90%[17-19]。腺瘤伴有贴壁生长以前被称为具有BAC特征的腺癌。术语贴壁生长为主的腺癌不能用于贴壁生长为主的侵袭性黏液性腺癌，这些肿瘤应归类为黏液腺癌。

腺泡为主的浸润性腺癌 该亚型主要由圆形至椭圆形腺体构成，腺腔周边围绕肿瘤细胞（图17.2 B）[6]。肿瘤细胞和（或）腺腔内可能含有黏蛋白。腺泡呈筛状结构被分为高等级，其与预后不良有关[36]。肿瘤细胞也可形成无明显腺腔的极化细胞团，其仍然是腺泡型。

乳头状为主的浸润性腺癌 该亚型的肿瘤细胞以纤维血管为中心生长（图17.2 D）[6]。如果肿瘤细胞贴壁生长，但腺腔呈乳头状或微乳头状结构，该肿瘤被归类为乳头状或微乳头状腺癌。

微乳头占优势的浸润性腺癌 该亚型的肿瘤细胞呈簇状乳头生长，乳头缺少纤维血管中心（图17.2 E）[6]。这些细胞簇可与肺泡壁分离或相连。肿瘤细胞通常呈小的立方形伴有极小的核异型。STAS是一种新归类的浸润性腺癌，属于微乳头型，可见微乳头簇、实体巢或单个细胞。STAS可能与Ⅰ期小腺癌患者的高复发率（这些患者进行了局部手术切除）和其他研究者观察到的不良预后有关[12, 33]。

实体型为主的浸润性腺癌 具有黏蛋白产生的实体亚型主要由多边形肿瘤细胞组成，形成片状没有任何清晰的腺泡、乳头状、微乳头状或贴壁状生长结构（图17.2 F）[6]。如肿瘤是100%实性，则每两个高倍视野中至少5个肿瘤细胞内黏蛋白组织化学染色阳性[6, 9]。该类型肿瘤以前被分类为具有TTF-1和（或）napsin A的免疫组织化学表达的大细胞癌，现在即使黏蛋白未被检测到仍归类为实体腺癌。必须将实体腺癌与非角化鳞状细胞癌和大细胞癌区分开，后两种癌均极少显示细胞内存在黏蛋白。神经内分泌标志物，如神经细胞黏附分子（neural cell adhesion molecule，NCAM）/CD56，致密核心颗粒相关蛋白嗜铬粒蛋白A和突触囊泡蛋白突触素仅在神经内分泌型存在，用以诊断大细胞神经内分泌癌（large cell neuroendocrine carcinoma，LCNEC）。

1.1.5 浸润性腺癌的变异型

临床相关的浸润性肺腺癌的4种变异型：①浸润性黏液腺癌，肿瘤细胞具有杯状或柱状细胞形态，具有丰富的胞质内黏蛋白（图17.3 A）；②胶质腺癌，有丰富的黏蛋白池充满肺泡腔；③胎儿型腺癌，类似胎肺；④肠型腺癌，一种类似于肠腺癌的肺腺癌。

浸润性黏液腺癌 多项研究显示浸润性黏液腺癌与以前归类为非黏液性BAC的肿瘤，在临床、放射学、病理学和遗传学各方面存在显著差异[37-42]。浸润性黏液腺癌的肿瘤细胞呈杯状或柱状细胞形态，具有丰富的胞质内黏蛋白和排列整齐的位于基底的核仁（图17.3 A）。这种病理学细胞特征可以在小的肺样本中见到。与非黏液性肿瘤类似，浸润性黏液腺癌可显示贴壁状、腺泡状、乳头状、微乳头状和实体生长的异质混合物，对于这种特定亚型将不再详细描述和量化。虽然浸润性黏液腺癌经常以贴壁生长型为主，但经广泛的取样常发现存在浸润性病灶。因此，活检标本报告应该为具有贴壁生长方式的黏液腺癌。然而，如果黏液肿瘤切除标本符合AIS或MIA的诊断标准，则应分别被诊断为黏液性AIS或MIA，尽管这种肿瘤非常罕见。在某些病例中，黏液腺癌在CT扫描和病理标本中出现伪肺炎生长模式（图17.3 B、C）。

胶质腺癌 这种亚型显示出丰富的细胞外黏液池，使肺泡间隙扩张进而破坏肺泡壁，显示出明显侵入肺泡空间的生长模式。黏蛋白沉积扩大并分割肺实质，形成富含黏蛋白的黏液池，而肿瘤由高柱状细胞组成，具有杯状特征，呈贴壁状方式生长。肿瘤腺体通常漂浮到黏液状物质中，变得难以识别，需要大量的肿瘤取样。

胎儿型腺癌 这种亚型包括复杂的腺体结

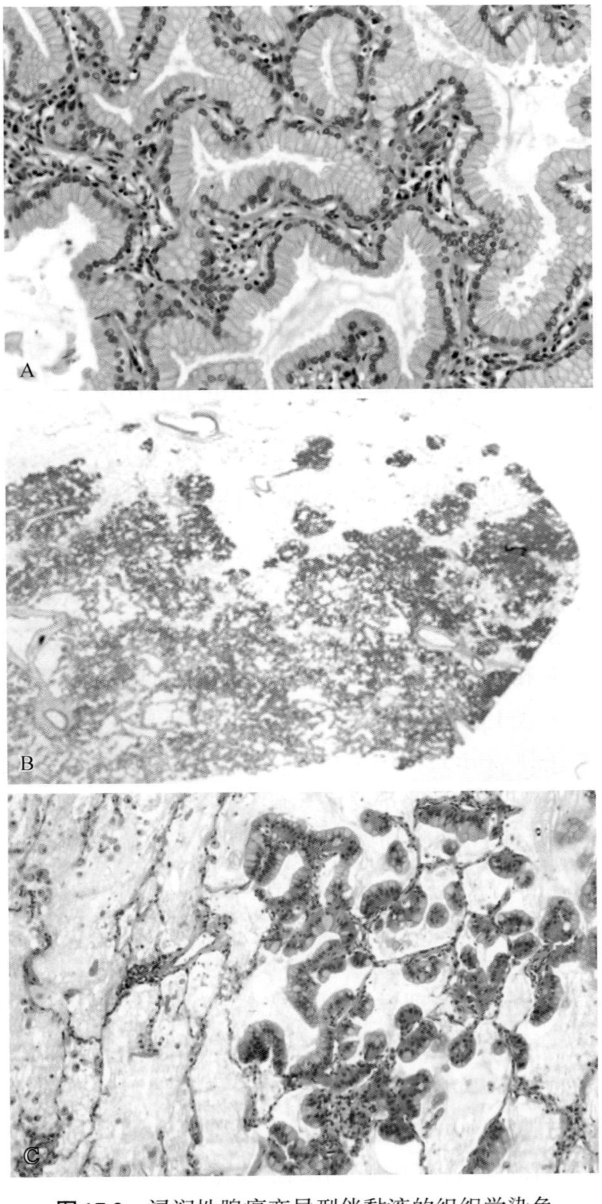

图17.3 浸润性腺癌变异型伴黏液的组织学染色

（A）浸润性黏液腺癌；（B）浸润性黏液腺癌伪肺炎型；（C）高倍镜下具有贴壁生长特征伴黏液生成。（A）～（C）为HE染色

构，腺体由富含糖原的非连接细胞组成，类似于胎儿肺假腺期的发育上皮细胞，具有较低的核异型性，可见桑葚样结构[43]。

原发性肺腺癌伴肠分化　该术语用于表示类似结直肠腺癌转移至肺部的原发性肺癌[44-46]。其组织学特征包括具有刷状缘的嗜酸性高柱状细胞、囊泡核、中心区或点灶样坏死，偶见中央瘢痕、胸膜凹陷和乳头状（或腺体样）结构。与结直肠癌的组织学形态相似是该肿瘤的特征。其中一些肿瘤具有肠道分化形态，伴免疫组织化学CDX-2（其编码肠特异性转录因子）和细胞角蛋白（cytokeratin，CK）20阳性表达以及CK7的阴性表达，但其他一些肿瘤仅具有肠道分化的组织形态。

1.1.6　腺癌的免疫组化

肺腺癌的免疫组织化学表达根据亚型和分化程度而有所不同。TTF-1和napsin A几乎是肺腺癌的特异性标志物，除了甲状腺癌也表达TTF-1和肾细胞癌也表达napsin A。大约75%的侵袭性腺癌是TTF-1阳性（图17.4），鳞状细胞癌不表达TTF-1。在腺癌亚型中，大多数贴壁生长型和乳头型肿瘤TTF-1阳性，AIS和MIA的贴壁成分也呈阳性，而实体型腺癌的阳性率较低[32, 47]。

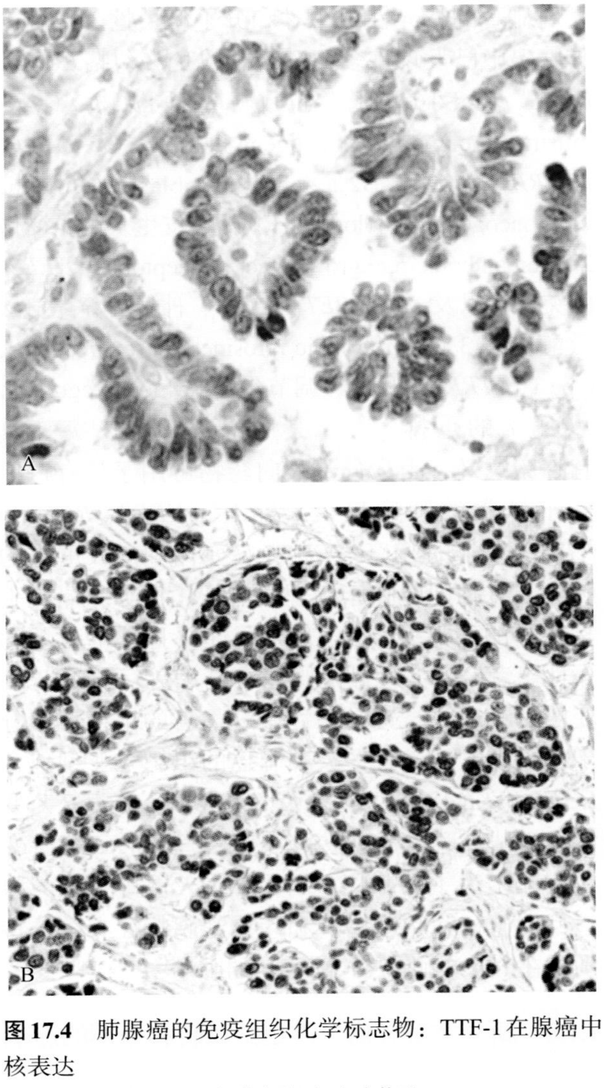

图17.4 肺腺癌的免疫组织化学标志物：TTF-1在腺癌中核表达

（A）乳头型；（B）实体型

napsin A与TTF-1相比，敏感性相当，但napsin A特异性要低得多[48]。CK7是肺腺癌的另一种标志物，其敏感性高于TTF-1和napsin A，但特异性差。此外，已被用作鳞状细胞癌标志物的肿瘤蛋白p63在某些肺腺癌中也呈阳性（高达38%）[49]，还有一部分腺癌为间变性淋巴瘤激酶（anaplastic lymphoma kinase，*ALK*）基因重排阳性[50-52]。相反，p40蛋白（p63的一种亚型）[50]在腺癌中除了在腺鳞癌中表达外，从来没有阳性表达。有些腺癌伴鳞状分化，在这些病例中，需要应用免疫标志物（包括p40和TTF-1）和黏蛋白染色进行分型[7, 49, 53-54]。

1.1.7 组织学分子相关性

尽管在肺腺癌中发现了多种分子异常，但未发现显著的特异性组织学和分子相关性。目前在肺腺癌中已发现许多驱动基因改变，包括*EGFR*、*KRAS*、v-raf小鼠肉瘤病毒致癌基因同源物B（v-raf murine sarcoma viral oncogene homolog B，*BRAF*）和*ERBB2*（v-erb-B2 avian erythroblastic leukemia viral oncogene homolog 2）/人类表皮生长因子受体2（human epidermal growth factor receptor-2，*HER2*）的突变，以及*ALK*、*RET*、*ROS1*、神经营养酪氨酸激酶受体3（neurotrophic tyrosine kinase，receptor，type 1，*NTRK1*）和神经调节蛋白1（neuroregulin1，*NRG1*）的重排[55-61]。其中*EGFR*和*ALK*突变具有临床意义，因为分子靶向药物可用于具有这些分子异常的肿瘤患者。*BRAF*、*HER2*、*ROS1*和*NTRK1*异常的腺癌与*EGFR*突变体和*ALK*重排的肿瘤具有相同的临床病理学特征，在肺腺癌几乎是特异的，常见于是TTF-1阳性并且从不吸烟的女性患者。浸润性黏液腺癌常见*KRAS*和*EGFR*突变的持续缺失，这是肺癌中最显著的组织学和分子相关性发现。大多数肺腺癌的组织学亚型包含*EGFR*和*KRAS*突变，以及*ALK*重排。*EGFR*突变常见于贴壁型或乳头型非黏液腺癌，而*KRAS*突变在实体型为主的腺癌中可见。*ALK*重排主要与腺泡型（包括筛状结构）和印戒细胞特征有关，特别是在TTF-1和p63共同表达的肿瘤中[51, 62-63]。

1.1.8 新分类对肿瘤、淋巴结及转移分期的影响

2011年IASLC/ATS/ERS腺癌分类从多方面影响肿瘤、淋巴结及转移（tumor，node，metastasis，TNM）分期。首先，它可能有助于比较多发性肺腺癌的组织学特征，以确定是肺内转移还是单独原发。使用综合的组织学分型及组织学特征已被证明与分子分析和临床密切相关[64-65]。其次，在贴壁型肺腺癌中，用浸润性大小而不是肿瘤总大小进行肿瘤的TNM分期，在临床上可能更有意义。在下一版TNM分期中，AIS可能被视为肿瘤原位癌（tumor carcinoma in situ，Tis），MIA可能被视为肿瘤微浸润（tumor microinvasive，Tmi）。

1.1.9 小组织活检和细胞学样本

过去NSCLC被归为一类，没有重视更具体的组织学分型（如腺癌、鳞癌等）[8]。IASLC/ATS/ERS分类的主要目的之一是制定小活检标本和细胞学标本中肺癌病理诊断的标准和术语（表17.3）[8-9]。除了标准和术语外，病理学家在肿瘤分类和标本管理方面出现了两种模式变化。首先是需要进行免疫组织化学染色将以往被诊断为非小细胞肺癌-组织学亚型不明确（NSCLC not otherwise specified，NSCLC-NOS）的肿瘤进一步分类。由于肺癌组织学类型的区分，特别是腺癌和鳞状细胞癌的区分十分重要，因此新分类中建议，病理学家对在光镜下仅通过组织切片观察很难确定的亚型，尝试进一步使用特殊染色来对肿瘤亚型进行分类。对于具有典型形态学特征的肿瘤，可以使用诊断术语腺癌和鳞状细胞癌（表17.3）。这些肿瘤的形态学特征在其他地方有详细描述[6-7, 9]。如果NSCLC在小活检组织或细胞学标本中没有显示腺体或鳞状形态，则被归类为NSCLC-NOS[7, 66]。具有这种形态特征的肿瘤应该进行特殊染色，以便进一步分类。建议应用腺癌标志物（如TTF-1）、鳞癌标志物（如p40）和（或）黏蛋白染色剂[66-67]。腺癌标志物或黏蛋白阳性的肿瘤被归类为NSCLC，倾向于腺癌。腺癌标志物阴性，鳞状细胞癌免疫组织化学标记阳性的肿瘤被归类为NSCLC，倾向于鳞状细胞癌。细胞学是一种强有力的诊断工具，在大多数情况下可以准确对NSCLC进行亚型分类[66]，并且能够很容易地对细胞学样品进行免疫组织化学染色[68]。

表17.3　小活组织检查和细胞学标本中非小细胞肺癌的组织学术语和诊断标准[a]

2004年WHO分类包括2011年IASLC/ATS/ERS更新了的术语	形态学/染色	IASLC/ATS/ERS小活组织检查和细胞学标本术语
腺癌	腺癌形态明显	腺癌（描述可辨别的形态）
混合亚型		
腺泡型		
乳头型		
实体型		
贴壁型（非黏液性）		腺癌伴贴壁生长（如是单一的该形态应注意：不能排除浸润性成分）
贴壁型（黏液性）		浸润性黏液腺癌（描述呈现的形态，如是单一的贴壁型形态，使用术语黏液腺癌伴贴壁生长）
2004年WHO组织无该分类，很可能是实性腺癌	不存在腺癌形态（TTF-1染色阳性）	NSCLC，倾向于腺癌
鳞状细胞癌	鳞状细胞形态明显	鳞状细胞癌
2004年WHO组织没有该分类	不存在鳞状细胞形态（p40染色阳性）	NSCLC，倾向于鳞状细胞癌
大细胞癌	无明显腺癌、鳞状细胞癌或神经内分泌形态或染色	NSCLC-NOS[b]

[a]经许可转载自：Travis WD，Brambilla E，Noguchi M，et al. Diagnosis of lung cancer in small biopsies and cytology: implications of the 2011 International Association for the Study of Lung Cancer/American Thoracic Society/European Respiratory Society classification. Arch Pathol Lab Med. 2013;137（5）:668–684；[b]IASLC/ATS/ERS，国际肺癌研究协会/美国胸科学会/欧洲呼吸学会；NSCLC-NOS，非小细胞肺癌组织学类型不明确，不仅可见于大细胞癌，还可见于腺癌或鳞状细胞癌的实体、低分化成分，不表达免疫组化标志物或黏蛋白；TTF-1，甲状腺转录因子-1；WHO，世界卫生组织

1.2　鳞状细胞癌

鳞状细胞癌来源于呼吸道上皮细胞，在组织形态学上可见角化和（或）细胞间桥等形态特征。如果不存在这些形态学标志，通过标志物如p40和CK5/6的阳性免疫组织化学染色也可确定诊断。

鳞状细胞癌通常出现在主支气管或肺叶支气管中，但在外周部位并不少见。位于中央的肺门型偶尔会出现支气管上皮内扩散，可能延伸至切除支气管的切割端。因此，在手术过程中必须应用冰冻切片检查切除端的黏膜。与腺癌相比，许多位于周围的鳞状细胞癌仅是局部侵袭性的，胸膜癌变罕见。鳞状细胞癌与其他NSCLC的扩散途径相似。鳞状细胞癌和肺的其他恶性上皮肿瘤一样，根据TNM标准进行分期。不同的是，鳞状细胞癌表现为支气管黏膜内浅表扩散性肿瘤。鳞状细胞癌倾向于局部侵袭性，直接侵袭邻近组织。

1.2.1　侵袭性病变

鳞状细胞癌侵袭前病变的组织病理学过程已明确，并以不同程度的鳞状发育不良和原位癌为特征（图17.5）[69]。鳞状异常增生和原位癌的标准与发生在子宫颈和口腔中的病变相似。然而，这些病变的组织学形态并不一致，因为支气管发育不良起源于假性柱状上皮，与人乳头瘤病毒（human papilloma virus，HPV）感染无关。

在发育异常的病变中，带有纤毛的呼吸道上皮被厚的复层鳞状上皮所替代，并伴有中度核异型性，但仍保留鳞状分化的能力。血管生成性鳞状上皮异常增生是发育不良的特异性表型，其特征是黏膜下层的小血管增生。这种亚型显示高增殖活性，并且与吸烟者的高风险有关[70]。原位癌由复层上皮（超过10个细胞厚）组成，细胞核-质比率增加，有严重的核异型，但未显示侵袭性生长。

1.2.2　早期侵袭性鳞状细胞癌

位于中央（肺门型）的早期侵袭性鳞状细胞癌定义为在亚段支气管以上区域内出现的肿瘤，局限于支气管壁，无淋巴结转移。早期侵袭性鳞状细胞癌5年生存率超过90%，可分为以下亚

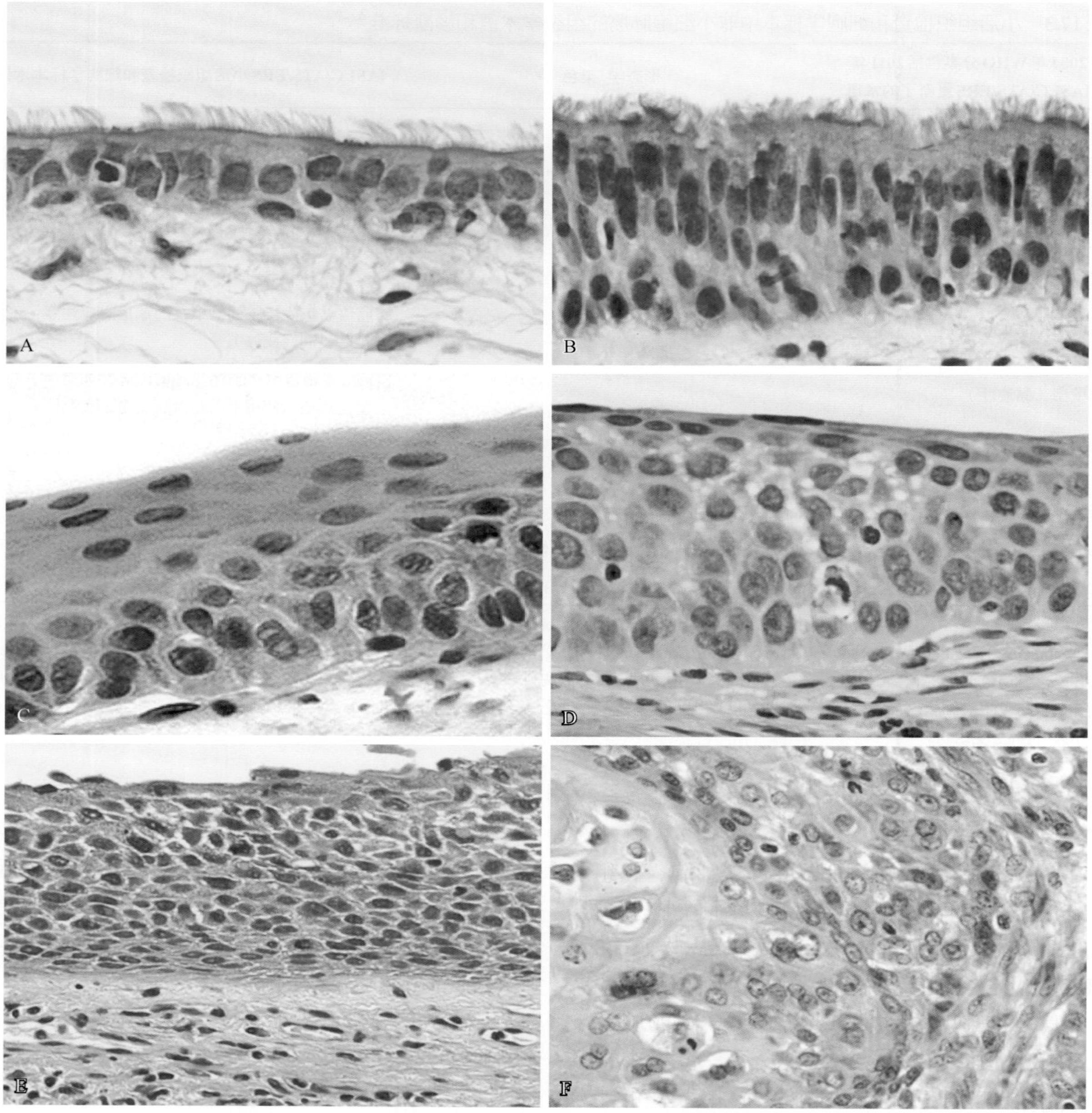

图17.5　肺部鳞状细胞癌发病机制中的组织病理学变化顺序

（A）正常支气管上皮；（B）基底细胞增生；（C）支气管上皮的鳞状化生；（D）中度异型；（E）原位癌；（F）浸润性鳞状细胞癌。（A）～（F）为HE染色Meta分析

型：①息肉状，常在支气管梁发生；②结节型，在任何支气管可出现并且倾向于形成向下侵袭性生长的局部肿瘤；③表浅浸润型，原位和微浸润性生长，常累及较宽区域，少有支气管狭窄和阻塞发生。

与肺门型相比，人们对外周型鳞状细胞癌知之甚少。目前已提出一个独特的伴肺泡间隙充盈（alveolar space filling, ASF）的鳞状细胞癌亚型[71-72]。基于弹性纤维框架的状况，外周型鳞状细胞癌可分为两种不同的亚型，即ASF型和扩张型或破坏型。ASF型显示出充满肺泡腔的生长，而不破坏现有的肺泡结构或弹性纤维（图17.6 A）。有人提出，ASF生长代表原位病变，预后较好。

1.2.3　侵袭性鳞状细胞癌

侵袭性鳞状细胞癌可见于大支气管（主要至

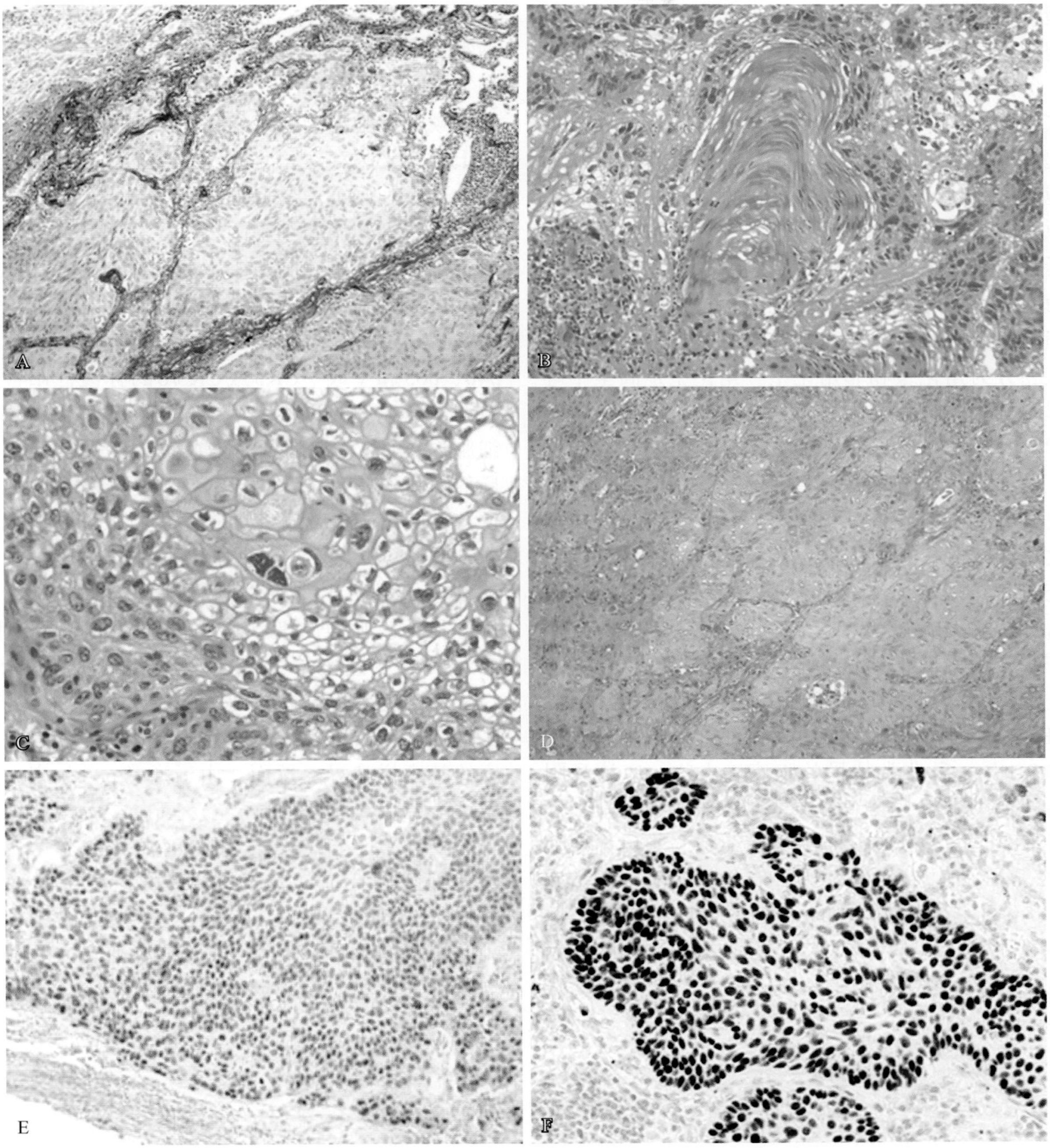

图17.6　鳞状细胞癌

（A）肺泡腔填充型的SCC，肿瘤保留弹性纤维框架；（B）显示角化珠的角化型SCC；（C）角化类型的SCC，在更高的放大倍数下显示细胞角化；（D）非角化型的SCC；（E）p63免疫组化表达；（F）p40免疫组化表达。（A）为弹性纤维染色；（B）～（D）为HE染色

节段）和外周肺实质。前者表现为向支气管腔内，以及向支气管周围软组织、肺实质及附近淋巴结侵入性生长。在支气管内生长的鳞状细胞癌有时会阻塞支气管，导致远端肺部发生二次病变，如塌陷、类脂性肺炎和支气管肺炎。另一方面，外周区域出现的鳞状细胞癌显示出两种不同的肿瘤生长类型：ASF型和压缩型。与肺门型相比，外周鳞状细胞癌通常存在含有分泌黏蛋白的细胞并显示出腺细胞特征。因此，许多诊断为外周型鳞状细胞癌的肿瘤实际上是严格意义上的腺鳞癌。

侵袭性鳞状细胞癌分为3种主要的组织学类

型，包括角化和非角化的常见类型，以及基底细胞型。

角化和非角化鳞状细胞癌 大多数侵袭性鳞状细胞癌为中度分化或低分化。与复层鳞状上皮起源的鳞状细胞癌（如口腔、咽和食管的鳞状细胞癌）相比，高分化癌并不常见。由主支气管来源的鳞状细胞癌常显示为沿支气管上皮内的原位延伸类型。在组织学上，侵袭性鳞状细胞癌显示为由具有细胞间桥和角质化的多边形细胞组成的细胞巢（图17.6 B、C）。如上所述，常见鳞状细胞癌分为角化型和非角化型。角化型是高至中等程度分化的鳞状细胞癌，易于诊断，而非角化类型有时不含细胞间桥，难以诊断（图17.6 D）。

角化和细胞间桥是鉴别诊断鳞状细胞癌与其他NSCLC的标志。然而，如果肿瘤低分化及分化不清楚，就必须用标志物和黏蛋白染色进行免疫组化分析。鳞状细胞癌最重要的免疫组化诊断标志物是p40（图17.6 F），比p63更具特异性（图17.6 E）[73-74]。这些标志物在肿瘤细胞核中呈阳性，是支气管黏膜基底细胞的基本标志物。CK5/6是一种不太可靠的鳞状细胞癌标志物[75]。TTF-1是一种非常特异的腺癌标志物，应该是阴性[76]。如果免疫染色是诊断鳞状细胞癌的唯一依据，则此类病例应诊断为鳞状细胞癌非角化型肿瘤。有时难以将肺鳞状细胞癌与其他部位转移性鳞状细胞癌区分开，如头颈部、食管或宫颈。据报道，*TP53*突变、杂合子丢失或*HPV*基因分型的基因型指纹图谱可用于鉴别诊断[77]。尽管在鳞状细胞癌中发现了多个分子异常[78-79]，但在这种肿瘤类型中没有发现特异性组织学和分子学的显著相关性。

鳞状细胞癌的免疫组化研究 鳞状细胞癌传统上被定义为存在角化珠和（或）细胞间桥的肿瘤。这些肿瘤不需要免疫组织化学染色。由于非角化鳞状细胞癌中细胞间桥少见，因此需要免疫组化来区分这些肿瘤与手术切除标本中无免疫表型的大细胞肺癌，以及小活检标本中具有腺癌或NSCLC-NOS表型的NSCLC。对于此类肿瘤，用p40、p63和（或）CK5或CK5/6的弥漫性阳性染色证实了它们的鳞状表型并分类为非角化型鳞状细胞癌。TTF-1和黏蛋白染色均应为阴性或仅为局部阳性（TTF-1，小于10%细胞呈微弱阳性）。

基底细胞癌 基底细胞癌是鳞状细胞癌的变异（图17.7）。这是一种分化不良的肿瘤，在癌巢的边缘显示出小叶结构和栅栏结构，缺乏鳞状分化。该肿瘤的细胞相对较小，细胞质稀少，缺乏或局灶性核仁。核有丝分裂像高（15～50/2 mm^2），并且Ki-67（50%～80%）增殖指数高。在2004年WHO分类中，该肿瘤被归类为大细胞癌的基底样变异。然而，由于通常p40免疫组化表达呈阳性，最近该肿瘤被重新分类为鳞状细胞癌的变异（图17.7B）[80]。具有角化或非角化性鳞状细胞癌特征，但超过50%的基底细胞成分的肿瘤应归类为基底细胞癌。这些变化被引入到2015年新的WHO分类中[5]。基底细胞癌的肿瘤扩散和分期与肺部其他鳞状细胞癌相似。

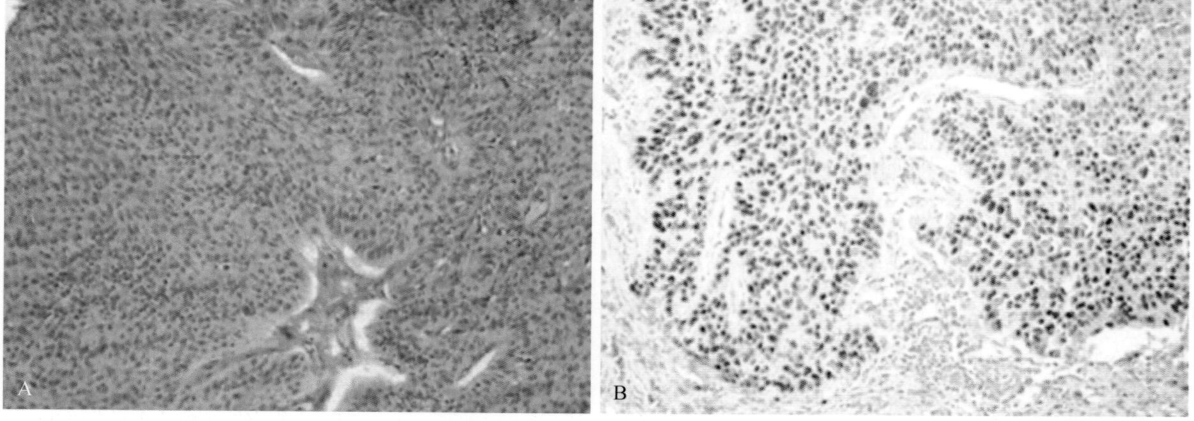

图17.7 基底细胞癌

（A）组织学HE染色；（B）p40免疫组织化学染色

基底细胞癌的免疫组化 基底细胞癌是非角化性鳞状细胞癌的一种特定亚型，需要与SCLC和LCNEC进行鉴别诊断，在细胞体积小或有玫瑰花环和栅栏样小叶伴有中心坏死的情况下，可能会与之混淆。基底细胞癌始终显示p63及其同种型p40的弥散和强阳性表达（图17.7B）。CK5/6和细胞角蛋白抗体34βE12（CK 1、5、10和14）也阳性表达，有时以不扩散方式表达。TTF-1不表达[50, 81]。神经内分泌标志物（NCAM/CD56、嗜铬粒蛋白A和突触素）通常为阴性。

1.3 腺鳞癌

该肿瘤的特征是存在鳞状细胞癌和腺癌分化。每种成分的组织学特征在至少10%的肿瘤中显示应归类为腺鳞癌（图17.8A）。然而，每种组织学分化少于10%的情况也应报告，因为最近的分子分析表明，具有混合特征的肿瘤可以反映任一组分的遗传状态，不管它们在肿瘤中所占比例如何[82]。腺鳞癌的发生率估计为肺癌的0.4%～4.0%[6]。典型的腺鳞癌常位于肺外周部，但也有报道称它们发生在中央部[83]。腺鳞癌的临床特征与其他NSCLC相似。腺鳞癌的预后明显差于腺癌和鳞状细胞癌，特别是Ⅰ期和Ⅱ期的腺癌和鳞状细胞癌[84]。腺鳞癌中每种成分所占比例不影响存活率。

腺鳞癌的免疫组化 尽管腺鳞癌是依据形态学特征诊断出来的，免疫组织化学有时可用于区分相对分化较差的组分，包括实体腺癌和非角化型鳞状细胞癌。TTF-1（腺癌分化的标志）和p40（鳞状细胞癌分化的标志）是免疫组织化学分析的两个最佳标志物[74]。只有均匀、弥漫和明显染色的区域应被判定为p40阳性免疫染色。

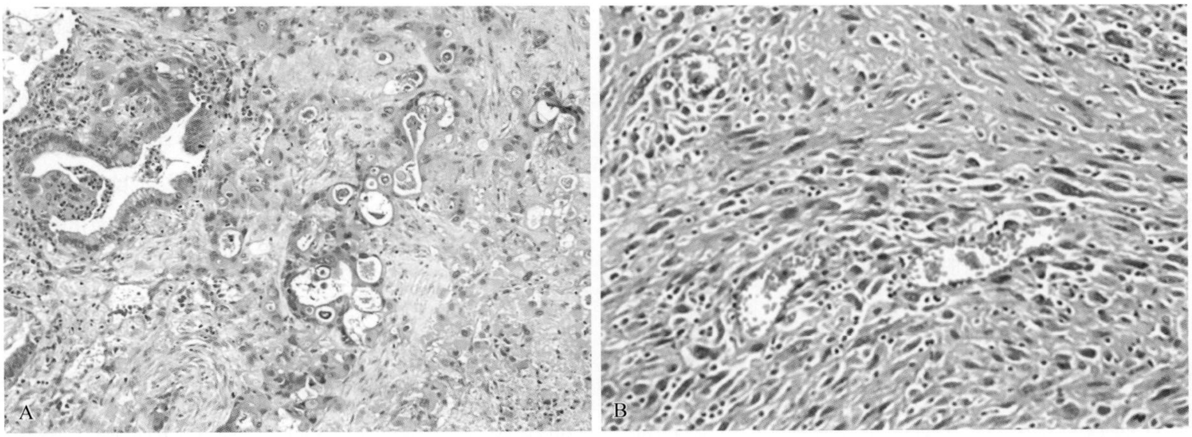

图17.8 肺癌组织染色
（A）腺鳞癌；（B）肉瘤样癌，梭形细胞。（A）～（B）为HE染色

1.4 肉瘤样癌

这一类别由一组不同种类的罕见肿瘤组成，包括多形性、梭形和巨细胞癌，以及癌肉瘤和肺母细胞瘤。

1.4.1 多形性、梭形和巨细胞癌

这些肿瘤为低分化的NSCLC，即腺癌、鳞状细胞癌或含有至少10%梭形细胞（图17.8B）和（或）巨细胞的大细胞癌[85-86]。只有切除的肿瘤才能做出明确的诊断。诊断中应提及具体的组织学成分。在小活检标本中，应描述肉瘤样成分。纯梭形细胞癌和巨细胞癌非常罕见。通常是位于上叶的大的外周肿块[87]。具有与其他NSCLC相似的播散性，远处转移常见。根据TNM分类标准进行分期。

免疫组织化学有助于显示肿瘤细胞的分化特征。如果癌细胞明显存在，则梭形细胞或巨细胞成分中不需有角蛋白表达。已经报道了各种类型的遗传改变，但是在这种类型的肿瘤中没有发现

特异性突变、重排和扩增[86]。

1.4.2 癌肉瘤

癌肉瘤是一种恶性肿瘤，由含有异源成分的癌和肉瘤的混合物组成，如横纹肌肉瘤、软骨肉瘤和骨肉瘤[47]。癌肉瘤常见于主支气管或周围肺部。使用小活检样本诊断癌肉瘤很困难，免疫组织化学有助于明确上皮细胞和肉瘤分化。虽然大多数癌肉瘤含有NSCLC组分，但有些病例可能含有高级别胎儿型腺癌的成分。这种类型的肿瘤可称为癌肉瘤的胚细胞样变异。然而，癌肉瘤缺乏低级别胎儿型腺癌成分和肺母细胞瘤原始基质成分。

1.4.3 肺母细胞瘤

肺母细胞瘤是由低级别胎儿型腺癌和原始间充质细胞组成的双相分化肿瘤，显示出不同程度的分化。可存在间充质分化（如未成熟软骨），但它们不是诊断所必需的。肺母细胞瘤和分化良好的胎儿型腺癌在β-连环蛋白基因的外显子3中含有错义突变，导致Wnt信号途径的激活和β-连环蛋白的异常核定位。因此，β-连环蛋白的核定位是肺母细胞瘤的独特诊断标志物[83-84]。由于肺母细胞瘤是一种双相肿瘤，可同时表达上皮细胞和间充质细胞的免疫标志物。

1.4.4 肉瘤样癌的免疫组化

尽管这些肿瘤是依据形态学特征诊断出来的，但免疫组织化学可明确不同的细胞成分。分化的上皮成分显示出预期的免疫表型。如果癌明确存在，则在梭形细胞或巨细胞成分中不需要细胞角蛋白表达。多形性、梭形或巨细胞组分表达波形蛋白和肌成纤维束蛋白[85, 88-90]。细胞角蛋白及分化相关标志物，如napsinA[91-92]、TTF-1、P63和CK5/6，在肉瘤样成分中有不同的表达[88, 93]。

1.5 大细胞癌

大细胞癌定义为未分化的NSCLC，缺乏腺癌或鳞状细胞癌的细胞学形态、结构和免疫组织化学特征。需要对切除的肿瘤彻底取样，并且只能在切除标本的基础上进行诊断，不能在小的活检组织或细胞学样本中进行诊断。即使在活组织检查标本中，病理学和免疫组织化学都不能检测到鳞状或腺癌分化，也不能诊断为大细胞癌，因为肿瘤可能为含有大细胞成分的鳞状细胞癌和（或）腺癌。因此，在这种情况下，肿瘤应诊断为NSCLC-NOS（表17.3）。根据2004年WHO分类，许多以前归类为大细胞癌的肿瘤现在根据2015年WHO肺癌分类，基于免疫组织化学和黏蛋白染色，被重新分类为实体型腺癌（TTF-1，napsin A或黏蛋白阳性）或非角化型鳞状细胞癌（p40或p63阳性）[5]。

以往报道显示大细胞癌占肺癌的10%左右[94]。美国SEER数据库的最新数据显示，大细胞癌所占比率从9.4%降至2.3%。使用免疫组织化学染色更准确地诊断NSCLC亚型可以解释这种变化。大细胞肺癌的平均患者年龄约70岁，男女比例为4：1或5：1，介于鳞状细胞癌和腺癌的比例之间[69]。大细胞肺癌多发生在肺的周边部。通常是具有明显边界的球形肿瘤，外观类似肉瘤，呈凸出、细腻、均一的外观。常见坏死，但很少发生空洞。一些大细胞癌类似于分化差的腺癌或鳞状细胞癌。在组织学检查中，大多数大细胞癌由多角形细胞的实体巢组成，具有囊泡核、突出的核仁、中等丰富的细胞质、明确的细胞边界和少量的纤维血管基质（图17.9 A）。这些组织学特征提示它是一种分化不良的癌，无法确定为鳞状细胞癌或腺癌。

2004年WHO肺癌分类列出了大细胞癌的5种组织学变异：LCNEC、基底细胞癌、淋巴上皮瘤样癌、透明细胞癌和具有横纹肌样表型的大细胞癌[6]。然而，在2015年WHO肺癌分类中，LCNEC被重新归为神经内分泌肿瘤的新类别，基底细胞癌被归为鳞状细胞癌的变异（表17.1）[5]。具有透明细胞或横纹表型的纯大细胞癌非常罕见，不认为是大细胞癌的异型。如果在大细胞癌中检测到这些成分，应在组织学中描述出来。

大细胞癌的免疫组化。从形态学和免疫组织化学方面来看，大细胞癌是未分化的癌。因此，如果切除的肿瘤不能在形态学上诊断为腺癌或鳞状细胞癌，则应进行免疫组织化学染色[75-76]。已报道多种免疫组织化学标志物，基于灵敏度和特异性，最有用的是用于鉴定鳞状细胞分化的p40和CK5/6，以及用于鉴定腺癌分化的TTF-1和

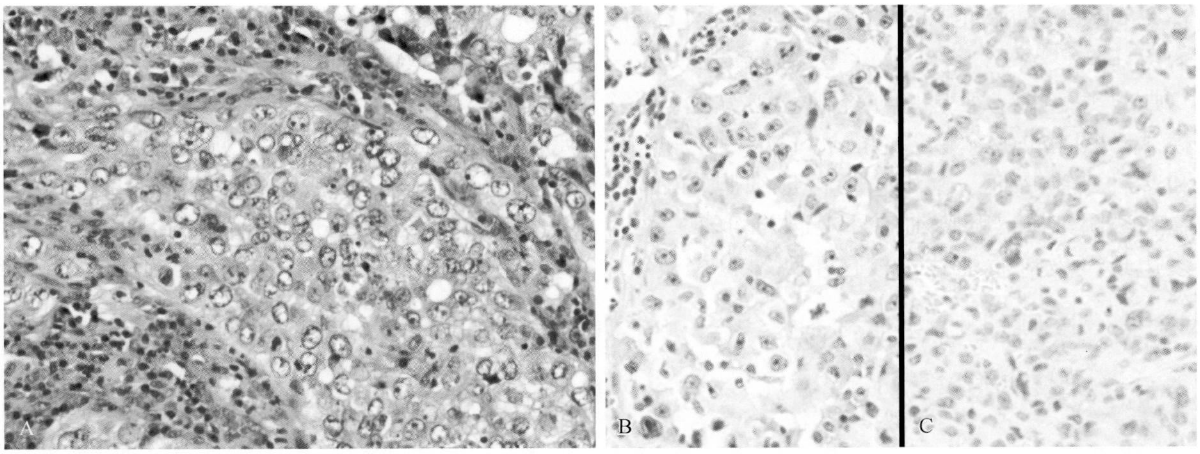

图17.9 大细胞癌

（A）组织学（HE染色）；（B）免疫组化标志物TTF-1阴性；（C）免疫组化标志物p40阴性

napsin A。实际上，如果在切除的标本中没有检测到形态学分化，应该进行免疫组织化学分析，如果鳞状标志物［p40和（或）CK5/6］是阳性和腺癌标志物［TTF-1和（或）napsin A］阴性，肿瘤应诊断为非角化型鳞状细胞癌。另一方面，如果腺癌标志物［TTF-1和（或）napsin A］是阳性，并且鳞状标志物［p40和（或）CK5/6］是阴性，则应该诊断为实体型腺癌。对腺癌和鳞状细胞癌标志物均为阴性的肿瘤最终可被诊断为大细胞癌（图17.9B、C）。然而，如果没有进行免疫组织化学染色，则应在病理报告中说明，如未经免疫组织化学分析诊断或仅通过组织学诊断。

2 神经内分泌肿瘤

神经内分泌肿瘤约占肺癌的15%。肺神经内分泌肿瘤是一种广泛存在的肿瘤，由恶性细胞组成，表现为神经内分泌分化，具有广泛的临床、生物学和组织病理学特征。肺神经内分泌肿瘤有4种主要类型：典型和非典型类癌，分别被认为是低级和中级别的肿瘤；LCNEC和SCLC，被认为是高度恶性肿瘤[98]。

最常见的肺神经内分泌癌即SCLC的癌前病变尚不清楚[21, 23]。然而，一种称为弥漫性特发性肺神经内分泌细胞增生（diffuse idiopathic pulmonary neuroendocrine cell hyperplasia，DIPNECH）的罕见病变与典型类癌和非典型类癌的发生有关[21, 96-97]。DIPNECH是以肿瘤形式存在的局部神经内分泌细胞增生。如果神经内分泌细胞增生达到0.5 cm或更大，则认为是类癌。与NSCLC相比，SCLC患者的正常和增生性支气管上皮中存在更广泛的遗传损伤，表明SCLC可能直接来自组织学正常或轻度异常的上皮细胞而不经过复杂的组织学变化过程[98]。

2.1 类癌肿瘤

类癌肿瘤是源于正常气道中的神经内分泌细胞。然而，与大多数其他类型肺癌相比，类癌肿瘤与吸烟无关[95]。与典型类癌相比，非典型类癌更大，转移率更高，这类肿瘤患者的生存率显著降低[99]。转移性典型和非典型类癌的5年生存率分别为90%和60%左右；手术切除肿瘤的患者5年生存率更高[99]。

类癌可位于肺的中央或外周部[100]。当肿瘤位于中央时，通常表现为支气管受累，呈无柄有蒂的形状，常阻塞支气管腔。支气管内成分在典型类癌比在非典型类癌中更常见。类癌使用当前版本的TNM分期标准。与其他类型的肺癌一样，肿瘤通过淋巴管或血流扩散，纵隔淋巴结、肝脏和骨可发生肿瘤转移。如前所述，肿瘤转移在非典型类癌比典型类癌更常见。

组织学上，类癌肿瘤的特征是器官生长模式、细胞均匀一致和神经内分泌标志物（如嗜铬粒蛋白A、突触蛋白和NCAM/CD56）的免疫组化表达[101]。最近的分子数据支持类癌是遗传和表型独立的神经内分泌肿瘤，不是高级神经内分泌肿瘤的早期祖细胞，如SCLC和LCNEC肿瘤[102]。

典型类癌的特征是呈神经内分泌分化的生长模式（图17.10A）。已经描述了几种生长模式和多种细胞特征，其中包括梭形细胞、黏液细胞和透明细胞。肿瘤细胞外观通常均匀一致，呈多边形，染色质细致，核仁不明显，少量至中度丰富的嗜酸性细胞质。通常非典型类癌显示出与典型类癌相同的组织学类型。根据定义，非典型类癌有2～10个核分裂/2 mm^2和（或）坏死灶（通常是点状），而典型类癌有少于2个核分裂/2 mm^2，并且缺乏坏死（图17.10B）[103]，这些改变可能集中分布，因此仔细检查切除的肿瘤对于准确诊断是必要的。虽然没有免疫组

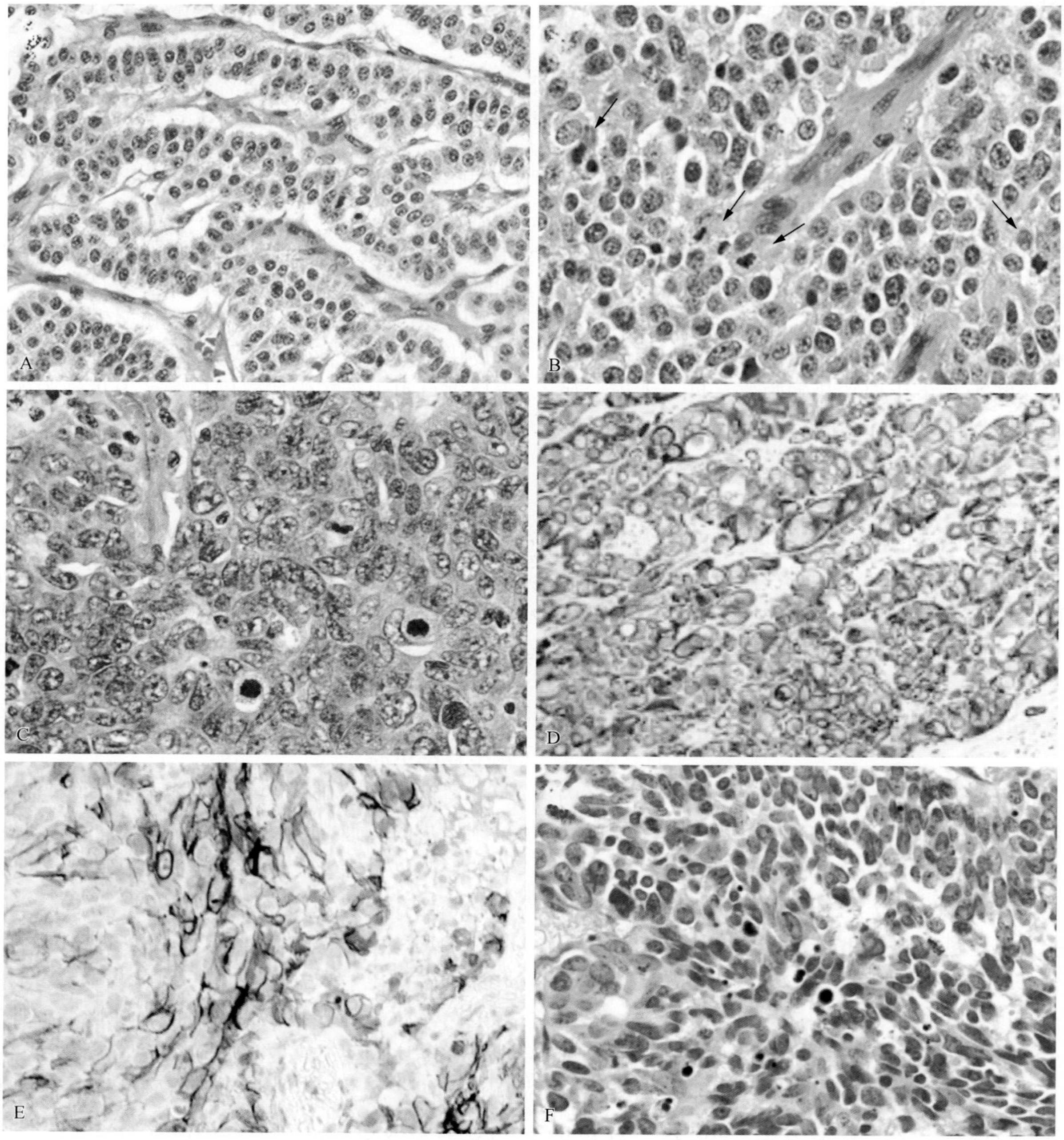

图17.10 神经内分泌肿瘤

（A）典型的；（B）非典型的类癌（箭头表示有丝分裂）；（C）大细胞神经内分泌癌的组织学；（D）细胞质嗜铬粒蛋白A的免疫组织化学表达；（E）NCAM/CD56膜表达；（F）SCLC的组织学。（A）～（C）和（F）为HE染色

织化学标记可用于分辨类癌的亚型，但在小活检或细胞学样本中发现，低Ki-67（10%～20%）标记指数是有价值的，特别是在受挤压标本中，可避免将类癌肿瘤误诊为高级别神经内分泌癌[104]。然而，Ki-67在区分典型和非典型类癌中的作用尚未完全验证[105]。

类癌的免疫组化 需要应用免疫组织化学染色来确认神经内分泌和上皮细胞分化，特别是在小活检组织标本或细胞学样本中。建议采用多种抗体组合检测的方法，如嗜铬粒蛋白A和突触蛋白（都呈胞质表达）。NCAM/CD56主要在细胞膜中表达[101, 103]。大多数类癌也表达低分子量的细胞角蛋白，阴性病例多数局限于少数的外周部肿瘤[106]。肺类癌可表达多种类型的多肽，如降钙素、胃泌素相关肽/铃蟾肽和类似于消化道神经内分泌肿瘤的促肾上腺皮质激素。

2.2 LCNEC

LCNEC是由大细胞组成的恶性上皮肿瘤，具有神经内分泌分化的组织学特征及神经内分泌标志物的免疫组化表达。2004年WHO肺癌分类中，LCNEC属于大细胞癌的亚型[6]。然而，2015年新的WHO肺癌分类把它归类为神经内分泌癌[5]。

临床上，LCNEC被认为是一种高级别神经内分泌肿瘤。常位于肺周边部，约20%的病例发生在中央位置[107]。LCNEC可扩散到多种部位，主要是胸部淋巴结、对侧肺、肝、脑和骨。分期与其他NSCLC类似。肿瘤常侵犯胸膜、胸壁和邻近组织[107]。

组织学上，LCNEC显示神经内分泌组织学形态，由大细胞组成，中等至丰富的细胞质和突出的核仁（图17.10C）。有丝分裂计数大于10（平均75）/2 mm^2，计数很少，少于30/2 mm^2。Ki-67增殖指数为40%～80%。坏死通常呈大片状，但也可能是点状。极少数情况下，肿瘤类似非典型类癌，但如果有丝分裂率超过10/2 mm^2，则被归类为LCNEC。除非符合所有形态学和免疫组织化学标准，否则在小活检标本中诊断困难，在这种情况下，建议诊断为非小细胞肺癌，疑似LCNEC[108]。

神经内分泌分化将LCNEC与低分化的NSCLC区分开[108]。然而，10%～20%的典型肺鳞状细胞癌、腺癌和大细胞癌在免疫组织化学和（或）电子显微镜分析中表现出神经内分泌分化。这些肿瘤在小活检标本上被称为具有神经内分泌分化的NSCLC，或在切除标本中称为具有神经内分泌表型的NSCLC的特定亚型。该肿瘤分类对临床治疗反应或生存期的影响仍不清楚，因此这些亚型在这里不被认为是特定的存在。

LCNEC伴有腺癌、鳞状细胞癌和肉瘤样癌成分归类为混合的LCNEC。有时会伴有SCLC的成分，但这类肿瘤被归类为混合的SCLC。

LCNEC的免疫组化 LCNEC的诊断需要通过免疫组织化学方法确认神经内分泌分化[109]。按频率递减顺序，NCAM/CD56在92%～100%的LCNEC病例染色，其次是嗜铬粒蛋白A在80%～85%的LCNEC病例染色，突触素在50%～60%LCNEC病例染色（图17.10D～E）[110]。嗜铬粒蛋白A和突触素能最可靠的准确鉴别LCNEC与非神经内分泌肿瘤，如果染色清晰，则一个阳性标记就足够了[110-111]。大约一半的LCNEC肿瘤表达TTF-1，低于SCLC[49, 110-112]，但所有LCNEC都是低分子量细胞角蛋白或CK7染色[110]。超过70%的LCNEC也表达CD117（KIT蛋白）[113-114]，可能与低存活率和高复发率有关[114]。

2.3 SCLC

SCLC通常发生于主支气管，但约5%的病例发生在肺外周部。SCLC通常位于支气管周围，伴有支气管黏膜下层和支气管周围组织的浸润[115]。肿瘤呈肿块状，伴有广泛的坏死。在不到5%的病例中，SCLC可表现为孤立性肺结节[116]。常见广泛的淋巴结转移[117]。根据TNM标准对SCLC进行分期，这与肿瘤的解剖范围相对应。然而由于SCLC广泛转移的趋势，SCLC分为原位或广泛转移性疾病，而不使用TNM分期标准。但仍推荐TNM分期，因其与原位SCLC患者预后相关。

在组织学检查中，SCLC的形态学特征为上皮性肿瘤细胞小、细胞质少、细胞核圆形、染色质颗粒细小、核仁缺失或不明显（图17.10 F）[115]。单细胞坏死广泛存在，有丝分裂计数高（通常超过10/2 mm^2）。目前没有规定小细胞的最大直径，但有人建议细胞最大直径为2个或3个小的成熟淋巴细胞的直径[118]。在某些区域，可见梭形细胞，卵圆形核仁。SCLC的诊断在细胞学标本上比在活检标本中更明确。因为小的活组织检查样品易受挤压影响，且活细胞少。在较大的标本中，细胞可能较大，胞质更丰富，多形性恶性细胞不足。不到10%的SCLC显示与其他组织类型的混合形态，通常是腺癌、鳞状细胞癌、大细胞癌、LCNEC，以及较少见的梭形细胞癌或巨细胞癌，这些肿瘤被称为混合性小细胞肺癌[115, 119]。有趣的是，在EGFR酪氨酸激酶抑制剂治疗的获得性耐药肿瘤中检测到SCLC分化，而治疗前肿瘤为腺癌的组织形态且具有EGFR TKI致敏突变[120]。

SCLC的诊断通常基于常规的组织学和细胞学特征，然而，可能需要免疫组织化学来确认肿瘤细胞的神经内分泌性质。神经内分泌标志物（包括NCAM/CD56、嗜铬粒蛋白A和突触素）的免疫组织化学表达经常出现在SCLC中[118, 121]，然而，不到10%的SCLC神经内分泌标志物呈阴性或局灶阳性表达，因为缺乏明显的神经内分泌分化。

在小活组织检查标本中，SCLC的鉴别诊断包括LCNEC、典型和非典型类癌、淋巴浸润、尤文肉瘤和转移癌。如果检查显示神经内分泌标志物表达显著或由Ki-67免疫组织化学表达确定的高增殖指数，应与低级别神经内分泌癌进行鉴别诊断[104]。

SCLC免疫组化　如前所述，SCLC可通过常规组织学和细胞学形态进行诊断，但可能需要免疫组织化学来确认肿瘤细胞的神经内分泌特性。几乎所有SCLC病例均检测到细胞角蛋白抗体混合物的阳性表达[118]。高分子量细胞角蛋白混合物（克隆34βE12，1、5、10和14）在SCLC中阴性表达[122]。神经内分泌标志物，包括NCAM/CD56（主要细胞膜表达）[101]、嗜铬粒蛋白A和突触素（细胞质表达）等，在SCLC中阳性表达[118, 123]。NCAM/CD56敏感性最高，但特异性低，应在适当的组织形态背景下应用。突触素和NCAM/CD56在SCLC中弥漫性强染色，而嗜铬粒蛋白A染色较集中并呈弱染色。然而不到10%的SCLC对神经内分泌标志物完全不起反应或只有局部染色，可能是因为缺乏明显的神经内分泌分化或保存不当造成的[124]。在75%～85%的SCLC病例中，TTF-1也呈阳性[111]，特别是使用不太特异的SPT24克隆抗体时[125-126]，而作为腺癌分化标志物的napsin A则一直不反应。p63等鳞状细胞癌标志物在SCLC中表达，而p40则为阴性[53]。超过60%的SCLC以磷酸化形式表达CD11[127]。只要有可能，应使用Ki-67免疫染色评估SCLC的增殖活性，特别是小活检标本，避免存在挤压的情况下误诊为类癌。在SCLC中Ki-67的范围为64.5%～77.5%，也可达到100%[105]。

3　其他未分类的肿瘤

3.1　淋巴上皮瘤样癌

淋巴上皮瘤样癌（lymphoepithelioma-like carcinoma，LELC）是一种罕见的肺癌，其特征是分化差，并伴有明显的淋巴细胞浸润和肿瘤细胞核内EB病毒（Epstein-Barr virus，EBV）的表达[5]。肿瘤通常是孤立的、局灶的、圆形或卵圆形。LELC通常位于肺外周部。组织形态特点为肿瘤边界清楚，肿瘤细胞呈巢网状排列，肿瘤细胞局灶可见鳞状分化。伴随的淋巴样浸润包含CD3阳性T细胞和CD20阳性的B细胞的混合物。有时肿瘤细胞核可检测到爱泼斯坦巴尔病毒。肿瘤细胞呈细胞角蛋白混合物（AE1/AE3）、CK5/6、p40、p63和B细胞淋巴瘤-2（B-cell lymphoma-2，Bcl-2）标记阳性，表明LELC具有鳞状分化。未见LELC特异性遗传异常的相关报道。

3.2　NUT癌

这种罕见的肿瘤常被称为睾丸核蛋白（nuclear protein in testis，NUT）中线癌。该肿瘤主要发生在鼻腔鼻窦区域、上呼吸道或消化道。NUT癌中染色体15q14的NUT基因（*NUT1*）和其他染色体上的基因发生100%特异性易位，如19p13.1染色体上的*BRD4*（70%）、染色体9q34.2上的*BRD3*（6%）或未知基因（22%）。组织学上，NUT癌是一种未分化的癌，伴局灶鳞状上皮分化。在免疫组织化学分析中，NUT癌中超过50%的肿瘤细胞表达NUT核蛋白，使用高度特异的NUT单克隆抗体可证实[5]。

3.3 唾液腺型肿瘤

由于上呼吸道与口腔相连，因此唾液腺型肿瘤有时会发生在肺部。这些肿瘤分为4种亚型：黏液表皮样癌、腺样囊性癌、上皮-肌上皮癌和多形性腺瘤。这些肿瘤起源或分化为支气管腺体。其临床病理和免疫组化特征与唾液腺肿瘤相似。

4 免疫组织化学在肺癌诊断中的应用

IASLC/ATS/ERS新分类主要制定了小活检标本和细胞学标本中肺癌的病理诊断标准和术语（表17.3）[7, 128]。除了制定标准和术语外，新分类使病理学家在肿瘤分类和标本管理方面发生了变化。首先是需要进行免疫组织化学染色将以前诊断为NSCLC-NOS的肿瘤进一步分类。因为肺癌的组织学类型，特别是腺癌和鳞状细胞癌之间的区分非常重要，新分类建议病理学家将光学显微镜下HE染色切片难以区分亚型的标本进一步进行特殊染色。这些进展使得病理学家必须尽一切努力将以前归类为NSCLC的肿瘤确定一种特定的组织学类型。

在过去10年中，随着新治疗靶点的发现，迫切需要对非切除标本，特别是小活检标本和细胞学标本进行分类。此外，除腺癌之外，越来越多的治疗靶点被认可，因此对鳞状细胞癌的诊断也变得同样重要。组织样本不再仅仅用于诊断，也用于免疫组织化学染色和分子检测（图17.11）。这种方法对小活检标本和细胞学标本特别重要，因为大约70%的肺癌是无法切除的，已处于晚期阶段，需要分子检测进行靶向治疗。因此，组织标本管理对于辅助分析和组织学诊断至关重要[129]。尽管小样本管理有多种不同的方法，但这些方法因实验室的不同而存在很大的差异，但是基于学科共识，为使小活检标本和细胞学标本能够更好地服务临床，制定了统一的指南（表17.3）[7]。但准则强调辅助分析并不是必要的。研究报道，活检或细胞学标本中50%～70%的患者可基于单独的形态学特征诊断为腺癌或鳞状细胞癌。然而免疫组织化学的应用可以提高诊断水平，使90%的病例避免归为NSCLC-NOS[54, 130]。指南建议尽可能少地使用NSCLC-NOS这一术语，仅在形态学和（或）特殊染色均不能更具体的诊断时使用[7, 9]。

并非所有验室都能进行免疫组织化学染色，甚至是黏蛋白染色，但目前的分类必须涵盖相关的科学进步。TTF-153[74, 130]和napsin A[131-132]是腺癌分化标志物，约有80%的敏感性。CK5/6和p63是既敏感又特异的鳞状分化标志物[49, 130-131]。2012年的研究数据表明，p63的特异性比最初认为的要低，p63同型异构体p40特异性更高[53, 73-74, 133]。p63的表达可发生在高达1/3的腺癌中[49, 130, 134]，因此，在缺乏鳞状细胞形态特征的肿瘤，p63和TTF-1同时表达的肿瘤应归类为腺癌。一些研究者也使用CK7作为腺癌分化的标志物，然而这种标志物并未得到普遍接受[134]。此外，较少使用的鳞状细胞分化标志物包括桥粒糖蛋白3和桥粒蛋白[135-136]。当需要进行免疫组织化学染色时，建议至少使用一种用于鳞状细胞和一种用于腺体分化的抗体，但各不应超过两种抗体[131, 134]。因此，简单的TTF-1和p40染色能够对大多数NSCLC-NOS病例进行分类。

在小活检标本中，腺癌标志物（如TTF-1）和（或）黏蛋白阳性且鳞状标志物（如p40或p63）阴性的肿瘤应归类为NSCLC，倾向于腺癌。而鳞状标记呈中度以上弥漫性阳性，同时腺癌免疫组织化学标志物和（或）黏蛋白染色阴性的肿瘤，应归类为NSCLC，倾向于非角化性鳞状细胞癌，并在病理报告中说明分化是通过光学显微镜和（或）特殊染色检测出来的。TTF-1和p40通常是互斥的。如果TTF-1等腺癌标志物阳性，尽管有任何鳞状标志物表达，则肿瘤应归类为NSCLC，倾向于腺癌。如果一部分肿瘤细胞群TTF-1阳性，而另一部分肿瘤细胞显示鳞状细胞标志物阳性，这种肿瘤可能是腺鳞癌，但只能在切除标本上进行该诊断。如果未发现腺癌或鳞状细胞标志物的清晰染色，则应将肿瘤归类为NSCLC-NOS。

5 用于分子检测的病理样品

NSCLC靶向治疗的新进展要求应用多种方法分析肿瘤组织标本中的分子异常，包括基因突

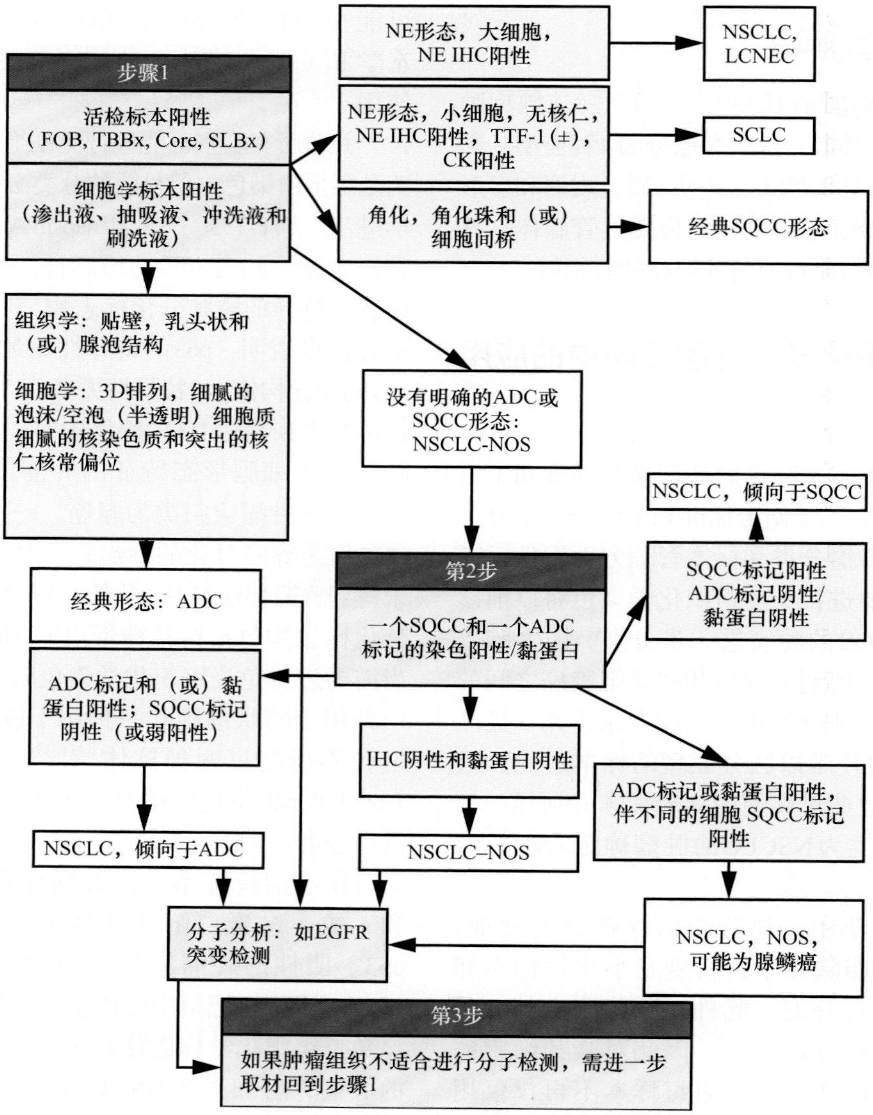

图17.11 在小活组织检查和（或）细胞学标本中腺癌的诊断步骤

注：步骤1：当活检标本［纤维支气管镜检查（FOB），经支气管肺活检（TBBx），粗针穿刺肺活检或外科肺活检（SLBx）］或细胞学标本（渗出液、抽吸液、冲洗液和刷洗液）显示明确的腺癌（ADC）或鳞状细胞癌（SQCC）形态时，可以确立诊断。如果检测到神经内分泌形态，根据分类标准可分为SCLC或NSCLC，或大细胞神经内分泌癌（LCNEC）（+ve，阳性；−ve，阴性）。如果ADC或SQCC形态不清楚，则肿瘤被视为非小细胞肺癌组织学类型不明确（NSCLC-NOS）。步骤2：NSCLC-NOS基于免疫组织化学染色、黏蛋白染色（DPAS或黏蛋白）或分子数据进一步分类。如果ADC标志物染色阳性［即甲状腺转录因子-1（TTF-1）和（或）黏蛋白阳性］，SQCC标志物染色阴性，那么肿瘤被归类为NSCLC，倾向于ADC。如果SQCC标志物［即p63和（或）CK5/6］阳性，同时伴有ADC标志物染色阴性，肿瘤被归类为NSCLC，倾向于SQCC。如果ADC和SQCC标志物在不同的肿瘤细胞群体中均为强阳性，则将肿瘤归类为NSCLC-NOS，可能是腺鳞癌。如果所有标志物均为阴性，则将肿瘤分类为NSCLC-NOS。伴显著多形性和ADC/SQCC形态的NSCLC，请参阅文本。†*EGFR*的突变应在下面情况下检测：经典ADC、NSCLC倾向于ADC、NSCLC-NOS和NSCLC-NOS可能是腺鳞癌。步骤3：如果临床需要比NSCLC-NOS更具体的诊断，可能需要进行额外的活检。IHC，免疫组化；NE，神经内分泌；CK，细胞角蛋白；图片经许可转载自：Reprinted with permission from: Travis WD, Brambilla E, Noguchi M, et al. International Association for the Study of Lung Cancer/American Thoracic Society/European Respiratory Society international multidisciplinary classification of lung adenocarcinoma. J Thorac Oncol. 2011; 6 (2): 244-285.

变、扩增和融合[137]。然而，用于晚期转移性肿瘤分子检测的组织（活组织检查）和细胞（细胞学）样本可能是小样本，如针刺活检和（或）细针抽吸的样本等。这些样本的样本量较小，在现有的方法和技术下可能会限制分子和基因检测分析。因此，必须调整当前及新发现的检测技术，使其能够用于NSCLC患者针刺和细针抽吸的小组织样本的分子分析中。

在病理学实验室，肿瘤组织标本（如针刺活组织标本、支气管镜样本、手术切除标本等）要经过福尔马林固定和石蜡包埋等组织学处理步骤。福尔马林固定和石蜡包埋会破坏用于分子检测的蛋白质和核酸（核糖核酸、脱氧核糖核酸）的完整性，特别是使用非缓冲福尔马林固定，且标本在福尔马林中固定超过24小时。细胞学标本（如痰、支气管刷、支气管肺泡灌洗液、胸膜液和细针抽吸）通常固定在酒精中，这对于保存核酸是最佳的。当细胞学样本中含有丰富的组织成分时，样本可以在福尔马林中固定，并作为组织样本（细胞块）进行处理，以获得组织切片[68]。虽然组织样本更适合分子检测，但大多数具有丰富恶性细胞的细胞学样本也可用于分子检测。

在组织学分析和随后的分子检测中，需要仔细考虑活组织检查标本和细胞学标本的使用顺序，防止在选择治疗方案时进行不重要的分子检测而导致组织丢失。此外，病理学家应确定标本中的肿瘤细胞是否足以提取脱氧核糖核酸，以及用于基于组织切片的分子检测（如荧光原位杂交和免疫组织化学）（图17.11）。

另一方面，随着我们对NSCLC的生物学，特别是在局部进展和转移过程中肿瘤分子演化认识的不断加深，以及靶向治疗耐药后出现的分子异常的识别，显示出在疾病发展的每个阶段描述其分子异常的重要性。晚期转移性非小细胞肺癌的肿瘤取样和分子检测在临床决策的每个时间点都是非常重要的[138-139]。因此，建议重新获取新的对靶向治疗耐药的肿瘤组织标本进行分子检测，以便更好地明确耐药的分子机制，确定下一步治疗方案。

6 肺癌的细胞学分析

细胞学是诊断肺癌的有力工具。肺癌中的肺部细胞学取样方法包括：①使用痰标本筛查肺癌；②刷刮细胞学检查对肺癌的推测诊断；③细针穿刺细胞学诊断肺癌；④使用支气管切除端或肺实质切除边缘进行术中细胞学诊断[94, 140, 142]。细胞学诊断标本包括痰涂片，通过支气管刮擦、刷洗或洗涤制备的涂片，通过支气管镜或通过胸壁进行细针穿刺标本，以及胸膜液或冲洗液[143-149]。通过刮除或刷检获得的标本量通常很少，必须立即固定以避免样本受到干燥的影响而可能导致的假阳性诊断。为了评估楔形切除标本的手术切缘，可采用触摸涂片立即进行细胞学诊断。

6.1 细胞学方法

6.1.1 痰涂片

痰细胞学检查是检测中央型肺癌（鳞状细胞癌和小细胞癌）的常规检查和（或）筛查方法。

6.1.2 支气管刮擦，刷检或洗涤制备的涂片

使用支气管镜检查获得这些细胞学涂片。洗涤细胞学是将病变部位用20～40 mL盐水洗涤[150]。

6.1.3 细针抽吸样品

支气管镜肺活检或经皮细针穿刺细胞学检查是两种从位于肺外周的肿瘤中采集细胞学样本的基本方法。CT检查通常支持经皮穿刺细胞学检查[151]。

6.1.4 胸腔积液或洗涤标本

正常情况下，胸膜腔内含有少量液体，但当肺癌刺激脏层胸膜时，渗出液增多[152]。胸部X线检测发现含有肺癌细胞的恶性胸水可超过200～300 mL。通常采用经皮胸腔穿刺术收集胸腔积液。

6.1.5 液基细胞学

这是制备薄层或单层载玻片的技术，可提高细胞学评估的灵敏度和特异性[153-154]。基于液体的细胞学比传统涂片和细胞离心涂片技术更受欢迎，并且被证明可以获得相当或更好的诊断准确性，尤其是在含有大量黏液和（或）血液的标本中。液基细胞学也更适用于免疫细胞化学和进一步分子分析研究。

6.1.6 细胞学标本的特殊染色和免疫细胞化学染色

收集标本后，细胞学载玻片应立即用95%乙

醇固定，用于巴氏染色，剩余的载玻片风干后用100%甲醇固定，进行梅-吉姆萨染色。免疫细胞化学染色时载玻片应固定在15%福尔马林中。由于鳞状细胞癌与腺癌的鉴别诊断需求日益增加，免疫细胞化学的临床应用日益广泛[155]。当肿瘤分化差时，很难通过巴氏染色来区分组织学亚型。在这些病例中，TTF-1和p40染色对肿瘤的鉴别诊断非常有用[156-158]。然而，细胞学家应该仔细估计TTF-1的抗原性，因为它在长期储存的细胞学涂片上很脆弱且容易丢失。应用细胞学标本制备的细胞块是用于免疫组织化学分析的有力工具。

6.1.7 细胞学标本的分子分析

细胞学标本对脱氧核糖核酸分析非常有用，因为它们是用酒精或脱水固定的[159]。与福尔马林相比，核酸在酒精中保存得更加完好。因此，鼓励病理学家为分子检测提前准备细胞块[160-162]。

6.2 各组织类型肺癌的细胞学特征

组织学异质性是肺癌的特征之一，每种特定的组织学类型都显示出特定的细胞学特征。下文介绍几种典型肺癌的细胞学特征。

6.2.1 腺癌

肺腺癌除了组织学异质性外，肿瘤的细胞学特征也存在很大差异。常见的混合型腺癌显示肿瘤细胞聚集（图17.12A）。细胞核位于细胞质的周边，核仁突出，染色质呈细颗粒状。细胞质通常是微小的空泡，其中可能存在黏蛋白。可见细胞排列成不同的腺腔样结构，如柱状细胞似“钉状”细胞排列成的蜂窝状结构，以及三维细胞团或有光滑管腔边界的分支结构。分化差的腺癌，恶性细胞形态特征不明显，通常排列成片状，当缺乏免疫细胞化学等辅助检查时，与非角化鳞状细胞癌难以区分。

AAH不太可能通过细胞学技术取样，从切除的标本可见，其具有类似于AIS的细胞形态学特征，较少核异型[163]。在非黏液性AIS中，肿瘤细胞呈单层排列，细胞核染色质均一，核仁不明显，可见核沟和核假性包涵体。不能通过细胞学标本进行AIS诊断，因为不能排除样本中是否存在侵袭性成分。

由于浸润性肿瘤细胞可能不在检测样品中，因此不能通过细胞学检查将MIA与AIS区分开。虽然没有MIA细胞学特征的研究，但我们猜测其可能是浸润性癌和AIS的混合。如果肿瘤位于外周并且观察到磨玻璃样混浊的高级别肿瘤细胞聚集，应与MIA鉴别诊断。

6.2.2 鳞状细胞癌

肺鳞状细胞癌的细胞学特征与其他部位的鳞状细胞癌相似，并且与肿瘤分级相关。分化好的鳞状细胞癌显示明显的角化，表现为致密的可伸缩细胞质，巴氏染色呈红色、橙色、黄色或浅蓝色（图17.12 B）。与头颈部鳞状细胞癌不同，肺鳞状细胞癌是由化生细胞发展而来，在大多数情况下，胞质角化是最重要的证据。典型的高分化鳞状细胞癌，细胞核染色质深且不透明，没有明显的核细节或突出的核仁。常见梭形细胞。坏死和炎症反应也很常见。细胞通常以单层或多层的形式存在。低分化鳞状细胞癌与低分化腺癌鉴别困难，主要原因是不存在细胞质角化或角化不明显，细胞核染色质淡染并有明显核仁。在这种情况下，免疫细胞化学有时能有效地鉴别腺癌。

鳞状细胞癌癌前病变中的细胞比抽吸活检中的细胞更容易出现在脱落的标本中[169]。痰标本中细胞不典型增生的程度与细胞黏结程度、胞质厚度、核质比、核仁圆度、染色质的分布和形态相关，从轻到重不等。随着不典型增生严重程度的增加，增大的细胞核在膜轮廓上有更多的不规则，染色质染色更暗，染色质颗粒更粗，分布更不规则，或出现均匀的核固缩改变。细胞质角质可能存在，尤其是在更严重的病变中，相关的巴氏染色具有明亮、浓密的橙色。核质比也逐渐增加。刮刷标本中的发育不良细胞通常比痰涂片中的发育不良细胞大。由于保存较好，染色质比痰标本更光滑、更细腻。

6.2.3 小细胞肺癌

小细胞肺癌的细胞学特征非常特殊且具有特

异性。单个的肿瘤细胞小，细胞核呈圆形、椭圆形或梭形，染色质均匀细颗粒状，核仁不明显（图17.12 C）。细胞核直径通常不超过3个淋巴细胞。核质比高，细胞核周围的细胞质非常稀少，核型突出。核切迹是小细胞癌一个非常特殊的特征。核分裂计数不像预期的那样常见。

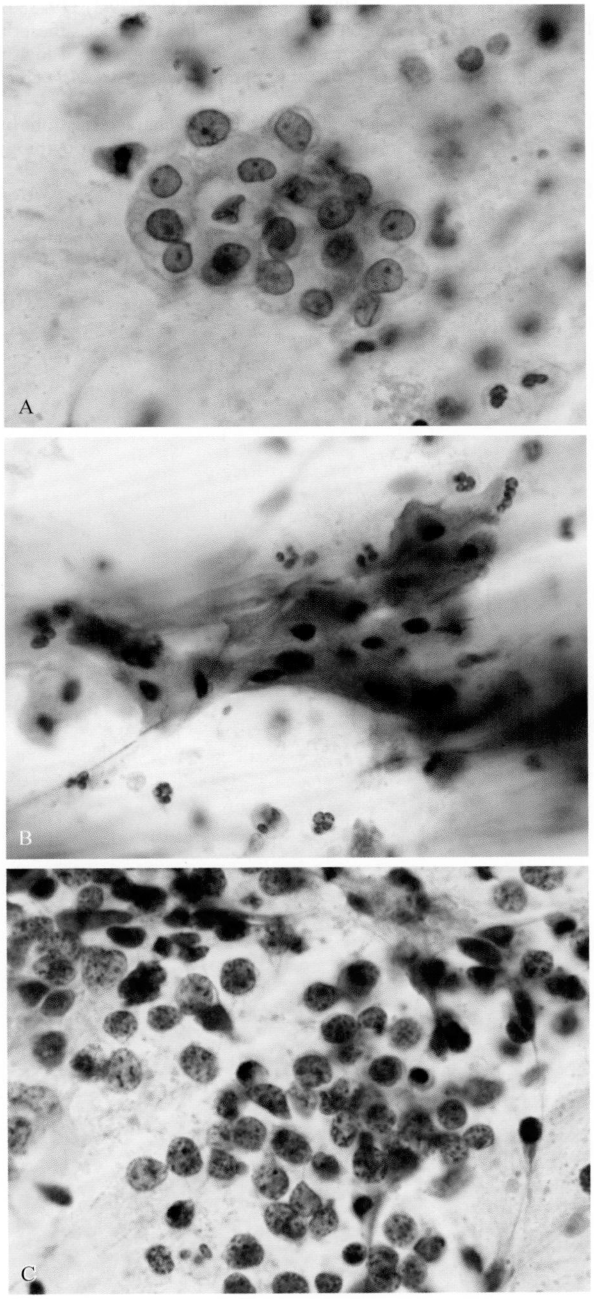

图17.12 肺癌的细胞学

（A）腺癌显示具有管状结构的肿瘤细胞簇，细胞核仁明显；（B）鳞状细胞癌伴不典型角化细胞簇；（C）SCLC癌细胞显示高核质比和微细点染的染色质。（A）～（C）为痰液组织巴氏染色，×1000

7 结论

肺癌的临床相关病理分类对于准确诊断和患者接受适当的治疗至关重要。虽然绝大多数肺癌的分类很简单，但仍存在争议和诊断方面的挑战。病理学家精确的病理诊断以及正确的处理组织和细胞学样本来进行肺癌分子检测，在肺癌治疗中发挥关键作用。2011年IASLC/ATS/ERS修订的肺腺癌分类及2015年WHO肺癌分类适用于手术切除，以及小的活检和细胞学标本[5]，解决了治疗这种疾病的新挑战。新的肺癌分类和诊断方法与当前的临床实践相一致，并为临床治疗开辟了新的途径。

（李 洋 常 锐 译）

主要参考文献

5. Travis WD, Brambilla E, Burke AP, Marx A, Nicholson AG. WHO classification of tumours of the lung, pleura, thymus and heart. *WHO Classification of Tumours*. Vol 7. Lyon, France: International Agency for Research on Cancer (IARC); 2015.
7. Travis WD, Brambilla E, Noguchi M, et al. International Association for the Study of Lung Cancer/American Thoracic Society/European Respiratory Society international multidisciplinary classification of lung adenocarcinoma. *J Thorac Oncol*. 2011;6(2):244–285.
11. Miyoshi T, Satoh Y, Okumura S, et al. Early-stage lung adenocarcinomas with a micropapillary pattern, a distinct pathologic marker for a significantly poor prognosis. *Am J Surg Pathol*. Jan 2003;27(1):101–109.
17. Russell PA, Wainer Z, Wright GM, Daniels M, Conron M, Williams RA. Does lung adenocarcinoma subtype predict patient survival? A clinicopathologic study based on the new International Association for the Study of Lung Cancer, American Thoracic Society, European Respiratory Society international multidisciplinary lung adenocarcinoma classification. *J Thorac Oncol*. 2011;6(9):1496–1504.
19. Warth A, Muley T, Meister M, et al. The novel histologic International Association for the Study of Lung Cancer, American Thoracic Society, European Respiratory Society classification system of lung adenocarcinoma is a stage-independent predictor of survival. *J Clin Oncol*. 2012;30(13):1438–1446.
23. Kerr KM. Pulmonary preinvasive neoplasia. *J Clin Pathol*. 2001;54:257–271.
29. Kadota K, Villena-Vargas J, Yoshizawa A, et al. Prognostic significance of adenocarcinoma in situ, minimally invasive adenocarcinoma, and nonmucinous lepidic predominant invasive adenocarcinoma of the lung in patients with stage I disease. *Am J Surg Pathol*. 2014;38(4):448–460.
31. Sterlacci W, Savic S, Schmid T, et al. Tissue-sparing application of the newly proposed IASLC/ATS/ERS classification of adenocarcinoma of the lung shows practical diagnostic and prognostic impact. *Am J Clin Pathol*. 2012;137(6):946–956.
49. Rekhtman N, Ang DC, Sima CS, Travis WD, Moreira AL. Immunohistochemical algorithm for differentiation of lung adenocarcinoma and squamous cell carcinoma based on large series of whole-tissue sections with validation in small

specimens. *Mod Pathol*. 2011;24(10):1348–1359.
53. Pelosi G, Rossi G, Cavazza A, et al. DeltaNp63 (p40) distribution inside lung cancer: a driver biomarker approach to tumor characterization. *Int J Surg Pathol*. 2013;21(3):229–239.
63. Inamura K, Takeuchi K, Togashi Y, et al. EML4-ALK fusion is linked to histological characteristics in a subset of lung cancers. *J Thorac Oncol*. 2008;3(1):13–17.
64. Girard N, Ostrovnaya I, Lau C, et al. Genomic and mutational profiling to assess clonal relationships between multiple non-small cell lung cancers. *Clin Cancer Res*. 2009;15(16):5184–5190.
66. Rekhtman N, Brandt SM, Sigel CS, et al. Suitability of thoracic cytology for new therapeutic paradigms in non-small cell lung carcinoma: high accuracy of tumor subtyping and feasibility of EGFR and KRAS molecular testing. *J Thorac Oncol*. 2011;6(3):451–458.
90. Pelosi G, Sonzogni A, De Pas T, et al. Review article: pulmonary sarcomatoid carcinomas: a practical overview. *Int J Surg Pathol*. 2010;18(2):103–120.
103. Rekhtman N. Neuroendocrine tumors of the lung: an update. *Arch Pathol Lab Med*. 2010;134(11):1628–1638.
104. Pelosi G, Rodriguez J, Viale G, Rosai J. Typical and atypical pulmonary carcinoid tumor overdiagnosed as small-cell carcinoma on biopsy specimens: a major pitfall in the management of lung cancer patients. *Am J Surg Pathol*. 2005;29(2):179–187.
128. Hirsch FR, Wynes MW, Gandara DR, Bunn Jr PA. The tissue is the issue: personalized medicine for non-small cell lung cancer. *Clin Cancer Res*. 2010;16(20):4909–4911.
139. Kim ES, Herbst RS, Wistuba Ⅱ, et al. The BATTLE trial: personalizing therapy for lung cancer. *Cancer Discovery*. 2011;1:44–53.
143. Kondo H, Asamura H, Suemasu K, et al. Prognostic significance of pleural lavage cytology immediately after thoracotomy in patients with lung cancer. *J Thorac Cardiovasc Surg*. 1993;106(6):1092–1097.
147. Truong LD, Underwood RD, Greenberg SD, McLarty JW. Diagnosis and typing of lung carcinomas by cytopathologic methods. A review of 108 cases. *Acta Cytol*. 1985;29(3):379–384.
155. Kimbrell HZ, Gustafson KS, Huang M, Ehya H. Subclassification of non-small cell lung cancer by cytologic sampling: a logical approach with selective use of immunocytochemistry. *Acta Cytol*. 2012;56(4):419–424.
162. Moreira AL, Hasanovic A. Molecular characterization by immunocytochemistry of lung adenocarcinoma on cytology specimens. *Acta Cytol*. 2012;56(6):603–610.
163. Dacic S. Pulmonary preneoplasia. *Arch Pathol Lab Med*. 2008;132(7): 1073–1078.

获取完整的参考文献列表请扫描二维码。

第18章 肺癌的分子检测

Celine Mascaux, Ming-Sound Tsao, Fred R. Hirsch

要点总结

- 预后标志物是否也是治疗效果的预测指标的问题至关重要。
- 预测性生物标志物在肺癌靶向治疗中的应用变得不可或缺，分子检测需要多学科循证指南；美国病理学家学会、国际肺癌研究协会和分子病理学家学会发表了肺癌分子检测的多学科循证指南。
- 免疫组织化学（immunohistochemistry，IHC）是一种简单且廉价的临床应用试验。
- 基因突变检测需要考虑可测肿瘤的含量、检测所有突变的可能性、检测所需的时间以及患者治疗的紧迫性。
- 福尔马林固定和石蜡包埋的标本、冷冻标本或酒精固定的组织标本都可进行基因突变检测。
- IHC和荧光原位杂交的优点是可以更具体地分析单个肿瘤细胞的蛋白质表达水平或基因组异常。
- 生物标志物的选择要与临床治疗相关。
- *EGFR*基因突变检测应针对外显子18～21的所有突变进行，突变率超过1%。
- 目前应用经典分子检测方法检测EGFR突变。
- 除*EGFR*之外，用于治疗晚期肺癌患者的另一种靶向生物标志物是间变性淋巴瘤激酶（anaplastic lymphoma kinase，*ALK*）基因重排，应对*EGFR*突变检测的患者进行*ALK*基因重排分析。
- 除了*EGFR*突变和*ALK*重排外，其他可预测肺癌治疗反应的生物标志物也被检测，但目前临床应用证据不足。
- *EGFR*突变、*ALK*和*ROS*基因重排的检测可分别预测患者对EGFR-酪氨酸激酶抑制剂（tyrosine kinase inhibitor，TKI）和ALK/ROS1-TKI的治疗反应，是目前临床应用中唯一推荐的生物标志物检测。

肺癌生物标志物研究旨在确定预后因素，并通常根据局部治疗（如放射治疗）或全身治疗（如化疗、靶向治疗和免疫治疗）的反应及结果确定获益的预测标志物。这些生物标志物可用于分选不同治疗反应的患者组，有助于避免无效治疗带来的毒性作用。区分预后指标和预测治疗效果的指标很重要[1]。预后因素是通过患者及肿瘤相关标志物来预测患者结果（通常是生存期），与治疗无关。预测因素是通过临床、细胞及分子标志物来预测肿瘤对治疗的反应（肿瘤缩小程度或治疗后的存活率）。因此，预后因素定义了肿瘤特征对患者的影响，而预测因素则定义了治疗对肿瘤的影响。二者并不完全一致，因为治疗反应未必能转化为更大的生存效益[2]。

已有报道，多种候选预后生物标志物与NSCLC的早期阶段有关，这些患者主要接受外科手术治疗。然而，应该强调的是，并非所有可能预测生存率的预后指标都与辅助化疗的效果有关。因此，需要明确预后标志物是否也是治疗效果的预测标志物。在本章中，我们主要关注了预测全身治疗反应和结果的生物标志物的分子检测，因为在临床应用中已经有了实施常规分子检测的有力证据。我们还讨论了预后生物标志物的相关研究数据。

1 肺癌的遗传异常

*EGFR*突变是肺癌中第一个被发现的分子异常，对EGFR特异性TKI具有明显的敏感性[3]。这一发现彻底改变了肺癌的诊断和治疗，为后续明确致癌驱动基因突变，发现肺癌其他治疗靶点提供了研究基础。继*EGFR*突变发现后，*ALK*的基因重排也被确定为NSCLC的致癌基

因，成为预测克唑替尼高反应率和良好预后的预测因子，克唑替尼可抑制肝细胞生长因子受体活性和*ALK*基因重排[4]。通过直接测序和下一代高通量测序，在不同组织学类型的肺癌中发现了其他突变。首先是肺腺癌，Ding等[5]报道了一组基于统计学数据选择的具有显著突变的26个基因，包括已知的肿瘤抑制基因肿瘤蛋白53（tumor protein 53，*P53*），丝氨酸/苏氨酸激酶11（serine/threonine kinase 11，*STK11*），神经纤维瘤病1（neurofibromatosis 1，*NF1*），共济失调性毛细血管扩张症（ataxia telangiectasia mutated，*ATM*），腺瘤性息肉病（adenomatous polyposis coli，*APC*），细胞周期蛋白依赖性激酶抑制剂（cyclin-dependent kinase inhibitor，*CDKN2A*），视网膜母细胞瘤1（retinoblastoma 1，*RB1*），抑制素βA（inhibin beta A，*INHBA*）；已知的致癌基因*KRAS*，神经母细胞瘤RAS病毒癌基因同源物（neuroblastoma RAS viral oncogene homolog，*NRAS*）；假定的致癌基因酪氨酸激酶e受体4［EGFR v-erb-b2禽红细胞白血病病毒致癌基因同源物（v-erb-b2 avian erythroblastic leukemia viral oncogene homolog，*ERBB4*）］，成纤维细胞生长因子受体4（fibroblast growth factor receptor 4，*FGFR4*），肝配蛋白受体A3［ephrin（EPH）receptor A3，*EPHA3*］，EPH受体A5（EPH receptor A5，*EPHA5*），神经营养酪氨酸激酶受体1（neurotrophic tyrosine kinase receptor type 1，*NTRK1*），激酶插入域受体（kinase insert domain receptor，*KDR*），神经营养酪氨酸激酶受体3（neurotrophic tyrosine kinase receptor type 3，*NTRK3*），血小板衍生生长因子受体α多肽（platelet-derived growth factor receptor alpha polypeptide，*PDGFRA*），白细胞受体酪氨酸激酶（leukocyte receptor tyrosine kinase，*LTK*），p21蛋白（Cdc42/Rac）激活的激酶3［p21 protein（Cdc42/Rac）-activated kinase 3，PAK3］；以及其他作用不明的基因：低密度脂蛋白受体相关蛋白1B（low-density lipoprotein receptor-related protein 1B，*LRP1B*），蛋白酪氨酸磷酸酶受体D（protein tyrosine phosphatase receptor type D，*PTPRD*），GNAS复合基因（GNAS complex locus，*GNAS*），锌指MYND 10（zinc finger MYND-type containing 10，*ZMYND10/BLU*）和溶质载体家族38成员3（solute carrier family 38 member 3，*SLC38A3*）。在其他研究中，应用DNA和RNA下一代测序（next-generation sequencing，NGS）发现了其他致癌基因驱动突变，包括*ERBB2*、v-akt小鼠胸腺瘤病毒致癌基因同源物1（v-akt murine thymoma viral oncogene homolog 1，*AKT1*）、met原癌基因（met proto-oncogene，*MET*）、狐猴酪氨酸激酶2（lemur tyrosine kinase 2，*LMTK2*）、钙黏蛋白相关蛋白（cadherin-associated protein，*catenin*）、beta 1，88 kDa（*CTNNB1*）、神经源性基因座缺口同源蛋白2（neurogenic locus notch homolog protein 2，*NOTCH2*）、SWI/SNF相关的基质相关肌动蛋白依赖的染色质调节因子亚家族a成员4（SWI/SNF-related matrix-associated actindependent regulator of chromatin subfamily a member 4，*SMARCA4*）、kelch-like epoxycyclohexanone（ECH）-associated protein 1（*KEAP1*）、AT-rich interactive domain 1A（SWI-like）（*ARID1A*）；U2小核RNA辅助因子1（U2 small nuclear RNA auxiliary factor 1，*U2AF1*）和RNA结合基序蛋白10（RNA binding motif protein 10，*RBM10*），以及融合基因，包括*ROS1*、*RET*、*FGFR2*、AXL受体酪氨酸激酶（AXL receptor tyrosine kinase，*AXL*）、微管相关蛋白4（microtubuleassociated protein 4，*MAP4/3K3*）和血小板衍生生长因子受体β多肽（platelet-derived growth factor receptor beta polypeptide，*PDGFR1*）[6-10]。最近在肺鳞状细胞癌中发现了可能的靶向突变/扩增，包括磷脂酰肌醇-4,5-二磷酸3-激酶、催化亚基α（phosphatidylinositol-4,5-bisphosphate 3-kinase，catalytic subunit alpha，*PI3KCA*）、磷酸酶和张力蛋白同系物（phosphatase and tensin homolog，*PTEN*）、*AKT1-3*、*FGFR1-3*、*EGFR*、*ERBB2*、*v-raf*小鼠肉瘤病毒致癌基因同源物B（v-raf murine sarcoma viral oncogene homolog B，*BRAF*）、*NOTCH*、*RAS*、*TP53*、细胞周期蛋白依赖性激酶抑制剂2A［cyclin-dependent kinase inhibitor 2A，*CDK2N2A*（p16INK4A）］/*Rb*、*KEAP1*、cullin 3（*CUL3*）、核因子红细胞2样2（nuclear factor，erythroid 2-like 2，*NFE2L2*）、性别决定区Y（sex determining region Y，SRY）-box 2（*SOX2*）、肿瘤蛋白p63 (tumor protein p63，*TP63*)、*NOTCH1/2*、achaete-scute家族bHLH转录因子4（achaete–scute family bHLH transcription factor 4，*ASCL4*） 和*FOXP1*（Forkhead box P1）[11-14]。SCLC的数据不多，因为切除的标本较少。但在SCLC中，利用阵列比较基因组杂交技术在Janus激酶2（Janus kinase 2，*JAK2*）、*FGFR1*、*SOX2*、细胞周期蛋白E1和MYC家族成员等基因中检测到了基因扩增[15]。在SCLC中，*TP53*、*RB*、*PTEN*、SLIT同源物2（slit homolog 2，*SLIT2*）和*EPH7*及在表观遗传基因调控中起作用的基因如CREB结合蛋白（CREB-binding protein，*CREBBP*）、E1A结合蛋白p300（E1A-binding protein p300，*EP300*）和髓系/淋巴系或混合系白血病（myeloid/lymphoid or mixed-lineage leukemia，*MLL*）基因也发生了基因突变[16-18]。

已发现*EGFR*突变和*ALK*重排可预测其各自靶向药物的治疗反应，因此实施了生物标志物检测，并将其整合到晚期NSCLC患者的治疗决策中。随着预测性生物标志物在肺癌患者靶向治疗中的应用越来越重要，需要建立一个多学科循证分子检测指南。2013年美国病理学家学会（the college of American pathologists，CAP）、国际肺癌研究协会IASLC和分子病理学家协会（the association of molecular pathologists，AMP）发布肺癌分子检测指南[19]。在对文献、会议以及公众咨询进行系统分析之后，专家小组制定了37个准则项目，涉及14个主题，并提出15项建议，从组织获取和处理到分析解释。其他组织也发布了其他一些生物标志物检测指南，包括西班牙医学肿瘤学会、西班牙病理学会和欧洲肿瘤内科学会的全国共识[20-21]。此外，*EGFR*检测的具体建议已发表在加拿大全国共识声明中，*ALK*检测的建议已由意大利肿瘤医学协会/意大利病理和细胞病理学会和其他国际学者团体提出[22-26]。

2 分子检测分析平台

2.1 蛋白质表达

IHC常用于临床评估蛋白质的表达。IHC检测常被研究者应用，因为IHC完成检测所需的时间短，成本低，并且其适用于福尔马林固定后石蜡包埋（formalin-fixed paraffin-embedded，FFPE）的组织，而非新鲜冷冻组织。此外，IHC可以帮助研究者评估细胞水平上的蛋白质表达，使他们能够评估细胞定位（如膜性、核性或细胞质）、表达部位（如肿瘤或间质细胞）和表达的异质性，并且也适用于非常小的标本，包括细胞学样本。然而，多种因素可影响IHC反应，导致染色结果变化，影响诊断结果。因此，需要优化和标准化各个指标的检测方法和检测条件。诊断结果也取决于观察者，并且可能因观察者而异，因此也需要对检测方法和检测条件进行标准化。最后，需要在多个独立的队列/机构和临床试验样本中，定义和确定IHC阳性或阴性结果的评分，以确定特定生物标志物的预后或预测价值。尽管存在上述限制，IHC仍被认为是一种简单且廉价的临床实验，在大多数病理科广泛使用。

2.2 基因突变

不同的突变分析技术对应不同的敏感性。分析灵敏度定义为重复测定中可以检测到突变的肿瘤细胞或肿瘤细胞DNA浓度的最低百分比[19]。Sanger直接测序是检测基因突变的金标准方法。当存在杂合突变并且没有基因扩增时，该方法可以从含有50%癌细胞的细胞学标本中检测到至少25%的突变等位基因。而驱动癌基因的突变，如*EGFR*和*KRAS*，通常是扩增的，这意味着样本中较低数量的肿瘤细胞可能产生25%的突变等位基因。对独立扩增的聚合酶链反应（polymerase chain reaction，PCR）产物进行双向测序及重复测序，尤其在FFPE组织中（见后文）。Sanger测序方法灵敏度较低，导致*EGFR*突变检测中大量的假阴性反应率（约30%）[27]。

为了克服Sanger测序法普遍较低的灵敏度，在肿瘤细胞数目或突变等位基因低至1%～5%的情况下，可采用其他灵敏度高的技术进行突变检测。这些更灵敏的技术涉及突变等位基因富集策略，包括肽核酸/锁定核酸扩增、在较低变性温度下的PCR或野生型序列的酶消化等[19]。FDA批准了两种检测晚期NSCLC中EGFR突变的试验：分析扩增阻止突变系统（the Scorpion-amplification refractory mutation system，ARMS）

和cobas技术（罗氏分子诊断，美国加利福尼亚州普莱森顿）。其他几种方法也可检测*EGFR*突变（表18.1）。研究人员可以使用Scorpion-ARMS商业试剂盒，测试29个*EGFR*突变，灵敏度至少为5%。Cobas-EGFR突变试验是一种基于反转录聚合酶链反应（reverse transcription-PCR-based，RT-PCR）的试验，可定性检测FFPE组织DNA中*EGFR*的第19外显子缺失和第21外显子L858R突变，曾在欧洲埃罗替尼与化疗随机试验（European randomized trial of tarceva versus chemotherapy，EURTAC）和LUX-Long 3试验中被使用[28-29]。

表18.1 *EGFR*突变检测的常用方法[30-31]

方法	需要肿瘤DNA（%）	靶向或筛选方法	检测到*EGFR*突变	检测删除和插入
桑格直接测序	25	筛选目标	已知的和新的	是
实时/Taq Man PCR法	10	靶向目标	已知的	否
高分辨率熔解曲线分析法	5～10	筛选目标	已知的和新的	是
科瓦斯法（Cobas）	5～10	靶向目标	已知的	是
焦磷酸测序	5～10	筛选目标	已知的	是
单核苷酸多态性小测序法	1～10	靶向目标	已知的	是
基于基质辅助激光解吸电离飞行时间质谱法的基因分型	5	靶向目标	已知的	否
Cycleave实时荧光PCR法	5	靶向目标	已知的	是
片段长度与限制性片段长度多态性分析	5	筛选/靶向目标	已知的	是
等位基因特异性PCR/蝎形探针扩增阻滞突变系统	1	靶向目标	已知的	否
分子量陈列基因分析系统	1	靶向目标	已知的	是
肽核酸锁核酸钳制PCR	1	靶向目标	已知的	否
变性高效液相色谱	1	筛选目标	已知的和新的	是
大规模并行处理/二代测序	0.1	筛选目标	已知的和新的	是
数字微滴式PCR	0.01	靶向目标	已知的	是

注：ARMS，扩增阻滞突变系统；*EGFR*，表皮生长因子受体；HPLC，高效液相色谱；MALDI-TOF，基质辅助激光解吸/电离飞行时间质谱；MS，质谱；NGS，新一代测序；PCR，聚合酶链反应；PNA-LNA，肽核酸锁核酸；RFLP，限制性片段长度多态性

还有几种基于不同技术的其他检测方法，其灵敏性各不相同，只有某些技术能够检测新的突变和（或）插入和缺失。与对较少肿瘤细胞样本缺乏敏感性的Sanger方法相比，更灵敏的检测方法可能会产生假阳性结果及较低的特异性。因此，在检测中设置阳性和阴性对照至关重要。值得注意的是，Sanger方法可检测到任何突变，包括测序外显子中先前未识别的突变，但其他检测是为特定的突变检测而设计的，如具有非常高灵敏度的微滴式数字PCR。另一种选择是两步法，首先是对突变的存在进行高度灵敏的检测，随后检测突变的特征。当发现一个没有或很少被报告的突变时，在重复试验确认或否认之前，检测结果不应被视为错误。然而，检测全部突变可能需要更多时间，不适合需要立即开始临床治疗的情况。在这种情况下，可采用另一种方法，首先检测最常见的突变，然后筛选不频繁出现的突变。

近年来，随着NGS的快速发展，实现了大规模的突变基因被发现和分析，NGS检测需要的组织量少，最好是新鲜冷冻的标本。该技术可实现小型化和并行化平台对数百万个短核苷酸（50～400个碱基）进行测序。不同的平台都有一个共同的技术模式，即通过克隆扩增、分离的DNA模板或单个DNA分子进行大规模并行测序。目前NGS仅用于研究，而不用于检测特定的生物标志物。然而，随着分子生物标志物使用范围的扩大和靶向治疗的快速增长，为节省时间和组织，利用NGS进行肿瘤的完整分子谱分析或至少对一组感兴趣的生物标志物进行多重突变检测可能在将来变得可行。此外，在最近一项研究中，

针对单个基因突变分析，NGS已被证明具有更好的敏感性，因为它检测了所有相关的*EGFR*突变，预测24种肿瘤对EGFR-TKI的反应，而Sanger方法和pyro测序分别出现4个和2个假阴性结果[32]。

然而，临床医生选择检测方法时需要考虑可测的肿瘤含量、检测所有突变的可能性、测试所需的时间和患者开始治疗的紧迫性。通常实验室研究人员根据设备可用性和成本，选择特定的检测方法，同时进行分析优化和标准化操作，并测试分析灵敏度和特异性[19-20]。

2.3 基因结构和拷贝数变化

FISH是评估基因结构和拷贝数变化的标准方法。与IHC类似，FISH可以在FFPE组织上进行，但需要遵循标准化方案（图18.1）。解释FISH标本取决于观察者，需要一个暗室和一个特定的显微镜，观察者需要经过特定的培训和专业知识学习才能获得可重复的结果。需要注意的是，当标本的组织结构不能很好地显示出来时，需要预先选择评估区域，以便区分肿瘤细胞和非肿瘤细胞。此外，由于荧光探针不稳定且短时间内淬灭，会限制重新检测样品的可能性。因此，在短时间内将样本成像很重要。通过使用不同荧光染料标记的靶标探针，可以在相同部位评估多个标记。除了检测基因拷贝数之外，FISH还用于评估基因结构变化，包括基因之间的融合。*ALK*融合的例子将在本章后面详述。

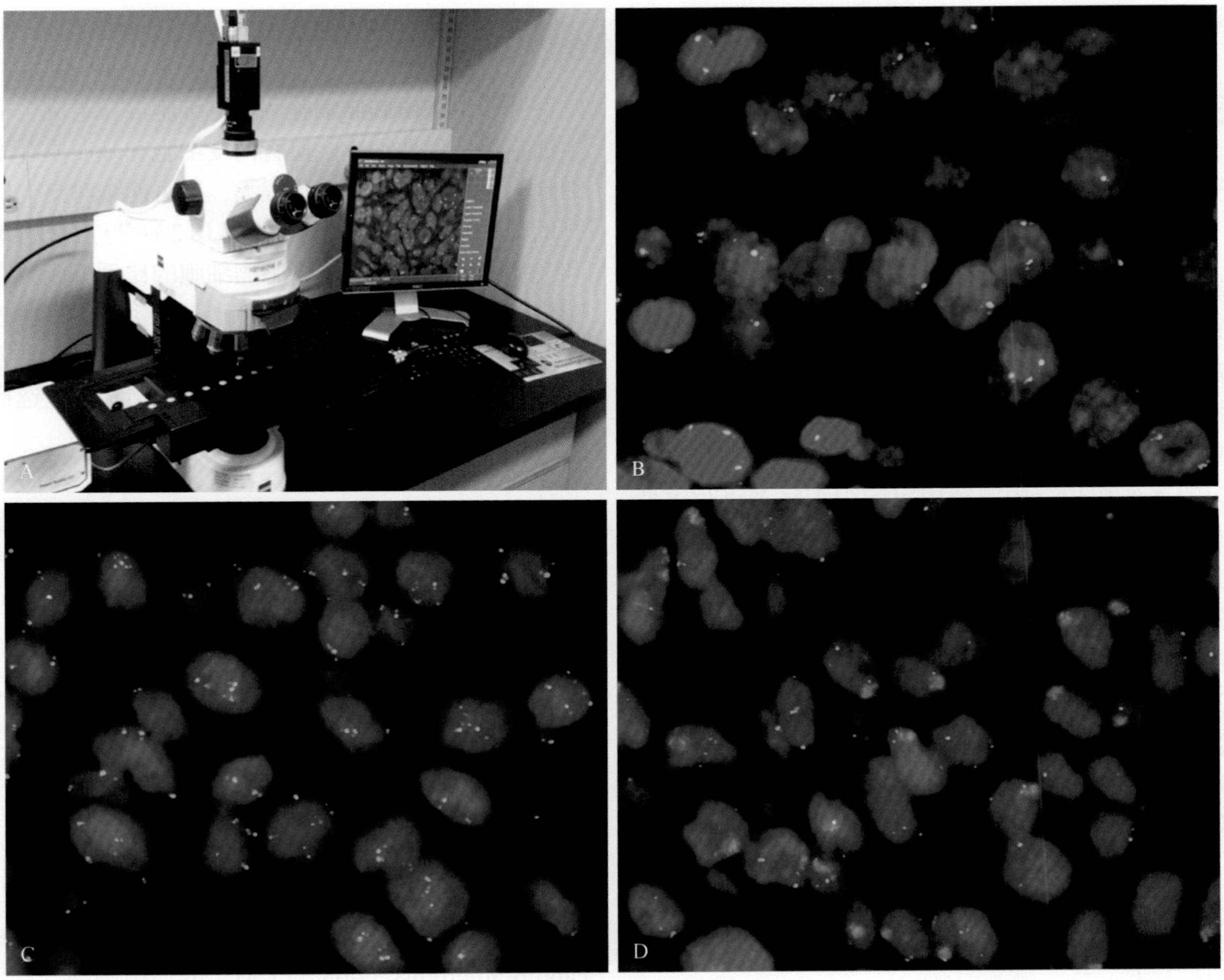

图18.1 FISH检测基因拷贝数变化

（A）FISH检测显微镜；（B）～（D）：与EGFR（红色信号）和染色体7着丝粒或CEP7（绿色信号）探针杂交的肿瘤

注：（B）中细胞显示每个探针的两个拷贝，与二体一致；（C）中显示高度多体性，如绿色和红色探针数量增加；或红色探针簇，与*EGFR*基因的高扩增一致

已经开发出几种FISH的替代技术，包括显色原位杂交和银染色原位杂交。这些替代技术主要用于科学研究，可以给出与FISH相当的结果。然而，它们很少用于肺癌的常规临床试验。银染色原位杂交已获FDA批准用于乳腺癌中人表皮生长因子受体-2（human epidermal growth factor receptor-2，HER2）测定，并得到广泛应用。多色分析技术正在开发中。利用阵列比较基因组杂交技术可对基因拷贝数进行评估。然而，比较基因组杂交技术主要用于探索性研究中的大样本标记，而不能评估临床应用的特定标记。

另一种用于评估基因拷贝数的检测方法是PCR，这是一种非常灵敏的方法，需要特定的基因和探针，如*ALK*基因重排检测中所使用的那样[33]。最近，还开发了计算机算法，利用高覆盖率的NGS数据推导出基因拷贝数。

3 分子检测的组织要求

3.1 预分析因素

专家一致认为，突变测试可在FFPE、冷冻或酒精固定的组织标本上进行[19-20]。FFPE标本的主要优点在于它是常规组织学处理中最常用的方法。此外，FFPE标本可以更好地评估肿瘤细胞含量，虽然在新鲜组织中也可实现，但不太方便，后者需要切割和染色提取DNA的切片相邻组织的冰冻切片。用酒精固定的组织标本进行突变检测的结果也很好，这种固定方法通常用于细胞学标本，也适用于突变检测。从新鲜或冷冻组织分离的DNA可产生1000碱基对（base pairs，bp）和更长的片段。将组织固定在福尔马林中可诱导DNA、RNA和蛋白质之间的交联，以及DNA断裂，形成300 bp或更短的DNA片段。福尔马林固定也会产生随机核苷酸碱基交换，从而产生假阳性结果。这类问题主要发生在低DNA产量和（或）超敏分析中[19]。用酸性或重金属固定剂处理的组织，包括铅、钴、铬、银、汞，有时甚至是铀和脱钙溶液等，可能会降低突变检测的成功率，当有可供选择的FFPE样品时应避免使用这些固定剂处理的组织。在分子生物学中，重金属固定剂抑制PCR反应中的DNA聚合酶活性。酸性溶液，如用于处理骨转移样品的脱钙液，可以诱导高速率的DNA片段化。对于专门用于分子测试的这类样品，应在样品处理步骤中使用非酸化的脱钙方法，如非酸性螯合脱钙溶液。

IHC和FISH应在FFPE组织上进行，理想情况下应在存放6周内的切片上进行，以避免随时间发生的氧化过程。无论使用何种方法，都需要标准化固定程序和储存条件。固定应在获得样品后数小时内进行。小型活检标本固定时间不超过12小时，切除标本固定时间为18～24小时[19-20]。

有数据显示，分子检测（即突变检测或FISH）可以在液体活检组织中进行（从血浆或循环肿瘤细胞中提取循环DNA）[34-38]。这些检测方法仍处于试验阶段，在临床应用前仍需要重复和标准化。

3.2 样品的处理和分析

肿瘤组织由肿瘤细胞和宿主细胞混合组成。宿主细胞包括炎性细胞、血管内皮细胞和基质成纤维细胞，它们所占比例变化很大，但可能会对突变检测的灵敏度产生重大影响（图18.2）。与正常组织和炎症细胞相比，样本中肿瘤细胞的比例可能会影响突变分析的结果，主要影响突变检测灵敏性较低，因为DNA模板的低拷贝数会在结果中产生假阴性结果。为避免假阴性结果，理想情况下应选择肿瘤细胞比例最小的标本进行突变分析[19]。

通常根据组织样本的大小，从切片中5～10个未染色部位提取DNA。然而，在某些情况下获得的DNA含量非常少。为了避免小组织样本中提取的DNA含量低，应采用不同的实验技术。全基因组扩增已经开发并用于研究。由于可能会造成结果偏差，这项技术尚未在临床试验中实施。重复实验2～3次可确保结果的准确性，但这些方法在临床实验室中并不实用，因为缺乏重复测试所需的组织、时间和劳动力。不同的组织富集方法可用于肿瘤细胞区内具有异质性的组织标本，包括大体解剖、从FFPE块中取出肿瘤细胞区域，以及来自玻璃、流式或激光捕获显微切割（laser capture microdissection，LCM）的显微解剖[19-20]。宏观解剖用于临床检测，常规情况不使用LCM，因为它属于劳动密集型技术，且激光对突变测试的影响未知，必须进行评估。此外，即使LCM可获

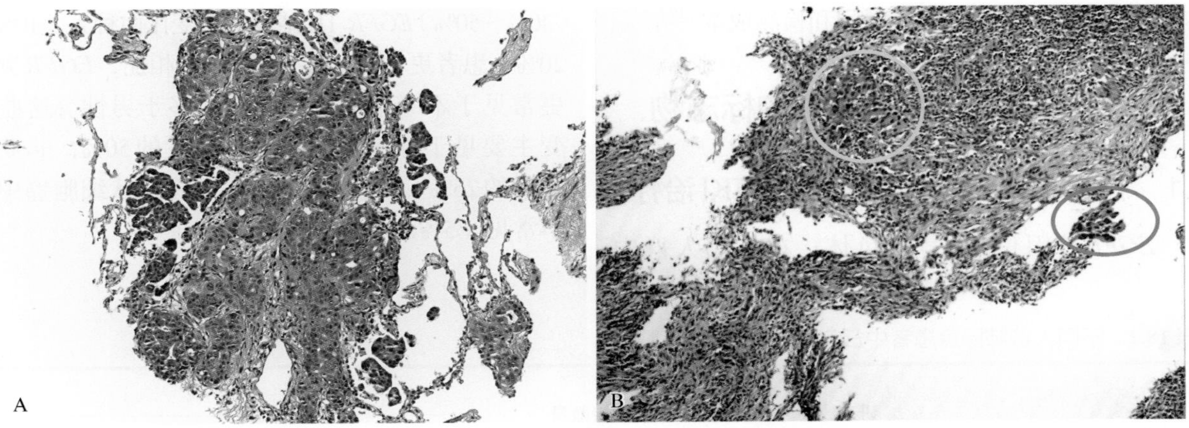

图18.2 活检标本中的肿瘤细胞数量

（A）超过80%的高细胞性样品；（B）低于10%的低细胞性样品，其中圆圈区域显示小的肿瘤细胞簇

得非常纯的肿瘤细胞样本，但DNA产量仍很低。

IHC和FISH的优点是可以更具体地分析单个肿瘤细胞的蛋白质表达水平或基因组畸变情况。在IHC和FISH中，可分析单个细胞。因此，对肿瘤细胞的含量不像突变检测要求的那样严格。然而，将研究重点放在富含肿瘤的区域对FISH很重要。应使用HE染色切片来选择要分析的区域。当使用IHC时，更大的样本量可以更好地评估肿瘤异质性和表达生物标志物细胞的百分比。然而获得更大的样本并不容易，因为样本大小取决于从肿瘤中获取的样本类型。

4 样本可用性和检测生物标志物的优先顺序

用于分子检测的组织样品有三种类型。第一种是最初出现在疾病早期并随后复发的患者，在这种情况下，大量最初被切除的原发肿瘤标本可用于检测。第二种方法适用于晚期疾病患者，对于这些患者，以原发性或转移性肿瘤的支气管、针吸活检样本或胸腔积液等有限组织用于检测。在某些情况下，如果原有的活检标本不能使用或已用尽，则需要收集新的活检标本进行分子检测。在所有情况下，应该对新切割的组织块进行HE染色，进行切片组织学评估，作为样品分析前质量控制的一部分。但是以测试为目的进行的重复活检，应向病理医生明确说明活检的目的，从而避免不必要诊断性IHC研究，以最大限度地增加分子检测的样品。

癌症晚期患者的活检组织样本非常有限，应根据其临床相关性对检测的生物标志物进行优先排序，检测方法应有助于快速确定治疗方案。在活检样本的初始诊断检查中，应合理和明智地选择生物标志物。由于每次使用石蜡包块都会导致组织损失，因此在最初切割用于组织病理学诊断的切片时，同时切割用于分子检测的切片将有助于进一步的检测。然而，这种选择并不总是实用的，因为它会增加储存未染色切片所需的实验室空间，更重要的是，储存在室内空气中的未染色切片超过几周或几个月就不再是IHC或分子研究的最佳选择。更实用的方法是同时确定和进行所有必要的生物标志物检测或使用多重技术，该方法得到了更多的认可，这是病理学家在最初诊断时自动启动的。这种方法为新的生物标志物检测或其他临床试验研究提供了最快的周转时间和最大的组织节省。

尽管组织学样本报告了突变测试结果，但在许多晚期癌症患者中，细针抽吸或细胞学样本是唯一的诊断标本。尽管一些分子/蛋白质分析可以在细胞学涂片标本上进行，但突变检测在由这些细胞制备的细胞块上会进行得更好。因此，在处理细胞学标本时建议进行细胞块制备。

进行检测生物标志物的选择必须基于其与临床治疗方案的相关性。为了获得一致可靠的结果，进行分子检测的实验室应经过当地或国家监管机构认证，由训练有素的人员使用维护良好的设备进行检测。在确定分子检测的方法和技术方案时，主要关注检测方法的灵敏度和特异性、成功检测所需的标本数量、设备可用性、检测时间和检测成本[19]。

5　目前推荐的肺癌预测生物标志物

5.1　针对*EGFR*突变的EGFR-TKI治疗

*EGFR*基因位于7号染色体。在东亚人群中（40%～50%）*EGFR* TK结构域突变比白种人（10%～20%）患者更常见[18]。与吸烟者相比，*EGFR*突变更常见于不吸烟者中，且女性多于男性。这些突变主要见于腺癌（约占亚洲患者的50%，非亚洲患者的25%），包括腺鳞癌，但在鳞状细胞癌中并不常见（5%，表18.2和表18.3）[19]。

表18.2　不同人群肺腺癌患者中*EGFR*的突变率[18]

	研究数量	患者数量	***EGFR*⁺** 患者数量	患病率（%）
亚洲/太平洋岛民	31	3452	1547	45
白种人	10	3534	853	24
黑种人	3	97	19	29
西班牙	4	372	65	17
亚洲/印度	1	220	114	52

改编自：Lindeman NI, Cagle PT, Beasley MB, et al. Molecular testing guideline for selection of lung cancer patients for EGFR and ALK tyrosine kinase inhibitors: guideline from the College of American Pathologists, International Association for the Study of Lung Cancer, and Association for Molecular Pathology. J Thorac Oncol. 2013, 8 (7): 823-859.

表18.3　与*EGFR*突变相关的临床病理学特征

	亚洲患者				非亚洲患者			
	研究数量	患者数量	*EGFR*+数量	突变率（%）	研究数量	患者数量	*EGFR*+数量	突变率（%）
性别								
女	27	1760	1027	58	19	3098	859	28
男	26	1418	456	32	19	2165	397	18
吸烟情况								
不吸烟	22	1442	843	58	18	1471	666	45
吸烟	22	1032	265	26	18	3723	569	15
组织学								
腺癌	25	2534	1278	50	19	5184	1266	24
鳞状细胞	8	168	8	5	9	110	6	5
腺鳞癌	2	6	4	67	2	8	1	13
大细胞	4	15	1	7	6	39	2	5

改编自：Lindeman NI, Cagle PT, Beasley MB, et al. Molecular testing guideline for selection of lung cancer patients for EGFR and ALK tyrosine kinase inhibitors: guideline from the College of American Pathologists, International Association for the Study of Lung Cancer, and Association for Molecular Pathology. J Thorac Oncol. 2013, 8 (7): 823–859.

对于*EGFR*激活突变的晚期NSCLC患者，EGFR-TKI的反应率为68%，无进展生存期为12个月，而在无*EGFR*突变的晚期NSCLC患者中，反应率和无进展生存期分别为8%～9%和2.2～3.0个月[28-29, 39-42]。这一差异促使研究人员进一步在*EGFR*突变的NSCLC患者中比较化疗与EGFR-TKI的治疗效果。第一项易瑞沙亚洲研究（the Iressa Pan-Asia study，IPASS）的随机试验结果显示，在从不吸烟且具有*EGFR*突变的东亚肿瘤患者中，EGFR-TKI治疗ⅢB/Ⅳ期疾病比化疗更有优势（无进展生存的风险比为0.48，$P<0.001$）[1, 40]。随后，其他几项随机试验的结果显示，EGFR-TKI治疗*EGFR*突变的NSCLC肿瘤患者具有优势（表18.4）[28-29, 39-42]。

表18.4 比较EGFR-TKI与一线化疗药在*EGFR*阳性NSCLC患者中治疗效果的随机Ⅲ期临床试验

			结果：EGFR-TKI/化学疗法			
研究	种族	*EGFR*突变患者数量	EGFR-TKI	化疗	反应率（%）	无进展生存（月）
IPASS[1, 40]	亚洲	261	吉非替尼（*n*=132）	卡铂/紫杉醇（*n*=129）	71/47	9.5/6.3 HR=0.48；*P*<0.0001
WJTOG3405[38]	亚洲	117	吉非替尼（*n*=58）	顺铂/多西他赛（*n*=59）	62/32	9.2/6.3 HR=0.49；*P*=0.0001
Nig 002[39]	亚洲	228	吉非替尼（*n*=114）	卡铂/紫杉醇（*n*=114）	74/31	10.8/5.4 HR=0.30；*P*=0.001
OPTIMAL[41]	亚洲	154	厄洛替尼（*n*=82）	卡铂/吉西他滨（*n*=72）	83/36	13.1/4.6 HR=0.37；*P*=0.0001
EURTAC[27]	白种人	173	厄洛替尼（*n*=86）	含铂双药（*n*=87）	71/47	9.5/5.2 HR=0.37；*P*=0.0001
Ensure PMID：24439929	亚洲	217	厄洛替尼（*n*=110）	顺铂/吉西他滨（*n*=107）	63/34	11.0/5.5 HR=0.34；（0.22～0.51）
LUX-Lung 3[28]	任何	345	阿法替尼（*n*=230）	顺铂/培美曲塞（*n*=115）	56/23	11.1/6.9 HR=0.58；*P*=0.001
LUX-Lung 6 PMID：24439929	亚洲	364	阿法替尼（*n*=242）	顺铂/吉西他滨（*n*=122）	67/23	11.0/5.6 HR=0.28；（0.20～0.39）

注：EURTAC，欧洲特罗凯与化疗的随机试验；HR，风险比；IPASS，易瑞沙亚洲研究；TKI，酪氨酸激酶抑制剂

5.1.1 *EGFR*突变检测

90%的活化体细胞*EGFR*突变是外显子19（最常见的是delE746-A750）的短框内缺失和外显子21的点突变（L858R，见图18.1）[43-44]。这两个突变与EGFR-TKI治疗的敏感性相关。然而，另外10%的*EGFR*突变也对治疗有影响。外显子19最常见的框内缺失是15-bp和19-bp缺失，涉及3～7个密码子的缺失，集中在747～749密码子（亮氨酸-精氨酸-谷氨酸序列）。然而，还发现了9-bp、12-bp、24-bp和27-bp缺失，以及15-bp和18-bp插入[45]。其他不太频繁的*EGFR*激活突变在外显子18（E709和G719X）和外显子21（T854和L861X）已被证实[44]。所有这些突变可导致*EGFR*组成型活化，且对EGFR-TKI治疗敏感[46]。

已有报道，EGFR-TKI具有原发性和获得性耐药性。在疾病初始阶段或疾病稳定几个月后，绝大多数*EGFR*突变阳性肿瘤会对EGFR-TKI耐药。另一种*EGFR*突变，即外显子20的T790M突变，被发现与耐药相关，在几乎50%的病例中其突变继发于EGFR-TKI治疗后[47]。通常T790M突变是获得性的，但也有罕见的NSCLC病例显示T790M突变存在于EGFR-TKI治疗之前，伴或不伴激活性突变，有资料显示T790M突变与

EGFR-TKI原发性耐药相关[48-50]。在一些肺癌患者的家族中也发现了遗传性T790M种系突变[51]。

外显子20其他突变包括S768突变和插入，其与EGFR-TKI的原发性耐药相关[52-53]。随着应用更灵敏的突变检测方法，更罕见的突变已被检测到，但仍需要进一步研究来确定这些罕见突变的临床和治疗作用。最近报道，外显子21的密码子843（vv8431）点突变是家族性肺腺癌EGFR-TKI耐药的原因[54-55]。

*EGFR*框内缺失突变（*EGFR vIII*），由2～7外显子的缺失以及由此导致的胞外区缺失801bp而产生，在NSCLC中很少报道[56]。具有*EGFR vIII*突变的肿瘤对EGFR-TKI的治疗反应尚不清楚。

综上所述，*EGFR*检测应针对任何位于外显子18～21的突变进行，其患病率超过1%。

5.1.2 检测方法

目前，应用经典的分子检测方法检测*EGFR*突变。专家一致认为[19]，*EGFR*外显子19突变检测同其他分子检测一样，应用FFPE、冷冻或酒精固定的组织标本。尽管可以通过调整实验技术，及富集DNA含量少的组织，但最好使用最大和最佳质量的肿瘤标本。本章前面已经介绍了不同的突变测试方法。Sanger测序方法，理想情况下执行双向测序和确认其他测序结果。但是，Sanger测序的灵敏度相对较低，可能导致大约30%的致敏缺失[57]。因此使用Sanger测序时，细胞数量限制的更高，至少20%，或同时可应用更敏感的突变等位基因富集策略，即两种方法（标准和高灵敏度）结合使用。在选择检测方法时，临床医生应考虑临床情况和可用的肿瘤含量。如前所述，*EGFR*突变检测应在认证的实验室中进行。所用方法能够检测外显子18～21中的任何突变，并且对发病率超过1%突变具有高灵敏性。有数据显示，从NSCLC患者循环DNA和循环肿瘤细胞中可检测*EGFR*突变[34, 38]。在循环DNA中检测*EGFR*的灵敏度约为70%，但应以肿瘤标本检测到*EGFR*突变为标准[34-36]。循环DNA可用于一线治疗中的筛查检测，但检测阴性的标本需要进一步进行肿瘤细胞的突变检测。除了一线检测外，还可利用液体活检监测分子异常，如在一线EGFR-TKI获得性耐药时检测*EGFR* T790M突变。在一线EGFR-TKI获得性耐药且含有T790M突变的肿瘤患者中，第三代EGFR-TKI显示出很高的应答率[58]。因此，需要进行耐药性的分子检测，但临床再取材具有挑战性，并且晚期NSCLC患者取材困难[59]。需要对循环DNA进行T790M检测，根据采用的技术不同，其灵敏度在40%～70%[60]。因此从血液样本检测*EGFR*突变具有应用前景和吸引力，特别是在二、三线治疗中，因为它不需要侵入性手术（活组织检查），但推荐其作为一线检测仍需更有力的证据。目前，应用循环DNA检测*EGFR*突变可用于特定临床环境下的一线治疗，如组织不存在或分子测试受限时。循环DNA可用于检测非小细胞肺癌患者对一线EGFR-TKI有进展或获得性耐药的*EGFR* T790M突变。但由于灵敏度不高，血液中的任何阴性结果都应在肿瘤样本中进行*EGFR*突变检测。

IHC对检测*EGFR*突变的特异性抗体进行了评估，几项研究的作者一致报告了检测外显子21 L858R突变和*EGFR*外显子19 15-bp缺失具有良好的敏感性和特异性[61-64]。然而，IHC检测*EGFR*外显子19的其他大小片段缺失的灵敏度较低[62-63, 65-66]。经验证和标准化后，应用突变特异性抗体的IHC检测方法，可对样本中细胞含量较低的患者进行初始筛查的一种选择。而IHC阴性的肿瘤仍需要进行突变检测。应用IHC方法选择接受EGFR-TKI治疗的患者仍需更有力的证据[19]。

蛋白质组学质谱技术可以预测肿瘤对EGFR-TKI的反应。研究者分析139例非小细胞肺癌患者使用吉非替尼治疗前的血清样本，开发了一种蛋白质组学特征，用于回顾性地根据一线和二线治疗中的反应对患者进行分类[67]。根据吉非替尼和厄洛替尼治疗患者蛋白质组学特征预测的结果，发现两组患者总生存率存在显著差异。此后，蛋白质组学分类已经被商业化为VeriStrat（Biodesix，美国科罗拉多州）。东部合作肿瘤组在3503例厄洛替尼作为NSCLC一线治疗的Ⅱ期试验中，使用VeriStrat检测预测了生存情况[68]。但是，对加拿大国家癌症研究所（National Cancer Institute Canada，NCIC）BR-21治疗患者的回顾性分析发现，使用VeriStrat检测可以预测总生存期和无进展生存期，还可以预测治疗反应，但无法预测厄洛替尼获益的生存差异[69]。几项前瞻性研究证实，蛋白质组学分类与*EGFR*突变无关。在PROSE（不可手术的非小细胞肺癌患者二线厄洛替尼治疗与化疗的随机蛋白质组学分类Ⅲ期研究）中，研究者前瞻性地验证了VeriStrat分类有利于进展期NSCLC患者的二线治疗[70]。根据VeriStrat分析，患者被分类为治疗反应差或好，并且该分析明确区分了适合化疗和适合EGFR-TKI治疗的患者。

5.1.3　预测EGFR-TKI敏感性的其他潜在生物标志物

其他生物标志物与EGFR-TKI敏感性的潜在关系已被评估，包括*EGFR*基因拷贝数和EGFR蛋白表达。

通过FISH检测发现22%～76%的NSCLC患者存在*EGFR*阳性的肿瘤（包括使用科罗拉多评分系统的高位多体性和基因扩增[71]），并且对EGFR-TKI的反应率为30%[27, 72-78]。但是由于几个原因，并不推荐应用*EGFR*基因拷贝数预测EGFR-TKI的治疗反应。*EGFR*基因拷贝数增加的患者，EGFR-TKI反应率为30%，远低于*EGFR*突变活化患者68%的反应率。此外，*EGFR*突变与基因扩增之间存在密切关联，基因扩增的高反应率是*EGFR*突变激活的结果[79-80]。包括IPASS在内的一些研究涉及*EGFR*基因拷贝数和*EGFR*突变分析。含有*EGFR*突变但基因拷贝数没有增加的肿瘤患者，EGFR-TKI的反应率保持在68%[2, 41, 79-80]。对于*EGFR*突变阴性的肿瘤患者，无论*EGFR*基因拷贝数是否增加，EGFR-TKI的反应率都很低。IPASS研究结果表明，在NSCLC中基于*EGFR*基因突变选择EGFR-TKI治疗的患者其效果优于基于*EGFR*拷贝数选择的患者[2, 41]。因此，*EGFR*拷贝数不用于选择患者是否接受EGFR-TKI治疗。*EGFR*基因拷贝数在预测*EGFR*野生型肿瘤患者对EGFR-TKI反应方面的价值尚不清楚。在前瞻性研究中，FISH检测的*EGFR*被评估为EGFR-TKI治疗（即西妥昔单抗、奈西妥珠单抗）的预测性生物标志物。

IHC方法检测EGFR蛋白表达水平可预测EGFR-TKI治疗的疗效及预后。总EGFR表达与EGFR-TKI的良好预后或*EGFR*突变无关[79-81]。在回顾性分析中，使用*EGFR*胞内结构域的特异性抗体，与其胞外结构域的抗体相比，提高了对EGFR-TKI反应的预测[82]。不过这种方法还需要验证，目前它还不能提供比*EGFR*突变检测更好的预测效果。因此，目前不建议检测总EGFR表达水平来选择接受EGFR-TKI治疗的患者。然而，EGFR蛋白高表达可预测抗EGFR单克隆抗体治疗（西妥昔单抗）的疗效[83-84]。基于肺癌一线（the first-line ErbituX in lung cancer，FLEX）研究的结果，美国临床肿瘤学会指南推荐西妥昔单抗联合化疗作为IHC检测EGFR表达阳性的肿瘤患者进行一线治疗的一种选择[85]。最新的FLEX研究指出，当使用的评分考虑了染色细胞百分比和染色强度（H评分）时，EGFR高表达肿瘤患者有生存获益[86]。独立临床试验的进一步证实，可通过检测EGFR表达选择接受抗EGFR单克隆抗体治疗的患者。

5.1.4　其他EGFR-TKI耐药的生物标志物

除*EGFR*突变外，还有其他生物标志物与EGFR-TKI的原发性耐药相关。在30%的肺腺癌患者中观察到*KRAS*突变与下游途径的组成性激活与预后不良有关[87]。EGFR-TKI作为二线和三线治疗的患者的回顾性分析，发现*KRAS*突变与EGFR-TKI低应答率有关（0～3%）[27, 42, 49, 79-80, 88-93]，而对预后没有影响。由于*KRAS*和*EGFR*突变是互斥的，KRAS检测有时被用作筛选分析，只有*KRAS*野生型肿瘤可检测出*EGFR*突变。但这种方法尚未得到验证，这需要足够的标本用于连续检测*KRAS*和*EGFR*突变，并且不会延迟检测结果。因此，不建议将EGFR-TKI治疗的患者排除在*KRAS*突变检测以外[19]。此外，虽然*KRAS*突变的亚型与结直肠癌临床相关，但没有肺癌研究证实*KRAS*突变亚型之间存在临床相关差异。

间充质-上皮细胞转变是EGFR-TKI耐药的另一种潜在机制。*MET*基因扩增与10%～20%的EGFR-TKI获得性耐药相关[94-96]。最近研究发现，HER2与EGFR-TKI的获得性耐药也相关[97]。胰岛素样生长因子受体1（insulin-like growth factor receptor 1，IGF1R）蛋白高表达也被证明与EGFR-TKI的耐药性相关[98-100]。最近，BCL2相互作用蛋白（BCL2 interacting protein，BIM）多态性已被证实，可能诱导EGFR-TKI对携带*EGFR*突变的NSCLC患者耐药[101]。目前，这些生物标志物（*MET*、

*HER2*或*IGF1R*扩增）都不能用于患者选择拒绝EGFR-TKI治疗的原因。

5.1.5 检测的患者

基于目前公布的数据，*EGFR*突变检测是唯一决定患者是否接受EGFR-TKI治疗的预测性生物标志物。虽然*EGFR*突变在亚洲从不吸烟的女性患者中常见，但*EGFR*突变也存在于其他患者中[2, 39, 72, 102]。因此，不推荐根据临床特征选择或排除需要进行*EGFR*突变检测的患者。

*EGFR*突变最常见于腺癌患者，在肺鳞状细胞癌和小细胞癌（如小细胞肺癌）患者中非常罕见[103-107]。然而，在具有腺癌成分的其他混合癌患者中发现了*EGFR*突变，如腺鳞癌或具有腺癌成分的小细胞癌。因此在没有IHC证据表明存在腺癌成分的情况下，对于鳞状细胞癌和小细胞肺癌患者，不建议进行*EGFR*突变检测[19]。对于肺癌标本不足的患者，包括活组织检查标本、细针穿刺和胸腔积液的细胞学标本等，腺鳞癌或低分化腺癌的诊断可能具有挑战性，并且不能完全排除腺癌成分[19]。这可以解释为什么在一些涉及*EGFR*突变检测的小样本研究中，在鳞状细胞癌病例中可见*EGFR*突变的报道[103]。此外，为了减少小样本肺鳞癌与腺癌的分类错误，应采用IHC方法帮助诊断[108]。胸腔细胞学可用于*EGFR*的分子检测，但仍然使用IHC方法进行患者的组织学分型[109]。因此，在有限的肺癌标本中，如果不能明确排除腺癌成分，则应在所有患者中进行*EGFR*突变检测，包括那些鳞状细胞癌和小细胞癌患者。然而，在肺鳞状细胞癌患者中也发现了*EGFR*突变[110-111]。因此，根据欧洲医学肿瘤学会指南和CAP/IASLC/AMP指南的建议，可以在从未吸烟和曾经吸烟的肺鳞状细胞癌（少于15包/年）患者中进行*EGFR*分子检测[19, 112]。如果可能，*EGFR*突变检测也应该对那些被归类为非小细胞肺癌组织学类型不明确型（NSCLC not otherwise specified，NSCLC-NOS）的患者进行。

5.1.6 何时进行检测

根据*EGFR*突变检测选择接受EGFR-TKI治疗的患者，仅适用于晚期NSCLC患者[2, 39, 40, 72]。相比之下，目前还没有证据表明它可用于早期辅助性TKI治疗和外科治疗的患者的选择[113-114]。这项测试对于许多需要手术并接受或不接受辅助化疗的患者来说是不必要的。然而，对于50%预期复发的患者，如果没有对切除标本进行*EGFR*突变的初步检测，可能意味着检测必须在疾病进展期进行，这可能导致诊断的延迟、浪费现成的样本，甚至需要重复活检。因此，由于检测结果的不易获取，临床医生必须平衡不必要检测的成本与患者延迟治疗的利弊[19]。在复发时，考虑*EGFR*突变对诊断样本的意义及其与转移复发部位（而不是原发肿瘤）存在耐药突变的可能性是相关的。

5.1.7 检测的肿瘤部位

用于*EGFR*检测的样本类型很大程度上取决于获取样本的便利性。目前，在初始EGFR-TKI治疗之前，可使用原发性肿瘤或转移性病变检测*EGFR*突变。然而，由于肿瘤的异质性，对检测样本的选择存在争议。一些研究显示，*EGFR*突变检测结果在肺原发性肿瘤和转移灶之间非常一致[69, 115]。然而，其他研究者报道了原发性肺肿瘤与转移灶之间*EGFR*突变状态的异质性[116-117]。总体而言，组织的质量是选择转移性肺癌患者样本的主要因素。然而，如前所述，如果活检标本经酸性脱钙溶液处理过，转移性骨病变不是最佳的检测样本。已报道不同原发性肿瘤中存在不同的突变，因此对于具有多个原发部位的患者，应分别检测每个肿瘤标本[118]。

5.1.8 *EGFR*检测的临床建议

CAP/IASLC/AMP的指南建议，任何晚期NSCLC伴腺癌、大细胞癌或含有腺癌成分的肺癌患者都应使用最易获得的组织（原发性肿瘤或转移）标本进行*EGFR*突变检测。如果标本不足以排除腺癌成分，如鳞状细胞癌和小细胞癌等其他组织学标本，也应考虑进行*EGFR*突变检测。对于早期NSCLC患者，在诊断时是否进行*EGRF*突变检测是有争议的，但如果可能的话应该进行*EGFR*突变检测[19]。

5.2 *ALK*重排：ALK抑制剂疗效的预测因子

另一个被批准用于晚期肺癌靶向治疗的生物

标志物是*ALK*基因重排。2007年，在肺癌中发现*ALK*基因重排，其已迅速转化为治疗靶点[4]。最常见的*ALK*重排是2号染色体短臂的反转，导致基因融合，棘皮动物微管相关蛋白4（echinoderm microtubule-associated protein like 4，*EML4*）-*ALK*，其融合蛋白产物显示组成型酪氨酸激酶活性。此外，已报道肺癌中存在*ALK*的其他融合伴侣，包括驱动蛋白家族成员5B（kinesin family member 5B，*KIF5B*）-*ALK*和*TRK*融合基因（TRK-fused gene，*TFG*）-*ALK*，这些罕见的融合是2号染色体短臂以外的片段易位（图18.3）。NSCLC患者中*ALK*融合的患病率为2%～7%（表18.5）。*ALK*重排在从不吸烟者和年轻人中出现的频率更高，并且在腺癌中比在其他组织学类型的NSCLC中出现的频率更高。然而，与*EGFR*突变相比，*ALK*重排与性别或种族无关[119-131]。

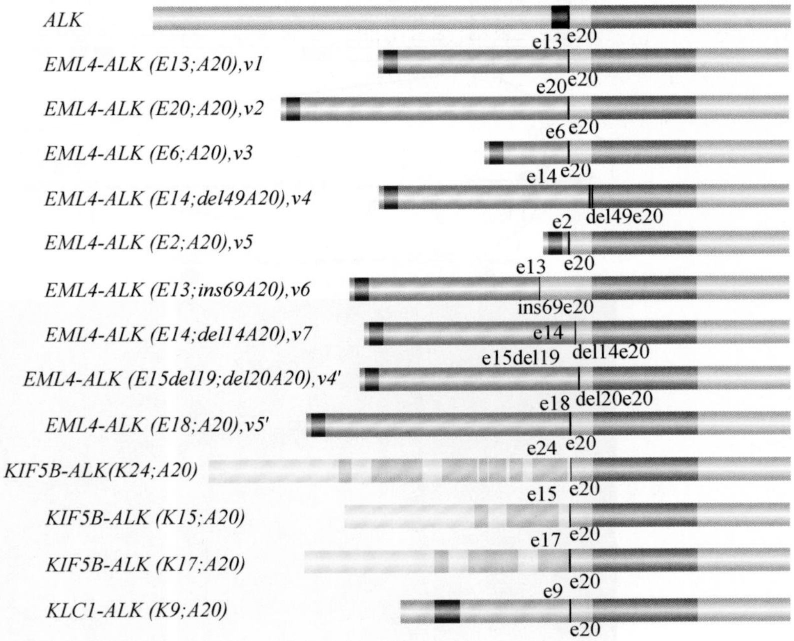

图18.3 肺癌中的野生型和各种类型的*ALK*融合

注：*EML4*，棘皮动物微管相关蛋白4；经许可转载自：Tsao MS, Hirsch FR, Yatabe Y, eds. IASLC Atlas of ALK Testing in Lung Cancer. Aurora, CO: IASLC Press Offce, 2013.

表18.5 NSCLC中*ALK*重排的发生率[32]

种族	研究数量	患者数量	ALK+例数	ALK+患病率（%）
未选择的研究				
亚洲	21	5739	274	4.8
欧洲	4	767	48	6.3
美国	6	4198	194	4.6
混合	2	908	24	2.7
总计	33	11 612	540	4.7
选择不吸烟/较少吸烟者的研究				
亚洲	4	619	65	10.5
美国	3	542	63	11.6
总计	7	1161	128	11
共计	40	12 773	668	5.2

改编自：Tsao MS, Hirsch FR, Yatabe Y. IASLC Atlas of ALK Testing in Lung Cancer. 2013. Copyright International Association for the Study of Lung Cancer.

克唑替尼是ALK融合蛋白酪氨酸激酶的一种小分子抑制剂，已在伴有*ALK*重排的NSCLC患者中进行了试验。该人群的应答率为57%[123]。最近一项研究，在伴有*ALK*重排的晚期NSCLC患者中比较克唑替尼与化疗的治疗效果，发现克唑替尼的反应率（65% vs. 20%，$P<0.001$）和无进展生存期（7.7个月vs. 3.0个月，风险比为0.49，$P<0.001$）好于化疗[131]。现在普遍建议检测*ALK*重排，以便选择适用克唑替尼等ALK抑制剂治疗的患者。

*ALK*的二次突变导致了克唑替尼的获得性耐药，这些突变包括*L1152R*、*C1156Y*、*F1174L*、*L116M*、*L1198P*、*D1203N*和*G1269A*[132-137]。已开发出了靶向ALK耐药突变的一些分子，并显示出高反应率[138]。然而，目前在临床实践中推荐测试这些突变的证据不足。ALK抑制剂的耐药还可能涉及其他途径的激活和其他突变的发生，如*EGFR*和*KRAS*突变[118, 136]。

5.2.1 测试分析

在美国，FDA批准克唑替尼用于治疗具有*ALK*重排的NSCLC患者，可以使用商业化ALK break-apart实验（Vysis LSI ALK FISH探针试剂盒，雅培分子，美国伊利诺伊州雅培园）。该实验用于临床试验中检测*ALK*重排，显示克唑替尼对NSCLC患者的临床疗效[121, 123, 131, 139]。该试验涉及用光谱橙色（橙色/红色信号）标记的端粒3′探针和用光谱绿色（绿色信号）标记的着丝粒5′探针与FFPE组织切片杂交。在没有重排的情况下，探针融合，信号为黄色（图18.4）。反转通常导致探针分离，从而产生单独的橙色和绿色信号。

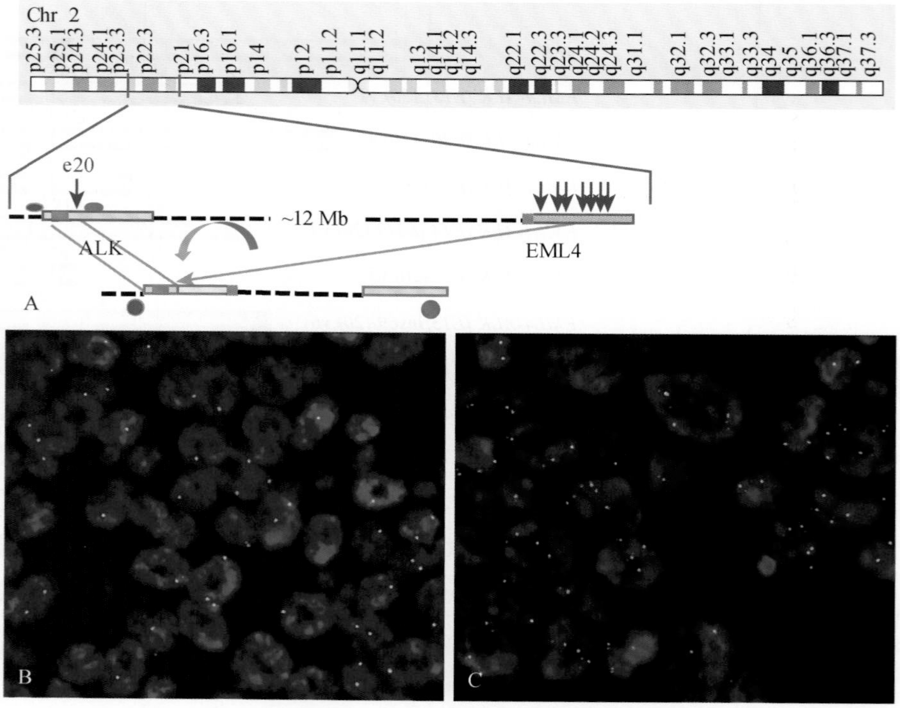

图18.4 *ALK*断裂FISH检测

（A）显示在染色体2p上*ALK*和棘皮动物微管相关蛋白4（*EML4*）基因的位置的示意图，以及与*ALK*基因重排的反转断裂点相关的断裂探针的位置。通过断裂的*ALK*探针进行肿瘤检测；（B）中肿瘤显示接近绿色和橙色/红色（人工染色的红色）信号，表明正常的*ALK*基因结构；（C）中绿色和红色信号的分离表明反转型*ALK*基因重排

如果被评估的50个肿瘤细胞核中至少15%含有典型的*ALK*重排分裂信号，则认为肿瘤*ALK*重排阳性[139]。然而，其他FISH异常可能出现在非典型FISH模式中[33, 112]。因此，需要由经过培训且具有专业知识的人员分析FISH结果，分析人员需要由病理学家担任或监督。

考虑检测成本和便利性，IHC作为*ALK*重排的一线筛选试验已被全世界考虑和采用。一些研究报道*ALK*融合基因的蛋白检测有接近100%的灵敏度和特异性[33, 140]。ALK-IHC检测的一个关键因素是信号放大步骤[33]。其中一些抗体已经过测试。使用D5F3抗体的特殊IHC检测法（美国亚利桑那州图森文塔纳医疗系统公司）已经进行了研究，以获得观察者间的重复性和与ALK-FISH检测的可比性[116]。结果表明该检测具有高度可重复性，同时与ALK-FISH检测具有很强的相关性。在应用IHC方法筛查*ALK*重排的检测中心，仍然需要进行FISH检测进一步确定*ALK*重排阳性的肿瘤[19]。虽然ALK-FISH的阳性结果与对克唑替尼的治疗反应和结果密切相关，但是越来越多的研究指出，一些FISH检测中*ALK*重排阴性的NSCLC（使用FDA批准的标准）在IHC检测中*ALK*重排呈阳性[141]。最近ALK-IHC伴诊检测法已获得FDA和其他几个国家的批准，可作为独立的ALK检测方法用于诊断和治疗*ALK*重排肺癌患者。

目前，在FFPE肿瘤切片上应用IHC和FISH方法检测ALK。FISH检测是一种可靠技术，该技术也适用于细胞学标本，如直接涂片、细胞纺锤体或液基制品[33]。ALK-FISH分析的标准同组织学的分析标准。但在一些情况下，细胞块或细胞学标本没有足够的肿瘤细胞。虽然细胞标本的FISH分析不推荐用于预测性的ALK检测，但可以使用细胞块[33]。

与作为标准的原发肿瘤检测相比，在循环肿瘤细胞中检测到*ALK*重排的灵敏度和特异性为100%[37]。循环肿瘤细胞是基于过滤的技术收集的，该技术不能消除上皮-间充质转化的细胞，而FDA批准的基于上皮细胞黏附分子的技术则不保留这些细胞。有趣的是，在循环肿瘤细胞中发现了新的*ALK*重排模式。在一项研究中，由于肿瘤细胞数量较少，则不能使用15%的临界值。循环肿瘤细胞中基于特征曲线，每1 mL血中出现4个或多个循环肿瘤细胞具有*ALK*重排，则预测肿瘤中存在*ALK*重排[37]。

PCR方法也可用于检测*ALK*重排。该方法高度敏感，但需要对融合基因设计探针。目前比较FISH、IHC和RT-PCR等方法检测ALK重排的优缺点的研究正在进行中[33]。

5.2.2　进行检测的患者

*ALK*重排检测应在进行*EGFR*突变检测的相同患者群体上进行。如前所述，尽管*ALK*重排在不吸烟者和年轻患者中更常见，但*ALK*重排也可见于其他临床特征的患者。因此，与*EGFR*一样，除鳞状细胞癌外，不能根据临床特征排除*ALK*检测的NSCLC患者[119-130]。*ALK*重排在腺癌中最常见，也可见于含有腺癌组织成分的其他肺癌患者中，但肺鳞状细胞癌非常罕见[126, 142-144]。因此，与*EGFR*检测一样，如果IHC表明肺癌标本中存在腺癌成分，则应进行*ALK*检测[19]。但是，如果一个从不吸烟的年轻人患有鳞状细胞组织学肿瘤，应该推荐*ALK*检测。

5.2.3　何时进行检测

来自克唑替尼和其他ALK抑制剂不同临床试验的初步研究结果，确立了*ALK*重排检测在晚期NSCLC患者中的关键作用[123, 131]。对于可治愈的早期疾病患者，没有数据支持在诊断时必须进行检测[19]，但是同样的论点也可以用于*EGFR*突变测试，如前述一致。

5.2.4　肿瘤检测部位

关于*ALK*重排是否检测原发性肿瘤或转移性病灶未见报道。然而，类似于*EGFR*突变，*ALK*重排是驱动癌基因，故肿瘤原发灶和转移灶的结果应是一致的。因此，组织的质量和获得组织的可行性应该是选择待测样本的主要因素。与*EGFR*突变的情况类似，具有多个原发部位的患者，分别检测每个肿瘤标本似乎是合理的[19]。

5.2.5　*ALK*检测的临床建议

CAP/IASLC/AMP指南建议，腺癌或含有腺癌成分的晚期NSCLC患者被诊断时，对其最易获得的组织标本（原发肿瘤或转移灶）进行*ALK*重排检测[19]。如果标本不足以排除腺癌成分，如鳞状细胞癌和小细胞癌，以及NSCLC NOS等其他组织学形态的肿瘤，也应考虑进行*ALK*突变检测。早期肿瘤的检测是有争议的，但如果可能的话，应该进行*ALK*突变检测。

6　未来潜在的新的分子标志物

6.1　预后标志物

已经研究了多个生物标志物在NSCLC中的预后作用，但是迄今为止，没有证据表明它们中的任何一个可应用于临床。大多数标志物为IHC标志物，已被许多学者研究过，但研究结果不一致[145]。一些生物标志物在Meta分析中研究过，如KRA、EGFR、P53、HER2、COX-2、Ki-67和Bcl2，其中几个生物标志物对总的生存期影响显著，但影响很微弱[87, 146-151]。6个标志物包括细胞周期蛋白E和血管内皮生长因子A过表达，以及p16INK4A、p27kip1、B-catenin和E-cadherin缺失，在超过一半的研究中显示出一致的预后影响[145]。临床相关的预后标志物缺乏和研究结果不一致，部分是因为研究队列缺乏同质性和不同实验室中各标志物的检测技术没有标准化。因此，需要一种更加实用的方法研究和验证生物标志物，可以通过类似于临床试验的多阶段方法来实现[145]。NCIC临床试验组、国际辅助肺癌试验生物学计划（the international adjuvant lung cancer trial biologic program，IALT-Bio）和肺辅助性顺铂评估生物学计划（the lung adjuvant cisplatin evaluation biologic program，LACE-Bio）的转化研究人员，在大型Ⅲ期随机试验中研究了几项生物标志物的预后价值，该试验提供了统一的检测标准，更好地定义了患者群体，同时还检测了标志物能否用来预测辅助化疗的疗效。这些小组进行的研究可能会提供更多的临床相关的生物标志物。LACE-Bio小组在4项辅助化疗试验中，联合分析了*KRAS*突变对早期切除的NSCLC患者的预后影响和预测作用。在1543例患者中有300例存在*KRAS*突变，密码子12或13处存在*KRAS*突变不是总生存期的预后因素[150]。此外，LACE-Bio小组报道了*TP53*突变也不是预后因素，但可预测接受辅助化疗的患者生存率较低[152]。最近，研究人员还报道了肿瘤内淋巴细胞浸润和肺腺癌的组织学亚型是重要的预后因素[153-154]。

一组生物标志物或组织特征可以预测预后，与单个生物标志物相比，更易区分不同预后的患者。许多NSCLC患者预后相关基因特征的研究已发表。自2005年以来，这些研究包括在独立队列中的验证，在大多数情况下基于公开的基因表达数据库。然而，这些基因标志物的前瞻性研究缺乏，并且难以进行，因此大量基因特征的临床应用具有挑战性。Zhu等[155]鉴定了JBR. 10研究发现的15个基因标志物，该研究区分了观察组中高风险和低风险患者。此外，高风险患者从化疗中获益显著，但低风险患者则没有。Tang等[156]报道了另外12个基因特征，这些基因预测了辅助化疗的生存获益，这些基因在442个Ⅰ～Ⅲ期NSCLC标本中确定，并分别在90例患者（得克萨斯大学）和176例患者（JBR. 10）中进一步验证。在这两个队列中，预测辅助化疗获益的患者组在辅助化疗后生存率提高，而预测辅助化疗不能获益的患者组在辅助化疗后没有生存获益[155]。Kratz等[157]基于361名患者的测试队列和433名和1006名患者的两个验证队列的FFPE组织样本进行的定量聚合酶链反应分析，报道了一个14种基因特征，该基因特征鉴定了早期NSCLC手术切除后具有高死亡风险的患者。然而到目前为止，全部基因特征均缺乏充分的验证，还不能在临床实践中应用。

6.2 其他预测性生物标志物

除了*EGFR*突变和*ALK*重排外，也检测了其他一些生物标志物在肺癌治疗反应中的预测能力，但没有一个具有应用于临床实践的足够证据。部分原因是预测性生物标志物只与显示临床疗效的治疗相关，而且迄今为止，很少有针对性的治疗被批准用于非小细胞肺癌患者。早期的生物标志物研究主要集中在晚期NSCLC全身治疗的预后预测方面。然而最近预测性生物标志物的研究集中在辅助治疗方面。

生物标志物通常被用来研究预后价值和预测化疗反应。迄今为止，NSCLC研究的初步证据表明，DNA修复标志物可能是顺铂［切除修复交叉互补啮齿动物修复缺陷，互补组1（excision repair cross-complementing rodent repair deficiency, complementation group 1，ERCC1）和MutS同系物2（MutS homolog 2，MSH2）］、吉西他滨［核糖核苷酸还原酶M1（ribonucleotide reductase M1，RRM1）］、紫杉烷［乳腺癌1（breast cancer 1，BRCA1）］和培美曲塞（胸苷酸合成酶）等治疗的预后和预测指标[158-163]。Ⅲ类β-微管蛋白（class Ⅲ beta-tubulin，TUBB3）是一种微管阻断剂，可预测以微管为靶点的药物（如紫杉烷和长春碱）的疗效[164]。其他参与细胞周期（p27）、凋亡（Bax）或多种关键细胞功能（P53、KRAS）的基因或蛋白质也被作为潜在的预测性生物标志物进行了研究[165-167]。p27的预测作用在IALT-Bio和LACE-Bio项目的研究结果中的存在争议[165, 168]。IALT-Bio和JBR. 10数据的综合分析，发现BAX的IHC蛋白表达显著预测了辅助化疗的生存益处[166]。有关*KRAS*突变的LACE-Bio研究显示，在密码子12的野生型或突变患者中未发现辅助化疗的显著益处，但在密码子13的*KRAS*突变患者中发现辅助化疗的不良影响（$P=0.002$）[169]。这个发现需要进一步验证。LACE-Bio小组评估了KRAS在

426例*EGFR*野生型腺癌患者中的作用，发现双重*P53/KRAS*突变状态不具有预后价值。然而，与双重*P53/KRAS*野生型肿瘤患者相比，*P53/KRAS*双突变的肿瘤患者化疗有不良影响（与观察组相比），相对风险比为3.03（$P=0.01$）[170]。

肺癌的免疫治疗重新引起人们的兴趣，目前正在临床试验中评估几种药物的作用。免疫疗法包括3种类型的治疗：①疫苗，如抗原特异性黑色素瘤相关抗原3（the antigen-specific melanoma-associated antigen 3, MAGE-A3）疫苗（MAGE-A3 ASCI）[171]和靶向MUC1136的BLP25脂质体疫苗（the liposomal BLP25 vaccine，L-BLP25）；②检查点靶向，包括T细胞调节剂，如针对PD-1的单克隆抗体和针对PD-L1的MPDL3280A；③针对细胞毒T淋巴细胞相关抗原-4的T细胞抗原，如伊匹单抗[172]。研究人员正寻找能预测这些治疗反应的生物标志物，并且已经研究了一些生物标志物的作用，但目前没有一种生物标志物可用于临床。对于疫苗，评估MAGE-A3信使RNA表达水平来预测MAGE-A3免疫疫苗的反应。作为基因表达特征的一个例子，84个基因标记最近被报道与转移性黑色素瘤中MAGE-A3免疫治疗的临床反应相关，并且这种相关性在切除的NSCLC中也得到证实[173]。目前还评估了检查点治疗的生物标志物；通过IHC评估PD-1和PD-L1表达作为纳武单抗和其他检查点靶向药物反应的潜在预测因子。不同的PD-1和PD-L1抑制剂对PD-L1表达的预测值不同[174-175]。在非鳞状细胞癌中，当PD-L1作为临界值时，纳武单抗的作用较大，当PD-L1表达水平较高时，纳武单抗作用的幅度增大[176]，但PD-L1的表达不能预测纳武单抗在肺鳞癌中的作用[177]。此外，不同的方法，包括不同的抗体、可变的临界值和评估不同细胞成分（肿瘤细胞与炎性细胞）的染色情况，已经用于评估检查点抑制剂作用[178]。BLUEPRINT项目的一项协同研究目前正在比较检测PD-L1表达的不同方法。目前，也在测试许多其他生物标志物对检查点抑制剂的预测意义，包括高突变负荷，似乎预测的敏感性更好[179]。因此，目前不建议使用生物标志物检测来预测患者对检查点抑制剂的敏感性。虽然一些检测到PD-L1表达的患者显示出阳性结果，但必须定义和标准化测试方法，单独或组合其他的一些生物标志物进行检测可能更有效。

最近发现的其他靶向致癌因子包括RET[5]和ROS融合[1, 5, 180]、磷脂酰肌醇3激酶亚单位（phosphatidylinositol 3-kinase subunits, PIK3C）[181-182]、BRAF[183]、HER2[184]和外显子14 Met剪接突变[185-191]。利用NGS技术，还发现了一些新的基因融合，包括代谢酶[9, 192]。针对新的致癌驱动基因以及难以靶向的驱动基因（如*KRAS*突变肿瘤），正在开发和测试新的治疗方法；同时正在研究相应的预测性生物标志物在临床药物开发和诊断中的作用。癌基因驱动因子有望预测靶向治疗的反应，但并非总是如此，仍需广泛的临床前和临床实验验证。在一些试验中克唑替尼治疗*ROS1*重排的肿瘤患者显示出一致的治疗效果，FDA已批准克唑替尼治疗*ROS1*基因重排的NSCLC患者[193-194]。因此，对于*EGFR*和*ALK*检测结果为阴性的患者，需进行*ROS1*检测，并在不考虑组织可用性的情况下可同时进行这些检测。在常规一线治疗中不推荐*BRAF*、*RET*、*HER2*、*KRAS*和*MET*检测。但它们在一定临床试验背景下可作为一线治疗的检测项目，或在*EGFR*、*ALK*和*ROS1*检测结果为阴性时进行检测。最近，越来越多的证据表明，*MET*外显子14不发生突变的肺癌患者对MET-TKI（如克唑替尼）有显著的临床反应[195-197]。这种剪接位点突变导致MET受体蛋白上外显子14和Cbl结合位点的丧失，导致其降解能力降低及受体表达水平升高[198-199]。

世界范围内正在对大量患者进行广泛的分子检测。在法国，28个中心正在进行*EGFR*、*KRAS*、*HER2*、*BRAF*和*PIK3CA*突变以及*ALK*基因重排的常规检测。超过18 000名NSCLC患者的大型队列测试结果已公布[200-201]。在大约50%的样本中发现了一个已知的靶点，51%的患者接受了生物标志物引导的治疗，基因改变与预后有关。在美国，肺癌突变联合会检测了晚期肺腺癌中10种致癌因子，并根据检测结果为临床医生选择治疗或临床试验提供依据。在1007例患者中，64%含有已知的致癌驱动因素，28%的患者接受了靶向治疗[202]。含有肿瘤致癌驱动基因的患者接受靶向治疗的结果优于未接受靶向治疗的患者[202]。

临床实验已经强有力地证明了生物标志物的预测价值，但临床检测应使用标准化的检测方法。*ERCC1*检测技术问题报告的发表，强调了标准化和验证检测的重要性[203]。在这项研究中，在一个验证队列（494个样本）中使用16种商业ERCC1抗体对ERCC1免疫染色进行了重新评估，该队列来自两项独立的Ⅲ期试验（JBR. 10和CALB-9633）。此外，对589份IALT-Bio队列样本进行了重新染色。先前用8F1抗体对IALT-Bio样本进行研究的结果无法得到验证，这表明抗体存在批次间差异。然而更重要的是，16种抗体中没有一种能够区分ERCC1蛋白的4种亚型，只有一种亚型在核苷酸切除修复和顺铂治疗耐药方面具有功能[203]。

7 结论

许多生物标志物已经或正在被评估用于预测预后和全身治疗的疗效。*EGFR*突变、*ALK*和*ROS1*基因重排检测，是目前临床上唯一推荐的生物标志物检测，可分别预测EGFR-TKI和ALK/ROS1-TKI的治疗反应。以上两项检查均应在临床诊断时进行，特别是对晚期腺癌或含有腺癌组织成分的NSCLC患者，应使用最易获得的组织标本（原发肿瘤或转移瘤）。在早期NSCLC患者诊断时检测*EGFR*和*ALK*有争议，但似乎又合理，如果有可能应进行检测。以上这些生物标志物必须使用与临床治疗相关的标准化方法，在已认证的实验室中检测。

（李 洋 陈 军 译）

主要参考文献

1. Shepherd FA, Tsao MS. Unraveling the mystery of prognostic and predictive factors in epidermal growth factor receptor therapy. *J Clin Oncol*. 2006;24(7):1219–1220.
10. Govindan R, Ding L, Griffith M, et al. Genomic landscape of non-small cell lung cancer in smokers and never-smokers. *Cell*. 2012;150(6):1121–1134.
14. Cancer Genome Atlas Research Network. Comprehensive genomic characterization of squamous cell lung cancers. *Nature*. 2012;489(7417):519–525.
19. Lindeman NI, Cagle PT, Beasley MB, et al. Molecular testing guideline for selection of lung cancer patients for EGFR and ALK tyrosine kinase inhibitors: guideline from the College of American Pathologists, International Association for the Study of Lung Cancer, and Association for Molecular Pathology. *J Thorac Oncol*. 2013;8(7):823–859.
20. Garrido P, de Castro J, Concha A, et al. Guidelines for biomarker testing in advanced non-small-cell lung cancer. A national consensus of the Spanish Society of Medical Oncology (SEOM) and the Spanish Society of Pathology (SEAP). *Clin Transl Oncol*. 2012;14(5):338–349.
21. Felip E, Gridelli C, Baas P, et al. Metastatic non-small-cell lung cancer: consensus on pathology and molecular tests, first-line, second-line, and third-line therapy: 1st ESMO Consensus Conference in Lung Cancer; Lugano 2010. *Ann Oncol*. 2011;22(7):1507–1519.
22. Ellis PM, Morzycki W, Melosky B, et al. The role of the epidermal growth factor receptor tyrosine kinase inhibitors as therapy for advanced, metastatic, and recurrent non-small-cell lung cancer: a Canadian national consensus statement. *Curr Oncol*. 2009;16(1):27–48.
23. Marchetti A, Ardizzoni A, Papotti M, et al. Recommendations for the analysis of ALK gene rearrangements in non-small-cell lung cancer: a consensus of the Italian Association of Medical Oncology and the Italian Society of Pathology and Cytopathology. *J Thorac Oncol*. 2013;8(3):352–358.
29. Sequist LV, Yang JC, Yamamoto N, et al. Phase Ⅲ study of afatinib or cisplatin plus pemetrexed in patients with metastatic lung adenocarcinoma with EGFR mutations. *J Clin Oncol*. 2013;31(27):3327–3334.
34. Goto K, Ichinose Y, Ohe Y, et al. Epidermal growth factor receptor mutation status in circulating free DNA in serum: from IPASS, a phase Ⅲ study of gefitinib or carboplatin/paclitaxel in non-small cell lung cancer. *J Thorac Oncol*. 2012;7(1):115–121.
41. Fukuoka M, Wu YL, Thongprasert S, et al. Biomarker analyses and final overall survival results from a phase Ⅲ, randomized, open-label, first-line study of gefitinib versus carboplatin/paclitaxel in clinically selected patients with advanced non-small-cell lung cancer in Asia (IPASS). *J Clin Oncol*. 2011;29(21):2866–2874.
57. Zhu CQ, da Cunha Santos G, Ding K, et al. Role of KRAS and EGFR as biomarkers of response to erlotinib in National Cancer Institute of Canada Clinical Trials Group Study BR.21. *J Clin Oncol*. 2008;26:4268–4275.
59. Paleiron N, Bylicki O, André M, Rivière E, Grassin F, Robinet G, Chouaïd C. Targeted therapy for localized non-small-cell lung cancer: a review. *Onco Targets Ther*. 2016 Jul 5;9:4099–4104.
71. Hirsch FR, Varella-Garcia M, McCoy J, et al. Increased epidermal growth factor receptor gene copy number detected by fluorescence in situ hybridization associates with increased sensitivity to gefitinib in patients with bronchioloalveolar carcinoma subtypes: a Southwest Oncology Group Study. *J Clin Oncol*. 2005;23(28):6838–6845.
72. Douillard JY, Shepherd FA, Hirsh V, et al. Molecular predictors of outcome with gefitinib and docetaxel in previously treated non-small-cell lung cancer: data from the randomized phase Ⅲ INTEREST trial. *J Clin Oncol*. 2010;28(5):744–752.
84. Azzoli CG, Baker Jr S, Temin S, et al. American Society of Clinical Oncology Clinical Practice Guideline update on chemotherapy for stage Ⅳ non-small-cell lung cancer. *J Clin Oncol*. 2009;27(36):6251–6266.
85. Pirker R, Pereira JR, Szczesna A, et al. Cetuximab plus chemotherapy in patients with advanced non-small-cell lung cancer (FLEX): an open-label randomised phase Ⅲ trial. *Lancet*. 2009;373(9674):1525–1531.
86. Pirker R, Pereira JR, von Pawel J, et al. EGFR expression as a predictor of survival for first-line chemotherapy plus cetuximab in patients with advanced non-small-cell lung cancer: analysis of data from the phase 3 FLEX study. *Lancet Oncol*. 2012;13(1):33–42.
87. Mascaux C, Iannino N, Martin B, et al. The role of RAS oncogene in survival of patients with lung cancer: a systematic review of the literature with meta-analysis. *Br J Cancer*. 2005;92(1):131–139.
93. Zer A, Ding K, Lee SM, et al. Pooled analysis of the prognostic and predictive value of KRAS mutation status and

mutation subtype in patients with non-small cell lung cancer treated with epidermal growth factor receptor tyrosine kinase inhibitors. *J Thorac Oncol*. 2016;11(3):312–323.
114. Kelly K, Altorki NK, Eberhardt WE, et al. Adjuvant erlotinib versus placebo in patients with stage IB–IIIA non-small-cell lung cancer (RADIANT): a randomized, double-blind, phase Ⅲ trial. *J Clin Oncol*. 2015;33(34):4007–4014.
169. Shepherd FA, Domerg C, Hainaut P, et al. Pooled analysis of the prognostic and predictive effects of KRAS mutation status and KRAS mutation subtype in early-stage resected non-small-cell lung cancer in four trials of adjuvant chemotherapy. *J Clin Oncol*. 2013;31(17):2173–2181.
175. Chae YK, Pan A, Davis AA, et al. Biomarkers for PD-1/PD-L1 blockade therapy in non-small-cell lung cancer: is PD-L1 expression a good marker for patient selection? *Clin. Lung Cancer*. 17(5):350–361.
178. Patel SP, Kurzrock R. PD-L1 expression as a predictive biomarker in cancer immunotherapy. *Mol Cancer Ther*. 2015;14(4):847–856.
200. Barlesi F, Mazieres J, Merlio JP, et al. Routine molecular profiling of patients with advanced non-small-cell lung cancer: results of a 1-year nationwide programme of the French Cooperative Thoracic Intergroup (IFCT). *Lancet*. 2016;387(10026):1415–1426.

获取完整的参考文献列表请扫描二维码。

第19章 分子时代下小组织活检和细胞学标本的管理

Anjali Saqi, David F. Yankelevitz

要点总结

- 提供了制备小组织标本并对其进行分类的技术，以用于诊断和辅助研究。
- 为获得最佳结果，应在实验室中实施标准化程序。
- 多种因素决定了进行粗针活检穿刺或细针针吸细胞学检查方式的选择，包括操作者和病理学家的偏好、快速现场评估的可行性、气胸或出血等并发症的风险、肿瘤细胞播散的可能性、病变的类型（上皮细胞或梭形细胞）以及病变的位置和大小。
- 在注重组织样本数量和质量的同时，还要对样本进行适当的管理和分类，才能使样本得到最佳的使用效果。
- 一些措施可以确保针芯和细胞块中有足够的组织标本量，并且组织不会耗尽；医师应该对样本进行全面检查。
- 2011年，对肺腺癌的分类进行了修改，并强调了肿瘤的临床、放射学及分子生物学特征之间的相互关系。
- 细胞学的准备工作很重要，把每个独一无二的准备过程结合在一起，将为临床诊断提供重要的补充信息。
- 涂片检查需要技术技巧，但这种技巧并不总是有效的或最佳的。
- 美国病理学家学会/国际肺癌研究协会/分子病理学协会指南建议使用细胞蜡块代替涂片检查用于辅助测试，但还没有处理细胞蜡块的标准指南。
- 未来，为了充分利用组织学标本来做出诊断，对肺癌患者小活检样本的管理方法将会有所改进。

尽管人们已经认识到肺癌的主要致病因素（吸烟），并且对确定肺癌潜在发病机制、基因突变检测和开发新疗法方面取得很大的进展，但是，肺癌仍是全球导致癌症患者死亡的主要原因[1]。曾经，肺癌治疗方案的选择主要取决于SCLC和NSCLC组织学分类的辨别，但如今，NSCLC组织学亚型的分类对于治疗方案的选择变得越来越重要。在肺癌治疗中增加的靶向治疗需要检测肺腺癌中特定关键驱动突变的存在，以确定患者是否适合接受靶向治疗。

通过粗针穿刺活检和细针针吸活检技术获得的小活检组织和细胞学标本越来越常见[2-3]。现在，人们可以在CT、超声支气管内镜（endobronchial ultrasound，EBUS）、内窥镜超声和电磁导航支气管镜检查的帮助下，通过微创手术为更多患者收集小活检标本，从而取代了利用纵隔镜、电视胸腔镜外科手术和胸廓切开术的传统方法来获取组织标本。微创的小样本采集对晚期癌症患者、非手术性疾病（如肉芽肿或既往手术后纤维化）患者以及不适合手术或正在恢复期的患者尤其适用[4]。因为，在一些病例中只能取到肿瘤组织的小活检标本。

现如今对小组织活检标本取材和诊断提出的最大挑战是，尽管所能获取的标本组织量很少，但需要从标本中获得的信息量却非常大。在过去，小活检组织标本或细胞学标本组织学分类的意义并不大，但在现阶段，非小细胞肺癌的组织学及分子生物学分型决定了肿瘤的治疗方案，因此对小活检组织标本进行分类已经变得至关重要[5]。一旦标本组织处理不当就会妨碍诊断的准确性。对于非小细胞肺癌患者，都需要有足够的组织标本进行IHC或分子生物学等方面的辅助检测以确定治疗方案。对于不是非小细胞肺癌的病例，适当的处理也是必要的。

由于对小样本管理的经验有限，因此使用小活检组织标本进行诊断造成了理论与实践上的差距（图19.1）[6-7]。为了患者能选择最佳的治疗方案，应该对小活检标本进行统一而标准的分类及管理。只有使标本得到很好的保存，才能确定生物标志物的特异性，从而达到个性化治疗的目的。随着基因检测技术的广泛适用，获取足量的组织标本就显得越来越重要了。

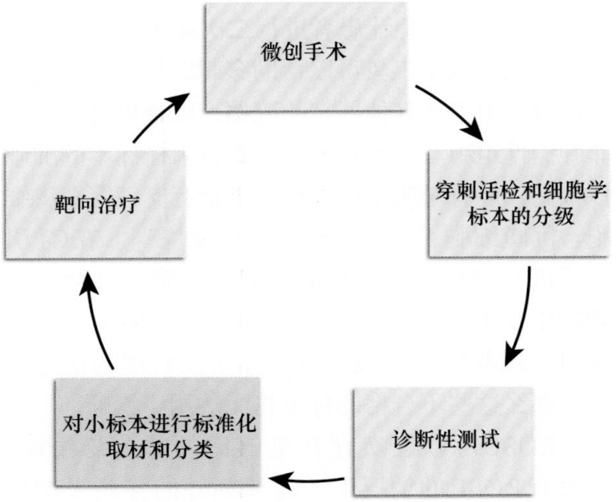

图19.1 对小组织活检标本取材和分类规范化标准的缺乏造成理论与实践上的差距

通过手术方式获得的标本通常会在手术切除后立刻放入福尔马林固定，然后在实验室进行处理。由于福尔马林固定方法以及HE染色方法都是标准化的，这个操作程序基本不变。但是，细胞学标本的处理，特别是细针抽吸标本的处理，远没有那么标准化。在完成收集程序之后，实验室中有许多方法可用于制备和固定细针抽吸物。多种染色方法（迪夫快速染色、巴氏染色、HE染色、巴氏快速染色）、玻片标本制作方法（直接涂片、细胞离心后涂片、液基细胞学和抹片技术）、细胞蜡块处理方法（至少10种自制软件和自动化处理软件）和固定液［盐、醇基、福尔马林、RPMI（Roswell Park Memorial Institute）培养基和细胞保存液］被使用[8]。此外，所取得的标本也并未按照统一标准进行分类。总之，这些因素使各个实验室的结果不一致。

为了达到最佳的检验结果，检验机构应当使用一套标准的规章程序。随着组织保存技术的改进，对标本及时进行分类显得越来越重要。比较理想的状态是，在穿刺医生按照既定规章程序收集标本的同时，最好有一位细胞学家在当场帮助确定所取标本是否合格、数量是否足够诊断及进行其他辅助检测。穿刺医生与细胞学医生在此过程中应当充分沟通，并尽可能明确标本取材的目的。比如，如果患者后续会进行手术切除治疗，那么此次穿刺的标本数量只要能满足确诊肿瘤的性质即可，其他的辅助检测可以使用后续的手术切除标本进行。

本章概述了用于诊断和辅助检测小样本的最佳分类和准备技术。

1 粗针穿刺活检和细针针吸活检

粗针穿刺活检方式或细针针吸细胞学检查方式的选择是由多种因素共同决定的，包括穿刺医师和病理学家的偏好、现场快速评估（rapid onsite evaluation，ROSE）的可行性、气胸或出血等并发症的风险、肿瘤细胞播散的可能性、病变的类型（上皮细胞或梭形细胞）以及病变的位置和大小[9]。目前为止，对两种手术方法的选择标准尚无统一意见。有学者质疑细针穿刺活检取材的标本量太小而无法进行分子生物学检测[10-11]。然而也有学者提出，细针针吸穿刺活检可以在肿瘤的不同部位进行穿刺取材，而粗针穿刺活检取材部位较局限[12-13]。2012年发表的一项研究表明，用ROSE进行的粗针穿刺活检和细针针吸活检提供了相同的结果，均可为特定恶性肿瘤病理诊断和辅助检测（免疫组织化学染色和分子生物学检测）提供足够的标本数量以指导肿瘤特异性治疗[14]。而且，对这两种取材方式所取得的标本进行分子生物学检测，其结果完全一致[15]。

一些病理学家提出，如果需要获得更多的组织标本，应该在进行细针针吸活检后随即进行粗针穿刺活检[13]。而且，更多的研究表明，同时使用这两种取材方法比单独使用其中任意一种方法更加有利于诊断和检测[16-18]。经胸廓CT引导下穿刺活组织检查的综合方法或许是可行的，这允许采集任一类型的样本，同时最小化穿刺次数[3]。

联合应用粗针穿刺活检和细针针吸穿刺活检可以获得足够的标本量。因此，对成对细胞学和组织学标本的病例进行回顾有助于提供一个特定的、一致的诊断，并最大限度地减少NSCLC组织学类型不明确的诊断数量，这可能是由于样本的分化不良或细胞缺乏造成的[12, 19-20]。

2 引导支气管镜用于标本的采集

引导支气管镜可用吸引导管或活检组织钳采集标本，目前比较这两种工具适用范围的报道还很少。一项研究表明，吸引导管比活检组织钳的诊断适用范围更广[21]，作者提出吸引导管比活检组织钳的活动度大，所以更容易采取目标组织标本。当两种取样程序都要进行时，经验表明，最好先使用吸引导管，因为这样做可以在不稀释目标细胞的情况下使得出血少。

3 现场快速评估

3.1 优势

保证细针针吸穿刺活检顺利进行的有效方法之一，是细胞病理学家或细胞学技师在穿刺现场对标本进行快速评估[3]。多项研究表明，现场快速评估能有效地提高细针针吸穿刺活检的成功率及诊断的准确度[22-27]。

现场快速评估的优势很多。细胞学家可以结合患者病史、临床特征、相关组织大体特征及影像学结果进行综合考虑，对患者进行初步评估和诊断。例如，对于病情危重的患者或者远道而来的会诊患者，当样本到达实验室时，就可以开始处理[7]。也可以安排与参与治疗的临床医生的预约，并且可以立即进行额外的影像学检查或实验室检查。

通过提供实时反馈，ROSE减少了假阴性诊断的数量，而假阴性诊断通常是由采样者的采样错误造成的[3, 19]。用于获取样本的明确采样流程可以最大限度地减少假阴性结果，其中一个措施就是需要记录病变中的针尖。细胞学标本中因血液、炎症或异物而模糊的稀疏细胞可能导致假阴性结果[19]。在组织穿刺现场，细胞学家进行评估后发现所取目标组织标本太少而无法诊断，穿刺医师可以立即补充穿刺，从而避免让患者进行二次穿刺的风险。

虽然影像学工具可以帮助穿刺医师确定穿刺针的位置，但由于其他器官的遮挡，也难免会穿刺到非肿瘤性组织。虽然超声支气管镜采样标本的准确性很高，但有时所取标本内会掺杂有支气管上皮细胞、巨噬细胞、黏液、软骨或血凝块[7]。在CT引导下进行胸膜组织活检时，间皮细胞也许会是穿刺物中主要的细胞成分。核心组织可能主要由坏死组织或凝结的血液组成。如果没有现场快速评估，那么这些不合格的标本将无法用于诊断。

ROSE可以证实存在足够活的非分泌组织。在没有ROSE的情况下，需要额外的穿刺来增加确诊的可能性。相对于一个有穿刺次数限制的规定，立即用ROSE进行评估可能意味着更少的穿刺次数。这不仅能减少麻醉或者镇静的持续时间，还可降低并发症的发生率。活组织检查时间缩短的好处包括手术室和成像设备的快速周转和更少的重复操作，从而节省成本[28, 30]。

对于ROSE，细胞学家也要参与标本的充分准备和分类。根据初步评估，可将标本分配用于IHC或癌症分子检测、炎症或肉芽肿情况下的微生物培养或对淋巴瘤评估的流式细胞术（图19.2）[31]。

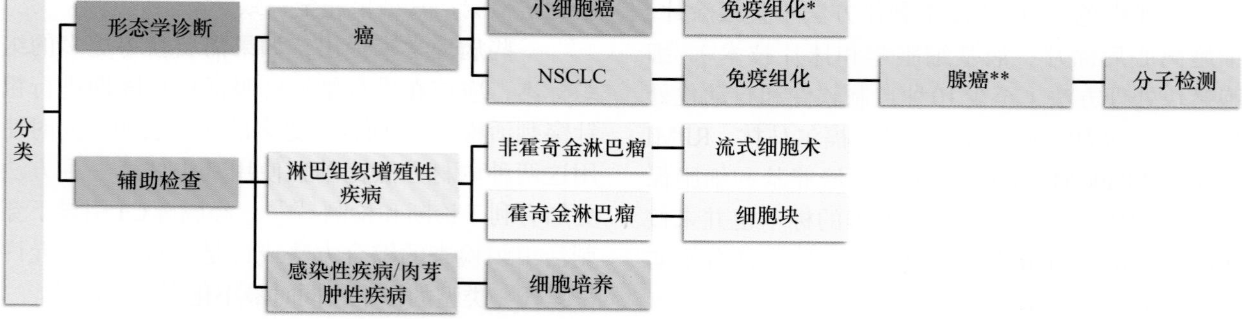

图19.2 小活检组织标本辅助检测分类流程

注：*如有必要使用免疫组化染色检查以确认诊断；**对腺癌或不能完全排除腺癌成分的癌进行分子检测；SCLC，非小细胞肺癌

可以通过活检或针吸检查以确定淋巴结是否对癌、感染或淋巴瘤呈阴性，这种情况在EBUS分期过程中很常见。对于ROSE，细胞学家能够评估标本是否来自淋巴结，以及是否包含足够数量的淋巴细胞，以防止假阴性诊断并增加阴性预测值[24, 32-33]。

在诊断制备精良的穿刺标本时，细胞学家不会由于细胞稀疏、标本涂抹情况不佳或其他人为因素而对诊断犹豫不决，所以制备良好的穿刺标本有利于细胞学家更快地做出正确的诊断结果。如果现场快速评估专家与最终诊断专家为同一位学者的话，由于前后诊断的连续性，诊断速度会大大提升[7]。

3.2 劣势

无论是抹片技术、标本评估还是对标本分类都需要拥有足够经验和经过正规培训的人员来完成，因此有些机构会没有足够的资源或人力来进行快速现场评估。同时，进行快速现场评估还是一个比较耗时的过程，除了快速现场评估过程需要时间之外，在一些大的医疗机构中，往返到穿刺现场的时间也会比较长。考虑到ROSE所需时间长、报销费用低等问题，病理学家在自己的办公室用显微镜进行阅片诊断，效率会更高。

3.3 处理小活检样本的程序

目前为止，还未有一个处理小活检标本的标准程序[6, 34]。对于进展期肺腺癌患者来说，处理好小活检标本的目的是能保存下尽量多的标本来进行分子生物学检测[19, 35]。较为理想的情况是，各个医疗机构都应该进行多学科协作讨论组来决定处理小活检标本的具体流程[19]。现场快速评估和标本处理标准流程的共同使用，通过EBUS引导的经支气管针吸活检，可为93%的肺腺癌患者提供足够的组织标本进行分子生物学检测（图19.3和表19.1）[6, 36]。

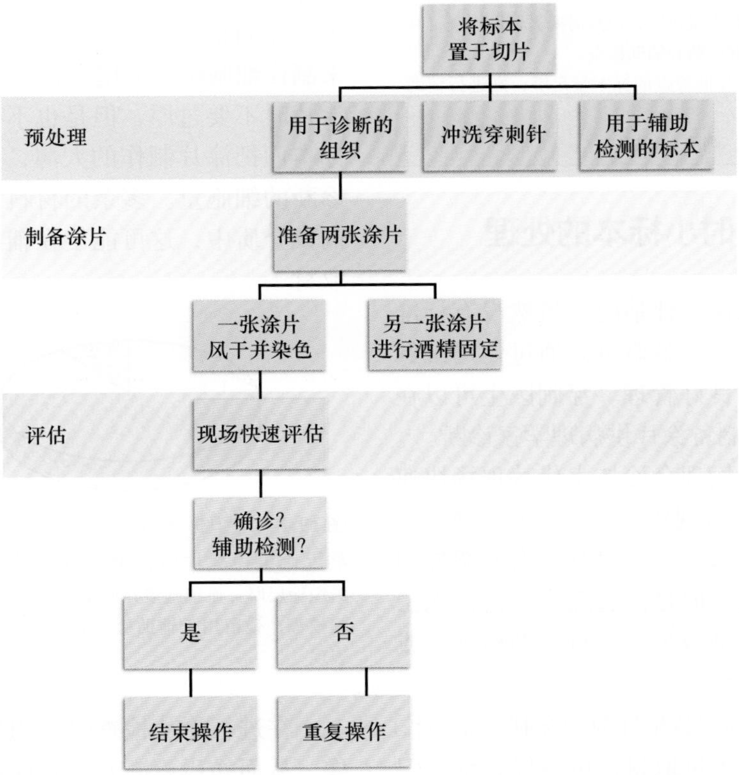

图19.3 在有现场快速评估情况下对细针针吸穿刺活检标本处理分为3个过程

3个过程：①标本预处理和分类；②涂片制备；③诊断和评估分子检测标本的数量和质量（如有必要）

表19.1 处理细针针吸活检标本的步骤

1. 将每一穿刺针内的组织置于载玻片上（图19.3）
   a. 如果凝血块堵塞了针头，用针芯将组织推出。
2. 确定用来诊断的组织。根据组织性质的不同，组织可能为白色或褐色（如黏液腺癌为黏液样），用另外一张载玻片的边角将组织挑选出来（图19.5）
   a. 当出血较多时，轻压两张载玻片来寻找目标组织。
   b. 当穿刺组织量不足时，只制作一张或两张涂片。
3. 用挑选出的组织制作两张涂片（图19.5）
   a. 一张涂片自然风干后用迪夫快速染色，用来现场快速评估。
   b. 另一张涂片用酒精固定后进行巴氏染色。
4. 冲洗针头或注射器上的残留细胞
   a. CT引导下的细针穿刺，用细胞清洗液（或其他保存液）冲洗针头和注射器。
   b. 对于超声支气管镜和超声内镜下细针穿刺，通过针头注入0.5～1 mL的盐水到细胞清洗液（或其他保存液）中。
5. 剩余组织用来辅助检测或制备细胞蜡块
   a. 组织凝固在切片上几分钟后放入福尔马林用于制备细胞蜡块。凝固过程在一定程度上简化了细胞蜡块的制作程序。
   b. 从无诊断价值的组织中分离出更多有价值的组织和细胞成分来避免细胞蜡块样本浓度过低或细胞含量过少（如样本含血量过多）。
6. 进行现场快速评估
   a. 用于诊断的标本量是否足够？
      i. 如果没有足够标本量，重复步骤1～5。
      ii. 如果用于诊断的标本量足够，但是需要做辅助检查，判断标本量是否足够诊断和辅助检查。
      iii. 如果用于诊断和辅助检查的标本量足够，则进行辅助检查。
      iv. 如果标本量不够，则终止程序。

4 无法ROSE时小标本的处理

在无法进行现场快速评估时，虽然没有标准化的流程存在，但有一些策略可以通过使用细针针吸方式利于样本的良好管理。穿刺医生可以在穿刺过程中或穿刺后制备涂片供病理学家诊断[3]。病理医生可依靠远程病理会诊技术代替现场快速评估进行诊断[37]。随着现代信息技术的发展，远程病理会诊的作用越来越大，尽管尚需要额外的研究来确定最佳方式。但是，病理远程会诊无法确定取材标本的数量是否足够进行辅助检查，或者样本将被适当地分类。

在同一部位进行固定数量针数的穿刺（如3针）或者为了辅助检查而大量取材，可以提高细胞阳性率[38-39]。但如果大量取材会提高患者并发症风险的话，就要慎重了。为了最大限度地减少不理想的涂片和标本使用，标本可以直接放入固定液中进行液基细胞学检查，或者制备细胞块。然而，这项技术的实用性还没有被正式研究过。综上所述，与细胞病理学实验室合作，确定处理标本的流程是至关重要的。

5 优化和分类

在关注取材标本数量和质量的同时，对标本进行合理的处理和分类也是优化使用标本的关键[3]。如果标本处理过程不合理，即使取材组织标本数量充足也会导致诊断和辅助检查的欠缺。

5.1 优化

5.1.1 细针针吸穿刺活检的涂片制备

用于诊断的涂片细胞只要数量足够即可，如果涂片过多的话，那么做辅助检查的组织标本数量就会不足[36]。在有现场快速评估的情况下，两张涂片足够：一张自然风干用于迪夫快速染色，另一张酒精固定用于巴氏染色。剩余组织可以用来制作细胞蜡块或用来辅助检查（图19.4）。制作涂片时不要过厚，但是也不要因为涂片消耗组织标本而把涂片制作的太薄，必须保证有足够用来诊断的细胞量。多余的材料和蜡块可以放在固定剂或介质中，这可能使在辅助诊断时不需要另外取材。

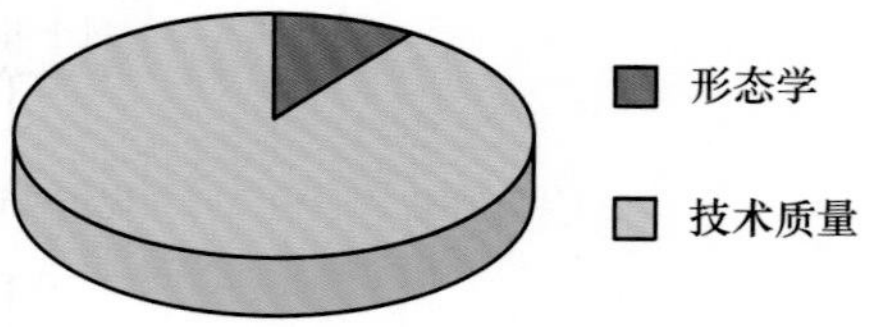

图19.4 组织标本处理的最佳程序为在制备迪夫快速染色和巴氏染色涂片后，剩余组织用于辅助检测

组织涂层厚，血细胞多并见凝固块，而且组织涂满整个载玻片，细胞模糊，残留用于辅助检查的组织少，都是制备涂片效果不佳的表现

在进行涂片检查时使用过大的压力会产生伪像，从而妨碍诊断并导致误诊。载玻片应相互垂直放置，而不是平行放置，使涂片上厚下薄以便于观察（图19.5）。

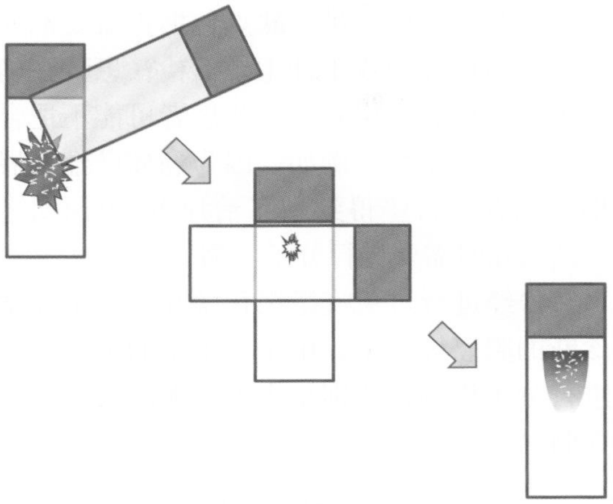

图19.5 细胞涂片制备操作

制备细胞涂片时，用载玻片的一角蘸取少量组织；将组织置于一张干净的载玻片上，用第二张载玻片垂直涂抹

5.1.2 粗针穿刺活检标本的接触准备

粗针穿刺活检标本接触准备的价值一直是个有争议的话题。支持者们认为，CT引导下粗针穿刺活检的现场接触准备与诊断的准确性有很大的关系，它可以指导放射科医生为诊断和分子生物学检测需要而获取足够数量的标本[3, 31]。反对者们认为损伤细胞可能转移到接触准备，只留下核心组织切片上的正常组织[31]。

操作轻柔可以减少组织细胞的损失[31]。通常，组织很薄，很脆弱，它们很快会变干，大量的操作会导致它们碎裂。当组织还在针芯内时，将针芯轻触载玻片一次或两次效果最好（图19.6）。如果涂抹到载玻片上的组织太多，应用另一张切片将其涂抹变薄。

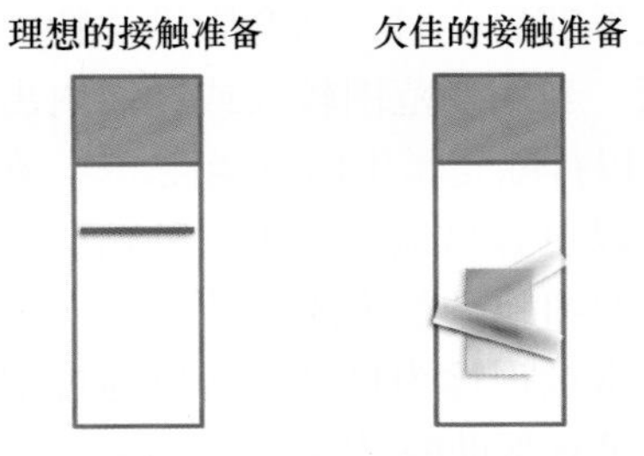

图19.6 理想的接触准备

理想的接触准备是将枕芯轻触载玻片一到两次，如果针芯黏附到了载玻片上可使用针头将其轻轻挑起拿走。如果针芯摩擦到了载玻片，就会破坏大量细胞，造成细胞破坏的人工假象，从而影响诊断结果

巴氏染色的接触准备很难制备，即使足够迅速地将切片置于酒精内固定，也有风干的可能性。在载玻片上滴几滴生理盐水（可用注射器）维持几分钟，可以减少伪像。将这样的载玻片放入酒精中可以挽救细胞核。当酒精固定延迟时，该技术也可应用于细针抽吸涂片。

5.1.3 制备粗针活检样本和细胞蜡块

若干措施可以确保针芯和细胞蜡块中有足够的组织并且组织不会耗尽。例如，穿刺医师应该对标本进行大体上的检查，最重要的是确定所穿刺的组织是否为真正的肿瘤组织。有时穿刺所取得的标本主要由血凝块、黏液、液化坏死炎症组织或支气管细胞污染组成[36]。在这种情况下，我们需要继续取材。

增加穿刺的针数似乎能增加获得更多组织标本的可能性，目前为止，尚没有资料对穿刺的针数制定出一个确定的标准。然而，在保证患者安全的前提下，1～4针（18～20号）即可保证足够的标本量[40-42]。将少于3块的碎组织或一整条组织放在一个蜡块里，如果需要的话，其余组织做辅助检测（图19.7）[19]。过度修理蜡块也会导致组织的损失，此事宜应当与技术人员事先沟通一下。

- 情况允许的话，制备＞1块的组织块
  - 组织活检块
    - 将条状组织或组织碎块放入不同的蜡盒
  - 细胞蜡块
    - 脱落的细胞和细针针吸活检标本
      - 将多余的组织放入不同蜡盒
    - 细针针吸活检的现场快速评估
      - 将穿刺组织中多余的血凝块分离出去
- 在修理蜡块的时候尽量减少组织的损耗
  - 现场快速评估
    - 事先准备好空白载玻片
  - 不进行现场快速评估
    - 切白片并进行预先保存
    - 同时进行HE染色和免疫组织化学染色
- 控制一张载玻片上放置一片组织

图19.7 组织活检块和细胞蜡块的制备

尽量制备一块以上的组织活检块，当其中一块组织标本用完之后，可用其余组织块做辅助检测；在细针针吸活检情况下，将穿刺组织中的血凝块分离出去可以尽量提高细胞蜡块中目标组织的含量；尽量减少修理蜡块的机会可以减少组织的损耗；在现场快速评估时，应事先准备好空白载玻片；尽量控制一张载玻片上放置一片组织，这样就可以得到大量的组织切片，当肿瘤无法确定是原发性肿瘤还是转移性肿瘤时，就可以进行免疫组织化学染色来进行鉴别诊断每次修理蜡块的过程会对组织标本造成不可避免的损失。为了减少这种损失，应该一次性同时切下10～20张切片，这样做可以避免多次丢失组织[19]。尽管这种做法可以降低组织不足的风险，但一些切片也可能会被闲置不用[35]。

5.1.4 免疫组织化学染色

随着免疫组织化学技术在鉴别肺鳞癌和腺癌中的作用越来越大，我们可以逐步应用一些免疫标志物的组合来辅助诊断。例如，在疑似原发性肺癌的情况下，p40和甲状腺转录的组合。这种方法有助于确定是否需要保留多余的组织对肺腺癌进行分子生物学检测[43-44]。

5.1.5 分子生物学检测

对于接受治疗的Ⅳ期肺腺癌患者，在确诊的同时，应该进行*EGFR*基因突变检测或*ALK*基因重排检测[35]。最近，美国食品和药物管理局批准的Ventana抗ALK（D5F3）IHC，其敏感性和特异性分别为90.9%和99.8%[45]。存在*EGFR*突变或*ALK*重组的患者，虽然靶向治疗对其是可行的，但患者的预期寿命相对较短，在最初的收集过程中获得足够的组织并对其进行适当的分类以避免重复操作非常重要[35]。同样，当EBUS同时用于对NSCLC进行分期和诊断时，应特别小心处理样本。一些专用工具可提高样品的产量[46]。当病例无法耐受手术，有气胸的风险，穿刺针难以达到目标肿物，或缺乏时间或患者意愿不足时，要进行额外的检查可能会比较困难[46]。

*EGFR*分子生物学检测所需的细胞数量取决于几个因素，包括细胞的绝对数量、肿瘤细胞与非肿瘤细胞的比例、方法的敏感性以及样本的浓度。根据已发表的指南，对肿瘤含量为50%的样本进行*EGFR*突变检测会比较敏感。然而，如果有一种方法能在含有10%肿瘤细胞的样本中识别突变就更为理想了[35]。*EGFR*分子检测所需的最小细胞数范围为50～400，由于不同检测方法的敏感性和微分离技术从其他组织中分离肿瘤细胞的使用而有所不同[47-48]。

2013年发布的指南建议，在分子病理学实验室收到标本后10天内应提供分子生物学检测结果[35]。反射检测是加速分子检测结果的一种方法，但也存在一些不足。缺点包括：需要额外的细针针吸活检穿刺或粗针组织活检；患者在确诊时必须是早期肿瘤患者；有些患者可能不适合用酪氨酸激酶抑制剂（例如，因为癌症已经发展到晚期，患者只希望得到姑息治疗）；当预期进行更大的切除时需要进行分子检测[35]。

在曾经进行过免疫组织化学和分子生物学检测诊断的腺癌标本中，单个样本中的肿瘤细胞足以进行分子检测，特别是当患者无法耐受再次进行穿刺时[7]。

5.1.6 应用影像学用于评估肺腺癌

2011年，肺腺癌的分类发生了变化，强调了肿瘤的临床特征、影像学特征和分子生物学特征之间的相互关系。鉴于肺腺癌分类的这一进展，影像学信息常常与组织学证据结合使用，以获得最准确的诊断。

在新分类中，增加了两种新的亚型，分别是原位腺癌（AIS；定义为直径≤3 cm的局部腺癌，具有贴壁型生长方式，无间质、血管或胸膜侵犯）和微浸润性腺癌（MIA；定义为直径≤3 cm的腺癌，以贴壁型生长方式为主，浸润范围≤5 mm，无坏死或淋巴结、血管或胸膜浸润）[2]。CT图像上实性或非实性区域与组织学检查中的贴壁型和侵袭性（如腺泡）模式相关。将使用粗针穿刺活检收集的组织标本上贴壁型生长方式与CT图像相联系，可以促进更好地评估肿瘤。以贴壁型生长方式为主的腺癌具有相对单一的细胞形态，其可能伴有核内凹槽和内陷。

当细胞学标本无法确定病变的性质是贴壁样增生还是早期癌症时，结合影像学特征可以帮助我们诊断。当病变范围较大或肿瘤内出现实性区域时，可以排除是增生的可能性[49]。在细胞蜡块标本上可以更容易地识别出一种贴壁型模式，贴壁型生长的细胞呈条状排列[22]。由于MIA和AIS的细胞常常被误诊为良性，所以通过细胞蜡块来评估肿瘤是有帮助的[14]。

5.2 分类

5.2.1 癌

对于肺癌标本进行细胞学涂片时，应该有足

够的组织量来鉴别诊断SCLC或NSCLC，其余组织应分配给细胞蜡块进行进一步的亚型分类。利用免疫组织化学染色可辅助进行组织学亚型的分类，特别是对分化较差的NSCLC[12, 49]。对于NSCLC，特别是晚期的NSCLC，在不能完全排除腺癌可能性的情况下，应尽可能保留足够的组织进行分子生物学检测[5]。

5.2.2　淋巴组织增生性疾病

利用细针针吸穿刺活检来诊断淋巴瘤存有争议[7]。可以说，从结节硬化性霍奇金淋巴瘤患者身上获得组织标本是非常困难的[50]。虽然无法评估细针针吸获得标本中的细胞结构，但针吸物可以证实有淋巴瘤病史患者的复发[50]，还可以提供组织来确定潜在淋巴结病的原因，避免了在没有肿瘤的情况下进行侵入性手术的必要。

对临床特征或组织学形态上怀疑非霍奇金淋巴瘤的病例，可以进行流式细胞学检测。组织样品应置于RPMI培养基或生理盐水中。一些机构通常将样本放在这些培养基中，特别是在没有ROSE的情况下，以便在必要时进行流式细胞术。流式细胞术不能应用酒精或福尔马林固定的组织来进行检测。

当怀疑患者为淋巴瘤或没有ROSE时，建议使用2～3种流式细胞术方法进行检测[50]。根据检查盐水或RPMI培养基的浑浊度就可以确定组织样本的含量是否充分。在没有血细胞存在的情况下，浑浊度表示细胞含量。通过粗针活检穿刺获得的标本也可以置于RPMI培养基或生理盐水中利用相同的方法进行检测。如果病理学家在进一步检查载玻片后怀疑组织有污染时，可将样本置于RPMI培养基中进行培养。

5.2.3　感染过程和肉芽肿

小活检组织标本和穿刺抽吸物在诊断包括肉芽肿和感染在内的非肿瘤性病变中起着重要作用。事实上，EBUS活检常被用于结节病的诊断[49]。对于确诊或疑似感染性疾病或肉芽肿的患者，样本应做微生物培养以排除微生物的存在[51-52]。还应保留样本材料，以便在实验室进行特殊染色。根据可用样本材料的数量，注射器可以加盖并直接送到实验室，或者将材料放入无菌的生理盐水中，然后运输。在每个机构内，都应由病理学家和微生物学家共同制定管理这些样本的标准化方案。

6　细胞学标本制备

熟悉各种细胞学制备方法是很重要的，每种方法都是独一无二的。总的来说，它们提供对诊断有价值的补充信息。

6.1　迪夫快速染色

迪夫快速染色对ROSE非常理想，因为它可以在细胞涂片上快速进行，而且只需要使用3种溶液。对于诊断，它可以评估细胞的起源，如淋巴细胞表现为单个细胞或上皮细胞多呈簇状排列，并可根据细胞质特征将上皮细胞分为鳞状上皮细胞或腺上皮细胞。角质化的鳞状上皮细胞通常有致密、蓝色和均匀的细胞质，腺上皮细胞的细胞质常呈空泡状或泡沫状。此外，迪夫快速染色可使黏液和间质染色，这是某些肿瘤的关键特征，如黏液癌、胶样癌及错构瘤[53]。

使组织完全干燥是制备迪夫快速染色涂片的一个关键步骤。干燥不充分的载玻片会掩盖细胞学特征，从而限制了对样品的充分评估，并可能导致误诊。

6.2　巴氏染色法

巴氏染色法通常在酒精固定的组织涂片上进行。该染色方法能显示出恶性肿瘤细胞核的特征，如核膜不规则、染色质形态、核膜内陷，特别是缺乏细胞核明显多形性的高分化肿瘤。此种染色方法还可以显示出具有神经内分泌细胞学特征的椒盐状或斑点状染色质的分布特点。最重要的是，此种染色方法还能将角化的鳞状细胞胞质染成橘色或粉色。这一发现对鳞状细胞是特异的，省去了用免疫组织化学染色方法以鉴别鳞状细胞和腺细胞的需要[20]。

不同于迪夫快速染色方法在染色前载玻片必须完全干燥，用于巴氏染色的切片必须立即放入酒精中。固定延迟导致的风干伪影（如细胞扩大和细胞核特征的丢失）会干扰诊断。风干的细胞质会呈现出橙色，模仿鳞状细胞分化，可能会导致误诊。喷雾固定法可以取代酒精固定法，但是喷雾法会导致细胞聚集成簇，而无法保持涂片上细胞分布均匀。

6.3 液基标本制备

我们经常将迪夫快速染色和巴氏染色两种染色方法结合起来一起用于评估标本。由于涂片技术参差不一，同时也为了避免红细胞、炎性渗出物和组织碎屑对样本的影响，液基标本制备可以作为另一种选择。

最常用的两种方法是ThinPrep（Hologic, InC., Bedford, MA, USA）和SurePath［BD（Becton, Dickinson and, Company）Diagnostics，Franklin Lakes，NJ，USA］。采集标本时，将标本置于醇基溶液中作为转运介质［如细胞液（Hologic）或SurePath小瓶］。这种固定剂可用于细针抽吸组织和其他脱落标本，包括液体、刷检和洗脱液。在实验室中，利用自动化的处理器将标本进行均质化处理，并制备细胞分布均匀且无细胞损失的载玻片，同时最大限度地去除背景中的血液、炎症、黏液和可能使目标细胞模糊的碎片，然后用巴氏染色法对涂片进行染色。如果样本足够，可以制备额外的切片用于辅助研究。

液基标本制备有几个缺点：制备液基标本所需的设备和用品是一笔额外的费用；由于这些标本需要酒精固定，而不是福尔马林固定，因此实验室可能需要测试固定液的变化是否会影响免疫组织化学染色的结果；液基标本制备不适用于现场快速评估；液基标本制作过程不同于常规制片，需要进行特殊培训；用液基标本诊断小细胞肺癌和肉芽肿性病变时具有一定的挑战性，因为小细胞肺癌表现为具有细微细胞核造型的不黏附细胞，而肉芽肿中也可能有分离的细胞。

6.4 辅助检测标本的固定

有多种固定剂和转运介质用于细胞学标本的制备，包括生理盐水、RPMI培养基、溶细胞剂、SurePath培养基和福尔马林，各种制剂有其优缺点。例如，流式细胞术标本只能对放置在盐水或RPMI培养基中的标本进行分析，而福尔马林是组织学标本的标准固定剂，也是大多数实验室试验得以验证的培养基。

美国病理学家学会、国际肺癌研究协会和分子病理学协会提出的联合指南中，推荐使用福尔马林固定（10%中性缓冲）、酒精固定（70%乙醇）、新鲜或冷冻的样本验证后进行*EGFR*突变检测[35]。使用福尔马林或乙醇方法进行固定石蜡包埋组织的优点是可以评估肿瘤的含量和比例。酒精固定液不适用于荧光原位杂交检测[35]。细胞学标本最初置于其他溶液中（如盐水或RPMI培养基），之后需要在福尔马林或酒精中进行固定。小标本建议固定6～12小时[35]。

其他介质，如重金属固定剂（如B5、含锌酸性福尔马林、Zenker、B plus）和酸性溶液（如脱钙液、Bouin溶液）会干扰检测，应避免使用[35]。当取骨组织标本时，应用细针穿刺代替粗针穿刺活检是有利的，细针抽吸可在不采集骨骼标本的情况下提取肿瘤细胞，而采集骨骼标本时通常需要脱钙，脱钙液会干扰分子生物学检测的结果。

6.5 细胞蜡块

细胞蜡块可作为细胞学涂片和液基标本的辅助手段。细胞块是由细胞学标本中存在的不黏附细胞或小组织碎片形成的内聚颗粒。这些颗粒被离心并凝结在一起，与琼脂、血浆凝血酶或明胶等试剂一起凝固成小球[7]。这一过程具有一定的技术性和挑战性。在聚结之后，细胞块被包埋在石蜡中，并类似于通过活组织检查获得的样本一样进行处理。

虽然细胞蜡块不能像巴氏染色那样能更清晰地显示细胞形态[46]，但是可以作为细胞涂片和液基标本的补充手段。例如，它们显示了组织碎片的结构细节，更加类似于组织学标本。最重要的是，它可以为免疫组织化学染色和分子生物学检测提供组织标本。美国病理学家学会、国际肺癌研究协会和分子病理学协会指南推荐细胞蜡块可代替涂片用于辅助检测。最近的研究表明，涂片为分子生物学检测提供了另一种细胞来源，这对于减少重复穿刺的概率尤其重要[58-59]。

尽管细胞蜡块的应用价值很高，但目前尚未制定出一套标准化制备程序。在一项调查中，95名受访者列出了十多种制备细胞蜡块的方法[8]。44%的被调查者对其细胞蜡块的质量不满意或偶尔满意，细胞含量低是导致不满意的主要原因，细胞数量不足可导致病理学家无法做出诊断性结果并需要重复采样[54]。虽然没有标准化的细胞块处理程序，但有一些制备方法的效果比其他方法要好[55-56]。

当组织标本数量充足时，用于制备细胞蜡块的技术可能不会在优化样品中发挥实质性作用。然而，当组织标本匮乏时，在细胞蜡块制备过程中应尽量最大限度地减少细胞损失，保留尽可能多的细胞成分用于其他辅助研究。随着微创技术在医学应用的不断扩大，在小样本中检测多种生物学标志物已成为标准的诊断项目，优化细胞蜡块制备的方法将变得越来越重要[7, 57]。

对于疑似肺腺癌患者的非抽吸细胞学标本，包括胸腔积液、支气管肺泡灌洗液和支气管刷液，也可以用来制备细胞蜡块[19]。

7 结论

毫无疑问，我们对肺癌患者小活检标本的管理方法将在未来得到进一步的改进，以最大限度地利用所取得的标本组织。与此同时，所有的肺科医生、胸外科医生、病理学家和肿瘤学家都应熟悉小样本处理的局限性，并且能够对患者进行最有益处的分类。本章所述的文献报告以及所提供的资料至少将确立一种标准化的方法，以供社区为基础的国际机构和学术机构遵循。

（王 丹 译）

主要参考文献

5. Cagle PT, Allen TC, Dacic S, et al. Revolution in lung cancer: new challenges for the surgical pathologist. *Arch Pathol Lab Med*. 2011;135(1):110–116.
6. Bulman W, Saqi A, Powell CA. Acquisition and processing of endobronchial ultrasound-guided transbronchial needle aspiration specimens in the era of targeted lung cancer chemotherapy. *Am J Respir Crit Care Med*. 2012;185(6):606–611.
8. Crapanzano JP, Heymann JJ, Monaco S, Nassar A, Saqi A. The state of cell block variation and satisfaction in the era of molecular diagnostics and personalized medicine. *Cytojournal*. 2014;11:7.
12. Rekhtman N, Brandt SM, Sigel CS, et al. Suitability of thoracic cytology for new therapeutic paradigms in non-small cell lung carcinoma: high accuracy of tumor subtyping and feasibility of EGFR and KRAS molecular testing. *J Thorac Oncol*. 2011;6(3):451–458.
20. Sigel CS, Moreira AL, Travis WD, et al. Subtyping of non-small cell lung carcinoma: a comparison of small biopsy and cytology specimens. *J Thorac Oncol*. 2011;6(11):1849–1856.
35. Lindeman NI, Cagle PT, Beasley MB, et al. Molecular testing guideline for selection of lung cancer patients for EGFR and ALK tyrosine kinase inhibitors: guideline from the College of American Pathologists, International Association for the Study of Lung Cancer, and Association for Molecular Pathology. *Arch Pathol Lab Med*. 2013;137(6):828–860.
44. Zhang K, Deng H, Cagle PT. Utility of immunohistochemistry in diagnosis of pleuropulmonary and mediastinal cancers: a review and update. *Arch Pathol Lab Med*. 2014;138(12):1611–1628.
45. Marchetti A, Di Lorito A, Pace MV, et al. ALK protein analysis by IHC staining after recent regulatory changes: a comparison of two widely used approaches, revision of the literature, and a new testing algorithtm. *J Thorac Oncol*. 2016;11(4):487–495.
56. Balassanian R, Wood GD, Ono JC, Olejnik-Nave J, et al. A superior method for cell block preparation for fine needle aspiration biopsies. *Cancer Cytopathol*. 2016;124:508–518.
58. Knoepp SM, Roh MH. Ancillary techniques on direct-smear aspirate slides: a significant evolution for cytopathology techniques. *Cancer Cytopathol*. 2013;121:120–128.
59. Roy-Chowdhuri S, Goswami RS, Chen H, et al. Factors affecting the success of next-generation sequencing in cytology specimens. *Cancer Cytopathol*. 2015;123:659–668.

获取完整的参考文献列表请扫描二维码。

第20章　肺癌的临床表现和影响预后的因素

Kristiaan Nackaerts, Keunchil Park, Jong-Mu Sun, Kwun Fong

要点总结

- 大多数肺癌患者在疾病早期是有症状的，但是5%～15%的人可能没有症状。
- 应及时识别出令人警惕的肺癌症状，如咳嗽、咯血、呼吸困难、胸痛和体重减轻。
- 不存在指导和帮助医师区分特定组织学亚型的特定临床表现。
- 对咳嗽（最常见的肺癌症状之一）的认识增加，可能有助于发现早期肺癌。
- 咯血通常是导致人们迅速向其初级保健医生报告的唯一症状。
- 肺癌是恶性胸腔积液最常见的病因之一。
- 在大约50%的病例中，肺癌是上腔静脉综合征的原因。
- 肺癌是脑转移的最常见原因。
- 副肿瘤综合征在肺癌中并不罕见，并且可能是该疾病的第一个临床表现。
- 某些临床和分子因素可能对指导肺癌患者的个性化护理具有潜在的预后和（或）预测作用。

大多数肺癌患者在疾病早期是有症状的。但是，有5%～15%的人在被诊断时没有症状[1-2]。诊断时出现症状的患者通常患有晚期疾病，因此预后较差，5年总生存率不超过15%[3]。为了提高肺癌的生存，应考虑对风险最高的无症状人群进行早期筛查[4]。实际上，对无症状的高危人群（定义为年龄在55～74岁的有至少30包/年吸烟史的正在吸烟者或既往吸烟者）使用低剂量计算机断层扫描进行筛查，已被证明不仅对早期肺癌的诊断有效，而且可以明显降低肺癌的特异性死亡率[6]。

相比之下，在筛查试验中被发现患有肺癌的人通常没有症状，因为这些肿瘤通常很小并且位于外周。除筛查项目外，大多数无症状人群的肺癌被巧合地诊断出来（如在用于其他适应证或术前检查的胸部X线检查中）。对于每个临床医生而言，最重要的是在最初出现疾病表现时要意识到所有可能的肺癌症状，而不仅仅是所谓的令人警惕的症状。这些令人警惕的症状（咳嗽、咯血、呼吸困难、胸痛和体重减轻）主要是局部胸腔内肿瘤生长的结果，但也可能由局部区域胸腔内浸润性生长以及胸腔外转移的发展而进一步引起（表20.1）。及时识别出令人警惕的症状很困

表20.1　肺癌的临床表现与体征

无症状
局限性肿瘤生长所引起的临床症状
咳嗽
咯血
胸痛
呼吸困难/喘鸣
局限性（胸内）肿瘤侵袭性生长所引起的临床症状
胸腔积液
心包积液
声音嘶哑
上腔静脉综合征
吞咽困难
肩痛（Pancoast综合征）
膈肌瘫痪
胸腔外扩散或转移所引起的临床症状
骨、脑、脊柱、肝、肾上腺和其他部位的症状
副癌综合征
骨骼肌
血液系统
血管
内分泌系统
神经系统
皮肤
其他

难，因为这些症状通常出现在年龄较大的患者（≥60岁）中，这些患者正在吸烟或以前吸烟，并且还可能患有合并症，如COPD或心脏病（如心力衰竭、心绞痛）[5]。在某些肺癌病例中出现的症状可能与特定的副肿瘤表现有关，如果无法识别，可能会导致诊断上的困境，并进一步延迟肺癌的诊断。肺癌患者最初出现的更常见症状将在本章后面进一步描述。不幸的是，没有具体的临床表现来指导和帮助医生区分肺癌的特定组织学亚型[7]。医师还应考虑到，作为肺癌诊断的结果，可能会出现本章未涉及的其他症状，包括由外科手术、全身治疗或放疗的医源性并发症引起的症状，或仅在肺癌患者的临终护理期间可能特异出现的其他症状。本文还讨论了多种临床和分子因素，它们对肺癌的早期诊断和治疗以及预后具有潜在的作用。

1 局部肿瘤引发咳嗽的症状和体征

与肺癌有关的最常见症状之一是咳嗽。据报道，在诊断时有多达60%～70%的人有咳嗽表现[1, 5, 8]。对咳嗽重视程度的增强可能有助于早期发现肺癌，如同近期英国联合开展的“咳嗽意识运动”所证明的那样，早期发现肺癌之后的治疗效果更好[9]。咳嗽最常见的原因是肺部肿瘤侵入位于中央较大的支气管黏膜，但也可能出现在较小的外周肺部肿瘤中。在一些以鳞状生长为主的肺腺癌患者中，可能会产生大量稀薄的无色痰（支气管黏液），但这很少见。较小但主要位于支气管内的肺肿瘤也可能引起咳嗽。这种咳嗽可能是干咳或不频繁，但如果由于阻塞而发生呼吸道感染，则可能频繁咳嗽。由于咳嗽也是其他肺部疾病（如COPD）的主要症状，因此有时很难将咳嗽识别为肺癌的症状表现。在记录患者的病史时，应特别注意COPD患者或活跃的吸烟者中咳嗽方式的改变，这些患者可能会发展为肺癌。如果COPD急性加重未能通过积极的治疗解决，应引起对潜在呼吸系统恶性肿瘤的怀疑[10]。

1.1 咯血

咯血不仅是肺癌诊断时多达1/3的人的常见症状，而且还是唯一导致人们迅速向其初级保健医生报告的典型症状[1, 8, 11-12]。在所有咯血病例中，约有20%与肺癌有关，因此就诊于初级保健医师的患者如果出现咯血，应该从胸部X线检查开始进行进一步的检查[7, 11]。咯血通常是由于肿瘤坏死、肿瘤内及其周围新血管的生长（新生血管形成），以及气管肺血管侵蚀和浸润所致的支气管黏膜溃疡引起，也可能是阻塞性肺炎或副肿瘤性肺栓塞引起。就诊时，咯血可能从轻度（痰中带血）到中度和重度失血不等。幸运的是，严重或大量咯血（一次或在24小时内咯血量超过200 mL，或在24小时内咯血量为5～10 mL/h）在初始阶段很少发生，但在肺癌的姑息治疗阶段出现可能会成为一个日益危及生命的问题。在诊断为未知阶段的肺癌或可能治愈、新诊断的肺癌时要治疗大咯血，需要通过气管插管迅速固定气道并保持最佳的氧合作用，然后才能通过支气管内治疗或紧急外科干预措施来彻底地缓解咯血[13]。支气管动脉栓塞可以治疗因支气管镜无法达到部位的肿瘤引起的中度咯血。对于所有其他支气管内肿瘤引起咯血的病例，存在几种支气管内治疗方式，从掺钕钇铝石榴石激光光凝到电灼再到氩等离子体凝固治疗。对于无法切除的远端或肺实质的肺部肿瘤，建议使用外部放射治疗[14]。支气管内近距离放射治疗已被用于姑息治疗由支气管内可见肿瘤引起的咯血，以及高剂量率近距离放射治疗与外源性放疗相结合，显示比单独使用外照射放射治疗具有更好的症状控制[15]。在最近的科克伦（Cochrane）Meta分析中，发现单独使用外照射放射治疗比单独使用支气管内近距离放射治疗能更有效地缓解症状，尽管没有足够的证据支持两种方式结合使用与单独使用外照射放射治疗相比在缓解症状方面具有优越性[16]。

1.2 胸痛

早期肺癌患者可能会注意到模糊、持续的胸痛或胸部不适，即使未发现胸壁、纵隔或胸膜受到侵袭也是如此[7]。这种疼痛感的真正来源尚未确定，因为肺实质中没有疼痛纤维。周围支气管自主神经能够通过迷走神经传递不适感，这也可能在非转移性肺癌中引起罕见的颅面痛感[17]。当肿瘤进一步生长并发生局部扩散时，如胸膜、纵隔或胸壁，可能会出现更严重的局部疼痛症状，需要结合肿瘤导向疗法进行充分的镇痛治疗。

1.3　呼吸困难、喘鸣、气喘

呼吸困难是肺癌的常见症状，多达60%的人会发生[5]。呼吸困难的原因通常是多因素的，与肿瘤体积增加、支气管内肿瘤阻塞引起肺实质不张、淋巴管性肿瘤在肺叶或肺内扩散有关。当肺癌开始局部扩散到气管、心包和胸膜时，呼吸困难可能会变得更加严重。除了与呼吸道有关的肿瘤相关原因外，可能还有其他潜在的可加重症状的原因，尤其是在COPD或心脏疾病的肺癌患者中。当肿瘤阻塞下部气管或主要的中央气道时，可能会伴有典型的喘鸣音（严重阻塞气道或气管的情况下）或单侧喘息声（在左侧或右侧主要气道闭塞的情况下），会出现急性的呼吸困难[8, 10]。对早期、局部或区域的晚期疾病患者基础肿瘤的标准治疗包括治疗呼吸困难。对于晚期和有症状的肺癌患者，应考虑呼吸困难的早期缓解治疗（低氧血症、阿片类药物或吸入呋塞米的家庭氧气疗法）[18]。

2　侵入性局部、区域或胸腔内扩散的症状和体征

2.1　声嘶

左喉返神经刺激左声带，该喉返神经深入左侧胸腔并在主动脉弓下方，然后再次爬升至左声带。主动脉肺窗的淋巴结肿大或主动脉分支左侧较大的浸润性肿瘤可能导致左喉返神经受压迫，导致神经麻痹和声带麻痹。这种声带麻痹（不到10%的肺癌患者发生）会导致声音嘶哑，有时还会引起咳嗽和误吸[5]。结合使用^{18}F-2-脱氧-D-葡萄糖（^{18}F-2-deoxy-D-glucose，FDG）-正电子发射断层扫描（positron emission tomography，PET）/计算机断层扫描（computed tomography，CT）时，由于对侧声带麻痹引起的代偿性喉肌激活，被压迫的喉返神经对侧的喉内肌（通常是左侧）可能表现为假阳性FDG摄取增加[19]。肺肿瘤组织压迫右喉返神经的情况不多见，因为该神经没有广泛地穿过右侧胸部。

2.2　胸腔积液

肺癌是恶性胸腔积液最常见的病因之一[20]。最终7%～23%的肺癌患者会发生恶性胸膜积液，但在诊断时并非所有人都有症状[21]。胸膜积液的患者通常会报告呼吸困难、咳嗽、胸痛、疲劳和体重减轻。恶性胸膜积液的积累可能是由于肿瘤直接侵入胸膜或转移进入胸膜（图20.1）。胸膜积液也可能是肺癌患者的其他原因导致，因此应排除这些原因，如淋巴阻塞或非恶性原因引起的乳糜胸或心力衰竭、胸膜肺部感染、肺梗死和肝硬化[22]。因此，有必要对诊断性胸腔穿刺术记录恶性细胞的存在。在40%～50%的病例中细胞学检查结果为假阴性，应进行诊断性胸腔镜检查以获取新的胸膜液样本并结合胸膜活检进行检查[23-24]。如果确诊为恶性，则肺癌应归为Ⅳ期（M1a），预后较差[25]。除全身治疗（化学疗法、靶向治

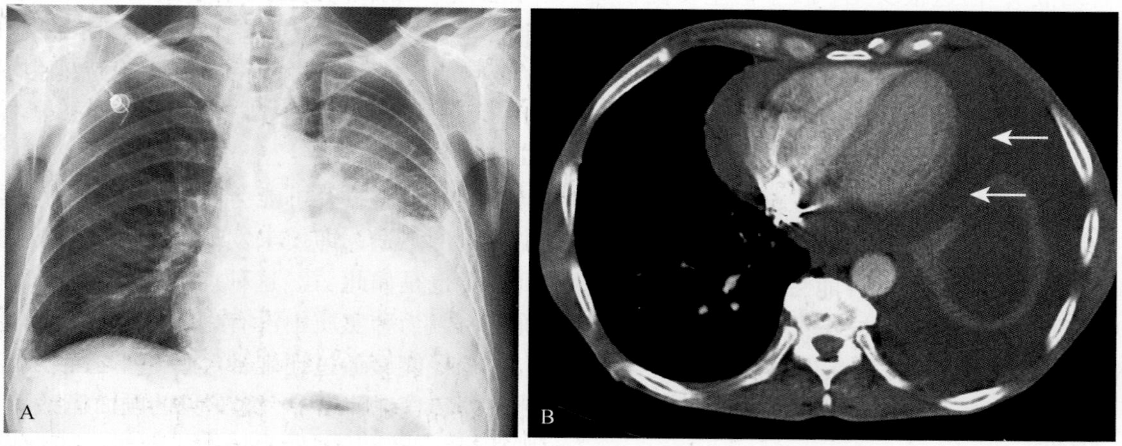

图20.1　1例非小细胞肺癌患者由左肺上叶腺癌引起的左侧胸腔积液和心包积液

（A）胸片图像；（B）计算机断层摄影图像

注：白色箭头处为胸腔积液和心包积液

疗）外，恶性胸腔积液的治疗还包括引流和胸膜固定术。最佳治疗方法取决于患者的症状、体能状态和预后[26-28]。对于预后极差（少于3个月）的患者，可反复行胸腔穿刺术以缓解呼吸困难和疼痛。但是，对于大多数肺癌患者，应该计划对恶性胸膜积液进行更明确的治疗，通过胸管滴注滑石粉、采用胸腔镜或插入留置胸膜导管。在广泛胸膜受累出现肺受压迫时，则后一步骤是必要的。

2.3 心包积液

心包积液发生在5%～10%的肺癌患者中（图20.1）。恶性细胞的心包浸润是通过直接的肿瘤浸润或癌细胞的血源性或淋巴性扩散发生[5]。出现心包积液的患者没有症状（仅影像学记录有心包积液的存在）或他们将述说症状如呼吸困难加重（至3/4级）、端坐呼吸、焦虑、心悸和胸骨后疼痛。体格检查可发现右侧心力衰竭、心律不齐（心房颤动）和心脏压塞（脉搏异常）的特定体征。应当将心脏受压视为危及生命的状况，需要立即干预[13, 29]。如果诊断怀疑是严重心包积液，应立即通过超声心动图检查以记录该积液。当发现右侧心室塌陷时，应进行紧急心包穿刺术以缓解症状。初次穿刺后，可插入心包导管以进一步引流。1/3的患者可能发生心包引流后液体积聚复发[30]。复发后，可进行新的心包穿刺并滴入硬化剂（如顺铂、米托蒽醌）[29, 31]。对于预后更好和难治性心包积液的患者，另一种治疗方法可能是采用腔镜辅助心包切开术（心包窗）[29]。

2.4 上腔静脉综合征

经由上腔静脉从头部回流静脉的阻塞或压迫是肺癌的常见并发症。然而，在初次肺癌诊断时，很少出现上腔静脉综合征（superior vena cava syndrome，SVCS）（少于5%的病例）。约50%的SVCS的病因是肺癌，但应排除其他胸腔内恶性肿瘤，如淋巴瘤、原发性纵隔肿瘤和纵隔中的转移性肿瘤[32-34]。SVCS由右上肺叶的肿瘤生长引起，其中心延伸至上腔静脉或通过生长向恶性右气管旁淋巴结扩散。管腔内也可能形成血栓[7]。NSCLC引起SVCS的频率高于SCLC[32-34]。SVCS的临床表现通常包括头颈部肿胀、眼睑水肿、颈部和胸壁静脉扩张、咳嗽、乳房肿胀、头晕、头痛、视物模糊、呼吸困难、吞咽困难和胸痛。当肿瘤生长迅速时，由于静脉阻塞附近没有时间形成侧支循环，症状可能会更快出现，特别是当阻塞位于与奇静脉交界处以上时[5, 7-8, 10]。可通过

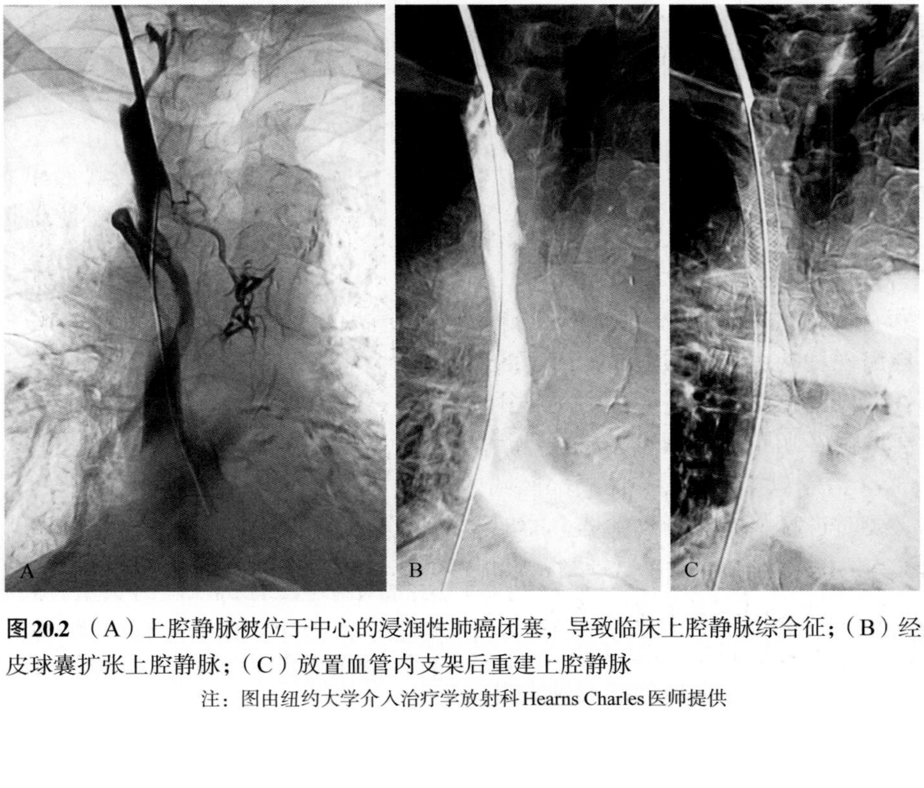

图20.2 （A）上腔静脉被位于中心的浸润性肺癌闭塞，导致临床上腔静脉综合征；（B）经皮球囊扩张上腔静脉；（C）放置血管内支架后重建上腔静脉

注：图由纽约大学介入治疗学放射科Hearns Charles医师提供

胸部CT轻松记录SVCS的诊断（图20.2），但是在开始治疗之前必须对潜在的癌症进行组织学诊断。SVCS的治疗包括缓解症状以及治疗潜在的肺癌[35]。对于局部晚期肺癌，可以开始放化疗。对于晚期肺癌（尤其是SCLC），化疗可立即开始[34-35]。当患者症状严重时，放置血管内支架比放化疗能更快地缓解症状。因中央气道阻塞或严重喉头水肿而出现喘鸣的患者，以及因脑水肿而昏迷的患者，应立即行血管内支架植入术[35]。该过程可以使用不同类型的支架进行，如不锈钢支架、Gianturco、Wallstent或Palmaz。然而，镍钛合金支架目前似乎更适合于安全有效地对SVCS进行血管内治疗[36-38]。首次支架植入的成功率在80%～95%。尽管支架植入后SVCS复发的平均风险为10%～14%，但复发几乎总是可以通过新的支架植入术得到解决。

2.5 肺尖肿瘤综合征

在肺上叶顶端的肺癌朝向上沟、肋骨和椎骨生长，将引起肩部、肩胛骨和胸壁疼痛。臂丛神经（特别是尺神经的下神经根）的浸润会导致放射痛，以及手臂和手部肌肉萎缩。霍纳综合征由于侵入交感神经链和星状神经节而导致上睑下垂、瞳孔缩小和半面无汗症，并且可能是所谓的潘科斯特综合征的一部分[39]。典型的潘科斯特综合征的患者会在最终诊断为肺癌之前会咨询其他专家，有时距首次发生疼痛的时间可能会延迟长达1年。呈现潘科斯特综合征的大多数肺癌患者是NSCLC。潘科斯特综合征作为肺癌的初始临床表现发生于约4%的肺癌病例[7]。

2.6 吞咽困难

当食管被纵隔肿大的淋巴结或侵袭食管的肺肿瘤阻塞时，会出现吞咽困难。喉返神经麻痹也可能由于喉部吞咽机制的功能障碍而导致吞咽困难。患者通常会发现吞咽越来越困难，并且随后可能无法吞咽[40]。治疗包括治疗潜在的局部区域浸润性肺癌和必要时进行临时胃肠外营养。有时需要姑息性食管支架植入术。

2.7 膈肌麻痹

当膈神经被正在生长的原发性肿瘤或肿大淋巴结（通常起源于主动脉-肺窗淋巴结）压迫时，膈肌可能会瘫痪，导致呼吸困难增加[7]。因此，根据IASLC肿瘤、淋巴结、转移（tumor，node，metastasis，TNM）分类第八版，肺癌侵犯膈神经是局部晚期疾病的指征，应被分期为cT3肿瘤[25]。

3 转移的症状和体征

3.1 骨转移

30%～40%的晚期NSCLC患者发生骨转移，转移发生于诊断时或在肿瘤发展过程中[41]。与骨扫描相比，PET的敏感性相似（至少90%），但具有更高的特异性（至少98%）和准确性（至少96%），因此被认为在检测骨转移方面具有优势[42-44]。因此，如果在患者的PET扫描中未发现骨骼异常，且没有迹象表明存在骨转移的迹象或症状，则无须进行骨扫描[45]。肺癌的骨转移主要是溶解性的。

骨转移会引起明显的疼痛和发病率，并以各种骨骼相关事件为特征，包括病理性骨折、脊髓受压、需要进行放射或骨外科手术，以及恶性高钙血症。骨膜炎症和隆起是最常引起骨转移疼痛的机制。非甾体抗炎药无法控制的疼痛应使用麻醉镇痛药处理。放射治疗肿瘤学小组（radiation therapy oncology group，RTOG）97-14的一项试验表明，大多数有症状的骨转移患者可通过低剂量、短暂的放射治疗来缓解疼痛，该试验包括了乳腺癌或前列腺癌患者。在该试验中，就缓解率和随后的病理性骨折的发生率而言，单次使用8 Gy的疗效与在2周内分10次治疗的30 Gy的标准治疗相媲美。但是，8 Gy组的再治疗率明显更高（18% vs. 9%，$P<0.001$）[46]。立体定向消融放射疗法（stereotactic ablative radiotherapy，SABR）已经成为治疗骨转移的新疗法，几项随机试验已显示出有希望的结果[47-49]。特别是SABR的局灶性为先前放射的脊柱转移瘤提供了其他方法无法获得的无创治疗选择。对于具有特殊病理性骨折风险的负重骨转移患者，可以考虑手术治疗。在治疗有症状的椎体压缩性骨折时，椎体强化手术（椎体后凸成形术和椎体成形

术）也是重要的方式。除了可以立即缓解疼痛外，这些方法还具有许多优点，包括在先前放射部位的适用性、门诊护理的可能性以及获得组织活检标本[13]。双膦酸盐（帕米膦酸盐和唑来膦酸）通过防止骨重塑部位的骨吸收发挥重要作用。在一项研究中，唑来膦酸与NSCLC骨转移患者骨相关事件的发生率显著降低有关[50]。地诺单抗是新型骨靶向药物中的另一种药物，旨在抑制核因子κ-B配体的受体激活剂。与唑来膦酸相比，地诺单抗可延长NSCLC骨转移患者的总生存期[51]。

3.2 脑转移

肺癌是脑转移最常见的原因[52]。脑转移通常是有症状的，2/3以上的脑转移患者在患病期间会出现一些神经系统症状[53]。脑转移的临床表现根据病变部位和相关水肿程度而定。头痛是一种常见的症状，多发于多发性转移瘤。大约10%的患者在发病时出现局灶性或全身性癫痫发作[53]。肿瘤脑转移的其他症状包括恶心和呕吐、局灶性无力、精神错乱、共济失调或视觉障碍。脑转移瘤的体征和症状通常很微妙。因此，所有出现神经系统症状的肺癌患者均应怀疑有脑转移。磁共振成像当前是诊断脑转移的标准。

皮质类固醇可通过减少肿瘤周围水肿而迅速减轻与脑转移有关的症状[54]。癫痫发作的患者应接受抗癫痫药治疗。应根据病变的大小、数量和位置以及患者的颅外疾病状态和表现状态进行后续治疗。脑转移瘤的治疗方式包括全脑放射疗法、立体定向放射外科治疗和手术切除。对于有1～3个脑转移瘤的患者，应在全脑放疗前考虑立体定向放射外科治疗[55]。

在NSCLC中软脑膜癌病并不罕见[56-58]，并且仍是肺癌极其严重的晚期并发症。系统性治疗的进一步改善可能导致更多Ⅳ期疾病患者的生存期延长。因此，当这些患者的所有现有疗法均无效时，可能更容易发展出软脑膜癌病。恶性细胞进入蛛网膜下腔的最常见方式是通过原有肿瘤的直接扩展或血源性扩散。由于存在多种神经系统表现，因此需要高度怀疑才能早期诊断软脑膜癌病。头痛、精神状态变化、颅神经麻痹、背痛或神经根疼痛、大小便失禁、下运动神经元无力和感觉异常是典型症状[59]。评估软脑膜癌病的最有用的诊断工具是腰椎穿刺。应测量开放压力，并将脑脊液送去进行细胞学检查、细胞计数以及蛋白质和葡萄糖的测定[60]。脑脊液细胞学检查的阳性结果在50%的软脑膜癌病患者和在约85%的进行了3次大容量腰椎穿刺患者的初次腰椎穿刺中被发现[61-62]。因此，如果首次细胞学评估得出阴性结果，临床症状和体征提示软脑膜癌病的患者应重复进行腰椎穿刺。

软脑膜癌病是癌症治疗中特别困难的挑战。鞘内化疗一直是治疗的主要手段，尽管其受益程度尚未在随机临床试验中得到证实[63]。脑室腹腔分流术也是降低颅内压的有效姑息手段[58]。考虑到软脑膜癌病患者的治疗结果和预后不佳，迫切需要新的治疗药物或策略[64]。

3.3 脊髓转移或脊髓压迫

脊髓转移或压迫在解剖学上可分为髓内、软脑膜和硬膜外。硬膜外压迫包括多种机制，如骨转移瘤继续生长到硬膜外腔、椎旁肿块堵塞神经孔以及椎骨的破坏。就诊时90%的患者有局部或神经根疼痛，多达50%的患者可能出现瘫痪、感觉丧失和括约肌功能障碍[65-66]。如果临床怀疑脊髓受压程度高，应在X线片证实受压前立即给予大剂量地塞米松[67]。放射疗法是治疗脊髓转移瘤的主要方法，应在磁共振成像确认脊髓受压迫后立即开始放疗。对于有症状的硬膜外脊髓压迫且表现良好的肺癌患者，建议进行神经外科会诊，如果适合应立即进行手术，然后进行放射治疗[13]。

3.4 肝和肾上腺转移

肺癌经常累及肝脏。大的转移可造成患者上象限的腹部或腹上部不适。大多数肝转移无症状，有些患者会出现模糊的症状，如疲劳、体重减轻和恶心。肝功能障碍仅在广泛转移的情况下出现。

最常与肾上腺转移有关的癌症类型是肺癌，其次是胃癌[68]。通常在CT扫描中发现肾上腺转移，大约一半的肺癌患者会出现双侧转移[68-69]。在大多数情况下，这些病变无症状，尽管大的转移瘤可能引起疼痛。即使在双侧转移灶中，肾上腺功能不全也很少见，因为只有当超过90%的肾上腺被破坏时才发生功能性肾上腺皮质丧失[68]。但是，对于具有适当临床症状和双侧肾上腺转移的患者，应怀疑肾上腺功能不全。有报道表明，从NSCLC中切除孤立的肾上腺转移瘤后可以长期存活[70-71]，但尚未被随机临床试验证实，应考虑选择偏倚的可能性。

3.5 其他部位的转移

肺癌转移可能发生在其他部位，如皮肤、软组织、胰腺、腹腔内淋巴结、肠、卵巢和甲状腺。这些转移部位的处理主要基于患者的症状。

4 副肿瘤综合征

副肿瘤症状在肺癌和其他癌症中并不罕见，有时可能是该疾病的首发临床表现。副肿瘤症状通常指的是癌症的效应不是由原发性癌症或远处转移从而对重要器官的侵袭、阻塞或占位效应直接引起[72]。长期以来，肺癌与副肿瘤效应有关，包括一系列的解剖现象。它们包括各种内分泌、神经、皮肤和其他身体功能障碍，这些障碍是癌症的间接结果，而不是癌细胞直接存在的结果。副肿瘤现象并非肺癌特有，尽管肿瘤类型之间的累及频率是可变的。例如，与其他原发癌相比，肺癌和胸部肿瘤更常发生肥大性肺性骨关节病和杵状指。另外，某些肺癌亚型可能比其他亚型，与副肿瘤现象更相关，尤其是SCLC、类癌和其他神经内分泌癌。副肿瘤综合征可以通过几种方式分类（表20.2），在某些情况下反映出常见或相似的致病机制以及受累器官。

表20.2 肺癌副癌综合征的不同临床症状分类

分类	副癌综合征
皮肤或骨骼肌	肥大性肺性骨关节病
	杵状指
	皮肌炎/多肌炎
内分泌或代谢	抗利尿激素分泌不当综合征
	高钙血症
	库欣综合征
	类癌综合征
神经系统	兰伯特-伊顿综合征
	小脑共济失调
	感觉神经病变
	边缘叶脑炎
	脑脊髓炎
	自主神经病变
	视网膜病变
	斜视眼阵挛
血液系统	贫血
	白细胞增多
	血小板增多
	嗜酸性粒细胞增多症
一般症状	厌食
	体重下降
	无力

4.1 皮肤病或肌肉骨骼疾病

4.1.1 肥大性肺骨关节病和杵状指

手指杵状指早期表现为指甲和指甲折痕之间的角度消失，长期以来被认为是肺癌的一种可能征兆。在2009年发表的一篇评论中，作者报道了在多达10%的肺癌患者和转移至肺部的肿瘤患者中发现了杵状指[73]。杵状指与肥大性肺骨关节病相关，这种疾病的特征是沿着长骨和指骨的轴形成骨膜和骨膜下新骨[72]。临床上，患者经常报告手腕、脚踝、膝盖和肘部对称疼痛的关节病。长骨简单的放射线检查可能显示出典型的骨膜新骨形成，并且骨扫描通常可以确认长骨的双侧弥漫性吸收。肥大性肺骨关节病的症状可能对手术切除有完全反应，但是对于不是手术候选者的病例，对症治疗除了双膦酸盐外，还包括对癌症的全身性治疗，镇痛药包括鸦片和非甾体抗炎药，以及姑息性放射治疗[73]。

4.1.2 罕见的皮肤病

三掌症是一种罕见的与肺癌相关的副肿瘤综合征，表现为手掌增厚、皮肤纹理明显[74]。有时会发生黑棘皮病，这是另一种副肿瘤性皮肤病，表现为过度色素沉着的灰褐色皮肤斑块。与肺癌相关的另一种罕见的副肿瘤综合征是顽固性回状红斑，其通常与严重的疾病负担有关，并且是具有独特木纹图案形态的皮肤疹[75]。

4.1.3 皮肌炎

皮肌炎是一种与皮肤变化有关的炎性肌病[72]。皮肌炎的典型症状是上眼睑有日光性皮疹（以天芥菜属植物命名的蓝紫色变色），或面部、颈部和前胸（V型征）或背部和肩部（披肩征）以及膝盖、肘部和踝部的红斑性皮疹[76]。皮疹可能是瘙痒性的，并且在阳光暴晒后可能恶化。另一个特征是Gottron丘疹，关节处隆起的紫红色皮疹或丘疹，在掌指和指间关节处突出。这种慢性皮疹可能会变成鳞屑，外观发亮。还可以看到扩张的指甲底部毛细血管环，其表皮不规则、增厚和变形，手指可能看起来像所谓的机械手，有看起来很脏的开裂的水平线。相关的近端肌无力可从轻度到重度不等，并可能在皮肤改变之前或同时出现。

4.1.4 多发性肌炎

多发性肌炎是与肺癌相关的另一副癌综合征，并在临床上表现为持续几周到几个月的亚急性肌病，并伴有近端肌肉无力[77]。皮肌炎和多发性肌炎可在不同的肺癌亚型中发现[77]。需要注意的是，这些特定的副肿瘤现象可能是肺癌的最初症状，或者可能在疾病进展过程中发展。抗癌治疗可能有助于减轻多发性肌炎和皮肌炎的症状；另外，若皮质类固醇作为标准治疗，免疫调节剂可作为额外的治疗选择[73]。

4.2 内分泌及代谢疾病

大多数内分泌副肿瘤综合征是由肿瘤分泌的肽或激素导致的代谢或体内平衡紊乱。众所周知，与肺癌相关的内分泌综合征包括抗利尿激素分泌不当综合征（syndrome of inappropriate antidiuretic hormone secretion，SIADH）、库欣综合征和类癌综合征，以及代谢后遗症，如高钙血症。已知由肺癌分泌的其他激素包括白细胞介素-1α、肿瘤坏死因子、人绒毛膜促性腺激素、转化生长因子-β、心房钠尿肽等[78]。副肿瘤内分泌现象通常在对患者进行初步评估时或在肺癌诊断后发现。这些内分泌综合征可能并不总是与癌症的分期或预后相关。抗癌治疗可能会改善临床状况。

4.2.1 抗利尿激素分泌不当综合征

低钠血症是一种与包括肺癌在内的许多肺部疾病相关的疾病[78]。20世纪50年代的一项研究认为，SIADH是低钠血症的一个原因[79]。SIADH在SCLC中更为常见，影响10%～45%的患者，相比之下，其他类型的癌症患者约占1%[79]。SIADH会导致厌食症、认知改变、精神错乱、嗜睡和癫痫发作，因为抗利尿激素的分泌会导致肾小管水通道蛋白持续过度的表达和随后的水吸收[79]。低钠血症的发展持续时间和严重程度将影响临床症状。当钠水平降至120 mmol/L或更低时，可能会出现危及生命的并发症，这时会发生器官衰竭。SIADH的特征是血容量不足的低钠血症、血浆渗透压低、尿液渗透压异常高和尿钠浓度异常高，而且不存在混杂因素，如容量减少、肾上腺功能不全或甲状腺功能低下以及药物作用。

SIADH的诊断需要排除其他原因，特别是容量损耗，这可能会混淆诊断算法和实验室结果的解释。SIADH治疗的主要手段是肺癌治疗，低钠血症可能在SCLC化疗开始后数周内消失。在反应前的时间间隔内，低钠血症可通过体液限制、使用或不使用地美环素或血管升压素受体拮抗剂（如考尼伐坦或托伐普坦）来控制[79]。急性重度低钠血症可通过高渗盐水输注进行仔细地治疗，但纠正应逐步进行，以避免过度矫正，从而将渗透性脱髓鞘（脑桥中央脱髓鞘）的风险降至最低。

4.2.2 库欣综合征

库欣综合征长期以来被认为是包括肺癌在内的癌症的一种副肿瘤现象。在库欣综合征病例中5%～10%的病因被认为是副肿瘤性疾病，其中大多数是异位ACTH分泌的结果，而不是促肾上腺皮质激素释放激素。库欣综合征的许多病例都与肺癌有关，尤其是神经内分泌谱系的那些病例，如SCLC和类癌，它们是最可能产生异位ACTH的肺癌亚型[72, 80]。肺癌中异位ACTH分泌的症状可能有所不同，考虑到肺癌的自然病史，尤其是考虑到SCLC的侵袭性，患者可能没有库欣综合征的所有典型特征。在SCLC相关的库欣综合征中，可能存在黑皮素的异常加工（pro-ACTH和ACTH的前体）[81]。前体水平比ACTH水平高更多，并且与皮质醇水平相关。相反，人们认为支气管类癌正常处理黑皮素，并产生更多的促肾上腺皮质激素，让人联想到垂体腺分泌过多的促肾上腺皮质激素[82]。常见症状包括满月脸、近端肌病，以及低钾血症和高糖血症。库欣综合征的典经特征更可能发生在支气管类癌中。

库欣综合征可通过24小时尿液样本中皮质醇水平的升高和血清ACTH的升高来诊断。大剂量地塞米松抑制试验阴性有助于将异位副肿瘤ACTH分泌与垂体ACTH过度分泌区分开[72]。包括垂体MRI在内的影像学研究可能有助于鉴别诊断。应针对综合征的病因来选择治疗方案。当手术切除肿瘤（即类癌）时，库欣综合征可以得到解决。在不可切除的肺癌中，药物治疗包括使用甲吡酮、酮康唑、生长抑素类似物、氨基葡萄糖酰亚胺、甲酰胺和米非司酮[72, 80]。如果药物治疗失败，可以考虑双侧肾上腺切除术。库欣综合征常出现在转移性疾病患者中，且预后不良[83]。

4.2.3　类癌综合征

类癌综合征是由神经内分泌肿瘤释放到循环系统中的血清素和其他血管活性物质分泌的结果，其症状为潮红和腹泻。类癌综合征主要与中肠转移性肿瘤有关，而后肠（远端结直肠）和前肠（胃十二指肠、支气管）类癌很少发生。但是，1%～5%的支气管神经内分泌肿瘤可能分泌异位血清素并产生综合征[79, 84]。典型的类癌综合征症状包括胸部潮红、分泌性腹泻、支气管狭窄，如果是慢性综合征，则可能导致心脏瓣膜纤维化。急性发作可能导致心血管衰竭和休克。类癌综合征的诊断需要在24小时尿液收集中发现5-羟基-吲哚乙酸水平异常的证据，因为这是血清素的主要代谢产物（尽管在支气管类癌中可能价值不大）。在某些情况下，血清嗜铬粒蛋白A水平的升高虽然特异性较低，但也可能具有诊断意义[85]。在影像学方面，许多神经内分泌肿瘤表达生长抑素受体，因此除常规影像学检查外，还可考虑使用核素奥曲肽显像[86]。未来，新型PET同位素可能被证明可用于这些肿瘤的定位。低血压、心律不齐和支气管痉挛为特征的类癌危机可能通过手术、麻醉、活检和肾上腺素能药物或化学疗法等药物引起[79]。急性病例可能需要用奥曲肽治疗以早期稳定病情，对于类癌性心脏病和严重瓣膜功能障碍的患者，心脏手术可能是提高生活质量和提供生存获益所必需的。

4.2.4　高钙血症

高钙血症通常发生在肺癌中，常是恶性肿瘤体液性高钙血症（humoral hypercalcemia of malignancy，HHM）或溶骨性骨转移的结果[78, 87-88]。HHM最常与鳞状细胞癌相关，并且由肿瘤细胞产生和分泌甲状旁腺激素（parathyroid hormone，PTH）相关肽引起[80]。现在大多数肺癌高钙血症病例都被认为是HHM的结果。高钙血症的程度和生化变化的速度会影响表现。高钙血症的症状包括认知功能改变、疲劳、多尿和腹部症状以及脱水。实验室检查显示高钙血症和低磷血症，心电图变化可能包括PR或QRS间期延长、QT间期短、心动过缓或心脏传导阻滞。HHM与大量的肿瘤负担、男性、疾病晚期、肌酐水平升高和预后不良有关[89]。HHM的更高程度与骨转移的存在有关，严重的高钙血症可导致昏迷和死亡。诊断需要排除其他原因，如转移性骨受累，并且可以通过正常PTH水平、血清低磷水平和PTH相关蛋白水平升高来验证。高钙血症的治疗涉及解决血钙水平和相关并发症，特别是脱水。治疗策略包括纠正体液平衡，增加钙在肾脏的排泄量，并在可能的情况下在抗癌治疗同时降低骨吸收。严重的高钙血症应及时治疗，用等渗盐水恢复体液有利于钙的肾脏清除，一旦达到足够的水合作用，利尿剂可进一步增强钙的清除率。应避免过度补液，因为肺癌患者也可能同时患有心脏病。双膦酸盐，特别是其他新型药物（如地舒单抗）显示出抑制钙释放和破骨细胞功能。有效治疗高钙血症的其他药物包括光辉霉素、普卡霉素和降钙素，有时还会使用硝酸镓[79-80]。

4.3　血液系统疾病

4.3.1　贫血

肺癌患者经常会出现贫血，这种疾病会导致疲劳和呼吸困难的症状。如果铁蛋白水平正常或升高，可以认为是一种慢性疾病性贫血。其他不太常见的血液疾病，如以库姆斯阴性为特征的微血管性溶血性贫血、伴有分裂细胞的溶血性贫血和血小板减少症，也有报道[90]。

4.3.2 白细胞增多

轻度白细胞增多在肺癌中相对常见。然而，极端升高的情况很少见[91]。在某些肺癌患者中注意到细胞因子（粒细胞集落刺激因子和粒细胞巨噬细胞集落刺激因子）的自主产生，而白细胞增多似乎对预后产生负面影响[92]。相反，嗜酸性粒细胞增多在肺癌患者中并不常见，可能是由于肿瘤中粒细胞巨噬细胞集落刺激因子的过度表达导致类白血病反应所致[93]。

4.3.3 血小板增多

反应性血小板增多在包括肺癌在内的癌症中相对较普遍[94]。肺癌中血小板增多的患病率是可变的，被认为是原发性肺癌患者（包括可手术的NSCLC）生存的独立预后因素[95-96]。

4.3.4 高凝状态

特鲁索在近150年前就提出了癌症与凝血病之间的关系，并且现在已知，与患有其他类型的癌症或未患有癌症的人相比，肺癌患者发生血栓栓塞事件的风险更高。几种高凝性疾病与肺癌相关，并且其相关程度有所不同。这些疾病可能在肺癌诊断之前就已经存在，或者可能在疾病的治疗过程中发生。在肺癌患者中已注意到典型的特鲁索综合征（迁徙性浅表血栓性静脉炎和偶发性动脉栓塞）[97]。肺癌的多个方面与较高的血栓形成风险相关，因为患者相关、癌症相关和治疗相关的因素结合在一起会增加血栓形成事件的风险[98]。有些人认为组织因子过表达是与癌症相关血栓形成的主要原因[99]。

4.3.5 深静脉血栓形成和血栓栓塞

2008年发表的一项大型研究表明，大约2%的肺癌患者在2年内发生了静脉血栓栓塞（venous thromboembolism，VTE），并且VTE病的发病率与NSCLC或SCLC诊断后2年内死亡的高风险相关[100]。常规的抗凝治疗对肺癌患者可能无效，因为与无癌患者相比，这些患者更容易复发VTE[101]。在2011年Cochrane对癌症患者低分子量肝素、普通肝素和磺达肝癸钠（一种Xa因子的选择性抑制剂）的随机临床试验的回顾分析中，客观地证实了VTE的治疗观点，即在VTE癌症患者的初始治疗中，低分子量肝素可能优于普通肝素[102]。关于这种副肿瘤性癌症综合征的抗凝治疗理想持续时间的数据很少。2011年发表的一篇系统综述得出结论，转移性恶性肿瘤、腺癌或肺癌比局部恶性肿瘤或某些其他癌症具有更高的VTE复发风险[103]。肺癌治疗期间VTE的发展也不少见，临床医师应意识到风险的增加，并在需要时采取有效的预防措施[104]。早期数据还表明，*KRAS*基因突变与NSCLC中VTE风险增加之间可能存在联系[105]。

4.3.6 弥散性血管内凝血

肺癌也可能伴有弥散性血管内凝血，伴有骨髓受累和血小板计数降低[106]。此外，据报道，NSCLC患者伴有特发性血小板减少性紫癜样综合征[107-108]。

4.3.7 血栓性微血管病

已在肺癌患者中发现了血栓性血小板减少性紫癜（血栓性微血管病的一种传播形式）[109]。来自血栓性血小板减少性紫癜患者肺肿瘤细胞的免疫组织化学染色已证明了内皮增生因子表达，如血管内皮生长因子和骨桥蛋白[110]。

4.4 副肿瘤神经综合征

副肿瘤神经综合征（paraneoplastic neurologic syndromes，PNS）很少见，总体上影响约0.01%的癌症患者，但在SCLC患者中更为常见（3%～5%）[111]。在某些情况下，PNS可能是由癌细胞和神经系统抗原之间的免疫交叉反应引起。已经报道了针对神经元表面抗原和细胞内抗原的抗体，并牵涉到T细胞[112-114]。由于肿瘤细胞并不直接产生该综合征，原发癌的治疗可能并不总是会消除该综合征，因此常常需要采取其他免疫抑制疗法。通常可以在诊断出癌症之前就识别出PNS，因此可能需要通过CT和PET成像进行评估。当最初的癌症筛查未发现明显的肿瘤时，需要对癌症进行反复的诊断评估。PNS的症状取决于受影响的神经元细胞的类型，范围从中枢神经系统到外周神经，以及涉及神经肌肉连接。

4.4.1 中枢神经系统

边缘性脑炎。由于边缘系统受累，边缘性脑炎的表现包括亚急性癫痫发作、记忆力减退、精神错乱和精神病症状。SCLC最常与边缘性脑炎相关，但NSCLC也与该综合征相关[111, 115]。据报道，在边缘性脑炎中发现许多神经元抗体，包括电压门控钾通道抗体、GABAb等[116-117]。

亚急性小脑变性。亚急性小脑变性表现为快速发展的小脑症状，如共济失调、眼球震颤和构音障碍。亚急性小脑变性患者的预后通常较差，因为该综合征伴有严重的残疾和功能障碍[111]。浦肯野纤维的选择性丢失是病因，应排除小脑萎缩。SCLC中的相关抗体包括抗Hu（也称为抗神经核抗体，1类或ANNA-1），以及抗Ri和抗P/Q电压门控钙通道（voltage-gated calcium channel，VGCC）[111, 118-120]。

脑脊髓炎。脑脊髓炎的特点是在中枢神经系统各个水平（如海马、脊髓和肌间神经丛的背根神经节）同时出现功能障碍[111]。这种情况主要在SCLC患者中发现。涉及的抗体包括抗Hu和抗CV2[121]。

4.4.2 周围神经系统

感觉神经病变。背根神经节细胞受损引起的感觉神经病变表现为不对称麻木、疼痛的亚急性发作，手臂和下肢受累以及本体感觉丧失[79, 111]。深腱反射丧失和泛模态感觉丧失将在体格检查中记录。该诊断由感觉纤维受累的电生理表现证实。感觉神经病中通常涉及的抗体包括抗Hu和抗CV2，而SCLC最常与这种情况相关[122]。

自主神经病变。自主神经病变可能会在数周内亚急性发作，并涉及交感、副交感和肠道系统，导致直立性低血压、胃肠道功能障碍、干燥综合征、膀胱和肠功能障碍、瞳孔反射改变、窦性心律失常消失和体重减轻[72]。可能涉及抗Hu、抗CV2、抗nAChR和抗两亲蛋白抗体。

4.4.3 周围神经系统的神经肌肉群

兰伯特-伊顿综合征（Lambert-Eaton myasthenic syndrome，LEMS）发生于近端肌肉无力，尤其是在臀部，并沿颅-尾方向发展。患者也可能伴有深肌腱反射丧失和自主神经功能障碍。肌肉无力被认为是由突触前神经末梢上的可变神经节细胞受损引起的[123]。这些相同的可变神经节细胞被SCLC挤压，LEMS可能影响多达3%的SCLC患者[79]。有趣的是，在SCLC中LEMS的发生可能在癌症的临床或放射学诊断之前。肌电图检查很有帮助，显示低电压肌肉动作电位振幅和低速率刺激的递减反应，但对高速率刺激呈现递增反应[72]。LEMS应对肺癌的基础治疗有反应，耐药的LEMS可能对血浆置换、丙种球蛋白以及硫唑嘌呤和皮质类固醇的免疫抑制有反应[124]。

4.4.4 较少见的外周神经系统病变

眼球阵挛-肌阵挛。眼球阵挛–肌阵挛与SCLC中的抗Ri抗体相关。该综合征的临床特征包括肌阵挛、不自主的眼球运动和躯干性共济失调。脑脊液检查显示蛋白质增加和轻度多细胞增多。对SCLC的基础治疗可能会部分或完全解决眼球阵挛-肌阵挛[79, 124-125]。

癌症相关性视网膜病。据认为，SCLC中与癌症相关的视网膜病变是由于视网膜感光细胞受损引起，导致盲点、光敏性和视网膜小动脉口径减小[79, 124-125]。可通过血管造影观察到视网膜血管渗漏。据报道，光谱域光学相干断层扫描可用于诊断癌症相关视网膜病变。其进展为失明较常见，由23 kDa感光蛋白恢复蛋白（recoverin）的自身抗体引起。皮质类固醇和抗癌治疗可改善病情[126]。

5 肺癌的临床和分子学预后

肺癌是男性和女性最常见的癌症死亡原因，每年占癌症相关死亡率的27%[127]。目前，肿瘤分期是生存的最重要的预后因素[25]。不幸的是，即使在可能治愈的手术切除后，早期的NSCLC患者仍具有很大的复发和死亡风险，其5年生存率为30%～60%。有40%的Ⅰ期患者、66%的Ⅱ期患者和75%的ⅢA期患者会发生复发和死亡[128-129]。考虑到一些患者死于肺癌，而另一些相同分期的患者在肺癌手术后无疾病复发而存活，必须考虑更多因素来解释每个分期组的生存率差异。尽管

TNM分期系统已成为确定NSCLC患者预后的标准，但对于单个患者而言，分期可能不准确。因此，已经做出努力来确定肺癌患者的其他预后因素，包括几种分子因素（表20.3）。

表20.3 肺癌的临床和分子预后指标

临床因素	分子学因素
年龄	核苷酸切除修复
体力状态	*ERCC1*
吸烟状态	*RRM1*
性别	原癌基因/肿瘤抑制基因
组织学	*KRAS*
PET	*P53*
	蛋白激酶
	EGFR
	ALK
	EGFR1
	肿瘤细胞增殖能力
	Ki67
	基因表达芯片
	表观遗传学
	蛋白组学分析
	MicroRNA

注：*ALK*，间变性淋巴瘤激酶；*EGFR*，表皮生长因子受体；*ERCC1*，切除修复交叉互补组1；*FGFR1*，成纤维细胞生长因子受体1；*KRAS*，Kirsten鼠肉瘤；PET，正电子发射断层摄影；*RRM1*，核糖核苷酸还原酶信使1

预后标志物是患者或肿瘤相关的因素，可以为未经治疗的患者提供有关的结果信息。预测性标志物可以治疗反应或生存获益的形式来影响和预测特定治疗的结果。

5.1 临床因素

5.1.1 年龄

许多研究表明，对于年龄较大的NSCLC患者，化疗是可行且安全的。年龄因素本身并不是一个消极的预测因素，不应仅根据患者的年龄而停止治疗[130-131]。功能障碍或合并症会影响NSCLC患者治疗的耐受性和有效性，而不是年龄[132]。许多回顾性分析已证明老年患者和年轻患者的疗效相似[133-135]。在一项纳入451名NSCLC老年患者（中位年龄为77岁）的前瞻性研究中，将卡铂+紫杉醇联合治疗与长春瑞滨或吉西他滨单药治疗进行了比较[136]。联合用药的中位生存期为10.3个月，而单药化疗的中位生存期为6.2个月，与基于未选择的NSCLC人群报道的水平相当。但是，还应注意老年患者对治疗的毒性更大，导致较高的毒性反应发生率和死亡率[137-138]。此外，已发表的数据极有可能受到有利于良好预后的选择偏倚的影响，因为只有最合适的老年患者才能被纳入这些试验。

5.1.2 性能状态

当IASLC国际分期委员会根据大数据库中的详细信息提出修订的肿瘤分期系统时，发现性能状态是NSCLC的一个重要预后因素[139-141]。对大约27 000名患者进行的独立综合分析表明，良好的性能状态是生存期延长的一个独立预测因素[142]。

5.1.3 吸烟状态

吸烟状态除了是肺癌发展的主要危险因素外，还会影响该疾病患者的临床结局。在对NSCLC患者的回顾性分析中，未吸烟者的中位总生存期为30.0个月，从不吸烟者的中位总生存期为10.0个月（$P<0.001$）。

尽管吸烟状态与组织学和行为状态有关，但不吸烟状态被证明是有利的预后因素[142-143]。

5.1.4 性别

与男性相比，女性肺癌患者的内在生物学行为和自然病史有所不同[144]。女性肺癌患者的5年生存率是15.6%，而男性为12.4%。女性早期肺癌患者在外科切除手术后有更长的生存期[145-147]。然而，应考虑性别、吸烟状况和组织学类型对预后的影响，因为女性患者更有可能是从不吸烟者和组织学类型为腺癌[144, 148]。尽管在前瞻性研究招募的中国NSCLC患者中似乎存在与性别相关的生存差异，但这种差异在未吸烟腺癌患者的亚组分析中消失了（性别和肺癌已在第5章中进行了全面论述）[149]。

5.1.5 组织学

特定组织学类型的识别对于NSCLC患者的治疗已变得至关重要，尤其当研究显示培美曲塞对非鳞状细胞癌类型的患者比对鳞状细胞癌的患者具有更好的疗效时[150]。靶向癌基因，如*EGFR*突变或ALK易位，更常见于腺癌[151-152]。与组织学类型的预测作用不同，预后相关性尚未得到充分评估，尽管最近有几项研究显示鳞状细胞癌有良好的预后特征[140-141]。

5.1.6 PET/CT

FDG-PET的最新进展不仅使肺癌能得到更好的诊断和分期，而且能预测其恶性程度和预后（有关PET的预后作用的进一步解释在第22章中进行了描述）[153-154]。

5.2 分子因素

5.2.1 核苷酸切除修复系统

切除修复交叉互补组1（excision repair cross-complementation group 1，ERCC1）是去除铂-DNA加合物的主要DNA修复机制，铂-DNA加合物是铂细胞毒性的基础。在Simon等[155]的一项研究中，作者在最初的报告显示，通过实时定量聚合酶链反应（real-time quantitative polymerase chain reaction，qRT-PCR）测量的ERCC1高表达是手术切除的NSCLC患者更长生存期的独立预测因子。国际辅助肺癌试验使用IHC在761例完全切除肿瘤的NSCLC患者以顺铂为基础的辅助化疗的随机试验中，评估了ERCC1的表达[156]。辅助化疗显著延长ERCC1阴性肿瘤患者的生存期（P=0.002），但未延长ERCC1阳性肿瘤患者的生存期（P=0.40）。在未接受辅助化疗的NSCLC患者中，ERCC1阳性肿瘤患者的生存期长于ERCC1阴性肿瘤患者。此后，许多研究已经评估了ERCC1在早期或晚期NSCLC中的预测和预后作用[157-163]。然而，最近通过IHC在两个独立的Ⅲ期试验（加拿大国家癌症研究所临床试验组JBR. 10和来自肺辅助顺铂评价生物学项目的肺癌和白血病组B 9633试验）中，从494名患者获得的一组验证样品中测定了ERCC1蛋白的表达水平。这项研究无法验证IHC染色对ERCC1蛋白的预测作用，而且16种抗体中没有一种可以区分4种ERCC1蛋白亚型[164]。

核糖核苷酸还原酶信使1（ribonucleotide reductase messenger 1，RRM1）是核糖核苷酸还原酶的组成部分，并且是吉西他滨的分子靶点。尽管最初的一项前瞻性试验显示，吉西他滨为基础的化疗患者中RRM1表达与疾病反应率呈负相关，但随后的试验未能证明RRM1是吉西他滨为基础的化疗的预测因子[165-166]。关于其预后意义的数据很少。

5.2.2 癌基因和抑癌基因

*KRAS*是鼠肉瘤病毒癌基因家族的成员，编码一种与鸟嘌呤核苷酸结合的蛋白质。*KRAS*突变在NSCLC中经常发生，在西方患者中占比为15%～30%，尽管在亚洲患者中发病率较低[167-173]。这些突变大多数在腺癌中发现，并且与吸烟史有关。*KRAS*突变导致组成型激活和生长信号向细胞核的连续传递。一项Meta分析确定了*KRAS*突变为消极的预后因素[174]。此外，在完全切除或晚期NSCLC患者中，*KRAS*突变患者的中位生存期短于*KRAS*野生型或*EGFR*突变患者[169, 173]。然而，在后来的一项纳入了1543名完全切除NSCLC的患者参与的4项辅助化疗的随机试验研究中，作者报告说*KRAS*突变对完全切除NSCLC的患者没有预后作用[175]。

与大肠癌不同，*KRAS*突变已被证明是对EGFR靶向药物如西妥昔单抗反应不良的一个预测因素，而*KRAS*突变在NSCLC中的预测作用却值得怀疑[176-177]。尽管许多研究表明，与*KRAS*野生型患者相比，*KRAS*突变患者使用EGFR-TKI的临床疗效较差，但*KRAS*突变状态对EGFR野生型患者使用EGFR-TKI的临床结果没有影响的发现反驳了这一结论[168-169, 173, 178-180]。

*p53*抑癌基因是所有人类恶性肿瘤中最常见的突变基因，而*p53*基因的改变是人类癌症中最常见的基因突变。*p53*的失活导致脱氧核糖核酸修复效率降低、细胞周期调控紊乱以及整体基因组不稳定性增加。*p53*在NSCLC中的预后意义已被广泛研究。一项前瞻性研究表明，*p53*突变可独立预测Ⅰ期肿瘤患者的生存降低，而不能预测Ⅱ期或Ⅲ期肿瘤患者的生存情况[181]。其他几项

研究对所有肿瘤分期的NSCLC样本进行了分析，结果支持*p53*突变状态与不良生存结果之间的关系[182-186]。Meta分析普遍表明，*p53*基因突变或p53蛋白过度表达与NSCLC患者的总生存期降低有关[187-188]。

5.2.3 蛋白激酶

EGFR途径是细胞增殖、血管生成、细胞凋亡和迁移的调节剂。EGFR信号通路中的基因突变被认为对肺腺癌的发病机制很重要[189]。肺癌中的*EGFR*突变与从不吸烟、女性、东亚种族和腺癌的组织学类型有关[190-191]。通常*EGFR*突变与*KRAS*突变或*ALK*重排相互排斥[173, 180, 192-193]。2004年，*EGFR*突变被描述为可预测NSCLC患者对EGFR-TKI的反应[194]。此后，许多前瞻性试验也证明，*EGFR*突变可作为EGFR-TKI疗效的强有力的预测因子[152, 195-199]。易瑞沙研究显示，*EGFR*突变阳性亚组对吉非替尼的应答率为71.2%，而突变阴性亚组对吉非替尼的应答率为1.1%[152]。其他前瞻性研究也表明*EGFR*突变是厄洛替尼或阿法替尼治疗患者临床结果的强预测因素。据报道，与针对EGFR阳性肿瘤的细胞毒性化疗相比，EGFR-TKI的客观应答率更高，并且无进展生存期更长[197-199]。基于这些数据，强烈建议对晚期NSCLC进行*EGFR*突变测试。然而，*EGFR*突变的预后作用仍存在争议，特别是在手术切除的早期NSCLC中。尽管最初的研究表明*EGFR*突变与NSCLC的较差生存率相关，但其他研究未显示出显著的相关性[191, 200-201]。临床观察表明，*EGFR*突变患者生存时间更长可能是因为*EGFR*突变更频繁地与其他良好的预后因素相关。

2007年，Soda等[202]将棘皮动物微管相关蛋白4（echinoderm microtubule-associated protein like 4，*EML4*）-*ALK*融合基因鉴定为NSCLC亚组中的驱动癌基因。*ALK*重排的肺癌是一种独特的NSCLC亚型，其特征是*ALK*基因倒置或易位。几种选择性ALK抑制剂已证明对具有*ALK*重排的NSCLC患者有效[203-206]。尽管一部分*ALK*重排的肺癌患者主要受益于ALK抑制剂，但未接受ALK抑制剂治疗的*ALK*重排肿瘤患者的预后与缺乏ALK重排的肿瘤患者相当[207-208]。

FGFR属于受体酪氨酸激酶的超家族，由4个基因（*FGFR1*、*FGFR2*、*FGFR3*和*FGFR4*）编码。*FGFR1*被认为是治疗肺癌的新兴分子靶点之一[209]。在约15%的鳞状细胞肺癌中检测到*FGFR1*扩增，被认为是一种可治疗的靶点[210-212]。然而，关于其预后相关性的数据是矛盾的，值得进一步研究[210-212]。

5.2.4 肿瘤细胞增殖

Ki-67是一种非组蛋白，也是一种脱氧核糖核酸结合核蛋白，在增殖细胞的整个细胞周期中表达，而在静止（G_0）细胞中不表达。尽管尚不清楚其确切功能，但Ki-67已被用作恶性肿瘤的增殖标志物[213]。Ki-67的预后相关性已在NSCLC中进行了广泛研究。最近的一项Meta分析（包括2000—2012年进行的28项研究）表明，Ki-67的表达似乎对NSCLC的预后有影响，标记指数高表明预后不良[214]。但是，很难就Ki-67表达的预后价值达成共识，因为各种研究中使用了不同的截止水平和方法[214]。

5.2.5 基因表达阵列

肿瘤的分子谱分析已导致了与特定表型和预后相关的基因表达模式的鉴定。基因组技术的发展，特别是脱氧核糖核酸（deoxyribonucleic acid，DNA）芯片和qRT-PCR，提供了一个发现基因组的机会，这些基因组的协同表达比单个基因更能预测疾病结果。尽管使用的方法多种多样，但是基因组预测模型仍需要3个主要步骤[215]。第一，通过微阵列或qRT-PCR定量数百至数万个基因的表达水平，然后处理数据。第二，将表达数据通过聚类和风险评分生成进行组合和分组，以产生与临床结果相关的基因标记。第三，在独立队列的数据集中验证签名。

众所周知，某些基因表达水平的改变与致癌作用密切相关。基因表达的这些变化以mRNA水平的定量变化表示。1995年，Schena等[216]展示了一种基因表达谱分析技术，该技术适用于Southern印迹技术，该技术使用了互补的DNA链，将互补的DNA链点到一块玻璃上以一次性检查多个mRNA表达水平，这种方法被称为微阵列。此后，这项技术迅速发展，许多研究人员发现肺癌和正常肺组织之间的基因表达谱存在着差异[217-218]。Bhattacharjee等[217]使用12 600种独特的含转录物寡核苷酸微阵列检查了186例速冻性肺肿瘤，并根据遗传特征将肺腺癌分为4个不同的亚组，4个亚组的中位生存率差异显著。Beer等[219]使用包含6800种转录物的寡核苷酸微阵列检查了86例切除的肺腺癌。他们根据排名前50位的基因定义了一个风险指数，以识别低风险和高风险的Ⅰ期肺腺癌，他们在生存率方面存在显著差异，表明基于微阵列分析的基因表达谱可用于预测早期肺腺癌患者的生存情况。基于qRT-PCR的具有预后意义的分子标记的第一份报告发表于2007年[220]。在这项研究中，研究人员通过分析微阵列数据和风险评分，鉴定了16个与NSCLC患者生存相关的基因，然后鉴定了5类基因（*DUSP6*、*MMD*、*STAT1*、*ERBB3*和*LCK*）用于qRT-PCR和决策树分析。5类基因标记被证明是生存的独立预测因子[220]。

5.2.6 表观遗传学

现在已知表观遗传修饰可显著促进肺癌的癌变。例如，抑癌基因*p16*的异常启动子甲基化导致的基因沉默发生在致癌作用的早期[221-222]。表观遗传学变化已被测试为肺癌预后的非侵入性生物标志物。Brock等[223]评估了在切除Ⅰ期NSCLC中7个基因（*p16*、*MGMT*、*DAPK*、*RASSF1A*、*CDH13*、*ASC*和*APC*）甲基化模式的预后价值，他们发现*p16*、*CDH13*、*APC*和*RASSF1A*的成对基因组合是复发的危险因素[223]。

5.2.7 蛋白质组学分析

蛋白质组学方法涉及使用二维凝胶电泳和质谱对蛋白质进行全面研究。通过开发高通量平台，蛋白质组学可以同时测量多种蛋白质产物和（或）蛋白质修饰[224]。这些过程可用于检测恶性肿瘤以及蛋白质的功能异常。此外，蛋白质组学相对于基因组学具有一些优势，蛋白质生物标志物能更准确地描述疾病状态的特征，因为蛋白质是实际的功能参与者。蛋白质组学被广泛用于预测肺癌患者的预后。据报道，许多蛋白质的表达水平，如磷酸甘油酸激酶1（phosphoglycerate kinase 1，PGK1）、膜联蛋白A3（annexin A3，ANXA3）、S100A11和细胞角蛋白（cytokeratins，CKs）与肺癌的预后相关[225-228]。

5.2.8 miRNA

miRNA是长度约22个核苷酸的小非编码核糖核酸，通过肿瘤抑制基因和致癌基因的转录后调节在肺癌发生中发挥重要作用。有证据支持miRNA在肿瘤发生和发展过程中失调。目前，人类miRNA有1200多种。许多研究表明miRNA的表达在肺肿瘤和未累及的相邻肺组织之间存在重大差异[229]。许多研究调查了miRNA在肺癌中的作用以及它们在诊断、预后和治疗靶点方面的作用[230]。miRNA表达特征与预后预测之间的关联已在几项研究中进行了评估。NSCLC中高水平的miR-708与未吸烟肺腺癌患者的总生存期降低有关[231]。Lu等[232]发现，肺腺癌和鳞状细胞癌之间的miRNA表达模式在171个miRNA中存在显著差异，包括let-7家庭成员和miR-205。他们还发现了两种显著区别这些肺癌存活率的miRNA信号。然而，miRNA在临床环境中的作用仍未解决，需要进行大规模、前瞻性研究以证明其可重复性。

6 结论

对于所有医生，尤其是初级保健医生，早期识别初始肺癌症状和特定的临床综合征非常重要。增强对咳嗽、咯血、呼吸困难和体重减轻等令人警惕的症状认识，可能是早期发现肺癌的关键因素，从而有更好的预后。但是，仅通过临床表现诊断肺癌还不足以在早期诊断出所有肺癌。对具有最高肺癌风险的无症状个体使用低剂量CT筛查已被证明不仅可以有效地诊断早期肺癌，而且可以大大降低肺癌的特定死亡率。对肺癌的几个临床和分子预后因素的认识有望变得更加重要，而且与医生的临床评估相关，并且在日常实践中可以优化肺癌患者的个性化护理。

（董　明　陈　军译）

主要参考文献

5. Ost DE, Yeung SC, Tanoue LT, Gould MK. Clinical and

organizational factors in the initial evaluation of patients with lung cancer: diagnosis and management of lung cancer, 3rd ed: American College of Chest Physicians evidence-based clinical practice guidelines. *Chest*. 2013;143(suppl 5):e121S–e141S.

9. Mayor S. Cough-awareness campaign increases lung cancer diagnoses. *Lancet Oncol*. 2014;15(1).
13. Simoff MJ, Brian L, Slade MG, et al. Symptom management in patients with lung cancer: diagnosis and management of lung cancer, 3rd ed: American College of Chest Physicians evidence-based clinical practice guidelines. *Chest*. 2013;143(suppl 5):e455S–e497S.
35. Ford DW, Koch KA, Ray DE, Selecky PA. Palliative and end-of-life care in lung cancer: diagnosis and management of lung cancer, 3rd ed: American College of Chest Physicians evidence-based clinical practice guidelines. *Chest*. 2013;143(suppl 5):e498S–e512S.
53. Patchell RA. The management of brain metastases. *Cancer Treat Rev*. 2003;29(6):533–540.
72. Pelosof LC, Gerber DE. Paraneoplastic syndromes: an approach to diagnosis and treatment. *Mayo Clin Proc*. 2010;85(9):838–854.
100. Chew HK, Davies AM, Wun T, Harvey D, Zhou H, White RH. The incidence of venous thromboembolism among patients with primary lung cancer. *J Thromb Haemost*. 2008;6(4):601–608.
113. Darnell RB, Posner JB. Paraneoplastic syndromes involving the nervous system. *N Engl J Med*. 2003;349(16):1543–1554.
140. Sculier JP, Chansky K, Crowley JJ, et al. The impact of additional prognostic factors on survival and their relationship with the anatomical extent of disease expressed by the 6th Edition of the TNM Classification of Malignant Tumors and the proposals for the 7th Edition. *J Thorac Oncol*. 2008;3(5):457–466.
141. Chansky K, Sculier JP, Crowley JJ, Giroux D, Van Meerbeeck J, Goldstraw P. The International Association for the Study of Lung Cancer Staging Project: prognostic factors and pathologic TNM stage in surgically managed non-small cell lung cancer. *J Thorac Oncol*. 2009;4(7):792–801.
180. Jackman DM, Miller VA, Cioffredi L-A, Yeap BY, Jänne PA, Riely GJ, et al. Impact of epidermal growth factor receptor and KRAS mutations on clinical outcomes in previously untreated nonsmall cell lung cancer patients: results of an online tumor registry of clinical trials. *Clin Cancer Res*. 2009;15(16):5267–5273.
193. Rodig SJ, Mino-Kenudson M, Dacic S, et al. Unique clinicopathologic features characterize ALK-rearranged lung adenocarcinoma in the western population. *Clin Cancer Res*. 2009;15(16):5216–5223.
220. Chen HY, Yu SL, Chen CH, et al. A five-gene signature and clinical outcome in non–small-cell lung cancer. *N Engl J Med*. 2007;356(1):11–20.
225. Chen G, Gharib TG, Wang H, et al. Protein profiles associated with survival in lung adenocarcinoma. *Proc Natl Acad Sci USA*. 2003;100(23):13537–13542.
230. Zhang WC, Liu J, Xu X, Wang G. The role of microRNAs in lung cancer progression. *Med Oncol*. 2013;30(3):675.

获取完整的参考文献列表请扫描二维码。

第21章　肺癌的常规影像学

Patricia M. de Groot, Brett W. Carter, Reginald F. Munden

要点总结

- 低剂量CT筛查可以降低正在以及曾经吸烟人群的肺癌死亡率。
- 实性肺结节的恶性潜能取决于其大小，较大的结节为肿瘤的可能性更大。实性结节的总体恶性概率较低（7%）。
- 磨玻璃密度结节和部分实性结节的恶性概率要比实性结节高，部分实性结节恶性概率高达63%。3个月后持续存在的磨玻璃密度结节的鉴别诊断包括局灶性纤维化、不典型腺瘤性增生和惰性腺癌。
- 建议对所有怀疑或确诊肺癌的患者进行胸部CT增强检查，以评估原发性肿瘤特征、淋巴结情况以及是否有胸内或胸外转移。
- 肺癌的准确分期对于制定管理决策和治疗至关重要。国际肺癌研究协会/美国胸科协会制定的第七版肿瘤、淋巴结和转移分期标准目前正在使用；第八版的建议修订版已经发布。
- MRI可在几个方面评估肺肿瘤潜在可切除性，包括是否有心包或心肌侵犯、肺上沟癌的臂丛神经侵犯及中央型肺癌局部血管侵犯或脊髓侵犯。
- MRI在转移性淋巴结的检测中也具有优势，在一些研究中较^{18}F-2-脱氧-D-葡萄糖-正电子发射断层扫描具有更高的灵敏度和准确性。
- 胸部CT增强检查可用于评估肺癌放疗、化疗、手术切除后效果以及可能与恶性肿瘤相关的急症。

原发性肺癌作为全球癌症死亡的主要原因，是公共卫生面临的重大挑战。在美国，肺癌的致死人数和排在其后的三类肿瘤的总和相当（男性的前列腺癌、结直肠癌和胰腺癌；女性的乳腺癌、结直肠癌和胰腺癌）[1]。美国2014年的肺癌发患者数估计为224 210，导致86 930例男性和72 330例女性死亡[1]。欧盟2013年的男性原发性肺癌死亡人数为187 000，女性为82 640人，其中女性死亡人数较2009年增长了7%[2]。流行病学提示肺癌发病率在发达国家已达到了顶峰，但在发展中国家则持续增长，包含了全世界一半以上的新发肺癌病例[3-4]。在中国等国家，由于吸烟人群广泛存在，肺癌的发病率和死亡率持续上升[4]。

原发性肺癌包括不同的组织学类型，可分为SCLC和NSCLC。SCLC是肺神经内分泌肿瘤的一种，侵袭性较强。其他神经内分泌恶性肿瘤包括类癌和大细胞神经内分泌肿瘤[5]。NSCLC总的来说较SCLC常见，包括腺癌和鳞状细胞癌，以及其他不常见的肿瘤，如大细胞癌、肉瘤样癌和梭形细胞肉瘤。

肺癌的组织学类型分布情况在20世纪后期发生了改变。在20世纪50年代，鳞状细胞癌的数量明显高于位于第二位的腺癌，二者比例为17∶1。自那时起，制造工艺的改造使香烟中与肺鳞状细胞癌相关的化合物多环芳烃的含量明显减少，导致鳞状细胞癌发病率相对下降[6]。然而，同期原发性肺腺癌的发病率却增加，这与烟草中特有的大量亚硝胺有关[7-9]。香烟过滤嘴的使用降低了鳞状细胞癌的风险，但是对腺癌的风险没有影响[10]。

1　肺癌的影像学表现

影像诊断学在原发性肺癌的诊断、处理和分期中非常重要。常规胸片和CT在识别和评估胸部异常方面均具有作用。胸部CT是肿瘤分期和协助临床和外科决策的重要工具。

原发性肺癌的影像学表现差异很大，可以是孤立性肺结节，也可为不规则实变。肺癌可表现为不同的密度，从磨玻璃密度（定义为密度轻度增加的肺内异常病变，通过病变可以看到其中的肺血管影像）、混合磨玻璃影和实性密度到完全实性肿瘤。肺癌可以在发现时其内就具有空洞，也可在治疗过程中出现空洞。本章将讨论肺癌的早期、常见和少见的影像学特征。

2 孤立性肺结节定性

许多肺癌，特别是早期肺癌，表现为孤立性肺结节（≤3 cm）或肿块（>3 cm），但所有的结节中只有小部分是恶性[11]。影像学上的几个特征可能有助于鉴别良恶性结节，最重要的包括大小、密度和增强特征。其他重要特征包括边界轮廓、形状、钙化分布特性、脂肪成分和空洞（图21.1）。结节的位置和数目也要注意。

2.1 大小

结节的恶性概率与大小成正比。孤立实性肺结节的癌症风险可按大小分类。结节直径达到5 mm时，恶性概率为1%，结节直径为6～10 mm时恶性概率为24%，结节直径为11～20 mm时恶性概率增加至33%，大于20 mm的实性病变恶性概率可达80%[12]。大于30 mm的病变恶性概率高达93%～99%[13-14]。

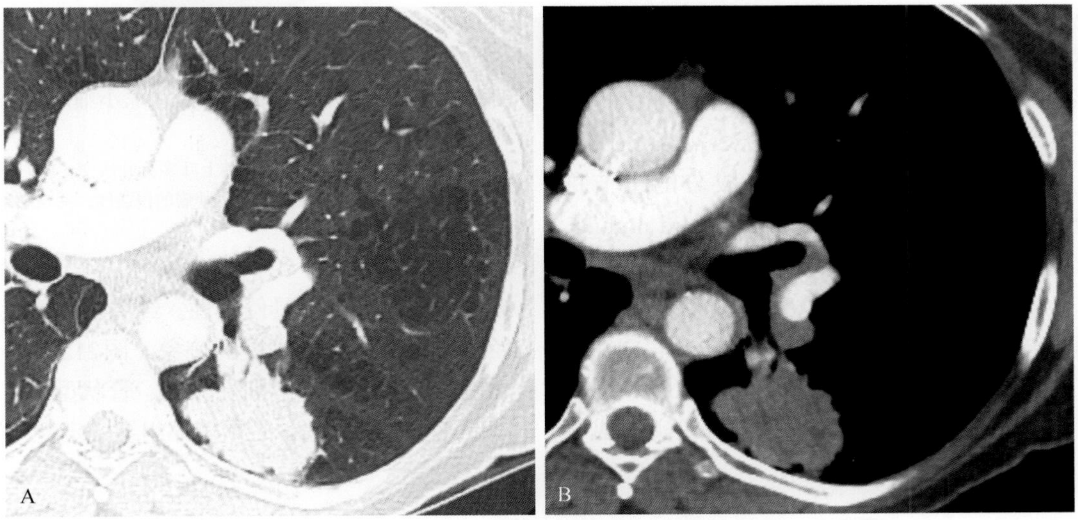

图21.1 女性，71岁，肺鳞状细胞癌的CT增强扫描图像

（A）肺窗的CT增强扫描图像；（B）软组织窗的CT增强扫描图像

CT增强扫描图像显示左肺下叶肿块，边缘不规则，周边可见毛刺，增强呈不均匀强化，患者同时伴有严重的吸烟相关性肺气肿。大病变、不规则边界和不均匀强化都是恶性肿瘤的特征

结节随访中的大小变化也是预后判定的重要因素。随访中变小常提示为感染性或炎性病变，增大则高度提示为恶性病变，除非有明确的证据表明其性质。因此，Fleischner学会针对肺部结节随访颁布了相应的处理建议。实性结节的随访根据个人的风险分层稍有不同。对于吸烟者等高危人群，4 mm以下结节可以在结节出现后12个月内进行单次随访，4～6 mm实性结节建议6～12个月后再次行CT评估。如果没有变化，则应在18～24个月后重新评估。对于6～8 mm的结节，最初的随访时间为3～6个月，然后是9～12个月再次评估，如果没有变化，则在24个月再次评估。结节大于8 mm时可分别在第3、9、24个月时行CT随访或行动态对比增强CT、PET或活检进一步确诊[15]。对于临床上发现的实性结节应进行至少2年的随访，以确定其稳定性和是否为良性病变。随访期间结节生长应进一步检查，包括活检[16]。

2.2 密度

实性结节的总体恶性率较低为7%[11]。亚实性结节的恶性概率较实性结节更高，多为原发性肺腺癌。

2.3 磨玻璃影

纯磨玻璃影病变表现为均一的低密度，且透过病变可见局部肺内原有的结构，其恶性概率为18%[11]。小于5 mm的磨玻璃结节可能为不典型腺瘤样增生，依据Fleischner学会亚实性结节的处理意见，腺瘤样增生是癌前病变，不需要CT随访[17]。对于大于5 mm的病变，鉴别诊断包括局灶性纤维化、不典型腺瘤样增生和惰性原发性腺癌[18]。表现为纯玻璃密度的肿瘤通常对应的是原位腺癌，也就是Noguchi肺腺癌分类方案中的A型病变，但少见病例也可能混合其他亚型。不均一的磨玻璃样病变或具有内部肺泡塌陷的病变常提示Noguchi肺腺癌分类方案中的B型病变[19]。磨玻璃腺癌倍增时间为384～567天[19]。

同时含有实性及磨玻璃密度成分的结节称为混合密度的部分实性结节（part solid nodule，PSN）。这些部分实性结节的恶性概率可高达63%[11]。实性部分的尺寸越大，预后越差[17]。这些病变对应Noguchi肺腺癌分类方案中的B和C型病变（图21.2）。磨玻璃影（ground-glass opacity，GGO）在随访过程中内部出现实性成分

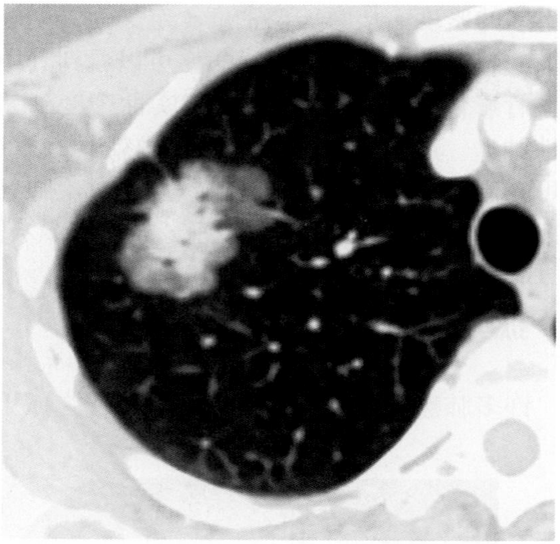

图21.2　女性，63岁，非吸烟者，非小细胞肺癌的肺CT轴位强化肺窗图像

肺CT轴位强化肺窗图像显示右肺上叶多分叶病变，同时具有实性和磨玻璃成分；较大的实性成分提示肿瘤的侵袭性；活检结果为浸润性腺癌

提示病变进展为更具侵袭性。纯磨玻璃密度结节直径的增加也是病变进展的迹象（图21.3）[19]。影像学检查不能可靠的鉴别乳头型、管状型、腺泡型和其他亚型的肺腺癌，必须依靠组织学定性[20]。

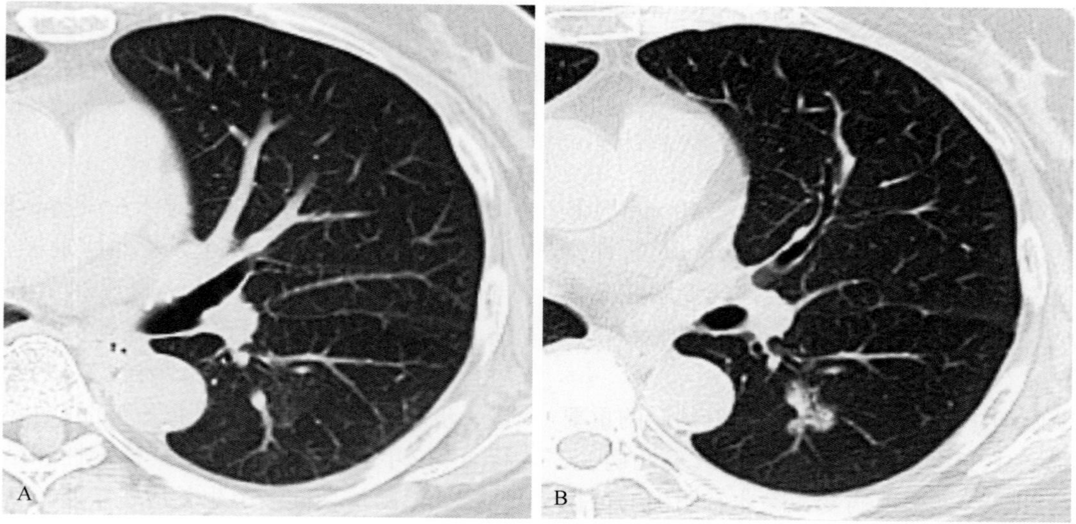

图21.3　女性，73岁，磨玻璃密度病变逐渐进展

A～D：CT轴位图像显示病变8年内的变化

（A）基线图像显示左肺下叶背段几乎无法察觉的磨玻璃密度阴影；（B）显示大约3年后，在该区域可见小分叶状磨玻璃影；（C）显示再过3年后，病变继续增大并表现为空气支气管征；（D）显示基线检查8年后，病变增大，密度增高，表现出原发肺腺癌的典型影像特征；由于该患者为多灶性腺癌，病变未切除

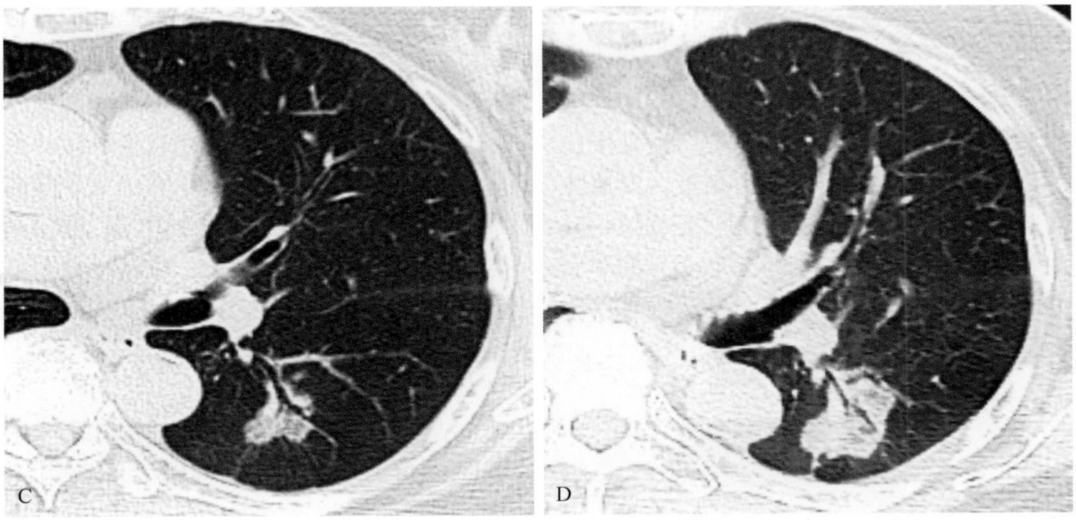

图21.3 （续）

对于表现为纯GGO或PSN的结节，初始随访时间为3个月，目的在于区分潜在的感染性或炎性病变，大部分的炎性或感染性病变常减小或消散[17]。直径大于5 mm的单个GGO如果在3个月后无变化，应该每年评估一次并持续3年，除非或直到它们显示出进展为止。孤立PSN的处理依据其实性成分的大小，如果实性部分小于5 mm，其随访策略与单个GGO相似，至少随访3年；如果实性部分大于5 mm且3个月后持续存在，应进行活检和（或）切除[17]。

对于多个GGO和（或）部分实性结节，同时切除并不现实。多个直径为5 mm或更小的GGO在随访没有变化的情况下，仍需分别在首诊后2年和4年进行CT检查。如果患者具有多个大于5 mm纯GGO结节且其中没有恶性概率特别突出的，则应接受与单个GGO相似的年度监测。随访过程中要仔细评估结节是否增大或出现侵袭性征象，尽早发现潜在的恶性结节，并进行局限性切除。如果多发结节中包含恶性概率突出或其内发现实性成分的病变，建议对其进行活检和（或）保肺手术切除[17]。

2.4 强化

肿瘤性肺结节与良性结节相比含有更高的血管分布，提示结节的强化特征可以作为肺结节良恶性鉴别的重要指标[21]。评估过程需要先行CT平扫，然后在4分钟内静脉注射造影剂获得增强图像[22]。在选定的结节感兴趣区域测量不同时间节点的CT值（hounsfield unit，Hu）并计算CT值差异。强化后CT值增加15 Hu或以下的强烈提示良性病变。以15 Hu作为阈值，研究人员发现其诊断恶性肺肿瘤的敏感度为98%，特异性为58%[21-22]。另一项研究使用多排CT，以30 Hu为阈值，其敏感度为99%，特异性为54%，阳性预测值为71%，阴性预测值为87%[22-23]。然而，因为时间限制、专业技术需求、存在其他非侵入性评估方法（如PET/CT）以及患者辐射剂量高，肺结节CT增强研究在非大学医院中进行的较少。最近新投入使用的双能CT具有创建虚拟非增强CT图像的能力，实现了无须多次采集即可测量结节增强，从而最大限度地减少了辐射剂量[22]。

2.5 边缘

边缘不规则或粗糙的结节的恶性概率增大，但也可出现在感染性和炎性结节。恶性概率的大小可能取决于结节的整体影像表现、患者的症状和人口统计学特征，以及是否持续存在。恶性病变更倾向表现为多分叶，尽管恶性结节在其21%的发展时间内可以为光滑且边界清楚[22, 24]。结节周围毛刺在恶性结节中更常见，其在病理上对应着结节的增生反应或肿瘤对周围肺实质的浸润[20, 25]。很多肺癌边界不清晰，影响了胸片上的发现[26-27]。

2.6 形状

尽管大多数肺癌表现为结节或肿块，癌的整体形状各不相同。一些腺癌，特别是产生黏蛋白的亚型，可以表现为边界模糊的由黏蛋白充填肺泡引起的肺实变，影像上不能与肺炎区别开来，但经抗生素治疗仍持续存在（图21.4）。早期肺癌的罕见表现是支气管局部增厚或阻塞，有时伴有周围的炎性改变[28-29]。

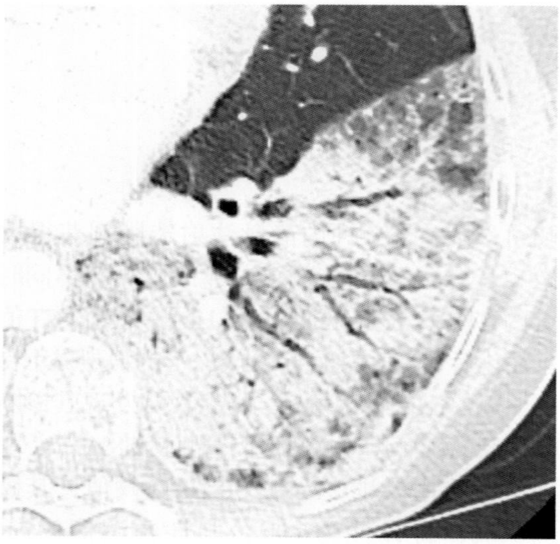

图21.4 女性，71岁，非小细胞肺癌的CT轴位图像

CT轴位图像显示左肺下叶不均一大片实变，活检证明为高分化黏液性腺癌并具有支气管肺泡癌特征

2.7 钙化

结节内的钙化可根据其形态进行评估。良性钙化呈中央或弥漫分布，变现为层状或爆米花形态[13, 28]。偏心钙化与恶性肿瘤有关。但是，鉴于肺部已有的钙化，如肉芽肿可能会被肿瘤吞噬，类癌可能会产生点状钙化，以钙化诊断良性病变的可靠性降低[28]。

2.8 脂肪含量

结节内的脂肪在CT图像上肉眼可见并可以测量。Hu值小于1提示可能为脂肪组织。包含肉眼可见的脂肪提示为良性结节，常诊断为错构瘤，一种没有恶性潜能的平滑肌瘤。但是，结节中的低密度区域也可能不是脂肪所致，而是存在坏死或黏蛋白。

2.9 空洞

高达22%的原发性肺癌在CT上显示出空洞[30]。空洞在鳞状细胞癌中最常见，但也可在腺癌中出现。空洞形成机制中的一种在于肿瘤的血液供应不足导致中央坏死，另一种在于肿瘤内的支气管或肺泡扩张引起的假腔（图21.5），常发生于腺癌[20]。此外，当肺癌起源于肺内囊性病变的壁时也会表现为空洞[31]。

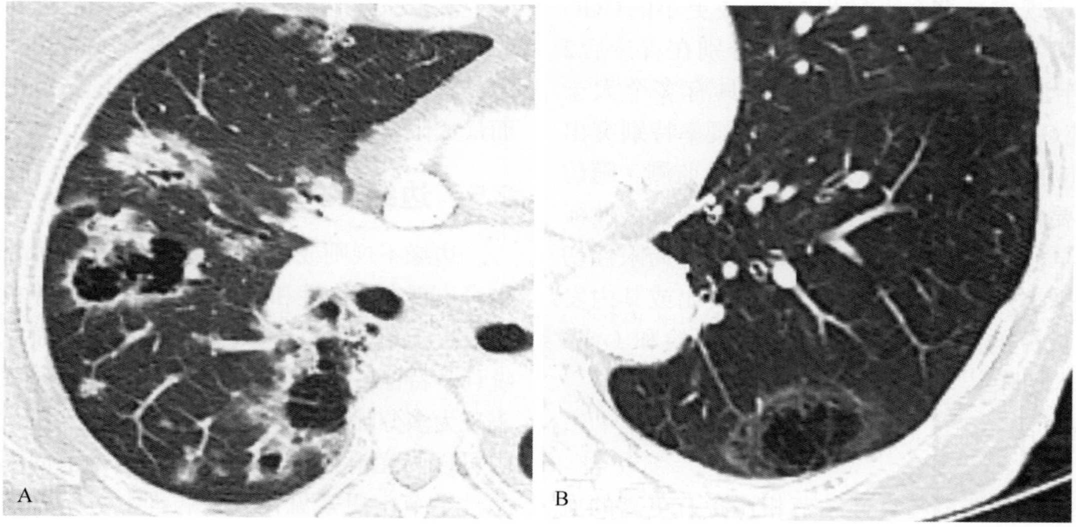

图21.5 具有中央透明区的腺癌

（A）男性，75岁，同时具有黏液及非黏液成分的原发性腺癌，CT轴位肺窗图像显示多发病灶，部分伴有假腔；（B）女性，71岁，CT轴位肺窗图像显示在既往簇状气肿基础上发生的腺癌

空洞也常出现于一些感染性肺病，包括分枝杆菌、真菌和细菌性肺炎，以及与血管炎相关的结节。一些早期关于胸片的研究表明，空洞壁的厚度能够帮助鉴别空洞的性质，然而关于CT的研究表明，测量壁厚并没有用[30]。空洞内壁不规则、凹陷或外壁的局限分叶形态在恶性病变中更常见[22, 32]。

2.10 数目

多发病变的分析主要还是依赖于病变的大小和密度。多发的小于6 mm的实心结节多为感染或炎症后的改变，恶性肿瘤风险低[16, 33]。相反，多发磨玻璃或部分实性结节高度提示为同时存在的多原发腺癌[34]。同时存在的多原发肺癌也可为两种不同组织类型肺癌，但并不常见[29]。

2.11 位置

肺癌可能位于肺的外围或中央。从统计学上讲，右上叶的肿瘤发生率最高[35]。

3 胸片

胸片是迄今为止最常用的胸部检查，2010年美国短期住院医院进行的胸片检查约为8050万，且不包括相关机构、专科医院及独立的医生办公室[36]。胸片检查便宜且容易进行，辐射剂量可忽略不计（0.1 rem），是具有胸部疾病相关症状患者的一线成像方法，如咳嗽、呼吸急促、咯血和胸痛。同时，胸片也是进行包括手术等医疗处置前的基本检查。因此，胸片对有症状和无症状的肺癌均有检测能力。

胸片检测肺癌的错误率通常为20%～50%，可能是多种因素共同作用的结果[27-28]。即使采用更好的搜索模式及更长的搜索时间，人眼的局限性、照相技术以及肿瘤本身的特征仍使早期肺癌的发现具有挑战性[28]。

3.1 技术因素

多种技术原因可导致胸片的检测力有限，包括电子束穿透力过高或过低及体位变化（旋转或前屈）。患者体外物体会导致伪影。尽管珠宝和拉链等金属物品很容易识别，但非金属物品，如纽扣、头发或衣服装饰仍会造成混淆。错误的操作有可能使部分肺组织遗漏在肺野外。最后，患者的呼吸状态也会影响病变的显示[37]。高千伏（140 kVp）摄影可以提高对比度，增强结节的可视化[28]。

3.2 胸片的盲点

胸片具有盲点，多是由于重叠的解剖结构所致，如骨骼。特定区域，如肺门、肺动静脉和支气管汇聚区域，也会增加评估难度（图21.6）。重

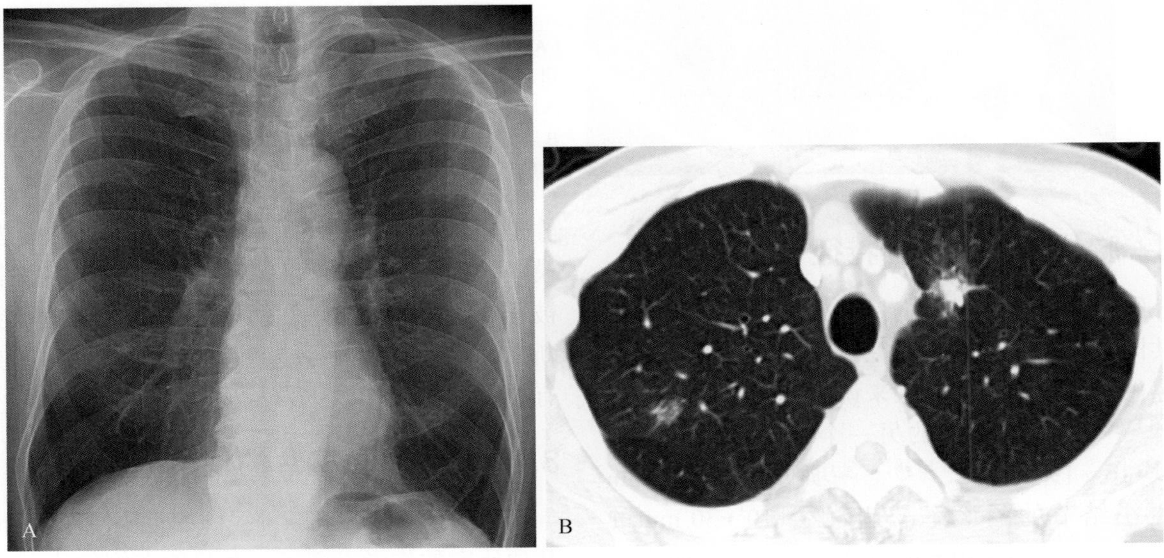

图21.6 男性，85岁，非小细胞肺癌（A）后前位胸片；（B）CT轴位肺窗图像

（A）显示过度充气的肺，符合慢性阻塞性肺疾病。右侧第6后肋重叠区及气管左侧主动脉弓上方水平隐约可见小片模糊影。纵隔及骨质重叠区的存在形成盲点，使亚实性病变在胸片的检测受限；（B）显示双侧肺部肿瘤，活检标本证实为同时性腺癌

叠急性病程的表现有可能掩盖恶性肿瘤的发现。肺炎作为中央气道梗阻或部分梗阻的首发表现并不少见。同一位置反复炎症高度可疑肿瘤性病变（图21.7）[13]。因此，建议对肺炎进行随访直至完全消散。慢性的诸如肺纤维化之类的肺部疾病也可能阻碍局灶性异常的识别。值得一提的是慢性肺病是肺癌的危险因素。

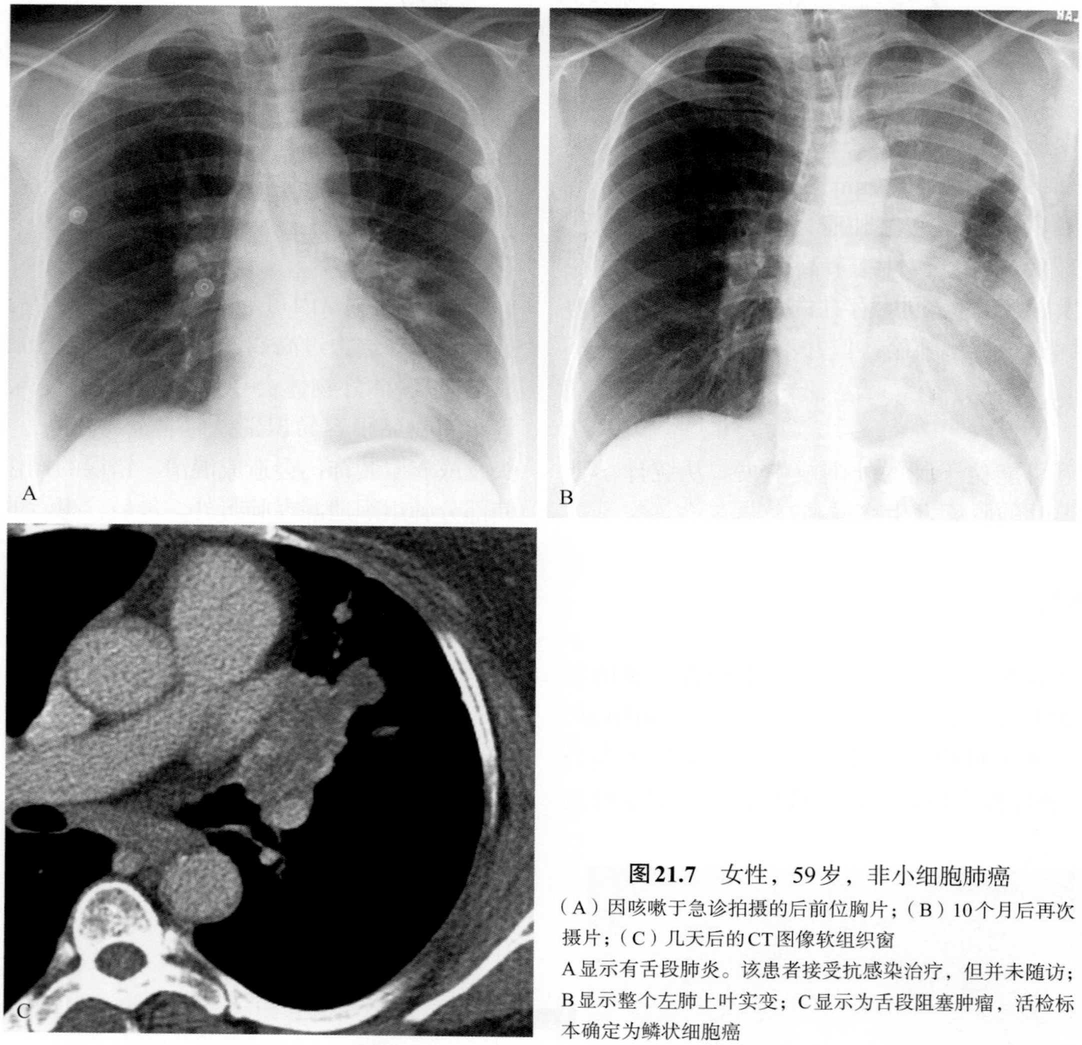

图21.7　女性，59岁，非小细胞肺癌

（A）因咳嗽于急诊拍摄的后前位胸片；（B）10个月后再次摄片；（C）几天后的CT图像软组织窗

A显示有舌段肺炎。该患者接受抗感染治疗，但并未随访；B显示整个左肺上叶实变；C显示为舌段阻塞肿瘤，活检标本确定为鳞状细胞癌

3.3　胸片漏诊的肺癌特征

回顾性研究提示，胸片上漏诊的肺癌具有几个共同特征。尽管一项研究表明漏诊和检测到的肺癌位置无差异，但一般来说漏诊的肺癌多位于上叶[26-27]。漏诊肺癌的另一个特征是病变较小（平均16～19 mm）[26-27, 38]。一项研究表明10 mm或更小结节的漏诊率高达71%，10～30 mm的结节为28%，30～40 mm的结节为12%，而大于40 mm的结节没有漏诊。位于中心位置的漏诊结节通常大于被漏诊的周围结节[27]。解剖结构的重叠是导致漏诊的原因[26-27]。许多漏诊的肿瘤边界模糊且密度相对较低[26-27]。肺癌的高预检概率已被证明能提高检出率，两项研究提示女性肺癌诊断准确率低的原因可能和肺癌临床诊断倾向较低有关[26, 37]。

3.4　特殊体位胸片的使用

胸部侧位片在诊断肺癌中的重要性存在分歧。几项研究的作者发现了一些只能在侧位片上才能看到的癌症。虽然这仅代表少数病例，但支持应同时加照侧位并结合后前位胸片（图21.8）[26]。

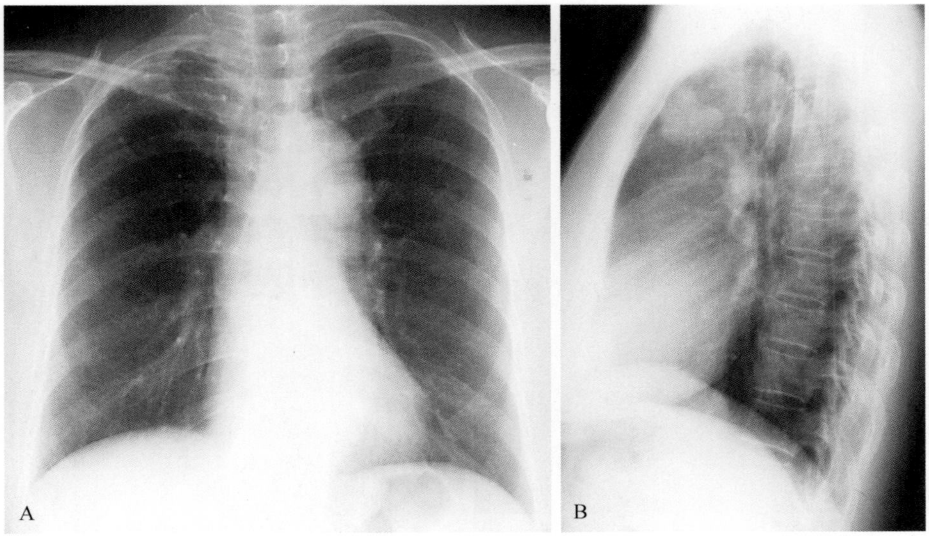

图21.8 女性，69岁，腺癌（A）胸部后前位片；（B）侧位片

（A）显示主动脉弓和主肺窗区域的密度有轻微增加；（B）显示病变很明显，胸骨后间隙的前方可见多分叶肿瘤

斜位片有助于确定标准体位上看到的异常是否为体外影。

3.5 胸片的新技术

数字胸片成像技术使胸部平片影像技术的进步成为可能。

3.6 计算机辅助检测

胸片的肺结节计算机辅助检测一直受假阳性率高的限制，但确实为影像医师提供了所谓的第二读片者效应[39]。双重读片确实可以提高阅片的准确性[28]，但在当前的医疗体系中，出于实际原因无法让两名训练有素的放射科医生阅读同一张胸片。事实证明，使用计算机辅助检测软件系统可以显著提高阅片的准确性和敏感性，甚至对经验丰富的放射科医师在判定肺癌时也有作用[39-40]。在一项研究中，计算机辅助检测程序能够识别40.4%的细微或非常细微的癌症[40]。

3.7 双能减影X射线技术

双能量减影技术应用两个不同的能量或kVp下相距毫秒行两次正位曝光。后处理理算法使用这两幅图像进行剪影，去除骨结构，仅存留软组织成分，从而使被空气包围的病灶显示更加清晰，减少由于重叠结构所致盲点的影响（图21.9）。然而，减影技术仍然存在局限性，心影后间隙、肺外周带和胸骨后间隙的评估仍不理想。

早期的体模研究表明，双能量减影法可提高对胸部异常的检测率[41-42]。无论对训练有素的放射科医生还是住院医师，均能提高肺结节识别的准确性[43]。双能量减影技术对所有肺癌的检测率均有提高，尤其对于识别最可能是恶性的部分实性结节特别有用[44]。双能减影技术可以与计算机辅助检测同时使用，但是这种组合尚未经过严格验证。

4 CT成像

胸片上发现肺结节或持续存在的肺阴影应提示进一步做CT检查[45]。美国国家肺癌筛查试验在一部分吸烟者和既往吸烟者中进行低剂量多探测器CT筛查，结果显示筛查可降低肺癌死亡率[46]。此外，由于其他原因，如在急诊室对车祸创伤或肺栓塞进行CT评估也可能发现肺结节。

胸部CT相比胸片在结节检测方面敏感度更高，且对于结节定性更有用。CT能够更准确描述病变的大小和密度，并可以识别低于胸片分辨率的卫星病变。CT可以更详细地检查胸膜、纵隔纵隔、胸腔内淋巴结和胸腔外结构，包括肝和肾上腺，这两个区域都是肺癌转移的常见部位。

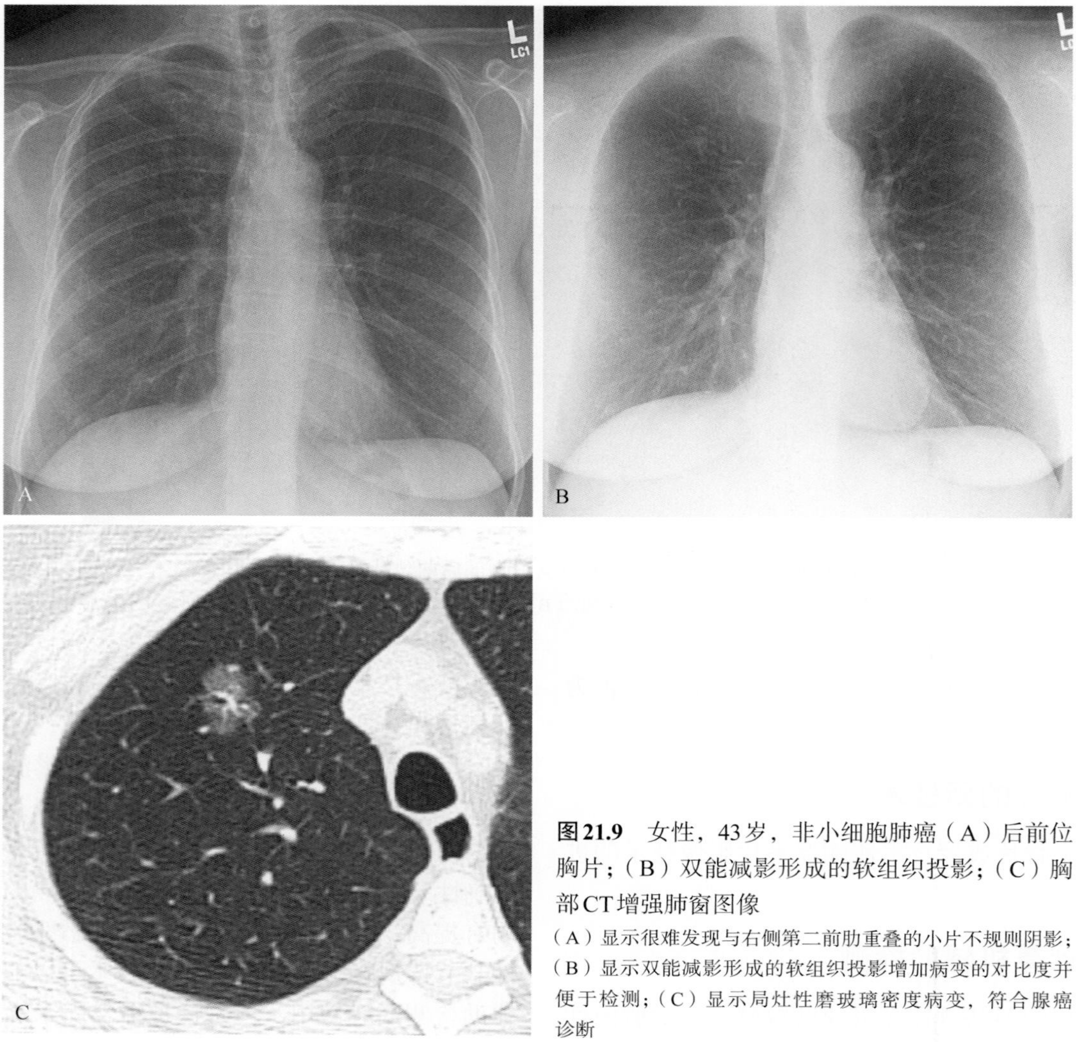

图21.9 女性，43岁，非小细胞肺癌（A）后前位胸片；（B）双能减影形成的软组织投影；（C）胸部CT增强肺窗图像

（A）显示很难发现与右侧第二前肋重叠的小片不规则阴影；（B）显示双能减影形成的软组织投影增加病变的对比度并便于检测；（C）显示局灶性磨玻璃密度病变，符合腺癌诊断

4.1 CT的盲点

CT对肺癌的检测和诊断也存在盲点。小支气管内病变可能非常细微且难以看到，因此需要对气道进行仔细检查[28, 47]。多达47%的微小肺结节由于位于肺中心和（或）支气管血管束周围而在CT上漏诊（图21.10）[47]。邻近的气腔病变，包括肺炎或肺不张，可能遮掩恶性肿瘤的发现[47]。金S征提示气道肿瘤阻塞伴远端肺叶塌陷（通常为右上叶），强烈提示恶性肿瘤[13]。在增强CT扫描中，肺不张与肿瘤或感染的增强表现不同，有助于识别隐藏的肺部病变[47]。增强CT有助于识别淋巴结增大（尤其是位于肺门区域）和胸膜受累[47-48]。胸部影像上的其他重要表现会分散阅片者的注意力，并可能妨碍较小恶性肿瘤的识别[47, 49]。

4.2 CT漏诊肺癌的特征

一些研究已经对CT漏诊肺癌的特征进行了综述。胸部CT检查遗漏的癌性病变直径小于X线片漏诊的病变。一项研究显示漏诊病变的平均直径为12 mm，另一项研究显示由于检测原因遗漏的病变平均直径为9.8 mm，而由于判断错误导致漏诊的病变平均直径为15.9 mm[49-50]。大部分漏诊的肿瘤是微小的GGO，主要与分化良好的肺腺癌相关[50-51]。在一项研究中，位于中央气道内是最常见的漏诊原因[49]。下叶和肺门周围区域既往存在的肺部病变也常导致肿瘤漏诊[49-50]。未吸烟的女性中有很多肿瘤漏诊[52]。这些研究中公认的导致漏诊的原因是10 mm厚的CT准直和图像重建CT技术[49-50]。在现代CT扫描仪上，5 mm甚至更薄的准直和图像重建算法在许多学术中心

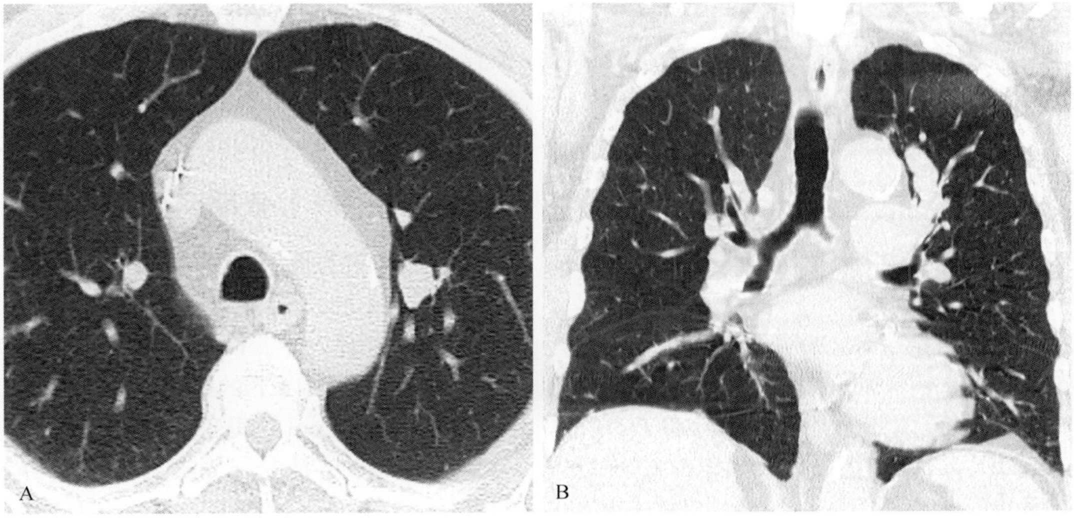

图21.10　男性，76岁，非小细胞肺癌（A）胸部CT轴位肺窗图像；（B）冠状重建肺窗图像

（A）～（B）显示肺野内不对称的支气管血管结构，左上叶扩张的管状阴影。这是潜在的CT检查盲点

都已成为标准的扫描条件。

4.3　CT新技术

4.3.1　计算机辅助检测

计算机辅助检测程序可用来识别CT图像上的肺结节（图21.11）。使用计算机辅助检测作为第二阅片者的研究表明，结节检测的灵敏度有所提高[53-54]。使用该软件获得的假阳性结节通常是由血管断面、血管分支点和（或）伪影组成[22]。尽管使用计算机辅助检测来识别磨玻璃结节较实性结节更为复杂，一些研究表明计算机辅助检测也能提高磨玻璃及部分实性结节的检测[54-55]。

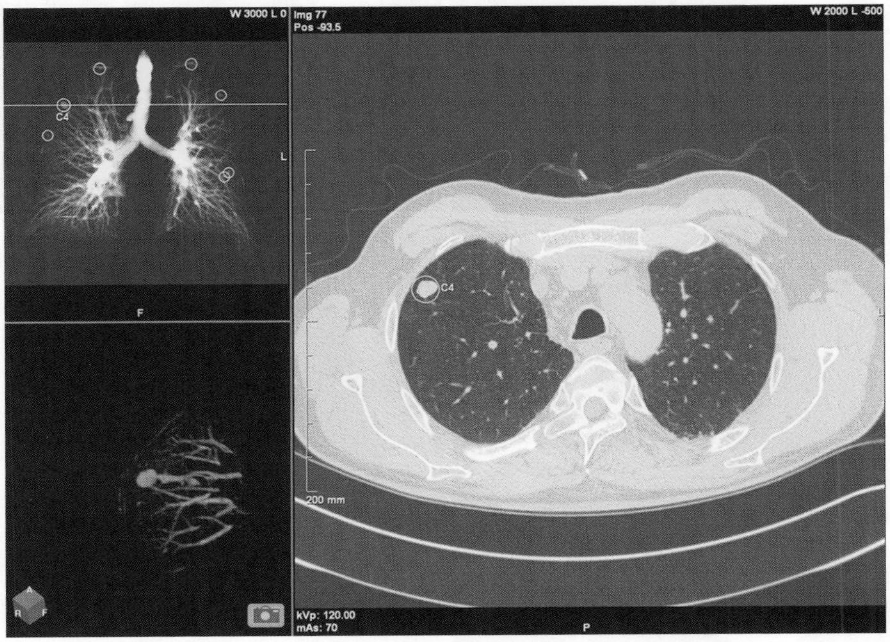

图21.11　非小细胞肺癌的计算机辅助检测

软件算法可检测CT图像上潜在的结节影。尽管一些已发现的异常被认为是假阳性结果，如由放射科医生评估的支气管血管束的分支点，但计算机辅助检测软件同样可以识别肺癌，如此例所示

4.3.2 最大强度投影

最大强度投影图像可以有助于检测小的实性肺结节[22]，其对阅片者灵敏度的提高类似于计算机辅助检测[23]。

5 CT在肺癌分期中的应用

第25章详细讨论了NSCLC的TNM分期系统。在2009年对67 725例NSCLC病例进行评估后，该版本的TNM分期系统依据预后及治疗将TNM特性进行分组[56]。该版本还被建议用于SCLC和支气管肺类癌的分期[57-58]。如果肿瘤具有潜在切除可能，胸部CT常规用于肺癌的基线分期和手术计划。研究范围应该纳入整个肾上腺，因此大部分肝脏也应在扫描视野内，尽管整个肝脏没有典型的成像。如果患者没有造影剂过敏或肾功能不足，推荐进行增强检查[59]。多排探测器CT能够获取连续的体积数据并进行多平面重建以获取更多信息[13]。轴位重建最理想的层厚是5 mm或更小。

5.1 肿瘤（T）分期

对肺肿瘤的评估首先根据病变的大小，其与预后相关。越小的肿瘤预后越好，T1a肺癌的5年生存率为77%。相比之下，T4期肺癌5年生存率为15%。

T1为3 cm及以下的病灶，2 cm及以下的病灶是T1a，2～3 cm的病变是T1b。T2可分为两个类别：T2a病变是3～5 cm，T2b为5～7 cm。T3的直径＞7 cm或其距隆突的距离小于2 cm。T4肿瘤为直接侵犯气管隆嵴[56, 60]。

对相邻结构的侵犯及周围肺组织的塌陷会导致T分期的升高（图21.12）。

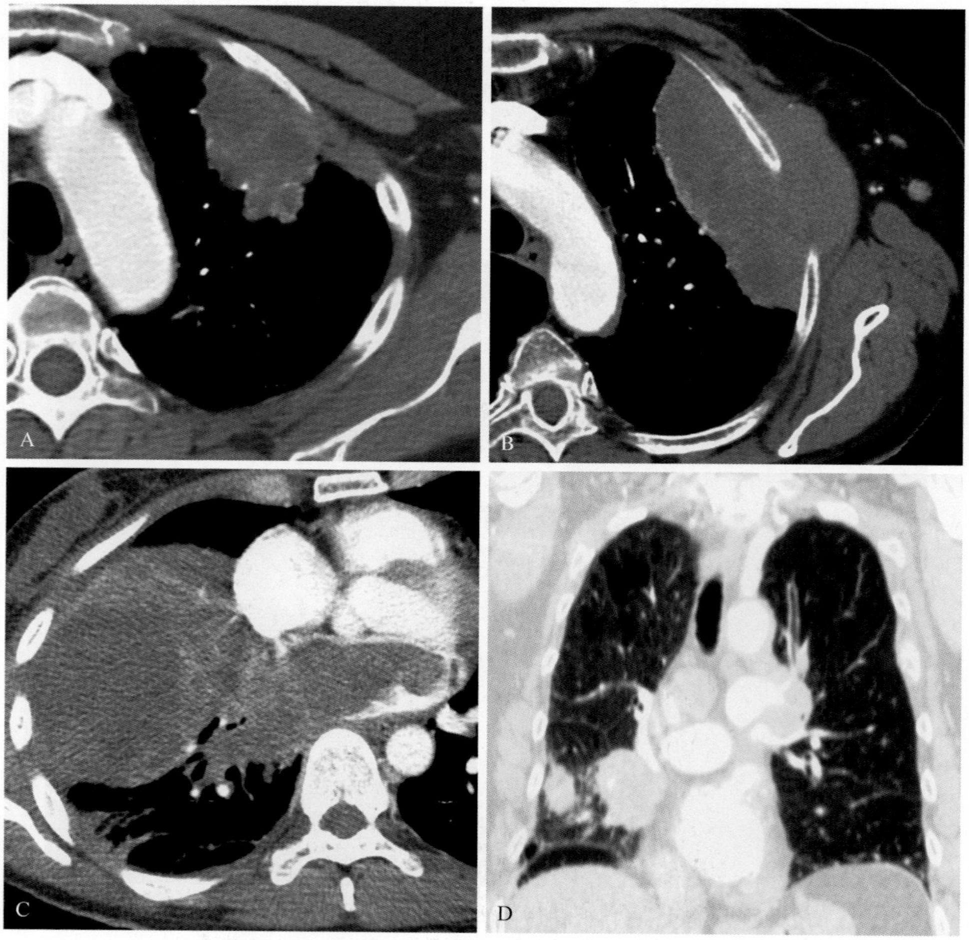

图21.12 影像征象提示非小细胞肺癌的分期

（A）～（C）轴位CT软组织窗图像；（D）冠状位重建CT图像。（A）显示胸膜浸润；（B）显示穿透肋间隙直接侵入胸壁；（C）显示心脏侵犯；（D）显示与原发肿瘤位于同一肺叶的卫星结节，提示T3期

5.2 胸膜的直接受侵

毗邻胸膜表面（包括叶间裂）的肿瘤，如果接触距离大于3 cm，应怀疑胸膜浸润。其他提示胸膜侵犯的征象包括胸膜外脂肪层的消失、肿瘤与胸膜表面之间呈钝角和肿瘤-胸膜接触面的长度超过肿瘤高度[61]。尽管如此，胸膜浸润在大多数情况下无法通过成像最终确定，病理切除标本的评估是必须且最可靠的。骨破坏和（或）肋间隙受累、胸壁侵犯均被认定为T3期病变，需要整块切除受累的胸壁组织[13]。

5.3 纵隔的直接受侵

可疑肿瘤侵犯纵隔的征象包括与肿瘤相贴的纵隔内脂肪出现条索影、纵隔边缘与肿瘤组织的接触长度超过3 cm和主动脉与肿瘤的接触角度大于90°。肿瘤与组织结构间脂肪界面消失也提示纵隔及体、肺循环动脉受侵的可能性。然而，传统影像学检查对预测细微的纵隔浸润的诊断率低[13, 62]。肿瘤直接侵犯心脏或气管提示T4期病变。

5.4 卫星结节

除主要病变外还存在的卫星结节会导致肿瘤分期升级。原发恶性病变所在肺叶内存在卫星结节提示T3期病变，同侧但非同一肺叶提示T4期病变。如果卫星结节位于对侧肺组织，应被考虑为转移灶，提示M1a期[56]。

5.5 阻塞型肺不张或肺炎

中心气道阻塞所致的肺叶塌陷提示T2期病变。

5.6 淋巴结（N）分期

肿瘤累及淋巴结也对预后有影响。淋巴结的常见的受累区包括锁骨上窝链、纵隔及肺门区。内乳链、胸壁间隙、腋窝、胸肌后间隙也可偶见淋巴结受侵。

CT上判断淋巴结转移的标准为短轴直径≥1 cm，但敏感性和特异性相对较低[13]。并非所有转移性淋巴结满足此大小标准，且并非所有增大的淋巴结都具有转移性。研究显示被切除的2～3 cm大小的淋巴结中有37%不是转移[63]。如果在普通CT上未发现淋巴结转移，^{18}F-2-脱氧-D-葡萄糖（^{18}F-2-deoxy-D-glucose，FDG）-PET或PET/CT可以用于发现小的恶性淋巴结以及协助引导活检。进行淋巴结取样定性必须要根据可疑的CT或PET/CT结果[64]。

没有淋巴结转移定义为N0期。肿瘤同侧肺门或肺内淋巴结受侵定义为N1期。同侧纵隔和（或）隆突下区淋巴结转移定义为N2期。对侧纵隔、对侧肺门、锁骨上或斜角肌间隙淋巴结转移定义为N3期，总的TNM分期为ⅢB，归类于不可切除的肺癌[56, 65]。

淋巴结广泛受侵增大会导致纵隔血管结构受压和（或）直接侵犯，可导致上腔静脉阻塞综合征的风险。气管和（或）食管受损也应引起重视（图21.13）。

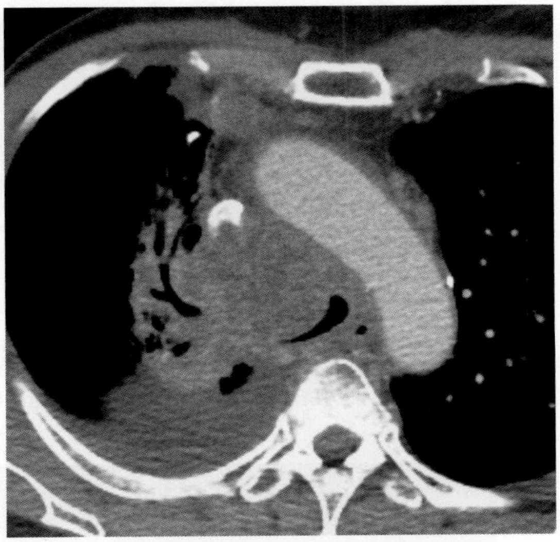

图21.13 女性，68岁，非小细胞肺癌的增强CT软组织窗 增强CT软组织窗显示巨大的转移灶，导致气管隆嵴上段及食管严重受压。上腔静脉尽管仍然可见，但提示肿瘤早期侵犯

5.7 转移（M）分期

肺癌转移部位包括胸膜、对侧肺实质、骨以及胸外器官。转移分期包括两类。M1a期局限于胸腔内转移，包括胸膜、对侧肺实质内转移（图21.14）以及心包和心肌转移。胸外器官转移归类于M1b期（图21.15）[56, 66]。这种分类方法的依据在于两类患者的预后不同，伴有胸腔外转移疾病的患者较仅限于肺部和胸膜转移疾病的患者预后更差[66]。

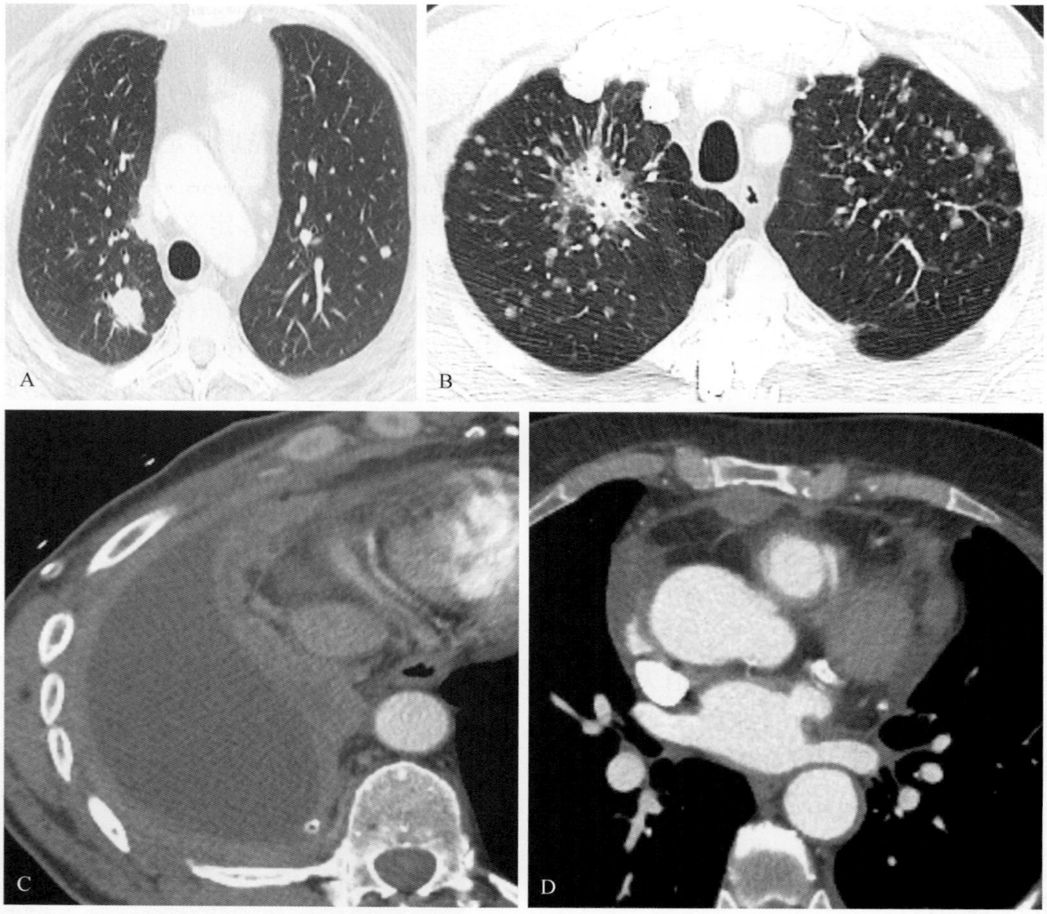

图21.14 显示胸膜结节样增厚，经细胞学证实为转移性腺癌所致恶性胸腔积液；M1a类的转移性疾病仅限于胸部

（A）男性，54岁，CT轴位肺窗图像；（B）男性，61岁，非吸烟者，CT轴位肺窗图像；（C）男性，63岁，增强CT轴位图像软组织窗；（D）女性，64岁，非小细胞肺癌，增强CT轴位图像软组织窗。（A）显示右肺上叶较大的结节，考虑原发恶性肿瘤，左肺上叶卫星结节提示转移；（B）显示双肺多发粟粒性转移，病理提示乳头状腺癌；（D）显示心包转移

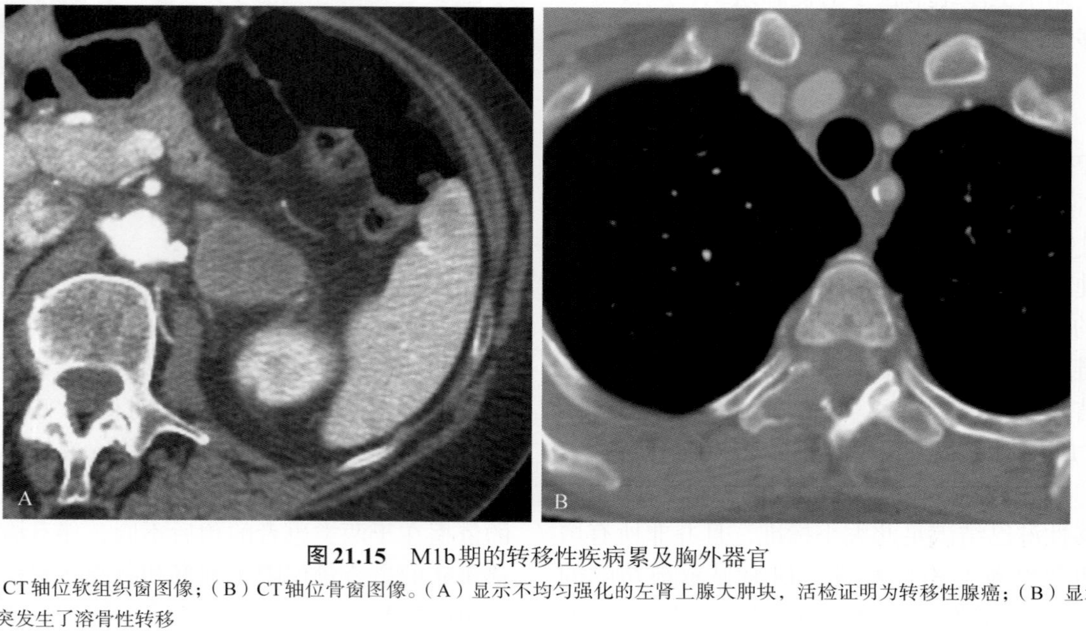

图21.15 M1b期的转移性疾病累及胸外器官

（A）增强CT轴位软组织窗图像；（B）CT轴位骨窗图像。（A）显示不均匀强化的左肾上腺大肿块，活检证明为转移性腺癌；（B）显示第4胸椎右侧横突发生了溶骨性转移

多达33%的NSCLC患者伴有胸腔积液。病因除了肿瘤浸润，还包括肺炎，因此必须对积液进行定性。CT明确显示胸膜结节有助于诊断恶性胸腔积液。首次胸腔穿刺检查可确诊65%的胸膜转移，第二次胸腔穿刺术可能会发现30%的更多病例。因此，建议临床行重复胸腔穿刺。如果对诊断仍有疑问，可以使用胸腔镜检查，对95%的胸腔转移患者可确诊[67]。

当临床检查正常时影像上发现胸腔外转移的风险很低。然而临床检查异常患者在影像检查中发现转移性疾病的概率超过50%[13]。NSCLC的胸外器官转移中肾上腺占3%，肝脏占5%，骨骼占7%，大脑占10%[13,68]。

5.8 肾上腺成像

对肺癌进行分期时需评估肾上腺情况，一般在行胸部CT扫描时可在扫描野中包含肾上腺[13]。从统计学上讲，良性肾上腺腺瘤至少占总人口的10%，因此要对发现的肾上腺结节进一步评估。良性肾上腺结节的特征包括较小的尺寸（＜2 cm）、平扫低密度（＜10 Hu）、边界更清晰和增强不明显。相反，恶性结节通常较大，密度不均，并且范围广泛而不是局限。在不确定的情况下，同反相位MRI可以识别出脂质成分，存在脂质成分提示良性腺瘤。PET/CT也能协助诊断，腺瘤的FDG代谢率通常很低或只表现本底FDG摄取。如仍存在诊断困难，可行细针穿刺活检[13]。

5.9 肝成像

肺癌的肝转移通常伴发于区域性淋巴结转移，对治疗方法的选择影响很小[13]。一项Meta分析发现，3%的无症状NSCLC个体中检出肝转移[69]。胸部CT扫描范围包括大部分肝脏。增强检查可提高肝内病变的检测及定性。

5.10 骨成像

无症状骨转移罕见[13]。无病理性骨折时，CT比X射线在检查骨质内小病变方面更敏感。CT图像上骨质内边界不清晰的低密度灶需引起重视。锝-99m核素显像或PET/CT具有优势，某些病变可能在影像显示之前就表现出FDG活性。

5.11 脑成像

肺癌脑转移的临床表现通常不明显[13]。因此，推荐行头部增强CT或MRI检查，不仅包括有症状的个体，还要包括无症状局部晚期且准备进行积极治疗的个体。原发肿瘤越大，越容易发生隐匿性脑转移。腺癌或小细胞癌比鳞癌更容易发生脑转移[13]。

6 影像引导下活检

经胸针穿刺活检可用于肿瘤细胞类型分析和转移病灶确认，尽管可以使用超声引导进入浅表病变（如胸壁），CT引导更加常用（图21.16）[13]。CT引导活检的准确率可达到80%～95%。相比之下，经支气管活检对中央支气管内病变具有较高的诊断精确度，但对周围型肿瘤的准确率低于80%[13]。手术开胸活检或电视胸腔镜外科手术可用于获取较大的组织样本，但并发症发生率高[9,70]。

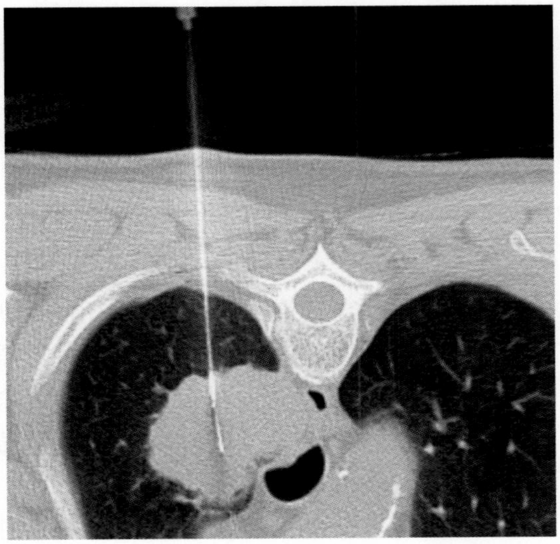

图21.16 CT引导下肺穿刺活检的肺窗图像

患者呈俯卧位，活检针位于右肺不规则肿块的中心，其组织学为未分化小细胞肺癌

目前，穿刺不仅要确定病理类型，还要提供足够的组织用于生物标志物分析，因此建议采用带芯粗针活检。对于含有坏死或空洞的病变，应在肿瘤壁而不是中心无细胞区进行取样[13]。

7　肿瘤治疗效果的CT影像评估

肺癌的治疗包括化疗、放疗、手术治疗或这些方式的组合。胸部CT在评估治疗效果和治疗的并发症中起着至关重要的作用。

7.1　化疗

新辅助化疗可在术前应用以达到减瘤的目的。全身化疗也是针对转移性疾病的标准治疗方法。定期进行胸部CT检查有助于评估化疗方案的疗效并避免化疗无效时并发的毒性。

与化疗相关的药物毒性反应在肺部可表现为任何形式的间质性肺炎，包括非特异性间质性肺炎、寻常性间质性肺炎、机化性肺炎、嗜酸性粒细胞性肺炎、淋巴细胞性间质性肺炎和脱屑性间质性肺炎[71]。药物毒性反应通常发生在化疗药物治疗期间，停药后病情通常会好转。接受多药治疗的患者发生药物毒性反应的风险增加[71]。在某些肺纤维化病例中，肺组织的破坏不可逆转[71]。

一些CT征象，如小叶内和小叶间隔增厚、结节样阴影、马赛克衰减、弥漫气腔阴影、迁徙性阴影、肺支气管血管束模糊和蜂窝肺[71]，提示可能存在药物毒性反应。

7.2　放疗

放疗可以用于Ⅰ期或Ⅱ期肺癌的根治性治疗，尤其适用于患有严重的肺气肿、心血管疾病等合并症且不耐受手术的患者。对于晚期但可切除的肿瘤患者，放疗可作为手术的辅助疗法，以提高局部治疗效果。放疗也可以用于减轻痛苦[72]。

在过去的几年中，三维适形和立体定向消融已经取代传统的对置平行束放射疗法，应用多束射线可以提高肿瘤的放射剂量并降低正常结构的放射剂量[72]。胸部CT可确定肿瘤对放疗后的反应，监测放射线对机体的潜在影响，并明确是否存在照射野内肿瘤的复发及照射野外转移。

肿瘤接受放疗后短期内常变小，并无任何其他反应[72]。辐射诱发的肺实质改变分为早期和晚期放射性肺炎。早期放射性肺炎发生在治疗完成后1～6个月内，病理改变对应肺泡损伤的急性渗出和组织增生期；晚期发生胶原蛋白沉积，形成放射性纤维化，常发生在停止治疗后6～24个月[72-74]。放射性肺炎大部分是持续进展，仅一小部分可以自发消退。尽管一些因素影响放射性损伤包括既往患者状况等，肺部损伤的严重程度主要与辐射剂量相关，尤其是接收大于20 Gy照射的体积百分比[72, 74]。大约37%接受三维适形放疗和4%接受立体定向消融的患者可出现伴有明显临床症状的肺辐射损伤（2级及以上），需要接受类固醇和其他治疗。一些化疗药物，包括博来霉素、多柔比星和白消安，对放疗具有增效作用[72]。

依据CT影像表现，传统的辐射所致肺损伤分为4种模式。前两种模式和放射性肺炎相关，表现为照射野内均匀的磨玻璃影、位于但不限于照射野的斑片状实变。第3种模式表现为分散但不均匀的实变。第4种模式表现为放射性纤维化，累及整个照射野的肺实变，同时伴有肺体积减小、结构扭曲和牵拉性支气管扩张[73, 75]。胸腔积液也属于治疗后的反应[72]。

随着放射技术的发展与更新，放射性肺损伤表现出与以往不同的形态和分布模式。代表放射性肺炎的局部磨玻璃影或斑片影通常仅出现在与治疗肿瘤直接相邻的区域，照射野的其他部位偶尔可见分散的不透明影[72]。三维适形放疗或立体定向消融后的放射纤维化模式与传统的放射纤维化相似但又有不同的地方。局灶性纤维化和牵拉性支气管扩张局限于肿瘤周围区域，被分类为肿块样模式。替代原有的肺组织的1 cm宽的线性或盘状阴影被分类为纤维化的瘢痕样模式（图21.17）[72]。

提示照射区域可疑肿瘤复发的CT征象包括放射性纤维化区内出现肿块或空洞、扩张的支气管闭塞和（或）迟发性同侧胸腔积液或积液增多[76]。肿瘤复发通常在放疗完成后2年内发生[72]。

7.3　手术切除

对肺部肿瘤进行肺叶或肺切除术后，应定期进行CT检查以排除术区肿瘤复发及监测晚期转移性疾病。手术切除后，患者前2年每3～4个月接受胸部增强CT随访。如果2年无阳性发现，每年应进行平扫CT随访。

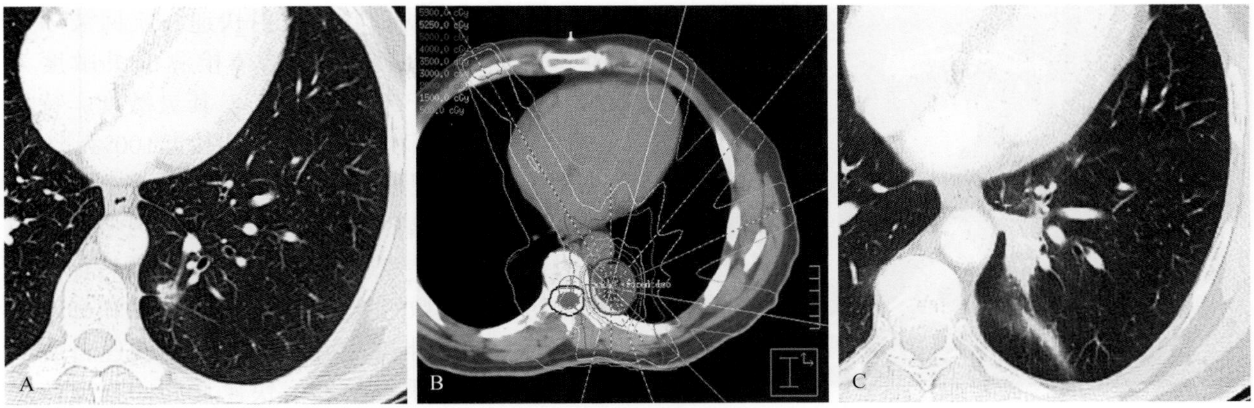

图21.17　立体定向消融放疗的后遗症，呈瘢痕样纤维化

（A）CT轴位肺窗图像；（B）放射治疗计划CT研究；（C）CT轴位肺窗图像。（A）显示左肺下叶不均质的伴胸膜牵拉的原发性小腺癌；（B）显示应用来自不同方向的射线治疗病变及减少靶点周围的辐射剂量；（C）显示左下叶的局限小片阴影，局部肺组织体积减小并伴有小带状瘢痕

8　肺癌的急症影像

在某些情况下，肺癌可导致严重的继发异常，需要紧急诊断和治疗。

8.1　肺栓塞

恶性肿瘤是凝血异常的危险因素。深静脉血栓形成和肺栓塞是肺癌的重要潜在并发症。CT发现4%的无症状癌症患者患有肺栓塞，其中某些类型恶性肿瘤的患病率更高，包括黑色素瘤、妇科肿瘤、进展期肿瘤以及接受化疗的患者[77-78]。肺栓塞可表现为血栓远端的肺动脉截断（Westermark征象）或在胸片上呈楔形梗死（汉普顿驼峰征）。然而，大多数肺栓塞患者的胸片表现正常。使用具有1.25 mm薄层重建的对比增强多排螺旋CT对栓塞的检测、定位和斑块负荷评估有帮助。肺动脉内的血栓由静脉注射造影剂显现出来，血管在CT表现为白色，栓塞通常表现为血管内低密度影，通常呈细长形。此外，还应对是否存在右心室功能受损进行评估[77]。

残端血栓与急性肺栓塞不同，肺部术后结扎的肺动脉内产生湍流并形成一个小凝块（图21.18）。12%的肺切除术病例可发现残端血栓形成。虽然并不是所有患者都需要全身抗凝，但部分患者可能仍需要治疗[79]。

8.2　上腔静脉综合征

上腔静脉闭塞患者中有50%～80%与原发性肺

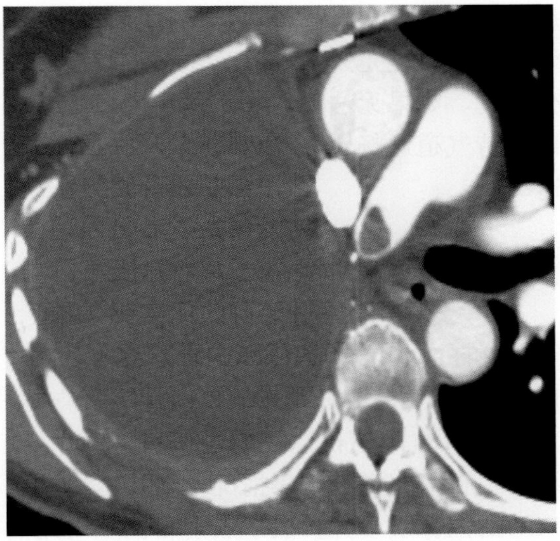

图21.18　右肺切除术后残端血栓增强CT软组织窗图像

增强CT软组织窗显示结扎的右肺动脉残端小片稍高密度影，表现为肺动脉管腔造影剂内的充盈缺损。肺切除术后的表现符合预期，局部为液体占据

癌有关。肿瘤组织和（或）转移性肿大淋巴结可通过外在压迫或血管侵犯导致上腔静脉血流不通畅[77]。上腔静脉闭塞的慢性病程可导致侧支循环的形成，但急性闭塞也可能发生。上腔静脉综合征是一种临床诊断，其影像学表现包括胸片上的纵隔增宽、CT上的纵隔软组织影、增强CT检查上腔静脉内造影剂中断以及侧支循环形成（图21.19）[77]。

8.3　中央气道阻塞

原发性肺癌也是支气管阻塞的最常见原因。临床症状的严重程度与病变部位有关。“上段气道

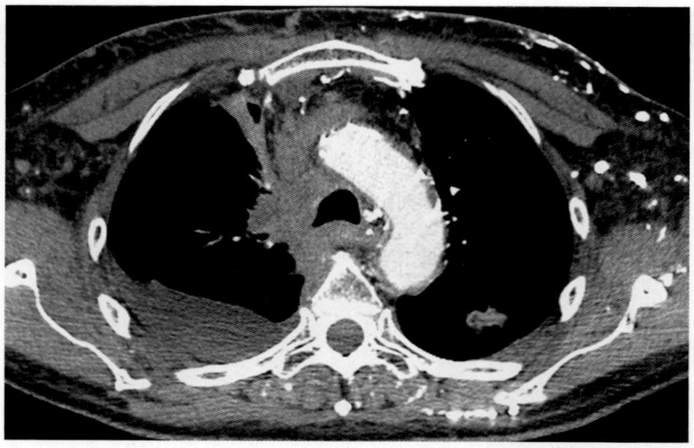

图21.19 上腔静脉阻塞增强CT轴位软组织窗图像
增强CT轴位软组织窗显示左头臂静脉和上腔静脉区域形态不规则的软组织密度。左侧胸壁和纵隔内可见许多高密度侧支血管，使血液返回右心房；主动脉弓内高密度影提示造影剂已到达体循环

内病变所致阻塞可引起急性窒息并危及生命”[77]。气管腔变窄可能是外压所致，也可能是腔内管壁病变引起。如果无法进行手术，可使用支架植入术以保持气道通畅。放疗也可用于减小肿瘤和改善通气[77]。

9 MRI成像

CT和FDG-PET/CT是肺癌初步分期、评估治疗反应、监测肿瘤残留或复发的常规检查方式。历史上MRI的作用仅限于评估肺上沟肿瘤及明确纵隔、胸壁和脊髓受累情况，但技术进步改善了MRI的图像质量并扩展了放射科医生可用的技术[80]。MRI的应用已扩展到肺结节的检测及定性、肺癌与其他肺部疾病的鉴别、淋巴结受累判定、远处转移，以协助肺癌分期[81]。

9.1 肺结节的识别

尽管CT被认定为是肺结节检测的标准，仍有多项研究评估了MRI检测结节的功效。1.5-T和3-T系统上不同MRI序列的结节检出率为46%～96%[82-86]。MRI在检测肺结节中的功效主要取决于结节的大小和使用的特定成像序列。例如，Schroeder等[85]报道T_2加权半傅里叶单发射快速自旋回波序列对于检测直径小于3 mm、3～5 mm、6～10 mm以及大于10 mm的结节的敏感性分别为73%、86.3%、95.7%和100%。Biederer等[83]报道所有的三维和二维梯度回波序列中，除了T_2加权半傅里叶单发射快速自旋回波序列外，其他序列对于4 mm结节检测的灵敏度为88%，对于大于5 mm的结节，其灵敏度、特异度、阳性预测值和阴性预测值均接近100%[83]。

通常，自旋回波序列比梯度回波序列结节检出率更高[82-86]。Bruegel等[87]发现加呼吸门控的短时反转恢复，快速自旋回波和短时反转恢复序列的结节检测敏感度分别为72%、69%和63.4%。他们报告诸如半傅里叶采集单发射快速自旋回波、半傅里叶采集单发射快速自旋回波反转恢复、增强前后的体积内插三维梯度回波等序列的敏感性均小于其他快速自旋回波序列[87]。Both等[88]报道T_2加权半傅里叶快速自旋回波序列和T_1加权梯度回波序列对于直径大于4 mm的结节检测的灵敏度分别为85%和90%。有研究显示反转恢复序列在检测3 mm及更大的结节时，灵敏度大于90%[89]。扩散加权成像检测肺结节的功效也见诸报道。Koyama等[90]报道了扩散加权成像的检测率（85%）较短T_1反转恢复序列（100%）低，其检测小结节和非实性腺癌的能力有限。

9.2 肺结节的特征

应用常规影像对肺结节进行定性已被广泛使用，但存在局限性。多探测器CT仅能够提供结节的形态信息，区分良恶性结节的标准限于经典的结节内钙化或脂肪。动态增强CT具有高灵敏度，但在鉴别活跃肉芽肿过程中继发于重叠强化模式的结节、丰富血供的良性结节及恶性结节之间的特异性较低[91-92]。PET和PET/CT的局限性在于因感染和炎症引起的假阳性以及某些腺癌和类癌的假阴性结果[93]。

MRI尽管也有局限性，但研究表明其可能提高结节定性的准确度。许多肺结节、肺癌和转移灶在T_1加权和T_2加权自旋回波图像上表现为低或中等信号[94-98]。短时反转恢复序列图像的诊断效能优于T_1加权和T_2加权图像，其敏感性、特异性和准确性分别为83.3%、60.6%和74.5%[82]。Koyama等[82]评估了多探测器CT平扫和1.5-T MRI在161例患者中肺结节检测及鉴别的效能，CT结节检测的敏感性（97%）比短时反转恢复序列自旋回波更高（82.5%），但恶性结节检出率相似（CT为100%，MRI为96.1%）。部分研究评估弥散加权成像在肺结节鉴别中的价值，但其结果不一致。一般来说，恶性病变因富含结构混乱的细胞成分且细胞外空间扭曲，其在扩散加权成像上常表现为较高信号和较低的表观扩散系数。虽然扩散加权成像可能比传统的T_1加权和T_2加权序列更有价值，但感染性和炎性病变引起的假阳性和低级别腺癌和转移引起的假阴性限制其诊断效能[99]。

动态灌注MRI检查应用超快动态序列来区分良性和恶性结节。恶性结节在静脉给药后通常在T_1加权图像上表现为均质强化。肿瘤血管生成、内部坏死及瘢痕形成、是否存在纤维成分以及肿瘤间质间隙大小是导致强化特性差异的影响因素[94-98, 100]。通过动态MRI增强获得的结节增强模式或血液供应的信息可能有助于区分良恶性结节。动态MRI增强的敏感性为94%～100%，特异性为70%～96%，准确度超过88%[94-97, 100]。

Ohno等[98]研究显示，MRI在良恶性结节鉴别方面比多层螺旋增强CT和FDG-PET具有更高的特异性和准确性，三者的准确性分别为88.1%、83.2%和83.7%。目前，所有成像方法都有限制，MRI仍然是重要的检测手段。

10 MRI在肺癌分期中应用

10.1 肿瘤（T）分期

MRI在鉴别肺癌与其他肺内病变，如肺不张或肺实变方面较CT优越。T_2加权像上恶性肿瘤常表现为高信号（图21.20），阻塞性肺不张和肺炎的信号比恶性肿瘤更高[101]。而在扩散加权成像中，肺癌则表现为比阻塞性肺不张更高的信号[102]。MRI在评估心脏、心包和大血管方面优于CT，可用于评估心腔（图21.21）、心肌或上腔静脉的受侵[103]。

MRI在肺癌分期中最重要的用途之一是确定纵隔和（或）胸壁是否受侵。手术可以切除仅侵袭纵隔脂肪的肿瘤，但如果纵隔内结构受侵，则通常没有手术指征。放射诊断肿瘤学组的研究首先提出MRI在识别纵隔侵犯方面要比CT准确得多[80]。在一项纳入50例怀疑纵隔和（或）肺门侵犯的NSCLC患者的研究中，Ohno等[103]评估了增强CT、心脏门控MRI、非心脏门控和心脏门控MR血管造影检查的诊断效能。与增强CT和T_1加权成像相比，MR血管造影在鉴别纵隔和肺门侵袭方面的准确率更高，敏感性为78%～90%，特异性为73%～87%，准确性为75%～88%。

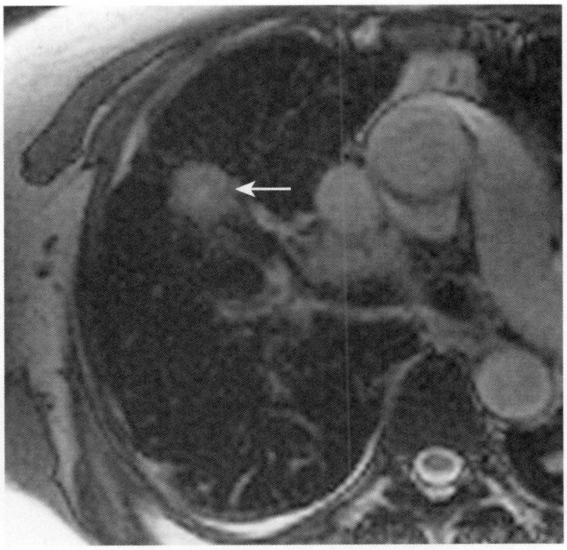

图21.20 女性，49岁，非小细胞肺癌的轴位T_2加权MRI

轴位T_2加权MRI显示右肺边缘不规则的高信号结节（箭头）。活检提示为鳞状细胞癌。肺内许多原发和继发恶性肿瘤在T_2加权MRI表现为高信号

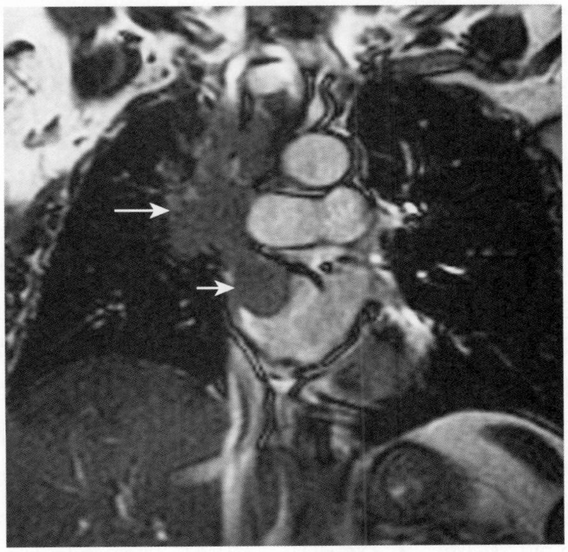

图21.21 女性，57岁，小细胞肺癌侵犯心腔的冠状位平衡稳态自由进动MRI图像

冠状位平衡稳态自由进动MRI显示右肺上叶内原发肿瘤（长箭头），肿瘤经右肺上叶肺静脉进入左心房（短箭头）。在评估心脏、心包和大血管受累方面，MRI优于计算机断层扫描

不同研究所报道的CT诊断肿瘤胸壁侵犯的敏感性和特异性差异很大，其值分别为38%～87%和40%～90%[104]。MRI提示胸壁浸润的表现包括T_1加权序列上正常胸膜外脂肪平面的浸润或破坏、T_2加权序列上壁层胸膜呈高信号[105-106]。短时反转恢复序列上受侵的胸壁内结构信号会增高，而正常胸壁的信号应该被抑制（图21.22）而表现为低信号[105]。MRI增强检查会协助诊断[105]。MRI电影技术通过观察呼吸时肿瘤和胸壁的相对运动判定胸壁是否受侵。肿瘤与胸壁维持一致运动提示胸壁受累，而肿瘤沿壁层胸膜自由移动则提示无胸壁受侵[107]。一项同时使用动态电影MRI和CT的研究表明，二者的敏感性、特异性和准确性分别为100% vs. 80%、70% vs. 65%，76% vs. 68%[107]。

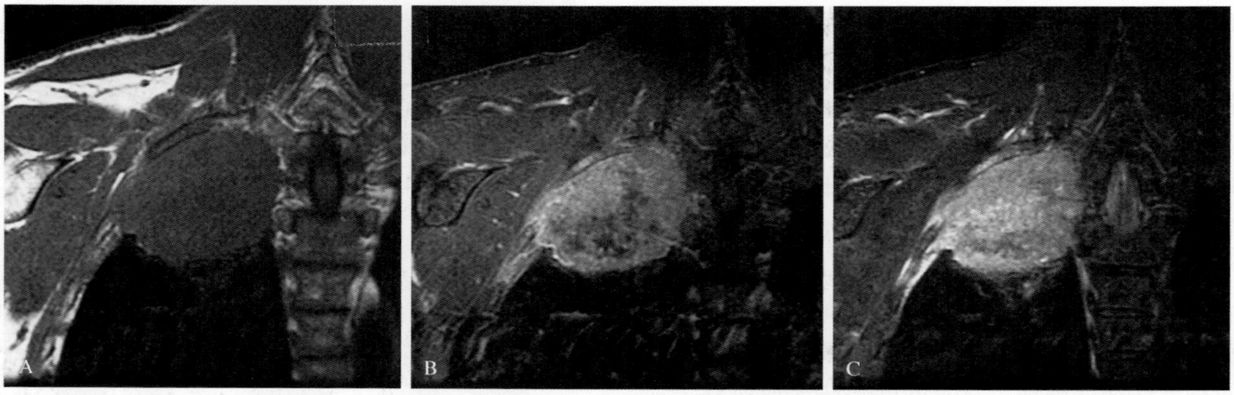

图21.22 男性，61岁，肺上沟瘤侵犯胸壁

（A）冠状T_1加权平扫；（B）T_1加权增强；（C）短时反转恢复图像。（C）显示右肺上叶肿块。注意增强图像上的强化区域及短时反转恢复的高信号区域通过肋间隙延伸到胸壁，提示胸壁受侵

10.2 淋巴结（N）分期

推荐用于检测转移淋巴结的最佳MRI序列为应用心脏和（或）呼吸门控的常规或黑血技术-短时反转恢复快速自旋回波[81, 108]。转移性淋巴结通常在反转恢复序列上表现为高信号，而正常淋巴结显示为低信号。反转恢复序列检测淋巴结转移的敏感性、特异性和准确性据报道分别 为83.7%～100.0%、86.0%～93.1%和86.0%～92.2%[81, 108]。与CT相比，短时反转恢复序列的敏感性和准确性要高得多[81]。另一项研究证明短时反转恢复序列的MRI较PET/CT具有更高的敏感性和准确性，MRI为90.1%和92.2%，PET/CT为76.7%和83.5%[108]。Yi等[109]发现全身MRI和PET/CT在确定淋巴结受累方面没有显著性差异。在T_2加权黑血自旋回波序列中淋巴结高信号、偏心性皮质增厚或淋巴结门脂肪消失是诊断恶性的可靠指标（图21.23）。Nomori等的研究[110]表明，扩散加权成像在确定淋巴结疾病方面比PET更准

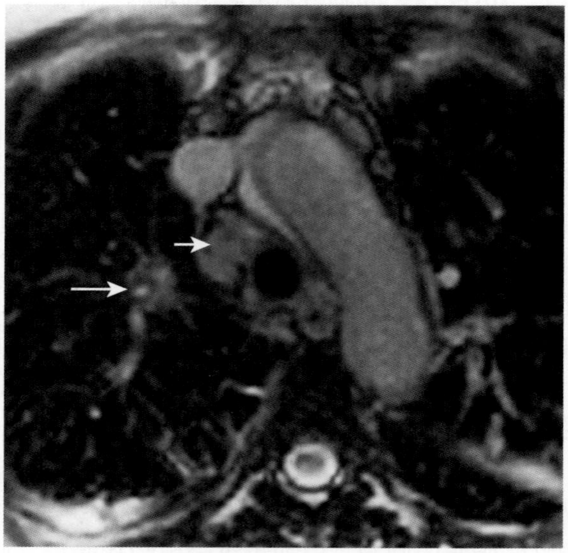

图21.23 男性，51岁，非小细胞肺癌患者的病理性淋巴结肿大的轴位T_2加权MRI

右肺不规则结节（长箭头），代表原发肺癌。注意增大和略呈高信号的右侧气管旁淋巴结（短箭头）。淋巴结活检提示为转移。研究表明，在T_2加权黑血自旋回波序列中淋巴结高信号、偏心性皮质增厚或淋巴结门脂肪消失是诊断肿瘤为恶性的可靠指标

确。然而，弥散加权成像固有的低空间分辨率限制了对小淋巴结和异常淋巴结的定位。

10.3 转移（M）分期

FDG-PET/CT是检测转移性病变的首选影像学方式，可发现更多的胸外转移[111]。一项研究表明PET/CT（88.2%）和全身MRI（87.7%）的检测转移病变的准确度相似[112]，另一项研究表明PET/CT和MRI在NSCLC的术前分期评估中没有显著差异[113]。

PET和PET/CT最适合显示骨组织和软组织转移，而MRI因其更好的软组织对比适合发现大脑、肝脏和肾上腺转移[101]。由于正常脑实质为高代谢，PET和PET/CT检测脑转移的敏感性不佳。因此，建议将CT和（或）MRI用于脑转移的检测（图21.24）。肝转移在增强后的T_1加权图像上通常表现为强化病变。化学位移成像在鉴别肾上腺腺瘤和转移的敏感性为100%，特异性为81%[101]。T_1加权反相位图像上信号减低提示腺瘤（图21.25），而信号不变提示为转移（图21.26）。

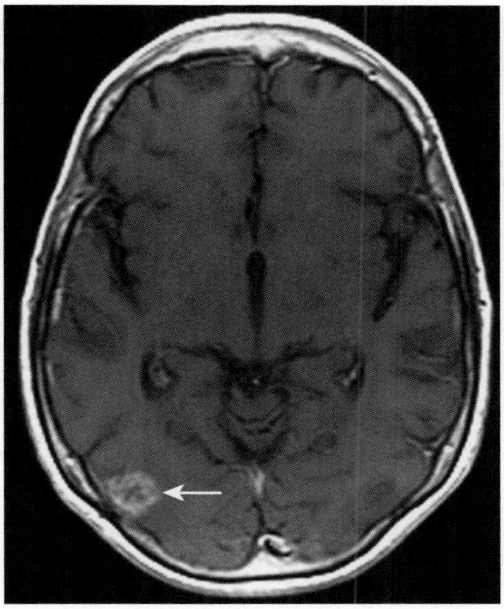

图21.24 男性，64岁，非小细胞肺癌脑转移的轴位增强T_1加权MRI

右侧颞/顶叶后方边缘强化病变（箭头）。活检提示为肺癌脑转移。因为PET和PET/CT检测脑转移受限于脑实质的高代谢，首选CT和（或）MRI来识别脑转移

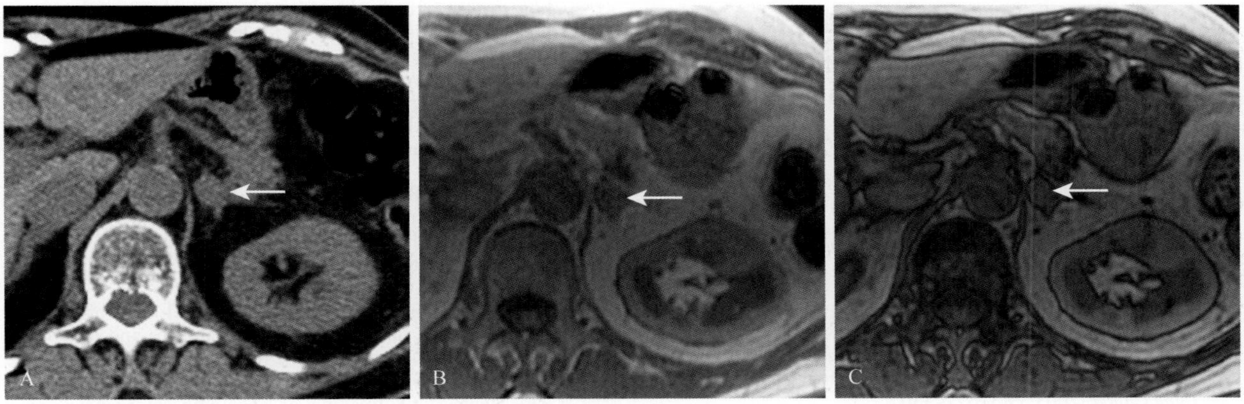

图21.25 女性，54岁，非小细胞肺癌伴左肾上腺腺瘤

（A）轴位CT平扫图像；（B）同一患者的轴位T_1加权同相位MRI图像；（C）同一患者的轴位T_1加权反相位MRI图像。（A）显示左侧肾上腺边界清晰结节影（白色箭头），不符合腺瘤的CT诊断标准；（B）、（C）显示，反相位结节信号减低（白色箭头），表明存在脂质成分，高度提示腺瘤

11 MRI评价治疗反应

MRI的某些特定序列，如动态对比增强及可测量表观弥散系数的扩散加权成像可用于评估肺癌患者的治疗反应。Chang等[114]的研究表明动态对比增强MRI有可能预测接受贝伐单抗、吉西他滨和顺铂联用治疗的患者的早期反应。Yabuuchi等[115]的研究显示，表观扩散系数的早期变化和肿瘤尺寸减小、更长的无进展生存期及中位总体生存率之间具有显著相关性。来自另一项研究的结果表明，表观扩散系数值的早期变化可用于监测肺癌对放化疗的早期反应[116]。

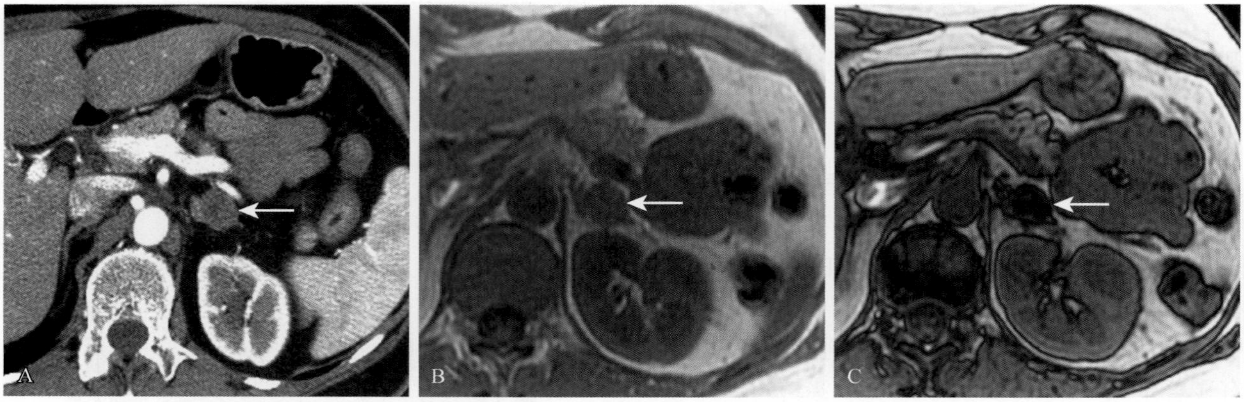

图21.26　女性，49岁，非小细胞肺癌伴左肾上腺转移

（A）轴位CT平扫图像；（B）同一患者的轴位T_1加权同相位MRI图像；（C）同一患者的轴位T_1加权反相位MRI图像。（A）显示左侧肾上腺边界清晰结节影（白色箭头），不符合腺瘤的CT诊断标准；（B）、（C）显示反相位结节信号保持不变。CT引导下穿刺活检标本确认为非小细胞肺癌的转移

12　结论

传统的影像技术在肺癌的检测和分期中具有重要作用。胸部X线片可早期发现无症状肺癌。CT对于结节的定性非常重要，并可在组织学确诊肿瘤后确定初步分期。MRI可以提供特异性的胸部组织信息，特别是在软组织和神经血管侵犯方面。这些成像方式与PET/CT、手术活检的联合应用可用于指导肿瘤的处理和治疗计划。

（王　颖 译）

主要参考文献

11. Henschke CI, Wisnivesky JP, Yankelevitz DF, Miettinen OS. Small stage I cancers of the lung: genuineness and curability. *Lung Cancer*. 2003;39(3):327–330.
13. Hollings N, Shaw P. Diagnostic imaging of lung cancer. *Eur Respir J*. 2002;19(4):722–742.
15. MacMahon H, Austin JH, Gamsu G, et al. Guidelines for management of small pulmonary nodules detected on CT scans: a statement from the Fleischner Society. *Radiology*. 2005;237(2):395–400.
17. Naidich DP, Bankier AA, MacMahon H, et al. Recommendations for the management of subsolid pulmonary nodules detected at CT: a statement from the Fleischner Society. *Radiology*. 2013;266(1):304–317.
22. Brandman S, Ko JP. Pulmonary nodule detection, characterization, and management with multidetector computed tomography. *J Thorac Imaging*. 2011;26(2):90–105.
45. American College of Radiology. *ACR Appropriateness Criteria (Reviewed 2012)*. http://www.acr.org/Quality-Safety/Appropriateness-Criteria.
46. National Lung Screening Trial Research Team, Aberle DR, Adams AM, et al. Reduced lung-cancer mortality with low-dose computed tomographic screening. *N Engl J Med*. 2011;365(5):395–409.
56. Goldstraw P, Crowley J, Chansky K, et al. The IASLC Lung Cancer Staging Project: proposals for the revision of the TNM stage groupings in the forthcoming (seventh) edition of the TNM classification of malignant tumours. *J Thorac Oncol*. 2007;2(8):706–714.
57. Shepherd FA, Crowley J, Van Houtte P, et al. The International Association for the Study of Lung Cancer lung cancer staging project: proposals regarding the clinical staging of small cell lung cancer in the forthcoming (seventh) edition of the tumor, node, metastasis classification for lung cancer. *J Thorac Oncol*. 2007;2(12):1067–1077.
65. Rusch VW, Crowley J, Giroux DJ, et al. The IASLC Lung Cancer Staging Project: proposals for the revision of the N descriptors in the forthcoming seventh edition of the TNM classification for lung cancer. *J Thorac Oncol*. 2007;2(7):603–612.
66. Postmus PE, Brambilla E, Chansky K, et al. The IASLC Lung Cancer Staging Project: proposals for revision of the M descriptors in the forthcoming (seventh) edition of the TNM classification of lung cancer. *J Thorac Oncol*. 2007;2(8):686–693.
76. Choi YW, Munden RF, Erasmus JJ, et al. Effects of radiation therapy on the lung: radiologic appearances and differential diagnosis. *Radiographics*. 2004;24(4):985–997.
77. Katabathina VS, Restrepo CS, Betancourt Cuellar SL, Riascos RF, Menias CO. Imaging of oncologic emergencies: what every radiologist should know. *Radiographics*. 2013;33(6):1533–1553.
99. Koyama H, Ohno Y, Seki S, et al. Magnetic resonance imaging for lung cancer. *J Thorac Imaging*. 2013;28(3):138–150.
108. Ohno Y, Koyama H, Nogami M, et al. STIR turbo SE MR imaging vs. coregistered FDG-PET/CT: quantitative and qualitative assessment of N-stage in non-small-cell lung cancer patients. *J Magn Reson Imaging*. 2007;26(4):1071–1080.
110. Nomori H, Mori T, Ikeda K, et al. Diffusion-weighted magnetic resonance imaging can be used in place of positron emission tomography for N staging of non-small cell lung cancer with fewer false-positive results. *J Thorac Cardiovasc Surg*. 2008;135(4):816–822.

获取完整的参考文献列表请扫描二维码。

第22章 肺癌的正电子发射断层显像

Jeremy J. Erasmus, Feng-Ming (Spring) Kong, Homer A. Macapinlac

要点总结

- FDG-PET/CT是临床实践中用于肿瘤诊断、分期和放疗计划制定的常规手段，并可能在判断预后和监测治疗反应方面起到一定的作用。
- FDG-PET/CT不是判定T分期（明确肺内有无其他小结节、局部区域性是否侵犯等）的最佳方法，呼吸运动和（或）低辐射-剂量成像会造成图像质量下降。
- FDG-PET/CT在诊断肺门（N1）、纵隔（N2和N3）和胸外淋巴结转移方面较CT具有更高的精确度。
- FDG-PET/CT在判定M1b和M1c（胸外）转移方面较CT具有更高的精确度。
- 对于具有较高T和N分期的晚期肿瘤患者，FDG-PET/CT能够发现更多的隐匿性转移（M1b/M1c）并影响临床治疗决策。
- FDG摄取阈值，如标准化摄取值（standardized uptake value，SUV）不能可靠地区分炎症和转移性病变。
- 由于SUV测量的可重复性受限，根据SUV值的FDG-PET预测疾病预后不可靠。
- FDG-PET/CT肿瘤代谢体积和总病灶糖酵解值（结合肿瘤大小和摄取FDG）可能是重要的预后因素。
- FDG-PET/CT能够早期和敏感地评价抗肿瘤治疗效果。
- FDG-PET/CT在制定放射治疗计划中可提高肿瘤靶区描绘的准确性。
- PET/CT定义的肿瘤靶区范围通常小于CT所定义，将PET/CT纳入放射治疗计划的制定可以增加对靶点辐射但不会增加不良反应。
- FDG是唯一在一种医疗保险中批准用于癌症评估的PET/CT示踪剂。
- 新型PET放射性示踪剂可检测糖酵解以外的其他代谢途径、受体或靶点，其在肿瘤分期、效果评价及靶向治疗评估方面的应用正在研究中。

PET使用具有放射性的FDG，一种用氟-18标记的D-葡萄糖类似物，对NSCLC进行影像学评价，是传统影像检查方法的补充。FDG-PET在判定肿瘤、淋巴结和转移中具有重要的作用，常规应用能提高淋巴结和胸外转移的检测率。FDG-PET目前也用于协助放疗规划的制定、评估治疗效果和预后。FDG-PET具有早期并敏感判定抗肿瘤治疗效果的潜能，可用于预测患者的预后。本章将讨论FDG-PET在肿瘤分期、放疗规划的制定和评估治疗效果和预后方面的应用，重点是在NSCLC患者中的应用。此外，针对FDG-PET的局限性，结合不同代谢途径、受体和靶点的新型放射性示踪剂的应用也将进行回顾。

1 肺癌分期

1.1 大小、位置和局部侵犯（T分期）

FDG-PET结合CT既能评估肿瘤代谢活性，又能借助CT的高空间分辨率对肿瘤的大小、位置、局部侵袭程度（T）进行评估，尤其是对FDG摄取增加区域进行解剖定位[1-2]。PET相对较差的空间分辨率限制了其在原发肿瘤评估中的应用。PET/CT中集成的CT组件在精确分期方面也存在不足：CT通常在呼吸过程中进行且常使用低辐射剂量成像协议，两者均能影响图像质量，对肺内小结节和局部侵犯的判定能力不理想。尽管如此，FDG-PET在淋巴结和远处转移的检测方面具有优势并能据此改变患者的治疗方法[3-8]。因此，本综述在TNM分期方面将根据第七版美国癌症联合委员会TNM分期系统着重阐述PET显像用于诊断淋巴结转移和远处转移的重要作用，也将对即将出版的第八版提出可行的建议[9-15]。

1.2　区域淋巴结（N分期）

对于NSCLC患者，淋巴结转移的存在和部位（N）在确定治疗和预后方面很重要。因为其对预后影响很大，即将推出的第八版分期系统将继续保持不变[10, 13-14]。目前普遍采用的淋巴结分布图根据解剖结构进行编号，目的在于使淋巴结转移的临床和病理分期保持一致[16-17]。目前国际上尚没有公认的淋巴结分布图，国际肺癌研究协会提出了一种新的淋巴结图，试图缩小目前使用的各分布图之间的差异[18]。然而，一个精准的且被广受认可的淋巴结受累命名法则对选择合适的治疗方案和评估治疗结果至关重要。目前临床分期的主要缺点是使用淋巴结大小来判定淋巴结转移。Toloza等[19]对20个使用CT进行纵隔淋巴结分期的研究（3438例患者）进行Meta分析，发现以短轴直径大于1 cm作为阈值，检测淋巴结转移的敏感性为57%，特异性为82%。

就淋巴结转移而言，FDG-PET较CT更准确且越来越多地被纳入NSCLC患者的手术和放疗策略中（图22.1）[3, 4, 6, 20]。Birim等[4]在对17项研究（833例患者）的Meta分析中，将PET与CT在NSCLC患者淋巴结转移检测方面进行比较，FDG-PET的总体敏感性和特异性分别为83%（66%～100%）和92%（81%～100%），而CT分别为59%（20%～81%）和78%（44%～100%）。有报道指出联用PET/CT的诊断准确性较单用CT（$P=0.004$）和PET（$P=0.625$）都高[1]。但是最近一项纳入159例NSCLC患者研究表明PET/CT在纵隔淋巴结转移的诊断敏感性和准确性低[21]。基于对1001个淋巴结（纵隔723个、肺门148个、肺内130个）的评估，PET/CT敏感性、特异性和准确性分别为45.2%、94.5%和84.9%。对于＜10 mm以及≥10 mm的淋巴结，PET/CT的检测敏感性分别为32.4%（12/37）和85.3%（29/34）。尽管不常被提出，但PET/CT成像检查的时间可能会影响N分期。理想情况下，为评估患者的淋巴结转移情况，PET检查应该在与预期切除日期相近的时间点进行。在这方面，PET/CT的敏感性可能和成像与切除时间的间隔存在相关性[22]。Booth等[22]报道间隔时间小于9周，PET/CT检测N2期病变的敏感性和准确性分别为64%和94%，而间隔时间为9周或更长时，敏感性和准确性降为0和81%。

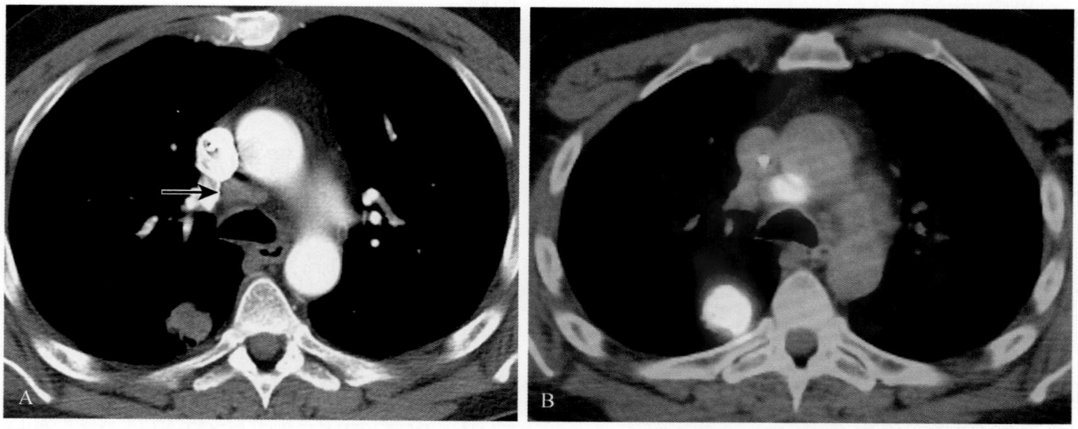

图22.1　男性，49岁，非小细胞肺癌，接受手术切除评估，轴位增强CT图像和轴位PET/CT扫描图像
（A）轴位增强图像；（B）轴位PET/CT扫描图像。（A）轴位增强CT显示右肺上叶直径为2.5 cm的结节和同侧纵隔小淋巴结（短轴直径为1 cm）（箭头）；（B）轴位PET/CT扫描显示结节和右下气管旁淋巴结FDG高摄取；活检证实淋巴结转移，患者接受了新辅助化疗，然后进行同步放化疗

尽管FDG-PET/CT在淋巴结定性方面的准确性优于CT，但仍存在局限性，恶性和良性淋巴结的表现具有重叠，微观淋巴结转移通常不是FDG-avid，而炎性淋巴结可以是FDG-avid。FDG摄取阈值的使用，如最大标准化摄取值（SUV_{max}）在鉴别炎症与转移性淋巴结的作用有限，很多影响因素会影响所选的阈值，包括FDG给药后成像时间、机器类型和图像重建算法。据我们目前所知，尚无任何前瞻性多中心试验验证FDG摄取阈值的价值，目前视觉分析比SUV量化更为准确[23]。通过视觉分析或SUV值判断纵隔淋巴结为FDG-avid进而诊断转移的假阳性结果很高，常由于感染或炎性病因导致，无法可靠地诊断淋巴结转移（图22.2）[21, 24]。由于FDG-PET诊断淋巴结转移的阳性预测值不佳，当PET和CT检查同时提示有淋巴结转移或CT和PET检查结果不一致时，应进行有创采样以确定病理淋巴结分期（pN）[24-25]。此外，即使PET/CT诊断纵隔淋巴结转移阴性，但由于其胸内淋巴结分期的敏感性和

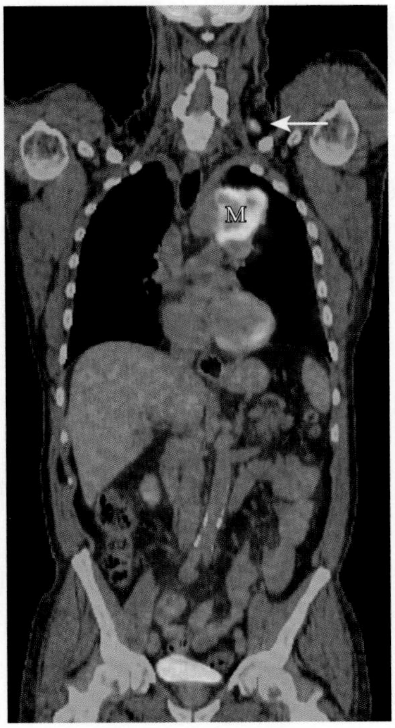

图22.2 男性，62岁，左肺上叶非小细胞肺癌，接受手术切除评估的冠状位PET/CT图像

冠状位PET/CT显示左肺上叶肿块（M）及左锁骨上窝小淋巴结（短轴直径为1 cm）（箭头）的FDG高摄取；活检结果符合反应性淋巴增生（淋巴组织丰富，生发中心碎片，大细胞增多，巨噬细胞增多），无转移癌；患者接受了左上肺叶切除术

准确性低，仍然需要组织学确认[21, 24]。但是，我们仍需强调FDG-PET对有创性淋巴结评估的影响目前尚不明确。尽管尚未被普遍接受，美国胸部医师协会基于循证医学的实践指南建议对于临床分期为Ⅰ期的位于外周的NSCLC患者，如果纵隔淋巴结PET阴性，不需要进一步的有创性活检[25-26]。此外，对10项研究（1122例患者）进行的Meta分析表明，临床分期T1～2 N0的NSCLC患者伴有隐匿性淋巴结转移并非罕见，但PET和CT诊断纵隔转移的阴性预测价值很高（T1期0.94，T2期0.89），提示对这一亚组患者，有创性临床分期检测的获益较低[27]。

为了确定在PET和CT成像后是否需要进行有创淋巴结活检，de Langen等[28]进行了Meta分析，评估纵隔淋巴结大小与恶性概率间的关联。作者报告称，FDG-PET影像检查结果阴性，CT上纵隔淋巴结直径为10～15 mm的患者，N2期的验后概率为5%，建议对这些患者进行开胸手术治疗。与此相比，CT检查淋巴结直径超过16 mm且FDG-PET阴性患者N2期的验后概率为21%，建议对这些患者进行开胸手术前应进行纵隔镜检查。对于FDG-PET结果阳性的患者，在CT上的直径为10～15 mm的淋巴结验后概率为62%，超过16 mm时为90%。当FDG-PET结果为阳性，尽管作者并没有对获取组织学证据提出任何建议，N2和N3期应在组织学上确认，因为它们是潜在可切除或适用于辅助治疗。

非手术治疗在早期NSCLC患者中的广泛作用，以及FDG-PET/CT在高危患者或正在接受非手术治疗的晚期疾病患者中检测纵隔淋巴结转移的明确应用，强调了准确评估淋巴结的重要性。在这方面，有人尝试在分期算法中使用FDG-PET/CT来提高纵隔淋巴结转移的检出率。他们应用原发肿瘤的SUV_{max}预测显微镜下淋巴结转移的存在和提高N分期的准确性[29-31]。Trister等[31]报道，在临床Ⅰ期和Ⅱ期NSCLC患者中原发肿瘤的高SUV是隐匿性纵隔淋巴结转移的独立预测因子，当SUV大于6时建议对纵隔进行有创性分期。此外，在对265例NSCLC患者的研究中，Miyasaka等[29]报道原发肿瘤的SUV_{max}是病理性淋巴结受累的一个重要预测因子，在SUV_{max}超过10的61例患者中有25例（41%）为

pN1～2期，而在SUV_{max}低于10的204例患者中只有26例（12.7%）患者伴有淋巴结转移（$P<0.0001$）。PET/CT扫描结合点扩散函数（point spread function，PSF）重建可以提高淋巴结转移的检出率。PSF重建技术目前已经商业化，能提高图像对比度并降低图像噪声，能更加敏感的检测出体积较小淋巴结转移。Lasnon等[32]报道PSF-PET对NSCLC患者淋巴结评估的敏感性（97%）、阴性预测值（92%）和阴性似然比（0.04）高于常规应用迭代重建及有序子集期望最大化算法的PET（分别为78%、57%、0.31）。虽然敏感性的提高增加了假阳性结果的可能性，但作者总结说，基于PSF重建显著提高的敏感性（$P=0.01$）、阴性预测值（$P=0.04$）和低阴性似然比，如果PSF FDG-PET/CT结果为阴性，术前有创性淋巴结分期可以忽略。淋巴结评估的另一个潜在发展是使用人工神经网络（artificial neural network，ANN）。Toney和Vesselle[33]最近报道ANN克服了与PET阅片的主观性，在准确性方面优于FDG-PET/CT专家，并能区分恶性和良性的炎性淋巴结的重叠表现。ANN使用了4个FDG-PET/CT衍生的输入参数（原发肿瘤SUV_{max}，肿瘤大小、淋巴结大小，N1、N2和N3站的FDG摄取量），并在99.2%的病例中正确预测了N分期，而专家的预测准确性为72.4%。

1.3 远处转移

NSCLC患者常出现远处转移（M），根据现有指南分为M1a期（对侧肺结节、恶性胸腔积液、胸膜结节、心包结节）和M1b期（胸外转移病变）[11-12]。即将发布的第八版指南关于M分期的提案保留M1a期的定义，将M1b期更改为具有单个胸外转移灶，M1c期为具有一个或多个器官的多处胸外转移[13, 15]。

尽管FDG-PET/CT可用于评估胸内、外转移，但其在检测转移性病变的效能尚不明确。例如，临床早期（T1 N0）NSCLC患者隐匿性转移的发生率较低，对这些患者进行详尽的转移分期评估并非必要[34]。Viney等[35]进行了一项随机对照试验评估FDG-PET在早期NSCLC患者临床治疗中的价值。在这项研究中183名早期肺癌患者（＞90%的患者为T1～2 N0）被分配到常规检查组（92例患者）或常规检查加PET组（91例患者）。与常规分期比较，61例PET分期一致，2例误诊为良性，22例分期上调，其中N2淋巴结转移11例，胸膜转移2例。PET发现远处转移的概率很小（91例中有2例，＜5%）。总的来说，PET的结果可能导致26%患者的治疗策略改变，91例患者中有11例避免开胸手术，13例可能接受新辅助化疗或放化疗。然而，由于参与研究的外科医生对可完全切除的ⅢA期肺癌患者的常规策略是进行手术，通常不进行进一步评估，因此PET只导致12名患者（14%）的进一步检查或治疗策略发生改变。

全身FDG-PET/CT在晚期肺癌患者的精准分期和确定治疗方案方面起的作用更大。美国外科医师学会肿瘤学组报告说，PET对M1期诊断的敏感性、特异性、阳性预测值和阴性预测值分别为83%、90%、36%和99%[6]。一项单中心研究应用全身PET显像对胸内和胸外疾病进行分期，发现计划进行根治性切除术的患者中有24%伴有隐匿性胸外转移（图22.3）[5-6, 36]。隐匿性转移的检出率随着T和N分期的增加而增加（从早期疾病的7.5%增加到晚期疾病的24%）[36]。另两项研究纳入较多根据标准临床分期被认为可切除的晚期肺癌患者，PET成像阻止了5例患者中的1例接受无效手术[5-6]。最近的一项前瞻性研究，类似于van Tinteren等[5]进行的PLUS多中心随机试验，评估PET/CT而不是单独PET的效能，结果显示PET/CT组83例患者中有52例（63%）接受了手术，其中13例（25%）为无效手术。而常规分期组91例中73例（80%）行开胸手术，其中38例（52%）为无效手术[5, 37-38]。

FDG-PET的广泛应用促进了成像算法的改进，进而提高了特定器官转移的检出效率，包括骨骼、肾上腺和胸外淋巴结。FDG-PET/CT对检测骨转移效率尤其突出。对17项研究的Meta分析表明，FDG-PET/CT检测骨转移的综合敏感性和特异性分别为92%和98%，而骨显像的敏感性和特异性分别为86%和88%[39]。FDG-PET/CT已经在很大程度上取代了^{99m}Tc-亚甲基二膦酸盐（methylene-diphosphonate，MDP）骨显像，用于评估NSCLC患者可能的骨转移（图22.4）[39-41]。NSCLC患者如果接受FDG-PET检查，没必要再

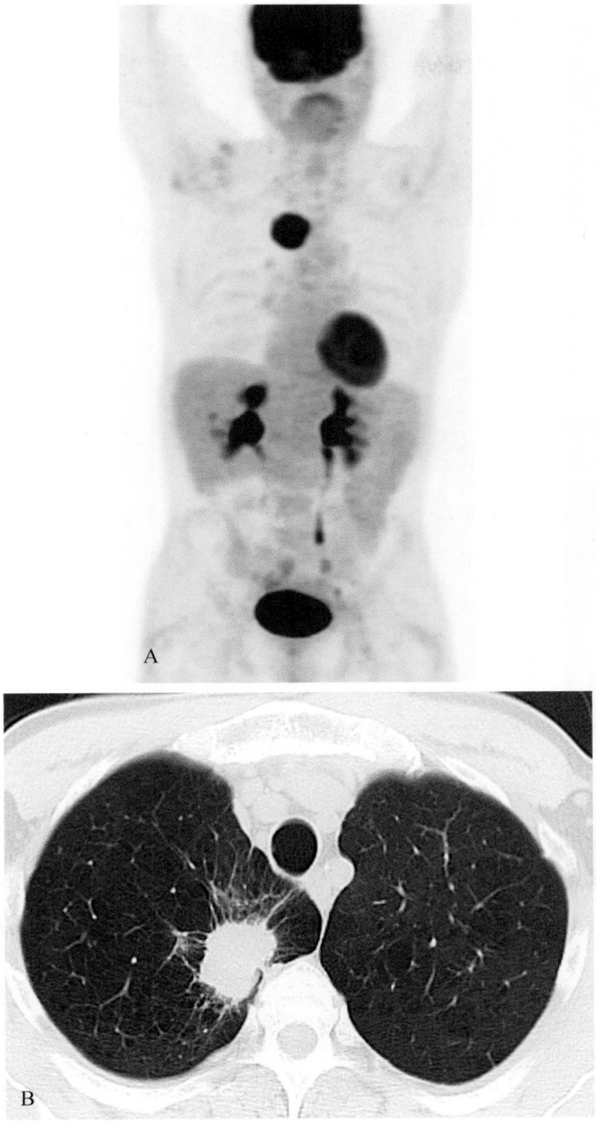

图22.3 男性，53岁，非小细胞肺癌，接受手术切除评估的全身最大强度投影PET图像和轴位增强CT图像

（A）全身最大强度投影PET图像显示肿块内FDG高摄取；（B）轴位增强CT显示右肺上叶肿块，边缘毛刺，同时伴有弥漫性肺气肿；其余部位没有淋巴结和远处转移；一次全身PET检查可同时观测胸内和胸外病变实现肿瘤分期

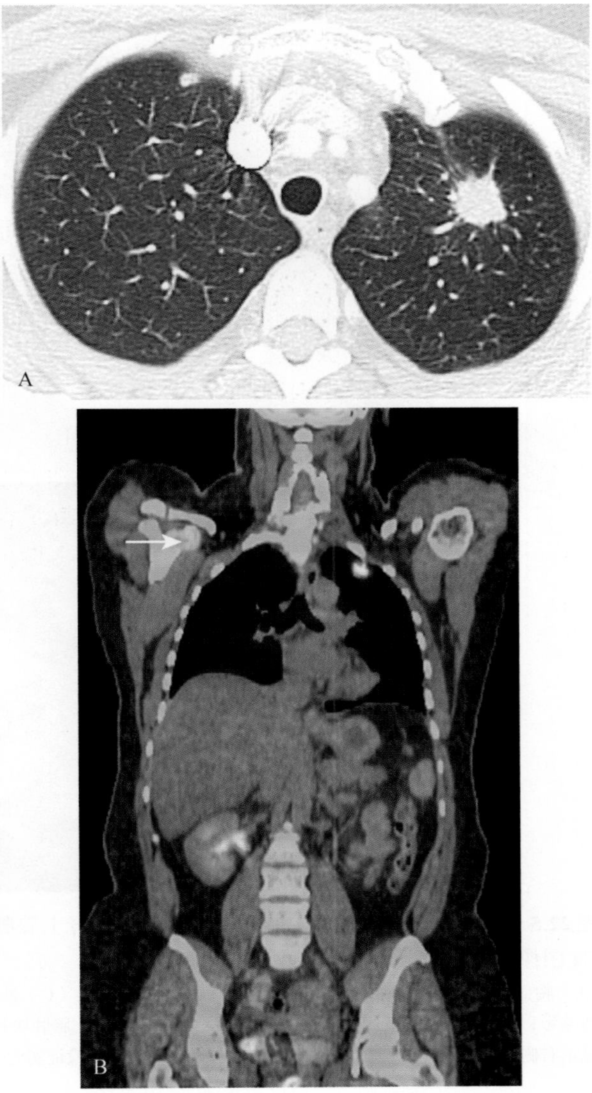

图22.4 女性，46岁，左肺上叶非小细胞肺癌，同时伴有肩部疼痛，轴位增强CT图像和冠状位PET/CT图像

（A）轴位增强CT图像；（B）冠状位PET/CT图像。（A）轴位增强CT显示左肺上叶结节，边缘可见毛刺；（B）冠状位PET/CT显示左肺上叶结节和肩胛骨喙突（箭头）FDG高摄取，怀疑有转移；活检证实转移性疾病，患者行姑息性治疗

进行^{99m}Tc-MDP骨显像检查。据报道，在20%的NSCLC患者中^{99m}Tc-MDP显像与FDG-PET/CT在骨转移检测方面存在不同[42]。这种不一致在很大程度上归结于FDG-PET能够检测早期骨转移，而^{99m}Tc-MDP显像无法检测早期骨髓肿瘤浸润。FDG-PET/CT还可用于检测肾上腺转移，区分CT检测到的肾上腺肿块的良恶性[43]。对21项研究（1391个病灶，5项专门针对肺癌）的Meta分析表明，FDG-PET检测肺癌患者肾上腺转移的综合敏感性和特异度分别为94%和82%[43]。与骨转移检测类似，FDG-PET也改进了用于评估CT检测到的不确定肾上腺肿块的成像算法，目前已替代了MRI成为肾上腺结节定性的通常首选成像方式，尤其是当肾上腺肿块较小时（图22.5）。事实上，如果FDG-PET已经明确肾上腺肿块的性质，则其他检查通常是不必要的[43]。如果潜在可切除NSCLC患者的肾上腺肿块在PET上FDG摄取正常，则应考虑进行

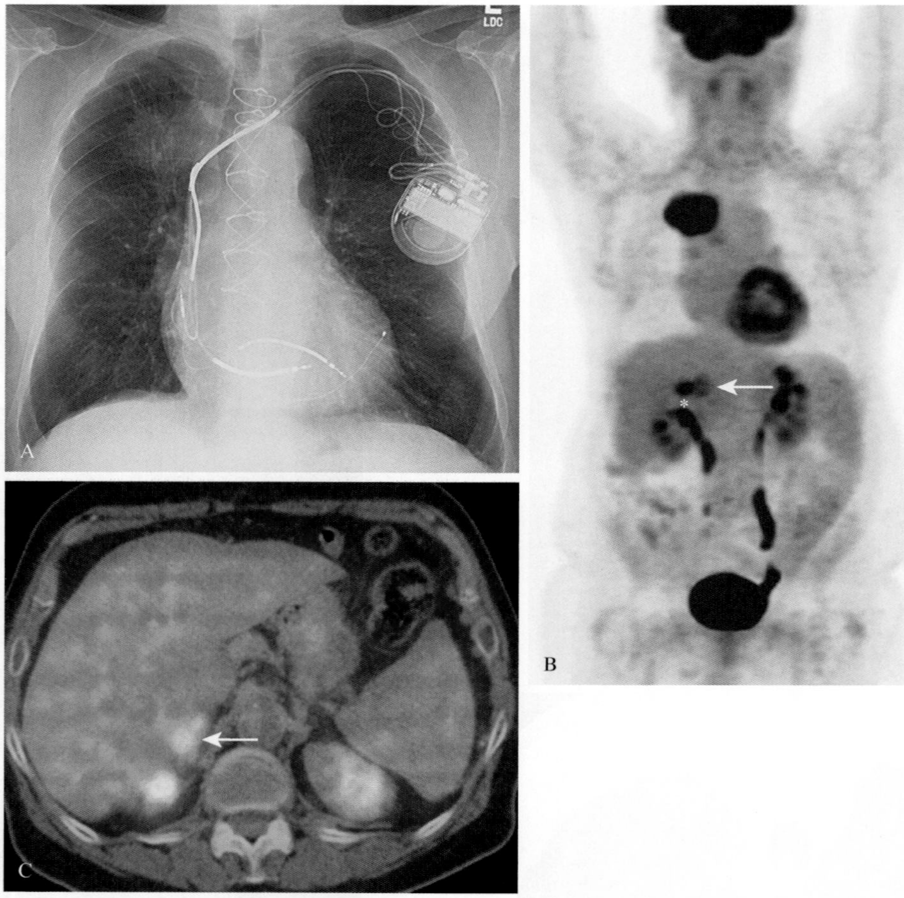

图22.5 女性，70岁，右肺上叶非小细胞肺癌并肾上腺肿块，胸部后前位片、全身最大强度投影PET图像和轴位PET/CT图像

（A）胸部后前位片图像；（B）全身最大强度投影PET图像；（C）轴位PET/CT图像。（A）胸部后前位片显示右肺上叶肿块，同时可见心脏起搏器影；（B）全身最大强度投影PET图像显示右肺和右肾上腺肿块FDG高摄取（箭头），星号代表肾盏内FDG的正常排泄；（C）轴位PET/CT显示右侧肾上腺肿块FDG高摄取（箭头），怀疑有转移；活检证实为转移瘤

根治性切除，无须进一步评估。如果肾上腺肿块FDG摄取增加，应进行活检以明确是否为转移性疾病。FDG-PET/CT在评估肝和脑转移方面有局限性。具体来说，由于正常脑组织对FDG的高摄取，其检测脑转移的能力不佳[44]。MRI是目前正在接受评估的NSCLC患者的标准检查方法，FDG-PET/CT的敏感度和特异度欠佳[45]。FDG-PET/CT在检测肝转移中的作用同样有限。尽管FDG-PET/CT对隐匿性肝转移的检测有很高的特异度，但较低的敏感度限制其成为常规检查。

全身FDG-PET显像提高了NSCLC分期的准确性。然而，与原发性NSCLC无关的胸外局部FDG摄取增加可以造成远处转移的假象，进而改变患者的治疗方案，因此胸外FDG阳性病变都应进一步成像或活检以明确诊断。这一处理原则得到了一项前瞻性研究结果的支持，该研究旨在评估新诊断的NSCLC患者肺外FDG单一部位浓聚的发生率和诊断[46]。研究纳入350例患者，72例患者有单独的FDG浓聚病变，69例接受了活检，其中37例（54%）为单发转移，32例（46%）为与NSCLC无关的病变，包括良性肿瘤、炎性病变（26例）或出乎临床意料的另一种恶性肿瘤或先前诊断的癌症复发（6例）。

2 预后

CT的广泛应用和肺癌筛查项目的增加导致了

小肺癌的确诊增加，典型的病理类型为腺癌，具有从惰性到侵袭性的生物学行为。最近一项涉及610例临床分期为IA期肺癌患者的多中心研究验证了FDG-PET/CT与高分辨率CT联合具有预测早期肺腺癌的恶性行为和预后的能力（图22.6）[47]。354例患者的原发肿瘤直径≤20 mm，256例直径＞20 mm。术后平均随访41.8个月，复发率为9.5%（58例）。SUV_{max}≤2.9的肿瘤与SUV_{max}＞2.9的肿瘤相比无复发生存率有显著差异（5年无复发生存率为95% vs. 72%，P＜0.001）。此外，SUV_{max}是肿瘤特异性生存的一个重要预后因素（P＜0.001）。结合高分辨率CT的磨玻璃阴影比{［1–（肺窗肿瘤实性成分最大尺寸/肺窗肿瘤最大尺寸）］×100}，对预测肿瘤恶性程度和患者预后具有很高价值。预测小腺癌的生物学行为对选择合适的手术方式具有重要意义。SUV≤2.9且磨玻璃阴影比≥25%的肿瘤淋巴管、血管或胸膜侵犯的发生率仅为2%，淋巴结转移或复发的发生率为1%，提示亚段切除可替代肺叶切除作为最终的治疗方法[47]。另一项纳入183例临床IA期NSCLC患者的研究也支持用SUV来界定适合有限切除的临床ⅠA期肺癌患者，所有患者均行PET/CT检查并接受切除手术[45]。这些患者中校正SUV（肿瘤SUV最大值与肝脏SUV平均值之比）＜1.0的患者5年复发率为0，而校正SUV≥1.0的患者为22.9%，两组的5年癌症特异性生存率分别为100%和88.7%[48]。

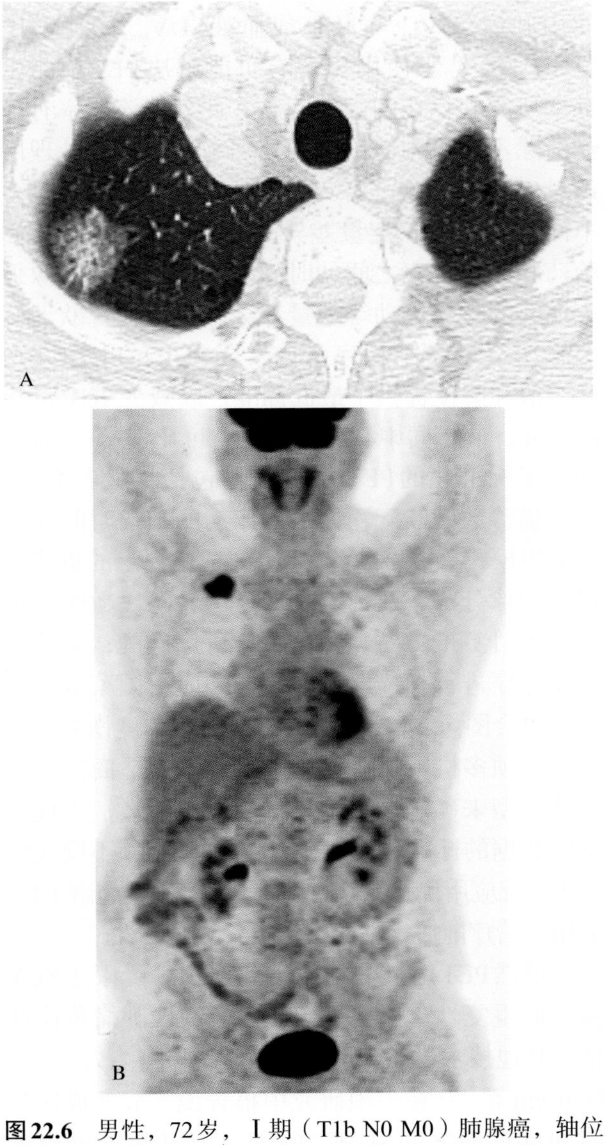

图22.6 男性，72岁，Ⅰ期（T1b N0 M0）肺腺癌，轴位增强CT图像和全身最大强度投影FDG-PET图像

（A）轴位增强CT图像；（B）全身最大强度投影FDG-PET图像。（A）轴位增强CT显示右肺上叶2.5 cm结节，同时伴有磨玻璃密度及实性密度成分；（B）全身最大强度投影FDG-PET图像显示右上叶结节局灶性FDG高摄取（SUV_{max}=12.3）；没有发现淋巴结远处转移；右肺上叶切除15个月后，左肺出现转移病灶；具有高SUV值的原发Ⅰ期恶性肿瘤往往有较高的复发率；SUV，标准化摄取值

原发性肿瘤FDG摄取水平也被用于预测预后，SUV_{max}与肿瘤分化程度、坏死、病理类型、大小和表皮生长因子受体（epidermal growth factor receptor，EGFR）蛋白表达的相关[47, 49-51]。Bille等[49]在一项纳入404例NSCLC患者的研究中评估了原发肿瘤SUV_{max}的预后意义，所有患者在PET/CT检查后接受了潜在的治愈性切除。原发肿瘤的SUV_{max}与生存率显著相关（P=0.000 16）。209例SUV_{max}＜8.6的患者的中位生存率、2年生存率和5年生存率分别为26.4%、88.4%和72.1%，而195例SUV_{max}≥8.6的患者则分别为19.6%、71%和47.8%。由于高SUV_{max}值的肿瘤可能更适用于新辅助和辅助治疗，研究者对Ⅰ期肺癌患者（国际指南不建议对其进行辅助治疗）进行亚组分析。该分析显示SUV不能独立预测生存率[49]。然而对于Ⅱ、Ⅲ、Ⅳ期患者，如果SUV最大值低于8.7，接受辅助化疗的患者生存率更长。作者推测这些患者将从靶向辅助治疗中获益最大[49]。这些发现与目前的共识一致，即完全切除后的辅助化疗可使Ⅱ～ⅢA期NSCLC患者获得显著且具有临床意义的生存优势，但不适用于ⅠB期患者[52-53]。然而，Cerfolio等[54]在纳入315例接受完全切除术的NSCLC患者的回

顾性研究中发现，如果ⅠB期和Ⅱ期患者的SUV值大于相应分期的中位数，其4年无病生存率较低。ⅠB期疾病（低SUV组为92%，高SUV组为51%）和Ⅱ期疾病（低SUV组为64%，高SUV组为47%）患者的无病生存率差异显著（P＝0.005和0.044）。当结果按分期分层时，低SUV组和高SUV组ⅠB期患者的实际4年生存率分别为80%和66%，Ⅱ期患者的实际4年生存率分别为64%和32%，ⅢA期患者的实际4年生存率分别为64%和16%。

一般状态和肿瘤分期是NSCLC患者的确定性预后因素，小型研究表明FGD-PET也可能有助于确定早期和晚期NSCLC患者的预后[47, 49, 51, 55-59]。然而，由美国癌症研究院资助、美国放射学会联盟/放射治疗肿瘤组合作的一项前瞻性研究纳入接受放疗14周的Ⅲ期NSCLC患者，评估治疗后FDG-PET对预后的预测价值，结果提示其价值有限[60]。226例患者在治疗前行FDG-PET检查，173例患者治疗后行FDG-PET检查。治疗前SUV_{peak}和SUV_{max}值与生存率无关，治疗后SUV_{peak}值大于7与生存率显著相关（$P<0.001$）。以研究预先设定的治疗后SUV_{peak}临界值3.5为标准，$SUV_{peak}<3.5$的患者与$SUV_{peak}>3.5$的患者的总生存率（overall survival，OS）无显著差异（P＝0.29）。研究认为在单纯以放化疗后SUV临界值3.5作为标准对患者的临床管理没有帮助。作者假设，由于放化疗后SUV高（＞7）的患者预后较差，可以考虑对该亚群进行早期额外治疗[60]。

关于FDG-PET的临床研究通常样本数量较小，且为回顾性研究、治疗方案变异大，尤其对于晚期NSCLC患者。这些因素在一定程度上可以解释文献中关于FDG-PET预测NSCLC患者预后相矛盾的报道。Hoang等[56]对214例晚期NSCLC患者进行了回顾性分析，这些患者在最初诊断时接受了FDG-PET。单变量和多变量分析均提示，没有证据表明根据SUV_{max}定义的患者亚组的生存时间存在显著差异。106例原发肿瘤$SUV_{max}<11.1$的患者的中位生存时间为16个月，而108例SUV_{max}为11.1或更高的患者为12个月。此外，预后的改善可能归结于PET导致的分期迁移和选择偏倚[61-62]。一项涉及12 395例NSCLC患者的回顾性分析比较PET检查前和检查后的分期，Ⅲ期患者的数量减少了5.4%，Ⅳ期患者的数量增加了8.4%，分期的变化和PET检查率相关，从6.3%增加到20.1%[58]。这些数据支持这样一种观点，即阶段性迁移至少部分地改善了这些患者的生存率。

关于FDG摄取增加水平（SUV值）与生存率相关性的研究存在的局限在于用于分析的SUV阈值变异度大，重复性不佳。为了提高不同扫描机器测量的SUV值的可重复性，一些研究人员建议使用肿瘤SUV_{max}与肝脏或血液SUV_{max}的比率代替SUV_{max}[63]。使用比率有可能解决PET预测生存率研究中存在的阈值问题。此外，该比率有可能消除不同机构使用不同数据采集和重建处理协议对SUV的影响[64]。Westerterp等[64]报告，3个不同机构的SUV定量差异高达30%。此外，FDG给药和图像采集之间的时间、血糖水平和图像采集期间的呼吸运动等变量都会影响SUV。欧洲核医学协会发布了程序指南，为PET和PET/CT图像获取和解读提供了最低标准，以减少SUV量化的变异，使不同中心的结果具有可比性[65]。荷兰制定了标准化的PET方案[66]，包括①患者准备；②扫描参数的匹配，如每次床动的扫描时间和图像采集模式（二维或三维）；③通过规定的重建设置使图像分辨率匹配；④通过定义感兴趣区选择和SUV计算的方法使数据分析程序匹配；⑤质量控制程序进行扫描器校准验证和应用国家电气制造商协会图像-质量模型验证放射性浓度恢复。最近的一项多机构试验使用国家电气制造商协会的人体模型来确定每个扫描仪的校正系数，实现了SUV数据的标准化[47]。此外，据报道，不同代的PET系统应用优化且符合欧洲核医学协会指南的方案用于治疗前后评估的数据更具有可靠性[67]。

虽然PET定量分析用于评估预后受限于SUV测量的重复性，但双期PET和代谢性肿瘤负荷评估等其他技术可能会提高对预后的预测能力[68-71]。Houseni等[68]在一项研究中报告说，病变成像早期和延迟期之间SUV_{max}的变化值是肺腺癌患者预后的一个强有力的独立预测因子。SUV_{max}在两个时间点之间增加超过25%的患者的中位生存期为15个月，而SUV_{max}增加不到25%的患者的中位生存期为39个月。此外，FDG-PET/CT评估的反映代谢性肿瘤负荷的参数，如代谢性肿瘤体积

（metabolic tumor volume，MTV）和总病变糖酵解（total lesion glycolysis，TLG），兼顾肿瘤的大小和FDG的摄取，目前正在作为预后因素进行研究[69-70, 72]。Im等[72]最近对13项研究（1581例患者）进行Meta分析，评估MTV和TLG的预后价值，结果显示MTV高的肺癌患者预后较差，不良事件的危险比（hazard ratio, HR）为2.71（95% CI为1.82～4.02，P<0.000 01），死亡的HR为2.31（95%CI为1.54～3.47，P<0.000 01）[72]。同样，高TLG患者的预后较差，不良事件的HR为2.35（95%CI为1.91～2.89，P<0.000 01），死亡的HR为2.43（95%CI为1.89～3.11，P<0.000 01）。重要的是，根据TNM分期进行亚组分析，MTV和TLG的预后价值仍然显著。无论是对接受手术切除的NSCLC患者还是接受化疗的晚期患者，用MTV和TLG测量全身代谢性肿瘤负荷被证明比SUV_{max}和SUV_{mean}具有更好的预后预测能力[69-71]。在一项纳入106例患者（19例Ⅰ～Ⅱ期患者和87例Ⅲ～Ⅳ期肺腺癌）的回顾性研究中，研究者在治疗前测量每个恶性病变的MTV和TLG，并求和得出每例患者的全身MTV和全身TLG值[71]。对Ⅲ～Ⅳ期疾病患者的单变量生存率分析表明，高整体MTV值（≥90）和高整体TLG值（≥600）是无进展生存差（progression-free survival，PFS；P<0.001）和预后差（P<0.001）的重要预测因子。多变量生存分析表明，高整体MTV值和高整体TLG值是PFS差（P<0.001）和OS差（P<0.001）的独立预测因子。然而，在Ⅰ～Ⅱ期疾病患者的生存分析中，MTV和TLG不是独立的预后预测因子[71]。另一项对50例Ⅰ期NSCLC患者进行立体定向全身放射治疗（stereotactic body radiation therapy，SBRT）的回顾性研究得出同样结论，MTV和TLG与OS无关[73]。然而，基于容积的FDG-PET/CT参数在SBRT后Ⅰ期NSCLC患者中的作用尚不清楚，有待进一步评估。最近的另一项纳入88例Ⅰ期NSCLC患者（68例T1 N0 M0和20例T2a N0 M0）的FDG-PET/CT和SBRT的研究表明，MTV和TLG与无病生存率显著相关[74]。

由于从小样本的回顾性研究中获得的数据存在局限性，FDG-PET在NSCLC治疗中的作用仍然不清楚。Cerfolio等[54]提出了几个值得考虑的关于如何对NSCLC患者适当使用FDG-PET的问题：①临床早期NSCLC患者和SUV高的原发肿瘤患者在切除前是否应进行更广泛的检查以排除隐匿性转移；②高SUV的早期肺癌患者是否比低SUV的患者从辅助治疗中获益更多，这样的患者是否也会从新辅助治疗中获益；③在确定治疗方案时，SUV是否应与临床分期一起考虑；④高SUV患者是否应加强术后监护。虽然获得这些问题的最终答案需要多中心前瞻性随机试验，但FDG-PET的发展经验表明，FDG-PET在NSCLC的治疗中将发挥更大的作用。

3 治疗反应

相对于世界卫生组织推荐的实体肿瘤的疗效评价标准（RECIST 1.1），FDG-PET成像可以克服其单纯依据解剖结构变化评估疗效的局限性[75-76]。FDG-PET能够早期且敏感的评估NSCLC患者抗肿瘤治疗效果[54, 77-81]。Lee等[78]的研究纳入接受标准化疗或分子靶向治疗的31例ⅢB～Ⅳ期NSCLC患者，并评估FDG-PET/CT在预测早期疗效中的作用。全身治疗一个周期后的代谢反应与最佳总体反应显著相关（P<0.01）。Moon等[82]对晚期NSCLC患者进行的一项研究报道，FDG-PET可能有助于选择一线化疗完成后将受益于维持治疗的亚组患者。在细胞抑制治疗方案的反应方面，FDG-PET/CT可预测接受EGFR抑制剂厄洛替尼新辅助治疗患者的组织病理学反应[83-85]。与预后评估类似，FDG-PET定量分析用于确定治疗反应受很多因素影响。Wahl等[86-87]因此提出了系统性和结构化评估治疗反应的标准。这些指南［实体瘤的PET反应标准（PERCIST 1.0）］越来越多地用于临床试验和结构化临床报告中，并提高了FDG-PET定量分析在评估治疗反应中的作用。

FDG-PET/CT同时被用于监测肿瘤对放疗的反应[88-92]。研究指出原发肿瘤和区域淋巴结在放疗后的SUV可预测不佳的治疗反应和肿瘤控制[91]。肿瘤SUV在治疗后恢复正常似乎是完全缓解和良好预后的敏感指标[88]。据报道，FDG-PET/CT检测残留和复发疾病的敏感性为100%，特异性为92%，阳性预测值为92%，阴性预测值为100%，诊断准确率为96%[91]。发表在《新英格兰医学杂志》上的一篇综述强调了FDG-PET/CT在监测治疗反应方面的价值[93]。

使用FDG-PET/CT评估抗癌治疗反应的研究表明，治疗后早期的代谢变化对许多疾病具有能够很强地预测疾病临床结果的能力。这些文献主要研究放射治疗完成大约3个月后的FDG-PET/CT成像的价值。一项由美国癌症研究所资助、美国放射影像联盟/放射治疗肿瘤学合作组实施的前瞻性试验评估了Ⅲ期NSCLC患者完成常规铂类同步放化疗约3个月时FDG-PET/CT结果和生存率的相关性，发现治疗前SUV_{peak}和SUV_{max}与生存率无关[60]。在连续变量模型中治疗后SUV_{peak}与生存率相关（HR为1.087，95%CI为1.014～1.166，$P=0.020$）。然而，当以治疗后$SUV_{max}\geqslant3.5$作为二分标准值时，模型显示其与生存率没有相关性，作者认为虽然高治疗后肿瘤SUV和低生存率相关，但没有明确的预测阈值适用于常规临床应用。尽管治疗后影像的评估因存在不同的高代谢炎症改变而变得复杂，但有限的研究表明，早期FDG-PET/CT（治疗后1～2个月进行）是生存的预后指标，比CT评估、肿瘤分期和治疗前状态具有更高的预测价值[92, 94]。

目前，研究者对治疗早期FDG-PET/CT检查的价值表现出越来越大的兴趣。在放化疗过程中影像学检查结果显示炎性改变非常少，提示治疗期间的FDG-PET/CT可用于评估疗效。治疗过程中评估治疗反应具有重要意义，对治疗反应不佳的患者将有机会提前改变治疗方案。来自荷兰的研究人员报告说，在放射治疗的早期过程中FDG摄取的编号存在很大的个体异质性[95]。研究人员报告说，在放射治疗的第一周，FDG摄取量无显著增加（$P=0.05$），而在第二周，FDG摄取量较小但有显著性减少（$P=0.02$）。密歇根大学的研究人员证明，在分次放射治疗过程中，40～50 Gy的剂量照射4～5周时，FDG峰值活性显著降低[96]。放射治疗期间及放射治疗3个月后的肿瘤FDG活性峰值具有相关性（$R^2=0.7$，$P<0.001$）。2008年斯坦福大学的研究人员在北美放射学会会议上发表的摘要和玛格丽特公主医院的研究人员在美国胸科放射肿瘤学学会会议上发表的摘要表明，在放射治疗的4周左右FDG摄取量有不同程度的降低。斯坦福研究小组还报道了放疗期间FDG摄取与PFS之间的相关性。事实上，与CT相比，PET/CT能够更早、更准确地识别治疗无效或效果不佳者，其在疗效监测中的作用正在迅速扩大。PET/CT可能实现早期改变无效治疗、采用其他有效治疗手段并避免与无效治疗相关的毒性反应，使患者个体受益。在这方面，Choi等[97]报道FDG-PET有助于对接受放疗或放化疗的晚期NSCLC患者确定个性化的治疗方案，具有高残留癌风险的患者在标准治疗完成后不久即可接受补救治疗。此外，RTOG 1106是一项正在进行的随机Ⅱ期试验，将在剂量为40～46 Gy的放疗期间对患者进行PET/CT扫描以预测治疗反应。在实验组中，PET/CT将被用于确定进行增强放射治疗的靶区，在不增加正常器官剂量的情况下，剩余治疗中对体积减小的靶区提高每日剂量。

4 FDG-PET/CT用于制定放疗和适应性放疗计划

FDG是美国医疗保险公司批准的唯一用于肿瘤评估的PET/CT示踪剂，FDG-PET/CT是日常肿瘤学实践中使用最广泛的检查。FDG-PET/CT正在越来越多地用于NSCLC患者的诊断、分期、放射治疗计划和治疗反应监测[93, 98-102]。FDG-PET/CT在NSCLC患者的放射治疗靶区划定中起着重要作用[103-108]，可提高靶区界定的准确性（图22.7）[89, 104, 109-110]。FDG-PET/CT有助于区分原发肿瘤与不张的肺组织和（或）邻近正常组织，如大血管，并界定了疾病在胸壁的侵犯程度。与单纯CT相比，PET减少了观察者之间的变异性[111]。PET/CT进一步提高了靶区描绘的一致性[95]。一项基于PET/CT制定放疗计划的前瞻性临床试验表明，44例患者中只有1例出现孤立淋巴结失效[112]。根据PET/CT确定的肿瘤靶区通常小于基于CT的靶区，因此将PET/CT纳入放射治疗计划有可能增加允许辐射剂量且不增加不良反应[112-113]。肿瘤体积可以通过严格的视觉方法或源背景比为基础的自动描绘来测量[95, 114]。后一种方法与病理结果也有很好的相关性。化疗或放疗后MTV的定义尚不明确。参与RTOG 1106研究的研究人员正在测试治疗期间在FDG-PET的基础上增加辐射剂量是否会导致更高的治愈率。

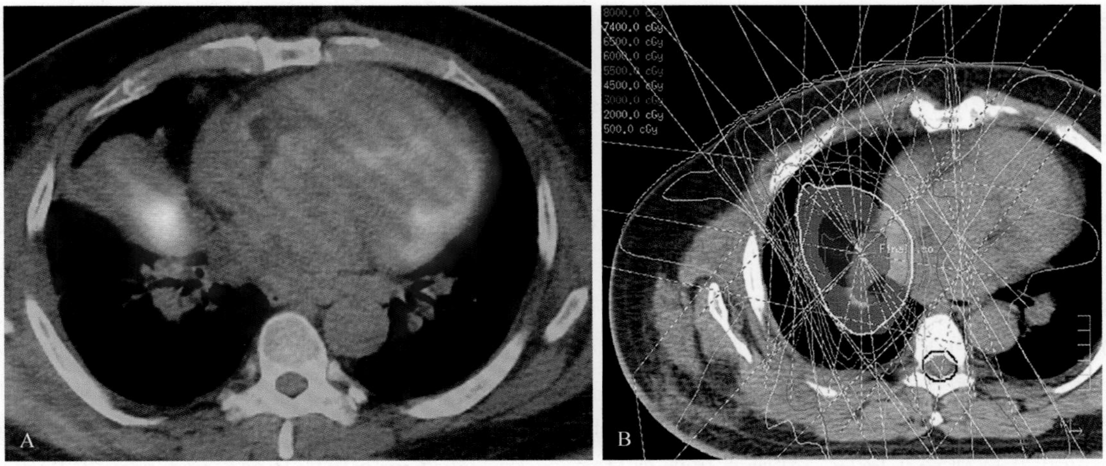

图22.7　男性，53岁，非小细胞肺癌患者，呼吸功能差，正在接受确定性调强放疗和同步化疗

（A）治疗前进行的轴位PET/CT扫描图像；（B）用于调强放射治疗的计算机剂量重建。（A）治疗前进行的轴位PET/CT扫描显示完全阻塞性肺不张伴中叶实变，原发肿瘤FDG局灶性高摄取；（B）最高辐射剂量为74 Gy（白色线），包绕接受治疗的恶性肿瘤

PET是生物医学领域最重要的进展之一，目前已被纳入医学实践，特别是在疾病检测、治疗计划、治疗反应监测和癌症患者复发检测等方面。PET放射性核素结合了不同的化合物，用于测量活体患者的特定分子过程。目前出现了很多种新的PET示踪剂，测量糖酵解以外的其他途径。FDG-PET在临床上被认为是一般细胞代谢的标志物，但在区分肿瘤组织和活动性炎症方面存在局限性，并且在某些肿瘤（如前列腺癌和乳腺癌）中具有较低的摄取。正在开发的新的示踪剂可用于评估各种细胞过程，包括氨基酸转运、蛋白质合成、脂肪酸代谢、受体和增殖等。

正常和癌组织增殖的临床成像对于评估组织功能和特征非常重要，因为它有可能提高我们监测治疗反应和预测治疗结果的能力。传统的评估肿瘤大小和生长的成像方法（如CT、MR，有时还有超声）具有局限性，与细胞死亡相关的延迟可能不会在这些检查中早期表现出来。PET评估代谢活性具有无创、可定量、可重复性高的优势，成为评估肿瘤反应和预后的理想工具。肿瘤的生长依赖于细胞分裂，即细胞数量的增加。肿瘤细胞与正常细胞不同，正常的体内平衡机制在细胞更新过程中维持适当数量的细胞，肿瘤无法对正常的体内平衡机制做出反应而生长失控。最初的监测治疗反应的手段是评估增殖率或DNA合成，其技术基础在于使用放射性标记的DNA前体或核苷，这些前体或核苷在细胞周期的S期并入细胞的DNA中。由于胸腺嘧啶核苷（TdR）不与RNA结合，因此它很早就被作为测量细胞增殖的最佳示踪剂，而^{3}H-TdR和放射自显影技术的使用允许对增殖动力学进行分析。这些研究指出肿瘤增殖率具有变异性，变异性的存在并不令人意外，其原因在于肿瘤中常见非增殖细胞，同时肿瘤细胞具有高死亡率。随后被开发出来的C-11标记的TdR可以在甲基和双环位置被标记来无创地评估患者的肿瘤增殖。但其在血液和二氧化碳中存在的代谢物需要计入吸收量，因此要进行动力学分析。临床研究已经用于对各种肿瘤进行评估，包括肺癌。然而，由于C-11TdR的物理半衰期很短（20分钟），这一方法仅限于学术或研究中心使用回旋加速器进行直接和近距离的观测。更重要的是，C-11TdR的活体内半衰期极短，一旦静脉注射入人体会在短时间内迅速降解。

^{18}F-FLT之所以被开发出来，部分是因为它的半衰期更适合作为显像增殖的示踪剂。未标记FLT作为一种抗病毒药物，特别地用于人类免疫缺陷病毒的治疗，已经被人们认识了很多年。在FLT滞留的简化模型（与FDG滞留非常相似）中，FLT被肿瘤从循环中摄取并运输到细胞中，在那里被胞质胸苷激酶1（cytosolic thymidine kinase 1，TK1）磷酸化捕获。当细胞进入S期时，TK1的活性增加，因此FLT的滞留反映了增殖活性。体外研究表明，生长旺盛的细胞对FLT的摄取与S相分数有很强的相关性。Tehrani等[115]报告说，C-11TdR和FLT的相关PET研究显示二者具有类似的摄取模式，但FLT在体内具有更高稳定性，从而提高图像的可视性。

Shields等[116]在一项涉及NSCLC患者的初步研究中报告，PET显示原发性肺肿瘤、肝脏和骨髓中FLT的摄取增加，从而限制了这种示踪剂用于识别这些部位转移的有效性。由于人类肝脏中FLT的葡萄糖醛酸化增加，肝脏高摄取仅见于人类（而非犬科动物）。FLT被脑组织摄取的量很少，使其成为比FDG（脑组织基础摄取高）更好的用于评估脑肿瘤代谢的示踪剂。FLT在胃肠道内也有吸收，因为胃肠道与骨髓一样，也有大量增殖细胞。FLT通过肾排泄并在膀胱内积聚也需要引起注意。

当进行系列成像评估预后和治疗反应时，PET检查的复现性和可重复性至关重要。de Langen等[117]纳入9例NSCLC和6例头颈癌患者并评价FLT-PET测量的重复性。在治疗前7天内对患者进行两次重复扫描。采用肿瘤内最大摄取值（SUV_{max}）和以最大摄取值的41%作为阈值，并采用局部背景校正后定义的体积（SUV41%）来量化FLT摄取。研究发现SUV41%和SUV_{max}具有良好的复现性，认为在使用FLT系列测量监测治疗反应时，SUV41%的变化超过15%，SUV_{max}的变化为20%～25%，可能是由于治疗的生物学效应而不是测量的变异性[117]。PET的一个优点是能够量化正在研究的代谢过程。除了常用的半定量SUV测量外，代谢活性体积的测量可能是比肿瘤细胞活性（FDG）或增殖（FLT）更好的指标。Frings等[112]在20例NSCLC患者的研究中，根据4种半自动三维容积感兴趣区测量方法，评估了FDG（11例）和FLT（9例）两种方法测量代谢体积的重复性。该研究提出感兴趣区测量体积具有显著差异的范围，超过此范围可以认定为代谢发生变化，而不是测量变异[118]。PET研究的最精确量化已经得到验证，通过FLT-PET成像可提供有效和独立的DNA合成率测量。一项研究采用多种动力学模型对17例患者的18例肿瘤进行评估，包括血液取样和代谢产物分析[119]。研究结论提示对FLT-PET图像进行分析，可获得对FLT摄取的稳健估计，与体外肿瘤增殖测量相关。

FLT-PET的临床研究大多涉及肺癌患者。Yamamoto等[120]在一项对18例新诊断的NSCLC患者的前瞻性研究中，使用Ki-67作为增殖指数，比较FDG和FLT-PET结果与免疫组化相关性。FLT和FDG的敏感性分别为72%和89%。此研究报告了5例细支气管肺泡癌患者中4例的FLT-PET结果为假阴性，这与已知的这类生长缓慢肿瘤中的低FDG摄取相似。FLT-SUV平均值显著低于FDG-SUV平均值，FLT-SUV与Ki-67指数显著相关。虽然FLT摄取与增殖活性显著相关，但相关性并不优于FDG摄取（$P<0.0001$）。在68例NSCLC患者的大型研究中也有类似的发现，其中FLT-SUV_{max}与Ki-67和CD105-MVD（微血管密度；$r=0.550$和0.633，$P=0.001$和0.001）显著相关[121]。CD31-MVD（微血管密度）和CD34-MVD也有一定的相关性，两者都是血管生成的标志物（$r=0.228$和0.235，$P=0.062$和0.054）。这些发现表明肺癌患者FLT摄取受包括血管生成在内的多种因素影响。在另一项纳入25例疑似肺癌患者的前瞻性研究中，研究者评估手术切除前获取的静态和动态^{18}F-FLT PET图像与免疫组织化学染色测定的Ki-67和TK1表达的相关性[122]。分析显示，静态FLT SUV最大摄取时间为60～90分钟，与Ki-67和TK1的整体（$P=0.57$和0.006）和最大（$P=0.69$和0.001）免疫组化表达相关，但与TK1酶活性无关（$P=0.34$和0.146）。TK1活性与TK1蛋白表达的相关性仅限于免疫组化评分。TK1酶活性与K（FLT）无显著相关性。研究表明，FLT在细胞内的摄取和滞留除TK1酶活性外，还可能受到多种尚未确定的因素的影响。

前瞻性临床研究表明，肺癌中FLT摄取始终低于FDG摄取，具有较低的敏感性、较高的特异性和较高的阳性预测值。在Yamamoto等的研究[123]中，54例肺结节患者中有36例患有肺癌。经视觉分析，FLT诊断肺癌的敏感性为83%，特异性为83%，准确性为83%。FDG的相应值分别为97%、50%和81%。经半定量分析，FLT的敏感性为86%，特异性为72%，准确性为81%。FDG的相应值分别为89%、67%和81%。同一研究组比较了34例NSCLC患者术前FLT与FDG的价值[124]。对于原发肿瘤的检测，FLT的敏感性为67%，而FDG的敏感性为94%（$P=0.005$）。FLT-PET的敏感性、特异性、阳性预测值、阴性预测值和淋巴结分期的准确性分别为57%、93%、67%、89%和85%，FDG的敏感性、特异性、阳性预测值、阴性预测值和准确性分别为57%、78%、36%、91%和74%（所有比较均$P>0.1$）。3个远处转移中有2个均被FLT和FDG-PET检测到。

关于应用FLT-PET评估疗效的研究很多。一项纳入5例局部晚期肺癌患者的初步研究在化疗和放疗开始后第2、8、15或29天进行FLT-PET检查，观察到^{18}F-FLT摄取的早期变化[125]。这项研究证明在治疗期间监测肿瘤和正常组织变化是可能的。这也为反应-适应性放射治疗的进一步发展提供了基础。

Kahraman等[120]在一项研究中比较了正在接受厄洛替尼治疗的30例Ⅳ期NSCLC患者的FDG和FLT-PET。此研究应用体积参数比较基线检查时、厄洛替尼治疗后1周和6周时的肿瘤TLG（FDG）和增殖情况（FLT）。FLT摄取减少20%或30%作为下限值来定义代谢反应。具有较低的早期和晚期残留TLG和肿瘤增殖的患者PFS明显延长。Zander等[126]报道了一项Ⅱ期试验的结果，34例未经治疗的Ⅳ期NSCLC患者在厄洛替尼治疗期间接受FDG和FLT-PET评估。研究观察厄洛替尼治疗1周和6周后FDG和FLT摄取的变化并与治疗6周后CT提示的无进展情况、PFS和OS进行比较。治疗1周后FDG摄取的变化预示着治疗6周后无进展，受试者操作特征曲线下的面积为0.75（$P=0.02$）。早期出现FDG代谢反应（临界值，SUV_{max}减少30%）的患者PFS和OS显著延长。早期出现FLT反应也预测PFS显著延长（HR为0.31，95%CI为0.10～0.95，$P=0.04$），但不能预测治疗6周后OS或无进展。作者认为早期FDG-PET的反应可预测6周时的OS、PFS和无进展。这项前瞻性试验提示在不知道*EGFR*突变状态的前提下，FDG-PET仍能预测治疗疗效。早期FLT反应不能预测*EGFR*突变患者是否对治疗有反应或病情能否保持稳定。FDG-PET是否优于FLT-PET尚需要大规模队列研究来证明。

总之，FLT-PET成像技术作为一种无创、定量的肿瘤增殖检测方法，与肿瘤增殖指数，特别是Ki-67评分有很强的相关性，跟Meta分析研究中所得的结论一致[127]。比较FLT和FDG在治疗早期反应和治疗后预后预测方面的研究结果不一致，FDG总体上显示出与早期反应和预后预测更好的相关性。最后，在骨髓和肝脏中自然分布的FLT使背景活性增高，可能无法识别这些区域的转移性疾病，而这些区域是肺癌扩散的常见部位，因此最终限制其临床应用（图22.8）。

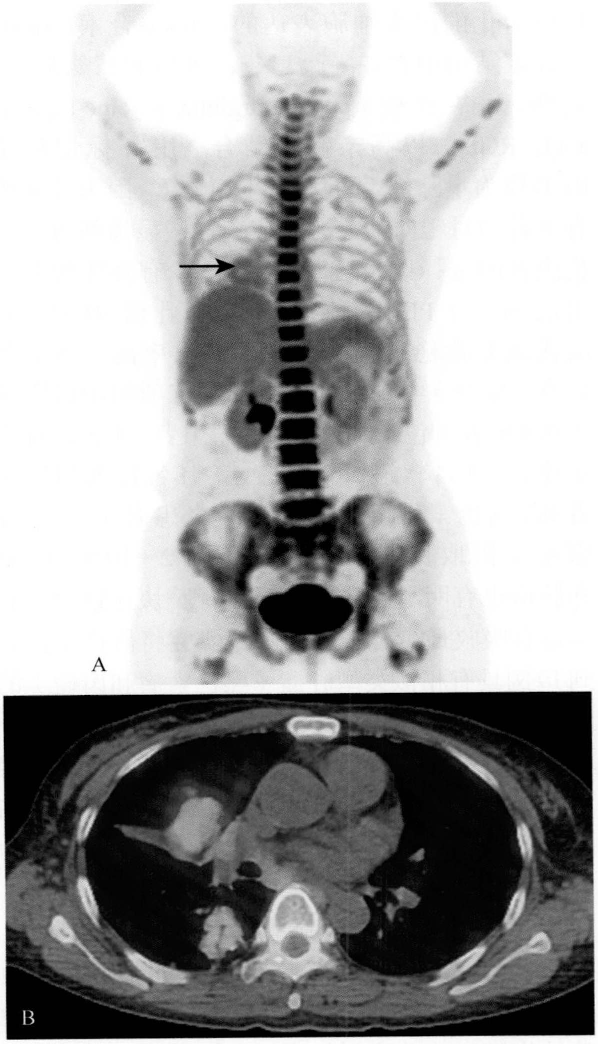

图22.8 对1例右肺中、下叶转移性NSCLC患者进行^{18}F-FLT-PET/CT扫描

（A）全身最大强度投影图像；（B）轴向FLT-PET/CT扫描图像。（A）全身最大强度投影图像显示下叶恶性肿瘤的摄取（箭头）；注意骨髓和肝脏背景代谢活性高，大脑的背景代谢活性低；（B）轴向FLT-PET/CT扫描显示下叶和中叶的肿瘤中有FLT摄取，提示两个部位都有肿瘤增生；注意胸椎和胸骨大量摄取FLT，可能会限制这些部位骨转移的检出

新生血管的形成过程涉及血管内壁内皮细胞的迁移、生长和分化。血管生成抑制剂能够阻止或减缓肿瘤的生长和扩散。贝伐单抗是美国食品和药物管理局批准的一种单克隆抗体，能识别并结合血管内皮生长因子，使其不能激活血管EGFR。贝伐单抗已被批准用于各种实体肿瘤的治疗，包括NSCLC，可与其他药物联合治疗[128]。FDA已批准其他具有抗血管生成活性的药物，包括索拉非尼、舒尼替尼、培佐帕尼和依维莫司，用于癌症治疗。近年来，研究者开发出一些新的PET血管生成显像剂，其靶点为新生血管形成过程中活化的内皮细胞表达的αvβ3整合素。αvβ3整合素结构中存在一个口袋，可以和精氨酸-甘氨酸-天冬氨酸（peptide arginine-glycine-aspartic acid，RGD）以高亲和力结合。用^{18}F标记环化RGD作为示踪剂，可用于PET成像。因为并非所有患者均对靶向治疗有反应，这些显像剂可以优化患者的选择以及监测疗效[129]。有临床数据可用的第一个PET示踪剂是^{18}F-半乳糖-RGD，它的代谢非常稳定且放射化学产出率高，被证明具有非常优异的成像特征[130]。首项初步研究纳入9例患者（包括5例黑色素瘤患者、1名软骨肉瘤患者、1名软组织肉瘤患者、1名肾细胞癌患者和1例色素绒毛结节性滑膜炎患者）[131]。肿瘤组织摄取良好，SUV范围为1.2～10.0。脾脏和肠道也有明显的吸收，通过肾脏快速排泄，其他器官吸收最少。随后的临床研究将研样本扩展到19例具有相似类型肿瘤（黑色素瘤和肉瘤）的患者，再次证明其在人类中具有良好的生物分布，肿瘤摄取率较高且与本底对比明显[132]。然而，这种示踪剂制备的复杂标记程序阻碍了其临床应用。最近出现的^{18}F-fluciclatide（以前称为^{18}F-AH111585）产量高，放射合成过程简单[133]。最初的研究涉及8例健康志愿者，证明其具有良好的生物分布，以肾脏排泄为主，肝脏和胃肠道具有高本底活性[134]。剂量测定和安全性与其他常见临床PET示踪剂相当。Ⅰ期研究涉及7例乳腺癌患者，显示肿瘤摄取良好，未发现不良反应。对血样的色谱分析证明了此示踪剂的代谢稳定性。肿瘤的摄取模式值得注意，主要沿肿瘤边缘周边分布。除了1例肝转移患者由于肝脏背景活性高而显示为低摄取外，其他转移部位，包括骨、胸膜和淋巴结均显示为PET示踪物高摄取。一项包括NSCLC患者的多中心概念验证试验进一步评估了^{18}F-fluciclatide[135]。示踪剂的摄取模式和生物分布显示其在肺部、纵隔、骨髓和大脑内活性很低，具有成为诊断原发性淋巴结受累和远处转移的合适药物的潜能。最近的研究应用^{18}F-fluciclatide评估人类胶质母细胞瘤异种移植对抗血管生成药物舒尼替尼治疗的反应[136]。在急性抗血管生成治疗后，^{18}F-fluciclatide早期检测到肿瘤的摄取变化，明显早于观察到的任何显著体积变化（图22.9）。这些结果表明，这种显像剂可以为指导病例治疗和监测抗血管生成治疗的反应提供重要的临床信息。这些结果令人兴奋，因为使用αvβ3整合素PET成像进行反应监测的数据很少。斯坦福研究小组最近描述了用于评估αvβ3整合素成像水平的^{18}F-FPPRGD2的药代动力学和剂量学数据[137]。作者证明^{18}F-FPPRGD2的生物分布令人满意，其主要的应用可能在于评估脑癌、乳腺癌或肺癌患者。

总的来说，利用PET示踪剂进行血管生成成像具有巨大潜力，因为血管生成是癌症的一个标志，目前有多种美国食品和药物管理局批准的靶向药物可用。这些示踪剂的生物分布有利于肺癌显像，其在肺和纵隔淋巴结以及脑和骨髓（远处转移的常见部位）中的背景活性很小。然而，肝脏的高摄取可能会遗漏肝内小转移灶的检出。早期的数据是鼓舞人心的，这些示踪剂在病例选择、肿瘤分期和监测抗血管生成治疗反应的领域具有潜在的作用。

大量的体内和体外研究表明，实体瘤内的氧张力影响细胞对放射治疗的反应能力。恶性肿瘤的缺氧状态可影响抗癌治疗的结果。氧是一种有效的放射增敏剂，肿瘤由于缺氧会对放射治疗具有相对的抵抗力。此外，缺氧会引发血管生成和糖酵解增强等过程，从而导致更具侵袭性的临床特点和广泛的治疗抵抗。然而，目前还没有可靠的非侵入性方法来确定这些肿瘤内的缺氧程度。

研究者为了开发测量组织中氧和缺氧的方法和成像技术付出了相当大的努力。PET/CT作为研究肿瘤缺氧的无创成像技术已经使用了好几年，有几种放射性示踪剂正在开发中。与Eppendorf电极法（当前标准）相比，放射性标记的2-硝基咪唑化合物提供了一种微创（只需要静脉导管）且技术要求低的选择。此外，由于所有疾病部位都可以成

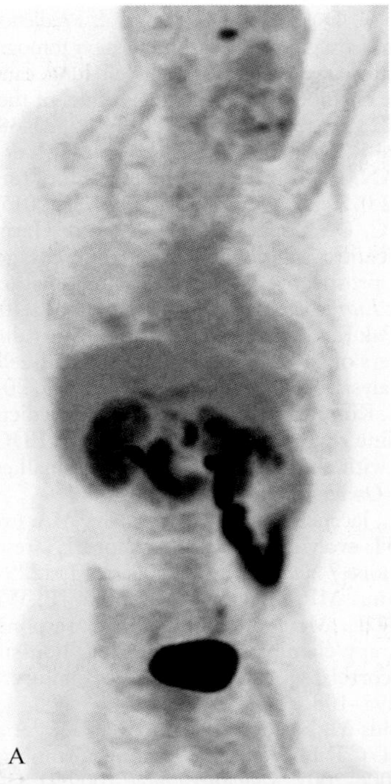

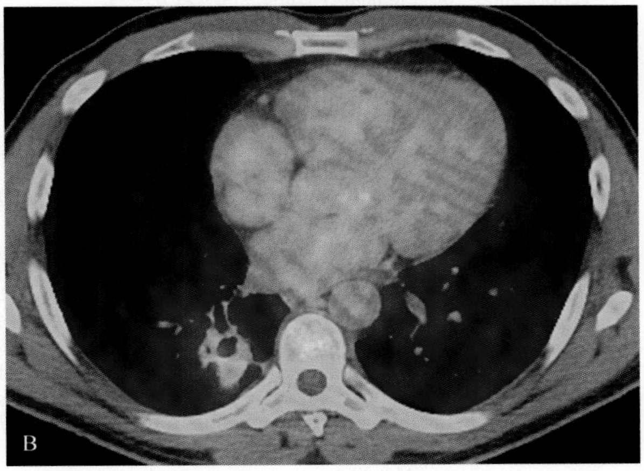

图22.9　化疗后右肺下叶腺癌1例

（A）全身^{18}F-fluciclatide最大强度投影图像；（B）^{18}F-fluciclatide PET/CT扫描图像。（A）全身^{18}F-fluciclatide最大强度投影图像显示右肺下叶有摄取；注意大脑和小脑缺乏活性；垂体的局部摄取与已知的垂体腺瘤相关；还要注意肠道中的高背景活性、肝脏中的中等摄取和骨髓中的低活性；示踪剂的主要排泄途径是肾脏，集尿系统及膀胱内可见摄取；（B）^{18}F-fluciclatide PET/CT扫描显示右肺下叶空洞腺癌的摄取

像，2-硝基咪唑PET/CT不存在电极法固有的取样偏差。1984年，^{18}F-氟咪唑（^{18}F-fluoromisonidazole，FMISO）被提出作为PET在体内测定肿瘤缺氧的示踪剂。一些实验和临床研究表明，FMISO在组织中的摄取与组织氧张力有关。因此，FMISO PET/CT能够无创区分缺氧和常氧肿瘤。FMISO已被证明在体外和体内均可选择性地与缺氧细胞结合，已被用于定量评估肺癌、脑、头和颈部患者不同组织中的肿瘤缺氧[138-140]。缺氧是头颈部癌症和NSCLC最重要的预后因素之一，Eschmann等[99]在一项纳入40例患者（包括26例头颈部癌症患者和14例NSCLC患者）的研究中检验FMISO摄取是否可以预测放疗后肿瘤复发。研究者在注射后4小时进行测量，采用肿瘤与纵隔（或肿瘤与肌肉）的比值来量化摄取，并利用时间-活性曲线来描述FMISO摄取的动力学，将患者分为不同的组。结果表明，头颈部癌症患者以肿瘤与肌肉的比值1.6作为界值，NSCLC患者以肿瘤与纵隔比值2作为界值，FMISO-PET可以区分肿瘤复发的患者与未复发的患者。比率低于这些临界值的11例患者中只有3例（27%）复发。FMISO-PET具有显示及定量缺氧组织的能力。缺氧的肿瘤细胞比充氧的肿瘤细胞对放射治疗的抵抗力更强。研究人员发现FMISO的高摄取与肿瘤复发的高风险相关。他们还发现，肿瘤与肌肉摄取FMISO的比率与较高的肿瘤复发率相关。Gagel等[101]在一项涉及NSCLC患者群体的研究中报道，FMISO-PET可以定性和定量地定义可能与局部复发部位相对应的缺氧亚区。FMISO摄取的程度可以预测肿瘤患者对放疗的反应、无疾病生存以及OS。一项正在进行的试验（RTOG1106/ACRIN6697）正在测试FMISO预测Ⅲ期NSCLC对同步放化疗反应的价值。

5　结论

FDG-PET常规用于提高NSCLC患者淋巴结和胸外转移的检出率。FDG-PET显像有可能使患者更加适合地选择手术切除、新辅助治疗和辅助治疗，并使放射治疗的计划得到改进。在数量有限的研究中，FDG-PET已用于评估预后和治疗反应。此外，新的PET放射性示踪剂可能有助于治疗决策，并克服FDG-PET在肿瘤分期、预后预测和治疗评估方面的潜在局限性。然而，目前尚不清楚如何适当地将FDG-PET和新的示踪剂纳入有关治疗和预后的临床决策中。尽管需要进行前瞻性多机构试验和PET成像方案的标准化才能确定其真正的效用，但PET成像的发展经验表明，PET成像在NSCLC的治疗中发挥了巨大的作用。

（王　颖　译）

主要参考文献

5. van Tinteren H, Hoekstra OS, Smit EF, et al. Effectiveness of positron emission tomography in the preoperative assessment of patients with suspected non-small-cell lung cancer: the PLUS multicentre randomised trial. *Lancet*. 2002;359:1388–1393.
6. Reed CE, Harpole DH, Posther KE, et al. Results of the American College of Surgeons Oncology Group Z0050 trial: the utility of positron emission tomography in staging potentially operable non-small cell lung cancer. *J Thorac Cardiovasc Surg*. 2003;126:1943–1951.
35. Viney RC, Boyer MJ, King MT, et al. Randomized controlled trial of the role of positron emission tomography in the management of stage Ⅰ and Ⅱ non-small-cell lung cancer. *J Clin Oncol*. 2004;22:2357–2362.
36. MacManus MP, Hicks RJ, Matthews JP, et al. High rate of detection of unsuspected distant metastases by PET in apparent stage Ⅲ non-small-cell lung cancer: implications for radical radiation therapy. *Int J Radiat Oncol Biol Phys*. 2001;50:287–293.
37. Fischer B, Lassen U, Mortensen J, et al. Preoperative staging of lung cancer with combined PET-CT. *N Engl J Med*. 2009;361:32–39.
46. Lardinois D, Weder W, Roudas M, et al. Etiology of solitary extrapulmonary positron emission tomography and computed tomography findings in patients with lung cancer. *J Clin Oncol*. 2005;23:6846–6853.
47. Uehara H, Tsutani Y, Okumura S, et al. Prognostic role of positron emission tomography and high-resolution computed tomography in clinical stage IA lung adenocarcinoma. *Ann Thorac Surg*. 2013;96:1958–1965.
54. Cerfolio RJ, Bryant AS, Ohja B, Bartolucci AA. The maximum standardized uptake values on positron emission tomography of a non-small cell lung cancer predict stage, recurrence, and survival. *J Thorac Cardiovasc Surg*. 2005;130:151–159.
56. Hoang JK, Hoagland LF, Coleman RE, Coan AD, Herndon 2nd JE, Patz Jr EF. Prognostic value of fluorine-18 fluorodeoxyglucose positron emission tomography imaging in patients with advanced-stage non-small-cell lung carcinoma. *J Clin Oncol*. 2008;26:1459–1464.
59. Paesmans M, Berghmans T, Dusart M, et al. Primary tumor standardized uptake value measured on fluorodeoxyglucose positron emission tomography is of prognostic value for survival in non-small cell lung cancer: update of a systematic review and meta-analysis by the European Lung Cancer Working Party for the International Association for the study of lung cancer staging project. *J Thorac Oncol*. 2010;5:612–619.
60. Machtay M, Duan F, Siegel BA, et al. Prediction of survival by [^{18}F]fluorodeoxyglucose positron emission tomography in patients with locally advanced non-small-cell lung cancer undergoing definitive chemoradiation therapy: results of the ACRIN 6668/RTOG 0235 trial. *J Clin Oncol*. 2013;31:3823–3830.
65. Boellaard R, Delgado-Bolton R, Oyen WJ, et al. FDG PET/CT: EANM procedure guidelines for tumour imaging: version 2.0. *Eur J Nucl Med Mol Imaging*. 2015;42:328–354.
67. Lasnon C, Desmonts C, Quak E, et al. Harmonizing SUVs in multicentre trials when using different generation PET systems: prospective validation in non-small cell lung cancer patients. *Eur J Nucl Med Mol Imaging*. 2013;40:985–996.
72. Im HJ, Pak K, Cheon GJ, et al. Prognostic value of volumetric parameters of ^{18}F-FDG PET in non-small-cell lung cancer: a meta-analysis. *Eur J Nucl Med Mol Imaging*. 2015;42:241–251.
78. Lee DH, Kim SK, Lee HY, et al. Early prediction of response to first-line therapy using integrated ^{18}F-FDG PET/CT for patients with advanced/metastatic non-small cell lung cancer. *J Thorac Oncol*. 2009;4:816–821.
86. Wahl RL, Jacene H, Kasamon Y, Lodge MA. From RECIST to PERCIST: evolving considerations for PET response criteria in solid tumors. *J Nucl Med*. 2009;50(suppl 1):122S–150S.
94. Mac Manus MP, Hicks RJ, Matthews JP, Wirth A, Rischin D, Ball DL. Metabolic (FDG-PET) response after radical radiotherapy/chemoradiotherapy for non-small cell lung cancer correlates with patterns of failure. *Lung Cancer*. 2005;49:95–108.
104. MacManus M, Nestle U, Rosenzweig KE, et al. Use of PET and PET/CT for radiation therapy planning: IAEA expert report 2006-2007. *Radiother Oncol*. 2009;91:85–94.
109. Nestle U, Kremp S, Grosu AL. Practical integration of [^{18}F]-FDG-PET and PET-CT in the planning of radiotherapy for non-small cell lung cancer (NSCLC): the technical basis, ICRU-target volumes, problems, perspectives. *Radiother Oncol*. 2006;81:209–225.
121. Yang W, Zhang Y, Fu Z, Sun X, Mu D, Yu J. Imaging proliferation of ^{18}F-FLT PET/CT correlated with the expression of microvessel density of tumour tissue in non-small-cell lung cancer. *Eur J Nucl Med Mol Imaging*. 2012;39:1289–1296.
136. Battle MR, Goggi JL, Allen L, Barnett J, Morrison MS. Monitoring tumor response to antiangiogenic sunitinib therapy with ^{18}F-fluciclatide, an ^{18}F-labeled alphaVbeta3-integrin and alphaV beta5-integrin imaging agent. *J Nucl Med*. 2011;52:424–430.
140. Lin Z, Mechalakos J, Nehmeh S, et al. The influence of changes in tumor hypoxia on dose-painting treatment plans based on ^{18}F-FMISO positron emission tomography. *Int J Radiat Oncol Biol Phys*. 2008;70:1219–1228.

获取完整的参考文献列表请扫描二维码。

第23章　胸部疑似肺癌的诊断检查

Nicholas Pastis, Martina Bonifazi, Stefano Gasparini, Gerard A. Silvestri

要点总结

- 对于局限于胸部的疾病，纵隔分期对于确定最佳治疗策略至关重要，尤其是对于非小细胞肺癌。
- 对于出现咯血或不明原因或持续性症状或体征的患者，建议紧急转诊进行胸部影像检查。
- 胸片是基层医疗机构对疑似肺癌的诊断进行的主要影像学检查手段。
- 提示胸腔内侵犯的特征是区分良恶性结节的重要线索。
- ^{18}F-2-脱氧-D-葡萄糖-正电子发射断层摄影术是放射学和临床发现与肺癌相符的患者疾病诊断和分期的重要工具。
- 不确定结节或纵隔阴性需要额外的手术才能获得组织诊断。
- 确定诊断和肺癌分期的方法取决于可疑的细胞亚型（小细胞肺癌或非小细胞肺癌）、原发肿瘤的大小和位置、是否有纵隔受累的影像学表现以及患者的整体临床状态。
- 对于在计算机断层扫描下淋巴结分期不影响治疗的患者，应为中央型病变的患者提供柔性支气管镜检查。
- 经支气管穿刺正在逐渐被支气管内超声细针穿刺取代。
- 超声内镜检查可用于增加可接受非手术取样的纵隔淋巴结的数量。
- 纵隔分期在疑似肺癌局限于胸部的诊断检查中至关重要，因为它决定了治疗方案和预后。

肺癌仍然是全球癌症相关死亡的主要原因，其5年生存率约为15%，因为超过2/3的患者存在局部晚期或转移性疾病，无法再进行根治性治疗[1-2]。因此，肺癌的预防和早期发现对大幅降低死亡率至关重要。早期诊断可通过对高危人群进行系统筛查或及时转诊有症状的患者获得。肺癌患者的诊断是一个挑战，因为他们经常表现出各种常见和非特异性的症状和体征（如体重减轻和疲劳），或直接与原发病灶、胸内扩散、副肿瘤综合征或远处转移有关[3]。由于这种表述的模糊性，需要确定肺癌高危患者的危险因素。吸烟是主要的危险因素，但并不是所有长期重度吸烟者都会患肺癌，而且没有吸烟史的患者患癌症的比例越来越高[4]。事实上，年龄大、既往诊断过其他癌症、有肺癌家族史和接触职业致癌物似乎增加了长期的风险，而且与吸烟无关[5]。

最初的评价应该关注仔细的体格检查和既往史以识别疑似肺癌患者，这些患者应该进行其他研究，如血清化学谱、全血细胞计数、钙水平和肝功能检测，以及无创成像研究，如放射线照相、CT和PET。根据第3版的美国胸科医师学会（American college of chest physicians，ACCP）的肺癌的诊断和管理循证临床实践指南（2013）[6]，对疑似肺癌患者进行初步评估的目的是评估与患者整体健康、癌症发生概率和转移性疾病发生概率相关的关键问题，因为这些因素会影响诊断、分期和治疗过程中的其他每一步。为了优化肺癌的治疗，必须确定最适合的活检目标，并解决任何可能限制治疗选择的共病。第一步应该是确定疾病是否仍然局限于胸部，因为这一因素会影响活检的需要和位置以及预后。在这种情况下纵隔分期成为决定最佳治疗策略的关键，特别是对NSCLC[7]。

如果考虑手术，最初评估的最后一部分应该是肺功能的生理评估。为了对患者的手术风险进行分层，肺功能测试特别是测量1秒内的用力呼气量和一氧化碳在肺中的扩散是肺切除术患者的发病率和死亡率的有用预测因子[8]。

本章着重于对局限于胸部疑似肺癌的诊断检查，提供了潜在临床和影像学特征的广泛描述，以及确定最终诊断和分期的实用方法。

1 临床特征

与原发肿瘤相关的症状包括咳嗽、呼吸困难、咯血和胸部不适。最常见的症状是持续咳嗽和呼吸困难，这可能是由于支气管内肿块或阻塞性肺炎引起的。这些症状分别出现在75%和60%的患者中，并可能伴有喘息或哮鸣。约50%的患者在诊断时发现间歇性胸痛不适。咯血很少见但预示病情很严重，通常只包括痰中带血丝[8-9]。40%的患者出现与胸内扩散相关的症状和体征，包括神经、胸壁、胸膜、血管系统和（或）内脏，这是直接扩散或淋巴扩散的结果。喉返神经麻痹在左侧肿瘤中比较常见，通常会导致声音嘶哑。膈神经麻痹可导致膈肌升高，在呼吸功能受损的患者中表现为呼吸困难。肺上沟瘤累及近臂丛上沟的右侧或左侧，常浸润第8颈神经根和第1、第2胸神经根，引起相关神经根疼痛、皮肤温度变化和肌肉萎缩。由于交感神经链和星状神经节的累及，可表现为霍纳综合征，引起单侧眼内凹陷、上睑下垂、畸形和同侧无汗。胸壁侵犯可引起疼痛的软组织肿块或肋骨破坏。胸腔积液可能与原发肿瘤的直接扩展、肿瘤转移的植入或纵隔淋巴梗阻有关，通常以呼吸困难或胸痛为前兆[8-9]。

上腔静脉综合征是由于原发肿瘤或增大的右侧气管旁转移淋巴结直接阻塞上腔静脉，导致面部或手臂肿胀，呼吸困难，颈部、上胸和手臂静脉扩张，头痛，上肢水肿，头晕，嗜睡，视物模糊，咳嗽和吞咽困难。肺癌占所有上腔静脉阻塞原因的46%～75%，其最常见的组织学亚型是小细胞肺癌[8-9]。

副肿瘤综合征是一组临床疾病，与恶性病变有关，但与原发或转移性肿瘤的生理影响没有直接关系。副肿瘤综合征至少在10%的肺癌患者中出现，尤其是SCLC，与原发肿瘤的扩展和大小无关，并且可能是肺癌的首发表现，包括各种内分泌、神经、骨骼、肾、代谢、血液、皮肤和胶原血管综合征，这很可能是由肿瘤或机体针对肿瘤而产生的生物活性物质（如多肽激素、激素样肽、抗体或免疫复合物、前列腺素或细胞因子，表23.1）引起。高钙血症、抗利尿激素分泌不当综合征、库欣综合征、杵状指、肥厚性骨关节病、血液异常和高凝性疾病是最常见的综合征[8-9]，非特异性症状包括虚弱和体重减轻。

表23.1 副肿瘤综合征

并发症	肺癌类型	病因
肢端肥大症	类癌肿瘤；小细胞	生长激素释放激素；生长激素
类癌综合征	类癌肿瘤；大细胞	血清素
	小细胞	
异位促肾上腺皮质激素综合征	小细胞	促肾上腺皮质激素释放激素
	类癌肿瘤	
脑脊髓炎/亚急性感觉神经病变	小细胞	Hu抗体和Hu-D抗原
粒细胞增多	非小细胞	集落刺激因子；粒细胞-集落刺激因子
		粒细胞-巨噬细胞集落刺激因子
		白介素6
高钙血症	非小细胞（通常为鳞状细胞）	甲状旁腺激素相关肽；甲状旁腺激素
低钠血症	小细胞	精氨酸升压素
	非小细胞	心房利钠肽
兰伯特-伊顿综合征	小细胞	抗P/Q通道抗体和P/Q型钙通道（抗原）
视网膜病变	小细胞	抗恢复性抗体和特异性抗原感光细胞（恢复蛋白）
血小板增多	非小细胞	IL-6
	小细胞	
血栓栓塞	非小细胞	促凝血剂
	小细胞	炎性细胞因子
		肿瘤与宿主细胞的相互作用

在出现最初的症状后，最终诊断的延迟可分为几个方面。首先，患者可能会注意到新的症状或通常呼吸系统症状的变化，但几个月后他或她可能会去看医生[10]。随后，医生可能需要额外进行胸部影像学检查，将患者转诊给专家或由专家最终诊断[11]。Hamilton等[12]评估了症状和体征的阳性预测值，并在多变量分析中确定了与肺癌独立相关的危险信号，这些危险信号包括咯血、厌食、体重减轻、疲劳、呼吸困难、持续咳嗽、胸痛和杵状指。

根据国家健康和临床研究所（national institute for health and clinical excellence，NICE）关于肺癌诊断和治疗的临床指南，建议对有咯血或有任何症状或体征［包括咳嗽、胸部疾病和（或）肩痛、呼吸困难、体重减轻、声音嘶哑、杵状指、提示肺癌转移的特征以及颈和（或）锁骨上淋巴结肿大］且这些症状无法解释原因或持续存在（超过3周）的患者紧急转诊进行胸部影像学检查。年龄超过40岁且有持续咯血、上腔静脉阻塞症状和喘鸣的吸烟者和既往吸烟者应紧急转诊给肺癌多学科团队的成员，通常是胸科医生，进一步等待胸部影像学检查的结果[13]。

2 既往史

病史应集中于主要的基本危险因素，包括吸烟、职业接触（主要接触石棉）[14]、肺癌家族史、既往诊断为其他恶性肿瘤、既往非恶性肺部疾病（如慢性阻塞性肺疾病、特发性肺纤维化、肺结核和既往肺炎）和家庭经济贫困[8]。另外，居住在有地方性真菌病原体的地区或前往该地区旅行，结合对应的临床特征提示可能为良性传染病。

3 影像特征和诊断准确性

放射线照相在可疑肺癌的诊断检查中起着至关重要的作用[15]。在初级保健机构中，其主要的检查是胸部放射线照相。肺癌初次出现的影像学表现可能有所不同。肺癌多发生在右侧，而不是左侧，在上叶而不是在下叶，主要发生在中心位置[8]。与肺癌相关的放射影像学研究发现，高达40%的肺癌影像学表现与中央型肿瘤有关，导致气道阻塞、继发性肺不张和肺实质实变。然而，虽然胸部X线片可以识别疑似肺肿块，但它缺乏足够的分辨率来区分良性和恶性疾病。如果过去两年的X线片不能证明其稳定性，患者将需要额外的评估[7]。阴性结果不能排除肺癌，特别是在有很高的预测概率时。Stapley等[16]回顾性分析了247例肺癌患者的病历，评估初级保健环境下的放射检查结果，报告显示超过10%的患者在诊断前3个月的放射检查结果为阴性。此外，除了声音嘶哑外，任何癌症症状都可能在胸片检查中呈现出阴性结果[16]。因此，对疑似肺癌患者的标准影像学研究是常规胸部增强CT，因为它提供了原发病灶的位置、形态、边缘和衰减特征等解剖学细节，病变与周围结构的接近程度，胸壁的浸润程度，以及是否有可疑的纵隔淋巴结受累[17]。与PET/CT（PET结合CT）或磁共振成像（magnetic resonance imaging，MRI）等更先进的成像方式相比，CT的优势是其广泛的可用性和相对较低的成本。

对于没有明显淋巴结受累者、肺不张或阻塞性肺炎的单发病变，特殊的形态学特征可能有助于区分良性疾病和恶性疾病（表23.2）。为此，CT图像应该是通过结节形成连续的1 mm薄层。大于3 cm且位于肺上叶的病变更有可能是恶性的。毛刺状、分叶状、不规则的边缘以及边缘的凹陷是肺癌的高度预测因素。虽然光滑的边缘通常提示良性病变，但是临床上1/3边缘光滑的病变是恶性的。结节周围的磨玻璃样衰减可能预示着出血性梗死，称为CT晕像。这一发现与曲霉菌病、卡波西肉瘤、多血管炎肉芽肿病和转移性血管肉瘤有关。原位腺癌（以前称为细支气管肺泡癌）也可以由于它的胚层细胞生长而产生晕圈。触手或多边形边缘与纤维化、肺泡浸润和肺泡塌陷有关[17]。关于钙化，有致密中央核的层状或同心状钙化、弥漫性和实性钙化或爆米花状钙化提示良性病变。虽然没有与恶性肿瘤相关的特殊模式，点状和偏心钙化可能与肺癌有关。恶性结节（最常见的是鳞状细胞癌）和良性疾病（包括脓肿、感染性肉芽肿、血管炎、早期朗格汉斯细胞组织细胞增多症和肺梗死）可发生空洞。腔壁厚度小于5 mm提示良性可能，而不规则的腔壁和大于15 mm的腔壁通常（尽管不总是）与恶性病变有关[17]。

表23.2 计算机断层成像显示恶性或良性疾病的形态学特征[17]

形态学特征	恶性疾病	良性疾病
大小	>3 cm	≤3 cm
边缘	针状，分叶状，参差不齐，切口和凹，晕状（原位腺癌，卡波西肉瘤，血管肉瘤），很少平滑（高达1/3的病例）	光滑，晕状（曲霉菌病、伴有多血管炎的肉芽肿病），多边形，很少有棘状（脂样肺炎，局灶性肺不张，结核瘤和进行性大量纤维化）
钙化/衰减	点状，偏心	层压同心，中心致密，弥散和固体，爆米花（错构瘤）
空泡	不规则壁厚（>15 mm）	腔壁厚度<5 mm（脓肿，感染性肉芽肿，血管炎，早期朗格汉斯细胞组织细胞增生症、肺梗死）
磨玻璃[3]	亚实性磨玻璃结节（非典型性腺瘤性增生，原位腺癌，微创性腺癌和鳞状上皮性腺癌）	纯磨玻璃结节
增长速度	倍增时间，20～400天	倍增时间，<20天（感染过程）或>400天

肺结节可分为实性或亚实性。亚实性结节可以是部分实性和部分磨玻璃结节，也可以是纯磨玻璃结节（ground-glass nodule，GGN），定义为肺局灶性增强衰减，通过它仍能看到正常的实质结构，如气道、血管和小叶间隔。GGN通常是多发的，这些结节的处理方法超出了本章的范围。根据国际肺癌研究协会、美国胸科学会和欧洲呼吸学会的数据，GGN中的实性成分与更具侵袭性的病理特征有关，因为亚实性结节常常代表腺癌的组织学特征，包括非典型腺瘤样增生、原位腺癌、微浸润腺癌和以鳞状上皮为主的腺癌。实际上，另一个需要考虑的相关因素是增长率，这需要对比之前的CT图像。恶性结节的体积翻倍时间为20～400天，但大多数癌症的体积在100天内翻倍。400天以上的翻倍时间通常与良性疾病有关，而低于20天的翻倍时间表明生长非常迅速，强烈表明感染过程。

提示胸内侵犯的特征是有助于区分良恶性结节的重要线索。虽然有许多标准被用来定义淋巴结受累，但最广泛使用的标准是横断面CT图像的短轴直径大于1 cm。对与纵隔CT分期准确性相关的研究进行系统回顾，CT识别纵隔淋巴结转移的中位敏感性和特异度分别为55%和81%[7]。尽管这些研究在统计学上具有异质性，但其结果与解决NSCLC纵隔分期CT准确性的Meta分析结果相似，其敏感性很低，51%～64%不等[18-19]。事实上在CT影像学诊断的T1 N0 M0疾病患者中，手术淋巴结取样发现仍有高达20%的患者淋巴结受累为阳性。此外，虽然合并的特异性值（范围为76%～84%）总体上高于敏感性值，但在CT基础上被定义为恶性的淋巴结存在一定比率实际上是良性的[20]。

随着^{18}FDG-PET在临床应用的日益普及，该技术已成为诊断和分期肺癌患者影像学和临床表现一致的必要工具。^{18}FDG-PET对于鉴别结节（甚至小至1 cm）良恶性病变非常准确，也可检测临床上意想不到的远处转移。细胞摄取增高，定义为标准摄取值超过2.5，是肿瘤和炎症组织的共同特征。然而，小于1 cm的病变的敏感性很低，可能是由于较低的代谢活性，低分化恶性肿瘤未被发现，以及炎症引起的高假阳性率。对于纵隔分期，PET被证明比CT具有更高的敏感性和特异性。对PET数据的Meta分析显示，敏感性和特异性的综合估计分别为74%［95%CI为69%～79%］和85%（95%CI为82%～88%）[21]。然而，在一个仍然局限于胸部的癌症且潜在可治愈的情况下，假阳性的发现率过高，可能导致错过手术切除肿瘤的机会。此外，有研究表明，PET的准确性与CT上淋巴结增大有直接关系，当淋巴结增大时其敏感性较高（特异度较低）[21]。

新一代的集成PET/CT成像结合了两种成像方式的优点，使CT（显示解剖细节）和^{18}FDG-PET（识别肿瘤功能和代谢方面）之间具有相关性。在鉴别恶性和良性肺结节时PET/CT比单独CT或PET具有明显更高的特异性，因为PET可以根据其在CT上的形态排除假阳性摄取。

最后，动态MRI是肺癌鉴别诊断和分期的新兴诊断工具。这种工具的一个优点在于它不涉及使用电离辐射。可用数据表明，MRI至少与CT

一样可准确评估纵隔[22-23]，因为MRI可以检测正常组织和肿瘤之间的强度差异，可用来检测肿瘤侵犯纵隔、胸壁、膈膜或椎体[22, 24-27]。事实上，MRI在描绘肺上沟肿瘤方面也表现出色，包括涉及神经孔、椎管和臂丛的肿瘤[28]。ACCP和NICE指南目前指出，虽然MRI不应常规用于评估原发肿瘤的分期，但MRI对肺上沟肿瘤患者是有用的[7, 13]。

总的来说，现有的数据表明，当无创影像检查（PET/CT联合、PET或单独CT和MRI）显示为恶性肿瘤时，可以很好地指导使用正确的技术来实现最终的诊断和分期。然而，特别是在怀疑肺癌局限于胸部和疾病基线较高的情况下，不确定的结节或阴性纵隔表现则需要额外的步骤来获得组织诊断。

4 确定明确诊断和分期的方法

如前所述，肺癌明确诊断和分期的方法取决于可疑的细胞亚型（SCLC或NSCLC）、原发肿瘤的大小和位置、是否有可能累及纵隔的影像学表现，以及患者的整体临床状况[21]。

ACCP指南建议，对于基于影像学和临床表现疑似SCLC的患者，应采用任何最简单的方法（痰细胞学检查、胸腔穿刺术、支气管镜检查或经胸细针穿刺抽吸）确诊[21]。对于怀疑为NSCLC的患者，实现诊断的方法通常取决于疾病的假定阶段，因为主要目标是通过一次检查确定诊断和分期，并避免不必要的侵入性检查，从而最大限度地提高所选检查的获益[7]。NICE指南还建议选择对诊断和分期提供最多信息且带给患者最小风险的检查[13]。在排除远处转移后，就胸腔影像学检查而言，肺癌的表现可分为4类特征：①肿瘤广泛纵隔浸润；②离散的N2或N3淋巴结肿大；③中央型肿瘤或N1淋巴结肿大但纵隔正常的肿瘤；④淋巴结大小正常的周围小肿瘤[7]。对于纵隔广泛浸润的患者，其定义为肿物浸润并环绕血管和气道，使纵隔淋巴结不再可见，如果血管和气道不再可见纵隔淋巴结，则应采用侵入性最小和最安全的方法来诊断肺癌。如果怀疑有纵隔受累（Ⅲ期），对纵隔而不是原发性肿瘤进行取样可在一次手术中提供诊断和分期的优势。

对于CT或PET上的纵隔淋巴结肿大患者，必须确认纵隔受累者，为此，首选内镜技术，如支气管内超声（endobronchial ultrasound，EBUS）或内镜超声（endoscopic ultrasound，EUS）引导下采样，作为外科手术的第一步。因为它们比纵隔镜检查侵入性更小和成本更低。然而，如果EBUS或EUS结果为阴性，建议行纵隔镜检查。除了位于中心的肿瘤或N1淋巴结肿大外，CT和PET图像上没有提示纵隔受累的发现具有很高的阴性预测价值。这些因素使N2或N3受累的机会相对较高（20%～25%），建议使用EBUS、EUS或EBUS和EUS联合引导的针吸术等技术来确认分期。相反，在周围有肺结节的情况下，纵隔受累的机会很低[7]。

有多种技术可用于诊断原发性肿瘤，在选择哪种方法时主要取决于病变的大小和位置。痰细胞学检查对于评估肿瘤位于中心的患者和咯血的患者特别有用。但是，如果痰细胞学检查提示癌症阴性，则建议进行其他检查。

对于怀疑有胸腔积液的肺癌患者，建议进行胸腔穿刺术以诊断积液的原因。如果胸水的细胞学检查为阴性，建议进行影像引导的胸膜活检或外科胸腔镜检查。但是，如果胸部CT显示胸膜增厚或胸膜结节和（或）肿块，则可考虑将影像引导下的穿刺活检作为首选方法[21]。

5 内镜诊断和分期技术

在过去的十年中，内镜技术（支气管镜和食管镜）已经成为肺癌诊断和分期的首选方法。随着实时超声引导的加入，内镜检查对纵隔分期的准确性得到了证实，其综合敏感性优于传统的标准纵隔镜检查[7]。此外，内窥镜技术与低发病率和死亡率有关，而且比纵隔镜更经济有效[29-30]。

5.1 纤维支气管镜检查

对于淋巴结分期不影响治疗且CT显示中心型病变的患者，应提供纤维支气管镜检查。此外，怀疑肺癌的患者可能存在支气管内受累的症状，需要支气管镜检查气道和组织取样，以便做出诊断或指导进一步的干预。支气管内活检提供最高的敏感性（74%），其次是刷洗（61%）和冲洗（47%）[31]。这些方法的综合诊断敏感性为88%[26]。支气管内针抽吸可提供更深的穿透性，且出血较少，并且使用这种方法结合了钳活检和刷检均可提高敏感性至95%[32-33]。

支气管镜检查对周围结节的敏感性低于中心病变。经支气管针吸（transbronchial needle aspiration，TBNA）和支气管活检的敏感性最高，其次是经支气管刷洗和冲洗[34-35]。然而，总的诊断准确度在很大程度上取决于可疑原发肿瘤的大小，小于2 cm病灶的诊断准确率为34%[21]，因此，对于疑似周围性肺结节且恶性可能性不确定的患者，需要在手术切除之前进行组织诊断，合适的采样技术包括荧光检查、放射状EBUS、电磁导航支气管镜和经胸针刺抽吸（transthoracic needle aspiration，TTNA）。当中度或高度怀疑病变为肺癌时，通过胸腔镜进行预先手术切除是最确定的诊断方法[21]。

5.2 EUBS细针穿刺活检

尽管在专家手中TBNA仍具有较高的诊断率，但它正逐渐被EBUS针道穿刺抽吸所取代。TBNA最多可用于选择性纵隔分期，因为大多数支气管镜医师只能采集隆突下和右侧气管旁淋巴结[36]。Holty等[37]在有13项研究的Meta分析[7]中报道，由于其局限性TBNA的综合敏感性较低为39%（95%CI为17%～61%）。在EBUS细针穿刺抽吸过程中，利用实时超声直接显示靶点，解决了传统TBNA的主要不足[38]。EBUS-TBNA是一种多功能、准确的工具，可同时诊断纵隔和肺门淋巴结或肿块并进行分期。其范围包括最高纵隔淋巴结（1区）、上气管旁淋巴结（2R、2L区）、下气管旁淋巴结（4R、4L区）、隆突下淋巴结（7区）、肺门淋巴结（10区）、叶间淋巴结（11区）。从技术角度来看，主动脉旁淋巴结（6区）和主动脉-肺窗或主动脉下淋巴结（5区）通常需要手术入路，而食管旁淋巴结（8区）和肺韧带淋巴结（9区）通常最好采用EUS细针穿刺法（图23.1）。

由于其安全性和准确性，EBUS的应用范围已经扩大到包括术前纵隔分期和用于分子分析和免疫组化染色的组织采集[39-41]。严重出血和感染等并发症几乎可以忽略，气胸发生率为0.07%～0.20%[42-45]。

显然，EBUS-TBNA在纵隔分期方面优于CT和PET[46]。由Adams等[36]（患病率46%）和Gu等[42]（患病率68%）进行的两项Meta分析评估EBUS-TBNA用于纵隔分期的研究显示，综合敏感性分别为88%（95%CI为79%～94%）和93%（95%CI为91%～94%）。

此外，在ACCP大量系统回顾性相关研究中，2756例患者符合纵隔分期标准，中位敏感性为89%（范围为46%～97%），中位阴性预测值为91%[7, 36, 42]，总特异度和阳性预测值均为100%[1, 12, 17]。

与正常大小淋巴结和PET阴性淋巴结相比（76%，95%CI为65%～85%），EBUS-TBNA对增大和（或）PET阳性淋巴结的敏感性更高（94%，95%CI为93%～96%）[42]。如果没有快速的现场评价，每个结节至少应获得3个针吸活检。使用快速现场评价可以进一步减少针吸的数量，而不降低方法的准确性[34, 47-48]。不像传统的TBNA，针的大小（即22口径对21口径）对EBUS-TBNA的敏感性没有实质性的改变[48-49]。

5.3 超声针吸活组织检查

EUS可用于增加适于非手术取样的纵隔淋巴结站的数量，这主要是由于EUS能通过食管壁对后纵隔进行取样[50]。与EBUS一样，EUS也是使用实时超声进行。EUS针吸可用于下肺韧带、食管旁、动脉下、左气管旁和主动脉肺窗（9、8、7、4L和5区）的采样。前外侧气管旁位置（2R、2L和4R区）通常与肺癌患者有关，但不能用该技术可靠地取样[50-51]。与该技术相关的主要并发症没有报道，而轻度并发症如一过性发热、咽痛、咳嗽、恶心和呕吐则很少见（患病率为0.8%）[52]。

2013年ACCP指南的系统综述和Micames等[52]的Meta分析显示，EUS针抽吸对纵隔分期的总体敏感性分别为89%和83%[7]。该方法对肿大淋巴结（50%～66%）的敏感性高于正常淋巴结（87%～92%）。总的假阴性率为14%[7, 52]。

在对2433名可评估肺癌患者数据的汇总分析中，EUS的敏感性和特异性分别为89%和100%[53-76]。对于CT上无淋巴结肿大的肺癌患者，EUS可以发现直径小至3 mm的淋巴结，考虑到肺

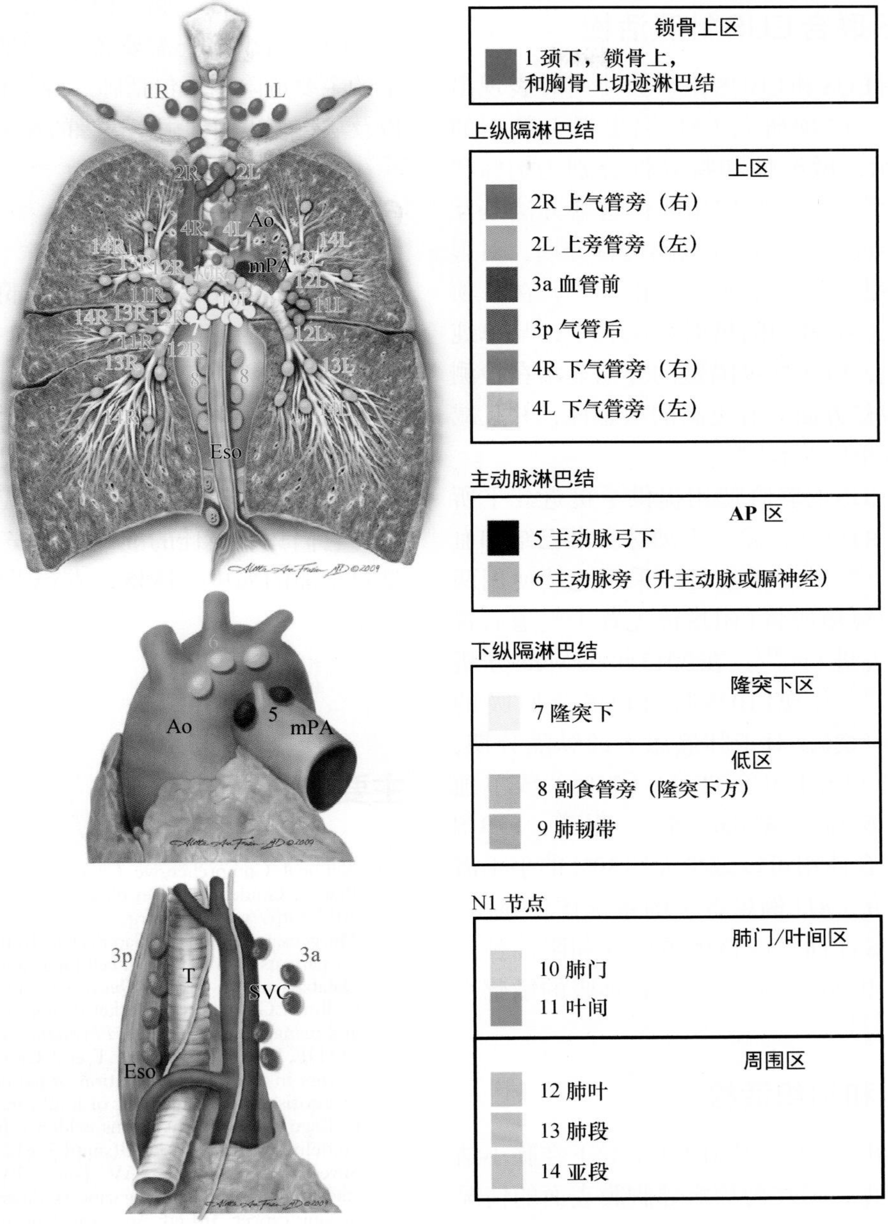

图23.1　利用国际肺癌研究协会的区域淋巴结图显示对肺癌肿瘤、淋巴结和转移分期中N的描述

注：Ao，主动脉；AP，主肺动脉；Eso，食管；SVC，上腔静脉；T，气管；经许可转载自：International Association for the Study of Lung Cancer. Staging Manual in Thoracic Oncology. Orange Park, FL: Editorial Rx Press, 2009.

癌患者正常大小淋巴结的转移率较高，因此非常有用[77]。外科研究结果表明，根据肿瘤的位置可以在一定程度上预测纵隔淋巴结转移的位置。这种关系可能会影响一些胸部CT图像上无淋巴结肿大的患者使用EUS。淋巴通道从左上叶肿瘤向主肺动脉窗淋巴结转移，从左、右下叶病变向隆突下淋巴结转移[78]。EUS已被用于评估在CT上没有增大纵隔淋巴结的已知肺癌患者，并在高达42%的病例中检测到纵隔受累（Ⅲ期或Ⅳ期疾病）[53]。

与其他纵隔分期方法不同，EUS有能力从纵隔以外的位置分期肺癌。97%的患者可以识别并采样肝左叶、肝右叶的大部分和左肾上腺（而不是右肾上腺）[79]。此外，左侧胸腔积液可在EUS中显示和取样。

5.4 EBUS联合EUS针吸活检

结合使用EUS和EBUS比单独使用时表现出更好的优势。对7项研究（811名患者）数据的汇总分析显示，敏感性和特异性分别为91%和100%[7, 55, 59-60, 80-83]。串联使用时，这些方法是互补的，可以接近完整地进入纵隔进行分期，对影像学上正常纵隔的评估特别有用[55, 60]。在一项（疑似）NSCLC患者的随机对照试验中，与单纯的纵隔镜相比，EUS和纵隔镜的分期显示在检测纵隔淋巴结转移方面具有更高的敏感性，并且减少了不必要的开胸手术[80]。

EBUS和EUS的联合使用提供了接近几乎所有纵隔淋巴结的机会，除了主动脉旁淋巴结和血管前淋巴结[81, 84]外。手术可以采用连续使用两个专用回声内窥镜或将EBUS镜先置于气道后置于食管的方法进行[85]。在2013年的Meta分析中，Zhang等[86]发现EBUS联合EUS针抽吸的综合敏感性为86%，对于肺癌患者的纵隔分期，其敏感性高于单独EBUS-TBNA（75%）或单独EUS针抽吸（69%）。Wallace等[74]报道，EBUS和EUS针吸联合使用可以减少大约30%的手术需要。对7项研究（811例患者）的系统评估显示，EBUS联合EUS针抽吸的整体敏感性和阴性预测值分别为91%和96%，略高于单针抽吸的敏感性和阴性预测值[7]。

5.5 TTNA和组织活检

TTNA和组织活检通常在CT引导下在肺小结节或肿块中获得，但在肿瘤毗邻胸膜表面的情况下可通过超声引导获得。CT引导TTNA的敏感性和特异性分别为90%和97%[31]。

值得注意的是，在大多数情况下，TTNA或其他非手术活检技术对肺周围病变并不能消除手术的需要，特别是对于癌症的高预估概率的患者，除非能做出明确的非癌症诊断[87]。尽管如此，TTNA对于不适合手术但必须在治疗前确诊组织的患者、可能有非癌性病变的患者、要求在手术前确诊的患者以及必须确诊转移性疾病的患者可能是不可避免的。

TTNA的主要风险包括15%的气胸和1%的大出血[88]。虽然气胸可能危及生命，如果不治疗可能导致张力性气胸，但大多数病例不需要治疗（6%的活组织检查需要置入胸管）[88-89]。气胸发生的主要危险因素包括肺气肿的存在、病变较小，以及从胸膜表面到病变边缘的穿刺针深度较大。

6 结论

纵隔分期在诊断局限于胸部的疑似肺癌时至关重要，因为它决定了治疗的选择和预后。尽管影像学的进步和PET/CT对纵隔无创分期的准确性提高，组织取样用以确定纵隔淋巴结疾病仍然是必要的方法。内镜技术，包括EBUS、EUS或联合EBUS，现在应该被视为纵隔分期的一线，因为它们具有极佳的准确性和安全性。这些技术是对全面的病史、体格检查和影像学检查方式的补充。

（任 凡 陈 钢 译）

主要参考文献

1. National Comprehensive Cancer Network. NCCN Clinical Practice Guidelines in Oncology: Non-Small Cell Lung Cancer; 2017. http://www.nccn.org.
2. Morgensztern D, Ng S, Gao F, et al. Trends in stage distribution for patients with non-small cell lung cancer: a National Cancer Database survey. *J Thorac Oncol*. 2010;5(1):29–33.
5. Collins LG, Haines C, Perkel R, et al. Lung cancer: diagnosis and management. *Am Fam Physician*. 2007;75(1):56–63.
6. Ost DE, Yeung SC, Tanoue LT, et al. Clinical and organizational factors in the initial evaluation of patients with lung cancer: diagnosis and management of lung cancer, 3rd ed: American College of Chest Physicians evidence-based clinical practice guidelines. *Chest*. 2013;143(suppl 5):e121S–e141S.
7. Silvestri GA, Gonzalez AV, Jantz MA, et al. Methods for staging non-small cell lung cancers; diagnosis and management of lung cancer, 3rd ed: American College of Chest Physicians evidence-based clinical practice guidelines. *Chest*. 2013;143(suppl 5):e211S–e250S.
8. Spiro SG, Gould MK, Colice GL, et al. Initial evaluation of the patient with lung cancer: symptoms, signs, laboratory tests, and paraneoplastic syndromes: ACCP evidenced-based clinical practice guidelines (2nd edition). *Chest*. 2007;132(suppl 3):149S–160S.
12. Hamilton W, Peters TJ, Round A, et al. What are the clinical features of lung cancer before the diagnosis is made? A population based case-control study. *Thorax*. 2005;60(12):1059–1065.
13. National Institute for Health and Clinical Excellence. NICE Clinical Guideline 121: The Diagnosis and Management of Lung Cancer; 2011. http://www.nice.org.uk/nicemedia/live/13465/54202/54202.pdf.
19. Gould MK, Kuschner WG, Rydzak CE, et al. Test performance of positron emission tomography and computed tomography for mediastinal staging in patients with non-small-cell lung cancer: a meta-analysis. *Ann Intern Med*. 2003;139(11):879–892.
20. Silvestri GA, Gould MK, Margolis ML, et al. Noninvasive staging of non-small cell lung cancer: ACCP evidenced-

based clinical practice guidelines (2nd edition). *Chest*. 2007;132(suppl 3):178S–201S.
21. Rivera MP, Mehta AC, Wahidi MM. Establishing the diagnosis of lung cancer: diagnosis and management of lung cancer, 3rd ed: American College of Chest Physicians evidence-based clinical practice guidelines. *Chest*. 2013;143(suppl 5):e142S–e165S.
27. Shiotani S, Sugimura K, Sugihara M, et al. Diagnosis of chest wall invasion by lung cancer: useful criteria for exclusion of the possibility of chest wall invasion with MR imaging. *Radiat Med*. 2000;18(5):283–290.
28. Ravenel JG. Evidence-based imaging in lung cancer: a systematic review. *J Thorac Imaging*. 2012;27(5):315–324.
30. Steinfort DP, Liew D, Conron M, et al. Cost-benefit of minimally invasive staging of non-small cell lung cancer: a decision tree sensitivity analysis. *J Thorac Oncol*. 2010;5(10):1564–1570.
31. Rivera MP, Mehta AC. American College of Chest Physicians. Initial diagnosis of lung cancer: ACCP evidence-based clinical practice guidelines (2nd edition). *Chest*. 2007;132(3):131S–148S.
33. Govert JA, Dodd LG, Kussin PS, et al. A prospective comparison of fiberoptic transbronchial needle aspiration and bronchial biopsy for bronchoscopically visible lung carcinoma. *Cancer*. 1999;87(3):129–134.
34. Trisolini R, Cancellieri A, Tinelli C, et al. Rapid on-site evaluation of transbronchial aspirates in the diagnosis of hilar and mediastinal adenopathy: a randomized trial. *Chest*. 2011;139(2):395–401.
35. Gasparini S, Ferretti M, Secchi EB, et al. Integration of transbronchial and percutaneous approach in the diagnosis of peripheral pulmonary nodules or masses. Experience with 1,027 consecutive cases. *Chest*. 1995;108(1):131–137.
49. Yarmus LB, Akulian J, Lechtzin N, et al. Comparison of 21-gauge and 22-gauge needle in endobronchial ultrasound-guided transbronchial needle aspiration. Results of the American College of Chest Physicians Quality Improvement Registry, Education, and Evaluation Registry. *Chest*. 2013;143(4):1036–1043.
50. Silvestri GA, Hoffman BJ, Bhutani MS, et al. Endoscopic ultrasound with fine-needle aspiration in the diagnosis and staging of lung cancer. *Ann Thorac Surg*. 1996;61(5):1441–1445. discussion 1445–1446.
54. Fritscher-Ravens A, Bohuslavizki KH, Brandt L, et al. Mediastinal lymph node involvement in potentially resectable lung cancer: comparison of CT, positron emission tomography, and endoscopic ultrasonography with and without fine-needle aspiration. *Chest*. 2003;123(2):442–451.
55. Wallace MB, Pascual JM, Raimondo M, et al. Minimally invasive endoscopic staging of suspected lung cancer. *JAMA*. 2008;299(5):540–546.
68. Annema JT, Versteegh MI, Veseliç M, et al. Endoscopic ultrasound-guided fine-needle aspiration in the diagnosis and staging of lung cancer and its impact on surgical staging. *J Clin Oncol*. 2005;23(33):8357–8361.
69. Annema JT, Versteegh MI, Veseliç M, et al. Endoscopic ultrasound added to mediastinoscopy for preoperative staging of patients with lung cancer. *JAMA*. 2005;294(8):931–936.
79. Chang KJ, Erickson RA, Nguyen P. Endoscopic ultrasound (EUS) and EUS-guided fine-needle aspiration of the left adrenal gland. *Gastrointest Endosc*. 1996;44(5):568–572.
80. Annema JT, van Meerbeeck JP, Rintoul RC, et al. Mediastinoscopy vs endosonography for mediastinal nodal staging of lung cancer: a randomized trial. *JAMA*. 2010;304(20):2245–2252.
84. McComb BL, Wallace MB, Pascual JM, et al. Mediastinal staging of nonsmall cell lung carcinoma by endoscopic and endobronchial ultrasound-guided fine needle aspiration. *J Thorac Imaging*. 2011;26(2):147–161.
85. Tournoy KG, Keller SM, Annema JT. Mediastinal staging of lung cancer: novel concepts. *Lancet Oncol*. 2012;13(5):e221–e229.
88. Wiener RS, Schwartz LM, Woloshin S, et al. Population-based risk for complications after transthoracic needle lung biopsy of a pulmonary nodule: an analysis of discharge records. *Ann Intern Med*. 2011;155(3):137–144.
89. Ost D, Fein AM, Feinsilver SH. The solitary pulmonary nodule. *N Engl J Med*. 2003;348(25):2535–2542.

获取完整的参考文献列表请扫描二维码。

第24章 术前和术中纵隔侵袭程度分期

Gail E. Darling, Ramón Rami-Porta, Kazuhiro Yasufuku

要点总结

- 纵隔分期是评估肺癌患者的重要组成部分，包括术前和术中两部分。
- 国际肺癌研究协会淋巴结图谱对每个淋巴结站提出了标准定义，并且在对纵隔和肺淋巴结进行分期时，使用精确、统一的命名法。
- 对非小细胞肺癌分期中的淋巴结评估，其重要性是公认的。尽管如此，淋巴结评估不充分的现象依旧普遍存在。
- 在既往文献报道中，对于纵隔淋巴结分期一直存在争议。
- 术前或术中的超声内镜引导下的经支气管针吸活检（endobronchial ultrasound-transbronchial needle aspiration，EBUS-TBNA）或内镜超声（endoscopic ultrasound，EUS）或纵隔镜可以对纵隔淋巴结进行系统采样。
- 目前在微创针吸技术中，超声内镜引导下的经支气管针吸活检和超声内镜引导下细针穿刺吸取术是在可及淋巴结站确认纵隔疾病的首选检测方法。

纵隔分期是肺癌患者术前和术中评估的重要组成部分。纵隔分期目的是区分那些可能从手术中获益的病例和那些应该接受其他治疗的病例。纵隔术前评估包括CT和PET，以上这些在第21章和第22章讨论过。侵入性或手术性纵隔分期包括纵隔镜检查、纵隔切开术、胸腔镜分期、计划切除时分期、EBUS或EUS等针吸活检技术。侵入性纵隔分期为纵隔淋巴结的组织学或细胞学检查提供了依据。重要的是要区分纵隔淋巴结评估的分期与可能的治疗获益。对于纵隔淋巴结清扫术（mediastinal lymph node dissection，MLND）是否能提高生存率，仍存在争议。

目前已证实，由于系统性疾病的风险增加，纵隔淋巴结转移的患者预后较差。术前患者确诊N2期是避免非根治性切除的较好方法，因为仅仅靠手术是不能解决问题的，而没有纵隔淋巴结受累的患者是手术的候选对象。

由于CT和PET等成像检查的诊断准确性不足，因此通过本章所描述的技术方法对淋巴结进行病理学鉴定对于临床决策的制定非常重要。CT的阳性预测值范围为0.18～0.88。通常来说，在CT上淋巴结增大对证实其为转移性疾病可能性只有60%。同样的，PET证实淋巴结呈阳性反应在转移性疾病的病理诊断中只有75%～85%的准确度[1]。这意味着此时15%～40%的患者可能会因为影像学检查耽误治疗。因此，对于影像学表现异常的淋巴结，我们需要在病理上去进一步证实或者排除其为转移性疾病。

本章将探讨IASLC淋巴结图谱（图23.1）的相关解剖学，讨论纵隔分期的定义、侵入性分期的适应证、可用于侵袭性分期的技术，以及这些技术如何恰当使用。

1 纵隔淋巴结解剖及IASLC淋巴结图谱

IASLC淋巴结图谱发表于2009年（图23.1）[2]。该图展示了纵隔和肺的重要淋巴结解剖位置。IASLC分期委员会制定这张新图谱是为了协调日本和Mountain-Dresler淋巴结图之间的差异，提供淋巴结站的具体解剖定义[2]。关键不同之处包括对第1站锁骨上和胸骨上淋巴结的描述，气管的左外侧边缘划分了左右两侧淋巴结。该图把隆突淋巴结定义为第7站淋巴结（不是日本淋巴结图谱上的第7站和10站淋巴结），该图通过明确的解剖标志对淋巴结分组进行了清楚的划分（表24.1），并且对每个淋巴结站进行了标准的定义，并在分期纵隔淋巴结和肺淋巴结时使用精确、统一的命名法。纵隔淋巴结（N2和N3）编号为1～9。肺门和肺内（N1）淋巴结编号为10～14。

表24.1 IASLC提出的图中各淋巴结站解剖定义及按淋巴结区划分的站位分组

淋巴结站	解剖范围
锁骨上区	
1：下颈部、锁骨上、胸骨上切迹淋巴结	上界：环状软骨下缘 下界：双侧锁骨，和胸骨正中线的上缘。1R表示右侧淋巴结，1L表示左侧淋巴结作为淋巴结站1，气管的中线为1R和1L之间的分界线
上区	
2：上部气管旁淋巴结区	2R：上界：右肺和胸膜间隙的顶端至胸骨柄中线的上缘 下界：无名静脉末端与气管的交点 对于淋巴结4R，2R包括延伸至气管左侧边界的淋巴结 2L：上界：左肺和胸膜间隙的顶端，在中线上是胸骨柄的上边缘 下界：主动脉弓的上缘
3：血管前和气管后淋巴结	3a：血管前 右侧：上界：胸廓的顶部；下界：隆突水平 前缘：胸骨后方；后缘：上腔静脉的前缘 左侧：上界：胸廓的顶部；下界：隆突水平 前缘：胸骨后方；后缘：左颈动脉 3p：气管后 上界：胸廓的顶部；下界：隆突
4：下部气管旁淋巴结	4R：包括右侧气管旁淋巴结和延伸至气管左侧边界的气管前淋巴结。上界：无名静脉末端与气管的交点；下界：奇静脉下缘 4L：包括左侧的气管的左侧缘淋巴结，动脉韧带内的淋巴结 上界：主动脉弓的上缘 下界：左肺动脉主干上缘
肺主动脉区	
5：主动脉下（主肺动脉窗）	动脉韧带外侧的主动脉下淋巴结 上界：主动脉弓的下缘；下界：左肺动脉主干上缘
6：主动脉旁淋巴结（升主动脉或膈肌）	升主动脉和主动脉弓前外侧淋巴结 上界：与主动脉弓上缘相切的线；下界：主动脉弓的下缘
隆突下区	
7：隆突下淋巴结	上界：气管隆嵴；下界：左下叶支气管的上缘。右侧是中间支气管的下缘
下区	
8：食管旁淋巴结（隆突下）	位于食管壁附近和正中线右侧或左侧的淋巴结，不包括下部的淋巴结。上界：左下叶支气管上缘，右侧支气管中下缘；下界：膈膜
9：肺韧带淋巴结	位于肺韧带内的淋巴结。上界：下肺静脉；下界：膈膜
肺门和肺叶间区域	
10：肺门区淋巴结	包括毗邻主支气管和肺门血管的淋巴结，包括肺静脉的近端部分和主肺动脉 上边界：右边奇静脉的下边缘，左侧肺动脉上缘；下边界：双侧叶间区域
11：肺叶间淋巴结	位于肺叶支气管的起始部之间 11s：右上叶支气管与中间支气管之间[a] 11i：右侧中下支气管之间[a]
边缘区域	
12：肺叶淋巴结	毗邻大支气管
13：肺段淋巴结	毗邻支气管节段
14：肺亚段淋巴结	毗邻亚节段支气管

注：[a]淋巴结站数目；经许可转载自：Rusch VW, Asamura H, Watanabe H, et al. The IASLC Lung Cancer Staging Project. A proposal for a new international lymph node map in the forthcoming seventh edition of the TNM classification for lung cancer. J Thorac Oncol, 2009, 4: 568–577.

2 淋巴结定位及分期技术的选择

标准纵隔镜检查或电视纵隔镜检查可以进入第1、2R/L、4R/L、7和10R站淋巴结。扩大纵隔镜、胸骨旁纵隔切开术（Chamberlain手术）或前纵隔镜和电视胸腔镜外科手术VATS可进入第5和第6站淋巴结。通过胸骨旁纵隔切开术或前纵隔镜和VATS可进入血管前淋巴结（3a）。如果探查肺裂，VATS可以探查同侧淋巴结站以及肺门淋巴结站，甚至是叶间淋巴结站。

针吸技术包括EBUS-TBNA和内镜超声引导针吸活检术（EUS-needle aspiration，EUS-NA）。

EBUS-TBNA可通过纵隔镜及双侧11、12淋巴结站获得所有淋巴结。除了肺门淋巴结之外，EUS-NA和纵隔镜一样可获得第8、9站淋巴结。

电视辅助纵隔淋巴结切除术（video-assisted mediastinal lymphadenectomy，VAMLA）和经颈纵隔扩大淋巴结切除术（transcervical extended mediastinal lymphadenectomy，TEMLA）等技术已被用于分期，纵隔淋巴结清扫技术更为恰当。这些技术可能具有治疗和分期应用。

3 侵入性纵隔分期的适应证

基于临床实践指南[3]，欧洲胸外科医师协会（European Society of Thoracic Surgeons，ESTS）指南[4]和安大略省癌症护理（cancer care Ontario，CCO）项目的循证护理实践指南[5]，对侵入性分期与美国胸科医师学会（American college of chest physicians，ACCP）在适应证和所采用的技术上达成一致（表24.2）。如果可行，建议采用针吸技术进行侵入性分期，但如果针吸技术为阴性，则建议进行手术活检，因为针吸活检技术的阴性预测值较低[3]。

ACCP不建议对纵隔广泛浸润的患者进行侵入性分期[3]。然而，侵入性分期技术可用于诊断。ACCP、ESTS和CCO指南建议，在CT和PET扫描时均未发现纵隔淋巴结受累的周围型ⅠA肿瘤患者，在进行术前纵隔淋巴结分期时不需要采用侵入性纵隔分期方法（图24.1）[3-5]。

表24.2 浸润性纵隔分期的适应证

美国胸科医师学会指南[2]
无转移性疾病及下列情况之一：
离散性纵隔淋巴结肿大伴或不伴PET摄取
PET阳性纵隔淋巴结及CT上提示异常的淋巴结
基于CT或PET，摄取增加的增大的淋巴结，高度怀疑N2或N3
怀疑N2或N3有中央肿瘤或N1疾病
欧洲胸外科医师协会指南[3]
下列任何一项：
CT显示淋巴结异常
PET扫描显示摄取
中央型肿瘤
怀疑为N1疾病
原发肿瘤PET摄取低
安大略省癌症护理组织[4]
下列任何一项：
CT提示纵隔淋巴结肿大
PET提示纵隔淋巴结吸收率增加
T2～T4的中央型肿瘤
可疑的N1疾病

4 纵隔淋巴结分期的定义

纵隔淋巴结分期程度的差异在既往文献中一直存在争议。纵隔淋巴结评估范围的描述应参照表24.3中的标准描述：采样或随机采样、系统采样（systematic sampling，SS）、完整的MLND、扩大的MLND和肺叶特异性系统淋巴结清扫（表24.3）[6]。系统淋巴结清扫是指包含纵隔、肺门和肺内淋巴结的清扫[7]。

表24.3 纵隔淋巴结评估的定义

抽样或随机抽样：根据术前或术中发现的淋巴结进行抽样。例如，单个肿大淋巴结的取样
系统采样：预定淋巴结和淋巴结站采样。例如，对右侧肿瘤的2R、4R、7和10R位点进行采样
纵隔淋巴结清扫：根据解剖标志彻底清除所有纵隔淋巴结及周围组织
扩大淋巴结清扫术：通过正式的清扫术切除双侧气管旁和颈部淋巴结
叶特异性系统淋巴结清扫：根据肿瘤的位置切除纵隔淋巴结及周围组织

来源：Lardinois D, De Leyn P, Van Schil P, et al. ESTS guidelines for intraoperative lymph node staging in non-small cell lung cancer. Eur J Cardiothorac Surg, 2006, 30: 787-792.

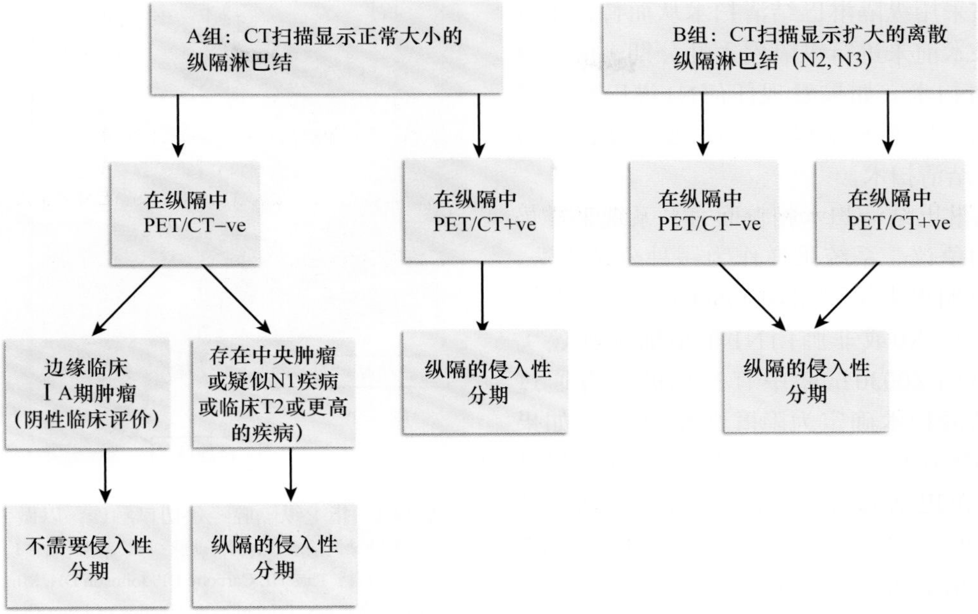

图24.1　安大略省癌症护理中心侵入性纵隔分期建议

随机采样不足以确定纵隔分期。当然，任何可疑或肿大的淋巴结都应作为肺癌手术切除的一部分或在进行分期手术时予以切除，但仅切除肿大或可疑的淋巴结是不够的。系统采样是可被接受的最低评估，其定义为根据肿瘤的位置和已知的淋巴引流模式从预定的淋巴结站切除淋巴结或对淋巴结进行活检。特定的淋巴结站代表了需要评估的最少淋巴结站的数量。MLND是对纵隔范围内淋巴结的正式术式，包括气管旁区、隆下间隙、下纵隔，以及左侧的主动脉下间隙和主动脉旁间隙。该手术不是简单地从这些区域移除单个淋巴结，而是在预先确定的解剖边界内移除所有区域范围内的淋巴结及相关组织。

纵隔扩大清扫术是指正规切除双侧纵隔和颈部淋巴结，通常通过VAMLA或TEMLA或开放的技术来进行。它可以用于分期，但更多的是一种治疗技术。

肺叶特异性系统淋巴结清扫是指根据肿瘤的解剖位置对淋巴结及相关组织进行正规的清扫。例如，对于左下叶肿瘤，淋巴结清扫包括隆突下和下纵隔淋巴结清扫。系统淋巴结清扫是指系统纵隔淋巴结采样合并系统肺门及肺内淋巴结清扫。

5　侵入性分期必须清扫的淋巴结站

建议采样点包括2R/L、4R/L和第7站。任何淋巴结的增大，PET/CT显示摄取增加，或在任何方面可疑都应取样。ESTS、英国国家卫生与保健研究所（National Institute for Health and Care Excellence，NICE）、苏格兰大学间指南网络（Scottish Intercollegiate Guidelines Network，SIGN）和CCO的指南建议，适当的淋巴结评估应包括至少3个纵隔淋巴结站的系统采样（最好是5个），其中一个应该是第7组淋巴结[4-5, 9]。

6　分期技术的选择

系统采样可以在计划切除前或计划切除时通过EBUS-TBNA或EUS或纵隔镜进行。如果纵隔淋巴结怀疑有转移，最好在计划切除前进行淋巴结分期。如果在计划切除时进行，则需要进行术中细胞病理学或冰冻切片分析，因为在选定的病例中纵隔淋巴结转移为非手术治疗或新辅助治疗的适应证。纵隔淋巴结清扫术可通过开胸或电视胸腔镜外科手术，一般在计划切除时进行。外科医师更习惯采用纵隔淋巴结清扫术从而替代系统采样。如果术前未进行纵隔侵入性分期，应行纵隔淋巴结清扫术。如果发现任何N1淋巴结有转移，或在切除时系统采样已发现N2病变，也应行纵隔淋巴结清扫术。

和纵隔淋巴结清扫术相较而言，系统采样仍存在较大的争议。系统采样作为一种分期方法，仅适用于早期患者（根据ACOSOG Z0030试验，临床T1或T2、N0或非肺门N1非小细胞肺癌）。尽管ACOSOG Z0030试验中有3.8%的患者通过纵隔淋巴结清扫术确定为隐匿性N2患者，如果这些患者的转移灶系统采样是阴性，系统采样已足够，纵隔淋巴结清扫并不能带来生存优势。然而，ACOSOG Z0030结果不适用于较大肿瘤（T3/T4）或肺门结节病患者。这类病例仍建议进行纵隔淋巴结清扫术[10]。

淋巴结评估在非小细胞肺癌分期中的重要性是公认的，但尽管如此，淋巴结评估的不充分显而易见[11-12]。如果淋巴结转移未被发现和治疗，分期不充分的后果将降低肺癌的存活率。

7 侵入性/外科分期技术

7.1 纵隔镜检查

7.1.1 定义

纵隔镜是一种外科内镜技术，它沿着气管支气管轴，从胸骨切迹到隆突下间隙，以及沿着主支气管探查上纵隔[13]。

7.1.2 方法

在全麻下经口气管插管，患者仰卧位，颈部略伸直，在胸骨切迹上方3～5 cm做衣领状切口，经皮下组织及颈阔肌入路。气管前肌向外侧分开，露出气管。用剪刀切开气管前筋膜，形成气管前平面。纵隔的探索是通过手指解剖尽可能远的尾部（图24.2）。手指触及上纵隔可以让术者辨认解剖学标志，如无名动脉和主动脉弓，并评估纵隔的组织结构、气管旁淋巴结是否融合和中央型肿瘤与纵隔结构的关系。

手的触摸创造了一个纵隔空间，使纵隔镜插

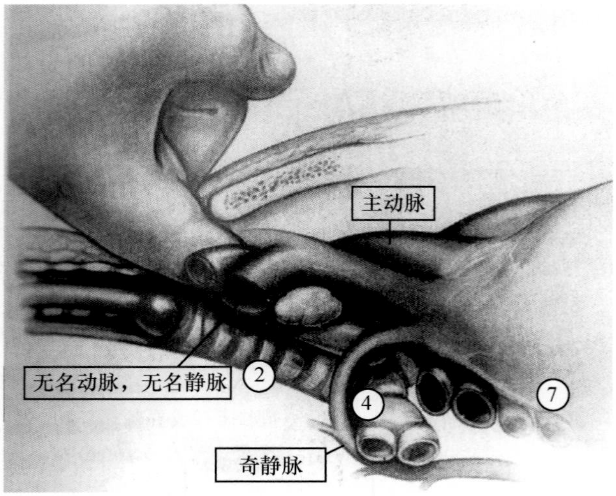

图24.2 指上纵隔腔经颈切口触诊，以做纵隔镜检查

注：无名动脉向前触诊；A，动脉；V，静脉；2、4、7，淋巴结站；经许可转载自：Pass HI, Carbone DP, Johnson DH, Minna JD, Scagliotti GV, Turrisi AT, eds. Principles & Practice of Lung Cancer. The Official Reference Text of the IASLC. 3rd ed. Philadelphia, PA: Wolters Kluwer/Lippincott Williams and Wilkins, 2009.

入其中。将纵隔镜放好后，使用解剖-抽吸-凝血装置将邻近组织轻轻从气道上清扫出去，完成气管周围的分离（图24.3）。活检前应明确以下结构：气管前方无名动脉、左侧气管上方主动脉弓、右侧气管支气管角奇静脉和隆突前方肺动脉（图24.4）。

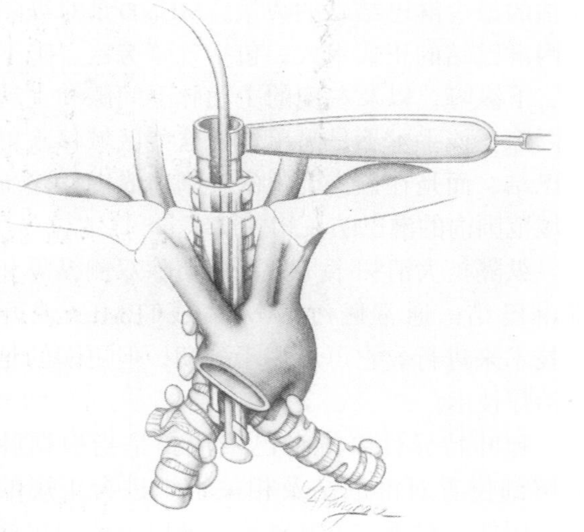

图24.3 纵隔镜插入上纵隔

经许可转载自：Shields TW, Locicero Ⅲ J, Reed CE, Feins RH, eds. General Thoracic Surgery. 7th ed. Vol. 1. Philadelphia, PA: Wolters Kluwer/Lippincott Williams and Wilkins, 2009.

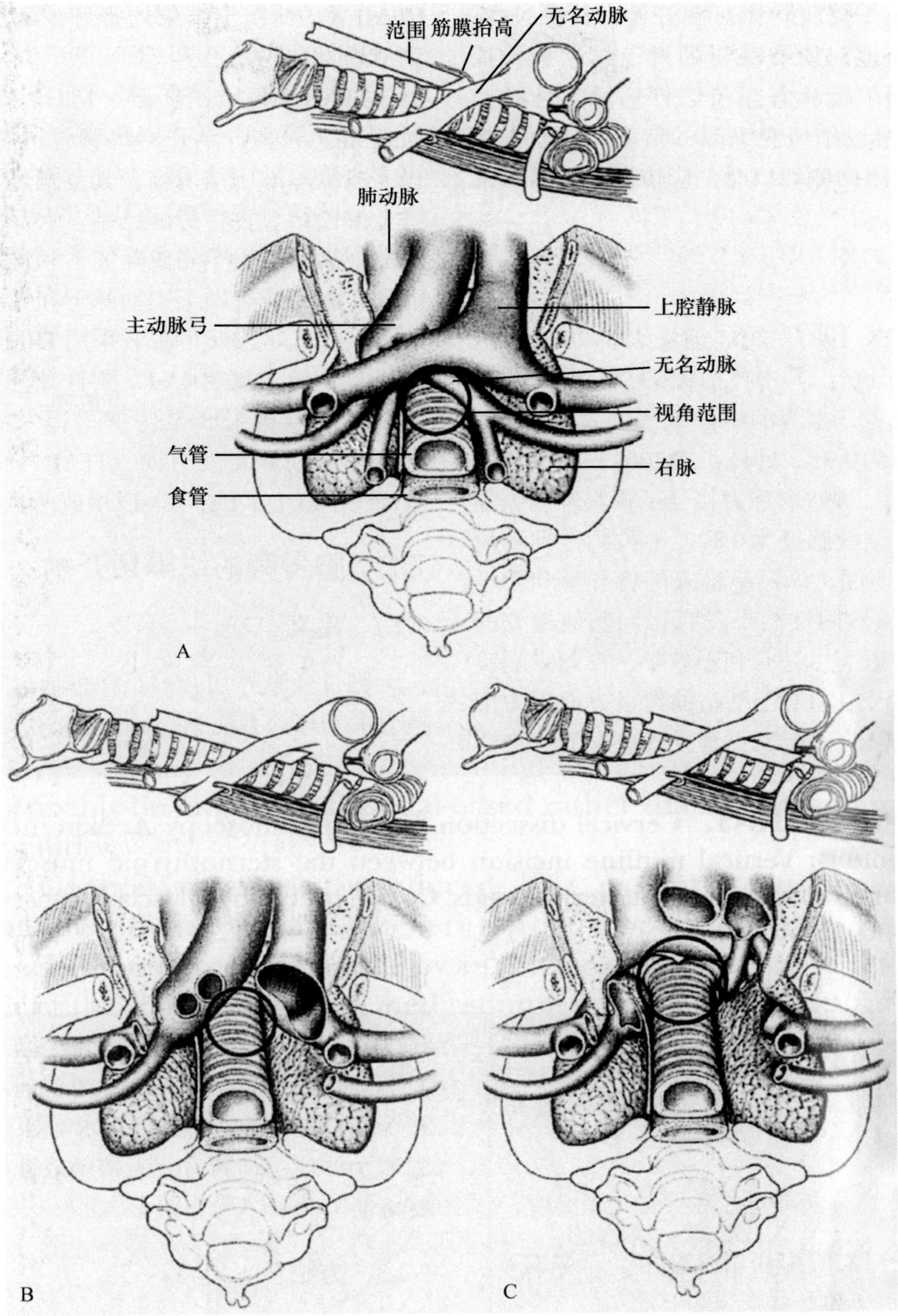

图24.4 从外科医生的角度展示上纵隔的3个层次（正面观和侧面观）

（A）上气管；（B）中气管；（C）隆突。经许可转载自：Shields TW, Locicero Ⅲ J, Reed CE, Feins RH, eds. General Thoracic Surgery. 7th ed. Vol. 1. Philadelphia, PA: Wolters Kluwer/Lippincott Williams and Wilkins, 2009.

纵隔镜检查可对气管前淋巴结（第1站）、左、右、上、下、气管旁淋巴结（第2R/2L、4R/4L站）、隆下淋巴结（第7站）和左右肺门淋巴结（第10R/10L站，图23.1，表24.1）进行活检。

在标准的临床实践过程中，对于临床可接受的纵隔镜检查，应探查上、下气管旁间隙和隆突下间隙，并对所发现的一切淋巴结进行活检。任何在CT上显示增大的淋巴结或PET扫描显示有代谢活动的淋巴结都应进行探查并活检。

淋巴结探查应从肿瘤对侧开始，排除N3疾病，然后系统地对所有获得的淋巴结站进行探查和活检。纵隔镜检查还可以评估原发性肿瘤（T4）或纵隔淋巴结侵犯纵隔的情况，从而排除手术治疗。关闭两侧切口时，应控制所有活检部位出血[14]。

7.1.3 结果

一项研究对1983—2011年发表的26篇报道进行了回顾性分析，其中包括9267例接受常规纵隔镜检查的患者，报告的中位敏感度为0.78，中位阴性预测值为0.91。另外，在2003—2011年发表的7篇论文中，995名患者接受了视频辅助纵隔镜检查，其中位敏感度为0.89，中位阴性预测值为0.92。按照惯例，纵隔镜检查的特异性和阳性预测值为1，虽然阳性结果没有得到其他检查的证实[3]。据报道，尽管有利于教学，视频纵隔镜检查在探索淋巴结和淋巴结站的数量方面更为彻底，但没有明确的证据表明其具有更好的安全性或有助于更好的分期[15]。

7.1.4 并发症

报道的并发症包括气胸、伤口感染、纵隔炎、食管穿孔、气管支气管损伤、左喉返神经麻痹、乳糜漏、血胸和上纵隔任何血管出血，但并发症发生率很低，约为3%[16-17]。严重出血的并发症发生率约为0.4%，可通过压迫来控制，但有时需要行正中胸骨切开术[18]。与纵隔镜检查相关的死亡率通常低于0.5%[19-20]。

7.1.5 局限性

纵隔镜检查不能到达主动脉下、主动脉旁、血管前、气管后和纵隔下的淋巴结。

7.1.6 纵隔镜下淋巴结切除术的技术差异

VAMLA和TEMLA是从用于纵隔镜检查的衣领切口进行的手术[21-23]，其目的不是对纵隔淋巴结进行活检，而是对其进行系统的切除。而这项技术的使用仅限于几个中心。

VAMLA手术采用双刀片可展式纵隔镜，目的是整块切除隆突下和右下气管旁淋巴结，并单独切除左下气管旁淋巴结。对两组患者进行VAMLA，其初步结果均很好，敏感性和阴性预测值均为1[21-22]。

TEMLA是从颈部做一切口，通过固定在金属框架上的胸骨牵开器将胸骨抬高。TEMLA可以完成纵隔淋巴结清扫，其范围是从中线区的锁骨上淋巴结至食管旁淋巴结。大部分手术是开放式的，纵隔镜用于完成隆突下和食管旁淋巴结的清扫，胸腔镜有助于主动脉下和主动脉旁淋巴结的清除[23]。对256例患者采用TEMLA进行分期，结果显示灵敏度为0.94，阴性预测值为0.97，诊断的准确度为0.98[24]。据报道，在诱导治疗后肺癌的分期和复发方面，TEMLA优于纵隔镜检查[25]和EBUS-TBNA、EUS或两者的结合[26]。

7.2 胸骨旁的纵隔切开术

7.2.1 定义

胸骨旁纵隔切开术是一种通过右胸骨旁或左胸骨旁切口探查前纵隔的手术[27-28]。

7.2.2 适应证

ACCP和ESTS的纵隔分期指南建议，当所有其他探查的淋巴结均为阴性时，对左肺上叶肿瘤患者的主动脉下（第5站）和主动脉旁（第6站）淋巴结进行探查。左肺上叶肿瘤，其淋巴结转移通常转移至这两站淋巴结，但是纵隔镜无法获得[3-4]。若CT或PET扫描异常，则可通过左侧或右侧胸骨旁纵隔切开术抵达血管前淋巴结（第3a站）。左侧胸骨旁纵隔切开术对探查主动脉肺窗肿瘤及评估主动脉弓有无接触或肿瘤浸润具有重要价值。

7.2.3 方法

在右侧或左侧的第二肋软骨上做一个4～7 cm的横切口直到胸大肌。胸大肌的纤维以从头至尾的方式分开，充分暴露肋软骨。随后，通常通过切除肋软骨，或者通过其他方式在不切除软骨的情况下通过肋间隙进行探索。乳房内侧的血管可以结扎或牵拉。接下来，用手指分离纵隔胸膜，暴露前纵隔。在左侧，主动脉下间隙和升主动脉可以直接探查，也可以借助纵隔镜（前纵隔镜，图24.5）进行探查。在右侧，可以触及血管前淋巴结。胸骨旁纵隔切开术具有多方面的优势。除了可以探查前纵隔，还可以进入纵隔胸膜，探索肺门和胸膜间隙；还可以打开和探查心包，从而排除肿瘤的直接侵袭或转移性播散；也可以沿此切口进行肺活检，但最好在单侧通气的情况下进行这些附加操作。

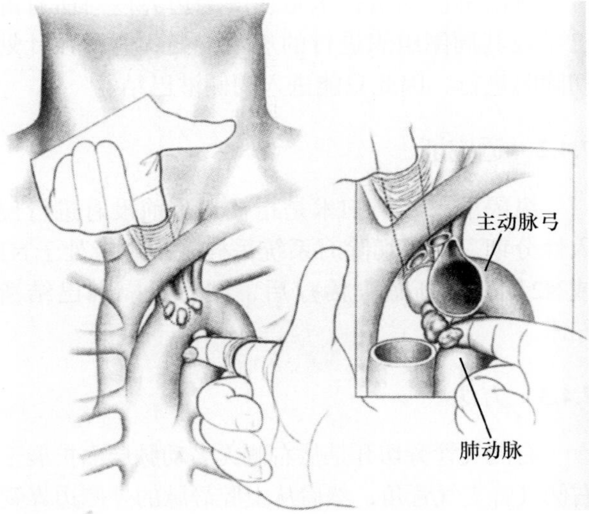

图24.5 颈前和纵隔联合切开术中主动脉下间隙的数字化探索

经许可转载自：Shields TW, Locicero Ⅲ J, Reed CE, Feins RH, eds. General Thoracic Surgery. 7th ed. Vol. 1. Philadelphia, PA: Wolters Kluwer/Lippincott Williams and Wilkins, 2009.

闭合时，软骨膜和肌纤维近似分为两层，皮下组织和皮肤是另外需要缝合的两层。如果在手术过程中打开纵隔胸膜，则需要进行胸腔引流。胸腔引流管可以保留至皮肤愈合后，在肺充气几秒，排除胸腔内空气后可拔除引流管。

7.2.4 结果

对1983—2006年公布的4个对列（包括238名病例）的综合分析显示，中位敏感度为0.71，中位阴性预测值为0.91[3]。VATS越来越多地取代这些技术用于分期。

7.2.5 并发症

胸骨旁纵隔切开术的并发症很少见，主要包括膈神经和左侧喉返神经的损伤、纵隔炎以及气胸。

7.3 扩大的颈部纵隔镜检查

7.3.1 定义

扩大的颈部纵隔镜检查是一种替代左胸骨旁纵隔切开术的方法，利用纵隔镜检探索颈切口的主动脉下间隙[29]。

7.3.2 适应证

对于肺癌分期，扩大的颈部纵隔镜检查与左侧胸骨旁纵隔切开术具有相同的适应证[3-4]。此外，还可用于诊断在探查范围内的纵隔肿瘤[30]。

7.3.3 方法

一旦标准纵隔镜检查完成，术中冰冻切片提示上纵隔内没有淋巴结转移，在无名动脉和左颈动脉之间的主动脉弓上通过手指分离可形成通道。通过手指分离而形成的空间可便于插入纵隔镜。然后将纵隔镜放入上纵隔，从主动脉弓上方的颈切口斜行推进至左侧无名静脉的前方或后方（图24.6）。纵隔镜检查时，我们可清晰地看到主动脉弓搏动。与此同时，我们也可发现主动脉下淋巴结。通过轻轻旋转镜头，可以辨认出主动脉旁淋巴结并对其进行活检。然而，坚固的前胸壁限制了纵隔镜在这一区域的活动范围[29-30]。触摸主动脉下间隙也受到颈部切口的限制。如果必须

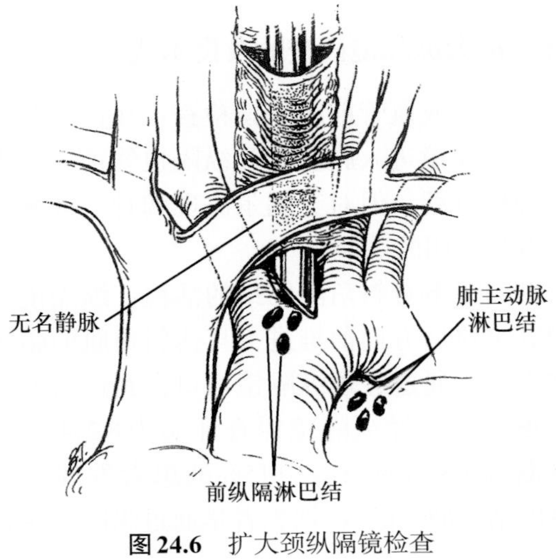

图24.6 扩大颈纵隔镜检查

从用于纵隔镜检查的颈椎切口开始，纵隔镜斜向主动脉弓上方推进；经许可转载自：Pearson FG, Cooper JD, Deslauriers J, et al., eds. Thoracic Surgery. Oxford, UK: Churchill Livingstone, 1995.

要通过触摸来区分肿瘤是单纯的相邻或者浸润，则最好选用胸骨旁纵隔切开术，该术式既能直接探查，又可以使手指或者器械触及。

7.3.4 结果

扩大的颈部纵隔镜检查并不常用，但已发表的经验表明，其结果可被不同的外科医生重复。现在人们越来越多地使用VATS来评估第5/6站淋巴结。1987—2012年发表的5篇文章中，456例患者的综合分析显示，中位敏感性为0.71，中位阴性预测值为0.91[3]。另外某些报道表明，经PET/CT或T3～T4肿瘤诊断为左肺肿瘤并疑似N2期病变的82例患者，在标准纵隔镜检查后行扩大的颈部纵隔镜检查。20例患者被证实累及腹主动脉下或腹主动脉旁淋巴结，2例确诊为T4期，22例（27%）患者分期发生改变[31]。

7.3.5 并发症

在迄今为止发表的最大队列研究中，221名患者中出现了4例（2.3%）并发症：纵隔炎，可用抗生素和引流术治疗；室颤，可用除颤治疗；表面的伤口感染；最后还有出血，可用压迫来止血[32]。其他报道的并发症还有气胸和声音嘶哑，而这些并发症可能发生在标准纵隔镜检查中，并不只发生于扩大的颈部纵隔镜检查中[33-34]。据报道，有一例术中死于主动脉损伤[31]。

7.3.6 扩大纵隔镜检查的改良术式

胸骨后或血管前纵隔镜检查：在这一改良术式中，纵隔镜进入胸骨后和纵隔血管前。它很少用于肺癌分期，但对于偶尔出现胸骨后区域病变的患者是有用的。

纵隔镜下对斜角淋巴结的活检：纵隔镜可经胸锁乳突肌后方向前推进，直达斜角肌的脂肪垫及淋巴结。通过经颈纵隔镜切口，到达斜方脂肪垫及淋巴结。经纵隔镜探查证实为N2期，从未被诊断为N3期的患者中15%的患者发现有斜角肌淋巴结，68%的N3期患者是通过纵隔镜探查发现的[35]。

纵隔胸腔镜：合并纵隔及胸膜病变时，通过纵隔镜可进入纵隔胸膜，达到胸膜间隙。从右侧入路，最佳路径为气管和上腔静脉之间。在左侧入路，通过扩大经颈纵隔镜的主动脉弓上的路径可到达并且进入纵隔胸膜。胸腔积液、胸膜结节或周围性肺结节是纵隔胸腔镜检查的主要适应证[36-38]。

7.4 纵隔淋巴结清扫术

7.4.1 定义

纵隔淋巴结清扫术是在解剖边界内对所有淋巴结及其周围组织进行的规范清扫，通常在计划切除时进行，因此只能进入同侧淋巴结。

7.4.2 适应证

纵隔淋巴结清扫术是指在切除前没有进行侵入性分期。如果切除时系统采样发现患者处于N1或N2期，或新辅助治疗后，则行纵隔淋巴结清扫术。

7.4.3 方法

右侧气管旁切开是从右侧无名动脉层面扩展至右侧气管支气管角，然后从上腔静脉的外侧边界到右迷走神经前方气管的右前外侧边界，再到升主动脉。纵隔胸膜在膈神经后上方的上腔静脉的上方打开，然后从上腔静脉后外侧切开脂肪组织。进行解剖分离时是从气管的前部到升主动脉，然后到后外侧的迷走神经方向。在较低平面上，右气管支气管角和奇静脉是悬空的。在隆突下进行分离时，只在右侧主支气管的下缘打开纵隔胸膜，然后将淋巴结及其周围组织从隆突、心包和左主支气管上切除。下纵隔的分离是从隆突下间隙向下分离延伸至膈肌，暴露食管和心包，并切下肺韧带组织。在左侧主动脉旁分离可切除膈神经和迷走神经之间的所有淋巴结及组织从而暴露主动脉弓。分离主动脉下部可切除从动脉韧带到左肺上叶肺动脉、从主动脉弓下侧到左主肺动脉上侧的所有淋巴结组织。分离过程中注意保留左侧喉返神经。

7.4.4 并发症

基于ACOSOG Z0030试验的纵隔淋巴结清扫术的并发症包括喉返神经损伤（0.9%）、乳糜胸（1.7%）和出血（1.1%）。在ACOSOG Z0030试验中纵隔淋巴结清扫术和系统采样的并发症发生率没有显著差异[39]。

7.5 胸腔镜检查和电视胸腔镜外科手术

7.5.1 定义

胸腔镜是为了诊断、分期或治疗目的而对胸腔进行的检查。

7.5.2 适应证

经典胸腔镜仅限于评估肺癌伴胸腔积液和小的活检采样。然而，通过几个端口，外科医生使用视频胸腔镜检查和电视胸腔镜外科手术，切除同侧和对侧额外的周边小结节，从而来确认患者是否处于T3、T4或M1a期。经典胸腔镜主要是为了探查胸膜腔顶端至膈穹隆的同侧纵隔，评估肺门和肺叶间淋巴结，探查纵隔下淋巴结（第8站食管旁淋巴结和第9站肺韧带淋巴结），甚至切开心包并评估心包腔以确认患者是否处于T3、T4或M1a期。胸腔镜可替代左胸骨旁纵隔切开术和扩大的颈部纵隔镜检查，来探查主动脉下和主动脉旁淋巴结。在肺切除前立即进行胸腔镜检查或电视胸腔镜外科手术，可以帮助评估肿瘤的大小，并发现从未认为可能需要改变治疗方案的患者[40-41]。

7.5.3 方法

在局部麻醉和镇静下，常规胸腔镜或视频胸腔镜检查适用于评估胸腔积液或取小块的胸膜、肺或纵隔活检组织。手术胸腔镜有一个操作口，因此只需要一个单孔的肋间切口。另一切口是一个8 mm的单孔切口，可以通过7 mm半硬式的胸腔镜，其内有一个2.8 mm宽的活检管道。胸腔积液引流后，取标本行细胞病理学检查，检查胸膜壁层及脏胸膜有无异常。所有异常部位都需用活检钳进行活检。如果冰冻切片提示胸膜扩散，如果肺仍能保持其再扩张的能力，可行滑石粉胸膜固定术。同时也应进行肺和纵隔活检。

VATS是在全麻双肺气管插管的情况下进行。通常需要多个端口：一个用于视频胸腔镜，一个或多个用于仪器。VATS为更高级的手术提供了灵活性，如切除额外的肺结节、肺门或肺内淋巴结的评估、纵隔淋巴结甚至是MLND的广泛采样，以及心包镜检查。切开纵隔胸膜可获得气管旁、肺门、隆突下和食管旁淋巴结，甚至进行MLND。分离肺叶间裂可以评估叶间淋巴结。肺韧带淋巴结活检相对比较容易，或可以沿膈膜向下至肺静脉切开肺韧带从而切除肺韧带淋巴结。

7.5.4 结果

在纵隔淋巴结分期方面，2002—2007年发表的4个队列246例患者的研究中，其中位敏感性和阴性预测值分别为0.95和0.96[3]。经标准化临床分期，在1306例可切除肿瘤的患者中，在术前进行了视频胸腔镜检查，有4.4%的患者不具备手术适应证[42]。最常见的不可切除肿瘤的原因是胸膜播散（2.5%），其次是纵隔浸润（1.7%）。视频胸腔镜（73.3%）对肿瘤进行的总体分期明显优于CT（48.7%）。96.2%的患者通过电视胸腔镜检查所得的T期分期与最终病理报告相符合，同时，它还将探查性开胸手术率从常规探查性电视胸腔镜检查引入前的11.6%降低到常规使用后的2.5%[40]。在另一个经标准化临床分期后1381例可切除肿瘤患者的队列研究中，对1277例患者进行了探查性视频胸腔镜检查，141例（10.2%）患者的肿瘤不可切除，其中因纵隔浸润占81例、胸膜播散占388例，6例既有纵隔浸润又有胸膜播散，还有16例因肿瘤浸润部分邻近肺裂而不能耐受肺手术治疗。开胸探查术有43例（3.1%）患者[41]。在同一组中，对91例疑有心包受累的患者行经胸膜视频心包镜检查。视频心包镜检查结果表明，在61例可行肿瘤切除的患者中，有30名患者有不同程度的浸润，因而排除手术治疗，其中17例侵及肺动脉，6例侵及肺动脉和上肺静脉，2例侵及肺动脉和上腔静脉，5例侵及左心房和肺静脉[41]。

7.5.5 并发症

并发症很少见，约占5%，包括漏气、皮下气肿、胸痛、出血、伤口感染和脓胸。

7.6 下纵隔镜和剑突下心包镜

7.6.1 定义

下纵隔镜是通过剑突下入路检查下纵隔，而剑突下心包镜是检查心包腔。这些手术均不常见。

7.6.2　适应证

下纵隔镜用于诊断位于前心包和胸骨之间的纵隔病变，或在心膈角超过经颈电视纵隔镜的纵隔病变[43-44]。剑突下心包镜特别适用于肺癌和心包积液的患者，这些患者没有通过心包穿刺和心包积液的细胞病理学检查来确诊[45-46]。

7.6.3　方法

这两种手术都是在全身麻醉和气管插管的情况下进行。患者取仰卧位，在剑突上方作5 cm垂直切口。通常需要切除剑突。在下纵隔镜检查时，纵隔镜通常进入前心包和胸骨之间。它可以探索心包的前面，可达到两侧的心膈角。用活检钳对淋巴结或肿块进行活检，如经颈纵隔镜检查。若纵隔胸膜未打开，则无须引流。依次关闭切口的以下3层结构：腹直肌中线、皮下组织和皮肤。

剑突下心包镜检查也采用同样的方法。一旦剑突被切除，就能抓住并且切开心包。可对心包积液取样行细胞学检查。心包积液引流后，将纵隔镜插入心包腔内，探查心包壁内表面、心脏表面及心包内大血管段。对于恶性肿瘤，可行心包切除。也可行心包部分切除，心包内液体可经心包窗口排入至皮下组织。对于下纵隔镜探查，可将一软管插入心包腔内充分引流，然后依次关闭切口的3层结构。

7.6.4　结果

这两种技术都提供了肿瘤范围的细胞组织学证据，从而增加了分期过程的准确性。虽然它们很少用于临床，但当目标病灶超出了更多标准技术的范围时我们应记起这些方法。

7.6.5　并发症

并发症很少见，主要包括伤口感染、出血和术中心律失常，特别是在行心包镜检查时。

7.7　支气管内超声和内窥镜超声

7.7.1　定义

EBUS-TBNA和EUS-FNA是一种微创内镜技术，是纵隔镜的替代技术，可以替代常规纵隔镜对非小细胞肺癌进行侵入性的分期。

纵隔淋巴结在局部麻醉或全身麻醉下，在实时超声引导下进行穿刺活检[47-48]。

内镜超声可以对胃肠道附近的结构进行超声成像，对于后纵隔和上部的腹膜后淋巴结是有价值的。然而，EUS-FNA的适用范围并不完全对应纵隔镜的使用范围。EBUS-TBNA可和纵隔镜一样检查相同的淋巴结，也可获得肺门和叶间淋巴结（N1淋巴结）[49]。EBUS和EUS的联合使用可以对大多数纵隔淋巴结以及N1淋巴结进行采样（图24.7）。恶性肿瘤的淋巴结浸润的超声显示为：淋巴结短轴大于1 cm，呈圆形，边缘明显，回声不均一，有坏死迹象和肺门中部结构丢失[50]。淋巴结评估应从N3淋巴结开始，然后是N2淋巴结，然后是N1淋巴结，以系统的方式进行评估，避免污染和遗漏。根据IASLC图谱对淋巴结进行描述和编号。

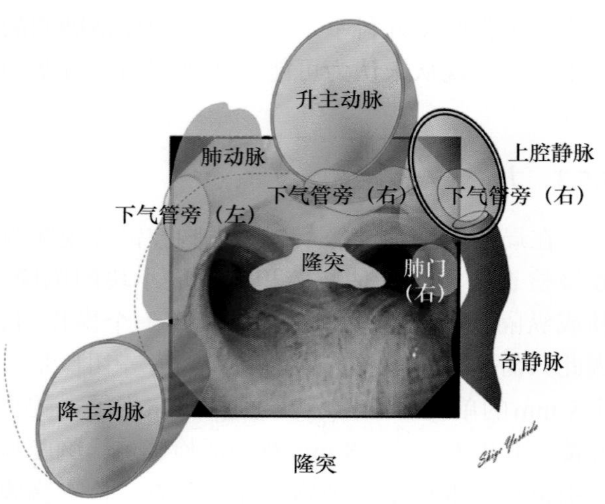

图24.7　支气管内超声相关解剖
图片由Shige Yoshida提供

7.7.2　方法

EBUS-TBNA和EUS-FNA可以在门诊使用局麻和镇静的状态下进行。对于EBUS-TBNA，因为尖端上超声探头的大小限制了支气管镜从鼻腔插入，因此支气管镜通常是经口腔插入。在进行EBUS时全麻可尽量减少咳嗽反射。使用气管内插管（8号或更大）会导致支气管镜位于气道的中心位置，从而造成超声探头难以触及气道壁。而喉罩通气是一个很好的选择。

EBUS-TBNA首先进行标准的柔软的支气管镜检查，然后通过观察声门的前角，将气管镜超声突出的探头（convex probe-EBUS，CP-EBUS）穿过声带，进入气道，至所需要的淋巴结位置。用生理盐水将气囊充气，使其最大限度地接触气道壁，然后将CP-EBUS的尖端弯曲并轻轻压紧贴气道。利用超声可见的血管标志物从而来识别特定的淋巴结位置（图24.7）。多普勒模式用于确认和辨别周围血管以及淋巴结内的血流，与此同时显示气道的支气管镜图像，从而定位穿刺针的插入点。针吸活检术的探针从支气管镜的工作通道进入，直到内镜图像上可以看到鞘层。然后支气管镜的顶端弯曲，在超声图像上再次显示淋巴结。穿刺针穿过气道进入淋巴结需避开气管软骨。一旦确认穿刺针在淋巴结内，用内部的导丝清除可能被支气管上皮细胞堵塞的穿刺针内腔。然后取出内部的导丝，用注射器施加负压。对于血管丰富的淋巴结，可以不用负压抽吸从而避免标本沾血。在淋巴结内来回移动穿刺针以获取样本，然后将针缩回外鞘后，将整个针从支气管镜中取出。内部的导丝可将样品推出。若当场可进行细胞病理学检查，则将原始样本置于载玻片上后涂片，进行快速现场细胞学评估。其余的标本则放置在一个装有生理盐水的50 mL离心管中用于制备细胞块。或者，将样品放在标准细胞学保存液中。

EUS-FNA的总体风险约为0.5%，可能包括食管或后咽部穿孔、感染和出血。

EBUS-TBNA相关的并发症与支气管镜检查和常规TBNA相似，包括气胸、纵隔气肿、纵隔血肿、纵隔炎、菌血症和心包炎。到目前为止，文献尚未报道重大并发症。

EUS-FNA首先可以插入径向的超声内镜或径向的微型探针，从而来识别目标淋巴结。接下来，线性超声内镜插入胃内，使其做圆周运动时慢慢收回。这样就能辨别出以下解剖学标志，如下腔静脉、右心房和左心房、奇静脉、主肺动脉和主动脉。根据IASLC图对淋巴结进行描述和编号。然后在实时超声引导下使用22号针头对淋巴结进行活检，并在插入和抽吸期间监测针头。与EBUS-TBNA相似，在淋巴结内可采用抽吸的方法并且可进行多点穿刺。

7.7.3 结果：EBUS-TBNA

多项研究表明EBUS-TBNA对纵隔淋巴结分期具有较高的敏感性、特异性和诊断准确性。EBUS-TBNA对纵隔淋巴结分期的前瞻性研究报告，敏感性为0.94，特异性为1，阳性预测值为1，诊断准确性为0.96。根据恶性肿瘤的患病率不同，阴性预测值为0.11～0.89[51-52]。此外，多项前瞻性研究和Meta分析证实了EBUS-TBNA的安全性、有效性和高诊断率[53-55]。

对153例可手术切除的肺癌患者行EBUS-TBNA和纵隔镜检查，将两种结果进行对比表明，91%的患者在纵隔分期上显示这两种技术有很好的一致性，检测特征相似。这两种方法的特异性和阳性预测值均为1。EBUS-TBNA对纵隔淋巴结分期的敏感性、阴性预测值和诊断准确率分别为0.81、0.91和0.93，纵隔镜检查对纵隔淋巴结分期的敏感性、阴性预测值和诊断准确率分别为0.79、0.90和0.93[56]。

7.7.4 结果：EUS-FNA

EUS-FNA为肺癌患者提供了一种检查后纵隔和下纵隔的微创方法，灵敏度为0.74～0.92[42, 57-59]。与其他侵入性分期方式如EBUS-TBNA和纵隔镜检查不同的是，EUS-FNA的敏感性似乎受淋巴结大小、肿瘤大小和淋巴结位置等变量的影响。据报道，EUS-FNA的阴性预测值较低（0.73），因此在排除淋巴结转移方面不是一个非常可靠的检测方法。大多数研究者一致认为EUS-FNA阴性结果者应通过其他侵入性分期方式进行验证，尤其是在影像学引导下。

在60例患者的前瞻性研究中，对第4R站淋巴结，EUS-FNA的敏感性为0.67，纵隔镜检查的敏感性为0.33。对4L站淋巴结，EUS-FNA也比纵隔镜更敏感（0.80 vs. 0.33）。EUS-FNA在椎体下（第7站）的敏感度为1，而此站点纵隔镜检查的敏感度仅为0.70。在本报告中，纵隔镜的检出率低于以前的报道；然而，对于纵隔镜无法到达的淋巴结，EUS-FNA是一个不错的选择[58]。

7.7.5 结果：EBUS和EUS相结合

EBUS-TBNA和EUS-FNA相结合，大部分纵

隔及肺门淋巴结可进行采样。采用联合方法进行侵入性分期，若使用单一的EBUS-TBNA对纵隔及肺门淋巴结进行采样，前者的敏感性为0.91～1，阴性预测值为0.91～0.95[60-62]。到目前为止，将EBUS和EUS相结合比单独使用EBUS或EUS具有更高的灵敏度，并有更好的阴性预测值。

一项多中心随机对照试验对241例可切除的NSCLC患者进行了单独手术分期与EBUS-EUS联合手术的比较，如果通过超声内镜检查发现未转移，则应进行手术分期[63]。在最初使用内镜检查的123名患者中[64]，仅有4名进行纵隔镜检查的患者证明有淋巴结转移。联合方法的敏感性为0.94，阴性预测值为0.93。在纵隔镜单独组中，敏感性为0.80，阴性预测值为0.86，与两者联合的方法相比在统计学上没有显著差异。尽管阴性预测值缺乏差异，但该研究表明，在联合组中不必要的开胸手术的数目减少了一半。基于此项研究，我们提出了一种新的侵入性分期方法，若还未证实淋巴结是否存在转移，则首先采用EBUS-EUS相结合的方法，然后再行纵隔镜检查。

8 纵隔的再分期

ⅢA期非小细胞肺癌患者具有特异性，包括患者处于N2淋巴结转移期或T3N1期。处于N2阶段ⅢA期患者的治疗方法差异很大，包括仅在显微镜下才能观察到的可切除的肿瘤细胞转移淋巴结到无法切除且体积巨大、存在多站融合的淋巴结。N2期患者的治疗因N2淋巴结受累程度的不同而不同。除了作为临床试验的一部分外，一般不建议对ⅢA(N2)期患者进行新辅助治疗［化疗和（或）放疗］后再进行手术治疗作为常规治疗方案[65]。作为临床试验的一部分，接受诱导放化疗的患者必须进行最初的侵入性探查进行纵隔分期以确认患者处于N2期。再分期的目的是评估接受诱导治疗后纵隔淋巴结是否还有残留，这将改变这些患者的后续治疗方案。

据报道，在进行诱导性治疗后通过无创成像（CT或PET扫描）对纵隔进行再分期，单纯的CT扫描是一种较差的再分期试验，假阴性（false-negative，FN）和假阳性（false-positive，FP）率约为40%[66]。PET扫描似乎优于单独的CT扫描，尽管放疗可导致诱导治疗后炎症引起的^{18}F-2-脱氧-D-葡萄糖摄取增加。在系统性回顾研究的基础上，PET扫描用于再分期的FN和FP率分别为25%和33%[66]。

侵入性再分期可以通过再次纵隔镜、VATS和微创内镜下NA模式（如EBUS-TBNA和EUS-FNA）来进行，但关于侵入性再分期作用的研究非常有限。在经验丰富的人看来，再次纵隔镜检查是安全的，但实际上只有少数机构能够进行该检查，因为在最初的纵隔镜检查和诱导治疗后，由于发生纤维化改变，再次进行纵隔镜检查可能会变得非常困难。系统性回顾研究显示，再次纵隔镜检查的结果始终比最初纵隔镜检查的结果差，总的灵敏度为63%，FN率为22%[66]。相较而言，EBUS和EUS操作简单，结果略好，总的灵敏度为84%，FN率为14%[64, 67-69]。两项研究观察了通过EBUS和（或）EUS进行初次侵入性分期后，再进行诱导治疗和再进行首次颈部纵隔镜检查对再分期的作用[70-71]。该方法的结果与纵隔镜检查所得的初次分期相似，灵敏度为89%，FN率为9%。

目前，包括EBUS-TBNA和EUS-FNA在内的微创针技术被认为是在可及淋巴结站确诊纵隔疾病的首选检测方法。因此，对N2期ⅢA疾病患者进行侵入性分期的理想方法是首先采用超声引导针刺技术进行侵入性分期，然后采用针刺技术进行再分期，对EBUS/EUS阴性病例保留纵隔镜检查。

9 结论

纵隔的侵入性分期是评估非小细胞肺癌患者的重要组成部分。由于影像学检查的假阳性率较高，因此对于影像学异常的患者进行病理学确诊是非常重要的。对于有纵隔淋巴结转移的高危患者，如有位于中央、较大、T期分期较高或处于N1期的肿瘤患者，也应进行侵入性纵隔分期。穿刺活检技术提供了侵入性较小的选择，其结果与开放的侵入性分期技术相当。VATS能探查整个同侧半部胸腔，与传统旧技术相比更具有实用性。无论使用何种技术，正确选择系统性淋巴细胞结采样或系统性淋巴结清扫至关重要。

（赵青春 陈 军 译）

主要参考文献

3. Silvestri GA, Gonzalez AV, Jantz MA, et al. Methods for staging non-small cell lung cancer: diagnosis and management of lung cancer, ed 3, American College of Chest Physicians evidence-based clinical practice guidelines. *Chest*. 2013;143(Suppl 5):e211S–e250S.
5. Darling G, Dickie J, Malthaner R. Kennedy E, Tey R. *Invasive Mediastinal Staging of Non-Small Cell Lung Cancer*. http://www.cancer-care.on.ca/toolbox/qualityguidelines/clin-program/surgery-ebs/; 2013.
8. Scottish Intercollegiate Guidelines Network. *Management of Patients With Lung Cancer. A National Clinical Guideline*. Edinburgh: Scotland; 2005.
9. National Collaborating Centre for Acute Care. *The Diagnosis and Treatment of Lung Cancer*. London, UK: National Institute for Health and Clinical Excellence; 2005.
10. Darling GE, Allen MS, Decker PA, et al. Randomized trial of mediastinal lymph node sampling versus complete lymphadenectomy during pulmonary resection in the patient with N0 or N1 (less than hilar) non-small cell carcinoma: results of the ACOSOG Z0030 Trial. *J Thorac Cardiovasc Surg*. 2011;141:662–670.
39. Allen MS, Darling GE, Pechet TT, et al. Morbidity and mortality of major pulmonary resections in patients with early-stage lung cancer: initial results of the randomized, prospective ACOSOG Z0030 trial. *Ann Thorac Surg*. 2006;81:1013–1019.
42. Annema JT, Versteegh MI, Veselic M, et al. Endoscopic ultrasound-guided fine needle aspiration in the diagnosis and staging of lung cancer and its impact on surgical staging. *J Clin Oncol*. 2005;23:8357–8361.
50. Fujiwara T, Yasufuku K, Nakajima T, et al. The utility of sonographic features during endobronchial ultrasound-guided transbronchial needle aspiration for lymph node staging in patients with lung cancer: a standard endobronchial ultrasound image classification system. *Chest*. 2010;138:641–647.
51. Yasufuku K, Chiyo M, Koh E, et al. Endobronchial ultrasound guided transbronchial needle aspiration for staging of lung cancer. *Lung Cancer*. 2005;50:347–354.
56. Yasufuku K, Pierre A, Darling G, et al. A prospective controlled trial of endobronchial ultrasound-guided transbronchial needle aspiration compared with mediastinoscopy for mediastinal lymph node staging of lung cancer. *J Thorac Cardiovasc Surg*. 2011;142:1393–1400.
60. Wallace MB, Pascual JM, Raimnondo M, et al. Minimally invasive endoscopic staging of suspected lung cancer. *JAMA*. 2008;299:540–546.
63. Annema JT, Van Meerbeeck JP, Rintoul RC, et al. Mediastinoscopy vs endosonography for mediastinal nodal staging of lung cancer: a randomized trial. *JAMA*. 2010;304:2245–2252.

获取完整的参考文献列表请扫描二维码。

第25章　第八版肺癌肿瘤、淋巴结和转移分期

Ramón Rami-Porta, Peter Goldstraw, Harvey I. Pass

要点总结

- 大小计数：肿瘤大小从≤1 cm到≤5 cm，根据每厘米对预后影响程度的不同被分成不同的T期，>5 cm但<7 cm的肿瘤现在为T3期，而那些>7 cm的肿瘤现在则是T4期。
- 到隆突的距离应除外：支气管内距隆突<2 cm的肿瘤与距隆突>2 cm的肿瘤有相似的结果。
- N期大体上是保持一致的。
- 寡转移现在被归类为M1b。
- 描述同一肺叶及其他肺叶内肺内结节的转移或同步原发病灶。
- 部分实体腺癌的大小将由计算机断层扫描上实体成分的大小和显微镜下浸润成分的大小来决定。

国际癌症控制联盟和美国癌症联合委员会颁布了恶性肿瘤的肿瘤的大小，淋巴结和转移（tumor，node，and metastasis，TNM）分期[1]。TNM分期是根据各国TNM委员会的报告和原始文章的年度评估进行定期修订[2-3]。最新两版TNM肺癌分期（2009年第七版和2016年第八版）的修订是基于IASLC收集的两个国际数据库[4-5]。这些数据库由癌症研究与生物统计中心存储、管理和分析，该中心是一家总部位于美国华盛顿州西雅图的非营利数据中心，是IASLC分期和预后因素委员会的会员。本章介绍了第八版TNM肺癌分期的修订过程、创新及其临床意义。第八版TNM恶性肿瘤分期将于2017年1月1日颁布。

1　国际肺癌研究协会第八版数据库

IASLC连续第二次登记了大约100 000名肺癌患者的数据。在本次修订中，患者确诊肺癌的时间为1999—2010年。该数据来自5大洲16个国家的35个不同数据库。他们的地理来源和患者人数如下：欧洲，46 560人；亚洲，41 705人；北美，4660人；澳大利亚，1593人；南美洲：190人，总计94 708名患者。在进行筛选后，77 156名患者符合分析要求，其中NSCLC患者70 967人和SCLC患者6189人。表25.1展示了对IASLC分期项目做出贡献的数据库类型和数据的性质[5]。大多数的数据是回顾性的，也就是说，世界各地的志愿者登记了肺癌患者的数据，并将他们的数据库提交给IASLC。这些数据库包含关于TNM描述的最低信息，但其中一些数据库缺乏对进行深入分析所需的必要细节。相比之下，通过电子数据采集在线系统注册而获得的数据虽然数量较少，但细节更丰富，而且非常有用。例如，可以描述肿瘤转移（M期），因为包含了关于转移瘤数量和位置的信息。表25.2为登记的SCLC和NSCLC患者所接受的治疗类型[5]。本数据库中肿瘤切除术后患者单独或合并化疗和（或）放疗的比例高于第七版。这通常是由于针对晚期疾病收集的临床试验数据库没有提交。然而，关于疾病解剖程度描述，外科登记处有完整的信息，

表25.1　第八版TNM肺癌分期所用IASLC数据库的数据源及数据类型[5]

数据库的类型	回顾性	前瞻性（EDC）	总计
联盟	41 548	2089	43 637
注册	26 122		26 122
外科系列	5373	592	5965
机构系列		1185	1185
机构注册	208		208
未知		39	39
总计	73 251	3905	77 156

注：EDC，电子数据采集

表25.2　第八版TNM肺癌分期的IASLC数据库中提交的小细胞和非小细胞肺癌患者的治疗模式[5]

治疗方法	%
单纯手术治疗	57.7
化疗和手术	21.1
放射治疗和手术	1.5
三联疗法	4.4
单纯化疗	9.3
化疗和放疗	4.7
单纯放疗	1.5

并可随时进行分析。尽管缺乏晚期肺癌的患者，但是在临床和病理分期肿瘤患者人群中，所有可能引起建议发生改变的发现都得到了验证，除了那些只基于临床分期肿瘤存在转移的情况外。

2　T、N和M描述的创新

2.1　T的描述

T分期的描述很复杂，因为它有许多描述语：肿瘤大小、支气管内位置、肺不张/肺炎，以及肺周围各种解剖结构的侵袭。该中心针对5个不同的患者群体分别分析每个描述语对预后的影响：3个具有病理分期的肿瘤［pT1-4 N0 M0完全切除（R0）；pT1-4任意N M0 R0以及pT1-4任意N M0任意R，即包括具有微观（R1）和残余肿瘤的宏观（R2）证据的切除］和两个具有临床分期肿瘤（cT1-4N0 M0和cT1-4任意N M0）的切除。根据对组织病理学类型、地理区域、年龄和性别进行调整后，进行额外的单因素和多因素分析。这些分析产生了多条生存曲线来进行仔细研究，以确定不同的描述语是否被正确分配到它们的T类别[6]。这些分析的结果可以总结如下：

- 3 cm仍然作为T1与T2肿瘤的分界线。
- 通常以1 cm作为肿瘤大小的间隔，较以前版本TNM的分期而言对预后影响更大。从≤1 cm到≤5 cm的肿瘤大小，每厘米计数并对T期进行分类。
- ＞5 cm到≤7 cm的肿瘤的预后与T3肿瘤的预后相似。
- ＞7 cm肿瘤的预后与T4肿瘤相似。
- 肿瘤在支气管内位置距隆突＜2 cm（第七版T3描述语）的预后与T2相似（支气管内位置距隆突＞2 cm）。
- 存在全肺不张/肺炎的肿瘤（第七版T3描述语）的预后为T2，与部分肺不张/肺炎的肿瘤的预后相似。
- 肿瘤侵犯膈膜（第七版T3描述语）的预后与T4肿瘤相似。
- 纵隔胸膜侵犯很少被用作独特的描述。

根据上述调查结果，T类别变更建议如下：

- 将T1细分为3个新的子类别：T1a（≤1 cm）、T1b（＞1 cm但≤2 cm）　和T1c（＞2 cm但≤3 cm）。
- 将T2细分为两个新的子类别：T2a（＞3 cm但≤4 cm）和T2b（＞4 cm但≤5 cm）。
- 将＞5 cm但≤7 cm的肿瘤重新分类为T3。
- 将＞7 cm的肿瘤重新分类为T4。
- 将支气管内距隆突≤2 cm但不累及隆突的肿瘤重新分类为T2。
- 将伴有完全肺不张/肺炎的肿瘤重新分类为T2。
- 将侵犯膈肌的肿瘤重新分类为T4。
- 删除纵隔胸膜侵犯作为描述语。

当根据这些新的T描述对生存情况进行分析时，生存曲线能够很好地分离，不会交叉。所有生存期差异均显著，T3与T4之间存在明显差异，这在第七版中不存在（图25.1）。

肺胸膜侵犯，定义为其脏层的侵犯，属于T2范畴（图25.2）[7]。PL1和PL2之间存在生存差异，但这些差异仅在病理分期上可鉴别，因此不能根据脏层胸膜侵犯的程度来修改目前对T2的描述。但是，它们有利于那些因脏层胸膜侵犯行手术治疗的肿瘤患者的术后预后。由于脏层胸膜侵犯会影响预后，若HE染色不佳，那么在第八版TNM肺癌分类中则再次强调使用弹性染色。

2.2　N的描述

对具有临床分期和病理分期的肿瘤患者的淋

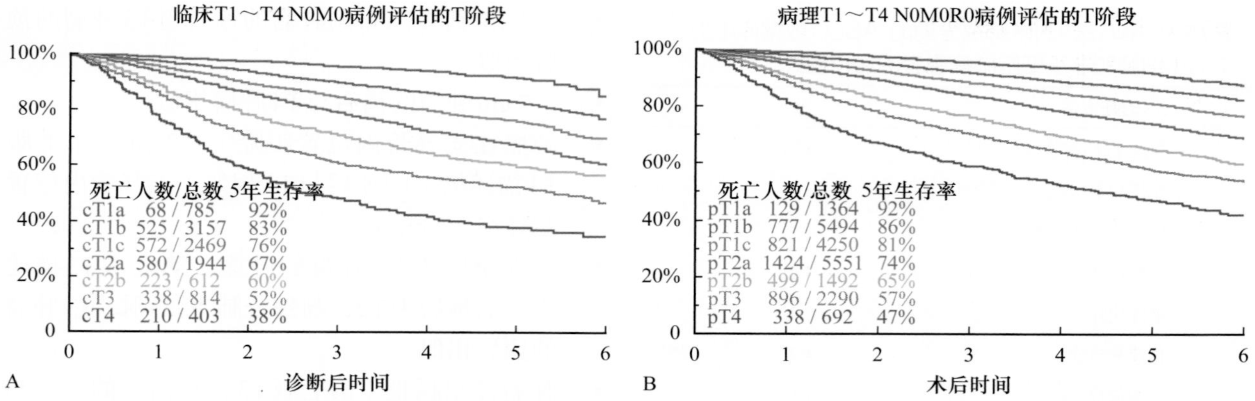

图25.1 根据第八版肺癌肿瘤、淋巴结和转移分期的临床（A）和病理（B）T描述生存曲线图

经许可转载自：Rami-Porta R, Bolejack V, Crowley J, et al. The IASLC Lung Cancer Staging Project: proposals for the revisions of the T descriptors in the forthcoming 8th edition of the TNM classification for lung cancer. J Thorac Oncol, 2015, 10: 990-1003.

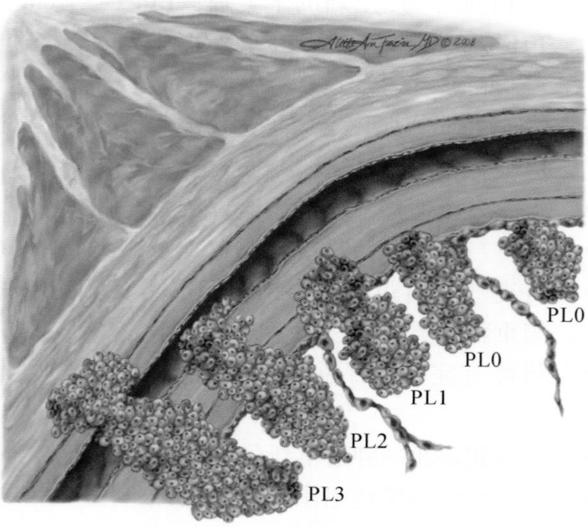

图25.2 内脏胸膜侵犯

注：PL0，胸膜下肺实质肿瘤或表面侵入胸膜结缔组织；PL1，肿瘤侵入弹性层；PL2，肿瘤侵犯胸膜表面；PL3，肿瘤侵犯胸膜壁层的任何组分（版权所有2008 Aletta Ann Frazier，MD）；经许可转载自：Travis WD, Brambilla E, Rami-Porta R, et al. Visceral pleural invasion: pathologic criteria and use of elastic stains. Proposal for the 7th edition of the TNM classification for lung cancer. J Thorac Oncol, 2008, 3: 1384-1390.

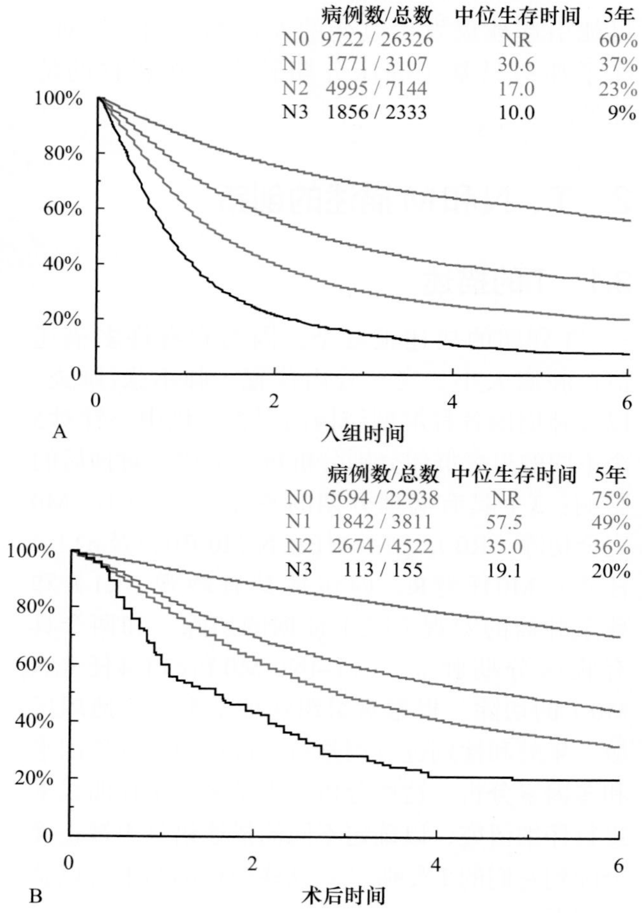

图25.3 根据临床和病理N分类生存曲线

（A）根据临床N分类生存曲线；（B）根据病理N分类生存曲线。经许可转载自：Asamura H, Chansky K, Crowley J, et al. The IASLC Lung Cancer Staging Project: proposals for the revisions of the N descriptors in the forthcoming 8th edition of the TNM classification for lung cancer. J Thorac Oncol, 2015, 10: 1675-1684.

巴结转移情况（N）进行分析。在这两个群体中，目前对肿瘤的N的描述（N0、N1、N2和N3）进行分类，其预后有统计学差异（图25.3）。因此，不需要对N描述提出任何修改建议[8]。

对淋巴结的定量也进行了探索性分析。基于病理分期，肿瘤患者中所涉及淋巴结站的数量和所探索的淋巴结站足够的信息来分析生存率。根据涉及的淋巴结站的数量，分为以下5组：

- N1a：单站N1。
- N1b：多站N1。
- N2a1：非N1疾病的单站N2（跳跃转移）。
- N2a2：单站N2伴N1疾病。
- N2b：多站N2。

图25.4为病理分期肿瘤和根据所涉及的淋巴结站数进行分类的淋巴结转移患者的生存情况。除N1b（多站N1）和N2a1（非N1的单站N2）的生存差异无统计学意义外，其余均有统计学意义。在临床分期过程中进行分析时，这些差异是不能重复的。因为原则上临床和病理描述必须相同，所以这个建议的亚分类不能用于修改对N的描述。然而，由于它可用于改善淋巴结转移的肺癌患者的术后预后，因而这种亚分类与临床有相关性[8]。

2009年提出的IASLC区域淋巴结图是结合了多学科和国际共识（图25.5）。但没有哪个图谱或解剖图是完美的，这张图谱也不完美。该图与之前提出的其他图谱相较而言，其优点是该图对每个节点都有明确的定义，放射科医师、内窥镜医师和胸外科医生在进行纵隔镜检查和肺切除

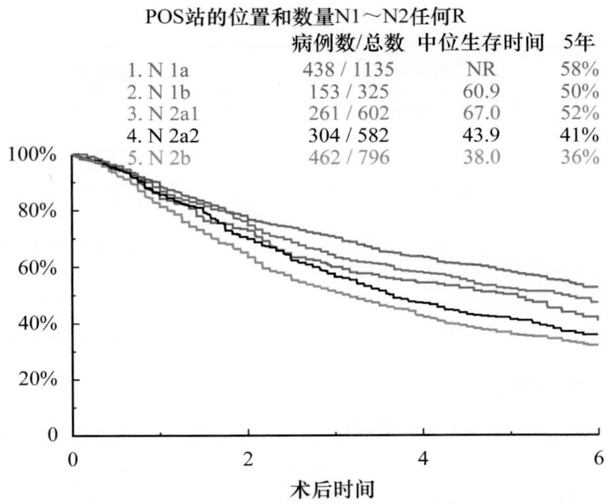

图25.4 根据淋巴结受累程度，按病理分期所累及的淋巴结数目分类

经许可转载自：Asamura H, Chansky K, Crowley J, et al. The IASLC Lung Cancer Staging Project: proposals for the revisions of the N descriptors in the forthcoming 8th edition of the TNM classification for lung cancer. J Thorac Oncol, 2015, 10: 1675-1684.

手术时系统淋巴结清扫可以识别出这些淋巴结（表25.3）。IASLC分期和预后因素委员会建议使用此图进行节点标记和预期的数据收集，以检测其潜在的局限性和在以后提出修改建议[9]。

表25.3 IASLC淋巴结图的淋巴结站界限[9]

淋巴结站的编号	解剖界限
锁骨上区	
#1：颈、锁骨上、胸骨上切迹淋巴结	上界：环状软骨下缘
	下界：双侧锁骨，在中线上为胸骨柄的上缘；1R表示右侧淋巴结，1L表示左侧淋巴结
	对于淋巴结站1，气管的中线充当1R和1L之间的边界
上区	
#2：上部气管旁淋巴结区	2R：上界：右肺和胸膜间隙的顶端，在中线上为胸骨柄的上缘
	下界：无名静脉末端与气管的交点
	与淋巴结4R相似的是，2R包括延伸至气管左侧外侧边界的淋巴结
	2L：上界：肺和胸膜间隙的顶端，在中线上为胸骨柄的上缘
	下界：主动脉弓的上缘
#3：气管前和气管后淋巴结	3a：血管前
	右侧：上界：胸部顶点；下界：隆突水平；前界：胸骨后部；后界：上腔静脉前缘
	左侧：上界：胸部顶点；下界：隆突水平。前界：胸骨后部；后界：左颈动脉
	3p：气管后
	上界：胸廓的顶部；下界：隆突

续表

淋巴结站的编号（#）	解剖界限
#4：下部气管旁淋巴结	4R：包括右气管旁节点和延伸到气管左侧边界的气管前节点
	上界：无名静脉的尾缘与气管的交叉点
	下界：奇静脉的下边界
	4L：包括气管左侧边界左侧的淋巴结，动脉韧带的内的淋巴结
	上界：主动脉弓的上缘
	下界：左主肺动脉的上缘
肺主动脉区	
#5：主动脉下（主肺动脉窗）	主动脉下淋巴结位于动脉韧带外侧
	上界：主动脉弓的下缘
	下界：左主肺动脉的上缘
#6：主动脉旁淋巴结（升主动脉或膈肌）	淋巴结位于升主动脉和主动脉弓的前部和侧部
	上界：与主动脉弓上边缘相切的线
	下界：主动脉弓的下界
隆突下区	
#7：隆突下淋巴结	上界：气管隆嵴
	下界：左侧是下叶支气管的上缘；右侧是中间支气管的下缘
下区	
#8：食管旁淋巴结（隆突下）	位于食管壁附近和正中线右侧或左侧的淋巴结，不包括下部的淋巴结
	上界：左下叶支气管上缘；右侧支气管中下缘
	下界：膈膜
#9：肺韧带淋巴结	位于肺韧带内的淋巴结
	上界：下肺静脉
	下界：膈膜
肺门和肺叶间区域	
#10：肺门区淋巴结	包括毗邻主支气管和肺门血管的淋巴结，包括肺静脉和主肺动脉的近端部分
	上界：右侧奇静脉的下缘；左侧肺动脉上缘
	下界：双侧叶间区域
#11：肺叶间淋巴结	位于肺叶支气管的起始部之间
	亚分类可选标记：
	#11s：右上叶支气管与中间支气管之间
	#11i：右侧中下支气管之间
边缘区域	
#12：肺叶的淋巴结	毗邻大支气管
#13：肺段的淋巴结	毗邻支气管节段
#14：肺亚段的淋巴结	毗邻亚节段支气管

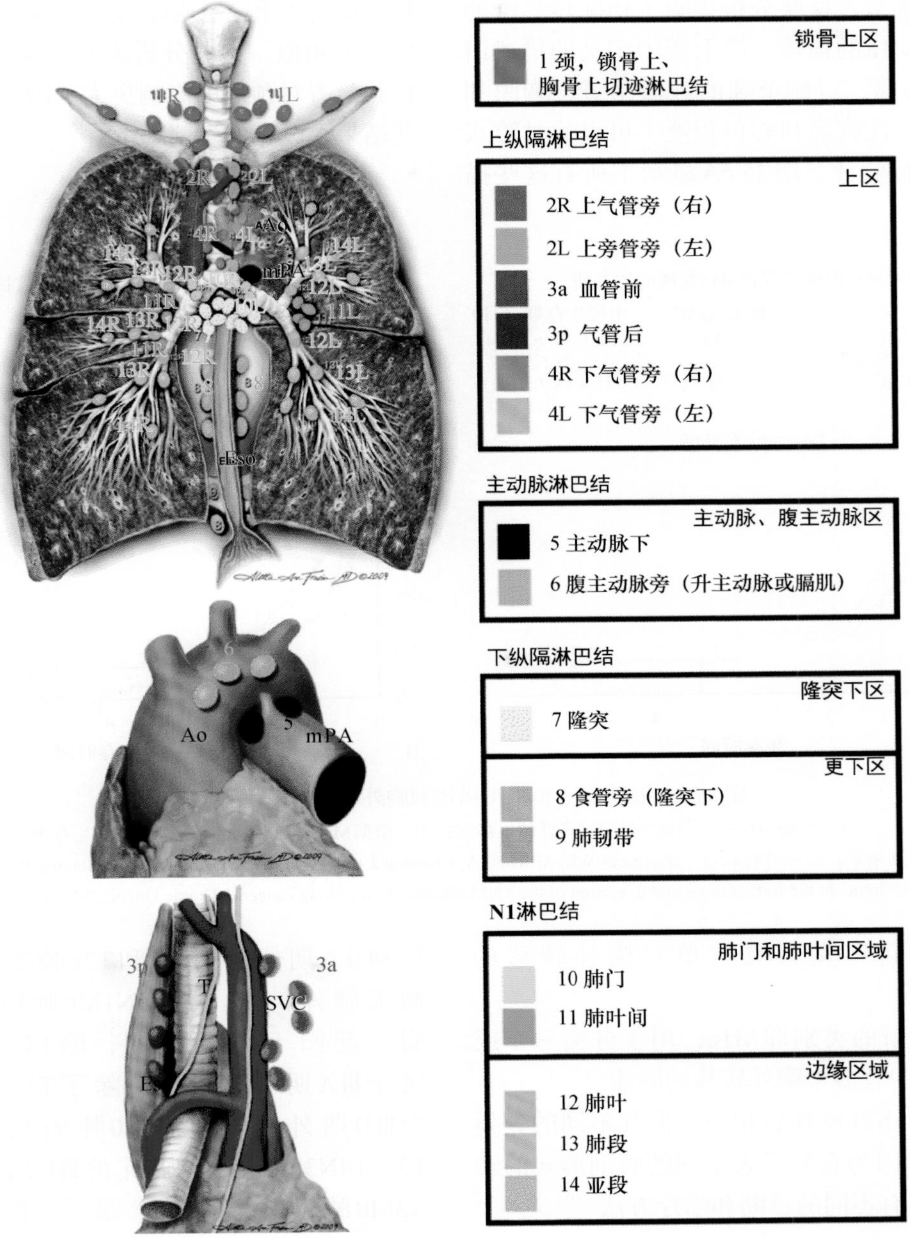

图25.5 国际肺癌研究协会淋巴结图谱

版权©2009 Aletta Ann Frazier，MD；Ao，主动脉；Eso，食管；mPA，主肺动脉；SVC，上腔静脉；T，气管；经许可转载自：Rusch VW, Asamura H, Watanabe H, Giroux DJ, Rami-Porta R, Goldstraw P. The IASLC Lung Cancer Staging Project. A proposal for a new international lymph node map in the forthcoming seventh edition of the TNM classification for lung cancer. J Thorac Oncol, 2009, 4: 568-577.

2.3 M的描述

电子捕获的数据，即预期在网上登记的数据，用于修订M描述语，因为它们对计划的分析有足够的细节。这些分析排除了切除转移瘤的患者。关于M1a的描述，第七版中定义的描述语（胸膜间隙转移：对侧单独的肿瘤结节、胸膜和心包结节、恶性胸膜和心包积液）可以通过第八版数据库进行验证。图25.6A显示了所有这些描述语的生存曲线是多么相似。因此，没有必要进行修改。对于肺外转移瘤（M1b），发现单发肺外转移患者的生存率与M1a肿瘤患者相似，但明显低于多发肺外转移患者。一个器官有多个胸外转移瘤的患者和多个器官有多个胸外转移瘤患者的生存率相似。这些分析表明，胸外转移瘤的数量比其位置对预后的影响更大（图25.6 B）。根据这些结果，改变的建议如下：

- 对M1a描述保持不变。

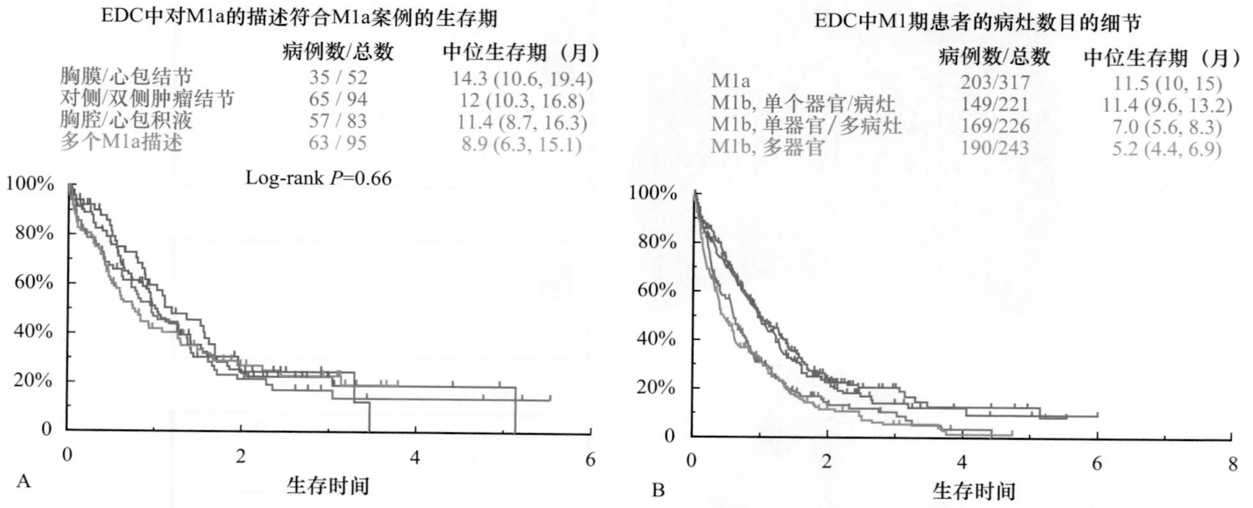

图25.6 根据M1a和M1b描述和胸外转移多样性的生存率

（A）根据M1a描述和胸外转移多样性的生存率；（B）根据M1b描述和胸外转移多样性的生存率

注：EDC，电子数据采集；经许可转载自：Eberhardt WE, Mitchell A, Crowley J, et al. The IASLC Lung Cancer Staging Project: proposals for the revision of the M descriptors in the forthcoming eighth edition of the TNM classification of lung cancer. J Thorac Oncol. 2015, 10: 1515-1522.

- 将M1b重新定义为具有单一胸外转移的肿瘤。
- 创建一个新的类别即M1c，用于分类一个或多个器官中有多个胸外转移的肿瘤。

M1a和M1b肿瘤预后相似，但其不同的分类是有意义的，因为它们代表不同的解剖形式的转移性疾病，并有不同的诊断和治疗方法[10]。

2.4 分期分组

表25.4为第八版肺癌TNM分期对T、N、M描述的定义。对于阶段分组讨论了几种模型。表25.5显示了最终选择的模型，因为它能最好地分离肿瘤患者不同预后的模型。ⅠA期分为ⅠA1期、ⅠA2期和ⅠA3期以适应新的T1a、T1b和T1b肿瘤，这些肿瘤无淋巴结累及和转移。ⅠB期和ⅡA期分别对T2a和T2b肿瘤进行分组，肿瘤无肺外扩散。所有N1M0肿瘤与T3N0M0肿瘤一起归于ⅡB期分组，除T3～T4N1M0肿瘤属于ⅢA期外。同样，除了T3～T4N2M0肿瘤为ⅢB期外，所有N2M0肿瘤均为ⅢA期；除T3～T4N3M0肿瘤为新的ⅢC期外，所有的N3M0肿瘤均为ⅢB期。最后，Ⅳ期分为ⅣA期（M1a组和M1b组肿瘤）和ⅣB期（包括M1c肿瘤）[11]。图25.7显示分别按照临床分期和病理分期后患者的生存情况。肿瘤分期越高，预期生存期越低。除临床分期ⅢC和ⅣA外，其余组别的差异均有统计学意义。然而，将这些肿瘤分成两个不同的阶段是有意义的，因为它们代表了不同类型的肿瘤扩散程度，ⅢC期患者有局部浸润而ⅣA期患者存在转移。

表25.4 第八版TNM肺癌分类、亚分类和描述[11]

分类	亚分类	描述
T原发肿瘤		
TX		原发肿瘤不能评价，或痰、支气管冲洗液找到癌细胞但影像学或支气管镜没有可视肿瘤
T0		没有原发肿瘤的证据
Tis		原位癌：Tis（AIS）：腺癌；Tis（SCIS）：鳞状细胞癌
T1		肿瘤最大径≤3 cm，周围被肺或脏层胸膜所包绕，镜下肿瘤没有累及叶支气管以上（没有累及主支气管）[a]
	T1mi	微腺癌
	T1a	肿瘤的最大径≤1 cm[a]
	T1b	肿瘤的最大径>1 cm且≤2 cm[a]
	T1c	肿瘤的最大径>2 cm且≤3 cm[a]
T2		肿瘤的最大径>3 cm且≤5 cm，或符合以下任何一点[b]：
		• 不论距隆突有多远，累及主支气管，但不累及隆突
		• 侵及脏层胸膜
		• 扩展到肺门的肺不张或阻塞性肺炎，累及部分或全肺
	T2a	肿瘤的最大径>3 cm且≤4 cm
	T2b	肿瘤的最大径>4 cm且≤5 cm
T3		肿瘤的最大径>5 cm且≤7 cm或肿瘤已直接侵及以下结构之一：
		胸膜壁层（PL3）、胸壁（包括上沟肿瘤）、膈神经、心包壁层，或与原发肿瘤位于同一叶内的独立肿瘤结节
T4		肿瘤的最大径>7 cm或肿瘤直接侵及了以下结构： 膈、纵隔、心脏、大血管、气管、喉返神经、食管、椎体、隆突，或同侧非原发肿瘤所在叶的其他肺叶出现单个或多个肺结节
N（局部淋巴结）		
NX		区域淋巴结不能评价
N0		没有区域淋巴结转移
N1		同侧支气管周围淋巴结和（或）同侧肺门淋巴结及肺内淋巴结转移，包括原发灶的直接侵犯
N2		同侧纵隔和（或）隆突下淋巴结转移
N3		对侧纵隔、对侧肺门淋巴结、同侧或对侧斜角肌或锁骨上淋巴结转移
M远处转移		
M0		没有远处转移
M1		远处转移
	M1a	对侧肺叶出现肿瘤结节；肿瘤伴胸膜结节或恶性胸腔或心包积液[c]
	M1b	单发的单个器官的胸外转移和单发的远处（非区域内）淋巴结受累
	M1c	一个或多个器官的多处胸外转移

注：[a]罕见的任何大小的浅表扩散性肿瘤，其侵袭性成分局限于支气管壁，可延伸至近端的主支气管，也被归类为T1a；[b]具有这些特征的T2肿瘤，如果确定直径≤4 cm，或者无法确定大小，则被划分为T2a；如果大于4 cm但不大于5 cm，则被划分为T2b；[c]大多数肺癌胸腔（心包）积液是由肿瘤引起的。然而，在少数患者中，胸膜（心包）液的多次显微镜检查对肿瘤呈阴性，而且该液体不带血，也不是渗出物。当这些因素和临床判断表明积液与肿瘤无关时，应将积液排除在分期描述符之外

表25.5 第八版TNM肺癌分期分组[11]

分期	T	N	M	分期	T	N	M
隐匿性癌	TX	N0	M0	ⅢA	T3	N1	M0
0	T0	N0	M0		T4	N0	M0M0
ⅠA1	T1mi	N0	M0		T4	N1	M0
	T1a	N0	M0	ⅢB	T1a，b，c	N3	M0
ⅠA2	T1b	N0	M0		T2a，b	N3	M0
ⅠA3	T1c	N0	M0		T3	N2	M0M0
ⅠB	T2a	N0	M0		T4	N2	M0
ⅡA	T2b	N0	M0	ⅢC	T3	N3	M0
ⅡB	T1a，b，c	N1	M0		T4	N3	M0
	T2a，b	N1	M0	ⅣA	任何T	任何N	M1a
	T3	N0	M0		任何T	任何N	M2b
ⅢA	T1a，b，c	N2	M0	ⅣB	任何T	任何N	M1c
	T2a，b	N2	M0				

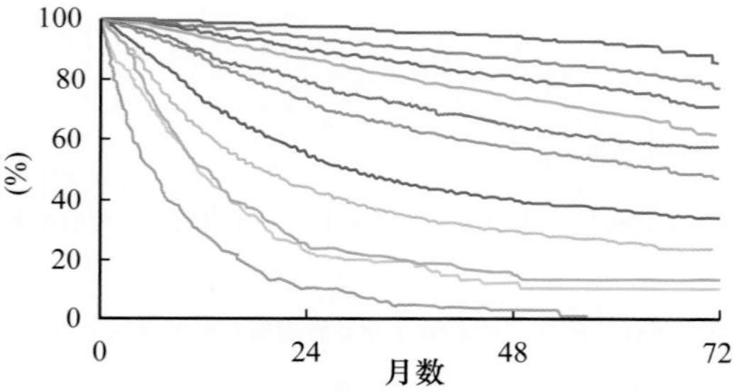

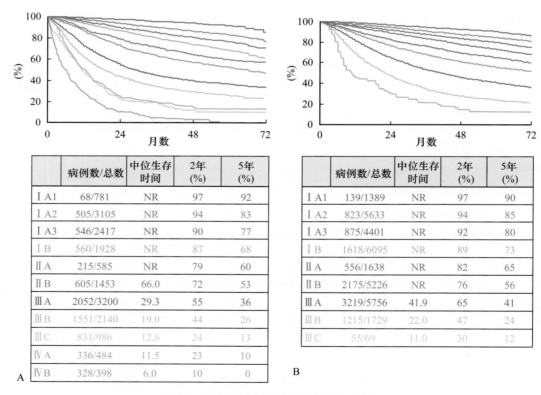

	病例数/总数	中位生存时间	2年(%)	5年(%)
ⅠA1	68/781	NR	97	92
ⅠA2	505/3105	NR	94	83
ⅠA3	546/2417	NR	90	77
ⅠB	560/1928	NR	87	68
ⅡA	215/585	NR	79	60
ⅡB	605/1453	66.0	72	53
ⅢA	2052/3200	29.3	55	36
ⅢB	1551/2140	19.0	44	26
ⅢC	831/986	12.6	24	13
ⅣA	336/484	11.5	23	10
ⅣB	328/398	6.0	10	0

A

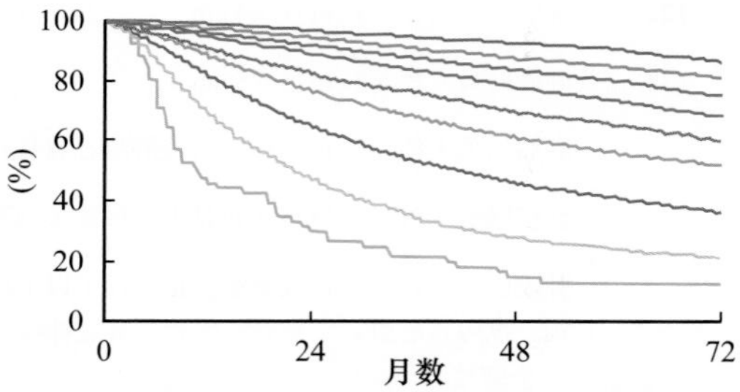

	病例数/总数	中位生存时间	2年(%)	5年(%)
ⅠA1	139/1389	NR	97	90
ⅠA2	823/5633	NR	94	85
ⅠA3	875/4401	NR	92	80
ⅠB	1618/6095	NR	89	73
ⅡA	556/1638	NR	82	65
ⅡB	2175/5226	NR	76	56
ⅢA	3219/5756	41.9	65	41
ⅢB	1215/1729	22.0	47	24
ⅢC	55/69	11.0	30	12

B

图25.7 根据各个临床和病理分期的生存率

（A）根据各个临床分期的生存率；（B）根据各个病理分期的生存率

注：MST，中位生存时间；NR，没有达到；经许可转载自：Goldstraw P, Chansky K, Crowley J, et al. The IASLC Lung Cancer Staging Project: proposals for the revision of the stage grouping in the forthcoming (8th) edition of the TNM classification of lung cancer. J Thorac Oncol, 2016, 11: 39-51.

2.5　SCLC和支气管肺类癌的适用性

第七版的修订版中探讨了TNM分期对SCLC和支气管肺类癌的适用性。与传统的SCLC的“局限和广泛疾病”的二分类相比，TNM分期在临床和病理分期中能区分更多的预后组[12-13]。尽管TNM分期仅在通过手术切除肿瘤的患者群体中进行分析，但它对支气管肺类癌的分析也有效。所有类别和阶段（包括转移性疾病）的较高存活率反映了这种肿瘤具有良性特征[14]。对于第八版，有4848名临床分期的SCLC患者，其中582例进行肿瘤切除并进行病理分类，而428名患者在临床和病理分期中有肿瘤。对这些人群的分析表明，尽管这类疾病的不同自然史清楚地反映在大多数种类和阶段的低存活率上，但是TNM分期也适用于SCLC。然而，重要的是认识到早期阶段（ⅠA1～ⅠA3）的预后与同时期的NSCLC并无太大差异[15]。

3　不符合描述的肿瘤分类

未包含在TNM描述中的情况难以分类。这些情况并不常见，也没有基于数据的建议。另一种方法是同意以某种方式对它们进行分类，以便每个人都对它们进行类似的分类。表25.6显示了大多数情况及其建议的分类[16]。

表25.6　当规则不适合时统一分类指南[16]

肿瘤的描述	分类
直接侵入相邻肺叶，穿过肺裂或如果肺裂不完整，直接侵入，除非其他标准指定其属于更高的T分类	T2a
侵及膈神经	T3
与原发肿瘤的直接扩大相关的喉返神经麻痹，上腔静脉阻塞，气管或食管压迫	T4
与淋巴结受累相关的喉返神经麻痹，上腔静脉阻塞，气管或食管压迫	N2
大血管受累：主动脉、上腔静脉、下腔静脉、肺动脉主干、左右肺动脉心包内段、左右肺静脉心包内段	T4
肺上沟瘤侵及椎体或椎管、锁骨下血管束或臂丛神经上支（C8或以上）明确受累	T4
无上述T4分级标准的肺上沟瘤	T3
直接延伸到心包脏层	T4
侵及肺门脂肪，除非其他标准指定其属于更高的T分类	T2a
侵及纵隔脂肪	T4
间断性肿瘤结节位于同侧胸膜顶或脏层胸膜	M1a
间断性肿瘤结节位于胸壁或横膈膜的壁层胸膜之外	M1b或M1c

4　肺癌新的具体规则

4.1　部分实体非黏液性腺癌肿瘤大小的测定

IASLC、美国胸科学会和欧洲呼吸学会提出的腺癌新分类定义了原位腺癌、微腺癌和不同细胞类型的侵袭性腺癌[17]。WHO已接受这个新的分类，并将其收录在其最新版的《胸部肿瘤病理学》一书中[18]。这些肿瘤在CT上呈现为部分实性病变，包括实性和磨玻璃成分。一般情况下，CT上的实性成分对应于显微镜下肿瘤的浸润部分，磨玻璃成分则对应于肿瘤的非浸润的鳞状成分。越来越多的证据表明，肿瘤实性成分的大小决定肿瘤患者的预后[19-21]。因此，对于这些部分实体的腺癌，其大小将由CT上实性成分的大小和显微镜下浸润成分的大小所决定。然而，在放射学/病理学报告中，建议同时记录实体/侵袭性成分的大小和整个肿瘤的大小[22]。

4.2　诱导治疗后肿瘤大小的测量

诱导治疗后，当出现一定的肿瘤反应时，尚缺乏用于测量肿瘤大小的规则。在实际运用过程中则是将活肿瘤细胞的百分比乘以总细胞的大小。这适用于活体肿瘤的单个或多个病灶[22]。

4.3　肺癌合并多种病变的分类

肺癌合并多种病变的分类规则是模糊的，容易产生多种解释。在IASLC分期和预后因素委员会内成立了一个特设小组委员会来研究这一问题，并对这些肿瘤进行同质分类的方法达成共识。小组委员会制订了4种疾病模式，以界定具有多种病变的肺癌的不同表现形式，并建议按下列规则分类[23]：

- 同步和异时性原发性肺癌：对于每个肿瘤，应分别用TNM进行分类。无论肿瘤的位置（不在同一侧的肺、同侧不同的肺叶或相同的肺叶）如何，该分类都适用于肉眼可确诊的肿瘤和显微镜下确诊的肿瘤。表25.7显示了区分第二原发肿瘤和相关肿瘤的临床和病理标准[24]。

表25.7 分离型与相关型肺肿瘤的临床诊断标准[24]

临床标准[a]

如果肿瘤明显属于不同的组织学类型（如鳞状细胞癌和腺癌），则可认为是分离的原发肿瘤

在下列情况下，肿瘤可被认为源自单一的肿瘤来源：通过比较基因组杂交确定匹配断点

支持分离肿瘤的相关论点：

- 不同的影像学表现或代谢摄取
- 不同模式的生物标志物（驱动基因突变）
- 不同的生长速度（如果有以前的成像）
- 无淋巴结或全身转移

支持单一肿瘤来源的相关论点：

- 相同的影像学外观
- 相似的生长模式（如果有以前的成像）
- 明显的淋巴结或全身转移
- 相同的生物标志物模式（以及相同的组织类型）

病理学标准（即切除后）[b]

在下列情况下，肿瘤可视为独立的原发肿瘤：

- 它们明显属于不同的组织学类型（如鳞状细胞癌和腺癌）
- 通过全面的组织学评估，它们明显不同
- 它们是原发于原位癌的鳞癌

在下列情况下，肿瘤可被认为源自单一的肿瘤来源：

- 通过比较基因组杂交，确定了精确匹配的断点

支持分离肿瘤的相关论点（与临床因素一起考虑）：

- 生物标志物的不同模式
- 无淋巴结或全身转移

支持单一肿瘤来源的相关论点（与临床因素一起考虑）：

- 综合组织学评估的匹配外观
- 相同的生物标志物模式
- 明显的淋巴结或全身转移

注：[a]临床分期不包括全面的组织学评估，因为需要切除整个标本；[b]病理资料应补充任何可用的临床资料

- 相同组织学类型的孤立肿瘤结节（肺内转移）：这些肿瘤的分类取决于孤立的肿瘤结节在肺叶中的位置。如果孤立的肿瘤结节位于原发肿瘤的同一叶内，则将其分类为T3；如果它们位于同侧的不同肺叶，则为T4；如果它们在对侧肺中，则归类为M1a。然而，如果有胸外转移，则根据转移的数量将肿瘤分为M1b或M1c。这种分类适用于临床或肉眼发现的孤立的肿瘤结节，也适用于病理检查中显微镜下发现的肿瘤结节。表25.8显示了对孤立的肿瘤结节（肺内转移）进行分类的临床和病理标准[23, 25]。

表25.8 将病变（肺内转移）分类为单独的肿瘤结节的标准[23, 25]

临床标准

在以下情况下，应将肿瘤视为具有单独的肿瘤结节：

- 有一个实体肺癌和一个单独或多个的肿瘤结节具有相似的实体外观和（假定）匹配的组织学外观
- 适用于是否对病变进行活检，前提是被高度怀疑，病变在组织学上是相同的
- 适用于是否存在胸外转移灶

并且证明：

- 这些病变不被判断为同步性原发性肺癌
- 病变不是多灶性GG/L肺癌（具有GG/L特征的多个结节）或肺炎型肺癌

病理标准

如有下列情况，应考虑肿瘤有单独的肿瘤结节（肺内转移）：

- 肺中有一个单独的肿瘤结节，其组织学特征与原发性肺癌相似

并且证明：

- 病变为非同步原发性肺癌
- 病变非鳞状上皮性腺癌（LPA）、微腺癌（MIA）和原位腺癌（AIS）的多个病灶

注：实性腺癌的影像学表现和特定的组织学亚型是不同的；AIS，原位腺癌；GG/L，磨玻璃或鳞状；LPA，鳞状上皮性腺癌；MIA，微腺癌

- 具有磨玻璃/鳞状特征的多灶性肺腺癌：这些肿瘤应按最高的T进行分类，括号内的数字（#）或（m）表示多个，N和M共同适用于所有的多发肿瘤。肿瘤最大直径为CT上的实性成分或显微镜下浸润的成分。不管是位于相同肺叶、同侧肺或对侧肺的肿瘤，还是肉眼可识别或在病理检查中鉴定出的肿瘤，这种分类都适用。表25.9列出了这些肿瘤的临床和病理学标准[26]。
- 弥漫性肺炎型肺腺癌：如果只有一个病灶，则采用一般的TNM肺癌分类，其中T类由肿瘤大小决定。若存在多个病灶，T和M分类由受累区域的位置来定义：如果受累区域位于一个肺叶，分类为T3，包括粟粒状累及；如果涉及其他同侧肺叶，则为T4；如果有对侧肺受累，则为M1a。在这种情况下，T分类由最大肿瘤的T分类定义。T4也适用于大小难以确定，但有证据侵入另一个同侧肺叶的情况。N分类应适用于所有肺部位，并根据转移的解剖位置选择适当的M分类。至于所描述的其他疾病模式，这种分类适用于肉眼可确定的肿瘤及病理检查中发现的肿瘤。表25.10列出了这些肿瘤的临床和病理学特征[26]。

表 25.9 多灶性磨玻璃/鳞状肺腺癌的鉴别标准 [26]

临床标准

存在以下情况下时，应将肿瘤视为多灶性磨玻璃或鳞状（GG/L）肺腺癌：

- 有多个亚实性结节（纯磨玻璃或部分实性），至少有一个怀疑（或证实）是癌症
- 这适用于是否对结节进行活检
- 如果活检发现其他结节为AIS、MIA或LPA，也应如此
- 如果一个结节已经变成＞50%实性的成分，但如果有其他的亚实性结节，判断为来自GGN，则适用此标准
- TNM分期不包括＜5 mm或怀疑为AAH的GGN病变

病理标准

存在以下情况下时，应将肿瘤视为多灶性磨玻璃或鳞状（GG/L）肺腺癌：

- LPA、MIA或AIS有多个病灶
- 这适用于详细的组织学评估（即亚型的比例）显示匹配或不同的外观
- 如果一个病灶是LPA、MIA或AIS，并且还有其他未进行活检的亚实性结节，则适用
- 这适用于术前或仅在病理检查中发现结节
- 在TNM分期中不计算AAH的病灶

注：实性腺癌的影像学表现和特定的组织学亚型是不同的；AAH，非典型腺瘤性增生；AIS，原位腺癌；GG/L，磨玻璃或鳞状；GGN，磨玻璃结节；LPA，鳞状上皮性腺癌；MIA，微腺癌

表 25.10 肺炎型肺腺癌的诊断标准 [26]

临床标准

如果出现以下情况，则应将肿瘤视为肺炎型肺腺癌：

- 癌症表现为区域性分布，类似于肺浸润或实变
- 适用于一个融合区或多个疾病区域。该区域可能局限于一个叶、多个叶或双侧，但应包括区域分布模式
- 所涉及的区域可能是磨玻璃样、实性成分或两者的结合
- 高度怀疑恶性肿瘤时，无论是否对该区域进行了活检，都可以使用这种方法
- 这不应适用于分散的结节（即GG/L结节）
- 这不适用于引起支气管阻塞并导致阻塞性肺炎或肺不张的肿瘤

病理学标准（即术后）

如果出现以下情况，则应将肿瘤视为肺炎型肺腺癌：

- 腺癌在肺的某个区域呈弥漫性分布，而不是单个界限清楚的肿块或多个离散的界限清楚的结节
- 这通常涉及侵袭性黏液腺癌，尽管可能出现黏液和非黏液混合的类型
- 肿瘤可能表现为腺泡、乳头状和微乳头状生长模式的异质性混合，但通常以鳞状成分为主

注：实性腺癌的影像学表现和特定的组织学亚型是不同的；GG/L，磨玻璃或鳞状

表25.11总结了肺癌合并多发病变的4种类型的基本影像学和病理学特征、推荐的TNM分期和概念观点[23]。

表 25.11 肺癌合并多肺部位累及患者的疾病类型及TNM分期简图 [23]

	第二原发性肺癌	独立肿瘤结节（肺内转移）	多病灶的GG/L结节	肺炎型肺腺癌
图像特征	两种或两种以上具有肺癌影像学特征的肿块（如尖状）	典型肺癌（如实性、针状），有独立的实性结节	多发磨玻璃或部分实性结节	磨玻璃或实性的斑片状区域
病理学特征	不同的组织类型或不同的形态学综合组织学评价	通过全面的组织学评估，具有相同形态特征的不同肿块	具有明显鳞状上皮成分的腺癌（AIS，MIA，LPA的程度通常不同）	组织学特征一致（最常见的浸润性黏液腺癌）
TNM分期	对每种癌症分别进行cTNM和pTNM治疗	独立结节相对于原发灶的位置决定了是T3、T4还是M1a；单个的N和M	T值以（#/m）表示多样性的最高T值为基础；单个的N和M	T按大小或T3在单叶，T4或M1a在不同的同侧或对侧叶；单个的N和M
概念观点	不相关的肿瘤	单发肿瘤，伴肺内转移	分离的肿瘤，尽管有相似之处	单一肿瘤，弥漫性肺受累

注：AIS，原位腺癌；c，临床；GG/L，磨玻璃或鳞状；LPA，鳞状上皮性腺癌；MIA，微腺癌；p，病理

5 对临床实践的影响

促使第八版肺癌TNM分期修订的最重要的发现之一是肿瘤大小作为预后因素的相关性增加。最小的编码侵袭性肿瘤的最大尺寸为1 cm或更小。在筛查项目中，发现的近60%的肿瘤具有这一特征。目前，通过新的T1a类别，可以与其他肿瘤进行明显区分[27]。这些小肿瘤将为进一步研究生长速度、肿瘤密度、标准化摄取值强度、切除类型以及其他替代疗法（如立体定向体放疗或射频消融术）、分子谱和遗传特征提供基础。肿瘤大小作为所有T分类描述的存在将有助于在未来临床试验中对肿瘤进行更好地分层，并且将提高我们对预后的预测能力。这意味着肿瘤最大尺寸将比以前版本的TNM分期更具有临床相关性，因此，主治医生的责任也更为重大。

最近描述的原位腺癌（adenocarcinoma in situ，AIS）、Tis（AIS）和微浸润腺癌（T1mi）[17]已被纳入分类，并具有特定的类别，这将提高我们对它们的认识，并促进前瞻性数据的收集[22]。此外，应注意确定一些实体肿瘤的实性成分大小，因为实体成分的大小（而不是整个肿瘤的大小）决定预后[22]。

脏层胸膜侵犯已被证实是一个影响预后的重要因素，甚至它的两个类别（PL1和PL2）对预后也有影响。因此，当HE染色不能充分判断脏层胸膜是否受侵时，病理学家建议使用弹性染色。未能使用弹性染色可能低估了约20%的被认为患有IA期肿瘤患者的脏胸膜受侵[28]。

N分类的描述没有被修改，但是在第八版使用的数据分析中得出一个重要的结论：淋巴结疾病的量化。这一点在第七版的分析中已经很明显了。它们证明了存活率与根据淋巴结站累及的数量而定义的淋巴结疾病有关。随着受累淋巴结站数量的增加，预后恶化，但也发现单站N2期的预后与多站N1期相同[29]。对受累淋巴结站数目的分析显示了类似的结果：受累淋巴结站数目越多，预后越差。它们还显示了其他具有实际意义的结果：将肿瘤患者分为非N1的单站N2期和伴N1的单站N2期两组，两组的生存率有差异，前者的生存率高于后者，且与多站N1期的生存率相似[8]。以上这些发现都来自病理分期，并且在临床分期中无法可靠地重复，这就排除了将其用于对现有N描述进行细分的可能性。然而，它们具有临床相关性。第一，它们将帮助主治医师改善那些淋巴结有转移但已切除肿瘤患者术后的预后情况。第二，非N1的单站N2期与多站N1期预后相同，这一事实将对这些患者是否可以进行早期手术而提出疑问。问题是，用目前使用的分期方法很难确定一个肿瘤在临床分期中是否具有无N1的单站N2疾病。一项试图通过系统CT、正电子发射断层显像和选择性纵隔镜检查确定单区N2疾病的研究，未能在19%的患有多区N2疾病患者中成功[30]。第三，很明显，如果我们想为单站N2期患者提供早期肿瘤切除治疗，我们必须在术前进行CT、正电子发射断层显像和标准纵隔镜检查之外将他们的肿瘤分期。只有经正确的经颈纵隔淋巴结切除术才能可靠地鉴别单站或单区N2期疾病。这可能是支持电视辅助纵隔镜淋巴结切除术和经颈扩大纵隔淋巴结切除术的依据，目的是切除纵隔淋巴结及其周围脂肪组织，其敏感性和阴性预测值为1或接近1[31-35]。

虽然方法可取，但事实上，IASLC提出的区域和肺淋巴结图尚未被普遍使用[8-9]。这可能是按地理区域研究N分类生存情况时发现的重要差异的原因[8]。IASLC淋巴结图是第一个根据国际和多学科共识制定的图谱。我们有责任正确地使用它，以一种统一的方式对淋巴结疾病进行分类。这将提高我们对不同解剖区域淋巴结疾病含义的理解。

在第八版TNM分期中，M的分类发生了重要的变化。将胸外转移瘤按其数目细分（M1b代表单个胸外转移瘤，M1c代表一个或几个器官中多个胸外转移瘤）可确定一组转移瘤（M1b），这可为进一步深入研究转移性疾病提供基础。寡转移疾病和寡进展并没有统一的定义，因为它们可能包括1～5个转移灶。此外，还可能存在不同形式的转移性播散的循环癌细胞和微转移灶[36]。因此，临床实践的直接意义是必须记录转移的数量和位置以确定M1类别。有必要进行病理证实，如需记录转移灶的最大直径，或者如果同时有几个转移灶，需记录最大转移灶的最大直径。尽管这些差异无法在第八版TNM分期的分析中得到证实，但是器官位置也很重要，因为这可能导致预后差异[10]。新的M1b类是胸外播散中最不广泛的一种，可能是寡转移的基本组成部分。这种差异很重要，因为与以姑息治疗为主要治疗目标的多转移灶疾病相比较，寡转移疾病和寡进展的治疗目标是，采用任何可用的或适合转移灶大小和位置的方法进行根治（即消除所有已知疾病）：手术切除、标准放射治疗、立体定向放射治疗、射频消融术、微波消融术、化疗或靶向治疗，可采用单独或联合治疗方式。

最后，新的分期分组肯定会对通过重新分类而改变肿瘤分期的适应证提出疑问。虽然治疗的适应证是基于分期，但在第八版TNM分期中引入的分类变化并不一定意味着治疗方案的自动变化[11]。治疗应以适当设计的临床试验为基础。多学科团队的临床判断将在评估现有的最佳证据后，决定针对患者个体和肿瘤的最佳治疗方案[37-39]。

总之，第八版TNM肺癌分期提高了我们对肿瘤解剖程度的认识，增强了我们在临床和病理分期上预测预后的能力，增加了在未来临床试验中通过促进肿瘤分层进行研究的可能性。

（赵青春　陈　军 译）

主要参考文献

4. Goldstraw P, Crowley JJ. The International Association for the Study of Lung Cancer international staging project on lung cancer. *J Thorac Oncol*. 2006;1:281–286.
5. Rami-Porta R, Bolejack V, Giroux DJ, et al. The IASLC Lung Cancer Staging Project: the new database to inform the eighth edition of the TNM classification of lung cancer. *J Thorac Oncol*. 2014;9:1618–1624.
6. Rami-Porta R, Bolejack V, Crowley J, et al. The IASLC Lung Cancer Staging Project: proposals for the revisions of the T descriptors in the forthcoming 8th edition of the TNM classification for lung cancer. *J Thorac Oncol*. 2015;10:990–1003.
8. Asamura H, Chansky K, Crowley J, et al. The IASLC Lung Cancer Staging Project: proposals for the revisions of the N descriptors in the forthcoming 8th edition of the TNM classification for lung cancer. *J Thorac Oncol*. 2015;10:1675–1684.
10. Eberhardt WE, Mitchell A, Crowley J, et al. The IASLC Lung Cancer Staging Project: proposals for the revision of the M descriptors in the forthcoming eighth edition of the TNM classification of lung cancer. *J Thorac Oncol*. 2015;10:1515–1522.
11. Goldstraw P, Chansky K, Crowley J, et al. The IASLC Lung Cancer Staging Project: proposals for the revision of the stage grouping in the forthcoming (8th) edition of the TNM classification of lung cancer. *J Thorac Oncol*. 2016;11:39–51.
14. Travis WD, Giroux DJ, Chansky K, et al. The IASLC Lung Cancer Staging Project: proposals for the inclusion of broncho-pulmonary carcinoid tumors in the forthcoming (seventh) edition of the TNM classification for lung cancer. *J Thorac Oncol*. 2008;3:1213–1223.
15. Nicholson AG, Chansky K, Crowley J, et al. The IASLC Lung Cancer Staging Project: proposals for the revision of the clinical and pathologic staging of small cell lung cancer in the forthcoming eighth edition of the TNM classification for lung cancer. *J Thorac Oncol*. 2016;11:300–311.
22. Travis WD, Asamura H, Bankier A, et al. The IASLC Lung Cancer Staging Project: proposals for coding T categories for subsolid nodules and assessment of tumor size in part-solid tumors in the forthcoming eighth edition of the TNM classification of lung cancer. *J Thorac Oncol*. 2016;11(8):1204–1223.
25. Detterbeck FC, Bolejack V, Arenberg DA, et al. The IASLC Lung Cancer Staging Project: background data and proposals for the classification of lung cancer with separate tumor nodules in the forthcoming eighth edition of the TNM classification for lung cancer. *J Thorac Oncol*. 2016;11:681–692.
26. Detterbeck FC, Marom EM, Arenberg DA, et al. The IASLC Lung Cancer Staging Project: background data and proposals for the application of TNM staging rules to lung cancer presenting as multiple nodules with ground glass or lepidic features or a pneumonic-type of involvement in the forthcoming eighth edition of the TNM classification. *J Thorac Oncol*. 2016;11:666–680.

获取完整的参考文献列表请扫描二维码。

第26章　手术患者的术前功能评估

Alessandro Brunelli, Pieter E. Postmus

要点总结

- 通过第1秒用力呼气量预测值（predicted postoperative forced expiratory volume in 1 second，ppoFEV_1）这一指标预测慢性阻塞性肺疾病（chronic obstructive pulmonary disease，COPD）患者的术后FEV_1并不准确。不可单独凭借此项指标选择接受手术的患者。
- 应通过估计手术期间需切除的功能性部分的数量，对所有接受肺切除术候选者进行FEV_1、一氧化碳肺扩散能力（carbon monoxide lung diffusion capacity，DLCO）及其推导所得ppoFEV_1和术后DLCO预测值（predicted postoperative DLCO，ppoDLCO）进行测量和计算。
- 已证明ppoDLCO是COPD患者和未患COPD者肺部疾病发病率和死亡率的可靠预测指标。
- 可在手术前通过技术含量较低的运动测试（如往返步行测试和爬楼梯测试）对患者进行筛查。如果这些测试的结果不佳（即在往返步行测试中＜25个往返步或＜400 m，或在楼梯爬升测试中＜22 m），则表明功能受限。这些患者应接受心肺运动试验（cardiopulmonary exercise test，CPET）。
- CPET评估患者的总体健康状况，以最大氧气（maximum oxygen，VO_{2peak}）的消耗率以及其他一些直接和推导所得测量值（可通过这些测量值确定氧气传输系统中的限制因素）。
- 如果VO_{2peak}低于10 mL/（kg·min）或超过预测值的35%，则表示进行肺切除术的风险较高。
- 应对所有接受肺切除术的候选患者均进行心脏风险分层。风险评分如胸廓改良后心脏风险指数（thoracic revised cardiac risk index，ThRCRI）是对患者进行无创心脏评估（即ThRCRI＞1.5）的一种简单可靠的方法。
- 无论手术计划如何，都应在手术前仅对需接受干预的患者进行适当的心脏干预。但是，在不需要冠状动脉血运重建手术的患者中，术前预防性进行该手术似乎不能降低围手术期的风险。
- 微创胸外科手术研究表明，微创胸腔手术（电视胸腔镜外科手术）与降低发病率和死亡率的风险具有相关性，尤其是在高危患者中。

对于Ⅰ和Ⅱ期非小细胞肺癌，切除术是经过验证的可实现治愈的最佳治疗选择。为实现此目标，肿瘤应该可切除而且患者应该是可进行切除手术（即健康状态较好可进行切除手术且术后生活质量也令人满意）。一般来说，确定是否可进行切除术应依靠整个团队的努力且还取决于通过肿瘤及其局部或全身转移部位的充分影像学资料而确定的肿瘤分期。首先，应根据围手术期和术后并发症的风险确定是否可进行手术。其次，可根据受累肺部（或肺）切除后长期失能的风险确定。因此，决定是否进行根治性手术应同时考虑到可手术性的两个方面。虽然很多被认为无法进行手术的患者接受了立体定向放射疗法且未入组Ⅱ期试验，但是这一治疗方案变得越来越重要，其作为切除术的替代策略正处于不断发展之中，并且其结果也颇具前景，尤其是对于肿瘤体积较小（ⅠA期）的患者[1]。

许多肺癌患者均具有吸烟史，而且还患有因敏感器官和器官系统损伤而导致的合并症。在这些患者中最常见的疾病是因肺组织损害而导致的COPD伴肺功能降低和动脉粥样硬化性心血管疾病。由于存在这种合并症，因此评估长期失能和围手术期并发症的风险是否升高至关重要。术前生理评估旨在量化风险等级。

此外，肺癌是老年性疾病，因此从逻辑上讲，这些患者可能会患有合并症（如糖尿病或肾脏疾病）。

1　合并症评估

通过查尔森合并症指数（表26.1）[2]可充分评价合并症。目前已证明该指数是手术死亡率以及长期生存率的独立预测指标。根据查尔森合并症指数，评估了1993—2005年底在挪威接受手术切除的1844例肺癌患者的子集分组，并且还分析了影响30天死亡率的潜在因素。术后30天内的总死亡率为4.4%。通过多变量分析，确定男性（优势比为1.76）、年长者（70～79岁优势比为3.38）、右侧肿瘤（优势比为1.73）和广泛性手术（肺切除术优势比为4.54）为术后死亡率的危险因素。确定查尔森合并症指数为术后死亡率的独立危险因素（P=0.017）[2]。

一项入组433例（340例男性和93例女性）患者接受非小细胞肺癌根治性切除术的研究使用了查尔森合并症指数进行死亡风险评估。查尔森合并症指数为0的患者5年总生存率为52%，指数为1或2的患者为48%，指数为3或3以上的患者为28%。多因素分析表明年龄、查尔森合并症指数为1或2、查尔森合并症指数为3或更高、双肺叶切除术、全肺切除术以及病理阶段ⅠB、ⅡB、ⅢA、ⅢB和Ⅳ均与生存率降低具有相关性[4]。

因此，将评分与生理参数相结合可有助于确定患者是否适合进行手术。

表26.1　查尔森合并症指数评分

评分	状况
1	冠状动脉疾病
	充血性心力衰竭
	慢性肺疾病
	消化性溃疡病
	周围性血管疾病
	轻度肝脏疾病
	脑血管疾病
	结缔组织病
	糖尿病
	痴呆
2	偏瘫
	中度至重度肾脏疾病
	糖尿病伴终末器官损伤
	任何既往肿瘤（确诊年限不超过5年）
	白血病
	淋巴肿瘤
3	中度至重度肝脏疾病
6	转移性实体瘤
	AIDS（不仅是HIV阳性）

注：AIDS，获得性免疫缺陷综合征；HIV，人免疫缺损病毒

2　心脏风险的估计

有报道称，住院期间发生重大心脏事件（定义为发生心室颤动、肺水肿、完全性心脏传导阻滞、心搏骤停或心源性死亡）的风险约为3%[5-6]。因肺癌治疗而需进行肺部手术的典型候选患者一般会因吸烟而同时患有肺部疾病和心脏疾病，而且此类患者围手术期心血管并发症发生的风险也会升高。可惜的是，针对因肺癌治疗而需要进行肺部手术患者心脏风险这一方面的可用文献数量有限。而且目前的一些相关建议均需要通过有关腹腔内手术和腹股沟血管手术（从心脏风险这一角度看，两者均为高风险手术）的文献推导所得出来[5,7]。

最近一项使用监测、流行病学和最终结果医疗保险数据对因肺癌治疗而须进行切除术患者（接受冠状动脉支架置入术后1年内）的研究显示，与未接受支架植入术患者（分别为4.9%和4.6%）相比，接受支架植入术的患者发生重大心血管事件和死亡率的风险均更高（分别为9.3%和7.7%；两个比较的P值均<0.0001）[8]。

两家机构已经制定了有关评估和处理须进行肺切除术候选患者的心脏危险因素的指南：①欧洲呼吸学会/欧洲胸外科医师学会（European

Respiratory Society/European Society of Thoracic Surgeons，ERS/ESTS）联合工作组；②美国胸科医师学会（American College of Chest Physicians，ACCP）[9-10]。

一般来说，不建议对运动耐量结果可接受的患者或改良后心脏风险指数（revised cardiac risk index，RCRI）小于2.5的患者进行冠心病的详细评估[7, 11-12]。

根据Lee等[5]的前期介绍，RCRI为具有6个因素的四级心脏风险评分，其中包括冠状动脉疾病病史、脑血管意外、胰岛素依赖型糖尿病、充血性心力衰竭、血清肌酐水平超过2 mg/dL和高手术风险因素。所有因素的权重均相同，而且如果存在某一因素，则为这一因素分配分数[5]。

虽然近期出版的ACC/AHA和欧洲心脏病学会/欧洲麻醉学会的指南以及ERS/ESTS联合工作组（研究肺癌患者是否合适进行根治性治疗）均将RCRI中列为首选的心脏病风险评分标准[7, 9, 13]，但是该评分最初是通过仅包括少部分接受普通外科手术的胸科患者人群所得到的。Brunelli等[6]近期在一项涉及大量须接受重大解剖性肺切除术候选患者的研究中对RCRI进行了重新调整，以获得针对我们特定条件的特定工具。该研究发现，最初6个因素中仅4个与重大心脏疾病发病率具有相关性，而且他们还对这4个因素分配了不同权重（冠状动脉疾病病史为1.5分，脑血管疾病为1.5分，血清肌酐水平大于2 mg/dL为1分，全肺切除术为1.5分）。结果表明，ThRCRI的总体评分为0～5.5分，比传统评分更为准确（c指数，0.72与0.62；$P=0.004$）。总体评分超过2.5（D类）的患者发生重大心脏事件的风险为23%，而评分为0（A类）的患者仅为1.5%。

后续很多研究也验证了ThRCRI[6, 15]。近期，在纳入胸外科医师协会（society of thoracic surgeons，STS）数据库中的大量患者中对此评分进行了测试和验证[16]。报道称，超过26 000例接受解剖性肺切除术患者出现重大心血管并发症的发生率为4.3%。未出现重大心血管并发症的患者的平均ThRCRI评分为出现并发症患者的一半（0.6与1.1，$P<0.0001$）。不同评分类别之间出现重大心血管并发症的风险呈升高趋势（A级为2.9%，B级为5.8%，C级为11.9%，D级为11.1%，$P<0.0001$）。基于近期有关证据，ACCP指南将该参数纳入其更新后的心脏算法中。

根据ACC/AHA指南，建议对运动能力有限的患者、ThRCRI评分>1.5的患者以及已知或新怀疑心脏疾病的患者进行无创心脏评估，以确定相对较少且须加强干预以控制心力衰竭或心律不齐或的患者或治疗可能出现的心肌缺血。

无论计划手术如何，都应在手术前仅对需要接受干预的患者进行适当的心脏积极干预。然而，不需要进行预防性冠状动脉血运重建手术的患者在术前进行此类手术并不会降低围手术期的风险[17]。McFalls等[17]最近证实，在接受选择性血管手术的患者人群（在一个或多个冠状动脉中伴有狭窄超过70%）中，预防性经皮冠状动脉介入治疗或冠状动脉搭桥术不会改变其30天死亡的风险、术后心肌缺血或长期生存率。

围手术期缺血评估研究小组的最新数据表明，尽管围手术期常用的β受体阻滞剂治疗方案可降低心血管死亡和非致命性心肌缺血的风险（危险比为0.84），但实际上却会增加中风的风险（危险比为2.17）和使总体死亡率（危险比为1.33）升高，这可能是危重患者的应激反应受到干扰所致[18]。因此，不建议对尚未使用β受体阻滞剂的缺血性心脏病患者进行β受体阻滞剂治疗。

最后，已证明CPET是检测明显和潜在运动诱发的心肌缺血的有用工具，其诊断准确度与单光子发射计算机断层扫描心肌灌注显像检查接近，且优于标准心电图负荷试验[19-21]。因此，可将CPET作为一种无创检查手段，用于检测和量化罹患冠心病风险较高患者的心肌灌注缺损。

3 术后1秒用力呼气量预测值

$ppoFEV_1$是根据手术中要切除的功能性无障碍段的数量进行估算，至今一直用于对肺切除术候选患者的呼吸系统风险进行分层。下述方程式可用于估算残留肺功能。

对于全肺切除术的候选患者，灌注方法基于下述公式：

$$ppoFEV_1 = \text{术前}FEV_1 \times (1 - \text{切除肺中总灌注的分数})$$

进行定量放射性核素灌注扫描以测量切除肺

的总灌注分数。对于叶切除术的候选患者，灌注方法基于下述公式：

$$ppoFEV_1 = 术前FEV_1 \times (1 - a/b)$$

*a*表示待切除的功能性肺段或未阻塞肺段数量，*b*表示功能性肺段总数[22]。

支气管镜检查和计算机断层扫描所得结果应用于评估和估算支气管及节段结构的通畅率。

多项研究对$ppoFEV_1$在预测术后并发症和选择接受手术患者的作用进行了研究。Olsen等[23]率先提出将安全阈值设为0.8 L作为手术切除的下限。但是，Pate等[24]发现，患者在平均$ppoFEV_1$低至0.7 L时仍可以耐受胸廓切开术（用于切除肺癌）。这些早期研究的主要局限性在于这些研究均使用了$ppoFEV_1$绝对值。此方法可能使老年患者、身材矮小患者和女性患者（均可能耐受较低的绝对FEV_1）无法接受因肺癌治疗而进行的根治性切除术。

Markos等[25]首先提出将预测值百分比作为临界值。他们发现一半$ppoFEV_1$低于预测值40%的患者会在围手术期死亡。其他作者也证实，当$ppoFEV_1$低于正常预测值40%时，围手术期的风险会大幅升高[26-32]。近期一些研究对$ppoFEV_1$的预测作用提出了质疑，这些研究表明禁用性FEV_1或$ppoFEV_1$值的患者在接受肺切除术后的死亡率可接受[33-34]。

Alam等[35]证实，术后呼吸系统并发症的发生优势比随$ppoFEV_1$和ppoDLCO的降低而升高（术后肺功能预测值降低5%，并发症风险升高10%）。Brunelli等[33]表明，在FEV_1低于70%的患者中$ppoFEV_1$与并发症风险的升高无关。

这些结果的部分原因为肺叶减容效应所致。肺叶减容效应可减少气流受限患者的功能损失。在肺癌和中度至重度COPD的肺叶切除术候选患者中，切除受累最严重的实质可能会改善弹性回缩、降低气流阻力以及改善呼吸力学和通气-灌注匹配，这与终末期异质性肺气肿的肺减容手术的典型候选患者所经历的情况接近。

在这一方面，多项研究已经表明，在接受肺叶切除术后，阻塞性肺疾病患者肺功能损失很少甚至出现改善，这也使得主要基于肺参数的传统可手术性标准受到质疑[36-43]。

Brunelli等[42]最近发现，与未患COPD者相比，COPD患者在因肺癌治疗进行肺叶切除术后3个月的FEV_1和DLCO的损失显著更低（分别为8%和16%以及3%和12%）。在该系列中27%的COPD患者术后3个月的FEV_1出现实际改善，而且34%的COPD患者的DLCO改善。

肺切除术后很快就出现了肺叶减容效应。实际上，与术前测量值相比，17%接受肺叶切除术的气流受限患者在出院时FEV_1实际上已有所改善[44]。

Varela等[45]证实了早期肺叶减容效应。研究结果表明，COPD较为严重的患者在肺叶切除术后第一天FEV_1的损失百分比较低。这些结果表明，$ppoFEV_1$可能对于阻塞性疾病患者并不适用，而且不能仅凭此项指标选择手术患者，尤其是肺功能受限患者。

尽管许多研究表明$ppoFEV_1$可准确预测术后3～6个月的确定性残留FEV_1，但Varela等[46]最近证明，在大多数并发症发生的术后前几天内，实际FEV_1被高估。术后第一天测得的实际FEV_1比预测值低30%[46]。当需将$ppoFEV_1$用于患者选择和术前风险分层时，这一结果的临床意义重大。

4 一氧化碳肺弥散能力

1988年Ferguson等[47]报道DLCO是肺切除术后不良结局的预测指标。在该研究中DLCO低于60%的患者死亡率高达20%，而且肺部并发症发生率高达40%。这些结果后续被其他作者证实[25-26]。

除可精准预测术后立即发生的并发症外，DLCO还可能是与术后生活质量最密切相关的客观参数[48]。

ppoDLCO的计算方式与$ppoFEV_1$一致，该指标首次于1995年被证明是肺部并发症和死亡率的可靠预测指标[49]。在该系列中，ppoDLCO低于40%的患者死亡率高达23%。随后Santini等[50]证实了这些结果，他们发现肺部并发症与ppoDLCO呈线性反比关系。ppoDLCO低于30%的患者肺部并发症风险可能高达80%以上。最近的研究表明，FEV_1和DLCO的相关性不大，而且40%的FEV_1正常（FEV_1超过80%）患者的DLCO可能低于80%，7%的FEV_1＞80%患者的ppoDLCO可能为40%[51]。其他研究表明，ppoDLCO的降低不仅是FEV_1降低患者，而且还是呼吸功能正常患者的心肺疾病发病率和死亡率的可靠预测指标[51-52]。在被纳入STS普通胸外科手术数据库中，一项涉及约8000名接受肺切除术治疗患者的大型研究中，DLCO预测百分比与肺部并发症的高度相关[53]。这种相关性与COPD状态无关。

基于这一证据，近期功能指南建议对所有肺切除术的候选患者进行DLCO的测量（不考虑术前FEV_1值）[9-10]。

许多因癌症治疗而接受重大肺切除术的患者会接受术前化疗。近期报告表明，虽然肺活量值稳定或有所改善，但化疗与DLCO降低10%～20%可能具有相关性[54-57]。这些变化与药物诱导的结构性肺损伤有关，而且还与术后呼吸系统并发症发生率升高有关[55-56, 58-59]。因此，建议在诱导治疗后和切除手术前重新评估肺部状态和DLCO，以确保新DLCO受损不会增加手术风险[9-10]。

5 电视胸腔镜外科手术

多份报道显示，经电视胸腔镜外科手术（video-assisted thoracic surgery，VATS）肺叶切除术治疗患者的发病率有所降低[60-63]。产生这一结果的原因很可能是该手术对胸壁力学影响程度较轻。该作用对于肺功能受损的患者尤为明显。Berry等[64]报道称，分析多变量表明在$FEV_1<60\%$或$DLCO<60\%$且接受的肺叶切除术（通过胸廓切开术或VATS）患者中，胸廓切开术是并发症的强有力预测指标（优势比为3.46，$P=0.0007$）[64]。FEV_1和DLCO仍是接受胸廓切开术而非胸腔镜手术患者并发症的预测指标。

与此类似，在STS数据库接受肺叶切除术的大量患者中，多变量回归分析显示胸廓切开术（优势比为1.25，$P<0.001$）、$FEV_1\%$的预测值降低（优势比为每单位1.01，$P<0.001$）和DLCO%预测值（优势比为每单位1.01，$P<0.001$）可独立预测肺部并发症[65]。在$FEV_1<60\%$的患者中，接受胸廓切开术患者的肺部并发症发生率与接受VATS的患者相比显著升高（$P=0.023$）[65]。未在FEV_1预期值60%的患者间发现显著差异。最近，Burt等［Burt BM, Kosinski AS, Shrager JB, Onaitis MW, Weigel T. Thoracoscopic lobectomy is associated with acceptable morbidity and mortality in patients with predicted postoperative forced expiratory volume in 1 second or diffusing capacity for carbon monoxide less than 40% of normal. *J Thorac Cardiovasc Surg*. 2014, 148 (1): 19–28］的研究表明，与通过接受胸廓切开术病例匹配的患者相比，通过VATS进行手术且禁用性$ppoFEV_1$或ppoDLCO低于预期值40%患者的死亡风险显著更低。对于$ppoFEV_1\%$低于40%的患者，开放手术组的死亡率为4.8%，而VATS组的死亡率则为0.7%（$P=0.003$），这与$ppoDLCO\%<40\%$（开放手术组为5.2%，VATS组为2.0%，$P=0.003$）的患者结果则类似[65a]。

其他研究表明，与接受胸廓切开术的患者相比，接受VATS肺叶切除术患者的肺功能保留值比术前值更佳[66-67]。

至今为止，仍无充分证据以支持对当前功能指南进行修订。但是，随着使用VATS方法进行治疗的患者数量不断增加，我们可确认是否应对传统的肺部可手术性（主要源于接受胸廓切开术的一系列患者）阈值进行更新。

6 运动测试

运动测试广泛用于肺切除术候选患者的术前检查。这些测试可用于评估整个氧气传输系统并检测可能导致术后并发症的缺陷[68]。

实际上，运动可增加外周氧的利用率，而且还需要整个相互关联的肺-心脏-血管氧气传输系统对此做出反应[68]。运动决定肺部通气量、VO_2、二氧化碳排泄和血流量的升高，这与肺切除术后患者一致。因此，存在仅通过一项测试便可评估大部分心肺系统的可能。

多项测试可用于临床实践。这些测试可分为低技术含量测试（涉及有限资源的使用和人员）和高技术含量测试（如心肺测试，涉及直接测量在自行车或跑步机上进行递增负荷运动时的呼气量）。

6.1 低技术含量测试

在本领域中，最常用的低技术含量测试为6分钟步行测试、往返步行测试和爬楼梯测试。

6.1.1 6分钟步行测试

关于通过6～12分钟步行测试评估肺切除术候选患者的报告已有发表，但结果却相互矛盾。一些研究人员并未发现此类运动可用于预测并发症的发生[25, 69]，但是其他研究人员发现其可用于预测高呼吸系统风险（FEV_1<1.6 L）患者的死亡率。Pierce等[26]发现，6分钟步行测试可用于预测呼吸衰竭，但不可用于预测死亡率或其他并发症。此类测试并不是最大运动量测试，而且可能会因负荷量不够，无法显示出患者氧气传输系统所存在的缺陷。由于这些结果不一致的发现，近期组建的ERS/EST联合工作组（研究根治性治疗合适程度）不建议将其用于肺切除术前危险分层[9]。

6.1.2 往返步行测试

与6分钟步行测试相比，往返步行测试重现性更高。一项研究的回归分析表明，在往返步行测试中可完成25个往返步行表明VO_{2peak}为10 mL/（kg・min）[70]。

但是，最近开展的很多研究对这一结论提出了质疑。这些研究结果表明，存在和不存在并发症的患者在往返步行测试中的行走距离并无差异，而且与峰值耗氧量相比，该测试似乎低估了较低范围内的运动能力[71]。Benzo和Sciurba[72]近期表明，在往返步行测试期间测得的VO与测试的强度水平（或分钟）呈高度相关性。25个往返步行这一临界值预测VO_{2peak}>15 mL/（kg・min）的阳性预测值为90%。最新的ACCP功能指南建议，如果$ppoFEV_1$或ppoDLCO均低于预期值的60%或两者均超过预测值的30%，则对应考虑接受手术的肺癌患者进行低技术含量测试（如往返步行测试或爬楼梯测试）[10]。

6.1.3 爬楼梯测试

爬楼梯测试具有很多优点。患者对该测试较为熟悉，而且该测试较为经济，几乎不需要资源、人员和设备，并且快速、无创。但是，该测试对于患者来说压力颇大，因为他们不得不满足以下一次双脚落地为衡量标准的可见性目标。

爬楼梯测试已经沿用了数十年[73]。Van Nostrand等[74]发现无法攀爬两段梯级的患者在肺切除术后的死亡率为50%，我们认为此文章是第一份发表的将爬楼梯测试纳入术前评估的回顾性报告。

在一份涉及针对54例在肺切除术前进行爬楼梯测试患者的报告中，Olsen等[75]发现，是否具有攀爬3段楼梯的能力是住院时间延长、术后插管和并发症发生率升高的临界值。Holden等[28]发现，在一系列FEV_1<1.6 L的高危患者中，肺切除术后出现致命型并发症的患者攀爬的阶数比并发症较轻或无出现并发症患者攀爬的阶数少（42 vs. 71，P<0.05）。攀爬超过44阶是手术成功的前提。

在2001年Girish等[76]对83例行胸廓切开术或上腹剖腹手术的患者进行了前瞻性评估，他们发现出现并发症的患者攀爬的楼梯段数显著少于未出现并发症患者攀爬的楼梯段数（2.1 vs. 4.4，P=0.000 02）。无法攀爬2段楼梯的阳性预测值为80%。相反，可攀爬超过5段楼梯的阴性预测值为95%。

在涉及160例患者的系列研究中，Brunelli等[77]发现，仅6.5%患者（攀爬高度超过14 m）出现了并发症。但是，但攀爬高度在12～14 m的患者中有29%的患者出现并发症，而攀爬高度在12 m以下的患者中有50%患者出现并发症。心肺疾病发病率随攀爬高度降低而逐渐升高这一结果间接表明，爬楼梯这一负荷测试可预测最大有氧运动能力的严重缺陷。在同一项研究中，Brunelli等[77]观察到在高风险组的17例$ppoFEV_1$<35%和（或）ppoDLCO<35%的患者（根据爬楼梯测试所得的令人满意的表现，判定为可接受手术的患者）中，仅出现4例并发症且无死亡事件。

后续涉及640例更大样本量的重大解剖性切除术系列研究也证实了这些发现[78]。在该系列中，术前爬楼梯测试中攀爬高度可区分出现并发症和未出现并发症的患者。特别是，与攀爬高度超过22 m的患者相比，攀爬高度低于12 m的患者心肺并发症的发生率高2.5倍，心脏并发症的发生率高3倍，而且死亡率高13倍（13% vs. 1%）。在73例限制性肺功能患者中（$ppoFEV_1$<40%或ppoDLCO<40%，或两者均是），所有攀爬高度超过22 m的患者均存活，而攀爬高度不到12 m的10例患者中有2例死亡。

Brunelli等[79]显示爬楼梯测试期间通过便携式气体分析仪测得的VO_2与攀爬高度存在直接相关性。攀爬高度超过22 m的患者中有98%患者的VO_{2peak} >15 mL/（kg·min）。22 m这一临界值预测VO_{2peak} >15 mL/（kg·min）的阳性预测值为86%。

基于这些发现，ERS/ESTS关于根治性治疗合适程度的指南建议，在无法进行正式CPET的情况下，可将爬楼梯测试作为替代筛查测试[9]。但是，对于表现不佳的患者（即攀爬高度<22 m），则应进行CPET检查以更好地评估有氧运动能力储备。此外，最新的ACCP功能指南建议将此测试用作$ppoFEV_1$或ppoDLCO预测值为60%～30%的患者的一线测试[10]。然而，对于攀爬高度小于22 m的患者，建议通过正式的CPET检查以准确检测氧气传输系统的缺陷。

6.2 心肺运动测试

CPET是肺切除术候选患者术前评估的黄金标准。该测试于受控环境中进行，可连续监测多项心脏和肺部参数。该测试为标准化测试，且很容易在不同条件下重现。除VO_{2peak}（依旧是与运动能力相关的最重要参数）外，当氧运动能力储备有限时该测试还可提供多项直接或推导所得测量值以精确检测氧气传输系统中可能存在的缺陷[80-81]。

诸如VT、VE/VCO_2斜率、最大运动量时的VE/VCO_2、振荡通气、氧摄取动力学、VO_2恢复速率和氧摄取效率斜率等参数已频繁应用于对功能限制进行分类和对心脏病患者的风险中进行分层中。这些参数反映的均是通气效率和导致与心力衰竭或肺部疾病相关的呼吸效率低下的各种潜在病理生理因素。

CPET检查结果的临床意义重大，因为其可实现特定治疗以优化围手术期相关治疗手段（如COPD治疗、缺血性心脏病治疗、康复的优化）的进行，从而改善心肺系统的整体状况并减少手术风险。

ERS/ESTS功能指南强调了高技术含量运动测试的作用。从理论层面而言，所有FEV_1或DLCO（或两者）均低于预测值80%的患者以及存在心脏病史的患者均应进行此项测试[9]。

最新的ACCP功能指南也强调了这种方法[10]。对于$pPETFEV_1$或ppoDLCO预测值低于30%的肺癌患者和肺切除的候选患者、爬楼梯测试攀爬高度少于22 m或高风险心脏评估结果呈阳性的患者，建议进行CPET测试。此建议基于表明VO_{2peak}在预测肺癌领域心肺并发症和死亡率方面重要性的多项研究。Eugene等[82]在1982年首次提出最大耗氧率（VO_{2max}）对于我们领域非常重要。

在涉及19例患者的小型研究中，作者发现VO_{2max}小于1000 mL与75%的死亡率具有相关性，而FEV_1和用力肺活量（forced vital capacity，FVC）对于术后并发症无预测价值。随后，20世纪80年代和20世纪90年代初的其他小型研究也证实了这些发现[83-85]。

1995年Bolliger等[86]证明，VO_{2max}以预测值百分数表示，而不是以绝对值表示时的区分度更佳。作者发现，VO_{2max}预期值大于75%的患者发生并发症的可能性仅为10%，而VO_{2max}预测值小于40%的患者发生并发症的概率高达90%。

随后，同一组别的患者证实了该参数在不同患者组别中的重要性[87]。研究者可根据切除手术的程度和术前VO_{2max}开发预测心肺并发症风险的模型。例如，在VO_{2peak}为50%的接受肺切除术患者中发病率可高达86%。在该系列中，作者发现VO_{2peak}预测值低于60%的患者的发病率高达86%，而VO_{2peak}大于90%的患者的发病率仅为12%。

Loewen等[88]发现，在涉及源于癌症和白血病B组国家多中心数据库400多例患者的较大样本量系列研究中，出现并发症患者的VO_{2max}显著低于未出现并发症的患者，而且上述研究也证实了这些结果。

Brunelli等[89]通过近期一项涉及200例接受重大解剖性肺切除术并在术前进行全面CPET评估患者的研究证实了安全阈值为20 mL/（kg·min）（死亡率为0，心肺疾病的发生率为7%），但却发现VO_{2peak}值低于12 mL/（kg·min）会增加死亡风险。在这类患者中，心肺疾病的发病率和死亡率可能分别高达33%和13%。有趣的是，在这项大型系列研究中，43%的患者术前VO_{2peak}低于15 mL/（kg·min）[仅14%的患者VO_{2peak}>20 mL/（kg·min）]，反映了接受现代胸外科手术患者的病例组合情况。这些患者一般为老年、不健康和伴有潜在的心肺合并症的患者，因此我们应在实践中对该水平VO_{2peak}做出相应准备。

近期的一项Meta分析证实了VO_{2peak}对预测肺切除术后心肺并发症或死亡率的重要性和能力[90]。大多数研究的作者普遍认为，VO_{2max}<10～15 mL/（kg・min）应是肺切除术的高风险阈值，而且当VO_{2max}>20 mL/（kg・min）时，进行任何切除术均很安全，包括全肺切除术。

Bolliger等[27]提出了针对VO_{2max}的分段估计（与$ppoFEV_1$和ppoDLCO相似），他们发现$ppoVO_{2max}$<10 mL/（kg・min）（或预测值35%）是通过对亚组中25例患者（术后并发症发生风险升高）中3例死亡患者进行回顾性分析而确定的唯一参数。

除VO_{2max}外，CPET还可提供其他多项直接和推导所得测量值（对于优化术前风险分层有益）。多位作者已经报道了此类推导参数（即效率斜率、氧脉搏、VE/VCO_2斜率），而且已证明这些参数可用于预测心脏和肺部并发症[80, 91-92]。

7　算法

出于实际原因，有关可手术性和功能评估的已发表数据一般均以算法或流程图的形式进行总结。应将算法作为指导以最大限度地减少变异和排除不合适案例以实现术前临床实践的标准化。但是，此示意图无法适用于所有患者，并且有时还会存在例外。应始终对患者进行单独评估。

最新的两种功能算法为ERS/ESTS联合工作组提出的根治性治疗合适度和ACCP肺癌指南[9-10]。这两种算法均强调了进行初步心脏评估的重要性。

心脏风险低或进行了优化后心脏疾病治疗的患者可进行其余的功能检查。两种算法均建议对所有患者进行FEV_1和DLCO测量。这两个参数必须以预测值百分比的形式表示。

在ERS/ESTS流程图中（图26.1），无明显心

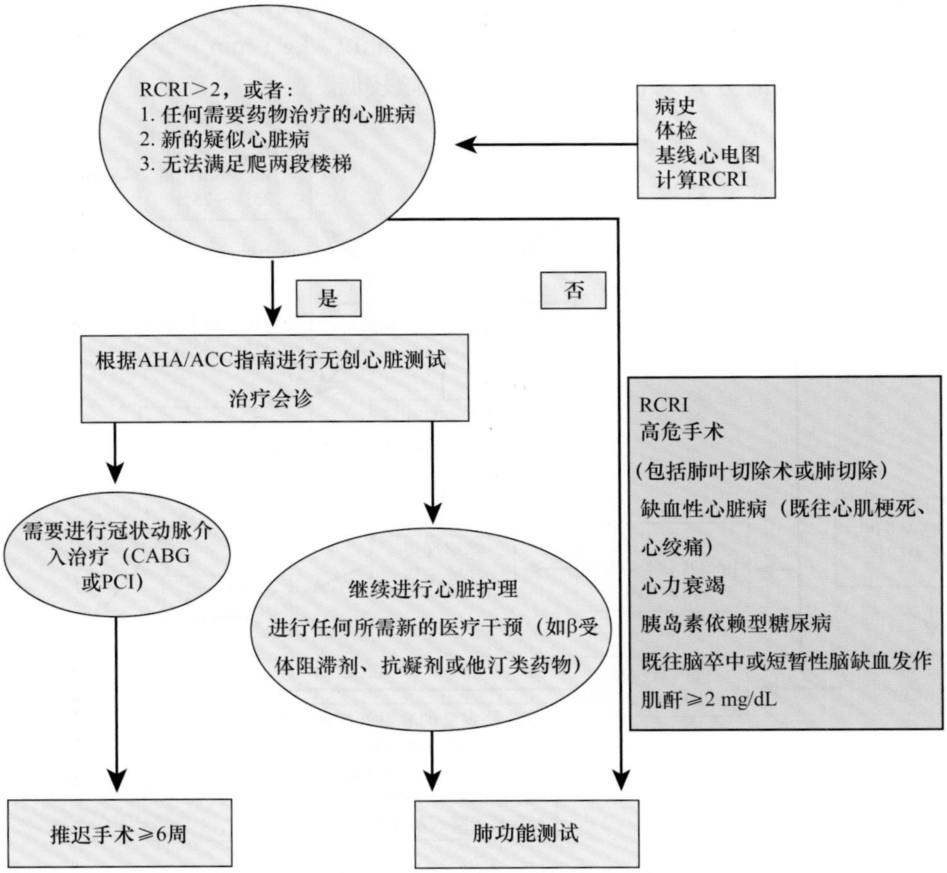

图26.1　ERS/ESTS术前功能评估算法

AHA/ACC，美国心脏协会/美国心脏病学会；CABG，冠状动脉搭桥术；ERS/ESTS，欧洲呼吸学会/欧洲胸外科学会；PCI，经皮冠状动脉介入治疗；RCRI，改良后心脏风险指数；转载自：Brunelli A,Charloux A, Bolliger CT, et al. ERS/ESTS clinical guidelines on fitness for radical therapy in lung cancer patients (surgery and chemo-radiotherapy). Eur Respir J, 2009, 34: 17-41.

脏问题和低心脏风险且FEV_1和DLCO均大于80%预期值的患者可接受计划的切除术（包括肺切除术）且无安全隐患。FEV_1和（或）DLCO低于80%预测值的患者均应进行运动测试。在理想情况下，应进行涉及VO_{2peak}测量值的正式CPET测试。但是，由于后勤或组织方面等原因，因此在许多情况下该测试尚无法进行。在这种情况下，可将低技术含量运动测试（最好为爬楼梯测试）作为筛选测试。在这些测试中表现较好的患者（爬楼梯测试中攀爬高度大于22 m或往返步行测试中步行大于400 m）可进行手术，而所有患者（爬楼梯测试中攀爬高度小于22 m或在往返步行测试步行<400 m）则应进行正式的CPET测试，以更好地评价有氧运动能力。

对于VO_{2peak}处于边缘值[10～20 mL/(kg·min)或预测值为35%～75%]的患者，应考虑分侧肺功能测试用以估计$ppoFEV_1$和ppoDLCO。测功参数处于边缘值且$ppoFEV_1$和ppoDLCO均>30%预测值的患者可进行计划的手术。对于其他所有情况应通过与$ppoFEV_1$类似的方式对$ppoVO_{2peak}$进行估算。如果$ppoVO_{2peak}$<10 mL（kg·min）或35%的预测值，则应建议患者选择其他治疗方法（不建议进行肺叶切除术或肺切除术）。

在ACCP流程图（图26.2）中，被评判为低心脏风险且$ppoFEV_1$和ppoDLCO值均大于60%预测值的患者被认为是手术的低风险（死亡率<1%）。如果技术含量较低的运动测试结果令人满意，则认为患者处于中度风险（发病率和死亡率可能因分侧肺功能、运动耐量以及切除程度的不同而异）。仅在$ppoFEV_1$或ppoDLCO<30%、爬楼梯测试或往返步行测试结果不佳（即在爬楼梯测试中高度小于22 m，或在往返步行测试中距离<400 m）时，才要求进行心肺运动试验。与欧洲算法一样，如果VO_{2pealc}值<10 mL/（kg·min）或35%的预测值，则表示通过胸廓切开术进行主要解剖切除术的风险较高。在这类患者中，死亡率可能高于10%，预计会产生严重的心肺疾病和残余功能丧失的风险。相反，VO_{2peak}>20 mL/（kg·min）或75%的预测值，则表示风险较低。

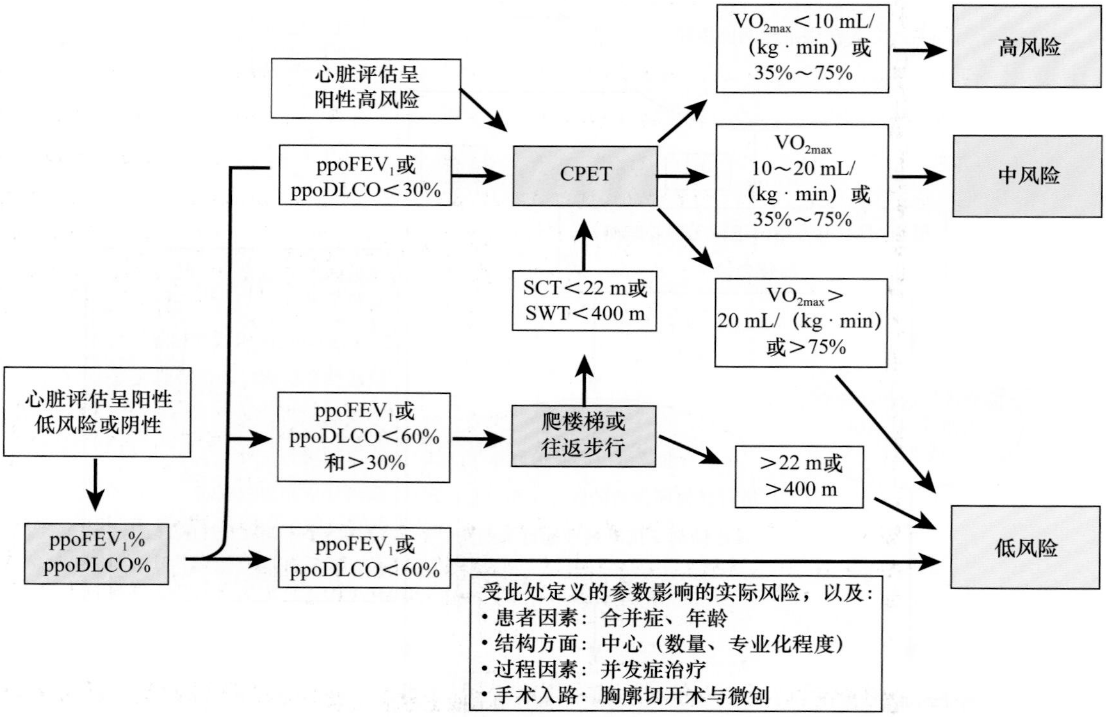

图26.2　美国胸科医师学会术前功能评估算法

ACCP，美国胸科医师学会；ppoDLCO，预测术后一氧化碳肺扩散能力；$ppoFEV_1$，预测术后1秒用力呼气量；CPET，心肺运动试验；SCT，爬楼梯测试；SWT，往返步行测试；经许可转载自：Brunelli A, Kim AW, Berger KI, AddrizzoHarris DJ. Physiologic evaluation of the patient with lung cancer being considered for resectional surgery: diagnosis and management of lung cancer, 3rd ed: American College of Chest Physicians evidence-based clinical practice guidelines. Chest. 2013; 143 (5 Suppl): e166S-190S.

8　戒烟

尽管许多肺癌患者在肿瘤出现症状前几年就已戒烟，但仍有相当数量的患者在确诊时仍在吸烟。关于术前戒烟能否改善预后的文献资料还相当不稳健，Schmidt-Hansen等[93]所做的系统性评估并未得出任何明确的结论。

回顾性研究表明，与现在和既往吸烟者相比，不吸烟者的肺部并发症数量减少，围手术期死亡率下降，不吸烟时间越长，情况越有利[94-95]。戒烟的效果可能会超越围手术期，因为戒烟者的生活质量要比持续吸烟者高很多[96]。在第一和第二原发肿瘤间表现出明显不同的组织学性状的肺癌患者中，那些持续吸烟者发生第二原发肿瘤的风险要高很多[97]。总体而言，医生应鼓励患者在手术前戒烟，并强调戒烟越早越好，因为戒烟的效果是即时和持久的。

9　肺功能康复

一般来说，越来越多的证据表明术前调节是有利的，但这些标准程序通常持续6～12周。由于恶性肿瘤患者必须及时接受手术治疗，不得拖延，因此应采取有效的术前短期肺功能康复方案。常规肺功能康复的数据并不稳健[98]。状况不好、预期围手术期出现问题的风险最高的患者似乎从短期（4周）培训计划中受益最多[98]。肺功能康复对于术前接受化疗的患者也有可能产生影响，并产生相当大的体重下降和不适应的风险。

10　结论

肺癌患者常出现若干与吸烟不良影响有关的问题。因此，有必要对这些患者进行及时、有效的评估，以确定是否存在可切除疾病分期的可能性。这些评估应明确术中和术后潜在的心肺风险。对于发现的可进行手术的患者，应尽可能采取措施预防围手术期和术后并发症。戒烟和康复是降低此风险的一部分措施。

（刘仁旺　陈　军　译）

主要参考文献

6. Brunelli A, Varela G, Salati M, et al. Recalibration of the revised cardiac risk index in lung resection candidates. *Ann Thorac Surg*. 2010;90(1):199–203.
7. Fleisher LA, Beckman JA, Brown KA, et al. ACC/AHA 2007 guidelines on perioperative cardiovascular evaluation and care for noncardiac surgery: a report of the American College of Cardiology/American Heart Association Task Force on Practice Guidelines (Writing Committee to Revise the 2002 Guidelines on Perioperative Cardiovascular Evaluation for Noncardiac Surgery) developed in collaboration with the American Society of Echocardiography, American Society of Nuclear Cardiology, Heart Rhythm Society, Society of Cardiovascular Anesthesiologists, Society for Cardiovascular Angiography and Interventions, Society for Vascular Medicine and Biology, and Society for Vascular Surgery. *J Am Coll Cardiol*. 2007;8(50):e159–e241.
9. Brunelli A, Charloux A, Bolliger CT, et al. ERS/ESTS clinical guidelines on fitness for radical therapy in lung cancer patients (surgery and chemo-radiotherapy). *Eur Respir J*. 2009;34:17–41.
10. Brunelli A, Kim AW, Berger KI, Addrizzo-Harris DJ. Physiologic evaluation of the patient with lung cancer being considered for resectional surgery: diagnosis and management of lung cancer, 3rd ed: American College of Chest Physicians evidence-based clinical practice guidelines. *Chest*. 2013;143(suppl 5):e166S–e190S.
13. Poldermans D, Bax JJ, Boersma E, et al. Guidelines for pre-operative cardiac risk assessment and perioperative cardiac management in non-cardiac surgery: the task force for preoperative cardiac risk assessment and perioperative cardiac management in non-cardiac surgery of the European Society of Cardiology (ESC) and endorsed by the European Society of Anaesthesiology (ESA). *Eur Heart J*. 2009;30:2769–2812.
17. McFalls EO, Ward HB, Moritz TE, et al. Coronary-artery revascularization before elective major vascular surgery. *N Engl J Med*. 2004;351(27):2795–2804.
19. Pinkstaff S, Peberdy MA, Kontos MC, Fabiato A, Finucane S, Arena R. Usefulness of decrease in oxygen uptake efficiency slope to identify myocardial perfusion defects in men undergoing myocardial ischemic evaluation. *Am J Cardiol*. 2010;106(11):1534–1539.
43. Sekine Y, Iwata T, Chiyo M, et al. Minimal alteration of pulmonary function after lobectomy in lung cancer patients with chronic obstructive pulmonary disease. *Ann Thorac Surg*. 2003;76(2):356–361.
47. Ferguson MK, Little L, Rizzo L, et al. Diffusing capacity predicts morbidity and mortality after pulmonary resection. *J Thorac Cardiovasc Surg*. 1988;96(6):894–900.
51. Brunelli A, Refai MA, Salati M, Sabbatini A, Morgan-Hughes NJ, Rocco G. Carbon monoxide lung diffusion capacity improves risk stratification in patients without airflow limitation: evidence for systematic measurement before lung resection. *Eur J Cardiothorac Surg*. 2006;29(4):567–570.
52. Ferguson MK, Vigneswaran WT. Diffusing capacity predicts morbidity after lung resection in patients without obstructive lung disease. *Ann Thorac Surg*. 2008;85(4):1158–1164.
60. Paul S, Altorki NK, Sheng S, et al. Thoracoscopic lobectomy is associated with lower morbidity than open lobectomy: a propensity-matched analysis from the STS database. *J Thorac Cardiovasc Surg*. 2010;139(2):366–378.
64. Berry MF, Villamizar-Ortiz NR, Tong BC, et al. Pulmonary function tests do not predict pulmonary complications after thoracoscopic lobectomy. *Ann Thorac Surg*. 2010;89(4):1044–1051.
86. Bolliger CT, Jordan P, Solèr M, et al. Exercise capacity as a predictor of postoperative complications in lung resection candidates. *Am J Respir Crit Care Med*. 1995;151:1472–1480.
89. Brunelli A, Belardinelli R, Refai M, et al. Peak oxygen consumption during cardiopulmonary exercise test improves risk stratification in candidates to major lung resection. *Chest*. 2009;135:1260–1267.
92. Brunelli A, Belardinelli R, Pompili C, et al. Minute ventilation-to-carbon dioxide output (VE/VCO_2) slope is the strongest predictor of respiratory complications and death after pulmonary resection. *Ann Thorac Surg*. 2012;93(6):1802–1806.

获取完整的参考文献列表请扫描二维码。

第 27 章 电视胸腔镜外科手术治疗肺癌的疗效

Frank C. Detterbeck, Alberto Antonicelli, Morihito Okada

要点总结

- 大量Meta分析的结果和匹配的队列研究显示，电视胸腔镜外科手术（video-assisted thoracic surgery，VATS）和开胸肺叶切除术具有相同的远期生存效果。
- 配对研究通常显示VATS与肺癌开胸肺叶切除术相比具有相同的长期存活率，这表明在未配对研究中所显示的生存率的改善是由于混杂因素造成的。
- 许多Meta分析的结果和匹配的队列研究表明VATS和开胸肺叶切除术的手术死亡率相似。
- VATS术后疼痛、住院时间和并发症发生率低于开胸肺叶切除术。
- 这两种术式对N2组淋巴结阳性率没有差异，对N1组淋巴结阳性率的影响尚不明确。
- VATS肺叶切除术后，患者身体状况耐受术后辅助化疗的能力可能较开胸手术更好。
- VATS肺叶切除术大约需要术者经历约50例患者的学习曲线。

早在100多年前，Jacobaeus[1]首次报道了使用胸腔镜诊断和治疗胸腔积液的案例。从那时起，胸腔镜在肺切除术中的应用已经成为胸外科医生的有力辅助手段，最常用于肺楔形切除术或胸膜手术。从20世纪80年代末到90年代，胸外科医生开始使用VATS进行肺叶切除术治疗早期NSCLC患者。1992年，Lewis等[2]报道使用VATS进行无肋骨撑开的肺叶切除术，Roviaro等[3]报道了VATS下血管和支气管结扎方法。在接下来的一年中，Walker等[4]、Coosemans等[5]、Kirby等[6]和Hazelrigg等[7]分别发表了VATS肺叶切除术的研究结果。随着手术器械和仪器在过去20年中的快速发展，手术方法的侵入性已大大降低，VATS也已发展成为一种基本并且非常重要的胸外科技术。

然而，VATS解剖性肺切除术（肺叶切除术和肺段切除术）的整体发展仍稍显缓慢，目前在美国大约只有30%的解剖性肺切除术是使用VATS来完成的[8-11]。在美国，肺叶切除术主要由专职的胸外科医生进行[12]。据美国胸外科医师协会（society of thoracic surgeons，STS）数据库报道，STS主要代表美国的胸外科医生，通过VATS完成的肺叶切除术比例从2005年的19%增加到2009年的44%，目前这一比例为66%[13]。据报道，在拥有高度集中的医疗保健体系的丹麦，VATS肺叶切除术的比例由2007年的20%上升至2011年的54%[14]。关于在欧洲和亚洲使用VATS进行肺叶切除术的详细数据目前尚不明确，但估计数据会远远低于美国目前的使用率[15]。

1 定义

VATS被广泛用于肺楔形切除术、肺段切除术、肺叶切除术、全肺切除术、袖状肺叶切除术、胸壁切除术和胸膜外全肺切除术[16]。方法差异很大：单独使用VATS肺叶切除术的报道描述了使用长度为4～10 cm的1～6个切口，伴随或不伴随肋骨撑开[1, 17-18]。然而，通常来说，VATS肺叶切除术被定义为使用最少数量的孔来结扎支气管和血管以及淋巴结清扫或采样的解剖性肺叶切除术，无须使用牵开器或撑开肋骨。

VATS肺叶切除术需要一个非常明确的定义。癌症和白血病协作组为一项前瞻性多中心临床试验确立了VATS肺切除术的定义，并且这种定义已被全球广泛采用[19]。这个定义为：不涉及肋骨撑开，最大切口长度8 cm，解剖有关肺叶的静脉、动脉和支气管，与开胸手术相同的淋巴结采样或完整清扫[19]。这一定义得到了参加VATS肺叶切除术20周年纪念的55位专家中大多数的认可，该会议同时也是由科学秘书处和国际科学委员会组织的国际胸腔镜肺叶切除术专家共识小组的共识会[20]。然而，一些参会者认为在特定情况下应该允许使用小牵开器，如在进行支气管成形术或切除较大样本等复杂手术时。

一些外科医生认为，纯粹的VATS应界定为必须在监测器上进行可视化手术的过程。但若因一些原因需要直视下进行操作，则不应局限于这个标准。对于恶性肿瘤患者而言，最重要的问题是切口创伤、根治性手术的效果以及之后随访的肿瘤预后结果。偶尔通过长度4 cm，无肋骨撑开的切口直视下操作并不会改变手术的本质。使用监视器和不撑开肋骨的直视下操作或使用机器人辅助的混合式VATS手术方法可以提高对解剖结构的三维理解以及放大局部结构的可视化，并且一定会逐步提升复杂手术的可操作性，如袖状肺叶切除术或肺段切除术[21-23]。

关于如何完成VATS肺叶切除术技术方面的内容超出了本章所讨论的范围。不同外科医生执行不同操作步骤的方式各不相同。然而，共性特征是肺门结构解剖及肺叶血管和支气管的个体化解剖。大多数情况下，这些结构使用腔镜下切割缝合器进行处理，但对于较小的血管来说，通过结扎、小的结扎夹处理或能量器械切割也是可行的。

患者是否选择微创手术最终取决于外科医生对自己是否有能力在胸腔镜下完成肿瘤切除手术的判断。但是，可以从最近的共识会议（表27.1）与会专家的意见中获得一些一般性指导。大多数这些专家认为VATS手术适用于Ⅰ期和Ⅱ期肿瘤，除非有明显的肺门结构受累或需要胸壁、支气管或血管切除重建。

表27.1 源自国际VATS肺叶切除术共识组的胸腔镜肺叶切除术（VATS）共识声明[18]

VATS手术适应证	
≤7 cm（T1，T2a和T2b）	推荐
N0或N1状态	推荐
既往有胸外伤或胸膜炎的患者	强烈推荐
VATS手术禁忌证	
胸壁受累包括肋骨	禁忌
中央型肿瘤侵犯肺门结构	禁忌
FEV_1＜30%	禁忌
DLCO＜30%	禁忌

续表

术前检查	
PET/CT和纵隔淋巴结取样	强烈推荐
EBUS/EUS对阳性淋巴结进行取样	推荐
手术时的VATS评估	强烈推荐
所有患者的同侧淋巴结全切除	推荐
中转开胸手术的适应证	
大出血	强烈推荐
胸壁受累明显	推荐
需要血管袖式吻合	强烈推荐
需要支气管袖式吻合	强烈推荐
同时需要支气管血管袖式吻合	强烈推荐
训练	
克服陡峭学习曲线的案例数量：50	强烈推荐
培训中心的病例数量：＞50/年	推荐
维持胸腔镜手术技术的最小例数：＞20/年	推荐
所有新开展胸腔镜手术的外科医生必需遵守的操作规范	强烈推荐
未来发展方向	
建立多中心数据库	推荐
增加VATS肺叶切除术受训者数量	强烈推荐
建立标准化VATS肺叶切除术研讨会	强烈推荐

注：DLCO，扩散肺部一氧化碳的能力；EBUS，支气管内超声；EUS，内镜超声；FEV_1，第1秒末用力呼气量；PET，正电子发射断层显像；数据来自：Yan T, Cao C, D’Amico TA, et al. Video-assisted thoracoscopic surgery lobectomy at 20 years: a consensus statement. Eur J Cardiothorac Surg, 2014, 45 (4): 633–639.

2 结果：VATS和开胸肺叶切除术的比较

胸腔镜手术适应证的范围包括全肺切除术[24-25]、肺段切除术[23, 26]、袖式肺叶切除术[21, 27]和包括部分胸壁切除的肺叶切除术[28]。但是，仅有有限的文献对以上这些手术的效果进行评估，结果又因患者选择而受到干扰，因此想要准确评估VATS手术的效果是困难的。

相比之下，关于VATS肺叶切除术的文献非常丰富，我们选择将我们的研究重点放在Meta分析和大型队列结果研究上。只包括了少数一些随机对照试验，这些都是关于VATS手术早期经验的研究，研究样本量小，结果可参考性弱。随着技术的成熟和经验的增长，越来越多的非随机研究数据显示，VATS肺叶切除术是安全的，其结果与开胸肺叶切除相似或更好。在美国，若要设计与开放肺叶切除术相比较的VATS随机对照试验以证明其等效性，需要非常多的病例，预算经费花费过多而不值得[9]。因此，目前关于VATS手术最大量的数据来自大的倾向性匹配研究，而不是随机对照试验。

为了提供本章的证据基础，对比较VATS与开胸肺叶切除术或肺段切除术的研究进行了全面的文献检索。我们纳入的报告涉及Meta分析、随机对照试验、倾向匹配或其他情况匹配的研究，或使用大型多机构数据库的结果研究。我们没有纳入单个机构比较系列的报告，其没有病例匹配。有两项系统评价未被纳入，因为质量评估判断其数据可信性较差，并且包括已经被纳入的研究[29-30]。一项Meta分析被排除在外，因为它只关注3项倾向性匹配研究，而这些研究已单独包括在内[31]。另一个被排除在外，因为它使用了错误的VATS肺叶切除术代码[32]。

2.1　短期结果

许多研究结果表明，VATS肺叶切除术是一种安全的手术（表27.2）。这些研究，包括Meta分析、

表27.2　VATS与开放手术相比的短期结果

第一作者	年	*N*（总数）	入组标准	中转开胸率（%）	手术死亡率（%）			并发症（总体）（%）			住院时间（天，中位数）		
					VATS	开放	*P*	VATS	开放	*P*	VATS	开放	*P*
Meta分析													
Cheng[34]	2007	3589	约20%肋骨撑开	6	1.2	1.7	NS	13	20	0.0002	降低	—	0.007
Chen[66]	2013	3457	Ⅰ期	—	—	—	—	20	29	<0.0001	降低	—	<0.01
Yan[35]	2009	2641	20%肋骨撑开	8	0.4	0.7	NS	—	—	—	12	12	—
Cai[68]	2013	1564	Ⅰ期	—	—	—	—	降低	—	0.013	—	—	—
倾向匹配分析													
Paul[76]	2013	41，039	NIS	—	1.6	2.3	*NS*	41	45	<0.001	5	7	<0.001
Yang[11]	2016	18，780	NCDB	—	1.5	1.8	NS	—	—	—	5	6	<0.01
Falcoz[15]	2016	5442	ESTS DB	—	1.0	1.9	0.02	29	32	<0.04	6	8	0.0003
Cao[77]	2013	3634		—	1.3	1.8	NS	25	35	0.0001	降低	—	<0.00001
Cao[78]	2013	2916	中国数据库	8	0.8	1.1	—	—	—	—	—	—	—
Paul[76]	2010	2562	STS	—	0.9	1	NS	26	35	<0.0001	4	6	<0.0001
Scott[79]	2010	752	cⅠ期	—	0	1.6	NS	27	48	NS	5	7	<0.001
Flores[55]	2009	741	cⅠa期	18	0.3	0.3	NS	24	30	0.05	5	7	<0.001
Villamizar[80]	2009	568	预期DB	5	3	5	0.02	31	49	—	4	5	<0.0001
Lee[47]	2013	416	康奈尔大学	2	1	3	NS	15	18	—	4	5	0.02
Ilonen[56]	2011	232	cⅠ期	14	2.6	3.4	NS	16	27	<0.03	8	11	0.001
Jeon[81]	2013	182	COPD，cⅠ期	11	0	3.3	NS	22	33	NS	6	9	0.04
Scott[79]	2010	136	cⅠ期	7	1.4	1.6	NS	34	39	NS	4	7	<0.0001
Yang[11]	2016	60	preop chemo	—	3	7	NS	40	57	NS	4	5	0.007
病例匹配研究													
Cattaneo[39]	2008	164	老年的	1	0	3.6	NS	28	45	0.04	5	6	0.001
Jones[33]	2008	78	转换	11	0	2	NS	50	48	NS	8	8	NS
Demmy[40]	1999	38	老年，体弱	14	16	5	—	32	32	—	5	12	0.02
结果研究（调整数据）[a]													
Ceppa[44]	2012	12，970	STS	—	—	—	—	降低		0.001	—	—	—
Ceppa[44]	2012	—	Hi pulm risk	—	—	—	—	降低		0.02	—	—	—
Farjah[9]	2009	12，958	SEER Medicare	—	降低	—	NS	—	—	—	4	8	<0.001
Park[73]	2012	6292	NIS	—	—	—	NS	降低		0.004	降低	—	0.001
Swanson[74]	2012	3961	Premiere DB	—	—	—	—	降低		0.02	6	8	<0.0001
Licht[58]	2013	1513	cⅠ期，DLCR	—	1.1[b]	2.9[b]	0.02[b]	—	—	—	—	—	—
随机对照试验													
Craig[51]	2001	110	—	—	0	0	NS	3	8	—	（9）[c]	（8）[c]	（NS）[c]
Kirby[52]	1995	55	cⅠ期	10	—	—	—	24	53	<0.05	7	8	NS

注：[a]报告的数据是根据多个预测因子进行调整的（多变量分析）；[b]未经调整的数据；[c]研究方案要求至少7天住院治疗；COPD，慢性阻塞性肺疾病；DB，数据库；DLCR，丹麦肺癌登记处；ESTS DB，欧洲胸外科学会数据库；Hi pulm risk，肺高风险；NCDB，国家癌症数据库（美国）；NIS，全国住院患者样本（美国医院入院的代表性大样本）；NS，无显著性；*NS*（斜体），不显著，但趋势（即$P \leqslant 0.1$但$P > 0.05$）；preop chemo，术前化疗；SEER，监测、流行病学和最终结果数据库；STS，胸外科医师协会数据库；VATS，电视胸腔镜外科手术

倾向性匹配分析、病例匹配分析和随机对照试验，证明VATS术中中转开胸手术的比率为5%～10%。大多数中转都是由肿瘤或技术因素引起的，只有少数研究提出出血是中转开胸的原因。此外，与计划开胸手术相比，从VATS中转为开放手术与围手术期死亡率或并发症发生率增加无关[30]。

本文纳入的研究（表27.2）几乎普遍显示，与开胸肺叶切除术相比，VATS的围手术期死亡率无显著差异（图27.1）[9-10, 14, 33-54]。进一步分析显示，使用VATS可以降低围手术期死亡率的趋势是一致的。即使在病例匹配系列中的特殊患者群体（如年龄较大、体弱、肺部高风险）中，这种较低的死亡率也是如此。在大多数研究中，VATS切除术的住院时间明显较短（图27.2）。差异平均为1～3天。然而，各研究之间的比较很困难，因为平均住院时间差别很大，很可能反映了区域标准和卫生保健系统结构的差异。

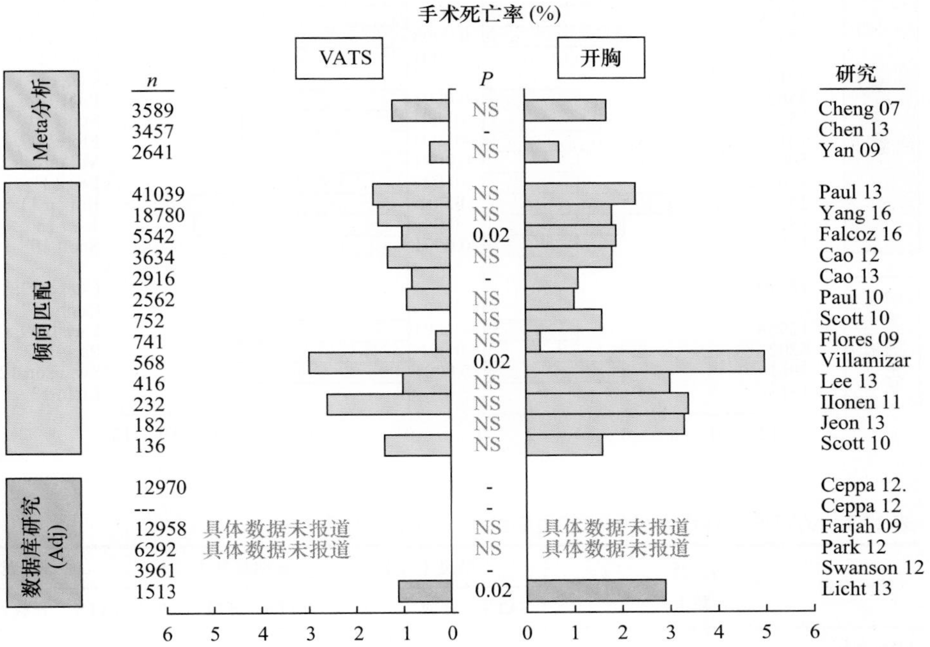

图27.1 VATS与开胸肺叶切除术的手术死亡率比较

在Meta分析、倾向匹配比较和报告调整结果的研究结果中，VATS与开胸肺叶切除术的手术死亡率百分比的图示。在大多数研究中以上代表30天的死亡率。Adj：调整因素结果（如年龄、分期、合并症、健保机构特征）；NS：无显著性；VATS：电视胸腔镜外科手术

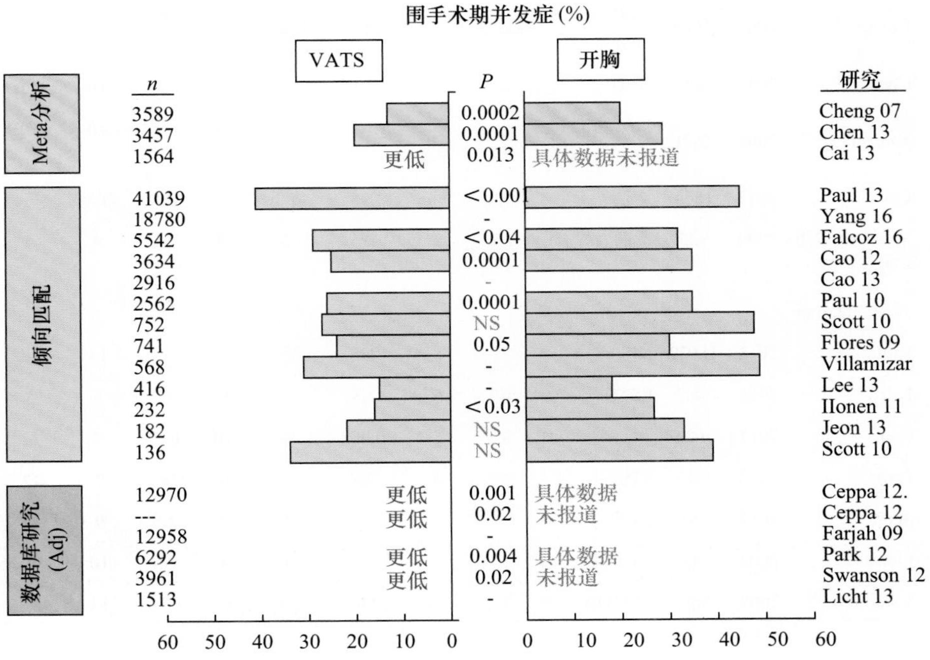

图27.2 VATS与开胸肺叶切除术围手术期并发症发生率比较

在Meta分析、倾向匹配比较和报告调整结果的研究结果中，VATS与开胸肺叶切除术围手术期并发症百分比的图示。Adj：调整因素结果（如年龄、分期、合并症、健保机构特征）；NS：无显著性；VATS：电视胸腔镜外科手术

在大多数研究中，VATS切除术中并发症的总体发生率也显著降低（表27.2，图27.3）[10, 33-35, 37, 39-47, 50-54]。由于并发症的定义和并发症的严重程度不同，各研究之间的比较很困难。某些研究报告了某些特定的相关并发症（表27.3）[10, 34-45, 50, 52-55]。研究普遍认为肺炎、长时间漏气、心律失常和术后需要机械通气的发生率相对较低，但在不到一半的研究中差异显著。

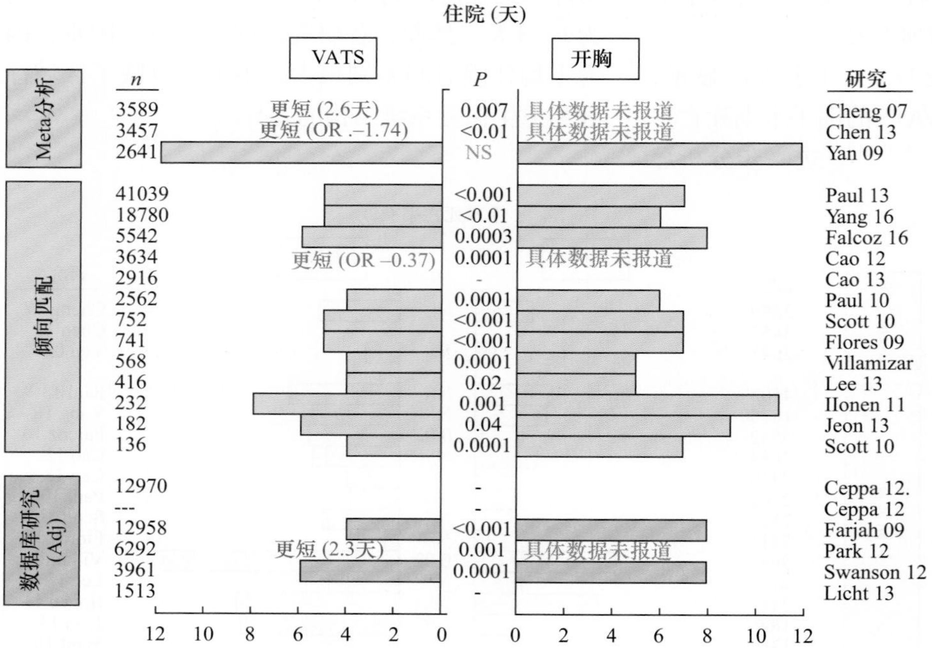

图27.3 VATS与开放性肺叶切除术的住院时间比较

在Meta分析、倾向性匹配比较和报告调整结果的研究结果中，VATS与开放肺叶切除术的住院天数的图示。Adj：调整因素结果（如年龄、分期、合并症、健保机构特征）；NS：无显著性；OR，比值比；VATS：电视胸腔镜外科手术

表27.3 VATS与开胸手术相比的短期结果：特定并发症

第一作者	年	n（总数）	入组标准	肺炎（%）			长期漏气（%）			心律失常（%）			机械通气（%）		
				VATS	开放	*P*	VATS	开放	*P*	VATS	开放	*P*	VATS	开放	*P*
Meta分析															
Cheng [34]	2007	3589	约20%肋骨撑开	降低		NS	较高[a]		NS	相同	相同	NS	降低		NS
Chen [66]	2013	3457	Ⅰ期	2	5	0.03	5	7	NS	10	12	NS	—	—	—
Yan（all）[35]	2009	2641	20%肋骨撑开	2	10	*NS*	5	6	NS	10	10	NS	—	—	—
Cai [68]	2013	1564	Ⅰ期	降低	—	NS	降低	—	NS	降低	—	0.05	—	—	—
Yan（no Rib Spr）[35]	2009	925	无肋骨撑开	0.5	2	*NS*	2	2	NS	4	4	NS	—	—	—
倾向匹配分析															
Paul [76]	2013	41 039	NIS	7	8	NS	—	—	—	14	18	<0.001	5	6	*NS*
Falcoz [15]	2016	5442	ESTS	6	6	NS	10	9	NS	5	5	NS	0.7	1.4	<0.008
Cao [77]	2013	3634		3	5	0.008	8	10	0.02	7	12	<0.000 01	—	—	—
Paul [76]	2010	2562	STS	3	4	*NS*	8	9	NS	7	12	0.0004	0.5	0.6	NS
Scott [79]	2010	752	cⅠ期	—	—	—	2	7	NS	9	13	NS	0	4	—
Flores [55]	2009	741	cⅠa期	—	—	—	4	4	NS	10	11	NS	—	—	—
Villamizar [80]	2009	568	预期DB	5	10	0.05	13	19	0.05	13	21	0.01	—	—	—

续表

第一作者	年	*n*（总数）	入组标准	肺炎（%）			长期漏气（%）			心律失常（%）			机械通气（%）		
				VATS	开放	*P*	VATS	开放	*P*	VATS	开放	*P*	VATS	开放	*P*
Ilonen[56]	2011	232	cⅠ期	4	3	—	4	10	—	1	3	—	0	1	—
Jeon[81]	2013	182	COPD，cⅠ期	1	11	0.01	11	15	NS	8	9	NS	—	—	—
Yang[11]	2015	60	preop chemo	7	13	NS	10	20	NS	23	23	NS	0	3	NS
结果研究（调整数据）[b]															
Ceppa[44]	2012	12 970	STS	3[c]	5[c]	＜0.001	—	—	—	—	—	—	0.4[c]	0.8[c]	0.002
Swanson[74]	2012	3961	预期DB	相同	相同	NS	降低	—	*NS*	降低[c]	—	—	—	—	—
随机对照试验															
Craig[51]	2001	110	—	0	6	—	—	—	—	0	2	—	2	0	—
Kirby[52]	1995	55	cⅠ期	—	—	—	12	27	NS	—	—	—	—	—	—

注：[a]在术后访视前胸管未拔除并提前出院的患者视为漏气；[b]报告的数据是根据多个预测因素调整的（多变量分析）；[c]未经调整的数据；COPD，慢性阻塞性肺疾病；DB，数据库；ESTS，欧洲胸外科学会数据库；NIS，全国住院患者样本（美国医院入院的代表性大样本）；NS，无显著性；*NS*（斜体），不显著，但有趋势（即$P \leq 0.1$但$P > 0.05$）；preop chemo：术前化疗；STS，胸外科医师协会数据库；VATS，电视胸腔镜外科手术

一些研究囊括了采用肋骨撑开辅助进行的VATS手术。有肋骨撑开与没有肋骨撑开的VATS手术的比较显示，当不使用肋骨撑开时，并发症的发生率较低[34, 36]。具体而言，避免术中肋骨撑开与疼痛显著减少有关，住院时间更短，围手术期并发症发生率更低，死亡率更低[34, 56]。

VATS肺叶切除术后术后疼痛明显少于开胸术后疼痛。在2007年对现有数据的Meta分析中，VATS肺叶切除术后疼痛水平、镇痛药剂量、术后第一周镇痛药使用频率和持续时间明显低于开胸肺叶切除术（$P = 0.008 \sim 0.0001$）[34]。使用视觉模拟量表测量的疼痛在术后第一个月时VATS组少于开胸肺叶组，但术后第3个月两组没有差异（图27.4）[34]。

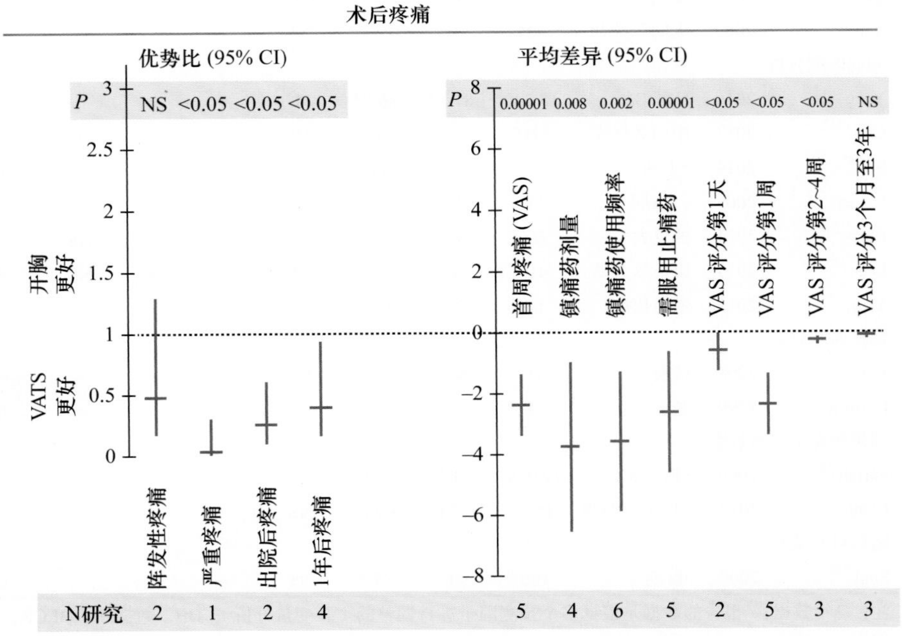

图27.4 VATS与开胸肺叶切除术后疼痛对比

注：VATS与开胸肺叶切除术后疼痛对比的Meta分析；CI，置信区间；NS，无显著性；VAS，视觉模拟量表；VATS，电视胸腔镜外科手术；数据来自：Cheng D, Downey RJ, Kernstine K, et al. Video-assisted thoracic surgery in lung cancer resection: a meta-analysis and systematic review of controlled trials. Innovations (Phila), 2007, 2 (6): 261-292.

部分数据表明，VATS显著提高了独立运动和无功能限制的患者比例。完全活动的时间显著减少，患者恢复手臂活动功能的速度更快[57]。接受VATS的患者与接受开胸肺叶切除术的患者相比，整体生活质量似乎更好[58]。肺功能VATS肺叶切除术后1年的复查结果更好[34]。最后，老年人和体弱患者似乎能够更好地耐受VATS肺叶切除术[47-49]。

2.2 长期结果

许多研究报道了VATS与开胸肺叶切除比较的长期结果（表27.4）[9, 14, 33-36, 38, 41, 43, 48, 55, 59-63]。在一些大型Meta分析中，VATS切除后5年生存率更高，大多数研究表明两者之间存在显著的差异。然而，一些罹患体积较小或分期较早的肿瘤患者更有可能被选择进行VATS切除，则这种比较可能会因此而存在混杂因素。一些作者试图通过仅纳入Ⅰ期NSCLC患者来解决这个问题，结果显示VATS组显示出更好的或与开胸组相同的生存率（图27.5）[34, 59, 61]。其他人通过倾向匹配或其他病例匹配方法解决了这个问题。这些比较研究显示，对于所有匹配的患者或者处于Ⅰ期疾病的患者，两组的长期生存结果没有差异（表27.4）。研究结果通常显示单因素分析中某些因素对长期生存有益，但在对预后因素进行多因素分析后，结果并没有显著差异[14, 50, 64]。需要注意的是，这些多元因素包括结构性因素和治疗性因素，如所处医疗中心的规模、医疗中心类型、肿瘤分期、分期试验、淋巴结清扫程度和相关辅助治疗。然

表27.4 VATS与开胸肺叶切除术对比的远期结果

第一作者	年	入组标准	*N*（总数）	5年生存率						复发率					
				所有			Ⅰ期			局部			全身		
				VATS	开放	*P*	VATS	开放	*P*	VATS	开放	*P*	VATS	开放	*P*
Meta分析															
Zhang[41]	2013		5389	更好	—	<0.01	—	—	—	3	5	0.03	8	13	0.0001
Taioli[57]	2013		4767	更好		0.001	—	—	—	—	—	—	—	—	—
Cheng[34]	2007	约20%肋骨撑开	3589	更好	—	0.03	—	—	NS	13	19	*NS*	—	—	—
Chen[66]	2013	Ⅰ期	3457	更好	—	0.00001	更好	—	0.01	—	—	—	—	—	—
Yan(all)[35]	2009		2641	更好	—	0.04	—	—	—	4	8	NS	6	11	0.03
Cai[68]	2013	Ⅰ期	1979	更好	—	<0.001	更好	—	<0.001	更高	—	0.001	相同	相同	NS
Li[42]	2012	Ⅰ期	1362	88	80	<0.0001	80	80	<0.0001	5	8	*NS*	7	11	0.02
Yan[35]	2009	无肋骨撑开	925	—	—	NS	—	—	—	0.5	0.6	NS	1.1	1.5	*NS*
倾向匹配分析															
Yang[11]	2016	NCDB	18 780	（87）[a]	（86）[a]	<0.04	—	—	—	—	—	—	—	—	—
Cao[77]	2013	中国数据库	2916	62	60	NS	—	—	NS	—	—	—	—	—	—
Su[48]	2014	cⅠ期	752	72	66	NS	—	—	—	相同	相同	NS	相同	相同	NS
Flores[55]	2009	cⅠa期	741	79	75	NS	—	—	—	—	—	—	—	—	—
Berry[28]	2014	杜克大学	560	55	48	NS	61	55	NS	—	—	—	—	—	—
Lee[47]	2013	康奈尔大学	416	76	77	NS	79	84	NS	4	5	—	6	10	
Yang[11]	2015	术前化疗	60	50	50	NS	—	—	—	—	—	—	—	—	—
病例匹配研究															
Jones[33]	2008	转换	78	66	44	NS	—	—	—	—	—	—	—	—	—
Demmy[40]	1999	老年，体弱	38	—	—	—	—	—	—	0	0	NS	—	—	—
结果研究（调整数据）[b]															
Farjah[9]	2009	SEER MC	12 958	相同	相同	NS	—	—	—	—	—	—	—	—	—
Licht[58]	2013	cⅠ期，DLCR	1513	相同	相同	NS	—	—	—	—	—	—	—	—	—
随机对照试验															
Sugl[50]	2000	cIa期	100	90	85	NS	—	—	—	6	6	NS	4	13	NS

注：[a]2年数据；[b]报告的数据是根据多个预测因子进行调整的（多变量分析）；DB，数据库；DLCR，丹麦肺癌登记处；NCDB，国家癌症数据库（美国）；NS，无显著性；*NS*（斜体），不显著，但呈现趋势（即$P \leq 0.1$但$P > 0.05$）；SEER MC，监测、流行病学和最终结果医学数据库；VATS，电视胸腔镜外科手术

而，与患者相关和与肿瘤相关的一些因素（如合并症、分期、组织学）在这些数据库中通常是不可用的。在包含VATS术后分期特异性结果的大型研究（>500例患者）中，VATS术后患者的远期生存率与所有接受NSCLC切除术患者的平均远期生存率相似[65-66]。

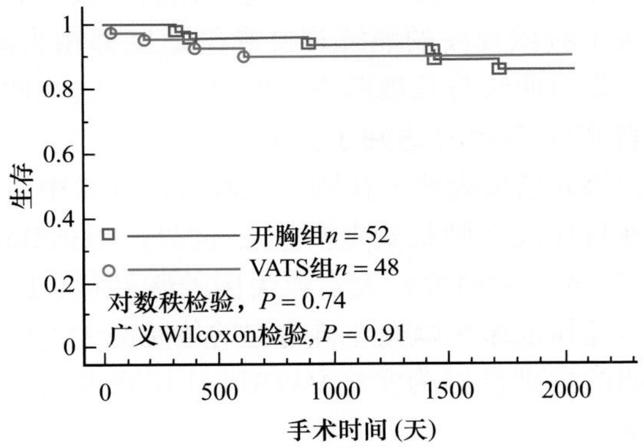

图27.5　VATS与开胸肺叶切除术的总生存率比较

注：临床分期Ⅰa期肺癌患者VATS与开胸肺叶切除术随机对照研究的总生存率对比；VATS，电视胸腔镜外科手术；经许可转载自：Sugi K, Kaneda Y, Esato K. Video-assisted thoracoscopic lobectomy achieves a satisfactory long-term prognosis in patients with clinical stage Ⅰa lung cancer. World J Surg, 2000, 24 (1): 27-31.

许多作者研究了局部或全身的复发率。这些研究显示了一个相当一致的趋势，即在接受VATS切除术的患者中，局部或全身的复发率都较低，其中约1/3的研究表明这种差异非常显著（表27.4）。然而，这些分析仍然有很多缺陷，比如并非匹配分析或随机化研究。然而，在随机对照试验、倾向性匹配研究和更大结果研究中可以看到一致的结果[43, 62-63]。有研究表明，VATS术后较好的肿瘤预后可能是由于VATS术后早期诱发炎症介质较少[53]，但这一推测是否成立仍不明确。

总之，总体数据表明VATS切除术后的生存率与开放切除术后的生存率基本相同。一些研究显示，VATS术后生存更好可能与混杂因素有关，因为当进行倾向匹配或调整结构及治疗变量时，这种差异通常会消失。

2.3　具体问题

2.3.1　淋巴结清扫/N1和N2的肿瘤分期

大量未匹配、非随机对照的研究数据显示，VATS与开放肺叶切除术在纵隔淋巴结分期上无差异，尤其是在Meta分析中在淋巴结数目或淋巴结站数上无差异（14项研究，$P=0.63$）[31]。这一问题也在两个随机试验和几个前瞻性试验中得到了解决，研究结果同样没有显示出任何差异[54, 63, 67-68]。关于国家癌症数据库（National Cancer Database，NCDB）的一项倾向性匹配研究发现，VATS与开放切除术相比明显有更多的淋巴结被清扫（10.3 vs. 9.7，$P<0.01$）[69]。一项针对淋巴结分期的系统回顾和Meta分析发现，VATS和开放手术之间没有区别[41]。虽然在一些回顾性研究中报道了VATS与开放手术在分期上的差异，但这些研究的调查人员表示，这种差异是由于临床原因故意遗漏了一些淋巴结站的采样，而不是因为该方法的技术限制[41, 44]。

2012年Boffa等[13]在STS数据库（7137例开放手术和4394例VATS手术）中检索了2001—2010年接受肺叶切除或肺段切除的11 531例临床Ⅰ期原发性肺癌患者的淋巴结转移数据。结果显示VATS和开放手术对N2站淋巴结转移的检出率没有显著差异，但VATS组N1站淋巴结转移的检出率明显较低。目前认为这种差异是由于在VATS手术中对N1组淋巴结的检出不够重视导致。Licht等[14]使用丹麦国家肺癌登记处数据进行了后续研究。虽然在临床Ⅰ期NSCLC中，VATS组的淋巴结清扫数目相同，但与开放肺叶切除术相比，VATS组N2和N1期淋巴结阳性检出率明显降低（分别为3.8% vs. 11.5%，$P<0.001$和8.1% vs. 13.1%，$P<0.001$）[13]。然而，多变量分析显示生存率没有差异，这表明淋巴结检出无关紧要，或者反映了未知的选择或记录因素的混杂。

最近的两项研究对NCDB中T1～2N0M0患者的倾向性匹配分析得出了相互矛盾的结论[11, 69]。一项研究发现N1或N2阳性检出率没有差异［7.7 vs. 8.1（N1）以及3.8 vs. 4.1（N2），$P=0.53$，9380对匹配的VATS/机器人手术与开放手术］[69a]，而另一组发现较低的N1阳性检出率和较低的N2阳性检出率的趋势［6.9 vs. 8.0，$P=0.046$（N1）以及3.2 vs. 3.9，$P=0.098$（N2），4437对匹配的VATS与开放患者］[69]。产生这种差异的原因尚不清楚。倾向匹配中包含的因素与所包括的年份（2010—2012[11]和2010—2011[69]）仅有轻微差异。在包含机器人手术的研究中，VATS和机器人手术之间的淋巴结检出没有任何差异[11]，也得到了其他研究的证实[70]。其他非匹配的回顾性研究表明，VATS手术N1和N2的阳性检出率较低，或具有相似的N2阳性检出率[62, 71-72]。

淋巴结检出可能受其他因素的影响，而不是实际采用的手术方法。Boffa等[13]发现，当分析被限制在大多数（≥80%）切除术中进行一种或另一种方法时，VATS与开放手术的N1淋巴结分期没有差异（8.7% vs. 8.7%，989例VATS病例与3668例开放手术病例）。当分析仅限于学术中心/教学医院时，Medbery等[69]发现N1或N2分期没有差异（10.5 vs. 12.2，VATS vs. 开放手术，P=0.084，2008对匹配病例），即使他们确实发现VATS在整个N分期的升级率低于7个或更多淋巴结被检查的病例（12.1 vs. 14.0，VATS vs. 开放手术，P=0.031，2825对匹配病例）[69]。虽然倾向匹配的研究试图解释肿瘤特征，如T分期和大小，但没有一项研究可以解释诸如肿瘤是中心型还是外周型或结节成分主要是实性为主还是磨玻璃为主的因素（已知影响淋巴结受累发生率的特征）。

综上所述，上述数据表明，VATS和开放手术在术中分期的能力方面相比，即使有任何内在差异也是微乎其微的。有一些数据表明，使用VATS进行N1淋巴结分期取样率较低，但如果存在差异，那么这种差异的有效性和影响尚不清楚。

2.3.2 术后辅助化疗的耐受性

通过几项研究评估，VATS肺叶切除术后患者接受辅助化疗的耐受性更好[67, 73-77]。未经调整其他病例特征的回顾性研究均表明，VATS切除术后患者接受辅助化疗的耐受性更好。例如，在一项研究中，VATS术后患者接受超过75%计划剂量的耐受性更好（89% vs. 71%）[67]。此外，VATS切除术后化疗毒性不良反应似乎有所降低[67]。但是，在对合并症和其他因素进行调整的研究中，VATS切除与辅助化疗更好的耐受性无关（仅年龄、并发症、N1或N2淋巴结转移状态与更好的耐受性相关）[74]。

一些作者报告了VATS与开放手术术后接受辅助化疗患者的长期生存随访结果比较，研究结果表明VATS组的生存率更高[67, 74]。然而，在丹麦国家肺癌登记处对此问题的多变量分析中，似乎存活率与并发症、病理学因素和依从性有统计学相关性，但与手术方式无关[74]。

2.3.3 学习曲线

毫无疑问，VATS肺叶切除术与学习曲线相关，所有外科手术都是如此。VATS共识会议的专家估计，一般来说，大约50例病例后，大多数外科医生对该程序的熟练程度和舒适度都相当高。这一学习曲线与几项调查的结果一致，这些调查也表明50例患者达到了合理的舒适度[78-80]。此外，研究结果表明，在胸腔镜肺叶切除术中培训胸外科住院医师是安全的[79]。此外，根据Boffa等[64]的一项研究，大多数美国的胸外科住院医生，尤其是那些以胸外科为主的住院医生，认为他们的培训已经为实施VATS肺叶切除术做好了准备。

2.4 机器人与VATS肺叶切除术

尽管机器人肺叶切除术的数量显著增加（2012年NCDB统计中使用机器人技术进行了10.4%的肺切除术）[11]，机器人肺叶切除术的手术率仍然很低。现有的匹配或校正比较研究表明，VATS与机器人肺叶切除术的结果没有显著差异[11]。具体来说，在倾向匹配比较（295对和1938对）[82]或根据患者和医院特征调整后的比较中[83]，30天死亡率、住院时间或淋巴结分期没有观察到差异。一些研究发现总体主要或轻微并发症没有差异[82-83]，但Paul等[83]发现，医源性并发症（意外撕裂或出血）的发生率明显较高[优势比为2.64（1.58～4.43）]。即使没有考虑到机器人自身的资本成本，机器人肺叶切除术的费用仍然要高于VATS（约4500美元）[82-83]。

3 讨论

VATS肺叶切除术最早在20世纪90年代初被记录和描述，并且已经发表了大量关于该主题的文献。本章回顾的数据表明，VATS肺叶切除术是安全的，并发症和死亡率发生率比开放手术低，长期随访结果相当。因此，胸腔镜肺叶切除术的技术已被认同并应被认定为患者的标准治疗方法。事实上，美国胸科医师学会2013年的《肺癌指南》推荐微创切除术作为有经验的医疗中心对早期NSCLC病例的首选切除方法（证据级别，2C级）[84]。

VATS的一些优势只是暂时的。例如，在术后3个月时，无论是胸腔镜还是开胸手术，疼痛几乎都消失了。然而，其他优点，如手术死亡率较低，具有长期影响。其他潜在优势，如长期存活或提供能够接受辅助化疗的能力，是否归因于VATS方法或患者选择尚不清楚。

从社会的角度来说，VATS肺叶切除术的合适位置比较难定义。许多因素包括患者的经历和结局都起到作用。设备和专家是重要的因素，同样重要的还有材料和人员成本之间的平衡（如住院时间延长1天与在外科手术间多使用一个钉仓相比如何取舍）。保健系统的结构和社会的文化规范对这些因素有相当大的影响，这些因素在具体情况下会有不同的平衡。

尽管数据支持该技术的使用，但抵制变革可能是阻碍更广泛采用的主要因素之一。需要时间来全面评估一种新技术，但历经20年有着数千项的研究对其已提供了充分的评估。学习曲线的存在无可争辩，但正如许多中心已经证明的那样，肯定会被克服。为了更多更好地应用VATS，需要审查支持数据并投资学习新的技术。

4 结论

VATS肺叶切除术技术已经很成熟并得到大量文献的支持。在几项Meta分析、大规模结果研究、许多倾向性匹配研究和小型随机对照试验中总结了证据。倾向性匹配研究和调整后的结果数据一般表明，VATS和开胸肺叶切除术之间的短期死亡率和长期存活率相当。然而，简单的比较和Meta分析表明，与开胸手术相比，VATS切除术与较低的发病率、较少的并发症、较低的死亡率和较短的住院时间相关。因此，我们得出结论，肺叶切除术应尽可能通过VATS进行。

（李　昕　陈　军　译）

主要参考文献

11. Yang CF, Sun Z, Speicher PJ, et al. Use and outcomes of minimally invasive lobectomy for stage I non-small cell lung cancer in the National Cancer Database. *Ann Thorac Surg*. 2016;101(3):1037–1042.
15. Falcoz PE, Puyraveau M, Thomas PA, et al. Video-assisted thoracoscopic surgery versus open lobectomy for primary non-small-cell lung cancer: a propensity-matched analysis of outcome from the European Society of Thoracic Surgeon database. *Eur J Cardiothorac Surg*. 2016;49(2):602–609.
32. Gopaldas RR, Bakaeen FG, Dao TK, Walsh GL, Swisher SG, Chu D. Video-assisted thoracoscopic versus open thoracotomy lobectomy in a cohort of 13,619 patients. *Ann Thorac Surg*. 2010;89(5):1563–1570.
49. Port JL, Mirza FM, Lee PC, Paul S, Stiles BM, Altorki NK. Lobectomy in octogenarians with non-small cell lung cancer: ramifications of increasing life expectancy and the benefits of minimally invasive surgery. *Ann Thorac Surg*. 2011;92(6):1951–1957.
69. Medbery RL, Gillespie TW, Liu Y, et al. Nodal upstaging is more common with thoracotomy than with VATS during lobectomy for early-stage lung cancer: an analysis from the National Cancer Data Base. *J Thorac Oncol*. 2016;11(2):222–233.
71. Higuchi M, Yaginuma H, Yonechi A, et al. Long-term outcomes after video-assisted thoracic surgery (VATS) lobectomy versus lobectomy via open thoracotomy for clinical stage IA non-small cell lung cancer. *J Cardiothorac Surg*. 2014;9:88.
73. Park HS, Detterbeck FC, Boffa DJ, Kim AW. Impact of hospital volume of thoracoscopic lobectomy on primary lung cancer outcomes. *Ann Thorac Surg*. 2012;93(2):372–379.
74. Swanson SJ, Meyers BF, Gunnarsson CL, et al. Video-assisted thoracoscopic lobectomy is less costly and morbid than open lobectomy: a retrospective multiinstitutional database analysis. *Ann Thorac Surg*. 2012;93(4):1027–1032.
75. Teh E, Abah U, Church D, et al. What is the extent of the advantage of video-assisted thoracoscopic surgical resection over thoracotomy in terms of delivery of adjuvant chemotherapy following non-small-cell lung cancer resection? *Interact Cardiovasc Thorac Surg*. 2014;19(4):656–660.
76. Paul S, Altorki NK, Sheng S, et al. Thoracoscopic lobectomy is associated with lower morbidity than open lobectomy: a propensity-matched analysis from the STS database. *J Thorac Cardiovasc Surg*. 2010;139(2):366–378.
83. Paul S, Jalbert J, Isaacs AJ, Altorki NK, Isom OW, Sedrakyan A. Comparative effectiveness of robotic-assisted vs thoracoscopic lobectomy. *Chest*. 2014;146(6):1505–1512.

获取完整的参考文献列表请扫描二维码。

第28章 机器人手术：肺癌切除术的技术路径和治疗效果

Ayesha Bryant, Benjamin Wei, Giulia Veronesi, Robert Cerfolio

要点总结

- 机器人手术可用于完全造孔微创（无切口辅助）或机器人辅助（使用小切口辅助）手术。
- 合适的患者和严格的造孔位置对于成功进行机器人肺叶切除术至关重要。
- 机器人肺叶切除术的围手术期发病率和死亡率与视频辅助胸腔镜肺叶切除术相当。
- 与视频辅助胸腔镜肺叶切除术相比，机器人肺叶切除术可能在外科医生人体工程学、纵隔淋巴结清扫和术中失血方面具有优势。
- 机器人肺叶切除术可以安全地进行，并且越来越多地用于解剖性肺切除术。

1 定义

普胸外科手术一般是指针对胸腔内病变或结构的任何手术，包括但不限于纵隔、肺实质、胸壁肌肉或骨骼结构、膈肌或食管的病变。

机器人手术系统的定义是任何机器或机械设备，使用计算机将人类的运动转化为机器人设备的运动。与患者组织互动的是机器人仪器或工具，而不是外科医生的手。

机器人胸外科手术是一种微创的普胸外科手术（即不需要肋骨扩张），在这种情况下，外科医生和助手的手术视野是通过监视器而不是通过切口。此外，手术的所有或大部分关键环节都使用了机器人系统。对于肺切除术，关键的手术环节包括肺动静脉的解剖和结扎、纵隔和肺门淋巴结的解剖和摘除以及标本的套袋由机器人进行。对于纵隔手术，解剖和切除纵隔病变是由机器人来进行的。对于食管手术，解剖食管和（或）食管病变、标本的切除和（或）套袋、胸部淋巴结的切除，以及食管与胃或其他选择的导管的吻合是机器人系统完成的。

我们提出了一种命名法来完全区分全微创机器人手术（completely portal robotic operation，CPR）和使用小切口辅助的机器人手术，后者被称为机器人辅助手术或机器人辅助胸外科手术。这样的命名法指定了术中使用的机械臂的数量，定义如下。

CPR定义为仅使用造孔的操作（切口仅与放置在其中戳卡的大小一样大）。在这种情况下，胸膜腔与大气并不相通，术中使用二氧化碳制造人工气胸，唯一一个比戳卡稍大的切口用于术中置入标本袋取出手术标本。

机器人辅助手术是指使用多功能切口（胸部切口放置或不放置戳卡或机械臂，或者切口允许手术室的周围空气和胸膜腔相通）的手术，不涉及撑开肋骨，以及选择性地（仅根据需要）使用二氧化碳制造人工气胸。

在操作过程中使用的机器人臂的数量包括在术语中，并且在指定操作类型之后用连字符分开。操作类型的缩写还包括一个字母的首字母，以指示特定的过程。例如，使用四臂的CPR肺叶切除术是CPRL-4，使用三臂的CPR肺段切除术是CPRS-3（表28.1）。

2 机器人手术的历史

工业机器人是单独或协同工作的机械臂，在计算机控制下执行精确、复杂、重复的任务和操作。机器人手臂在可以处理的对象和执行的任务方面越来越灵活，包括需要使用人工智能软件连接到功能强大的计算机可视和其他传感系统的功能。

手术机器人还包括连接着手术器械的机械臂。

表28.1 一般胸部机器人手术命名系统的操作特点

	完全微创机器人	机器人辅助
建议的缩写	心肺复苏	镭
名称包括使用的机械臂数量	是（如CPRL-4，使用4臂的完全门静脉机器人肺叶切除术）	是（如RAL-4，机器人辅助4臂肺叶切除术）
肋骨扩张	没有	没有
进入或实用切口	没有	是
使用二氧化碳吹气	是	有时
手术室胸膜腔空气与周围空气的交流	没有	是
穿过所有切口放置套管针	是	没有
切口大于所用套管针的大小	没有	是
标本清除现场	通常在第10肋骨的前面	通常在第4肋骨的前部

然而，虽然计算机可通过筛选程序来对这些手臂进行运动和操作，但外科医生依然会直接控制手臂。自20世纪80年代以来，机器人手术系统一直在开发中[1]。Intuitive Surgical Inc. 和Computer Motion Inc. 成为21世纪前十年生产微创手术机器人系统的两家主要公司[2]。Intuitive外科手术机器人手臂由外科医生手动控制，而Computer Motion的系统采用了语音控制。两家公司都获得了FDA对其系统的有限批准。这两家公司于2003年合并。欧洲和美国的其他几家公司正在开发机器人手术系统，但大多数用于微创手术，而其他公司正在开发进行开放手术或远程手术的机器人手术系统。

达芬奇手术系统（Intuitive Surgical Inc.，美国加利福尼亚州桑尼维尔）是目前唯一获得FDA批准用于肺部手术的机器人系统[2]。外科医生坐在距患者一定距离的控制台上，患者位于操作台靠近机器人单元及其3个或4个机械臂[3-9]。机器人手臂采用远程中心技术，其中定义了空间中的固定点，并且外科手臂围绕它移动以减轻操纵过程中胸壁受到的压力。该系统有小型的专有赋能仪，附在手臂上，能够执行各种高精度运动。外科医生用控制台上的主器械控制内器械的腕部运动。这些主要仪器感知外科医生的手部动作并将其电子转换为按比例缩小的微动，以操纵小型手术器械。通过6 Hz运动滤波器滤除手震颤。外科医生通过控制台双筒目镜观察手术区域。该图像来自附着在其中一个机器人手臂上的机动高清立体摄像机（内窥镜）。控制台屏幕还可以显示来自心电图、计算机断层扫描和其他成像模态的数字输入。萤火虫荧光成像（intuitive surgical，Inc）涉及具有基于激光的照明器的照相机头，以在注射荧光染料后的三维图像中可视化血管和淋巴结。

控制台还有脚踏板，允许外科医生接合和脱离不同的器械臂，重新定位控制台上的主控制器，而无须移动仪器本身，并激活能量器械。第二个可选控制台允许串联手术和训练。

3 机器人肺叶切除术：技术方面

机器人肺切除术的数量继续增加。机器人手术的团队学习曲线陡峭，然而专业胸外科医生的学习曲线可能小于VATS肺叶切除术的学习曲线，尤其是淋巴结清扫术。这种差异可能是机器人切除越来越受外科医生欢迎的原因之一。以下是对机器人肺切除的指导原则以及团队建立和认证的途径的回顾。

3.1 手术室配置

与任何操作一样，规划操作的每个阶段对于确保成功至关重要。机器人给没有机器人操作经验的外科医生和麻醉师增加了困难。因此，在操作之前规划房间布局是必要的，并且包括相对于麻醉设备定位床头推车、机器人、护士桌、监视器和患者。在肺叶切除术期间，机器人被驱动到患者头部，因此，需要精确规划和设计两个监视器的位置以及控制台上的外科医生与患者床边的手术助理护士和外科助手之间的距离（图28.1）。

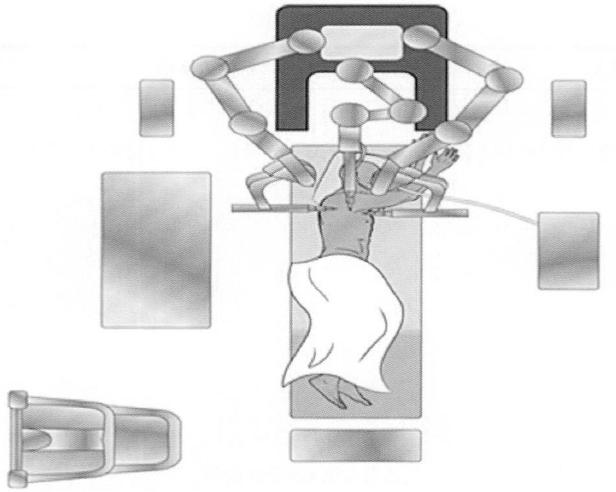

图28.1　适用于所有机器人操作的潜在通用房间设置（无论其专业性如何）

3.1.1　控制台

外科医生的控制台应该以能够建立与床边手术团队的良好沟通方式定位。达芬奇手术系统控制台包含一个麦克风，能将外科医生的声音扩大到团队的其他成员。第二个控制台的存在允许外科医生、医学院学生、住院医师或研究员之间轻松交换控制以进行培训，第二个控制台（如果使用的话）应该位于主控制台附近。

3.1.2　机器人/床

机器人到患者身边的路径应该没有任何障碍。机器人以15°的角度在患者头部上方行驶，在头部和肩部上方打开机械臂3（图28.2）。此外，显示器的位置使床边助手和手术助理护士能够清晰地看到。

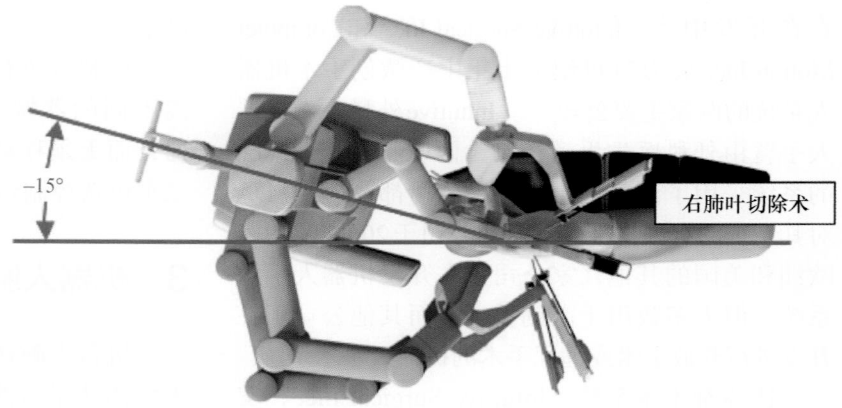

图28.2　用于在患者头部上方驱动机器人的最佳角度，以最大化机械臂3的使用并防止外部碰撞

根据房间的大小和房间内的固定结构的布置，患者的床可能需要转动，使得患者的头部远离呼吸机和麻醉控制台。如有必要，应使用气管插管的延长部分。

当机器人被安置时，机器人手臂3应该放置在与肺叶切除术侧面相对的机器人侧（例如，如果进行右肺叶切除术，机器人手臂3应该在面向机器人时位于机器人的左侧）。

3.1.3　手术团队

手术床边助手应位于患者腹侧（即患者腹部前方和胸部），在另一侧有一台显示器。如同在传统的胸廓切开术或VATS中一样，手术助理护士应该在仪器支架靠近患者足部或患者足部的位置。

3.2　患者定位

将患者置于仰卧位，诱导全身麻醉，并用左侧双腔气管插管对患者进行插管。通过使用灵活的儿科支气管镜可以极大地辅助双腔管的正确放置，并且对于平稳操作是至关重要的，因为患者的头部和气管导管的进入将受到它们的定位和对接后机器人存在的限制。

在双腔管固定后，将患者置于侧卧位，手术侧朝上。放置腋窝辊。我们不使用扶手板，相反，我们将患者的背部放在桌子的边缘，在面部前方留出空间以折叠手臂并露出腋窝以便放置端口（图28.2）。这种定位方法我们已使用超过17年，因为当使用四臂机器人方法时，机器人手臂3可以在床下方的平面上移动并避免与该手臂和手术床本身发生冲突。应在手臂和头部周围使用填充物以防止手术过程中的神经损伤。我们使用大型泡沫垫来保护患者的头部和手臂。这种简单、快速且经济的技术不需要特殊设备，并且可重复使用。

3.3 造孔布局/对接

将戳卡置入第8肋骨上缘的第7肋间隙，用于上/中肺叶切除术，或插入第9肋骨上缘的第8肋间隙，用于下肺叶切除术（图28.3）。

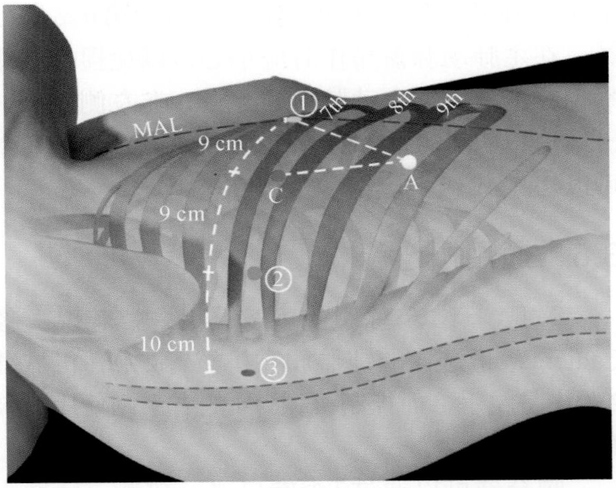

图28.3 使用所有4个臂进行完全机器人肺叶切除的最佳端口放置（右侧）

将4个端口放置在同一肋骨上：在第9肋骨的顶部上方用于下肺叶切除术，在第8肋骨的顶部上方用于上肺叶切除术；12 mm进入端口（A）位于摄像机端口（C）和机械臂1①之间，用于上下叶片，位于摄像机和机械臂2②之间，用于中间肺叶切除术；端口尽可能低地停留在隔膜上方，因为二氧化碳被吹入以帮助推动隔膜向下；③机械手臂3；MAL，腋中线

造孔位置标记如下：机械臂3，5 mm戳卡位于椎体棘突外侧1～2 cm处；机器人手臂2，一个8 mm的戳卡位于机器人手臂3的内侧10 cm；相机端口（我们更推荐12 mm相机）位于机器人手臂2的内侧9 cm；机械臂1（一个12 mm的戳卡）直接放在膈肌的正上方。辅助端口（12 mm）放置在胸部尽可能低的位置，在最前部机器人端口（右胸部机械臂1和左胸部机械臂2）与摄像机端口之间正好三角测量，并尽可能低地保持在膈肌上方，膈肌由吹入加湿的二氧化碳气体向下推动。

3.4 造孔布局顺序

首先在摄像机端口位置放置一个5 mm的戳卡，并在10 mmHg的压力下启动二氧化碳气泵。我们使用加湿且加热的二氧化碳气体。然后通过在直视下胸膜下注射布比卡因，从肋骨3～8使用0.25%布比卡因和肾上腺素（马卡因）进行肋间神经阻滞。然后使用5 mm胸腔镜帮助放置所有其他戳卡，这些戳卡置于直视下。首先放置摄像机端口，然后放置机械臂3，右胸部的机器人手臂2，左侧的机械臂1最后放置。

然后将5 mm相机移动到机器人手臂2的戳卡处，并且寻找两个最前面的端口（右胸中的机械臂1和左侧的机械臂2）和进入戳卡置于直视下。我们的技术完全避开了所有的隔膜纤维。然后将5 mm相机端口替换为12 mm相机端口。我们在整个过程中使用零度范围来帮助防止肋间神经的扭伤。

左侧肺叶切除术的端口位置是前面描述的镜像（图28.4）。不同之处在于机器人手臂3靠近机器人手臂1，而不是机器人手臂2旁边。编号不同，但是造口的位置相同。

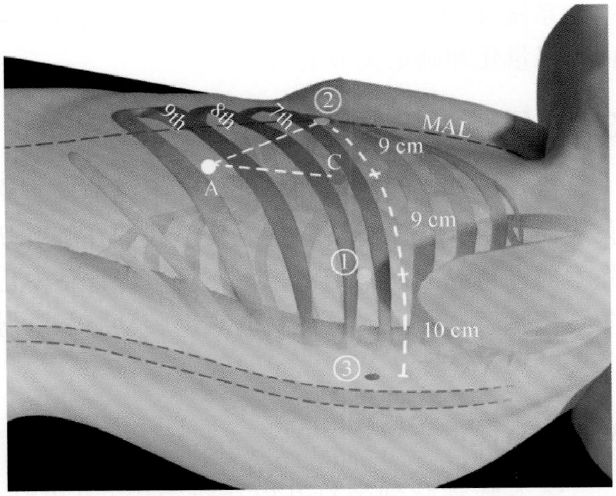

图28.4 使用所有4个臂进行完全机器人肺叶切除的最佳端口放置（左侧）

将4个端口放置在同一肋骨上：在第9肋骨的顶部上方用于下肺叶切除术，在第8肋骨的顶部上方用于上肺叶切除术；12 mm进入端口（A）位于摄像机端口（C）和机械臂1①之间，用于上下叶片，位于摄像机和机械臂2②之间，用于中间肺叶切除术；端口尽可能低地停留在隔膜上方，因为二氧化碳被吹入以帮助推动隔膜向下；③机器人手臂3；MAL，腋中线。

机器人以15°的角度朝着病床的长轴移动（图28.2）。机器人手臂对接到端口，最大化臂之间的空间量以避免碰撞。系统停靠后，无法移动操作台。

用于开始手术的器械是左侧机器人手臂中的8 mm卡迪埃（Cadiere）镊子，右侧机械臂中的8 mm双极弯曲解剖器，以及机器人手臂3中的5 mm胸部抓取器。

对于它们的初始放置，在胸外科手术期间应在直视下插入机器人器械。一旦仪器安全定位，通过正确使用机器人的记忆功能，可以快速安全地插入或更换其他仪器，自动将任何新仪器插入到离最近位置正好1 cm处。但是，当使用这种记忆功能时，外科医生必须确保没有重要结构移动到新放置仪器的路径中。最常见的移动结构是肺。

机器人器械的插入值得特别关注，血管吻合器在肺动脉和静脉等易碎结构周围的通过也值得特别关注。外科医生和手术床旁助手、住院医师、研究员、医生助理或执业护士之间需要精心策划的运动和清晰的沟通，他们是外科医生与患者之间的纽带。我们在床旁助手和外科医生之间建立了自己的通信系统，以防止医源性损伤。该通信系统使用吻合器的铁砧作为时钟的时针，从而可以量化和确定关节的角度。

3.5 纵隔淋巴结清扫

在开始淋巴结清扫和肺叶切除术之前检查胸膜表面，以确认没有转移性病变。我们在肺叶切除术前进行纵隔淋巴结清扫，不仅可以评估淋巴结转移状态，还可以更容易的解剖肺动脉和静脉分支以及支气管。

3.5.1 右侧

将下肺动脉韧带打开以接近第9站淋巴结，其与第8站淋巴结一起被切除。机械臂3用于在内侧和前侧牵拉下叶以从第7站清扫淋巴结。注意控制隆突下淋巴结的两条供血动脉。机械臂3用于向下牵拉上叶，而机器人臂1和2用于解剖淋巴结站2R和4R处的淋巴结，清除上腔静脉侧方、食管后部和奇静脉弓下方的淋巴结。避免过度解剖可以防止对锁骨下动脉周围的右侧喉返神经的损伤。

3.5.2 左侧

将下肺韧带分开以便于在第9站处清扫淋巴结，然后移除第8站中的淋巴结。第7站位于下肺静脉和下叶支气管之间的空间，在食管外侧。在此过程中，下叶在机械臂3的内侧/前侧缩回，移除下叶有助于从左侧解剖第7站的淋巴结。由于增强的放大倍率和360°视角，与VATS相比，机器人具有明显的优势，可以从左胸部解剖第7站淋巴结。最后，机械臂3用于牵拉左上叶并向下按压肺叶组织以方便清扫第5站和第6站淋巴结。在主肺动脉窗操作时应小心，以免损伤左侧喉返神经。由于主动脉弓的存在，在左侧纵隔淋巴结清扫期间通常不能清扫2L组淋巴结，但通常可以切除4L组淋巴结。

3.6 通用概念

一般来说，对于右手外科医生来说，像Cadiere镊子这样的钝器放在机械臂2中，机械臂2始终是左手，而控制机械臂1的右手则使用双极解剖器。

吻合器可以通过3个端口之一放置：辅助小切口、机械臂1或机械臂2。目前市面上出售的白色或灰色血管吻合器需要一个12 mm的端口；通常用于支气管的绿色吻合器需要一个15 mm的端口。我们更喜欢取出戳卡，让它固定在机械臂上，然后通过皮肤切口放置吻合器。我们更喜欢在血管下面放置一个血管袢来帮助抬起它，以方便吻合器的通过。

我们通常使用预卷海绵吸收手术区域的血液或促进钝性解剖以提高可视性。

为了确保肿瘤学上合理的操作和促进结构的隔离和分割，应在钉住它们之前从周围结构中去除淋巴结组织。

如果胸腔内存在大量粘连，可以通过辅助切口使用VATS技术松解粘连，直到允许安全放置所有机器人设备为止。

根据患者的解剖结构，在肺叶切除术期间分离和分割结构的顺序有所不同。

4 结果

肺癌机器人手术的治疗结果已在几个系列研究中被报道[6, 10-15]（表28.2）。

4.1 短期效果

两项研究结果显示，随着每位外科医生的经验增长，缩短手术时间（分别为132分钟和175分钟）是可能的[11-12]。尽管手术时间缩短，但这两项研究也同时表现出极低的手术死亡率和良好的纵隔淋巴结清扫率，并且两项研究都使用完全造孔手术，除了在最后装袋取样时没有额外做辅助切口。

282例接受机器人肺叶切除术的患者的数据显示，平均失血量为20 mL，术中/术后输血率为0.5%，平均手术时间为107分钟，住院时间中位数为2天，围手术期并发症发病率较低（9.6%），

表28.2 机器人手术的结果

作者（年），研究类型	患者数；指征	手术类型[a]	切除淋巴结平均数	切口大小（cm）	切口数目	主要并发症发生率（%）	手术死亡率（%）	中转开胸率（%）	手术时长（分）（范围）	住院时间（平均天数）（范围）	总生存率（%）
Kent等（2014）[12]，国家数据库回顾性分析	430；所有患者	肺叶切除术和肺段切除术	NR	NR	NR	44（任何）	0.2	NR	NR	4	NR
Wilson等（2014）[13]，多中心	302；临床Ⅰ期原发性肺癌	肺叶切除术（257例）肺段切除术（45例）	20.9	NR	NR	NR	0	NR	NR	3.4	2年：87.6
Cerfolio等（2011）[11]，单中心	168；原发性肺癌	肺叶切除术（106例）肺段切除术（16例）楔形切除术（26例）	8	>1.5	4	5	0	11.9	132	2（1～7）	NR
Dylewski等（2011）[10]，单中心	200；125例原发性肺癌和75例其他病例	肺叶切除术（160例）双肺叶切除术（1例）肺段切除术（35例）全肺切除术（1例）	5	2～4	3	26（全部）	1.5	1.5	175（82～370）	3（1～44）	NR
Veronesi等（2011）[14]，单中心	91；原发性肺癌	肺叶切除术	5	3	4	4～11	0	10	239（85～411）	5	2年：88
Gharagozloo等（2009）[6]，单中心	100；病理Ⅰ～ⅢA期原发性肺癌	肺叶切除术	NR	2～3	3～4	21（全部）	3	1	216±27	4（3～42）	32个月：99
Park（2012）[15]，多中心	325；原发性肺癌	肺叶切除术（324例）双肺叶切除术（1例）	5	<8	3～4	4	0.3	8.3	206（110～383）	5（2～28）	5年：80 ⅠA期：91 ⅠB期：88 Ⅱ期：49

注：[a]在Cerfolio等和Dylewski等的研究中，一些患者接受了机器人以外的手术；NR，未记录

死亡率较低（30天时0.25%和90天时0.5%）[16]。手术时间已经证实可以随着外科医生的经验增多而缩短[17]。

同样地，正如第27章所详述的，外科医生使用VATS技术也报告了出色的结果，30天时死亡率很低。机器人手术的住院时间与VATS肺叶切除术相当，平均2～5天不等。

一项研究将来自120例机器人肺叶切除术的结果与2009—2010年胸外科医师协会数据库中的VATS病例进行比较，结果显示机器人手术术后输血率更低（0.9% vs. 7.8%，$P=0.002$），漏气时间大于5天的患者比例更少（5.2% vs. 10.8%，$P=0.05$），胸管留置时间更短（3.2天vs. 4.8天，$P<0.001$），并且与开放手术相比，住院时间更短（4.7天vs. 7.3天，$P<0.001$），机器人手术比VATS肺叶切除术更受青睐[18]。机器人肺叶切除术与VATS阳性淋巴结检出率的研究结果是相互矛盾的，有些研究显示出优势，而有些则没有[19-20]。

4.2 长期效果

肿瘤手术的成功以5年生存率来衡量。由于机器人解剖性肺切除相对较新，很少有研究报告精算的5年生存率。一项中位随访27个月的研究显示，ⅠA期患者的5年生存率为91%，ⅠB期患者为88%，Ⅱ期患者为49%，ⅢA期患者的3年生存率为43%[20]。微创手术的理论优势是它们产生较低水平的炎症反应，因此可以提高5年生存率。长期效果需要进一步研究，并且正在进行中。

5 结论

微创手术的未来将涉及机器人技术。机器人技术在解剖性肺切除术中的应用正在增加[13]。尽管目前只有一种用于胸外科手术的机器人系统，但其他类型正在探索中。为了保证机器人手术的安全性和有效性，外科医生必须继续设计基于证据的路径来认证机器人手术团队。尽管来自几个单中心和少数外科医生的文献报道的研究数量很少，但显示了良好的术中结果、解剖性肺切除和有希望的长期存活率。需要进一步研究社会的真实成本（不仅仅是医院或患者）以及机器人治疗癌症患者的实际5～10年生存率。此外，需要评估跨中心的此类机器人手术的可操作性和在贫困或第三世界国家装机的可行性。

（李 昕 陈 军 译）

主要参考文献

5. Park BJ, Flores RM, Rusch VW. Robotic assistance for video-assisted thoracic surgical lobectomy: technique and initial results. *J Thorac Cardiovasc Surg*. 2006;131(1):54–59.
7. Veronesi G, Galetta D, Maisonneuve, et al. Four-arm robotic lobectomy for the treatment of early-stage lung cancer. *J Thorac Cardiovasc Surg*. 2010;140(1):19–25.
11. Cerfolio RJ, Bryant AS, Skylizard L, Minnich DJ. Initial consecutive experience of completely portal robotic pulmonary resection with 4 arms. *J Thorac Cardiovasc Surg*. 2011;142(4):740–746.
12. Kent M, Want T, Whyte R, Curran T, Flores R, Gangadharan S. Open, video-assisted thoracic surgery, and robotic lobectomy: review of a national database. *Ann Thorac Surg*. 2014;97:236–244.
13. Wilson JL, Louie BE, Cerfolio RJ, et al. The prevalence of nodal upstaging during robotic lung resection in early stage non-small cell lung cancer. *Ann Thorac Surg*. 2014;97:1901–1906.
16. Nasir BS, Bryant AS, Minnich DJ, Wei B, Cerfolio RJ. Performing robotic lobectomy and segmentectomy: cost, profitability, and outcomes. *Ann Thorac Surg*. 2014;98(1):203–208.
17. Melfi FM, Davini F, Romano G, et al. Robotic lobectomy for lung cancer: evolution in technique and technology. *Eur J Cardiothorac Surg*. 2014;46:626–630.
18. Adams RD, Bolton WD, Stephenson JE, et al. Initial multicenter community robotic lobectomy experience: comparisons to a national database. *Ann Thorac Surg*. 2014;97:1893–1898.
19. Lee BE, Shapiro M, Rutledge JR, Korst RJ. Nodal upstaging in robotic and video assisted thoracic surgery lobectomy for clinical N0 lung cancer. *Ann Thorac Surg*. 2015;100:229–233.
20. Park BJ, Melfi F, Mussi A, et al. Robotic lobectomy for non-small cell lung cancer (NSCLC): long-term oncologic results. *J Thorac Cardiovasc Surg*. 201;143:383–389.

获取完整的参考文献列表请扫描二维码。

第 29 章 Ⅰ期和Ⅱ期肺癌手术切除范围

HisaoAsamura, Dominique Grunenwald

要点总结

- 越来越多的小于2 cm且表现为惰性生长的肺癌被检测出来，胸外科医生开始在临床工作中考虑对这些肺癌进行亚肺叶切除。
- 与肺叶切除相比，肺段切除或楔形切除是否更具优势，相关的Meta分析和大数据分析的结果仍存在争议。
- 尽管将亚肺叶切除术与肺叶切除术进行比较的倾向性匹配试验已经获得有意义的数据，美国和日本的随机临床试验结果也许可以为患有小于2 cm肺结节的人群选择更为适合的手术切除方式。

现代外科中治疗性的肺癌手术切除范围包括肿瘤侵犯的肺组织以及有可能发生转移的区域淋巴结[1]。当进行肺切除时，根据肿瘤的进展程度可以选择以下几种手术方式：全肺切除术（切除单侧肺的全部肺组织）、双肺叶切除术（切除两个相邻的肺叶）、肺叶切除术（切除单个肺叶）、肺段切除术（节段性切除术，切除一个或者多个相邻的肺段），以及楔形切除或部分切除术（楔形切除外周肺组织而不做气管及血管的解剖）。当肿瘤或者转移的淋巴结侵犯支气管近端而行肺叶或者全肺切除时，切除残端会有癌残留，为保证足够的切除范围，这时需要进行袖状切除，即切除近端支气管并做重建，包括肺叶切除后的支气管袖式成型，以及全肺切除后的支气管袖式成型。袖状切除术可以保留未被肿瘤侵及的肺组织，同时又能保证足够的切除范围。

根据是否需要在肺门处操作，这些手术可以分为解剖性切除术（全肺切除术、多肺叶切除术、肺叶切除术和肺段切除术）和非解剖性切除术（肺楔形切除术）。在解剖性切除术中，肺门处肺动静脉分叉后的灌注范围以及支气管树的走向共同决定了肺实质的手术切除范围。在非解剖性切除术中，肺实质的切除范围仅取决于靶病变在肺内的位置。尽管肺段切除术和肺楔形切除术都被称为亚肺叶切除术，但这两种手术的技术特点是完全不同的（图29.1）。

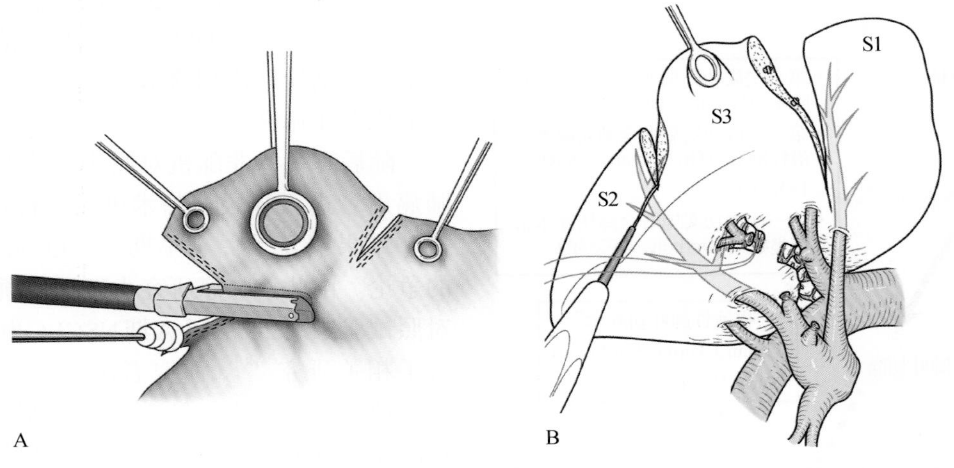

图29.1 解剖性和非解剖性亚肺叶切除

（A）楔形切除；（B）显示在肺门处（解剖性的）离断支气管和血管的肺段切除（段切除）；（A）显示没有解剖支气管和血管结构（Courtesy HisaoAsamura，MD）；（B）中S1-S3代表单独的肺段；S1为右上叶尖段；S2为右上叶后段；S3为右上叶前段本章我们将从肿瘤学和手术技术的角度讨论，如何为Ⅰ期和Ⅱ期肺癌选择合适的肺切除术式。我们还概述了自20世纪30年代以来肺癌手术的发展过程，全肺切除术是最初肺癌手术的唯一选择。

1 肺部肿瘤外科的发展概况

从历史来看，肺部肿瘤外科发展的主要目的是尽量减少正常肺实质的切除（图29.2）。外科医生一直试图在根治性切除和保留术后肺功能之间保持最佳平衡。Kummel[2]最早在1911年发表的文章中报道了右全肺切除术，患者为40岁男性，于术后第6天死亡。在20世纪20年代，有一系列的患者在接受全肺切除后很快死亡，1932年密苏里州圣路易斯市的Evarts Graham Churchill[3]报道了采用止血带技术第一次成功地对一位48岁的男性肺癌患者实施了全肺切除术。在这一里程碑式的手术后，Rienhoff和Broyles[4]、Alexander[5]、Archibald[6]、Sauerbruch[7]、Overholt[8]相继报道了肺癌患者全肺切除术的成功案例。1940年Overholt[9]回顾了110例全肺切除术，包括他自己治疗的15例良性和恶性肺部疾病，发现恶性肿瘤的手术死亡率为65%。他指出，原发性肺癌的可手术率为25%。在20世纪40年代，全肺切除术被确立为肺癌切除术的标准术式。AeliSon[10]采用心包内结扎肺血管的方式实施了全肺切除术，

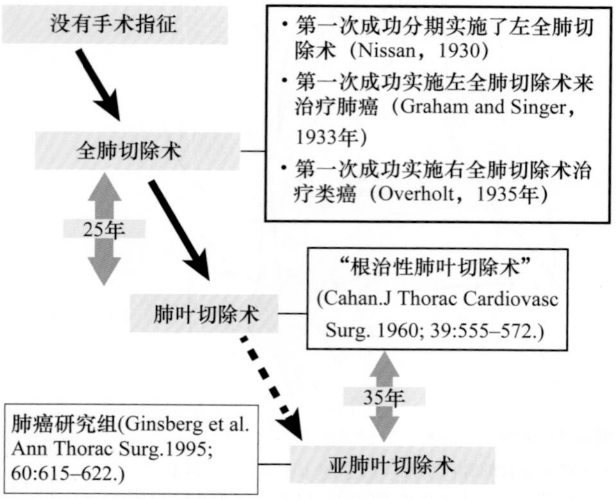

图29.2 肺癌手术的进展

更重要的是，在肺癌根治术中增加局部淋巴结清扫术。Cahan和他的团队[11]把这种手术称为根治性全肺切除术，并提出了肺实质切除应联合淋巴结清扫术。

在20世纪五六十年代，肺叶切除术逐渐取代了肺切除术。1950年丘吉尔等[12]报道，肺叶切除术的5年生存率（19%）优于全肺切除术（12%）。Belcher[13]报道的肺叶切除术术后5年生存率为61%，这样的成果在当时是十分杰出的。1960年Cahan[14]再次将根治性肺叶切除术定义为切除单侧肺中1～2个肺叶，同时清扫肺门和纵隔内特定区域淋巴结（图29.3）。淋巴结清扫的范围则根据肺癌的原发部位来确定。Cahan分析了48例原发性和转移性肺癌患者行根治性肺叶切除术的预后，并推论其5年或以上的生存期在很大程度上可归因于更广泛淋巴清扫为基础的根治性肺叶切除术。在20世纪七八十年代，肺叶切除术被认为是原发性肺癌切除的标准术式，而全肺切除术不再是标准术式。

尽管肺叶切除术被认为是原发性肺癌的标准治疗方式，但对于不能耐受创伤较大的手术（如肺叶切除术或全肺切除术）的患者来说，用小范围切除的肺段切除术或楔形切除术来治疗周围型肺癌，这样的手段一直存在。Churchill和Belsey[15]最初在1939年施行了肺段切除术来治疗肺部良性疾病。这种术式后来被提倡用于可手术的但肺储备不足肺癌患者。1972年Le Roux[16]报道了17例接受肺段切除的外周型肺癌患者。1973年Jensik等[17]提出在能保证手术切缘范围足够的情况下，解剖性肺段切除术可有效地应用于体积较小的原发性肺癌。

随后有一些非随机对照研究结果表明，早期肺癌患者进行肺段切除术可以获得良好的预后。这些结果引发了关于早期NSCLC最佳切除术式的争论。由此，肺癌研究小组在一项前瞻性随机对照试验中对247例ⅠA期NSCLC患者的预后进行了相关研究[18]。研究者研究了亚肺叶切除术后的预后和肺功能，包括解剖性肺段切除术、非解剖性大范围楔形切除术或肺叶切除术。他们发现在亚肺叶切除术中，复发率增加了75%（$P=0.02$），总死亡率（$P=0.08$）增加了30%。关于肺功能方面的研究，因为研究资金提前终止，研

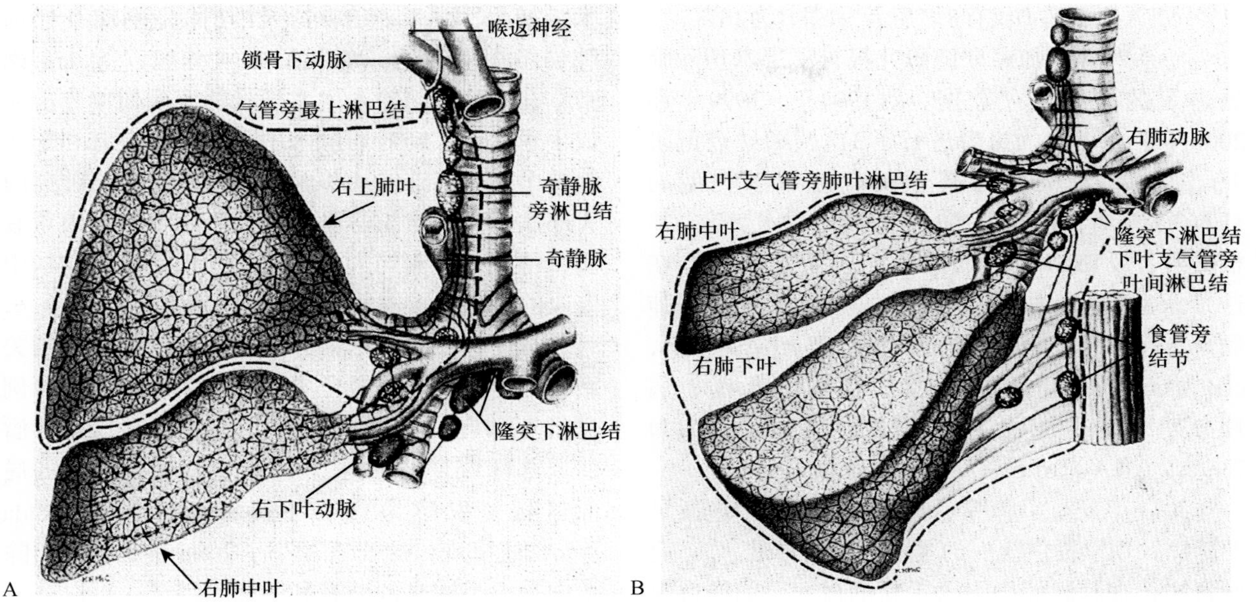

图29.3　根治性肺叶切除术

（A）右肺中上叶肺实质切除（肺叶）范围；（B）右肺中下叶淋巴结清扫的范围。切除和清扫范围均视原发肿瘤的位置而定；经许可转载自：Cahan WG. Radical lobectomy. J Thorac Cardiovasc Surg, 1960, 39: 555-572.

究者认为随访结果和上报的数据并不可靠。研究者认为，亚肺叶切除术并没有减少围手术期并发症的发病率、死亡率或改善术后远期的肺功能。由于亚肺叶切除有较高的死亡率和局部复发率，肺叶切除术仍应作为外周型T1 N0期NSCLC患者的首选手术方式。因为这个里程碑式的试验是唯一一个直接将亚肺叶切除术与肺叶切除术进行比较的随机对照试验，其结论至今仍被认为是有价值的。

在2006—2011年，Allen等[19]和Darling等[20]发表了一项前瞻性随机试验结果，即美国外科学会肿瘤学组Z0030研究，旨在评估淋巴结清扫在改善肺癌预后中的价值。在这项试验中，在N0或非肺门N1、T1或T2 NSCLC（Ⅰ期和Ⅱ期）治疗中比较系统采样和淋巴结清扫。简而言之，这项研究的结果并不支持淋巴结清扫的预后优于淋巴结采样。作者认为，如果系统并彻底的纵隔和肺门淋巴结采样结果为阴性，纵隔淋巴结清扫并不能提高早期NSCLC患者的生存期。但作者补充说，这些结果不适用于放射学分期或更高分期的肿瘤患者。

基于这两项重要的前瞻性研究的结果，人们普遍认为，对于Ⅰ期和Ⅱ期肺癌患者，目前的手术标准至少应该做到肺叶切除加淋巴结采样或清扫。

2　Ⅰ期和Ⅱ期肺癌手术切除的结论

IASLC在2006年和2007年发表的出版物中很好地展示了Ⅰ期和Ⅱ期肺癌的手术预后，其结果基于最大和最新的全球数据库[21-22]。1998年为了准备即将出版的第七版恶性肿瘤TNM分期（2009年出版）[23]，IASLC增加了肺癌分期的子项目，从多于19个国家的46个来源收集了数据。1990—2000年收集的通过各种手段治疗的67 725例NSCLC和8088例SCLC的数据很充足。在这些研究中，根据第七版TNM分期给出了分别用临床分期（c）和病理分期（p）统计的Ⅰ期和Ⅱ期NSCLC的生存率。5年生存率分别为cⅠA为50%，cⅠB为43%，cⅡA为36%，cⅡB为25%。相应的肺癌病理学分期的5年生存率pⅠA为73%，pⅠB为58%，pⅡA为48%，pⅡB为36%。目前的共识认为术后辅助化疗可以提高Ⅱ期或更高分期肺癌患者的生存率，这一观点得到20世纪90年代末和21世纪初的一系列大规模临床试验结果的支持[24-26]。尽管IASLC数据库包含了349例手术切除的SCLC病例，有可用的病理学TNM分期，但仅提供了临床分期的生存数据。关于Ⅰ期和Ⅱ期SCLC的临床分期，cⅠA的5年生存率为38%，cIB为

21%，cⅡA为38%（仅有8名患者），cⅡB为18%[27]。

一系列日本肺癌登记研究报告了手术切除肺癌患者的详细生存数据。对1994年、1999年和2004年手术切除的患者进行了3次回顾性登记研究[28-30]。最新的报告基于所有组织学类型的11 663名患者，他们在2004年进行了手术切除，并根据第七版TNM肿瘤分期提供了生存数据[30]。在这11 663例患者中，有243例（2.1%）是小细胞肺癌。不同临床分期肺癌的5年生存率cⅠA为82%，cIB为66.1%，cⅡA为54.5%，cⅡB为46.4%。病理分期肺癌的5年生存率pⅠA为86.8%，pⅠB为73.9%，pⅡA为61.6%，pⅡB为49.8%。

2011年发布了肺腺癌的新分类，其中包括早期腺癌，用以提供统一的术语和诊断标准[31]。简而言之，在肺腺癌中引入了新的概念，如原位腺癌（adenocarcinomain situ，AIS）和微侵袭性腺癌（minimally invasive adenocarcinoma，MIA），分别用于定义单纯贴壁生长或贴壁生长为主的＜5 mm的孤立性小腺癌，完整切除后分别有望获得100%或接近100%的生存率。相比之下，腺癌也可根据其主要成分进行分类，组织学分型为贴壁型、腺泡型、乳头型或实体型。早期肺癌（如AIS和MIA）在高分辨计算机断层成像及其数字化程序技术广泛应用之后才被认识到。在日本的登记研究中[30]，这些早期肺癌包含在ⅠA期肺癌中，这些肿瘤的比例可能与生存差异有关，特别是ⅠA期肿瘤。这个研究还分析了这些分类的外科价值[32]。在2011年和2013年发表的研究中，描述了545例经影像学检查表现为GGO的非侵袭性肺腺癌的预后；将cT1a中实性成分与肿瘤比值为0.25及以下作为非侵袭性癌症的影像学标准，并建议使用肺叶切除术切除病变[33-34]。非侵袭性腺癌和浸润性腺癌的5年生存率分别为96.7%和88.9%。这一手术预后表明，对于早期肺癌来说，亚肺叶切除如肺段切除和楔形切除也是可行的。

3 Ⅰ期和Ⅱ期肺癌亚肺叶切除术的可行性

3.1 技术和病理因素

当我们考虑亚肺叶切除时，特别是肺段切除术，如果为了将肺癌根治性切除，不能有任何肿瘤组织的残留，那我们必须考虑以下几个因素：在亚肺叶切除术中必须将肺实质切割才能完成手术，而在肺叶切除术中肺裂的存在有利于切除整个肺叶；亚叶切除术中的技术受限与肿瘤的大小、位置、组织学类型和淋巴结受累等因素有关，特别是肿瘤的大小和位置与根治性切除术中安全的手术切缘密切相关。

对亚肺叶切除术，肿瘤大小和局部复发的关系已有了深入的研究。Bando等[35]研究了74例进行亚肺叶切除术的患者，发现小于2 cm肿瘤的局部区域复发率为2%，大于2 cm的肿瘤的局部区域复发率为33%。Fernando等[36]和Okada等[37]还发现，肿瘤直径小于2 cm在亚肺叶切除术中是一个独立的、有利的预测因子，可以减少复发的机会，并可以获得更好的生存率。如果我们考虑到肿瘤和肺实质的手术切缘之间的距离，就很容易理解为什么较大的肿瘤有较大的局部复发概率（图29.4A）。另一个重要因素是肿瘤相对于胸膜表面和肺门的位置。对肺段的基本几何理解是，肺段是扇形的结构，基底在胸膜表面，顶端位于肺门。因此，对于靠近肺门的肿瘤，即使肿瘤很小，肿瘤与切缘之间的距离也不可避免地变小（图29.4B）。一般情况下，即使肿瘤直径为2 cm或更小，只有当肿瘤位于肺实质的外1/3时，才应进行肺段切除或楔形切除。其他不利于亚肺叶切除的因素是侵袭性的组织学表现，如小细胞肺癌和淋巴结受累。这些情况表明肿瘤在此肺段所在的肺叶中扩散的可能性更高。

3.2 肿瘤学因素

在以下3种情况下，肺癌应考虑局限的亚肺叶切除：

- 心肺功能储备有限的T1 N0 M0肺癌患者，不限病变类型；
- 以GGO表现为主的早期肺癌（病理为AIS或MIA）；
- 位于肺边缘的小侵袭性肺癌。

如前所述，20世纪七八十年代兴起了对亚肺叶切除术的热潮，当时证明了对心肺功能储备不足的患者进行局限切除的可行性。当时，亚肺叶切除术的5年生存率和复发率被认为低于肺叶切除术，并且亚肺叶切除术仅限于心功能受损或有严重合并症不能进行常规肺叶切除术的患者。事实上，在1994年Warren和Faber[38]对173名接受了亚肺叶切除术或肺叶切除术的Ⅰ期NSCLC患者的研究显示，亚肺叶切除术的生存率下降和复发率增加。然而，1997—2004年发表的单中心回顾性研究结果（其中评估了心肺储备有限患者亚肺叶切除术与肺叶切除术的等效性）与先前的结果相矛盾，并表明无论手术切除的范围或组织类型如何，Ⅰ期疾病都有生存优势。Campione等[39]在121例ⅠA期肺癌患者中发现肺叶切除术和解剖段切除术之间的存活率没有显著差异。其他研究也证明了类似的肺段切除和肺叶切除术对比的结果[40-50]。对于心肺储备有限的ⅠA期肺癌患者，局限切除的手术指征是合理的治疗选择。

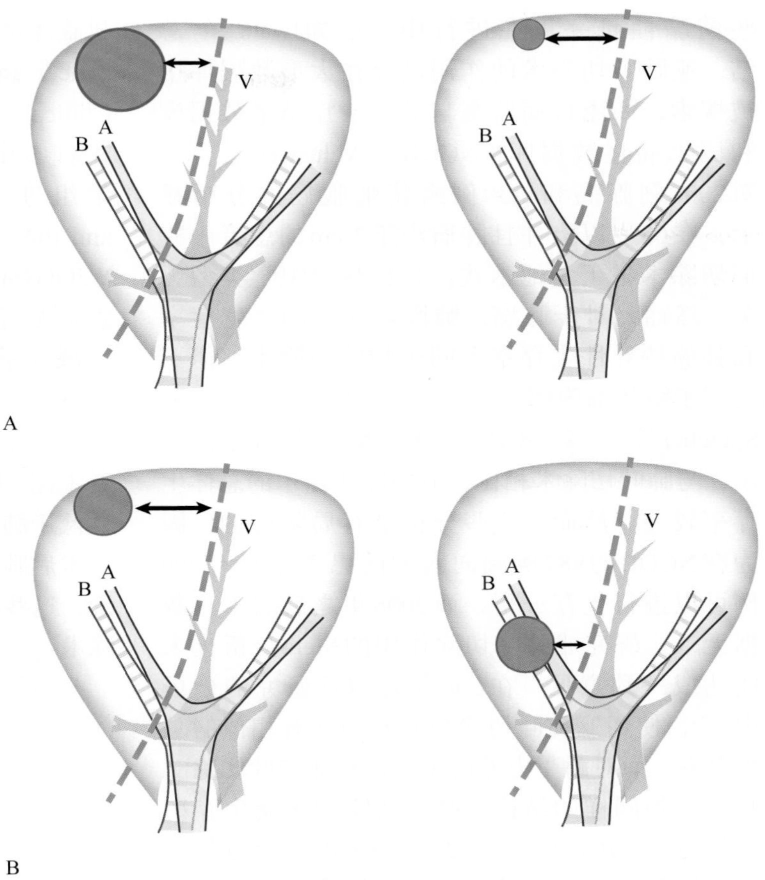

图29.4 肿瘤与手术切缘的距离

（A）显示对于较大的肿瘤，肿瘤与手术切缘之间的距离不可避免地会减少；（B）显示当肿瘤位于接近肺门的位置时，无论肿瘤大小，其与手术边缘之间的距离都会减少；A，肺动脉；B，支气管；V，肺静脉（JCOG0802/WJOG4607L）

如前所述，AIS（以前称为细支气管肺泡癌）和MIA是新的概念，表明了腺癌的非浸润性或微浸润性，并具有独特的GGO影像学表现。在日本不同的回顾性研究中，对非实性（纯磨玻璃）或部分实性（混合性）GGO肿瘤患者使用局限切除进行了评估。在每一项研究中，与其他亚型NSCLC患者相比，AIS或MIA患者切除后生存期延长，复发率低。对这些早期肿瘤采用了亚肺叶切除术是基于对侵袭性生长（间质侵袭）程度与预后之间关系的临床病理研究。Sakurai等[51]根据侵袭性生长的程度（异形结构及其在腺癌中的位置）对380例切除的直径为2 cm或更小的腺癌进行分类，表明尽管采用肺段切除AIS或MIA患者仍可获得100%的生存率。在这些临床病理观察的基础上，根据肿瘤的位置和大小，考虑对病理为AIS和MIA的GGO进行亚肺叶切除术是合理的。

亚肺叶切除术的适应证不仅要从肿瘤学的角度考虑，还要从解剖学的角度考虑。对于位于肺实质深处的肿瘤，由于手术切缘靠近肺门结构，因此亚肺叶切除不能确保足够的手术切缘。如前所述，肿瘤与切除边缘之间的最短距离取决于其靠近肺门的距离。肿瘤直径也影响到手术切缘的距离。因此，肺段切除与楔形切除一样，只有当肿瘤位于肺实质的外1/3部位，并且最好是肿瘤直径小于或等于2 cm时，才应使用亚肺叶切除术。对于位于肺实质内2/3或直径大于2 cm的肿瘤，无论肿瘤病理如何，仍应选择肺叶切除术。

然而，对于一个位于肺边缘呈现为孤立小结节（≤2 cm，T1a）的侵袭性肺癌来说，治疗可行性有限，那么从今天的角度来看，必须评估其亚肺叶切除术的可行性。这样的评估将需要对20世纪80年代末进行的肺癌研究小组的研究进行修订[18]。事实上，目前可切除肺癌患者的例行检查与20世纪80年代进行的检查有所不同。为了研究亚肺叶切除术治疗早期肺癌，一些前瞻性研究正在进行中。正如Iwata[52]总结，亚肺叶切除术的作用已经在大型数据库中被探索，如流行病监测与最终治疗结果数据库和国家癌症数据库（NCDB）。Veluswamy等[53]对2008例腺癌和1139例鳞状细胞癌的分析显示，在65岁以上并且肿瘤小于2 cm的患者中楔形切除术劣于其他术式，并且与组织学类型无关。然而，对于腺癌，肺段切除术的总生存率和肺癌特异性生存率等同于肺叶切除术，但不适用于鳞状细胞癌。相比之下，Khullar等[54]和Speicher等[55]对NCDB临床Ⅰ期患者的分析显示，与肺叶切除术相比，亚肺叶切除术的总体生存率较差。然而，这些分析是有局限性的，因为在NCDB的987例倾向匹配的患者中只有290例可以进行生存分析，而2006年之后的生存数据无效。研究亚肺叶切除作用的Meta分析也未能达成一致意见。在Cao等对54项研究的分析中[56]，使用亚肺叶切除与肺叶切除有相似的总生存率，而对耐受力差的患者进行亚肺叶切除时则得不到同样的结论。肺叶切除的无病生存率总是高的。Bao等[57]对22项研究的生存分析发现，只有小于2 cm肿瘤的肺段切除术和肺叶切除术的总生存率相当。最后，在对4564例肺叶切除和2287例亚肺叶切除的分析中，Taioli等[58]认为，使用常规Meta分析来研究这些术式的研究，其设计的高度特异性可能排除了一些有用的结论。他们已经发表了5项倾向匹配研究，其中包括69～312例匹配的亚肺叶和肺叶切除术患者的3～10年总生存率数据[59-63]。常见匹配参数包括年龄、性别和肿瘤大小，所有研究都发现肺段切除术和肺叶切除术相比较，在无病生存率或总生存率方面没有差异。值得注意的是，Kodama等[63]的研究总结了10年间的手术病例，显示肺段切除术和肺叶切除术无局部复发率分别为95.3%和97%，10年生存率没有差异（肺段切除术为83.2%，肺叶切除术为88%）。关于VATS肺段切除术的使用，两项研究显示VATS肺段切除术与VATS肺叶切除术相比具有相同的总生存率和无病生存率[62, 64]，而Ghaly等[65]报道91例VATS肺段切除术与102例开放性肺段切除术患者的无病生存率和总生存率没有差异。

以直径不超过2 cm的周围型肺癌为对象的随机临床试验由癌症和白血病B组在美国进行（the cancer and leukemia group B，CALGB 140503；ClinicalTrials. gov标识符：NCT00499330）[38]，在日本由日本临床肿瘤学组和西部日本肿瘤学组进行（the Japan clinical oncology group and the west Japan oncology group，JCOG0802/WJOG4607L）[66]。对于CALGB试验，主要终点是无病生存率，次要终点是总体生存率、局部区域和系统复发率和肺功能，预计纳入人数为1258例。对于日本试验，终点是总体生存率（主要）和术后肺功能（次要），目标纳入1100例患者（图29.5）。如果肺段切除患者的预后并不明显低于肺叶切除患者，并且如果肺段切除术对患者术后肺功能明显有益，我们可以肯定地得出结论，这些早期肿瘤的标准手术方式应该是肺段切除术。

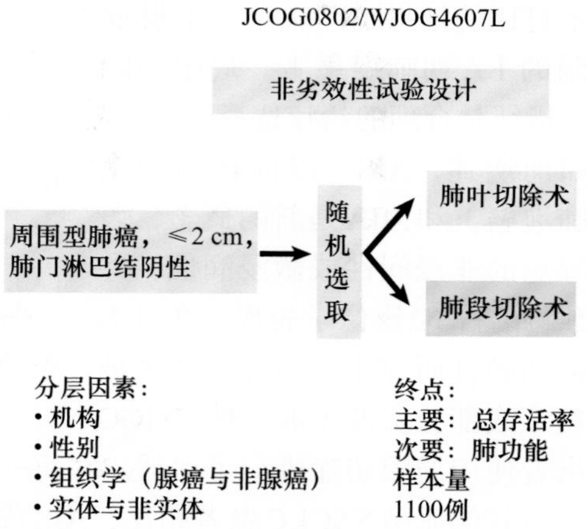

图29.5 一项正在进行的在直径≤2 cm的小肺癌（部分实性磨玻璃样或实体肿瘤）中比较肺段切除术和肺叶切除术的Ⅲ期随机试验（JCOG0802/WJOG4607L）

4 结论

目前肺癌切除的治疗标准仍然是肺叶切除联合肺门和纵隔淋巴结采样或清扫。对于心肺储备有限的患者进行亚肺叶切除术（如肺段切除术和楔形切除术）是合理的。对于大多数位于肺实质外周的侵袭性极小或无侵袭性的早期肺癌来说，使用亚肺叶切除可能是合理的。对于具有明显侵袭性特征的肺癌，特别是直径为2 cm或2 cm以下的肿瘤，亚肺叶切除术的可行性正在研究中，试验结果尚待公布。肺叶切除术应该被认为是适合患者的标准手术切除方式。

（任 典 韦 森译）

主要参考文献

18. Ginsberg RJ, Rubinstein LV. Randomized trial of lobectomy versus limited resection for T1 N0 non-small cell lung cancer. Lung Cancer Study Group. *Ann Thorac Surg*. 1995;60:615–622.
20. Darling GE, Allen MS, Decker PA, et al. Randomized trial of mediastinal lymph node sampling versus complete lymphadenectomy during pulmonary resection in the patient with N0 or N1 (less than hilar) non-small cell carcinoma: results of the American College of Surgery Oncology Group Z0030 Trial. *J Thorac Cardiovasc Surg*. 2011;141:662–670.
22. Goldstraw P, Crowley J, Chansky K, et al. International Association for the Study of Lung Cancer International Staging Committee; Participating Institutions. The IASLC Lung Cancer Staging Project: proposals for the revision of the TNM stage groupings in the forthcoming (seventh) edition of the TNM classification of malignant tumours. *J Thorac Oncol*. 2007;2:706–714.
29. Asamura H, Goya T, Koshiishi Y, et al. Japanese Joint Committee of Lung Cancer Registry. A Japanese Lung Cancer Registry study: prognosis of 13,010 resected lung cancers. *J Thorac Oncol*. 2008;3:46–52.
31. Travis WD, Brambilla E, Noguchi M, et al. International Association for the Study of Lung Cancer/American Thoracic Society/European Respiratory Society international multidisciplinary classification of lung adenocarcinoma. *J Thorac Oncol*. 2011;6:244–285.
34. Asamura H, Hishida T, Suzuki K, et al. Japan Clinical Oncology Group Lung Cancer Surgical Study Group radiographically determined noninvasive adenocarcinoma of the lung: survival outcomes of Japan Clinical Oncology Group 0201. *J Thorac Cardiovasc Surg*. 2013;146:24–30.
37. Okada M, Nishio W, Sakamoto T, et al. Effect of tumor size on prognosis in patients with non-small cell lung cancer. The role of segmentectomy as a type of lesser resection. *J Thorac Cardiovasc Surg*. 2005;129:87–93.
48. Okada M, Koike T, Higashiyama M, Yamato Y, Kodama K, Tsubota M. Radical sublobar resection for small-sized non-small cell lung cancer: a multicenter study. *J Thorac Cardiovasc Surg*. 2006;132:769–775.
49. El-Sherif A, Gooding WE, Santos R, et al. Outcomes of sublobar resection versus lobectomy for stage Ⅰ non-small cell lung cancer: a 13-year analysis. *Ann Thorac Surg*. 2006;82:408–416.
59. Altorki NK, Kamel MK, Narula N, et al. Anatomical segmentectomy and wedge resections are associated with comparable outcomes for small cT1N0 non-small cell lung cancer. *J Thorac Oncol*. 2016;11(11):1984–1992.
60. Tsutani Y, Miyata Y, Nakayama H, et al. Oncologic outcomes of segmentectomy compared with lobectomy for clinical stage ⅠA lung adenocarcinoma: propensity score-matched analysis in a multicenter study. *J Thorac Cardiovasc Surg*. 2013;146:358–364.
61. Landreneau RJ, Normolle DP, Christie NA, et al. Recurrence and survival outcomes after anatomic segmentectomy versus lobectomy for clinical stage Ⅰ non-small-cell lung cancer: a propensity-matched analysis. *J Clin Oncol*. 2014;32:2449–2455.
62. Hwang Y, Kang CH, Kim HS, Jeon JH, Park IK, Kim YT. Comparison of thoracoscopic segmentectomy and thoracoscopic lobectomy on the patients with non-small cell lung cancer: a propensity score matching study. *Eur J Cardiothorac Surg*. 2015;48:273–278.

获取完整的参考文献列表请扫描二维码。

第30章 肺癌扩大切除术：胸壁肿瘤和Pancoast癌

Valerie W. Rusch, Paul E. Van Schil

要点总结

胸壁：

- 侵犯壁层胸膜和胸壁提示肿瘤分期为T3，椎体侵犯提示胸壁肿瘤分期为T4。
- 需要扩大切除。
- 在下列情况下，术后可长期存活：
  - 无远处转移
  - 无纵隔淋巴结受累
  - 完整（R0）切除
- 系统淋巴结清扫应作为手术切除的一部分。
- 由胸壁缺损大小和位置决定胸壁重建假体的选择。

Pancoast肿瘤：

- 肺上沟：最上部的肋椎沟。
- 由于累及邻近的重要结构，包括臂丛神经、锁骨下血管和脊柱，手术难度很大。
- 根据肺癌分期，应该处于ⅡB期或ⅡB期以上，可以通过支气管内超声或纵隔镜进行纵隔淋巴结分期。
- 新辅助化疗后进行手术切除是标准的治疗方法。
- 操作方法：
  - 后（Paulson）入路
  - 改良肩胛后外侧（Masaoka）入路
  - 前（Dartevelle/Spaggiari）入路

1 胸壁肿瘤

1.1 一般原则

原发性肺癌侵犯壁胸膜或胸壁是一种相对罕见的现象，在所有肺癌病例中有5%～8%的病例报道[1]。侵犯壁层胸膜和胸壁提示肿瘤分期为T3，椎体侵犯提示胸壁肿瘤分期为T4。当出现神经症状时，肿瘤浸润第1或第2肋骨及其周围结构通常被称为是肺上沟癌或Pancoast瘤[1]。Pancoast瘤在本章后半部分有详细描述。

要切除侵犯胸壁的肿瘤，必须进行扩大性的切除。尽管这种肿瘤一度被认为预后不佳，但一系列研究表明，当患者没有远处转移，没有纵隔淋巴结受累，肋骨、胸壁肌肉和软组织的切缘组织学证明为阴性，即完整切除（R0）时，患者还是有机会获得长期生存的。此外，需要通过系统性淋巴结清扫，或至少对与原发肿瘤位置相关的、特定的肺叶引流区域的淋巴结进行清扫，进行淋巴结的全面评估。必须切除至少6组淋巴结，其中必须包括3个纵隔内淋巴结，并且必须包括隆突下淋巴结[7]。根据Rami Porta等[2]提出的完全切除的定义，肿瘤不能侵犯出包膜，且最高组纵隔淋巴结必须为阴性。对于位于肋椎角附近或累及椎体后部的肿瘤，完全（R0）切除难度很大，而对于侵犯骨面的肿瘤，不能进行冰冻病理分析。

1.2 分期

T3和T4期肺癌手术治疗的目的是获得R0切除。外科治疗只是多学科治疗中的一部分，此外还包括新辅助化疗或放化疗治疗，以减少肿瘤体积和保证手术切缘。全面的术前评估是必要的。欧洲呼吸学会年会和欧洲胸外科医师学会详尽地列出了心肺功能评估的操作指南[3]。T3和T4期的肿瘤至少应该进行肺叶切除术，但未有明确的标准来判断患者什么时候应该接受胸壁重建。尽管如此，由于胸壁切除术会导致额外的呼吸功能损伤，因此在计划实施该手术时，有必要由经验丰富的胸外科医师进行临床决策，并且每个病例都要经过多学科会诊。已发表的一系列报道指出，纵隔淋巴结转移是一个不良的预后因素，当有纵隔淋巴结转移时，不应该扩大手术切除[4-5]。

进行胸部强化CT检查是确定原发肿瘤侵犯范围和评估肺门和纵隔淋巴结是否受累的首选方法（图30.1）。CT图像可以显示辨别胸壁骨骼或软组织是否受侵的证据，包括胸膜外脂肪层的消失、肿瘤与胸膜之间的距离和角度[6]。多个CT表现的组合增加了诊断的敏感性[4]。对于位于椎旁和肺上沟的肿瘤，需要胸部MRI来确定神经或椎体是否受累。呼吸动态MRI已被证明，对于确定胸壁受侵犯有100%的敏感性和83%的特异性，但尚未被广泛采用[7]。胸壁超声也对诊断有帮助，但不适用于上沟处肿瘤[8]。

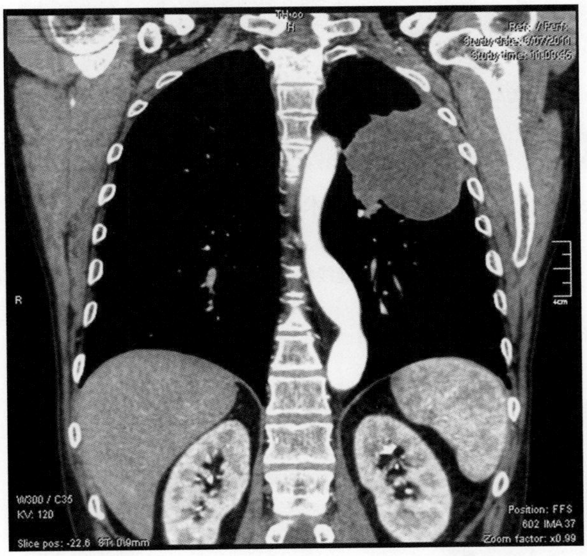

图30.1 一位58岁患者的冠状面CT显示巨大肿物侵犯胸壁

PET，最好是集成PET/CT，应该对每位患者进行检测，以评估是否存在局部区域播散和远处转移而失去手术指征。

在计划进行大型胸壁切除术之前，应确认纵隔淋巴结的病理状态[9]。目前取得病理的方式是在超声内镜引导下进行经支气管或经食管活检。术前可以选择性地辅以纵隔镜检查，以尽可能降低假阴性率。

1.3 外科切除

根据原发肿瘤的位置及其向胸壁的侵犯范围，应谨慎选择切口，切口入路选择胸壁的前部、侧部或后部。应选择远离原发肿瘤的部位进入，尽可能将原发肿瘤与侵犯的胸壁完整切除，以避免肿瘤细胞残留在胸腔中[10]。VATS的应用可能有助于初步评估[11]。

原发肿瘤周围距离切缘的具体距离尚未确定，但大多数人认为至少要达到1 cm[4]。一旦肿瘤侵入胸膜，就应该评估胸壁受累情况，并确定是否需要单纯胸膜外切除或是进行厚的全胸壁切除。Stoelben和Ludwig[1]描述了4种胸壁受累的类型，以确定随后的切除方式（表30.1）。若很容易通过手指将肿瘤从胸膜面剥离胸壁，通常表明这只是不需要胸壁切除的炎性粘连，对壁层胸膜可疑区域进行冰冻切片分析可以得到证实。当肿瘤粘连致密或直接侵犯胸壁时需切除肋骨。对于位于胸壁前部的肿瘤，可能需要切除部分或全部胸骨。对于位于胸壁后部的肿瘤，可能需要脊柱外科医生（骨科医生或神经外科医生）与胸科医生合作，切除横突或椎体[12]。然而，在经典的Pancoast（上沟）的位置之外很少需要这些椎体结构的切除。为了减少对未受累的胸外肌肉的创伤，可以使用Cerfolio等[13]描述的从胸腔内将肋骨切除的技术。

表30.1 术中胸壁受累的分类及切除方式[a]

术中探查结果	T分型[b]	手术方式
肺和肿瘤没有与胸壁粘连	无T3	标准切除
肿瘤与壁层胸膜之间的炎性粘连或既往胸膜炎病史	无T3	胸膜外切除
肿瘤穿透脏层胸膜侵及壁层胸膜	T3	胸膜外肺叶切除术也是可行的
肿瘤侵及软组织或骨性胸壁	T3或T4	肺和胸壁切除

[a]改编自：Stoelben E, Ludwig C. Chest wall resection for lung cancer: indications and techniques. Eur J Cardiothorac Surg, 2009, 35 (3): 450-456; [b]与胸壁相关

肺叶切除术或联合肺叶切除术是肺切除术的首选术式。在少数病例中有必要行全肺切除术，但当需要联合广泛的胸壁切除时手术风险很高，应该在有丰富经验的医院进行手术[14]。

有多种技术可用于胸壁重建。对于有肩胛骨覆盖的3 cm或3 cm以下的缺损，不需要进行重建。然而，当缺损位于肩胛骨顶端时，需要进行胸壁重建以防止肩胛骨下压，这是一种与美容不良症状相关的明显的并发症[4]。聚丙烯和聚

玻璃纤维网片、聚四氟乙烯贴片，以及所谓的聚丙烯网片与甲基丙烯酸甲酯（Marlexmeshwith methylmethacrylate，MMM）三明治技术，可以用来进行胸壁大范围缺损的重建[15]。在需要软组织重建以覆盖胸壁假体的情况下，需要与整形外科医生密切合作。聚四氟乙烯经常用作胸壁重建的标准材料。然而，对于较大的前侧或前外侧缺损，MMM三明治技术可以提供更大的即时胸壁稳定性（图30.2A和图30.2B），同时具有最低的术后呼吸功能受损风险[16]。由具有连接杆和钛合金肋片组成的新模块系统，对于在重建胸壁时获得刚性结构很有帮助[17-18]。该系统对于与皮肤溃疡和感染相关的大缺损特别有用，但是禁止使用MMM三明治技术（图30.3A和图30.3B）。合成材料应该用活的肌肉或肌皮瓣覆盖，以减少感染风险。

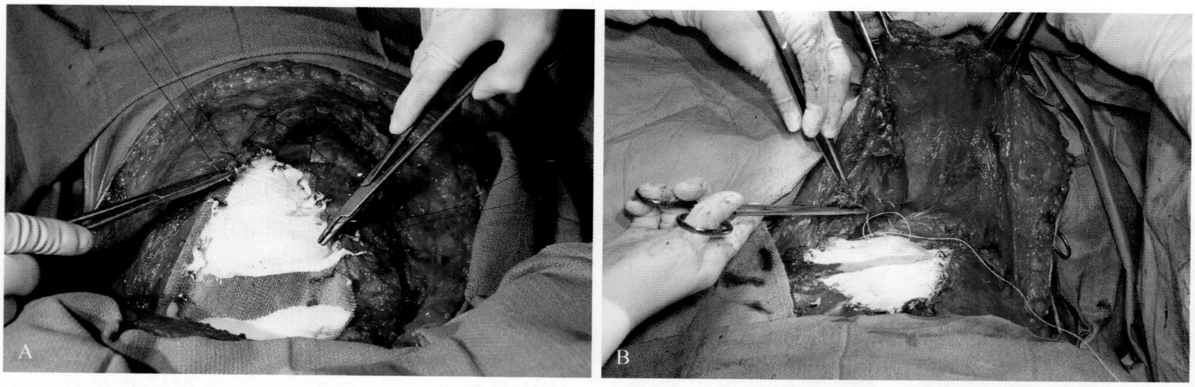

图30.2 使用所谓的MMM夹层（带有甲基丙烯酸甲酯的Marlex网状物）植入物（从手术台底部观察）重建胸壁和胸骨大型缺损时拍摄的术中照片

（A）用甲基丙烯酸甲酯浸透的聚丙烯网，留有可供组织生长的空隙；（B）在关闭切口前使用可吸收缝线将覆盖的肌瓣固定在植入物上，以防止形成囊肿

注：将植入物固定在胸骨的残留部分以及下方和外侧的肋骨

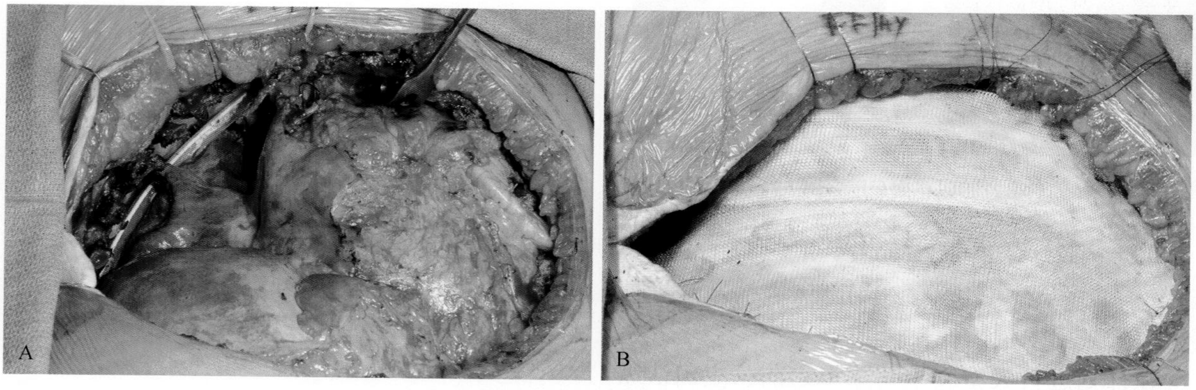

图30.3 在胸骨和胸壁重建术中拍摄的照片

（A）是在切除修补放射性骨坏死造成的巨大前胸部缺损时拍摄的；（B）中的钛棒提供胸壁稳定性，并用聚丙烯网布覆盖，为肌皮瓣软组织覆盖做准备

1.4 结论和长期生存

在经验丰富的中心，与这些手术相关的死亡率和并发症发生率已经降低。术后平均死亡率约为6%，大部分死亡是由肺部并发症和呼吸衰竭引起[4]。这一发现强调了在进行广泛切除之前，在多学科团队中进行仔细的术前心肺评估和讨论的重要性。除开胸手术术后的常见并发症外，还包括与胸壁切除相关的特殊并发症，包括取出假体材料时发生的感染、肩胛骨突起、反常呼吸（连枷胸），以及在靠近脊髓的解剖病例中出现截瘫和脑脊液渗漏。

在特定的病例中，新辅助化疗或放化疗可能有助于缩小肿瘤体积并避免随后的胸壁切除，但此类治疗不是除Pancoast肿瘤外的标准治疗。同时新辅助化疗或放疗也存在争议，而且对于胸壁切除的患者没有具体的指南。对于手术切缘不足或切缘阳性的患者，可能需要进行放射治疗，但没有随机对照研究证据支持其应常规应用。

在大多数的大型中心中，5年总生存率为30%～40%。长期生存取决于淋巴结受累情况和切除的完整性。1999年在334例胸壁切除的患者中，Downey等[19]发现完整（R0）切除患者的5年生存率为32%，而不完全切除（R1和R2）的患者仅为4%。这些发现在后来的研究中得到证实[4]。在531例pT3肺癌患者中，不同亚组中T3分期的肿瘤预后相对一致[20]。在407例胸壁受累患者中，5年生存率为43%。在一项使用第七版TNM分期的对比研究中，140例肿瘤侵犯胸壁的T3期患者的预后与28例肿瘤直径大于7 cm且无胸壁侵犯的T3期患者的预后没有显著差异[21]。在对107例接受胸壁切除治疗肺癌患者进行的多因素分析中，肿瘤切除的完整性、肿瘤大小、淋巴结受累状况、肿瘤浸润深度和新辅助化疗的完成率是独立的预后因素[22]。在这个研究中，总的5年生存率为26%。

关于肺切除的范围，最近的一系列研究表明，肺切除联合胸壁切除对于高度选择的患者是可行的[14]。在该研究的34例患者中，死亡率为2.9%，并发症发生率为38%，总的5年生存率为47%。对于病理结果为N0、N1和N2的患者，5年生存率分别为60%、56%和17%。在完全（R0）切除后肿瘤的局部复发率非常低[10]。N2淋巴结受累被认为是全身性转移的标志，并且大多数N2受累的患者将死于远处转移[1]。

胸壁切除后的生活质量是重要的考量因素，但发表的数据很少。在51名接受胸壁切除治疗患者的回顾性研究中，生活质量仅中度受损[23]。主观参数（包括呼吸困难）与生活质量有很好的相关性，而肺功能的客观评价则与生活质量没有相关性。

2 Pancoast肿瘤

2.1 历史背景

位于肺上沟的NSCLC，通常被称为Pancoast肿瘤，由于其侵及包括臂丛、锁骨下血管和脊柱等邻近的重要结构，手术具有挑战性。1932年放射学家Henry Pancoast[24]首次提出此概念，在20世纪50年代以前Pancoast肿瘤一直被认为具有致死性，当时的临床经验表明，辅助放疗后切除是有效的[25-26]。在接下来的40年里，这种方法一直是治疗的标准，直到新型外科技术的发展，使得侵及锁骨下血管和脊柱的T4期肿瘤的治疗有了新的进展[27-29]。然而，通常只有60%的患者接受了完全切除，5年总生存率仅保持在30%左右，因此，亟须新的治疗方法[30]。在20世纪90年代以铂类为基础的新辅助放化疗后，手术切除Ⅲ期NSCLC被证实是安全有效的[31]。一些小样本研究结果表明，这种疗法可能适合Pancoast肿瘤[32]。基于以上结果，一项北美大型临床试验确立了将新辅助同步放化疗后手术切除作为标准治疗方案。随后其他研究证实了北美试验的结果（表30.2）。

表30.2 新辅助放化疗加手术切除治疗肺上沟癌的研究报告

作者（年份）	病例数	新辅助治疗方案	完全切除率（R0）（%）	5年总生存率（%）
Marra等[63]（2007）	31	顺铂＋依托泊苷＋45 Gy	94	46
de Perrot[84]（2008）	44	顺铂＋依托泊苷＋45 Gy	89	59
Pourel等[62]（2008）	107	顺铂＋依托泊苷＋45 Gy	90	40
Kunitoh等（JCOG 9806）[67]（2008）	76	丝裂霉素、长春碱和顺铂＋45 Gy（分疗程）	89	56

2.2 解剖学定义

Pancoast肿瘤最初被定义为位于胸顶部，与肩和手臂疼痛、手部肌肉萎缩和霍纳综合征相关的非特定起源的癌。从解剖学上讲，肺上沟与从第一肋骨延伸到膈肌的肋椎沟同义。术语肺上沟是用来描述这个结构的最上部[33-34]。据报道，对这种类型肿瘤最准确的描述是在1932年由Tobias提出，他认为这是一种周围型肺癌[35]。

这个最初的定义已经扩展到不涉及臂丛或交感神经节的肿瘤。位于第二肋骨水平或以下的胸壁肿瘤不符合Pancoast肿瘤的诊断标准。胸壁受累可能局限于肺上沟壁层胸膜的侵犯，但典型的侵犯范围包括第一肋骨、椎体、锁骨下血管、臂丛神经根或交感神经节。

根据第一肋骨上的前斜角肌和中斜角肌及第二肋骨上后斜角肌的附着点，胸腔入口可分为3个室：前室位于前斜角肌的前面，包含锁骨下静脉和颈内静脉以及胸锁乳突肌和胸骨舌骨肌；中室位于前斜角肌和中斜角肌之间，包括锁骨下动脉、臂丛神经干和膈神经；后室包括臂丛神经根、交感神经节和脊柱。

最初，Pancoast肿瘤被认为仅位于胸廓后方。然而，Pancoast肿瘤也可能位于胸廓前方，主要是血管受累，而不是神经或椎体受累。因为有时肿瘤获得完整切除必须进行联合手术，外科医生应该同时熟练掌握前入路和后入路手术。

2.3 术前评估

Pancoast综合征并不总是NSCLC引发的。其他疾病，包括淋巴瘤、肺结核和原发性胸壁肿瘤等顶部的肿块侵及胸壁也可引发。手术前应进行经胸穿刺活检以明确诊断。

根据定义，Pancoast肿瘤为ⅡB期以上肿瘤，需要在术前进行分期评估，包括胸部和上腹部的增强CT、全身PET和脑部MRI（图30.4A、B）检查。由于伴有纵隔淋巴结转移的Pancoast肿瘤（N2或N3）预后较差，应考虑通过支气管超声内镜或纵隔镜进行纵隔淋巴结分期。

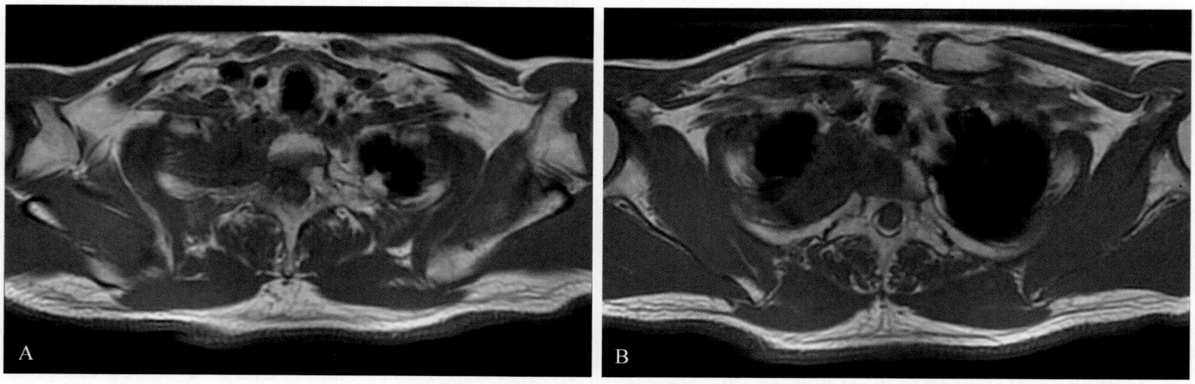

图30.4 术前MRI显示T4期肺上沟癌已侵犯胸椎

（A）肿瘤已填满肺上沟，但没有侵犯臂丛或锁骨下血管；（B）肿瘤已侵犯并破坏部分椎体。新辅助放化疗后，采用脊柱受累区后入路联合后外侧开胸，进行肺叶和胸壁切除，达到完全切除（R0）

增强MRI是评估胸腔入口结构（包括臂丛、锁骨下血管、脊柱和神经孔）的首选方式，对于术前评估至关重要[36]。必须评估神经根受累的程度。切除T1神经根通常不会导致运动功能障碍，但切除C8神经根或臂丛神经下干会导致手部和手臂功能丧失。详细的神经学检查很有必要，可作为对MRI检查的补充[37]。T1神经受累会导致沿着前臂和手掌尺侧延伸的疼痛。手部内在肌群的无力表明C8神经根或臂丛神经下干受累。Pancoast肿瘤的切除应该与脊柱神经外科医生共同规划，以选择最适合的患者和实现最好的完整切除机会。

必须对患者进行评估，以确定他们是否可以耐受联合治疗。体力状态、肾功能和神经功能状态必须足以使患者接受以铂类为基础的化疗。应进行肺功能测试，必要时进行心脏负荷测试，以评估患者耐受肺切除的能力。

2.4 综合治疗

近70年来肺上沟NSCLC的治疗可分为4个时期。Pancoast首先将这些肿瘤描述为“在胸部肺上沟上部发现的一种特殊的实体肿瘤”。其组织病理学是上皮细胞，但其确切的起源尚不确定[24]。在随后的20年中，这些肿瘤被认为是NSCLC，但被认为是不能接受手术和无法治愈的。1956年Chardack和MacCallum[25]报道了一例累及胸壁和神经根的低分化鳞状细胞癌患者，该患者经过整体切除后进行了辅助放射治疗（超过54天，共65.28 Gy）。患者获得了5年的无病生存期。1956年Shaw[38]报道了一例典型的Pancoast综合征患者接受了姑息性放疗。在经过3000 cGy的放射治疗后，患者疼痛消失，肿瘤缩小，因此Shaw进行了类似于Chardack和MacCallum描述的根治性切除。由于在该病例中实现了完全切除和长期生存，Shaw等[26]在更多的患者中测试了这种治疗策略。1961年他们报道了一项对18例患者进行的临床研究，18例患者接受了超过2周的3000～3500 cGy的放射治疗，随后在1个月后完整地切除了受累的肺叶、胸壁和神经根。

在这篇报道之后，诱导放疗（在2周内分10次，共3000 cGy）后通过扩大的后外侧开胸手术整体切除成为肺上沟NSCLC的标准治疗方法。30年来（Pancoast肿瘤治疗的第二个时代）这些肿瘤的基本治疗原则保持不变。多个研究结果（表30.3）证实了Shaw和Paulson报道的原始结果，但也确定了不良的预后因素，包括纵隔淋巴结转移（N2）、脊柱或锁骨下血管受侵（T4），以及不完全的手术切除（R1或R2）[33, 37, 39-47]。在最大的一项已发表的系列研究中，纳入了1974—1988年在纪念斯隆-凯特琳癌症中心治疗的225名患者，证实了这些预后因素的重要性[30, 48]。虽然手术死亡率很低（4%），但仅有64%的T3 N0肿瘤和39%的T4 N0肿瘤实现了R0切除，并且局部复发很常见[30]。肺叶切除术的生存率比局部肺切除好，并且术中增加近距离放射治疗似乎并没有提高生存率[48]。T3 N0肿瘤的5年总生存率为46%，T4 N0肿瘤为13%，N2肿瘤为0[30]。这些结果提示亟须新的治疗策略来改善肿瘤的局部复发和总体生存率。

表30.3 新辅助治疗（主要是放射治疗）和手术治疗NSCLC肺上沟癌（Pancoast肿瘤）[a]

作者（年份）	病例数	术前治疗	完全切除率（R0）（%）	2年生存率（%）	5年生存率（%）
Paulson等[33]（1975）	61	放疗	NS	34	26
Miller等[76]（1978）	26	放疗	NS	NS	32
Attar等[77]（1979）	73	放疗	48	23（3年）	NS
Stanford等[78]（1980）	16	放疗	NS	NS	49
Anderson等[79]（1986）	28	放疗	50	NS	34
Devine等[80]（1986）	40	放疗	70	NS	10
Shahian等[81]（1987）	18	放疗	50	64	56
Wright等[82]（1987）	21	放疗	NS	55	27
Sartori等[40]（1992）	42	放疗	NS	38	25
Dartevelle等[27]（1993）	29	无（术后放疗）	NS	50	31
Ginsberg等[48]（1994）	124	放疗	56	45	26
Maggi等[41]（1994）	60	放疗	60	NS	17.4
Martinez-Monge等[32]（1994）	18	放化疗	76	NS	56（4年）
Muscolino等[83]（1997）	15	放疗	73	NS	26.6
Rusch等[30]（2000）	225	放疗	64（T3），39（T4）	NS	46（T3），13（T4）

[a]改编自：Rusch et al. Factors determining outcome after surgical resection of T3 and T4 lung cancers of the superior sulcus. J Thorac Cardiovasc Surg, 2000, 119 (6): 1147-1153；NS，未说明

在20世纪80年代末和90年代（Pancoast肿瘤治疗的第3个时代），几个胸科手术治疗组发明了新的方法来切除侵及脊柱和锁骨下血管的肿瘤。Dartevelle等[27]发明了一个经颈前入路治疗累及锁骨下血管的肿瘤的手术，5年生存率为31%。这一经验导致包括锁骨下动脉切除和血管重建治疗T4肿瘤前路手术的广泛应用。这种方法的创新之处包括发明了一种避免切除锁骨的保留经胸骨柄骨骼肌入路，增加后侧或前外侧开胸以便于暴露肺和脊柱，并使用肋间胸廓开胸（前开胸和部分正中胸骨切开）[49-52]。对于累及脊柱的肺上沟癌，来自纪念斯隆-凯特琳癌症中心的医疗小组、MD Anderson癌症中心和法国研究所的研究人员，发明了多节段椎体切除和脊柱重建的技术，这些技术是为联合肺切除而设计的。可用于稳定脊柱材料的进步促进了这些技术的发展[28-29, 53-55]。这些可以将T4期肿瘤完整切除的高难度技术的发展，是Pancoast肿瘤外科治疗的重要进展。然而，总的5年生存率仍保持在30%左右。

在同一时期进行了几项研究，用以评估仅进行放射治疗的结果。这些研究结果很难解读，因为它们是回顾性的小样本研究，肿瘤只进行临床分期，并且治疗技术高度不统一[56-58]。受肿瘤分期、总放射剂量和其他预后因素如体重减轻等的影响，5年生存率为0～40%。在肿瘤局部控制和生存率方面，放射治疗的结果似乎低于手术治疗后的结果，但这部分差异反映了患者群体和治疗技术的不同。大脑是疾病进展的常见部位[58]。

20世纪八九十年代Ⅲa（N2）期NSCLC联合治疗的成功直接导致了北美大型多中心Ⅱ期试验（SWOG 9416，INT 0160）的发展[59]，代表了Pancoast肿瘤治疗的第4个时代。这些肿瘤在局部控制方面难度很大，而新辅助放化疗后切除术提供了一种合理的肿瘤治疗策略。试验中使用的治疗方案已经在之前的试验中进行了验证，并且在多中心研究中被证实是可行和有效的。

这项Ⅱ期研究纳入了111名纵隔镜检查阴性的T3～T4 N0～N1的肺上沟癌患者[59]。新辅助治疗包括依托泊苷加顺铂两个周期化疗，同时照射45 Gy。病情稳定或肿瘤消退的患者行开胸和解剖性肺切除，然后再进行两个周期的术后化疗。在111名入组的患者中83名（75%）患者最终进行了开胸手术。新辅助治疗耐受性良好，并具有显著的消减原发肿瘤的能力。1/3的患者获得完全的病理缓解，另1/3的患者在切除的标本中存在极小的镜下残留。91%的T3期肿瘤和87%的T4期肿瘤获得R0切除。

这项研究的另外3个观察结果也很重要。第一，在新辅助放化疗后，术后并发症的发生率并不显著高于以往放射治疗的发生率；第二，在接受新辅助治疗的患者中，很高比例的患者CT影像分期超过了疾病本身的分期，具体地说，55%在CT影像学证据上表现稳定的患者要么有完全的病理缓解，要么镜下只有少量残留；第三，正如NSCLC普遍的治疗经验一样，只有一小部分患者（42%）能够成功地完成术后化疗过程。

这项试验的最终结果是在2007年报道的[60]。5年总生存率为44%，完整切除的患者5年生存率为54%。病理缓解率，而不是肿瘤分期，可以预测总体生存率。与以前的新辅助放射治疗经验相比，复发模式的主要改变为远处转移而不是局部复发[44]。本试验在新辅助治疗的应答率、手术死亡率、R0切除率、局部控制率及总的长期存活率方面均表现出色，因此确立了该治疗方案可以作为T3和T4期肿瘤治疗的新标准。其他来自日本的单中心研究和多中心Ⅱ期试验也显示了类似的结果[32, 61-67]。

Pancoast肿瘤的试验在所有北美合作小组76名外科医生的努力下，共招募了111名符合条件的患者，并在计划的时间内全部完成。但是招募的困难程度提示，对于这种少见类型的NSCLC，可能无法在可行的时间内完成未来的随机Ⅲ期临床试验。这项试验凸显了在未来试验中几个可以研究的问题：首先，使用更多现代化疗药物组合的新辅助治疗方案可能会产生更好的结果，但这些方案在与放疗和手术联合时不会产生更大的毒性。理论上，新辅助方案也可以通过增加辐射剂量来加强。Krasna等[68-69]报道了23例在手术切除前接受中位放射剂量为59.4 Gy的放疗并联合铂类化疗的患者。新辅助治疗的病理完全缓解率为46%，5年总生存率为49%，结果并不明显优于INT0160试验。其次，这项试验强调了向这组患者提供基于顺铂的术后化疗方案的难度。最后，本试验中脑转移的高风险与其他针对局部晚期NSCLC患者的联合治疗试验中报道的结果相似。

2.5 手术切除的技术路径

2.5.1 后入路（Paulson）

患者侧卧位，稍微前倾，然后通过后外侧切口入胸。先行胸腔探查，确定手术可行性，沿肩胛骨和棘突之间的中线延续切口，向上延至第7颈椎水平，切开斜方肌和菱形肌。将开胸器的上片放在肩胛骨下面，下片放在胸壁上撑开切口，或者用内乳动脉牵开器拉开肩胛骨，暴露手术视野（图30.5）。从第1和第2肋骨上分离斜角肌。

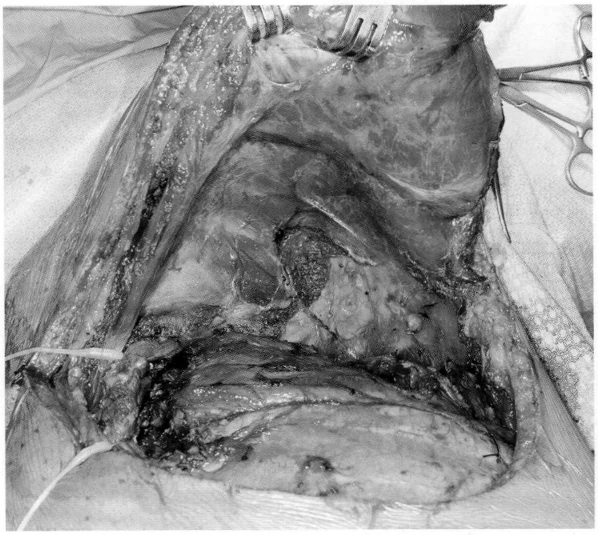

图30.5 肺上沟癌切除术中术野暴露的照片

切口（使用Masaoka等描述的钩状入路进行）[79]沿着肩胛骨的内缘，然后用乳内动脉牵引器将肩胛骨抬离胸壁。整个胸壁（包括第一根和第二根肋骨）都能很好地暴露。利用所谓的鱼钩器械将竖脊肌松解并向后牵开，显露肋椎交界处，为完全切除受累的肋骨头和横突做准备

接着进行胸壁切除。在距离肿瘤前缘4 cm的位置离断胸壁。在离断第1肋骨前缘后，在骨膜下操作，解剖到T1横突。从胸椎上剥离竖脊肌，暴露出肋椎角。虽然可以将肋骨从椎体的横突中分离出来，但是一并切除累及的横突和肋骨头是实现完全切除（R0）的最佳方案。这部分手术操作最好由脊柱外科医生或神经外科医生完成。为预防脑脊液漏，可以用血管夹结扎肋间神经。后入路向上切除至第一肋骨，若肿瘤包裹T1神经根需将之结扎离断。切除T1神经根可以导致手部肌肉的轻度乏力，但是手通常可以保持正常功能。切除C8神经根和（或）臂丛下干可导致手部肌肉永久性瘫痪。如果冰冻病理显示神经根没有癌残留，则可以保留神经根。

切除胸壁后可以暂时将胸壁归位，然后进行肺叶切除和纵隔淋巴结清扫。如果胸壁缺损较小且仅限于上三肋，则无须重建胸壁。如果肩胛骨尖端有缺损，则使用2 mm厚的GoreTex补片（W. L. Gore and Associates，美国亚利桑那州弗拉格斯塔夫）进行胸壁重建。然后关闭胸部切口。

2.5.2 椎体及硬膜外肿瘤切除

在通过后入路手术将肿瘤累及的椎体和脊柱后部肿瘤及硬膜外生长的肿瘤切除后重建脊柱，然后实施后路颈胸段脊柱固定术（由脊柱神经外科医生进行）。将患者置于俯卧位，沿背部中线切开。用高速钻头来进行受累脊柱的切除。对受累神经根进行多节段切断术，最后将胸壁与椎体分离。采用儿童脊柱侧凸矫正类似的单螺杆系统（图30.6）通过后路沿节段固定。通过后外侧切口，完成胸壁切除重建和肺叶切除。

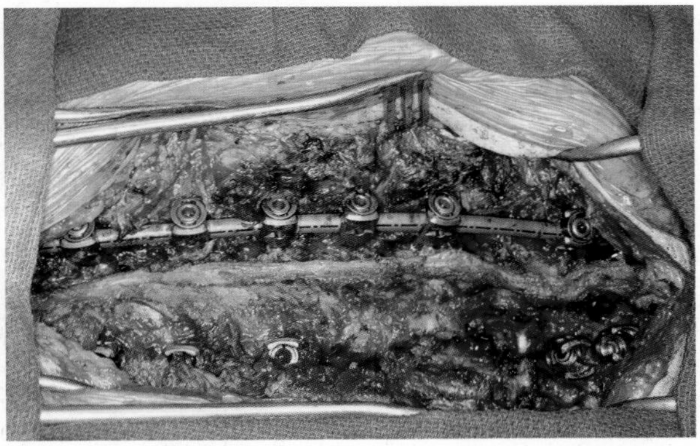

图30.6 术中照片显示了一种类似于用于脊柱侧凸矫正的单螺杆系统

此单螺杆系统可以在T4期肺上沟癌中切除侵及的多个椎体后植入以稳定脊柱

2.5.3 前入路

Masaoka等[70]第一个描述了使用前入路手术切除累及胸腔入口结构肿瘤的方法。进行手术时，患者处于仰卧位，从颈底部一侧做横向切口至胸骨，从上而下行部分正中胸骨切开术，延伸到第四肋间前间隙（所谓的陷阱门切口）。分离颈部带状肌，掀开前胸壁，打开胸膜腔，露出胸腔入口的血管和神经。切断斜角肌，切除肺和胸壁。

因为通过前入路切除横突和肋骨头非常困难，随后Masaoka等[71]描述了一种改良的后入路手术（所谓的钩型入路）。沿肩胛骨内侧从第七颈椎水平向锁骨中线延伸至乳头前上方做切口。通过倾斜手术台和移动手臂可以完全暴露整个胸腔入口，并可以对锁骨下血管进行切除和重建（图30.7A）。

Dartevelle等[27]第一个描述了经锁骨入路进入胸廓入口的方法。患者处于仰卧位，颈部过伸，头部偏向健侧。沿着胸锁乳突肌的前缘做切口，向下延至第2肋间隙，然后与锁骨平行，横向延伸至三角肌沟（图30.7B）[27, 72]。将胸大肌从锁骨分离，将肌皮瓣向后牵拉，露出胸腔入口。切除斜角肌周围脂肪组织和锁骨内侧半部分。从远端分离颈内静脉、颈外静脉和颈前静脉，露出锁骨下静脉和无名静脉。如果锁骨下静脉受累，需将之切除。

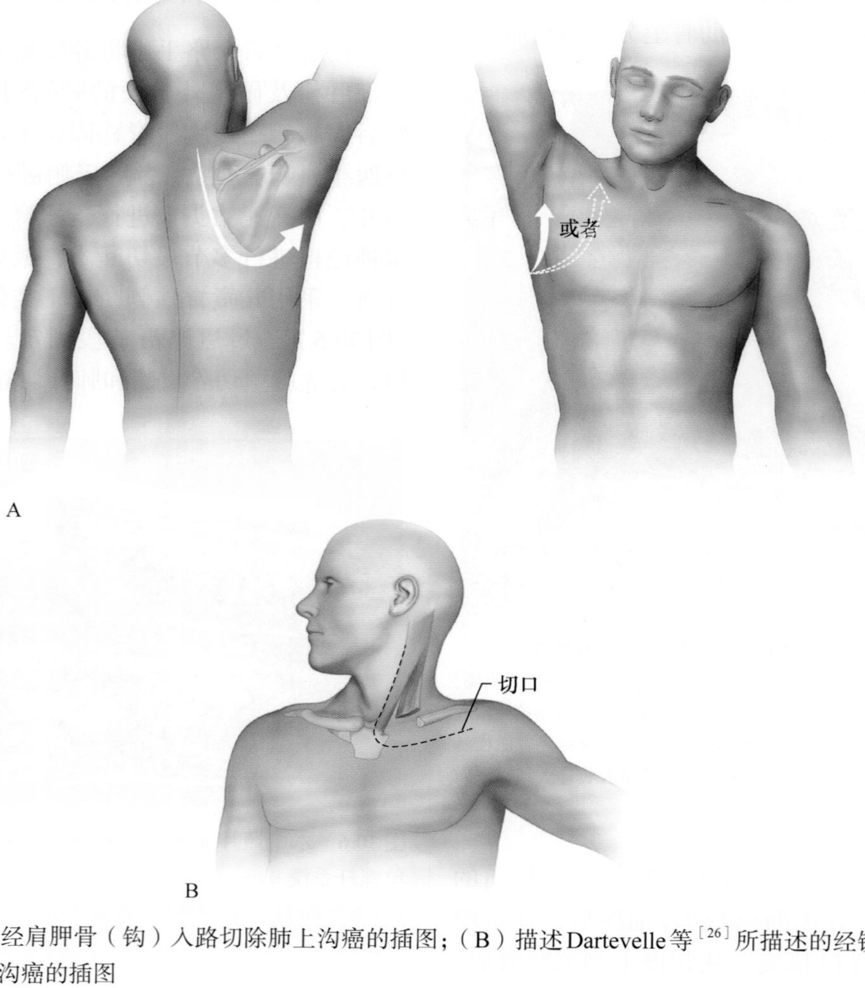

图30.7（A）描述经肩胛骨（钩）入路切除肺上沟癌的插图；（B）描述Dartevelle等[26]所描述的经锁骨入路切除累及锁骨下血管的肺上沟癌的插图

注：A中切口的前部可以沿腋中线切开，而不是锁骨中线。这个切口提供了图30.5所示的术野暴露

切断前斜角肌，保留膈神经，剥离锁骨下动脉。如果锁骨下动脉受累，通常用聚四氟乙烯人工血管移植术进行切除后重建。

在第1肋骨上方的附着点分离中斜角肌。经辨认后，将C8和T1神经根解剖至其于臂丛下干的汇合处。将同侧椎前肌与椎旁交感神经链、星状神经节、T1神经根一并切除。

然后进行胸壁切除术。在前肋软骨连接处离断第1肋骨，在其中点离断第2肋骨，沿着第3肋骨的上缘解剖至肋椎角，将肋骨与横突分离。通过此入路，进行肺叶切除术后关闭颈部切口。如果暴露不足，则需关闭前部切口，通过后外侧切口完成切除。

经锁骨入路，由于将锁骨内侧1/2切除，其对功能和美容方面的影响一直备受关注。Grunenwald和Spaggiari[49]描述了一种避免锁骨或胸锁关节切除保留骨骼肌的经胸骨柄入路。如Dartevelle等[27]所述进行L形切开术。通过L形切口暴露术野，保持胸锁关节完整。切除第一个肋软骨，游离出一个可以抬高的活动的骨肌瓣[73]。Spaggiari和Pastorino[50]以及Klima等[74]报道了该入路的改进方式。因为该入路改良后可以暴露出关键的神经血管结构，因此可以完整切除侵犯胸廓入口前部结构的Pancoast肿瘤。Macchiarini[75]对这些方法进行了总结。

3 结论

切除侵犯胸壁的肺癌是一个大手术，最好是在病源充足的中心由有经验的外科医生进行操作。对每个患者进行多学科会诊来确定最佳的诊治策略是很有必要的。在无纵隔淋巴结转移的情况下，R0切除术可取得良好的远期疗效。目前还需要通过前瞻性研究来确定新辅助治疗的确切作用，尤其是对于较大的肿瘤和R1切除的患者更是如此。

由于NSCLC肺上沟癌邻近许多重要的结构，其治疗很具有挑战性。在过去的40年中，有效综合治疗的发展和手术方式的革新极大地提高了这些肿瘤患者的局部控制率和总体生存率。未来的研究亟须解决一直存在的术后复发的难题，尤其是脑转移的问题。

（任 典 韦 森 译）

主要参考文献

5. McCaughan BC, Martini N, Bains MS, McCormack PM. Chest wall invasion in carcinoma of the lung. Therapeutic and prognostic implications. *J Thorac Cardiovasc Surg*. 1985;89(6):836–841.
16. Weyant MJ, Bains MS, Venkatraman E, et al. Results of chest wall resection and reconstruction with and without rigid prosthesis. *Ann Thorac Surg*. 2006;81(1):279–285.
26. Shaw RR, Paulson DL, Kee JL. Treatment of the superior sulcus tumor by irradiation followed by resection. *Ann Surg*. 1961;154(1):29–40.
27. Dartevelle PG, Chapelier AR, Macchiarini P, et al. Anterior transcervical-thoracic approach for radical resection of lung tumors invading the thoracic inlet. *J Thorac Cardiovasc Surg*. 1993;105(6):1025–1034.
28. Bilsky MH, Vitaz TW, Boland PJ, Bains MS, Rajaraman V, Rusch VW. Surgical treatment of superior sulcus tumors with spinal and brachial plexus involvement. *J Neurosurg*. 2002;97(suppl 3):301–309.
30. Rusch VW, Parekh KR, Leon L, et al. Factors determining outcome after surgical resection of T3 and T4 lung cancers of the superior sulcus. *J Thorac Cardiovasc Surg*. 2000;119(6):1147–1153.
50. Spaggiari L, Pastorino U. Transmanubrial approach with anterolateral thoracotomy for apical chest tumor. *Ann Thorac Surg*. 1999;68(2):590–593.
60. Rusch VW, Giroux DJ, Kraut MJ, et al. Induction chemoradiation and surgical resection for superior sulcus nonsmall cell lung carcinomas: long-term results of Southwest Oncology Group Trial 9416 (Intergroup Trial 0160). *J Clin Oncol*. 2007;25(3):313–318.
67. Kunitoh H, Kato H, Tsuboi M, et al. Phase Ⅱ trial of preoperative chemoradiotherapy followed by surgical resection in patients with superior sulcus nonsmall cell lung cancers: report of Japan Clinical Oncology Group Trial 9806. *J Clin Oncol*. 2008;26(4):644–649.
72. Macchiarini P, Dartevelle P, Chapelier A, et al. Technique for resecting primary and metastatic nonbronchogenic tumors of the thoracic outlet. *Ann Thorac Surg*. 1993;55(3):611–618.

获取完整的参考文献列表请扫描二维码。

第31章 肺癌的扩大切除术：支气管血管袖状成形术

Shun-ichi Watanabe

要点总结

- 支气管血管袖状成形术是普通胸外科医生在肺切除时尽可能保留患者肺功能和提高术后生活质量的必要技术。
- 既往报道的支气管袖式成形肺叶切除术和支气管袖式成形全肺切除，术后支气管胸膜瘘的发生率分别为3%和2.5%，手术死亡率分别为5.5%和20.9%。
- 过去研究显示，在支气管袖状成形术术后吻合口的组织愈合过程中，吻合口近端支气管动脉的血流来自主动脉，而吻合口远端的血流来自肺动脉。
- 支气管袖状成形术在缝合方法、缝合层次、吻合口类型、袖状切除术式以及是否需要包裹吻合口等方面存在争议。
- 肺动脉袖式成形术在切除方式、重建方式、双袖切除后重建的顺序以及抗凝治疗的必要性等方面存在争议。

支气管袖式成形术和血管袖式成形术是普通胸外科的关键技术。胸外科医生有时会在特定的肺癌手术中使用这些术式。因此，胸外科医生应该知道如何进行这些手术操作。本章描述了支气管袖式成形和血管袖式成形外科手术的历史、技巧和术式。

1 支气管袖状成形术的历史和预后

1.1 支气管袖状成形术

第一例支气管成形术是由Bigger在1932年报道[1]。病例是一个14岁的男孩，通过支气管切口切除了一个左主支气管上的肿瘤。术后病理显示为恶性肿瘤，于是在术后一周进行了左全肺切除。然而，在多次开胸手术后，患者死于感染性心包炎。第一例支气管袖状成形术是由托马斯在1947年报道[2]。病例是一名年轻男性，他在接受皇家空军的招募期间，检查发现了阻塞右主支气管开口的右上叶支气管腺瘤。于是患者接受了可以保留肺的右主支气管袖状切除和端-端吻合术，这使他能够作为空军飞行员执行现役飞行任务。

1959年，Johnston和Jones[3]报道了第一例成功切除原发性肺癌的支气管袖式成形肺叶切除术，这一手术是由Allison在1952年完成的。1955年，Paulson和Shaw[4]将这种手术命名为“支气管成形术”。在20世纪七八十年代，Jensk等[5]，Bennett和Smith[6]以及Faber等[7]报道了支气管袖式成形肺叶切除术的系列病例。第一例隆突切除的病例报道是由MaTheet等[8]在1966年提出，1978年Grillo[9]报告了38例成功的病例。

一些研究报道了支气管成形术的预后（表31.1）[10-20]。在大多数报道中，5年生存率为40%～50%，手术死亡率相对较低（0～7.5%）。Tedder等[10]回顾了1915例接受了支气管成形术原发性肺癌的预后，这些手术时间自1979年起均超过12年。根据该报告，支气管袖式成形肺叶切除术和支气管袖式成形全肺切除术后支气管胸膜瘘、支气管血管瘘的发生率和手术死亡率分别为3%和10.1%、2.5%和2.9%、5.5%和20.9%。

1.2 肺动脉袖式成形术

Gundersen[21]在1967年发表了第一篇肺动脉袖状成形术的报告。该报告描述了两例成功的肺动脉袖状切除术和端-端吻合术。在这些结果发表后，出现了许多成功的案例报告[22-23]。最近，越来越多的研究报道了同时行支气管成形术和肺动脉血管成形术的结果（表31.2）[13, 16-17, 24-27]。例

表31.1 支气管袖式切除术的结果（包含100多例报告）

参考文献	病例数	死亡率（%）	5年生存率（%）
Tedder等（1992）[10]	1915	7.5	40
Van Schil等（1996）[11]	145	4.8	46
Rea等（1997）[12]	217	6.2	49
Icard等（1999）[13]	110	2.8	39
Kutlu等（1999）[14]	100	2.0	49
Tronc等（2000）[15]	184	1.6	52
Okada等（2000）[16]	151	0	48
Rendina等（2000）[17]	145	3.0	38
Deslauriers等（2004）[18]	300	2.7	54
Ludwig等（2005）[19]	116	4.3	43
Yildizeli等（2007）[20]	218	4.1	43

如，Rendina等[17]报告了40例双袖手术，其5年生存率为38.6%，与80例单纯支气管袖式成形术的5年生存率（38.7%）相当[17]。

表31.2 支气管成形术和血管成形术同时进行的预后

参考文献	病例数	死亡率（%）	5年生存率（%）
Icard等（1999）[13]	16	NA	39
Rendina等（2000）[17]	40	0	39
Okada等（2000）[16]	21	0	48
Fadel等（2002）[24]	11	0.7	52
Chunwei等（2003）[25]	21	NA	33
Lausberg等（2005）[26]	67	1.5	43
Nagayasu等（2006）[27]	29	17.2	24

注：NA，未获得

2 支气管袖式成形术后吻合口愈合

Ishihara等[28]详细介绍了在动物模型中获得的关于支气管成形术后吻合口组织愈合过程的结果。他在袖状肺叶切除术后将不同颜色的硅橡胶注入支气管动脉和肺动脉。结果证实，吻合口近端支气管动脉的血流来自主动脉，而吻合口远端的血流来自肺动脉（图31.1）。Inui等[29]用激光多普勒测速技术评估了狗的支气管血流量。结果表明，当支气管周围组织被分离时，支气管黏膜血流量会减少，而通过用大网膜覆盖吻合口可以恢复血流[29]。

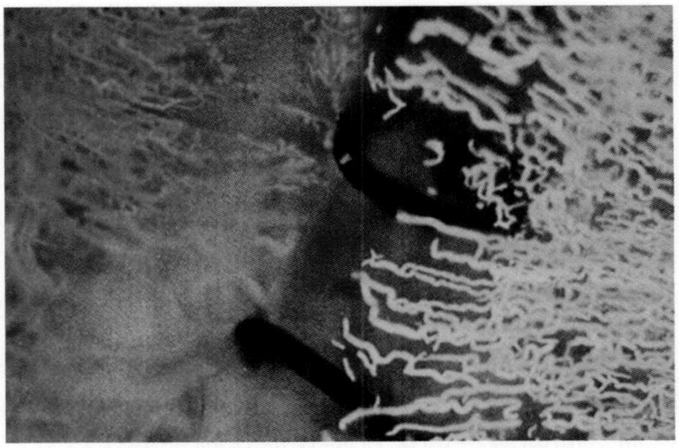

图31.1 吻合口支气管血液循环的立体显微镜视图
支气管动脉内灌注不同颜色的硅胶；通过灌注主动脉将吻合口近端的支气管动脉内填充橙色硅胶；通过灌注肺动脉将吻合口远端支气管动脉内填充黄色硅胶；经许可转载自：Ishihara T, Nemoto E, Kikuchi K, Kato R, Kobayashi K. Does pleural bronchial wrapping improve wound healing in right sleeve lobectomy? J Thorac Cardiovasc Surg, 1985, 89 (5): 665-672.

一些报道显示，支气管袖式成形术后全身应用小剂量类固醇可以防止吻合口周围组织的炎症反应和水肿[30-31]。因此，这种治疗被认为可以改善血流并促进吻合口愈合。然而，Inui等[29]通过激光多普勒测试发现用类固醇治疗不能改善动物模型吻合口的血流量。Rendina等[30]报道，临床上使用类固醇治疗大大减少了术后并发症，并缩短了术后重症监护病房时间和住院时间。该研究中的患者在术后接受了每天3次的类固醇气雾剂吸入和每天两次静脉注射甲泼尼龙10 mg的治疗。

3 支气管袖式成形术的外科技术与争议

3.1 缝合方法：间断还是连续？

第一个问题是最佳的缝合方法应该是间断缝合还是连续缝合。与间断缝合相比，一般认为连续缝合在吻合口处的血流量更少。血流量减少可能导致吻合口瘘或狭窄，因此许多中心都采用间断缝合。然而，Kutlu和Goldstraw[14]及Aigner等[32]报道了连续缝合技术的良好预后。Bayram等[33]发现接受间断缝合和连续缝合的狗在愈合过程中没有病理上的差异。

关于连续缝合技术的最大关注点是，如果吻合口的一部分裂开，裂口可能会延伸到整个吻合口。这可能解释了为什么许多胸科医生不愿意采用连续缝合法。Hamad等[34]报道了一种新型的使用3条缝合线的支气管吻合术。这种技术只需很少的打结就能简单快速地完成手术，并且即使在袖式切除后，也能将整个吻合口裂开的风险降到最低。

连续缝合的优点是它在技术上比间断缝合操作更容易，特别是对于小切口手术。可吸收单丝缝合线的创新使连续缝合技术变得简单和安全。然而，间断缝合的优点是它能在吻合处保持良好的血运。此外，如果发生部分裂开，也不会影响到整个吻合口。间断缝合的缺点是，在吻合口后部缝合时进行吻合口外打结很难操作。然而，目前医学技术的进步使得在吻合口后部缝合时进行吻合口内打结成为可能，并且在技术上更方便操作。而在此过程中使用可吸收单丝缝合线时，由于线结易于吸收，几乎不引起组织反应，可以最大限度地避免引起支气管阻塞，从而避免气道并发症。

3.2 缝合层次：全层缝合还是黏膜下缝合？

两种方法都适用于缝合支气管的软骨部分。一种方法是将缝线置于黏膜层外，即所谓的黏膜下缝合；另一种方法是穿透支气管的全壁，即所谓的全层缝合。Paulson和Shaw[4]证明了使用丝线或单股线进行黏膜下间断缝合的可行性。Rendina等[35]还建议在放大镜下使用黏膜下缝合。然而，没有证据支持黏膜下缝合的优越性。因此，许多中心使用可吸收的单股线进行全层缝合。有两个原因支持首选全层缝合。首先，黏膜下缝合在技术上比全层缝合更困难。其次，单股可吸收缝合线不太可能因与缝线相关的感染而发生吻合口并发症。黏膜下缝合或全层缝合都可发生这种类型的感染，并可能导致积痰和吻合口狭窄。

3.3 吻合术的类型：套管吻合法还是端-端吻合法？

有两种方法用于支气管吻合术：套管吻合法和端-端吻合法。当支气管断端口径严重不匹配时，应使用套管吻合法[36]。这种方法不需要用组织包裹吻合口，并且迄今为止已经报道了许多成功的案例，特别是在肺移植手术中。然而，一些移植外科医生报告了套管吻合法的缺点。主要缺点是残肺肺动脉的逆行侧支循环在通过远端支气管的重叠边缘时可能血运不足，因此这种方法可能导致吻合处的坏死和狭窄。据报道，套管吻合法术后狭窄患者的死亡率为2%～3%[37]。Aigner等[32]报道，在20世纪90年代初与套管吻合法相关的吻合口并发症发生率为30%。改用端-端支气管吻合术后并发症的发生率明显降低到4%以下[32]。Rabinov等[38]表明“反向套管吻合法”大大降低了吻合口狭窄的发生率。

3.4 袖状切除类型：楔形还是传统？

当肿瘤侵袭主支气管壁很小区域时，或者当它被认为是只需要很小手术切缘的低度恶性肿瘤时，可以进行楔形袖状切除而不是传统的袖状切除。由于支气管壁一小部分保持连续，楔形切除可以保持支气管吻合口的血运。然而，这一术式可能导致气道结构异常，从而可能导致痰液淤积在吻合口（图31.2）。此外，吻合处的张力可能变得过大。在这种情况下，建议转换为传统的袖状切除。Rendina等[35]建议袖状切除比楔形袖状切除更有优势，因为后者会因张力过高而引起许多并发症。

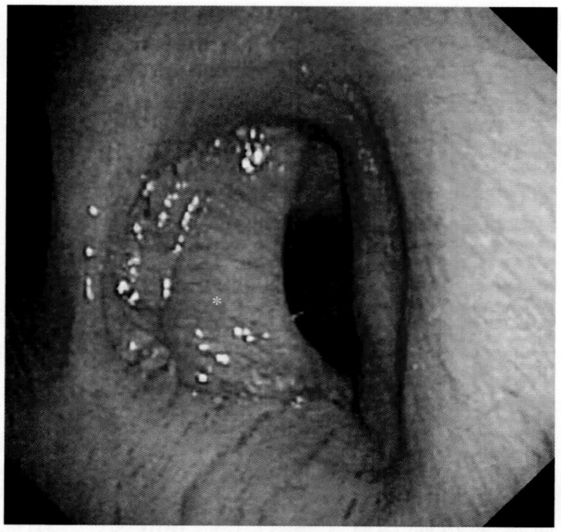

图31.2 右上叶楔形袖状切除术后支气管吻合口的内窥镜观察

楔形袖状切除术引起气道黏膜（星号处）变形，这可能导致吻合口的痰潴留

3.5　支气管吻合术：包裹还是不包裹？

心包脂肪垫、肋间肌和顶层胸膜等组织可用作包裹支气管吻合口的自体材料。包裹支气管吻合口可以覆盖小的裂口，防止支气管胸膜瘘的形成。这一过程也防止了吻合口附近肺动脉表面的侵蚀，从而防止了支气管血管瘘的发展。没有明确的证据表明包裹支气管吻合口可促进吻合口周围的血管生成[28-29]。

4　关于肺动脉血管成形术的外科技术和争论

4.1　肺动脉切除和重建：侧壁切除还是袖状切除？

4.1.1　侧壁切除

侧壁切除可用于切除侵犯部分肺动脉的肿瘤。直接缝合切开的肺动脉壁可能导致肺动脉狭窄和血栓栓塞，因此只有当肿瘤侵犯肺动脉的一小部分时才可直接缝合。Cerfolio和Bryant[39]建议，当估计直接缝合可使肺动脉直径缩小20%～30%时，应进行肺动脉袖状切除而不是直接缝合，以防止肺动脉狭窄和闭塞。当切除的肺动脉面积太大而不能直接缝合，但又不足以进行袖状切除时（即＜50%的动脉壁）应用补片重建。与肺动脉袖状切除相比，补片重建的优点是肺动脉的缝合线不接触支气管吻合口，这有很大优势，特别是在左上支气管血管袖状切除中（图31.3）。

自体心包作为肺动脉补片的首选材料有许多优点。自体心包补片可以容易地从膈神经前面的心包囊中取出。自体心包补片在被切下后会立即显著收缩。因此，必须谨慎切除一块看起来比肺动脉缺损大小要宽很多的心包。用5-0或6-0不可吸收单股缝线将贴片连续缝合到肺动脉[17, 39]。自体心包的边缘在缝合过程中也有回缩倾向。因此，在进行缝合之前应围绕回缩的心包补片边缘留置几条缝线，以确保心包保持平坦并有利于缝合（图31.3）。牛心包比自体心包硬，所以使用牛心包可以消除回缩问题，但价格昂贵。

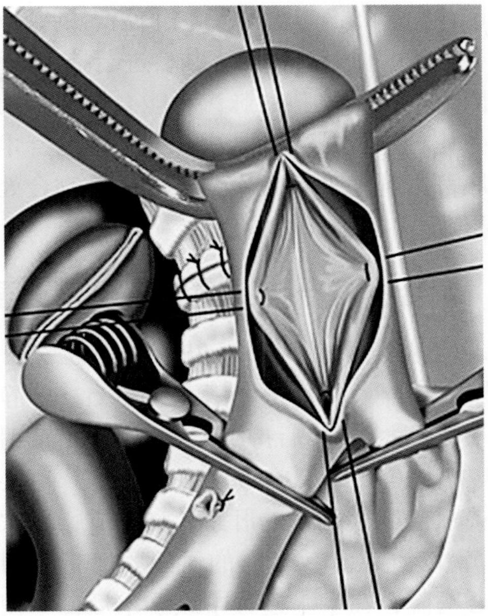

图31.3　肺动脉侧壁切除后的补片重建图示
补片重建术的优点是肺动脉缝合线不接触支气管吻合口，这在左上支气管血管袖状切除术后尤为有利

4.1.2　袖式切除术

与直接缝合相比，袖状切除肺动脉有较低的狭窄发生率，因此血栓栓塞的发生率较低。端-端吻合术通常使用5-0或6-0单股不可吸收缝线。肺动脉袖状切除通常与支气管袖状切除一起进行，因此肺动脉吻合处的张力是最小的。然而，当不需要支气管袖状切除时，肺动脉袖状切除应该和管壁重建同时进行。使用合成或自体移植物作为管壁的材料，2 cm的截面应足以满足需要的长度。Rendina等[40]报道，可以用心包的一部分制备自体管壁。用心包包裹28F的胸管，然后用6-0单股不可吸收缝线纵向缝合两侧来构建管壁。Cerezo等[41]描述了一种自体肺动脉重建的新方法，他们从切除的肺中收集肺静脉作为移植物。

4.2　在双袖切除术中首先应该进行的是支气管重建还是血管吻合术？

在双袖切除重建的顺序上存在很多争议。Rendina等[40]建议应该在支气管吻合术之前进行血管重建，因为可以减少夹闭肺动脉的时间。然而，其他研究认为在血管吻合之前进行支气管吻合是可行的[42]。有两个原因支持后者的观点。首先，一旦肺动脉重建，就很难进行支气管吻合术，因为它会牵拉肺动脉，可能会导致肺动脉吻合处血栓栓塞或裂开。其次，支气管吻合术后肺的膨胀可以辅助外科医生检查肺动脉吻合处的张力和扭转。

4.3 术后抗凝治疗：必要还是不必要？

术后抗凝治疗的应用仍存在争议。Rendina等[35]在吻合术前给予肝素（3000 U，单静脉注射），并在手术操作后持续7～10天皮下注射肝素（每天15 000 U）。Cerfolio和Bryant[39]建议在吻合术前只使用小剂量的肝素（1500 U，单次静脉注射），以避免术后出血的风险。在东京国立癌症中心医院，在手术过程中或手术后都不使用肝素，没有发现任何肺动脉血栓栓塞的病例。

5 结论

支气管血管袖式成形术是胸外科医生不可或缺的外科技术。实施这项手术是为了保存患者术后的肺功能和提高其生活质量，因此必须特别注意避免术后并发症的发生和减少死亡率。胸外科医生可以通过了解这一过程中的关键技术和争议来优化临床实践。

（任 典 韦 森 译）

主要参考文献

1. Bigger IA. Diagnosis and treatment of primary carcinoma of lung. *South Surg*. 1935;4:401–415.
3. Johnston JB, Jones PH. The treatment of bronchial carcinoma by lobectomy and sleeve resection of the main bronchus. *Thorax*. 1959;14(1):48–54.
4. Paulson DL, Shaw RR. Bronchial anastomosis and bronchoplastic procedures in the interest of preservation of lung tissue. *J Thorac Surg*. 1955;29(3):238–259.
6. Bennett WF, Smith RA. A twenty-year analysis of the results of sleeve resection for primary bronchogenic carcinoma. *J Thorac Cardiovasc Surg*. 1978;76(6):840–845.
9. Grillo HC. Tracheal tumors: surgical management. *Ann Thorac Surg*. 1978;26(2):112–125.
10. Tedder M, Anstadt MP, Tedder SD, Lowe JE. Current morbidity, mortality, and survival after bronchoplastic procedures for malignancy. *Ann Thorac Surg*. 1992;54(2):387–391.
21. Gundersen AE. Segmental resection of the pulmonary artery during left upper lobectomy. *J Thorac Cardiovasc Surg*. 1967;54(4):582–585.
22. Venuta F, Ciccone AM, Anile M, et al. Reconstruction of the pulmonary artery for lung cancer: long-term results. *J Thorac Cardiovasc Surg*. 2009;138(5):1185–1191.
28. Ishihara T, Nemoto E, Kikuchi K, Kato R, Kobayashi K. Does pleural bronchial wrapping improve wound healing in right sleeve lobectomy? *J Thorac Cardiovasc Surg*. 1985;89(5):665–672.
29. Inui K, Wada H, Yokomise H, et al. Evaluation of a bronchial anastomosis by laser Doppler velocimetry. *J Thorac Cardiovasc Surg*. 1990;99(4):614–619.
30. Rendina EA, Venuta F, Ricci C. Effects of low-dose steroids on bronchial healing after sleeve resection. A clinical study. *J Thorac Cardiovasc Surg*. 1992;104(4):888–891.
39. Cerfolio RJ, Bryant AS. Surgical techniques and results for partial or circumferential sleeve resection of the pulmonary artery for patients with non-small cell lung cancer. *Ann Thorac Surg*. 2007;83(6):1971–1976.
40. Rendina EA, Venuta F, de Giacomo T, Rossi M, Coloni GF. Parenchymal sparing operations for bronchogenic carcinoma. *Surg Clin North Am*. 2002;82(3):589–609.

获取完整的参考文献列表请扫描二维码。

第32章 多发肺结节：同时性和异时性肺癌的治疗策略

Jesscia S. Donington

要点总结

- 随着图像准确性和患者对肺切除术耐受的提高，多原发性肺癌（multiple primary lung cancers，MPLC）的发病率也持续上升。
- 从胸内转移性疾病中鉴别MPLC是个挑战，并且主要基于临床判断。
- 肿瘤克隆的分子谱分析可帮助辨别多原发性肺癌和胸内转移性疾病。
- 完整切除病灶是多原发性肺癌的治疗方式，但是肺实质的保留也同样重要，因此亚肺叶切除比较常见。
- 据报道，在完整切除同时性多原发肺癌的术后生存率为35%～75%，若N1和N2淋巴结受累预后更进一步下降。
- 异时性多原发肺癌几乎都是在早期无症状患者随访中被发现。肿瘤切除术后生存率通常是在40%，并取决于第二个癌症病灶的分期。
- 立体定向放射治疗是早期MPLC一种富有吸引力的治疗选择，因为它具有保留肺实质的能力。

MPLC的概念最早是由Beyreunther[1]在1942年提出介绍的，但至今几十年来仍较少见。从1960—1990年仅有零星几个病例被报道[2-6]，但是直到CT被整合到肺癌治疗中才真正认识到这个问题。如今，影像图像准确度进步飞快，肺切除术后的死亡率降低. CT扫描在术后常规随访中的增加以及癌病灶切除后突变分析都有助于MPLC队列的不断增长。无论是作为同时性还是异时性肿瘤，最大的挑战之一是将MPLC与肺内转移性疾病区分开来。区别的第一步就是恰当地认识到现代MPLC的发生率。之前认为在NSCLC中MLPC占比低于5%，但现在认为这个数值被低估了[7]。高分辨率CT同样可观察到GGO，这是在胸片及早期CT扫描中无法观察到的。这些癌前病变和早期腺癌更偏向于贴壁型生长。多灶性肺腺癌的危险因素和预后与之前报道的MPLC不一样。MPLC的管理及治疗策略与其他NSCLC一样，特别关注肺实质的保留和术后随访。

1 MPLC和转移性疾病的区别

NSCLC诊断时有多个结节或早期NSCLC成功治疗后出现新肺结节的患者，由于缺乏明确的标准来区分肺内转移和MPLC，因此这具有重大的临床挑战性。1957年Martini和Melamed提出了目前最广泛使用的定义[8]。它最适用于转移性肿瘤，或者那些已经被切除或在活检中被发现的肿瘤，依赖于癌细胞病理类型（如腺癌或鳞状细胞癌）。更进一步的因素用于改进标准，包括原位癌的位置、淋巴管无肿瘤侵及和无胸外转移（表32.1）[9]。尤其是在利用基因突变和分子谱在遗传基础上区分肿瘤组织的当前，这一定义早已过时。

表32.1 Martini和Melamed[8]的多原发性肺癌诊断标准

异时性	不同组织学特征	
	相同组织学特征	肿瘤间隔时间长（通常>2年）
		不同位置的原位癌发展
		不同肺叶：
		•无共用淋巴结引流区域
		•无胸外转移
同时性	不同组织学特征	
	相同组织学特征	不同位置的原位癌发展
		不同肺叶：
		•相同淋巴结引流区内无转移癌
		•无胸外转移

一些研究者已经建议孤立腺癌病灶可根据组织学亚型进行区分（如贴壁型、乳头状、腺泡型、微乳头型）[10-11]。与之对比，还有一些研究者报道，肿瘤DNA体细胞变化的突变和分子分析可以更好地区分MPLC和转移性疾病。表皮生长因子受体和*K-ras*的突变分析可用于区分转移性肿瘤或再发的肺腺癌[11-13]。此方法的效用受限于这种类型的分析仅与腺癌相关，然而不是所有腺癌都会有基因突变，并且整个腺癌病灶不同部位表达可能不尽相同。细胞学遗传表征可以用来评估肿瘤之间的克隆关系[14-15]。基因组DNA拷贝数的改变是肿瘤发生发展中的关键事件，并且基因组杂交（array comparative genomic hybridization，CGH）可以区别克隆肿瘤（转移性）和MPLC[12, 16]。来自马萨诸塞州综合医院的研究员报告了68例多发性腺癌切除术后患者，经过全面的组织学分析（包括使用SNaPshot多重聚合酶链反应进行分析）将这些肿瘤分类为MPLC或转移。在他们的研究中，通过分子谱分析确诊为MPLC的患者，术后3年生存率显著提高，但这不是通过组织学分析得出，提示分子谱分析提高了准确性[17]。尽管分子谱分析看起来比组织学分析更精确，但却更耗费时间，经济费用高，而且需要大量的基因组DNA。分子谱分析目前可能不适合逐个使用，但它有助于重新定义与MPLC相关的发生率和临床特征。

在这些病例中，临床判断仍是至关重要的，病理结果通常只担任一个补充的角色[18]。一般会通过结节的外观、位置、淋巴结或者胸外转移性病灶将肺癌患者分配至不同的管理方案。没有分子谱分析的组织活检通常对区分转移和再发病灶很困难，且帮助性不大，因为大部分MPLC的组织学特征是一样的。

1.1 MPLC的肺癌分期系统

TNM分期的既往版本对于具有多个肺部受累部位肺癌的分类有些模糊，这导致了肿瘤分类的显著差异性[19-20]。同质组的建立是癌症分期的目标，但是对于不同位置的肺癌病灶，这一任务就变得具有挑战性，并且个体癌症表现出独特的生物学表现、复发和生存模式。在以前的肺癌分期系统中，对于这些不同的疾病模式以及如何最好地应用分期一直未明确。

随着时间的推进，多发肺内转移性病灶的TNM分期得到重新定义。1993年前，所有独立肿瘤结节被分期为M1。然后发展至不同肺叶的肿瘤结节为T4。在1997年，同一肺叶的多个独立肿瘤结节被分期为T4，不同肺叶（同侧或对侧）的多个独立肿瘤结节被分期为M1。在2010年，同一肺叶的多个独立肿瘤结节被分期为T3，同侧不同肺叶的多个独立肿瘤结节被分期为T4，不同侧不同肺叶的多个独立肿瘤结节被分期为M1[19-20]。然而，没有一个定义能够描述额外病灶外观的多样性和行为表现。此外，第七版分期仅包含对磨玻璃/贴壁（ground-glass or lepidic lesions，GG/L）的提及，并且早于腺癌组织学亚型的分类[21-22]。

在第八版TNM分期中，有4种多病灶肺癌疾病模式被重新定义，并且提供使用TNM系统进行分期的方法[23]。4种疾病模式包括：①同时性原发肺癌；②多发GG/L结节；③同一组织学类型的单发或多发实体瘤的原发肺癌；④肺炎型肺癌，与肺炎具有类似的弥漫性影像学改变。这4种疾病分类的影像学和病理学特征详情见表32.2。再发原发性肺癌和GG/L被认为是MPLC的变化形式。每个再发原发性肺癌都有单独的TNM分期。GG/L病例也被认为是独立肿瘤，但更偏多样性，少有淋巴结转移，因此建议GG/L使用多个结节中最高T进行分期，“#/m”表示多样性，单独N和指定M。实体瘤伴多个独立实性结节和肺炎型肺癌并不属于MPLC的范围，相反是单发肿瘤在胸内转移的形式，因此转移若局限在同一肺叶则为T3，如果转移到另一肺叶则为T4，如果双侧则是M1[24]。

1.2 同时性原发性肺癌

CT成像分辨率的改进提高了初诊时多发结节的NSCLC患者的发现率。同一肿瘤的多发肺结节患者治疗策略和预后都非常不同，同时性MPLC定义仍然模糊。多发肺结节的预后不如单一原发性肿瘤的好，但是仍优于广泛转移性疾病。多数人感觉到大量早期同时性肿瘤被“过度分期”到肺内转移性疾病，并且拒绝局部治疗可能会错过治愈的可能性。对同时性原发NSCLC

表32.2 多发肺部病灶肺癌患者疾病模式和TNM分类

	多原发性肺癌		单发合并胸内转移性肺癌	
第八版分期	再发原发性肺癌	多发磨玻璃/贴壁结节	独立肿瘤结节	肺炎型肺癌
图像表现	≥2个具有肺癌影像学特征的明显肿块（如毛刺状）	多发磨玻璃或亚实性结节	典型的肺癌（如实性、毛刺状）伴有单独的实性结节	磨玻璃密度不均或变实
病理特征	通过全面组织学评估的不同组织学类型或形态学	贴壁为主型的腺癌（通常包括AIS、MIA和LPA）	通过全面组织学评估的同样形态学的不同肿物	同一组织学特征（多为浸润性黏液腺癌）
分期	每处病灶有独立的临床分期（cTNM）和病理分期（pTNM）	T分期由T分期最高的结节决定，“#/m”代表着多样性；单独的N和M	与原发灶关联的独立结节的位置决定T3、T4或M1a；单独的N和M	如果在同一肺叶T按照大小决定，同侧或对侧不同肺叶则为T4或M1a；单独的N和M

注：AIS，原位腺癌；GG/L，磨玻璃/贴壁；LPA，贴壁为主型腺癌；MIA，微浸润腺癌

缺乏统一精确的鉴别和定义导致了一系列相同患者治疗的缺乏。

1.2.1 病例评估

最近的研究提出一种积极治疗方法，研究对象主要是怀疑具有一个及以上病灶的早期NSCLC患者（可能是MPLC），进行全面的术前评估对于排除转移性疾病至关重要，并且确保患者有足够的心肺功能接受两处癌症病灶的局部治疗。术前评估包括肺功能检查（因为这些患者可能接受多处肺组织切除）、胸部CT扫描和全身PET。即使CT或PET纵隔淋巴结阴性，其他检查也很重要，包括头磁共振或CT，以及病理纵隔分期[18]。局部干预前，任何一步都应该是为了排除肺内转移性疾病的可能。

1.2.2 手术切除和预后

一旦两个结节认为是早期同时性MPLC，需要仔细规划以充分治疗每个结节并同时保留肺实质。绝大多数同时性MPLC接受了两处病灶的切除[18]。切除术后5年生存率为16%～76%，这在近期病例中有所提高，尤其在多灶性腺癌占优势的患者中有所提高，这些病灶的惰性行为较多（表32.3）[10, 25-34]。一项2013年Meta分析关注了同时性MPLC预后因素和切除结局[35]。作者分析时排除了良性肿瘤和原位纯腺癌（因为其惰性

表32.3 多篇在NSCLC治疗中联合CT扫描后同时性MPLC切除术后的预后报道

作者	年份	例数	多发腺癌（%）	双侧（%）	5年生存率（%）	不良预后因素
Riquet等[25]	1983—2005	118	57.6	7	23.4	病灶在不同肺叶
Okada等[40]	1985—1996	28	21	25	70	Ⅲ或Ⅳ期
Trousse等[26]	1985—2006	125	52	27	34	FEV_1低；亚肺叶切除；肺切除术；男性；pN1-2症状
Vansteenkiste等[27]	1990—1994	35	14	20	33	pN1-2
Chang等[28]	1990—2006	92	87	12	35	pN1-2
De Leyn等[33]	1990—2007	36	12	100	38	NR
Bae等[49]	1990—2008	19	36	37	51	组织学不一致；原发肿瘤分期
Rostad等[32]	1993—2000	94	52	4	28	腺癌；男性；老年；肺切除术
Finley等[10]	1995—2006	175	76	45	64（3年）	ⅣA分期以上；男性
Mun和Kohno[31]	1995—2008	19	84	100	76	NR
Fabian等[30]	1996—2009	67	31	66	53	高临床分期；不完全术前分期
Shah等[29]	1997—2010	47	N/R	100	35（3年）	没定义
Zhang等[34]	2010—2014	285	88	33	78	男性；临床症状；淋巴结转移

注：LN，淋巴结；MPLC，多原发性肺癌；NR，未报告

的自然属性）。如果在首次切除术后2年内再次发现肿瘤病灶，则认为是同时性肿瘤。1983—2011年中6项研究的467例患者，恰好将CT扫描整合至NSCLC治疗中[10, 25, 30, 36-38]，多数患者（67%）两处肿瘤是同一组织学特征。16%～78%的患者至少接受了一个亚肺叶切除，一半的肿瘤是单侧的。两处肿瘤是最多见的，11%的患者有3处及以上的肿瘤病灶。中位生存期是52个月，远远超过转移性NSCLC的早期存活率。预后不良危险因素包括：男性、年龄增加、淋巴结转移和同侧肿瘤，合并N2淋巴结转移与预后不良最密切相关。没有这4种不良预后因素（性别、年龄、淋巴结和单侧）患者的5年生存率为82%，而具有任何一个不良预后因素的患者仅为43%[35]。肺功能、肿瘤大小和辅助治疗等因素未包括在分析中。

阅读文献后得到一致性发现，大约1/3的同时性MPLC都是在术中发现的[2, 10, 35, 39-41]。在这些情况下，冰冻切片通常没有提供信息，因为组织学通常是相同的。建议进行R0切除术，这通常需要对一个或两个病灶进行亚肺叶切除。如果无法进行R0切除，建议进行诊断性活检以帮助进一步治疗[18]。肺门和纵隔淋巴结评估对这些患者至关重要。与其他早期NSCLC患者一样，术前评估存在假阴性结果的风险，N2受累与预后不良密切相关。

1.3　异时性原发性肺癌

1.3.1　发生率

与同时性MPLC相似，异时性肿瘤的定义仍然有些模糊。近期文献中异时性MPLC发生率的增加可归因于：①早期NSCLC患者增多；②早期NSCLC患者治疗后存活率增加；③术后随访中使用CT扫描增加成为常规检查。2000年前NSCLC手术切除的患者大概在0.5%～3.2%[42-45]。2001—2002年的大型系列报告率为4.1%～4.6%，2013年纪念斯隆-凯特琳癌症中心（Memorial Sloan Kettering Cancer Center，MSKCC）报道了1294例患者中再发原发肺癌的发生率为7%[39, 46-47]。虽然此数据高于之前的报道，但重要的是要注意这数据低于同一人群中的复发率（20%）。在MSKCC报道中，肿瘤切除术后复发在4年之后开始下降，而再发原发NSCLC的发生率随着时间的推移逐渐增加，从术后前2年内3/100的复发率，增加到术后5年内6/100的复发率。多数系列报道初发和再发肿瘤之间平均间隔为30～50个月（表32.4）[40, 46, 48-50]。

表32.4　多篇在NSCLC治疗中联合CT扫描后异时性MPLC切除术后的预后报道

作者	年份	例数	多发腺癌（%）	中位无病间期（月）	5年生存率（%）^{a}	不良预后因素
Riquet等[25]	1983—2005	116	44	NR	32	年龄；pN2
Okada等[40]	1985—1996	29	17	49	33	Ⅱ期肿瘤
Aziz等[46]	1985—1999	41	NR	46	44	短DFI；组织学一致
Battafarano等[48]	1988—2002	69	29	29	33.4	Ⅱ期肿瘤
Carretta等[50]	1988—2005	23	96	52	70	Ⅱ期肿瘤
Bae等[49]	1990—2008	23	52	31	77	组织学不一致；Ⅱ期肿瘤

注：^{a}第二次肿瘤切除术后；DFI，无病间期；MPLC，多发原发性肺癌；NR，未报告

MSKCC报道中，93%的再发NSCLC都是在术后常规随访CT扫描时发现的。在此报道中MPLC发现率的增加归功于术后随访中规律复查。第1年患者术后平均接受1.9个CT扫描，第2年接受1.5个CT扫描，到第7年每年扫描次数降至0.8次。一项2010年对于监测、流行病学和最终结果（surveillance，epidemiology，and end results，SEER）数据库的分析，再发NSCLC发生率仅为1.5%，但SEER数据库中只有25%手术切除患者术后接受CT随访[51]。SEER和MSKCC中MPLC发病率的差异可能与SEER人群中术后CT监测的使用减少有关。

与同时性肿瘤相似，大约2/3的异时性MPLC有相同的组织学特征[2-3, 25, 40-41, 45, 52]，但是组织学特征会随着时间改变。鳞状细胞癌之前最常见，但在最近报道中腺癌越来越多[47]。组织学的这种转变可能会影响预后，因为多灶性腺癌被认为更具有惰性，偏向多样性，并且切除术后存活率更佳[9]。

1.3.2 评估

怀疑患有异时性MPLC的患者需要经过仔细评估以排除复发性疾病的可能性。全身PET和脑磁共振检查被认为是必不可少的，侵入性纵隔分期的作用并不是很明确。使用纵隔镜检查和初发NSCLC系统性纵隔淋巴结评估的程度可能限制随后对癌症进行侵入性纵隔分期的能力。对于先前接受过纵隔镜检查的患者，支气管镜超声下活检是一种有吸引力的选择，但准确性会降低。

1.3.3 手术切除与预后

几乎所有病例（75%～90%）的异时性MPLCs都在早期被检测到，因此治疗集中在局部策略上，绝大多数接受手术治疗。亚肺叶切除很常见，大约40%病例接受，且在既往和现在病例中无明显差别。5年切除术后存活率约40%，但这数据对于早期NSCLC有些令人失望，但比转移性疾病预期要好（表32.4）[25, 40, 46, 48-50]。再发肿瘤的分期是最一致的生存预测因素。多灶异时性磨玻璃/贴壁型患者切除术后的生存率得到提高[9]。

1.3.4 肺切除术后异时性肿瘤

肺切除术后残端发生的肺癌引出了一个特殊治疗的问题，而且通常禁忌手术治疗。仅有少量研究报道了肺切除术后切除再发原发性肺癌的可行性[53-56]，但是数据信息有限。最大的相关报道是梅奥诊所20年期间的14例患者[57]。与其他异时性MPLC报道相似的是，绝大多数再发肿瘤都是在无症状患者术后规律CT随访中发现的，都属于Ⅰ期肿瘤。异时性MPLC切除术后1、3和5年生存率分别为86%、71%和50%。与更大范围的手术相比，楔形切除是首选的切除方式，短期和长期疗效有所改善[57]。

1.4 立体定向全身放射治疗

立体定向全身放射治疗（stereotactic body radiotherapy，SBRT）是MPLC的治疗选择。SBRT治疗同时性MPLC已经在多个小型单中心进行回顾性分析。在这些报道中，许多患者接受了一个病灶切除和另一个病灶SBRT治疗，但也有报道了两个病灶的SBRT（表32.5）[58-61]。迄今最大的相关报道来自荷兰，包含了62例同时性NSCLC患者[62]。56例患者接受两个病灶的SBRT，6例接受一个病灶手术切除，其余病灶行SBRT。没有4级或5级不良事件。2年原发肿瘤控制率为84%，2年总生存率为56%。单侧和双侧肿瘤之间的探索性分析指出毒性没有差异，但单侧MPLC的局部和区域控制显著降低。

表32.5 多篇同时性MPLC的SBRT治疗结果报道

作者	年份	例数	治疗	剂量	随访时间（月）	≥3级不良反应（%）	局部控制率（%）	总生存率（%）
Sinha和McGary[61]	2001—2005	8	NR	48～66 Gy在3～4 fx	21	0	93（1.5年）	100（1.5年）
Creach等[59]	2004—2009	15	3手术+SBRT 12 SBRT×2	40～54 Gy在3～5 fx	24	0	94	27.5（2年）
Griffioen等[58]	2003—2012	62	56手术+SBRT 6SBRT×2	54～60 Gy在3～8 fx	44	4.8	84（2年）	56（2年）
Shintani等[60]	2007—2012	18	3手术+SBRT 15 SBRT×2	48～60 Gy在4～10 fx	34	11	78（3年）	69（3年）

注：fx，分数；MPLC，多原发肺癌；SBRT，立体定向全身放射治疗；NR，未报告

SBRT在异时性MPLC治疗中有吸引力，因为这些肿瘤基本属于早期，且需要保留肺实质。多个关于异时性MPLC SBRT的小型报道中显示，SBRT有优秀的局部控制效果，2年总生存率与手术患者相似（表32.6）[59, 62-63]。在华盛顿大学治疗的48个异时性MPLC的回顾性系列研究中，2年总生存率为68%。相比之下，同期治疗的15例同时性MPLC的2年生存率仅为27.5%[59]。数量最多的异时性MPLC SBRT报道来自荷兰，2003—2013年治疗了107例患者[62]。其中大多数首发NSCLC患者接受过肺组织切除，再发肿瘤的中位间隔期为48个月。2年后，局部控制率为89%，总生存率为60%，与单独原发NSCLC的早期生存率非常相似。

表32.6 多篇异时性MPLC的SBRT治疗结果报道

作者	年份	例数	中位间隔（月）	治疗	剂量	随访时间（月）	≥3级不良反应（%）	局部控制率（%）	总生存率（%）
Griffioen等[62]	2003—2013	107	48	98手术+SBRT 9 CRT+SBRT	54～60 Gy在3～8 fx	46	3.7	89（3年）	60（3年）
Creach等[59]	2004—2009	48	NR	46手术+SBRT 2 SBRT×2	40～54 Gy在3～5 fx	24	0	92	68（2年）
Hayes等[63]	2007—2014	17	115	17手术+SBRT	48～60 Gy在3～8 fx	18		93（2年）	88（2年）

注：CRT，适形放射治疗；fx，分数；MPLC，多原发肺癌；SBRT，立体定向全身放射治疗；NR，未报告

越来越多的证据表明，SBRT对于肺切除术后异时性MPLC患者也是一种安全有效的治疗选择（表32.7）[64-67]。Testolin等[64]报道了12例NSCLC患者肺切除术后MPLCs的治疗。所有患者完成治疗计划，2年无病生存率和总生存率分别为36.1%和80.0%。Haasbeek等[67]报道了15例肺切除术后患者接受SBRT治疗，无病生存率和总生存率分别为91.0%和80.8%。由于担心单肺气胸，因此疾病的病理学确认在该群体中具有挑战性，且经常推迟。

表32.7 多篇切除术后的异时性再发原发肺癌SBRT的报道

作者	年份	例数	病理确认	剂量	随访时间（月）	≥3级不良反应（%）	局部控制率（%）	总生存率（%）
Testolin等[64]	2015	12	0	25～48 Gy在1～4 fx	28	0	64（2年）	80（2年）
Simpson等[65]	2014	2	50%	48 Gy在4 fx, 50 Gy在5 fx	12～16	50	100	50
Thompson等[66]	2004—2013	13	21%	48 Gy在4 fx	24	15	100	61（2年）
Haasbeek等[67]	2003—2008	15	20%	54～60 Gy在3～8 fx	16.5	13	100（2年）	91（2年）

注：fx，分数；SBRT，立体定向全身放射治疗

2 基于证据的实践指南

美国胸科医师学会和欧洲医学肿瘤学会都在其最新的循证指南中阐述了MPLC。在欧洲医学肿瘤学会治疗转移性NSCLC指南中，建议大多数情况下对侧肺部的孤立性少量转移性疾病应被视为再发原发肿瘤，如果可能，应采用手术或确定性放射治疗[68]。

美国胸科医师学会最新的肺癌指南将MPLC列在“特殊治疗问题”标题下。该指南详细说明了多学科方法对两个胸内的NSCLC病灶的评估和管理的重要性[18]。指南还建议MPLC的诊断可以基于多学科团队的判断和临床专业知识，组织活检仅提供补充信息。该指南同样推荐可手术切除治愈的患者使用侵入性纵隔分期，进行全身

PET和头部磁共振检查来观察胸外图像。最后一条建议，如果患者有充足的肺功能储备且没有淋巴结转移，术中偶然发现其他肺叶上也有肿瘤组织，应当予以切除[18]。

美国放射肿瘤学会即将在NSCLC中使用SBRT的指南也会涉及MPLC。与其他学会建议类似，他们鼓励采用多学科方法和治疗前充分的分期，以帮助区分MPLC与肺内转移性疾病。SBRT被推荐作为同时性和异时性MPLC患者的治疗选择，与使用SBRT治疗单个NSCLC结节相比，具有相同的局部控制率和总生存率，并不增加额外的毒副作用。

3 结论

可疑MPLC病变对于胸部肿瘤是个挑战。多个孤立原发疾病和肺内转移性疾病之间的区分目前基于非特异性标准，包括位置、大小、时间、CT表现，以及淋巴结或转移性疾病的证据。我们正在进入一个基于肿瘤克隆关系和DNA变异的分子分析的时代，可以更精确地做出决定。随着影像技术的提高，手术切除侵入性越来越小，CT筛查和监测的整合程度也越来越高，MPLC的发病率应该会持续上升。因此，需要增加对MPLC生物学的理解，以帮助识别这些患者，制定更好的癌症预防策略，确定更好的治疗方法和预后。对于哪些肿瘤可以通过保守的局部措施（观察、亚肺叶切除术、SBRT）进行治疗以及哪些是文献报道的5年生存率低的原因，临床医生需要得到更多的指导。

（董　明　宋作庆　译）

主要参考文献

8. Martini N, Melamed MR. Multiple primary lung cancers. *J Thorac Cardiovasc Surg*. 1975;70:606–612.
11. Zhang Y, Hu H, Wang R, et al. Synchronous non-small cell lung cancers: diagnostic yield can be improved by histologic and genetic methods. *Ann Surg Oncol*. 2014;21:4369–4374.
12. Arai J, Tsuchiya T, Oikawa M, et al. Clinical and molecular analysis of synchronous double lung cancers. *Lung Cancer*. 2012;77:281–287.
13. Girard N, Deshpande C, Azzoli CG, et al. Use of epidermal growth factor receptor/Kirsten rat sarcoma 2 viral oncogene homolog mutation testing to define clonal relationships among multiple lung adenocarcinomas: comparison with clinical guidelines. *Chest*. 2010;137:46–52.
17. Mino-Kenudson M, Myamoto A, Dias-Santagata D, et al. The role of molecular profiling to differentiate multiple primary adenocarcinomas from intrapulmonary metastases from a lung primary. *J Clin Oncol*. 2013;31(suppl). [abstr 7555].
18. Kozower BD, Larner JM, Detterbeck FC, Jones DR. Special treatment issues in non-small cell lung cancer: Diagnosis and management of lung cancer, 3rd ed: American College of Chest Physicians evidence-based clinical practice guidelines. *Chest*. 2013;143:e369S–e399S.
23. Detterbeck FC, Bolejack V, Arenberg DA, et al. The IASLC Lung Cancer Staging Project: background data and proposals for the classification of lung cancer with separate tumor nodules in the forthcoming eighth edition of the TNM classification for lung cancer. *J Thorac Oncol*. 2016;11:681–692.
24. Detterbeck FC, Nicholson AG, Franklin WA, et al. The IASLC Lung Cancer Staging Project: summary of proposals for revisions of the classification of lung cancers with multiple pulmonary sites of involvement in the forthcoming eighth edition of the TNM classification. *J Thorac Oncol*. 2016;11:639–650.
34. Zhang Z, Gao S, Mao Y, et al. Surgical outcomes of synchronous multiple primary non-small cell lung cancers. *Sci Rep*. 2016;6:23252.
35. Tanvetyanon T, Finley DJ, Fabian T, et al. Prognostic factors for survival after complete resections of synchronous lung cancers in multiple lobes: pooled analysis based on individual patient data. *Ann Oncol*. 2013;24:889–894.
49. Bae MK, Byun CS, Lee CY, et al. Clinical outcomes and prognostic factors for surgically resected second primary lung cancer. *Thorac Cardiovasc Surg*. 2012;60:525–532.
52. van Bodegom PC, Wagenaar SS, Corrin B, Baak JP, Berkel J, Vanderschueren RG. Second primary lung cancer: importance of long term follow up. *Thorax*. 1989;44:788–793.
54. Spaggiari L, Grunenwald D, Girard P, et al. Cancer resection on the residual lung after pneumonectomy for bronchogenic carcinoma. *Ann Thorac Surg*. 1996;62:1598–1602.
61. Sinha B, McGarry RC. Stereotactic body radiotherapy for bilateral primary lung cancers: the Indiana University experience. *Int J Radiat Oncol Biol Phys*. 2006;66:1120–1124.
62. Griffioen GH, Lagerwaard FJ, Haasbeek CJ, Slotman BJ, Senan S. A brief report on outcomes of stereotactic ablative radiotherapy for a second primary lung cancer: evidence in support of routine CT surveillance. *J Thorac Oncol*. 2014;9:1222–1225.
63. Hayes JT, David EA, Qi L, Chen AM, Daly ME. Risk of pneumonitis after stereotactic body radiation therapy in patients with previous anatomic lung resection. *Clin Lung Cancer*. 2015;16:379–384.
66. Thompson R, Giuliani M, Yap ML, et al. Stereotactic body radiotherapy in patients with previous pneumonectomy: safety and efficacy. *J Thorac Oncol*. 2014;9:843–847.

获取完整的参考文献列表请扫描二维码。

第33章 可边缘性肺切除患者的外科治疗

Hiran C. Fernando, Paul De Leyn

要点总结

- 25%的Ⅰ期非小细胞肺癌患者无法手术或手术风险高。
- 相比手术，立体定向体放射治疗/消融等方法为边缘性肺切除术患者提供了侵入性较小治疗手段。
- 已制定指南以确定肺癌手术的适应证（见下文）。
- 确定最佳治疗（如手术vs. 立体定向体放射治疗/消融）的指南尚未确定。
- 美国胸科医师学会已经确定，第1秒用力呼气量或一氧化碳弥散能力低于40%的患者肺切除风险增加。
- 美国外科肿瘤医师学会已为肺叶切除的高风险患者制定了标准，但这些患者同样可以接受亚肺叶切除术或非手术治疗。
- 高风险患者同样可以行肺切除术。
- 经验丰富的外科医生可以降低亚肺叶切除术后的死亡率。
- 亚肺叶切除术不会导致高危患者肺功能显著下降。
- 在为这些边缘性肺切除患者制订方案时，建议通过多学科综合评估，包括有经验的胸外科医生。

Ⅰ期NSCLC的标准治疗是肺叶切除术联合系统性淋巴结清扫术。不幸的是，25%的Ⅰ期NSCLC患者被认为在医学上无法手术或者手术风险很高[1]。CT筛查增加了体积较小肿瘤的发现率。小肿瘤患者数量的增加引发了以下问题："肺组织切除多少是合适的，特别是在老年患者或因其他原因导致只能少量肺切除的患者？"与肺癌治疗低死亡率和复发率相关的新技术的出现，如立体定向放射治疗（stereotactic ablative radiotherapy，SABR）和射频消融（radiofrequency ablation，RFA），使得亚肺叶切除术的作用受到挑战。

1 哪些患者适合边缘性肺切除？

呼吸衰竭和肺部并发症是肺切除术后最大的风险，术前风险评估主要基于肺功能检测。区分肺切除术患者风险水平的算法已经公布[2]。指南提供了其他评估的截止值和阈值，以区分低风险患者和高风险患者。心脏评估和肺功能检测（包括一氧化碳弥散能力）推荐于每一个肺切除手术患者。大多数中心使用预估的术后FEV_1和一氧化碳弥散能力（diffusion capacity for carbon monoxide，DLCO）。如果两个数值术后均高于30%，则切除仍可行。根据美国胸科医师学会关于肺切除术患者生理评估的指南[3]，如果术后FEV_1或DLCO下降40%，患者术后并发症风险会增加。美国外科肿瘤医师学会（American college of surgeons oncology group，ACOSOG）已经开展两项关于亚肺叶切除高风险患者和无法手术的RFA患者的研究[4-5]。尽管两项研究使用了相同的生理学标准（表33.1），但有一个重要因素是有资质的外科医生对所有患者进行了评估，并认为每位患者或是肺叶切除术不能耐受，或仅能接受边缘性切除，或无法手术但有RFA适应证。边缘性肺切除与无法切除相比无统一化标准，经验丰富的外科医生进行临床评估至关重要。理想情况下，所有边缘性肺切除患者的治疗方案应在多学科会议上与经验丰富的胸外科医生一起参加讨论。在一些异质性肺气肿的病例中，肿瘤处于肺气肿区，肺切除术后甚至可能改善肺功能。肺减容手术的结果证明了这种改善，患有此类疾病的患者不应该被剥夺治愈性肺切除的益处。

表33.1 美国外科肿瘤医师学会Z4032研究对象的主要和次要合格标准[a]

主要标准	次要标准
FEV_1≤50%	FEV_1 51%～60%
DLCO≤50%	DLCO 51%～60%
	年龄≥75岁
	肺动脉高压（定义为肺动脉收缩压>40 mmHg）
	低左心室功能（定义为射血分数≤40%）
	静息或运动时动脉pO_2≤55 mmHg或SpO_2≤88%
	pCO_2>45 mmHg
	改良版医学研究委员会呼吸困难量表评分≥3分

注：[a]符合条件的患者必须符合一个主要标准或两个次要标准[4]；DLCO，肺部一氧化碳弥散能力；FEV_1，第1秒用力呼气量；pCO_2，二氧化碳分压；pO_2，氧分压；SpO_2，外周血管氧饱和度

很难知道有多少Ⅰ期NSCLC患者被认为适合边缘性肺切除，但是可以从一些大型数据库研究中估算出来。例如，监测、流行病学和最终结果（surveillance，epidemiology，and end results，SEER）数据库。在一项涉及14 555例Ⅰ～Ⅱ期肺癌患者的研究中，大约30%的75岁及以上的患者未接受手术，而65岁以下患者的这一比例为8%[6]。目前不清楚这些患者中有多少没有手术适应证，也不清楚如果有经验的外科医生对其进行评估，多少患者会接受亚肺叶切除。在SEER数据库的另一项数据分析中，10 761例ⅠA期NSCLC患者进行了切除术，其中2234例（20.7%）的患者进行了亚肺叶切除术[7]。

2 亚肺叶切除在NSCLC治疗中的作用

Jensik等[8]在1973年首次描述了肺段切除术在肺癌治疗中的应用，同时对肺叶切除术提出了质疑。肺癌研究组（lung cancer study group，LCSG）试验是唯一比较了亚肺叶切除术与肺叶切除术治疗NSCLC的疗效的前瞻性研究[9]，在这项研究中，122名患者被随机分配到部分切除组（67%肺段切除或楔形切除），125名患者进入肺叶切除组。局部复发的三倍增加与肺叶切除术相关，这是一种表明生存获益的趋势（P=0.088）。自21世纪初以来，由单一机构研究组成的大量文献证明，对于小（≤2 cm）淋巴结阴性肿瘤，肺段切除与肺叶切除局部复发率和生存率差不多[10-15]。为了提高支持有限切除这些小肿瘤的证据水平，正在进行两项前瞻性随机研究：一项在美国和加拿大，预计在5年内入组1258名患者（CALGB 140503；ClinicalTrials. gov标识符：NCT00499330）；另一项在日本，累计有超过3年的1100名患者（JCOG0802/WJOG4607L）。两项试验的纳入标准均为外周小（≤2.0 cm）NSCLC，不包括CT上的非侵袭性肺癌（GGO）。在这些正在进行的随机试验中的数据成熟之前，对于常规手术风险的患者，位于肺外周1/3且小于2 cm的纯GGO病变或部分实性病变（<25%）的患者应接受解剖性肺段切除。已知这些纯GGO病变是非侵入性并且无淋巴结转移。当进行肺段切除时，肿瘤应位于典型肺段的中央，T1aN0M0应通过N1和N2淋巴结术中冰冻切片来确定。此外，外科医生应切除所有肺段间的淋巴结，以确保无肿瘤转移。否则，应该切除肺叶。在边缘性肺切除的患者，亚肺叶切除完全适用。为减少局部复发率，这种方法在一些中心与术中近距离放射治疗相结合[16]。

亚肺叶切除包括解剖性肺段切除和楔形切除。在楔形切除时，通常不清扫肺段间和肺叶间淋巴结，并且切割线和肿瘤之间的边缘可能更小，尤其是在中央的病灶。在LCGS试验中，与楔形切除相比，肺段切除术后病灶肺叶的复发风险下降[9]。多项研究中已经证明了非GGO病变中肺段切除比楔形切除具有优越性。在一项关于ⅠA期NSCLC患者的SEER数据研究中，将肺段切除与楔形切除相关的存活率进行了比较，调整倾向评分后，肺段切除术后总生存率（OR为0.80；95% CI为0.69～0.93）和肺癌特异性生存率明显改善（OR为0.72；95%CI为0.59～0.8）[17]。

3 亚肺叶切除对肺功能和发病率的影响

在LCSG试验中，术前和间隔6个月进行肺功能测试[9]。在6个月时，肺段切除患者比肺叶切除患者的FEV_1、用力肺活量和最大自主通气量明显更好。在12～18个月时，肺段切除术后患者只有FEV_1好于肺叶切除术后患者。在LCSG

试验中，并不常规测量DLCO。Keenan等[18]分析了147例肺叶切除术患者和54例肺段切除术患者的肺功能。肺叶切除术后一年，用力肺活量、FEV_1、最大自主通气量和DLCO能力均显著下降。然而，在肺段切除术后肺容量没有显著变化。肺段切除术后唯一显著的变化是DLCO。与肺叶切除相比，肺段切除患者的肺功能显著降低（FEV_1，75.1% vs. 55.3%，$P<0.001$）。2009年的一项研究表明，肺切除术后肺功能显著下降在FEV_1低的患者中少见[19]。在这项研究中，研究者比较了75岁以上的Ⅰ期NSCLC患者，他们接受了肺段切除（78例）或肺叶切除（106例）。术后30天死亡率，肺段切除术组为1.3%，肺叶切除术组为4.7%。接受肺段切除术的患者主要并发症较少（11.5% vs. 25.5%，$P=0.02$），5年总生存率和无病生存率相当。

在一项多中心随机试验（Z4032）中评估了近距离放射治疗对边缘可切除（≤3 cm）的Ⅰ期NSCLC接受亚肺叶切除术的患者的作用。在该研究的初步报告中，多变量回归分析显示，近距离放疗、视频辅助胸腔镜手术或开胸手术对3个月FEV_1、DLCO或呼吸困难评分没有显著影响[20]。FEV_1或DLCO的10%的变化被认为具有临床意义。22%的下叶亚肺叶切除患者与9%的上叶亚肺叶切除患者相比，FEV_1下降了10%（$P=0.04$，OR为2.79）。最近报道了该研究的最新分析[21]，获得了在治疗基线、3、12和24个月的肺功能数据。这个最新的分析仅包括69名在所有4个时间点进行测量的患者。FEV_1%从基线到3、12和24个月变化的中位数分别为+2%、+1%和+1%。DLCO%相对于基线变化的中位数在相同时间点分别为−1%、−2%和−2%。在3个月的下肺叶切除术后，观察到下降10%或更多，但在12或24个月时未见。DLCO在开胸术后3个月可见下降10%或更多，但在12或24个月时未见。

该研究还发现，亚肺叶切除术后30天和90天死亡率分别为1.4%和2.7%[22]。27.9%的患者发生3级或更高级别的并发症。与楔形切除（29.7%）相比，肺段切除（41.5%）更可能与3级或更高的不良事件相关。DLCO低于中位数46%，也与3级或更高毒性的风险有关。

最近的一项研究评估了ACOSOG标准，研究对象是在其机构接受切除术的490例Ⅰ期肺癌患者[23]。根据Z4032的纳入标准将患者分为高风险和低风险，其中480例中的180例患者被定义为高风险。高风险和标准风险患者的术后死亡率无差异，但高风险组的住院时间较长。高风险组的主要发病率（15.6% vs. 6.7%）和次要发病率（48.3% vs. 22.3%）显著增加。高风险患者3年生存率为59%，标准风险患者为76%。该研究不仅支持ACOSOG研究中使用的分类，而且还强调了手术对这些患者的持续作用，其死亡率和可接受3年生存率没有差异。

4 视频辅助胸腔镜手术

肺段切除术也可以用微创外科技术常规进行[24]。在某个单中心的研究中，对225例Ⅰ期NSCLC患者进行了肺段切除术（104例视频辅助胸腔镜手术和121例开胸手术）[25]。视频辅助胸腔镜手术中无患者死亡。然而，2例（1.6%）开胸手术的患者死亡。与开胸肺段切除术相比，视频辅助胸腔镜肺段切除术与较短的住院时间（5天vs. 7天）和较低的肺部并发症发生率（15.4% vs. 29.8%）相关。手术时间、失血量、死亡率、复发率或存活率在两组之间没有差异。在同组患者的后续报道中，对785例行肺段切除或肺叶切除术患者的数据进行了回顾[26]。在ⅠA期NSCLC患者中，两种手术方式的复发时间和总体复发率无差异。

5 亚肺叶切除与其他局部治疗方式比较

虽然手术切除仍然是早期肺癌的标准治疗方法，但Ⅰ期NSCLC的高风险患者有多种局部治疗的新技术，包括亚肺叶切除术、SABR和RFA。以上这些技术有着较低的操作相关死亡率和疾病死亡率，但与肺叶切除术相比，局部复发率增加。手术切除的一个优点是可以清扫淋巴结并进行评估以确认组织学类型。随着手术和麻醉技术的不断改进，现行的指南同样需要更新。对高风险患者进行肺叶切除仍是一项复杂的临床决策，因此样的病例应由多学科团队进行讨论[27]。

在许多回顾性研究中，都存在有选择偏倚。

Crabtree等[28]进行的研究就是一个存在选择偏倚的例子，研究包括了462例手术患者与76例接受SABR的患者。患者的临床分期为ⅠA/B期NSCLC，由计算机断层扫描和正电子发射计算机断层显像结果诊断。非匹配对照中，手术患者的5年生存率为55%，接受SABR患者的3年生存率为32%。在最终病理确诊时，35%手术患者的分期上升，13.8%的患者中有N1转移，3.5%的患者中有N2转移，剩余17.7%的患者中，T1分期上升至T2～T4。分析显示，与接受SABR的患者相比，手术患者的年龄更小，合并症评分更低，肺功能更好。倾向性分析后，两组患者的局部复发率和疾病特异性存活率相似。研究人员将57例高危手术患者与57例接受SABR的患者进行了匹配，发现高风险手术组的手术死亡率为7.0%，没有与SABR相关的治疗相关死亡。在该亚组的匹配比较中，手术和SABR的3年无局部复发率（88% vs. 90%）、无病生存率（77% vs. 86%）和总生存率（54% vs. 38%）无明显差异。

在另外一个研究中，风险因素来自3个合作组试验，包括对医学上不可手术的患者进行射频消融或SABR治疗，以及对被认为可行有限性手术的患者进行亚肺叶切除术[29]。接受RFA的患者中发现了DLCO最低值。初步评估中，亚肺叶切除术患者，第30天3级及以上的不良事件发生率高于接受SABR的患者。然而，在倾向匹配的比较中，第30天3级及以上不良事件发生率没有差异。这些发现支持了需要进行随机试验以更好地比较这些疗法。

6 亚肺叶切除术肿瘤结局的优化

由于肺段切除时可以得到一个更好的肿瘤边缘，应进行肺段切除术，而非楔形切除，并且保证要有足够的手术切除范围，使得肿瘤结局更容易得到改善。理想情况下，应该完成淋巴结清扫或者采样，并且如前所述，肺段间淋巴结在肺段切除术中更容易切除。在Z4032研究中，肺段切除术与更高的淋巴结计数相关，并且不出意外，肿瘤分期也会上升[30]。

LCSG试验的最新数据显示，与楔形切除相比，肺段切除有优异的结局[9]。SEER数据库的数据分析显示，与楔形切除相比，肺段切除术后患者结局较好，即使是2 cm或更小的肿瘤[17]。

对于亚肺叶切除术中足够边缘的严格定义仍未得到解决，但通常建议肿瘤边缘1 cm或者肿瘤最大直径以上[31]。为防止局部复发，某些单位采用术中辅助近距离放射治疗与亚肺叶切除术相结合的方式。回顾性研究的初步结果表明，该技术可有效降低局部复发率[16, 32-33]。随后，一项前瞻性随机研究结果被报道[4]。Ⅰ期NSCLC患者（最大直径≤3 cm）在近距离治疗后局部复发率没有下降，这可能是参与治疗的外科医生更加关注肿瘤边缘的结果。只有6.6%的患者在切除术后取肺切割线样本进行细胞学检查时获得阳性结果，并且在该组中支持了使用近距离放射治疗的趋势。在这组边缘性切除患者中，切除术后3年生存率为70.8%。

7 结论

亚肺叶切除术应作为仅能边缘性切除NSCLC患者的标准治疗方案。手术切缘越大，肿瘤学结局更优，尤其是在肺段切除术中。另外，手术时应做淋巴结清扫或采样。淋巴结切除容易导致淋巴结分期的上升，但是对那些术后辅助化疗的病例是有帮助的。SABR或RFA等替代疗法无法获得淋巴结信息。常规辅助近距离放射治疗似乎并无肿瘤学优势。然而，近距离放射治疗对于手术切缘和肿瘤距离近的患者可能是有用的，对肿瘤体积较大但只进行了亚肺叶切除的患者被认为是最好的治疗选择。

（董　明　宋作庆　译）

主要参考文献

2. Brunelli A, Charloux A, Bolliger CT, et al. ERS/ESTS clinical guidelines on fitness for radical therapy in lung cancer patients (surgery and chemoradiotherapy). *Eur Respir J*. 2009;34:17–41.
3. Colice GL, Shafazand S, Griffin JP, et al. Physiological evaluation of the patient with lung cancer being considered for resectional surgery: ACCP evidence-based clinical practice guidelines (2nd edition. *Chest*. 2007;132(suppl 3):161s–177s.
4. Fernando HC, Landreneau RJ, Mandrekar SJ, et al. The impact of adjuvant brachytherapy with sublobar resection on local recurrence rates after sublobar resection: results from

the ACOSOG Z4032 (Alliance), a phase Ⅲ randomized trial for high-risk operable non-small cell lung cancer. *J Clin Oncol*. 2014;32:2456–2462.

5. Dupuy DE, Fernando HC, Hillman S, et al. Radiofrequency ablation of stage IA non-small cell lung cancer in medically inoperable patients: results from the American College of Surgeons Oncology Group Z4033 (Alliance) trial. *Cancer*. 2015;121:3491–3498.
9. Ginsberg RJ, Rubinstein LV. Randomized trial of lobectomy versus limited resection for T1 N0 non-small cell lung cancer. *Ann Thorac Surg*. 1995;60:615–623.
21. Kent MS, Mandrekar SJ, Landreneau R, et al. Impact of sublobar resection on pulmonary function: long-term results from American College of Surgeons Oncology Group Z4032 (Alliance). *Ann Thorac Surg*. 2016;102:230–238.
22. Fernando HC, Landreneau RJ, Mandrekar SJ, et al. Thirty- and ninety-day outcomes after sublobar resection with and without brachytherapy for non-small cell lung cancer: results from a multicenter phase Ⅲ study. *J Thorac Cardiovasc Surg*. 2011;142:1143–1151.
23. Sancheti MS, Melvan JN, Medbery RL, et al. Outcomes after surgery in high-risk patients with early stage lung cancer. *Ann Thorac Surg*. 2016;101:1043–1051.
27. Donington J, Ferguson M, Mazzone P, et al. American College of Chest Physicians and Society of Thoracic Surgeons Consensus Statement for evaluation and management for high-risk patients with stage I non-small cell lung cancer. *Chest*. 2012;142:1620–1635.
29. Crabtree T, Puri V, Timmerman R, et al. Treatment of stage I lung cancer in high-risk and inoperable patients: comparison of prospective clinical trials using stereotactic body radiotherapy (RTOG 0236), sublobar resection (ACOSOG Z4032), and radiofrequency ablation (ACOSOG Z4033). *J Thorac Cardiovasc Surg*. 2013;145:692–699.

获取完整的参考文献列表请扫描二维码。

第8篇　肺癌的放疗管理

第34章　肺癌放疗的技术要求

Flona Hegi, Todd Atwood, Paul Keall, Billy W. Loo, Jr.

要点总结

- 放疗在肺癌患者的姑息性治疗和根治性治疗中发挥着核心作用。
- 放疗和医学影像技术的巨大进步显著提高了治疗的精准度，提高了治疗效果，降低了治疗毒性。
- 在发达国家，开展根治性放疗的最低标准是基于直线加速器的三维适形放疗和基于CT的计算机化设计。其他技术，如基于钴源的二维远距离放疗技术，在资源匮乏区依然适用。
- 新的放疗技术利用多模态影像资源和呼吸运动信息，通过复杂的计算机技术进行计划设计，可以精确实现患者体内高度适形的剂量分布。
- 通过立体定向方法进行精准放疗，可使早期肺癌和肺转移的患者安全实现剂量递增，也可使局部晚期肺癌患者的根治性放疗更加安全。
- 粒子和影像引导系统的发展可以提高治疗精度，同时减少放疗中存在的低剂量区范围，有可能使肺癌患者进一步获益。
- 放疗技术的快速变革需要当前的教育跟上影像、治疗计划和现代放疗实施发展的步伐，从而使新技术在肺癌患者的治疗中得到合理使用。

放疗在肺癌各期疾病患者的治疗中都发挥着关键作用。由于肺癌患者多在诊断时已是晚期[1]，因此总体上来看，放疗主要用于有症状部位的姑息性治疗。不过在肺癌的根治性治疗中，放疗相比其他治疗方法占据了更大比例。自20世纪90年代中期以来，放疗和医学影像技术的巨大进步显著提高了肿瘤靶区定位和治疗实施的精准度，相比之前的放疗，无论早期肺癌还是晚期肺癌，新技术都降低了其治疗毒性，提高了治疗效果[2]。但是放疗一般需要大量的技术和设备支持，由于缺少设备，全球有大量患者无法进行放疗。据估计，在低收入和中等收入国家有50%以上的负担是癌症引起的，只有25%的患者可以获得放疗并从中受益，有20多个国家甚至不能进行放疗[3-4]。

放疗技术的复杂性并不相同，可以相对简单，也可以十分复杂。以减轻症状为目的的姑息性放疗（如减轻疼痛、缓解气管或血管受压、减轻咯血等）给予患者可以耐受的相对低的放疗剂量，即便照射体积相对较大[5]。在这种情况下，准确的肿瘤定位和精确的剂量投照与简单放疗相比的优势并不明显，因此基本的设备就可以满足需求。但是对需要很高的肿瘤控制的根治性放疗来说，必须准确确定肿瘤的侵及范围和空间分布，并且准确给予肿瘤灶很高的放疗剂量，同时还要保证在关键器官和敏感组织中不超过耐受剂量。

对根治性放疗来说，需要放疗剂量分布高度适形，保证准确给予肿瘤剂量的同时尽量降低周围正常组织的照射剂量。多种技术促进了先进放疗技术的不断进步，包括多模态影像技术，如X线、CT、PET、MRI；肿瘤和器官运动管理技术，如四维成像（four-dimensional，4D）和控制、减轻或补偿呼吸运动的多种方法；先进的直线加速器技术，包括多维适形或调强线束；计算机放疗计划和优化；比传统高能光子具有优越物理和生物性能的粒子束等。

多个专业协会和专家组已经发布了一系列关于肺癌管理的指南，其中有些是专门针对放疗的（表34.1）。在发达国家，开展根治性放疗的最低标准是基于直线加速器的三维适形放疗（计算机基于CT图像而设计的治疗计划)。本章主要对这种技术进行介绍，同时也包括更先进的技术。然而我们也认识到，在资源短缺的地方利用基础的技术开展根治性放疗也已有几十年时间，因此国际原子能机构专家组将基于钴源的兆伏级射线和二维计划确定为基础技术水平[6]。

本章主要概述了肺癌放疗的技术及应用、技术要求和质量保证，以及面临的挑战及未来发展方向。

表34.1 肺癌治疗的专家组资源列表，包括放疗临床和放疗技术

美国国立综合癌症网络（NCCN）肿瘤临床实践指南：非小细胞肺癌 [http://www.nccn.org]
指南是对一系列证据以及参编的专家基于当前非小细胞肺癌公认的治疗方案所达成的共识的综合描述。

美国国立综合癌症网络肿瘤临床实践指南：小细胞肺癌 [http://www.nccn.org]
指南是对一系列证据以及参编的专家基于当前小细胞肺癌公认的治疗方案所达成的共识的综合描述。

美国胸内科医生学会（ACCP）循证临床实践指南：Ⅰ、Ⅱ期非小细胞肺癌的治疗 [Howington et al. *Chest.* 2013 (5 Suppl): e278S–313S]
Ⅰ、Ⅱ期非小细胞肺癌的推荐诊疗规范汇总

美国胸内科医生学会循证临床实践指南：Ⅲ期非小细胞肺癌的治疗 [Ramnath et al. *Chest.* 2013; 143 (5 Suppl): e314S–340S]
Ⅲ期非小细胞肺癌的推荐诊疗规范汇总

美国胸内科医生学会循证临床实践指南：小细胞肺癌的治疗 [Jett et al. *Chest.* 2013; 143 (5 Suppl): e400S–419S]
小细胞肺癌的推荐诊疗规范汇总

ACR Appropriateness Criteria: Radiation therapy for SCLC [Kong et al. *Am J Clin Oncol.* 2013; 36 (2): 206–213]
报告侧重于制定易于接受的小细胞肺癌医疗实践指南，用于医疗保健研究和质量机构（AHRQ），由医学研究所（IOM）设计。

ACR Appropriateness Criteria: Nonsurgical treatment for NSCLC: poor performance status or palliative intent [Rosenzweig et al. *J Am Coll Radiol.* 2013; 10 (9): 654–664]
报告侧重于制定易于接受的非小细胞肺癌医疗实践指南，用于医疗保健研究和质量机构（AHRQ），由医学研究所（IOM）设计。

European Society for Medical Oncology (ESMO) Clinical Practice Guidelines: early-stage and locally advanced NSCLC [Vansteenkiste et al. *Ann Oncol.* 2013; 24 (Suppl 6): vi89–vi98]
欧洲的早期和局部进展期非小细胞肺癌诊断分期治疗指南

ESMO Clinical Practice Guidelines: SCLC [Früh et al. *Ann Oncol.* 2013; 24 (Suppl 6): vi99–vi105]
欧洲的小细胞肺癌诊断分期治疗指南

American Association of Physicists in Medicine (AAPM) Task Group (TG) 179: Quality assurance for image-guided radiation therapy (IGRT) utilizing computed tomography (CT)-based technologies [Bissonnette et al. *Med Phys.* 2012; 39 (4): 1946–1963]
报告针对CT定位IGRT放疗系统中保障患者安全性以及治疗精确性的治疗保障程序提出了统一规范，并包括了广泛存在的摆位几何误差和内部脏器运动因素。

ACR and ASTRO Practice Guideline: Intensity-modulated radiation therapy (IMRT) [Hartford et al. *Am J Clin Oncol.* 2012; 35 (6): 612–617]
本指南作为专业继续教育工具，帮助从业者为患者提供适当的肿瘤放射治疗，重点是调强放疗（IMRT）。

American Society for Radiation Oncology (ASTRO) Evidence-Based Clinical Practice Guideline: Palliative thoracic radiotherapy in lung cancer [Rodrigues et al. *Pract Radiat Oncol.* 2011; 1 (2): 60–71]
指南基于经专家筛选完善的医学证据，规定了外照射、腔内照射、同步放化疗在肺癌胸部姑息治疗中的应用。

ASTRO and ACR Practice Guidelines: IGRT [Potters et al. *Int J Radiat Oncol Biol Phys.* 2011; 76 (2): 319–325]
本指南作为专业继续教育工具，帮助从业者为患者提供适当的肿瘤放射治疗，重点是图像引导放疗（IGRT）。

ACR and ASTRO Practice Guideline: 3-D external-beam radiation planning and conformal therapy (2011) [http://www.acr.org/guidelines]
本指南作为专业继续教育工具，帮助从业者为患者提供适当的肿瘤放射治疗，重点是三维适形放疗（3D-CRT）。

AAPM TG 101: Stereotactic ablative radiation therapy (SABR) [Benedict et al. *Med Phys.* 2010; 37 (8): 4078–4101]
报告描述了立体定向消融放疗（SABR）的最优指南框架。

ASTRO and American College of Radiology (ACR) Practice Guideline: Performance of SABR [Potters et al. *Int J Radiat Oncol Biol Phys.* 2010;76 (2): 326–332]
本指南作为专业继续教育工具，帮助从业者为患者提供适当的肿瘤放射治疗，重点是立体定向消融放疗（SABR）。

ACR Appropriateness Criteria: Nonsurgical treatment for NSCLC: good performance status/definitive intent [Gewanter et al. *Curr Probl Cancer.* 2010; 34 (3): 228–249]
报告侧重于制定易于接受的非小细胞肺癌医疗实践指南，用于医疗保健研究和质量机构（AHRQ），由医学研究所（IOM）设计。

ACR Appropriateness Criteria: Induction and adjuvant therapy for stage N2 non-small cell lung cancer [Gopal et al. *Int J Radiat Oncol Biol Phys.* 2010; 78 (4): 969–974]
报告侧重于制定易于接受的非小细胞肺癌辅助治疗实践指南，用于医疗保健研究和质量机构（AHRQ），由医学研究所（IOM）设计。

ACR Technical Standard: Performance of radiation oncology physics for external-beam therapy (2010) [http://www.acr.org/guidelines]
本技术指南作为专业继续教育工具，通过概述物理师在外照射治疗中的角色，帮助从业者为患者提供适当的肿瘤放射治疗。

AAPM TG 142: Quality assurance of medical accelerators [Klein et al. *Med Phys.* 2009; 36 (9): 4197–4212]
报告全面描述了成功的肿瘤放射治疗流程中必要的质量控制。

ACR Technical Standard: Medical physics performance monitoring of IGRT (2009) [http://www.acr.org/guidelines]
本指南作为专业继续教育工具，帮助从业者为患者提供适当的肿瘤放射治疗，重点是图像引导放疗（IGRT）的监控。

续表

ACR Practice Guideline: Radiation oncology (2009) [http://www.acr. org/guidelines]

本指南作为专业继续教育工具，概述如何为患者提供适当的肿瘤放射治疗。

AAPM TG 104: Role of in-room kilovoltage x-ray imaging for patient setup and target localization (2009) [https://www.aapm.org/pubs/reports/]

报告综述了临床治疗中的影像引导以及根据临床数据对影像引导进行有效修正的策略。

AAPM TG 75: Management of imaging dose during IGRT [Murphy et al. *Med Phys.* 2007; 34 (10): 4041–4063]

报告总结了目前图像引导技术及其相应的辐射剂量水平，如何在保证图像必须信息的前提下尽可能降低成像辐射剂量，以及推荐的优化策略。

AAPM TG 76: Management of respiratory motion in radiation oncology [Keall et al. *Med Phys.* 2006; 33 (10): 3874–3900]

报告描述了呼吸运动，讨论呼吸运动在放疗中所导致的问题，解释了消除呼吸运动误差的技术，并针对这些设备及其在适形放疗和调强放疗中的应用制定了相应的建议和指南。

AAPM TG 65: Tissue inhomogeneity corrections for megavoltage photon beams (2004) [https://www.aapm.org/pubs/reports/]

报告从物理和数学层面深入阐述了组织异质性问题，包括当前一些特定方法的效能及其局限性，这样可以指导放疗医师和物理师为患者处方正确的辐射剂量。

AAPM IMRT Subcommittee: Guidance document on delivery, treatment planning, and clinical implementation of IMRT [Ezzell et al. *Med Phys.* 2003; 30 (8): 2089–2115]

报告规划了临床放射肿瘤物理师工作指南框架，保证物理师在临床调强放射治疗（IMRT）中能够做出正确的决策从而保证治疗的安全和有效。

AAPM TG 58: Clinical use of electronic portal imaging [Herman et al. *Med Phys.* 2001; 28 (5): 712-737]

报告针对医用物理师团队如何在众多放射肿瘤治疗流程中有效使用电子影像验证设备提供了帮助。

AAPM TG 53: Quality assurance for clinical radiotherapy treatment planning [Fraass et al. *Med Phys.* 1998; 25 (10): 1773–1829]

报告规划了临床放射肿瘤物理师工作指南框架，保证物理师设计的放疗计划质量保证程序全面且易于实施。

AAPM TG 6: Managing the use of fluoroscopy in medical institutions (1998) [https://www.aapm.org/pubs/reports/]

报告为医用物理学家提供了管理透视剂量和资源的信息，并且可以用于需要使用透视的非放射医师的培训。

AAPM TG 28: Radiotherapy portal imaging quality (1987) [https:// www.aapm.org/pubs/reports/]

报告讨论了肿瘤放射治疗中，射野验证图像的品质及辐射剂量如何取舍。

International Agency for Research on Cancer Lung Cancer Consortium (IARC) [http: //ilcco.iarc.fr/]

国际癌症研究中心肺癌联盟将进行中的肺癌病例对照和队列研究的可参照数据进行了分享。

1 放疗设备

1.1 成像和模拟系统

放疗成像和模拟系统自20世纪50年代早期问世以来便发展迅速。放疗模拟机最初由简单安装的诊断X射线管组成，用于复制放疗的几何形状。随着时间的推移，模拟机不断发展进步，可以提供二维信息，甚至三维和四维信息，可以进行靶区定位和治疗设计。在发达国家，多模态三维模拟系统（如X线、CT、PET和MRI）的结合已经成为现代肺癌分期和放疗的标准。目前模拟和成像系统变得越发复杂，高质量的诊断和功能信息可用于更准确的肿瘤定位、治疗设计和实施放疗[7]。

1.2 二维模拟

传统的二维模拟机包括诊断球管和几何运动装置，球管用于静态或透视荧光模式成像，可以模拟射野，而运动装置的结构则和放疗机一样。虽然模拟机得到的是二维影像，但通过正交照射可以获取简单的三维信息。利用二维模拟机可以设计出合适的治疗野来包绕靶区并躲避正常组织，但一般适用于缺乏先进的影像技术或不需要复杂技术的患者或姑息治疗的患者。它主要的缺点是缺少真正的三维信息。对需要复杂射野形状和剂量分布的肺癌患者，传统模拟技术由于不能提供足够的信息而不再适用。

1.3 CT

在发达国家，CT模拟机已经成为放疗的标配设备。CT影像可以提供患者解剖结构的完整三维视图，从而可以准确勾画肿瘤和周围正常组织。另外，CT数据包含了相关的组织密度信息，这正是三维放疗计划系统所需要的。

专用的CT模拟机在诊断CT的基础上进行了一些改动，一般包括用于患者定位的一套激光定位系统、用于影像显示和处理的三维影像工作站、用于匹配患者定位装置的大孔径尺寸，以及和治疗机一致的平板床。CT数据可以在任何正交方向上重建，从而得到冠状位和矢状位的解剖信息，而且可以在任意方向上重建X线平片影像，这些特点可以使治疗野的形状可视化，而传统二维模拟机是不可能实现的。

现代的CT模拟机还可以获取四维数据，从而可以在呼吸周期的多个时间点评估肿瘤，进而选择最合适的呼吸时相进行治疗设计和放疗。CT影像技术的发展使肿瘤定位、治疗可视化及放疗实施都更加准确[8]。

1.4 PET

PET/CT模拟机正在全球肿瘤放疗科迅速普及，发达国家使用FDG-PET/CT扫描来提供肺癌患者详细的解剖信息以及功能代谢信息。PET/CT影像在不能手术的肺癌患者进行放疗、肺癌分期以及靶区勾画方面较有效[8-9]。

PET/CT模拟机除了前面CT模拟机部分所述的放疗配件，还有一个PET探测环集成在模拟机上。虽然PET影像本身可以提供有用的代谢信息，但PET/CT一体机得到的PET和CT图像无须再进行配准，可以直接用于定位和治疗设计。新的PET/CT模拟机具备了四维影像功能。和四维CT模拟机一样，四维PET/CT可以获得呼吸周期多个时间点的肿瘤代谢信息。

1.5 MRI

MRI在肿瘤放疗中的应用正在迅速普及。其不需要使用电离辐射就可以得到高质量的解剖学和功能学信息。整体而言，MRI的解剖学影像有很好的软组织对比度，功能学影像可以描述灌注、弥散和化学信息。

在肺癌的放疗中，经常用到MRI。譬如，需要利用MRI较高的软组织对比度来区分靶区和周围正常组织，或者利用MRI较高的时空分辨率来分析肿瘤的呼吸运动[10]。尽管目前仍然将CT的密度数据作为放疗计划设计的标准数据，但是MRI设备正逐渐安装在肿瘤放疗科，作为PET/CT模拟机的补充。另外，许多MRI厂商开始提供大孔径的设备来满足病例固定装置的需要，同时提供平板床来配合其他影像类型和治疗机。不过MRI设备和CT模拟机并非一体的，必须先进行影像配准才能进行肺部肿瘤的勾画。

1.6 固定

肺癌固定装置的作用是保证放疗时的体位同模拟定位时一致，理想的固定技术和装置应该是保证患者在模拟定位及治疗时都处于最舒适的体位，同时减小治疗中运动，降低射束衰减，同时不影响患者定位系统。

肺癌放疗的固定系统通常是聚氨酯泡沫胶或负压真空垫，放置在患者胸部下面，与之相连的装置有助于患者将胳膊放置在头顶，另外常放一些楔形垫使患者更加舒适并提高总体位置重复性。在大分割肺癌放疗方案中，常采用腹压板技术，以进一步降低模拟定位和后续放疗中呼吸对肿瘤位置的影响[11]。

1.7 治疗计划系统

现代放疗计划系统是肿瘤放疗中不可或缺的一部分，基于影像数据，放疗医生、物理师和计划设计者可以利用放疗计划系统的一系列计算工具来设计和模拟放疗过程。早期的计划系统只是基于二维模拟技术来进行肿瘤定位和治疗野设计，一般利用二维正交图像来确定肿瘤的三维位置，但治疗可视化仅限于可用的成像平面，剂量分布也不能反映组织密度的变化。

随着影像系统和剂量算法的发展，治疗计划系统也在不断进步。现在的三维治疗计划系统可以在三维影像上任意设置射野的形状和角度，可以利用射野方向观技术来观察射野和患者解剖结构之间的关系。另外，各种不同来源的多种格式的图像都可以与定位CT图像进行刚性配准，从而在计划设计中可以参考更多的解剖和功能性图像信息。现在有许多放疗计划系统开发了弹性配准算法，以方便处理放疗中日益增多的MRI和PET图像，同时一些计划系统还能够把四维影像应用到计划设计过程中。利用这些工具可以分析呼吸周期中的肿瘤运动范围，帮助肿瘤医生确定最优的呼吸时相，同时精确评估基于呼吸门控的剂量分布。四维计划系统对肺癌放疗特别有用。

现代的放疗计划系统也包括一些先进的工具

来进行治疗计划优化和分析。在传统的正向计划中，计划设计者和医学物理师可以方便地调整射野角度和权重；在逆向计划中，也可以方便地设置优化参数和相关权重。治疗计划系统中的这些功能可以简化治疗计划过程，先进的计划系统分析工具，如剂量-体积直方图可以全面地研究靶区和周围正常组织的剂量分布，这些先进的工具使肺癌和其他肿瘤的计划设计更精准、高效。

1.8 靶区和正常器官勾画

计算机三维治疗计划需要指定出要照射区域和躲避区域的空间位置，这就需要把靶区和正常器官勾画出来，通常在三维影像如CT上进行。目前主要还是专家在轴位影像上手工逐层勾画，不过随着计算机软件工具的发展，有一部分工作已经可以自动完成。

医学影像技术的发展使靶区和正常器官的分辨精度不断提高，一些代谢影像，特别是FDG-PET，可以更加敏感和特异地区分治疗靶区。然而，正确理解勾画的不确定性并在计划设计中考虑进去十分重要，国际放射治疗单位和测量委员会（International Commission on Radiation Units and Measurements，ICRU）已经制订了一套规则来处理三维计划和调强放疗（intensity-modulated radiation therapy，IMRT）中的这些问题[12-13]。简单说来，大体肿瘤体积指可见肿瘤的范围（在影像上可见或查体可见），临床靶区指肿瘤可能侵犯的高危区域，靶区定义的不确定性通过在靶区体积外加上一个边界来解决，也就是计划靶区，这也是放疗处方剂量给定的区域。形成计划靶区的边界包括内边界和摆位误差边界。内边界主要考虑生理性的靶区运动如呼吸运动，而摆位误差边界主要考虑患者位置重复性、机器校准及其他技术因素方面的不确定性。

在优化治疗计划时，除了要保证足够的剂量包绕靶区，还需要约束危及正常器官的剂量，这就需要将容易受到放射损伤的正常器官勾画出来。在胸部，这些器官一般包括肺、食管、脊髓、心脏，以及和治疗体积解剖范围和剂量策略相关的其他器官。基于共识的胸部放疗勾画标准图谱是十分有用的参考资料[14]。另外，正常器官的剂量限值可以在美国国家综合癌症网络指南和临床报告的正常组织效应定量分析中找到，这些限值一般基于临床数据的总结、专家共识和临床试验中可接受毒性相对应的限制[15-19]。

1.9 肺癌放疗的剂量计算

在肺癌放疗中，辐射从治疗设备中产生，结束于患者及其后方的能量沉积。在此期间，光子和电子发生许多不同类型的相互作用，这些相互作用的发生概率和特点由粒子类型、粒子能量和它们穿行物质或组织的性质决定。这些相互作用的详细描述可参阅相关医学物理教材（Khan[20]、Johns和Cunningham[21]、Metcalfe等[22]）。在肺癌放疗中，辐射输运更加复杂。这是因为肺的平均密度只有其他软组织的约1/4，而且其密度变化较大，在肺泡区可以接近空气，而在密度较高的区域会接近软组织。另外，肺和胸壁/腹部、肺和纵隔、肺和肿瘤之间的交接区，密度变化大，这进一步增加了辐射输运的复杂性。

无论肺癌放疗中辐射输运的复杂性如何，都需要一种方法来评估每名患者治疗过程中接受的剂量。随着影像技术的发展和计算能力的提高，剂量计算算法的进步已经可以将辐射输运的复杂性考虑进去，和以前相比，如今的算法误差很小。肺癌放疗中光子和电子的精确输运模拟很有挑战性，特别是在下面的解剖区域。

- 在肺中，光子行程和光子产生的电子行程通常是它们在身体其他软组织中的3～10倍，这是因为肺的密度较低。
- 在肺和肿瘤的侧向边界处存在侧向电子失衡，从肿瘤到肺的侧向粒子多，而从肺到肿瘤的侧向粒子少，因此会产生剂量梯度。
- 在肺和肿瘤的入射边界处，由于从肺到肿瘤的密度增加，会形成剂量建成。
- 在肺和肿瘤的出射边界处，由于从肿瘤到肺的密度减小，剂量会降低。
- 在气管和主支气管附近，由于气道内的密度是软组织的1/1000，所以对光子和电子的衰减几乎可以忽略不计。
- 在胸壁和肺的交界处，由于存在密度改变，也会造成剂量建成或下降。

掌握这些区域的剂量学知识十分重要，因为不仅肿瘤的控制与之相关，正常组织的毒性[23]，如肺炎[16]、肋骨骨折[24]及其他后遗症等放疗不良反应也与之密不可分。特别是在立体定向消融放疗（stereotactic ablative radiotherapy，SABR）中，多用小野来治疗低密度肺内部的肿瘤，剂量计算的不准确可能会影响治疗效果[25-26]。

一般来说，高能射束、小野尺寸、低密度区及IMRT和容积旋转放疗（volumetric modulated radiationtherapy，VMAT）都使剂量计算算法的复杂度增高。剂量计算算法的准确性也和建立射束模型的输入数据质量及异质性修正有关，所以射束测量数据和从CT获得的患者解剖结构是影响总体准确性的重要因素[27-28]。

剂量计算算法自20世纪60年代发展以来，一般用物理学过程来模拟射束和人体组织的相互作用，从而模拟出那些已知的相互作用和输运过程。美国医学物理师学会（American Association of Physicists in Medicine，AAPM）在76号报告关于呼吸运动管理中建议，应使用可获得的最准确的剂量计算算法[29]。

这些算法大体可分为几类：光子输运修正法、叠加/卷积法、蒙特卡洛法和有限元法。

1.9.1 光子输运修正法

这是放疗中第一个通过修正光子输运来考虑组织密度变化的剂量计算算法。这些算法包括等效深度、等效组织空气比、Batho指数率，以及要考虑的体表变化和源皮距变化。由于肺的密度较低，相对于在水中的计算，剂量会增加，然而对小野，由于电子射程增加，肺中的实际剂量会降低，所以常使用均匀（不修正）算法。不过这类算法用得越来越少，如果已经具有下面谈到的算法，并且经过临床测试，则可选用下面这些算法。

1.9.2 叠加/卷积法

在叠加算法中，可以通过射线追踪准确确定治疗束初级光子的相互作用，从光子的相互作用点开始，初级光子产生的运动电子会沉积能量，基于能量沉积点和相互作用点之间的密度路径长度，用能量沉积核就可以计算出结果。能量沉积核通常是利用蒙特卡洛法在水中计算出来的，散射光子的能量沉积也用类似的方法计算。叠加算法考虑了密度变化组织中光子的输运和电子的输运，准确度高，但在密度变化较大的边界处（如肺和胸壁交界、肺和肿瘤交界及肺和纵隔交界），准确度会下降。考虑到肺部肿瘤放疗还存在其他方面的不确定性，如靶区勾画和运动，叠加算法的准确度已经足够满足多数临床治疗情况。

1.9.3 蒙特卡洛法

作为目前最准确的剂量计算算法，蒙特卡洛法可准确模拟光子和电子从治疗头到患者体内的运输过程，这种模拟基于我们目前理解的粒子和物质相互作用的物理原理，包括量子力学，目前临床上已经可以实现。不过，蒙特卡洛模拟还存在许多不确定性，包括加速器的模型、患者解剖结构的模拟、蒙卡计算的统计不确定性等。对想要使用蒙特卡洛算法的医生来说，AAPM TG-105报告提供了全面的指南[30]。

1.9.4 有限元法

另外一种剂量计算算法是利用有限元法来模拟放疗束的传播，入射粒子通量可以分为空间、能量和角度分布，通过考虑粒子的衰减和散射，来模拟粒子通量在介质中的传播。这种方法可以得到和蒙特卡洛类似的计算结果[31]。

多数治疗计划系统至少会提供叠加算法作为准确算法，同时提供快速算法。例如，用于IMRT优化时的迭代运算，到最终剂量计算时再使用准确算法进行计算。最准确的算法可以准确估计患者体内的剂量，指导计划审核过程，提示医生需要关注的剂量热点和剂量冷点，有时还需要进行计划更改，较准确的剂量计算算法还可以提高剂量报告和结果分析的数据质量。Fogliata等[32]总结了目前常用的几种算法，将4种治疗计划系统中的7种算法在同一个几何结构上进行计算，并同蒙特卡洛法进行比较，发现对高能束和密度变化较大的区域，随着粒子输运模型复杂度的增加，同蒙特卡洛法的结果更加一致。

1.10 治疗实施系统

1.10.1 直线加速器

发达国家的肺癌放疗多用直线加速器（linear accelerators，linacs）。4兆伏（4-megavoltage，4 MV）

直线加速器配备kV（kilovoltage）或MV影像板和基于CT的方案设计是多数放疗科的标准配置，这样可以对多数肺癌患者进行三维适形放疗。基于多叶准直器的射束调制技术的发展，使复杂的肺癌放疗技术得以实现，如IMRT和VMAT，影像引导技术（如锥形束CT和光学影像引导系统）的发展使放疗实施系统可以高精度地投照运动靶区。精确投照射野的调制技术十分有吸引力，因为可以减少正常组织的受量，但存在漏照靶区的风险，所以实施起来更加复杂。如果肿瘤很小并且运动，或者在SABR技术中用高度适形的射野短时间内投照很大剂量，这时复杂的放疗实施系统将具有优势。

常用的直线加速器具有C形臂结构，机架可以做圆周旋转，射束垂直于旋转轴并射向等中心方向（图34.1），非共面野可以通过机架旋转和患者治疗床旋转配合实现，影像系统可以安装在机架上得到锥形束CT影像，也可以安装在治疗室内得到固定影像。下面介绍一些市场上存在的新型加速器，它们的治疗头和影像引导系统的设计比较特别。

射波刀（Accuray，美国加利福尼亚州森尼韦尔市）是一种专门用于立体定向放疗的系统，它将一个6 MV的直线加速器安装在机器手臂上[33-34]。机器手臂可以实现6个自由度的运动，同时配备多个影像引导系统来追踪运动靶区，两个正交的kV影像系统可以在治疗前得到骨性结构或基准标记位置，通过外部光学传感器或肺部肿瘤内的基准标记可以监测呼吸运动[35-36]。基于肺部肿瘤直接可视化的无标式追踪在周围型肺癌中也可能实现。射波刀采用非等中心计划设计，每个治疗区可以设置很多计划结点，每个计划结点可以采用6个自由度的调制子野，从而实现剂量分布和放疗靶区高度适形。由于其高度的剂量适形和剂量准确性，射波刀系统适合进行立体定向放疗，可对肺组织中的小体积运动靶区给予很高的剂量[37-38]。

螺旋断层放疗（TomoTherapy Inc.，美国威斯康星州麦迪逊市）是将加速器安装在类似CT的环形机架上，加速器机头绕患者旋转的过程中利用扇形束进行治疗。MV CT集成在系统中以进行影像引导，螺旋断层放疗可以快速、准确地投照较长的治疗区而不需要考虑射野间的衔接[39]。

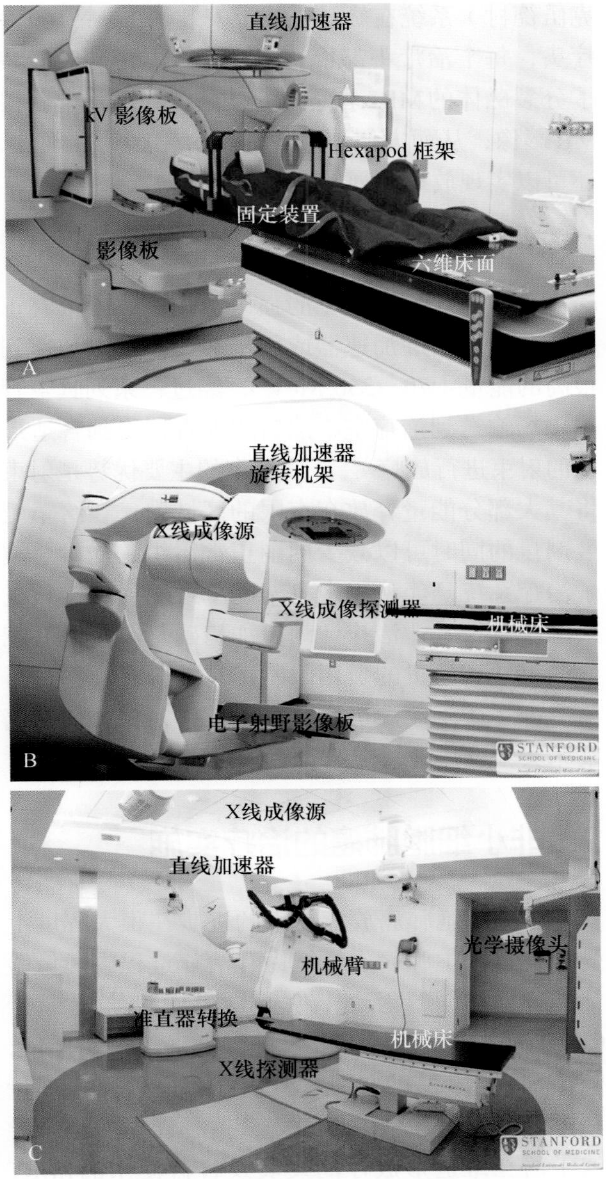

图34.1 现代常见的影像引导直线加速器放射治疗系统
（A）（B）临床常用的C形臂结构，常用于传统的分次放疗，也可以用于立体定向消融；（C）专门用于立体定向放疗的系统，将小型的直线加速器安装在机械手臂上
注：（A）由澳大利亚彭里斯市Nepean癌症护理中心的J. Barber提供

1.10.2 钴治疗系统

基于钴源的放疗系统在发展中国家应用广泛[4]。它可以投照MV级治疗束，与加速器相比，质量保证没有那么复杂，保养也相对简单。

基于钴源的放疗技术也在不断发展，目前可以实现复杂的放疗计划实施，同时具备影像引导功能。ViewRay（ViewRay Inc.，美国俄亥俄州奥克伍德村）系统在旋转机架上安装了3个钴-60治疗头，每个治疗头都带有多叶准直器，同时安装了分裂磁体的MRI系统，可以在放疗过程中获得MR影像，从而方便评估放疗束对靶区的准确性，还可以实现放疗计划的实时自适应。

1.10.3 强子治疗系统

质子治疗是最常见的强子治疗，质子带有正电荷，通过回旋加速器或同步加速器可以加速到很高的能量（70～250 MeV），经过一系列真空管和磁场输送到治疗室，然后用准直器得到合适形状的射束进行放疗[40]。质子束的主要优势是射束将其大部分能量释放在有限的区域内，在给予靶区剂量的同时可以减少周围正常组织的受量。质子治疗系统已经从固定机架的单野发展到旋转机架的多野模式，治疗计划更加精确复杂。但其庞大的尺寸和昂贵的费用限制了它的普及，不过目前有许多质子放疗机构正在建设中，相关的肺癌临床实验也在进行中[41]。

2 非小细胞肺癌的治疗实施

非小细胞肺癌放疗技术的进步在很大程度上受计划过程中肿瘤成像能力和治疗过程中影像验证准确性的创新驱动。许多放疗科都开展了基于CT的三维治疗计划，可以进行精确的剂量评估，利用剂量-体积直方图或容积分析可以研究剂量和毒性之间的关系。反过来，这种知识的结合导致了对三维适形放疗的发展及日益使用的IMRT和VMAT更大一致性的探索。

2.1 二维计划模拟

二维计划一般基于体外明显的标志或模拟平片上可见的标志来进行。同三维适形放疗相比，二维计划不能评估内部器官的剂量，不能预测毒性，也不能保证放疗的精确实施。二维计划的流程如下。

- 影像获取：利用模拟机获得肺部肿瘤的平面影像，平面影像可在一定程度上评估呼吸运动幅度，用于选择合适的治疗野尺寸。
- 患者体表轮廓获取：利用外部替代品（如铅丝）获取患者在肿瘤水平的体表轮廓。
- 计划：绘制出患者体表轮廓和肿瘤的大小及位置，得到患者的断面示图，将选定射野的等剂量线绘制在断面图上，然后手工计算出给定剂量所需要的监测单位。

2.2 适形放疗：三维适形放疗、IMRT和VMAT

基于CT的三维计划是放疗计划的巨大进步，首次实现了肿瘤和有风险器官的三维可视化。通过CT得到的电子密度信息，可以更准确地进行肺癌患者的治疗计划。肺受量和肺炎毒性之间的关系开始被研究，进而发展到三维适形放疗及IMRT和VMAT放疗。在现代肺癌放疗中，定位CT图像和功能影像如PET或MRI融合以准确勾画肿瘤区。

计划概念是随着CT技术的发展而发展的，三维适形放疗的计划概念是在ICRU 50和62中定义的[12, 42]。报告定义了大体肿瘤、临床靶区及计划靶区，并指出计划靶区的足够包绕是指处方剂量的95%～107%包绕计划靶区。

在三维适形放疗中，射束是剂量师或物理师设计并调整的。虽然射野的角度和权重可以调节，但在治疗中射束是没有调制的。IMRT利用许多小野来调制治疗时的通量，另外计划过程是逆向而不是正向的，也就是说计划开始时先设定希望达到的目标，然后利用计划软件进行优化，来实现预先设定的标准。与三维适形计划相比，IMRT计划包括大量调制野，这样就可以达到高剂量区和计划靶区的高度适形。不过大量调制野也会增加低剂量区范围，所以相比三维适形放疗计划，IMRT计划剂量分布可能会更不均匀，剂量梯度更大，肺癌中肺组织较低的电子密度会使这种异质性更加明显。另外，虽然还存在争议，但发生肺炎的风险很可能与正常肺低剂量区范围有关[43]，而IMRT由于使用更多的射野角度会增加低剂量区范围，因此评估低剂量区范围来降低毒性风险十分重要。使用IMRT时还要注意，对于肺部运动肿瘤，在增加高剂量区适形度时要尽量避免漏照的风险。尽管存在这些风险，接受IMRT放疗的肺癌患者仍然受益颇多，因为可以躲避正常组织，同时给予肿瘤更高的剂量，一系列大型试验证明IMRT是安全的[44-45]。

VMAT是后来发展起来的技术，与IMRT不同的是，它的调制野绕着患者连续旋转，可以是单弧，也可以是多弧。许多研究表明，VMAT可以得到高度适形的剂量分布[46-47]。不过和传统多野IMRT相比，它的最大优势是快速的治疗时间。VMAT技术在早期和局部晚期肺癌中能够得到更加适形的剂量分布（图34.2）。

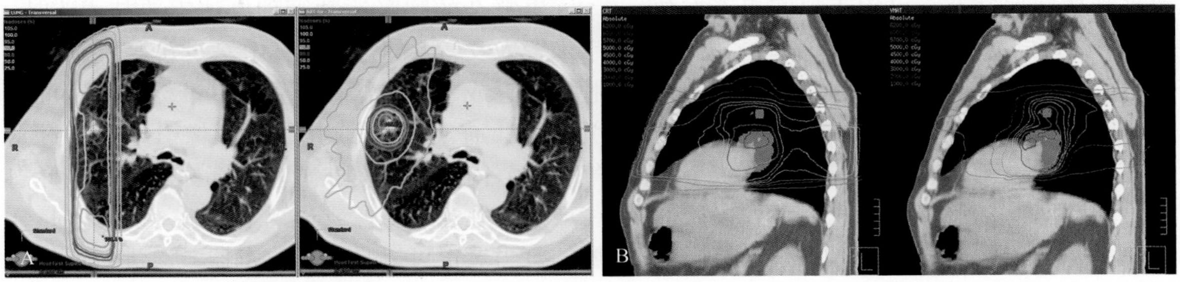

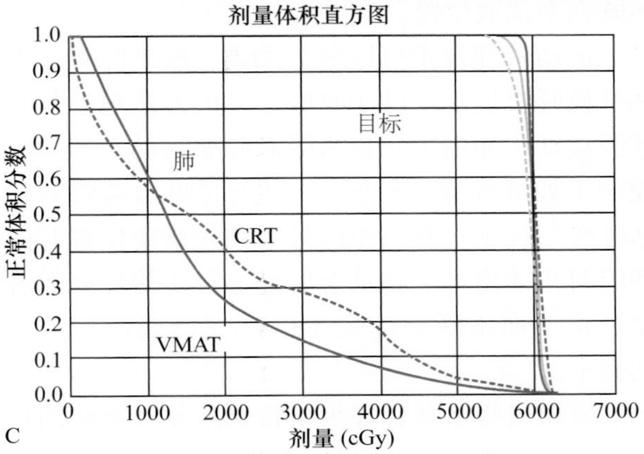

图34.2（A）传统的前后对穿野（左）和弧形立体定向消融（SABR，右）对不可手术早期肺癌患者的计划比较；（B）三维适形放疗（左）和容积调强弧形放疗（VMAT，右）对局部晚期肺癌患者的计划比较；（C）VMAT（实线）和三维适形放疗（虚线）对局部晚期肺癌的剂量体积直方图比较

注：（A）在传统计划中，最大剂量点在正常组织内，不能使用消融剂量，而在SABR计划中，正常组织受量较低，可以对肿瘤进行消融治疗。图片由加州斯坦福大学B. W. Loo提供。（B）与三维适形放疗相比，VMAT提高了高剂量区（95%等剂量线，粉色）的适形度，同时降低了正常肺组织受到潜在损伤剂量（20 Gy剂量，绿色）的体积。图片由澳大利亚彭里斯市*Nepean*癌症护理中心的K. Anslow提供。C．使用VMAT计划正常肺组织受到20 Gy的体积更少，但是受到低剂量5 Gy的体积更大，当然，PTV的包绕更好。图片由澳大利亚彭里斯市Nepean癌症护理中心的K. Anslow提供

在寻求减少毒性反应的过程中，人们发现对放疗中肿瘤和正常组织运动的认识还不够全面。其他部位的证据表明，在射野高度适形时存在漏照肿瘤的风险。四维CT对整个呼吸周期进行成像，然后将各个时相的图像综合在一起得到肿瘤随时间的运动情况。利用四维CT医生可以选择特定的呼吸时相照射肿瘤（门控），也可以勾画出更能反映肿瘤真实位置的放疗靶区。

2.3 强子治疗

带电粒子（强子）放疗比光子放疗的剂量分布更好，它的能量损失一般在射程末尾，可以在很短的距离释放大量能量，形成布拉格峰，带电粒子的放疗计划就是根据这些物理特性将多个带电粒子束的布拉格峰聚焦在放疗靶区。曾有许多不同的带电粒子用于肺癌放疗，但多数患者还是使用质子治疗，质子治疗用于肺癌的研究证实了这种技术的安全性和有效性[47-49]。同标准光子技术相比，由于带电粒子治疗时正常组织剂量更低，因此可以安全实现肺癌放疗的剂量爬坡[50]。

2.4 适形放疗实施：影像引导放疗

放疗计划的发展使新的放疗技术如SABR得以实现，在SABR中用高度适形的计划可将高剂量投照到小的运动靶区。放疗计划适形度的提高有助于降低周围危及器官发生放射毒性反应的风险，但需要日渐复杂的影像引导技术来保证靶区投照的准确性。

- 电子射野影像：电子射野影像板是现代加速器的标配，可用于治疗前拍摄正交影像，然后基于骨性标记进行摆位。由于其不能提供足够的软组织分辨率，一般不能进行软组织配准[51]。
- 锥形束CT：越来越多的直线加速器配置了kV或MV的锥形束CT，锥形束CT的影像质量比诊断CT要差，但依然可以基于软组织解剖结

构进行配准[52]。一些厂家还提供了四维锥形束CT[53]，可以在直线加速器上评估肿瘤的运动。

- ExacTrac系统（Brainlab AG，德国费尔德基希）：ExacTrac系统利用两个kV影像板得到骨性结构和放疗靶区的正交kV影像，通过和外置光学传感器结合，可用于追踪患者在放疗过程中的运动或进行呼吸运动管理[54]。
- 治疗中的影像方法：有许多方法用于评估射束治疗过程中患者和肿瘤的运动。
- 射波刀：在射波刀治疗中会有超过100个小野投照到靶区，在每个或每几个小野投照前都会拍摄kV影像，用于修正患者或肿瘤的运动[34]。通过建立外置光学传感器获得的呼吸运动信号和基准标记/肿瘤位置之间的关系，可以预测靶区的运动。
- 置入标记和射频引导：Calypso系统（Varia Medical Systems，美国加利福尼亚州帕洛阿尔托）及其他的类似系统使用能够发出射频信号的标记，通过射频信号的三角定位可以确定标记的位置，治疗束便可以进行调整以匹配运动靶区的位置[55]。

3 运动管理

现代放疗可以得到越来越适形的剂量分布，所以理解和管理靶区位置相对于计划设计时的不确定度愈加重要。产生位置不确定度的根源是靶区在胸腔内的运动，导致靶区运动的因素很多，尤其是呼吸运动。呼吸运动的幅度取决于几个因素，如靶区在胸腔内的解剖学位置、身体条件（如慢性阻塞性肺疾病）及个体化差异[56-57]。多数肿瘤的运动幅度不大，但达到几厘米也是有可能的。呼吸运动管理的主要目标是保证靶区的剂量包绕并降低正常组织的受量。其基本过程包括确定肿瘤和器官的运动、选择运动管理策略和利用治疗时的影像引导系统验证管理策略的准确性。呼吸运动管理策略实施建议可参阅AAPM TG-76报告[29]。

最基础的呼吸运动管理办法是对每名患者进行个体化靶区设计以包括整个呼吸运动的范围。这对多数患者都是适用的，因为呼吸运动一般都是在一定范围内的。呼吸运动的幅度可以通过CT模拟技术获得，包括慢扫描CT、吸气/呼气二相CT和呼吸相关（四维）CT。透视也可以辅助CT来评估呼吸幅度。基于个体化运动评估的靶区设计避免了对所有患者都外加同一个呼吸运动边界而引起的边界过大或边界过小的问题。

更复杂的呼吸运动管理办法需要技术支持、手术置入及患者的合作。其中一些方法是在肿瘤/肿瘤附近或者替代结构处置入基准标记来定位相关结构，通常在CT或其他的影像引导下通过支气管镜、内镜或经皮肤置入内部标志。这些标志一般需要在X线影像或透视下显影，因此多是金属的，当然也可以是射频收发器，通过附近的电磁阵列来读取位置。

运动管理技术可以分为两类：减小呼吸运动和补偿呼吸运动。减小呼吸运动的方法包括限制呼吸运动（如用腹压板来限制膈肌运动）和呼吸控制（如屏气或浅呼吸）。自由呼吸运动管理包括呼吸门控（只有当靶区处于预先指定位置时的呼吸时相才出束）和动态肿瘤追踪（治疗束随着靶区运动而不断调整）。图34.3是呼吸门控放疗的例子。

应用这些运动管理策略特别是复杂策略的目的是减小治疗外放边界，但保证这种策略能达到预期目的十分重要，也就是当用射束治疗时要保证肿瘤位置处于计划位置，这主要靠影像引导系统来验证，每种运动管理方法有其适合的影像引导策略。尤其当用内部解剖结构的外部替代物（如体表标记）来引导治疗束时，需要用影像系统来确认在整个治疗实施过程中外部替代物和内部解剖位置是准确对应的。每种运动管理办法都有其优势和劣势，重要的是在选择时要理解其不确定度并尽量将其减少。

4 肺癌放疗的质量保证

肺癌放疗会使用较大的照射剂量，如果使用不当会对患者和操作人员带来伤害。放疗过程的质量保证十分重要，只有将其做好才能最大限度地保证治疗成功并最大限度地降低误差的影响（图34.4）。传统的质量保证方法正向工业化方向转变，分析出潜在误差和失败模式，并对这些最可能、最严重、最难发现的失败模式指定相应的

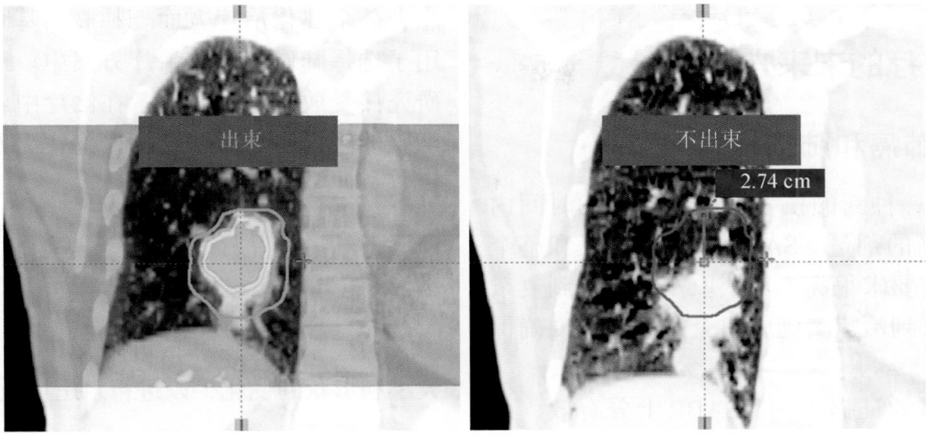

图34.3 一个运动幅度较大的肺瘤呼吸门控示意图

当呼吸运动处于特定时相时（本例中为呼气相）开始出束，这样可以使用更小的治疗边界，从而减少正常肺组织的受照，但用影像引导技术验证治疗的准确性十分重要

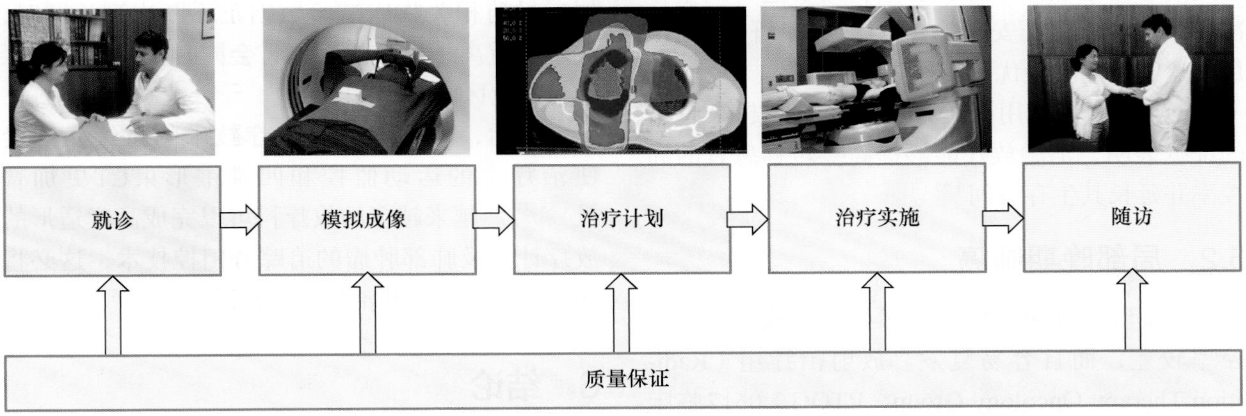

图34.4 质量保证贯穿于肺癌放疗的每个环节

数值[58]。即将发布的AAPM 100工作组报告将详细介绍这一新方法。

和其他部位的癌症放疗一样，遵照指南进行肺癌放疗十分重要，在患者选择、患者固定装置、三维/四维或PET成像、靶区和正常组织勾画、边界确定、计划设计方法、剂量体积约束、放疗实施等各环节都要符合指南[59]。

和其他部位的癌症放疗不同，由于肺密度较低会引起剂量计算方面的挑战和运动需要进行运动管理[29]，因此肺癌放疗需要特有的质量保证程序。例如，用呼吸监控来进行屏气、门控或肿瘤追踪治疗时，这些监控系统的准确性及内部/外部关联模型的准确性都需要进行验证。使用屏气方法时需要对患者进行训练，因此也需要对全体工作人员进行培训以指导患者的训练。由于成像和治疗中存在呼吸运动，所以在进行影像引导放疗时需要特别注意并采取必要的措施。呼吸运动的另一个挑战是交互作用[60]，即射野运动和肿瘤运动没有匹配而引起剂量误差的现象，这在IMRT中尤其明显。

在所有的放疗环节中，治疗人员应随时保持警惕，建议对所有参与肺癌放疗的人员进行培训和教育，并进行周期性的复训。物理师应能够解决相关的硬件问题。工作人员的数量应该和开展的技术、工作流程及患者压力相符合。

5 肺癌放疗的未来方向

5.1 早期肺癌和肺部转移

SABR是一种新的技术，可在较短的时间内单次给予很高的剂量。SABR对质量保证和整个计划治疗过程要求很高，从获取模拟影像到复杂的计划设计再到治疗实施的整个进程都需要确保精准完成[61]。

越来越多的证据表明，SABR十分有效，而且毒性可能更低。与传统分次放疗相比，SABR局控率更高。人群分析表明，对那些实施手术困难的高龄患者可以提高生存率[62-63]。大量的研究证实，SABR对小体积的周围型肺癌是安全的，但是对于中心型或大体积肿瘤，需要进行剂量分次模式改变以保证安全[64]，目前正在研究SABR用于这类肿瘤时最优化的模式。

SABR也可以用于治疗肺部转移。越来越多的证据表明，消融放疗能够提高寡转移患者的局控率并延长其生存时间[65]。

5.2 局部晚期肺癌

局部晚期肺癌的治疗依然很具挑战性，其局控率较差，而且容易复发。放射治疗组（Radiation Therapy Oncology Group，RTOG）0617临床试验的结果表明，相比60 Gy，将放疗剂量提高到74 Gy并不能提高局部晚期肺癌患者的生存率，却有可能增加患者的治疗毒性[66-68]。该研究采用标准放化疗剂量和严格的质量保证，其结果有利于同以前数据进行比较。剂量优化的未来方向包括等毒性和个体化自适应剂量提高，也就是在RTOG 1106中一种基于代谢影像（FDG-PET）来确定需要提高剂量的靶区的途径。

考虑到局部晚期肺癌有很高的概率发生全身转移，因此结合放疗的全身治疗一直是一个活跃的研究领域。现在有几个临床试验正在研究局部晚期肺癌的最优治疗方法，包括分子诊断、分子靶向治疗及免疫治疗。

5.3 个体化治疗

越来越多的胸部肿瘤专家将目光聚焦在肺癌患者的个体化治疗方面。肿瘤的基因类型已经被用于选择肺癌的全身治疗方案中。近期的工作是研究接受放疗的肺癌患者在治疗中或治疗后肿瘤细胞能否提供预后信息，最终找出哪些患者是加量收益，哪些患者是减量受益。

不少研究者也在探索基于患者肺生物学信息的自适应放疗[69-70]。评估局部肺功能有助于避免正常肺组织受照射，减少放射引起的肺毒性风险，治疗中的影像评估可以反映治疗过程中肿瘤大小和形状的变化，以进行自适应放疗[71]。

5.4 放疗计划和成像的技术进展

复杂的计划设计技术可以实现较大体积肿瘤的高度适形照射，但这种适形计划的低剂量区范围大[72]，对肺毒性的影响需要更好地理解和把握，目前相关临床试验数据正不断出现。同时，质子和重离子治疗的发展将会同时减少高剂量区和低剂量区的范围。

最后，影像引导下放疗技术的持续发展会使治疗中的运动监控和四维锥形束CT更加普及[53, 73]。越来越多的放疗科可以完成高度适形的放疗计划及肺部肿瘤的追踪和门控技术，这必将使肺癌放疗计划和治疗更加精准。

6 结论

放疗在肺癌的治疗中发挥着核心作用。随着影像技术的进步，放疗技术近些年发展迅速，为提高肺癌患者治疗的临床效果创造了新机会。目前，发达国家的放疗技术一般是基于CT计划的三维适形放疗，同时也在使用很多复杂有效的新技术，并在临床试验中对其进行评估。不过，在世界范围内仍有许多人无法得到基本的放疗机会。肺癌放疗的未来既要实现先进技术的优化使用，又要使全球更多肺癌患者得到放疗的机会。

（王克强　张文学　译）

主要参考文献

2. McCloskey P, Balduyck B, Van Schil PE, Faivre-Finn C, O'Brien M. Radical treatment of non-small cell lung cancer during the last 5 years. *Eur J Cancer*. 2013;49(7):1555–1564.

5. Rodrigues G, Macbeth F, Burmeister B, et al. Consensus statement on palliative lung radiotherapy: third international consensus workshop on palliative radiotherapy and symptom control. *Clin Lung Cancer*. 2012;13(1):1–5.
9. Mac Manus MP, Hicks RJ. The role of positron emission tomography/computed tomography in radiation therapy planning for patients with lung cancer. *Semin Nucl Med*. 2012;42(5):308–319.
12. ICRU. *Prescribing, Recording and Reporting Photon Beam Therapy (Supplement to ICRU Report 50), ICRU Report 62*. Bethseda, MD: ICRU; 1999:62.
13. [No Authors Listed] Prescribing, recording, and reporting photon-beam intensity—modulated radiation therapy (IMRT): contents. *J ICRU*. 2010;10(1). NP.
16. Marks LB, Bentzen SM, Deasy JO, et al. Radiation dose-volume effects in the lung. *Int J Radiat Oncol Biol Phys*. 2010;76(suppl 3):S70–S76.
17. Gagliardi G, Constine LS, Moiseenko V, et al. Radiation dose-volume effects in the heart. *Int J Radiat Oncol Biol Phys*. 2010;76(suppl 3):S77–S85.
18. Kirkpatrick JP, van der Kogel AJ, Schultheiss TE. Radiation dose-volume effects in the spinal cord. *Int J Radiat Oncol Biol Phys*. 2010;76(suppl 3):S42–S49.
19. Werner-Wasik M, Yorke E, Deasy J, Nam J, Marks LB. Radiation dose-volume effects in the esophagus. *Int J Radiat Oncol Biol Phys*. 2010;76(suppl 3):S86–S93.
28. Papanikolaou N, Battista JJ, Boyer AL, et al. *Tissue Inhomogeneity Corrections for Megavoltage Photon Beams. AAPM Report No 85*. Alexandria, VA: American Association of Physicists in Medicine; 2004:1–142.
29. Keall PJ, Mageras GS, Balter JM, et al. The management of respiratory motion in radiation oncology report of AAPM Task Group 76. *Med Phys*. 2006;33(10):3874–3900.
30. Chetty IJ, Curran B, Cygler JE, et al. Report of the AAPM Task Group No. 105: issues associated with clinical implementation of Monte Carlo-based photon and electron external beam treatment planning. *Med Phys*. 2007;34(12):4818–4853.
53. Sonke JJ, Zijp L, Remeijer P, van Herk M. Respiratory correlated cone beam CT. *Med Phys*. 2005;32(4):1176–1186.
58. Kutcher GJ, Coia L, Gillin M, et al. Comprehensive QA for radiation oncology: report of AAPM Radiation Therapy Committee Task Group 40. *Med Phys*. 1994;21(4):581–618.
59. De Ruysscher D, Faivre-Finn C, Nestle U, et al. European Organisation for Research and Treatment of Cancer recommendations for planning and delivery of high-dose, high-precision radiotherapy for lung cancer. *J Clin Oncol*. 2010;28(36):5301–5310.
63. Shirvani SM, Jiang J, Chang JY, et al. Comparative effectiveness of 5 treatment strategies for early-stage non-small cell lung cancer in the elderly. *Int J Radiat Oncol Biol Phys*. 2012;84(5):1060–1070.

获取完整的参考文献列表请扫描二维码。

第35章 肺癌的放射生物学

Jose G. Bazan, Quynh-Thu Le, Daniel Zips

要点总结

- 放射生物学的标志即“4R”：修复、重配、再氧合和再群体化。
- 辐射通过破坏DNA来发挥其生物学效应。
- 线性二次模型提供了一种便利的方法来比较不同的辐射剂量和分割方式。
- 放射生物学原理为肺癌早期临床试验提供了理论基础，包括供选择的分割方式。
- 除了引起DNA损伤外，超高剂量的辐射可能具有杀伤其他细胞的机制。
- 化疗最常用于增强局部晚期肺癌患者的放疗敏感性并提高局部控制。
- 肿瘤乏氧是治疗肺部肿瘤的主要问题，试图逆转缺氧的临床试验显示出喜忧参半的结果。
- 辐射反应的预测性生物标志物是未来研究的主题。

放射生物学是当今理解放疗原理的核心。20世纪早期，随着科学家和临床医生认识到这些剂量对正常组织造成相当大的损害，大剂量单剂量辐射的使用下降。之后，放射肿瘤学家开始了在几周时间内每日应用较小的剂量作为减少正常组织损伤但仍然能控制肿瘤的方法。21世纪，放射肿瘤学家再次使用大剂量辐射，持续一天到几天，这是因为技术的进步使他们能够更精确地瞄准肿瘤，同时减少暴露正常组织的量。在本章中，我们探讨了放射生物学的基本原理，以便了解这些极为不同的方法背后的基本原理，因为它们特别适用于肺癌的治疗。我们还描述了利用多种方法来研究肺癌放射生物学，包括可选择的分割方式、同步放化疗和肿瘤乏氧修饰。最后，我们通过对可能用于预测放疗反应的潜在生物标志物的研究，着眼于个性化治疗的未来。

1 常规分割放疗的放射生物学基础

本节回顾了放射生物学的基本原理，包括X射线的作用机制、细胞存活的线性二次（linear-quadratic，LQ）模型和放射生物学的4个“R”。总之，这些基本原理有助于解释为什么放疗通常在5～6周内完成。

1.1 DNA：辐射损伤生物学效应的关键靶点

辐射的生物学效应主要是来自对细胞DNA的损伤。辐射引起的损害可以是直接的，也可以是间接的。当原子对光子的吸收释放出与DNA分子直接相互作用的电子（二次电子）时，会发生直接的DNA损伤。当二次电子与水分子反应产生自由基时，会发生间接损害。正是这种自由基的产生导致了DNA损伤。大多数医用直线加速器中使用的高能光子所产生的DNA损伤大多是间接损伤[1]。

辐射造成的DNA损伤类型包括碱基损伤（每个细胞1 Gy有＞1000个损伤）、单链断裂（1 Gy约有1000个损伤）和双链断裂（1 Gy有20～40个损伤）[1]。在这些损伤中，DNA双链断裂与细胞杀伤最相关，因为它们可导致对细胞致死的某些染色体畸变（双着丝粒、环、后期桥）。从辐射生物学的角度来看，致死性意味着肿瘤克隆原生殖完整性的丧失；也就是说，肿瘤细胞可能仍然是物理存在或完整的，并且仍然可能存在细胞分裂，但它们不再能形成细胞集落[1]。

1.2 线性二次模型

当x轴上为辐射剂量，y轴上为细胞存活的对数时，细胞存活曲线形状具有一定的特征。在低剂量时，曲线趋于直线（线性）。随着剂量增加，曲线在几戈瑞的区域内弯曲，这个区域通常被称为生存曲线的肩部。在非常高的剂量下，曲线往往会再次变直[1]。

许多生物物理模型已被提出，用以最大限度地捕获辐射剂量与细胞存活之间的关系。对所有这些模型的全面回顾超出了本章的范围，但是可以在Hall和Giaccia[1]以及Brenner等[2]的文章中找到。最常用的模型是LQ模型，它假设细胞杀伤有两个组成部分：一个与辐射剂量成正比，另一个与剂量的平方成正比[1]。该模型中的细胞存活率由公式（35.1）指数函数表示：

$$S(D)=e^{-(\alpha D+\beta D^2)} \quad (35.1)$$

其中S是一定剂量下存活的细胞的比例（D）；e是数学常数，约等于2.718 28；α和β是常数，分别代表细胞杀伤的线性和二次成分。在剂量$D=\alpha/\beta$时，细胞杀伤的线性和二次分量的贡献是相等的。

LQ模型很方便，因为它仅依赖于两个参数（α和β），并且相对容易以数学方式进行操作。然而，使用该模型也存在生物学原理。如前所述，DNA双链断裂被认为是导致细胞死亡的主要机制。单次辐射（一个电子）会导致两条相邻染色体（αD组分）断裂，从而造成致命损伤。然而，当两个单独的电子导致两条染色体断裂时，会发生累积损伤，并且这种发生率与剂量的平方成正比（βD^2）[1]。

1.3 放射生物学的4个“R”

分次放疗的基本原理可以从经典的“4R”放射生物学方面得到最好的理解：修复、重配、再氧合和再群体化[1]。

1.3.1 修复

修复主要是指正常组织从亚致死DNA损伤中恢复的能力。亚致死损伤修复是存活细胞增加的操作术语，当一次给定的辐射剂量被分成间隔一定时间的两次时所观察到的存活细胞增加的现象。亚致死损伤修复是DNA双链断裂的修复[1]。就LQ模型而言，具有更大DNA双链断裂修复能力的组织的β值更大，因此具有低的α/β比。相比之下，大多数肿瘤和急性反应组织具有低的修复能力，因此具有高的α/β比值。

1.3.2 重配

实验证明，细胞周期的放射最敏感阶段是M和G_2阶段，而放射抗性最强的阶段是晚期S阶段[1]。重配是细胞在两次辐射剂量间隔期间通过细胞周期进行的原理。未被第一次辐射杀死的细胞可能那时正处于细胞周期的放射抵抗阶段。在第一和第二次的辐射之间，这些细胞将有时间进展到M或G_2阶段，因此它们对第二次剂量的辐射更敏感。

1.3.3 再氧合

在辐射出现的数微秒内，氧气的存在对于辐射诱导的细胞杀伤至关重要。氧气作用于自由基水平，通过诱导DNA分子的永久性构象变化可有效地固定辐射损伤。

在没有氧气（氧条件）的情况下，可能需要多达3倍的辐射量来诱导与氧气存在时一样多的细胞杀伤[1]。大多数肿瘤都有缺氧区域。缺氧可以是急性或慢性的，急性缺氧是由血管的暂时闭合或阻塞引起，而慢性缺氧是由氧的有限弥散距离（70 μm）引起[1]。

20世纪60年代末，Van Putten和Kallman[3]进行了一组实验以确定小鼠模型中可移植肉瘤中乏氧细胞的比例。他们测量了未治疗肿瘤中乏氧细胞的比例为14%。然后，他们从周一至周五对肿瘤进行每天5次放疗（每次1.9 Gy）。随后的周一，乏氧率几乎相同（18%）。他们重复实验，只是从周一到周四对肿瘤进行4次放疗，每日放疗剂量仍为1.9 Gy，并且周五测得的乏氧比例再次保持在14%。

这些实验提供了一些一手证据，即在部分辐射的分次进行之间发生再氧合。如果没有发生再氧合，预计肿瘤乏氧细胞比例会在分次治疗过程结束时增加。因此，如果允许足够的时间进行再氧合，则可以克服缺氧的负面影响。

1.3.4 再群体化

如果两个剂量辐射之间的间隔超过肿瘤细胞分裂所需的细胞周期时间的长度，则辐射的分级可以导致癌细胞的存活分数增加。因此，分馏后肿瘤细胞的再增殖可能是有害的。此外，用任何细胞毒性剂（如化疗药物或放射线）治疗可以触发存活的肿瘤细胞比其在正常细胞周期的时间内更快地分裂或减少损失的细胞数量，这种现象被称为加速再增殖[4]。高水平的证据支持人类肿瘤中的这种现象，包括肺部肿瘤以及头颈部和子宫颈的鳞状细胞癌。由于存在这种现象，建议应不间断地完成放疗过程。

1.4 总结

现在可以根据放射生物学的4个“R”来理解常规分割放射疗法的使用。分割放疗的优点包括肿瘤细胞的再氧合以克服缺氧，将肿瘤细胞重新分配到细胞周期的更敏感阶段，以及修复正常组织中的亚致死损伤以帮助降低放疗毒性。分次放疗过程的主要缺点是可能发生肿瘤细胞的再增殖，特别是因治疗过程延长导致完成放疗过程所需的时间超过预期。

1.5 生物有效剂量

生物有效剂量（biologically effective dose，BED）是单剂量值，可用于比较不同分割方案的有效性。该数量来自LQ模型[1]。对于单次放疗剂量为D，共n次放疗的治疗方案，公式（35.1）可以改写为公式（35.2）：

$S=e^{-(\alpha D+\beta D^2)}$或

$$\text{as}\frac{1nS}{a}=nD\begin{pmatrix} D \\ 1+\alpha \\ \beta \end{pmatrix} \quad (35.2)$$

$1nS$的量被称为生物有效剂量。当计算对辐射损伤发生急性反应的大多数肿瘤和组织的生物有效剂量时，α/β比通常设定为10 Gy。这些肿瘤和组织的修复能力较低，因此α决定着α/β的比值。晚反应组织（如脊髓）在辐射分次之间具有更大的修复能力，因此β值决定α/β的比值。计算晚反应组织的生物有效剂量时，α/β通常取3 Gy。

举例说明，用于治疗NSCLC的常规分割放疗方案是总剂量为60 Gy，共30次，每次2 Gy。假设肿瘤的$\alpha/\beta=10$，晚反应组织的$\alpha/\beta=3$，则该计划的生物有效剂量见公式（35.3）、公式（35.4）：

$$BED_{肿瘤}=（30次）（2\ Gy/次）$$
$$1+\frac{2\ Gy}{10\ Gy}=72\ Gy \quad (35.3)$$
$$BED_{晚反应组织}=（30次）（2\ Gy/次）$$
$$1+\frac{2\ Gy}{3\ Gy}=100\ Gy \quad (35.4)$$

或者，现在用于治疗身体状态不佳或不能进行同步放化疗患者放疗方案的总剂量为60 Gy，共15次，单次剂量为4 Gy。再次假设肿瘤的$\alpha/\beta=10$，晚反应组织的$\alpha/\beta=3$，这种方法的生物学有效剂量是见公式（35.5）、公式（35.6）：

$$BED_{肿瘤}=（15次）（4\ Gy/次）$$
$$1+\frac{4\ Gy}{10\ Gy}=72\ Gy \quad (35.5)$$
$$BED_{晚反应组织}=（15次）（4\ Gy/次）$$
$$1+\frac{4\ Gy}{3\ Gy}=100\ Gy \quad (35.6)$$

尽管在两种情况下（60 Gy）总剂量相同，但是单次4 Gy共15次的治疗方案比单次2 Gy共30次的治疗方案具有更高的肿瘤有效剂量，但是在共15次的治疗计划中，晚反应组织的风险较高，如脊髓处于高剂量区内。因此，生物有效剂量是放射肿瘤学家在从标准2 Gy/d改变到其他分割方式时经常使用的有效工具。然而，这个简单的概念没有考虑影响生物有效剂量的其他因素，如再增殖、重配和再氧合。此外，正如将要讨论的那样，LQ模型是否能用于估计每分次更大剂量的放疗生物有效剂量还在争论中[5]。

2 其他的分割方式和剂量递增

1980年肿瘤放射治疗组RTOG对无法切除的Ⅲ期肺癌患者进行了一项前瞻性随机研究，旨在研究各种放射剂量和分次方案[6]。这些患者中的大多数用2 Gy/d的常规分割（conventional fractionation，CF）治疗至40 Gy、50 Gy或60 Gy的剂量。一组患者以分裂放疗过程的方式接受40 Gy照射（先照射20 Gy，4 Gy/d，超过5天；休息2周；再照射20 Gy，4 Gy/d，超过5天）。该试验表明，与接受40 Gy治疗的患者相比，接受50 Gy或60 Gy治疗的患者在局部控制方面有一个小的获益，尽管这种获益在2年的随访后不再存在。尽管如此，这项试验确定给予60 Gy且6周以上作为Ⅲ期NSCLC的最佳放疗剂量。

从那时起，研究了许多方法以努力改善局部晚期或早期不可切除肺癌患者的生存。其他的分割方式可在不加重放疗反应的前提下用于改善预后。

2.1 肺癌的超分割放疗

超分割是指一种有更多的放疗次数但同时更小的单次剂量（如<1.8～2.0 Gy）的一种放疗分割方式，在与常规分割放疗相同的总治疗时间内有更高的总剂量[1]。超分割最常通过每天进行2～3次放疗来实施，而不是每天进行一次的常规分割放疗。最后提供的总剂量往往高于按常规计划给予的总剂量。超分割计划的总体目标是实现剂量的增加和强化，同时尽量减少放疗的晚反应。

2.2 超分割的临床应用

超分割在治疗NSCLC中的作用已被广泛研究。第一个研究这个问题的合作小组试验是RTOG 81-08[7]。在该剂量探索和毒性反应试验中，所有患者每天接受2次放疗（2次放疗间隔4～6小时），单次剂量为1.2 Gy，总剂量分别为50.4 Gy、60 Gy、69.6 Gy或74.4 Gy。没有发生与治疗相关的死亡，仅有6名患者（<9%）出现严重毒性反应（肺炎、食管炎或肺纤维化）。在长期随访中，接受总剂量69.6 Gy患者的5年总生存率为8.3%，而在RTOG 78-11/79-17中接受60 Gy常规分割放疗患者的生存率为5.6%，前者的生存率高于后者[8]。

在RTOG 83-11中，848名患者被随机分配到5组中的一组：60.0 Gy、64.8 Gy、69.6 Gy、74.4 Gy或79.2 Gy[9]。所有组的分次方案为1.2 Gy，每天2次，间隔4～8小时。所有治疗组的放疗急性反应或晚反应均无显著差异。此外，总生存率没有显著差异（60 Gy，9.2个月；64.8 Gy，6.3个月；69.6 Gy，10.0个月；74.4 Gy，8.7个月；79.2 Gy，10.5个月）。在对癌症和白血病B组标准（KPS评分为70～100和体重减轻<6%）具有良好身体状态的患者进行亚组分析后，发现总剂量最低的3组患者的中位总生存均有显著的剂量反应，中位生存时间最长的是69.6 Gy组，其中60 Gy组为10个月，64.8 Gy为7.8个月，69.6 Gy为13个月（$P=0.02$）。在该试验中，当剂量递增超过69.6 Gy时，中位总生存时间没有显著改善。

RTOG和东部肿瘤协作组（Eastern Cooperative Oncology Group，ECOG）进行了一项组间试验，在该试验中他们对NSCLC的超分割放疗和常规分割放疗进行了直接比较。在RTOG 88-08/ECOG 4588[10]中，患者被随机分配到3组中：常规分割总剂量为60 Gy（每天2 Gy）、超分割总剂量为69.6 Gy（每次1.2 Gy，每天2次）或诱导化疗后进行常规分割放疗至60 Gy。在该试验中发现诱导化疗优于其他两组的治疗。在直接比较接受超分割放疗的患者和接受常规分割放疗（未接受化疗）的患者后，发现两组的中位总生存时间没有显著差异（12.3个月 vs. 11.4个月）。

Fu等[11]还进行了一项Ⅲ期试验，比较了NSCLC的常规分割放疗和超分割放疗。在该试验中，患者被随机分配接受（63.9±1.1）Gy的常规分割放疗组（每天1.8～2.0 Gy）或（69.6±2.1）Gy超分割组（每次1.2 Gy，每天2次）。两组之间的毒性和总生存率没有显著差异。在对仅有Ⅰ～ⅢA期患者的亚组分析中，发现超分割组的2年总生存率和局部控制明显高于常规分割组（32% vs. 6%和28% vs. 13%，$P<0.05$）。

2.3 总结

虽然超分割放疗有很强的放射生物学比率，但在随机设置中，适度的剂量增加（超过60 Gy）并没有带来令人信服的生存优势。但是，这些试验是在计算机断层扫描和三维立体规划还没有被广泛应用时进行的，从而导致大的放疗领域常包括选择性节点辐射。此外，由于缺乏正电子发射断层扫描，分期的准确性受到限制。基于现今可用的技术和RTOG 06-17出乎意料的初步结果（待讨论），放射肿瘤学家现在可以充分利用超分割和其他替代分割方案的放射生物学优势。

2.4 肺癌的加速分割计划

加速分割放疗的定义是在较短的总治疗时间内，通过每天照射2次或多次的方式，给予与常规分割相同的总剂量[1]。使用加速分割的基本原理是克服分次放疗期间克隆性肿瘤细胞的再增殖，从而导致在给定的总剂量下增加局部控制。实际上，由于放疗急性反应的限制，因此不可能进行纯加速分割（如在3周内给予60 Gy，单次剂量为2 Gy）。因此，加速分割计划在临床中必须减小单次剂量引入预定的休息期（分段疗程）或减少总剂量。大多数加速分割计划包含每天多次给定的较小单次剂量的照射，因此是加速分割和超分割的混合治疗。

2.5　加速分割的临床应用

英国医学研究委员会对Ⅰ～Ⅲ期或不可切除的肺癌患者进行了常规分割和加速分次方案的比较[12]。在这些患者中，37%患者属于Ⅰ期或Ⅱ期，82%患者是鳞状细胞癌。在该试验中，加速分次方案由连续超分割加速放疗（continuous hyperfractionated accelerated radiotherapy，CHART）组成。连续超分割加速放疗总剂量为54 Gy，每天放疗3次（分次放疗间隔为6小时），每次1.5 Gy，连续放疗12天（包括周末）。常规分割组患者的放疗总剂量为60 Gy，共30次，6周完成。尽管总剂量较低，但连续超分割加速放疗组患者的死亡风险明显降低，风险比为0.76，相当于2年总生存率增加9%（29% vs. 20%，$P=0.004$）[12]。该组患者病变局部进展的风险也降低，风险比为0.77。如随后的试验报告所示，随着更长时间的随访，总生存率和疾病进展的结果也较好[13]。正如预期的那样，连续超分割加速放疗组的急性反应更严重，严重的吞咽困难发生率为19%，而常规分割组为3%。两组之间的晚反应概率没有差异。

最近，ECOG 2597对Ⅲ期肺癌患者诱导化疗（卡铂和紫杉醇，两个周期）后进行常规分割放疗和加速分割放疗的比较[14]。常规分割放疗组患者的总剂量为64 Gy（每日2 Gy）。加速分割组患者接受超分割加速放疗（hyperfractionated accelerated radiotherapy，HART），总剂量为57.6 Gy，每日3次，分别为1.5 Gy（第1次）、1.8 Gy（第2次）和1.5 Gy（第3次），共放疗12天。由于效果不好，该试验提前终止。超分割加速放疗组的中位总生存时间在数值上优于常规组（20.3个月 vs. 14.9个月），但这种差异不是很显著。总体而言，急性3级或更高的毒性反应在两组之间没有差异，尽管超分割加速放疗组的食管炎发生率往往更高（25% vs. 18%）。这项研究的结果具有启发性，但诱导化疗随后进行放疗不再是这组患者的标准治疗方法。

在一项名为周末休息的连续加速超分割放疗（CHART weekend less，CHARTWEL）的类似研究中，研究人员比较了在6.5周内进行33次总剂量为66 Gy的常规分割放疗和2.5周内进行每天3次每次1.5 Gy总剂量为60 Gy的连续加速超分割放疗[15]。两组在总生存和局部控制上没有差别，但是连续加速超分割放疗组患者的急性反应增加。然而，在晚期癌症患者亚组和接受新辅助化疗的患者中，接受连续加速超分割放疗的患者具有显著的局部控制优势。

2.6　适当的大分割放疗计划

超分割放疗和连续加速超分割放疗方案带来的问题之一是由于每天多次就诊对患者和放射治疗科造成不便。另一种缩短放疗持续时间的方法是在保持每日一次治疗的同时，增加每日分割的剂量（如>3 Gy/d），但这仍可导致剂量增强。这种策略对于推荐同步放化疗的情况很有吸引力，但患者不适合联合治疗。尽管纵隔（心脏、食管）中的结构可能对较大分割的辐射更敏感，但是目前放疗计划和放疗方式的进步使得能够更准确地定位肿瘤体积，同时又可减少正常组织的受照剂量。

2013年，Osti等[16]对不适合进行化疗无法切除的Ⅲ期或寡转移的Ⅳ期NSCLC患者进行了前瞻性Ⅱ期研究。处方剂量为60 Gy，20次（3 Gy/次）。靶区包括肿瘤区（肿瘤和受侵犯淋巴结）（临床靶区外扩4～5 mm，计划靶区外扩5 mm）和每天进行锥形束计算机断层扫描的日常图像引导放疗。该研究共招募了30名患者。该方案的3级毒性反应较低，2年总生存率为38%。

得克萨斯大学西南分校和斯坦福大学在Ⅱ～Ⅳ期（寡转移）或复发性NSCLC患者中进行了Ⅰ期剂量递增研究，其中患者不适合手术，同步化疗或立体定向放疗[17]。最大耐受剂量定义为超过1/3的患者在放疗后90天内出现3级毒性反应的剂量。所有患者均接受15次不同剂量水平的放疗：50 Gy（3.33 Gy/次）、55 Gy（3.67 Gy/次）或60 Gy（4 Gy/次）。这项研究还需要每日图像扫描引导的小幅放疗。该研究共招募了55名患者：50 Gy（$n=15$）、55 Gy（$n=21$）和60 Gy

（n=19）。虽然有3例死亡（55 Gy组中有1例，60 Gy组中有2例），但未达到最大耐受剂量。目前正在一项随机试验中对60 Gy和15次的放疗与60 Gy和30次的放疗进行比较，后组患者表现不佳（NCT01459497）。

2.7　总结

总体而言，用加速分割方案治疗肺癌似乎很有希望。尽管连续超分割加速放疗数据似乎能与加速分割方案的预期放射生物学结果很好地对应，早期（Ⅰ～Ⅱ期）癌症患者占很大比例，同时鳞状细胞癌患者占很高比例，这使得很难将研究结果推断为目前局部晚期NSCLC患者，其中鳞状细胞癌患者的比例正在下降。此外，作为RTOG 9410等试验的结果[18]，目前对局部晚期肺癌患者的标准治疗是同步放化疗。对于不适合化疗的患者，适当的大分割方案可能是合理的。

对来自10个试验中2000名患者的个体数据进行Meta分析后显示，对于非转移性NSCLC患者，改良分割（即超分割或加速分割）的总生存率显著提高（P=0.009）。对于SCLC患者，发现了改善总生存率的积极趋势。正如预期的那样，剂量强化导致急性食管反应的发生率更高[19]。

3　立体定向消融放疗

立体定向消融放疗（SABR），又称为立体定向放疗，通过提高单次放疗剂量，给予1～5次的放疗来实现极端加速。这种放疗长期以来被用于治疗大脑的恶性（和良性）病变（立体定向放射外科）。20世纪90年代，研究人员开始将立体定向放射外科的原理应用于大脑外的肿瘤部位，如肺、肝和脊柱。立体定向放疗已成为临床上无法接受手术治疗的Ⅰ期肺癌患者的治疗方法。

3.1　立体定向放疗的放射生物学

3.1.1　线性二次模型

如果将LQ模型应用于肺立体定向放疗中使用的分割方案，我们可以看到立体定向放疗向肿瘤提供了一个大的生物有效剂量（方程中的生物有效剂量）。例如，最常用的一个方案是总剂量为60 Gy，单次放疗剂量为20 G，共行3次放疗。假设α/β=10，该方案的BED_{10}是BED_{10}=60 Gy（1+20/10）=180 Gy。当使用单次剂量为2 Gy的常规分割来达到相同的生物有效剂量时，需要总放疗剂量为150 Gy，共行75次放疗。如果每天放疗1次，则完成治疗过程需要超过15周，并且由于再群体化会减弱放疗效果。简而言之，有学者可能会争辩说，立体定向放疗的成功主要是由于在短时间内给肿瘤非常高剂量的辐射。相反，当使用单次大剂量时缺氧相关的放射抗性可能导致治疗效果的丧失[20]。

3.1.2　通用生存曲线

LQ模型是否适用于立体定向放疗中使用的单次高剂量是一个争论的主题。一些研究者认为，由于LQ模型随剂量增加而不断向下弯曲，因此该模型实际上高估了在立体定向放疗剂量范围内克隆细胞的杀伤。这就导致了细胞存活率分段函数的提出，称为通用生存曲线[21]。该函数结合了适用于单次小剂量的LQ模型和另一种适用于单次大剂量的模型，称为多目标模型[22]。这些研究者发现，当单次放疗剂量超过15 Gy时，使用通用生存曲线而不是LQ模型来计算NSCLC细胞系（H460）更符合它的生存曲线，特别是当单次放疗剂量增加到10 Gy以上时[21]。

3.2　立体定向放疗的影响：细胞杀伤的新机制?

如前所述，经典放射生物学的原理可以从DNA双链断裂损伤和放射生物学的4个“R”来理解。然而，这种理解在很大程度上是由使用常规分割放疗（单次剂量为1.8～2 Gy）的实验驱动的。尽管发现LQ模型可能高估了体外细胞杀伤作用（因为βD^2成分预测随着剂量的增加，曲线会不断地弯曲，但实验模型与这些高剂量的线性曲线更一致），临床研究表明LQ模型实际上可能低估了立体定向放射外科和立体定向放疗对肿瘤的控制[23]。因此，一些研究小组猜测DNA双链断裂以外的其他机制可能是立体定向放疗效应增强的原因。

一种假设是血管内皮是立体定向放疗中高剂

量辐射的独特靶点。更具体地说，假设是单次大剂量照射（＞8～10 Gy）激活酸性鞘磷脂酶通路，最终导致神经酰胺的产生，从而刺激内皮细胞凋亡[24-25]。另一个假设是至少10 Gy的立体定向放疗剂量诱导严重的血管损伤，破坏肿瘤内微环境，从而间接导致肿瘤细胞死亡[26]。立体定向放疗效应增加的另一个潜在机制是辐射产生大量肿瘤抗原，这可能加强免疫反应，导致肿瘤细胞进一步死亡[27]。

尽管以上提出的机制很有趣，并且很可能有助于解释立体定向放疗优异的临床效果，但一些专家认为立体定向放疗产生好的临床效果是因为肿瘤有较大的生物有效剂量。一组研究人员汇总了近2700例无法进行手术治疗的Ⅰ期NSCLC患者的数据，这些患者接受了三维适形放疗或进行单次或多次的立体定向放疗[5]。使用LQ模型和通用生存曲线，他们计算了每名患者的生物有效剂量。然后他们将肿瘤控制概率绘制为BED的函数，结果是一致的，因为无论患者接受哪种治疗，肿瘤控制率随着生物有效剂量的增加而增加。至少对于Ⅰ期NSCLC的患者来说，该分析结果表明这些不同的生物学机制不一定是立体定向放疗具有好的临床效果的原因。但是，该分析并未排除这些替代或补充机制的存在。

4 改变放疗反应

4.1 化疗

从概念上讲，研究已经探索了化疗联合放疗以提高治疗率。化疗可以以多种方式与放疗进行联合[28]。在诱导治疗中，在局部治疗（放疗或手术）前给予化疗，用以减少局部肿瘤负荷并预先解决肿瘤微转移的问题。这可能是有利的，因为减小的肿瘤体积将导致较小的放疗体积，可以减少急性反应和晚反应。然而，诱导化疗后进行放疗却延长患者的整体治疗时间。从放射生物学的角度来看，延长的治疗时间可以加速原发肿瘤的再增殖，从而导致较差的效果。

另一种方法是同时进行化疗，即在放疗过程中进行化疗。这种方法不会延长总体治疗时间，因为局部治疗和全身治疗是一起进行的。它的缺点是经常会导致较重的局部和全身急性反应（骨髓抑制）。

4.2 临床应用：同步化疗中放疗剂量的递增

放疗的局部肿瘤控制的剂量-反应曲线呈S形[1]：随着辐射剂量的增加，肿瘤控制的可能性也增加。同样，随着辐射剂量的增加，毒性反应也会增加。前面提到的超分割放疗的研究包括适度的剂量递增，大多数没有进行同步化疗。自20世纪90年代中期以来，已经清楚的是，同步放化疗优于两者其他形式的组合。值得注意的是，主要是由于肿瘤更高的局部控制率，而非更低的远处转移率[29]。尽管如此，即使同步放化疗中放疗的总剂量为60～66 Gy，患者的长期生存率仍然很低。此后，研究一直在努力将逐步增加的辐射剂量与同时进行的化疗安全地结合起来，作为改善患者预后的一种方法。

21世纪初期，一些研究小组开展了肺癌患者放射剂量递增的前瞻性试验。在这些试验中，发现74～78 Gy的剂量是安全的[30-32]。因此，RTOG在方案06-17中进行了Ⅲ期随机试验[53a]。本研究采用2×2因子设计，患者随机分为60 Gy或74 Gy放疗，使用或不使用西妥昔单抗。所有患者均接受卡铂和紫杉醇同时化疗。

60 Gy或74 Gy试验的初步结果最初是在2011年美国放射肿瘤学会会议上公布的，在中期分析结束后不久，这项60 Gy对74 Gy的随机试验就终止了，并在2015年发布结果[33]。与74 Gy组相比，60 Gy组的中位总生存时间较长（28.7个月 vs. 20.3个月，P＝0.0007）。评估放疗计划时要求正常组织没有超过规定的剂量，以及至少90%的计划靶区接受超过95%的处方剂量（另一种质量指标），60 Gy组的生存率依然显著优于74 Gy组。在74 Gy组中3级或更高的食管炎发生率明显较高。对心脏的辐射剂量（V5Gy）与死亡率增加有关，关于这一发现的进一步分析尚未完成。74 Gy组的局部控制失败率更高，尽管这一结果没有统计学意义（2年局部控制失败率为39% vs. 30%，P＝0.19）。

RTOG 06-17的临床结果与我们目前对基础放射生物学的理解相冲突。作为该试验的结果，不推荐剂量递增至74 Gy，并且同步化疗中的标准放射剂量仍为60～66 Gy[53a]。

4.3 解决肿瘤缺氧问题

如前所述，肿瘤缺氧可能会降低放疗的效果。术中对早期NSCLC手术切除的患者肿瘤氧分压（pO_2）的测量表明，这些肿瘤存在一定程度的缺氧，且与缺氧诱导的碳酸酐酶IX（*CAIX*）等基因的高表达有关[34]。此外，肿瘤缺氧和骨桥蛋白表达的升高与这些患者预后较差相关。因此，研究人员对NSCLC放疗的乏氧问题很感兴趣。已经研究了两类药物来帮助克服肿瘤缺氧的不利影响：乏氧细胞放射增敏剂和缺氧细胞毒素。

4.3.1 乏氧细胞放射增敏剂

20世纪60年代，研究人员开始寻找模拟氧气的化合物，这种化合物可以通过深入扩散到肿瘤血管分布不良的部位来克服慢性缺氧。这些努力导致了一类被称为唑类药物的开发，这些药物已经在临床上进行了广泛的研究。早期Meta分析的结果表明，头颈癌的患者使用这些药物（和其他乏氧修饰剂）获益最大，而肺癌患者获益最小[35-36]。

研究人员对唑类再次感兴趣是因为它可以和单次的立体定向放疗联合使用[37]。从经典放射生物学的角度来看，单次分割立体定向放疗的一个潜在缺点是这种治疗没有利用肿瘤的再氧合。多次的立体定向放疗方案可以与乏氧放射增敏剂组合将其转化为单次治疗方案。需要对NSCLC患者进行临床试验才能完全解决这个问题。

4.3.2 缺氧细胞毒素

乏氧肿瘤细胞放射增敏的一种替代方案是开发选择性靶向缺氧细胞的化合物。一种常见的缺氧细胞毒素是丝裂霉素C，它是治疗肛管鳞状细胞癌化疗方案的组成部分。该药物也被用作NSCLC化疗方案的一部分，但它已不再被广泛用于该适应证。在一些试验中，另一种缺氧细胞毒素替拉扎明已经在局部晚期NSCLC和局限期SCLC患者中进行了前瞻性研究[38-40]，结果好坏参半。在两项前瞻性非随机试验中，替拉扎明被加入同步放化疗来治疗SCLC，研究结果令人满意[38-39]。然而，在标准放化疗中加入替拉扎明并未改善NSCLC患者的生存率，却增加了毒性反应[40]。因此，通过添加替拉扎明或其他缺氧细胞毒素来改变缺氧状态不是肺癌患者常规的治疗方法。

4.4 未来发展方向

美国国家癌症研究所已经认识到，为了继续提高放疗的治疗指数，放射肿瘤学中发生的技术创新必须辅以生物学创新，如新的放射增敏剂[41]。国家癌症研究所建议采取一系列措施促进联合放疗与靶向药物的快速发展。然而，需要适当的临床前模型来测试放疗与靶向治疗相结合的益处，尤其是针对肿瘤微环境或肿瘤缺氧的药物。一项研究表明，低氧成像和低氧细胞标志物（哌莫硝唑）摄取所反映的肿瘤氧合水平高度依赖移植瘤的位置，在肺部生长的肿瘤比皮下生长的相同肿瘤的缺氧少得多。此外，低氧成像水平与肿瘤对缺氧细胞毒素的反应有很好的相关性[42]。这些研究结果表明，临床前模型的明智选择可以改善临床前研究和临床实践之间的联系。

5 预测放疗反应的生物标志物

在我们向个体化医疗保健迈进时，肿瘤学家对寻找能够帮助患者制订个人治疗方案的生物标志物非常感兴趣。随着NSCLC中越来越多的基因突变被发现，医学肿瘤学家现在能够选出对这些突变的靶向治疗具有更高应答的患者。例如，已知有*EGFR*活化突变的NSCLC患者对酪氨酸激酶抑制剂（如吉非替尼和厄洛替尼）具有更好的反应[43]。尽管人们普遍认为SCLC比NSCLC具有更强的放射敏感性，但这种差异的潜在分子机制仍然未知。在NSCLC患者中，对放射的反应在体外和临床环境中变化很大[44]。放疗反应的传统预测生物标志物包括肿瘤缺氧、肿瘤再增殖和固有的放射敏感性[45]。然而，在临床中测量这些参数十分困难和烦琐。

ERCC1蛋白是一种参与DNA切除修复的蛋白，其表达已成为预测放疗反应的潜在生物标志物。在对两种不同肺癌细胞系的研究中，发现ERCC1在放疗抵抗的细胞系中表达增加[46]。在一项对所有接受新辅助同步放化疗的纵隔淋巴结受累NSCLC患者的回顾性分析中，发现肿瘤中ERCC1表达的增加（免疫组织化学证实）是总的生存期较差的预测指标。然而，ERCC1表达不能预测临床或病理反应[47]。新出现的数据表明，没有可靠的免疫组织化学方法来特异性检测独特的功能性ERCC1亚型。对16种市售ERCC1抗体识别的表位进行了标绘，并对其识别不同ERCC1的能力进行了研究[48]。但这些抗体中没有一种能够区分4种ERCC1蛋白亚型并检测出任意一种对核苷酸切除修复至关重要的亚型。在开发出更好的工具之前，ERCC1作为预测患者放疗反应的生物标志物的作用尚不清楚。

类似地，已发现*EGFR*的酪氨酸激酶结构域中的突变表达与体外放疗敏感性增强相关[49]。在一项回顾性分析中，*EGFR*突变的NSCLC患者对化放疗的反应优于*EGFR*-野生型肿瘤患者[50]。此外，临床前工作表明，野生型*EGFR*肿瘤经厄洛替尼联合放疗后，肿瘤放疗敏感性增强[51]。尽管临床前期数据很有希望，但仍缺乏用于检查胸部放疗和*EGFR*抑制剂组合的Ⅲ期临床试验的结果。

目前已经进行了几项临床前研究，这些研究的目的是寻找与NSCLC和其他人类癌细胞系放射反应相关的基因表达特征[52-54]。其中一个特征已经在直肠癌、食管癌、头颈部肿瘤和乳腺癌中得到验证[54-56]。然而，这种特征尚未在肺癌中进行评估。目前尚缺乏一种可靠、简单的肺癌放疗反应基因表达标记板。

新一代测序的引入增加了我们对肺癌突变模式的了解[57]。循环肿瘤DNA携带肿瘤特异性序列的改变可在血浆或血清中被发现，这可能是追踪治疗过程中肿瘤反应的一种新方法。测序技术的进步使得能够快速鉴定个体肿瘤中的体细胞基因组改变，并且这些改变可用于设计个体化测定以监测循环肿瘤DNA。在对转移性乳腺癌患者的研究中，循环肿瘤DNA水平显示与肿瘤负荷变化的相关性高于癌抗原15-3或循环肿瘤细胞。该研究还为超过50%的受试患者提供了最早测量治疗反应的方法[58]。我们设想了一种用于预测放疗效应的未来生物标志物，其涉及一组特定的单核苷酸变异、缺失和插入，直接源自患者自身的肿瘤DNA并在循环DNA中被鉴定。该小组将在放疗过程中进行量化和监测，该信息将有助于放射肿瘤学家确定根除这种肿瘤所需的剂量。对于所有NSCLC患者来说，不再是一种适用于所有患者的60 Gy剂量，一些患者需要较低的剂量来治疗对放疗高度敏感的肿瘤，而对于不太敏感的肿瘤则需要更高的剂量。

6 结论

放疗仍然是治疗肺癌的一种重要方式。利用放射生物学的基本原理，开发了新的放疗方法，包括替代分割方案、同步放化疗和立体定向放疗，这些方法在临床中具有重要作用。因此，放射生物学家和临床医生之间的合作可以解决一些悬而未决的问题，最终将这些问题转化为对患者治疗有意义的应用，如立体定向放疗中是否有真正新的细胞死亡机制？LQ模型用于立体定向放疗中的剂量是否有效？治疗局部晚期肺癌的最佳放疗剂量是多少？我们如何才能最好地将现有和新兴的靶向药物和免疫治疗药物与放疗结合起来？回答这类问题的最终目的是改善肺癌患者的预后。

（刘 培 张文学 译）

主要参考文献

1. Hall EJ, Giaccia AJ. *Radiobiology for the Radiologist*. 7th ed. Philadelphia, PA: Wolters Kluwer Health/Lippincott Williams & Wilkins; 2012.
2. Brenner DJ, Hlatky LR, Hahnfeldt PJ, Huang Y, Sachs RK. The linear-quadratic model and most other common radiobiological models result in similar predictions of time-dose relationships. *Radiat Res*. 1998;150(1):83–91.
5. Brown JM, Brenner DJ, Carlson DJ. Dose escalation, not "new biology," can account for the efficacy of stereotactic body radiation therapy with non-small cell lung cancer. *Int J Radiat Oncol Biol Phys*. 2013;85(5):1159–1160.
6. Perez CA, Stanley K, Rubin P, et al. A prospective randomized study of various irradiation doses and fractionation schedules in the treatment of inoperable non-oat-cell carcinoma of the lung. Preliminary report by the Radiation Therapy Oncology Group. *Cancer*. 1980;45(11):2744–2753.
17. Westover KD, Loo Jr BW, Gerber DE, et al. Precision hypofractionated radiation therapy in poor performing patients with non-small cell lung cancer: phase 1 dose escalation trial. *Int J Radiat Oncol Biol Phys*. 2015;93(1):72–81.
18. Curran Jr WJ, Paulus R, Langer CJ, et al. Sequential vs. concurrent chemoradiation for stage Ⅲ non-small cell lung cancer: randomized phase Ⅲ trial RTOG 9410. *J Natl Cancer Inst*. 2011;103(19):1452–1460.
21. Park C, Papiez L, Zhang S, Story M, Timmerman RD. Universal survival curve and single fraction equivalent dose: useful tools in understanding potency of ablative radiotherapy.

Int J Radiat Oncol Biol Phys. 2008;70(3):847–852.
24. Fuks Z, Kolesnick R. Engaging the vascular component of the tumor response. *Cancer Cell*. 2005;8(2):89–91.
26. Park HJ, Griffin RJ, Hui S, Levitt SH, Song CW. Radiation-induced vascular damage in tumors: implications of vascular damage in ablative hypofractionated radiotherapy (SBRT and SRS). *Radiat Res*. 2012;177(3):311–327.
28. Bentzen SM, Harari PM, Bernier J. Exploitable mechanisms for combining drugs with radiation: concepts, achievements and future directions. *Nat Clin Pract Oncol*. 2007;4(3):172–180.
33. Bradley JD, Paulus R, Komaki R, et al. Standard-dose versus high-dose conformal radiotherapy with concurrent and consolidation carboplatin plus paclitaxel with or without cetuximab for patients with stage ⅢA or ⅢB non-small-cell lung cancer (RTOG 0617): a randomised, two-by-two factorial phase 3 study. *Lancet Oncol*. 2015;16(2):187–199.
43. Lynch TJ, Bell DW, Sordella R, et al. Activating mutations in the epidermal growth factor receptor underlying responsiveness of non-small-cell lung cancer to gefitinib. *N Engl J Med*. 2004;350(21):2129–2139.
57. Cancer Genome Atlas Research Network. Comprehensive genomic characterization of squamous cell lung cancers. *Nature*. 2012;489(7417):519–525.

获取完整的参考文献列表请扫描二维码。

第36章 放射治疗的患者选择

Dirk De Ruysscher, Michael Mac Manus, Feng-Ming (Spring) Kong

要点总结

- 患者的选择对于确定治疗方案和实现最佳治疗效果至关重要。
- 患者的身体状态，如Karnofsky评分或ECOG评分，是最重要的预后参数。
- 同步放化疗的益处仅在ECOG评分为0～1的患者中得到证实。
- 身体状态不好的患者（ECOG评分为3或甚至为4）虽有严重的局部症状，如疼痛、气道阻塞或上腔静脉综合征，仍可从姑息性放疗中获益。
- 由肿瘤或慢性肺病导致的肺功能差并不是高剂量放疗的禁忌证。
- 合并症显著损害肺癌患者的长期存活率，但不一定是大剂量放疗的禁忌证。如广泛性肺气肿患者在立体定向放疗后显示出较少的肺损伤。
- 间质性肺病和自身免疫性疾病如系统性红斑狼疮和硬皮病与正常组织的内在放射敏感性增强有关，因此放疗导致的严重毒性反应风险更高。
- 老年人和（或）体弱患者发生严重不良反应的风险较高，但不一定需要姑息治疗。
- 即使是完全分期为Ⅲ期非小细胞肺癌的老年患者，单纯放疗的5年生存率也始终保持在15%～20%。
- 放疗期间继续吸烟可降低局部肿瘤控制和生存率，因此戒烟必不可少。
- 应确保摄入足够的热量和蛋白质。
- 应鼓励体育活动，它同时还可以减轻身体疲劳。

在肺癌的治疗中，患者的选择至关重要，因为它关系着每名患者都能得到最佳的治疗。但是，为了实现这一目标，应确定可重复和可量化的临床相关参数。一个高度准确的预测模型（或者更好的预测模型）应该是最终目标，该模型应是经过基于外部数据集或理想的随机研究的验证[1]。但是，目前还未获得这种模型。国际工作组未能确定用于选择根治性放疗患者的高质量数据[2]。然而，关于这些标准的认识正在增加，并且需要应用在日常实践中。在本章中，我们将讨论最相关的患者和肿瘤相关因素，它们可能会影响潜在对放疗有效的患者选择。

1 与患者有关的因素

患者相关因素通常与总体生存率、生活质量和对放疗的反应相关。当决定要做高剂量放疗时，应考虑这些因素：包括但不限于年龄、性别、种族、体能状态、体重减轻、肺功能基线、合并症和吸烟情况。

1.1 体能状态

体能状态是衡量一般健康状况和日常生活活动的指标，是与癌症患者预后相关的最重要因素之一。有多种不同的系统用于评估体能状态。最常用的衡量指标是Karnofsky评分和Zubrod评分（也称为世界卫生组织或ECOG评分）[3]。Karnofsky评分以David A. Karnofsky命名，范围从100到0，100表示“完美”健康，0表示死亡。Zubrod评分以C. Gordon Zubrod命名，范围从0到5，0表示“完美”健康，5表示死亡。Zubrod量表和Karnofsky量表之间的转换在肺癌患者的大样本中得到了验证[4]。Zubrod评分为0或1对应于Karnofsky评分为80～100，Zubrod评分为2对应于Karnofsky评分为60～70，Zubrod评分为3或4对应于Karnofsky评分为10～50。

一般而言，体能状态差不是放疗的禁忌证。然而，对于体能状态差的患者，放疗的价值可能有限，因为这些患者的存活时间通常较短[5]。

放疗在生存时间方面的益处应在治疗的毒性风险和完成最终治疗所需的时间之间进行权衡。与化疗相似，放疗可能为那些体能状态差但被挑选出来的患者提供显著的益处[6-7]。因此，建议对这一人群进行放疗[8]。放疗方案及其与其他治疗的组合应针对每名患者进行个体化制订，以达到最大的治疗效果[8]。同时，姑息性放疗通常可用于改善体能状态差的患者的生活质量，因此，应推荐用于肿瘤引起临床症状或综合征的晚期疾病患者。例如，由于上腔静脉综合征、阻塞性肺病或胸痛导致ECOG评分为3或4的患者，在短期姑息性放疗后可以显著改善生活质量。因此，放疗的患者选择应该在平衡考虑这种治疗的潜在益处和潜在不良反应的基础上进行个体化选择。

1.2 肺功能

由于存在肿瘤或慢性肺疾病，肺癌患者通常表现出较差的肺功能基线。虽然很明显由局部肿瘤引起的肺功能差的患者可以从放疗中获益，但由于非癌症原因导致的肺功能受损通常会使高剂量的放疗受到挑战。传统上，对于肺功能差的患者，根治性放疗是禁忌。例如，一些美国肿瘤放射治疗协作组（RTOG）研究（如RTOG 9311）已经排除了在第1秒内用力呼气量（forced expiratory volume in 1 second，FEV_1）低于0.85 L或0.75 L的患者进行高剂量放疗。其他研究如RTOG 0617和RTOG 1106，仅允许FEV_1为1.3L或更高的患者进行此类治疗。然而，在常规分次三维适形放疗或大分割立体定向消融放疗（SABR）后，肺功能基线并未一直被证明是放疗相关的肺毒性反应的危险因素。此外，现代适形放疗后肺功能检查的结果往往没有显著改变[9-10]。现代剂量递增研究（如密歇根大学的研究），并未限制接受高剂量放疗患者的肺功能[11]。在一项对47名患者的研究中，肺毒性的发生率与同步放化疗后肺功能检查的结果无显著相关性[12]。在一项对438名患者的研究中，发现FEV_1和其他患者相关因素在预测放射性肺炎中似乎比剂量学因素更为重要[13]。在一项对260名患者的研究中，发现在平均肺剂量（mean lung dose，MLD）中添加FEV_1和年龄略微提高了临床重要的放射性肺毒性的预测能力[14]。与SABR系列相似[10]，该研究表明具有较高肺功能基线测试的患者具有显著更重的临床肺毒性[14]。

总之，肺功能应根据个人情况考虑，在肿瘤缩小引起的肺功能改善与放疗引起的肺功能降低之间取得平衡。在现代肺功能不良不应被视为根治性放疗的禁忌证。

1.3 合并症

严重的合并症在肺癌患者中常见，并且会严重影响预后。长期吸烟与COPD、缺血性心脏病、脑血管疾病和外周血管疾病有关。此外，其他与吸烟相关的癌症（包括头颈癌）可以在肺癌诊断之前、之后或与肺癌同步诊断，从而使肺癌、其他癌症或两者的治疗复杂化。Luchtenborg等[15]研究了3152例NSCLC患者，这些患者进行了手术切除，并报告严重合并症可导致生存率下降，相当于分期分组的单次增加。合并症也会降低非小细胞肺癌患者对化疗的耐受性[16]。心脏或间质性肺病导致心肺储备有限的患者对高剂量放疗的耐受性差[17]，如果患者没有足够的储备来耐受治疗后器官功能受损，他们就有发生严重呼吸困难甚至死亡的风险。Smith等[18]报道，对于接受根治性放疗的非小细胞肺癌患者，查尔森合并症指数评分较低与总体生存率较低有关，而与原因特异性生存率无关。矛盾的是，严重慢性阻塞性肺疾病患者的肺在立体定向放疗后可能较少受到严重放射性肺炎的影响[19]。不应仅因为慢性阻塞性肺疾病而拒绝让患者进行立体定向放疗[20]。

虽然根治性放疗的风险对单个患者来说很难评估，但通常是可能的合理估计与大部分残余肺功能或心脏功能丧失有关的后果。除了心脏病等一般合并症外，一些特定的病症可能会加剧放疗的毒性。

自身免疫性疾病如系统性红斑狼疮和硬皮病与正常组织的内在放射敏感性增强有关，因此放疗导致严重毒性的风险更高[21]。

1.4 年龄和衰弱

年龄和衰弱显然是两个独立的个体：前者表示为客观的微不足道的数字，而后者源自拉丁语

fragilis，意思是“衰弱”（即弱）。衰弱的发生明显随着年龄的增长而增加，但年轻的个体也可能衰弱。在大多数老年病学文献中将衰弱被定义为一个阈值，超过这个阈值，人的功能储备被严重降低，不能承受压力，或者被定义为由于身体缺陷的逐渐累积而逐渐减少功能储备[22]。因此，应该客观地测量功能储备并将其用作患者存活和（或）治疗耐受性的预后指标。

许多作者表明，在身体、生物、情感和认知功能方面，老年人群的表现非常特别。年龄增长与合并症以及更高的住院率和化疗相关的毒性反应相关[23-25]，改变了整体风险与收益比[25]。在临床试验中年龄较大的患者和重要合并症患者人数不足[26-27]。由于缺乏数据以及对医源性并发症的恐惧，老年患者通常接受较少的积极治疗[28-30]，这可能导致不佳的存活率[31]。在选定的患者中，已经表明强化的最先进治疗对老年患者有益[32-37]。值得注意的是，对于年龄超过75岁且具有良好体能状态并且具有彻底分期的Ⅲ期疾病患者，单独放疗的5年生存率为15%～20%[37]。因此，老年患者的治疗不能认为是失败的。此外，还开发了专门为老年患者设计的肿瘤学评估方法[38-40]。这些方法的临床实施将为老年癌症患者提供更合理和适当的治疗。这些方法可能对年轻体弱的患者也适用。这些发展应该推动这一领域的发展。

1.5　同时用药（化疗除外）

许多患者因合并症而服用药物。常见药物对肺癌患者放疗不良反应的影响尚不清楚。血管紧张素转换酶抑制剂和他汀类药物是最受关注的药物组，是抗辐射性肺炎的潜在保护剂。然而，目前它们对不良反应的影响尚未阐明[41-42]。

1.6　分子因素

为特殊放疗计划筛选患者的分子遗传标志物引起了广泛的关注。然而，尽管一些单核苷酸多态性与放射性肺炎有关，而C4b结合蛋白α链和玻连蛋白与毒性相关[43-44]，这些和其他研究结果需要在另外一些数据集中得到验证，并且需要在前瞻性试验中研究它们的治疗作用。

据报道，除了经典的预后因素外，C反应蛋白或白细胞介素6预处理水平高的患者生存率较差[45]。同样，这些发现的实际效用还有待确定。

1.7　吸烟状况

烟草消费是大多数肺癌发生的主要原因，治疗期间吸烟会对结果产生实质性的负面影响。在一项对237名完全吸烟史患者的研究中，患者在1991—2001年接受了根治性放疗或同步放化疗，Fox等[46]报道患有早期疾病吸烟者的生存率更低。同样，Rades等[47]在181例接受放疗的非小细胞肺癌患者的研究中，报道改善局部区域控制与较低的T分期（$P=0.007$）和放疗期间不吸烟（$P=0.029$）相关，但与血红蛋白水平或呼吸功能不全无关。Jin等[48]在一项对576名患者的研究中，发现吸烟状态在校正剂量-体积效应时，是降低治疗相关性肺炎风险的唯一因素。Nguyen等[49]报道，在初次咨询时吸烟与术后接受放疗的非小细胞肺癌患者的局部和局部区域控制减少有关。因此，重要的是确保肺癌患者能够获得戒烟计划，并且必须共同努力帮助他们在治疗之前、期间和之后戒烟[50-51]。

1.8　营养

肺癌患者的营养状况可能会受到癌症引起的代谢改变和放疗不良反应的直接影响。Koom等[52]报道，在一项多机构研究中超过1/3的癌症患者营养不良。营养不良可导致体重减轻，并且在最严重的情况下会导致恶病质。营养状况可能与生存率有关，理想情况下应在开始任何治疗（包括放疗）之前进行评估[53-54]。体重减轻与接受放疗患者的生存率低有关，恶病质的特征是无意识的体重减轻、肌肉萎缩、生活质量下降和生存率低。通常，这些病症不是放疗的禁忌证。在肺癌的放疗期间，营养评估和体重监测是至关重要的。保持良好营养的患者更容易忍受治疗的不良反应。足够的热量和蛋白质有助于保持体力并防止进一步的分解代谢。没有摄入足够热量和蛋白质的人会使用储存的营养素作为能量来源，这会导致蛋白质的消耗和体重的进一步减轻。肺癌患者需要接受有关放射性食管炎的教育，这是一种常见的不良反应，可减少口服摄入量并影响营养状况。

1.9 疲劳和体育活动

疲劳是患者与癌症相关的最常见且令人痛苦的症状之一。疲劳是一种需要进行管理以使治疗成功，而不是放疗的选择条件。体育锻炼已被证明对乳腺癌和结直肠癌患者有益[55-56]。肺癌患者往往具有较高的发病率和较长时间的癌症相关疲劳，导致肺功能下降，日常生活功能损害增加，并且显著降低了治疗耐受性、生活质量以及生存期延长的机会[57]。有研究表明体育活动能减少肺癌和慢性阻塞性肺疾病患者的疲劳[58]，也有研究表明运动疗法可能是早期和晚期肺癌治疗中的重要因素[59-60]。对于同时接受放疗的患者，体育锻炼或肺康复的价值是有限的，尽管体育活动水平似乎是影响预后额外的一个因素。一项小型试点研究的初步证据表明，体育锻炼与6分钟步行距离的改善有关[61]。在获得更多证据之前，我们认为接受放疗的患者与仅接受手术或化疗的患者相似，并且同样可以从体育锻炼中获益。应建议这些患者尽可能保持活动，并继续进行规律的体育锻炼和肺部训练，使其达到耐受水平。

1.10 二次放疗

随着癌症患者预后的改善，越来越多的患者面临着局部复发的风险，或在以前接受过放疗的器官中出现新的原发肿瘤。新的放疗技术、更好的成像以及更多的对剂量-体积关系的了解促进了高剂量重复放疗的应用。

我们只知道有一项是针对复发性肺癌的重复放疗的前瞻性研究[62]，其余的研究都是回顾性的[63-72]。在前瞻性试验中包括23名外照射后局部复发的患者，初次和再次放疗之间的中位间隔时间为13个月[62]。第一次放疗的放疗剂量中位数为66 Gy，第二次放疗的放疗剂量中位数为51 Gy（范围为46～60 Gy），单次为1.8～2 Gy。没有发现临床上严重的毒性反应，但1年和2年生存率分别为59%和21%。前瞻性研究的结果与回顾性研究结果一致，其中包括29～48名患者[63-72]。然而，在一项研究中，11例接受立体定向放疗的中心型肺癌患者中有3例报告了严重的毒性反应，包括致死性出血[70]。显然应避免累积剂量超过主动脉的累计生物有效剂量120 Gy[72]。

对于选定的患者，可以考虑二次放疗。将来，具有遗传特征的个体放射敏感性的测量可能有助于适当患者的选择。

2 肿瘤相关因素

肺癌的治疗主要取决于疾病的程度。选择根治性放疗的患者必须具有包含在可接受放疗靶体积内的病变，并且它们应该没有远处转移。绝大多数接受根治性放疗的患者为Ⅲ期病变，但是对于不能耐受手术的Ⅰ期患者使用立体定向放疗来治疗的趋势越来越明显[73]。准确确定分期涉及所有可用信息的综合，其中可能包括支气管镜检查的结果、胸腔镜或开胸手术的手术结果、经支气管活检获得的淋巴结样本的病理评估结果[74]以及结构和功能成像研究的结果。只有一小部分接受根治性放疗或同步放化疗的患者在开胸手术时会有完整的纵隔分期，因此影像在治疗患者的筛选和确定治疗靶区上起着重要作用。超声引导下经支气管活检在确定影像学检查中发现的可疑结节性质方面发挥着越来越重要的作用[75]，确保假阴性结节的患者不会被排除在手术之外，并且如果它们是真阳性则可以将可疑结节包括在放疗靶区内。

非小细胞肺癌患者的精确分期包括根据国际分期系统正确分配T、N和M分期，该分期系统的最新版本由国际肺癌研究协会肺癌分期项目组制定[76]。目前可用的最准确的影像分期模式是^{18}FDG-PET/CT，已快速取代了单纯的CT和^{18}FDG-PET检查[77]。大量且越来越多的证据表明，PET和PET/CT在确定纵隔淋巴结性质和远处转移的检测方面优于CT[78-79]。然而，^{18}FDG-PET无法提供准确的大脑分期[80]。因此，对于隐匿性脑转移具有高风险的根治性放疗患者（如纵隔淋巴结受累的患者）应该进行脑部的单独成像检查，理想的检查是磁共振成像。

3项前瞻性研究评估了使用PET和PET/CT选择患者进行根治性放疗。在第一项研究中，153名进行根治性放疗的患者在进行常规影像学检查被发现适合进行放疗然后进行PET分期[81]。PET和常规分期评估结果约有40%是不一致，只有2/3的患者实际接受了根治性放疗，因为在其余患者中PET显示存在远处转移（18%）或胸内疾病过于广泛，无法进行高剂量放疗（12%）。PET的主要影响是肿瘤的分期升级，对于晚期的肿瘤患者影响最大。在第2项研究中，一组波兰研究人员报道，100例非小细胞肺癌患者中只有75例在PET/CT检查后适合进行根治性放疗[82]。在第3项研究中，75名候选者中25名准备进行放疗的患者在行PET/CT检查后发现不适合进行根治性放疗[83]。行PET/CT检查后实际接受根治性放疗患者的生存率非常好，32%的ⅢA期患者放疗后4年还存活。在该研究中只有4%的接受姑息性治疗的患者存活了4年，这表明基于PET检查的患者选择是恰当的。

2.1 辐射体积和毒性反应

受到辐射的正常组织体积与严重肺毒性风险（包括放射性肺炎和后来的放射性肺纤维化）之间的关系是复杂的。由于放疗引起的肺损伤和预先存在的严重心肺合并症的相互作用使情况更加复杂，严重的心肺合并症会影响患者耐受高剂量放疗的能力，从而让患者会因为毒性反应而致残或甚至死亡。因此，受照射的肺和其他正常组织（如心脏组织）的体积是决定患者能否进行根治性放疗的重要因素。如果正常组织，特别是肺组织的受照体积太大，则根本不可能进行根治性放疗，必须优先选择其他治疗方法（如姑息性治疗）。

这种考虑提出了一个“受照正常组织的体积多少是太大？”的问题。这个决定在过去常是主观的，但先进的放疗计划系统的出现使得精确估计受到任何特定水平剂量照射的肺组织体积成为可能。随着计算能力的提高，以剂量-体积直方图的形式显示受照射肺体积已经变得很简单，这些剂量学参数已经与大量患者的临床结果进行了比较，可以从许多不同但相关的剂量测定参数估计发生放射性肺炎的风险。这些参数包括受到照射剂量为5 Gy（V5）、20 Gy（V20）和30 Gy（V30）的肺体积与总肺体积的百分比和最小致死剂量。随着这些值的增加，并发症的风险也会增加。同时化疗可能会增加风险，吸烟可能会降低风险。使用调强放疗可能导致受到较低剂量照射的肺组织体积增加，应考虑到这种增加以避免发生可能致命的并发症[84]。临床报道中正常组织效应的定量分析建议V20（两肺的体积减去接受20 Gy照射的计划靶体积）应限制在不超过30%～35%，并且总最小致死剂量应限于不超过20～23 Gy（使用常规分割），将进行根治性放疗的非小细胞肺癌患者发生放射性肺炎的风险限制在20%或更低[85]。

这些剂量限制并非适用于所有情况。例如，曾经行肺切除术或其他主要肺切除术的患者耐受肺炎的能力较差，有学者建议V5＜60%，V20＜4%～10%，且最小致死剂量小于8 Gy是肺切除术后间皮瘤患者进行调强放疗的合理剂量限值[86]。尽管这些参数对于常规分割是有用的，但是关于它们用于每日多次分割或加速放疗的数据是有限的[87]。类似地，应用于立体定向放疗的肺组织限量正在确立中[88]。立体定向放疗后发生严重肺炎相对罕见，但很明显，V20和最小致死剂量值的增加与肺炎风险的增加有关[89]。

2.2 F-2-脱氧-D-葡萄糖摄取

在肺部病变中，葡萄糖代谢增加与恶性肿瘤之间的关联是强有力的。在PET检查中，与很少或没有脱氧葡萄糖摄取的病变相比，强烈代谢活跃的病变更可能是恶性的。具有低脱氧葡萄糖亲和力的病变通常是良性的或具有低度恶性的肿瘤。系统综述的结果显示，脱氧葡萄糖摄取较高的原发性恶性肿瘤通常具有侵袭性并且预后较差[90]。然而，脱氧葡萄糖的摄取是否是独立的预后因素尚不清楚，因为脱氧葡萄糖的亲和力与疾病的程度和肿瘤的大小密切相关。在接受手术治疗的Ⅰ期或Ⅱ期非小细胞肺癌患者中，较高的标准摄取值（standard uptake value，SUV）与较低的无病生存率和总生存率相关[91-92]。据报道，接受立体定向放疗的Ⅰ期非小细胞肺癌患者的SUV值和代谢肿瘤体积越大，患者的预后越差[93]。许多回顾性研究表明，对于进行根治性同步放化疗的局部晚期肿瘤患者，较高的SUV值与较差的预后相关。然而，一项涉及进行根治性同步放化疗的局部晚期非小细胞肺癌患者的大型前瞻性多中心试验（ACRIN 6668/RTOG 0235）未证实治疗前SUV值的重要意义，但确实证实了治疗后SUV

值的重要性[94]。该研究对226名患者治疗前进行SUV的评估，对173名患者进行治疗后SUV的评估。治疗前$SUV_{峰}$和$SUV_{最大}$的平均值分别为10.3和13.1，与生存率无关。然而，治疗后$SUV_{峰}$与连续变量模型中的生存率相关（HR为1.087，95% CI为1.014～1.166，$P=0.020$）。作者的结论是，治疗后较高的SUV（$SUV_{峰}$或$SUV_{最大}$）与Ⅲ期非小细胞肺癌较差的生存率有关，尽管不建议使用常规临床使用的明确临界值。

3 计算机断层成像和正电子发射断层显像指标

尽管小肿瘤体积可能与更好的预后相关，但这种益处在5年后不再明显，并且肿瘤大小本身不应该是影响根治性放化疗的因素[95-96]。越来越多的研究人员意识到，除了部分影响T分期的肿瘤体积外，影像学检查还显示出许多其他预后和预测的特征。除原发肿瘤外，所有区域和远处转移性沉积物均可根据影像学研究进行评估和分类。

PET已用于此目的，除了脱氧葡萄糖之外，PET标记的药物如^{11}C-多西他赛和^{11}C-厄洛替尼，以及可与放疗一起使用的其他分子在未来具有重大意义[97-98]。

由于CT的广泛应用且高度标准化，因此越来越多的研究寻找肺癌CT图像的特征。例如，CT图像上的纹理被量化为平均灰度强度、熵和均匀度[99]。Goh等[100]发现非小细胞肺癌在非增强CT上的纹理特征与肿瘤代谢和分期有关。在Win等[101]的研究中，单变量分析显示CT衍生的异质性、^{18}FDG-PET衍生的异质性、扩散增强（动态对比增强）-CT测量的渗透性和分期是NSCLC患者生存的预后指标[101]。在同一项研究中，多变量分析显示渗透性是最重要的生存预测因子，其次是分期和CT衍生的结构异质性。相同的技术也可用于描述处于危险中的器官，以提高个体治疗比率[102]。

4 突变状态

尽管大多数非小细胞肺癌肿瘤不表达可用现有药物阻断的分子靶点，但可以想象这一比例在未来几年将显著增长。问题在于这些分子特征是否会影响放疗的敏感性。

然而，我们不了解有关此问题的任何前瞻性研究。EGFR的过度表达与对化疗和放疗的抗性相关[103]。EGFR通过与DNA蛋白激酶的催化亚基的结合来调节DNA修复。然而，尽管体外EGFR表达与细胞和肿瘤对辐射的反应相关，但体内EGFR表达却没有相关性[104]。此外，EGFR抑制的类型被证明是重要的：只有单克隆抗体西妥昔单抗改善了部分肿瘤的局部肿瘤控制，但不是所有的肿瘤，而EGFR酪氨酸激酶抑制剂不具有协同作用[105]。虽然有几个回顾性研究表明与野生型*EGFR*的肿瘤患者相比，*EGFR*突变的肿瘤对放疗的反应更好，无进展生存期更长，但长期生存率是否会增加仍有待证实。

放射敏感性与棘皮动物微管相关蛋白样4-间变性淋巴瘤激酶（echinoderm microtubule-associated protein-like 4-anaplastic lymphoma kinase，*EML4-ALK*）融合基因之间的关系尚未得到深入研究。已经报道了使用或不使用克唑替尼治疗携带ALK融合蛋白的肿瘤细胞的放射敏感性的对比结果[106-107]。据我们所知，在撰写本文时尚无可用的临床数据。

目前，突变状态并不影响与放疗有关的治疗策略。

5 结论

许多已知和未知的因素影响哪些患者将接受高剂量放疗的决定。在与患者相关的因素中体能状态仍然是最重要的。合并症对于总生存率至关重要，但并未始终与特异原因性存活和毒性相关。肿瘤相关参数（如大小和体积，以及可能的遗传特征）都具有预后价值。

在未来的几年里，随着联合所有类型的信息形成一个临床算法，关于选择患者进行最合适治疗的认识肯定会得到显著发展。

（刘 培 张文学 译）

主要参考文献

2. Brunelli A, Charloux A, Bolliger CT, et al. The European Respiratory Society and European Society of Thoracic Surgeons clinical guidelines for evaluating fitness for radical treatment (surgery and chemoradiotherapy) in patients with lung cancer. *Eur J Cardiothorac Surg*. 2009;36(1):181–184.

10. Guckenberger M, Klement RJ, Kestin LL, et al. Lack of a dose-effect relationship for pulmonary function changes after stereotactic body radiation therapy for early-stage non-small cell lung cancer. *Int J Radiat Oncol Biol Phys*. 2013;85(4):1074–1081.

11. Kong FM, Hayman JA, Griffith KA, et al. Final toxicity results of a radiation-dose escalation study in patients with non-small-cell lung cancer (NSCLC): predictors for radiation pneumonitis and fibrosis. *Int J Radiat Oncol Biol Phys*. 2006;65(4):1075–1086.

13. Dehing-Oberije C, De Ruysscher D, van Baardwijk A, Yu S, Rao B, Lambin P. The importance of patient characteristics for the prediction of radiation-induced lung toxicity. *Radiother Oncol*. 2009;91(3):421–426.

14. Wang J, Cao J, Yuan S, et al. Poor baseline pulmonary function may not increase the risk of radiation-induced lung toxicity. *Int J Radiat Oncol Biol Phys*. 2013;85(3):798–804.

47. Rades D, Setter C, Schild SE, Dunst J. Effect of smoking during radiotherapy, respiratory insufficiency, and hemoglobin levels on outcome in patients irradiated for non-small-cell lung cancer. *Int J Radiat Oncol Biol Phys*. 2008;71(4):1134–1142.

获取完整的参考文献列表请扫描二维码。

第37章 Ⅰ期非小细胞肺癌和寡转移

Suresh Senan, Umberto Ricardi, Matthias Guckenberger, Kenneth E. Rosenzweig, Nisha Ohri

要点总结

- SABR被推荐作为早期非小细胞肺癌的非手术治疗选择。
- 传统直线加速器通过配备适当的图像引导技术，或者使用SABR专用的直线加速器配合专用的治疗系统，均可以胜任SABR的实施。
- 临床评估、疾病分期和多学科讨论应基于已发表的早期非小细胞肺癌的指南。
- 由于不进行淋巴引流区照射，应在SABR之前按照特定的指南进行淋巴结分期。
- SABR剂量限定基于RTOG 0618、0813和0915 SABR试验中使用的剂量限定，当前的NCCN指南中也进行了描述。
- 针对SABR的研究结果是一致的，在前瞻性临床试验中表现出高局部控制率和低毒性，在大型单中心研究和多中心联合分析中也报道了同样的结果。
- 通常所谓的中央型肺癌，临床广泛使用的定义是位于近端主支气管附近，或距离心脏或纵隔≤1 cm的肿瘤。
- 寡转移患者可以分为3种情况：诊断时即为寡转移性疾病的患者、减瘤治疗后寡进展的患者和局部治疗后寡复发的患者。
- 当遵循目前的SABR指南时，结果可跨中心总结。

肺癌流行病学的变化与放射肿瘤学领域尤其相关。在全球范围内，肺癌是男性癌症患者的第一大死因，也是女性的第二大死因[1]。一个关键的挑战是，老年患者是增长最快的人口，近25%的患者年龄在75岁或以上[2]。在所有被诊断为NSCLC的患者中，约20%为Ⅰ期疾病患者。如果患者愿意接受手术相关的风险，手术目前是指南推荐的治疗方法[3]。然而，荷兰的一项人口研究显示，75岁或以上的患者中49%接受了切除手术，而60岁或更年轻的患者中这一比例为91%[4]。同样，对随访、流行病学和最终结果（surveillance. epidemiology and end results，SEER）-医疗保险数据库中1998—2007年的数据进行分析后显示，接受手术的患者比例随着时间的推移而下降（1998年为75.2%，2007年为67.3%），而未接受任何局部治疗的患者比例逐渐增加（1998年为14.6%，2007年为18.3%）[5]。这一问题的原因是85岁或以上患者比例的增加（从4.5%增加到9%），以及有3种或3种以上合并症患者的增加（从15%增加到30%）。不愿对老年患者进行手术主要是由于他们体弱，因为合并症在老年人群中更为常见[6]。尽管严重的合并症对手术后第一个月的预后影响最大，但与身体机能下降相关的死亡率增加在远期随访中仍有体现[7]。

临床医生显然不愿意安排老年患者进行常规放疗，部分原因是通常需要30次或更多的每日1次的治疗，这对于体弱的老年患者来说是很麻烦的。在SABR之前的时代，尽管治疗剂量为60～66 Gy，但早期NSCLC的放疗效果依然很差。约40%的患者局部肿瘤复发，3年总体生存率约30%[8]。另外，在一项对2010年SEER数据的分析中，老的放疗技术依然使中位生存期出现了6个月的延长，虽然不算很多[9]。

1 SABR：背景和定义

20世纪90年代中期，通过瑞典卡罗林斯卡医院开创的工作，颅脑立体定向放疗（或放射外科）的理论被应用到颅外部位[10]。在体部放疗中，立体定向体部放疗（stereotacticbody radiation therapy，SBRT）和SABR是等价的，都指的是这种放疗技术。这种立体定向的方法在日本和德国的中心进一步发展[11-13]。在随后的几年中，前瞻性和回顾性的研究都有了令人鼓舞的结果，这使得SABR在早期NSCLC的治疗中快速普及。美国的一项全国性调查发现，2010年有57%的医生使用SABR治疗肺癌[14]，而意大利的一项类似调查显示，2009年有41%的放疗中心使用SABR[15]。目前，SABR在治疗指南中被推荐用于早期NSCLC的非手术治疗[3]。

SABR指南已由几个专业团队发布：美国医学物理学协会任务组101[16]、美国放射治疗学和肿瘤学学会及美国放射学会[17]、加拿大放射肿瘤学会-体部立体定向放射治疗协会[18]、英国国家放射治疗实施小组[19]和德国放射肿瘤学学会立体定向放射治疗工作组[20]。目前SABR的定义遵循以下标准：高精确度、高剂量照射的使用和对颅外靶病灶进行单次或几次大分割照射。

SABR治疗早期NSCLC的基本原理是，较高的放射剂量对肿瘤的局部控制更有效，从而达到更长的总生存期[21-22]。SABR与常规放疗的不同之处在于，SABR只向可见肿瘤提供极高的放射剂量，并优化治疗计划和治疗实施，以确保几毫米的安全边界，而且周围正常器官的辐射剂量通常低于传统放疗技术[23]。因此，SABR使得局部肿瘤控制率可以达到90%及以上，而严重毒性发生率通常低于10%。

用于肺癌的SABR治疗需要多学科的协同工作，包括疾病的诊断和治疗相关的所有学科，特别是在放射治疗团队工作的专家。优化的工作流程和适当的质量保证程序可以确保治疗的准确性，其中包括制定书面操作规程，成为其重要的组成部分。

传统直线加速器通过配备适当的图像引导技术，或者使用SABR专用的直线加速器配合专用的治疗系统，均可以胜任SABR的实施。SABR治疗最初设计是通过固定框架来固定患者体位，这样可以达到较好的摆位稳定性和可重复性。然而，基于框架的立体定向患者摆位已经被图像引导所取代，影像引导使得术语“立体定向”容易被误解。使用非框架的患者摆位，外部立体定向坐标不再使用，而是床旁直接获取患者影像并显示为解剖结构，随后与治疗前的计划图像进行比较。肿瘤本身的软组织或置入的基准标记的软组织图像可用于靶区定位（图37.1）。

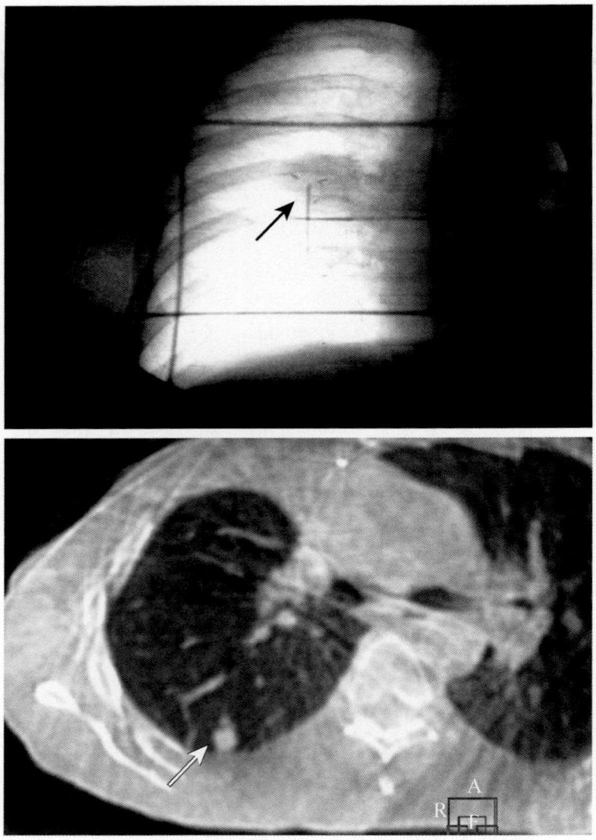

图37.1 在肺癌立体定向消融放疗中，使用锥形束计算机断层扫描显示肿瘤影像及置入的基准标记用于图像引导

2 SABR治疗规程的制定、实施和质量保证

一个专门的SABR团队应该由放射肿瘤学家、医学物理学家和技术人员（如放射影像技师、放射治疗技师）组成，他们都应该参加过由专业团体和（或）行业协会根据上述指南组织的专门的培训课程。制定的治疗规程应符合国际规范，并且适合所在机构的设备环境及人员的培训和教育背景。SABR需要更高级和更频繁的物理质量保证：在整个SABR治疗流程中，验证和质量保证是强制性的，建议进行端到端测试以进行整体不确定度估计。最重要的是验证辐射等中心与机械等中心重合，包括治疗床旋转、房间激光灯，特别是影像等中心。

3 临床评估

临床评估、疾病分期和多学科讨论应以已发

表的早期NSCLC指南为基础[24]。与外科手术不同[25]，当SABR被广泛应用于75～80岁的老年患者时，没有发现毒性或与治疗相关的死亡率的增加[26-27]。SABR后的老年人群中，较差的总生存率与合并症相关，而合并症的数量与SABR和手术后的总生存率都是相关的[7, 28]。SABR相关毒性在治疗前肺功能非常差的患者中并没有增加[29-30]，并且现有的数据表明，应向所有患者建议SABR，无论年龄和是否存在肺部合并症，除非他们的预期生存时间很短。

4 SABR前的诊断和分期

建议在开始对早期NSCLC进行任何局部治疗之前，应根据组织活检确定诊断[24]。然而，对于肺部周围性病变，可能难以获得组织学诊断，或者在合并有显著的内科和（或）肺部合并症的患者群体中，活检导致并发症的风险会比较高。在后一种情况下使用恶性肿瘤的放射影像学标准来确定诊断。目前已经提出基于临床和影像学特征预测孤立性肺结节恶性概率的模型并得到验证[31-32]。值得注意的是，这些标准可能不适用于感染性和（或）肉芽肿性肺部疾病高发的地区。因此，目前的指南指出，任何没有病理诊断的早期NSCLC的治疗都应该在经过经验丰富的多学科肿瘤委员会评估后才能进行[24]。如果临床和影像学检查结果不确定，一些患者可以选择复查影像学检查来评估肿物的生长情况，但是这需要密切的随访，因为恶性肿瘤患者存在早期疾病进展的风险[33]。

指南规定的淋巴结分期应在SABR治疗之前进行，因为淋巴引流区不会照射。FDG-PET的应用对于分期是必不可少的，因为它对淋巴结转移的诊断准确率较高（阴性预测值为90%）[34-35]，还可以排除远处转移和第二原发肿瘤[36]。如果区域淋巴结存在异常FDG摄取，建议通过支气管内超声或内镜超声进一步评估；如果检查结果仍不确定，则可能需要进行纵隔镜检查。理想的情况下用PET/CT分期时应在SABR治疗前6～8周内进行，因为在此期间可能发生疾病进展[37]。

5 放射肿瘤医生技术综述

5.1 靶区定义和治疗计划

所有影像都应在治疗摆位下拍摄，按照标准定位CT图像应包括整个肺体积，并使用2～3 mm的层厚[23]。使用静脉造影剂可改善中央型原发肿瘤的轮廓勾画。由于传统的三维CT可能存在伪影和系统误差，四维CT，也称为呼吸门控CT，是SABR治疗计划的推荐技术[38]。虽然单个四维CT定位图像只能记录患者呼吸运动的一小部分，但几项研究已经证实，呼吸运动模式和幅度是相对稳定的[39-41]，所以常规情况下没有必要重复进行四维CT扫描。在SABR计划中单独使用FDG-PET并不能对目标运动进行可靠的评估[42]。

5.2 靶体积概念和运动管理策略

大体肿瘤体积基于CT肺窗和软组织窗来确定。目前的指南不建议在SABR治疗中使用临床靶区边界[17, 23]，因为高辐射剂量加上较低电子密度的肺组织中剂量分布相当平坦，可以充分覆盖潜在的镜下病变浸润范围[43]。将呼吸引起的目标运动整合到靶体积概念之中，可以使靶区更加适合特定患者，并由所选择的运动管理策略指导临床实施。在常规临床实践中有几种不同的方法得到应用[44-45]。自由呼吸状态下的持续照射使用内部肿瘤靶区概念、平均靶区位置概念或实时肿瘤追踪。肿瘤追踪可使用专用的机器人治疗机[46]、动态多叶准直器跟踪[47]、万向多叶准直器[48]或动态治疗床[49]。此外，在同一位置进行肿瘤的非连续照射是使用门控出束，在呼吸循环的预定时相[50]、在主动屏气状态[51]或在主动式呼吸协调器的屏气状态下进行照射[52]。

需要强调的是，主动运动管理策略，如门控和跟踪，都需要连续的分次内监测，而连续的分次内监测对于被动策略不太重要，如内部肿瘤靶体积或平均肿瘤位置概念。尽管强烈建议使用患者进行特定的运动管理，但目前的前瞻性试验数据中并未涉及这些先进的运动管理策略。在目前使用的个体化四维运动管理策略中，使用内部肿瘤靶体积概念，最终照射野体积最大，但是这种运动管理策略简单易行并能够确保足够的靶区覆盖。即使目前的技术可以使治疗计划和实施中的所有不确定性最小化，仍然会存在残余误差，所以还是需要最小约5 mm的计划靶体积（planning target volume，PTV）边界[53]。

5.3 剂量分割和处方

剂量处方和报告应尽可能遵循国际放射单位和测量委员会关于处方、记录和报告强度调制光子束疗法的报告，但也需要考虑历史实践和经验。大多数前瞻性和回顾性研究使用的是PTV内的不均匀剂量分布，最大剂量范围在处方剂量的105%～150%。不均匀的剂量分布提供了向PTV中心提供额外剂量的机会，这正是大体肿瘤可能乏氧的位置，而且并不增加周围正常组织的剂量[54]。

由于SABR研究在单次分割和总剂量方面存在较大差异，因此比较物理剂量的意义不大。线性二次模型已广泛用于SABR结果数据的建模，但尚未针对非常高的单次剂量进行验证[55]。尽管线性二次模型存在不确定性，但几个小组已经独立地证实了生物等效剂量（BED）与局部肿瘤控制的明确的剂量-效应关系，局部肿瘤控制率高于90%所需的最小PTV剂量至少为100 Gy BED（α/β值，10 Gy）[56-58]。目前推荐的肺肿瘤SABR剂量最低为100 Gy BED，处方规定为包绕靶体积的等剂量线[24]。一项Meta分析表明，SABR的等效生物剂量超过146 Gy可能产生潜在的危害[59]。

全部剂量通常分为1～8次分割完成，但保险报销规则导致在美国广泛使用5次或更少的分割次数。然而，使用非常高的单次剂量和总剂量（如20 Gy 3次分割）会损害靶区内或邻近的正常组织[60]。因此，对靠近重要正常器官的肿瘤进行治疗时出现了所谓的风险适应的分割方案，该方案以较低单次剂量、较多分割次数来提供所需的100 Gy BED。增加分割似乎可以保护一些重要的正常器官，同时确保足够高的剂量以达到局部肿瘤控制[61]。

对于中央型肺癌SABR治疗，分次照射似乎特别有价值，因为它给予重要器官如大支气管、血管、心脏和食管放射生物学方面的保护。关于SABR对中央型病变的安全性和有效性相关的高质量前瞻性数据是有限的，但是对文献的系统回顾表明，当肿瘤的处方BED为100 Gy或更高时，局部控制率为85%或更高。总体治疗相关死亡率为2.7%，当正常组织BED为210 Gy或更低（α/β值，3 Gy）时该比例为1.0%[61]。在成熟的前瞻性多中心数据发布之前，对于有经验的治疗中心，推荐的分割方案为8×7.5 Gy，D_{max}（PTV）为125%。

5.4 治疗计划

剂量计算网格的立体像素尺寸应为2 mm或更小，并且异质性校正和B型算法的使用都可以提高剂量计算的精确度，特别是在肺组织和软组织的交界处[62]。蒙特卡洛法取得了最精确的结果，但与collapsed cone算法的差异并不大。所有发表的前瞻性试验都采用了三维适形治疗计划。调强放疗和先进的旋转照射技术如弧形容积调强治疗，可能能够增加剂量一致性和均匀性并减少治疗时间[63]。关于多叶准直器运动和肿瘤运动之间潜在相互作用的生物学效应，还需要更多的数据来揭示。为了追求更快的治疗实施速度而使用无滤光器的平整射束，其效果仍不确定[64]。有单一机构的数据表明，无滤光器的平整技术既安全又有效[65-66]。目前公布的SABR耐受量很大程度上尚未得到验证，尽管如此，依照已公布的方案仍然是明智的选择，这样严重毒性的发生率会比较低（表37.1）。这些剂量限制是基于RTOG 0618、0813和0915 SABR试验中使用的限制，在当前的国家综合癌症网络指南中进行了总结[67]。

5.5 患者体位固定和摆位

专用的患者固定装置如立体定向体架或真空垫在目前都有应用，但并不被认为是必要的；虽然它们可能会提高患者的分次间的摆位稳定性，但这并不能否定对图像引导的需要。大量研究表明，基于图像的靶区位置验证对提高肺SABR的准确性效果最大。肺部靶区相对于骨性结构的平均位移为5～7 mm，在个别患者中这种位移可能超过2 cm[68-69]。因此，每天进行治疗前的影像采集，在线校正摆位误差和基线偏移-成像需要直接显示肺肿瘤病灶，或指示肿瘤位置的置入标志物（图37.1）。在SABR治疗期间或完成后的影像可以提供质量保证，特别是在单分割SABR中。

表37.1　主要临床试验中使用的正常组织受量限制[a]

危及器官	单分割（RTOG 0915）	三分割（RTOG 0618/1021）	四分割（RTOG 0915）	五分割（RTOG 0813）	八分割[65]
气管和主支气管	D_{max}20.2 Gy	D_{max}30 Gy	D_{max}34.8 Gy	D_{max}105%[b]	D_{max}44 Gy
			15.6 Gy＜4 cm³	18 Gy＜5 cm³[c]	
心脏	D_{max}22 Gy	D_{max}30 Gy	D_{max}34 Gy	D_{max}105%[b]	—
	16 Gy＜15 cm³		28 Gy＜15 cm³	32 Gy＜15 cm³	
食管	D_{max}15.4 Gy	D_{max}25.2 Gy	D_{max}30 Gy	D_{max}105%[b]	D_{max}40 Gy
	11.9 Gy＜5 cm³	17.7 Gy＜5 cm³	18.8 Gy＜5 cm³	27.5 Gy＜5 cm³[c]	
臂丛神经	D_{max}17.5 Gy	D_{max}24 Gy	D_{max}27.2 Gy	D_{max}32 Gy	D_{max}36 Gy
	14 Gy＜3 cm³	20.4 Gy＜3 cm³	23.6 Gy＜3 cm³	30 Gy＜3 cm³	
胸壁	D_{max}30 Gy	30 Gy＜30 cm³	D_{max}27.2 Gy	30 Gy＜30 cm³	—
	22 Gy＜1 cm³	60 Gy＜3 cm³	32 Gy＜1 cm³	60 Gy＜3 cm³	
脊髓	D_{max}14 Gy	D_{max}18 Gy	D_{max}26 Gy	D_{max}30 Gy	D_{max}28 Gy
	10 Gy＜0.35 cm³		20.8 Gy＜0.35 cm³	22.5 Gy＜0.25 cm³	

注：[a] RTOG协议可在RTOG网站www.rtog.org/ClinicalTrials/ProtocolTable.aspx上找到；[b]计划靶体积处方量；[c]非相邻管壁的体积限制

目前有几种图像引导技术提供商业应用，但并没有哪一种显示出更突出的优势。与仅置入基准标志物相反，使用体积成像的优势在于允许评估靶区形状及与危及器官相对位置的变化。

6　SABR的临床结果

支持SABR治疗早期NSCLC的最有力证据来自基于人群的调查数据[70]。在荷兰进行的一项以人群为基础的研究中，75岁及以上患者在广泛接受SABR治疗后生存率有所提高[69]。这一发现归因于两点：一方面是SABR治疗周期短，它的应用使未接受治疗的患者比例下降；另一方面是这种治疗方法有着高达90%的局部控制率。尽管有SABR可以选择，仍有近30%的荷兰老年患者未接受治疗，他们的30天和90天死亡率（从诊断日期开始计算）分别为17.9%和33.3%[71]。90天死亡率的原因可能是该患者人群中大量的多方面合并症相互竞争的结果。因此，可以通过在诊断几周后仔细地重新评估一些不太健康的患者，来避免对过于虚弱的患者进行过度治疗，甚至使用SABR。国家癌症数据库（National Cancer Data Base, NCDB）的另一项基于人群的分析显示，不能手术的早期NSCLC老年（年龄≥70岁）患者在接受SABR治疗后，其生存率相比于只进行观察的对照组有改善[3, 72]。在SEER数据分析中，SABR的生存率与肺叶切除术相似，而常规放疗和只进行观察的患者预后较差[73]。

SABR的结果是非常一致的，前瞻性临床试验中显示出高局部控制率和低毒性，在大型单机构系列和汇总多机构分析中均有报道（表37.2）[74-82]。这些来源的数据表明，2～3年内的局部无进展率平均为90%。在一个676名患者的研究中统计了进行SABR后疾病复发的时间，所有患者均接受超过100 Gy BED的治疗（表37.3）[61]。中位随访时间为33个月，中位总生存期为40.7个月，2年局部、区域和远处复发率分别为4.9%、7.8%和14.7%，5年复发率分别为10.5%、12.7%和19.9%。

有3项随机试验对比了早期NSCLC的SABR与手术治疗。由于获益不佳，3项试验全部在初期关闭。有报道对其中两项试验进行了汇总分析。手术组3年总生存率为79%，SABR组为95%（P=0.037）。3年无复发生存率在SABR组和手术组相似（分别为86%和80%，P=0.54）[83]。由于汇总分析中只有58例患者，因此很难对两种治疗方法的优劣得出结论。然而，它确实证实了在没有Ⅰ期和Ⅱ期的试验中固有的患者选择偏倚的情况下，使用SABR作为手术替代方案的可行性。

早期NSCLC行根治性SABR治疗后，其最初复发的模式与初治手术后的复发相似，虽然应

表37.2　超过106 Gy生物有效剂量的SABR治疗结果综述

作者（年）	病例数	组织病理学证实为非小细胞肺癌的患者（%）	2～3年总生存率（%）	2～3年无进展生存率（%）
前瞻性二期临床试验				
Nagata等（2005）[71]	45	100	75	98
Baumann等（2009）[72]	57	67	60	92
Fakiris等（2009）[73]	70	100	43	88
Ricardi等（2010）[74]	62	65	51	88
Bral等（2010）[75]	40	100	52	84
Timmerman等（2010）[76]	54	100	38	98
全部前瞻性研究[a]	328	87.6	52.1	91.2
大型回顾性研究				
Grills等（2010）[77]	434	64	60	94
Senthi等（2012）[78]	676	35	55	95
Guckenberger等（2013）[79]	514	85	46 62[b]	80 93[b]
全部回顾性研究[a]	1624	58.8	53.5	90.0

注：[a]加权平均值的计算是为了总结所有的前瞻性和回顾性研究；[b]164例患者的亚组，接受≥106 Gy生物等效剂量治疗

表37.3　早期非小细胞肺癌立体定向消融放疗：676例患者复发和发生第二原发肿瘤的时间[61]

事件	发生的中位时间（月）
复发	
局部	14.9（95%CI, 11.4～18.4）
区域	13.1（95%CI, 7.9～18.3）
远处转移	9.6（95%CI, 6.8～12.4）
第二原发肿瘤	18（95%CI, 12.5～23.5）

用FDG-PET分期，但远处转移仍是疾病复发的主要模式之一[84]。这表明最初诊断时的隐匿性远处转移病灶仍然是一个主要的挑战。在对近1300名接受切除手术的患者进行的分析中，术后前4年疾病复发的风险为每年6%～10%，但此后降至2%[84]。相反，术后发生第二原发肺癌的风险为每年3%～6%，并且没有随着时间的推移而降低，这与SABR术后发生第二原发肺癌的风险相似（6%）[61]。

7　不良反应

在SABR后1.6年的中位随访中，505例患者中最常见不良反应是肺炎。其中2级及以上肺炎发生率为7%，3级及以上肺炎发生率为2%，5级肺炎发生率为0.2%[80]。发生肺炎的中位时间为4.8个月。其他常见的不良反应包括肋骨骨折（3%）、皮炎（2%）和肌炎（1%）。连续肺功能测定显示，SABR治疗后6个月的1秒用力呼气量平均下降3.6%，7～24个月的一氧化碳弥散量平均下降6.8%[30]。肺功能变化与治疗前患者的肺功能密切相关，治疗前肺功能最好的患者肺功能却下降幅度最大，而治疗前肺功能最差的患者保持稳定甚至改善。此外，5 cm以下的周围型肺癌在治疗后，有症状的放射性肺炎并不常见[75, 79, 85]。

当使用容积弧形调强治疗技术治疗较大的肿瘤时，对侧肺的受量可以预测肺炎的风险。将对侧肺接受5 Gy的体积限制在26%以下可降低急性肺炎的风险[86]。一个较大样本的分析表明，对侧肺的平均剂量和肿瘤的大小都是治疗后3级或以上放射性肺炎的有力预测指标[87]。该研究结果提示将对侧肺平均剂量限制在3.6 Gy以下比较合适。

据报道，治疗前存在肺纤维化的患者严重放射性肺炎的发生率更高[88]。特发性肺纤维化患者在常规分割放疗[89]和放化疗[90]及手术切除后[91]发生3级或以上肺炎的风险都会增加。虽然目前还不能准确估计特发性肺纤维化患者发生重度放射

性肺炎的风险，但临床医生应该意识到，在50岁以上的个体中有近9%在CT图像上发现了肺间质改变，这来自一项纤维化比例明确为2%的50岁以上的研究样本[92]。已发现多态性基因*MUC5B*启动子与间质性肺病相关。

当肿瘤位置毗邻时胸壁和肋骨存在毒性风险。目前的指南建议将胸壁的剂量限制在30 Gy或以下[23]，约有3%的患者在接受近似的SABR治疗后出现严重的胸壁疼痛和肋骨骨折（图37.2）[93]。

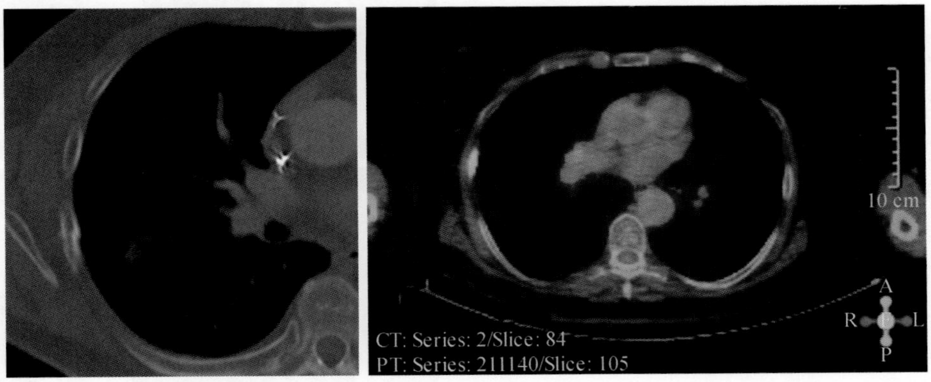

图37.2 胸膜下肿瘤治疗后肋骨发生骨折

SABR后较少见的不良反应包括肌炎、皮肤反应和神经病变[94]。肺尖肿瘤SABR治疗后可发生臂丛神经损伤，表现为肩部或手臂的神经性疼痛、肌力下降或感觉异常[95]。在3或4次分割的治疗中将神经丛的总剂量限制在26 Gy以下，可以降低这种并发症的风险。由于椎体或肺部靶区可能邻近食管，SABR治疗后气管食管瘘和食管穿孔均有报道[96]。在这种情况下进行SABR时，需要仔细制订治疗计划。目前有关勾画胸部危及器官的指南，以及正常器官剂量限制的建议已经发表[97]。

8 中央型病变的SABR

通常所说的中央型肺癌，在工作中广为接受的定义是指位于近端支气管树附近或位于距心脏或纵隔1 cm或更小的肿瘤（图37.3）[66]。据报道，中央型肺癌SABR术后并发症发生率较高[98-99]。尽管如此，对文献的系统回顾显示，如果采用适当的分割方案，对于中央型肺癌SABR仍是一种相对安全和有效的治疗方法[61]。RTOG 0813试验是一项专门用于确定SABR治疗中央型肺癌的最大耐受剂量和疗效的Ⅰ/Ⅱ期研究，该研究初步分析表明，使用12 Gy×5分割的SABR方案，3级或以上不良反应的发生率为7.2%。Ⅱ期分析将验证有效率[100]。在美国圣路易斯的华盛顿大学进行了一项类似的单中心研究，结果表明11 Gy×5分割是安全有效的剂量。42例接受治疗的患者中有1例发生致命性咯血[101]。使用SABR治疗中央型肺癌的进一步发展需要不断进行前瞻性的多中心试验，以建立可靠的正常器官耐受剂量限制。然而，即使使用所谓的低风险优化分割方案也不能完全排除治疗中央型肺癌时支气管狭窄的风险[96, 102-103]，但鉴于与手术相关的毒性报道，在不太合适手术的患者中继续使用这种技术是合理的[104]。

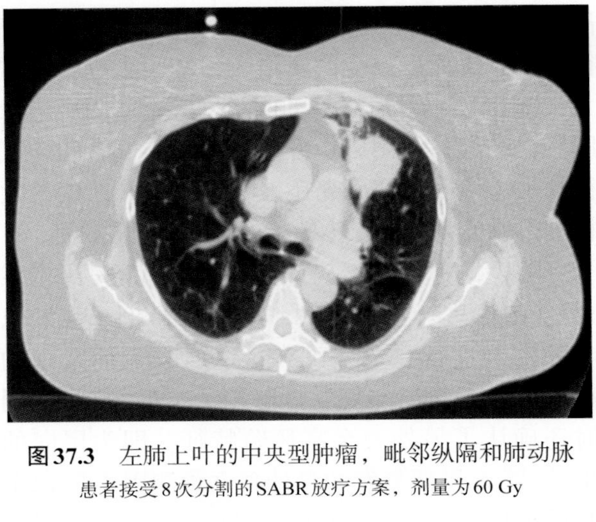

图37.3 左肺上叶的中央型肿瘤，毗邻纵隔和肺动脉

患者接受8次分割的SABR放疗方案，剂量为60 Gy

9 SABR后随访

约6%的患者在SABR后的随访中确诊为第二原发性肺癌[61, 105]。这一发现支持了对接受根治性治疗的患者应进行随访的建议，以发现可治疗的复发或第二原发性肺癌[24]。虽然疾病进展或复发通常发生在治疗后的头2年内，但吸烟和有吸烟史的患者在2年后仍有较高的第二原发肺癌的风险[105]。建议在SABR术后第2年和第3年内每3～6个月随访一次，此后每年进行胸部CT检查。此外，应该建议NSCLC患者戒烟，因为戒烟会带来更好的治疗结果。

SABR治疗后通常会存在肺部持续性影像学改变（图37.4），尤其是一定程度的晚期改变几乎普遍存在[106]。有研究发现，靶病灶周围的放射性肺损伤与治疗的等效剂量相关[107]。目前已经提出针对这些变化的分类标准，将其分为急性改变（治疗后6个月以内）和迟发改变（治疗后6个月以上）（图37.5）。急性改变包括散在的实变影、斑片状实变影、散在的磨玻璃密度影和斑片状磨玻璃密度影。迟发改变包括一系列缓慢的典型变化，主要有容量减低、牵拉性支气管扩张、类似于常规放疗后改变的实变影（但更局限）、纤维化团块和纤维化条索。这些改变经常持续至SABR治疗后2年以上，有时迟发改变会表现为团块状效应[106]。多学科治疗团队应该能够识别这些变化，避免不必要的诊疗措施。

在对文献的系统回顾中，与肿瘤复发相关的高风险CT影像学特征都已得到确认[108]。这些特征包括：①原发部位阴影增大；②阴影进行性增大；③在12个月后出现的阴影增大；④阴影边缘膨胀性凸起；⑤阴影边界不清；⑥支气管腔含气征缺失。该回顾性研究还表明，FDG-PET的最大标准摄取值大于5对复发具有较高的预测价值。

随后，对12例经病理证实的局部复发患者系列CT图像进行盲法评估，将其与24例未复发患者的图像进行1∶2匹配，显示所有先前发现的高危征象都与局部复发显著相关（$P<0.01$）。同时还确认了另外一个高风险特征，即头尾向的生长[109]。局部复发的最佳独立预测因子是12个月后出现阴影增大（100%敏感性，83%特异性，$P<0.001$）。每检测到一个高风险特征，复发的概率增加4倍（图37.6）。3个或3个以上高危特征对复发具有高度敏感性和特异性（大于90%）。这些发现表明，评估SABR后CT图像是否存在高危特征，可以准确预测局部复发。这些信息已被纳入挽救治疗候选患者的影像跟踪随访流程中（图37.7），以便及时实施根治性挽救治疗[109]。

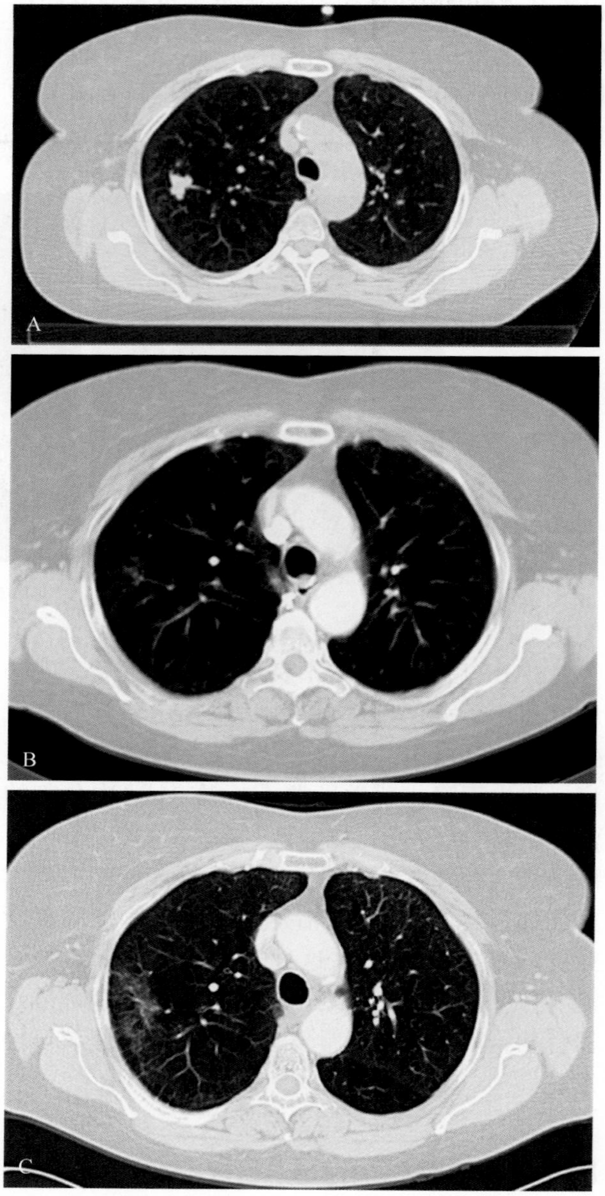

图37.4 立体定向消融放疗后影像学改变

（A）治疗前；（B）治疗后12个月；（C）治疗后48个月。立体定向消融放疗后48个月的一系列计算机断层扫描图像显示了所谓的改良的常规纤维化模式的演变

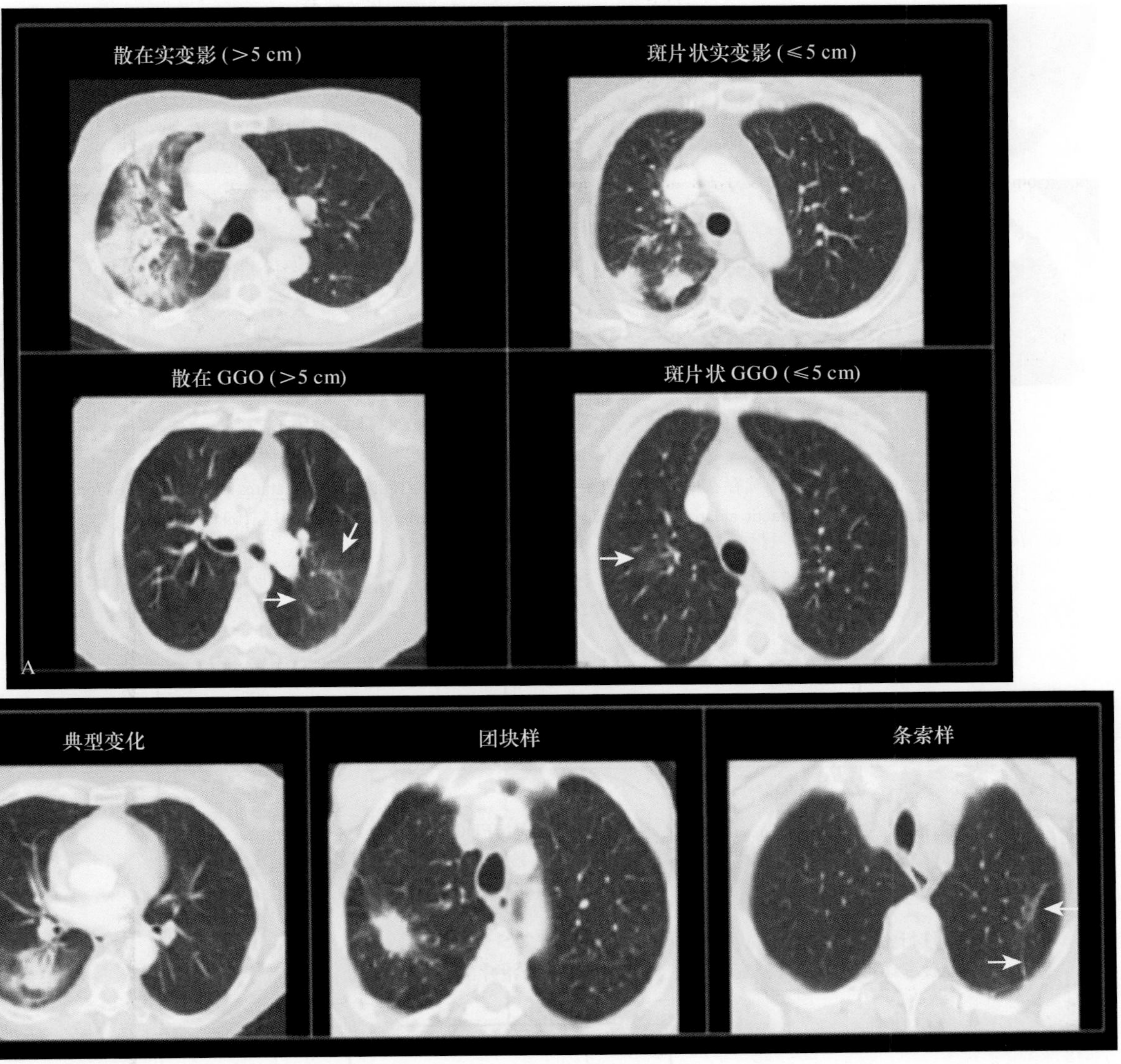

图37.5　立体定向消融放疗后良性变化的标准化分类系统，分类为（A）急性（治疗后6个月内）或（B）晚期（治疗6个月后）

经许可转载自：Dahele M, Palma D, Lagerwaard F, et al. Radiologicalchanges after stereotactic radiotherapy for stage I lung cancer. J Thorac Oncol, 2011, 6 (7): 1221-1228.

10　挽救性治疗

一些研究者报道了对可疑复发的SABR术后患者进行补救手术的情况[110-112]。目前有限的经验表明，即使对一些最初被认为不能手术的患者来说，这种手术由有经验的人实施也是安全的。根据有限的文献，对初始SABR治疗后局部失败的病例使用SABR进行重复放疗，治疗毒性可能会增加，特别是位于中心部位的病变[113]。

11　SABR结果的重现性

即使在临床试验和专业放射治疗中心之外更广泛地使用，SABR仍然保持了良好的局部控制率和较低的毒性[82]。虽然SABR的实施受时间趋势和其他相关影响而存在许多差异，但是这些数据表明其临床效果已经相当可靠。近年来现代成像、治疗计划和图像引导技术的实施可能不会直接增加当地肿瘤的控制，但可以通过简化SABR工作流

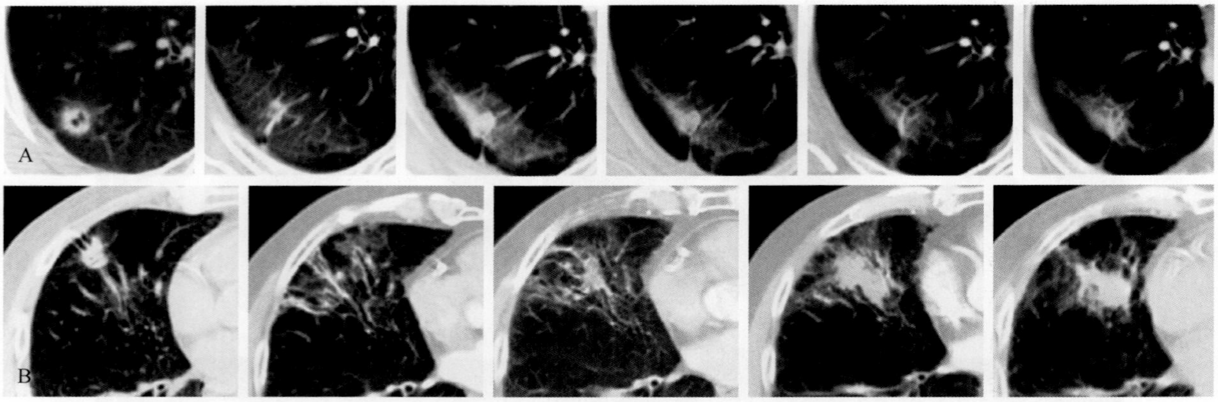

图37.6 经病理证实患者的系列CT图像

（A）无复发；（B）复发

（B）显示了射野中持续存在的肿块的进展；经许可转载自：High-risk CT features for detection of local recurrenceafter stereotactic ablative radiotherapy for lung cancer. Radiother Oncol, 2013, 109 (1): 51-57.

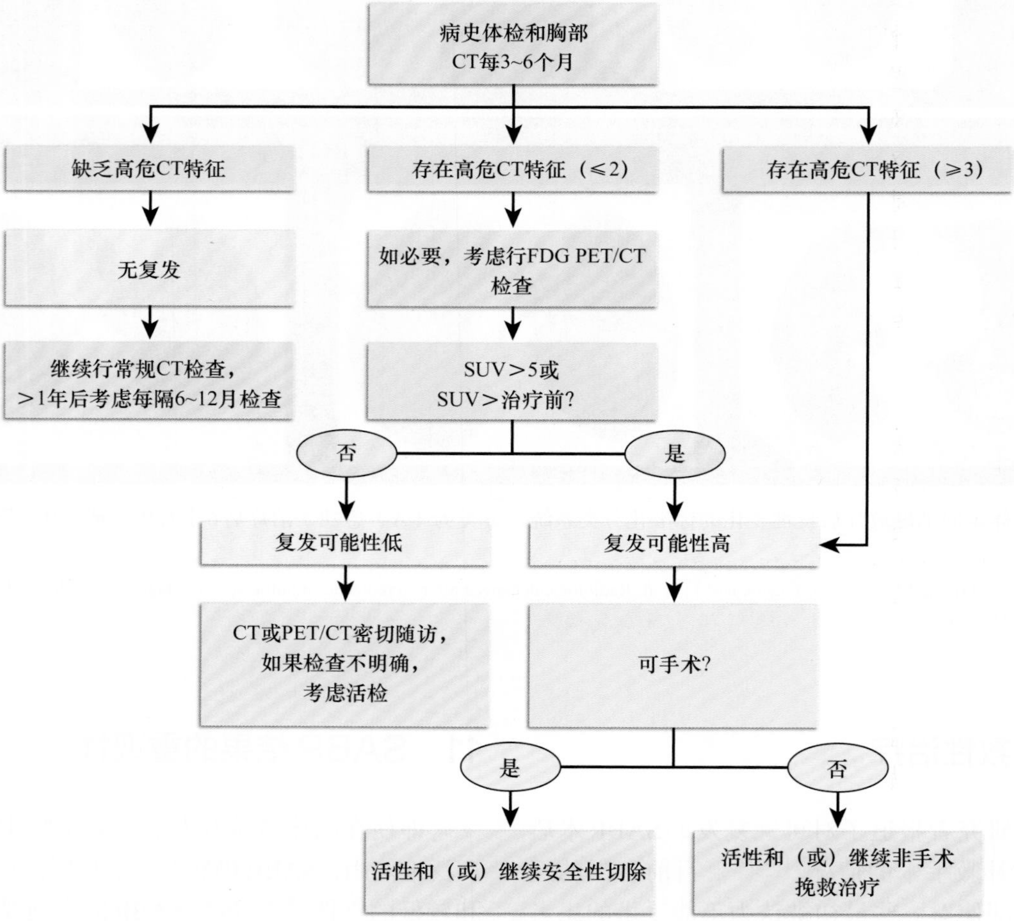

图37.7 立体定向消融放疗后的随访成像算法

经许可转载自：Huang K, Dahele M, Senan S, et al. Radiographic changes after lungstereotactic ablative radiotherapy (SABR)—can we distinguish recurrence from fibrosis? A systematicreview of the literature. Radiother Oncol, 2012, 102 (3): 335-342.

程和提高放疗团队的信心，促进放疗领域SABR的快速普及，从而在人口学的水平上体现治疗效果。

12　早期NSCLC SABR的替代治疗

3项比较Ⅰ期NSCLC手术和SABR的前瞻性临床试验由于获益差而过早关闭[114]。在缺乏来自随机试验数据的情况下，倾向性评分配对分析可用于获得具有相似已知预后因素特征的两个比较组。比较视频辅助胸腔镜肺叶切除术和SABR后局部-区域控制的倾向性评分配对分析显示，SABR后局部-区域控制更好，但总体生存率没有差异[115]。相反，SEER和Medicare数据库的倾向性匹配分析将SABR与老年患者胸腔镜下亚肺叶或肺叶切除术进行了比较，结果显示手术切除可能与提高癌症特异性生存率有关，特别是对于较大的肿瘤[116]。这些相互矛盾的结果突出了回顾性分析的局限性和对强随机化数据的需求。

有研究表明，对于边缘性的患者，在评估肺门和纵隔淋巴结的基础上，采取肺段切除或保留足够边缘的扩大楔形切除，相对于肺叶切除是一种安全有效的替代方案。然而，最近对NCDB的倾向性匹配分析显示，与肺叶切除术相比，临床ⅠA期NSCLC的肺段切除术和楔形切除术的总生存率反而更差[117]。此外，在未经选择的人群中，这类病例相当高的发病率和死亡率与外科手术有关，而且竞争性风险造成的死亡率相当高[118]。此外，在手术人群中遵照指南进行纵隔淋巴结分期通常较差，SEER数据显示62%病理分期为N0或N1的NSCLC患者未检查纵隔淋巴结[119]。另一项对SEER数据的分析显示，1998—2009年51%的亚肺叶切除手术中未检查淋巴结[120]。欧洲研究的结果同样表明，适宜并接受手术的患者其淋巴结分期也做得较差[121]，从而使手术的潜在优势下降。一项研究使用马尔可夫模型分析比较了Ⅰ期NSCLC边缘手术患者接受SABR相较接受楔形切除和肺叶切除的成本效益，得出的结论是，SABR几乎总是最划算的治疗策略[122]。另一方面，这一研究显示对于那些适合手术的早期患者，肺叶切除术可能是更佳的选择。

射频消融术（radiofrequency ablation，RFA）是指在图像引导下，将一个或多个探针经皮放置于肿瘤内，并向其施加热能。在2012年的一篇文献综述中早期NSCLC治疗后局部进展率SABR低　于RFA（3.5%～14.5% vs. 23.7%～43.0%）[123]。同样，5年生存率SABR（47%）高于RFA（20.1%～27.0%）。RFA术后最常见的并发症为气胸，发生率为19.1%～63.0%。美国胸科医师学会和胸外科医师协会的指南建议，在Ⅰ期NSCLC的高危患者中RFA的使用应仅限于不适合SABR或肺叶切除的患者[91]。

13　肺癌寡转移

目前肺癌的临床分期总体上将患者分为两组：有远处转移的和没有远处转移的。在确诊时有明确远处转移的患者主要采用姑息性全身治疗。在无转移的患者和明确的全身弥漫性播散性疾病的患者之间，存在具有有限数量转移灶的中间状态，这种状态被称为寡转移[124]。如果所有可检测到的肿瘤病灶都通过手术和（或）放疗进行根治，这个亚组中的患者可能具有更长的总体生存时间。在一项对49项NSCLC寡转移研究（2176名患者）的系统回顾中，生存结果各不相同，其中50%的患者在约12个月疾病进展[125]。然而，也有长期存活的患者，并且在一些（但不是全部）研究中确定了有利的亚组。由于分子靶向治疗的应用，使得转移性NSCLC患者亚群的治疗响应和中位生存期都明显改善，因此大家对寡转移的兴趣有所增加。

寡转移亚组缺乏精确的定义，但临床上通常用来区分寡转移和多发转移的临界点是远处转移灶的数量，目前定义为1～5个，限于2个或以下的器官。用微创手术和非手术消融技术根除所有肿瘤正变得越来越可行，因此将这些技术纳入到转移性NSCLC治疗中的意愿越来越强烈[126]。尽管如此，目前仅有一个Ⅰ级证据证实寡转移状况的存在，以及积极处理转移病灶的临床价值，且来源于单一脑转移的患者[127-128]。尽管对结直肠癌的孤立性肝和肺转移进行外科手术治疗已经很普遍，但这种方法应用于肺癌还从未进行过前瞻性评估，也未能证明优于仅接受全身治疗。

14　SABR对寡转移的免疫效应

单次分割大于8～10 Gy的放疗诱导肿瘤细胞

凋亡的生物学机制似乎不同于常规分割放疗的经典放射生物学模型[129]。超分割高剂量放疗与激活先天和适应性免疫反应、增强主要组织相容性复合体Ⅰ类分子的表面表达和促进抗原特异性树突状细胞的启动有关[130]。大剂量放疗也能增加抗原提呈细胞的数量[131]。CD8 T细胞应答似乎对于放疗的抗肿瘤效应非常重要，并且使得放疗对远处病灶有效，这也被称为远隔效应。所谓的远隔效应是通过实验室数据证实的，这些数据显示了在治疗范围之外生长的肿瘤中存在T细胞依赖的抗肿瘤效应[132]。

15 SABR对寡转移的临床结果

在近期的非随机化数据中，显示出SABR在控制多个转移灶时是一种相对几乎没有毒性的方法[133]。一般而言，SABR应用于寡转移时的患者选择标准与外科治疗的患者选择标准大体相似，但并不像外科手术那样对体质有较高要求。

可以将寡转移患者分为3种情况：诊断时即存在寡转移的患者、减瘤治疗后出现寡转移性进展的患者和局部根治性治疗后寡转移复发的患者[134]。因此，选择何种寡转移患者，不同的选择标准妨碍了有效的比较，就像使用了变化范围很大的剂量分割方案时一样[135]。3种寡转移类别的SABR临床数据主要来自回顾性或前瞻性的Ⅰ期和Ⅱ期研究，这些研究不仅限于NSCLC患者。通常的做法是将寡转移定义为少于5个病变，并且累及2个或3个以下器官，因为累及范围广泛的疾病往往预后更差[136-137]。

NSCLC脑转移患者如果存在颅外疾病累及广泛和（或）一般情况较差（Karnofsky评分小于70）等不利因素，大多数的预后较差。对于这些预后不良的患者，包括短程全脑放疗（whole-brain radiotherapy，WBRT）在内的姑息治疗是比较合适的。为了从中区分可能长期存活的患者亚群，发展出几个使用预后因素的分类系统，这些预后因素包括行为能力状态、原发性肿瘤的控制、颅外疾病的活性和年龄等。这些分类系统可识别出哪些患者适合对脑转移瘤行进一步积极治疗。递归分区分析分类和疾病特异性的分级预后评估评分是目前应用最广泛的患者预后评估指标[138-139]。

正如在小样本研究中所显示的那样，如果原发性肺癌患者脑转移的数量有限，并且脑转移和原发灶都得到积极治疗，那么就有可能延长生存期[136, 140]。对于寡转移仅局限于颅内的患者生存期可能会进一步提高[141]。

放射外科是指单次分割立体定向放疗，18～20 Gy的单次高精度照射对脑转移瘤的局部控制率为60%～90%。俗称为无框架放射外科技术的引入，即使用专用的面罩固定系统取代侵入性的固定框架，改善了手术流程，降低了放射外科手术的门槛。在欧洲癌症研究和治疗组织的一项研究中，描述了对1～3个脑转移瘤患者进行局部消融治疗辅以WBRT的作用。在这项研究中手术或放射外科手术后进行WBRT可以减少颅内事件和神经系统相关的死亡，但未能改善功能性生存时间和总生存时间[142]。这些发现在另一项随机试验中得到了证实，该试验在1～3个脑转移瘤的患者中将单独立体定向放射外科（stereotactic radiosurgery，SRS）与SRS和WBRT相比较，仅接受SRS治疗的患者在3个月时表现出较少的认知损害，而总体生存时间没有差异[143]。在不多于5个脑转移瘤、一般情况评分良好和没有进展性颅外疾病的患者中，使用可以同期实施WBRT和立体定向放射外科治疗的先进技术可以延长局部控制[144]。

关于使用SABR治疗肺转移瘤有相当多的文献，其结果是肿瘤控制率高，不良反应有限[145]。一篇文献回顾显示，在大多数试验中同期肺转移的数量在1～3个，而如果病变达到5个则经验有限[146]。无论使用单次分割或多次分割SABR，2年的局部控制加权比率约为78%，相应的总生存率为50%～53%。在所有患者中只有不到4%的患者出现3级或更高的毒性作用。对于单发肺转移的患者来自国际肺转移登记处的手术数据显示，2年总生存率为70%，5年总生存率为36%[147]。在一项回顾性研究中发现，手术和SABR的结果在局部控制和无进展生存期方面具有可比性，尽管通常情况下接受手术的患者更健康[148]。SABR后总体毒性评分为3～5级的患者占0～15%。对接受SABR的700名德国患者进行的汇总分析显示，2年局部控制和总生存率分别为81%和54%。6.5%的患者存在2级或更严重的肺毒性[149]。

15.1 肾上腺

孤立性肾上腺转移在NSCLC中并不少见。

在对肾上腺切除术后结果的系统回顾中，报道了不错的中位和总体生存率[150]。关于SABR的数据表明，1年局部控制率为55%～66%，不良反应很小，尽管大多数研究的样本量有限，随访时间短。应注意考虑肾上腺功能不全的风险，特别是如果双侧都需要治疗的情况[151-153]。

15.2　肝

目前，有多种消融技术用于治疗各种肿瘤的肝转移灶，包括RFA、经动脉化学栓塞、经皮乙醇注射和SABR等。NSCLC孤立性肝转移报道较少，经验有限。一些SABR的前瞻性研究表明，局部控制率是有可能达到90%的，但这些研究的随访通常做得不够充分[154-161]。

15.3　淋巴结

使用SABR治疗肺门和纵隔淋巴结安全性与有效性的数据有限，有淋巴结转移的患者最好在临床试验中进行治疗。现有数据表明，在孤立的、明确的淋巴结复发病例中SABR可能实现肿瘤控制，这些复发主要来自腹部肿瘤，大多数患者是在照射野之外复发[133]。

15.4　椎体

转移性肺癌通常会牵连到椎体，这可导致脊髓压迫或马尾受累。虽然SABR越来越多地用于治疗椎体寡转移、放射抵抗的脊柱转移及放疗后进展的脊柱转移（图37.8）。美国放射学会的适应证标准指出需要更多的研究来验证现有的Ⅰ期和Ⅱ期研究结果[162]。已经进行的Ⅱ期研究以疼痛控制或影像学变化作为研究终点，但常规分割放疗与SABR之间的随机比较结果尚未公布。虽然目前所使用的分割方案差异很大，但临床证据表明局部控制和（或）疼痛控制率接近80%[163]。

15.5　多器官

有一些研究在诊断时评估了选定的寡转移患者局部消融治疗的结果，一部分是在全身治疗期间仅有一个转移灶进展（寡进展），另一些是对初始治疗有效的多处病灶中仅有一个出现复发（寡复发）。

SABR用于有限的寡转移性疾病的两项前瞻性试验招募了121名5个以下转移灶的患者[164]。允许患者在进入试验之前进行化疗和放疗，并且大多数SABR治疗的部位在肺、胸部淋巴结和肝脏中，脑转移很少。对于除乳腺癌以外的患者，2年总生存率和局部控制率分别为39%和74%。与生存时间延长密切相关的因素包括单发转移（与多发转移相比）和较小的肿瘤体积[164]。同样，对不同原发肿瘤的1～5个病灶的患者进行SABR前瞻性剂量爬坡试验的结果已被报道[165]。只有当患者没有脑转移或脑部病灶控制稳定、之前没有接受过放疗，或者肿瘤小于10 cm或体积超过500 mL的情况下才被纳入研究。不良反应并不常见，并且在任何队列中未达到最大耐受剂量，直到剂量水平达到每三分割48 Gy。肺肿瘤患者占61例患者中的26%，共有113处转移灶。中位随访时间为20.9个月，2年无进展生存率为22%，总生存率为56.7%。作者没有发现寡转移性疾病诱导治疗后的患者与新发寡转移患者之间的结果存在差异。有1～3个转移灶的患者倾向于比4～5个病灶的患者具有更好的结果，并且SABR后的疾病进展主要是数量有限的新发转移。

在一项前瞻性Ⅱ期研究中，包括39名有5个或以下转移的NSCLC患者[136]，87%是单发转移，44%的患者有脑转移。胸部疾病分为ⅢA期（23.1%）和ⅢB期（51.3%），95%的患者接受局部病灶的放化疗。手术或放疗被允许作为局部消融治疗。中位总生存期为13.5个月，中位无进展生存期为12.1个月。

针对NSCLC使用SABR的综合系统治疗策略已有报道，并基于对酪氨酸激酶抑制剂（tyrosine kinase inhibitors，TKI）的获得性耐药仅发生在有限数量部位的假设，对这些部位的治疗可能会延长疾病控制时间[166]。一项研究旨在调查局部治疗加TKI继续治疗对二次进展时间的影响。这项研究包括51例存在*ALK*基因重排或*EGFR*突变的NSCLC患者，他们在使用TKI进行一线治疗后出现寡进展[166]。在25例接受克唑替尼（15例）或厄洛替尼（10例）联合进展部位局部手术和（或）放疗的患者中二次进展的中位时间为6.2个月。

另一项单臂Ⅱ期分析显示，使用系统治疗

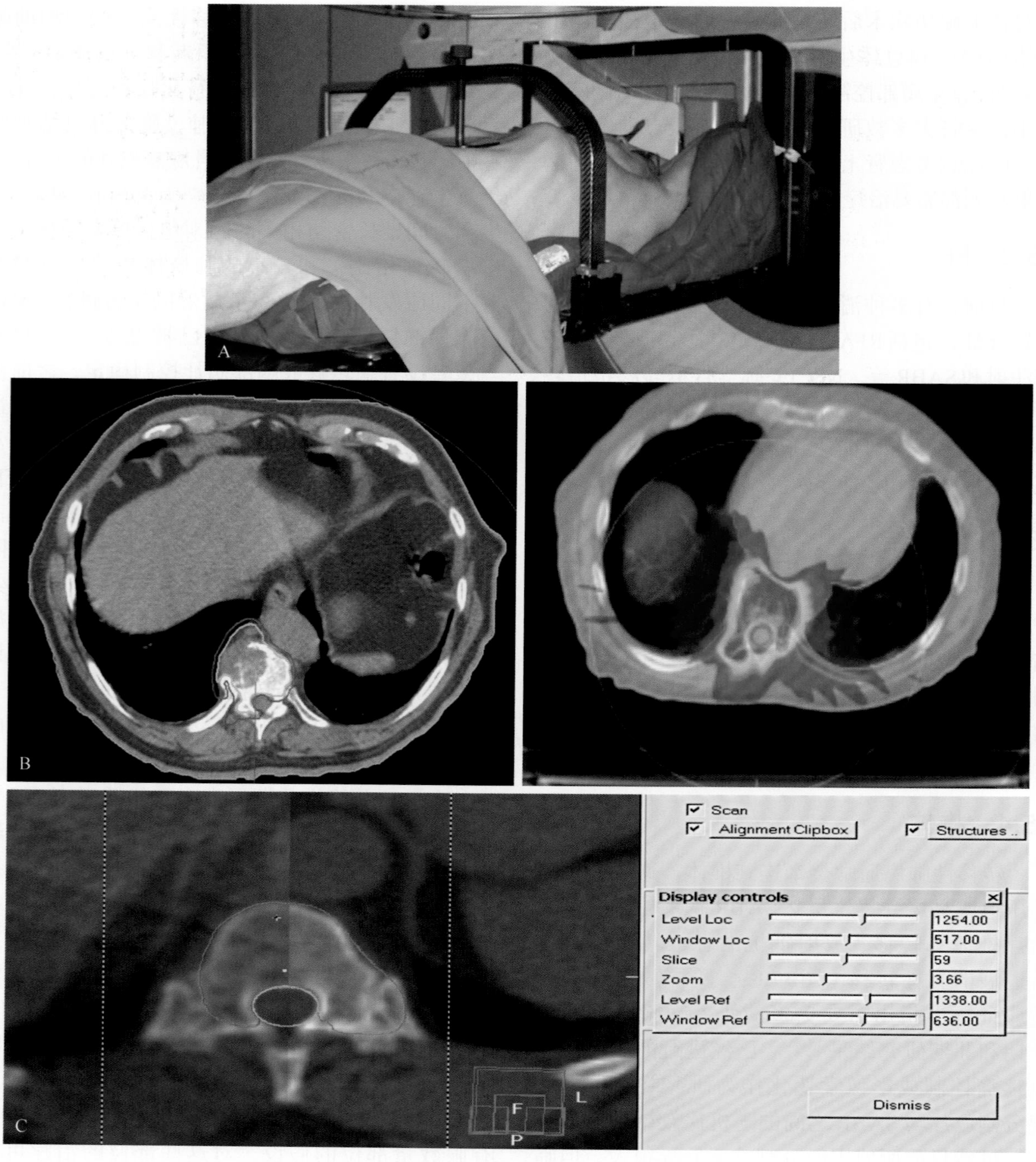

图37.8　椎体转移瘤立体定向消融放疗

（A）患者固定；（B）高度适形剂量分布、脊髓受量明显减少；（C）基于锥形束计算机断层成像，每日图像引导下的治疗

和SABR治疗寡转移有良好的结果，其中包括早期系统治疗失败且不超过6个颅外转移的Ⅳ期NSCLC患者。患者接受厄洛替尼和同步SABR治疗。中位无进展生存期为14.7个月，中位总生存期为20.4个月，均大大高于单独接受全身治疗的患者的历史数据[167]。这些初步研究结果表明，局部消融治疗可能允许经过筛选的患者继续进行先前的系统性治疗。在另一组18例*EGFR*突变和中枢神经系统外寡进展的患者，接受手术、RFA或立体定向放射外科并继续TKI治疗，也观察到类似的结果[168]。

鉴于影像引导消融治疗的唯一随机数据来自

脑转移瘤患者，需要更多的前瞻性对照研究来了解这一策略对临床结果的真正影响。本文发表时一些临床试验正在进行（ClinicalTrials. gov标识符：NCT01446744、NCT01345552、NCT01345539、NCT01565837和NCT01185639）。寡转移患者治疗的进一步发展，需要肿瘤生物学以及影像学和分子诊断技术的进步来进一步提高临床对寡转移状态的认知。

16 结论

SABR的最新进展为早期NSCLC和寡转移性疾病提供了新的治疗选择。现在可获得高水平的样本数据，以支持当患者不适合手术或拒绝接受手术时SABR作为早期NSCLC的首选治疗方式。用于对比评估SABR与外科手术的新的随机试验也正在进行。如果遵守当前的SABR指南，各中心的治疗结果数据应该可以被统一归纳总结。对于寡转移性NSCLC，需要更多的前瞻性数据以确定SABR在这种情况下的作用。

（张荣新　耿　凯　译）

主要参考文献

3. Vansteenkiste J, De Ruysscher D, Eberhardt WE, et al. Early and locally advanced non-small-cell lung cancer (NSCLC): ESMO Clinical Practice Guidelines for diagnosis, treatment and follow-up. *Ann Oncol*. 2013;24(suppl 6):vi89–vi98.
17. Potters L, Kavanagh B, Galvin JM, et al. American Society for Therapeutic Radiology and Oncology (ASTRO) and American College of Radiology (ACR) practice guideline for the performance of stereotactic body radiation therapy. *Int J Radiat Oncol Biol Phys*. 2010;76(2):326–332.
18. Sahgal A, Roberge D, Schellenberg D, et al. The Canadian Association of Radiation Oncology scope of practice guidelines for lung, liver and spine stereotactic body radiotherapy. *Clin Oncol (R Coll Radiol)*. 2012;24(9):629–639.
19. Kirkbride P, Cooper T. Stereotactic body radiotherapy. Guidelines for commissioners, providers and clinicians: a national report. *Clin Oncol (R Coll Radiol)*. 2011;23(3):163–164.
20. Guckenberger M, Andratschke N, Alheit H, et al. Definition of stereotactic body radiotherapy: principles and practice for the treatment of stage Ⅰ non-small cell lung cancer. *Strahlenther Onkol*. 2014;190(1):26–33.
30. Guckenberger M, Kestin LL, Hope AJ, et al. Is there a lower limit of pretreatment pulmonary function for safe and effective stereotactic body radiotherapy for early-stage non-small cell lung cancer? *J Thorac Oncol*. 2012;7(3):542–551.
38. Underberg RW, Lagerwaard FJ, Cuijpers JP, Slotman BJ, van Sörnsen de Koste JR, Senan S. Four-dimensional CT scans for treatment planning in stereotactic radiotherapy for stage I lung cancer. *Int J Radiat Oncol Biol Phys*. 2004;60(4):1283–1290.
41. Haasbeek CJ, Lagerwaard FJ, Cuijpers JP, Slotman BJ, Senan S. Is adaptive treatment planning required for stereotactic radiotherapy of stage Ⅰ non-small-cell lung cancer? *Int J Radiat Oncol Biol Phys*. 2007;67(5):1370–1374.
54. Guckenberger M, Wilbert J, Krieger T, et al. Four-dimensional treatment planning for stereotactic body radiotherapy. *Int J Radiat Oncol Biol Phys*. 2007;69(1):276–285.
61. Senthi S, Haasbeek CJ, Slotman BJ, Senan S. Outcomes of stereotactic ablative radiotherapy for central lung tumours: a systematic review. *Radiother Oncol*. 2013;106(3):276–282.
65. Rieber J, Tonndorf-Martini E, Schramm O, et al. Establishing stereotactic body radiotherapy with flattening filter free techniques in the treatment of pulmonary lesions—initial experiences from a single institution. *Radiat Oncol*. 2016;11:80.
66. Haasbeek CJ, Lagerwaard FJ, Slotman BJ, Senan S. Outcomes of stereotactic ablative radiotherapy for centrally located early-stage lung cancer. *J Thorac Oncol*. 2011;6(12):2036–2043.
67. Network NCC: Non-Small Cell Lung Cancer (Version 4.2016).
68. Guckenberger M, Meyer J, Wilbert J, et al. Cone-beam CT based image-guidance for extracranial stereotactic radiotherapy of intra-pulmonary tumors. *Acta Oncol*. 2006;45(7):897–906.
72. Nanda RH, Liu Y, Gillespie TW, et al. Stereotactic body radiation therapy versus no treatment for early stage non-small cell lung cancer in medically inoperable elderly patients: A National Cancer Data Base analysis. *Cancer*. 2015;121:4222–4230.
79. Timmerman R, Paulus R, Galvin J, et al. Stereotactic body radiation therapy for inoperable early stage lung cancer. *JAMA*. 2010;303(11):1070–1076.
81. Senthi S, Lagerwaard FJ, Haasbeek CJ, Slotman BJ, Senan S. Patterns of disease recurrence after stereotactic ablative radiotherapy for early stage non-small-cell lung cancer: a retrospective analysis. *Lancet Oncol*. 2012;13(8):802–809.
83. Chang JY, Senan S, Paul MA, et al. Stereotactic ablative radiotherapy versus lobectomy for operable stage I non-small-cell lung cancer: a pooled analysis of two randomised trials. *Lancet Oncol*. 2015;16:630–637.
92. Hunninghake GM, Hatabu H, Okajima Y, et al. MUC5B promoter polymorphism and interstitial lung abnormalities. *N Engl J Med*. 2013;368(23):2192–2200.
104. Scagliotti GV, Pastorino U, Vansteenkiste JF, et al. Randomized phase Ⅲ study of surgery alone or surgery plus preoperative cisplatin and gemcitabine in stages IB to IIIA non-small-cell lung cancer. *J Clin Oncol*. 2012;30(2):172–178.
117. Khullar OV, Liu Y, Gillespie T, et al. Survival after sublobar resection versus lobectomy for clinical stage IA lung cancer: an analysis from the National Cancer Data Base. *J Thorac Oncol*. 2015;10:1625–1633.
127. Patchell RA, Tibbs PA, Walsh JW, et al. A randomized trial of surgery in the treatment of single metastases to the brain. *N Engl J Med*. 1990;322(8):494–500.
132. Demaria S, Kawashima N, Yang AM, et al. Immune-mediated inhibition of metastases after treatment with local radiation and CTLA-4 blockade in a mouse model of breast cancer. *Clin Cancer Res*. 2005;11(2 Pt 1):728–734.
136. De Ruysscher D, Wanders R, van Baardwijk A, et al. Radical treatment of non-small-cell lung cancer patients with synchronous oligometastases: long-term results of a prospective phase Ⅱ trial (Nct01282450). *J Thorac Oncol*. 2012;7(10):1547–1555.
140. Lind JS, Lagerwaard FJ, Smit EF, Postmus PE, Slotman BJ, Senan S. Time for reappraisal of extracranial treatment options? Synchronous brain metastases from nonsmall cell lung cancer. *Cancer*. 2011;117(3):597–605.
143. Brown PD, Jaeckle K, Ballman KV, et al. Effect of radiosurgery alone vs radiosurgery with whole brain radiation therapy on cognitive function in patients with 1 to 3 brain metastases: a randomized clinical trial. *JAMA*. 2016;316:401–409.

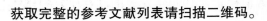

获取完整的参考文献列表请扫描二维码。

第38章 局部非小细胞肺癌的消融治疗

Carole A. Ridge, Stephen B. Solomon

要点总结

- RFA最初被认作一种典型热消融技术以来，它已经与微波消融、冷冻消融及最近作为肿瘤消融潜在选择的不可逆电穿孔技术相结合。
- 影响消融区大小的因素可分为探头特征和组织特征。探头特征可能因使用的探针数量、内冷却的使用及其配置（线性或弯曲阵列）而异。组织特征对消融区的大小有很大的影响，热作用下的肺组织易于发生组织脱水，可导致导电率降低，从而使肺内的射频消融受到阻碍。相反，微波能量可以穿透烧焦的组织，从而允许在治疗期间持续施加功率并在肺中产生非常高的温度。
- 热消融可用于不可手术的Ⅰ期NSCLC的治疗。患者应该由跨学科团队择取，而肿瘤的最大直径不应超过3.0～3.5 cm。
- 射频消融除了用于Ⅰ期肺癌外，还可用于Ⅲa期或Ⅳ期NSCLC标准治疗后残留有孤立性肺结节患者的治疗，切除、化疗和（或）放疗后残留或复发病灶的挽救治疗，以及原发病灶得到控制而手术条件不良患者肺转移病灶的治疗。
- 射频消融的主要并发症是罕见的。报道的主要并发症发生率为9.8%，包括胸膜炎、肺炎、肺脓肿、出血和需要胸膜固定术的气胸。
- 已报道RFA后的3年和5年生存率分别为36%～88%和19%～27%。据估计，3年的癌症特异性生存率为59%～88%。
- CT上可预期的消融后表现为残余结节、纤维化、肺不张和空洞。

RFA最初是在1990年发表的动物研究中作为在肝脏使用改良的波维刀来进行描述的[1-2]。20世纪90年代中期对其成功消融肝脏肿瘤的描述引起了人们对在其他器官中使用该技术的兴趣[3-4]。在家兔健康肺及家兔肺内VX2肉瘤的动物研究中，首次发现肺内RFA是安全有效的[5-6]。在2000年一项对无法手术的NSCLC患者研究中，描述了RFA在治疗人类肺部肿瘤中的成功应用[7]。RFA已被用作无法接受手术切除的早期NSCLC患者的一种治疗方案。自射频消融最初被认作是热消融技术的原型以来，它已经融合了微波消融、冷冻消融及不可逆电穿孔技术（近期作为肿瘤消融的潜在选择）。

1 消融技术的作用机制

1.1 射频消融

射频是指3～300 GHz部分的电磁波谱[8]。使用RFA的热消融是由向RFA探针尖端周围的肿瘤细胞递送电流而发生的结果。靠近尖端的分子被迫迅速振动，从而在相邻的分子之间产生摩擦能量损失（图38.1）。这些能量损失表现为组织温度的升高，称为焦耳效应。离电极最近的组织可最有效地受热，而更多的周边区域通过热传导被加热。

RFA热消融导致凝固性坏死。一旦在消融区中达到细胞毒性温度，细胞内蛋白质的变性和细胞膜脂质双层结构的破坏导致不可逆的细胞死亡[9-10]。热量通过热传导从与电极尖端相邻的细胞中传递出来。要达到细胞死亡，需要在电极尖端达到60 ℃以上的温度[11-12]。然而，在95 ℃以上温度中组织的电导率会受到损害。这种过热会导致以水为主的组织沸腾，导致蒸汽形成、组织炭化和组织阻抗急剧上升，从而限制了RFA的有效性[13-14]。因此，肿瘤热消融的目的是在不使组织炭化或蒸发的情况下，在整个靶区体积中达到

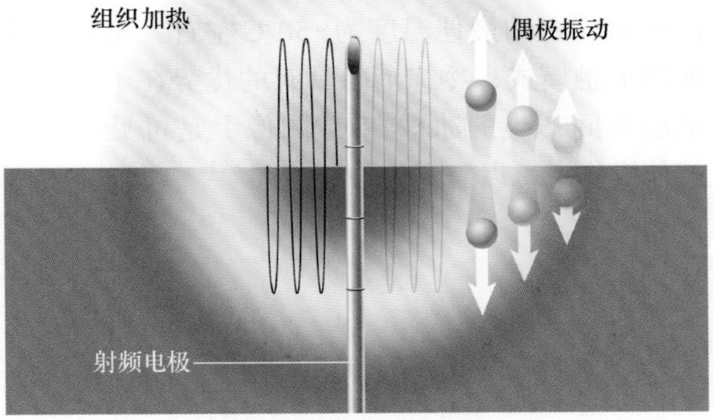

图38.1 射频消融的作用机制

邻近尖端的分子被迫快速振动，从而在相邻分子之间产生摩擦能量损失，组织温度升高；经许可转载自：Hong K, Georgiades C. Radiofrequency ablation: mechanism of action and devices. J Vasc Interv Radiol, 2010; 21 (8Suppl): S179–S186.

50～100℃的温度范围4～6分钟[15]。在电极活化过程中，通过从一个电极快速切换到另一个电极可以实现多应用器消融。射频环路需要来自消融探针尖端的回路。该返回路径由2～4个应用于患者皮肤的接地垫组成。接地垫将电流分散在比探针尖端更宽的表面区域上，因此探针尖端是组织损伤的唯一部位。

1.2 微波消融

当给组织施加915 MHz或2.45 GHz的电磁频率时，一些能量会使具有偶极矩的分子（如水分子）在该区域持续重排。分子的这种旋转增加了动能和局部组织温度，这一过程称为介电滞回（图38.2）[16]。当组织被加热到致死温度时可发生组织破坏，温度最高可达150℃。微波能量不依赖于电导率，因此可穿透低电导率的组织，如肺和干燥或烧焦的组织。探针尖端可达到的高温通过增加对周围组织的热传导来提高消融效果。因为微波消融不属于电路的一部分，所以不需要接地垫。使用微波能量可以实现多应用器消融，并且与RFA不同，这可以持续供电，而不需要在电极激活期间从一个电极切换到另一个电极。微波消融的独特之处还在于使用多个天线的能力，通过多重天线的位置和时相可以产生重叠的电磁场[17]。

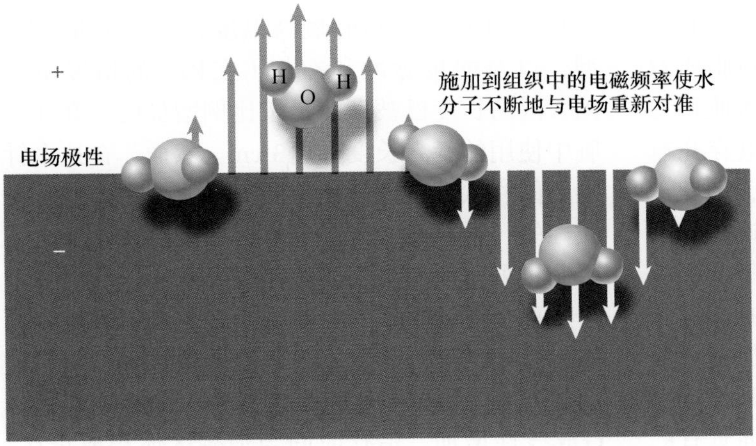

图38.2 微波消融的作用机理

将电磁频率施加到目标组织上，迫使水分子不断地与施加的磁场重新对准；分子的这种旋转在被称为介电滞回的过程中增加了动能和局部组织温度；经许可转载自：Brace CL. Radiofrequency and microwave ablation of the liver, lung, kidney, and bone: what are the differences? Curr Probl Diagn Radiol, 2009, 38 (3): 135-143.

1.3 冷冻消融

冷冻消融是通过气体的焦耳-汤普森效应使组织快速冷却。焦耳-汤普森效应是高压气体快速膨胀会导致气体温度变化的一种现象[18-19]。当气体（代表性的是氩气）到达冷冻消融探针远端的尖端时，被强制地通过一个狭窄的开口，在大气压作用下体积迅速膨胀，从而导致快速冷却。该过程发生在针内部，使得患者不直接暴露在排出的气体中。然后将探针依次加热并再次冷却，以增加细胞损伤。加热通过探针尖端释放高压氦来实现，当高压氦释放到大气中时其温度升高[19-20]。

在组织的快速冷却过程中，水限制在细胞膜内，导致细胞内冰的形成。当温度保持在水的冰点以下时，细胞内冰的形成可引起细胞内基质内冰的重结晶和延伸。或者，如果冷却逐渐发生则形成细胞外冰晶，可隔离细胞外的水。在解冻循环过程中水会返回细胞内间隙并导致细胞裂解、酶和膜的功能障碍（图38.3）。作为邻近组织的继发效应，血管中细胞内冰晶的形成会导致血管内皮细胞损伤。解冻后再灌注会使血小板聚集，其与受损的内皮接触，导致血栓形成和缺血[21-22]。随着连续冻融循环的进行，组织冷却速度加快，冷冻组织体积增大，组织破坏的范围增大[15]。确保肿瘤死亡的最佳温度为−50°C左右。相对于其他热消融模式，冷冻消融具有的优势在于，冷冻消融期间产生的冰球在CT图像上是可见的，这就使操作者可以监测消融的范围[23]。

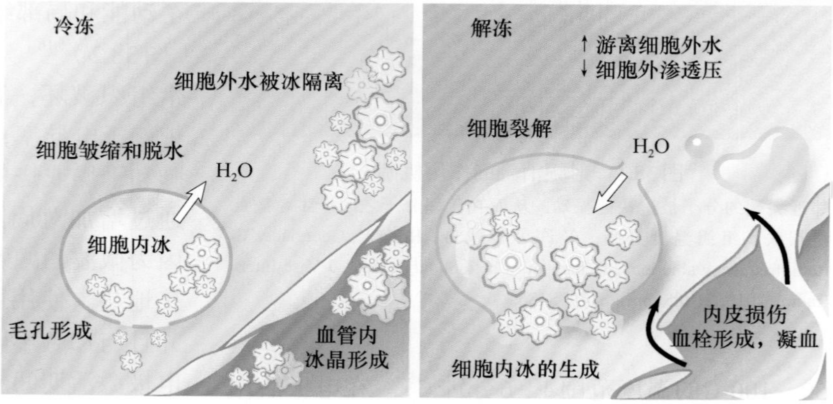

图38.3 冷冻消融的作用机制
冷冻治疗探针尖端内高压气体的快速膨胀导致消融靶区内的快速冷却，水被困在细胞膜内，导致细胞内冰形成；如果发生逐渐冷却，细胞外冰晶的形成会隔离细胞外的水；在解冻循环期间，返回细胞内空间的水导致细胞裂解和细胞酶与膜功能障碍；相邻血管中的细胞内冰晶形成会对内皮细胞造成损害；经许可转载自：Erinjeri JP, Clark TW. Cryoablation: mechanism of action and devices. J Vasc Interv Radiol, 2010, 21 (8 Suppl): S187-S191.

1.4 不可逆电穿孔

不可逆电穿孔是一种用于肿瘤消融的非热能技术，其通过向消融靶区施加高达3 kV/cm的脉冲电场而对细胞膜造成不可逆的损伤，从而导致细胞死亡[24-25]。高压电流破坏了细胞脂质双层结构，形成永久性纳米孔，进而破坏细胞稳态（图38.4）[26]。与热消融相比，不可逆电穿孔有两个理论上的优势：①由于它是非热的，因此没有观察到散热现象；②不可逆电穿孔理论上保留了组织界面，因此被认为可以保护诸如气道和神经鞘之类的敏感结构[16]。不可逆电穿孔在人类肺部肿瘤中的应用尚未得到充分的研究，但其在保存气道和纵隔血管方面的潜在优势，使其在治疗解剖学敏感部位无法切除的肺部肿瘤方面具有广阔的前景。为了避免全身肌肉收缩，不可逆电穿孔必须在全神经肌肉阻滞全身麻醉下进行。通过心电图门控提供高压脉冲以最大限度地降低心律失常的风险[26]。在优化这一技术并应用在临床之前，还需要进一步的研究。

2 影响消融区大小的技术因素

影响消融区大小的因素可分为探针特征和组织特征两部分。

2.1 探针特征

探针特征包括电极暴露长度、探针数量、处理持续时间、达到的最高温度、所用能量的类型，以及能量脉冲和冷却（在RFA的情况下）。RFA区的长度已被证明是按比例增加的，其在肝脏中使用的暴露长度可达3 cm。然而，在这个针尖上圆柱状消融区是达不到的，能见到的多是异质性的、形成哑铃状的消融带[27]。为了弥补这一限制，可以使用多个探针在较大或非球形病变中产生重叠的消融区[28]。带有多个钩状排列的伞式RFA探针也可以产生更大的消融区域[29]。此外，消融区域的大小随着探针的规格尺寸从24 G到18 G成线性增加。治疗时间与消融区体积成正比，在肝脏中使用RFA最多可达6分钟，但使用超过6分钟的消融时间并没有获得额外收益[27,30]。

为了避免组织汽化和炭化的不利影响，增加消融区的体积，已经设计出了具有内部冷却功能的探针，冷冻盐水可以通过探针的针芯泵出[31]。研究证明，微波消融探针中注入盐水在肺和肝中可以产生更大的消融区[32]。然而，水的黏度会限制小直径微波天线的流动和冷却能力[33]，因此，可以用压缩气体来冷却微波探针[34]。类似的优

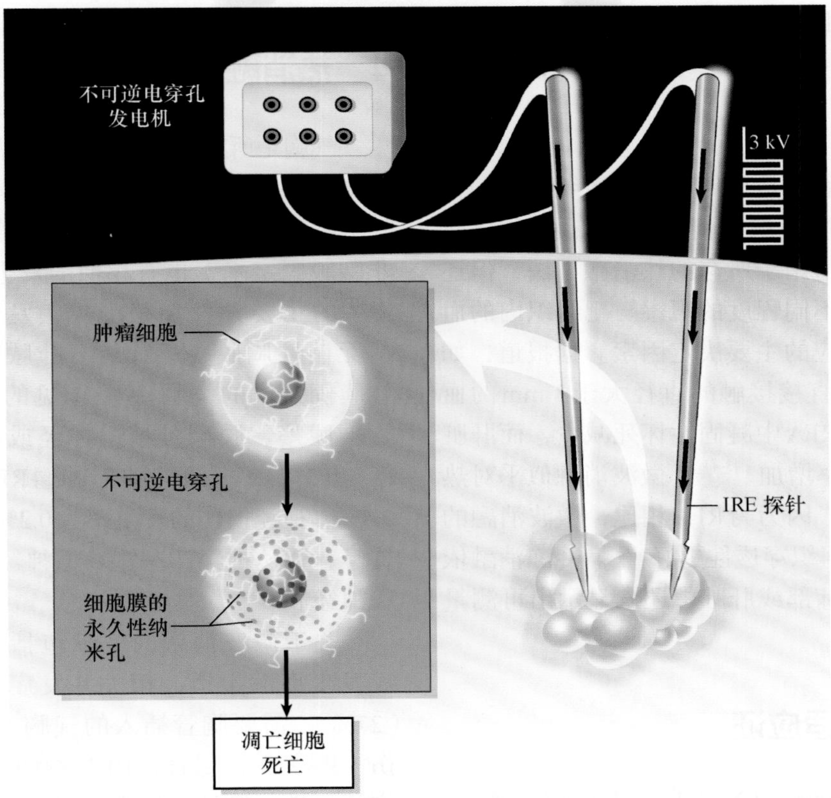

图38.4 不可逆电穿孔的作用机制

脉冲电场作用于消融靶点，从而在细胞脂质双层中产生永久性纳米孔，进而破坏细胞稳态

点已经在使用脉冲RFA系统中得以体现，即通过更高的峰值电流改变低电流沉积的循环周期，使组织在消融期间再水合，从而减少组织阻抗和炭化[35]。消融探针尖端处的高水平阻抗（如>1000 Ω）也可以反馈到射频发生器，并抑制RFA脉冲的产生。正如前面提到的，射频技术允许多个探针组合在一起，相比于连续消融，能够在较短的治疗时间内获得更大、更多的融合消融区[36]。

所用的能量类型影响消融区的大小和达到消融温度所需的时间。射频依赖于组织的导电性和导热性。将组织加热至接近或超过100℃的温度会引起水的沸腾和蒸发，导致组织脱水和电导率的改变（如烧焦的组织），从而抑制了电流。相反，微波能量可以穿透烧焦或干燥的组织，在治疗期间能够持续供能，从而产生非常高的温度，并且与射频相比，对散热效应的敏感性更小。高温可以沿着探针芯反射，在进针部位可能导致瘘管的形成和皮肤的灼伤。通过减少消融时间和使用冷却天线装置可以避免这些并发症的发生[33, 37-38]。

2.2 组织特征

消融组织的电学、热学和力学性质很大程度上取决于水的含量和细胞组成。与肝脏相比，正常肺组织具有较低的电导率、热传导率、相对介电常数和有效导电导率。较低的电传导性和热传导性限制了射频能量的传递[39]。肺肿瘤细胞相对密集，从而表现出与实体器官相似的特征，有着比邻近肺组织更高的电导率。在实验模型中可以观察到，在这些组织（如肿瘤和充气的肺组织）交界处的热效应增强，但是临床应用中对这一特征尚未阐明[40]。微波消融利用了肺的低相对介电常数和有效电导率，从而产生了比实体器官更深的穿透。冷冻消融依赖于导热性和冰球的形成，并且由于大多数组织的水分含量都很高，所以导热性通常是很好的。然而，肺内的冷冻消融由于其固有的低导热性而受到限制。但是，随着冰球形成研究的发展，逐渐克服了这一缺点，从而提高了消融靶点的热导率[41]。肺中冷冻消融产生的消融区略小于肾脏的消融区，但大于肝脏中产生的消融区[42]。

2.3 热沉

靶组织内的血管是热传递所致组织冷却的根源之一（或在冷冻消融的情况下加热），称为热沉。热沉理论上适用于所有的热消融方法，但还需要在临床进行不同程度的观察。靶组织内的血管大小是这一效应的主要决定因素。据报道，如果有与消融靶点直接接触的直径大于3 mm的血管存在，则会使RFA中凝固性坏死减少，而肝脏和肺部局部复发率增加[43-44]。微波消融似乎对热沉效应不太敏感，因为与RFA相比，微波消融的加热幅度更大，组织穿透性更好[45]。冷冻消融依赖于导热性，在肺部或肝脏中还未显示出可测量的热沉效应[22, 46]。

3 热消融的适应证

Ⅰ期NSCLC的标准治疗是手术切除。然而，只有1/3的患者有条件接受外科手术[47]。热消融可以依据介入放射学会描述的标准治疗无法手术的Ⅰ期NSCLC患者[48]。患者应由多学科团队挑选，最大肿瘤直径不应超过3.0～3.5 cm[49]。

由于RFA的临床经验持续时间和公布数据量大于其他消融方式，RFA已获得临床指南认可[50]。然而，微波消融有可能越来越多地用于NSCLC，因为它具有优于RFA的理论优势，包括更轻的散热效应和更快、更大的加热能力。冷冻消融和不可逆电穿孔尚未正式推荐用于实验研究之外的肺肿瘤消融[23, 51]。

除了在早期肺癌中的应用外，RFA还被确定可在以下情况中应用：Ⅲa期或Ⅳ期NSCLC标准治疗后残留的孤立性肺结节；手术切除、化疗和（或）放疗后的残留或复发病灶的抢救治疗[52]；原发病灶得到控制而难以手术的肺转移病灶[53]。对于存在一个或多个转移灶，*EGFR*突变和对EGFR络氨酸激酶抑制剂产生耐药的NSCLC患者，RFA联合EGFR抑制剂治疗提供了一种可能获益的治疗方法[54]。

4 热消融的并发症

气胸是所有热消融治疗中最常见的并发症[55]。在1000例患者的回顾性研究中显示，RFA后自限性气胸发生率为22.4%，而需要胸管置入的气胸（但非胸膜固定术）也有相似的发生率（22.1%）[55]。RFA的主要并发症很少见，发生率为9.8%，包括无菌性胸膜炎、肺炎、肺脓肿、出血和需要胸膜固定术的气胸[55]。罕见的并发症包括支气管胸膜瘘、肿瘤种植、神经或膈肌损伤（发生率＜0.5%）。报道的肺部肿瘤RFA术后死亡率为0.4%。神经损伤的发生率为0.2%～0.3%，影响膈神经、臂丛神经、左侧喉返神经、肋间神经和星状神经节[56]。

关于微波消融的文献包括了以上类似并发症发生率的报道，相关并发症包括自限性气胸（27%）、需要胸管插入的气胸（12%）和皮肤烧伤（3%）[32]。尽管在RFA文献中没有常见皮肤灼伤的报道，但是已经报道了2例接受微波消融的患者出现皮肤烧伤，其中1例需要清创和胸壁重建，推测可能是由于加热过快导致[32]。未见有微波消融术中或围术期死亡的报道。据报道，微波消融后6个月有1例因迟发感染并发症而死亡[57]。支气管胸膜瘘是微波消融的罕见并发症，支气管腔内瓣膜置入术是治疗瘘管的一种有潜力的治疗方法[58-59]。

肺部肿瘤冷冻疗法的并发症与先前描述的消融方式相似。理论上，冷冻治疗出血的风险更大，因为这一过程缺乏热消融的烧灼作用。两项有关冷冻消融相关并发症的研究报告显示，咯血发生率为36.8%～55.4%，大咯血为0～0.6%[60-61]。气胸和胸腔积液是最常见的并发症，发生率分别为61.7%和70.5%。不常见的并发症包括膈神经麻痹、冻伤和脓胸（各0.5%），以及肿瘤种植（0.2%）。

RFA后的肺功能检测已在文献中有所描述。一项研究报告称，消融后1～3个月的肺活量和第1秒用力呼气量均有所受损。在这项研究中，严重胸膜炎和周围肺实质消融体积过大显示与肺功能下降呈独立相关。然而，另外两项研究报告显示在消融后3、6或24个月时的肺功能没有恶化，这表明RFA对肺功能影响可能是暂时的[62-64]。

仔细选择患者可以将并发症的风险降至最低。例如，在包括RFA术后并发症报道的最大病例系列研究中显示，既往全身化疗是无菌性胸膜炎的重要危险因素，既往外照射放疗和高龄是肺炎的重要危险因素，肺气肿患者更容易出现肺脓肿和需要胸膜固定术的气胸，以及血清血小板计数（≤180 000细胞/μL）和肿瘤大小（＞3 cm）是出血的重要预测因子（分别为$P<0.002$和0.020）[65]。

5 热消融的报告结果

5.1 复发和生存率

由于受到研究样本大小、联合其他治疗（如化疗和野内放疗）及病例选择偏倚所导致的总体异质性的原因，文献分析RFA治疗原发Ⅰ期NSCLC的疗效结果受到一定的限制[66-67]。后者与长期生存率受医学合并症的强烈影响有关。例如，无法手术的早期肺癌患者的全因死亡率（19.1%）要显著高于可手术患者（3.4%）[68]。因此，肺癌特异生存率和无疾病间期可能是衡量治疗效果的更好指标。考虑到这些限制，11项研究报道了Ⅰ期NSCLC RFA后的复发率：总的局部进展率为24%（403例患者中有95例进展）[63-64, 67, 69-74]，任何部位的转移率为31%（137例中有42例，表38.1）[63, 67, 69, 71-72]。据报道，3年和5年生存率分别为36%～88%[67, 70, 72-74]和19%～27%[63, 67, 75]；估计3年癌症特异性生存率为59%～88%[63, 67, 70, 73]；同时和不同时发生原发性NSCLC患者也有相似的局部控制率和生存结果[76]。以前被称为细支气管肺泡癌（现称为原位腺癌或微小浸润腺癌）的细胞亚型在RFA后可能有更好的预后。Lanuti等[72]描述RFA后细支气管肺泡癌的局部控制率为90%，而所有细胞类型的控制率为68.5%。

表38.1 以热消融作为主要治疗方式的Ⅰ期原发性非小细胞肺癌患者的治疗结果

作者	发表时间	治疗方式	肿瘤患者例数	肿瘤大小中位数（范围）（mm）	2年生存率（%）	3年生存率（%）	5年生存率（%）	3年CSS（%）	局部进展的肿瘤患者例数（%）	任意部位转移肿瘤患者例数（%）
Pennathur等[69]	2007	RFA	19	26[a]（16～38）	68	NR	NR	NR	3（16）	NR
Hiraki等[70]	2007	RFA	20	20（13～60）	84	83	NR	83	7（35）	4（20）
Simon等[74]	2007	RFA	80	30[a]（10～75）	57	36	27	NR	NR	NR
Hsie等[71]	2009	RFA	12	NR	NR	NR	NR	NR	1（8）	4（33）
Lanuti等[72]	2009	RFA	34[a]	20[a]（8～44）	78	47	NR	NR	12（35）	15（44）
Zemlyak等[67]	2010	RFA	12	NR	NR	87.5	19	87.5	4（33）	3（25）
Hiraki等[73]	2011	RFA	52	21[a]（7～60）	86	74	NR	80	16（31）	NR
Ambrogi等[63]	2011	RFA	59[a]	26（11～50）	NR	NR	25	59	13（22）	16（27）
Dupuy等[64]	2013	RFA	52	NR	70	NR	NR	NR	19（37）	NR
Liu等[76]	2013	微波消融	15	24（8～40）	NR	NR	NR	NR	5（33）	NR
Zemlyak等[67]	2010	冷冻消融	27	NR	NR	77	77	90.2	3（11）	2（7）
Yamauchi等[79]	2011	冷冻消融	34	14（5～30）	88	88	NR	NR	1（3）	6（18）

注：[a]平均值；CSS，癌症特异性生存率；NR，未报告

关于微波消融和冷冻消融的大多数文献都包括原发性肺癌和转移性病变的患者，他们接受了不同适应证的治疗（包括局部控制和姑息治疗）。早期肺癌患者的预后与转移患者的结果并不一致，因此目前还缺乏微波消融和冷冻消融治疗Ⅰ期NSCLC患者长期生存率的可靠数据。3项回顾性研究报道总局部复发率为30%（27/90），3年和5年生存率分别为43%～48%和28%。研究显示，估计3年癌症特异性生存率为65%[77-78]。两项小型研究报道了经冷冻消融治疗Ⅰ期肺癌患者的预

后，并描述局部复发率分别为3%和11%，总体3年生存率分别为77%和88%[66, 79]，以及3年癌症特异性生存率为90.2%[67]。

5.2 监测

CT是肺癌消融术后最常用的监测方式。在最初2个月内，由于肿块的炎性反应表现体积增大，之后消融区的体积预计会缩小。CT的预期表现包括：①残留结节；②纤维化，通常呈细长线样外观；③肺不张；④空洞形成（图38.5）。靠近胸壁或肺气肿的NSCLC患者出现空洞的概率更高[81]。很少观察到消融部位的混浊影完全消失[82]。消融区尽管经过了足够的治疗，但在消融后24小时和1个月时PET/CT图像上仍可显示示踪剂浓集，就如同炎症结果一样，预计将在消融后3个月内消退[83]。消融后6个月时PET/CT显示消融区缺乏示踪剂活性，与消融后4天的PET/CT相比，1年时的临床结果更好[84]。早期PET/CT表现为消融区周边活性较低的光圈或光环，中心放射性缺失，可能会持续至6个月，但可在12个月内溶解（图38.6）[85]。

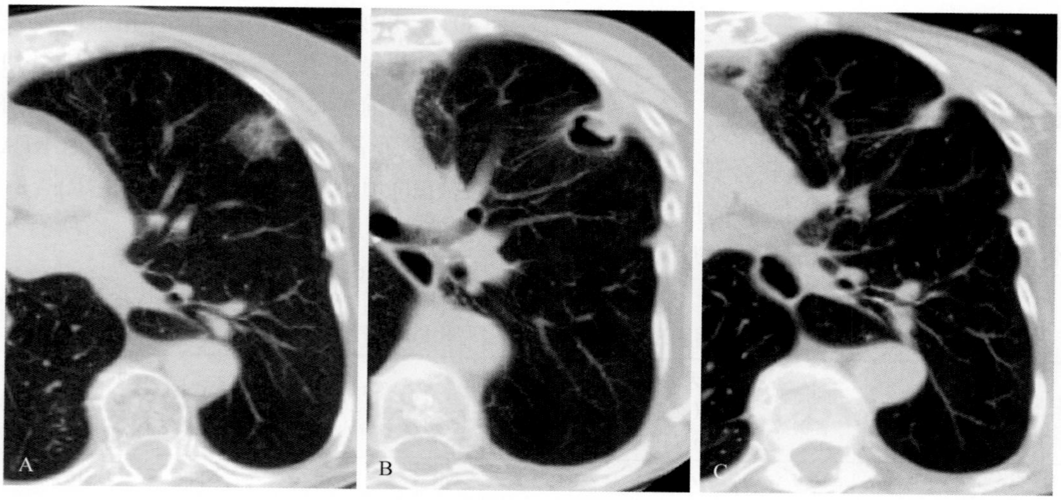

图38.5 热消融后CT的预期表现

（A）显示在左上叶的Ⅰ期腺癌热消融治疗后1个月，消融区表现出病灶周围磨玻璃混浊影；（B）消融在6个月内形成空洞；（C）后期则表现为纤维化，影像学呈线样牵拉表现

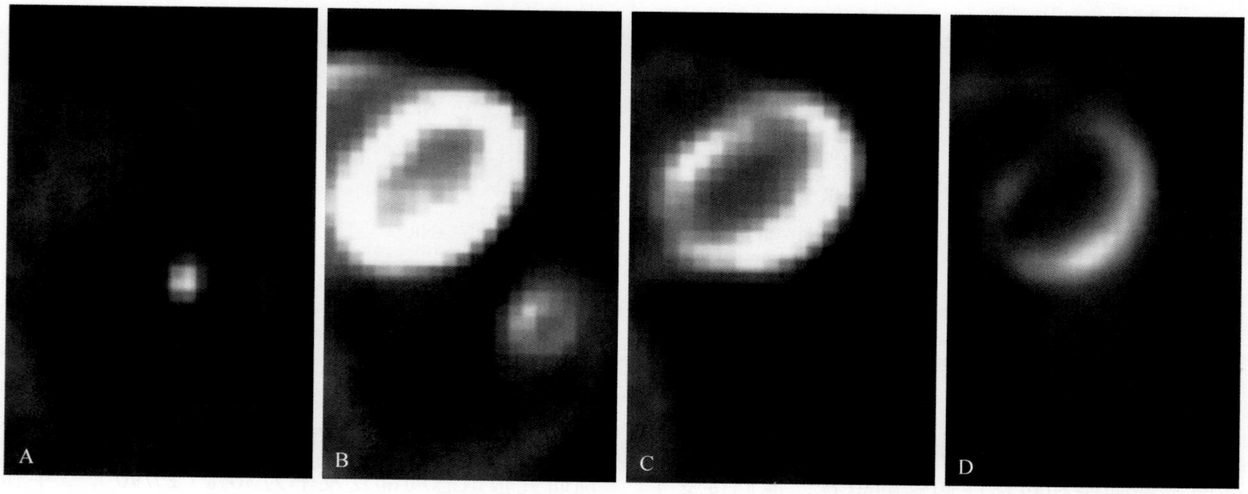

图38.6 热消融后PET/CT的预期表现

（A）和（E）为1例左下叶腺癌的射频消融前图像，其余图为消融术后4个月、9个月和42个月时的监测图像，4个月时消融区出现中央性光减退及一个外周活性较低的光晕，它在9个月内消退，42个月时仍保持此光照，表明消融成功

（A～D）非融合PET图像；（E～H）CT图像

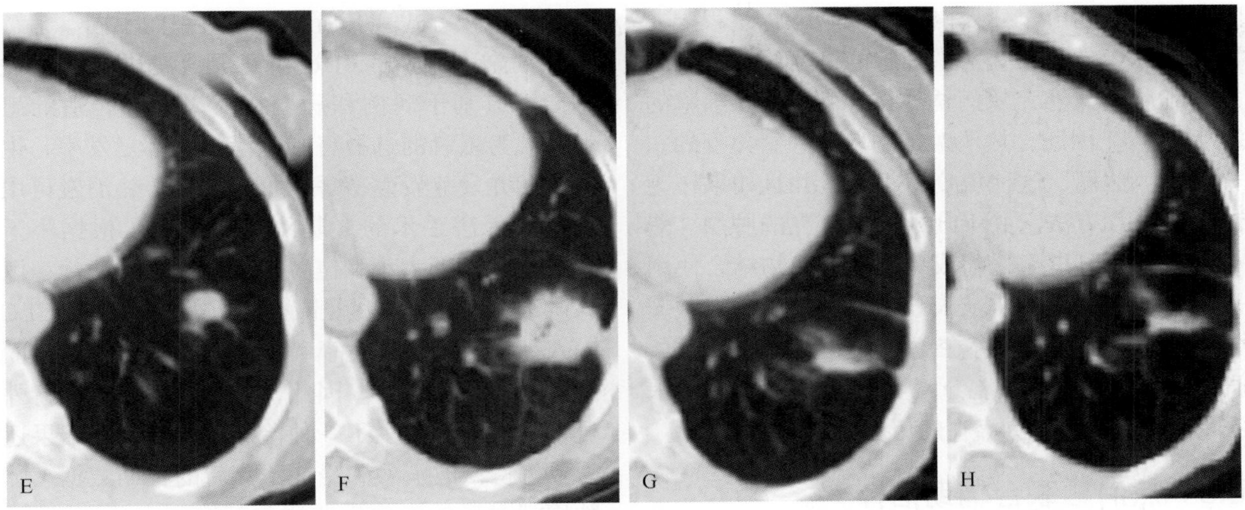

图38.6（续）

如果成像显示消融区的对比剂摄取增加，周围结节生长，消融区内从磨玻璃混浊影变为实性混浊影，区域或远端淋巴结肿大，新发的胸内病变或胸外病变，应考虑肿瘤残留或复发。其他肿瘤残留或复发征象还包括消融后3个月以上PET/CT显示代谢活性的增加（图38.7）或病灶中央或结节状的残留代谢活性[10]。

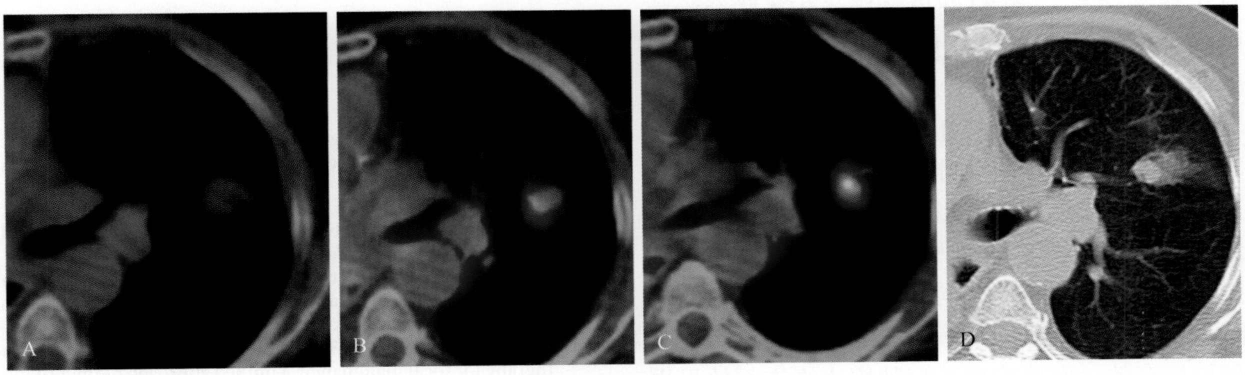

图38.7　热消融后局部复发的（PET/CT）表现

本例患者为右肺切除术后，针对左上叶的鳞状细胞癌病灶进行射频消融，（C～D）显示在病变的内侧表现出残余肿瘤，其中显示出增加的代谢活性和周围结节性混浊影。（A）消融后即刻PET/CT表现；（B）～（C）：消融后3个月时PET/CT表现；（C）～（D）显示病变内侧位置有残留，且代谢活性增加以及周围结节混浊

6　治疗考虑因素

6.1　确定消融的理想候选者

患者和肺部病变的特征是选择理想消融候选者的重要因素。对于由于心肺合并症或肺功能不全而不能进行根治性手术切除的Ⅰ期NSCLC患者，可考虑做热消融治疗。考虑消融的患者应该是ECOG PS评分＜3分且预期生存期大于1年的患者[86-87]。＞3 cm的病变有着较高的肿瘤复发率[88]。在气管、主支气管、食管和中央血管等敏感结构1 cm范围内的病变有较高的并发症风险，并且由于热沉效应可能经常受到不完全消融[47]。

6.2　免疫效应

有报道称，未治疗的前列腺癌和肝肿瘤在热消融后出现自发性消退[89-91]。被破坏的细胞被认为会触发对免疫系统的警报，免疫系统可以防止自我伤害，如由于坏死引起的细胞死亡过程。尤其是热休克蛋白与其衍生细胞的抗原肽一起刺激树突细胞的成熟，从而诱导抗原特异性T细胞的产生[92-93]。因此，热消融是诱导抗肿瘤免疫的一个机会。然而，这种免疫力很弱，并且如果作为唯一的治疗方法它并不会根除已存在的肿瘤。热消融在未来可以与化疗或免疫治疗药物结合使用来治疗肿瘤[94]。在肾、肺、肝、软组织和骨肿瘤消融治疗后已观察到存在免疫反应的血清学证据，即血清细胞因子白细胞介素-6和白细胞介素-10水平的升高，这些成为潜在的免疫治疗靶点[95]。

6.3 热消融联合辅助治疗

与单独使用任何一种方式相比，使用热消融和放疗的联合治疗具有协同作用，可以提高患者生存率。在一项研究中，对41名无法手术的Ⅰ期或Ⅱ期NSCLC患者进行热消融，然后进行外照射放疗。小于3 cm的肿瘤局部复发率为11.8%，较大肿瘤为33.3%，联合治疗的并发症发生率低且可接受[96]。一组24例患者接受RFA联合治疗辅助外照射放疗后局部复发率为9%[96]。然而，使用RFA联合外照射放疗可能会增加电离辐射对正常肺组织的毒性作用。该问题的潜在解决方案是可以使用近距离放疗来优化局部控制，同时还可保护正常肺组织。RFA后通过导管进行高剂量的近距离放疗，在82%接受治疗的患者中产生了良好的局部控制，同时降低了肺部毒性的风险[98]。这种协同效应是因为热消融在肿瘤中央部位最有效，而放疗在治疗肿瘤边缘方面效果更好。此外，热消融导致新生血管形成，从而形成超氧阴离子和自由基并引起DNA损伤，这一过程也被认为可以增强放疗的效果[87]。

7 结论

随着设备的改进和操作经验的增多，消融领域正在发展。消融为治疗局部NSCLC提供了有效方法，同时限制了对邻近正常肺组织的损伤。用于治疗局部NSCLC的消融方式包括RFA、微波消融和冷冻治疗。不可逆电穿孔是一种新型的消融方法，可能适用于敏感部位的肺部肿瘤，值得进一步研究。每种消融技术的作用机制基于所使用的消融方式和其所应用的组织而不同。了解每种消融方式对于有效和安全地使用它们至关重要。应基于病例和病变特征来选择合适的患者，因为患者的选择将影响诸如局部复发率、生存率和并发症发生率等临Ⅲ床结果。热消融可用于治疗无法手术的Ⅰ期NSCLC患者。根据小于3.0～3.5 cm的大小和位置来选择合适的病灶，以躲避Ⅰ敏感结构和尽量减少热沉效应。期NSCLC RFA治疗后局部复发率和肿瘤特异性生存率方面的临床效果均较好。因此，热消融为不适合行外科手术的患者提供了一种治疗选择。最终结果还需要等待微波消融和冷冻治疗后的长期数据。肺肿瘤消融后的影像学监测包括解剖和代谢显像。消融病变在CT和PET上表现出典型的特征，并随着时间的推移而演变。肺肿瘤消融的未来方向将包括热消融联合其他疗法的治疗，与单独的任一疗法相比，这可以协同改善临床结果。

（张鹏程　赵荣志 译）

主要参考文献

1. McGahan JP, Browning PD, Brock JM, Tesluk H. Hepatic ablation using radiofrequency electrocautery. *Invest Radiol.* 1990;25(3):267–270.
5. Goldberg SN, Gazelle GS, Compton CC, McLoud TC. Radiofrequency tissue ablation in the rabbit lung: efficacy and complications. *Acad Radiol.* 1995;2(9):776–784.
10. Abtin FG, Eradat J, Gutierrez AJ, Lee C, Fishbein MC, Suh RD. Radiofrequency ablation of lung tumors: imaging features of the postablation zone. *Radiographics.* 2012;32(4):947–969.
11. Goldberg SN, Gazelle GS, Mueller PR. Thermal ablation therapy for focal malignancy: a unified approach to underlying principles, techniques, and diagnostic imaging guidance. *AJR Am J Roentgenol.* 2000;174(2):323–331.
32. Wolf FJ, Grand DJ, Machan JT, Dipetrillo TA, Mayo-Smith WW, Dupuy DE. Microwave ablation of lung malignancies: effectiveness, CT findings, and safety in 50 patients. *Radiology.* 2008;247(3):871–879.
49. Pereira PL, Masala S. Cardiovascular and Interventional Radiological Society of Europe (CIRSE). Standards of practice: guidelines for thermal ablation of primary and secondary lung tumors. *Cardiovasc Intervent Radiol.* 2012;35(2):247–254.
50. National Institute for Health and Care Excellence. http://www.nice.org.uk/nicemedia/live/11206/52082/52082.pdf.
65. Kashima M, Yamakado K, Takaki H, et al. Complications after 1000 lung radiofrequency ablation sessions in 420 patients: a single center's experiences. *AJR Am J Roentgenol.* 2011;197:W576–W580.
66. Belfiore G, Moggio G, Tedeschi E, et al. CT-guided radiofrequency ablation: a potential complementary therapy for patients with unresectable primary lung cancer—a preliminary report of 33 patients. *AJR Am J Roentgenol.* 2004;183(4):1003–1011.

获取完整的参考文献列表请扫描二维码。

第39章 局部晚期非小细胞肺癌的放射治疗及综合治疗

Paul Van Houtte, Hak Choy, Shinji Nakamichi, Kaoru Kubota, Francoise Mornex

要点总结

- 关于放疗，更高的物理或生物剂量（改变分次剂量）与更好的局部控制相关，并且在一些试验中具有更好的生存率。目前的证据支持在6～7周时间内施以60～66 Gy的总量，超过该剂量方式没有任何益处。
- 同步放化疗是治疗无法行手术治疗患者的最佳治疗策略。
- 目前，在临床试验之外的联合治疗模式方案中没有添加分子靶向药物的地方，其应该根据相关的生物标志物来选择患者。
- 应根据患者的合并症、选择以及预后因素，在多学科肿瘤团队中讨论手术和放化疗之间的选择。
- 预防性颅内照射不推荐作为标准治疗。

Ⅲ期病变占所有肺癌的1/3，并且是在临床表现和治疗选择方面具有最多种类的一组[1-2]。2012年发表的两篇文章突出阐明了关于ⅢA期NSCLC治疗管理中的争论和焦点[3-4]。在接受调查的胸外科医生中，84%的胸外科医生青睐新辅助治疗，然后进行N2病变的显微外科手术[4]。对于严重受累的N2疾病，62%的外科医生倾向于新辅助治疗，然后在纵隔分期降级的情况下进行手术，但只有32%的医生选择这种方法来治疗巨大病变[4]。一项在肿瘤学家中进行的调查显示，92%的人赞成采用新辅助治疗然后手术来治疗最小的N2病变，52%的人选择放化疗来治疗巨大病变[3]。NSCLC的治疗方式从积极使用单一模式变为包括手术、化疗和放疗在内的三重模式治疗。

自20世纪80年代以来，治疗方面的重大进展改善了局部晚期NSCLC患者的预后。活跃的研究领域包括确定恰当的全身治疗顺序，发现新的药物，并通过技术进步来改善放疗的实施。目前的治疗模式超越了年龄、身体状况和非小细胞组织学的范畴，以及决策过程中纳入了一些扩展的因素。在不久的将来，将根据肿瘤的可识别分子特征来制订个体化的治疗策略[5]，从而使患者的预后更好，并设计更有效的临床试验。放疗技术的改进使肿瘤学家能够更加精确和有效地定位肿瘤，对于以前可能不适合放疗的患者来说，成为其一种治疗选择。

对于局部晚期NSCLC患者，根治性放疗一直是标准的治疗方式，直到临床试验结果显示放化疗可以改善生存率。（当考虑本章所述的试验时，重要的是要记住通常使用的是第六版的TNM分期系统。）

对于不适合放化疗的患者，单纯放疗是局部晚期NSCLC患者的最佳治疗方法。放疗还可以用于治疗孤立性胸部复发的患者。放疗的益处包括缓解肿瘤相关症状、控制肿瘤局部生长和潜在的生存优势。

1 放射剂量和分割方式

1.1 剂量

当单纯放疗用于治疗局部晚期NSCLC时，中位生存期约为10个月，5年生存率为5%[6-9]。20世纪70年代，RTOG进行了一项Ⅲ期试验（RTOG 73-01），以评估放疗剂量对局部控制率和总体生存率的影响[10]。将患者随机分为40 Gy、50 Gy或60 Gy组，每日单次2 Gy或分段方案。尽管中位生存期相似（10.6个月，9.5个月 vs. 10.8个月），但最高剂量组局部控制率明显更好（52%，62% vs. 73%，$P=0.02$）。分程放疗与较差的局部控制率和生存率相关。该试验建立的60 Gy/30次作为放射治疗的标准剂量分割方案应用了数十年。

早期放疗靶区的设计包括原发肿瘤、同侧肺门、同侧和对侧纵隔，以及同侧锁骨上淋巴结，照射体积很大。这种方法被称为选择性淋巴结照射。因为这种治疗方式的毒性更明显，而且肿瘤体积大所致的局部控制失败与不良预后之间的关系也更明显，这就使得治疗方式转向了累及野照射[11]。对淋巴结复发可能性的担忧减缓了累及野照射的采用。然而，一项来自中国的前瞻性随机试验显示出了有希望的结果。局部晚期NSCLC患者接受68～74 Gy的累及野照射或60～64 Gy的选择性淋巴结照射[12]。5年时，接受累及野照射的患者显著提高了总体反应率（90% vs. 79%，P=0.032）和局部控制（51% vs. 36%，P=0.032），肺炎病例更少（17% vs. 29%，P=0.044）。累及野照射显著改善了2年总生存率（39.4% vs. 25.6%，P=0.048）。尽管这项研究存在一些局限性，但结果很有趣，其表明累及野照射不太会影响临床结局。此外，一些研究已经清楚地证明，在累及野照射靶区之外孤立淋巴结失败的病例仍然非常少[13-14]。

技术的进步使研究人员能够确定最佳体积，并探索剂量递增在改善局部控制率方面的作用。PET/CT的引入改善了放疗计划。在直线加速器上增加锥形束CT从而产生了新的放射治疗技术，如IMRT包括静态调强或旋转调强和图像引导放疗，这些技术提高了每日放疗的准确性[15]。这些技术的改进可以降低传统的安全边界，使研究人员能够在物理上或生物学上增加总剂量。

在早期Ⅰ/Ⅱ期试验中，将放疗剂量增加至74 Gy或更高可将中位生存时间延长至24个月[16-18]。鉴于这些试验有希望的结果和合作组研究的汇总分析，设计了一项Ⅲ期随机试验（RTOG 06-17试验），以比较同步化放疗和放疗剂量递增与标准放疗剂量的效果。还有两次随机分组试验来评估西妥昔单抗的作用。局部晚期NSCLC患者随机分为标准剂量放疗组（60 Gy，30分次）或高剂量放疗组（74 Gy，37分次），同时每周一次使用紫杉醇和卡铂，然后进行两个周期的巩固治疗，用或不用西妥昔单抗。标准剂量组的2年存活率为58%，高剂量组的存活率为45%[19]。实验组的局部失败率也较高，2年时分别为38.6%和30.7%。两组之间的计划靶区体积及IMRT的使用非常相似。然而，尽管在74 Gy组中有10例患者死亡，在60 Gy组中有2例死亡，但两组的毒性反应率没有明显差异。对高剂量组的这些不良结果提出了几种解释，包括心脏毒性和通过延长总体治疗时间和加速再增殖而导致的疗效下降。值得注意的是，低剂量组的结果是有史以来在Ⅲ期NSCLC患者中观察到的最好结果之一。随后的分析检验了IMRT的作用，根据放射技术对患者进行分层：IMRT治疗的患者的计划靶区体积大于三维适形放疗（486 mL vs. 427 mL），但这两种技术的结果相似[20]。对于通过IMRT治疗的患者，3级肺炎较少，心脏剂量较低，并且需要降低化疗剂量的情况较少出现。有学者担心IMRT可能导致大量正常肺组织的低剂量照射，从而增加肺炎的风险，但未观察到放射性肺炎发病率增加。

1.2 改变分割方式

多项试验已经测试了使用不同的剂量-分割方式来改善放疗的治疗指数。这些方法包括超分割（在标准治疗时间内，每天2～3个分次，每分次施以低剂量）、加速分割（使用标准分次剂量和总剂量，在较短的总时间内给予）或这些方法的组合。在随机研究中与标准放化疗相比，连续或分程进行的超分割放化疗尚未显示能够提高生存率[21-22]。然而，研究表明加速超分割放疗（HART）可以改善预后。在一项随机试验中，相比于单纯常规放疗组（60 Gy/30次），连续HART组（54 Gy/1.5 Gy/36次，共12天）的2年生存率更好（29% vs. 20%）[23]。在ECOG 2597号试验中，给予患者两个周期的卡铂和紫杉醇，然后随机分配到HART组（1.5 Gy，每天3次，持续2.5周）或标准放疗组（64 Gy，每天每分次2 Gy）。HART组患者的中位生存期（20.3个月 vs. 14.9个月，P=0.28）和3年总生存率（23% vs. 14%）无显著改善[24]。

最具信息性的结果来自对2000名患者（8项试验）数据进行的Meta分析，这些患者被随机分配到改良分割组或常规分割组[25]。该分析仅限于两个治疗组中化疗方案相同的试验。改良分割方式使得5年总生存率有了小幅的统计学差异的改善（10.8% vs. 8.3%，风险比为0.88，95%CI为0.80～0.97，P=0.009）。在改良组分组中，严重的食管毒性反应更为常见（19% vs. 9%）。

改良分割方式拟替代传统上每日1次的治疗方式，但由于HART对患者和治疗中心管理上的挑战，以及较高的毒性反应发生率，限制了它的广泛应用。

1.3　低分割

低分割放疗是一种低分次、大剂量（>2 Gy）的放疗，也是另一种提高剂量强度的潜在策略。由于放疗体积的减小，这种方法变得更加可行，这允许施以更多的适形放疗剂量并限制了正常组织的受量。很少有研究对局部进展NSCLC采用现代放疗技术进行低分割放疗来做评估。两项评估同步铂类化疗与放疗（2.4～2.75 Gy/d）的前瞻性Ⅱ期研究报告显示了令人鼓舞的20个月中位生存期[26-27]。在序贯或同步进行的癌症放射（sequential or concurrent cancer radiation，SOCCAR）试验中，4周内55 Gy剂量分20次给予，序贯或同步进行化疗［顺铂（DDP）-长春瑞滨］。在这项有限的Ⅱ期试验中，2年生存率相似（50% vs. 46%），8%的病例发生3级食管炎[27]。目前，使用现代放疗技术的其他研究正在一个合作小组和单个机构内进行。值得关注的是，一个Ⅲ期临床试验（NCT01459497）比较了Ⅱ～Ⅲ期NSCLC低PS评分患者在不同步进行化疗的情况下，进行3周60 Gy分15次进行的大分割疗程与常规放疗（60～66 Gy，30～33分次，6～7周的时间）。

目前正在进行的研究是检验基于正常组织耐受性的毒性反应情况下的剂量提升，或使用立体定向放疗技术，根据治疗中的PET/CT图像，提高肿瘤中^{18}F-2-脱氧-D-葡萄糖苷显影部分的剂量。目前，一项随机试验正在比较原发肿瘤的均匀剂量分布与基于PET/CT提供的代谢图像的非均匀剂量分布（图39.1）[28]。最后，但是同样重要的是，Ⅲ期NSCLC的质子治疗正在研究中，以利用其更好的剂量分布来更好地保护心脏[29]，但随机试验的结果令人失望。

总之，更高的物理或生物剂量（改变分割方式）与更好的肿瘤局部控制相关，并且在一些试验中具有更好的生存率，但最佳剂量和分割方式尚未确定。目前，每日剂量为2 Gy总量为60～66 Gy仍然是最常见的分割方式。

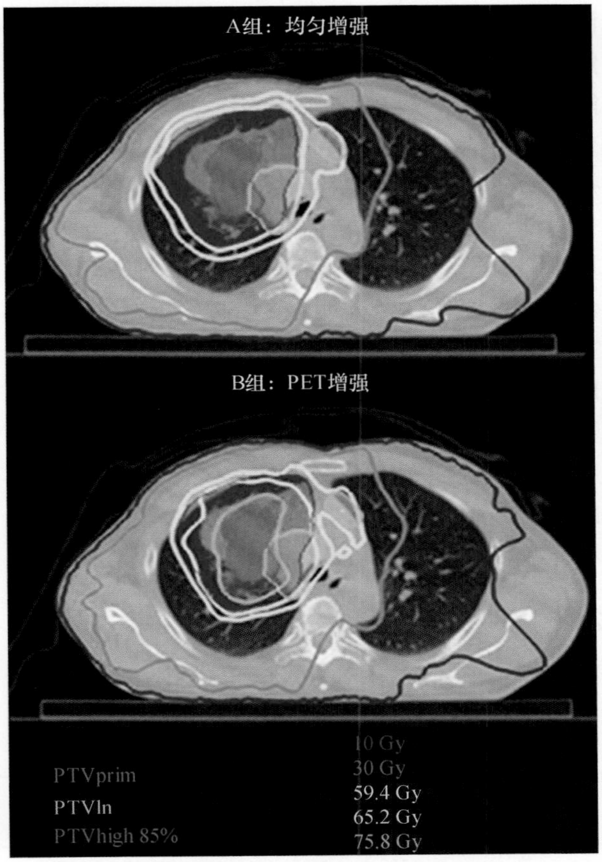

图39.1　PET增强试验

A：均匀增强；B：基于^{18}F-2-脱氧-D-葡萄糖摄取的不均匀增强

来自：van Elmpt W, De Ruysscher D, van der Salm A, et al. The PET-boost randomised phase II dose-escalation trial in non-small cell lung cancer. Radiother Oncol, 2012; 104: 67-71.

2　放化疗

同步放化疗现在是分期为N2或N3的Ⅲ期NSCLC的标准治疗。对无法切除的Ⅲ期局部晚期NSCLC患者的Meta分析结果表明，与单纯放疗相比，同步或序贯给予铂类为基础的化疗更能获益[30-33]。此外，第3项Meta分析清楚地表明同步放化疗方案优于序贯方案[34]。

2.1　化疗的作用

对于医学上无法手术或技术上不可切除的局部晚期NSCLC患者，单纯行胸部放疗（可能是治愈性的）在20世纪80年代被视为标准疗法。然而，由于复发率高和远处转移，治疗结果并不能令人满意。有学者想到应用放疗增敏抗癌药物化疗的可能，通过控制远处转移和提高肿瘤对放疗的敏感性来提高生存率，一些试验验证了这一个假设。Meta分析的结果显示，包含铂类药物的序贯或同步放化疗后的生存率要优于单纯放疗[30-33]。化疗的重要作用经证明在2年时的绝对获益率为3%，5年时为2%。此外，第3个Meta分析已清楚地显示出同步方案优于序贯方案[34]。

尽管如此，这些发现仍然不能令人满意。随后的研究旨在探索控制微转移、增加放疗效果，以及改善局部控制和生存率所需的最佳化疗时机和类型。

2.2 序贯与同步治疗

在几项研究中，已将序贯放化疗与同步放化疗进行了比较[21, 35-37]（表39.1）。首次发表的试验来自Furuse等[35]，在无法切除的局部晚期NSCLC中同时或在用丝裂霉素、长春地辛和DDP诱导后给予放疗（56 Gy，使用分程方式放疗）。接受同步治疗的患者的中位生存期显著优于接受序贯治疗的患者（16.5个月vs. 13.3个月，P=0.039 98）。同步组的5年生存率（15.8%）优于序贯组（8.9%）。其他3项试验显示出支持同步方案的趋势。RTOG 9410是一项随机三臂Ⅲ期试验，比较了序贯放化疗和同步放化疗的疗效[21]。序贯组化疗方案由DDP和长春碱组成，第1天和第29天应用DDP（100 mg/m^2），长春碱（5 mg/m^2）为每周1次，持续5周，从第50天开始进行胸部放疗（60 Gy）。同步组的化疗方案与序贯组相同，但是同时从第1天开始进行胸部放疗（60 Gy）。与序贯组相比，同步组的5年生存率明显更好（16% vs. 10%，P=0.046）。

表39.1 序贯与同步放化疗的随机对照试验

调查者	患者数量	放疗剂量（Gy）	化疗方案	中位生存时间（月）	2年生存率（%）	5年生存率（%）
Furuse等[35]	156	56	Conc RT DDP＋MIT＋VDS×2	16.5	34.6	15.8
	158	56	DDP＋MIT＋VDS×2→Seq RT	13.3	27.4	8.9
Fournel等[36]	100	66	Conc RT DDP＋ETP×2 DDP＋VNR×2	16.3	39	21[a]
	101	66	DDP＋VNR×3→Seq RT	14.5	26	14[a]
Zatloukal等[37]	52	60	DDP＋VNR→Conc RT DDP＋VNR×2→DDP＋VNR	16.6	34.2	18.6
	50	60	DDP＋VNR×4→Seq RT	12.9	14.3	9.3
Curran等[21]	193	69.6	Conc RT DDP＋ETP×2	15.2	34	13
	200	63	Conc RT DDP＋VLB×2	17.0	35	16
	199	63	DDP＋VLB×2→Seq RT	14.6	32	10

注：[a]4年；Conc，同步；DDP，顺铂；ETP，依托泊苷；MIT，丝裂霉素C；RT，放疗；Seq，序贯；VDS，长春地辛；VLB，长春碱；VNR，长春瑞滨

NSCLC协作小组基于独立的患者数据[34]对6项随机试验进行了Meta分析。与序贯放化疗相比，同步放化疗显著提高了总生存率（风险比为0.84，95%CI为0.74～0.95，P=0.004），3年的绝对获益为5.7%（23.8% vs. 18.1%），5年为4.5%（15.1% vs. 10.6%）（图39.2）。这种获益主要是由于局部区域进展较少，而远处转移率并没有任何差异。同步放化疗会增加急性食管毒性反应（3～4级），从4%增加至18%，相对风险为4.9（95%CI为3.1～7.8，P<0.001）。急性肺毒性反应无显著性差异。

总之，以DDP为基础的同步放化疗显示出在毒性增加可控的基础上提高生存率。包括DDP在内的同步放化疗被推荐作为不能手术但符合放疗条件的局部晚期NSCLC患者的标准疗法。序贯放化疗或单纯放疗适用于无法耐受同时进行放化疗的体弱患者。

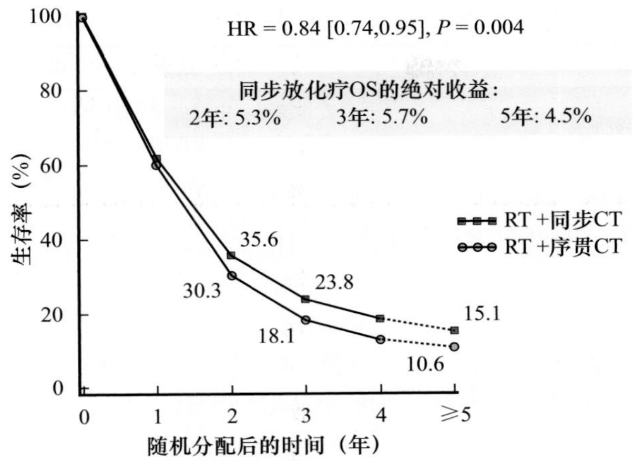

图39.2 比较同步放化疗与序贯放化疗的生存曲线

改编自：Auperin A, Le Péchoux C, Rolland E, et al. Meta-analysis of concomitant versus sequential radiochemotherapy in locally advanced non-small-cell lung cancer. J Clin Oncol, 2010, 28: 2181-2190.

2.3 化疗药物组合

如前所述，在使用铂（尤其是DDP）和第二代抗癌药（如长春地辛、丝裂霉素、依托泊苷和长春碱）的放化疗方案中，多项Ⅲ期试验已经有力地证明了这些药物的有效性。用铂和第三代药物联合治疗局部晚期NSCLC的证据不太确凿。尽管一些试验显示，当这种组合方式治疗Ⅳ期NSCLC时，会产生显著的反应率和生存率。需要额外更多的数据来确定最佳方案。下面对几项随机试验进行了回顾（表39.2和表39.3）。

表39.2 应用第三代抗癌药或分子靶向药的同步放化疗的随机选择试验

调查者	患者数量（例）	放疗剂量（Gy）	化疗方案	中位生存时间（月）	2年生存率（%）
Belani等[24]	91	63	CBDCA＋PTX×2→Seq RT	13	30
	74	63	CBDCA＋PTX×2→Conc RT CBDCA＋PTX×2	12.7	25
	92	63	Conc RT CBDCA＋PTX×2→CBDCA＋PTX×2	16.3	31
Zatloukal等[37]	52	60	DDP＋VNR→Conc RT DDP＋VNR×2→DDP＋VNR	16.6	34.2
	50	60	DDP＋VNR×4→Seq RT	12.9	14.3
Yamamoto等[36]	146	60S	Conc RT DDP＋VDS＋MIT×2 DDP＋VDS＋MIT×2	20.5	17.5
	147	60	Conc RT CBDCA＋IRIN×2 DDP＋IRIN×2	19.8	17.8
	147	60	Conc RT CBDCA＋PTX×2 CBDCA＋PTX×2	22.0	19.5
Segawa等[39]	101	60	Conc RT MIT＋VDS＋DDP×2	23.7.	48.1
	99	60	Conc RT DOC＋DDP×2	26.8	60.3
Wang等[40]	33	60	Conc DDP＋ETP×2	20.2	36.4
	32	66	Conc CBDCA＋PTX每周方案	13.5	16.2
Senan等[41]	301	66	Conc RT DDP＋PEM→PEM×4	26.8	52
	297	66	Conc RT DDP＋ETP→DDP＋X×2 Conc RT DDP＋PEM×4 ＋Cetux→PEM×4	25	52

注：CBDCA，卡铂；Conc，同步；DDP，顺铂；DOC，多西他赛；ETP，依托泊苷；IRIN，伊立替康；MIT，丝裂霉素C；PEM，培美曲塞；PTX，紫杉醇；RT，放疗；S，分程；Seq，序贯；VDS，长春地辛；VNR，长春瑞滨；X，第二种药物

表39.3 利用分子化合物联合放化疗治疗局部晚期非小细胞肺癌的临床试验

研究	药物	研究设计	结果
RTOG 0324[52] 第二阶段	西妥昔单抗	卡铂/紫杉醇/西妥昔单抗/放疗→卡铂/紫杉醇×2周期	中位生存期27.7个月；2年OS 49.3%
CALGB 30407[51] 第二阶段	西妥昔单抗	卡铂/培美曲塞/放疗±西妥昔单抗	不含西妥昔单抗：18个月；OS 58% 西妥昔单抗：18个月；OS 52%

续表

研究	药物	研究设计	结果
SWOG 0023[54] 第三阶段	吉非替尼	化疗/放疗→多西他赛×3周期→吉非替尼与安慰剂	吉非替尼：中位生存期23个月 安慰剂：中位生存期35个月
CALGB 30106[55] 第二阶段	吉非替尼	不良风险组：卡铂/紫杉醇→放疗/吉非替尼→吉非替尼 良好风险组：卡铂/紫杉醇→放疗/吉非替尼/卡铂/紫杉醇→吉非替尼	不良风险组：PFS 13.4个月，中位生存期19个月 良好风险组：PFS 9.2个月，中位生存期13个月
芝加哥大学[56] 第一阶段	厄洛替尼	第1组：卡铂/紫杉醇→卡铂/紫杉醇/放疗/厄洛替尼 第2组：顺铂/依托泊苷/放疗/厄洛替尼→多西他赛	第1组：中位生存期13.7个月 第2组：中位生存期10.2个月
Spigel等[59] 第二阶段	贝伐单抗	卡铂/培美曲塞/贝伐单抗/放疗→卡铂/培美曲塞/贝伐单抗→贝伐单抗	2/5患者发生气管食管瘘
ECOG 3598[61] 第三阶段	沙利度胺	卡铂/紫杉醇/放疗±沙利度胺	1年生存率，卡铂/紫杉醇组为57%；沙利度胺组为67% 2年生存率，34%和33%
RTOG 0617[19] 第三阶段	西妥昔单抗	卡铂/紫杉醇/放疗±西妥昔单抗	西妥昔单抗组中位总生存期23.1个月；没有接受西妥昔单抗的为23.5个月

注：CALGB，癌症和白血病B组；OS，总生存率；PFS，无进展生存期；RTOG，放射治疗肿瘤学组；SWOG，西南肿瘤学组

Belani等[24]在一项三臂Ⅱ期试验中纳入了无法切除的局部晚期NSCLC患者。第1组（序贯组）的患者接受两个周期的诱导化疗，其中使用紫杉醇（200 mg/m^2）和卡铂［曲线下面积（AUC）=6］，然后进行放疗（63 Gy）。第2组（诱导+同步组）患者接受两个周期的紫杉醇（200 mg/m^2）和卡铂（AUC=6）诱导化疗，然后接着每周应用紫杉醇（45 mg/m^2）和卡铂（AUC=2）同时进行放疗（63 Gy）。第3组（同步+巩固组）的患者每周接受紫杉醇（45 mg/m^2）、卡铂（AUC=2）和放疗（63 Gy），然后接受两个周期的紫杉醇（200 mg /m^2）和卡铂（AUC=6）的巩固化疗。第1、2和3组的中位总生存期分别为13.0个月、12.7个月和16.3个月。第1组患者的1年、2年和3年生存率分别为57%、30%和17%；第2组患者分别为53%、25%和15%；第3组患者分别为63%、31%和17%。在这项研究中，同时进行每周1次的紫杉醇+卡铂化疗和胸部放疗，随后行巩固化疗得到了最佳结果，但毒性更大。

减量（低剂量）DDP和长春瑞滨联合治疗被广泛用作标准治疗，但很少有前瞻性试验。Zatloukal等[37]证明了该组合在局部晚期NSCLC患者同步和序贯放化疗试验中的安全性与有效性。52名患者被随机分配到同步治疗组，另外50名进行序贯治疗。化疗包括4个周期的DDP（80 mg/m^2）第1天用药，和长春瑞滨（第1和4周期25 mg/m^2，第2和3周期12.5 mg/m^2，第1、8和15天用药，28天方案）。放疗（60 Gy）每周5次，持续6周。同步组的放疗于第2周期化疗第4天开始，序贯组在化疗完成2周后开始放疗。同步组的总生存期（中位生存期为16.6个月）显著优于序贯组（中位生存期为12.9个月，P=0.023，风险比为0.61，95%CI为0.39～0.93）。在第1、2和3年，同步治疗组的生存率要明显高于序贯组（分别为69.2%、34.2%和18.6% vs. 53.0%、14.3%和9.5%）。尽管同步进行放化疗的治疗方式存在更高的毒性，但两组的不良事件情况都是可以接受的。

在日本进行了两项比较第二代和第三代化疗药联合同步进行胸部放疗的Ⅲ期临床试验。西日本肿瘤学组进行了一项三臂随机试验，其中一个试验组中将丝裂霉素、长春地辛和DDP与伊立替康和卡铂联合使用，另一个组使用紫杉醇和卡铂[38]。冈山肺癌研究小组还使用丝裂霉素、长春地辛和DDP作为对照方案，并与多西他赛和DDP进行了比较[39]。在生存率方面，两种方案之间没有明显差异，但在对照组中发热性中性粒细胞减少更常见。

最后，在国内进行了一项小型试验，比较DDP＋依托泊苷方案和卡铂＋紫杉醇方案联合同步放疗（60 Gy）的疗效。该试验的结果显示，用DDP＋依托泊苷联合放疗的3年生存率更高（33% vs. 13%）[40]。

培美曲塞最近常用于晚期非鳞状NSCLC，疗效较好。PROCLAIM研究是一项培美曲塞和DDP化疗联合同步放疗的Ⅲ期试验，随后是培美曲塞巩固治疗或再增加两个周期以铂类药为基础的化疗。由于培美曲塞在根治性放疗中可以全剂量给药，因此有希望降低远处转移的发生率。然而，无论终点如何，两组的2年生存率均为52%，无显著性差异[41]。

2.4　诱导和巩固治疗

对于局部晚期NSCLC，即使使用同步放化疗，局部复发和远处转移也是常见事件，大多数患者死于肺癌进展。早期给予全剂量全身化学疗法有可能通过在放化疗之前早期治疗微转移灶和降低原发肿瘤的分期来提高生存率。

一项癌症和白血病B组（cancer and leukemia group B，CALGB）研究将366例Ⅲ期NSCLC患者随机分配至立即放化疗组（卡铂、紫杉醇和66 Gy放疗）或诱导化疗组，诱导化疗是指在放化疗前行两个周期的卡铂和紫杉醇的化疗[42]。生存差异不显著（P=0.3），中位生存期为12个月（95%CI为10～16个月）和14个月（95%CI为11～16个月）。立即放化疗组的2年生存率为29%（95%CI为22%～35%），诱导化疗组为31%（95%CI为25%～38%）。与单纯行同步放化疗相比，在同步放化疗的基础上加入诱导化疗增加了毒性，而并没有提供生存益处。同样，来自6项小型随机Ⅱ期临床试验的个体患者数据的Meta分析表明，在根治性放化疗之前或之后加入诱导化和辅助化疗没有任何差异[43]。最近的一项试验将同步放化疗后的患者随机分配到两组，分别行额外两个周期的口服长春瑞滨加DDP和单纯行最佳支持治疗，但并没有显示出额外化疗的任何获益[44]。Hoosier肿瘤学组随机分配已经接受DDP、依托泊苷化疗和根治性胸部放疗的患者进行巩固多西他赛治疗或观察[45]。由于多西他赛给药期间导致的毒性增加，该试验提前终止。5.5%的患者因该药物而死亡。多西他赛组的中位生存期为21.2个月，而观察组为23.2个月（P=0.883）。

总之，目前不建议对无法切除的局部晚期NSCLC患者进行诱导化疗、辅助化疗和（或）维持治疗。

2.5　老年患者的放化疗

临床试验很少为70岁以上的患者提供放化疗的数据。Atagi等[46]随机分配70岁以上PS良好的患者接受放疗（60 Gy），同时予以低剂量卡铂（每天30 mg/m^2，每周5天，持续20天）或单独进行放疗。尽管联合治疗的血液毒性更大，但两组的晚期毒性反应和治疗相关死亡情况相似。放化疗组有明显的生存获益，2年生存率分别为46%和35%（图39.3）。对于没有严重合并症的精心挑选的老年患者，可以考虑行放化疗并对毒性反应进行谨慎管理。

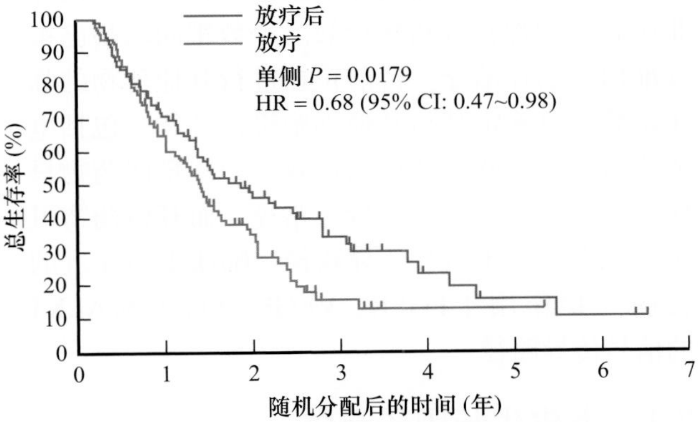

图39.3　老年患者同步放化疗与单纯放疗的生存曲线比较

来自：Atagi S, Kawahara M, Yokoyama A, et al. Thoracic radiotherapy with or without daily low-dose carboplatin in elderly patients with non-small-cell lung cancer: a randomised, controlled, phase 3 trial by the Japan Clinical Oncology Group (JCOG0301). Lancet Oncol, 2012, 13: 671-678.

总之，对于大多数无法切除的局部晚期NSCLC患者，同步放化疗是最有效的治疗策略。铂和第二代抗癌药物的联合治疗能有效地延长生存期。第三代抗癌药物的优越性或非劣性尚未在Ⅲ期试验中得到证实。小规模研究的结果表明，这些药物可能适度增加中位生存期和5年生存期。此外，很难将在Ⅳ期患者中观察到的结果转化到联合方法治疗的Ⅲ期患者。

3 分子靶向治疗

分子生物学的最新发现使得我们认识到许多可能与癌细胞发育、进展和生长有关的分子途径，这些途径也可能在癌细胞对放疗或其他细胞毒性药物的抵抗中起作用。因此，应研究这些途径以便作为增强放疗或化疗疗效的潜在靶点。自20世纪90年代以来，用于肺癌治疗新的分子靶向药物呈爆炸式增长。

NSCLC分子靶点列表不断扩展，包括*EGF*及其受体（*EGFR*）、*VEGF*及其受体（vascular endothelial growth factor receptor，*VEGFR*）、棘皮动物微管相关蛋白样4与间变性淋巴瘤激酶（*EML4-ALK*）融合、*B-Raf*、*PIK3CA*基因、*ErbB2*（*Her2*）扩增或突变基因、西罗莫司的哺乳动物靶点，以及调节其信号转导途径中不同步骤的各种其他分子[47]。尽管临床前数据表明这些分子是可以用于提高治疗效果的可行靶点，但并非所有药物都具有临床疗效。少数靶向药物已被批准用于癌症治疗。目前正在进行其他药物的临床试验，以确定其与其他细胞毒性药物（包括电离放射疗法）联合使用的疗效。一些靶向药物只作用于某一个分子信号传导路径，而其他药物可作用于多个分子信号传导路径。临床上最先进的靶向药物作用于EGFR、VEGF/VEGFR和ALK1的信号传导路径。

3.1 表皮生长因子受体

*EGFR*靶向治疗举例说明了将放疗与分子靶向治疗相结合的方法。*EGFR*在肿瘤生长和对细胞毒性剂（包括电离放射疗法）的反应中起重要作用。*EGFR*表达上调发生在许多类型的肿瘤中，通常与肿瘤的侵袭性增加、预后不良和肿瘤对细胞毒性药物（包括放疗）治疗的抵抗性有关[48-49]。临床前数据为EGFR抑制剂与放疗相结合提供了强有力的理论依据。

西妥昔单抗是嵌合小鼠抗EGFR的单克隆抗体。尽管在对于头颈部鳞状细胞癌患者的研究中证实了西妥昔单抗联合放疗的获益，但该药物在NSCLC患者中也得到了广泛的研究[50]。2011年CALGB和RTOG报道了第二阶段研究的结果[51-52]。CALGB研究评估了两种新的化疗方案联合同步放疗的结果。第一组患者同时接受卡铂和培美曲塞治疗及胸部放疗（70 Gy）。第二组患者接受相同的方案并加用西妥昔单抗。两组患者均接受4个周期的培美曲塞作为巩固治疗。18个月时不含西妥昔单抗组的总生存率为58%，含西妥昔单抗组为54%。胸部放疗、培美曲塞、卡铂联合或不联合西妥昔单抗治疗NSCLC是可行的，并且耐受性相当好[51]。

在RTOG研究中，患者接受了紫杉醇、卡铂和西妥昔单抗联合放疗（63 Gy）治疗。所有患者在放疗前1周接受负荷剂量的西妥昔单抗（400 mg/m^2），患者在完成放疗后再额外接受两个周期的卡铂、紫杉醇和西妥昔单抗治疗。中位生存期为22.7个月，2年生存率为49.3%[52]。由于这些非常有希望的结果，在RTOG 0617试验中对西妥昔单抗进行了研究，其中患者被随机分配接受或不接受西妥昔单抗及同步放化疗。然而，两组之间没有观察到生存率的差异。在一项单独计划的回顾性分析中，对203名患者*EGFR*的表达进行评估。对于表达*EGFR*的患者，存在具有较高生存率的统计学上的获益，而对于不表达*EGFR*的患者，观察到一个负趋势[19]。在Raditux试验中，患者接受66 Gy/24次的放疗加上每日DDP，含或不含西妥昔单抗。生存率非常相似，但未评估*EGFR*的表达。在西妥昔单抗组中观察到更多的3级肺毒性（0 vs. 10%）[53]。

吉非替尼和厄洛替尼是两种酪氨酸激酶抑制剂（TKI），在突变情况下它们特别活跃，通过其与放疗的联合进行了实验。西南肿瘤学组（Southwest Oncology Group，SWOG）进行了一项大型Ⅲ期试验，其中Ⅲ期NSCLC患者接受标准的放化疗，并在用多西他赛巩固治疗3个周期后，被随机分配接受安慰剂或吉非替尼维持治疗。中期分析中吉非替尼维持组的整体生存率更差（23个月vs. 35个月），研究因此结束[54]。从这项研究中可以清楚地看出，在未经选择的患者群体中应避免在根治性放化疗后使用TKI进行维持治疗。

CALGB 30106是一项Ⅱ期研究，旨在评估在无法切除的NSCLC患者中应用序贯或同步放化疗时加用吉非替尼的效果[55]。患者被分为不良风险组（PS评分为2或更高，体重减轻5%或更多）或良好风险组（PS评分为0或1，体重减轻低于5%）。所有患者均接受了两个周期的卡铂和紫杉醇联合吉非替尼诱导化疗（吉非替尼于2004年5月从诱导方案中移除，当时SWOG试验未证明将吉非替尼加入化疗有益。不良风险组的患者接受胸部放疗（66 Gy）并同时应用吉非替尼治疗。良好风险组的患者接受相同的放疗和吉非替尼，但每周也接受卡铂和紫杉醇治疗。巩固吉非替尼治疗直至疾病进展。不良风险组无进展生存期为13.4个月，中位生存期为19个月。良好风险组无进展生存期为9.2个月，中位生存期为13个月。45例肿瘤患者中有多达13例具有激活*EGFR*突变，13例中有2例有*T790M*突变。45例肿瘤患者中有7例具有*KRAS*突变。当通过这些分子表型分析结果时，结果没有显著性差异。考虑到不良风险患者的预后，进一步将研究诱导化疗后放疗和吉非替尼治疗此类患者的有效性。然而，这种方案可能对良好风险组的患者不利。

CALGB 30106的研究结果与厄洛替尼联合放化疗的研究结果一致。Choong等[56]报道了厄洛替尼联合放化疗的Ⅰ期研究。一组患者接受卡铂和紫杉醇诱导化疗，然后接受卡铂、紫杉醇、放疗和厄洛替尼。第二组患者接受DDP、依托泊苷、放疗和厄洛替尼，然后接受多西他赛治疗。在两组中，厄洛替尼剂量分3个阶段从50 mg增加至150 mg。各组的中位生存期分别为13.7个月和10.2个月。对于出现皮疹的患者，总生存率和无进展生存率均得到改善。该研究证明了这种方案的耐受性，但鉴于令人失望的生存数据，对以*EGFR*为基础治疗的患者选择标准应有所改进，这一点是明确的。

患者的选择可能在未来的*EGFR*靶向药物研究设计中发挥重要作用。例如，这些药物对*EGFR*突变患者有益，研究可能需要将有激活*EGFR*突变的患者与普通野生型*EGFR*患者分开。放化疗后，生物标志物的重复评估可能有助于确定哪些亚组患者将从附加抗EGFR药物的额外治疗中受益。因此，分子谱分析及基于诸如*EGFR*突变状态等标准的患者选择已经成为预测抗EGFR方案疗效的重要因素。与放化疗联合使用抗EGFR药物治疗的未来研究还应该纳入严格的患者选择标准，以获得最大的治疗获益。EGFR抑制剂和放疗联合治疗的效果可能因肿瘤类型和分子特征及治疗顺序而异。

3.2 抗血管生成药物

血管生成抑制剂已经历了广泛的临床前试验，一些药物已经在临床试验中进行了测试。尽管有学者担心抗血管生成剂会加重缺氧，从而损害放疗的疗效，但第一项使用特异性血管生成抑制剂血管抑制素的临床前研究显示出了与放疗的协同作用[57]。Jain[58]提出一种解释这种效应的肿瘤血管系统正常化模型。在该模型中来自肿瘤的促血管生成因子可以引起异常的新血管形成，并且抑制肿瘤血管生成从而短暂地使肿瘤脉管系统正常化，具有减少肿瘤缺氧和提高放疗效果的作用，这与人的直觉相反。临床前研究支持这一假设，正如一项局部晚期直肠癌的Ⅰ期研究结果。

与EGFR抑制剂类似，抗血管生成化合物可广泛分类为针对抗血管生成分子或其受体（如贝伐珠单抗）的单克隆抗体或对这些受体中的一个或多个具有窄谱或广谱活性的TKI（如索拉非尼、舒尼替尼、培唑帕尼）。贝伐单抗治疗NSCLC的研究也包括放疗。

在SCLC和NSCLC患者的多项研究中，通过在放化疗中加入贝伐单抗来提高治疗有效率的努力都失败了。该方案与SCLC和NSCLC中气管食管瘘的发生率上升有关[59]。因此，在未来研究的设计中需要考虑患者选择因素，如肿瘤位置和肿瘤组织学，以及贝伐单抗与放疗联合的时机。

沙利度胺还被发现具有有效的免疫调节作用和抗血管生成特性[60]。ECOG 3598是一项随机研究，对局部晚期NSCLC患者进行放化疗联合或不联合沙利度胺做比较。患者接受两个周期的卡铂和紫杉醇化疗，联合或不联合沙利度胺，然后每周用卡铂和紫杉醇治疗及放射治疗，联合或不联合沙利度胺。在沙利度胺组中，患者可以用辅助性沙利度胺治疗长达2年。加入沙利度胺后无进展生存期或总生存率没有明显差异[61]。尽管这一结果可能表明该治疗组合无效，但阴性研究也可能表明在使用特定药物时需要更好的患者选择。

3.3 间变性淋巴瘤激酶抑制剂

*EML-ALK*融合癌基因已成为NSCLC患者非常重要的潜在生物标志物。已经鉴定出几种ALK抑制剂，克唑替尼的应用最广泛，并产生了令人满意的结果。然而，数据并未表明ALK抑制剂与放疗同时使用时具有放射增敏或协同效应。

3.4 免疫检查点抑制剂（PD-1/PD-L1）

在Ⅳ期患者中，对使用纳武单抗和伊匹单抗进行了观察，或者在对转移部位使用立体定向放疗后具有远隔反应的试验中进行了观察[62]。目前，正在进行Ⅲ期试验以评估安全性（关注的是放射性肺炎的风险）和疗效[63]。

总之，截至2016年，没有试验证明在未选择患者群体的联合治疗方案中添加分子靶向药物能获益。目前，对已知有*EGFR*突变或*ALK*易位的患者加入厄洛替尼或克唑替尼治疗的研究正在由美国的NRG/Alliance进行。

新的生物标志物的发现、分子治疗和成像技术的进步以及对有效整合化疗和放疗的更好理解，使得NSCLC的个体化治疗成为可能。随着更精确的生物标志物的出现，这种个体化策略的使用将成为常规。此外，免疫调节治疗可能在NSCLC的治疗中发挥更大的作用。免疫调节剂联合使用细胞毒性药物的初步研究提供了有希望的早期结果。目前正在研究将这些药物并入同步放化疗中。

4 局部治疗：手术还是放疗

手术在Ⅲ期NSCLC多模式治疗中的作用是一个悬而未决的问题，存在很大的争议。在某些情况下手术是在诱导化疗后进行的，而在其他一些情况下，它作为ⅢA期NSCLC的初步治疗方法，随后会进行辅助化疗，有或无术后放疗。随着放化疗后生存结果的改善，手术的作用受到了挑战。

4.1 手术随机试验

在北美和欧洲进行的3项大型随机试验将手术与放疗进行了比较（表39.4）[64-66]。这些试验的选择标准和设计不同：在北美和德国的试验中，患者已经证实N2病变在入组时被认为是可切除的，而在欧洲癌症研究和治疗组织（European Organisation for Research and Treatment of Cancer，EORTC）试验中，N2病变被认为是不可切除的。术语“可切除”或“不可切除”可能是部分主观的，取决于外科医生的判断。

表39.4 研究手术作用或诱导治疗类型的Ⅲ期试验结果[a]

作者	治疗	患者数量	R0切除（%）	病理性CR（%）	5年生存率（%）	局部进展（%）
Thomas等[67]	CT→S→RT	260	54.5	11	16	62
	CT+RT→S	264	69	41	14	50
Pless等[68]	CT→RT	117	91	16	38	15
	CT	115	81	12	41	28
Albain等[64]	RT+CT→S→CT	202	71.3	17.7	27.2	10
	RT+CT→	194			20.3	22
van Meerbeeck等[65]	CT→S	167	50	5	15.7	45
	CT→RT	165			14	62
Eberhardt等[66]	CT→RT+CT→S	81	94	33	44	
	CT→RT+CT	80			40	

注：[a]通过病理完全缓解或失败模式的不同定义（第一部位，局部有或没有远处转移）来部分解释这种差异；CR，放化疗；CT，化疗；RT，放疗；S，手术

在EORTC试验中，579名患有ⅢA期疾病的患者首先接受3个周期的铂类化疗，然后被随机分配接受手术或6周的放疗（60 Gy）[65]。试验中只包括332名对化疗有客观反应的患者。在手术患者中，40%的患者接受了额外的术后放疗。47%的患者进行了肺切除术。全组的30天术后死

亡率为4%，全肺切除术后死亡率为7%，右侧或左侧手术无显著性差异。50%的手术患者得以完全切除，5%的患者病理完全缓解，41%的患者实现N0或N1的分期下降。在放疗组中，80%的患者在40～46天的时间内接受30～32分次的60 Gy剂量放疗。放疗的总体依从性为55%。86%的患者在末次化疗的10周内第1天起开始放疗。在生存率方面，两组之间没有观察到显著差异，5年生存率约为15%。关于第一个进展部位，放疗后局部复发比手术后更常见（55% vs. 32%）。

在美国组间试验中，如果患者有T1～T3的肿瘤和病理证实的N2病变，如果切除术在技术上可行，并且他们是良好的手术候选者，则被纳入研究[64]。患者被随机分配到术前放化疗组或单纯放化疗组。化疗方案包括第1、8、29和36天的DDP（50 mg/m^2），以及在第1～5天和第29～33天予以依托泊苷（50 mg/m^2），同时进行胸部放疗（45 Gy，5周以上）。在手术组中的诱导方案后2～4周及放疗组中的第5周期对胸部CT图像进行评估。如果疾病没有进展，则进行手术或继续行放疗至61 Gy。计划在手术或放疗后再进行两个周期的化疗。

在手术组202名患者中，177名患者符合开胸手术的条件，144例完全切除，121例开始巩固化疗。手术死亡率高，特别是在右侧全肺切除术后（26%）。另外两个化疗周期的依从性在手术组中为55%，在放疗组中为74%，与辅助化疗试验中报道的相似。两组之间的生存率没有显著差异，放疗组和手术组的5年生存率分别为20.3%和27.2%。在一项回顾性的非计划探索性分析中，我们进行了配对分析：与放疗相比，肺叶切除术可显著提高生存率，但全肺切除术则没有。

德国的试验在招募了50%的患者后结束。246名在ⅢA期或B期被证实为N2病变的患者接受了3个周期的DDP和紫杉醇诱导化疗，然后进行同步放化疗，45 Gy每天2次放疗与DDP和长春瑞滨方案化疗[66]。在放疗的最后一周对患者进行重新评估，那些被认为可切除的患者被随机分配接受手术和65～71 Gy的放化疗。大多数患者为ⅢB期病变（171例患者）。诱导化疗后65%的患者被发现呈现可切除的肿瘤并被随机分组。81%的患者接受了R0切除。两组之间的生存率没有显著差异，放化疗＋手术组的5年生存率为44%，继续放化疗组为40%。

最近两项重要的Ⅲ期试验仅涉及诱导治疗、放化疗或化疗的问题。在Thomas等[67]的试验中，524例患者被随机分配到两组，一组诱导化疗，然后进行手术和术后放疗（术前化疗组）；一组诱导化疗，然后加速放化疗，然后进行手术（术前放化疗组）。该试验包括500多例ⅢA或B期病变的患者。两组完全切除的数量相似：术前化疗组为84例患者和术前放化疗组为98例患者。分配到治疗组患者的手术执行率低于60%。术前化疗组有17例患者，放化疗组有59例患者均获得病理学上的完全缓解，但这一结果并未转化为生存获益，两组5年生存率约为15%。对于这些结果，一个带有偏见的解释认为可能是放疗没有产生任何获益。然而，应该注意的是，术前化疗组确实包括术后放疗，并且该试验旨在将胸部放疗作为诱导治疗的一部分和辅助治疗的一部分进行比较。瑞士的试验包括232例ⅢA期患者，对术前行3个周期的诱导化疗（DDP和多西他赛）与术前同样方案的诱导化疗后行序贯放疗（44 Gy/22次，持续3周）进行了比较[68]。两组之间没有观察到统计学差异。然而，术前化疗组的病理完全缓解率较低。

对比较术前化疗与单纯手术治疗ⅢA期病变的7项Ⅲ期临床试验进行Meta分析后发现，化疗可使生存率提高6%，5年生存率从14%提高到20%[69]。然而，局部失败仍然是一个关键问题：在瑞士临床研究组Ⅱ期试验中60%的患者随后发生局部复发[70]。Meta分析中包括的所有试验均在20世纪90年代进行，使用的是当时可用的分割方式和放疗技术。然而，它们提供了有关手术和放疗可能有作用的信息。

4.2　手术的优点和缺点

关于手术优势的讨论设想在手术前通过完整的分期程序确定了N2病变，以及如果需要的话使用PET/CT、支气管内超声或纵隔镜检查来仔细评估纵隔分期。该讨论不适用于开胸时发现了阳性淋巴结。

除了提高生存率外，手术还可以改善局部控制。在美国Intergroup和EORTC试验中，手术使局部控制提高了50%。从理论上讲，与放疗相比，大体积病变在外科切除术中的问题要少，肿瘤体积较大会限制放疗疗效。但来自Intergroup试验的报道没有提供有关肿瘤体积的信息。不完全切除术是一种无效的开胸手术，因为挽救治疗效果有限。当不能进行完全切除时，挽救性放疗会延迟并且毒性增加。

外科手术可以对肿瘤范围进行全面的病理评估。在做出治疗决定时，常已知需要添加辅助或新辅助化疗的选择。对于患有严重肺气肿或慢性阻塞性肺疾病的患者，手术可能会导致肺实质扩张，从而改善肺功能，患有慢性阻塞性肺疾病的患者在肺叶切除术后具有更大的FEV_1[71]。由于在放疗后经常发生并发症，包括出血或脓肿，因此在肿瘤内感染或空洞的情况下行手术治疗可能是有益的[72]。

手术的一个主要缺点是其与大量的发病率和死亡率有关，特别是在全肺切除的情况下，因为其与肺功能低下和并发症发生率高有关。新辅助治疗后的死亡率为0～26%，术后30天的死亡率为7%，至90天时上升为12%。左肺切除术的90天死亡率为9%，右肺切除术的死亡率为20%[73]，尽管一些研究团队报道，右侧全肺切除术的死亡率也较低，特别是在经过仔细的功能评估后，但全肺切除术会损害生活质量并导致晚期并发症[74]。计划在多模式治疗方法中加入手术可能会导致放疗的延迟。例如，如果在2～3个周期的诱导化疗后2～4周再评估分期并且决定不进行手术，则最后一次化疗与开始胸部放疗之间的长时间延迟会使肿瘤再生[75]。

目前的术前化疗能够达到病理上完全缓解的概率很低，不到50%的患者能够达到降低分期的目的。诱导放化疗可以产生更好的病理完全缓解率和降低分期。然而，这并未改变德国研究、Meta分析或其他两项试验中报道的生存结果[67-68, 76-77]。有共识认为，如果纵隔淋巴结没有受累，术前对上沟肿瘤放化疗是合理的[78-79]。此外，同时进行放化疗诱导后的放射反应并不总是与病理反应相关，如一些残留的肿块可能是纤维化。

4.3 选择手术或放疗的考虑因素

与外科手术相比，放疗的使用受合并症和肿瘤范围的限制较少，并且避免了手术并发症。然而，放疗与急性毒性反应有关，如放疗引起的急性食管炎，特别是同步进行放化疗。放疗的局限性包括肺、脊髓和心脏的器官耐受性有限，以及对于大体积病变的患者疗效较低。对于个体患者，放疗和手术之间的选择应基于几个因素。主要考虑因素是N2病变的侵犯范围和临床表现。Andre等[80]确定了4个阴性预后因素：术前CT临床诊断的N2、多站不同水平淋巴结受累、pT3或T4分期和缺乏诱导化疗。5年生存率从手术中发现的一级N2患者的34%下降到多级临床N2的3%。同样，Casali等[81]报道，在手术前确诊为N2期淋巴结时，5年生存率从24%降至15%。当使用诱导化疗时纵隔降期和阳性淋巴结的数量是关键因素，Decaluwé等[82]报道，5年生存率从单一水平淋巴结转移患者的37%下降至多水平淋巴结转移患者的7%（表39.5）。

表39.5 根据各系列手术中所见淋巴结受累情况所得的生存率

	分级	*n*	5年生存率（%）
Albain等[64]	ypN0	45	41
	ypN1–3	85	24
van Meerbeeck等[65]	ypN0–1	64	29
	ypN2	86	7
Decaluwé等[82]	ypN0–1	38	49
	ypN2单级	33	37
	ypN2多级	11	0
Casali等[81]	单个cN2		23.8
	多个cN2		14.7
Andre等[80]	单个cN2	118	8
	多个cN2	122	3

手术试验中良好的生存结果通常归因于手术的作用。然而，在解释这些结果时，重要的是要记住只有一小部分患者是手术的候选者，并且并非所有接受诱导治疗的患者随后都进行了手术。实际上，通常在诱导治疗后，会评估诸如肿瘤反应和纵隔降期等因素以决定是否应该进行手术。与对诱导治疗没有反应的肿瘤患者相比，对诱导治疗有反应的肿瘤患者的手术结果更好，这对于其他类型的肿瘤也同样如此。在EORTC试验[65]

中，对诱导治疗有反应的患者被纳入研究，手术和放疗之间没有观察到差异。诸如肿瘤反应和降期等预后因素经常与用于选择手术或放疗过程的预测因素相混淆。由于肿瘤反应不良的患者预后较差，并且累及多个节点，因此应避免手术。

在选择治疗方法时，需要考虑的其他因素是患者的整体状况，包括并发症、心血管功能及两个领域的现有临床专业知识。对于外科医生来说，关键问题是能否进行完全切除。如前所述，完全切除以外的任何结果都是无效的开胸手术。应尽一切努力避免全肺切除术，因为这种手术会降低短期和长期的生活质量。手术后死亡的风险随着时间的推移而增加，并且很大程度上取决于哪一侧进行手术。右肺切除术的6个月死亡率高达24%[83]。对于放射肿瘤学家来说，主要问题是能否提供有效剂量的放疗，同时还要考虑到危险器官的耐受性。

肿瘤体积是一个值得考虑的参数。如果肿瘤很小则倾向于咨询外科医生，如果肿瘤很大则倾向于咨询放射肿瘤学家。然而，放疗的效果与肿瘤中的细胞数量直接相关，并且对于较少数量的细胞，结果比大而乏氧的肿瘤更好。另一个悬而未决的问题是，当要照射的正常组织体积太大并且放疗引起的毒性反应风险太高时，手术能起到什么样的作用。对于不适合手术的患者，同步放化疗是最受青睐的方法，这就提出了对脆弱或老年患者进行最佳治疗的问题。最后，继续寻找生物标志物以帮助选择最合适的局部治疗。

美国胸科医师学会的指导原则包括以下声明[84]："新辅助治疗后行手术切除既不明显好于也不明显差于根治性放化疗。"作者显然倾向于采用多学科方法，但试验中患者的异质性限制了推荐的强度。

5　脑转移和预防性脑照射

NSCLC患者的脑转移是影响生存率和生活质量的常见并发症，特别是对于局部晚期病变的患者。放化疗与脑转移频率增加有关，导致复发首先发生在大脑中[88-89]。

局部治疗后局部晚期NSCLC患者脑转移的发生率为12%～54%[86, 89-96]。脑转移的风险与肿瘤分期[95]、病变大小[96]、组织学[92]、诊断后生存时间[94-97]、女性[98]、年龄小于60岁[93, 99]及局部治疗类型有关[88, 92, 97, 100]。几项局部晚期NSCLC多模式治疗研究的作者报道了20～43个月的中位生存期，3年生存率为34%～37%[88, 93, 100-104]。在这些研究中，大脑是转移的常见部位。总体而言，脑转移发生在22%～55%的患者中，并且脑作为第一个复发部位的发生率为16%～43%。

在几项回顾性和前瞻性研究中，对预防性颅脑照射治疗局部晚期NSCLC进行了评价[86, 88-89, 91, 104-110]。结果表明，预防性颅脑放射可降低脑转移的发生率或延迟脑转移的发生（表39.6）。在Ⅲ期试验中，Cox等[107]随机分配了281名患者接受预防性颅脑照射（20 Gy/10次）或不接受预防性颅脑照射治疗。预防性颅脑照射使NSCLC患者的脑转移发生率从13%降至6%（P=0.038），但两组患者的中位生存期无显著差异。Umsawasdi等[108]报道了97名接受放化疗的局部晚期NSCLC患者的结果，这些患者被随机分配到预防性脑照射组（30 Gy/10次）或无预防性脑照射组。与未接受治疗相比，预防性照射组显著降低了脑转移的发生率（4% vs. 27%，P=0.002）。由于复发带来的其他不良反应，未观察到治疗组的生存获益。一项RTOG前瞻性随机研究比较了非鳞状NSCLC患者的预防性颅脑放疗（30 Gy/10次）和未行颅脑放疗的效果[89]。在随机分配至未行预防性颅脑放疗的94名患者中，18例（19%）发生脑转移，93例接受治疗的患者中8例（9%）发生脑转移（P=0.10）。治疗组之间未发现生存差异。Pottgen等[109]将106例ⅢA期NSCLC患者随机分配至预防性颅脑放射组（30 Gy/15次）或无预防性颅脑放射组，并发现该治疗显著降低了脑转移作为第一个转移部位的可能性（5年时为7.8% vs. 34.7%，P=0.02）。两组之间的神经认知能力没有显著差异。

关于预防性颅脑放射的最大前瞻性研究是RTOG 0214，其中涉及340名Ⅲ期NSCLC患者，这些患者都进行了根治性的局部区域治疗[110]。患者被随机分配到预防性颅脑照射组（30 Gy，每次2 Gy）或无预防性治疗组。这项研究因为获益缓慢而提前结束。尽管两组的1年总生存率相似（治疗组和观察组分别为75.6%和76.9%），但1年

表39.6 回顾性和前瞻性研究中NSCLC的PCI

研究	年份	设计	患者数量	主要治疗	PCI，剂量 Gy/分次	PCI数量	失败率（%）PCI	*P*
Jacobs等[105]	1987	回顾性	78	NA	30/15	24	5	0.06
Skarin[94]	1989	回顾性	34	三联	36/18	26	14	
Strauss等[106]	1992	回顾性	54	三联	30/15	12	0	
Albain等[89]	1995	回顾性	126	三联	36/18	16	8	0.44
Stuschke等[91]	1999	前瞻性	75	三联	30/15	54	13	<0.001
Cox等[107]	1981	前瞻性	281	仅限放疗	20/10	13	6	0.038
Umsawasdi等[108]	1984	前瞻性	97	多模式	30/10	27	4	0.002
Russell等[92]	1991	前瞻性	187	仅限放疗	30/10	19	9	0.10
Pottgen等[109]	2007	前瞻性	106	多模式	30/15	34.7	7.8	0.02
Gore等[110]	2011	前瞻性	340	多模式	30/15	18	7.7	0.004
Li等[112]	2015	前瞻性	156	多模式	30/10	38.6	12.3	0.001

注：NA，无法获取；PCI，预防性脑照射

脑转移发生率有显著差异（治疗组和观察组分别为7.7%和18.0%，$P=0.004$）。通过小型精神状态检查或生活质量测量的整体认知功能没有显著性差异，但使用霍普金斯语言学习测试测量的记忆力在1年时显著下降[111]。最近的一个Ⅲ期试验包括了156名接受手术的Ⅲ-N2期NSCLC的患者。术后辅助化疗后将患者随机分配接受预防性颅脑照射（30 Gy/10次）组和观察组，观察到前者脑转移减少（治疗组10例，观察组29例）和无进展生存期延长，生存率无差异[112]。

总之，预防局部晚期NSCLC患者脑转移的症状性复发可以改善生活质量和总体生存率。研究表明，预防性颅脑放射可显著降低局部晚期NSCLC患者的脑转移。然而，不建议将预防性颅脑照射作为标准疗法，因为现有的数据不能提供生存获益的证据或关于晚期毒性反应的充分信息。

6 结果测量

尽管可以使用各种指标来评估治疗的结果，但总体生存率是最相关的终点。在Ⅲ期病变组中，广泛的生存结果反映了预后特征和合并症的差异及治疗方式的差异。国际肺癌研究协会收集了患者接受不同方式治疗的试验、登记和系列病例的数据。临床分期ⅢA的5年生存率为19%，ⅢB期为7%，病理分期ⅢA为24%，ⅢB期为9%[113]。5年生存率在一些有影响的试验中也有报道（表39.7）[34, 64-65, 67, 114]。我们应该强调在过去几十年试验中所观察到的生存率的持续改善，通过放化疗可以使2年生存率超过50%[19, 41]。

表39.7 根据所选系列治疗方式的生存率

作者	研究	数量	治疗	5年生存率（%）
Koshy等[114]	国内数据库	564	新辅助放化疗＋肺叶切除术	33.5
		188	新辅助放化疗＋全肺切除术	20.7
		510	肺叶切除术＋辅助治疗	20.3
		123	全肺切除术＋辅助治疗	13.3
		9857	同步放化疗	10.9

续表

作者	研究	数量	治疗	5年生存率（%）
Albain等[64]	Ⅲ期试验	202	放疗＋化疗和手术	27.2
		194	放疗＋化疗	20.3
van Meerbeeck等[65]	Ⅲ期试验	167	化疗→手术	15.7
		165	化疗→放疗	14
Thomas等[67]	Ⅲ期试验	260	化疗→手术→放疗	16
		264	化疗＋放疗→手术	14
Auperin等[34]	Meta分析	602	化疗→放疗	11
		603	放疗＋化疗	15

无进展生存期和失败模式是不太准确的终点。放化疗后，由于放疗诱导的纤维化通常很难评估肿瘤反应。因此，研究人员称之为局部控制实际上是缺乏肿瘤进展。在Auperin等[34]的Meta分析中，同步放化疗后3年局部和远处进展的患者比例分别为28%和40%。因此，需要更有效的治疗来解决两个重要问题：不能令人满意的局部区域控制和发生远处转移的高风险。

另一个重要的终点是身体和心理健康方面的生活质量。目前应用的治疗对患者的功能有很大的影响，特别是在全肺切除术后。应设计能更好地评估与手术、放疗及化疗相关的毒性反应的研究。精神和身体健康的质量并不总是同时改变，尽管身体功能下降，但治疗后可能会改善情绪健康。通常在治疗期间和治疗后观察到病情恶化。疲劳、呼吸困难、咳嗽和疼痛可持续数月甚至数年。生活质量评分与肿瘤反应或甚至肿瘤大小之间存在相关性。并发症、手术范围、多种方式治疗和持续吸烟对生活质量有负面影响[74, 115]。无论进行任何形式的治疗，都应鼓励患者戒烟，以达到治疗目的。

7 结论

临床Ⅲ期局部晚期NSCLC的治疗应由一个多学科团队进行，该团队应该包括肿瘤医生、肺科医生、外科医生、影像学专家和放射肿瘤学家。应根据患者的身体状况、年龄、组织学、肿瘤大小和位置、肺和其他器官功能及合并症选择多种方式的治疗。

新型抗癌药物和新的分子靶向药物及放射技术的进步有望在不久的将来提高治疗肺癌的效果。尽管局部晚期NSCLC的治疗取得了实质性进展，但对于大多数患者而言，它仍然是一种致命的疾病。未来治疗的成功取决于治疗策略的发展和改进。

（张鹏程　赵荣志 译）

主要参考文献

10. Perez CA, Bauer M, Edelstein S, Gillespie BW, Birch R. Impact of tumor control on survival in carcinoma of the lung treated with irradiation. *Int J Radiat Oncol Biol Phys*. 1986;12:539–547.
12. Yuan S, Sun X, Li M, et al. A randomized study of involved-field irradiation versus elective nodal irradiation in combination with concurrent chemotherapy for inoperable stage Ⅲ nonsmall cell lung cancer. *Am J Clin Oncol*. 2007;30:239–244.
15. De Ruysscher D, Faivre-Finn C, Nestle U, et al. European Organisation for Research and Treatment of Cancer recommendations for planning and delivery of high-dose, high-precision radiotherapy for lung cancer. *J Clin Oncol*. 2010;28:5301–5310.
19. Bradley JD, Paulus R, Komaki R, et al. Standard-dose versus high-dose conformal radiotherapy with concurrent and consolidation carboplatin plus paclitaxel with or without cetuximab for patients with stage ⅢA or ⅢB non-small-cell lung cancer (RTOG 0617): a randomised, two-by-two factorial phase 3 study. *Lancet Oncol*. 2015;16:187–199.
34. Auperin A, Le Péchoux C, Rolland E, et al. Meta-analysis of concomitant versus sequential radiochemotherapy in locally advanced non-small-cell lung cancer. *J Clin Oncol*. 2010;28:2181–2190.
41. Senan S, Brade A, Wang LH, et al. PROCLAIM: randomized phase Ⅲ trial of pemetrexed-cisplatin or etoposide-cisplatin plus thoracic radiation therapy followed by consolidation chemotherapy in locally advanced nonsquamous non-small-cell lung cancer. *J Clin Oncol*. 2016;34:953–962.
42. Vokes EE, Herndon 2nd JE, Kelley MJ, et al. Induction chemotherapy followed by chemoradiotherapy compared with chemoradiotherapy alone for regionally advanced unresectable stage Ⅲ non-small-cell lung cancer: Cancer and Leukemia Group B. *J Clin Oncol*. 2007;25:1698–1704.

51. Govindan R, Bogart J, Stinchcombe T, et al. Randomized phase Ⅱ study of pemetrexed, carboplatin, and thoracic radiation with or without cetuximab in patients with locally advanced unresectable non-small-cell lung cancer: Cancer and Leukemia Group B trial 30407. *J Clin Oncol*. 2011;29:3120–3125.
53. Walraven I, van den Heuvel M, van Diessen J, et al. Long-term follow-up of patients with locally advanced non-small cell lung cancer receiving concurrent hypofractionated chemoradiotherapy with or without cetuximab. *Radiother Oncol*. 2016;118:442–446.
63. Johnson DB, Rioth MJ, Horn L. Immune checkpoint inhibitors in NSCLC. *Curr Treat Options Oncol*. 2014;15:658–669.
64. Albain KS, Swann RS, Rusch VW, et al. Radiotherapy plus chemotherapy with or without surgical resection for stage Ⅲ non-small-cell lung cancer: a phase Ⅲ randomised controlled trial. *Lancet*. 2009;374:379–386.
66. Eberhardt W, Pöttgen C, Gauler T, et al. Phase Ⅲ study of surgery versus definitive concurrent chemoradiotherapy boost in patients with resectable stage IIIA(N2) and selected stage IIIB non-small-cell lung cancer after induction chemotherapy and concurrent chemoradiotherapy (ESPATUE). *J Clin Oncol*. 2015;33:4194–4201.
68. Pless M, Stupp R, Ris HB, et al. Induction chemoradiation in stage IIIA/N2 non-small-cell lung cancer: a phase 3 randomised trial. *Lancet*. 2015;386:1049–1056.
110. Gore EM, Bae K, Wong SJ, et al. Phase Ⅲ comparison of prophylactic cranial irradiation versus observation in patients with locally advanced non-small-cell lung cancer: primary analysis of radiation therapy oncology group study RTOG 0214. *J Clin Oncol*. 2011;29:272–278.

获取完整的参考文献列表请扫描二维码。

第 40 章 小细胞肺癌放射治疗：胸部放疗，预防性全脑照射

Sara Ramella, Cécile Le Péchoux

要点总结

- 临床诊断为非转移性SCLC患者，建议使用正电PET/CT和脑成像来对肿瘤进行分期。
- 分期建议使用退伍军人管理分期系统［分为局限疾病（limited disease，LD）与广泛疾病（extensive disease，ED）］以及国际抗癌联盟TNM恶性肿瘤分期第七版（2009年）。TNM分期对于原发肿瘤、淋巴结和远处转移（TNM）的划分是基于国际肺癌研究协会的分析。在第八版中，证实了SCLC患者的临床及病理T和N分期的预后价值。对于M描述，需要进行更多研究。
- 在非转移性SCLC或LD患者中联合放化疗是标准治疗。同步放化疗效果最佳，优于序贯放化疗，但后者可作为体弱患者的一种选择。交替方案的耐受性差，但已经发表了一些有前景的结果。
- 对于适合的非转移性SCLC患者，建议早期放化疗。对于体质较弱的患者，对早期同步放化疗没有很好的耐受性，早期放化疗没有生存优势。
- 一项随机Ⅲ期试验显示，对LD-SCLC患者同时应用化疗，每日1次（66 Gy/33次/6.6周）和每日2次放疗（45 Gy/30次/3周）之间没有差异。
- 对于初始治疗达到完全或部分缓解的非转移性SCLC患者，建议预防性全脑照射（prophylactic cranial irradiation，PCI），剂量为25 Gy/10次。PCI不应与化疗同时进行。
- 在转移性SCLC中，基于一项随机试验和Meta分析，对化疗有应答的患者也推荐PCI。可以采用相同的方案（25 Gy/10次/2周）或较大的分割方案（20 Gy/5次/1周）。日本最近的一项研究显示，PCI可降低广泛期SCLC患者的脑转移发生率，但没有显示出生存优势，这还有待于成熟的数据。
- 应告知患者可能由PCI引起的神经认知功能的不良反应，尤其是老年患者，需要权衡PCI对生存和脑转移风险的益处。
- 一项随机试验结果显示，对于完成化疗并取得一定疗效的ED-SCLC患者，建议行巩固性胸部放疗（thoracic radiotherapy，TR）。亚组分析显示，对于胸部部分缓解但未达到完全缓解的患者，巩固TR对生存有影响。

SCLC占所有肺癌的比例不到20%，它是一种侵袭性肿瘤，只有1/3的患者在诊断时属于局限期。由于SCLC具有较高的早期转移播散倾向，化疗一直并且仍将是治疗的基础，而且SCLC对放疗非常敏感。

患者在发病时常有巨大的纵隔肿块[1]。根据退伍军人管理局肺癌研究组分类，经过分期后SCLC分为LD或ED[2]。LD被定义为局限于半胸和区域性淋巴结（纵隔、同侧和对侧肺门区和锁骨上窝），因而理论上一个照射野就可以包括。虽然这一分期已经使用多年，但国际肺癌研究协会也建议把NSCLC新的TNM分期用于SCLC[3]。第七版和未来的第八版TNM分期将患者分成更多的预后相同的亚组，这可以更好地确定胸部放疗可能获益的患者[3-4]。无论是在非转移性（或局限性）和转移性（或广泛性）病变中，SCLC治疗的最新进展主要归因于对放疗认识的提高。相比之下，在过去的20年中，化疗的进展已达到平台期。SCLC胸部放疗包括PCI与系统化疗的联

合确实是“放射肿瘤学领域的独特成功案例，并突显了有效局部治疗影响整体效果的潜力”[5]。

这个相对的“成功案例”始于20世纪90年代早期的一项以个体患者数据为基础的多个随机试验的Meta分析，该研究对联合放化疗与单纯化疗进行了比较，结果显示联合放化疗有5.4%的总生存率优势（3年总生存率单纯化疗组为8.9%，放化疗组为14.3%）。Pignon及其同事[6]收集并分析了13项试验的个体数据，包括2140名LS-SCLC患者，与单独化疗组相比，放化疗组的相对死亡风险为0.86（95%CI为0.78～0.94，P＝0.001）。这相当于通过增加放疗减少14%的死亡率。Warde和Payne[7]在一项基于对11项随机试验分析的文献中发表了类似的结果。结果显示，化疗加入放疗可以使2年生存率提高5.4%，并且2年胸内肿瘤控制得到改善（单独化疗组为16.5%，联合方案组为34.1%），使局部控制获益约25%。20世纪90年代早期，当这两个Meta分析发表后，化疗和放疗的联合成为标准。随后，联合治疗的优势在其他研究中也得到了证实。目前对于非转移性的SCLC患者，如全球指南中所述[8-10]，最先进的治疗方法包括顺铂（或治疗更脆弱患者的卡铂）-依托泊苷化疗联合胸部放疗。

然而，有两个Meta分析的报道可能低估了使用以铂为基础的化疗和同期放疗的结果，因为只有少数几个使用以铂为基础的化疗联合同步放化疗研究被纳入Meta分析中，该方案现在被认为是目前最优治疗方式的一部分。

确实存在多种化疗和放疗联合方式，它们可以采用同步、序贯或交替进行的方式。此外，放疗时机的问题也在多个随机试验中得以阐述，但放疗应该在整个治疗过程中早期还是晚期何时进行，长期以来一直存在争论[11]。序贯方案允许给予足剂量化疗后进行足剂量放疗，系统治疗后可观察到肿瘤缩小，但抵抗细胞克隆的再增殖和选择可能导致治疗失败[1]。交替方案具有良好的毒性特征，尽管从实际角度来看，这可能是一种复杂的方法；法国研究组随机试验所获得的良好结果不能由更大的欧洲癌症研究和治疗组织（EORTC）重复做出来[12-13]。同步方案具有减少整体治疗时间的放射生物学优势，这是SCLC治疗中特别关键的问题，尽管它与增加急性毒性反应有关，特别是食管炎的发生有关。即便如此，同步放化疗现已成为标准的治疗方法。

两项Ⅲ期试验研究了交替的时间表，EORTC研究比较了交替放化疗方案与序贯方案[13]，“Petites Cellules”研究[14]比较了交替方案与同步方案。应该指出的是，这些试验都没有使用以铂为基础的化疗。两项试验结果均较差，两组间OS无差异（第一项研究中位生存期为15个月 vs. 14个月，第二项研究为13.5个月 vs. 14个月）。

日本临床肿瘤学组（Japan Clinical Oncology Group，JCOG）进行了一项Ⅲ期试验，比较了序贯和同步放化疗方案[15]。共有231名LD-SCLC患者被随机分配至两组，序贯组为4个周期的每3周进行一次顺铂加依托泊苷化疗，然后行剂量45 Gy/3周方案的加速超分割放疗；同步组为4个周期相同的化疗，每4周进行一次，从第一个化疗周期的第2天开始，给予相同方式的放疗。结果显示，同步方案组的中位生存期（27.2个月）优于序贯组（19.7个月），但无显著差异（P＝0.097）。

1 时间问题

一些Ⅲ期临床试验已经研究了时间问题，即在化疗和放疗联合治疗过程中给予早期或晚期的放疗。然而，这个问题仍有争议[16-21]。为了澄清这个问题，2004—2007年进行了几项Meta分析[22-26]。在这些基于文献的Meta分析中，早期和晚期胸部放疗的定义不同。前两个Meta分析分别由Fried等[22]以及Huncharek和McGarry[23]于2004年发表。每个分析纳入超过1500例患者。两项研究均显示早期放疗的优势。在第一项研究中，晚期胸部放疗定义为化疗开始后9周或化疗第3周期结束后开始[22]。这项Meta分析显示，早期胸部放疗相对于晚期胸部放疗，2年生存率有5%的获益［相对风险（relative risk，RR）为1.17，P＝0.03］，有统计学意义。此外，两项研究均报道，如果铂类和依托泊苷与早期放疗同时使用，可以获得最佳结果。在De Ruysscher等[24]发表的Meta分析中，早期放疗定义为化疗开始后30天内开始放疗。2年和5年生存率没有显著差异（OR为0.84，95%CI为0.56～1.28；OR为80，95%CI为0.47～1.38）。然而，当排除了唯一一个非铂类同步化疗的试验时，结果明显支持早期放疗，早期放疗5年生存率为20.2%，晚期放疗为13.8%（OR为0.64，95%CI为0.44～0.92，P=0.02）。根据4个随机试验所公布的相同数据，De Ruysscher等[25]推测，在SCLC中参考RT的总疗程时间和TR的时机，在任何从开始到放疗结束的治疗中（由放射增敏比来量化，sensitization enhancement ratio，SER）都很重要。他们推断，放疗结束后到化疗开始之间的时间较短对生存率有预测作用。短SER组的生存率显著提高，当SER小于30天时5年生存率达到20%（RR为0.62，95%CI为0.49～0.80，P=0.0003）。此外，SER每额外增加一周会使总的5年绝对生存率下降1.8%。急性毒性反应特别是严重食管炎的发生与时间和SER有关，如果早期放疗和治疗时间较短，则毒性发生率较高（OR为0.63，95%CI为0.40～1.00，P=0.05；OR为0.55，95%CI为0.42～0.73，P=0.0001）。在未来设计研究时必须进一步评估和考虑SER概念，因为细胞的再增殖似乎是治疗失败的主要原因。正如Brade和Tannock[1]在一篇社论中强调的那样，剂量分割间的细胞再增殖对于正常组织的恢复很重要，但存活肿瘤细胞的再增殖也会发生并会抵消对肿瘤细胞的杀伤。新辅助化疗激发的再增殖可能会抑制后续放疗的有效性。

同一个团队发表了他们基于文献的Meta分析的更新（纳入11项试验），2年生存率没有差异，但再次排除了唯一一项基于非铂类药物的试验，早期放疗获益具有统计学意义（OR为0.73，95%CI为0.57～0.94，P<0.05）[26]。

这些研究中发现了另一个与治疗依从性相关的现象。这项Meta分析包括两项研究，它们具有相同的设计和相同的治疗方案：NCI-C试验和伦敦试验[20-21]。NCI-C试验报道早期放疗组较晚期放疗组的生存优势（分别为21个月和16个月，P<0.05），在伦敦试验中没有得到证实（分别为14个月和15个月）。然而，在后一项研究中随机行早期胸部放疗的患者接受的化疗显著少于晚期患者（早期组为69%，晚期组为80%，P=0.03）。在NCI-C研究中，早期和晚期组完成预期总剂量的百分比相同（均为86%）。Hellenic试验也报道了类似令人失望的生存结果[17]，当进行依从性分析时，早期放疗组能够按计划完成化疗的比率显著降低（早期组为71%，晚期组为90%，P=0.01）。因此，似乎只有那些能够按计划进行早期放疗的患者才能从中受益。这个问题在一项基于个体数据的Meta分析中得到了充分的阐述，该Meta分析的结论是：当所有试验一起进行分析时，“较早或较短”与“较晚或较长”胸部放疗之间在总生存率方面没有差异[11]。“较早或较短”的放疗加上有计划的化疗能显著改善5年总生存率，但代价是急性毒性大，尤其是食管炎。作者强调，如果两组化疗依从性好的患者所占比例相似的话，则总生存率的HR明显有利于“早期或更短”的放疗（HR为0.79，95%CI为0.69～0.91）；而在那些化疗依从性不同的试验中，HR更有利于“较晚或较长”的放疗（HR为1.19，95%CI为1.05～1.34，交互作用试验，P<0.0001）。因此，对于具有相似依从性试验“较早或较短”和“较晚或较长”放疗之间5年生存率的绝对获益为7.7%(95%CI为2.6%～12.8%)，依从性不同的试验为−2.2%（−5.8%～1.4%）。正如预想的那样“较早或较短”的放疗与严重急性食管炎更高的发病率相关。

最后，一项大型回顾性研究检查了国家癌症数据库，以评估8391例非转移性SCLC患者化疗相关的胸部放疗时机的实践模式和存活率。该研究显示，与晚期开始胸部放疗（5年生存率为19.1%）相比，早期开始胸部放疗（5年生存率为21.9%，P=0.01）与生存率的改善相关，特别是当使用超分割放射时（28.2% vs. 21.2%，P=0.004）[27]。

Sun等[28]发表了一项包括219名患者的随机试验，患者接受4个周期的顺铂和依托泊苷化疗，分别于第1个周期和第3个周期开始行放疗。任何Meta分析都没有包括该项研究。患者在5周内接受的总剂量为52.5 Gy，25次，单次2.1 Gy。在主要研究终点完全缓解率方面，晚期放疗并不比早期放疗差（早期与晚期分别为36.0%和38.0%）。中位随访59个月后两组的生存率相似（随机分组后早期和晚期放疗组2年和5年生存率分别为50.7% vs. 56.0%和24.3% vs. 24.0%）。因此，欧洲和北美的指南推荐，对于PS评分好和耐受性良好的无转移疾病患者应进行同步放化疗[8-10]。对于那些预期耐受性良好的合适患者，放疗应在治疗过程的早期进行，特别是从化疗的第1或第2周期就开始。根据Sun等[28]的研究，放疗可以与第3个周期化疗同时进行，疗效相同。然而，这一观察结果应在其他研究中得到证实，因为将亚洲人群的研究结果推广至非亚洲人群的肺癌患者时，应该引起人们的注意。化疗应包括4个周期的铂类和依托泊苷。

2 分次和剂量

人们观察到SCLC对辐射的敏感性好，因此历史上采用总剂量中等的每日分割的放疗方案（1.8～2 Gy，每日至40～50 Gy）。尽管这种方案的总剂量的临床有效率很高，但远期的局部控制较差[29-31]。体外试验显示，即使小剂量的照射SCLC也很敏感，并且SCLC在两次分割间增殖和再群体化活跃，基于此，假设超分割放疗可能比常规方案更有效[32]。体外试验观察到SCLC细胞系的细胞存活曲线缺少一个肩部，这为单次1.5 Gy的超分割方案提供了一些理论依据。已经发表了两项Ⅲ期试验，比较常规放疗方案与每日2次的加速超分割放疗方案[33-34]。在两项试验中每日2次放疗，同时予以顺铂加依托泊苷化疗；在第一项试验中放疗在3个化疗周期后开始施行，而在第二项试验中放疗提前到第2个化疗周期。在NCCTG研究[33]中，因为在治疗中间有2.5周的间歇，所以常规分割组和超分割组中总体治疗时间相似，这可能是局部进展率（每日1次组为33%，每日2次组为35%）和总生存期（两组都是20.6个月）没有差异的原因。在Intergroup试验0096/ECOG 3588[34]中，417名患者被随机分配接受总量45 Gy的放疗，3周时间内每天2次单次1.5 Gy，或者给予传统的5周内每天给予1次。最后一次试验报道总生存期有显著差异（每日1次组19个月，每日2次组23个月，P=0.04），2年和5年生存率获益（分别为41 % vs. 47%和16% vs. 26%）。正如预期的那样，Ⅲ级食管炎在研究组中更为多见（27% vs. 11%）。已经进行了关于肺癌超分割和加速方案的个体患者数据Meta分析，其中包括了SCLC和NSCLC比较常规分割与不同分割方案的试验[35]。该Meta分析显示行加速或超分割放疗的NSCLC患者总生存期明显获益。在SCLC患者中改变分分割方式对总生存期的影响相似，但无统计学意义（HR为0.87，95%CI为0.74～1.02，P=0.08]）。3年生存率的绝对获益为1.7%（29.6% vs. 31.3%），5年为5.1%。但改良方案与PS评分之间有关联（PS 0：HR为0.81，PS 1：HR为0.86，PS 2：HR为2.22），这再次强调了从改变分割方案中所获得的生存优势与患者良好健康状况足以耐受更高强度治疗的重要性之间的相关性。

尽管Intergroup试验的结果显示，总量45 Gy，每日2次的方案可以提高生存率，但加速超分割放疗尚未在一般临床实践中广泛采用。原因可能与每日2次放疗的实际操作困难，与急性毒性反应（特别是食管）增加，与对照组使用相对低的放疗剂量的事实有关。然而，来自INT 0096最重要的教训是确认强化放疗联合同期化疗可能会对生存产生影响。最近一项随机Ⅱ期挪威人的试验比较了两种方案，一种是每日2次分割（45 Gy，30次），另一种是每日1次（42 Gy，15次），以便总的放疗时间相同。该项小样本试验显示虽然生存期每天2次方案有优势，但在统计学上没有显著性差异（中位数为25.1个月vs. 18.8个月，P=0.61）。每日2次的治疗方案的有效率显著更高，两方案之间的严重毒性反应没有差异[36]。强化局部治疗的方法可归纳为两种策略：总剂量提升和进一步探索改变分割方案（即同步追加剂量）。

现在关于放疗剂量提升的数据来自癌症与白血病B组（CALGB）的几项研究，研究始于一项Ⅰ期试验，该研究的目的是确定第4个周期以铂类为基础的化疗后行放疗每日2次方案和每日1次方案的最大耐受剂量[37]。推荐每日2次放疗的总剂量为45 Gy，常规放疗为70 Gy。这些有希望的结果导致了几项Ⅱ期试验，这些试验都证实了同期化疗进行70 Gy放疗的可行性[38]。同期方案（以卡铂和依托泊苷为基础）是在2个周期的紫杉醇和拓扑替康化疗后进行的。诊断前体重减轻超过5%的患者的中位生存期为23个月，体重减轻低于5%的患者为31个月。在对先行两个周期的诱导化疗，然后同步进行以铂类为基础化疗联合放疗治疗局限期SCLC患者的汇总分析，作者分析了3个连续的CALGB局限期SCLC Ⅱ期临床试验（39808、30002和30206）的200名患者，他们都进行了高剂量每日1次的放疗联合同步化疗[39]，中位随访时间为78个月，3级或更高级食管炎发生率为23%。汇总人群的中位生存期为19.9个月，5年生存率为20%，2年无进展生存期为26%。作者的结论是，每日2 Gy和总剂量为70 Gy的放疗耐受性良好，与每日2次放疗联合化疗的结果相似。然而，这一假设需要随机试验来证实，一项随机试验即将开始（NCT00433563）。

第二种加强局部治疗的方法是由肿瘤放射治疗组（RTOG）的研究人员应用混合方法进行的一些临床研究，包括在治疗的第一部分进行标准分割的每日1次放疗，然后行每天2次放疗用以对抗肿瘤再增殖。RTOG采用这种剂量递增法，总剂量从50.4 Gy提升至64.8 Gy[40]。食管炎发生率低于INT 0096试验（18% vs. 27%），中位生存期和2年生存率也是如此（分别为19个月和36.6% vs. 23个月和47%）。

为了确定最佳剂量和分割，已经进行了两项Ⅲ期临床试验，比较了两种同步放化疗方案：加速超分割放疗（INT 0096研究中给出的3周45 Gy方案）和更高剂量的每日1次放疗（6.5周66～70 Gy方案），与此相应的是更高的生物有效剂量，但总体治疗时间延长。

Intergroup试验CALGB 30610/RTOG 0538（NCT00632853）最初是一项三臂研究。该研究决定停止具有较高毒性事件率的试验组，B组随后在2013年关闭。该试验仍在进行，作为一项双臂研究，比较A组（每日2次RT，总剂量45 Gy）和C组（每日1次RT，总剂量70 Gy）。

A组：同步顺铂和依托泊苷方案化疗4个周期，于第1个周期行每天两次RT，总剂量达45 Gy；

B组：同步化疗方案相同，放疗方式混合（在预先计划的中期分析后，该组停止）；

C组：在相同的化疗方案下，每日一次标准分割RT，总剂量为70 Gy。

第二个Ⅲ期试验是CONVERT组间研究（同步每日1次 vs. 每日2次放疗，NCT00433563），这是一项由英国主导的研究，比较每日2次和每日1次的放疗。CONVERT研究的结果于2016年在美国临床肿瘤学会年会上公布[41]。该研究招募了2008—2013年包括7个欧洲国家和加拿大的73个中心的547名经确诊的SCLC患者。患者被随机分配到接受同步每日2次的放疗（45 Gy，30次，每日2次，超过3周）或同步进行每日1次的放疗（66 Gy，33次，每日1次，超过6.5周），两者都于第22天第2个周期化疗时开始。根据研究者预先的选择给予顺铂-依托泊苷4或6个周期化疗。对任何反应的患者予以预防性全脑照射。中位随访45个月，每日2次放疗的2、3年生存率和中位生存期分别为56%、43%和30个月，相对的每日1次放疗分别为51%、39%和25个月（HR为1.17，95%CI为0.95～1.45，P=0.15）。毒性反应相当，3/4级食管炎发生率在每日2次放疗组中为19%，在每日1次放疗组中为18%。CONVERT的结果支持对于具有好PS评分的非转移性SCLC患者任何一种方案都可作为标准治疗。作者坚持认为，由于选择的患者情况更好，两组的生存率都高于之前的报道。

总之，证据强烈支持局限期SCLC患者采取同步化疗和放疗。现有数据还表明，对于身体情况良好的患者放疗应该尽早开始，能够满足这些参数的放疗分次方案与更好的生存率相关。

3 放疗体积

关于SCLC治疗体积的两个主要问题可归纳为：在放疗延迟的情况下诱导化疗后使用化疗后靶体积是否合适，以及我们是否需要选择性地治疗临床上未涉及的区域淋巴结？

在过去20年中，可以看到靶体积定义的演变。20世纪90年代早期新出现的证据表明，较小的放疗靶体积对局限期SCLC的肿瘤控制没有不利影响[42-43]。事实上，超过80%的失败发生在射野内，这表明照射剂量不足才是导致胸内复发的主要原因，而不是放疗体积不足[44]。因此，近期研究的主流问题是减少治疗野的大小，同时增加放疗剂量和保护周围危险器官。对放化疗后复发部位的分析可能有助于确定最佳的治疗体积。在1987年发表的Kies等[42]的随机研究中，诱导化疗后获得部分缓解或稳定患者被随机分配到对化疗前体积行放疗组或对诱导后缩小的肿瘤体积行放疗组。两组的局部复发率无显著差异（32% vs. 28%）。Liengswangwong等[43]和Arriagada等[30]在他们的研究中得出了相同的结论。因此，在诱导化疗后对残留肿瘤进行放疗可能就足够了。然而，应该强调的是，在这些较早的研究中接受治疗的大多数患者没有基于化疗的方案计划。最近的试验探索了累及野放疗的作用。2008年国际原子能机构的一份报告探讨了是否应该选择性地治疗所有纵隔淋巴结，或者选择性地包括那些含有肿瘤具有临床风险的淋巴结，或者可能省略选择性淋巴结照射（elective nodal irradiation，ENI）[45]。这篇综述揭示，那时用来定义SCLC患者ENI区域的证据是多么的有限。作者提出需要进行前瞻性临床试验，并建议，尽管关于局限期SCLC的ENI缺乏的强有力证据，ENI的使用应考虑每个病例的具体情况。

最近，前瞻性临床试验已经探讨了这个问题，并报道了孤立性纵隔复发。孤立性纵隔复发被定义为在最初没有包括的淋巴结区域内出现的复发，不考虑局部复发或远处转移。来自荷兰癌症研究所的一项小型前瞻性研究（37名患者）报道，使用累及野放疗作为联合治疗方案的一部分，5年生存率很好（27%），仅有2例野外孤立性淋巴结失败（5.3%）[46]。来自英国的另一项小型研究（38名患者），患者根据CT图像未行ENI[47]，没有孤立性淋巴结治疗失败的报道。8例患者发现有胸腔内复发：2例仅在计划靶体积内，4例在计划靶体积内且远处转移，仅有2例胸部淋巴结复发（6.5%），均伴有远处转移。Maastricht小组指出了PET/CT在确定SCLC治疗体积方面可能的重要性。在第一项前瞻性研究[48]中，通过CT成像确定大体肿瘤和淋巴结体积后，他们报道27例患者中有3例（11%）出现孤立性淋巴结控制失败，均位于锁骨上区。因此，以CT扫描为基础的省略ENI导致了同侧锁骨上窝的孤立性淋巴结失败率高于预期。然而，作者指出，由于样本量小，无法得出明确的结论，建议在临床试验之外继续使用ENI。然而，他们开始了一项小型前瞻性试验，评估局限期SCLC应用基于FDG-PET的选择性淋巴结照射[49]。60例入选患者中39例（65%）发生复发，但只有2例患者（3%）出现孤立性淋巴结复发。这些发现与之前基于CT的选择性淋巴结照射的经验形成对比[46]。

2012年，Xia等[50]分析了108例患者的失败模式，这些患者包括在两个连续的试验中，并采用累及野放疗和化疗联合进行治疗。他们报道了5例（4.6%）患者的孤立性淋巴结失败率，这些患者接受了CT图像作为靶区定义的累及野放疗和化疗，复发部位都在同侧锁骨上区域。此外，还观察到另外4例锁骨上淋巴结失败同时伴有远处转移。为了弄清预防性照射锁骨上区域的作用，Feng等[51]对239例患者进行了回顾性分析。锁骨上转移发生率为34.7%，多变量分析显示上纵隔受累（2级或3级）与锁骨上转移显著相关。因此，这类具有上纵隔受累的患者理论上可以从锁骨上淋巴结的预防性照射中受益。位于右上叶的病变具有较高的锁骨上受累发生率。在锁骨上受累的患者中，36%患有双侧或对侧淋巴结转移，左侧肿瘤的对侧受累频率高于右侧肿瘤。

现有数据表明，在SCLC的基础分期中FDG-PET扫描比CT更准确，随之可能使孤立性淋巴结失败率降低[9, 52-55]。一项系统的综述表明，与传统的分期相比，PET可改变至少28%SCLC患者的治疗方法，使6%的患者接受能够延长生命的放疗和9%的患者避免进行不必要的放疗和相关毒性反应[52]。成本分析显示，基于PET的策略与传统方法相比似乎没有显著差异，但PET可以通过避免不当的胸部放疗来降低医疗费用[53]。一项针对21例LD-SCLC患者基于FDG-PET的选择性纵隔淋巴结照射的规划研究显示，与基于CT的治疗方案相比，有24%患者的PET治疗计划发生了改变[54]。

在Shirvani等[55]的一项回顾性研究中，60例SCLC患者接受调强放疗联合化疗，未行ENI，研究了放疗前应用基于FDG-PET治疗计划的作用，发现孤立性淋巴结失败率更低（2%）。作者得出结论，对于接受PET/CT分期和调强放疗的患者，可以安全地不行ENI。最近，Reymen及其同事[56]发表了Van Loon等[49]后续工作成果，将最初的59例患者扩充至119例，接受同期化疗和加速超分割放疗。CT-PET阳性或病理证实的淋巴结区包括在靶体积内。与使用PET/CT制订治疗计划的其他研究一样，仅有2例患者（1.7%）发生了孤立的选择性淋巴结失败。中位随访时间为38个月，中位总生存期为20个月（95%CI为

17.8～22.1个月），2年生存率为38.4%。在多变量分析中，仅总的大体肿瘤体积（相对应化疗后肿瘤体积和化疗前淋巴结体积）和PS显著影响存活（分别为$P=0.026$和$P=0.016$）。

在一项针对韩国80例患者的回顾性研究中，比较了局限期SCLC累及野和ENI的治疗结果[57]。两组具有相似的总生存期和无进展生存期；然而，对于没有进行PET扫描的患者，进行ENI患者的生存期明显更长。所有孤立性淋巴结复发都是在最初没有进行PET扫描的患者当中。

在一项针对253例患者在一家机构治疗超过10年的回顾性研究中，作者关注的是局部区域的失败。2年和5年的累计局部失败率分别为29%和38%。约30%的局部区域控制失败是在照射野内，而大多数失败是位于照射野边缘或照射野外。因此，根据这些作者的发现，有可能通过提高放疗靶区精度和慎重考虑疾病的初始程度来减少局部区域控制失败[58]。

综上所述，如果患者没有PET分期，应仔细评估初始病变的范围，以降低孤立性淋巴结失败和生存结果减低的风险，并应考虑行锁骨上区域的选择性照射。接下来，局限期SCLC的累及野照射可以考虑实施治疗前的PET/CT扫描。两项Ⅲ期试验调查每日1次和每日2次放疗将有希望帮助弄清照射体积问题。他们不推荐ENI，但要求放疗体积要包括FDG-PET上高摄取的淋巴结，如果按CT的标准（不管FDG-PET活性），区域淋巴结的放疗体积要扩大。

4 化疗方案联合放疗

自20世纪80年代早期以来，依托泊苷联合顺铂或卡铂一直是SCLC的基础治疗方法。在局限期SCLC中已经探索了几种新的化疗组合，其中一些似乎很有希望，特别是紫杉醇和伊立替康[59-64]。然而，与基于铂和依托泊苷的方案相比，没有一种方案在有效性或耐受性方面表现出优势，因此，之前的方案仍然是被广泛认可的标准方案。JCOG发表了一项随机试验，研究伊立替康加顺铂治疗非转移性病变患者的疗效（JCOG0202）[63]。该研究假设与依托泊苷和顺铂方案相比，伊立替康和顺铂可以改善总生存率，就像广泛期患者在同样分组情况下所表现的结果那样，但该假设未被证实[65]。入选的281例患者中272例接受依托泊苷加顺铂诱导化疗和加速超分割放疗（45 Gy），258例随机分配依托泊苷-顺铂或伊立替康-顺铂巩固化疗（3个周期）。然而，即使两组间的生存率没有显著差异（HR为1.09，95%CI为0.80～1.46，$P=0.70$），其中依托泊苷联合顺铂组为35.8%，伊立替康联合顺铂组为33.7%，但是5年总生存率是Ⅲ期研究报道中最高之一。依托泊苷-顺铂组中位生存期为3.2年，伊立替康加顺铂组为2.8年。如作者所述，这一结果可能部分归因于患者的选择，也可能归因于放疗质控对结果的影响，正如近期的一项Meta分析显示结果[66]。美国也进行了一项Ⅱ期试验，采用了不同的设计，包括顺铂和伊立替康两个周期的化疗，然后每天1次胸部放疗（70 Gy），同步予以卡铂和依托泊苷化疗（CALGB 30206）。患者2年生存率为31%，未达到进一步试验的生存目标[64]。

尽管许多治疗策略在SCLC中令人失望，但还是出现很多有希望的策略（如免疫疗法）。几项针对肺癌患者的研究表明，肿瘤中免疫活性细胞的增加与生存之间可能存在利好的关联，这表明免疫治疗可能是SCLC患者可行的治疗方法。使用纳武单抗和伊匹单抗进行的早期临床试验已显示出它们广泛的癌症活性，包括SCLC[67]。

目前有一项正在进行的随机Ⅱ期研究（NCT02046733）对局限期SCLC患者单独行标准治疗（化疗和放疗）和标准治疗后行免疫治疗（纳武单抗和伊匹单抗）的疗效与耐受性进行了比较，更多广泛期SCLC的试验正在进行中。

5 广泛期疾病：胸部放疗

大多数转移性（或广泛期）SCLC患者对诱导化疗有反应，但超过50%的患者最终会出现胸内失败[8-9, 68-69]。在化疗中加入放疗的假设是基于通过对化疗耐药的残留病变的控制可能改善局部控制和生存获益。此外，对于一部分无法治愈的恶性肿瘤患者，认为尽可能长时间地维持局部控制以减轻或延迟症状是重要的临床目标。放疗在需要局部姑息治疗的广泛期SCLC患者中的作用在传统上被认为是有限的，除非有纵隔症状，否则不作为标准治疗的一部分。1999年Jeremic等[70]发表了一项随机研究，评估放疗作为巩固治疗是否可以改善广泛期SCLC中所观察到的不良效果。患者被随机分配接受6个周期的顺铂-依托泊苷化疗组或6个周期的相同化疗加54 Gy的超分割胸部放疗。在3个周期化疗后，胸腔外达到完全缓解并且胸腔内至少达到部分缓解的患者能从后续的同步化放疗中获益。放疗组的中位生存时间（17个月 vs. 11个月，$P=0.041$）、5年生存率（9.1% vs. 3.7%，$P=0.041$）和局部复发的中位时间（30个月vs. 22个月，$P=0.062$）均得到改善。这项试验是在单个机构进行，效能不足，所以仍然存在争议。

最近有两项试验研究了广泛期SCLC患者接受以铂类为基础的化疗后行PCI，然后加上颅外放疗的作用。荷兰肺癌研究组已经启动了一项国际随机对照试验，研究对化疗有反应的广泛期SCLC患者应该进行放疗还是观察。由Slotman等[71]协调的试验累计有483例患者［广泛期SCLC试验中的胸部放疗试验（chest radiotherapy in extensive stage SCLC trial，CREST）］。在CREST试验中患者被随机分配接受放疗（30 Gy，10次，2周内）加PCI或单纯行PCI。虽然在初期时观察终点1年生存率两组之间没有差异，但在次要分析中2年生存率具有显著差异（行或不行胸部放疗分别为13%和3%，$P=0.004$）。生存率的HR为0.84，95%CI刚好通过1.00（0.69～1.01，$P=0.066$）。该研究同时表明，放疗使得无进展生存期显著提高（$P<0.001$），使胸内进展风险降低近50%（$P<0.001$）。随后的分析显示，对于化疗后有胸内疾病残留的患者，放疗能显著改善总生存期及无进展生存期[72]。在这些患者中生存率的差异具有统计学意义（$P=0.03$，HR为0.81，95%CI为0.66～0.98，分层）。在胸内达到完全缓解的患者中未观察到放疗的益处。在RTOG内部启动了一项随机Ⅱ期试验，以确定全身化疗有效的患者行巩固颅外放疗（胸部和其他颅外转移部位）加PCI的价值（RTOG 0937，临床试验NCT01055197）[73]。多至3个胸外部位转移的广泛期SCLC患者被随机分配至单纯PCI组或PCI加胸腔和远处转移残余病灶的巩固性放疗组（45 Gy，15次，3周内）。主要终点是1年生存率，共有154例患者入组。然而，由于计划性中期分析似乎显示该研究越过了无效边界，因此在纳入91例患者后试验终止。研究观察到PCI组的1年生存率为60.1%（95%CI为41.2%～74.7%），PCI加巩固性胸部放疗组为50.8%（95%CI为34%～65.3%），两组无显著差异（$P=0.21$）。作者得出结论，两组的生存率都超过了预期，并且胸腔和颅外转移的巩固性放疗延迟了疾病进展，但没有改善1年生存率。

6 预防性全脑照射

脑转移在SCLC中十分常见，严重影响患者的生存和生活质量[74]。约15%的患者在诊断时有脑转移，而随着更加准确的影像学检查如MRI的应用，这一比例甚至更高。此外，LD-SCLC治疗后约有50%完全缓解的患者会发生脑转移[75]。因此，20世纪80年代早期PCI被用于预防脑转移。大多数随机试验显示，PCI有利于降低脑转移的发生率，但未有试验能够显著改善总生存率。因此，有研究对7个随机Ⅲ期研究包括近1000例达到完全缓解患者的个体数据进行Meta分析[76]。大多数试验至少以胸部X线为标准，胸部达到完全缓解。在这项Meta分析中，85%的患者为局限期，15%的患者为广泛期。给予的PCI剂量范围从单次8 Gy到20次40 Gy。3年时脑转移累积发生率绝对下降了25.3%（对照组为59%，PCI组为33%，$P<0.001$），生存率绝对增加了5.4%，从对照组的15.3%提高到治疗组的20.7%（$P=0.01$）。但4个总剂量组（8 Gy、24～25 Gy、30 Gy和36～40 Gy）的间接比较显示出一个明显的趋势，即随着PCI剂量的增加，脑转移风险降低（$P=0.02$）。作者还确定了一种趋势（$P=0.01$），即在治疗开始后更早地进行PCI可使脑转移风险降得更低。因此，PCI成为经CT扫描评估完全缓解和良好疗效患者的标准治疗的一部分。最近，在一项基于国家癌症研究所的监测流行病学和最终结果（SEER）项目的回顾性研究中（该项目涉及近8000例患者），Patel等[77]报道了类似的结果，PCI在总生存率和病因特异性生存率方面都有显著改善。行PCI的患者5年生存率为19%，相比未行PCI的患者5年生存率为11%（$P\leqslant0.001$）。

Meta分析提出的其他挑战包括PCI的最佳时

机和最佳剂量。PCI协作组发表了一项组间试验研究来阐明预防达到完全缓解（即至少胸部放射检查正常）的LD患者脑转移发生的剂量效应问题[78]。它比较了标准剂量25 Gy/10次与更高剂量的36 Gy（36 Gy/18次或36 Gy/24次，每日2次）。值得注意的是，为了评估可能增加的神经毒性，PCI前后要进行生活质量和神经学评估。两组之间的毒性反应及治疗实施无明显差异。与接受标准剂量治疗的患者相比，接受高剂量治疗患者的脑转移率没有显著下降。高剂量组和标准剂量组的2年脑转移率分别为29%和23%（P=0.18）。由于不明原因，高剂量PCI组患者的总生存率显著下降（死亡HR为1.2，95%CI为1.00～1.44）。在疗效、耐受性和可能的神经后遗症方面，分割方式的重要性可以通过Ⅱ/Ⅲ期试验（RTOG 0212）来确定，该试验比较了3种方案：25 Gy/10次；常规分割（36 Gy/18次）；加速超分割胸部放疗（36 Gy/24次，每日2次）[79]。PCI后1年，36 Gy组神经毒性的发生率显著增加（P=0.02）。Logistic回归分析显示，年龄增长是慢性神经毒性最重要的预测指标（P=0.005）。

另一个重要问题是老年人是否应行PCI，因为老年SCLC患者的比例正在增加，而且约50%的非转移性患者为70岁或以上。使用相同的SEER数据库，作者确定了1988—1997年1926例年龄在70岁或以上诊断为局限期SCLC的患者，其中有138例患者（7.2%）接受了PCI。中位年龄为75岁，年龄范围为70～94岁；在这组患者中接受PCI的患者的2年和5年生存率（分别为33.3%和11.6%）显著优于未接受PCI的患者（分别为23.1%和8.6%，P=0.028）。在多变量分析中PCI是80岁及以下患者总生存期的独立预测因子[80]。然而，这种潜在的获益必须与已知的随年龄增长的PCI潜在神经后遗症相平衡[74]。现在推荐25 Gy/10次的PCI用于反应良好的局限期SCLC患者[8-10]。最近的综述还分析了PCI在SCLC特定亚组（如手术切除或老年患者）中的作用[74]。

7 广泛期疾病的预防性全脑照射

即使包括15% ED患者的PCI Meta分析支持广泛期完全缓解患者行PCI治疗，部分缓解患者的问题仍然没有答案[76]。此外，大多数临床医生不愿意在转移患者中行PCI治疗。因此，EORTC决定进行一项Ⅲ期试验，专门选择对一线治疗有部分或完全反应的ED患者随机分组。他们将被随机分配至PCI（20～30 Gy）组或无PCI组[81]。PCI组患者大多数采用短程治疗方案：在143例放疗患者中89例接受20 Gy/5次照射，其他的用各种不同的分割方案治疗（30 Gy/10次、30 Gy/12次或25 Gy/10次）。这项研究的结果强烈支持PCI，PCI不仅显著降低了有症状性脑转移的风险，还显著改善了总生存期。PCI组1年有症状性脑转移的累积风险为14.6%，对照组为40.4%（P<0.001），对照组的1年生存率为13.3%，PCI组为27.1%（P=0.003）。由于在这种情况下中位生存期较短，长期毒性不是主要关心的问题，短程放疗方案（20 Gy，5次）应受到青睐。然而，预期寿命更高的患者较少应用大分割方案（如应用于局限期的方案）。这项研究对转移性SCLC治疗标准的修改具有重要的启示和贡献[8-10]。

然而，一项日本Ⅲ期试验的初步结果与EORTC研究结果不一致[82]。设计非常相似，但纳入标准和主要目标不同。在日本的研究中所有患者在随机分组前都进行了脑部MRI检查，并且每3个月进行脑部MRI检查。日本研究的主要终点是总生存期，研究PCI的应用（25 Gy/10次）相对于未行PCI的患者是否可以影响生存（HR为0.45）。次要研究终点是出现脑转移的时间（脑部MRI每3个月评估一次）。计划的样本量为330例患者，但经过计划性中期分析后，患者招募入组因无效而停止。2009—2013年入组224例患者，对163例患者进行了分析。PCI组1年发生脑转移的累积风险（32.2%）明显低于对照组（58.0%，P<0.001）。中位生存期PCI组为10.1个月，而对照组为15.1个月（P=0.091）。因此，该试验的结果再次证实PCI可降低发生脑转移的风险，无论患者是有症状还是无症状。然而，在生存方面没有显示出获益。研究人员得出结论，因为当入组前通过MRI证实无脑转移存在并且早期检测到无症状脑转移并进行治疗，因此PCI并未给广泛SCLC患者带来任何生存获益。与接受过PCI的患者相比，未接受PCI的患者存活时间没有显著延长的趋势。期待该试验全部结果的公布，与此同时，一些指南推荐对所有治疗有效的患者行PCI，

而另一些则表示推荐转移性患者接受密切监测。

即使有强有力的数据显示PCI可降低SCLC脑转移的发生率并改善总生存期，但其适应证的选择也应考虑其潜在的神经毒性。

20世纪80年代多个研究报道了可能与PCI相关的神经和智力的损害或脑CT扫描异常，这是临床医生关注的[74, 83-85]。急性毒性通常易于控制，主要包括脱发、头痛、疲劳、恶心和呕吐。长期毒性是令人担忧的，因为在回顾性研究中报道了因为PCI导致不可逆的后遗症，如严重的失忆、智力障碍，甚至痴呆、共济失调或癫痫发作。然而，这些研究大多数是小型和回顾性的，并且方法学有问题，如大多数研究缺乏基线评估。从那时起，有明确的证据表明，许多SCLC患者在接受PCI治疗前就已经存在神经和认知损害[75, 86-88]。这些损害可能是由于化疗对大脑的影响、副肿瘤综合征、衰老、免疫功能障碍，甚至颅脑微转移导所致的额皮质下认知异常。其他与治疗相关的因素也与增加慢性神经毒性的风险有关，包括每日分割剂量超过3 Gy，PCI期间同期应用化疗。在一项没有进行神经学基线评估的回顾性研究中，Shaw等[89]发现严重或较为严重的脑毒性风险在治疗后2年时为2%，治疗后5年时为10%，并且仅发生在那些PCI每日分割剂量至少为3 Gy的患者中。需要指出的是，在两项随机试验中[75, 87]接受PCI治疗的患者和没有行PCI的患者都进行了前瞻性评估。PCI组和没有行PCI组在神经功能方面没有显示出任何显著性差异，随访时间限制到30个月。然而，这些神经系统评估并未关注神经认知功能。在一项较大的研究中对生活质量进行了评估[87]，PCI组和非PCI组无论在基线、6个月和1年时均没有显著差异，但是依从性不理想。最近，在一项回顾性研究中，为了评估PCI的益处和可能的风险，Lee等[90]建立了一个关于达到完全缓解患者PCI相关晚期神经毒性频率和严重程度的模型，该模型兼顾到总生存期和生活质量。作者能够确定质量调整后的预期寿命。他们得出结论，PCI具有更高的生活质量和调整后的预期寿命，但随着总生存期增加应尽量降低神经毒性的频率和严重程度以保持这种获益。

评估非转移性SCLC患者最佳PCI剂量的组间研究显示，在评估非转移性SCLC患者最佳PCI剂量的组间研究中，观察到随着时间的推移，沟通障碍、疲劳、智力障碍和记忆力会发生轻度恶化（所有$P<0.005$）[91]。这项研究也证实了年龄是神经认知能力衰退的重要辅助因素。RTOG 0212研究中的所有患者在随访中都进行了完全的神经认知评估，类似于RTOG另一项评估NSCLC PCI的随机试验（RTOG 0214）。Gondi等[92]在410例行PCI和173例未行PCI的肺癌患者中，通过检测和自诉评价了认知功能。PCI与6个月（OR为3.60，$P<0.0001$）及12个月（OR为3.44，$P<0.0001$）时自述认知功能下降的高风险相关。使用霍普金斯语言学习测验-回忆评估记忆，这是对列表学习记忆一种很好的有效评估方式，包括对新信息的编码、检索和记忆的评估。时间超过6个月和12个月的下降也与PCI相关（$P=0.002$），但与自述认知功能下降没有密切的关系，因此作者得出结论，这些测试可以评估认知谱的基本方面。

由于边缘回路的改变，尤其是海马的改变，可能会导致记忆和神经认知障碍。最近的研究分析了脑转移瘤的精确位置，以探索未来是否可以行避开海马区的全脑照射[93-95]。这些研究中纳入了很少的SCLC脑转移患者，因此需要进一步研究评估避开海马区的全脑照射是否对SCLC脑转移患者有效。目前已经开展了一些研究以评估PCI并保护海马区[74]。正在探索的另一种方法是用MRI进行密切监测，并对新的脑转移瘤进行立体定向放疗[96]。我们需要更多数据，Seto等[82]全部试验结果的公布将为我们提供治疗广泛期SCLC的进一步信息。

因此，应告知患者在神经认知功能方面潜在的不利影响，这些影响必须与PCI对生存和脑转移的益处相权衡[74, 76, 78, 81, 90, 97]。Meta分析和Intergroup研究及EORTC RTOG研究纳入的病例的中位年龄为60～62岁[76, 78, 81, 92]。因此，对于老年患者更应强调这种风险收益的平衡。

PCI仍然是所有对治疗有良好反应的SCLC患者的标准治疗方法。非转移性患者最佳剂量为25 Gy/10次，转移性SCLC患者可以给予相同的PCI剂量或20 Gy/5次的剂量。

（周　琰　赵荣志 译）

主要参考文献

6. Pignon JP, Arriagada R, Ihde DC, et al. A meta-analysis of thoracic radiotherapy for small-cell lung cancer. *N Engl J Med*. 1992;3;327(23):1618–1624.
11. De Ruysscher D, Lueza B, Le Péchoux C, et al. Impact of thoracic radiotherapy timing in limited-stage small-cell lung cancer: usefulness of the individual patient data meta-analysis. *Ann Oncol*. 2016;27(10):1818–1828.
15. Takada M, Fukuoka M, Kawahara M, et al. Phase Ⅲ study of concurrent versus sequential thoracic radiotherapy in combination with cisplatin and etoposide for limited-stage small-cell lung cancer: results of the Japan Clinical Oncology Group Study 9104. *J Clin Oncol*. 2002;20:3054–3060.
26. Pijls-Johannesma M, De Ruysscher D, Vansteenkiste J, Kester A, Rutten I, Lambin P. Timing of chest radiotherapy in patients with limited stage small cell lung cancer: a systematic review and meta-analysis of randomised controlled trials. *Cancer Treat Rev*. 2007;33(5):461–473.
34. Turrisi 3rd AT, Kim K, Blum R, et al. Twice-daily compared with once-daily thoracic radiotherapy in limited small-cell lung cancer treated concurrently with cisplatin and etoposide. *N Engl J Med*. 1999;340:265–271.
35. Mauguen A, Le Péchoux C, Saunders MI, et al. Hyperfractionated or accelerated radiotherapy in lung cancer: an individual patient data meta-analysis. *J Clin Oncol*. 2012;30(22):2788–2797.
41. Faivre-Finn C, Snee M, Ashcroft L, et al. *CONVERT: an international randomised trial of concurrent chemo-radiotherapy comparing twice-daily (BD) and once-daily (OD) radiotherapy schedules in patients with limited stage small cell lung cancer (LS-SCLC) and good performance status (PS). 2016 ASCO Annual Meeting*. Alexandria, VA: American Society of Oncology; 2016. [abstr 8504].
71. Slotman BJ, van Tinteren H, Praag JO, et al. Use of thoracic radiotherapy for extensive stage small-cell lung cancer: a phase 3 randomised controlled trial. *Lancet*. 2015;385:36–42.
74. Péchoux CL, Sun A, Slotman BJ, De Ruysscher D, Belderbos J, Gore EM. Prophylactic cranial irradiation for patients with lung cancer. *Lancet Oncol*. 2016;17(7):e277–e293.
76. Aupérin A, Arriagada R, Pignon JP, et al. Prophylactic cranial irradiation for patients with small-cell lung cancer in complete remission. Prophylactic Cranial Irradiation Overview Collaborative Group. *N Engl J Med*. 1999;341:476–484.
78. Le Pechoux C, Dunant A, Senan S, et al. Standard-dose versus higher-dose prophylactic cranial irradiation (PCI) in patients with limited-stage small-cell lung cancer in complete remission after chemotherapy and thoracic radiotherapy (PCI 99-01, EORTC 22003-08004, RTOG 0212, and IFCT 99-01): a randomised clinical trial. *Lancet Oncol*. 2009;10:467–474.
81. Slotman B, Faivre-Finn C, Kramer G, et al. Prophylactic cranial irradiation in extensive small-cell lung cancer. *N Engl J Med*. 2007;357:664–672.
91. Le Péchoux C, Laplanche A, Faivre-Finn C, et al. Prophylactic Cranial Irradiation (PCI) Collaborative Group. Clinical neurological outcome and quality of life among patients with limited small-cell cancer treated with two different doses of prophylactic cranial irradiation in the intergroup phase Ⅲ trial (PCI99-01, EORTC 22003-08004, RTOG 0212 and IFCT 99-01). *Ann Oncol*. 2011;22(5):1154–1163.

获取完整的参考文献列表请扫描二维码。

第41章 肺癌的姑息放射治疗

Andrea Bezjak, Alysa Fairchild, Fergus Macbeth

要点总结

- 姑息性放疗是一种有效且耐受性良好的治疗方法，可以缓解肺癌患者（非小细胞肺癌和小细胞肺癌）的胸部症状和其他症状。
- 来自许多随机试验的大量高质量证据表明，短程的胸部放疗（单次或两次）就可获得较高的症状缓解率。
- 关于中等剂量的放疗方案在症状控制或生存获益方面是否优于短程放疗，目前仍有争议，但会导致毒性反应增加。
- 对于简单的骨转移患者建议采用单次姑息性放疗，可以获得比较高的疼痛缓解率。
- 在骨转移单次放疗当天和随后4天里，给予低剂量地塞米松可显著降低爆发性疼痛的发生率，且不良反应可耐受。
- 立体定向放疗正成为治疗椎体转移患者的一种选择，目前将其与传统的姑息性放疗进行对比的试验正在进行中。
- 脑转移在肺癌患者中很常见。治疗方案包括全脑放疗、立体定向放疗、手术切除、观察或恰当的支持治疗。预测手段可以帮助识别预后较好与较差的患者，以指导最合适的治疗。

尽管在早期诊断、快速分期和治疗及肺癌疗效的改善方面取得了很大进展，但仍有许多肺癌患者要么在诊断初期被发现转移，要么在初始有效治疗后发生转移。少数发生胸腔外转移的病例，如单发的脑转移患者，可能适合更为积极的多种方式的联合治疗。尽管包括靶向治疗和全身化疗在内的治疗方法在增加，它们确实可以延长患者生存期，使症状在一段时间内得到改善和肿瘤得到控制，然而事实上，所有Ⅳ期甚至大多数Ⅲ期患者都是无法治愈的。

对于大多数已经出现转移的患者来说，成功的定义是在保持良好生活质量的情况下有较长的生存期，体能状态良好，症状很少，最后，当所有办法都用尽后，在平静和舒适中死去。因此，治疗晚期肿瘤患者的目标是延长生存期，维持或改善生活质量，以最小的治疗毒性和困扰来控制与癌症相关的症状。无论是胸腔局部进展还是远处转移，姑息性放疗都是改善症状的首选治疗方法之一，而且疗效好，不良反应通常很小，患者在症状改善方面的获益是巨大的。这一发现在有胸部症状的患者和骨转移患者中得到证实。在文献中，对姑息性放疗治疗肺癌脑转移的有效性仍存在争议，但目前它仍然是这些患者的主要治疗手段。姑息性放疗还广泛应用于其他部位的转移，如淋巴结、皮肤或皮下结节、肾上腺转移、肝转移，及眼眶或视网膜转移，不过除了临床经验外，很少有正式的依据可供使用。无论肿瘤的组织分型如何，局部症状都可能得到改善。SCLC对放疗的反应非常迅速，大多数患者的症状会有所改善。尽管SCLC的生物学特性具有快速生长和转移的趋势，意味着化疗通常是首选治疗，但姑息性放疗在治疗中无疑占有一席之地，不应被忽视。对于NSCLC患者，姑息性放疗的反应更为多变。虽然症状的改善与影像学上肿瘤缩小没有直接关系，但还是可以很早显现，如大分割放疗后12～24小时咯血就可以缓解。同样地，经过一段时间特别是单分割放疗后，骨痛也会有所缓解。出现应答是否与癌细胞对放射线的敏感性有关，或与肿瘤的血供有关，或与肿瘤周围细胞内分泌环境有关，我们对此的认知还远远不够。阐明姑息性放疗使症状缓解的确切机制将成为治疗晚期癌症患者的重大进步。

本章涵盖了姑息性放疗的适应证、剂量分割、计划等问题，结论包括症状改善、生活质量提高、生存期延长、毒性，以及对那些既有胸部病变（肺或纵隔淋巴结受累）也有远处转移的肺癌患者，尤其是有骨转移、脑转移和其他部位有症状转移灶的患者，能否接受重复治疗的问题。如前所述，很多数据都是关于NSCLC的，虽然SCLC预期对姑息性放疗的症状反应更为显著，但在肿瘤控制时间的总体获益方面不太确定。

1 胸部症状的姑息性放疗

姑息性放疗的目的是尽可能彻底和持久地缓解症状。但是，与任何姑息治疗一样，治疗本身的负担与不便，急性和潜在的长期不良反应，以及在症状缓解、生活质量的提高，甚至改善生存率方面，需要权衡。2012年发表的循证临床实践指南详细阐述了放疗在胸部症状缓解中发挥作用的证据和建议，还有其他不同治疗模式的证据[1-2]。

1.1 适应证

当肿瘤已不可能被治愈，而原发肿瘤和（或）纵隔淋巴结增大带来令人痛苦的症状时，就需要对患者进行姑息性胸部放疗。这些研究结果需要整合到患者正在进行或计划进行的整体护理及全身治疗中。胸部姑息性放疗最常用于因体能状态差或合并症而不适合化疗、没有合适的靶向治疗和在全身治疗期间或之后症状持续存在或反复出现的患者。此外，对于NSCLC患者，由于肿瘤对放疗的反应比化疗更快和更可靠，因此在很多情况下，针对局部症状最好是先行放疗，之后考虑全身治疗。对于SCLC患者，姑息性放疗只有在某些紧急情况下作为一线治疗，如严重的喘憋或者不能耐受全身化疗时，但在症状复发和对化疗抵抗的情况下往往是有效的。

大多数由胸部病变引起的常见症状可以通过姑息性放疗得到明显缓解，其中包括咳嗽、咯血和胸痛，有效率可达50%～90%[3]，咯血的完全缓解率最高。呼吸困难的缓解似乎不太明显，因为它可能是由许多其他因素引起的，如阻塞性气道疾病、心脏病、癌性淋巴管炎或胸腔积液。此外，当气道中有肿瘤导致肺、肺叶或小叶肺不张时，即使肿瘤缩小，气道打开，肺组织也不一定会复张，尤其是合并感染或胸腔积液时。然而，凡是伴有喘憋或CT证实肿瘤压迫大气道的患者，则应考虑紧急放疗，因为导致大气道阻塞的肿瘤即使有轻微的减小，也能使症状得到明显缓解。上腔静脉综合征（由于肿瘤压迫而非血栓导致）也可以通过姑息性放疗来缓解，当然在情况严重时也可以通过支架植入更快地改善症状。如果患者同时存在上腔静脉综合征和气道受压，上腔静脉支架植入不会减轻气道压迫，而姑息性放疗可以使两者均得到改善。因此，是在支架植入后行放疗还是行单纯姑息性放疗，需要认真思考。

在症状出现之前对患者进行预防性治疗可能更为合适，但是没有足够的证据证明这样做能改善预后。由英国研究者完成的一项随机临床试验显示，在NSCLC患者使用全身化疗之前，没有症状的患者被随机分配到不需要立即行姑息性放疗组，未接受放疗的患者中有56%的患者死亡，无论是在初期还是在6个月，与接受及时放疗或需要时接受姑息性放疗的患者相比，在症状控制或生存率方面均无显著差异[4]。

姑息性放疗可以通过外照射或腔内照射来完成，如支气管内近距离放疗。

1.2 外照射放疗

大多数胸部姑息性放疗可以通过简单射野和大剂量短疗程的放疗来完成。因为这种治疗是姑息性的，目的是改善患者的症状和提高生活质量，应避免治疗过程的复杂和拖延，尤其是对于体能状态差和预期寿命不长的患者。

1.3 放疗计划

通常设计简单的前/后平行对穿野照射就足够了，尽管目前的CT图像技术有助于判断肿瘤范围，但复杂的CT计划是没有必要的。勾画照射野时要将引起症状的肿瘤覆盖，但范围应尽可能缩小，使毒性降至最低（图41.1），尤其是那些晚期肺癌同时合并慢性阻塞性肺病、肺功能受损的患者。对于那些可能不会引起症状的转移灶，如纵隔内受累的小淋巴结，不必包括在照射野内。如果存在与先前放疗区域重叠的风险，或者认为必须降低脊髓剂量时（见后文），可能需要布置更复杂的照射野。

1.3.1 放疗方案

在接受随机对照试验的严格评估之前，姑息性放疗方案在过去20年中越来越注重实效（表41.1）。

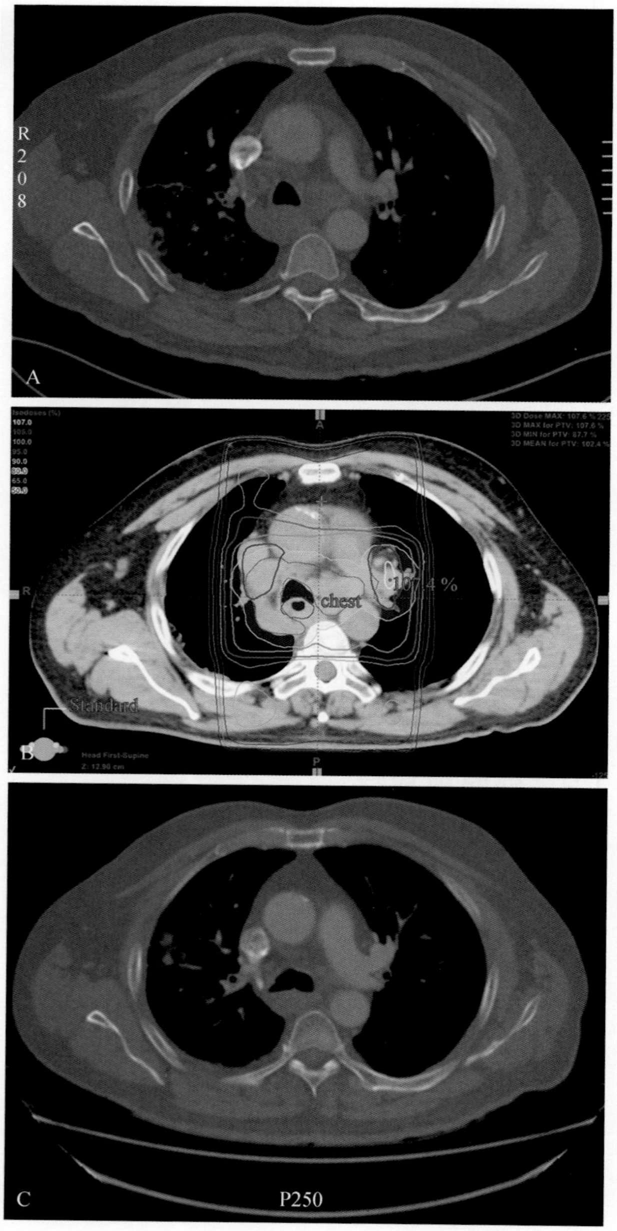

图41.1　胸廓姑息性放疗计划图解

（A）诊断时采集的CT图像；（B）姑息性放疗计划的CT模拟图像；（C）完成放疗和两个周期的卡铂/培美曲塞化疗7周后的CT图像

注（B）通过四野技术，每日1次，5次给予20 Gy照射的剂量曲线图（红色为GTV；绿色为PTV；橙色为椎管；深蓝色为食管）；GTV，大体肿瘤体积；PTV，计划靶体积

许多随机对照试验对各种姑息性治疗方案进行了比较，并在两个方面进行了总结和回顾[3-5]。这些回顾性研究包括14项符合选择标准的随机对照试验（超过3000例患者），采用不同的方法进行Meta分析，包括不同的剂量/分割方案。对于体能状态差的患者（评分为2～4分），没有证据证明时间长、分次多的治疗方案比短程方案可获得更好的缓解和生存期的延长，如单次10 Gy与每周2次给予16 Gy或17 Gy相比。对于体能状态良好的患者（评分为0或1分），证据更不确定，但有可能更高剂量、更多分次的治疗方案（如36～39 Gy/12～13次）与低剂量方案相比，症状控制更持久，生存期更长，其代价是毒性更大，特别是食管炎（见后文）。当然，那些预后较好、保守估计1年生存率为45%的患者，1年生存率的增加可能在10%左右，结果类似于以顺铂为基础的化疗所达到的效果。

表41.1　常用的胸部姑息性放疗方案

剂量（Gy）	分次数	治疗天数	生物有效剂量（Gy10）
10	1	1	20
16	2	8	29
17	2	8	31
20	5	5～7	28
30	10	12～14	39
36	12	14～16	47
39	13	15～17	51

注：BED（Gy10），α/β比值为10时生物有效剂量为灰色（即对肿瘤和急性反应组织的影响）

尽管短疗程的姑息性放疗几乎与长疗程的放疗效果是一样的，尤其是对状态较差的患者，但在世界许多机构似乎比较抗拒这种疗法[1]。这种抗拒可能是由于不熟悉、工作中缺乏接触、对大剂量分割放疗风险的担忧（见后文），以及每次大剂量分割放疗后的后续处理能力不足，或对患者的预期寿命及较长疗程放疗可能对生存获益的希望过高。这种抗拒也受到部门政策的影响，人们普遍认为通常规定的方案就是最好的，有时也会受到经济因素的影响。关键是要体谅患者、家属及其护理者长时间往返于医院治疗过程中的负担，其实单次或两次分割放疗就可以达到有效的缓解。

1.3.2　不良反应

一般来说，姑息性胸部放疗耐受性好，毒性小，且不会危及生命。这个结果与化疗引起的严重而持续的毒性反应形成了鲜明对比。姑息性胸部放疗最常见的不良反应是乏力和食管炎。食管炎的严重程度通常与剂量相关。对于大多数患者，食管炎很容易处理，在1周左右就能缓解。如果使用大照射野和高剂量的放疗，可能会发生放射性肺炎，所以在这种情况下应注意尽量减少正常肺组织的受量。在有症状的放射性肺炎的情况下，皮质激素可以改善咳嗽和呼吸困难等症状，但需要逐渐减量以防止复发。

很多作者认为大分割姑息性放疗与某些特殊的不良反应有关[6-8]。在治疗后最初24～48小时内，多达50%的患者可能出现恶心、急性胸痛的短暂发作，或者发热和寒战。这些不良反应一般不严重，而且通常不会持续很长时间，但是如果不给予提醒和适当的药物治疗，可能会导致患者焦虑和痛苦。他们还认为最大呼气峰流速会出现急性改变，所以对于严重气道阻塞的患者需要特别谨慎[9]。放疗期间短期使用皮质激素（如泼尼松）可能是有帮助的。

在临床试验中，有少数病例使用2次17 Gy和13次39 Gy出现了脊髓损伤（放射性脊髓病）[10]。因此在使用这些方案时应小心，应采取措施避免脊髓受照或减少照射剂量，特别是在预后相对较好的患者和使用较低能量照射（如钴-60）且剂量分布不太理想的情况下。

1.3.3 重复放疗

对姑息性放疗有良好反应的患者，肿瘤可能再次引起症状复发。在此期间，患者可能同时接受了全身治疗，但在治疗过程中或治疗后疾病仍在进展。临床上面临着再次姑息性放疗是否安全和恰当的问题。重复放疗的主要风险是放射性脊髓炎，如果脊髓被包含在两次治疗范围内，且总剂量超过耐受量，则可能导致下肢轻瘫。另外一个风险就是如果大量残留的正常肺组织包含在再治疗区域中，可能导致放射性肺炎。

因此，重复放疗绝不是一个能轻易做出的决定，需要考虑以下几个因素：

- 第一次治疗获得的临床效益（包括改善程度和持续时间）及重复放疗产生实质性肿瘤和症状改善的可能性。
- 患者可能的预后。
- 放射性脊髓炎的风险，必须考虑到初次的脊髓剂量分割和第二次计划中给予脊髓的剂量。
- 在重复设计肺部照射野时，要特别注意线束应避开脊髓。

所有这些考虑因素都有很大的不确定性，特别是对脊髓的累积风险及初始治疗后是否会恢复知之甚少。然而，合理的做法是对风险和获益的平衡做出一些实际的判断，并与患者及其亲属公开讨论。在得到充分的告知之后，对于大多数预后有限的患者来说，相对于不确定但可能有症状的益处，患者准备接受极小的脊髓炎风险，那么重复放疗可能是合适的。当然，只有在明确的知情同意程序完成后，医务工作者才能继续进行重复放疗。

1.3.4 近距离放疗

铱-192支气管内近距离放疗是治疗主支气管肿瘤公认的方法。它需要在支气管镜下插入一个小导管，该导管连接到一个输送放射源的装置，该装置将放射源沿着导管传送到预先指定的与肿瘤位置相对应的驻留位。根据需要，以放射源在驻留位的驻留时间来完成处方剂量要求。这项技术的优点是，使肿瘤局部得到高剂量照射，但是如果腔外肿瘤体积较大或完全阻塞支气管则不能使用。

作者Cochrane总结了临床试验的证据，并得出结论，作为一线治疗，近距离放疗不如外照射姑息性放疗有效[11]，它的使用仅限于有症状的肿瘤复发患者，而肿瘤的主体恰好位于支气管腔内。

1.4 姑息性放化疗

许多有症状且无法治愈的NSCLC患者可能适合行姑息性化疗和放疗。最常用的方法是按顺序进行治疗，通常从针对局部症状的姑息性放疗开始，因为预期的症状反应率总是高于姑息性化疗。这一发现已经在一项姑息性放疗加或不加化疗的随机Ⅲ期试验中得到证实，但接受同步化疗（氟尿嘧啶）患者的毒性更大，结果不好[12]。2013年Strøm等[13]发表了一项随机试验的结果，该试验在“预后不良”的Ⅲ期NSCLC患者中比较了单纯化疗（顺铂和长春瑞滨）和同步放化疗（给予15次45 Gy放疗，同期给予2周期化疗）的疗效。接受放化疗患者的生存率显著提高（1年生存率为53.2% vs. 34.0%，$P<0.01$），即使是在年龄超过70岁且肿瘤体积较大的患者中[14-16]，但是毒性增加。

然而，在世界卫生组织体能状况调查的患者中并没有看到生存获益[2]。尽管这些研究结果令人关注，但它们仅来自一项低效能的试验，所以应谨慎对待。将它们推广到Ⅳ期肿瘤患者的治疗中是不合适的。

2 骨转移

在某些时候，多达40%的肺癌患者会发生骨转移[17]。由于全身治疗的进步使生存期延长，骨转移的患病率有所增加，但与其他肿瘤相比，肺癌骨转移患者的中位生存期较短（仅为13周）[18]。在癌性疼痛中，骨转移是最常见的原因[19]，高达75%的患者会出现影响其生活质量的症状。由于肺癌骨转移的患者是无法治愈的，其治疗目的是姑息性的，目标是缓解疼痛、保持活动能力和器官功能、预防骨骼相关事件发生及提高生活质量。

骨转移可分为复杂型和简单型。复杂型通常指即将发生或已确定有病理性骨折、既往有手术、即将发生或已存在脊髓压迫、即将发生或已确定有神经根受压、神经性疼痛、既往有放疗史或伴有软组织肿块形成。骨骼相关事件通常被定义为病理性骨折、脊髓压迫、高钙血症、出现需要手术或放疗的情况[20]。继发于肺癌的骨转移治疗成本很高，主要原因是治疗骨骼相关事件造成的[20]。

姑息性放疗最佳方法的选择取决于症状轻重、病变范围、预期寿命、体能状态、并发症、毒性、骨骼相关事件的风险、既往治疗、转移灶是否为复杂型或简单型，以及患者的治疗意愿，最好由一个多学科团队来评估和决定。表41.2列出了指征和推荐的常用剂量分割方案。

表41.2 骨转移常用的姑息性放疗方案

指征	推荐方案	选择参考
简单型骨转移	8 Gy/次	D'Adario 2010[49]；Lutz 2011[48]；Vasiulou 2009[61]；Macbeth 2007[100]；Kvale 2007[30]
即将发生病理性骨折，单独放疗 明确病理性骨折，单独放疗 即将发生/明确病理性骨折，术后放疗	20 Gy/5次，30 Gy/10次，或40 Gy/15次	Agarawal 2006[31]；Kvale 2007[30]；Townsend 1994[34]
神经性疼痛	8 Gy/次或20 Gy/5次	Roos 2005[36]
伴有软组织肿块	20 Gy/5次或30 Gy/10次	NCNN[59]
半身照射	6～8 Gy/次	Salazar 1986[45]
适形放疗，立体定向放疗	20 Gy/次	Gerszten 2006[47]
重复放疗	8 Gy/次或20 Gy/5次	Chow 2013[69]
即将发生脊髓压迫，单独放疗	多分割	NICE 2008[66]
明确脊髓压迫，单独放疗	8～30 Gy/（1～10）次[a]	Prewett 2010[70]；Rades 2010[75]；Maranzano 2009[79]；NICE 2008[66]；Maranzano 2005[79]
脊髓压迫，术后放疗	20～30 Gy/（5～10）次	NICE 2008[66]；Patchell 2005[77]

注：[a]取决于体能状态

2.1 关于骨转移的国际最终共识

尽管许多Ⅲ期临床研究肯定了疼痛性骨转移患者姑息性放疗的益处，由于对治疗反应的定义不同，包括什么是完全缓解和部分缓解，所以在解释和总结过去结果时需要特别谨慎[21-22]。国际骨转移共识工作组为临床试验制定了一套统一的入选标准、终点测量标准、重复放疗指南和统计分析，以提高报道的一致性[21]。

2.2 外照射的适应证：简单型骨转移

外照射放疗带来持久且即时的症状缓解，同

时最大限度地降低毒性，减少资源浪费和癌症中心的就诊次数，但预计不会带来生存获益。只要能改善症状，肿瘤不必完全根除，因此姑息性放疗可给予低于病灶消除所需的剂量。此外，无症状的骨转移治疗可以推迟进行，除非有诸如脊髓压迫等严重不良事件的风险。

20多项随机对照试验、2个系统回顾和4项Meta分析的作者与研究人员表示，单次分割姑息性外照射放疗与多次分割放疗相比，不同肿瘤患者的疼痛缓解率相差不大（肺癌患者中高达25%）[22-25]。最新的Meta分析包括25项研究，其中2818例患者被随机分到单次分割放疗组，2799例患者被分到多次分割放疗组[22]。单次分割放疗组的总有效率为60%，完全缓解率为23%（受试者），而多次分割放疗组分别为61%和24%。在急性毒性、病理性骨折（3%）和脊髓压迫（2%～3%）方面无明显差异。所有的荟萃研究都证明治疗效果与组织类型是不可分的，也没有令人信服的证据表明治疗结果因原发部位不同而异。单次分割放疗被反复推荐为简单型骨转移的标准治疗方法（表41.2）。图41.2展示了一个用前、后野，单次照射8 Gy治疗右肩胛骨转移疼痛的放疗计划图。

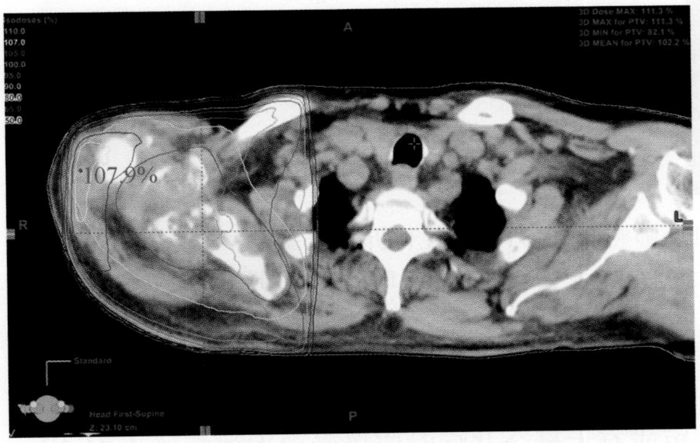

图41.2 用平行对穿技术，单次8 Gy治疗右肩胛骨转移引起的疼痛的示例

红色为大体肿瘤体积；绿色为计划靶体积

尽管有强有力的证据，但迄今为止许多国家仍不愿意采用单分割放疗作为标准治疗[26]。在美国进行的一项大型前瞻性研究中，1574例肺癌伴转移瘤患者中有25例接受了姑息性骨放疗，只有6%接受了单分割放疗。年龄小于55岁，在转移部位进行过手术或接受过化疗的患者更有可能接受放疗。在综合机构（如医疗保健机构）中接受治疗的患者，接受平均3.4次（$P=0.001$）和4 Gy剂量的放疗（$P=0.049$），但总体放疗实施比率是相似的[27]。导致较少采用的因素包括培训国家、成员关系、机构结构、疼痛管理团队、放疗计划研讨及实施的等待时间、报销水平和部门政策[20, 26-28]。

2.3 外照射放疗的适应证：复杂型骨转移

2.3.1 即将发生病理性骨折

即将发生的病理性骨折被定义为在正常生理负荷下有很大骨折可能性的骨转移。即将发生病理性骨折的患者可能会受益于手术、放疗或两者兼可，但是没有随机试验对这些治疗方式进行比较的报道。只要周围的骨骼可以支撑置入的固定装置[29]，预防性稳定手术可以减轻疼痛并避免骨折的严重后果，尽管术后恢复可能会推迟全身治疗的连续进行[28]。一般来说，紧随其后的是术后放疗。有一部分患者不适合或拒绝手术，在这种情况下可以单独进行放疗[30]。

2.3.2 已明确的病理性骨折

如果发生病理性骨折，需要进行适当的重建手术，尤其是那些预后较好的下肢骨折的患者[31]。手术不能延长生存期，但可以提高稳定性、改善日常活动能力、保留功能、缓解疼痛和提高生活质量[31-32]。大多数指南推荐，如果不能手术则采用分次放疗（表41.2），然而治疗目的和生命预期可能导致选择单次放疗。针对单发的、有明确病理的转移灶，特别是在长时间无瘤生存之后，可以制定更高剂量的放疗方案（如10次30 Gy），尽管没有确凿的证据表明这样做可以改善局部控制。

2.3.3 术后放疗

术后放疗可以抑制肿瘤生长和促进骨骼愈合，维持假体置入骨骼的结构完整，防止假体的不稳定[33]。术后放疗可以减轻疼痛、增加四肢正常使用的频率、防止肿瘤进展、最大限度地避免修复手术和降低再次骨折的风险[34]。髓内钉置入术后所有置入的金属配件应包括在放射野内，以降低肿瘤播散的风险（图41.3）。一旦伤口愈合满意，通常在手术后2～4周内开始放疗。一般情况下设计多次分割的放疗方案（表41.2）[34]，但术后临床表现恶化的患者可以考虑单次放疗[33]。

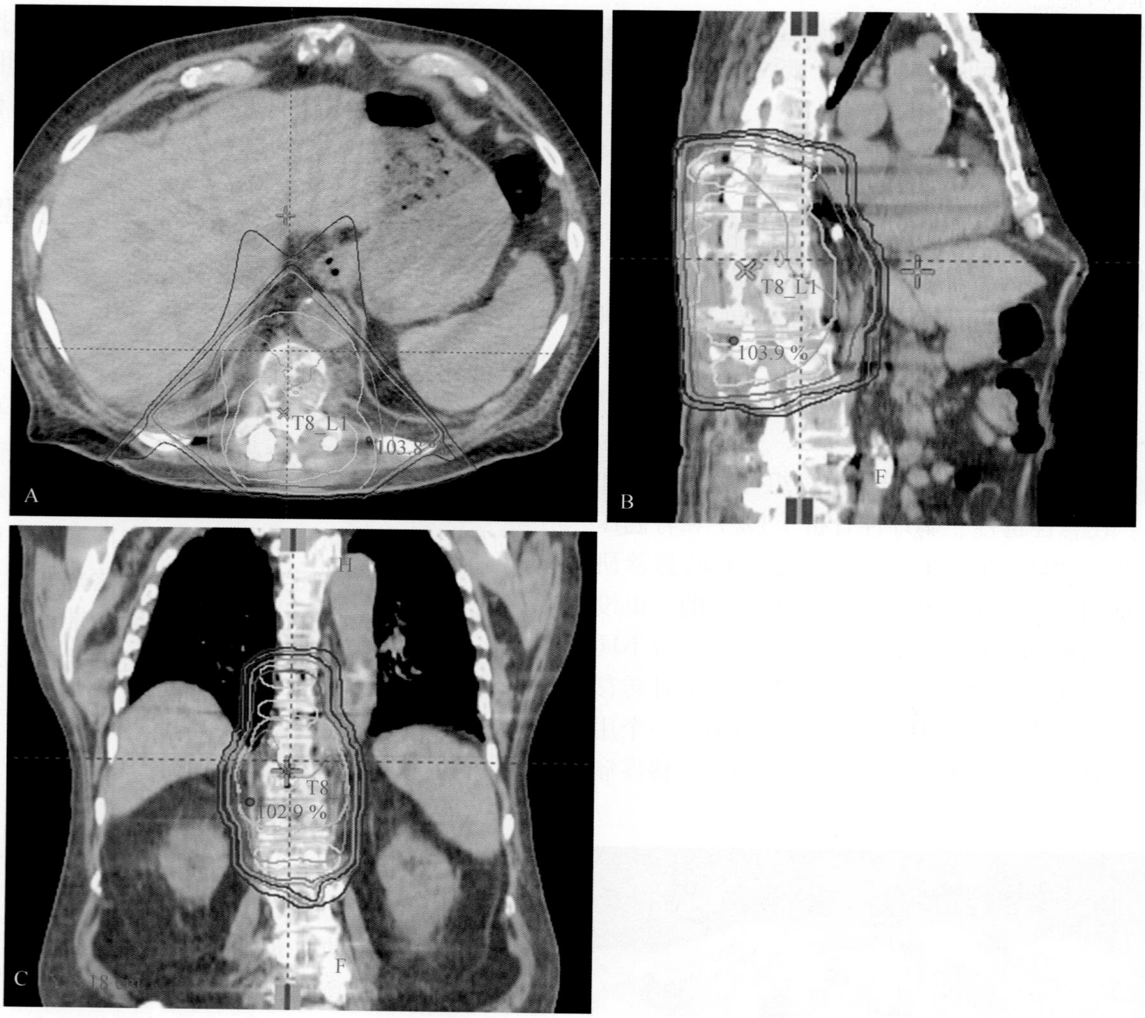

图41.3　手术减压、椎体切除术、肿瘤切除术和非小细胞肺癌继发T11病理性骨折稳定后的术后放疗示例

（A）轴位图像；（B）矢状位图像；（C）冠状位图像。采用五野技术，每天1次，共5天给予20 Gy，绿色区域为计划靶体积，包括病理性骨折部位、相邻的T10椎体及包括固定装置在内的手术床（黄线区域）

2.3.4　神经性疼痛

骨转移引起的神经病理性疼痛通常对一般镇痛药反应不佳[35]，但对放疗有反应[36]。Roos等[36]在245例患有各种原发肿瘤的患者（其中31%为肺癌）中对单次8 Gy和5次20 Gy的放疗方案进行对比。53%的单一部分放疗患者和61%的2个月进行多部分放疗（意向治疗）的患者出现疼痛缓解。两个治疗组中分次治疗失败的中位时间稍长（分别为3.7个月和2.4个月），但没有达到显著性意义。作者推荐使用5次20 Gy的放疗方案，但是如果患者体能状态差、预期生存期较短或有大量合并症时应接受单次放疗（表41.2）。

2.3.5　生活质量

由于放疗的主要目标是症状控制，因此评估疗效（疼痛及生活质量方面）的最合适方式是收集患者治疗结果的反馈[37]。在一项国际性调查中，91%的专家建议对有骨转移患者进行生活质量评估的临床试验[21]。最近，许多研究者发表了关于骨转移姑息性放疗后生活质量和功能损害方面的报道。一般而言，放疗后疼痛得到缓解的患者，其躯体功能和角色功能也得到了显著改善[38-40]。这种改善还扩展到其他方面，如失眠和便秘的改善，在2个月时受试者描述情绪较之前好转，可以做一般的活动和简单的工作，整体生活质量有提高[38-41]。解剖位置和放疗剂量与病情缓解程度之间关系不大[40-41]。由于原发部位不同，其疗效反应可能存在差异。在一项研究中，前2个月有症状缓解的患者27%是肺癌患者，70%的患者是乳腺癌和前列腺癌[40]。

2.4 半身外照射适应证

半身照射对于广泛播散有症状的骨转移是一种有效的治疗方法[42]，在过去经常被使用，尤其是对于那些体能状态差的患者。分别对上半身（颅底至髂嵴，单次6 Gy）、下半身（髂嵴至足踝，单次8 Gy）或身体中部（横膈膜至耻骨联合，单次6 Gy）进行照射。半身照射通常在24～48小时内使70%～80%患者的疼痛得到缓解，并可能降低未来对阿片类药物和局部放疗的需求[43-45]。

2.5 立体定向放射外科的适应证

立体定向放射外科是以高度适形的方式，通过单次或几次照射对病变给予放射性消融剂量的照射。目前，针对某些特定的临床条件，正在进行研究（如脊髓附近骨转移的重复治疗）[46]。立体定向放射外科治疗可能有以下优势[47]：

- 正常组织受照体积小。
- 最大限度地保留器官功能。
- 放射生物学获益是因为高剂量分割。
- 局部控制率提高。

然而，这些获益可能会被高成本、对专用设备的特殊需求、治疗设计和实施的耗时费力所抵消。目前，有一项比较常规外照射和立体定向放射外科治疗骨转移的随机试验正在进行。Gerszten等[47]对87例肺癌继发脊柱骨转移患者行单次放射外科治疗后的前瞻性研究结果进行了评价。在87例患者中，70例患者曾接受过最大限制剂量的外照射放疗，平均肿瘤剂量为一次照射20 Gy，平均在90分钟完成，没有患者出现神经系统放射性损伤。在73例患者中，有65例以接受镇痛治疗为主，并获得了长期的改善[47]。应鼓励将合适的患者纳入有足够经验的治疗中心进行临床研究[47-49]。

2.6 外照射放疗的不良反应

急性不良反应一般是轻微的、自限性的，通过一般性治疗就可以控制，大多数患者在治疗后1～2周开始出现，但个别患者（如恶心）会在数小时内发生。它们可能在放疗结束后才达到峰值，通常在2～3周消退。由于放疗是局部治疗，除了乏力以外，其他所有的不良反应都与放疗部位有关。晚期反应可以发生在治疗后的数月或数年，不常见，但却是永久性的，必须由放射肿瘤学专业人员来处理。虽然多数患者的寿命不足以等到出现这些反应，但是必须考虑到在这些不可治愈的恶性肿瘤患者中发生晚期毒性的可能性。对于不良反应和推荐处理方案已经做了回顾性研究[50]。

爆发性疼痛是骨转移患者行外照射放疗后的常见不良反应。爆发性疼痛是指治疗区域内疼痛在短时间加剧，在开始放疗后的1周内有多达44%的患者会发生，持续时间的中位数为3天[51-52]。目前尚不能明确爆发性疼痛是否会更多见于单次放疗后。在一项研究中，作者发现，与乳腺癌和前列腺癌相比，肺癌患者爆发性疼痛的发生率较小（23%）[53]。在最近报道的一项双盲安慰剂对照随机试验中，从单次放疗当天开始，每天口服地塞米松片8 mg，连续4天，可显著降低爆发性疼痛的发生率，而不良反应是可以耐受的[54]。

2.7 外照射放疗与其他方式联合

2.7.1 外照射放疗联合微创介入技术

经皮椎体成形术和球囊扩张椎体后凸成形术是一项门诊外科微创介入技术，用于恢复溶骨性椎体转移的稳定性，缓解疼痛，改善活动能力，维持生活质量、自理能力和体能状态，而用于骨盆或其他部位的微创技术称为骨成形术[55-56]。这些治疗方法适用于有并发症、力学原因导致疼痛甚至多个椎体病变的患者，不适用于软组织肿块的治疗[57]。这两种方法都可以缓解其他治疗方法难以控制的疼痛，没有证据证明追加外照射放疗可以改善临床结果[55, 58]。

2.7.2 外照射放疗和系统治疗

化疗既可以针对全身也可针对骨转移。它能

缓解骨转移患者的疼痛、改善生活质量和延长生存期，但对于有严重骨髓疾病的患者进行过度治疗可能是危险的。化疗的有效率和持续时间通常低于放疗，药物的价格更昂贵，症状缓解之前间隔时间较长，而且不良反应也是全身性的。尽管骨转移患者通常按照序贯方式接受这些治疗，但同时进行放疗和化疗尚未被广泛应用。

双膦酸盐可预防或延缓肺癌患者骨骼相关事件的发生[59-60]。由于双膦酸盐和外照射放疗具有不同的剂量限制性毒性，双膦酸盐可以提供一个基础治疗，与此同时放疗可以缓解急性的局部疼痛[61-62]。Vassiliou等[63]发表了对45例不同部位肿瘤患者进行放疗（30～40 Gy）的同时每月静脉滴注伊班膦酸盐的治疗经验，其中29%的患者为肺癌。每组患者的疼痛均有明显缓解，对阿片类药物的需求显著减少，并改善了体能状态和生理功能。3个月时疼痛的完全缓解率为69%，部分缓解率为31%。所有时间点的影像学检查均显示骨密度增加，骨破坏有明显修复。除了1例发生病理性骨折的肺癌患者外，其他患者均不需要重复治疗。Vassiliou等[63]还对其他研究的数据进行了回顾，没有获得随机性数据[61]。有一项指南推荐在外照射放疗同时使用双膦酸盐[30]。此外，在有放疗禁忌证的情况下也可以考虑使用[62]。

地诺单抗是一种全人源单克隆抗体，它特异性针对核因子κB受体活化因子配体，是一种破骨细胞的调节因子。它可能会延缓骨转移的发生并治疗已明确的骨质破坏[64]。对于NSCLC发生骨转移的患者，与唑来膦酸相比，地诺单抗可以增加中位总生存期（9.5个月 vs. 8个月）[65]。如果双膦酸盐有使用禁忌或使用无效后，推荐地诺单抗作为预防成人实体肿瘤骨转移发生骨相关事件的一种选择[17, 59-66]。然而，尚未获得关于地诺单抗联合放疗的高质量的证据。

2.7.3 重复放疗

当其他治疗手段不适合或无效时，可考虑重复放疗[67-68]。在最近的一项Meta分析中显示，单次8 Gy放疗组的重复治疗率为20%，而多分割放疗组的重复治疗率为8%（P<0.000 01）[22]。许多接受单次放疗后的患者能够重复放疗的一个原因是还可以接受治疗，但是多数放射肿瘤学专家不愿意给曾经接受过≥30 Gy放疗后的患者进行重复放疗，特别是在脊髓也受到照射的情况下[52]。在一项随机分组研究中，将既往接受过放疗且有疼痛性骨转移的850例患者随机分配到接受单次8 Gy放疗组和5次20 Gy放疗组。根据对治疗方案逐一分析后显示，8 Gy放疗组（28%）2个月时的意向治疗有效率不低于20 Gy放疗组（32%），比率分别为45%和51%。两组在病理性骨折发生率、脊髓压迫发生率或生活质量方面无明显差异，但多分割放疗14天后的不良反应明显增加[69]。研究表明，外照射放疗后通常需要4～6周的时间疗效才达到最高峰。因此，重复治疗应推迟到这一时间段以后，这样可以准确评估首程放疗的反应及疼痛缓解情况[21]。

2.8 脊髓压迫

在所有癌症患者中有5%会出现脊髓压迫，而有15%～30%的脊髓压迫患者最终被确诊为肺癌[70-72]。肺癌导致脊髓压迫患者的中位生存期很短，一项研究显示，还不到2个月[73]。对怀疑有神经系统症状或体征的患者，应立即行全脊柱MRI检查，尤其是对已知有椎体转移的患者。

建议在24小时内给予最佳的治疗（手术或放疗），以最大限度地控制症状、保留神经功能和行动能力、减小肿瘤体积、提高生活质量[74]。遇到以下情况时应咨询脊柱科医生的意见：需要得到病理诊断；只有一个层面的脊髓受压；存在脊柱不稳或椎管内有骨碎片；患者不能接受放疗（如既往曾在这一水平接受过放疗）；在最大剂量放疗期间或之后出现神经功能受损；组织学提示有放射抵抗；症状进展迅速；有急性发作性截瘫[74]。

一般来说，预后较好的因素包括：发展到运动障碍的间隔时间长；治疗前后行动能力好；组织学提示放疗敏感；只有一个层面的脊髓受压；治疗及时[30, 75]。

2008年英国指南中综述了包括阿片类药物、静脉血栓栓塞预防和康复在内的最佳支持性护理[74]。有充分的证据表明皮质激素是很有效的。只要没有禁忌证，所有的患者都应一次给予10～16 mg地塞米松，随后每天16 mg地塞米松，分次给予[74]。放疗开始后剂量可以逐渐减少。如果神经系统症状恶化，可以临时增加剂量[74]。

2.8.1　即将发生的脊髓压迫

回顾性研究表明，放疗可能使那些影像学显示脊髓处于危险状态的脊柱转移患者保留神经功能[76]。但关于放疗剂量和分割方面还缺乏令人满意的证据（表41.1）[21, 76]。

2.8.2　已存在脊髓压缩

对于预期生存期超过3个月且只有一个层面脊髓受压的有症状患者，手术加术后放疗效果优于单纯放疗，使得行走能力、活动和自理能力、功能保留和肌力评分都有明显改善，并降低了激素和镇痛药的使用剂量[77]。因此，对于出现脊髓压迫或脊柱不稳定的患者（如脊柱压缩性骨折、脱位或向后压的骨碎片）、体能状态较好、预期生存期较长的患者，推荐采用这种由多个医疗部门联手完成的联合治疗模式[30, 52, 74]。因为SCLC患者的生存期通常很短，所以很少考虑手术[78]。如果手术不合适或者患者拒绝手术，可以行单纯放疗[49]，后者一直是硬膜外脊髓压迫最常用的治疗方法[49, 73]。哪种放疗计划最为合适仍在争论中（表41.1）。争论的原因可能是因为常用的时间剂量方案有价值的数据不足。大多数关于简单型骨转移放疗的临床试验研究将有脊髓压迫的患者排除在外。意大利人进行了两项针对具有预后不良因素患者短程放疗和单次放疗的Ⅲ期随机试验研究[79-80]。与单次放疗相比，短程放疗在缓解背部疼痛、放疗后步行能力、膀胱功能、运动改善的持续时间、毒性及生存率方面，没有发现显著性差异[80]。除了2次8 Gy照射组反应的中位持续时间较长以外，短程放疗和单次放疗组之间没有明显差异[79]。有研究者对来自一个大型多中心数据库的数据进行了一系列回顾性研究，报道了短程放疗和长疗程放疗在神经功能恢复、神经系统受损结果及生存率方面的情况。然而，较长疗程放疗组肿瘤局部控制率可能更好，照射野内复发更少[75]。尽管截瘫患者的预后不佳，放疗也不会对神经系统的功能状况带来获益，但是进行外照射放疗可以使疼痛得到控制。一旦伤口愈合，所有患者都应接受术后放疗，这样可以使手术效果更好[74]。

2.8.3　脊髓压迫的再程放疗

如果患者对既往放疗的反应良好，且间隔时间大于3个月，则对在既往照射区域内复发的脊髓压迫可以进行再程放疗。高度适形放疗技术，如立体定向放射外科，它能降低脊髓的累积剂量，为局限性转移且体能状态良好的患者提供了一种补救治疗方法[74-75, 81]。立体定向放射外科可以对曾经做过放疗在脊髓节段内复发疼痛的患者进行重复放疗，但它不能用于某些紧急情况，如直接的脊髓压迫[81]。如果既往放疗剂量达到极限，可以进行减压手术[70]。

3　脑转移

脑转移是肺癌患者最常见的转移部位，无论是在诊断初期还是在后期（神经系统症状通常是肺癌的表现症状之一，提示需要检测肺癌，往往是由于神经系统的症状很快诊断出肺癌）。由于系统治疗越来越完善和对基因突变认识的进步，一些患者的生存期得到了延长，但是许多化疗药物不能穿透血-脑屏障，达到足以根除微转移性病灶的程度，因此肺癌患者脑转移的发生率和患病率正在增加。还有一部分无症状的、脑转移负荷较低的患者，是在做分期评估或再次评估时，进行常规MRI检查后被发现的。这些脑转移若只是单发的或几个小的转移灶，适合于头部立体定向放疗（伽马刀或直线加速器）。对于较大的病灶，条件允许时可以行手术切除，特别是当病灶的占位效应及症状明显时。然而，对于体能状态良好、肿瘤负荷较低或单发脑转移的患者，治疗目的并不是姑息性治疗，而是为了根治颅内转移灶并延长生命。不可否认，这种积极的治疗手段能永久根治所有病灶的证据却很少。本节介绍脑转移的姑息性治疗，如对有症状的多个脑转移患者的治疗。

一部分患者是由于颅压增高的症状而被发现脑转移，如头痛和恶心、癫痫发作或局灶性神经功能缺损，甚至出现严重并发症，并影响患者的生理、心理功能和体能状态等情况。多发的、有症状的脑转移是预后不良的表现。对于有症状的患者给予什么样的治疗最适当，取决于患者和肿瘤自身因素。有以下多个选项可供选择：

- 只给予临终关怀。
- 只给予皮质激素。

- 皮质激素加短程全脑放疗（WBRT）。
- WBRT与脑局部立体定向放疗结合。
- 对引起明显症状的病灶进行外科手术切除以缓解症状，随后进行WBRT。

关键问题是临床判断患者应属于哪个群体，如部分患者可能从更积极的治疗方法中受益，其目的是延长神经系统病变的控制期；相反，那些预后差的患者则不会获益，他们的治疗目的可能是短期地缓解症状和进行临终关怀。大多数患者则介于两者中间，WBRT和皮质激素是治疗的主要手段。

3.1 选择更有可能从治疗中受益的患者

已经研究出了几种方法来帮助临床医生和临床试验人员识别那些预后较好并有可能在更为积极的治疗中受益的患者。最广为人知的方法是肿瘤放射治疗小组（RTOG）的递归分配指数（recursive partitioning index，RPA），它是根据几个RTOG Ⅲ期临床试验数据汇总而来[82]。这些试验不仅包括肺癌患者，尽管在大多数脑转移试验中肺癌是最常见的原发性肿瘤。最佳组为RPA Ⅰ级，包括一般情况较好（Karnofsky评分大于70）、原发性肿瘤控制较好、年龄小于65岁、除脑转移外没有其他转移的患者。RTOG临床试验中更深入的分析研究带动了预后分级评估标准（graded prognostic assessment，GPA）[83]的发展，该评估考虑了更多方面，如年龄、一般情况和脑转移病灶的数量（1个，2～3个，或>3个），其中低龄并且一般情况好的和孤立性脑转移的患者预后最好。

同一研究小组后续的出版物对GPA进行了完善，并制定了针对不同疾病的预后分级评估标准（disease-specific，DS）-GPA[83]。举例来说，肺癌的DS-GPA包括体能状态、年龄、是否存在其他颅外转移，以及脑转移灶的数量，而黑色素瘤和肾细胞癌的DS-GPA仅包括体能状态和脑转移灶数量。一些作者比较了脑转移的各种预后指标。Rodrigues等[84]对9个已发表和验证的脑转移预后指标进行了系统评价，包括RTOG的RPA、GPA和DS-GPA、鹿特丹分级标准、骨转移的基础评分、黄金分级系统和RADES分期是Ⅰ期或Ⅱ期。研究者将这些指标与一系列特征进行了比较并报道说，尽管没有一个是理想的，但都具有一定的临床实用性。作者得出结论，RTOG的RPA是迄今为止最好的验证方法。在另一份报道中有两个机构数据库使用这些预后指标，在接受治疗的500名患者中，有的接受立体定向放疗（381例），有的接受全脑放疗（120例）[85]。使用新的指标进行比较（病例再分类的改进指标、综合判断的改进指标、决策曲线分析）。不同指标在不同衡量标准上表现不同，整体效果最好的是RTOG RPA、Golden Grading系统、RADES Ⅰ和鹿特丹系统，但GPA在识别预后不良患者方面表现最好。因此，所有这些指标都可以并且应该用于临床实践和临床试验，用以识别能从更积极的脑转移治疗中获益的预后良好和预后不良的患者群，以及可以考虑行全脑放疗的中间患者群。

3.2 全脑放疗：剂量分割与计划

姑息性放疗对于多发性脑转移的患者来说，其目的就是减轻症状，主要采用短程全脑放疗，使用两个平行对穿照射野，覆盖整个大脑，但要避开眼睛，尽量减少唾液腺和口咽黏膜的剂量，以减少毒性反应。传统放疗，计划不依赖于CT，而是使用临床标记，主要依靠眼眶上缘和外耳道的解剖标志来描绘全脑放疗照射野的下边界，因为它们非常恰当地代表了颅底的位置。照射野要能包括颅内窝的全部内容，而不包括头皮，同时还要避免眼睛和其他有危险器官。然而，这样做会难以评估大脑的前部和下部大部分的剂量，特别是难以评估脑膜是处于低剂量区还是未被覆盖，难以评估照射野内精确的颈髓水平，尤其是难以与将来的颈部照射野相匹配。因此，许多中心已经转向以CT图像为基础的计划系统，这个系统可以更好地评估以上问题，包括晶体的受照剂量，因为它是眼睛中对辐射最为敏感的结构。尽管这可能与许多预期寿命短的患者关系不大，因为他们的预期生存期不足以出现辐射性白内障。但这样做加强了对传统治疗计划中剂量不均匀性的认识，并努力创造出更均匀的剂量分布、非共面的甚至是调强放疗。调强放疗是一种复杂而精密的放疗技术，经常用于高剂量的放疗计划中，它可以保护特别敏感的器官，如海马体，以降低全脑放疗后记忆力受损的风险[86]，或保护头皮，避免脱发，尽管这只是普遍的（暂时的）不良反应。然而，在行姑息性放疗时使用这些复杂而且费用昂贵的先进治疗技术是否适合仍然存在争议，这主要取决于治疗目标和对患者预期寿命的实际估计。

有许多作者试图通过大量的随机试验来确定姑息性全脑放疗最佳的剂量和分割，还有一些研究者探索加入化疗或放射增敏剂以提高全脑放疗的有效率。目前认为，标准的放射治疗计划是：30 Gy/10次/2周或20 Gy/5次/1周。尽管1周5次放疗的生物学有效剂量较低（当然剂量不少于1/3，且分割较大，总治疗时间短，增加了生物效应），但与高剂量组进行对照，并没有显示出更好的结果。Cochrane等在对多发性脑转移患者进行全脑放疗回顾性研究中，总结了39项随机试验（超过10 000例患者），其中一些是关于改变分割的研究（如超分割或加速分割放疗），全脑放疗加或不加放射增敏剂，全脑放疗加或不加放射外科追加剂量，以及放射外科加或不加全脑放疗[87]。他们的结论是，在总生存率、神经功能恢复及症状控制方面，没有任何一种替代疗法比标准放疗（10次30 Gy或20 Gy）更好。

3.3 结果

评估脑转移患者姑息治疗有效性的一个挑战就是对于什么是姑息放疗缺乏共识。许多临床试验的研究者都将注意力集中在整体存活率上，即使它可能会受到颅外病变的影响。另有研究者试图评估神经系统无进展生存期和神经系统病变的控制率，最常见的方法是通过影像评估，而不是患者自身症状和功能的变化。有学者尝试通过评估神经系统症状的控制情况、激素的使用剂量和患者的体能状态来评估姑息性治疗，而这些指标可能与患者是否确实能从放疗中获益最为相关[88]。使用这些标准来衡量，在临床实践中只有少数患者好像能从全脑放疗中获得姑息性益处[89]。导致这一结果的原因一部分是由于有些预后不良的患者在确诊脑转移后6～8周内死亡，因此存活时间还不足以达到获得明显缓解的长度[90]，另外一部分是由于皮质激素改善了神经系统的症状，虽得到充分承认，但却缺乏详细的记录[91]。有确凿的证据表明，皮质激素本身会引起较大的毒性，特别是长期使用时[92]，但没有很好的证据表明，相比使用高剂量药物如地塞米松每天16 mg，当较低剂量（如每天4 mg或8 mg）使用时可能同样有效且毒性较低[93]。减少皮质激素相关不良反应的一种方法就是根据脑水肿的程度和症状轻重个性化给予初始剂量，短期内转为低剂量，如每天2 mg或4 mg地塞米松，然后根据患者的预后和症状的轻重在适当时考虑是否完全停药。为了解决如何更好地缓解预后较差脑转移患者症状的问题，英国研究人员完成了一项Ⅲ期多中心随机对照试验，该试验中的患者均接受了最佳的支持治疗，并对行或不行全脑放疗（5次20 Gy的照射）的患者进行了比较。主要的评估指标是经过质量调整的存活年数，次要指标是体能状态和症状表现。最近有报道称，行全脑放疗并没有显示出优于最佳支持治疗的结果[94-95]。

3.4 全脑放疗的毒性

全脑放疗的主要急性不良反应是乏力，有时会出现头痛、恶心和呕吐，这与颅内压升高有关，而颅压高可能是与细胞毒素和放疗引起的组织水肿有关。这些不良反应通常可以通过给予足够剂量的皮质激素来预防。偶尔，有的患者会出现腮腺肿胀，通常发生在第一次或第二次放疗之后。亚急性不良反应包括持续性乏力、脱发、皮肤反应（干燥、发红及色素沉着），以及可能由于中耳积液和耳道内耳垢结痂所致的一过性听力下降。在通常的姑息性放疗计划中，不应该对听力产生永久性的影响，因为所给予的放疗剂量在神经的耐受范围内。

最令人担心的晚期不良反应是认知功能受损。在很长一段时间内这种不良反应并不被重视，可能是因为那些接受姑息性全脑放疗的患者本身预后不良。研究者已经注意到这一严重影响生活质量的问题，通过标准化测试证实了存在记忆力和其他认知功能的损害，尽管这些数据在其可归纳性方面存在争议，并导致了不同的结论。减少迟发性神经毒性是一个十分活跃的研究领域[95]。在第43章中对使用药物如美金刚或保护海马的放疗等方法来保持认知功能[96-97]有更详细的介绍。

3.5 备选治疗方案

如脑转移一节开头所述，在颅外病灶很小或没有颅外病灶的患者中，对于颅内病变的治疗是根治性目的的话，可以考虑采用立体定向放疗或手术切除术，加或不加全脑放疗。一些作者及世界上某些地区的研究者，特别是美国，都主张避免行全脑照射，目的是减少认知功能的损害。一个针对脑转移瘤进行立体定向放疗的小规模随机试验表明，被随机分配的采用立体定向放疗的患者，其神经功能和认知功能更好，且生存期有改善[98]。目前尚不清楚这种变化是否真的是由于立体定向放射外科治疗带来的获益，因为那些在最初接受立体定向放射外科治疗而后继续接受积极治疗的患者出现了新的脑转移，不出所料，他们再一次做了立体定向放射外科治疗。相比之下，那些被随机分配到初始行全脑放疗的患者被认为更接近生命的终点，并且在进展时没有接受进一步的治疗。也就是说，在评估本试验的重要指标，即随机分组后4个月的认知功能时，该组患者中大部分已接近生命的最后几个月。他们在这项测试中所出现的不良反应可能是肿瘤终末期的表现，而不是全脑放疗直接导致的。

另外，更大规模的随机研究正在进行，目的是明确如果将肿瘤复发、下一步治疗、神经损伤及功能结果等都考虑在内的情况下，不使用全脑放疗是否确实会导致更好的整体神经功能结果。在此之前，各个国家和治疗中心对什么是最佳治疗方案的意见分歧很大，即使在获得随机对照试验的数据后，这种争论也很有可能继续下去。遗憾的是，很难将最终的治疗目标与当地惯例、财政支持和反对因素、在某些地区患者的期望和要求等问题完全分开。这些调查结果使得当前的争论更加激烈，当然也扩展到肺癌以外脑转移患者的管理。

3.6 重复治疗

过去，认为脑转移患者的预期寿命很短，所以很少考虑重复治疗。来自多个中心的研究人员报道说，对既往放疗反应良好且疗效持续较长的患者，可以考虑重复全脑放疗。不过，对什么是疗效持续时间长还没有很好的界定。虽然还没有获得随机试验的证据，但当前比较公认的做法是针对孤立性脑转移考虑使用立体定向放疗，因为立体定向放疗的耐受性相对较好且局部控制率好。这种做法是否会使临床上总体获益，在很大程度上取决于患者选择和需求，还要平衡近期和远期毒性的风险。重复全脑放疗可能确实有一定的作用[98-99]，但必须要考虑到再程放疗的毒性，尤其是对认知功能的影响。

4 其他部位的姑息性放疗

姑息性放疗也广泛用于SCLC和NSCLC患者其他部位转移灶的治疗，如淋巴结转移、皮肤和皮下转移性结节、肾上腺转移、肝转移及眼眶或视网膜转移。几乎找不到关于评估针对这些部位转移灶行姑息性放疗有效的正式研究报告，因为任何一个治疗中心要积累这些特殊转移部位的患者进行研究都需要很长时间。姑息性放疗的原则适合于：如果能很有把握地确定患者表现出的症状是由某一部位肿瘤转移引起的，把那个肿瘤作为靶区给予一定剂量的放疗且毒性极小或一般，患者期待在治疗后最多几天或几周内应该会获益，特别是使用单次大剂量放疗后。如果有了充分的临床评估、详细的病史记录和体格检查及全面的实验室检查，可能会有很大一部分患者的症状能得到改善。只有那些肿瘤多部位转移导致症状复杂，且预期生存期小于3～4周的患者，由于肿瘤进展迅猛，而不能从姑息性放疗中获益。很多SCLC和NSCLC患者确实能从针对症状的疾病部位短程姑息性放疗中获得相当大的益处。

5 结论

姑息性胸部放疗在SCLC和NSCLC患者的治疗中是非常重要的选项。有充分的证据表明，它能有效地控制大多数症状且毒性较低，因此可以安全地用于体质虚弱和状态不佳的患者。很多患者都可以接受1～2次的大分割放疗，这对患者很安全，而且不需要每天去医院[100]。对于那些体能状态较好的患者来说，可以选择更高剂量的方案，以便达到更持久的症状控制和生存获益，但是代价是食管炎发生率的增加，如36～39

Gy/12～13次。

尽管过去对姑息性放疗的最有效剂量进行了充分的研究，但缺乏对姑息性放疗如何与系统治疗相结合以达到最佳治疗方面的研究，以确保那些已确定不可治愈的肿瘤患者获得最持久的症状控制和最小的毒性。例如，如果患者有肿瘤转移并且有引起症状的胸部病灶，采取什么样的顺序治疗才能达到最佳疗效？或者，如果患者胸部病灶较严重，在全身治疗之前或之后立即进行姑息性放疗是否能提高胸部症状的缓解程度和持续时间？

最理想的情况是，由多学科团队来治疗和护理晚期有症状的肺癌患者，使得所有相关的治疗都能达到最佳效果。这种团队合作的模式越来越普遍，尤其是在管理良好的肿瘤中心。然而，随着晚期肿瘤患者全身治疗方案的逐渐增多，姑息性胸部放疗的价值可能被低估，并导致患者拒绝选择这种有效且毒性较低的治疗手段。

（周　琰　李　菁　译）

主要参考文献

1. Rodrigues G, Macbeth F, Burmeister B, et al. International practice survey on palliative lung radiotherapy: third international consensus workshop on palliative radiotherapy and symptom control. *Clin Lung Cancer*. 2012;13(3):225–235.
2. Rodrigues G, Videtic GM, Sur R, et al. Palliative thoracic radiotherapy in lung cancer: an American Society for Radiation Oncology evidence-based clinical practice guideline. *Pract Radiat Oncol*. 2011;1(2):60–71.
4. Falk SJ, Girling DJ, White RJ, et al. Immediate versus delayed palliative thoracic radiotherapy in patients with unresectable locally advanced non-small cell lung cancer and minimal thoracic symptoms: randomised controlled trial. *BMJ*. 2002; 325:465.
5. Stevens R, Macbeth F, Toy E, Coles, Lester JF. Palliative radiotherapy regimens for patients with thoracic symptoms from non-small cell lung cancer. *Cochrane Database of Systematic Reviews*. 2015; (Issue 1). Art.No:CD002143.
21. Chow E, Hoskin P, Mitera G, et al. Update of the international consensus on palliative radiotherapy endpoints for future clinical trials in bone metastases. *Int J Radiat Oncol Biol Phys*. 2012;82(5): 1730–1737.
26. Fairchild A, Barnes E, Ghosh S, et al. International patterns of practice in palliative radiotherapy for painful bone metastases: evidence-based practice? *Int J Radiat Oncol Biol Phys*. 2009;75(5):1501–1510.
36. Roos D, Turner S, O'Brien P, et al. Randomized trial of 8Gy in 1 versus 20Gy in 5 fractions of radiotherapy for neuropathic pain due to bone metastases (TROG 96.05). *Radiother Oncol*. 2005;75:54–63.
48. Lutz S, Berk L, Chang E, et al. Palliative radiotherapy for bone metastases: an ASTRO evidence-based guideline. *Int J Radiat Oncol Biol Phys*. 2011;79(4):965–976.
54. Chow E, Meyer R, Ding K, et al. Dexamethasone versus placebo in the prophylaxis of radiation-induced pain flare following palliative radiotherapy for bone metastases: a double-blind randomized, controlled, superiority trial. *Lancet Oncol*. 2015;16(15):1463–1472.
69. Chow E, van der Linden Y, Roos D, et al. Single versus multiple fractions of repeat radiation for painful bone metastases: a randomised, controlled, non-inferiority trial. *Lancet Oncol*. 2014;15(2):164–171.
77. Patchell R, Tibbs P, Regine W, et al. Direct decompressive surgical resection in the treatment of spinal cord compression caused by metastatic cancer: a randomized trial. *Lancet*. 2005;366: 643–648.
82. Gaspar L, Scott C, Rotman M, et al. Recursive partitioning analysis (RPA) of prognostic factors in three Radiation Therapy Oncology Group (RTOG) brain metastases trials. *Int J Radiat Oncol Biol Phys*. 1997;37(4):745–751.
83. Sperduto PW, Kased N, Roberge D, et al. Summary report on the graded prognostic assessment: an accurate and facile diagnosis-specific tool to estimate survival for patients with brain metastases. *J Clin Oncol*. 2012;30(4):419–425.
84. Rodrigues G, Bauman G, Palma D, et al. Systemic review of brain metastases prognostic indices. *Pract Radiat Oncol*. 2013;25(4): 227–235.
85. Rodrigues G, Gonzalez-Maldonado S, Bauman G, Senan S, Lagerwaard F. A statistical comparison of prognostic index systems for brain metastases after stereotactic radiosurgery or fractionated stereotactic radiation therapy. *Clin Oncol (R Coll Radiol)*. 2013;25(4):227–235.
86. Gondi V, Tomé WA, Mehta MP. Why avoid the hippocampus? A comprehensive review. *Radiother Oncol*. 2010;97(3):370–376.
87. Tsao MN, Rades D, Wirth A, et al. Radiotherapeutic and surgical management for newly diagnosed brain metastasis(es): an American Society for Radiation Oncology evidence-based guideline. *Pract Radiat Oncol*. 2012;2(3):210–225.

获取完整的参考文献列表请扫描二维码。

第42章 胸部放疗的急性和远期毒性：肺、食管和心脏

José Belderbos, Laurie Gaspar, Ayse Nur Demiral, Lawrence B. Marks

要点总结

- 肺癌放疗的急性和远期毒性通常涉及肺、食管和心脏。

肺

- 放疗后，发生多种涉及Ⅱ型肺细胞的分子和生物化学改变，表面活性蛋白渗入肺泡间隙，随后毛细血管阻塞发生炎症，最终形成组织纤维化。
- 临床上肺损伤的风险与各种剂量学因素（如平均肺剂量）、临床因素（如既往肺部并发症）和细胞因子（如IL-6、IL-8和TGF-β1）有关。
- 泼尼松通常可有效治疗放射性肺炎患者的症状。

食管

- 急性食管损伤常见，表现为吞咽疼痛，与黏膜损伤的程度相关。远期损伤通常表现为不完全性梗阻或瘘。
- 急性和远期损伤与各种剂量学因素和临床因素（如同步化疗）有关。
- 急性症状通过改变饮食，给予质子泵抑制剂、镇痛药、局部麻醉药、促进胃动力药，以及静脉输液和（或）鼻胃管或胃造口营养来进行治疗。晚期食管狭窄或瘘管可能需要反复扩张或放置支架。

心脏

- 放疗可以加速大血管的动脉粥样硬化（通常出现在放疗后数年/数十年）和（或）引起亚临床微血管损伤（放疗数月内）。也可能发生心包炎症和增厚。
- 需要进一步的研究以更好地理解肺癌患者心脏损伤的剂量/体积/风险关系及临床相关性。

在肺癌胸部放疗期间和之后不久，最容易出现损伤的器官是肺和食管。心脏损伤通常是远期效应，患者生存时间足够长，才会在临床上显现。

1 肺毒性

1.1 病理生理学

放射性肺炎（radiation pneumonitis，RP）可分为潜伏期、急性期和远期3个阶段[1]。放疗后存在一段潜伏期，没有明显的症状或影像学改变。然而，显微镜下可见Ⅱ型肺泡细胞脱颗粒和损失，表面活性剂丢失，基底膜肿胀和蛋白质渗入肺泡间隙。由于巨噬细胞和成纤维细胞的聚集，会释放一些细胞因子，如TGF-β、IL-2、纤连蛋白和生长因子如IGF-1、血小板衍生生长因子及TNF-α。急性期可能会出现影像学的改变和临床症状。典型影像表现为胸部X线或CT图像上与照射野一致的弥漫性渗出改变（图42.1）。典型的症状通常是干咳、疲劳乏力、呼吸急促和（或）发热。急性期一般发生在放疗的6～7个月内，2～3个月最多。显微镜下可见毛细血管阻塞和白细胞、浆细胞、巨噬细胞、成纤维细胞和胶原纤维增加的持续炎症反应，肺泡间隔增厚，肺泡腔缩小。远期表现为肺组织实变和体积缩小。虽然慢性呼吸急促仍较为常见，但是发热、咳嗽和疲劳等急性症状往往缓解消失。病理学存在内皮纤维化和肺泡间隔增厚，伴有许多肺泡闭塞。

气管和支气管内衬有假复层纤毛柱状上皮细胞和产生黏液的杯状细胞。由于黏膜缺失，急性期常有轻、中度的干咳。咳嗽通常在放疗60～66 Gy后不久消退，严重的远期并发症并不常见。对

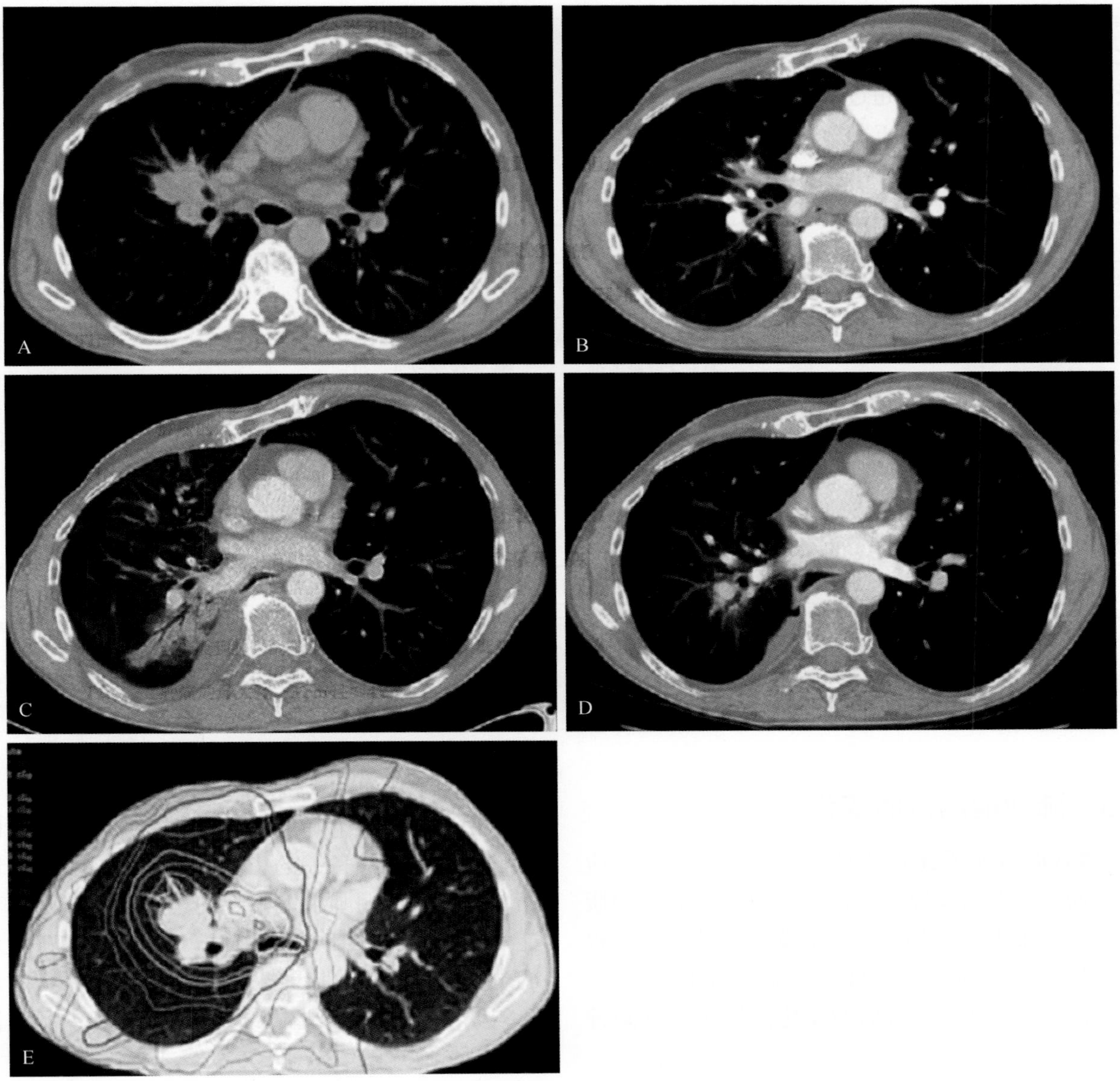

图42.1　右肺Ⅲ期NSCLC放疗之前进行CT扫描及使用IMRT放疗66 Gy/24次后第1、3、6个月的CT图像及剂量分布

（A）右肺Ⅲ期NSCLC放疗之前CT扫描图像；（B）放疗后1个月的CT图像；（C）放疗后3个月的CT图像；（D）放疗后6个月的CT图像；（E）放疗计划的等剂量线分布CT图像。第3个月时观察到肺体积减小和浸润性变化，与剂量分布相对应；第6个月时这些变化消失；经JoséBelderbos许可转载

88例Ⅲ期NSCLC患者放疗至66 Gy或更高，Lee等[2]观察到2～7个月时有3例支气管狭窄，占所有远期并发症的11%。Miller等[3]报道，1年和4年的治疗相关支气管狭窄发生率分别为7%和38%。放疗74 Gy和86 Gy的支气管狭窄率分别4%和25%，因此放疗剂量是一个影响因素。Kelsey等[4]进一步研究证实了主支气管狭窄与73 Gy或更高的剂量相关。支气管狭窄最早可以在放疗后3个月发生。另外，气管不会因为高剂量照射而狭窄。

1.2　肺毒性分级

因为难以区分肿瘤进展和既往合并症加重，放疗或化放疗后放射性肺毒性的评分很复杂。不良事件通用术语标准（common terminology criteria for adverse events，CTCAE）分级系统在全球广泛用于评估毒性，多年来一直在不断修正（http://www.eortc.be/services/doc/ctc/）。

RTOG最初有自己的分级系统，但在过去10年已经采用CTCAE。两者的主要区别在于RTOG

基于治疗后90天区分急性（肺炎）和远期（纤维化）毒性。人为选择90天并不一定合理，因为肺炎的炎性反应期可以超过90天。表42.1和表42.2总结了RTOG和CTCAE肺炎与肺纤维化的分级系统[4-5]。所有分级系统中5级毒性均为死亡（http://ctep.cancer.gov/protocol Development/ electronic_applications/ctc.htm#ctc_40）。

表42.1 肺炎分级标准

	1级	2级	3级	4级
RTOG	轻度干咳或劳累时呼吸困难	持续咳嗽，需要镇静药或止咳药；轻度活动呼吸困难，静息时无呼吸困难	重度咳嗽，镇静药和止咳药无效，或休息时呼吸困难，存在急性肺炎的临床体征或影像学改变；可能需要间断吸氧或类固醇治疗	严重呼吸功能不全；持续吸氧或辅助通气治疗
CTCAE v4.0 2009	无症状；仅临床检查或诊断发现；不需要干预	有症状；需要干预；影响日常生活活动	重度症状；个人自理能力受限；需要吸氧	危及生命的呼吸障碍；需要紧急治疗（气管切开或插管）

表42.2 肺纤维化

	1级	2级	3级	4级
CTCAE v4.0 2009	轻度低氧血症；影像学显示纤维化小于肺体积的25%	中度低氧血症；存在肺动脉高压证据；影像学显示肺纤维化达25%～50%	重度低氧血症；存在右心衰竭证据；影像学显示肺纤维化达50%～75%	危及生命（血流动力学或肺部并发症），需要插管辅助通气，影像学显示肺纤维化大于75%，伴有严重的蜂窝样改变

1.3 肺功能测试的变化

RTOG分级系统严重依赖于药物或氧气的应用，而这在医生之间差异很大。CTCAE后期版本中取消了上述评估，但仍需要对症状的严重程度、日常活动的影响及氧气的需求做主观评估。肺功能测试（PFT）指标的变化能够更客观地评估肺毒性。

Miller等[6]总结了13例接受根治性放疗患者的PFT变化，并且2年或更长时间内无复发，这些患者约每6个月接受PFT。PFT包括FEV_1、用力肺活量（forced vitalcapacity，FVC）、一氧化碳弥散能力（diffusing capacity for carbon monoxide，DLCO）和肺容量。6个月时存在FEV_1、FVC和DLCO中位数下降，但是1年恢复到基线水平。放疗后1年肺功能的改善归因于肿瘤疗效。然而，FEV_1、FVC和DLCO的中位数每年分别减少7%、9.5%和3.5%。FEV_1和FVC的变化显著。10例患者在治疗后6周至21个月出现一些新的呼吸道症状，中位时间6个月。作者将持续性的肺功能指标下降归因于放射性肺损伤的进展或演变，推测可能是由于组织缺氧导致促炎细胞的聚集并释放出细胞因子从而形成持续的恶性循环[7]。

肺功能逐渐下降的观察结果导致一些临床医生不愿意对肺储备差的患者给予高剂量放疗。然而，有证据表明肺功能下降的程度与治疗前肺功能水平有关，相比于PFT良好的患者，PFT较差的患者出现症状性肺毒性、FVC或FEV_1降低的风险较低[8-9]。这些矛盾的结果说明，PFT差不应该是高剂量放疗的禁忌证。

一项前瞻性研究显示，185例患者在胸部放疗前、后PFT测试的FEV_1、未矫正DLCO（未校正血红蛋白水平）和DLCO的中位数分别降低11.5%、14.9%和15.3%[10]。矫正和未矫正DLCO降低程度大于FEV_1。未矫正DLCO的降低与平均肺剂量（mean lung dose，MLD）、接受30 Gy以上剂量的有灌注肺组织（通过SPECT测量）的百分比（V30）相关。然而，许多患者SPECT扫描的变化程度相对小于PFT。后来，在扩展组患者的分析中预测DLCO下降与治疗后肺炎的相关性不高，无法应用于临床[11]。

其他学者发现放疗前、后DLCO与肺毒性显著相关。一项大型回顾性研究显示，85%的NSCLC患者放疗后DLCO降低[12]。放疗前、后

DLCO平均降低了20%。DLCO的下降程度可区分Ⅰ级和Ⅱ级放射性肺炎［常见毒性标准（common toxicity criteria，CTC）v3］。在年龄≥65岁、晚期（Ⅲ～Ⅳ vs. Ⅰ～Ⅱ）、吸烟、接受过化疗、V20 Gy≥30%、基线DLCO或FEV_1低于预测值60%的患者中，DLCO的降低与RP等级≤1对比≥2相关。DLCO降低比例较高的患者发生严重的RP明显较多。然而，DLCO降低在RP分级之间仍然存在很大差异，使得在常规临床实践中作用有限。

2 放射性肺炎

RP通常发生在外照射放疗后1～7个月。临床症状包括气短、干咳、偶尔轻度发热甚至呼吸衰竭致死。如果仔细鉴别，约30%的患者能被诊断为RP[13]。合并呼吸道疾病的患者（如慢性阻塞性肺疾病）通常很难区分急性发作的咳嗽和呼吸困难是否与RP或阻塞性感染、疾病进展或先前肺病有关。RP会显著影响生活质量，而对死亡率的影响较小。

协作组使用二维计划或三维CT计划对Ⅲ期NSCLC同步化放疗的研究表明，3级或更高的RP发生率为8%～18%（表42.3）[14-18]。因为缺乏对毒性清晰的量化或分级，很难比较各研究之间的RP发生率。RTOG设计剂量递增研究时设置其3级或更高毒性发生率上限为15%，其中大部分为肺部毒性[19-20]。其他研究已接受更高的毒性发生率[2]。一项大型医疗机构在使用三维技术同步放化疗Ⅲ期患者的试验中，推算症状性RP风险超过30%[21]。

表42.3 Ⅲ期NSCLC同步放化疗的合作研究

研究者（年）	治疗	毒性分级	肺炎
SWOG 0023 Kelly等（2008）[14]	61 Gy qd顺铂/依托泊苷	肺CTCv2＞3级	共计8.3%
RTOG 9410 Curran等（2011）[15]	60 Gy qd或69.6 Gy bid顺铂/长春碱或顺铂/依托泊苷	肺RTOG＞3级	序贯14% 同步15%
HOG/US Oncology Hanna等（2008）[16]	59.4 Gy顺铂/依托泊苷	肺炎CTCv3＞3级	同步无巩固1.4% 同步加多西他赛巩固9.6%
CALGB 39801 Vokes等（2007）[17]	66 Gy卡铂/紫杉醇	肺炎CTCv2＞3级	诱导加同步10% 同步4%
EORTC 08972-22973 Belderbos等（2007）[18]	66 Gy/24 fx qd	肺炎RTOG/EORTC＞3级	序贯（吉西他滨＋顺铂）14% 同步（顺铂每日剂量）18%

注：CALGB，癌症和白血病B组；HOG，Hoosier肿瘤学组；qd，每天1次；bid，每天2次

2.1 剂量学因素

不能手术的肺癌患者，预测接受高剂量放疗后发生RP的概率很重要[22]。是否可以从剂量和历史毒性模型来预测肺毒性是一个重要的问题。根据线性二次模型，可以将常规分割放疗中危及器官的总剂量换算成生物有效剂量或名义剂量（2 Gy/次，NTD2Gy）。已有各种关于正常肺受照射剂量和体积的理论模型用于研究RP的发生风险。只有采用CT计划才能进行这些研究。其中有两个模型，首先将剂量-体积直方图简化为单个参数，然后用于预测放射性肺炎的发生率。单个参数是平均肺剂量和接收剂量超过特定阈值的肺体积（Vx）。MLD定义为整个肺部（减去大体肿瘤体积）的平均剂量。Graham等[23]的一篇开创性研究发现99例肺癌患者发生RP的风险与接受20 Gy或更多的正常肺的百分比（V20）相关。在该分析中，作者从双侧肺总体积中减去计划靶体积（PTV），后者包含肿瘤体积、亚临床范围及摆位误差。在RTOG几个剂量递增研究中继续沿用这种V20计算方法[19-20]。然而，Ⅲ期研究RTOG 0617比较60 Gy或74 Gy联合同步卡铂/紫杉醇化疗，计算正常受照肺体积为总肺体积减去临床靶体积，临床靶体积即为肿瘤和亚临床的范围[24]。Wang等[24]研究表明，平均肺剂量或其他剂量学参数的差异在很大程度上取决于采用哪种公式计算“正常肺体积”。选择不同公式的计算可导致肺毒性预测的显著变化。最保守的方法

是仅减去大体肿瘤体积，如果使用四维CT模拟技术，则减去内部靶体积。多位作者推荐了这种方法，因为医生之间对临床靶体积和PTV边界的确定有很大差异[24-25]。

Marks等[25]回顾分析了70多篇文献，将剂量-体积参数与NSCLC常规分割放疗的RP相关联。作为临床正常组织效应定量分析（quantitative analyses of normal tissue effects in the clinic，QUANTEC）倡议的一部分，该综述提醒没有绝对安全的MLD。但由于肺部合并症加重和肿瘤进展产生类似的症状，过去也有可能过高估计了RP的问题。MLD与RP风险的相关性不是线性的，而是随着MLD的增加而呈温和的指数增长。MLD为20 Gy和30 Gy的症状性RP风险分别约为20%和40%。QUANTEC总结的14项研究报道了RP风险随着正常受照肺体积的增加而显著变化，即V20、V30等。例如，对于V20为30%的文献报道的症状性RP从小于10%～50%不等。10项研究中MLD与症状性RP相关性的变化较小。

除了观察正常全肺的照射剂量外，同侧正常肺剂量与RP风险之间也可能存在关联。Ramella等[26]发现全肺V20、V30和MLD分别不超过31%、18%和20 Gy，患侧肺（受影响的肺）的相关参数具有额外的预测价值。例如，如果患侧肺V20≤52%，则RP的风险为9%，而如果>52%，则风险为46%。这些剂量参数的测定是通过患侧肺减去PTV来计算的。

据报道，调强放疗（IMRT）较三维适形放疗的肺炎发生率低，但是很难理解为什么正常肺参数如MLD或V20是相似的[27]。尽管IMRT接受低剂量（V5）的肺体积会更高，但是IMRT计划剂量分布更均匀和剂量跌落更陡峭，导致V20和MLD降低[28]。有学者建议将健侧肺V5保持在60%以下，以降低潜在致命性肺炎的风险[29]。

RTOG 0617是一项Ⅲ期研究，用以比较60 Gy与74 Gy的局部晚期NSCLC。根据三维CT和IMRT计划进行分层，初步结果表明IMRT治疗的患者生活质量更高[30]。不大可能有Ⅲ期研究直接比较三维CT和IMRT计划。基于人群比较有效性的研究发现，两种技术的早期和远期肺毒性相似[31]。

少数研究预测局限期SCLC治疗后RP的风险。同样，剂量参数和RP之间可能存在类似的相关性。例如，Tsujino等[32]观察了局限期SCLC的RP风险，这些患者接受顺铂为基础的化疗和45 Gy胸部同步放疗，每天2次，疗程为15个治疗日。在V20<20%、21%～25%、26%～30%和>31%的患者中，12个月累积发生症状性RP分别为0、7.1%、25%和42.9%。

2.2 临床因素

非剂量学因素预测RP风险一直是一个热门的研究领域。Appelt等[33]分析了用于制定QUANTEC建议的数据，以寻找临床危险因素[25]。显著增加RP风险的因素是肺部合并症、中部或下部肿瘤、未戒烟、年龄>63岁及序贯化疗（较同步化疗）。

其他研究发现，顺铂/依托泊苷的序贯或同步化疗似乎不会增加RP危险[17, 34-35]。RTOG 8808/ECOG 4588是一项三臂的Ⅲ期研究，比较单纯放疗60 Gy、2 Gy/次，每天1次（被认为是标准放疗），或者69.6 Gy，1.2 Gy/次，每天2次，或者标准放疗后序贯进行顺铂/长春碱化疗[35]。综合治疗组18个月的累积毒性发生率（主要为肺部）约为30%，而单纯放疗组的发生率为20%～25%。虽然没有说明各种肺部肺毒性之间的统计学差异，但是作者认为毒性可以接受。各组的大多数毒性发生在3～6个月内，9个月后发病率相对平缓。

鉴于各研究之间预测肺炎的非剂量学变量的差异，使用Meta分析对其进行进一步研究。Vogelius等[36]回顾了1990—2010年肺癌的英文文献，其中RP与某些患者或治疗变量相关。分析的31项研究中，RP显著增加的统计学因素有高龄、肿瘤位于中下肺叶及肺部合并症。相比同步化疗，序贯化疗的RP风险增加，但作者怀疑这可能是由于患者的选择而不是真实的预测因素。但治疗时吸烟可以预防RP。既往吸烟史与RP风险降低有关，但这并未达到统计学意义。

胶原血管疾病（collagen vascular disease，CVD）患者可能增加RP风险。Lee等[37]报道，细胞因子如TGF-β似乎在这些患者中长期升高。这些患者通常存在肺纤维化。放疗可能会激活CVD并使其由静止转为活跃状态。与没有CVD

的患者相比，这些患者的远期毒性也会增加。肺纤维化可能蔓延到高剂量区域之外，如果没有理由省略放疗，要尽可能减少治疗体积。但伴有CVD的肿瘤放射敏感性更高，有望可以减少至少10%的放疗剂量。

2.3 剂量学和临床因素联合

可以联合剂量学与非剂量学因素以增强预测RP的能力。Bradley等[38]提出基于平均肺剂量和肿瘤上下位置预测RP的列线图（图42.2）。

更进一步，Palma等[13]基于个体患者数据对剂量学和非剂量学因子进行了Meta分析。作者检索1993—2010年发表的文献，其中同步放化疗患者的临床和剂量学因素可与RP相关联。然后利用这些数据从557例患者数据集进行递归分区分析（recursive partitioning analysis，RPA），再使用另外279例患者的数据集进行验证。肺炎风险增加的预测因素有卡铂/紫杉醇化疗（相对于顺铂/依托泊苷）、年龄大于65岁、V20和MLD（图42.3）。

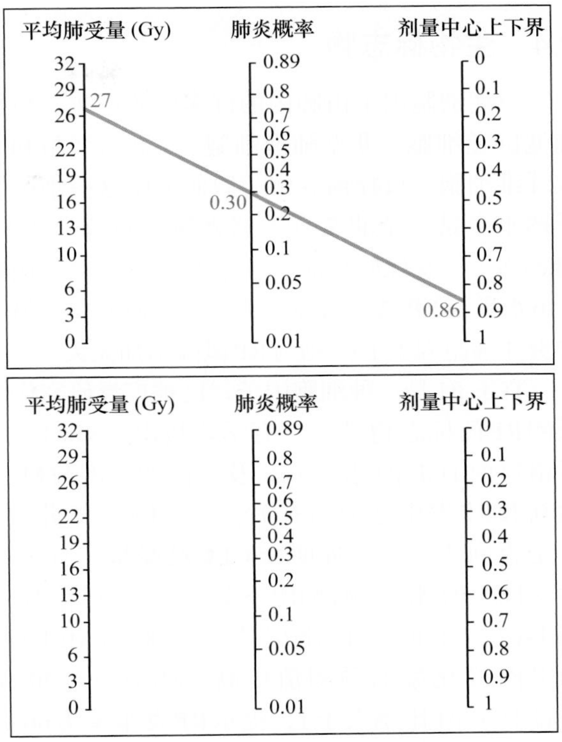

图42.2 列线图预测放射性肺炎

经许可转载自：Bradley JD, Hope A, El Naqa I, et al. A nomogram to predict radiation pneumonitis, derived from a combined analysis of RTOG 9311 and institutional data. Int J Radiat Oncol Biol Phys, 2007, 69 (4): 985-992.

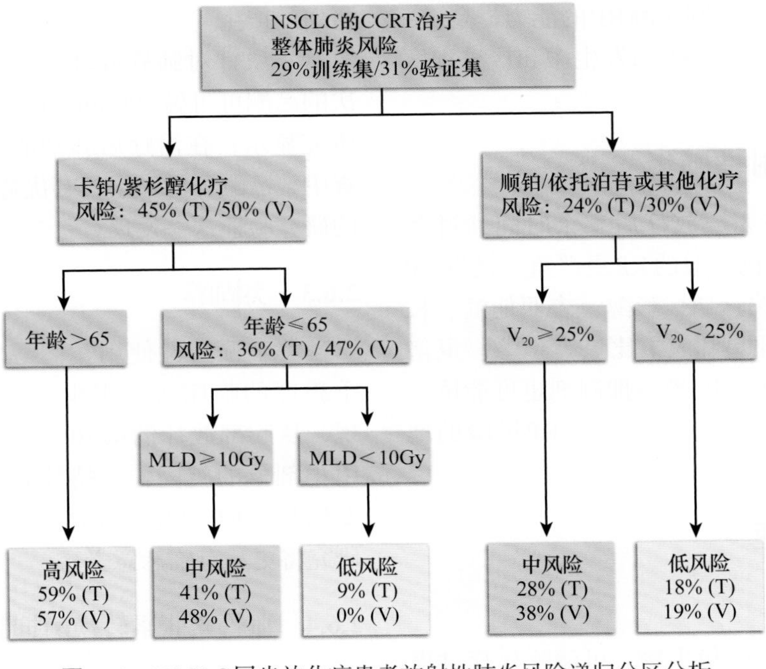

图42.3 NSCLC同步放化疗患者放射性肺炎风险递归分区分析

将患者随机分为训练集（T）和验证集（V）；MLD，平均肺剂量；V20，≥20 Gy肺体积的百分比；经许可转载自：Palma DA, Senan S, Tsujino K, 等 Predicting radiation pneumonitis after chemoradiotherapy for lung cancer: an international individual patient data meta-analysis. Int J Radiat Oncol Biol Phys, 2013, 85 (2): 444-450.

2.4 生物标志物

炎症细胞因子由肺内的许多细胞产生，包括肺泡巨噬细胞、Ⅱ型肺泡细胞、T淋巴细胞和肺成纤维细胞。放疗前、中、后血液中这些细胞因子的水平是一个非常令人感兴趣的领域。例如，Chen等[39]发现放疗前、放疗期间和放疗后循环IL-6水平与RP风险增加有关。在该研究中，另一种炎性细胞因子TNF则与RP风险增加无关。

TGF-β1是一种细胞因子，已被广泛研究作为预测RP的标志物[40-41]。有学者指出，NSCLC患者治疗前TGF-β1水平升高及升高的程度与MLD增高和RP发生率增高有关。一些研究表明，无论是否同步化疗，Ⅲ期NSCLC接受根治性放疗后，TGF-β1水平预测RP不如治疗前到治疗中TGF-β1水平的增长比例[42]。当联合MLD时，TGF-β1变化率的预测值更高。MLD超过20 Gy并且TGF-β1比率大于1，提示RP发生率为66%。类似地，IL-8在治疗前、放疗第2周和第4周的水平也与RP相关[43]。2级或更严重RP患者的IL-8在治疗前倾向更高的基线水平，并且放疗期间具有轻微的下降趋势，然而无RP患者的IL-8水平低且稳定。与单一变量相比，将IL-8、TGF-β1和MLD组合成一个模型，则预测RP的能力提高。

VEGF基因多态性与RP的发生率和严重程度相关[44]。

2.5 回忆性放射性肺炎

回忆性RP是在完成放疗后某个时间通过药物激活RP的症状，比一般的RP更严重。诱发RP与多种化疗药物有关，如紫杉醇、吉西他滨、长春花生物碱、多柔比星和表柔比星等[45-48]。厄洛替尼和舒尼替尼等酪氨酸激酶抑制剂也可能诱发RP，与根治性或姑息性放疗后严重RP风险的增加有关[45, 47, 49-50]。

2.6 预防和管理

2.6.1 氨磷汀

氨磷汀是一种硫醇衍生物，可清除放疗过程中产生的自由基[51]。其他可能的作用机制包括增加细胞内氧气消耗和DNA缩合，增强其抵抗自由基[52]。一项小型Ⅲ期研究中的Ⅲ期NSCLC患者接受放疗或同步放化放疗（紫杉醇或卡铂），发现氨磷汀可明显降低症状性RP的发生率[53]。氨磷汀与非氨磷汀组的3级或更高RP（RTOG分级系统）发生率分别为56.3%和19.4%（P=0.002）。然而，更大的Ⅲ期研究RTOG 9801在观察氨磷汀是否减少放化疗导致的食管炎并没有得到相同结论[54]。该研究为Ⅲ期NSCLC每天接受胸部放疗和同步卡铂/紫杉醇化疗，氨磷汀并未减少治疗相关的食管炎。远期报道显示，氨磷汀也没有降低中位生存期或远期毒性，包括RP[55]。

2.6.2 己酮可可碱和维生素E

研究证实，己酮可可碱联合维生素E可以减少乳腺和四肢的放射相关的软组织纤维化[56-58]。己酮可可碱是甲基黄嘌呤衍生物，用于治疗微循环损伤，通过红细胞变形性和降低血液黏度来改善血液灌注。己酮可可碱可能通过阻断TNF的活性，降低IL和氧自由基，刺激胶原酶活性来降低成纤维细胞、细胞基质和胶原蛋白的产生[59]。维生素E是一种生育酚，可作为抗氧化剂，通过清除氧化应激过程中产生的活性氧来保护细胞膜磷脂免受氧化损伤。维生素E还能抑制TGF和胶原蛋白的产生[59-60]。

一项针对肺癌或乳腺癌患者放疗期间每日3次的己酮可可碱400 mg与安慰剂对比的小型随机研究显示，在治疗后肺功能、DLCO和影像学检查中，己酮可可碱组具有优势[61]。需要更大规模的研究验证这一发现。

2.6.3 类固醇

关于预防性使用类固醇降低RP发生率和严重程度的临床研究很少。一项啮齿动物研究发现，从胸部放疗的第10～11周开始，每周3次使用小剂量的类固醇，持续15周，可显著延缓RP发病和因RP引起的死亡[62]。关于人类的前瞻性研究将更具有临床意义。

2.6.4 血管紧张素转换酶抑制剂

血管紧张素转化酶（angiotensin-converting enzyme，ACE）抑制剂已经在动物和人类做了相关研究，其保护作用的机制尚不清楚，可能与降低肺动脉压，减轻肺水肿有关[63]。啮齿动物研究确立了血管紧张素转换酶抑制剂（如卡托普利）减少放疗后急性肺炎的基本原理[64]，这种效果在中等剂量的放疗中最为显著。非常高剂量的胸部放疗，即80 Gy/10次，卡托普利没有显著的保护作用。回顾性研究证实，ACE抑制剂对Ⅲ期NSCLC同步放化疗后肺部毒性有明显的保护作用[65]。一项Ⅱ期协作研究（RTOG 0213）试图验证上述假设，但因入组缓慢而关闭。该研究旨在测试卡托普利在接受至少45 Gy照射的SCLC或NSCLC患者放疗后12个月改善肺损伤发生率的效果。

2.6.5　TGF-β酪氨酸激酶抑制剂

临床前研究表明，TGF-β抑制剂具有降低RP的潜在作用，但是未有关于人类的临床试验。Flechsig等[66]发现，4周疗程的TGF-β酪氨酸激酶抑制剂改善了啮齿动物全胸部照射后的存活率。

2.7　放射性肺炎的治疗

没有前瞻性研究评估RP治疗的有效性。大多数病例具有自限性。如果患者出现明显症状，通常每天服用泼尼松50～60 mg，持续1～2周；如果症状得到改善或稳定，然后缓慢减量，每周减少10 mg[19, 30]。可以考虑吸氧治疗。如果症状严重或未按预期改善，则需要考虑转诊给肺病专家。

3　食管毒性

3.1　病理生理学

放射性食管炎是食管的炎症，在放疗开始后2～3周出现。食管位于射野中的部分会受辐射影响。正常的食管黏膜细胞持续更新。这些黏膜细胞对放射诱导的损伤敏感。急性放射性食管炎主要是放射线对基底上皮层的影响。其表现为黏膜变薄，可能进展为黏膜剥脱。

食管的放射效应首先于1960年在大鼠中进行研究，并揭示了时间相关性和临床表现[67]。在放射后4天观察到黏膜下白细胞浸润，第7天观察到黏膜坏死，第10天观察到食管肌层的中度炎症和一些黏膜下毛细血管扩张。到第20天，大多数大鼠显示食管再上皮化。然而在超过3个月死亡的动物中，观察到肌层的缺损和上皮的萎缩[67]。

3.2　食管毒性分级

使用CTCAE（4.0版）对食管毒性进行分级。2级是有症状性吞咽困难伴有进食改变和需要静脉输液小于24小时。3级是症状严重影响进食/吞咽，及使用静脉输液、管饲或全胃肠外营养≥24小时。4级是危及生命的毒性，5级是死亡。然而，CTC分级系统并未区分早期和远期症状。RTOG/EORTC分级系统区分急性食管毒性（acute esophagus toxicity，AET）、同步化放疗后3个月内的症状和远期毒性（late esophagus toxicity，LET）、治疗结束后持续或超过3个月的症状（表42.4）。AET影响患者的生活质量并可能导致治疗中断，但通常在治疗后消退。发生食管狭窄、穿孔或瘘管的患者被归类为严重LET（3～5级）。严重的LET影响患者的生活质量甚至导致死亡。虽然有几种模型可用于预测AET的发生率和严重程度，但LET预测模型很少。目前一些研究已经报道了使用三维适形放疗和IMRT的严重LET发生率（表42.5）[17, 68-76]。文献报道三维适形放疗同步放化疗中严重LET的粗发病率为5%～16%。虽然没有确凿的证据，但以前的研究提示：严重的AET与严重的LET有关。

表42.4　根据TOG/EORTC治疗后3个月食管远期毒性评分

0～1级	轻度纤维化；固体食物轻微吞咽困难；没有吞咽疼痛
2级	不能进食固体食物，仅能进食半流质；可能需要扩张
3级	严重纤维化；只能进食流质；可能存在吞咽疼痛；需要扩张
4级	坏死、穿孔
5级	死亡

3.3　放射性食管炎

局部晚期NSCLC患者同步放化疗提高了生存率，其代价是食管毒性增加[75, 77-80]。由于靶区要覆盖纵隔淋巴结或肿瘤侵犯的纵隔区域，肺癌放疗经常会照射到一部分食管。急性毒性的临床表现为吞咽困难、吞咽痛和胸骨后不适，通常在

表42.5 NSCLC患者接受序贯和同步放化疗的严重LET原始发病率[7]

作者/年	病例	放疗	化疗	标准	中位随访/月	中位总生存期/月	LET自然发生率
Byhardt等（1998）[69]	Ⅱ、ⅢA/B期 N=136	3DCRT 60 Gy/6周（qd）	序贯	RTOG	—	13.6	2%≥G3 LET
	N=82	3DCRT 63 Gy/6.5周	序贯/同步	RTOG	—	16.3	4%≥G3 LET
	N=170	3DCRT 69.6 Gy/6周（bid）	同步	RTOG	—	15.8	8%≥G3 LET
Maguire等（1999）[70]	Ⅰ～ⅢA/B期 N=66	3DCRT 64.2～85.6 Gy（qd/bid）	无/序贯/同步	RTOG	—	—	3%≥G3 LET
Uitterhoeve等（2000）[71]	T1～T4，N0～N2 N=40	3DCRT 60.5～66 Gy/30～32天（皮下注射）	同步	RTOG	21	13.5	5%≥G3 LET
Rosenman等（2002）[72]	ⅢA/B期 N=62	3DCRT 60～74 Gy（qd）	序贯+同步	RTOG	43	24	6%≥G3 LET
Komaki等（2002）[73]	Ⅱ、ⅢA/B期 N=81	3DCRT 63 Gy/7周（qd）	序贯+同步	RTOG	—	16.4	4%≥G3 LET
	N=82	3DCRT 69.6 Gy/6周（bid）	同步	RTOG	—	15.5	16%≥G3 LET
Singh等（2003）[74]	N2/N3、T3/T4 N=207	3DCRT 60～74 Gy（qd）	无/序贯/同步	RTOG	24	—	6%≥G3 LET
Bradley等（2004）[75]	Ⅰ～ⅢA/B期 N=166	3DCRT 60～74 Gy（qd）	无/序贯/同步	RTOG	—	—	3%≥G3 LET
Belderbos等（2007）[18]	Ⅰ～ⅢA/B期 N=76	3DCRT 66 Gy/30～32天（皮下注射）	序贯	RTOG	39	16.2	4%≥G3 LET
	N=66	3DCRT 66 Gy/30～32天（皮下注射）	同步	RTOG	39	16.5	5%≥G3 LET
van Baardwijk等（2012）[76]	Ⅲ期N=137	3DCRT 51～69 Gy（bid+qd）	同步	CTCAE	30.9	25.0	7.3%≥G3 LET
Chen等（2013）[68]	Ⅱ～ⅢA/B期N=171	IMRT 66 Gy/30～32天（皮下注射）	同步	RTOG/ EORTC	33	24	6%≥G3 LET

注：bid，每天2次；3DCRT，三维适形放疗；IMRT，调强放疗；LET，远期食管毒性；qd，每天1次；RTOG，放射治疗肿瘤学组

放疗开始后2～3周内发生。患者可能会描述成突然、剧烈、严重的胸痛，并向后背放射。放射性食管炎影响患者进食，而摄入不足会增加放疗中断的风险，对于放射性食管炎的高危患者，可以采取一定的预防措施，如预防性药物或管饲。对于放射性食管炎的低危患者，则有机会提高放疗剂量以改善肿瘤控制。

3.4 剂量学因素

预估同步放化疗后食管毒性的概率和严重程度至关重要，允许基于正常组织并发症的概率给予个体化的肿瘤处方剂量。文献报道过几种基于计划剂量分布来估计AET风险的预测模型。目前预测肺癌患者IMRT和同步放化疗后AET的模型主要来源于接受三维放化疗的患者。

NSCLC患者使用IMRT和同步放化疗时，报道过185例存在剂量-效应关系的AET[81]、171例严重LET[68]和食管的剂量-体积参数。严重LET被定义为≥3级RTOG/EORTC毒性（表42.6）[17, 82-92]。在荷兰的这些研究中给予大分割IMRT治疗66 Gy/24次，每日进行低剂量顺铂同步化疗（6 mg/m^2，最大12 mg）[81, 68]。在每次放疗前1～2小时注射顺铂。首先将处方大分割剂量转换为常规分割剂量，其中AET的α/β比为10 Gy，LET的α/β比为3 Gy。通过Lyman-Kutcher-Burman模型评估食管的等效常规剂量（equivalent uniform dose，EUD）和接受>xGy的体积百分比（Vx）。观察到22%的NSCLC患者AET毒性≥3级，6%的NSCLC患者为严重LET。3级AET的中位时间为30天，中位持续时间>80天。严重LET中位发病时间为5个月（3～12个月），所有11名患者均在1年内出现LET。8例患者出现食管狭窄（3级），可进行扩张治疗。3例患者确诊为瘘，采用腔内支架治疗，均在放置支架后不久（最多3个月）因肺炎引起的呼吸功能衰竭而死亡。另外，有3例患者病理证实为肿瘤进展而发生食管瘘（28、31和31个月），未归入LET。严重LET在2级AET患者中的发生率为7%（4/61），在3级AET患者中为19%（7/37）。严重LET与AET最高分级显著相关（P=0.002）。与无AET或者已经恢复的AET患者相比，未恢复的AET患者发生严重LET的风险显著升高（P<0.001）。按照EUD模型（n=0.03）换算，所有严重LET患者食管NTD均大于70 Gy。在EUDn-LKB模型中，拟合值和95%CI为TD50=76.1 Gy（73.2～78.6），m=0.03（0.02～0.06）和n=0.03（0～0.08）。在Vx-LKB模型中拟合值和95%CI为Tx50=23.5%（16.4～46.6）、m=0.44（0.32～0.60）和x=76.7 Gy（74.7～77.5）。

表42.6 1992—2010年期间NSCLC患者同期放化疗（联合顺铂）毒性结果≥3级的Ⅱ期和Ⅲ期研究[81]

作者（年）	化疗方案	恶心/呕吐（%）	食管炎（%）	白细胞减少（%）	贫血（%）	血小板减少（%）	5级毒性（%）
Belderbos等（2007）[18]	ML	6	17	3	0		1
Pradier等（2005）[83]	ML			5			0
Schaake-Koning等（1992）[84]	ML	24	4	3		0	0
Schaake-Koning等（1992）[84]	ML	21	1	1		0	2
Trovo等（1992）[85]	ML	5	2		0		1
Trovo等（1992）[85]	ML	1	16	0	0		
Blanke等（1995）[86]	MH	5	3	5			2
Cakir等[a]（2004）[87]	MH	24（2）	10	15（3）	8		
Furuse等（1999）[88]	PH	23	2.6	98.7	10.3	52.6	
Furuse等（1995）[89]	PH	16	6	95	28	45	2
Ichinose等（2004）[90]	PH	4	3	16[b]	6[b]	1[b]	0
Kim等（2005）[91]	PH		4				0.7
Schild等[c]（2002）[92]	PH	26	18（2）	38（40）		26（3）	3

注：[a]毒性等级未知，可能<2级（3级）；[b]19%血液学毒性未进一步说明；[c]4级毒性；H，高剂量；L，每日低剂量；M，单药化疗；P，多药化疗

研究认为，V50是≥3级AET的最准确预测因子[81]。Werner-Wasik等[80]在食管毒性的综述中描述，即使一小部分食管受到照射，较高剂量也可能是AET的危险因素。他们描述了几个单变量剂量学参数可用于预测2级和3级AET：V20～V80。但是大多数AET的风险是食管接受超过40～50 Gy剂量的体积。Rose等[79]的系统回顾研究表明，Dmean、V20、V30、V40、V45和V50是研究最多的剂量学预测因子，与AET高度相关。Rose及其同事评估AET的剂量预测因子与Kwint等[81]一致，即V50。

一项针对1082例接受三维适形放疗或IMRT同步化疗患者的大型多机构研究分析了急性放射性食管炎[93]。中位放疗剂量为65 Gy，中位随访时间为2.2年。大多数患者（92%）接受含铂的同步放化疗方案。放射性食管炎很常见，348例（32.2%）患者为2级，185例（17.1%）患者为3级，10例（0.9%）患者为4级。高剂量体积是放射性食管炎最重要的预测指标[93]。V60为中、重度AET的最佳预测因子。低风险亚组V60低于0.07%，中危组V60为0.07%～16.99%，高危组V60≥17%（图42.4）。

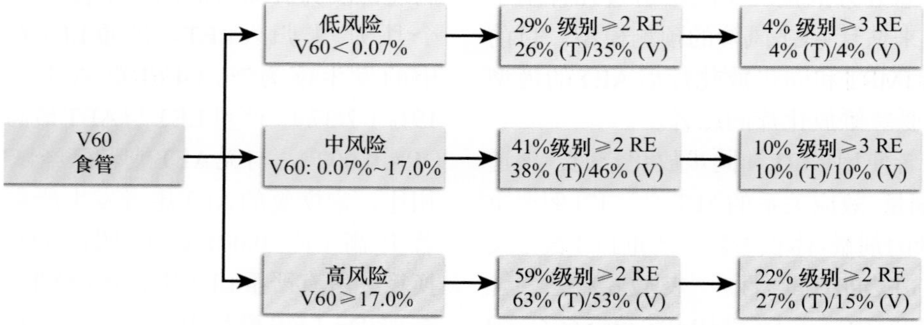

图42.4 V60作为中重度放射性食管炎的预测因子

注：T，训练集；V，验证集；基于Palma等[93]报道的数据

3.5 临床因素

Auperin等[94]的Meta分析证实，NSCLC同步放化疗较序贯治疗具有优越性，3级或4级食管炎的发生率从序贯组的4%增加到同步化疗的18%。化疗的方案可能很重要，因为de Ruysscher等[95]发现在中性粒细胞减少的最大分级与吞咽困难的严重程度之间存在强烈关联。

一篇系统性综述比较了急性和远期毒性，并确定局部晚期非转移性NSCLC患者应该优先选择哪种同步放化疗方案[82]。共选定了17篇同步放化疗的文献（1992—2010年发表的Ⅱ期和Ⅲ期试验），统计了急性毒性，包括≥3级的食管炎。所有患者AET发生率从1%～18%不等。其中3项研究中AET≥3级的发生率相似：17%和18%（表42.6）。然而，大多数研究没有报道远期毒性。在低剂量顺铂研究中，报道3～4级LET发生率为5%。Koning系统性回顾的结论是：与单次或者2次或3次大剂量同步放化疗相比，同步每日顺铂单药化疗的急性和远期毒性更轻[82]。

Mauguen等[96]的Meta分析显示，改良的分割模式也与食管炎风险增高相关。常规分割的3级或4级食管炎的风险为9%，改良分割为19%，加速分割的毒性最大。

3.6 剂量学和临床因素联合

几个研究组分析了临床参数与放射性食管炎的关系。然而，Uyterlinde等[97]并未发现接受IMRT同步放化疗的老年患者或有严重合并症的患者存在急性毒性增加。总共35%的患者出现急性毒性≥3级。5级毒性的患者占比为1%。在老年患者（≥70岁）和年轻患者（＜70岁）之间观察到的毒性类似（P=0.26）。治疗前体重减轻、Charlson合并症指数≥5和急性严重毒性之间未发现显著相关性（P=0.36）。食管V50（OR，每10%增加1.33，P=0.01）和PS≥2（OR为3.45，P=0.07）的患者有出现3级急性毒性的风险。

同步放化疗后FDG-PET检查显示食管FDG摄取与AET分级相关[98]。选择82名患者在同步放化疗（66 Gy/24次）后3个月内行PET扫描，通过比较<2级和≥2级AET的50%最高摄取平均值发现，PET摄取值与AET相关联。食管壁上的局部剂量与标准摄取值相关，并使用幂律拟合进行建模。使用Lyman-Kutcher-Burman模型来预测≥2级AET。在Lyman-Kutcher-Burman模型中使用局部剂量-效应关系来计算EUD。将得到的预测精度与D（平均值）、V（35）、V（55）和V（60）进行比较。LKB参数（95%CI）为n=0.130（0.120～0.141）、m=0.25（0.13～0.85）、TD（50）=50.4 Gy（37.5～55.4），这导致AET预测性高于其他因子[98]。

3.7 预防和管理

食管剂量的高低与选择性淋巴结预防照射有关，与仅照射累及淋巴结相比，食管V50增加2倍[99]。由于IMRT比三维适形放疗的剂量跌落陡峭，以及在危及器官周围可调节剂量强度，有可能减少食管照射的体积，因此预期AET的发生率较低。比较某例淋巴结阳性患者的放疗计划，三维适形放疗计划食管V50从26%升至28%，使用IMRT则降至19%，同时保持相同的肿瘤控制概率[99]。为了研究三维适形放疗和IMRT之间AET的差异，比较了相同治疗方案患者的AET发生率[81]。同步放化疗患者三维适形放疗和IMRT之间AET发生率没有显著差异。为了研究三维适形放疗和IMRT之间的差异，对EORTC 08972-22973试验和Kwint等AET研究[81]的36名同步放化疗的患者以每5 Gy比较Vx（α/β=10）(图42.5）。从该图可以看出，对于IMRT，接受5～40 Gy剂量的食管体积显著减少，而在70 Gy时却增加。此外，基于V50的LKB模型在IMRT和三维适形放疗之间没有显著性差异。在临床实践中食管的高剂量体积（V50～V60）和同步化疗是预测AET与LET最重要的指标[13, 68, 81]。NTD校正的EUD<70 Gy可能作为食管的剂量限制，以最大限度地减少严重LET[99]。Uyterlinde等[97]报道了另一种预防食管毒性的方法：每日预水化与肾脏及急性食管毒性的发生率降低相关，并且每日顺铂同步放化疗局部晚期NSCLC患者的治疗依从性增加。

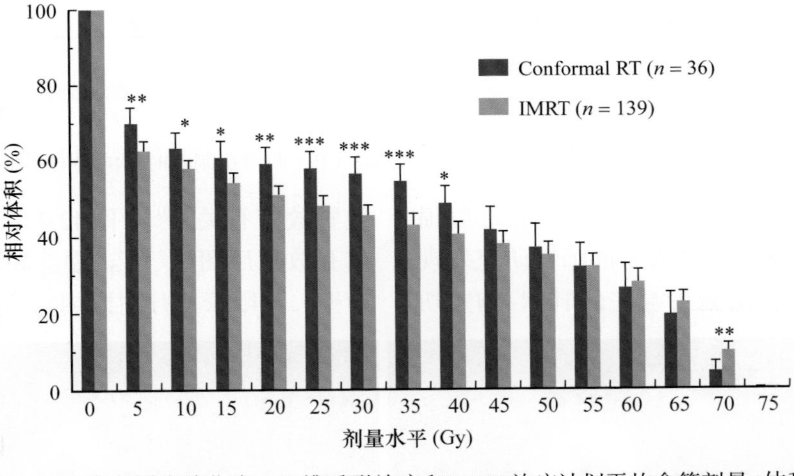

图42.5 NSCLC患者同步放化疗、三维适形放疗和IMRT放疗计划平均食管剂量-体积直方图

在每个剂量水平使用双侧t检验进行两组比较；*P<0.05，**P<0.01，***P<0.001；经许可转载自：Kwint M, Uyterlinde W, Nijkamp J, et al. Acute esophagus toxicity in lung cancer patients after intensity modulated radiation therapy and concurrent chemotherapy. Int J Radiat Oncol Biol Phys, 2012, 84 (2): e223-e228.

3.8 管理

急性食管炎可以用改变饮食，给予质子泵抑制剂、镇痛药（包括阿片类药物）、局部麻醉药（利多卡因凝胶）、胃肠动力药，以及静脉输液和（或）鼻胃管或胃造口管等措施来治疗。饮食变化的重点是确保患者舒适，保持营养、体重和液体摄入量，应选择高热量的食物和液体。减轻症状应进食软化食物，避免冷热食物，避免酒精和辛辣食物。食管狭窄症通常需要（重复）扩张治疗。一些患者会出现穿孔或瘘管，可以通过置入腔内支架来解决。

4　心脏

关于放射性心脏损伤，特别是对死亡率的影响，大部分数据来源于乳腺癌的研究，心脏在治疗中会受到照射，其中大多数患者治疗后长期生存。

4.1　病理生理学

啮齿动物模型实验证明，放射可以导致微血管和大血管病变[100]。微血管病理学的特征是毛细血管密度降低，引起慢性心肌缺血和纤维化。大血管病变的表现为加速的与年龄相关的动脉粥样硬化[100]。

根据这些实验结果，Darby等[100]提出了两种辐射导致冠状动脉疾病发病率和死亡率增加的生物学机制的假设。第一个假设是辐射通过加速大血管动脉粥样硬化而增加MI的发生频率。大血管损伤通常在放疗后数年/数十年后出现。第二个假设是放射导致微血管损伤，很大程度上是亚临床变化（这与临床研究中观察到的影像变化一致）。如果患者出现大血管损伤，潜在的微血管亚临床损伤可能通过降低心脏储备来增加临床严重程度和风险[100]（图42.6）。

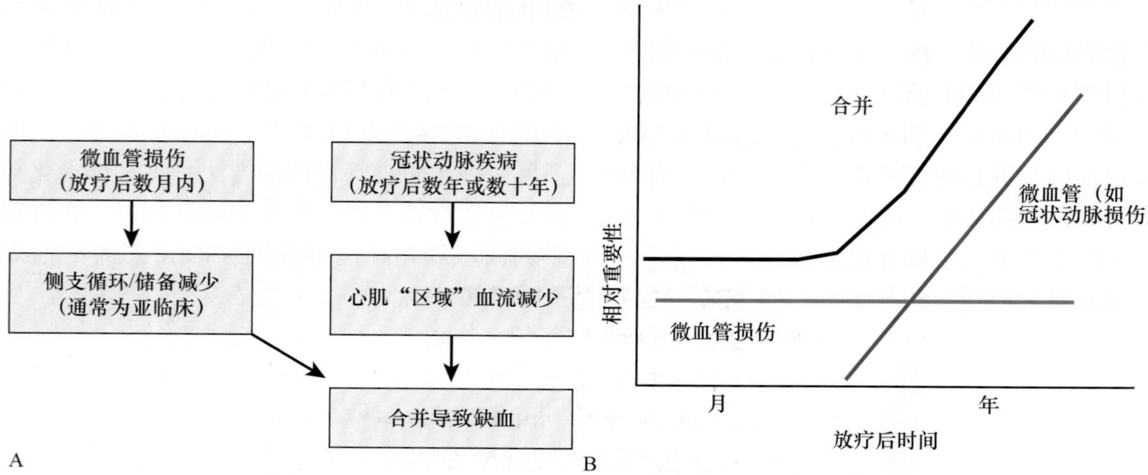

图42.6　（A）两种机制相互作用产生临床心脏病；（B）两种机制随时间的协同作用的假设

为实现前瞻性研究，已使用成像评估心脏损伤[101-105]。Duke大学的一项大型前瞻性研究发现SPECT扫描局部灌注的减少与左侧乳腺/胸壁切线野放疗有关[101]。图42.7显示一名患者的放疗前和放疗后图像[101]。灌注缺损通常出现在心脏前壁，即限于放疗射野内。新灌注缺损发生的频

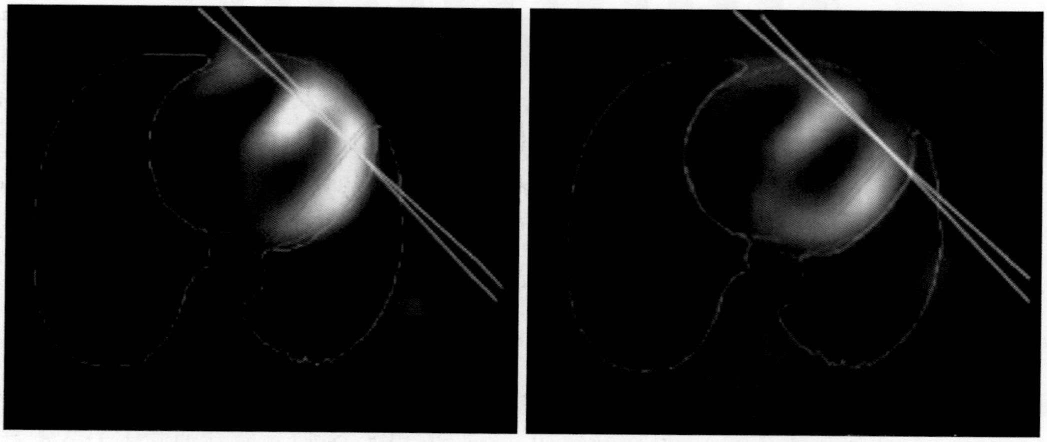

图42.7　切线野放疗左乳房和胸壁的患者放疗前后的SPECT扫描评估，心脏照射区域灌注降低

经许可转载自：Marks LB, Xiaoli Y, Prosnitz RG, et al. The incidence and functional consequences of RT-associated cardiac perfusion defects. Int J Radiat Oncol Biol Phys, 2005, 63 (1): 214-223.

率与射野内左心室的体积有关（图42.8）。

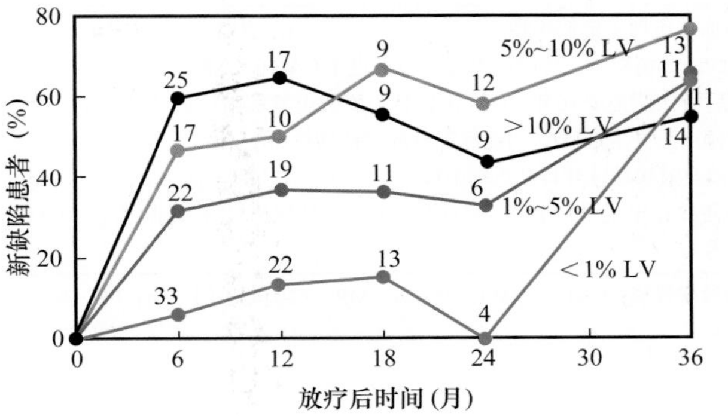

图42.8 照射野覆盖左心室（left ventricle，LV）不同体积（即接受大于处方剂量的50%的区域）的患者亚组中新灌注缺陷的发生率

经许可转载自：Marks LB, Xiaoli Y, Prosnitz RG, et al. The incidence and functional consequences of RT-associated cardiac perfusion defects. Int J Radiat Oncol Biol Phys, 2005, 63 (1): 214-223.

这些灌注缺陷对功能的影响尚不清楚。在这项研究中，灌注缺陷患者的室壁运动异常率较高为12%～40%，而无灌注缺陷者为0～9%（P=0.007～0.16）[101]。

Gyenes等[106]同样指出，放疗后约1年出现心肌灌注缺损。其他研究也报道了放疗后心肌灌注显像异常，但大多数在放疗后多年才出现[107]。

Gayed等[108]评估了16例食管癌和25例肺癌患者放化疗前、后的心肌灌注显像结果。7例（29%）肺癌患者在放疗后平均8.4个月发生照射野内心肌缺血。考虑到综合因素影响，心肌灌注显像结果并不是放化疗后心脏并发症的预测因子，而充血性心力衰竭或心律失常的病史是心脏病的重要预测指标[108]。

Umezawa等[109]使用核素显像评估了放射诱导的心肌亚临床变化，对34例食管癌根治性放疗后持续CR患者使用新示踪剂碘-123-甲基-碘苯基十五烷酸（iodine-123 β-methyl-iodophenyl pentadecanoic acid，I-123 BMIPP）。I-123 BMIPP评估心肌脂肪酸代谢。在接受0 Gy、40 Gy和60 Gy的心肌节段中分别检测到13%、43%和68%的摄取减少，表明I-123 BMIPP心肌灌注扫描可能有助于鉴别放疗诱导的心肌损伤[109]。

总之，这些成像数据表明放疗后（如放疗后几年内）心脏存在急性生理变化，与照射剂量有关，并可能反映为亚临床损伤。

4.2 心脏毒性分级

4.2.1 心血管毒性的类型

放射性心脏毒性包括多种心脏疾病（表42.7）。早期影响包括放射后数月至数年心包炎和心包积液，晚期效应包括放射后10～15年的冠状动脉疾病、心脏瓣膜病、心肌和传导系统病变。放疗和化疗均可引起心血管毒性，这在霍奇金病、乳腺癌、食管癌和髓母细胞瘤放疗患者中已经被明确证实。

表42.7 放疗对心脏的影响

	急性	远期
心包炎	急性渗出性心包炎是罕见的并且通常在放疗期间发生，是心脏旁肿瘤坏死/炎症反应所产生 迟发性急性心包炎在放疗后数周内发生，可表现为无症状性心包积液或症状性心包炎 心脏压塞很少见，积液自发吸收可能需要长达2年	放疗后数周至数年出现延迟性慢性心包炎。在这种类型中，可以观察到广泛的纤维化增厚、粘连、慢性缩窄和慢性心包积液。在照射后2年内观察到高达20%的患者 在4%～20%的患者中可以观察到缩窄性心包炎，似乎是剂量依赖性的，并且与迟发性急性期心包积液相关
心肌病	急性心肌炎与放射诱导的炎症有关，伴有短暂的复极异常和轻度心功能障碍	弥漫性心肌纤维化（通常在＞30 Gy辐射剂量后），伴有相关的收缩和舒张功能障碍、传导障碍和自律性下降 限制型心肌病是由于纤维化引起的心肌损伤的晚期，具有严重的舒张功能障碍和心力衰竭的体征和症状
瓣膜病	无直接明显的影响	瓣膜和瓣叶增厚、纤维化、缩短和钙化主要发生在左心系统（与心脏左侧和右侧之间的压力差有关） 瓣膜反流比狭窄更常见 狭窄病变多见于主动脉瓣 报道的照射后临床瓣膜病发病率：10年时1%；15年时5%；20年时6% 照射后20年瓣膜疾病发病率显著增加：轻度AR高达45%，中度15%，AS 16%，轻度MR 48%，轻度PR 12%

续表

	急性	远期
冠状动脉疾病	无直接明显的影响（放疗后6个月47%的患者可见到灌注缺损，可能伴有室壁运动异常和胸痛；他们的长期预后和意义尚不清楚）	CAD加速出现于更低年龄 伴随的动脉粥样硬化危险因素进一步促进了CAD的发展 放射后潜伏期至少10年。（年龄小于50岁的患者在治疗后的第一个10年内倾向于发生CAD，而老年患者的潜伏期更长） 通常涉及冠状动脉开口和近端节段 CAD使死亡风险增加1倍；致命性心肌梗死的相对死亡风险从2.2到8.8不等

注：[a]摘自Lancellotti P等的研究[138]；AR，主动脉瓣关闭不全；AS，主动脉瓣狭窄；CAD，冠状动脉疾病；MR，二尖瓣关闭不全；PR，肺部反流

4.2.2 心脏毒性评分

使用CTCAE（版本4.0）进行心血管系统毒性评分，包括心包、心肌、瓣膜、冠状动脉和心电活动等所有类型的不良事件。然而CTC不区分早期和远期症状，RTOG/EORTC评分系统则可以区分（表42.8）。

表42.8 RTOG/EORTC心脏急性和远期毒性评分

A. RTOG/EORTC急性心脏毒性评分					
0级	1级	2级	3级	4级	5级
无变化	无症状，但有心电图变化的客观证据；或有心包异常，无其他心脏病证据	有症状，伴心电图改变和充血性心力衰竭影像学改变；或心包疾病；无须特殊治疗	充血性心力衰竭，心绞痛，心包疾病，治疗有效	充血性心力衰竭，心绞痛，心包疾病，心律失常，对非手术治疗无效	死亡
B. RTOG/EORTC远期心脏毒性评分					
0级	1级	2级	3级	4级	5级
无变化	无症状或轻微症状；短暂T波倒置和ST改变；窦性心动过速>110（静息时）	轻微劳动时心绞痛；轻度心包炎；心脏体积正常；持续异常T波和ST改变，低QRS	严重心绞痛；心包积液；缩窄性心包炎；中度心力衰竭；心脏扩大；心电图异常	心脏压塞；严重心力衰竭；重度缩窄性心包炎	死亡

4.2.3 肺癌患者的数据

肺癌放疗的心脏毒性历来未被重视，相关数据很少。这是因为许多肺癌患者的生存期有限，而放射诱导的心脏毒性被认为是“远期效应”，至少部分原因是这样。曾有几项研究表明，肺癌患者术后放疗可降低总生存率[110-112]。在随机试验的Meta分析中，NSCLC患者术后放疗2年生存率降低6%[113]。这些研究中的死亡原因尚未统一报道。Dautzenberg等[110]的试验随机分配了728名手术的NSCLC患者术后进行放疗（60 Gy）或者观察，放疗患者心脏病死亡率约为对照组的3倍（5.1% vs. 1.7%，或绝对值增加3.4%）。

4.2.4 乳腺癌患者的数据

放疗相关心脏损伤最早在乳腺癌放疗患者中被发现。1987年和1989年，Cuzick等[114-115]发表了一系列Meta分析来比较乳腺切除手术后接受或不接受放疗的效果。这项开创性分析清楚地证明了放疗可能产生的心脏毒性。典型表现为放疗患者在随机化后10～15年总生存率下降（图42.9）。Demirci等[116]也有类似的发现。

另一方面，Darby等[117]最近发表的一项研究指出，放疗后很快就会出现放疗相关的心脏事件。此发现与早期研究中观察到的延迟发生心脏毒性相矛盾，如Cuzick等[114-115]的研究。其实这仅是竞争风险的问题。放疗对总体生存率的影响取决于乳腺癌相关死亡率改善与心脏病导致生存率下降的竞争。如果放疗后早期，获益≥心脏病死亡，那么放疗后第0～10年内乳腺癌特异性死亡率相应降低，Cuzick等[114-115]和其他人因此观察到总生存率“无变化”[118-119]。也就是说，短

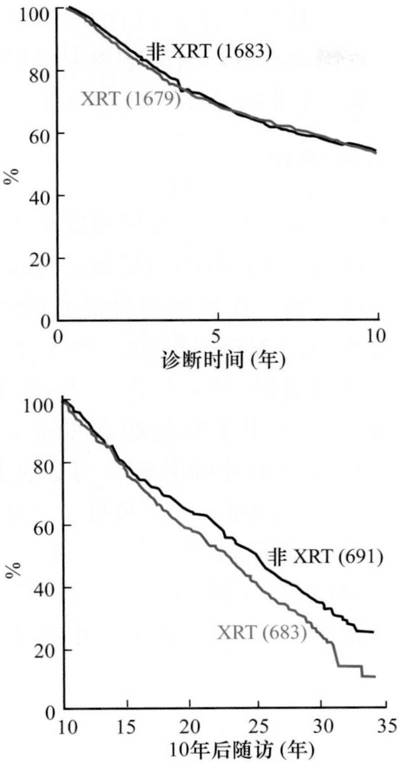

图42.9 乳腺癌特异性生存和放疗诱导的心脏病死亡共同对总生存率产生影响

经许可转载自：Cuzick J. Overview of adjuvant radiotherapy for breast cancer. Recent Results Cancer Res, 1989, 115: 220-225.

期内乳腺癌特异性死亡率可能会改善，但放疗毒性可以将其抵消（图42.10）。

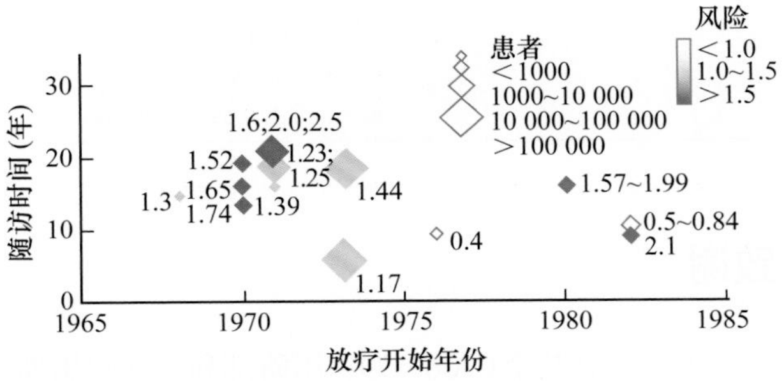

图42.10 乳腺癌患者放疗的心脏病死亡率的相对风险，与治疗时间（x轴）和随访持续时间（y轴）的关系

经许可转载自：Demirci S, Nam J, Hubbs JL, Nguyen T, Marks LB. Radiation-induced cardiac toxicity after therapy for breast cancer: interaction between treatment era and follow-up duration. Int J Radiat Oncol Biol Phys, 2009, 73 (4): 980-987.

4.2.5 霍奇金病患者的数据

斯坦福大学的一系列回顾性研究将1960—1991年治疗的2332例霍奇金病患者心脏事件的发生率与一般人群进行了比较[120]。中位年龄为29岁，1183例接受单纯放疗，1119例接受放疗+化疗。中位随访时间为9.5年，88例死于心脏病。需要注意的是，心脏事件的相对风险在放疗后短短几年内就会增加。

4.2.6 剂量学因素

Darby等研究乳腺癌患者发现，心脏平均剂量每增加1 Gy，缺血性心脏病的风险增加7.4%[117]。在NSCLC的一系列研究中，术后外照射放疗平均心脏剂量为18 Gy。以上两个值的乘积表明，总体估计这些患者的心脏损伤风险增加了133%。这相当于相对风险（RR）为2.33，与Dautzenberg等[110]报道近似（RR约为3）。

RTOG 0617是一项2×2因子的Ⅲ期研究，比较ⅢA或ⅢB期NSCLC，标准剂量（60 Gy）与高剂量（74 Gy）适形放疗，同步和巩固卡铂+紫杉醇化疗联合或不联合西妥昔单抗[137]。由于具有更多毒性反应（至少在部分上），高照射剂量组的总生存率较低。多因素分析显示，心脏V5是影响总体生存率的独立预后因素（$P=0.0035$）。虽然已有几种心脏剂量-体积限制的建议，但还需要进一步研究理解剂量、体积、风险的关系。

4.2.7 综合治疗模式

Hardy等[121]报道了一项基于SEER的研究，包括1991—2002年34 209名接受治疗的Ⅰ～Ⅳ期NSCLC患者。表42.9的数据总结表明，放疗和（或）化疗可能增加心脏损伤的风险[121]。

表42.9 65岁或以上的NSCLC患者治疗相关的心脏毒性[a]

	缺血性心脏病的相对危险性	心脏功能障碍的相对风险	传导障碍的相对风险	心肌病的相对风险	心力衰竭的相对风险
无治疗	1	1	1	1	1
单纯化疗	1.2	1.6	1.02	0.82	1.3
单纯放疗	0.85	1.5	1.01	0.46	1.06
放化疗	1.1	2.4	1.4	0.49	1.2

[a]转载自：Hardy D, Liu CC, Cormier JN,Xia R,Du XL. Cardiac toxicity in association with chemotherapy and radiation therapy in a large cohort of older patients with non-small-cell lung cancer. Ann Oncol, 2010, 21 (9): 1825-1833.

4.3 肺炎与心脏损伤

鉴于放射性肺炎评分的不确定性，有学者认为一些被认为患有放射性肺炎的患者可能确实有心脏损伤（或两者兼而有之）[122-123]。一些作者已经研究了心脏剂量参数与放射性肺炎之间的关系，但结果不一致[124-126]。Huang等[124]和van Luijk等[125]指出了相关的心脏参数，而Tucker等[126]则没有。最引人注目的数据集来自华盛顿大学，接受根治性放疗的209名NSCLC患者的放射性肺炎风险与心脏D10（前10%剂量体积接受的最低剂量）、肺D35和最大肺剂量有关（Spearman Rs=0.268，$P<0.0001$）[124]。同样，一些研究[127-128]（并非全部）提到，位于肺下部的肿瘤比上部的放射性肺炎更常见[129]。因此，尚不清楚心脏照射在放射性肺炎发生中的作用。

大鼠使用质子放疗的实验证明，在肺照射的基础上增加心脏照射会影响放疗后的呼吸频率[125]。虽然这可以解释为心脏照射影响放射性肺炎，但是呼吸频率是一个非特异性的研究终点。

4.4 预防和管理

如果可以躲避心脏，建议尽可能地限制心脏的剂量。然而，限制心脏的剂量通常导致其他相邻结构的剂量增加。在权衡各种器官的风险时，我们通常遵循QUANTEC指南，此外还应考虑其他报道建议的剂量-体积限制（表42.10）。目前有多种放疗技术用于肺癌患者的心脏保护。三维适形放疗治疗下叶肺肿瘤，可以使用非轴向射野以减少心脏剂量[130]。另外，IMRT也可以有效地降低心脏剂量[131-132]。一般而言，根治性放疗中的局部失败相对于心脏毒性是更大的问题，因此应避免为了限制心脏剂量而降低靶区治疗剂量。

表42.10 心脏剂量-体积限制的建议

作者（年）	中心	研究终点	剂量限制建议
Schytte等（2010）[133]	Odense University Hospital，Denmark	生存	左心室平均剂量<14.5 Gy
Konski等（2012）[134]	Fox Chase Cancer Center，USA	有症状的心脏毒性	心脏V20<70% 心脏V30<65% 心脏V40<60%
Fukada等（2013）[135]	Keio University，Japan	有症状的心包积液	全心平均剂量<36.5 Gy 全心V45<58%
Wei等（2008）[136]	MD Anderson Cancer Center，USA	心包炎/心包积液	全心平均剂量<26 Gy
Bradley等（2013）[137]	RTOG 1308实验		全心 V30<46% V30≤50%；V45≤35% 最大剂量为0.03 cc≤70 Gy

5 结论

本章所述胸部放疗毒性可导致患者出现严重症状并降低生活质量，尤其是食管炎的发生。此外，这些毒性偶尔也会导致死亡。目前唯一有效的预防策略是限制危及器官的剂量-体积参数。因为大多数放疗导致的食管炎和肺炎是自限性的，所以治疗本质上只是支持性对症处理。迫切需要开发有效的预防性措施，既可以选择性地保护正常组织，又不损害足量放疗的抗癌效果。

致谢

美国NIH基金CA 69579、国防部和兰斯阿姆斯特朗基金会（Lance Armstrong Foundation，LBM）提供部分支持。

（荣庆林 耿 凯 译）

主要参考文献

1. Abratt RP, Morgan GW. Lung toxicity following chest irradiation

in patients with lung cancer. *Lung Cancer*. 2002;35(2):103–109.

13. Palma DA, Senan S, Tsujino K, et al. Predicting radiation pneumonitis after chemoradiation therapy for lung cancer: an international individual patient data meta-analysis. *Int J Radiat Oncol Biol Phys*. 2013;1;85(2):444–450.
15. Curran WJ, Paulus R, Langer CJ, et al. Sequential vs. concurrent chemoradiation for stage Ⅲ non-small cell lung cancer: randomized phase Ⅲ trial RTOG 9410. *J Natl Cancer Inst*. 2011;103(19):1452–1460.
21. Wang S, Liao ZX, Wei X, et al. Analysis of clinical and dosimetric factors associated with treatment related pneumonitis (TRP) in patients with non-small-cell lung cancer (NSCLC) treated with concurrent chemotherapy (CCT) and three-dimensional conformal radiotherapy (3D-CRT). *Int J Radiat Oncol Biol Phys*. 2006;66: 1399–1407.
23. Graham MV, Purdy JA, Emami B, et al. Clinical dose-volume histogramanalysisforpneumonitisafter3Dtreatmentfornon-small cell lung cancer (NSCLC). *Int J Radiat Oncol Biol Phys*. 1999;45(2): 323–329.
25. Marks LB, Bentzen SM, Deasy JO, et al. Radiation dose-volume effects in the lung. *Int J Radiat Oncol Biol Phys*. 2010;76(suppl 3): S70–S76.
32. Tsujino K, Hirota S, Kotani Y, et al. Radiation pneumonitis following concurrent accelerated hyperfractionated radiotherapy and chemotherapy for limited-stage small-cell lung cancer: dose-volume histogram analysis and comparison with conventional chemoradiation. *Int J Radiat Oncol Biol Phys*. 2006;64(4):1100–1105.
33. Appelt AL, Vogelius IR, Farr KP, Khalil AA, Bentzen SM. Towards individualized dose constraints: adjusting the QUANTEC radiation pneumonitis model for clinical risk factors. *Acta Oncol*. 2014;53(5):605–612.
36. Vogelius IR, Bentzen SM. A literature-based meta-analysis of clinical risk factors for development of radiation induced pneumonitis. *Acta Oncol*. 2012;51(8):975–983.
43. Stenmark MH, Cai XW, Shedden K, et al. Combining physical and biologic parameters to predict radiation-induced lung toxicity in patients with non-small-cell lung cancer treated with definitive radiation therapy. *Int J Radiat Oncol Biol Phys*. 2012;84(2):e217–e222.
82. Koning C, Wouterse SJ, Daams JG, et al. Toxicity of concurrent radiochemotherapy for locally advanced non-small-cell lung cancer: a systematic review of the literature. *Clin Lung Cancer*. 2013;14(5):481–487.
93. Palma DA, Senan S, Oberije C, et al. Predicting esophagitis after chemoradiation therapy for non-small cell lung cancer: an individual patient data meta-analysis. *Int J Radiat Oncol Biol Phys*. 2013;87(4):690–696.
94. Auperin A, Le Pechoux C, Rolland E, et al. Meta-analysis of concomitant versus sequential radiochemotherapy in locally advanced non-small-cell lung cancer. *J Clin Oncol*. 2010;28:2181–2190.
96. Mauguen A, Le Péchoux C, Saunders MI, et al. Hyperfractionated or accelerated radiotherapy in lung cancer: an individual patient data meta-analysis. *J Clin Oncol*. 2012;30(22):2788–2797.
100. Darby SC, Cutter DJ, Boerma M, et al. Radiation-related heart disease: current knowledge and future prospects. *Int J Radiat Oncol Biol Phys*. 2010;76(3):656–665.
108. Gayed I, Gohar S, Liao Z, McAleer M, Bassett R, Yusuf SW. The clinical implications of myocardial perfusion abnormalities in patients with esophageal or lung cancer after chemoradiation therapy. *Int J Cardiovasc Imaging*. 2009;25(5):487–495.
121. Hardy D, Liu CC, Cormier JN, Xia R, Du XL. Cardiac toxicity in association with chemotherapy and radiation therapy in a large cohort of older patients with non-small-cell lung cancer. *Ann Oncol*. 2010;21(9):1825–1833.
137. Bradley JD, Paulus R, Komaki R, et al. Standard-dose versus high-dose conformal radiotherapy with concurrent and consolidation carboplatin plus paclitaxel with or without cetuximab for patients with stage ⅢA or ⅢB non-small-cell lung cancer (RTOG 0617): a randomised, two-by-two factorial phase 3 study. *Lancet Oncol*. 2015;16(2):187–199.

获取完整的参考文献列表请扫描二维码。

第43章 非小细胞和小细胞肺癌的放化疗相关神经毒性

Thomas E. Stinchcombe, Elizabeth M. Gore

要点总结

- 放射性臂丛神经损伤（radiation-induced brachial plexopathy，RIBP）发生于肺尖部肿瘤的治疗中，并且经常合并肿瘤相关的臂丛神经病变（tumor-related brachial plexopathy，TRBP）。单次大剂量分割的立体定向放疗（SABR）同样可导致RIBP。
- RIBP的症状包括上肢感觉异常、运动无力、肌肉萎缩和神经性疼痛。高峰发病率为1～2年，并且发病前的潜伏期通常为数月至数年。
- 辐射对脊髓最常见的不良反应是Lhermitte征，这是由上行感觉神经元的可逆脱髓鞘引起的。Lhermitte征是一种脊髓休克样感觉，由颈部向四肢发展，基本上是对称的，并且与皮肤分布无关。辐射诱发的Lhermitte征开始于放疗完成后3个月，并在6个月内消退。
- 放射性脊髓病可能具有破坏性，临床表现取决于受累的脊髓水平。一般来说，它开始于感觉异常和肌肉无力，随着综合征的进展出现步态紊乱和瘫痪。放射性脊髓病是一种排除诊断，患者必须通过脊髓的MRI以评估肿瘤进展和副肿瘤综合征。
- 放疗神经毒性效应的评估可能因脑转移对神经功能的影响而混淆。由于生存期短，长期结果数据受到限制，治疗前后的神经系统检测尚未成为常规检查。
- 化疗诱导的周围神经病变（chemotherapy induced peripheral neuropathy，CIPN）与紫杉类药物（如紫杉醇、多西他赛、纳米粒子白蛋白结合型紫杉醇）、铂类制剂（如顺铂和卡铂）和长春碱类药物（长春瑞滨）有关。与微管靶向制剂（长春碱类和紫杉类药物）相关的神经病变取决于神经长度，患者经常出现足和足趾的麻木及感觉异常。
- CIPN的发生率和严重程度取决于所使用化疗药物的剂量、持续时间和联合用药。在有糖尿病、酒精和遗传性神经病变引起的神经损伤病史的患者中，CIPN发生的风险增加。

化疗和放疗通常用于NSCLC和SCLC的治疗。这两种治疗均可引起急性和慢性神经毒性，并且可能影响患者的健康相关生活质量及其对治疗的耐受能力。毒性的管理随患者的预后而不同。在姑息性治疗中急性毒性可能导致剂量减少、治疗延迟或治疗中断，从而抵消了姑息性治疗的潜在益处。在潜在根治性治疗中，慢性治疗相关的毒性可能更具临床相关性。然而，急性神经毒性的评估是多变的，并且关于慢性神经毒性前瞻性数据的收集受到限制。国家癌症研究所（National Cancer Institute，NCI）不良事件通用术语标准（CTCAE）4.0版（表43.1）对选定的神经毒性进行了登记[1]。然而其中大部分毒性是基于医生的评估，并且2级或3级毒性的确定取决于患者和（或）医生。当神经毒性发生时，通常基于患者的症状进行治疗。目前的研究方向在于识别神经毒性风险增高患者的方法、预防策略及改善治疗方案。

表43.1　国家癌症研究所不良事件通用术语标准4.0版，1～4级

不良事件	1级	2级	3级	4级
臂丛神经病变	无症状；仅限临床或诊断观察；无须干预	中度症状，日常活动受限	严重症状；日常生活及自理能力受限	不适用
认知障碍	轻度认知障碍；不影响工作、学校和生活表现；需要专业教育服务，无须仪器治疗	中度认知障碍；影响工作、学校和生活表现，但能够独立生活；部分时间需要专门指导	严重认知障碍；显著影响工作、学校和生活表现	不适用
专注力障碍	轻度注意力不集中或注意力下降	中度注意力受损或注意力下降；日常活动受限	严重注意力受损或注意力下降；日常生活及自理能力受限	不适用
记忆力减退	轻度记忆力减退	中度记忆力减退；日常活动受限	严重记忆力受损；日常生活及自理能力受限	不适用
神经痛	轻度疼痛	中度疼痛，日常活动受限	严重疼痛；自理能力受限	不适用
感觉异常	轻度症状	中度症状，日常活动受限	严重症状；日常生活能力受限	不适用
周围运动神经病变	无症状；仅限临床或诊断观察；无须干预	中度症状，日常活动受限	严重症状；日常生活及自理能力受限；需要辅助设备	危及生命；需要紧急干预
周围感觉神经病变	无症状；深部腱反射丧失或感觉异常	无症状；深部腱反射丧失或感觉异常	严重症状；日常生活及自理能力受限	危及生命；需要紧急干预

1　放疗引起的神经毒性

放疗对肺癌的神经毒性作用（主要在臂丛、脊髓和大脑）在根治性治疗和姑息性治疗中十分重要。由于肺癌患者的寿命增长，放疗技术也在不断发展，所以了解放疗的神经毒性越来越重要。通过调强放疗（IMRT）和图像引导放疗（image-guided radiotherapy，IGRT）技术，肿瘤的照射剂量不断增加，同时可能导致对小体积正常组织的高辐射剂量及大体积的不均匀剂量。立体定向消融放疗是一种特殊的治疗模式，因为它可能导致小体积肺部的单次分割剂量非常高。随着更强的局部治疗和更有效的全身治疗，患者的生存时间更长，因此晚期毒性的影响更大。当前和未来的研究以及临床实践必须包括长期随访，并对于剂量、分级和毒性进行记录存档。

1.1　臂丛神经

由于缺乏临床意义肺癌患者的RIBP数据有限。臂丛神经的高剂量照射仅限于肺尖部的肿瘤病例，并且常被TRBP复杂化。然而，由于晚期肺癌治疗的进展和肺癌的早期治疗，应用SABR可以获得更长的生存期，但RIBP的发病率可能增加。RIBP的风险与增加的辐射剂量、更高的分割剂量、治疗的臂丛神经体积和伴随的化疗相关[2]。对臂丛的合理辐射剂量和可接受的RIBP风险取决于疾病分期和治疗目的。在多数情况下，避免对臂丛的高辐射剂量会导致肿瘤治疗不足。当疾病可能治愈或预期长期存活时，RIBP的高风险可能无法避免，而患者对于该风险的理解也是十分重要的。

RIBP的诊断通常因肿瘤受累、手术和（或）无关的创伤或损伤而复杂化。其症状包括上肢感觉异常、运动无力、肌肉萎缩和神经性疼痛。症状发作的潜伏期可能是几个月至20年，高峰为1～2年[3-5]。RIBP的发病通常是隐匿的，发病时间可超过6个月至5年，并且逐渐加重，最终导致上肢瘫痪[3]。尽管有罕见的早期短暂性RIBP被报道，RIBP几乎都是慢性和进行性发展的。早期短暂性RIBP的症状包括疼痛、感觉异常和无力，在治疗后2～14个月内出现，然后消退，通常症状可以完全消退[6]。CT是排除进展或转移性疾病的重要诊断工具。肌电图可用于支持RIBP的诊断[7]。

关于辐射对臂丛的影响，大多数信息来自关于乳腺癌的文献。在几乎所有的乳房或胸壁进行放疗的情况下，臂丛至少部分接受照射，并且频繁地被包含在照射野内，由于非预期的射野叠加而导致高剂量。此外，接受乳腺癌放疗的患者往

往会进行相对较为长期的随访，从而增加了显现出晚期反应的可能性。在过去的50年中不同的放疗技术被用来治疗乳腺癌，它们引起RIBP的发生率不同。20世纪五六十年代，接受50～60 Gy（单次5 Gy）照射时，超过50%的患者会被诊断为RIBP。而现在，在低于55 Gy（单次1.8～2 Gy）照射的患者中RIBP的发生率低于1%～2%[8]。

由于IMRT治疗的使用，头颈部癌患者中的RIBP越来越受到关注。应用IMRT治疗时，为了限制危险器官的辐射剂量，同时将治疗靶区的剂量最大化，会出现相对不均匀的剂量分布，并且可能的影响未被完全了解。如果危险器官没有被适当地勾画，这些热点可能会出现在高危区域。对臂丛神经正确的解剖学定义对于理解潜在不良反应和遵守剂量-体积限制是必需的。针对头颈部癌的治疗，放射治疗肿瘤学组（RTOG）开发了一种臂丛神经丛图谱，有利于并促进一致性和常规性的评估，以及对臂丛神经辐射效应的报道。RTOG指南建议臂丛神经的最大剂量为60～66 Gy或更低。Truong等[9]回顾性分析了114例IMRT治疗的头颈部肿瘤患者，其臂丛神经的剂量为69.3 Gy（33次）。中位随访时间为16.2个月，尽管20%的患者臂丛神经最大剂量超过66 Gy，但没有RIBP报道。评估头颈部癌患者中RIBP的真实发生率需要更长的随访时间。Chen等[10]前瞻性地评估了接受头颈部恶性肿瘤放疗的患者，报道显示临床外周神经病变的发生率为12%，随访5年以上的患者发生率为22%。研究人员表示，头颈部癌患者的RIBP症状报道不足。尽管在一些剂量小于60 Gy的患者中也报道了RIBP，但他们的数据表明，臂丛神经的阈值剂量超过70 Gy，这说明存在其他的影响因素。颈部解剖和更高的最大放射剂量与RIBP风险增加有关[10]。

Eblan等[2]评估了80例肺尖NSCLC患者的RIBP，患者均接受50 Gy或以上常规分割放疗，中位随访时间为17.2个月。其中有5名患者发生RIBP，并且在TRBP患者中更常见。RIBP的3年风险比率为12%，而治疗失败导致TRBP的3年预计率为13%。TRBP的中位发病时间为4个月，而RIBP为11个月，发生TRBP的患者症状严重程度更高。RIBP并未在臂丛神经接受最大剂量低于78 Gy的患者中发生，并且对于确实发生RIBP的患者，大体积的受照射剂量超过66 Gy[2]。Amini等[11]调查了90例接受根治性放疗和同步化疗的患者，臂丛神经受量均超过55 Gy，中位剂量为70 Gy，中位随访时间仅为14个月，在16%的患者中发生1～3级RIBP，症状发生的中位时间为6.5个月。RIBP的独立预测因素是臂丛的中位剂量超过69 Gy，最大剂量超过75 Gy及2 cm[3]，并且在放射前即存在臂丛病变。

在SABR的单次分割中，臂丛神经受到了相当高的剂量照射，因此更容易发生晚期并发症。SABR的最大剂量以及高剂量分割的剂量-体积耐受性和临床表现尚不确定。Forquer等[12]评估了37例SABR治疗的肺尖部肿瘤患者的臂丛神经病变风险，其中7例发生RIBP[12]。5例患者仅有神经性疼痛，1例患者出现疼痛和无力，1例患者出现手和手腕的疼痛、麻木和麻痹。在7个月的中位随访期中，臂丛神经受量超过26 Gy的RIBP绝对风险为32%，最大剂量为26 Gy或更低剂量（3～4次分割）的为6%。RIBP发生的中位时间为13个月。与其他系列报道的RIBP相反，7例中有6例患者的症状在3～10个月后得到改善，包括神经性疼痛的改善。1例臂丛接受最大剂量76 Gy照射的患者在随访9个月时出现疼痛和刺痛，在42个月时发展为肌肉萎缩和无力。

文献中通过症状报道的靶区一致性和剂量-体积分析将继续提高对臂丛神经放射耐受性的临床认识。目前，对于与臂丛神经相邻或邻近的肺尖部肿瘤，在不影响肿瘤控制的情况下，限制臂丛神经的剂量可能无法做到。更好地了解剂量-体积限制和症状将有助于确定RIBP的风险，并为患者提供适宜的方案。

1.2 脊髓

放射性脊髓炎是肺癌放疗的一种罕见并发症，因为在大多数情况下可以避开脊髓而不影响疾病的照射范围。在肺癌的严重病例中，通过三维适形放疗计划、IMRT和IGRT进行较小治疗区域时，这种避让尤其如此。IMRT计划可以形成脊髓周围的高剂量线，而IGRT可以相对容易地提供与脊髓相邻的高剂量，并且具备可重复性和准确性。

辐射对脊髓最常见的不良反应是Lhermitte征，它是由于少突胶质细胞增殖受到抑制，导致上行感觉神经元的可逆性脱髓鞘而引起的[13]。Lhermitte征最初曾被描述为与颈髓损伤有关，现在被认为与其他脱髓鞘疾病有关，包括多发性硬化症，并且可以通过放疗或化疗诱发[14-16]。Lhermitte征是脊柱和四肢的一种休克样感觉，由颈部向四肢加重，它几乎是对称的，与皮肤分布无关，发病是短暂的，随着少突胶质细胞恢复和髓鞘再生而消退。辐射诱导的Lhermitte征在大约3个月时开始，并在放疗完成后6个月内消退。据报道，在接受头颈部和胸部恶性肿瘤放疗的大样本患者组中，Lhermitte征的发生率为3.6%～13%。Lhermitte征发生的相关风险因素是颈髓的总照射剂量超过50 Gy，以及每日分割剂量超过2 Gy[14]。Pak等[13]发现，应用IMRT及同步化疗治疗头颈部癌后Lhermitte征的发生率（21%）相对较高。Lhermitte征的最大预测因素是接受40 Gy或以上剂量照射的更高百分比及脊髓体积。研究人员表示，Lhermitte征的较高发病率可能与前瞻性环境中的高度报道和化疗药物有关。在短暂性放射性脊髓病的情况下，Lhermitte征的出现与慢性进行性脊髓炎无关。然而，迟发型放射性脊髓病可能先发生Lhermitte征，而且是不可逆的，并可导致瘫痪[16]。迟发型放射性脊髓病发病前期出现的Lhermitte征，晚于发生于短暂放射性脊髓病中Lhermitte征的潜伏期。

由于迟发型放射性脊髓病具有毁坏性的不良反应，放射肿瘤学家采取了一切预防措施来避免其发生。虽然神经胶质细胞和血管内皮被认为是放射线的主要靶点，并在脊髓放射病的发病机制中发挥作用，但实验数据显示放射诱导的血管损伤并导致的血管高通透性和静脉渗出是基本过程[17]。放射性脊髓病的临床表现取决于受累脊髓的范围和病变的程度。一般来说，从腿部开始的感觉异常和肌肉无力是主要的早期症状。随着病变的进展，各种症状开始出现，如步态紊乱和下肢瘫痪[17]。Schultheiss和Stephens[18]强调放射性脊髓病是一种排除性诊断，应评估患者的肿瘤发展和副肿瘤综合征。在几乎所有的放射性脊髓病中，潜伏期可超过6个月，MRI可能显示肿瘤肿胀或萎缩，脑脊液中蛋白质水平可能略有升高，并出现淋巴细胞[18]。放射性脊髓病是不可逆转的，尽管一些干预措施已被认为存在益处，包括皮质类固醇、肝素或华法林，以及高压氧治疗等[19]。

为了预防迟发型放射性脊髓病，当采用常规分割（每日1.8～2 Gy）时，脊髓可耐受的最大安全剂量为45～50 Gy。Schultheiss[20]综合了文献中的报道数据，并为临床放射性脊髓病建立了剂量应答参数。他采用了18个系列报道中的数据，其中包括应用一致性剂量方案治疗的患者数、剂量、分割次数、由剂量方案产生的脊髓病变病例数，以及有关高危患者存活的信息。在45 Gy剂量下发生脊髓病的概率为0.03%，在50 Gy时概率为0.2%。发生5%脊髓病的剂量为59.3 Gy。临床正常组织效应的定量分析（QUANTEC）表明，当使用传统的单次分割1.8～2 Gy照射全脊髓时，54 Gy时脊髓病的预估风险低于1%，61 Gy时低于10%[21]。

有关放射性脊髓病和脊髓重复放射风险的数据有限。关于动物和人类重复放射的数据表明，放疗引起的亚临床损伤的部分修复在放疗后6个月变得明显，并在接下来的2年内得到改善。复发性疾病重复放疗后脊髓损伤的随访数据有限，报道的放射性脊髓病病例很少。通常，如果需要重复治疗，应该避开脊髓。

对SABR中脊髓耐受性的认识正在发展。可接受的最大剂量取决于单次分割剂量。Gibs等[22]报道了在1075例良性和恶性脊髓肿瘤患者中6例发生放射性脊髓病。他们推荐在单次超过8 Gy等效剂量治疗时需要限制脊髓的体积。迟发型放射性脊髓病平均发病为6.2个月（范围2～9个月）。Saghal等[23]评估了脊柱SABR后放射性脊髓病的5例病例，并将剂量测定数据与较大系列研究中的患者进行比较，这些患者接受了脊柱SABR治疗且未发生放射性脊髓病。研究人员得出结论，脊柱SABR应该重视腱鞘囊的最高剂量点。对于单次分割的SABR，最高剂量点10 Gy是安全的，达到5次分隔并且生物学剂量30～35 Gy也提示放射性脊髓病的低风险[23]。这个发现得到了Macbeth等报道数据的支持[24]，显示单次分割10 Gy时没有发生放射性脊髓病。根据广泛的文献综述，应用于脊柱放射外科的QUANTEC显示，单次分割时最大脊髓剂量为13 Gy或3次分割时最大脊髓剂量为20 Gy，这似乎与不到1%的损伤风险相关[21]。

1.3 大脑

在肺癌中评估放射对大脑的神经毒性作用具有多样性。在没有对照的情况下，不可手术并接受姑息性全脑放疗（WBRT）的患者，局部治疗采取手术或立体定向放射外科治疗且无论是否行WBRT的患者，以及接受预防性头部放疗的SCLE或NSCLC患者，他们的数据都是可以获取的。放疗对大脑的神经毒性影响很难评估，影响因素包括大多数接受WBRT治疗的肺癌患者有脑转移导致的神经系统缺陷、长期随访因生存期短而受限和常规未行神经系统检查。

评估脑转移放疗神经毒性作用的系列研究一致表明，WBRT导致的神经认知缺陷风险超过了治疗的益处。1989年De Angelis等[25]评估了12例因脑转移WBRT引起神经系统并发症的患者，并报道WBRT诱发痴呆的发生率为1.9%～5.1%。所有12例患者均接受总剂量25～39 Gy和单次3～6 Gy的治疗，CT图像上显示有皮质萎缩和低密度白质。作者得出结论，应该使用更长时间的治疗方案来安全有效地治疗有脑转移的高风险患者。

在RTOG 91-04中一项Ⅲ期试验旨在评估无法切除的脑转移患者的总体生存率，患者接受54.4 Gy/1.6 Gy，每天2次照射，或者30 Gy/3 Gy，每天1次照射，两种放射剂量之间的总生存率没有差异，双臂的中位生存期仅为4.5个月[26]。本研究的二次分析旨在评估对于30 Gy/3 Gy每天1次照射的患者，治疗前的简易精神状态评价量表（mini-mental status exam，MMSE）对其长期生存和神经功能的重要性。预处理MMSE（$P=0.0002$）和KPS评分（$P=0.02$）都是影响生存期的重要因素。WBRT似乎与MMSE评分的提高和长期存活者MMSE评分未降至23以下有关[27]。该试验双臂的额外分析表明，通过MMSE的测量采用30 Gy/3 Gy每天1次照射，与54.4 Gy/1.6 Gy每天2次照射相比，神经认知功能无显著性差异。控制脑转移对MMSE评分有显著性影响[28]。

在一项WBRT（使用或不使用莫特沙芬钆）的Ⅲ期试验中，通过成套神经心理测量学方法前瞻性地评估了WBRT前后（30 Gy/3 Gy每日1次）的神经认知功能[29]。超过90%的患者存在损伤，结果表明神经认知功能仅与肿瘤的控制相关[30]。Li等[31]评估了研究对照组208例患者中的135例，这些病例在2个月时仍可进行评估[31]。作者发现，WBRT诱导的肿瘤缩小与更好的生存率和神经认知功能的保留相关。神经认知功能在长期生存患者中是稳定或能够改善的，并且与WBRT相比，肿瘤进展对神经认知功能有更加不利的影响。

在一项针对有限数量脑转移瘤局部治疗的研究中，无论患者在治疗后是否追加WBRT，也需要常规接受神经毒性作用的评估。在具有相对良好一般状况和较少全身性疾病的患者群体中，这种评估提供了可以回顾其放疗神经认知效应的机会。一般而言，这些研究已经表明，WBRT可以安全地实施而不会导致神经认知功能的实质性改变，并且它可以改善局部控制率，但不能提高总生存率。Chang等[32]针对1～3个病灶的脑转移患者进行了一项Ⅲ期临床试验，将是否进行WBRT的立体定向放疗进行对比，其主要终点是4个月时通过霍普金斯语言学习测试（Hopkins verbal learning test，HVLT）测量神经认知功能的改变。研究人员发现，与单独使用立体定向放疗的患者相比，立体定向放疗加WBRT的患者HVLT测量的学习和记忆功能明显受损。然而，由于预期外的生存差异有利于立体定向放疗和神经认知评估时机的安排，这项研究一直存在争议。

欧洲癌症研究和治疗组织（EORTC）进行了一项Ⅲ期试验，评估在脑转移术后或立体定向放疗后辅以WBRT（30 Gy/3 Gy，每日1次）是否增加功能影响的持续时间[33]。辅助WBRT减少了颅内的复发（手术：59%～27%，$P=0.001$；立体定向放疗：31%～19%，$P=0.040$）和神经系统的死亡。WBRT不影响患者一般状况下降的速度。世界卫生组织一般状况高于2级的中位时间为随访观察后10个月和WBRT后9.5个月（$P=0.71$）。

Aoyama等[34]对脑转移局部治疗后的WBRT进行了前瞻性评估，并未发现存活率或神经认知功能上的差异。未接受WBRT的患者发生颅内复发的概率更高，因此正如其他研究所示，当前期未给予WBRT时患者经常需要进行挽救性治疗。

基于功能障碍的程度和所需帮助的级别，神经认知功能被评分为0～4。选用MMSE对神经认知功能进行评估。在中位随访时间30.5个月（范围为13.7～58.7个月）时，44例生存期超过12个月的患者中有28例（WBRT加立体定向放射外科组16例，立体定向放射外科组12例）至少可获得一个时间点的MMSE数据。治疗前后的中位MMSE评分在WBRT＋立体定向放射外科组中分别为28和27，在立体定向放射外科手术组中分别为27和28。研究人员还对MRI的白质脑病进行了评估，并且在WBRT＋立体定向放射外科组的7名患者和单独立体定向放射外科组的2名患者中发现了与白质脑病一致的影像学改变（P＝0.09）。在这9名患者中，有3名患者也有白质脑病的症状，而其他6名患者无症状。

1.4 预防性颅脑放疗

尽管存在一些争议，预防性颅脑放疗在评估放疗对全脑的影响上仍具有优势。即使给予了预防性颅脑放疗，肺癌患者的生存期仍然是有限的，在该患者人群中常规应用神经心理学测试也是有限的，并且患者在预防性颅脑放疗之前常有基础的神经心理缺陷，部分是由于前期的化疗，以及可能来自潜在恶性病程的副肿瘤效应。

纵观历史，当预防性颅脑放疗与化疗同步，或者单次高剂量照射时，SCLC患者被报道出现毒性反应的发生率较高[35]。在低剂量同步化疗和预防性颅脑放疗后，44%的SCLC患者出现神经心理学测试异常，中位随访时间为6.2年[35]。在联合化疗后SCLC患者被检测到预期外的神经认知缺陷，而预防性颅脑放疗后这些缺陷没有明显变化[36]。作者认为，SCLC相关的神经心理异常可能继发于疾病本身（副瘤综合征）和全身治疗。

Le Péchoux等[37]公布了一项国际性的Ⅲ期研究结果（PCI99-01、EORTC 22003-08004、RTOG 0212和IFCT 99-01），分别对局限期SCLC患者接受25 Gy和36 Gy预防性颅脑照射进行对比[37]。作者通过3年以上的时间发现，在评估生活质量和神经认知功能的17个指定项目中，两组之间没有显著性差异。然而，两组均在沟通能力、记忆力、智力和腿部力量方面有轻度的退化（所有的P＜0.005）。

RTOG 0212是一项随机Ⅱ期试验，旨在评估接受预防性颅脑放疗的局限性SCLC患者中慢性神经毒性的发生率和生活质量的变化，该研究中的部分患者也参与了国际性Ⅲ期预防性颅脑试验。RTOG 0212中患者分别接受25 Gy/2.5 Gy每日1次放疗，36 Gy/2 Gy每日1次放疗，或36 Gy/1.2 Gy每日2次放疗。在生活质量和神经心理学测试之一，即HVLT方面，治疗组之间没有显著性基线差异。然而，在预防性颅脑放疗后12个月，36 Gy组中慢性神经毒性的发生率显著增加（P＝0.02）。回归分析显示，年龄增长是慢性神经毒性最重要的预测指标（P＝0.005）。

RTOG 0214评估了预防性颅脑放疗在局部晚期NSCLC患者中的应用。预防性颅脑放疗将1年时的脑转移风险从18%明显降低至7.7%。然而，总生存率或无病生存率没有显著性差异[38]。本研究的次要终点是评估预防性颅脑放疗的神经心理学影响。在EORTC生活质量问卷（EORTC quality of life questionnaire，EORTC-QLQ）C30或EORTC-QLQ BN20研究中的任何方面上，两组之间在1年内没有显著性差异，尽管接受预防性颅脑放疗患者报道的认知功能有更大的下降趋势。MMSE评分或日常生活活动没有显著性差异。然而，通过HVLT预防性颅脑放疗后1年的即时回忆能力（P＝0.03）和延迟回忆能力（P＝0.008）均显著性下降。

Gondi等[39]报道了在RTOG 0212和RTOG 0214中接受预防性颅脑放疗患者的测试及自我报告认知功能的汇总二次分析[39]。在未出现颅脑复发的肺癌患者中，预防性颅脑放疗与HVLT和自我报告的认知功能下降有关。然而，两者的下降并不是密切相关的，这表明了它们可能具有不同的认知因素。

1.5 射线成像研究

尽管WBRT会导致神经认知功能的损伤，但它仍然是治疗和预防脑转移的最有效方式之一。WBRT与迟发性白质异常或白质脑病的发展有关，并且与认知功能障碍有关。WBRT的作用已经在颅内疾病和预防性颅内放疗中得到了研究。预防性颅脑放疗是研究WBRT效果的理想选择，因为患者不会因脑转移或原发性脑肿瘤而产生基线上神经系统的影响。

Stuschke等[40]研究了局部晚期NSCLC患

者在预防性颅脑放疗后的神经心理功能和头部MRI。T_2加权MR图像显示，接受预防性颅脑放疗患者的白质异常程度高于未放疗的患者。9例接受预防性颅脑放疗的患者中有2例出现4级白质异常，而未接受过预防性颅脑放疗的4例患者中无出现异常。神经心理功能受损的趋势也发生在白质异常程度较高的患者身上。在预防性颅脑放疗组和非预防性颅脑放疗组中，长期生存者的注意力和视觉记忆均受到损伤。

在预防性颅脑放疗的研究中，MR图像的辐射效应与临床毒性的相关性并未在治疗前后进行前瞻性评估。Johnson等[35]评估了SCLC患者接受预防性颅脑放疗后6～13年的CT及MR图像。15例患者中有12例显示CT异常（如显示心室扩张、脑萎缩和（或）脑钙化），15例患者中有7例在MR图像上显示白质异常。CT和MRI记录的解剖异常在神经心理功能异常的患者中更为常见。

WBRT引起患者白质改变的诱发因素尚未明确。Sabsevitz等[41]利用MRI容积法前瞻性地评估了治疗前的白质健康状态对WBRT后白质变化的影响。治疗时的年龄及治疗前异常的液体衰减反转恢复体积与WBRT后的白质改变呈显著性相关。然而，治疗前的液体衰减反转恢复体积是治疗后白质改变的最大预测因素。白质改变的发展与WBRT剂量、总葡萄糖、血压或体重指数之间未发现显著性相关。Szerlip等[42]回顾性分析了一系列MR图像，并测量了接受WBRT并存活1年以上患者的白质体积随时间的变化。在WBRT后，白质改变加速的平均速率为每月总脑容量的0.07%。在多变量分析中更大的加速率与高龄、血糖控制不足以及高血压的诊断相关。

在治疗前后常规使用MRI，以及评估与神经心理学的相关性，对于更好地理解颅脑照射的神经毒性作用十分必要。此外，了解能够预测神经系统改变或加速其变化的因素也很重要。给予重视可降低风险，如通过控制高血糖或高血压，或者避免或延迟高危并发症患者的WBRT，对于个性化治疗至关重要。

2 预防神经认知功能并发症

最近，使放疗毒性最小化的临床努力集中于改进放疗技术和使用神经保护剂。美金刚是对许多神经系统疾病（包括阿尔茨海默病）有效的临床药物。美金刚的主要作用机制是通过*N*-甲基-*D*-天冬氨酸受体通道阻断电流。美金刚与阿尔茨海默病患者的认知、情绪、行为和日常活动能力的中度下降有关。RTOG 0614实验研究了美金刚对接受姑息性WBRT患者的神经保护作用[43]。研究发现，美金刚具有良好的耐受性，其毒性特征与安慰剂非常相似。总体而言，美金刚治疗的患者随着时间的推移具有更好的认知功能，特别是美金刚推迟了接受WBRT的患者出现认知衰退的时间，并减缓了记忆力、执行力和处理速度的下降。尽管使用美金刚时较少发现延迟回忆力的下降，但由于患者大量的丢失可能使之缺乏意义，研究仍将24周时的延迟回忆力作为主要终点。对该患者人群的随访是仅次于死亡和疾病进展相关无依从性的挑战。

根据新出现的证据，放射诱导的神经认知功能缺陷的发病机制可能涉及辐射诱导的海马颗粒下区增殖神经元祖细胞的损伤[44]。IMRT可以在保护海马的同时给予全脑放疗。在RTOG 0933单臂Ⅱ期研究中，以主要认知为终点，将有海马区保护的脑转移WBRT与无海马区保护的WBRT的历史对照（RTOG 9801）进行比较[45]。在随访4个月和6个月时发现，WBRT期间对海马的适形性保护与记忆力保存有关。Ⅱ期研究的结果与之前研究的结果相比是有利的[39]。

2.1 化疗诱导的周围神经病变

在治疗NSCLC和SCLC的常用药物中，与CIPN相关的药物包括紫杉类药物（如紫杉醇、多西他赛、纳米粒子白蛋白结合型紫杉醇）、铂类制剂（如顺铂和卡铂）和长春碱类药物（如长春新碱、长春瑞滨、长春碱）。CIPN的机制、发生率和症状随着药物的类别而变化。由微管靶向制剂（如长春碱类药物和紫杉类药物）诱导的神经病变取决于神经长度，并且患者常在足和足趾尖出现症状。长春碱类药物可引发自主神经病变及周围神经病变，其症状可表现为腹部绞痛、肠梗阻和便秘，而颅神经病变罕见[46]。顺铂相关的感觉神经病变通常在累积剂量达300 mg/m^2后可在临床上观察到。与顺铂相比，卡铂具有较低的神经毒性[47]。奥沙利铂与感觉迟钝、感觉异常和CIPN有关，但它不是用于治疗NSCLC或SCLC的标准药物。

CIPN的发生率和严重程度取决于剂量、持续时间和联合使用。在因糖尿病、服用酒精或遗传性神经病变而存在神经损伤病史的患者中，CIPN的发生风险增加，并且症状性神经病变可能在较低剂量或更早期的治疗中出现[46]。CIPN的初始症状通常是对称性的肢体感觉和运动损伤，导致指尖或脚部刺痛（感觉异常）或麻木（感觉减退）。本体感觉丧失可能导致步态不稳、共济失调或跌倒倾向。其他常见症状有疼痛或运动神经病变，并导致肌肉无力。一般而言，NCI-CTCAE 2级或3级感觉神经病变被认为具有临床意义，并且需要干预，如推迟用药和（或）减少剂量，或者可能停止使用该药物。医生常低估了症状的频率和严重程度，因此患者报告的结果对于评估该毒性的频率和严重程度可能更为准确[48-49]。

2.2　化疗与相关的CIPN

化疗方案的选择常受到患者既往存在病症及其发生CIPN风险的影响。对于已有神经病变或易患CIPN的患者，他们通常需要较低CIPN发生率的化疗方案（如铂剂和培美曲塞，或铂剂和吉西他滨）。顺铂或卡铂与紫杉醇、多西他赛、长春瑞滨及白蛋白紫杉醇均用于治疗NSCLC，它们都与CIPN有关。顺铂和长春新碱联合方案是用于辅助性治疗与转移性疾病的标准方案。在辅助治疗的Ⅲ期试验中针对两种不同的顺铂和长春瑞滨方案进行了研究，并且评估了这些药物的CIPN发生率（表43.2）[50-51]。在这些试验中，便秘作为一种自主神经症状，其所有等级及3级的发生率分别约为45%和5%。鉴于在辅助治疗中总生存率和长期生存率的显著改善，该神经毒性的比率是可以接受的，但需要密切监测和症状管理。一项三臂Ⅲ期试验将多西他赛联合顺铂、多西他赛联合卡铂与长春瑞滨联合顺铂方案在晚期NSCLC患者中进行比较[52]，患者最多接受6个周期化疗。多西他赛联合卡铂组的3级或4级感觉神经病变的发生率较低（表43.2）。这些试验提供了常用化疗方案中对CIPN发生率的预测。

表43.2　铂类双药组Ⅲ期试验中报道的化疗诱导的神经病变发生率

作者	化疗方案	患者例数	感觉神经病变发生率（全部级别）（%）	3级或4级感觉神经病变发生率（%）
Winton等[50]	顺铂50 mg/m², 第1、8天，每28天 长春瑞滨25 mg/m², 每周，持续16周	242[b]	48	2[a]
Douillard等[51]	顺铂100 mg/m², 第1天 长春瑞滨30 mg /m²，第1、8、15天（周期：每28天）	367[b]	28	3
Fossella等[52]	顺铂75 mg/m²＋多西他赛75 mg/ m²，每21天	1218	未见报道	3.8
	卡铂AUC 6＋多西他赛75 mg/m²，每21天		未见报道	3.9
	顺铂100 mg/m²，第1天，每28天＋长春瑞滨25 mg/m²，每周		未见报道	0.7
Rosell等[56]	顺铂80 mg/m²＋紫杉醇200 mg/ m²，每21天	618	58	9
	卡铂AUC 6＋紫杉醇200 mg/m²，每21天		59	8
Bonomi等[58]c	顺铂75 mg/m²＋紫杉醇135 mg/m²，每21天	399	未见报道	23
	顺铂75 mg/m²＋紫杉醇250 mg/m²，每21天		未见报道	40
Belani等[59]	卡铂AUC 6＋紫杉醇225 mg/m²，每3天	440	未见报道	18[d]
	卡铂AUC 6，第1天＋紫杉醇100 mg/m²，第1、8、15天，每28天		未见报道	12
Socinski等[60]	卡铂AUC 6，第1天＋白蛋白紫杉醇100 mg/m²，第1、8、15天，每21天	1052	46	3
	卡铂AUC 6＋白蛋白紫杉醇200 mg/m²，每21天		62[d]	11[e]

注：[a]观察到的全部级别和3级运动神经病变发生率分别为15%和3%；[b]数字代表接受顺铂和长春瑞滨治疗的患者；[c]该试验分三组，表中包括应用紫杉醇的两组，结果被报道为3级神经毒性；[d]结果代表2级或3级神经病变的发生率，具有显著性差异（P=0.05）；[e]全部级别的感觉神经病变发生率（P<0.001）和3级或4级感觉神经病变的发生率（P<0.05）有显著性差异；AUC，曲线下面积

CIPN与单药紫杉醇和卡铂联合紫杉醇之间的关系已经在临床试验中得到了广泛的研究。在一项前瞻性研究中对于每周接受紫杉醇化疗（70～90 mg/m^2）并完成EORTC-CIPN检测的患者，其中20%在第1周期紫杉醇治疗后出现了临床上显著的疼痛症状[53]。在第1周期紫杉醇中出现紫杉醇-急性疼痛综合征的患者中，其慢性神经病变的发生率更高。紫杉醇-急性疼痛综合征的常见症状包括腿部、臀部和腰部的弥漫性疼痛，并在紫杉醇给药后的1～3天出现。与抽痛或灼痛相比，麻木和刺痛是更为突出的慢性神经病变症状。卡铂联合紫杉醇治疗的持续时间越长，CIPN的发生率越高。在一项Ⅲ期试验中将卡铂联合紫杉醇化疗，3周方案共4个周期，与卡铂联合紫杉醇化疗直至疾病进展或不可接受的毒性结束相比，两者效果相似[54]。然而，2级到4级感觉神经病变的发生率从第4周期的19.9%（95%CI为13.6%～26.2%）增加到第8周期的43%（95%CI为28.6%～57.4%）。在其他研究中也证实了紫杉醇的累积剂量与感觉神经病变发展之间的关联[55]。在一项Ⅲ期试验中将顺铂联合紫杉醇的3周方案化疗与卡铂联合紫杉醇的3周方案化疗进行比较，患者均继续治疗直至疾病进展或最多接受10个周期治疗[56]。两种方案的全部等级和3级周围神经病变的发生率相似。

为了提高有效率或减少毒性，几项试验将紫杉醇3周方案化疗与低剂量周方案化疗进行了对比，同时还对更高和更低剂量的紫杉醇进行了研究。紫杉醇所致的感觉神经病变也与剂量相关，在剂量低于170 mg/m^{2}时很少发生[55, 57]。在一项Ⅲ期试验中应用顺铂联合低剂量紫杉醇（135 mg/m^2）每3周方案或大剂量紫杉醇（250 mg/m^2）每3周方案，高剂量紫杉醇组的3级神经毒性发生率明显较高（40% vs. 23%）[58]。但是，研究中紫杉醇的低剂量和高剂量目前尚未用于治疗NSCLC。在另一项Ⅲ期试验中，将卡铂联合紫杉醇每3周方案与卡铂（第1天）联合紫杉醇（第1、8和15天）方案（每4周方案，共4个周期）进行比较，治疗最多进行4个周期[59]。每周方案组的2级和3级神经病变发生率明显低于每3周方案组（12% vs. 18%，$P=0.05$）。在一项较小规模的Ⅱ期试验中在使用卡铂每3周方案共12周时，将联合紫杉醇225 mg/m^{2}每3周方案与75 mg/m^{2}每周方案进行比较[60]，两组患者的感觉神经病变发生率无显著性差异（$P=0.27$）。这些数据提示低剂量的紫杉醇周方案用药时CIPN的发生率较低。

标准制剂的紫杉醇含有聚氧乙烯蓖麻油，而白蛋白结合型紫杉醇配方则没有。在一项Ⅲ期试验中将卡铂联合白蛋白紫杉醇100 mg/m^2（第1、8、15天）每3周方案与卡铂联合标准制剂紫杉醇200 mg/m^{2}每3周方案进行比较[61]。治疗至少持续6个周期，在没有疾病进展或不可接受的毒性情况下允许继续用药。白蛋白紫杉醇组和标准紫杉醇制剂组中紫杉醇的中位累积剂量分别为1325 mg/m^{2}和1125 mg/m^2。白蛋白紫杉醇组和标准紫杉醇制剂组的全部等级感觉神经病变发生率分别为46%和62%（$P<0.001$），3级或4级感觉神经病变发生率分别为3%和11%（$P<0.05$），3级或更高级别的感觉神经病变恢复至1级的中位时间分别为38天和104天。值得注意的是，两组之间紫杉醇的剂量、方案和制剂配方都是不同的，在这些导致本试验CIPN差异的因素中，是否为一种或多种因素联合作用目前尚不清楚。在一项单臂Ⅱ期试验中将白蛋白紫杉醇125 mg/m^2（第1、8、15天用药，每4周）输注超过2小时而不是标准30分钟[62]。与历史对照组相比，平均周围神经病变的等级，以及2级或更高级别周围神经病变的发生率均有显著降低，这表明白蛋白紫杉醇使用较长的输注时间可以显著降低临床上CIPN的发生率。

总之，应用铂类联合紫杉类药物或长春瑞滨治疗NSCLC，临床相关2级或3级感觉神经病变发生率为10%～20%，严重3级感觉神经病变率约为5%。将卡铂联合紫杉醇的持续时间限制为4个周期，可以降低临床严重神经病变的风险，并且紫杉醇的低剂量周方案用药可能与较低的CIPN发生率相关。

2.3 CIPN的预防

许多药物已经被研究用于CIPN的预防。氨磷汀是一种有机硫代磷酸盐，可作为自由基的清除剂，被研究作为放化疗诱导的毒性的细胞保护剂。该试剂在多个不同化疗方案的小规模试验中进行了研究，未发现CIPN临床症状的明显改善[47]。谷胱甘肽被认为可以防止铂类配合物在背根神经节中的蓄积，迄今为止，哪种谷胱甘肽可用于预防CIPN尚无定论[47]。在一项Ⅲ期安慰剂对照双盲临床试验中，研究了谷胱甘肽预防卡铂联合紫杉醇治疗卵巢癌患者的CIPN（ClinicalTrials.gov identifer：NCT02311907）。乙酰左旋肉碱（Acetyl-L-carnitine，ALC）是一种参与微管蛋白乙酰化的天然化合物，这个过程可以提供对神经元的保护[63-64]。一项随机、双盲、安慰剂对照试验在409例接受紫杉醇治疗的女性中对ALC进行了研究[65]。在12周和24周时使用癌症治疗功能评估-紫杉类药物量表对CIPN进行评估（较低评分表示较差的CIPN）。与安慰剂组相比，ALC组的患者在12周时的评分较安慰剂组低0.9分（95%CI为−2.2～0.4，P＝0.17），24周时评分低1.8分（95%CI为−3.2～−0.04，P＝0.01）。ALC组 的3级或4级神经毒性比安慰剂组更常见（8 vs. 1）。这些保护剂伴随着CIPN的恶化令人感到沮丧，提示需要进行保护剂的随机对照试验。α-硫辛酸（alpha-lipoic acid，ALA）可通过抗氧化作用改善神经血流，并已作为糖尿病周围神经病变的治疗方法进行研究[66-67]。一项安慰剂对照Ⅲ期试验已完成，在接受顺铂或奥沙利铂治疗的患者中评估α-硫辛酸（给予至少24周）对CIPN的预防作用（ClinicalTrials.gov identifer：NCT00112996）。

2.4 CIPN的药理学治疗

当临床上显著出现CIPN时，通常被定义为2级或更高级别，而治疗的选择是有限的。对于许多患者而言，最大的症状问题是伴随感觉异常的疼痛，而许多治疗方案已被研究并取得了不同的成功（表43.3）。这些试验的主要终点通常是评估毒性等级和患者所报告的结果。2013年，一项随机、双盲、安慰剂对照的交叉试验对度洛西汀进行了研究，其主要终点是平均疼痛评分的降低[68]。基于NCI-CTCAE 3.0版的标准，患者需要具有至少1级的感觉疼痛（在10分疼痛评分中报告为4分或以上），并且在完成化疗后具有3个月或更长时间的神经性疼痛。为了参与试验，患者需要接受过紫杉醇、奥沙利铂、单药多西他赛、白蛋白紫杉醇或顺铂治疗，然而入选的患者均未接受过顺铂治疗。大多数入选的患者患有乳腺癌（38%）或胃肠道癌（56%）。符合条件的患者被随机分成两组，一组为初始治疗期间每日应用度洛西汀和交叉对照期接受安慰剂治疗，另一组为应用安慰剂作为初始治疗和度洛西汀作为交叉对照治疗。初始治疗期为第1～5周，然后是2周的洗脱期，以及交叉对照期（第8～12周）；治疗包括第一周安慰剂或度洛西汀30 mg/d，持续4周安慰剂或度洛西汀60 mg/d。患者每周使用简明疼痛评估量表报告疼痛的严重程度和功能阻碍，其中0表示无疼痛，10表示疼痛“像你能想象的那么严重”。疼痛严重程度的最小化临床重要差异在平均疼痛评分的差异中被确定为0.98。另外还使用NCI-CTCAE 3.0版对每周CIPN进行评估。应用度洛西汀作为初始5周治疗的患者所报告的平均疼痛减少1.06（95%CI为0.72～1.40），安慰剂组患者平均疼痛减少0.34（95%CI为0.01～0.66，P＝0.003）。效应量为中等大小0.513，而度洛西汀组和安慰剂组首先报告疼痛减轻的患者百分比分别为59%和38%。对接受度洛西汀治疗的患者使用癌症治疗功能性评估量表和妇科肿瘤组神经毒性分量表进行评估，其干扰日常功能的疼痛量减少更多（P＝0.01），与生活质量相关的疼痛改善更大（P＝0.03）。最常见的不良事件是疲劳（7%）、失眠（5%）和恶心（5%）。在一项探索性分析中，接受奥沙利铂治疗的患者比接受紫杉类药物治疗的患者更容易从度洛西汀中获益（P＝0.13）。

表43.3 选择用于治疗化疗诱导的周围神经病变的疗法的Ⅲ期试验

作者	药物	患者例数	实验设计	主要终点	结果
Smith等[68]	度洛西汀	231	随机，双盲，安慰剂对照，交叉	应用BPI-SF评估平均疼痛程度	显著性改善（P＝0.003）
Rao等[69]	加巴喷丁	115	随机，双盲，安慰剂对照，交叉	应用NRS和ENS评估平均疼痛程度	无显著性差异
Durand等[70]	文拉法辛	48	双盲，安慰剂对照	NRS、NPSI和奥沙利铂特异性神经毒性	根据NRS评分，文拉法辛组完全缓解更常见（31.3% vs. 5.3%，P＝0.03）

续表

作者	药物	患者例数	实验设计	主要终点	结果
Barton等[71]	外用BAK-PLO	208	双盲，安慰剂对照	EORTC QLQ-CIPN20为期4周	感觉神经病变（P=0.053）；运动神经病变（P=0.021）

注：^{a}与安慰剂相比，用BAK-PLO观察到感觉神经病变改善的趋势和运动神经病变的显著改善；BAK-PLO，普兰尼克卵磷脂有机凝胶中含巴氯芬10 mg、阿米替林40 mg、氯胺酮20 mg；BPI-SF，简明疼痛评估量表-简表；ENS，东部肿瘤协作组神经病变量表；EORTC QLQ-CIPN20，欧洲癌症研究和治疗组织20项生活质量-化疗诱发周围神经病变问卷；NRS，数字评定量表；NPSI，神经性疼痛症状表

其他用于治疗CIPN的药物已经在多个双盲、安慰剂对照试验中进行了研究，包括加巴喷丁和文拉法辛（表43.3）[69-70]。在一项关于加布喷丁（目标剂量为每日2700 mg）与安慰剂对比的Ⅲ期试验中，对数字评分量表上评分为4或以上的患者，或东部肿瘤协作组神经病变评分为1或以上的患者进行为期2周的洗脱期，然后交叉进入另一种治疗。两组之间症状严重程度的变化相似，本研究未表明加巴喷丁对CIPN治疗有任何益处。在一项小规模的研究中在奥沙利铂输注前1小时给予文拉法辛50 mg，第2～11天每天2次给予文拉法辛37.5 mg或给予安慰剂。主要终点是通过数字评定量表评估治疗时报告100%缓解患者的百分比，在文拉法辛组和安慰剂组中该终点分别达到31.3%和5.3%（P=0.03）。

在一项双盲、安慰剂对照试验中，将一种含有10 mg巴氯芬、40 mg阿米替林和20 mg氯胺酮（BAK-PLO）的复合凝胶，与同样的安慰剂凝胶进行比较[71]。主要终点为使用EORTC QLQ-CIPN20测量的感觉神经病变量表的变化，包括从基线到20周的感觉、运动和自主分量表。在感觉分量表（P=0.053）及运动分量表（P=0.021）中发现了改善的趋势。改善的症状包括手指和手掌上的刺痛与抽痛或灼痛，以及握笔的能力。两个治疗组之间的简化疼痛量表评分和CTCAE分级未发现显著性差异。

3 结论

历史上，NSCLC和SCLC患者放化疗的急性与慢性毒性不被认为具有临床相关性。因此，大多数关于神经毒性的频率和严重程度的数据来自回顾性的研究。然而，随着肺癌患者生存率的提高和治疗选择的增加，这些毒性的影响变得更加明显和具有相关性。这也导致了一些前瞻性评估神经毒性的临床试验的发展。许多放化疗试验正在研究可降低神经毒性风险的治疗药物或放射治疗技术。一些前瞻性研究已经研究出保护剂，并评估了其神经毒性对症治疗的效果。

（翟 静 李 菁 译）

主要参考文献

2. Eblan MJ, Corradetti MN, Lukens JN, et al. Brachial plexopathy in apical non-small cell lung cancer treated with definitive radiation: dosimetric analysis and clinical implications. *Int J Radiat Oncol Biol Phys*. 2013;85(1):175–181.
17. Okada S, Okeda R. Pathology of radiation myelopathy. *Neuropathology*. 2001;21(4):247–265.
30. Meyers CA, Smith JA, Bezjak A, et al. Neurocognitive function and progression in patients with brain metastases treated with whole-brain radiation and motexafin gadolinium: results of a randomized phase Ⅲ trial. *J Clin Oncol*. 2004;22(1):157–165.
37. Le Péchoux C, Laplanche A, Faivre-Finn C, et al. Clinical neurological outcome and quality of life among patients with limited small-cell cancer treated with two different doses of prophylactic cranial irradiation in the intergroup phase Ⅲ trial (PCI99-01, EORTC 22003-08004, RTOG 0212 and IFCT 99-01). *Ann Oncol*. 2011;22(5):1154–1163.
38. Gore EM, Bae K, Wong SJ, et al. Phase Ⅲ comparison of prophylactic cranial irradiation versus observation in patients with locally advanced non-small-cell lung cancer: primary analysis of radiation therapy oncology group study RTOG 0214. *J Clin Oncol*. 2011;29(3):272–278.
53. Loprinzi CL, Reeves BN, Dakhil SR, et al. Natural history of paclitaxel-associated acute pain syndrome: prospective cohort study NCCTG N08C1. *J Clin Oncol*. 2011;29(11):1472–1478.
68. Smith EM, Pang H, Cirrincione C, et al. Effect of duloxetine on pain, function, and quality of life among patients with chemotherapy-induced painful peripheral neuropathy: a randomized clinical trial. *JAMA*. 2013;309(13):1359–1367.
69. Rao RD, Michalak JC, Sloan JA, et al. Efficacy of gabapentin in the management of chemotherapy-induced peripheral neuropathy: a phase 3 randomized, double-blind, placebo-controlled, crossover trial (N00C3). *Cancer*. 2007;110(9):2110–2118.

获取完整的参考文献列表请扫描二维码。

第 44 章　非小细胞肺癌一线系统性治疗选择

Suresh S. Ramalingam, Rathi N. Pillai, Niels Reinmuth, Martin Reck

要点总结

- 鉴于新疗法不同的疗效和毒性，NSCLC的组织病理学是治疗决策中必不可少的。
- IASLC建议对所有肺腺癌患者进行*EGFR*突变和*ALK*重排检测。
- 对腺癌和鳞状细胞癌的进一步分子分型已经发现了许多新的驱动基因突变，这些突变正成为新疗法的潜在靶标。
- 铂两药联合化疗是晚期或转移性NSCLC患者的既定标准一线治疗。
- 铂类为基础的一线化疗持续时间应为4～6个周期。
- NSCLC患者的三联药物化疗不能提高生存率，而且通常会增加毒性。
- 根据前瞻性随机临床试验，*ERCC1*和*RRM1*尚未用作化疗疗效预测的生物标志物。
- 贝伐单抗已被批准与化疗联合用于晚期非鳞NSCLC患者的一线治疗，而NSCLC中的其他抗血管生成药物疗效欠佳。
- *EGFR*敏感突变的患者受益于EGFR酪氨酸激酶抑制剂的治疗。
- *ALK*重排的患者可以从克唑替尼等ALK抑制剂的治疗中明显获益。
- 对于肿瘤细胞PD-L1表达＞50%的患者，派姆单抗（一种免疫检查点抑制剂）优于铂类化疗。
- 老年晚期NSCLC患者可从联合化疗中受益，但选择合适的患者至关重要。
- 体力状态评分处于边缘的患者也可以从联合化疗中受益，但需要仔细考虑合并症。

大部分肺癌患者在诊断时即处于疾病的晚期，其总体治疗目标是缓解症状和改善生存率。放疗和手术等局部治疗方式的作用有限，主要用于症状控制，全身系统治疗仍然是晚期NSCLC的主要治疗方式。直到20世纪90年代末，无论组织学类型如何，晚期肺癌的治疗都遵循铂类联合疗法，没有其他可选择的药物用于进一步的治疗。通过引入所谓的第三代细胞毒性药物，NSCLC的治疗发生了变化，对于体力状态评分良好的患者，其总生存期提高至8个月左右。在过去的20年中，晚期患者的治疗模式已经从所有患者均使用全身化疗发展到现在的以组织学和分子分型为基础进行个体化治疗（图44.1），这源于对肺癌生物学机制的深入了解、新型药物的可获得性及对治疗有指导意义的生物标志物的关注日益加深[1]。尽管晚期NSCLC患者的治疗方法仍在不断摸索之中，但大部分患者已经可以长期生存并获得生活质量的改善。

1　NSCLC的预后因素

对于预后的评估是决定每名患者选择恰当治疗方法的重要因素。与预后相关的变量因素可以分为以下几类：与肿瘤相关的，如原发部位、组织学类型和疾病分期；与患者有关的，如体力状态评分、合并症和性别；与环境因素有关的，如营养状态、治疗方案的选择和完成情况。

1.1　临床因素

患者体力状态评分和合并症是最重要的预后因素，这些因素对于选择治疗方法至关重要。能够系统地确定合并症是预先选择合适的化疗方案并提供最佳支持治疗的重要组成部分。

除与癌症无关的合并症外，患者还具有与

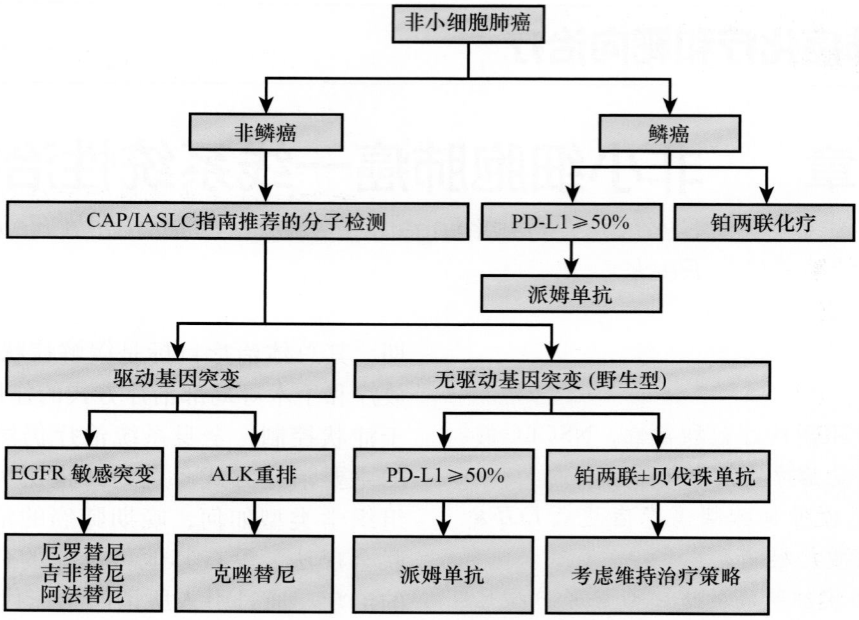

图44.1　原发性非小细胞肺癌的治疗流程

原发性肿瘤、纵隔扩散情况或副肿瘤综合征相关的并发症。此外，肺癌通常会产生一系列全身性反应，如厌食、体重减轻、虚弱和重度乏力。在IASLC的国际分期数据库中对12 428名NSCLC患者进行研究的数据表明，除临床分期外，体力状态评分、年龄和性别似乎是生存的独立预后因素[2]。对于晚期NSCLC患者，一些常规实验室检查（主要是白细胞计数和高钙血症）也被认为是重要的预后变量。如今，绝大多数肺癌病例都是在65岁以上的患者中诊断出来的[3]。确诊时的年龄是治疗决策中需要考虑的另一个重要因素。通常，年龄增长伴随着合并症的增多，这进一步限制了患者的治疗方案选择和预后情况。

1.2　种族

尽管肺癌是导致所有人群死亡的主要疾病，但近期研究发现不同种族之间确实存在一些差异，其中最明显的差异之一是非裔和亚裔肺癌发生的风险与生存率。如*EGFR*在不同种族之间的突变频率差异很大。虽然没有确立明确的联系，流行病学研究的重点集中在族群行为、文化和那些可能会影响疾病风险的社会经济因素[4]。各民族之间获得医疗服务的机会与水平也不尽相同，这大大制约了患者接受最佳治疗方案的可能性。

1.3　肿瘤分期

如TNM分期所述，疾病的解剖范围是NSCLC最重要的预后因素。2010年制定的第七版TNM分期即来源于对大宗数据库的分析，纳入了超过19个国家/地区包括46个来源的接受所有治疗方式的患者数据[5-6]。与既往相比，其中一个重要认知变化即合并胸外转移患者的预后结局要比仅局限于胸腔内转移的略差，即使是Ⅳ期患者也同样适用。因此根据是否存在胸外转移，将Ⅳ期分为M1a和M1b。同时还认识到存在恶性胸膜或心包积液预示着Ⅳ期疾病患者较差的预后。因此，在第七版中将有恶性积液从ⅢB期转移到Ⅳ期。

随着此国际数据库中新增患者的不断增加，TNM分期又有进一步的变化，并在第八版中呈现[7]。T分期在预后中的重要性不断提高，大于5 cm的肿瘤分期升级至T3，大于7 cm的肿瘤分期升级为T4。此外，同时为存在N3淋巴结转移和T3或T4原发性肿瘤的患者创建一个新的分期分组即ⅢC，以反映这些局部晚期肿瘤患者的预后较差。存在胸外器官单独转移病灶的患者被归类为M1b。寡转移灶的存在提示患者除接受全身治疗外还应考虑局部治疗。这些患者的生存预后与那些存在肺、胸膜或心包转移的M1a患者相似，并统一归类为ⅣA分期，而那些存在多处转移病灶的大多数患者将被视为M1c疾病，并将其归类为ⅣB期。

1.4 组织学

晚期NSCLC患者进行个性化治疗的第一步就是区别组织学的鳞癌与非鳞癌，因此肿瘤组织学的准确诊断已成为治疗决策中必不可少的环节，并影响后续治疗药物的选定。例如，在主要为鳞状细胞组织学的肺癌患者中使用抗血管内皮生长因子（VEGF）抗体贝伐单抗肺出血的风险更高。此外，细胞毒性药物培美曲塞在鳞状NSCLC患者中无效。因此，将NSCLC分为鳞状细胞癌、腺癌和大细胞癌等主要类别对于治疗决策至关重要。然而，NSCLC的组织学亚分类对于临床医生仍然是一个挑战，这是由于肿瘤在各个方面都存在异质性，包括大体病理、分子改变、影像学表现、临床表现及对全身治疗的反应等。最初的诊断性活检取材有限，不足以进行全面必要的检测以准确识别组织学和基因型，而诸如TTF-1、p63和p40等免疫染色的应用大大提高了组织学亚分类的准确性。

1.5 分子标志物

NSCLC患者通常携带许多关键基因如*p53*、*K-RAS*和*LKB-1*等基因突变，而这些突变与晚期患者的预后相关性仍在探索之中。某些分子标志物因具有预测价值而受到关注，如活化的*EGFR*突变同时具有预测和预后信息，与野生型*EGFR*相比，*EGFR*突变的患者总体上具有更好的结局，并且还将从EGFR靶向抑制剂中获得显著的临床获益。同样，部分早期证据表明，患有间变性淋巴瘤激酶（*ALK*）基因重排的患者在早期手术后复发的风险更高，而其接受培美曲塞治疗的临床获益更高。*K-Ras*突变在肺腺癌中的预后价值一直处于研究之中，较早的证据表明*K-Ras*突变患者化疗敏感性差同时预后欠佳，但近期的研究数据并未能证实这一点，而且合并*K-Ras*突变的患者似乎从EGFR抑制剂获益的可能性很小。随着分子检测的常态化应用，各种分子标志物的预后和预测潜力的研究数据必将在未来几年显著增加。

2 晚期NSCLC治疗

2.1 系统化疗

晚期NSCLC患者进行系统性全身化疗与最佳支持治疗相比可以延长生存期并缓解症状[8]。与其他实体瘤的治疗进展类似，在过去的几十年中NSCLC的临床前和临床研究都测试了多种细胞毒剂的功效，包括顺铂、异环磷酰胺、长春碱、长春地辛、依托泊苷和丝裂霉素C在内的单药治疗结果表明其抗肿瘤能力有限，疾病客观缓解率≤15%，中位缓解时间为2～3个月。然而这些治疗后完全缓解的情况很少，除顺铂外，它们对患者中位生存期的获益也不一致[9]。这些细胞毒性药物相对有限的功效和较大的毒性导致了多年以来关于将化学疗法应用于NSCLC的虚无主义学说。直至20世纪80年代中期开始，在NSCLC中评估了几种新的细胞毒性药物，如长春瑞滨、紫杉醇、多西他赛、伊立替康、吉西他滨和奥沙利铂，其疾控率可达20%～25%（表44.1）[10]。

表44.1 随机试验中与联合化疗相比单药的疗效

细胞毒药物	患者（例数）	反应率（%）	中位生存期（月）	参考文献（年）
长春瑞滨	206	14	7.2	Le Chevalier（1994）[11]
伊立替康	129	21	10.6	Negoro（2003）[12]
顺铂	206	17	8.1	Gatzemeier（2000）[13]
顺铂	262	11	7.6	Sandler（2000）[14]
顺铂	219	14	6.4	Von Pawel（2000）[15]
顺铂	209	12	6	Wozniak（1998）[16]
吉西他滨	84	20	6.7	Vansteenkiste（2001）[17]
吉西他滨	170	12	9	Sederholm（2002）[18]
多西他赛	152	22	8	Georgouilas（2004）[19]
紫杉醇	277	17	6.7	Lilenbaum（2005）[20]

修改自：Milton and Miller，Seminars in Oncology 2005[21]

同时对于NSCLC患者还评估了各种药物联合治疗的疗效，两项Meta分析显示两药联合与单一疗法相比具有明显的生存优势，但另一方面也观察到了血液学和非血液学毒性发生率的增加[22-23]。在各种联合治疗模式中，以铂类为基础的化疗与单药治疗相比可以带来更高的反应率和更长的生存期，但同时毒性作用也增加[8]。20世纪90年代初期鉴于解决化疗带来毒性作用的支持治疗手段有限，并且化疗的临床获益率不高，是否使用化疗这种方法治疗转移性NSCLC患者仍在争论中。

2.2 铂类化合物

铂类化合物进入细胞后可以与DNA结合形成加合物，最终导致依赖p53和不依赖p53的凋亡过程激活[24]。作为单一疗法，与其他药物相比顺铂具有明显的抗癌活性，反应率约为15%，中位生存期可达6～8个月[21]。为进一步提高全身治疗效果，几种联合疗法目前已被广泛应用（表44.2）。许多随机试验及Meta分析已提供科学可靠的证据，表明铂联合治疗可延长晚期NSCLC患者的生存期。1995年发表的一项Meta分析中使用了来自11项随机临床试验的1190例晚期NSCLC患者数据，2008年更新的结果表明接受含顺铂的化疗方案患者死亡风险与仅支持治疗相比降低了27%，1年生存率绝对值提高了10%（5%～15%）[8]。

表44.2 铂两联化疗方案的Ⅲ期研究结果

化疗方案	患者例数	反应率（%）	中位生存期	P	参考文献（年）
顺铂/长春地辛	200	19	7.4	0.04	Le Chevalier（1994）[11]
顺铂/长春瑞滨	206	30	9.2		
顺铂/长春瑞滨	202	28	8	NS	Kelly（2001）[25]
卡铂/紫杉醇	206	25	8		
卡铂/紫杉醇	201	32	9.9	NS	Scagliotti（2002）[26]
顺铂/长春瑞滨	201	30	9.5		
顺铂/吉西他滨	205	30	9.8		
顺铂/紫杉醇	305	21	7.8	NS	Schiller（2002）[27]
顺铂/吉西他滨	288	22	8.1		
顺铂/多西他赛	289	17	7.4		
卡铂/紫杉醇	290	17	8.1		
顺铂/长春瑞滨	404	25	10.1		Fossella（2003）[28]
顺铂/多西他赛	408	32	11.3	0.04[a]	
卡铂/多西他赛	406	24	9.4	NS[a]	
顺铂/长春地辛	151	21	9.6	0.01	Kubota（2004）[29]
顺铂/多西他赛	151	37	11.3		
顺铂/长春地辛	122	32	10.9	0.12	Negoro（2003）[12]
顺铂/伊立替康	129	44	11.5		

注：[a]与顺铂/长春瑞滨组比较；NS，不显著；修改自：Milton and Miller, Seminars in Oncology 2005[21]

与早期的联合方案如顺铂联合长春地辛或长春碱、顺铂联合丝裂霉素C与长春碱或长春地辛、顺铂联合依托泊苷相比，顺铂联合新型药物（即第三代药物如吉西他滨、紫杉烷类、长春瑞滨、拓扑异构酶Ⅰ抑制剂）似乎发挥更高的疗效和更好的耐受性。例如，几项研究均表明与铂类联合吉西他滨相比，顺铂联合异环磷酰胺和丝裂霉素[30]、顺铂联合长春地辛[31]或顺铂联合依托泊苷方案[32]的治疗反应率，无疾病进展时间和中位总生存期都要更差。吉西他滨联合铂类的血液学毒性特别是血小板减少较为明显，而经典治疗组的非血液学毒性更为常见[30-32]。此外，Le Chevalier等[33]研究显示，与顺铂-长春地辛相比，顺铂-长春瑞滨的应答率和生存期明显更高。

然而，不同的新型药物（吉西他滨、紫杉醇或长春瑞滨）与顺铂联用的疗效似乎并没有显著差异（表44.2）。例如，一项Ⅲ期研究（SWOG9509）未能在408例患者中证明卡铂-紫杉醇优于顺铂-长春瑞滨[25]。同样，意大利肺癌研究小组在612名初治的晚期NSCLC患者中未发现顺铂-吉西他滨、卡铂-紫杉醇和顺铂-长春瑞滨的疗效有显著差异[26]，但两项研究均表明不同方案之间在毒性方面存在差异。在一项包括1207名患者的大型研究中（ECOG1594），Schiller等[27]发现顺铂-紫杉醇、顺铂-吉西他滨，顺铂-多西他赛和卡铂-紫杉醇方案之间的疗效无显著差异（17%～22%），中位生存期（7.4～8.1个月）相当[27]。各个方案仅在毒性方面不同，顺铂-吉西他滨联合引起更多的血小板减少，顺铂-多西他赛组则导致更多的中性粒细胞减少，而卡铂-紫杉醇组的潜在致命毒性发生率最低。另一项Ⅲ期研究（TAX 326）将1218例患者随机分配接受顺铂-多西他赛联合治疗，卡铂-多西他赛或顺铂-长春瑞滨为对照。顺铂-多西他赛组治疗的患者有较高的缓解率（31.6% vs. 24.5%，$P=0.029$）和中位生存期（11.3个月 vs. 10.1个月，$P=0.044$）[28]。基于这些研究，铂类为基础的联合化疗是晚期或转移性NSCLC的标准治疗方法，并且在目前的联合方案中不同药物疗效无显著差异。

2.3 顺铂与卡铂对比

卡铂是另一种铂类衍生物，其半衰期较顺铂延长了10倍，由于与顺铂相比存在一定的结构差异，它在体外表现出较低的反应性和较慢的DNA结合动力学。在临床研究中，卡铂的非血液学毒性发生率明显少于顺铂，这使其成为姑息化疗更耐受的铂类药物。

许多研究都对顺铂与卡铂治疗晚期NSCLC的疗效进行了比较。Rosell等[34]发现顺铂-紫杉醇与卡铂-紫杉醇相比具有更高的生存率，而顺铂组非血液学毒性发生率较高，卡铂组的中性粒细胞减少症和血小板减少症发生率更高。而在TAX 326研究中，顺铂-多西他赛联合用药与卡铂-多西他赛联合用药的生存率相比无明显优势[28]。ECOG中1594研究注意到基于顺铂或者卡铂治疗组之间的生存期相似。然而，以卡铂为基础的治疗方案中非血液学毒性如恶心、呕吐、肾毒性和神经毒性的发生率较低[27]。在其他一些基于卡铂方案的小型研究中也观察到了这一现象[21]。

在一篇纳入了8项临床研究数据进行的Meta分析中显示，基于顺铂的化疗方案与基于卡铂的相比带来了更高的客观缓解率（OR为1.36，95%CI为1.15～1.61，$P=0.001$），但生存期无明显改善（HR为1.050，95%CI为0.907～1.216，$P=0.515$）[35]。在这项Meta分析中，将其中5项顺铂或卡铂与新药合用的试验进行了亚组分析，发现接受顺铂治疗患者的中位生存期明显升高（HR为1.106，95%CI为1.005～1.218，$P=0.039$）。这一结论在另一项纳入9个试验的2968名患者Meta分析中再次得到证实[36]。顺铂治疗的患者有更高的反应率（OR为1.37，95%CI为1.16～1.61，$P<0.001$）。此外，相对于接受卡铂治疗的患者，以顺铂为基础的化疗方案可以改善中位总生存期（9.1个月 vs. 8.4个月，HR为1.07，95%CI为0.99～1.15，$P=0.1$），这一差异在非鳞癌患者亚组（HR为1.12，95%CI为1.01～1.23）和接受第三代药物化疗的患者（HR为1.11，95%CI为1.01～1.21）中更为明显。然而，以顺铂为基础的化疗常伴有更严重的恶心、呕吐和肾毒性。以卡铂为基础的化疗患者中，严重的血小板减少更为常见[36]。因此，应根据最有可能产生最佳治疗效果的方案选择铂类化合物。近年来，有效止吐药的可及性提高了基于顺铂化疗方案的治疗效果。

2.4 晚期NSCLC三药治疗

为进一步提高晚期NSCLC患者的治疗效果，研究人员评估了三药疗法的可能性，这些研究结果一致表明，三药疗法与更高的毒性相关，部分具有更高的客观反应率，但与标准双药疗法相比，生存期的提高并没有统计学意义（表44.3）。例如，一项Ⅲ期研究对557名ⅢB/Ⅳ期NSCLC进行随机分配，比较接受顺铂-吉西他滨6个周期，顺铂-吉西他滨-长春瑞滨6个周期，或3个周期吉西他滨-长春瑞滨后进行3个周期的长春瑞滨-异环磷酰胺不同治疗模式的疗效[37]。结果显示非铂序贯双药疗法的应答率较差，而中位生存期或无疾病进展时间各组间未见差异，但三联方案的毒性明显更高。同样，近期一项Ⅱ期研究发现，双药（顺铂-吉西他滨或吉西他滨-长春瑞滨）和三药（顺铂-异环磷酰胺-吉西他滨或吉西他滨-异环磷酰胺-长春瑞滨）组合之间疗效的差异无统计学意义，三药治疗方案的3～4级白细胞减少症更为常见[38]。

表44.3 非小细胞肺癌双药与三药方案的比较

双药方案	三药方案	反应率（%）	3～4级中性粒细胞减少	3～4级血小板计数减少	3～4级恶心/呕吐
顺铂/吉西他滨[37]	顺铂/吉西他滨/异环磷酰胺	42 vs. 41	32 vs. 57	4 vs. 19	22 vs. 32
顺铂/吉西他滨或吉西他滨/长春瑞滨[38]	顺铂/异环磷酰胺/吉西他滨或吉西他滨/异环磷酰胺/长春瑞滨	29 vs. 28	36 vs. 44	16 vs. 20	8 vs. 7

在一篇系统性综述中，与标准双药疗法相比，第三代药物的三联疗法具有更高的反应率（OR

为1.33，95% CI为1.50～2.23，P＜0.001）[39]。然而，两组的中位生存期（MR为1.10，95%CI为0.91～1.35，P＝0.059）差异无统计学意义，三联疗法的3～4级血液学毒性、神经毒性和腹泻的发生率显著增加。基于这些结果，目前铂类为基础的双药化疗仍然是转移性NSCLC患者的标准一线治疗。

2.5 无铂方案对比铂为基础的化疗

在实际临床诊疗中，部分晚期NSCLC患者由于存在某些合并症如肾功能不全、体力状态评分（PS）较差或先前存在感觉神经病变等原因，并非接受铂类化疗的最佳候选人。因此，有些研究评估了两种新型化疗药物的组合是否更适合一线治疗。在一些较早的研究中，与不含铂类药物治疗的患者相比，铂类药物治疗的患者生存期更长[21, 40-41]。在最近的一项Ⅱ期研究中，纳入了433个ⅢB～Ⅳ期NSCLC患者，分别接受顺铂-吉西他滨、吉西他滨-长春瑞滨、顺铂-异环磷酰胺-吉西他滨或吉西他滨-异环磷酰胺-长春瑞滨方案治疗[38]。与其他治疗组相比铂类疗法的总生存期显著延长（11.3个月 vs. 9.7个月，P＝0.044），但这也带来了3～4级毒性反应的发生率增高。在一篇包含了随机Ⅱ期和Ⅲ期研究数据进行的Meta分析中，D' Addario等[42]观察到铂联合组的1年生存率比非铂疗法明显升高（34% vs. 29%，OR为1.21，95%CI为1.09～1.35，P＝0.0003）。但是，当排除单药研究数据并且仅将基于铂的疗法与基于第三代药物的联合疗法进行比较时，并没有发现统计学上的显著差异（1年生存率铂联合方案为36%，非铂方案为35%）。在最新的一项纳入了4920例患者随机对照试验研究数据的系统评价中，与非铂方案相比，基于顺铂的双药治疗方案与更高的1年生存率相关（HR为1.16，95%CI为1.06～1.27，P＝0.001），但贫血、中性粒细胞减少、神经毒性和恶心的风险明显增加[43]。而与非铂双药方案相比，基于卡铂的双药治疗方案具有相似的1年生存率（HR为0.95，95%CI为0.85～1.07，P＝0.43）。综上所述，非铂方案在NSCLC患者治疗中并没有确切地位，仅适用于不适合或者不耐受铂类药物治疗的患者。

2.6 化疗持续时间

常用的NSCLC化疗方案以3或4周为周期进行治疗，建议每2～3个周期进行影像学检查以评估疗效。对于达到客观有效或疾病稳定的患者，治疗周期数是目前研究的重点。Socinski等[44]将晚期NSCLC患者随机分配至卡铂和紫杉醇联合治疗4个周期组或持续治疗直至疾病进展组。然而，两个治疗组实际的中位化疗周期数都是4个。化疗周期数目的延长并没有显著改善患者总生存期，但毒性反应的发生在超过4个周期的持续治疗组中更为普遍。Smith等[45]的另一项研究将3个化疗周期与6个化疗周期进行了比较，也发现后者的总生存期无改善。在一项纳入了13个随机对照试验的系统性Meta分析[46]中，3027例接受一线（主要为铂类）化疗3～4个周期的患者与同一化疗方案持续6周期或直至疾病进展的患者相比，延长化疗可以显著改善无进展生存期（progression-free survival，PFS）（HR为0.75，95%CI为0.69～0.81，P＜0.000 01），与标准疗程相比，持续治疗组的死亡危险降低虽然统计学上有差异，但实际临床数据仅轻度降低（HR为0.92，95%CI为0.85～0.99，P＝0.03）。此外，延长化疗周期数与更高的毒性发生率及生活质量减低有关。这些发现在最近发表的一项系统评价和Meta分析中得到了证实，文章比较了铂类化疗6个周期与较少周期的疗效，要求纳入研究具有可用于分析的单个患者数据[47]。尽管在4项符合条件的研究中共计1139例患者的（progression-free survival，PFS）有所改善（HR为0.79，95%CI为0.68～0.90，P＝0.0007），但接受6个周期铂类化疗的患者总生存期并没有获益（9.54个月 vs. 8.68个月，HR为0.94，95%CI为0.83～1.07，P＝0.33）。这一结果独立于组织学、性别、体力状态评分和年龄。因此，大多数指南建议以铂类为基础的一线化疗周期数限制为4～6个，且首选考虑诱导维持疗法。

2.7 维持治疗

在结束一线或诱导化疗4～6个周期后，约2/3的患者疾病进入稳定期。一线铂类联合治疗方案持续超过4～6个周期会导致毒性增加，生活质量降低，并没有带来生存期的获益[44, 46]。因此，标准的治疗方法是在结束一线化疗后且疾病稳定时停止治疗，并进行密切的临床和影像学随访，直至检测到疾病进展时开始二线治疗。初始治疗达到最大反应后，通常选择这种“等待和观察”的方法。但“药物休假”往往会带来患者对疾病复发或进展的焦虑及对临床恶化和无法接受后续治疗的担忧。

随着具有良好耐受性和低毒性特征的有效新型细胞毒性药物和分子靶向药物的广泛应用，产生了维持治疗的概念，其目的是在完成一线治疗后维持或改善疾病负担。维持疗法应用于对治疗方案有反应或至少稳定的患者，可以采用其他化合物（换药维持）或继续诱导方案的一种药物（持续维持）[48]。维持治疗的作用将在第46章中进行讨论。

3 组织学类型在NSCLC治疗中的重要性

NSCLC包括许多组织学亚型：腺癌、鳞状细胞癌和大细胞癌均具有不同的临床行为。若干年前，所有NSCLC的组织学亚型都采用相似的治疗方案进行化疗，尽管已经认识到不同组织学亚型的疾病转移部位、总生存期和吸烟行为具有明显差异，但仍然没有充分的理由使用组织学来区别选择全身治疗方案。随着新型药物的不断涌现，人们观察到基于组织学的不同毒性和疗效，并由此逐渐认识到区分NSCLC组织学的重要性。该效应首先在一项贝伐单抗的Ⅱ期研究中被证实，该研究发现贝伐单抗肺出血的风险主要在鳞癌患者中出现[49]。随后贝伐单抗仅限应用于非鳞癌患者。其他几种抗血管生成剂用于鳞癌患者的研究同样显示出显著增高的出血风险。

培美曲塞是第一种在组织学和疗效之间显示出明显相关性的细胞毒类药物，Scagliotti等[1]针对所有晚期NSCLC患者开展了一项比较顺铂和培美曲塞与顺铂和吉西他滨联合方案疗效的Ⅲ期研究，纳入约1700名患者，其总生存期和无进展生存期相似。预先设定的亚组分析中显示非鳞癌患者使用顺铂-培美曲塞治疗的生存率显著提高（11.8个月 vs. 10.4个月）。相反，在鳞癌患者中顺铂-吉西他滨方案疗效更优。根据这项研究及其他培美曲塞研究的类似结果，认为该药物不适合治疗肺鳞状细胞癌。

相反，白蛋白紫杉醇（白蛋白结合的紫杉醇制剂）对于鳞状细胞癌患者疗效优于非鳞癌。在一项Ⅲ期研究中，将每周1次的白蛋白紫杉醇联合卡铂与每3周给予标准紫杉醇和卡铂方案进行比较，发现两种方案的总生存期相当[50]。但白蛋白紫杉醇方案对所有患者的缓解率均较高（32% vs. 25%），特别是鳞状细胞癌患者的缓解率更高（缓解率比值为1.6890，95%CI为1.271～2.221，$P<0.001$），而非鳞癌患者的客观缓解率（ORR）在两种方案之间没有区别（白蛋白紫杉醇为26%，普通紫杉醇为25%，$P=0.808$）。白蛋白紫杉醇被FDA批准联合卡铂治疗晚期NSCLC，它的优点是不需要紫杉醇标准制剂所需的预防性药物，并且与紫杉醇相比，其3～4级神经病变的发生率较低。培美曲塞和白蛋白紫杉醇这种组织学与疗效之间相关性背后的生物学原因尚不清楚，有些探索性假设将在本章的后续部分中陆续探讨。

4 老年患者的治疗

在美国，确诊肺癌的患者中年龄超过65岁的患者占2/3，且确诊时中位年龄大于70岁。此外，近15%的患者在诊断时年龄超过80岁[51]。众所周知，衰老会改变人体许多正常生理功能，尤其是肾脏和造血功能，从而影响化疗耐受性和毒性[51]。与年轻人相比，老年患者常有更多的合并症，需要服用一些治疗其他疾病的药物，因此可能会干扰抗癌药物的药代动力学[52-54]。临床上常采用Charlson合并症指数[55]或更详细的老年病累积量表[56]对合并症进行评估。在2003—2008年的退伍军人事务中央癌症登记处共有20 511名NSCLC患者，随着年龄的增长，接受指南推荐化疗方案的患者百分比逐渐下降[57]。美国SEER-Medicare数据库分析显示，只有约25%的老年患者接受了全身化疗[58]。在接受化疗的患者中只有不到25%接受了含铂疗法。

直到现在，老年患者进行化疗的大多数指南建议都来自针对所有年龄段患者的临床试验中所包括的老年患者预后子集分析，而这些研究中的老年患者很可能是根据体力状态评分被高度选择的，因此可能无法代表“一般”的老年患者群体。此外，关于老年患者的定义在不同的研究中也存在很大差异，较早期的研究将年龄大于65岁定义为老年患者，而在最近的试验中老年患者定义为大于70岁。另一个值得注意的是，在一般肺癌人群中许多研究都限制了年龄小于75岁的患者纳入。因此，应综合可用研究数据、患者个人意愿、合并症和分子分型等因素对老年患者做出治疗决策。

一项专门评估化疗对老年患者疗效的Ⅲ期临床研究（ELVIS研究）证明了长春瑞滨优于最佳支持治疗[59]。尽管由于该研究入组缓慢并且由于未满足必要样本量而提早结束，但在已有的研究数据中仍然观察到生存期的提高。这是肺癌中首个针对老年患者的研究，明确了化疗在晚期疾病中的作用。随后，一项比较吉西他滨联合长春瑞滨应用与单药分别应用的研究表明，吉西他滨与长春瑞滨联合治疗组并没有临床获益优势[60]。这些研究结论导致目前仍采用单药化疗作为老年肺癌患者的标准治疗方法。

近期联合化疗方案的疗效在老年患者中不断被证实。许多随机试验的亚组分析表明，参加临床试验的老年患者结局与年轻患者相似[61-63]。Lilenbaum等[20]报道的一项研究中，与紫杉醇单药治疗相比，卡铂联合紫杉醇方案的反应率和生存期均增加，但没有达到统计学差异。在70岁以上的亚组分析中，联合治疗与单药治疗相比获益相似，并且老年患者和年轻患者的卡铂-紫杉醇联合治疗组的生存获益无显著差异。但是，对两项SWOG试验结果的合并综合分析显示，与年轻患者相比接受铂类联合化疗的老年患者（70岁以上）其生存期较短（7个月 vs. 9个月，$P=0.04$），并且3～5级中性粒细胞减少症的发生频率更高[64]。

大多数研究均表明老年患者接受更积极的治疗方案在一定程度上显示出生存益获益（表44.4）[52]。Quoix等[65]最近报道了一项Ⅲ期研究，纳入451名年龄在70～89岁的WHO体力状态评分为0～2的局部晚期或转移性NSCLC患者，比较接受4个疗程的卡铂/紫杉醇和5个疗程的长春瑞滨或吉西他滨单药治疗疗效[65]。二线治疗两组均为厄洛替尼。研究人群的平均年龄为77岁，双药化疗的中位总生存期显著延长（10.3个月 vs. 6.2个月，HR为0.64，95%CI为0.52～0.78，$P<0.0001$）。联合治疗组具有更多的血液学和非血液学毒性，包括中性粒细胞减少症（48.4% vs. 12.4%）和乏力（10.3% vs. 5.8%）。这是针对老年患者的首个前瞻性研究，结果显示联合化疗有助于老年患者的生存。值得注意的是，该研究方案采用的是紫杉醇每周疗法联合每4周一次的卡铂，与标准的3周方案相比，其耐受性稍好。从这些累积证据中可以看出，具有良好体力状态的老年患者是铂化疗的合适人选。同样，对粒细胞集落刺激因子进行初步预防可能适用于老年患者的某些联合治疗方案[66]。考虑到顺铂对老年患者肾脏和其他器官潜在的不利影响，针对晚期NSCLC老年患者可以首选以卡铂为基础的治疗方案。而对于体力状态评分欠佳的患者，单药治疗可能是合适的[67]。总之需要权衡可能的临床获益和风险，在与患者充分沟通的基础上进行治疗方案的抉择。

表44.4 晚期非小细胞肺癌老年患者Ⅲ期研究数据

作者（年）	患者例数	中位年龄（岁）	药物	反应率（%）	中位生存期（月）	1年生存率（%）	*P*
ELVIS（1999）[59]	76	74	长春瑞滨	19.7	6.5	32	0.03
	85		BSC	—	4.9	14	
Frasci（2000）[68]	60	74	长春瑞滨	22	7	13	<0.01
	60		吉西他滨+长春瑞滨	15	4.5	30	
Gridelli（2003）[60]	700	74	长春瑞滨	21	8.5	42	NS
			吉西他滨	16	6.5	28	
			吉西他滨+长春瑞滨	18.1	7.4	34	

续表

作者（年）	患者例数	中位年龄（岁）	药物	反应率（%）	中位生存期（月）	1年生存率（%）	P
Kudoh（2006）[69]	182	76	长春瑞滨	9.9	9.9	NR	NS
			多西他赛	22.7	14	NR	
Quoix（2011）[65]	226	77	长春瑞滨或吉西他滨	10	6.2	25.4	0.0004
	225		卡铂＋紫杉醇周疗	27	10.3	44.5	

注：BSC，最佳支持治疗；NR，未报道；NS，无显著性；改编自：Quoix等[52]

5 低体力状态评分患者的治疗

患者的体力状态评分（PS）是肺癌重要的预后指标。ECOG-PS为2分时也称为“边缘PS”或“不良因素”，定义为“清醒时间50%以上时能够生活自理，自由走动，但无法进行任何工作活动”[70]。PS的评估是主观的，医生评估患者的状态与患者自我评估之间常不一致[71]。医生通常会高估患者的体力状态。

对体力评分为0～2分的晚期NSCLC患者进行一系列临床研究子集分析显示，PS为2分的患者生存期普遍较短[65, 72-73]。一些研究汇总了PS为2分的老年患者，其年龄界定为超过70岁。尽管PS下降常与肺癌的高肿瘤负荷有关，但还应与由于合并症导致的PS降低进行区分。迄今为止，针对老年患者的研究还没有充分区分这一点，因此这就使得很难为PS不良的患者推荐积极的治疗方法。近年来，针对PS较差的患者专门进行了相关研究。CALGB研究前瞻性亚组分析纳入PS不良的患者，结果显示对于PS为2分的患者，卡铂与紫杉醇联合方案优于紫杉醇单药（中位总生存期：4.7个月 vs. 2.4个月）[20]。在另一项针对PS较差患者进行的临床研究中，卡铂和紫杉醇联合方案优于单药联合厄洛替尼治疗（9.7个月对比厄洛替尼联合治疗的6.5个月）[20, 74]。最近一项晚期NSCLC患者Ⅲ期试验中将PS为2分的患者随机分配至卡铂-培美曲塞联合组或培美曲塞单药治疗组[75]。PS评分由主治医生确定，并由研究中心的另一位医生验证，结果显示联合治疗组无论是在统计学还是临床上都有显著改善，反应率提高了1倍（23.8% vs. 10.3%，P=0.032），无进展生存期（5.8个 月vs. 2.8个 月，HR为0.46，95%CI为0.35～0.63，P＜0.001）和总生存期（9.3个月vs. 5.3个 月，HR为0.62，95%CI为0.46～0.83，P=0.001）。但联合用药组的毒性发生率也更高，治疗相关的死亡也更多（3.9% vs. 0）。这是第一项证明铂联合治疗对PS不良患者有益的前瞻性研究。未来的试验应解决合并症与肿瘤疾病负荷之间的关系，这是导致患者PS下降背后的原因，这也关系到联合疗法的预后。

结合上述最新的研究数据，肿瘤负荷较重并且PS评分较差的患者也可能会接受联合治疗，与任何临床抉择一样，晚期NSCLC患者选择姑息性化疗的整个过程中治疗选择权始终取决于患者的意愿和医生的判断。强烈建议即使在PS较差的患者中也要进行分子检测，因为在特定的患者中使用适当的靶向治疗可产生明确的疗效并改善身体机能[76]。

6 选择化疗方案的生物标志物

一直以来，使用生物标志物选择合适的化疗方案是临床研究的重点，与正常细胞相比，肺癌细胞的DNA修复机制相对欠缺，这使得它们对细胞毒性化疗药物的DNA损伤作用更加敏感[77]。体细胞切除修复交叉互补基因-1（excision repair cross-complementing gene 1，*ERCC1*）已被评估为铂类药物治疗疗效的预后和预测生物标志物。核糖核苷酸还原酶M1（ribonucleotide reductase M1，*RRM1*）是核糖核苷酸还原酶的催化亚基，可在DNA合成中将核糖核苷二磷酸转化为脱氧核糖核苷[78]。RRM1是吉西他滨的主要作用靶点，因此将其作为吉西他滨疗效的预测生物标志物进行相关研究。

曾有一项随机Ⅲ期研究，设计以利用*ERCC1*表达量对NSCLC的治疗方案进行个性化选择[79]。研究假设用非铂方案治疗*ERCC1*过表达的肿瘤患者并用含铂方案治疗*ERCC1*表达降低的患者。随机分配的患者中，有82.4%的患者可提供足够的组织样本用于*ERCC1*的mRNA表达分析，然后将444例ⅢB或Ⅳ期NSCLC患者按2∶1的比例随机分配到基因型组，即根据*ERCC1*的状态对其进行治疗（*ERCC1*低的患者接受顺铂联合多西他赛，*ERCC1*高的患者使用吉西他滨和多西他赛），对照组所有患者均接受顺铂和多西他赛。该研究达到了其主要终点，基因型组的反应率为50.7%，而对照组为39.3%（$P=0.02$）。但基因型组的生存期并没有显著改善，这大大限制了*ERCC1*作为预测性生物标志物的实用性。在另一项最近发表的Ⅲ期研究中，根据ERCC1和RRM1的表达对初治晚期NSCLC患者进行方案选择。通过基于免疫组化的自动定量分析技术（an automated quantitative analysis，AQUA）确定ERCC1和RRM1的表达量[80]。在275名符合标准的入组患者中，有183名被随机分配到实验组，92名患者在对照组。两组患者的主要研究终点无进展生存期，次要研究终点OS或反应率均无显著差异（实验组为11个月和36.5%，对照组为11.3个月和38.8%，生存期*P*值为0.66）。除了这些令人失望的研究结果外，最近还发现了用于检测ERCC1表达的抗体存在敏感性问题[81]。

培美曲塞通过抑制胸苷酸合成酶（thymidylate synthase，TS）、二氢叶酸还原酶和甘氨酰胺核糖核苷酸甲酰基转移酶发挥抗癌作用[82]。TS是一种将脱氧尿苷酸转化为脱氧胸苷酸的酶，为DNA合成所必需。由于TS是培美曲塞的主要靶点，理论上低水平的TS表达可预测其对培美曲塞治疗的反应率增加。在一项纳入56例NSCLC患者的研究中，鳞癌患者TS的mRNA和蛋白水平更高[83]。因此，TS水平可以部分解释与腺癌相比鳞癌患者对培美曲塞存在一定的抗药性，但确切机制尚待证实。

紫杉类药物与β-微管蛋白结合使微管稳定化，进而导致细胞凋亡。细胞系实验已经证实高水平β-微管蛋白与多西他赛和紫杉醇治疗耐药相关[84]。有研究表明接受紫杉醇（47例）或非紫杉类方案（44例）治疗的91例晚期NSCLC患者中，通过免疫组化（immunohistochemistry，IHC）检测确定的Ⅲ类β-微管蛋白低表达的患者接受紫杉醇治疗可明显改善缓解率、无进展生存期和OS[85]。在一篇纳入10项研究共552例接受紫杉醇或长春瑞滨治疗的Meta分析中，Ⅲ类β-微管蛋白的表达降低与OS延长相关（HR为1.40，$P<0.000\ 01$）[86]。但这些结果尚未在前瞻性研究中得到证实，因此β-微管蛋白作为紫杉醇类药物的疗效预测作用仍未得到确切证实。

7 靶向药物与铂化疗联合应用

近年来，随着分子靶向药物的发展，许多研究开始将这些新型化合物与铂化疗联合应用于晚期NSCLC的一线治疗，尽管这些研究的临床前试验已经证实药物之间的确存在超加性或协同作用，但这些临床研究中的绝大多数未能证明在标准化疗方案中添加靶向药物后生存期得到改善。这些研究通常在未选择的患者中进行，后续也没有对预测性生物标志物进行探索。直到近期，一些新型联合药物的临床研究将关注那些可能取得临床获益的患者人群。第一个证明生存获益的联合策略是将贝伐单抗（抗VEGF的单克隆抗体）添加到标准化疗中。

8 抗血管生成治疗

目前，已经普遍认识到肿瘤组织不断增殖超出一定的体积后就必须要有新的血液供应[87-88]。因此，大多数实体瘤需要新生血管才能维持持续生长和转移，这一过程通过诱导现有脉管系统中的内皮细胞出芽而实现（血管新生）[87, 89-90]。单克隆抗VEGF抗体贝伐单抗可以阻断VEGF与其高亲和力受体相结合，是首个完成临床研发的血管生成抑制剂，也是目前唯一获批用于治疗肺癌的抗血管生成制剂。

在一项纳入99例未选择NSCLC患者的Ⅱ期临床研究中，与标准化疗对照组相比，卡铂和紫杉醇联合贝伐单抗（15 mg/kg）治疗的患者疾控率（31.5% vs. 18.8%）、中位无进展生存期（7.4个月vs. 4.2个月）和总生存期（17.7个月vs. 14.9个月）均有所增加[49]。但接受贝伐单抗治疗的患者中有9%经历了危及生命的肺出血（pulmonary hemorrhage，PH），对这4名患者来说是致命的。

由于大多数咯血患者为鳞癌、合并肿瘤空洞化或者疾病位置靠近主要大血管，因此这些临床情况在随后的研究中被排除在外。

两项大型临床研究均表明贝伐单抗联合含铂方案化疗对晚期非鳞NSCLC患者有确切疗效，因此FDA批准了该药物的应用（表44.5）[91-92]。在ECOG 4599研究中，接受15 mg/kg贝伐单抗加卡铂和紫杉醇治疗的NSCLC患者与单纯化疗组相比取得了明确的临床获益（无进展生存期的HR为0.66，中位无进展生存期为6.2个月vs. 4.5个月；OS的HR为0.79，中位OS为12.3个月vs. 10.3个月）[91]。这些结果在另一项大型Ⅲ期临床研究中得到了部分证实，该试验中NSCLC患者通过添加小剂量贝伐单抗［7.5 mg/kg，HR为0.75（0.64～0.87），$P=0.0003$］或添加大剂量贝伐单抗［15 mg/kg，HR为0.85（0.73～1.00），$P=0.0456$］到顺铂和吉西他滨的标准化疗中改善了无进展生存期[92]。然而，在这一研究中观察到贝伐单抗对无进展生存期的净增幅相对较小，更重要的是OS没有改善（7.5 mg/kg组：HR为0.93，95%CI为0.78～1.11，$P=0.42$；15 mg/kg组：HR为1.03，95%CI为0.86～1.23，$P=0.761$）[93]。基于这些初治NSCLC患者的Ⅲ期研究结果，贝伐单抗已被批准与含铂化疗联合治疗晚期NSCLC，但不包括鳞状细胞组织学为主的患者。

表44.5 贝伐单抗联合铂两联化疗的Ⅲ期研究比较

	ECOG 4599[79]	AVAiL[92-93]
方案	卡铂/紫杉醇/± 贝伐单抗	卡铂/吉西他滨/± 贝伐单抗
贝伐单抗剂量	15 mg/kg	低剂量：7.5 mg/kg 高剂量：15 mg/kg
反应率	35% vs. 15%	34%（低）vs. 30%（高）vs. 20%
中位无进展生存期	6.2个月vs. 4.5个月	6.7个月（低）vs. 6.5个月（高）vs. 6.1个月
中位总生存期	12.3个月vs. 10.3个月	13.6个月（低）vs. 13.4个月（高）vs. 13.1个月
死亡风险比	0.79（95%CI，0.67～0.92），$P=0.003$	0.93（95%CI，0.78～1.11），$P=0.42$（低） 1.03（95%CI，0.86～1.23），$P=0.76$（高）

贝伐单抗和其他抗血管生成药物可以导致≥3级或致命（5级）肺出血，虽然发生的风险较低但确实具有显著相关性。两项Meta分析均发现与单纯化疗相比，贝伐单抗联合化疗用于治疗多种肿瘤类型时其严重和致命出血事件的发生率以及与治疗相关的死亡率显著增加[94-95]。由于潜在的疾病特征，NSCLC患者的肺出血风险更为显著，有研究表明在877例肺癌患者中有16%发生了非威胁生命的出血[96]。致命出血的发生率约为3%。严重肺出血的发生与鳞状细胞癌、肿瘤空洞化和合并支气管（相对于外周）侵犯相关[96]。最近，相关专家小组建议患有鳞状组织学和（或）有≥2级咯血病史（每次事件≥2.5 mL）的患者不应接受贝伐单抗治疗[97]。然而，在接受了贝伐单抗治疗的患者中并没有发现临床或放射学特征（包括空洞化和肿瘤中心位置）能够可靠地预测严重肺出血的发生。大血管浸润和支气管血管浸润、包裹和邻接都可能增加肺出血的风险。然而，目前尚未建立用于定义浸润的影像学诊断标准。虽然在所有这些研究中，标准化疗结束后的患者均接受贝伐单抗维持治疗，但迄今为止在这些大型NSCLC临床试验中这种维持治疗模式获益与否还需要前瞻性研究来进一步明确。

9 其他抗血管生成药物

贝伐单抗在NSCLC患者中取得的成功促使其他几种抗血管生成药物先后在这一领域进行了相关研究，许多小分子酪氨酸激酶抑制剂（TKI）已经在晚期NSCLC患者中进行多项临床研究评估其疗效。这些药物的共同特征是被抑制的受体不限于VEGF受体（VEGFR），还包括多种其他生长因子和信号传导途径。尽管理论上认为更广泛的受体抑制活性可能会提高治疗效果，但其不良反应范围同时随之扩大，并且其靶向抑制VEGFR的疗效相关性很难被证实。迄今为止，这类药物均未在随机研究中显示出生存获益。许多接受多靶点TKI单药治疗经治NSCLC患者的Ⅱ期研究显示，其反应率为7%～10%，中位进展时间为2.4～5.8个月。近期报道了多项评估二线、三线和（或）四线应用多激酶抗血管生成TKI如舒尼替尼（与厄洛替尼联用）[98]、凡德他尼（与多西他赛或培美曲塞联合使用）[99-100]和索拉非尼单药治疗[101]的Ⅲ期临床研究。这些试验的结果大多不尽如人意，尽管反应率和无进展生存期有所改善，但在大多数试验中这些抗血管生成TKI对总生存期没有影响。此外，还有一些新的Ⅲ期试验正在进行中，用以评估那些已经在Ⅱ期研究中被证实有抗癌活性的药物如培唑帕尼和阿帕替尼[102]。

最近一篇纳入15项随机对照研究的Meta分析证实，在晚期NSCLC中多靶点抗血管生成TKI（凡德他尼、舒尼替尼、西地尼布、索拉非尼和莫替沙尼）的应用，无论是与化疗联合还是单药治疗，与对照组相比无进展生存期显著延长（HR为0.824，95%CI为0.759～0.895，P＜0.001），并且反应率更高（OR为1.27，95%CI为1.13～1.42，P＜0.0001）[103]。然而，总生存期并无统计学差异（HR为0.962，95%CI为0.912～1.015，P＝0.157）。其他正在研发的VEGFR抑制剂包括培唑帕尼、阿帕替尼和尼达尼布。

目前有两项Ⅲ期临床实验（LUME-Lung 1和2）用于研究尼达尼布，该药靶向抑制VEGF、PDGF和FGF受体。一线化疗失败的1314例ⅢB～Ⅳ期NSCLC患者随机分配接受多西他赛联合或不联合尼达尼布（LUME-1）治疗[104-105]。结果显示，尼达尼布的应用可以显著改善主要研究终点无进展生存期（3.4个月vs. 2.7个月，HR为0.79，95% CI为0.68～0.92，P＝0.0019），而总生存期无统计学差异（10.1个月vs. 9.1个月，HR为0.94，95%CI为0.83～1.05，P＝0.2720）。但在预先确定的亚组分析中腺癌患者的无进展生存期（4.0个月vs. 2.8个月，HR为0.77，95%CI为0.62～0.96，P＝0.0193）和总生存期（12.6个月vs. 10.3个月，HR为0.83，95%CI为0.70～0.99，P＝0.0359）延长均有明确的统计学意义。此外，尼达尼布联合多西他赛组的疾病控制率显著提高（腺癌60.2% vs. 44%，OR为1.93，P＜0.0001；鳞癌49.3% vs. 35.5%，OR为1.78，P＜0.0009）。这一结论在另一项Ⅲ期临床试验中再次得到了证实，该研究纳入的为晚期或复发性非鳞NSCLC患者，评估其一线化疗进展后应用培美曲塞联合或不联合尼达尼布的临床疗效（LUME-2）[106]。尽管在招募1300名预期患者中的713名后停止试验，但仍达到了主要研究终点，尼达尼布联合培美曲塞治疗的无进展生存期明显延长（4.4个月vs. 3.6个月，HR为0.83，95%CI为0.70～0.99，P＝0.0435）。总之，LUME-1研究是首个在预设亚组中证实化疗联合多靶点TKI带来生存获益的Ⅲ期研究。

雷莫芦单抗是一种单克隆抗体，可以与VEGFR-2结合进而阻断其与配体的结合和下游信号通路的激活。一项Ⅲ期研究（REVEL）评估了在铂类药物治疗失败后（1253名包括鳞癌在内的NSCLC患者）应用雷莫芦单抗联合多西他赛作为二线治疗的疗效[107]。研究结果发现，在多西他赛中加入雷莫芦单抗可以使中位总生存期（10.5个月vs. 9.1个月，HR为0.86，95%CI为0.75～0.98，P＝0.023）和无进展生存期（4.5个月vs. 3.0个月，HR为0.76，95%CI为0.68～0.86，P＜0.0001）显著延长。雷莫芦单抗的主要毒性是中性粒细胞减少症、中性粒细胞减少性发热、疲劳、白细胞减少症和高血压。目前，多西他赛与雷莫芦单抗联合治疗方案已获美国FDA批准用于晚期NSCLC的二线治疗。阿柏西普是人血管内皮生长因子胞外区结合域与人免疫球蛋白G1（immunoglobulin G1，IgG1）的恒定区（constant region，Fc）重组形成的融合蛋白。NSCLC患者在二线多西他赛治疗中加用阿柏西普可以改善疾病控制率，但总生存期并没有得到延长[108]。在肺癌中还研究了那些可以破坏现有肿瘤脉管系统的血管破坏剂的疗效，但都没有取得太大的成功[109]。目前，在NSCLC中尚无可靠的生物标志物用以选择抗血管生成药物。这无疑限制了这些药物在临床中的使用。

10 表皮生长因子阻滞在NSCLC的应用

10.1 表皮生长因子酪氨酸激酶抑制剂

EGFR是跨膜酪氨酸激酶受体ErbB家族的成员，可以与其配体如表皮生长因子结合。配体结合后，该受体与ErbB家族的另一个成员发生同源或异源二聚化从而激活下游信号级联反应导致细胞增殖和存活[110]。包括NSCLC在内的许多癌症均存在异常的EGFR信号传导，这导致针对EGFR信号通路阻断治疗的不断探索。吉非替尼和厄洛替尼是在NSCLC中具有抗癌活性的小分子EGFR-TKI，特别是在携带EGFR活化突变的患者中疗效确切。

首先在未选择的NSCLC患者中进行了EGFR-TKI二线和三线疗效研究。在BR.21研究中发现厄洛替尼可以使经治的转移性肺癌患者受益[111]。吉非替尼的Ⅱ期初始研究也在未选择的患者中进行，观察到缓解率为10%～19%。后续研究发现在女性、不吸烟者、亚裔和腺癌患者中应用该药物的临床获益率更大。这些表面的生物学现象其原理随着2004年*EGFR*突变的发现而得以揭示[100-101]。对EGFR-TKI产生明确效果的患者大多在*EGFR*基因酪氨酸激酶结合处存在活化突变，这种激活突变主要位于19和21外显子上的两个"热点"。激活突变的发生率在接受EGFR-TKI应答率高的患者亚群中更为常见。在这一具有里程碑意义的发现后，许多Ⅱ期研究仅纳入*EGFR*突变患者，吉非替尼或厄洛替尼治疗的应答率可达50%～80%，中位无进展生存期为8～12个月。

在明确*EGFR*活化突变之前进行的Ⅲ期研究，将厄洛替尼和吉非替尼与标准化疗联合应用于晚期NSCLC的一线治疗。这些研究均未显示总生存期的获益[112-115]。随后的试验在入组阶段即选择那些可能受益于EGFR-TKI单独治疗或与化疗联合应用的患者。CALGB在从未吸烟晚期NSCLC患者中进行了一项随机Ⅱ期研究[116]。评估厄洛替尼单独应用或与卡铂和紫杉醇联合使用的疗效，两个治疗组中整体患者疗效没有差异。但在40%*EGFR*突变患者中反应率和总生存期显著高于*EGFR*野生型患者。没有证据表明对于携带*EGFR*突变的患者采用化疗联合厄洛替尼可以改善疗效。这项研究也表明，单纯通过临床表象不太可能确定受益于EGFR-TKI治疗的患者。

易瑞沙的IPASS研究最终解决了这个问题，该研究招募了晚期肺腺癌且从未吸烟或轻度吸烟的亚裔患者，随机分配接受吉非替尼或卡铂联合紫杉醇一线治疗[117]。与卡铂/紫杉醇化疗相比，吉非替尼组的无进展生存期显著改善（HR为0.74，95%CI为0.65～0.85，$P<0.001$）。在261例携带*EGFR*突变的患者中吉非替尼治疗的客观缓解率达到71.2%，而化疗组仅为47.3%，无进展生存期明显升高（HR为0.48，95%CI为0.36～0.64，$P<0.001$）。吉非替尼在*EGFR*突变阴性的176例患者中反应率仅为1.1%，而化疗组为23.5%。相比之下，突变阴性患者使用卡铂和紫杉醇有无进展生存期获益（HR为2.85，95%CI为2.05～3.98，$P<0.001$）。这些结果表明，在一线治疗中EGFR-TKI只能使携带*EGFR*突变的患者受益。因此，应根据分子分型而非临床表象来选择将从一线使用EGFR-TKI治疗确定受益的患者。

后续又有几项研究比较了*EGFR*突变患者一线治疗应用吉非替尼或厄洛替尼与不同化疗方案的疗效。所有这些研究都显示靶向治疗组的客观缓解率为60%～80%，并且具有无进展生存期获益（表44.6）[118-121]。Maemondo等[118]首次发表了针对携带敏感*EGFR*突变患者一线应用EGFR-TKI治疗与卡铂和紫杉醇化疗比较的研究结果。纳入研究的均为携带*EGFR*活化突变的患者，具有T790M突变的患者不符合入组条件。该研究将230名患者随机分配接受吉非替尼或卡铂和紫杉醇联合化疗。EGFR-TKI组患者的客观缓解率为73.7%，而化疗组仅为30.7%（$P<0.001$）。具有*EGFR*突变接受吉非替尼治疗组的患者也获得了更长的无进展生存期，其中位数为10.8个月，而化疗组为5.4个月（HR为0.30，95%CI为0.22～0.41，$P<0.001$）。这与IPASS研究中*EGFR*突变患者的亚组分析结果一致。尽管使用TKI后患者总生存期有延长趋势（30.5个月vs. 23.6个月），但在统计学上不具有显著差异（$P=0.31$）。类似于其他EGFR-TKI研究，几乎所有（94.6%）接受化疗的患者在疾病进展时都接受了EGFR-TKI治疗。在按*EGFR*突变类型进行的亚组分析中，19外显子缺失的患者无进展生存期或反应率与21外显子L858R点突变的患者相比没有差异。这项研究有助于证实*EGFR*活化突变可预测EGFR-TKI治疗的效果。

大多数证实EGFR-TKI在敏感突变患者中获得成功的研究都是在亚裔人群中进行。而EURTAC研究则比较了在携带*EGFR*敏感突变的欧洲患者中厄洛替尼与化疗（顺铂和多西他赛或顺铂和吉西他滨）的疗效。这项研究在仅有174名患者中进行，首次中期疗效分析时就达到了无

表44.6　*EGFR*突变非小细胞肺癌中EGFR-TKI与铂两联化疗的疗效比较

铂两联药物	EGFR-TKI	反应率	进展HR（95%CI）	死亡HR（95%CI）
卡铂/紫杉醇[118]	吉非替尼	31% vs.74%	0.30（0.22～0.41）$P<0.001$	未报道$P=0.31$
顺铂/多西他赛[119]	吉非替尼	32% vs.61%	0.489（0.336～0.71）$P<0.0001$	1.638（0.749～3.582）$P=0.211$
卡铂/吉西他滨[120]	厄罗替尼	36%vs.83%	0.16（0.10～0.26）$P<0.0001$	未报道
顺铂/多西他赛或吉西他滨[121]	厄罗替尼	18% vs.64%	0.37（0.25～0.54）$P<0.0001$	1.04（0.65～1.68）$P=0.87$
顺铂/培美曲塞[122]	阿法替尼	23% vs.56%	0.58（0.43～0.78）$P=0.001$	1.12（0.73～1.73）$P=0.60$

进展生存期获益的主要研究终点：厄洛替尼治疗组的患者中位无进展生存期为9.7个月，而化疗组仅为5.2个月（HR为0.37，95%CI为0.25～0.54，$P<0.0001$）。然而，该研究发现19外显子缺失的患者似乎比L858R突变的患者具有更显著的无进展生存期获益，在IPASS研究中也观察到了同样的现象，与既往的EGFR-TKI研究类似，厄洛替尼组的客观缓解率为64%，而化疗组只有18%，与化疗相比靶向治疗没有显示出生存获益（HR为1.04，95%CI为0.65～1.68，$P=0.87$）。这是第一项在非亚裔人群中进行EGFR-TKI疗效的研究，结果与使用EGFR-TKI治疗具有*EGFR*突变的亚裔人群的无进展生存期获益相似。这些研究证实了携带*EGFR*敏感突变的患者可从靶向治疗中显著受益，因此在诊断肺癌时就应针对这一靶点进行检测。

阿法替尼是不可逆的EGFR、HER2和ErbB4受体抑制剂，该药最早的数据报道来自LUX-Lung 1研究[123]。初次使用EGFR-TKI的突变患者中阿法替尼的缓解率超过60%[124]。该药最初的最大耐受剂量为50 mg，但较高剂量的阿法替尼会导致严重的皮疹和腹泻，因此推荐剂量改为40 mg/d。在一项比较阿法替尼与标准化疗对*EGFR*突变患者一线治疗疗效的Ⅲ期研究中，阿法替尼治疗组的无进展生存期（11.1个月）比顺铂和培美曲塞治疗组显著延长（6.9个月）（HR为0.58，95%CI为0.43～0.78，$P<0.001$）；具有19外显子缺失和L858R突变的患者取得了更明显的获益，无进展生存期为13.6个月（HR为0.47，95%CI为0.34～0.65，$P<0.001$）[122]。基于这些结果，FDA批准阿法替尼用于治疗携带*EGFR*突变的NSCLC。与一代EGFR-TKI相比，阿法替尼的皮疹、腹泻和黏膜炎发生率较高。另一种不可逆的EGFR抑制剂达克替尼在其Ⅱ期随机试验中也被证明与厄洛替尼相比具有良好的疗效[125]。基于这些研究结果，目前开展的Ⅲ期研究旨在比较晚期NSCLC患者中不可逆抑制剂与一代靶向药疗效的差异。LUX-Lung 7研究纳入319例具有*EGFR*活化突变的患者，随机分配至阿法替尼40 mg/d或吉非替尼250 mg/d[126]。主要研究终点无进展生存期（阿法替尼11.0个月，吉非替尼10.9个月；HR为0.73，95%CI为0.57～0.95，$P=0.017$）和治疗失败时间均有利于阿法替尼（13.7个月vs. 11.5个月，HR为0.73，95%CI为0.58～0.92，$P=0.0073$），但生存期没有差异。尽管两组由毒性引起的停药率相似，但阿法替尼组毒性反应更大。

将EGFR抑制剂与血管生成抑制相结合可能会改善*EGFR*突变患者的预后。日本的一项Ⅱ期研究中，将154名患者随机分配至厄洛替尼组（150 mg/d）或厄洛替尼联合贝伐单抗（15 mg/kg，每3周静脉注射）组[127]。该研究达到了主要终点，厄洛替尼组的中位无进展生存期为9.7个月，联合治疗组的中位无进展生存期为16个月（HR为0.54，95%CI为0.36～0.79，$P=0.0015$）。贝伐单抗的应用导致联合组中91%的患者发生3级或以上的不良事件（adverse event，AE），而厄洛替尼组中只有53%的患者发生，最常见的AE包括皮疹、高血压和蛋白尿。这一联合方案最近已获批在欧洲使用，美国正在进行疗效确认试验。

10.2　EGFR单克隆抗体

西妥昔单抗是一种嵌合单克隆抗体，可结合并抑制EGFR通路，该药已经在转移性NSCLC患者中进行了Ⅲ期研究以评估其联合化疗的疗效。肺癌一线治疗的FLEX研究纳入1125例初治晚期NSCLC（ⅢB/Ⅳ期），IHC确定表达EGFR的患者随机分配接受顺铂和长春瑞滨联合或不联合西妥昔单抗治疗[128]。研究结果显示，在化疗中加入西妥昔单抗可以带来总生存期的获益［11.3个月vs. 10.1个月，HR为0.871（0.762～0.996），$P=0.044$］。两组的中位无进展生存期相似，均为4.8个月（HR为0.943，$P=0.39$）。西妥昔单抗组的客观缓解率从单纯化疗的29%增加到36%（$P=0.01$）。另一项Ⅲ期研究（BMS099）在晚期一线化疗中加入西妥昔单抗后未能检测到生存获益[129]。该试验纳入676例转移性NSCLC患者随机分配接受卡铂和紫杉烷（紫杉醇或多西他赛）联合或不联合西妥昔单抗治疗。与FLEX研究不同，该研究未根据EGFR表达状态选择患者，研究结果提示客观缓解率有所改善（西妥昔单抗组为25.7%，无西妥昔单抗组为17.2%，$P=0.007$），但这并未带来中位无进展生存期（主要研究终点）的差异［HR为0.902（0.761～1.069），$P=0.236$］。在总生存期分析中差异同样无统计学意义，西妥昔单抗的中位总生存期为9.69个月，而单纯化疗组中位总生存期为8.38个月［HR为0.89(0.754～1.051)，$P=0.169$］。后续的探索性分析显示，西妥昔单抗组第21天之前出现皮疹与总生存期获益相关：具有早期皮疹的中位总生存期为10.4个月，而没有早期皮疹的中位总生存期只有8.9个月（HR为0.76，95%CI为0.59～0.98）。

SWOG S0819研究纳入1333例患者随机分配接受卡铂和紫杉醇（如果适合则含贝伐单抗）联合或不联合西妥昔单抗[130]。该研究的主要终点是通过荧光原位杂交（fluorescence in situ hybridization，FISH）检测*EGFR*阳性的患者的总生存期和无进展生存期。西妥昔单抗的应用并未增加整体患者的中位总生存期（HR为0.94，$P=0.34$）。但在*EGFR*阳性患者中（通过FISH确定），中位总生存期从对照组的9.8个月改善到西妥昔单抗组的13.4个月（HR为0.83，$P=0.10$）。在FISH检测*EGFR*阳性的鳞癌患者中西妥昔单抗组的中位总生存期获益更为显著（11.8个月vs. 6.4个月，HR为0.56，$P=0.06$）。这些结果表明*EGFR*的FISH检测可能有助于在一线治疗中选择最有可能从西妥昔单抗联合化疗中获益的患者。

NSCLC领域中还有其他针对EGFR的新型抗体药物陆续开展研究。马妥珠单抗是一种针对EGFR的人源化IgG1单克隆抗体，已在其Ⅱ期研究中与培美曲塞联合用于NSCLC的二线治疗[131]。但该项研究未能达到客观缓解率的主要研究终点（马妥珠单抗组为11%，培美曲塞组为5%，$P=0.332$），马妥珠单抗的应用带来了生存期增加的趋势（培美曲塞组为7.9个月，马妥珠单抗3周疗法为5.9个月，马妥珠单抗周疗法则为12.4个月）；IHC检测其中有87%的肿瘤患者具有EGFR表达，进一步亚组分析发现除1例患者外所有应答均在EGFR阳性人群中产生。帕尼单抗是一种全人源化的IgG2单克隆EGFR抗体，已在其Ⅰ和Ⅱ期临床试验中与多种不同化疗方案联合应用于一线及后线转移性NSCLC患者中，但效果并不明显[132]。具有与西妥昔单抗相似结构的重组人抗体耐昔妥珠单抗（IMC-11F8）在SQUIRE研究中被用于评估鳞癌患者接受其与顺铂和吉西他滨联用的疗效。在常规化疗中加用耐昔妥珠单抗可使中位总生存期从9.9个月提高至11.5个月，并且具有统计学意义（HR为0.84，95%CI为0.74～0.96，$P=0.01$）[133]。这一研究结果使该方案在美国和欧洲均获批准用于前线治疗转移性肺鳞癌患者。

10.3　EGFR靶向治疗生物标志物

在接受EGFR靶向治疗的患者中评估了许多不同的生物标志物，早期生物标志物研究分析显示其疗效与*EGFR*的IHC、FISH拷贝数目或*KRAS*基因突变没有明显关联[134-137]。此外还有研究分析了胞嘧啶腺嘌呤（cytosine-adenine，CA）二核苷酸重复序列作为EGFR靶向疗法的潜在可能性，它位于*EGFR*的1号内含子。关于短CA重复序列作为生物标志物的效用有一些相互矛盾的数据，因为在韩国的一项研究中与疾病控制和无进展生存期相关，但在BR.21研究的回顾性分析中却没有发现相关性[138-139]。鉴于临床获取足够肿瘤组织以分析*EGFR*突变情况存在一定困难，人们开始关注利用血清蛋白质组学进行分析，开发预测矩阵辅助激光解吸电离质谱（matrix-assisted laser desorption ionization mass spectrometry，MALDI MS）算法[140]。将患者分为MALDI MS好与差的两组进行预测，目前已作为VeriStrat测定法进行了商业开发（Biodesix，美国科罗拉多州博尔德），并且已在回顾性患者队列中评估了VeriStrat分析的实用性[141-142]。近期VeriStrat在Ⅲ期PROSE研究中进行了前瞻性测试，该研究将转移性

NSCLC患者随机分为接受厄洛替尼治疗或培美曲塞/多西他赛化疗[143]，结果显示VeriStrat能够在二线治疗中确定受益于厄洛替尼的患者，但尚未明确此方法在一线治疗中的效用。

2004年的两项独立大型研究均证实吉非替尼达到客观反应的NSCLC患者存在*EGFR*敏感突变[144-145]。IPASS研究中首次证实了*EGFR*突变的预测潜力，该研究表明吉非替尼治疗*EGFR*敏感突变的患者客观缓解率和无进展生存期明显改善[117]。IPASS研究的最新分析显示吉非替尼组与卡铂和紫杉醇治疗组患者无总生存期差异，（HR为0.90，95%CI为0.79～1.02，P=0.109），并且与*EGFR*突变状态无关[146]。这些结果表明，在EGFR-TKI治疗的患者中，*EGFR*突变是客观缓解率和无进展生存期的最强预测因子。*EGFR*突变与预测总生存期获益之间缺乏关联可能是由于IPASS研究和随后的多个EGFR-TKI一线研究都采用了交叉设计[118-121]。多项研究已证EGFR敏感突变作为EGFR-TKI一线治疗方案选择标准的价值[118-121]。

在这些研究结果的基础上，病理实验室建立了新的指南指导其对NSCLC肿瘤组织进行*EGFR*突变检测[147]。这些指南明确规定应对肺腺癌患者进行分子检测以明确能否接受EGFR-TKI治疗，所有腺癌组织学患者均应进行*EGFR*突变测试，无论其临床特征或是否存在其他组织学与腺癌混合的情况。转移性肿瘤患者诊断时就应对其进行分子检测，具体方法可根据机构偏好在切除的标本上进行。新鲜、冷冻或福尔马林固定、石蜡包埋的组织都可以用来检测，并且有多种可行的方法用于检测*EGFR*突变（Sanger测序，基于聚合酶链反应的测定，单碱基延伸基因分型，高效液相色谱分析）。建议所用的分析方法能够检测出肿瘤含量至少为50%的样本携带的突变。综上所述，选择适合接受EGFR-TKI治疗的患者时并不建议常规进行*EGFR*的IHC、FISH拷贝数或*KRAS*突变检测。

10.4 EGFR-TKI的耐药机制

EGFR-TKI治疗*EGFR*突变的NSCLC患者最终都会产生获得性耐药导致治疗失败，中位无进展生存期10～14个月。Jackman标准的制定就是为了明确定义获得性耐药的患者，以帮助指导该人群的后续治疗[148]。Jackman标准将获得性耐药定义为携带敏感突变的NSCLC患者接受EGFR-TKI单药治疗后经过实体瘤反应评估标准（response evaluation criteria in solid tumor，RECIST）达到疾病稳定或应答，未进行其他干预的情况下接受EGFR-TKI单药至少30天后疾病出现进展，如果患者基因突变状态未知，则应用EGFR-TKI治疗6个月以上时才可以判定。

临床上研究了各种策略来克服EGFR抑制剂的耐药问题，其中一种策略就是EGFR-TKI治疗进展后继续应用。ASPIRATION研究调查了这种方法在亚洲人群中的有效性[149]。患者每天接受150 mg厄洛替尼治疗直至疾病进展，并可以根据研究者的判断继续接受治疗。初始进展的中位时间（median time to initial progression，PFS1）为10.8个月；176例疾病进展的患者中有93例继续TKI治疗，PFS2（初始进展后继续应用厄洛替尼的时间）为14.1个月，中位总生存期为31个月。这项前瞻性研究表明进展后继续治疗可能有助于二线治疗的延迟，但这一结论仅限于疾病没有快速进展或临床表现恶化的患者。

IMPRESS研究则评估了获得性耐药发生后铂双药化疗联合EGFR抑制剂的疗效[150]。在这项国际研究中，265例疾病进展的患者接受顺铂和培美曲塞化疗，随机分配每天联合250 mg吉非替尼或安慰剂，化疗最多6个周期。研究结果显示主要终点无进展生存期没有差异，两组的中位无进展生存期都是5.4个月（HR为0.86，95%CI为0.65～1.13，P=0.27）。研究证实了在一线EGFR抑制剂获得性耐药的患者中将EGFR-TKI与挽救性铂化疗联合并没有提高疗效的作用。

通过研究那些接受EGFR靶向治疗产生耐药的肿瘤组织标本，发现了多种耐药性机制；最常见的耐药位点是T790M突变，其发生率约占全部耐药患者的50%，T790M突变阻碍了TKI与酶活性位点的结合，因此又被称为守门员突变，类似于CML中的T315I突变[151-152]。与*EGFR*亲本突变相比，T790M突变增殖速度较慢。目前已经开发了克服T790M空间位阻的新型靶向药物。FDA最近批准了第三代T790M抑制剂奥西替尼在一线TKI进展后用于治疗T790M耐药*EGFR*突变NSCLC患者。该药物的批准是基于一项Ⅰ期剂量扩展研究，T790M突变的患者客观缓解率为61%（95%CI为52%～70%），中位无进展生存期为9.6个月（95%CI为8.3至没有达到）[153]。那些没有T790M的患者客观缓解率只有21%（95%CI为12%～34%），无进展生存期为2.8个月（95%CI为2.1～4.3）。奥西替尼最常见的不良反应是腹泻、皮疹和恶心，3级及以上不良反应的发生率仅为32%，该药一线治疗*EGFR*突变患者的研究正在进行中。

阿法替尼和西妥昔单抗联合治疗方案在克服EGFR耐药方面显示出一定的疗效[152, 154]。这种组合还可以克服*HER2*过表达，这是在近10%的获得性耐药患者中检测到的另一种耐药途径[155]。还有一种耐药机制是肝细胞生长因子受体（hepatocyte growth factor receptor，*MET*）癌基因的扩增，EGFR-TKI治疗耐药患者中的发生率为5%～20%，并且其发生与T790M突变存在与否并不相关[156-157]。其他耐药机制还包括小细胞肺癌的组织学转化（14%）、*PIK3CA*突变（5%）及上皮间质化等[158]。这些不同的耐药机制突显了EGFR-TKI治疗进展时再次活检的重要性，是指导后续治疗的根本。

尽管T790M是EGFR-TKI最常见的获得性耐药突变，但在那些从没有暴露于EGFR-TKI治疗的初始患者中也被检测到该突变，Inukai和同事[159]首先使用突变富集PCR分析法对280例患者中的9例初始T790M患者的疗效进行了描述，这些患者没有一个对吉非替尼治疗有反应，即使有4个同时合并*EGFR*活化突变。IPASS研究中T790M初始突变的发生率也很低（4.2%或11位患者），其中有7位同时合并L858R突变或19外显子缺失，但这些患者的治疗反应尚未报道[117]。在iTARGET研究中只有一名患者检测到了T790M初始突变，并且对吉非替尼的治疗有抗药性[160]。在一项通过对循环肿瘤细胞或血浆游离DNA检测*EGFR*突变的研究中，超过1/3的患者（26名患者中的10名）预处理样品中检测到低水平的T790M；在接受EGFR-TKI治疗后其无进展生存期只有7.7个月，而那些*EGFR*敏感突变组的患者无进展生存期为16.5个月[161]。最近有小型研究报道了初始T790M患者的疗效[162]。这些患者的临床特征与EGFR敏感突变相似，然而与单纯敏感突变的患者（中位总生存期为3年）相比，初始合并T790M患者对厄罗替尼的应答率非常低，中位无进展生存期和总生存期要短得多（分别为1.5个月和16个月）。在该研究中，所有患者均具有活化的*EGFR*敏感突变（80% L858R和20%外显子19缺失）。这些研究表明初始T790M突变可能在某些患者中以亚克隆的形式存在，并在接受EGFR-TKI治疗的过程中逐渐成为显性克隆，从而导致TKI治疗效果不佳。然而，胚系T790M突变与家族性肺腺癌的癌症风险相关[163-164]。在对10例携带初始T790M突变的患者评估中，发现50%的病例携带胚系T790M突变。正在进行的一项前瞻性研究（INHERIT-EGFR）的目的就是探索胚系T790M突变携带者的肺癌发生风险[165]。

11 *ALK*重排的NSCLC

2007年，在NSCLC患者中发现*EML4-ALK*易位的存在。这种异常基因通过对*ALK*结构激活从而诱导肺癌细胞形成[166]。*EML4-ALK*易位存在于1%～5%的NSCLC患者中，并且在不吸烟的年轻NSCLC患者中发生率更高，诊断时的中位年龄为52岁[167]。克唑替尼是ALK和MET的双重抑制剂，已发现其在*ALK*重排患者中具有抗癌活性，Ⅰ期初始研究的客观缓解率为57%[168]。Ⅰ期扩展队列研究的更新数据显示客观缓解率为60.8%，中位无进展生存期为9.7个月[169]；基于这些结果，FDA批准了克唑替尼用于治疗*ALK*重排的NSCLC。在二线治疗中，克唑替尼的客观缓解率为65%，与培美曲塞或多西他赛组3个月的无进展生存期相比，克唑替尼组达到了7.7个月（HR为0.49，95%CI为0.37～0.64，$P<0.001$）[170]。克唑替尼耐受性良好，最常见的不良事件包括胃肠道毒性、视力改变（通常在持续治疗后会消退）和周围性水肿。

然而，与EGFR-TKI类似，克唑替尼的临床获益也会因为耐药的发生而终止。在初步研究中，观察到*EML4-ALK*基因的C1196M二次突变类似于EGFR中T790M守门突变[171]，*ALK*基因的扩增也会导致克唑替尼的获得性耐药[172]。对克唑替尼耐药的患者评估还显示ALK激酶一些其他的新突变、*EGFR*的自磷酸化、*KRAS*突变和*KIT*扩增也可以导致耐药的发生[173-174]。

目前，正在研发的新型ALK抑制剂可以克服以上的一些耐药机制。色瑞替尼是一种有效的ALK抑制剂，在131名*ALK*重排的NSCLC患者Ⅰ期研究中显示出明显的抗癌活性：每天接受至少400 mg药物治疗的患者客观缓解率为58%（95%CI为48～67），中位无进展生存期为7个月[175]。在克唑替尼治疗失败的患者中同样观察到临床疗效，其客观缓解率可达56%，色瑞替尼的不良反应主要体现在胃肠道毒性和疲劳。

另一种新型ALK抑制剂CH5424802（现称为艾乐替尼）已在日本*ALK*重排NSCLC患者中进行了Ⅰ/Ⅱ期研究；尽管未观察到剂量限制毒性，该药的最大耐受剂量定为每天2次，每次300 mg[176]。患者的客观缓解率为93.5%，其中有2例患者达到了疾病完全缓解，并且在报道时尚未达到中位无进展生存期。最常见的3级不良事件是中性粒细胞减少和肌酸磷酸激酶（creatine phosphokinase，CPK）升高。在一项艾乐替尼治疗克唑替尼进展或不耐受的Ⅰ/Ⅱ期研究中，2名服药剂量为每天2次900 mg的患者观察到3级头痛和谷氨酰转肽酶（gamma-glutamyl transpeptidase，GGT）升高的剂量限制毒性发生[177]。该研究的客观缓解率为55%，在中枢神经系统（central nervous system，CNS）转移中可见52%的缓解率。这项研究Ⅱ期部分将艾乐替尼的推荐剂量定为600 mg每天2次。克唑替尼耐药患者中艾乐替尼的临床活性在另外一项Ⅱ期研究中也得到证实，对87例接受克唑替尼治疗后进展的患者每天2次接受艾乐替尼600 mg治疗[178]，其客观缓解率为48%（95%CI为36～60），中位无进展生存期为8.1个月（95%CI为6.2～12.6）；在16例具有可测量的中枢神经系统疾病患者中观察到100%的颅内疾病控制率。最常见的不良反应是便秘、疲劳、肌痛和周围性水肿。这些研究结果使艾乐替尼获批准用于治疗克唑替尼进展或不耐受的患者。

J-ALEX研究结果显示，在未经治疗的*ALK*重排NSCLC患者中，与目前标准的克唑替尼治疗比较，艾乐替尼也显示出一定的疗效[179]。该研究将200例中心实验室确认（通过IHC、FISH或反转录PCR）的*ALK*阳性转移性疾病患者随机分为每日2次300 mg艾乐替尼组或每天2次250 mg克唑替尼组。研究结果显示克唑替尼组疾控率为78.9%（95%CI为70.5%～87.3%），而艾乐替尼的客观缓解率达到了91.6%（95%CI为85.6%～97.5%）。更令人印象深刻的是，使用艾乐替尼组的主要研究终点中位无进展生存期的HR为0.34（95%CI为0.17～ 0.71，P<0.0001）。艾乐替尼疗效提高的同时还带来了毒性的降低：3～4级不良反应的发生率为26.2%，而克唑替尼组为51.9%。基于这一瞩目的结果，FDA授予艾乐替尼突破性进展可用于*ALK*阳性晚期NSCLC患者的一线治疗。热休克蛋白90抑制剂IPI-504[180]和STA-9090[181]在*ALK*重排的NSCLC患者中已显示出前景，并可能提供克服克唑替尼耐药性的替代方法。

目前有包括FISH和IHC在内的多种检测*ALK*重排的方法。分离式FISH分析方法已经开始在Ⅰ/Ⅱ期初始研究中用于选择接受克唑替尼治疗的患者。市售的Vysis ALK分离FISH探针试剂盒（阿伯特分子探针，美国伊利诺伊州阿伯特帕克市）被FDA批准作为伴随诊断试剂盒，用于选择接受克唑替尼治疗的ALK重排患者[182]。阳性结果的判读是存在至少15%的红色和绿色分离信号或孤立的红色信号[183]。IHC与更具技术难度的FISH检测相比是一种简便的检测方法，而且在大多数病理实验室中更容易操作。与多项研究中的ALK FISH检测方法相比，IHC的ALK检测的灵敏度和特异性分别为90%～100%和95.8%～99%[184-186]。美国病理学家联盟和IASLC的最新指南建议使用FISH诊断*ALK*重排的NSCLC以选择接受克唑替尼治疗的患者，IHC可用作初始筛选的测定[147]。

12 NSCLC的分子特征

在肺癌突变协会（Lung Cancer Mutation Consortium，LCMC）的不断努力下，肺腺癌患者中发现了除*EGFR*突变和*ALK*重排以外的许多基因改变[187-188]。LCMC-1研究对1000多例腺癌患者的分析中发现10个驱动基因突变，最近LCMC-2研究又对875例患者进行分析发现了14个驱动基因突变[189]。近60%的患者至少有一个突变，最常见的突变位点是*KRAS*、*EGFR*、*EML4-ALK*和*MET*扩增（表44.7）。根据检测结果，28%的患者接受了针对驱动基因的靶向治疗，包括正在进行的几项临床试验。LCMC-1研究中与未接受靶向治疗或被确定为野生型没有靶向治疗药物可以应用的患者（2.4年和2.1年，$P<0.0001$）相比，接受靶向治疗患者的中位生存期更长（3.5年）。同样在LCMC-2研究中，与未接受靶向治疗的患者（1.5年）和野生型患者（1.7年）相比，接受靶向治疗的具有驱动突变的患者具有更长的生存期（2.7年）。在接受靶向治疗的*EGFR*突变患者中，继发性*TP53*突变的存在导致中位生存期缩短为2.9年，而无*TP53*突变的患者则尚未达到，这表明p53基因对靶向治疗具有一定的疗效调控作用。LCMC-1和LCMC-2研究均表明扩大的肺腺癌分子谱分析与由此选择的靶向治疗可明显改善晚期疾病患者的生存期。

表44.7 腺癌和鳞状细胞非小细胞肺癌中常见分子靶点突变率

分子靶点	频率（%）
腺癌（LCMC-2）	
KRAS	25
EGFR：对EGFR-TKI敏感（19缺失，L858R、L861Q、G719X）	10
*ALK*重排	4
*MET*扩增	3
V600E BRAF	2
EGFR：对EGFR-TKI不敏感（20外显子插入，T790M）	2
*RET*易位	2
*ROS1*易位	2
HER2	1
PIK3CA	1
鳞癌（TCGA）	
TP53	81
MLL2	20
PIK3CA	16
CDKN2A	15
NFE2L2	15
KEAP1	12
NOTCH1	8
PTEN	8
RB1	7
HLA-A	3

注：*ALK*，间变性淋巴瘤激酶；*BRAF*，小鼠病毒性肉瘤癌基因同源物B；*CDKN2A*，细胞周期蛋白依赖性激酶抑制剂2A；*EGFR*，表皮生长因子受体；*HER2*，人表皮细胞生长因子受体2；*HLA-A*，人类白细胞抗原-A；*KEAP1*，Kelch样ECH相关蛋白1；*KRAS*，Kirsten大鼠肉瘤病毒癌基因同源物；*LCMC-2*，肺癌突变联合体-2；*MET*，肝细胞生长因子受体；*MLL2*，髓系/淋巴系或混合系白血病蛋白2；*NFE2L2*，红细胞衍生核因子2样蛋白；*NOTCH1*，Notch1；*PIK3CA*，磷脂酰肌醇-4，5-二磷酸3激酶催化亚单位α；*PTEN*，磷酸酶和张力蛋白同源物；*RB1*，视网膜母细胞瘤；*RET*，原癌基因酪氨酸蛋白激酶受体；*ROS1*，ROS原癌基因1，受体酪氨酸激酶；*TCGA*，癌症基因组图集；*TKI*，酪氨酸激酶抑制剂；*TP53*，肿瘤蛋白53

在LCMC不断努力的基础上，开展了针对肺腺癌患者新型靶向药物的多个早期研究。*BRAF*是RAS-RAF-MEK途径中的丝氨酸苏氨酸激酶，在2%～5%的NSCLC患者中存在突变。与黑色素瘤和结肠癌相似，NSCLC患者也存在*BRAF*活化突变，如V600E，其发生率在NSCLC的*BRAF*突变中至少占一半，而非V600E突变可以是激活突变也可以是失活突变[190-192]。与*EGFR*突变和*ALK*重排的患者相比，*BRAF*突变的患者往往有吸烟史。类似于*BRAF*突变的黑色素瘤，用达拉非尼和曲美替尼双重抑制MAP激酶途径在*BRAF*突变的NSCLC中显示出活性。在一项单臂Ⅱ期研究中，57例接受铂类两药联合疗法后进展的V600E *BRAF*突变患者的客观缓解率为63.2%（95%CI为49.3～75.6），中位缓解时间为9.0个月（95%CI为6.9～19.6）[193]。*ROS1*融合在腺癌中的发生率为1%～2%，基于克唑替尼Ⅰ期研究的50名患者扩展队列结果发现克唑替尼可以靶向抑制*ROS1*融合[194]，其客观缓解率为72%（95%CI为58～84），中位缓解期为17.6个月（95%CI为14.5至未达到），中位无进展生存期为19.2个月（95%CI为14.4至未达到）。这些研究结果使得克唑替尼被批准用于*ROS1*融合患者。*MET*的14外显子剪接突变可以导致MET扩增，并存在于约4%的肺腺癌和大量肉瘤样肺癌患者中。关于*MET*14外显子突变患者成功使用MET抑制剂如克唑替尼和卡博替尼的报道也越来越多[195-198]。这些研究强调了对肺腺癌患者进行常规基因检测以选择可能受益于新疗法患者的重要性。

癌症基因组图谱（Cancer Genome Atlas，TCGA）

中收录了各种人类癌症治疗的临床数据，肺腺癌在靶向治疗方面的进展远远落后于腺癌[199]。TCGA数据显示，鳞癌与其他和吸烟有关的癌症相似，具有很高的体细胞突变频率。这些肿瘤中的多种信号途径都发生了改变（表44.7），多达70%的鳞状细胞肺癌患者受体酪氨酸激酶途径发生了改变，这可能会被陆续开发为治疗靶点。

13 NSCLC的免疫治疗

最近在使用免疫检查点调节药物方面的进展最终实现了NSCLC患者免疫调节的前景。伊匹单抗是一种单克隆抗体，可阻断T细胞抑制性受体CTLA-4与其配体的结合，导致T细胞活化从而渗透并攻击肿瘤组织。在NSCLC中获得成功的另一个免疫检查点是PD-1受体，它是肿瘤浸润淋巴细胞上的抑制性受体[200]。其配体PD-L1在包括NSCLC在内的多种肿瘤中都过表达。针对PD-1或PD-L1的单克隆抗体已在NSCLC中显示出明显的抗癌活性。PD-1抑制剂纳武单抗和派姆单抗在鳞状与非鳞状组织学肺癌患者挽救治疗中都显示了优于多西他赛的疗效[201-203]。PD-L1表达评分（按肿瘤细胞比例）与派姆单抗的疗效高度相关[204]。在美国和欧洲，派姆单抗的监管批准与肿瘤细胞比例评分（定义为50%或更高的表达）中PD-L1的高表达有关。

近期派姆单抗的研究数据使晚期NSCLC一线治疗的模式发生了重大转变。KEYNOTE-024研究对1934例*EGFR*和*ALK*阴性初治的晚期NSCLC患者进行筛选，最终入组的肿瘤组织PD-L1表达至少50%的患者305名（30.2%）[205]。这些患者被随机分为两组，实验组每3周静脉应用派姆单抗200 mg，最多35个周期，对照组由研究者选择铂两联化疗，最多6个周期。接受培美曲塞治疗的非鳞癌患者可继续接受维持治疗。主要研究终点中位无进展生存期在派姆单抗组明显优于化疗组（10.3个月vs. 6.0个月，HR为0.50，95%CI为0.37～0.68，P＜0.001）。免疫组的患者总生存期也明显提高，HR为0.60（95%CI为0.41～0.89，P＝0.005）。与化疗相比，派姆单抗具有更好的客观缓解率（44.8% vs. 27.8%）和缓解时间（NR vs. 6.3个月），并且毒性更小。派姆单抗组的治疗相关不良事件和3～5级不良事件发生率分别为73.4%和53.3%，而化疗组分别为90.0%和26.6%。这一结果表明派姆单抗对PD-L1高表达的患者抗癌作用明显优于目前标准的铂两联化疗，并且可能在不久的将来被监管机构进一步审查。

CTLA-4和PD-1抑制剂联合的免疫治疗策略已在转移性黑色素瘤中获得成功，目前在NSCLC患者中也在进行研究。Checkmate 012试验评估了纳武单抗和伊匹单抗联合的安全性与疗效，给药方式为纳武单抗1 mg/kg和伊匹单抗 1 mg/kg，每3周1次，4个周期后纳武单抗3 mg/kg每2周维持，以及不同的纳武单抗方案（1 mg/kg和3 mg/kg，每2周）联合间隔更长的伊匹单抗（每12周和每6周）直到疾病进展[206]。然而，间隔时间较长的伊匹单抗具有较高的客观缓解率（25%～39% vs. 13%），治疗不良反应发生率相似（69%～73% vs. 77%）。由于不良反应导致的停药在伊匹单抗长间隔组和纳武单抗单药组的发生率（11%～13%）类似。PD-L1染色阳性率高的患者具有更高的反应率。基于这项试验的阳性结果，多个后续研究正在探索每2周纳武单抗（3 mg/kg）加每6周伊匹单抗（1 mg/kg）的疗效。

14 结论

从早期烷基化剂的开始使用到铂两联疗法的应用，NSCLC治疗领域得到蓬勃的发展，耐受性更好的新药物不断被研发，这些药物可用于一线治疗以外和维持治疗策略，以及最近针对NSCLC中激活的通路（VEGF、EGFR和ALK）的靶向治疗。新的免疫疗法在晚期NSCLC中均显示出了明确的抗肿瘤活性。未来的研究将更着重于通过识别预测性生物标志物来更好地选择可能从靶向治疗中获益的患者。对肿瘤组织的检测，无论是在治疗前还是在疾病进展时，都将成为针对驱动转移和治疗耐药性的特定遗传变异靶向治疗发展的一部分。基因组学革命最终将实现NSCLC的个性化治疗，从而改善这些患者的预后。

（于 涛 马 力译）

主要参考文献

1. Scagliotti GV, Parikh P, von Pawel J, et al. Phase Ⅲ study comparing cisplatin plus gemcitabine with cisplatin plus pemetrexed in chemotherapy-naive patients with advanced-stage non-small-cell lung cancer. *J Clin Oncol*. 2008;26(21):3543–3551.
5. Goldstraw P, Crowley J, Chansky K, et al. The IASLC Lung Cancer Staging Project: proposals for the revision of the TNM stage groupings in the forthcoming (seventh) edition of the TNM classification of malignant tumours. *J Thorac Oncol*. 2007;2(8):706–714.
6. Rami-Porta R, Ball D, Crowley J, et al. The IASLC Lung Cancer Staging Project: proposals for revision of the T descriptors in the forthcoming (seventh) edition of the TNM classification for lung cancer. *J Thorac Oncol*. 2007;2(7):593–602.
7. Goldstraw P, Chansky K, Crowley J, et al. The IASLC Lung Cancer Staging Project: proposals for revision of the TNM stage groupings in the forthcoming (eighth) edition of the TNM classification for lung cancer. *J Thorac Oncol*. 2016;11(1):39–51.
15. von Pawel J, von Roemeling R, Gatzemeier U, et al. Tirapazamine plus cisplatin versus cisplatin in advanced non-small-cell lung cancer: a report of the international CATAPULT I study group. Cisplatin and tirapazamine in subjects with advanced previously untreated non-small-cell lung tumors. *J Clin Oncol*. 2000;18(6):1351–1359.
25. Kelly K, Crowley J, Bunn Jr PA, et al. Randomized phase Ⅲ trial of paclitaxel plus carboplatin versus vinorelbine plus cisplatin in the treatment of patients with advanced non-small-cell lung cancer: a Southwest Oncology Group trial. *J Clin Oncol*. 2001;19(13):3210–3218.
26. Scagliotti GV, De Marinis F, Rinaldi M, et al. Phase Ⅲ randomized trial comparing three platinum-based doublets in advanced non-small-cell lung cancer. *J Clin Oncol*. 2002; 20 (21): 4285–4291.
27. Schiller JH, Harrington D, Belani CP, et al. Comparison of four chemotherapy regimens for advanced non-small-cell lung cancer. *N Engl J Med*. 2002;346(2):92–98.
28. Fossella F, Pereira JR, von Pawel J, et al. Randomized, multinational, phase Ⅲ study of docetaxel plus platinum combinations versus vinorelbine plus cisplatin for advanced non-small-cell lung cancer: the TAX 326 study group. *J Clin Oncol*. 2003;21(16):3016–3024.
30. Rudd RM, Gower NH, Spiro SG, et al. Gemcitabine plus carboplatin versus mitomycin, ifosfamide, and cisplatin in patients with stage ⅢB or Ⅳ non-small-cell lung cancer: a phase Ⅲ randomized study of the London Lung Cancer Group. *J Clin Oncol*. 2005;23(1):142–153.
32. Cardenal F, Lopez-Cabrerizo MP, Anton A, et al. Randomized phase Ⅲ study of gemcitabine-cisplatin versus etoposide-cisplatin in the treatment of locally advanced or metastatic non-small-cell lung cancer. *J Clin Oncol*. 1999;17(1):12–18.
37. Alberola V, Camps C, Provencio M, et al. Cisplatin plus gemcitabine versus a cisplatin-based triplet versus nonplatinum sequential doublets in advanced non-small-cell lung cancer: a Spanish Lung Cancer Group phase Ⅲ randomized trial. *J Clin Oncol*. 2003;21(17):3207–3213.
45. Smith IE, O'Brien ME, Talbot DC, et al. Duration of chemotherapy in advanced non-small-cell lung cancer: a randomized trial of three versus six courses of mitomycin, vinblastine, and cisplatin. *J Clin Oncol*. 2001;19(5):1336–1343.
46. Soon YY, Stockler MR, Askie LM, Boyer MJ. Duration of chemotherapy for advanced non-small-cell lung cancer: a systematic review and meta-analysis of randomized trials. *J Clin Oncol*. 2009;27(20):3277–3283.
66. Repetto L, Biganzoli L, Koehne CH, et al. EORTC Cancer in the Elderly Task Force guidelines for the use of colony-stimulating factors in elderly patients with cancer. *Eur J Cancer*. 2003;39(16):2264–2272.
75. Zukin M, Barrios CH, Pereira JR, et al. Randomized phase Ⅲ trial of single-agent pemetrexed versus carboplatin and pemetrexed in patients with advanced non-small-cell lung cancer and Eastern Cooperative Oncology Group performance status of 2. *J Clin Oncol*. 2013;31(23):2849–2853.
80. Bepler G, Williams C, Schell MJ, et al. Randomized international phase Ⅲ trial of ERCC1 and RRM1 expression-based chemotherapy versus gemcitabine/carboplatin in advanced non-small-cell lung cancer. *J Clin Oncol*. 2013;31(19):2404–2412.
81. Friboulet L, Olaussen KA, Pignon JP, et al. ERCC1 isoform expression and DNA repair in non-small-cell lung cancer. *N Engl J Med*. 2013;368(12):1101–1110.
106. Hanna NH, Kaiser R, Sullivan RN, et al. Lume-lung 2: A multicenter, randomized, double-blind, phase Ⅲ study of nintedanib plus pemetrexed versus placebo plus pemetrexed in patients with advanced nonsquamous non-small cell lung cancer (NSCLC) after failure of first-line chemotherapy. *J Clin Oncol*. 2013;31(suppl): [Abstract 8034].
108. Ramlau R, Gorbunova V, Ciuleanu TE, et al. Aflibercept and docetaxel versus docetaxel alone after platinum failure in patients with advanced or metastatic non-small-cell lung cancer: a randomized, controlled phase Ⅲ trial. *J Clin Oncol*. 2012;30(29): 3640–3647.
109. Lara Jr PN, Douillard JY, Nakagawa K, et al. Randomized phase Ⅲ placebo-controlled trial of carboplatin and paclitaxel with or without the vascular disrupting agent vadimezan (ASA404) in advanced non-small-cell lung cancer. *J Clin Oncol*. 2011;29(22):2965–2971.
145. Lynch TJ, Bell DW, Sordella R, et al. Activating mutations in the epidermal growth factor receptor underlying responsiveness of non-small-cell lung cancer to gefitinib. *N Engl J Med*. 2004;350(21): 2129–2139.
147. Lindeman NI, Cagle PT, Beasley MB, et al. Molecular testing guideline for selection of lung cancer patients for EGFR and ALK tyrosine kinase inhibitors: guideline from the College of American Pathologists, International Association for the Study of Lung Cancer, and Association for Molecular Pathology. *J Thorac Oncol*. 2013;8(7):823–859.
153. Janne PA, Yang JC, Kim DW, et al. AZD9291 in EGFR inhibitor-resistant non-small-cell lung cancer. *N Engl J Med*. 2015;372(18):1689–1699.
170. Shaw AT, Kim DW, Nakagawa K, et al. Crizotinib versus chemotherapy in advanced ALK-positive lung cancer. *N Engl J Med*. 2013;368(25):2385–2394.
171. Choi YL, Soda M, Yamashita Y, et al. EML4-ALK mutations in lung cancer that confer resistance to ALK inhibitors. *N Engl J Med*. 2010;363(18):1734–1739.
175. Shaw AT, Kim DW, Mehra R, et al. Ceritinib in ALK-rearranged non-small-cell lung cancer. *N Engl J Med*. 2014;370(13):1189–1197.
194. Shaw AT, Ou SH, Bang YJ, et al. Crizotinib in ROS1-rearranged non-small-cell lung cancer. *N Engl J Med*. 2014;371(21):1963–1971.
203. Herbst RS, Baas P, Kim DW, et al. Pembrolizumab versus docetaxel for previously treated, PD-L1-positive, advanced non-small-cell lung cancer (KEYNOTE-010): a randomised controlled trial. *Lancet*. 2016;387(10027):1540–1550.

获取完整的参考文献列表请扫描二维码。

第45章 二线治疗及其后的系统选择

Glenwood Goss, Tony Mok

要点总结

- 越来越多的患者选择二线及以上治疗。
- 治疗方案的选择取决于肿瘤的组织学、分子表型（如*EGFR*、*ALK*、*ROS1*等），以及一线化疗的药物方案，其中包括维持治疗以及是否使用贝伐单抗。
- 没有可控分子靶点的患者有几种选择，包括化疗（多西他赛、培美曲塞）、*EGFR*靶向治疗（厄洛替尼和阿法替尼用于鳞状细胞癌）和雷莫芦单抗（一种VEGFR）2单克隆抗体］与多西他赛和免疫检查点抑制剂联合使用。
- 近期的研究对已知*EGFR*野生型肿瘤患者进行了EGFR酪氨酸激酶抑制剂与单药化疗的比较，感染对于二线使用EGFR-TKI的临床疗效提出疑问。
- 具有靶点（如*EGFR*敏感突变、*ALK*和*ROS1*易位）的患者在一线治疗未使用过适当的靶向治疗药物时，必须在二线治疗时使用该治疗方案。
- 在二线治疗试验中，三代EGFR-TKI（如奥西替尼）用于T790M突变阳性的肿瘤患者，第二代间变性淋巴瘤激酶（ALK）抑制剂（色瑞替尼、阿来替尼和布加替尼）都具有相关的临床活性。
- 在二线治疗中持续应答患者使用免疫检查点抑制剂（纳武单抗、派姆单抗和阿特利珠单抗）的总缓解率为5%～40%，但目前尚无可靠的生物标志物可预测最受益的患者。可能的生物标志物包括PD-L1表达、突变负荷和新抗原表达。
- 尽管厄洛替尼已获准用于三线治疗，但证据强度有限，需要进行进一步的临床试验。
- 对已知野生型*EGFR*肿瘤患者的EGFR-TKI与单药化疗进行比较的研究结果使得二线EGFR-TKI的临床疗效似有争议。

肺癌是全球最常见的癌症，约占癌症死亡人数的28%[1]。NSCLC占肺癌患者的85%，在组织学上被分为鳞状细胞肺癌和非鳞状细胞肺癌，它们的治疗方法不同[2]。随着对NSCLC的生物学和分子病理学了解的不断加深，我们能够确定可预测靶向疗法疗效的致癌驱动因素和分子生物标志物，从而进一步将NSCLC分为较小的治疗亚组[3]。然而，即使在研究最深入的致癌驱动因子*EGFR*基因中仍然有许多未解决的问题。例如，在组织学水平上，NSCLC向小细胞肺癌演变的机制尚不清楚，我们对一线试验和二线试验时NSCLC基因变化的了解很少[4]。尚未有文献报道过在一线、二线和后线治疗中原发与转移部位肺癌基因评估的结果。在一线治疗时后患者进行维持化疗还是等待疾病进展仍存在争议。对于二线治疗合适的治疗方法仍未找到，并且由于数据并不统一，维持化学治疗后符合二线治疗的患者人数尚不确定[5-6]。Fidias等[5]的一项研究将早期维持化疗与进展期治疗进行了比较，显示只有37%进展期患者接受二线治疗，而维持治疗组中有95%患者接受了二线治疗[5]。总生存期倾向于维持治疗组（中位总生存期分别为12.3个月 vs. 9.7个月，$P=0.853$），表明立即维持化疗是首选的治疗方法。然而，作者指出，接受二线治疗的进展后治疗组（37%）患者的中位总生存期为12.5个月，与维持组患者相同。相比之下，Bylicki等[6]在一项三臂随机研究中招募了464名患者，在仔细监测的情况下，发现观察组中有95%的患者在疾病进展时符合二线化疗的条件（84%接受了研究定义的二线治疗），并且维持组和对照组之间的生存率没有差异。但是，确定二线治疗资格所需的细致监测可能在临床试验之外并不可行。在2006

年由Murillo和Koeller[7]进行的早期回顾性研究中，在美国10个社区中心接受治疗的Ⅲb和Ⅳ期NSCLC患者中，84%接受了一线治疗，56%接受了二线治疗，26%接受了三线治疗，10%接受了四线治疗，5%接受了五线治疗[7]。最近，我们在二线治疗方案中添加了免疫检查点抑制剂，这种方案进一步引起了疑问。这些药物绝不是万能的，总体上只有5%～40%的患者对治疗响应，而且最多只能识别出中等水平的受益人群[8-9]。初步数据表明，免疫检查点抑制剂单药在某些未接受过治疗亚组中的疗效及在未选择的晚期NSCLC患者的早期治疗中与化疗联合的效果令人感兴趣[9-13]，免疫检查点抑制剂作为二线治疗的疗效并不确定。

1　历史

直到1995年才有对8项随机研究进行的大型Meta分析，其比较了以顺铂为基础的联合化疗与晚期NSCLC的最佳支持治疗，证明了化疗对生存率有所提高，中位生存期的改善为4～7个月，1年生存率为5%～15%[14]。随后，Meta分析的结果在一项四臂随机Ⅲ期研究中得到了证实，该研究评估了第三代化疗药物（如紫杉醇、多西他赛和吉西他滨）与铂类药物（顺铂或卡铂）联用时的应答率和生存率。这项研究表明，生存率有中等程度的改善，中位生存期为7.9个月，1年生存率为33%[15]。但是，应该指出的是，最近开展的含铂双药化疗组与早期试验中的化疗相比，中位生存有所提高，很可能归因于研究人群的身体状况良好以及疾病分期的改变[16]。

直到2000年，Shepherd[17]和Fossella等学者[18]的两篇文章发表之前，二线化疗的作用还不确定。文献包括Ⅰ期和Ⅱ期试验，其中大多数试验规模很小，入组少于30名患者。此外，有关先前治疗和患者状态的详细信息通常在文章中未披露。此外，尽管报道了缓解率，但很少有研究提供中位生存期或1年生存率的情况。一篇文献综述显示，二线临床试验结果令人失望，大多数研究显示应答率低于10%，中位生存时间为4个月或更短[19]。Ⅱ期研究最常评估的药物包括长春花生物碱（长春地辛和长春瑞滨）、紫杉类（紫杉醇和多西他赛）和吉西他滨。据报道，二次二线长春瑞滨的结果参差不齐，相互矛盾。在每周使用25 mg/m^{2}或20 mg/m^{2}长春瑞滨的试验中未见反应[20-21]。然而，Sandora等[22]报道的一个只纳入10名患者的长春瑞滨小型试验中，30 mg/m^{2}剂量的应答率达到20%。几项紫杉醇的研究结果也产生了矛盾，可能部分是由于剂量和给药时间的可变性所致[19]。在一项小型研究中，在96小时内给予紫杉醇140 mg/m^2，研究观察发现患者对药物无应答[23]。在另一项24小时内给予200～250 mg/m^{2}紫杉醇的试验中有2例患者（14%）证实有部分应答，以及2例患者出现持续不到4周的额外应答[24]。在两项试验中，在1小时内使用不同剂量紫杉醇，第一项研究的13例患者中有1例（2.5%）有应答[25]，而在第二项研究中有26例患者（25%）发生应答[26]。Gridelli等学者[27]指出，在4周方案中有3周每周接受1000 mg/m^{2}吉西他滨治疗的30例患者中有6例（20%）出现部分缓解。但是，研究最广泛的药物是多西他赛。在Ⅱ期试验中给予多西他赛100 mg/（m^2·3周）的剂量，客观缓解率为15%～22%[19]。这些令人鼓舞的结果促成了入组患者两项针对多西他赛二线药物的随机研究，用于一线使用顺铂治疗的患者。（这些研究将在本章后面更详细地讨论。）

2　二线化疗

只有一项随机的Ⅲ期临床试验比较了先前接受铂类化疗的晚期NSCLC患者二线化疗加最佳支持治疗与最佳支持治疗的疗效[17]。患者PSi评分0～2，Ⅲb或Ⅳ期，具有可测量或可评估的病灶，且已接受过一种或多种铂类化疗方案的患者，被随机分配至多西他赛100 mg/m^{2}或75 mg/m^{2}加上最佳支持治疗每3周一次或仅提供最佳支持治疗。该研究的主要终点是总生存，次要终点包括客观缓解率、应答持续时间和生活质量的改变。每3周对多西他赛组中的所有患者进行评估。在随机分配的204例患者中，有104例患者被分配到多西他赛组，其中84例具有可测量的病灶，在84例中有6例（7.1%）获得部分缓解。与仅接受最佳支持治疗的患者相比，接受多西他赛治疗的患者疾病进展时间更长（10.6周vs. 6.7周，

$P<0.001$），中位生存期也更长（7.0个月vs. 4.6个月；对数秩检验，$P=0.047$）。与最佳支持治疗组相比，多西他赛剂量为75 mg/m^{2}时的差异更大（中位生存期分别为7.5个月vs.4.6个月，对数秩检验，$P=0.010$；1年生存率为37% vs. 11%，$P=0.003$）。不良事件包括发热性中性粒细胞减少，这发生在11例接受100 mg/m^{2}多西他赛治疗的患者中，其中3例死亡，以及1例使用多西他赛75 mg/m^{2}治疗的患者。多西他赛和最佳支持治疗组的3级或4级非血液学毒性（除外腹泻）的发生率相似。在这项研究中，100 mg/m^{2}的剂量中有5例与毒性相关死亡有关。其中3例死亡与多西他赛有关，另外2例死亡不能排除与多西他赛治疗相关。在该剂量下，给药中位周期数仅为2个，这其中包含10%的早期死亡率，可能是该剂量组治疗未能改善的生存率的原因。在Ⅱ阶段试验将多西他赛的剂量降低至75 mg/m^{2}时，输注有所改善，中位数为4个周期，高热性中性粒细胞减少症的比率从22%降至2%，且无毒性相关死亡。而在其他剂量为100 mg/m^{2}的Ⅱ期研究中未见到如此高的毒性相关死亡率[18-19, 28]，因此作者得出结论，仅剂量为75 mg/m^{2}的多西他赛延长了生存时间。值得注意的是，该研究的临床益处除了通过应答和生存以外还可以通过研究终点来证明。在分析麻醉药和非麻醉药镇痛效果以及对放疗的需要方面，多西他赛具有显著的积极作用。总而言之，这是第一个证明在晚期NSCLC并具有良好状态的患者中进行铂类化疗后行多西他赛75 mg/m^{2}二线化疗的证据，该方案可显著延长生存期并减轻疼痛。

上述结果得到了一项开放标签的三臂多中心随机Ⅲ期临床试验的支持，该试验针对Ⅲb或Ⅳ期NSCLC的患者含铂的治疗原进展[18]。该试验旨在比较多西他赛每3周100 mg/m^{2}和75 mg/m^{2}与长春瑞滨30 mg/m^2（在3周周期的第1、8和15天静脉给药）或异环磷酰胺2 g/m^2（在3周周期的第1～3天静脉给药）（由研究者自行决定选择药物）。患者必须具有可测量或可评估的病变，东部合作肿瘤小组（ECOG）的体力状态评分0～2。既往治疗方案的数量或既往化疗的数量没有限制。总共373名患者被随机分配到3个组，并且3组在主要的患者特征方面保持了良好的平衡。多西他赛100 mg/m^2、多西他赛75 mg/m^{2}和长春瑞滨或异环磷酰胺组的总缓解率分别为10.8%、6.7%和0.8%。接受多西他赛的患者疾病进展时间更长（$P=0.046$），并且无进展生存期更长，达到26周（$P=0.05$）。尽管3组的总生存率无显著差异，但多西他赛75 mg/m^{2}组的1年生存率明显高于对照组（32% vs. 19%，$P=0.025$）。之前对于紫杉醇的暴露即不会降低对多西他赛的应答，也不会影响生存期。作者得出结论，客观应答、无进展生存期和1年生存率的临床获益都偏向于接受多西他赛治疗的患者。两个使用多西他赛组受试者中4级中性粒细胞减少和发热高于对照组。然而，其他与治疗相关的不良事件在3个组相似。

这两项研究的结果得到了来自多个Ⅱ期研究的数据的支持，使得多西他赛已在美国FDA和欧洲药物管理局获批用于晚期NSCLC二线化疗。然而，尽管与单独使用异环磷酰胺、长春瑞滨或最佳支持治疗相比，多西他赛治疗使得1年生存期延长了10%～20%，并且生活质量得到了改善，但这些收益并不大，从而导致了对新型多靶点、抗叶酸药培美曲塞的二线评估试验。该化合物抑制胸苷酸合酶，导致嘧啶合成所需的胸苷减少[29]。作为一种也可抑制二氢叶酸还原酶和甘氨酸酰胺核糖核酸甲酸转移酶的药物，需要补充叶酸和维生素B_{12}来限制培美曲塞引起的血液学与非血液学毒性，包括中性粒细胞减少性发热。因此，每天口服0.35～1.00 mg的叶酸和每9周肌内补充1000 μg的维生素B_{12}对于控制该药物的毒性至关重要，并且已在大多数研究该药物的试验中使用[30]。培美曲塞的Ⅱ期研究在先前未经治疗的NSCLC患者中单药应答率为17%～23%[31-32]。在培美曲塞的一项Ⅱ期研究中，对于完成一线化疗后3个月内疾病进展的晚期NSCLC患者，其应答率是8.9%，中位生存期是5.7个月[33]。基于培美曲塞和多西他赛的总体生存率相似，以及培美曲塞预期更低的毒性，一项多国的Ⅲ期研究比较了这两种药物在NSCLC二线治疗中的作用。这项非劣效性研究的主要研究目的是在意向性治疗的人群中比较两个治疗组的总体生存率。次要目标是比较两个治疗组之间的毒性、应答率、无进展生存期、进展时间、治疗失败时间、反应时间、反应持续时间和生活质量。符合条件的患者必须具有0～2分的体力状态，并且以前至少接受过一种晚期NSCLC化疗方案的治疗。该研究包括571名患者，他们随机接受第1天静脉接受培美曲塞500 mg/m^{2}加维生素B_{12}、叶酸和地塞米松每21天一次，或在第1天静脉接受多西他赛75 mg/m^{2}加地塞米松每21天一次[34]。培美曲塞和多西他赛的总缓解率分别为9.1%和8.8%（P=0.105）。两组的无进展生存期均为2.9个月，中位生存期分别为8.3个月和7.9个月。每组的1年生存率是29.7%。接受多西他赛的患者更容易发生3级或4级中性粒细胞减少（P<0.001）、发热性中性粒细胞减少症（P<0.001）和感染中性白细胞减少症（P=0.004），同时多西他赛组因中性粒细胞减少而住院的频率更高（13.4% vs. 1.5%，P<0.001）。与培美曲塞相比，多西他赛组中粒细胞集落刺激因子支持的使用也更大（19.2% vs. 2.6%，P=0.001）。作者得出的结论是，对于先前行一线化疗失败的晚期NSCLC患者，培美曲塞在临床疗效上与多西他赛相当，但不良反应较少，因此应在二线NSCLC治疗中被视为标准治疗选择。

尽管这些试验的总体临床疗效良好，但并非所有患者都能从培美曲塞中受益。在对三期培美曲塞研究的回顾性分析中，Scagliotti等[35-36]发现，对于不同组织学之间的类型的治疗对于整个生存期和无进展生存期有重要的相互作用。特别是培美曲塞治疗的非鳞状肺癌患者的总生存期和无进展生存期明显比多西他赛治疗的患者更长（HR为0.78，95%CI为0.61～1.00，P=0.48）（HR为0.82，95%CI为0.66～1.02，P=0.076）。相反，培美曲塞治疗的鳞状细胞癌患者的总生存率和无进展生存期与多西他赛相比较差（总生存率：HR为1.56，95%CI为1.08～2.26，P=0.018；无进展生存期：HR为1.40，95%CI为1.01～1.96，P=0.004）。不同组织学治疗与总生存期的相互作用经检验与无进展生存期分别为P=0.001和P=0.004。这一发现证实了培美曲塞对非鳞状组织学的益处，这一结果同样得到了一线治疗和维持治疗中使用培美曲塞的研究的支持[16,37]。

虽然在试验、综述或文献的Meta分析中已经回答了一些问题[38-42]，但仍存在许多问题。两种或两种以上药物联合用药是否优于单药化疗，每周使用是否比每3周使用的方案更好？

3 化疗药的选择

对多西他赛与单药紫杉醇、吉西他滨、异环磷酰胺、长春瑞滨和培美曲塞进行比较的多项随机Ⅱ期临床试验的综述表明，在二线治疗中这些药物均不优于多西他赛[40]。在这篇综述中多个Ⅱ期随机研究没有发现，还将含铂和非铂二药方案与多西他赛进行了比较。在二线治疗中含铂双药联合优于多西他赛。4个随机研究比较了单药和非铂类两药的治疗方案，3个试验比较了多西他赛与多西他赛加吉西他滨或多西他赛加伊立替康的组合。值得注意的是，在所有试验中两种药物方案均未显示可提高生存率。此外，毒性在联合用药方案中更为常见，有时会导致毒性相关的死亡或未能改善这些不能治愈患病的症状缓解、生存期和生活质量，而症状缓解、生存期延长和患者的生活质量改善是二线治疗的主要目标[43]。同样，根据Meta分析的结果，与二线治疗中的单药培美曲塞相比，包括培美曲塞的双药治疗似乎并未改善生存率[41]。4项Meta分析提供了二线治疗时单药化疗和双药化疗方案的疗效的支持数据[39-42]。

4 化疗时间表

3项随机试验（一项Ⅱ期研究和两项Ⅲ期研究）将每周多西他赛的给药与每3周1次的经典给药方式进行了比较[44-46]。在Ⅱ期研究[44]中反应、中位生存期和1年生存率均无显著差异，但每3周一次的方案略好。同样，两项Ⅲ期研究也没有显示总体生存率或生活质量的差异[45-46]。

患者在二线治疗中应接受的化疗周期数尚有争议。因为尚未在随机试验中得出结论，所以问题还没有答案。在Shepherd等[17]和Hanna等[34]学者的试验中患者接受治疗直到疾病进展，平均治疗周期数为4。导致治疗中止的原因在文献中报道并不一致，但这很可能归因于药物相关的毒性和疾病进展。鉴于随机Ⅲ期试验的进展时间为2～3个月，对应于3或4个化疗周期，疾病进展可能是中止二线治疗的主要原因。总之，在对4项大型二线试验的Meta分析进行回顾之后，每3

周使用单药多西他赛或单药培美曲塞仍是可以接受化疗且体力状态良好患者的金标准（尚无已知的可致癌的驱动因素）。国家综合癌症网络和美国临床肿瘤学会的指南对此进行了详细的说明[47-48]。

5 三线及后线化疗

如果排除了使用靶向药物治疗的患者，对于晚期NSCLC的一线和二线化疗后接受化疗治疗患者的结局数据很少。在一项回顾性分析中，Massarelli等[49]回顾了700例患者的治疗记录，确定了接受过至少两种化疗方案的患者，其中包括至少1个疗程的铂类化疗和1个疗程的多西他赛[49]。在这项分析中，全部700例患者接受一线化疗的缓解率为20.9%，二线、三线和四线化疗的发生率分别为16.3%、2.3%和0[49]。尽管二线治疗（74.4%）高于一线治疗（62.8%）。一线至四线治疗的疾病控制率也明显降低，从最后一次化疗开始，一线或四线治疗的中位总生存期为4个月。初诊时Ⅲ期患者比Ⅳ期患者具有更长的生存期（$P=0.02$）。这些数据表明，在二线化疗之后采用目前可用的化疗治疗患者不应成为治疗的标准，并应在临床试验中探索进一步的化疗方法。

6 分子靶向药的二线治疗

首先，许多分子靶向治疗被作为二线或三线进行了研究，尤其是在没有可靠的生物标志物时候。此处，我们回顾了多种分子靶向治疗的作用及其与单药化疗比较的数据。

6.1 吉非替尼

吉非替尼，一种EGFR-TKI，是第一个在未筛选人群中作为二线或三线治疗方法的分子靶向药物。在检测*EGFR*突变之前就设计并启动了早期研究。在两项试验中，易瑞沙在晚期肺癌患者中进行了剂量评估（IDEAL Ⅰ和IDEAL Ⅱ），其主要研究目标是以两种剂量（吉非替尼250 mg/d和500 mg/d）评估肿瘤应否（IDEAL Ⅱ中肿瘤退缩）和肺癌相关症状的改善[50-51]。在这些试验中，两种剂量的治疗结果无显著差异。然而在IDEAL Ⅰ中大多数患者为日本人，两种剂量的肿瘤应答率分别为18.4%和19%。相比之下，IDEAL Ⅱ（主要基于北美人群的研究）的肿瘤应答率分别为12%和9%。这是对EGFR-TKI治疗反应种族差异的首次观察。这些试验中另一个有趣的结果是，部分患者对吉非替尼有快速而显著的反应，这一观察结果成为最终发现*EGFR*突变的基础。尽管吉非替尼对于一般未筛选人群的总体疗效相对令人失望，该药物仍于2003年5月获得FDA的加速批准，如果含铂双药和单药多西他赛治疗均失败，则允许晚期NSCLC患者接受吉非替尼治疗。但是，在2005年发表的一项大规模随机Ⅲ期研究，在未选择人群中比较了吉非替尼与安慰剂在二线或三线治疗中的结果[52]。该研究招募了1692例患者，他们既往一线或多线化疗失败。主要研究终点是总生存的吉非替尼组是5.6个月，安慰剂组是5.1个月（HR为0.89，$P=0.087$）。而亚组分析显示，非吸烟者相较于吸烟者（HR为0.67，$P=0.012$）非亚裔相较于亚裔的研究参与者（HR为0.66，$P=0.01$）有生存获益。由于这项阴性试验的结果，FDA在2005年取消了吉非替尼的应批。

许多随机研究比较了吉非替尼和多西他赛作为未选择人群的二线治疗（表45.1）。易瑞沙对比紫杉醇在NSCLC中评估反应和生存的临床试验（iressa NSCLC trial evaluating response and survival versus taxotere，INTEREST）是一项针对1433例预处理患者的非劣效性研究[53]。该研究的主要研究终点是总生存率，共同主要分析是两组之间的非劣效性，HR为1.02（95%CI为0.905～1.150）。其他3项研究具有相似的试验设计，但研究了不同种族的人群。V-15-32也是一项非劣效性研究，但未达到总体生存的主要研究终点[54]。95%CI的上限为1.40，预设上限小于1.25。对该阴性结果的解释是化疗组中接受吉非替尼作为挽救疗法的患者比例很高。吉非替尼二线适应证在NSCLC（second-line indication of gefitinib in NSCLC，SIGN）研究中的结果是在白种人中进行的，与INTEREST相似，吉非替尼和多西他赛的缓解率分别为13.2%和13.7%[55]。总生存率（研究的主要终点）也相似（7.5个月 vs. 7.1个月）。韩国的另一项研究［易瑞沙作为韩国晚期NSCLC的二线治疗（iressa as second-line therapy in advanced

NSCLC-Korea，ISTANA）］具有相似的研究设计和样本量，但与化疗（7.6%）相比，吉非替尼（28.1%）的应答率明显更高[56]。这种差异最好解释是研究人群的差异，因为韩国患者中具有*EGFR*突变的可能性更高。但是，高的肿瘤应答率并未转化为无进展生存期或总生存期的延长。这4项研究表明，在未选择人群中吉非替尼非劣效于单药多西他赛。然而，这些试验并未直接解决EGFR-TKI在已知野生型*EGFR*肿瘤患者中的作用。只有在随后的已知野生型*EGFR*肿瘤患者的研究中，EGFR-TKI在这一人群中的作用才变得清晰。

表45.1　在未选择人群中比较吉非替尼和单药多西他赛作为二线治疗的随机研究

研究	患者数量	应答率[a]（%）	无进展生存期（月）	总生存期（月）
INTEREST[46]	1466	9.1 vs. 7.6	2.2 vs. 2.7	7.6 vs. 8.0
V-15-32[47]	489	22.5 vs. 12.8	2.0 vs. 2.0	11.5 vs. 14.0
ISTANA[49]	161	28.1 vs. 7.6	3.3 vs. 3.4	14.1 vs. 12.2
SIGN[48]	141	13.2 vs. 13.7	3.0 vs. 3.4	7.5 vs. 7.1

注：[a]吉非替尼与多西他赛的反应率对比

6.2　厄洛替尼

BR.21研究是一项支持在未经选择的人群中使用厄洛替尼作为二线或三线治疗的主要研究[57]。在这项随机的Ⅲ期研究中，731名*EGFR*突变状态未知的肿瘤患者被随机分配接受厄洛替尼或安慰剂的治疗。厄洛替尼组的肿瘤应答率较低（8.9%），但有更长的无进展生存期（2.2个月vs. 1.8个月）和总生存期（6.7个月vs. 4.7个月）。这项研究确立了厄洛替尼作为全球NSCLC二线或三线治疗的标准。遗憾的是，本研究中仅有204个肿瘤样本可用于生物标志物分析[58]。这项分析表明，Kirsten大鼠肉瘤基因野生型的（Kirsten rat sarcoma，*KRAS*）肺癌患者的总生存期比*KRAS*突变肺癌患者更长，而且利用荧光原位杂交（FISH）检测*EGFR*突变阳性肺癌患者的总生存期比阴性的患者更长。另一方面，*EGFR*敏感突变并不是生存的预测因子，但这一结论可能与有限的样本量（37例患者）有关。有或没有*EGFR*突变的肺癌患者的二线厄洛替尼肿瘤应答率分别为27%和7%（HR为0.55，95%CI为0.25～1.19），但差异不显著。然而，由于这项试验中已知*EGFR*突变的患者数量很少，因此这些数据并不可靠，不太可能代表二线厄洛替尼对*EGFR*敏感突变患者的真正疗效。厄洛替尼对*EGFR*突变阳性肺癌患者的一项单臂研究显示，一线和二线治疗的有效率分别为73.5%和67.4%[59]。接受二线EGFR-TKI治疗的104名患者的中位无进展生存期为13个月，这与一线治疗没有什么不同。一线和二线治疗的总生存期也相似（28个月vs. 27个月）。因此，可以得出结论，对于出现*EGFR*突变的肺癌患者而言，二线厄洛替尼与一线厄洛替尼具有相似的疗效。

6.3　表皮生长因子受体酪氨酸激酶抑制剂在已知野生型表皮生长因子受体肺癌患者中的应用

尽管厄洛替尼已被批准作为未经选择人群的标准二线或三线治疗，但EGFR-TKI对野生型*EGFR*突变肺癌患者的作用仍存在争议。到目前，尽管BR.21研究与安慰剂相比有了阳性的数据结果，但在未经选择人群中，没有与二线化疗进行直接比较的数据。最近在已知野生型*EGFR*肺癌患者中EGFR-TKI和单药化疗的比较研究的结果对二线EGFR-TKI的临床疗效提出了质疑。一项意大利研究（TAILOR）随机安排222名野生型EGFR的肺癌患者使用单药多西他赛或厄洛替尼。接受多西他赛治疗的患者总生存期为8.2个月，接受厄洛替尼治疗的患者总生存期为5.4个月（HR为0.73，P=0.05）[60]。中位无进展生存期的差异很小（2.9个月vs. 2.4个月），多西他赛和厄洛替尼的肿瘤应答率分别为10%和3%。作者认为，对于已知野生型*EGFR*的肺癌患者，单药化疗优于厄洛替尼。

日本的一项研究随机分配300名未经选择的患者接受厄洛替尼或多西他赛（60 mg/m^2）治疗。两组之间的主要研究终点无进展生存期，数据相似（厄洛替尼2.0个月vs.多西他赛3.2个月）。对199例证实为野生型*EGFR*肺癌患者的亚组分析显示，多西他赛优于厄洛替尼（中位无进展生存期为2.9个月vs.1.3个月，HR为1.45，P=0.01）[61]。然而，两组的总生存期相似（9.0个月vs. 10.1个月）。另一项研究在157例野生型*EGFR* NSCLC患者中比较了吉非替尼和培美曲塞的疗效[62]。研究显示达到了主要终点无进展生存期（HR为0.54，培美曲塞组疗效更佳）。综上所述，3项比较EGFR-TKI和单药化疗的随机研究一致显示，化疗对已知野生型*EGFR*肺癌患者的疗效更佳。然而，这3项研究的研究范围都比BR.21研究小得多，也没有BR.21实施的严谨，因此必须谨慎解读。根据当前的指南（图45.1）开发了一种治疗路径。

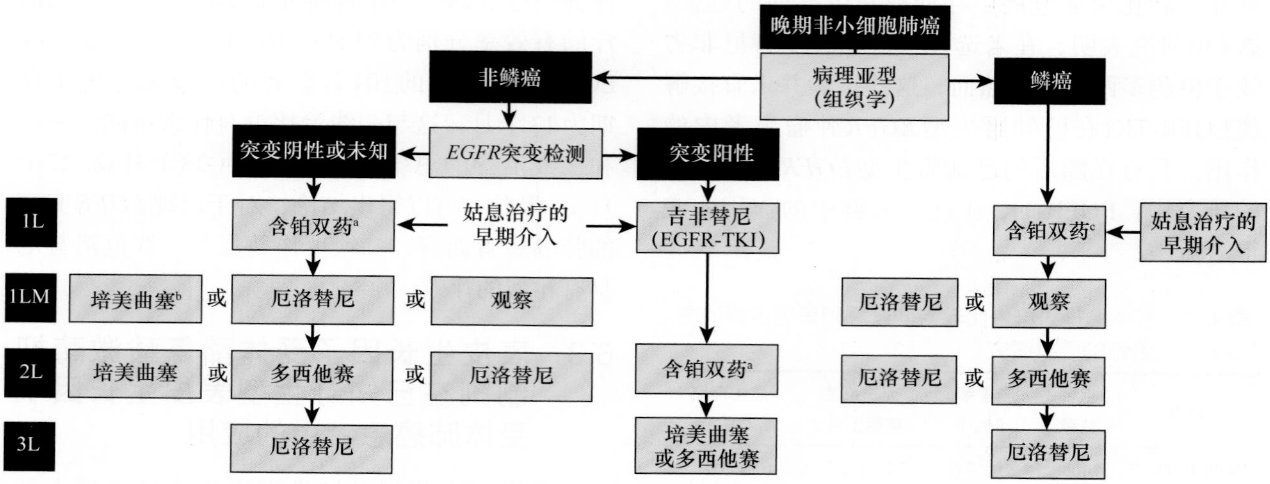

图45.1 晚期非小细胞肺癌一线［1L，1LM（维持）］、二线（2L）和三线（3L）治疗路径

随后的治疗路线假定以前没有使用过即将使用的药物；[a]包括基于培美曲塞的双药联合治疗；[b]仅在含有非培美曲塞的双药联合后维持；[c]不包括培美曲塞双药联合治疗；经许可转载自：Leighl NB. Treatment paradigms for patients with metastaic non-small cell lung cancer: First-, second-, and third-line. Curr Onco, 2012, 19 (Suppl 1): S52-58.

6.4 血管内皮生长因子抑制剂

增加抗血管生成剂可能会改善二线治疗的结果。贝伐单抗是一种抗血管内皮生长因子（VEGF）配体的单克隆抗体，它作为一线治疗被广泛研究。关于贝伐单抗作为二线或三线治疗的应用，可获得的数据有限。Herbst等[63]进行了一项小型的Ⅱ期三臂研究，在120名未经选择的患者中比较了使用或不使用贝伐单抗的二线化疗与厄洛替尼联合贝伐单抗的疗效。中位无进展生存期分别为4.8个月、3.0个月和4.4个月。贝伐单抗和厄洛替尼治疗亚组患者的总体生存率也有所改善。这项研究为随机的Ⅲ期研究提供了基础，在该研究中研究人员将厄洛替尼与厄洛替尼联合贝伐单抗的疗效进行了比较（BeTa研究）[64]。共有636例患者入选试验，试验显示联合治疗可改善无进展生存期，但两者的中位总生存期没有显著差异（9.3个月vs. 9.2个月）。这项研究结果被认为是阴性的，没有进一步的随机研究来评估在二线治疗中使用这种联合方案的疗效。

多种血管内皮生长因子受体（VEGFR）TKI被研究是否能够作为生物标志物状态未知肺癌的二线或三线治疗。其中几种VEGFR TKI可抑制VEGFR-2和（或）VEGFR-3，同时还靶向*EGFR*、RET原癌基因（*RET*）和*c-KIT*等。凡德他尼是一种小分子TKI，可抑制VEGFR、EGFR和RET，并在Ⅲ期试验中作为单一使用药物或与化疗联合进行了疗效研究。在ZEST研究中，凡德他尼作为二线或三线治疗与厄洛替尼进行了比较，两种药物的无进展生存期和总生存率相似[65]。然而，凡德他尼有更大的毒性。第二项研究（ZODIAC）比较了凡德他尼联合多西他赛和单用多西他赛的疗效[66]。联合治疗在中位无进展生存方面更有优势（4.0个月vs. 3.2个月，$P<0.0001$），但总生存期无显著差异。第3项研究（ZEAL）与ZODIAC相似，只是细胞毒性药物是培美曲塞而不是多西他赛[67]。然而，这项研究显示应答率有所改善，但在无进展生存期或总生存率方面没有差异。这3项研究的综合数据不一致，这种不一致可能是因为研究人群的高度异质性和缺乏有效的VEGF抑制的生物标志物所致。

其他VEGFR-TKI，包括索拉非尼、舒尼替尼和西地拉尼，也在随机的Ⅲ期试验中进行了研究。在MISSION研究中，索拉非尼与安慰剂作为三线或四线治疗进行了比较。这个研究的主要研究终点即总生存期没有改善（8.2个月vs. 8.3个月）。然而，无进展生存期有显著差异（2.8个月vs. 1.4个月），在亚组分析中发现一小部分*EGFR*突变阳性患者的无进展生存期和总生存期有所改善[68]。在一项随机的Ⅲ期试验中对舒尼替尼进行了研究，该研究比较了舒尼替尼联合厄洛替尼的疗效与单独使用厄洛替尼的疗效。同样，无进展生存期也有所改善（15.5周 vs. 8.7周），但总生存期没有太大差异（9个月vs. 8.2个月）[69]。在这些研究中，许多结果都提示无进展生存期的改善，表明一小部分亚组患者可能从VEGFR-TKI中获益，但受益的规模不足以对总生存期产生影响。

阿柏西普是一种抗血管生成的融合蛋白，可阻止VEGF与VEGFR结合。该蛋白由VEGFR-1、VEGFR-2和人源化免疫球蛋白G1（IgG1）单克隆抗体组成。这种药物主要是通过结合血浆中VEGF来抑制血管生成，从而验证了它的另一个名字VEGF Trap的合理性。一项大型Ⅲ期研究（VITAL）对一线化疗失败后的患者联合使用多西他赛和阿柏西普与单独使用多西他赛进行了比较。肿瘤应答率分别为23.3%和8.9%，无进展生存期也有所改善（HR为0.82，P=0.0035）[70]。然而，主要终点总生存期并没有明显改善，该药物未被批准用于NSCLC。

到目前为止，关于VEGF-TKI只有数量有限的随机Ⅲ期研究达到了延长主要研究终点总生存期。第一个研究关于尼达尼布、对于VEGFR 1～3成纤维细胞生长因子受体1～3、血小板衍生生长因子受体（platelet-derived growth factor receptor，PDGFR）-α和PDGFR-β，以及RET的多靶点抑制剂。在Lume-1研究[71]中对1314例患者使用多西他赛联合尼达尼布的疗效与单用多西他赛的疗效进行了比较。尼达尼布组的中位无进展生存期更高（3.4个月 vs. 2.7个月，HR为0.79，95%CI为0.68～0.92，P=0.0019）。鳞癌和腺癌亚组均受益。然而，只有腺癌患者的总生存期有所改善（12.6个月vs. 10.3个月，P=0.03）。另一项使用培美曲塞（LUME-2）的类似研究被提前终止。尽管随机的Ⅲ期研究显示阳性结果，但尼达尼布联合多西他赛的疗效仍存在争议。雷莫芦单抗是VEGFR-2胞外区的IgG1单克隆抗体，第2个Ⅲ期试验显示，患者在接受含铂化疗进展后，使用雷莫芦单抗联合多西他赛75 mg/m^{2}可提高晚期鳞状和非鳞状NSCLC患者的生存率。在这项含有安慰剂的对照试验（REVERE）中发现使用雷莫芦单抗的患者的中位总生存期（10.5个月vs. 9.1个月，HR为0.86，95% CI为0.75～0.98）和无进展生存期（4.5个月vs. 3.0个月，HR为0.76，95%CI为0.68～0.86）明显提高[72]。基于这些研究结果，2014年雷莫芦单抗被批准用于晚期NSCLC的治疗。

7 新靶点

7.1 第二代和第三代表皮生长因子受体抑制剂

第二代EGFR-TKI包括卡奈替尼、来那替尼、阿法替尼和达克替尼。这些不可逆三磷酸腺苷（adenosine triphosphate，ATP）竞争抑制剂与EGFR中797位的半胱氨酸残基形成共价键。它们比吉非替尼和厄洛替尼能更有效地抑制EGFR（HER1），同时也抑制其他表皮生长因子受体家族成员（如HER2和HER4）。与T790M突变相比，它们的抑制常见的*EGFR*敏感突变（外显子19 del和外显子21 L858R点突变）的药物浓度较低，因此最终筛选出具有*EGFR* T790M突变的癌细胞。在人群中，克服*T790*从突变引发耐药性所需的药物浓度会带来很大的毒性[73]。在这4种药物中，对阿法替尼的研究最深入。FDA于2013年批准将其用于治疗*EGFR*外显子19缺失或L858R点突变的转移性NSCLC患者。之所以批准阿法替尼，是因为在一项多中心、国际化、开放的随机试验中证实了其具有改善无进展生存期的疗效[74]。如前所述，在厄洛替尼、吉非替尼或两者均使用过及一二线化疗失败的晚期转移性NSCLC患者（LUX-Lung1）Ⅱb/Ⅲ期试验，以及针对吉非替尼、厄洛替尼治疗进展后的一项二期临床研究（LUX-Lung4），评估了阿法替尼在三线和四线治疗中疗效[75-76]。最近完成的一项研究比较了阿法替尼对比厄洛替尼在4个周期一线含铂化疗失败的肺鳞癌患者（LUX-Lung8）的疗效，结果显示中位无进展生存期（2.4个月vs. 1.9个月，HR为0.82，95%CI为0.68～1.00）和总生存期（7.9个月vs. 6.8个月，HR为0.81，95%CI为0.69～0.95）有明显的改善，因此阿法替尼在2016年获得药监部门批准，用于二线治疗鳞状NSCLC[77]。

达可替尼是一种pan-erb抑制剂，它不可逆地与HER家族3个激酶成员（EGFR/HER1、HER2和HER4）的ATP结构域结合。在临床前研究中，在敏感和耐药细胞系与异种移植NSCLC模型中，达可替尼显示出比吉非替尼和厄洛替尼更高的抑制HER激酶的效力和更强的抗癌活性[78]。在进展期NSCLC患者接受EGFR-TKI和（或）一个或多个化疗方案治疗后的Ⅰ期和Ⅱ期试验中，达可替尼显示出抗肿瘤活性[79-81]。一项随机的Ⅱ期开放研究比较了达可替尼和厄洛替尼在1～2个晚期疾病化疗方案都失败的晚期NSCLC患者中可观测的疗效，这些患者的ECOG状态评分为0～2[82]。研究的主要目的是比较两组患者的无进展生存期；次要目的是比较总体应答率、反应持续时间、总生存期、安全性和患者报告的与健康相关的生活质量和疾病/治疗相关的症状。在这项研究中，188名患者被随机分配，治疗组之间在临床和分子特征上几乎是均衡的。接受达可替尼治疗的患者的中位无进展生存期为2.9个月，接受厄洛替尼治疗的患者的中位无进展生存期为1.9个月（HR为0.66，95%CI为0.47～0.91，双侧P=0.012）。达可替尼和厄洛替尼的中位总生存期分别为9.5个月和7.4个月（HR为0.80，95%CI为0.56～1.13，双侧P=0.205）[82]。在探索性分析中，对于野生型*KRAS*肿瘤患者达可替尼的中位无进展生存期为3.7个月，厄洛替尼为1.9个月（HR为0.55，95%CI为0.35～0.85，双侧P=0.006）。对于同时具有野生型*KRAS*及野生型*EGFR*肿瘤的患者，达可替尼和厄洛替尼的中位无进展生存期分别为2.2个月和1.8个月（HR为0.61，95%CI为0.37～0.99，双侧P=0.43）。治疗引起的常见不良事件常表现在皮肤胃肠道方面，主要是1级和2级。使用达可替尼比使用厄洛替尼更容易发生不良反应[82]。基于上述结果，一项跨国的多中心随机双盲Ⅲ期研究，比较了达可替尼和厄洛替尼作为二线或三线治疗晚期NSCLC患者的疗效和安全性，这些患者以前至少接受过一种治疗方案（Archer研究）。尽管早期结果鼓舞人心，但在未经选择的预处理NSCLC或已知的*KRAS*野生型疾病患者中，并未发现达可替尼在改善无进展生存期方面优于厄洛替尼[83]。在一项单独的随机Ⅲ期试验（BR.26）中，尽管延缓了疾病进展（2.66个月vs. 1.38个 月，HR为0.66，95%CI为0.55～0.79），但在三线及后续治疗中达可替尼与安慰剂相比并未提高总生存期（6.83个月vs.6.31个月，HR为1.00，95%CI为0.83～1.21）[84]。在分子亚组分析中，*EGFR*突变型和*EGFR*野生型的结果相似，但*KRAS*突变型患者服用达可替尼的总生存期比野生型患者低（0.79个月vs. 2.1个月）[84]。

研发中最先进的第三代EGFR抑制剂包括AZD9291（奥希替尼）[85]、CO1686（罗西替尼）[86]和BI 1482694（奥马替尼）[87]。这些药物是为抑制*EGFR* T790突变而专门设计的。对AZD9291和CO1686的研究最为深入。奥希替尼（AZD9291）是第三代口服不可逆选择性抑制剂，针对*EGFR*敏感突变和*EGFR* T790M耐药突变，同时相对于野生型*EGFR*保持一定的选择性。Ballard等[88]在小鼠模型中研究了AZD9291的新陈代谢，发现有两种活性成分：AZ5104和AZ7550。AZ5104的效力大约是AZD9291的7倍，AZ7550的效力与AZD9291相似。对奥希替尼的研究已经在一项Ⅰ期多中心开放研究中进行，研究对象是接受EGFR-TKI治疗后的晚期NSCLC患者。在最初登记参加这项研究的60名患者中有54名亚洲人。当剂量爬坡试验时，治疗的队列中位数为3；当剂量扩展试验时，治疗的队列中位数为4[89]。所有患者都至少接受过一次EGFR-TKI治疗。在60例登记的患者中，有28例出现了T790M突变。26例可评价患者中有12例显示有效。12例T790M突变患者中有7例按RECIST标准评价有效。60例患者中有3例（5%）出现3级以上不良事件[89]。8例（13%）出现腹泻反应，8例（13%）出现皮疹反应。剂量达到80 mg/d时，未检测到剂量限制性毒性[89]。AURA扩展和AURA Ⅱ期研究的最新汇总结果显示，411例*EGFR* T790M突变阳性的NSCLC患者每天服用1次80 mg的奥希替尼，总应答率为66%（95%CI为61%～71%），中位无进展生存期为11个月（95%CI为9.6～12.4个月）[90]。基于这些结果，奥希替尼已经获批，用于治疗EGFR-

TKI治疗进展后*EGFR* T790M阳性的NSCLC患者[91]。在一项正在进行的Ⅲ期试验中，对419名在EGFR-TKI治疗后进展的*EGFR* T790M突变阳性NSCLC患者进行了奥希替尼与二线铂类化疗（AURA3）的比较，奥希替尼被证实可有效改善无进展生存期[92]，完整的研究结果将在后续公布。

在一份关于罗西替尼（CO1686）第一阶段初步评估的报告中，研究者注意到，在最初的42例患者中（以前使用治疗方案的中位数＝4），31例患者（74%）存在肿瘤T790M突变，其中95%的患者存在外显子19缺失或L858R点突变[93]。在每天2次900 mg和每天3次400 mg的剂量下，罗西替尼耐受性良好，且尚未达到最大耐受剂量。12例患者的最低血药浓度在16小时内≥200 mg/mL。在这些T790M突变的患者中，有6例患者的肿瘤缩小幅度至少为10%[93]。在这项初步研究中，CO1686的安全性似乎与第一代和第二代表皮生长因子受体抑制剂不同，42例患者中只有1名出现轻度皮疹，6例患者出现1级或2级腹泻。然而，高血糖发生率为21%[93]。基于这些结果，罗西替尼（CO1686）在EGFR-TKI治疗耐药后的T790M突变型NSCLC患者中获得突破性疗效。以前接受*EGFR*突变治疗的345例NSCLC患者的最新数据显示，T790M阳性NSCLC患者的总有效率为48%，T790M阴性患者的总有效率为33%～36%[94]。虽然有这些鼓舞人心的结果，但是罗西替尼的临床研发已经停止，原因是疗效低于预期，并且Ⅰ期和Ⅱ期试验的数据显示其有一定的不良反应。

奥马替尼（BI 1482694）在最近的EGFR-TKI耐药后有T790M突变NSCLC患者的Ⅱ期试验中显示了临床活性[95]。在每天服用800 mg奥马替尼的76例T790M$^+$患者中，出现了AE级≥3的皮疹（5%）和瘙痒（1%），其中3名患者（4%）因腹痛（n=1）、间质性肺疾病（n=1）和周围神经病变（n=1）而停止治疗。在71名可评估反应的患者中，44%的患者有明确的客观反应。在这些接受过高强度治疗的患者中反应持续时间的中位数为8.3个月（5.6至未达到），其中75%接受过不低于两次的系统治疗（包括血管内皮生长因子受体酪氨酸激酶抑制剂）[95]。基于这些令人振奋的结果，ELUXA试验计划已经启动，旨在研究奥马替尼作为单一疗法或与PD-1抑制剂、抗血管生成剂和靶向药物联合使用的治疗潜力，同时还计划进行更大规模的Ⅲ期试验。

7.2 间变性淋巴瘤激酶

携带*ALK*基因重排的晚期NSCLC约占整体的4%[96]。克唑替尼是一种口服小分子抑制剂，靶向*ALK*、*MET*和*ROS1*[97]。Ⅰ期和Ⅱ期试验报道在*ALK*阳性的晚期NSCLC患者中的客观反应率为60%[98-99]。在随机的Ⅲ期试验中，克唑替尼被证明在二线治疗中优于单药化疗[100]。最近数据显示，在*ALK*阳性NSCLC患者的早期治疗中，使用克唑替尼比含铂两药化疗的效果更佳，无进展生存期有所改善（10.9个月 vs. 7.0个月，HR为0.45，95%CI为0.35～0.60）。克唑替尼已经成为这些患者的首选治疗方法[101]。与大多数靶向治疗一样，使用克唑替尼治疗的患者也会产生耐药性。

第二代ALK抑制剂已经开发出来，旨在提高抗肿瘤活性，并为对克唑替尼产生获得性耐药性的患者提供治疗选择。一种选择性新型口服ALK抑制剂色瑞替尼（LDK378）在酶素活性实验中显示效力是克唑替尼的20倍。在Ⅰ期试验中色瑞替尼在*ALK*阳性的NSCLC患者中显示出显著的临床活性。共有130例患者参加了试验，其中68%的患者以前接受过克唑替尼治疗[102]。59例患者进入剂量递增阶段，在该阶段中每天750 mg被确定为最大耐受剂量，其余71例患者被纳入扩展队列，剂量为750 mg/d。114例NSCLC患者接受色瑞替尼（400～750 mg/d）治疗，有效率为58%。在80名克唑替尼耐药肿瘤患者中有效率为56%[102]。每日至少服用400 mg色瑞替尼的患者中位无进展生存期为7.0个月（95%CI为5.6～9.5）。最常见的不良反应是恶心（82%）、腹泻（75%）、呕吐（65%）和乏力（47%）。最常见的3级或4级不良反应是血清丙氨酸氨基转移酶升高（21%）、血清天冬氨酸氨基转移酶升高（11%）和腹泻（7%）[102]。这些结果表明，对耐药的ALK阳性NSCLC患者，色瑞替尼是一种有效且安全的ALK抑制剂。根据这项试验的最新结果，色瑞替尼被批准用于治疗在克唑替尼耐药后ALK阳性患者[103]。在最近更新的Ⅰ期试验中报道了255例患者疗效，83例以前没有接受过克唑替尼治疗的患者有效率为72%，克唑替尼耐药的183名患者有效率为56%[104]。重要的是，在确认脑转移的患者中，首次使用色瑞替尼和克唑替尼耐药患者的颅内疾病控制率分别为79%和65%[104]。以这些结果为背景，许多色瑞替尼单药或联合治疗的Ⅰ期和Ⅱ期单一试验正在ALK阳性的NSCLC患者中进行，这些试验既适用于克唑替尼耐药的患者，也适用于初次使用ALK抑制剂的人群，包括脑转移患者。

阿来替尼是另一种选择性二代ALK抑制剂，已证明对克唑替尼耐药的*ALK*重排NSCLC有效。在口服阿来替尼（每天2次，300～900 mg）的Ⅰ期剂量递增试验中，44名可评估的患者中有24例（55%）观察到客观反应[105]。在基线中枢神经系统转移的患者中（n=21），52%的患者有客观反应[105]。总体而言，阿来替尼耐受性良好，常见的不良反应是乏力（30%）、肌痛（17%）和外周水肿（15%），几乎都是1～2级[105]。根据活性、耐受性和药物药代动力学，每天2次，每次600 mg被认定为阿来替尼后续Ⅱ期试验的推荐剂量。

在第一个阿来替尼Ⅱ期单臂试验中，服用克唑替尼后病情出现进展的*ALK*阳性NSCLC患者每天服用2次，每次600 mg阿来替尼，直到病情好转、死亡或退出试验。在最初参加研究的87例患者中，33/69（48%）的患者出现了可测病灶的应答[106]。不良事件与Ⅰ期试验相似，其中便秘（36%）、乏力（33%）、肌痛（24%）和周围水肿（23%）是最常见的不良事件。3级和4级不良反应主要是血液参数的变化，包括血肌酸磷酸激酶（8%）、丙氨酸氨基转移酶（6%）和天冬氨酸转氨酶（4%）的增加[106]。在克唑替尼耐药的*ALK*阳性NSCLC的第二个更大的Ⅱ期试验中，138例患者服用600 mg阿来替尼，每天2次，其中84例（61%）存在基线中枢神经系统转移[107]。在122例可评估有效率的患者中，总有效率为50%（95%CI为41%～59%），平均有效时间为11.2个月。在35例基线可测量的中枢神经系统损害患者中，中枢神经系统控制率为83%，中枢神经系统总有效率为57%[107]。使用阿来替尼的常见不良事件与先前报道的相似。基于这些Ⅱ期试验的综合数据，阿来替尼于2014年获批，用于治疗克唑替尼耐药的*AKL*阳性NSCLC。阿来替尼目前正在进行一项随机的Ⅲ期平行对照研究，与克唑替尼进行比较，作为*ALK*阳性NSCLC（NCT02075840）治疗的一线疗法，该实验最近已接近结果，预计2017年初将有结果。

最后，布加替尼（AP26113）在ALK阳性NSCLC的Ⅰ/Ⅱ期试验中也显示出同继抗肿瘤活性，对克唑替尼耐药的患者也有作用[108-110]。晚期NSCLC的Ⅰ/Ⅱ期开放试验正在进行中，在每天服用布加替尼（30～300 mg）的患者中，对克唑替尼耐药的*ALK*阳性NSCLC患者的客观有效率为72%（51/71）[108]。在这项试验的第二阶段，发现了不同的给药方案有不同的反应，每天90 mg，每天90 mg连续7天之后每天180 mg（90 mg至＞180 mg），以及每天180 mg的服药方案的客观有效率分别为77%、80%和65%[108]。基于这些发现，目前正在进行一项随机的Ⅱ期试验，将每天90 mg与每天90 mg连续7天之后180 mg剂量方案进行比较（ALTA），最近已经报道了初步结果[110]。在参加试验的222名克唑替尼耐药的*ALK*阳性NSCLC患者中，研究人员评估了A组（90 mg，每天1次）总有效率为46%，无进展生存期为8.8个月；B组（90 mg至＞180 mg，每天1次）的总有效率为54%，无进展生存期为11.1个月[110]。在这项试验中，A组和B组的剂量减少和不良事件分别为3% vs. 6%和7% vs. 18%[110]。鉴于其更好的疗效和可接受的安全性，布加替尼的递增剂量（90 mg至＞180 mg，每天1次）将与克唑替尼进行头对头试验，用于*ALK*阳性NSCLC的一线治疗[110]。与新一代EGFR抑制剂的疗效取决于*EGFR* T790M突变存在是否有所不同，布加替尼的活性在克唑替尼耐药的*ALK*阳性NSCLC中被证实独立于继发性*ALK*突变[109]。

7.3 ROS原癌基因1受体酪氨酸激酶

约2%的肺癌患者中发现了ROS融合蛋白的存在[111]。相关研究已经证实，在NSCLC中存在几种不同的ROS原癌基因1受体酪氨酸激酶（ROS proto-oncogene 1，receptor tyrosine kinase，*ROS1*）重排，并且人们利用荧光原位杂交技术通过ROS1基因断裂探针证实了*ROS1*基因重排的存在[112]。临床前数据表明，含有ROS1重排的NSCLC可能对克唑替尼敏感。已经证明克唑替尼与ALK和ROS1都具有高亲和力，并且基于细胞的靶向抑制不同激酶靶点的分析已经表明ALK和ROS1对克唑替尼的敏感性[113-114]。发生ROS1基因重排且参加克唑替尼最初剂量递增试验（ClinicalTrials.gov标识符：NCT00585195）的肿瘤患者被纳入了扩展队列试验之中。在接受相关治疗前绝大多数患者接受过前期治疗，在研究期间他们每天2次服用克唑替尼250 mg。在*ROS1*扩展队列研究中共纳入了50例患者。其中，大多数患者没有吸烟史（78%），并且大多数患者在接受克唑替尼治疗之前均至少接受过一种标准的细胞毒性药物化疗[115]。对于整体受试者而言，总体客观有效率为72%（95%CI为58%～84%），中位客观有效持续时间为17.6个月。该研究结果显示，对于这些患者而言，克唑替尼的安全性与之前报道的ALK阳性NSCLC试验相似，且大多数与治疗相关的不良事件均轻微，可归类为1级或2级不良事件[115]。基于这些结果，克唑替尼随后于2016年获得批准以用于治疗发生ROS1重排的NSCLC患者，从而确定了第二个可以在多靶点药物克唑替尼治疗方案下获益的分子亚群。

7.4　B-Raf激酶

鼠科肉瘤病毒癌基因同源物B1（v-Raf murine sarcoma viral oncogene homolog B1，*B-RAF*）是一种能够编码B-Raf蛋白的基因。而B-Raf蛋白是一种丝氨酸/苏氨酸蛋白激酶激活的*BRAF* V600E突变在肺腺癌患者中仅占2%[116]。多种B-Raf抑制剂正处于研发之中，包括威罗非尼[117]、索拉非尼[118]、达拉非尼[119]和AZD628。其中，达拉非尼和威罗非尼已获美国FDA批准用于治疗转移性黑色素瘤。最近，研究人员在一项涉及*B-RAF*阳性NSCLC患者的Ⅱ期开放单臂研究中就每天2次且每次150 mg达拉非尼这一治疗方案的效用进行了评估，其中大多数受试者（78/84）在前期均接受过系统化治疗[120]。研究结果显示，在上述受试者中整体有效率为33%（95%CI为23%～45%），并且6名未接受治疗的患者中有4名有治疗反应[120]。尽管有这些令人鼓舞的初步结果，但是42%的受试者（35/84）出现了高频率的严重不良事件，其中包括高热（6%）、射血分数降低（2%）及肺炎（2%）[120]。毒性特征，加上NSCLC中*B-RAF*的低突变率，可能因此限制了该化合物在NSCLC中的临床应用。

7.5　KRAS

*KRAS*突变是在NSCLC患者中一种最常见的致癌突变，这种突变在肺腺癌中的发生率为20%～30%[121]。由于很难靶向抑制KRAS受体，因此相关研究大都集中在对下游通路的抑制之上[122]。其中一个途径是丝裂原活化蛋白激酶（mitogen activated protein kinase，MAPK）途径，并且MEK是MAPK激酶信号通路中的一员[123]。因此，人们正在研发相关MEK抑制剂[124]，包括司美替尼（AZD6244，ARRY142866），相关研究已经证实该药物能够有效抑制KRAS下游的MEK1和MEK2信号[125]。在一项随机Ⅱ期试验中该药物与多西他赛联合在二线应用，该研究所纳入的受试者为先前接受过化疗的ⅢB期和Ⅳ期*KRAS*突变NSCLC患者[125]。这些受试者被随机分为多西他赛加司美替尼组以及多西他赛加安慰剂组。其中，多西他赛加司美替尼组患者每3周静脉注射一次多西他赛（75 mg/m^2），外加每天2次司美替尼（75 mg）；而多西他赛加安慰剂组患者则每3周静脉注射一次多西他赛（75 mg/m^2），外加每天2次安慰剂。该研究的主要终点是总生存率，次要终点包括无进展生存期、缓解率、缓解持续时间、肿瘤大小变化、6个月无进展生存和6个月生存患者比例以及安全性和耐受性。在这项研究中纳入422例患者，103例被证实具有*KRAS*突变，87例患者被随机分配到治疗组。两组患者的基线特征（体力状态、性别和*KRAS*密码子12突变）平衡。多西他赛加安慰剂组的治疗中位疗程为4个，多西他赛加司美替尼组的治疗中位疗程为5个。最常见的3级或4级血液学毒性为中性粒细胞减少症，在接受安慰剂治疗的患者中发生率为54%，在接受司美替尼治疗的患者中发生率为67%，而发热性中性粒细胞减少症在接受安慰剂和司美替尼治疗的患者中发生率分别为0和16%。最常见的非血液学毒性在安慰剂组和司美替尼组中包括呼吸困难（分别为11%和2.3%）、痤疮样皮炎（分别为0和7%）和呼吸衰竭（分别为5%和7%）。通过比较可以看出，多西他赛加司美替尼组的总生存期较长（9.4个月 vs. 5.2个月），但组间差异无统计学意义（HR为0.8，单侧*P*＝

0.2）。除此之外，相比于多西他赛加安慰剂组，多西他赛加司美替尼组的所有次要终点都发生了显著改善，其中包括缓解率（0 vs. 37%，*P*>0.0001）和无进展生存期（2.1个月vs. 5.3个月，HR为0.58，80%CI为0.42～0.79，单侧*P*=0.013）[125]。研究人员针对EGFR-TKI治疗失败的患者进行了一项关于司美替尼联合吉非替尼250 mg的多中心非随机Ⅰ期和Ⅱ期研究（ClinicalTrials.gov标识号：NCT025114）。为评估司美替尼联合多西他赛（二线治疗方案）对*KRAS*突变局部晚期或转移性NSCLC患者的疗效和安全性，研究人员目前正在进行一项Ⅲ期双盲随机安慰剂对照研究（SELECT-1）（NCT01933932）。最近公布的一项随机Ⅱ期研究的两项子项研究结果，该研究对*KRAS*野生型或*KRAS*突变型的患者进行了司美替尼与司美替尼联合厄洛替尼的比较。在第一个子项研究中，研究人员将先前接受过治疗的*KRAS*野生型NSCLC患者随机分成两组，分别服用厄洛替尼（每天150 mg）或厄洛替尼（每天100 mg）加司美替尼（每天150 mg），该研究的主要终点为无进展生存期。而在另一个子项研究中，研究人员将*KRAS*突变型NSCLC患者随机分为司美替尼（75 mg，每天2次）或厄洛替尼（100 mg）加司美替尼（150 mg），该研究的主要终点为客观有效率[126]。这两项子项研究的结果均显示，司美替尼并不能显著改善治疗结果，其中第一个子项研究的对比的无进展生存期结果为（2.4个月vs. 2.1个月）第二个子项研究的治疗方案之间的客观有效率［0（95%CI为0～33.6%）vs. 10%（95%CI为2.1%～26%）］[126]。根据这些结果，不管KRAS状态如何，司美替尼似乎都不会增加厄洛替尼的敏感性。

7.6　MET

*c-MET*也被称为酪氨酸蛋白激酶受体或肝细胞生长因子受体。相关研究显示，*c-MET*基因在NSCLC患者的肿瘤组织中通常会发生突变[127]。人们发现，*MET*的激活能够明显上调一些EGFR配体的表达水平，并且在不同的NSCLC亚群中也会发生*EGFR*和*MET*的共同突变[128]。*MET*过表达是*EGFR*突变对EGFR-TKI获得性耐药的潜在机制之一，并且*EGFR*的野生型NSCLC细胞系通过*MET*激活可产生对厄洛替尼的耐药性。因此，*EGFR*和*MET*在肿瘤发生过程中可能存在协同作用。*MET*在结合肝细胞生长因子（又称为散射因子）时被激活，而后者正是*MET*受体的唯一配体[129]。

目前，针对*c-MET*基因的小分子TKI和单克隆抗体正在开发之中[130]，其中选择性小分子MET抑制剂tivantinib和Met单抗onartuzumab的疗效及安全性已在一项Ⅲ期研究中得到了评估。其中，对于onartuzumab而言，有一项双盲、安慰剂、随机对照试验，参加研究的晚期NSCLC患者每天连续口服厄洛替尼150 mg，每3周静脉注射一次onartuzumab 15 mg/kg，或每天连续口服厄洛替尼150 mg，每3周静脉注射一次安慰剂。该研究的纳入标准包括晚期ⅢB或Ⅳ期NSCLC，ECOG评分为2或更低，以及之前描述过1～2个系统性治疗方案（包括以铂为基础的化疗）。该研究共纳入了137例患者，然后被随机分配到onartuzumab加厄洛替尼组（69例患者）或厄洛替尼加安慰剂组（68例患者）[131]。除*EGFR*突变状态外，上述两组患者的基线特征无显著差异。该研究的主要终点是意向治疗人群和MET阳性肿瘤患者亚组的无进展生存期，其他终点包括总生存率、有效率和安全性。结果显示，意向治疗人群的无进展生存期或总体生存率没有改善。然而，免疫组化MET强阳性的肿瘤患者接受厄洛替尼联合onartuzumab治疗后，无进展生存期（HR为0.53，*P*=0.04）和总生存期（HR为0.37，*P*=0.002）均得到了显著改善。相反，对于MET阴性肿瘤（根据免疫组化染色弱或缺失）患者而言，厄洛替尼联合onartuzumab治疗后的临床结果更差[131]。随后对晚期MET阳性NSCLC患者进行了一项关于onartuzumab加厄洛替尼与安慰剂加厄洛替尼的随机双盲Ⅲ期研究（METLung）。纳入标准为患者之前的接受过1～2个系统性治疗方案（包括以铂为基础的化疗）后失败。该研究共纳入了490例受试者，并且该研究结果显示，在厄洛替尼的基础上联合使用onartuzumab可以使该类患者的总生存率提高41%。由于在试验过程中共有244例患者发生死亡，因此该研究被提前终止。中期分析显示，联用onartuzumab后患者的总生存期（6.8个月vs. 9.2个月，HR为1.27，*P*=0.068）、无进展生存期（2.7个月vs. 2.6个月，HR为0.99，*P*=0.63）或有效率（8.4% vs. 9.6%，

$P=0.63$）均没有发生改善[132]。而正在进行的基于分子亚群的探索性分析可能会解释为何这一研究结果与即往Ⅱ期试验结果不一致的原因。

目前在一项随机Ⅲ期试验中，研究人员正对tivantinib加厄洛替尼（MARQUEE试验）治疗方案进行探索。该研究共纳入了1048名患者，他们被随机分配接受tivantinib加厄洛替尼或安慰剂加厄洛替尼[133]。该研究的纳入标准包括：患者必须为非鳞状NSCLC患者，且之前至少进行一种系统性方案治疗（以铂为基础的化疗）失败。不过，需要说明的是，这项研究未能达到总生存的主要终点（tivantinib加厄洛替尼的中位数为8.5个月，安慰剂加厄洛替尼为7.8个月，HR为0.98，$P=0.81$）。不过，亚组分析显示，在50%以上肿瘤细胞中免疫染色至少有2+的MET肿瘤患者中，tivantinib加厄洛替尼趋向于对患者的无进展生存期有利（3.6个月vs. 1.9个月，HR为0.74，$P<0.0001$）[133]。

最近，相关研究显示，*MET*外显子14跳跃突变（*METex14*）是MET-TKI靶向治疗肺癌的潜在驱动因素[134-135]。在对11 205例福尔马林固定石蜡包埋肺癌标本的回顾性分析中，基于杂交捕获的综合基因组图谱显示，298例（2.7%）肺癌标本中存在*METex14*改变，包括肉瘤样癌（7.7%）、腺鳞瘤（7.2%）、组织学未明确的肺癌（3.0%）、腺癌（2.9%）、鳞状细胞癌（2.1%）、大细胞癌（0.8%）和小细胞癌（0.2%）。并且在*METex14*样本中共有24%出现腺泡征。*METex14*患者的中位年龄为73岁（范围为43～95岁），并且60%为女性。在不同组织结构的*METex14*患者中，这些患者的特征没有明显差异，在所有接受检查的肺癌样本中，2.7%的样本存在*METEX 14*改变[136]。

作为一种口服小分子抑制剂，克唑替尼能够靶向作用于*ALK*、*MET*和*ROS1*，目前该药物已被批准用于治疗*ALK*阳性和*ROS1*阳性的NSCLC。最近的相关研究显示，该药物在发生*MET*外显子14改变的NSCLC患者中也具有良好的抗肿瘤活性。一项正在进行的Ⅰ期试验（PROFILE 1001）显示，在最初接受250 mg剂量治疗的15例可评估患者中，10例患者经过RECIST标准评估获得了抗肿瘤活性[137]。与治疗相关的常见不良反应有水肿（35%）、恶心（35%）、视力障碍（29%）、心动过速（24%）和呕吐（24%），这与之前报道的*ALK*阳性和*ROS1*重排突变的NSCLC相似[137]。这些结果支持了早期关于携带*MET*14外显子位点突变患者的克唑替尼治疗的个例报道[138]，并提示有必要对该患者群体能否使用克唑替尼做进一步评估。

综上所述，尽管MET抑制剂似乎是对于包括肺癌在内的几种恶性肿瘤的一种很有前途的治疗策略，但目前尚未确定最有效的生物标志物以及最适合抗*c-MET*治疗的患者。

8 热休克蛋白90抑制剂

热休克蛋白90（heat shock protein 90，HSP90）是细胞内具有分子伴侣功能的一类蛋白质，并且在NSCLC患者中这些蛋白被认为是一类重要的致癌因子，并被认为是癌细胞生长和存活的关键[139]。当前，人们正在进行一系列第二代非格尔德霉素HSP90抑制剂的研发工作，其中包括AUY922[140]和ganetespib[141]。其中，一项针对晚期实体瘤的Ⅰ期研究结果显示，AUY922的Ⅱ期研究推荐剂量为70 mg/m^2[140]。一项Ⅱ期研究对AUY922进行了探讨[142]，所纳入的受试者为以前接受过治疗的晚期NSCLC患者[142]。先前至少2次化疗失败，AUY922剂量为70 mg/m^2，每周1次，每次1小时。所纳入患者被分为以下4个组，分别为*EGFR*型突变型、*KRAS*突变型、*ALK*重排型和*EGFR/KRAS/ALK*野生型。该研究共纳入112例患者，有35例（31%）患者为*EGFR*突变患者，14例（12%）患者为*ALK*阳性肿瘤患者，31例（28%）患者为野生型*EGFR/KRAS/ALK*患者，其中大多数患者之前已经接受过3种或3种以上的系统性化疗。研究结果显示，患者最常见的不良反应为腹泻、视力障碍和恶心。根据RECIST标准，33例*EGFR*阳性肿瘤患者中有6例（18%）、8例*ALK*阳性肿瘤患者中有2例、30例野生型*EGFR/KRAS/ALK*肿瘤患者中有4例、26例*KRAS*阳性肿瘤中0例对上述治疗方案具有良好的响应性[142]。

一项Ⅰ期研究结果显示，ganetespib对于先前治疗失败的晚期NSCLC患者具有良好的安全性和单药活性[141]。为进一步验证多西他赛和ganetespib是否具有临床协同作用，研究人员进行了一项旨在评估多西他赛加或不加ganetespib的随机开放标签Ⅱ期研究。该项研究所纳入的受试者为体力状态良好的晚期肺腺癌患者，并且该类患者之前均接受过一次系统性治疗。该研究所采用的治疗方案如下所示：对照组，多西他赛75 mg/m^2，第1天，每3周1次；试验组，ganetespib 150 mg/m^2，第1、15天静脉滴注，3周为1个疗程[143]。这项研究的共同主要研究终点是血清乳酸脱氢酶水平升高或有*KRAS*突变的肿瘤患者的无进展生存期。在最初入组的225名患者中，多西他赛联合ganetespib的中位治疗时间是5个周期，而多西他赛组是4个周期。中性粒细胞减少、疲劳、腹泻和发热是最常见的不良反应。根据初步实验数据，多西他赛联合ganetespib的总生存（HR为0.69，90%CI为0.48～0.99，P=0.093）和无疾病进展生存（HR为0.7，90%CI为0.93～0.94，P=0.012）好于对照组[143]。由于在试验早期发现的非腺癌咯血的风险增加，所以试验随后入组仅限于腺癌患者。最终分析中虽然乳酸脱氢酶升高亚组（HR为077，P=0.1134）或*KRAS*突变亚组（HR为1.11，P=0.3384）没有改善，但意向治疗人群（n=253）中无进展生存期获益仍是趋向于联合治疗（HR为0.82，P=0.078），总生存率差异无统计学意义（HR为0.84, P=0.11）[144]。目前正在计划开展一项多西他赛联合ganetespib针对确诊6个月以上的肺腺癌患者疗效的Ⅲ期研究，这基于GALAXY-1中既往研究亚组联合治疗的获益。鉴于这些结果和其他结果，初步数据表明，第二代HSP90抑制剂在晚期NSCLC中值得进一步被研究。

9 免疫检查点抑制剂

许多遗传和表观遗传改变是大多数癌细胞固有的，并为免疫宿主系统提供可以识别的肿瘤相关抗原，从而使肿瘤发展出特定的免疫耐药机制。其中一个重要的免疫耐药机制涉及免疫抑制途径，被称为免疫检查点，其作用通常为介导免疫耐受和减轻组织损伤[145]。

10 溶细胞性T淋巴细胞相关抗原4

伊匹单抗是一种完全人源化的单克隆抗体，专门阻断T细胞受体细胞毒性T淋巴细胞相关抗原4（T-cell receptor cytotoxic T-lymphocyte associated antigen 4，CTLA-4）与其配体CD80（B7-1）和CD86（B7-2）的结合[146-147]。这种阻断增强了T细胞的活化和增殖，从而导致T细胞对肿瘤的浸润和肿瘤消退[148]。早期的临床试验显示了伊匹单抗在泛癌种的活性[149-150]。在免疫检查点抑制剂中，伊匹单抗首先被证实了在经治和初治的转移性黑色素瘤患者中使得总生存率有显著改善[151-152]。为了评估伊匹单抗在肺癌患者中的活性，Lynch等[153]在未接受化疗的NSCLC患者中进行了一项随机Ⅱ期三臂研究。患者被随机分配接受卡铂和紫杉醇联合安慰剂或两种不同剂量的伊匹单抗。第一种是同时使用伊匹单抗（4个周期伊匹单抗加紫杉醇和卡铂，之后是2个周期安慰剂加紫杉醇和卡铂）或阶段使用伊匹单抗（2个周期安慰剂加紫杉醇和卡铂，之后是4个周期伊匹单抗加紫杉醇和卡铂）。治疗间隔为3周，共计18周。符合条件的患者每12周继续使用伊匹单抗或安慰剂作为维持治疗。使用免疫相关反应标准和修改后的世界卫生组织标准评估疗效，主要终点为免疫相关无进展生存期。与对照组相比，阶段使用伊匹单抗达到了主要研究终点（HR为0.72，P=0.05），而同时应用伊匹单抗组无进展生存期差异没有统计学意义（HR为0.81，P=0.13）[153]。根据修订的世界卫生组织标准，阶段使用伊匹单抗也获得无进展生存期的获益（HR为0.69，P=0.02）。阶段使用伊匹单抗、同时使用伊匹单抗以及对照组的3～4级免疫相关不良事件的总发生率分别为15%、20%和6%[153]。基于以上研究结果，最后开展了一项随机、多中心、双盲的Ⅲ期试验，比较了伊匹单抗加紫杉醇和卡铂与安慰剂加紫杉醇和卡铂在Ⅳ期化疗无效或复发的鳞状NSCLC患者中的疗效（ClinicalTrials.gov标识符：NCT01285609）。在晚期NSCLC的开放标签Ⅱ期研究中，与CTLA-4具有高亲和力的IgG2抗体tremelimumab也获得了5%的客观反应率[154]。tremelimumab正在与其他靶向药物和免疫治疗联合应用，包括以下列出的检查点抑制剂。

11 抗程序死亡-1和程序死亡-1配体

PD-1是由活化的T细胞表达的关键免疫检查

点受体，介导免疫抑制。PD-1主要在外周组织中起作用，因为T细胞可能遇到由肿瘤细胞、基质细胞或两者表达的免疫抑制性PD-1配体（PD-1 ligand，PD-L1）[155-156]。抑制PD-1与PD-L1的相互作用可以增强体外T细胞反应，介导临床前抗肿瘤活性[157-158]。许多PD-1和PD-L1抑制剂在进行临床应用或临床前研究，包括PD-1抑制剂纳武单抗和帕博利珠单抗（MK3475），以及PD-L1抑制剂德瓦鲁单抗（MEDI4736）、阿特利珠单抗（MPDL3280A）、amplimmune（AMP-224）和BMS-936559。在一项剂量递增研究中，抗PD-1单克隆抗体纳武单抗（BMS936558）在39例晚期实体肿瘤患者中使用，显示出良好的安全性，并提供了临床活性的初步证据[159]。之后的一项多剂量水平的研究显示，在8周的治疗中每2周静脉注射一次纳武单抗，并且患者接受治疗长达2年，有相当比例的NSCLC、黑色素瘤或肾细胞癌患者都观察到了客观反应，并在所有剂量水平上都有表现。在肺癌患者中，在1.0，3.0或10.0 mg/kg剂量下观察到14例患者出现客观反应，应答率分别为6%、32%和18%。在所有NSCLC组织学类型中观察到客观反应，包括18例鳞状细胞肿瘤患者中有6例（33%），56例非鳞状肿瘤患者中有7例（12%），2例未明确具体类型的肺癌患者中有1例。对42例患者的61例治疗后肿瘤标本进行PD-L1表达分析，25例IHC的PD-L1表达阳性。在这25例患者中9例有客观反应，而17例PD-L1阴性肿瘤患者没有客观反应，提示通过IHC检测PD-L1表达可能是疗效预测的生物标志物。在Ⅰ期剂量递增和扩展研究中，127例NSCLC患者接受了纳武单抗治疗，122例患者可评估反应，根据RECIST标准，20例（16%）患者存在客观反应。虽然所有组织学亚型都存在客观反应，但在鳞状NSCLC患者中更常见，18例鳞状肿瘤患者中有6例（33%）和56例非鳞状肿瘤患者中有7例（12%）有效。在所有NSCLC组织学类型和剂量评估中，2年的反应率为26%，提示在经过治疗的人群中可获得有持久的反应[160]。在随后的开放标签Ⅲ期试验中，对在一线化疗后进展的鳞状NSCLC患者（Checkmate 017），纳武单抗相比于多西他赛改善了总生存期（9.2个月 vs. 6.0个月，HR为0.59，95%CI为0.44～0.79），纳武单抗和多西他赛的1年应答率分别为42%和24%[161]。此外，纳武单抗比多西他赛耐受性更好，3～4级治疗相关不良反应分别为7%和55%[161]。在另一项开放标签的随机Ⅲ期试验中，纳武单抗和多西他赛在前期化疗后出现进展的非鳞状组织学患者中获得了相似的结果[162]。纳武单抗相比于多西他赛，其中位总生存期更好（12.2个月 vs. 9.4个月，HR为0.73，95% CI为0.59～0.89），纳武单抗或多西他赛治疗的患者的1年生存率分别为51%和39%。在肺鳞癌患者中纳武单抗在二线治疗中比多西他赛有更好的耐受性，3～4级治疗相关毒性的发生率较低（10% vs. 54%）[162]。根据Checkmate 017和Checkmate 057的结果，纳武单抗在鳞状或非鳞状组织学患者治疗中都获得了批准。

人源化IgG4抗PD-1单克隆帕博利珠单抗（MK3475）在进行的Ⅰ期试验（KEYNOTE-001，NCT01295827）中显示了其安全性和有效性。38例鳞状或非鳞状NSCLC患者使用帕博利珠单抗治疗的早期临床疗效和安全数据显示，总的应答率为24%（9例）。PD-L1高表达患者的总体应答率接近70%，而低表达率患者的应答率较低[163]。为了确定和验证PD-L1表达水平与对帕博利珠单抗的反应有关，Ⅰ期试验被扩大为包括一个实验组（n=182）或一个验证组（n=313），剂量采用2 mg/kg或10 mg/kg（每3周）或10 mg/kg（每2周）。在所有肿瘤样本中评估PD-L1的表达，并报告PD-L1细胞染色的百分比（比例评分）。所有NSCLC患者对帕博利珠单抗的总体应答率为19.4%[8]。在实验组中，50%的比例评分被确定为帕博利珠单抗敏感性的阈值。在验证队列中，比例评分至少为50%的患者中有45.2%对帕博利珠单抗有反应，从而支持高PD-L1蛋白表达作为帕博利珠单抗敏感性的生物标志物。此后，基于配对诊断PD-L1 IHC 22C3 pharmDx试验，帕博利珠单抗在肿瘤表达PD-L1的晚期NSCLC患者中获得了批准。

阿特利珠单抗是一种IgG1抗体PD-L1抑制剂，在一项85例NSCLC患者的Ⅰ期试验中总体应答率为23%，只有11%的药物相关的3级或4级不良事件。大多数反应在14周内可以观察到，所有有反应的患者都完成了1年的治疗没有疾病进展[164-165]。随后进行了一系列对阿特利珠单抗的研究，包括在既往治疗进展晚期NSCLC患者的Ⅱ期研究、在PD-L1表达阳性选定患者中的单臂试验（NCT01846416）以及阿特利珠单抗与紫杉醇对比的与PD-L1状态无关的随机对照试验（POPLAR），该试验进行了前瞻性评估并治疗了分层因素（NCT01903993）。在经PD-L1状态筛选的205/1009例单臂试验（BIRCH）中，先前未治疗的患者（*n*=142）、化疗失败后接受二线阿特利珠单抗治疗且PD-L1在肿瘤细胞（TC3）或肿瘤浸润免疫细胞（IC3）上的表达评分最高的患者（*n*=271），以及接受三线阿特利珠单抗治疗（*n*=254）的患者，应答率分别为29%、27%和25%[9]。在随机试验中，与二线多西他赛相比，阿特利珠单抗在整个研究队列中整体生存率都有所改善（12.6个月vs. 9.7个月，HR为0.73，95%CI为0.53～0.99）[166]。在本试验中阿特利珠单抗的疗效与PD-L1的表达有关，在PD-L1表达较高的患者获益更大（TC3/IC3 HR为0.49，TC2/TC3和IC2/IC3 HR为0.54，TC1/TC2/TC3或IC1/IC2/IC3 HR为0.59）[166]。在两个Ⅱ期试验中，阿特利珠单抗的安全性与其他检查点抑制剂相当。阿特利珠单抗在2015年获得了用于PD-L1表达阳性NSCLC在一线化疗后进展患者的治疗推荐。目前正在进行的阿特利珠单抗试验包括与多西他赛单药对比的作为二线治疗的一项Ⅲ期随机试验，以及联合靶向药物如厄洛替尼和阿来替尼（NCT02013219）及与化疗联合（NCT02813785）的Ⅰ期研究。德瓦鲁单抗（MEDI4736）是PD-L1的IgG4抗体，也已在晚期实体恶性肿瘤患者中进行了评估，包括NSCLC。在第一阶段剂量递增试验中，对晚期实体恶性肿瘤患者每2周进行0.1～10.0 mg/kg剂量的德瓦鲁单抗和每3周进行15 mg/kg剂量的德瓦鲁单抗的评估[167]。但没有确定任何一种方案的剂量限制毒性或最大耐受剂量。参加试验的26名患者的治疗相关不良事件发生率为34%，均为1级和2级。在26例接受治疗患者中，观察到4例部分缓解（3例NSCLC，1例黑色素瘤）[167]。在纳入扩展队列的198例NSCLC患者（82例鳞癌，116例非鳞癌）中使用剂量为10 mg/kg（每2周），药物相关不良事件发生率为48%，包括疲劳（14%）、食欲下降（9%）和恶心（8%）[168]。在149例可评估患者中（＞24周随访），所有患者的总反应率为14%，使用Ventana PD-L1 IHC（SP263）检测肿瘤为PD-L1阳性的患者反应率为23%。值得注意的是，鳞癌患者的总体反应率（21%）高于非鳞癌患者（10%）[168]。一项仅限于PD-L1阳性NSCLC患者的单臂Ⅱ期试验（ATLANTIC）目前正在进行（NCT02087423），以评估德瓦鲁单抗三线治疗的疗效。在一项随机Ⅲ期试验中评估了单用德瓦鲁单抗，以及联合使用抗CTLA-4药物tremelimumab（ARCTIC）与标准二线治疗失败后PD-L1阳性NSCLC患者的标准治疗的疗效对比（NCT02352948）[169]，并在一项Ⅰ期研究中对先前治疗过的*EGFR*突变NSCLC患者进行了与吉非替尼联合（NCT02088112）的疗效评估[170]。

12 结论

许多正在进行的Ⅱ期和Ⅲ期临床试验直接比较或包含了这些新的疗法，特别是免疫检查点抑制剂正在与化疗、其他靶向分子和免疫检查点联合（表45.2）。因此，在二线治疗中对新疗法的评估变得非常激烈和复杂。这些试验的结果将有助于我们了解肺癌的分子病因、进展以及耐药的生物学机制，并为我们提供下新靶点。最终，这种积极的研究将使患者的生存和预后获得显著改善。

表45.2 在非小细胞肺癌患者中正在进行的直接或联合新的治疗方式与标准铂类方案比较的Ⅱ期和Ⅲ期临床试验

阶段	实验设计	治疗方案	治疗线数	发起者	临床试验编号
Ⅱ期	随机，开放标签，双臂	贝伐单抗＋培美曲塞 vs. 培美曲塞	二线（多西他赛、卡铂和贝伐单抗一线）	Milton Hershey Medical Center	NCT00735891
Ⅲ期	随机，双盲，双臂	多西他赛＋雷莫芦单抗 vs. 多西他赛＋安慰剂	二线	Eli Lilly and Co.	NCT01168973

续表

阶段	实验设计	治疗方案	治疗线数	发起者	临床试验编号
Ⅲ期	随机，开放，双臂	培美曲塞 vs. 厄洛替尼	二线	NCI	NCT00738881
Ⅱ期	随机，开放，三臂	培美曲塞 vs. 舒尼替尼 vs. 培美曲塞＋舒尼替尼	二线	NCI	NCT00698815
Ⅰb/Ⅱ期	随机，开放标签	甲磺酸伊布林＋培美曲塞 vs. 培美曲塞	二线	NCI	NCT01126736
Ⅱ期（TARGET）	随机，开放，三臂	EC145 vs. EC145＋多西他赛 vs. 多西他赛	二线（患者叶酸受体阳性＋＋）	Merck Sharp and Dohme Corp	NCT01577654
Ⅱ期（TASLISMAN）	随机，开放，双臂	厄洛替尼 vs. 厄洛替尼间歇给药＋多西他赛	二线（患者为男性、既往吸烟）	Hoffman-La Roche	NCT01204697
Ⅱ期	随机，开放，双臂	苏拉明＋多西他赛 vs. 多西他赛	二线	University of Wisconsin	NCT01671332
Ⅲ期	随机，开放，双臂	聚谷氨酸紫杉醇（CT-2103）vs. 多西他塞	二线	Cell Therapeutics	NCT00054184
Ⅲ期（SUNRISE）	随机，双盲，双臂	巴维妥昔单抗＋多西他赛 vs. 多西他赛＋安慰剂	二线	Peregrine Pharmaceuticals	NCT01999673
Ⅲ期	随机，开放，双臂	Custirsen（TV-1011/OGX-011）vs. 多西他赛	二线	Teva Pharmaceuticals	NCT01630733
Ⅱ期	随机，开放，双臂	GSK1120212 vs. 多西他赛	二线（患者*KRAS*、*NRAS*、*BRAF*或*MEK1*突变	GlaxoSmithKline	NCT01362296
Ⅱ期	随机，开放，双臂	吉非替尼 vs. 培美曲塞	二线	Gachon University Gil Medical Center	NCT01783834
Ⅲ期	随机，开放，双臂	紫杉醇＋贝伐单抗 vs. 多西他赛	二线/三线	Intergroupe Francophone de Cancerologie Thoracique	NCT01763671
Ⅱ期	随机，开放，双臂	培美曲塞＋（卡铂或顺铂）＋厄洛替尼 vs. 培美曲塞＋（卡铂或顺铂）	二线	Vanderbilt-Ingram Cancer Center	NCT01928160
Ⅱ期	非随机，开放，双臂	Vorinostat（SAHA，Zolinza）vs. 硼替佐米（PS341，Velcade）	三线	University of Wisconsin	NCT00798720

注：*BRAF*，v-Raf小鼠肉瘤病毒癌基因同源物B；*KRAS*，V-Ki ras2 Kirsten大鼠肉瘤病毒癌基因同源物；*MEK1*，双特异性丝裂原活化蛋白激酶1；*NRAS*，神经母细胞瘤RAS病毒癌基因同源物

感谢

Goss博士对研究助理Johanna Spaans和行政助理Valerie Smaglinskie在起草本章中的支持表示感谢。

（马 晴 马 力 译）

主要参考文献

8. Garon EB, Rizvi NA, Hui R, et al. Pembrolizumab for the treatment of non-small cell lung cancer. *N Eng J Med.* 2015;372:2018–2028.
10. Gettinger S, Rizvi N, Chow LQ, et al. Nivolumab monotherapy for first-line treatment of advanced non-small cell lung cancer. *J Clin Oncol.* 2016;34(25):2980–2987.
17. Shepherd FA, Dancey J, Ramlau R, et al. Prospective randomized trial of docetaxel versus best supportive care in patients with non-small-cell lung cancer previously treated with platinum-based

chemotherapy. *J Clin Oncol*. 2000;18:2095–2103.

34. Hanna N, Shepherd FA, Fossella FV, et al. Randomized phase Ⅲ trial of pemetrexed versus docetaxel in patients with non-small-cell lung cancer previously treated with chemotherapy. *J Clin Oncol*. 2004;22(9):1589–1597.
37. Ciuleanu T, Brodowicz T, Zielinski C, et al. Maintenance pemetrexed plus best supportive care versus placebo plus best supportive care for non-small cell lung cancer: a randomised, double-blind, phase 3 study. *Lancet*. 2009;374:1432–1440.
57. Shepherd FA, Rodrigues PJ, Ciuleanu T, et al. Erlotinib in previously treated non-small-cell lung cancer. *N Engl J Med*. 2005;353:123–132.
71. Reck M, Kaiser R, Mellemgaard A, et al. Nintedanib (BIBF 1120) + docetaxel in NSCLC patients progressing after one prior chemotherapy regimen: LUME-Lung 1, a randomized, double-blind, phase Ⅲ trial. ASCO; 2013. abstr # LBA 8011.
72. Garon EB, Ciuleanu TE, Arrieta O, et al. Ramucirumab plus docetaxel versus placebo plus docetaxel for second-line treatment of stage Ⅳ non-small-cell lung cancer after disease progression on platinum-based therapy (REVEL): a multicentre, double-blind, randomised phase 3 trial. *Lancet*. 2014;384(9944):665–673.
77. Soria JC, Felip E, Cobo M, et al. Afatinib versus erlotinib as second-line treatment of patients with advanced squamous cell carcinomas of the lung (LUX-lung8): an open-label randomised controlled phase 3 trial. *Lancet Oncology*. 2015;16:897–907.
83. Ramalingham SS, Janne PA, Mok T, et al. Dacomitinib versus erlotinib in patients with advanced-stage, previously treated non-small cell lung cancer (ARCHER 1009): a randomized double-blind, phase 3 trial. *Lancet Oncology*. 2014;15(12):1369–1378.
100. Shaw AT, Kim DW, Nakagawa K, et al. Crizotinib versus chemotherapy in advanced *ALK*-positive lung cancer. *N Engl J Med*. 2013;368:2385–2394.
111. Bergethon K, Shaw AT, Ou SHI, et al. ROS1 rearrangements define a unique molecular class of lung cancers. *J Clin Oncol*. 2012;30(8):863–870.
115. Shaw AT, Ou SHI, Bang YJ, et al. Crizotinib in ROS1–rearranged non-small cell lung cancer. *N Engl J Med*. 2014;371(21):1963–1971.
120. Planchard D, Kim TM, Mazieres J, et al. Dabrafenib in patients with BRAF v600e-positive advanced non-small cell lung cancer: a single-arm, multicentre, open-label, phase 2 trial. *Lancet Oncol*. 2016;17:642–650.
135. Awad MM, Oxnard GR, Jackman DM, et al. MET exon 14 mutations in non-small cell lung cancer are associated with advanced age and stage-dependent MET genomic amplification and c-MET overexpression. *J Clin Oncol*. 2016;34(7):721–730.
136. Ou SHI, Frampton GM, Suh J, et al. Comprehensive genomic profiling of 298 lung cancer of varying histologies harbouring MET exon 14 alterations. *J Clin Oncol*. 2016;34(suppl 15). [abstr 9021].
137. Drilon AE, Camidge DR, Ou SHI, et al. Efficacy and safety of crizotinib in patients (pts) with advanced MET exon 14-altered non-small cell lung cancer. *J Clin Oncol*. 2016;34(suppl). [abstr:108].
161. Brahmer J, Reckamp KL, Bass P, et al. Nivolumab versus docetaxel in advanced squamous-cell non-small cell lung cancer. *N Engl J Med*. 2015;373:123–135.
162. Borghaei H, Paz-Ares L, Horn L, et al. Nivolumab versus docetaxel in advanced nonsquamous non-small cell lung cancer. *N Engl J Med*. 2015;373(17):1627–1639.

获取完整的参考文献列表请扫描二维码。

第46章 非小细胞肺癌的维持化疗

Maurice Perol, Heather Wakelee, Luis Paz-Ares

要点总结

- 维持治疗为延缓疾病进展和症状恶化继续积极治疗提供了可能性，更重要的是改善了已经接受诱导化疗的晚期NSCLC患者的总生存率。
- 维持治疗的目标人群是通过诱导化疗以最小累积毒性实现了客观缓解或疾病稳定的患者。
- Meta分析和患者偏好支持在晚期NSCLC中使用维持治疗。
- 与所获得的获益相比，维持化疗不会损害患者的生活质量，也不会产生额外成本。
- 除现有已知驱动基因突变的靶向药物外，目前尚无可预测的生物标志物来选择更好的药物进行维持化疗。
- 在这一背景下，免疫疗法及其他药物是否给患者带来新的治疗机会成为研究的一项重点。

长期以来，人类一直致力于控制NSCLC，可是结果仍然不容乐观，但自21世纪以来，这种疾病的治疗选择已经取得了实质性进展。最引人注目的进展是与识别分子变化相关的治疗方法，这些分子变化对许多患者来说是所谓的恶性肿瘤驱动因素，仅优化化疗给药方式，特别是维持治疗，也能提高患者的生存率。

维持治疗的理念最初并不被接受，因为在21世纪初发表的几项研究表明，以铂类为基础的两药联合方案化疗4个周期后继续化疗并不会带来明显的生存优势，但却会带来进行性的毒性反应[1-2]。约在同一时间，研究证明了二线化疗的有效性，最显著的是多西他赛[3-4]。对这些结果的整体解释导致了标准的治疗范例，即以铂类为基础的两药联合化疗4个周期（对于有反应的患者为6个周期），随后是直到病情进展为止的治疗假期，此时提供标准的二线化疗。人们普遍认为，患者将从化疗的治疗间歇期间受益，并且密切监测将为患者提供未来治疗获益的机会。

随着新药的开发，这种方法受到了质疑。例如，某些新的化疗药物（如培美曲塞）可以连续给药，而带来的长期毒性如神经毒性的风险较低，神经毒性限制了其他药物如紫杉烷类[5]的长期使用。此外，靶向药物治疗的时代开启，几乎所有这些药物（如贝伐单抗、厄洛替尼和吉非替尼）可以持续给药直到疾病进展。

维持治疗目前被定义为持续或换药治疗模式。同药维持，作为一线的联合治疗药物中的一种或两种药物在4～6个周期后继续治疗。这并不是一个全新的理念，因为它曾经在20世纪80年代开始的几项试验中进行了广泛的研究，但直到2006年，贝伐单抗获批在维持治疗中应用[6]。最近，数据推荐在以铂为基础的两药联合治疗4个周期后给予培美曲塞延续维持治疗，这进一步推进了维持治疗模式转变[7]。但并不推荐使用吉西他滨延续维持治疗。

转换维持治疗的概念是最近才出现的，是在无疾病进展的情况下两药联合化疗4～6个周期后转换到另一个药物（即非一线治疗方案中的药物）维持治疗。明确的数据支持培美曲塞和厄洛替尼作为转换维持治疗[8-9]，但使用多西他赛的证据不足[10]。对此是有争议的，这种方法可以简单地被认为是提早开始二线治疗。虽然这些药物在这种情况下进行了研究，即培美曲塞、厄洛替尼和多西他赛都是公认的二线治疗药物，但用于客观缓解或疾病稳定的患者一线化疗完成后和用于疾病进展后的患者在生物学疗效上是不同的。因此，提早进行二线治疗是不正确的，不应使用。

在不能手术的NSCLC患者（sequential tarceva in unresectable NSCLC，SATURN）和JMEN试验中进行维持治疗的结果，推动了维持治疗写入诊疗指南并于2011年颁布[11-12]，提高了对这种治疗方法优势的认识。这一领域的临床研究有助于证明，二线化疗随后被给予约2/3的患者，这些患者在疾病稳定后有4～6个化疗周期的治疗间隙期[10, 14]。维持治疗，无论是继续同药维持治疗还是转换维持治疗，都会改善NSCLC患者的生存率。

1 维持治疗的发展史

1989年，一项评估稳定疾病患者延长化疗时间超过2或3个周期四药联合治疗方案（甲氨蝶呤、多柔比星、环磷酰胺和洛莫司汀）的研究发现，延长疗程没有益处[15]。这项研究规模不大，74名患者被随机分配到维持化疗或非维持化疗，结果显示维持化疗的总生存期延长了近4个月，无显著差异，对延长一线化疗或维持治疗的运用产生了质疑[15]。尽管存在这种不确定性，患者和医生似乎都倾向于继续治疗，如在一项随机试验中很难招募到丝裂霉素C、长春碱和顺铂6个疗程和同方案3个周期后进行观察对比的患者。作者注意到大多数拒绝参加研究的病例拒绝的原因是更愿意维持治疗[16]。然而，尽管有这种挑战，但仍完成了试验而且显示出长期化疗没有改善患者生存率，并且证明了会增加疲劳和其他类型的毒性，进一步支持了考虑继续联合细胞毒性药物化疗时少即是好的观点[2]。当时，用于一线治疗周期数不同，化疗药物也不同。

Socinski等[1]在2002年公布了一项实践改变试验的结果。这项试验的主要方案是卡铂和紫杉醇，基于在美国和欧洲进行的多中心Ⅲ期临床研究结果证明了该方案的耐受性和有效性[17-20]。所有患者均接受4个周期化疗，卡铂（AUC＝6）和紫杉醇（200 mg/m^2）21天1个周期，每2个周期后进行疾病评估。试验中一组患者在4个周期后中断治疗，每6周进行一次进展评估，另一组患者每3周接受一次化疗，直到疾病进展或决定结束治疗。按照计划所有的病例都要接受二线治疗，在病情进展时每周给予紫杉醇（80 mg/m^2）。1998—1999年共有230例患者入组。两组的应答率分别为22%和24%，继续接受化疗的患者在4个周期后没有额外的反应。中位生存时间分别为6.6和8.5个月，但差异无统计学意义（P＝0.63）。值得注意的是，45%的患者接受了二线化疗，接受持续化疗的患者多于获得治疗间隙期的患者。毒性尤其是神经病变在接受持续化疗的患者中较高，但两个治疗组之间的生活质量没有明显差异。该试验得出的结论是，以铂类为基础的两药联合方案超过4个周期并不能提高生存率，还可能导致毒性增加[1]。因此，标准实践转向这种方法，为有反应的患者提供额外的2个周期的治疗。由此，以铂类为基础的两药联合方案化疗4～6个周期，然后是治疗间隙期，成为标准方法。随后的两项研究探讨了一线化疗4个周期与6个周期的问题，但都未能显示出额外2个周期的明显获益，因此支持一线两药联合方案化疗4个周期作为标准治疗的方法[21-22]。

另一项同期Ⅲ期研究比较了3个周期与6个周期的卡铂（相当于AUC为5）在第1天给药，每3周在第1天和第8天给予长春瑞滨（25 mg/m^2）。共有297例患者入组，3个周期的中位生存期为28周，6个周期的中位生存期为32周（HR为1.04，95%CI为0.82～1.31，P＝0.75），这让人进一步怀疑延长一线化疗周期的额外获益[23]。

所有这些研究都评估了超过4～6个周期的初始方案的延续与真正的维持化疗的疗效，且评估延长化疗仅在受益于铂类化疗的患者中进行。一项比较同药延续和换药维持方法的维持治疗研究在2000—2004年招募了493例患者，以每3周一次的时间表接受3个周期的三联疗法（吉西他滨、异环磷酰胺和顺铂）。3个周期后，将281名没有疾病进展的患者随机分配到继续接受化疗组，直至疾病进展或不能耐受，或接受每3周一次紫杉醇（225 mg/m^2）的转换维持治疗，也是持续到疾病进展或不能耐受。两组的无进展生存期相似（4.4个月 vs. 4.0个月，P＝0.56）。虽然从数值上看，中位总生存期有利于继续化疗（11.9个月 vs. 9.7个月），但差异并不明显（P＝0.17）。同药维持化疗的1年生存率为49%，转换维持治疗的1年生存率为42%。将这项试验与其他维持性研究放在一起是具有挑战性的，因为两组中的患者都继续接受治疗直到疾病进展，随机化发生在铂类为基础的联合化疗3个周期之后，并且每组中大部分患者在疾病进展时接受了相反的治疗方案（同药维持化疗组中的140例患者中有69例随后接受了紫杉醇）[24]。

首个真正的维持研究评估了经过4个周期的丝

裂霉素、异环磷酰胺和顺铂的治疗后改用长春瑞滨维持治疗[25]。该研究登记了573例晚期NSCLC患者，Ⅲ期患者进行化疗-放疗或Ⅳ期患者进行化疗，但只有181例被随机分配到使用长春瑞滨或不使用维持治疗的治疗组。在维持治疗组的91名患者中，有7名患者因毒性而死亡。没有显著的生存优势挫伤了人们对这种方法的积极性[26]。

一项随机的Ⅱ期临床试验表明，紫杉醇持续维持疗法具有更强的活性。该试验包括401例患者，这些患者被随机分配到3个治疗组之一：每周紫杉醇，每4周1次卡铂，或每周紫杉醇，每周1次卡铂，根据两个不同的时间表进行[26]。在第16个周没有疾病进展的患者被进一步随机分组到接受每周1次紫杉醇（70 mg/m^2）维持治疗3～4个周组或观察组（每组65例）。每4周1次卡铂方案的反应性更好，维持治疗使病程延长了9周，中位生存期提高了15周，而且1年和2年生存率也提高了。进行这项研究是为了确定紫杉醇和卡铂每周的最佳治疗方案，维持治疗的疗效不是关键问题。但是，这些结果导致在随后的Ⅲ期试验中采用维持疗法，其中444例患者被随机分配至每周1次紫杉醇（100 mg/m^2），治疗4周中的3周，在每4周周期的第1天加用卡铂（AUC为6），或标准的每3周紫杉醇（225 mg/m^2）的第1天加卡铂（AUC为6）[25]。两个治疗组的患者随后均接受紫杉醇（70 mg/m^2）维持治疗4周中的3周，直到疾病进展。尽管毒性特征不同，但疗效没有差异。由于两组患者均接受了紫杉醇维持治疗，其作用尚不清楚[27]。

在一项评估吉西他滨的试验中采用持续维持方法的结果是积极的[28]。在入组的352例患者中，第1天接受顺铂（80 mg/m^2），第1天和第8天接受吉西他滨（1250 mg/m^2），每3周为1个周期。接受治疗的206患者无疾病进展，可以随机分配继续接受吉西他滨治疗或不再接受其他治疗（2∶1随机分组）。结果显示，吉西他滨维持治疗与进展时间的显著改善相关，对改善总体生存有趋势，但没有统计学意义（中位数分别为13.0个月和11.0个月，P=0.195）。由于总生存率缺乏显著改善，因此该结果对临床实践没有重大影响。

尽管研究结果表明维持治疗有益，尤其是紫杉醇或吉西他滨持续维持治疗[26,28]。但直到2008年未获得其他阳性结果报道。多西他赛、吉西他滨以及最近的培美曲塞的耐受性促进了对维持疗法理念的继续探索。

2 现代维持治疗试验

2.1 换药维持化疗（表46.1）

Fidias等[10]在一项临床试验中率先使用了换药维持化疗，该试验将一线吉西他滨和卡铂4个疗程的566名无疾病进展患者中的309名（54.6%）随机分配至二线治疗，立即给予多西他赛治疗（最多6个周期）患者的中位无进展生存期比延迟多西他赛治疗患者的长（5.7个月vs. 2.7个月，HR为0.71，P=0.0001）。在这个小规模的试验中，两种治疗方法的中位总生存期未达到显著性差异（12.3个月vs. 9.7个月，HR为0.84，P=0.0853）。总生存率是该试验的主要终点，从而减轻了其他结果的影响。被分配接受延迟多西他赛治疗的患者中，约37%的患者由于症状严重恶化、死亡或研究者的决定而从未接受过该治疗。一项仅限于两组均接受多西他赛治疗患者的亚分析显示两组的总生存期均相同（12.5个月），这表明病情改善的趋势与直接接受多西他赛治疗的患者较多有关。两种治疗方法的毒性特征相似，并且生活质量因素无差异。

JMEN试验评估了培美曲塞作为单药转换维持治疗。该试验设计未纳入强制性的研究后治疗，随机分配率为2∶1，无进展生存是主要终点，与Fidias等[8]的试验（以总生存为主要终点）相比，该研究受到了批评。但是，JMEN试验的优势在于其统计假设更加真实，并且样本量允许进行更可靠的比较。在该试验中随机分配了663例ⅢB或Ⅳ期疾病患者，在4个周期的铂类化疗（无培美曲塞）期间无疾病进展，有或没有培美曲塞的情况下接受最佳支持治疗，直至疾病进展。培美曲塞维持治疗显著改善了无进展中位生存期（4.3个月vs. 2.6个月，HR为0.50，95%CI为0.42～0.61，P<0.0001）和总生存期（13.4个月vs. 10.6个月，HR为0.79，95%CI为0.65～0.95，P=0.012）（图46.1A）。值得注意的是，培美曲塞组接受全身停药后治疗的患者相对较少（51% vs. 67%，P=0.0001），对

表46.1 近期化疗转换维持治疗的试验

作者/试验	诱导治疗[a] 方案	维持治疗 方案	中位年龄（年）	PS 2（%）	SCC组织学（%）	从不吸烟（%）	女性（%）	研究后治疗（% 研究药物	任
Fidias等[10]	卡铂AUC 5，第1天；吉西他滨1000 mg/m^2，第1天和第8天，每3周×4	多西他赛75 mg/m^2，每3周×6（n=153）	65.4	5.9	16.3	NR	37.9	NR	NR
		观察（n=156）	65.5	10.3	18.8	NR	37.8	63	NR
JMEN[8]	铂类为基础两药联合方案（无培美曲塞），每3周×4	培美曲塞500 mg/m^2，每3周＋最佳支持治疗（n=441）	60.6	0	26	26	27	＜1	51
		安慰剂＋最佳支持治疗（n=226）	60.4	0	30	28	27	18	67

注：[a]在Fidias等的试验中566例患者接受了诱导治疗，其中309例（54.6%）被随机分配到维持治疗组；没有记录JMEN中接受诱导治疗的患者人数；AU

照组中有19%的患者接受了培美曲塞的挽救治疗。一项预先指定的分析显示，治疗和组织学之间存在显著的相互作用，这与之前在不同的NSCLC环境中进行的类似试验的结果一致[28]。与具有鳞状细胞组织学肿瘤的患者相比，非鳞状细胞组织学肿瘤患者使用培美曲塞在无进展生存期（4.4个月vs. 1.8个 月，HR为0.47，95%CI为0.37～0.60，P<0.000 01）和总生存期（中位数为15.5个月vs. 10.3个 月，HR为0.70，95%CI为0.56～0.88，P=0.002）方面获益更大（图46.1B）。在亚组分析中，培美曲塞的总体生存优势在诱导化疗结束后病情稳定的患者中（HR为0.61）大于部分或完全缓解的患者（HR为0.81）。与药物相关的3或4级不良事件（16% vs. 4%，P<0.0001）相比，培美曲塞引起的药物相关毒性作用而终止治疗的发生率高于安慰剂（5% vs. 1%），特别是疲劳（5% vs. 1%，P=0.001）和中性粒细胞减少症（3% vs. 0，P=0.006）。未发现培美曲塞相关的死亡。生活质量评估显示，全球性差异无明显变化，但疼痛和咯血加重的时间明显延迟[29]。作为该试验的结果，美国FDA和欧洲药品协会（European Medicines Association，EMA）均批准将培美曲塞作为转移性NSCLC转用维持治疗的药物，特别是针对一线铂类化疗后疾病未进展的非鳞状细胞肿瘤患者。

2.2 维持化疗（表46.2）

自2006年发表吉西他滨持续维持治疗的Ⅲ期临床试验[28]以来，已在另外两项研究中对该方法进行了评估[31-32]。在第一项研究中，接受卡铂＋吉西他滨治疗后病情稳定或反应良好的患者给予吉西他滨最佳的支持治疗或仅最佳的支持治疗（对照）。该研究在6年后由于进度缓慢而停止，随机分配了225名患者，而不是计划的332名患者。值得注意的是，大多数患者在研究进入时的体能表现为2（64%），在随机分配时为2或3（57%）。吉西他滨维持治疗的耐受性一般，但是发生3级或4级毒性（即贫血、中性粒细胞减少、血小板减少或疲劳）的发生率较高。在无进展生存期（HR为1.09，95%CI为0.89～1.45）或总生存期（HR为0.97，95%CI为0.72～1.30）方面，治疗组间无差异。试验结果似乎受到研究人群不适应的影响。例如，吉西他滨组的研究后治疗率为16%，对照组为17%。体能表现状态较差的患者确实比体能表现状态为1患者的结局明显较差（HR为1.50，95%CI为1.10～2.03，P<0.009）。根据这些及类似研究结果可以达成共识，不建议对表现不佳的患者进行维持治疗。这些结果对其他患者采用吉西他滨持续维持治疗的意义尚不清楚，因为阴性结果可能更多的是基于入组患者的总体适应性，而不是缺乏吉西他滨的有效性本身。

在第二项研究（IFCT-GFPC 0502试验）中，如果患者接受顺铂加吉西他滨4个疗程的诱导治疗后没有疾病进展，则将患者随机分配到观察组或两种不同的药物之一：吉西他滨或厄洛替尼进行维持治疗[32]。无进展生存期是主要终点，并且未计划在两个维护方案之间进行比较。该研究设计在所有3个组中均采用了相同的二线治疗（培美曲塞），以避免因后续治疗的不平衡而导致生存分

无进展生存			总生存			毒性	生活质量
R（95%CI）	中位（月）	*P*	HR（95% CI）	中位（月）	*P*		
（0.55～0.92）	5.7 2.7	0.0001	0.84（0.65～1.08）	12.3 9.7	0.0853	中性粒细胞减少：27.6%；发热性中性粒细胞减少：3.5%；疲劳：9.7% 中性粒细胞减少：28.6%；发热性中性粒细胞减少：2%；疲劳：4.1%	无差异（LCSS）
（0.42～0.61）	4.3 2.6	0.0001	0.79（0.65～0.95）	13.4 10.6	0.012	总计：16% 疲劳：5%；贫血：3%；感染：2% 总计：4% 疲劳：1%；贫血：1%；感染：0	无整体差异；更好地控制疼痛和咯血

线下面积；HR，风险比；NR，未记录；PS 2，性能状态为2；SCC，鳞状细胞癌

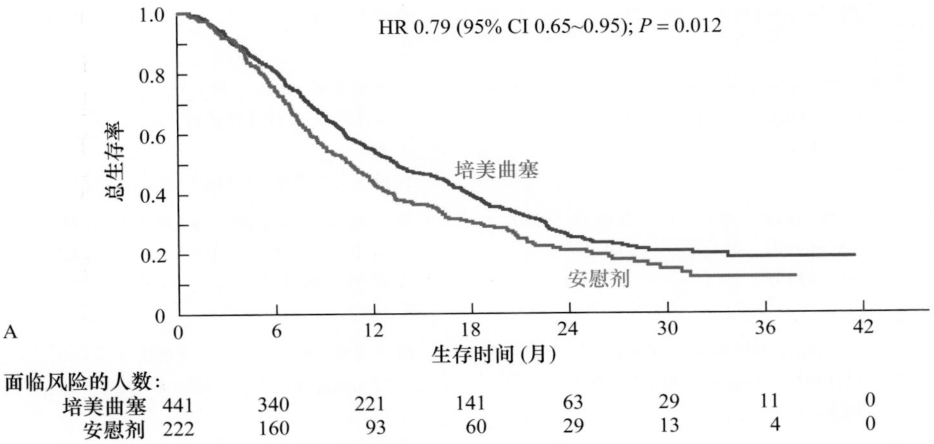

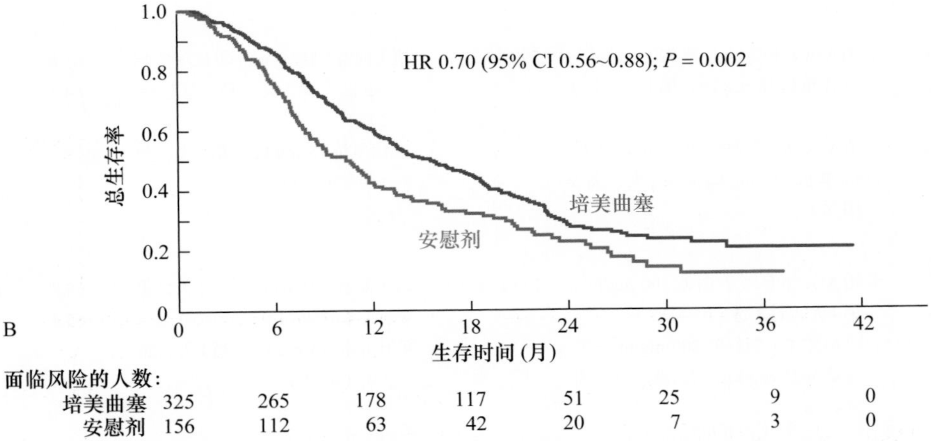

图46.1　在使用培美曲塞的JMEN转换维持疗法试验中的患者总存活率

（A）所有患者的总存活率；（B）非鳞状细胞肿瘤患者的总存活率。经许可转载自：Ciuleanu T, Brodowicz T, Zielinski C, et al. Maintenance pemetrexed plus best supportive care versus placebo plus best supportive care for non-small cell lung cancer: a randomised, double-blind, phase 3 study. Lancet, 2009, 374 (9699): 1432-1440.

表46.2 最近持续维持化疗的试验

作者/试验	诱导治疗		维持治疗					
	方案	随机患者数（%）	方案	中位年龄（年）	PS 2（%）	SCC组织学（%）	从不吸烟（%）	女（
Belani等[112]	卡铂AUC 5，第1天；吉西他滨1000 mg/m²，第1天和第8天，每3周×4（n=519）	255（49.1）	吉西他滨1000 mg/m²，第1和第8天，每3周+最佳支持治疗（n=128） 仅最佳支持治疗（n=127）	67.2 67.5	64 76	NR NR	NR NR	40 33
IFCT[31]	顺铂80 mg/m²，第1天；吉西他滨1250 mg/m²，第1和第8天，每3周×4（n=834）	464（55.6）	吉西他滨1250 mg/m²，第1天和第8天，每3周（n=154） 观察（n=155）	57.9 59.8	2.6 1.2	22.1 19.4	11 7.7	26 27
Zhang等[32]	顺铂75 mg/m²，第1天；多西他赛60或75 mg/m²，第1天，每3周×4（n=378）	184（48.7）	多西他赛60 mg/m²，第1天，每3周×6+最佳支持治疗（n=123） 仅最佳支持治疗（n=61）					
PARAMOUNT[33]	顺铂75 mg/m²，第1天+培美曲塞500 mg/m²，第1天，每3周×4（n= 939）	539（57.4）	培美曲塞500 mg/m²，每3周+最佳支持治疗（n=359） 安慰剂+最佳支持治疗（n=180）	60 62	0 0	0 0	223 19	44 38
AVAPERL[35]	顺铂75 mg/m²和培美曲塞500 mg/m²+贝伐单抗7.5 mg/kg，第1天，每3周×4（n= 376）	253（67.3）	培美曲塞500 mg/m²+贝伐单抗7.5 mg/kg，第1天，每3周（n=128） 贝伐单抗7.5 mg/kg，第1天，每3周（n=125）	60 60	1.9 5.8	0 0	24.8 26.1	42 43
PointBreak[37]	卡铂AUC6+培美曲塞500 mg/m²+贝伐单抗15 mg/kg，第1天，每3周×4 卡铂AUC 6+紫杉醇200 mg/m²+贝伐单抗155 mg/kg，第1天，每3周×4	590（62.8）	培美曲塞500 mg/m²+贝伐单抗15 mg/kg，第1天，每3周（n=292） 贝伐单抗15 mg/kg，第1天，每3周（n=298）	63.8 64.3	0 0	0 0	13.4 11.8	49 46
PRONOUNCE[40]	卡铂AUC 6+培美曲塞500 mg/m²，第1天，每3周（n =182） 卡铂AUC 6+紫杉醇200 mg/m²+贝伐单抗15 mg/kg，第1天，每3周×4（n=179）	193（52.4）	培美曲塞500 mg/m²，第1天，每3周（n=98） 贝伐单抗15 mg/kg，第1天，每3周（n=95）	65.8 65.4	0 0	0 0	32.2 3.9	7. 34

注：AUC，曲线下面积；FACT-G，一般癌症治疗功能评估；FACT-GOG，妇科癌症治疗组的功能评估；GOG-Ntx，癌症神经毒性功能评估；HR，风险比

究后治疗（%）		无进展生存			总生存				
究物	任何	HR（95% CI）	中位（月）	*P*	HR（95% CI）	中位（月）	*P*	毒性	生活质量
	16	1.04（0.81～1.45）	3.9	0.58	0.97（0.72～1.30）	9.3	0.84	中性粒细胞减少：15%；贫血：9%；疲劳：5%	NR
	17		3.8			8.0		中性粒细胞减少：2%；贫血：5%；疲劳：2%	
	77.2	0.56（0.44～0.72）	3.8	0.001	0.89（0.69～1.15）	12.1	0.3867	中性粒细胞减少：20.8%；贫血：2.6%；疲劳：1.9%	无差异
	90.9		1.9			10.8		中性粒细胞减少：0.6%；贫血：0.6%；疲劳：0	
			5.4	0.002					NR
			2.8						
	64	0.62（0.40～0.79）	4.1	0.0001	0.78（0.64～0.96）	13.9	0.0195	中性粒细胞减少：5.8%；贫血：6.4%；疲劳：4.7%	无差异（EQ-5D）
	72		2.8			11.0		中性粒细胞减少：0；贫血：0.6%；疲劳：1.1%	
	69.6	0.48（0.35～0.66）	7.4	0.001	0.87（0.63～1.21）	17.1	0.29	任何：37.6% 中性粒细胞减少：5.6%；贫血：3.2%；疲劳：2.4%	无差异
	70.8		3.7			13.2		任何：21.7% 中性粒细胞减少：0；贫血：0；疲劳：1.7%	
	57.2	NR	8.6	NR	NR	17.7	0.84	中性粒细胞减少：14%；贫血：11%；疲劳：9.6% 神经症状：0；高血压：3.1%	在培美曲塞组中除神经毒性较低外未发现其他差异（FACT-G，FACT-L FACT和GOG-Ntx）
	64.8		6.9			15.7		中性粒细胞减少：11.4%；贫血：0.3%；疲劳：1.7% 神经症状：4.7%；高血压：6.0%	
	77.2	1.06（0.84～1.35）	4.4	0-610	1.07（0.83～1.36）	10.5	0.615	中性粒细胞减少：25%；贫血：19%；血小板减少：24%；疲劳：6.4%；呕吐：1.8%	无差异
	90.9		5.5			11.7		中性粒细胞减少：49%；贫血5%；血小板减少：10%；疲劳：5.4%；呕吐：5.48%	

，未记录；PS 2，性能状态为2；SCC，鳞状细胞癌

析出现偏差。吉西他滨组的独立评估无进展生存时间比观察组长近2个月（HR为0.55，95%CI为0.54～0.88，P=0.003），并且在所有临床亚组（包括不同的组织学）中获益都是一致的。初步生存分析未显示研究组之间的任何差异有意义，但是接受二线培美曲塞治疗或体能表现状态为0的患者似乎获益更大。探索性分析显示，诱导化疗的反应幅度可能会影响吉西他滨维持治疗的总体生存获益。在对诱导化疗有客观反应的患者中，吉西他滨的中位总生存期为15.2个月，而观察组为10.8个月（HR为0.72，95%CI为0.51～1.04）。吉西他滨维持治疗的耐受性良好，吉西他滨组（27%）比观察组（2%）更常发生3级或4级与治疗相关的不良事件（主要是中性粒细胞减少和血小板减少）。

TFINE研究评估了多西他赛在持续维持环境中的作用。在这项研究中最初将378名患者（1∶1）随机分配为接受顺铂（75 mg/m^2）加多西他赛（75 mg/m^{2}或60 mg/m^2）的4个周期[32]。一线治疗后病情稳定的患者随后将多西他赛（60 mg/m^2）随机分配（1∶2）到最佳支持治疗或维持治疗，最多6个周期。两种多西他赛剂量产生的应答率与诱导治疗相似，但更高剂量的腹泻和中性粒细胞减少症发生率更高。多西他赛的持续维持治疗在正常情况下与换药时的情况类似，在正常情况下明显延长了无进展生存期（中位数为5.4个月vs.2.8个月，P=0.002）。

这项PARAMOUNT试验旨在确定在晚期非鳞NSCLC患者中，在接受4个疗程的顺铂和培美曲塞治疗后，培美曲塞维持治疗相比安慰剂是否能提高疗效[33]。在纳入的939例患者中有57%被随机分配（2∶1）培美曲塞加最佳支持治疗或安慰剂加最佳支持治疗的持续维持治疗的诱导阶段。与安慰剂组相比，维持治疗组的无进展生存期得到了改善（中位数为4.1个月vs. 2.8个月，HR为0.62，P=0.0001）。对无进展生存期的独立回顾研究（占患者的88%）证实了研究者评估的结果。成熟的生存分析证实了培美曲塞维持治疗的优越性（中位总生存期为13.9个月vs.11.0个月，HR为0.78，P=0.0195；图46.2）[7]。培美曲塞持续改善了生存率，包括对诱导治疗的反应（HR为0.81）和稳定疾病（HR为0.76）。停药后疗法的使用情况相似：维持疗法组和安慰剂组分别为64%和72%。

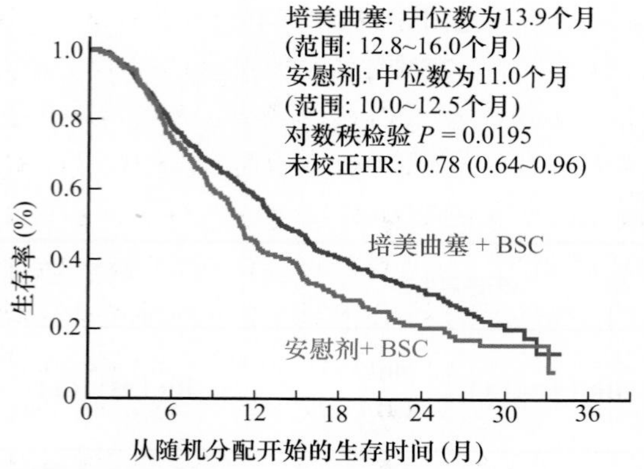

面临风险的人数

培美曲塞 + BSC	359	333	272	235	200	166	138	105	79	43	15	2	0
安慰剂 + BSC	180	169	131	103	78	65	49	35	23	12	8	3	0

图46.2 培美曲塞持续维持治疗的PARAMOUNT试验中从随机分配到维持治疗的总存活率

注：BSC，最佳支持性治疗；经许可转载自：Paz-Ares LG, de Marinis F, Dediu M, et al. PARAMOUNT: Final overall survival results of the phase Ⅲ study of maintenance pemetrexed versus placebo immediately after induction treatment with pemetrexed plus cisplatin for advanced nonsquamous non-small cell lung cancer. J Clin Oncol, 2013, 31 (23): 2895–2902.

绝大多数患者对培美曲塞仍可耐受，即使从长期来看。然而，维持治疗组的贫血、疲劳和中性粒细胞减少症的发生率高于安慰剂组。根据EQ-5D问卷调查[34]，在维持治疗期间两组之间的健康状况没有发现显著性差异。根据这项研究的结果，EMA批准了培美曲塞可作为持续维持治疗。

另一项试验（AVAPERL）分析了培美曲塞联合贝伐单抗在以顺铂为基础的三联体作为诱导疗法的两种药物治疗中的作用[36]。该试验包括376例非鳞NSCLC患者，其中253名被随机分配接受维持治疗。与单独的贝伐单抗相比，培美曲塞加贝伐单抗显著延长了从诱导治疗开始的无进展生存期（中位数为10.2个月vs. 6.6个月，HR为0.50，95%CI为0.37～0.69，P<0.001）和随机分组（中位数为7.4个月vs 3.7个月，HR为0.48，95%CI为0.35～0.66，P<0.001）。在所有被分析的主要亚组中都证实了这种益处，包括在接受诱导治疗后疾病稳定或有反应的患者。对总生存的最新评估（次要终点）显示，联合维持治疗的4个月优势不显著（中位数为13.1个月vs. 17.2个月，HR为0.87，P=0.29）[36]。更严重的毒性反应发生在培美曲塞加贝伐单抗组，包括3～5级血液学事件（10.4% vs. 0）和非血液学事件（31.2% vs. 21.7%）。一项较小的试验评估了在进行卡铂-培

美曲塞-贝伐珠单抗诱导方案后使用培美曲塞和贝伐珠单抗联合作为维持治疗与相同的诱导方案然后单独使用培美曲塞的效果比较。主要终点是1年无进展生存期[38]。这项研究显然动力不足，两组的1年无进展生存期无显著性差异，但是有一种趋势倾向于联合治疗组受益，其登记的中位无进展生存期为11.5个月，而培美曲塞维持治疗组为7.3个月（HR为0.73，95%CI为0.44～1.19，P=0.198）。另外两项试验提供了有关培美曲塞持续维持治疗作用的进一步信息，一项是培贝珠单抗治疗，另一项无贝伐单抗治疗。PointBreak试验随机分配939例晚期非鳞状NSCLC患者接受培美曲塞、卡铂和贝伐单抗的诱导治疗，然后接受培美曲塞和贝伐单抗的维持治疗，或接受紫杉醇、卡铂和贝伐单抗的诱导治疗，然后接受贝伐单抗[39-40]。与预期相反，该试验显示了两个治疗组的重叠生存曲线（HR为1.00，P=0.949），无进展生存获益有限（HR为0.83，95%CI为0.71～0.96，P=0.012）支持培美曲塞和贝伐单抗组。但必须指出的是，该研究的诱导阶段对于最终的总体分析很重要，因为该分析仅限于在维持治疗后随访的590例患者（292例接受培美曲塞和贝伐单抗治疗的患者和298例仅接受贝伐单抗治疗的患者），无进展生存曲线（中位数为8.6个月vs. 6.9个月）与整体生存曲线（中位数为15.7个月vs. 17.7个月）的分离更加明显，尽管在AVAPERL研究中未大规模显示。

这些药物的毒性作用是已知的，包括一部分接受培美曲塞作为诱导疗法的患者更多地出现了贫血和疲劳，接受紫杉醇治疗的患者更多地出现了神经病变和高血压。患者报告的生活质量变化没有因治疗而异，除了神经毒性和脱发（其中较少与培美曲塞相关）[41]。

PRONOUNCE研究还比较了晚期非鳞状NSCLC的两种联合诱导和维持策略。主要终点是无进展生存期且无4级毒性，在临床上存在争议[42]。患者被分配接受4个疗程的培美曲塞和卡铂治疗，然后接受培美曲塞（182例患者）或紫杉醇、卡铂和贝伐单抗，然后是贝伐单抗（179例患者）。无进展生存期（HR为1.06，P=0.610）或总生存期（HR为1.07，P=0.616）没有差异。因此，这个小规模试验并未证明两种方法在疗效上存在差异，但由于该试验并未强有力地排除中度或小幅差异，因此不能主张具有等效性。两种方案在安全性方面均无意外发现。

另一个试验ERACLE（NCT00948675）对顺铂和培美曲塞联合后培美曲塞的维持治疗与卡铂、紫杉醇和贝伐单抗联合后贝伐单抗的维持治疗进行了比较[43]。该试验与PRONOUNCE相似，但有3个例外：所用的铂剂（顺铂vs.卡铂）诱导化疗的周期数（6个周期vs. 4个周期）和主要终点（两个组之间的生活质量差异与无4级毒性的无进展生存期）之间的关系。这项低能的随机研究根据欧洲质量指数5级仅显示无明显趋势选择培美曲塞治疗组。

我们正在等待一项大型的同药维持治疗与转换维持治疗的Ⅲ期临床试验。两项小型的Ⅱ期临床试验已解决了这一争论，但两项试验均不足以提供结论性的结果。在其中一项研究中[50]，患者被随机分为卡铂和紫杉醇或卡铂和吉西他滨4个周期组。两组无疾病进展的患者随后每3周分别在第1天和第8天接受吉西他滨（1000 mg/m^2）[44]。紫杉醇（换药）组的无进展生存期为4.6个月，吉西他滨（续用）为3.5个月。中位总生存期无差异（两组均约15个月，HR为0.79，P=0.60）。在日本进行的另一项研究中，接受卡铂和培美曲塞的4个诱导化疗后，将疾病控制的患者随机分配接受培美曲塞维持治疗或多西他赛换药[45]。该研究招募了85例患者，其中51例随后接受了维持治疗。培美曲塞继续治疗后随机分组的中位无进展生存期为4.1个月，而多西他赛转换治疗的中位无进展生存期为8.2个月（HR为0.56，95%CI为0.28～1.08，P=0.084）。同药维持治疗的随机化时间为20.6个月，而转换维持治疗的随机化时间为19.9个月（HR为0.79，95%CI为0.3～2.0，P=0.622）。虽然从这样一个小规模的研究中无法得出确定的结论，但结果却耐人寻味，并没有明确地提出支持转换与继续维持的论点。然而我们注意到，转换治疗组中有超过30%的患者接受了培美曲塞作为二线治疗，而继续治疗组中有45%的患者随后接受了多西他赛作为二线治疗[43]。支持转换与继续维持的这个问题仍然需要大型临床试验来帮助解决。

2.3　使用非细胞毒性剂维持治疗

2.3.1　表皮生长因子受体抑制剂（表46.3）

细胞毒性药物的维持治疗与靶向治疗药物的

表46.3 EGFR-TKI进行的转换维持治疗的最新Ⅲ期试验

诱导治疗			维持治疗						研究后治疗（%	
作者/试验	方案	随机患者数（%）	方案	中位年龄（年）	PS 2（%）	SCC组织学（%）	从不吸烟（%）	女性（%）	研究药物	任何
SATURN [9]	铂类为基础化疗×4周期（n=1949）	889（45.6）	每日厄罗替尼150 mg（n=458） 安慰剂（n=451）	60 60	0 0	38 43	18 17	27 25	11 21	71 72
IFCT [31]	顺铂80 mg/m^2，第1天；吉西他滨1250 mg/m^2，第1天和第8天，每3周×4（n=834）	464（55.6%）	每日厄洛替尼150 mg（n=155） 观察（n=155）	56.4 59.8	5.2 2.6	17.4 19.4	11 7.7	27.1 27.1	5.8 0	79.9 90.9
ATLAS [52, 53]	铂类为基础化疗＋贝伐单抗×4（n=1160）	768（66%）	每日贝伐单抗&厄洛替尼（150 mg）（n=370） 贝伐单抗&安慰剂（n=373）	64 64	0 0	3 1.6	16.5 17.7	47.8 47.7	39.7 39.7	50.3 55.5
WJTOG0203 [48]	卡铂/紫杉醇或4个顺铂双药联合中的1个×3（n=604）		3个化疗周期后每日吉非替尼250 mg（n=302，298例接受治疗） 超过6个化疗周期后每日吉非替尼250 mg（n=301，297例接受治疗）	62 63	0 0	21 32	30 32	36 35	58 0	75 55（吉非…尼）
INFORM [54]	顺铂两药联合（NP）×4（n=296）		吉非替尼250 mg（n=148） 安慰剂（n=148）	55 55	2 3	18 20	53 55	44 38	3[a] 8[a]	51 67
EORTC08021 [55]	顺铂两药联合（NP）×4（n=173）		吉非替尼250 mg（n=86） 安慰剂（n=87）	61 62	7 5	17 22	21 23	22 24	15[b] 40[b]	40[c] 67[c]

注：[a]吉非替尼组的20%患者和安慰剂组的32%患者接受了EGFR抑制剂；[b]吉非替尼组的13例患者接受了厄洛替尼治疗；安慰剂组中有8例患者接受了吉非
35例接受了EGFR抑制剂；EORTC，欧洲癌症研究和治疗组织；HR，风险比；NP，NR，未报告；PS 2，体能状态为2；SCC，鳞状细胞癌；FACT-L，癌

无进展生存			总生存				
HR（95%CI）	中位数	P	HR（95%CI）	中位（月）	P	毒性	生活质量
71（0.62～0.82）	12.3周 11.1周	＜0.0001	0.81（0.70～0.95）	12.0 11.0	0.0088	任何3＋：12% 皮疹：60%（9% 3＋）；腹泻：18% 任何3＋：1% 皮疹：8%（0 3＋）；腹泻：3%	无差异（FACT-L）
69（0.54～0.88）	2.9 1.9	0.003	0.87（0.68～1.13）	11.4 10.8	0.3043	皮疹：63%（9% 3/4）；腹泻：20% 皮疹（3/4）：0；腹泻：＜1%	无差异
722（0.59～0.88）	4.76 3.75	0.0012	0.90（0.74～1.09）	15.9 13.9	0.2686	皮疹（3/4）：10%；腹泻（3/4）：9% 皮疹（3/4）：＜1%；腹泻（3/4）：＜1%	NR
68（0.57～0.80）	4.6 4.3	＜0.001	0.86（0.72～1.03）	13.7 12.9	0.11	转氨酶升高（3/4）11% 转氨酶升高（3/4）4%	无差异（LCS v 4）
42（0.33～0.55）	4.8 2.6	＜0.0001	0.84（0.62～1.14）	18.7 16.9	0.26	任何皮疹：50%；腹泻：25%；3级毒性相关死亡 皮疹：9%；腹泻：9%	吉非替尼组的FACT-L恶化时间减慢（优势比为3.41；95%CI为1.65～7.06；P=0.0009）
61（0.45～0.83）	4.1 2.9	0.002	0.81（0.59～1.12）	10.9 9.4	0.204	转氨酶升高（3/4）：10.6%；疲劳：4.7%；皮疹（3）：1.2% 转氨酶升高（3/4）：1.2%；疲劳：1.2%；皮疹（3）：0	无差异

尼治疗，安慰剂组中有27例患者接受了厄洛替尼治疗；[c]吉非替尼组的21例患者接受了化疗，13例接受了EGFR抑制剂；安慰剂组的23例患者接受了化疗，治疗肺功能评估

开发同步发展，其作用机理和毒性特征支持长期使用。这些药物的使用倾向于持续到疾病进展，而不是在预定的周期数后停止。许多靶向治疗剂可以每天口服给药。

EGFR酪氨酸激酶抑制剂厄洛替尼最初批准是在二线或三线治疗中每天口服1次，并持续治疗直至疾病进展[46]。因为毒性曲线不需要停药，所以治疗持续时间的问题没有得到解决。EGFR抑制剂吉非替尼的初始试验与之相似。尚未进行针对稳定疾病患者治疗持续时间的试验，似乎将来也不会进行此类研究。目前，围绕治疗持续时间的问题集中在疾病进展后继续治疗的理念上。与*EGFR*野生型肿瘤患者相比，关于EGFR抑制剂治疗的讨论必须针对在具有*EGFR*激活突变的肿瘤患者（*EGFR*突变阳性肿瘤）中的应用。在疾病进展后，继续进行EGFR抑制剂治疗的研究集中于*EGFR*突变阳性肿瘤患者。EGFR抑制剂作为一线治疗药物现在被认为是*EGFR*突变阳性NCSLC患者的标准治疗方法，在美国已批准使用3种药物：厄洛替尼、阿法替尼和最近的吉非替尼。在所有评估EGFR抑制剂的试验中，药物持续治疗到疾病进展。

在4项大型安慰剂对照的Ⅲ期全球临床试验（两项厄洛替尼和两项吉非替尼）中评估了在双药化疗一线同期使用EGFR抑制剂的维持治疗情况：TRIBUTE、TALENT、INTACT1和INTACT 2[46-48]。早期试验中，EGFR抑制剂与一线铂类为基础的两药联合方案同时给予，然后一直持续到疾病进展，最多进行6个周期后停止化疗。这些试验均未显示出联合组的生存获益，即使是维持治疗的方法[46-48]。同时给予化疗和EGFR抑制剂引起了对拮抗的关注，因此，以后的维持试验仅侧重于换药维持策略。

2003—2005年日本西部胸腔肿瘤小组Ⅲ期0203试验将患者随机分配到6个周期的以铂类为基础两药联合治疗或3个周期的以铂类为基础两药联合治疗再接受吉非替尼治疗（每天250 mg口服）[50]。超过600例患者被纳入，该研究证明了吉非替尼组无进展生存的获益（HR为0.68，95%CI为0.57～0.80，$P<0.001$），但对整个试验没有总生存获益（HR为0.86，95%CI为0.72～1.03，$P=0.11$）。腺癌患者的整体生存获益显著，但必须指出的是，这项研究是在日本进行常规*EGFR*突变检测之前进行的，并且可能包括了很大一部分具有*EGFR*激活突变的患者。在最终分析中单纯化疗组有54%的患者随后接受了EGFR抑制剂，而化疗后使用吉非替尼组则有75%（吉非替尼组只有58%的患者接受了化疗后使用吉非替尼维持治疗）。值得注意的是，在整个研究人群中女性为68%，腺癌为78%，从未吸烟者为30%[50]。

SATURN试验改变了在维持治疗中使用EGFR抑制剂的情况[9]。该研究招募了1949名患者，历时2.5年，截至2008年5月，共进行了以铂类为基础的4个周期化疗。4个周期完成后，将没有疾病进展的889名患者随机分配接受厄洛替尼（口服150 mg/d）或安慰剂，直至疾病进展或出现不能耐受的毒性反应。根据免疫组织化学（IHC）上*EGFR*表达的结果对患者进行分层，而不是根据*EGFR*突变状态或对诱导化疗的反应进行分层（客观缓解vs.疾病稳定）。主要的终点是所有患者的无进展生存期以及*EGFR*过度表达肿瘤患者。厄洛替尼的无进展生存期更长（12.3周vs. 11.1周，HR为0.71，95%CI为0.62～0.82，$P<0.001$），而*EGFR*过表达的肿瘤患者之间的差异稍大（12.3周vs.11.1周，HR为0.69，95%CI为0.58～0.82，$P<0.0001$）。在少数*EGFR*突变阳性肿瘤的患者中（18例接受厄洛替尼和22例接受安慰剂）发现无进展生存期的最大获益（HR为0.10，95%CI为0.04～0.25，$P<0.0001$）。对于*EGFR*野生型肿瘤患者，厄洛替尼相关的无进展生存获益也很显著（165例接受厄洛替尼和163例接受安慰剂）（HR为0.78，95%CI为0.63～0.96，$P=0.0185$）。无进展生存期的获益转化为试验中所有患者总生存期的获益（HR为0.81，95%CI为0.7～0.95，$P=0.088$）以及患有EGFR野生型肿瘤的患者（HR为0.77，95%CI为0.61～0.97，$P=0.0243$）（图46.3）。毒性符合预期，皮疹和腹泻是厄洛替尼维持治疗的主要毒性反应。

在SATURN的子集分析中，研究人员试图确定对一线化疗的反应是否可以预测个别患者厄洛替尼维持治疗的有效性。在这个亚组分析中，对于以疾病稳定为一线化疗最佳反应的患者使用厄洛替尼的无进展生存获益更为明显。更为显著的

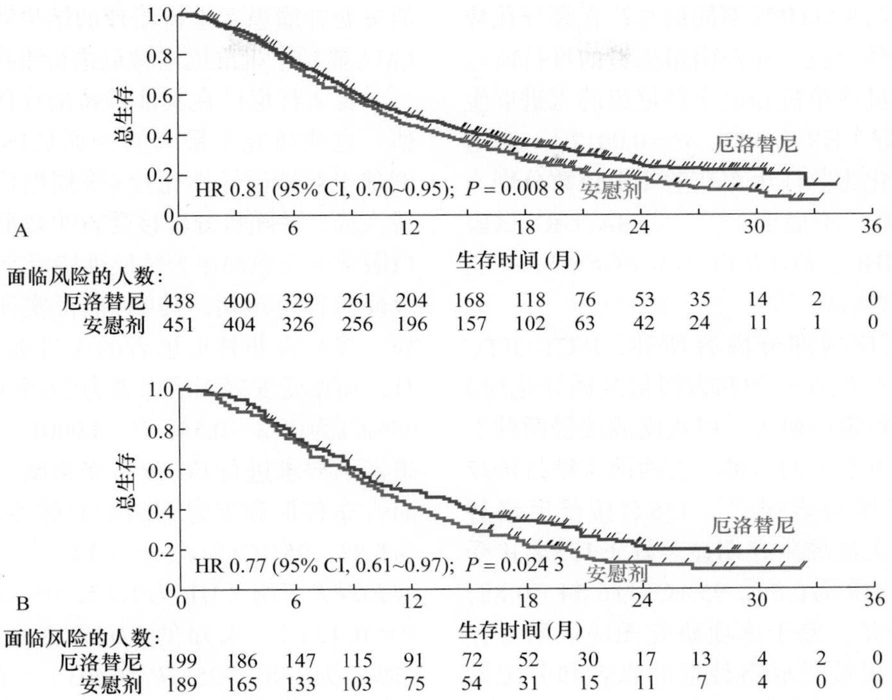

图46.3 Kaplan-Meier曲线估计意向治疗人群和*EGFR*野生型肿瘤患者在使用厄洛替尼进行转换维持治疗的SATURN试验中的总生存率

（A）意向治疗人群；（B）*EGFR*野生型肿瘤患者。经许可转载自：Cappuzzo F, Ciuleanu T, Stelmakh L, et al. Erlotinib as maintenance treatment in advanced non-small cell lung cancer: a multicentre, randomised, placebo-controlled phase 3 study. Lancet Oncol, 2010, 11 (6): 521-529.

是，与之前对化疗有反应的患者相比（HR为0.94，不显著），只有疾病稳定的患者才有总生存获益（HR为0.72，95%CI为0.59～0.89，P=0.0019）[51]，然而，这种模式在其他维持性试验中并未有一致的报道。

在SATURN试验中，随机分配的889名患者均提供了组织标本用于生物标志物检测[50]。*EGFR*表达免疫组化检测和荧光原位杂交（FISH）的*EGFR*检测都不能预测无进展或总体生存的获益。对于49例*EGFR*突变阳性肿瘤患者，无进展生存期倾向于厄洛替尼治疗（HR为0.10，95%CI为0.04～0.25，P<0.001）。虽然在388例*EGFR*野生型肿瘤患者中无进展生存期显著倾向于厄洛替尼的维持治疗（HR为0.78，95%CI为0.63～0.98，P=0.0185），但交互性P<0.001证明*EGFR*突变状态可预测更大的无进展生存获益。尽管有无进展生存效应，但在*EGFR*野生型肿瘤患者组中总体生存获益更为明显，这可能与安慰剂组中有67% *EGFR*突变阳性肿瘤患者随后接受EGFR抑制剂治疗的事实相混淆。与403例V-Ki-ras2 Kirsten鼠肉瘤病毒癌基因同源（*KRAS*）野生型肿瘤患者相比，无论如何治疗，90例*KRAS*突变的肿瘤患者的无进展生存期更低（HR为1.50，95%CI为1.06～2.12，P=0.02），并且总生存期有缩短的趋势。然而，尽管无进展生存曲线对*KRAS*野生型肿瘤患者和*KRAS*阳性肿瘤患者均倾向于厄洛替尼，而且对*KRAS*野生型肿瘤患者的益处显著（HR为0.70，95%CI为0.57～0.87，P=0.0009），但不适用于*KRAS*阳性肿瘤患者（HR为0.77，不显著）。在SATURN试验中，对126名亚洲患者进行亚组分析，根据IHC厄洛替尼组中*EGFR*阳性肿瘤患者的无进展生存期明显更长（HR为0.50，P=0.0057），有增加厄洛替尼组的总生存率的趋势，这对于免疫组化*EGFR*阳性的肿瘤亚组具有显著意义（P=0.0233）[51]。厄洛替尼组的总体缓解率（24%）显著高于安慰剂组（24% vs. 5%，P=0.0025）。

在ATLAS Ⅲ期试验中，在以铂类为基础的双药治疗4个周期后，随机分配没有疾病进展的患者接受厄洛替尼维持治疗（每天口服150 mg）

或安慰剂，但与SATURN不同的是，在诱导化疗期间给予贝伐珠单抗，并在两组患者的维持阶段继续使用。在贝伐单抗和厄洛替尼组的无进展生存期明显更好（HR为0.71，*P*=0.0012），但这一发现并未转化为总体生存获益（中位数分别为14.4和13.3个月，不显著）[54]。与SATURN试验类似，*EGFR* IHC、*EGFR* FISH和*EGFR/KRAS*突变状态不能预测结局[53]。

如关于化疗的部分内容所述，IFCT-GFPC 0502试验随机分配在顺铂和吉西他滨诱导化疗4个疗程后病情稳定的患者，以观察或接受两种不同的维持治疗方案中的一种：吉西他滨维持治疗或换厄洛替尼维持治疗[31]。155名接受厄洛替尼治疗的患者无进展生存期显著好于155名接受观察的患者（HR为0.69，95%CI为0.54～0.88，*P*=0.003）。但是，鉴于这项研究无法证明生存差异，因此分配接受厄洛替尼的患者和分配给予观察的患者的总生存率没有显著差异[32]。与SATURN试验不同，根据诱导治疗患者是否有反应或病情稳定，在无进展或总生存率方面没有差异。实际上，对化疗有反应的患者的总体生存趋势更好。

2010年4月16日，美国FDA批准将厄洛替尼用于维持疗法，用于在4个周期的铂基一线化疗后没有疾病进展的患者。总生存率是试验申办者的次要终点，但也是该批准建议的主要监管终点[60]。欧洲药品管理局批准将厄洛替尼作为维持剂，仅用于诱导化疗后病情稳定的患者。尽管如此，厄洛替尼维持治疗在*EGFR*野生型NSCLC患者中的获益还是被IUNO试验（NCT01328951）重新评估和质疑，该试验是一项随机、双盲、安慰剂对照的Ⅲ期研究，研究对象为*EGFR*野生型患者，在接受4个周期铂类化疗后，疾病进展时对厄洛替尼与厄洛替尼的维持治疗进行比较。目前尚不清楚该试验的详细结果，但与接受安慰剂并随后接受厄洛替尼维持治疗的患者相比，接受厄洛替尼维持治疗患者的总生存率（主要终点）并不优越（HR为1.02，95%CI为0.85～1.22，*P*=0.82）。在维持阶段，与安慰剂相比，厄洛替尼不能提供无进展的生存获益（HR为0.94，95%CI为0.80～1.11，*P*=0.48）。根据这些结果，将厄洛替尼的获益风险重新考虑为没有*EGFR*激活突变肿瘤患者维持治疗的结果阴性，这解释了EMA撤销了批准厄洛替尼进行维持治疗的原因。

吉非替尼已在其他维持治疗研究中进行了评估。这些研究中最大的一项是INFORM，在296例基于顺铂诱导性化疗4个周期后病情稳定的患者入选，并随机分配接受吉非替尼（每日250 mg口服）或安慰剂作为转换维持治疗[56]。治疗的毒性反应符合预期，其中1名证实死于间质性肺疾病。接受吉非替尼患者的无进展生存期为4.8个月，而接受安慰剂的患者为2.6个月（HR为0.42，95%CI为0.33～0.55，*P*＜0.0001）。已知仅79例患者不要求进行*EGFR*突变测试。在治疗人群方面吉非替尼和安慰剂组的总体生存率相似（HR为0.88，95%CI为0.68～1.14，*P*=0.335）[野生型*EGFR*亚组（HR为1.27，95%CI为0.7～2.3，*P*=0.431），未知的*EGFR*突变（HR为0.92，95%CI为0.68～1.25，*P*=0.603）]。在*EGFR*突变阳性亚组中，吉非替尼组的总生存率高于安慰剂组（HR为0.39，95%CI为0.15～0.97，*P*=0.036）[57]。一项较小的Ⅲ期试验显示，在4个周期的铂类双重治疗后，与安慰剂相比，吉非替尼对无进展生存期有显著益处，尽管该试验因累积率低而提前结束[55]。EORTC 08021仅招募173例患者后关闭，它显示吉非替尼的无进展生存期明显优于安慰剂组（HR为0.61，95%CI为0.45～0.83，*P*=0.0015），但总生存期有所改善仅是一个趋势。

另一项试验包括在236名晚期非鳞NSCLC和表皮生长*EGFR*突变状态未知的东亚患者中比较了培美曲塞加顺铂再加吉非替尼单药的维持治疗，但未显示整个研究人群的无进展或总生存期有任何差异。然而，回顾性分析显示，培美曲塞-顺铂后再加吉非替尼治疗组为野生型*EGFR*患者提供了更好的生存率，而*EGFR*活化突变患者则从一线吉非替尼治疗中获益[59]。所有这些数据都强烈支持吉非替尼维持治疗的获益仅限于*EGFR*激活突变的患者。

*EGFR*靶向抗体如西妥昔单抗，在NSCLC中也有评估，同时常用于一线治疗后继续给予维持治疗的方法中。在最著名的试验中，FLEX将西妥昔单抗加到一线顺铂和长春瑞滨中用于免疫组化显示*EGFR*过表达的晚期NSCLC患者的治疗。尽管没有明确的疗效，也没有无进展的生存

获益，但这项针对1000例患者的大型研究确实显示了西妥昔单抗组约1个月的总体生存优势（P=0.044）[61]。另一项随机化的Ⅲ期临床试验探讨了铂和紫杉烷与西妥昔单抗的联合，然后继续给予西妥昔单抗维持治疗，结果表明联合西妥昔单抗可改善疗效，但在生存终点方面没有优势[62]。西妥昔单抗用于NSCLC的持续维持治疗仍在研究中。正在进行的最大规模的试验是由西南肿瘤学小组（SWOG 0819试验）执行（NCT00946712），其中包括研究组中同时和持续维持西妥昔单抗，以及对照和研究组中同时与持续维持该药的适当候选药物贝伐单抗[63]。这项大型的Ⅲ期研究未能达到两个共同的终点，对整个研究人群的总生存期没有任何益处（n=1333，HR为0.94，95%CI为0.84～1.06，P=0.34），*EGFR* FISH阳性肿瘤患者的无进展生存期没有显著改善（n=400，HR为0.91，95%CI为0.74～1.12，P=0.37）。在*EGFR* FISH阳性患者（HR为0.83，95%CI为0.67～1.04，P=0.10）和未接受贝伐单抗治疗的*EGFR* FISH阳性患者亚组（n=234，HR为0.75，95%CI为0.57～0.998，P=0.048）中，总体存活率有提高的趋势。探索性分析表明，FISH阳性鳞癌患者的总生存率显著提高（n=321，HR为0.56，95%CI为0.37～0.84，P=0.006）。然而，西妥昔单抗治疗维持部分的贡献不能用这个研究设计来评估。

在一项大型的开放实验Ⅲ期研究（SQUIRE试验，NCT00981058）中，评估了另一种*EGFR*靶向抗体耐昔妥珠单抗在鳞状细胞癌中同时或连续每周1次与顺铂和吉西他滨同时给药（最多6个周期）[64]。在化疗中加入耐昔妥珠单抗可显著提高总生存率（HR为0.84，95%CI为0.74～0.96，P=0.01），相当于中位生存期为11.5个月，而对照组为9.9个月。再次，该研究的目的不是评估耐昔妥珠单抗治疗维持部分的作用，因为545名患者中有275名在化疗后继续耐昔妥珠单抗治疗，且中位再加4个周期。通过半定量评估（H评分）的*EGFR*表达不能预测生存获益。对具有可用FISH检测的患者亚组的一项探索性分析表明，*EGFR*扩增患者的生存获益更大（n=208，HR为0.70，95%CI为0.52～0.96）[65]。毒性特征与西妥昔单抗相似，已知培美曲塞和顺铂联合耐昔妥珠单抗治疗非鳞状NSCLC的并行试验因为其毒性（主要是高凝性）已被中止[66]。一项正在进行的Ⅲ期试验（NCT01769391）评估了耐昔妥珠单抗联合卡铂和紫杉醇用于鳞状NSCLC的患者，亚洲有研究正在调查该药物联合顺铂和吉他滨用于同样人群的患者。

2.3.2 血管内皮生长因子靶向药物

贝伐单抗仍然是批准用于NSCLC一线治疗的唯一血管内皮生长因子（VEGF）靶向药物。贝伐单抗加入一线化疗的两项注册试验均涉及贝伐单抗的持续维持治疗，这些患者在与贝伐单抗同时给药的4～6个周期的铂类双重治疗后没有进展性疾病[64-66]。在E4599试验中，878例新诊断为NSCLC的患者接受卡铂和紫杉醇联合或不联合贝伐单抗治疗。接受贝伐单抗治疗的患者的总生存率（主要终点）有明显改善（12.3个月vs.10.3个月，HR为0.79，95%CI为0.67～0.92，P=0.003）。此外，无论贝伐单抗是与化疗同时进行，还是作为持续维持疗法一起使用，贝伐单抗组的反应率和无进展生存期均显著增高。有安慰剂对照的AVAiL试验随机分配了1000多名患者在接受顺铂和吉西他滨的一线治疗基础上加贝伐单抗或安慰剂，然后作为持续维持治疗再次与化疗同时给予贝伐单抗或安慰剂。这项研究还显示出反应率和无进展生存期的显著改善，但总生存期却没有明显变化。

因此，在所有标准治疗方案中，贝伐单抗继续作为维持疗法超越了铂类双联疗法。然而，维持部分的贡献尚未确定。E4599的二级回顾性landmark分析评估了完成6个化疗周期后至少21天没有进展的存活患者。与化疗组患者相比，贝伐单抗组（接受贝伐单抗维持治疗）的患者诱导治疗后无进展生存期更长（4.4个月vs. 2.8个月，HR为0.64，P<0.001）。贝伐单抗维持组的诱导治疗后中位总生存期为12.8个月，化疗组为11.4个月（HR为0.75，P=0.03）[63]。在对272例接受社区实践治疗的晚期NSCLC患者回顾性分析中，27%的患者接受了维持性贝伐单抗治疗。如预期的那样，这些患者趋向于年轻并且更健康。landmark和倾向性得分分析支持贝伐单抗维持治疗可降低死亡风险（界标：HR为0.52，95%CI

为0.37～0.73；倾向性：HR为0.70，95%CI为0.39～1.28）。因此，即使对选择偏倚进行了统计调整，维持治疗仍有助于该回顾性样本的总体获益[71]。已经进行了一些非随机研究，其中贝伐单抗被用于化疗，但未继续作为维持治疗使用。由于入选患者的异质性、不同的化疗方案以及缺乏随机化，这些试验的结果并没有提高对该方法有效性的认识[72-73]。

在其他疾病中，贝伐单抗维持治疗可改善预后。例如，在一项卵巢癌的随机Ⅲ期试验（GOG-0218）中，贝伐单抗被添加到卡铂和紫杉醇治疗中，既可以作为同步治疗，也可以作为同步和持续维持治疗。与对照组（无贝伐单抗）相比，继续维持治疗组的无进展生存期明显更好（HR为0.72，95%CI为0.63～0.82，P＜0.0001）。但是，接受同步贝伐单抗治疗的患者和对照组患者的无进展生存期无差异[74]。最近的数据也显示了贝伐单抗持续维持治疗对结肠癌疾病进展以外的益处[75]。在该Ⅲ期试验中，一线化疗加贝伐单抗治疗期间疾病进展的患者，在病情进展时被随机分配接受加或不加贝伐单抗的治疗。贝伐单抗与总生存期明显延长有关（11.2个月vs. 9.8个月，HR为0.81，95%CI为0.69～0.94，P＝0.0062）。这些发现导致另一项临床试验的开展，正在评估贝伐单抗在进展过程中与晚期NSCLC患者二线治疗联合使用的作用[76]。

在化疗完成后是否还需要贝伐单抗的治疗还存在不确定性。这个问题将通过E5508试验来解决，该试验招募了在卡铂、紫杉醇和贝伐单抗（E4599方案）治疗4个周期后没有疾病进展的*EGFR*野生型NSCLC患者。患者被随机分配接受贝伐单抗、培美曲塞加贝伐单抗或单独培美曲塞的治疗。贝伐单抗的其他近期维持性试验（PointBreak，PRONOUNCE）评估了不同的化疗方案，包括贝伐单抗在所有组中同时和持续维持治疗。

多种血管内皮生长因子受体（VEGFR）抑制剂在NSCLC治疗中的作用正被研究，其中一些是与一线铂类双重和持续维持治疗同时进行的治疗。尽管许多研究表明，这种方案在缓解和无进展生存期方面有所改善，但没有一项研究表明，与不使用VEGFR抑制剂维持治疗的标准一线化疗相比总生存期有所延长。由于迄今的试验已经评估了VEGFR抑制剂与化疗的结合，并且在没有随机分配到维持治疗的情况下或没有维持治疗的情况下继续进行，因此，这些药物维持治疗的有效性还没有得到明确的阐述。在一项Ⅲ期安慰剂对照研究中，索拉非尼与卡铂和紫杉醇同时给药，并在4个周期后作为维持治疗，在鳞状细胞组织学肿瘤患者中未能发现改善总生存率和增加死亡率[77]。类似地，Ⅲ期MONET1随机分配患者接受卡铂和紫杉醇治疗，使用或不使用莫特沙尼（AMG 706），然后继续用莫特沙尼进行维持治疗，没有达到其改善总生存率的主要终点（HR为0.89，P＝0.137）[78]。晚期NSCLC患者使用凡德他尼进行的随机Ⅱ期研究结果提示，使用凡德他尼维持治疗有益，但该研究结果不是决定性的。所有患者均接受化疗加凡德他尼治疗，对于在4个周期完成后没有疾病进展的患者，随机分配到凡德他尼维持治疗或安慰剂组，两组的无进展生存期与单纯化疗的历史对照相似[79]。

正在进行的试验评估了其他同时给予的VEGFR抑制剂，然后作为晚期NSCLC的维持治疗，包括一项阿西替尼与顺铂和培美曲塞（对于非鳞状NSCLC，NCT007687855）或顺铂和吉西他滨（对于鳞状NSCLC）一起给予的试验。顺铂、吉西他滨和阿西替尼的联合应用已被证明是可行的，但如果没有对照组，仍很难评估阿西替尼在该方案中的作用[80]。由于在同步化疗同时给予舒尼替尼的相关毒性，该药物已被研究作为确定的转换维持疗法。一项Ⅱ期非随机研究中舒尼替尼（50 mg/d，口服，4周，然后停药2周）在卡铂和紫杉醇治疗4个周期后给予，也没有达到其主要终点[81]。然而，Ⅲ期CALGB 30607研究比较了4个周期的铂类一线化疗后每天连续口服舒尼替尼和安慰剂作为维持治疗，结果显示无进展生存期改善，而总生存期没有延长[82]。210名患者被随机分组，舒尼替尼组患者的无进展生存期为4.3个月，安慰剂组为2.8个月（HR为0.58，95%CI为0.42～0.79，P＝0.0004），与组织学无关，总生存率无差异（HR为1.08，P＝0.64）。

然而，使用血管通路药物进行维持治疗的其他试验结果令人失望。一项针对卡铂和紫杉醇（含或不含血管阻断药vadimezan）的大规模Ⅲ

期安慰剂对照试验（ASA404）将vadimezan维持治疗作为研究设计的一部分。两组的结果没有差异，因此尚不清楚维持治疗是否有益处[83]。对沙利度胺作为一种持续的维持剂进行了研究，在使用卡铂和吉西他滨进行4个周期的诱导化疗后口服沙利度胺2年。所有结果都倾向于安慰剂组更有益，导致放弃了对沙利度胺维持治疗的进一步探索[84]。另一种具有抗血管生成活性的药物是羧氨基咪唑（CAI），一种羧酰胺氨基三唑。在一项大型Ⅲ期安慰剂对照试验中，对CAI作为维持治疗进行了测试。在完成一线化疗后开始使用CAI或安慰剂进行治疗，尽管该试验存在累积问题，仅包括186名患者，但结果显示毒性增加，而且在疗效终点方面没有改善[85]。

2.4 免疫疗法

迄今为止，虽然还没有一种药物在NSCLC中显示出疗效，但疫苗和其他基于免疫的疗法正在作为一种持续维持治疗的形式被研究。早期的试验集中在干扰素γ和白细胞介素-2，虽然初步结果令人兴奋，但没有进一步的发展[86-87]。在NSCLC的较大规模试验中，研究的真正疫苗包括belagenpumatucel-L和BLP-25等。在Ⅳ期NSCLC患者中，这些药物通常作为转换维持疗法在化疗完成后开始使用。TGFβ2同种异体肿瘤细胞疫苗belagenpumatucel-L的Ⅱ期随机研究取得了令人鼓舞的结果[88]，促使最近完成了该疫苗的Ⅲ期随机试验，使其作为对6个周期铂类化疗有反应的晚期NSCLC患者的转换维持治疗。该试验结果在发表时尚未公布。L-BLP-25是一种针对MUC-1的疫苗，作为晚期NSCLC一线化疗后病情稳定或有反应患者的维持治疗，也显示出令人鼓舞的结果。虽然初步研究主要集中在不能手术的Ⅲ期NSCLC患者，但未来的研究可能会评估L-BLP-25作为Ⅳ期NSCLC的维持治疗[89]。其他在Ⅳ期维持治疗领域正在进行的疫苗试验包括一项最近完成的试验（NCT00415818），在该实验中MUC-1和白细胞介素-2联合疫苗TG4010在6个周期的铂类三联疗法期间给予表达MUC-1的肿瘤患者，并且在该治疗后继续使用。另一项正在英国进行的疫苗试验（NCT01444118）旨在验证在古巴使用由佐剂和人源化重组抗原表皮生长因子（环磷酰胺和重组人rEGF-P64K/ Montanide ISA 51）疫苗组成的化合物所做的工作。在免疫治疗药物雷妥莫单抗的Ⅲ期试验中，该药物将在对标准一线化疗（NCT01460472）有反应的晚期NSCLC患者中进行研究。虽然大多数患者患有Ⅲ期疾病，但在试验的1000多名患者中约有30%的患者将患有Ⅳ期疾病。

正在进行的另一项Ⅲ期试验评估了卡铂和紫杉醇联合使用CTLA-4靶向抗体伊匹单抗，并持续给予伊匹单抗维持治疗。这项Ⅲ期试验是在联合用药的Ⅱ期试验基础上开始的，该试验表明，在卡铂和紫杉醇的维持治疗中加入伊匹单抗优于单独化疗以及在第一轮化疗周期同时给予伊匹单抗的治疗[90]。

抑制性免疫检查点的其他关键组成部分包括PD-1及其配体PD-L1和PD-L2。PD-1主要通过与PD-L1和PD-L2相互作用影响周围组织中的T细胞活性。靶向PD-1/PD-L1与PD-1或PD-L1抗体的相互作用可以恢复肿瘤相关的免疫反应，导致15%～20%预处理NSCLC患者的肿瘤缩小和长效反应[91]。PD-1/PD-L1抑制剂已经在二线治疗中与多西他赛进行了比较评估。双Ⅲ期试验结果显示，在鳞状细胞癌和非鳞状细胞癌中，与多西他赛相比，PD-1抑制剂尼维单抗的生存率显著提高[92]。另一种PD-1抑制剂帕博利珠单抗在至少1%肿瘤细胞中表达PD-L1的肿瘤患者中，与多西他赛相比，也显示了总体存活率的显著改善[94]。同样，在以多西他赛为对照的Ⅱ期随机研究中，PD-L1抑制剂阿特利珠单抗组总生存率提高[95]。非鳞状细胞癌患者中PD-L1表达与生存率的提高有关，但是运用PD-L1的表达来指导治疗仍然存在争议。实际上，因为这些化合物中的大多数仍然作为维持剂存在，所以尚不知道抗PD-1/PD-L1治疗的最佳持续时间，直到获得最大反应后的毒性或疾病进展。

在这一点上，PD-1抑制剂已成为晚期NSCLC二线治疗的标准治疗药物，但它们很快将转向一线治疗。许多正在进行或已经完成并发表的Ⅲ期研究评估了PD-L1阳性肿瘤与抗PD-1/PD-L1单药化疗的疗效，以及PD-L1阳性和PD-L1阴性肿瘤联合化疗或抗CTLA-4的疗效。这些研究都是在持续使用PD-1/PD-L1抑制剂的情况下设计的，直至毒性或疾病进展，特别是在联合研究中停止化疗或抗CTLA-4之后。除SAFIR02肺试验（NCT02117167）以外，这些试验均未专门研究针对抗PD-1/抗PD-L1抑制剂作为维持治疗的作用。在SAFIR02肺试验中，以铂类为基础的诱导化疗结束时疾病受到控制且无靶向基因遗传的患者被随机分为标准维持治疗组或德瓦鲁单抗（抗PD-L1抗体）组。免疫检查点抑制剂在晚期NSCLC治疗中的作用正在迅速增强，但仍存在许多未解决的问题，包括最佳治疗时间这一重要问题。

3 Meta分析

过去的几年里，为了总结维持治疗方案对疗效和毒性的影响，并分析不同方法（持续或换药）和治疗药物（化疗或靶向药物）的价值，进行了几项Meta分析[29, 82-85]。Lima等[82]对7项随机对照试验（1559名患者）进行了Meta分析，比较了晚期NSCLC一线治疗的不同持续时间。与化疗时间较短的患者相比，接受更多化疗的患者的无进展生存期明显更长（HR为0.75，95%CI为0.60～0.85，$P<0.0001$），但相对死亡率差异无统计学意义（HR为0.97，95%CI为0.84～1.11，$P=0.65$）。此外，两组间的总缓解率没有差异（比值比为0.78，95%CI为0.60～1.01，$P=0.96$）。较长的治疗时间与严重的白细胞减少有关，但非血液学毒性没有显著增加。几乎同时，Soon等[83]发表了他们对13项试验（3027名患者）的Meta分析，这些研究不仅包括不同持续时间联合一线化疗的研究，还包括评估化疗的持续性和转用维持方法的随机对照试验。他们一致地发现，延长化疗时间显著地改善了无进展生存期（HR为0.75，95%CI为0.69～0.81，$P<0.000\,01$），还导致总体生存率略有改善且有临床意义（HR为0.92，95%CI为0.86～0.99，$P=0.03$）。亚组分析表明，第三代治疗方案和维持治疗方案对无进展生存的影响更大。在7项试验中的两个试验中延长化疗与频繁的不良事件相关，并损害了与健康相关的生活质量。

2011年发表了第3项Meta分析，包括8项试验和3736例接受化疗或靶向药物治疗的患者（3例持续维持试验和5例转换维持试验）[84]。两种维持方案研究均发现无进展生存期在临床和统计学上均有显著改善（转换维持疗法：HR为0.67，95%CI为0.57～0.78；持续维持疗法：HR为0.53；95%CI为0.43～0.65；相互作用$P=0.128$）。与安慰剂或观察组相比，转换维持疗法显著改善了总生存期（HR为0.85，95%CI为0.79～0.92，$P=0.001$），且持续维持疗法使得总生存期改善（HR为0.88，95%CI为0.74～1.04，$P=0.124$），可能是因为统计功效低（3项试验中包括779名患者，图46.4），所以缺乏统计学意义。实际上，交互作用测试表明，两种维持方案所带来的受益程度是相似的（$P=0.777$）。亚组分析显示，使用细胞毒性药物或酪氨酸激酶抑制剂进行维持治疗的总体或无进展生存期没有显著性差异。一般来说，维持疗法的毒性更大。

在2012年和2013年又进行了3项进一步的Meta分析，包括10项随机对照试验（3451名患者）或11项随机对照试验（3686名患者和4790名患者），其结果与早期的Meta分析结果相当[30, 99-100]。在一项分析中，Cai等[100]发现转换维持治疗对总生存期有显著改善（HR为0.80，95%CI为0.72～0.90，$P=0.0002$），但只有在持续维持的情况下总存活期才有改善的趋势（HR为0.82，95%CI为0.66～1.01，$P=0.06$）。这两种方案均提高了无进展生存期，并且发现对非鳞状细胞组织的肿瘤益处最大。最近的Meta分析没有改变这个结果，Zhou等[101]还报道了对包括4960名患者的13项试验的Meta分析，结果显示维持治疗的总体生存受益显著（HR为0.84，95%CI为0.78～0.89，$P<0.001$），转换和持续维持方案无显著性差异［HR为0.83 vs. 0.86，$P=0.631$（交互作用）］。另一项对14项随机对照试验（涉及5841名患者）的Meta分析提供了非常相似的结果[102]。最近对14项评估系统性维持治疗的随机试验的系统综述证实，培美曲塞维持治疗对NSCLC患者有显著的生存益处（HR为0.74，95%CI为0.64～0.86，$P=0.0003$），高于EGFR酪氨酸激酶抑制剂（HR为0.84，95%CI为0.75～0.94，$P=0.002$）[103]。另一方面，吉西他滨和多西他赛维持化疗没有提供任何显著的生存优势，这与另一项关于培美曲塞和吉西他滨维持治疗作用的Meta分析结果一致[104]。

最近还发表了几项Meta分析，但只关注了EGFR抑制剂维持治疗的益处。3项随机试验合

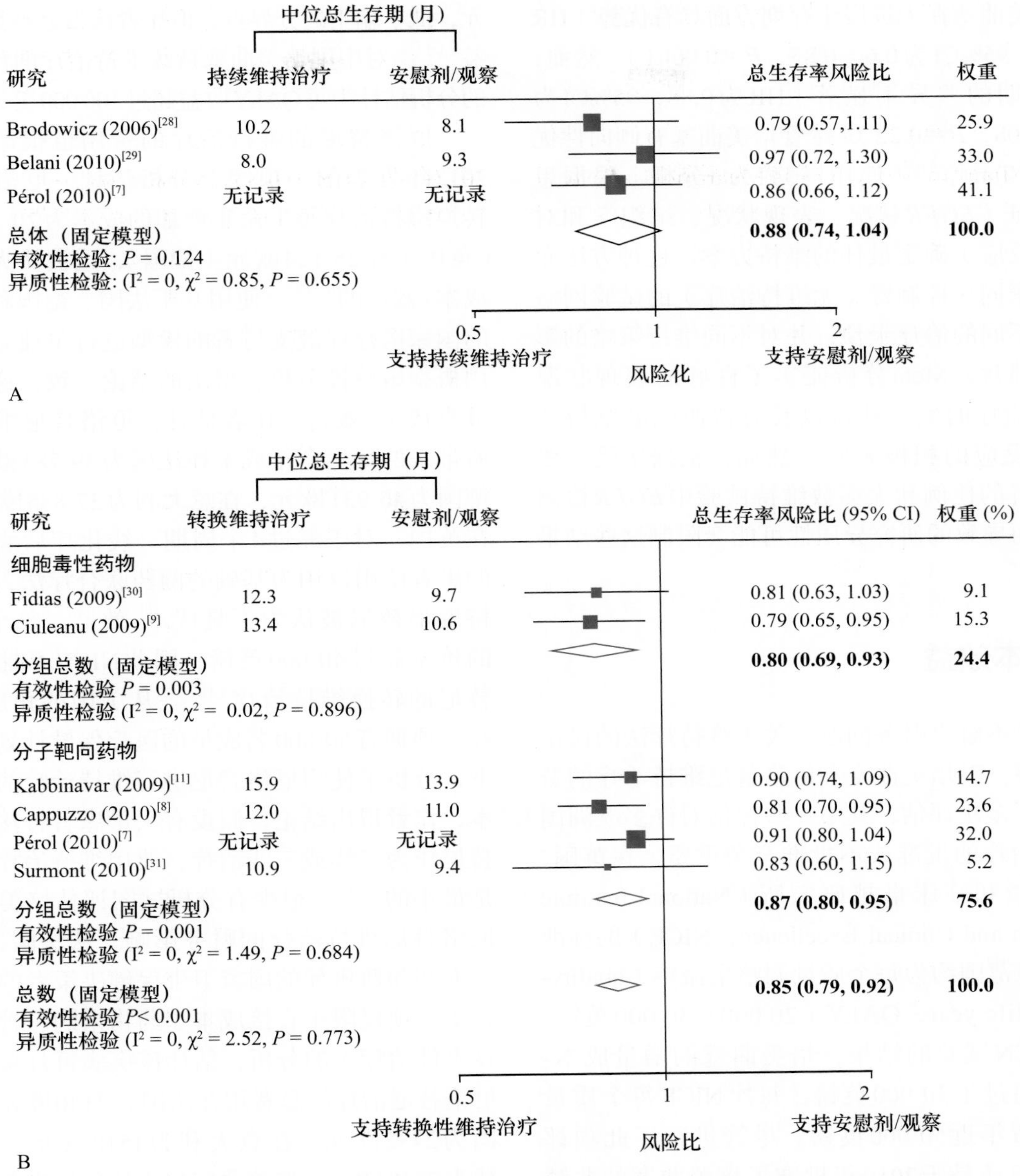

图46.4 持续维持治疗与安慰剂或观察和转换维持治疗与安慰剂或观察之间总存活期的比较

（A）持续维持治疗与安慰剂或观察总存活期的比较；（B）转换维持治疗与安慰剂或观察总存活期的比较

注：CI，置信区间；HR，风险比；NR，未记录；OS，总生存期；经许可转载自：Zhang X, Zang J, Xu J, et al. Maintenance therapy with continuous or switch strategy in advanced non-small cell lung cancer: a systematic review and meta-analysis. Chest. 2011, 140 (1): 117-126.

并使用转换维持厄洛替尼（SATURN，Atlas，IFCT-GFPC 0502），共1942名患者，无进展生存期HR为0.76（$P<0.000\ 01$），总生存期的HR为0.87（$P=0.003$），但分析不包括个体患者的数据[105]。Chen等[88]纳入5项维持厄洛替尼或吉非替尼的试验（2436名患者），发现与安慰剂或观察组相比，无进展生存期有所增加（HR为0.63，95%CI为0.76～0.93）。无论分期、性别、种族、表现状况、吸烟状况、*EGFR*突变状况或治疗前的治疗反应，总生存期的HR为0.84（95%CI为0.76～0.93）[88]。然而，这些Meta分析中未包含国际营养不良试验阴性试验的最新数据。

缺乏大型的随机试验将维持性厄洛替尼和培美曲塞进行比较。目前已经进行了一些间接比较，其中一项分析了5项随机对照试验，这些试验随后被纳入间接比较Meta分析中。研究结果显示，培美曲塞在无进展生存期方面具有优势（HR为0.71，95%CI为0.6～0.85，P=0.0001）。然而，总生存期的差异不显著（HR为0.88，95%CI为0.71～1.08，P=0.22），尽管培美曲塞有倾向性优势[107]。Tan等[108]使用网络Meta分析，根据患者的特征（*EGFR*状况、表现状况、组织学和对诱导的反应）确定最佳的维持方案。这种方法允许在共享同一控制臂（无维持治疗）的试验网络中比较不同的治疗干预，并对不同维持策略的影响进行排序。Meta分析证实了良好的表现状况对维持治疗的生存获益以及对吉西他滨维持诱导化疗反应的积极影响。然而，根据接受二线治疗患者的比例和大多数维持试验中*EGFR*检测水平低而导致的研究异质性可能会限制这些结果的范围。

4 成本效益

如果不解决财务问题，关于维持疗法的讨论将不完整。对培美曲塞和厄洛替尼维持治疗的费用进行了多次评估，其中一些评估对许多欧洲国家维持治疗的批准或不批准至关重要。在英国，国家健康和临床卓越研究所（National Institute for Health and Clinical Excellence，NICE）的标准支付意愿范围约为每个质量调整生命年（quality-adjusted life year，QALY）20 000～30 000英镑。根据JMEN试验的结果，培美曲塞的增量成本-效益比超过了30 000英镑，每次NICE每个质量调整生命年近50 000英镑。尽管进行了此项评估，NICE还是于2010年批准了培美曲塞的非鳞状NSCLC的转换（而不是继续使用）维持[109]。在美国，研究人员使用半马尔可夫模型，利用医疗保险报销率进行药物成本估算，发现与观察组相比，培美曲塞对NSCLC的每生命年增量成本为133 371美元，厄洛替尼维持治疗的每生命年增量成本为近150 000美元[110]。培美曲塞的转换维持治疗已在美国获得批准。从瑞士卫生保健系统的角度来看，基于JMEN试验的结果构建了一个马尔可夫模型，并根据每个QALY获得的成本来计算添加培美曲塞直至疾病进展的增量成本-效益比。当假设培美曲塞最佳支持治疗的成本降低25%时，每个QALY增加的成本-效益比为47 531欧元，低于瑞士的分界点，但作者认为这不具成本效益[111]。对中国培美曲塞持续维持治疗的预估成本的分析估计为每QALY收益超过100 000美元[112]。

厄洛替尼的维持治疗的费用也很昂贵，但2012年发表的一项综合分析估计，厄洛替尼的转换维持治疗每生命年增加的成本为20 711欧元（英国）和25 124欧元（德国），这被认为是具有成本-效益的[113]。使用基于法国、德国和意大利的国家医疗保健支付者的模型进行单独分析和使用概率敏感性分析，得出的结论一致，这种方法具有成本-效益。作者估计，厄洛替尼维持治疗所带来的每生命年成本在法国为39 783欧元，在德国为46 931欧元，在意大利为27 885欧元[114]。在英国，对于经过4个周期一线化疗后病情稳定的患者使用以铂为基础的两药联合疗法，转换维持厄洛替尼被认为不具成本-效益，每个QALY的价格超过40 000英镑，因此NICE不批准厄洛替尼的转换维持治疗[115]。从美国的角度来看，在一项拥有50 000名成员的医疗保健计划的背景下，分析了使用厄洛替尼进行维持治疗的额外成本，作者得出结论，假设有大量患者将接受厄洛替尼作为二线或三线治疗，改用维持治疗的成本是最小的[116]。很少有分析试图评估培美曲塞与厄洛替尼维持治疗的财务影响。从法国、德国、意大利和西班牙的国家卫生保健决策者的角度进行了一项仅限于直接成本（药物采购、管理和不良事件治疗）的分析，估计该疾病每月每名患者厄洛替尼治疗的总费用在法国为2140欧元，在德国为2732欧元，在意大利为1518欧元，在西班牙为2048欧元；培美曲塞相应的每位患者治疗费用分别为3453欧元、5534欧元、2921欧元和3164欧元。作者得出结论，鉴于相似的疗效，厄洛替尼更具成本-效益[117]。显然，需要进一步类似分析来全面评估维持治疗的费用。一项针对IFCT-GFPC 0502法国研究的成本-效用分析表明，吉西他滨或厄洛替尼维持治疗的ICERS随组织学、表现状况和对一线化疗反应的变化而变化[118]。

5 患者选择

接受维持治疗患者的选择仍存在争议。尽管这一概念得到了早期支持，但事先对化疗的反应似乎并不是从转换维持治疗中获益的一个指标。Fidias等[10]和Perol等[32]的试验分别评估了多西他赛转换维持治疗和吉西他滨持续维持治疗，先前有反应的患者似乎从维持治疗中获益最大。相反，在Perol等[32]试验的厄洛替尼组中，无论先前的反应如何，治疗获益是相似的，而在SATURN试验中转换维持厄洛替尼的主要获益似乎是在一线化疗期间疾病稳定的患者中[9, 32]。因此，尽管有一些标准可用来帮助选择药物（如培美曲塞的非鳞状细胞组织学和厄洛替尼的*EGFR*突变状态），但几乎没有信息可用来帮助指导更重要的决策，即是否考虑对单个患者进行维持治疗。也许最强烈的警告来自吉西他滨持续维持治疗试验，该试验招募了大量表现不佳的患者，并且与大多数其他维持试验不同的是，该试验是阴性的[31]。

一些专家提倡使用影像学检查，包括氟脱氧葡萄糖-正电子发射断层显像，以帮助确定哪些患者更有可能从维持治疗中受益[119-120]，其他专家建议症状负担较高的患者更有可能从维持治疗中受益[14, 121]。一项回顾性分析指出，在开始二线治疗之前社会经济条件较差的患者更可能失去随访，因为如果延误，他们可能得不到有益的二线治疗，因此更需要维持治疗[14]。

目前，患者对维持治疗的偏好尚未得到广泛研究。然而，对30名患者进行了一项试点研究，他们回答了一项关于在化疗前以及2个和4个周期后对维持治疗态度10个问题的调查。在这些患者中分别有83%、67%和43%的人认为维持治疗对于6个月、3个月或1个月的总体生存益处是值得的[122]。另一项研究对正在接受但尚未完成一线化疗患者的焦点小组进行了主题内容分析。患者讨论了生存益处、疾病控制、“争取时间”以及做某事作为考虑维持治疗理由的重要性[123]。

根据可获得的数据，维持治疗的选择仍然是每名患者的个人决定。一线化疗的耐受性和完成一线化疗后的身体状态必须与患者希望中断治疗和不愿接受治疗的竞争性愿望进行权衡。2015年美国临床肿瘤学会（American Society of Clinical Oncology，ASCO）更新了关于维持治疗的指南，指出对于一线治疗含培美曲塞的一个疗程4个周期后病情稳定或反应稳定的患者可以使用培美曲塞持续维持治疗。如果初始方案不包含培美曲塞，则可以使用替代化疗（转换），或者建议化疗中断直至疾病进展[11]。2014年欧洲医学肿瘤学会（European Society for Medical Oncology，ESMO）指南与ASCO指南的转换维持治疗相似，但是对于非鳞状组织学的患者，建议在完成一线顺铂加培美曲塞化疗后继续进行培美曲塞治疗[12]。ASCO和ESMO指南均在厄洛替尼IUNO试验结果发布之前发布。意大利胸腔肿瘤协会在其2011年指南中建议，对于在4～6个周期的一线化疗后表现良好且毒性最小的无疾病进展患者应讨论维持治疗[13]。

6 剩余问题和未来研究

目前的证据支持使用维持治疗，继续并改用化疗或靶向药物作为改善晚期NSCLC患者预后的手段。然而，证据并未表明所有患者都是合适的候选人，或者所有患者都应该接受维持治疗。事实上，患者的偏好、便利性和成本都是需要考虑的因素。此外，由于设计、样本量和终点各不相同，目前进行的试验中使用的方法、药物的毒性和有效性证据的稳健性也不同。这种情况给正在进行和未来的研究带来了许多问题。

许多临床医生和研究人员质疑，如果给予6个疗程而不是4个疗程作为诱导治疗，维持试验的结果是否会持续下去。迄今为止，研究还没有证明6个周期[1-2]的明显益处，而且不太可能设计一项新的试验来回答这个问题。一些患者，特别是那些有反应的患者，通常在4个周期后从额外的铂类化疗疗程中受益，但支持这一临床现象的实验数据很少，如果这一现象真的存在的话[1, 97]。顺铂和培美曲塞的跨试验比较（JMDB和PARAMOUNT试验）表明，就有效性而言第5个和第6个诱导疗程在疗效方面没有其他益处，但在神经毒性和耳毒性方面有所增加，而毒性反应实际上可能延长维持治疗的时间[7, 29, 124]。事实上，维持试验中的曲线形状表明，受益不是在最初的2个月内最明显（正如人们预计持续治疗到6个周期），而是在6～12个月后，这表明大多数获益发生在接受长期治疗的患者身上。

在延缓疾病进展（30%～50%）和降低死亡风险（15%～30%）方面，转换维持治疗的有效性证据确凿[84, 125]。如果所有患者在治疗中断后的疾病进展期接受治疗，这种优势是否会保留，在临床意义上至少是值得怀疑的，因为在野生型*EGFR*肿瘤患者疾病进展期比较厄洛替尼与厄洛替尼之间转换维持的阴性IUNO研究中已经表明了这一点[10, 32]。基于建议的治疗量和治疗次数比时间更重要的假设，需要在疾病再激活的早期识别方面取得进展。

许多关于持续维持治疗方案的问题仍未解决，因为在PARAMOUNT试验中发现了培美曲塞在非鳞状细胞肿瘤患者中改善总体生存期的唯一数据[7]。事实上，该试验的结果受到了质疑，因为在对照组中只有一小部分接受了抗叶酸治疗的患者在诱导化疗期间对培美曲塞具有已证实的敏感性。这种策略偶尔在临床实践中使用，支持这种方法的数据是有限的，尽管在最初对这些疗法敏感的患者和间皮瘤中重新引入EGFR抑制剂的一些积极经验支持了这种策略[126-127]。人们必须质疑其他药物如吉西他滨和多西他赛是否对持续维持治疗同样有效。在设计不足的试验中，这些药物已被证明可以提高无进展生存期，但不能提高总生存率。最新的Meta分析已经提供了一些证据，但还需要更大规模的试验，尤其是对鳞状细胞肿瘤。CECOG和IFCT试验包括合理数量的患有这种组织学肿瘤的患者（分别为40%和21%），并且总体结果不因病理亚型而不同[28, 32]。

正如前面所讨论的，缺乏数据来指导关于继续治疗还是转换维持治疗的决策。培美曲塞在用于转换或持续维持治疗时已产生了叠加的效果[7-8, 10, 128]。持续维持治疗在直观上应该是更好的，因为在给予第二种药物之前它使得患者在当前治疗中获得所有潜在的好处。生物学上可行性的假说是，诱导化疗期间有实质性缓解的患者可能会进一步受益于一线方案非铂类药物的长期使用，而对疾病敏感性较低的患者则可以通过非交叉耐药性进行早期转换维持治疗。事实上，SATURN、JMEN和IFCT试验对诱导化疗有反应的患者提供了继续维持的试验支持，并为疾病稳定患者的转换维持提供了优先好处[9, 32]。然而，PARAMOUNT试验显示，对结果的影响并不依赖于对铂类药物和培美曲塞以及培美曲塞的初始反应[7]。同样，Meta分析没有带来任何额外的数据支持根据对一线化疗的反应来选择维持策略（延用还是转换）[101]。IFCT小组正在进行的NCT01631136试验比较了顺铂加培美曲塞再加培美曲塞的整体治疗策略与顺铂加吉西他滨再加吉西他滨（客观缓解）或培美曲塞（疾病稳定）的治疗策略。

人们普遍认为需要合理的工具来选择从维持治疗中受益的患者，以最大限度地减少接受持续治疗的患者人数及其相关的毒性反应和成本。遗憾的是，很少有研究探索预测性生物标志物。在这种情况下只有*EGFR*突变才是用EGFR抑制剂治疗的适合预测因子[9, 52]。如前所述，非鳞状组织学可预测培美曲塞的益处，但阳性预测值相对较低[8]。在未来的试验中，研究者应进一步加强对已知的预后和预测指标肿瘤分子表征的研究。例如，在培美曲塞的研究中，了解有多少肿瘤具有间变性淋巴瘤激酶易位和*EGFR*激活突变可能会有所帮助。如果没有纳入这些患者，而是用克唑替尼、厄洛替尼或吉非替尼等特定药物治疗，这些患者的结局可能会有所不同[129]。

鉴于目前维持治疗提供的益处不大，许多研究都集中寻找和测试新的治疗方法与组合上，以铂为基础的双药联合治疗4个周期，然后是放化疗间隙期直到病情进展的治疗方式已成为历史，但关于如何优化维持治疗的许多问题仍然存在。现在看来，免疫疗法的新方法将很快改变大量晚期NSCLC患者在一线和维持治疗中的治疗方式。

（巩 平 费 晶 译）

主要参考文献

7. Paz-Ares L.G., de Marinis F., Dediu M., et al. PARAMOUNT: final overall survival results of the phase Ⅲ study of maintenance pemetrexed versus placebo immediately after induction treatment with pemetrexed plus cisplatin for advanced nonsquamous non-small-cell lung cancer. *J Clin Oncol*. 2013;31(23):2895–2902.
8. Ciuleanu T., Brodowicz T., Zielinski C., et al. Maintenance pemetrexed plus best supportive care versus placebo plus best supportive care for non-small-cell lung cancer: a randomised, double-blind, phase 3 study. *Lancet*. 2009;374(9699):1432–1440.
9. Cappuzzo F., Ciuleanu T., Stelmakh L., et al. Erlotinib as maintenance treatment in advanced non-small-cell lung cancer: a multicentre, randomised, placebo-controlled phase 3 study. *Lancet Oncol*. 2010;11(6):521–529.

10. Fidias P.M., Dakhil S.R., Lyss A.P., et al. Phase Ⅲ study of immediate compared with delayed docetaxel after front-line therapy with gemcitabine plus carboplatin in advanced non-small-cell lung cancer. *J Clin Oncol*. 2009;27(4):591–598.
28. Brodowicz T., Krzakowski M., Zwitter M., et al. Cisplatin and gemcitabine first-line chemotherapy followed by maintenance gemcitabine or best supportive care in advanced non-small cell lung cancer: a phase Ⅲ trial. *Lung Cancer*. 2006;52(2):155–163.
32. Perol M., Chouaid C., Perol D., et al. Randomized, phase Ⅲ study of gemcitabine or erlotinib maintenance therapy versus observation, with predefined second-line treatment, after cisplatin-gemcitabine induction chemotherapy in advanced non-small-cell lung cancer. *J Clin Oncol*. 2012;30(28):3516–3524.
34. Paz-Ares L., de Marinis F., Dediu M., et al. Maintenance therapy with pemetrexed plus best supportive care versus placebo plus best supportive care after induction therapy with pemetrexed plus cisplatin for advanced non-squamous non-small-cell lung cancer (PARAMOUNT): a double-blind, phase 3, randomised controlled trial. *Lancet Oncol*. 2012;13(3):247–255.
36. Barlesi F., Scherpereel A., Rittmeyer A., et al. Randomized phase Ⅲ trial of maintenance bevacizumab with or without pemetrexed after first-line induction with bevacizumab, cisplatin, and pemetrexed in advanced nonsquamous non-small-cell lung cancer: AVAPERL (MO22089). *J Clin Oncol*. 2013;31(24):3004–3011.
38. Kayarama M., Inui N., Fujisawa T., et al. Maintenance therapy with pemetrexed and bevacizumab versus pemetrexed monotherapy after induction therapy with carboplatin, pemetrexed, and bevacizumab in patients with advanced non-squamous non small cell lung cancer. *Eur J Cancer*. 2016;58:30–37.

获取完整的参考文献列表请扫描二维码。

第47章 肺癌药物基因组学：化疗的预测性生物标志物

George R. Simon, Rafael Rosell Costa, David R. Gandara

要点总结

- 讨论影响治疗反应和结果的肿瘤因素与影响药物代谢的宿主遗传因素。描述与化疗药物相互作用的药物基因组学元素。
- 预后性生物标志物描述了一种特定的肿瘤特征，该特征可根据与治疗方案无关的结果将一组患者分为两类。
- 如何测量生物标志物和如何确定其为阳性或阴性，是与生物标志物使用相关的关键考虑因素。
- 至少50%的肺癌患者有可操作的驱动突变。
- 尽管EGFR信号级联非常复杂，但EGFR胞内结构域中的酪氨酸激酶是触发信号转导的关键因素。
- 间变性淋巴瘤激酶（ALK）激活主要通过3种不同的机制发生：融合蛋白形成、*ALK*过表达和激活*ALK*点突变。
- 克唑替尼用于*ALK*基因重排并在先前治疗上有所进展的晚期非小细胞肺癌患者时，可产生高响应率（超过60%）并提高生存率。
- *ERCC1*和*RRM1*等标志物的临床应用尚待阐明。
- *KRAS*突变状态预示着EGFR酪氨酸激酶抑制剂治疗效果不佳。
- *MET*和*ROS1*基因组改变是更罕见的驱动突变，当检测到这些突变时，可能会使肺癌患者获得更精确的治疗。
- ERCC1、RRM1、BRCA1、胸苷酸合成酶等分子生物标志物仍在研究中。

尽管在特定亚型患者的治疗方面取得了重大进展，但晚期肺癌的有效治疗策略仍然难以实现。然而，在过去的10年中，我们对细胞转化和肺癌发展分子机制的理解有了很大的提高。这些知识促使针对靶向特定的细胞内或细胞外靶标治疗剂的开发，这些靶点被认为是致癌分子途径中的关键。例如，与化疗相比，酪氨酸激酶抑制剂在转移性肺癌和*EGFR*突变或*ALK*易位患者中表现出更高的疗效和耐受性，目前成为具有这些肿瘤标志物的患者的一线治疗[1]。

宿主种系遗传变异会影响单个药物的药代动力学和药效学，从而影响患者的预后[2]。因此，遗传决定的药代动力学变异可影响抗肿瘤疗效和宿主毒性。除了宿主的遗传决定因素之外，环境因素也会影响药物的代谢方式，进而影响药物的疗效。肺癌主要的影响因素是吸烟。据报道，吸烟会改变几种化疗药物和靶向药物（如厄洛替尼）的代谢[3]。然而，吸烟对个别药物药代动力学的影响程度可能由个体宿主的基因决定[4-5]。

药物遗传学领域的研究人员试图更好地了解人类/宿主遗传学与药物反应及毒性之间的联系。后基因组时代的全基因组整合分析提供了肿瘤基因组学知识的进展，当与药物遗传学领域结合时，为药物基因组学领域提供了现代基础。因此，药物基因组研究旨在确定宿主遗传变异、肿瘤的基因组构成、宿主遗传变异与肿瘤构成之间的相互作用，以及对治疗反应和结果的净效应。本章讨论了影响治疗反应和结果的肿瘤因素、影响药物代谢的宿主遗传因素及其对常规临床实践的影响。正如本章的标题所指出的，描述了与化疗药物相互作用的药物基因组学元素。

1 肿瘤相关因素

肿瘤相关的分子决定因素大致分为两类：预后性生物标志物和预测性生物标志物[6]。分子决定因素的这些特征可能具有治疗意义。预后性生物标志物是肿瘤先天侵袭性的指标，并指示患者独立于治疗的存活率，而预测性生物标志物是治疗效果的指标。预后性生物标志物描述了一种特定的肿瘤特征，该特征允许根据独立于所提供的治疗结果将一组患者分为不同的组。例如，与生物标志物阴性肿瘤患者相比，生物标志物阳性肿瘤患者的总生存率更高。另一方面，预测性生物标志物基于预测性生物标志物的存在、缺失、过表达或表达不足，提示特定治疗的益处或无益。因此，这些生物标志物直接影响治疗决策。一些生物标志物可能同时具有预后和预测功能。这种所谓的全景生物标志物使得在不同环境下对数据的解释变得微妙，并且必须考虑生物标志物的双重预后和预测值。同时具有预后和预测功能的生物标志物的典型例子是切除修复交叉互补1（*ERCC1*）和核糖核苷酸还原酶M1（*RRM1*）。在Ⅰ期和Ⅱ期NSCLC中，*ERCC1*和*RRM1*的预后功能可能占主导地位，提示手术切除后*ERCC1*和*RRM1*阳性的肿瘤患者的总生存率优于标志物阴性的肿瘤患者。然而，在Ⅳ期*NSCLC*治疗中，它们与预测功能最相关，与*ERCC1*或*RRM1*阴性的癌症相比，*ERCC1*或*RRM1*阳性的肿瘤对顺铂或吉西他滨的反应分别较低。因为*ERCC1*和*RRM1*的双重功能使得在顺铂与紫杉醇、培美曲塞或依托泊苷等其他药物以及放疗联合使用的环境中很难解释它们的意义，这对Ⅲ期NSCLC的治疗是一个挑战。目前尚不清楚是预后功能还是预测功能占主导地位，或者当使用其他治疗方式时，是否与哪种主导功能相关[7]。这些问题混淆了与其他标志物进行的几项研究的解释[8]。

1.1 分子生物标志物的测量

无论是预后性的、预测性的还是全景的生物标志物，如何测量以及定义它们为阳性或阴性，是另一个重要考虑因素。对于某些生物标志物，可以清楚地辨别肿瘤中是否存在该标志物，这类生物标志物的典型例子是*EGFR*基因的突变或棘皮动物微管相关蛋白样4（*EML4*）和*ALK*基因的易位。因为可以清楚明确地测量分子突变，这些突变对患者预后的影响显而易见。

然而，在几乎所有的肿瘤中大多数生物标志物在一个范围内都是连续存在的，因此测量技术和数值的解释可能会有变化。通常，这些生物标志物的低表达被认为是阴性的，高表达被认为是阳性的。问题在于，阳性与阴性相对应的表达水平通常是随意的，为了便于解释，截断点通常是统计中值。这种方法人为地将一个连续变量变成一个离散变量，这可能会混淆被测变量的关联强度。这种关联强度在中间值附近可能特别弱。研究人员试图通过将特定队列的结果分成四分位数，并通过比较最高四分位数和最低四分位数来评估标志物和结果之间的关联，从而部分地解决了这个问题[9]。

测量技术对于成功地将生物标志物纳入临床决策至关重要。离散的生物标志物（即那些存在或不存在的生物标志物）最好在DNA水平上进行测量。突变、易位和拷贝数增加都属于这一类。突变和易位最好通过对感兴趣基因进行测序，最好是整个基因，这项技术将识别常见的、罕见的及尚未识别的突变。基于多重聚合酶链式反应（polymerase chain reaction，PCR）的技术可识别常见的突变，但仅检测引物包含在多重组中的突变。

非选择性生物标志物最好在RNA或蛋白质水平上测量。例如，大多数上皮组织表达EGFR蛋白，在一些组织中的表达高于其他组织。EGFR表达的增加不是*EGFR*基因在DNA水平上变异的结果，很可能是正常*EGFR*基因转录成RNA，然后最终翻译成蛋白质后增加的结果。因此，特定基因表达的增加可以在RNA或蛋白质水平上测量。

在RNA或蛋白质水平上的测量各有利弊。RNA水平的测量在技术上更加复杂，因此在常规临床环境中的测量可能更具挑战性。相对于管家基因的表达来测量基因的表达，并以无单位比率来表示。得出的值还取决于特定标准化技术和程序的使用，这些技术和程序可能因不同实验室而异。由于这种潜在的差异，数值在不同的实验室和平台上可能不一致。此外，必须为每个实验室单独确定高与低的临界值，并通过临床数据进行验证。然而，如果采用适当的控制和标准化程序，通过定量PCR测量RNA是精确的、可重复的、可量化的。因此，尽管有技术上的困难，定量PCR一直是一些研究者青睐的方法。关于定量PCR的最佳样品也存在争议。大多数研究人员认为新鲜冷冻样本是最理想的，但在临床环境中获取新鲜冷冻活检标本是不现实的，尤其是从晚期NSCLC患者中获取的标本。然而，目前大多数研究人员认为，可以从福尔马林固定的石蜡包埋（formalin-fixed paraffin-embedded，FFPE）组织中提取高质量的mRNA，因此这些样品可以用于定量PCR。然而，用于制作FFPE样本的过程可能会改变基因信息，这就对FFPE样本中定量PCR测量的相关结果提出了质疑[10]。

免疫组织化学（IHC）最常用于检测临床样本中的蛋白质水平。IHC有几个优点：相对便于操作、在大多数临床病理实验室中广泛使用和可用来检测FFPE样本等。然而，IHC的性能特征在很大程度上依赖于抗体的良好性能，该抗体只有效地结合到被检测的抗原上。另外，染色强度可任意分级为0～3（0＝无染色，1＝弱染色，2＝中度染色，3＝强染色）或根据H分数（H分数是染色强度和细胞染色百分比的乘积。例如，如果50%的切片强度大于3，20%的强度大于2，30%为阴性，则H分数为150＋40＝190）。尽管采用了这些评分方法，并使用了严格的（积极和消极）控制，但这些技术仍然会导致结果上的差异。阳性的定义也是任意的。例如，如果2＋或更高的分数被认为是阳性的，那么分数1或2之间的任意性就会危及阳性与阴性的定义。

为了部分抵消IHC分级方法的随意性，发明了对原位蛋白的表达进行自动定量分析（AQUA）的方法[11]。AQUA方法涉及荧光显微技术的使用，该技术通过量化肿瘤中特定细胞隔室（如细胞核或细胞质）内抗体结合的荧光团的强度来测量目标蛋白的表达，基于免疫荧光的强度产生了定量分数。因此，AQUA方法对组织样本中的蛋白质表达提供了更连续的评分[12]。尽管AQUA方法消除了IHC结果的部分主观性，但该方法仍面临与IHC相同的挑战。例如，AQUA还依赖于某种仅与目标蛋白结合的抗体，定义阳性和阴性的临界点是任意的。

1.2 肺腺癌中的驱动突变

基于*EGFR*和*ALK*癌基因作为预测肺癌生物标志物的认知开展了一项正在进行的研究，以确定具有预测和预后重要性的其他致癌驱动因素。目前，可以通过多种致癌基因中的驱动子突变在分子水平上进一步定义NSCLC的特定子集，导致突变信号蛋白的组成性激活，从而诱导并维持肿瘤的发生。在所有NSCLC组织学类型中都可以检测到突变，包括腺癌、鳞状细胞癌和大细胞癌，以及在目前、既往和从不吸烟者（定义为一生吸烟少于100支的个体）中[13]。

据估计，至少有50%的肺癌患者具有可操作的驱动基因突变[14-15]。可操作的驱动基因突变被定义为具有启动或维持肿瘤形成过程中下游效应的分子异常，可通过针对每种基因组的药物予以消除[19]。一些证明肺癌中具有重要意义的驱动子突变证据来自由14名成员组成的肺癌突变联合会（LCMC）的研究。该协会自2009年以来一直在研究转移性肺腺癌，以确定和研究驱动子的基因组变化。在2009—2012年1000多名患者接受了基因分型，以确定肺癌中致癌因素的发生频率，并证明了使用常规遗传学分析为靶向治疗提供信息的实用性[16]。

在LCMC患者队列中，在64%的肺腺癌中发现了可操作的驱动子突变[16]。表47.1列出了LCMC调查人员确定的驱动子突变。在少数患者中发现了大多数这些驱动基因的突变。检测到的最常见的驱动突变是*EGFR*、*KRAS*和*ALK*基因[16]。

表47.1 肺腺癌中的驱动突变[16]

突变	发生率（%）
*ALK*重排	8
BRAF	2
EGFR（致敏）	17
EGFR（其他）	4
ERBB2（以前是*HER2*）	3
KRAS	25
MEK1	＜1
*MET*扩增	＜1
NRAS	＜1
PIK3CA	＜1

注：*ALK*，间变性淋巴瘤激酶；*BRAF*，v-raf鼠肉瘤病毒致癌基因同源物B；*EGFR*，表皮生长因子受体；*ERBB2*，erb-B2受体酪氨酸激酶2；*HER2*，人表皮生长因子受体2；*KRAS*，Kirsten大鼠肉瘤病毒癌基因同源物；*MEK1*，丝裂原活化蛋白激酶；*MET*，肝细胞生长因子受体；*NRAS*，神经母细胞瘤RAS病毒癌基因同源物；*PIK3CA*，磷脂酰肌醇-4，5-二磷酸3激酶催化亚基α

*ALK*融合癌基因和致敏性*EGFR*突变已成为公认的肺癌预测性生物标志物。美国国家综合癌症网络（NCCN）建议在针对转移性疾病患者的算法中对*EGFR*突变和*ALK*重排进行基因分型[1]。

1.3 EGFR

EGFR（也称为HER1）是表皮生长因子的跨膜受体，具有固有的酪氨酸激酶活性。它由位于染色体7的基因编码[17]。EGFR属于受体酪氨酸激酶家族，激活后会刺激细胞内多条下游信号通路，包括参与细胞存活、增殖和抗凋亡的信号通路[18-19]。

在正常细胞中，EGFR的酪氨酸激酶活性受到严格调控，因此细胞生长受到限制。尽管EGFR信号通路的级联反应很复杂，但EGFR胞内结构域中的酪氨酸激酶是触发信号的关键因素。如果酪氨酸激酶活性（即通过分子靶向试剂）被阻断，则EGFR就不能将信号传导到细胞核[20]。在癌细胞中已经识别出多种EGFR激活机制，包括受体过表达、配体过表达和*EGFR*基因扩增。

1.3.1 EGFR过表达

不同于实际*EGFR*突变的检测，EGFR表达是指通过IHC对受体蛋白［正常（野生型）蛋白或异常（意味着基因突变）］水平的测量。尽管NSCLC患者的EGFR表达在一个连续的范围中差异很大，但80%～85%的NSCLC患者中可检测到EGFR表达[21]。

40%～80%的NSCLC肿瘤过表达EGFR[19]。EGFR过表达频率的大范围可能是由于确定EGFR过度表达的技术、定义过表达水平的标准及研究人群的差异所致。野生型是用于描述EGFR过表达但基因未突变的术语。过表达的结果是与配体相互作用的受体过多。野生型EGFR通过与配体结合而被激活。配体结合诱导受体二聚化，与配体结合的EGFR激活酪氨酸激酶介导的信号通路，导致肿瘤增殖、存活和抗凋亡[18]。

肿瘤细胞可以过表达EGFR及其配体。配体的过度表达会增加EGFR二聚化、激活和酪氨酸激酶介导的信号传导，从而导致肿瘤不受控制地生长[22]。

EGFR的过表达在鳞状细胞癌和腺癌中更为普遍，在大细胞癌中则较少[19]。在NSCLC中EGFR过表达的临床意义仍存在争议，一些研究者发现EGFR的过表达与更具侵略性的肿瘤、较差的临床预后及在某些肿瘤类型中对放射线和细胞毒剂的耐药性相关[19]。

NSCLC中野生型EGFR比突变EGFR更常见。与突变的EGFR相比，野生型EGFR患者对EGFR酪氨酸激酶抑制剂（如厄洛替尼和吉非替尼）的获益降低。这可能是因为野生型EGFR通常会发送下游信号，从而最终刺激依赖受体的肿瘤细胞生长，而吉非替尼或厄洛替尼可以适度抑制这种相对较弱的信号。相比之下，突变的*EGFR*被激活，具有显著的下游信号，该信号可以被吉非替尼和厄洛替尼显著地抑制[18]。

1.3.2 *EGFR*突变

*EGFR*基因的体细胞突变可导致突变受体的产生[23]。有10%～15%的白种人NSCLC患者和30%～40%的亚洲患者具有与肿瘤相关的*EGFR*突变[17]。这些突变发生在*EGFR*外显子中[15-18]，编码EGFR激酶结构域的一部分[19]。这些突变的大多数（约90%）是外显子19缺失或外显子21L858R点突变[18, 25]。不分种族，*EGFR*突变在以下人群的肿瘤中更常见：女性、从不吸烟者（定义为一生中吸烟量少于100支）或曾经吸烟的腺癌组织学患者[17]。

突变型EGFR不需要受体二聚化和激活的配体。因此，携带突变的EGFR保持在没有配体结合的情况下具有组成性活性。尽管突变的受体不需要生长因子来发出信号，但配体结合会增加受体活性。携带*EGFR*基因突变的癌细胞通常高度依赖EGFR途径，这种状态被称为“癌基因成瘾”[27]。

*EGFR*突变有几个后果，包括：①EGFR酪氨酸激酶活性的组成性激活和导致下游靶点的过度激活；②对ATP的亲和力降低；③对酪氨酸激酶抑制剂的敏感性增加或降低；④对某些类型的突变产生对酪氨酸激酶抑制剂的抗性[24]。

*EGFR*激活突变被发现是肿瘤缩小方面的良好预后标志和反应预测标志[19]。*EGFR*突变状态与EGFR酪氨酸激酶抑制剂的疗效密切相关，也预示晚期肺腺癌患者有更好的预后[23, 25]。

多项临床研究已经研究了*EGFR*激活突变和EGFR酪氨酸激酶抑制剂治疗后的临床反应增加之间的联系。有证据表明，*EGFR*活化突变细胞的生长和下游信号抑制对EGFR酪氨酸激酶抑制剂的处理始终比野生型EGFR细胞的信号更敏感。此外，与野生型受体相比，EGFR酪氨酸激酶抑制剂与突变受体结合的亲和力更高[18]。

随机、分期、开放标记的易瑞沙泛亚洲研究标志着*EGFR*激活突变患者治疗的开创性时刻。在这项对以前未经治疗的NSCLC患者研究中，发现治疗和*EGFR*基因突变在无进展生存期方面存在显著的交互作用。在261名*EGFR*基因突变的患者中接受酪氨酸激酶抑制剂吉非替尼患者的无进展生存期明显长于接受化疗的患者（进展或死亡的HR为0.48，95%CI为0.36～0.64，$P<0.0017$。相反，在突变阴性的176名患者中接受卡铂-紫杉醇治疗患者的无进展生存期显著延长（使用吉非替尼治疗进展或死亡的HR为2.85，95%CI为2.05～3.98，$P<0.001$）[26]。

尽管携带*EGFR*基因突变的肺癌患者通常对EGFR酪氨酸激酶抑制剂表现出良好的反应，但某些*EGFR*基因突变与对酪氨酸激酶抑制剂的耐药性有关。*T790M*突变导致EGFR酪氨酸激酶结构域790位的蛋氨酸取代苏氨酸，引起其生化和结构的改变，导致对酪氨酸激酶抑制剂治疗的抵抗[23]。据报道，在对厄洛替尼、吉非替尼或阿法替尼产生初步反应后，约60%的疾病进展患者出现了*T790M*突变[27-29]。*T790M*突变也被鉴定为致癌突变，促进肿瘤发生，特别是当*T790M*突变与其他*EGFR*激活突变一起发生时[30]。

其他位于激酶区域较不常见的*EGFR*基因突变（约10%）可能与EGFR酪氨酸激酶抑制剂的敏感性和耐药性有关（表47.2）。

表47.2　*NSCLC*中不常见的*EGFR*突变[31-32]

突变	频率（%）	临床敏感性
外显子21突变（L861X[a]）	2	TKI敏感
外显子18突变（G719X）	3	TKI敏感
外显子19插入	1	TKI敏感
外显子20插入	4～9	TKI抵抗

注：[a]“X”用于表示该位点可能有几个氨基酸取代；*EGFR*，表皮生长因子受体；TKI，酪氨酸激酶抑制剂

1.4　ALK

*ALK*基因编码一种酪氨酸激酶受体，该受体通常在中枢和外周神经系统、睾丸、骨骼肌、基底层角质形成细胞和小肠中表达。在胚胎发育过程中，ALK似乎在神经元发育和分化中发挥作用，其表达在3周龄时降至低水平，并在成年后一直保持低水平[33]。

*ALK*激活主要通过3种不同的机制发生：①融合蛋白形成；②ALK过表达；③激活*ALK*点突变。在*ALK*易位中，融合伴侣调节ALK表达水平、亚细胞位置和表达时间。在NSCLC中已经描述了多种不同的*ALK*基因重排。大多数*ALK*融合变异体由*EML4*基因的一部分组成[33]。ALK融合产物在融合体的介导下发生二聚化，导致ALK酪氨酸激酶的结构性激活。*ALK*融合的下游信号导致参与细胞生长和细胞增殖的信号通路激活。估计有2%～7%的NSCLC患者存在*ALK*基因重排[34]。

*ALK*基因重排倾向于在排除*EGFR*突变的情况下发生。因此，*ALK*基因重排的存在与对EGFR酪氨酸激酶抑制剂的抗性有关。*ALK*基因重排的患者具有与*EGFR*突变患者相似的临床特征（包括腺癌组织学和不吸烟或轻度吸烟史），但他们可能更多的是男性且可能更年轻[35]。在鳞状细胞癌患者中很少检测到*ALK*基因重排[36]。

克唑替尼是一种双ALK/MET酪氨酸激酶抑制剂，被批准用于*ALK*阳性和*ROS1*阳性的NSCLC[13]。克唑替尼显示出非常高的应答率（超过60%），并且当用于晚期NSCLC患者时可提高生存率，这些患者具有*ALK*基因重排，并且在先前的治疗中取得进展，包括脑转移瘤患者[37-39]。NCCN推荐*ALK*阳性患者的一线和后续治疗使用克唑替尼。舒尼替尼和阿来替尼是较新的ALK抑制剂，推荐用于克唑替尼中有进展或对克唑替尼不耐受的患者[1]。

1.5　KRAS

包括KRAS在内的RAS结合蛋白是生长因子受体信号下游的中心介质。在其突变形式中，KRAS具有结构活性，能够使细胞获得永生化转化并促进细胞增殖和存活。

*KRAS*基因突变在以前吸烟者、现在吸烟者

和从不吸烟者的肿瘤中被检测到，尽管在从不吸烟者中更为罕见。在北美约25%的肺腺癌患者存在*KRAS*突变，使其成为最常见的突变[40-41]。KRAS作为转移性肺癌预测或预后性生物标志物的确切作用仍未确定，因为很少有前瞻性试验检验利用*KRAS*突变状态指导靶向药物治疗的效用。然而，*KRAS*基因突变预示着针对EGFR的酪氨酸激酶抑制剂（如厄洛替尼和吉非替尼）缺乏治疗效果[40, 42]。此外，*KRAS*基因突变的患者似乎比野生型KRAS患者的生存期更短[43-44]。*EGFR*和*KRAS*突变似乎相互排斥[45-46]。

1.6 MET

*MET*基因编码一种受体酪氨酸激酶，它在与配体（肝细胞生长因子）结合时被激活。因此，细胞内的多个下游途径包括那些参与细胞存活和增殖的途径被激活。在癌症中通过MET受体的异常信号促进多效性效应，包括生长、存活、侵袭、迁移、血管生成和转移。

在NSCLC中，已经报道了多种MET激活机制，包括基因扩增和突变。在25%～75%的NSCLC患者肿瘤组织中，相对于邻近正常组织，MET蛋白的过表达与预后不良有关[47]。相关数据表明，尽管*EGFR*基因中存在酪氨酸激酶抑制剂敏化突变，但MET蛋白的表达和激活预示EGFR酪氨酸激酶抑制剂后续治疗发生不良反应的可能[47]。

1.7 ROS1

ROS1是胰岛素受体家族中的一种受体酪氨酸激酶，参与肺癌的染色体易位。ROS1融合已被发现是NSCLC细胞系中潜在的驱动突变，激活结构型激酶活性，并与体外对酪氨酸激酶抑制剂的敏感性有关。ROS1融合下游的信号激活已知参与细胞生长和增殖的细胞通路。约2%的NSCLC肿瘤存在ROS1基因的改变[48]。*ROS1*重排阳性的患者具有典型的临床特征，包括发病年龄较小和非吸烟史。ROS1融合与对酪氨酸激酶抑制剂的敏感性有关，酪氨酸激酶抑制剂对ROS1具有“非靶标”活性：克唑替尼就是一个例子[48]。

1.8 ERCC1和RRM1

以顺铂为基础的化疗是所有晚期NSCLC患者的标准治疗，也可作为完全切除后Ⅱ期和Ⅲ期NSCLC患者的辅助治疗[1, 49-51]。顺铂通过建立DNA-铂混合物来阻止DNA复制。当DNA在准备复制开始而解开时，DNA链就会断裂。ERCC1属于核苷酸切除修复（nucleotide excision repair，NER）家族蛋白，参与这些DNA链断裂的修复[52]。ERCC1蛋白在NER途径的最后一步与其伴侣蛋白干性色素干性补充蛋白F（xeroderma pigmentosum complementation group F，XPF）协同工作，识别和移除顺铂诱导的DNA混合物，使肿瘤DNA复制继续进行[53]。NER途径介导的铂DNA去除可逆转顺铂诱导的肿瘤DNA损伤，从而导致顺铂耐药。因此，ERCC1在肿瘤中的高表达预示着顺铂耐药性（图47.1），并可作为该化疗药物疗效的预测分子决定因素[54]。

ERCC1自然预期的目的是在天然DNA损伤后实现DNA的修复，如电离辐射和诱变化合物。因此，正如高水平的核ERCC1表达所表明的，相对保守的DNA修复机制保留了基因组的完整性。因此，在接受根治性切除的早期疾病患者中，高水平的ERCC1与较好的预后相关，这可能是因为基因组的相对完整性导致了更多的惰性肿瘤行为。因此，ERCC1可作为早期NSCLC患者的预后标志物。

RRM1是核糖核苷酸还原酶的调节成分，是DNA合成的非冗余成分[55]，它的主要功能是产生可用于DNA合成和修复的核苷酸[56]，是常用的细胞毒剂吉西他滨的主要靶点。因此，高水平的RRM1预示着对吉西他滨的耐药性[10, 57]。类似于ERCC1，RRM1与NSCLC患者不同的生存结果有关，较高的RRM1水平预示着更好的预后和更高的生存率[58]。研究表明，RRM1表达的增加与肿瘤侵袭和迁移的减少以及肿瘤总体上更惰性的行为有关[56]。目前还不完全清楚RRM1是如何导致这些影响的，但据推测，RRM1与磷酸酶以及张力蛋白同源蛋白的表达直接相关[58]。RRM1因此具有预测和预后功能[59-60]。

在对具有根治性切除术的NSCLC患者回顾性分析中，首先观察到了ERCC1的预后功能。用反转录（reverse transcription）聚合酶链反应（RT-PCR）检测ERCC1的表达，并使用18SrRNA（一种常用的管家基因）的表达将其表达标准化。因

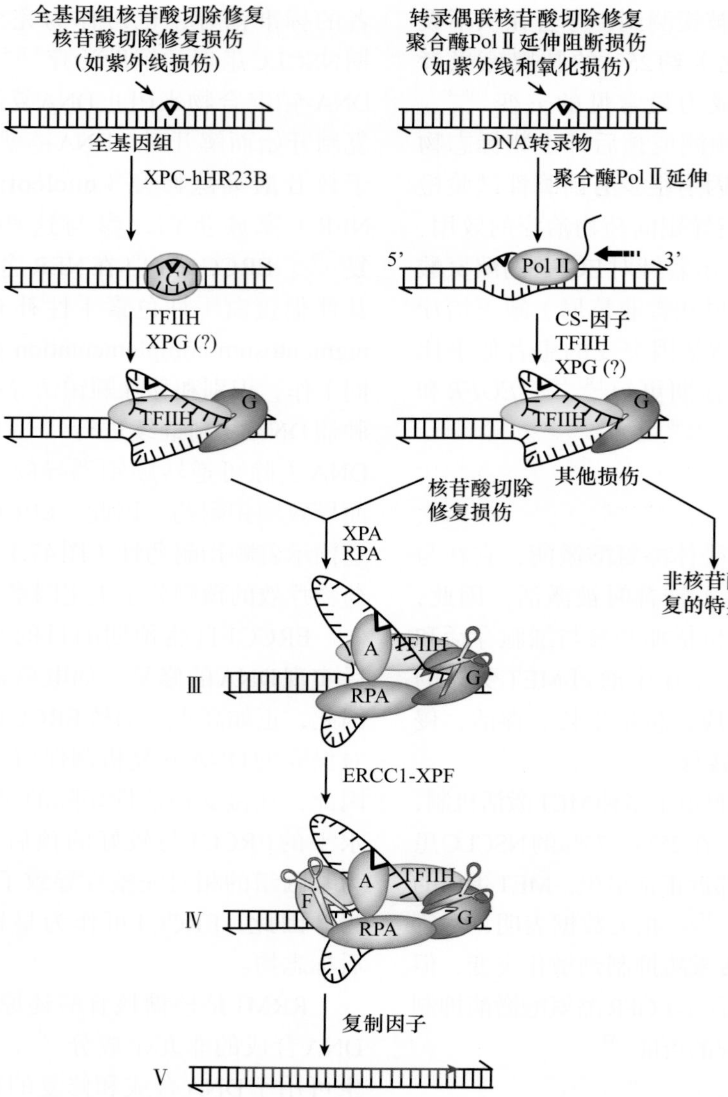

图47.1 核苷酸切除修复切口阶段的分子模型（NER）

在全球基因组NER（GG-NER），XPC-hHR23B感知DNA螺旋扭曲核切除修复损伤，导致DNA的构象改变，而在转录偶联修复（TC-NER），损伤是通过延长RNA Pol Ⅱ检测的；在GG-NER，XPC-hHR23B在病变处吸引TFIIH（可能还有XPG）。在GG-NER和TC-NER中，TFIIH通过其解旋酶XPB和XPD在损伤周围产生了10～20个核苷酸的开放的DNA复合物，这一步需要ATP；XPA和RPA稳定了10～20个核苷酸的开放位置和其他因素。XPA与受损的核苷酸结合，RPA与未受损的DNA链结合；XPG稳定了完全开放的复合物；XPG，由TFIIH和RPA定位，做3′切口。ERCC1-XPF，由RPA和XPA定位，在病变处做第二个5′切口；双切口后是填隙DNA合成和结扎；分子间的接触反映了报道的蛋白质-蛋白质相互作用；经许可转载自：de Laat WL, Jaspers NG, Hoeijmakers JH. Molecular mechanism of nucleotide excisionrepair. Genes Dev, 1999, 13 (7): 768-785.

此，它的水平以无单位比率表示。使用ERCC1值50将队列进行二分法，研究人员指出，ERCC1表达超过50的患者与ERCC1表达低于50的患者相比，中位生存期有显著差异（94.6个月 vs. 35.5个月，$P=0.01$）[61]。在多变量分析中，ERCC1的高表达被发现是更好预后的独立预测因素。

Olaussen等[62]进一步分析了从国际辅助肺试验（the international adjuvant lung trial，IALT）获得的样本中ERCC1的预后价值。在IALT研究中，根治性切除的NSCLC患者被随机分配到接受辅助化疗组或不接受进一步治疗组（这是当时的治疗标准）。在整个研究人群中，辅助化疗使5年生存率提高了4.1%（$P<0.03$）。Olaussen等[62]使用IHC分析了该研究中肿瘤样本的ERCC1表达（除了其他标志物之外），使用抗体对ERCC1的染色（来自克隆8F1的鼠类抗体，Neomarkers Inc，美国加利福尼亚州弗里蒙特）。在ERCC1阴性肿瘤患者中，接受化疗患者的5年总存活期明显更

长（47% vs. 39%，$P=0.002$）。然而，在ERCC1阳性的肿瘤患者中，接受辅助化疗患者和没有接受辅助化疗患者的总存活期没有差异。值得注意的是，在没有接受辅助化疗的患者中，ERCC1阳性肿瘤患者的总存活期明显优于ERCC1阴性肿瘤患者（调整后的死亡比率为0.66，95%CI为0.49～0.90，$P=0.009$）。这一发现提示ERCC1具有内在的预后功能。

根据这些结果，通过比较了多种测量ERCC1的方法，以及几种通过IHC测量ERCC1的抗体，作者进行了全面的分析[63]。作者从两项独立的Ⅲ期临床试验中获得了494个肿瘤标本（加拿大国家癌症研究所肺辅助顺铂评估生物学项目的试验组JBR.10和癌症及白血病B组9633试验）。研究人员还重复了IALT研究的原始样本中所有589个样本的染色。他们绘制了由16种市售ERCC1抗体识别的表位，并研究了不同ERCC1同工型修复铂诱导的DNA损伤的能力。研究人员指出，当前研究中77%的样本中ERCC1呈阳性，而IALT研究中的样本为44%。此外，ERCC1不再是化疗疗效的预测性生物标志物（相互作用的$P=0.53$）。当前研究中使用的8F1抗体与初始分析中使用的8F1抗体不同，他们认为8F1抗体的活性发生了变化。遗憾的是，用于IALT研究的8F1抗体已被完全消耗掉，因此无法进行比较。

另一个重要发现是，测试的16种抗体中的每一种都可以检测到ERCC1的4种已知同工型。因为识别表位在这4种同工型（201、202、203和204）中很常见，所以目前没有可用的抗体可以区分它们。为了进行RT-PCR检测，可以为ERCC1异构体201和203制备单独的引物，但由于序列同源性，无法针对202和204分别制备引物。因此，这两种多态性是一致测量的，无论是总生存还是无进展生存，ERCC1阳性或ERCC1阴性样品均无差异。但是，在细胞系实验中，只有ERCC 1202多态性可能可预测对顺铂的耐药性。因此，这种多态性可能是功能性的。作者得出结论，测量临床相关的功能性ERCC 1202多态性可能是NSCLC患者顺铂获益的更好预测指标。但是，测量特异性ERCC 1202多态性将具有挑战性，因为4种蛋白质同工型之间的序列同源性很高，从技术上讲制备ERCC 1202特异性抗体非常困难。出于相同的原因，制作ERCC 1202特异性引物也很麻烦[63]。但是，可以通过在DNA水平上测序来检测ERCC 1202多态性，这会将这种非离散的生物标志物转化为离散的生物标志物。

为了研究ERCC1和RRM1的相关性，Zheng等[12]利用AQUA技术在蛋白水平上和RT-PCR技术在RNA水平上检测了ERCC1和RRM1的表达，并将结果与生存期相关联。RRM1表达与ERCC1表达呈正相关。此外，与低表达RRM1的患者相比，高表达RRM1的患者生存率更高（无病生存期，超过120个月vs. 54.5个月，HR为0.46，$P=0.004$；总生存期，超过120个月vs. 60.2个月，HR为0.61，$P=0.02$）。其他研究人员还表明，与ERCC1和RRM1任意一种或两种生物标志物都低表达的肿瘤患者相比，具有这两种生物标志物高表达的肿瘤患者的总存活率更高[12]。

西南肿瘤学小组在合作小组中进行了一项试验，以评估基于ERCC1和RRM1的原位肿瘤水平选择治疗的可行性[64]。Ⅰ期肺癌患者入选。使用AQUA在蛋白质水平上测定ERCC1和RRM1的表达（表达范围为1～255），根据先前建立的ERCC1和RRM1的截止值分别为65.0和40.0将水平分为高或低。对于ERCC1和（或）RRM1水平较低的肿瘤患者，治疗方案包括顺铂和吉西他滨（第1天80 mg/m^2，第1天和第8天1 g/m^2）。对ERCC1或RRM1水平高的肿瘤患者进行随访观察（这基本上是治疗的标准）。在该方案中，可行性被定义为至少75%的登记患者在手术后12周内接受治疗。2009年3月至2011年4月累计共有85名患者。在83名患者中成功测定了ERCC1和RRM1水平，72名患者（87%）在12周的时间框架内成功分配了适当的治疗。在83名患者中，64名（77%）接受化疗，19名（23%）接受观察。ERCC1水平为4.3～211.2（中位数为44.7），RRM1水平为2.5～234.4（中位数为39.3）。因此，作者得出结论，化疗分配在多机构合作小组环境中是可行的。

在晚期NSCLC环境中，Rosell等[59]分析了包含100名患者的样本，以评估ERCC1和RRM1的表达与生存率之间的关系。研究中的患者接受吉西他滨和顺铂，吉西他滨、顺铂和长春瑞滨，或者吉西他滨和长春瑞滨，然后是长春瑞滨和异环磷酰胺的治疗。用RT-PCR方法检测支气管镜下FFPE组织中*ERCC1*和*RRM1*在mRNA水平的表达。此外，*ERCC1*和*RRM1*的表达之间也有很强的相关性（$P<0.001$）。在接受吉西他滨和顺铂治疗的患者中，*RRM1* mRNA低表达患者的中位生存期明显长于*RRM1* mRNA高表达患者（13.7个月 vs. 3.6个月，$P=0.009$）。此外，*RRM1*和*ERCC1*低表达肿瘤患者的中位生存期明显长于这两个基因高水平的患者（$P=0.016$）。这些结果基本上证实了同一组在更小的患者队列中的早期发现，其中晚期NSCLC患者的*ERCC1*基因表达与顺铂和吉西他滨的反应显著相关[65]。

基因组国际肺试验（genomic international lung trial，GILT）是第一项旨在验证定制化疗临床益处的前瞻性随机试验[66]。在这项Ⅲ期试验中，444例先前未治疗的晚期NSCLC患者以1：2的比例被随机分配到多西他赛和顺铂的对照组或根据反转录聚合酶链反应测定的肿瘤内*ERCC1* mRNA表达水平接受治疗的基因型组。在基因型组，如果肿瘤表达的*ERCC1* mRNA水平低于中位数，患者接受多西他赛和顺铂，或者如果肿瘤表达的*ERCC1* mRNA水平高于中位数，患者接受多西他赛和吉西他滨。该研究达到了主要的反应终点，基因型组的反应率明显高于对照组（51.2% vs. 39.3%，$P=0.02$）。在多变量分析中，ERCC1低表达是肿瘤对顺铂反应的独立预测因子。这项研究没有显示生存期的差异，但是对照组和基因型组的无进展生存期和总生存期都没有显著性差异。基因型组的中位无进展生存期为6.1个月，而对照组为5.2个月（HR为0.9，$P=0.30$），基因型组和对照组的总生存期中位数分别为9.9个月和9.8个月（HR为0.9，$P=0.59$）。在基因型组中，多西他赛和顺铂治疗的ERCC1阴性肿瘤患者（53%）与多西他赛和吉西他滨治疗的ERCC1阳性肿瘤患者（47%）的应答率相对相似，中位无进展生存期分别为6.7个月和4.7个月，中位总生存期分别为10.3个月和9.4个月。回想起来，考虑到ERCC1和RRM1的表达相关，在设计GILT时研究人员还不知道这一事实，顺铂和吉西他滨可能是*ERCC1*低表达肿瘤患者的最佳治疗方案，而多西他赛联合长春瑞滨（而不是吉西他滨）可能更适合ERCC1高表达肿瘤患者（因为ERCC1高表达的存在表明*RRM1*的高表达和*RRM1*高表达预示着对吉西他滨的耐药性）。ERCC1和RRM1高表达之间强相关性的原因尚不清楚，但假设是因为由RRM1产生的稳定核苷酸供应是由ERCC1进行有效修复时所必需的。

为加速这项研究在临床实践中应用，开展了一项名为“分子分析指导定向个体化治疗”（MADe IT）的前瞻性Ⅱ期试验，根据*ERCC1*和*RRM1*的表达（用RT-PCR法测定）进行联合化疗，其主要终点为可行性[67]。*ERCC1*低表达的肿瘤患者用卡铂治疗，*RRM1*低表达的肿瘤患者用吉西他滨治疗，两种标志物任意一项高表达的肿瘤患者用多西他赛治疗。因此，根据*ERCC1*和*RRM1*的表达，患者可以分为4个治疗组：吉西他滨和卡铂（*RRM1*和*ERCC*都低表达）、吉西他滨和多西他赛（*RRM1*低表达和*ERCC1*高表达）、多西他赛和卡铂（*RRM1*高表达和*ERCC1*低表达）及多西他赛及长春瑞滨（*RRM1*和*ERCC1*高表达）。有效率为44%，总生存期为13.3个月，无进展生存期为6.6个月（图47.2）[67]。

为了进一步分析个体化治疗的效果，在同一家机构使用类似的资格标准进行了另外3项试验。然而，所有患者都接受了类似的治疗方案，并将结果与Ⅱ期MADe IT试验的结果进行了比较。在进行这些比较之前，认为数据是成熟的。在这些研究成果的鼓舞下[68]，启动了一项前瞻性随机Ⅲ期试验（Ⅲ期MADe IT试验）。在这项试验中，275名符合条件的患者以2：1被随机分配到实验组或对照组。对照组用吉西他滨和卡铂治疗。在实验组，根据ERCC1和RRM1的表达进行治疗，与Ⅱ期试验相同。无进展生存期是主要终点。试验结果显示6个月后无进展生存期提高了32%[69]。两组均进行了4个周期的化疗。在无进展生存期（6.1个月 vs. 6.9个月）或总生存期（11.0个月 vs. 11.3个月）方面，实验组与对照组之间无显著性差异。然而，一项亚组分析表明，在肿瘤中*ERCC1*和*RRM1*表达水平均较低且接受相同治疗（卡铂和吉西他滨）的患者中，对照组的无进展生存期明显优于实验组（8.1个月 vs. 5.0个月，$P=0.02$，图47.2B）。这一发现的原因尚不清楚。Ⅱ期和Ⅲ期试验之间的一个关键区别是，在Ⅱ期试验中*ERCC1*和*RRM1*的表达是通过RT-

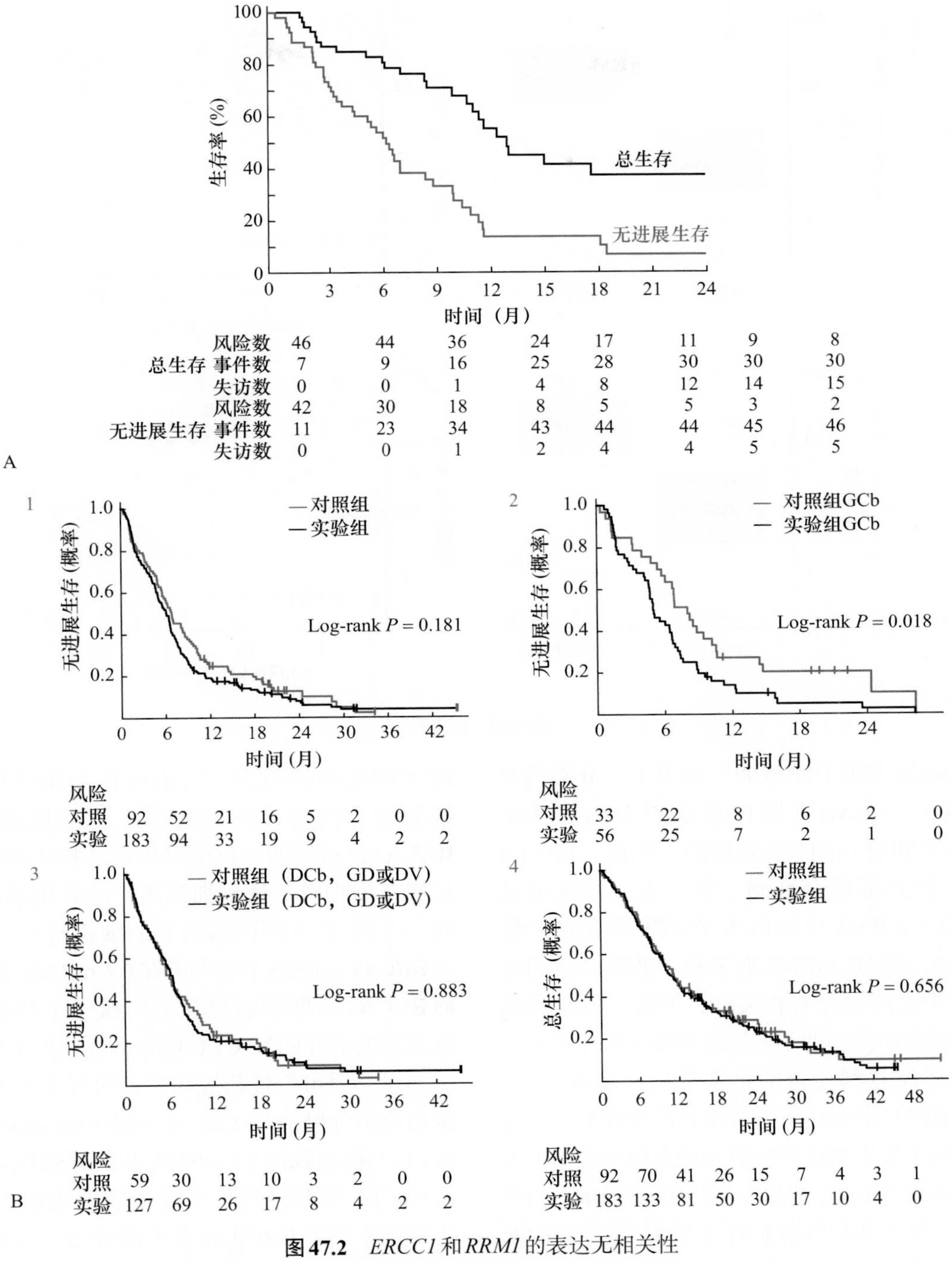

图47.2 *ERCC1*和*RRM1*的表达无相关性

（A）53例晚期非小细胞肺癌患者接受基于核糖核苷酸还原酶亚单位1（*RRM1*）和切除修复交叉互补组1（*ERCC1*）基因表达化疗后的总生存期（OS）和无进展生存期（PFS）。（B）根据*ERCC1*和*RRM1*的表达比较生存期。（B1）无进展生存。（B2）*ERCC1*和*RRM1*低表达且接受相同治疗［吉西他滨和卡铂（GCb）］的试验组和对照组无进展生存期比较。（B3）*RRM1*高表达与*ERCC1*低表达患者实验组和对照组无进展生存比较；*RRM1*低表达，*ERCC1*高表达；*RRM1*和*ERCC1*均高表达；试验组患者接受多西他赛卡铂（DCb）、吉西他滨和多西他赛（GD）或多西他赛和长春瑞滨（DV），对照组患者接受GCb。（B4）总体存活率。（C1）和（C2）*ERCC1*。（C3）和（C4）*RRM1*。（A）用反转录聚合酶链反应检测*ERCC1*和*RRM1*的表达[34]，经许可转载自：Simon G, Sharma A, Li X, et al. Feasibility and efficacy of molecular analysis-directed individualized therapy in advanced non-small-cell lung cancer. J Clin Oncol, 2007; 25 (19): 2741-2746；（B）使用*ERCC1*和*RRM1*原位蛋白水平进行二分类，使用自动定量分析（AQUA）技术检测原位蛋白表达；图47.2B3中*RRM1*低表达，*ERCC1*高表达；*RRM1*和*ERCC1*均高表达；试验组患者接受多西他赛卡铂（DCb）、吉西他滨和多西他赛（GD）或多西他赛和长春瑞滨（DV），对照组患者接受GCb；（B）和（C）经许可修改自：Bepler G, Williams C, Schell MJ, et al. Randomized international phase Ⅲ trial of ERCC1 and RRM1 expression-based chemotherapy versus gemcitabine/carboplatin in advanced non-small-cell lung cancer. J Clin Oncol, 2013; 31 (19): 2404-2412.

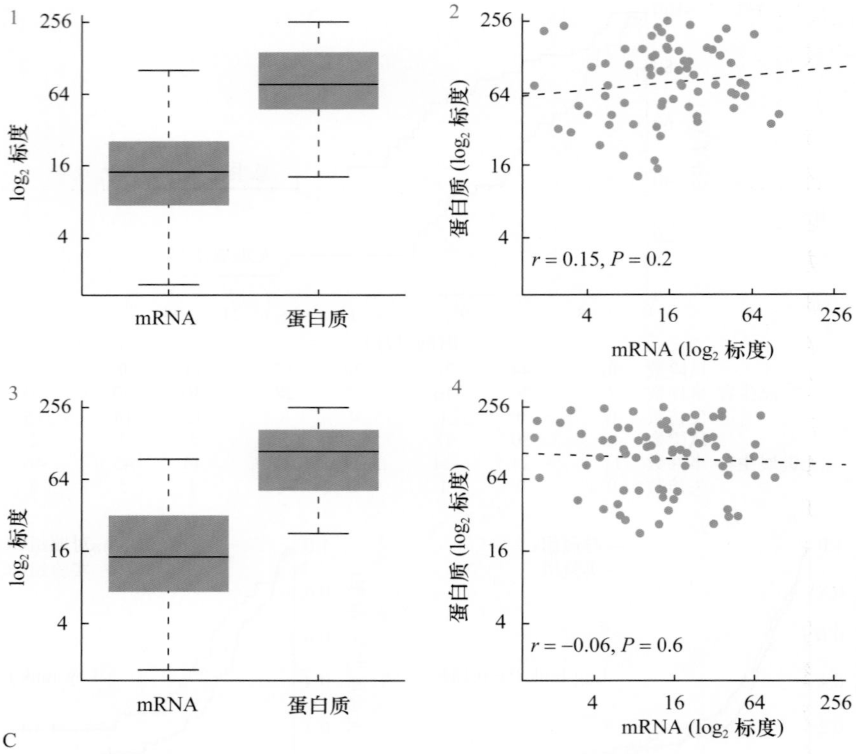

图47.2 （续图）

PCR在mRNA水平上测量的，而出于二分类的目的，ERCC1和RRM1在蛋白质水平上的表达是使用AQUA和8F1抗体来测量的。因此，ERCC1的估计可能并不完全准确。事实上，在这项试验中*ERCC1* mRNA和蛋白水平之间没有相关性（$r=-0.06$）。*RRM1* mRNA水平和AQUA测量的原位蛋白水平之间也没有相关性，但这一发现被认为是由于研究中使用的不同固定和加工技术所致。

研究还注意到显著的批次效应。也就是说，ERCC1和RRM1的表达水平分批升高或降低。表达水平也倾向于根据测试的时间和地点而变化（个人见解，Michael Schell）。因此，很可能是测量上的谬误导致了试验组和对照组卡铂与吉西他滨疗效的差异。应该注意的是，这些研究是在医疗保险和医疗补助服务中心要求所有作为临床决策的组织分子测试必须在具有临床实验室改进修正案认证的实验室中进行之前完成的[69]。因此，ERCC1和RRM1等标志物的临床应用仍有待阐明。然而，探索特定的亚型可以为进一步的研究提供更多的机会。

1.9 BRCA1

BRCA1属于基因的错配修复途径，通常有助于修复单链断裂。它也可作为化学疗法诱导细胞凋亡的差异调节剂[70]。在临床前模型中，BRCA1已被证明是抗微管蛋白药物（如紫杉烷和长春花生物碱）诱导细胞凋亡的敏化剂，也可消除一系列DNA损伤剂诱导的细胞凋亡[71]。已显示*BRCA1* mRNA表达与*ERCC1* mRNA表达相关，而BRCA1的低表达已显示对接受了顺铂和吉西他滨辅助治疗的NSCLC切除患者预后更好[72-73]。

在一项可行性研究中，西班牙个性化辅助试验和西班牙肺癌组（the Spanish lung cancer group，SLCG）根据BRCA1 mRNA水平对84例完全切除的NSCLC患者进行了个性化辅助化疗[74]。多西他赛用于治疗BRCA高水平的肿瘤，多西他赛和顺铂用于治疗中等水平的肿瘤，顺铂和吉西他滨用于治疗低水平的肿瘤。在报道时，BRCA1水平高或中等的患者尚未达到中位生存期，水平低的患者为25.6个月（$P=0.04$）。中期分析表明，对于BRCA1水平高的患者，单药多西他赛在生存率方面不逊于顺铂和多西他赛。基于这些结果，SLCG根据*BRCA1* mRNA水平设计了针对完全切除的早期（Ⅱ～ⅢA）NSCLC个体化辅助化疗的Ⅲ期开放式多中心随机研究。在这项研究中，患者以1∶3的比例随机分配到对照组或实验组。在对照组中患者接受多西他赛加顺铂，在实验组中对具有较高BRCA1转录水平的肿瘤患者进行单药多西他赛治疗，对具有中等和低BRCA1表达的肿瘤患者进行顺铂治疗。对N2疾病患者必须进行术后放疗。根据该研究的初步结果[75]，注意到治疗方案安全性方面的差异，其中个性化治疗需要减少剂量。该研究在发表时尚未报道疗效结果。因此，高BRCA1水平可预测对顺铂的耐药性以及对多西他赛的敏感性。

在SLCG Ⅱ期定制化疗试验中，BRCA1和RAP80的表达对晚期NSCLC患者的结果有联合作用。基于这一发现，SLCG进行了一项随机Ⅲ期试验，以比较非选择的基于顺铂的化疗和根据BRCA1和RAP80水平定制的治疗（BREC 研究）[76]。在SLCG的支持下，中国开展了一项平行随机Ⅱ期试验（图47.3）。在SLCG试验中，患者通常按1∶1的比例分配到对照组或实验组，在中国试验中按1∶3的比例分配到对照组或实验组。主要终点为无进展生存期。两项研究的结果表明，RAP80对定制的预测能力较差。事实上，预先指定的中期分析显示了在试验组的有害影响（病情进展的HR为1.35，$P=0.03$），基于这些结果，本研究提前结束。然而，研究发现患者表现状态与处理臂之间存在显著的交互作用，在试验组中表现状态为0的患者出现了有利的（虽然不显著）影响，而表现状态为1的患者出现了负面影响，包括死亡风险显著增加。尽管之前的研究显示了对RAP80的预测能力，但BREC研究的结果表明，其他分子因素也可能影响BRCA1-RAP80的预测模型[76-77]。例如，2012年发表的一个临床前模型显示，BRCA1蛋白、p53结合蛋白1（53BP1）和RAD51可以在RAP80缺失细胞中的双链断裂处组装，而RAP80和53BP1，而不是RAD51，可以在BRCA1缺失细胞中的双链断裂处组装[78]。因此，BREC的研究结果可能为定义更好的化学疗法结果预测模型的研究奠定基础。在表现状态为0的患者中，生物标志物指导治疗获得的益处虽然不显著，但将为进一步研究该亚组患者铺平道路。

1.10 β-微管蛋白类

Ⅲ类微管蛋白表达增加已被证明与晚期NSCLC患者对紫杉烷类和长春瑞滨等抗微管药物的耐药性有关[79]。然而，JBR.10试验数据的回顾性分析结果报道后，对微管蛋白的兴趣消退。JBR.10试验比较了ⅠB～Ⅱ期NSCLC患者手术治疗后辅助

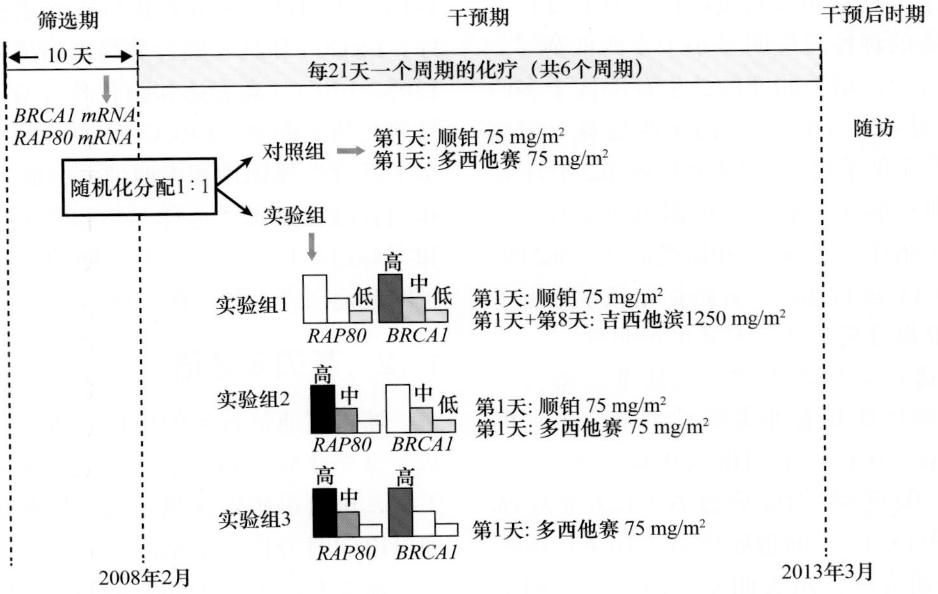

图47.3 西班牙肺癌组Ⅲ期随机试验的研究设计和干预期

在10天的筛查期内，分析*BRCA1*和*RAP80 mRNA*的表达，如果分析成功，患者被1∶1随机分配到对照组或实验组；中国Ⅱ期随机试验的筛查和干预时间相似，但患者与对照组或三个试验组中的一个按1∶3的比例随机分配

顺铂、长春瑞滨治疗和单独观察。半定量免疫组化检测的β-微管蛋白表达表明，高表达的微管蛋白与单纯手术患者较差的无复发和总生存率有关，而与辅助化疗患者无关[80]。进一步对β-微管蛋白作为紫杉烷敏感性预测因子的研究已经停止。

1.11 胸苷酸合酶

胸苷酸合酶对于DNA复制所需的嘌呤合成是必需的。5-氟尿嘧啶是一种已知的抑制胸腺嘧啶合成酶的原型药物。然而，胸苷酸合酶也被认为是培美曲塞的靶点，培美曲塞已成为治疗非鳞状NSCLC的基础药物。胸苷酸合酶在小细胞肺癌中水平很高。在NSCLC中，胸苷酸合酶在鳞状细胞癌中的表达高于腺癌[81]。临床前研究表明，胸苷酸合酶、二氢叶酸还原酶、甘氨酰胺核糖核苷酸甲酰转移酶和*MRP4*基因表达与培美曲塞的反应相关[82]。在动物研究中，胸苷酸合酶的过表达与培美曲塞的敏感性降低相关[83]。综上所述，这些数据表明胸苷酸合酶的高表达预示了对培美曲塞的抗药性。

鳞状细胞肺癌中高水平的胸苷酸合酶解释了培美曲塞在这种组织学亚型NSCLC患者中的治疗活性降低。一项随机Ⅲ期试验比较培美曲塞和多西他赛在二线治疗晚期NSCLC患者中的作用。总的来说，培美曲塞和多西他赛在疗效上没有差异。培美曲塞的毒性反应明显小于多西他赛[84]。在非鳞癌患者中，培美曲塞的总生存率优于多西他赛（9.3个月vs. 8.0个月），而多西他赛对鳞癌患者的总生存率似乎更优（7.4个月vs. 6.2个月）。

在一项Ⅲ期临床试验中，根据组织学对顺铂和吉西他滨（863例）与顺铂和培美曲塞（862例）治疗晚期NSCLC进行比较，并根据组织学进行了预先确定的亚群分析，这一差异也很明显[85]。尽管在一组未选择的患者中含培美曲塞方案与含吉西他滨方案相比具有非劣效性（中位生存期为10.3个月vs. 10.3个月，HR为0.94，95%CI为0.84～1.05），但在847例腺癌患者（12.6个月vs. 10.9个月）和153例大细胞癌患者（10.4个月vs. 6.7个月）的研究中，培美曲塞组的总生存明显优于吉西他滨。然而，对于473例鳞状细胞癌患者情况恰恰相反，吉西他滨可提供额外的获益（10.8个月vs. 9.4个月）。

同样，在一项随机双盲研究中，对663例ⅢB或Ⅳ期疾病患者进行了4个周期的铂类化学疗法后无疾病进展，作者推测胸苷酸合酶在鳞状和非鳞状组织学中的差异表达是培美曲塞组织学特异性获益的可能机制。在这项研究中，患者被分配接受培美曲塞（500 mg/m^2，第1天）或最佳支持治疗直至疾病进展[86]。尽管与最佳支持治疗相比，培美曲塞的维持治疗对整个患者群均有益（总生存期分别为13.4个月和10.6个月，HR为0.79，P=0.012），但对于非鳞状组织学患者，总生存期明显更好（15.3个月vs. 10.3个月，HR为0.70，P=0.002）。

鉴于这些研究的结果，研究者在国际定制化疗辅助试验中试图基于ERCC1和胸苷酸合酶来定制化疗。这项正在进行的Ⅲ期多中心随机试验比较了完全切除的Ⅱ期和ⅢA期NSCLC患者的辅助药物基因组驱动化疗和标准辅助化疗。在中心实验室通过定量RT-PCR对FFPE肿瘤标本的*ERCC1*和胸苷酸合酶进行评估。主要终点是总生存率，次要终点包括无疾病生存、ERCC1相关的治疗方案的毒性情况，以及胸苷酸合酶mRNA定量与蛋白质定量。预计患者累积总数为700例。每个基因组类别的患者将被随机分配接受研究者选择的标准化疗（顺铂和长春瑞滨、顺铂和多西他赛或顺铂和吉西他滨）或根据以下算法选择的实验治疗：ERCC1和胸苷酸合酶高表达患者选择单药紫杉醇，ERCC1高表达和胸苷酸合酶低水平患者选择单药培美曲塞，ERCC1低表达和胸苷酸合酶高水平患者选择顺铂和吉西他滨，低表达的ERCC1和胸苷酸合酶患者选择顺铂和培美曲塞。标准组和实验组将同时进行4个周期的选定化疗。该试验的登记在发表时仍在进行。

1.12 基因表达谱

随着高通量技术的出现，研究人员试图开发基于寡核苷酸阵列的基因标记，既可以用作预后工具，也可以用作预测工具。虽然基因表达微阵列可以同时分析多个基因，但这项技术本身很复杂，需要专门的技术和复杂的生物信息学。这种复杂性阻碍了它在社区中心的更广泛应用。几个私营和营利性机构已经提出对样本进行分析，并在收费的基础上提供结果。

在第一批要研究的基因表达特征中，有一个包括p53、KRAS和HRAS的多变量模型，该模型用于确定Ⅰ期切除NSCLC的预后[87]。Chen等[88]报道了一个五基因信号，可能为NSCLC患者提供预后价值。这些作者首先利用寡核苷酸微阵列确定了一个与生存相关的16个基因组。从这16个基因组中选择了5个基因（*DUSP6*、*MMD*、*STAT1*、*ERBB3*和*LCK*）进行RT-PCR和决策树分析。该基因图谱将患者分为两组：高危组（59例）和低风险组（42例）。高危组的患者中位总生存期明显短于低风险组（20个月vs. 40个月，$P<0.001$）。高危组的中位无进展生存期也明显缩短（13个月vs. 29个月，$P=0.002$）。

其他几个化疗预测或预后基因标记也已经开发出来，并正在验证[89-95]。基因表达谱标记现已用于乳腺癌的临床实践[96-99]，但尚未在临床实践中广泛使用，很可能是因为技术本身的复杂性和成本。此外，对组成该基因小组的基因缺乏清晰的理解，这引发了人们对其有效性的质疑，并且缺乏对由数百名患者组成的大型数据集中有效性验证。

2 宿主相关因素

从理论上讲，根据宿主的遗传因素选择或避免特定的化疗方案。这些种系遗传因素通常可预测毒性风险，而不是功效。单核苷酸多态性（SNP）和DNA序列中单个碱基的替换约占人类遗传变异的90%。SNP的发生频率高达每100～300个碱基出现一次，根据定义，SNP必须存在于至少1%的人群中。SNP存在于编码和非编码序列中，可能会改变DNA转录速率、RNA剪接、翻译效率和蛋白质功能。

2.1 UGT1A1*28

大量的SNP会影响化疗的代谢和解毒。一个关键的例子，尿苷二磷酸葡萄糖醛酸转移酶1A1（*UGT1A1*）基因多态性对伊立替康治疗患者的胃肠道和骨髓抑制毒性有显著影响。吉尔伯特综合征通常在带有*UGT1A1*基因的患者中被诊断出来，患有这种综合征的人主要表现为无症状的未结合高胆红素血症[100-103]。

伊立替康被激活为SN-38，然后发挥抗肿瘤活性[104]。SN-38被解毒为没有药理活性的SN-38葡萄糖醛酸（SN-38G）。UGT1A1是SN-38葡萄糖醛酸化的主要酶。SN-38的体外葡萄糖醛酸化与*UGT1A1*基因启动子多态性UGT1A1*28密切相关，UGT1A1*28在*UGT1A1*启动子的TATA序列中含有附加的TA重复序列，即序列是（TA）7TAA而不是（TA）6TAA[104]。在具有（TA）7TAA序列的患者中，SN-38的葡萄糖醛酸化速率明显低于正常等位基因患者（$P=0.001$），并且4级毒性的发生率，特别是腹泻和骨髓抑制，显著高于正常等位基因患者。这些结果表明，筛查UGT1A1*28多态性可以确定SN-38葡萄糖醛酸化率较低且对伊立替康引起的胃肠道和骨髓毒性更敏感的患者[103, 105]。美国FDA批准在临床实践中使用UGT1A1多态性来预测伊立替康的毒性。

2.2 CYP3A

细胞色素P450（CYP）蛋白的多态变异也被认为是化疗活性和毒性的决定因素。这个庞大和多样化的酶家族催化外源物质的代谢，包括许多抗癌药物[106]。CYP3A成员是小肠和肝脏中最丰富的CYP型，由于SNP的存在，个体间和种族间的表达有很大差异[107-108]。CYP3A的表达影响多种药物的药代动力学，并可能影响环境致癌物的新陈代谢，从而影响个体的癌症易感性。SNP在药物代谢和处置中的作用很复杂，目前正在尝试明确它们对个性化药物的效用[109-110]。宿主DNA修复能力的个体间差异也可能影响对化疗的反应。在涉及核苷酸切除修复、双链DNA断裂修复、核苷酸合成和其他DNA修复过程的基因中已经发现了SNP的多样性[111-112]。SNP导致的DNA修复能力下降似乎会增加肺癌风险，特别是在年轻、女性和轻度吸烟或不吸烟的病例中[113]。

尽管通常会根据个体患者来考虑与宿主相关的差异，但从更广泛的意义上讲，基因分型研究可能会根据种族或种族背景（即与人群相关的药物基因组学）来帮助解释患者预后的差异。例如，据报道，在日本人和白种人人群中紫杉烷代谢的差异是由于紫杉烷为基础的化疗结果差异所导致的[114]。为解决这个问题，日本和美国调查人员进行了联合研究，旨在使用所谓的共臂方法确定药物基因组学中与人群有关的差异[115]。在这种研究中，评估紫杉醇和卡铂治疗晚期NSCLC的独立Ⅲ期试验纳入了关于患者资格和治疗的类似研究标准。在一份初步报告中，在日本和美国的患者之间发现了参与紫杉醇代谢或DNA修复基因的等位基因的分布差异。CYP3A4*1B和ERCC2K751Q无进展生存期的基因型与临床结果相关。这一研究策略可能有助于明确已报道的这两个人群在疗效和毒性方面的显著性差异是否可归因于与人群相关的遗传变异[115]。

3 结论

如今，公认的致敏性*EGFR*突变和*ALK*融合癌基因是肺癌的预测性生物标志物。*KRAS*突变状态预示着EGFR酪氨酸激酶抑制剂治疗效果不佳。*MET*和*ROS1*基因组改变是更罕见的驱动基因突变，当检测到这些突变时可能会为肺癌患者提供更精确的治疗。相反，分子生物标志物如ERCC1、RRM1、BRCA1、胸苷酸合酶等的应用仍处于研究阶段。药物基因组学研究界必须就测量这些生物标志物的最佳方法达成共识。由于这些生物标志物是离散的，是在DNA水平上测量且具有一个明确的结论（肯定或否定），因此它们最有可能广泛应用于临床上。关于宿主相关因素，美国FDA批准了一种生物标志物用于临床实践：评估UGT1A1多态性以预测伊立替康的毒性。然而，由于伊立替康在美国治疗肺癌的用途有限，因此该生物标志物也没有得到广泛应用。无症状的未结合的高胆红素血症是吉尔伯特综合征的标志，而吉尔伯特综合征又是由UGT1A1*28基因多态性引起的。因此，在临床环境中，根据常规进行的代谢或肝功能检查，高胆红素血症将为伊立替康毒性增加的可能性提供线索，并可能提示应对UGT1A1*28多态性进行正式检测。

自20世纪以来，肺癌药物基因组学领域呈指数式增长，但基本上仍处于起步阶段，预计将在未来几年内持续发展下去。已有研究突出了几个重要的经验教训，这些经验教训将为我们的未来发展提供良好的帮助。

（巩　平　陈胜兰　译）

主要参考文献

1. National Comprehensive Cancer Network (NCCN). Clinical practice guidelines in oncology: Non-small cell lung cancer. Version 2.2017; October 26, 2016. http://www.nccn.org.
6. Aggarwal C., Somaiah N., Simon G.R.. Biomarkers with predictive and prognostic function in non-small cell lung cancer: ready for prime time? *J Natl Compr Canc Netw*. 2010;8(7):822–832.
12. Zheng Z., Chen T., Li X., et al. DNA synthesis and repair genes RRM1 and ERCC1 in lung cancer. *N Engl J Med*. 2007;356(8):800–808.
15. The Clinical Lung Cancer Genome Project (CLCGP). Network Genomic Medicine. A genomics-based classification of human lung tumors. *Sci Transl Med*. 2013;5(209):209ra153.
18. Johnson B.E., Janne P.A.. Epidermal growth factor receptor mutations in patients with non-small cell lung cancer. *Cancer Res*. 2005;65:7525–7529.
26. Mok T.S., Wu Y.L., Thongprasert S., et al. Gefitinib or carboplatin-paclitaxel in pulmonary adenocarcinoma. *N Engl J Med*. 2009;361(10):947–957.
34. Kwak E.L., Bang Y.J., Camidge D.R., et al. Anaplastic lymphoma kinase inhibition in non-small-cell lung cancer. *N Engl J Med*. 2010;363:1693–1703.
37. Solomon B.J., Mok T., Kim D.W., et al. First-line crizotinib versus chemotherapy in ALK-positive lung cancer. *N Engl J Med*. 2014;371:2167–2177.
40. Eberhard D.A., Johnson B.E., Amler L.C., et al. Mutations in the epidermal growth factor receptor and in KRAS are predictive and prognostic indicators in patients with non-small-cell lung cancer treated with chemotherapy alone and in combination with erlotinib. *J Clin Oncol*. 2005;23:5900–5909.
44. Slebos R.J., Kibbelaar R.E., Dalesio O., et al. K-ras oncogene activation as a prognostic marker in adenocarcinoma of the lung. *N Engl J Med*. 1990;323:561–565.
45. Sholl L.M., Aisner D.L., Varella-Garcia M., et al. Multi-institutional oncogenic driver mutation analysis in lung adenocarcinoma: the Lung Cancer Mutation Consortium Experience. *J Thorac Oncol*. 2015;10:768–777.
49. Sandler A., Gray R., Perry M.C., et al. Paclitaxel-carboplatin alone or with bevacizumab for non-small-cell lung cancer. *N Engl J Med*. 2006;355(24):2542–2550.
50. Wakelee H.A., Schiller J.H., Gandara D.R.. Current status of adjuvant chemotherapy for stage IB non-small-cell lung cancer: implications for the New Intergroup Trial. *Clin Lung Cancer*. 2006;8(1):18–21.
66. Cobo M., Isla D., Massuti B., Montes A., et al. Customizing cisplatin based on quantitative excision repair cross-complementing 1 mRNA expression: a phase Ⅲ trial in non-small-cell lung cancer. *J Clin Oncol*. 2007;25(19):2747–2754.
69. Bepler G., Williams C., Schell M.J., et al. Randomized international phase Ⅲ trial of ERCC1 and RRM1 expression-based chemotherapy versus gemcitabine/carboplatin in advanced non-small-cell lung cancer. *J Clin Oncol*. 2013;31(19):2404–2412.
85. Scagliotti G.V., Parikh P., von Pawel J., et al. Phase Ⅲ study comparing cisplatin plus gemcitabine with cisplatin plus pemetrexed in chemotherapy-naive patients with advanced-stage non-small-cell lung cancer. *J Clin Oncol*. 2008;26(21):3543–3551.
88. Chen H.Y., Yu S.L., Chen C.H., et al. A five-gene signature and clinical outcome in non-small-cell lung cancer. *N Engl J Med*. 2007;356(1):11–20.
111. Kiyohara C., Yoshimasu K.. Genetic polymorphisms in the nucleotide excision repair pathway and lung cancer risk: a meta-analysis. *Int J Med Sci*. 2007;4(2):59–71.
115. Gandara D.R., Kawaguchi T., Crowley J., et al. Japanese-US common-arm analysis of paclitaxel plus carboplatin in advanced non-small-cell lung cancer: a model for assessing population-related pharmacogenomics. *J Clin Oncol*. 2009;27(21):3540–3546.

获取完整的参考文献列表请扫描二维码。

第 48 章 肺癌的新靶向治疗

Aaron S. Mansfield, Grace K. Dy, Mjung-Ju Ahn, Alex A. Adjei

要点总结

- 肺癌的治疗正在迅速地发展。在大细胞肺癌的群体中，有近40%的病例具有治疗相关的驱动基因突变。
- 尽管最近一些药物临床试验失败了，但在2015年，美国FDA仍批准了7项治疗肺癌的药物。
- 许多针对其他异常信号通路的药物正在开发中，前景甚好。
- 很大一部分的基因组改变不被考虑作为直接的药物靶点，如突变型p53或扩增的SOX2，这一障碍可以通过合成的致命性变化来克服进而达到药物治疗的目的。
- 靶向治疗需要同时开发靶向药物和生物标志物分析平台来供筛选患者，用以优化治疗效益。
- 为了避免对临床试验数据的误释，有必要彻底了解药物活性和药理活性的特征，尤其是小分子抑制剂以及在没有发现预期临床益处的情况下。

自2000年以来，癌症治疗取得了重大进展。这些进展是由于人们对癌症生物学特征认识的增加以及基因组和制药技术的突破所推动的。在肺癌领域，研究人员发现了所谓的成药性蛋白的致癌作用，这些蛋白来自*EGFR*基因的体细胞突变和*ALK*基因的染色体重排。这些发现导致分别接受EGFR和ALK抑制剂治疗的肺癌患者的反应率与存活率显著高于传统化疗[1-3]。通过认识到肿瘤微环境在恶性表型的启动和维持中的整体作用，导致了具有临床意义的抗血管生成药物的开发，如在NSCLC的非鳞状亚型中使用单克隆抗体贝伐单抗[4]。免疫检查点的调节是另一种很有前途的方法。在本章中，我们回顾了截至2016年有研究价值的NSCLC的药物靶点。

为了便于讨论，每个靶点及其在每个信号通路中的作用都是以线性方式呈现，但各个靶点并不是孤立地发挥作用，因为细胞拥有高度联系的复杂的信号网络体系结构。此外，负反馈回路和参与许多重要途径的多个底物的同时激活可以导致取决于细胞环境的矛盾效应。因此，药物抑制剂的存在可能导致细胞存活或增殖而非死亡的通路激活，进而造成治疗无效。这对于肺癌等恶性肿瘤的治疗来说是一个挑战，这些肿瘤往往存在多种分子畸变。此外，靶向治疗还可能影响非恶性细胞内的信号网络，并调节抗肿瘤免疫或肿瘤微环境[5]。

1 关键信号转导通路

Ras/RAF/MAPK和PI3K/AKT/mTOR信号通路是生长因子受体激活后触发的两个主要信号级联信号通路。NSCLC药物治疗的多个相关靶点可以通过这两条相互关联的通路传递信号（图48.1）。

Ras/RAF/MAPK通路在EGFR、人表皮生长因子受体2型（human epidermal growth factor receptor type 2，HER2）、成纤维细胞生长因子受体（fibroblast growth factor receptor，FGFR）等多种生长因子受体的信号转导中起重要作用。一旦受体激酶信号被激活，接头蛋白（如Grb2、Shc）的募集就会触发涉及Ras激活的关键下游步骤。此后，以ARAF、BRAF和CRAF为代表的丝氨酸/苏氨酸激酶RAF（MAPK激酶或蛋白激酶类MAPKKK组的成员）磷酸化MAPK（也称为MEK）MEK1和MEK2上的两个不同的丝氨酸残基。MEK1/2随后磷酸化级联中最终的p44和p42 MAPK（也称为ERK1/2）中的丝氨酸/苏氨酸和酪氨酸残基，然后磷酸化下游底物，导致增殖和存活[6-7]。

类似地，通过磷脂酰肌醇3-激酶（phosphoinositide 3-kinase，PI3K）信号的脂质磷酸化可调节多种细胞功能，如增殖、存活、代谢和转

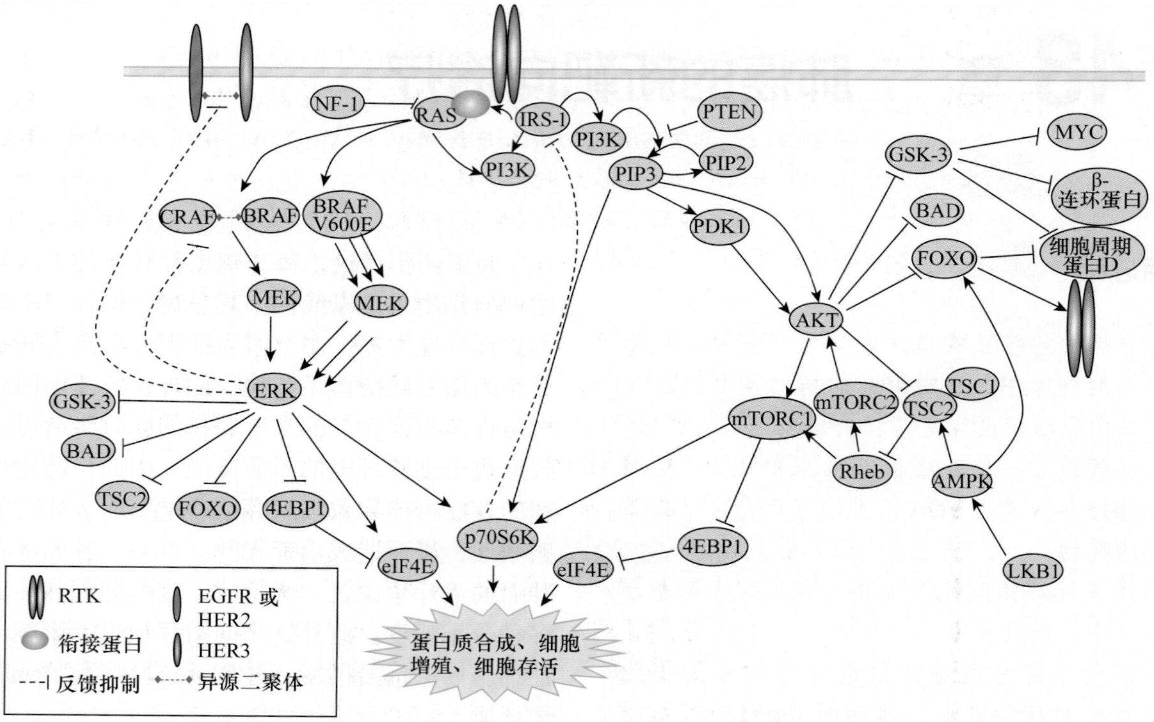

图48.1 非小细胞肺癌相关药物靶点介导的简化信号输出

移。这一途径通常由受体酪氨酸激酶（receptor tyrosine kinases，RTK）调节，特别是由胰岛素和胰岛素样生长因子1（insulin-like growth factor 1，IGF-1）受体（IGF-1R）产生的信号[8]。PI3K通路也经常参与恶性表型的产生和维持，这些表型由致癌基因驱动的RTK激活引起。Ⅰ类PI3K主要参与RTK激活的磷脂信使的产生过程[9]。PI3K信号的终止是由10号染色体上肿瘤抑制因子磷酸酶和张力蛋白同源物（phosphatase and tensin homolog，PTEN）等磷酸酶介导的[10]。

PI3K激活后产生的磷脂信使通过特定的pleckstrin同源结构域或其他脂质结合域与磷脂酰肌醇依赖激酶1（phosphoinositide-dependent kinase 1，PDK1）结合，并在其下游与蛋白激酶B（protein kinase B，AKT）及其他效应蛋白结合。PDK1是负责丝氨酸/苏氨酸激酶AKT磷酸化和激活的主要激酶。AKT本身也被下游底物磷酸化，这是信号通路中存在的非线性相互作用的一个例子。激活的AKT磷酸化多种底物，介导多种功能，如Forkhead（FOXO）转录因子的降解和BAD及BAX的抑制，从而减少细胞凋亡和细胞存活。AKT还通过直接磷酸化肿瘤抑制因子tuberin（也称为TSC2）来激活哺乳动物的西罗莫司靶标（mTOR），从而抑制tuberin-hamartin（也称为TSC1）复合体对mTOR的抑制功能[11-12]。mTOR激酶是一种高度保守的丝氨酸/苏氨酸激酶，其通过下游效应物如p70S6K和4EBP1调节细胞代谢和蛋白质合成。MEK/ERK信号还通过ERK1/2磷酸化失活TSC2来激活mTOR，ERK1/2是Ras/RAF/MAPK和PI3K/AKT/mTOR信号通路之间的几个环节之一[13]。

2 治疗靶点

本章回顾了在两种主要的NSCLC组织学亚型鳞状细胞癌和腺癌的相关靶点中发现的基因组改变的频率。在大细胞肺癌的群体中，有近40%的病例具有治疗相关的驱动基因突变。这些突变的分布已经被描述，并且符合免疫组化（IHC）定义的鳞状和非鳞状亚型的分类[14]，因此没有再单独进行分类。针对每个相应的药物靶点，许多药物正在临床使用或正在开发中。

2.1 酪氨酸激酶受体

2.1.1 人表皮生长因子受体2型

HER2（也称为ERBB2）与EGFR属于同一家族的RTK[15]。与EGFR不同的是，HER2不直接与任何配体相互作用，而是作为EGFR和其他ErbB家族成员（如HER3和HER4）的首选二聚化伙伴，通过前面描述的MAPK和PI3K通路触发自动磷酸化和下游信号转导[16]。在1%～3%的肺癌中发现*HER2*基因扩增（定义为每个细胞的HER2/CEP17比率为2或更高，且*HER2*信号绝对值大于4；或使用荧光原位杂交分析，在超过10%的细胞内*HER2*基因扩增超过15个拷贝）[17-18]。在约3%的腺癌中发现*HER2*外显子20的插入[19]。*HER2*扩增与组织学亚型和肿瘤分级有关，因此高水平扩增似乎集中在高级别腺癌亚组[17]。肿瘤内*HER2*扩增水平的异质性也经常出现[17]。后一种特征可以部分解释为何10年前使用曲妥珠单抗联合化疗治疗NSCLC患者的临床试验结果为阴性。除了肿瘤异质性的患者外，这些研究还涵盖了潜在的*HER2*扩增水平低下或缺失的患者（如纳入IHC确定的HER2（＋＋）蛋白表达的患者）[20-22]。

阿法替尼是一种口服泛影葡胺抑制剂，已被用于*EGFR*或*HER2*扩增的基因型选择实体瘤（肺癌除外）的单一治疗，但活性有限，客观应答率为5%[23]。拉帕替尼是一种口服EGFR/HER2双重抑制剂，在未选择分子的NSCLC群体内显示出有限的单一治疗活性。令人感兴趣的是，两个*HER2*扩增患者中的一个（回顾性测定）有部分反应，尽管这一结果尚未得到证实[24]。达克替尼是另一种口服泛酶抑制剂，在选定的对曲妥珠单抗和拉帕替尼耐药的*HER2*扩增细胞系内显示出体外活性[25-26]，导致*HER2*外显子20插入的患者有12%的应答率，但在*HER2*扩增的患者中无反应[27]。

在实验室模型和临床环境中，*HER2*扩增也与EGFR酪氨酸激酶抑制剂（TKI）治疗的耐药性产生有关[18, 28]。在获得EGFR-TKI耐药的肿瘤内，12%～13%的获得性耐药病例出现*HER2*扩增，其中*HER2*扩增与EGFR-TKI耐药肿瘤的EGFR T790M突变是互斥的。相反，在对不可逆EGFR-TKI阿法替尼产生耐药性的患者中，没有发现*HER2*外显子20突变[29]。*HER2*扩增也是体外EML4-ALK易位肺癌细胞对ALK抑制剂产生获得性耐药的一个假定机制，尽管到目前为止临床研究还没有证实这种可能性[30]。

相比之下，在2%～4%的NSCLC肿瘤中存在*HER2*突变，主要发生于高级别和中、低分化的腺癌[19, 31-33]。迄今为止描述的突变中，超过95%是第20外显子的小插入，主要表现为12个碱基对的框内插入，导致氨基酸YVMA复制[31]。对该插入突变的功能研究表明，与野生型*HER2*相比，它除了具有更强的催化活性外，还具有更大的转化和抗凋亡潜力[34]，还可以在缺乏同源配体和EGFR激酶活性的情况下触发EGFR的激活[34]。似乎在女性和未吸烟人群中出现*HER2*突变的比例更大，而且*HER2*突变还通常与*EGFR*和Kirsten鼠肉瘤（Kirsten rat sarcoma，KRAS）突变以及*HER2*扩增作用相互排斥，只有极少数例外[35-37]。在1例Li-Fraumeni综合征患者的肺腺癌标本中，描述了一种对拉帕替尼敏感的活化的*HER2* V659E突变[38]。可以预见，继发性*HER2*突变，如L755S、T862A和看门T798M突变，可以作为获得性耐药的一种机制，类似于乳腺癌长期使用拉帕替尼治疗后的*HER2*扩增所表现出的机制[39-40]。

据报道，阿法替尼作为*HER2*基因突变肺腺癌的单一疗法可诱导肿瘤反应或稳定病情[36]。同样，以曲妥珠单抗为基础的联合治疗也产生了部分反应[36-37, 41]。尽管拉帕替尼对表达*HER2*插入突变的细胞显示出临床前活性[34]，但迄今为止报道是在非常有限的患者中，还没有记录到单一疗法对肿瘤的反应[36]。然而，当拉帕替尼与化疗或曲妥珠单抗联合应用于*HER2*外显子20插入或*HER2* V659E突变的NSCLC患者时，已有被记载的临床活性[38, 41]。如上所述，达克替尼在*HER2*外显子20插入的患者中有12%的应答率[27]。*HER2*外显子20突变，特别是HER2YVMA，有望成为肺癌的新靶点，但仍需验证。

2.1.2 人表皮生长因子受体3型

HER3（也称为ERBB3）是HER RTK家族中4位成员小组的另一个代表。与EGFR相比，HER3常被认为激酶活性较弱[42-43]。通过与其他HER成员的异二聚化，如与配体neuregulin结合后与HER2的异二聚化，来触发下游信号分子的自动磷酸化和募集。据报道，约1%的肺腺癌和1%的鳞状细胞肺癌存在*HER3*突变[44]。到目前为止，虽然一些突变被映射到激酶结构域，但已发现的大多数*HER3*突变都聚集在细胞外域（extracellular domain，ECD）[44]。NSCLC中 描述的大多数特异性突变体的功能特征尚未得到验证，然而，ECD或激酶结构域中的几个*HER3*突变已被证明以一种无须配体的方式促进肿瘤发生，尽管这种效应需要激酶活性HER2的存在。最近，在1例化疗耐药的NSCLC患者中发现了一个与*EGFR* L858R同源的激活的*HER3* V855A突变[45]。在野生型*HER2*的存在下，在小鼠和人类细胞系研究中，该突变正在发生转化。各种针对HER2和HER3的小分子抑制剂、单克隆抗体及PI3K抑制剂，已经根据特定的*HER3*突变而显示出不同的效应[44]。

在未吸烟人群的黏液性肺腺癌中发现的复发融合基因CD74-NRG1似乎与肿瘤组织中的HER3磷酸化增加有关[46]。这一嵌合转录本导致肿瘤组织中EGF样结构域的表达，而该结构域通常不表达神经调节蛋白。该融合蛋白的体外功能鉴定显示PI3K-AKT通路被激活[46]。事实上，在恶性肿瘤细胞系中，HER3在其与EGFR或HER2异源二聚体激活PI3K生存通路中起着不可或缺的作用[47]。EGFR-TKI敏感的NSCLC细胞系依赖HER3信号激活PI3K/AKT通路[48]。

HER3信号也参与了对EGFR-TKI的获得性耐药。持久的HER3激活的PI3K信号与EGFR解偶联，转而通过与MET的相互作用来调节，MET在这种情况下被放大[49]。另一种可以维持HER3激活的PI3K信号的机制是破坏负反馈网络。ERK信号导致EGFR、HER2和HER4的膜旁区域保守的T669残基的反馈磷酸化，这阻止了HER3的转磷酸化（图48.1）[50]。完整的MEK/ERK信号失去了对HER3的显性负反馈抑制，被认为是在EGFR和HER2驱动的恶性肿瘤中发现MEK抑制剂增加AKT磷酸化的原因[50]。

通过单克隆抗体治疗或反义寡核苷酸阻断HER3信号，可以改善临床前模型中EGFR和HER2 TKI的抗肿瘤活性，包括对EGFR-TKI具有获得性耐药性的细胞株[51-53]。另一种减少HER3介导的活化以增强EGFR-TKI活性的方法是通过抑制ADAM17来调节循环中的神经调节蛋白配体，ADAM17是一种膜相关的金属蛋白酶，可以从细胞中切割并释放HER配体，使其能够与受体结合[54]。阿法替尼和达克替尼都是口服不可逆的TKI，在含有*EGFR*突变的异种移植模型中已经产生了显著的肿瘤消退效应，包括T790M突变，这与对EGFR-TKI的获得性耐药有关[55-56]。然而，随后的建模显示，对T790M的细胞毒性只能在临床无法达到的浓度下完成，因此解释了临床上对这个患者亚群的有限疗效的现象[57]。尽管如此，这些药物可以阻断HER2与EGFR或HER3的异二聚化[58]，从而解释了克服HER3介导的获得性耐药的潜力。在一项比较达克替尼和厄洛替尼的随机Ⅱ期临床研究中，达克替尼显著提高了伴有或不伴有EGFR突变的KRAS野生型NSCLC患者的无进展存活率[59]。目前，一项针对具有EGFR激活突变的NSCLC患者的一线达克替尼与吉非替尼比较的Ⅲ期临床研究也正在进行中。另一项比较KRAS野生型NSCLC患者的二线或三线达克替尼与厄洛替尼的Ⅲ期临床研究在本章出版时已经完成登记（ClinicalTrials.gov标识符：NCT01360554）。最近进行的一项Ⅲ期临床试验显示，在接受鳞状细胞NSCLC二线治疗的患者中，与厄洛替尼相比，服用阿法替尼的患者在肿瘤无进展存活率和总存活率方面有显著但适度的改善[60]。然而，对这些结果的热情因免疫疗法在该患者群体中取得的进展而消退。各种针对HER3的单克隆抗体正在进行临床试验，主要是研究它们与其他EGFR或HER2途径的抑制剂联合使用情况。

2.1.3 肝细胞生长因子受体

配体肝细胞生长因子（hepatocyte growth factor，HGF）是一种由基质细胞分泌的旁分泌因子，可与其同源受体MET结合，促进受体磷酸化，通过MAPK和PI3K通路激活下游信号，从而促进上皮间充质转化（epithelial-to-mesenchymal transition，EMT）、侵袭和转移[61]。Ubiquitin介导的受体降解是在Cbl E3连接酶RTK结合域上调节的，类似于EGFR和HER2[62]。在NSCLC中描述的MET异常激活的机制包括受体过度表达（有或没有HGF）、*c-MET*基因扩增或外显子14的异常跳跃。在NSCLC的各种研究中已报道了*MET*表达水平高达60%[63]。*EGFR*和*c-MET*基因都位于7号染色体上，FISH检测到*c-MET*基因拷贝数的增加与*EGFR*基因拷贝数的增加有关，并可能导致更差的预后[64]。在未经EGFR-TKI处理的NSCLC中，*c-MET*和*EGFR*的共同扩增高达8.5%[65]。*c-MET*的扩增也很少发生，在未接受EGFR-TKI治疗的患者中发生率为3%～7%，但在对EGFR-TKI产生获得性耐药的患者中发生率升至10%～22%[49, 66]。外显子14跳跃突变发生在约3%的NSCLC患者中[67]。肉瘤样肺癌患者的*MET*外显子14跳跃突变丰富，一项研究发现，这种相对罕见的肺癌患者中约22%有这种突变[68]。在c-MET扩增的细胞中，MET可以通过各种蛋白质相互作用反式激活，并可以与其他RTK如EGFR、HER2、HER3和ret原癌基因（ret proto-oncogene，RET）异二聚化，这代表一种逃逸或旁路机制，介导对这些RTK激活信号通路抑制剂产生耐药性的过程[49, 69-70]。在临床前模型中，通过旁分泌HGF激活MET也是对第二代选择性ALK抑制剂如色瑞替尼（LDK378）产生耐药的机制，但不是MET/ALK抑制剂克唑替尼的耐药机制[71]。

*c-MET*的体细胞内含子突变导致选择性剪接转录本，编码跨越氨基酸964到1010的外显子14膜旁结构域的缺失，继而造成Y1003处Cb1结合位点的丢失[62]。外显子14的这种跳跃突变产生了泛素化降低的功能性MET蛋白，从而通过改变受体下调而持续激活MAPK途径[62]。这种突变体似乎与MAPK途径中涉及的其他基因（如*EGFR*、*RAS*和*RAF*）的突变相互排斥[62]。在ECD和膜旁区域中都描述了其他突变，其中一些具有转化潜力[63, 72-73]。到目前为止，还没有报道表明激酶结构域存在非同义突变。值得注意的是，这些报道的大多数其他突变实际上是生殖系[74]。发生频率最高的生殖系突变N375S似乎与吸烟和鳞状组织学有关。*MET*-N375S突变似乎使人对小分子MET激酶抑制剂SU11274产生抗药性[74]。

抑制MET途径的各种方法已经被测试或正在临床开发中，包括抗HGF和抗MET单克隆抗体，或小分子MET激酶抑制剂。据报道，MET/ALK/ROS1抑制剂克唑替尼可以在没有ALK重排的*c-MET*扩增的患者中诱导迅速而持久的反应[75]。通过对MET抑制剂的耐药性模型预测，增加转化生长因子-α的表达，会出现继发性突变或激活EGFR信号[76]。在先前接受厄洛替尼治疗的NSCLC患者中，进行了一项选择性的非腺苷三磷酸竞争性MET抑制剂的随机Ⅲ期临床研究，后因导致间质性肺部疾病的增加而停止，但无论如何，总体存活率没有提高[77]。在整个欧洲和美国进行的一项独立的Ⅲ期临床试验中，与安慰剂相比，厄洛替尼和替万替尼没有显示出总体生存获益[78]。尽管如此，来自两个不同组的临床前数据表明，尽管替万替尼可以减轻HGF依赖的MET激活，但这不是它的主要作用机制[79-80]。在诱导细胞凋亡的剂量下，替万替尼（与克唑替尼相反）并不抑制MET的自动磷酸化。相反，它表现出细胞毒性，而与MET通路的激活状态或功能性MET激酶的存在与否无关。事实上，替万替尼的生长抑制和细胞毒性可能主要是由于它对微管动力学的影响[81]，这是其他MET抑制剂所没有的[79-80]。

奥那妥组单抗（MetMAb）是一种与MET的ECD结合以防止其配体结合的单克隆抗体，一项随机的Ⅲ期临床研究将该抗体与厄洛替尼联合应用于NSCLC患者，并与安慰剂加厄洛替尼进行比较，经IHC确定MET呈阳性状态。这项研究的基本原理是基于之前的随机Ⅱ期临床研究中，与安慰剂加厄洛替尼治疗相比，在MET阳性的NSCLC患者中接受奥那妥组单抗加厄洛替尼治疗患者的无进展生存期（2.9个月 vs. 1.5个月，HR比为0.53，$P=0.04$）和总存活率（12.6个月 vs. 3.8个月，HR比为0.37，$P=0.002$）的结果令人振奋[82]。相比之下，与服用安慰剂和厄洛替尼的患者相比，接受联合治疗的MET阴性NSCLC患者的无进展生存期（1.4个月 vs. 2.7个月，HR比为1.82，$P=0.05$）和总生存期（8.1个月 vs. 15.3个月，HR比为1.78，$P=0.16$）更差[82]。然而，由于试验组没有改善总生存期（OS）、无进展生存期（PFS）或总应答率（ORR），Ⅲ期临床试验因无效而提前停止[83]。

然而，基于蛋白表达的靶向MET已经面临挑战，*MET*扩增和*MET*外显子14跳跃突变正成为有希望的靶点。一项小型研究的中期分析显示，在

12例MET与CEP7比值中等（2.2～5）或高（>5）的患者中，有4例对克唑替尼有反应[84]。在一项对*MET*外显子14跳跃突变患者的安全性和有效性的中期分析中，观察到了令人印象深刻的应答率，其中15例患者中有10例已确认或未确认部分应答[85]。一份病例报告显示，1例对克唑替尼有反应的*MET*外显子14跳跃突变的患者在病情进展时，也发生了*MET*激酶结构域D1228N的突变[86]。在接受卡博替尼治疗的*MET*外显子14跳跃突变的患者中也观察到了反应[87]。其他正在开发的MET抑制剂包括AMG337和卡马替尼（INC280）。这些正在进行的试验将有助于阐明哪些MET异常是NSCLC的潜在靶点，但*MET*外显子14跳跃突变和扩增目前似乎比IHC检测的MET表达更能预测疗效。

2.1.4 成纤维细胞生长因子受体

成纤维细胞生长因子受体（FGFR）信号转导模块在多种细胞过程中发挥重要作用，如胚胎发育过程中的血管和骨骼发育，以及成人血管生成和伤口愈合的调节。FGF配体家族有20多个成员，通过硫酸肝素蛋白多糖与细胞外基质隔离开。存在5个FGFR，其中*FGFR1-4*高度保守，在其分裂激酶结构域中包含经典的酪氨酸激酶基序[88]。此外，*FGFR1-3*受到交替剪接的影响，导致形成具有组织特异性表达和不同配体亲和力的变体。由FGF、FGFR和硫酸肝素蛋白多糖组成的三元复合物的二聚化可激活下游信号，最终导致Ras/MAPK和PI3K/AKT信号通路的激活[88]。

在NSCLC中已经描述了致癌FGFR信号的各种作用机制。据报道，在22%的鳞状NSCLC中发现了*FGFR1*的局部扩增[89]。*FGFR1*的扩增似乎造成配体独立的信号传递，并使人对小分子FGFR-TKI的治疗敏感[89]。*FGFR2*和*FGFR3*的体细胞功能增益突变，其子集具有转化能力，在多达6%的鳞状NSCLC中被描述[90]。这些突变通常与*TP53*和*PIK3CA*的突变一致，并且对FGFR-TKI的抑制作用最敏感[90]。*FGFR2*和*FGFR3*的突变可以发生在激酶结构域中，导致组成性激活；也可以发生在ECD中，导致结构性二聚化[90]。表达ECD突变的细胞模型（即成纤维细胞）暴露于低浓度抗FGFR活性的多激酶抑制剂中，显示出促进生长的作用。这种促进生长的现象在药物浓度较高或使用选择性FGFR抑制剂时不可见[90]。

涉及*FGFR1-3*的各种染色体重排形成的融合产物，表现出与配体无关的寡聚能力、MAPK通路的激活及对FGFR-TKI的敏感性。据报道，在NSCLC中的几个基因包括*BAG4-FGFR1*、*FGFR2-CIT*、*FGFR2-KIAA1967*和*FGFR3-TACC3*。*FGFR3-TACC3*融合是迄今为止报道最频繁的，其约在2%的鳞状细胞NSCLC中发现，很少见于腺癌[91-94]。在其他类型肿瘤中介导寡聚的潜在融合伙伴包括BICC1、CCDC6、BAIAP2L1、CASP7和OFD1[94]。

与其他TKI类似，对FGFR抑制剂产生获得性耐药的预期机制是出现继发性突变，如*FGFR3*中的V555M改变[95]。致癌基因的转换或其他如通过MET导致MAPK或PI3K通路激活的结构性激活[96]，也可能获得性或内在抵抗FGFR抑制，从而为联合治疗的研究提供了理论基础。同样，由癌基因到FGFR信号的转换被认为介导了对EGFR-TKI[97-98]及对HER2、MET和血管生成抑制剂的耐药[96, 99-101]。

由于血管内皮生长因子受体2（VEGFR2）与FGFR酪氨酸激酶结构域的高度同源性，美国FDA批准的临床开发的各种口服多激酶抑制剂[如索拉非尼（sorafenib）、培唑帕尼、阿西替尼（axitinib）、雷戈拉非尼（regorafenib）、帕纳替尼（ponatinib）、西地尼布（cediranib）、伊内特达尼（inetedanib）]都能够在纳摩尔浓度下抑制FGFR1。事实上，这些药物中的几种如dovitinib和brivanib，对FGFR激酶的选择性比对VEGFR2的选择性要高。然而，高血压是这些药物的常见毒性反应，这表明抑制VEGF途径仍然是这些药物的主要作用[102-104]。早期临床试验中更具选择性的FGFR抑制剂包括AZD4547和BGJ398。已有研究发现这些药物会产生特定的不良反应，如高磷血症和视网膜脱离[105-106]。包括FGFR抑制剂AZD4547在肺鳞状细胞癌患者中应用的研究结果仍令人热切期待（Clinical Trials.gov标识符：NCT02154490）。

2.1.5 C-ROS癌基因1

C-ROS癌基因1（ROS1）是一种编码与ALK

密切相关的RTK的原癌基因。值得注意的是，ROS1只在小鼠发育过程中的肺内有过短暂表达，在健康的成人肺组织中没有发现，其配体尚未确定[107-108]。RTK信号的磷酸化蛋白质组学分析表明，在NSCLC中ROS1是被激活的前10个RTK之一[109]。进一步的分析表明，ROS1的结构性激活是由于在NSCLC细胞中存在SLC34A2-ROS1融合。在NSCLC中已经报道了多种其他融合伙伴，如CD74-、TPM3-、SDC4-、EZR-、LRIG3-、KDELR2-、CCDC6-和FIG-ROS1[110]。其中许多融合的转化潜力已经得到了很好的证实。尽管FIG-ROS1融合的高尔基体的定位似乎对其转化能力至关重要，但还没有发现其他变体的明显分布模式[110]。ALK抑制剂已经显示出对ROS1重排的NSCLC的临床前和临床活性[111]。考虑到ALK和ROS1之间的密切同源性，这并不令人惊讶。然而，与FGFR、ALK和RET融合不同的是，在FGFR、ALK和RET融合中组成性激酶的激活机制被归因于伴侣蛋白的二聚化结构域，而大多数ROS1融合蛋白的激活机制尚不清楚，因为大多数伴侣蛋白缺乏二聚化结构域。

在未筛选的NSCLC患者中，ROS1重排的频率为0.9%～1.7%，大多数是在腺癌病例中被发现[110]。在东亚未吸烟人群中，EGFR/KRAS/ALK野生型肺腺癌患病率可以增加到约6%[111-112]。对于具有ROS1重排的肺癌患者，与没有ROS1或ALK重排的肺癌患者相比，培美曲塞的客观应答率更高，中位无进展生存期更长[112]。克唑替尼获得性耐药的一个机制是获得了ROS1激酶结构域的继发性突变，导致干扰了CD74-ROS1重排患者的药物结合[113]。卡博替尼（cabozantinib）是一种可以在这一试验中克服耐药性突变的药物[114]。除克唑替尼外，在NSCLC中其他预期或已证明具有抗肿瘤ROS1融合和克唑替尼耐药ALK易位活性的口服药物包括选择性ALK抑制剂色瑞替尼（ceritinib）（LDK398）、劳拉替尼（lorlatinib），双重ALK/EGFR抑制剂布加替尼（brigatinib）和ROS1/ALK/NTRK抑制剂恩曲替尼（entrectinib）。克唑替尼是一种比ceritinib更有效的抑制剂。Ⅰ期临床试验的扩大队列显示，接受克唑替尼治疗的50例ROS1突变患者的有效率为72%，中位持续时间为17.6个月[115]。另一项未被临床试验认可的使用克唑替尼治疗ROS1重排NSCLC的回顾性研究同样报道了80%的总有效率，中位无进展生存期为9.1个月[116]。克唑替尼已被美国FDA批准用于治疗ROS1重排的NSCLC。

2.1.6 转染期间重排-RET

在NSCLC中RET激活的主要机制是染色体重排。自2011年末首次报道以来，不同的研究人员描述了不同的致癌RET融合[117]，包括KIF5B、CCDC6、TRIM33和NCOA4；所有这些融合都含有具有寡聚潜能的卷曲结构域，可以诱导结构性的TK激活[118]。研究表明，这些RET融合具有致癌潜力[119]。

RET重排与ROS1、ALK相似，主要见于未吸烟人群的肺腺癌，也与低分化肿瘤有关[120]。虽然腺癌的总体患病率仅为1%～2%，但在其他癌基因（*EGFR*、*KRAS*、*NRAS*、*BRAF*、*HER2*、*PIK3CA*、*MEK1*、*AKT*、*ALK*和*ROS1*）驱动突变的非鳞状组织学阴性的未吸烟患者中，RET重排的患病率可能高达16%[121]。凡德他尼（vandetanib）和cabozantinib是多种激酶的小分子抑制剂，包括VEGFR2和RET，目前被批准用于治疗转移性甲状腺髓样癌。美国FDA批准的其他体外抑制RET的药物包括axitinib、舒尼替尼（sunitinib）、regorafenib、sorafenib和ponatinib（表现出最高效用）。对RET重排的NSCLC患者中的Ⅱ期临床研究初步结果显示，接受cabozantinib治疗的3例患者中有2例患者出现了客观肿瘤反应[121]。据报道，vandetanib也具有临床活性[122]。阿来替尼（alectinib）对RET重排也有很强的抗肿瘤活性，包括那些发生看门人突变（V804L和V804M）的患者[123]。在一份报告内指出，在其他RET抑制剂失效后的患者中每4例就有2例对alectinib有反应[124]。目前临床环境尚未确定获得性耐药的机制。临床前模型预测了看门人V804L/M突变的出现，该突变对vandetanib具有耐药性，但对ponatinib仍然敏感[125-126]。

2.1.7 盘状结构域受体

盘状结构域受体家族的成员DDR1和DDR2是非典型的RTK，它们的配体是不同类型的胶原，而不是典型的生长因子[127]。这两种DDR

都可被纤维性胶原激活，但只有DDR1可以被非纤维性胶原激活[127]。DDR1主要表达于上皮细胞，而DDR2主要表达于间质细胞[127]。2005年首次报道了DDR1和DDR2肺癌的新的体细胞突变[128]。在激酶结构域和其他区域都发现了突变。在3%～4%的鳞状细胞肺癌中发现了*DDR2*突变的功能特征[129]，后来它们的致癌潜力已被确定[130]。

DDR2转变的细胞似乎需要DDR2和Src激酶家族的协同激活才能最大限度地增殖，这解释了它们对达沙替尼（dasatinib）（一种Src和DDR双重抑制剂）的敏感度高于单独使用DDR2或Src激酶特异性抑制剂的情况[130]。在市场上投用的激酶抑制剂里，dasatinib对DDR2的活性最强（Kd值为5.4 nmol/L）。与其他激酶抑制剂如ponatinib（9 nmol/L）、伊马替尼（imatinib）（7 nmol/L）、尼洛替尼（nilotinib）（35～55 nmol/L）、sorafenib（55 nmol/L）和培唑帕尼（pazopanib）（474 nmol/L）相比，dasatinib的抗DDR2活性最强[130-132]。DDR2突变患者对dasatinib的临床反应已被报道[130, 133]。然而，由于它的多种脱靶效应，特别是胸腔积液导致其治疗指数很窄，因此需要选择性DDR2药物的加入。

2.1.8 酪氨酸蛋白激酶受体UFO（AXL）和原癌基因酪氨酸蛋白激酶（MER）

AXL和MER的主要配体是RTK的TAM（3个代表成员：Tyro-3、Axl和Mer）受体家族的成员，还是维生素K依赖的配体生长抑制特异性蛋白6（Gas6）[134-135]。配体结合以诱导二聚化，进而通过MAPK/ERK和PI3K/AKT通路刺激增殖和抗凋亡信号[134-135]。AXL在造血细胞、上皮和生殖组织中普遍表达，而MER在造血细胞、上皮和生殖组织中表达[135]。两者都参与了肌动蛋白细胞骨架的调节以及肿瘤细胞的迁移与侵袭过程。它们在NSCLC中表现出转化潜能，在促进肿瘤细胞存活和化疗耐药性方面具有互补作用[134]。反之，使用柳氮磺胺吡啶对AXL或MER进行基因敲除或药物抑制会减少肿瘤生长，抑制侵袭性，并恢复肿瘤对各种细胞毒剂的敏感性[134, 136]。

AXL和MER分别在93%和50%～69%的NSCLC中过度表达[134-135]。Gas6配体在NSCLC中也经常表达，通过自分泌和（或）旁分泌的机制提供持续的信号转导。AXL的过度表达可以在EMT激活过程中上调，这似乎介导了对靶向治疗以及EGFR和HER2 TKI产生耐药性的过程[137-138]。抑制AXL可以恢复对EGFR-TKI治疗的敏感性。通过对肺腺癌的转录组分析，发现了一种携带酪氨酸激酶结构域和二聚化单位（AXL-MBIP）的潜在致癌融合产物[92]。

综上所述，这些发现突出了靶向AXL和MER的治疗潜力。在针对这些靶点的药物开发中需要注意的是，这两种蛋白在限制炎症方面都具有重要的功能。在缺乏这两种受体的基因敲除小鼠中炎症反应增加，这反常地促成了结肠炎相关性结肠癌的促癌微环境[139]。

2.1.9 原肌球蛋白受体激酶

*NTRK1-3*基因分别编码原肌球蛋白受体激酶（tropomysin receptor kinase，Trk）蛋白Trk A、Trk B和Trk C。Trk受体是在中枢和外周神经系统发育中起至关重要作用的跨膜蛋白。*NTRK*基因重排是这些基因最常见的致癌突变，导致融合蛋白的组成性激活。*NTRK*基因重排已在NSCLC和其他恶性肿瘤如结直肠癌、乳头状甲状腺癌、胶质母细胞瘤和人类分泌性乳腺癌中被发现。1例携带LMNA-NTRK1重排的软组织肉瘤患者对TRK抑制剂LOXO-101产生了引人注目的反应[140]。同样地，1例转移性结直肠癌伴LMNA-NTRK1重排的患者对泛TRK抑制剂恩曲替尼有部分反应[141]。在NSCLC中，MPRIP-NTRK1和CD74-NTRK1重排是首先被报道的，并且被发现是致癌的[142]。这项研究表明，*NTRK1*基因重排存在于3%～4%的无其他已知致癌改变的患者中，但这可能只占不到1%的NSCLC患者。无论如何，TRK抑制剂在其他恶性肿瘤中表现出的良好效果，对其应用于NSCLC方面也是一种激励。

2.2 非受体靶点

2.2.1 RAS

鸟苷三磷酸酶（guanosine triphosphatase，GTPase）的RAS超家族由3个高度相关的蛋白组成：KRAS、HRAS和NRAS。这些蛋白与包括RAF和PI3K在内的大量效应器相互作用。尽管它们性质相似，但每种异构体都可能具有优先信号。例如，KRAS在RAF激活方面比HRAS更有效，而在PI3K激活方面则相反[143-144]。在NSCLC中导致RAS蛋白结构性激活的突变主要发生在KRAS的第12、13和61位密码子上，特别是在与吸烟相关的腺癌中，约30%的病例存在这些突变。与野生型等位基因相比，突变型*KRAS*等位基因在NSCLC中的扩增水平也较高，这与在EGFR中的观察结果相似，提示该基因突变型拷贝的优先扩增具有功能意义[145-146]。

包含一个额外外显子的RAC1b（RAC1 GTPase的一个亚型），被发现通过剪接点突变在肺癌中优先上调[147]。RAC1b似乎促进KRAS诱导肺肿瘤的发生，其表达似乎与MEK抑制的敏感性有关[148]。在约7%的肺腺癌中发现肿瘤抑制基因*NF1*的失活突变[145]。因为*NF1*抑制了刺激RAS催化活性的GTPase激活蛋白的活性，所以即使在没有*RAS*突变的情况下，它的失活也会有类似于过度激活的RAS表型的作用。

在*KRAS*驱动的小鼠肺癌模型中，通过PI3K通路的完整信号，特别是RAS与PI3K的结合也是肿瘤发生所必需的[149]。其他小鼠模型表明，核因子κB及细胞周期靶点如PLK1和细胞周期蛋白依赖性激酶（cyclin-dependent kinase，CDK）信号，特别是CDK4对*KRAS*突变的肺腺癌的增殖是必不可少的，这些通路的药物抑制具有致死作用[150-154]。而且，抑制蛋白酶体功能和转录因子途径可减弱KRAS突变的NSCLC生长并增加凋亡[153, 155]。然而，在其他类似致癌驱动的NSCLC肿瘤中也发现了GATA2依赖性，如那些由*EGFR*、*NRAS*、*NF1*和EML4-ALK介导的肿瘤[155]。

基于*KRAS*基因敲除试验的数据显示，在*KRAS*突变细胞系中对细胞活力有不同的影响，一些*KRAS*突变细胞系似乎不依赖于这一途径[156-157]。在不同的*KRAS*野生型细胞系中，相同的*KRAS*基因敲除试验显示对RAS信号的依赖性[156]。基于这一发现，*KRAS*依赖性基因表达特征被开发出来，它比*KRAS*突变状态本身更能预测靶向治疗（如MEK抑制剂）的敏感性或耐药性[156]。*KRAS*依赖基因表达特征在*KRAS*突变细胞系中的存在与分化良好的肿瘤表型相关，而EMT的诱导导致*KRAS*非依赖性[157]。通过对这种*KRAS*依赖分层的一组NSCLC细胞系的整合进行全球转录组、蛋白质组和磷酸化蛋白质组分析，鉴定出一个潜在的药物靶蛋白是淋巴细胞特异性酪氨酸激酶（lymphocyte-specific tyrosine kinase，LCK）[158]。依赖*KRAS*的细胞系对LCK抑制敏感，而不依赖*KRAS*的细胞系对LCK抑制不敏感。据此预测，MET抑制也选择性地损害依赖*KRAS*的细胞系的生长[158]。

*NRAS*突变存在于不到1%的肺癌中，并且主要见于腺癌[159]。这些突变似乎在吸烟者中更为常见。与吸烟相关的核苷酸易位突变在*NRAS*突变体NSCLC中的出现频率（13%）似乎低于*KRAS*突变体NSCLC（66%）[159]。体外研究表明，与*KRAS*突变体相似，许多NRAS突变体细胞株仅对MEK抑制敏感。在一个表现出高水平IGF-1R的MEK耐药细胞系中，IGF-1R和MEK抑制剂联合治疗显示出比单独使用任何一种药物更强的抗肿瘤增殖作用。这些结果与在*KRAS*突变的NSCLC中观察到的结果一致，与*KRAS*野生型细胞相比，NSCLC对IGF-1R信号的依赖程度更高[160]。

到目前为止，在临床上还没有直接的RAS抑制剂被成功开发过。已探索过的策略主要是试图阻止RAS的质膜定位，如使用法尼基转移酶抑制剂，但结果令人不甚满意[161]。最近，中断促进质膜定位的磷酸二酯酶的相互作用作为一种新的方法被提出[162]。生化筛选发现了deltarasin的衍生物，它可以在体内外抑制RAS信号和*KRAS*突变的胰腺癌细胞系的增殖[162]。单药疗法对mTOR通路的抑制在*KRAS*突变的NSCLC中仅显示出适度的活性[163]。MEK抑制剂是治疗*KRAS*突变NSCLC的一种很有前途的方法。在*KRAS*突变NSCLC的随机二线研究中，与安慰剂加多西他赛相比，多西他赛与塞洛美替尼（selumetinib）（一种MEK抑制剂）联合使用可提高无进展存活率（5.3个月vs. 2.1个月，HR为0.58），客观反应仅见于selumetinib组（37% vs. 0）[164]。selumetinib组的不良反应增加，如发热性中性粒细胞减少（18% vs. 0）和乏力（9% vs. 0）。最近，一份新闻报道称，SELECT-1 Ⅲ期临床试验随机选择了510例患者服用selumetinib或安慰剂，并与多西他赛联合使用，但未能改善无进展存活率[165]。

2.2.2 V-Raf小鼠肉瘤病毒癌基因同源物B-braf

RAF家族的突变最常发生于*BRAF*，而*CRAF*和*ARAF*的突变很少见，仅在不到1%的人类癌症中发现[166-167]。在NSCLC患者的鳞状和非鳞状组织中都发现了*BRAF*突变，并且倾向于发生在吸烟患者中[168-169]。这些突变似乎促进了组成性BRAF-CRAF二聚化，导致了MEK/ERK级联的RAS非依赖性激活[170]。除了那些具有高催化活性的信号，如V600E和G469A突变，野生型或突变型*BRAF*的下游信号似乎都需要二聚化，其中生物学功能不需要二聚化[171]。*BRAF*中的致癌改变也可能由嵌合融合蛋白引起。已经在3%的非吸烟人群的肺腺癌中发现SND1-BRAF融合转录本。这些融合转录本中的一小部分同时存在于*EGFR*或*HER2*突变的样本中[172]。

在NSCLC中发现的*BRAF*突变中，组成性激活的V600E突变占比50%～60%，这与肿瘤微乳头特征、女性和不良预后相关[168-169]。RTK激活的细胞显示RAF/MEK信号在ERK激活时反馈下调（图48.1），与之相反，这种生理反馈抑制在V600E *BRAF*突变肿瘤中缺失，并往往伴有高水平的MEK激酶活性[173-174]。MEK抑制剂在*BRAF* V600E突变体中的疗效归因于MEK活性对细胞增殖和存活的影响。与野生型*BRAF*相比，非V600E突变如G469A、T599_V600insT和V600_K601delinsE表现出更高的激酶活性[175]。然而，其他非V600E突变激酶是受损或失活的（如D594、G466、G496del和Y472）。尽管如此，ERK的激活仍然可以通过与CRAF的异源二聚化来实现[176]，因此可以预测其对选择性*BRAF*抑制剂（BRAFi）的耐药性。这些激酶受损的*BRAF*突变具有较弱的致癌潜力[176]，而且似乎对dasatinib敏感[177]。

关于使用维莫非尼（vemurafenib）和达拉非尼（dabrafenib）治疗*BRAF* V600E突变NSCLC患者的肿瘤反应已有报道[178-180]。最近发表的一项Ⅱ期临床试验显示，在接受dabrafenib和曲美替尼（trametinib）二线治疗的*BRAF* V600E突变患者中，总应答率为63.2%[181]。尽管BRAFi在临床上取得了成功，但由于*KRAS*突变的出现仍可能会出现耐药性[180]。基于黑色素瘤模型，预期了其他获得性BRAFi耐药机制，包括在*NRAS*或*MAP2K1/MAP2K2*中出现激活的体细胞突变、旁路信号（即其他RTK介导的通路FGFR）、*BRAF*扩增或替代的*BRAF*剪接异构体[182-184]。MAPK依赖机制也存在，其中PI3K通路经常被涉及[185]。与各种TKI不同，靶肿瘤蛋白本身（即*BRAF*或*CRAF*）的次级突变尚未在临床样本中得到描述，尽管已经通过随机突变试验确定了几个*CRAF*突变，它们可以促进*CRAF*二聚化并赋予对RAF抑制剂的耐药性[186]。由于RAF抑制剂（RAF inhibitor，RAFi）的存在而解除了对RAF自身抑制的选择性优势，可能会反向助长药物依赖[187-188]。

2.2.3 丝裂原活化蛋白激酶-MEK

MEK1/2外显子2（*MAP2K1/MAP2K2*）激酶非激酶区的体细胞激活突变是一种丝氨酸/苏氨酸和酪氨酸激酶双特异性突变，已有报道约1%的肺腺癌中发生体细胞激活突变，使细胞对MEK抑制剂（MEKi）敏感[189]。这种G到T易位突变已知与吸烟有关，并在以前吸烟患者的样本中发现。由于MEK1/2的激活代表了典型的MAPK通路中倒数第二步的信号传递，其抑制作用依赖于MAPK信号因而具有潜在的抗肿瘤活性，且与*MEK*突变状态无关。然而，尽管*EGFR*突变细胞中ERK的基础磷酸化水平很高，但由于前面讨论过的反馈机制，这些细胞对MEK抑制具有一致的抵抗力[173-174, 190]。此外，在EGFR和HER2驱动的肿瘤中，MEK抑制也通过增加HER3的激活诱导PI3K/AKT信号的正反馈[50]。

MEKi在*KRAS*突变肿瘤中表现出异质性效应，这部分归因于在*KRAS*驱动的肿瘤中存在激活的平行通路，如PI3K/AKT/mTOR[191]。因此，MEKi和PI3K抑制剂（PI3Ki）的联合应用产生了协同效应[192]，但是其临床开发具有挑战性，因为联合治疗会产生严重的毒性作用和不良反应[193]。一项临床前研究的结果表明，间歇给药方案是有效的，而且PI3Ki和MEKi联合应用可能会成功减轻毒性[194]。MEKi在*KRAS*突变癌细胞系中的作用也倾向于表现为细胞抑制，异种移植模型通常显示肿瘤生长减少，但单独抑制MEK不会导致肿瘤消退[195-196]。这些临床前特征预测了迄今为止MEKi作为单一疗法使用的临床经验，客观的肿瘤反应很少见到[197-198]。通过一种与MEK/PI3K抑制敏感性无关、在*KRAS*突变癌细胞中鉴定与MEKi合成致死结合的shRNA药物筛选方法，BH3家族蛋白BCL-XL的抗凋亡成员被确定为一个有希望的靶点[195]。抑制MEK会增加促凋亡蛋白BIM的水平，然而，BIM会被BCL-XLl等抗凋亡蛋白结合并被抑制。事实上，在*KRAS*突变的异种移植瘤和*KRAS*驱动的基因工程小鼠肺癌模型中，MEKi和BCL-XL抑制剂（inhibitor of BCL-XL，BCL-XLi）联合使用均可在体内引起显著的肿瘤消退[195]。尽管如此，这一策略并不是普遍有效的。EMT的*KRAS*突变细胞对这种组合的敏感性较低。此外，获得性耐药最终还是会出现[195]。

2.2.4 磷脂酰肌醇3-激酶

Ⅰ类PI3K是由调节和催化p110亚基组成的异源二聚体蛋白，含有4种异构体：α、β、δ和γ。不同亚型的组织分布和功能不同，细胞的增殖和生长主要受p110α调控。编码p110α催化亚基的*PIK3CA*的扩增或激活突变都已在NSCLC中被描述。*PIK3CA*的扩增和突变似乎是相互排斥的[199]。在高达9%的鳞状NSCLC中可以发现*PIK3CA*的体细胞获得性功能突变[200]。这些突变最常见于由外显子9（E542K和E545K）编码的螺旋区，或者发生在由外显子20（H1047R和H1047L）编码的激酶结构域，干扰了p85α调节亚单位的结合。编码p85α和*PIK3R1*基因的体细胞突变发生在约40%的子宫内膜癌和约1%的NSCLC中[201-202]。虽然在子宫内膜癌中描述的几个突变体增加了AKT信号，但其他突变体没有明显的生物学效应。*PIK3R1*突变在NSCLC中的功能后果尚不清楚。

PI3K负性调节因子PTEN的缺失导致AKT表型过度激活[203]。PTEN缺失的机制包括表观遗传沉默（如启动子甲基化）、翻译后修饰、降解增加、突变或纯合缺失[204]。PI3K（扩增或突变）和*PTEN*突变的基因改变在鳞癌中似乎比腺癌更常见（分别为9.8% vs.1.6%），尤其是在亚洲人群中[205]。尽管激活*PIK3CA*突变和失活*PTEN*突变都能增强实验系统中的AKT信号，但它们在体内似乎并非功能冗余，因为它们可以同时出现，如在子宫内膜癌中[206]。事实上，与没有*PTEN*的情况相反，具有*PIK3CA*突变的细胞系具有不同程度的AKT磷酸化，并且经常显示AKT信号减弱[206]。

尽管临床前试验数据表明这些突变体对PI3K或AKT抑制剂非常敏感，但迄今为止的临床经验表明，单靠突变状态并不能很好地预测肿瘤反应，因为大多数携带*PIK3CA*突变或*PTEN*缺失的肿瘤患者在用这些药物治疗时似乎疾病稳定而不是有客观的反应[207-208]。仅仅依靠“看门人”残基的突变不太可能引起PI3K抑制剂的耐药性，模拟试验表明，突变的激酶严重降低了催化活性，因此不可用[209]。在一项筛选了1200多例*PI3K*突变患者的大型Ⅱ期临床试验中，鳞状细胞癌患者（*N*=30）和非鳞状细胞癌患者（*n*=33）对buparlisib（BKM120）的12周无进展生存期分别为23.3%和20.0%。由于两组都没有达到预先设定的50%的比率，这项试验被中止[210]。一些PI3K抑制剂包括PI3Kα抑制剂BYL719和taselisib，以及双重PI3K/mTOR抑制剂SF1126和PQR309，目前仍在研发中。

在有*PIK3CA*突变的肺腺癌中，MAPK信号通路基因的并发突变是常见的[211]。由于两条通路的整合到最终共同效应器（如4EBP1磷酸化）的内在冗余，导致激活MAPK信号的共存突变可使细胞在单一抑制途径影响下迅速回复[196]。因此在这种情况下，联合抑制ERK和AKT信号对于抑制肿瘤生长是必要的。然而平行通路抑制虽然有效，但可能会导致更大的临床毒性[212]。

2.2.5 蛋白激酶B-AKT

AKT激酶家族包括3种异构体即AKT1、AKT2和AKT3，它们属于蛋白激酶B家族的丝氨酸/苏氨酸激酶。虽然有相当大的功能重叠，但每种异构体在调节细胞过程和组织分布方面都表现出相对特异性。这些活性有：*AKT1*在所有细胞中的抗凋亡和细胞存活功能，*AKT2*维持胰岛素反应组织（包括肝脏、脂肪组织和骨骼肌）中的葡萄糖稳态，以及*AKT3*影响大脑的发育[213-214]。*AKT1*的普利克底物蛋白（pleckstrin）同源结构域第4外显子上的致癌E17K突变在NSCLC中并不常见，主要发生在鳞状组织学亚群中，且与*PIK3CA*突变通常是互斥的[215-216]。这种突变与增加的膜局限化有关，这会导致AKT1自身磷酸化水平升高，细胞周期蛋白D1水平升高，以及对变构AKT激酶抑制剂的敏感性降低[216-217]。相比之下，在7%的肺癌中集中报道了*AKT1*或*AKT2*的单扩增，但没有发现这些基因的共同扩增[200, 213]。虽然报道的病例也涉及小细胞癌和大细胞癌，但大多数病例似乎与鳞状组织学更相关而不是腺癌[200, 213]。

PI3K/AKT/mTOR信号通路与其他信号通路一样受到反馈调节。此外，AKT除了激活mTOR外，还激活多个进程。事实上，抑制AKT导致RTK的表达增加3倍以上，如HER3、RET、FGFR和IGF-1R，这支持了激活AKT导致RTK表达的反馈抑制的观点[218]。这种对RTK表达的反馈调节/抑制作用似乎与mTOR活性无关。诱导HER3磷酸化似乎是AKT抑制的最显著作用，特别是在HER2驱动的肿瘤中。这些发现可以解释这些药物迄今为止适度的客观反应，甚至在具有激活的PI3K通路特征的患者中也是如此[219-220]。

2.2.6 西罗莫司（雷帕霉素）的哺乳动物靶点

mTOR与多种蛋白质相互作用形成两种不同的复合物：mTOR复合物1（mTOR complex 1，mTORC1）和mTOR复合物2（mTOR complex 2，mTORC2）[221]。mTORC2的特征是与对西罗莫司不敏感的Rictor结合，并且Rictor和mTOR之间的相互作用与mTORC1中的结合伙伴Raptor的相互作用是互斥的。PI3K/AKT/mTOR信号的生理激活导致该通路的反馈下调，胰岛素受体底物-1（insulin receptor substrate-1，IRS-1）的表达缺失（图48.1）。IRS-1是IGF-1R和胰岛素受体的主要底物。由于这种负反馈环，使含有活化的mTOR通路的几种肿瘤类型产生了惰性行为[222]。西罗莫司及其类似物对mTORC1的抑制可反常增加AKT活性，这个过程是通过p70S6K介导IRS-1下调的抑制作用来诱导IGF-1信号转导来实现的[223]。

与mTORC1被西罗莫司及其类似物抑制的表现不同，mTORC2通常对西罗莫司不敏感，尽管在几种模型中长期治疗可以阻止mTORC2的组装导致其降解[221]。由于mTORC2在AKT激活中起重要作用，西罗莫司对mTOR复合体的不同效应也解释了反馈激活现象，这可能是临床上使用rapalogues产生温和反应的基础。这个现象也为小分子抑制剂的发展提供了动力，这种小分子抑制剂可以同时抑制mTORC1和mTORC2的催化活性，从而避免或减轻反馈性AKT激活。此外，mTOR抑制的结果是RTK的反馈激活及通过失去p70S6K介导对PI3K的抑制进而激活ERK信号[218, 222]。这些发现为开发双PI3K/mTOR抑制剂及MAPK和PI3K/AKT/mTOR途径抑制剂的组合提供了进一步的证据。

LKB1/STK11是一种丝氨酸/苏氨酸激酶，其主要磷酸化靶点AMP激活的蛋白激酶（AMP-activated protein kinase，AMPK）被激活后调节各种靶点，包括TSC2基因产物tuberin，从而抑制mTOR[224]。LKB1/STK11还磷酸化相关的AMPK亚家族成员（如BRSK、MARK、NUAK），这些成员具有额外的功能，包括调节细胞极性和细胞骨架组织[225]。*LKB1/STK11*是仅次于*p53*的第二大突变抑癌基因，在NSCLC特别是在腺癌中，该突变基因占西半球病例的20%～30%[145, 205]。大多数肺肿瘤中的*LKB1*突变会导致缩短和失活的LKB1蛋白的产生[226-227]。由于前面提到的PI3K/AKT/mTOR信号的负反馈现象，*LKB1*缺陷细胞表现出异常的mTOR信号上调，表现为AKT激活表型减弱（类似于TSC2缺陷模型）[224, 228]。然而，与野生型细胞相比，*LKB1*基因缺陷的细胞在低营养能量应激（如葡萄糖剥夺）或暴露于AMPK激动剂（如AICAR）的条件下，由于无法恢复代谢稳态，所以对凋亡异常敏感[229]。与*LKB1*野生型细胞相比，*LKB1*基因缺陷的细胞也表现出dTTP代谢的改变，并对DNA损伤和细胞内dTTP合成中断敏感。这一发现表明脱氧胸苷酸激酶可能是一个合成致死靶点[230]。

*LKB1*的失活突变似乎在有吸烟史的患者中更常见。与亚洲人群相比，白种人中这些突变的频率更高，部分原因可能是西方吸烟者的患病率更高[231]。*LKB1*突变通常与*KRAS*突变（高达20%的*KRAS*突变）或*BRAF*突变（高达25%的*BRAF*突变，特别是非V600类型）同时发生[231-232]。在*LKB1*突变肿瘤中，葡萄糖转运体GLUT1的表达升高，导致糖酵解增加，临床观察到^{18}FDA-PET显示亲和力增强[233]。

在对已发表的NSCLC个体突变和重合突变数据的Meta分析中，在西方约5%的腺癌中发现了

*LKB1/KRAS*双突变，因此它们代表了具有流行病学和治疗相关性的NSCLC的一个独特亚群[205]。在体内，与野生型LKB1状态的*KRAS*突变体相比，*LKB1/KRAS*双突变体中MAPK通路的激活程度似乎降低，并且信号主要通过AKT、FAK和SRC通路转导[233-234]。当*LKB1*失活时，*KRAS*和*BRAF*突变体的信号通路被分流到MAPK，这解释了为什么*LKB1/KRAS*双突变体的临床前模型对在*KRAS*突变体和野生型*LKB1*中应该显示出协同作用的多西他赛和MEK抑制剂塞洛美替尼（selumetinib）联合耐药。据报道，双*LKB1/KRAS*突变体对苯福明（一种类似二甲双胍的线粒体抑制剂）表现出强烈的凋亡反应，无论是否存在其他独特的突变（如p53缺失或*PIK3CA*突变），但其疗效不会持续超过4周[235]，这表明耐药和（或）细胞适应的出现将使单一疗法无效。

2.2.7 热休克蛋白90

热休克蛋白90（heat shock protein 90，HSP90）是细胞内含量最丰富的蛋白质之一，即使在非应激条件下，它也占细胞总蛋白含量的1%～2%。HSP90是因其在温度压力下上调表达（占细胞总蛋白含量的4%～6%）而得名，其分子量约为90 kd[236-237]。这种管家蛋白是一种进化上具有保护性的专门化分子伴侣，具有内在的ATP酶活性，在各种辅助伴侣的帮助下如激酶特异性的辅伴侣Cdc37，确保新生多肽的正确折叠和多聚体蛋白的正确组装，以防止未成熟蛋白的聚集[238]。HSP90可以稳定和激活200多种客户蛋白，它们主要分为3类：蛋白激酶（包括前面讨论的各种突变的癌蛋白）、类固醇激素受体和不参与信号转导的蛋白，如转录因子缺氧诱导因子-1α[237, 239]。研究表明，HSP90对调节大多数酪氨酸激酶和类似酪氨酸激酶有一定的功能选择性，而在其他蛋白激酶家族中，热休克蛋白对多数蛋白无功能[240]。此外，PI3K/AKT通路的成员在整个通路中都受到HSP90的调控，而不是MAPK通路（即ERK不是客户蛋白）[240]。相反，HSP90本身受到客户蛋白激酶（如BRAF和WEE1）的翻译后修饰，这种现象被认为形成了一个保证伴侣功能的正反馈环机制[241]。

HSP90通常在癌细胞中过度表达[242]。它们对这种蛋白的依赖是因为突变的癌蛋白通常不太稳定，而且经常会产生额外的细胞应力来维持恶性表型[236]。与野生型（如EGFR、HER2和BRAF）相比，抑制HSP90可以优先影响突变型癌蛋白，尤其是在野生型（如EGFR）本身可能不是客户蛋白并且对HSP90抑制剂诱导的降解具有抵抗力的情况下[243-245]。不同的蛋白质稳定性和突变癌蛋白对HSP90功能的依赖为研究HSP90抑制在NSCLC中的作用提供了理论基础，尤其是在克服或防止致癌基因转换的联合方法中，这种致癌基因转换通常被视为临床上使用的激酶抑制剂产生获得性耐药的机制。此外，抑制HSP90具有抗肿瘤细胞的活性，其门卫或多个其他次级突变介导了对各种激酶抑制剂的获得性耐药[246]。使用HSP90抑制剂如AUY992或瑞替霉素单一治疗，已经在ALK基因重排患者中显示出临床活性，包括那些对克唑替尼获得性耐药的患者[246-247]。

当特定的突变癌蛋白天生对HSP90抑制剂不敏感时，可能会产生对这些药物的固有耐药[243]。各种肿瘤抑制因子也受到HSP90的调节，它们被抑制可能会刺激含有低穿透性肿瘤抑制因子的克隆性增殖，这对抑制肿瘤是不利的[248]。HSP90的WEE1磷酸化可正向影响HSP90的功能，但负向影响HSP90抑制剂的结合[249]。WEE1的药理抑制使癌细胞对HSP90抑制剂敏感，从而为这种结合提供了理论基础。获得性抵抗HSP90抑制的一种机制可能是通过反馈激活热休克转录因子HSF1，从而导致诱导其他热休克蛋白激活，如HSP70、HSP27和HSP90本身[250]。一个体外模型显示，获得性抗药性可能是通过增加HSP90 ATPase活性的突变而产生的[251]。

作为药物靶点的HSP90一直未能成功地进行临床开发，这主要是因为药物配方、毒性及早期化合物如格尔达霉素及其衍生物（17AAG/tanespimycin，17-DMAG/alvespimycin）的临床反应不明显[252]。其肝毒性作用可能与格尔达霉素化学型中醌成分引起的亲核反应有关[253]。因此，具有不同结构骨架的下一代化合物（如ganetespib）被开发出来。在一项晚期肺腺癌患者中的随机Ⅱ期临床研究显示，无论*EGFR*或*KRAS*突变状态如何，接受ganetespib和多西他赛联合用药患者的总存活率都有所提高，且联合用药组发热性中性粒细胞减少的发生率较高，但未见与治疗相关的死亡病例[254]。但这种联合治疗二线肺腺癌患者的Ⅲ期临床试验因无效而提前终止[255]。

2.2.8　细胞周期蛋白依赖性激酶

细胞周期蛋白依赖性激酶（CDK）是丝氨酸/苏氨酸激酶，与其相关的细胞周期蛋白一起介导细胞周期进程和转录。根据经典模型，CDK4或CDK6和D型细胞周期蛋白调节细胞周期早期G1期的事件；CDK2-细胞周期蛋白E触发S期；CDK2或CDK1-细胞周期蛋白A调节S期的完成；CDK1-细胞周期蛋白B负责有丝分裂[256-258]。虽然CDK复发突变很少见，但在包括肺癌在内的各种恶性肿瘤中，细胞周期蛋白D1等细胞周期蛋白配对的基因扩增或蛋白过度表达是常见的[259]。而负性调控细胞周期素D1-CDK4复合体的肿瘤抑制因子*p16INK4*在肺癌中经常失活，最常见的是纯合子缺失，其次是启动子区域甲基化，点突变少见[260-261]。在视网膜母细胞瘤中，细胞周期蛋白D依赖性激酶（CDK4和CDK6）磷酸化，从而抑制其在低磷酸化状态下的生长抑制效应[262]。因此，内源性表达功能性p16或突变型视网膜母细胞瘤的细胞被认为对CDK4/6抑制剂不敏感。

尽管早期一代的pan-CDK抑制剂因毒性而未能在临床上开发使用，但据报道，小分子CDK4/6抑制剂帕博西尼（palbociclib）（PD0332991）用于乳腺癌的临床效果显著，毒性特征良好，该药已被美国FDA批准与来曲唑联合用于雌激素受体阳性、HER2阴性的晚期乳腺癌的一线治疗[263]。这些结果重新引起了人们对这类药剂的兴趣。如前所述，CDK信号，尤其是CDK4信号似乎对*KRAS*突变的肺腺癌增殖至关重要[154]。在*HER2*扩增的乳腺癌细胞系中，CDK4/6的抑制似乎也与曲妥珠单抗有协同作用，这表明在HER2信号被激活的NSCLC细胞中也有类似的活性[264]。在一项单臂Ⅱ期研究中，palbociclib用于先前治疗过的伴有老年型视网膜母细胞瘤和p16失活的NSCLC患者，由于在16例可评估患者中未观察到任何反应，因此该研究终止[265]。肺鳞癌患者的肺癌主方案中包含了一个使用palbociclib的组。

3　结论

随着对肺癌生物学的理解和技术的进步，特别是基因组研究的进步，我们已经发现了代表潜在治疗靶点的反复发生的功能性致癌事件。这些基因组中很大一部分改变不被认为是直接可用药的靶点，如突变型p53或扩增的SOX2。尽管如此，这一障碍可以通过合成的巨大改变来克服进而达到药物治疗的目的。了解生理上的正向信号和反馈环及致癌通路的异常激活有助于开发新的化合物，并有助于临床开发药物组合的选择。在未来的研究中，需要结合免疫治疗和表观遗传学方法来达到多管齐下的效果。此外，尽管NSCLC患者对某些靶向治疗的肿瘤反应可能非常显著，但临床益处总是受到耐药性的限制，耐药性的出现通常是通过药物靶点的继发性突变或激活旁路替代途径来实现的。其他耐药模型，如因获得药物依赖而持续增殖但停药后肿瘤退化的反常现象，为测试间歇治疗策略而不是传统的连续给药方法提供了理论基础。间歇性方法也可能是必要的，以减轻在临床环境中产生的毒性，如使用PI3Ki和MEKi组合，特别是当临床前研究支持这种方法时。

靶向治疗需要同时开发靶向制剂和生物标志物分析平台供患者选择，以优化治疗效益，同时有关检测标准化和生物标志物严格验证的相关问题也应考虑。此外，即使在选定的人群中，肿瘤内的异质性也可能导致治疗结果的差异。同时突变使得单一治疗方法的疗效丧失，这些肿瘤亚型在前瞻性研究中应该被分开考虑，但这种方法不可避免地给治疗试验的设计和分析带来了复杂性与逻辑上的挑战。为了避免对临床试验数据的误释，特别是当没有发现预期的临床益处时，有必要彻底了解药物活性的光谱和药理活性的表征，特别是小分子抑制剂。

（刘明辉　于浩川　陈　军　译）

主要参考文献

3. Shaw A.T., Kim D.W., Nakagawa K., et al. Crizotinib versus

chemotherapy in advanced ALK-positive lung cancer. *N Engl J Med*. 2013;368:2385–2394.
19. Kris M.G., Johnson B.E., Berry L.D., et al. Using multiplexed assays of oncogenic drivers in lung cancers to select targeted drugs. *JAMA*. 2014;311:1998–2006.
77. Yoshioka H., Azuma K., Yamamoto N., et al. A randomized, double-blind, placebo-controlled, phase Ⅲ trial of erlotinib with or without a c-Met inhibitor tivantinib (ARQ 197) in Asian patients with previously treated stage ⅢB/Ⅳ nonsquamous nonsmall-cell lung cancer harboring wild-type epidermal growth factor receptor (ATTENTION study). *Ann Oncol*. 2015;26:2066–2072.
78. Scagliotti G., von Pawel J., Novello S., et al. Phase Ⅲ multinational, randomized, double-blind, placebo-controlled study of tivantinib (ARQ 197) plus erlotinib versus erlotinib alone in previously treated patients with locally advanced or metastatic nonsquamous non-small-cell lung cancer. *J Clin Oncol*. 2015;33:2667–2674.
85. Drilon A., Camidge D.R., Ou S.H., et al. Efficacy and safety of crizotinib in patients (pts) with advanced MET exon 14-altered non-small cell lung cancer (NSCLC). *J Clin Oncol*. 2016:34.
103. Johnson P.J., Qin S., Park J.W., et al. Brivanib versus sorafenib as first-line therapy in patients with unresectable, advanced hepatocellular carcinoma: results from the randomized phase Ⅲ BRISK-FL study. *J Clin Oncol*. 2013;31:3517–3524.
109. Rikova K., Guo A., Zeng Q., et al. Global survey of phosphotyrosine signaling identifies oncogenic kinases in lung cancer. *Cell*. 2007;131:1190–1203.
111. Bergethon K., Shaw A.T., Ou S.H., et al. ROS1 rearrangements define a unique molecular class of lung cancers. *J Clin Oncol*. 2012;30:863–870.
119. Takeuchi K., Soda M., Togashi Y., et al. RET, ROS1 and ALK fusions in lung cancer. *Nat Med*. 2012;18:378–381.

获取完整的参考文献列表请扫描二维码。

第49章 靶向治疗的毒性处理

James Chih-Hsin Yang, Chia-Chi (Josh) Lin,Chia-Yu Chu

要点总结

- EGFR、ALK、BRAF、ROS1、RET、TKI、几种抗血管生成剂和PD-1免疫疗法是肺癌患者的有效靶向治疗。每一类药都有其不良反应，并且是独特的。
- 皮肤和胃肠道不良反应在靶向治疗中经常遇到。这些不良反应是可以控制和预防的。
- 间质性肺疾病是肺癌患者在接受TKI或抗PD-1单克隆抗体治疗时偶尔遇到的一种独特不良反应。虽然这些肺部不良反应很少见，但如果不注意它们可能会致命。应告知患者这些不良反应的症状，如果有疑问，应立即就医。早期干预如停药和类固醇治疗，对于逆转间质性肺疾病的进程非常重要。
- 医生应该意识到其他罕见但重要的不良反应，如与某些TKI相关的QTc延长；与抗血管生成药物相关的高血压、血栓栓塞或出血不良反应；与抗PD-1治疗相关的自身免疫性结肠炎、肝炎、甲状腺炎或肾上腺炎；与B-RAF抑制剂治疗相关的皮肤肿瘤。
- 亚洲人和非亚洲人的不良反应发生率不同可能是由于内在的基因组差异或临床实践中的外在差异。

几类靶向药物对NSCLC的治疗是有效的。EGFR-TKI如吉非替尼、厄洛替尼和阿法替尼对EGFR激活突变患者的NSCLC非常有效[1]。新型EGFR TKI如奥希替尼和rociletinib对获得性EGFR T790M突变的EGFR突变NSCLC患者有效[1-2]。EGFR单克隆抗体如necitumab增强NSCLC（鳞癌和非鳞癌）患者的化疗药物活性[2]。ALK抑制剂，如克唑替尼、ceritinib（LDK378）、阿来替尼［RO5424802（CH5424802），AF802］和AP26113是ALK融合癌蛋白患者的高效治疗方法。这些蛋白中最常见的是棘皮微管相关蛋白样4-ALK，通过ALK免疫组化染色或分离荧光原位杂交进行检测[3]。正在对具有BRAF V600E突变的患者测试V-raf鼠肉瘤病毒癌基因同系物B（BRAF）抑制剂，如dabrafenib或vemurafenib[4]。ROS1抑制剂如克唑替尼，在ROS1重排患者中有效[5]。foretinib（XL880）也可有效抑制NSCLC患者的ROS1[6]。这些靶向治疗旨在治疗具有特定驱动因子突变的肿瘤患者，其不良反应通常可以通过被抑制的生理通路预测。例如，EGFR-TKI的不良反应包括腹泻、皮肤毒性、甲沟炎、毛发改变和黏膜炎。罕见的不良反应，如角膜炎、恶心和呕吐，也可能与EGF-EGFR通路的生理功能有关。ALK、ROS1和RET抑制剂产生的不良反应较少，但不可预测，因为人们对这些基因在正常生理中的作用知之甚少。

其他类别的靶向药物抑制与癌症发展和生长有关的一般途径。与化疗联合使用的抗血管生成药物在包括肺癌在内的各种癌症中具有广泛的活性。贝伐单抗是一种针对VEGF的单克隆抗体，可提高接受化疗的肺腺癌患者的疗效和生存率[7]。小分子抑制剂如vandetanib或inetedanib在临床试验中也显示出抗癌活性[8]。这些药物通常会引起与血管生长过程相关的不良反应如出血和血栓形成，以及与VEGF通路中断相关的不良反应如高血压、蛋白尿和肾功能障碍。

热休克蛋白（heat-shock proteins，HSP）是保护脆性蛋白特别是癌蛋白免受分解的伴侣蛋白。抑制HSP可能导致癌蛋白降解和癌细胞死亡。HSP90抑制剂对具有ALK融合蛋白的NSCLC等癌症非常有效[9]。由于HSP90在正常生理功能中是普遍需要的，因此抑制HSP90的后果不太清楚。

另一类已被证明能有效控制NSCLC的靶向治疗是免疫治疗，它扰乱T淋巴细胞及其配体

（PD-L1和PD-L2）上的免疫检查点PD-1。针对这些表面蛋白的单克隆抗体在携带PD-L1的肺癌中可以非常有效[10]。该检查点的阻断在肿瘤细胞上比在正常细胞上更具特异性。因此，这些药物可能比针对上游检查点的单克隆抗体（如阻断细胞毒性T淋巴细胞抗原4的伊匹单抗）产生更少的免疫不良反应[10]。

肝细胞生长因子（HGF）和cMET抑制剂可能具有抑制NSCLC细胞生长的作用。在对EGFR-TKI产生抗药性的EGFR突变患者中，有高达20%的患者出现了cMET扩增[11]。针对配体（HGF）或受体（cMET）以及小分子cMET激酶抑制剂的单克隆抗体正在积极开发中。HGF和cMET途径抑制的类不良反应还不是很清楚[12]。

胰岛素样生长因子（IGF）及其受体（IGFR）属于胰岛素受体家族。胰岛素信号通路的过度活跃与几种肿瘤类型的肿瘤进展有关。在化疗的同时使用IGFR1抑制剂figitumab提高了NSCLC患者的应答率[13]。高血糖和胰岛素抵抗是IGF和IGFR途径抑制剂的典型不良反应[14]。

磷脂酰肌醇3-激酶、AKT、丝裂原活化的细胞外信号调节激酶（mitogen-activated and extracellular signal-regulated kinase，MEK）、细胞外信号调节激酶（extracellular signal-regulated kinase，ERK）和哺乳动物西罗莫司靶蛋白是细胞增殖与凋亡的中枢控制分子。这些蛋白质的抑制剂可能导致一些癌症患者的肿瘤控制。然而，大量的不良反应已经被报道[15]。

靶向治疗的一些不良反应与一般分子结构有关[16]。例如，在许多抗体生物制剂中发现输液反应，如寒战、发热、低血压，甚至罕见的过敏反应。这些不良反应通常可以通过使用皮质类固醇预处理来减轻或预防。许多小分子TKI的一个独特不良反应是间质性肺病，也称为间质性肺纤维化[17]。此外，与许多其他非癌症药物或生物制品相似，抗癌药可能有与已知药理学或毒理学特性无关的不良反应。因此，开出处方的肿瘤学家应该熟悉每种靶向治疗的不良反应概况。

1 皮肤不良反应

1.1 EGFR-TKI和单克隆抗体

相当一部分接受EGFR-TKI或针对EGFR的单克隆抗体治疗的患者出现了皮肤不良反应。丘疹性（痤疮样）皮疹是最常见的不良反应，干燥症、湿疹、毛细血管扩张、色素沉着、头发变化和甲沟炎也可能发生[18-20]。接受EGFR-TKI治疗导致的皮肤不良事件可能影响45%～100%的患者，其中一些不良反应可能与剂量有关[20]。通过研究可逆EGFR-TKI厄洛替尼和吉非替尼的耐药性发展，研究人员了解了EGFR信号通路的分子机制。新的分子靶向疗法已经被开发出来以克服EGFR T790M耐药性。阿法替尼是一种不可逆转的ErbB家族抑制剂，其EGFR-TKI与其他EGFR抑制剂相似，最常见的不良事件是皮肤毒性和腹泻[21-22]。dacomitinib是另一种不可逆转的EGFR，以及HER1、HER2和HER4的抑制剂。单克隆抗体cetuximab和panitumumab也可能产生皮肤毒性，因为它们对EGFR有抑制作用[23]。

EGFR抑制剂治疗的常见不良反应是丘疹性脓疱性（痤疮样）皮疹、瘙痒和皮肤干燥；指甲、毛发和黏膜的变化不太常见（表49.1）[23]。与抗EGFR治疗相关的丘疹性（痤疮样）皮疹发生在43%～94%的患者中，在2011年的Meta分析中，该皮疹发生率约为73%[24-25]。皮疹类似寻常痤疮，但其特征主要是丘疹或脓疱性皮疹，与粉刺无关，在病理学和病因学上不同于寻常痤疮（图49.1）。通常受影响的区域是面部（鼻子、脸颊、鼻唇沟、下巴和前额）、上胸部和背部的V形区域，以及不太常见的头皮、手臂、腿、腹部和臀部（图49.2）。手掌、足底和黏膜通常不会受到损伤。一般来说，丘疹性脓疱性皮疹在开始使用EGFR抑制剂的1～3周内出现，通常在7～14天开始，3～6周达到高峰[23]。这种反应是可逆的，通常在停药后4周内完全消退，但一旦恢复治疗，皮疹可能会再次出现或恶化。通过持续治疗，皮疹消退或稳定后会出现自发改善。

表 49.1 EGFR抑制剂相关的皮肤不良反应

不良反应	描述	发生频率[21,23]（%）	治疗中的时间点
丘疹性脓疱性皮疹	红斑丘疹、滤泡或脓疱病变，可能与轻度瘙痒有关 常见影响区域：面部（鼻子、脸颊、鼻唇沟、下巴、前额），上胸部和背部的V区；较少出现在头皮、手臂、腿、腹部和臀部	60～94	发作：7～14天 高峰：3～5周
瘙痒症	全身瘙痒感	16～60	发作：在第2周和第4周之间 高峰：在第3周和第6周之间
皮肤干燥（干燥症）	扩散到全身，特别是伸肌部位	4～38	发病：出现皮疹后
甲沟炎	疼痛的甲周肉芽病变或易碎的化脓性肉芽肿样改变，伴有红斑、肿胀及侧向指甲褶皱或远端指从的裂缝	6～12	发作：开始治疗后2～4个月
毛发变化	头皮和四肢上的毛发更卷曲、更细、更脆；广泛的增长和睫毛与眉毛卷曲	未知	发病：治疗开始后7～10周至数月
超敏反应	潮红、荨麻疹和过敏反应	2～3	发作：初始剂量的第1天
黏膜炎	轻度至中度黏膜炎、口腔炎、口疮性溃疡	2～36	发作：治疗期间，与剂量或时间表无关

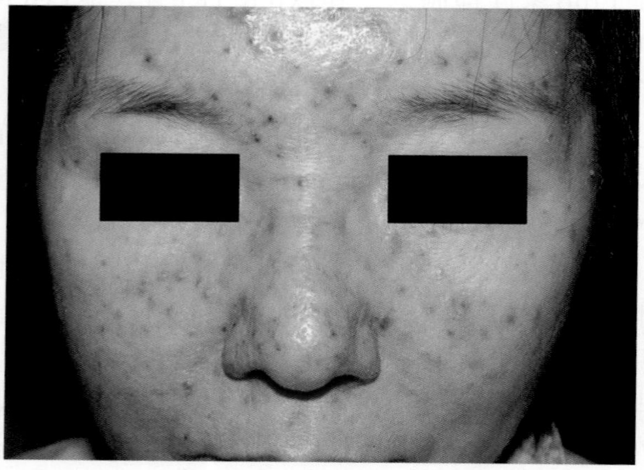

图 49.1 60%～94%的患者出现与抗表皮生长因子受体治疗相关的丘疹性脓疱性（痤疮样）皮疹

通常受影响的区域是暴露在阳光下的面部区域，如鼻子、脸颊、鼻唇沟、下巴和前额

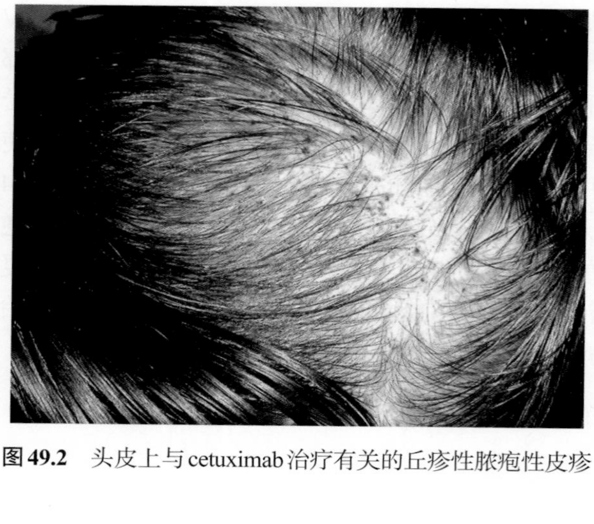

图 49.2 头皮上与cetuximab治疗有关的丘疹性脓疱性皮疹

在接受cetuximab治疗的转移性结直肠癌患者和接受阿法替尼治疗的肺癌患者中，丘疹性脓疱性（痤疮样）皮疹的发生率最高[21, 24-25]。在各种研究中抗EGFR治疗的各种皮肤不良反应的发生率很难比较，因为每个试验中的遗传背景、临床状况、治疗方案和患者特征不同（表49.1）[25]。有明显皮肤不良反应的患者可能从EGFR抑制剂治疗中获益最大。2013年对33项合格试验的系统回顾和Meta分析结果显示，皮疹的存在可预测EGFR-TKI的疗效和NSCLC患者的预后[26]。

在服用EGFR-TKI或单克隆抗体的患者中，4%～69%的患者在出现丘疹性脓疱性皮疹后出现皮肤干燥并伴有弥漫性细屑[21, 23, 25]。经过1～4个月的抗EGFR治疗后，6%～47%的患者出现手指和足趾疼痛性甲沟炎[25]。这种炎症通常被描述为甲沟周围肉芽肿型甲沟炎或化脓性肉芽肿样改变，表现为红斑、压痛、肿胀，以及外侧甲襞或远端指的裂缝（图49.3）。

服用抗EGFR药物数月的患者可能会出现头发异常，如头皮和末端的头发更卷曲、更细、更脆，或胡须生长缓慢。雄激素源性脱发样额叶脱发已有报道（图49.4A）。经过数月的抗EGFR治疗后，一些患者的睫毛和眉毛也出现了广泛的生长（图49.4B）。由于存在倒睫的风险，报告眼部刺激症状的患者应由眼科医生进行检查[23]。

与EGFR抑制相关的皮肤不良反应一般为轻

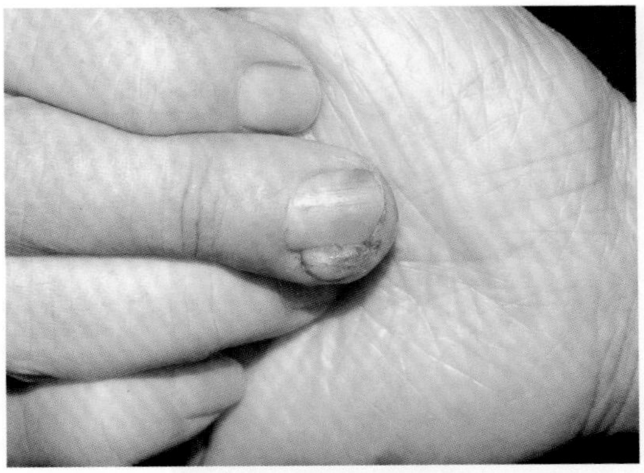

图49.3　与表皮生长因子受体抑制剂治疗相关的甲沟炎

通常表现为疼痛的甲周肉芽损伤，伴有红斑、压痛、肿胀和侧甲皱襞或远端指裂开

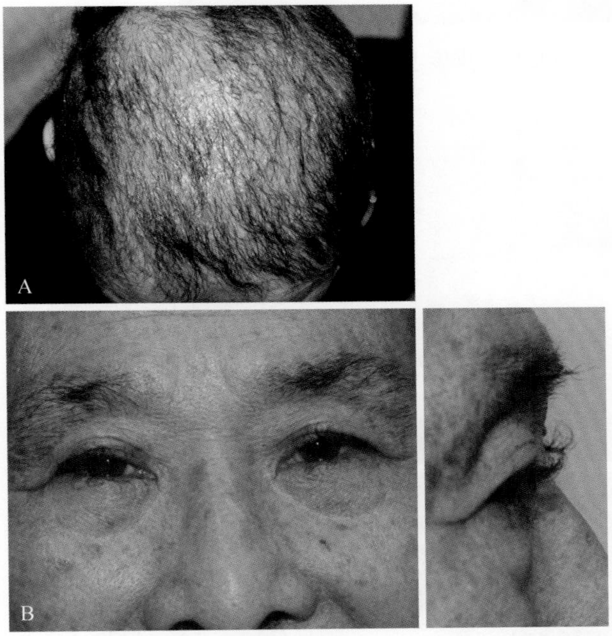

图49.4　（A）接受dacomitinib治疗几个月的患者出现头发异常，如头皮上的头发卷曲而脆；（B）服用厄洛替尼超过6个月的部分患者出现睫毛和眉毛的广泛生长

接受dacomitinib治疗后也有雄激素源性脱发样额叶脱发的报道

度或中度。然而，即使是轻微的事件也可能增加继发感染的风险，患者必须应对慢性不适、瘙痒和皮疹的不愉快外观。皮疹主要影响身体的可见区域，这可能导致一些患者的痛苦、焦虑、负面自我形象和自卑。此外，高级别（3级或更高）皮肤反应可能导致治疗中断或剂量调整[23]。皮肤病不良反应也可能影响治疗依从性[21]。对110例接受EGFR抑制剂治疗的患者调查结果显示，76%的人曾因皮疹中断治疗，而32%的人因皮疹而中断EGFR抑制剂治疗[27]。皮肤病反应也影响患者的生活质量[23]。

与EGFR抑制相关的皮肤毒性的潜在机制尚未完全了解，但它被认为与表皮，特别是基底角质细胞中表皮生长因子受体介导的生理信号过程的破坏有关[20-21]。抑制EGFR介导的信号通路以多种方式影响角质形成细胞。例如，诱导生长停滞和凋亡、减少细胞迁移、增加细胞附着和分化以及刺激炎症，从而导致不同的皮肤状况[20-21]。一种EGFR非依赖性途径，被称为c-Jun NH2末端激酶激活，也可能与EGFR-TKI诱导的角质形成细胞损伤有关[28]。

多个因素与皮疹增加趋势有关。在接受厄洛替尼治疗的患者中，皮疹最有可能发生在不吸烟、皮肤白皙和70岁以上的患者中[21]。使用cetuximab治疗时，年龄小于70岁的男性患皮疹的风险增加[29]。在探索药物基因组学和临床相关性时，研究人员发现EGFR种系多态性的可变性是厄洛替尼治疗患者皮肤发生不良反应的决定因素[30]。

对症和预防性治疗通常对患者有帮助。策略包括使用局部保湿剂或皮质类固醇，给予全身类固醇药物或抗组胺药以减轻瘙痒和炎症，以及在严重反应的情况下延迟或减少剂量。虽然已经发表了几个处理皮肤不良反应的指南，但它们主要是基于轶事证据和临床经验[20, 31]。

开始接受EGFR-TKI或单克隆抗体治疗的患者应采取预防措施保护皮肤，如使用不含酒精的护肤品，通过穿防护服、戴帽子、涂防晒系数大于30的防晒霜以及对紫外线A和B进行防护来最大限度地减少阳光照射。针对与抗EGFR疗法相关的皮肤不良反应，已经提出了一些基于专家意见的处理策略[21]。对于丘疹性脓疱性（痤疮样）皮疹，可使用局部和口服皮质类固醇或抗生素（图49.5）。出现瘙痒的患者可能受益于局部、口服或全身药物。局部皮质类固醇、乳酸铵和保湿霜推荐用于干燥症。对于甲沟炎，局部应用抗生素或防腐剂和硝酸银可能是有益的（图49.6）。有不可忍受的2级皮肤反应和严重皮肤反应（3级或更高）的患者应转诊给具有处理服用EGFR抑制剂患者经验的皮肤科医生。这些患者也可能受益于剂量调整（图49.7）。暂时中断EGFR抑制剂

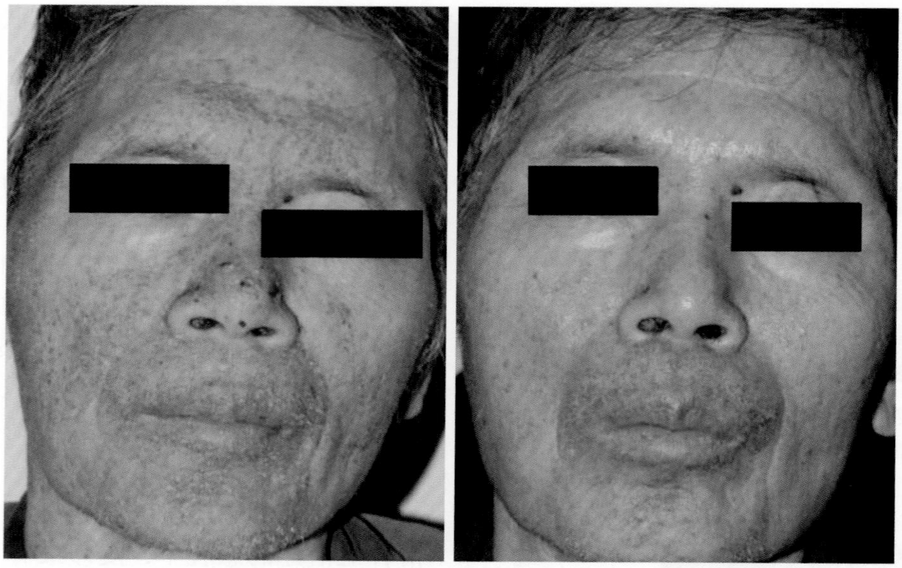

图49.5 用局部皮质类固醇治疗2周后，丘疹性脓疱性（痤疮样）皮疹（左）可能会显著改善（右）

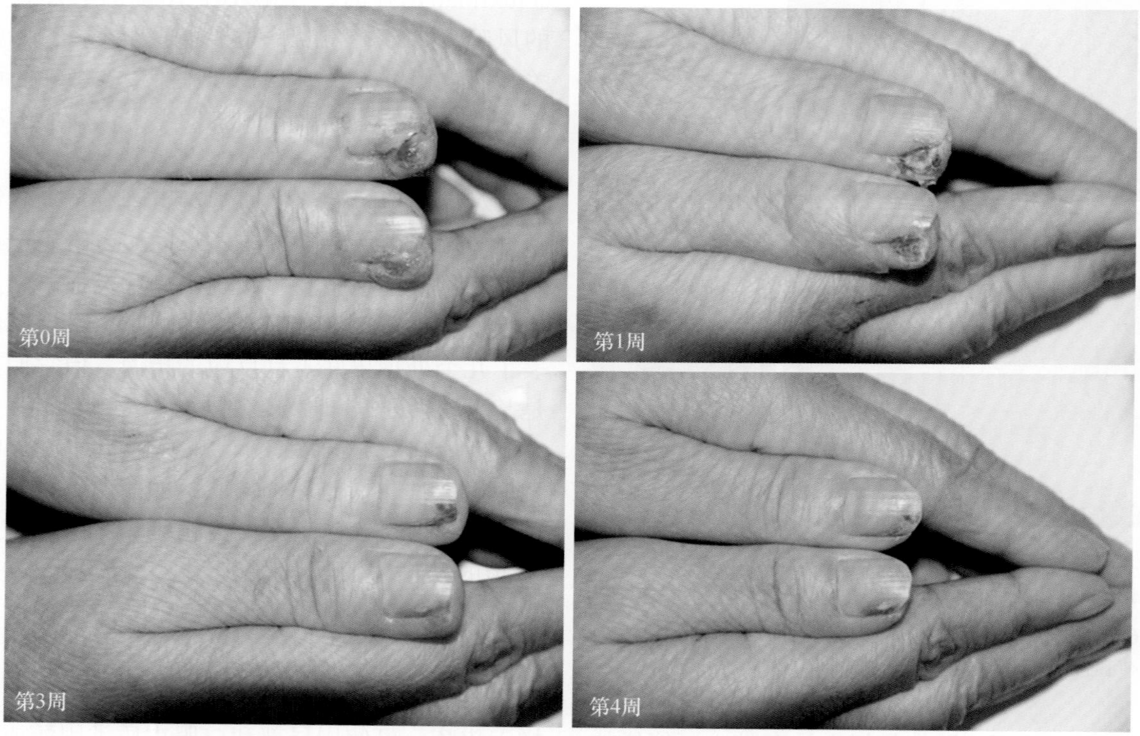

图49.6 每周使用硝酸银共4周后，有肉芽组织的甲沟炎有所改善

可以缓解严重的皮肤症状，但持续时间不应超过28天。如果尽管进行了皮肤病学干预并中断治疗28天，但皮肤病学不良反应仍然达到或超过3级，则应永久停止抗EGFR治疗。对于在中断治疗后28天内出现严重皮肤反应（3级或更高）并有所改善（2级或更低）的患者，应以较低的剂量重新引入EGFR-TKI[21]。

1.2 抗血管生成剂

sorafenib是一种多激酶抑制剂，针对快速加速纤维肉瘤（rapidly accelerated fibrosarcoma，RAF）激酶、VEGF受体（VEGFR 1～3）、血小板衍生生长因子-α、血小板衍生生长因子-β、c-Kit和RET，已被批准用于各种恶性肿瘤[32]。手-足

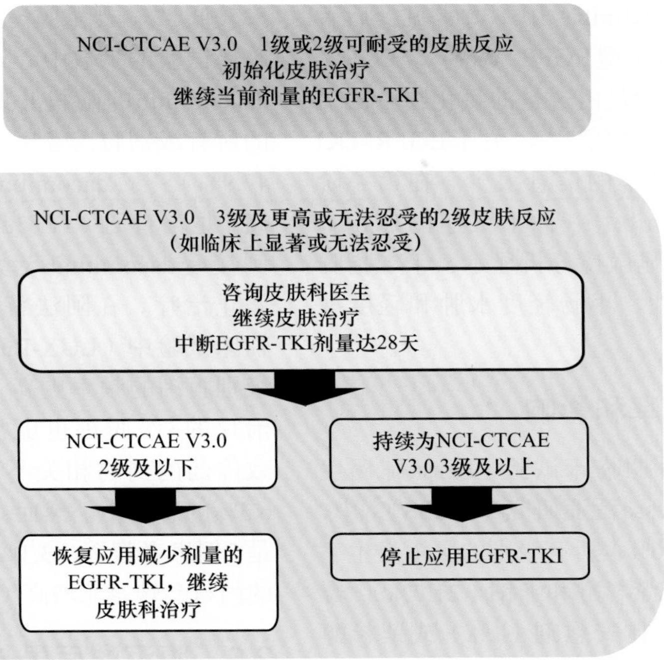

图49.7 对使用EGFR-TKI治疗后出现3级及更高或无法忍受的2级皮肤不良反应患者的剂量调整策略

经许可改编自：Lacouture ME, Schadendorf D, Chu CY, et al. Dermatologic adverse events associated with afatinib: an oral ErbB family blocker. Expert Rev Anticancer Ther, 2013, 13 (6): 721-728; NCI-CTCAE，美国国立癌症研究所-常见不良反应术语评定标准

皮肤反应是sorafenib治疗中需要临床处理和剂量调整的主要毒性反应。这种反应的特征是明确的、柔软的掌跖角化过度或起泡病变，尤其是在创伤或摩擦区域（图49.8）。当sorafenib单独使用时，手足皮肤反应的发展与剂量有关[32]。然而，bevacizumab和sorafenib联合治疗的患者手足皮肤反应有增加的风险，这提示病理生理学可能涉及VEGF抑制[32]。与sorafenib治疗相关的其他皮疹包括面部或头皮红斑和感觉障碍、脱发、碎片出血、角化棘皮瘤、白细胞碎屑血管炎和表皮包涵体囊肿。尽管有报道称一些患者在注射bevacizumab后出现皮疹（类型不详），但这并不是bevacizumab常见的毒性反应。

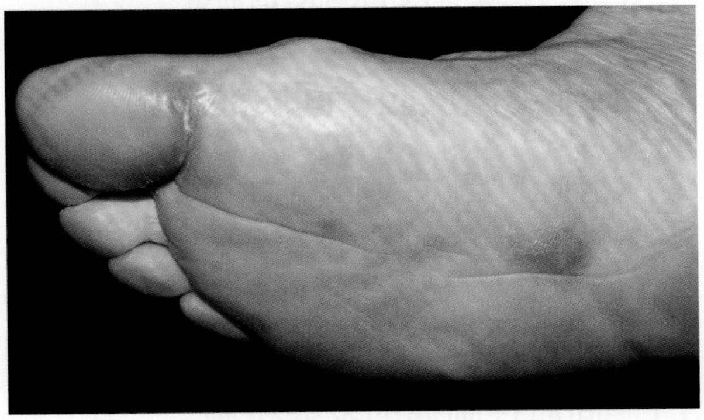

图49.8 与sorafenib治疗相关的手足皮肤反应的特征是明确的、触痛的掌跖角化过度或起泡病变，尤其是在创伤或摩擦区域

2 表皮生长因子受体抑制剂的胃肠道不良反应

腹泻是口服EGFR-TKI治疗第1个周期的常见不良反应。发病时间可能差异很大。腹泻发作通常是中度的，可以通过减少剂量和服用洛哌丁胺得到很好的控制。

2.1 腹泻的机制

EGFR-TKI引起的腹泻的病理生理学机制尚不清楚。腹泻与野生型EGFR抑制有关。腹泻是第一代EGFR-TKI（如吉非替尼和厄洛替尼，可抑制EGFR的野生型和激活突变）与不可逆的第二代EGFR-TKI（如阿法替尼和达克替尼，可抑制野生型、激活突变，可能还有T790M抗性突变）的常见不良反应。腹泻在第三代EGFR-TKI

（如osimertinib和rociletinib）中不太常见，后者仅在高浓度下抑制野生型EGFR[22, 33-34]。EGFR-TKI引起的腹泻被认为是由过量的氯化物分泌引起的一种分泌形式的腹泻[35]。关于EGFR-TKI引起腹泻的组织病理学的信息很少。在第一阶段试验中，用neratinib（一种不可逆的EGFR-TKI）治疗的组织的显微镜分析显示，十二指肠黏膜轻度扩张和变性、小肠轻度水肿和轻度绒毛萎缩[36]。

2.2 腹泻的发病率和影响

在吉非替尼的Ⅲ期临床试验［Iressa肺癌生存评估（ISEL）和Iressa泛亚研究（IPASS）］中，吉非替尼（27%～46.6%）所有级别的腹泻发生率高于安慰剂（9%）或紫杉醇和卡铂（21.7%）。吉非替尼（3%～3.8%）比安慰剂（1%）或紫杉醇和卡铂（1.4%）导致的高级别（3～5级）腹泻发生率更高[37-38]。

在厄洛替尼的Ⅲ期临床试验中，所有级别的腹泻发生率在欧洲随机试验Tarceva治疗与化疗（European randomized trial of tarceva versus chemotherapy，EURTAC）中为57%，其中厄洛替尼作为一线治疗；在序贯Tarceva治疗不可切除NSCLC（the sequential tarceva in Unresectable NSCLC，SATURN）试验中为19%，在使用厄洛替尼作为二线或三线治疗的BR.21试验中发生率为55%[39-41]。接受厄洛替尼治疗的患者中，重度腹泻的发生率在EURTAC试验中为5%，在SATURN试验中为2%，在BR.21试验中为6%。在BR.21试验中，5%的厄洛替尼组因腹泻需要减少剂量[41]。SATURN试验中腹泻的发生率和严重程度略低于其他研究，可能是因为SATURN试验患者的表现更好，或者研究者对厄洛替尼相关不良事件的认识和处理有所提高。

腹泻是与阿法替尼治疗相关的最常见的不良事件。在阿法替尼（LUX-Lung 3）的Ⅲ期临床试验中，阿法替尼治疗的所有级别腹泻发生率明显高于化疗（95.2% vs. 15.3%）[42-43]。阿法替尼治疗的重度腹泻发生率也远高于化疗（14.4% vs. 0）。1.3%接受阿法替尼治疗的患者因腹泻而停止治疗。在阿法替尼Ⅱ期临床研究（7%）和另一项Ⅲ期临床研究（5%）中，3级或4级腹泻的发生率较低[44]。严重腹泻发生率较低可能是参与这些临床试验的少数中心处理和预防更好的结果。在dacomitinib的随机Ⅱ期临床试验中，dacomitinib的所有级别腹泻发生率高于厄洛替尼（73.1% vs. 47.9%）[45]。dacomitinib治疗的重度腹泻发生率高于厄洛替尼（11.8% vs. 4.3%）。2级腹泻导致94例接受dacomitinib治疗的患者中有1例（1.1%）停止治疗。在阿法替尼与吉非替尼的随机Ⅱ期临床试验中（LUX-Lung 7），阿法替尼出现所有级别腹泻的频率更高（90% vs. 61%）。阿法替尼治疗的3级腹泻也更常见（11.9% vs. 1.3%）。导致停药的药物相关不良事件分别发生在6.3%和6.3%的患者中。然而，停用阿法替尼的主要原因是5例患者腹泻（3.1%），而吉非替尼组5例患者的丙氨酸转氨酶增高（3.1%）[45]。

2.3 腹泻的后果与处理

严重腹泻可能会导致液体和电解质损失，从而导致脱水、电解质失衡和肾功能不全[22]。首次出现水样腹泻后，应建议患者服用2～4 mg的洛哌丁胺。每4小时服用2 mg洛哌丁胺，最大剂量为20 mg/d，直到腹泻改善到1级。患有严重腹泻或2级腹泻超过48小时的患者应暂时停止EGFR-TKI疗法。患者应摄入足够的水和电解质，以防止脱水和肾脏损伤。因为腹泻是许多癌症治疗方案的常见不良反应，所以其管理指南已经建立[46]。应建议患者立即与其医疗团队讨论任何腹泻症状，以促进早期有效的管理，并防止剂量减少或治疗中断。经常腹泻的患者应该饮食清淡，不吃乳制品。对于影响患者生活质量的严重或复发性腹泻，应考虑减少EGFR-TKI的剂量。

3 肺部不良反应：间质性肺病

急性间质性肺病是所有EGFR-TKI的不良事件：吉非替尼、厄洛替尼、阿法替尼和osimertinib。超过1/3的报告病例是致命的，既往有肺部疾病的患者出现的风险会增加[47]。

3.1 间质性肺病的发病机制

EGFR-TKI引起的间质性肺病的发展最有可能与肺泡再生减少有关，这一过程通常由EGFR

在先前存在肺病的高患病率人群中调节。患者通常表现为急性呼吸困难、咳嗽和发热。CT图像显示弥漫性磨玻璃样混浊，对组织样本的评估表明弥漫性肺泡损伤伴有透明膜形成[48]。

3.2　间质性肺病的发生率

间质性肺病通常在吉非替尼治疗开始后的3～7周内发生，1/3的病例是致命的。美国FDA报告称，在全球范围内接受吉非替尼治疗的50 000例患者中，间质性肺病的发生率为1%[49]。在ISEL试验中，两个治疗组间质性肺病事件的发生率相似（1%）[37]。在IPASS中，607例接受吉非替尼治疗的患者中有16例（2.6%）发生间质性肺病事件，其中3例死亡，589例接受紫杉醇和卡铂治疗的患者中有8例（1.4%）发生间质性肺病事件，其中1例死亡[38]。据报道，日本间质性肺病的发生率（2%）高于美国（0.3%）[49]。在对1900例接受吉非替尼治疗的日本NSCLC患者的数据进行审查后，报道了4个月（3.5%）的间质性肺病病例，其中44%是致命的。除日本种族外，间质性肺病的风险因素包括男性、吸烟史和间质性肺炎（优势比分别为3.1、4.79和2.89）[50]。此外，有吸烟史的男性肿瘤患者中有6.6%会发生间质性肺病。吉非替尼诱导的间质性肺病患者中，约90%以前接受过放疗或化疗[48]。

接受厄洛替尼治疗的患者中有1.1%出现间质性肺病[51]。在开始厄洛替尼治疗后，症状的发作时间范围可能是从5天到9个月以上（中位数为39天）。在EURTAC中，当厄洛替尼用作一线治疗时，所有级别的肺炎或肺浸润的发生率为1%；在BR.21试验中，当厄洛替尼用作二线或三线治疗时发生率为3%[39, 41]。3～5级间质性肺病的发生率在EURTAC中为1%，在BR.21试验中不到1%。厄洛替尼治疗可导致严重的间质性肺病，包括致命病例。在SATURN试验中，最常报道的严重不良事件是肺炎：厄洛替尼组报道了7例（2%），而安慰剂组报道了4例（不到1%）[40]。在BR.21试验中，厄洛替尼组485例患者中的1例和安慰剂组242例患者中的1例死于肺炎[41]。厄洛替尼引起间质性肺病的风险因素与吉非替尼试验中确定的风险因素相似。

在一项包含129例EGFR突变患者的阿法替尼Ⅱ期临床研究中，4例患者因可能的间质性肺病而停用阿法替尼[43]。在Ⅲ期临床研究中，230例接受一线阿法替尼治疗的肺腺癌EGFR突变阳性患者中，有3例出现了可能的间质性肺病[42]。

3.3　间质性肺病的治疗

在大多数间质性肺病病例报道中，停药、机械通气支持治疗和高剂量皮质类固醇是唯一有用的干预措施，高达40%的病例是致命的[48, 50]。症状消失后恢复EGFR-TKI与间质性肺病复发有关。对于新的或进行性原因不明的肺部症状的急性发作，如呼吸困难、咳嗽和发热，应暂停EGFR-TKI。如果诊断为间质性肺病，应永久停用EGPR-TKI[49, 51]。预防严重间质性肺病的最佳策略是早期诊断和停用EGFR-TKI。在开始EGFR-TKI后的几周内进行频繁的胸部X线摄片，并对患者进行间质性肺病早期症状的教育，是在EGFR-TKI诱发的间质性肺病高发人群中预防并发症的重要步骤[52]。

4　bevacizumab和ramucirumab的不良反应

bevacizumab会引起广泛的类相关不良反应。这类药物的一个值得注意的问题是潜在的血管损伤和出血，这在鳞状细胞肺癌患者中已经出现过[53]。bevacizumab对于有咯血、脑转移或出血倾向的患者是禁忌的，但在适当选择的患者中，危及生命的肺出血的比率不到2%[7]。

对接受bevacizumab治疗的患者进行手术的安全性仍然是一个主要问题，因为存在出血和伤口愈合不良的风险。在对结肠癌患者进行的两项大型临床试验的汇总分析中，接受bevacizumab治疗时需要手术的患者出现严重伤口愈合并发症的频率高于接受安慰剂治疗的患者（13% vs. 3.4%）[54]。根据这些数据，由于bevacizumab的半衰期较长，择期手术应自最后一剂抗体起延迟至少4周，并且手术后至少4周内不应恢复治疗[55]。

抗血管生成药物的其他毒性包括高血压和蛋白尿。大多数接受bevacizumab治疗的患者需要降压治疗，特别是接受更大剂量和更长时间治疗的患者[7, 56]。bevacizumab相关性高血压的机制尚不清楚，但可能与内皮一氧化氮的生成减少有关[57]。医生应仔细监测所有服用bevacizumab患者的血压，并在适当时给予降压药干预。在一些研究中，bevacizumab治疗高血压控制不佳的患者发生可逆性后部白质脑病[58-60]。bevacizumab也与充血性心力衰竭有关，可能继发于高血压[61]。蛋白尿通常在bevacizumab治疗期间出现，但通常无症状，很少与肾病综合征相关[62]。

动脉血栓栓塞事件（即卒中或心肌梗死）是抗血管生成药物的严重并发症[63]。一项Meta分析报道称，接受bevacizumab治疗的患者动脉血栓栓塞事件的发生率为3.8%，而对照组为1.7%[63]。为降低动脉血栓栓塞事件的风险，临床医生在开始治疗前应仔细评估患者的危险因素（如年龄超过65岁、凝血体质、动脉血栓栓塞事件史）。

胃肠穿孔是bevacizumab的一种潜在威胁生命的并发症，据报道，高达11%的卵巢癌患者发生胃肠穿孔，可能与腹膜癌的存在和以前的腹部手术有关[64]。在bevacizumab治疗结肠癌期间，结肠穿孔很少见，但它最常发生在原发结肠肿瘤完好的患者和有腹膜癌、消化性溃疡疾病、化疗相关性结肠炎、憩室炎或腹部放疗史的患者。在接受抗体治疗的乳腺癌或肺癌患者中，结肠穿孔的发生率不到1%[55, 64]。肠穿孔是bevacizumab在肺癌患者中罕见的不良反应。然而，对于接受bevacizumab治疗的肺癌和腹膜转移患者应特别小心。

ramucirumab是一种完全人类免疫球蛋白G1的单克隆抗体，可与VEGFR-2特异性结合。有报道多西他赛加ramucirumab与多西他赛加安慰剂作为NSCLC患者二线治疗的随机Ⅲ期临床试验，结果显示接受ramucirumab治疗的患者发热性中性粒细胞减少的发生率高于对照组（3级：10% vs. 6%；4级：6% vs. 4%）；ramucirumab组的患者有更多的任何级别的出血事件（29% vs. 15%），尽管3级或更严重事件的发生率相同；在ramucirumab组，任何级别的鼻出血发生率均显著高于对照组，但很少发生3级或更严重的事件；值得注意的是，这项试验纳入了同时患有鳞状细胞癌和非鳞状细胞癌的患者，排除了主要血管受累和瘤内空洞；ramucirumab组的高血压发生率高于对照组，在ramucirumab组中有1例4级高血压事件发生[65]。

5 间变性淋巴瘤激酶抑制剂的不良反应

克唑替尼是一种ALK和MET抑制剂，其最常见的不良反应是视力障碍、恶心、腹泻、呕吐、水肿和便秘，发生率高达25%以上[66-67]。

鉴于ALK在视觉系统和肠道发育中的作用，人们很容易推测，几种常见的不良反应是由天然蛋白上的直接抗ALK作用引起的。外周水肿可能是一个值得注意的例外，因为MET抑制也有这种不良反应的报道[68]。其他ALK特异性抑制剂（如AP26113、ASP3026、alectinib、ceritinib）与外周水肿无关[69]。与克唑替尼相关的视力障碍包括出现在视野边缘的短暂光迹、闪光或图像持续，这些影响通常在治疗开始后几天内开始，且最常发生在光线变化时。在大鼠身上的研究表明，克唑替尼导致视网膜暗适应速度降低，但不能达到完全暗适应的能力，这为这些临床结果提供了部分解释。与克唑替尼相关的严重不良反应很少见。药物假期和后续低剂量的再激发使一些严重的中性粒细胞减少症或转氨酶升高患者可以继续治疗，但有时需要永久停药[70]。

克唑替尼引起肝毒性发生的结果是致命的。建议在治疗前2个月每2周监测转氨酶。发生为避免严重的包括致命的与治疗相关的肺炎，应监测患者是否有肺炎的肺部症状。对于有QTc延长病史或易患QTc延长的患者，或正在服用已知可延长QT间期药物的患者，应定期监测心电图和测定血清电解质水平[70]。

鉴于有报道称，大多数服用克唑替尼的男性都会出现快速发作的性腺功能减退，在治疗期间应定期检查血清睾酮水平并酌情更换药物治疗[71-72]。2011—2013年发表了克唑替尼诱导的无症状深度心动过缓和肾囊肿的病例报道，其临床意义仍未确定[70, 73-74]。

6 热休克蛋白90（HSP90）抑制剂的不良反应

目前，正在对具有某些NSCLC分子亚型如ALK

融合的患者进行HSP90抑制剂如ganetespib（STA-9090）、retaspimycin（IPI-504）、luminespib（AUY922）的测试[75-76]。由于结构上的差异，*N*-末端结合的radicicol和geldanamycin类似物（如retaspimycin）的不良反应与下一代合成的含间苯二酚的化学型药物（如AUY922）的不良反应不同[77]。例如，据报道，接受AUY922但未接受retaspimycin治疗的患者出现了可逆性视觉障碍[78]。

7 BRAF抑制剂的不良反应

BRAF抑制剂（如vemurafenib和dabrafenib）已经被批准用于BRAF突变的恶性黑色素瘤，目前正在对BRAF突变的NSCLC进行临床试验[4, 79-80]。BRAF突变发生在1%～2%的肺腺癌病例中[81-83]。皮肤鳞状细胞癌是BRAF抑制剂的一类不良反应。达普拉非尼的发热反应是独有的。

在vemurafenib或dabrafenib的临床试验中，皮肤肿瘤特别是角化棘皮瘤和皮肤鳞状细胞癌发生率较高[84]。黑色素瘤临床试验表明，最常见的2级或更高毒性是皮肤鳞状细胞癌或角化棘皮瘤（5%～11%）、疲劳（8%）和发热（3%～6%）。掌跖角化病和光化性角化病也很常见，但程度较轻。光毒性少见（3%）[85]。研究表明，不同的RAF抑制剂激活野生型BRAF细胞中的ERK途径，其机制包括BRAF和RAF原癌基因丝氨酸/苏氨酸蛋白激酶（CRAF）的去甲基化和RAS三磷酸鸟苷依赖的途径中无抑制因子启动子的转移激活[84]。这些发现为RAF抑制剂治疗期间皮肤肿瘤的发展提供了最可能的解释。vemurafenib和dabrafenib都有皮肤毒性，如皮疹、皮疹、皮肤鳞状细胞癌和角化棘皮瘤，但据报道，19%的vemurafenib患者和5%的dabrafenib患者发生了皮肤鳞状细胞癌，dabrafenib的皮肤毒性较小。[85]。

在2013年对42例患者进行的系统性皮肤病学研究中，所有接受vemurafenib治疗的患者均出现至少一种皮肤不良反应，最常见的皮肤不良反应是疣状乳头状瘤（79%）和手足皮肤反应（60%）；其他常见的皮肤毒性反应为弥漫性角化过度的滤泡周围皮疹（55%）、光敏性（52%）和脱发（45%）；角化棘皮瘤和皮肤鳞状细胞癌分别占14%和26%[86]。

有几种手术方法可以用来处理角化生长。对于小而浅的病变，破坏性的方法如刮除、电切或冷冻手术可能就足够了[87]。对于较大的病变，可能需要行Mohs显微外科手术。当手术治疗不可行或不可取时，可以使用其他策略，如局部应用5-氟尿嘧啶[87]。减少vemurafenib或dabrafenib的剂量是另一种潜在的治疗策略。bexarotene和其他全身性视黄酸可能有助于治疗vemurafenib相关的皮肤鳞状细胞癌和角化棘皮瘤[87]。将MEK抑制剂与vemurafenib或dabrafenib联合使用，可能会阻断角质细胞中CRAF下游异常的丝裂原激活蛋白激酶信号[86-87]。

在vemurafenib治疗黑色素瘤的关键试验中，336例接受vemurafenib治疗的患者中有40例（12%）发生皮肤鳞状细胞癌，282例接受化疗的患者中有1例（＜1%）发生皮肤鳞状细胞癌[88]。在dabrafenib治疗黑色素瘤的关键试验中，187例接受达布芬尼治疗的患者中有14例（7%）出现皮肤鳞状细胞癌和角化棘皮瘤，而接受化疗的患者中无一例出现[89]。在达布芬尼治疗586例患者的临床试验中，皮肤鳞状细胞癌发生率为6%～10%[89-91]。首次发生皮肤鳞状细胞癌的中位时间为9周（范围为1～53周）。在发生皮肤鳞状细胞癌的患者中，至少有33%的患者在继续使用达布芬尼后发生了额外的皮肤鳞状细胞癌。第一次和第二次皮肤鳞状细胞癌诊断的中位时间是6周[89-91]。

严重的发热性药物反应仅发生在dabrafenib上。在一项黑色素瘤试验中，187例接受dabrafenib治疗的患者中有7例（3.7%）出现了严重发热药物反应（定义为在没有其他可识别原因如感染的情况下，伴有低血压、寒战、脱水或肾功能衰竭的任何严重程度的发热严重病例），在接受dacarbazine治疗的患者中没出现。接受dabrafenib和dacarbazine治疗患者的发热（严重和非严重）发生率分别为28%和10%[89]。在接受达布芬尼治疗的患者中，开始发热（任何严重程度）的中位时间为11天（范围为1～202天），发热的中位持续时间为3天（范围为1～129天）[89]。

8 MEK抑制剂的不良反应

MEK抑制剂（如refametinib、selumetinib、

trametinib和cobimetinib）已经在治疗NSCLC的临床试验中进行了测试[92]。MEK抑制剂（如trametinib）最常见的不良反应是皮疹、腹泻、外周水肿、疲劳和痤疮样皮炎[93]。MEK抑制剂还具有特别的心脏和眼睛不良反应[94]。

使用trametinib治疗期间可能发生中心性浆液性视网膜病变。在一项黑色素瘤试验中，包括视网膜评估在内的眼科检查在基线和治疗期间定期进行。接受trametinib治疗的1例患者（不到1%）发生了中心性浆液性视网膜病变。然而，在接受化疗的患者中没有发现中心性浆液性视网膜病变的病例。此外，在分析时没有报道视网膜静脉阻塞的病例[94]。眼科评估应在患者报告视力障碍的任何时候进行，如果可以获得这些数据，应将结果与基线进行比较。如果诊断为中心性浆液性视网膜病变，则应停用trametinib。如果重复的眼科检查显示中心性浆液性视网膜病变在3周内消失，患者可以在减少剂量的情况下恢复trametinib治疗。

9 PD-1和PD-L1单克隆抗体的不良反应

NSCLC现在被认为是一种免疫靶向的癌症。抗PD-1抗体［如nivolumab、pembrolizumab（MK-3475）］和抗PD-L1抗体［如atezolizumab（MPDL3280A）、durvalumab（MEDI4736）］已显示出治疗NSCLC的有效性[95-96]。

在Ⅰ期临床试验中，296例患者接受了1～10 mg/kg的nivolumab治疗[96]，其中70%的患者发生了与治疗相关的不良事件。多达14%的患者有3级或4级治疗相关的不良事件，其中最常见的是疲劳。41%的患者发生了各种级别的免疫相关不良事件，包括皮疹（12%）、瘙痒（9%）、腹泻（11%）、变态反应（≤3%）、甲状腺异常（≤3%）和输液相关反应（≤3%）；6%的患者发生了3级或4级免疫相关不良事件，主要包括腹泻、皮疹、转氨酶升高和甲状腺异常；9例（3%）发生肺炎（任何级别）；3例（1%）发生3级或4级肺炎；3例患者死于肺炎。

在一项Ⅰ期临床试验中，135例接受2 mg/kg或10 mg/kg的pembrolizumab（MK-3475）治疗黑色素瘤的患者中，72%的患者出现了不良事件[97]。多达9%的患者出现了3～5级治疗相关的不良事件，最常见的是疲劳。15.9%的患者发生各种级别的免疫相关不良事件，包括皮疹（4.5%）、流感（3.0%）、瘙痒（≤2.2%）、湿疹（≤2.2%）、白癜风（≤2.2%）和甲状腺功能减退（≤2.2%）。3～4级免疫相关不良事件发生率为5.3%，主要为甲状腺异常。1～2级肺炎4例（3%）。值得注意的是，在抗PD-L1抗体BMS-936559和MPDL3280A的临床试验中没有发生肺炎不良反应的病例报道[98]。

10 靶向治疗不良反应的种族差异

患者种族在与药物有关的不良反应方面的差异令人担忧[52]。多个因素导致了患者在药物相关疗效和毒性方面的不同体验。外在因素包括医疗实践模式、患者获得医疗保健的途径、饮食模式和生活环境等。内在因素包括体型、身体成分，最重要的是与药物吸收、分布、代谢和排泄相关的遗传差异。对于大多数药物来说，患者间的变异性通常高于种族间的变异性。

间质性肺病是种族对不良事件发生频率影响的一个重要例子。在日本的研究中报道，服用吉非替尼或厄洛替尼的患者中，治疗所致间质性肺病的发生率为3.5%～5.8%，间质性肺病的病死率为1.6%～3.6%[50, 52]。一个独立的审查委员会报道称，在一项对3488例日本患者的监测研究中，4.5%接受厄洛替尼治疗的患者出现间质性肺病，其中55例（1.6%）死亡[99]。在接受吉非替尼治疗的1080例中国台湾患者中，有42例出现间质性肺病，其中25例（2.3%）的病情被认为与吉非替尼有关[100]。然而，在亚洲以外接受EGFR-TKI治疗的患者中，间质性肺病的发生率约为1%[49, 51]。尚不清楚是何因素造成了这种显著的差异。在ISEL的研究中，吉非替尼相关不良反应的频率没有在亚洲患者组与整个研究人群之间进行正式比较，但是大多数不良反应（包括腹泻或皮疹）没有明显差异。与891例（1.7%）非亚洲患者相比，235例（6.4%）亚洲患者中重症3级和4级肺炎的比例较高[101]。

在关于阿法替尼的LUX-Lung 3研究中，在

EGFR突变患者中与培美曲塞和顺铂相比，日本患者3级腹泻的发生率（20%）高于白种人患者（11%）。这一结果可能是由于日本通常使用低剂量洛哌丁胺，或者是因为日本患者体型较小使用相同的40 mg剂量的阿法替尼[42]。

初步数据显示，亚洲患者的克唑替尼浓度高于其他服用相同剂量的患者。然而，在Ⅱ期临床研究中，不同种族的克唑替尼相关不良反应没有差异[102]。

细胞色素P450多态性在种族群体中分布不均匀，可能导致药物相关不良反应的发生频率有差异。例如，cMET抑制剂tivantinib（ARQ197）被2C19代谢，2C19具有广泛代谢和差代谢形式。代谢不良2C19多态性患者，如果给予与广泛代谢多态性患者相同剂量的tivantinib（360 mg，每天2次），可能会有过度的血液毒性。2C19代谢不良多态性在白种人个体中很少见，但在20%的亚洲个体中存在。因此，有必要在亚洲患者中检测2C19多态性，以确定合适的剂量[103]。

11 结论

靶向治疗是晚期肺癌患者的有效治疗选择。鉴于肺癌分子分类的快速进展，靶向治疗已显示出越来越好的抗癌活性。靶向治疗的不良反应不同于化疗的效果。如果不是全部的话，大部分不良反应是可以控制、预防和治疗的。早期发现不良反应，然后进行适当的治疗，对于肺癌患者靶向治疗的最大益处是很重要的。

（刘明辉　石子剑　陈　军 译）

主要参考文献

1. Lee C.K., Brown C., Gralla R.J., et al. Impact of EGFR inhibitor in non-small cell lung cancer on progression-free and overall survival: a meta-analysis. *J Natl Cancer Inst*. 2013;105(9):595–605.
20. Lacouture M.E.. Mechanisms of cutaneous toxicities to EGFR inhibitors. *Nat Rev Cancer*. 2006;6(10):803–812.
21. Lacouture M.E., Schadendorf D., Chu C.Y., et al. Dermatologic adverse events associated with afatinib: an oral ErbB family blocker. *Expert Rev Anticancer Ther*. 2013;13(6):721–728.
22. Yang J.C., Reguart N., Barinoff J., et al. Diarrhea associated with afatinib: an oral ErbB family blocker. *Expert Rev Anticancer Ther*. 2013;13(6):729–736.
29. Lacouture M.E., Anadkat M.J., Bensadoun R.J., et al. Clinical practice guidelines for the prevention and treatment of EGFR inhibitor-associated dermatologic toxicities. *Support Care Cancer*. 2011;19(8):1079–1095.
38. Mok T.S., Wu Y.L., Thongprasert S., et al. Gefitinib or carboplatin-paclitaxel in pulmonary adenocarcinoma. *N Engl J Med*. 2009;361(10):947–957.
42. Sequist L.V., Yang J.C., Yamamoto N., et al. Phase Ⅲ study of afatinib or cisplatin plus pemetrexed in patients with metastatic lung adenocarcinoma with EGFR mutations. *J Clin Oncol*. 2013;31(27): 3327–3334.
50. Ando M., Okamoto I., Yamamoto N., et al. Predictive factors for interstitial lung disease, antitumor response, and survival in non-small-cell lung cancer patients treated with gefitinib. *J Clin Oncol*. 2006;24(16):2549–2556.
86. Boussemart L., Routier E., Mateus C., et al. Prospective study of cutaneous side-effects associated with the BRAF inhibitor vemurafenib: a study of 42 patients. *Ann Oncol*. 2013;24(6):1691–1697.
99. Nakagawa K., Kudoh S., Ohe Y., et al. Postmarketing surveillance study of erlotinib in Japanese patients with non-small-cell lung cancer (NSCLC): an interim analysis of 3488 patients (POLARSTAR). *J Thorac Oncol*. 2012;7(8):1296–1303.

获取完整的参考文献列表请扫描二维码。

第 50 章　免疫治疗与肺癌

Leena Gandhi, Johan F. Vansteenkiste, Frances A. Shepherd

要点总结

- 肺癌的免疫治疗进入了一个新纪元，并且正在迅速改变治疗标准。
- 疫苗作为单一疗法在某些情况下的疗效是有限的。
- PD-1和PD-L1抑制剂对大多数肺癌患者表现出显著而持久的疗效，总生存率远超过化疗。此外，总毒性反应率也低于化疗。
- PD-L1是非小细胞肺癌潜在但不完善的生物标志物。
- 正在积极探索联合疗法（与其他免疫调节剂、疫苗、化疗和放疗），以将PD-1抑制剂的益处带给更多的患者。

肺癌是癌症相关死亡的主要原因，85%的肺癌患者被诊断为NSCLC。早期和局部晚期肺癌患者的治疗效果略有提高，然而大多数患者死于癌症的转移进展[1]。经现代以铂类为基础的双药联合化疗后，晚期NSCLC患者的中位总生存期（OS）为10个月，1年生存率约为40%。然而在非鳞状肺癌中，顺铂联合培美曲塞治疗后再用培美曲塞维持治疗可使患者中位OS延长至13.9个月[2]。具有特定致癌驱动基因的肿瘤对特定的酪氨酸激酶抑制剂特别敏感，对于这些亚组而言，酪氨酸激酶抑制剂相对于化疗具有显著改善预后的作用。此类疗法已被批准用于具有激活的EGFR突变、间变性淋巴瘤激酶易位或ROS易位的肿瘤，并且其他几种致癌驱动基因已纳入靶向疗法的研究中。然而，仍然有大量的NSCLC患者没有针对性的靶向治疗方法。

使用PD-1或PD-L1抑制剂的免疫治疗已经改变了晚期NSCLC患者的预后，在某些情况下能使患者的存活时间增加了1倍以上，但联合治疗对存活时间的改善与否仍有待确定。在不同类型的肿瘤中，基于PD-1或PD-L1抑制剂免疫疗法的出现正在迅速改变肺癌的治疗标准。许多PD-1/PD-L1抑制剂的试验正在不同阶段的肺癌患者中进行，这些试验与疫苗、化疗、放疗、靶向治疗和新的免疫疗法相结合会给肺癌治疗带来更大的改变。

1　肺癌患者的免疫功能紊乱

免疫监视的原理即免疫系统识别恶性细胞为外来细胞并具有可能消除它们的能力，这早已被人们所接受，肿瘤细胞规避免疫监视的许多潜在机制开始成为药物治疗的目标[3]。

正常免疫监视通过抗原呈递细胞（antigen-presenting cell，APC），特别是树突状细胞（图50.1），进行肿瘤抗原摄取，抗原内化，加工成小肽序列，并且在Ⅰ类和Ⅱ类主要组织相容性复合体（MHC）的存在下显示于APC的外表面。表面负载有抗原肽的树突状细胞循环至引流淋巴结并成熟，从而导致与幼稚T淋巴细胞相互作用[4]。

这种相互作用导致$CD4^+$ T辅助淋巴细胞的活化并释放几种细胞因子，如IL-2（Th1细胞）、IL-12（树突状细胞）和干扰素γ（Th1细胞），随后将$CD8^+$ T细胞激活为细胞毒性T淋巴细胞[5]。要激活这种T细胞，原始T细胞上特定T细胞受体与APC负载的由MHC分子呈递的抗原之间必须存在相互作用。APC上的B7分子［B7-1（CD80）和B7-2（CD86）］与T细胞上的CD28之间的相互作用（图50.2）[6]是必需的。最后，活化的毒性T淋巴细胞将识别肿瘤细胞（tumor cell，TC），这些肿瘤细胞在其细胞表面显示互补肽-MHC Ⅰ类复合物并诱导凋亡性细胞死亡[3,7]。

为防止自身免疫过度反应和对正常身体组织的损害，需要调节活化的$CD8^+$细胞。活化的$CD8^+$ T细胞表面也表达细胞毒性T淋巴细胞相关抗原-4（CTLA-4）。CTLA-4与APC上的CD80或CD86相结合提供了抑制信号并限制了T细胞的进

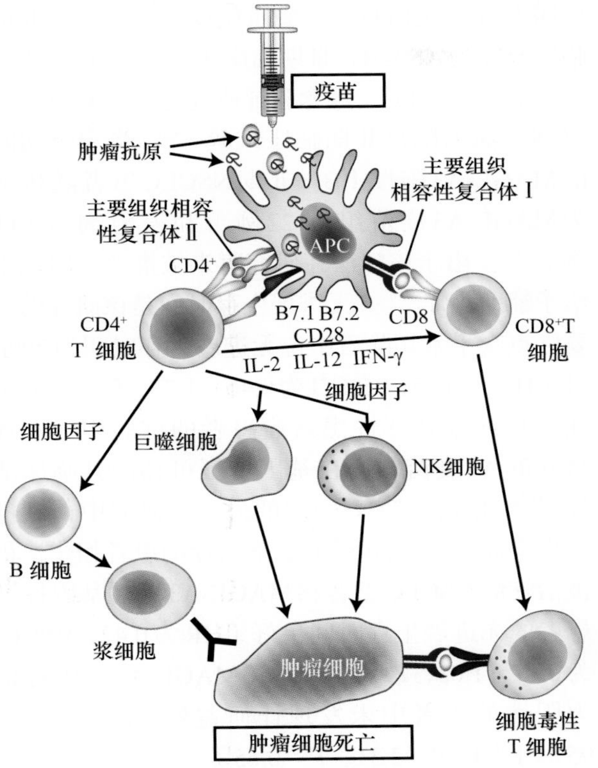

图50.1 疫苗接种后作用于肿瘤免疫流程图

经许可转载自：Mellstedt H, Vansteenkiste J, Thatcher N. Vaccines for the treatment of non-small cell lung cancer: investigational approaches and clinical experience [J]. Lung Cancer, 2011, 73: 11-17.

一步激活。这种对抗自身免疫的机制也可能与肿瘤抗原的耐受性有关[8]。虽然1992年已在衰竭的T细胞上发现了PD-1，但直到在淋巴组织和非淋巴组织上发现了PD-L1配体（B7-H1）后才明确了PD-L1的作用，即PD-1介导了外周组织免疫激活的下降[9-10]。PD-1与其配体的相互作用导致T细胞介导的细胞杀伤力下降，使得细胞因子的产生改变，最终导致细胞凋亡[10-14]。PD-L1在各种正常组织中表达，通过反馈炎性细胞因子信号以维持自我耐受性。TC可以利用同样的机制来避免肿瘤相关抗原的获得性免疫应答[15-16]。

总之，肺癌和其他肿瘤可通过多种机制诱发主要的免疫功能障碍。抗原的下调及MHC Ⅰ类分子和共刺激分子的表达降低导致T细胞识别与激活失败。吲哚胺2，3-二加氧酶和转化生长因子-β（TGF-β）等抑制性细胞因子会阻止树突状细胞的成熟，并促进T调节细胞和骨髓样抑制细胞的发育，具有强大的免疫抑制作用。通过CTLA-4与B7的相互作用及PD-L1与PD-1的相互作用来抑制T细胞活化，从而抑制效应T细胞的功能，促进集中或局部的免疫抑制。最后，对细胞毒性T淋巴细胞的反应不能激活凋亡机制可能使肺癌细胞对免疫控制不敏感[17]。

2 肺癌免疫治疗应用的支持性证据

尽管目前不认为肺癌是免疫原性恶性肿瘤，但有证据表明肺癌患者可能伴有重要的免疫反应。LACE-Bio组在对1600例早期NSCLC切除患者的研究中发现，淋巴细胞显著浸润肿瘤与更长的无进展生存期（HR为0.57，$P=0.0002$）和OS（HR为0.56，$P=0.0003$）相关[18]。其他研究也显示，$CD4^+/CD8^+$ T细胞的基质浸润增加与早期NSCLC患者的预后较好有关[19-20]。浸润的T调节细胞（即降低的抗肿瘤免疫力）与疾病的复发有关[21-22]。在晚期NSCLC患者中，与周围基质相比，肿瘤中巨噬细胞和$CD8^+$ T细胞的数量更高，存活率更高[23]。多项回顾性研究证明，NSCLC中TC过度表达PD-L1，发生率为27%～58%。一些研究报道了与PD-L1过表达相关的炎性浸润增加[24-29]。TC可能通过与NSCLC相关的特定致癌基因（包括EGFR）的激活来介导PD-L1的表达[24, 30-32]。吸烟状态也与PD-L1表达升高有关[32]。然而，OS与PD-L1表达之间的关联仍然存在争议，有报道称PD-L1表达与OS的升高和减少都有关联[24-27]。PD-L1过表达和PD-1途径的相关激活似乎被NSCLC中的TC广泛用作逃避T细胞介导的抗肿瘤活性的手段。这些发现支持使用或操纵免疫系统产生抗肿瘤作用以改善肺癌患者预后的策略。

治疗性调节免疫应答的方法分为两个主要类别。第一种是“主动”免疫疗法，包括刺激免疫反应的模式，如IL、干扰素或抗原特异性免疫疗法。之前，甚至在最近的一些大型Ⅲ期临床试验中刺激免疫反应的“活性”免疫调节剂都与肺癌令人失望的结果相关。已研究的例子包括研究卡介苗[33]、左旋咪唑[34]或干扰素和IL[35]的试验。最近的例子包括研究PF-3512676（ProMune）的试验，这是一种toll样受体9的激动剂（可增强树突状细胞的成熟）[36-37]和talactoferrin α（口服重组人乳铁蛋白），通过树突状细胞募集并在肠道相关淋巴组织中被激活而起作用[38]。

治疗性癌症疫苗接种是一种抗原特异性“主动”免疫疗法的方式，其中免疫系统被启动以产生针对肿瘤相关抗原的抗原特异性抗体CD4$^+$ T辅助细胞和CD8$^+$毒性T淋巴细胞。这一直是肺癌研究的一个热门领域，但迄今为止在单一疗法中几乎没有好的治疗效果，这将在下面的内容中进行综述。

第二种是“被动免疫疗法”，它包括阻断抑制信号，从而抑制针对癌症的免疫反应。后者的例子包括通过抑制CTLA-4、PD-1或PD-L1来调节T细胞活性的单克隆抗体，也称为免疫检查点抑制剂。这种疗法特别是PD-1和PD-L1抗体，通过对患者预后极大的改善导致了肺癌免疫疗法的兴起。因此，本文主要讨论被动免疫疗法。

3 疫苗

抗原特异性免疫治疗剂始终具有两个主要成分。第一部分由免疫原性肿瘤相关抗原组成，可以是DNA、RNA、肽、重组蛋白、神经节苷脂或完整的TC。然而，仅肿瘤相关抗原的存在对治疗性癌症疫苗是不足的，因为免疫系统已经无法控制表达这些抗原的细胞。否则，肿瘤就不会发展到临床水平。因此，可添加强的佐剂以增强免疫反应[39]。该免疫佐剂可以是磷脂或铝制剂、病毒载体、树突状细胞或脂质体制剂。许多疫苗接种策略和化合物正在开发中。在辅助环境或晚期环境中，大多数患者进行一线化疗后都经过了评估，以确定它们是否可以阻止疾病的进展。我们将回顾一些仍在临床开发中的药物，以及随着免疫检查点抑制剂的成功而正在改变的研究方向。

3.1 黑素瘤相关抗原-A3疫苗

黑素瘤相关抗原（melanoma-associated antigen，MAGE）-A3几乎只在TC上表达，在正常组织中不表达（雄性生殖细胞除外）。然而，由于缺乏MHC分子，这些细胞不存在抗原[40]。MAGE-A3的功能尚不清楚，但其表达与肺癌预后不良有关[41]。在早期NSCLC中，有35%的文献报道了其表达[42]。

该疫苗含有重组融合蛋白（MAGE-A3和流感嗜血杆菌蛋白D）与增强免疫应答佐剂（Ⅱ期临床研究为AS02B，Ⅲ期临床研究为AS15）[43]。

对于NSCLC，概念验证研究是一项双盲、安慰剂对照的随机Ⅱ期临床试验[44]。将完全切除的MAGE-A3阳性ⅠB～Ⅱ期NSCLC患者随机分为MAGE-A3疫苗组（122例）和安慰剂组（60例）[45]。由于该疗法在研究时未被推荐，因此未给予辅助化疗[46]。无进展生存时间是该研究的主要终点。手术切除后中位无进展生存时间为70个月（HR为0.75，95%CI为0.46～1.23，P=0.254）。在一项涉及转移性黑素瘤患者的试验中，发现MAGE-A3疫苗的潜在基因特征可预测其临床活性[45]，并在早期NSCLC的另一项研究中得到进一步验证[46]。与接受安慰剂治疗的患者相比，积极治疗的NSCLC患者和MAGE-A3阳性基因标记患者的无进展生存时间更好（HR为0.42，95%CI为0.17～1.03，P=0.06），在MAGE-A3基因标记为阴性的患者中未发现任何益处（HR为1.17，95%CI为0.59～2.31，P=0.65）。

基于这些数据，2007—2012年进行了一项大型双盲、随机安慰剂对照Ⅲ期临床试验，即MAGE-A3辅助NSCLC免疫治疗试验（MAGE-A3 as adjuvant NSCLC immunotherapy trial，MAGRIT），并于2016年报道。该研究将完全切除的ⅠB～ⅢA期NSCLC及辅助化疗的MAGE-A3过表达患者（最初筛查的13 489例中4210例）随机分配（比例为2：1）至接种MAGE-A3疫苗组与安慰剂组。两组间无进展生存期无差异，接种疫苗组中位无进展生存期为60.5个月，安慰剂组中位无进展生存期为58.0个月（HR为0.97，95%CI为0.80～1.18，P=0.76）[47]。在缺乏任何治疗效果的情况下，无法评估或验证基因特征对反应的预测。在NSCLC中，进一步开发的MAGE-A3疫苗已经停止。

3.2 黏液糖蛋白-1疫苗

3.2.1 tecemotide（L-BLP25）疫苗

黏液糖蛋白-1（mucinous glycoprotein-1，MUC1）是一种高度糖基化的跨膜蛋白，只存在于正常组织上皮细胞的顶端表面[48]。其确切功能尚不清楚，但MUC1可促进细胞生长和生存[49]。

在癌细胞中，MUC1过表达并失去表达极性，发生低糖或异常糖基化，导致其肽表位被揭露，从而形成了一个潜在的免疫治疗靶点[50]。

tecemotide（L-BLP25）是一种肽疫苗，基于脂质体递送系统（由胆固醇、二肉豆蔻酰基磷脂酰甘油和二棕榈酰磷脂酰胆碱组成）中MUC1蛋白的25个氨基酸序列而制备，可促进APC的吸收[51]。

在一项开放标签的Ⅱ期临床随机对照研究中，将171例一线治疗后有反应或疾病稳定的ⅢB～Ⅳ期NSCLC患者随机分为加tecemotide的最佳支持治疗组（88例）与仅接受最佳支持治疗组（83例）。结果显示，与只接受最佳支持治疗的患者相比（中位OS为13.0个月，HR为0.739，95%CI为0.509～1.073，P=0.112），接受tecemotide治疗患者的中位OS没有显著性差异。在分阶段的后续分析中，tecemotide并未为Ⅳ期患者带来益处，但确实为接受放化疗的ⅢB期患者带来了某些益处（HR为0.524，95%CI为0.261～1.052，P=0.069）[52]。

在Ⅲ期患者中进行了Ⅲ期临床双盲研究，结果显示，与用安慰剂治疗的患者（410例；中位OS为22.3个月，95%CI为19.6～25.5个月；经调整的意向治疗人群的HR为0.88，95%CI为0.75～1.03）相比，使用疫苗治疗的患者（829例；中位OS为25.6个月，95%CI为22.5～29.2个月）没有显著的生存获益（P=0.123）[53]。同样，在接种疫苗前同时进行化疗加放疗（而非连续性）的患者亚组中，获益有统计学意义。实验组的OS为30.8个月（95%CI为25.6～36.8个月），而接受安慰剂组的OS为20.6个月（95%CI为17.4～23.9个月），校正后的HR为0.78（95%CI为0.64～0.95，P=0.016）[53]。一份随访时间更长的随访报道证实了这些发现，并表明高水平的血清MUC1和抗核抗体（antinuclear antibody，ANA）与tecemotide可能的生存获益相关（P=0.0085和0.0022）[54]。这个疫苗作为单一疗法的深入研究已停止。

3.2.2 TG4010疫苗

TG4010疫苗也针对MUC1和IL-2。它使用了一种病毒载体即减毒安卡拉病毒，这种病毒载体经过基因修饰能表达完整的MUC1蛋白和IL-2，并使用外源性IL-2作为免疫佐剂，试图克服由癌症相关的MUC1黏蛋白引起的T细胞抑制[55]。该疫苗在一个稍微不同的环境中进行了测试，在化疗后不作为“辅助”治疗，而是在转移环境中作为联合治疗。

在一项开放的Ⅱ期临床随机对照研究中，148例未经治疗有MUC1表达的ⅢB～Ⅳ期NSCLC患者被随机分配接受多达6个周期的顺铂和吉西他滨联合或不联合TG4010治疗。两组的6个月无进展生存期差异无统计学意义（43% vs. 35%，P=0.13），但联合组的反应率更高（43% vs. 27%，P=0.03）。在亚组分析中，活化的NK细胞水平可能是一个预测因素。在自然杀伤细胞水平正常的患者中6个月时无进展生存期为58%，安慰剂组为38%（P=0.04），OS明显改善（18个月vs. 11.3个月，P=0.02）[56]。与TG4010相关的不良反应较轻微，最常见的包括注射部位的反应、发热和腹痛。

2016年报道了一项Ⅱb期随机、双盲、安慰剂对照试验，评估是否有TG4010一线化疗用于MUC1阳性（≥50%TC表达）的Ⅳ期NSCLC患者[57]。在这项试验中患者接受4～6个周期的铂类双重化疗（贝伐单抗允许）和TG4010或安慰剂，直到疾病进展或治疗因任何原因终止，主要终点为无进展生存期，以验证先前鉴定的TrPAL生物标志物（CD16、CD56和CD69 3个阳性活化淋巴细胞）作为获益标记的预测价值。2012—2014年22例患者被随机分配到TG4010疫苗组和化疗组，111例患者被随机分配到安慰剂组。接种疫苗组的中位无进展生存期为5.9个月，安慰剂组为5.1个月（HR为0.74，95%CI为0.55～0.98，单边P=0.019）。主要终点的满足条件是TrPAL生物标志物低于正常上限的患者，无进展生存期的HR小于1（HR为0.75，95%CI为0.54～10.3），但差异无统计学意义。Ⅲ期研究将继续以OS作为主要终点。

3.2.3 belagenpumatucel-L疫苗

belagenpumatucel-L是一种同种异体全肿瘤细胞疫苗，衍生自含有TGF-β_2反义转基因质粒转染的4种辐照过的NSCLC细胞系（两种腺癌，一种鳞状细胞癌和一种大细胞癌），能下调TGF-β_2。已知TGF-β_2水平升高与癌症患者的免疫抑制有关，并且TGF-β_2水平与NSCLC患者的预后呈负相关[58]。

全肿瘤细胞疫苗可使宿主免疫系统暴露于多种肿瘤抗原。尽管通常认为自体TC可提供患者个体中最能代表肿瘤的一组抗原，但其实际用途受到复杂生产过程的限制。G-VAX疫苗最初在一项涉及83例NSCLC患者的Ⅱ期临床研究中发现有前景，但由于协调方面的问题而放弃了进一步的开发[59]。

在Ⅱ期单臂剂量范围研究中对belagenpumatucel-L进行了研究，该研究纳入75例不同阶段的NSCLC患者，结果表明高剂量治疗的晚期患者生存率得到了改善[58]。Ⅲ期随机STOP试验对该疫苗进行了进一步研究，532例一线化疗后无进展的ⅢA期（T3 N2）、ⅢB期和Ⅳ期患者被随机分配接受皮内注射belagenpumatucel-L（270例）或安慰剂（262例）的治疗，每月1次，持续18个月，然后在21个月和24个月时再注射一次。疫苗组（中位OS为20.3个月）与安慰剂组（中位OS为17.8个月）相比，生存期无差异（HR为0.94，P=0.594）。无进展生存期也没有差异。但Cox回归分析表明，化疗的时间（＜12周）和接受放射线与获益有关，这表明该疫苗在某些情况下可能仍然起作用[60]。

3.2.4 表皮生长因子疫苗

鉴于EGFR普遍在NSCLC中过表达，以及EGFR信号在多种亚型NSCLC中的重要性，在古巴开发了一种EGF疫苗（CimaVax），该疫苗将重组人EGF与载体蛋白（P64K脑膜炎奈瑟菌蛋白）偶联，并在Montanide ISA-51中乳化[61]。在古巴进行的一项随机Ⅲ期临床试验中，405例已完成一线化疗的ⅢB/Ⅳ期NSCLC患者中，接种疫苗组（中位OS为10.83个月，95%CI为8.85～12.71个月）与对照组（中位OS为8.86个月，95%CI为6.69～11.03个月）相比，中位总生存期无明显改善。当使用加权对数秩时，考虑到曲线的后期分离，存活率差异变得显著。高基线EGF水平与较差的生存率相关，但对于那些高基线EGFR的患者，接种疫苗与提高生存率相关（HR为0.41，95%CI为0.25～0.67，P=0.0001）[62]。然而，每组中位总生存期的置信区间非常广泛。一项新的国际随机试验于2011年开始，目前仍在进行中（ClinicalTrials. gov标识符：NCT01444118），该试验对晚期NSCLC常规一线治疗后的最佳支持治疗与最佳支持治疗加疫苗进行了比较。

3.2.5 racotumomab疫苗

这种化合物以前被称为1E10，是一种反独特型神经节苷脂疫苗。神经节苷脂参与细胞-细胞识别、细胞基质黏附和细胞分化，并在TC表面表达。这种化合物的靶标是含新糖基化唾液酸的神经节苷脂（Neu-glycosylated sialic acid-containing ganglioside，NeuGc-GM3），这是一种正常的神经乙酰化唾液酸神经节苷脂的变体，几乎只在转化细胞中被识别，这使得NeuGc-GM3成为一个有吸引力的免疫治疗靶标[63-64]。

在古巴的一项前瞻性、随机、开放标签研究中，针对racotumomab在176例Ⅲ/Ⅳ期NSCLC患者的治疗效果进行了评估，这些患者在标准的一线治疗后出现了客观反应或病情稳定[65]。治疗组中位OS为8.2个月，而安慰剂组为6.8个月（HR为0.63，95%CI为0.46～0.87，P=0.004），但两组的OS均明显较低。只有不到30%的患者接受了免疫反应评估。一项验证性随机Ⅲ期多国试验仍在进行中（Clinical Trials. gov标识符：NCT01460472）。

总之，在早期或晚期肺癌中使用疫苗的策略已被证明是失败的，在需要验证的特定情况下，存活率仅有微小的改善。然而，对疫苗缺乏有效性的一种解释是，肿瘤周围的局部免疫抑制可能阻止免疫反应的充分形成，从而不能缩小肿瘤并使其停止生长。检查点抑制剂的出现可能通过以下部分所述的组合策略改变疫苗的潜力。

4 免疫检查点抑制剂：制剂和临床开发

相比目前研究的“主动免疫疗法”，更有希望的治疗是“被动免疫疗法”，如通过抑制CTLA-4、PD-1或PD-L1（免疫检查点抑制剂）来调节T细胞活性的单克隆抗体。

CTLA-4是一种免疫调节分子，在T细胞介导的免疫反应早期起负调控作用。树突状细胞表面抗原与T细胞受体结合后，在与B7和CD28结合的协同共刺激下发生免疫激活，而当共存的B7与CTLA-4结合时会发生免疫抑制（图50.2）。抗CTLA-4抗体阻止CTLA-4与其配体相互作用，减少CTLA-4所提供的抑制信号，从而增强肿瘤特异性T细胞的活化和增殖[66-67]。

在晚期，当肿瘤组织上的抗原与T细胞受体结合时，免疫效应发生功能。PD-1及其配体的正常作用是在炎症反应时限制外周组织T细胞的活性，从而限制自身免疫[68]。然而，在$CD8^{+}$淋巴细胞具有抗肿瘤活性的情况下，同样的阻断并不允许有效的TC杀伤（图50.2）。抗PD-1和抗PD-1抗体逆转了这种抑制，从而恢复了抗肿瘤免疫效应[69]。

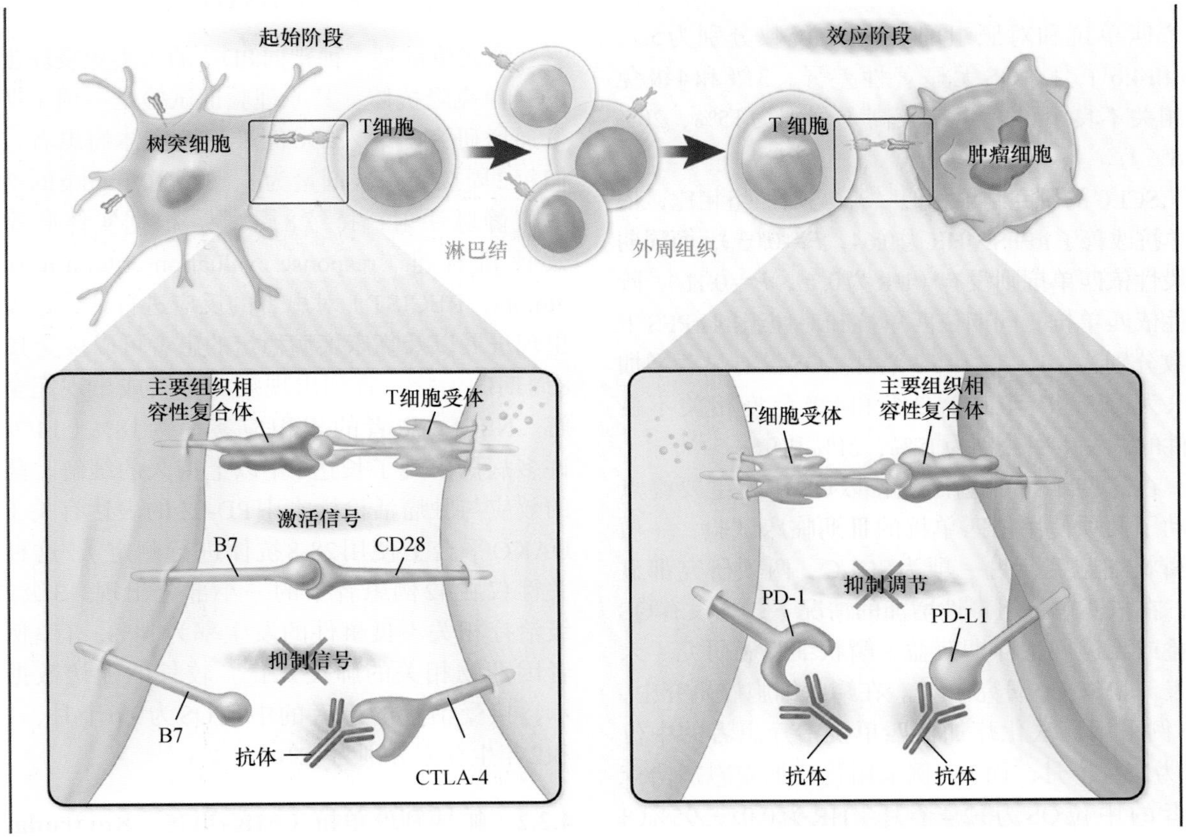

图50.2 肿瘤免疫治疗中阻断PD-1或CTLA-4信号转导

T细胞主要通过T细胞受体（TCR）识别主要组织相容性复合体（MHC）所呈现的抗MHC作用于癌细胞表面。第一个信号不足以启动T细胞反应，此外仍需要第二个信号B7共刺激分子B7-1（或CD80）和B7-2（或CD86）的作用。CTLA-4在T细胞激活后很快上调，并在与表达的B7共刺激分子连接期间通过抗原递呈细胞启动对T细胞的负调控信号。当这些分子与CD28结合时，它们提供激活信号；当与CTLA-4结合时，它们提供抑制信号。CTLA-4与共刺激分子的相互作用主要发生在淋巴结内T细胞反应的启动阶段。PD-1抑制受体在长期抗原暴露过程中由T细胞表达，并在与PD-L1和PD-L2连接时对T细胞产生负调节，这两种配体主要在肿瘤组织和肿瘤微环境中表达。PD-1相互作用发生在外周组织T细胞反应的效应器阶段。它通过PD-1或PD-L1抗体的阻断，可使T细胞优先活化，并具有特定的肿瘤特异性。经许可转载自：Ribas A., Tumor Immunotherapy Directed at PD-1. N Eng J Med, 2012, 366: 2517-2519.

4.1 检查点抑制剂

4.1.1 抗CTLA-4抗体

依匹单抗是一种人源化的免疫球蛋白G1（IgG1）抗CTLA-4单克隆抗体，是一种治疗黑色素瘤有效且被批准的药物，但在NSCLC或SCLC中没有明确的单药活性[70-71]。在Ⅱ期试验中，NSCLC和SCLC患者接受6个周期卡铂-紫杉醇化疗加安慰剂或加依匹单抗在两个不同的序列治疗：要么同时（4个周期的化疗＋依匹单抗后，其后是2个周期的化疗＋安慰剂）或阶段性依匹单抗（2个周期的化疗＋安慰剂，其后是4个周期的化疗＋依匹单抗）。对于符合条件的患者，化疗后每12周给予依匹单抗或安慰剂作为维持治疗，主要终点为Wolchok及其同事定义的免疫相关无进展生存期（immune-related PFS，irPFS）[72]。在NSCLC的研究中，使用依匹单抗治疗患者的irPFS明显优于对照组（HR为0.72，P=0.05），但与对照组相比，同时应用依匹单抗的患者并无显著性差异（HR为0.81，P=0.13，但在鳞状细胞癌亚组HR为0.55）[70]。分阶段依匹单抗、同期依匹单抗和对照组的irPFS中位数分别为5.7、5.5和4.6个月。OS无显著性差异，3级和4级免疫相关不良事件发生率较高（分别为15%、20%和6%）。

SCLC的研究结果相似[73]。与对照组相比，依匹单抗改善了irPFS（HR为0.64，P=0.03），而同期阶段性依匹单抗则没有（HR为0.75，P=0.11）。阶段性依匹单抗、同期依匹单抗和对照组的irPFS中位数分别为6.4、5.7和5.3个月。OS没有显著增加（HR为0.75，P=0.13）。3级和4级免疫相关不良事件的总发生率分别为17%、21%和9%。[73]

在这些结果的基础上，以OS作为主要终点启动了两项使用依匹单抗的Ⅲ期临床试验，一项为鳞状细胞癌，另一项为SCLC。两项研究都显示，在依匹单抗组毒性增加的情况下，均没有OS获益或无进展生存期获益［鳞状细胞癌研究（未发表）和SCLC研究］[73]。在鳞状细胞癌研究中，388例采用盲法化疗加依匹单抗治疗患者的中位OS为13.4个月，而361例采用化疗加安慰剂治疗患者的中位OS为12.4个月［HR为0.91，95%CI为0.77～1.07，P=0.25；结果未发表，但已在ClinicalTrials.gov（NCT01285609）上公布］。在SCLC研究中，依匹单抗联合治疗组的中位OS为11个月，安慰剂加化疗组的中位OS为10.9个月（HR为0.94，95%CI为0.81～1.09，P=0.38）[73]。

4.1.2　抗PD-1和抗PD-L1抗体

一些单克隆抗体处于不同的研究阶段。我们主要关注目前批准用于治疗NSCLC的抗体，包括纳武单抗、帕博利珠单抗和阿特利珠单抗。其他药物，如德瓦鲁单抗也加入了肺癌的临床研究中，但这些药物的焦点一直放在一些仍处于早期阶段和目前正在进行中的联合研究，因此超出了本章的范围。表50.1概述了一些主要的已完成和正在进行的探索检查点抑制剂替代标准疗法的研究。表50.2概述了已完成和正在进行的将检查点抑制剂与标准化疗相结合的主要临床试验。

4.2　最初的Ⅰ期临床试验

4.2.1　纳武单抗（BMS-936558, MDX-1106/ONO-4538, OPDIVO）

纳武单抗是一种靶向PD-1的人类免疫球蛋白IgG4单克隆抗体。其原理验证试验是一项Ⅰ期剂量递增研究，纳入296例难治性实体瘤患者，他们每2周接受一次剂量为1、3或10 mg/kg的纳武单抗静脉注射，持续8周[80]。根据实体肿瘤疗效评价标准（response evaluation criteria in solid tumors，RECIST）对患者的反应进行评价，没有出现进展以及临床疾病稳定的患者可以接受12个8周期的治疗，直到出现疾病进展或出现完全缓解。NSCLC患者的累积应答率为18%（14/76）。许多病例出现了长达1年以上持久的缓解。药物的效应与肿瘤活检标本中PD-L1的表达有关（在DAKO平台上使用28-8抗体进行测定），这种相关性仅在42例患者中的一小部分出现。3级或4级治疗相关不良事件的发生率为14%，有3例患者因药物相关的肺炎死亡。较长的随访数据显示，接受治疗的患者的中位OS为9.6个月，1年和2年生存率分别为42%和14%[81]。

4.2.2　帕博利珠单抗（MK-3475，Keytruda）

帕博利珠单抗作为一种靶向PD-1的人类免疫球蛋白IgG4单克隆抗体，最初也在肺癌中进行了疗效检验，被用于多类型肿瘤的Ⅰ期临床试验（KEYNOTE-001）。495例肺癌患者的原始数据奠定了PD-L1作为预测应答的生物标志物的地位[82]。患者在不同剂量和给药方案下接受治疗并进行生物标志物分析，同时将其分为一个试验和验证队列，以确定用于提示帕博利珠单抗有疗效的PD-L1表达的临界值。肿瘤PD-L1的表达在同期活检标本（与纳武单抗的研究相反）中使用独特的专有免疫组化分析和PD-L1抗体检测（clone22c3，Merck），也在DAKO平台上进行评估。研究显示，相对风险（RR）为19.4%，中位

表 50.1 检查点抑制剂的一线随机对照研究

药物	临床试验	设计	患者数量	研究人群	治疗分组	主要终点
纳武单抗[74]	Ⅲ期 CheckMate026 NCT02041533	随机对比一线含铂化疗	541	未经治疗出现转移的NSCLC肺癌患者	纳武单抗对比含铂化疗	PD-L1表达≥5%的患者的PFS
帕博利珠单抗[75]	Ⅲ期 （KEYNOTE-024）	随机对比一线含铂化疗	305（随机人群）	未经治疗出现转移且PD-L1表达≥50%的NSCLC患者	帕博利珠单抗对比含铂化疗	PFS：10.3个月对比化疗组6个月（HR为0.50，95%CI为0.37～0.68，$P<0.001$）
帕博利珠单抗[76]	Ⅲ期 （KEYNOTE-042）NCT02220894	随机 开放	1240	未经治疗出现转移且PD-L1表达≥1%的NSCLC患者	帕博利珠单抗对比含铂化疗	OS
阿特利珠单抗[77]	Ⅲ期：多项研究进行中 IMpower110 NCT02409342 （其余仍在进行中）	随机 开放	570	未经治疗出现转移的NSCLC患者	阿特利珠单抗对比铂类加培美曲塞（非鳞癌）或铂类加吉西他滨（鳞癌）	PFS和OS
纳武单抗/依匹单抗	Ⅲ期 CheckMate 227 NCT02477826	随机 开放	2220	未经治疗出现转移的NSCLC患者	纳武单抗对比纳武单抗/依匹单抗对比含铂化疗±纳武单抗	单药组对比化疗组或联合组对比化疗组的OS和PFS
德瓦鲁单抗/替西木单抗	Ⅲ期 （MYSTIC）NCT02453282	随机 开放	810	未经治疗出现转移的NSCLC患者（按PD-L1表达阳性和阴性分为两个亚组）	德瓦鲁单抗对比德瓦鲁单抗/替西木单抗对比含铂化疗	联合组对比含铂化疗组的PFS和OS
德瓦鲁单抗/替西木单抗	Ⅲ期 （NEPTUNE）NCT02542293	随机 开放	800	未经治疗出现转移的NSCLC患者（按PD-L1表达阳性和阴性分为两个亚组）	德瓦鲁单抗/替西木单抗对比标准含铂化疗	OS

表50.2 检查点抑制剂联合化疗的一线随机研究

药物	临床试验	设计	患者数量	研究人群	治疗分组	主要终点
纳武单抗（Rizvi等2016）[78]	Ⅰ期 CheckMate012 NCT01454102	开放 含铂化疗联合纳武单抗	56	未经治疗出现转移的NSCLC患者	A.纳武单抗+顺铂/吉西他滨 B.纳武单抗+顺铂/培美曲塞 C.纳武单抗（10 mg/kg）+卡铂/紫杉醇 D.纳武单抗（5 mg/kg）+卡铂+紫杉醇	安全RR A. 33%；B. 47%；C. 47%；D. 43% 24周PFS A. 51%，B. 71%，C. 38%，D. 51% 2年OS A. 25%，B. 33%，C. 27%，D. 62%
纳武单抗	Ⅲ期 CheckMate227 NCT02477826	随机一线 含铂化疗±纳武单抗对比纳武单抗对比纳武单抗+依匹单抗	2220	未经治疗出现转移的NSCLC患者	含铂化疗±纳武单抗或纳武单抗/依匹单抗或纳武单抗	纳武单抗及纳武单抗/依匹单抗对比化疗组的PFS及OS
帕博利珠单抗（Langer等2016）[79]	Ⅱ期 （KEYNOTE-021） NCT02039674	开放，随机二期 帕博利珠单抗±顺铂/培美曲塞	123	未经治疗出现转移的非鳞NSCLC患者	顺铂+培美曲塞±帕博利珠单抗	RR：联合组为55%，化疗组为29% PFS：13个月对比8.9个月（HR为0.53，95% CI为0.31～0.91，P=0.0102）
帕博利珠单抗	Ⅲ期 （Merck 189，NCT02578680及Merck 407，NCT02775435）	随机一线 含铂化疗±帕博利珠单抗	570（189）及560（405）	未经治疗出现转移的NSCLC患者	帕博利珠单抗对比顺铂/培美曲塞在非鳞NSCLC患者（189）或铂-萘/紫杉醇在鳞癌患者中（405）	PFS
阿特珠单抗	Ⅲ期 多项试验正在进行中 IMpower110 NCT02409342（其余试验也在进行中）	随机开放	570	未经治疗出现转移的NSCLC患者	铂+培美曲塞（非鳞癌）或铂+吉西他滨（鳞癌）±阿特利珠单抗	PFS和OS

注：PFR，无进展率；PFS，无进展生存期；RR，应答率；OS，总生存期

缓解持续时间为12.5个月，中位无进展生存期为3.7个月，中位OS为12.0个月。根据基于试验队列的受试者工作特征曲线分析，选择肿瘤PD-L1阳性率≥50%作为预测值的临界值。在验证队列中，肿瘤PD-L1表达水平高于此阈值的患者的*RR*为45.2%。超过这一临界值的患者的中位无进展生存期为6.3个月，在文章发表时暂无中位OS数据。PD-L1表达≥50%的亚组的无进展生存期和OS曲线相比1%～49%或小于1%的曲线明显分离（同时追踪）。治疗相关的3～5级不良事件发生率为10%，1例患者因肺炎死亡。

4.2.3 阿特利珠单抗（MPDL3280A，Tecentriq）

阿特利珠单抗是一种靶向PD-L1的人源化IgG1单克隆抗体。这种靶向PD-L1而不是PD-1，可以避免PD-L2与PD-1交互作用的中断，因此理论上可能具有较少的不良反应，从而为患者带来获益。在Ⅰ期扩展研究中，对NSCLC的预处理患者分别给予剂量为1、10、15或20 mg/kg的治疗在53例可评价的NSCLC患者中，12例（23%）患者出现客观缓解。根据RECIST标准，确定为疾病进展后会出现额外的延迟反应。11%的患者出现了与治疗相关的3～4级不良事件，没有出现3级或以上级别的肺炎，只有1%的患者出现腹泻[83]。根据在TC和免疫细胞（immune cell，IC）中PD-L1表达量（基于在VENTANA平台上使用Sp142抗体的分析）来评估治疗反应。IC中PD-L1表达较高的患者缓解率有改善（*P*=0.015），但与肿瘤PD-L1表达无关（*P*=0.920）[84]。一种与辅助性T细胞1型相关的基因特征也与疗效有关。

4.3 二线随机研究奠定PD-1/PD-L1抑制剂为标准的治疗模式

4.3.1 纳武单抗（MDX-1108，OPDIVO）

两项独立的Ⅲ期临床研究分别针对非鳞癌（CheckMate 057）或鳞癌（CheckMate 017）在初次化疗后出现进展的晚期NSCLC患者[85-86]。CheckMate 017研究将272例鳞状NSCLC患者随机分为纳武单抗组和多西他赛组，主要研究终点显示，与多西他赛组（中位OS为6.0个月）相比，纳武单抗组的OS改善（中位OS为9.2个月，HR为0.59，95%CI为0.44～0.79，*P*<0.001）。纳武单抗组的中位无进展生存期（3.5个月 vs. 2.8个月，HR为0.62，95%CI为0.47～0.81，*P*<0.001）及客观反应率（20% vs. 9%，*P*=0.008）均比多西他赛组增高。肿瘤患者PD-L1表达与OS、无进展生存期或客观反应率（ORR）之间没有显著的关联，与PD-L1表达≥10%的患者相比，纳武单抗组患者的客观缓解率为19%，而PD-L1表达<10%的患者的客观缓解率则为16%。然而，高表达和低表达PD-L1的肿瘤患者的OS和无进展生存期均有改善的趋势[59]。

CheckMate 057研究随机选取582例非鳞NSCLC患者接受纳武单抗或标准的多西他赛治疗。结果纳武单抗组OS为12.2个月，高于多西他赛组（OS为9.4个月）。然而，在研究早期（治疗3个月）这种获益并不明显，在此期间纳武单抗组的疗效甚至略低于多西他赛组，中位无进展生存期较低（2.3个月 vs. 4.2个月）。1年无进展生存期（19% vs. 8%）和客观缓解率（19% vs. 12%，*P*=0.02）均优于纳武单抗组。与CheckMate 017研究不同，此研究显示PD-L1表达增加与预后改善之间显著相关，PD-L1表达≥10%的患者的HR为0.40（95%CI为0.26～0.59），而PD-L1表达<10%的患者的HR为1.00（95%CI为0.76～1.31，*P*<0.001）[85]。

这两项研究都在DAKO平台上采用兔抗人PD-L1抗体（clone 28-8，Epitomics）使用免疫组化技术检测肿瘤PD-L1的表达，并使用预先指定的PD-L1阳性率超过1%、超过5%和超过10%的临界值[85-86]。这些PD-L1阳性的阈值来自最初纳武单抗的Ⅰ期临床研究，随后在117例晚期NSCLC患者的Ⅱ期临床研究（CheckMate 063）中进行评估，结果显示PD-L1阳性率<5%的患者客观缓解率为14%（7/51），而PD-L1阳性率≥5%的患者客观缓解率为24%（6/25）[80, 87]。

值得注意的是，根据CheckMate 017的结果，美国FDA于2015年3月批准纳武单抗用于鳞状细胞癌的二线治疗，无论PD-L1表达水平的高低。2015年10月在CheckMate 057的结果公布后，美国FDA扩大了纳武单抗的适用范围，将所有NSCLC包括在内。这一更新还包括新批准的“互补”PD-L1 28-8 DAKO诊断测试，用以“帮助医生确定哪些患者可能受益于治疗”。然而，任何一组都没有强制性要求进行PD-L1检测，这使得纳武单抗很快成为标准的二线治疗模式。

4.3.2 帕博利珠单抗

KEYNOTE-010研究将1034例晚期NSCLC患者随机分配接受二线多西他赛或帕博利珠单抗治疗，剂量分别为2 mg/kg和10 mg/kg[88]。这项研究使用Merck专有抗体纳入了通过档案记载或同期活检（类似于纳武单抗研究）检测出PD-L1表达率为1%的患者。相比多西他赛组患者，使用帕博利珠单抗（2 mg/kg）的患者在OS上显著获益（10.4个月vs. 8.5个月，HR为0.71，95%CI为0.58～0.88，P=0.0008），使用帕博利珠单抗（10 mg/kg）的患者OS也显著高于使用多西他赛的患者（12.7个月vs. 8.5个月，HR为0.61，95%CI为0.49～0.75，P<0.0001）。这一疗效的变化在PD-L1表达量≥50%的患者中更为显著，帕博利珠单抗（2 mg/kg）组患者与多西他赛组患者的OS分别为14.9个月和8.2个月（HR为0.54，95%CI为0.38～0.77，P=0.0002），帕博利珠单抗（10 mg/kg）组患者与多西他赛组患者的OS分别为17.3个月和8.2个月（HR为0.50，95%CI为0.36～0.70，P<0.0001）。同样，相比于多西他赛组患者（8% vs. 9%），在PD-L1表达量≥50%的患者中使用2 mg/kg帕博利珠单抗治疗组（30% vs. 18%）和使用10 mg/kg帕博利珠单抗治疗组出现影像缓解的比率更高（29% vs. 18%）。

起初，促使美国FDA批准帕博利珠单抗作为NSCLC的二线治疗是基于KEYNOTE-001研究，并且只限于由DAKO 22C3 PD-L1诊断检测确定的PD-L1表达的>50%患者[82]。而后，根据KEYNOTE-010试验，审批扩展到包括PD-L1表达≥1%的患者（基于已发表文章，其患病率为66%）[88]。治疗相关的3～5级不良事件的发生率在本研究（13%～16%）中比在Ⅰ期临床研究中更高，尽管差异十分显著，但仍低于多西他赛组患者（35%）。

4.3.3 阿特利珠单抗

POPLAR试验是使用阿特利珠单抗对比多西他赛治疗NSCLC患者的Ⅱ期临床随机对照试验，该试验还观察了肿瘤细胞及免疫细胞中PD-L1的表达量与预后的关联[89]。PD-L1表达<1%称为TC0或IC0，表达为1%～4%称为TC1或IC1，表达为5%～49%称为TC2或IC2，表达≥50%称为TC3或IC3，以上PD-L1表达均采用Sp142 VENTANA检测。阿特利珠单抗组患者的OS（12.6个月，95%CI为9.7～16.4个月）高于多西他赛组（9.7个月，95%CI为8.6～12.0个月），HR为0.73（95%CI为0.53～0.99，P=0.04）。随着TC或IC中PD-L1表达的增加，患者OS也显著增加。在最高表达水平，TC3或IC3（大多不重叠）的HR为0.49（95%CI为0.22～1.07，P=0.068）。然而，对于不表达PD-L1的患者，HR交叉至1（1.04，95%CI为0.62～1.75，P=0.871）。

与2016年发表的POPLAR设计相似，OAK试验是一项随机Ⅲ期临床试验[90]。值得注意的是，该试验表明在所有分组中，包括IC0或TC0组，阿特利珠单抗相比多西他赛均有OS的改善。使用阿特利珠单抗患者的OS为13.8个月（95%CI为11.8～15.7个月），而使用多西他赛患者的OS为9.6个月（95%CI为8.6～11.2个月），HR为0.73（95%CI为0.62～0.87，P=0.0003），这与POPLAR试验结果相似。此外，尽管TC3或IC3组的HR优于其他亚组（HR为0.41，95%CI为0.27～0.64），但TC0或IC0组的HR相差不大（HR为0.75，95%CI为0.59～0.96，P=0.0102），这是唯一一个显示出无进展生存期获益的分组。在OAK试验和POPLAR试验中，PD-L1检测分析的供应商不同，但分析结果保持不变。然而，与POPLAR试验中的32%以及其他药物研究中IC0或TC0接近30%相比，OAK试验中IC0或TC0患者的比例（45%）明显偏高。因此，尚不清楚在这个亚组中看到的获益是否真的能够表明PD-L1“阴性”患者可以获益。然而，这些发现使得美国FDA在2016年12月批准阿特利珠单抗可用于NSCLC患者的二线治疗，无论PD-L1表达量如何。

除了显示出较好的预后之外，所有这些药物均显示出远低于多西他赛的毒性，尽管所有药物都出现了一些严重的免疫相关不良事件。此外，我们并不清楚PD-L1抑制剂阿特利珠单抗的毒性是否低于PD-1抑制剂纳武单抗和帕博利珠单抗的毒性。

4.4 一线PD-1抑制剂

4.4.1 帕博利珠单抗

两种使用帕博利珠单抗对比一线治疗的临床试验为KEYNOTE-042（不考虑PD-L1表达）和KEYNOTE-024（通过22C3抗体DAKO检测，仅纳入PD-L1表达超过50%的患者）。2016年报道了KEYNOTE-024研究结果，与铂类治疗相比，帕博利珠单抗组患者无进展生存期明显优于铂类治疗（HR为0.5，95%CI为0.37～0.68，$P<0.001$）[75]。帕博利珠单抗亚组的中位OS尚未达到，但帕博利珠单抗组6个月时的OS优于铂类治疗（HR为0.60，95%CI为0.41～0.89，$P=0.0005$）。帕博利珠单抗亚组的治疗相关3～5级不良事件发生率低于铂类治疗（26.6% vs. 53.3%），虽然这一比率会比一些早期研究报道的比率高。这些发现迅速引起了这一亚组患者治疗标准的变化，FDA的批准也紧随文章的发表（2016年10月24日）而来。作为本研究的副产品，在PD-L1检测方面，诊断标准也发生了变化。尽管二线治疗中3种批准的药物中有两种属于无限制批准（没有对PD-L1表达量的要求），但对所有3种批准药物的研究结果表明，在所有患者中都可能受益（即使帕博利珠单抗没有在PD-L1表达阴性的患者中进行测试），这些低水平PD-L1表达患者的预后提示在KEYNOTE-001中PD-L1阴性表达的患者可能也会获得相同的疗效[82]。然而，在缺乏PD-L1表达低于50%患者数据的情况下，对于药物在部分患者中的获得FDA的批准可能会在诊断转移性疾病时引发更广泛的PD-L1检测。

4.4.2 纳武单抗

在CheckMate-026研究中，未经治疗的患者被随机分为纳武单抗单药治疗组和含铂类药物的一线治疗组（研究人员选择）[74]。应用DAKO 28-8分析发现，在PD-L1表达超过5%的患者中，使用纳武单抗单药患者的无进展生存期相比化疗组患者并无获益。事实上，处于任何表达水平患者相比化疗组患者均没有获益，包括那些表达量超过50%的患者。然而，一些不平衡的分配因素也可能会起作用，包括将PD-L1高表达患者随机分配给对照组和将更多女性患者分配至化疗组。鉴于KEYNOTE-024研究的阳性结果，这些结果十分令人惊讶。到目前为止，这两种药物无论疗效和安全性都十分相似。正在进行的KEYNOTE-042报道的结果[76]更接近于CheckMate-026研究中的患者群体，研究者们迫切期待着可以更好地了解适合接受一线PD-1抑制剂的人群。

4.4.3 阿特利珠单抗

对比一线阿特利珠单抗与含铂类药物化疗的试验正在进行中（表50.1）[91]。一项已报道但尚未发表的非随机单药治疗研究（BIRCH）的队列结果表明，PD-L1表达水平较高的患者在一线或二线治疗中对阿特利珠单抗的应答率增加[77]。

PD-L1表达量与众多免疫药物疗效之间的关系一直是争论的焦点，而且在这些不同药物的研究中，使用不同的检测方法、不同的PD-1表达水平的临界值和不同的活检要求使得这项研究更为混乱。此外，因为基因表位变异频繁，肿瘤内表达的异质性是一个重要的混淆因素[92]。国际上正在通过IASLC进行“协调”，一份首次发表的报道显示，在39份NSCLC标本中，4种抗体中的3种表现出良好的一致性[93]，VENTANA Sp142测定值异常（较低的敏感性）。目前尚不清楚这种较低的敏感性是否是OAK研究中PD-L1阴性率高的一个因素。IC染色在所有抗体之间变化更大。第二项研究在500例NSCLC样本中检测了3种相同的抗体，即VENTANA Sp263（与度伐单抗一起使用）、DAKO 22C3（帕博利珠单抗）和DAKO 28-8（纳武单抗），3种抗体的一致性超过90%[94]。所有抗体对PD-L1表达的增加都显示出一定的改善，但PD-L1的免疫组化结果仍然显示其是一个不完善的生物标志物，这不仅是因为上述问题，还因为它的预测值有限（表达量＞50%的PD-L1的患者中最多50%可以从帕博利珠单抗中获益，但对大多数人来说，不表达PD-L1的患者中也有5%～15%的受益率）。寻找可以替代的预测性生物标志物是一个非常热门的研究领域。例如，非同型突变负荷已被证明是帕博利珠单抗能否获益的预测性生物标志物[95]。尽管它不一定比PD-L1的免疫组化结果表现更好，但突变负荷的定量测量将不受相同的检测方式和表位变异的影响。其他措施，如质谱分析、RNA测序、新抗原负荷（和特定的新抗原），以及细胞因子或其他免疫信号，仍需进一步研究。

5 联合治疗策略

随着PD-1/PD-L1抑制剂活性的初步验证，为提高近80%对单一疗法无反应患者的持久反应的机会，大量联合用药的临床试验已经启动。这些策略包括与其他免疫肿瘤药物的组合，这些药物要么刺激T细胞活化（OX40、41BB或GITR兴奋剂），或是阻断T细胞活化的其他抑制剂（Lag3、Tim3、CTLA-4）[96]。使用组蛋白脱乙酰酶抑制剂或其他表观遗传修饰剂促进新抗原产生以刺激免疫应答或免疫应答相关基因表达的策略均是研究的热门领域。利用阻断性抗体针对NK细胞活性的抑制信号（anti-KIR等）及修饰的IL-15L配体-受体复合物的研究也都在肺癌领域中进行[97]。包括嵌合抗原在内的许多其他领域正在实体瘤治疗中被广泛探索，包括已经在血液恶性肿瘤中显示出巨大前景的受体T细胞或NK细胞过继细胞疗法。

此外，与化疗（表50.2）或放疗的联合治疗正在积极进行，认为细胞毒性会暴露更多的新抗原并刺激免疫反应，或利用放疗可引起局部炎症的作用来增强全身免疫反应。靶向治疗联合模式也在积极探索中。最后，PD-1抑制剂的有效性使疫苗治疗领域恢复活力，因为这些药物有可能阻断局部免疫抑制，从而限制疫苗的有效性。目前，多重疫苗PD-1/PD-L1组合研究正在开发或进行中，可能会对已停止开发的多重疫苗进行重新评估。

CTLA-4抑制剂与PD-1或PD-L1抑制剂结合的策略是发展最为迅速的。这种策略（使用一种PD-1抑制剂纳武单抗结合一种CTLA-4抑制剂依匹单抗）已经被批准用于黑色素瘤的治疗，无论患者PD-L1表达量如何，其疗效显著高于单用纳武单抗[98]。在肺癌中最初使用的是联合治疗（CheckMate 012），采用治疗黑色素瘤相似的剂量［纳武单抗（3 mg/kg）＋依匹单抗（1 mg/kg）或纳武单抗（1 mg/kg）＋依匹单抗（3 mg/kg），每3周1次］，结果出现不可接受的毒性，51%的患者（25/49）出现3～4级毒性[99]。该研究后被修改为以评估使用低剂量和低频率的依匹单抗（每6周或12周1 mg/kg）与标准剂量纳武单抗（每2周3 mg/kg）相结合的试验。在这些研究队列中，患者的耐受性较好，3～4级治疗相关不良反应发生率为32%（每12周队列）或28%（每6周队列）。每6周组和每12周组的客观缓解率为47%[52]，显著高于单药治疗组（18%～20%）。出乎意料的是，随着PD-L1表达的增加，缓解率更高，PD-L1表达＞50%的患者缓解率为92%，但样本量非常小（13例）。相比之下，联合度伐单抗和替西木单抗的Ⅰ期临床研究显示，接受每4周20 mg/kg德瓦鲁单抗和1 mg/kg替西木单抗的患者出现3～4级毒性反应的概率最低（17%），研究者将此剂量作为其Ⅱ期试验的剂量选择[100]。在一组26例患者使用德瓦鲁单抗（10～20 mg/kg）和替西木单抗（1 mg/kg）治疗长达24周以上的随访中，缓解率为23%，且与PD-L1表达量无关。

6 结论

随着PD-1/PD-L1抑制剂可以为患者带来显著而持久的疗效，作为肺癌治疗方式的免疫系统调节进入了一个新的时代。由于这一疗法的成功，其他免疫疗法（如疫苗、过继细胞疗法和其他免疫调节剂）也得到发展，同时也带来了更多联合治疗的机会。但仍有许多问题需要探索。例如，如何能从PD-1/PD-L1抑制剂单药治疗获益的患者中找到适合此种治疗方式的患者（只有约20%的患者），并且需要采用何种手段来激活肿瘤的免疫原性从而产生持久的疗效。此外，通过已知的细胞毒性和联合靶向治疗来优化联合治疗模式的最佳方法仍不清楚，需要详尽的测序研究和可靠的生物标志物评估，以了解最佳的探索方向。但由于我们已经在很短的时间内从双铂类疗法中走过了很长的一段路，因此，鉴于联合治疗的潜力，我们期待在未来能有更大的突破。

（徐 嵩 吴 迪 译）

主要参考文献

9. Ishida Y., Agata Y., Shibahara K., Honjo T.. Induced expression of

PD-1, a novel member of the immunoglobulin gene superfamily, upon programmed cell death. *EMBO J*. 1992;11(11):3887–3895.
10. Freeman G.J., Long A.J., Iwai Y., et al. Engagement of the PD-1 immunoinhibitory receptor by a novel B7 family member leads to negative regulation of lymphocyte activation. *J Exp Med*. 2000;2;192(7):1027–1034.
11. Jin H.T., Ahmed R., Okazaki T.. Role of PD-1 in regulating T-cell immunity. *Curr Top Microbiol Immunol*. 2011;350:17–37.
12. Nishimura H., Honjo T.. PD-1: an inhibitory immunoreceptor involved in peripheral tolerance. *Trends Immunol*. 2001;22(5):265–268.
13. Blank C., Gajewski T.F., Mackensen A.. Interaction of PD-L1 on tumor cells with PD-1 on tumor-specific T cells as a mechanism of immune evasion: implications for tumor immunotherapy. *Cancer Immunol Immunother*. 2005;54(4):307–314.
14. Butte M.J., Keir M.E., Phamduy T.B., Sharpe A.H., Freeman G.J.. Programmed death-1 ligand 1 interacts specifically with the B7-1 costimulatory molecule to inhibit T cell responses. *Immunity*. 2007;27(1):111–122.
15. Dong H., Strome S.E., Salomao D.R., et al. Tumor-associated B7-H1 promotes T-cell apoptosis: a potential mechanism of immune evasion. *Nat Med*. 2002;8:793–800.
16. Taube J.M., Klein A., Brahmer J.R., et al. Association of PD-1, PD-1 ligands, and other features of the tumor immune microenvironment with response to anti-PD-1 therapy. *Clin Cancer Res*. 2014;20(19):5064–5074.
24. Yang C.Y., Lin M.W., Chang Y.L., Wu C.T., Yang P.C.. Programmed cell death-ligand 1 expression in surgically resected stage I pulmonary adenocarcinoma and its correlation with driver mutations and clinical outcomes. *Eur J Cancer*. 2014;50(7):1361–1369.
25. Chen Y.B., Mu C.Y., Huang J.A.. Clinical significance of programmed death-1 ligand-1 expression in patients with non-small cell lung cancer: a 5-year-follow-up study. *Tumori*. 2012;98(6):751–755.
26. Chen Y.Y., Wang L.B., Zhu H.L., et al. Relationship between programmed death-ligand 1 and clinicopathological characteristics in non-small cell lung cancer patients. *Chin Med Sci J*. 2013;28(3):147–151.
27. Mu C.Y., Huang J.A., Chen Y., Chen C., Zhang X.G.. High expression of PD-L1 in lung cancer may contribute to poor prognosis and tumor cells immune escape through suppressing tumor infiltrating dendritic cells maturation. *Med Oncol*. 2011;28(3):682–688.
28. Boland J.M., Kwon E.D., Harrington S.M., et al. Tumor B7-H1 and B7-H3 expression in squamous cell carcinoma of the lung. *Clin Lung Cancer*. 2013;14(2):157–163.
29. Konishi J., Yamazaki K., Azuma M., Kinoshita I., Dosaka-Akita H., Nishimura M.. B7-H1 expression on non-small cell lung cancer cells and its relationship with tumor-infiltrating lymphocytes and their PD-1 expression. *Clin Cancer Res*. 2004;10(15):5094–5100.
30. Akbay E.A., Koyama S., Carretero J., et al. Activation of the PD-1 pathway contributes to immune escape in EGFR-driven lung tumors. *Cancer Discov*. 2013;3(12):1355–1363.
31. Calles A., Liao X., Sholl L.M., et al. Expression of PD-1 and its ligands, PD-L1 and PD-L2, in smokers and never smokers with KRAS-mutant lung cancer. *J Thorac Oncol*. 2015;10(12):1726–1735.
32. D'Incecco A., Andreozzi M., Ludovini V., et al. PD-1 and PD-L1 expression in molecularly selected non-small-cell lung cancer patients. *Br J Cancer*. 2015;112(1):95–102.
55. Trevor K.T., Hersh E.M., Brailey J., Balloul J.M., Acres B.. Transduction of human dendritic cells with a recombinant modified vaccinia Ankara virus encoding MUC1 and IL-2. *Cancer Immunol Immunother*. 2001;50(8):397–407.
60. Giaccone G., Bazhenova L.A., Nemunaitis J., et al. A phase Ⅲ study of belagenpumatucel-L, an allogeneic tumour cell vaccine, as maintenance therapy for non-small cell lung cancer. *Eur J Cancer*. 2015;51(16):2321–2329.
61. Rodriguez P.C., Neninger E., García B., et al. Safety, immunogenicity and preliminary efficacy of multiple-site vaccination with an epidermal growth factor (EGF) based cancer vaccine in advanced non small cell lung cancer (NSCLC) patients. *J Immune Based Ther Vaccines*. 2011;9:7.
62. Rodriguez P.C., Popa X., Martínez O., et al. A phase Ⅲ clinical trial of the epidermal growth factor vaccine CIMAvax-EGF as switch maintenance therapy in advanced non-small cell lung cancer patients. *Clin Cancer Res*. 2016;22(15):3782–3790.
64. Vázquez A.M., Hernández A.M., Macías A., et al. Racotumomab: an anti-idiotype vaccine related to N-glycolyl-containing gangliosides—preclinical and clinical data. *Front Oncol*. 2012;23(2):150.
65. Alfonso S., Valdés-Zayas A., Santiesteban E.R., et al. A randomized, multicenter, placebo-controlled clinical trial of racotumomab-alum vaccine as switch maintenance therapy in advanced non-small cell lung cancer patients. *Clin Cancer Res*. 2014;20(14):3660–3671.
76. De Lima Lopes G., Wu Y.L., Sadowski S., et al. P2.43: pembrolizumab vs platinum-based chemotherapy for PD-L1+ NSCLC: phase 3, randomized, open-label KEYNOTE-042 (NCT02220894): track: immunotherapy. *J Thorac Oncol*. 2016;11(10S):S244–S245.
82. Garon E.B., Rizvi N.A., Hui R., et al. KEYNOTE-001 investigators. *N Engl J Med*. 2015;372(21):2018–2028.
84. Herbst R.S., Soria J.C., Kowanetz M., et al. Predictive correlates of response to the anti-PD-L1 antibody MPDL3280A in cancer patients. *Nature*. 2014;515(7528):563–567.
85. Borghaei H., Paz-Ares L., Horn L., et al. Nivolumab versus docetaxel in advanced nonsquamous non-small-cell lung cancer. *N Engl J Med*. 2015;373(17):1627–1639.
86. Brahmer J., Reckamp K.L., Baas P., et al. Nivolumab versus docetaxel in advanced squamous-cell non-small-cell lung cancer. *N Engl J Med*. 2015;373(2):123–135.
87. Rizvi N.A., Mazières J., Planchard D., et al. Activity and safety of nivolumab, an anti-PD-1 immune checkpoint inhibitor, for patients with advanced, refractory squamous non-small-cell lung cancer (CheckMate 063): a phase 2, single-arm trial. *Lancet Oncol*. 2015;16(3):257–265.
88. Herbst R.S., Baas P., Kim D.W., et al. Pembrolizumab versus docetaxel for previously treated, PD-L1-positive, advanced non-small-cell lung cancer (KEYNOTE-010): a randomised controlled trial. *Lancet*. 2016;387(10027):1540–1550.
89. Fehrenbacher L., Spira A., Ballinger M., et al. Atezolizumab versus docetaxel for patients with previously treated non-small-cell lung cancer (POPLAR): a multicentre, open-label, phase 2 randomised controlled trial. *Lancet*. 2016;387(10030):1837–1846.
90. Rittmeyer A, Barlesi F, Waterkamp D, et al. Atezolizumab versus docetaxel in patients with previously treated non-small-cell lung cancer (OAK): a phase 3, open-label, multicentre randomised controlled trial. *Lancet*. 2017;389(10066):255–265.
91. Herbst R.S., De Marinis F., Jassem J., et al. PS01.56: IMpower110: Phase Ⅲ Trial comparing 1L atezolizumab with chemotherapy in PD-L1-selected chemotherapy-naive NSCLC patients: Topic: Medical Oncology. *J Thorac Oncol*. 2016;11(11S):S304–S305.
92. McLaughlin J., Han G., Schalper K.A., et al. Quantitative assessment of the heterogeneity of PD-L1 expression in non-small-cell lung cancer. *JAMA Oncol*. 2016;2(1):46–54.
93. Hirsch F.R., McElhinny A., Stanforth D., et al. PD-L1 immunohistochemistry assays for lung cancer: results from phase 1 of the "Blueprint PD-L1 IHC Assay Comparison Project." *J Thorac Oncol*. 2017;12(2):208–222.
94. Ratcliffe M.J., Sharpe A., Midha A., Barker C., Scorer P., Walker J.. A comparative study of PD-L1 diagnostic assays and the classification of patients as PD-L1 positive and PD-L1 negative. In: *Proceedings of the 107th Annual Meeting of the American Association for Cancer Research, New Orleans, LA, April 16-20, 2016*. Philadelphia, PA: AACR; 2016. [Abstr LB-094].
95. Rizvi N.A., Hellmann M.D., Snyder A., et al. Cancer immunology. Mutational landscape determines sensitivity to PD-1 blockade in non-small cell lung cancer. *Science*. 2015;348(6230):124–128.
96. Mahoney K.M., Rennert P.D., Freeman G.J.. Combination cancer immunotherapy and new immunomodulatory targets. *Nat Rev Drug Discov*. 2015;14(8):561–584.
97. Liu B, Kong L, Han K, et al. A novel fusion of ALT-803 (interleukin (IL)-15 superagonist) with an antibody

demonstrates antigen-specific antitumor responses. *J Biol Chem*. 2016;291(46):23869–23881.
98. Larkin J., Chiarion-Sileni V., Gonzalez R., et al. Combined nivolumab and ipilimumab or monotherapy in untreated melanoma. *N Engl J Med*. 2015;373(1):23–34.
99. Hellmann M.D., Rizvi N.A., Goldman J.W., et al. Nivolumab plus ipilimumab as first-line treatment for advanced non-small-cell lung cancer (CheckMate 012): results of an open-label, phase 1, multicohort study. *Lancet Oncol*. 2017;18(1):31–41.
100. Antonia S., Goldberg S.B., Balmanoukian A., et al. Safety and antitumour activity of durvalumab plus tremelimumab in non-small cell lung cancer: a multicentre, phase 1b study. *Lancet Oncol*. 2016;17(3):299–308.

获取完整的参考文献列表请扫描二维码。

第51章 早期非小细胞肺癌的辅助与新辅助化疗

Giorgio V. Scagliotti, Everett E. Vokes

要点总结

- 手术仍是早期（ⅠA～ⅡB）NSCLC最有效的治疗方法。部分临床ⅢA期患者同样可以从根治性切除中获益。
- 立体定向放疗对于部分不可手术的患者是一种可选择的治疗方式。
- 手术切除后的长期生存率与分期有关，复发的可能性随着癌症的进展而增加（也与分期有关）。
- 最近更新的两项系统回顾和Meta分析显示，术后增加化疗有显著的益处，5年生存率确定能增加4%。在另一项Meta分析中，手术加放化疗与手术单加放疗相比，结果显示确实有显著的益处，5年生存率确定提高了4%。
- 辅助放疗对N2疾病患者的作用尚不清楚，目前有进行的项目正在研究该问题。
- 分子靶向治疗的作用目前仍未得到普遍证实，贝伐单抗和表皮生长因子受体抑制剂的研究在非精确界定的患者群体中没有显示出有意义的获益。
- 目前在治疗方式的选择上，还没有明确的预后和预测性分子生物学标志物或分子特征可提供帮助。

肺癌是世界范围内男性和女性最常见的致命性恶性疾病[1-2]。约90%的肺癌与吸烟有关。通过戒烟来预防肺癌是降低肺癌发病率的首要目标。然而，世界范围内的烟草消费正在增加，既往吸烟人群比从不吸烟人群患肺癌的风险更高。在美国，超过50%的肺癌发生于既往吸烟者[3]。因此，在未来肺癌仍将是一个重要的健康问题。

80%以上的新诊断肺癌病例是NSCLC。手术是早期（ⅠA～ⅡB期）NSCLC的主要治疗方法，但早期NSCLC在所有病例中仅占少数（20%～25%）。一些Ⅲ期病例也能从肺切除术中获益，但通常需要与其他治疗方法结合。

手术切除后的长期生存率与分期有关，随着癌症分期的进展，复发的可能性增加。1/3的ⅠA期患者会在5年内复发并死亡。在Ⅱ期NSCLC患者中，50%以上的患者会在切除术后出现复发[4]。大多数复发是远处转移，完全切除后局部复发的风险为10%。脑是转移性复发最常见的部位，其次是骨、同侧和对侧肺、肝脏和肾上腺。肿瘤细胞的组织学特点影响复发模式，鳞状细胞癌患者更常见局部复发，腺癌患者更易发生远处转移（表51.1）[5-8]。根治术后2年内复发率超过80%。一项于2010年对局部和远处转移时间的调查显示，在975例Ⅰ期或Ⅱ期NSCLC患者中，250例出现复发：局部43例，远处110例，局部和远处兼有97例[9]。发生局部和远处转移的中位总生存期分别为13.9个月和12.5个月（两种类型的范围为1～79个月）。在大多数局部和远处复发的患者中，两个部位的复发同时发生。这个发现很重要，因为在许多试验中只报道了首次复发的时间，并且没有随后分析其他复发部位。这些结果支持将局部治疗与全身治疗相结合。

表51.1 非小细胞肺癌根治术后的复发率及复发类型

作者（年）	分期	患者数	复发类率（%）	
			仅局部复发	仅远处转移
Martini等（1980）[5]	T1～2 N1（S）	93	16	31
	T1～2 N1（A）	114	8	54
	T2～3 N2（S）	46	13	52
	T2～3 N2（A）	103	17	61

续表

作者（年）	分期	患者数	复发类率（%）	
			仅局部复发	仅远处转移
Feld等（1984）[6]	T1 N0	162	9	17
	T2 N0	196	11	30
	T1 N1	32	9	22
Pairolero等（1984）[7]	T1 N0	170	6	15
	T2 N0	158	6	23
	T1 N1	18	28	39
Thomas等（1990）[8]	T1 N0（S）	226	5	7
	T1 N0（NS）	346	9	17

注：A，腺癌；NS，非鳞状细胞癌；S，鳞状细胞癌

目前可使用的影像技术无法检测到癌细胞的微转移扩散，从而影响临床早期NSCLC患者的预后。目前，PET已被纳入NSCLC的常规分期检查，它可以在11%～14%采用常规检测方法阴性的病例中检测到转移性疾病，并且可以更好地检测纵隔和肺门淋巴结中未被怀疑的疾病[10-12]。尽管PET的检测有所改善，但仍不能发现微转移。在小规模的回顾性研究中研究人员试图利用免疫组织化学（IHC）和实时聚合酶链反应检测微转移淋巴结疾病，以识别细胞角蛋白和癌胚抗原[13-16]。在形态正常的淋巴结中发现有微转移的患者比没有隐匿性微转移的患者更可能出现不良结果。游离循环DNA的定量分析已被提出作为一种潜在的额外诊断工具，用于检测切除或持续性肿瘤疾病患者是否发生微转移[17]。

随着筛查技术被纳入预防和初级保健模式，肺癌的诊断模式能从晚期到Ⅳ期阶段，全身性辅助治疗的研究进一步发展，对降低肺癌死亡率具有重要意义。然而，随着更多Ⅰ期肺癌患者的诊断和发现，还必须有一些非侵袭性分子或影像的检测方法，用于确定哪些Ⅰ期患者可以受益于肿瘤完全切除后辅助的局部和全身治疗，以提高长期生存率。

1 辅助治疗的理论基础

在各种理论模型和临床观察的基础上，术后辅助治疗实体肿瘤的模式已经建立。在完全切除肿瘤后，患者的肿瘤负荷应该是不存在了或变得最小。微转移病灶中几乎不存在对化疗或放疗抵抗的残余肿瘤细胞。实验和临床数据大多数支持实体癌症中肿瘤生长和消退的Gompertzian模型：当肿瘤在显微镜下存在但临床影像检测不到时，它的生长速度应该是最快的。因此，虽然恶性细胞在化疗诱导细胞毒性作用下的数量减少会比较少，但有效剂量化疗的细胞杀伤比例较高。

使用辅助治疗的决策需要在仅通过手术可治愈的患者和需要额外系统治疗以根除仅一小部分剩余癌细胞的患者之间进行权衡。如果10%的患者存活率增加，而其他90%的患者没有增加，要么是因为这些患者不需要辅助治疗，要么是因为辅助治疗在根除残留疾病方面无效。由于目前还没有任何工具可以前瞻性地确定谁将受益于辅助治疗，因此选择一种可耐受的治疗方案并限制治疗时间非常重要（图51.1）。此外，正确的病理分期可以更好地预测预后，筛选合适的患者接受治疗，并比较不同试验的治疗结果。

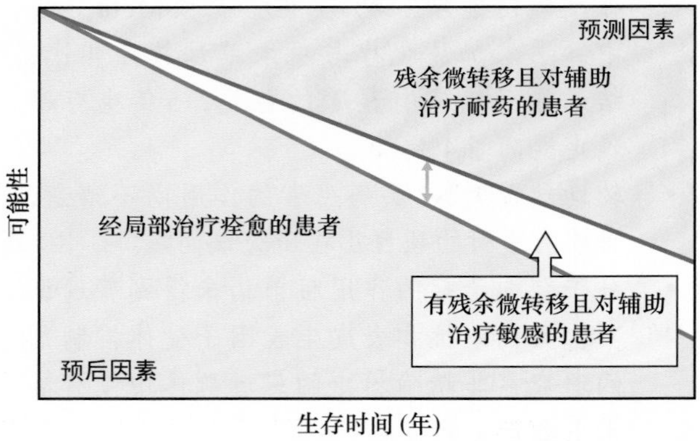

图51.1 辅助化疗在未选择的患者人群中的益处及辅助治疗中潜在的预后和预测因素的作用

虽然尚未确定最合适的辅助治疗方法或方案，但至少要求所选择的药物在晚期疾病中应具有已证实的活性，且一般应具有良好的耐受性[18]。因此，对于细胞毒性化疗应选择以铂为基础的双药化疗方案，在根治性手术后尽早开始，并进行至少3～4个周期的化疗[19]。

2 辅助放射治疗的作用

在确定有效的化疗方案之前，术后胸部放疗

是首选的辅助治疗。尽管放疗可以改善局部区域控制，但不太可能减少全身复发。许多回顾性和前瞻性研究已经评估了放疗的使用情况。其中9项研究（2128例患者）的数据被纳入术后放疗（postoperative radiation therapy，PORT）Meta分析结果显示，术后放疗对生存率有显著的不利影响，特别是对Ⅰ期和Ⅱ期疾病患者[20]。这些结果在2000年由Cochrane系统回顾和Meta分析证实，并在2005年进行了实质性更新。这表明术后放疗可能对生存率有显著的不利影响（HR为1.18）[21]。死亡风险相对增加18%，相当于2年后6%的绝对损害（95%CI为2%～9%），将OS从58%降到52%。探索性亚组分析表明，这种不利影响在Ⅰ期或Ⅱ期疾病患者中最为明显。对于Ⅲ期N2疾病患者，没有明显的不良反应或潜在益处。这一结果是合理的，因为局部区域性复发的频率增加与Ⅲ期NSCLC中常见的大体积疾病有关。

在包含PORT Meta分析的大多数研究中，患者接受了老式的放疗技术（如钴60）和过时的剂量测定，这与目前的治疗方法相比不太有效，放疗组的死亡率较高可归因于过多的并发疾病相关死亡。在一项回顾性综述中称，在术后放疗中使用新技术和改进的剂量测定并不会过度增加与并发疾病相关的死亡风险[22]。PORT Meta分析的另一个缺点是它在纵隔淋巴结清扫方面没有足够的数据，另外，在不同的研究和中心机构手术过程有很大的不同。

利用美国监测、流行病学和最终结果（SEER）数据库的数据，研究人员评估了生存率与术后放疗的关系[23]。影响OS的因素有年龄较大、T3或T4肿瘤分期、N2淋巴结分期、男性、取样淋巴结较少和受累淋巴结较多。且术后放疗的使用与N2期患者的生存率增加有关，但与N1或N0期患者生存率无关。

放疗对N2期患者的作用尚不清楚，因为现有文献尚不能得出有价值的结论。欧洲的肺辅助放疗试验仍在进行中，纳入了接受手术、接受或没有接受辅助化疗的N2期NSCLC患者[24]。患者随机分为术后放疗（54 Gy）和无放疗两组，希望本试验结果能进一步阐明辅助放疗对N2期NSCLC患者的作用。

3　辅助化疗的早期研究

20世纪六七十年代，烷化剂和非特殊免疫疗法（如左旋咪唑和卡介苗疫苗）普遍失败，并且偶有报道这些药物的有害作用[25]。这些药物目前已知在晚期NSCLC中的作用非常有限，甚至没有活性。随后，以顺铂为基础的化疗在可切除NSCLC的所有阶段都进行了广泛的试验[26-32]。除了其中一项早期研究外，其他所有早期研究的辅助治疗都没有显示出临床益处。这些试验设计中的常见缺陷是高估了辅助化疗的潜在益处、相关患者和治疗特征的失衡（如纵隔淋巴结不完全切除率）以及不现实的患者期望目标。此外，在大多数试验中化疗剂量（总剂量和剂量强度）往往不足，平均只有50%的患者接受了预期的治疗过程。鉴于这些方案在缺乏良好止吐支持治疗和辅助治疗的生存获益情况下的毒性，医生不愿意让患者参与辅助试验。

然而，包括这些试验在内的一项大型Meta分析报道，辅助性顺铂化疗可使死亡风险降低13%，这是一种临界标志性的结果（$P=0.08$）[33]。与仅接受术后放疗的患者相比，接受术后放疗和顺铂化疗患者的死亡风险降低了6%（$P=0.46$）。相比之下，使用烷化剂进行辅助化疗具有明显的危害性（HR为1.15，$P=0.005$）。

这些发现未能对临床实践产生影响，因为它们仅具有临界意义，并且只是基于几个有缺陷的研究。此外，手术方法的异质性和分期方式的差异限制了结果的适用性。然而，这些发现有力地支持了辅助化疗的潜在作用，以及进行精心设计的大规模验证性试验的必要性。

4　铂类辅助化疗的大规模研究

考虑到辅助全身治疗的边际效益，进行了几项随机研究以评估现代基于铂方案在可切除NSCLC所有阶段的作用（表51.2）。一些试验是在发表PORT Meta分析之前开始的，因此包括术后放疗。

表51.2 参与辅助化疗主要试验的患者的基线特征及治疗特点

	ALPI/EORTC[36]	IALT[37]	BLT[38]	ANITA[39]	NCIC-JBR.10[40]	CALGB 9633[43]
治疗方案	顺铂、长春地辛和丝裂霉素（3周期）	顺铂和长春地辛，长春碱，长春瑞滨或依托泊苷（3～4周期）	顺铂、长春地辛；顺铂和长春瑞滨；顺铂、长春碱和丝裂霉素；或顺铂、丝裂霉素和异环磷酰胺（3周期）	顺铂和长春瑞滨（4周期）	顺铂和长春瑞滨（4周期）	卡铂和紫杉醇（4周期）
序贯放疗允许	是	是	是	是	否	否
登记/计划患者数量	1209/1300	1867/3300	381/500	840/800	482/450	344/384[b]
年龄中位数（岁）	61	59	61	59	61	61
男女比例	86：14	81：19	65：35	85：14	66：34	65：35
分期（%）						
Ⅰ	39	37	29	36[a]	46	100[a]（全部ⅠB）
Ⅱ	31	24	37	24	54	
ⅢA	29	39	27	39	0	
组织学（%）						
鳞癌	51	47	48	59	37	35
非鳞癌	45	46	52	40	65	65
肺切除率（%）	26	35	NR	38	25	11

注：[a]ⅠB期疾病；[b]原始样本量为500例，随后进行修订；根据数据安全监测委员会的建议，这项研究提前结束；ALPI/EORTC，意大利辅助肺项目/欧洲癌症研究和治疗组织；ANITA，长春瑞滨辅助国际试验协会；BLT，大型肺试验；CALGB，癌症和白血病B组；IALT，国际辅助肺癌试验；NCIC，加拿大国家癌症研究所

这些研究的第一个报告是东方肿瘤合作组（ECOG）的一项试验，比较了4个周期的顺铂和依托泊苷联合胸外放疗（总剂量为50 Gy）与单纯术后放疗对488例患者的疗效[34]。两组治疗组的中位进展时间无显著差异。同期放化疗组和单纯放疗组的中位生存期分别为38个月和39个月（HR为0.93，95%CI为0.74～1.18）。功效的缺乏可能是由于辐射的毒性及伴随的细胞毒性药物的使用，这种效应在患有Ⅱ期疾病的患者中更为显著。在本实验197例肿瘤的生物学相关研究中，无论是p53蛋白表达还是Kirsten大鼠肉瘤病毒癌基因同源（*KRAS*）突变，均未显示与预后有任何关系[35]。

在一项联合研究中，意大利辅助肺计划（adjuvant lung project Italy，ALPI）和欧洲癌症研究与治疗组织（EORTC）在1994—1999年登记了1209例完全切除的Ⅰ、Ⅱ期或ⅢA期NSCLC患者[36]。将患者随机分为两组，一组给予3个周期的丝裂霉素、长春新碱和顺铂（mitomycin，vindesine，and cisplatin，MVP）化疗，另一组给予观察。69%的患者完成了3个MVP化疗周期，其中50%的患者需要减少剂量。放疗按各中心的规范进行，43%的患者术后接受放疗。两组间OS无显著差异（死亡HR为0.96）。化疗组中位OS为55个月，观察组中位OS为48个月（HR为0.96，95%CI为0.81～1.13，$P=0.59$）。分期亚组分析显示，Ⅱ期患者的5年生存率优于Ⅰ期或Ⅲ期患者（表51.3）。尽管Ⅱ期NSCLC患者的危险度并不明显，但值得注意的是，在这一亚组患者中接受化疗的患者在5年内有10%的生存优势。*p53*或*Ki67*表达与疾病分期或肿瘤组织学无显著相关。用腺癌和大细胞癌标本分析*KRAS*突变状态与生存率的关系，117例标本中有22%的突变与生存率无关。

国际肺癌辅助试验（IALT）是第一个证明辅助化疗有显著益处的大型试验。共有1867例完全切除的NSCLC患者被随机分为顺铂加第二种药物（长春地辛、长春碱、长春瑞滨或依托泊苷）的化疗组或观察组[37]。约10%的患者为ⅠA期，27%为ⅠB期，24%为Ⅱ期，39%为Ⅲ期。化疗

表51.3 在辅助化疗的里程碑式研究中总体5年生存率和疾病分期

研究	5年生存率的风险比（95%置CI）			
	总生存率	Ⅰ期	Ⅱ期	Ⅲ期
ALPI/EORTC[36]	0.96（0.81～1.13）P=0.59	0.97（0.71～1.33）	0.80（0.60～1.06）	1.06（0.82～-1.38）
IALT[37]	0.86（0.76～0.98）P<0.03	0.95（0.74～1.23）	0.93（0.72～-.20）	0.79（0.66～-0.95）
BLT[38]	1.02（0.77～1.35）P=0.90	NT	NT	NT
ANITA[39]	0.80（0.66～0.96）P=0.017	1.14（0.83～1.57）	0.67（0.47～0.94）	0.60（0.44～-0.82）
NCIC JBR. 10[40]	0.69（0.52～0.91）P=0.04	0.94	0.59（0.42～0.85）	NI
CALGB 9633[43]a	-	0.62（0.41～0.95）P=0.028	NI	NI

注：a早期数据，中位随访时间34个月后收集；NI，不包括在内；NT，未经测试

组中74%的患者接受了至少240 mg/m^{2}的顺铂，27%的患者接受了术后放疗。23%的患者报告为3级或4级毒性（与毒性相关的死亡为0.8%）。化疗组患者的生存期明显延长（HR为0.86，95%CI为0.76～0.98，$P<0.03$），化疗组和观察组的5年生存率分别为44.5%和40.4%，中位总生存期分别为50.8个月和44.4个月，中位无进展生存期分别为40.2个月和30.5个月（表51.3）。

在大型肺部试验中，381例行切除手术的Ⅰ～Ⅲ期NSCLC患者被随机分为接受3个周期的术后化疗（顺铂和长春碱，顺铂、丝裂霉素和异环磷酰胺，顺铂、丝裂霉素和长春碱，或顺铂和长春瑞滨）或仅接受手术治疗[38]。64%的患者接受了全部3个疗程的化疗，其中40%的患者需要减少剂量。术后放疗仅用于14%的患者。两组患者的生存率无显著差异。然而，该试验动力不足，随访时间短（29个月），不完全切除率为15%。

在长春瑞滨辅助国际试验协会（Adjuvant Navelbine International Trial Association，ANITA）的试验中，840例ⅠB～ⅢA期NSCLC切除患者被随机分配至顺铂组（每4周100 mg/m^2）、长春瑞滨组（每周30 mg/m^2）或观察组，301例患者为（36%）为ⅠB期，203例患者（24%）为Ⅱ期，325例患者（39%）为ⅢA期[39]。中位随访76个月后，化疗组中位生存期为65.7个月，观察组中位生存期为43.7个月。总的来说，化疗显著降低了死亡风险（HR为0.80，95%CI为0.66～0.96，$P=0.017$），并具有生存优势，5年生存率为8.6%，7年生存率为8.4%。Ⅲ期患者的5年生存率优于Ⅰ期或Ⅱ期患者（表51.3）。85%的患者出现3级或4级中性粒细胞减少症，9%为发热性中性粒细胞减少症，11%为严重感染。最常见的非血液学不良反应为虚弱（28%）、恶心和呕吐（27%）及厌食（15%）。正如许多其他辅助化疗的研究一样，术后放疗应根据各个中心的规范实施。当与化疗结合使用时，放疗对N2期患者有益，对N1期患者有害。

加拿大国家癌症研究所临床试验组开展的JBR.10试验研究了辅助化疗在治疗Ⅰ期和Ⅱ期NSCLC中的作用，发现患者3年生存率能够提高10%[40]。482例ⅠB期和Ⅱ期NSCLC切除患者（不包括T3N0）被纳入研究，随机分为治疗组与观察组，治疗组接受4个周期治疗，每4周第1天和第8天服用顺铂（50 mg/m^2），并且每周给予长春瑞滨（25 mg/m^2），共16周。患者术后未接受放疗，按淋巴结状态（N0或N1）和*KRAS*突变状态进行分层。化疗组的OS明显延长（94个月vs. 73个月，HR为0.69，95%CI为0.52～0.91，$P=0.04$）。化疗组的5年生存率为69%，观察组为54%（$P=0.03$），5年绝对获益为15%。在分期亚组分析中，Ⅱ期患者5年的生存获益（研究组间差异为20%，$P=0.004$）大于Ⅰ期患者（研究组间差异为7%，无统计学意义）（表51.3）。在231例接受化疗的患者中，58%的患者接受了3个疗程的顺铂和长春瑞滨的化疗，19%的患者因与化疗毒性有关的问题而住院，中位随访时间为9.3年。本项研究更新分析显示，辅助化疗继续产生显著的生存获益（$P=0.04$），5年生存率绝对提高11%（化疗组67% vs.观察组56%）（表51.4）。这种受益在Ⅱ期患者中尤为明显（中位生存期6.8年 vs. 3.6年），而在ⅠB期患者中无生存益处（中位生存期11.0年vs. 9.8年）。然而，在ⅠB期患者

中，肿瘤大小是预测化疗效果的指标，与肿瘤较小的患者（HR为1.73）相比，肿瘤≥4 cm的患者化疗获益更大（HR为0.66）。肿瘤≥4 cm患者的5年生存率化疗组为79%，而观察组为59%。*KRAS*突变与化疗的差异效应无关[41]。

表51.4 随访时间较长的研究中辅助化疗对总生存率的影响

研究	随访时间（年）	总生存的风险比（95% CI）
NCIC JBR.10[41]	9.3	0.78（0.61～0.99）P=0.04
IALT[42]	7.5	0.91（0.81～1.02）P=0.1
CALGB 9633[44]	6.2	0.83（0.64～1.08）P=0.125

同样，来自IALT试验长期数据的中位随访时间为7.5年，OS优势不再显著（P=0.1）（表51.4）[42]。这种晚期生存获益的丧失似乎是由于化疗组中过多的非癌症相关死亡所致。

遗憾的是，JBR.10和ANITA这两项阳性研究使用的化疗剂量与时间表在目前的临床实践中并被不常规使用。目前最常用的顺铂剂量为75 mg/m^2，顺铂在第1天和第8天（如JBR.10试验）的剂量不同寻常，需要每周使用且持续使用16周的长春瑞滨具有很高的毒性，如何在辅助治疗环境中安全使用长春瑞滨存在争议。这些试验为辅助化疗提供了必要的临床证据，并证明在相同的剂量和时间安排下，在Ⅳ期NSCLC中使用其他具有类似活性的顺铂双药联合可能是合理的。

癌症和白血病B组（cancer and leukemia group B，CALGB）9633试验在限制ⅠB期切除患者的入组方面是独特的，也是唯一使用以卡铂为主方案的大型试验。该研究发现患者5年生存获益提高了13%[43]。在这项研究中344例患者被随机分配接受卡铂（AUC 6）和紫杉醇（200 mg/m^2）治疗，每3周1次，共4个周期。中期分析显示，患者4年的生存期绝对值改善了12%（71% vs. 59%，HR为0.62，P=0.028），从而导致试验提早结束（90%的患者招募）。化疗给药效果良好，近85%的患者接受了4个化疗周期。这组患者的毒性最小，36%的患者有3级或4级骨髓抑制，无治疗相关死亡。

随着初期研究的结束和早期的报道，对本试验结果的最终分析不能证实一个明显有利的结果。经过长时间（74个月）的随访后，存活率也无显著的改善趋势（59% vs. 57%，P=0.125）（表51.4）[44]。值得注意的是，小样本量并没有足够的能力来检测生存期的微小差异。3年无失败生存率（66% vs. 57%）和3年OS（79% vs. 70%，P=0.045）继续支持化疗组的结果。

对JBR.10和CALGB9633的数据进行汇总分析，根据肿瘤大小评估生存率。研究发现化疗的效果似乎随着肿瘤的增大而增加[45]。因此，目前北美辅助化疗试验的入组标准指定肿瘤直径为4 cm或更大。2003—2006年美国国家癌症数据库回顾了辅助化疗使用和肿瘤大小对Ⅰ期预后的影响，结果表明，虽然辅助化疗不被经常使用，但随着时间的推移，辅助化疗的使用有所增加。该分析也支持了对于大于4 cm的Ⅰ期NSCLC肿瘤进行辅助化疗的指南，该指南对肿瘤直径在3.0～8.5 cm的患者的生存有积极影响[46]。

总的来说，3项研究显示辅助化疗对可切除的NSCLC有积极影响，生存获益从4.1%（IALT）到15%（JBR.10）[36, 39-40]。一些因素可能有助于解释辅助研究中的生存差异（表51.3）。第一，为了评估同一患者群体中相同的预期治疗效果，不同研究的样本量差异很大（根据计划样本量为500～3300例）。实际上，只有两项旨在检测合理生存优势的研究是ALPI和IALT试验，这并不奇怪，它们显示了相似的生存优势（分别为3.0%和4.1%）。第二，大多数具有里程碑意义的辅助研究没有包括系统淋巴结清扫或淋巴结取样患者比例的信息。这一细节很重要，因为一项随机临床研究表明，系统性淋巴结清扫对可切除的NSCLC每个阶段的存活率都有重要影响[47]。第三，肺癌患者常有合并症，包括慢性阻塞性肺疾病和心血管疾病，严重影响生存[48-49]。第四，两项回顾性研究表明，根治性手术后戒烟患者比例的不平衡可能是导致生存差异的潜在原因[50-51]。除CALGB 9633外，这些里程碑式的研究有一个共同特点，即对辅助治疗方案的依从性较差。由于治疗延迟和剂量减少，在基于顺铂的化疗研究中，完成3个辅助化疗周期的比例只有58%～74%[36-40, 43]。治疗依从率低的原因可能与肺癌手术后完全康复所需的时间有关（如肺癌手术后的康复时间长于乳腺癌手术）。其中一些研究中全肺切除术的比率远超过了连续外科手术的比率，ALPI组26%的患者行全肺切除，IALT组35%的患者行全肺切除，ANITA组41%的患者行全肺切除，但尚未对这些亚组的化疗耐受性进行亚组分析。值得注意的是，乳腺癌辅助治疗的生存益处在接受化疗总剂量超过85%的患者中更为显著[52]。

铂类辅助化疗对亚洲Ⅰ～ⅢA期NSCLC患者生存的影响也得到了特别的评估。在中国台湾癌症登记在册的2231例在2004—2007年进行手术的患者中，因Ⅱ期及ⅢA期癌症而接受化疗的病例死亡率较低。多因素分析显示，铂类辅助化疗是Ⅱ期疾病患者OS的独立预后因素（P=0.024），包括男性、女性和70岁以上的患者[53]。

5　生活质量与顺铂辅助化疗

辅助化疗对生活质量的影响也进行了相关的研究。在JBR.10试验中通过EORTC生活质量问卷C30在基线、第5周和第9周时对接受化疗与定期随访的所有患者进行了评估[40]。初次手术对生活质量的影响在两个治疗组（化疗组和观察组）相似，而化疗期间的生活质量仅受到轻微影响（尤其是疲劳、恶心和呕吐），但总体生活质量没有明显变化。在3个月的随访中，这些症状明显改善，更多的永久性不良反应仅限于感觉神经病变和化疗相关的听力损失。因此，对生活质量的负面影响似乎不大，而且相当短暂。研究人员通过评估无症状或毒性的质量调整时间进一步跟踪这些发现，并报告辅助化疗是发生复发和毒性的首选，总体质量调整时间在5～6个月的额外范围内更好[54-55]。

6　口服UFT辅助治疗的研究

UFT是一种结合尿嘧啶和替加氟的口服氟嘧啶，在日本作为一种单一药物或与静脉细胞毒性药物进行联合辅助治疗已被广泛研究。在Kato等[56]进行的最大的NSCLC切除术后UFT治疗试验中，979例完全切除的Ⅰ期腺癌患者随机分为持续2年口服UFT（250 mg/m^2）组和观察组。UFT组的OS更好（HR为0.71，95%CI为0.52～0.98，P=0.04），UFT组5年生存率为88%，而观察组为85%。亚组分析表明，263例T2N0期患者亚组的获益最大（HR为0.48，95%CI为0.29～0.81，P=0.005），而716例T1N0期患者并没有明显获益（HR为0.97，95%CI为0.64～1.46，P=0.87）。患者用药的依从性在1年内仅有74%，2年后则为61%。这项试验中一个值得怀疑的问题是，UFT组患者在无病生存方面没有任何优势，这与基于顺铂的辅助治疗（IALT、JBR.10和ANITA）的阳性研究结果形成了鲜明的对比，接受辅助化疗患者的OS改善总是与无病生存率相关，无病生存率相似或更高。

其他已发表的关于小样本患者队列中辅助性UFT的研究结果与Kato等[56]的研究结果完全或部分不一致，白种人患者缺乏证实性数据[57-59]。此外，关于日本患者对UFT的特异性基因敏感性的问题仍然没有答案。

7　根据系统回顾、Meta分析和癌症登记资料评估辅助化疗的疗效

一些系统的综述和Meta分析证实了辅助顺铂或UFT化疗治疗NSCLC切除术后的价值（表51.5）[60-65]。所有这些综述都显示出辅助化疗的益处，HR分别从辅助UFT的0.72到基于顺铂化疗的0.89。

其中4项Meta分析是基于个体患者数据，而不是发表的研究报告。在一项Meta分析中比较了2003年（在6项研究中）口服辅助UFT作为单一药物或联合其他细胞毒性药物治疗NSCLC患者的结果，UFT显著改善OS（HR为0.74，95%CI为0.61～0.88），5年获益率为4.6%（P=0.001），7年获益率为7%（P=0.001）[63]。

一项对UFT的随机对照试验进一步分析评估了该药物对1269例Ⅰ期（T1a和T1b）NSCLC的疗效[66]。在670例T1a期患者中，单纯手术患者的5年生存率为85%，辅助UFT患者的5年生存率为87%。在599例T1b期患者中，单纯手术患者的5年生存率为82%，辅助UFT患者的5年生存率为88%（P=0.011）。

肺辅助顺铂评估（lung adjuvant cisplatin evaluation，LACE）是对5项辅助治疗随机对

表51.5 评价顺铂或基于UFT辅助治疗的试验进行系统回顾和Meta分析或个别患者数据的Meta分析

作者	辅助治疗	研究数量（患者数量）	总生存率的风险比（95%CI）
Hotta等[59]	顺铂为主的化疗	8（3786）	0.89（0.81～0.97）
	单药UFT	5（1751）	0.79（0.67～0.96）
Sedrakyan等[60]	顺铂为主的化疗	12	0.89（0.82～0.96）
	单药UFT	7	0.83（0.73～0.95）
		（总计7200）	
Bria等[61]	顺铂为主的化疗	12（6494）	0.93（0.89～0.95）[a]
Hamada等[62][b]	UFT（单药或联合化疗）	6（2003）	0.74（0.61～0.88）
Pignon等（LACE协作组）[63][b]	顺铂为主的化疗	5（4584）	0.89（0.82～0.96）
NSCLC Meta分析协作组[64][b]	顺铂为主的化疗	17（4406）	0.90（0.82～0.98）
	单药UFT	16（3848）	0.80（0.71～0.90）

注：[a]表示为风险比；[b]个体患者数据Meta分析；LACE，肺辅助顺铂评价；UFT，一种结合尿嘧啶和替加氟的口服氟嘧啶

照临床试验（ALPI、ANITA、BLT、IALT和JBR.10）中4584例患者的数据进行汇总分析[64]。该分析表明，化疗对OS（HR为0.89，95%CI为0.82～0.96）和无进展生存期（HR为0.84，95%CI为0.78～0.90）有显著的积极作用，死亡风险能相对降低11%（HR为0.89，95%CI为0.82～0.96）。对于Ⅱ～Ⅲ期NSCLC患者，5年OS增加5.3%（48.8% vs. 43.3%，HR为0.83，95%CI为0.83～0.95）。ⅠB期患者也有较小的不是很明显的生存受益（HR为0.92，95%CI为0.78～1.10），而对ⅠA期患者有不良影响（HR为1.41，95%CI为0.96～2.1）。最有效的治疗方案似乎是顺铂和长春瑞滨，主要是因为接受该方案治疗的患者数量较多（1888例，HR为0.80）及更高的顺铂总剂量（320～400 mg/m^2）。

2010年发表了两篇系统综述和Meta分析[65, 67]，并于最近进行了更新[68]。其中一项Meta分析基于34项试验（8447例患者），对其中手术加化疗组与单纯手术组进行了比较。数据显示，手术加化疗组的疗效显著，5年生存率绝对值提高4%（95%CI为3%～6%），从60%提高至64%（图51.2）[65]。另一项Meta分析基于13项试验（2660例患者），对手术加放疗和化疗组与手术加放疗组进行比较。同样，增加化疗也有显著的益处，5年生存率绝对值提高了4%（95%CI为1%～8%），从29%增加到33%（图51.2）[67]。在这两项Meta分析中都能发现，不同化疗的类型、其他试验特征或患者亚组的疗效几乎没有差异。

Douillard等[69]在4个试验（IALT、BLT、

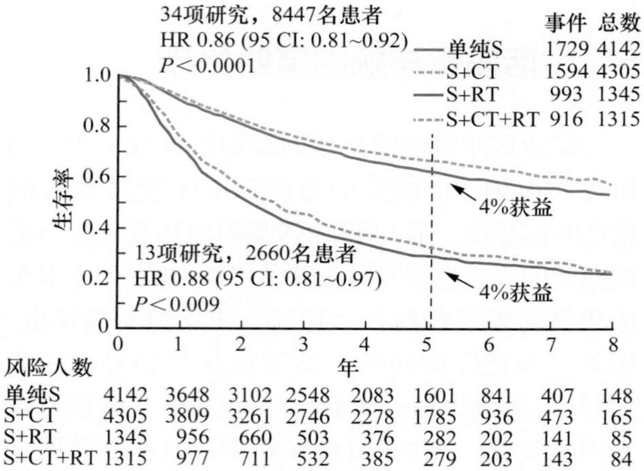

图51.2 对可手术治疗的非小细胞肺癌患者数据进行两项Meta分析

比较单纯手术（S）与术后化疗（CT）、术后放疗（RT）或不放疗（RT）；经NSCLC Meta分析协作组许可修改自：Arriagada R, Auperin A, Burdett S, et al.Adjuvant chemotherapy, with or without postoperative radiotherapy, in operable non-small-cell lung cancer: two meta-analyses of individual patient data. Lancet, 2010, 375 (9722): 1267-1277.

JBR.10和ANITA）中对顺铂和长春瑞滨与其他方案进行了特别比较。顺铂和长春瑞滨治疗组的生存率优于其他治疗组，5年改善率为8.9%。

其他分析支持辅助化疗在标准临床实践中的安全性和有效性。Booth等[70]评估了安大略省癌症登记处登记的NSCLC手术切除患者的预后，并比较了2001—2003年和2004—2006年两组患者的预后。术后6个月内接受辅助化疗的患者比例从7%上升到31%，术后入院率分别稳定在36%和37%。值得注意的是，因转移性疾病入院

的患者比例下降了33%，手术切除患者的4年生存率显著提高，从第一组的52.5%上升到第二组的56.1%。该分析支持辅助化疗的使用，源于在临床实践中存在生存获益的证据。

总的来说，辅助化疗在一定程度上显著提高了生存率，尤其是对于Ⅱ期和Ⅲ期的患者，而对Ⅰ期患者的影响尚未明确，特别是对肿瘤直径≤4 cm者[71-72]。

Miksad等[73]在贝叶斯分析中进一步评估了辅助化疗积极作用的统计学证据。使用该方法患者有4%的生存获益概率，从IALT前的33%增加到IALT后的64%，使用JBR.10和ANITA的数据对分析进行顺序更新后，生存获益的概率增加到82%。IALT产生的最大方差下降（61%），并将生存率降低到0。然而，敏感性分析并不支持IALT后的生存获益，只有后续更新分析证实，Ⅱ期和Ⅲ期NSCLC切除患者6%的生存获益概率超过90%，12%的生存获益概率为50%。

截至目前，还没有发现能够帮助常规选择化疗患者的特异性预后或预测性生物标志物，包括*KRAS*突变，该突变在4项试验中被评估为预后性或预测性生物标志物[74]。

8 适用于老年人的辅助化疗

超过50%的肺癌是在65岁以上的患者中诊断出来的，而约30%的肺癌是在70岁以上的患者中诊断出来[75]。关于辅助化疗疗效的有利数据主要来自较年轻的患者队列，以及支持其在老年人群中使用的单独数据将有助于医生更好地为此类患者提供辅助化疗的建议。

众所周知，由于合并症（主要是呼吸道和心血管疾病在该人群中普遍存在）及器官衰竭，尤其是肾功能下降，老年患者对化疗的耐受性较差，改变了药物的药效学。此外，在要求苛刻的手术（如肺叶切除术或肺切除术）之后，由于老年相关的合并症，化疗诱发的毒性风险增加。较高的毒性或降低的依从性可能会降低辅助化疗所获得的潜在生存获益。

一项回顾性分析旨在评估JBR.10试验中年龄对生存、化疗依从性和毒性的影响[76]，分析了155例65岁及以上患者和327例年轻患者的数据。在年轻患者中，组织学为腺癌和较好的病情状态更为普遍。老年患者接受的化疗剂量明显减少（长春瑞滨P=0.0004，顺铂P=0.001），且毒性无显著差异。老年患者中化疗组的OS明显优于观察组（HR为0.61，P=0.04），但是23例75岁以上患者的生存期明显短于66～75岁的患者。这些数据表明，在临床实践中年龄较大的患者不应拒绝接受基于铂类的辅助化疗。

同样，在LACE分析的5项基于顺铂化疗的大型试验中进行了汇总分析以评估70岁以上的患者[77]。具体而言，根据年龄将患者分为3组，即<65岁、65～69岁和70岁组。3组的生存HR分别为0.86、1.01和0.9。更多的老年患者死于非癌症相关原因。同样，老年患者接受的顺铂总剂量较低，化疗周期也较少。

在加拿大进行的一项基于人群的研究，其中包括来自安大略省癌症登记处的数据，比较了70岁及以上患者与年轻患者的辅助化疗效果[78]。将2001—2003年的数据与2004—2006年的数据进行比较（当时辅助化疗进行实践），老年患者的4年生存率显著提高。从本质上讲，更多患者（包括老年患者）在第二时间段接受了辅助化疗（16.2% vs. 3.3%）。

在1992—2009年的SEER数据库中，调查了肿瘤>4 cm的Ⅰ期NSCLC老年患者辅助化疗的效果。总体而言，84%的患者接受了切除治疗，9%的患者接受了基于铂类的辅助化疗，7%的患者接受了PORT伴有或没有辅助化疗。铂类的化学疗法不仅改善存活率，也增加了严重不良事件，特别是血液学毒性[79]。

韩国的一项研究调查了接受手术后化疗的65岁以下与65岁及以上患者的生活质量，发现两个年龄组在生活质量方面无显著差异[80]。因此，尽管迄今为止尚未产生针对特定年龄的前瞻性数据，但似乎支持可以为具有良好表现状态和良好终末器官功能的老年患者提供辅助化疗。

9 新的化疗方案和靶向治疗

近年来，人们已经了解了与辅助试验相关的Ⅳ期疾病中新化疗方案的活性。2002年ECOG 1594试验直接比较了4种常用的以铂类为基础的双药联合治疗方式，但在治疗反应或存活方面没有发现差异[81]。在另一项试验中将顺铂和吉西他滨与顺铂和培美曲塞进行比较，两种方案在整个患者队列中显示出相同的活性[82]。然而，根据肿瘤组织学的预定子集分析显示，具有非鳞状细胞组织学的肿瘤患者显著受益于培美曲塞为基础的方案，而鳞状细胞组织学的肿瘤患者在接受吉西他滨治疗时存活率较高。这些结果影响了Ⅳ期疾病的治疗选择，并且可以类似地应用于辅助治疗中的标准实践和研究试验设计。

很少有关于顺铂和多西他赛或顺铂和培美曲塞辅助化疗的具体数据。然而，一些初步的临床经验已经发表。例如，54例接受顺铂和多西他赛治疗的患者（每种药物75 mg/m^2，间隔3周用药）的回顾性数据显示，85%的患者接受了所有4个计划周期，通常是全剂量[83]。数据表明，该方案具有良好的剂量输送和患者便利性。在随机Ⅱ期试验中，132例完全切除的NSCLC患者（10%为ⅠA期，38%为ⅠB期和47%为ⅡB期）被随机分配到4个周期的顺铂和长春瑞滨或培美曲塞治疗组中，具有药物输送和功效是研究终点。给予该组合的可行性为顺铂和培美曲塞是95.5%，顺铂和长春瑞滨是75.4%[84]。培美曲塞基础方案的3级或4级血液学不良反应明显减少（$P<0.001$），而非血液学毒性的发生率相似。

研究人员试图通过将其与靶向治疗相结合来提高辅助化疗的疗效，包括血管内皮生长因子（*VEGF*）抑制剂和表皮生长因子受体（*EGFR*）酪氨酸激酶抑制剂（TKI）。*VEGF*是已经鉴定的最有效和特异性的血管生成因子，在正常和病理性血管生成中具有明确的作用。肿瘤血管化程度与*VEGF* mRNA表达水平之间存在相关性，在几乎所有检测的标本中，*VEGF* mRNA在肿瘤细胞中表达，但在内皮细胞中不表达，而两种VEGF受体Flt-1和KDR的mRNA在与肿瘤相关的内皮细胞中上调[85]。*VEGF*在NSCLC中也是一种强预后指标，与术后早期复发和生存率降低有关[86]。

ECOG 4599证明，将抗血管生成药贝伐单抗加入卡铂和紫杉醇治疗晚期NSCLC可增加中位总生存期（12个月vs.10个月）[87]。因此，在辅助治疗的化疗中加入贝伐单抗目前很有意义。一般而言，贝伐单抗仅适用于患有非鳞状细胞组织学的肿瘤患者，因为在早期试验中报道的鳞状细胞癌患者的肺出血风险增加。然而，在辅助治疗中，因为没有残留的肉眼可见的疾病，出血风险被消除，贝伐单抗可能被添加到选择的双重方案中，通常顺铂和培美曲塞用于腺癌与大细胞癌，顺铂联合紫杉醇、多西他赛或吉西他滨用于鳞状细胞癌患者。ECOG 1505是一项Ⅲ期临床研究（ClinicalTrials.gov标识符：NCT00324805），评估了ⅠB、Ⅱ或ⅢA期NSCLC切除患者的辅助化疗中加入贝伐单抗。化疗是由研究者选择的，包括顺铂/长春瑞滨、顺铂/多西他赛、顺铂/吉西他滨和顺铂/培美曲塞。从2007年7月至2013年9月有1501例患者入组，经过41个月的中位随访时间，独立数据监察委员会（IDMC）建议发布阴性实验结果。无进展生存期的HR为0.98（95%CI为0.84～1.14），OS为0.99（95%CI为0.81～1.21）。在亚组分析中，4种特定化疗方案均未显示出优于对照组或其他方案[88]。

在晚期NSCLC中，*EGFR*-TKI如吉非替尼、厄洛替尼和阿法替尼已被证明可以增加*EGFR*突变致敏患者的无进展生存期，在一线治疗中可作为单一药物给药，以及在第二线或第三线的未选患者中给药（仅厄洛替尼）。研究已经鉴定了在NSCLC中具有活性的其他靶标，特别是棘皮动物微管相关蛋白样4（*EML4*）-间变性淋巴瘤激酶（*ALK*）融合基因和C-ros癌基因1受体酪氨酸激酶（*ROS1*）重排。迄今为止，尚未研究这些靶向药物作为辅助治疗的作用。在这种情况下，*EGFR*-TKI的临床经验非常有限，迄今为止的大多数试验都没有要求患者进行药物特异性分子预测因子的检测。已经表明，具有致敏突变的患者似乎从辅助化疗中获得更多益处，化疗可以减少*EGFR*突变的频率，表明这些亚克隆对化疗的优选反应[89-90]。

一项日本Ⅲ期临床研究计划随机分配NSCLC完全切除患者（ⅠB～ⅢA期）接受250 mg/d的吉非替尼辅助用药或手术后4～6周的安慰剂，持续2年，直至复发或试验停药。然而，38例患者被随机分配后停止了招募，因为在日本晚期疾病患者中越来越多地报道了间质性肺病类型事件。38例招募患者（18例接受吉非替尼治疗，20例接受安慰剂治疗）的安全性数据显示没有意外的药物不良反应，最常见的是分别为1级不良事件或胃肠道反应（吉非替尼治疗，12例；安慰剂治疗，5例）和皮肤疾病（吉非替尼治疗，16例；安慰剂治疗，6例）。接受吉非替尼治疗的4例患者和1例接受安慰剂治疗的患者发生3或4级不良事件；1例接受吉非替尼（同时伴有其他间质性肺病诱发药物）的患者死亡，2例接受安慰剂的患者报告了间质性肺病类型事件；6例接受吉非替尼治疗的患者和4例接受安慰剂治疗的患者报告了与手术并发症相关的不良事件[91]。

在同一患者群体中，来自加拿大国家癌症研究所（JBR.19）的另一项Ⅲ期临床试验在顺铂为基础的4个疗程化疗后比较了吉非替尼和安慰剂的结果，但由于其他Ⅲ期临床研究如西南肿瘤学组（SWOG）S0023（吉非替尼与安慰剂相比用于同时放化疗和维持多西他赛后的非进展性ⅢB期疾病患者）和易瑞沙肺癌生存评估试验（二线吉非替尼与安慰剂相比）的负面结果，该试验在仅增加503例患者后过早结束[92-94]。来自JBR.19的数据显示，辅助化疗后加用维持性吉非替尼没有优势[92]。该试验中有*EGFR*突变的患者很少，并且他们似乎也没有从吉非替尼中获益。

使用厄洛替尼辅助治疗NSCLC的随机双盲实验（randomized double-blind trial in adjuvant NSCLC with tarceva，RADIANT）根据IHC和（或）荧光原位杂交（FISH）检测结果，在辅助性铂类化疗后ⅠB～ⅢA期*EGFR*表达阳性的NSCLC患者中比较了辅助性厄洛替尼与安慰剂的结果。主要终点是无病生存（disease-free survival，DFS），关键的次要终点是OS、DFS和肿瘤具有*EGFR*激活突变（*EGFR*m阳性）患者的OS。共有973例患者被随机分配，DFS无统计学差异（厄洛替尼组中位数为50.5个月，安慰剂组为48.2个月；HR为0.90，95%CI为0.74～1.10，P＝0.324）。在*EGFR*m阳性亚组的161例患者（16.5%）中，厄洛替尼组的DFS较长（中位数为46.4个月vs. 28.5个月，HR为0.61，95%CI为0.38～0.98，P＝0.039），但由于分层测试程序的差异，结果无统计学意义，并且对生存没有影响。厄洛替尼治疗的患者中最常见的3级不良事件是皮疹（22.3%）和腹泻（6.2%）[95]。该研究的潜在局限性是相对未选择的患者人群，因为大部分患者向FISH检测结果是阳性的，并且生物标志物不如突变检测敏感。因此，FISH在早期疾病中的作用尚未得到证实。耐药性继发性突变或其他耐药机制的发生可能是另一个关注点，因为这些突变和耐药机制在Ⅳ期疾病中经常被发现。

一项手术数据库的数据分析显示，167例完全切除的Ⅰ～Ⅲ期NSCLC患者具有致敏突变并应用TKI辅助治疗，2年生存率为89%，未治疗患者为72%[96]。研究结果支持在前瞻性研究中进行评估。

在另一项研究中，36例手术切除的具有*EGFR*突变的ⅠA～ⅢA期NSCLC患者在完成任何标准辅助化疗和（或）放疗后使用厄洛替尼（150 mg/d）治疗2年。中位随访2.5年后，2年无病生存率为94%（95%CI为80%～99%），比历史预期的70%有所改善[97]。

在根据分子检测选择的患者中，评估厄洛替尼和克唑替尼的最终试验在本书出版时即将在美国进行。该试验是辅助肺癌富集标志物鉴定和测序试验（adjuvant lung cancer enrichment marker identification and sequencing trial，ALCHEMIST），最初将重点关注具有*EGFR*突变和*EML-ALK*融合的肿瘤患者，但其设计允许包含额外的靶标，因为它们的活性剂被识别。

一项最近的随机对照试验评估了抗MAGE-A3癌症免疫治疗作为辅助治疗的疗效。完全切除的ⅠB～ⅢA期MAGE阳性NSCLC患者在2：1随机化设计中，被随机分配至接受肌内注射重组MAGE-A3并添加免疫刺激剂的治疗组与安慰剂组。筛选出总共13 849例患者的MAGE-A3表达，4210例患者患有MAGE阳性肿瘤。这些患者中有2312例符合所有的标准，并被随机分配到治疗组。MAGE组的中位DFS为60.5个月，安慰剂组为57.9个月，无显著性差异。因此，这种方法的进一步研究已经停止。然而，值得注意的是，目前存在对进一步研究免疫刺激方法的高度兴趣，目前多集中在PD-1抑制剂方面[93,98]。

10 新辅助化疗

新辅助（术前）化疗具有超过术后化疗的潜在优势，包括更高的治疗依从性和治疗微转移性疾病的能力，它能分析治疗对原发肿瘤的影响，并选择对疾病治疗有反应的患者，化疗期间疾病进展的患者很可能不会从手术中获益。

基于铂类的双药联合治疗在术前达到的缓解率超过晚期NSCLC[99-102]，因此，肿瘤分期下降可能潜在地导致更高比例的根治性切除。新辅助化疗的缺点包括手术延迟、分期准确性降低（病理分期由诱导治疗决定），并且可能增加化疗后的手术并发症和死亡率，以及降低生活质量。

20世纪90年代主要针对Ⅲ期（N2）NSCLC患者设计的两项小型随机Ⅲ期临床试验较早终止，基于中期分析的结果显示，围术期化疗加手术相结合的方式比单纯手术方式的OS有显著改善[103-104]。然而，这些早期试验的结果可能因治疗组之间在重要预后因素中的不平衡而有所偏差。Depierre等[105]进行的一项大型随机对照研究显示，与单纯手术治疗Ⅰ～ⅢA期患者相比，新辅助化疗患者的生存期提高了11个月（中位数为37个月vs. 26个月，P=0.15）。两组的OS差异在3年时增加到10.4%，有利于新辅助化疗，无病生存率显著降低（P=0.033）。亚组分析显示化疗的获益仅限于患有N0和N1期疾病的患者，相对死亡风险为0.68（P=0.027）。

所有上述研究均采用目前尚未使用的双药联合或三药联合进行。在Bimodality肺部肿瘤团队试验中前瞻性地建立了使用卡铂和紫杉醇新辅助化疗治疗早期NSCLC的可行性和安全性[106]。这项Ⅱ期临床试验纳入了临床分期为ⅠB、Ⅱ期和ⅢA期患者的两个连续队列。通过CT成像确定临床分期，并且所有患者都需要行纵隔镜检查。纵隔镜检查证实的N2疾病或上沟瘤的肿瘤患者被排除在试验之外。患者在手术前后用紫杉醇和卡铂治疗，队列1中的患者在手术前接受2个周期并且在手术后接受3个周期的治疗，队列2中的患者在手术前接受3个周期并且在手术后接受4个周期的治疗。对于两个队列的所有患者，放射学反应率为51%，完全切除率为86%，病理完全缓解率为5%。3年和5年生存率分别为61%和45%，与历史研究的比率相当。两个队列的患者特征或结果无显著性差异。经详细分析显示，放射学和病理反应之间缺乏相关性，50%的患者在手术中发现等量或更广泛的疾病，这对化疗有重大反应。2例患者术后死亡。96%的患者接受了计划的术前化疗，45%的患者接受了术后化疗。随后的Ⅲ期研究（SWOG S9900）在临床分期为ⅠB、Ⅱ和ⅢA的NSCLC（不包括上沟瘤和N2疾病）患者中，对3个周期的相同诱导化疗后进行手术与单独进行手术的结果进行了比较[107]。当纵隔淋巴结大于1 cm时进行纵隔镜检查，原始统计计划需要600例患者，以检测中位生存期增加33%或5年生存率增加10%。该试验于2004年6月提前结束，当时有新证据表明辅助化疗优于单独手术，这使得该研究对照组的设计有缺陷。在研究结束时，计划的600例符合条件的患者有336例已经入组。新辅助化疗耐受性良好，79%的患者接受了所有3个周期的治疗。客观反应率为41%，7%的患者有疾病进展。化疗组中有7例患者术后死亡，而单独手术组有4例患者死亡。中位随访时间为53个月，化疗组的中位生存期为75个月，而单纯手术组为46个月。5年生存率分别为50%和43%。尽管化疗的使用与死亡风险降低19%相关（HR为0.81），但这种差异没有达到显著性（P=0.19）。无进展生存趋势有利于围术期化疗（中位数为33个月vs. 21个月，P=0.07）。

新辅助紫杉醇卡铂希望（neoadjuvant taxol carboplatin hope，NATCH）试验比较了单独手术与化疗后进行手术或手术后进行化疗的治疗方式[108]。根据第六版肺癌TNM分期标准为Ⅰ期（＞2 cm）、Ⅱ期和T3N1疾病的624例患者被随机分配到3个组。研究的主要终点是DFS。在术前化疗组中，97%的患者进行有计划的化疗，放射学反应率为53.3%。在术后辅助化疗组中，66.2%的患者进行有计划的化疗。手术在94%的患者中进行，3组的手术程序和术后死亡率相似。与单独手术组患者相比，术前化疗组患者的DFS有更长的趋势（5年DFS为38.3%vs. 34.1%，进展或死亡HR为0.92，P=0.176）。术后辅助化疗组患者的5年DFS为36.6%（与单独手术组相比HR为0.96，P=0.74）。总体而言，该研究未能显示术前或术后辅助化疗在DFS方面的显著性差异。在试验中，手术前对患者进行治疗组分配，更多的患者能够接受术前而不是术后的辅助治疗。

一项有欧洲合作组织（MRC LU22，NVALT 2，EORTC 08012）参与的由医学研究委员会（Medical Research Council，MRC）推动的Ⅲ期临床试验，随

机分配了519例早期NSCLC患者接受手术（261例）或3个周期的铂类化疗后再进行手术（258例）[109]。在随机分配之前，临床医生从6种标准方案列表中选择将要进行的化疗方案。主要终点是OS，在意向性治疗的基础上进行分析。大多数患者（61%）有临床Ⅰ期疾病，31%患有Ⅱ期疾病，7%患有Ⅲ期疾病。75%的患者接受了3个周期的化疗。总体反应率为49%（95%CI为43%～55%），31%（25%～37%）的患者疾病分期下降。联合模式组的术后并发症发生率并不高，未发现生活质量受损。然而，没有证据表明OS有获益（HR为1.02，95%CI为0.80～1.31，P=0.86）。

在另一项泛欧Ⅲ期研究早期阶段化疗试验（chemotherapy for early stages trial，ChEST）中，未接受化疗和放疗的NSCLC（ⅠB期、Ⅱ期或ⅢA期）患者被随机分配到3个周期的吉西他滨（1250 mg/m^2，第1天和第8天，每3周1次）加顺铂（75 mg/m^2，第1天或第2天，每3周1次）治疗后再进行手术的联合治疗组或单独手术组[110]。随机化按中心和疾病分期进行分层（ⅠB/ⅡA vs.ⅡB/ⅢA）。主要终点是3年无进展生存期。在随机分配270例患者后该研究提前结束，129例患者进入联合治疗组，141例患者进入单独手术组。单独手术组的ⅠB～ⅡA期疾病患者略多（55.3% vs. 48.8%）。化疗反应率为35.4%。联合模式与更好的无进展生存期（HR为0.70，P=0.003）和OS（HR为0.63，P=0.02）相关。术前化疗对ⅡB～ⅢA期亚组的预后有显著影响（3年无进展率为36.1% vs. 55.4%，P=0.002）。这些发现与S9900的结果不一致，S9900的分期治疗效果没有差异[107]，而Depierre等[105]的试验结果显示早期疾病患者的化疗效果更好。然而，NATCH试验显示临床Ⅱ期（T3N1）疾病患者的化疗效果更好[108]。

Burdett等[111]在2006年报道了一项不基于个体患者数据的系统评价和Meta分析，并对其进行了更新，纳入MRC试验的结果[109]。最初的Meta分析纳入1990—2005年的7项随机对照试验的数据（全球的988例患者）。新辅助化疗可提高生存率（HR为0.82，95%CI为0.69～0.97），相当于5年时6%的绝对获益。分析更新提示，试验结果缺乏显著的改善（HR为0.87，95%CI为0.76～1.01）。2014年NSCLC Meta分析协作组进行了系统评价和个体患者数据Meta分析，以确定术前化疗对可切除NSCLC患者的影响[112]。15项随机对照试验分析结果（2385例患者）显示，新辅助化疗对生存有显著的益处（HR为0.87，95%CI为0.78～0.96，P=0.007），相对死亡风险降低13%（图51.3）。这一发现与LACE协作组

	术前治疗*	对照组*	O–E	方差
France 1990	8/13	8/13	0.32	3.97
MD Anderson 1994	19/28	27/32	−6.40	11.19
Spain 1994	19/29	27/30	−8.88	9.65
MIP-91	137/179	146/176	−12.99	70.22
AWOG 59015	3/5	12/16	−1.04	2.94
JCOG 9209	28/31	25/31	2.25	12.97
Netherlands 2000	23/39	15/40	3.86	9.36
Finland 2003	19/30	19/32	−0.50	9.48
MRC BLT	4/5	3/5	1.26	1.60
MRC LU22	151/258	158/261	−2.92	77.01
SWOG S9900	93/180	103/174	−9.31	48.84
China 2002	26/32	18/23	1.42	10.78
China 2005	8/19	14/21	−3.31	5.44
ChEST	45/129	61/141	−10.27	26.39
NATCH	99/201	109/212	−4.11	51.95
总数	**682/1178**	**745/1207**	**−50.62**	**351.78**

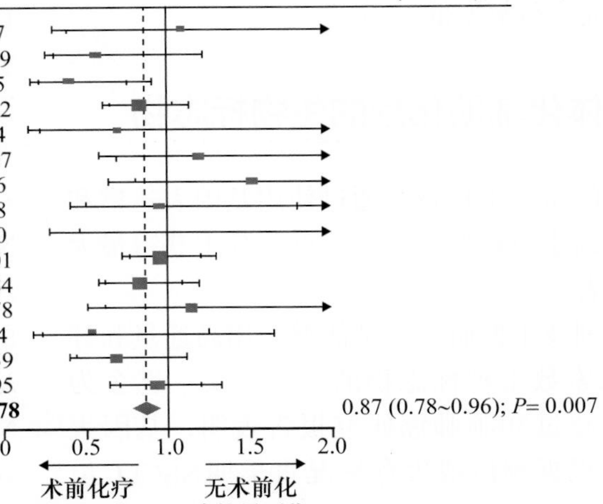

整体风险比值 (HR)
0.87 (0.78~0.96), P= 0.007 (fixed effect)
0.86 (0.75~0.98), P= 0.03 (random effects)
差异化: χ^2 = 18.75, df = 14, P= 0.18, I^2 = 25%

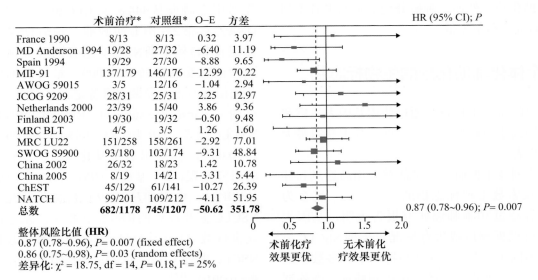

图51.3　新辅助（术前）化疗对生存的影响

每个正方形表示该试验比较的风险比（HR），水平线表示95%和99%CI；正方形的大小与试验提供的信息量成正比；蓝色菱形给出了固定效果模型中的合并HR；菱形的中心表示HR，末端表示95%CI；BLT，大肺试验；ChEST，早期阶段化学疗法；df，自由度；JCOG，日本癌症肿瘤学组；MIP，丝裂霉素、异环磷酰胺、顺铂；MRC，医学研究理事会；NATCH，化学疗法的新辅助/辅助试验；O-E，观测值减去预期值；SWOG，西南肿瘤学小组；*事件数/输入的数字；转载自：NSCLC Meta-analysis Collaborative Group. Preoperative chemotherapy for non-small cell lung cancer: a systematic review and meta-analysis of individual participant data. Lancet, 2014, 383: 1561-1571.

的结果非常相似，后者通过NATCH和ChEST Ⅲ期研究的结果进一步更新了Meta分析中的数据。对10项试验中的共计2200例患者数据进行的联合分析显示，新辅助化疗联合手术的HR为0.89（95%CI为0.81～0.98，P＝0.02）（未发表的数据）。来自这些Meta分析的综合HR表明，新辅助化疗的预估获益与辅助化疗所预期的相似。

一项法国多机构试验首先在一项开放性随机试验中比较了术前与术后化疗的2×2因子设计的两种化疗方案（吉西他滨联合顺铂对比紫杉醇联合卡铂）。术前组接受2个周期术前治疗，然后再进行额外2个周期术前治疗，术后组接受2个周期术前治疗，然后进行2个周期术后治疗，第3个和第4个周期的治疗仅给予两组中的反应应答者。共有528例患者被随机分组，两组的3年OS没有差异［分别为67.4%和67.7%，HR为1.01（0.79～1.30），P＝0.92］，3年DFS、反应率、毒性或术后死亡率也没有差异。术前组的化疗依从性明显较高[113]。

总之，对于Ⅱ～ⅢA期NSCLC患者，围术期化疗是一种可行且符合伦理的方法，而现代化疗方案在新辅助治疗中产生的获益与辅助治疗方案中的获益相似，尽管支持性数据较少。肿瘤反应发生在40%～50%的患者中，其治疗依从性通常优于辅助化疗。然而，肿瘤分期下降的患者不到20%，且完全缓解率低。

11 个体化辅助化疗的生物标志物

目前的研究工作旨在通过使用基因表达谱和药物基因组学方法鉴定出从辅助化疗中获得最大益处的患者。

微阵列技术使研究人员能够使用高通量和计算方法探索数千种标志物的预后意义。迄今为止，已有超过30项肺癌研究报告表明，基因表达特征可根据预后或生存情况将早期NSCLC患者分为不同组[114]。尽管这些特征中大多数已经在一个或多个独立病例队列中得到验证，微阵列数据集中基因集的重叠是最小的。因此，样本采集方法、处理协议、单机构患者队列、小样本量和不同微阵列平台的特性很可能对结果产生重大影响。为了解决这些问题，已进行了一项多机构合作的研究，从大量样本中生成基因表达谱，并具有预先确定的临床特征，可用于评估具有潜在临床实践的预后模型。大量肺腺癌被测试以确定基因表达的微阵列测量，单独使用或与基本临床变量（患者的疾病分期、年龄和性别）的结合使用，可用于预测OS。产生的风险评分与实际结果密切相关，特别是当临床和分子信息相结合建立早期肺癌的预后模型时[115]。

基于定量聚合酶链反应（PCR）的14-基因表达分析，使用福尔马林固定的石蜡包埋组织样本和具有不同统计学预后的分化患者，在361例切除的非鳞状NSCLC患者队列中进行。该试验在两个不同的队列中得到验证：433例切除Ⅰ期非鳞状NSCLC的患者和1006例切除Ⅰ～Ⅲ期非鳞状NSCLC的患者，患者来自中国几个主要癌症中心[116]。根据风险特征（低、中和高风险）分组的患者5年生存率分别为71.4%、58.3%和49.2%（P＝0.0003）。两组中的多变量分析表明，没有标准的临床风险因素可以解释或提供源自肿瘤基因表达的预后信息。这些数据表明，基于定量PCR的分析可以可靠地识别患有早期非鳞状NSCLC的患者，这些患者在手术切除后具有高死亡风险。

分析450 000个CpG位点的DNA甲基化微阵列用于研究从444例NSCLC患者获得的肿瘤DNA，包括237例Ⅰ期肿瘤。预后DNA甲基化标记在143例Ⅰ期NSCLC患者的独立队列中得到验证。发现队列中10 000个最可变的DNA甲基化位点的无差异聚类可鉴定具有较短无复发生存期（relapse-free survival，RFS）的高风险Ⅰ期NSCLC患者（HR为2.35，95%CI为1.29～4.28，P＝0.004）。这些显著甲基化位点的验证队列中的研究发现，5个基因（*HIST1H4F*、*PCDHGB6*、*NPBWR1*、*ALX1*和*HOXA9*）的高甲基化与Ⅰ期NSCLC患者较短的RFS显著相关。基于高甲基化事件数量的标记可区分高风险和低风险Ⅰ期NSCLC患者（HR为3.24，95%CI为1.61～6.54，P＝0.001）[117]。

尽管这些类型的分子工具可能会在早期NSCLC阶段之外增加预后信息，或者可能作为未来辅助研究的分层工具，但它们并未在临床实践中得到常规应用。

另一种评估选择辅助化疗患者的方法是确定顺铂的预测性分子决定因素。顺铂通过与DNA结合并形成铂-DNA加合物来抑制其复制，当DNA螺旋解开准备复制时导致链断裂。核切除修复（NER）基因家族参与修复这些DNA链的断裂[118]。切除修复交叉互补组1（ERCC1）酶是其中参与NER途径最后一步的一种蛋白质，可识别和去除顺铂诱导的DNA加合物。ERCC1在修复DNA和重组过程中的链间交联中也很重要。通过NER途径的蛋白质去除铂-DNA加合物逆转了由顺铂诱导的肿瘤DNA损伤，导致对顺铂耐药。因此，预测肿瘤ERCC1高表达与顺铂耐药性有关，因此可用作该化学治疗剂的预测分子决定因素。

晚期疾病的探索性研究证实了这种假设[119-120]，但后来的Ⅲ期临床试验未能证明这种方法的优越性[121]。ERCC1蛋白质和mRNA水平的表达可以分别通过使用IHC或定量PCR来进行测定。来自IALT生物学研究的初步数据似乎证实，通过IHC评估的ERCC1是化疗获益的阳性预后因素和阴性预测因素，该样本为761例化疗前获得的肿瘤标本[122]。因此，过度表达ERCC1的肿瘤患者具有更长的生存期，但是加入化疗没有额外的益处。在未检测到ERCC1蛋白的肿瘤患者中，接受化疗患者的中位生存期比未接受化疗的患者长14个月。在ERCC1阳性肿瘤患者中，有或没有化疗的生存率没有差异。该观察结果促使Ⅱ期临床研究的进行，该研究招募了150例患有完全切除的非鳞状细胞Ⅱ期或ⅢA期（非N2）NSCLC的患者。对照组（74例）的患者接受4种标准剂量的顺铂加培美曲塞（cisplatin plus pemetrexed，CP）治疗。在个体化治疗组（76例），*EGFR*突变的患者接受厄洛替尼150 mg，持续1年。*ERCC1*阴性患者接受4个周期CP治疗，而*ERCC1*阳性患者接受随访。该试验旨在证明在2个月的术后延迟中基于及时生物标志物分析的个体化辅助化疗的可行性。

该研究的主要终点得到满足，但后来的Ⅲ期临床研究被取消，因为ERCC1免疫组化读数的不可靠性较明显[123]。实际上在对大量样本进行进一步分析时，关于ERCC1 IHC预测作用的原始结果未得到证实[124]，可能是由于目前可用的单克隆抗体无法区分4种ERCC1蛋白质同种型，而只有一种同种型产生的蛋白质具有核苷酸切除修复和顺铂耐药性的能力[116, 125]。因此，ERCC1检测目前尚未用于常规实践。在针对早期疾病进行辅助治疗的临床随机对照试验中，被研究的其他基因组标志物包括*BRCA1*。*BRCA1*是另一个参与同源重组修复和非同源末端结合的基因[125]，也是一种作为对培美曲塞灵敏的潜在标志物的胸苷酸合成酶[126]。

在一项西班牙的多中心研究中，完全切除的Ⅱ～Ⅲ期NSCLC患者随机分配至接受标准化辅助化疗组或实验组，实验组中根据肿瘤*BRCA1*表达水平进行3种不同的治疗选择。该研究未能显示个体化治疗的显著益处，但需要更长的随访时间才能最终得出有利于完全消极研究的结论。该研究不支持高*BRCA1*肿瘤中顺铂耐药性的假设，基于顺铂的CT仍然是标准治疗方法。

另一项Ⅲ期试验，即国际定制化学疗法辅助试验，通过评估*ERCC1*和胸苷酸合成酶表达来比较完全切除的Ⅱ～ⅢA期NSCLC患者中辅助药物基因组学驱动的化疗与标准辅助化疗（图51.4）。试验已在2014年完成入组，期待最终的结果。

12 结论

有随机对照研究评估当前标准辅助化疗方案的疗效，表明其对DFS和OS有积极影响。对生存获益的精确定量估计尚不清楚，但Meta分析表明5年的生存获益约为5%。在选择的病例人群中进行的两项临床随机对照试验结果支持在ⅠB～Ⅱ期NSCLC完全切除后使用辅助治疗，另外两项较大的临床随机试验（一项为边缘阳性，另一项为边缘阴性）支持在所有分期NSCLC完全切除后使用辅助治疗。一项纳入了最新的阳性和阴性临床随机研究的Meta分析将有助于确定辅助化疗的作用。

然而，需要可靠的预测和预后因素对需要或不需要辅助治疗的患者进行分层，以避免大多数患者进行不必要的治疗。在不久的将来，基因组学（或药物基因组学）和蛋白质组学分析可以促进对适合辅助治疗的患者进行识别。

新辅助化疗可能比辅助治疗更适合评估新

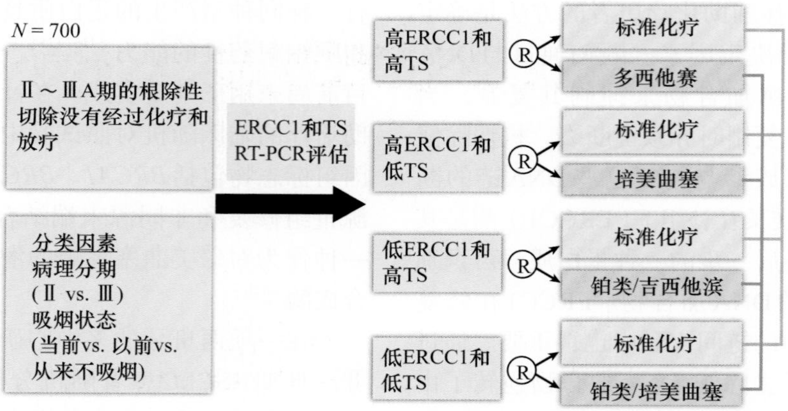

图51.4 国际定制化疗辅助试验，一项正在进行的Ⅲ期多中心随机试验，比较完全切除的Ⅱ～ⅢA非小细胞肺癌的辅助药物基因组驱动化疗和标准辅助化疗

注：ERCC1，切除修复交叉互补组1；RT-PCR，实时聚合酶链反应；TS，胸苷酸合成酶

药，因为药物对靶标的作用可通过治疗前活检（诊断时）和化疗后（手术时）评估。然而，与特定突变匹配的靶向药物可能需要长时间使用，这在辅助治疗中能更好地完成，其中术前治疗无反应的患者选择治疗性切除不会受到伤害。术后给予新药的持续时间（如在初始反应的患者中）需要在随机试验中仔细评估。期待更好的患者选择及更好的个体患者与基于分子谱分析的特定治疗方案相匹配，以实现更有效的治疗。

戒烟和肺癌的早期发现仍然非常重要。期待新的影像学方法能够更好地显示出甚至更早地发现恶性肿瘤，以简化为排除非恶性的小病变而进行的诊断程序。从长远来看，改进的分子技术可能也允许通过非影像学方法进行早期诊断。

（徐 嵩 施睿峰 译）

主要参考文献

9. Boyd J.A., Hubbs J.L., Kim D.W., et al. Timing of local and distant failure in resected lung cancer: implications for reported rates of local failure. *J Thorac Oncol*. 2010;5(2):211–214.
21. PORT Meta-analysis Trialists Group. Postoperative radiotherapy for non-small cell lung cancer. *Cochrane Database Syst Rev*. 2000;(2): CD002142.
33. Non-small Cell Lung Cancer Collaborative Group. Chemotherapy in non-small cell lung cancer: a meta-analysis using updated data on individual patients from 52 randomised clinical trials. *BMJ*. 1995;311(7010):899–909.
63. Hamada C., Tanaka F., Ohta M., et al. Meta-analysis of postoperative adjuvant chemotherapy with tegafur-uracil in non-small-cell lung cancer. *J Clin Oncol*. 2005;23(22):4999–5006.
64. Pignon J.P., Tribodet H., Scagliotti G.V., LACE Collaborative Group. Lung adjuvant cisplatin evaluation: a pooled analysis by the LACE Collaborative Group. *J Clin Oncol*. 2008;26(21):3552–3559.
65. NSCLC Meta-analyses Collaborative Group, Arriagada R., Auperin A., et al. Adjuvant chemotherapy, with or without postoperative radiotherapy, in operable non-small-cell lung cancer: two meta-analyses of individual patient data. *Lancet*. 2010;375(9722):1267–1277.
68. Burdett S.1, Pignon J.P., Tierney J., et al. Adjuvant chemotherapy for resected early-stage non-small cell lung cancer. *Cochrane Database Syst Rev*. 2015;(3): CD011430.
77. FruhM.,RollandE.,PignonJ.P.,etal.Pooledanalysisoftheeffect ofage on adjuvant cisplatin-based chemotherapy for completely resected non-small-cell lung cancer. *J Clin Oncol*. 2008;26(21): 3573–3581.
95. Kelly K., Altorki N.K., Eberhardt W.E., et al. Adjuvant Erlotinib Versus Placebo in Patients With Stage IB-ⅢA Non-Small-Cell Lung Cancer (RADIANT): a Randomized, double-blind, phase Ⅲ Trial. *J Clin Oncol*. 2015;33:4007–4014.
116. Kratz J.R., He J., Van Den Eeden S.K., et al. A practical molecular assay to predict survival in resected non-squamous, non-small-cell lung cancer: development and international validation studies. *Lancet*. 2012;379(9818):823–832.
122. Olaussen K.A., Dunant A., Fouret P., et al. DNA repair by ERCC1 in non-small-cell lung cancer and cisplatin-based adjuvant chemotherapy. *N Engl J Med*. 2006;355(10):983–991.
124. Friboulet L., Olaussen K.A., Pignon J.P., et al. ERCC1 isoform expression and DNA repair in non-small-cell lung cancer. *N Engl J Med*. 2013;368(12):1101–1110.

获取完整的参考文献列表请扫描二维码。

第52章 广泛期小细胞肺癌治疗策略

Mamta Parikh, Karen Kelly, Primo N. Lara, Jr., Egbert F. Smit

要点总结

- 体力状态（PS）被普遍认为是影响预后的独立风险因素，这通常与肿瘤负荷的程度相关。
- 作为一线治疗，铂类联合依托泊苷或伊立替康仍然是SCLC的标准治疗方法。
- 尚无确定的SCLC理想化疗周期数。然而，根据随机试验的结果，将4～6个周期视为标准周期。
- 尽管最初一线铂类化疗的应答率很高，但广泛期SCLC通常会在3～6个月内复发。
- 替代化疗策略主要集中在修改既定方案的剂量和用药时间。
- 提高剂量强度的治疗方案显示出不同的结果。
- 对于广泛期SCLC患者，采用剂量强化策略的大多数试验均未显示出超过标准治疗的生存优势，而较高的剂量通常与较大的毒性相关。
- 未接受进一步治疗患者的中位生存期不到3个月。
- 之前接受过铂类治疗的患者分为两大类，反映了其疾病的铂敏感性状态：铂类敏感性和铂类难治性。
- 基于症状控制，拓扑替康被批准作为铂类敏感、复发疾病患者的二线治疗方案。开发了拓扑替康口服制剂以方便患者服用。
- 尽管对SCLC基因组改变和信号传导途径的理解方面取得了进展，但酪氨酸激酶抑制剂、其他小分子抑制剂和抗血管生成剂的临床试验令人失望。最近评估的其他治疗领域包括表观遗传修饰剂、DNA修复和细胞周期抑制剂、免疫检查点抑制剂和Notch通路抑制剂。

50多年前，人们首次发现SCLC的化学敏感性，认识到甲基双-β-氯乙基胺盐酸盐可导致超过50%的患者肿瘤消退[1]。自那时起，许多抗肿瘤药物已被证明能产生客观的疗效，以前未经治疗患者的应答率至少为20%。较老的活性药物包括氮芥、多柔比星、甲氨蝶呤、异环磷酰胺、依托泊苷、替尼泊苷、长春新碱、长春地辛、硝酸乙酯和顺铂及其类似物卡铂[2]。20世纪90年代，发现6种新药在未治疗患者中具有抗SCLC活性，包括紫杉醇、多西他赛、拓扑替康、伊立替康、长春瑞滨和吉西他滨[3-11]。21世纪，研究者们评估了另外两种细胞毒性药物：一种在复发情况下被评估为单药治疗的多靶点抗叶酸药物培美曲塞和作为一线治疗效果很好的拓扑异构酶Ⅱ抑制剂氨柔比星[12-13]。本章首先讨论广泛期SCLC患者的一线和二线治疗。

1 一线化疗

1.1 联合化疗

鉴于SCLC中存在大量抗肿瘤活性药物，联合方案的评价很快就接踵而至。20世纪70年代，随机试验表明联合化疗优于单药治疗[14]。此外，研究表明，多药同时给药比单药序贯给药更有效[15-16]。以环磷酰胺为基础的方案通常用于治疗SCLC，包括环磷酰胺、多柔比星和长春新碱（CAV），环磷酰胺、多柔比星和依托泊苷（CDE），以及环磷酰胺、依托泊苷和长春新碱（CEV）。

在引入顺铂后，顺铂联合依托泊苷方案的

随机试验表明，这种组合与CAV一样有效且毒性较低[17-18]。36项试验的Meta分析表明，含有顺铂和（或）依托泊苷的方案对SCLC患者具有显著的生存优势[19]。因此，顺铂联合依托泊苷成为治疗广泛期SCLC的首选方案，总有效率为65%～85%，完全缓解率为10%～20%，中位生存期为8～10个月[16-18]。对于局限期SCLC患者，顺铂联合依托泊苷加上每日2次胸部放疗也被认为是首选的治疗方案，总有效率为87%，完全缓解率为56%，中位生存期为23个月，5年生存率为44%[20]。卡铂通常因具有更低的毒性反应而取代顺铂。一项对比顺铂联合依托泊苷与卡铂联合依托泊苷在局限期和广泛期SCLC患者中的小规模随机试验显示出相似的疗效，但基于卡铂的联合用药毒性显著降低[21]。对参与4项临床试验的633例患者的个体数据进行的Meta分析，结果显示顺铂和卡铂治疗方案的疗效没有任何差异，中位生存期分别为9.6个月和9.4个月[22]。毒性反应存在显著差异：卡铂治疗组出现更多的中性粒细胞减少、贫血和血小板减少，而顺铂治疗组出现更多的恶心、呕吐、神经毒性和肾毒性。

新发现细胞毒性剂如拓扑异构酶Ⅱ抑制剂、紫杉烷类、吉西他滨和长春瑞滨之前已经过去多年，这些细胞毒性剂在SCLC中显示具有抗肿瘤活性。许多研究总结了在Ⅲ期临床试验中评估新组合的结果（表52.1）[23-55]。当一项中期分析显示顺铂联合伊立替康（PI）比顺铂联合依托泊苷有生存优势后，人们对顺铂和伊立替康的联合治疗产生了热情[23]。154例患者被随机分为2组，一组接受4个周期的依托泊苷（第1，2，3天；100 mg/m^2）和顺铂（第1天，80 mg/m^2），每3周为1个周期；一组接受4个周期的伊立替康（第1，8，15天；60 mg/m^2）和顺铂（第1天，60 mg/m^2），每3周为1周期。与接受顺铂联合依托泊苷治疗的患者相比，接受伊立替康治疗患者的总有效率（84.4% vs. 67.5%，P=0.02）、中位生存期（12.8个月vs. 9.4个月）和1年生存率（58.4% vs. 37.7%，P=0.002）明显更好。伊立替康联合治疗与3级或4级腹泻率较高相关（P=0.01），而顺铂联合依托泊苷治疗与骨髓抑制率较高相关（P=0.0001）。然而，西南肿瘤学组（SWOG）采用相同的研究设计进行了一项验证性试验，未发现伊立替康对生存有益[24]。在这项针对651例患者的大型试验中，除了伊立替康相比顺铂联合依托泊苷的DFS有改善的趋势（5.7个月vs.5.2个月，P=0.07）外，其余疗效的参数都非常相似。顺铂联合依托泊苷组的3级或4级中性粒细胞减少和血小板减少症发生率较高，而PI组的3级或4级恶心/呕吐和腹泻发生率较高。一项Ⅲ期优效性试验比较了一种新的伊立替康的剂量和给药时间方案［第1天和第8天给予伊立替康（65 mg/m^2）和顺铂（30 mg/m^2）］，与标准的顺铂联合依托泊苷方案的疗效，结果显示两组生存率相似[25]。在欧洲对一个不同的PI治疗方案，即伊立替康（65 mg/m^2；第1，8天）联合顺铂（80 mg/m^2，第1天）与标准的顺铂联合依托泊苷方案进行了比较评估[26]。如假设的那样，数据显示伊立替康联合顺铂组的获益不劣于顺铂联合依托泊苷组，中位总生存期分别为10.2个月和9.7个月（HR为0.81，95% CI为0.61～1.01，P=0.06）。伊立替康联合顺铂的总有效率为39%，顺铂联合依托泊苷的总有效率为47%，进展时间分别为5.4个月和6.2个月。两组的3级或4级不良事件发生率相似，但伊立替康联合顺铂组更多的患者出现胃肠道毒性，而顺铂联合依托泊苷组更多患者出现中性粒细胞减少症。2013年，韩国研究人员报告了一项Ⅲ期试验的结果，该试验将伊立替康联合顺铂（第1天，第8天，伊立替康；第1天，顺铂）与顺铂联合依托泊苷标准治疗方案进行了比较[27]。然而，该试验未证明伊立替康的优势（HR为0.88，95%CI为0.73～1.05，P=0.12）。伊立替康的中位总生存期为10.9个月，顺铂联合依托泊苷的中位总生存期为10.3个月。伊立替康的总反应率显著较高（62.3% vs. 48.2%，P=0.0064），但无进展生存期无显著差异（6.5个月vs. 5.8个月）。伊立替康组的贫血、恶心和腹泻的发生率更高。

IRIS研究对伊立替康与卡铂的联合治疗也进行了评估。表明与口服依托泊苷加卡铂相比，伊立替康加卡铂的存活率更高。然而，两个研究组的总生存时间都很低，都不到9个月[28]。给药的剂量和时间与常规不同，低于其他公布的方案，第1天服用伊立替康（175 mg/m^2）和卡铂（AUC 4），与第1～5天口服依托泊苷（120 mg/m^2）和第1

表52.1　一线联合化疗方案治疗小细胞肺癌的Ⅲ期临床随机对照试验结果

作者（年）	方案	病例数	总反应率（%）	无进展生存期（月）	中位生存期（月）	1年生存率（%）
Noda等[23]（2002）	PI	77	84.4[a]	6.9[b]	12.8[c]	58.4
	PE	77	67.5	4.8	9.4	37.7
Lara，Jr.等[24]（2009）	PI	324	60	5.8	9.9	41
	PE	327	57	5.2	9.1	34
Hanna等[25]（2006）	PI	221	48	4.1	9.3	35
	PE	110	44	4.6	10.2	35
Zatloukal等[26]（2010）	PI	202	39	5.4	10.2	42
	PE	203	47	6.2	9.7	39
Kim等[27]（2013）	PI	173	62[d]	6.5	10.9	NR
	PE	189	48	5.8	10.3	NR
Hermes等[28]（2008）	IC	105	NR	NR	8.5	37[b]
	EC	104	NR	NR	7.1	19
Schmittel等[29]（2011）	IC	106	54	6.0	10.0	37
	EC	110	52	6.0	9.0	30
Eckardt等[31]（2006）	PT	389	63	6.0[b]	9.8	31
	PE	395	69	6.2	10.0	31
Fink[32]（2012）	PT	357	56[e]	6.9[e]	10.3	40
	PE	346	46	6.1	9.4	36
de Jong等[33]（2007）	CDE	102	60	4.9	6.8	24
	CT	101	61	5.2	6.7	26
Socinski等[35]（009）	PemC	364	31	3.8	8.1	NR
	EC	369	52[f]	5.4[g]	10.6[g]	NR
Kotani等[36]（2012）	AP	142	78	5.1	15.3	NR
	IP	142	72	5.7	18.3	NR
Mavroudis等[37]（2001）	PET	62	50	11.0[b]	9.5	38
	PE	71	48	9.0	10.5	37
Reck等[38]（2003）	CET	301	72	8.1[h]	12.7	48
	CEV	307	69	7.5	11.7	51
Niell等[39]（2005）	PET	293	75	6.0	10.6	38
	PE	294	68	5.9	9.9	37
Pujol等[40]（2001）	PCDE	117	76[b]	7.2[i]	10.0	40[i]
	PE	109	61	6.3	9.3	29

注：[a]$P=0.02$；[b]$P=0.003$；[c]$P=0.0004$；[d]$P=0.0064$；[e]$P=0.01$；[f]$P<0.001$；[g]$P<0.01$；[h]$P=0.033$；[i]$P<0.0001$；[j]$P=0.0067$；AP，氨柔比星和顺铂；CDE，环磷酰胺、多柔比星和依托泊苷；CET，卡铂、依托泊苷和紫杉醇；CEV，卡铂、依托泊苷和长春新碱；CT，卡铂和紫杉醇；EC，依托泊苷和卡铂；IC，伊立替康和卡铂；IP，伊立替康和顺铂；NR，未报告；PCDE，环磷酰胺、卡铂、多柔比星和表柔比星；PE，顺铂和依托泊苷；PemC，培美曲塞和卡铂；PET，顺铂、依托泊苷和紫杉醇；PI，顺铂和伊立替康；PT，顺铂和拓扑替康

天服用卡铂（AUC 4）。在德国进行了另一项试验，随机将216例患者分为伊立替康（50 mg/m^2；第1，8，15天）联合卡铂（AUC 5）组或静脉注射依托泊苷（140 mg/m^2，第1～3天）联合卡铂（AUC 5）组[29]。在总生存期方面，伊立替康方案未发现优于依托泊苷方案（HR为1.34，95%CI为0.97～1.85，P=0.072）。中位总生存期分别为10个月和9个月。两个治疗组的总反应率和无进展生存期相似。

对包括2027例患者在内的7项随机对照试验的Meta分析显示，伊立替康联合铂类比依托泊苷联合铂类具有生存优势（HR为0.81，95%CI为0.71～0.93，P=0.003）[30]。无进展生存期及总有效率无显著差异。与依托泊苷方案相比，伊立替康方案产生的血液毒性显著降低，但胃肠毒性更大。总的来说，这些数据表明，伊立替康或依托泊苷加上一种铂类化合物的联合治疗方案是广泛期SCLC患者一线治疗的合理选择。

拓扑替康是一种对于复发性SCLC具有活性的药物，也在一线临床进行了评估。口服或静脉注射拓扑替康联合顺铂的两项大型Ⅲ期临床试验均未显示出优于标准的顺铂联合依托泊苷方案的生存优势。两种方案的疗效参数相似，中位生存时间为9～10个月[31-32]。静脉注射拓扑替康方案的总有效率明显升高（56% vs. 46%，P=0.01），无进展生存期延长（7个月vs. 6个月，P=0.004），但与更多的血液毒性相关。

目前，还有几项关于铂类联合其他药物的组合。一项紫杉醇加卡铂与CDE比较的试验显示，与标准方案相比，双联疗法没有获益，两组患者的存活率均不高（少于7个月）[33]。培美曲塞与卡铂联合治疗的Ⅲ期临床试验意外地显示出，其疗效低于标准治疗方案。在培美曲塞联合顺铂或卡铂的一项随机Ⅱ期研究中，卡铂组的中位生存期为10.4个月，耐受性良好[34]。一项Ⅲ期研究，即在SCLC广泛期对培美曲塞进行的总体分析，旨在表明培美曲塞（500 mg/m^2）联合卡铂（AUC 5）与依托泊苷联合卡铂相比并不差。733例患者被随机分配到治疗组，当预先确定的无进展生存期的无效终点显示实验组较低时，研究提前终止[35]。在最终分析中，总存活率较差（HR为1.56，95%CI为1.27～1.92，P<0.01）。培美曲塞联合卡铂组的总生存期为8.1个月，依托泊苷联合卡铂组为10.6个月。培美曲塞联合卡铂组的中位无进展生存期为3.8个月，依托泊苷联合卡铂组为5.4个月（P<0.01）。依托泊苷联合卡铂组的总反应率也优于培美曲塞和卡铂组（52% vs. 31%，P<0.001）。在依托泊苷组中观察到中性粒细胞显著减少和中性粒细胞减少性发热。培美曲塞组在治疗期间或30天内的死亡率高于依托泊苷组（16% vs. 10%，P=0.032），毒性相关死亡率更高（1.4% vs. 0，P=0.028）。

另一种新的细胞毒性药物是氨柔比星，其早期研究结果很有希望，但在Ⅲ期临床试验中没有显示出生存优势。一项Ⅲ期随机研究显示，氨柔比星加顺铂组的效果不如PI组[36]。将284例患者随机分为两组，一组使用多柔比星（35～40 mg/m^2，第1～3天）和顺铂（60 mg/m^2），每3周1次；另一组使用顺铂（60 mg/m^2，第1天）和伊立替康（60 mg/m^2；第1，8，15天），每4周1次。氨柔比星加顺铂组的中位总生存期为15个月，而伊立替康加顺铂组的中位总生存期为18.3个月（HR为1.33，95%CI为1.01～1.74，P=0.681），这一结果超过了非劣效性界限。氨柔比星加顺铂组的无进展生存期为5.1个月，伊立替康加顺铂组的无进展生存期为5.7个月，两组的总有效率分别为78%和72%。氨柔比星加顺铂组4级中性粒细胞减少症（79% vs. 23%）和发热性中性粒细胞减少症（32% vs. 11%）的发生率增加。

大多数新型药物的良好毒性特征使研究人员探索了将其整合到活性双联药物中的可能性（表52.1）。3项随机试验评估了紫杉醇加顺铂联合依托泊苷或卡铂联合依托泊苷的疗效，结果并没有产生优于传统双联的生存益处，并且毒性增加[37-39]。法国研究人员评估了一种四药方案，他们在顺铂和依托泊苷中加入环磷酰胺和4′-表柔比星（PCDE）。PCDE患者的完全缓解率（21% vs. 13%，P=0.02）和总生存期（10.5个月vs. 9.3个月，P=0.0067）有显著改善[40]。然而，与顺铂和依托泊苷组（8%）相比，PCDE组的血液毒性显著增高，22%的患者有感染记录（P=0.0038）。毒性相关死亡率相似，PCDE组为9%，顺铂和依托泊苷组为5.5%。自20世纪90年代初以来，新的化疗药物在一线治疗中没有重大突破。铂类加依托泊苷或伊立替康仍然是SCLC的标准治疗方法。

1.2 替代化疗策略

替代化疗策略侧重于修改既定方案的剂量和时间，包括剂量强化、交替非交叉耐药化疗和延长治疗时间。然而，随着分子靶向药物的发现，研究人员基本放弃了优化当前的化疗方案。

1.2.1 剂量强化

剂量强度定义为每周每平方的剂量。剂量增强可以通过增加给药剂量或缩短剂量间隔（剂量密度）来实现。临床前肿瘤模型的结果表明，克服耐药性的最简单方法之一是剂量递增[41]。20世纪70年代后期，Cohen等[42]将患者随机分配到接受标准剂量的环磷酰胺、甲氨蝶呤和洛莫司汀组或高剂量的环磷酰胺、甲氨蝶呤和洛莫司汀组。结果显示在高剂量组的患者具有更高的总反应率，进而延长了生存期，其中一部分患者能够长期存活。依据以上结果，导致接下来7项随机临床试验的开展，这7项试验对局限期和广泛期SCLC患者的高剂量化疗与常规剂量化疗进行了比较[43-49]。这些试验大多数是在20世纪80年代进行的，结果并没有显示出临床获益。2004年，西班牙肺癌组织重新审查了这个问题[49]。他们在402例SCLC患者中对高剂量表多柔比星（100 mg/m^2，第1天）联合顺铂（100 mg/m^2，第1天）与标准方案顺铂（100 mg/m^2，第1天）联合依托泊苷（100 mg/m^2，第1～3天）进行了比较，结果显示两组的疗效结果相似。1989年发表的一项针对局限期SCLC的研究表明，顺铂和环磷酰胺的剂量在PCDE方案的第一个周期增加20%时，2年生存率为43%，而标准PCDE方案的2年生存率为23%[50]。

剂量强化的治疗方案显示出不同的结果。一种组合是顺铂（25 mg/m^2，每周，为期9周），长春新碱（1 mg/m^2，偶数周，为期9周），以及多柔比星（40 mg/m^2，奇数周，第1～3天，为期9周）和依托泊苷（80 mg/m^2，奇数周，第1～3天，为期9周）（CODE）。在48例广泛期SCLC患者中，这是第一个2年生存率可达30%的方案[51]。研究人员能够给药接近全部4种药物的预期全剂量，从而将剂量强度增加2倍。加拿大国家癌症研究所-癌症治疗组（National Cancer Institute of Canada-cancer treatment group，NCIC-CTG）与SWOG合作进行了一项Ⅲ期试验，比较了CODE方案与常规交替使用CAV/顺铂联合依托泊苷治疗广泛期SCLC患者的情况[52]。CODE组的反应率较高，但无进展或总生存率无差异。虽然中性粒细胞减少和发热的发生率相似，但接受CODE治疗的110例患者中有9例发生毒性相关死亡，而接受CAV/顺铂联合依托泊苷治疗的109例患者中有1例死亡（P=0.42）。鉴于高毒性相关死亡率和相似的疗效，不建议使用CODE。日本研究人员随后证实，在CODE中加入粒细胞集落刺激因子（granulocyte colony-stimulating factor，G-CSF）可增加接受的平均总剂量强度，降低中性粒细胞减少和发热性中性粒细胞减少的发生率，并显著延长生存期（59周vs.32周，P=0.0004）[53]。这导致了CODE加G-CSF与CAV/顺铂联合依托泊苷进行对比的一项Ⅲ期试验[54]。CODE的反应率明显较高，但没有生存优势。CODE加G-CSF的毒性相关死亡率很低，只报道了4例死亡。

1993—2002年欧洲研究者公布的7项Ⅲ期其中试验评估了有或无集落刺激因子的剂量强化方案[55-61]。两项试验显示了剂量强化的生存优势，其他试验得出了与标准治疗方案相似的结果。Steward等[58]试验表明，长春新碱、异环磷酰胺、卡铂和依托泊苷（ICE）的剂量强化化疗方案相比于该方案的标准治疗剂量可显著延长生存期。剂量强化组和标准组的中位生存时间分别为443天和351天（P=0.0014），2年生存率分别为33%和18%。尽管强化组的剂量强度增加了26%，但反应率没有差异。英国医学研究委员会将403例患者随机分配为接受每周2～3次的多柔比星、环磷酰胺和依托泊苷治疗[59]。在这项试验中，剂量强度提高了34%。尽管两组的应答率相似，但剂量强化组的完全应答率有显著改善（40% vs. 28%，P=0.02），2年生存率显著提高（13% vs. 8%，P=0.04）。亚组分析表明，广泛期SCLC患者的生存获益与局限期患者相同。

先前试验失败的一个可能解释是剂量强度不足以产生生存获益。为了明确回答有关剂量强化的问题，采用干细胞解救进行了研究，这将允许化疗剂量增加200%～300%。多项小型研究表明，这种方法是可行的。最初的研究集中在对传统细胞毒性治疗有反应的患者，然后接受高剂量的干细胞修复巩固治疗。Humblet等[62]于1987年报道了一项随机对照试验，测试晚期强化策略。101例患者接受标准诱导化疗，45例具有化疗敏感性的患者随机分配接受额外1周期高剂量环磷酰胺、卡莫司汀和依托泊苷或相同药物的常规剂量。在这一高度选择的患者组中，高剂量组的中位总生存期为68周，而传统治疗组为55周（P=0.13）。

由于外周血干细胞移植安全性和可行性的提高，其已经在很大程度上取代了自体骨髓移植。日本研究人员报道了在18例限制性SCLC患者中同步超分割放化疗后，使用高剂量ICE和自体外周血干细胞移植治疗的Ⅱ期研究结果[63]。完全缓解率为61%，中位生存时间为36.4个月。报道了1例与毒性有关的死亡。研究报道时试验仍在进行中。另外还有3项使用高剂量ICE化疗和外周血解救作为SCLC的一线治疗的随机试验报道[64-66]。最大的试验纳入318例主要为局限期SCLC的患者，并比较了6个周期的剂量强化ICE方案（每14天1次），使用G-CSF动员的全血造血祖细胞和6个周期的标准ICE方案（每28天1次）[64]。尽管剂量强化方案的中位剂量强度加倍（182% vs. 88%），但中位生存时间（14.4个月vs. 13.9个月）和2年生存率相当（22% vs. 19%）。相比之下，Buchholz等[65]开展的一项相同的研究在70例患者入组后中止。这项小型的单中心研究结果显示，剂量强化组的中位生存期为30.3个月（P=0.001），2年生存率为55%，进展时间为15个月（P=0.0001），而标准剂量组中位生存期为18.5个月，2年生存率为39%，进展时间为11个月。欧洲血液和骨髓移植组织进行了一项类似的研究[66]。在计划入组的340例患者中，因有140例患者获益不良而终止研究。高剂量组的中位剂量强度为293%，但该剂量并未产生生存效益。其中位生存时间为18.1个月，3年生存率为18%，而标准ICE组分别为14.4个月和19%。在所有亚组分析中均未观察到高剂量ICE组获益。

总的来说，大多数使用剂量强化策略的试验并没有显示出比标准疗法对广泛期SCLC患者的生存优势，更高剂量通常与更大的毒性相关，因此，广泛期疾病患者应放弃这种方法。在局限期SCLC患者中，最佳药物剂量仍不清楚，有几项研究表明可能有益处，但仍需在治疗环境中继续评估药物的剂量强度是否合理。

1.2.2　交替非交叉耐药化疗方案

为了使多种抗肿瘤活性药物达到最大的抗肿瘤效果，应同时以最佳单剂剂量给药。然而，由于药物毒性经常重叠，在临床环境中严格遵守这种方法往往是不可能的。20世纪80年代，Goldie等[67]提出交替使用两种疗效相当的非交叉耐药化疗方案，可以在避免患者过度毒性的同时，最大限度地减少耐药性的发展。这一策略对SCLC特别有吸引力，因为CAV、顺铂和依托泊苷都对SCLC有很高的活性，并且来自不同药物类别。3项随机Ⅲ期临床试验来评价CAV和CAV交替使用顺铂与依托泊苷的疗效[16-17, 68]。美国和日本的研究显示，研究组之间的疗效相似，而NCIC-CTG报道的交替方案的疗效更好，总有效率分别为80%和63%（P<0.002），生存时间分别为9.6个月和8.0个月（P=0.03）。NCIC-CTG的研究人员继续在局限期SCLC患者中对这种方案进行了评估[69]。患者在两种方案之间被随机分配，交替使用CAV/顺铂联合依托泊苷，或者顺序治疗3个周期的CAV，然后是3个周期的顺铂联合依托泊苷。对有疾病反应的患者进行化疗后放疗。研究组的治疗结果并没有显著差异。SWOG进行了类似的研究，发现在局限期患者中CAV/顺铂和依托泊苷交替方案没有优于依托泊苷、长春新碱、多柔比星和环磷酰胺方案[70]。

欧洲癌症研究和治疗组织报道了一项试验，研究了两种相对非交叉耐药的方案：CDE和长春新碱、卡铂、异环磷酰胺及美司那[71]。患有广泛期SCLC的患者被随机分配接受最多5次CDE方案或由CDE（第1，3，5个周期）和长春新碱、卡铂、异环磷酰胺、美司那（第2，4个周期）组成的交替方案。该试验计划入组患者360例，最终累积入组148例，标准组的中位生存时间为7.6个月，交替组为8.7个月（P=0.243）。

虽然交替药物假说没有显示出生存获益，但是用于治疗SCLC新型活性药物的出现对交替药物使用进行了重新评估。北中癌症治疗小组对依托泊苷联合顺铂交替使用拓扑替康联合紫杉醇进行了试验[72]。该试验的总反应率为77%，包括44例可评估患者中有4例完全缓解。中位生存期为10.5个月，1年和2年生存率分别为37%和12%。尽管在第2，4，6周期使用非格司亭，这种交替方案的3级和4级中性粒细胞减少症发生率高达95%。希腊肿瘤学研究组采用顺铂和依托泊苷交替使用拓扑替康治疗36例未经治疗的广泛期SCLC患者[73]。总有效率为64%，14%的患者完全缓解。顺铂和依托泊苷治疗期间39%的患者出现3级和4级中性粒细胞减少，拓扑替康治疗后，55%的患者出现中性粒细胞减少。这些将新化疗药物纳入交替策略的有限数据令人失望。综上所述，交替使用新的和（或）旧的细胞毒性药物来克服耐药性是一种失败的策略，不应继续。

1.2.3　治疗时间和维持治疗

SCLC的理想化疗周期数尚未确定。然而，基于先前描述的随机试验的结果，4～6个周期被认为是标准周期。对于巩固或维持方法延长治疗的作用也有专门的临床试验进行了评估。14项试验中有3个取得了阳性的结果[74-76]。这3项试验都是在1982年开始的。在局限期SCLC患者的两项试验中，对有或没有胸部放疗的CAV诱导后有反应的患者，给予2～4个周期的顺铂联合依托泊苷巩固治疗[74-75]。其余试验随机将无进展局限期或广泛期SCLC患者分配到额外4个周期CEV组或观察组[76]。尽管该试验显示CEV的4个周期较差，但与疾病进展时给予的姑息治疗相比，接受或不接受挽救治疗情况下接受8个周期CEV治疗患者的生存期并没有长于复发时接受4次CEV和挽救治疗的患者。东方肿瘤合作组（ECOG）评估了拓扑替康巩固和（或）维持治疗的作用[77]。232例无进展广泛期SCLC患者被随机分配到接受4个周期拓扑替康治疗组或观察组。从随机分组之日起，拓扑替康组的无进展生存期明显优于单独观察组（3.6个月vs. 2.3个月，$P<0.001$），但两组的总生存率无显著差异（8.9个月vs. 9.3个月，$P=0.43$）。2013年发表了一项涉及1806例患者的14项维持化疗随机试验的Meta分析[78]。与单独观察相比，维持性化疗未能提高生存率，1年死亡率的比值比为0.88（95%CI为0.66～1.19，$P=0.414$）。然而，维持治疗确实显著延长了广泛期患者的无进展生存期（HR为0.72，95%CI为0.58～0.89，$P=0.003$）。这种益处仅限于接受过换药维持治疗的患者。总体而言，在联合方案的4～6个周期后进行化疗是不合理的。应密切关注患者的复发迹象和症状。文章发表时评价靶向药物维持治疗的临床试验仍在进行中。

总之，含有依托泊苷或伊立替康的铂类双药联合方案仍然是SCLC患者的标准治疗方法。虽然广泛的研究多年来没有改变SCLC的治疗标准，但对监测、流行病学和最终结果（SEER）数据库的分析显示，目前的治疗方法在生存率方面取得了适度但明显的改善[79]。1973年广泛期SCLC的2年生存率为1.5%，而2000年为4.6%，而局限期SCLC的5年生存率在相似时期内从4.9%增加到10%（图52.1）。此外，最近的SCLC基因组特征提供了一种乐观的观点，即有效的新药物即

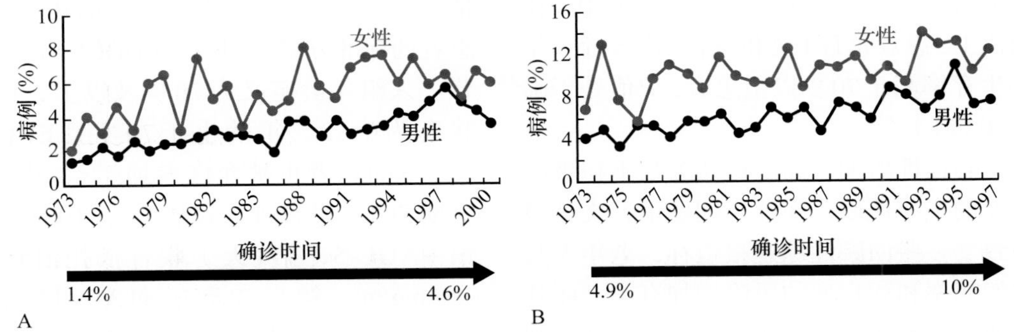

图52.1　（A）1973—2000年的广泛期小细胞肺癌的全因生存趋势；（B）1973—1997年的局限期小细胞肺癌的全因生存趋势

经许可修改自：Govindan R, Page N, Morgensztern D, et al. Changing epidemiology of small-cell lung cancer in the United States over the last 30 years: analysis of the Surveillance, Epidemiologic, and End Results database. J Clin Oncol. 2006, 24 (28): 4539–4544.

将问世。

2 老年患者一线化疗方案

根据SEER数据库显示，42%的SCLC患者在诊断时年龄≥70岁[80]。在世界范围内，SCLC年龄分布相似[81-82]。此外，老年SCLC患者的5年生存率明显低于年轻患者（P<0.0001），并且在15年的研究中没有改变[80]。1998—2003年，70岁以下患者的5年生存率为6.5%，70～79岁患者的5年生存率为3.4%，80岁及以上的患者5年生存率为2.4%。

SWOG研究对SCLC预后因素的回顾性研究在年龄方面显示出了不同的结果[83]。对参加SWOG研究的2580例患者（其中约10%年龄较大）进行的分析显示，70岁以上的患者有显著的死亡风险，对于局限期SCLC患者HR为1.5（P<0.0001），对于广泛期SCLC患者HR为1.3（P=0.006）。相比之下，1991年一项较小的研究回顾了来自多伦多大学临床试验数据库的614例局限期及广泛期SCLC患者，分析表明年龄超过70岁并不是预后较差的重要预测因素[84]。Pignon等[83]在1992年发表的一项Meta分析纳入了来自13项随机试验的2140例局限期SCLC患者，这些试验旨在确定胸部放疗联合化疗与单独化疗相比的作用。接受联合治疗的70岁以上患者的相对死亡风险为1.07，高于仅接受化疗的老年患者。自这项Meta分析之后，对两项NCIC-CTG试验BR.3和BR.6进行了回顾，其中涉及618例接受相同化疗方案的局限期SCLC患者，年龄小于70岁和年龄大于70岁患者的生存率均无差异[84]。在美国组间研究中，比较局限期SCLC患者每日1次和每日2次放疗，年轻患者的生存率高于70岁以上患者，P值处于临界值（P=0.051）[85]。

由于担心毒性增加，高龄被认为是不积极治疗或不治疗的主要原因。在这个问题上，文献报道并不一致。一些回顾性综述报道称，老年人与化疗相关发病率和死亡率的风险增加有关。而其他研究表明，与未接受治疗相比，尽管毒性和剂量降低，老年患者在化疗和（或）放疗后仍能获得生存益处[86-93]。皇家马斯登医院的一项综述调查了1982—2003年接受化疗的322例老年（≥70岁）SCLC患者的生存结果[94]。1995—2003年接受治疗患者的中位生存期为43周，1年生存率为37%，1982—1994年接受治疗患者的中位生存期为25周，1年生存率为14%（P<0.001）。接受铂联合治疗患者的生存率明显高于接受单一药物或其他联合治疗的患者（P<0.001）。顺铂方案和卡铂方案之间没有发现生存差异。在2005年对54例局限期SCLC老年患者进行的一项分析中，这些患者参加了中北癌症治疗组顺铂和依托泊苷联合每日2次或每日1次胸部放疗的Ⅲ期试验，尽管老年患者的毒性反应率较高，但他们的生存率与年轻患者相比没有明显不同[95]。这些结果证实了美国的组间研究结果。有关年龄特异性结果需要更多的Ⅲ期试验数据的支持。

为了正式解决老年SCLC患者的剂量耐受性问题，Ardizzoni等[96]随机将70岁及以上的患者随机分配到顺铂（25 mg/m^2，第1天，第2天）联合依托泊苷静脉注射（60 mg/m^2，第1～3天），每3周1次，共4个周期（减量剂量方案，共28例患者）或顺铂（40 mg/m^2，第1天，第2天）联合依托泊苷静脉注射（100 mg/m^2，第1～3天）加用预防性G-CSF（全剂量方案，共67例患者）。采用减剂量方案治疗的患者预后较差。减量组有效率为39%，全剂量组有效率为68%，1年生存率分别为18%和39%。在减量组中未报道3级或4级骨髓毒性，但在全剂量组中发现10%患者发生3级或4级骨髓毒性。全剂量组有1例毒性相关性死亡。两组的中位周期次数均为4次，75%的减量组患者和72%的全剂量组患者完成了所有计划周期。日本研究人员进行了一项Ⅲ期试验，以评估几乎全剂量的卡铂联合依托泊苷是否优于老年患者的标准方案，即由分剂量的顺铂联合依托泊苷。入组年龄定义为70岁及以上，ECOG表现状态为0～2。年龄小于70岁且ECOG表现状态为3的患者也被允许参加[97]。共有220例广泛期SCLC患者进入该研究，110例患者接受卡铂（AUC 5，第1天）联合依托泊苷静脉注射（80 mg/m^2，第1～3天），每3～4周1次，共4个周期；109例患者接受顺铂（25 mg/m^2，第1～3天）联合依托泊苷静脉注射（80 mg/m^2，第1～3天），每3～4周1次，共4个周期。两个治疗组都推荐使用G-CSF。多达92%的患者符合老年人的标准，8%的患者风险较低。两个治疗组的客观反应率相同（73%）。卡铂联合依托泊苷组的中位生存期为10.6个月，1年生存率为41%，而分剂量顺铂联合依托泊苷组的中位生存期为9.9个月，1年生存率为35%。两组中3级或4级中性粒细胞减少的发生率均高（卡铂联合依托泊苷组为95%，分剂量顺铂联合依托泊苷组为90%）。3级或4级血小板减少症发生率有显著差异（卡铂联合依托泊苷组为56%，分剂量顺铂联合依托泊苷组为16%，$P=0.01$）。有4例与治疗相关的死亡，其中3例在卡铂联合依托泊苷组，1例在分剂量顺铂联合依托泊苷组。作者得出结论，两种方案都是合理的治疗选择。

老年SCLC患者的最佳化疗方案尚不清楚。年龄不应该是治疗决策的唯一决定因素。由合并症和表现状态决定的生理年龄为指导治疗决策提供了更清晰的框架。在70岁及以上的患者中，适合老年人（ECOG表现状态为0或1）和体弱（ECOG表现状态为2～4）等类别在临床与研究环境中都是有益的指标。尽管数据有限，但结果提示在具有可接受毒性的老年患者亚群中获得生存益处。随着老年人口的不断增加，制订循证治疗计划至关重要，并且需要对该人群进行额外的临床研究。

3　对于表现状态不佳患者的一线化疗方案

患者表现状态被普遍认为是一个独立的影响预后的因素，这通常与肿瘤负担的程度相关。对大型数据库的几项回顾性研究证实，SCLC患者的生存时间较短与较差的表现状态有关[98-100]。尽管存活率很低，但ECOG表现状态为2的患者通常有资格参加临床试验，因为临床经验表明，由于肿瘤负担而表现状态不佳的患者，可以通过有意义的症状缓解、改善的表现状态和延长的生存期对治疗做出反应。然而，参加临床试验的表现状态不佳的患者数量较少，无法获得与表现状态相关的结果数据。

特别包括表现状态不佳患者的临床试验很少，而且是在二十多年前进行的。因为依托泊苷口服制剂的有效性及低毒性，两个试验对其进行了评估。第一项研究随机将ECOG表现状态2～4的未经治疗的患者分为口服依托泊苷组（50 mg，一天2次）10天（171例患者），或顺铂联合依托泊苷或CAV的标准化疗方案组（168例患者）[101]。主要终点是3个月后症状缓解。由于口服依托泊苷的存活率较低，数据安全和监测委员会提前停止了试验。口服依托泊苷组存活期为130天，标准组存活期为183天（$P=0.03$）。两组的缓解率相似（分别为41%和46%）。两组2级或更高的血液毒性均较低（分别为21%和26%）。第二项试验由伦敦肺癌组织进行，纳入对象为年龄小于75岁、ECOG表现状态为2或3的患者，或年龄≥75岁、任何表现状态的患者，口服100 mg依托泊苷5天（75例患者），或CAV/顺铂联合依托泊苷交替使用（80例患者）[102]。研究者假设口服依托泊苷会产生相似的生存率，但会提高生活质量。由于口服依托泊苷组的存活率明显较低，本研究也提前终止。口服依托泊苷组中位生存期为4.8个月，1年生存率为9.8%，而CAV/顺铂联合依托泊苷组分别为5.9个月和19.3%（$P<0.05$）。3级和4级毒性在两组之间并不常见且相似，在CAV/顺铂联合依托泊苷组中报道了更多的恶心和呕吐。在另一项研究中，医学研究委员会肺癌工作组将310例表现不佳的患者随机分配接受4种药物（依托泊苷、环磷酰胺、甲氨蝶呤和长春新碱）的治疗方案（对照组）或依托泊苷和长春新碱的两种药物治疗方案[103]。两组在症状缓解、应答率及生存时间方面没有发现差异。然而，对照组中出现更多的早期死亡，且该组中2级或更高的血液毒性和黏膜炎也更严重。

尽管缺乏数据，但专家们普遍认为，如果是因为疾病本身的原因导致患者表现状态不佳，则应向患者提供标准的铂类化疗，并密切监测，因为他们有机会缓解症状和延长生存期。

4　二线化疗

尽管对最初一线铂类化疗方案有很高的反应率，但广泛期SCLC通常会在3～6个月内复发。导致疾病进展的耐药确切机制尚未明确，但可能是多因素的[104]。复发通常预示着预后不良。未接受进一步治疗患者的中位生存期少于3个月[105]。

传统上，先前接受过基于铂治疗的患者分为两类，反映其疾病的铂敏感性状态[106]。一类是对铂敏感，是指在最后一次给药后90天或更长时间复发；另一类对铂不敏感，是指在最后一次治疗后90天内复发。第三类是铂类耐药，在基于铂的治疗过程中病情进展的患者，这些患者通常与对铂不敏感归在一类。根据铂敏感性对疾病进行分类的做法源于1988年发表的一项小型单臂Ⅱ期替尼泊苷试验的开创性观察[107]。在涉及50例患者的研究中，对二线替尼泊苷的反应似乎与先前对铂类治疗的反应有关，并且与最后一线治疗和替尼泊苷开始治疗之间的时间长度有关。从那时起，在二线的临床试验中根据患者疾病的铂敏感性对患者进行了常规分层，从而导致更大的样本量和更多资源的使用。从SWOG获得的最新数据显示，在二线及以上的一系列Ⅱ期试验中治疗患者的铂敏感性状态可能不再与预后相关。在对329例接受铂治疗SCLC患者进行的3项SWOG Ⅱ期试验的汇总分析中，151例患者对铂敏感，178例患者对铂类不敏感[108]。在该分析中，根据基线预后因素调整的Cox比例危险模型显示，升高的血清乳酸脱氢酶水平（HR为2.04，$P<0.001$）、男性（HR为1.36，$P=0.04$）、表现状态为1（HR为1.25，$P=0.02$）、体重减轻至少5%（HR为1.53，$P=0.01$）与总生存率独立相关。铂敏感状态与无进展生存期（HR为1.11，$P=0.49$）或总生存率（HR为1.25，$P=0.14$）均无相关性。然而，这些数据必须在临床使用前进行前瞻性验证。

值得注意的是，在顺铂联合依托泊苷作为广泛期SCLC的一线治疗方案建立之前，全身治疗主要包括其他多药化疗方案，最常见的是CAV。在那个时代，顺铂联合依托泊苷是对CAV无效的SCLC的典型治疗选择。在一项Ⅲ期SWOG试验中，103例疾病复发且被分类为高风险或低风险的患者被随机分配到顺铂联合依托泊苷组或4种药物（卡莫司汀、塞替派、长春新碱和环磷酰胺）治疗组。对于高风险的患者，顺铂联合依托泊苷组的中位生存期为35周，4种药物治疗组的中位生存期为10周。两组中低风险患者的反应率不佳（9%），中位生存期短（10～12周）。此外，对顺铂联合依托泊苷治疗无反应的患者，使用CAV并没有明显的获益[16-17, 107]。随后，几项新方法的Ⅲ期试验评估了这些全身治疗方法在预处理环境中的作用（表52.2）。

表52.2 小细胞肺癌二线化疗方案的Ⅲ期试验

作者（年）	方案	病例数	总反应率（%）	中位生存期	1年生存率（%）
von Pawel等[109]（1999）	拓扑替康	107	24.3	25周	14.2
	CAV	104	18.3	18.3周	14.4
O'Brien等[110]（2006）	拓扑替康	71	NR	25.5周[a]	NR
	最好的支持治疗	70	7	13.9周	NR
Eckardt等[111]（2003）	拓扑替康（IV）	151	21.9	35周	29
	拓扑替康（PO）	153	18.3	33周	33
Jotte等[112]（2011）	拓扑替康（IV）	424	31	7.5个月	28
	氨柔比星	213	17	7.8个月	25

注：[a]$P<0.05$；CAV，环磷酰胺、多柔比星和长春新碱；IV，静脉注射；NR，未报告；PO，口服

拓扑异构酶-1抑制剂拓扑替康在20世纪90年代末期开始使用，并在早期试验中发现对以前治疗过的SCLC有效。在一项针对211例诱导治疗完成后超过60天复发SCLC患者的小型Ⅲ期试验中，发现拓扑替康［1.5 mg/（m^2·d），第1～5天，每21天1次］与传统CAV的疗效相当[113]。该试验的主要终点是客观缓解率，次要终点为总生存期。在最终分析中，治疗组的总反应率和中位生存期没有显著差异（分别为24.3% vs. 18.3%和25周vs. 24.7周）。提示拓扑替康未能证明明显优于CAV的疗效优势。然而，尽管拓扑替康组3级或4级贫血和血小板减少的发生率较高，但呼吸困难、疲劳、厌食和声音嘶哑等症状似乎得到了显著改善。美国FDA批准

拓扑替康作为基于症状控制的铂敏感性复发疾病患者的二线治疗。后来开发了拓扑替康的口服制剂以方便患者服用。为了评估该制剂的疗效，141例复发性SCLC患者被随机分配接受口服拓扑替康［2.3 mg/（m^2·d），连续5天］加上最佳支持治疗或每21天1次的最佳支持治疗[109]。口服拓扑替康优于最佳支持治疗，中位生存时间为25.9周，而最佳支持治疗为13.9周（P=0.01）。在既往治疗结束后60天以内和60天以上的疾病复发患者中，生存优势得到了确认。口服拓扑替康最常见的毒性是血液系统毒性。3级和4级中性粒细胞减少发生率为61%，血小板减少症发生率为38%，贫血发生率为25%。随后，对化疗后复发超过90天的铂敏感性疾病患者口服拓扑替康和静脉滴注拓扑替康进行比较[110]。153例患者接受口服拓扑替康［2.3 mg/（m^2·d），第1～5天，每21天1次］，151例患者接受标准剂量的静脉注射拓扑替康［1.5 mg/（m^2·d），第1～5天，每21天1次］。口服药物组的反应率、中位生存期和1年生存率分别为18.3%、33周和33%，而静脉给药组分别为21.9%、35周和29%。口服药物组4级中性粒细胞减少症的发生率为47%，静脉给药组为64%。两组患者的生活质量相当。美国FDA随后批准口服拓扑替康治疗敏感和耐药/难治性SCLC。

21世纪初期，人们对蒽环类抗生素在复发性SCLC中的作用产生了新的兴趣。氨柔比星主要在日本开发应用，目前该药已被批准在日本用于治疗SCLC。在日本最初是完成了两项Ⅱ期试验。一项试验纳入了60例复发性SCLC患者，其中16例在铂类治疗后60天内复发（难治组），44例在60天后复发（敏感组）。患者每3周接受一次氨柔比星（40 mg /m^2）治疗3天[112]，治疗中位周期数为4个周期。难治组和敏感组的总体反应率分别为50%（95%CI为25%～75%）和52%（95%CI为37%～58%）。难治组和敏感组的总体中位生存期分别为10.3个月和11.6个月。氨柔比星导致的骨髓毒性较高，其中3级或4级中性粒细胞减少发生率为83%。然而，发热性中性粒细胞减少症的发生率仅为5%，未报道与毒性相关的死亡。在另一项Ⅱ期试验中，34例日本复发性SCLC患者（10例难治，24例敏感）每3周接受氨柔比星治疗（45 mg/m^2，第1～3天）[114]，治疗中位周期数为4个周期。难治性患者的反应率为60%（95%CI为23%～97%），敏感性患者的反应率为53%（95%CI为35%～70%）。难治性患者的中位生存期为6.8个月，敏感性患者的中位生存期为10.4个月。同样，骨髓抑制率很高，超过70%的患者报告了3级或4级中性粒细胞减少症。然而，在较高的氨柔比星剂量下，发热性中性粒细胞减少症的发生率为35%，有1例与肺炎相关的毒性相关性死亡。

在一项来自日本的随机Ⅱ期试验中，60例患者被指定每3周接受1次氨柔比星（40 mg /m^2，第1～3天）或拓扑替康（1 mg /m^2，静脉注射，第1～5天）治疗[115]。总反应率氨柔比星组为38%（95%CI为20%～56%），拓扑替康组为13%（95%CI为1%～25%）。在所谓的敏感复发患者中，氨柔比星组和拓扑替康组的反应率分别为53%和21%。在所谓的难治性复发患者中，17%对氨柔比星有反应，而拓扑替康为0。氨柔比星组患者的中位无进展生存期为3.5个月，拓扑替康组患者的中位无进展生存期为2.2个月。

在美国进行了一项随机Ⅱ期研究，以评估氨柔比星与拓扑替康相比在所谓的敏感复发患者中的反应率[116]。76例患者以2∶1的方式随机分配到氨柔比星组（50例）或拓扑替康组（26例），两组均静脉注射药物（1.5 mg/m^2，第1～5天），每3周一次。氨柔比星组的反应率较高（44% vs. 15%，P=0.021）。无进展生存期和总生存期氨柔比星组分别为4.5个月和9.2个月，拓扑替康组分别为3.3个月和7.6个月。拓扑替康组中3级或更高的中性粒细胞减少症（78% vs. 61%）和血小板减少症（61% vs. 39%）似乎比氨柔比星组更常见。未有报道蒽环类药物引起心脏毒性的证据。在针对90天内进展的难治性或耐药性疾病患者的Ⅱ期北美试验中[117]，75例患者每3周在第1～3天接受40 mg/m^2的氨柔比星治疗。报道的总体反应率为21.3%，具有可接受的安全性。值得注意的是，患者无早期心脏毒性。

最后，一项大型全球Ⅲ期临床试验比较了氨柔比星和拓扑替康[118]。在这项研究中，637例患者以2∶1的方式随机分为氨柔比星组（40 mg/m^2，静脉注射，第1～3天，共424例患者）或拓扑替康组（1.5 mg/m^2，静脉注射，第1～5天，共

213例患者）。主要终点是总生存率。难治性复发患者约占45%。氨柔比星组和拓扑替康组的3级或更高级不良事件（均$P<0.05$）包括中性粒细胞减少症（41% vs. 53%）、血小板减少症（21% vs. 54%）、贫血症（16% vs. 30%）、感染（16% vs. 10%）和发热性中性粒细胞减少症（10% vs. 4%）。氨柔比星组和拓扑替康组的输血率分别为32%和53%（$P<0.01$）。尽管氨柔比星组的反应率较高（31% vs. 17%，$P=0.0002$），但总生存率没有差异（HR为0.88，$P=0.17$）。氨柔比星组和拓扑替康组的中位生存期分别为7.5个月和7.8个月。因此，这项关键性试验未能显示出氨柔比星的生存益处，因此无法在日本以外的地方进行商业批准。

对于选定的患者使用与一线相同的方案作为抢救治疗也是一种选择。两项共18例患者的小病例研究报道了10例患者在先前治疗结束后10个月以上复发的结果。在该数据中，在用原始方案治疗后观察到持久的反应[119-120]。因此，考虑使用原始方案进行抢救治疗是合理的，特别是对于无复发间隔较长的患者。

其他常用于挽救治疗（二线及以上）药物，通常作为单一药物，包括紫杉烷类（多西他赛和紫杉醇）、吉西他滨、长春瑞滨、异环磷酰胺和其他拓扑异构酶抑制剂（伊立替康和口服依托泊苷）[121]。一般来说，临床这些化疗药物的试验在特定患者中产生了适度的临床获益，反应率为10%～20%，中位生存期为2～5个月。正如所料，铂类难治性疾病患者对后续治疗的反应率往往较低，而对于铂类敏感性疾病患者治疗的反应可能更好。

总之，拓扑异构酶抑制剂拓扑替康（无论是静脉注射还是口服）是治疗复发SCLC患者的合理选择。在日本，氨柔比星也被批准用于SCLC治疗。然而，这两种药物的疗效都一般，必须权衡它们已知的毒性，特别是骨髓抑制。鉴于复发或难治性SCLC患者的预后普遍较差，采用新方法参与临床试验是主要的治疗标准。

5 新药

对于广泛期SCLC患者，经治疗临床症状改善后将需要更有效的全身治疗。然而，在过去的20年中，广泛期SCLC的药物开发进展缓慢。与非小细胞肺癌的治疗相反，具有新作用机制的细胞毒性剂和靶向药物都没有进入SCLC的临床领域。

在过去的10年中，一些引人注意的细胞毒性剂包括新型喜树碱类似物贝洛替康和铂类似物吡铂。贝洛替康正在被研究用于未治疗和预治疗的广泛期SCLC患者。在未经治疗的患者中，单臂Ⅱ期研究显示总反应率为54%，进展时间为4.6个月，中位总生存期为10.4个月。与其他拓扑异构酶Ⅰ抑制剂一样，骨髓抑制是主要的毒性作用，超过70%的患者发生3级或4级中性粒细胞减少症[122]。随后，在两项Ⅱ期研究中研究了贝洛替康和顺铂的组合，发现了总反应率大于70%，中位总生存期超过10个月[123-124]。在本书出版时，该双联药物正在未治疗患者中进行Ⅲ期临床试验。在预治疗的患者中，贝洛替康的功效似乎与目前可用的拓扑异构酶Ⅰ抑制剂没有区别。3项Ⅱ期临床研究显示总反应率为14%～24%，中位无进展生存期为1.6～3.7个月，中位总生存期为4.0～13.9个月[125-127]。值得注意的是，所有3项研究均在亚洲人群中进行，这类药物似乎在SCLC中具有更高的疗效。总之，贝洛替康试验的结果表明该药物不会对SCLC的治疗产生巨大的推动。

体外研究发现吡铂（ZD0473）是铂类似物，能够规避对顺铂和卡铂的耐药性。在没有获得令人信服的单药Ⅱ期研究结果后，启动了一项随机Ⅲ期研究，其中401例SCLC复发患者（在完成一线治疗后6个月内复发）以2∶1的方式随机分配到吡铂组及最好的支持治疗组。治疗组之间的总存活率没有差异[128]。

尽管目前对SCLC中基因组改变和信号通路的理解取得了进展[129-132]，但酪氨酸激酶抑制剂、其他小分子抑制剂和抗血管生成剂的临床试验令人失望（表52.3）。最近被评估的其他治疗领域包括表观遗传修饰因子、DNA修复抑制剂及细胞周期。在一项Ⅱ期研究中，罗米地辛（组蛋白去乙酰化酶抑制剂）对复发的广泛期SCLC（extensive-stage disease SCLC，ED-SCLC）并没有显示出获益[133]。另一项组蛋白去乙酰化酶抑制剂帕比司

表52.3　小细胞肺癌靶点及相关药物研究

靶点	药物	分期	结果	意见
VEGF-A	贝伐单抗[137]	Ⅲ	阴性	联合顺铂＋依托泊苷 PFS改善有统计学意义，但OS无统计学差异
VEGFR-Ⅰ-Ⅲ	西地尼布[138]	Ⅱ	阴性	
VEGFR，PDGFR，Raf-1	索拉非尼[139]，沙利度胺[140]	Ⅱ，Ⅲ	阴性	
VEGFR，PDGFR，Flt-3，RET，Kit	舒尼替尼[141]	Ⅱ，Ⅲ	阴性	
VEGF-A，B	阿柏西普[142]	Ⅱ	阴性	
	NGR-hTNF[143]	Ⅱ	阴性	
VEGF，EGFR	凡德他尼[144]	Ⅱ	阴性	
cKit	伊马替尼[145]	Ⅱ	阴性	需要cKit表达
Src	达沙替尼[146]，塞卡替尼[147]	Ⅱ	阴性	
mTOR	依维莫司[148]，替西罗莫司[149]	Ⅱ	阴性	
EGFR	吉非替尼[150]	Ⅱ	阴性	EGFR突变病例有效
BCl-2	oblimersen[151]，navitoclax[152]，obatoclax[153]，AT101[154]	Ⅰ/Ⅱ	阴性	
RAS	R115777[155]	Ⅱ	阴性	
Aurora A kinase	alisertib[136]	Ⅰ/Ⅱ	21%PR	复发/难治疾病
HDAC	romidepsin[133]，panobinostat[134]	Ⅱ	阴性	
PARP	维利帕尼[135]	Ⅰ	可接受的安全状况	联合顺铂＋依托泊苷用于新诊断的ED-SCLC

注：BC1-2，B细胞淋巴瘤2；ED-SCLC，小细胞肺癌广泛期；EGFR，表皮生长因子受体；Flt-3，Fms样酪氨酸激酶3；HDAC，组蛋白脱乙酰基酶；mTOR，西罗莫司的哺乳动物靶标；NGR-hTNF，CNGRC-人肿瘤坏死因子-α融合蛋白；OS，总生存期；PARP，聚（ADP）核糖聚合酶；PDGFR，血小板衍生的生长因子受体；PFS，无进展生存期；PR，部分缓解；RAS，大鼠肉瘤基因；RET，原癌基因转染过程中重排；VEGF，血管内皮生长因子；VEGFR，VEGF受体

他的Ⅱ期研究，由于患者不符合实体肿瘤反应评估标准的部分反应标准而过早停止[134]。veliparib是一种与DNA损伤修复途径相关的聚腺苷二磷酸核糖聚合酶抑制剂，在最近一项小规模Ⅰ期剂量递增研究中，与顺铂和依托泊苷联合应用于新诊断的ED-SCLC[135]。在7例可评估患者中，14.3%的患者完全缓解，57.1%的患者部分缓解，28.6%的患者病情稳定。因此，veliparib仍在研究中，包括一项关于替莫唑胺（另一种DNA损伤剂）和veliparib联合作用的研究。调节细胞周期从G2向细胞分裂转变的极光激酶A的抑制剂已显示出有希望的临床前活性，因此在多种肿瘤类型中进行了alisertib的Ⅰ/Ⅱ期试验[136]。一项单臂研究纳入了60例复发或难治性SCLC患者，本试验的客观部分应答率为21%（95%CI为10%～35%）。在铂类难治性ED-SCLC患者中，一项联合alisertib和紫杉醇的Ⅱ期随访试验已经完成。

研究人员希望新型免疫调节剂能改变SCLC的治疗前景。越来越多的证据表明，这些药物可能与经典的细胞毒性化疗，更重要的是与放疗产生协同作用。尽管检测肿瘤疫苗作用的Ⅲ期试验（主要在应答患者的维持治疗中进行）均为阴性，但免疫检查点调节剂的早期研究结果令人鼓舞。

依匹单抗是一种阻断细胞毒性T淋巴细胞抗原4的单克隆抗体，已在一项随机Ⅱ期试验中进行了研究，该研究纳入130例既往未接受过化疗的广泛期SCLC患者[156]。135例患者接受卡铂和紫杉醇治疗或相同的方案加上两次依匹单抗。尽管在无进展生存期或总生存期方面没有发现差异，但所谓的依匹单抗分期计划（即在没有依匹单抗的2个疗程的卡铂和紫杉醇后给药）导致更高的免疫相关无进展生存期，并且发现总生存期

的增加（12.9个月 vs. 9.9个月）。同时使用依匹单抗、卡铂和紫杉醇不能提高无进展生存期或总生存期。当对比含有依匹单抗的方案与标准化疗方案时，观察到3级或4级不良事件的发生率几乎翻了一番。这些研究结果促使Ⅲ期临床试验评估与标准铂类联合依托泊苷的组合[157]。共计1132例新诊断的ED-SCLC患者被随机纳入双盲组，其中一组用依托泊苷、铂类联合安慰剂治疗，另一组使用依托泊苷、铂类联合依匹单抗治疗。与在Ⅱ期研究一样，依匹单抗或安慰剂以分阶段的方式施用。然而，该试验表明两组的中位无进展生存期或总生存期没有差异。用铂类、依托泊苷联合依匹单抗治疗的患者再次发现治疗相关腹泻、结肠炎和皮疹的发生率更高，治疗相关死亡也更多。因此，标准化疗与依匹单抗联合应用并不能提高ED-SCLC的疗效，并且会增加毒性。

在CheckMate 032试验中依匹单抗与程序性死亡-1（PD-1）抑制抗体纳武单抗联合进行了研究。这项Ⅰ/Ⅱ期试验纳入了在铂类化疗后有进展的局限期和广泛期SCLC患者[158]。在216例患者中，98例患者每2周接受1次纳武单抗（3 mg/kg，静脉注射）治疗，其余患者每3周接受1次纳武单抗（1 mg/kg，静脉注射）和伊匹单抗（1 mg/kg，静脉注射）初步治疗。接受后一种方案的患者随后可进行剂量递增，如61例患者最终每3周接受1次纳武单抗（1 mg/kg）和1次伊匹单抗（3 mg/kg，静脉注射）治疗，54例患者每3周接受1次纳武单抗（3 mg/kg）和1次伊匹单抗（1 mg/kg）治疗，而3例患者仍保持初始剂量。所有的治疗组都显示出潜在的益处，即使单用纳武单抗治疗组的客观缓解率仅为10%。尽管本研究并非旨在检测两种药物之间的疗效差异，但纳武单抗和伊匹单抗的联合应用确实导致了更高的客观缓解率，纳武单抗（1 mg/kg）和伊匹单抗联用组（3 mg/kg）为23%，纳武单抗（3 mg/kg）和伊匹单抗（1 mg/kg）联用组为19%。然而，由于治疗相关的不良反应，联合治疗的患者停止了治疗，联合治疗的3级和4级不良反应更多，脂肪酶升高和腹泻最常见。

除了前面提到的纳武单抗数据外，还在KEYNOTE-028试验中研究了ED-SCLC中PD-1的抑制作用[159]。这项Ⅰb期试验筛选了135例ED-SCLC患者，这些患者行铂类化疗后再次进展，27%的患者随后检测到PD-1表达≥1%。最终，17例ED-SCLC患者每2周用派姆单抗（10 mg/kg，静脉注射）治疗。在这些患者中，有25%对治疗有部分反应，持续反应超过16周。药物相关的不良事件发生率也很高。虽然只有1例患者的3级药物相关不良事件≥3级，但有53%的药物相关不良事件被报道。截至本书出版时，该试验的最终结果尚未报道。因此，虽然免疫检查点抑制仍然是研究热点，但到目前为止，适度的功效已经被显著的毒性所削弱。

DLL3是Notch信号传导途径的一部分，由于其在SCLC细胞中的高表达，被认为是一种新的治疗靶标。DLL3被认为在肿瘤起始细胞的功能和存活中起关键作用。抗体偶联药物rovalpituzumab tesirine已被设计用于结合DLL3。在Ⅰa/Ⅰb期试验中接受一线或二线治疗后出现进展的SCLC患者接受rovalpituzumab tesirine治疗[160]。虽然试验规模较小，但部分缓解率为34%，31%的患者疾病稳定，反应持续时间超过178天，无疾病进展病例。此外，尽管治疗不需要DLL3状态，但患者确实需要足够的肿瘤样本进行检测。约67%的患者肿瘤DLL3表达≥50%，这些患者的反应往往更好，总生存期为5.8个月。希望这种新型靶向药物在进一步研究后显示出疗效，目前Ⅱ期研究正在进行中。

6 结论

无论年龄大小，表现状态良好的ED-SCLC患者最佳的一线治疗是含依托泊苷或伊立替康的铂二联化疗。尽管表现状态不佳（ECOG评分2～4）的患者不能耐受铂二联化疗，但由于该疾病本身是表现状态恶化的主要原因，因此应在密切监测下进行标准剂量的铂类方案治疗。对于二线治疗，标准治疗包括拓扑异构酶Ⅰ抑制剂拓扑替康，在日本包括氨柔比星。由于二线治疗的效果仍然很差，因此复发性ED-SCLC进入新药临床试验也是一种可接受的治疗。在过去20年中，ED-SCLC中没有发现具有临床相关活性的新药，这凸显了该领域对于新药的巨大需求。

（赵洪林 张洪兵 译）

主要参考文献

16. Roth B.J., Johnson D.H., Einhorn L.H., et al. Randomized study of cyclophosphamide, doxorubicin, and vincristine versus etoposide and cisplatin versus alternation of these two regimens in extensive small cell lung cancer: a phase Ⅲ trial of the Southeastern Cancer Study Group. *J Clin Oncol.* 1992;10(2):282–291.
20. Turrisi 3rd A.T., Kim K., Blum R., et al. Twice-daily compared with once-daily thoracic radiotherapy in limited small-cell lung cancer treated concurrently with cisplatin and etoposide. *N Engl J Med.* 1999;340(4):265–271.
22. Rossi A., Di Maio M., Chiodini P., et al. Carboplatin- or cisplatin-based chemotherapy in first-line treatment of small-cell lung cancer: the COCIS meta-analysis of individual patient data. *J Clin Oncol.* 2012;30(14):1692–1698.
23. Noda K., Nishiwaki Y., Kawahara M., et al. Irinotecan plus cisplatin compared with etoposide plus cisplatin for extensive small-cell lung cancer. *N Engl J Med.* 2002;346(2):85–91.
24. Lara Jr. P.N., Natale R., Crowley J., et al. Phase Ⅲ trial of irinotecan/cisplatin compared with etoposide/cisplatin in extensive stage small cell lung cancer: clinical and pharmacogenomics results from SWOG S0124. *J Clin Oncol.* 2009;27(15):2530–2535.
26. Zatloukal P., Cardenal F., Szczesna A., et al. A multicenter international randomized phase Ⅲ study comparing cisplatin in combination with irinotecan or etoposide in previously untreated small-cell lung cancer patients with extensive disease. *Ann Oncol.* 2010;21(9):1810–1816.
28. Hermes A., Bergman B., Bremnes R., et al. Irinotecan plus carboplatin versus oral etoposide plus carboplatin in extensive small-cell lung cancer: a randomized phase Ⅲ trial. *J Clin Oncol.* 2008;26(26):4261–4267.
29. Schmittel A., Sebastian M., Fischer von Weikersthal L., et al. A German multi-center, randomized phase Ⅲ trial comparing irinotecan-carboplatin with etoposide-carboplatin as first-line therapy for extensive-disease small-cell lung cancer. *Ann Oncol.* 2011;22(8):1798–1804.
32. Fink T.H., Huber R.M., Heigener D.F., et al. Topotecan/cisplatin compared with cisplatin/etoposide as first-line treatment for patients with extensive disease small-cell lung cancer: final results of a randomized phase Ⅲ trial. *J Thorac Oncol.* 2012;7(9):1432–1439.
79. Govindan R., Page N., Morgensztern D., et al. Changing epidemiology of small-cell lung cancer in the United States over the last 30 years: analysis of the Surveillance, Epidemiologic, and End Results database. *J Clin Oncol.* 2006;24(28):4539–4544.
97. Okamoto H., Watanabe K., Kunikane H., et al. Randomised phase Ⅲ trial of carboplatin plus etoposide vs. split doses of cisplatin plus etoposide in elderly or poor-risk patients with extensive disease small-cell lung cancer: JCOG 9702. *Br J Cancer.* 2007;97(2):162–169.
105. Owonikoko T.K., Behera M., Chen Z., et al. A systematic analysis of efficacy of second-line chemotherapy in sensitive and refractory small-cell lung cancer. *J Thorac Oncol.* 2012;7(5):866–872.
110. O'Brien M.E., Ciuleanu T.E., Tsekov H., et al. Phase Ⅲ trial comparing supportive care alone with supportive care with oral topotecan in patients with relapsed small-cell lung cancer. *J Clin Oncol.* 2006;24(34):5441–5447.
120. Giaccone G., Ferrati P., Donadlo M., Testore F., Calciati A.. Reinduction chemotherapy in small cell lung cancer. *Eur J Cancer Clin Oncol.* 1987;23(11):1697–1699.
130. Pfeifer M., Fernandez-Cuesta L., Sos M.L., et al. Integrative genome analyses identify key somatic driver mutations of small-cell lung cancer. *Nat Gen.* 2012;44(10):1104–1110.
139. Gitliz B.J., Moon J., Glisson B.S., et al. Sorafenib in platinum-treated patients with extensive stage small cell lung cancer: a Southwest Oncology Group (SWOG 0435) phase Ⅱ trial. *J Thorac Oncol.* 2010;5:1835–1840.
142. Allen J.W., Moon J., Redman M., et al. Southwest Oncology Group S0802: a randomized, phase Ⅱ trial of weekly topotecan with or without ziv-aflibercept in patients with platinum-treated small-cell lung cancer. *J Clin Oncol.* 2014;23:2463–2470.
143. Cavina R., Gregorc V., Novello S., et al. NGR-hTNF and doxorubicin in relapsed small-cell lung cancer. *J Clin Oncol.* 2012:suppl. [Abstract 7085].
144. Arnold A.M., Seymour L., Smylie M., et al. Phase Ⅱ study of vandetanib or placebo in small-cell lung cancer patients after complete or partial response to induction chemotherapy with or without radiation therapy: National Cancer Institute of Canada Clinical Trials Group Study BR.20. *J Clin Oncol.* 2007;25:4278–4284.
159. Ott P.A., Fernandez M.E.E., Hiret S., et al. Pembrolizumab (MK-3475) in patients (pts) with extensive-stage small cell lung cancer (SCLC): Preliminary safety and efficacy results from KEYNOTE-028. *J Clin Oncol.* 2015;33:suppl (Abstract 7502).

获取完整的参考文献列表请扫描二维码。

第53章 恶性间皮瘤

Paul Baas, Raffit Hassan, Anna K. Nowak, David Rice

要点总结

- 恶性间皮瘤的发展通常与石棉暴露有关。
- 间皮瘤中最常见的遗传改变是*CDKN2A/ARF*缺失、*NF2*失活以及*BAP1*突变或缺失。
- 美国癌症联合委员会/国际癌症控制联盟联合会第八版分期手册对T分期和N分期进行了更改，与前一版相比有所不同。
- 临床、影像学和血清生物标志物可有助于提示胸膜间皮瘤的预后。
- 一线姑息化疗方案为培美曲塞及顺铂（或卡铂），联合贝伐珠单抗可使部分患者受益。
- 尽管重新引入含培美曲塞的方案，或使用长春瑞滨或吉西他滨被认为是有效的，但尚无用于胸膜间皮瘤的标准二线化疗方案。
- 恶性胸膜间皮瘤的最佳手术方案仍存在争议。
- 包括间皮素靶向药物和免疫检查点抑制剂在内的免疫疗法在间皮瘤的治疗中显示出显著疗效，但在将其用作标准疗法之前仍需要进行进一步研究。

所有间皮瘤肿瘤均起源于胸膜腔、肺、心包和腹腔的内膜，包括阴道黏膜。在间皮或腹膜转化后，可发展成间皮瘤亚型。恶性间皮瘤（malignant mesothelioma，MM）最常发生在胸部的一侧［恶性胸膜间皮瘤（malignant pleural mesothelioma，MPM），80%］，其余发生于腹部。尽管世界卫生组织的分类区分了间皮瘤的3种主要组织学亚型：上皮样瘤（60%）、肉瘤样瘤（10%～15%）和双相瘤（25%～30%），但是上皮样组织学却有不同的亚型，包括乳头状、多形性、微管乳头状和小细胞型。但是，这些亚型尚未得到标准报道[1]。

MPM的主要原因是接触石棉纤维，这首先由Wagner等[2]提出。间皮瘤的其他原因包括土耳其地方性红斑石暴露、电离辐射和胸膜的慢性炎症[3-4]。肺癌、吸烟在MPM的发展中不起作用。MPM是最著名的职业病之一，男性比女性患病的可能性更高（90% vs. 10%），这主要是由于男性与石棉纤维的开采和加工相关。考虑到30～50年的长时间潜伏期，间皮瘤的患病率有望在未来10年达到顶峰。20世纪90年代西欧和美国制定了禁止处理和开采石棉的法规。预计由于缺乏法律保护和对这些国家的出口增加，在第三世界国家将越来越多地遇到这种疾病。

1 恶性胸膜间皮瘤的生物学特征

对间皮瘤的分子生物学基础方面取得了相当大的进步，这反过来又使得大量的临床前研究将这些发现转化为治疗方法。

一些间皮瘤患者没有石棉暴露史或以前没有放疗史[4]。对于腹膜间皮瘤，许多患者是青少年或年轻人。现在有充分的证据表明，至少在某些人中发生间皮瘤可能有遗传基础，因此导致间皮瘤或使某些人容易因石棉而发生癌变。细胞周期蛋白依赖性激酶抑制剂2A/可变读框（cyclin-dependent kinase inhibitor2A/alternative reading frame，*CDKN2A/ARF*）、2型神经纤维瘤病（neurofibromatosis type 2，*NF2*）和BRCA1相关蛋白1（BRCA1-associated protein 1，*BAP1*）是间皮瘤中最常见的突变抑癌基因[5]。

1.1 细胞周期蛋白依赖性激酶抑制剂2A/可变读框

CDKN2A/ARF是恶性间皮瘤中最常失活的抑癌基因，编码两个重要的细胞周期调节蛋白p16（*INK4A*）和在另一个阅读框中编码

p14（*ARF*）[6]。p16是细胞周期蛋白依赖性激酶（cyclin-dependent kinase，CDK）抑制剂，可阻止视网膜母细胞瘤蛋白的磷酸化，而p14（*ARF*）则可阻止鼠双微染色体2（murine double minute 2，*MDM2*），从而对p53产生积极的调节作用。因此，*CDKN2A/ARF*的纯合缺失导致两个主要的肿瘤抑制途径：视网膜母细胞瘤蛋白和p53失活[5]。

*CDKN2A*缺失在大约70%的原发肿瘤和几乎所有间皮瘤细胞系中均被发现[7]。

1.2　2型神经纤维瘤病

*NF2*基因编码一种抑癌蛋白Merlin，它是细胞骨架蛋白4.1蛋白家族的成员。在35%～40%的MPM中发现了失活的*NF2*突变[8]。Merlin介导的肿瘤抑制机制尚不清楚。Merlin主要通过以AKT独立的方式抑制西罗莫司（mTOR）的哺乳动物靶标来介导正常细胞增殖的接触依赖性抑制。在不存在Merlin的情况下，mTOR活性的异常上调导致细胞增殖增加[5,9]。

1.3　BAP1

高达60%的间皮瘤具有*BAP1*改变，其中包括部分或全部*BAP1*的纯合缺失和序列水平的突变[10]。*BAP1*位于3p21.1号染色体上，在一些人类恶性肿瘤中出现缺失[11]。2011年，在间皮瘤家族中描述了种系*BAP1*突变，其中*BAP1*突变携带者具有极高的恶性肿瘤发病率，包括间皮瘤和葡萄膜黑色素瘤[12]。这些恶性肿瘤未在没有携带种系*BAP1*突变的家族成员中发生。*BAP1*是一种核蛋白，可增强BRCA1介导的乳腺癌细胞增殖抑制作用，在BRCA1生长控制途径中充当肿瘤抑制因子，并通过去泛素化宿主细胞因子来调节增殖[1]。*BAP1*影响多种细胞功能，它的缺失诱导控制各种细胞途径中许多基因表达的显著变化[4,9]。

2　诊断

间皮瘤的诊断可通过对胸腔穿刺术、胸膜活检、CT引导下细针穿刺抽吸或活检取样的胸腔积液进行细胞学分析，并且胸腔镜检查的应用越来越普遍。但是，大多数情况下，对通过这些侵入性较小的方式获得的标本进行评估尚无定论，因此需要进行手术活检。VATS是MPM手术诊断的首选方法（图53.1）。考虑到单个间皮瘤中相当大的肿瘤异质性，VATS允许从胸腔的多个区域获取大组织样本，这是一个重要的考虑因素。VATS进行多次单独的活检增加了准确判定组织学亚型的可能性[13]。VATS也可用于识别肿瘤是否涉及内脏胸膜以及壁层胸膜，尽管这种区分不再需要根据更新的美国癌症联合委员会（American joint commission on cancer，AJCC）/国际癌症控制联盟（union for international cancer control，UICC）第八版指南进行分期。VATS在评估肿瘤或淋巴结分期方面作用有限。尽管VATS最容易在具有大量积液成分的患者中进行，但有时肿瘤负荷大，以至于由于脏层和壁层胸膜的融合而不可能进行胸腔镜手术，在这种情况下较小的2 cm切口通常

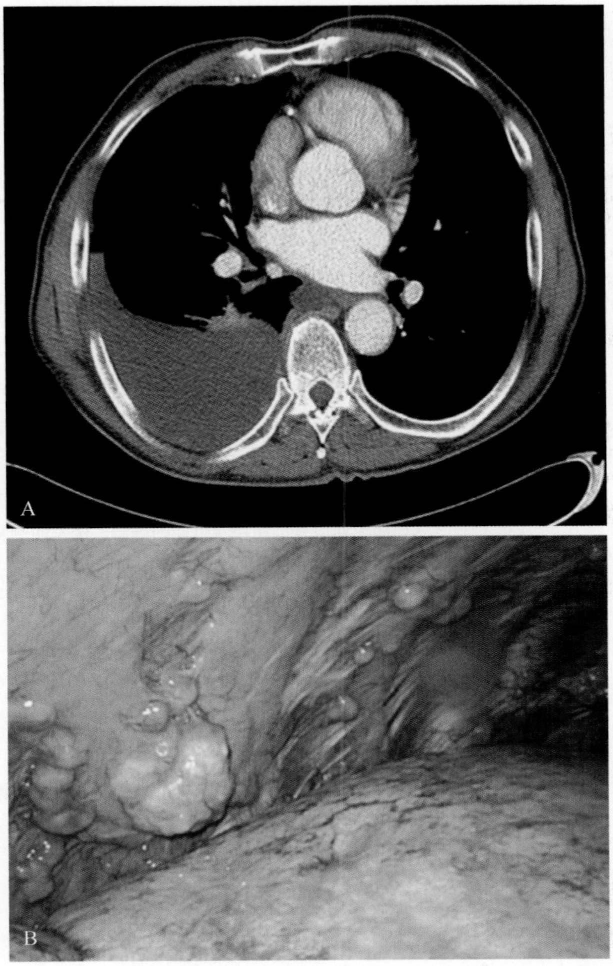

图53.1　（A）CT显示男性患者具有胸腔积液和轻度胸膜增厚；（B）VATS的图像显示在CT图像水平的胸壁上有多个结节，肺部分塌陷，无累及

可以在直视下触及潜在的胸膜肿瘤。VATS的另一个优点是，它可以在组织诊断时进行滑石粉胸膜固定术，这通常消除了对其他姑息治疗程序的需要。胸膜固定术不影响进行后续细胞减灭术［胸膜切除术/剥脱术（pleurectomy/decortications，PD）或胸膜外全肺切除术（extrapleural pneumonectomy，EPP）］的能力。滑石粉会在正电子发射断层扫描（positron emission tomography，PET）成像的胸膜分布和纵隔淋巴结中引发氟脱氧葡萄糖（fluorodeoxyglucose，FDG）的活性。因此，在滑石胸膜固定术之前应先进行PET初步分期。

应避免将开胸手术作为一种诊断方法，因为它不仅会给患者带来不必要的创伤，而且还会由于组织平面的破坏而妨碍随后的细胞减灭术的进行，并有医源性肿瘤侵入胸壁的风险。

3 分期

AJCC/国际间皮瘤兴趣小组分期系统主要基于病理数据，因此当应用于该疾病的临床分期时作用有限[14]。许多有助于判断分期的因素，如心包、肺和膈肌的受累，累及胸内筋膜以及淋巴结转移，用目前的影像技术是不可能精确确定的。该分期系统最近基于详细的分期信息和组件描述的国际多中心前瞻性数据收集进行了修订（表53.1）[14a]。第八版AJCC/UICC分期系统的修订进行了许多重要更改，包括将T1a和T1b并为T1，并修改淋巴结分期，使得任何同侧纵隔受累淋巴结都被包括在N1疾病中，而以前被归类为N3的淋巴结被重新归类为N2的淋巴结。PET可用于识别隐匿性远处转移性疾病（占25%的病例），但不能准确确定T和N期[14b, 14c, 15]。

3.1 胸腔镜和腹腔镜

肿瘤穿过膈肌可能进入腹膜腔或扩散到对侧，这将影响分期和治疗的选择。Rice等[16]报告了109例在计划EPP之前进行常规腹腔镜检查的患者，发现9例（8.3%）患者经膈肌扩散，1例

表53.1 IASLC间皮瘤TNM分期*

分期	定义
原发肿瘤（T）	
TX	原发肿瘤无法评估
T0	无原发肿瘤证据
T1	局限于同侧的壁层胸膜，有/无脏层胸膜、纵隔胸膜或横膈胸膜的侵犯
T2	侵及同侧胸膜表面一个部位（胸膜顶，纵隔胸膜，膈胸膜和脏层胸膜），并具备至少一种以下特征： • 侵及膈肌 • 侵及脏层胸膜下的肺实质
T3	局部晚期但有潜在切除可能的肿瘤。侵及同侧胸膜表面的所有部位（胸膜顶，纵隔胸膜，膈胸膜和脏层胸膜），并具备至少一种以下特征： • 侵及胸内筋膜 • 侵及纵隔脂肪 • 侵及胸壁软组织的单个、可完整切除的病灶 • 非透壁性心包浸润
T4	不可切除的局部晚期肿瘤。侵及同侧胸膜表面的所有部位（胸膜顶，纵隔胸膜，膈胸膜和脏层胸膜），并具备至少一种以下特征： • 胸壁的弥漫性浸润或多个病灶，有或没有肋骨破坏 • 直接经膈肌侵入腹腔 • 直接侵及对侧胸膜 • 直接侵及纵隔器官 • 直接侵及脊柱 • 穿透心包的内表面，有或没有心包积液，或侵犯心肌
区域淋巴结（N）	
NX	淋巴结转移情况无法评估
N0	无区域淋巴结转移

续表

分期	定义
原发肿瘤（T）	
N1	转移至同侧支气管、肺、肺门或纵隔（包括内乳、纵隔周围、心包脂肪垫或肋间淋巴结）淋巴结
N2	转移至对侧纵隔、同侧或对侧锁骨上淋巴结
远处转移（M）	
M0	无远处转移
M1	有远处转移

IASLC 间皮瘤分期的变化

分期	N0		N1/N2	N1	N3	N2
	第七版	第八版	第七版	第八版	第七版	第八版
T1	Ⅰ（A，B）	ⅠA	Ⅲ		Ⅳ	ⅢB
T2	Ⅱ	ⅠB	Ⅲ		Ⅳ	ⅢB
T3		ⅠB	Ⅲ	ⅢA	Ⅳ	ⅢB
T4	Ⅳ	ⅢB	Ⅳ	ⅢB	Ⅳ	ⅢB
M1	Ⅳ	Ⅳ	Ⅳ	Ⅳ	Ⅳ	Ⅳ

*修改自：Rusch VW，Chansky K，Kindler HL，et al. IASLC Staging and Prognostic Factors Committee，advisoryboards，and participating institutions. The IASLC Mesothelioma Staging Project: Proposals for the M Descriptors and for Revision of the TNM Stage Groupings in the Forthcoming（Eighth）Edition of the TNM Classification for Mesothelioma. J Thorac Oncol，2016，11（12）: 2112-2119.

（0.9%）患者为扩散性腹膜癌。Alvarez等[17]对选定的一侧进行了胸腔镜检查，发现30例患者中有3例（10%）对侧胸部受累。

3.2 纵隔镜检查

接受综合治疗的MPM患者中约有50%发生淋巴结转移，预后不良。当前的影像学方法不能准确确定N分期，因此纵隔镜已被提倡用于MPM的治疗前分期[18]。两组报道已经提及了纵隔镜的敏感性、特异性和准确性，分别为60%～80%、71%～100%和67%～93%[19-20]。

支气管内超声（endobronchial ultrasound，EBUS）和内窥镜超声（endoscopic ultrasound，EUS）引导的纵隔淋巴结细针穿刺术对非小细胞肺癌分期非常有效。Rice等[21]比较了50例行纵隔镜检查的间皮瘤患者和38例行EBUS的患者。纵隔镜检查的敏感性和阴性预测值分别为28%和49%，EBUS的敏感性和阴性预测值分别为59%和57%。此外，11例患者术前进行了超声内镜检查，5例患者发现膈下淋巴结转移。Tournoy等[22]对32例早期间皮瘤患者进行了EUS和细针穿刺，并在4例患者中发现了N2转移（12.5%）。在随后进行胸膜外肺切除术的17例患者中发现了一项假阴性结果（4.7%）。现在，一些中心更倾向于在将患者纳入多模式试验之前，通过EBUC联合EUS进行纵隔分期。

4 生物标志物

生物标志物有可能在当前的肿瘤学实践中发挥关键作用。它们可用于诊断（筛选）、反应测量和随访。成为生物标志物的条件是技术可重复性、可验证性和临床相关性。诊断性生物标志物可以为高危人群提供筛查程序和早期发现，有助于指导诊断程序，并为细胞学或组织学诊断提供支持。生物标志物可以预测反应或预后。预测性生物标志物可以协助治疗选择，特别是药物治疗。反应性的生物标志物可以通过替代终点加速药物开发，并在常规患者治疗期间提供指导。除了在临床试验中用作分层因素外，预后生物标志物还可以为患者和临床医生提供有价值的信息。生物标志物可能涉及血液检测（血浆或血清）或分子遗传学，或者可以基于成像。

4.1 诊断相关生物标志物

由于已知通常暴露的病原因素，开发强有力的间皮瘤血清诊断生物标志物非常重要。大量接触石棉的人群将是筛查计划的首选参与者。基于血液的生物标志物的可用性将有助于早期发现和治疗。最重要的候选的诊断性血清生物标志物是间皮素（血清间皮素相关蛋白）、骨桥蛋白和fibulin-3。间皮素水平升高是高度特异性的，除非患者并发肾功能衰竭，并且在怀疑间皮瘤诊断时增加诊断的确定性或直接进行其他检查[23-24]。然而，间皮素在诊断时缺乏敏感性，因此限制了其在筛查中的应用[25-26]。骨桥蛋白的特异性不如间皮素[27]。2012年，Pass等[28]报告了将血液和积液fibulin-3作为的生物标志物。间皮瘤患者血浆中fibulin-3水平显著高于接触石棉的无间皮瘤人群，据报道其敏感性为100%，特异性为94%。fibulin-3的水平在间皮瘤渗出液中也明显高于其他疾病。但是，这些发现应在转换为实践之前需要得到进一步验证。致癌性抗原是众所周知的标志物，但在MPM的情况下不会升高。它可用于快速筛查其他类型的胸膜播散性肿瘤。

4.2 预后相关生物标志物

在MPM文献中已经确立了许多简单的预后相关生物标志物。在病理诊断中，间皮瘤的肉瘤样或非上皮样亚型的诊断与不良预后是一致的[29-30]。类似的大型回顾性研究主要基于临床试验数据的收集，也证实了容易获得的实验室参数，包括低血红蛋白、血小板升高、白细胞计数升高和血清乳酸脱氢酶升高，都是预后不良的指标[31]。2010年，Kao等[32]提出并独立验证了中性粒细胞与淋巴细胞比率的升高是预后不良的指标。但是，其所研究的患者群体人数相对较小，其他人无法证实这些研究结论。已发现血管内皮生长因子升高（vascular endothelial growth factor，VEGF）与不良预后和疾病晚期相关[33]。最近的研究使用分类和回归树分析将患者在诊断时分为预后类别，使用现成的临床指标，包括体重减轻、血红蛋白水平、表现状态、组织学和白蛋白水平，得出4个预后分组，中位生存期从7.5个月（风险组4）到34个月（风险组1）[34]。

考虑到对间皮瘤更具特异性的预后血清生物标志物，诊断时的间皮素水平也可能和预后相关[34]。然而，间皮素水平反映了肿瘤的体积，因为在模型中增加了肿瘤体积指标而消除了血清间皮素的重要性[35]。没有强有力的证据证明血清骨桥蛋白可用于预后预测，尽管骨桥蛋白的组织表达降低可能与更长的生存期相关，并且血浆骨桥蛋白和间皮素联合EORTC和CALGB作为间皮瘤的预后指标可提高预后准确性[36]。

已经报道了许多候选的肿瘤分子和组织学预后标志物（磷酸酶和肌腱蛋白同源物、VEGF、成纤维细胞生长因子2、环氧合酶-2、血小板衍生的生长因子、表皮生长因子受体、上皮-间质转化、骨桥蛋白和c-MET）。然而，目前还没有一种有效的验证方法可在全世界范围内用于临床。可以预见的是，在全球范围内进行的广泛的分子谱分析工作将可以确定新的预后相关分子生物标志物，除了为治疗提供潜在的分子靶标外，还将转化为常规的临床应用。

4.3 预后相关影像学检查

除了提供有关疾病受累部位的解剖分期信息外，大量证据表明，肿瘤主体成像和代谢特征可能将成为预后的生物标志物。CT测量的肿瘤体积是一种预后指标，但是由于难以将肿瘤与胸膜积液和肺不张区分开来，因此实现自动体积测量可能具有挑战性[37-38]。FDG-PET的定量参数可能更易于重复实现，并且自动化更高。FDG-PET在MPM预后评估中始终有较高的价值，尽管用于定量评估的适当指标仍然是争论的热点。较高的最大标准摄取值（standardized uptake value，SUV）是一个不良的预后指标[39]。然而，纳入体积参数可能也很重要，因为总病变糖酵解或总糖酵解体积结合SUV以及病变体积和功能的测量比单独使用SUV更好[40-41]。

5 化疗

5.1 一线化疗

多药联合化学疗法仍然是MPM患者姑息治疗的主要手段，顺铂和抗叶酸药物是应用最广泛且循证的一线药物。两项研究表明，顺铂和一种抗叶酸药物的组合比单独使用顺铂具有更多生存获益，总生存的危险比为0.77，中位生存期为3个月[42-43]。顺铂和培美曲塞已成为治疗的标准，也是间皮瘤后续临床试验的基础。

与单独使用顺铂相比，顺铂与培美曲塞或雷替曲塞联合使用可改善患者的生活质量和症状，在疼痛、呼吸困难、疲劳和咳嗽以及整体生活质量方面均得到改善[42]。尽管其他参数保持稳定，但与单独使用顺铂相比，顺铂联合使用雷替曲塞可改善呼吸困难[43]。但是，选择适合治疗的患者很重要，支持治疗和对潜在毒性的仔细监督也很重要。化疗前的1～2周，应开始使用顺铂和培美曲塞治疗，并辅以补充叶酸和维生素B_{12}。

最近，在顺铂和培美曲塞中添加贝伐珠单抗的方案已被证明在无进展生存期和总生存期方面具有更多获益。贝伐珠单抗与顺铂和培美曲塞联用，随后的贝伐珠单抗单药持续治疗直至联合治疗完成多达6个周期的疾病进展。这种方式使总生存的危险比为0.7，使中位生存期从16.1个月增加到18.8个月，且不良反应可控。贝伐珠单抗的高昂成本和适度的益处，以及缺乏任何可预测的生物标志物，已经迟延了其在国际常规临床实践的广泛采用。但是，对于没有抗VEGF治疗禁忌证的部分患者，这是标准化疗的适当补充[44]。

对一线化疗效果的评估应在基线期及每2～3个周期后采用连续CT评估。FDG-PET监测不是标准的，但可以补充CT的信息，并且可以在比CT更早的时间点提供反应或进展的指示。尽管血清间皮素水平的变化可能与肿瘤的大小相符，但在此背景下该测试尚未得到充分验证以代替或补充影像学来监测反应[45]。临床试验中尚未证明铂类化学疗法的最佳周期数。但是，双药化疗的4～6周期与关键的临床试验数据一致，如果治疗耐受性差，则允许在4周期停止。常见的累积毒性包括疲劳、进行性贫血和感觉性周围神经病变。

一线姑息化疗开始的时间仍然是一个有争议的问题。随后在一项大型随机研究中，一项在小型随机临床试验中使用的化疗方案（丝裂霉素、长春碱和顺铂或卡铂）被发现无效[46-47]。有试验将症状稳定的患者随机分配到两组，一组在症状发作后立即接受化学疗法，而另一组延迟治疗。研究人员发现立即治疗组的生存获益不显著。然而，在微小或不可测量疾病和上皮样组织类型的无症状患者中，若患者出现胸腔积液已得到有效控制，如果不计划手术，推迟治疗是合理的[43]。

5.2 二线及后续化疗

一线化疗后，患者通常在进展时表现状况较好，适合并希望进一步治疗。尽管未经对照的研究和之前的经验支持二线化疗可能产生客观的疗效，但在本书发表时，在顺铂和培美曲塞的统一既往治疗背景下，没有任何药物的阳性随机对照试验被报道。

在使用铂类药物和培美曲塞进行常规一线治疗之前，一项进行良好的随机临床试验研究将二线单药培美曲塞加最佳支持治疗与仅进行最佳支持治疗进行了比较，在243例患者中，19%接受培美曲塞治疗的患者和2%仅接受最佳支持治疗的患者部分缓解。培美曲塞组的疾病控制率为59%，最佳支持治疗组的疾病控制率为19%，培美曲塞组的无进展生存期更长（中位时间分别为3.6个月 vs. 1.5个月），尽管总体生存率没有显著差异（$P=0.7434$）[46]。对以前的化疗方案有反应的患者更有可能获得临床收益。最好的支持治疗组中有更多的参与者（52% vs. 28%）接受了停药后化疗，这可能掩盖了总体生存率的任何潜在差异。

尽管这些结果令人鼓舞，但该研究并未在培美曲塞后续的治疗中提供明确的指导。为了解决这个问题，对培美曲塞联合顺铂治疗的患者进行了接受培美曲塞后化疗的评估[49]。培美曲塞联合顺铂组的84例患者接受了后续化疗，其中48例接受了单药治疗，36例接受联合化疗。方案包括单独的吉西他滨、长春瑞滨、蒽环类药物和铂类药物以及基于吉西他滨的组合方案。尽管可用数据不适合疾病控制率，但根据治疗组和预后因素进行调整后，发现后续化疗与更长的生存期相关（$P<0.001$）。这一发现可能是二线化疗所带来的益处，但也可能是因选择适合后续治疗方案的患者而出现偏差。

在许多无对照的临床试验和病例研究中，可以找到对先前有反应的患者重新引入以培美曲塞为基础的化疗的支持（表53.2）。在一项观察性研究[31]中，以前以培美曲塞为基础的治疗有反应或病情稳定的患者进一步接受了培美曲塞的单药治疗（15例）或卡铂或顺铂联合治疗（16例）[50]。总体缓解率为19%，而52%的患者进展。中位无进展生存期为3.8个月，中位总生存期为10.5个月，不良反应可控。更好结果的预测因素包括初始以培美曲塞为基础的化疗与额外治疗之间的间隔时间更长、对之前治疗的客观反应以及二线治疗而非三线治疗。

表53.2 二线治疗使用重复诱导疗法或其他方案的疗效评估

一线治疗	后续治疗	患者数量	客观反应率（%）	疾病控制率（%）	无进展生存期（月）	总生存期（月）	参考文献
培美曲塞±铂类	培美曲塞±铂类	31	19	48	3.8	10.5	Ceresoli等[50]
培美曲塞±铂类	吉西他滨和长春瑞滨	30	10	43	2.8	10.9	Zucali等[a]
培美曲塞+铂类	培美曲塞±铂类	30	17	66	5.1	13.6	Bearz等[129]
无或一种方案	吉西他滨和表柔比星	23	13（高剂量），7（低剂量）	NR	4.2	5.7	Okuno等[130]
多种	长春瑞滨	63	16	68	NR	9.6	Stebbing等[131]
培美曲塞和卡铂	吉西他滨、多西他赛和G-CSF	37	19	62	7	16.2	Tourkantonis等[132]
多种（无培美曲塞）	培美曲塞+BSC（vs BSC）	123	19	59	3.6	8.4	Jassem等[48]
多种	伊立替康，铂类和丝裂霉素C	13	20	70	7.3	7.3	Fennell等[b]
铂类和培美曲塞	BNC105P	30	3	46	1.5	8.2	Nowak等[c]
铂类和培美曲塞	舒尼替尼	53	12	77	3.5	6.1	Nowak等[d]
多种	派姆单抗	25	28	76	5.8	NR	Alley等[e]
铂类和培美曲塞	阿维鲁单抗	53	9	58	4	NR	Hassan等[97]
铂类和培美曲塞	纳武单抗	18	27	50	NR	NR	Quispel-Janssen等[f]

[a]Zucali PA, Ceresoli GL, Garassino I, et al. Gemcitabine and vinorelbine in pemetrexed-pretreated patients with malignant pleural mesothelioma. Cancer, 2008, 112 (7): 1555-1561; [b]Fennell DA, Steele JP, Shamash J, et al. Efficacy and safety of first- or second-line irinotecan, cisplatin, and mitomycin in mesothelioma. Cancer, 2007, 109 (1): 93-99; [c]Nowak AK, Brown C, Millward MJ, et al. A phase Ⅱ clinical trial of the vascular disrupting agent BNC105P as second line chemotherapy for advanced malignant pleural mesothelioma. Lung Cancer, 2013, 81 (3): 422-427; [d]Nowak AK, Millward MJ, Creaney J, et al. A phase Ⅱ study of intermittent sunitinib malate as second-line therapy in progressive malignant pleural mesothelioma. J Thorac Oncol, 2012, 7 (9): 1449-1456; [e]Alley EW, Schellens JH, Santoro A, et al. Single-agent pembrolizumab for patients with malignant pleural mesothelioma (MPM). Denver: World Conference on Lung Cancer: 2015; [f]Quispel-Janssen J, et al. Nivolumab in malignant pleural mesothelioma (NIVOMES): an interim analysis, in 3th International Conference of the International Mesothelioma Interest Group. Birmingham, UK: 2016; BSC，最佳支持治疗；G-CSF，粒细胞集落刺激因子；NR，未报道

在对二线治疗患者预后的一项大规模回顾性评估中，从8个意大利中心中纳入了181例接受二线化疗的患者[51]。大多数患者（66%）曾接受过培美曲塞为基础的治疗，其中42例接受了进一步以培美曲塞为基础的治疗，31例接受了铂类药物和培美曲塞治疗。同样，良好的表现状态和超过12个月的一线治疗预测所有患者在进一步治疗后会有更好的结果。尽管单独使用培美曲塞或与铂类药物联合治疗患者的疾病控制率相似，但使用铂类药物与培美曲塞联合治疗患者的无进展生存期和总生存期更好。存在明显的潜在偏倚限制了对这些数据的解释，特别是单药化疗相对于联合化疗的选择可能已受到临床医生对个体联合化疗耐受性认识的影响，而单药治疗更可能已推荐给不适合的患者。

意大利的回顾性研究中纳入了许多非培美曲塞二线治疗方案，有或没有铂类药物[51]。这些方案包括顺铂或卡铂与吉西他滨或长春瑞滨的组合，以及长春瑞滨和吉西他滨的单独使用或组合。总体而言，接受重复铂类药物治疗患者的疾

病控制率、无进展生存期和总体生存期均较优。但将这些数据可能是具有与上述相同的潜在偏倚所致。

这些研究的结论存在重大局限性，特别是考虑到患者人群的异质性。在某些研究中，并非所有患者先前都已接受过培美曲塞治疗。选择标准和肿瘤测量的标准是不固定的。很少有研究纳入通过肺功能来评估症状改善、生活质量或功能改善。

在二线治疗的建议中，对于一线培美曲塞治疗有反应，以及自上次治疗以来间隔较长的患者，考虑重新接受以培美曲塞为基础的治疗方案是合适的，其中在重新接受治疗前间隔超过12个月的患者可能受益最大。如果患者不适合联合治疗或对铂类药物有禁忌证，可选择培美曲塞联合替代铂类药物或单用培美曲塞。不建议使用以培美曲塞为基础治疗的患者（如无治疗间隔时间较短的患者）中，长春瑞滨单药或联合吉西他滨具有可接受的活性和毒性。

自2009年以来，报道的针对恶性间皮瘤二线治疗的不良反应越来越少。二线治疗的研究工作和试验登记集中在确定可能对间皮瘤有活性的新靶向药物和对这些药物反应的分子预测的前景。一种现实的看法是，由于缺乏有利于分子靶向药物的新细胞毒性药物的开发，细胞毒性化疗的益处已经达到稳定期，并且在这种情况下，进一步测试现有细胞毒性药物的益处可能有限。间皮瘤二线治疗的当代临床试验引发了关于适当控制手段的争论。在没有数据显示培美曲塞二线治疗有生存益处的情况下，安慰剂对照仍适用于Ⅲ期研究。二线试验应包括生活质量和功能参数的测试，以便得出有关该人群患者获益的可靠结论。

6 手术

MPM的手术可用于诊断、疾病分期、缓解症状（很少）和减瘤。

6.1 姑息手术

间皮瘤患者最常出现的症状是呼吸困难、胸壁疼痛、咳嗽或全身症状，如疲劳、发热和厌食等。呼吸道症状可能继发于肺不张，伴随着由胸腔积液或肿瘤压迫所引起的通气减少和分流。症状也可继发于呼吸力学的改变，如胸壁力学改变以及肋骨和膈肌的运动受损。具有这些症状患者的外科缓解措施包括胸腔积液和肺萎陷的治疗以及胸壁力学的改善。

6.1.1 胸腔引流术

胸腔积液的治疗取决于胸腔积液的量、引起肺不张的程度以及肺压迫的程度。简单的胸腔穿刺术很难长期缓解胸腔积液。但这是一个有效缓解呼吸困难、明确诊断并评估肺再扩张程度的基本治疗方法。在没有完全再扩张的情况下，硬化疗法（即滑石粉）不太可能出现胸膜粘连。如果患者有胸腔积液合并肺萎陷，放置留置胸腔引流管则可有效缓解患者症状。这属于简单的门诊手术，并不需要肺完全的再扩张就能有效。尽管有报道称肿瘤可以沿导管进展转移，但这种情况比较罕见[52]。

6.1.2 姑息性胸膜切除术

姑息性胸膜切除术的目的是使压迫的肺复张，改善肿瘤对胸腔的限制，并重建胸膜附着和最终胸膜联合。姑息性胸膜切除术应与减瘤手术区别开来，后者的目的是实现肉眼肿瘤的完整切除，以期延长复发时间并提高存活率。姑息性胸膜切除术后是否可改善生活质量目前尚没有充分的证据，最佳支持治疗和PD之间无前瞻性研究比较。姑息性胸膜切除术后患者的胸腔积液控制较好，有效率在80%～100%[53]，但对呼吸困难和胸壁疼痛的改善程度通常较少。Soysal等[54]回顾性分析了为缓解MPM而进行的100例胸膜切除术，结果显示54例有症状性积液的患者中有52例（96%）胸膜积液得到有效控制，85%的患者胸痛缓解，所有患者的咳嗽和呼吸困难症状都得到改善。重要的是，症状缓解的时间长达6个月。

尽管姑息性胸膜切除术可以很好地控制胸腔积液，但它需要进行开胸手术，并且这种手术的术后并发症可能会抵消其某些潜在优势，尤其是术后的疼痛。因此，VATS减瘤术已成为了一种替代选择。Waller等[55]发现19例恶性积液患者使用VATS胸膜切除术后，84%的患者在中位随访12个月时胸腔积液仍得到有效的控制。然而，在13例MPM患者中有5例（38%）在手术部位出现了肿瘤的转移。一项Ⅲ期试验对比了VATS胸膜切除术与滑石粉胸膜固定术（MESOVATS），研究发现VATS胸膜固定术的成功率高于滑石粉胸膜固定术，但总体生存率没有明显差异[56]。研究还在51例MPM病例中评估了组织学对姑息性胸膜切除术后预后的影响[55]。患者在6周和3个月时呼吸困难和疼痛评分得到了明显改善。然而，生存期的获益主要针对上皮样瘤患者和体重没有明显减轻的患者。非上皮样肿瘤患者的中位生存期为4.4个月，30天死亡率为8%，但到6周时死亡率增加到14%，这导致姑息性胸膜切除术对肉瘤样和双相肿瘤患者的有效性受到质疑。

6.2 减瘤手术

减瘤手术的目的是在胸腔中切除所有肉眼可见的肿瘤[57-58]。尽管未经证实，但是据推测R0或R1的减瘤术延长了患者的生存时间，特别是上皮样肿瘤且无淋巴结转移的患者。一些观察性试验支持减瘤术的有效性。第一，大量的针对晚期卵巢癌、结肠直肠癌和肾细胞癌的临床试验显示，Ⅳ期患者可以从减瘤术中获益。第二，极少数MPM长期幸存者接受的是非手术治疗的策略，而大多数长期幸存者已将手术作为其治疗的一部分。于2010年发表的两项研究，评估了监测、流行病学和最终结果数据库中MPM患者的结局。两项研究均显示，接受手术治疗的患者其生存期高于不接受手术治疗的患者（11个月vs. 7个月）[59-60]。第三，3项Ⅲ期临床试验的结果显示，接受化疗的患者其生存期为10～13个月[42-43, 46]，而另外3项Ⅱ期临床研究发现，采取胸膜外肺切除（EPP）减瘤术患者的中位生存期明显超过17个月[61-63]。最后，一些回顾性研究显示，经过完全减瘤术治疗的间皮瘤患者，其生存期要显著长于手术切除后仍有较大肿瘤的患者[64]。胸膜间皮瘤减瘤术的两种方法是EPP和根治性PD（或全胸膜切除术）。

6.2.1 胸膜外肺切除术

EPP包括切除顶层和内脏胸膜、肺、同侧心包和膈肌（图53.2）。尽管有报道使用聚乙醇酸、聚丙烯和各种生物网，但通常使用假体网片（通常是聚四氟乙烯）来重建心包和横膈膜。这种手术方式涉及范围广泛，且死亡率较高。但是大多数大样本量的研究发现其围手术期死亡率低于8%，术后并发症的发生率为50%～60%，最常见的包括易于治疗的室上性快速心律失常（44%～46%），也会出现危及生命的并发症，如大出血（1%）、心脏疝（1%～2%）、食管穿孔

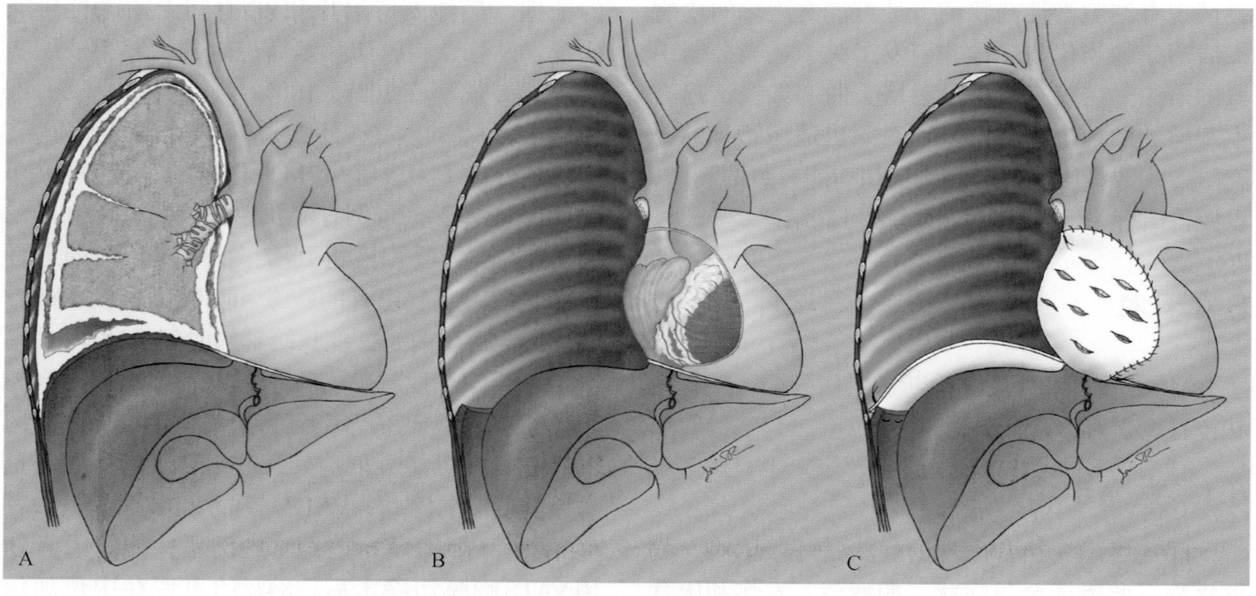

图53.2 胸膜外肺切除术包括去除所有胸膜内膜、横膈膜、心包膜和肺

（A）黄线表示间皮瘤在胸膜内层的扩散；（B）切除肺部并剥离顶胸膜、横膈膜和心包膜后，放置贴片（白色）；（C）以覆盖腹部结构和心脏。经David Rice，MD许可转载

（1%～2%）、支气管胸膜瘘（1%～2%）、脓胸（3%～6%）、急性呼吸窘迫综合征（4%～8%）和肺炎（5%～10%）。EPP术后的生存期为10～28个月，生存期还取决于肿瘤分期、组织学类型以及生存期是从手术日期还是从诊断日期算起。由于EPP切除了整个肺部，因此局部复发的风险区域仅限于胸壁的内部、膈肌周围区域和同侧纵隔。仅使用EPP的局部复发率为30%～50%。因此，为了减少局部复发，可采用辅助性半胸腔放疗和胸膜内疗法，如胸腔热灌注化疗（heated intrapleural chemotherapy，HIOC）和光动力疗法（后文叙述）。

辅助放疗在很多时候已成为系统治疗的一部分。Rusch等[65]报道了一项Ⅱ期临床试验的结果，显示对肺切除术后空腔50.4 Gy的外放疗可使局部失败率降至13%[18]。失败部位主要位于膈肌后方，但后来的研究显示，标准的前后束技术的局部复发率较高（约30%）[65]。因此采用强度调节放疗（intensity-modulated radiotherapy，IMRT）可以更好地分配剂量并准确靶向肺切除术后的空间，可在这种情况下应用。不幸的是，全身转移仍然是主要问题。许多患者都会出现远处转移，最常见的部位是对侧肺部或腹腔。肺切除术后使用IMRT时应保持谨慎态度，因为它可能对其余肺部组织产生放射毒性。一些研究显示IMRT与致命性肺炎有关[66]。但是，如果确保接受20 Gy或更高剂量的肺组织的体积小于7%，并且平均肺部剂量小于8.5 Gy，可以使肺毒性降至最低[19]。诸如螺旋断层放疗和强度调节质子束治疗等新型治疗方法有望在局部控制肿瘤的同时最大限度地降低对周围正常结构的放射毒性。

EPP后的生存率取决于肿瘤的分期、组织学类型和肿瘤体积（表53.3）[18, 64, 67]。在布莱根妇女医院接受治疗的183例MPM患者，中位生存期为19个月，而切缘阴性、上皮样瘤和淋巴结阴性的患者中位生存期为51个月[66]。对34份已发表的文章分析后发现，治疗后患者的平均生存期为18个月（范围为5～47个月）[68]。间皮瘤和根治性手术可行性研究的结果公布后，对EPP的效用提出了质疑，这是一项针对50例患者的小型试点研究，旨在测试患者是否可以被随机分配接受EPP或全身铂类化疗后的最佳支持性治疗[69]。该试验为阴性，因为可检测生存差异所需的人数为670例，而随机分配足够多的患者以达到670例的目标人数并不可行。这项初步研究的结果表明，EPP组的总生存期较差（14.4个月 vs.19.5个月）。这项研究存在争议的原因有很多，包括EPP组的围手术期死亡率较高（19%）、样本量小、化疗方案未标准化、治疗组之间的交叉、缺乏最终组织学类型报告以及生存分析只统计到了18个月[70-71]。

表53.3 已发表的胸膜间皮瘤胸膜外肺切除术的临床研究（患者数大于70例）

作者	患者数量	上皮性（%）	Ⅲ/Ⅳ期（%）	化疗	放疗	围手术期死亡率（%）	中位生存期（月）	局部进展（%）	远处转移（%）
Sugarbaker等[67]	183	59	NR	辅助	半侧胸腔	4	19	NR	NR
Edwards等[133]	105	74	85	新辅助	半侧胸腔	7	15	NR	NR
Flores等[134]	208	69	78	新辅助	半侧胸腔	5	14	NR	NR
Rice等[19]	100	67	87	无	半侧胸腔	8	10	13	54
Flores等[82]	385	69	75	辅助	未指明	7	12	33	66
Tilleman等[76]	96	55	81	HIOC（顺铂）	无	4	13	17	62
Trousse等[135]	83	82	53	新辅助或辅助	半侧胸腔	5	15	NR	NR
Yan等[136]	70	83	NR	无常规方案	半侧胸腔	6	20	NR	NR

注：HIOC，术中热灌注化疗；NR，未报道

6.2.2 胸膜切除术/胸膜剥脱术（PD）

PD用于间皮瘤的减瘤术是指去除累及的脏层和（或）壁层胸膜，目的是实现肿瘤肉眼的完整切除，同时保留肺实质。当需要切除膈肌或心包膜等结构时，称为扩展PD（图53.2）[72]。如果胸

膜/肿瘤与心包或膈肌密不可分（通常如此），则以与EPP相似的方式切除这些结构。通常由于原位肺部发生心脏转移的风险不高，因此不需要重建心包。对于脏层胸膜切除术后仍然附着在肺上胸膜下的肿瘤，可以通过锐性剥离清除或热能消融去除。与EPP相比，PD的风险通常较低，其围手术期的死亡率通常在0～5%之间。已报道的并发症包括房性心律不齐（24%～32%）、长时间漏气（3%～21%）、肺部并发症（9%～11%）和脓胸（2%～8%）[72]。

由于PD后肺仍在原位，因此有更大的表面积使微病灶得以生长，因此PD的局部复发率比EPP更高，通常为1.5～2倍[71]。。由于同侧肺实质仍保留在原位，因此有效进行术后放疗的能力受到了限制，这不是EPP术后的限制因素。Gupta等[73]报道了123例PD后接受半胸腔放疗的患者（中位值为43 Gy），发现尽管早期疾病患者占多数（59%），但患者的中位生存期为14个月，56%的患者出现了局部复发（表53.4）。

表53.4 已发表的胸膜间皮瘤胸膜切除/剥脱术的临床研究（至少40例患者）

作者	患者数量	上皮性（%）	Ⅲ/Ⅳ期（%）	化疗	放疗	围手术期死亡率（%）	中位生存期（月）	局部进展（%）	远处转移（%）
Hilaris等[137]	41	68	NR	辅助	近距离放疗＋半侧胸腔放疗	0	21	71	54
Allen等[138]	56	50	NR	辅助	未明确种类	5	9	NR	NR
Colaut等[139]	40	NR	23	辅助	局部	3	11	86	0
Richards等[75]	44	55	39	HIOC（顺铂）	无	11	13	57	43
Lucchi等[140]	49	80	82	胸膜内IL-2＋表柔比星，辅助	局部	0	26	90	14
Flores等[134]	278	64	65	辅助	未明确种类	4	16	65	35
Lang-Lazdunski等[141]	41	67	64	HIOC，辅助	局部	0	24	NR	NR
Nakas等[142]	67	78	100	无	无	3	13	44	18

注：HIOC，术中热灌注化疗；IL-2，白细胞介素-2；NR，未报道

6.3 胸腔内治疗

由于细胞减灭术仍有相对较高的局部复发率，因此可在PD和EPP时采用胸腔内治疗。胸腔内治疗主要包括胸腔内给予基于铂类的化学疗法或腔内光动力疗法。胸腔内治疗有一定的前景，因为它对整个胸部和肺部的高危区域均有潜在的治疗作用。已显示局部给予加热的铂类药物可导致化疗药物渗入组织直至5 mm的深度。大多数胸腔内化疗均是Ⅰ期和Ⅱ期的小型临床研究，患者数量有限，局部复发率为17%～100%[74]。早期研究倾向于术后将化疗药物通过胸腔引流管滴注到胸腔内，但后来倾向于采用HIOC，在42℃时将细胞毒性药物灌注入胸腔。Richards等[75]进行的Ⅰ/Ⅱ期临床试验结果发现，经过PD和HIOC治疗的MPM患者局部失败率为57%。Tilleman等[76]报道了92例患者经EPP后使用加热顺铂的疗效。该疗法同时加用了硫代硫酸钠和氨磷汀以维持肾功能。研究发现同侧胸部的复发率较低（17%），手术死亡率为4%，中位生存期为13个月。但是，这项研究近一半的患者处于Ⅲ期，并且42%的患者肿瘤是非上皮样来源的，这些因素可能会负性影响研究的生存期分析。1998年的一项研究发现在具有良好预后的临床因素（上皮样组织学检查、低容量疾病、血红蛋白大于13 g/dL或女性）的患者中，使用HIOC的治疗组的复发间隔期（27个月 vs. 13个月）及生存期（35个月 vs. 23个月）均显著高于未使用HIOC组[77]。

一些Ⅰ/Ⅱ期临床试验还评估了光动力疗法的疗效[78-80]。研究发现经该疗法治疗后，患者的局部复发率为15%～76%，生存期为10～32个月。在一些早期研究中，有报道患者治疗后因支气管瘘和食管瘘而死亡，因此治疗相关毒性是一个重要问题[79]。Pass等[81]进行了一项小型随机研

究以评估减瘤手术后卟啉钠的作用。该研究发现光动力疗法的使用并没有任何明显益处。2004年Friedberg等[80]报告了38例经PD和术中PDT治疗的MPM患者的疗效。66%的患者局部失效，47%的患者远处复发，患者的中位生存期为32个月。

6.4 胸膜外全肺切除术或胸膜切除/剥脱术的选择

对间皮瘤患者如何选择最合适的手术方法仍存在争议（图53.3）。国际间皮瘤兴趣小组大会在2012年达成的共识性声明提出，减瘤手术的目标应该全部切除所有肉眼可见的肿瘤，是否应用EPP或PD最好根据患者自身情况和肿瘤的特征来决定[71]。目前有一些研究比较了这些疗法的疗效，但这些研究都是回顾性研究并且存在着选择偏倚。迄今为止最大的研究是由Flores等[82]报道的，研究者纳入了来自3个独立机构的663例患者。研究发现患者的中位总生存期为14个月，与385例接受EPP的患者相比，278例接受PD患者的中位总生存期明显延长（16个月 vs. 12个月，$P<0.001$）。但是，PD组中早期肿瘤患者的比例更高（35% vs. 25%，$P<0.001$）。此外，本研究涉及的机构优先对内脏受累最少的患者和肿瘤体积较小的患者进行PD治疗。预后较好的肿瘤患者进行PD治疗的偏倚使得很难从数据中得出确切的结论。此外，先前来自某机构的分析显示，222例EPP患者和126例PD患者的生存率并无显著差异[83]。

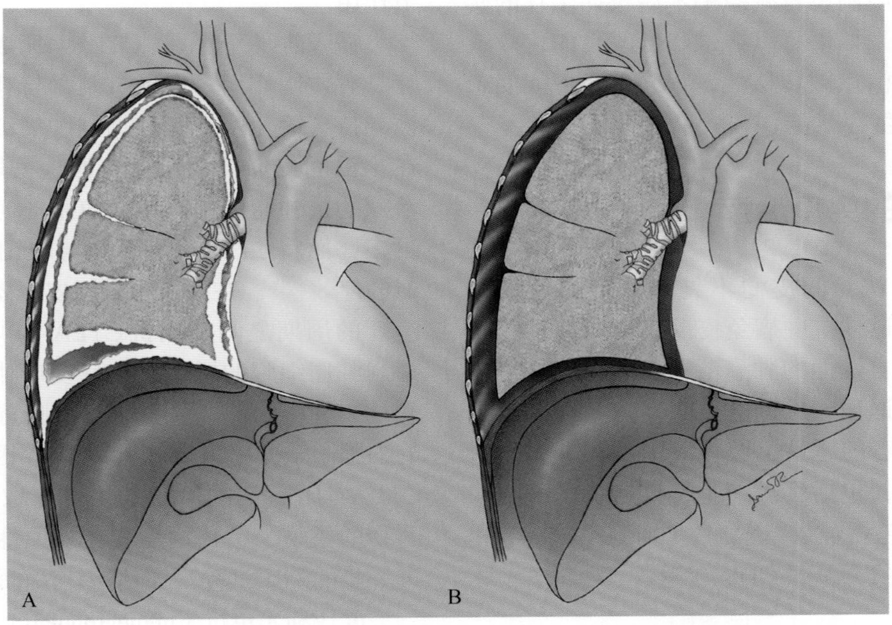

图53.3 （A）完全切除肉眼可见的肿瘤；（B）保留原位的肺、横膈膜和心包膜

经David Rice，MD许可转载

另一个有争议的问题是有淋巴结转移的患者是否采用EPP。多达50%的减瘤患者存在淋巴结的转移，并与生存率呈负相关。2007年发表的一项研究比较了淋巴结阳性患者接受EPP和PD治疗的结局，发现对于N2疾病患者EPP的生存率与PD相比无显著差异[57]。然而在EPP之前准确诊断N2也是一个挑战。如前所述，纵隔镜检查的敏感性较差（30%～40%），虽然EBUS和EUS可能会提高准确性，但大量的阳性淋巴结位于术前活检取不到的地方。计划进行EPP的患者应该在胸膜外切除后进行仔细的术中淋巴结取样，如果在冰冻切片标本中发现有淋巴结转移，外科医生就可以进行PD，从而避免了EPP导致不良预后的风险。

就术后生活质量而言，EPP通常不如PD。Rena等[84]在2012年进行的一项研究，使用欧洲癌症研究与治疗组织的《癌症核心问卷》对接受EPP或PD患者的生活质量进行了测量。研究发现与PD组相比，接受EPP的患者在6个月和12个月时的功能评分明显较差，并且评分从未恢复到基线水平。在症状方面，尽管程度比PD患者小，但EPP患者疼痛评分增加，此外，咳嗽和呼吸困难的评分降低。

关于MPM的外科治疗仍存在争议。虽然并没有明确的证据，但是在上皮样肿瘤和阴性淋巴结的患者中，与单独的最佳支持治疗或化学疗法相比，减瘤术作为多模式疗法的一部分可以提高生存率。无论是EPP还是PD，减瘤手术的目的是彻底切除所有肉眼可见的肿瘤。EPP与局部复发率较低相关，尤其是与半胸腔放疗或HIOC结合使用时，但与PD相比，EPP的围手术期发病率和死亡率更高。目前尚没有确切的证据证实这两种方式有生存期改善的差异。胸腔内疗法是一种有希望的疗法，特别是对于预后良好的患者。长期预后差仍然是限制患者减瘤手术后长期生存的实质性问题。未来如果可以通过联合改良的化疗或免疫治疗药物治疗微转移灶，减瘤手术可能使患者获得更好的生存获益。

7　间皮瘤的免疫治疗

尽管通常认为间皮瘤不具有特别的免疫原性，但已有报道称抗肿瘤免疫反应可以使某些间皮瘤患者出现自发性的肿瘤消退。然而，这种自发性的肿瘤消退很罕见，这表明存在免疫逃逸机制。间皮瘤患者的恶性胸腔积液中浸润了大量的免疫效应细胞，包括巨噬细胞、自然杀伤细胞和T淋巴细胞［包括辅助/诱导性T细胞（CD4）和抑制/细胞毒性T细胞（CD8）］等[85]。

7.1　调节性T细胞和免疫抑制性细胞因子

调节性T细胞是免疫系统的负性调节因子，在维持外周耐受中起着重要作用。Hegmans等[85]发现间皮瘤组织切片含有大量的Foxp3$^+$、CD4$^+$、CD25$^+$等调节性T细胞。回顾性研究显示在少数接受EPP的患者中，高水平的CD8$^+$T细胞可能与更好的预后相关[86]。初步证据还表明，调节性T细胞阻断治疗并联合培美曲塞可以提高间皮瘤患者的生存率[87]。

免疫抑制细胞因子的释放是肿瘤免疫抑制的另一机制[88]。在胸膜液和恶性间皮瘤细胞的上清液中可检测到转化生长因子-β_2（transforming growth factor-β_2，TGF-β_2）[85]。尽管TGF-β阻断在小鼠恶性间皮瘤中有治疗效果，但抗TGF-β单克隆抗体GC1008的Ⅱ期临床试验显示患者并没有客观反应率[89]。

7.2　免疫检查点抑制

细胞毒性T淋巴细胞相关抗原4（cytotoxic T lymphocyte-associated antigen 4，CTLA-4）是免疫调节分子CD28/B7免疫球蛋白超家族的成员。它与CD28共享两个配体（B7-1和B7-2）。CTLA-4和CD28及其配体B7-1（CD80）和B7-2（CD86）对于幼稚T细胞的初始激活以及激活树突状细胞向淋巴样细胞迁移至关重要。T细胞活化后，CTLA-4的表达上调，在肿瘤中起重要的免疫调节作用。

临床前研究表明，CTLA-4阻断与细胞毒性化疗具有协同作用。多种机制参与其中，主要包括诱导持久的免疫记忆和抑制肿瘤细胞的再生[90]。在小鼠间皮瘤模型中，吉西他滨联合抗CTLA-4治疗的抗肿瘤作用比单独使用任何一种药都要大得多，而将CTLA-4阻断剂与顺铂联用则没有类似的疗效[90]。在另一小鼠间皮瘤模型中，在铂类治疗的周期之间加用抗CTLA-4单克隆抗体，可抑制肿瘤细胞的增殖，并且发现肿瘤浸润性CD4和CD8　T细胞数量增加，细胞毒性T细胞相关的细胞因子分泌也显著上调[91]。因此，化疗联合CTLA-4阻断剂的治疗效果可能取决于细胞毒性药物的类型、给药周期和免疫原性，未来还需要进一步的临床试验来评估该疗法的治疗效果。

度伐利尤单抗（tremelimumab）是针对CTLA-4的单克隆抗体，一项针对该药物的单臂Ⅱ期临床研究纳入了29例一线铂类治疗后仍出现疾病进展的恶性间皮瘤患者[92]。虽然该研究并没有达到其缓解率19%的研究终点，但结果显示2例（7%）患者出现持久的部分缓解，1例患者持续了6个月，另外1例持续了18个月。在一项二线单臂研究中发现，度伐利尤单抗的使用剂量增加后，有14%的患者出现部分反应，中位总生存期为11.3个月[92a]。

然而，一项随机的Ⅱb期临床试验结果显示，与安慰剂组相比，度伐利尤单抗作为二线治疗方案并不会提高患者的总生存期和无进展生存期[93]。

早期临床试验的结果显示针对PD-1的单克隆

抗体，纳武单抗和派姆单抗有一定的效果。一项名为NivoMes的临床试验对34例患者应用了每2周1次3 mg/kg的纳武单抗治疗[94]。免疫组化结果显示29%的患者其肿瘤组织中PD-L1的表达量大于1%，但PD-L1的表达量与患者对该药物的反应性并没有显著的相关性。到12周时，有50%的患者获得病情的控制，在24周时，疾病控制率降至33%，中位无进展生存期为110天。一项名为KEYNOTE-28的临床试验对标准治疗失败的25例患者，每2周静脉注射10 mg/kg的派姆单抗[95]。结果显示患者缓解率为20%，中位疗程为12个月，在6个月或更晚临床受益率达到40%，无进展生存期为5.4个月，中位总生存期为18个月。另一项Ⅱ期临床试验，对35例患者每21天在芝加哥大学接受派姆单抗200 mg的静脉输注治疗（中位周期数为9），结果显示患者疾病缓解率为21%，疾病控制率为80%，中位无进展生存期为6.2个月，总生存期为11.9个月[96]。结果同样显示，PD-L1表达与患者的临床反应没有显著相关性。但是，在迄今报道的规模最大的免疫检查点抑制剂的临床试验中，患者的应答率明显低于派姆单抗和尼武单抗的应答率。该临床试验纳入了53例经过初始治疗的胸膜或腹膜间皮瘤患者，患者接受每2周10 mg/kg抗PD-L1抗体阿维鲁单抗的治疗，直到疾病出现进展或出现不可接受的毒性。结果显示患者的总体缓解率为9.4%，有或无PD-L1表达的患者均可出现反应[97]。未来还需要更大规模的研究来评估单药免疫检查点抑制剂在恶性间皮瘤中的疗效。目前正在开展的临床试验也在评估免疫检查点阻断疗法联合化疗以及其他免疫治疗的疗效。

7.3 基于树突状细胞的免疫治疗

树突状细胞是起源于骨髓前体细胞的一类抗原呈递细胞，它存在于外周组织中，捕获、加工抗原并将其转运至引流淋巴结中的幼稚T细胞。未成熟树突状细胞无须共刺激即可将抗原呈递给淋巴结中的T细胞，导致T细胞缺失或诱导型调节性T细胞的生成。树突状细胞可识别并吸收由肿瘤细胞分泌或排出或在肿瘤细胞死亡时释放的具有免疫原性的肿瘤相关抗原。识别抗原后，树突状细胞成熟并在细胞表面表达肽-主要组织相容性复合物（major histocompatibility complex，MHC）以及适当的共刺激分子（图53.4）。成熟的树突状细

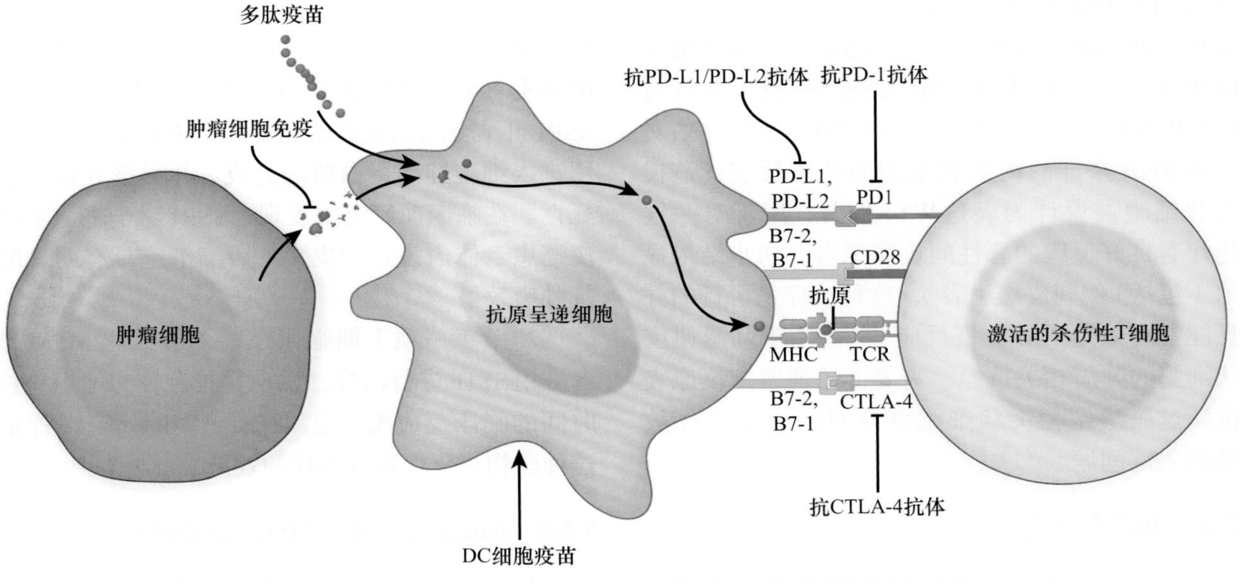

图53.4 参与间皮瘤免疫调节的细胞成分和潜在的治疗靶点干预

图中展示了简化的肿瘤细胞与免疫系统之间的相互作用过程。树突状细胞识别由肿瘤细胞脱落或在肿瘤细胞死亡时释放的免疫原性肿瘤相关抗原。识别抗原后，树突状细胞成熟并在细胞表面表达肽-主要组织相容性复合物（MHC）以及共刺激分子，促进细胞毒性T细胞的活化。细胞毒性T淋巴细胞相关抗原4（CTLA-4）、CD28和程序性死亡蛋白受体1（PD-1）的抑制过程调节免疫系统的进一步激活。通过抗体介导的T细胞共抑制受体（如CTLA-4，PD-1）或其配体（如PD-L1，PD-L2）的抑制来增强宿主免疫系统，可为间皮瘤提供潜在的治疗机会。抗原特异性、肿瘤细胞和树突状细胞疫苗是间皮瘤中正在探索的免疫治疗方法；TCR，T细胞受体

胞大量迁移至引流淋巴结，活化CD4$^+$和CD8$^+$的T淋巴细胞并激活B细胞，启动适应性免疫应答。研究发现用肿瘤相关抗原刺激过的成熟树突细胞制备疫苗，在多种实体肿瘤模型中均可以激发治疗性的免疫反应。

Ebstein等[98]研究发现，来自间皮瘤细胞系的抗原刺激健康供体的树突状细胞，能够诱导针对间皮瘤肿瘤细胞的Ⅰ类限制性细胞毒性T细胞反应[98]。Hegmans等[85]在体内实验中验证了DC细胞疫苗的抗肿瘤效果，他们将肿瘤细胞裂解液刺激树突状细胞并将其制备疫苗，结果发现在肿瘤接种前应用该疫苗治疗可以显著延长小鼠的生存期。最近，有研究报道了来自人间皮瘤细胞系（Pheralys）的肿瘤细胞裂解物的初步实验结果[99]。进行白细胞分离以获得富集的单核细胞部分，从该部分产生未成熟的树突状细胞，其装载有同种异体裂解物。结果显示用肿瘤细胞裂解物进行免疫治疗是安全的。目前，关于化疗后使用树突状细胞联合Pheralys的治疗与最佳支持治疗的疗效评估的随机临床试验正计划进行。

疫苗接种可诱导对血蓝蛋白的免疫反应，疫苗接种后有9例患者的CD3$^+$和CD8$^+$ T细胞分泌的颗粒酶B增多，表明树突状细胞疫苗的接种可激活淋巴细胞[85, 100]。然而，体液或细胞的免疫反应与临床反应率无关。一项正在进行的I/Ⅱ期临床试验（NCT01291420）正在评估对自体RNA修饰的树突状细胞的免疫反应，该树突状细胞被设计为表达WT1蛋白，用于对一线化疗有良好反应的恶性间皮瘤患者。初步结果显示（包括1例间皮瘤患者），这种治疗是可行的并且能够有效地诱导免疫反应[101]。用于刺激树突状细胞的肿瘤相关抗原，需要谨慎地鉴定抗原表位，这是决定树突状细胞疫苗对间皮瘤治疗效果的关键问题[102]。

7.4 WT1疫苗

转录因子WT1在恶性间皮瘤中高表达[103]。虽然WT1是一个核蛋白，但可以被MHC分子加工并提呈到细胞表面。在正常成人组织中，WT1在CD34造血干细胞、肌上皮祖细胞、肾祖细胞、睾丸和卵巢细胞中呈限制性低表达[104]。

7.5 间皮素靶向治疗

间皮素是表达在胸膜、腹膜、心包膜上正常间皮细胞表面的肿瘤分化抗原，但是其在间皮瘤、卵巢癌、胰腺癌、肺腺癌等实体肿瘤组织中也呈高表达。在间皮瘤组织中，几乎所有的上皮来源的间皮瘤，包含上皮成分的双相肿瘤均表达间皮素，但是肉瘤样的间皮瘤并不表达间皮素。间皮素基因编码71 kDa的蛋白前体，之后被加工切割成31 kDa的巨核细胞增强因子和40 kDa的片段间皮素。间皮素可通过糖基磷脂酰肌醇锚附着在细胞膜上。间皮素和巨核细胞增强因子均可以在血清中被检测到，它们也可被用作诊断肿瘤的生物标志物。由于间皮素在正常组织中呈限制性低表达，也使它成为肿瘤抗体依赖或细胞依赖的免疫治疗的潜在靶点。

目前，多种靶向间皮素的药物正在临床评估中。这些药物包括抗间皮素免疫毒素（SS1P）、嵌合型抗间皮素抗体（MORAb-009，Amatuximab）、间皮素靶向抗体药物偶联剂（BAY94-9343）、间皮素疫苗（CRS-207）以及基于嵌合抗原受体（chimericantigen receptor，CAR）的T细胞过继治疗。

7.5.1 SS1P

SS1P是一类重组免疫毒素，包括抗间皮素的可变区联合缩短的假单胞菌外毒素A和PE38。SSP1可结合细胞表面的间皮素，之后通过内吞作用进入细胞抑制蛋白质的合成，并最终导致细胞死亡。在临床前研究中发现，SSP1对于来源于间皮瘤患者体内表达间皮素的肿瘤细胞具有明显的抗肿瘤效果[105-106]。

2013年一项Ⅰ期临床试验对复发性MPM患者应用SS1P进行治疗，发现其具有较为理想和长时间的临床反应率[107]。目前更多的研究在评估这种药物与化疗联合治疗的效果。

7.5.2 Amatuximab（MORAb-009）

Amatuximab是一类靶向间皮素的嵌合型单克隆抗体，它可以通过抗体依赖的细胞毒作用杀灭表达间皮素的肿瘤细胞。除此之外，它还可以阻断间皮素和CA-125的相互作用，从而抑制肿瘤的转移[108]。Ⅰ期临床试验结果显示Amatuximab

剂量限制性的毒性主要包括转氨酶升高和免疫复合物型血清病，最大耐受量为200 mg/m^2 [109]。一项Ⅱ期临床试验结果显示Amatuximab联合培美曲塞和铂类的治疗效果高于仅使用培美曲塞和顺铂的患者，总生存期可达14.8个月[110]。药代动力学分析发现Amatuximab在血清中的浓度低值若大于38.2 μg/mL，则患者的无进展生存期和总生存期均显著延长[111]。药代动力学分析还发现，每周注射5 mg/kg的Amatuximab，可使80%以上患者血清中的Amatuximab浓度低值大于38.2 μg/mL。根据以上的研究结果，一项对比单纯应用培美曲塞与铂类药物和加用Amatuximab治疗初发不能切除间皮瘤患者总生存期的Ⅱ期临床试验正在启动并且招募患者中（NCT02357147）。

7.5.3 间皮素靶向抗体药物偶联剂（Anetumab Ravtansine）

Anetumab Ravtansine（BAY94-9343）是由靶向间皮素的人源化免疫球蛋白G1单克隆抗体联偶微管蛋白结合药物DM4构成的间皮素靶向抗体药物偶联剂。在临床前研究中发现该药物在体内和体外对间皮素阳性的肿瘤均有明显的抑制作用[112]。一项Ⅰ期临床试验纳入了77例患者，每21天静脉注射Anetumab Ravtansine，其中45例患者给予0.15～7.5 mg/kg的逐步递增至10倍剂量的治疗（21例间皮瘤，9例胰腺癌，5例乳腺癌，4例卵巢癌，6例其他）。32例患者给予2倍剂量的治疗（16例间皮瘤，20例卵巢癌），38例患者给予最大耐受剂量（maximum tolerated dose，MTD）的治疗（16例间皮瘤，21例卵巢癌，1例乳腺癌）。Anetumab Ravtansine的MTD为每21天1次6.5 mg/kg的治疗。7.5 mg/kg最大剂量治疗的不良反应是角膜炎和神经病变。最常见的不良反应是外周感觉神经病变和角膜沉积。16例患者给予MTD的治疗，其中5例（31%）患者获得客观反应，7例（44%）患者疾病处于稳定状态。胸膜间皮瘤患者应用Anetumab Ravtansine作为二线治疗方案，10例患者中有5例（50%）出现客观反应，4例（40%）患者疾病处于稳定状态[56]。更为重要的是，在3例患者中这种反应率可以持续到两年之久[113]。一项对比长春瑞滨和anetumab ravtansine作为二线治疗方案对于胸膜间皮瘤无进展生存期的影响的Ⅱ期临床试验正在启动阶段（NCT02610140）。

7.5.4 间皮素疫苗（CRS-207）

间皮素是一类具有免疫原性的蛋白，它可以激发机体的抗肿瘤免疫反应。CRS-207是目前发表的唯一一种用于临床试验的间皮素疫苗。它包括由单核细胞增多性李斯特菌编码的人类间皮素的活性减毒链。一项Ⅰ期临床试验评估了CRS-207在表达间皮素的肿瘤患者中的安全性及抗间皮素免疫反应的程度[114]。一项Ⅰb期临床试验评估了CRS-207联合培美曲塞和铂类药物对无法手术的胸膜间皮瘤患者的治疗效果。在这项研究中患者接受了两剂静脉CRS-207的注射，间隔2周（初次疫苗接种），随后在第二剂CRS-207的2周后，以培美曲塞和顺铂按标准剂量和时间表给药4～6个周期。如果患者在化疗完成后病情稳定或肿瘤负荷减轻，则在加强免疫接种后3周再接受两次CRS-207注射。具有持续肿瘤反应或疾病稳定的患者可每8周接受CRS-207的预防接种。本研究共招募了38例患者。与CRS-207相关的最常见不良事件包括发热、发冷或僵硬以及恶心等暂时性不良反应。CRS-207与化学疗法联合治疗未观察到累积毒性。对36例患者评估肿瘤反应，有1例（3%）完全反应，20例（56%）部分反应，13例（36%）疾病稳定，2例（6%）疾病进展。中位无进展生存期和总生存期分别为7.6个月［95%置信区间（confidence interval，CI）为7.1～10.1］和16.4个月（95%CI为11.0～20.6）[115]。

7.5.5 靶向间皮素的CAR治疗

间皮素在正常组织中限制性表达使其成为CAR-T细胞疗法的良好靶点。目前，靶向间皮素的CAR-T细胞药物的临床试验正在进行中[116]。初始临床试验的结果表明，这种方法是安全的，并且对实体瘤患者具有一定的疗效[117]。最近的临床前研究显示，靶向间皮素的CAR-T细胞注射入胸膜腔有一定的抗肿瘤效果，目前该疗法的临床应用研究正在进行中[118]。

7.6 溶瘤病毒治疗

溶瘤病毒是被筛选或改造成的可在肿瘤细胞

内部生长的可复制型微生物[119]。溶瘤病毒利用肿瘤特异性的突变、信号传导途径或抗原的优势，使其在肿瘤细胞中选择性复制，从而导致肿瘤细胞裂解，却不影响正常的细胞。除了直接的细胞毒性外，治疗性病毒介导的肿瘤破坏也可以介导机体的抗肿瘤免疫反应。凋亡麻疹病毒对其感染的间皮瘤细胞的吞噬作用可诱导自发性树突状细胞的成熟，活化并明显扩增靶向间皮素的特异性CD8 T细胞[120]。

肿瘤中优先复制的溶瘤病毒，包括腺病毒、麻疹、反转录病毒、新城疫病毒、单纯疱疹病毒和水疱性口炎病毒，目前正在评估它们在间皮瘤中的细胞毒性和功效[121]。

间皮瘤溶瘤病毒治疗的挑战之一是溶瘤病毒的肿瘤渗透作用。细胞外基质和与肿瘤相关的纤维组织阻碍了从感染肿瘤释放的病毒传播。临床前研究发现共表达可破坏细胞外基质的酶（如乙酰肝素酶）可成功打破纤维组织的阻碍作用，从而抑制溶瘤病毒的渗透作用[122]。

7.7 基因治疗

由于间皮瘤扩散方式主要限于胸膜腔，并且易于在胸膜内生长，因此正在探索肿瘤选择性腺病毒和载体细胞（如PA1STK细胞）来进行局部治疗[123-124]。一项针对21例未接受过治疗的胸膜间皮瘤患者的Ⅰ期临床试验，向患者胸腔内递送带有编码单纯疱疹病毒胸苷激酶基因（herpes simplex virus thymidine kinase gene，HAVtk）并且复制能力缺陷的腺病毒Ad.HSVtk，结果发现该药物是安全的并且耐受性较好[123]。这项研究中的肿瘤特异性是通过HSVtk基因实现的，该基因的蛋白质产物是一种将更昔洛韦转化为具有高度细胞毒性的磷酸化形式的酶。患者静脉注射更昔洛韦2周后，将Ad.HSVtk注入胸膜腔，可以使机体产生抗Ad.HSVtk的体液和细胞免疫应答，并且接受较高剂量Ad.HSVtk治疗的患者，在治疗后活检可在瘤内检测到转基因。

Ad.HSVtk的临床经验和临床前数据显示HSVtk可激发强烈的Th1型抗肿瘤免疫反应，进一步表明Ad.HSVtk诱导的细胞杀伤是由于抗肿瘤免疫反应，而不是直接的细胞毒性[125]。除此之外，研究发现使用表达人干扰素（interferon，IFN）-β基因的腺病毒，可以增强MHC Ⅰ类抗原的表达并诱导细胞凋亡[126]。尽管这些临床试验证实了Ad.IFN-β的安全性，并显示它可诱导抗肿瘤的体液和细胞免疫反应，但血清中抗腺病毒中和抗体滴度的快速上升会削弱靶细胞的转导和IFN-β基因的表达。虽然这些临床研究一致证明这类药物可以激发抗肿瘤免疫反应的产生，但影像学和临床证据显示其抗肿瘤的效果较为有限，这可能是由于肿瘤本身体积大并且肿瘤中存在着免疫抑制性的网络。临床前研究发现Ad.IFN-β联合化疗和手术可显示出较强的抗肿瘤的效果，目前进行的临床研究正在评估这种联合治疗的临床疗效[127-128]。

8 结论

MPM仍然是一个有争议且难以根除的肿瘤。目前尚未对手术指征以及采取的手术类型达成共识，但目前趋向于采取保留患者肺部的手术。顺铂和培美曲塞仍然是细胞毒性疗法的标准治疗方案，但新疗法正在研究中。尽管大量体外证据表明机体对间皮瘤具有免疫反应，但由于肿瘤在体内的免疫抑制作用，这种免疫反应通常是无效的。目前针对间皮瘤免疫抑制的治疗策略包括：调节肿瘤微环境中的免疫调节分子（如免疫检查点抑制剂）和免疫系统的抗原特异性激活（如疫苗）。间皮素是一种表达于正常间皮细胞但在间皮瘤中高表达的肿瘤分化抗原，目前很多的研究策略都集中在间皮素上。

（李 彤 陈 军 译）

主要参考文献

2. Wagner J.C., Sleggs C.A., Marchand P.. Diffuse pleural mesothelioma and asbestos exposure in the North Western Cape Province. *Br J Ind Med*. 1960;17:260–271.
11. Carbone M., Yang H., Pass H.I., et al. BAP1 and cancer. *Nat Rev Cancer*. 2013;13(3):153–159.
12. Testa J.R., Cheung M., Pei J., et al. Germline BAP1 mutations pre-dispose to malignant mesothelioma. *Nat Genet*. 2011;43(10):1022–1025.
14. Rusch V.W.. A proposed new international TNM staging system for malignant pleural mesothelioma. From the International Mesothelioma Interest Group. *Chest*. 1995;108(4):1122–1128.
23. Robinson B.W., Creaney J., Lake R., et al. Mesothelin-family proteins and diagnosis of mesothelioma. *Lancet*. 2003;362(9396):1612–1616.
28. Pass H.I., Levin S.M., Harbut M.R., et al. Fibulin-3 as a blood

and effusion biomarker for pleural mesothelioma. *N Engl J Med*. 2012;367(15):1417–1427.

40. Nowak A.K., Francis R.J., Phillips M.J., et al. A novel prognostic model for malignant mesothelioma incorporating quantitative FDG-PET imaging with clinical parameters. *Clin Cancer Res*. 2010;16(8):2409–2417.
42. Vogelzang N.J., Rusthoven J.J., Symanowski J., et al. Phase Ⅲ study of pemetrexed in combination with cisplatin versus cisplatin alone in patients with malignant pleural mesothelioma. *J Clin Oncol*. 2003;21(14):2636–2644.
44. Zalcman G., Mazieres J., Margery J., et al. Bevacizumab for newly diagnosed pleural mesothelioma in the Mesothelioma Avastin Cisplatin Pemetrexed Study (MAPS): a randomised, controlled, open-label, phase 3 trial. *Lancet*. 2016;387:1405–1414.
46. Muers M.F., Stephens R.J., Fisher P., et al. Active symptom control with or without chemotherapy in the treatment of patients with malignant pleural mesothelioma (MS01): a multicentre randomised trial. *Lancet*. 2008;371(9625):1685–1694.
58. Sugarbaker D.J.. Macroscopic complete resection: the goal of primary surgery in multimodality therapy for pleural mesothelioma. *J Thorac Oncol*. 2006;1(2):175–176.
62. Krug L.M., Pass H.I., Rusch V.W., et al. Multicenter phase Ⅱ trial of neo-adjuvant pemetrexed plus cisplatin followed by extrapleural pneumonectomy and radiation for malignant pleural mesothelioma. *J Clin Oncol*. 2009;27(18):3007–3013.
64. Pass H.I., Kranda K., Temeck B.K., Feuerstein I., Steinberg S.M.. Surgically debulked malignant pleural mesothelioma: results and prognostic factors. *Ann Surg Oncol*. 1997;4(3):215–222.
67. Sugarbaker D.J., Flores R.M., Jaklitsch M.T., et al. Resection margins, extrapleural nodal status, and cell type determine postoperative long-term survival in trimodality therapy of malignant pleural mesothelioma: results in 183 patients. *J Thorac Cardiovasc Surg*. 1999;117(1):54–63.
82. Flores R.M., Pass H.I., Seshan V.E., et al. Extrapleural pneumonectomy versus pleurectomy/decortication in the surgical management of malignant pleural mesothelioma: results in 663 patients. *J Thorac Cardiovasc Surg*. 2008;135(3):620–626.
107. Hassan R., Miller A.C., Sharon E., et al. Major cancer regressions in mesothelioma after treatment with an anti-mesothelin immunotoxin and immune suppression. *Sci Transl Med*. 2013;5(208):208ra147.
131. Stebbing J., Powles T., McPherson K., et al. The efficacy and safety of weekly vinorelbine in relapsed malignant pleural mesothelioma. *Lung Cancer*. 2009;63(1):94–97.

获取完整的参考文献列表请扫描二维码。

第54章 纵隔肿瘤

Christopher Hazzard, Andrew Kaufman, Raja Flores

要点总结

- 对鉴别诊断及最优诊疗措施来说，纵隔的解剖学知识非常重要。
- 必须考虑多种可能的病因，包括实体和淋巴恶性肿瘤、良性囊肿及良性肿瘤。
- CT和MRI是诊断和手术入路规划及技术选择的重要工具。
- 成人前纵隔肿物多为胸腺瘤和淋巴瘤，中纵隔病变中最常见的为淋巴瘤和良性囊肿，神经源性肿瘤仅发现于后纵隔。
- 纵隔中存在重要的脏器、血管及神经结构，因此精准的外科技术对于避免并发症至关重要。
- 只有当囊肿为支气管囊肿或食管囊肿时应手术切除，而心包囊肿不需要侵入性组织取样或切除。
- 气管源性和食管源性囊肿可与周围组织紧密粘连，从而使一些患者的微创治疗变得富有挑战性。
- 在靠近椎间孔的时候应该小心应用电灼设备，以避免对中枢神经系统的损伤。
- 该部位已知的手术并发症包括膈神经损伤、乳糜瘘、支气管或食管穿孔，以及出血。

纵隔是指胸腔中介于两侧胸膜腔之间的区域，通常分为3个部分：前纵隔、中纵隔或内脏纵隔和后纵隔。前纵隔包括胸腺、淋巴结、结缔组织和脂肪。内脏纵隔包含心脏及其心包内血管结构、气管及近端支气管、食管、胸导管、淋巴结及迷走神经、膈神经及喉返神经。后纵隔包含交感神经链及近端肋间动脉、静脉和神经。对于纵隔肿物的鉴别诊断与其解剖位置息息相关（表54.1）[1]。

表54.1 根据纵隔肿物所在位置进行鉴别诊断[1]

前纵隔	中纵隔	后纵隔
胸腺瘤	淋巴瘤	神经源性肿瘤
畸胎瘤，精原细胞瘤	心包囊肿	支气管囊肿
淋巴瘤	支气管囊肿	肠源囊肿
癌	转移性囊肿	黄色肉芽肿
甲状旁腺瘤	系统性肉芽肿	膈疝
胸内甲状腺肿		脑脊髓膜突出
脂肪瘤		脊柱旁脓肿
淋巴管瘤		
主动脉瘤		

纵隔肿物经常没有症状，而是在诊断中、调查或不相关病情的筛查中发现。恶性疾病往往具有临床表现[2]，其局部压迫和侵袭症状可导致上腔静脉综合征、呼吸困难、吞咽困难、声嘶、心脏压塞和Horner综合征。如为内分泌肿瘤时可表现有全身症状，或恶性肿瘤相关的发热、畏寒及体重减少（表54.2）[1]。特定的症候往往与肿瘤或一些症状相关，包括重症肌无力（myasthenia gravis）和伴有胸腺瘤或牛奶咖啡斑（café-au-lait spots）的前纵隔肿物，以及伴有冯·雷克林豪森（von Recklinghausen）神经纤维瘤的后纵隔肿物。

表54.2 纵隔肿瘤的全身症状[1]

症状	肿瘤
重症肌无力，红细胞发育不全，古德综合征，Whipple病，食管扩张，心肌炎	胸腺瘤
多内分泌腺瘤病，库欣综合征	类癌，胸腺瘤
高血压	嗜铬细胞瘤，神经节瘤，化学受体瘤
腹泻	神经节瘤
高钙血症	甲状旁腺瘤，淋巴瘤
甲状腺毒症	胸内甲状腺肿

续表

症状	肿瘤
低血糖	间皮瘤，畸胎瘤，纤维肉瘤，神经肉瘤
骨关节病变	神经纤维瘤，神经鞘瘤，间皮瘤
脊柱异常	肠源囊肿
不明原因发热	淋巴瘤
乙醇诱发痛	霍奇金淋巴瘤
眼肌阵挛	神经母细胞瘤

成人前纵隔肿物中最常见的为胸腺瘤、生殖细胞肿瘤（germ cell tumor，GCT）、淋巴瘤及异位甲状腺。在内脏纵隔中，最常见的肿物为与转移性疾病相关的淋巴结病变。其他的内脏纵隔肿物常常为先天性囊肿。而后纵隔肿物多数为神经源性肿瘤[3]。

CT扫描能够提供纵隔肿物的大小、密度及解剖关系等信息。CT中应用血管内造影剂经常能够协助界定纵隔肿物。心脏及呼吸运动伪影使纵隔MRI检查受到限制。纵隔肿物的MRI检查通常用于评估椎旁肿瘤的椎管内受累[4]。

1 生殖细胞肿瘤

性腺外的生殖细胞肿瘤是源于胚胎发育中细胞迁移中产生的错误（图54.1）。这些肿瘤多发现于纵隔中，在成人纵隔肿物中占到15%[5]。多数纵隔生殖细胞肿瘤发生于20～40岁。约85%的纵隔生殖源性肿瘤为良性，并在男性和女性中发生率近似[6]。然而，90%的恶性生殖源性肿瘤发生在男性。当发现有恶性生殖细胞肿瘤，患者必须进行阴囊超声检查以便发现潜在的原发性阴囊肿瘤。从组织学上讲，生殖源性肿瘤有3种类型：良性畸胎瘤、精原细胞瘤和非精原细胞生殖细胞肿瘤（nonseminomatous GCT，NSGCT）[3]。

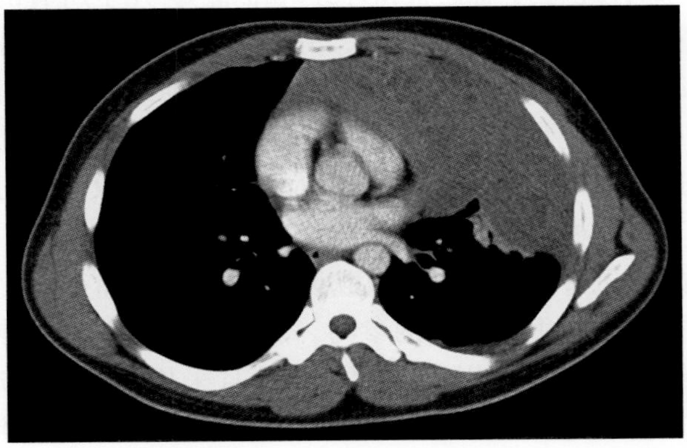

图54.1 前纵隔生殖细胞肿瘤侵犯进入左侧胸腔

1.1 良性畸胎瘤

良性畸胎瘤是由多种胚系细胞层构成，并常常成为成熟畸胎瘤。这些畸胎瘤可以包含有任意一种组织，包括牙齿、毛发、骨头、软骨，偶尔有更高级的结构。尽管许多患者并未表现出症状，良性的畸胎瘤仍然可以压迫、侵袭、突破以及穿入周围的组织[7]。这些良性肿瘤罕有恶性转化[8]。血清β-人类绒毛膜促性腺激素（β-human chorionic gonadotropin，β-hCG）或甲胎蛋白（α-fetoprotein，AFP）提示恶性畸胎瘤的可能。推荐对良性畸胎瘤进行完整切除。对良性畸胎瘤的治疗方式是多样的，包括正中胸骨切开开胸手术及外侧切口开胸手术。首选的入路，尤其是生殖细胞肿瘤，为半蛤壳状切口，其能单方向地在胸腔延伸。对于双侧侵犯的大肿物，一种联合上胸骨切开及前胸部开胸术的蛤壳切口能够提供充分地暴露。良性畸胎瘤经常与周围粘连，而这让切除工作充满挑战，且无法保证总是能完整切除。然而，即便未能完整切除，手术后的预后也是很好的[7]，而且它也没有化疗或者放疗的适应证。

1.2 精原细胞瘤

精原细胞瘤几乎只在男性中发生，并且好发年龄在30～40岁。其在发现之前往往已经体积巨大，并且在60%～70%的病例中发现有转移[9]。在一些单纯性精原细胞瘤中血清甲胎蛋白水平可以正常，而一些患者中β-hCG水平则可能升高。升高的甲胎蛋白往往提示非精原细胞瘤成分的存在，但其检查及治疗应与NSGCT相同。然而，CT引导下肺穿刺活检优先于手术活检[10-11]。鉴于系统性疾病的存在，单纯放疗的无病生存期低于博来霉素、依托泊苷及顺铂的化疗[12]。即便对于一些残余肿物，手术干预的意义仍然有限[9]。

1.3 非精原细胞生殖细胞肿瘤

非精原细胞生殖细胞肿瘤包括胚胎癌、卵黄囊癌、恶性合体细胞瘤或混合性组织学成分。

原发性纵隔NSGCT在组织学上往往与睾丸源性NSGCT截然不同，并且预后不良[13]。原发性纵隔NSGCT生长迅速，并在80%的患者中发现有转移[14]。综合治疗后的总生存率为40%～50%。约6%的血液系统恶性肿瘤表现有NSGCT，其在急性巨核细胞白血病、骨髓血细胞形成不良综合征中尤为常见[15]。血清甲胎蛋白水平在80%的患者中升高，而β-hCG水平在30%～35%的患者中升高[12]。当肿瘤标志物水平显著升高时并不推荐活检，对于需要活检的情况，细针穿刺活检劣于粗针活检或前纵隔切开术[16]。

NSGCT的标准治疗包括博来霉素、依托泊苷及顺铂，而异环磷酰胺较博来霉素更能预防术前肺部并发症因而受到推荐[12]。不管血清肿瘤标志物的水平如何，对于化疗后残存的肿块应该进行手术切除，而不可切除残存肿物的患者则预后不佳。当在术中标本中发现活跃的肿瘤细胞，那么术后应进行额外2个周期的化疗。对于没有残余肿瘤的患者应该严密地进行体格检查，化验血清肿瘤标志物，以及CT检查随访。复发的患者往往预后极差，即便其中有一小部分能够从拯救性化疗中获益[13]。有报道称，纵隔NSGCT复发患者在手术后的生存率为20%[17]。

2　淋巴瘤

淋巴瘤代表一类血液源性肿瘤。合理的淋巴瘤治疗有赖于对其亚型的分型及分期。约有15%的纵隔肿物为淋巴瘤，特别是前纵隔或中纵隔的部分（图54.2）。将近90%的纵隔淋巴瘤为播散性疾病，而其中1/3为霍奇金淋巴瘤。许多患者表现出一些系统性B型综合症状，而这些症状与局部压迫相关[18]。正电子发射断层成像（positron emission tomography，PET）经常被用来对淋巴瘤进行分期和监测[19]。

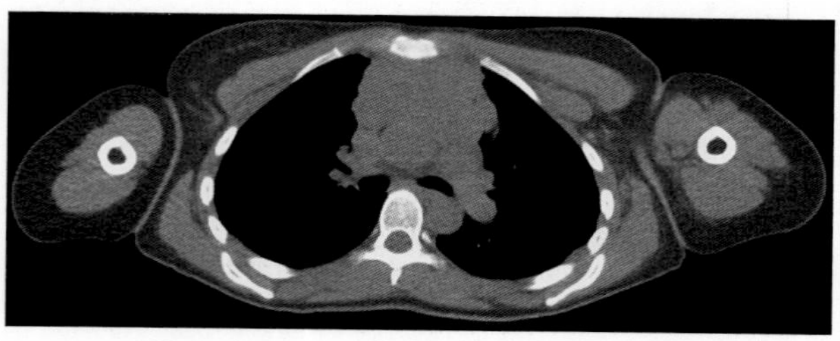

图54.2　位于前纵隔的淋巴瘤

2.1　霍奇金淋巴瘤

有多达2/3的霍奇金淋巴瘤中发生于纵隔。一般其诊断需要一定量的组织，仅能通过手术活检获得。VATS或前纵隔切开术能够获取到足够的组织标本，而纵隔镜并不能始终保证获取到足够标本。CD15和CD30阳性的里德-斯特恩伯格细胞（Reed-Sternberg cell）对于霍奇金淋巴瘤具有诊断价值，但是在微小活检材料中却不容易被辨认[18]。霍奇金淋巴瘤依据Ann Arbor分期系统进行分期[20]。早期霍奇金淋巴瘤通过放化疗进行治疗，而晚期霍奇金淋巴瘤仅通过化疗治疗[21]。

2.2　非霍奇金淋巴瘤

纵隔非霍奇金淋巴瘤中最常见的为大B细胞淋巴瘤及淋巴母细胞淋巴瘤。与霍奇金淋巴瘤类似，其诊断需要一定量的活检样本。然而，淋巴母细胞淋巴瘤往往在骨髓和外周血中被首先确认，因此纵隔活检并非必须。淋巴母细胞淋巴瘤尤为恶性，因此其化疗及可能情况下的骨髓移植不应被分期过程所推迟。大B细胞淋巴瘤多以化疗治疗，在一些治疗中心也往往通过放疗来治疗大B细胞淋巴瘤和淋巴母细胞瘤[18]。

3　神经源性肿瘤

约有3/4的后纵隔肿瘤为神经源性肿瘤（图54.3）。这些神经源性肿瘤多源自交感神经链或其肋间分支，并且它们常常表现为神经鞘瘤（如神经施万细胞瘤和神经纤维瘤）。几乎所有的神经源性肿瘤均为良性，并且又有30%的神经纤维瘤与多发性神经纤维瘤病相关。神经源性肿瘤可以侵犯骨骼组织，而这也利于其他椎管内延伸进展。当怀疑椎管内受累时应当进行MRI检查，否则对椎管内受累的漏判会导致尝试切除过程中的严重脊髓损伤，而且切除椎管内肿物往往需要神经外科手术专家的参与。对于简单的良恶性神经鞘瘤一般可以手术切除，而且采用VATS的方式已经足够。相对禁忌证为肿瘤大于6 cm并且椎管动脉受累。而当无法完整切除时，则可以选择

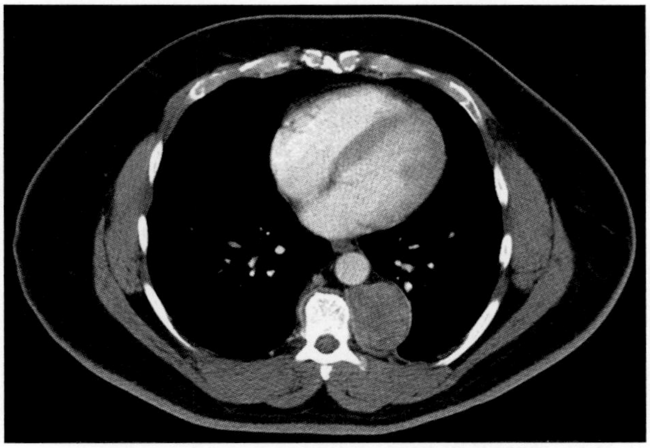

图 54.3 典型的脊柱旁神经源性肿瘤

放化疗[4]。

4 良性囊性肿物

4.1 支气管囊肿

支气管囊肿起源于胚胎气管支气管树芽生过程中的错误（图54.4），是纵隔囊肿中最常见的类型，其位置往往在隆突后方。许多支气管源性囊肿在产生症状前即被发现，但许多病例中亦会出现临床症状。支气管囊肿能引起局部压迫症状，也可导致感染[22]。对无症状支气管囊肿的切除仍存在争议，但是鉴于其可能引起后续的并发症，并且早期手术干预预后良好，故仍推荐ATS或纵隔镜下切除术[22-24]。

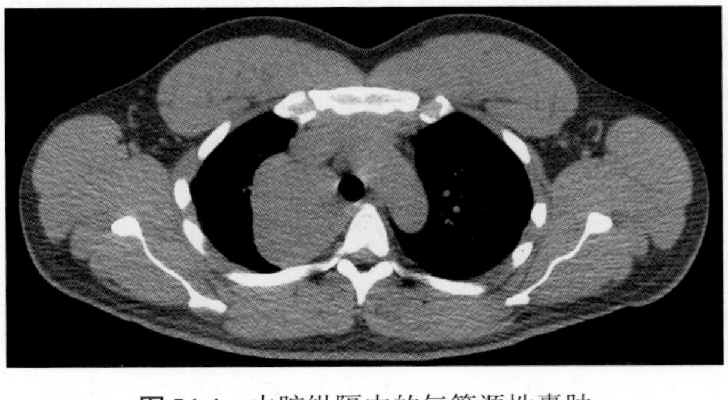

图 54.4 内脏纵隔中的气管源性囊肿

4.2 食管囊肿

食管囊肿，又称为重复食管畸形，与支气管囊肿的起源方式类似，并且与支气管囊肿一样可以引起局部的压迫症状和引起感染。同时其有可能出现出血及破裂而进入食管或气管。推荐进行VATS，在术中应该注意避免对食管肌层进行干扰[22]。

4.3 心包囊肿

心包囊肿起源于间皮组织，并靠近心包。心包囊肿一般为良性而不需要干预。然而，当心包囊肿不断增大则会引起血流动力学的不稳定，因而产生症状的患者应该进行切除手术[25]。在适宜的情况下推荐行VATS。

5 胸骨后甲状腺肿

甲状腺肿是增大的甲状腺，而当有超过一半体积的甲状腺向下越过胸骨角，则被认为是胸骨后甲状腺肿（图54.5）。胸骨后甲状腺肿是上纵隔中最常见的肿瘤，并常常位于前纵隔位置。然而，10%～15%的胸骨后甲状腺被发现位于后纵隔[26]。最常见的胸骨后甲状腺肿是由局部压迫引起，包括呼吸困难、咳嗽及声嘶。约有25%的患者并未表现出症状。88%的患者颈部甲状腺肿大，而约16%的患者同时患有甲亢[27]。通过检测血浆中促甲状腺素、游离T4、总T3等有助于诊断和发现亚临床甲亢[28]。肺功能检测能够评估气道压迫的程度，并能够识别有症状患者中的异常。CT可以用来评价甲状腺的大小及位置。尽管其有癌变

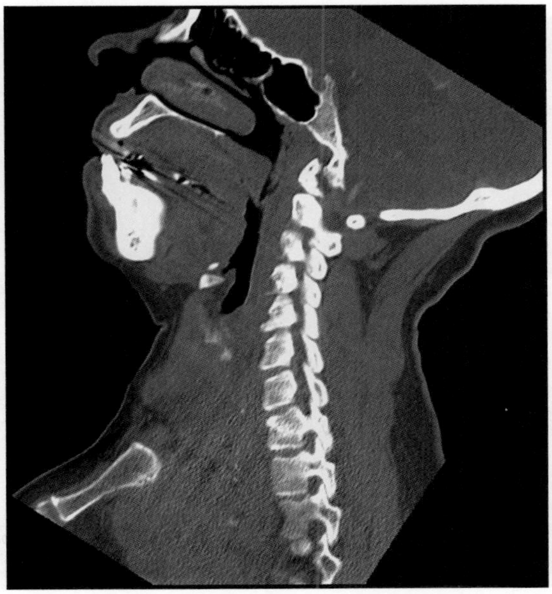

图 54.5 上纵隔的胸骨后甲状腺肿

可能，细针穿刺活检并不被推荐，因为会错失其癌性中心，并且穿刺并不能改变手术的指征[29]。存在胸骨后甲状腺肿本身即是手术切除的指征。其进一步的扩大加重其压迫症状，增加了手术的难度，反之则能够降低术后发病率[27]。推荐进行胸腺切除，而全胸腺切除往往需要行领状切口。当胸部情况在领状切口情况下仍无法保证成功切除时，可以选择胸骨柄离断、胸骨切开术或开胸手术。术后的并发症不多，包括甲状旁腺激素减低、喉返神经麻痹等[29]。

6　甲状旁腺腺瘤

原发性甲状旁腺激素升高主要是甲状旁腺腺瘤所致（图54.6）。约有22%的甲状旁腺腺瘤发生于前纵隔中的甲状旁腺[30]。几乎对于每个病例来说，手术切除的方式可做到根治[31]。推荐以微创和精准的术前定位方式进行手术。核心的甲状旁腺定位手段为锝-99m标甲状旁腺显影术，当其与三维单光子发射CT相结合，敏感性和特异性较高[32]。超声检查常常用作对其他部位的补充性检查。定位的目的不是用于诊断，而是用于经生化途径确诊案例的术前手术设计。大多数纵隔甲状旁腺腺瘤能够经颈部切口切除，而在一些困难的病例中可以借助电视辅助纵隔镜。VATS同样也可以用于切除甲状旁腺腺瘤，但是在这种方式中精确的定位尤为重要。在术中可以检测甲状旁腺激素，从而确定是否对其进行全身性治疗[33]。

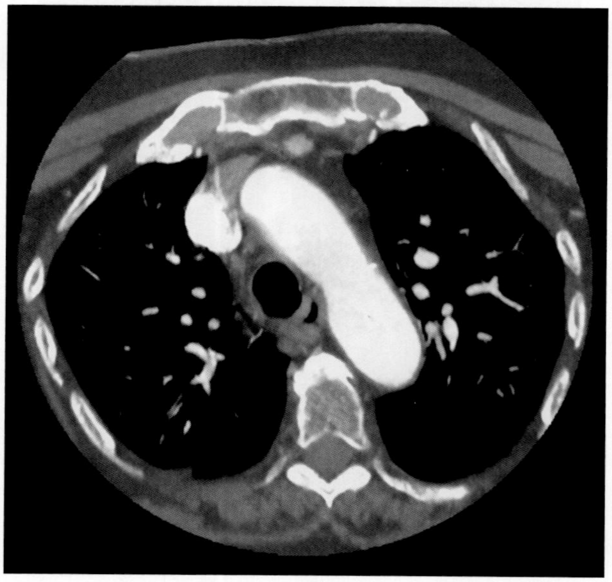

图54.6　前上纵隔的甲状旁腺腺瘤

7　平滑肌瘤

纵隔中的平滑肌瘤往往是起源于食管或大血管（图54.7）。原发性纵隔平滑肌瘤与周围邻近气管无关的案例极为罕见[34]。这些病变多质硬又边界清晰，而症状往往源于局部压迫症状。完全切除是其治疗方法[35]。食管平滑肌瘤可以通过电视胸腔镜剜除术进行治疗[36]。

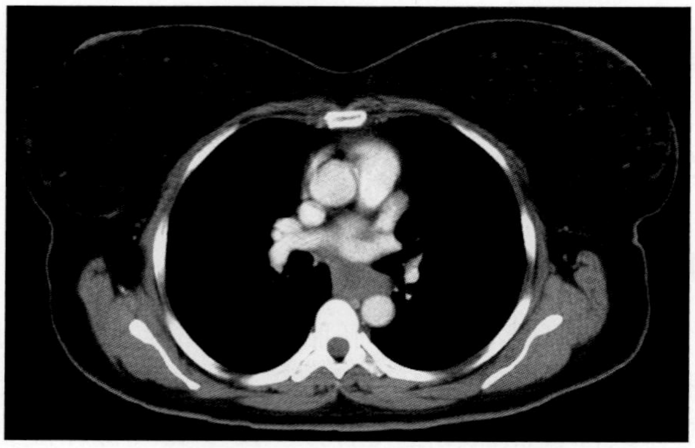

图54.7　胸内食管的平滑肌瘤

8　外科术式

合理的外科术式有赖于纵隔病灶的性质和位置。对于非浸润性的良性肿物，微创方法是可行的。对于大的肿瘤和（或）恶性肿瘤，往往需要更激进的手术显露，因为手术的完整切除十分重要，分离过程又非常具有挑战性。

对于小的前纵隔中线位置肿瘤，多是行正中胸骨切开术，此时患者处于平卧位、上肢被裹在身体一侧。在这个体位上，纵隔结构、左右半胸腔及肺门显露充分。然而，此时左肺下叶及肺的后侧显露不佳。在一些案例中，部分胸骨保留的方式能够创造有效的手术显露，包括在处理上纵隔肿物时离断胸骨柄。如果肿物与颈部相连，领状切口术也可以提供足够的进入上纵隔的操作空间。

对于延伸至任意一侧半胸腔的大型肿瘤，半蛤壳状切口能够提供良好的显露[37]。患者处于仰卧位，以一个纵行的柱状垫子撑起手术侧呈30°，上肢裹于身体一侧。同侧的肺萎陷了，从而能够允许受侵肺叶的切除以及处理肿瘤的后外侧。如果肿瘤明显侵犯颈部，应把上胸骨切口延伸至胸锁乳突肌的前缘[38]。这种方法在需要分离血管的时候，可以显露颈动脉及颈静脉。锁骨下血管在生殖源性肿瘤中很少需要切除。而在这种情况下，通过一种叫“开门”的切开术，即将上胸骨切开术沿着锁骨上缘切开，从而能够提供足够的手术显露。将锁骨中1/3进行切除同样也能有助于手术显露。

若肿瘤进展至左右半侧胸腔，则可以进行双侧的蛤壳切口进行手术切除，此时患者位于仰卧位、双上肢外展或者抱头。应当沿乳房下行第4肋间左右腋前线间做弧形切口。此时乳腺血管需结扎，而胸骨被横向分离，可以通过两个菲诺切托（Finochietto）牵引器进行归位。若最初的壳状切口无法满足足够的上纵隔暴露时，可行上胸骨离断。

9 总结

纵隔内分布有多种器官与系统，并高度密集，而其中肿瘤也各式各样。治疗方法及外科术式选择的有赖于对每个病例进行谨慎评估。纵隔生殖源性肿瘤的化疗、放疗和手术的指征取决于组织学亚型。通过半蛤壳状切口或双侧蛤壳状切口能够对大的纵隔生殖源性肿瘤进行最有效的显露。纵隔淋巴瘤往往是广泛分布性的疾病。手术取活检的方式能够提供诊断所需的足量标本，而其治疗则并非需要手术，而要基于其亚型和分期。典型的后纵隔肿物为神经源性肿瘤。需要进行MRI检查来评估脊髓内受侵情况。小的非浸润性神经源性肿瘤可通过VATS进行治疗。支气管树及食管的先天性囊性肿物需要通过微创的方式进行切除。而对于心包囊肿来说，手术切除仅适用于具有症状的患者。领状切口对于甲状腺肿多已足够，但是对于浸润性甲状腺肿可能需要胸骨切开。引起原发性甲状旁腺功能亢进的甲状旁腺腺瘤应采用微创方法切除。术前对甲状旁腺的准确定位对于成功的手术切除非常重要。平滑肌瘤多源于食管或大血管，应该被切除。

（杨 帆 徐 嵩 译）

主要参考文献

2. Davis Jr. R.D., Oldham Jr. H.N., Sabiston Jr. D.C.. Primary cysts and neoplasms of the mediastinum: recent changes in clinical presentation, methods of diagnosis, management, and results. *Ann Thorac Surg*. 1987;44(3):229–237.
6. Mullen B., Richardson J.D.. Primary anterior mediastinal tumors in children and adults. *Ann Thorac Surg*. 1986; 42 (3):338–345.
12. Albany C., Einhorn L.H.. Extragonadal germ cell tumors: clinical presentation and management. *Curr Opin Oncol*. 2013; 25 (3): 261–265.
14. McNamee C.J.. Malignant primary anterior mediastinal tumors. In: Sugarbaker D.J., Bueno R., Krasna M.J., Mentzer S.J., Zellos L., eds. *Adult Chest Surgery*. New York, NY: McGraw-Hill; 2009:1154–1158.
16. Alam N., Flores R.. Management of mediastinal tumors not of thymic origin. In: Pass H.P., Carbone D.P., Johnson D.H., et al., eds. *Principles and Practice of Lung Cancer*. 4th ed. Philadelphia, PA: Wolters Kluwer Health/Lippincott Williams & Wilkins; 2010.
18. Smith S., van Besien K.. Diagnosis and treatment of mediastinal lymphomas. In: Shields T.W., Lociciero J., Reed C.E., Feins R.H., eds. *General Thoracic Surgery*. 7th ed. Vol. 2. Philadelphia, PA: Wolters Kluwer Health/Lippincott Williams & Wilkins; 2009:2379–2387.
22. Ferraro P., Martin J., Duranceau A.C.H.. Foregut cysts of the mediastinum. In: Shields T.W., Lociciero J., Reed C.E., Feins R.H., eds. *General Thoracic Surgery*. 7th ed. Vol. 2. Philadelphia, PA: Wolters Kluwer Health/ Lippincott Williams & Wilkins; 2009:2519–2538.
36. Vallböhmer D., Hölscher A.H., Brabender J., Bollschweiler E., Gutschow C.. Thoracoscopic enucleation of esophageal leiomyomas: a feasible and safe procedure. *Endoscopy*. 2007;39(12):1097–1099.
37. Bains M.S., Ginsberg R.J., Jones 2nd W.G., et al. The clamshell incision: an improved approach to bilateral pulmonary and mediastinal tumor. *Ann Thorac Surg*. 1994;58(1):30–32. discussion 33.

获取完整的参考文献列表请扫描二维码。

第55章 小细胞肺癌以外的肺部神经内分泌癌

Krista Noonan, Jules Derks, Janessa Laskin, Anne-Marie C. Dingemans

要点总结

- 肺癌的神经内分泌癌有一些基本的病理学特征，但其临床表现广泛。
- 临床表现随分化程度的不同而不同：典型类癌表现为惰性和局限性。非典型类癌是一种中间型癌，倾向于全身扩散，大细胞神经内分泌癌与小细胞癌相似，是一种高级别、侵袭性的肿瘤。
- 与中肠类癌不同，支气管类癌很少出现类癌综合征。
- 手术切除是早期疾病的首选治疗方法。
- 转移性疾病的标准化疗以铂类为基础，但是几乎没有第三阶段的证据支持特定的化疗方案。
- 迫切需要分子靶向治疗的临床试验。

肺神经内分泌癌是由支气管肺（broncho-pulmonary，BP）上皮的神经内分泌细胞发展而来的一系列肿瘤。尽管神经内分泌癌具有相似的形态学和IHC特征，但它们的临床病理表现广泛，并具有不同的生物行为学特征。典型的类癌是低级别、生长缓慢、很少转移的恶性肿瘤，非典型类癌是中级恶性肿瘤，而大细胞神经内分泌癌（large cell neuroendocrine carcinoma，LCNEC）和SCLC是高级癌[1]。

支气管肺类癌是支气管黏膜库奇茨基细胞引起的神经内分泌癌的一部分，占成人肺部恶性肿瘤的1%～2%。在过去的30年里，美国的类癌发病率以每年约6%的速度增长，发病率为每年（0.2～2）/10万[2-5]。

大细胞神经内分泌癌是一种少见的肺部肿瘤，据外科病例报道其发病率约为3%[6]。大细胞神经内分泌癌只是最近才被描述为一种表现神经内分泌特征的高级肺癌。由于发病率低，分类不断发展，以及高难度的诊断，对于大细胞神经内分泌癌的许多方面仍然是未知的。

1 分类

虽然肺部的神经内分泌癌表现出不同的行为，但具有相似的形态学和生化特征，包括分泌神经肽的能力和神经内分泌颗粒的存在。在肺类癌中典型类癌占80%～90%，非典型类癌占10%～20%。

在大细胞神经内分泌癌引入之前，肺神经内分泌癌被分为3类：典型类癌、非典型类癌和小细胞肺癌。1991年，Travis等[7]回顾了一组神经内分泌癌（典型和非典型类癌及小细胞肺癌）后，发现了一组在预后和形态学上偏离已知分类的肿瘤。他们将这一新组别确定为高级神经内分泌NSCLC，并将其置于非典型类癌和小细胞肺癌之间。

1991年，大细胞神经内分泌癌被WHO根据其细胞学相似性（细胞体积大和丰富的细胞质）将其归类为大细胞癌（large cell carcinoma，LCC）[7]。大细胞神经内分泌癌不同于其他大细胞癌，因为它结合了细胞的分化和形态。其他大细胞癌组织学可以表达神经内分泌形态学，但不能与神经内分泌分化结合。

其他经常使用的术语是神经内分泌癌（neuro-endocrine carcinoma，NEC）3级、低分化神经内分泌癌和高级别神经内分泌NSCLC。然而，这些术语也用于小细胞肺癌，因此可能包括具有小细胞肺癌和（或）大细胞神经内分泌癌组织学的肿瘤。

Travis等[8]于2004年建立了世界卫生组织/国际肺癌神经内分泌癌分类研究协会（表55.1）[9]。

表55.1　世界卫生组织指南中神经内分泌肿瘤的诊断标准[8-9]

神经内分泌肿瘤	诊断标准
典型类癌	类癌形态肿瘤，有丝分裂<2个/2 mm²（10 HPFs），无坏死，≥0.5 cm
非典型类癌	类癌形态肿瘤，2～10个有丝分裂/2 mm²（10 HPFs）或坏死（常为点状）
大细胞神经内分泌癌	具有神经内分泌形态（嵌套、栅栏状、莲座、小梁）的肿瘤 高有丝分裂率：≥11个/2 mm²（10 HPFs），中位70个/2 mm²（10 HPFs） 坏死（通常是大面积） 非小细胞癌（非小细胞肺癌）的细胞学特征：细胞体积大，核质比低，染色质呈水泡状，染色质粗或细，和（或）经常出现核仁（有些肿瘤核染色质细，无核仁，但因细胞大、细胞质丰富而被称为非小细胞肺癌。） 电子显微镜下一种或多种神经内分泌标志物（神经特异性烯醇化酶除外）和（或）神经内分泌颗粒的免疫组化染色阳性
小细胞癌	体积小（一般小于3个静止小淋巴细胞的直径） 缺乏细胞质 细胞核：细小颗粒的核染色质，无或微弱的核仁 高有丝分裂率：≥11个/2 mm²（10 HPFs），中位值为80个/2 mm²（10 HPFs） 常存在大面积坏死

注：HPFs：高倍视野

2　诊断

2.1　组织学

2.1.1　支气管肺类癌

支气管肺类癌的诊断很有挑战性，因为活检小，伪影粉碎，标本固定不良。支气管肺类癌是由含有圆形或椭圆形细胞核、适量嗜酸性粒细胞质、细粒染色质和模糊或无皱纹的细胞组成。细胞趋于均匀，可排列成各种形态，包括小梁、栅栏、梭形细胞、腺、滤泡、玫瑰花状、硬化、透明细胞和乳头状[7, 10]。很少支气管肺类癌可以表现出嗜酸性或黑色素细胞特征[7, 11-12]。间质玻璃样变、钙化、骨化和淀粉样沉积也偶尔可见[13-14]。区别非典型类癌和典型类癌的两个特征是坏死和每平方毫米有丝分裂数目。典型的类癌没有坏死，并且有丝分裂少于2个/2 mm²［10个高倍视野（high-power fields，HPFs），图55.1］。非典型的类癌应具有点状坏死或2～10个有丝分裂/2 mm²（10个高倍视野，图55.2）[15]，并表现出神经内分泌分化，神经内分泌标志物的阳性细胞超过10%，如嗜铬粒蛋白、突触素和（或）是神经细胞黏附分子（NCAM，CD56）。

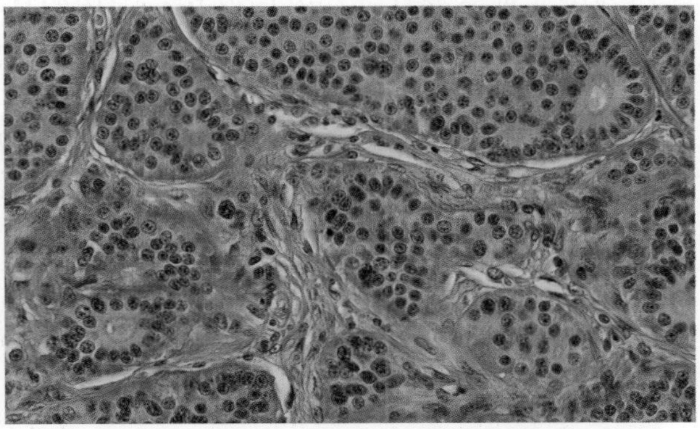

图55.1　典型类癌表现

类器官巢状生长模式，由均匀的细胞群组成，胞质染色质细小，胞质嗜酸性。未见坏死，如有核分裂则少见；来自：Brenda Smith, British Columbia Cancer Agency, Vancouver, BC, Canada

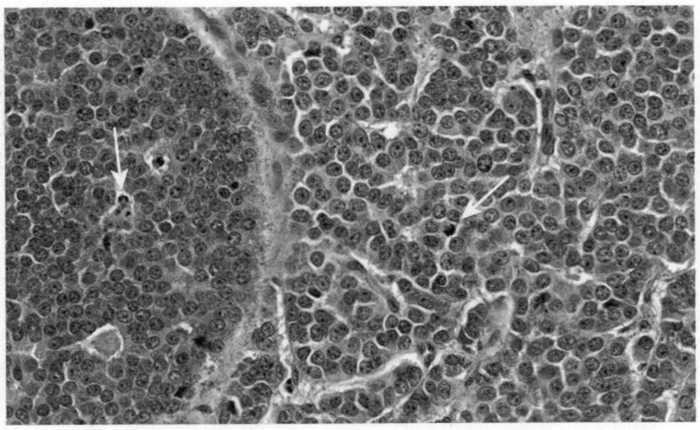

图55.2　非典型类癌表现

显示有丝分裂增加（右箭头），凋亡小体（左箭头），肿瘤细胞巢和片状内可见点状坏死；来自：Brenda Smith

2.1.2　大细胞神经内分泌癌

大细胞神经内分泌癌的诊断也很复杂，通常需要手术切除的肺活检大标本，主要是因为小的活检标本容易受到挤压伪影的影响，这些伪影可能会干扰神经内分泌形态和细胞大小，这两个特征对于大细胞神经内分泌癌的诊断至关重要。需要确定几个组织学诊断标准（表55.1）。大细胞神经内分泌癌表达一种神经内分泌生长模式（形态学），与低度神经内分泌肿瘤（类癌）相似。在苏木精和伊红染色的载玻片上，这些神经内分泌生长模式被认为是类器官嵌套、小梁、玫瑰花状结构或栅栏细胞（图55.3）。所有大细胞神经内分泌癌的增殖率高，高倍视野检查中超过10个有丝分裂/2 mm^2。除了高核分裂活性外，坏死区也常被发现。根据定义，所有大细胞神经内分泌癌都表达神经内分泌分化，当使用神经内分泌标志物［嗜铬粒蛋白、突触素或神经细胞黏附分子（CD56）］发现病灶活动（10%以上阳性细胞）时，免疫组织化学证实了这一点（图55.4）。电镜检查显示，神经内分泌颗粒也足以诊断大细胞神经内分泌癌。大细胞神经内分泌癌的形态特征与NSCLC相似，因为细胞体积大，胞质嗜酸性丰富，核质比低；细胞核呈圆形或椭圆形，有颗粒状染色质（所谓的盐和胡椒）；核仁常见（图55.3）。

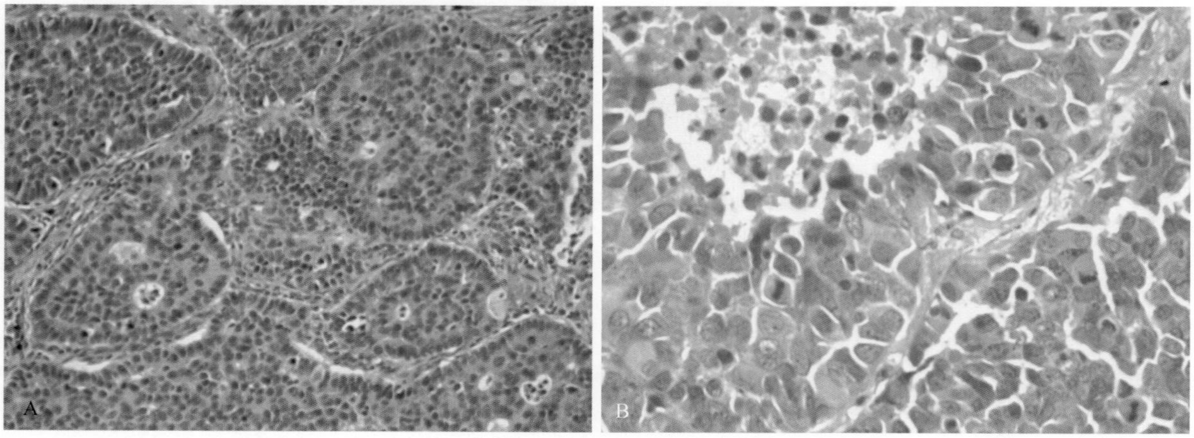

图55.3 （A）大细胞神经内分泌癌（HE染色，100倍）；（B）大细胞神经内分泌癌（血红素和伊红，400倍）

（A）显示肿瘤细胞巢，周围栅栏状，中央坏死灶和玫瑰花状结构；（B）可见大量嗜酸性粒细胞胞质大，细胞核圆形至卵圆形，有细颗粒（所谓盐和胡椒粉）至更密集的染色质，偶尔可见核仁；大量有丝分裂象和坏死（左上角）；来自：Dr M. Béndek, Maastricht University Medical Centre, the Netherlands

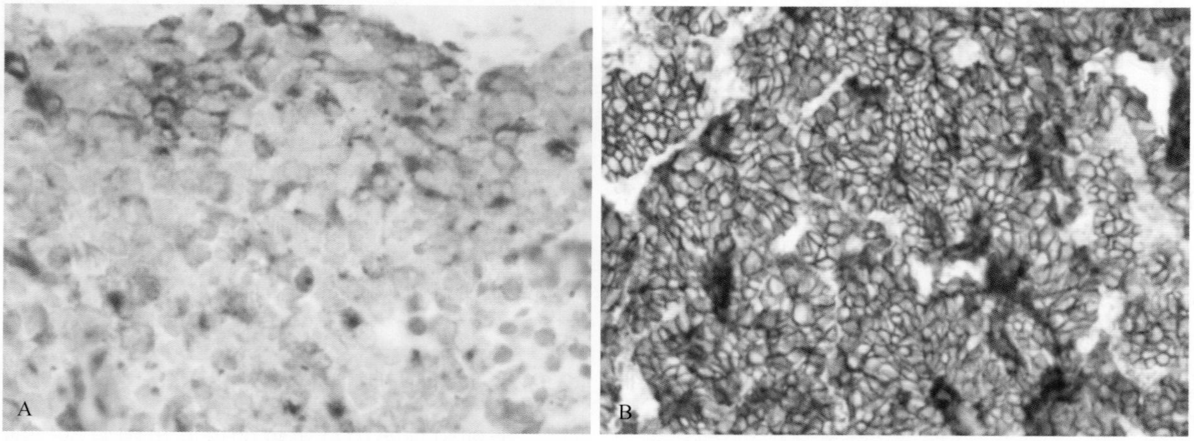

图55.4 肺大细胞神经内分泌癌的免疫组化研究

（A）颗粒细胞质染色可见嗜铬粒蛋白A（100倍）；（B）CD56弥漫性膜阳性（神经细胞黏附分子，100倍）。来自：Dr M. Béndek, Maastricht University Medical Centre, the Netherlands

2.2 细胞学

考虑到细胞数量有限和缺乏组织结构，细胞学检查对非典型或典型类癌的诊断往往具有挑战性。支气管肺类癌表现为小的多面体细胞，细胞核呈椭圆形或圆形。细胞以规则的方式排列，由巢、片、带或梭形结构组成，由纤维血管基质隔开，但存在纺锤形细胞变体[10, 16-18]。坏死只见于非典型类癌[15, 19]，有2～10个有丝分裂/10个高倍视野。典型的类癌只有少于2个有丝分裂/10个高倍视野。核仁在非典型类癌中很常见，偶尔也见于典型类癌。典型类癌和非典型类癌都有细颗粒染色质。

虽然细胞学涂片不适合确定大细胞神经内分泌癌的诊断，但细胞学检查在肿瘤的初步评估中也是有用的。在细胞学涂片上，大细胞神经内分泌癌表现为中等到大的圆形或多边形细胞，呈成群或单个细胞排列。大细胞神经内分泌癌细胞可排列成莲座状结构或外周栅栏细胞，可见核成型。在细胞学涂片的背景下，坏死和核条纹常见。大细胞神经内分泌癌细胞有少量或中等数量的胞质，具有较高的核质比，这取决于固定材料（风干与酒精固定）[20]。大多数情况下，核形状为圆形或椭圆形，核有丝分裂也经常出现。核多形性和核仁偶见。

2.3 鉴别诊断

2.3.1 组织学

大细胞神经内分泌癌的诊断是一个高度复杂的过程，在切除的肺神经内分泌癌的观察者间研究中被提到。在一个由肺病理专家组成的专家小组进行的研究中，报告了观察者之间的中度变异，κ值为0.35～0.81[21-23]。大细胞神经内分泌癌最常见的重叠诊断是小细胞肺癌、大细胞癌、非典型类癌、基底细胞样癌和表现神经内分泌表型的低分化NSCLC[6, 21]。毫无疑问，这些不确定性是继发于肺肿瘤与大细胞神经内分泌癌在形态学和细胞学上的相似性。在支气管肺类癌的观察者间研究中，从一项研究[21]中的基本一致性（κ＞0.7）到另一项研究[24]中的一般到中度一致性（κ＝0.39～0.87），结果存在差异。事实上，Li的研究团队[24]中只有两位肺部病理学家可能对得出的结果有影响。

虽然鉴别肺部神经内分泌癌与重叠肿瘤可能是一个挑战，但有几个标准可能有助于指导诊断。通过有丝分裂计数可以区分非典型类癌和高级别神经内分泌癌。平均而言，非典型类癌中有2～10个有丝分裂/2 mm^2，而在高级神经内分泌癌中平均有11个以上的有丝分裂/2 mm^2。此外，非典型类癌的坏死主要由点状病灶组成，而大细胞神经内分泌癌的坏死更为突出[15]。

大细胞神经内分泌癌和小细胞肺癌之间的区别只能通过细胞学标准来确定。与大细胞神经内分泌癌相比，小细胞肺癌的细胞体积较小（小于3个淋巴细胞的直径），较高核质比和核仁缺失或微弱。尽管在一些研究中证明了大细胞神经内分泌癌和小细胞肺癌的平均细胞大小有很大的不同，但标准差确实重叠了。因此，细胞大小是否是区分大细胞神经内分泌癌和小细胞肺癌的最合适的标准值得怀疑[25-27]。有丝分裂计数对非典型类癌有用，但对鉴别大细胞神经内分泌癌和小细胞肺癌没有帮助。

小细胞肺癌和典型类癌细胞在大小和形状上可能相似，并且可能看起来一致。大小的变化可能是一个有用的鉴别特征，从典型类癌小于1倍（轻度）到非典型类癌和高级神经内分泌癌的2～3倍[28-30]。此外，小细胞肺癌细胞排列在更紧密的群体和三维的簇群中，这在支气管类癌中并不存在[31-33]。Ki-67（MIB-1）染色也可能有用，因为小细胞肺癌的增殖指数大于50%，而类癌的增殖指数小于20%[34]。

除了非典型类癌和小细胞肺癌外，其他类型的非小细胞癌如基底细胞样癌必须与大细胞神经内分泌癌鉴别。基底细胞样癌的形态与大细胞神经内分泌癌相似。利用神经内分泌标志物通过免疫组化技术可发现大细胞神经内分泌癌有可能分化，而基底细胞样癌的分化则是阴性的[8]。

至于基底细胞样癌、低分化腺癌或鳞状细胞癌也可以通过免疫组化标志物与大细胞神经内分泌癌区分，这将在本章后面讨论。

2.3.2 细胞学

细胞学检查在支气管肺类癌诊断中的价值已在一些研究中得到验证。鉴别典型类癌与高级神经细胞癌或其他癌的主要因素是对细胞核特征的充分评估。典型的类癌往往具有细小、均匀分布的颗粒状染色质，核仁不明显或无法检测到；小细胞肺癌染色质粗颗粒，偶尔有染色质团块；低分化癌在泡状核中有较多的染色质团块[29, 35-36]。非典型类癌的细胞学诊断相当困难，因为它具有典型类癌或小细胞肺癌的特征。在非典型类癌中，肿瘤细胞往往比典型类癌或小细胞肺癌中的大，而且核多形性和异型性也很常见。细颗粒染色质存在，有丝分裂为2～10/10 HPF[37]。

与组织学相比，在细胞学标本上诊断大细胞神经内分泌癌时，误诊更为常见。在一些研究中，对术前从已确诊切除的大细胞神经内分泌癌获得的细胞学涂片进行了回顾分析[20, 38-39]。在约80%的涂片中，细胞学检查最初诊断为NSCLC、小细胞肺癌、具有神经内分泌特征的大细胞癌、低分化腺癌或鳞状细胞癌或合并小细胞肺癌。然而，在1990—2000年初，当这些研究中的大多数系列被诊断出来时，大细胞神经内分泌癌是一个新的实体，病理学家可能并不知道。在2005年发表了一项研究，在11例大细胞神经内分泌癌病例（n=11）中，9例（90%）在手术前得到正确诊断[40]。

细胞角蛋白标志物。高分子量细胞角蛋白（high-molecular-weightcytokeratin，CK）1、5、10和14型（抗体克隆34E1β_2）几乎只在非神经内分泌癌中表达，如基底细胞样癌、低分化腺癌或鳞状细胞癌。在组织微阵列小组研究中，3%～17%的纯大细胞神经内分泌癌[41]对克隆34E1β_2呈阳性染色[26, 40, 42]。其他常用的高分子量细胞角蛋白类型如高分子量细胞角蛋白5/6、高分子量细胞角蛋白7和高分子量细胞角蛋白20在大细胞神经内分泌癌中的阳性率分别为2%～13%、57%～77%和2%～10%[43-44]。高分子量细胞角蛋白18和高分子量细胞角蛋白19的阳性率分别为97%和59%[44-45]。在联合大细胞神经内分泌癌中，34E1β_2在腺癌/鳞状细胞癌成分中表达[40]。

鉴别非典型类癌与典型类癌的标志物。计算有丝分裂可能是有挑战性的，特别是如果有挤压伪影或样本固定不良。Ki-67的表达可以作为一种替代物来帮助区分非典型类癌和典型类癌。在Warth等[46]的一项研究中，当使用有丝分裂计数来区分非典型和典型类癌时，观察者之间的一致性很低（中位数κ=0.213），而Ki-67的总体κ值更高（0.746）。Ki-67的表达也是预后的标志物，Ki-67表达高于5%的类癌与较差的总体生存率相关[37, 47-48]。

大细胞神经内分泌癌与鳞状细胞癌的鉴别标志物。除了高分子量的CK外，桥粒蛋白-3和p63等标志物在鉴别低分化鳞状细胞癌和大细胞神经内分泌癌中可能是有用的。Desmocollin-3在99%的纯大细胞神经内分泌癌中呈阴性，因此似乎是一个很有前途的特异性标志物，但需要进一步验证[43]。p63是诊断鳞状细胞癌的一个高度敏感和特异的标志物，在0～18%的大细胞神经内分泌癌中检测到表达。因此，p63可能不适合作为低分化NSCLC的特异性标志物，而大细胞神经内分泌癌可作为鉴别诊断的一种可能性[26, 43, 49]。与p63相比，p63基因的非激活亚型ΔNp63（p40）被发现是鳞状细胞癌分化的更可靠的标志物。与p63相比，p40在大细胞神经内分泌癌中的表达较低，因此更准确[50]。这些结果在大细胞癌与免疫组化亚型的研究中得到证实，没有一个证实的大细胞神经内分泌癌对p40染色[51]。

大细胞神经内分泌癌与腺癌的鉴别标记。甲状腺转录因子-1（thyroid transcription factor-1，TTF-1）是一种常用于确定肺癌组织类型的标志物，对肺腺癌也具有敏感性和特异性，在所有切除的肺大细胞神经内分泌癌中表达约50%。TTF-1的表达范围主要取决于所使用的抗体。较敏感的克隆SPT24在大细胞神经内分泌癌中的阳性率为23%～77%[43-44, 52]，8G763克隆的阳性率为23%～48%[42-43, 53-54]。因此，TTF-1在鉴别大细胞神经内分泌癌和低分化NSCLC（腺癌）方面没有用处。

一种名为Napsin-A的新标志物对腺癌有特异性，在100%的大细胞神经内分泌癌中呈阴性，但该标志物还需进一步验证[43]。此外，已知胶原蛋白反应介质（collapsin response mediator protein，CRMP）参与神经发生，并对其在一组肺肿瘤中进行了研究。CRMP在4例大细胞神经内分泌癌中有4例（100%）表达，54例小细胞肺癌中有54例（100%）表达。CRMP在22例腺癌中表达阴性，12例鳞癌中表达阳性1例（8%）。研究的大细胞神经内分泌癌数量很少，但CRMP是一个很有前途的标志物，还需要进一步的验证[55]。

鉴别支气管肺类癌和小细胞肺癌的标志物。Ki-67染色可能有价值，因为小细胞肺癌的增殖指数大于50%，而类癌的增殖指数小于20%[34, 56-57]。K同源域（K homology domain，KOC）蛋白和配对盒基因5（paired box gene 5，PAX5）的表达在小样本中进行了评估[58-59]。在90%的小细胞肺癌中KOC蛋白表达强阳性，21例中有20例为阴性典型和非典型类癌。在37例高级神经内分泌癌中有29例（78%）表达PAX5，51例典型和非典型类癌中有0例表达。在常规使用这些标志物进行鉴别之前，需要在较大样本中进行验证。

鉴别大细胞神经内分泌癌和小细胞肺癌的标志物。截至本书出版时，用免疫组化区分大细胞神经内分泌癌和小细胞肺癌是不可行的。已经提出了一些标志物，但缺乏实用性。高分子量细胞角蛋白7和18在大细胞神经内分泌癌中普遍表达，并且在一些研究中发现，与小细胞肺癌相比，高分子量细胞角蛋白7和18在大细胞神经内分泌癌中的表达强度更高[44, 60]。在比较大细胞神经内分泌癌和小细胞肺癌中钙黏附蛋白E和连环蛋白表达强度的研究中，这些结果是相似的，在大细胞神经内分泌癌中这两个标志物都有相当高的表达强度[44, 60]。绒毛蛋白1是位于上皮细胞刷状缘的一个有前途的标志物，在62%的大细胞神经内分泌癌和4%的小细胞肺癌中均有表达[45, 60]。然而，这些结果必须在更大规模的研究中得到证实。在一个较小的研究中，在发现大细胞神经内分泌癌中神经元抑素的互补DNA转录增加后，检测了大细胞神经内分泌癌和小细胞肺癌中神经元抑素的免疫组化表达。在小细胞肺癌标本中，神经元抑制素的阳性率为8%，而在大细胞神经内分泌癌中的阳性率为43%[61]。神经调节基因（NeuroD）在大细胞神经内分泌癌和小细胞肺癌之间也有差异表达[26]。NeuroD在53%的大细胞神经内分泌癌和13%的小细胞肺癌中表达。因此，这几种标志物可以区分大细胞神经内分泌癌和小细胞肺癌，但特异性或敏感性不高，需要进一步验证。

非典型和典型类癌与大细胞神经内分泌癌的鉴别标记。用Ki-67指数可以从大细胞神经内分泌癌中分离出非典型和典型类癌。大细胞神经内分泌癌的Ki-67表达指数约为40%（范围为25%～52%）。对于类癌，报告的Ki-67表达指数低于20%（典型类癌低于2%，非典型类癌低于20%，典型的为20%±10%）[34, 56-57, 62]。因此，Ki-67可能有助于鉴别大细胞神经内分泌癌与非典型和典型类癌，尽管诊断必须通过有丝分裂计数来确认。

细胞学免疫组化。在细胞学涂片中，嗜铬粒蛋白、突触素和神经细胞黏附分子阳性率分别为28%～31%、64%～75%和45%。

3 分子生物学

大约5%的支气管肺类癌可能是由多发性神经内分泌癌1型基因（multiple neuroendocrine neoplasia type 1 gene，MEN1）引起的，95%是病因不明的散发性肿瘤。多种技术已被用于评估支气管肺类癌的分子生物学，包括体外细胞系研究、染色体评估、比较基因组杂交（comparative genomic hybridization，CGH）、聚合酶链反应以及全基因组测序。Swarts等[64]广泛回顾了神经内分泌肺癌的分子生物学，Cakir等[65]研究了支气管肺类癌的分子发病机制。大细胞神经内分泌癌的分子基础还不清楚。小细胞肺癌和大细胞神经内分泌癌是高度未分化的肺肿瘤，表现出相似的特征。然而，根据世界卫生组织的分类，大细胞神经内分泌癌被归类为大细胞癌的一个亚型。用不同的技术测定了大细胞神经内分泌癌的分子生物学特性，并与小细胞肺癌和大细胞癌进行了比较。

3.1 杂合丢失

支气管肺类癌在不同染色体上可能存在杂合丢失（loss of heterozygosity，LOH）。在27%～55.5%的典型类癌和0～73%的非典型类癌中发现了11q的杂合性缺失[66-67]。在50%～63.6%的非典型类癌和22%～73%的典型类癌中检测到多发性神经内分泌癌1型基因11q13位点的LOH[66, 68]。在其他一些小型研究中，在支气管类癌的一些染色体上发现了杂合丢失，包括3p14.2（脆性组氨酸三联体基因）[68-69]、5q、67 5q21（结肠癌基因突变的腺瘤性息肉病线圈）、68 9p、67，70 9p21（pl6）、68 9q、67 13q、67 13q14.1-14.2（视网膜母细胞瘤）、68 17p、67 17q13.1（p53）[68, 70]和X（微卫星标记）[71]。

在用3p、5q、9p、11q和13q染色体上的微卫星标记评价杂合性缺失时，发现小细胞肺癌和大细胞神经内分泌癌之间有一些相似之处[68]。这些染色体结果与另一项比较大细胞癌、大细胞神经内分泌癌和小细胞肺癌中杂合丢失的研究结果一致[72]。检测了3p、5q、9p、10p、10q和13q染色体的杂合性，发现除小细胞肺癌和大细胞神经内分泌癌外，其他3种肿瘤类型间均有显著性差异，强调了这些高级神经内分泌癌之间的密切关系。

杂合丢失在小细胞肺癌和大细胞神经内分泌癌合并肿瘤中也有检测。根据所检查区域的不同，合并肿瘤可以表达小细胞肺癌或大细胞神经内分泌癌表型。研究人员分别研究了小细胞肺癌和大细胞神经内分泌癌区域，发现在遗传图谱中高度相似。这些发现提示小细胞肺癌和大细胞神经内分泌癌合并肿瘤有共同的起源[71]。

3.2 染色体畸变

比较基因组杂交和其他基因分析用于评估支气管肺类癌[73-79]、高级别肺神经内分泌癌[80-85]或两者的染色体畸变，已经在一些研究中[85-88]进行过检查。Swarts等[64]对这些研究进行了Meta分析，包括典型类癌、38例非典型癌、33例大细胞神经内分泌癌、48例小细胞肺癌和11例未分类的高级神经内分泌癌。与非典型类癌（每个肿瘤6.1个畸变）和典型类癌（每个肿瘤2.8个畸变）相比，大细胞神经内分泌癌（每个肿瘤平均13.7个畸变）和小细胞肺癌（每个肿瘤18.8个畸变）更频繁地出现大于10 Mb的染色体畸变。研究人员认为吸烟习惯可以解释这种差异。支气管类癌最常见的异常是−11q、＋19P、−13q、＋19q、＋17q、−11p、−6q、＋16p、＋20p和−3p。这些异常除了3p和13q缺失外，与高级神经内分泌癌不同。

对大细胞神经内分泌癌和小细胞肺癌的染色体畸变也进行了研究。3例大细胞神经内分泌癌患者经比较基因组杂交检测，3p、4、5p、6q、8p、9p、21q染色体丢失，5p、8q、12p、22号染色体增加。大细胞神经内分泌癌与小细胞肺癌染色体畸变的相似之处包括3p、4q、5q、13q的丢失和5p的增加，在染色体臂3q（增益）、10q（丢失）和I7p（丢失）有利于小细胞肺癌，6p有利于大细胞神经内分泌癌[82]。与非典型类癌比较，未见相似之处[86]。在彭等[85]的一项研究中，当用高密度细菌人工染色体阵列分析遗传图谱时，发现了大细胞神经内分泌癌和小细胞肺癌之间的一些相似之处。常获得位点位于1q、2q、3q、5p、7q、8q、12q和18q，丢失位点位于1p、3p、4q、5q、10q、13q、16q、17p和22q。不同时期小细胞肺癌和大细胞神经内分泌癌的染色体畸变在2q（增益）、3p（丢失）、4q（丢失）和6p（丢失）。虽然看起来小细胞肺癌和大细胞神经内分泌癌有着共同的遗传特征，但大多数相似之处可能不是很具体，因为许多染色体畸变通常发生在其他形式的肺癌中，包括肺神经内分泌癌。

3.3 微阵列比较

Anbazhagan等[89]对两种类癌、两种SCLCs和两种脑肿瘤的基因表达谱进行了分级聚类。虽然类癌与脑肿瘤聚集在一起，但小细胞肺癌与正常支气管上皮癌的关系更为密切。Swarts等[90]使用基因表达谱来探索与肺类癌进展相关的路径，发现在预后不良的类癌中，染色体11q处的下调基因数量显著增加（$P=0.000\ 17$）。此外，在有丝分裂纺锤体检查点、染色体乘客复合体、有丝分裂激酶CDC2活性以及*BRCA*/Fanconi贫血通路中发现了一些上调的基因。在个体基因水平上，BIRC5（生存素）、BUBI、CD44、IL20RA、KLKI2和OTP是患者预后的独立预测因子。对于BIRC5，阳性核数也与类癌预后不良有关。极光B激酶和BIRC5是染色体乘客复合体的主要组成部分，在高级恶性肿瘤中上调尤为严重，因此可能是这些肿瘤的治疗靶点[90]。

当检查高级神经内分泌癌的临床行为时，基于基因特征的分类可能比组织学分类更合适。Jones等[91]检查了从神经内分泌性肺肿瘤［8例大细胞神经内分泌癌（2例与小细胞肺癌结合）、17例小细胞肺癌（2个结合大细胞神经内分泌癌）和13例大细胞癌］获得的互补DNA微阵列数据。令人惊讶的是，小细胞肺癌和大细胞神经内分泌癌都没有像大细胞癌那样聚集成单个实体。为了支持这种神经内分泌肺癌的分子描述，Shibata等[92]发现了3个高级的神经内分泌亚类（8例小细胞肺癌和15例大细胞神经内分泌癌）。3个亚类分支又分为BRI、BR2和BR3组。与BR1和BR3组相比，BR2组患者的生存率有显著差异（$P=0.028$）。然而，与Jones等[91]的发现相反，几乎所有小细胞肺癌都聚集在一起[92]。

3.4　突变分析

在Sachithanandan等[93]最近的一项研究中，多发性神经内分泌癌1型基因患者中有5%被诊断为支气管肺类癌。多发性神经内分泌癌1型基因是一种常染色体显性遗传病，与11q13基因位点突变有关。在70%的非典型类癌患者、47%的典型类癌患者、52%的大细胞神经内分泌癌患者和41%的小细胞肺癌患者中，多发性神经内分泌癌1型基因激活明显。在大细胞神经内分泌癌的一项小规模研究中发现了一个突变[94]。

Capodanno等[95]评估了190例支气管神经内分泌癌患者（75例典型类癌、23例非典型类癌、17例大细胞神经内分泌癌和75例小细胞肺癌），发现除了大细胞神经内分泌癌外，其他类别患者的磷脂酰肌醇3激酶（phosphatidylinositol 3-kinase，PI3K）突变频率增加，支气管神经内分泌癌的生物侵袭性增加。PIK3CA突变在13%的典型类癌、39%的非典型类癌、31%的小细胞肺癌和仅12%的大细胞神经内分泌癌中存在[95]。

肺癌中常见的大细胞神经内分泌癌突变已在几项研究中进行了检测（表55.2）。Kirsten大鼠肉瘤病毒癌基因同源物（Kirsten rat sarcoma viral oncogene homolog，KRAS）和表皮生长因子受体突变在大细胞神经内分泌癌中并不常见，尽管已经发表了大细胞神经内分泌癌和腺癌合并病例的报道[68, 96-97]。间变性淋巴瘤激酶（anaplastic lymphoma kinase，ALK）在1例大细胞神经内分泌癌中的异常表达被证实。进一步分析未发现ALK重排或突变[98]。在c.3145 G>A和3140 A>G处发现两个PIK3CA突变[95]。在29%切除的大细胞神经内分泌癌中，发现嗜神经酪氨酸受体激酶基因家族突变[96]。

表55.2　肺单纯和合并大细胞神经内分泌癌的突变分析概述[a]

突变	大细胞神经内分泌癌类型（突变样本数/样本总数）			
	单纯	合并小细胞肺癌	合并鳞状细胞癌	合并腺癌
ALK	0/106[b]	ND	ND	ND
BRAF	0/24	2/9	0/3	ND
EGFR	1/62	0/10	0/3	0/8
KRAS	2/83	1/10	ND	1/9
NRAS	0/34	0/6	ND	ND
PIK3CA	2/43	1/10	ND	ND
ROS1	ND	ND	ND	ND
HRAS	1/17	0/8	0/3	ND
MEN1	1/13	ND	ND	ND
TP53	32/61	3/10	ND	1/1
KEAP1	2/19	0/9	0/1	ND
NTRK	6/21	ND	ND	ND
NFE2L2	1/19	0/9	ND	ND
STK11	8/28	1/10	ND	ND
CDK4	0/28	0/10	0/3	ND
DDR2	0/1	0/2	0/1	ND
ERBB2	2/26	0/10	0/3	ND
FGFR2	1/24	0/10	0/1	ND
FGFR3	0/25	0/9	0/2	ND
C-Kit	0/83	ND	ND	ND
C-met	0/83	ND	ND	ND
PDGFRα	0/83	ND	ND	ND
PDGFRβ	0/83	ND	ND	ND

注：[a]仅公布数据；[b]免疫组化分析；ND，在特定类型肺癌中还没有关于这种突变的数据；*ALK*，间变性淋巴瘤激酶；*BRAF*，编码RAF家族丝氨酸/苏氨酸蛋白激酶基因；*EGFR*，表皮生长因子受体；*KRAS*，鼠类肉瘤病毒基因；*NRAS*，成神经细胞瘤鼠肉瘤癌基因；*PIK3CA*，磷脂酰肌醇-4，5-二磷酸3-激酶催化亚基α；*ROS1*，c-ros原癌基因1酪氨酸激酶；*HRAS*，Harvery鼠肉瘤病毒；*MEN1*，多发性内分泌腺病致病因子1；*TP53*，肿瘤蛋白P53；*KEAP1*，Kelch样环氧氯丙烷相关蛋白-1；*NTRK*，神经营养因子受体络氨酸激酶；*NFE2L2*，核因子相关因子2；*STK11*，丝氨酸/苏氨酸激酶11；*CDK4*，细胞周期蛋白依赖性激酶4；*DDR2*，盘状蛋白结构域受体酪氨酸激酶2；*ERBB2*，酪氨酸激酶受体2；*FGFR2*，成纤维细胞生长因子受体2；*FGFR3*，成纤维细胞生长因子受体3；*C-Kit*，Ⅲ型酪氨酸激酶生长因子受体；*C-met*，肝细胞生长因子受体；*PDGFR α*，血小板衍生生长因子受体α；*PDGFR β*，血小板衍生生长因子受体β

在2013年的一项研究中，临床肺癌基因组计划和网络基因组医学报告了大量利用分子技术分析的肺癌[99]，共包括261例肺癌（31例大细胞癌），用于基因表达的无监督分层聚类。虽然所分析的类癌没有发现值得注意的突变，但在单纯大细胞神经内分泌癌和小细胞肺癌与大细胞神经内分泌癌的组合中发现了一些突变（表55.2）。该研究将所有大细胞癌的大多数分类为腺癌、鳞状细胞癌或小细胞肺癌。因此，大细胞癌作为一个独立实体的诊断受到质疑。大细胞神经内分泌癌的全外显子组（15例肿瘤）和转录组（10例肿瘤）测序显示大细胞神经内分泌癌和小细胞肺癌（T53、视网膜母细胞瘤1和EP300）存在重叠突变。在大细胞神经内分泌癌中检测到腺癌或鳞状细胞癌中常见的几种突变，但这些发现并不显著。有关大细胞神经内分泌癌整个外显子组和转录组测序的更多信息有望在不久的将来公布[99]。

3.5 信号通路

有助于维持基因组稳定性的p53基因在约4%的典型类癌，29%的非典型类癌，80%的大细胞神经内分泌癌和75%的小细胞肺癌中发生突变[68, 70, 100-104]。

p16/细胞周期蛋白D1/视网膜母细胞瘤通路在9%～20%的典型类癌、22%的非典型类癌、62%的大细胞神经内分泌癌和71%～90%的小细胞肺癌中受到影响[62, 78-79, 104-109]。视网膜母细胞瘤基因是一种肿瘤抑制因子，通过调节G1期生长停滞在细胞周期控制中起关键作用。p16是一种细胞周期蛋白依赖性激酶抑制剂，抑制细胞周期蛋白依赖性激酶与细胞周期蛋白D1的结合，并阻止视网膜母细胞瘤的磷酸化（抑制）。因此，pl6和视网膜母细胞瘤的下调可能导致细胞生长失控。视网膜母细胞瘤表达缺失在47%～91%的大细胞神经内分泌癌中显示。与小细胞肺癌相比，大细胞神经内分泌癌中pl6表达缺失和细胞周期蛋白D1过度表达更为频繁[26, 57, 62, 72, 110]。

一些研究发现，包括Bcl2、Bcl2L1和BAX基因在内的内源性凋亡通路在高级神经内分泌癌中受到抑制，在非典型类癌中受到中度影响，在典型类癌中几乎是完整的[111-112]。

AKT和哺乳动物靶向西罗莫司（mammalian target of rapamycin，mTOR）作为PI3K/AKT/mTOR通路的一部分在一组神经内分泌性肺肿瘤中的表达也得到了评估。然而，在这些肿瘤中，AKT表达（19%～82%）和哺乳动物靶向西罗莫司表达（50%～77%）有矛盾的结果[113-114]。Righi等[115]描述了一种从低到高级的神经内分泌癌的哺乳动物靶向西罗莫司强度表达模式。作者还注意到哺乳动物靶向西罗莫司的表达与SSRT-213的表达相关，并推测哺乳动物靶向西罗莫司可能是SSRT表达的一个可能的调节因子。

4 临床特点

4.1 支气管肺类癌

由于支气管内膜阻塞和肿瘤溃疡，大约58%的类癌患者出现咳嗽（32%）、咯血（26%）和肺炎（24%）等症状[1, 116-123]。

与中肠类癌相反，支气管肺类癌产生较少的血清素，因此支气管肺类癌患者的类癌综合征发生率较低。类癌综合征发生在1%～3%的支气管肺类癌病例中，可能是非典型的，出现潮红并伴有定向障碍、震颤、眶周水肿、流泪、流涎、低血压、心动过速、呼吸困难、哮喘和水肿[116, 123]。此外，支气管肺类癌发生类癌危象的风险很低，以至于常规治疗通常不建议在肿瘤手术前用奥曲肽预防。

1%～2%的类支气管肺癌与异位促肾上腺皮质激素的产生有关[12]。更为罕见的是，支气管肺类癌产生生长激素释放激素，导致肢端肥大症[124-125]、低血糖[126]和高钙血症[127-128]。

4.2 大细胞神经内分泌癌

由于在小的活检标本和细胞学标本上诊断大细胞神经内分泌癌很困难，大多数临床数据来自外科手术，这可能会使结果产生偏差（即选择较年轻且合并症较少的患者）。最初出现的症状通常包括咳嗽、体重减轻、咯血、胸痛、发热[129-131]。典型的副肿瘤综合征，如在小细胞肺癌中出现的库欣综合征或与肺类癌很少相关的类癌综合征，在大细胞神经内分泌癌中很少被诊断出来[132-133]。

在回顾性肺恶性肿瘤切除病例系列研究中，大细胞神经内分泌癌的发病率约为3%[6]。在这些大细胞神经内分泌癌系列中，初次发病的平均年龄为64岁（30～88岁），大多数患者为男性（平均80%，范围54%～89%）和曾大量吸烟者（89%～100%，表55.3）。两项研究的数据表明，大细胞神经内分泌癌在男性中的发病率要高

表55.3　肺神经内分泌癌的临床、病理及影像学表现的比较

指标	典型类癌	非典型类癌	大细胞神经内分泌癌	小细胞肺癌
人口统计数据				
中位年龄（年）	40～50	50～60	60～70	50～70
与吸烟的关系	无	有	有	有
男女比例	1：1	1：1/2：1	>2.5：1	>2.5：1
组织病理学特征				
每10个高倍视野的有丝分裂数	<2	2～10	>10（中位数为70）	>50（中位数为80）
坏死	无	有（点状）	有（大面积）	有（大面积）
核仁	偶尔	普遍	非常普遍	缺少或不明显
核质比	适度	适度	低	高
核染色质	细颗粒	细颗粒	通常为水泡状，可能是细颗粒状	细颗粒
形状	圆形，椭圆形，纺锤体	圆形，椭圆形，纺锤体	圆形，椭圆形，多边形	圆形，椭圆形，纺锤体
成像				
中心与外周比	3：1	3：1	1：4	10～20：1
钙化/骨化（%）	30	30	9	高达23
分期（%）[117, 136]				
Ⅰ	87	43	18.2	2.6
Ⅱ	10	29	6.6	1.5
Ⅲ	3	14	24.1	26.8
Ⅳ	0	14	42	57.8
未知	不可用	不可用	9.1	11.4
胸外转移瘤[234]	3%	21%	35%	60%～70%
增强CT	高；中心或边缘	高；中心或边缘	高	高；坏死
正电子发射断层摄影术对^{18}F-2-脱氧-D-葡萄糖的摄取	低	低	高	高
生长抑素受体闪烁显像技术摄取率（%）	80	80	55	原发性：95；转移：45～60

得多。在100例确诊的大细胞神经内分泌癌患者中，女性与男性的比例为5：9（46%：54%）[134]。在一项从监测、流行病学和最终结果数据库中提取的临床特征的研究中，发现女性与男性的比例约为5：9（45%：55%）[135]。

5　分期

目前，还没有专门针对支气管肺类癌或大细胞神经内分泌癌的分类分期系统。因此，第七版的NSCLC肿瘤、淋巴结转移分期被用于大细胞神经内分泌癌的分期[136]。

6　影像

6.1　计算机断层摄影术

建议使用CT和磁共振成像对支气管肺类癌进行分期。典型的类癌是界限清楚的球形或卵圆形肿块，可能引起气道狭窄或阻塞气道，导致继发性肺不张[137]。虽然典型类癌往往位于中心，非典型类癌通常位于周围。Davila等[138]指出，15%的支气管肺类癌位于外周，其中10%位于主干支气管，75%位于叶支气管。30%的支气管肺类癌可能存在钙化[118]。

最典型的类癌表现为Ⅰ期肿瘤，87%的患者没有淋巴结转移。在一个系列中，10%的典型类癌患者患有N1疾病，3%患有N2疾病，没有N3疾病患者。相比之下，非典型类癌患者中N0、N1、N2和N3疾病的出现率分别为43%、29%、14%和14%[116]。

6.2 大细胞神经内分泌癌

大细胞神经内分泌癌在CT上的表现是非特异性的，可与其他肺部实体性恶性肿瘤相媲美。大细胞神经内分泌癌主要位于肺的外围（67%～97%），但与小细胞肺癌一样，也可以位于中心（3%～33%）[129-130, 139-140]。在影像学和外科病例中，大细胞神经内分泌癌有轻微的位于上叶的倾向。肿瘤的边界通常是分叶的，但也可以是刺状的。在CT上，原发肿瘤的平均直径约为40 mm（范围为7～100 mm）[129-130, 139-140]。坏死是常见的，可表现为不均匀强化，尤其是在较大的结节中[129]。在所有原发性大细胞神经内分泌癌中，有7%～21%被报道出现钙化，并且有人推测这些是营养不良引起的钙化，可出现在坏死区域[130, 139, 141]。

6.3 正电子发射断层摄影术

很少有影像学研究评估PET的有效性。以生长抑素受体为靶点的^{68}Ga-DOTATOC-电子发射断层摄影术在神经内分泌癌中的特异性为90%～92%，敏感性为81%～97%，准确性为87%～96%[142-143]。^{11}C-5-羟基色氨酸是一种5-羟基色氨酸合成的放射性标记前体，可能对支气管类癌更为特异。在一项研究中，对^{11}C-5-羟基色氨酸扫描与计算机断层扫描在鉴别肿瘤病变方面进行了比较，^{11}C-5-羟基色胺酸扫描在95%的患者中识别出肿瘤病变，在58%的患者中检测到比CT和生长抑素受体闪烁扫描术（somatostatin receptor scintigraphy，SRS）更多的病变[144]。现有数据表明，与在小细胞肺癌中发现结果相比，大细胞神经内分泌癌对FDG的摄取量较高，平均标准化摄取值为12.0（范围为3.9～25.6）[139, 145-146]。FDG在支气管肺类癌显像中的应用是有争议的，因为它们通常具有低代谢活性，因此与大细胞神经内分泌癌和小细胞肺癌相比，FDG摄取较少[147]。

6.4 生长抑素受体显像

生长抑素的表达经常出现在神经内分泌癌中，以其调节胰高血糖素、促胃液素、胰岛素和生长激素等激素而闻名。目前已知的5种生长抑素亚型受体（somatostatin subtype receptor，SSTR）分为SSTR-1到SSTR-5。在一系列的手术中，不同的SSTR在典型类癌、非典型类癌和大细胞神经内分泌癌中不同程度地出现。除SSTR-5外，其他几种SSTR在分化良好到低分化的神经内分泌癌中有表达下降的趋势[148-149]。

用铟-111-戊四肽闪烁扫描（奥曲肽扫描）可以对肿瘤中的SSTR进行射线检测。奥曲肽扫描可检测放射性标记的奥曲肽，后者为生长抑素的合成类似物，经静脉注射后与SSTR-2、SSTR-3和SSTR-5具有很高的亲和力。

大约80%的支气管神经内分泌癌可以用奥曲肽扫描成像[150]。在Rodrigues等[151]的一项研究中，将两种不同的放射配基即^{111}In-DOTA-D：Phe（1）-Tyr（3）-奥曲肽和^{111}In-DOTA-兰瑞肽进行比较，总体敏感性分别为93%和87%。生长抑素受体闪烁显像技术检测原发性恶性肿瘤和转移性疾病的敏感性是不同的。Granberg等[152]发现，原发性支气管类癌和肝转移的敏感性分别为80%和60%。然而，生长抑素受体闪烁显像技术应用的主要局限性在于其特异性较低，因为它还可以检测到许多其他肿瘤、肉芽肿和自身免疫性疾病。考虑到胸外转移性疾病很少见，生长抑素受体闪烁显像技术在术前分期中的作用是有争议的[153]。

虽然生长抑素受体闪烁显像技术常用于支气管肺类癌的检测，但关于大细胞神经内分泌癌的研究却很少。在一项术前评估大细胞神经内分泌癌的小型研究中，55%的原发性病变（18个病灶中的10个）在奥曲肽扫描上表现出活性[154]。在另一个研究中，研究者评估了使用锝-99m乙二胺二乙酸/肼酰肼基-Ty3-奥曲肽（^{99m}Tc-TOC）闪烁显像检测大细胞神经内分泌癌[155]。原发性病变（100%）和膈上转移（83%）的敏感性较高，而膈下（肾上腺）转移均未发现，仅11%的骨转移被检出。表55.4总结了肺神经内分泌癌的临床、病理和影像学表现。

表55.4　外科切除的大细胞神经内分泌癌的临床特征的研究概况

特征	Takei 等[6]	Rossi 等[172]	Veronesi 等[174]	Varlotto 等[135]	Fournel 等[131]	Tanaka 等[173]	Sarkaria 等[134]	Grand 等[241]	Grand 等[241]	Kinoshita 等[233]	Asamura 等[234]
时间	1982—1999	1990—2004	1988—2004	2001—2007	2000—2010	2001—2009	1992—2008	1980—2009	1980—2009	1995—2010	NA
病理评审委员会，病理学家数量	3	3	1/中心	没有评审	1	1	2	NA	NA	3	主要的，6
中心的数量	1	2	多中心	多中心	1	1	1	2	2	1	多中心
单纯大细胞神经内分泌癌的数量（%）	82（94）	83	144	324	63	63	77（77）	52		56（69）	126（89）
混合大细胞神经内分泌癌的数量	5（6）	—	—	—	—	—	23（23）	—	50	25（31）	15（11）
男性（%）	86	88	81	55	77	87	54	71	86	85	89
平均年龄（岁）	62	NR	63	67	64	67	64	60.5	61.4	70	66
吸烟者（%）	98	96	94	NR	89	92	98	95	94	100	99
手术（%）											
段/楔形切除术	9	NR	10	22	6	13	9	13	6	0	NR
肺叶切除术	70	NR	66	73	73	87	80	63	48	95	NR
双肺叶切除术	7	NR	5	NR	1	0	0	4	6	0	NR
全肺切除术	14	NR	17	6	19	0	11	19	40	5	NR
系统淋巴结清扫（%）	是（69）	是	是（94）	NR	是	NR	NR	是	是	是	NR
R0切除（%）	NR	NR	94	NR	100	100	90	96	86	NR	NR
淋巴结状态（%）											
N0	49	75	NR	69	46	NR	65	52	58	NR	54
N1	20[a]	25[a]	NR	17	24	NR	15	19	22	NR	18
>N2	20[a]	25[a]	NR	12	30	NR	23	29	20	NR	26
分期（%）[b]											
Ⅰ	47（4）	66（6）	51（NR）	57（NR）	35（7）	45（6）	44（7）	38（7）	40（7）	59（7）	45（5）
Ⅲ	15（4）	20（6）	20（NR）	16（NR）	25（7）	26（6）	27（7）	25（7）	28（7）	21（7）	16（5）
Ⅲ	34（4）	14（6）	28（NR）	18（NR）	40（7）	19（6）	25（7）	33（7）	26（7）	19（7）	32（5）
Ⅳ	3（4）	0（6）	1（NR）	0（NR）	0（7）	0（6）	4（7）	2（7）	4（7）	1（7）	7（5）

续表

特征	Takei 等[6]	Rossi 等[172]	Veronesi 等[174]	Varlotto 等[135]	Fournel 等[131]	Tanaka 等[173]	Sarkaria 等[134]	Grand 等[241]	Grand 等[241]	Kinoshita 等[233]	Asamura 等[234]
辅助化疗（%）	14	34	17	NR	是（% NR）	32	25	NR	NR	是（% NR）	NR
5年生存率（%）	57	27.6	43	41[c]	49.2	44.9	NR	39	38	53.3	40.3
分期的5年生存率（%）											
Ⅰ	67	33	52	60[c]	NR	NR	53	NR	NR	NR	58
Ⅱ	75	23	59	NR	NR	NR	61	NR	NR	NR	32
Ⅲ	45	8	20	NR	NR	NR	24[d]	NR	NR	NR	NR
Ⅳ	0	—	—	—	NR	NR	24[d]	NR	NR	NR	NR
中位随访时间（月）	NR	17	27	15	NR	32.3	34	73[e]	73[e]	60	60
复发率（%）	39	62	40	NR	NR	NR	38	NR	NR	NR	48

注：[a]表示N1、N2淋巴结状态之和；[b]美国癌症分期分类联合委员会的版本在不同的研究中有所不同，Takei等[6]使用第四版，Asamura等[234]使用第五版，Rossi等[172]和Tanaka等[173]使用第六版，Fournel等[131]、Sarkaria等[134]、Grand等[241]和Kinoshita等[233]使用第七版，在Veronesi 等[174]和Varlotto等[135]的研究中没有提及使用的版本（不同分类）；[c]计算4年的生存率；[d]代表Ⅲ期和Ⅳ期肿瘤的总数；[e]报告的平均值；NA，无效；NR，没有报道

7 治疗

7.1 外科

支气管类癌

支气管类癌的治疗标准是手术切除，手术入路取决于肿瘤的位置、大小和组织类型。对于中心性、局限性典型类癌，保留肺切除术，如袖状切除、楔形切除或节段性切除为首选[156]。有或无淋巴结转移的非典型类癌的最佳治疗方法存在争议，保守切除在这两种情况下的应用受到质疑。对于典型类癌，建议采用更广泛的切除术，如肺叶切除术、双叶切除术和肺切除术[121, 138, 157-158]，目的是在保留尽可能多的正常肺组织的情况下进行整体切除。手术切缘窄至5 mm被认为是足够的，因为支气管类癌不会扩散到黏膜下。

因为5%～20%的典型类癌和30%～70%的非典型类癌转移到淋巴结，所以需要进行完整的纵隔淋巴结取样或淋巴结清扫[159-161]。如果纵隔淋巴结呈阳性，建议进行彻底的淋巴结清扫，因为这并不排除治愈的可能性。

可以尝试应用支气管镜切除腔内典型类癌。各种各样的支气管镜策略已经被利用，包括有或没有光动力疗法的钕：钇铝石榴石激光器，这种方法已在几个小系列研究中被证明是可行的[162]。这一策略可能对因共病而不能手术的患者或拒绝手术的患者有效。新的放射技术如立体定向消融放射治疗在这种情况下也可能有用，但缺乏确切的证据。如果可能的话，手术仍是标准的治疗方法。

7.2 大细胞神经内分泌癌

大细胞神经内分泌癌的外科治疗可能适用于Ⅰ期和Ⅱ期疾病，类似于其他NSCLC组织学类型。但是，手术治疗是一种很少的选择，因为约有45%的患者患有转移性疾病（表55.3）[135, 163]。另外，关于大细胞神经内分泌癌的外科治疗的证据很少，因为尚未对该受试者进行随机对照试验。

在一系列研究中报告了1982—2010年大细胞神经内分泌癌的外科病例系列（表55.4）。大多数研究包括所有切除组织的病理学检查。肺叶切除术是最常用的外科治疗方式（48%～95%的大细胞神经内分泌癌患者），尽管一些患者接受了肺切除术或双肺切除术。大多数病例进行系统性淋巴结清扫，报告的R0切除率为84%～100%。根据病理肿瘤、淋巴结转移分期第四版至第七版记录疾病的分期。46%～75%的患者没有淋巴结受累，但在研究的病例中有0%～7%的病例报告了切除后的转移。切除术后14%～34%的患者接受了辅助化疗，尽管大部分术后数据缺失。

据报道，切除大细胞神经内分泌癌患者的5年生存率为28%～57%，平均总生存率为43%，但是绝大多数患者有Ⅰ～Ⅲ期疾病。Ⅰ期疾病患者的5年生存率为33%～67%，Ⅱ期疾病患者为23%～75%。然而，任何结论都受到不同肿瘤、淋巴结转移分期系统的限制，不同研究对辅助化疗的采用也有很大差异。40%～62%的疾病患者出现复发。

7.3 辅助治疗

7.3.1 支气管肺类癌

尽管一些单一机构的回顾性系列研究已经评估了辅助放疗和（或）化疗的使用，目前还没有前瞻性试验直接探讨辅助治疗对支气管肺类癌患者的益处。然而，这些研究向样本量往往很小，结果存在明显不一致[118, 156, 164-167]。Carretta等[164]回顾了44例手术切除的患者，1例临床ⅢA期患者接受了新辅助的丝裂霉素c、长春碱和顺铂治疗后部分缓解，但术后2个月复发。在5例接受术后放疗的N1期病患者中，没有一例出现局部复发[164]。在Paladugu等[168]的研究中，7例有远处转移的非典型类癌患者接受了手术治疗和化疗，随访期间（23～127个月）均存活。相比之下，Mills等[169]在比较7例接受辅助化疗和放疗的非典型类癌患者和6例仅接受手术治疗的患者时，没有发现生存率的差异。因此，对于完全切除的典型或非典型类癌的辅助治疗，无论是否累及局部淋巴结，其应用仍存在争议。尽管这些数据有限，国家综合癌症网络建议针对切除的Ⅱ期或Ⅲ期非典型类癌和Ⅲb期典型类癌使用化疗加或不加放射治疗。北美神经内分泌癌学会指南指出，没有足够的数据来推荐辅助治疗[159]，而欧洲医学肿瘤学会临床实践指南并没有具体说明辅助治疗[170]。

7.3.2　大细胞神经内分泌癌

关于切除大细胞神经内分泌癌的辅助化疗和放疗的证据是有限的。已经报道了几个回顾性病例对照研究和一项前瞻性研究。在本章中，仅对单纯或混合大细胞神经内分泌癌治疗的研究进行了回顾。包括无神经内分泌分化的神经内分泌形态学的大细胞癌的研究没有被提及。

2006年，Iyoda等[171]对切除的大细胞神经内分泌癌患者进行了一项单臂、非随机、非盲的前瞻性研究，这些患者术后接受顺铂和依托泊苷的辅助治疗（两个周期）。招募了17例大细胞神经内分泌癌切除（包括根治性淋巴结清扫）患者（13例为Ⅰ期疾病，4例为Ⅱ期或以上）。将这项前瞻性研究的结果与一项回顾性队列研究（23例患者接受了未经辅助化疗的大细胞神经内分泌癌切除术）的结果进行比较，这两个系列的临床特征具有可比性。作者报道了两组总体生存率的差异，其中接受辅助治疗的队列有利。治疗组2年和5年总生存率分别为88.9%和88.9%，而对照组分别为65.2%和47.4%。

Rossi等[172]研究了83例大细胞神经内分泌癌切除患者，包括28例接受辅助化疗的患者。化疗方案包括小细胞肺癌方案（13例）和NSCLC方案（15例），包括顺铂和吉西他滨、卡铂和紫杉醇、顺铂和长春瑞滨。生存率的多元回归分析显示，与小细胞肺癌方案相比，NSCLC辅助化疗方案的相对风险为15.52，小细胞肺癌方案有利（P＝0.0001）。分期和肿瘤大小的相对危险度分别为2.31（P＝0.029）和2.15（P＝0.013）。化疗方案没有分析报告。结果与Tanaka等[173]对63例完全切除（R0）的大细胞神经内分泌癌患者的研究结果相似。63例患者中23例（37%）接受诱导化疗（3例）或辅助化疗（20例）。治疗方案不同，尽管都含有铂制剂（卡铂或顺铂与依托泊苷、紫杉醇、多西他赛或长春瑞滨的组合）。多变量分析显示辅助化疗患者的生存率提高［危险比（hazard ratio，HR）为0.323，P＝0.037］，病理分期（Ⅰvs. Ⅱ/Ⅲ）不是生存率的预测因子（HR为0.645，P＝0.29）。作者还报道了3种神经内分泌标志物（神经细胞黏附分子、嗜铬粒蛋白A和突触素）阳性的大细胞神经内分泌癌患者可能存在化疗耐药。在这组三重阳性的大细胞神经内分泌癌患者中，化疗并没有提高生存率。

Sarkaria等[134]评估了100例手术切除的大细胞神经内分泌癌（且联合了LCNEO）患者。24例患者接受诱导化疗，有效率为63%（15例为部分缓解，8例稳定，1例为进展性疾病）；24例患者中22例（92%）接受铂类化疗方案；共有25例患者接受了辅助化疗，其中大部分是以铂类为主的方案（80%），60%的患者接受了以铂类为基础的方案联合依托泊苷；15例患者接受辅助放疗；42例患者同时接受诱导化疗和辅助化疗。在完全切除的ⅠB～ⅢA期患者中，以铂类为基础的化疗与生存率增加无显著相关。生存率的多变量分析显示对分期（Ⅲ/Ⅳ期vs. Ⅰ/Ⅱ期为2.21，P＝0.011）、性别和肺共病有显著意义。在Veronesi等[174]对切除的大细胞神经内分泌癌患者进行回顾性多中心评价的研究中，21例患者接受诱导化疗，在15例可评价疗效患者中有效率为80%（1例为完全缓解，11例为部分缓解，2例为疾病稳定，1例为进展性疾病）。此外，有几个病例术后接受放射治疗。生存率的多变量分析显示化疗联合手术与单纯手术相比并不是一个显著的预测因子（HR为0.6，P＝0.274）。疾病分期、年龄、手术方式是影响预后的重要因素。

Iyoda等[175]发现，与42例接受非铂类辅助化疗的患者相比，30例接受铂类辅助化疗的患者复发率更低，33%接受铂类化疗的患者复发，而接受非铂类化疗的患者复发率为62%（P＝0.017）。然而，关于淋巴结清除的类型、手术切缘的状态（R0、R1和R2）、确切的化疗类型以及患者的中位随访时间，均未报告相关信息。

仅有一项研究报告了对术前奥曲肽扫描可能手术切除的大细胞神经内分泌癌患者进行新辅助治疗的初步结果。所有扫描阳性的患者均接受生长抑素类似物奥曲肽治疗，部分患者也接受放疗。这项研究的结果是有希望的：奥曲肽治疗的患者与未治疗的患者之间存在显著的生存差异（P＝0.0007）。研究的局限性包括样本量小（总共18例患者，其中10例接受治疗）和为回顾性研究[154]。

目前，两项前瞻性研究正在评估辅助化疗对切除的大细胞神经内分泌癌的疗效。UMIN 000001319试验是一项日本单臂、多中心、非盲的随机对照Ⅱ期临床研究，目前正在评估4个周期的顺铂和伊立替康对大细胞神经内分泌癌和局限性疾病切除的小细胞肺癌的疗效。本研究的初步结果显示，大细胞神经内分泌癌组3年的总生存率和无复发生存率分别为86%和74%。患者被归类为ⅠA～ⅢA期疾病，83%的患者完成了化疗[176]。另一项同样来自日本的前瞻性研究（试验标识符：UMIN000010298）正在进行的随机双盲Ⅲ期临床试验，旨在比较辅助顺铂和伊立替康与顺铂和依托泊苷治疗Ⅰ～ⅢA期疾病切除的大细胞神经内分泌癌的效果[177]。

7.3.3 转移性疾病的治疗

虽然支气管肺类癌的治疗尚无明确的指导方针，但欧洲神经内分泌癌学会已根据预后建议了治疗方案。预后良好的患者，包括无症状的典型类癌患者，在6～12个月内无生长，可采用主动监测、局部治疗或生长抑素类似物治疗。预后不良（非典型类癌或在6～12个月内生长）的患者可接受肽受体放疗或姑息性化疗，如替莫唑胺、链脲佐菌素（链脲佐菌素）加干扰素或依维莫司。

7.3.4 姑息性化疗

由于支气管肺类癌相对少见，且包含一系列病理特征，因此缺乏强有力的临床试验证据来指导治疗选择。一般来说，治疗建议来源于治疗胃肠道类癌的经验或从小细胞肺癌试验中推断出的信息。

Sun等[178]对有症状的类癌进行了Ⅱ/Ⅲ期临床试验，随机将患者分为5-氟尿嘧啶（5-fluorouracil，5-FU）和链脲佐菌素组或5-FU和多柔比星组。两组的有效率几乎相同，分别为16%和15.9%，但5-氟尿嘧啶和链脲佐菌素组的中位无进展生存期更长（24.3个月vs. 15.7个月，$P=0.0267$）。进展患者接受达卡巴嗪治疗，有效率为8.2%[178]。

在回顾性研究中，评估顺铂和依托泊苷治疗非典型类癌的客观疗效为7%～39%，中位缓解时间的范围为4～102个月[177, 179-184]。Guigay等[185]对37例进行性非典型类癌患者进行回顾性研究，其中34例有肝或骨转移。患者接受顺铂和依托泊苷或5-氟尿嘧啶和链脲佐菌素或其他联合5-氟尿嘧啶或多柔比星的治疗。一线化疗的总有效率为32%，5-氟尿嘧啶和链脲佐菌素组17例患者中6例（35%）部分缓解，5例（33%）病情稳定。在整个人群中，顺铂和依托泊苷组12例中有3例（25%）部分缓解，4例（33%）病情稳定，在有转移的人群中，9例中有2例（22%）部分缓解，3例（33%）病情稳定。

在一些小型研究中，替莫唑胺被用来治疗支气管肺类癌[186-188]。在Ekeblad等[188]的研究中用替莫唑胺治疗13例支气管肺类癌（10例为典型类癌，3例为非典型类癌），4例（31%）部分缓解，另有4例病情稳定。Crona等[187]对31例患者（14例为典型类癌，15例为非典型类癌）同时接受替莫唑胺治疗，发现14%的患者部分缓解，52%的患者病情稳定，33%的患者病情进展。

其他导致肿瘤缩小的药物包括卡培他滨和奥沙利铂，卡培他滨和脂质体多柔比星，5-氟尿嘧啶、达卡巴嗪和表柔比星[189-192]。在这些药物的小规模研究和病例报告中，患者的反应率为20%～30%，并且通常持续时间很短。鉴于这些研究规模较小，且缺乏前瞻性数据，因此不能对特定的化疗方案提出具体建议，应大力鼓励患者参与临床试验。

7.3.5 肝转移瘤导向治疗

肝脏是转移瘤的主要部位。对于有孤立性、低体积肝转移的支气管肺类癌患者，可考虑肝切除术。虽然本质上不能治愈，但这可能减轻副肿瘤综合征继发的症状，并可能延长生存期[193]。如果肝切除不可行，可进行其他肝定向治疗，包括肝动脉栓塞和化疗栓塞、射频消融术，还有冷冻消融。肝转移的治疗已被证明与高达96%的生化反应[193]和减少类癌相关症状[159, 194]有关。

7.3.6 控制激素症状

生长抑素受体类似物（如奥曲肽）可控制60%的支气管肺类癌患者分泌生物活性肽或胺引起的症状。虽然部分缓解很少见（5%～10%），但30%～50%的患者会出现稳定的病情[190]。IFN-α是另一种选择，30%～70%的患者出现症状缓解[195-202]。继发于副肿瘤生长激素释放激素分泌的肢端肥大症是罕见的，但通常对生长抑素或手术去毛刺有反应。库欣综合征可以用卡托康唑、氨基葡萄糖酸、迈克拉酮或米非司酮治疗[159]。与安慰剂相比，奥曲肽对中肠类癌有抗增殖作用，无进展生存期从6个月增加到14个月（HR为0.34，$P<0.001$）[203]。这些数据是否可以推断为前肠肿瘤尚不确定。

7.3.7 姑息性放疗

支气管肺类癌对抗放疗，只有在手术不可行或不完全切除后才考虑放疗。它也可以在骨质疏松的情况下缓解疼痛[182, 204]。

肽受体放射治疗使用与生长抑素类似物相连的^{90}钇、^{111}铟或^{177}镥放射性核素，以靶向表达生长抑素受体的肿瘤细胞。研究表明，在16例前肠类癌患者中，奥曲肽［^{111}In-DTPA^{0}］的完全和部分缓解率为0%～8%[205-206]，^{90}Y-DOTA^{0}-Tyr^{3}奥曲肽为4%～33%[207-211]，^{117}Lu DOTA^{0}-Tyr^{3}奥曲肽为17%～38%[212-215]。有研究对DOTA^{0}-Tyr^{3}奥曲肽在16例前肠类癌患者中的应用情况进行了评估，其中9例为支气管肺类癌，经治疗后5例有部分缓解，1例有轻微反应（肿瘤大小缩小25%～50%），2例病情稳定，1例病情进展，中位进展时间为31个月[216]。放射性肽治疗的长期不良反应可能包括肾功能下降、全血细胞减少和骨髓增生异常综合征。这种治疗策略在几个正在进行的随机前瞻性试验中被进一步评估。虽然还在等待结果，但放射性肽用于晚期支气管类癌的治疗仍处于研究阶段。正在进行的试验包括^{117}Lu奥曲肽加醋酸奥曲肽注射液（30 mg/4周）对比大剂量醋酸奥曲肽注射液（60 mg/4周）用于中肠类癌的临床注册试验。

7.3.8 手术治疗

对于无痛的类支气管肺癌和局限性转移疾病的患者，手术治疗可能是必要的。手术不仅可以减轻症状，而且可以提供无病生存获益和潜在的治疗。Que等[217]研究表明，肝转移支气管类癌患者仅切除肝转移可使20%的治疗患者获得所谓的治愈。

7.3.9 干扰素

在几项研究的综合分析中，α干扰素的肿瘤有效率为12%[218]，它与生长抑素类似物被一起研究过。与单独使用奥曲肽相比，奥曲肽和α干扰素联合应用可提高无进展生存期（HR为0.28，95% CI 为0.16～0.45）[219]。然而，在一项比较α干扰素（4%）、兰瑞肽（4%）或兰瑞肽加α干扰素（7%）的研究中，客观反应率同样较低[220]。

7.3.10 分子靶向治疗

44例支气管肺类癌患者作为一个亚组被纳入一项随机Ⅲ期临床试验（RADIANT-3），该试验比较了429例晚期类癌患者使用醋酸奥曲肽注射液加或不加依维莫司的疗效。33例患者被随机分配为依维莫司联合奥曲肽组，11例患者为安慰剂和奥曲肽组。接受依维莫司组的中位无进展生存期增加（13.6个月 vs. 5.6个月）。然而，几乎一半接受依维莫司治疗的患者有3级或4级不良反应，包括口腔炎、腹泻和血小板减少症[221]。RAMSETE是一项Ⅱ期临床试验，评估依维莫司作为晚期非胰腺神经内分泌肿瘤（35%前肠）的单药治疗。19例前肠类癌患者中无完全缓解或部分缓解患者，12例病情稳定，7例病情进展，中位无进展生存期为189天[222]。

在17例典型类癌的小型研究中，5例肿瘤被免疫组化证实为c-Kit阳性，9例血小板源性生长因子β阳性，12例血小板衍生生长因子受体α阳性，7例表皮生长因子受体阳性。这就提出了一个问题，即靶向这些途径的特异性酪氨酸激酶抑制剂是否具有临床应用价值[184]。

抗血管生成药物已经在一些小的Ⅱ期临床试验用于晚期神经内分泌癌并被评估，然而前肠癌或支气管肺类癌仅包括在3项研究中[223-226]。Yao等[223]在22例患者（4例支气管类癌）中评估了贝伐单抗和奥曲肽LAR，总有效率为18%。Kulke等[224]研究了107例舒尼替尼患者（14例前肠），报告总有效率为2.4%，82.9%的患者病情稳定，疾病进展的中位时间为10.2个月。Castellano等[225]在44例患者（19例前肠类癌）中评估了索拉非尼和贝伐单抗，总有效率为10%。然而，Chan等[226]在接受替莫唑胺和贝伐单抗治疗的类癌患者组中未发现客观反应。基于这些数据，抗血管生成药物治疗支气管类癌的疗效还不能得出明确的结论。

一项正在进行的Ⅲ期临床试验（RADIANT-4）正在比较依维莫司与安慰剂对胃肠道或肺源性晚期神经内分泌癌的疗效（临床试验政府标

识符：NCT01524783）。其他正在进行的试验包括LUNA研究，这是一项随机的三臂试验，比较帕西罗肽与单独或联合应用依维莫司治疗晚期肺或胸腺神经内分泌癌患者的疗效（试验标识符：NCT01563354）。两个试验均以无进展生存期为主要终点。

7.4 转移性大细胞神经内分泌癌的治疗

很少有证据支持对转移性大细胞神经内分泌癌进行全身治疗。如前所述，大细胞神经内分泌癌是一种罕见的疾病，其诊断基于较大的外科活检标本的组织学。在转移性肺癌中手术活检很少。在大多数报告晚期大细胞神经内分泌癌的研究中，诊断是基于一个小的活检样本或切除的大细胞神经内分泌癌病例系列，包括手术切除后的转移复发。

在发表时，已经对转移性大细胞神经内分泌癌进行了两项小型单臂前瞻性多中心Ⅱ期临床研究。这两项研究都评估了小细胞肺癌化疗方案。在欧洲的一项针对42例患者的研究中，方案是顺铂和依托泊苷。在日本针对44例患者的研究中，化疗方案是顺铂和伊立替康[227-228]。所有患者都有ⅢB或Ⅳ期疾病，化疗初始且东方肿瘤合作组的表现状态小于2。95%以上的患者进行了中心病理学检查。25%接受顺铂和依托泊苷治疗患者和28%接受顺铂和伊立替康治疗患者的诊断被修改。修正诊断以小细胞肺癌为主。

在顺铂和伊立替康研究中，确诊为大细胞神经内分泌癌的患者有效率为47%，没有患者完全缓解，14例部分缓解，10例病情稳定，6例病情进展。中位无进展生存期为5.8个月（范围为3.8～7.8个月），中位总生存期为12.6个月（范围为9.3～16.0个月）。与本研究中诊断为小细胞肺癌的10例患者相比，大细胞神经内分泌癌患者的总生存时间显著缩短（12.6个月 vs. 17.3个月，$P=0.047$），尽管中位无进展生存期相似。30例患者（65%）完成了4个周期的化疗。二线化疗主要包括氨柔比星（一种仅在日本注册的药物）、铂类化疗和多西他赛。二线化疗的有效率未见报道。

在顺铂和依托泊苷的研究中，确诊为大细胞神经内分泌癌的患者有效率为34%：没有患者完全缓解，10名患者部分缓解，9名患者病情稳定，无进展生存期为5.0个月（范围为4.0～7.9个月），总生存期为8.0个月（范围为3.7～7.9个月）。另一组包括9例小细胞肺癌、1例非典型类癌和1例神经内分泌表达型NSCLC，无进展生存期为3.1个月（范围为2.8～8.5个月），总生存期为7.0个月（范围为3.0～9.0个月）。大细胞神经内分泌癌与其他组织学类型患者之间无显著差异（$P=0.55$）。报道的中位随访期为37.2个月。

已发表的文献包括一些回顾性研究，评估了NSCLC的治疗方案。然而，只有有限的病例报告。Rossi等[172]报道了15例切除的大细胞神经内分泌癌患者，这些患者在疾病复发时接受顺铂和吉西他滨或卡铂＋紫杉醇和吉西他滨单药治疗。接受以NSCLC为基础治疗的患者都没有反应，但接受小细胞肺癌方案的6例患者有客观反应。Sun等[229]对45例大细胞神经内分泌癌患者进行了一项研究，这些患者接受了针对小细胞肺癌或NSCLC的治疗方案。作者报道了小细胞肺癌治疗组有效率为73%（8/11），而NSCLC治疗组有效率为50%（17/34）（$P=0.19$）。铂类药物联合依托泊苷或伊立替康治疗小细胞肺癌的有效率为73%，NSCLC组为100%。含吉西他滨的铂类治疗方案在41%的患者中产生了疗效。在另一项研究中，大约7例患者中有5例对铂类药物和紫杉醇联合用药有反应[230]。

关于二线化疗治疗大细胞神经内分泌癌的现有资料几乎不存在。在一项回顾性研究中，二线多柔比星单药治疗的有效率为23%（3/13）[231]。一项关于贝伐单抗和多西他赛用于铂类化疗后二线化疗的非盲法Ⅱ期临床研究已经在日本启动（试验标识符：UMIN000011713）。

7.5 分子靶向治疗

针对大细胞神经内分泌癌的靶向治疗尚未得到完整的研究。此外，奥曲肽类似物在大细胞神经内分泌癌中的作用尚未被研究。

只有一项研究描述了SSTR靶向治疗，并且报告了SSTR阳性转移疾病患者的总生存期延长[232]。

在德国进行的一项多中心开放标记、单臂Ⅱ期临床研究中，哺乳动物靶向西罗莫司抑制剂依维莫司与紫杉醇和卡铂联合治疗晚期大细胞神经内分泌癌。招募工作正在进行，结果尚未公布。

8 合并大细胞神经内分泌癌

大细胞神经内分泌癌可以作为一种单纯的疾病形式表达，但也可以与其他实体瘤联合表达。大细胞神经内分泌癌通常与腺癌或鳞状细胞癌成分结合出现（图55.5）。其他罕见的形式是大细胞神经内分泌癌与巨细胞癌或梭形细胞癌的结合。合并大细胞神经内分泌癌的确切发病率尚不清楚。但据报道，在大量手术切除的大细胞神经内分泌癌中其发病率为6%～31%（表55.4）[6, 134, 233-234]。目前，具有大细胞神经内分泌癌成分的联合肿瘤应被归类为合并大细胞神经内分泌癌并作为大细胞神经内分泌癌治疗，但大细胞神经内分泌癌与小细胞肺癌合并应被归类为合并小细胞肺癌，并作为小细胞肺癌进行治疗。

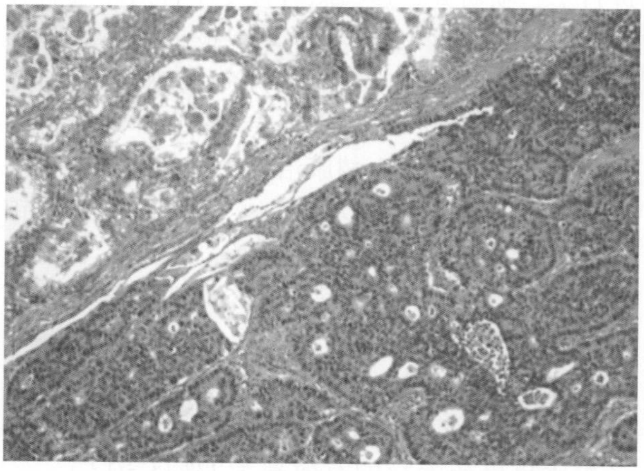

图55.5 肺大细胞神经内分泌癌（右下角）合并腺癌（左上角）低倍镜下观察（HE染色，40倍）

注：来自：Dr M. Béndek, Maastricht University Medical Centre, the Netherlands

9 预后

9.1 支气管肺类癌

典型类癌患者术后预后良好，5年生存率为87%～100%，10年生存率为82%～87%。典型的类癌往往是惰性肿瘤，仅7%在充分切除后转移。淋巴结阳性对预后的影响存在争议。在一些研究中，没有发现淋巴结受累的负面影响，尽管其他研究已经显示了负面影响[119, 216, 235-236]。唯一可接受的阴性预后特征是不完全切除。

非典型类癌的5年生存率较低，为30%～95%，这取决于肿瘤分级，10年生存率为35%～56%。非典型类癌有较高的转移倾向（在两个大系列中为16%和23%）和局部复发（在相同的两个系列中为3%和23%）[237]。与典型类癌相比，非典型类癌的淋巴结转移对预后有明显的负面影响[238]。在梅奥诊所的一系列研究中，23例典型类癌和淋巴结转移的患者中，19例（83%）存活，4例（17%）有远处复发，其中2例死亡[239]。相反，11例非典型类癌和淋巴结受累的患者中，只有4例没有复发并存活，7例发生远处转移的患者中有6例死亡。近来，通过定量实时聚合酶链反应来评估潜在的预后生物标志物。低水平的CD44和骨科同源盒mRNA表达水平及高水平的ret原癌基因（ret proto-oncogene，RET）与类癌患者的低20年生存率密切相关。CD44和骨科同源盒证实了基因表达和蛋白质水平之间的直接联系，但ret原癌基因没有[144, 240]。

9.2 大细胞神经内分泌癌

Asamura等[234]报道大细胞神经内分泌癌的生存曲线与小细胞肺癌的生存曲线重叠。根据系列研究，5年生存率在Ⅰ期为33%～62%，Ⅱ期为18%～75%，Ⅲ期为8%～45%，Ⅳ期为0[171-172, 174, 234]。

10 结论

支气管神经内分泌癌是一类起源于支气管肺上皮的神经内分泌细胞的肿瘤。支气管神经内分泌癌的行为随其分化程度而变化：典型类癌具有更懒惰的特性，很少转移；非典型类癌是中等级别，有增长的趋势呈系统性扩散；大细胞神经内分泌癌是高级别的，具有与小细胞肺癌相似的侵袭性表型。局部病变的外科切除仍是支气管神经内分泌癌的标准治疗方法。对于转移性类癌，目前还没有标准的治疗方法，对于这些罕见实体瘤的患者应考虑参与临床试验。虽然转移性大细胞神经内分泌癌在临床行为上与小细胞肺癌相似，但目前尚不清楚其最佳的化疗方案。

（刘仁旺　陈　军　译）

主要参考文献

8. Travis W.D., Brambilla E., Müller-Hermelink H.K., Harris C.C.. *World Health Organization Classification of Tumours. Pathology & Genetics. Tumours of the Lung, Pleura, Thymus and Heart*. Lyon, France: IARC Press; 2004:19–25.
123. Filosso P.L., Rena O., Donati G., et al. Bronchial carcinoid tumors: surgical management and long-term outcome. *J Thorac Cardiovasc Surg*. 2002;123(2):303–309.
149. Righi L., Volante M., Tavaglione V., et al. Somatostatin receptor tissue distribution in lung neuroendocrine tumours: a clinicopathologic and immunohistochemical study of 218 "clinically aggressive" cases. *Ann Oncol*. 2010;21(3):548–555.
157. Lucchi M., Melfi F., Ribechini A., et al. Sleeve and wedge parenchyma-sparing bronchial resections in low-grade neoplasms of the bronchial airway. *J Thorac Cardiovasc Surg*. 2007; 134(2):373–377.
159. Phan A.T., Oberg K., Choi J., et al. NANETS consensus guideline for the diagnosis and management of neuroendocrine tumors: well-differentiated neuroendocrine tumors of the thorax (includes lung and thymus). *Pancreas*. 2010;39(6):784–798.
178. Sun W., Lipsitz S., Catalano P., Mailliard J.A., Haller D.G.. Eastern Cooperative Oncology Group. Phase Ⅱ/Ⅲ study of doxorubicin with fluorouracil compared with streptozocin with fluorouracil or dacarbazine in the treatment of advanced carcinoid tumors: Eastern Cooperative Oncology Group Study E1281. *J Clin Oncol*. 2005;23(22):4897–4904.
181. Fjallskog M.L., Granberg D.P., Welin S.L., et al. Treatment with cisplatin and etoposide in patients with neuroendocrine tumors. *Cancer*. 2000;92(5):1101–1107.
221. Fazio N., Granberg D., Grossman A., et al. Everolimus plus octreotide long-acting repeatable in patients with advanced lung neuroendocrine tumors: analysis of the phase 3, randomized, placebo-controlled RADIANT-2 study. *Chest*. 2013;143(4):955–962.
229. Sun J.M., Ahn M.J., Ahn J.S., et al. Chemotherapy for pulmonary large cell neuroendocrine carcinoma: similar to that for small cell lung cancer or non-small cell lung cancer? *Lung Cancer*. 2012;77(2):365–370.

获取完整的参考文献列表请扫描二维码。

第56章 胸腺肿瘤

Enrico Ruffini, Walter Weder, Pier Luigi Filosso, Nicolas Girard

要点总结

- 胸腺肿瘤是少见的恶性肿瘤，并代表很大范围的一系列肿瘤。
- 根据组织学，分为3类：胸腺瘤、胸腺癌和神经内分泌胸腺肿瘤。
- 各种胸腺肿瘤既在组织学形态上不同，又在临床表现中有所差异。
- 在近40%的患者中，会出现系统性副瘤综合征，而重症肌无力是最常见的类型。
- 胸腺瘤患者有更高的可能风险出现第二恶性肿瘤，并且有不到40%的患者死于最初的肿瘤性疾病，而发生概率也与肿瘤的分期相关。
- 目前已经颁布了一些分期系统，而Masaoka分期系统是最常用的。而TNM分期系统也在国际合作中应用。
- 分期是目前最主要的预后因素。
- 对胸腺肿瘤的主要治疗是外科手术，目标是做到根治性切除。
- 其他的治疗方式包括放疗和化疗被用于联合治疗手段中。
- 胸腺肿瘤通常对化疗敏感，而胸腺瘤比胸腺癌更加敏感。化疗通常用于不可手术切除的或者有转移性疾病的患者。

虽然胸腺肿瘤是前纵隔区最常见的肿瘤，胸腺肿瘤依然是前纵隔区域的少见疾病。尽管胸腺肿瘤冠以共同的名称，其实它代表一大类的肿瘤，而直到现在才被归为一类。而最新的组织学分类将其分为3类：胸腺瘤、胸腺癌和神经内分泌胸腺肿瘤（neuroendocrine thymic tumors，NETTs）。在过去的几十年里，一些科学协会对胸腺恶性肿瘤愈发产生兴趣，因而产生了许多胸腺肿瘤工作组和国际胸腺肿瘤兴趣组。因此，我们对这些少见疾病的临床和基础方面的知识有了更进一步的认识，并给患者带来了益处。

本章将主要介绍关于胸腺肿瘤诊断、分期、组织学及治疗策略的最新进展。

1 胸腺瘤

1.1 人口统计学及临床表现

胸腺瘤是起源于胸腺上皮细胞的少见肿瘤。这些肿瘤的特点是各式各样的组织学形态及临床表现。胸腺肿瘤的实际发病率未明，但据美国2003年数据显示，其总发生率为每年约0.15/10万[1]。胸腺瘤是成人前纵隔最常见的肿瘤，占所有纵隔肿瘤约50%的比例。这种疾病可发生在任何年龄段，但胸腺瘤合并重症肌无力在30～40年龄段人群中最为高发。对于60～70岁年龄段无重症肌无力的人群（主要是女性），亦可出现疾病发病高峰[2]。尽管大多数研究显示性别分布不相同，但差异并不显著，男女性分布相似，这在超过100例患者的研究中更为明显[3]。其他的恶性肿瘤（如淋巴瘤、甲状旁腺及甲状腺肿瘤、生殖细胞肿瘤、间质和神经源性肿瘤），以及前纵隔的非肿瘤性病变（如动脉瘤、肉芽肿、心包和食管囊肿、先天性胸骨后膈疝和胸腺增生），也应该被列入鉴别诊断中。约有30%的胸腺瘤患者是无症状的。在这些案例中，病灶常常是被偶然发现，如胸部的放射检查。在有症状的患者中，几乎40%的患者具有胸腔内肿物相关的局部症状，30%的患者具有全身症状，而其余患者的症状与重症肌无力相关[4]。最常见的局部症状为胸痛、咳嗽和气短。在侵袭性肿瘤中，常见的症状包括上腔静脉（superior vena cava，SVC）综合征（图56.1），由膈神经受累导致的单侧膈肌麻痹（图56.2），以及喉返神经受累导致的声嘶。当肿瘤胸膜转移时也会出现胸腔积液及胸痛。

全身型的副瘤综合征可见于近40%的胸腺瘤

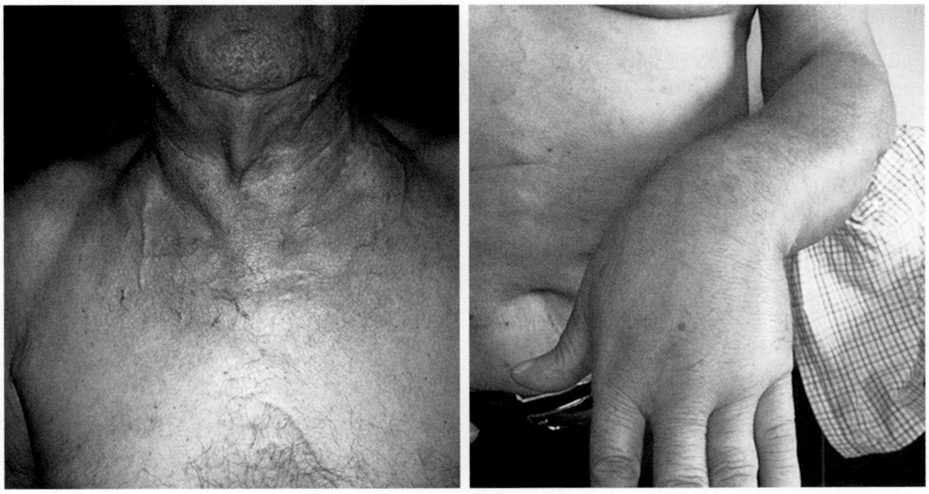

图56.1 一例患者患有晚期胸腺瘤，其引起的深腔静脉梗阻导致上腔静脉综合征

注：上胸壁可见静脉网，上肢明显水肿

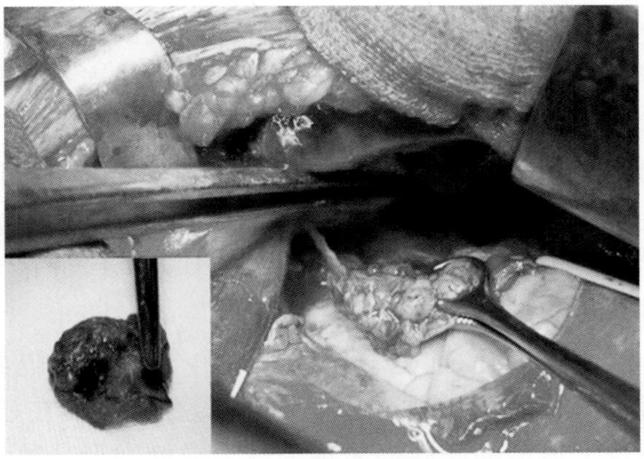

图56.2 膈神经被侵袭性胸腺癌累及

患者中（表56.1）[4]。

表56.1 与胸腺瘤相关的副瘤综合征

血液综合征	红细胞再障
	全血细胞减少
	多发性骨髓瘤
	巨核细胞减少症
	溶血性贫血
神经肌肉疾病	重症肌无力
	兰伯特-伊顿综合征
	肌强直性营养不良
	肌炎
	神经性肌强直（莫旺氏综合征）
	僵人综合征
	边缘脑病
胶原疾病和自身免疫性疾病	系统性红斑狼疮
	干燥综合征
	类风湿关节炎
	多肌炎
	心肌炎
	结节病
	硬皮病
	溃疡性结肠炎
内分泌疾病	艾迪生病
	桥本氏甲状腺炎
	甲状旁腺功能亢进
免疫缺陷综合征	低丙球蛋白血症
	T细胞缺乏综合征
皮肤病	天疱疮
	斑秃
	慢性皮肤黏膜念珠菌病
肾脏疾病	肾病综合征
	微小病变肾病
骨疾病	肥大性骨关节病
恶性疾病	癌（肺、结肠、胃、乳腺、甲状腺）
	卡波氏肉瘤
	恶性淋巴瘤

1.1.1 重症肌无力

重症肌无力是迄今为止胸腺瘤患者中最常见

的副瘤性疾病。在重症肌无力中有10%的患者发现有胸腺瘤，而30%～50%的胸腺瘤患者最终发展为重症肌无力。4%～7%的胸腺瘤合并重症肌无力患者具有不止一种副瘤综合征。根据WHO的组织学分类，重症肌无力与胸腺癌、A型或AB型胸腺瘤不相关，却经常发生在B型胸腺瘤中，在其疾病早期即可被发现[5-6]。患有胸腺瘤合并重症肌无力的患者往往比单纯患有重症肌无力无胸腺瘤的患者年龄大10～15岁，并比单纯患有胸腺瘤无重症肌无力的患者年龄稍小。尽管胸腺瘤和重症肌无力往往同时存在，但在重症肌无力若干年后才诊断胸腺瘤的情况也并非罕见。Kondo等[7]报道，有1%的患者进行完整胸腺切除后仍然会发展为重症肌无力，推论胸腺的切除并不能阻止术后进展为重症肌无力。

1.1.2 其他神经系统综合征

神经性肌强直可与中枢神经系统相关或无关，也在胸腺瘤患者中常见[8]。神经性肌强直表现为整体肌肉强直和抽搐，肌电图发现与外周运动神经的高度兴奋性表现（肌纤维颤搐和神经肌肉接头放电）相关。一些其他神经系统表现已在胸腺肿瘤中报道[9]。

1.1.3 血液系统紊乱

单纯红细胞再生障碍性贫血和低丙种球蛋白血症（Good综合征）以及其他的两种情况常常与胸腺瘤相关，并占其2%～5%[10]。患有单纯红细胞再生障碍性贫血（纯红再障）的患者经常比单独胸腺瘤患者高龄，平均年龄为60岁，而具有Good综合征患者的平均年龄为50岁。女性的发病率常比男性高。

1.1.4 胸腺外后发肿瘤

根据学术文献报道，胸腺瘤患者后发恶性肿瘤的风险增高。Filosso等[11]报道，胸腺瘤患者出现第二癌症的风险几乎是普通人群的两倍。内在免疫系统的异常可以成为这种现象的原因，而肿瘤本身或许是其中的一种因素。Welsh等[12]注意到，这些肿瘤是真正的继发肿瘤，而非胸腺瘤手术后相关（如放疗）的继发肿瘤。

1.2 影像诊断技术

影像学在胸腺瘤的诊断和分期中起到核心作用。对于进行手术还是进一步组织活检的判断，有赖于CT、MRI和（或）PET/CT。所选择的影像检查应该保证医生能够评价肿瘤大小、局部侵犯和有无远处疾病播散。根据这些信息，医生决定是否直接进行手术或在必要的情况下进行术前（诱导）的治疗（Ⅲ或Ⅳ期疾病）。患者治疗后应进行复查，从而确认有无复发或可切除的复发性疾病。对于完全切除复发的患者，其预后与未复发患者类似[13]。最初胸腺瘤的检查是胸部常规放射线检查，然后是胸部CT。区分非肿瘤性胸腺增生和胸腺瘤很重要。在低龄儿童中，胸腺和增生的胸腺可以模拟为纵隔肿物。在CT影像上胸腺增生表现为弥漫和对称性增大的胸腺，边界清晰并保留有正常的胸腺形状[14]。当然，胸腺增生也可表现为更像结节的形状，甚至FDG的摄取率增高[15]。磁共振化学位移（chemical-shift magnetic resonance，MR）的入相和出相梯度回波序列，可能对鉴别有帮助，因为其能够区分正常脂肪浸润与胸腺瘤不同[16-17]。

血管强化CT是分辨胸腺瘤并与其他纵隔异常进行区分的一种影像学方法（图56.3）。在CT影像上典型的胸腺瘤表现为球形或椭圆形，边界光滑，5～10 cm大小的前纵隔肿物。其直径曾报道为数毫米至34 cm不等。肿瘤均匀增强，可能出现分叶状边界。当出现出血或坏死时，它变得异质性甚至变成囊性。这种肿瘤可以部分或者完全被脂肪包围，其内可包含点状、颗粒状或曲线状钙化[18]。同侧的胸膜结节提示疾病处于ⅣA期（胸膜播散）。CT在发现肿瘤侵袭方面能力有限。一些回顾性研究表明，肿瘤周围脂肪垫的部分或全部消失并不能区分Ⅰ期胸腺瘤和更晚期的疾病。轮廓的分叶状或者不规整、肿瘤内的囊性或坏死性区域，以及多灶性钙化更多提示为侵袭性的胸腺瘤[14, 19]。

尽管多排CT有很大发展以及MRI对研究患者分期及随访尚不充分，但MRI在研究前纵隔肿物及CT检查禁忌的胸腺瘤患者分期上仍然具有重要的作用。胸腺瘤在T_1加权像上呈低到中

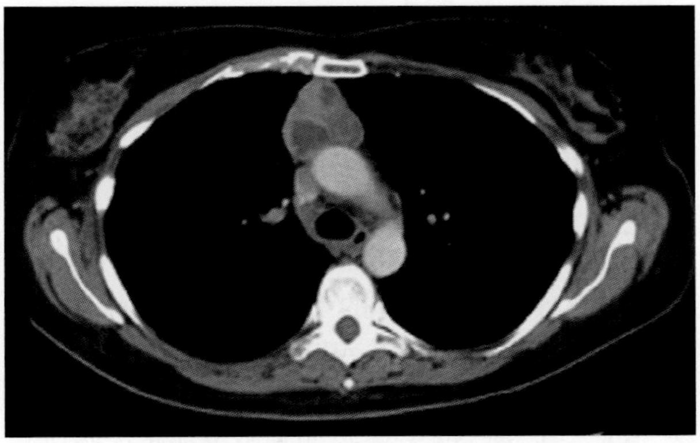
图56.3 胸腺瘤的计算机断层成像表现

信号，并在T_2加权像上呈高信号[20]，在具有坏死、出血或囊性变肿瘤上的信号强度是不均一的。尤其是在具有囊性团块的患者中，MR能够区别先天性囊肿和囊性胸腺瘤，其原因在于纤维性隔膜和（或）囊壁结节会典型地出现在囊性胸腺瘤中，但是在先天性囊肿中却不同。这些隔膜和结节在CT上往往并不明显。尽管CT在描绘胸腺瘤钙化上优于MRI，但MRI能够在一些情况下提示肿瘤中纤维性隔膜并能更好的评估肿瘤囊性结构。纤维性隔膜的出现往往与组织学上较低的恶性分类相关[21]。此外，当以坏死或囊性成分为主、并可以被异质性强化，这是侵袭性的信号，并更多地出现在胸腺癌而非胸腺瘤中[21]。

核医学在常规评估胸腺瘤上的作用很小。铟-111奥曲肽在胸腺瘤中呈现高摄取态，并被用来明确患者能否对奥曲肽治疗有效，而这往往作为常规化疗失败后的第二或三线治疗选择[22]。FDG-PET在胸腺瘤治疗中的确切作用尚不清楚。其中一个难点是在正常或增生胸腺中FDG可表现为高摄取，尤其是在儿童和小于40岁的中青年中[14]。

国际胸腺恶性肿瘤行业组织（International Thymic Malignancies Interest Group，ITMIG）和欧洲医学肿瘤学会（European Society for Medical Oncology，ESMO）临床实践指南建议，在术后5年内至少每年行胸部CT检查，然后每年交替进行胸部放射学检查直至术后第11年，其后单独进行每年的胸部放射学检查，原因是延迟复发的现象是普遍的[23-24]。对于晚期（Ⅲ期或ⅣA期）病变、胸腺癌或进行了不完整手术切除肿瘤的患者，推荐术后每6个月进行胸部CT检查，持续2～3年。ITMIG组织也建议用MR检查从而减少积累性的放射剂量。然而，目前还没有研究来对比CT与MR鉴定肿瘤复发的准确性。

1.3 组织学诊断

当影像学技术不能明确诊断胸腺肿瘤时，组织细胞学诊断是必要的。过去，为了明确诊断，建议每一种前纵隔疾病都应该在决定最终治疗前进行活检。在最近几年里，影像学技术的改进导致诊出率大大增加，因此大大降低了纵隔活检的需要。在对欧洲胸外科协会成员的调查中，90%的受访中心表明他们不会常规对可疑的胸腺瘤进行组织学确认[25]。但是，当CT检查结果不明确并提示有淋巴瘤可能时，或者对不可切除的肿瘤在决定诱导化疗或确定进行放化疗之前，大家都认同应该进行活检[26-29]。

1.3.1 纵隔活检技术

非手术活检包括胸部超声或CT引导下细针穿刺抽吸活检及粗针活检。这两项技术要求患者在局麻并轻度镇静下进行，并需要患者的配合。由于前纵隔的组织类型多种多样，甚至同一病灶的细胞形态也不尽相同，因此病理学评估高度依赖穿刺的部位。在一项报告中细针活检评估的准确性在一些方面非常差，包括区分侵袭性和非侵袭性胸腺瘤、区分胸腺瘤和淋巴瘤、确诊胸腺增生、诊断Castleman病、对淋巴瘤分亚型，以及辨别非精原细胞性生殖细胞瘤、癌和大细胞淋巴瘤[30]。经皮粗针穿刺活检适用于主要位于前纵隔的大肿瘤。该过程能够获取比细针吸取更多的组织，并且取材组织的结构得以保留，从而能够保证更精细的实验室化验，如电子显微镜、流式细胞学、免疫组化和测量表面肿瘤标志物，而这些均能够提高诊断的准确性[31]。在70例用经皮粗针前纵隔肿物活检的患者中，89%的患者获得了正确的组织，并且总体敏感性达到92%[32]。CT引导下细针穿刺获得的样本进行评估可以使69%的患者明确诊断，敏感性和特异性分别为71%和94%，而且不良反应较粗针活检小。然而，这一项技术削弱了正确辨别胸腺癌和胸腺瘤的可能性，而这对患者进行正确治疗至关重要[33]。影像学引导下经皮细针抽吸及粗针活检的优势是微创、安全和可重复。它们可以在门诊实施，达到外观美观的效果，而且成本低廉，但缺点是小病灶的诊断准确性低和并发症高、诊断过程中对于病理结论不统一（胸腺瘤和淋巴瘤）造成不必要的诊断延迟，以及需要专业研究人员和经验丰富的细胞病理学专家。活检的准确性也在于免疫组化和组织化学标志物，包括正常和肿瘤上皮细胞的细胞因子（cytokeratin，CK）和p63表达以及不成熟T细胞的末端脱氧核苷酸转移酶表达（通常在AB型、B1型、B2型和B3型胸腺瘤中观察到，而在癌和A型胸腺瘤中没有）。

1.3.2　外科活检

外科活检包括前纵隔切开术、VATS和小切口开胸手术[34]。VATS能够提供充分的纵隔暴露并让切除更加精确。这项技术很有价值，尤其是对难以直视下的肿物，如靠近神经血管结构或心脏血管的肿瘤[35]。除了能够进行选择性及大体积的纵隔肿物活检外，VATS也能够更好评估其与胸腔其他器官的关系，及评估包膜外播散侵犯的情况[36]。

外科活检的敏感性（高于98%）远高于其他非外科技术，但是在选择该技术的时候应该考虑到手术的并发症及应激反应。

总体上纵隔组织活检技术的并发症低，而气胸则是最常见的非手术技术的并发症，5%～30%的患者会发生气胸，发生率根据肿物的位置而有所变化。手术操作的并发症极少。过去人们担心胸膜腔或者活检处的播散，但是在文献报道中并没有相关证据支持[37]。

1.4　分期系统

在国际肿瘤控制联合会或美国癌症联合会发布胸腺肿瘤的官方分期系统之前[38]，在实际应用已经有一些不同的分期方法（如Masaoka系统、Masaoka-Koga系统、TNM恶性肿瘤分期系统、Groupe d'Etude des Tumeurs Thymique系统）[25]。在过去，分期系统是依据单中心小系列的外科手术患者制定的。在许多情况下，这些方法完全是经验性的。尽管在一些研究中能够提供有关结果的相关性，但患者数目有限和在一组独立患者中很少进行验证，导致很难为不同方法之间的选择提供依据。

1.4.1　非TNM分期系统

在20世纪60年代，胸腺瘤分为侵袭性及非侵袭性，并发现有4种组织学分型。第一个分型系统是Bergh等在1978年制定的[39]。他们根据1954—1975年进行治疗的43例胸腺瘤患者制定了一个三期的分类系统。Wilkins等[40]根据Bergh等[39]的分期做出微调并制定了二分期的分类系统。Masaoka等[41]首次强调胸腺瘤的临床阶段与局部侵犯、浸润，以及最终的淋巴性或血行转移远处播散相关。他们也证实肿瘤的局部侵袭性同淋巴性或血行转移类似，都进一步降低了患者的生存期。1981年根据93例患者（表56.1）制定了一个四分期的系统。最后，Koga等[42]在1994年制定了一个Masaoka分期系统修订版（表56.1）。Kondo等[43-44]在大量临床样本中证实了Masaoka-Koga分期系统，并在2011年被ITMIG推荐使用。2012年Moran等[45]制定了一个仅针对胸腺瘤的四阶梯性分期系统。Masaoka系统的最主要改变为增加了包膜肿瘤的0期（Masaoka Ⅰ期），并将Masaoka的Ⅱ、Ⅲ、ⅣA、ⅣB各期变为Ⅰ、Ⅱ、ⅢA和ⅢB期。Moran等[45]认为0期胸腺瘤类似于原位癌或癌前病变。

1.4.2　基于TNM分期系统

在胸腺瘤中，淋巴转移和血行转移的比例约分别为2%和1%。最常见的肿瘤侵袭方式是局部进展，并且能够在外科医生干预过程中被确切评估。就此而言，根据局部侵犯的分期系统（如Masaoka或Masaoka-Koga）是可行的。然而胸腺癌和NETTs常常表现为淋巴（25%）和血行（12%）转移。对于这些肿瘤，TNM的分期系统是值得考虑的。在过去，已经有一些以TNM分期为基础的胸腺肿瘤系统制定出来。Yamakawa和Masaoka[46]把Masaoka系统转变为一个新的以TNM为基础的分期系统。在这个新系统中，对T的描述如同Masaoka系统，并且前纵隔包围着胸腺的淋巴结被认为是主要的淋巴结，并分类为N1。根据存在或不存在血行播散分为M0或者M1。Tsuchiya等[48]制定了一个针对胸腺癌的TNM系统。在此系统中，对N的描述与

表56.2 胸腺肿瘤的分期

非TNM系统			
Masaoka分期系统			
分期	**描述**		
Ⅰ	肉眼下包膜完整，并无显微镜下包膜侵犯		
ⅡA	肉眼下侵犯周围脂肪组织或纵隔胸膜		
ⅡB	镜下侵犯包膜		
Ⅲ	肉眼下观侵犯邻近器官（包括心包、大血管或肺）		
ⅣA	胸膜或心包内播散		
ⅣB	淋巴或血液系统转移		
Masaoka-Koga分期系统			
分期	**描述**		
Ⅰ	肉眼及镜下肿瘤包膜完整		
ⅡA	镜下包膜浸润		
ⅡB	肉眼下侵犯胸腺或周围脂肪组织，或大部分粘连但尚未突破纵隔胸膜或心包		
Ⅲ	肉眼下侵入邻近器官（心包、大血管或肺）		
ⅣA	胸膜或心包内播散		
ⅣB	淋巴或血液系统转移		
世界卫生组织基于TNM的分期系统			
T的描述			
T1	肉眼下包膜完整且镜下无包膜侵犯		
T2	肿瘤浸润包膜周结缔组织		
T3	侵入邻近器官（心包、大血管、肺和胸膜）		
T4	胸膜或心包内播散		
N的描述			
N0	无淋巴结转移		
N1	转移至前纵隔淋巴结		
N2	转移至胸腔内淋巴结，除外前纵隔淋巴结		
N3	转移至斜角肌或锁骨上淋巴结		
M的描述			
M0	无血行转移		
M1	有血行转移		
分期分组			
分期	**T**	**N**	**M**
Ⅰ	T1	N0	M0
Ⅱ	T2	N0	M0
Ⅲ	T1	N1	M0
	T2	N1	M0
	T3	N0-N1	M0
Ⅳ	T4	任何N	M0
	任何T	N2-N3	M0
	任何T	任何N	M1

Yamakawa和Masaoka的系统[46]相同，但是穿透纵隔胸膜或心包的情况被归类为T3，并且在分期的群组里得以让淋巴结受累情况扮演更重要的角色。在2004年，WHO制定了以TNM为基础的胸腺瘤分期，其中T分期的描述与Masaoka系统对应，N分期的描述包括前纵隔淋巴结受累（N1）、胸腔内除前纵隔外其他淋巴结受累（N2）及胸腔外淋巴结受累（包括斜角肌区、锁骨上区等，N3；见表56.2）。这项分期将Ⅲ期（N1）与Ⅳ期分开（N2）。然而，所有以TNM基础的分期系统均缺少验证。2012年Weissferdt和Moran[47]为胸腺癌制定了一个三分期的TNM分期，在这个分期系统中，最主要的特征是将局限于胸腺的肿瘤定为T1，T3被认定为直接侵入到胸腔外，将淋巴结的分类限定在胸腔内，并把任何T3、N1或M1肿瘤归为Ⅲ期。

一项新的基于TNM的肿瘤分期计划在2017年制定，基于ITMIG和IASLC通过对一个回顾性国际性数据库（超过1万例）的生存期分析而共同完成（表56.3）[48]。鉴于TNM分期的主要变化和支持目前治疗策略的证据匮乏，TNM分期系统指导治疗策略的价值需要再次权衡。同时，新的TNM分期甚至可以帮助定义可切除性：T1～T3阶段的侵袭提示结构上可以被外科切除，然而T4阶段的侵袭包含有不可切除性结构。在ITMIG上提供有绘制的淋巴结图谱[49]。在此分期中制定的N的描述包括：

表56.3 国际肺癌预后因素委员会/国际胸腺恶性肿瘤研究小组推荐的肿瘤、淋巴结、转移分期[4,49]

分期		描述
肿瘤		
T1	T1a	包膜或未被包膜，有或没有浸润到纵隔脂肪
	T1b	扩展至纵隔胸膜
T2		直接侵犯到心包（部分或全层）
T3		直接侵犯肺、头臂静脉、上腔静脉、胸壁、膈神经和（或）肺门（心包外）肺血管
T4		直接侵犯主动脉、主动脉弓、主肺动脉、心肌、气管或食管

续表

分期		描述
淋巴结		
N0		N0，无淋巴结受累
N1		N1，前（胸腺旁）淋巴结（IASLC1、3a、6级，和（或）膈上/膈下/心脏旁淋巴结）
N2		N2，胸内深部或颈部淋巴结（IASLC 2、4、5、7、10级，和（或）乳腺内淋巴结）
转移		
M0		无胸膜、心包或远处转移
M1	M1a	散在的胸膜或心包结节
	M1b	肺实质内结节或远处器官转移
分期分组		对应MASAOKA-KOGA分期
Ⅰ	T1N0M0	Ⅰ，ⅡA，ⅡB，Ⅲ
Ⅱ	T2N0M0	Ⅲ
ⅢA	T3N0M0	Ⅲ
ⅢB	T4N0M0	Ⅲ
ⅣA	任意T，N0～1，M0～1a	ⅣA，ⅣB
ⅣB	任意T，N0～2，M0～1b	ⅣB

- 前区（N1），包括前纵隔淋巴结（血管前、主动脉旁、升主动脉和膈肌上下）及前颈部淋巴结（颈前下方）淋巴结区。
- 深区（N2），包括中纵隔（乳腺内、上和下气管旁、主动脉下、隆突和肺门区），以及颈深部（喉下部及锁骨上）。

2　胸腺肿瘤组织学

2.1　胸腺瘤

胸腺瘤由上皮性肿瘤混杂有反应性淋巴细胞构成，在超微结构上以桥粒和张力纤维为特征，并在前上纵隔被发现[2]。其不典型的位置还包括甲状腺、心包、肺实质及肺门，并且甚至可能以类似胸膜间皮瘤的方式覆盖在胸膜上。

总体上讲，胸腺瘤总体上是实体、分叶、黄灰色的肿瘤。80%的胸腺瘤有包膜，其余的浸润到周围结构中。坏死和囊性蜕变甚至伴有出血很常见，因此有时候很难与多叶性胸腺囊肿进行鉴别诊断。

胸腺瘤的组织学分类已争议了50多年。Lattes和Jonas[50]于1957年以及Bernatz等[51]于1961年根据大体形态学创立了一种分类方法，分别包含以淋巴细胞、上皮细胞、前两者混合以及以纺锤状细胞为主的胸腺瘤。在1978年，Levine和Rosai[52]将胸腺瘤与其他胸腺肿瘤如胸腺类癌、多种淋巴瘤及生殖细胞肿瘤分开。他们将胸腺瘤分为良性或非侵袭性，和恶性或侵袭性肿瘤。在1985年，Muller-Hermelink和Marino[53]制定了一个同时运用拓扑学和形态学的系统。此系统包含6种亚型：髓样、混合性、皮质为主型、皮质型、高分化性和胸腺癌。在1999年WHO就胸腺瘤分期基于形态学及上皮-淋巴细胞比率达成一致[54]，确定6种亚型：A型（纺锤状细胞，髓样）、AB型（混合型）、B1型（类器官样）、B2型（皮质型）、B3型（高分化胸腺癌）和C型（胸腺癌）。

A型胸腺瘤细胞表现为纺锤状或椭圆形细胞和统一的良性细胞形态，类似于成人胸腺异常增生中的细胞（图56.4），可以看到花团状、索条状或腺样的形态，很难看到混杂的淋巴细胞。在几乎所有的病例里，上皮细胞CK19为阳性，并且在50%的病例中B淋巴细胞标志CD20为阳性。如果CK19染色阴性，那么必须排除单相滑膜肉瘤或硬纤维瘤。Reticulin染色在识别A型纺锤状细胞上非常有效。一个广为人知的亚型，即含淋

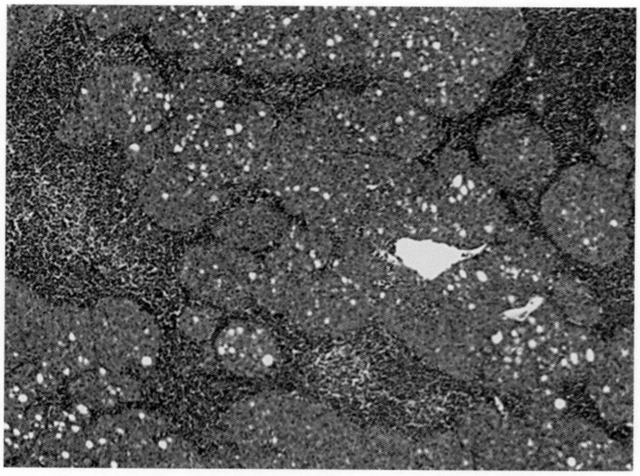

图56.4　呈微结节状A型胸腺瘤的纺锤状细胞

巴基质的微结节胸腺瘤，其表现为表皮内CD1a阳性的未成熟T细胞和红色淋巴样滤泡样基质增生。尽管可以进展为继发黏膜相关淋巴样组织（淋巴结外边缘区B细胞）淋巴瘤，但在A型胸腺瘤中重症肌无力发生率并不高。

B型胸腺瘤由圆形或多边形的表皮细胞构成。进一步根据与反应性淋巴细胞相关的上皮细胞成分的比例还有细胞的异质性可将B型胸腺瘤分为以下亚型：B1型（淋巴细胞数多于上皮细胞数），B2型（淋巴细胞数与上皮细胞数相同），以及B3型（淋巴细胞数少于上皮细胞数）。B1型淋巴瘤的淋巴细胞较多（类器官样），仅含有少量典型的CK19阳性上皮细胞。该型类似一个功能正常的胸腺：皮质区域含有CD1a阳性淋巴细胞、血管周的水肿区域含有CD20阳性的淋巴细胞，而结节是模糊不清的。但表皮细胞的CK19和淋巴细胞的CD1a也是皮质的生理性标志。因此正常胸腺、胸腺瘤及淋巴母细胞淋巴瘤的鉴别诊断是非常困难的，尤其是在冰冻组织切片中。在新生儿或小于3岁的幼儿中，其有可能是正常的胸腺增生，然而在更大的儿童或成人中，需要排除T细胞淋巴母细胞瘤。尽管胸腺瘤在儿童中不常见，但是有一些记载的病例发生在儿童青春期前后。胸腺瘤p63为阳性，但是这个标志物也可以表现在纵隔B细胞淋巴瘤中。

在B2型胸腺瘤的皮质中，散在的饱满肿瘤细胞显示具有突出核仁的囊状细胞核。血管周围的空间甚至包含栅栏样的淋巴细胞，并且胸腺小体（Hassall小体）很少见。在B3型胸腺瘤（非典型表皮型）中，增生性的侵袭性的CK19阳性表皮与CD99和CD1a阳性淋巴细胞相关（图56.5）。例如，当B2和B3型成分各占肿瘤表面的50%时，应该诊断为混合性胸腺瘤。含有A型和B型特征的胸腺瘤应该诊断为AB型（混合型），并且它们含有淋巴细胞多和淋巴细胞少的区域。少见的胸腺瘤包含化生型的、微小的、坏死性的和所谓的脂肪纤维腺瘤。

由于诊断标准具有挑战性，显然很难将胸腺瘤的组织学分类在观察者之间达成一致。最近有大的和小的形态学和组织化学标准来更好的区分各个胸腺上皮细胞肿瘤实体，旨在解决上述问题，并被WHO分类加以整合和改进[6, 55]。如前

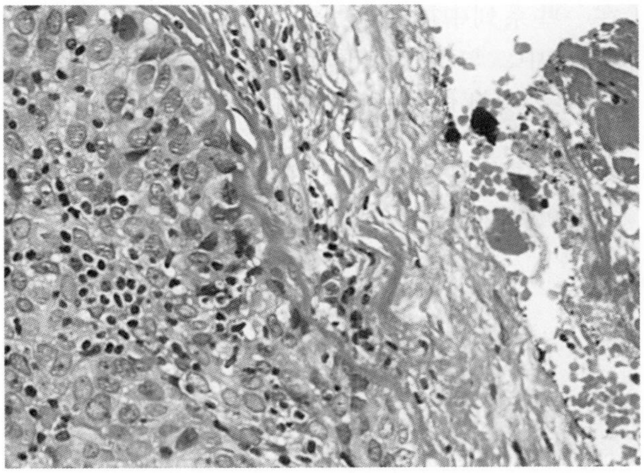

图56.5 含有非典型上皮细胞及混杂少量淋巴细胞的B3型胸腺瘤

烧灼的切除边缘带有墨水标记的细小囊泡

所述，免疫组化可能具有价值，其中一些有用的标志物被整合入WHO分类中。

以粗针活检得到的诊断可能同全部肿瘤切除后的分析不同。为了克服这个问题，Suster和Moran在2008年[56]制定了一个简化的三亚组分类法：胸腺瘤（高分化肿瘤）、非典型胸腺瘤（中间分化）和胸腺癌（低分化肿瘤）；其他的主流WHO分类提示在6种亚型中，仅有3个分类具有预后价值，即A型、AB型和B1型，B2型和B3型，以及C型。最后，胸腺瘤基于小型活检的分型往往无法引起治疗的区别。在任何一种意义上讲，粗针穿刺和切除样本的组织学病理诊断上的差异是可以被预料到的，因为鉴于组织学肿瘤的异质性非常常见，取样的错误可能会被遗漏。值得注意的是，从淋巴细胞型病灶转变为表皮型的肿瘤这个现象已经有报道，并且与肿瘤的异质性有关，也与之前的皮质激素治疗和化疗有关。

2.2 胸腺癌

2004年WHO更新胸腺瘤的分类范围从A到B3，将胸腺癌从胸腺瘤中分开，其原因在于胸腺瘤是器官特征性独特的肿瘤，因为上皮肿瘤细胞伴随反应性淋巴细胞在其他器官不能见到（表56.4）[55]。因此，C分类被舍弃。胸腺癌表现了其他身体肿瘤可见的肿瘤形态特征，并且它们不能促进肿瘤内未成熟T细胞的成熟。对于胸腺癌，发现有11种病理分型。其中最常见的是鳞状细胞癌、淋巴上皮样癌和神经内分泌肿瘤

（在一些系列中被认为是单独的名目）。如同在其他器官中，与治疗和预后相关的准确的临床相关性并不容易评估，而且肿瘤的异质性很常见。

表56.4 世界卫生组织对胸腺肿瘤的组织学分类

胸腺肿瘤类型	组织学分类
胸腺瘤	A型（梭形细胞，髓样细胞）
	AB型
	B1型（富含淋巴细胞、淋巴细胞型、皮质为主型或类器官）
	B2型（皮质型）
	B3型（上皮细胞、非典型、鳞片状；分化好的胸腺癌）
	微结节型胸腺瘤
	组织化生型，硬化型，微小胸腺瘤
	脂肪纤维腺瘤
胸腺癌	鳞状细胞，表皮样角质化
	表皮样非角质化
	基底细胞样
	淋巴上皮瘤样
	黏液表皮样
	肉瘤样
	透明细胞
	黏液表皮样
	乳头癌
	未分化
	混合性
神经内分泌肿瘤	高分化神经内分泌肿瘤或癌，包括典型和非典型类癌
	低分化神经内分泌癌，包括大细胞和小细胞神经内分泌癌

许多胸腺癌的患者是有症状的，诊断时已经是Ⅲ～Ⅳ期。胸腺瘤的自身免疫现象（如重症肌无力或纯红细胞再生障碍性贫血）是很罕见的。淋巴结和远处转移很常见。鳞状细胞癌可以是角质化的或非角质化的，并且并不表现为胸腺生成或自身免疫。免疫组化在鉴别诊断中有所帮助。与肺鳞状细胞癌相比，CD117（c-kit）染色在胸腺鳞状细胞癌中可以阳性，但是少于10%的患者有CD117突变。Epstein-Barr病毒可以在淋巴上皮样癌和鼻咽癌中找到。许多胸腺腺癌CD5为阳性，作为一种淋巴细胞标志物在癌中罕见，但是甲状腺转录因子1和甲状腺球蛋白为阴性。

2.3 神经内分泌胸腺肿瘤

胸腺表现出同肺部相同的神经内分泌谱，尽管其频率有所不同。在肺部典型的类癌和SCLC是最常见的组织学类型，但是在胸腺中最常见的组织学类型是非典型类癌。根据WHO 2004年的分类（表56.4），类癌被定义为高分化的神经内分泌肿瘤/癌，并与高级别肿瘤，即大细胞神经内分泌癌和SCLC等相区分。胸腺类癌通常有局部侵袭和远处转移。内分泌表现（除了库欣综合征）不太常见。它们也可以与多发性内分泌肿瘤（multiple endocrine neoplasis，MEN）1型或2a型有关，并且与重症肌无力多不相关。形态学的变异包括纺锤细胞状，在没有免疫组化突触素等神经内分泌标志物协作诊断的情况下容易与A型胸腺瘤混淆。为诊断原发性胸腺SCLC，肺肿瘤的纵隔转移需要被仔细排除。SCLC可以同鳞状细胞癌或类癌一起出现。

3 胸腺肿瘤的结局评估和预后因素

3.1 结局评估

对于许多临床研究，标准的结局评估是总体生存期。尽管在不同研究中容易重复和具有可比性，总体生存期用于评估缓慢生长的恶性肿瘤（如胸腺肿瘤）具有局限性。实际上，许多胸腺瘤患者具有很长的生存预期，存活30年及更长时间并不少见。总体上看，不到40%的胸腺瘤患者死于胸腺瘤，且这个比例与分期相关（Ⅰ期为3%，Ⅱ期为30%，Ⅱ期为58%，Ⅳ期为78%）。此外，与其他更具侵袭性的实体肿瘤不同，在其他实体肿瘤中复发的患者几乎总是死于原发肿瘤，许多胸腺瘤患者可能在复发后存活多年，并且可能死于与胸腺瘤无关的原因。因此，其他的结局评估方法对胸腺肿瘤更合适。有一些评估方法已经在文献中讨论并被制定出来，包括疾病相关性生存期、特定疾病生存期、特定原因生存期、特定肿瘤生存期、无疾病生存期、无复发生存期、无进展生存期和进展时间。所有这些生存期评估设定一个特定的终点（死亡或不同的死亡原因、完整切除后的复发、未完全切除后的疾病进展）和一个特定的疾病群体［所有患者、完全切除（R0）患者和未完全切除（R1或R2）患者］。在2011年的报告中，ITMIG强调这个重要的议题并总结，把复发当作终点是评估任何胸腺恶性肿瘤疗效的最好测量方法[23]。因此，ITMIG推荐，在计算总体生存期之外，任何报告胸腺肿瘤疗效的研究都应表明，接受旨在彻底根除疾病治疗的任何患者均无复发，如手术治疗患者的完全切除（R0）或非手术治疗患者的完全放射反应（表56.5）。对于任何预计有治疗后残存病灶的患者［部分放疗影像反应或非完整切除（R1或R2）］，应当用进展时间作为指标。

表56.5 国际胸腺恶性疾病组织推荐的胸腺肿瘤疗效判定方法

疗效评估	终点	患者人群
总体生存期	任何原因死亡	所有患者
无复发生存期	复发	完整切除（R0），非手术治疗后完全缓解
无进展生存期	疾病进展	未完整切除（R1或R2），疾病稳定，或非手术治疗后疾病进展

3.2 预后因素

预后因素可以被定义为能用来估计疾病痊愈或复发可能的变量。预后因子分为与肿瘤、宿主和环境相关的因素[59]。在所有人类肿瘤中最重要的预后因素是当前分期，即疾病在解剖上的分布程度。通过一系列对肿瘤扩散的解剖学定义，能把每个个体的肿瘤都归到相应的一个分类中，并与不同的结果相联系。因此，如果在分期归类中包含有任何一种非解剖性的变量此分类便会显得不合适，并且应该将混有其他因素称之为“预后模型”。在过去的几十年里，有许多研究探索胸腺肿瘤的预后因素。其中一篇综述分析了文献中胸腺肿瘤的预后因子[60]。当只考虑应用多元分析的研究时，总计29个研究报道了生存的预后预测因素，而12个研究报道复发的预后预测因素。许多生存的预后预测因素也是复发的预测因素。唯一被证实过的针对生存和复发的预后因素是目前分期（Masaoka或Masaoka-Koga分期系统）和切除的完整性。就分期而言，大部分研究并没有在Ⅰ期和Ⅱ期之间发现显著的差异，因此二者常在一些病例中被合并为一个分期。性别和重症肌无力一直被报道为不是生存或复发的重要预测因素。除了胸腺癌外，WHO分类的组织学结果看起来也不像是得到验证的预后因素。其他的一些预后因素，包括年龄、肿瘤大小及其他的胸腺伴随症状，其作为预后因素的报道也不一致（表56.6）。下一步就是将不同的预后因素，包括与肿瘤、宿主和环境相关的因素，整合为一个预后模型。这是从人群到个体预测预后的必要步骤[61]。任何制定的预后模型应当接受内部或外部的验证，能够灵活地包含新出现的因素，并能够提示不确定性的程度，尤其是将预后指标应用于个体患者时。

表56.6 胸腺肿瘤的预测因素[38]

变量	意义		
	预后具有可比性	不可比	非预后因素可比性
分期（Masaoka）	有		
完整切除	有		
性别			有
重症肌无力			有
肿瘤大小		有	
年龄		有	

4 胸腺瘤的治疗

4.1 手术

手术切除是治疗胸腺瘤的主要方法，据报道手术的死亡率为2%，而并发症的发生率约为20%[62]。根据肿瘤所在位置和分期进行胸腺瘤的治疗[63]。早期胸腺瘤可实行手术完整切除，并且具有很好的早期和远期结局。手术完整切除应该始终作为主要目标治疗。结局取决于肿瘤的位置和大小。ITMIG推荐整块切除，包括完整的胸腺切除及切除周围的纵隔脂肪，原因在于可能存在肉眼不可见的肿瘤浸润[64]。最近一些研究报道了早期非肌无力型胸腺瘤在胸腺切除后和不进行胸腺切除的良好结果，尽管在得出明确的结论之前长期随访结果还未出来[64]。Ⅰ、Ⅱ、Ⅲ期和ⅣA期胸腺瘤手术切除后的10年生存率分别为90%、70%、55%和35%。切除的Ⅰ、Ⅱ、Ⅲ期和ⅣA期胸腺瘤复发率分别为3%、11%、30%和43%。Ⅰ、Ⅱ、Ⅲ期和ⅣA期疾病10年无病生存率分别为94%、88%、56%和33%[65]。

4.1.1 切除范围

接受完全切除的患者存活率显著提高[3]。在完全切除后Ⅰ、Ⅱ、Ⅲ和ⅣA期患者10年生存率有望分别达到80%、78%、75%和42%。有趣的是，手术后Ⅰ期和Ⅲ期患者的远期生存率是近似的，是否完全切除是多元分析中唯一的预后因素[3]。

4.1.2 外科术式

许多专家推荐正中胸骨切开术是胸腺切除的最佳方式，因为通过胸腔切开术并不能做到完整切除胸腺[66-67]，而经颈部方式同样被用于这个目的[24]。微创方法如VATS或机器人辅助胸腔镜手术（robotic-assisted thoracosopic surgery，RATS）治疗早期胸腺瘤被报道，并在一些专科中心逐渐受到欢迎[68-73]。特别是RATS暴露充分并能根据肿瘤的确切大小和位置进行精准切除（图56.6）[74]。苏黎世的机构里有另一种混合方式，其包含RATS和前外侧开胸手术。在这种术式中，利用RATS暴露左侧方无名静脉和部分胸腺，这侧肿瘤的涉及较少，其后从对侧通过前外侧开胸手术取下肿瘤。ESMO的指南建议微创手术对于正规训练后的胸科医生是可选选择，它与开放手术的结局相似[75-76]。最近，一种借助VATS或VATS/RATS联合辅助的剑突下术式被制定出来，对于早期胸腺瘤具有良好的效果。这项技术与更轻的术后疼痛和更好的双侧膈神经暴露相关[77]。

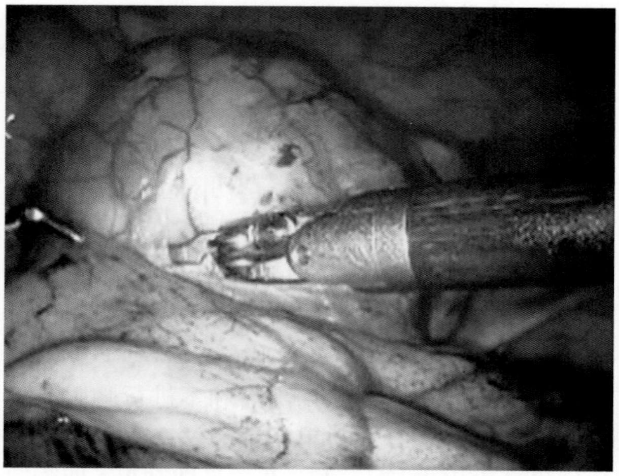

图56.6 机器人辅助胸腔镜下胸腺瘤切除术

该图为一例Ⅱ期胸腺瘤（根据WHO系统归为AB型）患者的术中所见，胸腺瘤大小为5 cm×5 cm×3 cm

4.1.3 Ⅲ期胸腺瘤的外科管理

当胸腺瘤侵犯到周围结构，包括心包、大血管（上腔静脉、无名静脉、降主动脉和主肺动脉）、肺实质、膈神经及胸壁时，胸腺瘤被定义为Ⅲ期局部进展期。正中胸骨切开术是所有Ⅲ期胸腺瘤的标准术式。该术式提供肿瘤侵犯周围纵隔和肺结构的最佳术野暴露。采用蛤式切口切除术（双前外侧开胸加胸骨横断术）可切除延伸至双侧胸腔的大肿瘤[78]。半蛤状切口可以充分暴露纵隔及涉及的胸腔，因此也受到推荐（图56.7）。该暴露法起自前外侧开胸术，沿第四或第五肋间隙并终于部分正中切开切口[79]。相较于标准胸骨切开术，该切开术式能够提供完美的头臂血管及膈神经显露。同早期胸腺瘤相似，完整切除对于任何Ⅲ期患者的良好预后都是必需的。必要时左侧的头臂静脉、上腔静脉、右心房、心包、肺和膈肌都应该被切除。切除一侧膈神经，在一些情况下为了达到完整切除甚至需切除并重建升主动脉和主肺动脉。而受侵犯的心肌不包含在切除术中[78]。

肿瘤直接侵犯肺并不难处理。受侵犯的部分

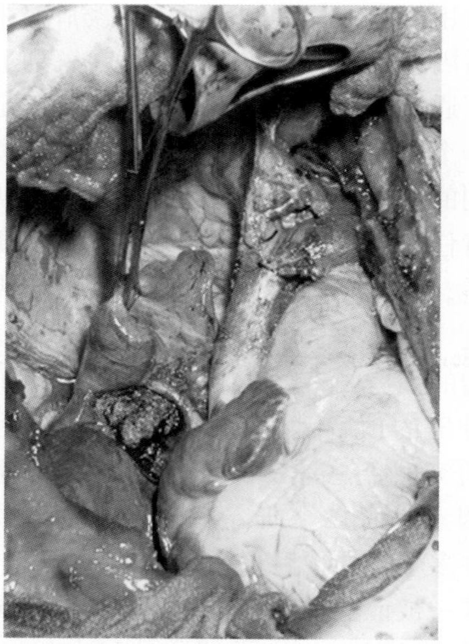

图56.7 胸腺瘤切除术中以右侧半蛤状切口对胸腺瘤进行切除

在依据患者肺功能的情况下进行完整切除。根据肺部被侵犯的具体程度，可以施行楔形切除、肺段切除或肺叶切除。而全肺切除或胸膜外全肺切除很少施行，但当患者具有正常的生理功能储备耐受该术式时，为了达到完整切除也应该进行该术式。当患者具有适当的肺功能储备，单侧膈神经可以被切除，但是应该避免双侧膈神经切除。同时，膈神经的保留并不影响总体生存期，但是却增高了局部复发的风险[80]。如果切除膈神经，应考虑膈肌折叠[81]。如果能达到完整切除，也可以切除并重建上腔静脉和头臂静脉[82]。也可以进行上腔静脉壁的部分切除及直接修补或补片修补。如果累及30%以上的周长，则需要完全切除和血管重建。在这种情况下上腔静脉可以用聚四氟乙烯植入物进行重建（图56.8）。当上腔静脉累及心房时，切除和重建升主动脉和主肺动脉需要心肺转流[83]。推荐进行常规前纵隔和颈前部淋巴结清扫[75, 84]，特别是对于胸腺癌。鼓励对Ⅲ/Ⅳ期肿瘤的其他胸内位置进行系统采样（包括气管旁、主肺动脉窗、隆突下区域，取决于肿瘤所在的位置）。对于胸腺癌强烈推荐进行系统性淋巴结清扫（N1＋N2）。同时，新的IASLC/ITMIG的胸腺肿瘤TNM分期系统推荐，在切除各种胸腺肿瘤过程中应进行局部范围的淋巴结清扫[85]。

4.1.4 微创切除

尽管人们已经接受开放手术是胸腺切除的标准，仍然有报道应用VATS和RATS进行胸腺切除术[68-73]。对微创胸腺瘤切除的主要顾虑是切除的完整性及肿瘤的大小。借助于器械和技术的进步，VATS胸腺切除在众多机构中得到越来越广泛的应用。VATS胸腺瘤切除术适用于包膜内或早期的肿瘤（Masaoka分期Ⅰ～Ⅱ期）。通常，在更晚的分期中（Masaoka分期Ⅲ～Ⅳ期）没有应用VATS或RATS切除的指征。直径大于5 cm的胸腺瘤在VATS下很难切除，但Takeo等[71]报道在35例胸腺瘤患者中15例患者的病灶直径大于5 cm；作者应用抬高胸骨的方式通过剑突下切口去除肿瘤。他们推荐在临床Masaoka分期Ⅰ、Ⅱ期的患者中应用VATS是安全的。Ye等[69]评估了46例进行VATS和RATS切除术的Masaoka Ⅰ期胸腺瘤患者的短期结果。他们报道了这两种技术相比较的结果。在一项回顾性研究中，Rückert等[73]对比VATS与RATS下的胸腺切除，纳入17例胸腺瘤患者，结果显示RATS组明显优于VATS组。有研究报道了应用RATS行胸腺切除的20例胸腺瘤患者，中位肿瘤直径为4 cm，中位随访期为26个月，除出现2例胸膜复发外，其间未发现局部复发[70]。需要进行更长期的随访来总结以上结果是否在肿瘤学上是足够的。

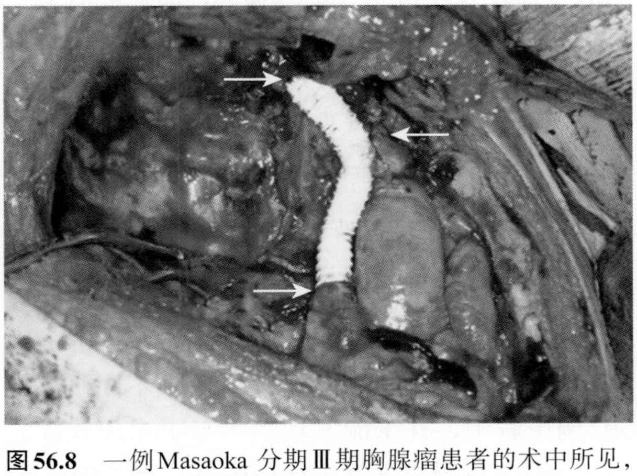

图56.8 一例Masaoka 分期Ⅲ期胸腺瘤患者的术中所见，其上腔静脉、部分右侧和左侧无名静脉已经被切除

右肺上叶及部分心包也已经被切除；通过聚四氟乙烯材质的分节环状人工植入物对房腔交界处及左右无名静脉进行了重建（白色箭头）

4.1.5 ⅣA期胸腺瘤

ⅣA期胸腺瘤定义为胸膜内或心包内肿瘤细胞播散，同时无远处转移（图56.4）。这一期的手术选择，除了胸腺和胸腺瘤切除外，还有胸膜/心包种植切除、全胸膜切除和胸膜外全肺切除术[86]。尽管看起来非常激进，胸膜外全肺切除在患者群体中已经体现出良好的结局（在特定系列中5年生存期为75%～78%）[87]。在一个病例中，在进行诱导化疗后进行了右侧半蛤状切口的胸膜外全肺切除（图56.9），并进行了部分上腔静脉切除和部分心包补片的重建。然后进行了心包和膈肌切除以及合成补片的重建。此男性患者并未接受任何辅助治疗，而他在48个月的随访时仍然健在，无复发。大多数患者也可能需要类似间皮瘤手术的膈肌和心包切除[88]。

4.2 放疗

胸腺瘤具有局部复发的趋势，并表现出中到

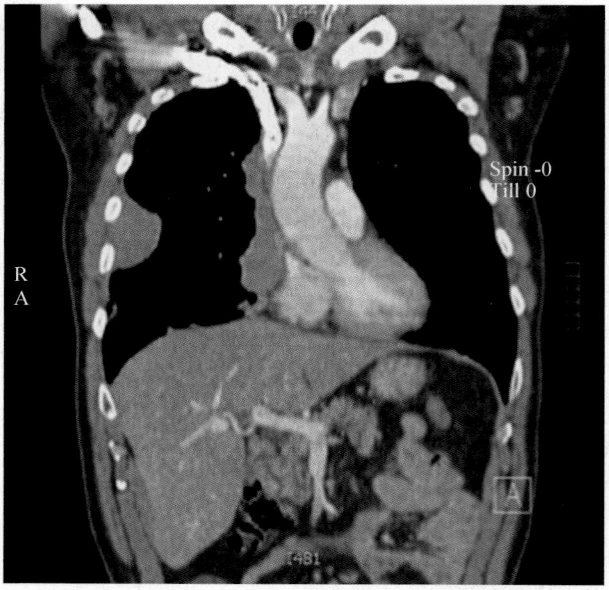

图56.9 一例Masaoka分期ⅣA期患者的冠状面视图
在诱导化疗后，通过右侧半蛤状切口进行了右侧胸膜外全肺切除；患者也进行了上腔静脉、心包和膈肌的部分切除以及用合成补片重建

高的放射敏感性。而这已经成为在整个治疗策略中采取放疗的前提。遗憾的是，由于这些肿瘤较少见，缺乏前瞻性随机临床试验，使得在不同临床情况下有依据地推荐放疗的有效性变得很困难。放疗可以于术前也可以于术后在不能手术干预的患者或复发的患者中实施。胸腺瘤标准放疗技术是三维适形放射治疗，但在大多数医疗中心，为了减少胸部结构的暴露，如心脏、肺及食管，调强放射治疗（intensity-modulated radiotherapy，IMRT）逐渐替代了三维适形放射治疗。目前还没有研究来对比三维适形放疗与调强放射治疗的结果（有效性及毒性）。在其他的胸部肿瘤（如肺癌）中IMRT的毒性较低[89]。四维CT能更准确定位靶标，并在此过程中降低正常结构辐射剂量，是一项更先进的技术。它能量化性估计肿瘤在治疗设计和实施过程中的运动。运动管理可能会变得很重要，尤其是当治疗目标包括胸腔下部的结构和靠近膈肌时。当肿瘤体积较大时，可利用多种方法来缩减边缘及减少正常组织剂量，常发生于辅助放疗。质子治疗适合于治疗侵犯性胸腺瘤，尤其当其侵犯到前纵隔时。在这种情况下，质子治疗的剂量控制优势应该能被证实有更好的临床结果。在一些机构中已经进行将调强质子治疗、四维影像和适应性放射治疗相结合的研究，以达到最大化治疗指数的目的[90]。根据临床情况，安排的剂量范围根据常规的剂量比例（1.8～2.0 Gy/d），从新辅助治疗的45 Gy到术后治疗的45～55 Gy，再到60～66 Gy的排他性治疗不等[91]。

4.2.1 术前放疗

为了提高切除率，术前放疗往往单独使用或与化疗（序贯或同期）结合的方式进行新辅助治疗[92-94]。但是除了一些报道外，大部分研究无法证实新辅助放化疗比新辅助化疗有明显更好的可切除率和生存率。

4.2.2 术后放疗

术后放疗往往在术后3个月内进行，总剂量在50～54 Gy，每次进行1.8～2.0 Gy。术后放疗的指征是根据手术时分期、完整或非完整切除，以及如WHO组织学分类、可能的体积、是否存在坏死等因素（图56.10）[75]。对于Masaoka Ⅰ期的疾病，辅助放疗并无作用。对于Ⅱ期的疾病，至今为止最大的系列研究里并未提示放疗与否的差异或有害影响[43, 95]。然而，值得注意的是，近期的一个序列研究提示对WHO分型为B2或B3型胸腺瘤及胸腺癌应用术后放疗能够提高无疾病生存期[96-98]。尽管证据水平尚低，辅助放疗能在Ⅲ期疾病的临床实践中起到良好的治疗作用。一些早期研究表明，在进行完整切除和术后放疗后复发率降低（0～20%），而这显著低于单纯手术[99]。最近的研究表明了Ⅲ～Ⅳ期疾病术后放疗的有效性[100-101]，尽管其他的一些试验未能表现其明显优势[51, 102]。美国的监测、流行病学和最终结果（surveillance，epidemiology and end results，SEER）登记处对626例侵袭性胸腺瘤的数据进行研究显示，术后放疗和单纯手术的特定原因生存率相似（91% vs. 86%，P=0.12）[103]。在2009年联合Ⅱ期和Ⅲ期疾病的Meta分析中也得到了类似的结果[104]。在来自13项不同研究的592例患者中，并未能发现手术与手术加放疗之间的治疗效果显著差异（优势比为1，P=0.63）。

在过去10年，全球倾向于较少地应用术后放疗，把它保留给高风险的病例[75]。这个结果根据

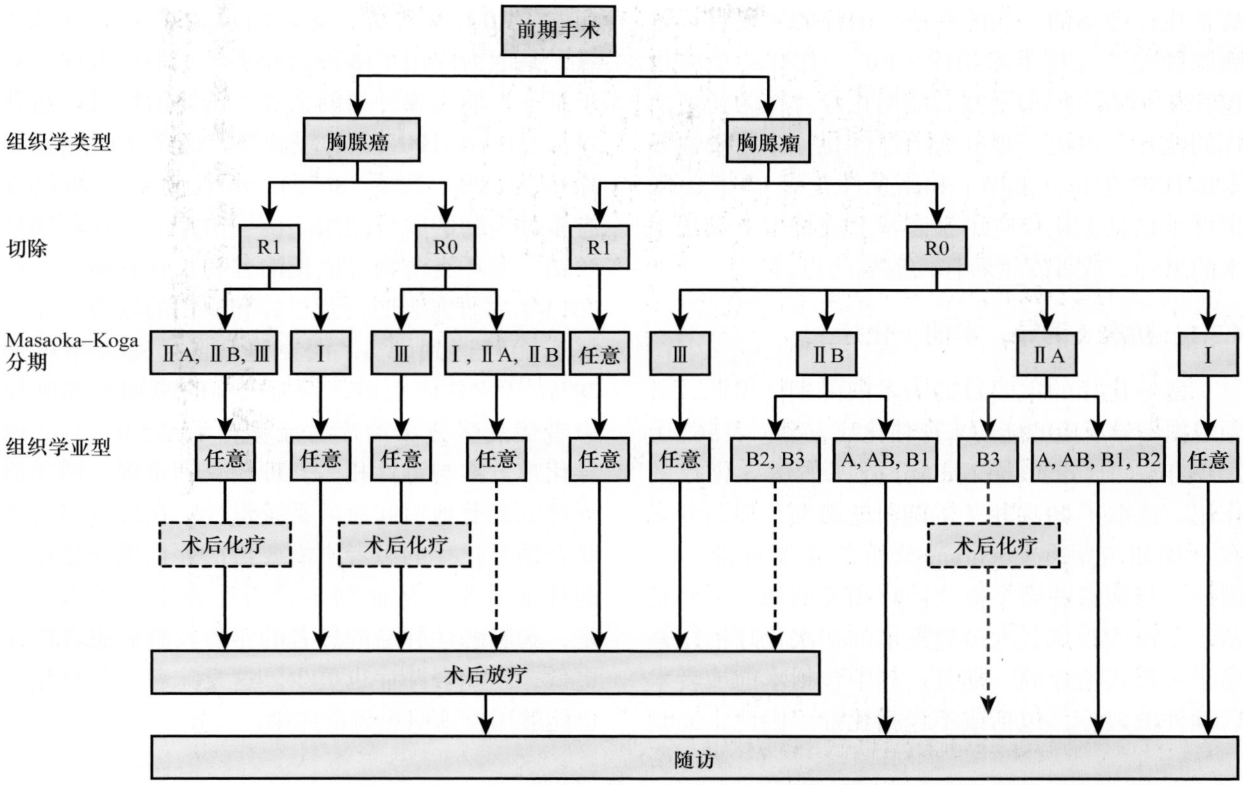

图56.10 欧洲医学肿瘤学临床实践指南对胸腺瘤和胸腺癌的术后治疗路径[75]

最近的大型数据库的报告[103, 105-109]及回顾性研究的汇总分析[104]，包括：

- Ⅰ期胸腺瘤放疗后或Ⅱ期至Ⅲ期胸腺瘤R0/1切除后无生存益处[103, 106-107]；
- 胸腺瘤完全切除术后接受放疗或未接受放疗的患者复发率相似[104, 110]；
- 胸腺癌切除术后放疗的无复发生存和总体生存获益[106, 108-109]。

分期和切除的完整性及组织学情况，是制定决策最重要的依据，这些因素是生存期最有意义的预测因素。然而大家应该考虑到回顾性研究有可能具有偏倚，其原因就在于术后放疗往往是安排在那些未能完全切除或高级别肿瘤的患者身上。因此出现无明显生存差异的时候，可能意味着术后放疗降低或者影响了这些患者的复发风险。另一个需要考虑的重点是胸腺上皮肿瘤的复发在超过60%的病例中是在纵隔以外[111]。

因此，支持在完整切除侵袭性胸腺瘤手术后应用放疗的证据并不充足。加上一些其他的因素，包括高风险WHO病理亚型、肿瘤巨大（大于8 cm）和切缘很靠近肿瘤等，在决定是否需要对个体患者进行术后放疗时应考虑上述原因。相反，对于非完全切除（R1或R2）的患者高等级的证据更支持辅助放疗。通过整合这些数据，ESMO临床实践指南最近制定了一个术后放疗的决策路线方案（图56.10）。

4.2.3 根治性放疗

根治性（也称为治愈性）放疗通常是用于非手术候选患者或诱导化疗后出现不可手术疾病的患者。对于这些患者，放化疗通常以序贯的方式进行，直至总剂量达到54～70 Gy。其反应率达到70%，5年生存潜能为70%～80%。这些结果与非完整切除术后的患者近似[92, 112]。

4.3 化疗

如其他的胸部恶性肿瘤，化疗根据胸腺肿瘤患者的预期而选择性地应用。主要取决于肿瘤的大小、影像上侵袭的征象和组织学分型。尽管胸腺瘤较胸腺癌对化疗更加敏感，总体上讲胸腺肿瘤是化疗敏感的。如前所述，治疗的主要目标是胸腺肿瘤的完整手术切除（R0）。化疗的策略也包含在初始治疗和复发后应用化疗。作为初始治疗的化疗可以进一步分为治疗性化疗（原发性或术前化疗或术后化疗）和姑息性化疗[75, 110]。限定性（姑息）化疗应用于医学上或技术上无法手术的患者，或者发生转移性疾病的患者。

4.3.1 初次（诱导，术前）化疗

诱导化疗的主要目的为术前降期。因此，必须根据诱导反应的能力来评估化疗方案（表56.7）。2013年一项Cochrane Meta分析评估诱导化疗的作用，选取了49项相关的随机化研究，但是并未有一项研究满足Cochrane分析的必要标准[113]。因此，与胸腺肿瘤多模式治疗相关的指南仍然是基于专家的观点。大多数报道的初次化疗治疗是属于多模式治疗的一部分。其中包括术前或者术后额外的放疗，包括或不包括化疗。因此，完整切除（R0）率和诱导化疗后反应率常常难以估量，是因为应用了多种治疗手段。平均来说，对于Ⅲ～Ⅳ期胸腺肿瘤的患者，诱导治疗可以达到71%（29%～100%）的缓解率，而手术的完整切除率为68%（22%～86%）。所有的治疗都包含有多种药物的联合使用。诱导治疗的支柱药物是顺铂、蒽环类药物、依托泊苷和长春新碱。一项2013年的研究表明，紫杉醇和顺铂的联合治疗缓解率能够达到63%，而完整切除（R0）率可达79%[114]。总体上讲，约有75%的晚期胸腺肿瘤患者接受多方法治疗后能够存活至5年[115]。诱导化疗方案与毒性相关，理应受到重视。诱导治疗可以显著地引起血液系统毒性。在经过多药物联合诱导化疗的患者中需要再次评估诱导化疗后的体能水平，从而判定是否适合于大手术。但是，胸腺恶性肿瘤的患者的年龄较肺癌患者往往更低，因此合并症也更少。这意味着多药物化疗也能够用在这些患者群体中。

表56.7 小型研究中Ⅲ～Ⅳ期胸腺肿瘤的联合化疗方案

作者（年）	患者数量	完整切除比例（R0，%）	治疗		联合化疗		部分缓解或更佳比例（%）
			诱导	术后	方案	计划	
Venuta等（1997）[112]	21	86	化疗	放化疗	顺铂75 mg/m^2，第1天	3个21天周期	100
					依托泊苷120 mg/m^2，第1、3和5天		
					表柔比星100 mg/m^2，第1天		
Bretti等（2004）[116]	25	44	化疗	放疗	顺铂50 mg/m^2，第1天	4个21天周期	72
					多柔比星40 mg/m^2，第1天		
					长春新碱0.6 mg/m^2，第2天		
					环磷酰胺700 mg/m^2，第4天		
Kim等（2004）[117]	22	76	化疗	放化疗	顺铂30 mg/m^2，第1、2、3天	3个21天周期	77
					多柔比星20 mg/m^2，第1、2、3天		
					环磷酰胺500 mg/m^2，第1天		
					泼尼松100 mg，第1、2、3、4、5天		
Lucchi等（2006）[118]	30	77	化疗	放化疗	顺铂75 mg/m^2，第1天	3个21天周期	73
					表柔比星100 mg/m^2，第1天		
					依托泊苷120 mg/m^2，第1、3、5天		
Yokoi等（2007）[119]	17	22	化疗	放疗	顺铂20 mg/m^2，第1、2、3、4天	4个21天周期	92
					多柔比星40 mg/m^2，第1天		
					甲泼尼龙1000 mg，第1、2、3、4天		
					甲泼尼龙500 mg，第5、6天		

续表

作者（年）	患者数量	完整切除比例（R0，%）	治疗		联合化疗		部分缓解或更佳比例（%）
			诱导	术后	方案	计划	
Wright等（2008）[93]	10	80	放化疗	化疗	顺铂33 mg/m^2，第1、2、3天	2个28天周期	40
					依托泊苷100 mg/m^2，第1、2、3天		
Kunitoh等（2009）[120]	27	NG	化疗	无	顺铂25 mg/m^2，第1、8、15、22、29、36、43、50、57天		59
					长春新碱1 mg/m^2，第1、8、36、50天		
					依托泊苷80 mg/m^2，第1、2、3、15、16、17、29、10、31、43、44、45、57、58、59天		
					多柔比星40 mg/m^2，第1、2、3、15、16、17、29、10、31、43、44、45、57、58、59天		
Rea等（2011）[121]	38	81	化疗	放化疗	顺铂50 mg/m^2，第1天	3个21天周期	68
					多柔比星40 mg/m^2，第1天		
					长春新碱0.6 mg/m^2，第3天		
					环磷酰胺700 mg/m^2，第4天		
Park等（2013）[122]	27	79	化疗	无	顺铂75 mg/m^2，第1天	3个21天周期	63
					多西他赛75 mg/ m^2，第1天		

注：NG，没有提供

4.3.2 术后（辅助）化疗

在大部分的病例中，胸腺肿瘤切除后的术后治疗包括放疗或放疗联合化疗。与肺癌相比，胸腺肿瘤辅助治疗的要点是提高局部控制水平。因此，在辅助治疗的前提下很少进行单独的化疗。在日本一个超过1300例胸腺瘤患者的回顾性研究中，结果发现与仅进行诱导治疗的患者相比，473例接受完整切除手术（R0）及诱导治疗和术后化疗患者的生存期并没有明显改善[43, 75]。

4.3.3 专有性（姑息）化疗

在转移性播散或其他情况下，像手术或放疗这样的局部治疗受限时，则可以进行以姑息为目的的专有治疗。试图根治性治疗后复发的患者也可进行姑息性化疗。这些患者有使用顺铂、异环磷酰胺及紫杉醇的单一疗法[123]。最近，一种新的蒽环类药物氨柔比星，在9例铂类药物耐药性疾病的患者中获得了44%的反应率[124]。另外，在13例接受培美曲塞治疗的患者中，总反应率为17%[125]。皮质醇及奥曲肽联合被用来控制症状及肿瘤发展。总之，单药治疗的患者可以达到28%的反应率，中位总生存期约2年[126]。

目前的标准是基于顺铂的联合化疗（表56.8）[127-129]。目前尚无随机化实验，因此哪一种治疗方案被认作标准尚未可知。多药物联合治疗和以蒽环类药物为基础的治疗较依托泊苷为基础的治疗似乎能提高反应率。推荐进行联合顺铂、多柔比星和环磷酰胺的治疗[75]。

表56.8 胸腺瘤和胸腺癌的优选化疗联合方案

方案名称	药物	剂量
ADOC	多柔比星	40 mg/m^2/3 周
	顺铂	50 mg/m^2/3 周
	长春新碱	0.6 mg/m^2/3 周
	环磷酰胺	700 mg/m^2/3 周
CAP	顺铂	50 mg/m^2/3 周
	多柔比星	50 mg/m^2/3 周
	环磷酰胺	500 mg/m^2/3 周
PE	顺铂	60 mg/m^2/3 周
	依托泊苷	120 mg/m^2×3/3 周
VIP	依托泊苷	75 mg/m^2×4天/3 周

续表

方案名称	药物	剂量
VIP	异环磷酰胺	1.2 g/m^2×4天/3周
	顺铂	20 mg/m^2×4天/3周
CODE	顺铂	25 mg/m^2/1周
	长春新碱	1 mg/m^2/2周
	多柔比星	40 mg/m^2/2周
	依托泊苷	80 mg/m^2×3/2周
Carbo-Px	卡铂	AUC 5～6 mg/m^2/3周
	紫杉醇	200～225 mg/m^2/3周
CAP-GEM	卡培他滨	650 mg/m^2 bid 14天/3周
	吉西他滨	1000 mg/m^2×2天/3周

注：AUC，曲线下面积；bid，一天2次

4.3.4 放化疗联合治疗

放疗是术后治疗的主力，已经纳入众多治疗模式中。放化疗联合治疗的逻辑是提高对残存肿瘤细胞的毒性。在一项研究中放化疗被用作诱导治疗，同单独化疗的反应率相似[93]。放化疗同样可以用于大体积的肿瘤残存在胸腔（如R2切除）的情形。此外，放化疗对于无外科手术条件或技术上无法切除的胸腺肿瘤患者来说是根治性治疗[91]。23例无法进行手术切除的胸腺瘤患者接受了顺铂及多柔比星、环磷酰胺及胸部放疗的综合治疗，化疗后5例患者完全缓解，11例患者为部分缓解（总体反应率为69.6%）。5年生存率为52.5%[130]。

4.4 靶向治疗

关于靶向治疗，胸腺瘤与胸腺癌在分子水平的区别更加明显。两者的主要免疫相容性分子、自身免疫调节因子和成熟淋巴细胞能力并不相同，其原因是它们虽来自共同的表皮源性前体细胞，但后期的分化发育不同。这导致其表达的靶标分子不同，如KIT大细胞/肝细胞生长因子受体、表皮生长因子受体和胰岛素样生长因子受体1[131]。

当利用免疫组化的方法分析时，KIT在2%的胸腺瘤和79%的胸腺癌过表达[132]。在胸腺癌中有外显子9、11、13和17的激活性突变[75, 129, 132-133]。伊马替尼可以阻滞KIT、Bcr-Abl和血小板源生长因子受体。在Ⅱ期研究中，伊马替尼的治疗可以造成疾病的短期稳定[134]。

血管生成在胸腺肿瘤发育中具有特殊的重要作用。胸腺癌患者血清中血管内皮生长因子A的水平升高，而血管内皮生长因子R1和R2在恶性胸腺组织中表达。因此，血管生成可通过小分子多重酪氨酸激酶抑制剂来治疗（如舒尼替尼）[135-136]。最近一项Ⅱ期临床试验揭示了在胸腺上皮肿瘤中舒尼替尼的客观反应率和疾病控制率（disease control rate，DCR），包括胸腺癌（客观反应率为26%，疾病控制率为91%）或在较小程度上的胸腺瘤（客观反应率为6%，疾病控制率为81%）[109]。不管KIT的状态如何，舒尼替尼都可以作为胸腺癌的二线治疗方案[137]。

最近，依维莫司在最近报告的胸腺上皮肿瘤Ⅱ期临床试验中具有22%的客观反应率和93%的疾病控制率。因此，依维莫司可能成为难治性肿瘤的另一种选择[136]。

5 胸腺癌

胸腺癌是纵隔中少见的肿瘤，发病率为每1000万人中有1～3个病例[1]。在胸腺肿瘤中15%～20%为胸腺癌。直到最近，胸腺癌被认作是胸腺瘤的亚型（C型胸腺瘤）。2004年，WHO组织学分类明确定义胸腺癌是与胸腺瘤截然不同的疾病。相对于胸腺瘤，胸腺癌有不同的组织学表现，包括细胞异质性、缺少器官典型特征和类似身体其他部位的癌，并具有更为恶性的临床表现，而且预后更差。人群研究表明，在胸腺癌患者中切除率平均为16%。未行手术患者的5年生存率为17%[138]。

5.1 临床表现与诊断

约有60%的胸腺癌患者具有临床症状，而约有40%的患者在发现临床症状时已经有淋巴结转移，10%的患者为远处转移。临床症状包括胸痛、呼吸困难、咳嗽或者上腔静脉综合征的压迫症状。在胸腺癌中，相关的副瘤综合征，如多发性肌炎、皮肌炎或红细胞生成素高分泌等罕见[2]。胸腺癌合并重症肌无力极少见，其文献中报道的发生率为0～15%[139]。影像技术检测常提示为边界不清的肿物，并常伴有周围器官（周围脂肪垫消失）浸润等影像学表现，有时表现为胸腔积液、胸膜

结节和淋巴结增大等晚期疾病特征（图56.11）。磁共振能更好地界定侵袭血管的边界。研究人员发现FDG-PET有助于其与胸腺瘤的鉴别诊断以及发现淋巴结或远处转移[140]。

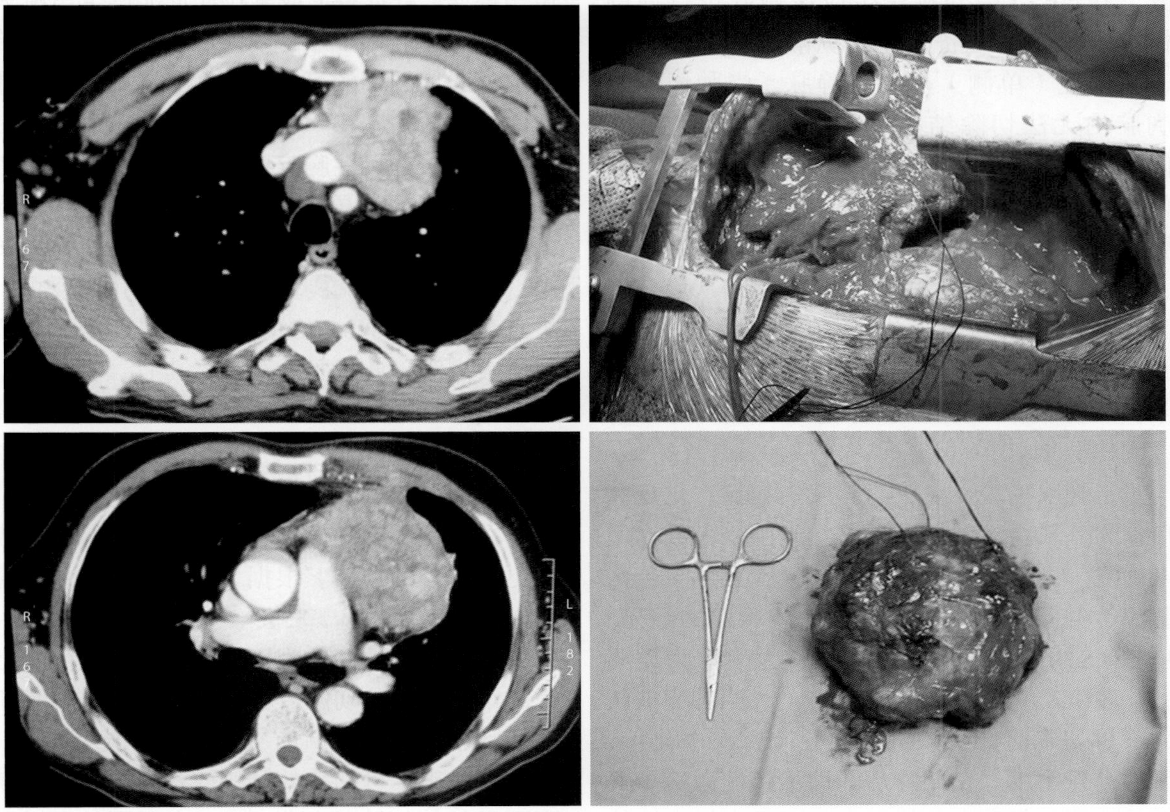

图56.11 胸腺癌：计算机断层扫描图像、手术入路和手术标本

5.2 组织学

2004年，WHO分类清晰地将胸腺癌与胸腺瘤区分开。该分类也区分出胸腺癌中11个亚类，包括NETT，而这被许多作者认为是一个单独的条目。胸腺癌最常见的亚类是鳞状细胞癌（40%），其次是淋巴上皮样癌（15%）[141]。根据一些研究显示，鳞状细胞的分类较其他分类预后更佳[142]。将胸腺癌与胸腺瘤中较恶性的亚型（B3型，高分化胸腺癌）区分可能很困难，而在组织学归类中观察者之间巨大的易变性被报道。ITMIG认为，试图为组织学分类之间的最佳区分建立客观标准的、专门的共识声明是一项重要的议题[28]。

5.3 分期系统

对于胸腺癌的最佳分期尚未达成总体的共识。ITMIG推荐应用Masaoka和Masaoka-Koga分期系统，而它也一直应用于胸腺瘤中。然而一些作者认为，Masaoka分期并不能很好地把生存期分层，因此将原始的Masaoka分期系统进行改进，包括将Ⅰ期和Ⅱ期、Ⅲ期和Ⅳ期合并为两阶分期[147]。胸腺癌中常见的结节转移现象促使一些作者应用以TNM为基础的分期系统，而这也被WHO所建议[47]。现在已经制定出来进一步的分期系统，能够根据区域累及的情况（Ⅰ期和Ⅱ期）及转移/远处疾病情况（Ⅲ期）进行三阶的分类[144]。

今后如出版新版的以TNM为基础的分期，将更适用于胸腺癌，其能够对淋巴结和转移灶受累情况进行综合考虑，而且淋巴结和转移在胸腺癌中比胸腺瘤更加常见（表56.3）[49, 85]。

5.4 治疗

如同其他胸腺恶性肿瘤，手术代表了胸腺癌治疗的里程碑。在治疗上，始终应该尝试完整切除，因为它代表着一个最重要的预后因子。大多数胸腺癌患者的治疗方式包括正中胸骨切开途径，该途径能够获得前纵隔及双侧胸腔良好的暴露。在NETT中外科医生应该做好进行周围结构扩大切除的准备，包括纵隔胸膜、肺、心包、膈神经（单侧）及上腔静脉。当肿瘤侵犯到胸腔内无法切除结构（包括主动脉、心脏、双侧膈神经）时，残存组织周围应该放置钉夹以便进行术后放疗。在局部晚期肿瘤中，往往需要联合胸骨切开的方式，扩大通道（蛤状切口、半蛤状切口以及胸骨胸段切开术）从而获得胸腔内结构的视野进而进行切除。类似NETT，治疗胸腺癌时微创技术（VATS和RATS）非常有限。切除肿瘤也应该联合进行区域的淋巴清扫以明确分期。

鉴于胸腺癌较少见，与胸腺瘤相比，化疗和放疗作为外科手术的辅助手段在胸腺癌中的作用远未确立。大多数病例人群既包括胸腺瘤又包括胸腺癌，并且有时很难从中推测胸腺癌的结果。一项ESTS的调查显示，许多外科医生认为需要以一个多模式的方法治疗胸腺癌[25]。当肿瘤被认定为不可切除时，应该进行诱导（首次）化疗，随后再进行手术。在切除后辅助治疗的意义（大多数是放疗）仍存在争议。在一项日本标志性的研究中，92例胸腺癌完整切除的患者辅助化疗后的生存期较未进行额外治疗、放疗或化疗的患者更优[43]。在一些研究中未能找到任何胸腺癌切除后进行术后放疗的生存优势[144]，而另一些研究发现有微弱的优势[145-146]。一个基于ESTS数据库资料的回顾性研究发现，手术加随后的放疗较单独手术更具有生存期上的显著优势[139]。缺乏前瞻性研究以及所有研究均无法避免的纳入偏倚在某种程度上形成了研究的局限性。因此，根据发表的文章得出一个合理的建议，即在没有进行术前治疗的情况下，推荐进行胸腺癌切除术后的放化疗；如果初始化疗使用过就只进行放疗（图56.10）[75, 147-148]。对于考虑为无法进行手术的患者，化疗和放疗能有20%～60%的反应率。在胸腺癌（高达79%的病例）中发现一些分子标志物（如KIT）的过度表达激起了对生物治疗的热度[149]。尽管KIT高表达，但只有一小部分的胸腺癌患者具有KIT的突变（9%），由在胃肠间质瘤或黑色素瘤中观察到的突变（V560del，L576P）组成，或局限于胸腺癌（H697Y，D820E）[75, 147]。在个案观察中已经报道应用KIT酪氨酸酶抑制剂伊马替尼、舒尼替尼或索拉非尼能产生作用[121]。KIT测序（第9～17外显子）可以用于对难治性胸腺癌的抑制剂的可行性检测，尤其是在临床试验中[75]。

最近在难治性胸腺癌中进行了程序性死亡检查点抑制剂派姆单抗的免疫治疗评估[150]。在一个正在进行中的含有30例患者的Ⅱ期临床试验中，反应率为24%。大多数反应是可耐受的，这个现象类似于NSCLC的二线治疗设定，其不良反应表现为一些常见和严重的毒性，如肌炎、心肌炎和天疱疮。

5.5 生存期和预后因素

在几乎所有的病例中，胸腺癌较胸腺瘤表现出更为恶性的预后。根据大多数研究，胸腺癌的5年生存率为30%～85%[145, 151]，在之后的一些研究中报道了增高的生存率。根据最近大多数研究的结果，完整切除有关的生存率最佳，而不完全切除较单纯活检具有更好的生存优势[152]。一些作者对于不可切除的肿瘤建议进行小范围切除而不是任何切除都不做[139]。在不同的预后预测因子中，完整切除和疾病早期这两个因素在所有已报道的研究中是最常见的预后因素，而肿瘤大小、相关的副瘤综合征和组织学亚型并未在大量的研究中得到一致性地证实。

6 神经内分泌胸腺肿瘤

神经内分泌胸腺肿瘤占所有神经内分泌肿瘤的2%，占所有胸腺恶性肿瘤的5%[156]。类似于其他部位的同种肿瘤，其常常与神经内分泌症状或其他副瘤综合征相关。至今文献中已经报道了约400例神经内分泌胸腺肿瘤。

6.1 临床表现和诊断

神经内分泌胸腺肿瘤好发于男性，男：女发病比率为3：1。目前平均患病年龄为54岁，年龄范围较宽（16～97岁）。与胸腺瘤不同，神经内分泌胸腺肿瘤往往是有症状的（占70%的病例）[157]。最常见的症状包括咳嗽、无力、胸痛、呼吸困难以及有时候出现的上腔静脉综合征。在一些其他情况下，患者表现出内分泌或远处转移的症状和特征。目前20%的患者在发现疾病时即有转移，其中胸外转移达到了30%。CT和MRI均表现为大的分叶状的肿物，放射影像学表现出对周围脏器的侵袭性，较少出现边界清晰、包膜完整并罕有侵袭征象的情况。^{18}FDG-PET/CT在神经内分泌胸腺肿瘤中的诊断价值甚微。在各种新的诊断方法中，令人鼓舞的使用^{68}镓-1，4，7，10-四氮杂环十二烷-1，4，7，10-四羧酸-Phe1-thy3-奥曲肽（DOTATOC）相关的PET/CT的结果已经被发表[158]。生长抑素受体（亚型2，sst2）的存在提示使用^{111}铟-二乙烯三胺五乙酸-d-苯丙氨酸-奥曲肽进行特异性闪烁扫描（奥曲肽扫描）[159]。如同在其他神经内分泌恶性肿瘤中，神经内分泌胸腺瘤常常与副瘤综合征相关（内分泌症状），包括促肾上腺皮质激素释放（库欣综合征）、MEN 1型（MEN-1或Wermer综合征，包括甲状旁腺、胰岛细胞和腺垂体的肿瘤）和高分泌生长激素释放激素的肢端肥大症。其他小频率出现的综合征，包括催乳素分泌、MEN-2、周围神经病变和兰伯特-伊顿综合征。与肺部及胃肠道神经内分泌不同，类癌综合征并不常见。最后，其与重症肌无力的相关性也是少见的，在文献中仅有1例报道[159]。

6.2 组织学分类

根据2004年WHO分类，NETT被认作胸腺癌的亚型，并同胸腺瘤分开[55]。一些NETT的组织学亚型已经被提出。两项最常用的分类为WHO和武装部队病理学研究所的分类。一些作者仍然在用NETT标准分类将其分为典型和非典型类癌，以及大细胞和小细胞神经内分泌癌。WHO分类将NETT分为高分化神经内分泌癌（包括典型和非典型类癌）和低分化神经内分泌癌（包括大细胞和小细胞神经内分泌癌）[160]。武装部队病理学研究所分类根据形态学标准和有丝分裂细胞计数，将NETT分为高分化、中分化及低分化型[161]。人们认识到增殖指数（有丝分裂计数）和Ki-67指数的重要作用，且两个指标已经被欧洲神经内分泌肿瘤学会分期分类系统纳入。欧洲神经内分泌肿瘤学会系统包含3部分：G1（每10个高倍镜视野有丝分裂细胞＜2个和（或）Ki-67指数≤2%）、G2（每10个高倍镜视野有丝分裂细胞2～20个和（或）Ki-67指数为3%～20%）和G3（每10个高倍镜视野有丝分裂细胞＞20个和Ki-67指数＞20%）[162]。2010年WHO神经内分泌肿瘤分期确定了增殖指数的重要性，并根据形态学特征、有丝分裂细胞计数和（或）Ki-67指数，将该肿瘤分为3组：神经内分泌肿瘤G1、神经内分泌肿瘤G2和神经内分泌癌[163]。这个分类方法已经成功在胃肠胰腺神经内分泌肿瘤和最近的NETT中得到验证[164]。

6.3 分期系统

目前尚未有NETT的官方分期系统。习惯上，大多数研究应用Masaoka或Masaoka-Koga分期系统，而这目前也用于其他胸腺恶性肿瘤。基于近50%的NETT患者在诊断节点存在淋巴结或远处转移，WHO制定了一项对于胸腺肿瘤的TNM分期系统，并应用在一些研究中[47]。最近，Gaur等[167]应用SEER数据库，制定了一个依据疾病局部、区域及远处扩散的分期系统。根据该分期系统，肿瘤在原位或局限在气管时被认为局部病变，肿瘤局部侵犯或转移至区域淋巴结被认为区域病变，转移至远处脏器的归类为远处病变。IASLC/ITMIG分期委员会致力于即将出版的第八版胸部恶性肿瘤的TNM分期手册，并将为所有胸腺肿瘤包括NETT，制定一个共同的TNM分期系统。这个系统在2017年可以完全施行。

6.4 治疗

手术依然是NETT的主要治疗方法。如其他胸腺恶性肿瘤，可完整切除（R0）的可能性是最为重要的预后因子。NETT治疗的有效性已经在一些发表的研究中得到评估（表56.9）。推荐的外科手术入路为正中开胸，能够保证前纵隔和双侧胸腔最佳的视野。如果肿瘤侵犯肺，该入路足以联合开胸手术，如半蛤状或蛤状切口（图56.12）。肿瘤切除应与局部淋巴结切除术相结合进行分期。因为该肿瘤时常局部进展，微创技术在NETT中没有指征。在合并MEN-1综合征伴有甲状旁腺功能亢进的情况下，应该联合进行胸腺切除及颈部探查，以防止在扩散的冗余腺体中复发。一些作者建议对因甲状旁腺功能亢进而接受颈部探查的MEN-1男性患者进行常规预防性胸腺切除术。

表56.9 已报道的胸腺癌患者的研究结果比较

作者（年）	患者数量	完整切除（R0）比例（%）	5年总生存率（%）	预后预测因素
Kondo等（2003）[43]	186	92（71）	51	完整切除，辅助治疗
Yano等（2008）[152]	30	7（23）	48	血行转移，完整切除
Lee等（2009）[145]	60	14（35）	39	Masaoka分期，外科干预，完整切除
Hosaka等（2010）[153]	21	14（67）	61	Masaoka分期，组织学分级
Okereke等（2012）[154]	16	14（88）	65	无
Weissferdt等（2012）[144]	65	21（45）	66	Masaoka分期，肿瘤大小，淋巴结情况
Okuma等（2013）[138]	40	—[a]	30	治疗反应
Weksler等（2013）[151]	290	121（89）	40	性别，外科干预，Masaoka分期，组织学分级
Thomas de Montpréville等（2013）[155]	37	22（60）	66（3年）	Masaoka分期，完整切除
Ruffini等（2014）[139]	229	140（71）	61	Masaoka分期，完整切除，辅助放疗

注：[a]仅包括晚期非手术案例（已进行化疗）

可切除率大部分取决于医师进行胸腔内结构切除手术的经验。有些时候，医师不得已在不可切除结构上残存一部分组织（如心脏、主动脉、膈神经）。一些研究的作者仍然建议进行不完全切除从而缓解症状（相关内分泌疾病），并协助辅助治疗。

NETT中放疗和化疗的作用并不像其他的胸腺肿瘤那么明确。推荐术前（辅助或诱导）化疗或放疗用于诊断时被认为无法切除的病例[170]。放疗被认为是一种降低复发和改善术后远期生存的方法。尽管术后放疗较为常用，一份基于SEER数据库数据的报告显示，术后放疗对长期生存有不利影响，尽管作者指出了这组患者中潜在的选择偏倚[167]。然而其他研究却表明术后放疗能够降低复发的风险[159]。最近，术后化疗与有限的疗效和无法忽视的毒性相关。如今以顺铂为基础的化疗被用于已经有转移或不可切除的低分化肿瘤病例。其他研究报道，联合利用替莫唑胺和铂类药物治疗能够获得良好的反应率。鉴于替莫唑胺有更低的不良反应，可把它作为一线治疗药物，用于高分化或中分化的NETT[156]。

生长抑素受体在NETT中的表达以及生长抑素的抗增殖活性，使得一些研究者评估了生长抑素类似物（奥曲肽和兰瑞肽）对这些肿瘤的治疗作用。然到目前为止，结果并不乐观，而且不能在批准的临床试验之外推荐使用它们。一个有希望的新治疗策略包括使用放射性标记的（^{111}In-DTPH 3）奥曲肽进行放射性核素治疗[171]。放射性核素理论上可以用于对NETT特异化疗剂的代替。尽管这种疗法在理论上很有吸引力，但其疗效仍有待确定。最终，依维莫司被认可用于晚期、肺部和消化系统无功能NETT的治疗，可用于难治性胸腺NETT的非标准治疗。

6.5 预后因素、复发和随访

NETT较其他部位的神经内分泌肿瘤更具侵袭性。此外，在胸腺肿瘤中NETT的生存率最低，局部区域、淋巴结及远处转移率最高。NETT治疗后5年生存率相差各异，最低可至28%，最高可达84%（表56.10）。这个变量能反映不同中心的准确性，以及过去几年里实施的治疗策略。最近一些研究在总体上看较以往的研究结果更佳[137]。许多预后因素与生存期相关。在几乎所有的大型研究报道中，最重要的预后因素包括分期（Masaoka、TNM或Gaur等应用的系统[167]）、切除的完整性和组织学分化的程度。在一些研究中，伴随的内分泌症状（MEN-1和库欣综合征）也是与较差的预后相关。较少证实的预后因素包括肿瘤大小（5或7 cm作为临界值）和Ki-67指数[169, 173]。如同其他的胸腺肿瘤，复发在NETT中并不少见。

表56.10 1990年以来已发表的多于10例的神经内分泌胸腺肿瘤患者手术的研究结果

作者（年）	病例数	平均年龄（年）（范围）	相关疾病（病例数）	完整切除数（%）	组织学（肿瘤例数）	术后治疗（病例数）	复发率（%）	生存率（%）	
								5年	10年
Fukai等（1999）[165]	15	51（19～73）	库欣综合征（2），重症肌无力（1）	13（86.7）	典型类癌（1），非典型类癌（9），SCNC（5）	放疗（5），化疗（1），放化疗（1）	67	33	7
Moran and Suster（2000）[157]	80	58（16～100）	库欣综合征（4）	NA	典型类癌（29），非典型类癌（36），SCNC（15）	NA	47	28[a]	10[a]
Tiffet等（2003）[166]	12	58（35～78）	MEN-1（2），库欣综合征（1）	9（75）	典型类癌（3），非典型类癌（6），LCNC（2），SCNC（1）	放疗（3），化疗（1），放化疗（1）	83	50	NA
Gaur等（2010）[167]	160	57	NA	NA	典型类癌（75），非典型类癌（13），LCNC（16）	放疗（70）	NA	50	20
Ahn等（2012）[168]	21	49（20～72）	库欣综合征（3）	17（81）	典型类癌（18），LCNC（3）	放疗（21）	38	—[b]	NA
Cardillo等（2012）[169]	35	53	库欣综合征（11）	34（97）	典型类癌（17），非典型类癌（13），LCNC（5）	放疗（20）	26	84	61
Crona等（2013）[164]	28	46（19～64）	库欣综合征（4），MEN-1（6）	3（14）	NA	放疗（18）	NA	79	41

注：[a]基于50例患者；[b]平均总体生存期为42个月；LCNC，大细胞神经内分泌癌；MEN-1，1型多发性内分泌瘤；NA，未获得；SCNC，小细胞神经内分泌癌

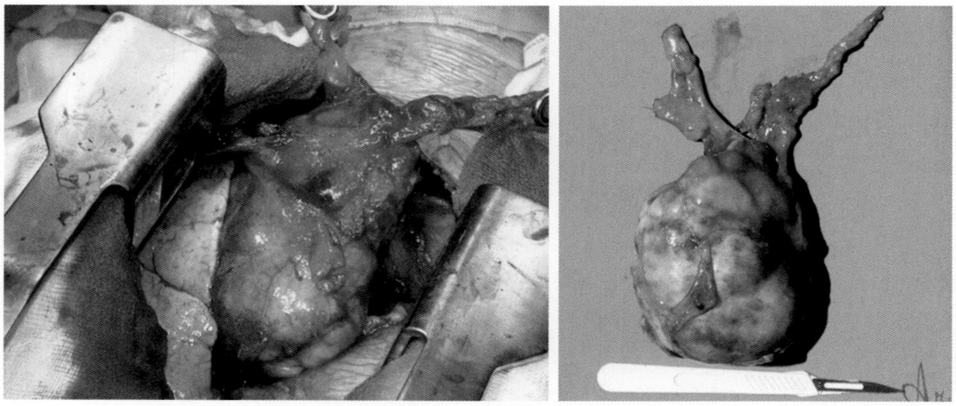

图56.12 神经内分泌胸腺肿瘤：手术入路和手术标本

根据ITMIG的推荐，复发可以分为局部型、区域型和远处型。对复发的治疗很大程度上取决于其范围。可以考虑对局部或区域型复发再次进行手术切除，有报道称其远期生存期令人满意[159, 166]。对于不可切除或远处复发的案例应该进行全身治疗。鉴于远期复发风险高，NETT的终身随访是强制性的，CT是推荐进行的影像学检查。在怀疑复发时，应该进行MRI或奥曲肽扫描来评估可切除性。

7 复发性胸腺肿瘤

尽管手术仍然是所有胸腺肿瘤的主要治疗手段，手术后的复发仍不少见。因为这些肿瘤具有相对缓慢生长的本性（除了胸腺癌和NETT这两个明显的特例外），并且事实上许多复发患者仍然能存活很久并死于其他原因，因此治疗这些肿瘤的复发问题尤为重要。即便在完整切除后，报道的复发率仍然达到10%～30%，在更恶性肿瘤中可高达50%[174-176]。平均复发时间为5年，而据报道初始治疗后的复发时间可达20年。报道称Ⅰ期较Ⅱ～Ⅳ期患者的复发时间更长（10年 vs. 3年）。复发率很大程度上取决于分期，Ⅰ期胸腺瘤患者切除术后的复发率可忽略不计（＜4%），Ⅱ～ⅣA期患者复发率显著增加（20%～50%）[142]。胸腺瘤从组织学A型到B3型的复发率逐渐增高（5%～15%），而其复发率在胸腺癌（30%～40%）和NETT（40%）中也增高。近来，仍然存在对复发胸腺肿瘤的确切定义的困惑，直到ITMIG解决了这个问题，并将其定义为仅在完全切除（R0）之后的复发[23]。此外，3种复发类型得到确认：局部型，此时胸腔内复发发生在前纵隔或下颈部或与最初的胸腺瘤相连；区域型，此时胸腔内复发疾病发生在胸膜内（脏层或壁层）或心包内，与胸腺床并不连续；远处型，此时复发发生在胸腔外，或在下颈部或以肺内结节形式出现。总体上看，局部复发型占30%～35%，区域复发型占50%～55%，远处复发型占5%～10%[177]。据报道，在胸腺癌和NETT中远处型复发率增加。ITMIG分析了12项研究来评估复发的预测因子，最重要的独立预测因子是目前的分期（这里几乎所有研究应用的是Masaoka或Masaoka-Koga分期）[61]。许多研究并没有发现Ⅰ期与Ⅱ期疾病（一些研究将二者合并为一期）以及Ⅲ期与Ⅳ期疾病之间的显著差异。切除的完整性和安全的手术切缘显然是复发的决定因素，也是复发定义的一部分。尽管WHO组织学分型（胸腺癌）对胸腺癌患者生存有些许预后意义，但在分析复发时预后意义仍较小。此外，许多作者倾向于将不同的WHO亚组进行二分类，以获得所谓的最佳结果。在其他预后因素中，只有肿瘤大小和大血管侵犯偶尔被报道为复发的预后因素。

7.1 诊断

在胸腺肿瘤切除后患者的随访中诊断出复发，由此引出对这些肿瘤的随访频率和间隔时间的疑问。鉴于疾病往往在很晚才发生复发，因此已经达成了对所有胸腺肿瘤患者应该终身随访的共识[139]。对于随访的频率，一些作者推荐前5年每年进行CT检查，随后每年进行CT或胸部X线检查直至第11年，再之后进行胸部X线检查[20]。

对于高风险的胸腺瘤（WHO B2或B3型）、未完全切除的胸腺癌或NETT，建议在前3年每6个月复查胸部CT。MRI有时会有帮助，尤其是对于年轻的患者。并不建议常规复查中应用PET/CT，它应该留给经过选择后的病例。因为在影像学证据存在的情况下便可以开始治疗，所以并不常规建议进行组织学检查以确认可疑的复发。有许多文献研究术后（辅助）治疗（化疗、放疗或放化疗）降低完整切除胸腺肿瘤后患者复发率的作用。根据ESTS的一项调查，辅助治疗（放疗或放化疗）目前被用于多达60%的侵袭性胸腺肿瘤（Ⅱ～Ⅳ期）患者[25]。然而，这种经验性的态度似乎起源于过去的单个研究和回顾性研究，缺乏一致性验证。两项研究质疑Ⅱ～Ⅳ期胸腺瘤患者完全切除术后放疗的有效性[43, 103]。一项2009年的Meta分析证实了这两项研究的结果，提出对于所有分期的胸腺肿瘤患者完全切除术后的放疗并没有生存优势的证据[104]。尽管许多此类研究关注生存期的结果，类似的结果同样适合于复发[26]。许多胸腺瘤在胸膜上复发，而这在术后放疗的照射野之外[178]。一些作者建议使用低剂量的整个半胸腔照射来防止胸膜复发[179]。目前还没有关于侵袭性胸腺瘤完整切除后放疗的指南，而放疗的实施应该考虑到个体的基础，并根据不同参数（肿瘤大小、无瘤边界距离、WHO组织学分型、大血管侵犯情况）进一步改进。

7.2 治疗

根治后胸腺肿瘤复发的治疗并没有标准，而是取决于复发的程度。复发的模式在胸腺瘤与胸腺癌中是截然不同的。与胸腺瘤相比，胸腺癌的远处复发率高、发生更早以及无进展生存期更短[180]。

手术切除似乎是单发、局部及易于切除复发胸腺肿瘤的最佳治疗方法，值得推荐。相反，当患者有大量的局部-区域性不可切除复发或远处转移时，则不能考虑手术，可以进行放化疗治疗（化疗仅适用于远处复发的病例）[176]。对于交界性可切除复发肿瘤患者且没有远处转移时，手术治疗具有挑战性，可能需要重复胸骨切开手术、扩大手术入路和切除范围，或多次的手术。在这些病例中，利用诱导化疗进行多模式的治疗方法似乎更具有吸引力，它可能会提高残存肿瘤的可切除性。解决这一问题研究的匮乏和患者数量的稀少可以部分解释大多数医疗中心使用的个体化治疗方法。总体上看，复发胸腺肿瘤的可切除率为50%～75%[95, 175, 181-182]。在完全切除复发灶可行的情况下（约占病例的65%），几乎所有研究都显示生存改善，仅有一项例外[183]。此时生存率同那些初始治疗的患者近似，完整切除后10年生存率为50%～70%，而未完整切除10年生存率为0～20%。一项2012年发布的研究显示，复发性胸腺瘤手术切除与更好的结局有关，但是在复发性胸腺癌中的作用却十分有限[184]。化疗似乎是一个更为有效的治疗策略。多次手术在一些可切除复发患者的后续治疗中也不失为一种选择。此时手术应该扩大以进行完全切除，尤其是在胸膜播散的情况下。两项研究报道了激进手术后优越的生存率，包括胸膜外全肺切除以及应用胸膜腔内热灌注化疗，能用于胸腺恶性肿瘤胸膜复发的治疗[178, 185]。复发的非手术治疗包括化疗或放化疗，与合理结局相关（5年存活率为25%～50%）[26, 175, 177]。

8 胸腺肿瘤的推荐管理

文献中关于胸腺肿瘤治疗的内容，可从一些综述中获取[2, 26, 147, 186-188]。此外，美国国家肿瘤研究机构在它们的网站上（http: //www.cancer.org/cancertopics/pdq/treatment/thymoma/healthprofessional）发布了可获取的指南并定期更新。最近，《胸部临床外科学杂志》（2009年2月刊和2011年2月刊）以及《胸部肿瘤学杂志》的增刊（2011年7月刊）聚焦在了胸部肿瘤上。ESMO临床实践指南早在2015年就致力于胸腺肿瘤。这些资源提供了与胸腺恶性肿瘤相关的所有主要方面和主题的极好概述，强烈建议感兴趣的读者参阅这些资料。

根据这些发布的信息，可以根据当前胸腺肿瘤分期（Masaoka分期）及分型（胸腺瘤、胸腺癌、NETT或复发性肿瘤）制定治疗方案。

8.1 胸腺瘤

Ⅰ期肿瘤患者应该进行手术。不推荐任何辅

助治疗。所有患者都应该进行完整切除。

Ⅱ期肿瘤的处理类似Ⅰ期肿瘤。超过90%的患者应该做到完整切除。完整切除后不推荐进行辅助治疗。对于非完整切除和高风险胸腺瘤（B2型或B3型）患者可以考虑进行术后放疗。

对于Ⅲ期或Ⅳ期肿瘤患者，可以由多学科团队共同决定肿瘤是否可切除。对于可切除肿瘤，推荐进行手术，目标是达到完整切除。如果担心术后切缘阳性、高风险胸腺瘤（B2型或B3型）、胸腺癌或NETT，可以考虑进行术后放疗。对于不可切除肿瘤，需要进行初始化疗。对于放疗有效的患者，应该进行完整切除为目的的手术。

8.2 胸腺癌和神经内分泌肿瘤

尽管胸腺癌和NETT的治疗策略类似胸腺瘤，然而鉴于胸腺癌和NETT的生物学行为更为恶性，常常需要多种方法联合治疗，术前使用初始化疗，术后应用放疗和（或）化疗，即便是早期疾病亦可如此。

8.3 复发

复发的程度需要使用影像学技术进行仔细评估，并不需要通过组织学证据来确认复发。为了防止远处复发，应该进行确切的化疗。在局部或区域型复发的情况下，由多学科联合团队决定复发是否可切除。如果确是如此，应该进行直接切除手术。对于无法切除的复发，应该进行放化疗治疗。

9 全球性的努力

胸腺肿瘤因为相对低发而被分为孤立性疾病。因此，突破性的科学进展受到了限制，且防控策略的进步依然有限。此外，在具有丰富经验的医疗中心之间缺乏协作来提供足够的一贯性结果，这也是一大障碍。在全球化和沟通便利的今天，缺乏协作已经不能成为借口。为了解决这个问题，一些重要的胸科团体已经发展了专门的胸腺工作组。

一项主要的胸腺肿瘤的科学进展在2010年由ITMIG创造（http: //www.itmig.org），其专注于胸腺肿瘤并在全球范围受到代表性的医疗和外科协会的支持[189]。ITMIG的任务是促进胸腺恶性肿瘤的临床和基础科学研究。它提供给国际组织基础设施，维持同其他相关组织的密切协作，并且协助胸腺肿瘤相关知识的传播。ITMIG同其他国际胸腺组织协会密切合作，包括ESTS、欧洲心胸外科协会和日本胸腺研究协会。ITMIG是一个多元化的组织，涉及胸部外科医生、放疗和肿瘤学家、病理学家、呼吸病学专家、放射学专家和基础科学研究者，在各大洲有超过500名成员。

ESTS（http: //www.ests.org）在2010年建立其胸腺工作组，并从此构建了一个回顾性胸腺数据库，收集其感兴趣的医疗中心的患者数据。在2011年，ESTS发表了其成员的胸腺恶性肿瘤防控的调查结果[25]。在《欧洲心胸外科杂志》和《胸部肿瘤学杂志》上发表了许多关于胸腺肿瘤及胸腺癌的预后因素的论文[105, 109, 139, 190]。ESTS也有一个前瞻性数据库，已整合进ESTS的官方数据库平台（https: //ests.dendrite.it/csp/ests/intellect/login.csp）。

在法国，Réseau Tumeurs THYMiques et Cancer（RYTHMIC，http: //www.rythmic.org），由法国国家肿瘤学会支持，是一个非常活跃的网站。它的目标是在国家水平对胸腺肿瘤患者的诊断和治疗过程进行协作。RYTHMIC初创了许多事物，包括国家胸腺肿瘤参阅书（Referentiel RYTHMIC）的制定、定期区域性和全国性的胸腺肿瘤委员会的组织、基于网络图像和诊断档案的建立、系统性组织学双重检查咨询机构的发展和年度性教育会议的发起[191]。

胸腺研究方面最有分量的成果是IASLC国际分期委员会（现在是分期和预后因素委员会）的胸腺部门，它负责为在2017年出版的第八版胸部肿瘤分期手册制定分期分类建议。该委员会包含来自不同国家的成员，代表了各个行业的专家（胸部外科、医学和肿瘤放疗学、病理学、影像诊断学）。这个委员会目前致力于分析一个从国际上3个主要胸腺组织集合成的数据库（日本胸腺研究协会、ITMIG和ESTS）。总体上，有超过8000个病例的数据被收集并进行分析，代表了胸腺研究历史上最重要的联合成果。这个委员会被委托制定一个适于所有胸腺肿瘤（胸腺瘤、胸腺癌和NETT）患者统一的以TNM为基础的分期归类方法。

10 结论

最近几年，关于胸腺肿瘤诊断和防控的知识有了巨大的进展。这些进展主要是源于一些专业性医疗中心提高了对这些少见肿瘤的关注，并且努力在国际范围内将全世界大批高质量的医疗中心联合在一起。这种国际协作很快就能初见成果，进而使胸腺肿瘤患者群体的结局产生明显改善，而在过去，这些患者面临着如同孤儿类疾病的诊疗困境。

致谢

作者感谢托马斯·弗劳恩菲尔德（Thomas Frauenfelder）（瑞士苏黎世大学医院放射科）、亚历克斯·索尔特曼（Alex Soltermann）（瑞士苏黎世大学医院病理研究所）、乌尔夫·佩特拉希（Ulf Petrausch）（瑞士苏黎世大学医院肿瘤科）和安德烈亚·菲利皮（Andrea Filippi）（意大利都灵大学放疗科）的支持。

（杨　帆　徐　嵩　译）

主要参考文献

6. WHO histological classification of tumours of the thymus. In: Travis W.B., Brambilla A., Burke A.P., Marx A., Nicholson A.G., eds. *World Health Organization Classification of Tumours. Pathology and Genetics of Tumours of the Lung, Pleura, Thymus and Heart*. Lyon, France: IARC Press; 2015.
23. Huang J., Detterbeck F.C., Wang Z., et al. Standard outcome measures for thymic malignancies. *J Thorac Oncol*. 2011;6(7 Suppl 3):S1691–S1697.
28. Marx A., Ströbel P., Badve S.S., et al. ITMIG consensus statement on the use of the WHO histological classification of thymoma and thymic carcinoma: refined definitions, histological criteria, and reporting. *J Thorac Oncol*. 2014;9:596–611.
44. Detterbeck F.C., Nicholson A.G., Kondo K., Van Schil P., Moran C.. The Masaoka-Koga stage classification for thymic malignancies; clarification and definition terms. *J Thorac Oncol*. 2011;6:S1710–S1716.
49. Detterbeck F.C., Stratton K., Giroux D., et al. The IASLC/ITMIG thymic epithelial tumors staging project: proposal for an evidence-based stage classification system for the forthcoming (8th) edition of the TNM classification of malignant tumors. *J Thorac Oncol*. 2014;9(suppl 2):S65–S72.
60. Detterbeck F., Youssef S., Ruffini E., Okumura M.. A review of prognostic factors in thymic malignancies. *J Thorac Oncol*. 2011;6(7 Suppl 3):S1698–S1704.
62. Detterbeck F.C., Parsons A.M.. Management of stage I and Ⅱ thymoma. *Thorac Surg Clin*. 2011;21:59–67.
75. Girard N., Ruffini E., Marx A., Faivre-Finn C., Peters S.. ESMO Guidelines Committee. Thymic epithelial tumours: ESMO Clinical Practice Guidelines for diagnosis, treatment and follow-up. *Ann Oncol*. 2015;26(suppl 5):v40–v55.
76. Hess N.R., Sarkaria I.S., Pennathur A., et al. Minimally invasive versus open thymectomy: a systematic review of surgical techniques, patient demographics, and perioperative outcomes. *Ann Cardiothorac Surg*. 2016;5(1):1–9.
78. Venuta F., Rendina E.A., Klepetko W., Rocco G.. Surgical management of stage Ⅲ thymic tumors. *Thorac Surg Clin*. 2011;21(1):85–91.
91. Girard N., Mornex F.. The role of radiotherapy in the management of thymic tumors. *Thorac Surg Clin*. 2011;21(1):99–105.
113. Wei M.L., Kang D., Gu L., Qiu M., Zhengyin L., Mu Y.. Chemotherapy for thymic carcinoma and advanced thymoma in adults. *Cochrane Database Syst Rev*. 2013;(8):CD008588.
149. Girard N.. Chemotherapy and targeted agents for thymic malignancies. *Expert Rev Anticancer Ther*. 2012;12:685–695.
159. Ruffini E., Oliaro A., Novero D., Campisi P., Filosso P.L.. Neuroendocrine tumors of the thymus. *Thorac Surg Clin*. 2011;21(1):13–23.
177. Ruffini E., Filosso P.L., Oliaro A.. The role of surgery in recurrent thymic tumors. *Thorac Surg Clin*. 2009;19(1):121–131.

获取完整的参考文献列表请扫描二维码。

第11篇　症状管理和并发症

第57章　肺癌急症

Ken Y. Yoneda, Henri Colt, Nicholas S. Stollenwerk

要点总结

- 与肺癌密切相关的特异性肿瘤学急症主要是中央气道阻塞、大咯血和大量胸腔积液。
- 肺癌引起的中央气道阻塞在传统上分为外生性（腔内肿瘤）、外源性（气道内外的肿瘤压迫气道）或混合型。
- 中央气道阻塞的治疗一般与病变类型相关：外生性病变多采用消融的方式（如激光、冷冻疗法、氩等离子体凝固），外源性压迫选择支架植入术，混合性病变多采用综合治疗。
- 虽然中央气道阻塞的治疗可以提高患者的存活率，但主要目的是缓解症状。
- 大咯血可能会突然出现并且可造成迅速致命的结果。因此，快速、高效和专业的管理和治疗至关重要。
- 大咯血患者一般死于窒息，而不是失血过多，虽然并非所有大咯血患者都需要气管插管和机械通气，但评估和管理气道，并且持续警惕地关注气道是首要问题。
- 血管内栓塞（90%的病例选择支气管动脉）是大咯血的主要治疗方法。
- 恶性胸腔积液是造成大量胸腔积液的最常见原因。
- 实时超声检查是评估和处理大量胸腔积液的重要环节。
- 胸腔穿刺引流是一种有效和安全的方法，有助于缓解恶性胸腔积液患者的症状。

肺癌患者所遇到的肿瘤急症并不是肺癌所独有的，而且在大多数情况下所有癌症患者都有可能会发生。但是，肺癌急症中的某些方面是独有的。在世界范围内肺癌发病率和死亡率均位于首位[1]，但在美国肺癌发病率却次于前列腺癌和乳腺癌位于第3位[2]。然而，在急诊科就诊的患者中，肺癌患者的人数是第2位最常见类型癌症（结直肠癌）的3倍多。急诊肺癌患者最常见的主诉是呼吸系统的问题[3-4]。这些患者的病情似乎更为严重，急诊室死于肺癌的病例是结直肠癌病例的5倍多[5]。虽然大多数肺癌急症如肺炎、呼吸衰竭、中性粒细胞减少型脓毒症、休克、颅内病变、脊髓压迫和病理性骨折也会发生于其他癌症患者，但其中最为突出且与肺癌最具特异性和相关性的3个急症是中央气道阻塞、大咯血和大量胸腔积液。针对肺癌这3种复杂的、有争议的和致命的并发症的病因、评估和管理，本章提供了一系列的实用见解和观点。

1　中央气道阻塞

本章中将中央气道阻塞定义为气管、主支气管以及叶和段支气管的阻塞。对于肺癌或其他恶性肿瘤转移到肺和气道的患者，中央气道阻塞是最常见的疾病进展征兆。肺癌相关的中央气道阻塞通常需要紧急评估和治疗，以避免患者进入重症监护病房，控制疾病的进展，缓解和治疗其他威胁生命的疾病并避免猝死。

中央气道阻塞会表现出许多相关体征和症状，这些症状与体征可用于少数诊断模式的评估和多种可行的介入疗法中，以及最重要的是用于在这一急症的诊断和治疗管理中与患者相关的一些问题。在本章中，由肿瘤学家、放射学家、细胞病理学家、介入性肺病专家、危重护理专家、胸部外科医生、医学伦理学家和放射肿瘤学专家共同组成的肺癌多学科管理团队可简要地解决其中的一些问题。

1.1 作为急症出现的中央气道阻塞的类型

传统上，中央气道阻塞分为外生性（腔内）、外源性（即肿瘤压迫气道壁外或涉及气道壁）或混合型（图57.1），可通过气道异常的位置和范围来进行中央气道阻塞的分类。描述阻塞是否是局灶性、多灶性或弥漫性，并指出是否存在如水肿、支气管炎、气道坏死、化脓性分泌物、明显感染（可能是原发性或继发性）、出血、穿孔或瘘管、裂开或气道扭曲等相关异常，这有助于确定是原发性还是继发性疾病造成的阻塞。中央气道阻塞可能是新发的疾病、疾病进展或复发的结果所造成的，也可能是手术的医源性并发症，如气道插管、机械通气、支架植入、近距离治疗或激光切除、其他支气管镜下操作、体外放射治疗或胸部手术干预等。

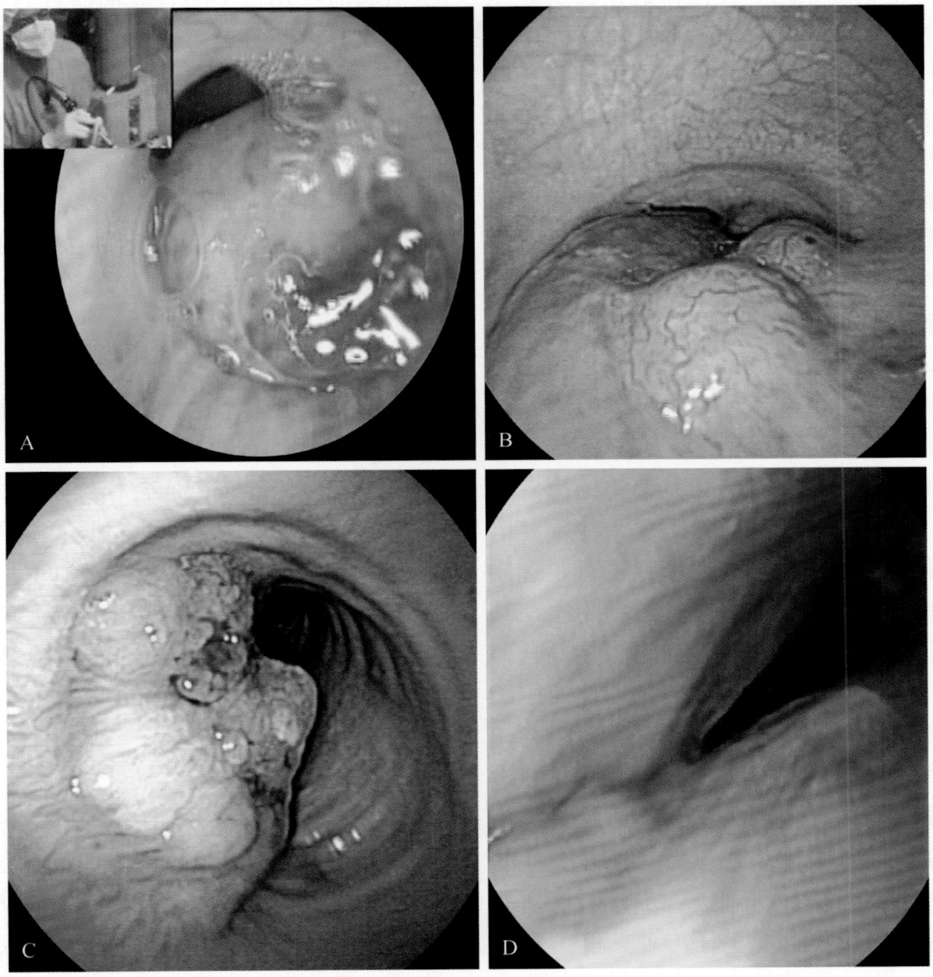

图57.1 支气管镜图像显示了需要紧急干预的4种类型的中央气道阻塞

（A）几乎完全阻塞的外生性病变；（B）累及后膜的富血供的分叶状肿瘤几乎完全阻塞气管；C：混合性梗阻（外生性和外压性）因为肿瘤容易出血，累及气道壁；D：在隆突和右主支气管起始处，由于纵隔肿块的外压，气道几乎完全关闭。（A）可以进行热消融恢复气道通畅，注意左上角硬性支气管镜检查的外部视图；（B）肿瘤并非绝对需要镜下切除，支架植入将恢复气道通畅；（C）热消融可消除大部分腔内肿瘤。在肿瘤快速再生的情况下，支架将有助于维持呼吸道通畅；D：通过植入支架可以缓解病情

与治疗可能相关的其他特征包括：阻塞病变是动态的（在吸气和呼气期间改变气道的大小）还是固定的（在呼吸周期期间气道直径保持不变），病变是否伴有软化（气道软骨软化）或过度的动态气道塌陷（过度的后膜内陷），以及症状对患者的气道功能状态和生活质量的不利影响程度。当气道阻塞导致急症时，必须确定该急症是否立即危及生命。最后这一点对诊断、治疗、护理和伦理等方面都具有重要意义。

1.2 肺癌相关中央气道阻塞的症状

与肺癌相关的中央气道阻塞的症状与其他中央气道阻塞的症状相似，包括呼吸困难、咳嗽、咯血、声音嘶哑和呼吸衰竭。这些症状可能是进行性进展的，也可能是突然发作的，很容易被认为与患者先前存在的肺癌本身症状是一致的。这些症状是疾病进展的征兆，虽然可以控制，但也可以是死亡的先兆或原因。在任何近期接受姑息性或治疗性治疗干预的已知或疑似肺癌的患者中，所有新产生的症状或原有症状加重都应怀疑是中央气道堵塞。当然，患者的其他合并症可能同样产生这些非特异性症状。因此，医学评估必须确定可能的心力衰竭及其严重程度和作用以及其他症状如食管转移，胸膜疾病，转移至肺、纵隔和气道的其他恶性肿瘤，肺气肿和慢性支气管炎，肺炎，放射性肺或气道损伤，临床抑郁症，营养不良和发育不全。

在门诊期间，一旦发现怀疑中央气道阻塞的患者，需要催促其进行急诊就诊，或对需要急症插管、急诊住院或两者兼有的突然恶化的患者紧急采取措施。中央气道阻塞通常需要入住重症监护病房。在某些情况下，只有在患者进行紧急插管并进行机械通气后才发现存在气道梗阻。在其他情况下有明显梗阻症状的患者可能需要插管，这就涉及进行有关生命维持治疗、合理地使用医疗资源以及姑息治疗和手术的作用等问题。第3种情况是因为当前暂不考虑中央气道阻塞的诊断，或者诊断出该情况但认为中央气道阻塞是不可逆的，可能涉及呼吸困难或患有其他并发症的患者拒绝进入重症监护病房和进一步诊断评估的问题。最后一种情况引起了关于专业、能力和资源分配的问题，因为医疗的水平和质量部分取决于医生的专业知识、团队经验、医疗机构综合实力、患者经济情况和对危及生命疾病患者的自身重视程度。与患者以及参与患者诊疗的其他医疗服务提供者进行良好的沟通是至关重要的，正确执行知情同意（包括选择接受或拒绝微创手术干预的潜在后果）是彻底了解现有可供选择治疗方案的先决条件。

中央气道阻塞的紧急出现对于医务工作者、患者和他们的家人来说都是复杂和紧急的。恶性肿瘤引起的中央气道阻塞患者的中位生存期可能只有3个月。1年生存率可能只有15%[6]。一般情况下需要进入重症监护病房的非手术肺癌患者超过90天的存活率仅为37%[7-8]，而且在中央气道阻塞伴有急性呼吸衰竭的情况下，预后非常差[9]。通常，肺癌患者的呼吸衰竭是由肺炎、急性肺损伤或急性呼吸窘迫综合征、弥漫性肺泡出血、气道出血、静脉血栓栓塞以及中央气道阻塞所引起的。死亡率随着衰竭器官的数量、合并症的严重程度和气道阻塞的存在而增加。在一项研究中，中央气道阻塞合并肺癌的患者接受机械通气的住院死亡率为83%，而没有气道阻塞患者的死亡率为62%[10]。在其他研究中，当呼吸衰竭是由气道阻塞引起时，只有25%的患者可成功脱离机械通气[9]，尽管一些恶性中央气道阻塞患者可以从恢复气道通畅的支气管镜介入手术中获益[11]。

1.3 中央气道阻塞的诊断

中央气道阻塞的诊断需要结合临床表现、影像学和支气管镜技术。由于胸部X线摄影或CT是非侵入性的检查，通常作为首选。在一些危及生命的情况下，进行支气管镜检查可获得即时信息，这些信息对确定治疗干预的适应证有帮助，有利于恢复气道通畅、缓解呼吸困难、推迟或防止需要插管的呼吸衰竭的发生或缓解其他症状（如咯血）。

1.4 临床表现

与中央气道阻塞相关的临床表现可能包括胸部听诊时呼吸音降低、呼气时间延长和患侧哮鸣音。在气道环向近侧移动以至从下方压迫声带的情况下，患者可能失去发声的能力。声带麻痹可能是由于咳嗽、声音嘶哑、声音改变或反复抽吸发作所致，可能与原发性肺肿块或增大的纵隔淋巴结压迫喉返神经有关。咯血可能提示在肺癌发生转移或扩散到气道的其他癌症（如结肠癌、恶性黑色素瘤、肾细胞癌、甲状腺癌、食管癌、腺样囊性癌、肉瘤和一些淋巴瘤）中发生了中央气道阻塞。

1.5 胸部X线片常有助于诊断

胸部X线片可显示肺不张、纵隔移位、肺

叶实变、气管环移位或有肿块压迫中央气道（图57.2）。CT用于确诊并获得关于梗阻性病变的原因、范围、类型和形态的详细信息。相关的临床症状包括纵隔扩大、肺或气道病变、胸膜疾病、肺活量的损失、肺不张和肺实变。有放疗史的患者可能有纤维化或放射性肺炎的征象。CT还可以提供有关支气管周围受累情况和气道病变程度的信息，仅通过支气管镜检查可能会损失这些信息。在某些情况下可进行通气-灌注扫描以确定有功能的肺是否位于梗阻部位之外，但结果并不都是精确的，并且阴性结果不一定能排除已经成功重建气道和恢复通气。

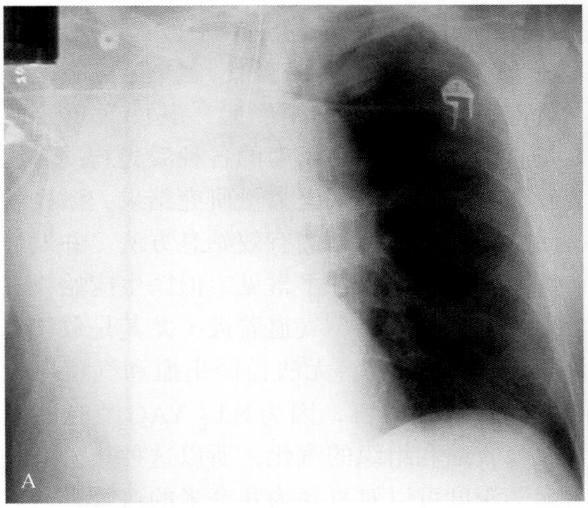

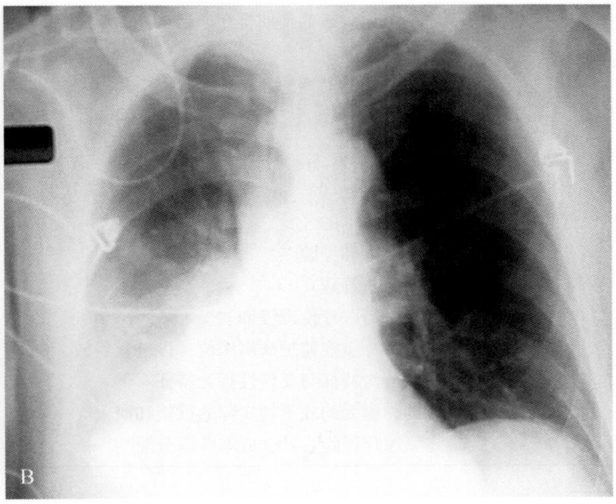

图57.2 胸部X线片显示，一例肺右下叶肿瘤患者经纤维支气管镜紧急介入治疗后，右肺不张得到缓解

在这个病例中，呼吸功能不全和影像学异常（同侧纵隔移位和肺不张）是由黏液堵塞所致，在镜下这些黏液被发现并被吸出。（A）胸部X线片显示右肺完全塌陷；（B）支气管镜检查后的胸部X线片图像

1.6 支气管镜检查

支气管镜检查能提供有关气道阻塞的形态、范围、病因学和严重程度等信息。它还提供有关气道异常的信息，这些异常可能影响治疗决策以及是否需要针对恢复呼吸道通畅的姑息治疗或治疗干预指征。有经验的医生能迅速进行气道检查，并且对患者的风险最小。支气管镜检查可以从鼻孔或口腔进入支气管，站在患者头部后面或患者前面和侧面进行操作，患者在整个过程中始终吸入氧气，并可以按需选择使用或不使用镇静剂。例如，在即将发生呼吸衰竭的患者中，可以在患者接受高流量氧气和（或）通过持续气道正压面罩进行支气管镜检查而无须镇静（以避免医源性呼吸抑制的风险），并且患者处于坐位（以避免与仰卧位有关的吸入或呼吸抑制）[12]。在急诊室医院病房或手术室中完成的这种操作可以使患者立即转诊到手术室进行治疗性支气管镜介入治疗。如有必要，可以通过支气管镜对患者进行临时气管插管，或者在适当的镇静和气道管理后通过喉镜进行插管，然后运送到手术室或介入性支气管镜室。

1.7 患者评估

诊断为肺癌的患者发生中央气道阻塞时需要仔细评估，从而获得能指导治疗的相关信息。与疾病、病变、患者（如临床状态和治疗偏好）以及与医疗团队相关的许多决策必须仔细斟酌（表57.1）。为了确保获得的信息可以解决疾病诊疗的每个方面，可以使用四步法，包括初步评估、治疗策略审查、治疗技术和预期/已知结果以及长期管理（表57.2）[13-14]。与癌症相关的中央气道阻塞的处理可以在《支气管镜检查和中央气道疾病：以患者为中心的方法》一书中找到[15]。

表57.1 影响肺癌相关中心气道阻塞患者急诊处理决策的因素

种类	描述
与疾病相关	合并症的严重程度和范围 疾病程度（器官衰竭、转移） 无进一步系统治疗的预后 额外的系统治疗的预后

续表

种类	描述
与病变相关	疾病程度 中心气道阻塞持续时间与呼吸功能不全的症状 可接受支气管镜切除或姑息治疗 适于支架植入术 放射治疗的潜在反应
患者状态和偏好相关	功能状态 无中心气道阻塞的预期生存期 拒绝心肺复苏情况 是否签署知情同意 家庭支持情况 风险接受度 生存期望：目标、期望
与医疗保健团队相关	支气管镜技术的经验 医生的能力和经验 多学科团队管理 姑息治疗与医疗伦理咨询 资源支持（重症监护病房床位、设备、器械） 主动性行为特征与反应性行为特征 现实的、虚无的或不切实际的欲望和期望 成本、医疗保险、社会成本资源分配

表57.2 肺癌相关性中心气道阻塞患者干预的四步评估

初步评估	操作策略
1. 体格检查、补充测试和功能状况评估	1. 适应证、禁忌证和预期结果
2. 患者的严重合并症	2. 操作员和团队的经验和专业知识
3. 对患者的支持（包括家人）	3. 风险效益分析和治疗选择
4. 患者（和家人）的选择和期望	4. 尊重患者
操作技术和结果	**长期管理计划**
1. 麻醉和其他围手术期护理	1.结果评估
2. 技术和器械	2. 随访测试、访问和程序
3. 解剖危险和其他风险	3. 转诊至内科、外科或姑息/临终专科护理
4. 结果和操作相关并发症	4. 临床接触的质量改进和团队评估

1.8 肺癌相关中央气道阻塞的急诊处理方法

治疗的目标是恢复气道通畅、改善症状、提高生活质量、改善患者的生活状态，使他们有接受额外的全身或局部治疗的机会，从而降低住院患者的护理级别（从重症监护病房到普通病房或从普通病房到家庭），并提高存活率。近年来，如果患者有机会进行姑息治疗的话，常常采用的姑息性治疗的方法是支气管内切除（使用热、非热或机械技术）与支架植入或非支架植入的组合，然后进行外部放射治疗和（或）全身治疗。

1.9 支气管镜激光切除术

支气管镜激光［通常使用钕：钇铝石榴石（Nd：YAG）激光］切除是急诊介入治疗中心治疗气道阻塞患者的主要手段。激光可以与机械剥离和支架置入结合使用，但要求医疗团队具有激光技术的使用经验，其中最重要的经验是有关低密度或高密度的各种激光与人体组织相互作用的知识。根据大量研究结果，激光切除是治疗中央气道阻塞的有效姑息方法。并发症在训练有素的医生中并不常见，但医生应始终考虑出现无法控制气道、气道着火（尤其是放置气道支架或气管导管）、无法控制出血和气道坏死的可能性。一般而言，因为Nd：YAG激光使大量的血管收缩和组织的汽化，所以这种热消融技术的穿透深度可以对直径为几毫米的血管进行有效的止血[16]。

1.10 气道支架

有机硅气道支架的置入对于中央气道阻塞的急诊治疗是非常有价值的。若不需要进行热消融技术，在必要时放置这些支架可以确保呼吸道通畅，并为医务人员提供时间来解决与患者诊疗相关的其他问题。许多研究数据证实了硅胶支架具有恢复和维持呼吸道通畅的功效，其他文献也报道了诸如支架移位、打结、肿瘤或黏液阻塞、甚至感染等并发症[17]。然而，硅胶支架置入需要严格的支气管镜检查和全身麻醉。支架有各种形状和大小，包括适合于隆突或左右主支气管的支架。通过改善功能状态，支架置入为患者提供继续进行姑息化疗或放射治疗的机会（图57.3）。

当有症状的气道狭窄同时存在时，由外源性压迫引起狭窄时，或者由于肿瘤快速生长致使患者在短时间间隔内反复切除管腔内病变时，支架置入成为必要。传统上，支架选择基于操作者之前的特定支架置入经验以及各种支架和其他设备的可用性。支架可取回性对于需要临时放置支架的恶性肿瘤患者很重要。这些恶性肿瘤患者是指那些将接受进一步手术或全身化疗和（或）放射

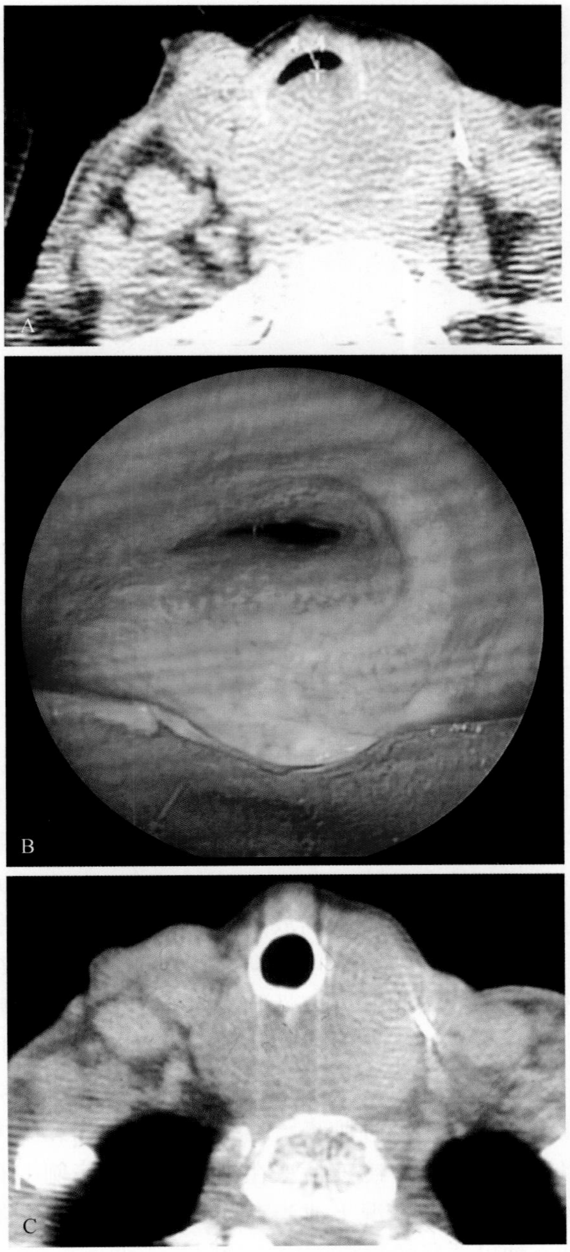

图57.3 气管几乎完全阻塞导致的呼吸功能不全，需要硬性支气管镜和硅胶支架植入术进行紧急干预

（A）CT断层扫描显示气道阻塞；（B）急诊硬支气管镜检查时观察到的中央气道阻塞；（C）CT显示硅胶支架置入后气道通畅

治疗的恶性中央气道阻塞患者（如甲状腺癌、原发性肺癌和食管癌侵犯或累及气道的患者）。

除了肿瘤的形态和一致性外，在选择合适的支架时应考虑支架的机械性能。膨胀力（强度）和保持角度的能力（也称为屈曲）在不同类型的支架中有所不同。螺纹硅酮型支架具有较高的扩张力，在扭曲的弯曲气道中角度特性很重要，因为它们决定了支架是否适合急性倾斜气道并保持通畅（图57.4）[18]。对留置气道支架的患者应给予支架医疗警示卡，告知急诊室医生有关支架类型、大小、位置和结构的信息，并提供有关支架相关并发症的紧急措施的说明[15]。

1.11 外照射放射治疗

体外放射治疗是一种可行的非侵入性治疗方式。在对50多例患者的研究中，当这些患者出现严重的气道阻塞导致肺不张时，体外放射治疗的反应率为20%～50%[19]。小样本研究表明，支气管阻塞经过体外放射治疗可以在高达74%的患者中得到缓解，从而使塌陷的肺完全或部分再扩张。开始治疗的时间很重要，因为有研究证明在肺不张后2周内接受放射治疗的患者中，有71%的患者肺完全再复张，而在2周后接受放射治疗的患者中只有23%出现完全再复张[20]。外照射放疗的主要限制是对正常肺实质、心脏、脊柱和食管的不必要暴露。使用三维构象放射和呼吸门控的成像以及治疗计划的改进可以精确地进行放射输送，并且通过降低正常组织边缘的暴露以解决位置的不确定性问题，从而可以明显降低临床上肺炎和食管炎的发生风险[21]。气道通畅性的恢复通常会改善患者的功能状态和表现评分，如果需要还会加速全身治疗的开始，并能提高生存率。

1.12 气管内放射治疗

支气管内近距离放射治疗在腔内肿瘤患者中已被证明是有效的，即使存在实质性的支气管外成分。这种治疗基于平方反比定律的原理，即剂量率随着到辐射源中心距离的平方反比而降低，使得在辐射源中心获得高辐射剂量并向外围快速降低成为可能。支气管内近距离放射治疗是一种姑息治疗，支气管阻塞的再通率为60%～90%。70%～80%精心挑选的患者症状改善。报告结果的可变性与患者选择、不同的治疗方案和其他治疗的使用有关。然而，为了缓解NSCLC的症状，Cochrane Meta分析得出结论：单独支气管内近距离放射疗法不如外照射放疗有效[22]。支气管内近距离治疗通常通过柔性支气管镜进行。治疗效果延迟以及咯血的并发症可导致高达21%的死亡率。其他并发症包括瘘管形成、放射性支气管炎

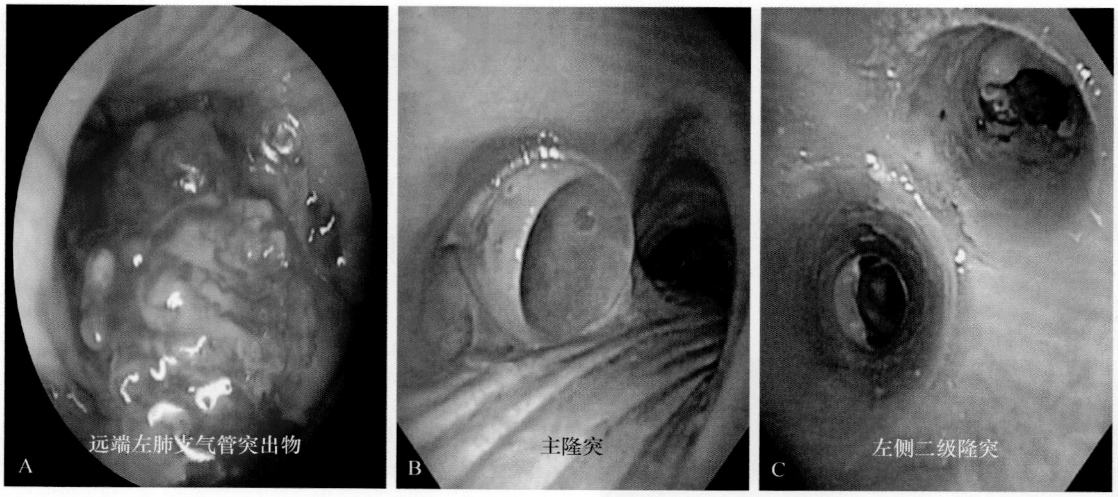

图57.4 一例左支气管几乎完全阻塞的病例

（A）由外生性肿瘤引起的中心气道阻塞，从左主支气管起点延伸至左上叶和下叶支气管开口；（B）左主支气管内的带钉硅胶Y支架的近端略高于隆突；（C）在气管的远端，分叉硅胶Y支架可确保左上叶和左下叶支气管通畅

（10%）和支气管狭窄。最重要的是，可能是因为靠近大血管，鳞状细胞癌和肺上叶的放射治疗有较高的咯血率。然而，在主要血管附近的任何地方进行放射治疗，都有可能增加出血风险，与激光切除加支气管内近距离放射治疗这样的综合治疗一样，这些联合疗法可能会增加组织坏死的可能性。情况不佳的患者也可能有更高的风险发生围术期并发症，如近距离放射治疗中放置导管引起的咳嗽、支气管痉挛和气胸。

1.13 光动力学疗法

光动力学疗法也可以通过柔性支气管镜进行，并被批准用于晚期NSCLC的局部姑息治疗。当患者有超过50%的黏膜病变缩小时，这种方式被证实是有效的[23]。当患者具有相对良好的表现状态时，光动力疗法的结果似乎是最好的[24]。此外，这种疗法在紧急情况下并不理想，因为治疗效果会延迟至少48小时，并且干预后4周的光毒性风险约为20%。因为气道黏膜下垂和残留的肿瘤碎片，光动力疗法实际上可能在治疗后初期加重气道阻塞。下垂的组织会阻塞气道，导致完全阻塞，使症状恶化和发生阻塞性肺炎[25]。与支气管内近距离放射治疗类似，光动力治疗在致死性大咯血的高风险患者中是禁忌的。据报道，有0～2.3%的患者出血，当疾病侵及主要血管时风险可能更高。

1.14 冷冻疗法

冷冻治疗会导致肿瘤组织的血栓形成和坏死。尽管冷冻疗法不会引起气道着火或穿孔，但它可引起冷诱发的支气管痉挛。冷冻疗法与外照射放疗相结合已被证明是最有效的[26]。与光动力疗法和支气管内近距离放射疗法相似，冷冻疗法具有延迟效应，最初可能会加重气道阻塞，导致坏死组织脱落引起阻塞性肺炎发生。与光动力疗法和支气管内近距离放疗相似，冷冻疗法具有延迟效应，最初可能会加重气道阻塞，由脱落的坏死组织引起阻塞性肺炎。据报道，在肺癌和腔内阻塞的患者中，冷冻疗法在高达75%的病例中有效，但在紧急情况下或当存在外在压迫时，它不是一种可选择的治疗方法。

1.15 氩等离子凝固

氩等离子凝固和电灼可以去除外生性疾病并提供表面烧灼（3～6 mm），这可能不足以阻止大气道出血。组织内热诱导坏死的穿透深度和分布不像激光那样可预测，因为电流在不同的组织类型中遵循最小电阻的路径。氩气是一种分子量大的惰性气体，并且在体内的溶解度比二氧化碳低得多。当气体被迫进入气道壁时，可能会导致穿孔，或者气体可能聚集在血管中并进入体循环，导致危及生命的气体栓塞发生[27]。肿瘤的侵蚀也会对重要血管造成危险。当高度血管化的病变和在大血管附近治疗时，风险可能会增加。

1.16 覆膜自膨胀金属支架

自膨胀金属支架也称为混合型支架，已被用于缓解气道阻塞和封闭瘘管以避免误吸。在接受机械通气的患者中，可以通过全身麻醉下的硬性支气管镜或在透视引导下通过柔性支气管镜插入自膨胀式金属支架[28]。然而，一些患者由于病情严重和合并症或不愿意进行手术，不适合在全身麻醉的情况下进行硬性支气管镜检查而失去机会。荧光透视需要特殊的设施，并非每个重症监护病房都能具有。自膨胀金属支架比硅胶支架更昂贵，并且很难取出。

1.17 支气管镜球囊扩张

球囊扩张术通常用于气道狭窄，对恶性疾病引起的混合性梗阻可能并不理想。在操作者具有有限的手术经验的情况下，可以使用球囊来扩张气道腔以使硬性支气管镜或气管内导管无创伤地通过。使用专门设计的切除球囊可以对外生性疾病进行机械切除[29]。

1.18 急诊支气管镜治疗中央气道阻塞的预期效果

本章不仅仅只介绍支气管镜治疗中央气道阻塞的研究结果。许多研究也表明，恢复气道通畅可以改善患者症状、生活质量、运动能力和存活率。因此，支气管镜治疗中央气道阻塞成为治疗的标准，并且应考虑应用于所有诊断为与肺癌相关的中央气道阻塞的患者。

在某些情况下，需要求助于相应的专家。当存在干预技术的不可行性、患者由于功能状态差而无法耐受或无法在手术中存活、干预措施不会提高生活质量或生存质量等疑问，最好让专家对患者进行评估。为了加强对所有肺癌患者的诊疗，需要紧急治疗中央气道阻塞患者的多学科团队合作。这样的团队可以帮助制定肺癌治疗决策，它由具有微创介入技术经验和知识的气道专家组成，并且接受过一种或多种治疗性支气管镜的良好培训。

由于本节专门针对中央气道阻塞患者的气道紧急情况进行讨论，因此对中央气道阻塞引起的呼吸衰竭患者的主题进行评论是合理的。在这些情况下行介入性支气管镜操作，如机械切除术、热消融术和支架置入比外部放射治疗有更直接的结果，有助于避免持续进行机械通气[30-31]，从而提供额外治疗的时间，并延长生存时间和提高生活质量[32]。在许多情况下似乎濒临死亡的患者能够在呼吸道通畅恢复后获得富有成效、舒适的生活。

重症监护医学协会建议所有具有可逆性疾病的晚期癌症患者入住重症监护病房，这些疾病包括肺栓塞、心脏压塞或气道阻塞[33]。伴随此建议的是一份优先排序量表，确定哪些患者可以从进入重症监护病房中受益最多（优先级1），哪些患者将根本不受益（优先级4）。癌症合并气道阻塞的患者被指定为优先级3，其定义为患有危重病但由于潜在疾病或急性疾病的性质而降低了恢复可能性的不稳定患者。众所周知，紧急支气管镜干预对许多危重患者是有益的。2012年报告了12例NSCLC患者的急诊支气管镜介入治疗结果，在6年研究期间这些患者在重症监护病房进行了插管和机械通气[34]。12例患者中有11例（92%）恢复了呼吸道通畅。支气管镜介入使12例患者中有9例（75%）立即拔管并停止机械通气。中位总生存期为228天（范围为6～927天）。在干预后24小时内，9例拔管患者的中位生存期为313天（范围为6～927天）。

在另一项研究中，Jeon等[32]报道了36例各种肿瘤引起的呼吸衰竭和恶性中央气道阻塞。除了支气管镜介入治疗外接受系统治疗或放疗的患者比单独接受支气管镜姑息治疗中央气道阻塞的患者存活时间更长（中位生存期，38.2个月 vs. 6.2个月）[32]。在荷兰的一项回顾性研究中，14例患者［包括晚期食管癌患者（5例）和NSCLC患者（9例）］经支气管镜介入治疗后症状立即缓解。因此，负责家庭诊疗的荷兰全科医生表示，支气管镜介入和气道支架插入在以患者为中心的治疗计划中值得考虑[35]。

2 大咯血

咯血并非罕见事件，大约20%的肺癌患者都会出现咯血。大咯血虽然很少见，但3%的患者会因大咯血而致命[36]。当咯血量很小时，通常很容易诊断和治疗，但它也可能预示着更为关键或致命的事件。有时，临床上咯血发作得十分突然、咯血量很大以至于需要紧急住院治疗，但咯血量都没有像文献中定义的那么大的量。但在有些时候，它可能以令患者和临床医生震惊的咯血量和方式出现。有了这种明确无误的表现，咯血量普遍被认为是巨大的，并被清楚地判定为威胁生命的危急情况。然而，没有使用普遍接受的术语（主要的、大规模的、灾难性的、危及生命的和严重的都曾经被使用过）来描述这些不同场景的咯血，甚至对精确的咯血量或相关的临床定义也很难以理解。也许咯血量并不重要，最重要的是咯血的生理效应，虽然500 mL的失血不足以导致大失血，但它可以导致快速窒息和死亡。因此，快速有效的评估和治疗咯血至关重要。调动资源完成评估和治疗是一项挑战，特别是在经验和资源有限的医院。由于咯血造成的死亡率取决于咯血的定义、病因、时机、治疗医院以及潜在的治疗方法，因此，毫不奇怪，报告的死亡率变化很大（0～78%）[37-39]。

就本综述而言，术语大咯血用于涵盖医学文献中各种术语和定义，但鼓励读者考虑潜在威胁生命的咯血的更多背景。有关肺癌特异性大咯血的数据是有限的。因此，以下大部分讨论都是从一般的咯血数据中得出的，但讨论的重点大多是肺癌。虽然不够完善，但越来越多的证据表明，多学科诊疗模式可以为肺癌患者诊断和治疗大咯血提供益处。

2.1　定义

用于定义大咯血的咯血量是指在24小时内超过100 mL甚至超过1000 mL，但通常被认为大于600 mL[40-41]。长期以来，人们已经认识到咯血的容量与疾病的严重程度和预后相关。Corey等[41]对887例在24小时内咯血大于200 mL的患者进行的一项单机构回顾性实验研究，发现24小时咯血大于1000 mL的患者死亡率为58%，而24小时内咯血小于1000 mL的患者死亡率为9%。然而，咳出的血液量很难让患者量化，并且有些主观。此外，预期的咯血量可能大大低估了残存在肺泡腔和气道中的血液量。因此，胸部X线片可以更准确地反映出血。也许比精确的咯血量更重要的是它的生理效应。据估计，肺泡腔内400 mL血液足以损害氧气转运[42]。相同体积的血液可导致大气道严重阻塞、窒息和死亡。此外，出血率、潜在的发病率和患者保持通畅气道的能力都会影响咯血的严重程度，咯血的严重程度与绝对咯血量无关。目前，文献中已经提出基于气道阻塞和血流动力学不稳定的生理效应的替代咯血量的定义的想法[43-45]。

在2012年发表的一个大型系列文章中，Fartoukh等[38]阐明了对住院死亡率和咯血严重程度的预测，从而阐明了如何考虑、定义、描述和治疗这种疾病。该研究的单变量分析显示，咳出的血量是死亡率的主要预测因子，但在调整其他因素后，咯血量不再是死亡的独立预测因子。他们对来自1087例咯血患者的数据进行了回顾性研究，开发并验证了预测住院死亡率的多元回归模型。他们设计了一个简单的评分系统，分配分数为慢性酒精中毒（1分）、癌症（2分）、曲菌病（2分）、肺动脉受累（1分）、两个或更多胸部X射线象限（1分）和初始机械通气（2分）。住院死亡率随评分增加而增加，分别为：0＝1%，1＝2%，2＝6%，3＝16%，4＝34%，5＝58%，6＝79%，7＝91%。这些结果表明，评分系统可能更好地定义咯血，并根据风险水平对患者进行分层，而不是使用咯血量来定义大咯血。只有通过这种客观和标准化的定义，才能研究如何最好地对这些患者进行分类、管理和治疗。

2.2　咯血病因学

在世界范围内，在一般的大咯血的病因中，感染性病因（结核、支气管扩张、真菌瘤和坏死性肺炎）居主导地位。在严重到需要支气管动脉栓塞的病例中，3%～10%的病因是肺癌，而在住进重症监护病房的患者中，17%的病因是肺癌[37-38, 46-47]。在某些特定的地区，结核病是最常见的咯血的原因，但在其他地区却是罕见的[48]。肺癌与大多数其他癌症一样，是高度血管性的，可能导致大咯血，尤其是当累及支气管内膜时。肺癌患者可能存在化疗诱导的血小板减少症和合并症如肾病和（或）肝病、需要抗血小板治疗的血管疾病或需要抗凝的血栓性疾病，这些因素使得问题复杂化。以上情况和药物效应中的一些情况可以被减轻、纠正或逆转。特别值得注意的是抗血管生成因子和酪氨酸激酶抑制剂（其中一些还具有显著的血管生成抑制作用），它们可能导致大咯血[49]。这些药物的生物效应不能逆转，并且持续数周。

肺癌患者的大咯血不应直接被认为是肺癌引起的。正如此前讨论过，患者经常有合并症，这可能使他们易患各种其他疾病，包括癌症相关的高凝导致肺栓塞，凝血相关疾病导致肺泡出血和免疫抑制导致坏死性肺炎。因此，临床医生必须整体评估肺癌患者的咯血，而不能直接认为肺癌是咯血的直接病因[49]。这种评估在治疗过程中很重要。例如，弥漫性肺泡出血和（或）凝血病变的患者不太可能从血管内栓塞等侵入性治疗过程中获益。

2.3 咯血血管来源

在大约90%的咯血病例中，支气管动脉是出血的来源。支气管动脉循环血流量相对较低，仅占心输出量的一小部分。因此，出血可能是自限性的，量较少。然而，出血可能直接由流入气道的高压力驱动，在那里没有反压力存在以对出血进行止血。这种所谓的高压力低流量出血源可以迅速击垮患者保持气道畅通和避免窒息的能力。恶性肿瘤和慢性肺部炎症促进支气管动脉的新生血管、肥大和增殖。慢性胸膜炎症可导致循环异常，这些异常可能起源于乳腺、锁骨下动脉、肋间动脉、胸廓动脉、心包动脉、膈动脉和甲状腺动脉。这些血管可能通过肺韧带、壁膜或膈肌胸膜进入肺，并代表另一个高压低流量来源，据报道3%～25%的咯血病例都是由此导致的[39, 46-47]。相反，虽然肺动脉循环是由相对较低的右心室压力驱动，但肺动脉出血可能占心排血量的很大部分。这种相对较低的压力-高流量循环只导致少数大咯血的病例，但在表现上可能同样存在致死性，如肺结核患者的Rasmussen动脉破裂。Remy等[50]在189例经导管支气管或肺动脉栓塞治疗大量或重复咯血的患者中检出了11例（6%）肺血管源性出血，Wang等[51]发现在30例患者中有2例是肺动脉源，其他大型实验研究未能报告肺动脉循环是咯血的重要来源。然而，未将肺循环视为咯血的潜在来源可能解释了为什么血管造影在大约11%的病例中未能确定咯血的明确来源[47, 52]。值得注意的是，肺静脉循环也未被充分认识到作为大咯血的潜在来源。它具有更低的压力，相当于左心房压力，并且代表了一种潜在的非常低压高流量的大咯血来源（表57.3）。

表57.3 咯血的血管来源

来源	发生率（%）
支气管循环	90
其他体循环	3～25
肺循环	6

支气管动脉解剖结构可能变化很大，需要深入了解和评估以确定明确的咯血血管来源。70%的支气管动脉起源于在T5和T6之间的降主动脉。另有20%的人起源于锁骨下动脉、胸内动脉、心包膈动脉、无名动脉、甲状腺颈动脉、膈下动脉或腹主动脉的异常分支。10%的支气管动脉来自胸主动脉和主动脉弓的其他区域[53]。支气管动脉本身变异很大，包括9种模式[54]。通过多排CT识别准确的栓塞路线图，从而明确咯血的病因和起源。它可以描绘所涉及的支气管和非支气管动脉的精确解剖和性质、病程和大小，以及与脊髓动脉的关系。

2.4 临床评估、早期复苏和支持治疗

虽然评估、复苏和稳定与疾病的诊断分开进行，但实际上所有这些环节都是同步进行的，并且在很大程度上是综合的。与大多数危重疾病诊治的情况一样，大咯血的初始临床评估、复苏和稳定通常优先于复杂或全面的诊断测试。鉴于大多数患者死于窒息而不是失血过多，气道评估和管理是首要任务。最初的治疗应在急诊室或重症监护病房进行，由最有经验的护理人员提供护理。只要有可能，应将这些患者收入院治疗，并为其提供医疗专业知识和资源，以便对他们进行最佳的治疗或者建议其转到三级医院。

气道评估与其他急诊患者的评估相似，是否进行气管插管和机械通气取决于合理的临床判断。如果患者有呼吸窘迫的症状，应该毫不犹豫地进行气道插管。然而，并不是所有大咯血患者都需要气管插管。气管插管的目的是建立安全的

气道，实现充分的通气和供氧，并维持气道通畅。患者采用非插管措施取决于以下几个因素：咯血的流量、容量和持续时间、咳嗽和气道清除机制以及心肺储备。对于没有痛苦的大咯血患者，预防性插管通常是不必要的。然而，必须注意患者未能保持气道畅通的迹象，如心动过速、呼吸困难、高血压、低血压和低氧血症等。涉及两个或更多检查显示大量吸入的血液和气道内存在不完全清除的血液，表明这些患者的死亡风险增加[38]。对于这些和其他特定的患者可能需要早期插管。其次，临床判断必须考虑到患者耐受仰卧位运输的能力以及血管造影或其他操作的镇静作用。

患者应严格卧床休息，并应处于使出血的肺向下的卧位状态。当必须进行插管时，应由最有经验的人员插入大口径管子，尺寸为8或更大（以便于支气管镜检查和抽吸）。支气管镜插管通常是首选，因为它不仅便于插管，而且可以进行诊断和治疗。此外，在必要时允许选择性插管无出血的右肺或左肺。选择性左主支气管插管可以迅速建立安全的气道，隔离并保护无出血的左肺。右主支气管的选择性插管存在更棘手的问题，因为右上叶开口非常近。在出血的支气管中放置球囊将导致填塞并终止咯血，以及进一步保护未出血的肺。双腔气管导管可以达到同样的目的。虽然双腔气管内导管的放置在隔离和保护非出血的肺方面存在优势，但它的使用并非没有缺点：大约50%的病例会发生错位[55]。有报道，在插管过程中气道会受到危及生命的创伤，并且管腔的直径较小使支气管镜检查和抽吸术变得困难[56]。

硬性支气管镜检查一直被提倡作为一种固定气道的手段，同时提供一个诊断和控制大咯血的平台[45, 57]。然而，硬性支气管镜并不是在所有的医院都有，而且关于大咯血处理的两个大型研究表明柔性支气管镜（首选作为一线治疗而不是硬性支气管镜）可以安全地使用，死亡率为0～4%[37, 52]。如果没有非安慰剂对照试验，硬性支气管镜和柔性支气管镜的选择在很大程度上是基于个人经验、可用性和医院制度。

应建立两根大直径的静脉输液导管，并应考虑中心静脉置管。应给予适当的容量复苏，包括输血和需要时使用静脉血管活性药物。患者应该进行胸部X线检查、实验室检测、血型和血液筛查。凝血功能障碍也应尽可能纠正。

如前所述，Fartoukh等[38]的评分系统评分≥4分的患者住院死亡率为34%，应认真考虑这些患者入住重症监护病房。大咯血的死亡率很难预测，即使是分数为3分或更低的患者也可能从入住重症监护病房中受益，患者进入重症监护病房必须经过临床判断。

应对患病进行全面的病史和体格检查。注意以下几点：①咯血的量、持续时间和性质；②患者的肺癌病史，包括类型、状态、放疗、外科手术和抗肿瘤药物治疗；③服药史；④潜在的肝、肾和心肺疾病；⑤呼吸窘迫的症状和体征；⑥其他出血部位的体征和症状；⑦饮酒史。

2.5 诊断

大咯血的主要诊断依靠实验室检查，从而评估凝血功能紊乱和其他潜在的咯血原因（如血管炎和肺泡出血）、胸部X线片、胸部CT和支气管镜检查。实验室检测旨在确定咯血的可纠正或可治疗的原因，而其余的诊断研究旨在对患者进行快速和有效的分类，从而找出可实行侵入性介入治疗的患者。虽然胸部X线检查应该作为重要的预后指标和指导分类决定[38]，但该检查对大约50%的患者没有帮助[48]。

在大咯血的危急情况下，将出血局限在特定部位或至少相关侧至关重要，这是允许介入及放射科医生缩小其聚焦范围并以有效方式进行血管内栓塞的关键。CT图像可提供有关出血部位和潜在出血原因的信息，并可指示确切的出血血管来源（图57.5）。支气管镜检查可以更准确地识别支气管内病变，并提供可能的暂时性治疗，有时还可以提供明确的治疗选择。一种实用的方法是：在出血已稳定的情况下进行CT扫描，并对因无法控制的出血而不能稳定转移至CT室的患者进行诊断性支气管镜检查。

2.6 计算机断层成像

在严重和大咯血的病例中，CT能确定70%～100%患者的出血侧和特定部位，在60%～100%的患者中确定特定的原因[58-59]。这些信息具体应用于肺癌患者的效果尚不清楚。

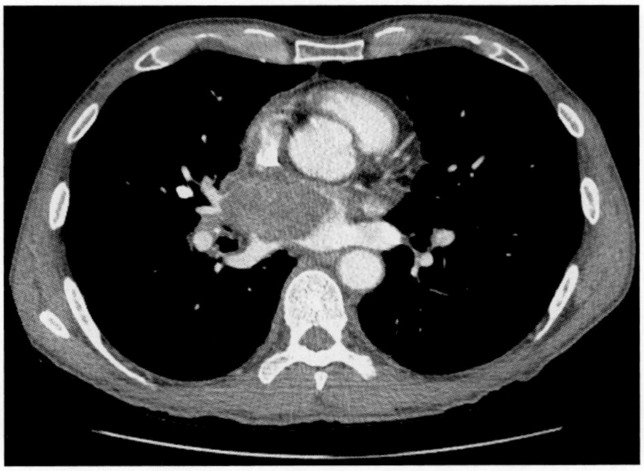

图57.5 胸部CT扫描显示肺部肿瘤侵入左肺静脉和右心房
注：提示存在多个潜在的咯血来源

最近，多层螺旋CT血管造影已被用于识别支气管和非支气管出血的来源以及描述病理血管的解剖。这些结果在血管内栓塞时可能会有所帮助[60]，特别是对于大咯血的患者[61]。这个路线图可能非常有帮助，因为支气管动脉分支是高度变异的，并且导致大咯血的支气管动脉的起源和解剖并不总是容易识别[62]。虽然支气管动脉通常起源于T5和T6之间的主动脉，但也可能起源于下胸主动脉、锁骨下动脉、头臂动脉、乳腺内动脉、颈动脉干、心包膈动脉、甲状腺颈干或膈下动脉。多层螺旋CT可以在超过30%的咯血病例中识别异位支气管动脉起源[63-64]。在一项多层螺旋CT咯血的前瞻性研究中，这种方式在27例大咯血、中度咯血和（或）复发性咯血中诊断出25例[60]。

2.7 支气管镜

对于一般的咯血，在大约63%的患者中CT可确定出血的哪侧胸腔和特定部位[65-66]。增加支气管镜检查可将成功率提高到93%[48]，并且其常规使用已被提倡[43, 67]。这些研究在多大程度上推断肺癌患者的咯血尚不清楚，目前尚无关于支气管镜在该人群中诊断作用的明确共识。然而，这些研究确实提供了认识和证据，表明这两种方式是互补的。在大咯血的情况下，支气管镜检查肯定不能取代临床评估、安全气道的建立和维持血流动力学稳定。在比较纤维支气管镜和CT诊断大咯血的有限病例中，支气管镜和CT在确定出血侧或出血部位方面表现相同，且两种方法的成功率均超过70%。这两种模式可能是互补的，但并不总是必需的。对于确定出血的具体原因，CT似乎远远优于支气管镜检查，但是这些方法可能互补[58-59, 68]。

2.8 治疗

直到20世纪50年代大咯血的治疗主要是支持性治疗，包括休息、镇静、止咳、补充维生素K和全身凝血因子。对于最严重的病例，急性膈神经挤压、故意诱导气胸和（或）气腹、充盈（胸膜外引入惰性气体）和（或）胸廓成形术用于塌陷和诱导肺内的栓塞。虽然肺切除治疗外伤性肺出血已经得到广泛认可，但非创伤性大咯血的肺切除并不是一个被接受的选择，直到Ryan和Lineberry[69]在1950年和Ross[70]在1953年报道了第一次外科肺切除术成功地治疗由潜在的肺部疾病（两例均为肺结核）引起的大咯血。到20世纪60年代末大咯血的保守内科治疗被认为具有78%～85%的高死亡率，而被认为有手术机会的患者在手术干预后的死亡率为0.9%～19%[39, 71-72]。因此，积极的手术治疗方法被提倡。然而，高达39%的大咯血患者不被认为存在手术机会，急诊手术的死亡率为37%～43%[39, 73-74]。因此，到了20世纪70年代末和80年代初，结核病作为美国咯血的主要原因出现了下降（或许与之有关），一些医院主张对即使是可手术的大咯血患者也要回归更保守的治疗。据报道，这种方法治疗大咯血使其死亡率很低，没有接受手术或血管内栓塞的可手术患者的死亡率为11%[41]。现代咯血治疗模式的转变始于在1973年Remy等[75]对支气管动脉栓塞的首次描述，到了20世纪80年代末它的使用非常广泛[41]。血管内（包括支气管动脉）栓塞现在是肺癌大咯血的标准一线治疗方法，手术干预仅对难治性病例实施[52]。尽管放射治疗在大咯血的急性发作中没有作用，但一旦通过保守措施［如支气管镜干预和（或）血管内栓塞术］使患者稳定下来，放射治疗可以防止咯血的复发[76]。

2.9 支气管镜

支气管镜介入本身是一种明确的治疗方法，但是在大多数咯血的情况下，支气管镜检查是控制气道出血直到血管内栓塞的手段，或者很少采用外科手术作为确定的治疗方法[52]。有时，支气管镜检查可用作控制咯血的权宜之计，直到潜在的凝血病变或其他可逆原因被纠正。关于治疗性支气管镜检查在大咯血治疗中的作用尚无共识，其使用因当地和区域的实践和专业知识而异。在两个大的病例研究中，软性支气管镜常规用于大咯血的治疗，死亡率非常低，分别为0和4%，表明它是治疗大咯血的重要干预措施[37, 52]。如前所述，当软性支气管镜用于指导气管插管时，进行快速但彻底的诊断和治疗性支气管镜干预可能是合理和实际的。此外，如前所述，当持续出血使患者过于不稳定而无法进行更明确的治疗时，支气管镜检查被认为是首选的治疗方法。当进行支气管镜干预时，支气管镜医生应该为可能发生的任何并发症做好准备并拥有相应可用的资源。

硬性支气管镜或硬性和软性支气管镜的组合已被证实优于单独的柔性支气管镜，主要是因为它建立了安全的气道，允许选择性隔离未受影响的气道，并具有更大的抽吸能力以保持气道通畅，同时为进一步的内镜干预提供平台[47, 57]。但是，尚无前瞻性研究证实哪种方法具有较高的优越性，因此决定使用一种方法还是另一种方法很大程度上取决于个人的经验和可用性。

已经使用了多种支气管镜手段来减轻大咯血患者的出血，除了使用硬性支气管镜的直接加压填塞外，还可以通过软性或硬性支气管镜进行。尚未经过系统地研究以表明一种方法相对于另一种方法的优越性。因而该选择有些主观，在很大程度上取决于操作员的专业知识和可用资源。冷盐水灌洗已被广泛使用，并已显示出在控制由于肺癌引起的大咯血是有效的[77-78]。因此，它被认为是治疗大咯血的标准一级支气管镜治疗方法[79]。建议将局部血管收缩剂（如肾上腺素和去甲肾上腺素）通过支气管滴注于活检后的咯血[80-81]，但总的来说，这种策略对于大咯血并不十分有效，因为药物会被活动性出血稀释和清除。然而，已发现在个别情况下，冷盐水与肾上腺素的组合是有效的[82]。据报道，肾上腺素经支气管内滴注可治疗有潜在致命性的心律失常[83]，而去甲肾上腺素因其降低β-肾上腺素作用可作为其替代药物[81]。关于肾上腺素和去甲肾上腺素的使用引起了关注，该领域的专家呼吁去除用于治疗气道出血的血管活性药物[84]。然而，鉴于去氧肾上腺素的纯α-肾上腺素具有血管收缩特性，去氧肾上腺素可能是一种安全和可接受的替代药物。

当支气管内灌注冷盐水和血管活性药物不能控制出血时，支气管内球囊导管填塞可用于治疗暂时性肺癌大咯血，并且大多数支气管镜医生可以毫不费力地进行[85]。球囊可以留在原地，直到进行更明确的治疗和（或）转移到在咯血治疗方面具有更多经验及专业知识的医院。更先进的支气管镜检查技术如支气管内激光和氩离子凝固术尚未广泛得到应用，但据报道，当支气管内肿瘤出血可见且在支气管镜可及范围内时可有效控制大咯血。

1983年Edmondstone等[86]首次报道了支气管内应用Nd：YAG激光控制肺癌引起的大咯血。今天有各种类型的激光器可用，但Nd：YAG仍是气道中最常用的激光器。多个病例研究证明了其在缓解因支气管内和气管内肿瘤引起的气道阻塞和呼吸困难方面的有效性，但很少有研究涉及其在控制咯血，特别是大咯血中的有效性。尽管据报道它在控制咯血中的有效性约为60%[36, 45, 87]，但在2007年发布的一个病例研究中报道其治愈率高达94%[88]。Nd：YAG激光在控制大规模咯血中的有效性尚不清楚，但为了止血通常使用它，并且仍在继续提倡[36, 45, 89]使用。

在一项研究中，在支气管内应用氩离子凝固术控制56例咯血（其中6例咯血量＞200 mL、天），在平均97天的随访中没有复发[90]。与Nd：YAG激光治疗一样，氩等离子体凝固是一种非接触应用，但它的不同之处在于它提供电导氩（等离子体），与Nd：YAG相比，电导氩（等离子体）在较低的穿透深度下产生快速凝固。如同Nd：YAG激光一样，它用于大咯血的效果还没有得到很好的验证，但它的使用继续被提倡[36, 45]。

支气管内电灼术已用于控制肺癌咯血[91-92]，但用于大咯血的证据有限。因此，它的常规使用是不能被提倡的。

其他先进的支气管镜检查方法，包括支气管内滴注氨甲环酸[93]、纤维蛋白原-凝血酶[94-95]、气道支架填塞[96]和氧化的再生纤维素止血塞[82]，均已被证明可以成功地暂时控制肺癌的大咯血，但都没有成功。另外，已经将气道插管和氰基丙烯酸正丁酯胶在支气管内滴注用于暂时缓解无肺癌患者的大咯血[97-98]。不建议常规使用这些药物和设备，应根据具体情况确定其使用。

探头冷冻和近距离放射治疗已被用于治疗支气管内膜肿瘤和咯血[99-104]。然而，它们的作用不够迅速，不足以控制大咯血，因此不能推荐[36]。喷雾冷冻疗法也被用于治疗支气管内膜肿瘤和咯血[105-106]。虽然其用于大咯血的报道尚未见报道，但它提供了一种潜在的控制大咯血的新方法。

2.10 血管内栓塞

确认出血来源的血管造影征象（图57.6～图57.8）[107-108]如下：增大或扩大（直径>3 mm）、支气管动脉弯曲、实质血管增生、实质染色、支气管动脉瘤或假性动脉瘤、支气管动脉至肺静脉分流、支气管动脉至肺动脉分流、造影剂外渗、血栓。

血管内栓塞现在是公认的大咯血的一线治疗

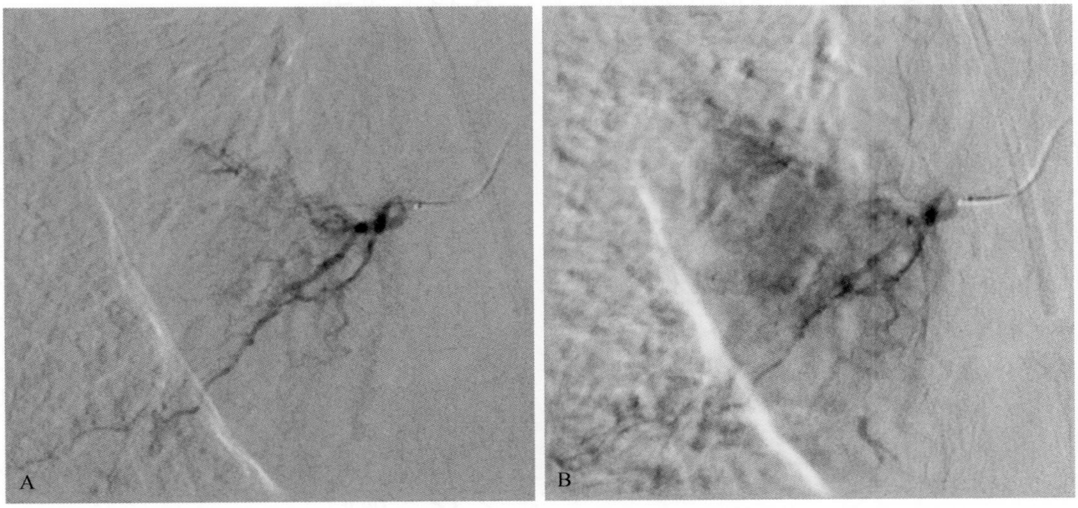

图57.6 右支气管动脉造影图像

（A）支气管动脉迂曲，肿瘤供应血管丰富；（B）肿瘤实质染色

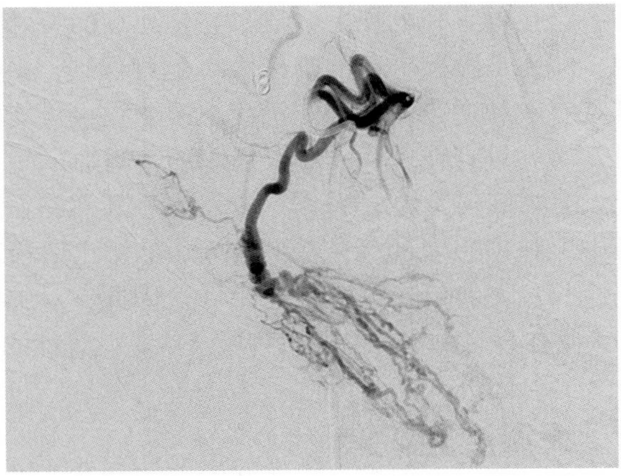

图57.7 支气管动脉造影显示支气管动脉增厚、曲折，肿瘤血管丰富

方法，而且它比手术切除更可取，因为它是微创的。两个大型病例研究显示严重咯血或大咯血的死亡率分别为0和4%，这些结果支持支气管栓塞作为一线治疗而非手术干预的策略[37, 52]。血管造影在大约90%的咯血患者中确定了明确的出血部位[47, 52]。大型病例研究结果表明，血管内栓塞在81%～98.5%的确定出血部位的患者中可成功地控制出血[47, 52, 109-111]。反复咯血导致死亡或需要手术或再栓塞的患者中有10%～25%的患者需要栓塞治疗咯血，其中囊性纤维化和曲菌瘤患者的失败率最高[47, 52, 109-110]。然而，在所有需要支气管动脉栓塞的咯血患者中，癌症患者的死亡率最高，可达92%[112]。

栓塞失败或栓塞后复发可能是由于不正确的技术、不充分的栓塞、未能观察到导致咯血的非支气管全身血管、新血管的形成，栓塞血管的再通，以及未能认识到肺动脉或静脉是咯血的来源等原因造成。在进行彻底的栓塞之前排除所有涉及的分支至关重要。栓塞应尽可能在周边，

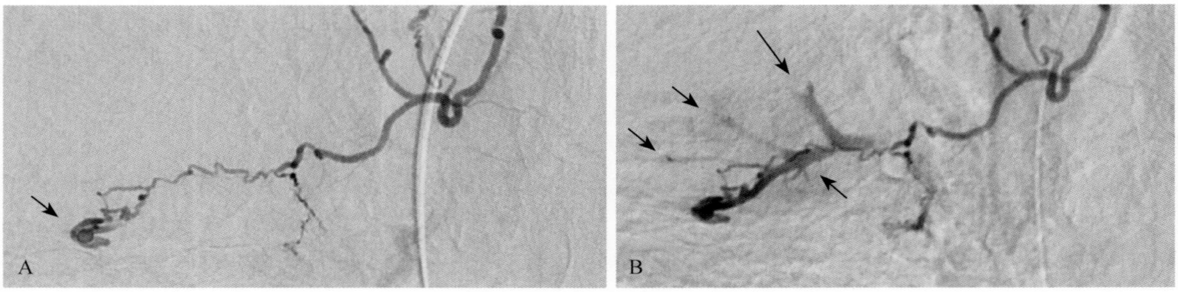

图57.8　支气管动脉造影图像

（A）支气管动脉瘤/假性动脉瘤（箭头）；（B）支气管动脉向肺动脉或静脉分流（箭头）

以防止深分支接受来自全身其他来源的侧支循环。聚乙烯醇可能是最常用的栓塞材料，由工业制造的、直径在150～700 μm的不可吸收颗粒组成[47, 113]。尽管推荐使用直径大于325 μm的材料，因为这是在肺中发现的最大的支气管肺吻合口的大小[114]。

虽然很少发生因血管内栓塞引起的严重并发症，但并不少见。脊髓动脉栓塞合并梗死是支气管动脉栓塞最可怕的并发症。这种并发症已经在1%～6%的病例中被报道过，它是由于意外栓塞来自支气管动脉的异常脊髓动脉而发生。随着认识的提高和技术的进步，其发病率似乎降低了很多，现在可能不到1%[47]。使用同轴微导管系统的超选择性支气管动脉栓塞可以使脊髓动脉远端的插管更加稳定，并且据报道可以减少脊髓动脉并发症[115]。血管内栓塞的轻微并发症包括胸痛（24%～91%）和吞咽困难（0.7%～18%）[47, 116]。栓塞后2～7天可能发生吞咽困难，可能是由于供应食管的小动脉分支受损[117]。血管内栓塞的其他罕见并发症已被报道（如心肌梗死），可能的原因有通过冠状动脉-支气管动脉瘘栓塞、多系统栓塞、支气管坏死和卒中（表57.4）[47, 118-119]。

表57.4　血管内栓塞并发症

并发症	发生率（%）
胸痛	24～91
吞咽困难	0.7～18
脊髓动脉栓塞	<1～6
心肌梗死	<1
脑卒中	<1
多系统栓塞	<1
支气管坏死	<1

2.11　手术

虽然外科手术在预防良性疾病（如肺曲霉菌病）中的复发咯血方面起着主要作用，但其在肺癌中的作用有限，主要是因为肺癌咯血患者的总体状况和预后较差。作为一种紧急手术它具有很高的死亡率，并且很少用于肺癌患者。尽管对于大咯血的紧急手术干预已被广泛引用，导致约40%的病例死亡[120]，但最近的数据显示医院发病率和死亡率分别约为27.5%和11.5%[121]。然而，只有在保守治疗（包括血管内栓塞）失败后，才需要进行手术。

2.12　预后

希波克拉底承认咯血是死亡的预兆。即使在今天，大咯血对于外行人来说也是一个可怕的事件，当在电影和电视上描述时它是死亡的特殊病因。即使是经验丰富的临床医生也意识到，虽然具有有效和适当的诊断和治疗，但死亡也可能随时发生。只有在现代，所有病因的大咯血的短期死亡率降低到大约6.5%[52]。然而，在所有咯血患者中，肺癌患者的住院死亡率和1年死亡率最高（分别高达59%和92%）[38, 41, 48, 112]。因此，对肺癌和大咯血患者的治疗在很大程度上应是姑息性的。

3　大量胸腔积液

当胸腔积液在胸部X线检查中使2/3或更多的半胸腔浑浊时，认为胸腔积液量大。大量胸腔积液定义为胸部X线检查中半胸完全或几乎完全浑浊[122]。约有10%的胸腔积液患者出现大量积液。这些患者通常有症状，大多数病例是由恶性肿瘤引起的，在两项研究中报告发生率为65%[123-124]。

3.1 胸膜生理学

胸腔积液来自内脏和壁层胸膜的全身性胸膜血管。在正常的生理条件下，液体被动流入胸膜腔并通过壁层胸膜淋巴管吸收排出[122]。胸腔积液是由于流入和流出胸膜腔的胸膜液之间的不平衡引起的。胸腔液积聚最常见的原因包括肺中的组织间静水压升高、胸膜腔内负压升高、胸膜间隙渗透压升高和（或）壁胸膜淋巴管阻塞[125-127]。恶性积液被认为直接由以下一种或多种原因引起：胸膜转移伴有胸膜通透性增加、胸膜转移伴有胸膜淋巴管阻塞、纵隔淋巴结受累伴有胸膜淋巴引流减少、胸导管中断、支气管阻塞导致胸膜负压增加或心包疾病[122]。

大量胸腔积液导致压迫性肺不张和限制性呼吸障碍，有以下两种情况之一：①胸腔内压升高伴随相关的纵隔移位远离胸腔积液一侧；②无纵隔移位或纵隔向胸腔积液一侧移位。这两种潜在的过程都会引起症状并损害呼吸功能[122, 128-129]。

3.2 病因与发病机制

胸膜恶性肿瘤通常是转移性的，但是还必须考虑原发性胸膜恶性肿瘤（如间皮瘤和淋巴瘤）。肺癌是最常见转移到胸膜的恶性肿瘤，约占所有恶性胸腔积液的40%[130]。尽管乳腺癌和淋巴瘤分别是第二位和第三位常见病因，但据报道几乎所有肿瘤都累及胸膜[131-132]。间皮瘤应考虑在具有适当环境暴露和地理位置的人群中发生。然而，间皮瘤并不总是与石棉接触有关[133]。在大约10%的患者中未发现原发灶[130]。

胸膜转移通过淋巴扩散、血行扩散或直接侵袭发生。胸膜肿瘤可以直接导致胸腔积液，正如之前在“胸膜生理学”一节中详细介绍的那样[134]。胸腔积液也可由肿瘤间接引起，这一现象被称为恶变旁积液，这种积液的原因可能与局部炎症和毛细血管渗漏、下游淋巴管阻塞，或由于支气管阻塞或肿瘤对肺实质的侵袭而导致的肺生理受阻有关[135]。

3.3 临床表现

恶性胸腔积液最常引起呼吸困难，但患者也可能出现咳嗽和胸痛[131]。由于恶性肿瘤的全身作用，呼吸道症状通常伴有体重减轻、全身乏力和厌食[130]。尽管表现相似，由于更广泛的胸膜疾病，大量胸腔积液可能会导致更严重的症状。

大量胸腔积液通常会导致胸膜内压力升高，并且纵隔移位会离开胸膜积液的一侧。这种巨大的体积和压力会导致胸壁顺应性下降、同侧肺压缩性肺不张、中央气道受压和与纵隔移位相关的血流动力学效应[136-137]。

当纵隔移位不明显或朝向积液侧时，应该怀疑是纵隔固定，肿瘤阻塞主干支气管或广泛的胸膜受累而导致肺受限[138]。无论肺部是否受限患者的症状都会相似，因为肺容量和顺应性降低，以及胸壁和肺实质都会受到刺激。

这两种不同的潜在病理生理学（受限的肺或受压的肺）对于理解和认识大量胸腔积液很重要。治疗性胸腔穿刺治疗大量胸腔积液并限制肺不能令人满意地解决潜在的生理缺陷，不能完全缓解患者的症状，并可能导致并发症[122, 136]。

当出现大量积液时，临床检查估计也会出现异常。检查时患侧应无呼吸音，并且叩诊时出现鼓音。其他的体征和症状包括腺病、胸部肿块、颈部肿块和恶病质支持相关的恶性肿瘤诊断[131]。

3.4 初步干预

来自美国胸科学会、英国胸科学会和欧洲呼吸学会的恶性胸腔积液管理指南将诊断与治疗分开[130, 138-139]。在本综述中，有意同时介绍了初始治疗和诊断评估。大量的胸腔积液可能会是紧急情况，至少应保证进行有组织的有效评估。在临床环境中治疗和诊断通常同时进行，或者以对患者安全和症状管理最有效的顺序进行。

3.5 初步诊断

大量胸腔积液的患者，无论是恶性还是非恶性，通常表现为呼吸困难、咳嗽和胸痛。非大量胸腔积液也可出现这些症状，然而，大量胸腔积液的患者往往表现出更严重的症状和（或）心脏或呼吸生理受损[122, 128-129]。

美国胸科学会、英国胸科学会和欧洲呼吸学会的指南均建议将询问病史、体格检查和胸部X线检查作为评估恶性胸腔积液的初始步骤[138-139]。

但是，我们认为，在出现大量胸腔积液的情况下，应尽早采用胸部即时超声检查。在熟练的B超医师手中，肺部超声检查比胸片检查对胸腔积液更敏感和更具特异性[140]。肺和胸膜腔的超声检查还具有将简单的积液与复杂的积液区别开来的优势，并且可以识别提示恶性的胸膜或肺部肿块[141]。已经开发了用于评估有或没有实时监护超声检查的大规模胸腔积液的程序（图57.9）。

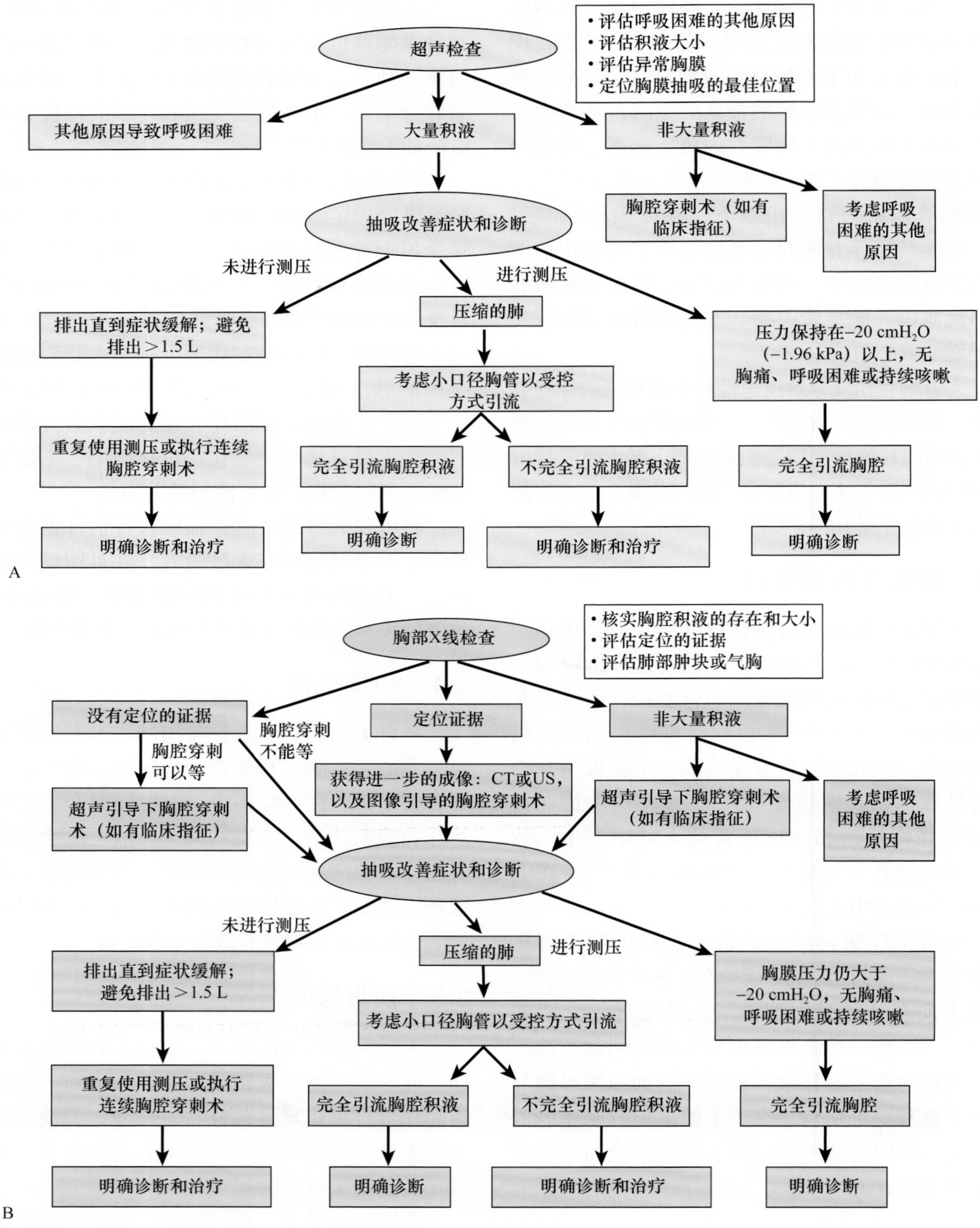

图57.9 在两种情况下处理大量胸腔积液的程序

（A）使用超声检查；（B）没有现场超声检查

注：CT，计算机断层成像；US，超声波检查

实时监护超声检查是一种快速进行的床边检查，具有针对性和目标性。它应具有与改善患者预后相关的明确目的[142]。当在危重监护环境中进行实时监护超声检查时，也称为危重监护超声检查。这两种技术已被急诊医学、肺科医学和危重护理医学中的许多医生广泛采用。

实时超声检查对呼吸困难、血流动力学不稳定和未分化的休克的评估十分有用[143-145]。在疑似大量胸腔积液的情况下，实时超声检查还允许医生评估心血管损害，并评估出现呼吸困难、咳嗽和胸痛的患者的可能原因[146-147]。虽然这一章的重点是大量胸腔积液，认识到恶性肿瘤和胸腔积液的患者有发生肺栓塞、气胸、阻塞性肺炎、充血性心力衰竭、急性肾损伤和肝功能障碍的风险也很重要。

并非在所有临床环境中都可以使用超声，但在急诊室使用现场诊疗超声检查已成为诊疗的标准[148]。现在许多诊所都可以使用便携式超声检查仪，因此在床旁超声检查中进行大规模积液的初步评估成为现实的考虑。但是，不应将胸部X线片的价值最小化。在医生进行初步评估时，通常可以进行胸部X线检查。此外，临床环境可能不允许使用实时超声检查。胸部X线片可以通过确认疑似积液的存在和大小、确定相关的肺部肿块或空洞疾病、排除大的气胸和帮助检测纵隔移位来促进临床评估（图57.10）[137]。胸部X线检查和超声检查对可能的大量胸腔积液的评估是互补的。如果可以的话，肺部和胸膜超声检查不应延迟于胸部X线检查进行，并且在适当的临床环境中应将实时超声检查纳入初始的身体检查和病史中。

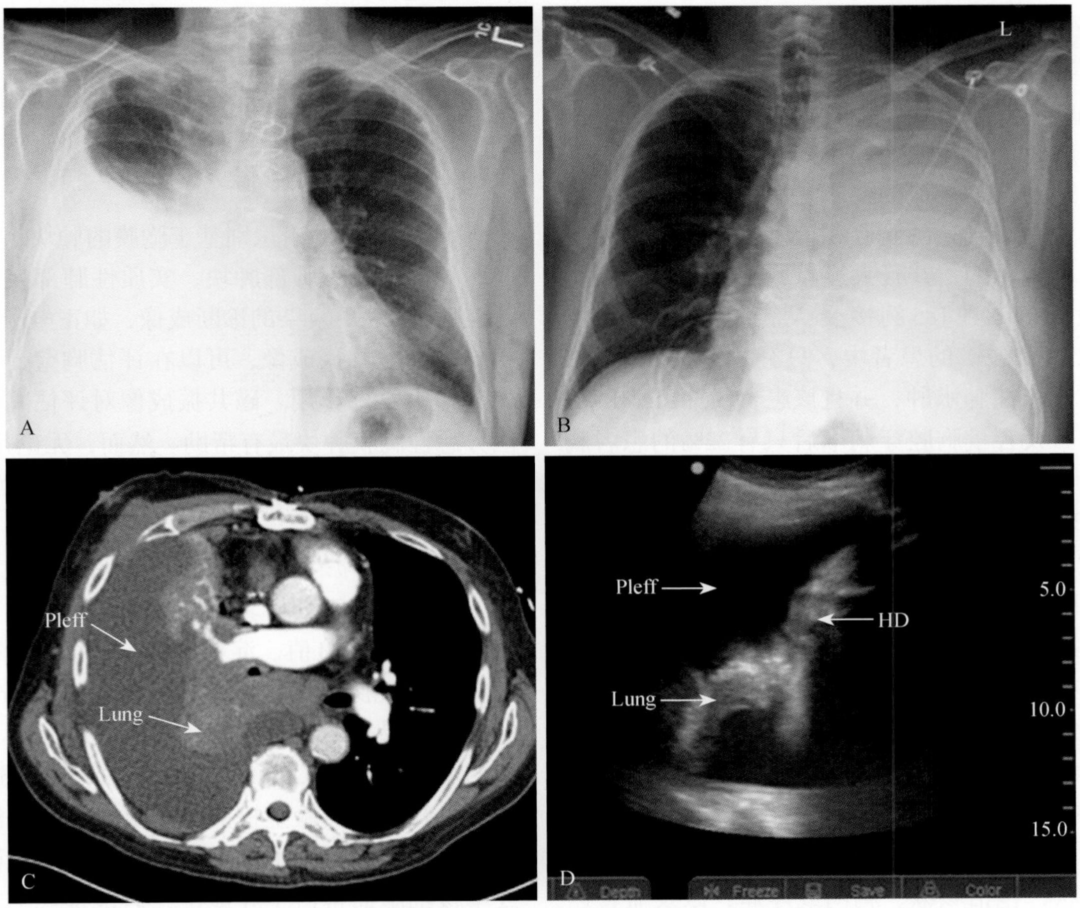

图57.10 大量胸腔积液的对比影像

（A）胸部X线检查，右侧半胸几乎完全混浊；（B）左侧半胸完全混浊的胸部X线检查，气管偏向右侧，与大量积液一致；（C）与图像A相同的患者胸部CT扫描，可以看到胸腔积液（Pleff）、肺不张和纵隔移位；（D）与图像A相同的患者的胸部超声检查显示胸腔积液、肺不张和异常的右侧横膈（HD）。注意横膈膜的增厚，不是预期的细长的高回声线，这一发现提示存在胸膜转移

3.6 初始治疗

对大量胸腔积液的最初治疗手段是胸腔积液抽吸以减轻症状（图57.9）。除非没有超声检查且急诊抽吸，否则应在超声引导下进行胸腔穿刺术。当由熟练的医师们进行超声检查时，胸腔穿刺术的并发症发生率非常低（0～2.5%）[149-151]。该比率明显低于超声检查前在胸腔穿刺术中通常引用的10%以上的并发症发生率[152-153]。除了找到安全的穿刺部位外，超声还有助于评估复杂的胸膜间隙[154]。该信息有助于临床医生避免潜在的并发症，并优化诊断率和安全性。

去除的液体量和去除的方法取决于患者和临床情况。对于大多数患者胸腔穿刺术是首选方法。建议在引流期间监测胸腔压力。胸腔测压法对于大量胸腔积液患者有很多优势。它可以诊断肺不张，这将有助于将来的治疗[155]。此外，胸腔测压有助于指示何时停止输液。胸腔压力低于−20 cmH$_2$O与不适和扩张性肺水肿有关[156]。

一般建议引流的液体不要超过1.5 L[122, 130, 157]。但是，这种千篇一律的要求是有缺陷的，特别是对于非常大或复杂的胸腔积液。复张性肺水肿已被证明是罕见的，并且大容量胸腔穿刺术的耐受性一般很好。在185例接受大容量胸腔穿刺术（抽出1～6.5 L）的患者中，只有1例患者出现临床上的复张性肺水肿，并且该患者仅抽出了1.4 L的液体。大容量胸腔穿刺术后只有22%的患者胸膜闭合压低于−20 cmH$_2$O[158]。Light等[156]建议，如果出现咳嗽或疼痛，当胸膜压力达到−20 cmH$_2$O以下时应停止输液，因为这会导致肺水肿再发；如果胸膜压力低于−40 cmH$_2$O（−3.92 kPa），通常会出现明显的肺水肿。胸腔穿刺术后出现不适的患者更有可能出现更大的胸腔闭合负压和更大的胸腔压力总变化。

建议在可能和安全的情况下完全引流胸腔积液，以控制症状并改善生理指标。限制胸腔积液排出的量会降低这一手术的有效性。推荐测压和监测症状，包括咳嗽、胸闷或疼痛，以及血管迷走神经症状[156]。然而，如果不监测胸膜腔压力，英国胸科学会指南中概述的处理大量积液的方法是合理的。胸腔积液应以可控的方式排出，初始排出量不超过1.5 L，任何其他液体每2小时间隔排出1.5 L。如果患者主诉胸部不适、持续咳嗽或血管迷走神经症状，应监测症状，并停止引流[130]。

对于适当的患者，也应考虑使用改良的Seldinger技术并在超声引导下放置小口径胸腔导管。小口径的导管和改良的Seldinger技术使该手术比治疗性胸腔穿刺术更具侵入性。这种方法的优点是可以缓慢地或以恒定的压力（将胸膜引流设置为不小于−20 cmH$_2$O）排出液体。另外，如果液体继续产生，则该方法避免了多次重复胸腔穿刺术的操作。这种方法的主要缺点是放置后需要进行胸膜治疗，这意味着该方法通常不适用于放置后立即返回家中的患者。另外，执行此程序需要熟悉技能的医师操作。

3.7 后续治疗

经过初步评估和干预后，需要制订计划以进行后续治疗和长期管理。在患者诊断后最好做到这一点。如前所述，大规模胸腔积液中有65%为恶性，应确定恶性类型。

3.8 其他胸部影像

胸部CT有助于识别基于胸膜的肿块、胸膜增厚、局部积液、肺部肿块、实质性肺部疾病和纵隔疾病[159]。更复杂的诊断成像，如正电子发射断层扫描和磁共振成像，可以在评估胸壁受累和远处转移中发挥作用。磁共振成像对评估间皮瘤和区分恶性胸膜肿块最有帮助。然而，无论是分期、治疗还是长期管理，都应接受适当的检查[160-163]。

3.9 胸腔积液分析

胸水常用于分析乳酸脱氢酶、总蛋白、胆固醇、葡萄糖、pH值、淀粉酶和有核细胞计数。最初的胸腔积液分析应该是重点[122]。Heffner等[164]的研究结果表明，对胸腔积液乳酸脱氢酶和胆固醇的单独分析与Light的标准一致，并且避免了同时进行血清实验室检测的需要。恶性积液通常是血性的，但只有不到一半是血性的。淋巴细胞或单核细胞通常占主导地位，但这是一个非特异性的发现[165]。

除了胸腔积液的生化检查外，胸腔积液pH值测定对诊断炎症和恶性肿瘤都有帮助。恶性胸腔积液的pH值低于7.3的比例约为1/3，这一发现似乎与胸膜间隙肿瘤肿块的增加有关[166]。除了有助于诊断外，pH测量已被证明有助于预后。低pH和低葡萄糖浓度的恶性胸腔积液在细胞学评估上具有较高的初始诊断率，生存率较差，对胸膜粘连的反应比那些葡萄糖和pH值正常的胸膜粘连患者差[166-168]。然而，这种观点并不被普遍接受。Aelony等[169]研究结果表明，滑石粉胸膜固定术在pH值小于7.3的一系列患者中有效。Heffner等[170]的分析表明，由于胸膜固定术失败或预计生存时间短，胸膜pH值没有足够的预测值来推荐对抗胸膜固定术[171]。尽管在评估病因和控制胸膜疾病时胸水的生化分析和细胞计数是有帮助的，但最重要的生存预测指标可能是患者的整体健康状况。在Burrows等[172]进行的一项研究中，Karnofsky健康状况是胸膜镜检查时最重要的生存预测因素。

3.10 组织学分析

在没有明确原因导致单侧大量积液的情况下，考虑到大量积液中与恶性肿瘤相关的比例很高，应送一份标本进行细胞学分析。胸水细胞学阳性结果可用于识别特定的恶性细胞类型，进行免疫组织化学分析，检测分子标志物。最初，应单独发送细胞学样本。尽管声称的细胞学诊断率差异很大，但一项对414例患者的研究中，细胞学的诊断率接近60%[173]。附加的闭合性胸膜活检仅增加7%的诊断率。送出的液体量也提高了检出率，因此建议送检150 mL胸腔积液[174]。

没有单一的肿瘤标志物可以识别恶性肿瘤。一组标志物可以帮助指导进一步的诊断程序。在初步评估中，不建议常规使用肿瘤标志物，也不保证增加成本[175]。

如上所述，闭合性胸膜活检仅提供小的附加诊断率，因此不是大量胸腔积液常规初始评估的一部分。当最初的重点评估，包括胸腔穿刺和液体细胞学检查为阴性时，应考虑闭合性胸膜活检。单独进行闭合性胸膜活检的诊断率仅约为40%，并伴有严重并发症，包括血管迷走性晕厥、血胸、气胸、脓胸和死亡。在拥有闭合性胸膜活检的医疗中心，CT引导下使用切割针的胸膜活检提供了近80%的成功率[176]。在初次评估时既不需进行闭合性胸膜活检，也不需要CT引导的胸膜活检。然而，根据专业知识，可以随后考虑两者。

3.11 进一步诊疗

3.11.1 医用胸腔镜和VATS

决定选择VATS还是医用胸腔镜手术主要取决于当地医院的可获得性和每项手术的专业知识。作为一种诊断方法，医用胸腔镜具有不需要全身麻醉的优点。这种方法具有更小的侵入性和更便宜的手术费用。内科胸腔镜的诊断率（95%）明显优于胸水细胞学和闭合性胸膜活检的联合诊断率（74%）[177]。如前所述，最初的治疗管理和诊断评估不包括胸腔镜。如果医学胸腔镜的专业知识是可用的，并且最初的评估不能得出诊断，则应尽早使用胸腔镜[178]。

3.11.2 反复胸腔穿刺术

液体再积聚是常见的，重复的胸腔穿刺术与胸膜粘连有关，使未来的治疗变得困难。由于这些原因，按需进行的胸腔穿刺术常用于症状最少、每月进行胸腔穿刺术少于一次的患者。然而，在预期寿命有限的患者中，此选项的侵入性较小，应予以考虑[130, 172]。

3.11.3 胸膜固定术与留置胸腔导管

对于预期生存时间超过1个月且Karnofsky表现大于30%的患者，必须考虑采取更加明确的治疗方法[172]。但是，使用的最佳方法尚不清楚。通常使用四环素、博来霉素或滑石粉进行胸膜固定术。滑石粉已被证明是最有效的硬化剂，有证据表明，胸腔镜滑石粉比滑石浆更可取。对于大量胸腔积液的紧急处理，胸腔镜滑石粉的益处和追求滑石浆的决定是有争议的，并且超出了此次讨论的范围[179-180]。与滑石粉胸膜固定术相比，留置胸膜导管既有优点也有缺点。这些导管置入可以在门诊进行[181]，并且可以改善患者的生活质量和呼吸困难评分[182]。然而，一项大型研究并未显示出呼吸困难、生活质量或生存方面的显著差异。留置胸膜导管确实减少了住院时间，但引起了更多的不良事件，包括导管堵塞和感染[183]。选择滑石粉胸膜固定术而不是留置胸膜导管应基于个体化的基础决定。然而，人们普遍认为，留置胸膜导管是缓解恶性积液和肺部受压的首选治疗方法。

4 结论

中央气道阻塞、大量咯血和大量胸腔积液是3种针对肺癌的最特殊急症。快速诊断、仔细评估以及精心协调并严格执行的治疗计划将令人满意地解决大多数因肺癌导致的中央气道阻塞中出现的问题。有效的治疗将使患者的功能状况得到改善，获得更好的运动耐量，提高生活质量，减少住院期间长期高级护理的需求，延长生存期以及拥有进行其他全身治疗的机会。医生减轻严重中央气道阻塞的技术能力可以随着操作经验而提高。当然，绝不能为了手术而进行手术，支气管镜介入必须在以患者为中心的护理理念中考虑。仔细地权衡利弊有助于防止不必要的干预，但有些人可能会辩称，当替代方案是死亡时，甚至可能需要采取潜在大胆的姑息性干预程序。必须仔细权衡此类尝试与支持性护理的益处和合理性。如有疑问，与姑息治疗专家、医学伦理学家以及肺癌多学科团队的其他成员（包括与气道管理程序经验更丰富的专家）讨论决定非常有益。此外，支气管镜医师应跟踪其手术的适应证和预后，包括与手术相关的并发症和术后生存率。对于任何医疗或外科手术过程，中央气道阻塞的治疗都需要建立责任制度，以确保适当选择、护理和监测接受这些干预措施的患者。

咯血对于肺癌患者来说并不是罕见的事件，但是它可能以惊人的量和方式发生，以至于震惊患者和临床医生。通过这种明确的表现，咯血被普遍认为是大量的，很容易被认为是危及生命的严重疾病。但是，尚无明确的大咯血定义。尽管传统上使用排出的血液来定义大量咯血，但结合患者潜在疾病、生理状态、胸部X线检查结果和血管出血来源的分级系统可以更准确地预测死亡率。快速有效的评估和治疗至关重要，但是调动资源以完成这些任务成为一个挑战。建议采用多学科方法，其重点是快速评估、重症监护病房的稳定性和血管内栓塞处理。支气管镜检查可能起重要的诊断和治疗作用，而很少进行手术治疗。应考虑将这些患者转移到具有多学科方法管理大咯血经验、人员和资源的三级护理中心。

大量胸腔积液可能是危及生命的紧急情况，因此需要有组织、有效和安全的治疗方法。治疗和诊断经常同时发生。然而，重要的是要认识到，在确保患者安全的情况下缓解症状和改善呼吸生理的初始干预优先于诊断。在大量胸腔积液的初始处理中，胸腔穿刺引流术仍然是关键的干预措施。本章概述了一种既深思熟虑又有效率的方法。

大量胸腔积液通常与恶性肿瘤有关。因此，在评估和处理大量胸腔积液时，临床上必须高度怀疑存在恶性肿瘤。在可能的情况下应尽早将超声纳入评估方法中，并在胸腔积液引流期间监测和管理胸腔压力。这种方法将有助于最大限度地减少并发症并实现最大化地胸腔积液引流。

长期管理将取决于积液的原因、临床经验和可用的治疗和诊断方式。

（陈 峰 刘仁旺 徐 嵩 译）

主要参考文献

11. Chhajed P.N., Baty F., Pless M., et al. Outcome of treated advanced non-small cell lung cancer with and without central airway obstruction. *Chest*. 2006;130(6):1803–1807.
15. Colt H.G., Murgu S., eds. *Bronchoscopy and Central Airway Disorders: a Patient-Centered Approach*. Philadelphia, PA: Elsevier Saunders; 2012.
16. Hoag J.B.. Use of medical lasers for airway disease. In: Ernst A., Herth F.J.F., eds. *Principles and Practice of Interventional Pulmonology*. New York, NY: Springer Science + Business Media; 2013:357–366.
34. Murgu S., Langer S., Colt H.. Bronchoscopic intervention obviates the need for continued mechanical ventilation in patients with airway obstruction and respiratory failure from inoperable non-small-cell lung cancer. *Respiration*. 2012;84(1):55–61.
35. Vonk-Noordegraaf A., Postmus P.E., Sutedja T.G.. Tracheobronchial stenting in the terminal care of cancer patients with central airways obstruction. *Chest*. 2001;120(6):1811–1814.
38. Fartoukh M., Khoshnood B., Parrot A., et al. Early prediction of in-hospital mortality of patients with hemoptysis: an approach to defining severe hemoptysis. *Respiration*. 2012;83(2):106–114.
51. Wang G.R., Ensor J.E., Gupta S., Hicks M.E., Tam A.L.. Bronchial artery embolization for the management of hemoptysis in oncology patients: utility and prognostic factors. *J Vasc Interv Radiol*. 2009;20(6):722–729.
124. Jimenez D., Diaz G., Gil D., et al. Etiology and prognostic significance of massive pleural effusions. *Respir Med*. 2005; 99(9): 1183–1187.
158. Feller-Kopman D., Berkowitz D., Boiselle P., Ernst A.. Large-volume thoracentesis and the risk of reexpansion pulmonary edema. *Ann Thorac Surg*. 2007;84(5):1656–1661.
182. Demmy T.L., Gu L., Burkhalter J.E., et al. Optimal management of malignant pleural effusions (results of CALGB 30102). *J Natl Compr Canc Netw*. 2012;10(8):975–982.

获取完整的参考文献列表请扫描二维码。

第 58 章　姑息治疗在肺癌中的作用

Mellar Davis, Nathan Pennell

要点总结

- 对晚期肺癌患者尽早行姑息治疗可获得最佳的姑息治疗效果。
- 晚期癌症患者尽早进行姑息治疗除了具有患者治疗相关的效果外，还能使医疗资源合理利用和产生经济效益。
- 与姑息治疗不同，支持性肿瘤学涉及治疗或降低抗癌药物毒性的疗法。
- 姑息治疗通常被误认为是临终关怀，这种误解阻碍了医疗转诊。
- 对患者相关的结果测量可以预测如生存率、对化疗的耐受性和患者行为状态等相关结果。
- 在不能改变致癌病因进行治疗的前提下，晚期肺癌患者仍然有治疗希望。
- 有多种针对肺癌的症状和生活质量的工具用于评估肺癌患者的疼痛、非疼痛症状和生活质量。
- 肺癌患者的疼痛、疲劳、呼吸困难、咳嗽和厌食症可以通过应用指南制定特定症状管理成功缓解。

1　姑息治疗的定义

WHO将姑息治疗定义为对晚期进展性肿瘤患者的整体治疗。治疗患者的疼痛和其他症状，以及为患者提供心理和精神支持是极其重要的。姑息治疗的目标是为患者及其家人提供最佳的生活质量。姑息治疗的许多方面在疾病早期也适用，并且可以和疾病治疗、疾病缓解或康复治疗相结合[1-2]。该定义确立了3个要点：①姑息治疗以患者为中心，而不是以疾病为中心；②姑息治疗是结合多种医学和非医学专业的综合学科，为患者及其家庭提高生活质量；③姑息治疗是疾病相关治疗的补充[3]。然而，这一定义并没有为早期成功实施姑息治疗提供临床指导。有必要制定具体的指导方针，以确定何时以及如何将姑息治疗纳入临床路径，并成功实施[3]。

包括支持性治疗等在内的许多姑息治疗项目采用多种名称以促进将其尽早整合到临床治疗方法中。根据国家临终关怀和专科姑息治疗服务委员会的数据，支持性治疗帮助患者和家庭应对从癌症的确诊、治疗、治愈、疾病进展或死亡以及（家庭）丧失亲人痛苦的整个癌症治疗过程。支持性治疗有助于患者最大限度地提高癌症治疗的疗效，并尽可能地减轻肿瘤的不良症状及其治疗的不良反应。支持性治疗与癌症的诊断和治疗具有同等的重要性。其最初主要关注抗癌治疗的不良反应，如与化疗药物有关的中性粒细胞减少性发热和恶心。与姑息治疗不同，支持性治疗没有得到公认的亚专科地位。像姑息治疗一样，支持性治疗也是由多学科整合而来。许多试验都使用了“最佳支持性治疗”这一术语，但试验文献中并未对该术语做出定义。在一篇综述中，最佳支持性治疗很大程度上局限于生物医学支持疗法，如输血、抗生素和止吐药，不包括预防、沟通、心理或精神护理或支持[4]。

终末期治疗很大程度与临终关怀有关。在美国，受临终关怀医疗保险制度限制，临终关怀通常在患者死亡前6个月或更短的时间内实施[5]。临终关怀的定义根据患者病情的变化及发展、何时开始进行临终关怀以及关注患者临床情况等方面有了极大的发展。如前所述，临终关怀和姑息治疗有多种术语和定义。事实表明，使用这些术语和定义经常造成一些混乱[6-8]。姑息治疗之所以采用“支持性治疗”一词，主要是因为医生和患者认为该名称比姑息治疗更容易接受[9]。

1975年，Balfour Mount医生在加拿大蒙特利尔皇家维多利亚医院建立了北美第一个住院姑息治疗中心。这一治疗中心是在由西西里·桑德斯在英国伦敦开设的圣克里斯托弗临终关怀医院8

年后成立的[10]。当时采用了“姑息性”这一术语来描述该中心的功能和治疗的目的。在急症医院开设住院姑息治疗中心的主要原因是因为对不可治愈患者的护理存在不足[10]。Mount医生认识到治疗不治之症和晚期疾病的目标与急症医院的主要目标不一致，后者的目标是对疾病进行检查、诊断、治疗和延长患者寿命。相反，癌症治疗的3个主要目标是治愈、延长患者寿命和减轻患者痛苦。在建立姑息治疗中心之前，大多数（不包括全部）医院的精力和资源被用于癌症治愈或延长患者寿命，临终患者及其家属对包括医疗、情感和心理需求方面的缓解性需求通常被忽视。

2 肿瘤学与姑息治疗的哲学差异

在19世纪后半叶，以科学为基础、以疾病为导向的医疗模式转变引起了医疗保健的重大进步。路易斯·巴斯德的细菌学理论使约瑟夫·李斯特改进了对外科伤口的处理，显著降低了因感染引起的术后死亡率。佛罗伦萨南丁格尔使用统计数据和收集的死亡数据来证明卫生条件的改善降低了患者的死亡率[11-19]，并且使基于疾病模型和循证治疗的临床随机对照试验成为医学术语。然而，这种转变的负面结果是将患者客观化，并将他们与他们的疾病（如癌症患者）等同起来，并通过该医疗模式的转化使疾病的治疗过程非人性化。当治疗大量人群时，治疗结果的量化成为最突出的问题[11]。

治疗和疾病修正模型包括对疾病的分析、合理的诊断和临床经验的固有假设是科学探究的基础[20]。分析的对象是疾病，而不是患者及其患病过程。症状被视为诊断的线索，而不是值得治疗的疾病。疾病的治愈取决于明确的诊断和有效的治疗。疾病治疗主要是经验性的、统一的，而不是以人为中心的，且疾病的治疗是基于对具有相似疾病状态和被认为是最重要的可测量的疾病相关客观结果（如生存率、无病生存率或无进展生存期）的对照试验[20]。认为血液化验和影像学报告比患者的主诉更可信，患者相关的结果相对于疾病本身的结果却是次要的。事实上，大多数医生不熟悉患者自身对疾病的感受和疾病的相关检查结果[21]。在临床实践中很少有肿瘤学家在实践中经常使用患者对自身疾病的感受，而是很大程度上依赖于血液化验和影像学报告来指导治疗和做出临床决策。以疾病为导向的治疗模式往往忽略了无法用科学来解释的疾病现象[20]。患者被视为疾病的组成部分，由专科医师提供治疗方案。医生倾向于从分子、细胞、器官系统和基因组的角度来思考，特别是那些与癌症发生相关的关键途径[20, 22-23]，却把患者自身感受放在次要位置[20]。癌症治疗中心的治疗方案很大程度上是以医生为中心。多学科肿瘤委员会几乎完全由来自不同肿瘤亚专业的医生组成，很少涉及非医疗和非癌症医学专业，如护理学、姑息治疗学、社会学和康复学。肿瘤委员会内部的讨论几乎都集中在疾病管理上，肿瘤治疗方案主要是生物医学性质的，仅限于放疗、手术和化疗，或联合抗肿瘤治疗。在有疗效的治疗模式中，死亡被视为医疗的失败。在肿瘤学治疗上，没有所谓的好的死亡[20]。最常见的借口是治疗失败，或者病情恶化，患者没能受到恰当治疗，或者医生对该疾病无能为力。这种治疗模式促进了姑息治疗的参与，姑息治疗仅在现有抗癌治疗手段用尽时才被考虑，而不是同步参与抗肿瘤治疗。因此，在没有姑息治疗支持的情况下，医生会按照他们学到的治疗方法来治疗。即使是几乎不会或者根本没有预期治疗效果的病情危重的患者，他们也给予化疗或者靶向治疗药物[24-25]。在关于NSCLC治疗的综述中，有时在比较化疗和姑息治疗时，明确单独使用或联合应用[26]。在治疗模式中姑息治疗被视为终末期的治疗疗法，一旦治疗结果不再有效，就对患者进行转诊治疗[27-28]。

在姑息治疗中以患者和家庭为治疗中心，目的是减轻患者的疼痛和其他症状，减轻其心理和精神压力，恢复包括社会生活和家庭角色等功能，提高患者及其家庭的生活质量。姑息治疗支持患者自身的价值观、个人观点和个人抉择。控制疼痛和其他症状是医学的一个合理结果和目标。诊断不是最初目标，但如果与患者的个人目标相一致，医师就需要对患者所患疾病进行诊断[20, 29]。依据指南进行个体化的治疗。姑息治疗和临终关怀一样，既不加速患者死亡也不能延长患者死亡时间，而是将死亡视为生命的自然组成部分[20, 30]。姑息治疗是不分等级的，有包括医生在内等多个医疗和非医疗专家组成一个跨学科团队，承担不同的治疗角色和责任。通常姑息治疗时间很长。为了达到最佳的治疗效果，姑息治疗最好长时间反复进行，最好在疾病早期进行姑息治疗，而不是作为癌性急症的干预治疗措施或在癌症患者生命终末期实施[20, 25, 31-34]。

有3种基本的综合性姑息治疗模式。第一种模式，肿瘤学家在肿瘤治疗过程中扮演两个角色。这要求肿瘤学家需要大量的时间来学习和丰富肿瘤相关专业知识，但是由于时间的局限性和需要反复进行专业知识的培训，一般来说，这是不切实际的。肿瘤学家应该精通基本的姑息治疗方案。在缺乏姑息治疗服务的地区，这被认为是常态[35]。第二种模式，是所谓的自助模式，在这种模式中肿瘤学家联合放射治疗、外科手术、姑息治疗、社会学、心理学和精神护理方面的专家进行多次研究，形成一个跨学科的团队。肿瘤学家为该模式的核心，其他各个学科的专家是重要组成成员。患者需要多次咨询不同专业的医生，这对患者来说既费时又费钱，也更容易产生彼此之间的沟通障碍，而且知道应联系哪位专家来处理哪一种症状、压力、家庭关系或经济问题对患者来说可能有困难[35]。第三种模式，在癌症治疗早期，患者同时咨询姑息治疗专家和肿瘤专家。患者可以与不同专业专家建立良好的沟通并形成融洽的医患关系，肿瘤学家可以自由地专注于癌症的治疗。这是一种双方都节省时间的方法[35]。在这种模式下，姑息治疗专家可能会充当所谓的治疗中介人。当患者和肿瘤专家获得姑息治疗专家的信任时，患者可以自由地表达自己的治疗方案和目标[24, 36]。姑息治疗有许多组成模式，跨学科的姑息治疗团队具有不同的特征（表58.1和表58.2）。

表58.1 姑息治疗的构成

1. 门诊部
   - 尽早转诊治疗
2. 咨询服务区
   - 门诊区/住院区
   - 解决问题
3. 住院部
   - 住院治疗
4. 临终关怀服务
5. 家庭姑息治疗服务

续表

6. 教育
   - 开展朋友之间的教育模式
   - 循环教育模式
   - 提供内科住院医师、肿瘤学医师、其他医师（妇科、肿瘤学、放射、疼痛管理）的教育模式
7. 研究
   - 姑息治疗质量改善研究
   - 前瞻性观察和干预性研究
   - 针对具体的时间、医师、人员和相关资源的研究
   - 作为辅助治疗措施纳入肿瘤学治疗的研究

表58.2 跨学科姑息治疗的特点

1. 连续性：服务的协调性
2. 症状评估：专家使用与患者相关的结果测量表进行评估
3. 癌症并发症和相关症状的治疗（药理学和非药理学症状管理方面的专业知识）
4. 交流
   - 治疗目标和预后
   - 评估有关疾病阶段、病程、预后和治疗目标的价值观、倾向和理解
   - 临终关怀与决策，对治疗地点的选择
   - 提前的指示
5. 促进过渡
   - 积极癌症治疗加姑息治疗转为积极姑息治疗
   - 积极的临终关怀
6. 家庭关心
   - 促进家庭会议
   - 了解家庭制度
   - 有关家庭痛苦、患者功能障碍和家庭悲伤的管理
7. 精神的治疗
   - 有关患者对疾病的苦恼、心情的沮丧与低落的治疗
   - 处理患者及家庭成员预期的悲伤、复杂性悲伤和悲伤中的抑郁
8. 精神的关怀
   - 识别存在的痛苦
   - 记录精神史
   - 了解不同的宗教习俗
9. 康复
   - 转诊至肺部和非肺部康复、物理治疗和专业治疗中心
10. 支持治疗
   - 与抗癌治疗相关的毒性和并发症的治疗
11. 植物状态的治疗
12. 对患者或家属丧失亲人的关心
13. 对支持性和姑息性干预治疗、服务结构和复杂研究设计的研究

3 对晚期肺癌患者尽早进行姑息治疗的原因

3.1 症状

肺癌患者通常有严重临床症状。大多数晚期肺癌患者至少有以下4种症状[37-41]。他们平均疼

痛程度是6～7分的中度疼痛，该评分是基于一个0分代表不疼，10分代表重度疼痛的数字评分表[42]。肺癌患者最常见的症状是食欲差、咳嗽、呼吸困难、疲劳、疼痛和失眠。与其他癌症患者相比，肺癌患者患抑郁和焦虑的概率更高，而且与其他类型的肿瘤患者相比，肺癌患者疲劳的发生频率更高，持续时间更长[43-44]。70%的患者出现严重的呼吸困难，这大大增加了患者的症状负担，并可能对照顾他的人产生负面影响[45]。事实上，肺癌患者的症状可能比患者所描述的更严重。这就是为什么标准化症状问卷很重要的原因。患者的症状调查问卷的统计结果表明，肺癌患者的症状是对照组的3～4倍[46]。

即使是相对早期的肺癌（Ⅰ～ⅢB期）患者也有明显的症状。当在肺癌患者中使用肺癌症状量表时，患者平均报告了11个相关癌性症状，即使在治疗成功患者的调查报告问卷中，他们报告了6～7个症状在治疗后1年仍然存在。如前所述，早期肺癌患者会出现精力不足、焦虑、呼吸困难、咳嗽和失眠。即使在治疗后的36～52周，卡洛夫斯基症状也常存在，但1年后该症状逐渐减退。症状持续存在是门诊患者就诊的主要原因，也是非计划住院的主要原因[47]。尽管对NSCLC患者进行了治疗，但患者身体功能、日常生活活动和认知功能却逐渐减退，这也使患者对社会支持的需求日益增加[48]。

医生们经常认为肿瘤的切除能改善患者临床症状。然而，对晚期NSCLC标准化疗相关生活质量的系统回顾表明，接受标准化疗后肺癌患者的整体生活质量并没有显著改善[49]。肿瘤客观大小和临床症状之间仅有一定的相关性（r=0.35）。与患者的客观肿瘤反应时间（6.4个月）相比，治疗后患者的症状改善时间（平均3.8个月）要短得多。客观肿瘤应答率和患者相关结果具有独特性、独立性，不能相互替换[50]。然而，大多数肿瘤学家对标准症状问卷并不熟悉，而且大多数肿瘤学家未意识到患者相关结果的测量在临床上的意义[21]。然而，让患者填写生活质量和症状调查问卷可使患者更好地与医生保持联系，也让患者感觉到医生已经考虑了他们的日常活动和情感状态。患者认为这样的问卷调查是有利无害的[51]。对肿瘤患者临床症状的纵向评估也很重要，因为对肿瘤患者的治疗减少了某些临床症状，但增加了其他的临床症状[52]。

疼痛管理指数调查表明，至少40%的癌症门诊患者对疼痛治疗不足。这反映了对患者基于疼痛严重程度的镇痛不足，并没有反映出患者总的疼痛反应。尽管超过60%的患者有实质性疼痛，但随访的疼痛管理指数评分并没有变化。肿瘤学家自我评价对疼痛控制能力有极高的水平（7～10分，其中10分是最好的管理），但对同时控制疼痛的能力的评价却很低（3～10分）。肿瘤学家认为缺乏对疼痛评估、时间限制和患者不主动反映自身的症状阻碍了医生对患者的疼痛管理[53]。大多数肿瘤学家都知道WHO对疼痛的阶梯治疗方案，并为慢性疼痛患者开长效阿片类药物镇痛。然而，当在临床测试时，大多数肿瘤学家（60%以上）未能正确回答有关阿片类药物应用的问题（剂量、时间、替换药物以及静脉用法）[53]。这在几项研究中都已得到证实[54-55]。随着癌症的进展，肿瘤患者的症状强度和数量都有增加，然后在生命的最后一个月出现稳定期。80%的患者会感到越来越疲劳、呼吸困难和厌食，大多数患者在生命的最后3个月有胸痛症状[39]。如果没能对患者进行好的治疗，患者会经历痛苦的死亡过程，失去亲人家庭会感到极度的悲伤或沮丧[56]。将姑息治疗尽早纳入门诊肿瘤患者治疗过程中，能减轻患者症状负担，提高患者生活质量，为患者和家庭提供所需的护理和支持[25, 57]。

3.2 沟通

真诚的沟通是很重要的，但是当患者和医生在抗癌治疗中预期目标不一致时，沟通可能会受到损害。良好的沟通包括讨论可替代的治疗方案、预后、治疗目标、预防性治疗和临终关怀。告诉患者坏消息时是需要技巧的，很少有肿瘤医师接受过这种沟通培训。在美国癌症治疗结果研究和监测（cancer care outcomes research and surveillance，Can CORS）的研究中，只有一半的晚期癌症患者接受过有关临终关怀的讨论，这些患者中有超过70%的患者在6个月内死亡[58]。在4000多名治疗Can CORS患者的医生中，即使根据国家指南预计患者在6个月内死亡，绝大部分医生也不会主动向患者讨论有关预后、预防性治疗、抢救和临终关怀等问题。大多数医生表示他们会推迟这些问题的讨论，直到患者表现出明显症状或疾病治疗失败才会探讨这些问题。有的医师不会主动和患者或家属谈论这些问题，除非由患者或家人首先发起谈论这些问题[59]。在与患者或其家属的谈话中，53%的肿瘤科医生在会诊中会解释该疾病的发生及发展过程，84%的医生会在谈话中表示该疾病是无法治愈的[60]。然而，在经过咨询后，绝大多数晚期肺癌患者仍然认为化疗有一定治愈的可能[61]。即使在肺癌患者已经知道现有的所有治疗方法已经被使用后，1/3无法治愈的癌症患者仍然认为他们的癌症有一定的机会通过化疗治愈[62]。即使患者希望充分地了解疾病的诊断和预后，但了解经常是延后的[62]。在谈话中肿瘤科医生会与35%的患者讨论相关疾病症状，与39%的患者讨论疾病的预后。患者对预后的感知可能与无时间界定的绝症不同[60]。即使在讨论预后时，医生也往往过于乐观[63-64]。在不到40%的医学图表中展示了有关预后的讨论记录[65]。然而，关于预后的有记录讨论也与正在进行的抗癌治疗选项的记录讨论（优势比为5.8）和记录的不复苏（do-not-resuscitate，DNR）指令（优势比为2.2）有关[65]。过于高估预后或对生存估计过于乐观的晚期肺癌患者可能选择弊大于益的疗法，也不可能考虑其他的替代治疗方案，更不可能去主动获取提高临终关怀生活质量的有关信息[58, 66-67]。

这可能和患者的有些观点不同，在一项涉及4个主要医疗中心的276例患者的研究中，40%的患者认为在与肿瘤科医生对肺癌治愈可能性的沟通评价很低，80%的患者认为沟通对复苏、维持生命的治疗和晚期预防性治疗的可能性更低。超过一半的患者声称没有与他们的肿瘤科医生进行充分的沟通[68]。这些发现可能与患者的感知力和无法理解病情的严重性有关，只有在癌症进展时才能意识到这一点。

很多患者在生命终末期选择姑息性化疗，该治疗几乎对他们没有什么益处，因为这只是有助于他们维持自身感觉。对于重视生命质量的患者来说，不良反应就不会那么严重[69]。在这种情况下，通常不会讨论替代治疗方案[70]。在考虑姑息性化疗时，很少有决策辅助手段能帮助患者做出治疗方案的选择[71]。优先考虑延长生命而不是提高生活质量的患者以及对抗癌治疗有效的患者，可能会选择积极治疗[72]。当肿瘤科医生试图在同一次就诊中讨论临终关怀和姑息性化疗时，患者会出现认知障碍。很少有晚期癌症患者完成了提前预防治疗方案，不到1/4的患者希望与他们的肿瘤科医生讨论提前预防治疗方案[73]。60%的肿瘤科医生不会讨论提前预防治疗方案和临终关怀，包括心肺复苏和临终关怀，除非所有抗肿瘤手段用尽[74]。

持续积极的抗肿瘤治疗虽然对患者很少或几乎没有益处，但仍然维持着患者抗癌治疗的希望。这虽然一度很重要，但患者在选择化疗时似乎忽视了生活质量和优先考虑生命质量[69]。医生倾向于继续抗癌治疗，尽管对患者没什么益处，而是以此维持患者的希望，而不是提供支持性和姑息治疗[69]。自相矛盾的是，尽管在死亡前1～3个月内给予化疗对患者生命几乎没有好处，但还是会予以化疗。事实上，化疗会缩短晚期肺癌患者的存活时间，早期姑息治疗和临终关怀却可以延长患者的生存时间[25, 75]。

结果，从患者最后一次化疗到死亡的平均时间是50～60天，患者从最后一次靶向治疗到死亡的时间是40～50天。有14%～18%的患者在死亡前30天内接受过化学治疗或靶向治疗[76-77]。在生命末期，最常用的靶向药物是厄洛替尼和贝伐单抗。肺癌患者在生命的最后30天内使用靶向药物的概率（2.6%）高于其他晚期癌症患者[76]。一个大型癌症中心的一项研究表明，患者从开始咨询姑息治疗到死亡时的中位生存时间是1.4个月（四分位数为0.5～4.2个月），但是如果患者从首次与肿瘤科医生见面就咨询姑息治疗，患者的中位生存时间可达20个月（四分位数为6～45个月）。因此，在肿瘤发生的早期有许多将姑息治疗作为患者治疗的一部分机会错过了[78]。约半数的肺癌患者在进行临终关怀和临终关怀被提及前的2个月内死亡[58]。根据姑息性预后指数（卡式行为评分修改版），肺癌患者的平均稳定功能评分为8～9个月。一旦姑息性预后指数降至30天或更低，患者的平均生存期降至0.38个月。在这一阶段很少有患者（少于5%）的评分会有改善[31]。在卧床不起或低评分患者中，姑息治疗不能改善患者症状，最主要的是要处理患者的癌性急症。几乎不会与评分高的患者谈论增加额外的抗癌治疗，如果进行这种谈话，将会给患者传达一种错误的希望，并将进一步推迟晚期护理计划和临终关怀转诊。即使东部肿瘤协作组体能状态评分为3分或4分且用现今医疗技术治疗可行的小细胞肺癌患者也表现不佳。仅有20%的肿瘤患者能完成4个标准治疗周期。当患者的评分为4分时中位生存时间为7天，评分为3分时中位生存时间为64天[79]。

患者和医生缺乏良好的沟通以及患者过高的抗肿瘤治疗期望将会增加终末期患者的医疗负担，其中包括患者在生命的最后14天里还进行化疗，生命的最后30天还在重症监护室治疗以及患者在生命的最后30天里还在急诊科进行积极治疗。大约一半的晚期肺癌患者在生命结束时会选择积极的治疗[77, 80-81]。患者生命终末期过度治疗不仅仅会加重经济负担，还会增加家属抑郁和悲伤的风险[82]。因此，许多患者和家庭都后悔他们在生命末期时选择激进的治疗[69, 72, 83-84]。

一般来说，患者认为医生应该更早的考虑预防性措施[85]，大多数家庭希望姑息治疗在癌症治疗过程中应该更早的纳入[86]。一项研究表明，医生通常在患者死亡前33天与患者家属谈论姑息治疗方案[87]。在晚期肺癌住院患者中，医生在患者即将死亡、长时间住院或在患者进入ICU治疗时才开始谈论姑息治疗。此时，医生将会对患者或家属谈论转诊治疗[88]。

大多数癌症中心的患者在死亡时都会有放弃抢救治疗的文书。家属签署放弃抢救治疗文书的平均时间常发生在死亡前3天内，1/3的放弃抢救治疗文书由代理人签署[89]。只有5%的晚期肺癌住院死亡患者在门诊签署了放弃抢救治疗文书[89]。

4 时期纳入姑息治疗的优势

4.1 症状管理、预后信息和希望

将姑息治疗纳入肿瘤门诊的好处之一是减轻了患者的症状负担[25, 34, 57]。症状问卷揭示患者更多的不良症状，然后由姑息治疗团队来处理[46, 90]。在治疗过程中早期姑息治疗的患者更可能感知和保留关于预后的准确信息，在生命终末期时，患者更不太可能接受激进的化疗[91-92]。对预后的讨论并没有减弱患者对治疗的希望。相反，预后讨论通过提供实实在在的期望来帮助患者对他们的治疗做出明智的选择[62, 93]。早期姑息治疗与最后一次化疗和死亡之间较长的间隔以及死亡前7天以上临终关怀登记的增加有关（60% vs. 33%）[94]。接受姑息治疗少于30天的患者更可能在死亡前的30天内接受化疗[92]。医生对患者的关怀比预后信息更能影响患者对未来的希望[95]。大多数家属认为避免讨论患者的预后不是保持抗癌希望的恰当方式[96]。

4.2 沟通、生活质量和患者相关结果

姑息治疗使用的生活质量问卷可以改善医患之间的沟通[97]。在抗癌治疗期间提供姑息治疗可提高患者的生活质量[25, 41]。以患者为中心的沟通需要时间，并且通常会涉及敏感性问题。医生必须能够对患者的情绪性语言和某些暗示做出回应。肿瘤科医生对20%～30%的患者的情绪变化做出反应，并对患者表现出的信息做出迅速的回应[98-99]。面对患者家庭，医生（71%）通常与家庭成员（29%）交谈最多[97, 100]。医生完成姑息医学研究需要的核心能力之一就是能够召开患者家庭会议。因此，与肿瘤专科医师相比，姑息治疗专家更有可能在家庭会议中更好地进行有效沟通。患者的情感和心理社会问题在生命终末期时显得更重要。沟通训练作为姑息治疗研究的一部分，它可以改善医生的态度和医师对患者情绪变化的反应，以及患者家属的满意度。时间的局限性是肿瘤科医师需要面对的一个主要问题，因为医生需要大量时间来对肿瘤进行治疗和处理癌症相关问题[101-103]。可笑的是，尽管肿瘤科医生与患者有着密切的关系，但患者更喜欢与他的非主治医生进行临终关怀的谈话和交流。患者希望肿瘤科医生保持乐观的态度，专注于治疗他们的癌症[73-104]。

4.3 康复

通常，康复锻炼、力量训练、健美操和肺功能康复在肺癌患者治疗的各个阶段常常被忽视。许多肺癌患者伴有COPD，有证据表明，对慢性

肺病患者进行肺功能康复治疗能改善他们的生活质量、呼吸困难和疲劳，并有助于患者积极参与肿瘤治疗[105]。虽然适度的体力活动可以减轻患者疲劳并改善症状、机体功能和生活质量，但在美国3/4的肺癌患者的体力活动未能达到体力活动指南的要求，51%的肺癌患者没有参加适度的活动[106-112]。对于一些接受过根治性治疗的癌症患者，体育锻炼事实上可以降低肿瘤的复发和死亡率[113-115]。体育锻炼是安全可行的方法，甚至可能对晚期不可治愈癌症患者有好处[116-117]。有一项公开试验正在调查通过两个月的体育锻炼干预对不可切除肺癌患者的疲劳和生活质量所产生的好处[118]。康复治疗和体育锻炼最常在姑息治疗、跨学科会议中讨论，而不是在肿瘤专栏中讨论[119]。因此，姑息治疗组的患者更可能进行肺功能的康复锻炼和运动功能锻炼。

在标准化疗期间，将姑息治疗与常规抗癌治疗相结合的研究和辅助疗法开展了支持性和辅助性治疗试验。在一项试验中，服用西洋参患者的癌症相关疲劳得到改善，特别是在化疗期间[120]。在另一个试验中，在NSCLC患者化疗期间，与标准治疗患者相比，使用ω-3脂肪酸的患者的肌肉质量有所改善[121-122]。

4.4　医保费用

早期将姑息治疗纳入癌症治疗不仅减少了患者生命末期的过度治疗，而且能节约经济，且不会缩短患者寿命[5, 25, 123]。近40%的医疗保险费用都花在患者生命的最后几个月[124]。即使姑息治疗被用在癌症患者急救中，将适当的患者从住院急性治疗转移到住院姑息治疗也可以降低66%的医疗成本[125]。进行姑息治疗的住院患者每天将减少239美元的住院费用[126]。两项随机试验和队列研究表明，患者在住院姑息治疗病房的护理费用比常规病房护理费用降低了38%～50%[124, 127-128]。同样，与标准的肿瘤门诊治疗相比，在家中使用姑息性治疗可以减少患者的住院率和急诊就诊率。每日家庭治疗的平均费用为95美元，大大低于医院治疗费用（213美元）[129]。使用医疗保险和医疗补助服务中心病例组合指数（case mix index，CMI）和所有患者再诊断相关组（all patient refined-diagnosis related group，APR-DRG）数据，可以对急诊医院治疗费用进行财务比较。基于CMI和APR-DRG数据，克利夫兰诊所住院姑息治疗的平均住院费用比没有进行姑息治疗的医院低7800美元，尽管疾病严重程度相当，但是常规医院的住院时间更长，死亡率更高。更低的费用主要是由于较低的检查费用和药费[130]。系统回顾研究了姑息治疗的成本和所产生的效益[131]，但研究的质量不同，使用研究方法的不同，并且一些研究的样本量小。队列研究有可能通过潜在未观察到的混杂变量产生偏倚。然而，所有姑息治疗机构（住院治疗、家庭治疗和门诊姑息治疗）被发现具有强大的经济优势，主要是由于医疗费用（再入院和转诊到临终关怀）的减少和直接治疗成本的节省。例如，早期的姑息治疗减少了患者的急性治疗天数[131]。

4.5　生存时间

早期将姑息治疗纳入癌症治疗并不会缩短患者的生存时间，相反能延长患者的生存时间[5,25,35,84, 132]。早期进行姑息治疗可以使患者向临终关怀过渡，这对肺癌患者有短期生存优势[133]。姑息治疗能延长患者寿命尚需被证实，因为这些信息是基于波士顿回顾性研究[25]，并且生存优势的机制是通过推测而得到的。患者的生活质量和情绪与患者生存有关，生活质量的降低和精神抑郁将降低患者的生存时间，生活质量的提高能延长患者的生存时间[134-140]。姑息治疗等干预措施可提高患者生活质量并减少抑郁，并可能具有与延长生存时间相关的生物学效应[25]。有趣的是，在波士顿的回顾性研究中，在没有使用抗抑郁药的前提下，行姑息治疗的患者的情绪也能得到改善[25]。患者生存优势的提高也可能与终末期过度治疗的减少有关[25, 75]。最后，社会对姑息治疗大力支持和将患者家庭纳入治疗计划可能会提高患者生存率[141-142]。

5　姑息治疗和传统抗癌治疗相结合的益处

将姑息治疗纳入肿瘤学的可行性已在多项临床试验中得到证实。总体来说，参与这些试验的患者都有了临床症状改善、生活质量提高、患者满意度提高以及降低了在生命临终期时的过度治疗，并且患者的生存率并没有降低。值得注意的是，晚期肺癌患者进行姑息治疗将获得最大的益处[25, 129, 132, 143-147]。

一些涉及不同肿瘤类型的研究已经评估了家庭护理和化疗期间及治疗后症状支持的益处。包括抑郁和呼吸困难等症状确实得到了改善。此外，与对照组相比较，姑息治疗组的化疗毒性更低，患者满意度提高，急诊就诊率和住院次数更少[129, 148-149]。

除非姑息治疗团队直接管理患者，否则住院姑息治疗的优势就会变小。在没有姑息护理小组参与姑息治疗的情况下，只有不到1/4的患者接受并遵从了医院的治疗建议。此外，与姑息治疗组相比，虽然其他治疗组患者的精神焦虑状态和呼吸困难症状有轻微改善，但患者的抑郁和疼痛没有得到改善[145, 147]。

跨学科姑息治疗团队的急性住院姑息治疗医院有明显优势。在姑息治疗团队直接管理的医院，患者住进重症监护室的机会更少，中位临终关怀生存时间更长，并且完成了更多的预先指示。这对患者的生存率没有不利影响[144]。

两个大型研究表明早期将姑息治疗纳入癌症治疗的好处。教育、营养及生命终末期（educate，nurture，before life ends，ENABLE）的研究涉及教育、解决问题能力、症状管理、高级护理计划和每月电话随访。一个完整的跨学科姑息治疗小组不涉及患者具体的肿瘤治疗，其主要目的是改善患者情绪和提高患者生活质量。然而，在患者症状强度及医疗费用利用方面没有变化，但姑息治疗小组患者的生存率有了显著提高（14个月 vs. 8.5个月，$P=0.14$）[132, 143]。由Temel等[25]进行的第二个试验将新诊断的晚期肺癌患者随机分配到普通护理或综合姑息治疗组中。跨学科小组将患者视为是8周内诊断的门诊患者。当患者回到当地社区医院时，姑息治疗小组会对他们进行多次随访，至少每月一次。管理是以达成国际共识的姑息治疗指南为指导。主要的标准是使用患者相关的结果测量量表（癌症治疗的肺功能评估及医院性焦虑和抑郁量表）评估患者治疗12周时的情绪和生活质量。其他的标准是在生命终末期和发病期时的积极治疗。其结果是在不增加抗抑郁药物剂量的情况下，患者情绪和生活质量得到改善，其临床意义体现在患者的生活质量发生了显著的变化，患者可以更早地转诊到临终关怀中心，生存质量也有了显著的改善[25]。但这项研究不是为了患者的生存率而开展的。多项前瞻性研究的结果显示，多个国家和国际组织建议将姑息治疗早期纳入癌症治疗中[150-153]。

6 将姑息治疗纳入癌症治疗的阻碍

患者和医生在抗癌治疗中有共同的希望和积极的治疗态度，这就是人们相信每次抢救治疗都能延长患者的寿命，并且延缓或甚至不会转诊到姑息治疗中心治疗[69, 154]。如果医生对患者或家属有关疾病预后和临终关怀的讨论被推迟，或者直到危急时刻才开始谈论，那么很可能在进行危急干预时才使用姑息治疗。医生继续予以不太可能对患者产生好处的治疗，然后再尝试引入有关临终关怀的讨论，这可能会让患者感到困惑。在这种情况下临终关怀的讨论不太可能受到患者欢迎，或者可能被患者推迟，转而继续进行抗癌治疗[104, 155]。持续积极治疗可能被患者认为是唯一合理的治疗选择，并且可能被认为患者不想放弃治疗，这就使得持续的过度治疗一直存在。这些患者在癌症治疗和姑息治疗之间就会产生一个“非此即彼”的错误想法[154]。肿瘤专科医生推迟转诊的原因是不想因为他们推荐患者去姑息治疗专家那进行治疗而破坏患者对生存的希望[37]。有一种错误的现象是，无论患者的症状处于哪个阶段或预期结果如何，对患者进行姑息治疗取决于患者的结果和预后，而不是患者症状的严重程度。为了克服这些阻碍，“支持性治疗”一词已被采纳，因为它对患者和医生更为可取，并不意味着姑息治疗等同于临终关怀[35, 156-157]。

用于姑息治疗的资源严重不足。尽管大多数晚期癌症患者有十分严重的症状，近40%的患者死于癌症，但国家卫生研究院预算中只有1%的资金用于癌症患者的姑息治疗[158]。虽然姑息治疗服务可在国家癌症研究所指定的超过90%的医疗机构和超过75%的社区癌症中心进行，虽然绝大多数（超过80%）的癌症专家将姑息治疗视为癌症治疗的重要手段，但是只有不到20%的癌症项目将资金用于姑息性治疗[159-160]。肿瘤医院专业姑息治疗医师的平均数量只有两个，而且基本上所有的姑息性治疗医师都是超负荷工作[159-160]。

延迟转诊到姑息治疗医院的其他原因包括姑息治疗服务的不公平和缺乏转诊标准。此外，医生常常缺乏对姑息性治疗的程度和可实施性的理解[161-163]。他们也缺乏关于姑息治疗的教育和信息[59, 164-165]。这些因素可能导致医生延迟患者的转诊或不转诊。尽管标准化的症状评估及与患者相关的结果是了解患者症状负荷和患者需求的关键，但大多数肿瘤科医生并不经常使用症状评估工具，在肿瘤治疗期间也没有多少姑息治疗经验[158, 165-166]。由于大多数患者并没有将自己的所有症状向医生诉说，因此肿瘤科医生不知道患者自身想要达到的目标和需要[167]。

对多家医学专业出版社出版的12本教科书进行了回顾研究，发现血液学-肿瘤学教科书将姑息治疗内容排在了第10章[168-169]。自从这篇回顾性研究发表以来，10年来已经有所改善，但有趣的是，在主要期刊上发表的关于晚期肺癌管理的评论中，姑息治疗常常不包括在内，或被列在文章的最后一段，治疗结果通常以无肿瘤进展生存率和总生存率来描述[170-171]。虽然也有例外[172]，但这些数据似乎表明，肿瘤医生在丰富自己专业知识的文献中很少接触到有关姑息治疗的信息。

一些与临终关怀一样的姑息疗法不会在正在接受化疗的患者身上进行[163]。如果姑息治疗专科医生不了解癌症的自然史、不同肿瘤的分期和不同肿瘤组织学的治疗方法、常见的化疗药物不良反应以及包括新的靶向治疗药物及其毒性的抗癌疗法的新发展，将姑息治疗纳入肿瘤传统治疗方案中可能是困难的。因此，姑息治疗专科医生可能过早地将患者转入临终关怀计划方案中，因为他们误认为治疗毒性就是肿瘤进展。为了克服这一障碍，姑息治疗专科医生需要具备肿瘤学的基本专业知识、了解新的抗肿瘤疗法以及与肿瘤专科医生进行密切沟通。

公众接触姑息性治疗的信息较少，但公众获取癌症的相关信息通常很多，这是因为媒体报道了一些耸人听闻的肿瘤新发现，以及许多个案报道[160]。因为公共暴露的肿瘤事件很大程度上是抗肿瘤治疗而非姑息性治疗（如为治愈而抗癌的报道）[173]，姑息性治疗可能被认为不如治疗那么重要。

涉及从支付服务到基于价值报销的医保政策可能是改善或减少姑息治疗服务的原因[174]。基于价值的报销以成本效益为基础、以需求质量为指标。姑息性治疗质量指标不同于肿瘤学，对质量指标的共识并不被普遍认知。与肿瘤治疗相关的姑息治疗质量指标还不够完善[175]。基于医保政策确定的以价值为基础的报销政策，可能对高死亡率的住院单位产生不利。此外，如果在医保部门中不考虑直接成本加间接成本，而只考虑直接成本，那么住院姑息治疗机构可能被视为亏损[131]。与普通住院病房相比，姑息性治疗病房的患者可能需要更高或更低的成本，但死亡率肯定高于普通病房。因为姑息治疗住院患者的症状严重程度更高，心理社会问题更严重，因此需要更高级别的护理[176-177]。虽然所有患者再恶化疾病相关指数有用，但它不能充分反映住院患者姑息治疗机构的护理、疾病严重程度或死亡风险的复杂性[178]。病例严重程度是使用适当的症状和疾病的单词代码来向管理者和决策者演示在住院患者姑息治疗病房治疗的患者类型[178]。

随着姑息治疗拓展到慢性非恶性疾病，并逐渐成为癌症患者疾病治疗的主流，将会导致基于服务可用性的负面后果。缺乏足够的资金、足够的培训项目，或足够的时间来培训需要满足需求的姑息性治疗专科医生[179]。医疗系统不太可能在昂贵而复杂的医疗保健之外，为重病患者提供另一层次的专门治疗[179]。捆绑付款将减少患者向姑息性治疗医师咨询的次数。如果姑息治疗专科医生能够承担姑息治疗的所有任务，其他肿瘤专科医生将开始认为基本症状评估、管理和心理社会治疗不属于他们的责任[179]。

为了解决这些障碍，所有医学专业的项目都应包括基本的姑息治疗技能的培训，以患者目标和价值观为中心的治疗，以及肿瘤基本症状的评估和管理。核心部分包括使用标准化仪器进行症状评估，对患者疼痛和非疼痛症状的基本管理，以及对患者的痛苦、心理社会和精神问题的筛查。肿瘤专科医生应该讨论疾病的预后、治疗目标、症状所产生的痛苦和预先指示，并同时评估患者对这些问题的理解[180-182]。通过医疗保健研究和质量机构的资助，美国卫生院和姑息医学研究所的合作提供评估姑息性治疗在提高肿瘤护理方面的质量及开发和传播初级姑息性治疗流程的依据。目的是提高肿瘤专科医生对基本姑息治疗的认识，而姑息治疗专科医生则专注于更复杂或难治的症状和问题[179, 183]。

7 临终关怀

随着肺癌及其症状的进展，患者对相关信息的选择也在不断发展。尽管患者对诊断、预后和治疗方案的倾向性没有改变，但对姑息治疗和临终关怀的选择（如果在不早期纳入癌症治疗）确实变了。患者可以有更多的选择，也可以有更少的选择[184]。因此，肿瘤学家有必要更新患者的疾病状态和预后，并询问患者是否想要有关姑息治疗、提前指示和临终关怀的信息。

无论是对时间长短还是疾病状态或患者的倾向选择，临终关怀都没有明确的定义。不幸的是，世界卫生组织将姑息治疗的定义用作临终关怀的主要定义[6]。虽然“临终关怀”一词经常被使用，但对其定义的内容却没有达成共识。它往往意味着生存的时间范围或治疗和护理之间的界限，这可能不利于将姑息治疗纳入癌症治疗（如果姑息治疗是临终护理的同义词）[6]。

8 肺癌患者的症状与生活质量评估

肺癌患者症状控制仍然是癌症治疗、姑息性治疗和临终关怀等临床实践中的主要工作，应该在癌症治疗过程中和生存期中持续进行[185-186]。系统评估是患者症状管理的主要限制之一。疲劳、呼吸困难、疼痛、厌食、恶病质是肺癌最常见的临床症状[187-191]。随着患者症状严重程度的增加，全球肺癌患者健康和生存率直线下降[188, 192]。对于肺癌患者，当以症状数量和严重程度来衡量患者症状负荷时，患者的症状负荷就与其生活质量和疾病预后成反比[193-194]。患者症状负担增加到直至患者生命的终末期的最后4周时，达到稳定期[194]。

在过去的10年，有50多种工具来测量肺癌患者的生活质量[192]。常用的工具包括癌症治疗功能评估法（functional assessment of cancer therapy-lung，FACT-L）及其他的修正版（NCCN-FACT-17）、肺癌症状量表（lung cancer symptom scale，LCSS）和欧洲癌症生活质量调查和治疗问卷（European organization for research and treatment of cancer quality of life questionnaire-lung cancer，EORTC-LC-13）等[38, 195-197]。FACT-L和EORTC-LC-13是与肺癌症状相关的特定量表作为疾病附加特异性模块通用的生活质量工具。

FACT-L由41个自我评估问题组成，其中34个问题涉及5个领域。由患者生理、功能和肺癌模块创建试验结果指数，该工具对时间变化极其敏感，并在临床试验中提供临床有意义的、与患者相关的结果[25]。对1周内的患者症状（包括呼吸困难、咳嗽、胸闷、食欲缺乏和体重减轻、认知功能障碍）使用分类量表进行评估。7项症状量表中有2分的改变具有临床意义[196, 198-199]。该问卷对治疗相关症状相对不敏感。

LCSS由两个量表组成，一个由医生评定，一个由患者评定。患者的问题包括6个症状问题和3个用视觉模拟量表（100 mm水平线）上标记的问题。6个症状项目的平均值是患者的平均症状负担。内科项目涉及6个主要肺癌症状。患者症状量表变化10 mm具有临床意义。LCSS量表没能评估患者社交或影响患者生活质量方面的问题，这是其不足之处[200]。

EOTC-LC-13量表包含13个条目，肺癌症状模块包括咳嗽、咯血、呼吸困难（3项）、口腔或舌头疼痛、吞咽困难、脱发、手刺痛、脚刺痛、疼痛（3项）和镇痛药物。所有的问题都是以4分的范畴量表和7分的数值量表为框架，时间跨度为1周。这种生活质量量表在临床上是有效和实用的。它对患者治疗相关症状也很敏感[197]。

在衡量患者生活质量上存在一些问题。观察者和被观察者之间可能存在认知错误、数据缺失、患者疲劳（尤其是长时间问卷调查）和耗时，这可能会对结果产生不利影响，那些未能完成问卷调查的患者通常因为病情加重而退出研究。在患者退出研究情况下，需要进行统计调整以防止偏倚[201-202]。由于患者组成的不同，很难进行跨组研究的比较。视觉模拟量表对患者来说更难理解和完成[203-204]。当患者重新调整症状的严重程度或改变他们对生命质量领域相对重要性的优先顺序和感受时，可能出现相反的结果[205-208]。患者更严重的症状往往会随着时间推移而降低[208-211]。最后，死亡质量不能用生活质量问卷来评估[212-213]。患者和他们的亲人在生命结束时想要什么已经被确定（表58.3）。

表58.3　患者和家属在生命结束时想要什么

精神意识
与上帝或主和平相处
遗产（对他人有所帮助）
具有祈祷和（或）冥想的能力
具有安排葬礼的能力
不会给他人留下负担
感觉自己的生命是完整的
结束不好的关系（能与别人和解与分别）

应在患者最初的求诊过程中完成生活质量调查表，并在治疗过程中对肺癌治疗的反应进行重新评估。在这两个过程之间，症状量表可能会有帮助。埃德蒙顿症状评估系统（Edmonton symptom assessment system，ESAS）是一个由9道问题组成的问题量表，附加一个这9个问题中未涉及的患者特定症状问题。它是根据症状的数量和严重程度来衡量症状负担的数字评分量表（0＝无症状，10＝症状极其严重）。该量表的完成率很高，可以在住院期间由患者每天完成[214-216]。ESAS量表可能是一种很好的筛查疾病的方法[217]。痛苦是一种由多因素引起的不愉快的心理和精神情感体验，这种心理和精神的体验可能会干扰有效治疗癌症的效果。疼痛和疲劳是造成痛苦的主要原因[218-219]。建议所有的癌症患者都要进行痛苦评分评估。通常建议使用称之为11点风险温度量表来筛查患者的疼痛，并使用分诊系统来管理有精神或心理压力的患者[220-221]。

9　肺癌症状的管理

肺癌患者在癌症诊断期间和复发时都有症状。肿瘤症状复发，或出现新症状，或维持治疗后肿瘤进展，这些通常与体重减轻有关。至少有一半的肺癌患者在肿瘤发生的某个时间因症状难以忍受到急诊室就诊[222]。急诊高利用率的一部分原因是患者无症状肿瘤进展，其常被用作复发的指标。如前所述，患者肺癌症状进展最常发生在疾病进展之前。另一种检测复发的方法是使用由门诊患者每周填写的自我评估症状表来对症状进行监测。每周用自我评估量表衡量体重减轻、疲劳、疼痛、咳嗽、呼吸困难的严重程度，该量表在可行性研究中得到了发展和使用[223]。这些前哨症状和体重减轻的敏感性、特异性和阳性预测值分别为86%、93%和86%。复发通常在影像学评估的前6周发生。使用该评估工具可以减少进行影像学检查的数量（影像学检查通常在无症状个体中具有较低的检出率），并且允许在症状变得严重和需要急诊就诊或住院治疗之前进行早期干预。

9.1　疲劳

晚期肺癌患者普遍存在疲劳，疲劳是影响生活质量的主要症状[224-225]。疲劳是一种令人痛苦且干扰日常活动的持续性疲劳感或疲惫感。与正常的体力疲劳不同，它是伴随着正常的活动而发生，也可以在没有任何体力活动的情况下发生。它无处不在，并且其持续时间超过正常预期恢复时间。如劳累、硬化、缺乏活力和虚弱等对疲劳的描述或许不能准确地描述每个患者的经历[226]。疲劳可以通过数值评分表（0＝无疲劳，10＝严重疲劳）进行筛选，疲劳评分大于4具有临床意义[227-228]。患有癌症的疲劳患者应进行抑郁症筛查。癌症相关的疲劳与快感缺失、绝望或无价值无关[229]。肿瘤患者的失眠和疼痛应该得到治疗。阻塞性睡眠呼吸暂停低通气综合征患者也会出现疲劳，其睡眠时持续气道正压可能会给患者带来好处[230]。贫血、甲状腺功能减退和性功能减退也可导致严重的疲劳，对这些症状的治疗或许会改善患者疲劳。应该评估和最大限度地积极治疗肿瘤患者的心力衰竭和慢性阻塞性肺疾病。

一项随机对照双盲实验发现，皮质醇激素能改善患者癌症相关的疲劳[231]。然而，长期使用皮质醇激素会导致骨质疏松症、肌溶解、失眠、血栓栓塞和类精神病等不良反应。有试验采用地塞米松（早晚各4 mg），然后逐渐减少至最低有效剂量，或如果在使用2周后未观察到任何反应，则停止使用。在第二项随机对照双盲试验中，西洋参能有效减轻癌症相关疲劳。西洋参的不良反应与安慰剂相似，几乎没有药物相互作用[120]。

有报道称，精神兴奋剂在前瞻性单臂研究中是有效的，但这些阳性结果在随机试验中没有能展现出来[232-233]。如6分钟的步行试验、爬楼梯试验、力量加强试验等力量和耐力训练有助于改善化疗期间的疲劳和身体功能的丧失，且呼吸困难的患者只有在最大步行试验过程中才会感觉到呼吸短促[234]。

9.2 呼吸困难

呼吸困难可以描述为胸闷、呼吸急促、气急和气短[235]，每一个都反映了不同的病理生理结果。胸闷与冠状动脉疾病有关。浅快呼吸是呼吸动力和肺活量不匹配的结果。通气不足与二氧化碳潴留有关。不能获得足够的空气与胸部不规则运动有关。大多数癌症患者在临终时有呼吸困难[236]。

晚期癌症，特别是肺癌，通常有多种原因导致的呼吸困难。这些原因包括肺癌治疗引起肺容积减少和肿瘤大小、胸腔积液、心脏压塞、COPD、冠状动脉疾病、血栓栓塞、肺炎和消瘦、焦虑和抑郁以及无法控制的疼痛都会导致呼吸困难[237]。患者消瘦会引起横膈肌的数量和质量变化，从而导致呼气和吸气的潮气量减少[238-239]。

呼吸困难可以通过埃德蒙顿症状评估系统中的数字量表进行筛查[240]。也可以使用癌症呼吸困难量表和呼吸困难数字量表来评估活动对呼吸困难的干扰[241]。

根据潜在的病因，与癌症相关的呼吸困难的治疗可能包括手术、化疗、放疗、胸腔穿刺术、心包穿刺术、放置引流管、激光或支架支气管镜检查、立体放疗、皮质类固醇和抗生素以及输血等。非介入性治疗也可以减轻呼吸困难。肺康复治疗和辅助呼吸治疗可以改善呼吸困难[242]。缺氧患者（血氧饱和度低于90%）应予以吸氧。通过打开窗户或手持式风扇向脸部吹空气，可以减轻那些氧含量正常患者的呼吸困难[243-245]。采用双气道正压无创通气可减轻呼吸困难，从而避免插管[246]，而且这个操作不需要镇静。

吗啡可以减轻呼吸困难而不会引起高碳酸血症。根据需要，初始剂量为每4小时2.5～5.0 mg。如果患者对阿片类药物耐受，增加25%的阿片类药物剂量可能有助于改善呼吸困难[247-249]。由于缺乏证据证明雾化阿片类药物和利尿剂对改善呼吸有效，因此不应将其用作标准疗法[250-251]。大多数慢性呼吸困难的患者也会出现急性呼吸困难或氧饱和度不足的情况，根据需要使用阿片类药物治疗。苯二氮䓬类和镇静剂吩噻嗪类药物已被用于治疗呼吸困难，但两者的作用却相互矛盾。很少有高质量的随机对照研究验证两种药物的正面和负面效应[252-255]。如果患者对阿片类药物不耐受或不想继续服用阿片类药物，可添加苯二氮䓬类药物和镇静吩噻嗪类药物或替代阿片类药物。对于难治性呼吸困难的患者，可能需要使用姑息性镇静，使用皮下注射苯巴比妥，或使用氟哌啶醇加苯二氮䓬（如咪达唑仑或劳拉西泮）来控制呼吸困难。在实施治疗前应与患者和家属谈论姑息性镇静。患者应该签署禁止抢救文书，如果使用胃管喂养，应该移除胃管[256-258]。

9.3 咳嗽

至少半数肺癌患者会出现咳嗽症状[259]。比起健康人，晚期肺病患者更需要通过咳嗽清除痰液。肺癌患者咳嗽反应是通过迷走神经对传入感觉神经的过度刺激引起的，也可能伴有控制咳嗽反射的神经元中枢敏化作用[260-261]。对咳嗽的评估应包括咳嗽是否有效、引起咳嗽的原因、咳嗽发作的时间（白天或夜间）、患者正在使用的药物（如血管紧张素转换酶抑制剂）和患者潜在的基础疾病。咳嗽量表可用于评估咳嗽频率和严重程度[260-262]。曼彻斯特肺癌患者咳嗽量表使用10个项目来评估肺癌患者的咳嗽。该量表目前正在验证中[263]。胸片和CT可显示支气管阻塞、胸腔或心包积液、肺不张、肺炎、支气管胸膜或支气管食管瘘、淋巴管癌、上腔静脉阻塞或治疗相关性肺炎[260-262]。

放射治疗、激光治疗、体内放射治疗或支架植入可缓解阻塞性支气管引起的咳嗽。胸腔穿刺、胸腔引流加胸膜固定术或胸膜导管的放置可以减少胸腔积液引起的咳嗽和呼吸困难。心包穿刺可以缓解心脏压迫来缓解呼吸困难。通过对气道简单的水化、湿化和黏液溶解可能对咳嗽有帮助，特别是能促进分泌物的咳出。然而，目前还没有一个有效的随机对照试验支持在咳嗽治疗中使用黏附性药物的有效性[264-265]。有关拍背和气管吸痰来促进咳痰的证据也很少[266]。通过喉部的刺激促进排痰已经使用[267]。每天45分钟通过面罩吸氧维持呼吸末正压有助于改善咳嗽和呼吸困难[268-269]。

当咳嗽不再作为一种生理功能或咳嗽产生疼痛或疲劳时，止咳是可取的。常用作止咳药的阿片类药物包括可待因、右美沙芬和吗啡。右美沙芬比可待因能更好地控制咳嗽强度[270]。吗啡缓释片可缓解40%的咳嗽。没有证据表明使用吗啡时存在剂量-反应关系，也没有证据表明一种阿片类药物在治疗咳嗽方面优于其他药物[271-274]。

质子泵抑制剂可减少因胃反流引起的咳嗽，有研究表明加巴喷丁可减少中枢敏感性引起的咳嗽[275]。泼尼松（每天30 mg，持续2周）可减少由支气管痉挛引起的咳嗽，或由肿瘤或治疗引起的胸膜、心包或膈肌刺激引起的咳嗽[272]。如果标准治疗咳嗽无效，巴氯芬也可能起到缓解咳嗽的作用。对于即将死亡的患者，使用胆碱能抑制剂（如甘吡咯酸）治疗可能会减少分泌物和所谓的死亡粗湿啰音[276]。建议每6～8小时使用吡咯酸乙二醇酯0.1～0.2 mg（静脉注射或皮下注射）。最好是24小时服用，因为它可以减少而不是消除分泌物。吡咯乙交酯是一种东莨菪碱衍生物，不进入中枢神经系统，从而不会造成抗胆碱能引起的认知功能障碍或谵妄[277]。替代药有吸入异丙托品或舌上滴东莨菪碱液[278]。

9.4　恶病质与厌食

恶病质通常被认为是非自愿体重减轻。前恶病质被定义为体重减轻小于体重的5%，恶病质被定义为体重减轻大于体重的5%。然而，如果身体质量指数（body mass index，BMI）小于20 kg/m^2，那么体重减轻大于2%将被定义为恶病质。恶病质的症状包括肌肉松弛、脂肪含量减少、厌食、疲劳、炎症因子升高和急性期反应物升高[279]。厌食症是一组症状，包括腹胀、早期饱腹感、味觉和嗅觉变化、味觉障碍和每天的食物摄入量变化[280]。

外周和中枢机制会产生恶病质和厌食症。炎性细胞因子上调肌肉中的转录因子核因子（NF）kappa-B，进而上调肌肉抑制素、蛋白酶体和前列腺素。通过MyoD和mTOR/Akt抑制卫星细胞增殖，从而阻止肌肉合成。线粒体功能和钙代谢也受到影响，导致氧化磷酸化减少。此外，活性氧种类也有所增加[281-282]。厌食症是由下丘脑弓状核内含有原阿片皮质素神经元的神经递质增加引起的，同时也伴有神经肽Y信号的减少。通过5-羟色胺受体的激活和白细胞介素1的调节以及前阿片黑皮素神经元神经传递增加所致[281-282]。

炎性细胞因子（肿瘤坏死因子-α、白细胞介素1和白细胞介素6）增加了肝脏和肌肉中C反应蛋白的产生。低蛋白血症是由血管内皮屏障的损伤和细胞间质液体外渗引起的[283]。C反应蛋白升高与进行性体重减轻有关，是肺癌预后不良的指标[284]。在格拉斯哥预后评分中均含有血清白蛋白和C反应蛋白[285-287]的内容。术前格拉斯哥预后评分是一个有用和重要的预测NSCLC患者肿瘤特异性生存率的指标。它预测了铂类药物相关毒性的最重要方面。

对恶病质的评估极其复杂。影响恶病质和肌肉松弛的因素包括体重、BMI、体质测量、生物电阻抗、双能X射线吸收测量和L3椎体水平肌肉质量的测量。用CT测量L3椎体水平的肌肉质量已经得到证实。这些测量可以常规进行以进行癌症的病程随访[288]。厌食症的评估可以通过埃德蒙顿症状评估评分，也可以使用厌食症恶病质治疗功能评估量表[289-290]，它是一种附加在癌症治疗生活质量功能评估工具上的12项模块。还有许多其他的营养评分量表，但它们并没有把饥饿和恶病质分开。在一项使用微型营养评估量表评估肺癌患者的研究中，量表的得分与实验室炎症参数相关，并且与患者的生存率也存在相关性[291]。

治疗癌症相关恶病质的最佳方法是治愈癌症。如果不能治愈肿瘤，那么治疗的目标是保持肌肉质量、足够的营养摄入和尽量维持患者功能[292]。因为单一药物对癌症恶病质和厌食症的影响不大，肿瘤治疗应该是多药联合应用。食欲兴奋剂包括皮质类固醇、黄体酮和奥氮平[293]。在一项随机试验中，醋酸甲地孕酮和奥氮平联合用药优于醋酸甲地孕酮单一用药，在食欲、恶心、体重增加和生活质量方面都有显著改善[294]。单用抗氧化剂、左旋肉碱、ω-3脂肪酸、沙利度胺、非甾体抗炎药和醋酸甲地孕酮治疗恶病质几乎对患者收效甚微。最近的一项联合用药试验表明，在增加瘦体重、减少能量消耗和改善食欲方面，联合用药比单一药物更有效[295]。生长激素类似物和选择性雄激素受体调节剂目前正在开发中[296-299]。

9.5 疼痛

至少一半晚期癌症患者会有慢性疼痛[300]。被描述为癌性疼痛综合征。大约75%的癌症患者有与癌症相关的疼痛，25%的患者有与治疗或伴随疾病相关的疼痛。许多癌症患者由于广泛的转移而有癌症疼痛综合征，这些综合征已被很好地描述[301-304]。临床医生误认为患者的疼痛是因为身体的疼痛所引起的。癌性疼痛典型的表现是，躯体疼痛对阿片类药物治疗没有反应[305-306]。

为了正确评估疼痛，临床医生需要知道疼痛程度、疼痛的放射部位、疼痛的时间、疼痛质量以及加重和缓解因素。疼痛的病因、病理生理学和疼痛综合征可以从病史中推断出来，并通过体检和影像学检查加以证实[306]。在选择止痛药和调整剂量时，疼痛强度被大量使用，但疼痛对活动和功能的干扰同样重要。疼痛强度可能变化不大，但患者身体功能、情绪、睡眠和活力可能会随着治疗而得到改善[307]。在考虑疼痛的治疗时需要评估的另一个方面是止痛药的不良反应。疼痛程度可以用数字量表来评估。轻度疼痛在11分数值评定量表上小于4分；中度疼痛在5～7分；重度疼痛大于7分。疼痛严重度基线降低30%～50%具有临床意义[308-310]。简单疼痛量表是一个有效的工具，可用于对患者的疼痛进行初步评估[311-312]。在为中重度疼痛患者开阿片类药物之前，应了解患者的药物滥用史、家庭药物滥用史以及患者的抑郁、焦虑或人格障碍史[306]。

将疼痛分为躯体性疼痛、内脏疼痛或神经性疼痛是对现实临床疼痛的过分简化。内脏转移疼痛的患者有神经病理性疼痛的特征，这在动物模型中得到了证实。中枢敏感性疼痛可发生在疼痛的所有3个亚型中[313-315]。

对于轻度疼痛的患者，可选择对乙酰氨基酚或非甾体抗炎药作为止痛药，但不可应用于凝血功能障碍、心脏衰竭或肾衰竭患者。非甾体抗炎药也不推荐用于老年人的疼痛治疗。在使用非甾体抗炎药时应考虑使用质子泵抑制剂进行预防[316]。有证据表明，非甾体抗炎药和对乙酰氨基酚联合应用可提高镇痛效果[317]。

对于中度疼痛，曲马多、坦多尔、可待因或小剂量的强效阿片类药物（如吗啡）是合理的选择[318-319]。虽然有人认为可待因是通过细胞色素CYP2D6转化为吗啡，但新的证据表明，可待因和吗啡之间确实存在协同作用。因此，可待因可能需要转换为吗啡产生镇痛作用[320]。如果患者最初使用非阿片类镇痛药，如对乙酰氨基酚或非甾体抗炎药治疗，这些药物可以添加剂量或继续使用。

对于重度疼痛，强效阿片类药物如羟考酮、吗啡、氢吗啡酮或芬太尼可作为一线镇痛药物使用[321]。起效剂量为：吗啡，口服，每4小时5 mg；羟考酮，每4小时5 mg；氢吗啡酮，每4小时1 mg；芬太尼皮贴，每小时12 μg。如果疼痛剧烈或不稳定，不应使用芬太尼皮贴[321-323]。可使用缓释吗啡片（每12小时15 mg）或羟考酮（每12小时10 mg）代替速效类药物。大多数患者有爆发性疼痛。每日阿片类药物总剂量的1/6的抢救剂量应1～2小时给予一次[324-327]。短暂性疼痛发作可能与活动（偶发性疼痛）或自发性疼痛有关。剂量终止失效被认为是非最佳的昼夜阿片类药物剂量。如果发生这种情况，应该增加24小时药物剂量。要求镇痛药物剂量不低于每日总剂量的25%和不超过每日总剂量100%的患者在镇痛药物剂量需求方面存在相当大的差异。作为一种替代方法，透过黏膜、口腔、舌下或鼻内用芬太尼已经被批准用于爆发性疼痛。这些药物价格昂贵，应作为二线疗法给那些对口服速效类阿片药物无反应的爆发性疼痛患者[328-330]。

大多数人需要静脉滴注强效阿片类药物来控制疼痛。为了使疼痛达到稳定水平，速效阿片类药物的一次剂量不应超过每24小时药物总剂量。缓释类阿片的一次剂量不应超过48小时药物总剂量，经皮芬太尼的一次剂量不应超过48～72小时药物总剂量。如果疼痛持续存在，可以滴定抢救剂量以达到控制疼痛，并在达到稳定状态后调整昼夜剂量[306, 331]。严重肝病患者应使用吗啡或氢吗啡酮治疗疼痛，因为这些阿片类药物是共轭的，葡萄糖醛酸反应相对较少在肝脏发生[332]。对于肾衰竭患者，美沙酮或丁丙诺啡是治疗疼痛的首选阿片类药物[333-336]。由于其独特的药理学作用，美沙酮只能由指定的处方医生使用[306]。

辅助镇痛药可以改善疼痛和减少阿片类药物的用量。加巴喷丁、三环抗抑郁药和选择性去甲肾上腺素5-羟色胺再摄取抑制剂（度洛西汀和文拉法辛）抗癫痫类药物，可以改善神经性疼痛。因为三环类抗抑郁药有相当大的不良反应，所以二代胺三环类抗抑郁药可能具有更好的耐受性[337]。当使用辅助性镇痛药物时，为最大程度减少单个患者的神经性疼痛，所需的治疗次数从3到5不等[338-340]。皮质醇激素可减轻肿瘤相关压迫性神经病变、脑转移和肠梗阻的症状和疼痛[341-343]。双膦酸盐用于治疗骨痛[344-345]。对一线阿片类药物无反应的疼痛患者，或出现剂量限制性毒性的患者（如精神错乱、肌阵挛、幻觉、噩梦或严重恶心），改用替代阿片类药物或与替代阿片类药物轮换使用将改善疼痛并减少药物不良反应[346-348]。由于非交叉药物耐受，应使用同等镇痛剂量的50%～70%，根据潜在的药物相互作用和器官功能等临床情况进一步调整剂量。常规使用止痛片可能很危险[349-350]。可以改用类阿片类药物通过减少不良反应来提高类阿片的治疗指数。脊柱辅助镇痛药包括布比卡因和可乐定[351-352]。

阿片类药物相关的不良反应会增加患者的症状负担，或者可能被误认为是癌症进展。如果不良反应十分严重的话，不仅会产生恶心和呕吐，还可能产生类似于肠梗阻的便秘。因为患者对便秘不能耐受，所以在服用阿片类药物时，应主动开始使用大便软化剂和泻药[353-354]。对泻药和灌肠无效的阿片类药物引起的便秘应使用甲基纳曲酮治疗[355]。阿片类药物引起的镇静作用可能对哌甲酯有反应[356]。对阿片类药物的抗胆碱能不良反应（口干、尿潴留和恶心）需要对症治疗。如甲氧氯普胺、前氯哌嗪或昂丹司琼等止吐药可用于控制恶心[357]。对大多数人来说，恶心是轻微的，耐受性会在几天内增加。除丁丙诺啡外，大多数阿片类药物会导致性腺功能低下，引起情绪改变、潮热、性欲和性功能丧失，并在一段时间内导致肌肉和骨量的丢失[358]。当开始使用阿片类药物治疗或调整剂量时，可能会出现轻度镇静和轻度思维混乱，这些症状通常会在几天内缓解。若患者需要开车，在此之前应该服用稳定剂量的阿片类药物大约2周。阿片类药物引起的明显精神错乱和谵妄不需要抗精神类药物的干预，而需要改变阿片类药物的结构或代谢途径。非药物疗法应与止痛药同时考虑。身心疗法和综合干预对改善疼痛和减少阿片类药物需求都有帮助[306]。矫正即将发生的长骨骨折、后凸成形术或臂丛神经、腹腔或腹内神经阻滞可以改善疼痛并缓解阿片类药物的反应[359]。

10 肺癌与重症监护室

在美国患者中，重症监护病房的生存率和医院的生存率可以根据临床情况而定。重症监护病房生存率和医院生存率分别为72%和60%，但如果患者需要气管插管机械辅助通气，患者医院生存率会大大降低（62% vs. 47%）。有报道称，在专科肿瘤医院肺癌患者在重症监护室的存活率为40%，患者在机械辅助通气的存活率仅有30%。这可能与患者的群体差异有关[360-365]。对于需要重症监护并在住院期间存活的患者，只有不到30%的患者有6个月的存活时间。在重症监护病房治疗的肺癌患者和肿瘤进展期的患者，以及既往身体状况差或进行性器官功能障碍的患者，或两者都有的患者在重症监护病房中的死亡率非常高[362]。晚期肺癌患者进入重症监护室被视为需要临终关怀的标志，且主治医生应向患者家属谈论临终关怀。进展期肿瘤患者、身体状况极差或进行性器官衰竭的患者不应该进入重症监护室治疗，因为这些患者进入监护室治疗的疗效极差。不幸的是，对于大多数人来说，关于抢救的选择和进入重症监护治疗的讨论通常不会在转到重症监护之前进行。

11 肺癌与心肺复苏

对于肺癌患者，心肺骤停抢救的存活率为16%，只有8.5%的患者能活着回家，且许多人无法恢复其神经生理功能，需要长期家庭护理设施或住院护理。如果术后需要持续升压药物治疗或机械辅助通气，或两者都需要，则患者的生存率更差[366-368]。癌症不是心肺复苏成功的独立预测因素，但是在肿瘤期间进展的患者，以及患者并发症的数量和严重程度都预示着患者存活率很低。

与其简单地询问患者是否需要心肺复苏，还不如与患者讨论其治疗目标、预后和治疗的利与弊。

12 结论

随着肺癌治疗方法的发展，晚期肺癌患者的短期生存时间得到延长。随着患者生存率的提高，患者将出现与病程相关的多种癌症症状，降低了其生活质量。根据临床和患者相关的研究结果，肿瘤的治疗向早期整合姑息治疗转变。有效的姑息治疗需要用于姑息治疗研究、门诊和住院患者姑息治疗服务以及医疗和公共教育的资金保障，同时还需要改变卫生保健政策，将姑息治疗纳入癌症治疗方案中[369]。

（张 波 刘仁旺 陈 军 译）

主要参考文献

9. Fadul N., Elsayem A., Palmer J.L., et al. Supportive versus palliative care: what's in a name? A survey of medical oncologists and midlevel providers at a comprehensive cancer center. *Cancer*. 2009;115(9):2013–2021.
21. Meldahl M.L., Acaster S., Hayes R.P.. Exploration of oncologists' attitudes toward and perceived value of patient-reported outcomes. *Qual Life Res*. 2013;22(4):725–731.
24. Earle C.C.. It takes a village. *J Clin Oncol*. 2012;30(4):353–354.
25. Temel J.S., Greer J.A., Muzikansky A., et al. Early palliative care for patients with metastatic non-small-cell lung cancer. *N Engl J Med*. 2010;363(8):733–742.
33. Von Roenn J.H., Temel J.. The integration of palliative care and oncology: the evidence. *Oncology (Williston Park)*. 2011;25(13):1258–1265.
35. Bruera E., Hui D.. Integrating supportive and palliative care in the trajectory of cancer: establishing goals and models of care. *J Clin Oncol*. 2010;28(25):4013–4017.
36. The A.M., Hak T., Koeter G., van der Wal G.. Collusion in doctor-patient communication about imminent death: an ethnographic study. *BMJ*. 2000;321(7273):1376–1381.
46. Homsi J., Walsh D., Rivera N., et al. Symptom evaluation in palliative medicine: patient report vs systematic assessment. *Support Care Cancer*. 2006;14(5):444–453.
61. Weeks J.C., Catalano P.J., Cronin A., et al. Patients' expectations about effects of chemotherapy for advanced cancer. *N Engl J Med*. 2012;367(17):1616–1625.
69. de Haes H., Koedoot N.. Patient centered decision making in palliative cancer treatment: a world of paradoxes. *Patient Educ Couns*. 2003;50(1):43–49.
80. Earle C.C., Landrum M.B., Souza J.M., Neville B.A., Weeks J.C., Ayanian J.Z.. Aggressiveness of cancer care near the end of life: is it a quality-of-care issue? *J Clin Oncol*. 2008;26(23):3860–3866.
85. Johnston S.C., Pfeifer M.P., McNutt R.. The discussion about advance directives. Patient and physician opinions regarding when and how it should be conducted. End of Life Study Group. *Arch Intern Med*. 1995;155(10):1025–1030.
91. Temel J.S., Greer J.A., Admane S., et al. Longitudinal perceptions of prognosis and goals of therapy in patients with metastatic non-small-cell lung cancer: results of a randomized study of early palliative care. *J Clin Oncol*. 2011;29(17):2319–2326.
94. Greer J.A., Pirl W.F., Jackson V.A., et al. Effect of early palliative care on chemotherapy use and end-of-life care in patients with metastatic non-small-cell lung cancer. *J Clin Oncol*. 2012;30(4):394–400.
131. Smith S., Brick A., O'Hara S., Normand C.. Evidence on the cost and cost-effectiveness of palliative care: a literature review. *Palliat Med*. 2014;28(2):130–150.
158. Abrahm J.L.. Integrating palliative care into comprehensive cancer care. *J Natl Compr Canc Netw*. 2012;10(10):1192–1198.

获取完整的参考文献列表请扫描二维码。

第12篇 临床试验

第59章 肺癌的临床试验方法：研究设计和终点考虑

Sumithra J. Mandrekar, Mary W. Redman, Lucinda J. Billingham

要点总结

- 肺癌在分子水平上越来越多地被了解。N-of-1试验与使用生物标志物评估和靶向治疗越来越相关。
- 随机试验研究中有希望的药物的失败促使人们重新考虑早期试验中的标准剂量发现范例，并认识到需要改进单药和联合治疗的药物开发策略。
- Ⅱ期和Ⅲ期试验中设置的终点和试验设计的选择是由所谓的药物作用机制和生物标志物的可用性所驱动的，以"丰富"患者群体来得到（a）更大的随机Ⅱ期、Ⅱ/Ⅲ期或Ⅲ期临床试验（所有患者设计采用回顾性亚组评估），或（b）较小的（包括非随机）Ⅱ期试验，在富集的亚群中针对较大的差异。
- 随着移动计算的进展、电子数据采集以及研究记录与电子病历的整合，自适应设计正在成为现实。
- 主要协议包含一个中心基础设施，用于筛查和识别可以被汇集起来进行多项亚实验测试靶向治疗的患者，这已成为进行肺癌最终试验的有效方法。
- 临床试验终点的新方法和挑战药物开发历史范例的设计策略对于加速药物开发过程至关重要，这样才能将正确的疗法给予正确的患者。

在肿瘤学中，新疗法的开发通常遵循Ⅰ期、Ⅱ期和Ⅲ期药物开发范例。Ⅰ期的主要目标是在进一步研究之前先在一小部分患者中了解一项新治疗的安全性。在Ⅱ期设定中，主要目标是确定是否存在值得进一步调查的有效信号；次要目标是更好地了解治疗的安全性。Ⅱ期试验可能是单臂研究，也可能是同质研究人群的随机试验，试验规模从不到100例患者到300例患者不等。如果该药物被认为是安全的并且是有希望的疗效信号，则启动Ⅲ期试验。Ⅲ期试验的主要目标是将新治疗与治疗标准进行比较，以证明临床获益，或在某些情况下证明成本效益。Ⅲ期试验通常较大，包括数百至数千名患者，并且是在多机构的同质患者中进行的。

随着生物标志物评估和靶向治疗的使用在癌症治疗中的增加，N-of-1试验（个体是单个研究对象的研究）变得更加相关。生物标志物评估是靶向治疗的一个关键方面，因为生物标志物可以识别更有可能从特定治疗中受益的患者。生物标志物定义工作组将肿瘤标志物或生物标志物定义为"一个被客观测量和评估的特征"，将其作为正常生物过程、致病过程或对治疗干预的药理学反应的指标[1]。在肿瘤学中"生物标志物"一词是指来自肿瘤组织、全血、血浆、血清、骨髓或尿液的广泛被测物。原则上，从生物标志物的发现到其在临床实践中的使用途径类似于传统的药物开发过程，但是存在一些基本差异，本书将在后文描述[2]。此外，关于肿瘤标志物报告研究的广泛指南已经制定并发布[3]。

基于生物标志物的试验与开发治疗或方案的标准范例有所区别。在生物标志物的背景下，Ⅰ期研究测试评估正常和肿瘤组织样品中标志物改变的方法。该研究的结果可能有助于确定定量评估的切点和对测试结果有意义的解释。在此阶段需要建立获得样本的可行性，以及测定的可靠性和可重复性。Ⅱ期研究通常是对标志物进行仔细的回顾性评估以确定其临床有用性。在Ⅲ期试验中该标志物在大型多中心人群中进行前瞻性评估和验证，该人群将提供足够的能力来解决多重检测问题[2]。

对于在临床实践中有用的生物标志物，其检测结果应准确且可重复（分析有效），应与感兴趣的结局相关（临床有效）。此外，对于在临床实践中有用的生物标志物，还有一个特定的临床问题是，提出临床管理的改变，并能改善临床结果（所谓的临床效用）[4]。一套精细的肿瘤标志物效用分级系统被开发，该系统定义了对生物标志物临床效用进行分级所需的数据质量或证据水平[5]。简而言之，与Ⅲ期药物试验相似的Ⅰ级证据被认为是确定性的。Ⅱ～Ⅴ级代表不同程度的假设产生研究，类似于Ⅰ期或Ⅱ期药物试验。

包括肺癌在内的肿瘤学Ⅲ期临床试验的高失败率可能归因于几个因素，包括基于假设形成的Ⅱ期试验的疗效预测不准确、在Ⅰ期试验中未能确定合适的剂量或时间表（所谓的最佳剂量），或Ⅲ期试验设计的问题[6]。评估安全性和确定最大耐受剂量仍然是Ⅰ期试验的重点，包括靶向治疗和疫苗试验。然而，Ⅰ期试验越来越常见的目的是评估初步疗效信号并确定最有可能受益于新疗法的患者亚组。基于纵向肿瘤大小模型的肿瘤大小反应指标是临床肿瘤学Ⅱ期研究中有希望的新终点[7-8]。然而，这些指标尚未经过临床试验常规使用的验证。疗效的反应选用无进展生存评估，而不是使用实体肿瘤的疗效评价标准（response evaluation criteria in solid tumors，RECIST）。无进展生存的变异，如在预定时间点的疾病控制率，已被证明是在转移期小细胞肺癌和晚期NSCLC患者Ⅱ期试验中快速筛查新药的可接受的替代终点[9-12]。对于Ⅲ期试验，总生存期（定义为从任意原因随机分配或登记到死亡的时间）仍然是标准准则的终点，因为它是患者直接临床获益的衡量标准。作为终点，总体生存是明确的，并且可以明确地评估新治疗相对于当前护理标准的益处。虽然提高总体生存率仍然是新癌症治疗的最终目标，但在疾病早期阶段，无疾病进展的中间终点已被用于Ⅲ期，以评估新肿瘤产品的治疗效果[13-14]。然而，在没有中间终点或经过验证的替代终点试验中，总体存活率仍然是一个合适的终点，如广泛期小细胞肺癌和晚期NSCLC的Ⅲ期试验[9]。

本章分为几个部分，重点关注细胞毒性药物的终点和设计考虑因素以及早期阶段、剂量发现试验、Ⅱ期试验和Ⅲ期试验的靶向治疗。在可能的情况下，本章使用正在进行或已完成的肺癌临床试验的实例来解释这些概念。本章最后简要总结并讨论了肺癌研究中临床试验设计的未来前景。

1 早期阶段试验

从历史上看，肿瘤学剂量寻找试验的设计目的是建立治疗方案的最大耐受剂量，并将安全性作为首要结果。这些试验通常是首先在人类中测试新药的试验，在没有其他治疗方法的情况下，可能包括多种肿瘤类型的患者。这些试验设计的一个基本假设是，毒性和功效与剂量直接相关，即剂量越高，毒性的风险就越大，达到疗效的机会也就越大[15]。虽然这种模式适用于细胞毒剂，但它不容易应用于分子靶向治疗、疫苗或免疫治疗。这些药物的假设作用机制并不简单，因为①剂量-功效曲线通常是未知的，并且可能遵循非单调的模式，如二次曲线或具有平台的递增曲线（图59.1）。而且②剂量-毒性的关系预计是最小的。

在靶向治疗方面，厄洛替尼、吉非替尼和贝伐单抗已在包括肺癌在内的几种癌症中显示出临

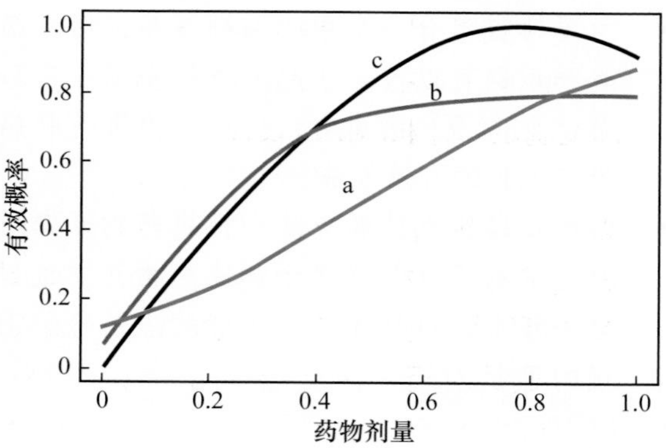

图59.1 分子靶向制剂的剂量-功效曲线实例

注：a，单调递增；b，平台期递增；c，单峰递增

床益处，而其他如R115777和ISIS 3521等则产生了阴性结果[16-18]。尽管了解这些药物的作用途径，但Ⅰ期研究设计方面的问题为这些药物缺乏临床活性提供了合理的解释。Ⅰ期研究主要用于评估最大耐受量，并且参与这些研究的患者是未经筛选的（如所有患者与表达肿瘤特定分子靶点的患者相比）。例如，考虑一种用来刺激患者自身免疫系统来对抗肿瘤的免疫疗法。免疫系统的过度刺激可能会干扰药物的疗效或对患者有害[19]。

理想情况下，免疫疗法或靶向药物的剂量寻找研究将包括二级疗效测量，以确定生物学上的最佳剂量或最小有效剂量，而不是最大耐受量。然而，在早期试验中测量疗效的障碍是缺乏有效的检测方法或疗效标志物、测量疗效结果所需的时间，以及对药物代谢及其途径的不完全了解。这些限制也排除了Ⅰ期试验选择的患者，尽管无论是在剂量升级阶段还是剂量扩展阶段，浓缩策略正在更频繁地被使用以确定可能从治疗中受益最大的患者子集。在早期试验中使用富集策略的成功例子包括开发用于治疗对*BRAF*突变呈阳性的黑色素瘤患者的维莫非尼和用于治疗对NSCLC呈阳性的*ALK*重排患者的克唑替尼[20-21]。

Ⅰ期试验设计大致可以分为两种：基于模型或基于规则（也称为基于算法的）[22]。在基于规则的设计中，从最低剂量水平开始对少数患者进行治疗。在相同剂量水平下升级、降级或治疗其他患者的决定是基于与不可接受的剂量限制毒性发生相关的预先指定的算法。一旦达到超过可接受的毒性阈值剂量水平，试验就会终止。初始剂量水平通常来自动物研究或在不同环境下进行的试验。连续剂量水平之间的间隔通常基于修正的斐波纳契序列[15, 23]。肿瘤学研究中常用的基于规则设计的例子包括传统的三人队列设计及其变体、加速滴定设计和两阶段设计[23]。

持续重新评估方法引入了剂量-毒性模型的概念以指导寻找剂量的过程[24-25]。剂量-毒性模型代表研究人员对根据所给予剂量而发生剂量限制性毒性可能性的先验信念。该模型使用累积的患者毒性数据进行有序更新。几项修改被提出来解决与最初的持续重新评估方法相关的安全问题，如从最低剂量水平开始试验、禁止在升级过程中跳过剂量水平，以及在升级之前要求每个剂量水平至少有3例患者[26-28]。使用连续重新评估方法基于模型的设计试验显示出比模拟环境中基于规则的设计试验具有更好的操作特性。具体地说，更高比例的患者在接近最佳剂量的水平上接受治疗，且完成试验所需的患者更少。所有这些设计（基于模型或基于规则）的一个关键特征是，他们仅使用毒性来指导剂量升级，而不在剂量寻找过程中纳入疗效测量。

目前的统计方法在两个方向上扩展了标准的连续重新评估方法，以允许在Ⅰ期试验中模拟毒性和疗效结果。一个例子是二元连续重新评估模型，该模型使用对于描述毒性和进展具有灵活的二元分布边际回归剂量-毒性曲线和边际回归剂量-疾病进展曲线[29]。其他示例包括Thall等[30]提出的设计，该设计使用功效-毒性权衡来指导剂量寻找；Yin等[31]提出的使用毒性和功效优势比的剂量发现方案；Bekele等[32]和Dragalin等[33]提出的毒性和疗效的二元概率偏差模型。另一种统计方法假设观察到的临床结果遵循顺序：无剂量限制毒性和无疗效、无剂量限制毒性但有疗效，或使任何疗效变得无关紧要的严重剂量限制毒性。在这种情况下，二元毒性和疗效结果的联合分布可以折叠成顺序三元（三结果）变量，这可能适合于设置人类免疫缺陷病毒患者的疫苗试验和减毒研究等[34-35]。

在联合疗法研究中设计和终点的考虑更加复杂。理想情况下，组合的潜在生物学原理应该是已知的，如两种制剂的功效是相加、互补还是协同。了解药物之间的相互作用可能有助于研究人员预测药物的毒性分布是重叠的还是相加的。通常情况下，预先的剂量水平组合的设定是基于一种药物的最大耐受量或其他显示协同作用的临床前数据，其中被研究的一种药物的剂量增加，而第二种药物的剂量保持不变，直到达到可耐受的组合剂量水平。通常，探索所有可能的组合水平是不可行的。尽管在肿瘤学中增加了组合治疗的测试，但很少有人提出两种或更多药物的剂量升级设计[36-39]。Gandhi等[40]使用非参数、上下的、基于算法的顺序设计来探索16种可能组合中的12种剂量组合。根据每种药物的最高耐受剂量选择最大耐受剂量组合，实现剂量限制毒性比率小于33%的目标。使用该设计确定了两种最大耐受量组合：200 mg来那替尼＋25 mg坦罗莫司和160 mg来那替尼＋50 mg坦罗莫司[40]。

有希望的药物在随机研究中的失败促使人们重新考虑标准剂量寻找范例，认识到需要改进单一药物和联合疗法的药物开发策略。虽然从生物学的观点来看，单调递增的剂量-毒性曲线的假设几乎总是合适的，但最近分子靶向治疗、疫苗和免疫治疗的发展挑战了剂量和疗效之间的单调递增关系。基于模型的设计当然不是每个剂量发现研究的完美或推荐选择，但它们可以成为传统基于算法和上下方法的有吸引力的替代方案。然而，由于相当多的科学和实用原因，这些设计在肿瘤学的剂量寻找研究中的应用受到了限制[22, 41-42]。如果这些设计与临床范例一起开发，那么这些设计可能会更快且更易于被接受和使用[40, 43]。

2　Ⅱ期试验

Ⅱ期试验的主要目的通常是确定是否有足够的疗效证据来保证对治疗的进一步评估（图59.2）。Ⅱ期试验的次要目标是确定哪些患者最有可能从这种治疗中受益，并在更大的研究人群中评估毒性。Ⅱ期试验通常被称为筛选试验，因为他们筛选新的药物或方案在Ⅲ期研究中进行最终评估。这些试验通常包括实现研究目标所需的最低患者数量，并且持续时间相对较短，以便试验性治疗可以继续到Ⅲ期测试。与测试的任何阶段一样，研究目标规定了设计和终点选择的细节。

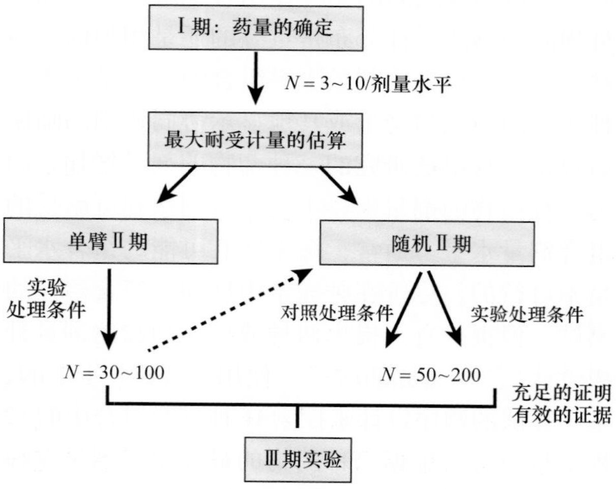

图59.2　经典药物发现途径

注：N，研究参与者总数

2.1　终点考虑

通常，相同治疗的Ⅱ期和Ⅲ期试验使用不同的终点。例如，尽管总体生存是Ⅲ期研究的标准结果，但在Ⅱ期研究中使用它在时间上并不是有效的。对于一个信息丰富的Ⅱ期试验，所选择的终点应该是感兴趣的Ⅲ期试验结果的替代物，并且替代终点的变化幅度应该与主要终点的变化直接相关[44-45]。由于临床相关结果依赖于很多与疾病和治疗相关的变量，所以对替代结果的验证具有挑战性。

如前所述，晚期疾病患者Ⅱ期试验常用的终点是反应率、无进展生存期和疾病控制率。对于早期疾病患者的试验，常用无疾病生存期。Ⅱ期研究的最佳结果衡量标准取决于实验试剂的作用机制。例如，反应率常被用于预期通过缩小肿瘤或减少总体肿瘤负担而影响生存的细胞毒性治疗。自21世纪初以来，细胞抑制剂的试验被认为通过缩小肿瘤或稳定肿瘤生长来延长生存期，被设计用于测量无进展生存期或疾病控制率。事实上，有证据表明，稳定的疾病比肿瘤反应更能预测总体生存，这是在化疗试验中纳入疾病稳定性措施的原因[11]。作用于免疫系统而不是直接作用于肿瘤的药物影响可能不能被RECIST定义的传统措施充分捕获。新的免疫治疗标准已经被制定[46-47]。

对事件发生时间结果（如无进展或无疾病生存）汇总统计数据的选择也应与疾病和治疗相关。中位数时间总结了在至少50%的研究参与者中发生感兴趣事件的点。里程碑式的时间可以用来总结单个时间点，如6个月时无进展患者的百分比。风险比是在整个研究期间平均治疗标志中发现的相对获益的汇总度量，它对研究标志在每个点上的差异给予同等的重视。对于预期有延迟效应的治疗，如免疫疗法，平均值可能不代表治疗的疗效。对于这些药物，里程碑式的时间可能更好地代表治疗效果。未来证明有用的终点可能是基于成像的测量或纵向生物标志物测量[48]。

2.2　随机和单臂设计

自21世纪初以来，Ⅱ期试验已从单臂设计转变为随机设计。在单臂研究中，所有参与者接受试验治疗，并将研究结果与接受标准治疗患者的历史数据进行比较。单臂设计的研究通常有90%的能效和5%的单侧Ⅰ型错误，样本量为20～100例。这种类型研究的有效性取决于病例人群准确历史数据的可用性。许多在积极的Ⅱ期研究之后，Ⅲ期研究的失败都是由偏颇的历史数据造成的。此外，单臂生物标志物研究不能区分与临床结果相关的预后和预测。

随机Ⅱ期研究通过直接比较被随机分配接受试验治疗或标准治疗的患者，避免了历史数据中的偏差问题。随机研究的样本量通常是单臂Ⅱ期研究的2～4倍，并且具有更大的错误率（如Ⅰ型错误至少有10%）[49-50]。一项足够有把握的随机Ⅱ期试验可以区分预后性和预测性的生物标志物。

2.3 评估基于生物标志物的子群：设计注意事项

来自Ⅱ期研究的信息通常用于建立Ⅲ期研究的患者群体。由于正在开发针对肿瘤或宿主的特定生物机制的治疗方法，因此在设计Ⅱ期研究时，生物标志物评估是一个重要的考虑因素。可能的设计选择是：具有二级标志物评估的全参与者设计；生物标志物分层设计，在生物标志物定义的亚组内具有特定的增长目标；富集或定向设计，仅纳入标志物阳性患者；多个假设设计，其中规定了总体评估和亚组评估（图59.3）[51-52]。这些设计中的任何一个都可以用于总体药物开发策略中的随机Ⅱ期试验（图59.2）。

在具有二级标志物评估的全参与者设计中，可以在注册时或在研究结束时对标志物进行评估。在注册时评估标志物，可以对随机分配进行分层，以确保标志物在治疗臂之间的平衡。当要评估多个生物标志物且对标志物知之甚少时，二次评价是一种合理的方法。然而，根据标志物的流行程度，使用这种方法的研究可能是没有把握的。例如，如果标志物的患病率为10%，在一项100例患者的双臂研究中，1∶1随机化，每臂只有大约5例患者能够进行亚组评估。

在一项采用生物标志物分层设计的研究中，根据特定的层目标，每层建立特定的效应目标。在登记时对所有患者的标志物状态进行评估，这种设计确保有足够的把握去检测生物标志物亚组

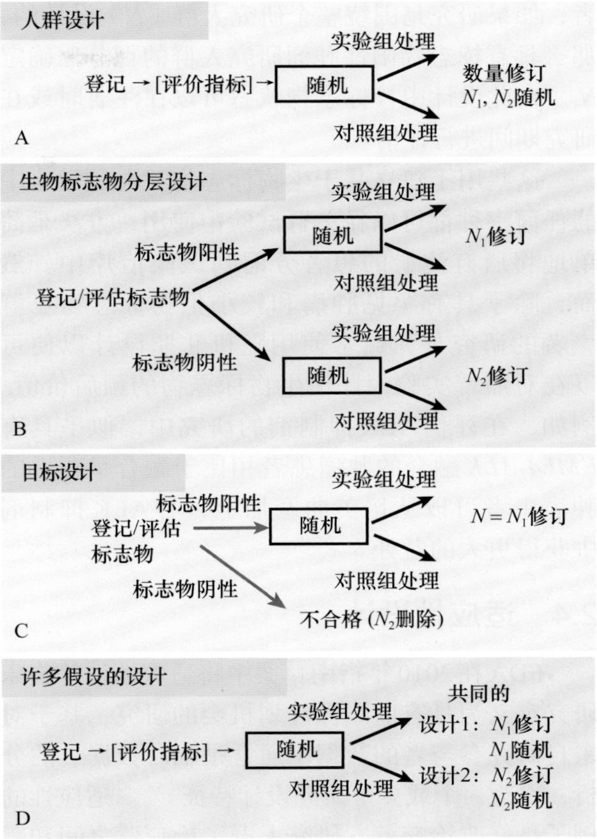

图59.3 包含潜在生物标志物的Ⅱ期设计

（A）全部参与者；（B）生物标志物分层设计；（C）目标设计；（D）多重假设设计

注：N，研究参与者总数；N_1，标志物阳性肿瘤患者；N_2，标志物阴性肿瘤患者

内的效果[53]。然而，根据标志物的流行程度，每一层的效应可能会有很大的不同，使得这种设计不切实际。在所有情况下，重要的是要记住各个亚组效应估计的明显差异可能仅仅是由于随机变化。

在具有富集或定向设计的研究中，只有具有生物标志物的个体会被纳入并研究。虽然这种方法可能是筛选生物标志物-药物组合最有效的设计，但这种设计没有提供关于治疗是如何在标志物阴性肿瘤的人群中执行的信息[53]。

多重假设设计指定用于评估生物标志物定义的亚组和整个研究人群内治疗的共同目标，在两个目标之间分割研究范围内的Ⅰ型误差。确定目标样本量是全参与者设计和多假设设计之间的关键区别。如果多重假设研究被设计为具有特定数量的标志物阳性肿瘤（N_1）的患者，那么总样本大小就是累积N_1患者所需的患者数量（N）。或

者，如果研究是围绕整个研究人群（N）设计的，那么具有标志物阳性肿瘤研究人群的百分比确定N_1。在此设计中，标志物状态可以在注册时或在研究期间进行评估。

这些用于建立基于生物标志物亚群的策略中的任何一种都可以在单臂试验中使用，方法是简单地将所有注册的患者分配到试验治疗中。然而，除了具有罕见肿瘤和较小生物标志物亚群患者的研究外，通常使用随机Ⅱ期设计以便可以在对照臂实验中评估生物标志物的预后价值。例如，在评估ALK抑制剂的研究中，似乎具有*EML4-ALK*融合的肿瘤患者相比于融合呈阴性的肿瘤患者可以从培美曲塞加上一种ALK抑制剂中获得更大的益处。

2.4 适应性设计

FDA在2010年指南草案中将适应性设计临床研究定义为具有前瞻性计划机会的研究，基于对来自研究参与者的数据（通常是临时数据）的分析，修改一个或多个研究设计特征[54]。适应性的例子是修改治疗臂、研究人群、治疗臂之间和靶向治疗效果的随机化比率。在适应性设计研究中一个值得注意的例子是肺癌消除Ⅱ期计划阶段靶向治疗的生物标志物综合方法，其中基于治疗臂-亚群组合内疗效中期估计在生物标志物定义的亚群内改变的随机化比率；试验的目标是识别生物标志物-药物组合以进一步研究[55]。

适应性随机化的有用性是辩论的主题[56]。Parmar等[57]描述了一种通过允许研究人员在正在进行的研究中去掉和添加治疗臂来加快药物开发的方法。值得注意的是，一组序贯设计不是一种适应性设计，因为设计特征不是基于研究数据分析而修改的，这是一种使用临时监测的设计，由于有效性或无效性，具有预先规定的提前停止规则。

3 Ⅱ/Ⅲ期和Ⅲ期试验

3.1 传统设计

Ⅲ期试验的主要目标是收集充分的证据，证明一种新治疗方法的益处，以潜在地改变临床实践。实现这一目标的任何设计都是允许的，但Ⅲ期试验通常是大型随机对照试验，其中新治疗以稳健、无偏见的方式直接与当前的标准治疗进行比较。一般来说，在疗效优势方面进行比较，结果更好的治疗方法逐渐成为治疗标准。然而，非劣势测试的设计正变得越来越常见，本身将对其进行更详细的讨论。

在Ⅲ期肿瘤学试验中比较治疗的主要结果指标的选择与癌症的类型、疾病分期和干预类型有关。在晚期肺癌中，生存时间通常被认为是与临床相关的对患者最有益的指标，因此它是最常选择的主要结果指标。生存时间被定义为从随机分配到治疗臂到死亡的时间。在分析时仍然活着的患者会被纳入生存时间的比较中，该生存时间在已知的最后活着的日期被审查。对这些数据的分析需要一种专门的统计方法[58]。

生活质量被认为是另一个重要的结果，特别是对晚期疾病的患者。生活质量经常被列为次要结果衡量标准，并可与生存数据结合起来比较治疗质量调整后的生存时间[59-60]。在某些情况下，如细胞抑制药物试验，无进展生存时间被认为是相关的主要结果。在早期肺癌中，当治疗具有潜在疗效时，局部或远处的无复发生存时间可能是主要的结果指标或重要的次要结果。对于事件的时间结果，风险比是最常用的统计数据。风险比将新治疗与标准治疗相对效益在任何时间点所选终点的总体风险方面进行比较，小于1的值表示新治疗的益处。

Ⅲ期试验设计传统上基于治疗之间差异的假设检验。通常，这种方法测试在治疗之间没有差异的零假设（即$\theta=1$，其中θ是人群中未知的真实危险比）与存在差异的替代假设（即$\theta\neq1$用于两个方向上差异的双边测试，或者$\theta<1$用于对新治疗方法优越性的单边测试）。试验的规模是基于最大限度地从试验数据得出正确结论的机会。试验被设计为①有很小的机会错误地拒绝无效假设（即假阳性结论，在统计学上称为Ⅰ型错误），通过将被称为显著性水平的判定边界设置为5%，②当确实存在在预先指定的最小临床相关治疗效果时有很好的机会（通常90%）拒绝无效假设（在5%的显著性水平），这种特征称为效能（假阴性错误，统计上称为Ⅱ型错误）。

3.2 非劣性设计

当潜在的假设是研究性治疗可能不会提供额外的疗效，但可能在生活质量和成本方面有益于患者或社会时，可进行非劣势试验。例如，较低的毒性会提高患者的生活质量，降低支持性治疗的成本；更便利的给药方式会更方便患者，从而提高他们的生活质量，降低给药的医疗服务成本；更便宜的治疗将通过降低医疗成本使社会受益。证明无劣势表明，新疗法具有可接受的疗效水平，可用于临床实践，作为当前标准疗法的替代方案。近年来，使用此类试验设计来研究抗肿瘤药物的情况有所增加，在2012年的一次综述中对肺癌患者进行了17项非劣势研究[61]。随着结果更好的药物被生产出来，开发优于现有药物的新药将变得更加困难，因此临床试验的目标可能会发生变化。

肺癌非劣势试验的主要例子包括：①对以前接受化疗的晚期NSCLC患者进行培美曲塞和多西他赛比较的随机Ⅲ期试验，这导致FDA批准培美曲塞在这种情况下使用[62]；②IRESSA NSCLC试验评估对紫杉醇治疗的反应和生存（IRESSA NSCLC trial evaluating response and survival against taxotere，INTEREST），这是一项相同背景下的研究，但调查吉非替尼而不是培美曲塞[63]；③比较顺铂和培美曲塞与顺铂和吉西他滨作为晚期NSCLC一线治疗药物疗效的一项随机试验[64]。

特殊指南已经被制定，以解决非劣势试验设计、分析和解释数据以及报告结果的独特挑战[65]。因为这类试验的关键是新治疗方法不亚于标准治疗方法，因此确定这个意味着什么是设计和解释的一个关键方面。这项试验的目的是通过一个小的预先规定的边际，即所谓的非劣势边际，来证明新的治疗方法并不比目前接受的治疗标准更差，这就是所谓的非劣势边际。选择这个边际的方法有多种，如常规方法和效果保留方法[61]。传统方法，也被称为固定边际方法，是一种主观的方法。选择的劣势程度被认为与临床无关，或者被实验治疗的其他益处所抵消。使用效果保留方法，也被称为百分比保留或推定的安慰剂方法，选择非劣势边缘以确保新治疗方法仍保留标准治疗相对于安慰剂的相当一部分（通常为50%）的益处。在对肺癌试验的回顾中，非劣势边缘的风险比范围为1.18～1.37[61]。最终，所选择的值必须足够小，可使临床社区在考虑到其他已被证明获益的情况下接受新的治疗方法作为首要选择。

在假设检验方面，如果建立试验是为了检验无效假设，即治疗之间没有差异，并且结果不显著，那么只能得出这样的结论，即试验无法提供治疗之间存在差异的证据。虽然很容易得出这样的结论，即治疗是等效的，特别是如果观察到的危险比接近1，但是这个结论是无效的。因此，在非劣势试验中测试的假设与测试优越性时指定的假设是相反的。在非劣势试验中，无效假设是新治疗方法不如标准对照治疗方法。另一种研究假设是在预指定的边界方面，试验治疗并不比标准对照臂差。非劣势试验的目的是收集数据，提供充分的证据来拒绝无效假设，支持研究假设。也就是说，如果θ是人群中未知的真实危险比，如前所述，并且k是预先指定的非劣势边界，那么分析将比较无效假设$\theta>k$与替代假设$\theta<k$。这些假设是片面的，这是研究中通常采用的统计学方法。然而，双边假设可以用类似的方式来指定，以检验等价性而不是非劣质性。试验的显著性水平和效能会被选择，以最大限度地减少错误得出“认为劣质治疗是不劣质的”结论的机会。

在非劣势试验中，最后的方法学考虑是选择被分析的人群。在传统的比较设计中，标准是意向治疗人群，其中包括了随机分配治疗的所有患者，而不管他们实际接受了什么治疗。意向治疗人群是评估潜在治疗效益的保守分析策略。在非劣势试验中，单独使用这种方法可能会稀释治疗之间的临床重要差异，导致关于非劣势的错误结论。因此，建议对每个方案的人群进行额外的分析，其中仅包括已接受预先指定的最低水平治疗的患者。指南指出，只有当两种分析都得出相似的结论时，才能实现对非劣势的稳健解释，并且意向治疗分析和每种方案分析之间的任何差异都需要经过仔细地检查[66-67]。

3.3 Ⅱ/Ⅲ期设计

Ⅱ/Ⅲ期设计，也被称为多臂多阶段设计，本质上是一个有早中期分析的Ⅲ期设计，它可以停止单独无效的试验[52, 68]。Ⅱ期中期分析的主要结果可能不同于Ⅲ期的主要结果。例如，Ⅱ/Ⅲ期试验设计可能是用来评估作为Ⅱ期阶段主要终点的无进展生存和作为Ⅲ期阶段主要终点的总生存。在Ⅱ期试验阶段登记的患者会被包括在Ⅲ期试验中，前提是研究在Ⅱ期分析时不会因为无效而停止。Ⅱ期中期分析的时间基于Ⅱ期的设计属性。与标准的中期监测计划相比，当替代假设为真时，Ⅱ期中期分析通常有10%～20%的机会因无效而停止试验，而对于标准的中期监测计划，在替代假设下标准的中期监测计划不太可能因无效而提前停止。

西南肿瘤组（southwest oncology group，SWOG）正在主肺方案（master lung protocol，SWOG S1400）中实施这一设计，该方案正在评估鳞状细胞NSCLC的二线治疗。在这项研究中将进行多个平行但独立的Ⅱ/Ⅲ期试验，以便将所有符合临床条件的患者分配到一个子项研究中，并随机分配给试验方案组或标准治疗组（图59.4）。对患者进行筛选，寻找一组特定的生物标志物，如果他们存在其中的一种生物标志物，则使用有针对性的设计将其分配到生物标志物驱动的子项研究中。如果不存在任何目标生物标志物，则将患者分配到非匹配子项研究，这是一个为所有参与者设计的版本。每个子项研究中的设计都是标准化的（图59.5）。一旦发生了55个无进展生存事件，就会进行Ⅱ期中期分析。如果在中期分析后继续进行研究，则最终的Ⅲ期分析将在出现256例死亡后进行，即研究人群中的总体生存事件。这些切割点基于具有90%的效能和10%的单侧Ⅰ型错误的Ⅱ期设计，以检测中位无进展生存的两倍增长，以及具有90%的效能和2.5%的单侧Ⅰ型错误的Ⅲ期设计，以检测到中位总生存的50%增长。

使用Ⅱ/Ⅲ期设计通过简化累积和消除Ⅱ期与Ⅲ期试验之间的时间来加快药物开发。缺点是从Ⅱ期延续到Ⅲ期是基于一个预先设定的规则。研究发起人和研究人员不能在Ⅱ期审查研究数据，然后再决定是否继续进行Ⅲ期试验，因为这不是一个独立的评估。Ⅱ/Ⅲ期设计的成功使用取决于在启动研究之前有来自试验研究的足够的安全数据、选择最佳的结果测量以及识别潜在的生物标志物。

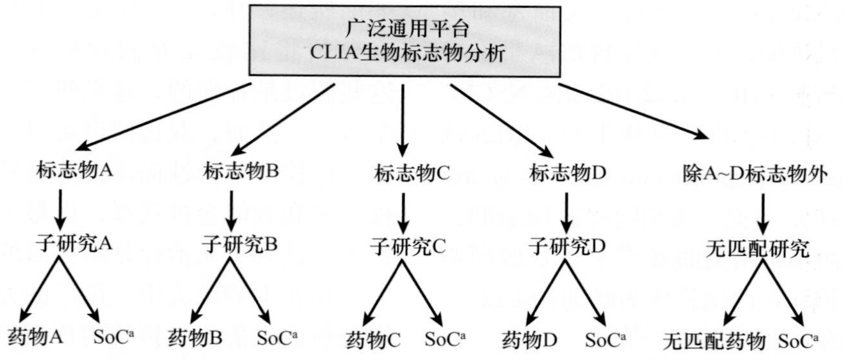

图59.4　主肺方案（西南肿瘤组S1400）研究设计方案

[a]实验药物或方案可以是单一药物或是与当前治疗标准（SoC）的组合；根据生物标志物的不同治疗标准可能会有所不同；CLIA，临床实验室改进修正

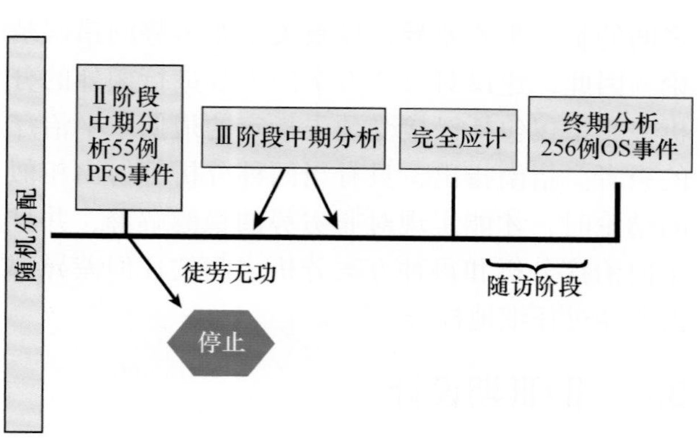

图59.5　主肺方案（西南肿瘤组S1400）的子项研究设计

无进展生存期是Ⅱ期阶段的主要结果，而OS是Ⅲ期阶段的主要结果

3.4　基于生物标志物的试验设计

生物标志物可分为预后性生物标志物、预测

性生物标志物或替代终点，有一些生物标志物属于多个类别。预后和预测性生物标志物分别提供有关个体风险分类和治疗选择的信息，而用作替代终点的生物标志物有助于评估新治疗方法的疗效。认识到生物标志物的预期用途决定了其分类和所需的验证方法是至关重要的。预后性生物标志物可预测给定个体的疾病自然病程，并帮助决定患者是否需要可能有毒的强化治疗、标准治疗或不进行治疗[69]。预测性生物标志物预测个体是否会对特定治疗产生反应，从而促进个体化治疗。使用替代终点生物标志物代替主要临床结果在人群水平上评估新治疗的疗效，这种方法通常比研究临床结果（如总体存活率）更具成本效益[70]。

预测性生物标志物的验证是复杂的，而最终验证需要与采用新治疗方法相同水平的证据[71]。因此，预测性标志物的验证在本质上是前瞻性的，其显而易见的策略是进行合理设计的前瞻性随机对照试验。来自随机对照试验的证据提供了唯一的保证，即患者的结果在不同治疗臂之间具有可比性，并且不会被其他人工产物混淆。然而，由于伦理和后勤方面的考虑，如规模或持续时间，前瞻性Ⅲ期随机对照试验并不总是可行的。在这种情况下，使用回顾性收集的数据进行良好的、前瞻性指定的验证研究可以及时地提供有价值的信息，以指导以标志物定义患者亚组的治疗[72]。例如，采用回顾性验证来确定*KRAS*突变的存在预测帕尼妥单抗和西妥昔单抗对晚期结肠癌患者的疗效[73]。富集和全参与者设计已用于肿瘤中前瞻性生物标志物的验证。用于此目的全参与者设计的方式包括混合设计、经处理的标志物交互设计、顺序测试策略设计和适应性分析设计[71, 74-79]。

3.5 罕见肿瘤的试验设计

发病率低于2/10万的肿瘤通常被认为是罕见的。肺癌当然不是一种罕见的肿瘤，但在分层医学的新兴世界中，治疗的发展将越来越多地基于小生物标志物定义的患者亚群，并且疾病将转化为多个罕见肿瘤的集合。治疗罕见肿瘤患者的临床医生每天都要做出艰难的治疗决定，并且罕见肿瘤的患者与普通肿瘤患者一样有获得循证决策的权力。在罕见癌症的情况下对Ⅲ期试验进行样本量计算的传统方法存在问题，即试验需要大量患者，而较小试验的效能低下并且不太可能产生正确的结论。如果在国际上招募罕见肿瘤的患者，基于传统设计的试验可能是可行的。这种方法的一个例子是国际罕见癌症倡议，它促进了一系列罕见癌症的试验（www.irci.info）[80]。

如果能提高试验结果的可解释性，不太传统的方法学就可以被接受，并且多种替代方法已经被提出[80-81]。另一种替代观点是放弃使用假设检验来得出关于治疗效果的明确结论，使用无偏倚的研究数据来减少关于治疗效果大小的不确定性。考虑到治疗效果存在相当大的不确定性，拥有来自小型但设计良好的临床试验数据可以减少这种不确定性，并提供信息来帮助临床医生做出必要的治疗决策。这一统计替代观点有助于使用贝叶斯方法进行分析，但在其实施过程中存在一些需要考虑的问题[82-85]。贝叶斯分析中的一个关键问题与纳入先验信息有关。已经提出的发展策略是基于证据的先验分布，但在罕见疾病的情况下，先前的证据质量往往较差，使其使用存在问题[86-87]。然而，贝叶斯方法还可以使用非信息性先验证据。这种方法的最大优点之一是试验结果可以表示为治疗效果达到一定大小的直接概率。以这种方式报告的数据可以被临床医生在与患者的讨论中实际使用，并使基于证据的治疗决策成为可能，而假设检验的不重要结果可能仅仅被认为是不确定的或被错误地解释为无治疗效果的证据。

4 结论

临床试验设计在过去的十年中发展迅速。肿瘤学研究的重点已经从传统的解剖学分期系统转移到基于肿瘤遗传组成和患者基因型选择治疗方法，以及预测个体的疾病结果。对于剂量寻找试验，对疗效和安全性的初步评估已成为确定进入Ⅱ期试验所谓最小有效剂量的必要条件。对肿瘤生物学（如识别患者亚组和罕见肿瘤亚型）的更好理解、分析技术的进步和具有快速周转时间的商业试剂盒的可用性，使得在Ⅱ期和Ⅲ期试验中能够使用富集设计，只允许具有特定分子特征的患者参加试验。具有有效生物标志物驱动假设的量身定制治疗正在导致针对更大疗效的更小规模的临床试验的进行。使用较小患者子集的Ⅱ/Ⅲ期设计正变得越来越流行，简化累积和随机分配以最大限度地增加纳入人数。通过综合Ⅱ/Ⅲ期设计，使用中间（或替代）终点同时对照Ⅱ期阶段的治疗标准对多个试验药物进行评估，这种方法消除了进行单独的大规模Ⅱ期试验来评估每个实验方案的需要。有希望的试验臂将继续进行Ⅲ期试验，在该阶段中将它们与标准治疗进行比较。移动计算、电子数据采集和研究记录与电子医疗记录集成等技术的进步，使实时访问临床试验和生物标志物数据成为现实，使适应性设计在临床试验中发挥更大的作用。

（刘明辉 刘京豪 陈 军 译）

主要参考文献

2. Elizabeth M., Hammond H., Taube S.E.. Issues and barriers to development of clinically useful tumor markers: a development pathway proposal. *Semin Oncol*. 2002;29(3):213–221.
3. McShane L.M., Altman D.G., Sauerbrei W., et al. *J Clin Oncol*. 2005;23(36):9067–9072.
10. Mandrekar S.J., Qi Y., Hillman S.L., et al. Endpoints in phase Ⅱ trials for advanced non-small cell lung cancer. *J Thorac Oncol*. 2010;5(1):3–9.
11. Lara P.N. Jr., Redman M.W., Kelly K., et al. Disease control rate at 8 weeks predicts clinical benefit in advanced non-small-cell lung cancer: results from Southwest Oncology Group randomized trials. *J Clin Oncol*. 2008;26:463–467.
18. Gelmon K.A., Eisenhauer E.A., Harris A.L., Ratain M.J., Workman P.. Anticancer agents targeting signaling molecules and cancer cell environment: challenges for drug development. *J Natl Cancer Inst*. 1999;91(15):1281–1287.
23. Storer B.E.. Choosing a phase I design. In: Crowley J., Hoering A., eds. *Handbook of Statistics in Clinical Oncology*. Boca Raton, FL: Chapman & Hall/CRC; 2012:3–20.
41. Rogatko A., Schoeneck D., Jonas W., Tighiouart M., Khuri F.R., Porter A.. Translation of innovative designs into phase I trials. *J Clin Oncol*. 2007;25(31):4982–4986.
47. Bilusic M., Gulley J.L.. Endpoints, patient selection, and biomarkers in the design of clinical trials for cancer vaccines. *Cancer Immunol Immunother*. 2012;61(1):109–117.
50. Taylor J.M., Braun T.M., Li Z.. Comparing an experimental agent to a standard agent: relative merits of a one-arm or randomized two-arm phase Ⅱ design. *Clin Trials*. 2006; 3 (4): 335–348.
52. Redman M.W., Goldman B.H., Leblanc M., Schott A., Baker L.H.. Modeling the relationship between progression-free survival and overall survival: the phase Ⅱ/Ⅲ trial. *Clin Cancer Res*. 2013; 19 (10): 2646–2656.
53. Mandrekar S.J., An M.W., Sargent D.J.. A review of phase Ⅱ trial designs for initial marker validation. *Contemp Clin Trials*. 2013; 36(2):597–604.
71. Mandrekar S.J., Sargent D.J.. Clinical trial designs for predictive biomarker validation: theoretical considerations and practical challenges. *J Clin Oncol*. 2009;27(24):4027–4034.
75. Zhou X., Liu S., Kim E.S.. Bayesian adaptive design for targeted therapy development in lung cancer—a step towards personalized medicine. *Clin Trials*. 2008;5:181–193.
82. Gupta S., Faughnan M.E., Tomlinson G.A., Bayoumi A.M.. A framework for applying unfamiliar trial designs in studies of rare diseases. *J Clin Epidemiol*. 2011;64:1085–1094.
86. Billingham L., Malottki K., Steven N.. Small sample sizes in clinical trials: a statistician's perspective. *Clin Invest*. 2012;2(7):655–657.

获取完整的参考文献列表请扫描二维码。

第60章　如何促进和组织肺癌临床研究

Fabrice Barlesi, Julien Mazieres, Yang Zhou, Roy Herbst, Gérard Zalcman

要点总结

- 尽管肺癌治疗研究有20年的进展，但肺癌患者的预后仍然很差。因此，形成新的假设并进行临床试验来研究这一患者群体仍然很重要。
- 在过去的25年中，涉及肺癌患者的临床试验数量急剧增加（图60.1）。然而，这些试验中只有少数是在学术基础上进行的。此外，其中只有少数引起了真正的临床实践改变。例如，在2013年只有不到10种新药被批准用于治疗癌症，其中只有一种药物有新的适应证，两种药物扩大了肺癌的适应证[1]。

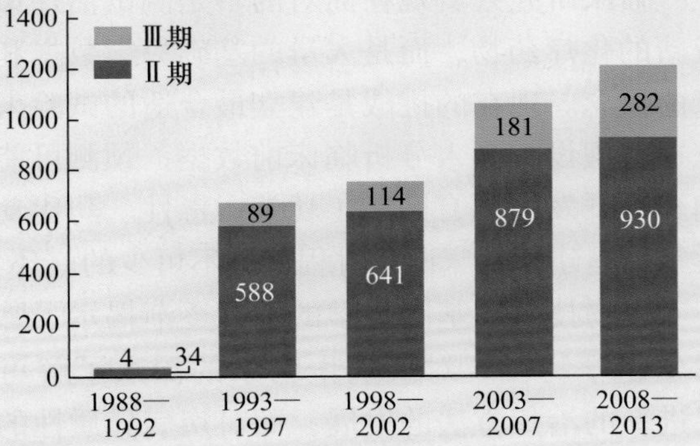

图60.1　1988—2013年肺癌Ⅱ期和Ⅲ期临床试验的发表数量

- 尽管包括国际肺癌研究协会[2]在内的国际组织都鼓励患者参与临床试验，但世界范围内实际被纳入此类试验的患者数量非常低。参与肿瘤临床试验的癌症患者的实际比例很难确定，在西方国家通常为2%～7%[1]。然而，如果将全球每年750万肺癌死亡人数与临床试验报告的收益进行比较，全球临床试验中肺癌患者的实际比例可能接近0.1%～1.0%。
- 改善和促进肺癌相关的临床研究至关重要。本章提供了一些建议，旨在使研究人员更好地组织和促进临床试验，从而促进科学研究，以减少全世界范围内的胸部恶性肿瘤的负担。

1　如何组织肺癌临床试验

1.1　存在的问题

1.1.1　当下肺癌的定义

肺癌还作为一个实体存在吗？考虑到在制定更好的肺癌临床、病理和生物学定义方面已取得的研究进展，这个问题的答案可能是否定的。因此，将所有这些患者纳入在单一试验中是无意义的。然而，大多数临床研究的重点是在广泛的患者群体中获得一个可靠的估计平均治疗效果。在实践中，肿瘤学的临床试验涉及一种微妙的平衡，一方面需要对大量人群提供可靠的证据，另一方面需要整合生物标志物，从而将重点放在靶向治疗携带这些生物标志物的人群应该是有效的。例如，由于缺乏对预先确定的生物标志物的关注，许多药物开发已经停止。第一个分析EGFR-酪氨酸激酶抑制剂的临床试验，尽管有大量患者入组，但结果令人失望，如独立于EGFR状态应用吉非替尼，或基于不恰当的生物标志物阈值应用西妥昔单抗[3-4]。相反，基于准确的生物标志物（EGFR突变、间变性淋巴瘤激酶易位）选择患者，最近在较少的患者中取得了令人印象深刻的结果[5-7]。因此，现在普遍认为肺癌是由罕见疾病组成的嵌合体，相关临床试验的设计也应充分。

1.1.2　对快速进展的预期和对财务问题的影响

很明显，患者期待疾病治疗能迅速改善疾病，但从发现新的生物靶点、临床前的原理证明，到批准一种新药（或新策略）的漫长时间，通常被认为是不可能的。至少从这个角度来看，制药公司的期望与患者的期望是一致的。这种情况正在改变吗？也许，与之前的标准化疗相比，第一阶段研究的结果与EMA和（或）FDA批准新的生物标志物引导药物之间的延迟时间更短（图60.2）。此外，加拿大学者在2013年美国临床肿瘤学会（American society of clinical oncology，ASCO）会议上提出的结果表明，生物标志物指导的治疗显然比标准的、非生物标志物指导的治疗在临床开发开始后有更大的可能性来展现治疗有效[8]。事实上，在对2400多个试验进行评估后，作者发现一种新药通过所有临床试验阶段并获得批准（即累积临床试验成功率）的可能性为11%，低于行业预期的总成功率（16.5%）。统计发现Ⅲ期临床试验的成功与否是药物批准的最大障碍，成功率仅为28%。研究发现，在临床试验中生物标志物引导的靶向治疗（成功率为62%）和受体靶向治疗（成功率为31%）的成功率最高[8]。因此，Subramanian等[2]进行回顾调查，将正在进行涉及NSCLC患者的临床试验从2012年ClinicalTrials.gov注册表中列出，发现基于生物标志物进行肺癌治疗选择的临床试验的数量较2009年有显著增加（从7.9%升至25.8%，$P<0.001$）。

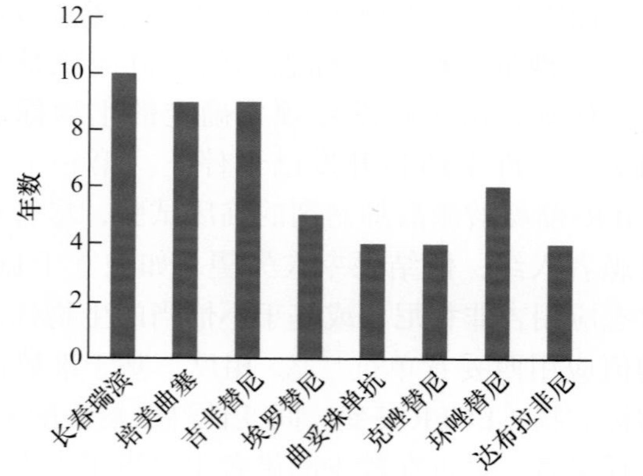

图60.2 针对黑色素瘤、乳腺癌和肺癌的一些化疗和生物标志物指导治疗，从第一个Ⅰ期临床试验到第一个Ⅲ期临床试验发布的时间（以年为单位）

临床试验的费用取决于许多因素。最近对行业资助的肿瘤学临床试验的审计表明，基础研究的平均成本是1.65亿美元，临床前研究的平均成本为8700万美元，Ⅰ期临床试验的平均成本为1.3亿美元，Ⅱ期临床试验的平均成本为1.9亿美元，Ⅲ期临床试验的平均成本为2.68亿美元。看来，使用验证过的生物标志物，如人类乳腺癌的EGFR-2突变，可以降低高达50%的临床试验风险，从而在晚期和转移性乳腺癌治疗研究中节省27%的成本[9]。这个比例与一项大型研究的结果相当，在该研究中生物标志物的使用使药物开发成本降低了26%[8]。了解全世界范围内肿瘤临床试验的资金来源是很困难的。然而，最近美国的一个例子表明，学术赞助的肿瘤学临床试验是多么脆弱。在2013年联邦预算削减的时候，一项调查显示大部分美国肿瘤学家因此减少了试验的终止点（36.9%）、关闭或减少参与合作小组试验（28.3%）、临床试验推迟启动（26.7%）和减少临床试验入组人数（23.1%）[1]。因此，调整肿瘤临床试验的设计并确保试验资金持久充足是很重要的。

1.1.3 选择临床试验的假设和生物标志物对设计的影响

临床研究人员现在面对的不是测试治疗策略或新的化疗药物，而是大量的基础科学数据和临床前概念。现在的挑战是建立最合适的试验来验证这些假设。深入分析临床前数据，预测可能影响药物开发的所有问题（功效、毒性、药代动力学等）是建立临床试验过程中必不可少的一环。

生物技术和基因组学的发展逐渐揭示了肺癌的生物学特征。对疾病生物学的深入了解可以促进新的治疗方法的发展，而对疾病异质性的深入了解可以促进有效的生物标志物或诊断测试的发展，这些标志物可用于为个别患者选择适当的治疗方法。特别是最近发展的高通量分子分析技术，如高通量测序、单核苷酸多态性阵列、基因表达微阵列和蛋白质阵列，可以帮助促进发现潜在的新的生物标志物和开发针对复合基因组特征的个性化药物。

因此，根据特定的生物标志物的发生率，提出了不同的试验设计。例如，早期试验最初测试了一种药物在存在罕见分子异常的人群中的有效性，如BRAF突变或ALK易位[6,10]。然后，在突变更频繁或特征更好的人群中进行随机试验。然而，这些研究也可能受到批评，因为该生物标志物本身的预后价值（独立于其预测价值）往往被低估。因此，研究需要新的肿瘤学临床试验设计。

1.1.4 国家的、跨国的和国际的合作与竞争

全世界每年都要进行数千项研究，涉及数千名患者和数十亿美元的投资。此外，开展临床试验，特别是在患者人数较少的情况下，就像目前绝大多数生物标志物抑制剂的开发情况一样，必然具有竞争性。第一，在肿瘤领域进行靶向临床试验时，只有拥有高水平设施的中心才能对患者进行测试和招募。当两项或两项以上的研究相互竞争时，大量的时间和资源将不可避免地被浪费掉。若没有这种竞争，这些时间和资源将被用于其他有价值的项目。第二，这些试验中的优胜者不一定是最好的治疗，因为试验是连续进行的。第三，行业试验和学术试验之间也存在竞争，因为它们往往涉及相同的患者，但有不同的试验设计。第四，各国之间存在竞争，因为每个国家都有自己的筹资试验方式。因此，由于行政程序的复杂性，有时很难进行国际临床试验。因此，协作、联络和简化的规则是必要的。

1.2 可能的解决方案

1.2.1 现代临床试验的新设计

Freidlin等[11]最近提出了3种基于生物标志物的临床试验设计（图60.3）。如果有两种或两种以上的现有治疗方案，但没有明确的证据表明哪一种是首选，评价生物标志物效用的最有效的试验设计是生物标志物分层设计。确定生物标志物状态，建立两组：一组为生物标志物阳性，另一组为生物标志物阴性。在每一组中对治疗分配进行随机分组。分析计划将围绕根据生物标志物状态评估治疗效果。生物标志物分层设计通过在不同的生物标志物定义的亚组和整个随机分配的人群中提供无偏差的收益-风险比估计，最大限度地发挥了随机化的优势。对于预测性的生物标志物，生物标志物分层设计可以评估该标志物是否有助于在两种或多种治疗中为特定患者选择最佳的治疗方法。

在某些情况下，基于临床前或临床数据的充分令人信服的证据是可用的，这些证据表明潜在

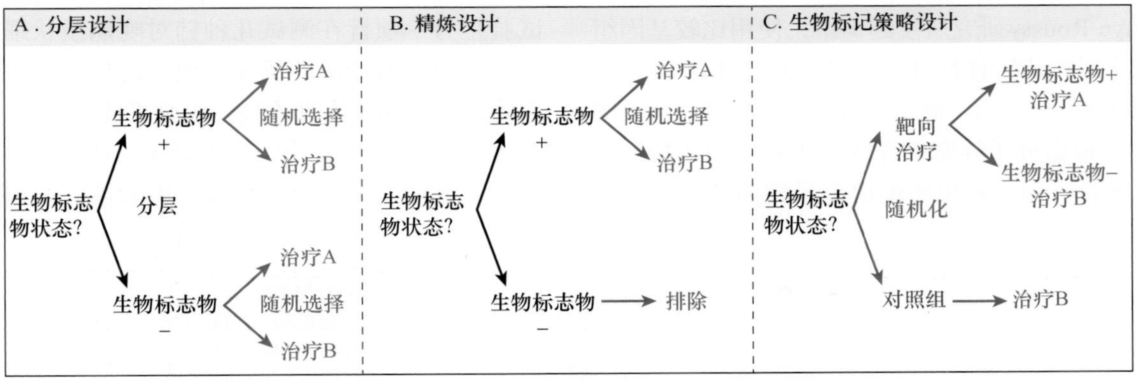

图60.3 基于生物标志物的肿瘤临床试验设计实例

的治疗效益仅限于特定的生物标志物定义的患者亚群。在这些情况下，生物标志物的临床效用可以通过一个改进设计的试验部分评估：生物标志物在所有患者中进行评估，但随机分配仅限于生物标志物阳性的肿瘤患者。

在第3种类型的试验中，采用生物标志物策略设计，患者被随机分配到使用生物标志物来确定治疗的实验治疗组或不使用生物标志物的对照治疗组。

由于生物标志物的多样性和资源有限，一些近期的试验被设计为分析多个靶标，随后测试几种专用药物（图60.4）。这类试验的主要目的是确定这种广泛的分子筛选的可行性，定制治疗的优越性，以及在某些情况下新药对选定靶点的效果。这种设计的第一个例子是生物标志物整合的肺癌消除靶向治疗（biomarker-integrated approaches of targeted therapy for lung cancer elimination，BATTLE）试验。在初始的相

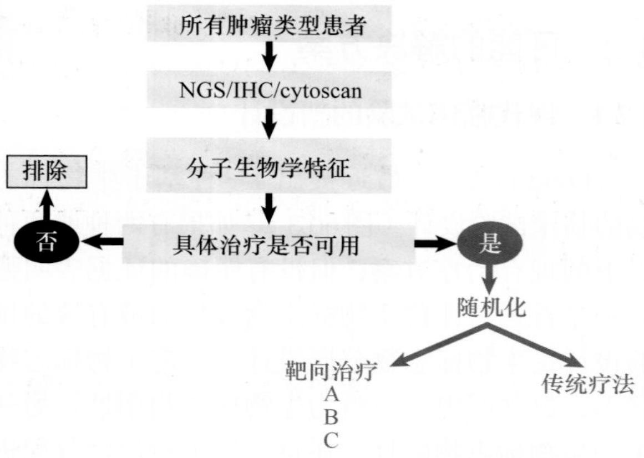

图60.4　基于多基因筛选技术的基于生物标志物的肿瘤临床试验设计实例

注：IHC，免疫组织化学；NGS，下一代测序

同随机化后，化疗难治性NSCLC患者根据相关的分子生物标志物适应性随机分配采用厄洛替尼、万德塔尼、厄洛替尼加贝沙罗坦或索拉非尼治疗[12]。在这项试验之后，BATTEL -2随机将患者分为厄洛替尼、厄洛替尼加MK-2206、MK-2206加AZD6244或索拉非尼，按KRAS状态分层[13]。其他同类试验目前正在法国和其他国家进行。在癌症治疗优化的分子筛选试验（由法国Gustave Roussy研究所发起）中，使用比较基因组杂交阵列和从转移性部位取的活检样本中96个扩增子的热点突变组，确定了难治癌症患者的分子图谱[14]。根据分子异常的存在，患者被纳入特定的Ⅰ期试验。每个使用匹配的分子靶向药物参与试验的患者都被用作自身的对照，以评估该方法的疗效。另一个例子是SHIVA试验，它是一项随机概念验证Ⅱ期试验，在该试验中，基于肿瘤分子图谱的治疗方法与常规治疗方法在难治性癌症患者中的治疗效果进行了比较。195例患者被随机分配到每一组，只要可能，在疾病进展时进行交叉。在实验组中，患者使用一种被批准的基于可操作的分子异常的分子靶向药物治疗。然而，一个可操作的分子异常可能不会在每个病例中被发现。与传统的肿瘤学随机试验不同，传统的肿瘤学随机试验是在具有特定肿瘤类型的同质人群和特定环境下进行的，而该试验的目的是寻找肿瘤类型的异质性，以确定靶向药物是否应该根据其肿瘤分子谱而不是根据肿瘤类型来开发[15-16]。

同样地，刚才描述的设计也适用于SAFIR02肺癌试验（图60.5）。这项开放标签的Ⅱ期随机试验将高通量基因组分析作为诱导化疗后未进展的Ⅳ期NSCLC患者的治疗决策工具。该试验将比较根据肿瘤基因组分析的维持治疗和不考虑肿瘤基因组分析的维持治疗，非鳞状细胞癌患者给予培美曲塞，鳞状细胞癌患者给予厄洛替尼。

肺主协议（lung master protocol，Lung-MAP）试验是另一项旨在测试几种针对晚期鳞状细胞肺癌患者的靶向疗法的研究。该试验是一个生物标志物驱动的Ⅱ/Ⅲ期试验，包含多个独立开放和关闭的亚研究。下一代DNA测序的通用平台用于识别患者可操作的分子异常，患者被分配到针对

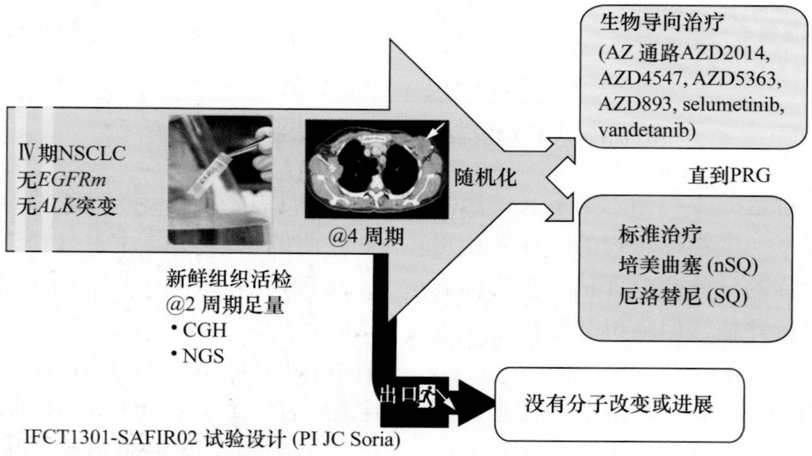

图60.5　SAFIR02肺随机临床试验的一般设计

注：*ALK*，间变性淋巴瘤激酶基因；CGH，比较基因组杂交；*EGFRm*，表皮生长因子受体突变；NGS，下一代测序；nSQ，非鳞状细胞癌；PRG，进展；SQ，鳞状细胞癌

突变的研究药物或由免疫疗法或联合疗法组成的“不匹配”亚研究[17]。

最后，在临床试验中测试几种假设的另一种方法是在几种癌症类型的患者身上测试一种靶向药物。例如，VE-BASKET试验测试了维罗非尼用于治疗其他实体肿瘤的疗效（众所周知，维罗非尼对含有BRAF V600E突变的黑色素瘤的治疗有效）。该试验纳入了患有组织学确诊的带有BRAF V600突变的癌症或骨髓瘤（不包括黑色素瘤和甲状腺乳头状癌）、标准治疗难以治愈或不存在标准疗法或治愈疗法的患者。

1.2.2 新设计：混合模型和临床试验

靶向治疗已经证明对分子定义癌症的特定亚群有效。尽管大多数肺癌患者是根据单一的致癌驱动因素进行分层的，但具有相同激活基因突变的癌症对相同的靶向治疗反应表现出很大的差异[6, 18-19]。这种异质性背后的生物学机制尚不清楚，同时存在的基因突变的影响，特别是肿瘤抑制基因缺失的影响，尚未得到充分探讨。Chen等[20]利用基因工程小鼠模型进行了一项所谓的联合临床试验，该试验模仿了正在进行的KRAS突变型肺癌患者的人类临床试验，目的是确定丝裂原活化蛋白激酶（mitogen-activated protein kinase kinase，MEK）抑制剂selumetinib（AZD6244）是否能提高多西他赛的疗效，使用多西他赛是一种标准治疗方案。结果证明，两种临床相关的肿瘤抑制因子p53（也被称为TP53）或Lkb1（也被称为Stk11）的同时缺失显著降低了KRAS突变型癌症对多西他赛单药治疗的反应。研究还发现，添加selumetinib为KRAS和p53突变导致的肺癌小鼠提供了实质性的益处，但KRAS和Lkb1突变小鼠对这种联合治疗有明显耐药性。这些共同临床结果确定了可预测的遗传生物标志物，这些标志物应该通过参加同期临床试验患者的样本进行验证。这些研究也强调了同步共临床试验的基本原理，它不仅可以预测正在进行的人体临床试验的结果，而且可以产生临床相关的假设，为人体研究的分析和设计提供信息。

1.2.3 合作和网络

上述问题可以通过在国家和（或）跨国的方式组织临床研究得到部分解决。加强国际合作的能力将使资源最大化，使患者获得肿瘤临床试验的机会最大化。

一方面，药品公司和临床研究机构（主要是国际公司）通常知道如何利用国内或国际上可获得的各种资源。在没有获得预算的情况下，这些公司建立了所谓的需要进行明确的试验的理想的临床和转化网络。临床医生、合作团体，甚至国家卫生当局（EMEA和FDA除外）对研究设计的影响通常是有限的。

另一方面，肿瘤学的学术临床试验最初主要由地方或区域中心组织。这个组织首先回应了那些希望在离家更近的地方接受治疗的患者的愿望，其次是回应了有机会方便地获得临床试验的愿望，因为从医生的诊所到最近的临床试验地点的距离与转诊和招募成反比[21-22]。中心之间的合作对于肿瘤临床试验的成功构想、资金和表现至关重要。因此，多国建立了国家组织来促进临床和转化研究。例如，在美国，国家癌症研究所（NCI）临床试验合作小组项目一直是联邦政府资助的癌症临床研究的主要网络。在亚洲和欧洲，许多国家都按照同样的模式组织起来，有一个或多个合作小组参与肺癌临床试验。在欧洲，欧洲癌症研究和治疗组织肺癌研究组和欧洲胸科肿瘤平台正在进行跨国临床试验。

然而，监管、后勤和财务障碍往往阻碍了临床试验的开展。以IASLC作为中心环节，共同努力将有助于研究人员克服这些障碍。

1.2.4 全球肿瘤临床试验标准化使交叉试验比较成为可能

除了关于发表的规则[3-4]，交叉试验比较的问题引出了世界范围内肿瘤学临床试验的标准化问题，更广泛地说，是肿瘤学临床研究的标准化问题。这一领域中最好的例子就是越来越多的基于生物标志物的预后和预测研究，这些研究旨在确定哪一部分患者可能从特定药物或治疗策略中最大获益（图60.6）。在这些研究中遇到的主要问题之一是再现性，也就是说，生物标志物在不同的患者系列、不同的地理区域和不同时间的稳定性问题。一旦分子分析的可变性这个重要问题在不同的实验室得到解决，限制混淆偏差就成为分

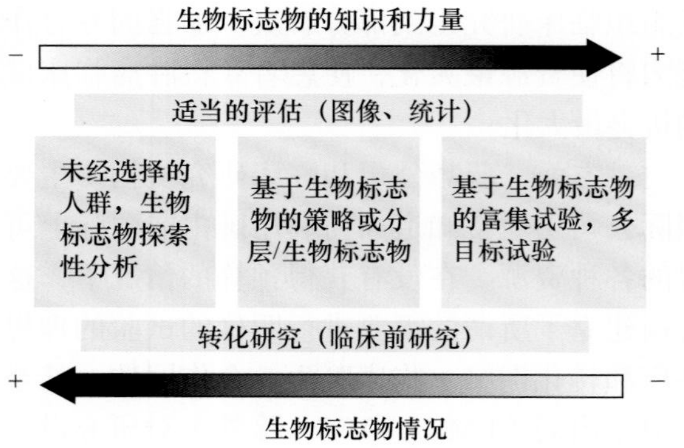

图60.6　在肿瘤临床试验设计中纳入生物标志物的不同策略

析的主要步骤。多变量分析旨在控制试验的分层因素，以及在给定*P*值（<0.1或<0.2，取决于研究）下单变量分析中影响生存率的混杂的临床或病理特征。然而，这种多变量分析的策略在多次试验或系列试验中很少具有可比性，常常使这种比较具有风险。

下一步是检查在某一系列特定的病例身上得到的结果是不是偶然得到的，考虑在不同系列的患者的特征可能不同，如不同的地理起源、吸烟者和非吸烟者、化疗与否、不同性别比例、性能状态或年龄。第一步实际上是通过限制在单个系列患者中进行分析的多样性来限制假阳性结果的风险。唯一的方法是，在任何研究发表之前，在临床试验在ClinicalTrials.gov数据库注册时，预先指定效能计算，计划固定数量的分析进行检查。否则，任何未经计划的分析、没有预先指定的效能计算或没有预先指定的多变量分析策略的回顾性研究都应被视为只产生假设，并需要外部和（或）前瞻性验证。因此，如果在初始统计设计中没有预先计划，或者未在一个独立的新系列患者中进行外部验证，那么在预后研究期间同一系列患者或同一临床试验中的多个连续发表的文章应该被劝阻。统计学上认可的技术如Bonferroni、Holm或Hochberg校正[23]，广泛用于互补DNA微阵列分析，也应该鼓励在生物标志物驱动的多亚组分析的肿瘤临床试验中使用。这些方法不仅考虑了变量的多样性，而且考虑了在随访期间进行的顺序分析的数量，以及子集分析的需求。

分子分析的重复性需要在不同研究小组研究的独立系列患者中得到解决。然而，在可能的范围内，这些系列应与最初系列在所有确定的临床和病理变量方面具有可比性。这种外部验证主要用于非小细胞肺癌标本的微阵列研究，由于迄今为止发表的众多基因特异研究完全缺乏一致性，并声称具有预后价值[24-25]。在这种重复研究中，基于生物标志物的死亡或进展的风险比通常低于最初研究的风险比[26]，反映了生物标志物对预后影响的可变性，这是由每个系列中的患者特征所驱动的。

最后，高度显著的死亡风险比并不意味着预后特征或生物标志物将具有临床效用，因为它并不意味着预测生物标志物的准确性足以支持其在临床实践中的应用。例如，分子标记的阳性预测值为0.80，这意味着约1/5预后不良的患者不会死亡，并不能准确地帮助预测哪些患者会或不会死亡，从而修改治疗策略。这种临床效用可以通过交互设计的前瞻性试验获得最高水平的证据，在交互设计中，所有患者根据生物标志物水平进行分层，然后随机分配到两种治疗中的一种[27]。生物标志物研究的标准化已经被理论化为国际指南，并已经由肿瘤标志物预后研究报告建议（reporting recommendations for tumor marker prognostic studies，REMARK）小组发布，这为全球标准化提供了可能[28]。

1.2.5　监管问题

所有研究的主要目标是尽快为患者提供新的、更有效的治疗策略。以药物为基础的治疗策略需要获得国家或跨国机构的批准，如FDA和EMA以及世界各地的同类机构。这些机构确保药物能够正确地发挥作用，而且使药物对健康的益处大于已知的风险。在最近对Ⅳ期NSCLC使用生物标志物引导治疗的研究中，需要证明其益处的患者数量相对较低（100～200例）[6-7]。然而，评估风险的理想数字是多少？如果频繁的不良事件通常在Ⅰ/Ⅰb期试验中被发现，那么对罕见（<1%）不良事件的评估需要更多的患者，导致更多的病例累积时间，需要更长的时间间隔才能得到结果，并需要更多的资金。什么是评估效益（让患者快速获得新策略）和风险（罕见但潜在的严重不良反应）之间最有效平衡的最佳方法？在美国，ASCO已经与包括FDA和NCI在内的伙

伴合作，并在其2013年的年度会议上提供了最新的倡议，阐明了预期的临床试验终点，这些终点将产生对患者有临床意义的结果[1]。ASCO还提出了避免在试验中不必要地排除患者的建议，与FDA合作简化数据收集，并促进终点的开发和使用，这将允许临床试验更早地证明安全性和有效性。在欧洲和亚洲，同样的工作可能应该由国家机构和EMA来完成。

1.2.6 财务问题

在美国由于预算削减的影响，2013年大约只有不到750例新病例参加在美国国立卫生研究院临床中心医院的所有临床试验（美国马里兰州贝塞斯达）[1]，说明了肿瘤临床试验的资金很重要，并应该有所保证。事实上，许多国家或国际资金来源（NCI、转化性癌症研究、FP7等）都是有潜力的。但是，来源的多样性、每项征求建议书的具体限制或紧急情况，以及涉及几个国家或州的行政限制，都可能使这一制度的效率低下。通过分享经验和培训临床医生（甚至是合作小组领导人），IASLC可以成为一个可能的全球网络，这应该能让研究人员克服这些困难。

综上所述，更好地组织胸部肿瘤临床试验将有助于解决许多问题（表60.1）。

表60.1 与肺癌临床试验组织有关的挑战和解决方案

挑战		可能的解决办法
肺癌	分子定义的罕见疾病合集	新设计最终整合模型来同时验证几个假设
快速进展	缩短生物发现到药物上市的时间	
假设	越来越多的假说需要在分子改变的基础上进行验证	
临床试验成本	增高的成本	肿瘤学临床试验设计和分析的标准化和监管问题的简化
合作	国家和国际竞争，有时浪费资源	

2 如何推广临床试验

2.1 问题

2.1.1 不同体系的目标和观念

癌症治疗在世界各地多种多样。在一些国家，几乎所有癌症患者都在公立医院接受治疗，而在另一些国家，患者在私立医院接受治疗。此外，保健费用由国家健康保险、私人保险或两者共同支付，保健专业机构和医疗机构的支付方式因这些不同的制度而差别很大。资金问题会影响患者参与临床试验吗？在美国一组新诊断的肺癌和结直肠癌患者中，健康保险的类型、医生是否在NCI指定的癌症中心工作或是否从试验登记中获得增加的收入均是参与试验独立相关的因素[29]。

此外，如果医疗机构的财政资源与所治疗的病例数量和所实施的治疗数量挂钩，可能会导致医疗机构不愿将病例送到另一个中心参加临床试验。在适用的情况下，应该提出一种解决方案来补偿这些医疗机构（学术网络、经济补偿等）。

因此，必须重新思考临床医生和患者参与临床试验的方法，从而给予患者同样的机会参加临床试验。

2.1.2 临床试验难度增加

开展临床试验的基本监管要求以赫尔辛基宣言和良好的临床实践为基础。然而，实现胸部肿瘤高质量临床研究的一个主要问题是提高所有保健专业人员和癌症中心的专业化水平。

最后，一个重要的问题是如何选择临床试验中心[30]。虽然选择部分是基于团队的预期质量，但它主要是基于团队快速纳入多个连续患者的能力，这一目标可能与质量和对纳入标准或研究基本规则不一致，特别是在不良事件收集方面。例如，对300多个随机对照试验的分析表明，在这些研究中只有10%的研究充分报告了收集不良事件的方法[31]。此外，临床研究机构和赞助者也会考虑首席研究员的光环及其在地区或国家的影响力，以保证临床研究的优越，但这并不是绝对的保证。

2.1.3 时间和精力

组建中心、招募和治疗临床试验中的患者都需要时间和精力。由行业赞助的试验提供的收入可能是对这些工作的补偿，但学术赞助的试验并不总是这样。尽管如此，公众对资助和构建专业临床研究的鼓励和努力也应该包括对医疗时间的经济补偿。同样，大学应该促进这种耗时的活动。例如，每年纳入临床试验的数量可以被监测，并记录负责此类活动的部门和研究人员，直接向其机构或研究人员提供资金，或考虑将此类活动纳入继续医学教育学分或大学/医院职业晋升。然而，应该实施严格和明确的透明规则，以确保公立医院的资源能量不被用于获得没有任何监管的私人利益，而是被用于为最多的人群提供更广泛的创新药物。

2.1.4 患者教育

一些研究评估了患者参与临床试验的相关因素。年龄越大，参与肿瘤学临床试验的比例就越低[32]，这种关联似乎主要与能否参与试验的资格有关。然而，在符合条件的患者中，老年患者的参与率与年轻患者相似[33]。此外，少数民族、种族地位和社会经济特征对临床试验登记的影响也存在争议。如果少数民族/种族参与肿瘤临床试验的比例确实较低[32]，当根据社会经济特征进行调整时这种关系并不显著[34]。相反，低收入水平会对参与肿瘤学临床试验的比例产生负面影响[35]。

最后，许多患者，尤其是社会经济地位较低的人群，可能会误解试验信息[36]，主要是因为对试验目的和风险的讨论较少[37]。同样，家庭成员也很重要，因为一些民族/种族的家庭成员经常反对参与试验[36]。

2.2 可能的解决方案

2.2.1 尽早并持续地培训医生

肿瘤专业医生对临床试验的价值观、信念和意识对临床试验患者的增加起着重要作用[38]。因此，医学生的初始培训和医生的持续培训是很重要的。培训的类型可能应该适应于不同的专业，例如，有人建议医学肿瘤专业比外科或放射肿瘤专业医生更有可能与他们的患者讨论参加临床试验的可能性、好处和风险[22]。

因此，应在卫生机构、大学或合作团体的监督下向所有临床医生提供特定的学术培训（如使用电子学习）。已经有一些学习工具可用，通常是使用国家水平的网络上进行操作。有趣的是，几家制药公司共同努力开发了一种通用工具，其中包括对研究人员进行良好的临床实践培训。因此，相同的证书将在不同制药公司的几次试验中有效。

2.2.2 对普通人群和肺癌患者进行临床试验教育

Mancini等[39]报道，参与临床试验后43.0%的乳腺癌患者表达轻度后悔，25.8%的患者表达中度至强烈后悔。25.6%的女性表示医生单独做出了决定，13.5%的女性表示这个决定与她们自己的意愿不一致。研究发现，决策过程中非自愿的被动角色与更大程度的后悔有关[39]。因此，教育和告知患者是增加他们积极参与肿瘤学临床试验的首要任务。事实上，当患者的自我效能感增强，并且有了更多的知识，他们就会更有准备地去做参与临床试验的决定。减少决策冲突也与登记参加临床试验的决定有关[40]。

在患者层面上，多媒体资源（视听、网络等）可以增强临床试验信息的传递和接受度[41-44]。这些资源是重要的信息来源，也有助于教育家属和加强患者与其治疗提供者之间的沟通[45]。

在更大的层面上可以使用商业模式方法和营销技术[46]。许多国家公共或非营利组织以及制药公司都开发了信息工具。例如，临床研究参与信息和研究中心就是这样一个非营利组织，致力于向公众、患者、医学界和研究界、媒体和政策制定者提供关于临床研究及各方在过程中所扮演角色的教育和信息（www.ciscrp.org/patient）。

2.2.3 简化监管

世界各地的国家癌症研究所及其同类机构，如美国的国家癌症研究所或法国的国家癌症研究所，已经使用了几种直接或间接的策略，以协调临床试验方面向癌症患者提供可用资源和机会。这些资源包括用于试验的分子测试和标记单元，从而支持和资助研究项目[47-49]。

同时，应该向患者提供支持，让他们前往有临床试验的特定中心。这种支持已经在许多有行业赞助的试验中提供，但学术赞助的临床试验也应该组织进行支持。

综上所述，更好地推广临床试验将解决许多问题（表60.2）。

表60.2 与促进肺癌临床试验有关的挑战和解决方案

	挑战	可能的解决办法
公共系统与私人系统	不愿意提出临床试验或将患者送到专门的中心	为临床医师直接或间接参与临床试验提供更好的补贴
时间消耗	临床试验的建议和参与是费时的	更好的财务和非财务（职业等）补贴
进行临床试验的困难	提高赞助商的需求程度	癌症临床研究中心的专业化，培训医生和保健专业人员
大众和患者对临床试验的看法	临床试验参与度低（恐惧、对风险理解不深、对益处估计不足）	试验信息多媒体资源的教育与开发

3 结论

虽然参与临床试验为患者提供了新的治疗机会，而且帮助医生实施新技术，但肺癌患者参与临床试验的人数仍然太少。阻碍是多种多样的，有些问题需要通过世界范围的方法在全球范围内解决，而另一些问题则需要通过IASLC作为一个可能提供帮助的网络在当地解决。

（刘明辉 贾超翼 陈 军 译）

主要参考文献

4. Pirker R., Pereira J.R., Szczesna A., et al. Cetuximab plus chemotherapy in patients with advanced non-small-cell lung cancer (FLEX): an open-label randomised phase Ⅲ trial. *Lancet*. 2009;373(9674):1525–1531.
5. Rosell R., Carcereny E., Gervais R., et al. Erlotinib versus standard chemotherapy as first-line treatment for European patients with advanced EGFR mutation-positive non-small cell lung cancer (EURTAC): a multicentre, open-label, randomized phase 3 study. *Lancet Oncol*. 2012;13(3):239–246.
6. Maemondo M., Inoue A., Kobayashi K., et al. Gefitinib or chemotherapy for non-small-cell lung cancer with mutated EGFR. *N Engl J Med*. 2010;362(25):2380–2388.
7. Kwak E.L., Bang Y.J., Camidge D.R., et al. Anaplastic lymphoma kinase inhibition in non-small-cell lung cancer. *N Engl J Med*. 2010;363(18):1693–1703.
11. Freidlin B., Sun Z., Gray R., Korn E.L.. Phase Ⅲ clinical trials that integrate treatment and biomarker evaluation. *J Clin Oncol*. 2013;31(25):3158–3161.
13. Papadimitrakopoulou V, Lee JJ, Wistuba Ⅱ, et al. The BATTLE-2 Study: a biomarker-integrated targeted therapy study in previously treated patients with advanced non-small-cell lung cancer. *J Clin Oncol*. 2016 Aug 1;pii: JCO660084. [Epub ahead of print] PubMed PMID: 27480147.
16. Le Tourneau C., Delord J., Goncalves A., et al. Molecularly targeted therapy based on tumor molecular profiling versus conventional therapy for advanced cancer (SHIVA): a multicentre, open-label, proof-of-concept, randomized, controlled phase 2 trial. *Lancet Oncol*. 2015;16(13):1324–1334.
17. Herbst R.S., Gandara D.R., Hirsch F.R., et al. Lung Master Protocol (Lung-MAP): a biomarker-driven protocol for accelerating development of therapies for squamous cell lung cancer: SWOG 1400. *Clin Cancer Res*. 2015;21(7):1514–1524.
20. Chen Z., Cheng K., Walton Z., et al. A murine lung cancer co-clinical trial identifies genetic modifiers of therapeutic response. *Nature*. 2012;483(7391):613–617.
31. Péron J., Maillet D., Gan H.K., Chen E.X., You B.. Adherence to CONSORT adverse event reporting guidelines in randomized clinical trials evaluating systemic cancer therapy: a systematic review. *J Clin Oncol*. 2013;31(31):3957–3963.
39. Mancini J., Genre D., Dalenc F., et al. Patients' regrets after participating in a randomized controlled trial depended on their involvement in the decision making. *J Clin Epidemiol*. 2012;65(6):635–642.
43. Dear R.F., Barratt A.L., Askie L.M., et al. Impact of a cancer clinical trials web site on discussions about trial participation: a cluster randomized trial. *Ann Oncol*. 2012;23(7):1912–1918.

获取完整的参考文献列表请扫描二维码。

第61章 肺癌倡导组织的作用

Glenda Colburn, Selma Schimmel†, Jesme Fox

要点总结

- 描述肺癌倡导的功能。
- 描述肺癌倡导组织如何实现其目标。
- 描述它们如何影响肺癌预后。

倡导被定义为支持事业或提案的行为或过程。健康领域的有效倡导能够影响对疾病的意识和教育、研究和药物开发、公共政策以及立法和政府决策。癌症倡导者已经成为代表癌症治疗的工具和具有公众影响力的力量。

癌症宣传植根于20世纪70年代开始的美国乳腺癌运动的早期工作。20世纪80年代和90年代艾滋病毒/艾滋病运动的政治和社会活动进一步影响了美国乳腺癌宣传。基金会和慈善组织的出现为乳腺癌信息、教育、情感支持和研究提供了资金支持。媒体发挥了至关重要的作用，政策制定者和决策者正在关注乳腺癌倡导组织的愿景和要求[1]，最终引领了其他类型疾病的倡导工作。癌症倡导者的共同目标包括提高认识和教育；确保患者获得筛查、诊断和治疗；激发对癌症的研究和临床试验；解决与癌症相关的心理社会和情感问题；并授权个人控制自己的疾病。倡导者直接负责应对公众对肺癌的看法、耻辱和疾病认同，他们可以影响和塑造研究和政策议程。

今天，在世界许多地方，癌症倡导者与医学专家、政治领导者、制药和生物技术产业、企业、政府和立法代表合作。世界上每个国家和地区都为基于文化、社会、经济以及现有政府和卫生政策基础设施的倡导者提出了独特的问题。全球患者倡导必须量身定制其策略和活动，以满足和响应这些需求。

† 已故

1 肺癌倡导组织

2001年，一项全球调查显示，只有9个对肺癌倡导感兴趣的非营利性组织存在。其中，只有2个是肺癌特异性的，还有2个包含癌症或呼吸系统疾病。这些组织聚集在一起，成立了全球肺癌联盟（Global Lung Cancer Coalition，GLCC），这是一个非营利性非政府组织的联盟组织，致力于改善肺癌的治疗效果。到2016年，GLCC已经从25个国家发展到35个成员组织，现在其网站内为这些组织提供了一个集中的推荐网络。欧洲肺癌联盟相对较新，它为已经存在的肺癌患者倡导团体提供了一个欧洲平台，并支持在欧洲国家建立新的国家相关团体机构，这些国家团体目前并不存在。有关更多信息可在其网址（http: //www.lungcancereurope.eu）查阅。在美国也有其他的肺癌宣传团体，世界各地也存在着其他的肺癌相关组织。

2 肺癌倡导的挑战

尽管最近成立了几个肺癌倡导组织，但这些群体的数量仍然很少。肺癌倡导在北美、澳大利亚和欧盟，特别是英国最为发达。在世界其他地方也出现了小团体，尽管在东欧，国家肺癌组织并不常见。与其他健康有关议程一样，维持和建立倡导团体是一项挑战。与肺癌相关的负面问题，使得倡导改变和改善特别困难。

2.1 缺乏倡导者

倡导特定疾病的个体往往直接受到疾病的影响，如患者和护理人员。可悲的是，很少有肺癌患者有足够健康或足够长的生存期来成为倡导者。肺癌是世界上排名第一的癌症，比任何其他癌症死亡人数都要多，5年生存率低于17%。另一个问题是，与其他常见癌症相比，这种疾病的名人支持者相对较少。因此，支持该疾病的声音相对较弱。

2.2 与烟草有关的耻辱感

由于肺癌与烟草有关，因此通常认为肺癌是自我造成的。2011年由GLCC委托进行的一项Ipsos MORI消费者调查显示，虽然在接受调查的15个国家中存在全国差异，但平均而言，20%的人对肺癌患者的同情程度低于其他常见癌症患者，差异为10%～29%[2]（图61.1）。

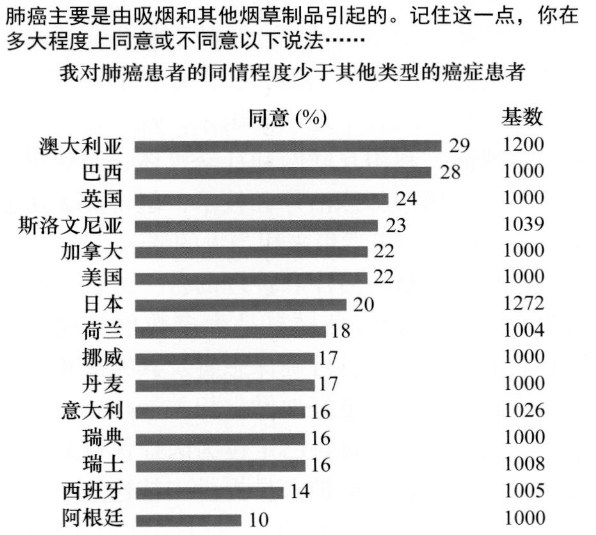

图61.1 全球肺癌联盟/Ipsos MORI消费者调查（2011年）评估了与其他类型的癌症患者相比人们对肺癌患者的同情程度

与患有乳腺癌或前列腺癌的人相比，肺癌患者报告的癌症相关耻辱感更高[3]。因自己行为引起的癌症被认为与更高水平的内疚、羞耻、焦虑和抑郁感觉有关[3]。烟草相关疾病造成的耻辱会给患者带来困难，他们中的许多人沉默寡言，感到孤独，对自己的状况感到绝望和无助[3]。事实上，无论肺癌患者是否吸烟或从未吸烟，他们都会因为烟草而感到耻辱[4-6]。

与肺癌相关的耻辱和责备也是晚期表现的一个促成因素[7-9]。耻辱感对疾病和倡导活动会产生负面影响。肺癌倡导的核心是减少与这种疾病相关的耻辱，因为它不仅可以深刻影响患者的个人身份、社会生活和经济水平，还可以深刻影响他们的家庭。许多疾病与生活方式有关，然而患者不会受到这种影响。重要的是，诸如“没人应该得肺癌”和“吸烟者、既往吸烟者或从不吸烟者中的任何人都可以得肺癌”之类的信息被广泛传播。

2.3 低调的公共形象

由于整体效果不佳、缺乏倡导者和相对缺乏名人支持者，让媒体参与肺癌一直是一个挑战。许多国家的记者们认为肺癌令人沮丧，因此不愿报道肺癌问题。此外，考虑到对自我和社会指责的羞辱和恐惧，那些患有肺癌的人不愿为人所知。

3 肺癌倡导团体活动

所有参与肺癌宣传的组织都有不同，并对其所在地区或国家的特定文化和需求做出回应。但是，他们均进行以下部分或全部的活动内容。

3.1 烟草综合控制计划

许多肺癌倡导组织对疾病预防和开展实施反烟草策略的运动感兴趣。这些策略包括戒烟服务、必要时立法（如禁止在封闭的公共场所吸烟、销售点广告、香烟自动售货机，并确保卷烟包装的无装饰包装）、学校的教育课程和公众意识活动，所有这些都强调了不吸烟和戒烟价值的重要性。

3.2 增加肺癌研究经费

在全球范围内，肺癌是最常见的癌症。然而，与其他常见癌症相比，对肺癌研究的投入相对较少。GLCC委托癌症政策研究所对“全球肺癌研究状况”进行了审查[10]。从2085种不同的期刊中检索了多达32 000份已发表的肺癌研究论文。其中，全球癌症研究中只有5.6%是肺癌（2013年），自2004年以来仅增长1.2%。多达24个国家的肺癌研究产出超过95%。个别国家的报告可在http://www.lungcancercoalition.org查阅。大多数肺癌研究（53%）专注于药物、遗传学和生物标志物，只有1%的研究关注支持和姑息治疗的问题。

2013年国家癌症研究所报告说，英国只有6.7%的癌症定点支出用于肺癌（慈善机构和政府）[11]。虽然这一比率比2006年肺癌支出的3.9%有所增加，但肺癌每年死亡人数占英国癌症死亡人数的20%以上，这一比率仍然很低。

2015年澳大利亚癌症协会报告称，澳大利亚只有5%的癌症定点支出用于肺癌（慈善机构和政府）[12]。从2006—2008年到2009—2011年肺癌研究（包括胸膜间皮瘤）的总资金不断减少，与澳大利亚人口的发病率、死亡率和疾病负担相比，肺癌研究的资金比例非常低。肺癌每年死亡人数占澳大利亚癌症死亡人数的19%。

增加肺癌研究投入的运动是肺癌倡导的核心功能。许多肺癌倡导组织也是研究的资助者，他们与科学家和临床医生在肺癌研究领域进行合作，以期待未来有一个更好的结果。

3.3 越来越多的肺癌患者参加临床试验

肺癌患者除非在参与临床试验的中心接受治疗，否则很难进入临床试验，甚至意识不到它们。许多倡导团体在这一领域发挥着关键作用，无论是提高对临床试验的认识，还是将肺癌患者引导到适当的试验中和试验地点。一些倡导团体已将其网站上的临床试验数据库链接到一起，以便肺癌患者更容易找到合适的试验。缺乏可提供充分和最新信息的国家服务是有意愿参与临床试验的患者的障碍。GLCC还整理了各个国家网站的链接，提供了有关临床试验的详细信息[13]。

3.4 早期诊断

肺癌的早期诊断和早期治疗可以挽救更多患者。近年来，人们越来越关注肺癌筛查。在可以进行肺癌筛查的国家，倡导者正在引导高风险人群接受筛查。倡导者也呼吁进一步的研究来评估筛查工具的益处。

提高公众对肺癌相关症状和体征的认识是许多肺癌倡导组织的一项重要职能。然而，肺癌的相关症状和体征多种多样，因此这可能是一项艰巨的任务。在英格兰，卫生部于2012年资助了国家“明确癌症-肺癌”运动[14]。这项针对持续性咳嗽的运动以及试点研究的结果显示，于全科医师就诊的有相关症状的患者人数增加了22%，同时进行胸部计算机断层扫描检查的患者也增加了。2013年和2014年重复进行了该运动。2012年该运动的结果显示，同以往相比增加了700例肺癌确诊患者（比2011年同期高出9%），约400例患者在早期接受了治疗（其中300例患者接受了手术）[15]。利用国家制定的指导方针，宣传团体制作了社区信息，如GLCC宣传传单，这些传单被翻译成13种语言并可供下载[16]。

3.5 公平获得最佳实践治疗和护理

由于当前全球的金融问题、卫生服务预算的压力以及新诊断和治疗成本的上升，确保公平获得最佳护理在肺癌倡导中的重要性日益增加。倡导者的最终目标是：所有肺癌患者都能在国家认可的治疗指南中得到治疗，为他们提供高质量的支持和信息，并使他们能够获得最新的循证诊断和治疗。在全球各个地区和国家，现实预期各不相同。然而，利用互联网和社交媒体，肺癌患者能够了解可用的肺癌治疗和技术，但可能无法获得，这可能会给患者带来相当大的痛苦。

在肺癌诊断、治疗和护理的各个方面，制作以患者为中心的信息材料是大多数倡导团体的核心职能。这些信息可确保患者及其家属更好地了解这种疾病，并更好地做出相关治疗的合理决策。一些倡导团体将自己定位为医疗保健系统的延伸，并为患者和医护人员提供支持性服务，同时远离其治疗中心。信息可以以多种形式提供，如打印、Web、DVD和其他新媒体形式。对所有患者信息提供者来说，其面临的挑战是确保这些材料是最新的、有证据支持的和易于获取的。

近年来，全球范围的财政压力导致卫生保健提供者需要进行正式的卫生技术评估，特别是在新的发展领域，包括靶向治疗和免疫疗法。癌症倡导团体在确保国家卫生技术评估机构了解细分群体、生物标志物和研究交叉问题的重要性方面发挥着重要作用。在这个新的研究领域，特别是在美国，癌症倡导团体在组织库和分子检测中发挥了关键作用。国家肺癌合作组织与14个顶级癌症中心合作组建了肺癌突变联盟，这是迄今为止促进肺癌患者的分子检测的最大成果。在其他地方，相关组织正在提高人们对肺癌诊断和循证临床路径的新认识，并对提供的病理学服务进行广泛宣传。

3.6 高质量的数据

所有问题的基础是，倡导者需要及时获得关于生存、生活质量和患者体验的高质量数据。这些数据不仅为肺癌服务的质量和结果提供了基准，而且还为倡导者提供了一个工具，可以用来改进和展示最佳实践结果。这方面一个很好的例子是国际癌症基准合作组织[17]的工作，国家肺癌研究的1年和5年存活率存在巨大差异，促使卫生保健政策制定者调查这些差异的原因。

2015年11月，GLCC启动了全球互动肺癌治疗[18]，允许临床医生和倡导者轻松获取和比较来自世界卫生组织每个国家的肺癌数据。可获得的数据包括死亡率、发病率、生存率，以及其他国家关于癌症登记、癌症规划和《世界卫生组织烟草控制框架公约》执行情况的特定数据。

英国的国家肺癌审计[19]是一项重要的国家举措。这项审计显示在外科手术切除率等方面有所改善。这些审计数据已被英国的倡导团体广泛使用，如基于网络的智能地图[20]，它以患者友好、易于访问的格式显示数据。在其他地方，欧洲呼吸学会特别工作组已经完成了一项关于27个欧洲国家肺癌患者临床数据前瞻性收集的可行性研究。他们希望能够很快建立一个全欧洲的肺癌患者数据库。

3.7 帮助肺癌患者及其家人

癌症的诊断和治疗是癌症患者及其亲属的创伤性事件。这可能是一个充满情绪困扰的时期，可以唤起各种各样的情绪。这些感受的表达对于应对癌症的诊断和治疗的不良反应至关重要。情感支持、身体护理和实际帮助可能对患者及其家人都有好处。

4 肺癌倡导策略

在努力实现这些成果的过程中，倡导团体采用了各种策略。

4.1 使用大众媒体，包括新的社交媒体

倡导团体越来越多地利用大众媒体来促进社区教育，提高人们对肺癌及其影响的认识。像Facebook这样的社交媒体可经济有效地、更广泛地进入社区，也使那些肺癌患者在他们的网络中分享这些信息。这种形式的媒体在形成和影响人们的态度和行为方面发挥着重要作用。以肺癌为主题的标签和方法越来越明显。社交媒体平台中的新技术，如雷鸣般的掌声，可以让倡导者通过这种方式来放大信息，并通过一起述说来引起人们的关注。

4.2 公众意识活动

肺癌宣传界的一个主要焦点是11月的“肺癌宣传月”倡议，该倡议最初由肺癌宣传、支持和教育联盟（现为肺癌联盟）在美国制定，并于2002年被全球采纳。一项跨国倡议“闪耀肺癌之光”是世界上规模最大的协调意识活动，在美国举办了超过125场比赛，在澳大利亚举办了30场比赛，在巴西、埃及、新西兰和波兰还举行了额外的守夜活动（http://www.shinealightonlungcancer.org）。每次守夜活动的目的都是建立肺癌社区，每年都有更多的声音加入这一活动中。

提高人们对肺癌的认识有许多方法，包括公开会议和请愿、职位声明、广告和大量出版信息传单。例如，在2001—2012年西日本肿瘤学集团在日本11个城市举办了25次公共讲座。这些关于肺癌的讲座吸引了超过11 000名参会者，其中包括肺癌患者（29%）和家属（34%）以及其他参会者。会议的形式包括某一主题的专家讲座（如流行病学、诊断、病理学或治疗）、肺癌幸存者的证词以及问答时间。通过在地方和全国性报纸上发表文章，讲座也得到了公众的关注，文章在8900万份印刷报纸上发表。这项倡议的一个重要成果是为肺癌患者编写一本指南。

4.3 政治游说

在美国，肺癌联盟的政治游说，包括为立法改革和印刷/网络努力利用公众舆论而进行的宣传，导致国防部为国会提供了6850万美元的肺癌研究授权[21]。

4.4 告知和影响卫生服务提供者

倡导团体可以在影响卫生服务工作者方面发

挥重要作用，为肺癌患者提供更好的护理。澳大利亚肺病基金会一直致力于支持澳大利亚的肺癌专科护士，而在英国，罗伊城堡肺癌基金会和国家肺癌护士论坛已经制定了一份关于肺癌护士价值的报告[22]。

肺癌患者向癌症组织寻求情感和（或）实际支持以帮助他们和他们的家人减轻情绪上的痛苦，他们可能会找到专门设计的心理支持和项目。倡导团体领导肺癌患者支持小组的形成和实施，包括面对面和电话形式。其他项目可能包括网络研讨会、正念减压法课程、接受治疗女性的化妆课程、放松技巧课程、烹饪课程以及艺术和音乐治疗。

5 结论

尽管最近肺癌治疗取得了进展，但对于许多人来说其仍然是一种毁灭性疾病，并且仍然具有很多消极性和不良的后果。倡导团体在改变这一状况方面有很多作用，特别是考虑到肺癌早期筛查的最新进展。人们越来越希望在更多的肺癌幸存者中能够出现更多的倡导者和更强大的全球声音。

目前的研究重点是肺癌中的生物标志物和免疫疗法。很明显，在接下来的几年中，肺癌的靶向治疗和免疫治疗进展将成为研究的热点。

对患者进行基因组学教育是一项新的倡导任务。除了新疗法的直接好处外，这可能意味着更多的肺癌患者进入临床试验，更多的临床医生从事肺癌研究，以及这种疾病在总体上更受关注。肺癌倡导者面临的挑战是确保实现这些益处。然而，倡导者无法孤立地发挥作用，与地方、国家和国际层面的科学家和卫生保健专业人员合作会变得更加有效，并会引起对地方优先事项的关注。在全球范围内，国际肺癌研究协会通过在主要委员会和专业会议上的代表参与倡导运动。在为肺癌患者争取更好的未来结果时，更密切的合作才是有益的。

（赵洪林 张洪兵 译）

主要参考文献

2. Global Lung Cancer Coalition. *Global Perceptions of Lung Cancer* 2016. http://www.lungcancercoalition.org/en/news/global-perceptions-lung-cancer.
4. LoConte N.K., Else-Quest N.M., Eickhoff J., Hyde J., Schiller J.H.. Assessment of guilt and shame in patients with non-small-cell lung cancer compared with patients with breast and prostate cancer. *Clin Lung Cancer*. 2008;9(3):171–178.
5. Chapple A., Ziebland S., McPherson A.. Stigma, shame, and blame experienced by patients with lung cancer: qualitative study. *BMJ*. 2004;328(7454):1470.
8. Tod A.M., Craven J., Allmark P.. Diagnostic delay in lung cancer: a qualitative study. *J Adv Nurs*. 2008;61(3):336–343.
9. Corner J., Hopkinson J., Fitzsimmons D., Barclay S., Muers M.. Is late diagnosis of lung cancer inevitable? Interview study of patients' recollections of symptoms before diagnosis. *Thorax*. 2005;60(4):314–319.
10. Aggarwal A., Lewison G., Idir S., et al. The state of lung cancer research: a global analysis. *J Thorac Oncol*. 2016;11(7):1040–1050.
15. Walters S., Benitez-Majano S., Muller P., et al. Is England closing the international gap in cancer survival? *Br J Cancer*. 2015;113:848–860.
17. Coleman M.P., Forman D., Bryant H., et al. Cancer survival in Australia, Canada, Denmark, Norway, Sweden, and the UK, 1995–2007 (the International Cancer Benchmarking Partnership): an analysis of population-based cancer registry data. *Lancet*. 2011;377(9760):127–138.

获取完整的参考文献列表请扫描二维码。

第62章　卫生服务研究在改善肺癌患者预后中的作用

William J. Mackillop, Shalini K. Vinod, Yolande Lievens

要点总结

- 卫生服务研究旨在通过优化治疗方案的可及性、质量和效率来改善肺癌治疗的结果。
- 为实现肺癌患者最佳治疗效果，每个患者都应接受最佳治疗，但如今许多患者未接受最佳治疗或获得最佳治疗效果。
- 偏离最佳治疗可能是由于资源限制而影响治疗的可及性、临床决策中的错误或治疗决策实施中的缺陷而引起。
- 肺癌的诊断和治疗普遍延迟。设置标准和简化转诊流程可能会减少等待时间，但只有在有足够的资源和提供必要的护理时，这些策略才有效。
- 缺乏治疗资源可能是低收入和中等收入国家可用资金水平低的必然结果，但也可能是由于高收入国家的规划不完善而导致的。
- 多学科团队（multidisciplinary team，MDT）管理提高了肺癌患者的护理质量，并可能改善预后。
- 实践指南可改善临床决策，但同一种治疗模式并不适合所有患者。患者的价值观和偏好必须纳入治疗决策中。决策辅助工具可以帮助患者参与有关其护理的决策。
- 在大的治疗中心，肺癌的手术效果更好，放射疗法可能也是如此。如果能够在不影响医疗服务的情况下实现这一目标，集中治疗服务可能会提高整体疗效。

健康研究可以看作是四个重叠领域的连续统一体：基础或生物医学研究、临床研究、卫生服务研究和人口健康研究。卫生服务研究被定义为“一个多学科的科学研究领域，其研究社会因素、融资系统、组织结构和流程、卫生技术和个人行为如何影响卫生保健的获取、卫生保健的质量和成本，最终实现健康和幸福”[1]。临床研究和卫生服务研究在某种程度上重叠，但它们的目的是不同的。临床研究主要是指导医生对个体患者的治疗做出决策，而医疗服务研究则是指导管理者和决策者对医疗计划的设计和实施做出决策[2]。

1　卫生服务研究如何改善肺癌患者的预后

在任何时候，知识状态和技术状态都为癌症患者可实现的目标设定了上限。然而，实际达到的效果不仅取决于最佳治疗所能达到的效果，还取决于达到最佳治疗的程度，即一个被称为实现因素的量[2]。这种关系可以用以下等式表示：

实现的结果＝可实现的结果×实现因素

因此，可以通过创新来提高可实现的结果或通过优化卫生保健系统提高实现因素，进而提高实现的结果。生物医学和临床研究的目标是通过创新改善结果，而卫生服务研究的目标是通过优化卫生系统绩效来改善结果。创新和优化是互补而非竞争活动。创新的生物医学和临床研究都有可能在较长的时间内大大改善结果，但卫生服务研究可能提供短期内改善结果的最佳机会[3]。创新与优化之间的最佳支出平衡尚不清楚。对于肺癌，创新的生物医学和临床研究一直在缓慢地实现结果的真正改善，重要的是还要高度重视卫生服务研究，以便利用现有治疗手段从中获得最大的社会效益。

2　卫生系统绩效的3个维度

卫生系统的绩效可以分为3个不同的维度：可及性、质量和效率[2]。可及性描述了患者在需要时能够得到所需保健的程度；质量描述了以正确的方式提供正确保健的程度；效率描述了可及性和有效性相对于所消耗资源的优化程度。卫生系统绩效的每个方面都必须进行优化才能获得最佳结果。卫生服务研究涉及衡量准入、质量和效率，了解影响它们的因素，以及发现提高这些因素的方法。卫生系统绩效的3个维度显然不是相互独立的。例如，旨在提高质量的干预措施可能对可达性和（或）效率产生不利影响。因此，不能仅仅关注卫生系统绩效的一个方面，而忽略其他两个方面的情况。

2.1 卫生保健的可及性

卫生保健可及性一词最初被狭义地用来描述患者进入卫生系统的能力[4]。如今，它被更广泛地用于涵盖影响卫生服务使用水平的所有因素，这些因素与人群中卫生服务的需求水平有关[5]。访问的概念被描述为代表整体“客户和系统之间的匹配度”[6]。有几个因素影响了总体匹配度[6]。可用性描述了与患者数量及其需求相关的可用服务的数量和类型。空间可及性描述了服务提供地点和需要服务的患者位置之间的关系，同时考虑到路程所用时间和费用[6]。住宿描述了系统设计为方便患者获得服务的程度。例如，通过在方便的时间进行手术或为那些需要治疗的人提供住宿，而这些治疗只能在离家较远的地方进行[6]。负担能力描述了价格与患者支付能力之间的关系，它还包括间接成本。例如，治疗期间可能阻碍服务进行所造成的收入损失[6]。意识描述了需要服务的人意识到服务可用并可能从中受益的程度[2]。

2.2 卫生保健的质量

将近半个世纪前，Donabedian[7-8]将卫生保健的质量定义为“某种可定义的医疗保健单位的财产和判断，而卫生保健至少可分为两个部分：技术和人际关系”。技术保健的质量是以“医学科学和技术的应用在不增加相应风险的情况下使其健康效益最大化”的程度来衡量。人际关系的质量是以“医患互动符合社会定义的关系规范的程度如何”来衡量。今天，医学研究所将卫生保健质量描述为“个人和人群的卫生服务在多大程度上增加了预期健康结果的可能性，并与当前的专业知识保持一致”[9]。

Donabedian[8]还提供了一个框架，用于在结构、过程和结果方面评估卫生保健的质量。“结构”这个术语被广泛地定义，包括设施、设备、人员和组织结构。“过程”包括所提供的保健类型和交付方式。“结果”一词指的是已提供保健的后果。Donabedian认为，优化过程对于优化结果是必要的，尽管还不完全充分；通过识别和纠正结构和（或）过程中的缺陷，可以提升结果。

2.3 卫生保健的效率

即使在高收入国家，可用于卫生服务的资源也总是有限的。在癌症控制方面可实现的目标取决于总的医疗保健预算、总预算中有多少用于癌症保健，以及现有资源在提供癌症保健方面的有效性。效率可以衡量我们是否从可用的医疗保健资源中获得最佳的经济效益。当以不同的方式使用这些资源将提供更大的健康效益时，效率低下是存在的[10]。卫生经济学家将效率分为技术效率、生产效率和分配效率。如Palmer和Torgerson所述[11]，“技术效率解决了使用给定资源获得最大优势的问题；选择不同资源组合以实现给定成本的最大健康效益的生产效率；实现正确的医疗保健计划混合的配置效率，以最大限度地提高社会健康”。测量这些方面的方法已经很好地建立[12]，并且已被用于解决肺癌治疗中的一些重要问题，但健康领域经济学超出了本章的范围，因此本章不在此详细讨论。

本章将回顾旨在优化肺癌患者保健方案的可及性和质量的研究结果。这项工作包括确定最佳保健的障碍，以及设计和评估克服这些障碍的干预措施。然而，在确定与最佳卫生系统绩效的偏差之前，必须首先确定适当的绩效指标，并就这些指标制定绩效标准。因此，本章将首先回顾为确立肺癌患者保健标准而开展的规范性研究。区分个体患者的保健标准和向患者群体提供保健所需的健康计划操作标准。个体患者的保健标准应尽可能以直接比较替代治疗形式的临床随机试验结果为基础。同样，健康项目的操作标准应以随机试验的结果为基础，这些随机试验直接比较卫生保健提供替代方法的有效性，或至少基于控制良好的观察性研究结果。然而，支持当前项目标准的实证证据通常比支持个体患者保健指南的证据要弱得多。

3　个体化病例保健标准

半个多世纪以来，针对具体临床问题的治疗指南被广泛用于指导临床决策[13]。过去，指南主要基于专家意见，但现在人们普遍认为，实践指南必须以所有相关证据的彻底评估为基础。这一概念的本质是基于证据的医疗实践，Sackett等[14]将其定义为“在做出有关个体患者保健的决定时，认真、明确和明智地使用当前最佳证据”。Sackett等[15-16]还提供了一个有用的体系，用于对可能获得的临床证据类型进行分类，并为它们在制定指南时的使用提供了规则。医学研究所（institute of medicine，IOM）已将实践指南定义为“为帮助从业者和患者针对特定临床情况采取适当的医疗保健决策而制定系统性的阐述”[17]。

鉴于实践指南的重要性，许多个人和机构都试图就如何制定指南提供指导。Cochrane协作网有助于促进对医学文献的系统审查，为进行必要的系统审查提供指导，以确定所有相关证据，评估证据质量，并通过Meta分析综合证据[18-19]。IOM题为“我们可以信赖的临床实践指南”的专著审查了临床实践指南的现状，并就如何改进这些指南提供了指导[20]。政府机构也认识到了实践指南的社会重要性，在这项活动中发挥积极作用，国际相关组织也给予对应的支持，以优化和协调指南制定过程[21]。

3.1　肺癌患者个体化保健指南

世界各地的许多不同机构和组织都制定了肺癌治疗指南，包括美国临床肿瘤学会（Americansociety of Clinical Oncology，ASCO）[22]、欧洲医学肿瘤学会[23-24]、美国胸科医师学会[25]和美国放射肿瘤学学会[26]；医疗机构团体，如美国国家综合癌症网络（NCCN）[27-28]；以及政府机构，如英国国家健康和保健卓越研究所[29]、加拿大安大略省癌症保健中心[30]和澳大利亚癌症委员会[31]。其中一些机构试图提供全面的指南，涵盖该疾病所有可能出现的类型[23-25, 27, 29-30]，而其他机构则专注于在特定的临床环境中提供详细的管理指南[22, 26, 30-31]。大多数指南主要是为医生编写的，有些机构也提供了直接针对患者的版本[28]。人们认识到，在某个国家制定的实践指南可能不适用于资源和（或）患者群体都不尽相同的其他地方的人群。NCCN是美国23个主要癌症中心的联盟，目前正在努力提供其指南的国际改编和翻译，使其适合在经济发展水平不同的国家中使用[32]。对每个国家来说，制定自己的指南可能更可取。在其他地方重复已经做过的工作似乎是浪费资源，但指南制定过程本身就很重要，对实践的规范影响可能与指南本身一样大[33]。

3.2　实践指南制定和应用所面临的挑战

患者价值观的变化和肿瘤的生物学异质性给治疗指南的制定和应用带来了特殊的挑战。

3.2.1　患者价值观的变化

患者的价值观和偏好不同。对某些人来说，只需提供适度的益处，但毒性较大的治疗也可能是可取的，但对其他人则不然。在这种情况下，没有标准的治疗方法，患者和医生面临着在Eddy[34]所描述的偏好选择。研究表明，这正是NSCLC化疗决策的普遍情况。在一项与局部晚期NSCLC治疗相关的早期决策研究中，Brundage等[35]发现，患者在生存率改善程度方面存在很大差异，他们认为化疗增加毒性是合理的。

一旦认识到最佳决策取决于患者价值观，就必须让患者积极参与医疗保健决策。然而，众所周知，癌症患者，特别是肺癌患者，往往会高估治疗的潜在益处，对潜在的毒性了解甚少[36-37]。因此，为了以患者为中心的决策，必须与患者更好地沟通治疗的益处和风险。

从20世纪90年代末开始，我们一直在努力开发和评估决策辅助工具，以向患者提供其做出明智决策所需的信息，并为他们提供明确其价值观的方法[38]。一项系统的回顾性研究表明，患者通常可以接受与癌症相关的决策辅助工具，并且此类工具确实有助于患者根据对结果的预期做出治疗选择[38]。十多年前开发的针对局部晚期NSCLC患者的决策援助，得到患者和医生的好评。决策辅助被证明有助于患者了解治疗的益处和风险，也有助于患者做出最符合他们价值观的治疗选择[39-41]。在最新的进展中，ASCO为肺癌患者创建了一系列决策辅助工具，并将其作为治疗指南的补充，在网上可以进行浏览下载[42]。

3.2.2 生物异质性

癌症的生物学异质性和人类群体的遗传异质性给循证治疗指南的制定和应用带来了持续的挑战。任何一个病例的治疗所依据的证据来自在过去接受过类似治疗的类似病例在参照组中观察到的结果[43]。这种归纳推理的有效性取决于当前患者和参照组患者之间的相似程度。不言而喻，这种推断只有在当前患者与参照组中患者的分类方式相同时才有效。然而，先前观察结果对当前患者的预测值也取决于参照组患者之间观察结果的相似程度。如果参照组的患者经历了广泛不同的结局，尽管肿瘤的起源、形态和程度相同，但单个患者的治疗效果仍不可预测[43]。因此，人们一直在不懈地寻找可能减少肺癌病程及其治疗反应不确定性的预后和预测因素[44]。在过去20年中，分子遗传学的巨大进展导致了基因突变的发现，这些突变与肿瘤行为和治疗反应相关。这些进展为新的靶向治疗和预测性试验提供了基础，从而降低了个体患者对治疗反应的不确定性程度[45]。例如，在NSCLC的情况下，*EGFR*突变的患者对酪氨酸激酶抑制剂的应答率很高，但没有*EGFR*突变的患者更容易从化疗中获益[46]。一些作者认为这些进展预示着个体化医疗新时代的到来。在肺癌的背景下，Gazdhar[46]描述了一个从“特定类型和阶段的癌症患者”按照标准化治疗的时代转变为“根据患者和肿瘤的特点选择个体化治疗”的新时代。实际上，这些研究进展不会改变临床决策的基本性质。我们仍然需要被称为指南的标准化、预先确定的方案，但根据这些方案的治疗决策将通过使用新的、更好的预测性分析来确定。

3.3 指南能否指导实践？

25年前，Lomas等[47]在一份加拿大全国认可的、建议减少剖宫产的共识声明发布后，曾提出过一个著名的问题，即指南能否指导实践？他们的答案是“否”。Lomas等[47]发现，尽管1/3的医院和产科医生报告说，根据这些指南，他们的做法发生了变化，但实际上做法几乎没有变化。作者的结论是，“实践指南可能使医生倾向于考虑改变他们的行为，但除非有其他的激励或消除抑制因素，否则指南不太可能影响实际实践中的快速变化”。因此，评估肺癌治疗指南实际指导实践的程度是非常重要的。

许多研究已经评估了肺癌治疗的临床实践和指南之间的一致程度。一些研究评估了治疗建议是否与指南一致[48-49]，另有一些研究评估了实际治疗是否与指南一致[50-55]。

在最近的两项研究中，将临床医生的治疗建议与相应的指南进行了比较。Vinod等[48]在一项多学科管理会议（multidisciplinary management meeting，MDM）上对一项肺癌患者队列研究中的治疗建议与澳大利亚实践指南之间的一致性程度进行了评估。如果所建议的总体治疗计划与指南相符，则认为MDM建议是一致的。综合治疗符合率为71%，手术符合率为58%，放疗符合率为88%，化疗符合率为71%。Couraud等[49]询问了专门研究胸部肿瘤的肿瘤学家和肺科医师在4种假设的临床情况下的治疗建议，并将他们的建议与相应的法国指南进行比较。他们的一致性标准要求考虑治疗的细节，包括具体的化疗药物和推荐的化疗周期。根据这些相当严格的标准，4种假设情况下与指南的符合率为25%～63%。在公共机构工作的临床医生比在私人机构工作的临床医生更有可能遵守指南。总的来说，只有15%的临床医生对所有4种情况病例都应用指南，10%的临床医生没有在任何病例中应用指南[49]。毫不奇怪，这两项研究表明，观察到的一致程度取决于对一致性的定义有多严格。

许多基于人群的研究已经评估了患者实际接受的治疗与肺癌治疗现行指南之间的一致性[50-58]。在1996年开始的基于美国人群的研究中，Potosky等[50]描述了NSCLC的治疗，并根据当时的证据将观察到的治疗与作者定义的最佳实践进行比较。总的来说，52%的患者接受了指南推荐的治疗，但这一比例在Ⅳ期患者中为41%，在Ⅰ期和Ⅱ期患者中为69%，两者之间具有显著差异（$P<0.05$）。老年患者、单身患者和非白种人人群的指南推荐治疗率显著较低（$P<0.05$）[50]。50年后，在一

项基于美国人群的类似研究中，将NSCLC实际治疗与现行NCCN指南推荐治疗进行了比较[51]。指南推荐治疗率仅为42%，Ⅰ期或Ⅱ期患者为37%，Ⅲ期患者为58%，Ⅳ期患者为29%。老年患者和非裔美国患者不太可能接受指南中推荐的治疗。在一项基于荷兰人群的研究中，de Rijke等[52]发现，只有44%的Ⅰ～Ⅲ期NSCLC患者接受了指南推荐治疗。指南推荐治疗的比率根据病情分期的不同而有所不同。据报道，Ⅰ期或Ⅱ期患者的指南推荐治疗比率为82%，ⅢA期患者为48%，ⅢB期患者为54%[52]。老年患者的指南推荐治疗率明显较低，较高的合并症水平和较低的东部肿瘤协作组（Eastern Cooperative Oncology Group，ECOG）表现状态与Ⅰ期和Ⅱ期肺癌患者较低的指南推荐治疗率相关。Duggan等[53]在一项基于澳大利亚人群的研究中报告了非常相似的发现，其中肺癌的实际治疗与指南中的推荐治疗进行了比较。SCLC和NSCLC患者的指南推荐治疗率分别为54%和51%。年龄的增长和较差的ECOG表现状态与较低的指南推荐治疗率相关。

因此，来自三大洲的以人群为基础的研究表明，在肺癌患者中最多只有一半是按照指南进行治疗的。所有这些研究都表明，老年患者不太可能接受指南推荐的治疗。尽管这些研究并没有一致地评估患者的特征，但提供了证据，证明表现较差或合并症水平较高的患者不太可能接受指南推荐的治疗。在更多的肺癌患者群体中进行的几项类似研究得到了相似的结果[54-55]。其他几项针对特定临床情况的遵循指南的研究也提供了类似的结果。Allen等[56]发现，可手术的NSCLC患者的手术治疗指南的依从率较低；Salloum等[57]注意到，Ⅱ～Ⅳ期NSCLC患者使用化疗的指南推荐治疗率较低；Langer等[58]发现SCLC局限期和NSCLC Ⅰ～Ⅲ期患者同时使用化疗和放疗的指南推荐治疗率较低。

最近的两项研究表明，患者不接受指南推荐治疗可能有充足的理由。Landrum等[59]发现，指南中指出许多未经手术治疗的Ⅰ期或Ⅱ期NSCLC患者要么健康状况不佳（61%），要么拒绝手术（26%）。健康不佳被定义为高龄、具有合并症、不良表现状态和肺功能不良。在一次MDM中讨论的一个肺癌患者队列研究报告中，Boxer等[55]指出患者未接受指南推荐治疗的主要原因是表现状态下降（24%）、大肿瘤体积排除根治性放疗（17%）、合并症（14%）和患者偏好（13%）。

因此，临床实践和癌症治疗指南之间的不一致并不总是表明对患者的处置不当。相反，它可能表明现有的指南没有充分考虑到普通人群中癌症患者健康状况的变化。在患有肺癌的情况下，这一考虑尤其重要，50%以上的患者至少有一个其他可能影响其护理的重大医疗问题[60-61]。

3.4 遵守指南能否改善一般人群的预后

遵守循证指南是否真的能在一般人群中产生根据相关临床试验结果预期的结果改善。在所有肺癌病例中，只有一小部分被纳入临床试验，这些病例不一定代表总体肺癌患者。此外，从事临床试验的机构和医生不太可能代表整个医疗保健系统。

两项研究表明，在常规治疗中发现的肺癌患者确实与在临床试验中发现的患者不同[62-63]。De Ruysscher等[62]发现，59%在其诊所就诊的Ⅲ期NSCLC和局限性小细胞肺癌患者主要因其年龄大而不适合参加临床试验，尽管这些试验表明同时接受化学治疗及放射治疗是有益的。Firat等[63]发现，在其中心接受放化疗治疗的患者中，有33%的人因体重减轻或合并症而不符合当时正在进行的任何放射治疗肿瘤组（radiation therapy oncology group，RTOG）试验的入组标准。

因此，有充分的理由担心，通过随机对照试验确定的疗效可能无法转化为普通人群中相同水平的疗效。一些实证研究对遵守指南是否会带来更好的结果提出了质疑。Allen等[56]发现，根据NCCN定义的外科治疗指南，接受和未接受治疗患者之间的存活率或死亡率没有差异。Duggan等[64]在一项对Ⅰ～Ⅲ期NSCLC患者的研究中指出，按照澳大利亚现行指南治疗的患者比未接受指南推荐治疗的患者的预后稍好，但这一趋势并不显著。

因此，有人建议，在采纳循证指南之后，应进行以人群为基础的Ⅳ期研究，以确认新疗法在普通人群中的价值[65]。最近加拿大的一项研究结果令人吃惊[66]。在加拿大的一项研究中，接受NSCLC手术切除后的患者进行辅助化疗试验，待阳性结果公布后，加拿大迅速采用了这一做法[67]。Booth等[66]评估了一项以人群为基础的Ⅳ期研究的结果，该研究记录了安大略省迅速采用辅助化疗的情况，并报告这种治疗与根据先前随机对照试验结果的预期生存率增加有关。这个特定试验的结果在常规实践中被复制的事实并不能保证其他随机对照试验结果的普遍性，并且为了评估采用其他新疗法的社会效益，还需要进行其他Ⅳ期基于人群的效果研究[65]。

为了在社会层面上取得最佳结果，每个患者都必须接受正确的治疗，而且治疗必须正确地进行。因此，除了选择适当的治疗实践指南外，还需要额外的标准来确保治疗的质量和可获得性。

4　癌症治疗方案的质量标准

4.1　一般质量标准

为了提供最佳的治疗质量，必须遵循必要的结构和过程来正确地进行治疗。如前所述，这里使用的术语“结构”包括人力资源、物质资源和组织资源，术语“过程”包括用于确保治疗质量的所有活动和程序。尽管实践指南针对的是精确定义的患者亚组，但确保最佳护理质量所需的结构和流程通常适用于更广泛的患者群体。通常同样的设施服务于不同病患群体，而决定护理质量的结构和过程往往是许多不同类型癌症的共同点。因此，肺癌患者接受的护理质量在很大程度上取决于机构对适用于每位癌症患者护理通用实践标准的遵守程度。

美国外科学会在这一领域一直处于领先地位。1930年，美国外科学会恶性疾病治疗委员会发布了第一套癌症项目标准，并创建了一个认证项目，以对照这些标准评估癌症诊所的绩效。随着癌症管理越来越多学科化，该委员会的成员范围扩大到非外科学科的个体，其名称改为癌症委员会。当前，它提供了一套计划标准，旨在确保为所有癌症患者提供全面以患者为中心的高质量的多学科护理[68]。

4.2　多学科团队管理

任何一个专业都不具备现代复杂疾病管理的最佳决策所必需的全部知识和专业知识。引入MDT的主要理由是将所有关键专家群体的专业知识汇集在一起，为个别患者做出临床决策[69]。治疗决策是通过协商一致做出的，降低了因任何个别医生的偏见所导致的最终治疗决策风险。团队成员之间的专业知识通常有相当大的重叠，为治疗决策的同行评议提供了一个内置的机会。有组织的开放的决策过程为应用治疗指南和参与临床试验资格的确定提供了一个平台[70]。当几个不同卫生专业的人员参与患者的整体护理计划时，能够促进团队成员之间的沟通。因此，MDT管理被推荐为提高各种复杂疾病（包括糖尿病、脑卒中、缺血性心脏病和癌症）患者护理质量的机制[69]。

基于支持使用MDT有说服力的论据，MDT方法已在欧洲、美国和澳大利亚的大部分癌症治疗系统中广泛采用[69]。很少有实证证据表明，这种方法确实提高了患者护理质量或治疗结果[69]。尽管一些观察者对MDT工作的价值仍持怀疑态度[71]，但积累的证据表明，这种方法确实能带来更好的决策，甚至对某些类型的癌症患者来说可能会改善预后[70-72]。在英国的一项研究中，绝大多数卫生专业人员的报告称，他们喜欢MDT的工作模式，许多人说这样做提高了他们的工作满意度[73]。

4.3　肺癌的多学科团队管理

肺癌的MDT治疗尤其重要，研究表明肺癌的实践诊疗差异很大[74-76]，医生的观点并不总是与指南一致[77-78]，而且参与治疗的不同专家倾向于偏向于他们自己专业的治疗方式[79-80]。由于肺癌多模式治疗常见，病理分型正在不断发展，以及患者合并症可能对治疗方案的安全性产生重大影响，MDT在肺癌的治疗中必不可少。

MDT应包括所有参与肺癌诊断和治疗的临床医生，包括呼吸内科医师、心胸外科医师、肿瘤内科专家、放射肿瘤专家、姑息治疗医师和肺癌专业护士。病理学家、放射科医生和核医学医生的存在对于准确地解读病理和影像学发现必不可少。在理想情况下，所有患者都应该在MDM上讨论，MDM代表了所有这些学科。来自不同专业临床医生的意见应有助于减少患者治疗中的专业偏见，并告知同事不同治疗模式的作用。MDM

的潜在好处是增加对循证指南的依从性，提高治疗的利用率，增加了心理社会方面护理的转诊，提高治疗的及时性以及增加了临床试验的招募。

在理想情况下，MDM的影响应在随机对照试验中进行测试，但这种类型的研究很难进行如此复杂的干预。然而，许多研究者试图通过比较实施MDM前后的护理模式，或通过比较MDM中讨论的病例与未在MDM中讨论的同期对照来评估MDM的影响[81-85]。这两种方法都容易产生偏倚。纵向“前后”设计易受病例组合、分期和管理随时间变化的影响，而同期对照的使用易在选择MDM患者时产生偏差。因此，在分析这些观察研究结果时，必须尽可能地控制可能影响治疗选择或其结果的因素。

Forrest等[81]评估了引入多学科肺癌团队对不可手术NSCLC患者治疗的影响。回顾性收集了1997年即MDM引入前一年的数据，并对2001年即MDM引入后的数据进行了前瞻性收集。作者发现肺癌的正式分期显著增加（81% vs. 70%，$P=0.04$），化疗的使用显著增加（23% vs. 7%，$P<0.001$），单纯姑息治疗的使用显著减少（58% vs. 44%，$P=0.05$），放疗的使用没有显著变化。经MDM讨论的患者中位生存期明显高于其他患者（6.6个月vs. 3.2个月，$P<0.001$）。这两个队列在分期上不平衡，MDM后组别中位生存期较差的ⅢA期患者较少。

因此，生存率的提高归因于化疗的增加。然而，单凭这一因素似乎不太可能导致生存期的巨大差异。在分析中没有完全控制两组之间病例组合的差异可能是导致生存差异的原因。

Erridge等[82]比较了苏格兰在实施与肺癌治疗相关的一些变化前后的护理模式，包括引入MDM、在MDM中讨论所有新诊断的肺癌患者、管理指南的出台和专门治疗肺癌的肿瘤学家数量的增加。尽管总的积极治疗率没有变化，但NSCLC患者的治疗性放疗（5% vs. 15%，$P<0.001$）和化疗（7% vs. 18%，$P<0.001$）的使用显著增加。中位生存时间从4.1个月提高到5.2个月（$P=0.004$）。随着时间的推移，癌症治疗有多个同时发生的变化，单凭MDM是不可能明确其影响的。

Seeber等[83]比较了在举行MDM视频会议实施前后的周围型肺癌治疗情况。结果发现，在25%的病例中MDM改变了治疗小组的治疗建议。在引入MDM后，放射治疗的使用率从30%增加到70%（$P=0.001$）。化疗的使用没有变化，作者也没有评论手术的使用。

评估在单一机构引入MDM影响的最大研究是由Freeman等[84]进行，他们将实施MDM之前535例患者接受的治疗与引入MDM之后687例患者接受的治疗进行了比较。发现MDM的引入增加了分期的完整性（93% vs. 79%，$P<0.0001$），更严格地遵守了NCCN指南（97% vs. 81%，$P<0.0001$），以及减少了从诊断到治疗的时间（17天vs. 29天，$P<0.0001$）。对于在引入MDM后接受治疗的ⅢA期NSCLC患者，新辅助化疗和手术切除也得到了更多的应用。

两项研究比较了经MDM讨论的患者和同一时间段在同一中心就诊的未讨论患者的治疗和结果[85-86]。Bydder等[85]在对不能手术的NSCLC患者进行的一项小型研究中，未发现MDM亚组和非MDM亚组在治疗方面有差异，但MDM亚组的中位生存时间较长（280天 vs. 205天，$P=0.05$）。然而，作者注意到两组之间在肿瘤特征方面的一些不平衡，并承认选择偏倚可能会影响结果。2005—2008年在对988例肺癌患者进行的一项更大规模的研究中，Boxer等[86]将504例MDM患者与484例非MDM患者进行了比较。发现MDM亚组患者更容易接受放疗（66% vs. 33%，$P<0.001$）、化疗（46% vs. 29%，$P<0.001$）和姑息治疗（66% vs. 53%，$P<0.001$），但两组的手术治疗率没有差异。多变量分析显示，MDM讨论是非手术治疗和姑息治疗转诊的独立预测因素，但不能预测生存率。临床医生的选择偏倚可能对这些结果有一些影响。有更好表现状态的病例，假设他们会接受治疗，可能会被选在MDM上讨论。不幸的是，在非MDM队列中的患者没有ECOG表现状态，因此作者无法在分析中控制这个因素。作者试图通过分配群体衍生的ECOG数据来弥补这一局限性，从而尽量减少潜在的偏见，但混淆的可能性仍然存在。

关于在MDM中讨论的患者保健质量方面，单臂研究也可以提供一些有用的信息。Conron等[87]描述了一个肺癌多学科机构的活动，在

2002—2004年讨论了431例患者。将管理与前瞻性确定的护理质量指标进行比较，发现98%的Ⅰ～ⅢA期NSCLC患者在宏观上已完全经手术切除肿瘤，100%的ⅢB期NSCLC患者在接受治疗性放化疗前进行了正电子发射断层扫描，84%的ⅢB期NSCLC患者完成了治疗性放疗，86%的Ⅳ期NSCLC患者接受了姑息性化疗，100%和85%的局限期小细胞肺癌患者分别有完整的分期和接受胸部放疗。在前面描述的一项研究中，Vinod等[48]发现MDM建议与指南之间有71%的一致性，但是在一项后续研究中，Boxer等[55]发现只有51%的患者实际接受了基于指南的治疗。

一些研究对MDM根据建议是否转化为实践以及偏离这些建议是否会影响结果进行了评估[88-89]。Leo等[88]在一项涉及2003年和2004年法国患者队列的研究中，分析了MDM计划治疗与给药治疗之间的一致性。未接受推荐治疗的患者生存率较低，但差异没有达到显著性。在美国，Osarogiagbon等[89]比较了接受与MDM建议一致或不一致治疗的任何胸部恶性肿瘤患者的预后。接受一致治疗的患者临床干预的时间较短（14天vs. 25天，$P<0.002$），中位生存期较长（2.1年vs. 1.3年，$P<0.01$）。作者无法确定研究中不一致的原因，但黑种人和缺乏医疗保险是与接受不一致治疗相关的两个因素。

总之，虽然没有一级证据支持使用MDM，但观察研究表明，在MDM中讨论的患者更有可能接受治疗（特别是放疗和化疗），更有可能接受潜在的有效的治疗，以及更有可能被转诊接受姑息治疗。尽管很少有直接证据表明MDM的讨论与提高生存率有关，增加使用所有治疗方式的任何一种（包括姑息治疗）[90]，都有可能提高生存率。基于这些原因，在某些司法管辖区，MDM的病例讨论被采纳为肺癌治疗质量的指标[91-93]。

尽管多学科管理对提高肺癌患者的保健质量是有效的，但MDT的最佳结构和操作尚未确定。Taylor等[73]在一项由英国国家癌症行动小组委托进行的研究中，对多学科癌症小组的成员进行了调查，主要有3个目的：①确定有效MDT的属性；②学习如何最好地衡量MDT的有效性；③确定MDT需要哪些支持或工具使其最有效。超过2000名MDT成员对调查做出了回应，其中53%是医生，26%是护士，15%是MDT协调员。调查结果表明，在MDT有效运作相关非常重要的领域达成了高度共识，包括小组的成员、领导和治理；场地的物理环境、技术资源、会议的筹备工作、会议管理和出席会议；决策过程、案例管理和服务协调；数据收集、分析和结果审计；参与者的发展和培训。这个报告非常有用，它从经验丰富的团队成员角度提供了有效MDT元素的许多附加细节。对于正在考虑引入MDT癌症项目的任何成员来说，这应该是必要的阅读资料[73]。

如果MDT管理值得做，那么就值得做好。在英国，由皇家医师学院领导的改善肺癌预后的项目汇集了来自不同地区的多学科医疗团队。该小组最近的一份报告描述了一项质量改进活动，其中30个随机选择的MDT中的每一个都相互配对，访问其他人一天的服务，参加MDM，并审查审计结果[94]。最常见的问题涉及MDM的运作方式，包括在会议上可获得的信息量不足、决策方式和获取结果的方法。然后，团队使用标准的质量改进方法来针对同行评议过程中发现的具体问题。最终，将通过比较参与干预的30个MDT取得的成果和未参与干预MDT取得的成果来评估同行评议过程的影响[94]。这项工作可能会是一个非常有用的方法，以提高未来MDT的治疗效果。

MDT管理必然会产生额外的成本，而且这种方法的成本效益没有得到很好的评估。英国的一项小型研究只考虑了高级工作人员的工资，不包括准备时间和管理费用，估计讨论每个病例的费用为36.6英镑（60.64美元）[95]，而英国的另一项研究则考虑了所有费用，包括视听设备的使用、文书工作时间、射线照相和病理检查的准备时间以及房间管理费用，估计每个治疗计划的成本为87.41英镑（144.83美元）[96]。如果多学科管理真的能改善治疗和结果，MDM可能仍然非常划算[96]。然而，MDM的成本显然并非微不足道，对MDT管理的进一步研究应该寻求提高其效率和有效性的方法。

4.4 癌症项目的特定模式质量标准

以癌症主要治疗方式的质量为目标的标准对于确保肺癌的最佳治疗也是必要的。例如，澳大利亚和加拿大都制定了放射治疗计划的质量标准[97-98]，这些标准与肺癌和其他恶性肿瘤患者的最佳保健有关。虽然这些指南也涉及患者保健的一般方面，但在一般的癌症计划指南中，没有规定的放射治疗安全实施所需的结构和过程尤为重要[97-98]。

4.5 癌症项目可接受患者数量标准

最近的研究结果表明，在大型机构接受治疗的癌症患者的预后可能更好[99-100]。最初的观察是在癌症手术领域进行的，其中许多研究表明，手术死亡率与在特定医院或由特定外科医生进行的手术数量成反比。von Meyenfeldt等[99]最近进行了一项Meta分析，以探讨肺癌手术治疗中数量与结果之间的关系。分析中包括的19项研究证明具有非常大的异质性，特别是在数量的定义方面。然而，综合评估显示，大型医院手术死亡率明显降低（优势比为0.71，95%CI为0.62～0.81），但长期生存率没有显著差异（优势比为0.93，95%CI为0.84～1.03）。在随后对美国436家医院4460例肺癌手术患者进行的研究中，Kozower等[100]比较了3种不同的数量测量方法来评估数量-结果关系。结果发现，当数量作为一个连续变量测量时，医院手术量与院内死亡率之间没有显著相关性。当数量进行五等分时，发现一个显著的关系，但关联度很小。作者的结论是，医院体量对死亡率的明显影响取决于数量的定义，数量与死亡率并不一致，数量不应作为衡量手术质量的指标[100]。然而，Lüchtenborg等[101]最近在一项来自英国的研究中发现，机构体量与生存率之间存在着强烈而显著的关联，该研究涉及134 293例在2004—2008年被诊断为NSCLC的患者，其中12 862例（9.6%）患者接受了手术切除。作者发现，大体量医院的手术切除率更高，那里的手术更多的是针对年龄较大和合并症较多的患者。尽管有这些发现，每年进行150次以上外科手术的医院的生存率明显高于每年进行70次以下外科手术的医院（危险比为0.78，95%CI为0.67～0.90）。

研究病例数量对放射治疗结果影响的研究要少得多，但有充分的理由预期可能会发现类似的关系，特别是在复杂类型的治疗中。Lee等[102]结合两个RTOG试验（RTOG 91-06和RTOG 92-04）的结果，在不能手术的肺癌的放化疗中解决了这个问题。在尽可能控制其他预后因素后，研究人员发现，与在低体量中心接受治疗的患者相比，在每年接收5例以上患者的机构接受治疗的患者的生存率明显提高（3年时为31% vs. 13%）。在研究期间，这种数量效应的幅度并没有减少，作者得出结论，集体制度经验比学习曲线效应对结果的影响更大。研究人员并没有试图区分个体肿瘤学家的经验和机构经验的效果。

这些所谓的体量效应可能非常重要。这代表了一个非同寻常的改善肺癌患者预后的机会。现在迫切需要进行干预研究，以确认将治疗局限于大容量设施可以改善总体疗效。此外，还需要进一步的解释性研究，以试图找出低体量中心和高体量中心治疗结果差异的根本原因。如果能够确定这些诱因，那么就有可能制定战略，将较小中心的护理质量提高到较大中心提供的水平，从而避免服务集中化的需要，而服务集中化可能会以降低可及性为代价。

5 癌症管理项目可及性标准

5.1 等待时间标准

癌症诊断和治疗的延误让每个患者都感到痛苦，而且有充分的证据表明，治疗的延误也可能对长期结果产生不利影响[103-104]。自20世纪90年代末以来，许多卫生系统报告说，放疗和癌症手术的等待时间很长[105-106]，因此许多司法管辖区制定了最大可接受等待时间的标准或目标。癌症诊断和治疗的等待时间被视为可获得护理指标或质量指标[2]。一些组织仅限于制定诊断和治疗之间等待时间的标准[105]。其他组织正确地认识到，即使是诊断之前可能会有更大的延误，因此也为初次就诊和与相关专家协商之间的可接受间隔设定了标准[29, 107]。一旦确定了等待时间的目标，就必须监测这些目标的遵守情况，并确定与延误有关的因素。癌症治疗是复杂的，流程图可以帮助确定患者流程中的限速步骤[2]。因此，重新设计系统可能有助于减少治疗延误[2]。然而，如果可用资源不足以满足总体需求，那么对患者流量的微调不会对等待治疗的时间产生任何影响[2, 108]。英国最近的一项研究表明，等待时间目标的引入减少了肺癌专家会诊的延误，由于缺乏满足放射治疗和胸部手术需求的能力，治疗延迟一直存在。

5.2 治疗利用率的标准

长时间的等候名单通常是资源不足的表现，但是等候名单的长度不提供有关供需缺口大小的信息[2]。此外，没有等候名单并不意味着治疗流程是最优的。只有在服务不充分的情况下才会制定等候名单。如前所述，等待时间对空间可达性、可承受性或意识方面的问题完全不敏感。这些方面的问题限制了需求，实际上可能会减少或消除等候名单[2]。因此，没有等候名单并不意味着流程是最佳的。为了确保获得适当的保健措施，还必须制定治疗利用率的标准并对其进行监测[2]。

衡量任何服务可获得性的最佳量化指标是其适当利用率，即实际接受有治疗需求患者的比例[2]。这里使用的术语“需求”是由Cuyler定义[109]，他说“当一个人患有能够有效治疗的疾病时，对医疗的需求是存在的”。已经制定了两种客观方法来评估癌症治疗利用率的适当比率：基于证据的需求分析和基于标准的基准测试。早期估计癌症治疗适当利用率的工作大多集中在放射治疗上，这可能是由于20世纪90年代在获得放射治疗方面存在着众所周知的普遍问题，但这些方法也适用于其他治疗方式。

5.3 制定适当治疗利用率标准的方法

5.3.1 基于证据的需求分析

基于证据的需求分析是一种客观的方法，可用于评估任何医疗干预或服务的需求。在肿瘤学领域，Tyldesley等[110]首次使用它来估计肺癌放射治疗的需要。其过程如下：首先，通过系统回顾确定放射治疗的指征；其次，使用流行病学方法估计人群中放射治疗的每个指征出现的频率；最后将系统综述与流行病学分析结果相结合，评价肺癌放射治疗的利用率。该方法的优点是所有涉及的假设都是明确的，而且模型可以很容易地适用于反映任何群体的病例组合，或者探索放射治疗指征变化的影响。该方法的主要缺点是复杂、耗时，而且其结果取决于所依据的信息。只有当该方法应用于放疗指征明确的主要癌症，并且有足够的流行病学信息来估计每个指征出现的频率时，才有望产生有效的结果。此后，其他研究人员扩展了这种方法的使用范围，以测量整个恶性疾病谱中对放射治疗的需求，现在它被广泛用于预测放射治疗设备的需求[111]。

5.3.2 基于标准的基准化分析

估计任何治疗适当利用率的另一种方法是利用一系列观察结果得出所谓的基准。在商业界，基准化分析被定义为“衡量产品与最强大竞争对手或公认行业领先者的对比”[112]。同样，在没有治疗障碍的特权群体中，治疗使用率可以作为适当的利用率。Barbera等[113]首次使用该方法来确定肺癌放射治疗的适当利用率。在加拿大安大略省的最初研究中，在等待时间短的放射治疗中心所在的县设定了放射治疗利用的基准。这种基于现实世界观察的归纳方法，提供了明显可实现的基准，不太可能高估治疗的需要。从基准方法得出的放射治疗适当利用率的估计值与从循证需求分析得出的估计值几乎相同[113]。这一交叉验证表明，这两种方法都可以合理地用于设定使用目标和计划处理能力。安大略省癌症局采用了更简单的基准方法，安大略省癌症质量委员会使用该方法持续评估省级放射治疗系统的性能。与基准相比，肺癌放射治疗使用率的不足以县级为单位进行了地图绘制，并在互联网上进行了公布（http://www.csqi.on.ca/all_indicators/#.UnxoyeJih-w）。

6 肺癌患者获得最佳保健的障碍

卫生服务研究中最一致的发现之一是证据与实践之间的差距[114]。即使不断努力并投入大量资源来提高治疗质量，但是只有极少数新型循证医疗干预措施得以实施，即便如此，实施也可能需要多年时间。美国和欧洲的研究都表明，30%～50%的患者没有接受根据最好的科学证据证明的合理临床干预。相反，20%～25%或更多的治疗是不需要的，甚至可能是有害的。使用不当的治疗可能会对患者的健康甚至生存产生负面影响，而且不适当的资源消耗会进一步浪费这些有限的资源，给超载的医疗服务带来额外负担[114-115]。

没有实施准则建议的治疗，这与被动传播信息大体上对改变专业做法影响很小或没有影响的观点是一致的。为了加快在全世界与健康有关的环境中实施现有的和新证据证实的最佳诊疗速度，首先必须确定变革的具体障碍，并制定系统和战略办法来解决这些障碍[116-117]。实施循证卫生创新的过程是复杂的，涉及许多不同因素和利益相关者。几个研究小组提出了一个框架来对这些因素进行分类。

6.1 最佳保健障碍的分类

欧洲技术传播和影响评估小组（European assessment subgroup on dissemination and impactof technology，EUR-ASSESS）项目[117]界定了3类障碍：①环境障碍，如政治气候、特殊利益集团的游说、文化和专业实践特征，以及财政状况因素；②个人特征障碍，如风险感知、临床不确定性和信息过载；③主流意见障碍，如专业实践标准和意见领袖。

Haines等[115]描述了位于不同环境中的障碍。卫生保健系统本身也存在一些障碍，如缺乏资源、不适当的财政激励、人力资源不足（数量和质量方面）以及缺乏获得治疗的机会。其他障碍存在于卫生保健系统外部，可存在于实践环境（如时间限制、实践组织不善）、教育环境（如课程未能反映研究证据、继续医学教育不足）、社会环境（如由于媒体的影响而产生不适当的要求和（或）信仰）或政治环境（如可能与研究证据或短期思维支配不一致的意识形态信念）。最后，最佳保健的引入和实施可能会受到从业者（可能知识不足或受意识领袖的信仰和态度影响）和患者（可能根据他们的先入之见要求无效治疗或文化信仰）之间互动的阻碍。

Chaudoir等[118]将对创新实施有影响的因素分为5个不同的层次：结构、组织、提供者、创新和患者。结构层面包含许多因素，这些因素代表了特定组织所处的更广泛的社会文化和经济背景。组织层面涉及实施创新组织本身的各个方面。这些方面包括领导效能、文化或氛围、员工士气或满意度。提供者层面涉及个体医疗保健提供者，涵盖对循证实践或感知行为控制的态度。创新水平涉及创新本身的各个方面（如使用创新而非现有实践的相对优势）。患者层面包括患者特征，如与健康相关的信念、动机和个性特征。

无论障碍是如何定义和组织的，很明显，为了促进变革，我们必须考虑到医疗保健专业人员工作的具体社会、组织和结构环境，并在不同层面解决障碍。证据和准则实施的最成功例子是对诱因（如目标群体中的知识和态度）、有利因素（如能力、资源和服务可用性）和强化因素（如他人的意见和行为）采取行动[119]。此外，所有关键角色，包括政策制定者、公众、病患和服务提供者，都应发挥作用。

6.2 最佳保健的障碍：来自高收入国家的个案研究

第一个重要的障碍与治疗肺癌医生的知识和信念有关。20世纪90年代中期，加拿大的一项研究表明，医生对NSCLC发病和治疗反应的看法差异很大，与他们的治疗建议密切相关[120]。由于这些医生负责治疗或转诊，因此可以假设，这些可变的认知可能会对提供的治疗产生影响，进而对预后产生影响。另一项对美国肺科医生和胸外科医生的调查研究分析了NSCLC的生存估计、治疗观念和转诊模式。调查结果表明，对生存率的高估和低估均有不同的看法，如放射治疗对Ⅰ～Ⅲ期肺癌患者的益处或化疗对转移性肺癌患者益处的看法不同。培训后较长的时间间隔和较低数量的NSCLC患者与基于证据的建议理论不一致[121]。同一组的后续分析侧重于医生的理念与指南的比较。虽然作者发现绝大多数的美国胸科医生参考和使用指南，但在一些特定的治疗领域，如对转移性NSCLC患者使用姑息性化疗，他们的个人治疗理念与证据有很大不同[77]。

医生的治疗理念和治疗选择只是整体治疗情况的一小部分。在肺癌的各个阶段，都描述了可能妨碍最佳肺癌治疗的复杂和多因素相互作用的例子。来自新西兰奥克兰的一项研究分析了肺癌诊断延误的原因[122]。除了两个中心主题（获得医疗服务和治疗过程），与症状解释、健康信念、提供者连续性、关系和感知专业知识相关的问题导致了患者和全科医生的延迟。系统复杂性、信息和资源问题被确定为初级保健-二级保健连接以及二级保健中的障碍。另一方面，许多晚期肺癌患者感觉到疾病和治疗引起的疼痛，因为担心上瘾、治疗费用或缺乏医疗保健者对止痛药的推荐而不想使用止痛药[123]。

英国的研究表明，肿瘤服务的可获得性与肺癌得到正确诊断和最佳治疗的机会之间存在关系。在英格兰东南部，肺癌患者第一次住院治疗是在放疗中心被发现更有可能接受积极治疗、放疗和化疗[124]。同样，在英格兰北部，生活在贫困地区（根据多重贫困指数确定）降低了获得肺癌组织学诊断和接受最终治疗的可能性，但治疗小细胞肺癌的化疗除外[125]。这些调查结果因获得卫生服务花费时间的减少而进一步得到证实。

众所周知，社会经济因素在实施最佳治疗方面发挥着重要作用，特别是在新的干预措施比现有策略需要更高的成本和更多的资源时情况往往如此。然而，缺乏资源通常意味着使用更少、更简便、成本更低和潜在更低质量的治疗。相反的情况是，如果资源丰富，则会更频繁地使用先进技术和昂贵且可能不适当的处理方法。

在个人层面，医生倾向于调整他们的临床行为以适应所提供的补偿，或多或少独立于现有资源[126]。在许多欧洲国家，如果补偿滞后于创新治疗的发展，即使有效性得到证实，这些新疗法的应用也会受到阻碍。与临床结果数据相比，成本效益、全球预算影响、文化适宜性和影响健康不平等方面的证据往往较少，所有这些都是宏观卫生决策和筹资层面的重要考虑因素[115, 127]。

6.3　中低收入国家获得最佳保健的障碍

虽然社会经济决定因素已经在高收入国家发挥作用，但显然它们对低收入和中等收入国家的医疗服务提供有更大的影响。与大多数高收入国家相比，低收入国家缺乏资源（如购买药品或投资放射治疗设施）通常是一个更重要的障碍。除了纯粹的财政因素外，研究证据的使用还面临着其他挑战，如商业利益不受监管的卫生系统薄弱、缺乏专业监管和持续的专业发展以及研究证据的获取有限，这些挑战存在于低收入和中等收入国家[128]。

放射治疗是肺癌治疗的核心模式之一，是一个资源要求很高的专业，因此对国家或地区的经济状况非常敏感。对国际原子能机构管理的放射治疗中心名录数据库中登记的33个国家的数据分析表明，以人均国民总收入表示的较低经济地位可以转化为机器的生产量和设备的相对短缺程度[129]。这一发现与来自欧洲放射治疗和肿瘤学会放射治疗基础设施和人员需求量化（European society for radiotherapy and oncology-quantification of radiation therapy infrastructure and staffing needs，ESTRO-QUARTS）项目的早期观察结果一致，即机器需求指南建议，在高资源国家，平均每18 3000人使用一个加速器，而在低资源国家，这一比例仅为每500 000人使用一个加速器[130]。即使这两个例子都忽略了流行病学需要和治疗复杂性的影响，研究结果表明，在一些国家转诊放射治疗可能比在其他国家更难完成。此外，在放射治疗中采用今天的治疗标准，需要最佳的成像设备和治疗机器以及受过高等教育的人员。西班牙卫生保健系统在技术和基础设施方面的限制推迟了与肺癌放疗使用相关的循证实践的采用[131]。同样，中欧和东欧国家在使用与肺癌放射治疗有关的特定诊断和治疗方法方面的差异主要因为设备短缺和这些国家的卫生保健提供者需要教育资助[132]。

6.4　治疗模式的变化对肺癌预后的影响

肺癌是世界上最常见的癌症。2012年约有180万例新发肺癌病例，占所有新发癌症的12.9%。肺癌也是导致癌症相关死亡的最重要原因，据估计每年有159万人死于肺癌，占癌症相关死亡总数的19.4%[133]。中东欧和南欧、北美和东亚的死亡率最高，中非和西非的死亡率仍然很低[133]。然而，在过去几十年中，肺癌病例的绝对数量发生了地理上的变化。在20世纪中叶，肺癌通常是影响工业化国家的一种疾病，现在55%的病例发生在发展中国家。男性和女性的发病模式通常不同。以欧洲为例，匈牙利、马其顿、塞尔维亚和波兰等中欧和东欧国家的男性发病率最高，芬兰和瑞典等北欧国家的男性发病率最低。妇女的情况则相反，北欧（如丹麦和荷兰）的比率较高，东欧（如乌克兰和白俄罗斯）的比率较低[134]。

由于肺癌的高死亡（死亡率与发病率之比为0.86），发达国家和发展中国家的治愈率差别很小，死亡率的地理分布模式与发病率非常相似[133-134]。这一发现似乎表明，至少在宏观层面上，这种治疗模式对肺癌患者的生存没有实质性影响。然而，在微观层面（即在国家或甚至区域内），治疗的差异导致了结果的差异。

来自荷兰的两项研究表明，治疗策略特别是外科手术和使用化学放射疗法治疗Ⅲ期NSCLC因地区而异[76, 135]。尽管在专科医院或大体量医院手术率往往较高，但各医院之间的差异非常明显，这表明医院本身的特点并不能保证最佳治疗。然而，无论是哪种类型的医院，更积极的治疗都能转化为更好的生存率。

荷兰对老年人早期NSCLC立体定向消融放射治疗（stereotactic ablative radiotherapy，SABR）的研究发现，最佳治疗的传播与生存率之间也存在类似的紧密联系。1999—2007年期间，在采用SABR之前和之后，阿姆斯特丹地区的放射治疗使用率出现了绝对的增长，未经治疗的老年患者比例下降，这一人群的总体生存率提高[136]。这个例子说明了一个结构良好和无阻碍的治疗创新引入如何转化为结果的实质性改善。不幸的是，如前所述，在欧洲许多国家目前没有必要的资源来支持SABR的广泛传播，即使对于已证实的不可手术的早期NSCLC也是如此[129-130]。实际最先进放射治疗技术的延迟采用和各国在这方面的差异都与经济因素有关[131-132]。

7 结论

要使肺癌患者获得最佳的治疗效果，就必须让每个患者都接受最佳的治疗。然而，有充分的证据表明，许多患者没有得到最佳的治疗或体验到最佳的结果。偏离最佳治疗可能是由于资源限制损害了治疗的可获得性、临床决策的错误或治疗决策执行的缺陷。

获得治疗方面的问题可能是低收入和中等收入国家卫生资金水平低的必然结果，但它们也可能是由于治疗服务规划欠佳，或是由于这些服务在高收入国家的分配不均。卫生服务研究为基于需求的系统规划提供了方法，使卫生系统的设计能够充分满足高收入国家肺癌患者的需求，并可用于设计卫生系统以在经济上满足中低收入国家患者的需求。卫生服务研究表明，不断审查获得治疗的机会对于查明肺癌有效治疗方法利用的不足非常重要。这对确定最有可能在获得治疗方面遇到问题的脆弱亚组患者也很有价值。

有很好的证据表明，肺癌患者的临床决策并不总是最佳的。研究表明，肺癌患者接受的治疗只有50%的病例符合循证指南。此外，一些证据表明，这种偏差可能与较差的结果有关。偏离指南的原因很复杂，但医生对最佳治疗的个人理念差异很大，学科偏见可能对他们的个人治疗建议产生实质性影响。有证据表明，MDT管理有效地克服了学科偏见，并与循证指南的遵从性增高相关，从而产生更好的结果。虽然MDT管理的结果很有前景，但团队的最佳结构和流程仍有待确定，而且这种方法的成本效益仍有待确定。偏离指导原则并不总是意味着患者接受了次优治疗。今天的指南可能没有充分考虑到患者的整体健康状况或个人价值观和偏好。因此，医生和患者可能有充分的理由选择偏离指南指导方针的治疗。有必要制定准则，从而更充分地反映肺癌患者健康状况的变化，以及更广泛地使用决策辅助手段，明确地将患者价值观纳入治疗决策。

对影响治疗质量因素的研究较少，但有证据表明肺癌手术的结果可能取决于机构或个体外科医生的经验水平。这种所谓的数量效应仍然需要进一步研究，但它确实表明，医疗团队的经验和技能可能会影响医疗质量，从而影响所取得的成果。有充分的理由将这项研究扩展到外科领域之外，以确定其他具有技术挑战性干预措施（包括现代放射治疗技术）的结果是否也与数量有关。

卫生服务研究已经确定了许多方法，可以通过更好地利用现有的知识、技术和资源，改善肺癌的结局。我们认为，在肺癌研究的任何一个整体计划中，旨在优化卫生系统性能的研究都应是一个高度优先的事项。

（赵洪林　张洪兵 译）

主要参考文献

2. Mackillop W.J.. Health services research in radiation oncology. In: Gunderson L.L., Tepper J.E., eds. *Clinical Radiation Oncology*. 3rd ed. Philadelphia, PA: Elsevier; 2012:203–222.
5. Aday L.A., Begley C., Larson D.R., Slater C.H.. *Evaluating the health care system: effectiveness, efficiency, and equity*. Chicago: Health Administration Press; 1998.

6. Penchansky R., Thomas J.W.. The concept of access: definition and relationship to consumer satisfaction. *Med Care*. 1981;19(2): 127–140.
7. Donabedian A.. Evaluating the quality of medical care. *Milbank Mem Fund Q*. 1966;44(3 Suppl):166–206.
14. Sackett D.L., Rosenberg W.M., Gray J.A., Haynes R.B., Richardson W.S.. Evidence based medicine: what it is and what it isn't. *BMJ*. 1996;312(7023):71–72.
18. Cochrane A.L.. *Effectiveness and efficiency: random reflections on health services*. London, UK: Nuffield Provincial Hospitals Trust; 1972.
20. Graham R., Mancher M., Wolman D.M., Greenfield S., Steinberg E., eds. *Clinical practice guidelines we can trust*. Washington, DC: The National Academies Press; 2011.
21. Committee of Ministers of the Council of Europe. Developing a methodology for drawing up guidelines on best medical recommendation. http://www.leitlinien.de/mdb/edocs/pdf/literatur/coerec-2001-13.pdf.
22. American Society of Clinical Oncology. Lung cancer guidelines http://www.asco.org/guidelines/lung-cancer.
35. Brundage M.D., Davidson J.R., Mackillop W.J.. Trading treatment toxicity for survival in locally advanced non-small cell lung cancer. *J Clin Oncol*. 1997;15(1):330–340.
36. MackillopWJ, Stewart WE.. Ginsburg AD, Stewart SS. Cancer patients' perceptions of their disease and its treatment. *Br J Cancer*. 1988;58(3):355–358.
39. Brundage M.D., Feldman-Stewart D., Cosby R., et al. Phase I study of a decision aid for patients with locally advanced non-small-cell lung cancer. *J Clin Oncol*. 2001;19(5):1326–1335.
41. Brundage M.D., Feldman-Stewart D., Dixon P., et al. A treatment trade-off based decision aid for patients with locally advanced non-small cell lung cancer. *Health Expect*. 2000;3(1):55–68.
42. American Society of Clinical Oncology. Decision aid. Stage Ⅳ nonsmall cell lung cancer (NSCLC) first-line-chemotherapy. http://www.asco.org/sites/www.asco.org/files/nsclc_first_line_decision_aid_11.12.09_0.pdf.
47. Lomas J., Anderson G.M., Domnick-Pierre K., Vayda E., Enkin M.W., Hannah W.J.. Do practice guidelines guide practice? The effect of a consensus statement on the practice of physicians. *N Engl J Med*. 1989;321(19):1306–1311.
48. Vinod S.K., Sidhom M.A., Delaney G.P.. Do multidisciplinary meetings follow guideline-based care? *J Oncol Pract*. 2010;6(6):276–281.
50. Potosky A.L., Saxman S., Wallace R.B., Lynch C.F.. Population variations in the initial treatment of non-small-cell lung cancer. *J Clin Oncol*. 2004;22(16):3261–3268.
53. Duggan K., Vinod S.K., Yeo A.. Treatment patterns for lung cancer in South Western Sydney, Australia. Do patients get treated according to guidelines? *J Thorac Oncol*. 2011;6:S1447.
57. Salloum R.G., Smith T.J., Jensen G.A., Lafata J.E.. Factors associated with adherence to chemotherapy guidelines in patients with non-small cell lung cancer. *Lung Cancer*. 2012;75(2):255–260.
58. Langer C.J., Moughan J., Movsas B., et al. Patterns of care survey (PCS) in lung cancer: how well does current U.S. practice with chemotherapy in the non-metastatic setting follow the literature? *Lung Cancer*. 2005;48(1):93–102.
65. Booth C.M., Mackillop W.J.. Translating new medical therapies into societal benefit: the role of population-based outcome studies. *JAMA*. 2008;300(18):2177–2179.
66. Booth C.M., Shepherd F.A., Peng Y., et al. Adoption of adjuvant chemotherapy for non-small cell lung cancer: a population-based outcomes study. *J Clin Oncol*. 2010;28(21):3472–3478.
79. Mackillop W.J., O'Sullivan B., Ward G.K.. Non-small cell lung cancer: how oncologists want to be treated. *Int J Radiat Oncol Biol Phys*. 1987;13(6):929–934.
82. Erridge S.C., Murray B., Price A., et al. Improved treatment and survival for lung cancer patients in South-East Scotland. *J Thoracic Oncol*. 2008;3(5):491–498.
85. Bydder S., Nowak A., Marion K., Phillips M., Atun R.. The impact of case discussion at a multidisciplinary team meeting on the treatment and survival of patients with inoperable non-small cell lung cancer. *Intern Med J*. 2009;39(12):838–841.
86. Boxer M.M., Vinod S.K., Shafiq J., Duggan K.J.. Do multidisciplinary team meetings make a difference in the management of lung cancer? *Cancer*. 2011;117(22):5112–5120.
89. Osarogiagbon R.U., Phelps G., McFarlane J., Bankole O.. Causes and consequences of deviation from multidisciplinary care in thoracic oncology. *J Thoracic Oncol*. 2011;6(3):510–516.
91. Hermens R.P., Ouwens M.M., Vonk-Okhuijsen S.Y., et al. Development of quality indicators for diagnosis and treatment of patients with non-small cell lung cancer: a first step toward implementing a multidisciplinary, evidence-based guideline. *Lung Cancer*. 2006;54(1):117–124.
92. Ouwens M.M., Hermens R.R., Termeer R.A., et al. Quality of integrated care for patients with nonsmall cell lung cancer: variations and determinants of care. *Cancer*. 2007;110(8):1782–1790.
99. von Meyenfeldt E.M., Gooiker G.A., van Gijn W., et al. The relationship between volume or surgeon specialty and outcome in the surgical treatment of lung cancer: A systematic review and meta-analysis. *J Thorac Oncol*. 2012;7(7):1170–1178.
103. Chen Z., King W., Pearcey R., Kerba M., Mackillop W.J.. The relationship between waiting time for radiotherapy and clinical outcomes: a systematic review of the literature. *Radiother Oncol*. 2008;87(1):3–16.
104. Mackillop W.J.. Killing time: the consequences of delays in radiotherapy. *Radiother Oncol*. 2007;84(1):1–4.
110. Tyldesley S., Boyd C., Schulze K., Walker H., Mackillop W.J.. Estimating the need for radiotherapy for lung cancer: an evidence-based, epidemiologic approach. *Int J Radiat Oncol Biol Phys*. 2001;49(4):973–985.
113. Barbera L., Zhang-Salomons J., Huang J., Tyldesley S., Mackillop W.. Defining the need for radiotherapy for lung cancer in the general population: a criterion-based, benchmarking approach. *Med Care*. 2003;41(9):1074–1085.
120. Raby B., Pater J., Mackillop W.J.. Does knowledge guide practice? Another look at the management of non-small-cell lung cancer. *J Clin Oncol*. 1995;13(8):1904–1911.
125. Crawford S.M., Sauerzapf V., Haynes R., Zhao H., Forman D., Jones A.P.. Social and geographical factors affecting access to treatment of lung cancer. *Br J Cancer*. 2009;101(6):897–901.
129. Rosenblatt E., Izewska J., Anacak Y., et al. Radiotherapy capacity in European countries: an analysis of the Directory of Radiotherapy Centres (DIRAC) database. *Lancet Oncol*. 2013;14(2):e79–e86.
130. Slotman B., Cottier B., Bentzen S., Heeren G., Lievens Y., van den Bogaert W.. Overview of national guidelines for infrastructure and staffing of radiotherapy. ESTRO-QUARTS: work package 1. *Radiother Oncol*. 2005;75(3):349–354.
134. Ferlay J., Steliarova-Foucher E., Lortet-Tieulent J., et al. Cancer incidence and mortality patterns in Europe: estimates for 40 countries in 2012. *Eur J Cancer*. 2013;49(6):1374–1403.
135. Li W.W., Visser O., Ubbink D.T., Klomp H.M., Kloek J.J., de Mol B.A.. The influence of provider characteristics on resection rates and survival in patients with localized non-small cell lung cancer. *Lung Cancer*. 2008;60(3):441–451.

获取完整的参考文献列表请扫描二维码。

附录　诊断原则

Thomas Hensing, Isa Mambetsariev, Nicholas Campbell, Ravi Salgia

要点总结

- 思维导图是一种工具，用来说明对已知或疑似肺癌患者进行诊断评估时所涉及的原则。
- 确定诊断和确定疾病程度的重要因素，肺癌的组织学和分子分类，以及重复活检在获得性靶向治疗耐药患者中的潜在作用。
- 综述了在临床环境中用于肿瘤分析的诊断平台，以及这些技术在用于疾病监测和早期诊断的替代组织无创评估中的应用。

肺癌的个体化治疗始于对疾病程度和其他临床相关预后和预测因素的准确诊断和评估，这些因素是确定最佳治疗方法所必需的。治疗决策取决于许多患者特异性和肿瘤特异性的因素。肺癌是一种异质性疾病，近年来分子分析和靶向治疗的发展增加了诊断评估的复杂性。此外，分期系统的修订、病理分类的改变以及微创诊断模式的增加，都增加了多学科协调小组方法的重要性，以尽可能有效地确定诊断和肿瘤分期[1-4]。

思维导图是一种以视觉方式表达思想及其非线性关系的技术[5]。思维导图已被用作包括医学教育在内的许多领域，用于呈现复杂信息和提高记忆力[5-6]。最初由托尼·布赞（Tony Buzan）开发的思维导图从一个中心思想或关键概念开始，然后通过分支将其与相关思想联系起来。思维导图利用颜色和图片来展示不同概念之间的内在和相互关系。与线性算法或概念图不同，思维导图以中心思想开始，其关系以放射状方式描述（即放射状或网状地图）。通过分层的方式组织信息，最一般的信息在中心，更详细的信息描述在每个关系分支的末端。

本附录使用思维导图作为工具，来说明已知或疑似肺癌患者的诊断评估所涉及的原则。最初的思维导图描述了在确定诊断和定义疾病范围方面非常重要的因素。由于靶向治疗的重要性与日俱增，我们使用这种方法来说明肺癌的组织学和分子分类。此外，我们还探讨了重复活检在靶向治疗获得性耐药患者中的潜在作用。最后，我们使用思维导图来回顾临床环境中肿瘤分析的诊断平台，并评估这些技术在疾病监测和早期诊断的非侵入性替代组织评估中的应用潜力。

1　初始评价

1.1　病史与体格检查

附图1包括一个思维导图，该思维导图概述了在怀疑患有肺癌的患者初始病史和体格检查期间需要解决的重要因素。初步评估的目的是评估肺癌出现的可能性，并评估远处转移疾病的证据[7]。另外，初步评估应阐明癌症确诊后可能影响治疗决策的患者特定因素，包括合并症、表现状态、潜在肺功能以及患者的价值观和目标。

肺癌的初始风险评估包括对症状的评估。大多数肺癌患者在发病时都会有症状[7]，这种症状可能是原发性肿瘤引起的，也可能是由于疾病的局部或远处转移引起的。全身症状包括体重减轻或疲劳，需要给予重点关注，因为它们可能反映肺癌的晚期状态。一些副肿瘤综合征也被描述，每一种都具有独特的临床表现。早期认识副肿瘤过程对于减少长期发病率和死亡率的风险非常重要[7]。

肺癌最常见的危险因素仍然是吸烟。有吸烟史的人患肺癌的可能性是从未吸烟的人的10～20倍[8]。个体风险受年龄、吸烟时间和强度的影响[9]。然而，只有少数吸烟者患肺癌，因此遗传因素也可能在肺癌风险中发挥作用。其他环境和职业暴露也很重要（见附图1）[10]。例如，污染越来越

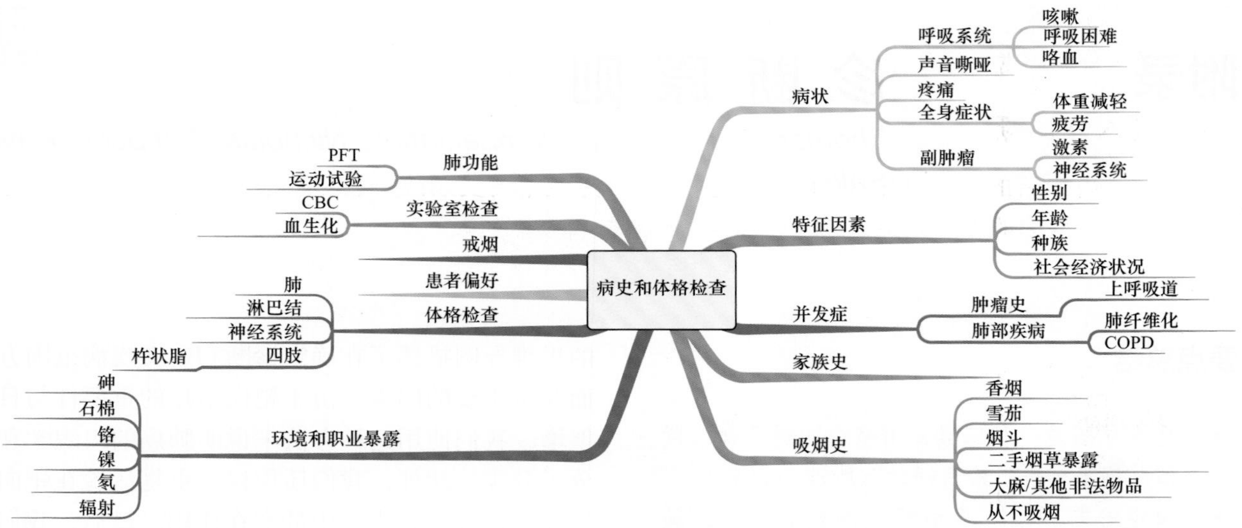

附图1 病史和体格检查思维导图

注：CBC，全血细胞计数；COPD，慢性阻塞性肺疾病；PFT，肺功能检查

被认为是肺癌的一个危险因素[11]。重要的个人危险因素包括年龄、性别、种族、社会经济地位和合并症，包括获得性肺部疾病[10]。虽然死于肺癌的男性多于女性，但性别差距正在缩小，肺癌是导致美国女性癌症相关死亡率的主要原因[12]。黑种人和白种人女性的肺癌发病率相似，黑种人男性的肺癌发病率高于白种人男性[12]。在社会经济地位较低的人群中，肺癌的发病率和死亡率都较高[13-14]。

1.2 影像学评价

附图2是说明影像学评价的思维导图。所有患者都应该进行胸部和上腹部的计算机断层扫描，并延伸到肾上腺[7, 15]。进行额外影像诊断和分期的决定取决于肺癌的预估风险和最初的临床分期。当患者出现提示转移性疾病的局灶性症状时，建议进行直接成像（如脊柱或大脑的磁共振成像）确认。影响风险评估的肺部原发性异常的影像学特征包括病变的大小、影像学外观、边缘和位置，以及任何潜在的肺部疾病或其他病变[16]。PET用于诊断评估的影像是低至中度肺癌风险的肺结节[17]。不建议对具有高风险肺癌异常特征的结节进行PET评估[17]。然而，PET通常是推荐用于大多数患者的纵隔和全身分期，包括早期（Ⅰ～Ⅱ期）、局部晚期（ⅢA～ⅢB期）和转

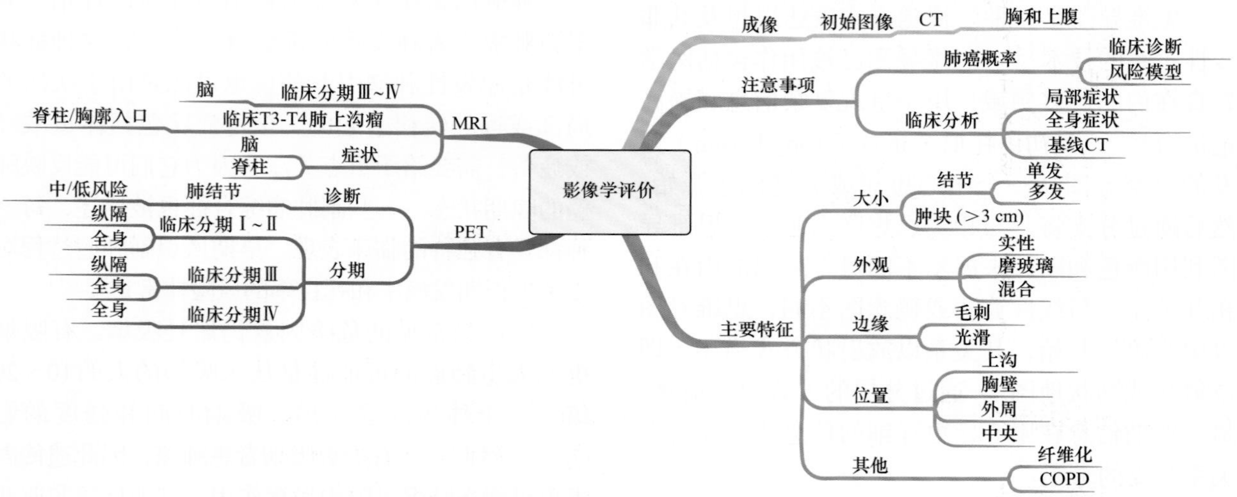

附图2 肺癌影像学评价的思维导图

注：COPD，慢性阻塞性肺病；CT，计算机断层显像；MRI，磁共振成像；PET，正电子发射断层摄影

移性（Ⅳ期）肺癌。除PET外，临床Ⅲ期或Ⅳ期肺癌患者的分期通常推荐使用脑磁共振成像。

1.3 侵入性诊断

肺癌组织诊断的流程如附图3所示。进行活检前需要重点考虑的因素包括患癌的概率和预估的临床分期，以及可行性、风险、诊断率和获得足够组织进行组织学诊断和分子分析的可能性。患者特定因素也很重要，包括表现状态、合并症、肺功能以及患者的价值观和目标。考虑到治疗决策的复杂性，通常推荐多学科肿瘤病例讨论（如果有条件）来帮助制定诊断计划。

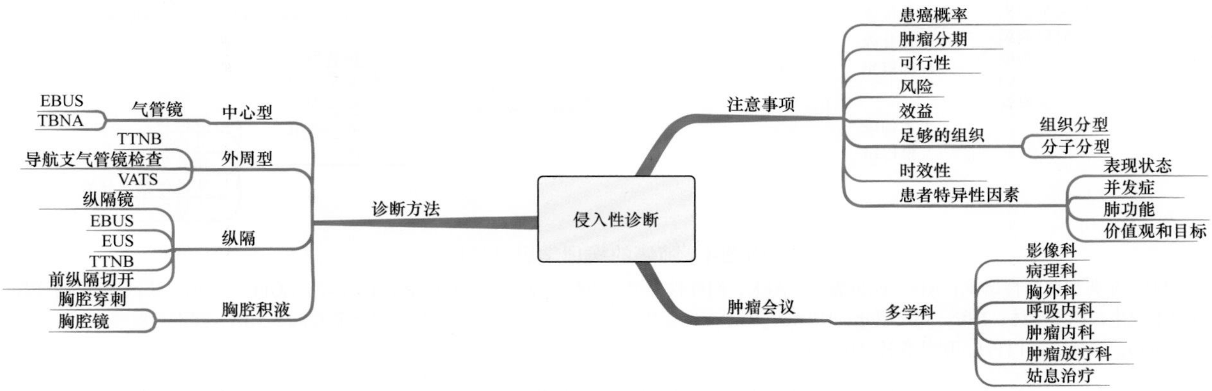

附图3 肺癌的侵入性诊断与分期的思维导图

注：EBUS，支气管内超声；EUS，内镜超声；TBNA，经支气管针吸术；TTNB，经胸细针穿刺活检

最重要的原则是从疾病最远的部位获取活检标本以明确诊断和分期[16]。如果获得这种类型的标本不可行或不安全，但是患者在临床和影像学上表现出有远处转移的可能性，那么推荐在最安全的部位进行活检。PET图像上显示可能的远处转移病灶须进行组织活检，因为假阳性将影响治疗计划和目的。同样，临床Ⅲ期患者应经病理确诊。纵隔镜检查仍是证实N2和N3病变病理的主要手段。然而，影像引导下细针穿刺技术，包括支气管内超声引导下经支气管针吸活检和超声内镜引导活检，被认为是纵隔镜明确纵隔分期的有效替代方法[4]。

对于预期患有早期（Ⅰ～Ⅱ期）肺癌的患者，在进行组织细针穿刺活检之前，应进行胸部手术评估，因为手术切除是肺癌诊断和治疗的主要手段。如果因合并症、潜在肺功能差或不愿意手术而不能手术的患者，则应进行组织活检确诊。具体的流程将取决于肿瘤位置以及其他可能诊断为早期的因素（见附图3）。

2 肺癌的病理分型

2.1 肿瘤组织学

2011年，国际肺癌研究协会、美国胸科学会和欧洲呼吸学会发布了一个新的肺癌病理分类系统[2-3]。这个新的分类系统通过获取组织的方法分为两部分，为小活检标本和细胞学标本以及手术切除的标本提供标准化的诊断标准。思维导图显示了这个新的分类系统（附图4）。大多数患者在就诊时已经处于肺癌晚期，将通过评估一个小样本活检组织来进行确诊。考虑到治疗的意义，其重点是确定特定的组织学亚型，包括腺癌、鳞状细胞癌和小细胞癌。以前的大细胞神经内分泌癌具有神经内分泌形态学和神经内分泌标志物阳性或阴性，被归类为NSCLC。对于那些没有典型形态学特征的肿瘤，新的分类系统推荐通过特殊染色以确定NSCLC以外的肿瘤亚型，而不是另外指定。如果腺癌标志物为阳性（如甲状腺转录因子1），则肿瘤被分类为NSCLC支持腺癌，如果鳞状细胞标志物为阳性（如P40），则肿瘤被分类为NSCLC支持鳞状细胞癌。

对于手术切除的标本，取消了细支气管肺泡细胞癌的术语，增加了原位腺癌和微浸润腺癌[3]。这两种腺癌都被定义为具有附壁样生长模式的结节（≤3 cm）。微浸润腺癌包括侵袭不超过5 mm的肿瘤。侵袭性大于5 mm的较大肿瘤被称为侵袭性腺癌，根据其主要的生长模式确定亚型[3]。

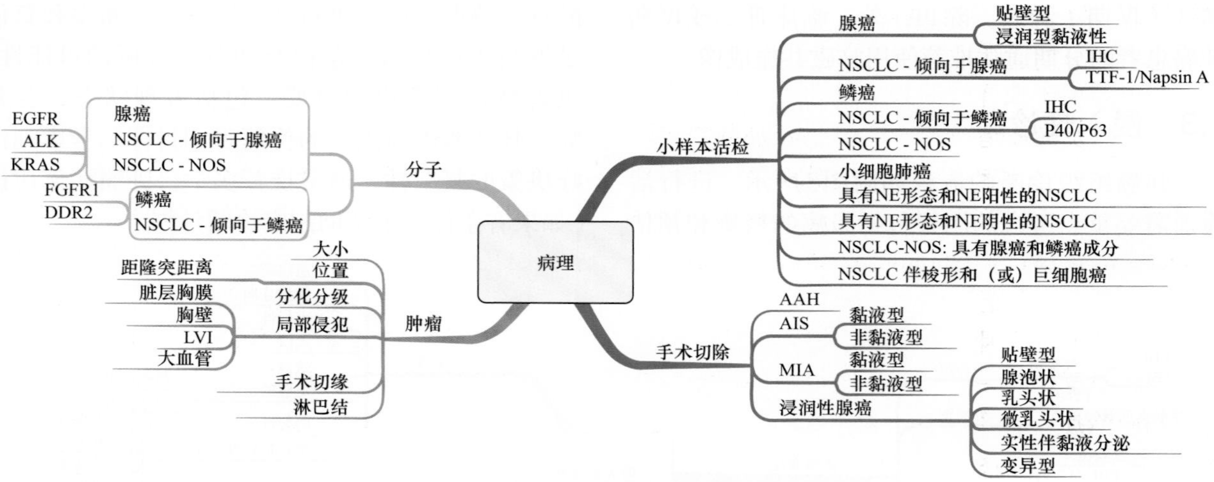

附图4 肺癌的病理学思维导图

注：AAH，非典型腺瘤性增生；AIS，原位腺癌；ALK，间变性淋巴瘤激酶；DDR2，盘状结构域受体2；EGFR，表皮生长因子受体；FGFR，成纤维细胞生长因子受体；IHC，免疫组化；KRAS，Kirsten大鼠肉瘤病毒癌基因同源物；LVI，淋巴管浸润；MIA，浸润性腺癌；NE，神经内分泌；NOS，未规定；TTF-1，甲状腺转录因子1

在验证研究中，包含在新系统中的建议分型具有预后意义[18-20]。除组织学亚型外，手术切除肿瘤的病理报告还应包括大小、位置、分级、边缘、胸膜受累、淋巴管侵犯和淋巴结受累的描述[21]。

2.2 分子分类

这个IASLC/ATS/ERS病理分类系统也强调了基于肿瘤组织学分子检测的重要性[3]。应建立一个获得和处理小样本组织标本的多学科策略，以确保有足够的组织可用于组织学分型和分子分析。鉴于*EGFR*突变和*ALK*易位作为临床治疗靶点，除了美国病理学家协会、国际肺癌研究协会和分子病理学协会的联合指导方针外，来自美国临床肿瘤协会和国家综合癌症网络的指南也建议，在治疗肺腺癌患者之前应该对这两种标志物进行检测[22-24]。

附图5是说明肺腺癌分子分型的思维图。除了*EGFR*突变和*ALK*易位外，越来越多的其他的

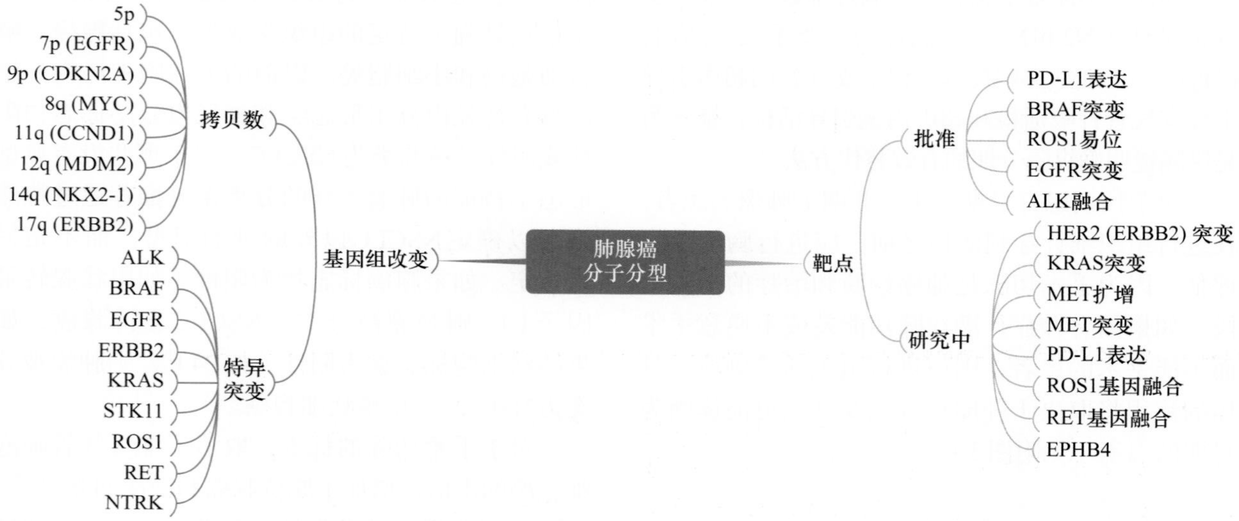

附图5 肺腺癌分子分型的思维导图

注：ALK，间变性淋巴瘤激酶；BRAF，v-raf鼠肉瘤病毒癌基因同源物B；CCND1，细胞周期素D1；CDKN2A，细胞周期蛋白依赖性激酶抑制剂2A；EGFR，表皮生长因子受体；HER2，ERBB2（v-erb-b2禽红细胞白血病病毒癌基因同源物2）；MDM2，MDM2癌基因，E3泛素蛋白连接酶；MET，MET原癌基因；MYC，v-myc禽骨髓细胞瘤病毒癌基因同源物；NKX2-1，NK2同源盒1；PD-L1，程序性细胞死亡配体1；RET，RET原癌基因；ROS1，C-ROS癌基因1；STK11，丝氨酸/苏氨酸激酶11

驱动突变和基因融合已经被证实[25-27]。鉴于有限的重叠，这些分子改变定义了肺腺癌的独特亚群，并可能用于选择晚期肺腺癌患者进行分子靶向治疗，以及特征是PD-1/PD-L1途径抑制剂活性增加的靶向免疫治疗[28]。来自临床肺癌基因组计划和网络基因组医学（clinical lung cancer genome project and network genomic medicine，CLCGP/NGM）的研究者描述了1255例经临床评估分析的肺肿瘤样本的基因组改变[25]。总的来说，超过55%的肿瘤至少有一个基因组改变，并可能适合进行靶向治疗。不同组织学亚群的基因突变模式不同。这张思维导图包含了肺腺癌中相对常见的基因突变。

除了可用于指导治疗的经临床验证的基因突变外，最近报道的KEYNOTE-024试验还通过免疫组织化学（immunohistochemistry，IHC）[29-30]验证了PD-L1蛋白的表达，可以指导晚期鳞状和非鳞状NSCLC患者一线治疗中免疫检查点抑制剂的选择。在KEYNOTE-024试验中，305例先前未经治疗的晚期NSCLC患者，PD-L1至少在50%的肿瘤细胞上表达，并且没有*EGFR*突变或*ALK*易位，被随机分配接受派姆单抗（200 mg/3周）治疗或研究者选择的铂类化疗[28]。这项随机研究的结果显示，派姆单抗组的中位无进展生存期为10.3个月，而铂类化疗组的中位无进展生存期为6.0个月（疾病进展或死亡的风险比为0.50，95%CI为0.37～0.68，$P<0.001$）。6个月时的估计总生存率派姆单抗组较优，派姆单抗组和铂类化疗组分别为80.2%和72.4%（风险比为0.60，95%CI为0.41～0.89，$P=0.005$）。与铂类化疗组（27.8%）相比，派姆单抗组的有效率（44.8%）更高。派姆单抗组出现任何级别的治疗相关不良事件也较少，出现高级别（Ⅲ～Ⅴ级）的治疗相关不良事件也较少。美国食品和药物监督管理局也因此批准其用于PD-L1高表达（肿瘤比例评分≥50%），且没有*EGFR*或*ALK*基因突变的转移性NSCLC患者的一线治疗[28]。

虽然鳞状细胞癌或小细胞肺癌的分子靶点尚未被证实，但这两种肿瘤组织学的基因组特征最近已被描述[31-34]。这一信息促进评估两种肿瘤类型的分子疗法临床试验的开展。思维导图有助于说明在肺鳞状细胞癌（附图6）和小细胞癌（附图7）中发现的基因组改变[25]。两个思维导图都包括潜在治疗靶点的示例，其中一些正在进行临床试验评估。

在基于CCRGP/NGM基因组学诊断法则的

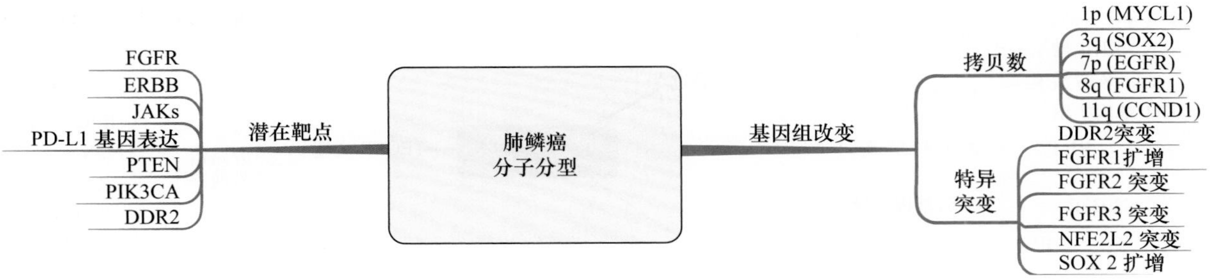

附图6 肺鳞癌分子分型的思维导图

注：CCND1，细胞周期素D1；DRR2，盘状结构域受体2；EGFR，表皮生长因子受体；ERBB，v-erb-b2禽红细胞白血病病毒癌基因同源物；FGFR，成纤维细胞生长因子受体；JAK，JAK激酶；MYCL1，L-myc-1原癌基因；NFE2L2，核因子2样蛋白2；PD-L1，程序性细胞死亡配体1；PIK3CA，磷脂酰肌醇-4，5-二磷酸肌醇3-激酶，催化亚单位α；PTEN，磷酸酶与张力蛋白同源物；SOX2，性别决定区Y框2

前瞻性测试中[28]，通过常规诊断程序从5145例肺癌患者的石蜡包埋肿瘤样本中，75%的基因组测试是可行的[28]。在控制肿瘤分期和组织学的多变量分析中，与基因诊断不可行的患者相比，已成功进行基因分型的肿瘤患者的总生存率有所改善（$P=0.002$）[25]。生存率的提高最有可能是由于使用分子选择的激酶抑制剂治疗导致患者预后改善。虽然这项研究不是随机的，但是这项观察结果支持在肺癌诊断中常规纳入分子检测，以用于临床上选择进行靶向治疗的患者。

2.3 获得性耐药重复活检

原发性和获得性耐药都会使靶向TKI的治

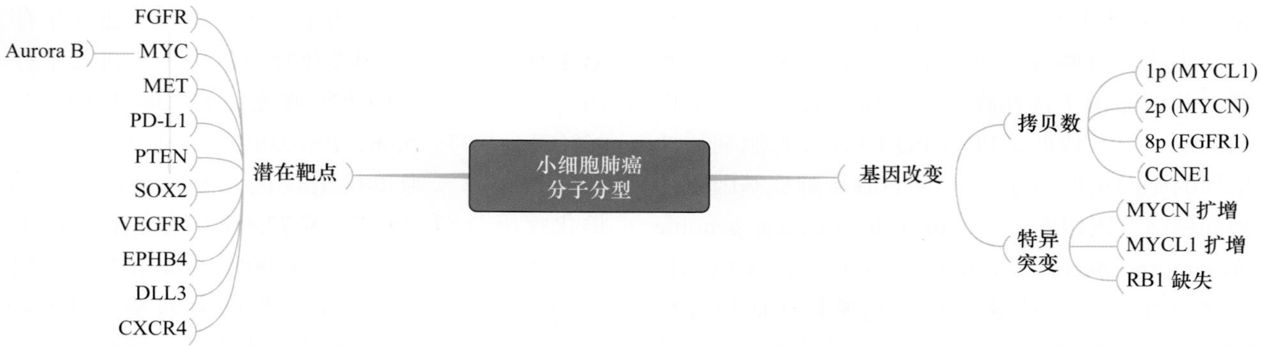

附图7 肺小细胞癌的分子分型的思维导图

注：CCNE1，细胞周期蛋白E1；FGFR，成纤维细胞生长因子受体；MET，MET原癌基因；MYCL1，L-myc-1原癌基因；MYC，v-myc禽骨髓细胞瘤病毒癌基因同源物；MYCN，v-myc禽骨髓细胞瘤病毒癌基因神经母细胞瘤衍生的同源物；PD-L1，程序性细胞死亡配体1；PTEN，磷酸酶与张力蛋白同源物；RB1，视网膜母细胞瘤1；SOX2，性别决定区Y框2；VEGFR，血管内皮生长因子受体

疗复杂化。EGFR抑制剂的获得性耐药定义为具有*EGFR*敏感突变，或在接受EGFR-TKI治疗中获得临床获益（定义为部分或完全缓解，或病情稳定超过6个月）的肺癌患者中，过去30天内接受EGFR-TKI治疗，且通过实体瘤评价标准（response evaluation criteria in solid tumors，RECIST）或WHO的标准进行评估出现系统性进展[35]。EGFR、ROS1和ALK的潜在耐药机制已经被发现，其可以出现在初始基线检测，也可以出现在治疗过程中[36-39]。EGFR、ROS1和ALK耐药机制包括分子靶点的改变、旁路的激活、凋亡通路的损伤（如BIM）、组织学转变（附图8），通过对这些耐药机制的研究可以指导临床治疗。通过重复活检明确耐药机制，有可能发现另一个治疗靶点，从而改善临床结果。在一系列研究报告中指出，重复活检以评估肿瘤组织学和基因组图谱的改变可行且安全[40-41]。随着原发性和获得性耐药的治疗策略变得有效，重复活检可能成为

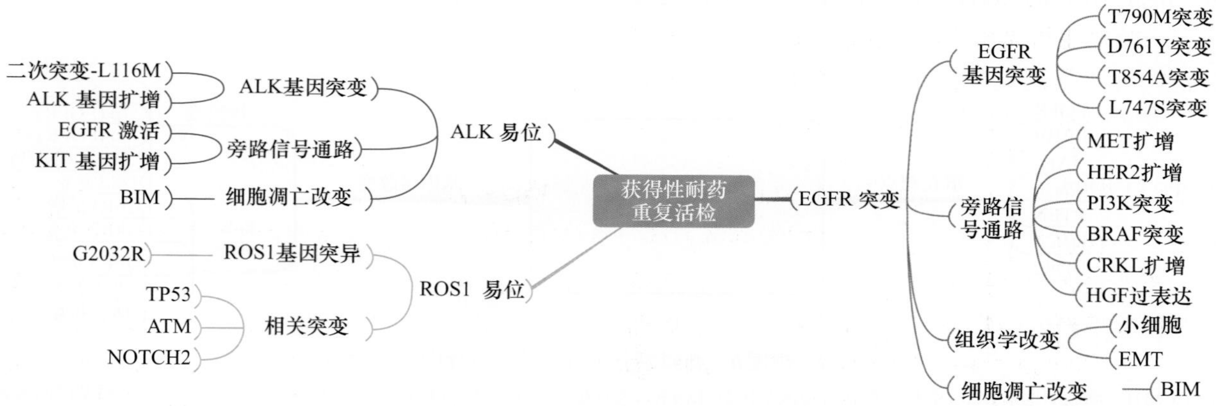

附图8 获得性耐药重复活检的思维导图

注：ALK，间变性淋巴瘤激酶；BIM，BCL2样11；CRKL，v-crk禽肉瘤病毒CT10癌基因同源物；BRAF，v-raf鼠肉瘤病毒癌基因同源物B；EGFR，表皮生长因子受体；EMT，上皮间充质转化；HGF，肝细胞生长因子；KIT，v-kitHardy-Zuckerman4猫肉瘤病毒癌基因同源物；MET，MET原癌基因；PI3K（PIK3CA），磷脂酰肌醇-4，5-二磷酸肌醇3-激酶，催化亚单位α

该患者群体中长期疾病管理的标准组成部分。

2.4 分子诊断平台

自*EGFR*突变和*ALK*易位作为治疗靶点经过临床验证以后，用于肺癌基因组图谱分析的诊断平台数量迅速增加（附图9）。在前面提到的分子检测指南中，单基因检测被推荐用于选择EGFR或ALK-TKI治疗的患者，包括基于EGFR突变的聚合酶链反应（PCR）检测和使用双标记的分离探针进行*ALK*的荧光原位杂交

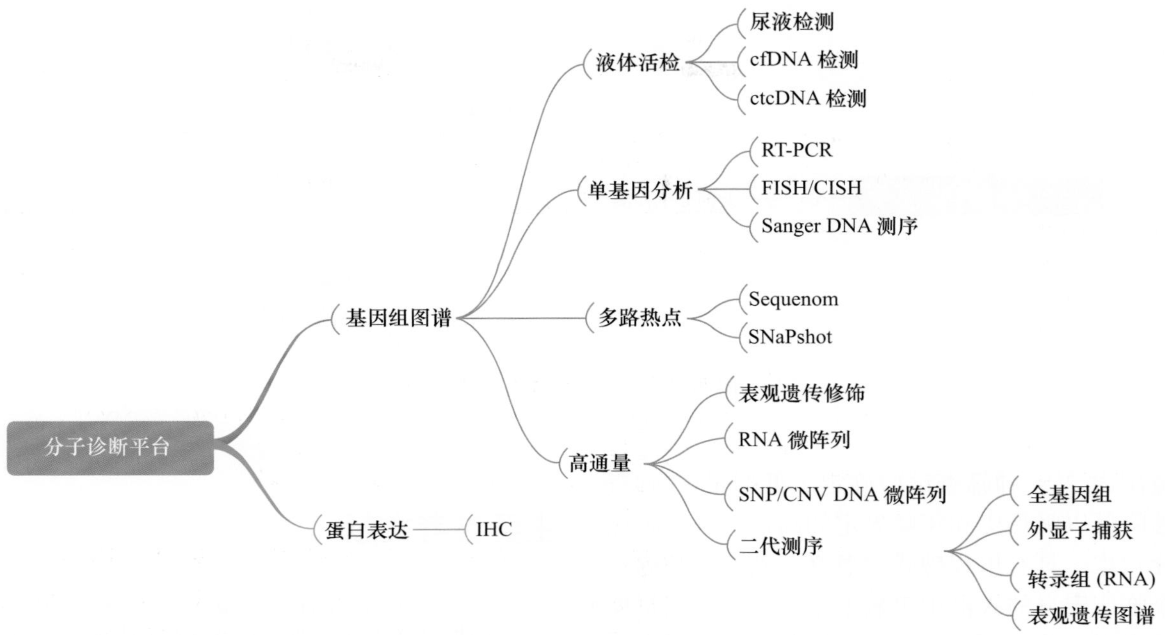

附图9 分子诊断平台的思维导图

注：CNV，拷贝数变异；CISH，显色原位杂交；FISH，荧光原位杂交；RT-PCR，反转录聚合酶链反应；SNP，单核苷酸多态性

（FISH）检测[23]。以*ALK*检测为例，FISH可以进行*ALK*检测，也可以作为预测克唑替尼疗效的生物标志物。

多基因检测平台提供了同时评估许多感兴趣基因的可能。SNaPshot（Applied Biosystems，美国加利福尼亚州福斯特市）和Sequenom（美国加利福尼亚州圣迭戈）都是基于PCR检测的平台，用于分析福尔马林固定的石蜡包埋标本中肿瘤基因组DNA[42]，可以分析选定的已知热点突变和癌基因。二代测序（next-generationsequencing，NGS）平台也越来越多地应用于研究和临床中。除了筛选患者的已知治疗靶点外，NGS平台还可以帮助发现新的药物靶点。NGS平台可用于肿瘤DNA、信使RNA、转录因子区域、miRNA、染色质结构和DNA甲基化的全基因组测序。测序平台可用于全基因组、全外显子、全转录组和全表观基因组分析[42]。所有平台在相对较短的时间内产生了大量的测序数据。然而，对这些数据的分析需要更长的时间，并且需要一个完善的信息基础设施。多重高通量系统基因组检测在NSCLC患者中的应用已被证明是可行的，并可影响治疗决策。然而，周转时间各不相同，成本和报销仍然存在潜在的限制。此外，在前瞻性试验中，利用多重或NGS平台进行广泛的基因分型并不能改善临床结果[42]。

随着对肺癌生物学认识的提高，应用免疫组化方法确定蛋白改变的相关性和表达是可行的。与更复杂、更昂贵的技术相比，免疫组化方法的应用更广泛。

3 未来设想

分子标志物替代组织的无创分析已被作为疾病监测和肺癌早期诊断策略的研究方向（附图10）。利用循环肿瘤细胞检测EGFR-TKI治疗过程中耐药突变的潜在有效性已经被描述[43-46]。高通量基因组分析平台的发展也促进了早期诊断和分子筛选的生物标志物发现。循环肿瘤DNA（circulating tumor DNA，ctDNA）是一种潜在的筛选方法，可以在无法进行有创组织活检、成本昂贵或与高发病率相关的情况下，对驱动基因的靶向治疗标志物进行分子检测。非侵入性液体活组织检查可以让医生定期监测疾病进展、治疗的反应和治疗的耐药情况。在第一项基于临床的研究中，使用市售的ctDNA检测评估NSCLC患者的靶向治疗，超过80%的患者在成对的组织和血液中检测到ctDNA与肿瘤驱动因子高度一致，并且在血浆中识别出生物标志物的患者的无进展生存期在预

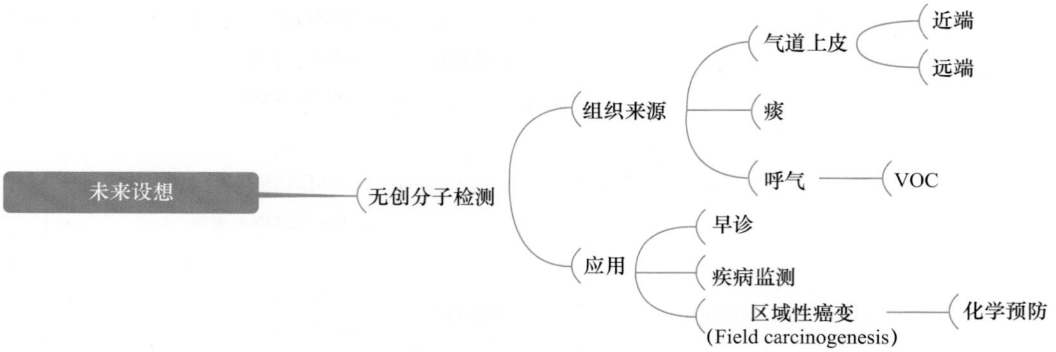

附图10　未来设想的思维导图

注：VOC，挥发性有机化合物

期范围内[47]。肺筛查试验确定了低剂量CT筛查能够降低以吸烟史和年龄界定的高危人群中肺癌的死亡率，具有里程碑式的意义。然而，肺癌在这个临床定义的人群中患病率很低。对肺癌早期可能出现的分子改变的替代组织检测已被研究作为临床因素的补充，以供低剂量CT筛查的患者选择。这些检测包括使用气道上皮组织、痰液和血液中的替代组织检测分子改变，以及分析呼气中细胞代谢的内源性产物。目前相关研究已经发现了几种生物标志物，但没有被证实。前瞻性试验有望为替代组织在分子分析中的应用提供进一步的信息。

4　结论

肺癌是一种具有复杂异质性的疾病。个性化治疗需要对患者和肿瘤的特定因素进行评估，以帮助指导治疗决策。由于大多数患者就诊时已处于肺癌晚期，组织学确诊通常会通过小样本活检或细胞学检查来确定。随着*EGFR*突变和*ALK*易位靶点的临床应用，对于选择靶向治疗的患者，肿瘤的分子特征正成为诊断评估不可或缺的部分。此外，治疗过程中发生的基因组变化也确立了重复活检的潜在作用，有助于指导患者的长期治疗。目前，鉴于对肺癌患者进行诊断评估的复杂性，多学科团队对于有效指导肺癌患者的诊疗决策和整体治疗至关重要。

（赵洪林　张洪兵　译）

主要参考文献

3. Travis W.D., Brambilla E., Riely G.J.. New pathologic classification of lung cancer: relevance for clinical practice and clinical trials. *J Clin Oncol*. 2013;31(8):992–1001.
5. Farrand P., Hussain F., Hennessy E.. The efficacy of the "mind map" study technique. *Med Educ*. 2002;36(5):426–431.
7. Ost D.E., Yeung S.C., Tanoue L.T., Gould M.K.. Clinical and organizational factors in the initial evaluation of patients with lung cancer: diagnosis and management of lung cancer, 3rd ed: American College of Chest Physicians evidence-based clinical practice guidelines. *Chest*. 2013;143(suppl 5):e121S-e241S.
9. Alberg A.J., Brock M.V., Ford J.G., Samet J.M., Spivack S.D.. Epidemiology of lung cancer: diagnosis and management of lung cancer, 3rd ed: American College of Chest Physicians evidence-based clinical practice guidelines. *Chest*. 2013;143(suppl 5):e1S-e29S.
17. Gould M.K., Donington J., Lynch W.R., et al. Evaluation of individuals with pulmonary nodules: when is it lung cancer? Diagnosis and management of lung cancer, 3rd ed: American College of Chest Physicians evidence-based clinical practice guidelines. *Chest*. 2013;143(suppl 5):e93S-e120S.
22. Keedy V.L., Temin S., Somerfield M.R., et al. American Society of Clinical Oncology provisional clinical opinion: epidermal growth factor receptor (EGFR) mutation testing for patients with advanced non-small-cell lung cancer considering first-line EGFR tyrosine kinase inhibitor therapy. *J Clin Oncol*. 2011;29(15):2121–2127.
27. Govindan R., Ding L., Griffith M., et al. Genomic landscape of non-small cell lung cancer in smokers and never-smokers. *Cell*. 2012;150(6):1121–1134.
28. Reck M., Rodriguez-Abreu D., Robinson A.G., et al. Pembrolizumab versus Chemotherapy for PD-L1-Positive Non-Small-Cell Lung Cancer. *N Engl J Med*. 2016.
36. Tartarone A., Lazzari C., Lerose R., et al. Mechanisms of resistance to EGFR tyrosine kinase inhibitors gefitinib/ erlotinib and to ALK inhibitor crizotinib. *Lung Cancer*. 2013;81(3):328–336.
39. Awad M.M., Katayama R., McTigue M., et al. Acquired resistance to crizotinib from a mutation in CD74-ROS1. *N Engl J Med*. 2013;368:2395–2401.

获取完整的参考文献列表请扫描二维码。